D'Ans · Lax

Taschenbuch für Chemiker und Physiker

Springer-Verlag Berlin Heidelberg GmbH

D'Ans · Lax

Taschenbuch für Chemiker und Physiker

Vierte, neubearbeitete und revidierte Auflage

Band III
Elemente, anorganische Verbindungen und Materialien, Minerale

Herausgegeben von
R. Blachnik

Springer

Prof. Dr. Roger Blachnik
Anorganische Chemie
Universität Osnabrück
Barbarastraße 7
49069 Osnabrück

ISBN 978-3-642-63755-1

Die Deutsche Bibliothek – CIP-Einheitsaufnahme

Ans, Jean d:
Taschenbuch für Chemiker und Physiker / D'Ans ; Lax. – Berlin ; Heidelberg ;
New York ; Barcelona ; Budapest ; Hongkong ; London ; Mailand ; Paris ; Santa Clara ;
Singapur ; Tokio : Springer.
Bd. 3. Elemente, anorganische Verbindungen und Materialien, Minerale / hrsg.
von R. Blachnik. – 4., neubearb. und rev. Aufl. – 1998
ISBN 978-3-642-63755-1 ISBN 978-3-642-58842-6 (eBook)
DOI 10.1007/978-3-642-58842-6

Einbandgestaltung: Medio, Berlin
Satz: Fotosatz-Service Köhler OHG, Würzburg
SPIN 10005303 68/3020 – 5 4 3 2 1 0 – Gedruckt auf säurefreiem Papier

Autoren

Prof. Dr. R. Blachnik
Anorganische Chemie
Universität Osnabrück
Barbarastraße 7
D-49069 Osnabrück

Prof. Dr. S. Koritnig
Mineralogisch-Petrologisches
Institut der Universität
V. M. Goldschmidt Straße 1
37077 Göttingen

Dr. D. Steinmeier
Physikalische Chemie
Universität Osnabrück
Barbarastraße 7
D-49069 Osnabrück

Prof. Dr. A. Wilke
Institut für Lagerstättenkunde
Technische Universität Berlin
Bundesratsufer 12
D-10555 Berlin

Prof. Dr. A. Feltz
Siemens Matsushita
Siemensstraße 43
A-8530 Deutschkrona

Prof. Dr. H. Reuter
Anorganische Chemie
Universität Osnabrück
Barbarastraße 7
D-49069 Osnabrück

Dr. E. Stieber
Bizetstraße 83
D-13088 Berlin

Vorwort

Für die vierte Auflage des Taschenbuchs für Chemiker und Physiker wurde der dritte Band überarbeitet, insbesondere wurde weitgehend auf SI-Einheiten umgestellt.

Dieser Band gibt einen Überblick über die Eigenschaften von Elementen, anorganischen Verbindungen, Werkstoffen und Mineralen.

Kapitel 1 enthält die wesentlichen Maßeinheiten, Umrechnungsfaktoren und Grundkonstanten, die in den folgenden Kapiteln erscheinen.

Im umfangreichsten, zweiten Kapitel wurden die Eigenschaften von Stoffen zusammengefaßt. Es ist gegenüber der vorhergehenden Auflage beträchtlich erweitert worden, insbesondere wurden thermodynamische und strukturelle Daten vervollständigt und für Elemente und Verbindungen die CAS-Registriernummer hinzugefügt. Die Anordnung der Elemente und Verbindungen wurde alphabetisch nach den chemischen Symbolen vorgenommen.

Für jedes Element sind Beschreibung und die Eigenschaften in einer Tabelle wiedergegeben. Radien und Elektronegativitäten der Elemente, sowie Normalpotentiale sind dagegen jeweils zu einer Liste zusammengestellt.

Anschließend finden sich Tabellen, in denen etwa 3000 anorganische Verbindungen mit ihren charakteristischen Daten aufgeführt sind, weiterhin solche, in denen wichtige Eigenschaften von Legierungen, Glas, Keramik, anderen anorganischen Materialien und Mineralen wiedergegeben werden.

Es folgen im dritten Kapitel mechanisch-thermische Konstanten von reinen Festkörpern, Flüssigkeiten und Gasen, wie Dichte, Ausdehnungs- und Kompressibilitätskoefizient und Gleichgewichtskonstante.

Heterogene Phasengleichgewichte bilden den Inhalt des vierten Kapitels, darunter Dampfdruckgleichungen für Elemente und anorganische Verbindungen, Siedediagramme von binären und ternären anorganisch-organischen Mischphasen. Azeotrope, binäre Lösungsgleichgewichte zwischen Elementen, so Zustandsdiagramme technisch wichtiger Metallsysteme, das Mischungsverhalten von Salzen, die Löslichkeit von Salzen in Wasser und Verteilungskoeffizienten. Ausführlich wird die Löslichkeit von Gasen in kondensierten Phasen behandelt.

Im fünften Kapitel werden thermodynamische Daten von Elementen, Verbindungen und einigen binären Metallsystemen vorgestellt.

Kapitel 6 setzt die lange Tradition der Beschreibung anorganischer Kristallstrukturen im D'Ans Lax fort. In keinem anderen Bereich der Chemie hat sich in den letzten beiden Jahrzehnten eine so rasante Entwicklung vollzogen wie im Bereich der Einkristallröntgenstrukturanalyse: nicht zuletzt aufgrund immer schnellerer und leistungsfähigerer Rechner, begleitet von neuen Verfahren zur Datenerfassung und verbesserten Programmen zur Lösung und Verfeinerung der Strukturmodelle gehören Einkristallröntgenstrukturanalysen heute zur Alltagsroutine eines Chemikers und sind aus kaum noch einer Publikation mehr wegzudenken. Dieser Entwicklung, die noch lange nicht abgeschlossen ist, wurde bei der Neufassung von Kap. 6 dahingehend Rechnung getragen, daß parallel zur anschaulichen Beschreibung der etwa 160 vorgestellten Kristallstrukturtypen mit etwa 2600 Einzelverbindungen, die sich im wesentlichen an dem Modell der dichten Kugelpackungen und dem Polyederkonzept orientiert und anhand von etwa 200 neu konzipierten Abbildungen erfolgt, nun zusätzlich die exakten Kristallstrukturdaten (Elementarzelle, Raumgruppe, Atomkoordinaten) mit aufgeführt werden.

Im neuen Kapitel 7 sind einige Abkürzungen für chemische und physikalische Meßverfahren erläutert.

Für die Manuskripterstellung und das Korrekturlesen bedanke ich mich bei den Koautoren und bei meinen Mitarbeitern. Mein ganz besonderer Dank gilt dem Springer Verlag, insbesondere Herrn Dr. R. Stumpe, Herrn H. Schoenefeldt und Frau U. Weisgerber für das Verständnis und ihre große Hilfe bei den Vorbereitungen zur Drucklegung dieses Werkes.

Inhaltsverzeichnis

1 Maßsysteme und meßtechnische Daten [1]

D. G. Steinmeier, Physikalische Chemie, Universität Osnabrück

1.1 Maßsysteme

1.1.1 Einheiten

1.1.1.1 Grundeinheiten des internationalen Einheitssystems

Die Grundgrößen des internationalen praktischen Einheitssystems sind:

1. Länge	Meter	m
2. Masse	Kilogramm	kg
3. Zeit	Sekunde	s
4. elektrische Stromstärke	Ampere	A
5. Temperatur	Kelvin	K
6. Stoffmenge	Mol	mol
7. Lichtstärke	Candela	Cd

Zusätzliche Einheiten
Diese Einheiten sind dimensionslos und werden als sog. ergänzende Einheiten nicht mehr zu den Basiseinheiten gezählt.

1. ebener Winkel	Radiant	rad
2. räumlicher Winkel	Steradiant	sr

1.1.1.2 Abgeleitete Einheiten

Äquivalentdosis	Sievert	Sv	$J\,kg^{-1}$
Äquivalentdosisrate			$W\,kg^{-1}$
Äquivalentleitfähigkeit		Λ	$S\,cm^2\,mol^{-1}$
Aktivität einer radioaktiven Substanz	Becquerel, Bq	A	s^{-1}
Arbeit (mechanisch)	Joule, J	W	$m^2\,kg\,s^{-2}$
Ausdehnungskoeffizient			
Länge		α	K^{-1}
Volumen		γ	K^{-1}
Brechkraft optischer Systeme	(Dioptrie), dpt		m^{-1}
Dichte		D, ρ	$m^{-3}\,kg$
Dielektrizitätskonstante		ϵ	$m^{-3}kg^{-1}s^4A^2 = W\,s\,A^2$
Dipolmoment	(Debye), D	μ_{el}	C m
Drehimpuls		p	N m s rad
Druck	Pascal, Pa	p	$m^{-1}\,kg\,s^{-2} = N\,m^{-2}$
Elektrische			
Spannung	Volt, V	U	$m^2\,kg\,s^{-3}\,A^{-1}$
Stromdichte		G, i	$A\,m^{-2}$
Feldstärke		E	$kg\,m\,s^{-3}A^{-1} = V\,m^{-1}$
Ladung	Coulomb, C	Q	A s
Polarisation		P	$A\,s\,m^{-2}$
Leitfähigkeit		σ	$kg^{-1}m^{-3}s^3A^2 = \Omega^{-1}\,m^{-1}$

[1] Gekürzte Version des Kapitels 1 D'Ans-Lax.
Physikalisch-chemische Daten Hrg. M.D. Lechner Springer Verlag 1992.

1.1.1.2 Abgeleitete Einheiten (Fortsetzung)

Elektrischer			
Leitwert	Siemens, S	G	$kg^{-1} m^{-2} s^3 A^2 = \Omega^{-1}$
Widerstand	Ohm, Ω	R	$kg\, m^2\, s^{-3}\, A^{-2}$
spezifischer Widerstand		ϱ_{el}	$kg\, m^3 s^{-3} A^{-2} = \Omega\, m$
Energie	Joule, J	E	$kg\, m^2\, s^{-2} = N\, m$
Enthalpie		H	$kg\, m^2\, s^{-2} = J$
Entropie		S	$kg\, m^2\, s^{-2} K^{-1} = J\, K^{-1}$
Fläche		A	m^2
Frequenz	Hertz, Hz	ν	s^{-1}
Geschwindigkeit		υ	$m\, s^{-1}$
Induktivität	Henry, H	L	$m^2\, kg\, s^{-2} A^{-2} = V\, s\, A^{-1}$
Kompressibilität		$\varkappa$	Pa^{-1}
Kraft	Newton, N	F	$kg\, m\, s^{-2}$
Leistung	Watt, W	N	$kg\, m^2\, s^{-3} = V\, A$
Magnetische			
Feldstärke		H	$A\, m^{-1}$
Flußdichte (Induktion)	Tesla, T	B	$kg\, s^{-2}\, A^{-1} = V\, s\, m^{-2}$
Oberflächenspannung		γ, σ	$N\, m^{-1} = kg\, s^{-2}$
Osmotischer Druck		π	$kg\, m^{-1} s^{-2} = Pa$
Periodendauer			s
Viskosität			
dynamisch		η	$kg\, m^{-1} s^{-1} = Pa\, s$
kinematisch		ν	$m^2\, s^{-1} = Pa\, s/D$
Volumen		V	m^3
Wärmekapazität		C	$kg\, m^2\, s^{-2} K^{-1} = J\, K^{-1}$
Wärmeleitfähigkeit		λ	$kg\, m\, s^{-3} K^{-1} = W\, K^{-1} m^{-1}$
Wärmemenge		Q	$kg\, m^2 s^{-2} = J$
Wärmestrom		Φ	$kg\, m^2 s^{-3} = J\, s^{-1}$
Wärmeübergangskoeffizient		α	$kg\, s^{-3} K^{-1} = W\, K^{-1} m^{-2}$
Wellenlänge		λ	m
Wellenzahl		ν	m^{-1}

1.1.2 Kurzzeichen von Vorsätzen

Zeichen	Vorsatz	Zehnerpotenz	Zeichen	Vorsatz	Zehnerpotenz
da	Deka	10^1	d	Dezi	10^{-1}
h	Hekto	10^2	c	Zenti	10^{-2}
k	Kilo	10^3	m	Milli	10^{-3}
M	Mega	10^6	μ	Mikro	10^{-6}
G	Giga	10^9	n	Nano	10^{-9}
T	Tera	10^{12}	p	Piko	10^{-12}
P	Peta	10^{15}	f	Femto	10^{-15}
E	Exa	10^{18}	a	Atto	10^{-18}

1.1.3 Umrechnungstabellen für Einheiten

1.1.3.1 Umrechung in SI-Einheiten

In der letzten Spalte der nachfolgenden Aufstellung ist jeweils der Faktor für die Umrechnung einer gegebenen in die entsprechende SI-Einheit aufgeführt.

Länge

Einheit	Kurzzeichen	Umrechnung in m
Meter (SI-Einheit)	m	1
Angström	Å	10^{-10}
Micron	μ	10^{-6}
Millimicron	mμ	10^{-9}
x Einheit	X	$1{,}002 \cdot 10^{-13}$

Volumen

Einheit	Kurzzeichen	Umrechnung in m^3
Liter	l	$1000{,}028 \cdot 10^{-3}$
Kubikdezimeter	dm^3	10^{-3}

Masse

Einheit	Kurzzeichen	Umrechnung in kg
Kilogramm (SI-Einheit)	kg	1
Gramm	g	10^{-3}
Gamma	γ	10^{-9}
Tonne	t	10^{3}
Atommasseneinheit	u, Da	$1{,}6605402 \cdot 10^{-27}$
Karat (metrisch)		$0{,}2 \cdot 10^{-3}$

Temperatur

Einheit	Kurzzeichen	Umrechnung in K
Kelvin (SI-Einheit)	K	1
Grad Celsius	°C	$T/K = t/°C + 273{,}15$

Zeit

Einheit	Kurzzeichen	Umrechnung in s
Sekunde (SI-Einheit)	s	1
Minute	min	60,00
Stunde	h	$3{,}6 \cdot 10^{3}$

Dichte

Einheit	Kurzzeichen	Umrechnung in kg/m^3
Gramm/Milliliter	$g\ ml^{-1}$	0,999972

Kraft

Einheit	Kurzzeichen	Umrechnung in N
Newton (SI-Einheit)	N	1
Kilopond	kp	9,80665
Dyn	dyn	10^{-5}

Druck

Einheit	Kurzzeichen	Umrechnung in Pa
Pascal (SI-Einheit)	Pa	1
Bar	bar	10^5
dyn/Zentimeter^2	dyn cm^{-2}	10^{-1}
mm H_2O-Säule	mm W.S.	9,80638
Torr (mm Hg)	Torr	133,3224
Technische Atmosphäre	at	$98{,}0665 \cdot 10^3$
Phys. Normalatmosphäre	atm	$101{,}3250 \cdot 10^3$

Energie

Einheit	Kurzzeichen	Umrechnung in J
Joule (SI-Einheit)	J	1
Temperaturgrad	K	$1{,}380658 \cdot 10^{-23}$
Zentimeter^{-1}	cm^{-1}	$1{,}986447 \cdot 10^{-23}$
Elektronenvolt	eV	$1{,}602177 \cdot 10^{-19}$
Rydberg	Ry	$2{,}17987 \cdot 10^{-18}$
Tausendstelmasseneinheit	TME	$1{,}4923 \cdot 10^{-13}$
Erg	erg	10^{-7}
Kalorie (Thermochemisch)	cal_{th}	4,184
Kalorie (intern. Dampftafel 1956)	cal_{IT}	4,1868
Meterkilopond	mkp	9,80665
Literatmosphäre (techn.)	lat	$0{,}980692 \cdot 10^2$
Literatmosphäre (physik.)	latm	$1{,}013278 \cdot 10^2$
Kilowattstunde	kWh	$3{,}600000 \cdot 10^6$

Dynamische Viskosität

Einheit	Kurzzeichen	Umrechnung in Pa s
Poise	P	10^{-1}
Kilopond · Sekunde/Meter^2	kps m^{-2}	9,80665
Kilopond · Stunde/Meter^2	kph m^{-2}	$35{,}3039 \cdot 10^3$

Kinematische Viskosität

Einheit	Kurzzeichen	Umrechnung in $m^2\ s^{-1}$
Stokes	St	$1 \cdot 10^{-4}$
Meter^2/Stunde	$m^2\ h^{-1}$	$2{,}778 \cdot 10^{-4}$

Oberflächenspannung

Einheit	Kurzzeichen	Umrechnung in N/m
Dyn/Zentimeter	dyn cm^{-1}	10^{-3}
Erg/Millimeter^2	erg mm^{-2}	0,1
Millipond/Millimeter	mp mm^{-1}	$9{,}80665 \cdot 10^{-3}$

Magnetismus

Einheit	Kurzzeichen	ist gleich oder entspricht
Tesla (SI-Einheit)	T	$J\,A^{-1}\,m^{-2} = kg\,s^{-2}\,A^{-1}$
Gauss	G	10^{-4} T
Gamma	γ	10^{-9} T
Weber (SI-Einheit)	Wb	$J\,A^{-1} = m^2\,kg\,s^{-2}\,A^{-1}$
Maxwell	Mx	10^{-8} Wb
Oersted	Oe	$10^3\,A\,m^{-1}$

Radioaktivität

Einheit	Kurzzeichen	ist gleich oder entspricht
Becquerel (SI-Einheit)	Bq	s^{-1}
Curie	ci	$3{,}7 \cdot 10^{10}$ Bq
Gray (SI-Einheit)	Gy	$J\,kg^{-1}$
Rad	rd	0,01 Gy
Sievert (SI-Einheit)	Sv	$J\,kg^{-1}$
Rem	rem	0,01 Sv

1.1.3.2 Umrechnungstafeln

1.1.3.2.1 Umrechnung von Druckeinheiten

	Pa	Torr	at	bar	atm
1 Pa =	1	$7{,}50062 \cdot 10^{-3}$	$1{,}0197 \cdot 10^{-5}$	10^{-5}	$9{,}86923 \cdot 10^{-6}$
1 Torr =	133,322	1	$1{,}3595 \cdot 10^{-3}$	$1{,}33322 \cdot 10^{-3}$	$1{,}31579 \cdot 10^{-3}$
1 at =	$9{,}8067 \cdot 10^{4}$	$7{,}3556 \cdot 10^{2}$	1	$9{,}8067 \cdot 10^{-1}$	$9{,}6784 \cdot 10^{-1}$
1 bar =	10^5	750,062	1,0197	1	0,986923
1 atm =	101325	760	1,0332	1,01325	1

1.1.3.2.2 Umrechnung von Energieeinheiten

	Ist gleich oder entspricht			
	J	kWh	cal_{IT}	eV
1 J	1	$2{,}7778 \cdot 10^{-7}$	$2{,}3885 \cdot 10^{-1}$	$6{,}241506 \cdot 10^{18}$
1 kWh	$3{,}600 \cdot 10^{6}$	1	$8{,}5986 \cdot 10^{5}$	$2{,}246942 \cdot 10^{25}$
1 cal_{IT}	4,1868	$1{,}1630 \cdot 10^{-6}$	1	$2{,}613194 \cdot 10^{19}$
1 eV	$1{,}602177 \cdot 10^{-19}$	$4{,}3505 \cdot 10^{-26}$	$3{,}8268 \cdot 10^{-20}$	1
1 cm^{-1}	$1{,}986447 \cdot 10^{-5}$	$5{,}5180 \cdot 10^{-30}$	$4{,}7446 \cdot 10^{-24}$	$1{,}239842 \cdot 10^{-4}$
1 Ry	$2{,}1785 \cdot 10^{-18}$	$6{,}0550 \cdot 10^{-25}$	$5{,}2065 \cdot 10^{-19}$	$1{,}360523 \cdot 10$
1 K	$1{,}380658 \cdot 10^{-5}$	$3{,}8352 \cdot 10^{-30}$	$3{,}2977 \cdot 10^{-24}$	$8{,}61738 \cdot 10^{5}$

	Ist gleich oder entspricht		
	cm^{-1}	Ry	K
1 J	$5{,}03411 \cdot 10^{22}$	$4{,}5903 \cdot 10^{17}$	$7{,}24292 \cdot 10^{22}$
1 kWh	$1{,}81228 \cdot 10^{29}$	$1{,}6525 \cdot 10^{24}$	$2{,}60745 \cdot 10^{29}$
1 cal_{IT}	$2{,}10768 \cdot 10^{23}$	$1{,}9219 \cdot 10^{18}$	$3{,}03247 \cdot 10^{23}$
1 eV	$8{,}06554 \cdot 10^{3}$	$7{,}3545 \cdot 10^{-2}$	$1{,}16045 \cdot 10^{4}$
1 cm^{-1}	1	$9{,}1184 \cdot 10^{-6}$	1,43877
1 Ry	$1{,}09733 \cdot 10^{5}$	1	$1{,}5788 \cdot 10^{5}$
1 K	$6{,}95039 \cdot 10^{-1}$	$6{,}3376 \cdot 10^{-6}$	1

1.1.4 Konzentrationen

Die Mengen-, Massen- und Volumenverhältnisse von mehrkomponentigen Systemen werden häufig in den folgenden Konzentrationsmaßen ausgedrückt:

Stoffmengenkonzentration c_i

$$c_i = n_i/V \quad (i = 2 \ldots k)$$

Molalität b_i

$$b_i = n_i/m_1 \quad (i = 2 \ldots k)$$

Massenbruch w_i

$$w_i = m_i/\sum_i m_i \quad (i = 1 \ldots k)$$

Molenbruch x_i

$$x_i = n_i/\sum_i n_i \quad (i = 1 \ldots k)$$

Volumenbruch σ_i

$$\sigma_i = V_i/\sum_i V_i \quad (i = 1 \ldots k)$$

Massenkonzentration C_i

$$C_i = m_i/V \quad (i = 2 \ldots k)$$

k = Anzahl der Komponenten
m_i = Masse der Komponente i
n_i = Molzahl der Komponente i
V_i = Volumen der Komponente i
V = Volumen der Lösung
ρ = Dichte der Lösung
Index 1 = Lösemittel
Index 2 ... k = Gelöstes

Konzentrationseinheiten für geringe Substanzmengen

ppm ≈ (Gewichtsprozent) · 10^4
ppb ≈ (Gewichtsprozent) · 10^7
ppt ≈ (Gewichtsprozent) · 10^{10}

1.1.4.1 Umrechnung von Konzentrationen

In verdünnten Lösungen gilt:

$$\sum_i n_i \approx n_1; \quad \sum_i n_i M_i \approx n_1 M_1; \; \rho \approx \rho_1$$

Daraus folgt:

$$x_i \approx M_1 b_i; \quad x_i \approx M_1 c_i/\rho_1; \quad c_i \approx \rho_1 b_i$$

Die nachfolgend aufgeführten Umrechnungstabellen vereinfachen sich für verdünnte Lösungen entsprechend.

1.1.4.1.1 Konzentrations-Umrechnungen für zwei Komponenten

	Massenbruch w_2	Molenbruch x_2	Stoffmengen-konzentration c_2	Molalität b_2
w_2	1	$\frac{M_2 x_2}{M_2 x_2 + M_1(1-x_2)}$	$\frac{M_2 c_2}{\rho}$	$\frac{M_2 b_2}{1+M_2 b_2}$
x_2	$\frac{M_1 w_2}{M_1 w_2 + M_2(1-w_2)}$	1	$\frac{M_1 c_2}{\rho - c_2(M_1 - M_2)}$	$\frac{M_1 b_2}{1+M_1 b_2}$
c_2	$\frac{\rho w_2}{M_2}$	$\frac{\rho x_2}{M_1 + x_2(M_2 - M_1)}$	1	$\frac{\rho b_2}{1+b_2 M_2}$
b_2	$\frac{w_2}{M_2(1-w_2)}$	$\frac{x_2}{M_1(1-x_2)}$	$\frac{c_2}{\rho - c_2 M_2}$	1

$w_2 = m_2/(m_1 + m_2)$; $x_2 = n_2/(n_1 + n_2)$; $c_2 = n_2/V$; $b_2 = n_2/m_2$.

1.1.4.1.2 Konzentrations-Umrechnungen für k Komponenten

	Massenbruch w_i	Stoffmengenanteil x_i	Stoffmengen-konzentration c_i	Molalität b_i
w_i	1	$\frac{x_i M_i}{\Sigma x_i M_i} = \frac{x_i M_i}{M}$	$\frac{c_i M_i}{\rho}$	
$x_{i(i \neq 1)}$	$\frac{w_i}{M_i \Sigma w_i / M_i}$	1	$\frac{M_1 c_i}{\rho + \sum_2^k (M_1 - M_i) c_i}$	$\frac{b_i}{1/M_1 + \sum_2^k b_i}$
x_1		$x_1 = n_1 / \Sigma n_i$	$\frac{\rho - \sum_2^k M_i c_i}{\rho + \sum_2^k (M_1 - M_i) c_i}$	$\frac{1}{1 + M_1 \sum_2^k b_i}$
c_i	$\frac{\rho w_i}{M_i}$	$\frac{\rho x_i}{\sum_1^k x_i M_i}$	1	$\frac{\rho b_i}{1 + \sum_2^k b_i M_i}$
b_i		$\frac{x_i}{M_1 x_1}$	$\frac{c_i}{\rho - \sum_2^k M_i c_i}$	1

1.2 Grundkonstanten

Atommasseneinheit, relative	u	$1{,}6605402(10) \cdot 10^{-27}$ kg
Avogadrosche Konstante	N_A	$6{,}0221367(36) \cdot 10^{23}$ mol^{-1}
Loschmidt-Zahl		
Bohrsches Magneton	$\mu_B = \dfrac{e\,h}{4\pi m_e}$	$9{,}2740154(31) \cdot 10^{-24}$ J T^{-1}
Bohrscher Wasserstoffradius	$a_0 = \dfrac{h^2}{4\pi^2 m_e e^2}$	$5{,}29177249(24) \cdot 10^{-11}$ m
Boltzmannsche Konstante	$k = \dfrac{R}{N_A}$	$1{,}380658(12) \cdot 10^{-23}$ J K^{-1}
Elektrische		
Elementarladung	e	$1{,}60217733(49) \cdot 10^{-19}$ C
Feldkonstante	ϵ_0	$8{,}854187818 \cdot 10^{-12}$ m^{-3}kg^{-1} s^4 A^2
Elektron		
g-Faktor	$g_e = 2 \cdot \mu_e/\mu_B$	2,002319304386(20)
magnetisches Moment	μ_e	$9{,}2847701(31) \cdot 10^{-24}$ J T^{-1}
Radius, klass.	r_e	$2{,}8179380(70) \cdot 10^{-15}$ m
Ruhemasse	m_e	$9{,}1093897(54) \cdot 10^{-31}$ kg
Ruheenergie	$m_e c_0^2$	$8{,}18724 \cdot 10^{-14}$ J
Spezifische Ladung	$\dfrac{e}{m_e}$	$1{,}7588047(49) \cdot 10^{11}$ C kg^{-1}
Thomson Querschnitt	$\sigma_e = (8/3)\pi r_e^2$	0,6652448
Energieäquivalent		
der Ruhemasse, m = 1 g	$E = m\,c^2$	$8{,}987555 \cdot 10^{13}$ J
Fallbeschleunigung	g_n	9,80665 m s^{-2}
Faradaysche Konstante	$F = N_A\,e$	$9{,}6485309(29) \cdot 10^4$ C mol^{-1}
Gaskonstante,		
universelle	R	8,314510(70) J K^{-1} mol^{-1}
Gravitationskonstante	G	$6{,}67259(85) \cdot 10^{-11}$ m^3 kg^{-1} s^{-2}
Hartree Energie	$E_h = \dfrac{h^2}{m_e\,a_0^2}$	$4{,}3597482(26) \cdot 10^{-18}$ J
Josephson Verhältnis	$\dfrac{2e}{h}$	$4{,}835939(13) \cdot 10^{14}$ Hz V^{-1}
Kernmagneton	$\mu_N = \dfrac{h\,e}{4\pi m_p}$	$5{,}0507866(17) \cdot 10^{-27}$ J T^{-1}
Kryptonlinie	^{86}Kr (5 $d_5 \rightarrow 2 p_{10}$)	$6057{,}8021 \cdot 10^{-10}$ m
Lichtgeschwindigkeit im Vakuum	c_0	$2{,}99792458 \cdot 10^8$ m s^{-1}
Magnetische Feldkonstante	μ_0	12,5663706144 $^{-7}$ H m^{-1}
Neutron		
Ruhemasse	m_n	$1{,}6749286(10) \cdot 10^{-27}$ kg
Ruheenergie	$m_n c_0^2$	$1{,}505373 \cdot 10^{-10}$ J
Plancksches Strahlungsgesetz		
Konstante c_1	$2\pi c_0^2 h$	$3{,}7417749(22) \cdot 10^{-16}$ W m^2
Konstante c_2	$\dfrac{c_0 h}{k}$	$1{,}438769(12) \cdot 10^{-2}$ m K

1.2 Grundkonstanten (Fortsetzung)

Plancksches Wirkungsquantum	h	$6{,}6260755(40) \cdot 10^{-34}$ J s
Proton		
magnetisches Moment	μ_p	$1{,}41060761(47) \cdot 10^{-26}$ J T^{-1}
Ruhemasse	m_p	$1{,}6726231(10) \cdot 10^{-27}$ kg
Ruheenergie	$m_p c_0^2$	$1{,}50330 \cdot 10^{-10}$ J
Spezifische Ladung	$\frac{e}{m_p}$	$9{,}57875 \cdot 10^{7}$ C kg^{-1}
Massenverhältnis Proton/Elektron	m_p/m_e	1836,15152
Gyromagnetisches Verhältnis	γ_p	$2{,}67522128(81) \cdot 10^{8}$ s^{-1} T^{-1}
Rydberg Konstante		
für Wasserstoff	R_H	$1{,}096775854 \cdot 10^{7}$ m^{-1}
für unendlich große Kernmasse	R_∞	$1{,}0973731534(13) \cdot 10^{7}$ m^{-1}
Sommerfeldsche Feinstrukturkonstante	α	$7{,}29735308(33) \cdot 10^{-3}$
	$1/\alpha$	137,03604
Stefan-Boltzmannsche Strahlungskonstante	σ	$5{,}67051(19) \cdot 10^{-8}$ W m^{-2} K^{-4}
Wasser		
Tripelpunkt		273,16 K
Wellenwiderstand des Vakuums	Γ_0	376,731 Ω
Wiensches Verschiebungsgesetz Konstante	$A = \frac{c_2}{4{,}96511}$	$2{,}8978 \cdot 10^{-3}$ m K
Zeeman Aufspaltungskonstante	$\frac{e}{4\pi m_e c}$	$46{,}68604$ m^{-1} T^{-1}

1.3 Universelle Gaskonstante

Gaskonstante R	Einheiten für		
	p V	T^{-1}	n^{-1}
8,314510(70)	J	K^{-1}	mol^{-1}
0,84781	kp m	K^{-1}	mol^{-1}
0,08314	1 bar	K^{-1}	mol^{-1}
0,0820562	1 atm	K^{-1}	mol^{-1}
1,98582	cal_{IT}	K^{-1}	mol^{-1}
$2{,}3095 \cdot 10^{-6}$	k Wh	K^{-1}	mol^{-1}
62,58	mm Hg l	K^{-1}	mol^{-1}
0,08478	kg cm^{-2} l	K^{-1}	mol^{-1}
$8{,}317 \cdot 10^{7}$	erg	K^{-1}	mol^{-1}

Literatur

Mills I et al. (1993) Quantities, Units and Symbols in Physical Chemistry. Blackwell Scientific Publications, Oxford

Marsh KN (1987) Recommended Reference Materials for the Realisation of Physicochemical Properties. Blackwell Scientific Publications, Oxford

2 Zusammenfassende Tabellen

2.1 Elemente

2.1.1 Periodensystem

1A 1A 1
1

Elementsymbol, Ordnungszahl und relative Atommasse (Atomgewicht)

„Europäische" Gruppenbezeichnung und alte IUPAC-Empfehlung
„Amerikanische" Gruppenbezeichnung, Chemical Abstracts Service bis 1986
neuer Vorschlag der IUPAC 1986

1A 1A 1	2 A 2A 2	3 A III B 3	4 A IV B 4	5 A V B 5	6 A VI B 6	7A VII B 7	8 A VIII B 8	8 A VIII B 9
1 H 1,00794								
3 Li 6,941	4 Be 9,012182							
11 Na 22,989768	12 Mg 24,3050							
19 * K 39,0983	20 Ca 40,078	21 Sc 44,955910	22 Ti 47,88	23 V 50,9415	24 Cr 51,9961	25 Mn 54,93805	26 Fe 55,847	27 Co 58,93320
37 Rb 85,4678	38 Sr 87,62	39 Y 88,90585	40 Zr 91,224	41 Nb 92,90638	42 Mo 95,94	43 * Tc 98,9063	44 Ru 101,07	45 Rh 102,90550
55 Cs 132,90543	56 Ba 137,327	57 bis 71 La-Lu	72 Hf 178,49	73 Ta 180,9479	74 W 183,84	75 Re 186,207	76 Os 190,23	77 Ir 192,22
87 * Fr 223,0197	88 * Ra 226,0254	89 bis 103 Ac-Lr	104 * Rf/Ku (261)	105 * Ha/Ns (262)	106 * Unh (263)	107 * Uns (262)	108 * Uno (265)	109 * Une (266)

57 La 138,9055	58 Ce 140,115	59 Pr 140,90765	60 Nd 144,24	61 * Pm 146,9151	62 Sm 150,36	63 Eu 151,965	64 Gd 157,25	65 Tb 158,92534
89 * Ac 227,0278	90 * Th 232,0381	91 * Pa 231,0359	92 * U 238,0289	93 * Np 237,0482	94 * Pu 244,0642	95 * Am 243,0614	96 * Cm 247,0704	97 * Bk 247,0703

* radioaktives Element.

8 A VIII B 10	1 B I B 11	2 B II B 12	3 B III A 13	4 B IV A 14	5 B V A 15	6 B VI A 16	7 B VII A 17	8 B VIII A 18
								2 He 4,002602
			5 B 10,811	6 C 12,011	7 N 14,00674	8 O 15,9994	9 F 18,9984032	10 Ne 20,1797
			13 Al 26,981539	14 Si 28,0855	15 P 30,973762	16 S 32,066	17 Cl 35,4527	18 Ar 39,948
28 Ni 58,69	29 Cu 63,546	30 Zn 65,39	31 Ga 69,723	32 Ge 72,61	33 As 74,92159	34 Se 78,96	35 Br 79,904	36 Kr 83,80
46 Pd 106,42	47 Ag 107,8682	48 Cd 112,411	49 In 114,818	50 Sn 118,710	51 Sb 121,757	52 Te 127,60	53 I 126,90447	54 Xe 131,29
78 Pt 195,08	79 Au 196,96654	80 Hg 200,59	81 Tl 204,3833	82 Pb 207,2	83 Bi 208,98037	84 * Po 208,9825	85 * At 209.9871	86 * Rn 222,0176
110 * Uun (272)	111 Uuu	112 Uub	113 Uut	114 Uuq	115 Uup	116 Uuh	117 Uus	118 Uuo

66 Dy 162,50	67 Ho 164,93032	68 Er 167,26	69 Tm 168,93421	70 Yb 173,04	71 Lu 174,967
98 * Cf 251,0796	99 * Es 252,0828	100 * Fm 257,0951	101 * Md 258,0986	102 * No 259,1009	103 * Lr 260,1054

2.1.2 Häufigkeit der Elemente auf der Erde

Ordnungszahl	Chem. Symbol	Lithosphäre ppm	Seewasser ppm	Ordnungszahl	Chem. Symbol	Lithosphäre ppm	Seewasser ppm
1	H	1400	110 000	44	Ru	–	
2	He			45	Rh	0,001	
3	Li	65	0,18	46	Pd	0,01	
4	Be	6	$6 \cdot 10^{-7}$	47	Ag	0,02	$4 \cdot 10^{-5}$
5	B	10	4,4	48	Cd	0,18	$1 \cdot 10^{-4}$
6	C	320	28	49	In	0,06	$1 \cdot 10^{-7}$
7	N	20	150	50	Sn	40	$1 \cdot 10^{-5}$
8	O	464 000	880 000	51	Sb	0,2	$2{,}4 \cdot 10^{-4}$
9	F	800	1,3	52	Te	$2 \cdot 10^{-3}$	
10	Ne			53	I	0,3	0,06
11	Na	28 300	10 770	54	Xe		
12	Mg	20 900	1290	55	Cs	3,2	$4 \cdot 10^{-4}$
13	Al	81 300	0,002	56	Ba	430	$2 \cdot 10^{-3}$
14	Si	277 200	2	57	La	18,3	$3 \cdot 10^{-6}$
15	P	1200	0,06	58	Ce	41,6	$1 \cdot 10^{-6}$
16	S	520	905	59	Pr	5,5	$6 \cdot 10^{-7}$
17	Cl	480	18 800	60	Nd	23,9	$3 \cdot 10^{-6}$
18	Ar			62	Sm	6,5	$5 \cdot 10^{-8}$
19	K	25 900	380	63	Eu	1,1	$1 \cdot 10^{-8}$
20	Ca	26 300	412	64	Gd	6,4	$7 \cdot 10^{-7}$
21	Sc	5	$6 \cdot 10^{-7}$	65	Tb	1	$1 \cdot 10^{-7}$
22	Ti	4400	$1 \cdot 10^{-3}$	66	Dy	4,5	$9 \cdot 10^{-7}$
23	V	150	$2{,}5 \cdot 10^{-3}$	67	Ho	1,2	$2 \cdot 10^{-7}$
24	Cr	200	$3 \cdot 10^{-4}$	68	Er	2,5	$8 \cdot 10^{-7}$
25	Mn	1000	$2 \cdot 10^{-4}$	69	Tm	0,2	$2 \cdot 10^{-7}$
26	Fe	50 000	$2 \cdot 10^{-3}$	70	Yb	2,7	$8 \cdot 10^{-7}$
27	Co	40	$5 \cdot 10^{-5}$	71	Lu	0,8	$2 \cdot 10^{-7}$
28	Ni	100	$1{,}7 \cdot 10^{-3}$	72	Hf	4,5	$7 \cdot 10^{-6}$
29	Cu	70	$5 \cdot 10^{-4}$	73	Ta	2,1	$2 \cdot 10^{-6}$
30	Zn	80	$4{,}9 \cdot 10^{-3}$	74	W	1	$1 \cdot 10^{-4}$
31	Ga	15	$3 \cdot 10^{-5}$	75	Re	$1 \cdot 10^{-3}$	–
32	Ge	7	$5 \cdot 10^{-5}$	76	Os	–	–
33	As	5	$3{,}7 \cdot 10^{-3}$	77	Ir	$1 \cdot 10^{-3}$	–
34	Se	0,09	$2 \cdot 10^{-4}$	78	Pt	$5 \cdot 10^{-3}$	–
35	Br	2,5	67	79	Au	$3 \cdot 10^{-3}$	$4 \cdot 10^{-6}$
36	Kr			80	Hg	0,5	$3 \cdot 10^{-5}$
37	Rb	280	0,12	81	Tl	0,3	$1 \cdot 10^{-5}$
38	Sr	150	8,0	82	Pb	16	$3 \cdot 10^{-5}$
39	Y	28,1	$3 \cdot 10^{-6}$	83	Bi	0,2	$2 \cdot 10^{-5}$
40	Zr	220	$3 \cdot 10^{-5}$	90	Th	11,5	–
41	Nb	20	$1 \cdot 10^{-5}$	92	U	4	–
42	Mo	2,3	0,01				

2.1.3 Physikalische und chemische Eigenschaften der Elemente

Auf den folgenden Seiten sind in alphabetischer Reihung der Elemente ihre wichtigsten Eigenschaften tabellarisch wiedergegeben. Die Angaben beziehen sich auf Zimmertemperatur (298,15 K) und Normaldruck $101{,}325 \cdot 10^5$ Pa, falls keine abweichenden Angaben vermerkt sind.

In der ersten Reihe der Tabelle finden sich von links nach rechts das Elementsymbol, der deutsche Name des Elements, O.Z. – die Ordnungszahl –, rel. A. M. – die relative Atommasse –, der englische Name des Elements und die Chemical Abstracts Registry Number. Dabei sind die Atommassen auf das Kohlenstoffisotop $^{12}C = 12{,}000$ bezogen und entsprechen dem Stand von 1989 (Pure and Applied Chemistry 63 (1991) 975). Ein hinter die Atommasse gestellter Kleinbuchstabe a bezeichnet Elemente, für die in natürlichen Proben Abweichungen außerhalb der Fehlergrenze auftreten können, b kennzeichnet solche Elemente, bei denen starke Schwankungen in natürlichen Proben eine genauere Atomgewichtsbestimmung nicht zulassen, mit c markierte Atomgewichte sind auf Elemente angewendet, deren kommerziell erhältliche Proben durch Isotopentrennung starke Abweichungen von den in der Tabelle angegebenen Atomgewichten aufweisen können. Bei den mit d gekennzeichneten Elementen ohne stabile Isotope wird das Atomgewicht des Isotops mit der größten Halbwertzeit wiedergegeben.

Kern
In der Spalte Z ist die Zahl der Isotope des Elements, in der Spalte IM der Massenbereich dieser Isotope enthalten. Die darauf folgenden Kernresonanzdaten werden nur für das Isotop mit der höchsten absoluten Empfindlichkeit aufgeführt. Die Spalte RE gibt die relative Empfindlichkeit (^1H = 1,00) wieder, AE die absolute Empfindlichkeit, die aus der relativen Empfindlichkeit durch Multiplikation mit der natürlichen Häufigkeit des Isotops erhalten wird. GV ist das gyromagnetische Verhältnis, QM das Quadrupolmoment, die in m^2 angegebenen Werte können in barn durch Multiplikation mit 10^{28} umgerechnet werden. Die Resonanzfrequenz F bezieht sich auf das ^1H Signal des $Si(CH_3)_4$ in einem Magnetfeld von 2,3488 T, die unter diesen Bedingungen 100,000 MHz beträgt. Liegt die ^1H Frequenz des NMR-Gerätes bei n MHz, erhält man die entsprechenden Resonanzfrequenzen der Elemente durch Multiplikation des tabellierten Wertes mit n/100. Die Spalte REF enthält die übliche Standardsubstanz.

Elektronenhülle
Die Tabelle enthält unter El. Konf. den Grundzustand der Elektronenhülle, unter G. T. das entsprechende Termsymbol. Anschließend finden sich EA, die Elektronenaffinität, angegeben in kJ mol^{-1} für den Vorgang $E + e \rightarrow E^-$ (positives Vorzeichen bedeutet in diesem Fall das Freiwerden von Energie) und I, die Ionisationsenergien, in kJ mol^{-1}: In der Spalte +1 für den Vorgang $E \rightarrow E^+ + e$, in der Spalte +2 für $E^+ \rightarrow E^{2+} + e$ usf, positives Vorzeichen bedeutet in diesem Fall, daß Energie aufgewendet werden muß. Elektronegativitäten und Radien der Elemente sind in 2.1.4 und 2.1.5 tabellarisch zusammengefaßt.

Thermodynamische Eigenschaften
T_f bzw. T_v sind der Schmelz- bzw. Siedepunkt des Elements in K. ΔH_f bzw. ΔH_v sind die Standardenthalpien für das Schmelzen bzw. Verdampfen bei der jeweiligen Umwandlungstemperatur. ΔH_{at} ist die Standardbildungsenthalpie von monoatomarem Gas aus dem Element, $C_p^0(g)$ die spezifische Wärme, $S^0(g)$ die Standardentropie des monoatomaren Gases bei $101{,}325 \cdot 10^5$ Pa und 298,15 K. H_{298} ist die Enthalpiedifferenz H(298) – H(0) für das gasförmige Element. Für Berechnungen ist wichtig zu beachten, daß letzterer Wert für die Elemente in ihrem Referenzzustand bei Standardbedingungen null ist.

Die thermodynamischen Funktionen sind für die Elemente in ihren Standardzuständen, also in dem Aggregatzustand und der Modifikation, die bei einem Druck von $101{,}325 \cdot 10^5$ Pa und einer Temperatur von 298,15 K stabil ist, wiedergegeben. Es sind Cp = Cp(T) die Temperaturabhängigkeit der spezifischen Wärme des Elements, S = S^0(T) die Entropie und ΔH = H(T) – H(298,15) der Enthalpieinhalt des Elements.

Findet ein Phasenübergang statt, erscheint die Phasenübergangstemperatur zweimal, die Differenz zwischen den jeweiligen Entropie- bzw. Enthalpiewerten ergibt die Phasenübergangsentropie bzw. -enthalpie.

Physikalische Eigenschaften
Die Tabellen der physikalischen Eigenschaften sind für Elemente, die im Standardzustand kondensiert sind, und solche, die als Gase vorliegen, in der Darstellung der physikalischen Eigenschaften anders konzipiert.

Für die Elemente, die im Standardzustand kondensiert sind, wurden folgende Daten gewählt: MV, das Molvolumen in cm^{-3}/mol, D, die Dichte in kg m^{-3}, α der lineare Ausdehnungskoeffizient bei 298,15 K in $10^{-6} \cdot K^{-1}$, ΔV die relative Volumenänderung $V_{fl} - V_f / V_{fl}$ am Schmelzpunkt, $\varkappa$ die kubische Kompressibilität in Pa^{-1}, E der Elastizitätsmodul, G der Gleit- oder Schubmodul, beide in GPa, μ ist die Poissonsche Zahl (Verhältnis der Querkontraktion zur Längsdehnung), V_s(l) und V_s(t) sind Schallgeschwindigkeiten in ms^{-1} für longitudinale (l) und transversale (t) Wellen, λ ist die Wärmeleitzahl in $Wm^{-1}K^{-1}$, ρ der spezifische Widerstand in nΩm, R_m die Zugfestigkeit in MPa, $\Delta\rho$ (T) ist der Temperaturkoeffizient des elektrischen Widerstands $\frac{\Delta\rho}{\rho \cdot \Delta T}$ in 10^{-4} K^{-1} zwischen 298,15 und 398,15 K, $\Delta\rho$(p) der Druckkoeffizient des elektrischen Widerstands $\rho_2 - \rho_1/\rho_1(P_2 - P_1)$ mit P_2 = 1000 MPa und P_1 = 0,1 MPa. χ_M ist die Massensuszeptibilität in $kg^{-1}m^3$, ψ (th) und ψ (ph) das thermische (th) bzw. photoelektrische Austrittspotential in V. Des weiteren werden Eigenschaften für flüssige Elemente am Schmelzpunkt aufgeführt, nämlich D, die Dichte, χ_M, die Massensuszeptibilität, η, die dynamische Viskosität in mPa s, γ, die Oberflächenspannung in Nm^{-1}, λ, die Wärmeleitzahl, $d\gamma/dT$, die Temperaturabhängigkeit der Oberflächenspannung und abschließend HV, die Vickershärte des kondensierten Elements bei 293 K.

An die physikalischen Eigenschaften schließt sich eine kurze Elementbeschreibung an, in der Herkunft des Namens, Herstellung und Vorkommen des Elements und die wichtigsten Eigenschaften und Verwendungsmöglichkeiten wiedergegeben sind. Danach eine Zusammenfassung der Oxidationszahlen und der Standardreduktionspotentiale (in V) in wässrigen Lösungen. Sind die Normalpotentiale einer zusammenliegenden Reihe von Redoxpaaren eines Elements bekannt, berechnet man die Redoxpotentiale nicht zusammenhängender Paare nach der folgenden Regel: Man nimmt die Redoxpotentiale der zwischen diesem Paar liegenden Schritte, multipliziert sie jeweils mit der Zahl der umgesetzten Elektronen, addiert sie und dividiert durch die Gesamtzahl der umgesetzten Elektronen.

In dem Abschnitt Struktur sind für jede Modifikation enthalten:

RG, die Raumgruppe mit Herman-Maugin und Schoenflies-Bezeichnung, PS, das Pearsonsymbol, SB, der Strukturtyp nach den Strukturberichten, anschließend folgen die Massenschwächungskoeffizienten für CuK_α und MoK_α-Röntgenstrahlen (International Tables for X-ray Crystallography, Vol III, International Union of Crystallographers, The Kynoch Press, Birmingham, 1962).

In der nächsten Reihe stehen die Kantenlängen (pm) und Winkel (°) der Elementarzellen, die Meßtemperatur, K_Z die Koordinationszahl und d_{E-E} die kürzesten Elementabstände.

Dieser Aufstellung der Modifikationen folgen ergänzende Angaben zu den physikalischen Eigenschaften, insbesondere Angaben über die Temperaturabhängigkeit von Eigenschaften, über die Selbstdiffusion, die Änderung des elektrischen Widerstandes im Magnetfeld und die Hall-Koeffizienten. Ferner findet man bei wichtigen Metallen das Reflektions- und Emissionsvermögen sowie Angaben über die Abhängigkeit physikalischer Eigenschaften von der Kristallorientierung. Für den Dampfdruck wird auf die Tab. 4.1.1.2 und für die Molwärmen auf Tab. 5.1.1.1 verwiesen.

Für die Elemente, die im Standardzustand gasförmig sind, sowie für Br_2 und I_2 schließt sich an die Tabellen der physikalischen Eigenschaften eine Tabelle an, in der folgende Daten enthalten sind:

GZ	Grundzustand
B_0	Rotationskonstante in cm^{-1}
ω_0	Wellenzahl der Kernschwingungsfrequenz in cm^{-1}
Θ_r	$\frac{B_0 \cdot hc}{k}$, die Rotationstemperatur in K
$\chi_0\omega_0$	Anharmonizitätszahl × Kernschwingungswellenzahl in cm^{-1}
WZ	Wechselwirkungszahl zwischen Kernschwingung und Rotation in cm^{-1}
r_0	Kernabstand in pm
f	die Kraftkonstante der Kernschwingung in Nm^{-1}
I	Trägheitsmoment in 10^{-47} kg m^2
ΔH_{Dis}	Dissoziationsenergie bei 0 K in eV
d	Gaskinetischer Durchmesser aus Viskosität und kritischen Daten in pm
Suth-K	Sutherland-Konstante
D	Selbstdiffusion in $cm^2 s^{-1}$
T_K	kritische Temperatur in K
P_K	kritischer Druck in MPa
D_K	kritische Dichte kg m^{-3}
V_g	Schallgeschwindigkeit im Gas in ms^{-1}
V_f	Schallgeschwindigkeit in der Flüssigkeit in ms^{-1}
T_{Tr}	Tripelpunkt in K
P_{Tr}	Druck am Tripelpunkt in MPa
λ	Wärmeleitfähigkeit bei 273,15 K
$(\epsilon-1)10^6$	Statische Dielektrizitätskonstante, Differenz gegen 1
χ	Massensuszeptibilität $kg^{-1} m^3$
$(n-1)10^6$	Brechzahl (273,15 K, 101,325 · 10^5 Pa), Differenz gegen 1

In die Ergänzungen zu den physikalischen Eigenschaften wurden die Dichten der koexistierenden Phasen im Sättigungszustand aufgenommen, für die Werte nicht bei den thermodynamischen Funktionen in Tabelle 5.1.2 aufgeführt sind, ferner die Daten für Viskosität und Wärmeleitfähigkeit im flüssigen Zustand und die Löslichkeit in Wasser.

Von den Eigenschaften, für die in der Haupttabelle nur der Wert in der Nähe der Zimmertemperatur aufgeführt ist, findet man für die meisten der beschriebenen Gase noch Werte bei anderen Temperaturen bzw. Drucken in den folgenden Tabellen:

Dampfdrucke in Tabelle 4.1.1
pV-Werte in Tabelle 3.3.3.3
Wärmekapazität in Tabelle 5.1.1.1, 5.1.2
Thermodynamische Funktionen in Tabelle 5.1.3
Joule-Thomson-Effekt in Tabelle 5.4

Ac	**Actinium**	O.Z.	89	rel. A.M.	227,0278,d	7440-34-8

Kern

Z	I.M.B.	Kern	AE. [^{1}H = 1,00]	RE [^{1}H = 1,00]	GV[rad T^{-1} s^{-1}]	QM [m^2]	F [Hz]	Ref.
11	221–231	^{227}Ac			$3,5 \cdot 10^7$	$1,7 \cdot 10^{-28}$	13,1	

Elektronenhülle

El. konf.	G.T.	E.A.	I [$kJmol^{-1}$]	
		[$kJmol^{-1}$]	+1	+2
[Rn] $6d^17s^2$	$^2D_{3/2}$	29	669	1170

Thermodynamische Eigenschaften

T_f	T_v	ΔH_f	ΔH_v	ΔH_{at}	Cp (g)	S(g)
K	K	$kJmol^{-1}$	$kJmol^{-1}$	$kJmol^{-1}$	$JK^{-1} mol^{-1}$	$JK^{-1} mol^{-1}$
1320	3470	14,2	293	406	20,84	188,1

Physikalische Eigenschaften

MV	D	α	ΔV	$\varkappa$	μ	V_s(l)	V_s(t)	λ
cm^3	$kg\ m^{-3}$	$10^{-6} K^{-1}$		Pa^{-1}		$m\ s^{-1}$		$Wm^{-1}K^{-1}$
22,8	10060	14,9						12

Actinium (gr.: aktinos = Strahl) wurde 1899 von A. Debierne entdeckt. Alle Isotope sind instabil. Das einzige natürlich vorkommende Isotop ist ein β-Strahler mit einer Halbwertzeit von 21,77 Jahren und wird in Spuren in Uranerzen gefunden. Actinium wird metallothermisch aus AcF_3 durch Reduktion mit Lithiumdampf bei 1100–1300 °C hergestellt. Chemisch verhält sich Actinium ähnlich wie Lanthan: Es verbrennt leicht zu Ac_2O_3, reagiert mit Halogenen zu AcX_3 und mit den meisten Nichtmetallen beim Erwärmen.

Oxidationsstufen: 0, 3+
Standardreduktionspotentiale: basisch $Ac(OH)_3 \xrightarrow{-2,13} Ac$
sauer: $Ac^{3+} \xrightarrow{-2,6} Ac$

Struktur

RG	SB	PS
$Fm\bar{3}m$	A1	cF4

$a = 531,1$ pm
$K_z = 12$, $d_{Ac-Ac} = 375,5$ pm

Al	**Aluminium**	O.Z.	13	rel. A.M.	26,981539	Aluminum	7429-90-5

Kern

Z	I.M.B.	Kern	RE [^{1}H = 1,00]	AE. [^{1}H = 1,00]	GV[rad T^{-1} s^{-1}]	QM [m^2]	F [Hz]	Ref.
8	24–30	^{27}Al	0,21	0,21	$6,9704 \cdot 10^7$	$0,4193 \cdot 10^{-28}$	26,057	$Al(H_2O)_6^{3+}$

Elektronenhülle

El. konf.	G.T.	E.A.	I [$kJmol^{-1}$]		
		[$kJmol^{-1}$]	+1	+2	+3
[Na] $3s^2$ $3p^1$	$^2P_{1/2}$	42,55	577	1817	2745

Thermodynamische Eigenschaften

T_f	T_v	ΔH_f	ΔH_v	ΔH_{at}	Cp (g)	S(g)	H_{298}
K	K	kJ mol^{-1}	kJ mol^{-1}	kJ mol^{-1}	JK^{-1} mol^{-1}	JK^{-1} mol^{-1}	kJ mol^{-1}
933,45	2790,8	10,71	294,0	329,7	21,38	164,55	4,540

T	K	298,15	300	400	500	600	700	800	900	933,45
Cp	$JK^{-1}mol^{-1}$	24,30	24,32	25,78	27,00	28,09	29,28	30,84	33,06	33,99
S	$JK^{-1}mol^{-1}$	28,28	28,43	35,63	41,52	46,54	50,95	54,96	58,71	59,93
ΔH	$kJmol^{-1}$	0	0,05	2,55	5,19	7,95	10,82	13,82	17,01	18,13
T	K	933,45	1000	1100	1200	1300	1400	1500	1600	1700
Cp	JK^{-1} mol^{-1}	31,75	31,75	31,75	31,75	31,75	31,75	31,75	31,75	31,75
S	JK^{-1} mol^{-1}	71,41	73,60	76,62	79,38	81,92	84,28	86,47	88,52	90,44
ΔH	$kJmol^{-1}$	28,84	30,95	34,13	37,30	40,47	43,65	46,82	50,00	53,17

Physikalische Eigenschaften

MV	D	α	ΔV	$\varkappa$	E	G
cm^3	kg m^{-3}	10^{-6} K^{-1}		10^{-5} MPa^{-1}	GPa	
10,00	2698	23,03	0,065	1,33	70,3	26
$\Delta\rho_{(T)}$	$\Delta\rho_{(P)}$	χ_M	$\psi_{(th)}$	$\psi_{(ph)}$	D[1]	χ_M[1]
10^{-4} K^{-1}	10^{-9} hPa^{-1}	kg^{-1} m^3	V	V	kg m^{-3}	kg^{-1} m^3
46	–4,06	$7,9 \cdot 10^{-9}$	3,74	4,28	2390	$5,6 \cdot 10^{-9}$

μ	V_s(l)	V_s(t)	λ	ρ	R_m
	ms^{-1}		$Wm^{-1}K^{-1}$	nΩm	MPa
0,339	6360	3130	237	25,0	90–100
η[1]	γ[1]	λ[1]	dγ/dT[1]	HV	
mPa s	Nm^{-1}	Wm^{-1} K^{-1}	Nm^{-1} K^{-1}	MNm^{-2}	
1,38	0,860	90	$-0,135 \cdot 10^{-3}$	167	

[1] flüssig.

Aluminium (lt.: alumen = das Mineral Alaun) wurde nach dem schon den Ägyptern bekannten Alaun $KAl(SO_4)_2$ von H. Davy 1807 benannt. Seine Reindarstellung gelang F. Wöhler 1827 durch Reduktion von $AlCl_3$ mit Kalium. Aluminium ist ein silbrig-weißes, leicht verformbares Metall, das durch eine dünne Oxidschicht gegen Korrosion geschützt ist. Al ist das auf der Erde verbreiteste metallische Element, kommt aber nur in Verbindungen vor. Für die technische Darstellung wichtig ist das Mineral Bauxit, das unter Druck bei 170 °C mit NaOH (conc.) aufgeschlossen wird. Die unlöslichen Anteile werden durch Filtration abgetrent, das lösliche Natriumaluminat durch Neutralisation zersetzt (Bayer-Prozeß).

Das gefällte $Al(OH)_3$ wird zu Al_2O_3 entwässert und daraus durch Schmelzflußelektrolyse (Hall-Heroult Verfahren) Al gewonnen. Zur Schmelzpunkterniedrigung wird synthetischer Kryolith Na_3AlF_6 zugesetzt. Das Element reagiert bei höheren Temperaturen mit den meisten Nichtmetallen zu Verbindungen wie Al_4C_3, AlN, $AlCl_3$, bildet aber auch intermetallische Verbindungen mit vielen Metallen. Al löst sich in verdünnten Säuren und in wässriger NaOH (KOH) unter Wasserstoffentwicklung, nicht aber in oxidierenden Säuren. Reines Al ist weich. Seine Eigenschaften werden daher durch Zugabe von Elementen wie Cu, Si, Mn, Mg verbessert. Die Legierungen sind Werkstoffe mit geringem Gewicht, guter Korrosionsbeständigkeit, hoher Festigkeit und guter Bearbeitbarkeit. Aufgedampfte, dünne Al-Schichten werden zur Verspiegelung eingesetzt.

Oxidationsstufen: 0, 1+, 3+

Standardreduktionspotentiale: basisch $[Al(OH)_4]^- \xrightarrow{-2,35} Al$

sauer $Al^{3+} \xrightarrow{-1,662} Al$

Struktur

RG	SB	PS	μ/g [cm² g⁻¹]	Al flüssig	
$Fm\bar{3}m$	A1	CF4	CuK_α 48,6 MoK_α 5,16	$K_z = 8,3$	$d_{Al-Al} = 296$ pm
$a = 404,953$ pm [298 K]				bei T_f	
$K_z = 12$, $d_{Al-Al} = 286,3$ pm					

Weitere physikalische Eigenschaften

Wärmeausdehnungszahl $\bar{\alpha}$ (Al 99,99%):

T [K]	333		373	473	573	673	773
$\bar{\alpha}$ (283-T) [K^{-1}]	23,03	293-T	23,86	24,58	25,45	26,49	$27,68 \cdot 10^{-6}$

Dehngrenze $R_{P0,2}$, Zugfestigkeit R_m, Bruchdehnung A_5 und A_{10} und Brinellhärte *HB*; Al (99,99%) bei Z.T.:

Zustand	Dicke mm	$R_{P0,2}$ MPa	R_m MPa	A_5** %	A_{10}** %	*HB* $kpmm^{-2}$
Bleche und Bänder						
weich	5–2	15–30	40–60	330–350	150–200	15–20
halbhart	3–2	30–50	60–90	180–200	200–250	20–25
hart	2	50–100	100–130	50–100	220–300	25–35
Stangen und Drähte	Ø mm					
gepreßt	6	15	40	300–530	250–500	15
weichgeglüht	10	15–30	40–60	300–550	250–500	15–20
hart	2	90–120	110–140	50–100	40–80	25–35

** 5 und 10 geben das Verhältnis der Meßlänge L_0 zu dem Durchmesser der Probe an. Ist der Querschnitt kein Kreis, dann wird der Durchmesser des dem Querschnitt flächengleichen Kreises eingesetzt.

Dehngrenze $R_{p\,0,1}$ Zugfestigkeit R_m bei erhöhten Temperaturen; Al (99,5%):

T [K]	Zustand weich $R_{p\,0,1}$ MPa	R_m	¼ hart (H 14) $R_{p\,0,1}$ MPa	R_m	¾ hart (H 18) $R_{p\,0,1}$ MPa	R_m
270	35	91	120	127	155	169
373	35	77	106	113	127	155
478	25	42	49	67	28	42
589	11	18	11	18	11	18
644	7	14	7	14	7	14

Viskosität η:

T [K]	935	952	973	1041	1079	1106
η [mPa · s]	1,379	1,339	1,286	1,175	1,102	1,058

Selbstdiffusion (f)

$$\Delta T\ (515-770\ \text{K}),\quad D_0 = 0{,}137 \cdot 10^{-4}\,\text{m}^2\,\text{s}^{-1};\quad Q = 123{,}5\ \text{kJ mol}^{-1}.$$

Elektrischer Widerstand ϱ_{fl} (933K) = 200 nΩm, $\dfrac{\varrho_{fl}}{\varrho_f} = 1{,}64$ (auch 2,2).

Änderung des elektrischen Widerstands ϱ (Al kleinkristallin) im Magnetfeld H:

	H MA m^{-1}	$\left(\dfrac{\varrho_H - \varrho_0}{\varrho_0}\right)_T$
⊥ zum Meßstrom:		
$T = 77{,}2$ K $\dfrac{\varrho_{77,2}}{\varrho_{273}} = 0{,}16$	10,3	0,0025
	20,1	0,0087
$T = 20{,}2$ K $\dfrac{\varrho_{20,2}}{\varrho_{273}} = 0{,}00675$	10,3	0,0172
	23,5	0,0640
‖ zum Meßstrom:		
$T = 77{,}2$ K $\dfrac{\varrho_{77,2}}{\varrho_{273}} = 0{,}156$	12,6	0,0012
	20,1	0,0033
$T = 20{,}2$ K $\dfrac{\varrho_{20,2}}{\varrho_{273}} = 0{,}00676$	10,3	0,0075
	23,5	0,0291

Hall-Koeffizient R bei 300 K; magnetische Induktion

$$B = 0{,}2-1{,}5\ \text{Vs/m}^2;\quad R = -0{,}343 \cdot 10^{-10}\,\text{m}^3/\text{As}.$$

Magnetische Suszeptibilität 933 K: χ (Al f) $= 0{,}578 \cdot 10^{-9}$ m^3 kg^{-1}
χ (Al fl) $= 0{,}433 \cdot 10^{-9}$ m^3 kg^{-1}

Spektrales Emissionsvermögen ϵ ($\lambda = 0{,}65$ µm):

T [K]	900–1100	1200	1300
ϵ	0,12	0,14	0,17

Spektrales Reflektionsvermögen:

λ	0,220 – 0,250 nm	1 µm	1,1 – 10 µm
	80 – 87%	96%	97%

Schallgeschwindigkeit in Al(fl) bei 933 K: $v = 4650\ \mathrm{ms^{-1}}$

Knight-Shift am Schmelzpunkt: $K_f = 0{,}164\%$, $K_{fl} = 0{,}164\%$
Supraleitung: Sprungtemperatur 1,2 K
kritische Feldstärke $H_0 = 99$ Oe

Thermoelektrischer Koeffizient: $\varepsilon = -0{,}6\ \mu\mathrm{V\ K^{-1}}$

Am	**Americium**	O.Z.	95	rel. A.M.	243,0614,d		7440-35-9

Kern

Z	I.M.B.	Kern	RE [^{1}H = 1,00]	AE [^{1}H = 1,00]	GV [rad $T^{-1}s^{-1}$]	QM [m^2]	F [Hz]	Ref.
13	237 – 247	^{243}Am	–	–	$1{,}54 \cdot 10^7$	$4{,}9 \cdot 10^{-28}$	5,76	–

Elektronenhülle

El. konf.	G.T.	E.A.	I [kJ mol^{-1}]		
		[kJ mol^{-1}]	+1	+2	+3
[Rn] $5f^7 7s^2$	$^8S_{7/2}$	–	546	1170	1820

Thermodynamische Eigenschaften

T_f	T_v	ΔH_f	ΔH_v	ΔH_{at}	Cp(g)	S(g)	H_{298}
K	K	kJ mol^{-1}	kJ mol^{-1}	kJ mol^{-1}	JK^{-1}mol^{-1}	JK^{-1} mol^{-1}	kJ mol^{-1}
1449	2880	9,93	238,5	284,1	20,79	194,55	6,407

T	K	298,15	300	400	500	600	700	800	900	923	923
Cp	JK^{-1} mol^{-1}	25,85	25,87	27,15	28,47	29,82	31,17	32,53	33,89	34,21	31,96
S	JK^{-1} mol^{-1}	54,49	54,65	62,26	68,46	73,77	78,47	82,72	86,63	87,49	88,33
ΔH	kJmol^{-1}	0	0,05	2,70	5,48	8,39	11,44	14,63	17,95	18,73	19,51
T	K	1000	1100	1200	1300	1350	1350	1400	1449	1449	1500
Cp	JK^{-1} mol^{-1}	33,02	34,50	36,07	37,69	38,52	39,75	39,75	39,75	41,84	41,84
S	JK^{-1} mol^{-1}	90,93	94,15	97,22	100,17	101,61	105,95	107,39	108,76	118,69	120,14
ΔH	kJ mol^{-1}	22,01	25,38	28,91	32,60	34,50	40,36	42,35	44,30	58,69	60,82

Physikalische Eigenschaften

MV	D		λ	ϱ
cm^3	kgm^{-3}		Wm^{-1} K^{-1}	nΩm
17,78	13670		~ 10	680
$\Delta\varrho$ (T)[1]		χ_M		
10^{-4} K^{-1}		kg^{-1} m^3		
33		$5 \cdot 10^{-8}$		

[1] 4 – 300 K.

Americium (Amerika): Seaborg et al. erzeugten Am als viertes Transuran 1944 durch den Beschuß von ^{239}Pu mit Neutronen. Alle Isotope sind instabil. Das langlebigste Isotop ist ^{243}Am mit einer Halbwertzeit von $8{,}8 \cdot 10^3$ a. Am-Verbindungen können in 0,5 kg-Mengen aus Reaktorabbränden isoliert werden. Es ist ein silbrig-glänzendes Metall, das metallothermisch aus dem Fluorid oder Oxid dargestellt werden kann. An Luft überzieht es sich langsam mit einer Oxidschicht.

Oxidationsstufen. 0, 2+, 3+, 4+, 5+, 6+, 7+
Standardreduktionspotential

sauer

$$AmO_2^{2+} \xrightarrow{+1{,}639} AmO_2^{+} \xrightarrow{+1{,}261} (Am^{4+}) \xrightarrow{+2{,}181} Am^{3+} \xrightarrow{-2{,}93} Am^{2+} \xrightarrow{-2{,}01} Am^0$$

(1M–$HClO_4$)
basisch

$$AmO_2(OH)_2 \xrightarrow{+1{,}1} AmO_2(OH) \xrightarrow{0{,}7} AmO_2 \xrightarrow{0{,}5} Am(OH)_3 \xrightarrow{-2{,}68} Am$$

Struktur

RG SB PS

α: $P6_3/mmc$ D_{6h}^4; A3; hP4

a = 346,81 c = 1124,1 pm

$K_z = 6 + 6$ $d_{Am-Am} = 346{,}8; 345{,}1$ pm

>1347 K

RG

β: $Fm\bar{3}m$

a = 489,3 pm

$K_z = 12$ d_{Am-Am} 346,0 pm

$\Delta H_u\ (\alpha - \beta) = 0{,}88\ kJ\ mol^{-1}$

>15,2 GPa; (AmII)
Cmcm D_{2h}^{17}; A20; oC4; a = 306,3 b = 596,8 c = 516,9 pm

Sb	**Antimon**	O.Z.	51	rel. A.M.	121, 757, a	Antimony	7440-36-0

Kern

Z	I.M.B.	Kern	RE [$^1H = 1{,}00$]	AE [$^1H = 1{,}00$]	GV [rad $T^{-1}\,s^{-1}$]	QM [m^2]	F [Hz]	Ref.
29	112–133	^{121}Sb	0,16	0,0916	$6{,}4016 \cdot 10^7$	$-0{,}53 \cdot 10^{-28}$	23,930	$[Et_4N]\ [SbCl_6]$

Elektronenhülle

El. konf.	G.T.	E.A. [kJ mol^{-1}]	I [kJ mol^{-1}]				
			+1	+2	+3	+4	+5
$[Kr]4d^{10}5s^25p^3$	$^4S_{3/2}$	101	833	1590	2440	4260	5400

Antimon: (griech.: antimonos lat.: stibium, beides für das Mineral Grauspießglanz) war schon im Altertum bekannt. In der Natur tritt es nur in Verbindungen (Chalkogenide oder Antimonide) auf. Die Herstellung des Elements gelang den Sumerern (5000 v. Chr.) und dann wahrscheinlich B. Valentine 1492. Reiche Sb-Erze werden unter reduzierenden Bedingungen in Sb_2S_3 überführt und dann mit Eisenschrott behandelt. ($Sb_2S_3 + 3\ Fe \rightarrow 2\ Sb + 3\ FeS$). Aus armen Erzen wird durch oxidierende Röstung das Oxid absublimiert und anschließend mit Kohle reduziert. Antimon ist ein Halbmetall, sehr spröde, silber-weiß und metallisch glänzend. Sb ist gegen Luft und Feuchtigkeit stabil. Es reagiert beim Erwärmen mit O_2 und Chalkogenen, heftig mit F_2 und Cl_2 und weniger heftig mit Br_2 und I_2. Es löst sich nicht in verdünnten Säuren, leicht in oxidierenden Säuren. Sb wird als Legierungsmetall verwendet (in Pb-Legierungen, wie Letter- oder Lagermetallen zum Härten, in Sn-Loten, in Messing zur Verhinderung der Entzinkung), außerdem als Komponente von III – V Halbleitern (InSb, AlSb, GaSb).

Thermodynamische Eigenschaften

T_f	T_v	ΔH_f	ΔH_v	ΔH_{at}	Cp (g)	S (g)	H_{298}
K	K	kJ mol^{-1}	kJ mol^{-1}	kJ mol^{-1}	$JK^{-1} mol^{-1}$	$JK^{-1}mol^{-1}$	kJ mol^{-1}
904	1860	21,985	165,8	264,6	20,79	180,26	5,870

T	K	298,15	300	400	500	600	700	800	900	904
Cp	$JK^{-1} mol^{-1}$	25,23	25,25	25,94	26,46	27,14	28,08	29,33	30,91	30,98
S	$JK^{-1} mol^{-1}$	45,52	45,69	53,05	58,89	63,77	68,02	71,85	75,39	75,53
ΔH	kJ mol^{-1}	0	0,05	2,61	5,23	7,91	10,67	13,54	16,54	16,69
T	K	904	1000	1100	1200	1300	1400	1500	1600	1700
Cp	$JK^{-1} mol^{-1}$	31,38	31,38	31,38	31,38	31,38	31,38	31,38	31,38	31,38
S	$JK^{-1} mol^{-1}$	97,52	100,68	103,67	106,40	108,92	111,24	113,41	115,43	117,33
ΔH	kJ mol^{-1}	36,54	39,56	42,69	45,83	48,97	52,11	55,25	58,38	61,52

Physikalische Eigenschaften

MV	D	α	ΔV	$\varkappa$	E	G
cm^3	kgm^{-3}	$10^{-6} K^{-1}$		$10^{-5} MPa^{-1}$	GPa	
18,20	6691	8,5	−0,008	2,6	54,4	20,6
$\Delta\rho_{(T)}$	$\Delta\rho_{(P)}$	χ_M	$\Psi_{(th)}$	$\Psi_{(ph)}$	D [1]	χ_M [1]
$10^{-4} K^{-1}$	$10^{-9} hPa^{-1}$	$kg^{-1} m^3$	V	V	kg m^{-3}	$kg^{-1} m^3$
51,1	+ 6,0	$-1{,}0 \cdot 10^{-8}$	4,08	4,56	6483	$-0{,}25 \cdot 10^{-9}$

μ	V_s (l)	V_s (t)	λ	ρ
	ms^{-1}		$Wm^{-1} K^{-1}$	nΩm
0,251	3140	1800	25,9	370
η [1,2]	γ [1]	dγ/dt	HB	
mPa s	Nm^{-1}	$Nm^{-1} K^{-1}$	MNm^{-2}	
1,30	0,383	0	300 – 500	

[1] Sb (flüssig).
[2] 50 °C über T_f.

Oxidationsstufen: 3–, 0, 3+, 5+
Standardreduktionspotentiale:
basisch

$$[Sb(OH)_6]^- \xrightarrow{-0,465} [Sb(OH)_4] \xrightarrow{-0,639} Sb$$

sauer

$$Sb_2O_5 \xrightarrow{+0,48} Sb_2O_4 \xrightarrow{+0,68} SbO^+ \xrightarrow{+0,212} Sb \xrightarrow{-0,510} SbH_3$$

neutral

$$Sb_2O_5 \xrightarrow{+1,055} Sb_2O_4 \xrightarrow{+0,342} Sb_2O_3 \xrightarrow{+0,152} Sb$$

Struktur

RG	PS	μ/ϱ [$cm^2 g^{-1}$]
α: $R\bar{3}m$, D_{3d}^5	hR2	CuK_α 270 MoK_α 33,1

a = 430,81 c = 1127,37 pm [298 K] hex. Aufstellung — Sb_{fl} bei T_f
$K_z = 3$ $d_{Sb-Sb} = 290{,}8$ pm — $K_z = 6{,}0$ $d_{Sb-Sb} = 312$ pm

Hochdruckmodifikationen

I. 7–8,5 GPa, tetragonal, a = 804, c = 595 pm
II. 9–28 GPa, $P6_3/mmc$, A2; a = 337,6 c = 534,1 pm
IV. > 28 GPa, A3

Weitere physikalische Eigenschaften

Dichte:

T [K]	293	904	904	973
$D_{(f)}$ [$kg\ m^{-3}$]	6680	6580	$D_{(fl)}$ 6500	6450

Wärmeausdehnungszahl $\bar{\alpha}$:

$\bar{\alpha}$ (293–373K) ∥ c-Achse: $\bar{\alpha} = 17{,}17 \cdot 10^{-6}\ K^{-1}$;
⊥ c-Achse: $\bar{\alpha} = 8{,}0 \cdot 10^{-6}\ K^{-1}$.

Viskosität η:

T [K]	923	973	1023	1073
η [mPa · s]	1,50	1,25	1,15	1,09

Oberflächenspannung σ:

T [K]	913	973	1023	1073
σ [Nm^{-1}]	0,384	0,383	0,382	0,380

Selbstdiffusion (T = 663 K) $D_0 = 1{,}6 \cdot 10^{-11}\ cm^2 s^{-1}$.
Änderung des elektrischen Widerstandes beim Schmelzen (904 K):

$$\varrho_{fl} = 1135\ n\Omega m; \quad \frac{\varrho_{fl}}{\varrho_f} = 0{,}61.$$

Änderung des elektrischen Widerstandes ϱ (Sb kleinkristallin) im Magnetfeld H ⊥ zum Meßstrom:

	H MA · s^{-1}	$\left(\frac{\varrho_H - \varrho_0}{\varrho_0}\right)_{291}$
$T = 291$ K	100 300	0,82 3,50

Hall-Koeffizient R bei 293 K; magnetische Induktion

$$B = 0{,}913\ Vs/m^2; \quad R = 0{,}27 \cdot 10^{-7} m^3/As.$$

Änderung der Massensuszeptibilität beim Schmelzen (904 K).

χ_M (f) = $-3{,}6 \cdot 10^{-9}\ m^3 kg^{-1}$ χ_M (fl) = $-0{,}165 \cdot 10^{-9}\ m^3 kg^{-1}$

Thermoelektrische Kraft: $\varepsilon_{abs} = +35\ \mu V\ K^{-1}$

Abhängigkeit physikalischer Eigenschaften von der Kristallorientierung:

Eigenschaft	‖ *c*-Achse	⊥ *c*-Achse	Dimension
Wärmeausdehnungszahl $\bar{\alpha}$ (273 – 373 K)	11,8	8,4	$\cdot 10^{-6}$ K^{-1}
Elektrischer Widerstand ϱ	31,8	38,6	nΩm
Massensuszeptibilität (293 K)	19,2	–6,2	m^3 kg^{-1} $\cdot$ 10^{-9}
Lineare Kompressibilität (303 K)	16,16	5,154	TPa

Ar	**Argon**	0.Z.	18	rel. AM	39,948 a, b		7440-37-1

Kern

Z	I.M.B.
8	35 – 42

Elektronenhülle

El. konf.	G.T.	E.A.	I [kJ mol^{-1}]		
		[kJmol^{-1}]	+1	+2	+3
[Ne] 3s^{2}3p^6	^{1}S$_0$	–35	1520	2660	3930

Thermodynamische Eigenschaften

T_f	T_v	ΔH_f	ΔH_v	ΔH_{at}	H_{298}
K	K	kJ mol^{-1}	kJ mol^{-1}	kJ mol^{-1}	kJ mol^{-1}
83,78	87,29	1,21	6,53	0,0	6,197

T	Gas K	298,15	300	400	500	600	700	800	900	1000	1100
Cp	JK^{-1} mol^{-1}	20,79	20,79	20,79	20,79	20,79	20,79	20,79	20,79	20,79	20,79
S	JK^{-1} mol^{-1}	154,85	154,97	160,95	165,59	169,38	172,59	175,36	177,81	180,00	181,98
ΔH	kJ mol^{-1}	0	0,04	2,12	4,20	6,27	8,35	10,43	12,51	14,59	16,67

Physikalische Eigenschaften

MV	D	χ_M [1]	η_{293}	η_{373}	η_{873} [2]	λ [1]
cm^3	kg m^{-3}	kg^{-1} m^3	µPas			Wm^{-1} K^{-1}
24,12	1736 [40 K]	$-6{,}16 \cdot 10^{-9}$	21	27,3	50,4	0,018

[1] Gas, [2] Normaldruck.

I	ΔH_{Dis}	d [1]	Suth · K	D	T_K	P_K	D_K
	eV	pm		cm^2 s^{-1}	K	MPa	kg m^{-3}
–	–	366	142	0,156 [273 K]	150,75	4,86	530,7
v_g [1]	v_{fl}	T_{Tr}	P_{Tr}	λ [1]	$(\epsilon-1) \cdot 10^6$	χ [1]	$(n-1) \cdot 10^6$
ms^{-1}	ms^{-1}	K	kPa	Wm^{-1} K^{-1}	276 K	kg^{-1} m^3	589,3 nm
308	855 [85 K]	83,85	68,75	$1{,}64 \cdot 10^{-2}$	545	$-6{,}13 \cdot 10^{-9}$	281

[1] 293 K.

Argon (gr.: Argos = träge). 1894/1895 verglich Lord Rayleigh die Dichten von N_2, der aus Luft bzw. aus NH_3 gewonnen wurde, und fand, daß die Dichte des aus Luft erzeugtem Stickstoffs um 0,5% größer war, als die des chemisch hergestellten. Er setzte daraufhin Luftstickstoff mit Mg (Bildung von MgO und Mg_3N_2) um und fand als Rest das reaktionsträge Edelgas Argon. Das Gas wird durch Fraktionierung flüssiger Luft erhalten (Luft enthält 0,94 Vol % Ar). Argon dient zur Füllung von Lampen, als Laser und Gas für Arbeiten in inerten Atmosphären.

Struktur

RG	SB	μ/ϱ [$cm^2\ g^{-1}$]
$Fm\bar{3}$	A1	CuK_α123 MoK_α 13,5
		Ar_{fl}
a = 531,088 pm, 40 K		K_z = 7,0 d_{Ar-Ar} = 379 pm
K_z = 12 d_{Ar-Ar} = 375,5 pm		T = 92 K

Weitere physikalische Eigenschaften

Dichte von festem Argon:

T	10	20	30	40	50	60	70	80	84	K
D_f	(1769)	1764	1753	1736	1714	1689	1664	1636	(1623)	kg m^{-3}

Wärmeleitzahl von Ar_{fl} in Abhängigkeit vom Druck in 10^{-3} Wm^{-1} K^{-1}:

T [K]	2,5 MPa	10 MPa	20,0 MPa	30,0 MPa	50,0 MPa
91,1	121,3	126,4	132,9		
105,4	104,0	110,8	118,5	125,6	137,0
120,4	85,0	93,4	102,6	111,0	124,0
135,8	62,7	75,9	86,9	96,1	110,2
149,6	–	61,6	74,2	84,3	99,7

Statische Dielektrizitätskonstante ϵ, Ar (fl) bei 88,8 K: $\epsilon = 1{,}516$.
Brechzahl n, Ar (fl) bei 83,8 K für $\lambda = 0{,}589$ µm: $n = 1{,}2330$.
Druckkoeffizient: Ausgangsdruck 0,069 MPa $\alpha = 3{,}668 \cdot 10^{-3}$ Pa^{-1}.

Löslichkeit in Wasser bei $1{,}01 \cdot 10^5$ Pa Argondruck,

T [K]	273	283	293	298	303	313	333
$\alpha = \frac{m^3(\text{Gas})}{m^3\ (\text{Wasser})}$	0,0537	0,0416	0,0340	0,0312	0,0288	0,0251	0,0206

As	**Arsen**	O.Z.	33	rel. A.M.	74,92159	Arsenic	7440-38-2

Kern

Z	I.M.B.	Kern	RE [^{1}H = 1,00]	AE [^{1}H = 1,00]	GV [rad T^{-1} s^{-1}]	QM [m^2]	F [Hz]	Ref.
14	69–81	^{75}As	0,0251	0,0251	$4{,}5804 \cdot 10^7$	$0{,}3 \cdot 10^{-28}$	17,126	$KAsF_6$

Elektronenhülle

El. konf.	G.T.	E.A.	I [kJ mol^{-1}]				
		[kJ mol^{-1}]	+1	+2	+3	+4	+5
[Ar] $3d^{10}4s^24p^3$	$^4S_{3/2}$	77	947	1798	2735	4837	6042

Thermodynamische Eigenschaften

T_f [1]	T_v [2]	ΔH_f	ΔH_v	ΔH_{at}	Cp (g)	S (g)	H_{298}
K	K	kJ mol^{-1}	kJ mol^{-1}	kJ mol^{-1}	JK^{-1} mol^{-1}	JK^{-1} mol	kJ mol^{-1}
1090	1407	27,7	34,8	301,8	20,79	174,21	5,117

T	K	298,15	300	400	500	600	700	800	900	1000	1100
Cp	JK^{-1} mol^{-1}	24,65	24,67	25,39	25,95	26,50	27,05	27,58	28,03	28,17	28,72
S	JK^{-1} mol^{-1}	35,71	35,86	43,07	48,79	53,57	57,70	61,34	64,62	67,58	70,29
ΔH	kJ mol^{-1}	0	0,05	2,55	5,12	7,74	10,42	13,15	15,93	18,74	21,58

Physikalische Eigenschaften

MV	D	α	ΔV	E	λ	ϱ
cm^3	kgm^{-3}	10^{-6} K^{-1}		GPa	Wm^{-1} K^{-1}	nΩm
12,95	5780	4,7	+ 0,10	22	50,0	260
$\Delta\varrho$ (T)		χ_M	$\psi_{(th)}$	$\psi_{(ph)}$	H_{Moh}	
10^{-4} K^{-1}		kg m^{-3}	V	V		
42		$-3,9 \cdot 10^{-9}$	5,71	4,79	3,5	

[1] unter Druck, [2] Sublimationspunkt.

Arsen: (griech. = arsenikos, Arsenmineral) Möglicherweise erstmals von Albertus Magnus 1250 nach Chr. elementar erhalten. Vorkommen: Elementar als Scherbenkobalt, in Form von Arseniden (FeAsS, $FeAs_2$) oder Chalkogeniden (As_2S_3). Es wird aus Arsenkies, FeAsS, durch Absublimieren unter Luftausschluß gewonnen. Viele sulfidische Erze enthalten As, das sich bei der Verarbeitung als As_2O_3 in

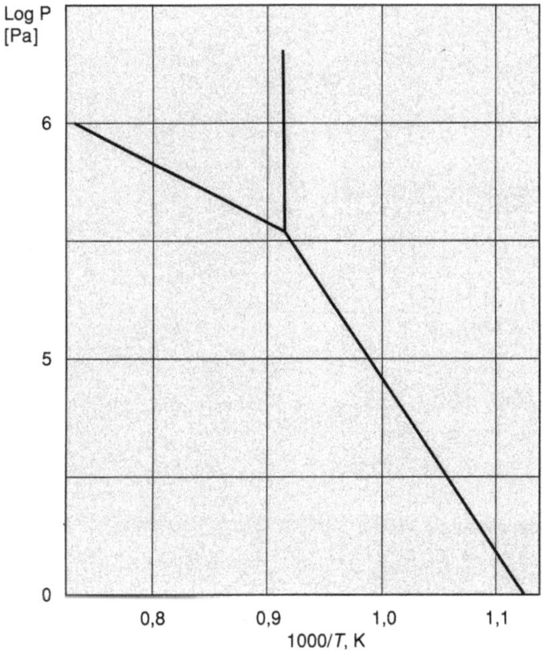

log P – 1/T Diagramm von Arsen

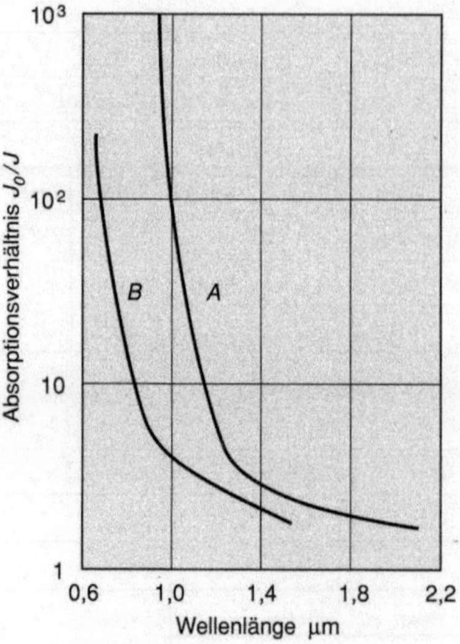

As-Schichten; Absorptionsspektrum.
Schichtdicken: *A* 1,72 μ; *B* 0,28 μ

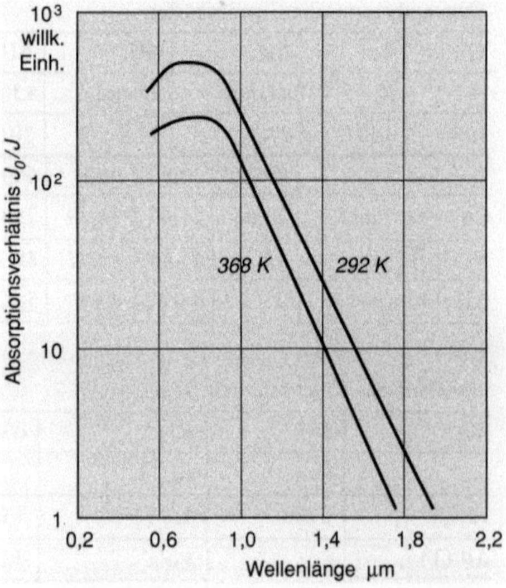

As-Schicht. Relative spektrale Verteilung der Photoempfindlichkeit. Die Kurven haben verschiedenen Ordinatenmaßstab

den Speisen und Abbränden anreichert. As ist ein graues Halbmetall. Das Element selbst ist wenig toxisch, seine Verbindungen z. T. hochtoxisch. Die gelbe, instabile Modifikation, die durch Abschrecken von As-Dampf hergestellt wird, besteht aus As_4-Molekülen. Arsen wird zum Härten von Lagermetallen und Schrot eingesetzt, geringe Zusätze von As verbessern die Korrosionsbeständigkeit von Cu-Legierungen, bzw. stabilisieren den Perlit im Stahl. GaAs, GaAsP und InAs sind wichtige III/V Halbleiter.

Oxidationsstufen: 3–, 0, 3+, 5+
Standardreduktionspotentiale:
basisch

$$AsO_4^{3-} \xrightarrow{-0,71} AsO_3^{3-} \xrightarrow{-0,68} As$$

sauer

$$H_3AsO_4 \xrightarrow{+0,560} H_3AsO_3 \xrightarrow{+0,2476} As \xrightarrow{-0,608} AsH_3$$

Struktur

RG	PS	μ/ϱ [$cm^2\,g^{-1}$]
α: $R\bar{3}m$, O_{3d}^{5}	hR2	CuK_α 83,4 MoK_α 69,7

a = 375,99, c = 1054,78 pm [298 K]
$K_z = 3$, $d_{As-As} = 251,6$ pm
> 12 – 15 GPa, tetragonal, a = 869,1 c = 636,3 pm
As_4: a = 376,0 c = 1054,8 pm

Weitere physikalische Eigenschaften

As ist ein Halbleiter, Bandabstand ΔE (300 K) = 1,14 eV

Hallkoeffizient R = $0,45 \cdot 10^{-7} m^3/As$
Dielektrizitätskonstante 11,2 (opt.).
Brechungsindex n(0,8 μm) = 3,35.
T_{krit} = 1089 K; p_{krit} = 36 MPa

Abhängigkeit physikalischer Eigenschaften von der Kristallorientierung:

Eigenschaft	Richtung		Dimension
	‖ zur *c*-Achse	⊥ zur *c*-Achse	
Wärmeausdehnungszahl $\bar{\alpha}$ (293–473 K)	$47{,}2 \cdot 10^{-6}$	0	K^{-1}
Elektrischer Widerstand ϱ (295 K)	356	255	nΩm
Temperaturabhängigkeit des Widerstands	4,5	4	$K^{-1} \cdot 10^{-3}$
Massensuszeptibilität	$7{,}2 \cdot 10^{-9}$	$-3{,}59 \cdot 10^{-9}$	$m^3\,kg^{-1}$

At	Astatium	O.Z.	85	rel. A.M.	209,9871, d	Astatine	60413-66-3

Kern

Z	I.M.B.
21	200–219

Elektronenhülle

El. konf.	G.T.	E.A.	I [kJ mol⁻¹]					
		[kJ mol⁻¹]	+1	+2	+3	+4	+5	+6
$[Xe]4f^{14}5d^{10}6s^26p^5$	$^3P_{3/2}$	270	930	1600	~2900	~4000	~4900	~7500

Thermodynamische Eigenschaften

T_f	T_v	ΔH_f	ΔH_{at}	λ
K	K	$kJ\,mol^{-1}$	$kJ\,mol^{-1}$	$Wm^{-1}K^{-1}$
~575	–	23,8	91	1,7

Astatium (griech. astatos = unbeständig) ist ein radioaktives, instabiles Element aus der Halogengruppe. Es wurde 1940 von Corson, McKenzie und Segre durch Beschuß von Bi mit $^4He^{2+}$ gefunden. Das langlebigste Isotop hat eine Halbwertzeit von 8,3 h. In Spuren findet man At in U- und Th-Erzen. At ähnelt im chemischen Verhalten Iod, sein metallischer Charakter ist wahrscheinlich etwas höher.

Oxidationsstufen: 1–, 0, 3+, 5+
Standardreduktionspotentiale:
basisch

$$AtO_3^- \xrightarrow{+0,5} AtO^- \xrightarrow{+0,0} At_2 \xrightarrow{+0,25} At^-$$

sauer

$$HAtO_3 \xrightarrow{+1,4} HAtO \xrightarrow{+0,7} At_2 \xrightarrow{+0,52} At^-$$

Ba	Barium	O.Z.	56	rel. A.M.	137,327		7440-39-3

Kern

Z	I.M.B.	Kern	RE [^{1}H=1,00]	AE [^{1}H=1,00]	GV [rad T^{-1} s^{-1}]	QM [m^2]	F [Hz]	Ref.
25	123 – 143	^{137}Ba	$6,86 \cdot 10^{-3}$	$7,76 \cdot 10^{-4}$	$2,9728 \cdot 10^7$	$0,28 \cdot 10^{-28}$	11,113	$BaCl_2$(aq)

Elektronenhülle

El. konf.	G.T.	E.A.	I [kJ mol^{-1}]		
		[kJ mol^{-1}]	+1	+2	+3
[Xe] $6s^2$	$^1S_0$	–46	503	966	3390

Thermodynamische Eigenschaften

T_f	T_v	ΔH_f	ΔH_v	ΔH_{at}	Cp(g)	S(g)	H_{298}
K	K	kJ mol^{-1}	kJ mol^{-1}	kJ mol^{-1}	JK^{-1} mol^{-1}	JK^{-1} mol^{-1}	kJ mol^{-1}
1002	2167	7,75	141,5	182,0	20,79	170,24	6,910

T	K	298,15	300	400	500	600	700	800	900	1000	1002
Cp	JK^{-1} mol^{-1}	28,09	28,09	33,04	43,68	35,92	41,12	42,17	40,38	40,90	40,89
S	JK^{-1} mol^{-1}	62,42	62,59	71,15	79,60	88,39	94,26	99,87	104,71	108,99	109,07
ΔH	kJ mol^{-1}	0	0,052	3,039	6,845	11,672	15,49	19,70	23,80	27,86	27,94
T	K	1002	1100	1200	1300	1400	1500	1600	1700	1800	1900
Cp	JK^{-1} mol^{-1}	43,35	41,93	41,03	40,52	40,59	40,59	40,59	40,59	40,59	40,59
S	JK^{-1} mol^{-1}	116,81	120,78	124,39	127,65	130,66	133,46	136,08	138,54	140,86	143,05
ΔH	kJ mol^{-1}	35,69	39,87	44,01	48,09	52,14	56,20	60,26	64,32	68,38	72,44

Physikalische Eigenschaften

MV	D	α	ΔV	$\varkappa$	E	G
cm^3	kg m^{-3}	$10^{-6}K^{-1}$		10^{-5} MPa^{-1}	GPa	
38,21	3594	20,7		10,0	12,8	4,8
$\Delta\rho_{(T)}$	$\Delta\rho_{(P)}$	χ_M	$\Psi_{(th)}$	$\Psi_{(ph)}$	D [1]	χ_M [1]
$10^{-4}K^{-1}$	10^{-9} hPa^{-1}	$kg^{-1}m^3$	V	V	kgm^{-3}	$kg^{-1}m^3$
64,9	–3,0	$1,9 \cdot 10^{-9}$	2,29	2,56	3325	

μ	V_s(l)	V_s(t)	λ	ρ
	ms^{-1}		$Wm^{-1}K^{-1}$	nΩm
0,276	2080	1160	18,4	500
η [1]	γ [1]	dγ/dt [1]	HV	
mPa s	Nm^{-1}	$Nm^{-1}K^{-1}$	MNm^{-2}	
	0,276	– 0,095	42	

[1] flüssig.

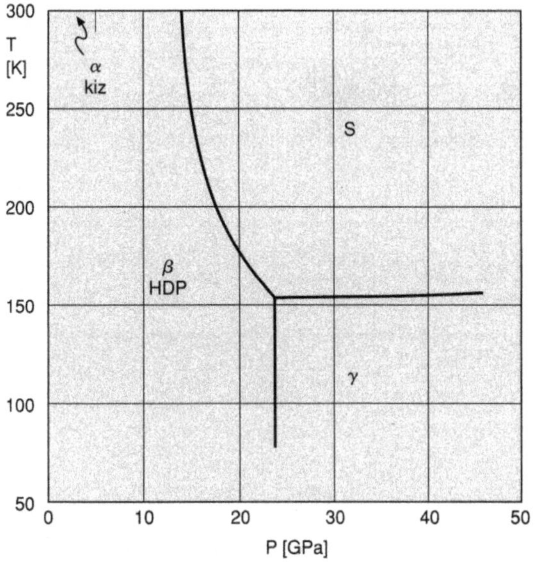

P-T Diagramm von Barium

Barium (griech.: barys = schwer). Die wichtigsten Minerale sind Witherit ($BaCO_3$) und Schwerspat ($BaSO_4$). In diesem Mineral wurde Ba als Element von Scheele 1774 erkannt. Sir H. Davy erzeugte 1808 elementares Ba elektrolytisch. Ba wird entweder durch Schmelzflußelektrolyse von $BaCl_2$ oder durch aluminothermische Reduktion von BaO hergestellt. Das Metall ist silbrig-weiß und weich. An Luft oxidiert es schnell. Es wird als Getter in Hochvakuumsystemen eingesetzt.

Oxidationsstufen: 0, 2+
Standardreduktionspotentiale:

basisch $Ba(OH)_2 \xrightarrow{-2{,}99} Ba$

sauer $Ba^{2+} \xrightarrow{-2{,}912} Ba$

Struktur

RG	SB	PS	μ/ϱ [$cm^2\ g^{-1}$]
$Im\bar{3}m$	A2	cI2	CuK_α 390,1 MoK_α 43,5

a = 502,3 pm, 298 K (α)
$K_z = 8$, $d_{Ba-Ba} = 435{,}0$

Hochdruckmodifikation
I: $P6_3/mmc$, A3 > 0,53GPa, a = 390,1 c = 615,4 pm (β)
II: Struktur unbekannt. (γ)

Bk	**Berkelium**	O.Z.	97	rel. A.M.	247,0703, d	7440-40-6

Kern

Z	I.M.B.
8	243 – 250

Elektronenhülle

El. konf.	G.T.	E.A.	I [kJ mol^{-1}]		
		[kJ mol^{-1}]	+1	+2	+3
[Rn]$5f^9 7s^2$	$^6H_{15/2}$	–	530	613	1859

Thermodynamische Eigenschaften

T_f	T_v	ΔH_f	ΔH_v	ΔH_{at}	Cp (g)	S (g)	H_{298}
K	K	kJ mol^{-1}	kJ mol^{-1}	kJ mol^{-1}	JK^{-1} mol^{-1}	JK^{-1} mol^{-1}	K^{-1}
1259				291			

Physikalische Eigenschaften

MV	D	λ
cm^3	kg m^{-3}	Wm^{-1} K^{-1}
16,70	14 790	~ 10

Berkelium (nach Berkeley, Sitz der University of California). Dieses radioaktive, instabile Element wurde als ^{243}Bk 1949 von Thompson, Ghiorno und Seaborg in Berkeley durch den Beschuß von ^{249}Am mit $^4He^{2+}$ erzeugt. Das stabilste Isotop, ^{245}Bk, hat eine Halbwertszeit von 314 d. Berkelium ist ein silbrig-weißes Metall.

Oxidationsstufen: 0, $\underline{3+}$, 4+
Standardreduktionspotentiale:

sauer $Bk^{4+} \xrightarrow{+1,64} Bk^{3+} \xrightarrow{-3,4} (Bk^{2+}) \xrightarrow{-1,3} Bk^0$

Struktur

RG	SB	PS
$P6_3/mmc$	–	hP4

a = 341,6 c = 1106,8 pm

> 1183 K

$Fm\bar{3}m$;	A1;	cF4
a = 499,9 pm,	K_z = 12,	d_{Bk-Bk} = 353,4 pm

Be	**Beryllium**	O.Z.	4	rel. A. M.	9,012182		7440-41-7

Kern

Z	I.M.B.	Kern	RE [^1H = 1,00]	AE [^1H = 1,00]	GV [rad T^{-1} s^{-1}]	QM [m^2]	F [Hz]	Ref.
6	6-11	^9Be	0,0139	0,0139	$3,7589 \cdot 10^7$	$5,2 \cdot 10^{-30}$	14,053	$Be(NO_3)_2(aq)$

Elektronenhülle

El. konf.	G.T.	E.A.	I [kJ mol^{-1}]		
		[kJ mol^{-1}]	+1	+2	+3
[He]$2s^2$	$^1S_0$	−18	899	1757	14 850

Thermodynamische Eigenschaften

T_f	T_v	ΔH_f	ΔH_v	ΔH_{at}	Cp(g)	S(g)	H_{298}
K	K	kJ mol^{-1}	kJ mol^{-1}	kJ mol^{-1}	JK^{-1} mol^{-1}	JK^{-1} mol^{-1}	kJ mol^{-1}
1560	2741	7,90	291,58	324,0	20,79	136,28	1,950

T	K	298,15	300	400	500	600	700	800	900	1000	1100
Cp	$JK^{-1}mol^{-1}$	16,45	16,53	19,96	21,98	23,34	24,42	25,37	26,22	27,27	28,30
S	$JK^{-1}mol^{-1}$	9,44	9,54	14,81	19,50	23,63	27,31	30,64	33,68	36,49	39,14
ΔH	kJ mol^{-1}	0	0,03	1,87	3,98	6,24	8,63	11,12	13,71	16,38	19,16
T	K	1200	1300	1400	1500	1560	1560	1600	1700	1800	1900
Cp	$JK^{-1}mol^{-1}$	29,30	30,30	31,30	32,30	32,86	28,79	28,88	29,09	29,30	29,51
S	$JK^{-1}mol^{-1}$	41,65	44,03	46,31	48,51	49,78	54,84	55,57	57,33	59,00	60,59
ΔH	kJ mol^{-1}	22,04	25,02	28,10	31,28	33,23	41,13	42,28	45,18	48,10	51,04

Physikalische Eigenschaften

MV	D	α	ΔV	$\varkappa$	E	G
cm^3	kg m^{-3}	$10^{-6}K^{-1}$		10^{-5} MPa^{-1}	GPa	
4,88	1847,7	11,5		0,765	286	128
$\Delta\rho_{(T)}$	$\Delta\rho_{(P)}$	χ_M	$\Psi_{(th)}$	$\Psi_{(ph)}$	D^1	χ_M^1
$10^{-4}K^{-1}$	$10^{-9}hPa^{-1}$	$kg^{-1}m^3$	V	V	kgm^{-3}	$kg^{-1}m^3$
90,0	−1,6	$-1,3 \cdot 10^{-8}$	3,37	4,98	1420	

μ	$V_s(l)$	$V_s(t)$	λ	ρ	R_m
	ms^{-1}		$Wm^{-1}K^{-1}$	nΩm	GPa
0,02−0,75	12720	8330	200	28	228−352
η^1	γ^1	λ^1	$d\gamma/dT^1$	HV	
mPa s	Nm^{-1}	$Wm^{-1}K^{-1}$	$Nm^{-1}K^{-1}$	MNm^{-2}	
	1,1			1670	

[1] 1770 K.

Beryllium (griech.: beryllos = das Mineral Beryll). In Form des Oxids 1798 von Vauquelin als eigenständiges Element erkannt und 1828 von F. Wöhler durch Reduktion von $BeCl_2$ mit K isoliert. Es kommt nur in Verbindungen vor. Das wichtigste Mineral ist der Beryll, $Be_3Al_2(Si_6O_{18})$, von Bedeutung sind auch die Halbedelsteine Aquamarin und Smaragd. Beryllium wird durch Schmelzflußelektrolyse aus $BeCl_2$ oder durch Reduktion von BeF_2 mit Mg hergestellt. Es ist ein stahlgraues Leichtmetall. Elementar wird Be in der Waffentechnik, in Neutronenquellen, in Röntgenfenstern u.a. verwendet. Als Legierungszusatz dient es in Cu und Ni zur Härtung, in Al und Mg zur Kornverfeinerung und zum Oxidationsschutz. Die Inhalation des Staubes von Be oder Be-Verbindungen muß vermieden werden, da sie zur tödlichen Beryllose führen kann.

Oxidationsstufen: 0, 2+
Standardreduktionspotentiale:

$$Be^{2+} \xrightarrow{-1,847} Be^0$$

Struktur

RG	SB	PS	μ/ϱ [$cm^2\,g^{-1}$]
$P6_3/mmc$	A3	hP2	CuK_α 1,50 MoK_α 0,298

a = 228,57 c = 358,29 pm
$K_z = 12$ $d_{Be-Be} = 225{,}6$ pm [298 K]
>1573 K

$Im\bar{3}m$ A2 cI2
a = 255,15 pm, 1573 K; $K_Z = 8$ $d_{Be-Be} = 221$ pm

Weitere physikalische Eigenschaften

Wärmeausdehnungszahl α ∥ und ⊥ zur *c*-Achse:

T_1–T_2 [K]	113–133	153–173	193–213	233–253	253–273	273–293	
$\alpha \parallel$ [K^{-1}]	1,57	3,50	5,37	7,13	8,03	$8{,}59 \cdot 10^{-6}$	
$\alpha \perp$ [K^{-1}]	2,78	5,43	8,06	10,30	11,16	$11{,}70 \cdot 10^{-6}$	
T [K]	330	400	500	600	700	800	900
$\alpha \parallel$ [K^{-1}]	9	12	13	14	15	15,5	$16{,}5 \cdot 10^{-6}$
$\alpha \perp$ [K^{-1}]	12	16	17	18	19,5	20	$21{,}5 \cdot 10^{-6}$

Zugfestigkeit R_m und Bruchdehnung *A* bei Z.T.- a) gegossen und verformt, b) gepreßt und gesintert:

Zustand	Lage zur Verformungsrichtung	R_m MPa	*A* %
a) gegossen		137	
stranggepreßt	parallel	225	0,36
	quer	133	0,30
stranggepreßt und bei 800 °C geglüht	parallel	274	1,82
	quer	114	0,18
b) verformt	parallel	321	0,55
	quer	202	0,30
verformt und 1 h bei 800 °C geglüht	parallel	436	5,00
	quer	176	0,30
verformt und 1 h bei 800 °C und 1000 °C geglüht	parallel	470	6,6
	quer	184	0,3
c) Vakuum gepreßt		228–350	

Brinellhärte *HB*:

T [K]	293	573	673	873	1073	1273
HB [MNm^{-2}]	1060–1300	880	850	610	210	90

Hall-Koeffizient *R* bei 293 K (Be 99,5%); magnetische Induktion

$$B = 2{,}749\ \frac{Vs}{m^2}; \quad R = 2{,}4 \cdot 10^{-10}\ \frac{m^3}{As}.$$

Selbstdiffusion (f):

$\Delta T = 923$–1473 K, $D_0 = 0{,}36 \cdot 10^{-4}\ m^2\,s^{-1}$, $Q = 160{,}8\ kJ\,mol^{-1}$

Spektrales Emissionsvermögen ϵ ($\lambda = 0{,}65\ \mu m$):

$Be_{(f)}$ bei T < 1550 K, $\epsilon = 0{,}61$;
$Be_{(fl)}$ bei T > 1550 K, $\epsilon = 0{,}81$.

Bi	**Bismuth**	O.Z.	83	rel. A.M.	208,98037		7440-69-9

Kern

Z	I.M.B.	Kern	RE [^{1}H = 1,00]	AE [^{1}H = 1,00]	GV [rad $T^{-1} s^{-1}$]	QM [m^2]	F [Hz]	Ref.
19	199 – 215	^{209}Bi	0,13	0,13	$4{,}2986 \cdot 10^7$	$-0{,}4 \cdot 10^{-28}$	16,069	$KBiF_6$

Elektronenhülle

El. konf.	G.T.	E.A.	I [kJ mol^{-1}]				
		[kJ mol^{-1}]	+1	+2	+3	+4	+5
[Xe] $4f^{14}5d^{10}6s^26p^3$	$^4S_{3/2}$	101	703	1610	2466	4370	5400

Thermodynamische Eigenschaften

T_f	T_v	ΔH_f	ΔH_v	ΔH_{at}	Cp (g)	S (g)	H_{298}
K	K	kJ mol^{-1}	kJ mol^{-1}	kJ mol^{-1}	$JK^{-1} mol^{-1}$	$JK^{-1} mol^{-1}$	kJ mol^{-1}
544,5	1837	11,30	174,1	209,6	20,79	187,01	6,427

T	K	298,15	300	400	500	544	544	600	700	800	900
Cp	$JK^{-1} mol^{-1}$	25,55	25,55	26,60	28,73	29,82	30,48	29,57	28,56	28,01	27,69
S	$JK^{-1} mol^{-1}$	56,74	56,89	64,35	70,50	73,00	93,74	96,65	101,13	104,90	108,18
ΔH	kJ mol^{-1}	0	0,05	2,64	5,40	6,71	18,00	19,67	22,57	25,39	28,18
T	K	1000	1100	1200	1300	1400					
Cp	$JK^{-1} mol^{-1}$	27,48	27,33	27,17	27,20	27,20					
S	$JK^{-1} mol^{-1}$	111,09	113,70	116,07	118,25	120,26					
ΔH	kJ mol^{-1}	30,93	33,68	36,40	39,12	41,84					

Physikalische Eigenschaften

MV	D	α	ΔV	$\varkappa$	E	G
cm^3	kg m^{-3}	$10^{-6} K^{-1}$		$10^{-5} MPa^{-1}$	GPa	
21,44	9747	13,4	−0,033	2,86	33,8	12,7
$\Delta\rho_{(T)}$	$\Delta\rho_{(P)}$	χ_M	$\Psi_{(th)}$	$\Psi_{(ph)}$	D[1]	χ_M[1]
$10^{-4} K^{-1}$	$10^{-9} hPa^{-1}$	$kg^{-1} m^3$	V	V	kgm^{-3}	$kg^{-1} m^3$
45,4	15,2	$-1{,}68 \cdot 10^{-8}$	4,28	4,36	1005	$-6{,}3 \cdot 10^{-9}$

μ	V_s(l)	V_s(t)	λ	ρ	R_m
	ms^{-1}		$Wm^{-1} K^{-1}$	nΩm	MPa
0,332	2298	1140	7,87	1068	
η[1]	γ[1]	HB			
mPa s	Nm^{-1}	MNm^{-2}			
1,65	0,376	200			

[1] fl.

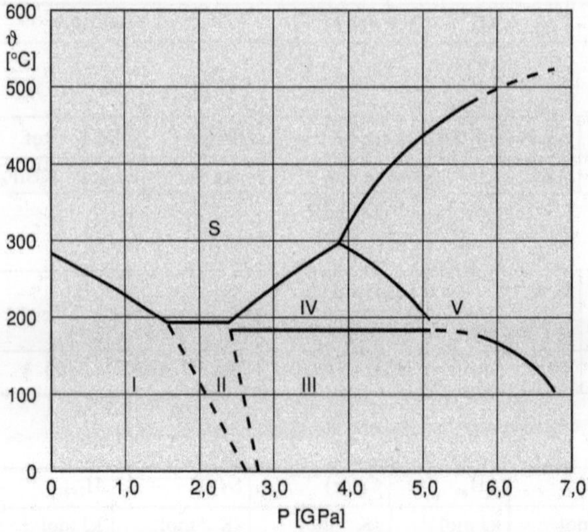

P-T Diagramm von Bismuth

Bismuth (Herkunft des Namens unklar dt.: Wiesen (bei Schneeberg), muten (abbauen) nach dem ersten Fundort) war schon im Mittelalter bekannt, wurde aber mit Sn und Pb verwechselt, seine Herstellung wurde ca. 1530 von G. Agricola beschrieben. Bismuth findet sich in der Natur selten gediegen, hauptsächlich als Bismuthglanz, Bi_2S_3, Bismuthocker, Bi_2O_3 und Bismuthit, ein basisches Bismuthcarbonat. Sulfidische Erze werden geröstet und mit Kohle reduziert, um Bi zu gewinnen. Das Element ist ein sprödes Metall mit rötlichem Glanz, das den elektrischen Strom und Wärme schlecht leitet. Es wird zur Herstellung tiefschmelzender Legierungen und als Carbidstabilisator in schmiedbarem Eisen verwendet, weitere Nutzung als Zusatz zu Stahl und Al zur Verbesserung der Verarbeitbarkeit.

Oxidationsstufen: 3−, 0, 1+, <u>3+</u>, 5+
Standardreduktionspotentiale:

basisch $Bi_2O_3 \xrightarrow{-0,46} Bi$

sauer $Bi_2O_5 \xrightarrow{1,6} BiO^+ \xrightarrow{0,32} Bi \xrightarrow{-0,8} BiH_3$

Struktur

RG	SB	PS	μ/ϱ [$cm^2\ g^{-1}$]	Bi_{fl}
$R\bar{3}m$, D^5_{3d}		hR2	CuK_α 240 MoK_α 120	$K_z = 7,7$ $d_{Bi-Bi} = 335$ pm T = 573 K

a = 454,61, c = 1182,23 pm, 298 K, hex. Aufst.
$K_z = 3$ $d_{Bi-Bi} = 307,2$ pm

II > 2,7 GPa, tetragonal, a = 880,5, c = 647,5 pm

Weitere physikalische Eigenschaften

Umwandlungen unter Druck; Tripelpunkte (annähernde Werte):

GPa	K	U	ΔV (cm^3 g^{-1})
1,73	456	I – fl	– 0,0045
		I – II	– 0,0047
		II – fl	+ 0,0002
2,24	458	II – fl	+ 0,0002
		II – III	– 0,0029
		III – fl	+ 0,0031
3,23	163	I – II	– 0,0043
		II – III	– 0,0025
		III – I	– 0,0068

Wärmeausdehnungszahl $\bar{\alpha}$ (Bi polykristalliner Gußkörper):

T [K]	373	544
$\bar{\alpha}$ (293-T) [K^{-1}]	13,2	$12{,}7 \cdot 10^{-6}$

Elastizitätsmodul von gegossenem Bi: $E = 31{,}30 - 33{,}20$ GPa
Brinellhärte HB:

T [K]	243	288	303	363
HB [MNm^{-2}]	247	188	171	107

Viskosität η:

T [K]	573	623	673	773	873
η [mPa s]	1,65	1,49	1,37	1,19	1,06

Dichte (fl):

T [K]	544	573	673	873	1075	1235
D [kgm^{-3}]	10067	10030	9910	9660	9400	9200

Oberflächenspannung γ:

T [K]	573	673	773	873
γ [Nm^{-1}]	0,376	0,368	0,366	0,352

Schallgeschwindigkeit in Bi (fl) bei 544 K, V = 1635 ms^{-1} (12 MHz).

Elektrischer Widerstand bei 544 K $\varrho_{fl} = 1280$ nΩm $\frac{\varrho_{fl}}{\varrho_f} = 0{,}43$.

Änderung des elektrischen Widerstandes ϱ (Bi kleinkristallin) im Magnetfeld $H \perp$ zum Meßstrom:

	H MAm^{-1}	$\left(\frac{\varrho_H - \varrho_0}{\varrho_0}\right)_T$
$T = 291$ K	300	37
$T = 80$ K $\frac{\varrho_{80}}{\varrho_{291}} = 0{,}346$	300	1360

Hall-Koeffizient R bei 291K (Bi kleinkristallin); magnetische Induktion

$$B = 0{,}393\ \mathrm{Vs/m^2}; \quad R = -6{,}33 \cdot 10^{-7}\ \mathrm{m^3/As}.$$

thermoelektrische Kraft: $\varepsilon_{abs} = -70\ \mu\mathrm{V\ K^{-1}}$

Abhängigkeit physikalischer Eigenschaften von der Kristallorientierung:

Eigenschaft	Richtung		Dimension
	‖ zur c-Achse	⊥ zur c-Achse	
Wärmeausdehnungszahl $\bar{\alpha}$ (293–513 K)	16,2	12,0	$\cdot 10^{-6}\ \mathrm{K^{-1}}$
Kompressibilität $\frac{l_p - l_0}{l_0 p}$	1,62	0,515	$10^{-5}\ \mathrm{MPa^{-1}}$
Wärmeleitzahl λ (291 K)	6,66	9,25	$\mathrm{Wm^{-1}\,K^{-1}}$
Selbstdiffusion $\Delta T = 483-543$ K			
D_0	$1{,}0 \cdot 10^{-3}$	10^{-7}	$\mathrm{cm^2\,s^{-1}}$
Q	130	586	$\mathrm{kJ\ mol^{-1}}$
Elektrischer Widerstand ϱ (273 K)	1270	991	nΩm
Massensuszeptibilität χ (254 K)	−1,05	−1,48	$10^{-8}\ \mathrm{m^3\,kg^{-1}}$

Pb	**Blei**	O.Z.	82	rel. A.M.	207,2, a, b	Lead	7439-92-1

Kern

Z	I.M.B.	Kern	RE [^{1}H=1,00]	AE [^{1}H=1,00]	GV [rad $T^{-1}\,s^{-1}$]	QM [m^2]	F [Hz]	Ref.
29	194–214	^{207}Pb	0,00916	0,00207	$5{,}5797 \cdot 10^7$	–	20,921	$Pb(CH_3)_4$

Elektronenhülle

El. konf.	G.T.	E.A.	I [$\mathrm{kJ\ mol^{-1}}$]			
		[$\mathrm{kJ\ mol^{-1}}$]	+1	+2	+3	+4
$[Xe]4f^{14}5d^{10}6s^26p^2$	$^3P_0$	35,2	716	1450	3082	4080

Thermodynamische Eigenschaften

T_f	T_v	ΔH_f	ΔH_v	ΔH_{at}	Cp (g)	S (g)	H_{298}
K	K	$\mathrm{kJ\ mol^{-1}}$	$\mathrm{kJ\ mol^{-1}}$	$\mathrm{kJ\ mol^{-1}}$	$\mathrm{JK^{-1}\,mol^{-1}}$	$\mathrm{JK^{-1}\,mol^{-1}}$	$\mathrm{kJ\ mol^{-1}}$
600,6	2019	4,77	177,58	195,2	20,79	175,37	6,870

T	K	298,15	300	400	500	600,6	600,6	700	800	900	1000
Cp	$\mathrm{JK^{-1}\,mol^{-1}}$	26,84	26,85	27,72	28,54	29,41	30,67	30,34	30,01	29,70	29,40
S	$\mathrm{JK^{-1}\,mol^{-1}}$	64,79	64,95	72,80	79,07	84,38	92,33	97,00	101,03	104,54	107,66
ΔH	$\mathrm{kJ\ mol^{-1}}$	0	0,05	2,78	5,59	8,51	13,28	16,31	19,33	22,31	25,27
T	K	1100	1200	1300	1400	1500	1600	1700	1800	1900	2019
Cp	$\mathrm{JK^{-1}\,mol^{-1}}$	29,06	28,80	28,66	28,62	28,67	28,78	28,93	29,11	29,30	29,53
S	$\mathrm{JK^{-1}\,mol^{-1}}$	110,44	112,96	115,26	117,38	119,36	121,21	122,96	124,62	126,20	127,98
ΔH	$\mathrm{kJ\ mol^{-1}}$	28,19	31,08	33,96	36,82	39,68	42,55	45,44	48,43	51,26	54,76

Physikalische Eigenschaften

MV	D	α	ΔV	$\varkappa$	E	G
cm^3	$kg\,m^{-3}$	$10^{-6}\,K^{-1}$		$10^{-5}\,MPa^{-1}$	GPa	
18,26	11350	29,1	0,032	2,37	15,9	5,5
$\Delta\rho_{(T)}$	$\Delta\rho_{(P)}$	χ_M	$\Psi_{(th)}$	$\Psi_{(ph)}$	D[1]	χ_M[1]
$10^{-4}\,K^{-1}$	$10^{-9}\,hPa^{-1}$	$kg^{-1}\,m^3$	V	V	kgm^{-3}	$kg^{-1}\,m^3$
42,8	−12,5	$-1,39 \cdot 10^{-9}$	3,83	4,25	10678	$-2,06 \cdot 10^{-9}$

μ	$V_s(l)$	$V_s(t)$	λ	ρ	R_m
	ms^{-1}		$Wm^{-1}\,K^{-1}$	nΩm	GPa
0,434	2050	710	35,2	192	0,7
η[1]	γ[1]	$d\gamma/dT$[1]	HV		
mPa s	Nm^{-1}	$Nm^{-1}\,K^{-1}$	MNm^{-2}		
1,67	0,470	$-0,26 \cdot 10^{-3}$	39		

[1] fl.

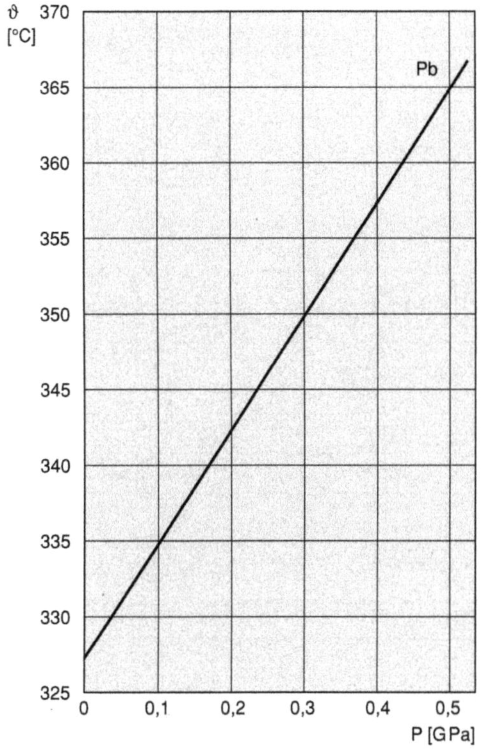

Schmelzkurve von Blei

Blei (Pb, lt.: = plumbum, Blei) ist seit altersher bekannt. Hauptvorkommen sind Bleiglanz (PbS), Rotbleierz ($PbCrO_4$), Weißbleierz ($PbCO_3$), Gelbbleierz ($PbMoO_4$), Scheelbleierz ($PbWO_4$) und Anglesit ($PbSO_4$). Zur Herstellung wird PbS partiell zu PbO abgeröstet und dann mit dem restlichen PbS umgesetzt (Röstreaktionsverfahren).

$2\,PbO + PbS \rightarrow 3\,Pb + SO_2$

Blei ist ein blaugraues Metall, weich, schmiedbar und duktil und ein schlechter Leiter für Wärme und Elektrizität. Es löst sich nicht in H_2SO_4, HCl und HF (Passivierung durch Schutzschichtbildung), in HNO_3 und heißen Laugen löst es sich leicht. Gegen Luft und Wasser ist es korrosionsbeständig. In Legierung wird es für Lote und Lettermetall eingesetzt, in reiner Form in Akkumulatoren, Kabelmänteln, Munition und früher für sanitäre Installationen. Blei ist, besonders in Verbindungen, hochtoxisch.

Oxidationsstufen: 0, $\underline{2+}$, 4+

Standardreduktionspotentiale:

basisch $PbO_2 \xrightarrow{+0,28} PbO \xrightarrow{-0,54} Pb$

sauer $PbO_2 \xrightarrow{+1,46} Pb^{2+} \xrightarrow{-0,13} Pb$

Struktur

RG	SB	PS	μ/ϱ [$cm^2\,g^{-1}$]
$Fm\bar{3}m$, O_h^5;	A1	cF4	CuK_α 232 MoK_α 120

a = 495,00 pm, 293 K; K_z = 12

d_{Pb-Pb} = 350,0 pm

Pb_{fl}

K_z = 12,1

d_{Pb-Pb} = 339 pm

T = 604 K

Weitere physikalische Eigenschaften

Natürlich radioaktives Isotop ^{204}Pb, Häufigkeit 1,5%; α-Strahler, Halbwertzeit 10^{17} a.

Zugfestigkeit R_m von Walzblei:

T [K]	198	233	253	273	293	313	353
R_m [MPa]	103	91	49	29	13,7	9,8	7,8

Viskosität η:

T [K]	623	643	663	673	713	973	1073	1173	1273
η [mPas]	2,62	2,53	2,44	2,43	2,34	1,62	1,46	1,33	1,21

Oberflächenspannung γ:

T [K]	623	673	873	1073
γ [Nm^{-1}]	0,442	0,438	0,424	0,410

Schallgeschwindigkeit:

Pb (fl) bei 600 K, v = 1790 ms^{-1} (12 MHz).

Selbstdiffusion:

ΔT (453–602 K), $D_0 = 1{,}3\,cm^2\,s^{-1}$; $\Delta H = 108\,kJ\,mol^{-1}$.

Änderung des elektrischen Widerstandes ϱ am Schmelzpunkt (600 K):

$$\varrho_{fl} = 95 \cdot 10^{-6}\ \Omega\text{cm}; \quad \frac{\varrho_{fl}}{\varrho_f} = 1{,}94.$$

Änderung von ϱ (Pb polykristallin) im Magnetfeld $H \perp$ zum Meßstrom:

		H MA · s^{-1}	$\left(\frac{\varrho_H - \varrho_0}{\varrho_0}\right)_T$
$T = 20{,}4$ K	$\frac{\varrho_{20,4}}{\varrho_{273}} = 0{,}0296$	8	0,0026
		24,4	0,0182
		39,8	0,0470

Hall-Koeffizient R bei 293 K; magnetische Induktion

$$B = 1{,}1 - 1{,}6\ \text{Vs/m}^2; \quad R = 0{,}09 \cdot 10^{-10}\,\text{m}^3/\text{As}.$$

thermoelektrische Kraft: $\varepsilon_{abs} = -0{,}1\ \mu\text{V K}^{-1}$
Supraleitung: $T_s = 7{,}2$ K $H_0 = 803$ Oe

Änderung der Suszeptibilität am Schmelzpunkt (600 K):

$Pb_{(f)}\ \chi_M = -1{,}35 \cdot 10^{-9}\ \text{m}^3\,\text{kg}^{-1}$; $Pb_{(fl)}\ \chi_M = -2{,}06 \cdot 10^{-9}\ \text{m}^3\,\text{kg}^{-1}$.

Gesamtemissionsvermögen E für poliertes Pb (relativ):

T	400	500	K
E	0,056	0,075	

Reflexionsvermögen R: bei $\lambda = 0{,}589\ \mu$m 62%
Brechungsindex (fest): 2,01 in gelbem Licht

B	**Bor**	O.Z.	5	rel. A.M.	10, 811, a, b, c	Boron	7440-42-8

Kern

Z	I.M.B.	Kern	RE [^{1}H = 1,00]	AE [^{1}H = 1,00]	GV [rad T^{-1} s^{-1}]	QM [m^2]	F [Hz]	Ref.
6	8–13	^{11}B	0,17	0,13	$8{,}5794 \cdot 10^7$	$3{,}55 \cdot 10^{-30}$	32,084	Et_2OBF_3

Elektronenhülle

El. konf.	G.T.	E.A. [kJ mol^{-1}]	I [kJ mol^{-1}] +1	+2	+3
[He] $2s^22p^1$	$^2P_{1/2}$	23	800	2430	3660

Thermodynamische Eigenschaften

T_f	T_v	ΔH_f	ΔH_v	ΔH_{at}	Cp (g)	S (g)	H_{298}
K	K	kJ mol^{-1}	kJ mol^{-1}	kJ mol^{-1}	JK^{-1} mol^{-1}	JK^{-1} mol^{-1}	kJ mol^{-1}
~2300	4140	50,4	480,5	560,0	20,80	153,43	1,222

β-B	T [K]	298,15	400	600	800	1000	1200	1400	1600	1800	2000
Cp	JK^{-1} mol^{-1}	11,32	15,70	20,78	23,36	24,98	26,16	27,12	27,96	28,73	29,45
S	JK^{-1} mol^{-1}	5,83	9,80	17,25	23,62	29,02	33,68	37,79	41,46	44,80	47,87
ΔH	kJ mol^{-1}	0	1,39	5,10	9,54	14,38	19,50	24,83	30,34	36,01	41,83
T	K	2200	2300	2300	2500	2700	3000	4000	4140		
Cp	JK^{-1} mol^{-1}	30,14	30,47	31,75	31,75	31,75	31,75	31,75	31,75		
S	JK^{-1} mol^{-1}	50,70	52,05	73,41	76,04	78,48	81,83	90,96	92,05		
ΔH	kJ mol^{-1}	47,79	50,82	101,22	107,32	113,67	123,19	154,94	159,37		

Physikalische Eigenschaften

MV	D	α		$\varkappa$	E[1]	λ	ϱ
cm^3	kgm^{-3}	10^{-6} K^{-1}		10^{-5} MPa^{-1}	MPa	Wm^{-1} K^{-1}	Ωm
4,62	2340	5		0,539	440	27,0	6500
χ_M	$\Psi_{(th)}$	$\Psi_{(ph)}$	H_{Moh}	R_m[1]	HV		
kg^{-1} m^3	V	V		MPa	MNm^{-2}		
$-7{,}8 \cdot 10^{-9}$	5,71	4,79	9,3	16–24	49000		

[1]) amorph.

Bor (ar.: buraq = das Mineral Borax) Borverbindungen, wie Borax, sind seit dem Altertum bekannt. Das Element wurde in stark verunreinigter Form 1808 von H. Davy, sowie J.L. Gay-Lussac und L. J. Thenard dargestellt. Der englische Name ist eine Zusammenziehung von bor(ax) und (carb)on (Analogie zum Kohlenstoff) und wurde von H. Davy vorgeschlagen. Hochreines B wird durch Reduktion von BCl_3 (Br_3) mit H_2 in der Gasphase, oder durch thermische Zersetzung von Boranen oder Borhalogeniden an Wolframdrähten bei hohen Temperaturen dargestellt. Weniger reines Bor durch metallothermische Reduktion von B_2O_3 (<95%) oder Schmelzflußelektrolyse von Boraten (ca. 99%). Bor wird in der Natur in Verbindungen, wie Borsäure oder Alkalimetallboraten, häufiger aber als Begleitelement in Silikaten gefunden. Bor ist ein hartes, keramisches Material mit sehr hohem Schmelzpunkt, geringer Dichte und ein Halbleiter mit sehr geringer elektrischer Leitfähigkeit bei Raumtemperatur. Kristallines Bor ist dunkelrot-durchscheinend, gepulvert ist es schwarz. Borfasern werden zur Verstärkung von Metallen und Kunststoffen verwendet, das ^{10}B-Isotop zur Neutronenabsorption, amorphes B zur Erzeugung der grünen Farbe in Feuerwerkskörpern.

Oxidationsstufen: 0, 3+
Standardreduktionspotentiale:

basisch $H_2BO_3^- \xrightarrow{-1,79} B \xrightarrow[-1,24]{} BH_4^-$

sauer $H_3BO_3 \xrightarrow{-0,87} B$

Struktur

RG	SB	PS	μ/ϱ [cm^2 g^{-1}]
$R\bar{3}m$, D_{3d}^5		hR105	CuK_α 2,39 MoK_α 0,392

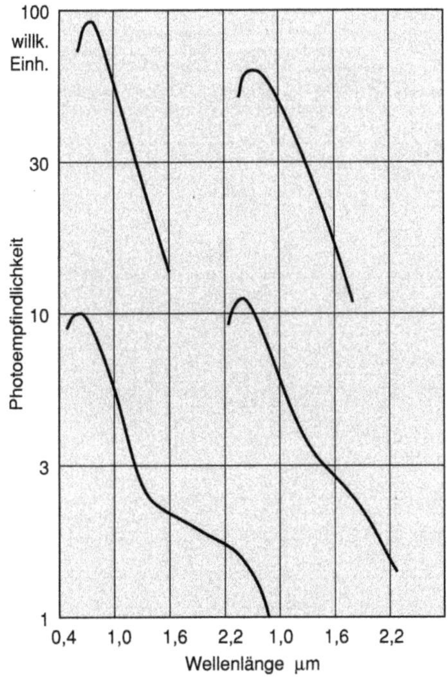

Bor-Schichten. Spektrale Verteilung der Photoempfindlichkeit für vier verschiedene aufgedampfte Schichten

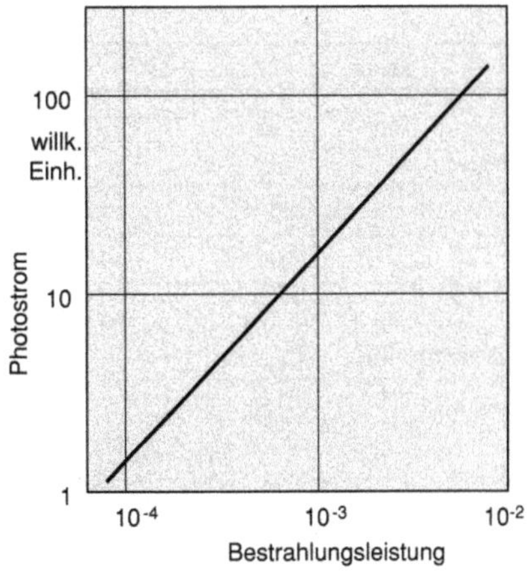

Bor-Schicht. Photostrom als Funktion der Bestrahlungsleistung

β = R105: a = 1096, c = 2389 pm, hex. Aufst. 298 K, $\bar{d}_{B-B}$ = 162,4 – 192,0 pm
Alle Modifikationen sind aus Bor-Ikosaedern aufgebaut;
andere Modifikationen:

α = T50: $P4_2/nnm$, D_{4h}^{12}; $\bar{-}$; tP50
a = 875,6 c = 507,8 pm, $\bar{d}_{B-B}$ = 180,6 pm,
enthält wahrscheinlich stets 2C oder 2N pro Elementarzelle, d = 2310 kgm^{-3}
R12: $R\bar{3}m$, D_{3d}^{5}; –; hR12
a = 490,8 c = 1256,7 pm; hex. Aufst., $\bar{d}_{B-B}$ = 177,4 pm
d = 2460 kgm^{-3}
T192: $P4_12_12$, D_4^4; –; tP192
a = 1006,1 c = 1421,0 pm, d_x = 2398 kgm^{-3}

Weitere physikalische Eigenschaften

Bor ist ein Halbleiter:

Bandabstand ΔE (0 K) = 1,5 eV; $\dfrac{d\,\Delta E}{dT} = -4 \cdot 10^{-4}\ \dfrac{\text{eV}}{\text{K}}$.

Elektronenbeweglichkeit u_n = 1 cm^2/Vs.
Löcherbeweglichkeit u_p = 55 cm^2/Vs, Dielektrizitätskonstante (bei 0,5 MHz) = 13, Brechzahl n (1 µm) = 3,2.

Intrinsische Ladungsträgerkonzentration:

$5 \cdot 10^{20}\ m^{-3}$ bei 430 K, $9 \cdot 10^{25}\ m^{-3}$ bei 1120 K

Temperaturabhängigkeit des elektrischen Widerstandes:

T [K]	123	263	273	300	373	443	593	793	873
ϱ [Ωm]	$4 \cdot 10^5$	$4 \cdot 10^4$	$3 \cdot 10^4$	6500	400	30	0,04	0,012	0,002

Zugfestigkeit 98,8 % B amorph R_m = 1,6 – 2,4 MPa
Fasern R_m = 2,6 – 3,1 MPa

Br	Brom	O.Z.	35	rel. A.M.	79,904	Bromine	7726-95-6

Kern

Z	I.M.B.	Kern	RE [^{1}H = 1,00]	AE [^{1}H = 1,00]	GV [rad $T^{-1} s^{-1}$]	QM [m^2]	F [Hz]	Ref.
19	74 – 90	^{81}Br	0,0985	0,0487	$7{,}2246 \cdot 10^7$	$0{,}28 \cdot 10^{-28}$	27,006	NaBr(aq)

Elektronenhülle

El. konf.	G.T.	E.A.	I [kJ mol^{-1}]						
		[kJ mol^{-1}]	+1	+2	+3	+4	+5	+6	+7
[Ar]$3d^{10}4s^24p^5$	$^2P_{3/2}$	324,5	1140	2104	3470	4560	5760	8550	9940

Thermodynamische Eigenschaften

T_f	T_v	ΔH_f	ΔH_v	ΔH_{at}	H_{298}
K	K	kJ mol^{-1}	kJ mol^{-1}	kJ mol^{-1}	kJ mol^{-1}
265,9	332,5	10,8	29,56	111,9	9,724

T	K	298,15	300	332,5							
Cp	$JK^{-1} mol^{-1}$	75,69	75,63	74,68							
S	$JK^{-1} mol^{-1}$	152,21	152,68	160,41							
ΔH	kJ mol^{-1}	0	0,14	2,58							
Gas[1]	T [K]	298,15	400	600	800	1000	1200	1400	1600	1800	2000
Cp	$JK^{-1} mol^{-1}$	36,04	36,74	37,28	37,53	37,69	37,83	37,94	38,05	38,16	38,26
S	$JK^{-1} mol^{-1}$	245,39	256,10	271,11	281,88	290,27	297,15	302,99	308,07	312,55	316,58
ΔH	kJ mol^{-1}	0	3,71	11,12	18,61	26,13	33,68	41,26	48,86	56,48	64,12

Physikalische Eigenschaften[1]

MV	D	α	ΔV	$\varkappa$		V_s(l)	V_s(t)	λ	ϱ
cm^3	kgm^{-3}	$10^{-6} K^{-1}$		Pa^{-1}		ms^{-1}		$Wm^{-1} K^{-1}$	Ωm
19,73	3122,6							0,122	
$\Delta\varrho$ (T)	$\Delta\varrho$ (p)	χ_M[2]	$\Psi_{(th)}$	$\Psi_{(ph)}$	χ_M[3]	γ[2]			
$10^{-4} K^{-1}$	$10^{-4} Pa^{-1}$	$kg^{-1} m^3$	V	V	$kg^{-1} m^3$	Nm^{-1}			
		$-4{,}44 \cdot 10^{-9}$			$-1{,}11 \cdot 10^{-8}$	0,0468			

[1] Br_2, [2] flüssig, [3] fest.

Br_2

GZ	B_o	Θ_{rot}	ω_o	Θ_r	$\chi_o \omega_o$	WZ	r_o	f
	cm^{-1}	K	cm^{-1}	K	cm^{-1}	cm^{-1}	pm	Nm^{-1}
	0,0809	0,1165	323,2	462,0			228,4	342,02
I	ΔH_{Dis}	d	Suth-K	D	T_K	P_K	D_K	
10^{-47} kgm^2	eV	pm		$cm^2 s^{-1}$	K	MPa	kg m^{-3}	
342,02	1,971	227			588	10,34	1180	
Vg[1]	V_{fl}	T_{Tr}	P_{Tr}	λ[2]	$(\epsilon-1) \cdot 10^6$	χ	$(n-1) \cdot 10^6$	
ms^{-1}	ms^{-1}	K	Pa	$Wm^{-1}K^{-1}$	273 K	$kg^{-1}m^3$	589,3 nm	
149				0,4	12,8	$-5,78 \cdot 10^{-9}$	1132	

[1] 391 K, [2] NTP.

Brom (gr.: bromos = stechend) wurde 1826 von A.-J. Balard aus Salzwasser durch Oxidation mit Cl_2 isoliert. Die wichtigsten Bromminerale sind: Bromcarnallit [$KMg(Cl, Br)_3 \cdot 6 H_2O$] und Bromsylvinit [K(Cl, Br)]. Der Br-Gehalt des Meerwassers beträgt 0,1%. Brom kann aus Meerwasser auch durch Elektrolyse gewonnen werden. Es ist bei Raumtemperatur flüssig, dunkelbraun mit stechendem Geruch. In Wasser ist es weniger gut löslich als Cl_2, mit unpolaren Lösemitteln ist es gut mischbar. Es verbindet sich spontan mit vielen Elemente. Bromdämpfe sind stark schleimhautreizend und toxisch.

Oxidationsstufen: 1–, 0, 1+, 3+, 4+, 5+, 7+
Standardreduktionspotentiale:
basisch ($p_H = 14$)

$$BrO_4^- \xrightarrow{0,93} BrO_3^- \xrightarrow{0,54} BrO^- \xrightarrow{0,45} 1/2\,Br_2 \xrightarrow{1,07} Br^-$$

sauer ($p_H = 0$)

$$BrO_4^- \xrightarrow{+1,76} BrO_3^- \xrightarrow{+1,49} HOBr \xrightarrow{+1,59} 1/2\,Br_2 \xrightarrow{+1,07} Br^-$$

Struktur

RG	SB	PS	μ/ϱ [$cm^2 g^{-1}$]
Cmca, D_{2h}^{18}		oC8	CuK_α 96,6 MoK_α 95,8

a = 673,7 b= 454,8 c = 876,1 pm, 120 K
$K_z = 1$, $d_{Br-Br} = 227$ pm

Weitere physikalische Eigenschaften

Br_2

Dichte D_{fl}:

T	273	293	298	303	307,6	321	325	K
D	3186	3119,3	3102,3	3084,8	3068,9	3022,7	3000,3	kg m^{-3}

Viskosität η:

T	273,7	283,6	299,2	319,3	329,6	K
η	1,259	1,114	0,916	0,786	0,721	mPa s

Oberflächenspannung γ:

T	251	286	K
γ	0,0621	0,0441	Nm^{-1}

Brechzahl von Br_2 bei 288 K:

λ	0,5350	0,5890	0,6560	0,6710	0,7590	µm
n	1,671	1,659	1,646	1,644	1,636	

Cd	**Cadmium**	O.Z.	48	rel. A.M.	112,411, a	7440-43-9

Kern

Z	I.M.B.	Kern	RE [^{1}H=1,00]	AE [^{1}H=1,00]	GV [rad $T^{-1}s^{-1}$]	QM [m^2]	F [Hz]	Ref.
22	103–119	^{113}Cd	0,0109	0,00133	$-5{,}9328 \cdot 10^7$	–	22,182	$Cd(ClO_4)$ (aq)

Elektronenhülle

El. konf.	G.T.	E.A. [kJ mol^{-1}]	I [kJ mol^{-1}] +1	+2	+3
[Kr] $4d^{10}5s^2$	^1S_o	–26	868	1631	3616

Thermodynamische Eigenschaften

T_f	T_v	ΔH_f	ΔH_v	ΔH_{at}	Cp (g)	S (g)	H_{298}
K	K	kJ mol^{-1}	kJ mol^{-1}	kJ mol^{-1}	JK^{-1} mol^{-1}	JK^{-1} mol^{-1}	kJ mol^{-1}
594	1039	6,19	97,40	111,8	20,79	167,74	6,247

T	K	298,15	300	400	500	594	594	600	700	800	900
Cp	JK^{-1} mol^{-1}	25,93	25,95	27,17	28,38	29,53	29,71	29,71	29,71	29,71	29,71
S	JK^{-1} mol^{-1}	51,80	51,96	59,59	65,78	70,77	81,19	81,49	86,07	90,04	93,54
ΔH	kJ mol^{-1}	0	0,05	2,70	5,48	8,20	14,40	14,58	17,54	20,52	23,49

Physikalische Eigenschaften

MV	D	α	ΔV	$\varkappa$	E	G
cm^3	$kg\ m^{-3}$	$10^{-6}\ K^{-1}$		$10^{-5}\ MPa^{-1}$	GPa	
13,00	86,50	29,8	0,0474	2,14	62	19,2
$\Delta\rho_{(T)}$ [2]	$\Delta\rho_{(P)}$	χ_M	$\Psi_{(th)}$	$\Psi_{(ph)}$	D [1]	χ_M [1, 3]
$10^{-4}\ K^{-1}$	$10^{-9}\ hPa^{-1}$	$kg^{-1}\ m^3$	V	V	$kg\ m^{-3}$	$kg^{-1}\ m^3$
46,2	− 7,32	$2{,}21 \cdot 10^{-9}$	3,92	4,04	8020	$2{,}0 \cdot 10^{-9}$

μ	$V_s(l)$	$V_s(t)$	λ	ρ	R_m
	ms^{-1}		$Wm^{-1}\ K^{-1}$	$n\Omega m$	MPa
0,33	2980	1690	96,8	68	71
η [1, 4]	γ [1, 3]	$d\gamma/dT$ [1]	HB		
mPa s	Nm^{-1}	$Nm^{-1}\ K^{-1}$	MNm^{-2}		
2,29	0,564	$3{,}9 \cdot 10^{-4}$	180−230		

[1] fl, [2] 273−473 K, [3] 723 K, [4] 50 K über T_f.

Cadmium (lt.: cadmia = das Mineral Galmei) Die erste Cadmiumverbindung wurde 1818 von Herrmann in ZnO gefunden, und von Stromeyer, der ihm auch den Namen gab, isoliert. Es tritt nur in Verbindungen, wie CdS (Greenockit), Otavit (bas. Carbonat), oder vergesellschaftet mit den entsprechenden Zinkverbindungen, auf. Das Element fällt als Nebenprodukt bei der Zinkproduktion an, seine Reinigung erfolgt elektrolytisch oder durch Destillation. Cd ist ein blau-weißes, leicht verformbares Metall. Es wird als Zusatz zu Loten, als Rostschutzüberzug für Stahl, als Legierungsbestandteil bei Lagermetallen und Cu (Härtung), in Ni-Cd Batterien und zur Absorption langsamer Neutronen (<0,45 eV) verwendet. Allerdings geht der Einsatz aus Umweltschutzgründen stark zurück. Seine Stäube sind hochtoxisch.

Oxidationsstufen: 0, 1+, 2+
Standardreduktionspotentiale:

basisch $Cd(OH)_2 \xrightarrow{-0{,}824} Cd$

sauer $Cd^{2+} \xrightarrow{-0{,}4030} Cd$

Struktur

RG SB PS μ/ϱ [$cm^2\ g^{-1}$] Cd_{fl}
$P6_3/mmc$, D_{6h}^4; hP2 CuK_α 231 MoK_α 27,5 $K_z = 8{,}3$ $d_{Cd-Cd} = 306$ pm
a = 297,88 c = 561,64 pm, 293 K
$K_z = 6 + 6$ $d_{Cd-Cd} = 297{,}9;\ 329{,}3$ pm T = 623 K

Weitere physikalische Eigenschaften

Wärmeausdehnungszahl $\bar{\alpha}$:

T [K]	283	423	453
$\bar{\alpha}$ (273−T) [K^{-1}]	83,3	87,5	$92{,}5 \cdot 10^{-6}$

Elastizitätsmodul *E*:

T [K]	93	273	373	473
E [GPa]	68,60	62,80	57,90	39,00

Elastizitätsgrenze R_p 297 K 1,3; 367 K 0,65 MPa.
Streckgrenze $R_{p0,2}$ 293 K 2,90; 373 K 1,60 MPa.
Zugfestigkeit R_m von gewalztem 0,6 mm-Band je nach Vorbehandlung:
|| zur Walzrichtung R_m = 45 – 70 MPa; ⊥ zur Walzrichtung R_m = 72 – 100 MPa.
Brinellhärte *HB*: 18 – 230 MNm^{-2}.

Viskosität η:

T [K]	623	673	723	773	823	873
η [mPa s]	2,37	2,17	2,00	1,86	1,74	1,63

Oberflächenspannung γ:

T [K]	643	683	773	873
γ [Nm^{-1}]	0,608	0,600	0,600	0,585

Oberflächenspannung (1110 – 1273 K): $\gamma = 0{,}472 - 10^{-4}$ T Nm^{-1}

Schallgeschwindigkeit:

Cd(fl) bei 594 K: V = 2200 ms^{-1} (12 MHz).

Massensuszeptibilität beim Schmelzpunkt (594 K):

$$\chi_{Cd(f)} = -2{,}02 \cdot 10^{-9}\ kg^{-1}m^3;\ \chi_{Cd(fl)} = -1{,}83 \cdot 10^{-9} kg^{-1}\ m^3.$$

Hall-Koeffizient *R* bei 291 K; magnetische Induktion

$$B = 0{,}69\ Vs/m^2;\ \ R = 0{,}589 \cdot 10^{-10} m^3/As.$$

thermoelektrische Kraft: $\varepsilon_{abs} = 2{,}8\ \mu VK^{-1}$
Supraleitung: $T_s = 0{,}55$ K $H_0 = 30$ Oe

Abhängigkeit physikalischer Eigenschaften von der Kristallorientierung:

Physikalische Eigenschaft	||	⊥	Dimension
	zur *c*-Achse		
Wärmeausdehnungszahl α (293 – 373 K)	52,6	21,4	$10^{-6} K^{-1}$
Selbstdiffusion ΔT 420 – 587 K			
D_0	0,12	0,18	$10^{-4} m^2 s^{-1}$
Q	77,9	82,0	kJ mol^{-1}
Elektrischer Widerstand 293 K	82,4	68,2	nΩm
Massensuszeptibilität 293 K	– 2,43	– 1,42	$10^{-9} kg^{-1} m^3$
Hall-Koeffizient (288 K) $B = 1{,}35\ Vs/m^2$	1,20	0,11	$10^{-10} m^3/As$

Cd Reflexionsvermögen in %

λ [µm]	0,410	0,474	0,518	0,554
[%]	78	74	72,5	73

Brechzahl bei 0,578 µm 1,8

Änderung des elektrischen Widerstands ϱ beim Schmelzen:

$$\varrho_{fl} = 337\ n\Omega m;\qquad \frac{\varrho_{fl}}{\varrho_f} = 1{,}97$$

Cs	**Cäsium**	O.Z.	55	rel. A.M.	132,90543	Cesium	7440-46-2

Kern

Z	I.M.B.	Kern	RE [^{1}H = 1,00]	AE [^{1}H = 1,00]	GV [rad T^{-1} s^{-1}]	QM [m^2]	F [Hz]	Ref.
22	123 – 144	^{133}Cs	0,0474	0,0474	$3{,}5087 \cdot 10^7$	$-3 \cdot 10^{-31}$	13,117	0,5 M-CsBr(aq)

Elektronenhülle

El. konf.	G.T.	E.A. [kJ mol^{-1}]	I [kJ mol^{-1}] +1	+2
[Xe] $6s^1$	$^2S_{1/2}$	45,5	376	2420

Thermodynamische Eigenschaften

T_f	T_v	ΔH_f	ΔH_v	ΔH_{at}	Cp (g)	S (g)	H_{298}
K	K	kJ mol^{-1}	kJ mol^{-1}	kJ mol^{-1}	JK^{-1} mol^{-1}	JK^{-1} mol^{-1}	kJ mol^{-1}
301,55	948	2,09	67,7	76,5	20,79	175,60	7,711

T	K	298,15	300	301,5	301,5	400	500	600	700	800	900
Cp	JK^{-1} mol^{-1}	32,20	32,36	32,49	32,39	31,52	31,15	31,00	30,94	30,95	30,95
S	JK^{-1} mol^{-1}	85,15	85,35	85,51	92,44	101,45	108,44	114,10	118,87	123,01	126,65
ΔH	kJ mol^{-1}	0	0,06	0,11	2,20	5,34	8,47	11,57	14,67	17,76	20,86

Physikalische Eigenschaften

MV	D	α	ΔV	$\varkappa$	E	G
cm^3	kg m^{-3}	10^{-6} K^{-1}		10^{-5} MPa^{-1}	GPa	
70,96	1873	97	0,0263	0,75	1,7	0,64
$\Delta\rho_{(T)}$	$\Delta\rho_{(P)}$	χ_M	$\Psi_{(th)}$	$\Psi_{(ph)}$	D [1]	χ_M [1]
10^{-4} K^{-1}	10^{-9} hPa^{-1}	$kg^{-1}m^3$	V	V	kg m^{-3}	kg^{-1} m^3
50,3	0,5	$2{,}8 \cdot 10^{-9}$	1,87	1,94	1847	$2{,}6 \cdot 10^{-9}$

μ	V_s(l)	V_s(t)	λ	ρ	R_m
	ms^{-1}		Wm^{-1} K^{-1}	nΩm	GPa
0,295	1090	590	35,9	188	
η [1]	γ [1]	$d\gamma/dT$ [1]	HV		
mPa s	Nm^{-1}	Nm^{-1} K^{-1}	MNm^{-2}		
0,686	0,060	$-0{,}046 \cdot 10^{-3}$	0,15		

[1] fl.

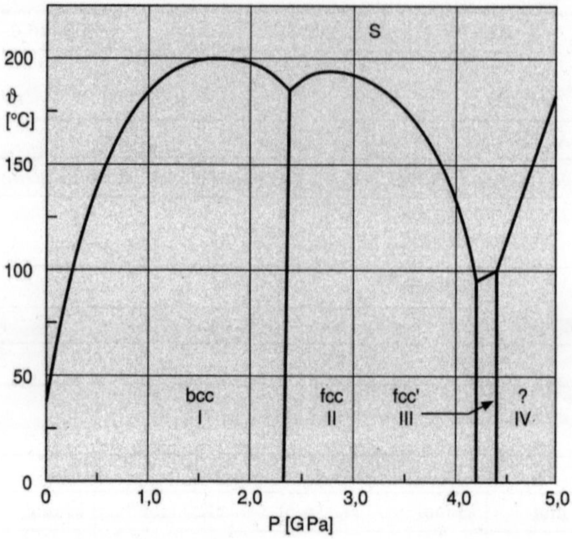

P-T Diagramm von Cäsium

Cäsium (lt.: caesius = blaugrau) wurde 1860 von R. Bunsen in Salzen des Bad Dürkheimer Mineralwassers spektroskopisch nachgewiesen und nach seiner blauen Hauptlinie benannt. Es kommt als Hauptbestandteil nur im Pollucit ($Cs_4Al_4Si_9O_{20} \cdot H_2O$) vor, in Spuren in vielen Salzen. Man gewinnt es durch metallothermische Reduktion und reinigt es durch Destillation. Das Metall ist bei Zimmertemperatur flüssig, in fester Form leicht verformbar, metallisch und goldgelb. Es reagiert heftig mit Wasser und in feinverteilter Form mit Luft, in Abwesenheit von Wasser, zu CsO_2. Das Metall muß unter Luftausschluß (Vakuum, Inertgas oder unter Petrolether) aufbewahrt werden. Es findet Verwendung als Getter und in photoelektrischen Zellen.

Oxidationsstufen: 1–, 0, <u>1+</u>

Standardreduktionspotentiale: $Cs^+ \xrightarrow{-2,923} Cs$

Struktur

RG	SB	PS	μ/ϱ [$cm^2\ g^{-1}$]	Cs fl
$Im\bar{3}m$		cI2	CuK_α 318 MoK_α 41,3	K_z = 9,0 d_{Cs-Cs} = 531 pm
a = 617,6 pm, 293 K				T = 303 K
K_z = 8, d_{Cs-Cs} = 535 pm				

Hochdruck-Modifikationen
Cs II, >2,37 GPa, $Fm\bar{3}m$, ; –; cF4 a = 646,5 pm, K_z = 12 d_{Cs-Cs} = 457,1 pm
Cs III, >4,22 GPa, $Fm\bar{3}m$; –; cF4 a = 580,0 pm, K_z = 12 d_{Cs-Cs} 410,1 pm

Cs IV >4,4 GPa, $I4_1/amd$; tI-; a = 336,45 c = 1255,2 pm; K_z = 8

Cs V >10 GPa, Struktur nicht gesichert ($P4_2/mbc$ oder Pnma oder Pbcm), alle K_z = 6

Weitere physikalische Eigenschaften

Dichte:

T [K]	0	90	313
$D_{(f)}$ [kg m^{-3}]	2010	1980	$D_{(fl)}$ 1827

Wärmeausdehnungszahl $\bar{\alpha}$:

T_1-T_2 [K]	302–323	323–496
$\bar{\alpha}$ $Cs_{(fl)}$ [K^{-1}]	341	348

Schallgeschwindigkeit für Cs(fl) bei 302 K: V = 967 ms^{-1} (12 MHz).

elektrischer Widerstand (301,55 K): 367 nΩm

Verhältnis des elektrischen Widerstandes $\frac{\varrho_{fl}}{\varrho_f}$ bei 301,8 K = 1,66.

Knight-Shift am T_f: K_f = 1,49% K_{fl} = 1,46%

Änderung des elektrischen Widerstandes (Cs polykristallin) im Magnetfeld $H \perp$ zum Meßstrom:

$$T = 20{,}4\ \mathrm{K}\quad \frac{\varrho_{20,4}}{\varrho_{273}} = 0{,}0746;\quad H = 40 \cdot 10^3\ \mathrm{MAs^{-1}};\quad \left(\frac{\varrho_H - \varrho_0}{\varrho_0}\right)_{20,4} = 0{,}03.$$

Hall-Koeffizient R bei 268 K (Cs vakuumdestilliert), magnetische Induktion

$B = 0{,}337 - 1{,}86\ \mathrm{Vs/m^2}$; $R = -7{,}8 \cdot 10^{-10}\ \mathrm{m^3/As}$.

thermoelektrische Kraft: $\varepsilon_{abs} = +0{,}2\ \mu VK^{-1}$

Daten des kritischen Punkts: P_{Kr} = 11,3 MPa; T_{Kr} = 2010 K; D_{Kr} = 410 kg m^{-3}

Ca	**Calcium**	O.Z.	20	rel. A.M.	40,078, a	7440-70-2

Kern

Z	I.M.B.	Kern	RE [^{1}H = 1,00]	AE [^{1}H = 1,00]	GV [rad T^{-1} s^{-1}]	QM [m^2]	F [Hz]	Ref.
14	37–50	^{43}Ca	0,00640	$9{,}28 \cdot 10^{-6}$	$-1{,}8001 \cdot 10^7$	$-0{,}05 \cdot 10^{-28}$	6,728	$CaCl_2$ (aq)

Elektronenhülle

El. konf.	G.T.	E.A.	I [kJ mol^{-1}]		
		[kJ mol^{-1}]	+1	+2	+3
[Ar] $4s^2$	$^1S_0$	– 186	590	1145	4910

Thermodynamische Eigenschaften

T_f	T_v	ΔH_f	ΔH_v	ΔH_{at}	Cp(g)	S(g)	H_{298}
K	K	kJ mol^{-1}	kJ mol^{-1}	kJ mol^{-1}	JK^{-1} mol^{-1}	JK^{-1} mol^{-1}	kJ mol^{-1}
1112	1755	8,54	153,6	178,2	20,79	154,88	5,736

T	K	298,15	300	400	500	600	700	720	720	800	900
Cp	JK^{-1} mol^{-1}	25,31	25,32	26,26	27,68	29,55	31,85	32,36	29,35	32,65	36,78
S	JK^{-1} mol^{-1}	41,42	41,58	48,98	54,98	60,19	64,92	65,81	67,09	70,35	74,44
H	kJ mol^{-1}	0	0,05	2,62	5,31	8,17	11,24	11,88	12,80	15,28	18,75
T	K	1000	1100	1112	1112	1200	1300	1400	1500	1600	1700
Cp	JK^{-1} mol^{-1}	40,90	45,03	45,53	29,29	29,29	29,29	29,29	29,29	29,29	29,29
S	JK^{-1} mol^{-1}	78,53	82,62	83,11	90,79	93,02	95,36	97,53	99,55	101,44	103,22
H	kJ mol^{-1}	22,64	26,93	27,48	36,01	38,59	41,52	44,45	47,37	50,30	53,23

Physikalische Eigenschaften

MV	D	α	ΔV	$\varkappa$ [3]	E [3]	G [3]
cm^3	$kg\ cm^{-3}$	$10^{-6} K^{-1}$		$10^{-5} MPa^{-1}$	GPa	
25,86	1550	22	0,047	5,73	19,6	7,38
$\Delta\rho_{(T)}$	$\Delta\rho_{(P)}$	χ_M	$\Psi_{(th)}$	$\Psi_{(ph)}$	D [1]	χ_M [1]
$10^{-4} K^{-1}$	$10^{-9} hPa^{-1}$	$kg^{-1} m^3$	V	V	$kg\ m^{-3}$	$kg^{-1} m^3$
41,7	15,2	$1{,}4 \cdot 10^{-8}$	2,76	2,87	1365	330

μ^3	$V_s(l)$	$V_s(t)$	λ	ρ
	ms^{-1}		$Wm^{-1}K^{-1}$	$n\Omega m$
0,305	4180	2210	200	31,6
η [1,2]	γ [1]	$d\gamma/dT$ [1]	HV	
mPa s	Nm^{-1}	$Nm^{-1}K^{-1}$	MNm^{-2}	
1,06	0,361	$-0{,}068 \cdot 10^{-3}$	130	

[1] fl., [2] 50 K über T_f, [3] Werte bei 348 K.

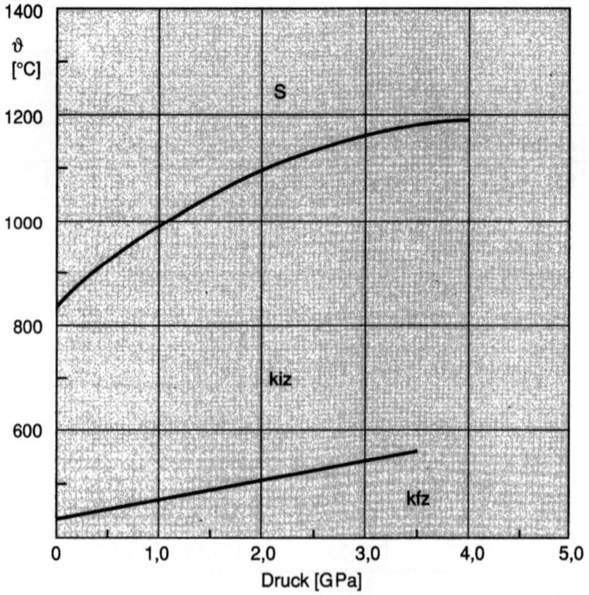

P-T Diagramm von Calcium

Calcium (lt.: calx = Kalk). Calciummineralien werden seit langem verwendet. Das Metall wurde von H. Davy 1808 elektrolytisch in stark verunreinigter Form, von Bunsen rein, dargestellt. Calcium ist sehr unedel, daher findet man es nur in seinen sehr verbreiteten Verbindungen. Besonders wichtig sind Kalkstein, Marmor, $CaCO_3$; Gips, Alabaster $CaSO_4 \cdot 2H_2O$; Fluorit CaF_2 und Apatit $Ca_5(PO_4)_3$ F(OH, Cl). Technisch wird Ca durch Elektrolyse von geschmolzenen $CaCl_2$ unter Zugabe von CaF_2 zur Schmelzpunkterniedrigung dargestellt. Reines Ca ist metallisch, silbrig-glänzend und relativ hart. Es korrodiert an Luft unter Bildung von Ca_3N_2. Ca-Metall wird als Reduktionsmittel bei der Herstellung von Th, Zr, U, Cr, V und Lanthanoiden eingesetzt. Bei der Stahlherstellung wird es zur Entfernung von C, O und S verwendet. Weitere Nutzungen sind als Getter in Hochvakuumsystemen und als Zusatz in Al-, Mg-, Cu-, Pb- und Sn-Legierungen.

Oxidationsstufen: 0, 2+
Standardreduktionspotentiale:

basisch $CaO(hydr.) \xrightarrow{-2,19} Ca$

sauer $Ca^{2+} \xrightarrow{-2,84} Ca$

Struktur

RG	SB	PS	μ/ϱ [$cm^2\,g^{-1}$]
$Fm\bar{3}m$,	; A1,	cF4	CuK_α 162 MoK_α 18,3

a = 558,84 pm 298 K, K_z = 12, d_{Ca-Ca} = 395,1 pm

andere Modifikationen

>720 K
$Im\bar{3}m$; A2, cI2; a = 448,0 pm, K_z = 8, d_{Ca-Ca} = 388 pm
ΔH_u = 0,92 kJ mol^{-1}

Wärmeausdehnungszahl $\bar{\alpha}$ (für α-Ca):

T_1-T_2 [K]	78–90	113–133	153–173	193–213		
$\bar{\alpha}$ $(T-T_2)$ [K^{-1}]	15,32	17,95	19,30	$20,39 \cdot 10^{-6}$		
T_1-T_2 [K]	233–253	253–273	273–293	293–573	(β) 740–876 (fl)	1112–1655
$\bar{\alpha}$ (T_1-T_2) [K^{-1}]	21,32	21,50	22,14	$22,3 \cdot 10^{-6}$	33,6	$73,7 \cdot 10^{-6}$

Viskosität η:

T [K]	1085	1106	1140	1156
η [mPas]	1,22	1,15	1,06	1,01

Selbstdiffusion:

ΔT(773 – 1173 K) $D_o = 8,3 \cdot 10^{-4}\,m^2\,s^{-1}$ Q = 161 kJ mol^{-1}

Debye-Temperatur Θ_D aus Wärmekapazität für T:

T [K]	10,10	13,02	18,73	21,4	31,7	52,2	75,5	118,4
Θ_D [K]	223	220	219	220	226	225	234	229

thermoelektrische Kraft: $\varepsilon_{abs} = -8,2\,\mu VK^{-1}$

Cf	**Californium**	O.Z.	98	rel. A.M.	251,0796, d		7440-71-3

Kern

Z	I.M.B.
12	242–254

Elektronenhülle

El. konf.	G.T.	E.A.	I [kJ mol^{-1}]		
		[kJ mol^{-1}]	+1	+2	+3
[Rn] $5f^{10}7s^2$	$^5I_8$	–	522	1141	2153

Thermodynamische Eigenschaften

T_f	T_v	ΔH_f	ΔH_v	ΔH_{at}	Cp (g)	S (g)
K	K	kJ mol^{-1}	kJ mol^{-1}	kJ mol^{-1}	JK^{-1} mol^{-1}	JK^{-1} mol^{-1}
1173				175		

Physikalische Eigenschaften

MV	D	α	ΔV	$\varkappa$	μ	$V_s(l)$	$V_s(t)$	λ	ϱ
cm^3	kg m^{-3}	10^{-6} K^{-1}		10^{-5} Pa^{-1}		ms^{-1}		Wm^{-1}K^{-1}	Ωm
26,96	9310							~10	

Californium (engl.: California) wurde als sechstes Transuranelement von der Seaborg-Gruppe in Berkeley 1950 dargestellt. Es entsteht durch Beschuß von ^{242}Cm mit $^4He^{2+}$. Alle Isotope sind radioaktiv, das stabilste, ^{251}Cf, hat eine Halbwertzeit von 351 a. Cf ist ein silbrig-weißes Metall.

Oxidationsstufen: 0, (2+), <u>3+</u>, 4+

Standardreduktionspotentiale:

sauer $Cf^{4+} \xrightarrow{>+1,60} Cf^{3+} \xrightarrow{-1,9^{\cdot}} Cf^{2+} \xrightarrow{-2,1} Cf$

Struktur

RG	SB	PS
$P6_3/mmc$, D_{6h}^4	; – ;	hP4

a = 400,2, c = 1280,4 pm
>1213 K
$Fm\bar{3}m$, O_h^5; A2; cF4
a = 574 pm, K_z = 12, d_{Cf-Cf} = 405,8 pm

Ce	Cer	O.Z.	58	rel. A.M.	140,115, a	Cerium	7440-45-1

Kern

Z	I.M.B.	Kern	RE [^{1}H = 1,00]	AE [^{1}H = 1,00]	GV [rad T^{-1} s^{-1}]	QM [m^2]	F [Hz]	Ref.
19	132 – 148							

Elektronenhülle

El. konf.	G.T.	E.A.	I [kJ mol^{-1}]			
		[kJ mol^{-1}]	+1	+2	+3	+4
[Xe]$4f^1 5d^1 6s^2$	$^3H_4$	48	527	1047	1949	3547

Thermodynamische Eigenschaften

T_f	T_v	ΔH_f	ΔH_v	ΔH_{at}	Cp (g)	S (g)	H_{298}
K	K	kJ mol^{-1}	kJ mol^{-1}	kJ mol^{-1}	JK^{-1} mol^{-1}	JK^{-1} mol^{-1}	kJ mol^{-1}
1071	3695	5,46	414,2	422,6	23,07	191,77	7,280

T	K	298,15	300	400	500	600	700	800	900	999	999
Cp	JK^{-1} mol^{-1}	26,90	26,92	28,34	29,75	31,17	32,81	34,45	36,09	37,71	37,61
S	JK^{-1} mol^{-1}	69,45	69,62	77,56	84,03	89,58	94,51	99,00	103,15	107,00	110,00
ΔH	kJ mol^{-1}	0	0,05	2,81	5,72	8,76	11,96	15,33	18,85	22,50	25,50
T	K	1000	1071	1071	1100	1300	1500	2000	2500	3000	3500
Cp	JK^{-1} mol^{-1}	37,61	37,61	37,70	37,70	37,70	37,70	37,70	37,70	37,70	37,70
S	JK^{-1} mol^{-1}	110,00	110,03	112,61	117,71	125,02	130,41	141,26	149,70	156,54	162,35
ΔH	kJ mol^{-1}	25,53	28,21	33,67	34,76	42,30	49,84	68,69	87,54	106,38	125,23

Physikalische Eigenschaften

MV	D	α	ΔV	$\varkappa$	E	G
cm^3	kg m^{-3}	10^{-6} K^{-1}		10^{-5} MPa^{-1}	GPa	
17,00	6773	6,3	0,011	5,06	30,0	12,0
$\Delta\rho_{(T)}$	$\Delta\rho_{(P)}$	χ_M	$\Psi_{(th)}$	$\Psi_{(ph)}$		
10^{-4} K^{-1}	10^{-9} hPa^{-1}	kg^{-1} m^3	V	V		
9,7	−45,2	$2{,}17 \cdot 10^{-7}$	2,6	2,88		

μ	V_s(l)	V_s(t)	λ	ρ	R_m
	ms^{-1}		Wm^{-1} K^{-1}	nΩm	MPa
0,248	3060	1230	11,4	730	117
	γ [1]	HV			
	Nm^{-1}	MNm^{-2}			
	0,72	275			

[1] fl.

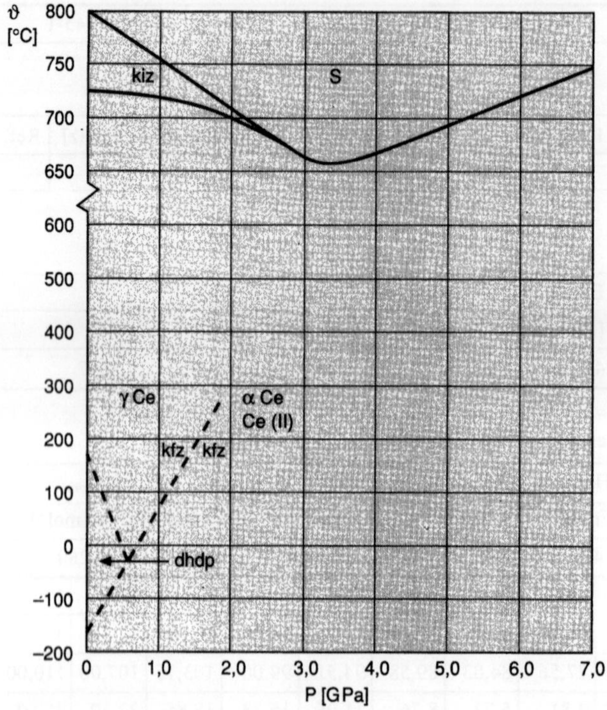

P-T Diagramm von Cer

Cer (lt.: Ceres = Göttin des pflanzlichen Wachstums. Benannt wurde das Element nach dem Asteroiden Ceres, der zwei Jahre vor ihm entdeckt wurde).
Die Cererde wurde 1803 von M.H. Klaproth (Deutschland) und unabhängig davon von J. G. Berzelius und W. Hisinger (Schweden) isoliert und für das Oxid eines neuen Elements gehalten. Nacheinander wurden dann aus diesem Oxid die Oxide von La, Pr, Nd, Sm und Eu isoliert. Reines Ceroxid wurde 1839 von C.G. Mosander, Ce-Metall 1875 von W. F. Hillebrand und T. N. Norton dargestellt. Ce ist das häufigste Lanthanoid und wird in Mineralen wie Monazit ($LnPO_4$), Bastnäsit ($LnCO_3F$), Cerit und Samarskasit gefunden. Das Element wird metallothermisch (Reduktion von CeF_3 mit Ca) oder durch Schmelzflußelektrolyse von $CeCl_3$ dargestellt. Es ist ein sehr unedles, eisengraues und schmiedbares Metall, das an der Luft leicht korrodiert. Ce wird zur Herstellung von Feuerzeug-Zündsteinen, in Eisenlegierungen zur Desoxidation und Desulfurierung, sowie in $CeCo_5$ als Permanentmagnet verwendet.

Oxidationsstufen: 0, <u>3+</u>, 4+
Standardreduktionspotentiale:

basisch $CeO_2\text{ (hydr.)} \xrightarrow{-0,7} Ce(OH)_3 \xrightarrow{-2,78} Ce$

sauer $Ce^{4+} \xrightarrow{-1,61} Ce^{3+} \xrightarrow{-2,483} Ce$

Struktur

RG	SB	PS	μ/ϱ [$cm^2\,g^{-1}$]
γ: $Fm\bar{3}m$, O_h^5	A1	cF4	CuK_α 352 MoK_α 48,2

a = 516,08 pm, 293 K, K_z = 12, d_{Ce-Ce} = 364,9 pm

andere Modifikationen

$\delta > 999$ K: Im$\bar{3}$m, O_h^9; A2; cI2,
a = 410,3 pm, 1040 K, $K_z = 8$ $d_{Ce-Ce} = 355{,}3$ pm
$\alpha < 96$ K: kollabierte kub. dichte Packung, a = 482 pm, 90 K
β metastabil <263 K: P6_3/mmc, D_{6h}^4, a = 367,7 c = 1186,2 pm [293 K]

>~1 GPa α'-Ce oder CeII
Cmcm, D_{2h}^{17}; A20; oC4
a = 310,2, b = 602,5, c = 525,7 pm; $K_z = 2 + 2 + 4 + 4$

Weitere physikalische Eigenschaften

Streckgrenze $R_{p\,0,2}$, Zugfestigkeit R_m, Bruchdehnung A und Härte *HV*; *G* gegossenes Cer, *SG* gegossenes und durch Schmieden um 50% verformtes Cer:

Zustand	T [K]	$R_{p\,0,2}$ [MPa]	R_m [MPa]	A %	*HV* [MNm^{-2}]
G	Z.T.	91	104	24	370
SG	Z.T.	112	152	17	–
G	477	52	40	21,4	–
SG	477	78	95	9,5	–
SG	700	138	35	8	–

Selbstdiffusion (f):
γ-Ce ΔT (801–965 K), $D_o = 0{,}55 \cdot 10^{-4}\,m^2 s^{-1}$, Q = 153,2 kJ mol^{-1}
δ-Ce ΔT (992–1044 K), $D_o = 0{,}012 \cdot 10^{-4}\,m^2 s^{-1}$, Q = 90 kJ mol^{-1}

Spezifischer elektrischer Widerstand:

α-Ce bei 24 K $\varrho = 30$ nΩm

Hall-Koeffizient *R* bei 297 K, magnetische Induktion

$$B = 1{,}07 - 1{,}08\ \mathrm{Vs/m^2}; \quad R = 1{,}92 \cdot 10^{-10}\ \mathrm{m^3/As}.$$

thermoelektrische Kraft: $\varepsilon_{abs} = +\,4{,}39\ \mu VK^{-1}$

Magnetisches Verhalten der Lanthanoide

Spalte 2, χ_{Atom}: molarmagnetische Suszeptibilität bei 298 K. Spalte 3 und 4, $(p_A)_{eff}$: effektive magnetische Atommomente im paramagnetischen Bereich. Spalte 5, Θ_p: Paramagnetische Curie-Temperatur im Curie-Weißschen Gesetz $\chi_A = \frac{C_A}{T - \Theta_p}$. Spalte 6: Gültigkeitsbereich des Curie-Weißschen Gesetzes. Spalte 7, Θ_N: Néel-Temperatur (antiferromagnetischer Punkt). Spalte 8, Θ_f: Curie-Temperatur (ferromagnetischer Punkt).

Element	χ_{mol} in 10^{-9} m³ mol⁻¹	$(p_A)_{eff}$ in μ_B		Θ_p	Temperaturbereich des Curie-Weiß-Gesetzes	Θ_N	Θ_f
		theoretisch	experimentell	K	K	K	K
γ-Ce [1]	30,52	2,54	2,58	− 42	90−293	−	−
			2,51	− 38…−46	100−300	−	−
α-Pr	66,82	3,58	3,56	− 21	78−480	−	−
			3,34	− 22	15−290		−
			3,56	0	120−300	−	−
α-Nd	70,96	3,62	3,34	+ 1	31−145	−	−
			3,68	− 16	145−300	−	−
			3,72	− 15	290−500	−	−
			3,3	+ 4,3	35−300	7,5 [2]	
						19,0 [3]	
Pm	−	2,68					
α-Sm	22,85	7,9	8,3	gehorcht nicht dem Curie-Weiß-Gesetz		14,8 [2] 106 [3]	−
Eu	416,0	3,5	7,12	+108	140−300	89	−
α-Gd	4471	7,94	7,97	+302	363−634		293,2
			7,8	+302	418−623		
α-Tb	2424	9,77	9,7	+237	275−375	195	221
Dy	1253	10,65	10,64	+157	250−430	178,5	85
Ho	882	10,61	11,2	+ 87	133−300	132	20
Er	554	9,58	9,5	+ 40	100−300	85	19,6
Tm	329	7,56	7,61	+ 20	60−300	58	25
α-Yb	0,89	4,54	0,035	− 4,2	1,2−567	−	−
Lu	0,22	0,0	0,21	−	−	−	−

[1] β-Ce: Θ_N = 12,5 K,
[2] kubische,
[3] hexagonale Gitterplätze.

Cl	Chlor	O.Z.	17	rel. A.M.	35,4527, c	Chlorine	7782-50-5

Kern

Z	I.M.B.	Kern	RE [¹H=1,00]	AE [¹H=1,00]	GV [rad T⁻¹s⁻¹]	QM [m²]	F [Hz]	Ref.
11	32−40	³⁵Cl	0,00470	0,00355	$2,6210 \cdot 10^7$	$-8,2 \cdot 10^{-30}$	9,798	NaCl(aq)

Elektronenhülle

El. konf.	G.T.	E.A. [kJ mol⁻¹]	I [kJ mol⁻¹]						
			+1	+2	+3	+4	+5	+6	+7
[Ne]3s²3p⁵	$^2P_{3/2}$	348,7	1251	2297	3826	5158	6540	9362	11020

Thermodynamische Eigenschaften

T_f	T_v	ΔH_f	ΔH_v	ΔH_{at}	Cp(g) [2]	S(g) [2]	H_{298}
K	K	kJ mol^{-1}	kJ mol^{-1}	kJ mol^{-1}	$JK^{-1}mol^{-1}$	$JK^{-1}mol^{-1}$	kJ mol^{-1}
172,17	239,18	6,41	20,40	121,3	21,83	165,18	9,180

T [1]	K	298,15	400	600	800	1000	1200	1400	1600	1800	2000
Cp	$JK^{-1}mol^{-1}$	33,94	35,27	36,59	37,16	37,48	37,69	37,85	38,00	38,14	38,29
S	$JK^{-1}mol^{-1}$	223,12	233,29	247,88	258,50	266,83	273,68	279,50	284,56	289,05	293,08
ΔH	kJ mol^{-1}	0	3,53	10,74	18,12	25,59	33,10	40,66	48,24	55,86	63,50
T	K	2200	2400	2600	2800	3000					
Cp	$JK^{-1}mol^{-1}$	38,44	38,61	38,79	38,99	39,20					
S	$JK^{-1}mol^{-1}$	296,73	300,08	303,18	306,06	308,76					
ΔH	kJ mol^{-1}	71,17	78,88	86,62	94,39	102,21					

Physikalische Eigenschaften

MV	ϱ [3]	α	ΔV	$\varkappa$			μ	V_s(l)	V_s(t)	λ
cm^3	kg m^{-3}	$10^{-6}K^{-1}$		$10^{-6}Pa^{-1}$				m s^{-1}		$Wm^{-1}K^{-1}$
17,46	3,214									0,0093
$\Delta\varrho$(T)	$\Delta\varrho$(p)	χ_M [4]	$\Psi_{(th)}$	$\Psi_{(ph)}$	η_{273}	η_{373}	η_{573}	γ		
$10^{-4}K^{-1}$	$10^{-9}hPa^{-1}$	$kg^{-1}m^3$	V	V	μPa s [5]			Nm^{-1}		
		$-7{,}2 \cdot 10^{-9}$			12,3	16,9	25	0,0392		

[1] Cl_2, [2] Cl, [3] 273 K, [4] Gas, [5] bei Normaldruck.

Cl_2

GZ	B_o	Θ_{rot}	ω_o	Θ_v	$\chi_0\omega_0$	WZ	r_0	f
	cm^{-1}	K	cm^{-1}	K	cm^{-1}	cm^{-1}	pm	Nm^{-1}
$^1\Sigma_g^+$	0,2441	0,3456	564,9	807,3	4,0	0,007	198,8	322,7
I	ΔH_{Dis}	d	Suth-K	D	T_K	P_K	ϱ_K	
10^{47} kg m^2	eV	pm		$cm^2 g^{-1}$	K	MPa	kg m^{-3}	
114,84	2,475	547	351		417,1	7,98	573	
V_g [1]	V_{fl}	T_{Tr}	P_{Tr}	λ [1]	$(\epsilon-1)\cdot 10^6$	χ	$(n-1)\cdot 10^6$	
ms^{-1}	ms^{-1}	K	kPa	$Wm^{-1}K^{-1}$		$cm^3 mol^{-1}$	589,3 nm	
206		162	1,39	$0{,}799 \cdot 10^2$			773	

[1] NTP

Chlor (gr.: chloros = gelblichgrün) wurde erstmal von 1774 von C.W. Scheele durch Reaktion eines $NaCl/MnO_2$ Gemisches mit H_2SO_4 erhalten, der das Gas aber für eine Verbindung hielt. H. Davy zeigte dann 1810, daß es ein Element war und benannte es nach seiner Farbe. Es findet sich in der Natur nur in Salzen wie Steinsalz (NaCl), Carnallit ($KMgCl_3 \cdot 6\,H_2O$), Sylvin (KCl) u. v. a. Das Meerwasser enthält 2% Cl. Chlor ist ein gelbgrünes, giftiges, die Schleimhäute reizendes Gas, das sich mit den meisten Elementen direkt verbindet, daher hoch korrosiv wirkt. Cl_2 ist in Wasser mäßig, in org. Lösemitteln z. T. gut löslich. Es wird zur Desinfizierung, insbesondere von Trinkwasser, verwendet.

Oxidationsstufen: 1−, 0, 1+, 3+, 4+, 5+, 6+, 7+

Standardreduktionspotentiale:

basisch $ClO_4^- \xrightarrow{0,36} ClO_3^- \xrightarrow{+0,33} ClO_2 \xrightarrow{+0,66} ClO^- \xrightarrow{+0,40} \frac{1}{2}Cl_2 \xrightarrow{+1,36} Cl^-$

sauer $ClO_4^- \xrightarrow{+1,19} ClO_3^- \xrightarrow{1,21} HClO_2 \xrightarrow{+1,65} HOCl \xrightarrow{+1,63} \frac{1}{2}Cl_2 \xrightarrow{+1,36} Cl^-$

Struktur

RG	SB	PS	μ/ϱ [cm² g⁻¹]
Cmca, D_{2h}^{18};	A14;	oC8	CuK_α 106 MoK_α 11,4

a = 624, b = 448, c = 826 pm, 113 K

$K_z = 1$, $d_{Cl-Cl} = 198,0$ pm

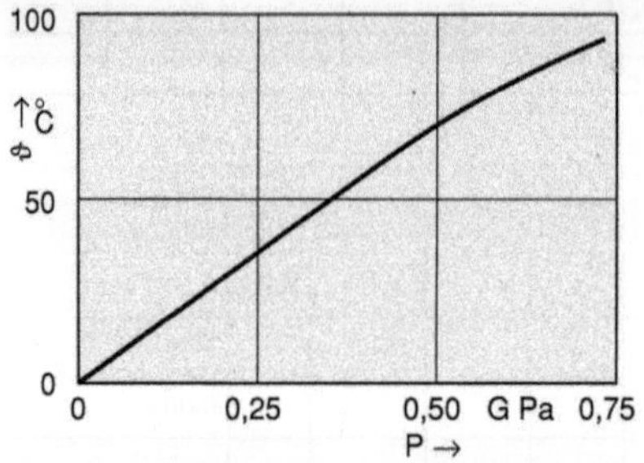

Schmelzkurve von Chlor

Weitere physikalische Eigenschaften

Dampfdruck und Dichte koexistierender Phasen:

T K	*p* MPa	*D′* (fl) kg m⁻³	*D″* (g) kg m⁻³	T K	*p* MPa	*D′* (fl) kg m⁻³	*D″* (g) kg m⁻³
273	0,369	1468	12,2	363	3,195	1157	100,6
283	0,5042	1439	16,3	373	3,814	1110	123,7
293	0,6731	1409	21,4	383	4,518	1058	153,7
303	0,8800	1377	27,5	393	5,318	996	193,5
313	1,129	1345	34,9	403	6,225	918	249,9
323	1,427	1311	43,7	413	7,250	792	351,9
233	1,776	1276	54,2	417	7,701	567	567
343	2,184	1239	66,8				
353	2,655	1199	82,0				

Viskosität η von Cl_2(fl):

T [K]	196,7	199,2	202,7	207,4	213,0	220,2	228,1 K
η [mPa s]	0,729	0,710	0,680	0,649	0,616	0,569	0,530

Statische Dielektrizitätskonstante ε, Cl_2(fl) bei 213 K: $\epsilon = 2,15$.
Brechzahl *n*, Cl_2(fl) bei 92 K ($D = 1330$ kg m⁻³) für $\lambda = 0,5890$ µm: $n = 1,367$.

Löslichkeit in Wasser bei $1,01 \cdot 10^5$ Pa Chlordruck:

T [K]	273	283	293	303	313	333	353	363
$\alpha = \frac{m^3 (Gas)}{m^3 (Wasser)}$	4,610	3,095	2,260	1,769	1,414	1,006	0,672	0,380

Cr	**Chrom**	O.Z.	24	rel. A.M.	51,9961	Chromium	7440-47-3

Kern

Z	I.M.B.	Kern	RE [^{1}H = 1,00]	AE [^{1}H = 1,00]	GV [rad T^{-1} s^{-1}]	QM [m^2]	F [Hz]	Ref.
9	48 – 56	^{53}Cr	0,000903	0,00862	$-1,5120 \cdot 10^7$	$\pm 0,3 \cdot 10^{-28}$	5,652	CrO_4^{2-}(aq)

Elektronenhülle

El. konf.	G.T.	E.A.	I [kJ mol^{-1}]					
		[kJ mol^{-1}]	+1	+2	+3	+4	+5	+6
[Ar]$3d^5 4s^1$	$^7S_3$	94	653	1592	2990	4740	6690	8740

Thermodynamische Eigenschaften

T_f	T_v	ΔH_f	ΔH_v	ΔH_{at}	Cp (g)	S (g)	H_{298}
K	K	kJ mol^{-1}	kJ mol^{-1}	kJ mol^{-1}	JK^{-1} mol^{-1}	JK^{-1} mol^{-1}	kJ mol^{-1}
2130	2942	16,93	344,3	397,5	20,79	174,31	4,050

T	K	298,15	400	600	800	1000	1200	1400	1600	1800	2000
Cp	JK^{-1} mol^{-1}	23,35	25,19	28,17	30,21	32,02	35,45	38,73	42,42	45,66	48,71
S	JK^{-1} mol^{-1}	23,64	30,76	41,57	49,97	56,89	63,02	68,74	74,14	79,33	84,30
ΔH	kJ mol^{-1}	0	2,47	7,83	13,68	19,89	26,62	34,05	42,15	50,97	60,40
T	K	2130	2130	2200	2400	2600	2800	2942			
Cp	JK^{-1} mol^{-1}	50,61	39,33	39,33	39,33	39,33	39,33	39,33			
S	JK^{-1} mol^{-1}	87,43	95,38	96,65	100,07	103,22	106,14	108,08			
ΔH	kJ mol^{-1}	66,86	83,79	86,55	94,41	102,28	110,15	115,73			

Physikalische Eigenschaften

MV	D	α	ΔV	$\varkappa$	E	G
cm^3	kg m^{-3}	$10^{-6} K^{-1}$		$10^{-5} MPa^{-1}$	GPa	
7,23	7190	6,2		0,78	279	115
$\Delta\rho_{(T)}$	$\Delta\rho_{(P)}$	χ_M	$\Psi_{(th)}$	$\Psi_{(ph)}$	D [1]	χ_M [1]
$10^{-4} K^{-1}$	$10^{-9} hPa^{-1}$	$kg^{-1} m^3$	V	V	kg m^{-3}	$kg^{-1} m^3$
30,1	– 17,3	$4,4 \cdot 10^{-8}$	4,6	4,5	(6460)	

μ	V_s(l)	V_s(t)	λ	ρ	R_m
	ms^{-1}		$Wm^{-1} K^{-1}$	nΩm	MPa
0,245	6850	3980	93,7	127	413
η [1]	γ [1]	HV			
mPa s	Nm^{-1}	MNm^{-2}			
	1,6	1060			

[1] fl

Chrom (griech.: chroma = Farbe) wurde in Form seines Oxids aus Krokoit ($PbCrO_4$) erstmals 1797 von C. N. Vauquelin (Frankreich) isoliert, der 1798 durch Reduktion mit Kohle daraus auch das Metall herstellte. Das bedeutendste Mineral ist Chromeisenstein ($FeCr_2O_4$). Chrom wird metallisch in zwei Formen dargestellt: Einmal als Ferrochrom durch Reduktion von $FeCr_2O_4$ mit Kohle im Lichtbogenofen, zum anderen rein nach Aufbereitung von $FeCr_2O_4$. $FeCr_2O_4$ wird in Gegenwart von $NaCO_3$ bei 1200 °C mit Luft oxidiert, das gebildete Na_2CrO_4 wird von Fe_2O_3 durch Lösen in Wasser getrennt, H_2SO_4 (conc.) zugegeben. Das dann ausfallende $Na_2Cr_2O_7 \cdot 2\,H_2O$ wird nach Trocknung mit Kohle reduziert. Chrom ist ein silber-weißes, glänzendes, hartes und sprödes Metall. Ferrochrom wird als Zusatz zu Stählen eingesetzt, Chrom als Oberflächenschutz (Verchromung) und bei der Herstellung zunderfester und nichtrostender Stähle, von Werkzeugstählen und elektrischen Heizleitern.

Oxidationsstufen: 2–, 1–, 0, 1+, 2+, $\underline{3+}$, 4+, 5+, 6+
Standardreduktionspotentiale:

basisch $CrO_4^{2-} \xrightarrow{-0,13} Cr(OH)_3 \xrightarrow{-1,1} Cr(OH)_2 \xrightarrow{-1,4} Cr$

sauer $Cr_2O_7^{2-} \xrightarrow{+0,55} CrO_4^{3-} \xrightarrow{+1,34} (Cr^{4+}) \xrightarrow{+2,10} Cr^{3+} \xrightarrow{-0,41} Cr^{2+} \xrightarrow{-0,91} Cr$

Struktur

RG	SB	PS	μ/ϱ [$cm^2\,g^{-1}$]
$Im\bar{3}m$, O_h^9	A2	cI2	CuK_α 260 MoK_α 31,1

a = 288,47 pm, 298 K, K_z = 8 d_{Cr-Cr} = 249,8 pm

Weitere physikalische Eigenschaften

Bei elektrolytisch abgeschiedenen Cr-Schichten wurden außer der stabilen Struktur noch drei weitere beobachtet. 1. Eine hexagonale Modifikation: A3, D_{6h}^4, *P6*/mmc, a = 271,7 pm, c = 441,8 pm, 2. eine mit α-Mn isomorphe Struktur A13 mit a = 871,8 pm. 3. entsteht bei hohen Stromdichten und tiefen Temperaturen eine flächenzentrierte kubische Struktur mit a = 386,05 pm. 2 und 3 werden durch einstündiges Erhitzen auf 423 K in die stabile Modifikation umgewandelt.

Wärmeausdehnungszahl $\bar{\alpha}$:

$T_1 - T_2$ [K]	273–373	373–473	473–673
$\bar{\alpha}$ [$10^{-6}\,K^{-1}$]	6,6	7,3	8,4

Selbstdiffusion ΔT (1073–1446 K); $D_0 = 1280 \cdot 10^{-4}\,m^2\,s^{-1}$; Q = 441,9 kJ mol^{-1}

Änderung des elektrischen Widerstandes ϱ im Magnetfeld $H \perp$ zur Stromrichtung (Cr kleinkristallin):

	H MA s^{-1}	$\left(\frac{\varrho H - \varrho_0}{\varrho_0}\right)_T$
T = 78 K $\frac{\varrho_{78}}{\varrho_{290}} = 0,083$	100 300	1,06 4,38

Hall-Koeffizient R bei 287 K (Cr 99,9 %); magnetische Induktion B = 1,0–2,9 Vs/m^2;
$R = 3,63 \cdot 10^{-10}\,m^3/As$.

Reflexionsvermögen R in % von elektrolytisch abgeschiedenem Cr 100 μm dick:

λ [μm]	0,25	0,35	0,55	1,00	2,00	4,00
R [%]	62	71	70	63	70	88

Brechzahl n = 1,64–3,28 für λ = 0,257–0,608 μm

Co	Cobalt	O.Z.	27	rel. A.M.	58,93320		7440-48-4

Kern

Z	I.M.B.	Kern	RE [^{1}H=1,00]	AE [^{1}H=1,00]	GV [rad T^{-1} s^{-1}]	QM [m^2]	F [Hz]	Ref.
14	54–63	^{59}Co	0,28	0,28	$6{,}3472 \cdot 10^7$	$0{,}42 \cdot 10^{-28}$	23,614	$K_3[Co(CN)_6]$

Elektronenhülle

El. konf.	G.T.	E.A.	I [kJ mol^{-1}]			
		[kJ mol^{-1}]	+1	+2	+3	+4
[Ar]$3d^74s^2$	$^4F_{9/2}$	102	760	1646	3230	4950

Thermodynamische Eigenschaften

T_f	T_v	ΔH_f	ΔH_v	ΔH_{at}	Cp (g)	S (g)	H_{298}
K	K	kJ mol^{-1}	kJ mol^{-1}	kJ mol^{-1}	$JK^{-1}mol^{-1}$	$JK^{-1}mol^{-1}$	kJ mol^{-1}
1768	3198	16,19	376,6	428,4	23,04	179,52	4,766

T	K	298,15	300	400	500	600	700	700	800	900	1000
Cp	$JK^{-1}mol^{-1}$	24,81	24,83	26,53	28,20	29,66	31,05	30,59	32,39	34,60	36,94
S	$JK^{-1}mol^{-1}$	30,04	30,20	37,56	43,66	48,94	53,61	54,26	58,45	62,39	66,16
ΔH	kJ mol^{-1}	0	0,05	2,61	5,35	8,24	11,28	11,73	14,87	18,22	21,80
T	K	1100	1200	1300	1400	1500	1600	1700	1768	1768	1800
Cp	$JK^{-1}mol^{-1}$	39,72	43,42	48,53	44,23	40,04	38,78	38,13	38,16	40,50	40,50
S	$JK^{-1}mol^{-1}$	69,80	73,41	77,08	80,89	83,77	86,31	88,64	90,13	99,29	100,02
ΔH	kJ mol^{-1}	25,62	29,77	34,35	39,50	43,68	47,62	51,46	54,05	70,24	71,53

Physikalische Eigenschaften

MV	D	α	ΔV	$\varkappa$	E	G
cm^3	kg m^{-3}	$10^{-6} K^{-1}$		$10^{-5} MPa^{-1}$	GPa	
6,62	8900	13,36		0,525	209	80
$\Delta\rho_{(T)}$	$\Delta\rho_{(P)}$	χ_M	$\Psi_{(th)}$	$\Psi_{(ph)}$	D [1]	χ_M [1]
$10^{-4} K^{-1}$	$10^{-9} hPa^{-1}$	$kg^{-1} m^3$	V	V	kg m^{-3}	$kg^{-1} m^3$
60,4	– 0,904	ferro	4,37	4,97	7670	

μ	V_s(l)	V_s(t)	λ	ρ	R_m
	ms^{-1}		$Wm^{-1}K^{-1}$	nΩm	MPa
0,310	5730	3000	100	56	255
η [1,2]	γ [1]	dγ/dT [1]	HV		
mPa s	Nm^{-1}	$Nm^{-1}K^{-1}$	MNm^{-2}		
4,8	1,520	$-0{,}92 \cdot 10^{-3}$	1043		

[1] fl, [2] 50 K über T_f.

Cobalt (dt. Kobold) wurde ungefähr 1735 von dem Schweden S. Brandt elementar erhalten. Der Name wurde von erzgebirgischen Bergleuten für Co- und Ni-Mineralien verwendet, die wie Silbererze aussahen, aber beim Verhütten kein Silber ergaben. In metallischer Form findet man es in Eisenmeteoriten. Die wichtigsten Erze sind Cobaltin (CoAsS), Skutterudit = Speiskobalt ($CoAs_3$), Linneit (Co_3S_4) und Erythrin = Kobaltblüte ($Co_3[AsO_4]_2 \cdot 8\ H_2O$), daneben ist das Element Begleitstoff in Ni-, Ag-, Pb-, Cu- und Fe-Erzen. Aus diesen wird es meistens nach Aufbereitungsverfahren durch Reduktion des Oxids mit Kohle gewonnen. Es ist ein graues, glänzendes Metall, doppelt so hart wie Fe, schmiedbar und magnetisch. Co wird als Legierungselement in Magnetlegierungen (Alnico), Werkzeugstählen, Hartmetallen und zur Elektroplatierung verwendet.

Oxidationsstufen: 1–, 0, 1+, 2+, 3+, 4+, 5+
Standardreduktionspotentiale:

basisch $Co(OH)_3 \xrightarrow{+1{,}92} Co(OH)_2 \xrightarrow{-0{,}277} Co$

sauer $Co^{3+} \xrightarrow{+0{,}17} Co^{2+} \xrightarrow{-0{,}733} Co$

Struktur

RG	SB	PS	μ/ϱ [$cm^2\ g^{-1}$]
α: $P6_3/mmc$, D^4_{6h};	A3,	hP2	CuK_α 313 MoK_α 42,5

a = 250,70, c = 406,98 pm, 293 K, $K_z = 6 + 6$ d_{Co-Co} = 250,7; 249,7 pm

andere Modifikationen

β > 660 K: $Fm\bar{3}m$, O^5_h, A1, cF4,
a = 354,45 pm, $K_z = 12$, d_{Co-Co} = 250,6 pm

Die Phasenumwandlung ist kinetisch gehemmt.

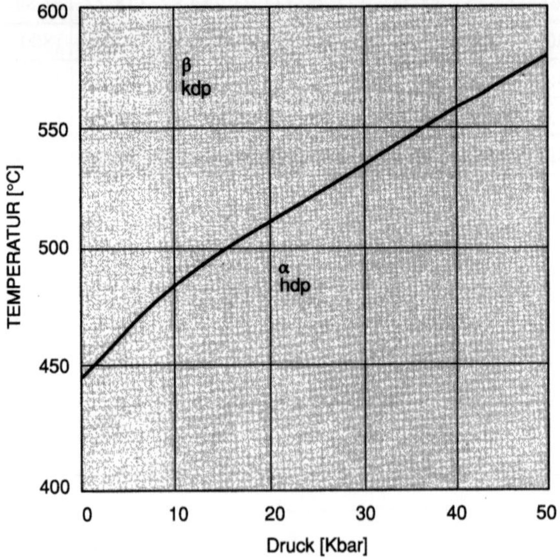

P-T Diagramm von Cobalt

Weitere physikalische Eigenschaften

Wärmeausdehnungszahl $\bar{\alpha}$:

T [K]	473	673	873	1023
$\bar{\alpha}$ [$10^{-6} K^{-1}$]	14,2	15,7	16,0	16,8

Elastizitätsmodul E, Streckengrenze $R_{p0,2}$, Zugfestigkeit R_m, Bruchdehnung A von Co 99,9% und Härte von Co 99,65%:

Zustand	T K	E GPa	$R_{p0,2}$ GPa	R_m GPa	A %	HV MNm^{-2}
geglüht	294		0,188	0,25	0–8	1250
gesintert		210	0,301	0,68	13,5	1780
gegossen		196	0,237	0,24	0,4	1260
gesintert und	470	196	–	–	–	–
geschmiedet	770	176	–	–	–	–
	970		–	–	–	2080
	1170	144	–	–	–	–

Selbstdiffusion

ΔT (944 – 1743 K), $D_0 = 2{,}54 \cdot 10^{-4}\,m^2 s^{-1}$ $Q = 304\,kJ\,mol^{-1}$

Reflexionsvermögen:

λ [μm]	0,200	1,060	6,750	12,03
R [%]	37	67,5	92,7	96,6

Elektrischer Widerstand (1768 K) ϱ (fl) = 1020 nΩm; $\frac{\varrho_{fl}}{\varrho_f} = 1{,}05$

Änderung des elektrischen Widerstandes ϱ im Magnetfeld H:

	H $MA\,s^{-1}$	$\left(\frac{\varrho_H - \varrho_0}{\varrho_0}\right)_T$
⊥ zum Meßstrom T = 290 K	10	–0,0011
	18	–0,0016
‖ zum Meßstrom	10	0,0027
	18	0,0021

Hall-Koeffizient: $R = +3{,}6 \cdot 10^{-10}\,m^3/As$ 300 K

thermoelektrische Kraft: $\varepsilon_{abs} = 17{,}5\,\mu VK^{-1}$

Gesamtemissionsvermögen E und spektrales Emissionsvermögen ε_λ (relativ):

T [K]	293	773	1273	T	1553	1773
E	0,03	0,13	0,23	λ [μm]	0,65	0,65
				ε_λ	0,36	0,37

ε_λ bei Zimmertemperatur:

λ	1	2	3	4	5	7	9	12 [μm]
ε_λ	0,32	0,28	0,23	0,19	0,15	0,07	0,04	0,03

Magnetische Größen der ferromagnetischen Übergangselemente.

Spalte 2: M_S^0 Sättigungsmagnetisierung bei 273 K in Tesla.
3: σ_S^0 Spezifische Sättigungsmagnetisierung bei 273 K in Tesla $m^3 kg^{-1}$.
4: p_A Magnetisches Moment je Atom in μ_B.
5: Θ_f Ferromagnetische Curie-Temperatur.
6: C_A Konstante des Curie-Weiß-Gesetzes: $\chi_A = \frac{C_A}{T - \Theta_p}$;
C_A in $cm^3 K\, Mol^{-1}$.
7: Θ_p Paramagnetische Curie-Temperatur, s. Spalte 6.

8: $(p_A)_{eff} = \frac{\sqrt{3 R C_A}}{N_A}$ je Atom in μ_B;

R = Gaskonstante 8,317 $JK^{-1} Mol^{-1}$
N_A = Avogadrosche Zahl $6{,}023 \cdot 10^{23}\ Mol^{-1}$.

Element	M_S^0 Tesla	σ_S^0 $T \cdot m^3 \cdot kg^{-1}$	p_A in μ_B	Θ_f K	C_A $cm^3K^{-1} mol^{-1}$	Θ_p K	$(p_A)_{eff}$ in μ_B
Ni	0,616	$7{,}18 \cdot 10^{-5}$	0,616	631	0,321	650	1,61
α-Co	1,815	$2{,}05 \cdot 10^{-4}$	1,715	~			
β-Co			1,751	1395	1,22	1415	3,15
α-Fe	2,158	$2{,}77 \cdot 10^{-4}$	2,216	1044	1,27	1100	3,13

Magnetostriktion der ferromagnetischen Übergangselemente s. Abb. S. 72.

Cm	Curium	O.Z.	96	rel. A.M.	247,0703, d		7440-51-3

Kern

Z	I.M.B.	Kern	AE [^{1}H = 1,00]	RE [^{1}H = 1,00]	GV [rad $T^{-1} s^{-1}$]	QM [m^2]	F [Hz]	Ref.
13	238–250							

Elektronenhülle

El. konf.	G.T.	E.A.	I [kJ mol^{-1}]		
		[kJ mol^{-1}]	+1	+2	+3
$[Rn]5f^7 6d^1 7s^2$	$^9D_2$	29	547	1190	1830

Thermodynamische Eigenschaften

T_f	T_v	ΔH_f	ΔH_v	ΔH_{at}	Cp (g)	S (g)
K	K	kJ mol^{-1}	kJ mol^{-1}	kJ mol^{-1}	$JK^{-1} mol^{-1}$	$JK^{-1} mol^{-1}$
1610	3813	14,6	395,7	382		

Physikalische Eigenschaften

MV	D	α	ΔV	ϰ	μ	V_s(l)	V_s(t)	λ	ϱ
cm^3	kg m^{-3}	$10^{-6} K^{-1}$		$10^{-6} Pa^{-1}$		ms^{-1}		$Wm^{-1} K^{-1}$	nΩm
18,3	13510							~10	860
ΔK (T)	ΔK (p)	χ_M	$\Psi_{(th)}$	$\Psi_{(ph)}$					

Curium (nach Pierre und Marie Curie) wurde 1944 von Seaborg et al. durch den Beschuß von ^{239}Pu mit $^{4}He^{2+}$ erzeugt. 1951 wurde es von Crane et al. rein dargestellt. ^{247}Cm ist das langlebigste Isotop mit einer Halbwertzeit von $16 \cdot 10^6$ a. Spuren von Cm konnten in Uranmineralen nachgewiesen werden. Das Metall ist silbern und sehr reaktiv.

Oxidationsstufen: 0, 2+, <u>3+</u>
Standardreduktionspotentiale:

basisch $CmO_2 \xrightarrow{+0,7} Cm(OH)_3 \xrightarrow{-2,5} Cm$

sauer $Cm^{4+} \xrightarrow{+3,24} Cm^{3+} \xrightarrow{-5,0} Cm^{2+} \xrightarrow{(-0,5)} Cm$

Struktur

RG
$P6_3/mmc$, D^4_{6h}; a = 349,6, c = 1133,1 pm, $K_z = 6 + 6$; d_{Cm-Cm} = 349,6, 347,9 pm

>1449 K

$Fm\bar{3}m$, O^5_h; a = 438,2 pm, $K_z = 12$ d_{Cm-Cm} = 309,9 pm

Dy	Dysprosium	O.Z.	66	rel. A.M.	162,50, a		7429-91-6

Kern

Z	I.M.B.	Kern	RE [^{1}H = 1,00]	AE [^{1}H = 1,00]	GV [rad T^{-1} s^{-1}]	QM [m^2]	F [Hz]	Ref.
21	149–167	^{163}Dy	0,00112	0,000279	$1,2750 \cdot 10^7$	$2,5 \cdot 10^{-28}$	4,583	

Elektronenhülle

El. konf.	G.T.	E.A.	I [kJ mol^{-1}]			
		[kJ mol^{-1}]	+1	+2	+3	+4
$[Xe]4f^{10}6s^2$	$^5I_8$	–	572	1126	2230	4000

Thermodynamische Eigenschaften

T_f	T_v	ΔH_f	ΔH_v	ΔH_{at}	Cp (g)	S (g)	H_{298}
K	K	kJ mol^{-1}	kJ mol^{-1}	kJ mol^{-1}	JK^{-1} mol^{-1}	JK^{-1} mol^{-1}	kJ mol^{-1}
1682	2831	11,06	230	290,4	20,79	195,90	8,866

T	K	298,15	400	600	800	1000	1200	1400	1600	1657	1657
Cp	JK^{-1} mol^{-1}	28,12	28,07	28,43	29,53	31,76	35,80	41,30	48,08	50,23	28,03
S	JK^{-1} mol^{-1}	74,89	83,15	94,56	102,88	109,68	115,80	121,72	127,66	129,38	131,89
ΔH	kJ mol^{-1}	0	2,86	8,49	14,28	20,38	27,10	34,80	43,72	46,52	50,68
T	K	1682	1682	1700	1900	2100	2300	2500	2700	2831	
Cp	JK^{-1} mol^{-1}	28,03	49,92	49,92	49,92	49,92	49,92	49,92	49,92	49,92	
S	JK^{-1} mol^{-1}	132,31	138,89	139,42	144,97	149,97	154,51	158,67	162,51	164,88	
ΔH	kJ mol^{-1}	51,38	62,44	63,34	73,32	83,31	93,29	103,27	113,26	119,80	

Physikalische Eigenschaften

MV	D	α	ΔV	$\varkappa$	E	G
cm^{-3}	$kg\ m^{-3}$	$10^{-6} K^{-1}$		$10^{-5} MPa^{-1}$	GPa	
19,00	8550	10,0	0,045	2,50	63,0	25,4
$\Delta\rho_{(T)}$	$\Delta\rho_{(P)}$	χ_M	$\Psi_{(th)}$	$\Psi_{(ph)}$		
$10^{-4} K^{-1}$	$10^{-9}\ hPa^{-1}$	$kg^{-1} m^3$	V	V		
11,9	– 2,3	$8{,}00 \cdot 10^{-6}$	3,09	–		

μ	$V_s(l)$	$V_s(t)$	λ	ρ
	ms^{-1}		$Wm^{-1} K^{-1}$	nΩm
0,245	2960	1720	10,7	890
	χ[1]	ϱ_L[1]	HV	
	Nm^{-1}	nΩm	MNm^{-2}	
	(0,650)	2100	544	

[1] fl.

Dysprosium (gr.: dyspros = schwer erhältlich) wurde in oxidischer Form 1886 von Lecoq de Boisbaudran (Frankreich) nachgewiesen, aber nicht isoliert. Seine Reindarstellung gelang erst nach 1950 durch die verbesserten Reinigungsmöglichkeiten des Ionenaustauschverfahrens. Die wichtigsten Vorkommen sind Monazit ($LnPO_4$) und Bastnäsit ($LnCO_3F$). Das Metall wird durch Reduktion von DyF_3 mit Ca hergestellt, besitzt einen silbrigen Glanz, relative Stabilität gegen Luft bei Zimmertemperatur und löst sich leicht in verdünnten und konzentrierten Mineralsäuren. Es wird in Kontrollstäben bei Kernreaktoren und zur Messung des Neutronenflusses verwendet.

Oxidationsstufen: 0, 2+, <u>3+</u>, 4+
Standardreduktionspotentiale:

basisch $DyO_2 \xrightarrow{+3,5} Dy(OH)_3 \xrightarrow{-2,80} Dy$

sauer $Dy^{4+} \xrightarrow{+5,6} Dy^{3+} \xrightarrow{-2,5} Dy^{2+} \xrightarrow{-2,18} Dy$

Struktur

RG SB PS μ/ϱ [$cm^2\ g^{-1}$]
$P6_3/mmc$, D_{6h}^4, A3, hP2 CuK_α 286 MoK_α 70,6
a = 359,18, c = 565,18 pm, K_z = 12 d_{Dy-Dy} = 354,8

andere Modifikationen

> 1657 K; $Im\bar{3}m$, O_h^9; A2; cI2; a = 398 pm, K_z = 8 $d_{Dy \cdot Dy}$ = 344,68 pm
< 86 K; Cmcm,; a = 359,5, b = 618,3, c = 567,7 pm
Hochdruckmodifikation: $R\bar{3}m$, ; a = 334, c = 245 pm

Weitere physikalische Eigenschaften

Streckgrenze $R_{p0,2}$, Zugfestigkeit R_m, Bruchdehnung A und Vickershärte *HV*; *G* Gußzustand, *V* durch Schmieden bei Z. T. um ≈50% verformt:

Zustand	T [K]	$R_{p0,2}$ MPa	R_m MPa	A %
G	Z. T.	226	248	6
V	Z. T.	324	429	3
G	477	145	220	8,5
V	477	255	330	12
V	700	190	210	4,2

Debye-Temperatur: 158 K aus Wärmekapazität berechnet;
173 K aus Schallgeschwindigkeit berechnet.

Abhängigkeit physikalischer Eigenschaften von der Kristallorientierung:

Eigenschaft	Richtung		Dimension
	‖ c-Achse	⊥ c-Achse	
Linearer Ausdehnungskoeffizient bei 297 K	$15{,}6 \cdot 10^{-6}$	$7{,}1 \cdot 10^{-6}$	K^{-1}
Elektrischer Widerstand bei 298 K	766	1110	nΩm
Hall-Koeffizient bei 293 K	−0,37	−0,03	$nV \cdot m \cdot A^{-1} \cdot T^{-1}$

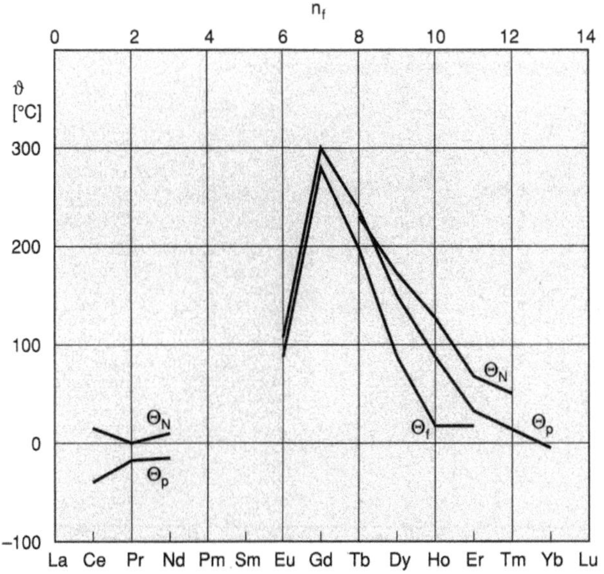

Θ_p, Θ_N, Θ_f der Metalle der Seltenen Erden. Θ_f ist nur bei Gd eine echte Curie-Temperatur, bei Tb bis Er ist es die Übergangstemperatur von Ferro- zu Antiferromagnetismus

Es	**Einsteinium**	O.Z.	99	rel. A.M.	252,083, d		7429-92-7

Kern

Z	I.M.B.	Kern	AE [^{1}H = 1,00]	RE [^{1}H = 1,00]	GV [rad $T^{-1} s^{-1}$]	QM [m^2]	F [Hz]	Ref.
12	246−256							

Elektronenhülle

El. konf.	G.T.	E.A.	I [kJ mol^{-1}]		
		[kJ mol^{-1}]	+1	+2	+3
[Rn]$4f^{11}7s^2$	$^5I_{15/2}$	<0	528	1156	2253

Thermodynamische Eigenschaften

T_f	T_v	ΔH_f	ΔH_v	ΔH_{at}	Cp (g)	S (g)
K	K	$kJ\,mol^{-1}$	$kJ\,mol^{-1}$	$kJ\,mol^{-1}$	$JK^{-1}\,mol^{-1}$	$JK^{-1}\,mol^{-1}$
1133				150		

Physikalische Eigenschaften

MV	D	α	ΔV	$\varkappa$	λ	ϱ
cm^3	$kg\,m^{-3}$	$10^{-6}\,K^{-1}$		$10^{-6}\,Pa^{-1}$	$Wm^{-1}\,K^{-1}$	Ωm
28,5	8840				~10	

Einsteinium (Albert Einstein) fanden Ghiorso et al. (USA) 1952 im Staub eines von den USA im Pazifik durchgeführten Wasserstoffbombentests. Das stabilste Isotop dieses radioaktiven, silbrigen Metalls ist ^{254}Es (H.W.Z. = 276 d). Einsteinium hat die Eigenschaften eines dreiwertigen Actinoidenelements. Es wird von Luft, Wasserdampf und Säuren angegriffen.

Oxidationsstufen: 0, 2+, <u>3+</u>
Standardreduktionspotentiale:

sauer $(Es^{4+}) \xrightarrow{(+4{,}6)} Es^{3+} \xrightarrow{-1{,}60} Es^{2+} \xrightarrow{-2{,}2} Es^0$

Struktur

RG	SB	PS
< 1093 K. $P6_3/mmc$, D^4_{6h};	–;	hP4
> 1093K: $Fm\bar{3}m$, O^5_h;	A1;	cF4
a = 575 pm		

Fe	**Eisen**	O.Z.	26	rel. A.M.	55,847	Iron	7439-89-6

Kern

Z	I.M.B.	Kern	RE [^{1}H = 1,00]	AE [^{1}H = 1,00]	GV [rad $T^{-1}\,s^{-1}$]	QM [m^2]	F [Hz]	Ref.
10	52–61	^{57}Fe	$3{,}37 \cdot 10^{-5}$	$7{,}38 \cdot 10^{-7}$	$0{,}8661 \cdot 10^7$	–	3,231	$Fe(CO)_5$

Elektronenhülle

El. konf.	G. T.	E.A.	I [$kJ\,mol^{-1}$]				
		[$kJ\,mol^{-1}$]	+1	+2	+3	+4	+5
$[Ar]\,3d^6 4s^2$	$^5D_4$	44	759	1561	2957	5290	7240

Thermodynamische Eigenschaften

T_f	T_v	ΔH_f	ΔH_v	ΔH_{at}	Cp (g)	S (g)	H_{298}
K	K	$kJ\,mol^{-1}$	$kJ\,mol^{-1}$	$kJ\,mol^{-1}$	$JK^{-1}mol^{-1}$	$JK^{-1}mol^{-1}$	$kJ\,mol^{-1}$
1809	3132	13,81	349,6	415,5	25,67	180,49	4,489

T	K	298,15	400	600	800	1000	1042	1042	1100	1184	1184
Cp	$JK^{-1}mol^{-1}$	24,98	27,37	32,06	37,94	54,43	83,68	83,68	46,40	41,42	33,89
S	$JK^{-1}mol^{-1}$	27,28	34,97	46,95	56,90	66,67	69,21	69,21	71,97	75,20	75,96
ΔH	$kJ\,mol^{-1}$	0,00	0,05	8,61	15,56	24,37	26,98	26,98	29,92	33,60	34,50
T	K	1300	1500	1665	1665	1700	1809	1809	2000	2200	2400
Cp	$JK^{-1}mol^{-1}$	34,85	36,53	37,91	41,12	41,47	42,55	46,02	46,02	46,02	46,02
S	$JK^{-1}mol^{-1}$	79,17	84,28	88,16	88,66	89,52	92,13	99,77	104,38	108,77	112,78
ΔH	$kJ\,mol^{-1}$	38,49	45,63	51,77	52,60	54,05	58,63	72,44	81,23	90,43	99,64

Physikalische Eigenschaften

MV	D	α	ΔV	$\varkappa$	E	G
cm^3	$kg\,m^{-3}$	$10^{-6}K^{-1}$		$10^{-5}MPa^{-1}$	GPa	
7,09	7874	12,3	+0,034	0,56	210,7	82,2
$\Delta\rho_{(T)}$	$\Delta\rho_{(P)}$	χ_M	$\Psi_{(th)}$	$\Psi_{ph)}$	D[1]	χ_M[1]
$10^{-4}K^{-1}$	$10^{-9}hPa^{-1}$	$kg^{-1}m^3$	V	V	$kg\,m^{-3}$	$kg^{-1}m^3$
65,1	−2,34	ferro.	4,50	4,70	7020	

μ	V_s(l)	V_s(t)	λ	ρ
	ms^{-1}		$Wm^{-1}K^{-1}$	$n\Omega m$
0,291	5920	3220	80,2	89
η[1]	γ[1]	HV		
mPa s	Nm^{-1}	MNm^{-2}		
5,53	1,65	608		

[1] fl.

Eisen (Fe = lt.: ferrum) wird seit prähistorischen Zeiten gebraucht, da es in reiner Form in Eisenmeteoriten gefunden wurde. 1400 – 1000 v. Chr. begann sich die Eisenmetallurgie zu entwickeln, mit der das weiche Eisen in eine für Waffen und landwirtschaftliche Geräte nutzbare Form (Stahl) überführt werden konnte. Die wichtigsten Eisenerze sind Magnetit (Fe_3O_4), Roteisenstein (Fe_2O_3), Brauneisenstein ($Fe_2O_3 \cdot H_2O$), Spateisenstein (Siderit) ($FeCO_3$), Pyrit (FeS_2) und Magnetkies ($Fe_{1-\epsilon}S$). Roheisen wird durch Reduktion von oxidischen Eisenerzen mit Koks im Hochofen hergestellt. Reines Eisen durch Reduktion der Oxide mit H_2 oder durch Pyrolyse von Fe $(CO)_5$ bei 250 °C. Das Metall ist silber-weiß, weich, dehnbar, ferromagnetisch und reaktionsfreudig. Mit O_2, S und P reagiert es ab 150 °C. Es löst sich in Säuren. An trockener Luft wird Fe passiviert und gegen weiteren Angriff geschützt, an feuchter Luft rostet Fe. Verarbeitbares Eisen enthält Kohlenstoff, bei einem Gehalt von <2,1% ist es walzbar, schmiedbar und härtbar, oberhalb 2,1% erhält man sprödes Gußeisen.

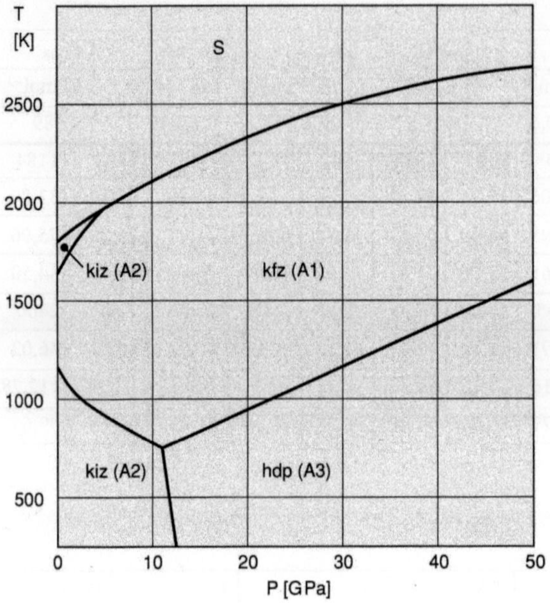

P-T-Diagramm von Eisen

Oxidationsstufen: 2−, 1−, 0, 1+, 2+, 3+, 4+, 5+, 6+
Standardreduktionspotentiale:

basisch $FeO_4^{2-} \xrightarrow{(+0,55)} FeO_2^- \xrightarrow{(-0,69)} HFeO_2^- \xrightarrow{(-0,8)}$
$\xrightarrow{+0,72} Fe(OH)_3 \xrightarrow{-0,559} Fe(OH)_2 \xrightarrow{-0,877} Fe$

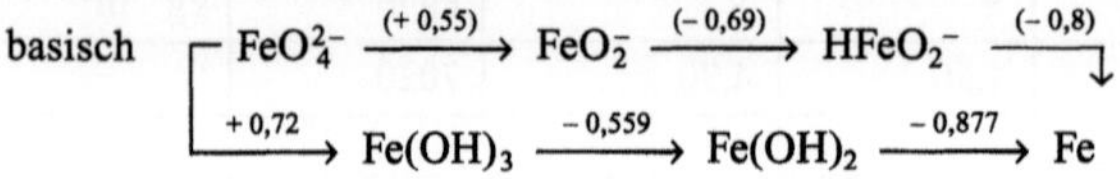

sauer $Fe^{3+} \xrightarrow{+0,771} Fe^{2+} \xrightarrow{-0,44} Fe$

Struktur

RG   SB   PS μ/ϱ [cm² g⁻¹]

α: $Im\bar{3}m$, O_h^9; A2;   cI2 CuK_α 308 MoK_α 38,5
a = 286,638 pm, 293 K; K_z = 8, d_{Fe-Fe} = 248,2 pm
> 1184 K
γ: $Fm\bar{3}m$, O_h^5; A1; cF4
a = 364,67 pm, K_z = 12, d_{Fe-Fe} = 257,9 pm
ΔH_u ($\alpha - \gamma$) = 0,90 kJ mol⁻¹
> 1665 K
δ: $Im\bar{3}m$, O_h^9; A2; cI2
a = 293,15 pm, K_z = 8, d_{Fe-Fe} = 253,88 pm
ΔH_u ($\gamma - \delta$) = 0,84 kJ mol⁻¹
Fe_{fl}
K_z = 8,2, d_{Fe-Fe} = 252
T > T_f
> 13 GPa
ε: $P6_3/mmc$, D_{6h}^4; A3; hP2
a = 246,8, c = 395,6 pm, 296 K; K_z = 6 + 6, d_{Fe-Fe} = 240,8; 246,8 pm

Weitere physikalische Eigenschaften

Magnetisches Verhalten der ferromagnetischen Übergangsmetalle s. Co.

Wärmeausdehnungszahl $\bar{\alpha}$:

T_1-T_2 [K]	173–223	223–273	273–293	293–373	373–473
$\bar{\alpha}$ [K^{-1}]	9,85	10,9	11,5	12,3	$13,3 \cdot 10^{-6}$
T_1-T_2 [K]	473–573	573–673	673–873	873–1073	1073–1173
$\bar{\alpha}$ [K^{-1}]	15,0	15,2	15,8	16,4	$\sim 16,8 \cdot 10^{-6}$

Die Festigkeitseigenschaften von Eisen hängen von der Reinheit stark ab. Unter Reineisen sind Sorten mit 9,8–99,9% Eisen im Handel, sehr reines Elektrolyteisen hat etwa 99,92% Fe, vakuumerschmolzenes Eisen 99,96% Fe. Reinsteisen 99,99% Fe.

Streckgrenze $R_{p\,0,2}$, Zugfestigkeit R_m, Bruchdehnung A und Brinellhärte *HB*:

Eisensorte	Zustand	$R_{p\,0,2}$ [MPa]	R_m MPa	A %	*HB* MNm^{-2}
Reineisen	feinkörnig	173,0	285,6	50 [1]	
Weicheisen	geglüht	245	315	30 [1]	900
	grobkörnig rekristallisiert	190	180	40 [1]	900
Elektrolyteisen	in abgeschiedenem Zustand	–	379–777	3–25 [2]	1400–3500
	umgeschmolzen und geglüht	69–137	241–274	40–60 [2]	450–900
Reinsteisen	–	41–55	193–206	36–46 [2]	460–520

[1] $L_0 = 10\, d_0$; [2] $L_0 = 50$ mm.

Viskosität:

T [K]	1873	1973	2073
η [mPa s]	6,2	5,6	5,4

Selbstdiffusion

α-Fe ΔT (1067–1168 K), $D_0 = 1{,}21 \cdot 10^{-4}\ m^2 s^{-1}$, $Q = 281{,}6\ kJ\ mol^{-1}$
γ-Fe ΔT (1335–1666 K), $D_0 = 0{,}18 \cdot 10^{-4}\ m^2 s^{-1}$, $Q = 270\ kJ\ mol^{-1}$
δ-Fe ΔT (1701–1765 K), $D_0 = 2{,}01 \cdot 10^{-4}\ m^2 s^{-1}$, $Q = 240{,}7\ kJ\ mol^{-1}$

Hall-Koeffizient: $R = +8 \cdot 10^{-10}\ m^3/As$ 300 K
thermoelektrische Kraft: $\varepsilon_{abs} = -51{,}34\ \mu VK^{-1}$

Änderung des elektrischen Widerstandes ϱ (Fe kleinkristallin) im Magnetfeld $H\perp$ zum Meßstrom:

	H MA s^{-1}	$\left(\frac{\varrho H - \varrho_0}{\varrho_0}\right)_T$
$T \approx 80$ K	100	0,021
	200	0,053

Reflexionsvermögen *R* von Fe (massiv) bei Z.T.:

λ [μm]	0,5	0,6	0,7	0,8	1,0	1,4		
R [%]	55,0	57,5	59,5	61,5	65,0	71,5		
λ [μm]	2,0	3,0	4,0	5,0	6,0	7,0	8,0	9,0
R [%]	78,0	84,5	89,5	91,5	93,0	94,0	93,0	93,8

Spektrales Emissionsvermögen ϵ (1200 K): $\lambda = 0{,}65$ μm, 35%; 1,5 μm, 26%; 15 μm, 11%

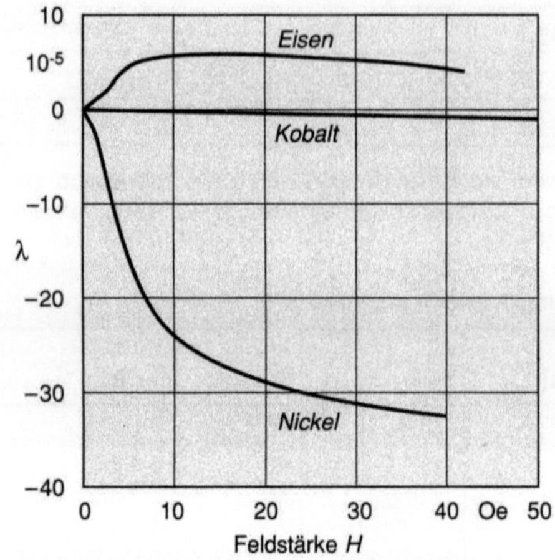

Längsmagnetostriktion λ von Eisen, Cobalt und Nickel in Feldern mit geringer Feldstärke *H*

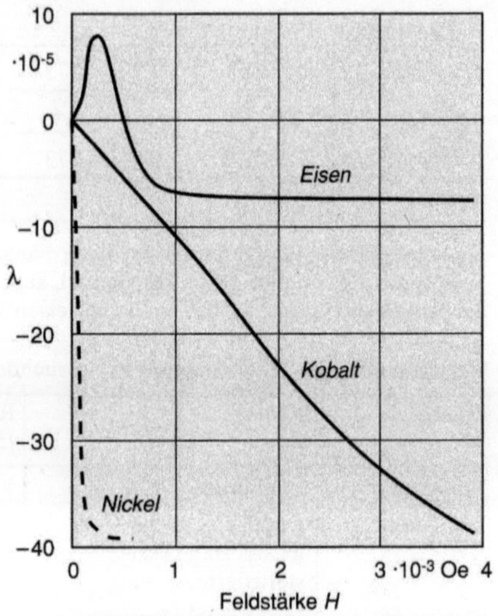

Längsmagnetostriktion λ von Eisen, Cobalt und Nickel in starken Feldern

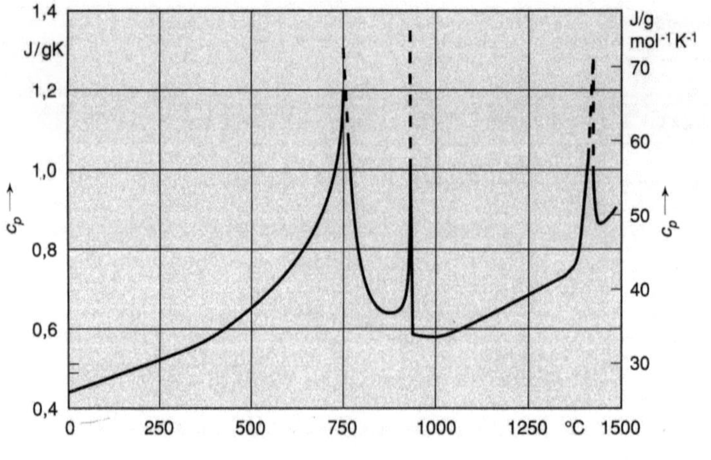

Die horizontale Kurve --- gilt für γ-Fe. Magnetische Umwandlung (Curie-Temperatur) 770 °C. γ-Fe stabil > 910 °C; δ-Fe stabil > 1398 °C

Er	**Erbium**	O.Z.	68	rel. A.M.	167,26, a		7440-52-0

Kern

Z	I.M.B.	Kern	RE [^{1}H = 1,00]	AE [^{1}H = 1,00]	GV [rad $T^{-1}s^{-1}$]	QM [m^2]	F [Hz]	Ref.
16	158 – 172	^{167}Er	0,000507	0,000116	$-0,7752 \cdot 10^7$	$2,83 \cdot 10^{-28}$	2,890	

Elektronenhülle

El. konf.	G.T.	E.A.	I [kJ mol^{-1}]			
		[kJ mol^{-1}]	+1	+2	+3	+4
[Xe]$4f^{12}6s^2$	$^3H_6$	< 0	589	1151	2207	4120

Thermodynamische Eigenschaften

T_f	T_v	ΔH_f	ΔH_v	ΔH_{at}	Cp (g)	S (g)	H_{298}
K	K	kJ mol^{-1}	kJ mol^{-1}	kJ mol^{-1}	$JK^{-1}mol^{-1}$	$JK^{-1}mol^{-1}$	kJ mol^{-1}
1795	3132	19,90	261,4	317,2	20,79	194,03	7,392

T	K	298,15	400	500	600	700	800	900	1000	1100	1200
Cp	$JK^{-1}mol^{-1}$	28,09	28,38	28,74	29,19	29,75	30,42	31,20	32,09	33,09	34,21
S	$JK^{-1}mol^{-1}$	73,38	81,47	87,84	93,12	97,66	101,68	105,30	108,64	111,74	114,67
ΔH	kJ mol^{-1}	0	2,88	5,73	8,63	11,57	14,58	17,66	20,82	24,08	27,45
T	K	1300	1400	1500	1600	1700	1795	1795	1800	2000	2200
Cp	$JK^{-1}mol^{-1}$	35,45	36,79	38,25	39,83	41,52	43,23	38,70	38,70	38,70	38,70
S	$JK^{-1}mol^{-1}$	117,45	120,13	122,72	125,23	127,70	130,00	141,09	141,20	145,28	148,97
ΔH	kJ mol^{-1}	30,93	34,54	38,29	42,19	46,26	50,29	70,19	70,38	78,12	85,86

Physikalische Eigenschaften

MV	D	α	ΔV	$\varkappa$	E	G
cm^3	kg m^{-3}	$10^{-6}K^{-1}$		$10^{-5}MPa^{-1}$	GPa	
18,44	9066	9,2	0,09	2,34	65,9	28,3
$\Delta\rho_{(T)}$	$\Delta\rho_{(P)}$	χ_M	$\Psi_{(th)}$	$\Psi_{(ph)}$		
$10^{-4}K^{-1}$	$10^{-9}hPa^{-1}$	$kg^{-1}m^3$	V	V		
20,1	– 27	$3,33 \cdot 10^{-6}$	3,12	–		

μ	V_s(l)	V_s(t)	λ	ρ
	ms^{-1}		$Wm^{-1}K^{-1}$	nΩm
0,238	3080	1810	14,3	810
γ_L[1]	ϱ_L[1]	HV	R_m	
Nm^{-1}	nΩm	MNm^{-2}	MPa	
(0,620)	2260	589	139	

[1] fl.

Erbium (Ytt**erby** = schwedischer Fundort des Minerals Gadolinit) wurde als einer der drei Bestandteile der Ytter-Erden, nämlich Erbia von Mosander 1843 isoliert. Dieses Oxid enthielt allerdings noch vier weitere Elemente (Ho, Sc, Tm, Yb). 1905 erhielten Urbain und James unabhängig voneinander reines Er_2O_3. Erst 1934 wurde von Kelm und Bommer durch Reduktion von $ErCl_3$ mit K-Dampf das Metall dargestellt, das silbrig-glänzend, weich und verformbar ist. An Luft ist es relativ beständig und löst sich in verdünnten und konzentrierten Säuren. Erbium wird bei der Herstellung von Lasern, Phosphoren, Granaten für Mikrowellenbauteile und Ferritblasenspeichern verwendet.

Oxidationsstufen: 0, 3+
Standardreduktionspotentiale:

basisch $Er(OH)_3 \xrightarrow{-2,84} Er$

sauer $Er^{3+} \xrightarrow{-2,32} Er$

Struktur

RG	SB	PS	μ/ϱ [$cm^2\ g^{-1}$]
$P6_3/mmc$, D^4_{6h},	A3,	hP2	CuK_α 134 MoK_α 77,3

a = 355,92, c = 558,85 pm, K_z = 12, d_{Er-Er} = 351,3 pm

Weitere physikalische Eigenschaften

Streckgrenze $R_{p0,2}$, Zugfestigkeit R_m und Bruchdehnung A; *G* Gußzustand, *V* durch Schmieden bei Z.T. um 50% verformt:

Zustand	T K	$R_{p0,2}$ MPa	R_m MPa	A %
G	Z.T.	293	300	4
V	Z.T.	290	316	7
G	477	210	241	5,5
V	477	319	388	4,6
G	700	152	174	6,8
V	700	132	160	4,6

Debye-Temperatur: 163 K aus Wärmekapazität berechnet;
191 K aus Schallgeschwindigkeit berechnet.
Hall-Koeffizient *R* bei Z.T. (Er 99,9%); magnetische Induktion

$$B \leqq 0{,}56\ Vs/m^2; \quad R = -0{,}341 \cdot 10^{-10}\ m^3/As.$$

Abhängigkeit physikalischer Eigenschaften von der Kristallorientierung:

Eigenschaft		Richtung		Dimension
		‖ *c*-Achse	⊥ *c*-Achse	
Linearer Ausdehnungskoeffizient bei 297 K		$20{,}9 \cdot 10^{-6}$	$7{,}9 \cdot 10^{-6}$	K^{-1}
Elektrischer Widerstand bei 298 K		2260	603	nΩm
Hall-Koeffizient bei 293 K		−0,36	+ 0,03	$nV \cdot m \cdot A^{-1} \cdot T^{-1}$
Selbstdiffusion ΔT (1475–1685 K)	D_0	$3{,}71 \cdot 10^{-4}$	$4{,}51 \cdot 10^{-4}$	$m^2\ s^{-1}$
	Q	301,6	302,6	$kJ\ mol^{-1}$

Eu	Europium	O.Z.	63	rel. A.M.	151,965, a		7440-53-1

Kern

Z	I.M.B.	Kern	RE [^{1}H=1,00]	AE [^{1}H=1,00]	GV [rad $T^{-1}s^{-1}$]	QM [m^2]	F [Hz]	Ref.
21	144–160	^{151}Eu	0,18	0,0851	$6,5477 \cdot 10^7$	$1,16 \cdot 10^{-28}$	24,801	

Elektronenhülle

El. konf.	G.T.	E.A.	I [kJ mol^{-1}]			
		[kJ mol^{-1}]	+1	+2	+3	+4
[Xe]$4f^76s^2$	$^8S_{7/2}$	<0	547	1085	2420	4110

Thermodynamische Eigenschaften

T_f	T_v	ΔH_f	ΔH_v	ΔH_{at}	Cp (g)	S (g)	H_{298}
K	K	kJ mol^{-1}	kJ mol^{-1}	kJ mol^{-1}	$JK^{-1}mol^{-1}$	$JK^{-1}mol^{-1}$	kJ mol^{-1}
1090	1798	9,21	144,7	175,3	20,79	188,72	8,004

T	K	298,15	300	400	500	600	700	800	900	1000	1090
Cp	$JK^{-1}mol^{-1}$	27,66	27,66	27,95	28,95	30,29	31,46	32,97	35,31	38,03	40,92
S	$JK^{-1}mol^{-1}$	77,82	77,99	85,97	92,31	97,70	102,47	106,75	110,77	114,63	118,02
ΔH	kJ mol^{-1}	0	0,05	2,83	5,67	8,63	11,72	14,93	18,34	22,01	25,55
T	K	1090	1100	1200	1300	1400	1500	1600	1700	1798	
Cp	$JK^{-1}mol^{-1}$	38,12	38,12	38,12	38,12	38,12	38,12	38,12	38,12	38,12	
S	$JK^{-1}mol^{-1}$	126,47	126,82	130,14	133,19	136,01	138,64	141,10	143,41	145,55	
ΔH	kJ mol^{-1}	34,77	35,15	38,96	42,77	46,58	50,39	54,21	58,02	61,75	

Physikalische Eigenschaften

MV	D	α	ΔV	$\varkappa$	E	G
cm^3	kg m^{-3}	$10^{-6}K^{-1}$		$10^{-5}MPa^{-1}$	GPa	
28,29	5243	32	0,048	8,13	18,2	7,8
$\Delta\rho_{(T)}$	$\Delta\rho_{(P)}$	χ_M	$\Psi_{(th)}$	$\Psi_{(ph)}$		
$10^{-4}K^{-1}$	$10^{-6}hPa^{-1}$	$kg^{-1}m^3$	V	V		
81,3	–	$2,81 \cdot 10^{-6}$	2,54	2,5		

μ	V_s(l)	V_s(t)	λ	ρ
	ms^{-1}		$Wm^{-1}K^{-1}$	nΩm
0,167			13,9	890
γ_L[1]	ϱ_L[1]	HV		
Nm^{-1}	nΩm	MNm^{-2}		
(0,450)	2440	167		

[1] fl.

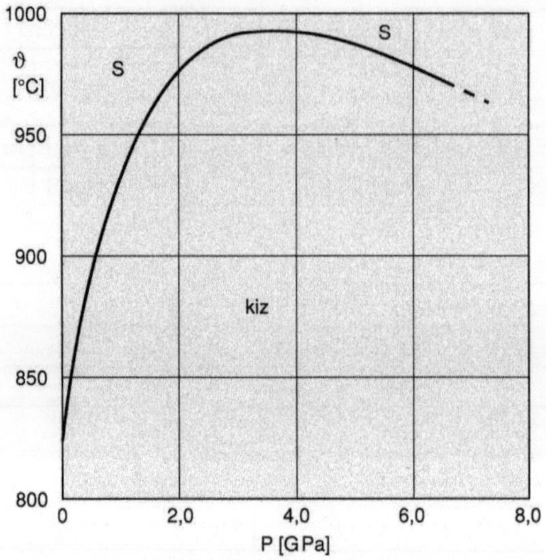

Schmelzkurve von Europium

Europium (gr.: Europa, sem. Ereb = dunkel) wurde 1890 in einer Fraktion der Cererde von Lecoq de Boisbaudran anhand von unbekannten Spektrallinien vermutet. Demarcay isolierte dann Eu_2O_3 1901 in reiner Form. Europium ist Bestandteil der Minerale Monazit ($LnPO_4$) und Bastnäsit ($LnCO_3F$). Technisch wird es durch Reduktion von Eu_2O_3 mit La gewonnen. Das Metall ist silbrig-glänzend, weich und leicht verformbar. Es ist das reaktivste der Lanthanoide und reagiert an Luft unter Oxidbildung, mit Wasser unter Hydroxidbildung und löst sich leicht in verdünnten und konzentrierten Mineralsäuren. Eu sollte unter Inertgas aufbewahrt werden. Europium wird in Moderatorstäben der Kernreaktoren und in Phosphoren (rote Komponente der Fernsehbildschirme) verwendet.

Oxidationsstufen: 0, 2+, <u>3+</u>
Standardreduktionspotentiale:

basisch $Eu(OH)_3 \xrightarrow{-2,51} Eu$

sauer $Eu^{3+} \xrightarrow{-0,36} Eu^{2+} \xrightarrow{-3,395} Eu$

Struktur

RG	SB	PS	μ/ϱ [$cm^2\,g^{-1}$]
$Im\bar{3}m$, O_h^9;	A2;	cI2	CuK_α 425 MoK_α 61,5

a = 458,21 pm, 293 K; $K_z = 12$, $d_{Eu-Eu} = 396,8$ pm

Weitere physikalische Eigenschaften

Selbstdiffusion

ΔT (771 – 1074 K), $D_0 = 1,0 \cdot 10^{-4}\ m^2\,s^{-1}$, Q = 144 $kJ\,mol^{-1}$

Fm	Fermium	O.Z.	rel. A.M.	257,0951, d		7440-72-4

Kern

Z	I.M.B.	Kern	AE [^1H=1,00]	RE [^1H=1,00]	GV [rad $T^{-1}\,s^{-1}$]	QM [m^2]	F [Hz]	Ref.
10	248 – 257							

Elektronenhülle

El. konf.	G.T.	E.A.	I [kJ mol^{-1}]		
		[kJ mol^{-1}]	+1	+2	+3
[Rn]$5f^{12}7s^2$	$^3H_6$	<0	536	1171	2350

Thermodynamische Eigenschaften

T_f	T_v	ΔH_f	ΔH_v	ΔH_{at}	Cp (g)	S (g)
K	K	kJ mol^{-1}	kJ mol^{-1}	kJ mol^{-1}	JK^{-1} mol^{-1}	JK^{-1} mol^{-1}
				141		

Fermium (Enrico Fermi) wurde 1952 von Ghiorso et al. im Staub einer Wasserstoffbombenexplosion im Pazifik entdeckt. Es kann durch Neutronenbeschuß von ^{239}Pu in ng-Mengen hergestellt werden, sein stabilstes Isotop ^{257}Fm hat eine Halbwertszeit von 80 d.

Oxidationsstufen: 0, 2+, 3+
Standardreduktionspotentiale:

sauer $(Fm^{4+}) \xrightarrow{+5,0} Fm^{3+} \xrightarrow{-1,3} Fm^{2+} \xrightarrow{-2,37} Fm$

F	**Fluor**	O.Z.	9	rel. A.M.	18,9984032	Fluorine	7782-41-4

Kern

Z	I.M.B.	Kern	RE [^{1}H=1,00]	AE [^{1}H=1,00]	GV [rad T^{-1} s^{-1}]	QM [m^2]	F [Hz]	Ref.
6	17–22	^{19}F	0,83	0,83	$25,1665 \cdot 10^7$		94,077	$CFCl_3$

Elektronenhülle

El. konf.	G.T.	E.A.	I [kJ mol^{-1}]						
		[kJ mol^{-1}]	+1	+2	+3	+4	+5	+6	+7
[He]$2s^22p^5$	$^2P_{3/2}$	322	1681	3374	6050	8410	11020	15160	17870

Thermodynamische Eigenschaften

T_f	T_v	ΔH_f	ΔH_v	ΔH_{at}	Cp (g) [1]	S (g) [1]	H_{298}
K	K	kJ mol^{-1}	kJ mol^{-1}	kJ mol^{-1}	JK^{-1} mol^{-1}	JK^{-1} mol^{-1}	kJ mol^{-1}
53,53	85,01	1,02	3,26	78,9	22,74	158,75	8,825

T [2]	K	298,15	300	400	500	600	700	800	900	1000	1100
Cp	JK^{-1} mol^{-1}	31,31	31,34	32,94	34,25	35,16	35,81	36,29	36,65	36,94	37,18
S	JK^{-1} mol^{-1}	202,80	202,99	212,22	219,72	226,05	231,52	236,34	240,63	244,51	248,04
ΔH	kJ mol^{-1}	0	0,06	3,27	6,64	10,11	13,66	17,26	20,91	24,59	28,30
T	K	1200	1300	1400	1500	1600	1900	2200	2500	2800	3000
Cp	JK^{-1} mol^{-1}	37,38	37,55	37,70	37,84	37,96	38,28	38,55	38,80	39,02	39,17
S	JK^{-1} mol^{-1}	251,29	254,29	257,07	259,68	262,13	268,68	274,31	279,25	283,66	286,36
ΔH	kJ mol^{-1}	32,03	35,77	39,54	43,31	47,10	58,54	70,07	81,67	93,34	101,16

Physikalische Eigenschaften [3]

MV	ϱ	α	ΔV	$\varkappa$	γ
cm^3	$kg\,m^{-3}$	$10^{-6}K^{-1}$		$10^{-6}Pa^{-1}$	Nm^{-1}
18,05	1,696 [3]				0,0223

[1] F
[2] F_2
[3] Gas, 273 K

GZ	B_0	Θ_{rot}	ω_0	Θ_r	$\chi_0\omega_0$	WZ	r_0	f
	cm^{-1}	K	cm^{-1}	K	cm^{-1}	cm^{-1}	pm	Nm^{-1}
$^1\Sigma_g^+$	0,8902	(1,3)	916,6	1284	–	–	141,2	246,1
I	ΔH_{Dis}	d [1]	Suth-K	D	T_K	P_K	ϱ_K	
$10^{-47}\,kg\,m^{-3}$	eV	pm		$cm^2\,s^{-1}$	K	MPa	$kg\,m^{-3}$	
342,02	1,60	319	129		144,3	5,22	630	
V_g [2]	V_{fl}	T_{Tr}	P_{Tr}	λ	$(\epsilon-1)\cdot 10^6$	χ	$(n-1)\cdot 10^6$	
ms^{-1}	ms^{-1}	K	hPa	$Wm^{-1}K^{-1}$		$cm^3\,mol^{-1}$	589,3 nm	
336		55	2,21	$2{,}43\cdot 10^{-2}$			206	

[1] 248,9 K
[2] 375 K 133,33 Pa

Fluor (lt.: fluere = fließen) erhielt seinen Namen von H. Davy vom Flußspat (CaF_2), der als Flußmittel verwendet wird. Es war lange Zeit nur in Verbindungen bekannt, bis es 1886 H. Moissan gelang F_2 durch Elektrolyse von KHF_2 darzustellen. Die bekanntesten Minerale sind Flußspat (CaF_2), Fluorapatit [$Ca_5(PO_4)_3F$] und Kryolith (Na_3AlF_6). Nach dem Moissanverfahren wird F_2 auch heute noch dargestellt. Fluor ist das elektronegativste und reaktivste aller Elemente. Das fahlgelbe, korrosive Gas reagiert heftig mit fast allen Elementen, von denen viele in fein verteilter Form in F_2 brennen. Fluor ist hochtoxisch.

Oxidationsstufen: <u>1–</u>, 0
Standardreduktionspotentiale:

sauer $\;\; ^1/_2F_2 \xrightarrow{+2{,}866} F^-(aq)$

Struktur

	RG	SB	PS	μ/ϱ [$cm^2\,g^{-1}$]
<45,6 K	α: C2/c, C_{2h}^6; –,		mC8	CuK_α 16,4 MoK_α 180

a = 550, b = 328, c = 728 pm, β = 102,17°, K_z = 1, d_{F-F} = 149 pm
>45,6 K β: Pm3n, O_h^3; –; cP16, a = 667 pm, 50 K.

Weitere physikalische Eigenschaften

F_2

Viskosität von F_2(g):

T [K]	90	100	110	150	200	273,15
η [$Pa\cdot s\cdot 10^{-4}$]	59,2	69,1	78,2	108,8	142,2	209,3

Dampfdruck und Dichte im Sättigungszustand:

T K	p Pa	D $kg\,m^{-3}$
65,02	4704	
65,78		1638
74,93		1578
75,59	29829	
81,39	$67{,}208 \cdot 10^3$	
81,72		1532
85,05	$101{,}737 \cdot 10^3$	
85,67		1505
88,50		1484
88,51	$149{,}628 \cdot 10^3$	
94,73		1434
100,21		1391

Statische Dielektrizitätskonstante ε, F_2(fl) bei 83,18 K: $\varepsilon = 1{,}517$.

Fr	**Francium**	O.Z.	87	rel. A.M.	223,0197, d		7440-73-5

Kern

Z	I.M.B.	Kern	AE [^{1}H = 1,00]	RE [^{1}H = 1,00]	GV [rad $T^{-1}\,s^{-1}$]	QM [m^2]	F [Hz]	Ref.
21	204–224							

Elektronenhülle

El. konf.	G.T.	E.A. [kJ mol^{-1}]	I [kJ mol^{-1}]	
			+1	+2
[Rn]$7s^1$	$^2S_{1/2}$	–	375	2120

Thermodynamische Eigenschaften

T_f	T_v	ΔH_f	ΔH_v	ΔH_{at}	Cp (g)	S (g)
K	K	kJ mol^{-1}	kJ mol^{-1}	kJ mol^{-1}	$JK^{-1}\,mol^{-1}$	$JK^{-1}\,mol^{-1}$
300	950			75		

Physikalische Eigenschaften

MV	D
cm^3	$kg\,m^{-3}$
9,25	2410

Francium (f.: France = Frankreich) ist das schwerste Alkalimetall und wurde 1939 von M. Perey als Zerfallsprodukt des α-Strahlers ^{227}Ac nachgewiesen. In der Erdkruste findet es sich in Uranmineralen. Es ist das instabilste der ersten 101 Elemente, sein stabilstes Isotop hat eine Halbwertszeit von nur 22 min, daher wurde das Element bisher wenig untersucht.

Oxidationsstufen: 0, <u>1+</u>
Standardreduktionspotentiale:

$$Fr^+ \xrightarrow{\sim 2{,}9} Fr$$

Gd	Gadolinium	O.Z.	64	rel. A.M.	157,25, a		7440-54-2

Kern

Z	I.M.B.	Kern	RE [^{1}H=1,00]	AE [^{1}H=1,00]	GV [rad T^{-1} s^{-1}]	QM [m^2]	F [Hz]	Ref.
17	145–161	^{157}Gd	0,000544	$8,53 \cdot 10^{-5}$	$-1,0792 \cdot 10^7$	$1,34 \cdot 10^{-28}$	4,774	

Elektronenhülle

El. konf.	G.T.	E.A.	I [kJ mol^{-1}]			
		[kJ mol^{-1}]	+1	+2	+3	+4
[Xe]$4f^7 5d^1 6s^2$	$^9D_2$	48	593	1167	1990	4250

Thermodynamische Eigenschaften

T_f	T_v	ΔH_f	ΔH_v	ΔH_{at}	Cp (g)	S (g)	H_{298}
K	K	kJ mol^{-1}	kJ mol^{-1}	kJ mol^{-1}	JK^{-1} mol^{-1}	JK^{-1} mol^{-1}	kJ mol^{-1}
1585	3535	10,05	359,4	397,5	27,58	194,31	9,088

T	K	298,15	300	400	500	600	700	800	900	1000	1200
Cp	JK^{-1} mol^{-1}	37,20	36,77	28,18	28,22	29,13	30,02	30,86	31,64	32,51	34,52
S	JK^{-1} mol^{-1}	67,95	68,18	77,11	83,36	88,58	93,14	97,20	100,88	104,26	110,36
ΔH	kJ mol^{-1}	0	0,07	3,15	5,95	8,82	11,78	14,82	17,95	21,16	27,85
T	K	1400	1533	1533	1585	1585	1600	1800	2000	2500	3000
Cp	JK^{-1} mol^{-1}	36,90	38,71	28,28	28,28	37,15	37,15	37,15	37,15	37,15	37,15
S	JK^{-1} mol^{-1}	115,85	119,28	121,83	122,78	129,12	129,47	133,84	137,76	146,05	152,82
ΔH	kJ mol^{-1}	34,99	40,01	43,93	45,40	55,45	56,01	63,44	70,87	89,45	108,2

Physikalische Eigenschaften

MV	D	α	ΔV	ϰ	E	G
cm^3	kg m^{-3}	10^{-6} K^{-1}		10^{-5} MPa^{-1}	GPa	
19,90	7900,4	9,4	0,02	2,47	56,2	22,3
$\Delta\rho_{(T)}$	$\Delta\rho_{(P)}$	ρ_M	$\Psi_{(th)}$	$\Psi_{(ph)}$		
10^{-4} K^{-1}	10^{-9} hPa^{-1}	kg^{-1} m^3	V	V		
17,6	−4,5	$6,030 \cdot 10^{-5}$	3,07	3,1		

μ	V_s(l)	V_s(t)	λ	ρ
	ms^{-1}		Wm^{-1} K^{-1}	nΩm
0,259	2950	1680	10,6	1260
	γ[1]	ϱ[1]	HV	R_m
	Nm^{-1}	nΩm	MNm^{-2}	MPa
	0,816	1950	510–638	122

[1] fl.

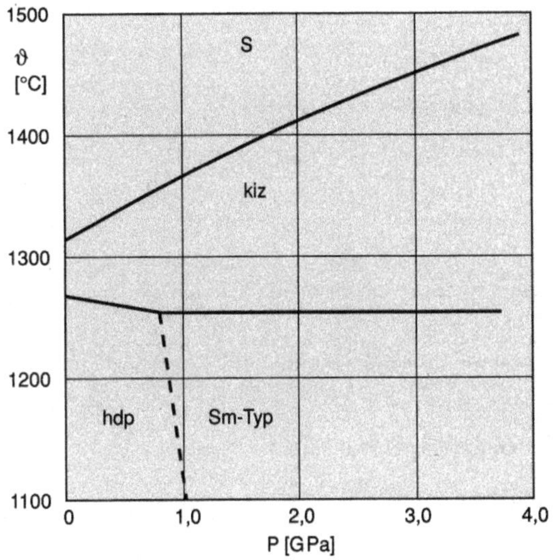

P-T-Diagramm von Gadolinium

Gadolinium (Gadolinit, ein Mineral nach dem finn. Chemiker J. Gadolin benannt) wurde 1880 von J. C. G. Marignac und Lecoq de Boisbaudran aus der Yttererde des Mosander in Form des Oxids isoliert. Rein wurde es viel später durch Reduktion von GdF_3 mit Ca dargestellt. Neben dem Gadolinit, in dem es ursprünglich nachgewiesen wurde, kommt es in Monazit ($LnPO_4$) und Bastnäsit ($LnCO_3F$) vor. Es ist silbrig metallisch-glänzend, weich, duktil und ferromagnetisch. In trockener Luft ist Gd relativ beständig, in feuchter Luft korrodiert es schnell, in verdünnten und konzentrierten Mineralsäuren ist es gut löslich. Gd wird in Kontrollstäben von Kernreaktoren und als Wirt für Lanthanoidphosphore verwendet. Geringe Zusätze von Gd (<1%) verbessern die Eigenschaften von Hochtemperaturstählen.

Oxidationsstufen: 0, 2+, $\underline{3+}$
Standardreduktionspotentiale:

basisch $Gd(OH)_3 \xrightarrow{-2,82} Gd$

sauer $Gd^{3+} \xrightarrow{-2,28} Gd$

Struktur

RG SB PS μ/ϱ [$cm^2\,g^{-1}$]
α: $P6_3/mmc$, D_{6h}^4; A3; hP2 CuK_α 439 MoK_α 64,4
a = 363,33, c = 577,94 pm, 293 K; K_z = 12, d_{Gd-Gd} = 360,2 pm

> 1533 K, β: $Im\bar{3}m$, O_h^9, A2, cI2, a = 405 pm, K_z = 8, d_{Gd-Gd} = 350,7 pm, ΔH_u = 3912 J mol^{-1}

> 673 K, 0,40 GPa: hex., a = 361, c = 2603 pm

> 1,5 GPa Gd(II)
$R\bar{3}m$, D_{3d}^5; α-Sm; hR9

> 6,5 GPa Gd(III)
Hexagonale Dichtestpackung (doppelt) K_z = 12

> 24–29 GPa Gd(IV)
kubisch flächenzentriert

> 44–55,0 GPa Gd(V)
Hexag.-dichtestpackung (dreifach)
a = 291, c = 1431 pm, K_z = 12

Weitere physikalische Eigenschaften

^{152}Gd, Häufigkeit 0,20%, α-Strahler, Halbwertzeit 10^{15}a.

α-Gd, Streckgrenze $R_{p0,2}$, Zugfestigkeit R_m, Bruchdehnung A, *G* Gußzustand, *V* durch Schmieden bei Z.T. um ≈50% verformt:

Zustand	T [K]	$R_{p0,2}$ MPa	R_m MPa	A [%]
G	Z.T.	182	192	8
V	Z.T.	270	400	7
G	477	110	124	6,8
V	477	220	287	4,2
G	700	99	133	12

Debye-Temperatur: 152 K aus C_p berechnet;
173 K aus Schallgeschwindigkeit berechnet.

Hall-Koeffizient *R* bei 300 K magnetische Induktion

$$B \leqq 0{,}56\ \mathrm{Vs/m^2};\quad R = 0{,}95 \cdot 10^{-10}\ \mathrm{m^3/As}.$$

Selbstdiffusion (β-Gd):
$\Delta T(1549-1581\ K)$, $D_0 = 0{,}01 \cdot 10^{-4}\ m^2\ s^{-1}$, $Q = 136{,}9\ kJ\ mol^{-1}$

Abhängigkeit physikalischer Eigenschaften von der Kristallorientierung

Eigenschaft	Richtung		Dimension
	‖ *c*-Achse	⊥ *c*-Achse	
Linearer Ausdehnungskoeffizient bei 297 K	$10{,}0 \cdot 10^{-6}$	$9{,}1 \cdot 10^{-6}$	[K^{-1}]
Elektrischer Widerstand bei 298 K	1217	1351	[nΩm]
Hall-Koeffizient bei 293 K	−5,4	−1,0	[$nV \cdot m \cdot A^{-1} \cdot T^{-1}$]

Spektrales Emissionsvermögen: $\lambda = 0{,}645\ \mu m$, T = 1298 – 1568 K 33,7%
T = 1586 – 1873 K 34,2%

Ga	**Gallium**	O.Z.	31	rel. A.M.	69,723		7440-55-3

Kern

Z	I.M.B.	Kern	RE [^1H=1,00]	AE [^1H=1,00]	GV [rad $T^{-1}\ s^{-1}$]	QM [m^2]	F [Hz]	Ref.
14	63 – 76	^{71}Ga	0,14	0,0562	$8{,}158 \cdot 10^7$	$0{,}106 \cdot 10^{-28}$	30,495	$[Ga(H_2O)_6]^{3+}$

Elektronenhülle

El. konf.	G.T.	E.A.	I [kJ mol^{-1}]			
		[kJ mol^{-1}]	+1	+2	+3	+4
$[Ar]3d^{10}4s^24p^1$	$^2P_{1/2}$	36	579	1980	2960	6200

Thermodynamische Eigenschaften

T_f	T_v	ΔH_f	ΔH_v	ΔH_{at}	Cp (g)	S (g)	H_{298}
K	K	$kJ\,mol^{-1}$	$kJ\,mol^{-1}$	$kJ\,mol^{-1}$	$JK^{-1}mol^{-1}$	$JK^{-1}mol^{-1}$	$kJ\,mol^{-1}$
302,80	2475	5,577	258,7	272,0	25,33	169,04	5,572

T	K	298,15	300	302,80	302,80	400	500	600	700	800	900
Cp	$JK^{-1}mol^{-1}$	26,15	26,64	27,37	28,47	27,24	26,78	26,62	26,62	26,57	26,57
S	$JK^{-1}mol^{-1}$	40,83	40,99	41,24	59,66	67,40	73,42	78,28	82,38	85,93	89,06
ΔH	$kJ\,mol^{-1}$	0	0,05	0,124	5,701	8,40	11,10	13,77	16,43	19,08	21,74
T	K	1000	1200	1400	1600	1800	2000	2200	2400	2475	
Cp	$JK^{-1}mol^{-1}$	26,57	26,57	26,57	26,57	26,57	26,57	26,57	26,57	26,57	
S	$JK^{-1}mol^{-1}$	91,86	96,70	100,80	104,35	107,48	110,28	112,81	115,12	115,34	
ΔH	$kJ\,mol^{-1}$	24,40	29,71	35,02	40,34	45,65	50,97	56,28	61,59	63,59	

Physikalische Eigenschaften

MV	D	α	ΔV	$\varkappa$	E	G
cm^3	$kg\,m^{-3}$	$10^{-6}K^{-1}$		$10^{-5}MPa^{-1}$	GPa	
11,81	5907	18,3	− 0,034	1,96	9,8	6,6
$\Delta\rho_{(T)}$ [2]	$\Delta\rho_{(P)}$	χ_M	$\Psi_{(th)}$	$\Psi_{(ph)}$	D [1]	χ_M [1]
$10^{-4}K^{-1}$	$10^{-9}hPa^{-1}$	$kg^{-1}m^3$	V	V	$kg\,m^{-3}$	$kg^{-1}m^3$
39,6 [1]	− 2,47	$-3{,}9 \cdot 10^{-9}$	4,12	4,35	6200	$0{,}3 \cdot 10^{-9}$

μ	$V_s(l)$	$V_s(t)$	λ	ρ
	ms^{-1}		$Wm^{-1}K^{-1}$	nΩm
0,467	3030	750	33,5	136
η [1,3]	γ [1]	H_{Mohs}		
mPa s	Nm^{-1}			
1,70	0,718	1,5−2,5		

[1] fl, [2] 273−298 K, [3] 50 K über T_f.

Gallium (lt.: Gallia = Frankreich) wurde 1870 von Mendelejev als Ekaaluminium vorausgesagt, 1874 von Lecoq de Boisbaudran spektroskopisch nachgewiesen und 1875 durch Elektrolyse von $Ga(OH)_3$ in KOH rein dargestellt. Gallium kommt nur als Spurenelement in Zinkblende, Bauxit, Diaspor, Germanit und Kohle vor. Ga wird elektrolytisch aus seinen Salzlösungen dargestellt. Es ist ein weiches, duktiles, glänzend weißes Metall. An Luft ist es durch eine schützende Oxidschicht beständig. Es löst sich nicht in oxidierenden Säuren. Das Metall besitzt den größten Stabilitätsbereich in der Schmelze und hat selbst bei hohen Temperaturen einen geringen Dampfdruck. Ga wird mit Elementen der V.-Hauptgruppe zur Herstellung von Halbleitern verwendet, so wird GaAs oder GaP für Laserdioden, Solarzellen u.ä. eingesetzt. Das reine Metall dient als Wärmetauscher, flüssiger Verschluß, Hochtemperaturschmiermittel, als Bestandteil in tiefschmelzenden Legierungen, sowie als Neutrinodetektor.

Oxidationsstufen: 0, 1+, <u>3+</u>
Standardreduktionspotentiale:

basisch $H_2GaO_3^- \xrightarrow{-1{,}22} Ga$

sauer $Ga^{3+} \xrightarrow{-0{,}44} Ga^+ \xrightarrow{-0{,}79} Ga$

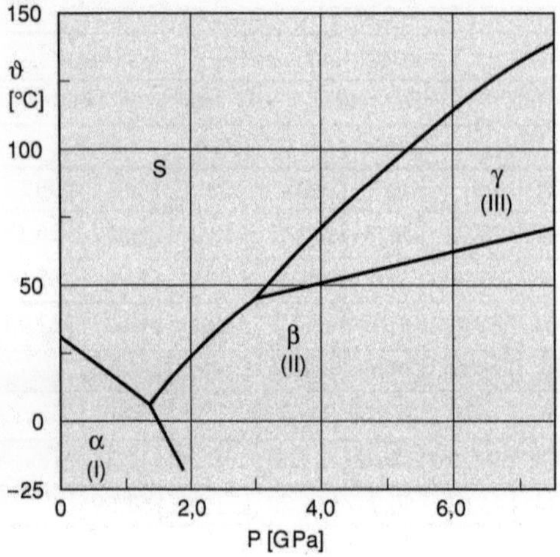

P-T-Diagramm von Gallium

Struktur

RG SB PS μ/ϱ [$cm^2\ g^{-1}$]

α: Cmca, D_{2h}^{18}, A11, oC8 CuK_α 67,9 MoK_α 60,1
a = 451,92, b = 765,86, c = 452,58 pm, 293 K
$K_z = 1 + 2 + 2 + 2$, d_{Ga-Ga} = 246,5; 270,0; 273,5; 279,2 pm
γ: < 238 K, Cmcm, D_{2h}^{17}; –; oC40
a = 1059,3, b = 1352,3, c = 520,3 pm, 220 K, d_{Ga-Ga} = 260,2 – 307,8 pm
β: > 2,0 GPa tetragonal innenzentriert; tI2
a = 280,8, c = 445,8 pm, $K_z = 4 + 8$, d_{Ga-Ga} = 280,8; 298,5 pm, d_x = 6590 kg m^{-3}
Ga_{fl} K_z = 11,0, d_{Ga-Ga} = 277 pm

Weitere physikalische Eigenschaften

Tripelpunkte:

GPa	K	*U*	ΔV [$cm^3\ g^{-1}$]
1,2	277,5	I → fl	– 0,0074
		I → II	– 0,0098
		II → fl	+ 0,0024
1,275	273,5	I → fl	– 0,0075
		I → II′	– 0,0098
		II → fl	+ 0,0023

Viskosität η:

T [K]	326	370,3	473	675	873	1079	1283	1373
η [mPa s]	1,894	1,612	1,266	0,879	0,769	0,652	0,591	0,578

Schallgeschwindigkeit Ga (fl) bei 303 K ϑ = 2740 m s^{-1} (12 MHz).
Selbstdiffusion ΔT (303 – 373 K);
$D_0 = 1{,}07 \cdot 10^{-4}\ cm^2 s^{-1}$; Q = 4,7 kJ mol^{-1}.
Hall-Koeffizient: R = – 0,63 · 10^{-10} m^3/As, 300 K
Supraleitung: T_s = 1,09 K, H_0 = 51 Oe

Abhängigkeit physikalischer Eigenschaften von der Kristallorientierung

Eigenschaft	Richtung			Dimension
	∥ *a*-Achse	∥ *b*-Achse	∥ *c*-Achse	
Linearer Ausdehnungskoeffizient bei 293 K	$11{,}5 \cdot 10^{-6}$	$31{,}5 \cdot 10^{-6}$	$16{,}5 \cdot 10^{-6}$	[K^{-1}]
Wärmeleitfähigkeit bei 293 K	40,82	88,47	15,99	[$W \cdot m^{-1} K^{-1}$]
Elektrischer Widerstand bei 293 K	174	81	543	[nΩm]

Reflexionsvermögen

λ [μm]	0,436	0,589	fl.	0,435	0,546	0,691
R [%]	75,6	71,3		88,8	88,4	88,6

Änderung des elektrischen Widerstands beim Schmelzen
ϱ_L(303 K) = 258 nΩm, $\varrho_{fl}/\varrho_f = 1{,}9$

Ge	**Germanium**	O.Z.	32	rel. A.M.	72,61		7440-56-4

Kern

Z	I.M.B.	Kern	RE [^{1}H = 1,00]	AE [^{1}H = 1,00]	GV [rad $T^{-1} s^{-1}$]	QM [m^2]	F [Hz]	Ref.
17	65–78	^{73}Ge	0,0014	0,000108	$-0{,}9331 \cdot 10^7$	$-0{,}2 \cdot 10^{-28}$	3,488	$Ge(CH_3)_4$

Elektronenhülle

El. konf.	G.T.	E.A.	I [kJ mol^{-1}]				
		[kJ mol^{-1}]	+1	+2	+3	+4	+5
[Ar]$3d^{10}4s^24p^2$	$^3P_0$	116	762	1537	3302	4450	8950

Thermodynamische Eigenschaften

T_f	T_v	ΔH_f	ΔH_v	ΔH_{at}	Cp (g)	S (g)	H_{298}
K	K	kJ mol^{-1}	kJ mol^{-1}	kJ mol^{-1}	$JK^{-1} mol^{-1}$	$JK^{-1} mol^{-1}$	kJ mol^{-1}
1210,4	3104	36,95	331	374,5	30,73	167,90	4,636

T	K	298,15	300	400	500	600	700	800	900	1000	1100
Cp	$JK^{-1} mol^{-1}$	23,36	23,30	24,45	24,94	25,21	25,58	25,99	26,41	27,21	27,94
S	$JK^{-1} mol^{-1}$	31,09	31,23	38,13	43,64	48,21	52,12	55,57	58,65	61,48	64,11
ΔH	kJ mol^{-1}	0	0,04	2,44	4,91	7,42	9,96	12,54	15,16	17,84	20,60
T	K	1200	1210,4	1210,4	1300	1700	2000	2300	2600	2900	3104
Cp	$JK^{-1} mol^{-1}$	28,68	28,76	27,61	27,61	27,61	27,61	27,61	27,61	27,61	27,61
S	$JK^{-1} mol^{-1}$	66,57	66,82	97,34	99,31	106,72	111,21	115,07	118,45	121,47	123,35
ΔH	kJ mol^{-1}	23,43	23,73	60,68	63,15	74,20	82,48	90,76	99,05	107,33	112,97

Physikalische Eigenschaften

MV	D	α	ΔV	$\varkappa$	E	G
cm^3	$kg\,m^{-3}$	$10^{-6}K^{-1}$		$10^{-5}MPa^{-1}$	GPa	
13,64	5323	5,57	– 0,054	1,38	81	29,8
$\Delta\rho_{(T)}$	$\Delta\rho_{(P)}$	χ_M	$\Psi_{(th)}$	$\Psi_{(ph)}$	D[1]	χ_M[1]
$10^{-4}K^{-1}$	$10^{-6}\,hPa^{-1}$	$kg^{-1}\,m^3$	V	V	$kg\,m^{-3}$	$kg^{-1}\,m^3$
		$-1{,}328 \cdot 10^{-9}$	4,56	5,0	5500	

μ	$V_s(l)$	$V_s(t)$	λ	ρ
	$m\,s^{-1}$		$Wm^{-1}K^{-1}$	Ωm
0,365	4580	2420	58,6	0,45
η[1]	γ[1]	$d\gamma/dT$[1]		
mPa s	Nm^{-1}	$Nm^{-1}K^{-1}$		
	0,650	$-0{,}20 \cdot 10^{-3}$		

[1] fl.

Germanium (lt.: Germania = Deutschland) gehört als Ekasilicium zu den Elementen, die Mendelejev aus seinem Periodensystem voraussagte. Es wurde 1886 aus dem Argyrodit (Ag_8GeS_6) von Cl. Winkler in Freiberg isoliert. Ge wird aus den Flugstäuben der Zinkproduktion gewonnen, die dazu mit H_2SO_4 ausgelaugt werden. Die anschließende Behandlung der Lösung mit NaOH ergibt einen Niederschlag mit 2–10% Ge. Dieser wird in HCl/H_2-Strom erhitzt, es bildet sich $GeCl_4$, das zur Reinigung destilliert, dann zu GeO_2 hydrolysiert wird, welches bei 500 °C durch H_2 zu Ge reduziert wird. Ge ist grauweiß, metallisch-glänzend, spröde und ein Halbleiter. Es wird von Luft und Säuren nicht angegriffen. Das Halbmetall ist für Infrarotstrahlen durchlässig, was in der Infrarotspektroskopie ausgenutzt wird. Durch Zonenschmelzen läßt sich hochreines Ge herstellen, das in der Halbleitertechnik verwendet wird.

Oxidationsstufen: 4–, 0, 2+, <u>4+</u>

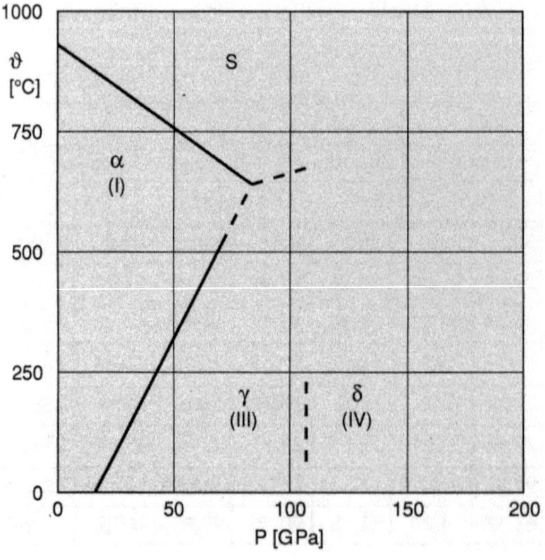

P-T-Diagramm von Germanium

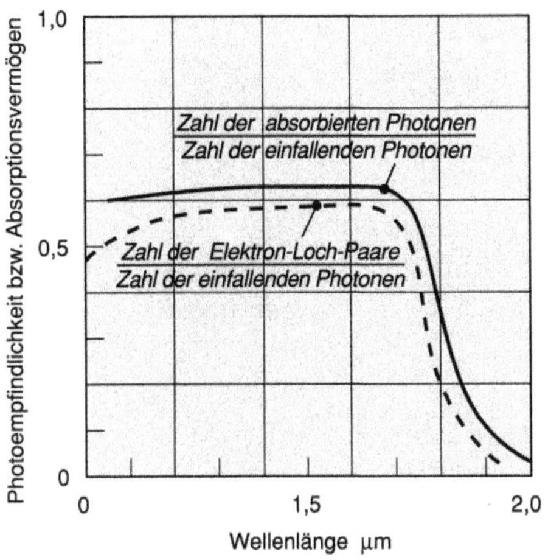

Ge-Kristall. Spektrale Verteilung der Photoempfindlichkeit, dargestellt als Quantenausbeute, bezogen auf die eingestrahlten Photonen. Ferner zum Vergleich: der absorbierte Bruchteil der eingestrahlten Photonen als Funktion der Wellenlänge

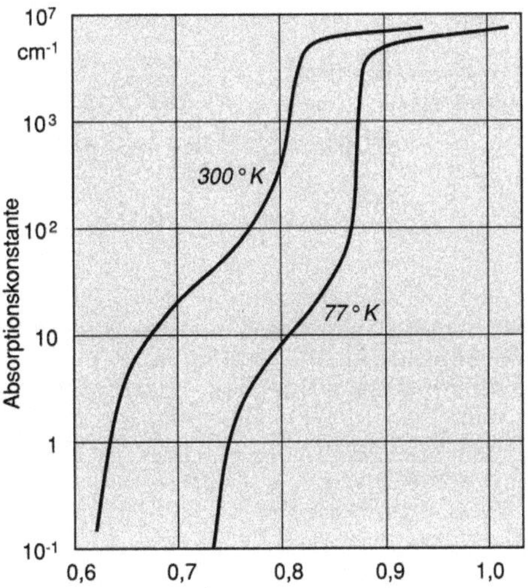

Ge-Kristall. Absorptionsspektrum

Standardreduktionspotentiale:

sauer $GeO_2 \xrightarrow{-0,370} GeO \xrightarrow{+0,255} Ge \xrightarrow{-0,29} GeH_4$

$H_2GeO_3 \xrightarrow{+0,131}$ Ge

$Ge^{4+} \xrightarrow{0,0} Ge^{2+} \xrightarrow{-0,25}$ Ge

Struktur

RG	SB	PS	μ/ϱ [$cm^2\ g^{-1}$]
α: $Fd\bar{3}m$;	A4;	cF8	CuK_α 75,6 MoK_α 64,8

a = 565, 739 pm, $K_z = 4$, $d_{Ge-Ge} = 244{,}97$ pm

β> 12,0 GPa; $I4_1/amd$, D^{19}_{4h}; A5; tI4
a = 488,4, c = 269,2 pm, $K_z = 4 + 2$, $d_{Ge-Ge} = 253{,}3$; 269,2 pm, D = 7510 kg m^{-3}

γ > 2,0 GPa danach dekomprimiert, metastabil
$P4_32_12$, D^8_4; –; tP12
a = 593, c = 698 pm, $K_z = 4 + 2 + 2(1)$, $\bar{d}_{Ge-Ge} = 248{,}5$ pm, D = 5880 kg m^{-3}

δ> 12,0 GPa, dekomprimiert, metastabil, D = 5846 kg m^{-3}
kubisch, a = 692 pm

allo-Ge (metastabil): $Pmc2_1$; oP128
a = n · 2388,7 pm, b = 778,7 pm, c = 1630,4 pm, $K_z = 4$
4H-Ge (metastabil): $P6_3mc$; hP8
a = 398,9, c = 1310,7 pm

Weitere physikalische Eigenschaften

Ge ist ein Halbleiter.
Bandabstand

$$\Delta E\ (0\ \mathrm{K}) = 0{,}7437\ \mathrm{eV},\ \Delta E\ (300\ \mathrm{K}) = 0{,}6642\ \mathrm{eV};$$

$$\frac{d\Delta E}{dT}\ (300\ \mathrm{K}) = -3{,}7 \cdot 10^{-4}\ \mathrm{eV\ K^{-1}}. \qquad \frac{d\Delta E}{dP} = +7{,}3 \cdot 10^{-9}\ \mathrm{eV\ Pa^{-1}}$$

Intrinsische Ladungsträgerdichte bei 298 K: 2,1 μm^3
Hall-Koeffizient: $R = +0{,}1\ m^3/As$ 300 K
thermoelektrische Kraft: $\varepsilon_{abs} = +302{,}5\ \mu VK^{-1}$

Elektronenbeweglichkeit $u_n = 3800\ cm^2/Vs$.
Löcherbeweglichkeit $u_p = 1820\ cm^2/Vs$.
Statische Dielektrizitätskonstante $\varepsilon = 16{,}0$; Brechzahl n (25 μm) = 4,00.

Viskosität η:

T [K]	1223	1273	1373	1473
η [mPa · s]	0,75	0,64	0,56	0,51

Selbstdiffusion

$$\Delta T\,(1063-1198\ \mathrm{K}),\ D_0 = 87\ \mathrm{cm^2\,s^{-1}};\ Q = 307\ \mathrm{kJ\,mol^{-1}}.$$

Änderung des elektrischen Widerstands beim Schmelzen

$$\varrho_L(1211\ \mathrm{K}) = 710\ \mathrm{n\Omega m},\ \varrho_{fl}/\varrho_f = 0{,}071$$

Magnetische Suszeptibilität am Schmelzpunkt:

$$\chi_A(\mathrm{f}) = -5{,}7 \cdot 10^{-6}\ \mathrm{cm^3\,Mol^{-1}},$$
$$\chi_A(\mathrm{fl}) = +3{,}2 \cdot 10^{-6}\ \mathrm{cm^3\,Mol^{-1}}.$$

Die elektrische Leitfähigkeit von Ge ändert sich bei Belichtung. In Abb. 1, S. 87, ist die spektrale Verteilung der Photoempfindlichkeit dargestellt, in Abb. 2, S. 87, das Absorptionsspektrum.

Au	**Gold**	O.Z.	79	rel. A.M.	196,96654	Gold	7440-57-5

Kern

Z	I.M.B.	Kern	RE [^{1}H=1,00]	AE [^{1}H=1,00]	GV [rad $T^{-1} s^{-1}$]	QM [m^2]	F [Hz]	Ref.
21	185–203	^{197}Au	$2{,}51 \cdot 10^{-5}$	$2{,}51 \cdot 10^{-5}$	$0{,}357 \cdot 10^7$	$0{,}59 \cdot 10^{-28}$	1,712	

Elektronenhülle

El. konf.	G.T.	E.A.	I [kJ mol^{-1}]		
		[kJ mol^{-1}]	+1	+2	+3
[Xe]$4f^{14}5d^{10}6s^1$	$^2S_{1/2}$	223	890	1980	2900

Thermodynamische Eigenschaften

T_f	T_v	ΔH_f	ΔH_v	ΔH_{at}	Cp (g)	S (g)	H_{298}
K	K	$kJ\,mol^{-1}$	$kJ\,mol^{-1}$	$kJ\,mol^{-1}$	$JK^{-1}mol^{-1}$	$JK^{-1}mol^{-1}$	$kJ\,mol^{-1}$
1337,58	3127	12,55	334,4	368,2	20,79	180,50	6,017

T	K	298,15	300	400	500	600	700	800	900	1000	1100
Cp	$JK^{-1}mol^{-1}$	25,32	25,33	25,76	26,20	26,63	27,07	27,50	27,96	28,56	29,40
S	$JK^{-1}mol^{-1}$	47,50	47,65	55,00	60,79	65,61	69,75	73,39	76,65	76,63	82,39
ΔH	$kJ\,mol^{-1}$	0	0,05	2,60	5,20	7,84	10,53	13,25	16,03	18,85	21,75
T	K	1200	1300	1337	1337	1400	1800	2200	2600	3000	3127
Cp	$JK^{-1}mol^{-1}$	30,57	32,18	33,44	30,96	30,96	30,96	30,96	30,96	30,96	30,96
S	$JK^{-1}mol^{-1}$	14,99	87,50	88,43	97,81	99,23	107,01	113,22	118,39	122,82	124,11
ΔH	$kJ\,mol^{-1}$	24,74	27,87	26,10	41,65	43,58	55,97	68,35	80,74	93,12	97,05

Physikalische Eigenschaften

MV	D	α	ΔV	$\varkappa$	E	G
cm^3	$kg\,m^{-3}$	$10^{-6}K^{-1}$		$10^{-5}MPa^{-1}$	GPa	
10,19	19320	14,16	+ 0,051	0,563	78,4	27,1
$\Delta\rho_{(T)}$	$\Delta\rho_{(P)}$	χ_M	$\Psi_{(th)}$	$\Psi_{(ph)}$	D^1	$\chi_M{}^1$
$10^{-4}K^{-1}$	$10^{-9}hPa^{-1}$	$kg^{-1}m^3$	V	V	$kg\,m^{-3}$	$kg^{-1}m^3$
40,2	− 2,93	$-1{,}78 \cdot 10^{-9}$	4,25	5,1	17300	$-2{,}16 \cdot 10^{-9}$

μ	$V_s(l)$	$V_s(t)$	λ	ρ
	$m\,s^{-1}$		$Wm^{-1}K^{-1}$	nΩm
0,424	3280	1190	317	20,5
η^1	γ^1	$d\gamma/dT^1$	HV	R_m
mPa s	Nm^{-1}	$Nm^{-1}K^{-1}$	MNm^{-2}	MPa
5,38	1,128	$-0{,}10 \cdot 10^{-3}$	216	110

[1] 50 K über T_f.

Gold (Au lt. aurum = Gold) ist, da es in der Natur rein vorkommt, seit vorgeschichtlicher Zeit bekannt. Die älteste schriftliche Erwähnung findet man in den indischen Weden (4000 v. Chr.). Das einfachste Verfahren zur Goldgewinnung ist das Auswaschen aus Seifen und Flußsanden, verbessert wurde die Ausbeute durch Amalgamierung (Bildung von flüssigen Hg-Au Legierungen, die aus dem Sand abgepreßt und aus denen das Quecksilber abgeraucht wurde). Heute wird die Cyanidlaugerei angewendet, dazu wird Gold als Cyanidkomplex aus Erzen unter Durchblasen von Luft gelöst und mit Zn-Staub ausgefällt. Die Reinigung erfolgt elektrolytisch. Gold ist goldgelb, das dehnbarste und duktilste Metall, kolloid ist es schwarz, rubin- oder purpurrot. Als Blattgold kann es bis zu Dicken von 0,1 nm ausgewalzt werden. Es ist chemisch inert und löst sich nur in Königswasser. Es wird legiert, um die Festigkeit zu erhöhen und für Münzen, Schmuck, Oberflächenbeschichtungen und in der Zahnmedizin verwendet.

Oxidationsstufen: 1−, 0, 1+, 2+, <u>3+</u>, 5+
Standardreduktionspotentiale:

sauer $Au^{3+} \xrightarrow{+1,401} Au^{+} \xrightarrow{+1,692} Au$

Struktur

RG	SB	PS	μ/ϱ [$cm^2\,g^{-1}$]
$Fm\bar{3}m$, O_h^5,	A1,	cF4	CuK_α 208 MoK_α 15

$a = 407{,}82$ pm, 293 K; $K_z = 12$, $d_{Au-Au} = 288{,}4$ pm
Au_{fl}, $K_z = 8{,}5$, $d_{Au-Au} = 285$ pm, T = 1373 K

Weitere physikalische Eigenschaften

Wärmeausdehnungszahl $\bar{\alpha}$:

T [K]	273	323	373	473	673	1073	
$\bar{\alpha}$ [K^{-1}]	14,16	14,30	14,47	14,86	15,84	18,54	$\cdot 10^{-6}$

Elastizitätsmodul *E*:

T [K]	273	293	313	333	373
E [GPa]	78,99	78,43	77,83	77,19	75,80

Gleitmodul *G*:

T [K]	298	444	624	798	1043	1198
G [GPa]	27,16	25,74	21,10	17,45	14,50	9,40

Zugfestigkeit R_m:

weiches Au $R_m = 110{,}3$ MPa
gezogenes Au $R_m = 121{,}8$ MPa
gezogener Draht $R_m = 268{,}6$ MPa

Änderung des elektrischen Widerstands ϱ beim Schmelzen:

$\varrho_{fl} = 312\ n\Omega \cdot m$; $\dfrac{\varrho_{fl}}{\varrho_f} = 2{,}28$

Vickershärte *HV*:

T [K]	293	373	473	673	873	1073
HV [Nm^{-2}]	220	210	190	160	75	40

Viskosität η:

T [K]	1336	1373	1473	1573
η [mPa s]	5,38	5,13	4,64	4,26

Selbstdiffusion:

ΔT (983 – 1273 K), $D_0 = 0{,}13 \cdot 10^{-4}\ m^2 s^{-1}$; $Q = 180\ kJ\,mol^{-1}$
ΔT (603 – 866 K), $D_0 = 0{,}027 \cdot 10^{-4}\ m^2 s^{-1}$; $Q = 165\ kJ\,mol^{-1}$

Änderung des elektrischen Widerstandes ϱ (Au kleinkristallin) im Magnetfeld $H \perp$ zum Meßstrom:

	H MA m^{-1}	$\left(\dfrac{\varrho_H - \varrho_0}{\varrho_0}\right)_T$
T = 20,4 K $\dfrac{\varrho_{20,4}}{\varrho_{273}} = 0{,}0071$	7,8	0,254
	26,0	1,07
	39,8	1,71

Hallkoeffizient R bei 291 K; magnetische Induktion

$B = 0{,}69\ Vs/m^2$; $R = -0{,}704 \cdot 10^{-10}\ m^3/As$.

thermoelektrische Kraft: $\varepsilon_{abs} = +1{,}72\ \mu VK^{-1}$

Reflexionsvermögen R:

λ µm	R %	λ µm	R %
0,300	28	0,500	66
0,333	29	0,600	81
0,370	25	0,700	90
0,400	32	0,800	93
0,450	54	1,000	96
		2,000	96

Spektrales Emissionsvermögen ε_λ:

	K	λ = 0,65 µm	λ = 0,55 µm
Au(f)	1222–1334	0,130	0,342
Au(fl)	1340–1450	0,22	–

Hf	**Hafnium**	O.Z.	72	rel. A.M.	178,49		7440-58-6

Kern

Z	I.M.B.	Kern	RE [^{1}H = 1,00]	AE [^{1}H = 1,00]	GV [rad $T^{-1} s^{-1}$]	QM [m^2]	F [Hz]	Ref.
19	169–183	^{177}Hf	0,000638	0,000118	$0{,}945 \cdot 10^7$	$4{,}5 \cdot 10^{-28}$	3,120	

Elektronenhülle

El. konf.	G.T.	E.A.	I [kJ mol^{-1}]			
		[kJ mol^{-1}]	+1	+2	+3	+4
[Xe]$4f^{14}5d^26s^2$	$^3F_2$	– 61	642	1440	2250	3216

Thermodynamische Eigenschaften

T_f	T_v	ΔH_f	ΔH_v	ΔH_{at}	Cp (g)	S (g)	H_{298}
K	K	kJ mol^{-1}	kJ mol^{-1}	kJ mol^{-1}	JK^{-1} mol^{-1}	JK^{-1} mol^{-1}	kJ mol^{-1}
2500	4871	24,06	575,5	619,2	20,80	186,89	5,845

T	K	298,15	300	500	700	900	1100	1300	1500	1700	1900
Cp	JK^{-1} mol^{-1}	25,74	25,75	27,27	28,80	30,32	31,85	33,37	34,89	36,42	37,94
S	JK^{-1} mol^{-1}	43,56	43,72	57,23	66,64	74,06	80,30	85,74	90,62	95,08	99,22
ΔH	kJ mol^{-1}	0	0,05	5,35	10,96	16,87	23,09	29,61	36,43	43,56	51,00
T	K	2013	2013	2100	2300	2500	2500	3000	3500	4000	4871
Cp	JK^{-1} mol^{-1}	38,80	36,82	36,82	36,82	36,82	33,47	33,47	33,47	33,47	33,47
S	JK^{-1} mol^{-1}	101,43	104,78	106,34	109,69	112,76	122,38	128,48	133,64	138,11	144,71
ΔH	kJ mol^{-1}	55,34	62,07	65,28	72,64	80,00	104,06	120,80	137,53	154,27	183,42

Physikalische Eigenschaften

MV	D	α	ΔV	$\varkappa$	E	G
cm^3	$kg\,m^{-3}$	$10^{-6}\,K^{-1}$		$10^{-5}\,MPa^{-1}$	GPa	
13,41	13310	5,9		0,80	143	53
$\Delta\rho_{(T)}$	$\Delta\rho_{(P)}$	χ_M	$\Psi_{(th)}$	$\Psi_{(ph)}$	D[1]	χ_M[1]
$10^{-4}\,K^{-1}$	$10^{-9}\,hPa^{-1}$	$kg^{-1}\,m^3$	V	V	$kg\,m^{-3}$	$kg^{-1}\,m^3$
44	– 0,87	$5{,}3 \cdot 10^{-9}$	3,53	3,9	12000	

μ	$V_s(l)$	$V_s(t)$	λ	ρ
	ms^{-1}		$Wm^{-1}\,K^{-1}$	$n\Omega m$
0,289	3671	2000	23,0	296
η[1]	γ[1]	$d\gamma/dT$[1]	HV	
mPa s	Nm^{-1}	$Nm^{-1}\,K^{-1}$	MNm^{-2}	
	1,63	$(-0{,}21 \cdot 10^{-3})$	1760	

[1] fl.

Hafnium (lt.: Hafnia = Kopenhagen) wurde 1923 von D. Coster (Niederlande) und von G. v. Hevesy (Ungarn) im Mineral Zirkon aufgrund einer Vorhersage nach dem Bohrschen Atommodell mit Hilfe der Röntgenspektroskopie nachgewiesen. Es ist als Begleitelement (2 – 5%) in den meisten Zirkonmineralien enthalten. Hafnium-Metall wurde erstmalig von van Arkel und de Boer durch Zersetzung von HfI_4 am heißem Wolframdraht erhalten. Das Metall ist silbrig-glänzend und duktil. Durch Spuren von O, N, oder H wird es versprödet, was die Verarbeitung erschwert. Aufgrund der Lanthanoidenkontraktion ist es dem Zirkonium sehr ähnlich. Außer durch HF wird es von kalten Mineralsäuren nicht angegriffen, Alkalien haben auch heiß keine lösende Wirkung. Weil Hf einen hohen Absorptionsquerschnitt für thermische Neutronen hat, benutzt man es in Kontrollstäben für Kernreaktoren, außerdem kann man es als Getter für O_2 und N_2 in der Hochvakuumtechnik verwenden.

Oxidationsstufen: 0, 1+, 2+, 3+, <u>4+</u>
Standardreduktionspotentiale:

basisch $HfO(OH)_2 \xrightarrow{-2,50} Hf$

sauer $HfO^{2+} \xrightarrow{-1,724} Hf$

Hf^{4+} $\xrightarrow{-1,70}$ (Hf)

HfO_2 $\xrightarrow{-1,505}$ (Hf)

Struktur

RG SB PS μ/ϱ [$cm^2\,g^{-1}$]
$P6_3/mmc$, D^4_{6h}; A3; hP2 CuK_α 159 MoK_α 91,7
a = 319,40, c = 505,11 pm, K_z = 12, d_{Hf-Hf} = 318 pm
>2013 K: $Im\bar{3}m$, O^9_h; A2; cI2
a = 361,0 pm, K_z = 8, d_{Hf-Hf} = 312,6 pm
>38,8 GPa Hf(II)
hexagonale ω-Phase
>71 GPa Hf(III)
kubisch ?

Weitere physikalische Eigenschaften

Natürliches radioaktives Isotop: ^{174}Hf, Häufigkeit 0,18%; α-Strahler. Halbwertzeit ~4 $\cdot 10^{15}$a;

Wärmeausdehnungszahl $\bar{\alpha}$:

T [K]	373	473	673	873	1273
$\bar{\alpha}$ (293-T) [K^{-1}]	6,6	6,4	6,1	5,9	5,5 $\cdot 10^{-6}$

Elastizitätsmodul E:

T [K]	294	533	644
E [GPa]	139	108	97

Dehngrenze $R_{p\,0,2}$, Zugfestigkeit R_m, Bruchdehnung A, in Abhängigkeit von der Größe der Verformung beim Schmelzen von Hafnium (Arkel – de Boer) in Walzrichtung gemessen:

Verformungsgrad	R_m in GPa			$R_{p\,0,2}$ in GPa			A in %		
	Z.T.	423 K	588 K	Z.T.	423 K	588 K	Z.T.	423 K	588 K
0	0,400	0,312	0,216	0,232	0,202	0,154	42,0	53,5	60,5
5	0,420	0,420	0,266	0,324	0,330	0,244	32,0	35,0	45,5
10	0,440	0,386	0,288	0,404	0,364	0,268	30,0	33,0	35,0
20	0,528	0,428	0,342	0,434	0,402	0,326	14,0	27,5	25,0

Selbstdiffusion

α-Hf ΔT (1197 – 1756 K), $D_o = 7{,}3 \cdot 10^{-10}\ m^2\,s^{-1}$, $Q = 174{,}2$ kJ mol^{-1}
β-Hf ΔT (2012 – 2351 K), $D_o = 1{,}1 \cdot 10^{-7}\ m^2\,s^{-1}$, $Q = 159{,}2$ kJ mol^{-1}

Debye-Temperatur Θ_D aus Wärmekapazität berechnet:

T [K]	4,62	5,30	6,22	7,12	8,26	9,16	10,35	12,28	14,30	18,48
Θ_D [K]	262	252	245	246	240	237	231	225	218	208

Hallkoeffizient: $R = +\,0{,}43 \cdot 10^{-10}$ m^3/As 300 K
Supraleitung: $T_s = 0{,}35$ K

Gesamtemissionsvermögen E relativ:

T [K]	266	364	550
E	0,52	0,52	0,56

He	Helium	O.Z.	2	rel. A.M.	4,002602, a, b		7440-59-7

Kern

Z	I.M.B.[1]	Kern	RE [^{1}H = 1,00]	AE [^{1}H = 1,00]	GV [rad T^{-1} s^{-1}]	QM [m^2]	F [Hz]	Ref.
5	3–8	^{3}He	0,44	$5,75 \cdot 10^{-7}$	$-20,378 \cdot 10^7$	–	76,178	

Elektronenhülle

El. konf.	G.T.	E.A.	I [kJ mol^{-1}]	
		[kJ mol^{-1}]	+1	+2
$1s^2$	^1S_o	−21	2372	5250

Thermodynamische Eigenschaften

T_f	T_v	ΔH_f	ΔH_v	ΔH_{at}	H_{298}
K	K	kJ mol^{-1}	kJ mol^{-1}	kJ mol^{-1}	kJ mol^{-1}
0,95[2]	4,216	0,021	0,082	0	6,197

T	K	298,15	300	500	700	900	1100	1300	1500	1700	1900
Cp	$JK^{-1}mol^{-1}$	20,79	20,79	20,79	20,79	20,79	20,79	20,79	20,79	20,79	20,79
S	$JK^{-1}mol^{-1}$	126,15	126,23	136,90	143,89	149,11	153,28	156,76	159,73	162,33	164,64
ΔH	kJ mol^{-1}	0	0,04	4,20	8,35	12,51	16,67	20,83	24,98	29,14	33,30
T	K	2100	2300	2500	2700	2900	3000				
Cp	$JK^{-1}mol^{-1}$	20,79	20,79	20,79	20,79	20,79	20,79				
S	$JK^{-1}mol^{-1}$	166,72	168,62	170,35	171,95	173,43	174,14				
ΔH	kJ mol^{-1}	37,45	41,61	45,77	49,93	54,08	56,16				

Physikalische Eigenschaften

MV	D[3]	χ_M[4]	λ
cm^3	kgm^{-3}	kg^{-1} m^{-3}	$Wm^{-1}K^{-1}$
32,07	0,1785	$-5,9 \cdot 10^{-9}$	0,152

[1] Isotop der Masse 7 existiert nicht, [2] unter Druck, [3] bei 273 K, [4] Gas.

I	ΔH_{Dis}	d	Suth-K	D[2]	T_K	P_K	ρ_K
	eV	pm	[1]	$cm^2 s^{-1}$	K	MPa	kg m^{-3}
		219	173	1,403	5,2	0,229	69,3
V_s[2]	V_{fl}	T_{Tr}	P_{Tr}	λ^2	$(\epsilon-1) \cdot 10^6$	χ	$(n-1) \cdot 10^6$
ms^{-1}	ms^{-1}	K	kPa	$Wm^{-1}K^{-1}$	410 K	$kg^{-1}m^3$	589,3 nm
969		13,95	7,2	$14,30 \cdot 10^{-2}$	68	$-5,91 \cdot 10^{-9}$	36

[1] bei höheren Temperaturen, [2] NTP.

Helium (gr.: helios = Sonne) wurde zunächst im Spektrum der Sonne beobachtet und von J. N. Lockyer und E. Frankland als neues Element vorgeschlagen. 1895 identifizierte dann W. Ramsay He als das aus Uran austretende Gas, und isolierte es gemeinsam mit M.W. Travers aus der Luft, in der es zu $5 \cdot 10^{-4}$ Vol % enthalten ist. He erhält man aus Erdgas. Bei dessen Abkühlung auf – 205 °C bleibt nur He gasförmig zurück. He ist nicht reaktiv, man verwendet es als Füllgas für Glühlampen und Ballons und in der Tieftemperaturkühltechnik (in flüssiger Form).

Struktur

RG SB PS μ/ϱ [$cm^2\ g^{-1}$]
CuK_α 0,383 MoK_α 0,207

α: $P6_3/mmc$, D_{6h}^4; A3, hP2
a = 353,1, c = 569,3 pm, K_z = 12; 1,15 K, 6,69 MPa
β: $Fm\bar{3}m$, O_h^5; A2, cF4
a = 424,0 pm, K_z = 12, d_{He-He} = 299,8 pm; 16 K, 125,5 MPa
γ: $Im\bar{3}m$, O_h^9; A2, cI2
a = 411,0 pm, K_z = 8, d_{He-He} = 355,9 pm, 1,45 – 1,78 K, 2,8 MPa
He_{fl}
K_z = 7,4, d_{He-He} = 370 pm, T = 2 K

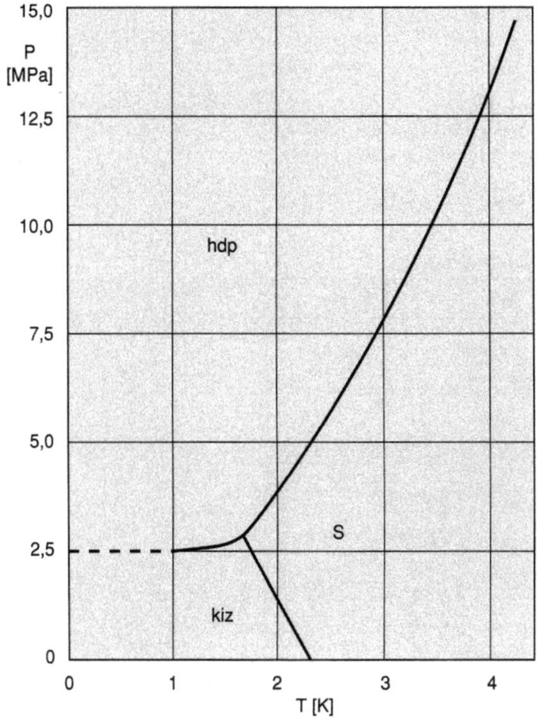

P-T-Diagramm von Helium

Dampfdruck und spezifisches Volumen von flüssigem (V_{fl}) und dampfförmigem (V_g'') ^{4}He im Sättigungszustand:

T K	p MPa	V' (fl) $m^3 kg^{-1}$	V'' (g) $m^3 \cdot kg^{-1}$
1,00	$0{,}160 \cdot 10^{-4}$	$6{,}88 \cdot 10^{-3}$	128
1,40	$2{,}87 \cdot 10^{-4}$	$6{,}88 \cdot 10^{-3}$	9,95
1,80	$16{,}61 \cdot 10^{-4}$	$6{,}87 \cdot 10^{-3}$	2,18
2,176[1]	$50{,}90 \cdot 10^{-4}$	$6{,}85 \cdot 10^{-3}$	0,823
2,2	$5{,}39 \cdot 10^{-3}$	$6{,}84 \cdot 10^{-3}$	0,798
2,6	$0{,}1248 \cdot 10^{-1}$	$6{,}93 \cdot 10^{-3}$	0,393
3,0	$0{,}2425 \cdot 10^{-1}$	$7{,}08 \cdot 10^{-3}$	0,223
3,4	$0{,}4192 \cdot 10^{-1}$	$7{,}31 \cdot 10^{-3}$	0,138
3,8	$0{,}6670 \cdot 10^{-1}$	$7{,}60 \cdot 10^{-3}$	0,0898
4,2	$0{,}997 \cdot 10^{-1}$	$7{,}99 \cdot 10^{-3}$	0,0587
4,215	$1{,}012 \cdot 10^{-1}$	$8{,}00 \cdot 10^{-3}$	(0,0580)
4,6	$1{,}426 \cdot 10^{-1}$	$8{,}0 \cdot 10^{-3}$	(0,0390)
5,0	$1{,}97 \cdot 10^{-1}$	$10{,}4 \cdot 10^{-3}$	(0,0246)
5,23[2]	$2{,}29 \cdot 10^{-1}$	$14{,}5 \cdot 10^{-3}$	(0,0145)

[1] λ-Punkt.
[2] Kritischer Punkt.

Statische Dielektrizitätskonstante ε, ^{4}He(fl) bei 3,15 K: $\varepsilon = 1{,}048$.

Brechzahl n:

^{4}He (fl) bei 3,7 K für $\lambda = 0{,}5462$ µm: $n = 1{,}026124$;
^{4}He I bei 2,20 K ($D = 142{,}0$ kg m^{-3}) für $\lambda = 0{,}5461$ µm: $n = 1{,}0269$;
^{4}He II bei 2,18 K ($D = 142{,}0$ kg m^{-3}) für $\lambda = 0{,}5461$ µm: $n = 1{,}0269$.

Druckkoeffizient, Ausgangsdruck 0,133 MPa, $\alpha = 3{,}6605 \cdot 10^{-3}$ Pa^{-1}

Löslichkeit in Wasser bei $1{,}01 \cdot 10^5$ Pa Heliumdruck

T [K]	273	293	303
$\alpha = \frac{m^3\,(Gas)}{m^3\,(Wasser)}$	0,0098	0,0086	0,0084

Dampfdruck und Dichten von flüssigem (D'_{fl}) und dampfförmigem (D''_g) von ^{3}He im Sättigungszustand:

T K	p kPa	$D'_{(fl)}$ kg m^{-3}	$D''_{(g)}$ kg m^{-3}
1,0	1,179	81,85	0,58
1,2	2,688	81,47	0,98
1,4	5,135	80,93	1,54
1,6	8,278	80,20	2,28
1,8	13,667	79,24	3,25
2,0	20,146	78,01	4,50
2,2	28,354	76,45	6,08
2,4	38,478	74,48	8,06
2,6	50,713	72,00	10,56
2,8	65,267	68,82	13,76
3,0	82,387	64,62	17,98
3,1	91,984	61,93	20,67
3,2	102,344	58,61	24,00
3,3	113,509	54,16	28,47

Viskosität von ^3He bei $1{,}013 \cdot 10^5$ Pa

T [K]	14,4	20,4	65,8	90,2	194,0	229,0	293,1
η [Pa · s · 10^{-4}]	28,5	35,0	74,1	91,1	149,3	166,4	196,1

Wärmeleitzahl λ von ^3He (fl) bei 0,3 K: $\lambda = 0{,}26 \cdot 10^{-3}$ $Wcm^{-1}K^{-1}$.

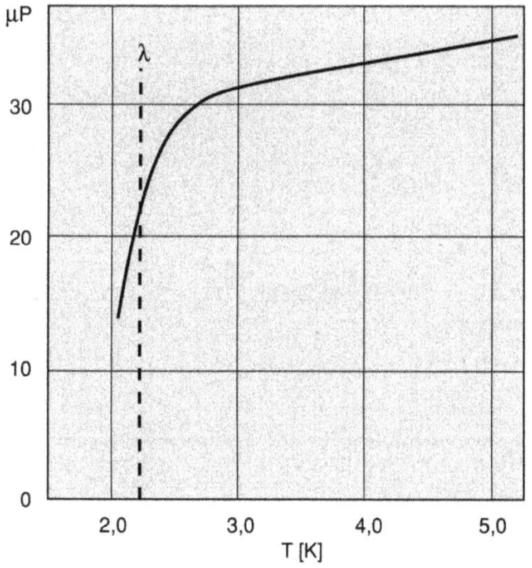

Viskosität von flüssigem ^4He I

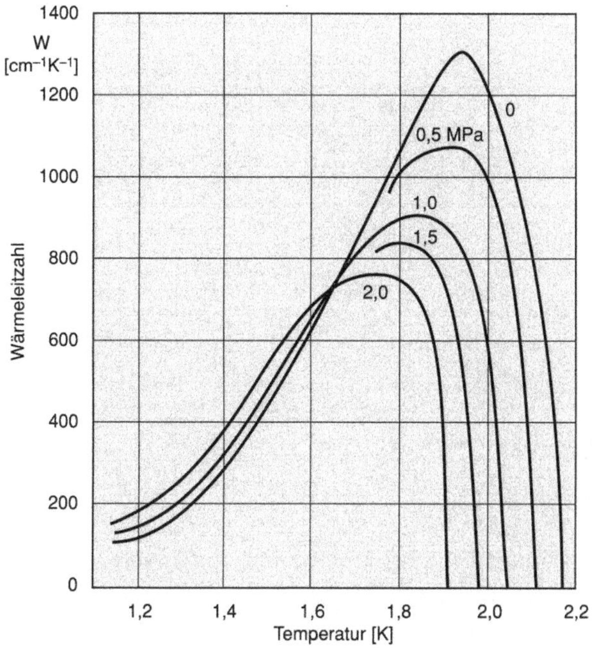

Wärmeleitzahl von flüssigem ^4He II bei verschiedenen Drucken (unterhalb der λ-Umwandlung)

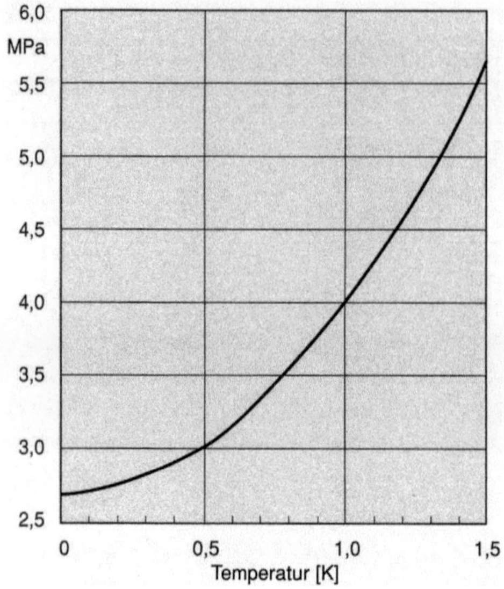

Schmelzkurve von ^{3}He

Ho	Holmium	O.Z.	67	rel. A.M.	164,93032		7440-60-0

Kern

Z	I.M.B.	Kern	RE [$^{1}H = 1,00$]	AE [$^{1}H = 1,00$]	GV [rad $T^{-1} s^{-1}$]	QM [m^2]	F [Hz]	Ref.
29	151–170	^{165}Ho	0,18	0,18	$5{,}71 \cdot 10^{7}$	$2{,}73 \cdot 10^{-28}$	20,513	

Elektronenhülle

El. konf.	G.T.	E.A.	I [kJ mol^{-1}]			
		[kJ mol^{-1}]	+1	+2	+3	+4
[Xe]$4f^{11}6s^2$	$^{4}I_{15/2}$	<0	581	1140	2204	4100

Thermodynamische Eigenschaften

T_f	T_v	ΔH_f	ΔH_v	ΔH_{at}	Cp (g)	S (g)	H_{298}
K	K	kJ mol^{-1}	kJ mol^{-1}	kJ mol^{-1}	$JK^{-1} mol^{-1}$	$JK^{-1} mol^{-1}$	kJ mol^{-1}
1743	2964	12,18	242,50	300,8	20,79	195,58	7,996

T	K	298,15	400	600	800	1000	1200	1400	1600	1701	1701
Cp	$JK^{-1} mol^{-1}$	27,16	27,82	28,27	29,10	31,85	35,93	41,40	48,30	52,13	28,03
S	$JK^{-1} mol^{-1}$	75,02	83,07	94,49	102,69	109,46	115,61	121,54	127,50	130,57	133,33
ΔH	kJ mol^{-1}	0	2,79	8,43	14,13	20,21	26,97	34,67	43,62	48,69	53,38
T	K	1743	1743	1800	2000	2200	2400	2600	2800	2964	
Cp	$JK^{-1} mol^{-1}$	28,03	43,93	43,93	43,93	43,93	43,93	43,93	43,93	43,93	
S	$JK^{-1} mol^{-1}$	134,01	141,00	142,41	147,05	151,23	155,06	158,57	161,83	164,33	
ΔH	kJ mol^{-1}	54,56	66,74	69,24	78,03	86,82	95,61	104,39	113,18	120,38	

Physikalische Eigenschaften

MV	D	α	ΔV	$\varkappa$	E	G
cm^3	$kg\,m^{-3}$	$10^{-6}K^{-1}$		$10^{-5}MPa^{-1}$	GPa	
18,75	8795	11,2	0,074	2,42	67,0	26,7
$\Delta\rho_{(T)}$	$\Delta\rho_{(P)}$	χ_M	$\Psi_{(th)}$	$\Psi_{(ph)}$		
$10^{-4}K^{-1}$	$10^{-9}\,hPa^{-1}$	$kg^{-1}m^3$	V	V		
17,1	− 2,2	$5{,}49 \cdot 10^{-6}$	3,09			

μ	$V_s(l)$	$V_s(t)$	λ	ρ
	ms^{-1}		$Wm^{-1}K^{-1}$	$n\Omega m$
0,255	3040	1740	16,2	814
γ		ϱ_L	HV	R_m
Nm^{-1}		$n\Omega m$	MNm^{-2}	MPa
(0,650)		2210	481	~132

Holmium (lt.: Holmia = Stockholm) ist als Ho_2O_3 ein Bestandteil der Yttererden, in deren Erbia-Fraktion es 1879 von P. T. Cleve (Schweden) identifiziert wurde. Die Präparation von reinem Ho_2O_3 gelang Homberg erst 1911. Ho findet sich im Monazit ($LnPO_4$) und Gadolinit. Reines Ho wird nach Reinigung des Chlorids über Ionenaustauscher aus wasserfreien $HoCl_3$ durch Reduktion mit Ca hergestellt. Das Metall ist silbrig-weiß glänzend, weich, duktil und an trockener Luft relativ beständig. Es oxidiert rasch an feuchter Luft und bei höheren Temperaturen. Verdünnte und konzentrierte Säuren lösen es schnell auf.

Oxidationsstufen: 0, <u>3+</u>
Standardreduktionspotentiale:

basisch $Ho(OH)_3 \xrightarrow{-2,85} Ho$

sauer $Ho^{3+} \xrightarrow{-2,33} Ho$

Struktur

RG SB PS μ/ϱ [$cm^2\,g^{-1}$]
α: $P6_3/mmc$, D_{6h}^4; A3; hP2 CuK_α 128 MoK_α 73,9
a = 357,69, c = 561,69 pm, 293 K; K_z = 12, d_{Ho-Ho} = 353,1 pm
β: > 1701 K
$Im\bar{3}m$, O_h^9; A2; cI2
a = 396 pm, K_z = 8, d_{Ho-Ho} = 342,9 pm
> 0,75 GPa
$R\bar{3}m$, D_{3d}^5; –; hR3
a = 362,6, c = 2622,2 pm

Weitere physikalische Eigenschaften

Streckgrenze $R_{p0,2}$, Zugfestigkeit R_m, Bruchdehnung A und Vickershärte *HV* im Gußzustand:

T [K]	$R_{p0,2}$ [MPa]	R_m [MPa]	A [%]	*HV* [$kp\,mm^{-2}$]
Z. T.	222	260	5	49
477	172	229	6	–

Abhängigkeit physikalischer Eigenschaften von der Kristallorientierung

Eigenschaft	Richtung		Dimension
	⊥ *c*-Achse	‖ *c*-Achse	
Linearer Ausdehnungskoeffizient bei 297 K	$7{,}0 \cdot 10^{-6}$	$19{,}5 \cdot 10^{-6}$	[K^{-1}]
Elektrischer Widerstand bei 298 K	1015	605	[nΩm]
Hall-Koeffizient bei 293 K	+ 0,02	– 0,32	[$nV \cdot m \cdot A^{-1} T^{-1}$]

In	Indium	O.Z.	49	rel. A.M.	114,818		7440-74-6

Kern

Z	I.M.B.	Kern	RE [^{1}H = 1,00]	AE [^{1}H = 1,00]	GV [rad $T^{-1} s^{-1}$]	QM [m^2]	F [Hz]	Ref.
34	106–124	^{115}In	0,34	0,33	$5{,}8618 \cdot 10^7$	$0{,}861 \cdot 10^{-28}$	21,914	$[In(H_2O)_6]^{3+}$

Elektronenhülle

El. konf.	G.T.	E.A. [kJ mol^{-1}]	I [kJ mol^{-1}]			
			+1	+2	+3	+4
$[Kr]4d^{10}5s^25p^1$	$^2P_{1/2}$	34	558	1821	2704	5200

Thermodynamische Eigenschaften

T_f	T_v	ΔH_f	ΔH_v	ΔH_{at}	Cp (g)	S (g)	H_{298}
K	K	kJ mol^{-1}	kJ mol^{-1}	kJ mol^{-1}	$JK^{-1} mol^{-1}$	$JK^{-1} mol^{-1}$	kJ mol^{-1}
429,76	2343	3,264	231,45	242,7	20,83	173,78	6,610

T	K	298,15	300	400	429,8	429,8	500	600	700	800	900
Cp	$JK^{-1} mol^{-1}$	26,73	26,72	28,97	30,33	29,48	29,48	29,48	29,48	29,48	29,48
S	$JK^{-1} mol^{-1}$	57,82	57,99	65,87	68,00	75,59	80,05	85,41	89,92	93,82	97,25
ΔH	kJ mol^{-1}	0	0,05	2,80	3,67	6,94	9,01	11,95	14,88	17,80	20,71
T	K	1000	1200	1400	1600	1800	2000	2200	2343		
Cp	$JK^{-1} mol^{-1}$	29,48	29,48	29,48	29,48	29,48	29,48	29,48	29,48		
S	$JK^{-1} mol^{-1}$	100,32	105,62	110,10	113,98	117,41	120,47	123,24	125,07		
ΔH	kJ mol^{-1}	23,62	29,43	35,25	41,06	46,88	52,70	58,51	62,67		

Physikalische Eigenschaften

MV	D	α	ΔV	$\varkappa$	E	G
cm^3	$kg\,m^{-3}$	$10^{-6}K^{-1}$		$10^{-5}MPa^{-1}$	GPa	
15,71	7310	33	0,025	2,70	10,7	3,6
$\Delta\rho_{(T)}$	$\Delta\rho_{(P)}$	χ_M	$\Psi_{(th)}$	$\Psi_{(ph)}$	D[1]	
$10^{-4}K^{-1}$	$10^{-9}\,hPa^{-1}$	$kg^{-1}m^3$	V	V	$kg\,m^{-3}$	
49,0	- 12,2	$-1{,}4\cdot10^{-9}$	(4,0)	4,08	6990	

μ	$V_s(l)$	$V_s(t)$	λ	ρ	R_m
	ms^{-1}		$Wm^{-1}K^{-1}$	$n\Omega m$	Nmm^{-2}
0,455	2460	710	81,6	80,0	2,62
η^2	γ^3	$d\gamma/dT^1$	HB		
mPa s[1]	Nm^{-1}	$Nm^{-1}K^{-1}$			
1,65	0,556	$-0{,}09\cdot10^{-3}$	0,9		

[1] 504 K,
[2] 50 K über T_f,
[3] fl.

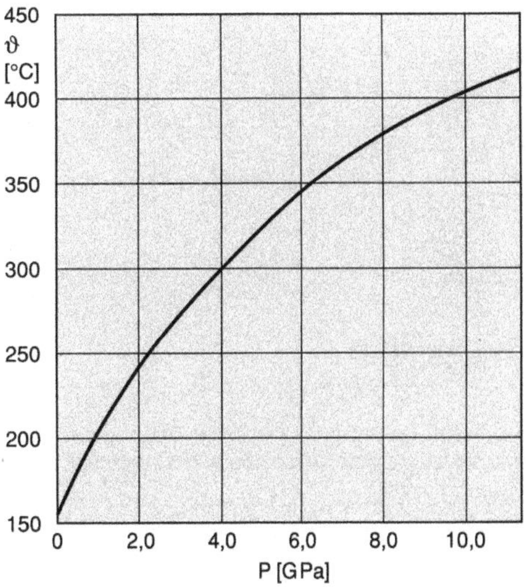

Schmelzkurve von Indium

Indium (lt.: indicum = indigo) wurde nach seiner indigo-blauen Spektrallinie benannt. Es wurde erstmals von F. Reich und H.T. Richter 1863 in Zinkblende nachgewiesen, die daraus das Metall später auch isolierten. Als Begleitelement der Zinkminerale ist es ein Nebenprodukt der Zn-Herstellung und wird durch Elektrolyse gewonnen. Indium ist ein sehr weiches, silberweiß glänzendes Metall. Beim Biegen von Stäben erzeugt man einen Kreischton. In ist nur schwach amphoter, es löst sich nicht in Alkalien, aber leicht in Säuren. Die Hauptnutzung des Indiums erfolgt in tiefschmelzenden Loten, Lagermetallen und der Mikroelektronik.

Oxidationsstufen: 0, 1+, 2+, <u>3+</u>
Standardreduktionspotentiale:

basisch $In(OH)_3 \xrightarrow{-1,0} In$

sauer $In^{3+} \xrightarrow{-0,44} In^{+} \xrightarrow{-0,18} In$

Struktur

RG	SB	PS	μ/ϱ [cm² g⁻¹]
			CuK_α 243 MoK_α 29,3
I4/mmm, O_{2h}^{17};	A6;	tI2	

a = 325,20, c = 497,70 pm, 296 K; K_z = 4 + 8, d_{In-In} = 325,2; 337,7 pm
In_{fl}
K_z = 8,5, d_{In-In} = 330 pm
T = 413 K
>45 GPa In(II)
Fmmm, D_{2h}^{23} ?
a = 376,9, b = 384,6, c = 414,0 pm; 93 ± 5 GPa

Weitere physikalische Eigenschaften

Schallgeschwindigkeit In (fl) bei 429 K, v = 2215 ms^{-1} (12 MHz).
Selbstdiffusion:
∥ *c*-Achse ΔT (317–417 K), D_0 = 2,7 $cm^2 s^{-1}$; Q = 78,3 kJ mol^{-1}.
⊥ *c*-Achse ΔT (317–417 K), D_0 = 3,7 $cm^2 s^{-1}$; Q = 78,3 kJ mol^{-1}

Dichte von flüssigem Indium

T [K]	437	467	501	544	573
D [$kg m^{-3}$]	7026	7001	6974	6939	6916

Hallkoeffizient: $R = -0,24 \cdot 10^{-10}$ $m^3 As^{-1}$ 300 K
thermoelektrische Kraft: ε_{abs} = + 2,4 $\mu V K^{-1}$
Supraleitung: T_s = 3,4 K, H_o = 293 Oe

Änderung des elektrischen Widerstands beim Schmelzen

ϱ_{fl} (430 K) = 331 nΩm; ϱ_{fl}/ϱ_f = 2,18

Ir	**Iridium**	O.Z.	77	rel. A.M.	192,22		7439-88-5

Kern

Z	I.M.B.	Kern	RE [¹H = 1,00]	AE [¹H = 1,00]	GV [rad $T^{-1} s^{-1}$]	QM [m²]	F [Hz]	Ref.
25	182–198	^{193}Ir	$3,27 \cdot 10^{-5}$	$2,05 \cdot 10^{-5}$	$0,391 \cdot 10^{7}$	$1,4 \cdot 10^{-28}$	1,871	

Elektronenhülle

El. konf.	G.T.	E.A.	I [kJ mol^{-1}]			
		[kJ mol^{-1}]	+1	+2	+3	+4
[Xe]$4f^{14}5d^76s^2$	$^4F_{9/2}$	190	880	1641	2620	3800

Thermodynamische Eigenschaften

T_f	T_v	ΔH_f	ΔH_v	ΔH_{at}	Cp(g)	S(g)	H_{298}
K	K	kJ mol^{-1}	kJ mol^{-1}	kJ mol^{-1}	$JK^{-1}mol^{-1}$	$JK^{-1}mol^{-1}$	kJ mol^{-1}
2716	4697	26,14	604,1	669,4	20,78	193,58	5,268

T	K	298,15	400	600	800	1000	1200	1400	1600	1800	2000
Cp	$JK^{-1}mol^{-1}$	24,96	25,51	26,58	27,90	29,35	30,84	32,33	33,82	35,31	36,78
S	$JK^{-1}mol^{-1}$	35,51	42,92	53,46	61,28	67,66	73,14	78,01	82,42	86,49	90,29
ΔH	kJ mol^{-1}	0	2,57	7,78	13,22	18,95	24,96	31,28	37,90	44,81	52,02
T	K	2200	2400	2600	2716	2716	2800	3000	3500	4000	4697
Cp	$JK^{-1}mol^{-1}$	38,25	39,71	41,15	41,98	41,84	41,84	41,84	41,84	41,84	41,84
S	$JK^{-1}mol^{-1}$	93,86	97,25	100,49	102,30	111,93	113,20	116,09	122,54	128,13	134,85
ΔH	kJ mol^{-1}	59,52	63,38	75,40	80,22	106,36	109,88	118,24	139,16	160,08	189,25

Physikalische Eigenschaften

MV	D	α	ΔV	$\varkappa$	E	G
cm^3	kg m^{-3}	$10^{-6}K^{-1}$		$10^{-5}MPa^{-1}$	GPa	
8,57	22420	6,8		0,258	527	209
$\Delta\rho_{(T)}$	$\Delta\rho_{(P)}$	χ_M	$\Psi_{(th)}$	$\Psi_{(ph)}$	D[1]	χ_M[1]
$10^{-4}K^{-1}$	10^{-9} hPa^{-1}	$kg^{-1}m^3$	V	V	kg m^{-3}	$kg^{-1}m^3$
41,1	– 1,37	$1{,}67 \cdot 10^{-9}$	5,03		20000	

µ	V_s(l)	V_s(t)	λ	ρ
	m s^{-1}		$Wm^{-1}K^{-1}$	nΩm
0,262	5380	3050	147	47
η[1]	γ[1]	dγ/dT[1]	HV	R_m
mPa s[1]	Nm^{-1}	$Nm^{-1}K^{-1}$	MNm^{-2}	GPa
	2,250	$(-0{,}31 \cdot 10^{-3})$	1760	623

[1] fl.

Iridium (gr.: Iris = Regenbogen, gewählt wegen der Vielfarbigkeit der Ir-Salze) wurde von S. Tennant (Großbritannien) im Rückstand, der nach Auflösen von Rohplatin in Königswasser verblieb, entdeckt. Metallisches Ir findet man in Anschwemmungen von Flüssen. Im allgemeinem wird es als Nebenprodukt bei der Aufarbeitung von Edelmetallerzen gewonnen. (Rückstand Ag-Gewinnung: $NaHSO_4$ Aufschluß, Auslaugen mit H_2O, wasserunlöslicher Rückstand, Na_2O_2-Aufschluß, Auslaugen mit H_2O, wasserunlöslicher Rückstand, gelöst in Königswasser + NH_4Cl, $(NH_4)_3[IrCl_6]$, in H_2 erhitzt, Ir). Das Metall ist weiß mit einem gelblichen Stich, sehr hart und spröde, daher schwer verarbeitbar. Es ist das korrosionsbeständigste Metall. Das Urmeter in Paris besteht aus einer 90 Pt 10 Ir Legierung. Ir wird hauptsächlich zum Härten von Pt, als Tiegelmaterial für die Halbleiter- und Edelsteinherstellung, für Thermoelemente, Widerstandsdrähte (mit Rh), elektrische Kontakte und mit Os in Füllfederspitzen verwendet.

Oxidationsstufen: 1–, 0, 1+, 2+, <u>3+</u>, <u>4+</u>, 5+, 6+

Standardreduktionspotentiale:

basisch $Ir_2O_3 \xrightarrow{+0,098} Ir$

sauer $IrO_4^{2-} \xrightarrow{+1,61} IrO_2 \xrightarrow{+0,223} Ir^{3+} \xrightarrow{+1,156} Ir$

Struktur

RG	SB	PS	μ/ϱ [cm² g⁻¹]
$Fm\bar{3}m, O_h^5$;	A1;	cF4	CuK_α 193 MoK_α 110

a = 383,91 pm, 293 K; K_z = 12, d_{Ir-Ir} = 271,47 pm

Wärmeausdehnungszahl $\bar{\alpha}$:

T [K]	173	373	1273	1473	1773
$\bar{\alpha}$ [K⁻¹]	– 10,7	6,5	7,91	8,2	$8{,}4 \cdot 10^{-6}$

Zugfestigkeit R_m, Streckgrenze $R_{p0,2}$ für a) Ir 99,92%, heißgewalzt, Zwischenglühung 2073 K, harte Flachstäbe; b) Ir hochrein, 15 min bei 1773 K geglüht, Drähte:

	T [K]	293	773	1273	1773	2273
a)	R_m [MPa]	1150	790	510	120	65
	$R_{p0,2}$ [MPa]	1130	780	290	46	32
b)	R_m [MPa]	622	529	331	–	–
	$R_{p0,2}$ [MPa]	244	235	44	–	–

Vickershärte *HV* (Ir 99,93%, 1,5 h bei 2273 K vakuumgeglüht):

T [K]	293	373	473	673	873	1073	1273
HV [MNm⁻²]	1760	1700	1580	1410	1270	1030	950

Hall-Koeffizient *R* bei Z. T.; magnetische Induktion

$B = 4{,}53-4{,}81$ Vs/m²; $R = 0{,}318 \cdot 10^{-10}$m³/As.

Supraleitung: T_s = 0,14 K, H_o = 77 Oe
thermoelektrische Kraft: ε_{abs} = + 1,2 μVK⁻¹

Reflexionsvermögen *R* in %:

λ [μm]	0,450	0,550	0,660	0,750	1,0	2,0	3,0	4,0	5,0
R [%]	64	70	74	78	77	86	91	93	94

Spektrales Emissionsvermögen ε (λ = 0,65 μm) bei 1200 – 2300 K = 0,30.

I	**Iod**	O.Z.	53	rel. A.M.	126,90447	Iodine	7553-56-2

Kern

Z	I.M.B.	Kern	RE [¹H = 1,00]	AE [¹H = 1,00]	GV [rad T⁻¹ s⁻¹]	QM [m²]	F [Hz]	Ref.
24	117 – 139	^{127}I	0,0934	0,0934	$5{,}3525 \cdot 10^7$	$-0{,}79 \cdot 10^{-28}$	20,007	NaI(aq)

Elektronenhülle

El. konf.	G.T.	E.A.	I [kJ mol⁻¹]						
		[kJ mol⁻¹]	+1	+2	+3	+4	+5	+6	+7
[Kr]$4d^{10}5s^25p^5$	$^2P_{3/2}$	295,3	1008	1846	3200	4000	5000	7400	8700

Thermodynamische Eigenschaften

T_f	T_v	ΔH_f	ΔH_v	ΔH_{at}	Cp (g)	S (g)	H_{298}
K	K	$kJ\,mol^{-1}$	$kJ\,mol^{-1}$	$kJ\,mol^{-1}$	$JK^{-1}mol^{-1}$	$JK^{-1}mol^{-1}$	$kJ\,mol^{-1}$
386,75	457,66	15,52	41,96	106,76	20,79	180,79	13,196

I_2 T	K	298,15	300	386,75	386,75	400	457,67	unter Druck			
Cp	$JK^{-1}mol^{-1}$	54,44	54,51	63,55	80,67	80,67	80,67				
S	$JK^{-1}mol^{-1}$	116,14	116,48	131,22	171,35	174,06	184,93				
ΔH	$kJ\,mol^{-1}$	0	0,10	5,15	20,67	21,74	26,39				
I_2[1)]	K	298,15	300	500	700	900	1100	1300	1500	1700	1900
Cp	$JK^{-1}mol^{-1}$	36,88	36,89	37,44	37,68	37,84	37,98	38,11	38,23	38,35	38,47
S	$JK^{-1}mol^{-1}$	260,69	260,91	279,91	292,55	302,04	309,65	316,01	321,47	326,26	330,53
ΔH	$kJ\,mol^{-1}$	0	0,07	7,51	15,03	22,58	30,16	37,77	45,40	53,06	60,74

[1] Gas.

Physikalische Eigenschaften

MV	D	α	$\varkappa$	λ	ϱ
cm^3	$kg\,m^{-3}$	$10^{-6}K^{-1}$	$10^{-9}Pa^{-1}$	$Wm^{-1}K^{-1}$	Ωm
25,74	4930		12,7	0,4	
$\Delta\varrho_{(T)}$	$\Delta\varrho_{(P)}$	χ_M	$\Psi_{(ph)}$	γ	
$10^{-4}K^{-1}$	$10^{-4}hPa^{-1}$	$kg^{-1}m^3$	V	Nm^{-1}	
		$-4{,}40 \cdot 10^{-9}$	2,8	0,0557	

B_o	Θ_{rot}	ω_0	Θ_v		v_0	f
cm^{-1}	K	cm^{-1}	K		pm	Nm^{-1}
0,03735	0,05376	214,57	308,65		266,7	172,2
I	ΔH_{Dis}	$(n-1)\,10^6$		T_K	P_K	ϱ_K
$10^{-47}kg\,m^2$	eV	589,3 nm		K	MPa	$kg\,m^{-3}$
749,74	1,5417	1920		819		

Iod (gr.: iodos = violett) wurde 1813 von J. L. Gay-Lussac nach seiner Farbe benannt, nachdem es 1811 durch B. Courtois in der Asche von Seetang entdeckt wurde. Außer im Meerwasser (0,05 ppm) findet man Iod in Salzlagerstätten und im Chilesalpeter, der das Mineral Lautarit enthält ($Ca(IO_3)_2$). Iod wird aus Rückständen der Chilesalpeterproduktion gewonnen: zunächst wird HIO_3 partiell mit SO_2 in saurer Lösung zu HI reduziert ($HIO_3 + 3\,SO_2 + 3\,H_2O \rightarrow HI + 3\,H_2SO_4$), dann erfolgt die Reduktion ($HIO_3 + 5\,HI \rightarrow 3\,I_2 + 3\,H_2O$). Iod ist bei Raumtemperatur ein grau-schwarzer, metallisch-glänzender, halbleitender Feststoff, der aus I_2-Molekülen besteht. Iod löst sich in unpolaren Flüssigkeiten (CCl_4, $CHCl_3$, CS_2) mit violetter Farbe, in anderen Lösemitteln bilden sich Charge-Transfer Komplexe: H_2O, Ether braun, aromatische Kohlenwasserstoffe rot gefärbt. I_2 ist nicht so reaktiv wie die anderen Halogene, verbindet sich aber direkt noch mit P, S, Al, Fe, Hg. Die tiefe Blaufärbung einer Stärkelösung ist charakteristisch für das freie Element. Hochreines Iod wird durch Oxidation von KI mit Cu_2SO_4 hergestellt.

Oxidationsstufen: $\underline{1-}$, 0, 1+, 3+, 5+, 7+

Standardreduktionspotentiale:

basisch $H_3IO_6^{2-} \xrightarrow{+0,70} IO_3^- \xrightarrow{+0,14} IO^- \xrightarrow{+0,45} {}^1/_2 I_2 \xrightarrow{+0,535} I^-$

sauer $H_5IO_6 \xrightarrow{+1,7} IO_3^- \xrightarrow{+1,34} HOI \xrightarrow{+1,45} {}^1/_2 I_2$

$IO_4^- \xrightarrow{+1,65} IO_3^-$

Struktur

RG	SB	PS	μ/ϱ [$cm^2\,g^{-1}$]
Cmca, D_{2h}^{18};	A14;	oC8	CuK_α 294 MoK_α 37,1

a = 726,47, b = 478,57, c = 979,08 pm, 273 K,
$K_z = 1$, $d_{I-I} = 269$ pm
>20,6 GPa I_2(II) Cmca; D_{2h}^{18}; oC8; a = 577,9, b = 394,3, c = 907,6 pm
$d_{I-I} = 278-364$ pm, metallisch

Weitere physikalische Eigenschaften

Viskosität η:

T [K]	389	401,7	422,0	443,0	451,9
η [mPa s]	2,27	2,08	1,81	1,57	1,46

Bei Lichteinstrahlung erhöht sich die elektrische Leitfähigkeit von Iod. Die Abb. 1 und 2 zeigen das Absorptionsspektrum und die spektrale Verteilung der Photoempfindlichkeit.

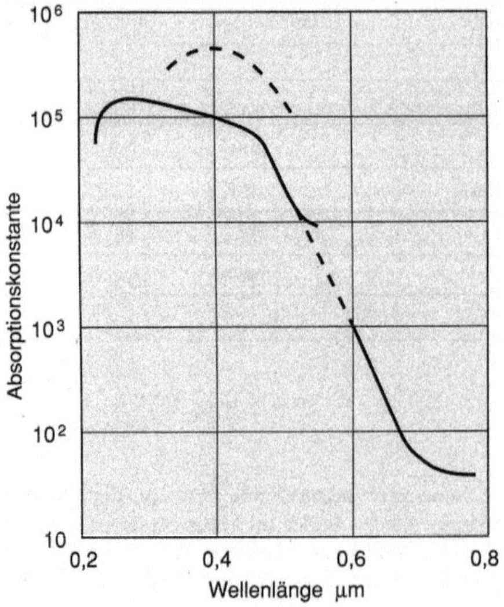

I_2-Schichten. Absorptionsspektrum

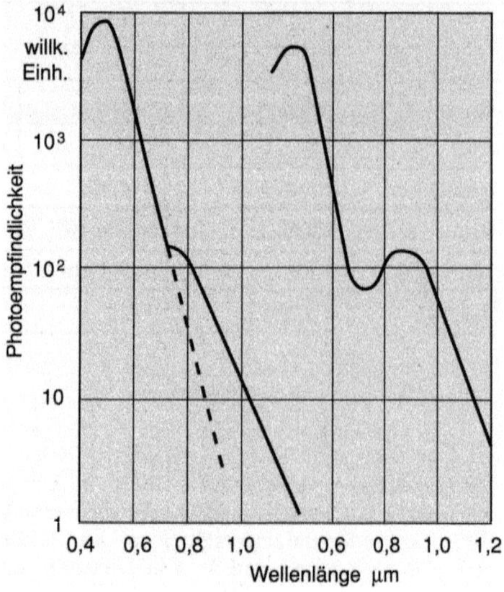

I_2-Schichten (auf verschiedene Weise hergestellt). Spektrale Verteilung der Photoempfindlichkeit

K	**Kalium**	O.Z.	19	rel. A.M.	39,0983	Potassium	7440-09-7

Kern

Z	I.M.B.	Kern	RE [^{1}H = 1,00]	AE [^{1}H = 1,00]	GV [rad T^{-1} s^{-1}]	QM [m^2]	F [Hz]	Ref.
10	37–45	^{39}K	0,000508	0,000473	$1,2483 \cdot 10^7$	$5,4 \cdot 10^{-30}$	4,667	K^+(aq)

Elektronenhülle

El. konf.	G.T.	E.A.	I [kJ mol^{-1}]	
		[kJ mol^{-1}]	+1	+2
[Ar]4s^1	$^2S_{1/2}$	48,3	419	3051

Thermodynamische Eigenschaften

T_f	T_v	ΔH_f	ΔH_v	ΔH_{at}	Cp(g)	S(g)	H_{298}
K	K	kJ mol^{-1}	kJ mol^{-1}	kJ mol^{-1}	JK^{-1} mol^{-1}	JK^{-1} mol^{-1}	kJ mol^{-1}
336,35	1037	2,343	79,1	89,0	20,75	160,34	7,088

T	K	298,15	300	336,4	336,4	400	500	600	700	800	900
Cp	JK^{-1} mol^{-1}	29,28	29,41	32,03	32,14	31,50	30,67	30,14	29,83	29,77	29,95
S	JK^{-1} mol^{-1}	64,67	64,85	68,36	75,33	80,84	87,78	93,33	97,95	101,92	105,44
ΔH	kJ mol^{-1}	0	0,05	1,17	3,51	5,54	8,65	11,69	14,68	17,66	20,64
T	K	1000	1037								
Cp	JK^{-1} mol^{-1}	30,38	30,61								
S	JK^{-1} mol^{-1}	108,61	109,71								
ΔH	kJ mol^{-1}	23,66	24,79								

Physikalische Eigenschaften

MV	D	α	ΔV	$\varkappa$	E	G
cm^3	kg m^{-3}	10^{-6} K^{-1}		10^{-5} MPa^{-1}	GPa	
45,36	862	83	0,0291	23,7	3,52	1,30
$\Delta\rho_{(T)}$	$\Delta\rho_{(P)}$	χ_M	$\Psi_{(th)}$	$\Psi_{(ph)}$	D [1]	χ_M [1]
10^{-4} K^{-1}	10^{-9} hPa^{-1}	kg^{-1} m^3	V	V	kg m^{-3}	kg^{-1} m^3
67,3	– 69,7	$6,7 \cdot 10^{-9}$	2,15	2,30	827	

μ	V_s(l)	V_s(t)	λ	ρ
	m s^{-1}		Wm^{-1} K^{-1}	nΩm
0,350	2600	1230	102,4	61
η [1]	γ [1]	dγ/dT [1]		
mPa s [1]	Nm^{-1}	Nm^{-1} K^{-1}		
0,64	0,116	$-0,06 \cdot 10^{-3}$		

[1] fl.

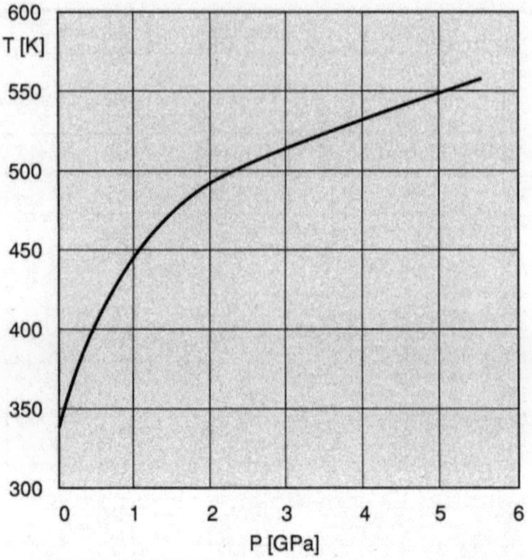

Schmelzkurve von Kalium

Kalium (lt.: kalium von arab.: al quali = Alkali) ist das erste durch Elektrolyse hergestellte Metall und wurde 1807 von H. Davy durch Schmelzflußelektrolyse von KOH erzeugt. Die wichtigsten Minerale sind Sylvin (KCl), Sylvinit (NaCl · KCl), Carnallit (KCl, $MgCl_2 \cdot 6H_2O$), bzw. verschiedene Silikate, wie Kalifeldspat $K(AlSi_3O_8)$. Es wird entweder durch Elektrolyse von KOH oder durch Reduktion von geschmolzenen KCl mit Na/K Legierung hergestellt. Es ist weich, mit dem Messer schneidbar und an frischen Oberflächen silbrig-glänzend. Kalium reagiert schnell mit Luft zu KO_2, heftig mit Wasser. Es muß unter Petrolether aufbewahrt werden. In schnellen Brütern dient K als Kühlmetall. Es kann als Reduktionsmittel und zum Trocknen von organischen Lösemitteln eingesetzt werden. Natürliches Kalium enthält das radioaktive ^{40}K.

Oxidationsstufen: 1–, 0, 1+
Standardreduktionspotentiale:

$$K^+ \xrightarrow{-2,924} K$$

Struktur

RG SB PS μ/ϱ [$cm^2\ g^{-1}$]
$Im\bar{3}m$, O_h^9; A2; cI2 CuK_α 143 MoK_α 15,8
a = 532,1 pm; 293 K; $K_z = 8$, $d_{K-K} = 460,8$ pm
K_{fl}
$K_z = 8,0$, $d_{K-K} = 464$ pm
>11 GPa K(II) kubisch flächenzentriert
>18,5 GPa K(III) cI81; a = 1578,9 pm; 23,2 GPa, T = 338 K

Weitere physikalische Eigenschaften

Natürliches radioaktives Isotop: ^{40}K Häufigkeit 0,0117%; β^--Strahler (89%), K = Elektroneneinfang (11%); Halbwertzeit $1,3 \cdot 10^9$ a.

Viskosität η:

T [K]	343	373	423	473	573	623
η [mPa s]	0,525	0,455	0,381	0,329	0,266	0,245

Daten des kritischen Punktes: $p_{Kr} = 16,1$ MPa; $T_{Kr} = 2280$; $D_{Kr} = 190\ kg\,m^{-3}$
Hall-Koeffizient: $R = -4,2 \cdot 10^{-10}\ m^3/As$ 300 K
thermoelektrische Kraft: $\varepsilon_{abs} = 12\ \mu VK^{-1}$

Selbstdiffusion
ΔT(221–335 K); $D_0 = 0,16 \cdot 10^{-4}\ m^2 s^{-1}$; $Q = 39,2\ kJ\,mol^{-1}$

Dichte von flüssigem Kalium:

T [K]	373	473	573	673	873	1073	1273
D [kg m^{-3}]	820	797	774	751	702	653	602

Änderung des elektrischen Widerstandes beim Schmelzen:

$\varrho_{fl}(337\,K) = 129{,}7\ n\Omega m \quad \varrho_{fl}/\varrho_f = 1{,}56$

Brechungsindex n = 0,392 bei 313 µm; 0,024 bei 0,134 µm; 0,964 bei 0,128 µm

C	**Kohlenstoff**	O.Z.	6	rel. A.M.	12,011, b	Carbon	7782-42-5

Kern

Z	I.M.B.	Kern	RE [^{1}H = 1,00]	AE [^{1}H = 1,00]	GV [rad T^{-1} s^{-1}]	QM [m^2]	F [Hz]	Ref.
7	9–16	^{13}C	0,0159	0,000176	$6{,}7263 \cdot 10^7$		25,144	$Si(CH_3)_4$

Elektronenhülle

El. konf.	G.T.	E.A.	I [kJ mol^{-1}]			
		[kJ mol^{-1}]	+1	+2	+3	+4
[He]2s^{2}2p^2	^3P_o	122,5	1086	2352	4620	6220

Thermodynamische Eigenschaften

T_f	T_v	ΔH_f	ΔH_v	ΔH_{at}	Cp (g)	S (g)	H_{298}
K	K	kJ mol^{-1}	kJ mol^{-1}	kJ mol^{-1}	JK^{-1} mol^{-1}	JK^{-1} mol^{-1}	kJ mol^{-1}
	4070		710,9	716,7	20,79	158,09	1,0540

T	K	298,15	400	600	800	1000	1200	1400	1600	1800	2000
Cp	JK^{-1} mol^{-1}	8,51	11,93	16,88	19,83	21,57	22,70	23,45	23,95	24,28	24,53
S	JK^{-1} mol^{-1}	5,74	8,75	14,59	19,89	24,52	28,56	32,12	35,28	38,13	40,70
ΔH	kJ mol^{-1}	0	1,05	3,96	7,67	11,82	16,25	20,87	25,62	30,44	35,32
T	K	2200	2400	2600	2800	3000	3200	3400	3600	3800	4000
Cp	JK^{-1} mol^{-1}	24,75	24,92	25,07	25,21	25,34	25,47	25,60	25,73	25,86	26,00
S	JK^{-1} mol^{-1}	43,05	45,21	47,21	49,07	50,81	52,45	54,00	55,47	56,86	58,19
ΔH	kJ mol^{-1}	40,25	45,22	50,22	55,25	60,30	65,38	70,49	75,63	80,78	86,00

Physikalische Eigenschaften (Graphit)

MV	D	α [1]	ΔV	$\varkappa$	λ	ρ
cm^3	kg m^{-3}	10^{-6} K^{-1}		10^{-5} MPa^{-1}	Wm^{-1} K^{-1}	Ωm
5,3 3,42 [1]	2266 3513 [1]	1,19		0,156	5,7 ⊥; 1960 ∥ 1000–2320 [1]	$1{,}4 \cdot 10^{-5}$ 10^{11} [1]
$\Delta\rho_{(T)}$	$\Delta\rho_{(P)}$	χ_M	$\Psi_{(th)}$	$\Psi_{(ph)}$		
10^{-4} K^{-1}		kg^{-1} m^3	V	V		
		$-6{,}3 \cdot 10^{-9}$	4,00	4,81		

[1] Diamant.

Kohlenstoff (lt.: carbo = Kohle). Dieses Element ist seit dem Altertum bekannt. Es kommt in der Natur als Graphit, Diamant sowie verunreinigt und amorph als Kohle vor, in gebundener Form tritt es in den Carbonaten auf. Graphit (schwarz) ist sehr weich, parallel zu den Schichten ein guter Leiter für Wärme und elektrischen Strom. Diamant (durchsichtig, weiß) ist eines der härtesten Materialien und ein Isolator. Weitere Formen sind der weiße Kohlenstoff, der künstlich durch Abscheidung aus der Gasphase oberhalb 2550 K dargestellt und in der Natur im graphitischen Gneis gefunden wird (Ries, Franken). In letzter Zeit werden neue Kohlenstoffmodifikationen, die Fullerene, wie C_{60}, aus Ruß isoliert. Es sind kugelförmige Cluster aus Fünf- und Sechsringen.

Oxidationsstufen: 4−, 0, 2+, 3+

Standardreduktionspotentiale:

basisch $CO_2 \xrightarrow{-1,01} HCO_2^- \xrightarrow{-1,06} HCHO \xrightarrow{+0,59} CH_3OH \xrightarrow{-0,2} CH_4$

sauer $CO_2 \xrightarrow{-0,106} CO \xrightarrow{+0,517} C \xrightarrow{+0,132} CH_4$

$CO_2 \xrightarrow{-0,20} HCOOH \xrightarrow{+0,034} HCHO \xrightarrow{+0,232} CH_3OH \xrightarrow{+0,59} CH_4$

Struktur

RG SB PS μ/ϱ [$cm^2\,g^{-1}$]
Graphit: $P6_3/mmc$, D_{6h}^{14}; A9; hP4 CuK_α 4,60 MoK_α 0,625
a = 246,12, c = 670,90 pm, [293 K]
$K_z = 3$, $d_{C-C} = 142,10$, d_{C-C} (zwischen Schichten) 335,45 pm
andere Modifikationen
kubisch – Diamant
Fd3m, O_h^7, , cF8, a = 356,688 pm [298 K],
$K_z = 4$, $d_{C-C} = 154,45$ pm, D = 3514,0 kg m^{-3}, $\Delta H_{G-D} = 1,90$ kJ mol^{-1}
hexagonal – Diamant, Lonsdaleit
$P6_3/mmc$, D_{6h}^4, hP4, a = 251, c = 412 pm, D = 3300 kg m^{-3}
$K_z = 4$
rhomboedrisch – Graphit
$R\bar{3}m$, D_{3d}^5, –, hR2, a = 246,1, c = 1007,2 pm
$K_z = 3$, $d_{C-C} = 142,1$, d_{C-C} (z. S) = 335,7 pm, $\Delta H_{G-D} = 0,6$ kJ mol^{-1}
kubischer Kohlenstoff
>1,5 GPa, a = 554,5 pm
hexagonaler Kohlenstoff, Chaoit, weiß
P6/mmm, D_{6h}^1, –, hP168?, a = 894,8, c = 1407,8 pm, $D_x = 3430$ kg m^{-3}
hexagonaler Kohlenstoff, C-VI
a = 533, c = 1224 pm , d > 2900 kg m^{-3}

Weitere physikalische Eigenschaften

Graphit:
Wärmeausdehnungszahl:

T [K]	längs	quer	
	geschnitten [K^{-1}]		
293–373	19	29	$\cdot 10^{-6}$
293–573	22	32	$\cdot 10^{-6}$
573–873	27	37	$\cdot 10^{-6}$

Hallkoeffizient: $R = -487 \cdot 10^{-10}$ m^3/As 300 K
thermoelektrische Kraft: $\varepsilon_{abs} = 11,06$ μVK^{-1}
Diamant-Halbleiter

$$\Delta E\,(300\,K) = 5,4\,eV; \qquad \frac{d\Delta E}{dT}(300\,K) = -3 \cdot 10^{-4}\,\frac{eV}{K}.$$

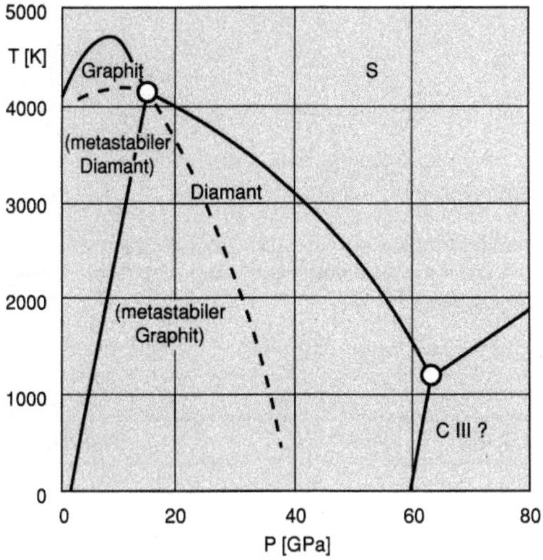

Abb. 1. P-T Diagramm von Kohlenstoff

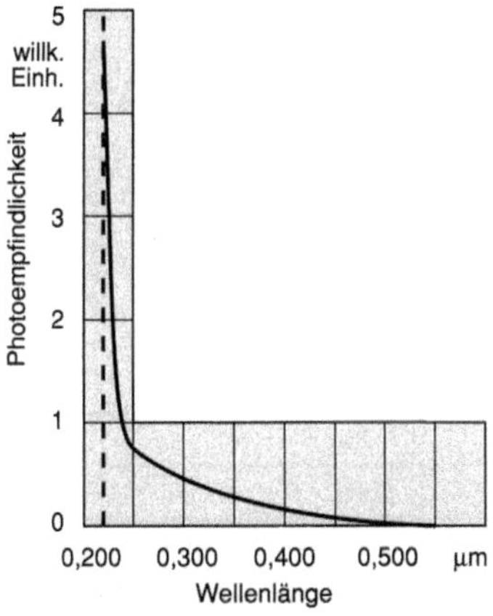

Abb. 2. Diamant: Spektrale Verteilung der Photoempfindlichkeit

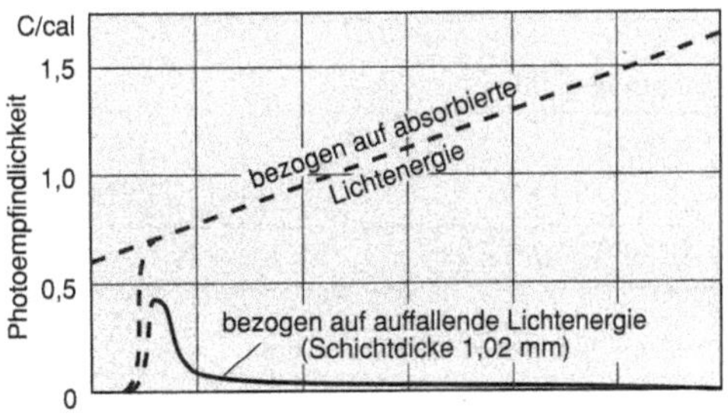

Abb. 3. Diamant: Verhältnis der durch den Kristall fließenden Ladung zur auffallenden bzw. absorbierten Lichtenergie für hinreichend hohe Spannungen (Sättigungsfall) als Funktion der Wellenlänge (spektrale Verteilung der Photoempfindlichkeit)

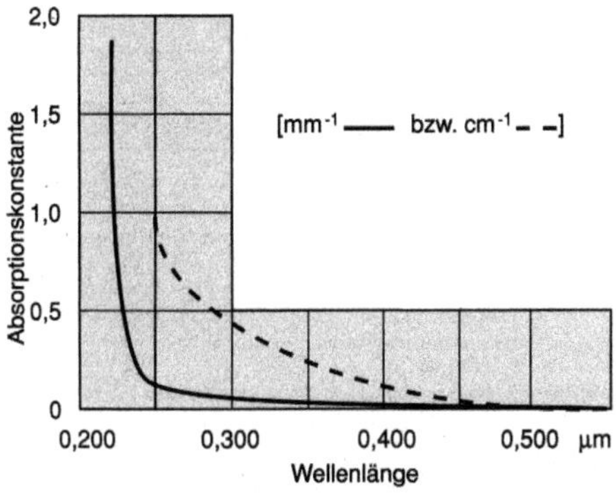

Abb. 4. Diamant: Absorptionsspektrum

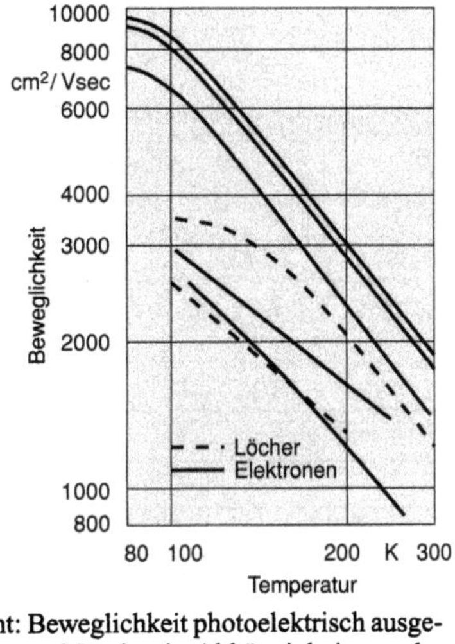

Abb. 5. Diamant: Beweglichkeit photoelektrisch ausgelöster Elektronen und Löcher in Abhängigkeit von der Temperatur (aus Hall-Effekt). Verschiedene Kristalle

Elektronenbeweglichkeit u_n = 1800 cm²/Vs.
Löcherbeweglichkeit u_p = 1400 cm²/Vs.
Dielektrizitätskonstante (statisch) ε = 5,68.
Brechzahl n (λ = 0,589 μm) = 2,4173.
Magnetische Massensuszeptibilität $\chi = -6{,}17 \cdot 10^{-9}$ m³ kg⁻¹ [293 K].

Die elektrische Leitfähigkeit von Diamant wird bei Belichtung erhöht. Abb. 2 und 3 zeigen die spektrale Verteilung der Photoempfindlichkeit, Abb. 4 das Absorptionsspektrum und Abb. 5 die Beweglichkeit photoelektrisch ausgelöster Elektronen und Löcher.

Kr	**Krypton**	O.Z.	36	rel. A.M.	83,80, a, c		7439-90-3

Kern

Z	I.M.B.	Kern	RE [^{1}H = 1,00]	AE [^{1}H = 1,00]	GV [rad T^{-1} s^{-1}]	QM [m²]	F [Hz]	Ref.
23	74–94	^{83}Kr	0,00188	0,000217	$-1{,}029 \cdot 10^7$	$0{,}26 \cdot 10^{-28}$	3,847	

Elektronenhülle

El. konf.	G.T.	E.A. [kJ mol⁻¹]	I [kJ mol⁻¹] +1	+2
[Ar]$3d^{10}4s^24p^6$	$^1S_0$	– 39	1350	2350

Thermodynamische Eigenschaften

T_f	T_v	ΔH_f	ΔH_v	H_{298}
K	K	kJ mol⁻¹	kJ mol⁻¹	kJ mol⁻¹
116,6	120,85	1,64	9,05	0,0

T	K	298,15	300	500	700	900	1100	1300	1500	1700	1900
Cp	JK⁻¹mol⁻¹	20,79	20,79	20,79	20,79	20,79	20,79	20,79	20,79	20,79	20,79
S	JK⁻¹mol⁻¹	164,09	164,21	174,83	181,83	187,05	191,22	194,69	197,67	200,27	202,58
ΔH	kJ mol⁻¹	0	0,04	4,20	8,35	12,51	16,67	20,83	24,98	29,14	33,30

Physikalische Eigenschaften

MV	D [1]	χ_M [2]	η_{273}	η_{373}	η_{873}	λ
cm³	kg m⁻³	kg⁻¹ m⁻³	μ Pas [3]			Wm⁻¹ K⁻¹
29,68	3,7493	$-4{,}32 \cdot 10^{-9}$	23,4	31,2	60,2	0,00949

[1] 273 K, [2] Gas, [3] bei Normaldruck.

I	ΔH_{Dis}	d [1]	Suth-K	D [1]	T_K	P_K	D_K
10^{-40} cm²	eV	pm		cm² s⁻¹	K	MPa	kg m⁻³
		395	188	0,045	209,4	5,50	908,5
v_g [1]	v_{fl}	T_{Tr}	P_{Tr}	λ	$(\varepsilon - 1) \cdot 10^6$	χ	$(n-1) \cdot 10^6$
m s⁻¹	m s⁻¹	K	kPa	Wm⁻¹ K⁻¹	NTP	kg⁻¹ m³	
213		115,95	73,19	$0{,}878 \cdot 10^2$	7	$-4{,}2 \cdot 10^{-9}$	

[1] NTP.

Krypton (gr.: kryptos = verborgen) wurde von W. Ramsay und M.W. Travers 1898 durch Tieftemperaturdestillation von flüssiger Luft dargestellt und spektroskopisch identifiziert. Luft enthält $1 \cdot 10^{-4}$ Vol% Kr. Das farblose, geruchlose Gas reagiert nur mit F_2 zu KrF_2, allerdings muß F_2 dafür aktiviert werden. Krypton wird in Halogenlampen als Füllgas verwendet.

Oxidationsstufen: 0, 2+

Struktur

RG	SB	PS	μ/ϱ [$cm^2 g^{-1}$]
$Fm\bar{3}m$, O_h^5;	A1;	cF4	CuK_α 108 MoK_α 84,9

a = 572,1 pm, 80 K, K_z = 12, d_{Kr-Kr} = 404,5 pm

Weitere physikalische Eigenschaften

Dichte koexistierender Phasen:

T [K]	D′(fl) $kg m^{-3}$	D″(g) $kg m^{-3}$	T [K]	D′(fl) $kg \cdot m^{-3}$	D″(g) $kg \cdot m^{-3}$
125,97	2370,7	13,3	188,39	1725,5	235,0
134,13	2304,0	22,0	193,60	1637,9	290,3
144,04	2220,2	37,4	199,64	1516,1	377,4
153,34	2136,3	57,7	201,91	1459,0	421,7
163,69	2035,0	90,0	208,21	1192,6	646,7
170,93	1957,4	120,1	209,40	908,5	908,5
180,83	1833,8	175,8			

Wärmeleitfähigkeit von Kr (fl) in Abhängigkeit vom Druck:

T [K]	λ in $10^{-3} Wm^{-1} K^{-1}$ bei p in MPa				
	2,5	10,0	20,0	30,0	50,0
125,5	87,9	91,2	95,1	98,7	–
150,3	71,2	75,8	81,0	85,5	93,3
175,3	54,2	60,3	67,1	72,5	81,7
200,3	–	46,1	54,2	60,7	70,7
235,5 [1]	–	27,4	39,6	46,9	57,9

[1] Überkritisch.

Löslichkeit in Wasser bei $1,01 \cdot 10^5$ Pa Kr-Druck:

T [K]	273	293	303
$\alpha = \frac{m^3(Gas)}{m^3(Wasser)}$	0,099	0,059	0,049

Cu	**Kupfer**	O.Z.	29	rel. A.M.	63,546, b	Copper	7440-50-8

Kern

Z	I.M.B.	Kern	RE [^1H=1,00]	AE [^1H=1,00]	GV [rad $T^{-1} s^{-1}$]	QM [m^2]	F [Hz]	Ref.
11	58–68	^{63}Cu	0,0931	0,0643	$7,0965 \cdot 10^7$	$-0,222 \cdot 10^{28}$	26,505	$[Cu(MeCN)_4][BF_4]$ in MeOH

Elektronenhülle

El. konf.	G.T.	E.A.	I [kJ mol^{-1}]		
		[kJ mol^{-1}]	+1	+2	+3
[Ar]3d^{10}4s^{1}	$^{2}S_{1/2}$	118,3	745	1960	3550

Thermodynamische Eigenschaften

T_f	T_v	ΔH_f	ΔH_v	ΔH_{at}	Cp (g)	S (g)	H_{298}
K	K	kJ mol^{-1}	kJ mol^{-1}	kJ mol^{-1}	JK^{-1}mol^{-1}	JK^{-1}mol^{-1}	kJ mol^{-1}
1358	2843	13,14	300,7	337,6	20,79	166,40	5,004

T	K	298,15	300	400	500	600	700	800	900	1000	1100
Cp	JK^{-1}mol^{-1}	24,44	24,46	25,32	25,91	26,48	27,00	27,49	28,03	28,68	29,46
S	JK^{-1}mol^{-1}	33,16	33,32	40,48	46,20	50,97	55,09	58,73	62,00	64,99	67,75
ΔH	kJ mol^{-1}	0	0,05	2,54	5,10	7,72	10,39	13,12	15,90	18,73	21,64
T	K	1200	1300	1358	1358	1400	1700	2000	2300	2600	2843
Cp	JK^{-1}mol^{-1}	30,52	32,14	33,47	32,84	32,84	32,84	32,84	32,84	32,84	32,84
S	JK^{-1}mol^{-1}	70,36	72,86	74,29	83,97	84,97	91,34	96,68	101,27	105,30	108,24
ΔH	kJ mol^{-1}	24,63	27,76	29,66	42,80	44,18	54,03	63,88	73,74	83,59	91,58

Physikalische Eigenschaften

MV	D	α	ΔV	$\varkappa$	E	G
cm^{3}	kg m^{-3}	10^{-6}K^{-1}		10^{-5}MPa^{-1}	GPa	
7,09	8960	16,5	+ 0,0415	0,702	128	46,8
$\Delta\rho_{(T)}$	$\Delta\rho_{(P)}$	χ_M	$\Psi_{(th)}$	$\Psi_{(ph)}$	D [1]	χ_M [1]
10^{-4}K^{-1}	10^{-9}hPa^{-1}	kg^{-1}m^{3}	V	V	kg m^{-3}	kg^{-1}m^{3}
43,8	− 1,86	$-1{,}081 \cdot 10^{-9}$	4,39	4,65	8000	$1{,}2 \cdot 10^{-9}$

μ	V_s(l)	V_s(t)	λ	ρ
	m s^{-1}		Wm^{-1}K^{-1}	nΩm
0,343	4760	2300	401	15,5
η [1]	γ [1]	dγ/dT	HV	R_m
mPa s [1]	Nm^{-1}	Nm^{-1}K^{-1}	MNm^{-2}	GPa
3,36	1,300	$-0{,}18 \cdot 10^{-3}$	369	209

[1] flüssig.

Kupfer (lt.: cuprum = Zypern) ist wahrscheinlich das älteste Gebrauchsmaterial und seit 5000 v. Chr. bekannt. Neben dem heute sehr seltenen, gediegenen Vorkommen sind die wichtigsten Minerale: Kupferkies (Chalcopyrit) $CuFeS_2$, Kupferglanz (Chalkosin) Cu_2S, Buntkupferkies (Bornit) Cu_5FeS_4, Covellin CuS, Rotkupfererz (Cuprit) Cu_2O, Malachit $Cu_2(OH)_2CO_3$ und Azurit $Cu_3(OH)_2(CO_3)_2$. Kupfer wird aus $CuFeS_2$ durch Rösten (Eisenoxidbildung), Verschlackung des Eisens durch SiO_2-Zugabe, weiteres Rösten (partielle Cu_2O-Bildung) und anschließende Röstreaktion $Cu_2S + 2\,Cu_2O \rightarrow 6\,Cu + SO_2$ gewonnen. Das Rohkupfer wird elektrolytisch raffiniert, wobei in einer schwefelsauren $CuSO_4$-Lösung Cu aus der Rohkupferanode in Lösung geht und an der Kathode rein abgeschieden wird. Kupfer ist rötlich-glänzend, weich, gut verformbar und besitzt eine hohe Leitfähigkeit für Wärme und elektrischen Strom. In dünner Form (< 0,0025 mm) ist es grünlich durchscheinend. Wichtige Kupferlegierungen sind Bronze (Cu + Sn), Messing (Cu + Zn), Aluminiumbronzen (Cu + Al), Monelmetall, (Cu + 70% Ni), letzteres ist resistent gegen HF und F_2, Konstantan (Cu + 40% Ni) mit einem temperaturunabhängigen elektrischen Widerstand und Neusilber (60 Cu, 20 Ni, 20 Zn, versilbert Alpaka).

Oxidationsstufen: 1−, 0, 1+, 2+, 3+, 4+
Standardreduktionspotentiale:

basisch $Cu(OH)_2 \xrightarrow{-0{,}080} Cu_2O \xrightarrow{-0{,}360} Cu$

sauer $Cu^{2+} \xrightarrow{+0{,}153} Cu^{+} \xrightarrow{+0{,}521} Cu$

Struktur

RG	SB	PS	μ/ϱ [$cm^2\,g^{-1}$]
$Fm\bar{3}m$, O_h^5,	A1,	cF4	CuK_α 52,9 MoK_α 50,9

a = 361,47 pm, 293 K; K_z = 12, d_{Cu-Cu} = 255,6 pm
Cu_{fl}
K_z = 11,5, d_{Cu-Cu} = 257 pm, 1363 K

Weitere physikalische Eigenschaften

Dichte *D* von Cu handelsüblicher Qualität:

T [K]	293	873	1073	1273	1356	1356	1373	1573
$D_{(f)}$ [$kg\,m^{-3}$]	8930	8680	8540	8410	8320	$D_{(fl)}$ 7990	7960	7810

Wärmeausdehnungszahl:

T [K]	333	373	473	573
$\bar{\alpha}$ (293-T) [$10^{-6}\,K^{-1}$]	16,6	16,8	17,1	17,7
$T_1 - T_2$ [K]	20−88	88−170	170−273	
$\bar{\alpha}$ [$10^{-6}K^{-1}$]	4,92	12,10	15,35	

Streckgrenze $R_{0,2}$, Zugfestigkeit R_m, Bruchdehnung A und Vickershärte *HV* handelsüblicher Kupfersorten im Knetzustand (nach DIN 1787):

Bezeichnung	Zustand	Verformungsgrad in %	Streckgrenze * MPa	Zugfestigkeit * MPa	A* %	*HB* MNm^{-2}
F20	weichgeglüht ggf. nachgerichtet	0	<100 (30−100)	>200 (210−230)	>30 (40−60)	≈ 500
F25	kalt verformt	≈ 10−20	>150 (150−280)	>250 (250−300)	>8 (15−40)	≈ 700
F30	kalt verformt	≈ 25−45	>250 (250−350)	>300 (300−370)	>3 (5−15)	≈ 900
F37	kalt verformt	≈ >50	>330 (330−430)	>370 (370−500)	>2 (2−8)	≈ 1000

* Die eingeklammerten Werte geben den beobachteten Streubereich an.

Viskosität *η*:

T [K]	1373	1473	1573
η [mPa · s]	3,90	3,20	2,85

Oberflächenspannung $\gamma = [1355 - 0{,}18\ (\vartheta - 1083)]\ \mathrm{Nm^{-1}} \times 10^{-3}$
Selbstdiffusion

ΔT (923 – 1333 K), $D_0 = 0{,}47\ \mathrm{cm^2\,s^{-1}}$; Q = 197,5 kJ mol^{-1}

Änderung des spezifischen Widerstandes ϱ beim Schmelzen:

$\varrho_{(fl)}$ (bei 1356 K) = 21,5 nΩm; $\dfrac{\varrho_{fl}}{\varrho_f} = 2{,}07$.

Änderung des elektrischen Widerstandes ϱ (Cu kleinkristallin) im Magnetfeld H:

	H MAs^{-1}	$\left(\dfrac{\varrho_H - \varrho_0}{\varrho_0}\right)_T$
⊥ zum Meßstrom:		
$T \approx 78$ K $\dfrac{\varrho_{78}}{\varrho_{290}} = 0{,}141$	100	0,09
	300	0,46
‖ zum Meßstrom:		
$T \approx 78$ K $\dfrac{\varrho_{78}}{\varrho_{290}} = 0{,}155$	100	0,03
	300	0,23

Hall-Koeffizient R bei 298 K; magnetische Induktion

$B = 1{,}13 - 1{,}14\ \mathrm{Vs/m^2}$; $R = -0{,}536 \cdot 10^{-10}\ \mathrm{m^3/As}$.

thermoelektrische Kraft: $\varepsilon_{abs} = +1{,}72\ \mu\mathrm{VK^{-1}}$
Gesamtemissionsvermögen E relativ (metallische Oberfläche):

T [K]	473	673	873	1273	1398	1498
E	0,18	0,185	0,19	0,16	0,15	0,14

Spektrales Emissionsvermögen ε relativ:

λ [μm]	1,5	2,0	2,5	3,0	3,5	4,5	5,0
ε (973 K)	0,061	0,050	0,045	0,042	0,036	0,036	0,33
ε (1173 K)	0,079	0,065	0,052	0,043	0,038		

T [K]	1273	1353	1373	1498
ε (λ = 0,66 μm)	$Cu_{(f)}$ 0,105	0,12	$Cu_{(fl)}$ 0,15	0,13
ε (λ = 0,55 μm)	0,38	0,36	0,32	0,28

Reflexionsvermögen (polierte Oberfläche):

λ [μm]	0,25	0,30	0,35	0,4	0,5	0,6	0,7	0,8	1,0	2,0	6,0	12,0
R [%]	25,9	25,3	27,5	30,0	43,7	71,8	83,1	88,6	90,1	95,5	98,0	98,4

Wärmeleitfähigkeit λ:

T [K]	2	5	10	15	25	50	200	400	800	1000
λ [W · m^{-1}K^{-1}]	5730	13 800	19 600	15 600	6800	1220	413	392	371	357

elektrischer Widerstand ϱ:

T [K]	15	25	40	60	80	100	140	180	220	250
ϱ [nΩm]	0,001	0,025	0,22	0,95	2,15	3,50	6,35	9,2	12,0	14,0

La	Lanthan	O.Z.	57	rel. A.M.	138,9055, a	Lanthanum	7439-91-0

Kern

Z	I.M.B.	Kern	RE [¹H=1,00]	AE [¹H=1,00]	GV [rad $T^{-1} s^{-1}$]	QM [m^2]	F [Hz]	Ref.
19	126–144	^{139}La	0,0592	0,0591	$3,7787 \cdot 10^7$	$0,20 \cdot 10^{-28}$	14,126	0,01 M $LaCl_3$

Elektronenhülle

El. konf.	G.T.	E.A. [kJ mol^{-1}]	I [kJ mol^{-1}]			
			+1	+2	+3	+4
[Xe]$5d^1 6s^2$	$^2D_{3/2}$	53	538	1067	1850	4820

Thermodynamische Eigenschaften

T_f	T_v	ΔH_f	ΔH_v	ΔH_{at}	Cp(g)	S(g)	H_{298}
K	K	kJ mol^{-1}	kJ mol^{-1}	kJ mol^{-1}	$JK^{-1} mol^{-1}$	$JK^{-1} mol^{-1}$	kJ mol^{-1}
1193	3726	6,20	413,7	413,0	22,73	182,4	6,665

T	K	298,15	300	400	500	550	550	600	700	800	900
Cp	$JK^{-1} mol^{-1}$	27,14	27,14	27,37	27,61	27,72	27,22	27,76	28,98	30,29	31,67
S	$JK^{-1} mol^{-1}$	56,90	57,07	64,91	71,04	73,68	74,34	76,73	81,10	85,06	88,70
ΔH	kJ mol^{-1}	0	0,05	2,78	5,53	6,91	7,27	8,65	11,48	14,45	17,54
T	K	1000	1134	1134	1193	1193	1300	1500	1700	1900	2100
Cp	$JK^{-1} mol^{-1}$	33,08	35,01	39,54	39,54	34,31	34,31	34,31	34,31	34,31	34,31
S	$JK^{-1} mol^{-1}$	92,11	96,39	99,14	101,15	106,34	109,29	114,20	118,49	122,31	125,74
ΔH	kJ mol^{-1}	20,78	25,34	28,48	30,80	36,99	40,66	47,53	54,39	61,25	68,11

Physikalische Eigenschaften

MV	D	α	ΔV	ϰ	E	G
cm^3	kg m^{-3}	$10^{-6} K^{-1}$		$10^{-5} MPa^{-1}$	GPa	
22,60	6145	4,9	0,006	3,96	38,4	14,9
$\Delta\rho_{(T)}$	$\Delta\rho_{(P)}$	χ_M	$\Psi_{(th)}$	$\Psi_{(ph)}$	D [1]	
$10^{-4} K^{-1}$	$10^{-9} hPa^{-1}$	$kg^{-1} m^3$	V	V	kg m^{-3}	
21,8	– 1,7	$1,1 \cdot 10^{-8}$	3,3	3,5		

μ	V_s(l)	V_s(t)	λ	ρ
	ms^{-1}		$Wm^{-1} K^{-1}$	nΩm
0,288	2770	1540	13,5	540
γ [1,2]	γ [1]		ϱ [1]	HV
$mm^2 s^{-1}$	Nm^{-1}		nΩm	MNm^{-2}
0,445	0,71		1350	491

[1] fl, [2] Kinematische Viskosität.

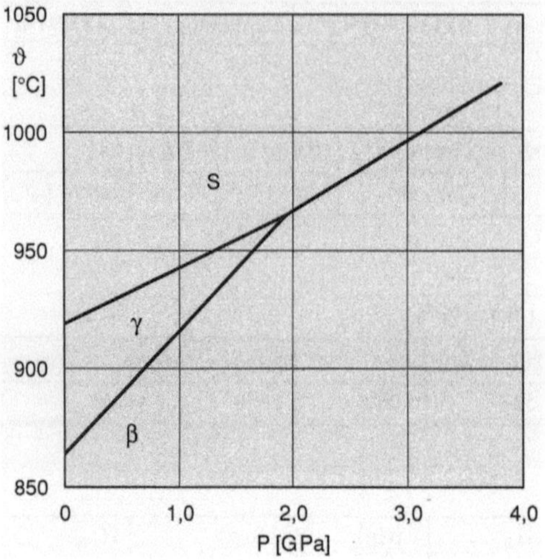

P-T Diagramm von Lanthan

Lanthan (gr.: lanthanein = verborgen sein) wurde aus der Cererde als Oxid von C. G. Mosander 1839 isoliert. Das Metall wird durch Reduktion von LaF_3 mit Ca hergestellt, erstmals in reiner Form 1923. Hauptvorkommen sind Monazit ($LnPO_4$) und Bastnäsit ($LnCO_3F$) mit Gehalten von bis zu 25 bzw. 38% La. Es ist eines der reaktivsten Lanthanoide, wird an Luft sehr schnell oxidiert, von kaltem Wasser langsam, von heißem schnell angegriffen. Das Metall reagiert direkt mit C, N, B, Si, P, S, Se und Halogenen und löst sich in Säuren. La wird als Desoxidationsmittel in Stahllegierungen und zur Erhöhung der Zunderfestigkeit von Superlegierungen verwendet. Das sog. Mischmetall für Feuerzeugsteine enthält 25% La. Lanthan sollte im Vakuum oder unter Inertgas gelagert werden.

Oxidationsstufen: 0, 3+

Standardreduktionspotentiale:

basisch $La(OH)_3 \xrightarrow{-2,38} La$

sauer $La^{3+} \xrightarrow{-2,80} La$

Struktur

RG SB PS μ/ϱ [$cm^2\,g^{-1}$]

α: $P6_3/mmc$, D_{6h}^4; A3, hP2 CuK_α 341 MoK_α 45,8

a = 376,0, c = 1214,3 pm, 293 K; $K_z = 12$, $d_{La-La} = 374{,}6$ pm

>550 K

β: $Fm\bar{3}m$, O_h^5: A1; cF4

a = 530,45 pm, 293 K; $K_z = 12$, $d_{La-La} = 375{,}1$ pm

$\Delta H_u(\alpha-\beta) = 0{,}364$ kJ mol^{-1}

>1134 K

γ: $Im\bar{3}m$, O_h^9; A2; cI2

a = 425,6 pm; $K_z = 8$, $d_{La-La} = 368{,}6$ pm

$\Delta H_u(\beta-\gamma) = 3{,}12$ kJ mol^{-1}

Weitere physikalische Eigenschaften

^{138}La (Häufigkeit 0,089%); radioaktiv (K, β^-); Halbwertzeit $1{,}1 \cdot 10^{11}$ a.

α-La. Streckgrenze $R_{p\,0,2}$, Zugfestigkeit R_m, Bruchdehnung A und Vickershärte *HV*; *G* Gußzustand, *V* gegossen und durch Schmieden um ≈ 50% verformt.

Zustand	T [K]	$R_{p\,0,2}$ MPa	R_m MPa	A %	*HV* MNm^{-2}
G	Z.T.	126	131	8	360
V	Z.T.	187	221	4	–
G	477	86	107	9,4	–
V	477	170	181	3	–
G	700	25	47	21	–
V	700	30	30	27	–

Hall-Koeffizient *R* bei Z.T.; magnetische Induktion

$$B \leqq 0{,}56\ Vs/m^2;\quad R = -0{,}8 \cdot 10^{-10}\ m^3/As.$$

Supraleitung: $T_s = 5{,}0$ K, α-La; $T_s = 6{,}3$ K, $H_o = 1600$ Oe, β-La
Spezifischer elektrischer Widerstand:

$$\beta\text{-La bei 833 K, } \varrho = 980\ n\Omega m;\quad \gamma\text{-La bei 1163 K, } \varrho = 1260\ n\Omega m.$$

Selbstdiffusion

β-La: ΔT (923 – 1123K), $D_0 = 1{,}5 \cdot 10^{-4}\ m^2 s^{-1}$, $Q = 188{,}8\ kJ\,mol^{-1}$
γ-La: ΔT (1151 – 1183K), $D_0 = 0{,}11 \cdot 10^{-4}\ m^2 s^{-1}$, $Q = 125{,}2\ kJ\,mol^{-1}$

Linearer Ausdehnungskoeffizient α bei 297 K: $\parallel$ *c*-Achse $27{,}2 \cdot 10^{-6}\ K^{-1}$; $\perp$ *c*-Achse $4{,}5 \cdot 10^{-6}\ K^{-1}$
Spektrales Emissionsvermögen ε bei 1193 – 1493 K: $\lambda = 0{,}645\ \mu m$ 28,2%

Lr	**Lawrencium**	O.Z.	103	rel. A.M.	262,11, d		22537-19-5

Kern

Z	I.M.B.	Kern	AE [^{1}H = 1,00]	RE [^{1}H = 1,00]	GV [rad $T^{-1}s^{-1}$]	QM [m^2]	F [Hz]	Ref.
6	255–260							

Elektronenhülle

El. konf.	G.T.	E.A. [$kJ\,mol^{-1}$]	I [$kJ\,mol^{-1}$] +1	+2	+3
$[Rn]5f^{14}6d^17s^2$	$^2D_{5/2}$	29	416	1350	2090

Thermodynamische Eigenschaften

T_f	T_v	ΔH_f	ΔH_v	ΔH_{at}	Cp(g)	S(g)
K	K	$kJ\,mol^{-1}$	$kJ\,mol^{-1}$	$kJ\,mol^{-1}$	$JK^{-1}mol^{-1}$	$JK^{-1}mol^{-1}$
				308		

Lawrencium (E.O. Lawrence, Erfinder des Cyclotrons) wurde 1961 durch die Ghiorso-Gruppe in Berkeley entdeckt. Ein Cf-Target wurde mit ^{10}B und ^{11}B beschossen, dabei entstanden wenige Atome $^{258,259}Lr$ mit einer Halbwertzeit von 8 s. Das langlebigste Isotop, ^{256}Lr, hat eine Halbwertzeit von 216 min. Lr verhält sich wie ein dreiwertiges Actinoid.

Oxidationsstufen: 0, $\underline{3+}$
Standardreduktionspotential:

$$Lr^{3+} \xrightarrow{-2{,}06} Lr$$

Li	Lithium	O.Z.	3	rel. A.M.	6,941 a, b, c		7439-93-2

Kern

Z	I.M.B.	Kern	RE [^{1}H = 1,00]	AE [^{1}H = 1,00]	GV [rad T^{-1} s^{-1}]	QM [m^2]	F [Hz]	Ref.
5	5–9	^{7}Li	0,29	0,27	$10{,}3964 \cdot 10^7$	$-0{,}04 \cdot 10^{-28}$	38,863	LiCl(aq)

Elektronenhülle

El. konf.	G.T.	E.A.	I [kJ mol^{-1}]	
		[kJ mol^{-1}]	+1	+2
[He] $2s^1$	$^2S_{1/2}$	59,8	513	7300

Thermodynamische Eigenschaften

T_f	T_v	ΔH_f	ΔH_v	ΔH_{at}	Cp (g)	S (g)	H_{298}
K	K	kJ mol^{-1}	kJ mol^{-1}	kJ mol^{-1}	$JK^{-1}mol^{-1}$	$JK^{-1}mol^{-1}$	kJ mol^{-1}
453,69	1620	3,00	147,7	159,3	20,79	138,8	4,632

T	K	298,15	300	400	453,7	453,7	500	600	700	800	900
Cp	$JK^{-1}mol^{-1}$	24,62	24,68	27,61	29,19	30,76	30,18	29,46	29,12	28,96	28,89
S	$JK^{-1}mol^{-1}$	29,08	29,23	36,73	40,31	46,92	49,88	55,31	59,82	63,70	67,13
ΔH	kJ mol^{-1}	0	0,05	2,66	4,19	7,19	8,60	11,57	14,50	17,40	20,29
T	K	1000	1100	1200	1300	1400	1500	1600	1620		
Cp	$JK^{-1}mol^{-1}$	28,86	28,85	28,83	28,70	28,62	28,54	28,45	28,43		
S	$JK^{-1}mol^{-1}$	70,15	72,90	75,41	77,71	79,83	81,80	83,64	84,00		
ΔH	kJ mol^{-1}	23,18	26,07	28,95	31,82	34,69	37,55	40,40	40,97		

Physikalische Eigenschaften

MV	D	α	ΔV	$\varkappa$	E	G
cm^3	kg m^{-3}	$10^{-6} K^{-1}$		$10^{-5} MPa^{-1}$	GPa	
13,00	534	56	+ 0,0151	8,93	11,4	4,2
$\Delta\rho_{(T)}$	$\Delta\rho_{(P)}$	χ_M	$\Psi_{(th)}$	$\Psi_{(ph)}$	D [1]	χ_M [1]
$10^{-4} K^{-1}$	$10^{-9} hPa^{-1}$	$kg^{-1} m^3$	V	V	kg m^{-3}	$kg^{-1} m^3$
48,9	– 2,1	$2{,}56 \cdot 10^{-8}$	2,39	2,28	516	

μ	V_s(l)	V_s(t)	λ	ρ
	ms^{-1}		$Wm^{-1}K^{-1}$	nΩm
0,359	6030	2820	84,7	85,5
η [1]	γ [1]	H_{MOH}		
mPa s [1]	Nm^{-1}			
0,645	0,396	0,6		

[1] fl.

Lithium (gr.: Lithos = Stein) wurde 1817 im Petalit entdeckt, von Berzelius benannt und von Davy 1818 in metallischer Form hergestellt. Die wichtigsten Minerale sind Amblygonit $(Li,Na)AlPO_4$ (F,OH); Spodumen $Li,Al[Si_2O_6]$; Lepidolith $(K,Li)Al_2[AlSi_3O_{10}](OH,F)_2$ und Petalit $Li[AlSi_4O_{10}]$. Lithium wird durch Schmelzflußelektrolyse eines eutektischen Gemenges von LiCl und KCl dargestellt. Das Metall hat silbrigen Glanz, ist sehr reaktiv und muß unter Luft- und Feuchtigkeitsausschluß aufbewahrt werden. Lithium wird als Legierungselement in Al, Mg, Zn und Pb-Legierungen, in der Synthese organischer Verbindungen und als Wärmeübertragungsmedium verwendet.

Oxidationsstufen: 1–, 0, <u>1+</u>

Standardreduktionspotentiale:

$$Li^+ \xrightarrow{-3,040} Li$$

Struktur

RG SB PS μ/ϱ [$cm^2\,g^{-1}$]

β: $Im\bar{3}m$, O_h^9; A2; cI2 CuK_α 0,716 MoK_α 0,217

a = 350,91 pm, 293 K; K_z = 8, d_{Li-Li} = 301,6 pm

Li_{fl}

K_z = 9,5

d_{Li-Li} = 315 pm

T = 453 K

α: $Fm\bar{3}m$, O_h^5; A1; cF4

a = 438,8 pm, K_z = 12, d_{Li-Li} = 310,3 pm, 78 K

hcp: $P6_3/mmc$, D_{6h}^4; A3; hP2

a = 310,3, c = 508,0 pm, 78 K, K_z = 6 + 6, d_{Li-Li} = 310,3; 310,8 pm, 78 K

Weitere physikalische Eigenschaften

D (natürliches Li) = 531 $kg\,m^{-3}$

D (^6Li 99,3%) = 460 $kg\,m^{-3}$ bei 293 K, relative Häufigkeit 7,4%.

D (^7Li 99,8%) = 537 $kg\,m^{-3}$ bei 293 K, relative Häufigkeit 92,6%.

Wärmeausdehnungszahl $\bar{\alpha}$:

T [K]	103	143	183	223	243	293
$\bar{\alpha}$ (79–T) [K^{-1}]	36,6	39,6	44,2	44,6	45,7	47,1 · 10^{-6}

$\bar{\alpha}$ (273–368 K) = 56 · 10^{-6} K^{-1}; $\bar{\gamma}$ (291–453 K) = 180 · 10^{-6} K^{-1}.

Dichte Li (fl):

T [K]	453	473	573	673	873	1073	1273
D [$kg\,m^{-3}$]	508	507	498	490	474	457	441

Zugfestigkeit: R_m = 0,6 MPa

Viskosität η:

T [K]	473	573	673	873
η [mPa · s]	0,566	0,458	0,402	0,317

Selbstdiffusion

ΔT (343–443 K); D_0 = 0,39 $cm^2\,s^{-1}$; Q = 56,5 $kJ\,mol^{-1}$.

Verhältnis des elektrischen Widerstandes am Schmelzpunkt

$$\varrho_{fl} = 240\ n\Omega m \qquad \frac{\varrho_{fl}}{\varrho_f} = 1{,}68.$$

Knightverschiebung am Schmelzpunkt K_f = 0,026%, K_{fl} = 0,026%.

Änderung des elektrischen Widerstandes ϱ (Li 99,9%, kleinkristallin) im Magnetfeld $H \perp$ zum Meßstrom:

	H $\mathrm{MA \cdot s^{-1}}$	$\left(\frac{\varrho_H - \varrho_0}{\varrho_0}\right)_T$
$T \approx 78$ K $\quad \frac{\varrho_{78}}{\varrho_{293}} = 0{,}137$	100 300	0,024 0,152

Hall-Koeffizient R bei 297 K; magnetische Induktion

$$B = 1{,}7 - 1{,}8\ \mathrm{Vs/m^2}; \qquad R = -1{,}70 \cdot 10^{-10}\ \mathrm{m^3/As}.$$

thermoelektrische Kraft: $\varepsilon_{abs} = +14{,}37\ \mu\mathrm{VK^{-1}}$.

Lu	Lutetium	O.Z.	71	rel. A.M.	174,967, a		7439-94-3

Kern

Z	I.M.B.	Kern	RE [^{1}H = 1,00]	AE [^{1}H = 1,00]	GV [rad $T^{-1}s^{-1}$]	QM [m^2]	F [Hz]	Ref.
22	167 – 180	^{175}Lu	0,0312	0,0303	$3{,}05 \cdot 10^7$	$5{,}68 \cdot 10^{-28}$	11,407	

Elektronenhülle

El. konf.	G.T.	E.A. [kJ mol^{-1}]	I [kJ mol^{-1}] +1	+2	+3	+4
[Xe]$4f^{14}5d^16s^2$	$^2D_{3/2}$	48	524	1340	2022	4360

Thermodynamische Eigenschaften

T_f	T_v	ΔH_f	ΔH_v	ΔH_{at}	Cp (g)	S (g)	H_{298}
K	K	kJ mol^{-1}	kJ mol^{-1}	kJ mol^{-1}	JK^{-1} mol^{-1}	JK^{-1} mol^{-1}	kJ mol^{-1}
1936	3664	18,65	355,9	427,6	20,86	184,8	6,389

T	K	298,15	400	600	800	1000	1200	1400	1600	1800	1936
Cp	JK^{-1} mol^{-1}	26,78	26,89	27,24	28,40	30,31	32,84	36,12	40,11	44,64	47,93
S	JK^{-1} mol^{-1}	50,96	58,85	69,80	77,77	84,30	90,04	95,34	100,41	105,40	108,77
ΔH	kJ mol^{-1}	0	2,73	8,14	13,68	19,54	25,85	32,73	40,34	48,81	55,10
T	K	1936	2000	2200	2400	2600	2800	3000	3200	3400	3664
Cp	JK^{-1} mol^{-1}	47,91	47,91	47,91	47,91	47,91	47,91	47,91	47,91	47,91	47,91
S	JK^{-1} mol^{-1}	118,40	119,96	124,52	128,69	132,52	136,07	139,38	142,47	145,38	148,96
ΔH	kJ mol^{-1}	73,75	76,82	86,40	95,98	105,56	115,14	124,73	134,31	143,89	156,54

Physikalische Eigenschaften

MV	D	α	ΔV	$\varkappa$	E	G	μ	λ	ρ
cm^3	$kg\,m^{-3}$	$10^{-6}\,K^{-1}$		$10^{-5}\,MPa^{-1}$	GPa			$Wm^{-1}\,K^{-1}$	nΩm
17,78	9840	8,12	+ 0,036	2,33	68,4	27,1	0,265	16,4	540
$\Delta\rho_{(T)}$	$\Delta\rho_{(P)}$	χ_M	$\Psi_{(th)}$	$\Psi_{(ph)}$	HV	R_m			
$10^{-4}\,K^{-1}$	$10^{-9}\,hPa^{-1}$	$kg^{-1}\,m^3$	V	V	MNm^{-2}	MNm^{-2}			
24	– 1,31	$1,3 \cdot 10^{-9}$	3,14	3,3	1160	139			

Lutetium (lt.: lutetia = Paris) wurde als Oxid in der Ytterbiumfraktion der Yttererde unabhängig voneinander von G. Urbain, C. A. v. Welsbach und C. James 1907 entdeckt. Es kommt in allen Ytterbiummineralien und im Monazit (0,003 %) vor. Das reine Metall wird durch Reduktion von LuF_3 mit Ca hergestellt. Es ist silbrig-weiß und an der Luft mäßig stabil. Einzige technische Verwendung als Dotierung bei der Herstellung von Ferritblasenspeichern.

Oxidationsstufen: 0, <u>3+</u>

Standardreduktionspotentiale:

basisch $Lu(OH)_3 \xrightarrow{-2,83} Lu$

sauer $Lu^{3+} \xrightarrow{-2,30} Lu$

Struktur

RG SB PS μ/ϱ [$cm^2\,g^{-1}$]
$P6_3/mmc$, D_{6h}^4; A3; hP2 CuK_α 153 MoK_α 88,2
a = 350,44, c = 555,04 pm, 293 K; K_z = 12, d_{Lu-Lu} = 346,9 pm
> 23 GPa Lu(II)
$R\bar{3}m$, D_{3d}^5; α-Sm; hR9
a = 317,6, c = 2177 pm; 23,1 GPa; K_z = 12

Weitere physikalische Eigenschaften

Abhängigkeit der physikalischen Eigenschaften von der Kristallorientierung:

Eigenschaft	T [K]	Richtung ‖ *c*-Achse	Richtung ⊥-Achse	Dimension
linearer Ausdehnungskoeffizient	297	$20,0 \cdot 10^{-6}$	$4,8 \cdot 10^{-6}$	[K^{-1}]
elektrischer Widerstand	298	347	766 (*b*-Achse)	[nΩm]
Hall-Koeffizient	293	– 0,26	0,045	[$nV\,m \cdot A^{-1} \cdot T^{-1}$]

Mg	**Magnesium**	O.Z.	12	rel. A.M.	24,3050		7439-95-4

Kern

Z	I.M.B.	Kern	RE [^1H=1,00]	AE [^1H=1,00]	GV [$rad\,T^{-1}\,s^{-1}$]	QM [m^2]	F [Hz]	Ref.
8	20–28	^{25}Mg	0,00267	0,000271	$1,6375 \cdot 10^7$	$0,22 \cdot 10^{-28}$	6,1195	MgCl(aq)

Elektronenhülle

El. konf.	G.T.	E.A. [$kJ\,mol^{-1}$]	I [$kJ\,mol^{-1}$] +1	+2	+3
$[Ne]2s^2$	$^1S_0$	–21	738	1451	7733

Thermodynamische Eigenschaften

T_f	T_v	ΔH_f	ΔH_v	ΔH_{at}	Cp (g)	S (g)	H_{298}
K	K	$kJ\,mol^{-1}$	$kJ\,mol^{-1}$	$kJ\,mol^{-1}$	$JK^{-1}mol^{-1}$	$JK^{-1}mol^{-1}$	$kJ\,mol^{-1}$
922,0	1361	8,95	127,4	146,4	20,79	148,6	4,998

T	K	298,15	300	400	500	600	700	800	900	922
Cp	$JK^{-1}mol^{-1}$	24,90	24,92	26,10	27,28	28,46	29,63	30,81	31,99	32,25
S	$JK^{-1}mol^{-1}$	32,68	32,83	40,16	46,11	51,19	55,67	59,70	63,40	64,17
ΔH	$kJ\,mol^{-1}$	0	0,05	2,60	5,27	8,05	10,96	13,98	17,12	17,83
T	K	922	1000	1100	1200	1300	1360			
Cp	$JK^{-1}mol^{-1}$	32,64	32,64	32,64	32,64	32,64	32,64			
S	$JK^{-1}mol^{-1}$	73,88	76,53	79,64	82,48	85,10	86,59			
ΔH	$kJ\,mol^{-1}$	26,78	29,33	32,59	35,85	39,12	41,11			

Physikalische Eigenschaften

MV	D	α	ΔV	$\varkappa$	E	G
cm^3	$kg\,m^{-3}$	$10^{-6}K^{-1}$		$10^{-5}MPa^{-1}$	GPa	
13,98	1738	26,1	0,042	2,88	44,5	16,9
$\Delta\rho_{(T)}$	$\Delta\rho_{(P)}$	χ_M	$\Psi_{(th)}$	$\Psi_{(ph)}$	D[1]	χ_M[1]
$10^{-4}K^{-1}$	$10^{-9}hPa^{-1}$	$kg^{-1}m^3$	V	V	$kg\,m^{-3}$	$kg^{-1}m^3$
41,2	– 4,7	$6{,}8 \cdot 10^{-9}$	3,46	3,97	1590	

μ	V_s(l)	V_s(t)	λ	ρ
	$m\,s^{-1}$		$Wm^{-1}K^{-1}$	nΩm
0,277	5700	3170	171	39,4
η[1]	γ[1,2]	λ[1]	HB	R_m
mPa s [1]	Nm^{-1}	$Wm^{-1}K^{-1}$	MNm^{-2}	GPa
1,23	0,515	$-0{,}3 \cdot 10^{-3}$	300–500	90

[1] fl,
[2] 954 K.

Magnesium (gr.: Magnesia = Distrikt in Thessalonien, danach das Mineral Magnesit) wurde von H. Davy elektrolytisch in unreiner Form isoliert und benannt. Liebig (1828) und Bunsen (1831) erhielten dann reineres, kompaktes Magnesium. Es gibt zahlreiche Minerale mit höheren Mg-Gehalten, so Dolomit $CaMg(CO_3)_2$), Magnesit $MgCO_3$, Olivin $(Mg,Fe)_2[SiO_4]$, Enstatit $Mg[SiO_3]$, Talk $Mg_3[Si_4O_{12}](OH)_2$, Serpentin $Mg_3[Si_2O_5](OH)_4$, Carnallit $KCl \cdot MgCl_2 \cdot 6\,H_2O$, Kieserit $MgSO_4 \cdot H_2O$, Kainit $KCl \cdot MgSO_4 \cdot 3\,H_2O$, Schönit $K_2SO_4 \cdot MgSO_4 \cdot 6\,H_2O$, Spinell $MgAlO_4$. Das Meerwasser enthält 0,13 % Mg. Mg wird überwiegend durch Schmelzflußelektrolyse von $MgCl_2$ dargestellt. Es ist ein silberweißes Metall, von Wasser wird es, besonders beim Erwärmen, angegriffen und von Säuren schnell aufgelöst. Gegen HF ist es durch Bildung einer MgF_2-Schicht resistenter, an Luft überzieht es sich mit einer dünnen, schützenden Oxidschicht. Werden Mg kleine Mengen von Al, Mn, Lanthanoiden, Th, Zn oder Zr zugesetzt, erhält man Legierungen mit hoher Festigkeit und geringem Gewicht, die sich zudem leicht bearbeiten lassen und in unterschiedlichen Atmosphären stabil sind. In der Grignard-Synthese wird es zur Herstellung organischer Verbindungen eingesetzt. In feinverteilter Form wird es wegen seiner heftigen Reaktion mit O_2 unter Blitzbildung in der Pyrotechnik verwendet.

Als Legierungszusatz verbessert es die Eigenschaften von Al, Cu, Pb, Ni und Zn-Legierungen. Es desoxidiert Cu und Messing, desulfuriert Fe und Ni. Man verwendet Mg-Stäbe als galvanische Anode zum Schutz von metallischen Unterwassereinrichtungen.

Oxidationsstufen: 0, 2+

Standardreduktionspotentiale:

basisch $Mg(OH)_2 \xrightarrow{-2,687} Mg$

sauer $Mg^{2+} \xrightarrow{2,356} Mg$

Struktur

RG	SB	PS	μ/ϱ [$cm^2\,g^{-1}$]
$P6_3/mmc$, D^4_{6h};	A3;	hP2	CuK_α 38,6 MoK_α 4,11

a = 320,93, c = 521,08 pm, 298 K; $K_z = 6 + 6$, d_{Mg-Mg} = 320,9; 319,7 pm

Mg_{fl}

K_z = 10,4, d_{Mg-Mg} = 320 pm

Weitere physikalische Eigenschaften

$D_{(f)}$ (923 K) = 1646,8 kg m^{-3}
$D_{(fl)}$ (923 K) = 1580,4 kg m^{-3}

Wärmeausdehnungszahl $\bar{\alpha}$:

T [K]	373	473	573	673	773
$\bar{\alpha}$ (293–T) [K^{-1}]	26,0	26,9	27,9	28,8	29,5 · 10^{-6}

Oberflächenspannung γ: bei 954 K γ = 0,563 Nm^{-1}
bei 1167 K γ = 0,502 Nm^{-1}

Entzündungstemperatur an Luft: T = 896 K.

Selbstdiffusion

ΔT (733 – 893 K), D_0 = 1,01 $cm^2\,s^{-1}$; Q = 134 kJ mol^{-1}.

$\perp$ *c*-Achse ΔT (775 – 906 K), $D_0 = 1,75 \cdot 10^{-4}\,m^2\,s^{-1}$, Q = 138,2 kJ mol^{-1}
|| *c*-Achse ΔT (775 – 906 K), $D_0 = 1,78 \cdot 10^{-4}\,m^2\,s^{-1}$, Q = 139,0 kJ mol^{-1}

Änderung des elektrischen Widerstandes ϱ am Schmelzpunkt 922 K:

ϱ_{fl} = 27,4 nΩm; $\frac{\varrho_{fl}}{\varrho_f} = 1,78$

Änderung des elektrischen Widerstandes ϱ (Mg kleinkristallin) im Magnetfeld $H \perp$ zum Meßstrom:

	H MA · s^{-1}	$\left(\frac{\varrho_H - \varrho_0}{\varrho_0}\right)_T$
T = 78 K $\frac{\varrho_{78}}{\varrho_{293}} = 0,17$	100 300	0,54 2,82

Hall-Koeffizient R bei 300 K, magnetische Induktion

B = 0,4 – 2,5 Vs/m^2; $R = -0,83 \cdot 10^{-10}\,m^3/As$.

thermoelektrische Kraft: $\varepsilon_{abs} = -0,4\,\mu VK^{-1}$

Abhängigkeit physikalischer Eigenschaften von der Kristallorientierung:

Eigenschaft		$\parallel$ *c*-Achse	$\perp$ *c*-Achse	Dimension
Wärmeausdehnungszahl	α 350 K	28	27	10^{-6} K^{-1}
	α 600 K	29	28	10^{-6} K^{-1}
Elektrischer Widerstand	273 K	37,4	44,8	nΩm
Selbstdiffusion D_0 ΔT (733 – 900 K)		1,0	1,5	cm^2 s^{-1}
Q		135	136	kJ mol^{-1}

Reflexionsvermögen R:

λ [μm]	0,500	1,00	3,00	9,0
R [%]	72	74	80	93

Brechungsindex n: 0,37 bei λ = 0,589 μm

Mn	Mangan	O.Z.	25	rel. A.M.	54,93805	Manganese	7439-96-5

Kern

Z	I.M.B.	Kern	RE [^{1}H = 1,00]	AE [^{1}H = 1,00]	GV [rad T^{-1} s^{-1}]	QM [m^2]	F [Hz]	Ref.
11	50 – 58	^{55}Mn	0,18	0,18	$6{,}6195 \cdot 10^7$	$0{,}33 \cdot 10^{-28}$	24,664	$KMnO_4$(aq)

Elektronenhülle

El. konf.	G.T.	E.A. [kJ mol^{-1}]	I [kJ mol^{-1}] +1	+2	+3	+4	+5	+6
[Ar]$3d^5 4s^2$	$^6S_{5/2}$	−94	717	1509	3250	4940	6990	9200

Thermodynamische Eigenschaften

T_f	T_v	ΔH_f	ΔH_v	ΔH_{at}	Cp (g)	S (g)	H_{298}
K	K	kJ mol^{-1}	kJ mol^{-1}	kJ mol^{-1}	JK^{-1} mol^{-1}	JK^{-1} mol^{-1}	kJ mol^{-1}
1517,0	2332	12,06	226,7	283,3	20,79	173,71	4,996

T	K	298,15	400	600	800	980	980	1100	1300	1360	1360
Cp	JK^{-1} mol^{-1}	26,33	28,24	31,98	34,78	37,20	37,60	38,11	38,96	39,21	43,10
S	JK^{-1} mol^{-1}	32,01	40,01	52,17	61,77	69,06	71,33	75,90	82,14	83,90	85,46
ΔH	kJ mol^{-1}	0	2,78	8,80	15,49	21,96	24,19	28,73	36,43	38,78	40,90
T	K	1400	1410	1410	1500	1517	1517	1600	1900	2100	2332
Cp	JK^{-1} mol^{-1}	43,43	43,51	45,23	45,98	46,12	46,02	46,02	46,02	46,02	46,02
S	JK^{-1} mol^{-1}	86,72	87,03	88,36	91,18	91,70	99,05	102,10	110,01	114,61	119,44
ΔH	kJ mol^{-1}	42,64	43,07	44,95	49,05	49,84	61,89	65,71	79,52	88,73	99,40

Physikalische Eigenschaften

MV	D	α	ΔV	$\varkappa$	E^2	G^2
cm^3	$kg\,m^{-3}$	$10^{-6}K^{-1}$		$10^{-5}MPa^{-1}$	GPa	
7,38	7440	22	0,017	0,716	196	79
$\Delta\rho_{(T)}$	$\Delta\rho_{(P)}$	χ_M	$\Psi_{(th)}$	$\Psi_{(ph)}$	D^1	$\chi_M{}^1$
$10^{-4}K^{-1}$	$10^{-9}\,hPa^{-1}$	$kg^{-1}m^3$	V	V	$kg\,m^{-3}$	$kg^{-1}m^3$
62,8	– 3,54	$1{,}21 \cdot 10^{-7}$	3,91	4,08	6430	

μ	$V_s(l)$	$V_s(t)$	λ	ρ	$R_m{}^2$
	$m\,s^{-1}$		$Wm^{-1}K^{-1}$	$n\Omega m$	MPa
0,236	5560	3280	29,7	1380	496
η^1	γ^1	$d\gamma/dT^1$	HV		
$mPa\,s^1$	Nm^{-1}	$Nm^{-1}K^{-1}$	$kp\,mm^{-2}$		
	1,10	0	1000		

[1] fl,
[2] γ-Mn.

Mangan (gr.: magnesia nigra = Braunstein). In Form von MnO_2 wurde es im Altertum in der Glastechnik zum Entfärben benutzt. 1774 wies Scheele nach, daß Braunstein kein Eisenoxid ist, und Gahn stellte Mn 1780 rein dar. Manganerze sind Braunstein (MnO_2), Hausmannit (Mn_3O_4), Manganit [MnO(OH)] und Rhodochrosit ($MnCO_3$), außerdem finden sich Manganknollen am Boden des Pazifiks. Mangan wird als Ferromangan, Silicomangan und rein dargestellt. Reines Mangan wird durch Elektrolyse von $MnSO_4$ in wässriger Lösung erzeugt. Mangan ist silbergrau und spröde. Es löst sich in Säuren unter Bildung von Mn^{2+}-Ionen. Das Metall wird an der Luft oberflächlich oxidiert. Mit Nichtmetallen reagiert es erst beim Erhitzen. Mn dient in Stählen zur Desulfurierung, Desoxidation und Härtung. Mit Al und Sb bildet es ferromagnetische Legierungen, mit Cu (84%) und Ni (4%) das Manganin mit einer nahezu temperaturunabhängigen Leitfähigkeit.

Oxidationsstufen: 3–, 2–, 1–, 0, 1+, <u>2+</u>, 3+, 4+, 5+, 6+, <u>7+</u>
Standardreduktionspotentiale:

basisch $MnO_4^- \xrightarrow{+0,56} MnO_4^{2-} \xrightarrow{+0,27} MnO_4^{3-} \xrightarrow{+0,93} MnO_2 \xrightarrow{+0,15} Mn_2O_3 \xrightarrow{-0,25}$

$Mn(OH)_2 \xrightarrow{-1,56} Mn$

sauer $MnO_4^- \xrightarrow{+0,56} MnO_4^{2-} \xrightarrow{+0,27} MnO_4^{3-} \xrightarrow{(+4,27)} MnO_2 \xrightarrow{+0,95} Mn^{3+} \xrightarrow{+1,54}$

$Mn^{2+} \xrightarrow{-1,185} Mn$

Struktur

RG	SB	PS	μ/ϱ [$cm^2\,g^{-1}$]
α: $I\bar{4}3m$, T_d^3	A12	cI58	CuK_α 285 MoK_α 34,7

a = 891,29 pm, 293 K; $d_{Mn\text{-}Mn}$ = 225,8 – 293,1 pm
>980 K

β: $P4_132$, O^6, A13; cF20
a = 631,45 pm, ΔH_u ($\alpha-\beta$) = 2,23 kJ mol^{-1}
> 1360 K

γ: $Fm\bar{3}m$, O_h^5; A1; cF4
a = 386,3 pm, K_z = 12, d_{Mn-Mn} = 273,2 pm
>1410 K

δ: $Im\bar{3}m$, O_h^9; A2; cI2
a = 308,0 pm; K_z = 8, d_{Mn-Mn} = 266,7 pm

Weitere physikalische Eigenschaften

Eigenschaft	Modifikation			
	α-Mn	β-Mn	γ-Mn	δ-Mn
Dichte bei 293 K in kg m^{-3}	7470	7290	7180	–
Wärmeausdehnungszahl $\bar{\alpha}$ von T_1-T_2 in 10^{-6} K^{-1}	273–373 K 23	273–293 K 24,9 1002–1273 K 43,0	273–293 K 14,7 273–1407 K 45,6	1410–1517 41,6
Spezifische Wärme bei 298 K in $Jg^{-1}K^{-1}$	0,477	0,644	0,62	–
Spezifischer elektrischer Widerstand ϱ bei 273 K in nΩm	1380	910	39,2	–
Temperaturkoeffizient des Widerstandes $\frac{\Delta\varrho}{\varrho\Delta T}$	273–379 K	273–293 K	273–293 K	–
in 10^{-4} K^{-1}	5,0	13,6	62,8	–

Volumenänderung bei Umwandlung:

$$\frac{V_\gamma - V_\beta}{V_\beta}\ (1360\ \mathrm{K}) = 0{,}007; \quad \frac{V_\delta - V_\gamma}{V_\gamma}\ (1410\ \mathrm{K}) = 0{,}0091.$$

$U(\alpha \to \beta)$ verläuft träge. β-Mn ist nach Abschrecken auch bei Z.T. beständig, γ-Mn nach Abschrecken nur bei $T <$ Z.T. α-Mn und β-Mn sind spröde.

Hall-Koeffizient R bei 297 K, Mn geglüht; magnetische Induktion

$$B = 0{,}6 - 2{,}9\ \mathrm{Vs/m^2}; \quad R = 0{,}84 \cdot 10^{-10}\ \mathrm{m^3/As}.$$

Änderung des elektrischen Widerstandes am Schmelzpunkt

$$\varrho_{fl} = 400\ \mathrm{n\Omega m}, \quad \varrho_{fl}/\varrho_f = 0{,}61.$$

Md	Mendelevium	O.Z.	101	rel. A.M.	258,10, d		2440-11-1

Kern

Z	I.M.B.	Kern	AE [^{1}H = 1,00]	RE [^{1}H = 1,00]	GV [rad $T^{-1}s^{-1}$]	QM [m^2]	F [Hz]	Ref.
10	248–258							

Elektronenhülle

El. konf.	G.T.	E.A.	I [kJ mol^{-1}]		
		[kJ mol^{-1}]	+1	+2	+3
[Rn]$5f^{13}7s^2$	$^2F_{7/2}$	96	543	1186	2444

Thermodynamische Eigenschaften

T_f	T_v	ΔH_f	ΔH_v	ΔH_{at}	Cp(g)	S(g)
K	K	kJ mol^{-1}	kJ mol^{-1}	kJ mol^{-1}	JK^{-1} mol^{-1}	JK^{-1} mol^{-1}
				116		

Mendelevium (D. Mendelejev, Entdecker des Periodensystems) wurde von Ghiorso, Harvey, Choppin, Thompson und Seaborg 1955 in Berkeley dargestellt. Es entsteht beim Beschuß von ^{253}Es mit $^{4}He^{2+}$ als ^{256}Md in wenigen Atomen. Das langlebigste Isotop hat eine Halbwertzeit von 2 Monaten. Das Metall verhält sich wie ein Actinoid.

Oxidationsstufen: 0, 2+, <u>3+</u> (4+)

Standardreduktionspotentiale:

sauer $(Md^{4+}) \xrightarrow{+5,2} Md^{3+} \xrightarrow{-0,15} Md^{2+} \xrightarrow{-2,4} Md$

Mo	**Molybdän**	O.Z.	42	rel. A.M.	95,94, a	Molybdenum	7439-98-7

Kern

Z	I.M.B.	Kern	RE [^{1}H=1,00]	AE [^{1}H=1,00]	GV [rad T^{-1} s^{-1}]	QM [m^2]	F [Hz]	Ref.
20	88–105	^{95}Mo	0,00323	0,000507	$1,7433 \cdot 10^7$	$-0,19 \cdot 10^{-28}$	6,514	MoO_4^{2-}(aq)

Elektronenhülle

El. konf.	G.T.	E.A.	I [kJ mol^{-1}]					
		[kJ mol^{-1}]	+1	+2	+3	+4	+5	+6
[Kr]4d^{5}5s^1	$^7S_3$	114	685	1558	2621	4480	5900	6560

Thermodynamische Eigenschaften

T_f	T_v	ΔH_f	ΔH_v	ΔH_{at}	Cp(g)	S(g)	H_{298}
K	K	kJ mol^{-1}	kJ mol^{-1}	kJ mol^{-1}	JK^{-1} mol^{-1}	JK^{-1} mol^{-1}	kJ mol^{-1}
2897	4978	39,10	582,2	658,5	20,79	181,95	4,589

T	K	298,15	400	600	800	1000	1200	1400	1600	1800	2000
Cp	JK^{-1} mol^{-1}	23,90	25,08	26,47	27,43	28,38	29,48	30,85	32,50	34,37	36,54
S	JK^{-1} mol^{-1}	28,59	35,79	46,25	54,00	60,22	65,49	70,13	74,36	78,30	82,01
ΔH	kJ mol^{-1}	0	2,50	7,67	13,06	18,64	24,42	30,45	36,78	43,47	50,52
T	K	2200	2400	2600	2897	2897	3000	3500	4000	4500	4978
Cp	JK^{-1} mol^{-1}	39,07	42,06	45,89	55,06	40,35	40,35	40,35	40,35	40,35	40,35
S	JK^{-1} mol^{-1}	85,61	89,14	92,65	96,24	98,05	111,55	119,18	124,56	129,32	133,39
ΔH	kJ mol^{-1}	58,09	66,19	74,97	89,83	128,93	133,08	153,26	173,43	193,61	212,90

Physikalische Eigenschaften

MV	D	α	ΔV	$\varkappa$	E	G
cm^3	$kg\ m^{-3}$	$10^{-6}\ K^{-1}$		$10^{-5}\ MPa^{-1}$	GPa	
9,39	10220	5,43		0,338	329	125
$\Delta\rho_{(T)}$	$\Delta\rho_{(P)}$	χ_M	$\Psi_{(th)}$	$\Psi_{(ph)}$		
$10^{-4}\ K^{-1}$	$10^{-9}\ hPa^{-1}$	$kg^{-1}\ m^3$	V	V		
43,3	– 1,29	$1,2 \cdot 10^{-8}$	4,26	4,20		

μ	$V_s(l)$	$V_s(t)$	λ	ρ	R_m
	$m\ s^{-1}$		$Wm^{-1}\ K^{-1}$	nΩm	MPa
0,307	6650	3510	142	52	~600
γ[1]	$d\gamma/dT$[1]	HV			
Nm^{-1}	$Nm^{-1}\ K^{-1}$	MNm^{-2}			
2,25	$(-0,3 \cdot 10^{-3})$	1500			

[1] fl.

Molybdän (gr.: molybdos = Blei, nach dem Mineral Molybdänit benannt) wurde 1778 von C. W. Scheele identifiziert und 1782 von P. J. Hjelm durch die Reduktion von MoO_3 mit C dargestellt. Molybdän kommt in Molybdänit (MoS_2) und Wulfenit ($PbMoO_4$) vor. Zur Herstellung wird MoS_2 durch Rösten an der Luft zu MoO_3 oxidiert, das durch Sublimation gereinigt und anschließend durch Wasserstoff zu Molybdän reduziert wird. Das Metall, silberweiß, ist sehr hart und wenig verformbar. Es wird bei höheren Temperaturen oxidiert. Molybdän erhöht die Festigkeit von Stahl, außerdem wird es in Ni-Basislegierungen (Hastelloys) eingesetzt, die wärmeresistent und sehr korrosionsbeständig sind. Das Metall wird außerdem für Raketenteile, Thermoelemente, Heizdrähte und Tiegel verwendet.

Oxidationsstufen: 2–, 0, 1+, 2+, 3+, 4+, 5+, <u>6+</u>
Standardreduktionspotentiale:

basisch $MoO_4^{2-} \xrightarrow{-0,96} MoO_2 \xrightarrow{-0,91} Mo$

sauer $H_2MoO_4 \xrightarrow{+0,65} MoO_2 \xrightarrow{+0,31} Mo^{3+} \xrightarrow{-0,20} Mo$

Struktur

RG	SB	PS	μ/ϱ [$cm^2\ g^{-1}$]
$Im\bar{3}m$, O_h^9;	A2;	cI2	CuK_α 162 MoK_α 18,4

a = 314,70 pm, 298 K; $K_z = 8$, $d_{Mo-Mo} = 272,5$ pm

Weitere physikalische Eigenschaften

Dichte *D*:

Bearbeitungszustand	[$kg\ m^{-3}$]
Stäbe, gepreßte	6100 – 6300
gesintert	9200 – 9400
gehämmert	9700 – 10020
Drähte, gezogen Ø 2 mm	10030
1 mm	10060
0,5 mm	10200
0,05 mm	10220

Wärmeausdehnungszahl α:

T [K]	300	400	600	800	1000	1400	1800	2000
α [K^{-1}]	5,0	5,1	5,4	5,7	6,1	7,2	8,5	$9{,}3 \cdot 10^{-6}$

Elastizitätsmodul E:

T [K]	293	1253	1363	1600
E [GPa]	319	227	200	142

Dehngrenze $R_{p0,1}$ und Zugfestigkeit R_m; a) gewalzt und spannungsfrei geglüht, b) gewalzt und rekristallisiert:

T [K]	$R_{p0,1}$ MPa		R_m MPa	
	a	b	a	b
293	570	380	670	470
923	330	75	450	225
1640	225	53	110	94

Vickershärte HV von gewalztem Mo:

T [K]	293	1140	1270	1920
HV [$kpmm^{-2}$]	200–230	130	100	40

Selbstdiffusion

$\Delta T(2123-2618\ K)$; $D_0 = 0{,}5\ cm^2\,s^{-1}$; $Q = 408\ kJ\,mol^{-1}$.

Änderung des elektrischen Widerstandes ϱ im Magnetfeld H (Mo kleinkristallin):

	H MA · s^{-1}	$\left(\frac{\varrho_H - \varrho_0}{\varrho_0}\right)_T$
⊥ zum Meßstrom:		
$T \approx 78$ K $\quad \frac{\varrho_{78}}{\varrho_{290}} = 0{,}136$	100 300	0,16 0,915
ǁ zum Meßstrom:		
$T \approx 78$ K $\quad \frac{\varrho_{78}}{\varrho_{290}} = 0{,}135$	300	0,225

Hall-Koeffizient R bei 293 K; magnetische Induktion

$B = 1{,}7 - 1{,}8\ Vs/m^2$; $R = 1{,}26 \cdot 10^{-10}\ m^3/As$.

Supraleitung: $T_s = 0{,}92$ K, $H_0 = 98$ Oe
thermoelektrische Kraft: $\varepsilon_{abs} = +\,5{,}9\ \mu VK^{-1}$.

Gesamtemissionsvermögen E und spektrales Emissionsvermögen, ε_λ relativ, einer gereinigten Oberfläche von Mo:

T [K]	100	200	300	400	500	600	700	800	900
E	0,030	0,032	0,037	0,040	0,043	0,050	0,054	0,066	0,076

T [K]	1000	1100	1200	1300	1400	1500	1600	1700	1800
E	0,090	0,108	0,138	0,170	0,154	0,140	0,148	0,163	0,181

ε_λ bei 295 K:

λ [μm]	0,50	0,60	0,80	1,0	2,0	3,0
ε_λ	0,55	0,52	0,48	0,42	0,18	0,12

λ [μm]	4,0	5,0	7,0	9,0	10,0	12,0
ε_λ	0,10	0,08	0,07	0,06	0,06	0,05

Daten des kritischen Punkts: P_{Kr} = 540 MPa, T_{Kr} = 11000 K; D_{Kr} = 2630 kg m^{-3}

Na	**Natrium**	O.Z.	11	rel. A.M.	22,989768	Sodium	7440-23-5

Kern

Z	I.M.B.	Kern	RE [^{1}H = 1,00]	AE [^{1}H = 1,00]	GV [rad T^{-1} s^{-1}]	QM [m^2]	F [Hz]	Ref.
7	20 – 26	^{23}Na	0,0925	0,0925	$7{,}0761 \cdot 10^7$	$0{,}108 \cdot 10^{-28}$	26,451	NaCl(aq)

Elektronenhülle

El. konf.	G.T.	E.A. [kJ mol^{-1}]	I [kJ mol^{-1}] +1	+2
[Ne]3s^1	$^2S_{1/2}$	52,9	496	4562

Thermodynamische Eigenschaften

T_f	T_v	ΔH_f	ΔH_v	ΔH_{at}	Cp (g)	S (g)	H_{298}
K	K	kJ mol^{-1}	kJ mol^{-1}	kJ mol^{-1}	JK^{-1} mol^{-1}	JK^{-1} mol^{-1}	kJ mol^{-1}
370,98	1156	2,603	99,2	107,3	20,79	153,67	6,460

T	K	298,15	300	370,98	370,98	400	500	600	800	1000	1100
Cp	JK^{-1} mol^{-1}	28,15	28,20	31,58	31,83	31,51	30,55	29,81	28,95	28,95	29,26
S	JK^{-1} mol^{-1}	51,46	51,63	57,90	64,92	67,30	74,22	79,73	88,16	94,61	97,38
ΔH	kJ mol^{-1}	0	0,05	2,15	4,75	5,67	8,78	11,79	17,65	23,43	26,34

Physikalische Eigenschaften

MV	D	α	ΔV	$\varkappa$	E	G
cm^3	$kg\,m^{-3}$	$10^{-6}\,K^{-1}$		$10^{-5}\,MPa^{-1}$	GPa	
23,68	971	70,6	0,027	13,4	6,79	2,52
$\Delta\rho_{(T)}$	$\Delta\rho_{(P)}$	χ_M	$\Psi_{(th)}$	$\Psi_{(ph)}$	D [1]	χ_M [1]
$10^{-4}\,K^{-1}$	$10^{-9}\,hPa^{-1}$	$kg^{-1}\,m^3$	V	V	$kg\,m^{-3}$	$kg^{-1}\,m^3$
54,6	– 38,3	$8{,}8 \cdot 10^{-9}$		2,75	927	

μ	$V_s(l)$	$V_s(t)$	λ	ρ
	$m\,s^{-1}$		$Wm^{-1}\,K^{-1}$	$n\Omega m$
0,342	3310	1620	141	42
η [1,2]	γ [1]	$d\gamma/dT$ [2]		
mPa s [1]	Nm^{-1}	$Nm^{-1}\,K^{-1}$		
0,68	0,193	$-0{,}05 \cdot 10^{-3}$		

1 fl,
2 50 K über T_f.

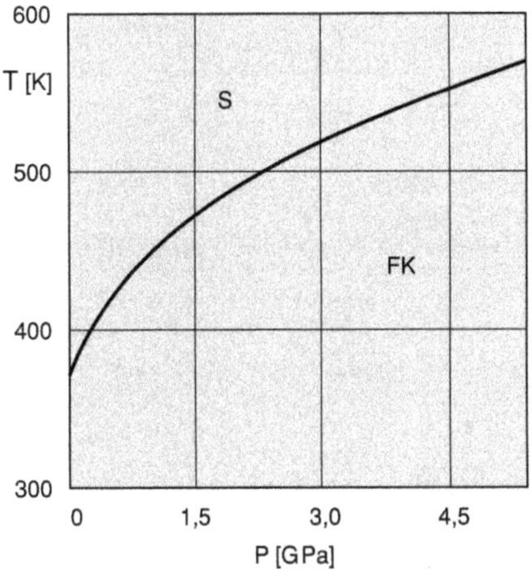

Schmelzkurve von Natrium

Natrium (natron = arab.: Natriumhydroxid) wurde 1807 von H. Davy durch Elektrolyse von geschmolzenen NaOH erzeugt. Natrium kommt in vielen Silikaten, z. B.: Natronfeldspat, $Na(AlSi_3O_8)$ und Salzen: Steinsalz (NaCl), Soda ($Na_2CO_3 \cdot 10\,H_2O$), Trona ($Na_2CO_3 \cdot NaHCO_3 \cdot 2\,H_2O$), Thenardit ($Na_2SO_4$), Kryolith ($Na_3AlF_6$, Vorkommen erschöpft) und im Meerwasser (3 % NaCl) vor. Es wird durch Schmelzflußelektrolyse aus NaOH erzeugt. Das an frischen Oberflächen silbrige Metall läßt sich mit dem Messer schneiden, reagiert heftig mit Wasser und oxidiert sehr schnell. Es muß unter Petrolether aufbewahrt werden. Na und Na/K-Legierungen werden als Wärmeaustauschermedium in Kernreaktoren verwendet, außerdem als Reduktionsmittel, in Natriumdampflampen und als Legierungskomponente in Pb-, Zn- und Al-Legierungen.

Oxidationsstufen: 1–, 0, <u>1+</u>

Standardreduktionspotentiale:

$$Na^+ \xrightarrow{-2{,}713} Na$$

Struktur

RG	SB	PS	μ/ϱ [cm² g⁻¹]
$Im\bar{3}m$, O_h^9;	A2;	cI2	CuK_α 30,1 MoK_α 3,21

β : a = 429,1 pm, 293 K; K_z = 8, d_{Na-Na} = 371,6 pm
<5 K
$P6_3/mmc$, D_{6h}^4; A3; hP2
α : a = 376,7, c = 615,4 pm, 5 K; K_z = 12, d_{Na-Na} = 376,75 pm
Na_{fl}
K_z = 9,5, d_{Na-Na} = 383 pm, 373 K

Weitere physikalische Eigenschaften

Dichte D:

T [K]	273	373	473	673	873	1073
D [kg m⁻³]	972	927	904	857	809	757

Selbstdiffusion

$$\Delta T\,(349-370\ K);\quad D_0 = 0{,}12 \cdot 10^{-4}\ m^2 s^{-1}\quad Q = 41{,}5\ kJ\ mol^{-1}.$$

Viskosität η:

T [K]	416	469	523	641	720	844	959
η [mPa · s]	0,565	0,459	0,388	0,306	0,271	0,210	0,183

Schallgeschwindigkeit Na (fl) bei 371K V = 2395 m s⁻¹ (12 MHz).
Verhältnis des elektrischen Widerstandes am Schmelzpunkt ϱ_{fl}/ϱ_f = 1,44.
Änderung des elektrischen Widerstandes ϱ (Na kleinkristallin) im Magnetfeld H zum Meßstrom:

	H MA · s⁻¹	$\left(\frac{\varrho_H-\varrho_0}{\varrho_0}\right)_T$
⊥ zum Meßstrom:		
T = 20,4 K $\frac{\varrho_{20.4}}{\varrho_{273}}$ = 0,00675	15,6 35,1	0,15 0,50

Hall-Koeffizient R bei 298 K (Na vakuumdestilliert); magnetische Induktion

$$B = 0{,}2-2{,}04\ Vs/m^2;\quad R = -2{,}1 \cdot 10^{-10}\ m^3/As\,.$$

Knightverschiebung am Schmelzpunkt: K_f = 0,114%, K_{fl} = 0,116%
Brechungsindex: λ = 0,5892 µm, n = 0,0045 (fl), n = 4,22 (fest)
Emissionsvermögen bei 1300 – 1570 K: λ = 0,645 µm 28%
Daten des kritischen Punktes P_{Kr} = 25,3 MPa; T_{Kr} = 2500 K, D_{Kr}= 210 kg m⁻³

Nd	Neodym	O.Z.	60	rel. A.M	144,24, a	Neodymium	7440-00-8

Kern

Z	I.M.B.	Kern	RE [^{1}H = 1,00]	AE [^{1}H = 1,00]	GV [rad T^{-1} s^{-1}]	QM [m^2]	F [Hz]	Ref.
16	138–151	^{143}Nd	0,00338	0,000411	$-1,474 \cdot 10^7$	$-0,56 \cdot 10^{28}$	5,437	

Elektronenhülle

El. konf.	G.T.	E.A.	I [kJ mol^{-1}]			
		kJ mol^{-1}	+1	+2	+3	+4
[Xe]$4f^4 6s^2$	$^5I_4$	~50	530	1035	2130	3900

Thermodynamische Eigenschaften

T_f	T_v	ΔH_f	ΔH_v	ΔH_{at}	Cp (g)	S (g)	H_{298}
K	K	kJ mol^{-1}	kJ mol^{-1}	kJ mol^{-1}	JK^{-1} mol^{-1}	JK^{-1} mol^{-1}	kJ mol^{-1}
1289	3337	7,10	273,0	327,6	22,10	189,41	7,134

T	K	298,15	300	400	500	600	700	800	900	1000	1100
Cp	JK^{-1} mol^{-1}	27,42	27,44	28,76	30,29	32,08	34,13	36,45	39,05	41,93	45,08
S	JK^{-1} mol^{-1}	71,09	71,26	79,33	85,91	91,58	96,68	101,38	105,83	110,09	114,23
ΔH	kJ mol^{-1}	0	0,05	2,86	5,81	8,93	12,24	15,76	19,54	23,58	27,93
T	K	1128	1128	1200	1289	1289	1300	1500	2000	3000	3337
Cp	JK^{-1} mol^{-1}	46,01	44,56	44,56	44,56	48,79	48,79	48,79	48,79	48,79	48,79
S	JK^{-1} mol^{-1}	115,37	118,06	120,81	124,00	129,51	129,93	136,91	150,94	170,72	175,92
ΔH	kJ mol^{-1}	29,21	32,23	35,44	39,41	46,51	47,04	56,80	81,19	129,98	146,42

Physikalische Eigenschaften

MV	D	α	ΔV	$\varkappa$	E	G
cm^3	kg m^{-3}	$10^{-6} K^{-1}$		10^{-5} MPa^{-1}	GPa	
20,59	7007	9,6	0,009	2,94	42,2	16,5
$\Delta\rho_{(T)}$	$\Delta\rho_{(P)}$	χ_M	$\Psi_{(th)}$	$\Psi_{(ph)}$	D [1]	χ_M [1]
$10^{-4} K^{-1}$	10^{-9} hPa^{-1}	kg^{-1} m^3	V	V	kg m^{-3}	kg^{-1} m^3
21,3	−1,5	$4,902 \cdot 10^{-7}$	3,3	3,2		

μ	V_s(l)	V_s(t)	λ	ρ	R_m
	m s^{-1}		Wm^{-1} K^{-1}	nΩm	MPa
0,279	2720	1440	16,5	610	169
η [1]	γ [1]		ϱ [1]	HV	
mPa s [1]	Nm^{-1}		nΩm	MNm^{-2}	
	0,688		1550	348	

[1] fl.

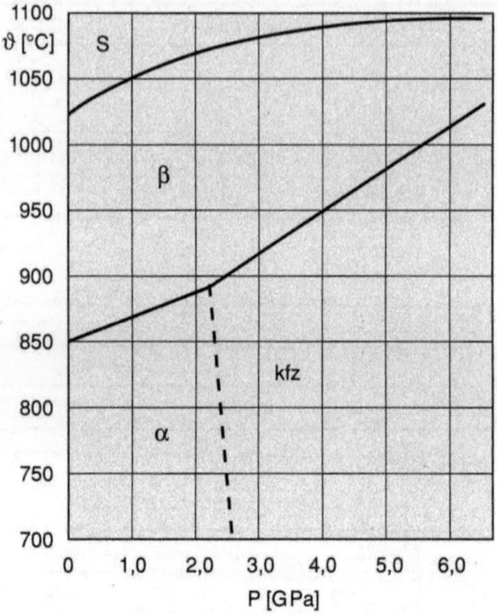

P-T Diagramm von Neodym

Neodym (gr.: neos didymos = neuer Zwilling). 1841 erhielt Mosander aus Cererde ein Oxid, von dem er glaubte, es sei ein neues Element, Dydim. Erst 1885 erkannte Auer v. Welsbach, daß dieses Oxid aus zwei Komponenten (Nd und Pr) bestand, und gab ersterem den Namen Neodym. Erst 1925 wurde das Element durch Reduktion von NdF_3 mit Ca rein dargestellt. Nd ist im Monazit ($LnPO_4$) und Bastnäsit ($LnCO_3F$) enthalten. Das silbrig-glänzende Metall oxidiert an Luft schnell und löst sich in Säuren, es muß unter Paraffin, im Vakuum oder unter Inertgas aufbewahrt werden. Nd wird als Desoxidations- oder Desulfurierungszusatz für Stähle und als Festiger für Mg-Legierungen verwendet.

Oxidationsstufen: 0, 2+, <u>3+</u>, 4+
Standardreduktionspotentiale:

basisch $Nd^{4+} \xrightarrow{+4,9} Nd^{3+} \xrightarrow{-2,6} Nd^{2+} \xrightarrow{-2,2} Nd$

sauer $NdO_2 \xrightarrow{+2,5} Nd(OH)_3 \xrightarrow{-2,78} Nd$

Struktur

RG SB PS μ/ϱ [$cm^2\ g^{-1}$]
α: $P6_3/mmc$, D^4_{6h}; A3; hP2 CuK_α 374 MoK_α 53,2
a = 368,0, c = 1196,1 pm, 293 K; K_z = 12, d_{Nd-Nd} = 364,2 pm
> 1128 K
β: $Im\bar{3}m$, O^9_h; A2; cI2
a = 413 pm, K_z = 8, d_{Nd-Nd} = 357,7 pm
> 2,5 GPa
$Fm\bar{3}m$, O^5_h; A1; cF4
a = 480 pm, 0,5 GPa, 293 K; K_z = 12, d_{Nd-Nd} = 339,4 pm

Weitere physikalische Eigenschaften

Natürliches radioaktives Isotop: ^{144}Nd, Häufigkeit 23,8%; α-Strahler, Halbwertzeit $5 \cdot 10^{15}$ a.
α-Nd, Streckgrenze $R_{p0,2}$, Zugfestigkeit R_m, Bruchdehnung A und Vickershärte *HV*; *G* Gußzustand, *V* durch Schmieden bei um ≈50% verformt:

Zustand	T [K]	$R_{p0,2}$ MPa	R_m MPa	A %	*HV* kpmm^{-2}
G	Z.T.	165	172	11	35
V	Z.T.	–	208	2	–
V	477	123	138	10,3	
G	700	40	42	13	
V	700	82	87	8	

Hall-Koeffizient *R* bei Z.T; magnetische Induktion

$B \leqq 0{,}56\ \mathrm{Vs/m^2}$; $R = 0{,}971 \cdot 10^{-10}\ \mathrm{m^3/As}$.

Ne	**Neon**	O.Z.	10	rel. A.M.	20,1797, a, c		7440-01-9

Kern

Z	I.M.B.	Kern	RE [^{1}H=1,00]	AE [^{1}H=1,00]	GV [rad T^{-1} s^{-1}]	QM [m^2]	F [Hz]	Ref.
8	17–24	^{21}Ne	0,0025	$6{,}43 \cdot 10^{-6}$	$-2{,}1118 \cdot 10^7$	$10{,}3 \cdot 10^{-30}$	7,894	

Elektronenhülle

El. konf.	G.T.	E.A.	I [kJ mol^{-1}]	
		[kJ mol^{-1}]	+1	+2
[He]2s^{2}2p^6	$^1S_0$	– 29	2081	3950

Thermodynamische Eigenschaften

T_f	T_v	ΔH_f	ΔH_v	H_{298}
K	K	kJ mol^{-1}	kJ mol^{-1}	kJ mol^{-1}
24,48	27,10	0,324	1,736	6,197

T	K	298,15	400	600	800	1000	1200	1400	1600	1800	2000
Cp	JK^{-1} mol^{-1}	20,79	20,79	20,79	20,79	20,79	20,79	20,79	20,79	20,79	20,79
S	JK^{-1} mol^{-1}	146,32	152,43	160,86	166,84	171,48	175,27	178,47	181,25	183,70	185,89
ΔH	kJ mol^{-1}	0	2,12	6,27	10,43	14,59	18,75	22,90	27,06	31,22	35,38

Physikalische Eigenschaften

MV	D [1]	λ	χ_M [2]	η_{273}	η_{573}	η_{873}	η_{1100}
cm^3	kg m^{-3}	Wm^{-1} K^{-1}	kg^{-1} m^3		µPa · s		[3]
13,97	0,8994	0,0493	$-4{,}2 \cdot 10^{-9}$	29,8	48,9	64,4	72,1

[1] bei 273K, [2] Gas, [3] bei Normaldruck.

I	ΔH_{Dis}	d[1]	Suth-K	D[2]	T_{Kr}	P_{Kr}	D_{Kr}
$10^{-40}cm^2$	eV	pm		$cm^2 s^{-1}$	K	MPa	$kg\,m^{-3}$
		259	128	0,452	44,40	2,75	483,5

V_g[3]	V_{fl}	T_{Tr}	P_{Tr}	λ[3]	$(\varepsilon-1)\cdot 10^6$	χ	$(n-1)\cdot 10^6$
$m\,s^{-1}$	$m\,s^{-1}$	K	kPa	$W m^{-1} K^{-1}$	NTP	$kg^{-1} m^3$	(0,5462 µm)
461		24,55	43,3	$4{,}61\cdot 10^{-2}$	130	$-4{,}19\cdot 10^{-9}$	7,25

[1] 293 K, [2] 273 K, [3] NTP.

Neon (gr.: neos = neu) wurde 1900 von W. Ramsay und M.W. Travers aus der Luft, in der es zu $1{,}6\cdot 10^{-3}$ Vol% enthalten ist, isoliert. Das Gas ist farblos, geruchlos und inert. Neon wird für farbige Leuchtröhren (rot-orange), Gas-Laser und in elektronischen Instrumenten verwendet, außerdem in der Tiefkühltechnik.

Struktur

RG	SB	PS	μ/ϱ [$cm^2\,g^{-1}$]
$Fm\bar{3}m$, O_h^5;	A1;	cF4	CuK_α 22,9 MoK_α 2,47

a = 446,38 pm, 4,25 K; $K_z = 12$, $d_{Ne-Ne} = 315{,}6$ pm
Ne_{fl}
$K_z = 8{,}8$, $d_{Ne-Ne} = 317$ pm, $T > T_f$

Dichte koexistierender Phasen:

T K	D' (fl) $kg\,m^{-3}$	D''(g) $kg\,m^{-3}$	T K	D' (fl) $kg\,m^{-3}$	D''(g) $kg\,m^{-3}$
25,23	1238,2	5,34	37,89	967,3	93,1
26,21	1222,2	7,11	39,14	928,0	115,9
27,21	1204,2	9,39	41,13	854,2	165,6
30,25	1149,6	20,13	43,08	748,7	239,4
33,15	1088,3	38,3	44,40	483,5	
36,11	1017,5	67,4			

Löslichkeit in Wasser bei $1{,}01\cdot 10^5$ Pa Ne-Druck

T [K]	273	293	303
$\alpha = \dfrac{m^3\,(Gas)}{m^3\,(Wasser)}$	0,014	0,010	0,0099

Np	**Neptunium**	O.Z.	93	rel. A.M.	237,0482, d		7439-99-8

Kern

Z	I.M.B.	Kern	RE [$^1H=1{,}00$]	AE [$^1H=1{,}00$]	GV [$rad\,T^{-1} s^{-1}$]	QM [m^2]	F [Hz]	Ref.
15	229–241	^{237}Np			$3{,}1\cdot 10^7$	$4{,}5\cdot 10^{-28}$	11,25	

Elektronenhülle

El. konf.	G.T.	E.A.	I [$kJ\,mol^{-1}$]		
		[$kJ\,mol^{-1}$]	+1	+2	+3
$[Rn]5f^4 6d^1 7s^2$	$^6L_{11/2}$	29	530	1140	2770

Thermodynamische Eigenschaften

T_f	T_v	ΔH_f	ΔH_v	ΔH_{at}	Cp (g)	S (g)	H_{298}
K	K	kJ mol^{-1}	kJ mol^{-1}	kJ mol^{-1}	JK^{-1}mol^{-1}	JK^{-1}mol^{-1}	kJ mol^{-1}
912	4352	5,19	423,4	464,8	20,82	197,72	6,607

T	K	298,15	300	400	500	553	553	600	700	800	849
Cp	JK^{-1}mol^{-1}	29,62	29,67	34,02	40,44	44,22	39,33	39,33	39,33	39,33	39,33
S	JK^{-1}mol^{-1}	50,46	50,64	59,69	67,95	72,21	82,35	85,56	91,62	96,87	99,21
ΔH	kJ mol^{-1}	0	0,06	3,21	6,93	9,17	14,78	16,62	20,56	24,49	26,42
T	K	849	900	912	912	1000	1500	2000	3000	4000	4352
Cp	JK^{-1}mol^{-1}	36,39	36,39	36,39	45,40	45,40	45,40	45,40	45,40	45,40	45,40
S	JK^{-1}mol^{-1}	105,42	107,54	108,03	113,71	117,90	136,30	149,36	167,77	180,83	184,66
ΔH	kJ mol^{-1}	31,69	33,54	33,98	39,17	43,16	65,86	88,56	133,96	179,35	195,35

Physikalische Eigenschaften

MV	D	α	ΔV	$\varkappa$	μ	V_s(l)	V_s(t)	λ	ρ
cm^3	kg m^{-3}	10^{-6}K^{-1}		10^{-6}Pa^{-1}		m s^{-1}		Wm^{-1}K^{-1}	nΩm
11,71	20450	27,5						6,3	
$\Delta\varrho_{(T)}$	$\Delta\varrho_{(P)}$	χ_M	$\Psi_{(th)}$	$\Psi_{(ph)}$					
			V	V					

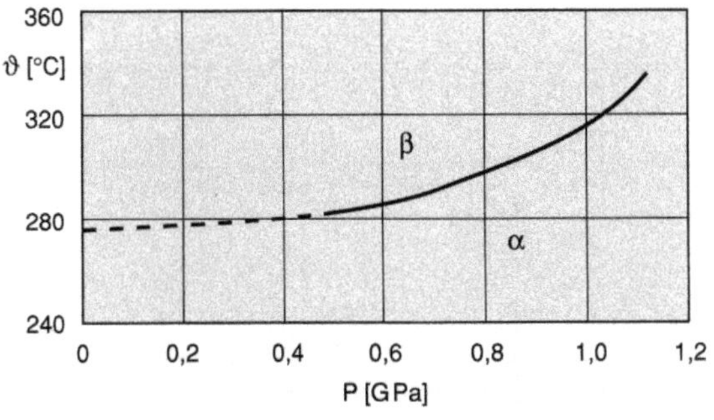

P-T Diagramm von Neptunium

Neptunium (nach dem Planeten Neptun benannt) war das erste künstliche Transuranelement. Es wurde 1940 von McMillan und Abelson in Berkeley durch Beschuß von Uran mit Neutronen hergestellt.

^{237}Np (HWZ = 2,14 · 10^6 Jahre) erhält man in Grammengen als Nebenprodukt in der Plutoniumherstellung. Das radioaktive Metall wird durch Reduktion von NpF_3 mit Li-Dampf erzeugt. Es ist silbrig-weiß und sehr reaktiv, wird daher von O_2, Wasserdampf und Säuren angegriffen, nicht aber von Alkalien.

Oxidationsstufen: 0, 3+, 4+, <u>5+</u>, 6+, 7+

Standardreduktionspotentiale:

basisch $NpO_5^{3-} \xrightarrow{+0,5281} NpO_2(OH)_2 \xrightarrow{+0,49} NpO_2(OH) \xrightarrow{+0,40} NpO_2 \xrightarrow{-1,75} Np(OH)_3 \xrightarrow{-2,22} Np$

sauer (1M-$HClO_4$) $NpO_3^{+} \xrightarrow{>+2,07} NpO_2^{2+} \xrightarrow{+1,1364} NpO_2^{+} \xrightarrow{+0,7391} Np^{4+} \xrightarrow{+0,1551} Np^{3+} \xrightarrow{-1,79} Np$

Struktur

RG SB PS

α: Pmcn, D_{2h}^{16}; –; oP8

a = 472,1, b = 488,8, c = 666,1 pm, 293 K; K_z = „8“ + „6“, stark verzerrt, d_{Np-Np} = 259,9 – 335,7 pm

>553 K

β: P4/nmm; D_{4h}^{7}; tP4

a = 489,7, c = 338,8 pm, 586 K; K_z = „8“ + „6“ verzerrt, d_{Np-Np} = 275,2 – 355,5 pm

>849 K

γ: Im$\bar{3}$m; O_h^9; A2; cI2

a = 352 pm, 873 K, K_z = 8 + 6; d_{Np-Np} = 305 und 352 pm

Ni	Nickel	O.Z.	28	rel. A.M.	58,6934		7440-02-0

Kern

Z	I.M.B.	Kern	RE [^{1}H=1,00]	AE [^{1}H=1,00]	GV [rad $T^{-1}s^{-1}$]	QM [m^2]	F [Hz]	Ref.
9	56–64	^{61}Ni	0,00357	$4,25 \cdot 10^{-5}$	$-2,3948 \cdot 10^{7}$	$0,162 \cdot 10^{-28}$	8,936	

Elektronenhülle

El. konf.	G.T.	E.A.	I [kJ mol^{-1}]			
		[kJ mol^{-1}]	+1	+2	+3	+4
[Ar]$3d^84s^2$	$^3F_4$	156	737	1753	3393	5300

Thermodynamische Eigenschaften

T_f	T_v	ΔH_f	ΔH_v	ΔH_{at}	Cp (g)	S (g)	H_{298}
K	K	kJ mol^{-1}	kJ mol^{-1}	kJ mol^{-1}	$JK^{-1}mol^{-1}$	$JK^{-1}mol^{-1}$	kJ mol^{-1}
1726	3184	17,47	369,24	430,1	23,36	182,19	4,787

T	K	298,15	400	600	800	1000	1200	1400	1600	1726	1726
Cp	$JK^{-1}mol^{-1}$	26,07	28,47	34,77	31,13	32,97	34,89	36,18	36,19	36,19	43,10
S	$JK^{-1}mol^{-1}$	29,87	37,88	50,42	59,68	66,81	72,99	78,48	83,31	86,06	96,18
ΔH	kJ mol^{-1}	0	2,78	9,01	15,42	21,82	28,60	35,73	42,97	47,53	65,01
T	K	1800	2000	2200	2400	2600	2800	3000	3184		
Cp	$JK^{-1}mol^{-1}$	43,10	43,10	43,10	43,10	43,10	43,10	43,10	43,10		
S	$JK^{-1}mol^{-1}$	97,99	102,53	106,64	110,39	113,84	117,03	120,00	122,57		
ΔH	kJ mol^{-1}	68,19	76,81	85,43	94,05	102,67	111,29	119,91	127,84		

Physikalische Eigenschaften

MV	D	α	ΔV	$\varkappa$	E	G
cm^3	$kg\,m^{-3}$	$10^{-6}\,K^{-1}$		$10^{-5}\,MPa^{-1}$	GPa	
6,59	8902	13,3		0,513	207	76
$\Delta\rho_{(T)}$	$\Delta\rho_{(P)}$	χ_M	$\Psi_{(th)}$	$\Psi_{(ph)}$	D [1]	χ_M [1]
$10^{-4}\,K^{-1}$	$10^{-9}\,hPa^{-1}$	$kg^{-1}\,m^3$	V	V	$kg\,m^{-3}$	$kg^{-1}\,m^3$
69,2	1,82	ferrom.	4,60	5,15	7910	

μ	$V_s(l)$	$V_s(t)$	λ	ρ	R_m
	$m\,s^{-1}$		$W\,m^{-1}\,K^{-1}$	$n\Omega m$	GPa
0,31	5810	3080	83	59,0	317
η [1,2]	γ [1]	$d\gamma/dT$ [1]	HV		
mPa s [1]	Nm^{-1}	$Nm^{-1}\,K^{-1}$	MNm^{-2}		
5,0	1,725	$(-0{,}98 \cdot 10^{-3})$	640		

[1] fl, [2] 50 K über T_f.

Nickel (dt.: Satan) wurde als NiAs oft mit Cu_2O verwechselt, das Erz erhielt daher von Bergleuten den Namen Kupfernickel. 1751 isolierte der Schwede A.F. Cronstedt aus NiAs das Metall und nannte es Nickel. Die wichtigsten Nickelminerale sind Pentlandit (Fe,Ni)S, Garnierit $[Ni,Mg]_6(OH)_8$-$[Si_4O_{10}]$, Rotnickelkies (NiAs) und Weißnickelkies ($NiAs_2$). Die Nickelerze werden angereichert, zu Oxiden abgeröstet und mit Koks reduziert. Reines Nickel wird durch Überführung des Rohnickels in $Ni(CO)_4$ und anschließende thermische Zersetzung dargestellt (Mond-Verfahren). Das silbrig-weiße Nickel ist hart, schmiedbar, duktil, ferromagnetisch und ein mäßiger Leiter für Elektrizität und Wärme. Es wird an feuchter Luft und von Alkalien kaum, von verdünnten Säuren nur langsam angegriffen. Konzentrierte, oxidierende Säuren lösen es wegen der Bildung einer dünnen Oxidschicht nicht. Nickel wird für Legierungszwecke verwendet. Es erhöht die Härte, Zähigkeit und Korrosionsbeständigkeit von Stählen. Reines Nickel wird für die galvanische Vernickelung, in fein verteilter Form für Hydrierungskatalysatoren verwendet. Es ist Bestandteil vieler korrosionsfester Legierungen, wie Invar, Monel, Inconel und Hastelloy. Nickelmünzen und Heiz- und Thermoelementdrähte (Nichrom, Permalloy, Konstantan) sind weitere Einsatzmöglichkeiten.

Oxidationsstufen: 1–, 0, 1+, <u>2+</u>, 3+, 4+, 6+

Standardreduktionspotentiale:

basisch $NiO_2 \xrightarrow{-0{,}490} Ni(OH)_2 \xrightarrow{-0{,}72} Ni$

sauer $NiO_2 \xrightarrow{+1{,}678} Ni^{2+} \xrightarrow{-0{,}257} Ni$

Struktur

RG	SB	PS	μ/ϱ [$cm^2\,g^{-1}$]
$Fm\bar{3}m$, D_h^5;	A1;	cF4	CuK_α 45,7 MoK_α 46,6

a = 352,41 pm, 293 K; K_z = 12, d_{Ni-Ni} = 249,2 pm

Weitere physikalische Eigenschaften

Wärmeausdehnungszahl $\bar{\alpha}$:

T_1-T_2 [K]	298–373	373–473	573–673	773–873	973–1073
$\bar{\alpha}$ [K^{-1}]	13,3	14,4	16,8	17,1	$17{,}7 \cdot 10^{-6}$

Elastizitätsmodul E und Gleitmodul G (Ni hochrein 99,7%):

T [K]	273	373	473	673	873	1073
E [GPa]	225	218	210	194	178	165
G [GPa]	77	–	76	72	66	60

Streckgrenze $R_{p0,2}$, Zugfestigkeit R_m, Bruchdehnung A und Brinellhärte HB:

Zustand	$R_{p0,2}$ MPa	R_m MPa	A[1] %	HB $kpmm^{-2}$
Bleche warmgewalzt	140–350	380–590	55–35	100–150
Bleche weichgeglüht	100–280	380–560	60–40	90–140
Stangen gezogen	280–700	450–700	35–10	140–230
Stangen warmgewalzt	100–310	420–590	55–35	90–130
Stangen geschmiedet	140–420	450–630	55–50	100–170
Draht $^1/_4$ hart	–	562–660		
Draht $^1/_2$ hart	280–520	630–660	40–20	
Draht hart	730–940	730–980	15–4	
Draht federhart	730–940	870–1010	15–2	

[1] 51 mm Meßlänge.

Selbstdiffusion

ΔT (973–1673 K), $D_0 = 2{,}5\ \text{cm}^2\,\text{s}^{-1}$; $Q = 288\ \text{kJ mol}^{-1}$.

Hallkoeffizient: $R = -0{,}6 \cdot 10^{-10}\ \text{m}^3/\text{As}$, 298 K
thermoelektrische Kraft: $\varepsilon_{abs} = -18\ \mu\text{VK}^{-1}$

Änderung des elektrischen Widerstandes am Schmelzpunkt

$\varrho_{fl} = 850\ \text{n}\Omega\text{m} \quad \varrho_{fl}/\varrho_f = 1{,}3$

Änderung des elektrischen Widerstandes ϱ (Ni kleinkristallin) im Magnetfeld $H \perp$ zum Meßstrom:

	H $\text{MA} \cdot \text{s}^{-1}$	$\left(\frac{\varrho_H - \varrho_0}{\varrho_0}\right)_T$
$T \approx 291$ K	100	−0,027
	300	−0,046

Magnetische Größen s. Ergänzungen Co.
Spektrales Emissionsvermögen ε_λ (relativ):

λ [μm]	1,2		1,4		1,8		2,4	
T [K]	1073	1473	1073	1473	1073	1473	1073	1473
ε_λ	0,294	0,290	0,263	0,273	0,230	0,236	0,192	0,202

Reflexionsvermögen R: λ = 0,30 μm 41,3%

Nb	Niob	O.Z.	41	rel. A.M.	92,90638	Niobium	7440-03-1

Kern

Z	I.M.B.	Kern	RE [^{1}H=1,00]	AE [^{1}H=1,00]	GV [rad T^{-1} s^{-1}]	QM [m^2]	F [Hz]	Ref.
24	88–101	^{93}Nb	0,48	0,48	$6{,}5476 \cdot 10^7$	$-0{,}2 \cdot 10^{-28}$	24,442	$NbF_6^-(HF_c)$

Elektronenhülle

El. konf.	G.T.	E.A. [kJ mol^{-1}]	I [kJ mol^{-1}] +1	+2	+3	+4	+5
[Kr]$4d^4 5s^1$	$^6D_{1/2}$	109	664	1382	2416	3695	4877

Thermodynamische Eigenschaften

T_f	T_v	ΔH_f	ΔH_v	ΔH_{at}	Cp (g)	S (g)	H_{298}
K	K	kJ mol^{-1}	kJ mol^{-1}	kJ mol^{-1}	JK^{-1} mol^{-1}	JK^{-1} mol^{-1}	kJ mol^{-1}
2740	5013	26,36	683,2	721,3	30,17	186,26	5,220

T	K	298,15	500	800	1100	1400	1700	2000	2300	2600	2740
Cp	JK^{-1} mol^{-1}	24,61	25,89	27,10	28,38	29,66	30,94	32,20	33,46	34,73	35,32
S	JK^{-1} mol^{-1}	36,40	49,50	61,93	70,75	77,74	83,62	88,75	93,34	97,52	99,35
ΔH	kJ mol^{-1}	0	5,12	13,07	21,39	30,10	39,19	48,66	58,51	68,74	73,64
T	K	2740	3100	3300	3600	3900	4200	4500	4800	5013	
Cp	JK^{-1} mol^{-1}	33,47	33,47	33,47	33,47	33,47	33,47	33,47	33,47	33,47	
S	JK^{-1} mol^{-1}	108,98	113,11	115,20	118,11	120,79	123,27	125,58	127,74	129,20	
ΔH	kJ mol^{-1}	100,01	112,06	118,76	128,80	138,84	148,88	158,92	168,96	176,09	

Physikalische Eigenschaften

MV	D	α	ΔV	$\varkappa$	E	G
cm^3	kg m^{-3}	10^{-6} K^{-1}		10^{-5} MPa^{-1}	GPa	
10,84	8570	7,07		0,56	207	76
$\Delta\rho_{(T)}$	$\Delta\rho_{(P)}$	χ_M	$\Psi_{(th)}$	$\Psi_{(ph)}$	D [1]	χ_M [1]
10^{-4} K^{-1}	10^{-9} hPa^{-1}	kg^{-1} m^3	V	V	kg m^{-3}	kg^{-1} m^3
25,8	−1,37	$2{,}76 \cdot 10^{-8}$	3,99	4,3	7830	

μ	V_s(l)	V_s(t)	λ	ρ	R_m
	m s^{-1}		Wm^{-1} K^{-1}	nΩm	GPa
0,399	5100	2090	52,7	152	585
η [1]	γ [1]	dγ/dT [1]	HV [2]		
mPa s [1]	Nm^{-1}	Nm^{-1} K^{-1}	MNm^{-2}		
	2,0	$(-0{,}24 \cdot 10^{-3})$	1320		

[1] fl, [2] 473 K.

Niobium (gr.: Niobe = Tochter des Tantalus). 1801 isolierte C. Hatchett aus einem kolumbianischen Mineral das Oxid eines neuen Elements, das er Columbium nannte, 1802 erhielt A. G. Ekeberg aus einem finnischen Mineral ein neues Oxid, das er einem neuen Element, Tantal, zuschrieb. Wegen ihrer Ähnlichkeit hielt man beide für das gleiche Element, erst 1844 gelang H. Rose der Nachweis, daß Columbium doch ein anderes Element war und benannte es in Analogie zu Tantal Niobium. C. W. Bloomstrand stellte 1866 das Metall durch Reduktion von $NbCl_5$ mit H_2 dar. Für die Darstellung wichtig ist das Mineral Kolumbit (Fe, Mn)[(Nb, Ta)O_3]$_2$. Niob wird aluminothermisch aus Nb_2O_5 hergestellt. (Herstellung Nb_2O_5 bei Tantal). Nb ist ein glänzend-weißes und duktiles Metall, das schöne Anlauffarben ausbildet. Es beginnt an Luft bei 400 °C stark zu oxidieren, ist resistent gegen verdünnte Säuren und organische Flüssigkeiten, wird von heißen, konzentrierten Säuren, auch von verdünnten Alkalien und HF gelöst. Niob ist ein Legierungselement für Ni- und Co-Superlegierungen, sowie für rostfreie Stähle. In der Kerntechnik wird es als Material für Kühlsysteme mit flüssigen Metallen eingesetzt, da es mit Li, Na, K, Ca und Bi nicht reagiert. Nioblegierungen waren die ersten Supraleiter mit höheren Sprungtemperaturen.

Oxidationsstufen: 1–, 0, 1+, 2+, 3+, 4+, <u>5+</u>

Standardreduktionspotentiale:

sauer $Nb_2O_5 \xrightarrow{+0,05} Nb^{3+} \xrightarrow{-1,10} Nb$

Struktur

RG	SB	PS	μ/ϱ [$cm^2\,g^{-1}$]
$Im\bar{3}m$, O_h^9;	A2;	cI2	CuK_α 153 MoK_α 17,1

a = 330,07 pm, 298 K; K_z = 8, d_{Nb-Nb} = 285,8 pm

Weitere physikalische Eigenschaften

Wärmeausdehnungszahl $\bar{\alpha}$, Zugfestigkeit R_m, Bruchdehnung A und Wärmeleitzahl λ:

T K	$\bar{\alpha}$ (291–T)[1] $10^{-6}\,K^{-1}$	R_m[2] MPa	A[2] %	λ[3] $Wm^{-1}K^{-1}$
273	–			52,3
293	–	330	19,2	–
373	7,10	–	–	54,5
473	7,21	360	14,2	56,5
673	7,39	330	13,2	60,7
873	7,56	310	17,5	65,2
1073	7,72	300	20,7	–

[1] Nb 99,92%, [2] Nb 99,8%, [3] Nb 99,95%.

Vickershärte *HV* von handelsüblichen Nb ≈ 84 $kpmm^{-2}$.
Selbstdiffusion

$$\Delta T\,(1354-2690\,K),\quad D_0 = 0{,}524 \cdot 10^{-4}\,m^2 s^{-1},\quad Q = 395{,}6\,kJ\,mol^{-1}.$$

Änderung des elektrischen Widerstandes ϱ (Nb 99,9% kleinkristallin) im Magnetfeld $H \perp$ zum Meßstrom:

$$T = 20{,}4\,K \quad \frac{\varrho_{20,4}}{\varrho_{273}} = 0{,}0682;\quad H = 40\,MAs^{-1} \quad \left(\frac{\varrho_H - \varrho_0}{\varrho_0}\right)_T = 0{,}001\,.$$

Hall-Koeffizient *R* bei 273 K; magnetische Induktion

$$B = 0{,}54\,Vs/m^2;\quad R = 0{,}88 \cdot 10^{-10}\,m^3/As\,.$$

Supraleitung: T_s = 9,13 K, H_0 = 1980 Oe
Spektrales Emissionsvermögen ε (λ = 0,65 µm) bei 2000 K: ε = 0,37 .

No	**Nobelium**	O.Z.	102	rel. A.M.	259,1009, d		10028-14-5

Kern

Z	I.M.B.	Kern	AE [^{1}H = 1,00]	RE [^{1}H = 1,00]	GV [rad T^{-1} s^{-1}]	QM [m^2]	F [Hz]	Ref.
9	251 – 259							

Elektronenhülle

El. konf.	G.T.	E.A.	I [kJ mol^{-1}]		
		[kJ mol^{-1}]	+1	+2	+3
[Rn]$5f^{14}7s^2$	$^1S_0$	< 0	549	1201	2535

Thermodynamische Eigenschaften

T_f	T_v	ΔH_f	ΔH_v	ΔH_{at}	Cp (g)	S (g)
K	K	kJ mol^{-1}	kJ mol^{-1}	kJ mol^{-1}	$JK^{-1}mol^{-1}$	$JK^{-1}mol^{-1}$
				108		

Nobelium (Alfred Nobel, Entdecker des Dynamits) wurde wie viele Transurane in Berkeley 1958 durch G.T. Seaborg und Mitarbb. entdeckt. ^{244}Cm wurde mit ^{12}C beschossen und ergab ^{254}No. Das stabilste Isotop hat eine HWZ von 3 min.

Oxidationsstufen: 0, $\underline{2+}$, 3+, 4+

Standardreduktionspotentiale:

sauer $(No^{4+}) \xrightarrow{+6,3} No^{3+} \xrightarrow{+1,45} No^{2+} \xrightarrow{-2,5} No$

Os	**Osmium**	O.Z.	76	rel. A.M.	190,23, a		7440-04-02

Kern

Z	I.M.B.	Kern	RE [^{1}H = 1,00]	AE [^{1}H = 1,00]	GV [rad T^{-1} s^{-1}]	QM [m^2]	F [Hz]	Ref.
19	181 – 195	^{189}Os	0,00234	0,000376	$2{,}0773 \cdot 10^7$	$0{,}8\ 10^{-28}$	7,758	OsO_4

Elektronenhülle

El. konf.	G.T.	E.A.	I [kJ mol^{-1}]					
		[kJ mol^{-1}]	+1	+2	+3	+4	+5	+6
[Xe]$4f^{14}5d^6 6s^2$	$^5D_4$	139	840	1600	2400	3400	5200	6600

Thermodynamische Eigenschaften

T_f	T_v	ΔH_f	ΔH_v	ΔH_{at}	Cp (g)	S (g)
K	K	$kJ\,mol^{-1}$	$kJ\,mol^{-1}$	$kJ\,mol^{-1}$	$JK^{-1}mol^{-1}$	$JK^{-1}mol^{-1}$
3300	5281	31,76	746	788,3	20,78	192,57

T	K	298,15	500	800	1100	1400	1700	2000	2300	2600	2900
Cp	$JK^{-1}mol^{-1}$	24,71	25,48	26,62	27,76	28,09	30,05	31,19	32,71	33,47	34,62
S	$JK^{-1}mol^{-1}$	32,64	45,59	57,81	66,46	73,29	79,01	83,98	89,80	92,45	96,17
ΔH	$kJ\,mol^{-1}$	0	5,07	12,88	21,04	29,54	38,38	47,56	57,09	66,96	77,17
T	K	3200	3300	3300	3600	3900	4200	4500	4800	5100	5281
Cp	$JK^{-1}mol^{-1}$	35,75	36,14	35,98	35,98	35,98	35,98	35,98	35,98	35,98	35,98
S	$JK^{-1}mol^{-1}$	99,63	100,74	110,36	113,49	116,37	119,04	121,52	123,84	126,02	127,28
ΔH	$kJ\,mol^{-1}$	87,73	91,32	123,08	133,88	144,67	155,47	166,26	177,06	187,85	194,36

Physikalische Eigenschaften

MV	D	α	ΔV	$\varkappa$	E	G
cm^3	$kg\,m^{-3}$	$10^{-6}K^{-1}$		$10^{-5}MPa^{-1}$	GPa	
8,43	22570	6,1		0,261	560	221
$\Delta\rho_{(T)}$	$\Delta\rho_{(P)}$	χ_M	$\Psi_{(th)}$	$\Psi_{(ph)}$	D [1]	χ_M [1]
$10^{-4}K^{-1}$	$10^{-6}hPa^{-1}$	$kg^{-1}m^3$	V	V	$kg\,m^{-3}$	$kg^{-1}m^3$
42		$6{,}5 \cdot 10^{-10}$	4,83		20100	

μ	V_s(l)	V_s(t)	λ	ρ
	$m\,s^{-1}$		$Wm^{-1}K^{-1}$	nΩm
0,253	5480	3140	87,6	81
η [1]	γ [1]	$d\gamma/dT$ [1]	HV	
mPa s [1]	Nm^{-1}	$Nm^{-1}K^{-1}$	$kpmm^{-2}$	
	2,5	$(-0{,}33 \cdot 10^{-3})$	800	

[1] fl.

Osmium (gr.: osme = Geruch) ist Bestandteil des Rückstands beim Lösen von Rohplatin in Königswasser und wurde 1809 von S. Tennant (Großbritannien) gefunden. Os ist Begleitelement von Platin- und Silbererzen. Es wird aus dem unlöslichen Rückstand der Silberherstellung gewonnen: $NaHSO_4$ Aufschluß, Auslaugen mit Wasser, Lösung mit Cl_2 in der Wärme durchströmen, Auffangen des entstandenen OsO_4 in HCl-Lösung, Erwärmen, Entweichen als OsO_4, Auffangen in NaOH, Fällung mit NH_4Cl zu $OsO_2(NH_3)_4Cl_2$, mit H_2 reduzieren. Das Metall fällt in Pulverform an, ist blauweiß-glänzend, sehr hart, spröde und schwer verarbeitbar. Kompaktes Metall wird durch Luft nicht angegriffen, gepulvertes schnell unter der Bildung von hochtoxischen, flüchtigen OsO_4. Es löst sich in HNO_3 und Königswasser und in Alkalien mit O_2, aber nicht in anderen Mineralsäuren. Os wird für Federspitzen, Grammophonnadeln, elektrische Kontakte und Lager verwendet.

Oxidationsstufen: 0, 1+, 2+, 3+, <u>4+</u>, 5+, 6+, 7+, 8+

Standardreduktionspotentiale:

$$OsO_4 \xrightarrow{+0{,}46} OsO_4^{2-} \xrightarrow{+1{,}61} OsO_2 \xrightarrow{+0{,}687} Os$$

$$HOsO_5^- \xrightarrow{+0{,}71} OsO_4^{2-}$$

Struktur

RG SB PS μ/ϱ [cm² g⁻¹]

RG	SB	PS	μ/ϱ [$cm^2\,g^{-1}$]
$P6_3/mmc$, D_{6h}^4;	A3;	hP2	CuK_α 186 MoK_α 106

a = 273,48, c = 431,93 pm, 293 K; $K_z = 6 + 6$, d_{Os-Os} 267,53; 273,48 pm

Weitere physikalische Eigenschaften

Linearer Ausdehnungskoeffizient γ bei 323 K: $\parallel$ *c* Achse $\gamma = 3{,}2 \cdot 10^{-6}\,K^{-1}$, $\perp$ *c* Achse $\gamma = 2{,}6 \cdot 10^{-6}\,K^{-1}$.

Supraleitung: $T_s = 0{,}66$ K, $H_0 = 65$ Oe

Pd	**Palladium**	O.Z.	46	rel. A.M.	106,42, a		7440-05-3

Kern

Z	I.M.B.	Kern	RE [^1H=1,00]	AE [^1H=1,00]	GV [rad $T^{-1}\,s^{-1}$]	QM [m^2]	F [Hz]	Ref.
21	95–115	^{105}Pd	0,00112	0,000249	$-0{,}756 \cdot 10^7$	$0{,}8 \cdot 10^{28}$	4,576	

Elektronenhülle

El. konf.	G.T.	E.A. [kJ mol⁻¹]	I [kJ mol⁻¹] +1	+2	+3	+4
$[Kr]4d^{10}$	$^1S_0$	98,4	805	1875	3177	4700

Thermodynamische Eigenschaften

T_f	T_v	ΔH_f	ΔH_v	ΔH_{at}	Cp (g)	S (g)	H_{298}
K	K	kJ mol⁻¹	kJ mol⁻¹	kJ mol⁻¹	JK⁻¹ mol⁻¹	JK⁻¹ mol⁻¹	kJ mol⁻¹
1825	3234	17,56	357,6	376,6	20,79	167,06	5,468

T	K	298,15	300	500	700	900	1100	1300	1500	1700	1825
Cp	JK⁻¹ mol⁻¹	25,98	26,00	27,24	28,30	29,37	30,44	31,50	32,64	34,28	35,53
S	JK⁻¹ mol⁻¹	37,82	37,98	51,58	60,91	68,16	74,15	79,32	83,91	88,09	90,57
ΔH	kJ mol⁻¹	0	0,05	5,38	10,94	16,70	22,68	28,88	35,29	41,97	46,33
T	K	1825	2000	2200	2400	2600	2800	3000	3234		
Cp	JK⁻¹ mol⁻¹	34,73	34,73	34,73	34,73	34,73	34,73	34,73	34,73		
S	JK⁻¹ mol⁻¹	100,19	103,37	106,68	109,70	112,48	115,05	117,45	120,06		
ΔH	kJ mol⁻¹	63,89	69,97	76,92	83,86	90,81	97,75	104,70	112,82		

Physikalische Eigenschaften

MV	D	α	ΔV	$\varkappa$	E	G
cm^3	$kg\,m^{-3}$	$10^{-6}\,K^{-1}$		$10^{-5}\,MPa^{-1}$	GPa	
8,85	12020	11,2		0,505	121	43,4
$\Delta\rho_{(T)}$	$\Delta\rho_{(P)}$	χ_M	$\Psi_{(th)}$	$\Psi_{(ph)}$	D [1]	χ_M [1]
$10^{-4}\,K^{-1}$	$10^{-9}\,hPa^{-1}$	$kg^{-1}\,m^3$	V	V	$kg\,m^{-3}$	$kg^{-1}\,m^3$
37,7	− 2,1	$6{,}702 \cdot 10^{-8}$	4,99	5,12	10700	

µ	$V_s(l)$	$V_s(t)$	λ	ρ
$m\,s^{-1}$		$Wm^{-1}\,K^{-1}$	$n\Omega m$	
0,394	4540	1900	71,8	101
η [1]	γ [1]	$d\gamma/dT$ [1]	HV	
mPa s [1]	Nm^{-1}	$Nm^{-1}\,K^{-1}$	MNm^{-2}	
	1,50	$(-0{,}22 \cdot 10^{-3})$	461	

[1] fl.

Palladium (nach einem neu entdeckten Asteroiden, Pallas, benannt, gr.: pallas = Beiname der Göttin Athene) wurde von W.H. Wollaston 1803 in Lösungen von Rohplatin in Königswasser gefunden, nachdem er Pt als $(NH_4)_2PtCl_6$ abgefällt hatte. Die Gewinnung erfolgt aus Platinmetallkonzentraten (Ag, Ni Herstellung) durch Auflösen in Königswasser, Behandeln der Lösung mit $FeCl_2$, Abfällen von Pt (s.o.), Zugabe von NH_4OH, HCl und Erhitzen des gebildeten $[Pd(NH_3)_2Cl_2]$. Pd besitzt silberhellen Glanz und ist nach Tempern weich und duktil. Es kann Wasserstoff in fester Lösung bis zum 900fachen seines Eigenvolumens reversibel aufnehmen. Pd ist weniger edel als die anderen Platinmetalle, wird bei höheren Temperaturen durch Sauerstoff oxidiert, von konz. HNO_3, Königswasser und geschmolzenen Alkalien aufgelöst, ist resistent gegen HF, $HClO_4$, H_3PO_4. Es wird außerdem von $FeCl_2$, Hypochlorit und Halogenen angegriffen. Fein verteiltes Pd ist ein guter Katalysator, außerdem wird Pd in Zahnlegierungen und mit Au als Weißgold in der Schmuckindustrie verwendet.

Oxidationsstufen: 0, <u>2+</u>, 4+

Standardreduktionspotentiale:

basisch $PdO_2 \xrightarrow{+1{,}283} Pd(OH)_2 \xrightarrow{+0{,}07} Pd$

sauer $PdO_2 \xrightarrow{+1{,}19} Pd^{2+} \xrightarrow{+0{,}951} Pd$

Struktur

RG	SB	PS	μ/ϱ [$cm^2\,g^{-1}$]
$Fm\bar{3}m$, O_h^5;	A1,	cF4	CuK_α 206 MoK_α 24,1

a = 389,00 pm, 293 K, K_z = 12, d_{Pd-Pd} = 275,06 pm

Weitere physikalische Eigenschaften

Wärmeausdehnungszahl $\bar{\alpha}$:

T [K]	523	773	973	1273
$\bar{\alpha}$ (273-T)[K^{-1}]	12,1	12,8	13,3	$13{,}8 \cdot 10^{-6}$

Gleitmodul *G*:

T [K]	293	473	873	1273
G [GPa]	48,00	47,70	41,70	27,30

Zugfestigkeit R_m, weiches Pd 99,9% geglüht R_m = 176–255 MPa, hartgezogenes Pd 99,9% geglüht R_m = 380 MPa

Vickershärte *HV* (Pd 99,99%, 3 h bei 1570 K vakuumgeglüht):

T [K]	293	373	473	673	873	1073	1273
HV [kp · mm^{-2}]	47	47	47	46	28	14	9

Änderung des elektrischen Widerstandes ϱ im Magnetfeld $H \perp$ zum Meßstrom:

	H MA · s^{-1}	$\left(\frac{\varrho_H - \varrho_0}{\varrho_0}\right)_T$
$T \approx 78$ K $\frac{\varrho_{78}}{\varrho_{293}} = 0,17$	100 300	0,02 0,102

Hall-Konstante *R* bei 296 K; magnetische Induktion

$$B = 0,35 - 2,2\ \text{Vs/m}^2; \quad R = -0,86 \cdot 10^{-10}\ \text{m}^3/\text{As}.$$

thermoelektrische Kraft: $\varepsilon_{abs} = -9,54\ \mu VK^{-1}$

Spektrales Emissionsvermögen ε (λ = 0,65 µm) bei 1173–1800 K; ε = 0,33.
Reflexionsvermögen R: 62,8% im weißen Licht

Selbstdiffusion

$$\Delta T(1323 - 1773\ \text{K}),\ D_0 = 0,205 \cdot 10^{-4}\ \text{m}^2\text{s}^{-1};\ Q = 266,3\ \text{kJ mol}^{-1}$$

P	**Phosphor**	O.Z.	15	rel. A.M.	30,973762	Phosphorus	7723-14-0

Kern

Z	I.M.B.	Kern	AE [^{1}H=1,00]	RE [^{1}H=1,00]	GV [rad T^{-1} s^{-1}]	QM [m^2]	F [Hz]	Ref.
7	28–34	^{31}P	0,0663	0,0663	10,8289 · 10^7		40,481	85%H_3PO_4

Elektronenhülle

El. konf.	G.T.	E.A.	I [kJ mol^{-1}]				
		[kJ mol^{-1}]	+1	+2	+3	+4	+5
[Ne]3s^{2}3p^3	$^4S_{3/2}$	71,7	1012	1903	2912	4956	6273

Thermodynamische Eigenschaften

T_f	T_v	ΔH_f	ΔH_v	ΔH_{at}	$Cp(g)$	$S(g)$
K	K	kJ mol^{-1}	kJ mol^{-1}	kJ mol^{-1}	JK^{-1}mol^{-1}	JK^{-1}mol^{-1}
317,30	550	0,659	51,9			
870 [3]	704 [4]	18,8	128,74	316,4	20,79	163,20

[1] T	K	298,15	300	317,30	317,30	400	500	600	800	1000	1180
Cp	JK^{-1}mol^{-1}	23,84	23,87	24,14	26,33	26,33	26,33	26,33	26,33	26,33	26,33
S	JK^{-1}mol^{-1}	41,07	41,22	42,56	44,64	50,74	56,61	61,41	68,99	74,86	79,22
ΔH	kJ mol^{-1}	0	0,04	0,46	1,12	3,30	5,93	8,56	13,83	19,09	23,83
[2] T	K	298,15	300	400	500	600	700	800	870		
Cp	JK^{-1}mol^{-1}	21,19	21,25	23,18	24,48	25,80	27,20	28,69	29,78		
S	JK^{-1}mol^{-1}	22,85	22,98	29,39	34,71	39,29	43,37	47,10	49,55		
ΔH	kJ mol^{-1}	0	0,04	2,27	4,66	7,17	9,82	12,61	14,66		

[1] P_4 (weiß), [2] P (rot), [3] unter Druck, [4] Sublimationspunkt.

Phosphor (gr.: phosphoros = Licht tragend) wurde 1669 von H. Brandt im Urin entdeckt. Er fand den weißen, phosphoreszierenden Phosphor (P_4). Roter Phosphor wurde 1848 von A. Schröter, violetter Phosphor 1865 durch Hittorf und schwarzer Phosphor 1914 durch Bridgman dargestellt.

weißer P (P_4) $\xrightarrow{180-400\,°C}$ roter P $\xrightarrow{550\,°C}$ violetter P $\xrightarrow{620\,°C}$ P_4 (Gas)

$\xrightarrow[\text{Hg}]{380\,°C,\ 200\,°C}$ 1,26 GPa

schwarzer P $\xrightarrow{8,36\,GPa}$ rhomb. P $\xrightarrow{11,16\,GPa}$ kub. P

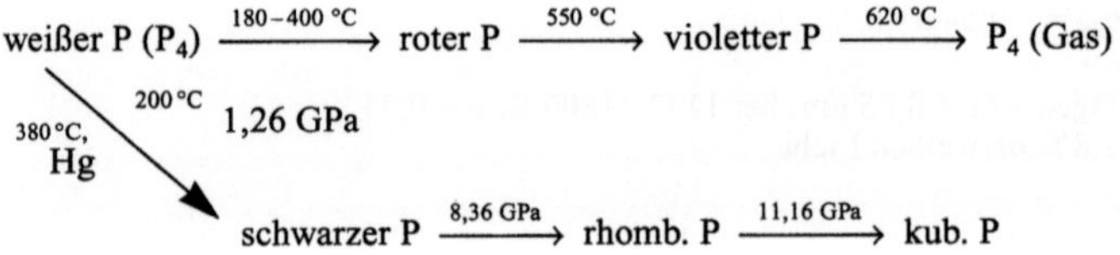

Das wichtigste Phosphormineral ist $Ca_5(PO_4)_3(OH, F, Cl)$, Apatit, aus dem Phosphor durch Reduktion mit Koks im Lichtbogenofen bei 1400 °C dargestellt wird. Zur Begünstigung der Reaktion wird SiO_2 zugesetzt, das mit CaO Calciumsilikat bildet, Phosphor entweicht als P_2/P_4-Gemisch. Weißer Phosphor ist sehr reaktionsfreudig und sehr giftig. In fein verteilter Form ist er selbstentzündlich und wird daher unter Wasser aufbewahrt. Roter Phosphor ist ungiftig und luftstabil, entzündet sich erst oberhalb von 300 °C. Schwarzer Phosphor ist bei Normalbedingungen die thermodynamisch stabile Modifikation. Er ist ein Halbleiter und sehr reaktionsträge. Roter Phosphor wird bei der Streichholzherstellung und in der Pyrotechnik verwendet.

Oxidationsstufen: 3–, 2–, 0, 2+, 3+, <u>5+</u>

Standardreduktionspotentiale:

basisch $PO_4^{3-} \xrightarrow{-1,12} HPO_3^{2-} \xrightarrow{-1,57} H_2PO_2^- \xrightarrow{-1,82} P_4 \xrightarrow{-0,89} PH_3$

sauer $H_3PO_4 \xrightarrow{-0,94} H_4P_2O_6 \xrightarrow{+0,38} H_3PO_3 \xrightarrow{-0,50} H_3PO_2 \xrightarrow{-0,37} P_4 \xrightarrow{-0,10} P_2H_4 \xrightarrow{0,06} PH_3$

P(rot) $\xrightarrow{-0,111}$

Struktur

RG   SB   PS μ/ϱ [cm^2 g^{-1}]
schwarzer Phosphor   CuK$_\alpha$ 74,1 MoK$_\alpha$ 7,89 295
Cmca, D_{2h}^{18};   A17;   oC8
a = 331,36, b = 1047,8, c = 437,63 pm, 293 K; K$_z$ = 2 + 1, d$_{P-P}$ = 222,4; 224,4 pm
Hittorfscher Phosphor
P2/c, C_{2h}^4; –; mP84
a = 921, b = 915, c = 2260 pm, β = 106,1 °; $\bar{d}_{P-P}$ = 220,3 pm
> 5,5 GPa

$R\bar{3}m$, D_{3d}^5; A7; hR2
a = 337,7, c = 880,6 pm, K_z = 3, d_{P-P} = 218,5 pm, D_x = 3560 kg m^{-3}
> 11 GPa
$Pm\bar{3}m$, O_h^1; – ; cP1
a = 237,7 pm; K_z = 6, d_{P-P} = 237,7 pm, D_x = 3830 kg m^{-3}
weißer Phosphor (P_4)
< 196,6 K
β: $P\bar{1}$, –; –; anP24
a = 1145,0 b = 550,3 c = 1126,1 pm
α = 71,84, β = 90,37, γ = 71,56° bei 158 K
d_{P-P} = 220,9 pm

ergänzende Eigenschaften

Phosphor kommt bei Normaldruck in verschiedenen Modifikationen vor. Die bei Z. T. stabile Form ist der schwarze Phosphor.
Die rote bzw. violette und die schwarze Modifikation schmelzen nur unter Druck; zwischen 673 und 693 K erreicht der Dampfdruck 10^5 Pa.
P(weiß): D (295 K) = 1824 kg m^{-3}; Bandabstand ΔE (0 K) > 2,1 eV; Dielektrizitätskonstante ε = 4,1; Brechzahl n (0,657 µm) = 2,093.
P(rot): D (295 K) = 2200 kg m^{-3}; Bandabstand ΔE (0 K) = 1,55 eV; ΔE (300 K) = 1,45 eV; Dielektrizitätskonstante ε = 6,4 (ν = 0,1 MHz); Brechzahl für lange Wellen n = 2,6.

$$\frac{d\Delta E}{dT} = -3{,}4 \cdot 10^{-4}\ \frac{\text{eV}}{\text{K}}$$

P(schwarz): D (295 K) = 2690 kg m^{-3}
Bandabstand ΔE (0 K) = 0,33 eV; ΔE (300 K) = 0,57 eV; $\frac{d\Delta E}{dT}$ (300 K) = $8 \cdot 10^{-4}\ \frac{\text{eV}}{\text{K}}$; Elektronenbeweglichkeit $u_n = 220\ \frac{\text{cm}^2}{\text{Vs}}$; Löcherbeweglichkeit $u_p = 350\ \frac{\text{cm}^2}{\text{Vs}}$.
Bei Lichteinstrahlung erhöht sich die Leitfähigkeit des Phosphors.
Die Abb. zeigt die spektrale Verteilung der Photoempfindlichkeit von Schichten von rotem Phosphor.

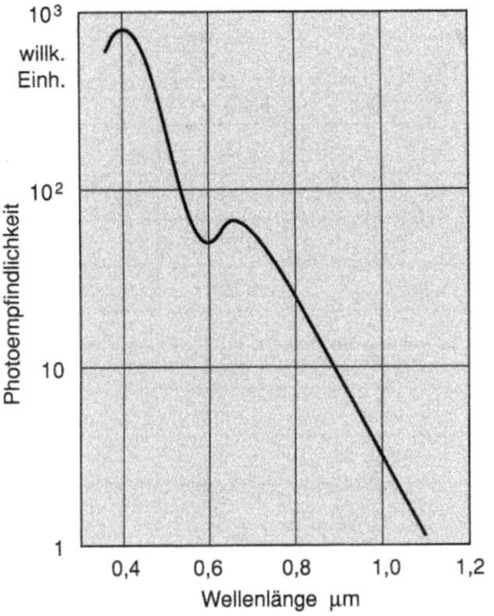

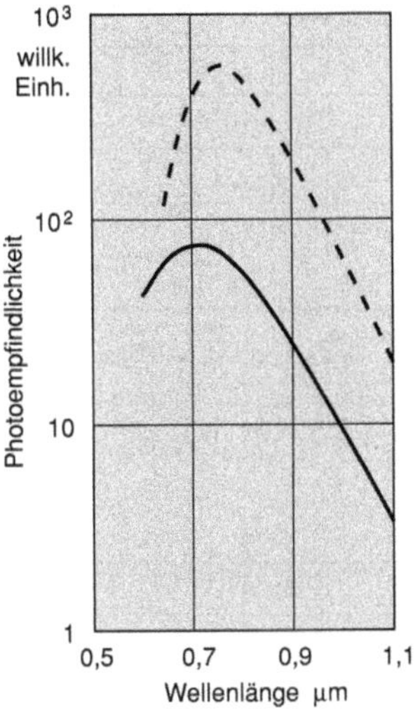

P-Schichten (rot). Spektrale Verteilung der Photoempfindlichkeit für verschiedene Proben

Pt	Platin	O.Z.	78	rel. A.M.	195,08	Platinum	7440-06-4

Kern

Z	I.M.B.	Kern	RE [^{1}H = 1,00]	AE [^{1}H = 1,00]	GV [rad $T^{-1} s^{-1}$]	QM [m^2]	F [Hz]	Ref.
32	173–200	^{195}Pt	0,00994	0,00336	$5{,}7482 \cdot 10^7$	–	21,499	$[Pt(CN)_6]^{2-}$

Elektronenhülle

El. konf.	G.T.	E.A.	I [kJ mol^{-1}]		
		[kJ mol^{-1}]	+1	+2	+3
[Xe]$4f^{14}5d^9 6s^1$	$^3D_3$	247	870	1791	2800

Thermodynamische Eigenschaften

T_f	T_v	ΔH_f	ΔH_v	ΔH_{at}	Cp (g)	S (g)	H_{298}
K	K	kJ mol^{-1}	kJ mol^{-1}	kJ mol^{-1}	JK^{-1} mol^{-1}	JK^{-1} mol^{-1}	kJ mol^{-1}
2045	4096	19,67	509,8	564,8	25,54	192,40	5,724

T	K	298,15	400	600	800	1000	1200	1400	1600	1800	2000
Cp	JK^{-1} mol^{-1}	25,85	26,45	27,52	28,57	29,61	30,67	31,76	32,78	33,86	34,86
S	JK^{-1} mol^{-1}	41,63	49,31	60,24	68,30	74,79	80,28	85,09	89,40	93,32	96,94
ΔH	kJ mol^{-1}	0	2,66	8,06	13,67	19,49	25,52	31,76	38,22	44,88	51,76
T	K	2045	2045	2300	2600	2900	3200	3500	3800	4000	4096
Cp	JK^{-1} mol^{-1}	35,06	34,73	34,73	34,73	34,73	34,73	34,73	34,73	34,73	34,73
S	JK^{-1} mol^{-1}	97,72	107,34	111,42	115,68	119,47	122,89	126,00	128,86	130,64	131,46
ΔH	kJ mol^{-1}	53,33	73,00	81,85	92,27	102,69	113,11	123,52	133,94	140,89	144,22

Physikalische Eigenschaften

MV	D	α	ΔV	$\varkappa$	E	G
cm^3	kg m^{-3}	$10^{-6} K^{-1}$		10^{-5} MPa^{-1}	GPa	
9,10	21450	9,0		0,351	17,1	6,1
$\Delta\rho_{(T)}$	$\Delta\rho_{(P)}$	χ_M	$\Psi_{(th)}$	$\Psi_{(ph)}$	D [1]	χ_M [1]
$10^{-4} K^{-1}$	10^{-9} hPa^{-1}	kg^{-1} m^3	V	V	kg m^{-3}	kg^{-1} m^3
39,6	– 1,88	$1{,}301 \cdot 10^{-8}$	5,30	5,65	19700	

μ	V_s(l)	V_s(t)	λ	ρ
	m s^{-1}		Wm^{-1} K^{-1}	nΩm
0,397	4080	1690	71,6	98,1
η [1]	γ [1]	dγ/dT [1]	HV	
mPa s [1]	Nm^{-1}	Nm^{-1} K^{-1}	MNm^{-2}	
	1,866	$(-0{,}17 \cdot 10^{-3})$	2549	

[1] fl.

Platin (span.: platina = kleines Silber) wurde für Schmuckzwecke im alten Ägypten und in den indianischen Hochkulturen verwendet. 1736 fand A. de Ulloa in kolumbianischen Goldminen ein nicht verarbeitbares, silbriges Metall, das er platina nannte. Pt kommt in alluvialen Flußablagerungen, als Sulfid, Arsenid und in Ni-, Cu- oder Fe-Erzen vor. Hergestellt wird Pt aus Platinmetallkonzentrat dieser Erze durch Lösen in Königswasser, Behandlung mit $FeCl_2$, Fällen mit NH_4Cl als $(NH_4)_2PtCl_6$. Dieser Niederschlag wird gereinigt, erhitzt und ergibt Pt-Schwamm, der durch Aufschmelzen zum massiven Pt wird. Pt ist silberweiß, glänzend, schmiedbar und duktil. Es wird von Wasser, O_2 und Mineralsäuren nicht, von Königswasser und geschmolzenen Alkalien stark angegriffen. Alle Halogene reagieren mit Pt bei höheren Temperaturen. Es ist gut beständig gegen $KHSO_4$, Na_2CO_3 und KNO_3-Schmelzen bei mittleren Temperaturen, gegen Na_2CO_3 unter nicht oxidierenden Bedingungen bis zu 800 °C. Es wird von geschmolzenen Cyaniden und Polysulfiden heftig angegriffen, von normalen Sulfiden kaum. Phosphate können Pt angreifen, besondere Vorsicht ist geboten, wenn As-, P-, Sn- oder Pb-Verbindungen unter reduzierenden Bedingungen aufgeschmolzen werden. Pt wird für die Herstellung von Laborgeräten (Tiegel, Elektroden), Widerstands- und Thermoelementdrähten, Widerstandsthermometern und als Katalysator bei der Autoabgasreinigung verwendet.

Oxidationsstufen: 0, 2+, $\underline{4+}$, 5+, 6+

Standardreduktionspotentiale:

basisch $Pt(OH)_2 \xrightarrow{+0,98} Pt$

sauer $PtO_3 \xrightarrow{+2,00} PtO_2 \xrightarrow{+0,84} Pt^{2+} \xrightarrow{+1,188} Pt$

Struktur

RG SB PS μ/ϱ [$cm^2\,g^{-1}$]
$Fm\bar{3}m$, O_h^5; A1; cF4 CuK_α 200 MoK_α 113
a = 392,33 pm, 293 K; K_z = 12, d_{Pt-Pt} = 277,42 pm

Weitere physikalische Eigenschaften

Wärmeausdehnungszahl $\bar{\alpha}$:

T [K]	323	373	473	673	873	1073	1273
$\bar{\alpha}$ (273-T) [K^{-1}]	8,89	8,99	9,15	9,40	9,67	9,92	$10,19 \cdot 10^{-6}$

Zugfestigkeit R_m (Pt sehr rein, geschmolzen, 1 h bei 1180 K geglüht):

T [K]	293	573	773	973	1273	1523
R_m [MPa]	134	99	75	64	26	14

Vickershärte *HV* (Pt 99,99%, 3 h bei 1580 K vakuumgeglüht):

T [K]	293	373	473	673	873	1073	1273
HV [MNm^{-2}]	560	570	530	510	470	320	170

Oberflächenspannung (bei 2300 K) $\gamma = 1{,}800\ Nm^{-1}$.
Selbstdiffusion

ΔT (1523 – 2000 K), $D_0 = 0{,}23 \cdot 10^{-4}\ cm^2 s^{-1}$; $Q = 282\ kJ\ mol^{-1}$.
ΔT (850 – 1265 K), $D_0 = 0{,}05 \cdot 10^{-4}\ m^2 s^{-1}$; $Q = 257{,}6\ kJ\ mol^{-1}$.

Änderung des elektrischen Widerstandes ϱ (Pt kleinkristallin) im Magnetfeld H:

	$\frac{H}{MA \cdot s^{-1}}$	$\left(\frac{\varrho_H - \varrho_0}{\varrho_0}\right)_T$
⊥ zum Meßstrom:		
$T \approx 20{,}4$ K $\quad \frac{\varrho_{20,4}}{\varrho_{273}} = 0{,}0067$	8 30,7	0,0427 0,2849
‖ zum Meßstrom:		
$T \approx 20{,}4$ K $\quad \frac{\varrho_{20,4}}{\varrho_{273}} = 0{,}0066$	33,4	0,146

Hall-Koeffizient R bei Z. T.; magnetische Induktion

$$B = 2{,}71 - 4{,}59\ \mathrm{Vs/m^2};\quad R = -0{,}244 \cdot 10^{-10}\ \mathrm{m^3/As}.$$

thermoelektrische Kraft: $\varepsilon_{abs} = -3{,}50\ \mu VK^{-1}$

Spektrales Emissionsvermögen ε_λ relativ ($\lambda = 0{,}66\ \mu m$):

T [K]	1000	2000	2050
ε_λ $Pt_{(f)}$	0,29		
ε_λ $Pt_{(fl)}$		0,31	0,33

Reflexionsvermögen von elektrolytisch abgeschiedenen Pt-Schichten:

λ [µm]	0,441	0,589	0,668
R [%]	58,4	59,1	59,4

Vollständige hemisphärische Emission:

T [K]	298	373	773	1273	1773
ε_t	0,037	0,047	0,096	0,152	0,191

Pu	**Plutonium**	O.Z.	94	rel. A.M.	244,0642, d		7440-07-5

Kern

Z	I.M.B.	Kern	AE [^{1}H=1,00]	RE [^{1}H=1,00]	GV [rad T^{-1} s^{-1}]	QM [m^2]	F [Hz]	Ref.
16	232–246	^{239}Pu			$0{,}972 \cdot 10^7$	–	3,63	

Elektronenhülle

El. konf.	G.T.	E.A. [kJ mol^{-1}]	I [kJ mol^{-1}] +1	+2	+3
[Rn]$5f^6 7s^2$	$^7F_0$	<0	493	1080	1397

Thermodynamische Eigenschaften

T_f	T_v	ΔH_f	ΔH_v	ΔH_{at}	Cp (g)	S (g)	H_{298}
K	K	$kJ\ mol^{-1}$	$kJ\ mol^{-1}$	$kJ\ mol^{-1}$	$JK^{-1}\ mol^{-1}$	$JK^{-1}\ mol^{-1}$	$kJ\ mol^{-1}$
913	3498	2,85	260,0	351,9	20,85	177,16	6,902

T	K	298,15	300	395	395	400	480	480	500	588	588
Cp	$JK^{-1}\ mol^{-1}$	31,97	32,01	34,31	33,46	33,61	35,98	34,74	35,67	39,75	37,66
S	$JK^{-1}\ mol^{-1}$	51,46	51,66	60,77	64,24	69,66	76,00	77,22	78,66	84,76	85,69
ΔH	$kJ\ mol^{-1}$	0	0,06	3,21	6,56	6,72	9,51	10,09	10,80	14,12	14,66
T	K	600	700	730	730	753	753	800	900	913	913
Cp	$JK^{-1}\ mol^{-1}$	37,66	37,66	37,66	37,66	37,66	35,15	35,15	35,15	35,15	41,84
S	$JK^{-1}\ mol^{-1}$	86,45	92,26	93,84	93,95	95,12	97,56	99,69	103,83	104,33	107,45
ΔH	$kJ\ mol^{-1}$	15,11	18,88	20,01	20,09	20,96	22,80	24,45	27,93	28,42	31,27

Physikalische Eigenschaften

MV	D	α	ΔV	$\varkappa$	E	G
cm^3	$kg\ m^{-3}$	$10^{-6}\ K^{-1}$		$10^{-5}\ MPa^{-1}$	GPa	
12,3	19840	55			107	45
		χ_M	$\Psi_{(th)}$	$\Psi_{(ph)}$	D^2	
		$kg\ m^3$	V	V	$kg\ m^{-3}$	
		$3{,}17 \cdot 10^{-8}$			16623	

μ	λ	ρ	R_m
	$Wm^{-1}\ K^{-1}$	nΩm	GPa
0,15 – 0,21	6,74	1414	525
η	γ^2	HV	
mPa · s	Nm^{-1}	MNm^{-2}	
7,4	0,55	2500 – 2800	

[1] 923 K, [2] fl.

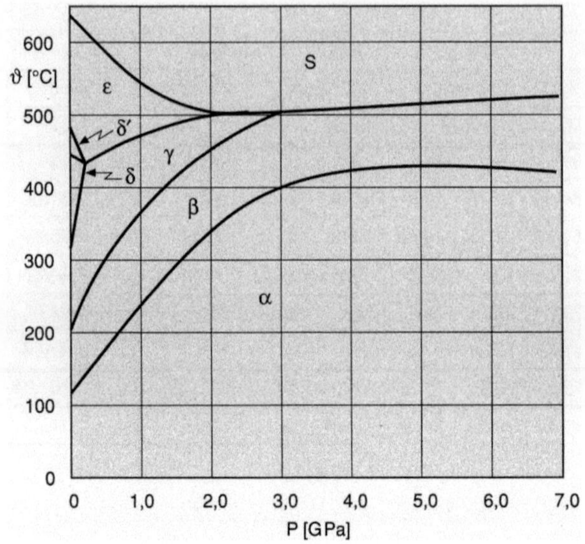

P-T Diagramm von Plutonium

Plutonium (nach dem Planeten Pluto) wurde durch den Beschuß von ^{238}U mit ^{2}D durch G. T. Seaborg 1940 hergestellt. Man findet es auch in Spuren in Uranerzen. Das stabilste Isotop hat eine Halbwertzeit von 24360 a, es fällt in Kernreaktoren in größeren Mengen an und wird aus verbrauchten Brennstäben isoliert. Das Metall wird durch Reduktion von PuF_3 mit Erdalkalimetallen hergestellt. Das radioaktive, silbrige Metall wird von O_2 (Bildung einer gelben Oxidschicht), H_2O-Dampf und Säuren angegriffen, nicht von Alkalien. Es ist hochtoxisch.
Pu-Stücke fühlen sich warm an (α-Strahler), mit größeren Stücken kann man Wasser zum Sieden bringen. Es wird in Kernwaffen und Kernreaktoren verwendet.

Oxidationsstufen: 0, 2+, 3+, <u>4+</u>, 5+, 6+, 7+
Standardreduktionspotentiale:

basisch $PuO_5^{3-} \xrightarrow{+0,95} PuO_2(OH)_2 \xrightarrow{+0,27} PuO_2(OH) \xrightarrow{+0,77} PuO_2 \xrightarrow{0,963} Pu(OH)_3 \xrightarrow{-2,39} Pu$

$\xrightarrow{+0,847} PuO_4^{2-}$

sauer (1M-$HClO_4$) $PuO_2^{2+} \xrightarrow{+0,9164} PuO_2^{+} \xrightarrow{+1,1702} Pu^{4+} \xrightarrow{+0,9819} Pu^{3+} \xrightarrow{-2,031} Pu$

Struktur

RG SB PS
α: $P2_1/m$, C_{2h}^2; –; mP16
a = 618,3, b = 482,2, c = 1096,3 pm, γ = 101,78°, 293 K
Koordination irregulär; d_{Pu-Pu} = 257 – 278; 319 – 371; >400,0 pm
>395 K
β: I2/m, C_{2h}^3; –; mI34
a = 928,4, b = 1046,3, c = 785,9 pm, β = 92,13°, 433 K
Koordination irregulär, d_{Pu-Pu} = 259 – 310; 314 – 336 pm
>480 K
γ: Fddd, D_{2h}^{24}; –; oF8
a = 315,87, b = 576,82, c = 1016,2 pm, 508 K
K_z = 4 + 2 + 4, d_{Pu-Pu} = 302,6; 315,9; 328,8 pm
>588 K
δ $Fm\bar{3}m$, O_h^5; A1; cF4
a = 463,1 pm, 693 K; K_z = 12 d_{Pu-Pu} = 327,9 pm
>730 K

δ': I4/mmm, D_{4h}^{17}; –; tI2
a = 332,61 , c = 446,30 pm, 730 K; K_z = 4 + 8, d_{Pu-Pu} = 332,6; 324,2 pm
>753 K
ε: Im$\bar{3}$m, O_h^9; A2, cI2
a = 363,43 pm, 753 K; K_z = 8 + 6, d_{Pu-Pu} = 314,7; 363,4 pm

Weitere physikalische Eigenschaften

Selbstdiffusion:
β-Pu: ΔT (409–454 K); D_0 = 1,69 · 10^{-6} $m^2 s^{-1}$; Q = 108 kJ mol^{-1}
γ-Pu: ΔT (484–546 K); D_0 = 3,8 · 10^{-6} $m^2 s^{-1}$; Q = 118,4 kJ mol^{-1}
δ-Pu: ΔT (594–715 K); D_0 = 5,17 · 10^{-6} $m^2 s^{-1}$; Q = 126,4 kJ mol^{-1}
ε-Pu: ΔT (765–886 K); D_0 = 4,5 · 10^{-7} $m^2 s^{-1}$; Q = 66,9 kJ mol^{-1}

Linearer Ausdehnungskoeffizient α [K^{-1}] in Abhängigkeit von der Kristallorientierung:

Mod.	T K	Richtung		
		a-Achse	*b*-Achse	*c*-Achse
α	294–377	66 · 10^{-6}	73 · 10^{-6}	29 · 10^{-6}
β	366–463	94 · 10^{-6}	14 · 10^{-6}	18 · 10^{-6}
γ	483–583	–19,7 · 10^{-6}	39,5 · 10^{-6}	84,3 · 10^{-6}
δ	593–693	– 8,6 · 10^{-6}		
δ'	723–752	444,8 · 10^{-6}		– 1063,5 · 10^{-6}
ε	763–823	36,5 · 10^{-6}		
fl	938	~50 · 10^{-6}		

Elektrischer Widerstand der verschiedenen Pu-Modifikationen:

Mod	T [K]	ϱ [nΩm]
α	380	1414
β	420	1085
γ	505	1078
δ	625	1004
δ'	735	1021
ε	774	1106

Hall-Koeffizient: R = + 0,69 · 10^{-6} m^3/As, 298 K

Po	**Polonium**	O.Z.	84	rel. A.M.	209,9828, d		7440-08-6

Kern

Z	I.M.B.	Kern	AE [^{1}H=1,00]	RE [^{1}H=1,00]	GV [rad $T^{-1} s^{-1}$]	QM [m^2]	F [Hz]	Ref.
34	192–218							

Elektronenhülle

El. konf.	G.T.	E.A.	I [kJ mol^{-1}]			
		[kJ mol^{-1}]	+1	+2	+3	+4
[Xe]$4f^{14}5d^{10}6s^26p^4$	$^3P_2$	186	812	1834	2668	3700

Thermodynamische Eigenschaften

T_f	T_v	ΔH_f	ΔH_v	ΔH_{at}	Cp (g)	S (g)
K	K	$kJ\ mol^{-1}$	$kJ\ mol^{-1}$	$kJ\ mol^{-1}$	$JK^{-1}\ mol^{-1}$	$JK^{-1}\ mol^{-1}$
527	1235	10	100,8	146		

Physikalische Eigenschaften

MV	D	α	ΔV	$\varkappa$	μ	λ	ρ
cm^3	$kg\ m^{-3}$	$10^{-6}\ K^{-1}$		$10^{-6}\ Pa^{-1}$		$Wm^{-1}\ K^{-1}$	Ωm
22,4	9320	23				20	

Polonium (Polen) wurde bei der Suche nach den radioaktiven Bestandteilen der Pechblende 1898 von Mme. M. Curie entdeckt. Po ist bis zu 100 ng in einer Tonne Uranerz enthalten. Heute werden Grammmengen von Po durch den Beschuß von Bi mit Neutronen erhalten. Metallisches, silberweißes Polonium wird aus diesen Reaktionsprodukten abdestilliert. Das langlebigste Isotop ist ^{209}Po mit einer HWZ von 103 a. Po ist sehr flüchtig und verdampft schon bei 55 °C durch die Eigenerwärmung (radioaktiver Zerfall) in erheblichem Umfang. Es löst sich leicht in verdünnten Säuren, ist aber nur mäßig in Alkalien löslich. Po wird als Wärmequelle in Raumschiffen und als α-Quelle in der Forschung verwendet.

Oxidationsstufen: 2–, 0, 2+, <u>4+</u>, 6+

Standardreduktionspotentiale:

basisch $PoO_3 \xrightarrow{+1,48} PoO_3^{2-} \xrightarrow{-0,5} Po \xrightarrow{\sim 1,4} Po^{2-}$

sauer $PoO_3 \xrightarrow{+1,52} PoO_2 \xrightarrow{+0,80} Po^{2+} \xrightarrow{+0,65} Po \xrightarrow{-1,00} H_2Po$

Struktur

RG SB PS
α: $Pm\bar{3}m$, O_h^1; –; cP1
a = 336,6 pm, ~313 K; $K_z = 6$, $d_{Po-Po} = 336,6$ pm
>309 K
β: $R\bar{3}m$, D_{3d}^5; –; hR1
a = 337,3 pm, $\alpha = 98,08°$, ~313K; $K_z = 6$, $d_{Po-Po} = 337,3$ pm

Pr	**Praseodym**	O.Z.	59	rel. A.M	140,90765	Praseodymium	7440-10-0

Kern

Z	I.M.B.	Kern	RE [^{1}H = 1,00]	AE [^{1}H = 1,00]	GV [rad T^{-1} s^{-1}]	QM [m^2]	F [Hz]	Ref.
15	134 – 148	^{141}Pr	0,29	0,29	$7{,}765 \cdot 10^7$	$-4{,}1 \cdot 10^{-30}$	29,291	

Elektronenhülle

El. konf.	G.T.	E.A. [kJ mol^{-1}]	I [kJ mol^{-1}] +1	+2	+3	+4
[Xe]$4f^3 6s^2$	$^4I_{9/2}$	≤ 50	523	1018	2086	3761

Thermodynamische Eigenschaften

T_f	T_v	ΔH_f	ΔH_v	ΔH_{at}	Cp (g)	S (g)	H_{298}
K	K	kJ mol^{-1}	kJ mol^{-1}	kJ mol^{-1}	JK^{-1} mol^{-1}	JK^{-1} mol^{-1}	kJ mol^{-1}
1204	3780	6,89	296,78	355,6	21,38	189,81	7,418

T	K	298,15	300	400	500	600	700	800	900	1000	1068
Cp	JK^{-1} mol^{-1}	27,48	27,48	28,30	29,79	31,55	33,42	35,66	37,97	40,28	41,85
S	JK^{-1} mol^{-1}	73,93	74,10	82,09	88,56	94,15	99,15	103,75	108,09	112,21	114,91
ΔH	kJ mol^{-1}	0	0,05	2,83	5,73	8,80	12,05	15,50	19,18	23,09	25,88
T	K	1068	1100	1204	1204	1500	2000	2500	3000	3500	3780
Cp	JK^{-1} mol^{-1}	38,45	38,45	38,45	42,97	42,97	42,97	42,97	42,97	42,97	42,97
S	JK^{-1} mol^{-1}	117,87	119,01	122,48	128,20	137,65	150,01	159,60	167,43	174,05	177,36
ΔH	kJ mol^{-1}	29,05	30,38	34,28	41,17	53,88	75,37	96,85	118,34	139,82	151,86

Physikalische Eigenschaften

MV	D	α	ΔV	$\varkappa$	E	G
cm^3	kg m^{-3}	10^{-6} K^{-1}		10^{-5} MPa^{-1}	GPa	
20,80	6773	6,79	0,02	3,15	37,9	14,7
$\Delta\rho_{(T)}$	$\Delta\rho_{(P)}$	χ_M	$\Psi_{(th)}$	$\Psi_{(ph)}$	D[1]	χ_M[1]
10^{-4} K^{-1}	10^{-9} hPa^{-1}	kg^{-1} m^3	V	V	kg m^{-3}	kg^{-1} m^3
17,1	– 0,4	$4{,}74 \cdot 10^7$	2,7		6609	

μ	V_s(l)	V_s(t)	λ	ρ	R_m
	m s^{-1}		Wm^{-1} K^{-1}	nΩm	GPa
0,289	2660	1410	12,5	650	169
η[1]	γ[1]	ϱ[1]	HV		
mPa s[1]	Nm^{-1}	nΩm	MNm^{-2}		
0,431	(0,7)	1130	400		

[1] fl.

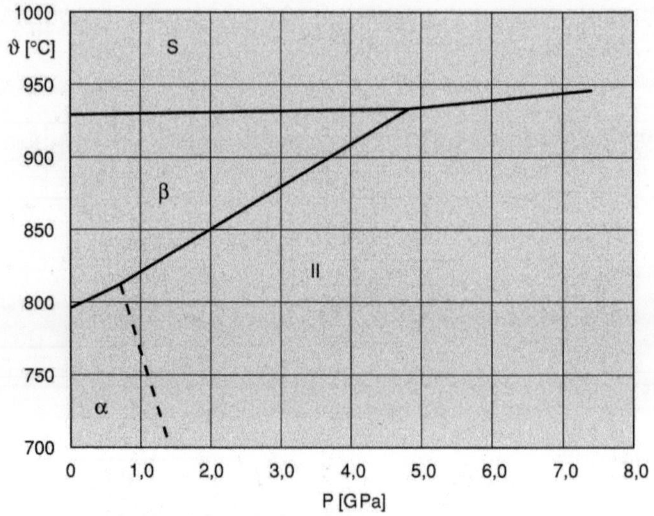

P-T Diagramm von Praseodym

Praseodym (gr.: praseos didymos = lauchgrün, Zwilling) wurde von Auer von Welsbach neben Nd (s. o.) 1885 in Didymoxid gefunden. Rein wurde es erst 1931 hergestellt. Es kommt wie die anderen Lanthanoide im Monazit ($LnPO_4$) und Bastnäsit ($LnCO_3F$) vor. Pr ist silbrig-weiß, weich, schmiedbar und duktil. An Luft bildet sich eine grüne, abblätternde Oxidschicht, in Säuren löst es sich auf. Mit Wasser reagiert es heftig. Es sollte im Vakuum oder Inertgas aufbewahrt werden. Wie andere Lanthanoide wird es als Kern in den Kohlen von Lichtbogenlampen für extrem helle Beleuchtung und in Permanentmagneten ($PrCo_5$) eingesetzt.

Oxidationsstufen: 0, <u>3+</u>, 4+

Standardreduktionspotentiale:

basisch $PrO_2 \xrightarrow{+0,8} Pr(OH)_3 \xrightarrow{-2,79} Pr$

sauer $Pr^{4+} \xrightarrow{+3,2} Pr^{3+} \xrightarrow{-2,35} Pr$

Struktur

RG	SB	PS	μ/ϱ [$cm^2\,g^{-1}$]
α: $P6_3/mmc$, D_{6h}^4;	A3;	hP4	CuK_α 363 MoK_α 50,7

a = 367,2, b = 1183,3 pm
> 1068 K
β: $Im\bar{3}m$, O_h^9; A2; cI2
a = 413 pm, 1094 K; $K_z = 8$, $d_{Pr-Pr} = 357{,}7$ pm
Hochdruckmodifikation
> 1,4 GPa, Pr(II)
$Fm\bar{3}m$, O_h^5; A1; cF4
a = 488 pm, 293 K, 0,4 GPa; $K_z = 12$, $d_{Pr-Pr} = 345{,}1$ pm
Pr(III)
dreifach hexagonal dichte Packung; $P6_3/mmc$, D_{6h}^4, hP6;
a = 322,0, c = 1594 pm, 14,4 GPa; $K_z = 12$
> 21 GPa, Pr(IV)
Cmcm; D_{2h}^{17}; A20; oC4
a = 276,9, b = 561,9, c = 485,1 pm, 23,3 GPa; $K_z = 2+2+4+4$
$d_{Pr-Pr} = 268{,}5$; 276,9; 313,2; 324,8 pm

Weitere physikalische Eigenschaften

α-Pr; Streckgrenze $R_{p0,2}$, Zugfestigkeit R_m, Bruchdehnung A und Vickershärte *HV*; *G* Gußzustand, *V* heißgeschmiedet:

Zustand	T K	$R_{p0,2}$ MPa	R_m MPa	A %	*HV* MNm^{-2}
G	Z.T.	101	111	10	370
V	Z.T.	200	220	7	–
G	477	102	141	15,8	–
V	477	180	184	11,7	–
G	700	41	47	29	–
V	700	37	42	47,5	–

Debye-Temperatur: 144 K aus Schallgeschwindigkeit berechnet;

Hall-Koeffizient *R* bei Z.T.; magnetische Induktion

$B \leqq 0{,}56\ Vs/m^2$; $R = 0{,}709 \cdot 10^{-10}\ m^3/As$.

Linearer Ausdehnungskoeffizient α (297 K): $\parallel$ *c*-Achse $\alpha = 11{,}2 \cdot 10^{-6}$, $\perp$ *c*-Achse $\alpha = 4{,}5 \cdot 10^{-6}\ [K^{-1}]$

Selbstdiffusion

β-Pr: ΔT (1075–1150 K); $D_0 = 0{,}087 \cdot 10^{-4}\ m^2 s^{-1}$; $Q = 123{,}1\ kJ\ mol^{-1}$

Pm	**Promethium**	O.Z.	61	rel. A.M.	145,9127, d		7440-12-2

Kern

Z	I.M.B.	Kern	RE [^{1}H = 1,00]	AE [^{1}H = 1,00]	GV [rad $T^{-1} s^{-1}$]	QM [m^2]	F [Hz]	Ref.
14	141–154	^{147}Pm			$3{,}613 \cdot 10^7$	$0{,}66 \cdot 10^{-28}$	13,51	

Elektronenhülle

El. konf.	G.T.	E.A.	I [kJ mol^{-1}]			
		[kJ mol^{-1}]	+1	+2	+3	+4
[Xe]$4f^5 6s^2$	$^6H_{5/2}$	<0	536	1052	2150	3970

Thermodynamische Eigenschaften

T_f	T_v	ΔH_f	ΔH_v	ΔH_{at}	Cp (g)	S (g)
K	K	kJ mol^{-1}	kJ mol^{-1}	kJ mol^{-1}	$JK^{-1} mol^{-1}$	$JK^{-1} mol^{-1}$
1441	2733	12,6		308	24,26	187,10

Physikalische Eigenschaften

MV	D	α	ΔV	$\varkappa$	E	G	μ	λ	ρ	R_m
cm^3	kg m^{-3}	$10^{-6} K^{-1}$		$10^{-5} MPa^{-1}$	GPa			$Wm^{-1} K^{-1}$	nΩm	MPa
20,1	7220	11		(2,9)	46	18	0,28	(17,9)	500	~169
$\Delta\varrho_{(T)}$	$\Delta\varrho_{(P)}$	χ_M	$\Psi_{(th)}$	$\Psi_{(ph)}$			γ^1			
$10^{-4} K^{-1}$	$10^{-4} bar^{-1}$		V	V			Nm^{-1}			
28							0,65			

[1] fl.

Promethium (gr.: Prometheus = griechischer Held, brachte das Feuer auf die Erde) wurde 1902 von Branner als Element zwischen Nd und Sm postuliert und 1941 bei der Bestrahlung von Nd und Pr mit Neutronen, Deuteronen und α-Teilchen nachgewiesen. 1945 erfolgte die erste chemische Identifizierung durch Marinsky, Glendenin und Coryell in Spaltprodukten von ^{235}U. Pm tritt nicht natürlich auf, sein stabilstes Isotop ^{145}Pm hat eine HWZ von 17,7 a. Das radioaktive Metall kann in Mengen von 10 g erzeugt werden. Es dient als β-Strahlenquelle und wird in Spezialbatterien verwendet.

Oxidationsstufen: 0, <u>3+</u>
Standardreduktionspotentiale:

basisch $Pm(OH)_3 \xrightarrow{-2,76} Pm$

sauer $Pm^{3+} \xrightarrow{-2,29} Pm$

Struktur

RG	SB	PS	μ/ϱ [$cm^2\,g^{-1}$]
$P6_3/mmc$, D^4_{6h};	A3;	hP4	CuK_α 386 MoK_α 55,9

a = 365, c = 1165 pm; K_z = 12, d_{Pm-Pm} = 362 pm

Pa	**Protactinium**	O.Z.	91	rel. A.M.	231,03588, d		7440-12-2

Kern

Z	I.M.B.	Kern	AE [^1H=1,00]	RE [^1H=1,00]	GV [rad $T^{-1}\,s^{-1}$]	QM [m^2]	F [Hz]	Ref.
14	225–237							

Elektronenhülle

El. konf.	G.T.	E.A. [kJ mol^{-1}]	I [kJ mol^{-1}] +1	+2	+3
$[Rn]5f^26d^17s^2$	$^4K_{11/2}$	29	515	1106	1713

Thermodynamische Eigenschaften

T_f	T_v	ΔH_f	ΔH_v	ΔH_{at}	Cp (g)	S (g)	H_{298}
K	K	kJ mol^{-1}	kJ mol^{-1}	kJ mol^{-1}	$JK^{-1}\,mol^{-1}$	$JK^{-1}\,mol^{-1}$	kJ mol^{-1}
1845	~4500	12,34	~481	606,7	22,91	198,05	6,440

T	K	298,15	400	500	600	700	800	900	1000	1100	1200
Cp	$JK^{-1}\,mol^{-1}$	27,62	28,88	30,12	31,36	32,61	33,85	35,10	36,34	37,58	38,83
S	$JK^{-1}\,mol^{-1}$	51,88	60,17	66,75	72,35	77,28	81,72	85,78	89,54	93,06	96,38
ΔH	kJ mol^{-1}	0	2,88	5,83	8,90	12,10	15,42	18,87	22,44	26,14	29,96
T	K	1300	1445	1445	1500	1600	1700	1845	1845	2000	2500
Cp	$JK^{-1}\,mol^{-1}$	40,07	41,85	39,75	39,75	39,75	39,75	39,75	47,28	47,28	47,28
S	$JK^{-1}\,mol^{-1}$	99,54	103,81	108,41	109,96	112,52	114,93	118,18	124,87	128,69	139,24
ΔH	kJ mol^{-1}	33,90	39,76	46,40	48,67	52,64	56,62	62,38	74,72	82,05	105,69

Physikalische Eigenschaften

MV	D	α	ΔV	$\varkappa$	μ	$\Psi_{(th)}$	$\Psi_{(ph)}$	λ	ϱ
cm^3	kg m^{-3}	$10^{-6}\,K^{-1}$		$10^{-6}\,Pa^{-1}$		V	V	$Wm^{-1}K^{-1}$	nΩm
15,0	15370	7,3				4,80		~47	177

Protactinium (gr.: protos = das Erste, Muttersubstanz des Actiniums) wurde von K. Fajans und O. Göhring als Produkt in der Uranzerfallsreihe (^{234}Pa) identifiziert. Sie gaben dem kurzlebigen Isotop den Namen Brevium. 1916 identifizierten O. Hahn und L. Meitner das langlebigere ^{231}Pa (HWZ = 32800 a) beim Zerfall von ^{235}U. Als Mutterelement von Ac wurde es damals Protoactinium genannt. Pa_2O_5 wurde in PaI_5 überführt und daraus von Grosse 1934 durch thermische Zersetzung das Metall hergestellt. Pa behält seinen silbrigen Glanz für längere Zeit an der Luft und löst sich in Säuren. Bei höheren Temperaturen wird es von O_2 und H_2O oxidiert. Es wird wenig verwendet und ist hochtoxisch.

Oxidationsstufen: 0, 3+, 4+, <u>5+</u>

Standardreduktionspotentiale:

sauer $PaO_2^+ \xrightarrow{-0,29} Pa^{4+} \xrightarrow{-1,46} Pa$

Struktur

RG SB PS μ/ϱ [$cm^2\ g^{-1}$]
β: I4/mmm, D_{4h}^{17}, –; tI2 CuK_α MoK_α
a = 394,5, b = 324,0 pm, 291 K; K_z = 8 + 2, d_{Pa-Pa} = 321,4; 324,0 pm
>1445 K
α: Fm$\bar{3}$m, O_h^5; A1; cF4;
a = 316,1 pm; K_z = 12, d_{Pa-Pa} = 354,9 pm

Hg	**Quecksilber**	O.Z.	80	rel. A.M.	200,59	Mercury	7439-97-6

Kern

Z	I.M.B.	Kern	RE [^1H=1,00]	AE [^1H=1,00]	GV [rad $T^{-1}s^{-1}$]	QM [m^2]	F [Hz]	Ref.
26	185–206	^{199}Hg	0,00567	0,000954	$4,7912 \cdot 10^7$		17,827	$Hg(CH_3)_2$

Elektronenhülle

El. konf.	G.T.	E.A.	I [kJ mol^{-1}]		
		[kJ mol^{-1}]	+1	+2	+3
[Xe]$4f^{14}5d^{10}6s^2$	$^1S_0$	–18	1007	1810	3300

Thermodynamische Eigenschaften

T_f	T_v	ΔH_f	ΔH_v	ΔH_{at}	Cp (g)	S (g)	H_{298}
K	K	kJ mol^{-1}	kJ mol^{-1}	kJ mol^{-1}	$JK^{-1}mol^{-1}$	$JK^{-1}mol^{-1}$	kJ mol^{-1}
234,29	629,3	2,3	59,2	61,40	20,79	174,97	9,342

T	K	298,15	300	400	500	600	629,3				
Cp	$JK^{-1}mol^{-1}$	27,98	27,96	27,40	27,18	27,14	27,16				
S	$JK^{-1}mol^{-1}$	75,90	76,07	84,03	90,11	95,06	96,36				
ΔH	kJ mol^{-1}	0	0,05	2,82	5,54	8,26	9,05				
T	K (Gas)	298,15	400	600	800	1000	1200	1400	1600	1800	2000
Cp	$JK^{-1}mol^{-1}$	20,79	20,79	20,79	20,79	20,79	20,79	20,79	20,79	20,79	20,79
S	$JK^{-1}mol^{-1}$	174,97	181,08	189,50	195,48	200,12	203,91	207,12	209,89	212,34	214,53
ΔH	kJ mol^{-1}	0	2,12	6,27	10,43	14,59	18,75	22,90	27,06	31,22	35,38

Physikalische Eigenschaften

MV	D	α	ΔV	$\varkappa$	E	G
cm^3	$kg\,m^{-3}$	$10^{-6}K^{-1}$		$10^{-5}MPa^{-1}$	GPa	GPa
14,81	13546	18,1	+0,037	3,77	25	
$\Delta\rho_{(T)}$	$\Delta\rho_{(P)}$	χ_M	$\Psi_{(th)}$	$\Psi_{(ph)}$	D [1]	χ_M [1]
$10^{-4}K^{-1}$	$10^{-9}hPa^{-1}$	$kg^{-1}m^3$	V	V	$kg\,m^{-3}$	$kg^{-1}m^3$

$V_s(l)$	λ	ρ [2]
$m\,s^{-1}$	$Wm^{-1}K^{-1}$	$n\Omega m$
1451	8,34	958
η [1]	γ [1]	$d\gamma/dT$ [1]
mPa s [1]	Nm^{-1}	$Nm^{-1}K^{-1}$
1,55	0,476	$-0{,}20 \cdot 10^{-3}$

[1] flüssiges Hg,
[2] 298 K.

Quecksilber (dt.: quickes (bewegliches) Silber, Hg = gr.: hydragyrum: flüssiges Silber) ist seit dem Altertum bekannt. Es kam in der Natur frei vor. Das wichtigste Mineral ist Zinnober, HgS, aus dem das Metall durch Erhitzen an Luft und Kondensation des Dampfes gewonnen wird. Quecksilber ist das einzige Gebrauchsmetall, das bei Zimmertemperatur flüssig ist. Es glänzt silberweiß, ist ein schlechter Wärmeleiter und mäßiger Leiter für elektrischen Strom. Hg-Dämpfe sind giftig, verschüttetes Hg muß daher durch Iodkohle oder Zn-Staub unschädlich gemacht werden. Hg ist ein edles Metall, wird von Salpetersäure, nicht aber von Salz- oder Schwefelsäure gelöst. Bei Zimmertemperatur ist Quecksilber beständig gegen O_2 und andere Nichtmetalle, reagiert aber mit Halogenen und Schwefel. Quecksilber hat viele Einsatzzwecke: für Thermometer, Barometer, Diffusionspumpen, Quecksilberdampflampen, Kathodenmaterial der Alkalichloridelektrolyse, bei der Zn-Herstellung. Amalgame (Hg-Legierungen) wie Na-Amalgam (Reduktionsmittel) und Ag-Amalgam (Zahnmedizin) werden ebenfalls verwendet.

Oxidationsstufen: 0, 1+, $\underline{2+}$

Standardreduktionspotentiale:

basisch $HgO \xrightarrow{0,0977} Hg$

sauer $Hg^{2+} \xrightarrow{+0,9110} \tfrac{1}{2}\,Hg_2^{2+} \xrightarrow{+0,7960} Hg$

Struktur

RG SB PS μ/ϱ [$cm^2\,g^{-1}$]
α: $R\bar{3}m$, D_{3d}^5; –; hR4 CuK_α 216 MoK_α 117
$a = 299{,}25$ pm, $\alpha = 70{,}74°$, 78 K; $K_z = 6 + 6$, $d_{Hg-Hg} = 299{,}3$, 346,5 pm
<79 K, durch Anwendung von Druck
β: I4/mmm, D_{4h}^{17}; –; tI2
a = 399,5 c = 282,5 pm, 77 K; $K_z = 2 + 8$, $d_{Hg-Hg} = 282{,}5$, 351,8 pm
Hg_{fl}: $K_z = 7{,}5$, $d_{Hg-Hg} = 305$ pm, T = 293 K

Weitere physikalische Eigenschaften

Einmal gebildet ist β-Hg die stabile Form für T ≦79 K; beim Erwärmen wandelt sich β-Hg erst bei 99 K irreversibel in α-Hg um. β-Hg ist auch supraleitend, der elektrische Widerstand ist etwa halb so groß wie der von α-Hg.

Dichte D in kg m^{-3} bei $p = 1{,}013 \cdot 10^5$ Pa:

T [°C]	0	1	2	3	4	5	6	7	8	9
0	13 595,1	592,6	590,2	587,7	585,2	582,8	580,3	577,8	575,3	572,9
10	570,5	568,0	565,5	563,1	560,6	558,2	555,7	553,2	550,8	548,3
20	545,9	543,4	541,0	538,5	536,1	533,6	531,2	528,7	526,3	523,8
30	521,4	518,9	516,5	514,0	511,6	509,2	506,7	504,3	501,8	499,4
T	40	50	60	70	80	90	100	200	300	
D	13 496,9	472,6	448,3	424,0	399,8	375,6	351,5	112	12 875	

Dichte bei $20{,}26 \cdot 10^5$ Pa:

T [K]	473	573	673	373
D [kg m^{-3}]	13 114	12 877	12 638	12 395

Kompressibilität $\varkappa$:

T [K]	Schmelzdruck [MPa]	Kompressibilität $\varkappa$ in 10^{-6} MPa^{-1} Druckbereich p in MPa			
		0–100	200–300	400–500	900–1000
243	171	35,7		–	–
253	364	36,3	33,8	–	–
263	556	36,8	34,3	32,3	–
273	749	37,2	34,8	32,8	–
283	943	37,5	35,3	33,1	–
293	1078	37,7	35,6	33,3	29,5
303		38,2	35,8	33,8	29,5
323		39,2	36,8	34,8	30
373		41,6	39,2	36,3	31
423		44,1	41	39	31

Dichte koexistierender Phasen:

T [K]	473	573	673	773	873	1073	1273	1473	1753
D' [kg m^{-3}]	13 113,9	12 877,8	12 640	12 400	12 130	11 470	10 500	9150	4600
D'' [kg m^{-3}]	0,1	1,4	8	25	60	230	550	1150	4600

Kritische Temperatur $T_{krit} = 1750$ K;
Kritischer Druck $p_{krit} = 167$ MPa;
Kritische Dichte $D_{krit} = 5700$ kg m^{-3}

Viskosität η:

T [K]	253	263	273	283	293	323	373	473	573	613
η [mPas]	1,857	1,774	1,698	1,627	1,562	1,411	1,230	1,026	0,929	0,899

Selbstdiffusion

ΔT (273 – 373 K); $D_0 = 1{,}16 \cdot 10^{-4}$ cm^2 s^{-1}; $Q = 4{,}85$ kJ mol^{-1}

Schallgeschwindigkeit V = 14 78,56 – 0,458 (T – 234,29 K) m s^{-1}.
Dissoziationsenergie D_0 (Hg_2) = 0,121 eV.
Debye Temperatur für 18,7 – 231,8 K: 96 K;
für 5,5 K: 110 K;
für 62 – 92 K: 60 K;
für 31,1 – 230 K: 97 K;
bei 232 K: 80 K.

Brechzahl

$(n_d - 1) \cdot 10^6$ von Hg_2-Dampf für $\lambda = 0,5462$ μm bei 573 K = 1882.

Reflexionsvermögen R in %: $\lambda = 0,550$ μm, $R = 71,2\%$
thermoelektrische Kraft: $\varepsilon_{abs} = -3,4$ μVK^{-1}
Hall-Koeffizient: $R = -0,73 \cdot 10^{-10}$ m^3/As, 273 – 573 K
Supraleitung: $T_s = 4,15$ K $H_0 = 412$ Oe: α-Hg
Knight-Verschiebung in %: $K_f = 2,45$, $K_{fl} = 2,45$ (am T_f)

Änderung des elektrischen Widerstandes beim Schmelzen:

$$\varrho_L\,(235\ \mathrm{K}) = 909,6\ \mathrm{n\Omega m}, \qquad \frac{\varrho_{fl}}{\varrho_f} = 3,74-4,94$$

Ra	Radium	O.Z.	88	rel. A.M.	226,0254, d		7440-14-4

Kern

Z	I.M.B.	Kern	AE [^{1}H=1,00]	RE [^{1}H=1,00]	GV [rad $T^{-1}s^{-1}$]	QM [m^2]	F [Hz]	Ref.
16	213–220							

Elektronenhülle

El. konf.	G.T.	E.A. [kJ mol^{-1}]	I [kJ mol^{-1}] +1	+2	+3
[Rn]$7s^2$	$^1S_0$		509	979	3300

Thermodynamische Eigenschaften

T_f	T_v	ΔH_f	ΔH_v	ΔH_{at}	Cp (g)	S (g)
K	K	kJ mol^{-1}	kJ mol^{-1}	kJ mol^{-1}	$JK^{-1}mol^{-1}$	$JK^{-1}mol^{-1}$
973	1413	7,15	136,7	159	20,79	176,47

Physikalische Eigenschaften

MV	D	α	ΔV	$\varkappa$	μ	V_s(l)	V_s(t)	λ	γ[1]
cm^3	kg m^{-3}	$10^{-6}K^{-1}$		$10^{-6}Pa^{-1}$		m s^{-1}		$Wm^{-1}K^{-1}$	Nm^{-1}
45,2	5000	20,2						~18,6	(0,45)

[1] fl.

Radium (lt.: radius = Strahl, in Anlehnung an den Begriff radioaktiv) wurde 1898 von H. und M. Curie aus der Pechblende (1g Ra in 7 to Pechblende) isoliert und elementar elektrolytisch 1910 zusammen mit A. Debierne gewonnen. ^{226}Ra hat eine HWZ von 1602 a. Außer in Pechblende ist Ra in Carnotit und in anderen Uranmineralen enthalten. Das reine Metall ist glänzend-weiß, überzieht sich aber an Luft mit einer schwarzen Nitridschicht. Es reagiert mit Wasser und Säuren und luminisziert. Radium wird als Neutronenquelle und nur noch wenig in der Krebstherapie verwendet.

Oxidationsstufen: 0, 2+

Standardreduktionspotentiale:

$$Ra^{2+} \xrightarrow{-2,916} Ra$$

Struktur

RG	SB	PS	μ/ϱ [$cm^2\,g^{-1}$]
$Im\bar{3}m$, O_h^9;	A2;	cI2	CuK_α 304 MoK_α 172

a = 514,8 pm, 293 K; $K_z = 8$, $d_{Ra-Ra} = 445,8$ pm

Rn	**Radon**	O.Z.	86	rel. A.M.	222,0176, d		10043-92-2

Kern

Z	I.M.B.	Kern	AE [^{1}H = 1,00]	RE [^{1}H = 1,00]	GV [rad $T^{-1} s^{-1}$]	QM [m^2]	F [Hz]	Ref.
20	204 – 224							

Elektronenhülle

El. konf.	G.T.	E.A.	I [kJ mol^{-1}]	
		[kJ mol^{-1}]	+1	+2
[Xe]$4f^{14}5d^{10}6s^26p^6$	$^1S_0$	– 41	1037	1930

Thermodynamische Eigenschaften

T_f	T_v	ΔH_f	ΔH_v	ΔH_{at}
K	K	kJ mol^{-1}	kJ mol^{-1}	kJ mol^{-1}
202	211,4	~2,7	18,1	0

T	K	298,15	400	600	800	1000	1200	1400	1600	1800	2000
Cp	$JK^{-1} mol^{-1}$	20,79	20,79	20,79	20,79	20,79	20,79	20,79	20,79	20,79	20,79
S	$JK^{-1} mol^{-1}$	176,23	182,34	190,77	196,75	201,39	205,18	208,38	211,16	213,60	215,79
ΔH	kJ mol^{-1}	0	2,12	6,27	10,43	14,59	18,75	22,90	27,06	31,22	35,38

Physikalische Eigenschaften

MV	D [1]	α	ΔV	$\varkappa$	μ	V_s(l)	V_s(t)	λ	ϱ
cm^3	kg cm^{-3}	$10^{-6} K^{-1}$		$10^{-6} Pa^{-1}$		m s^{-1}		$Wm^{-1} K^{-1}$	Ωm
50,5	9,73							0,00364	

[1] bei 273 K.

Radon (nach Radium, lt.: radius = Strahl) wurde 1902 von E. Rutherford und F. Soddy isoliert. Das radioaktive Gas ist farb- und geruchlos, chemisch sollte es Xe ähnlich sein. Das stabilste Isotop ist ^{222}Rn (HWZ = 3,82 d).

Re	**Rhenium**	O.Z.	75	rel. A.M.	186,207		7440-15-5

Kern

Z	I.M.B.	Kern	RE [^{1}H = 1,00]	AE [^{1}H = 1,00]	GV [rad $T^{-1} s^{-1}$]	QM [m^2]	F [Hz]	Ref.
20	177 – 190	^{187}Re	0,13	0,0862	$6,0862 \cdot 10^7$	$2,22 \cdot 10^{-28}$	22,744	$NaReO_4$(aq)

Elektronenhülle

El. konf.	G.T.	E.A.	I [kJ mol^{-1}]				
		[kJ mol^{-1}]	+1	+2	+3	+4	+5
[Xe]$4f^{14}5d^5 6s^2$	$^6S_{5/2}$	37	760	1602	2510	3640	4900

Thermodynamische Eigenschaften

T_f	T_v	ΔH_f	ΔH_v	ΔH_{at}	Cp (g)	S (g)	H_{298}
K	K	$kJ\,mol^{-1}$	$kJ\,mol^{-1}$	$kJ\,mol^{-1}$	$JK^{-1}mol^{-1}$	$JK^{-1}mol^{-1}$	$kJ\,mol^{-1}$
3453	5864	33,23	714,8	774,9	20,79	188,93	5,356

T	K	298,15	600	900	1200	1500	1800	2100	2400	2700	3000
Cp	$JK^{-1}mol^{-1}$	25,31	26,96	28,59	30,23	31,86	33,50	35,13	36,76	38,40	40,03
S	$JK^{-1}mol^{-1}$	36,53	54,74	65,98	74,43	81,35	87,30	92,59	97,38	101,81	105,94
ΔH	$kJ\,mol^{-1}$	0	7,89	16,22	25,05	34,36	44,16	54,46	65,24	76,51	88,28
T	K	3453	3453	3800	4100	4400	4700	5000	5300	5600	5864
Cp	$JK^{-1}mol^{-1}$	42,50	41,84	41,84	41,84	41,84	41,84	41,84	41,84	41,84	41,84
S	$JK^{-1}mol^{-1}$	111,74	121,36	125,37	128,55	131,50	134,26	136,85	139,29	141,59	143,06
ΔH	$kJ\,mol^{-1}$	106,97	140,20	154,72	167,27	179,82	192,38	204,93	217,48	230,03	238,40

Physikalische Eigenschaften

MV	D	α	ΔV	$\varkappa$	E	G
cm^3	$kg\,m^{-3}$	$10^{-6}\,K^{-1}$		$10^{-5}\,MPa^{-1}$	GPa	
8,86	21020	6,63		0,264	466	180
$\Delta\rho_{(T)}$	$\Delta\rho_{(P)}$	χ_M	$\Psi_{(th)}$	$\Psi_{(ph)}$	D [1]	χ_M [1]
$10^{-4}\,K^{-1}$	$10^{-6}\,hPa^{-1}$	$kg^{-1}\,m^3$	V	V	$kg\,m^{-3}$	$kg^{-1}\,m^3$
44,8		$4{,}56 \cdot 10^{-9}$	4,96	~5,0	18800	

μ	$V_s(l)$	$V_s(t)$	λ	ρ
	$m\,s^{-1}$		$Wm^{-1}K^{-1}$	nΩm
0,49	5360	2930	71,2	172
η [1]	γ [1]	$d\gamma/dT$ [1]	HV	R_m
mPa s [1]	Nm^{-1}	$Nm^{-1}K^{-1}$	MNm^{-2}	MPa
	2,65	$(-0{,}34 \cdot 10^{-3})$	2450–8000	1160

[1] fl.

Rhenium (lt.: rhenus = Rhein) wurde 1925 von W. Noddack, I. Noddack und O. Berg im Gadolinit entdeckt. Es kommt nur in Spuren in anderen Mineralien vor. Heute wird es aus CuMo-Erzen gewonnen, dabei fällt es im Flugstaub als Re_2O_7 an, wird in $NH_4(ReO_4)$ überführt, das mit H_2 zu Re reduziert wird. Das Re-Pulver wird durch Pressen und Sintern im Vakuum in kompakte Formen gebracht. Das silbrige Metall ist oxidations- und korrosionsbeständig, überzieht sich aber in feuchter Luft mit einer dünnen Oxidschicht. Re löst sich nur in HNO_3. Re wird für Kontakte, Thermoelemente und Filamente, als Legierungsbestandteil in Mo- und W-Legierungen zur Erhöhung der Duktilität verwendet.

Oxidationsstufen: 1–, 0, 1+, 2+, 3+, 4+, 5+, 6+, 7+

Standardreduktionspotentiale:

basisch $ReO_4^- \xrightarrow{-0{,}890} ReO_3 \xrightarrow{-0{,}446} ReO_2(\text{hydr.}) \xrightarrow{-1{,}25} Re_2O_3 \xrightarrow{+0{,}333} Re$

sauer $ReO_4^- \xrightarrow{+0{,}734} ReO_3 \xrightarrow{+0{,}425} ReO_2 \xrightarrow{+1{,}04} Re^{3+} \xrightarrow{+0{,}300} Re$

Struktur

RG SB PS μ/ϱ [cm² g⁻¹]
P6₃/mmc, D^4_{6h}; A3; hP2 CuK_α 179 MoK_α 103
a = 276,08, c = 445,80 pm, 293 K; K_z = 12

Weitere physikalische Eigenschaften

Natürlich radioaktives Isotop: ^{187}Re, Häufigkeit 62,9%, β^--Strahler, Halbwertzeit ≈ $4 \cdot 10^{10}$ a.
Wärmeausdehnungszahl $\bar{\alpha}$ und α:

T [K]	373	423	473	523	773	1273
$\bar{\alpha}$ (293-T) [K⁻¹]	6,6	6,6	6,6	6,6	6,7	$6,8 \cdot 10^{-6}$

α (293 K) ∥ *c*-Achse: $12,45 \cdot 10^{-6}$ K⁻¹; ⊥ *c*-Achse: $4,67 \cdot 10^{-6}$ K⁻¹.

Elastizitätsmodul *E*:

T [K]	293	473	673	1153
E [GPa]	466	443	420	310

Dehngrenze $R_{p0,2}$, Zugfestigkeit R_m und Bruchdehnung A:

Verarbeitungszustand	T K	$R_{p0,2}$ GPa	R_m GPa	A %
Stäbe (3,1 mm) geglüht	Z.T	0,17	1,130	24
Bleche (0,12 mm) geglüht	Z.T.	0,269	1,034	19
kaltgewalzt				
Verformungsgrad 10%		1,669	1,873	3
20%		1,888	1,978	2
Drähte ∅ 1,5 – 1,6 mm				
Verformungsgrad 15%	293		2,32	–
	773		1,29	1
	1273		0,85	1
	1773		0,27	1
	2273		0,10	1

Daten des kritischen Punktes: P_{Kr} = 14,5 MPa, T_{Kr} = 2090 K, D_{Kr} = 320 kg m⁻³

Änderung des elektrischen Widerstandes ϱ (Re 99,8% kleinkristallin) im Magnetfeld *H* ⊥ zum Meßstrom:

	H MA · s⁻¹	$\left(\frac{\varrho_H - \varrho_0}{\varrho_0}\right)_T$
$T \approx 80$ K $\quad \frac{\varrho_{80}}{\varrho_{273}} = 0,166$	25,1	0,015
$T \approx 20,4$ K $\quad \frac{\varrho_{20,4}}{\varrho_{273}} = 0,0179$	10,1 34,3	0,062 0,266

Hall-Koeffizient *R* bei Z.T.; magnetische Induktion

$B = 4,82$ Vs/m²; $R = 3,15 \cdot 10^{-10}$ m³/As.

Supraleitung: T_s = 1,70 K, H_0 = 198 Oe
Gesamtemissionsvermögen *E* relativ:

T [K]	1673	3073
E	0,425	0,36

Rh	Rhodium	O.Z.	45	rel. A.M.	102,90550		7440-16-6

Kern

Z	I.M.B.	Kern	RE [^{1}H=1,00]	AE [^{1}H=1,00]	GV [rad T^{-1} s^{-1}]	QM [m^2]	F [Hz]	Ref.
20	97–110	^{103}Rh	$3{,}11 \cdot 10^{-5}$	$3{,}11 \cdot 10^{-5}$	$-0{,}8520 \cdot 10^7$		3,147	mer-[$RhCl_3(SMe_2)_3$]

Elektronenhülle

El. konf.	G.T.	E.A.	I [kJ mol^{-1}]			
		[kJ mol^{-1}]	+1	+2	+3	+4
[Kr] $4d^8 5s^1$	$^4F_{9/2}$	162	720	1744	2997	4400

Thermodynamische Eigenschaften

T_f	T_v	ΔH_f	ΔH_v	ΔH_{at}	Cp (g)	S (g)	H_{298}
K	K	kJ mol^{-1}	kJ mol^{-1}	kJ mol^{-1}	JK^{-1} mol^{-1}	JK^{-1} mol^{-1}	kJ mol^{-1}
2233	3967	21,49	493,3	553,1	21,02	185,82	4,920

T	K	298,15	400	600	800	1000	1200	1400	1600	1800	2000
Cp	JK^{-1} mol^{-1}	24,98	26,09	28,14	30,13	31,99	33,70	35,22	36,56	37,70	38,65
S	JK^{-1} mol^{-1}	31,51	39,01	49,97	58,34	65,27	71,25	76,56	81,36	85,73	89,75
ΔH	kJ mol^{-1}	0	2,60	8,03	13,85	20,07	26,64	33,53	40,71	48,14	55,78
T	K	2233	2233	2300	2500	2700	2900	3100	3300	3600	3967
Cp	JK^{-1} mol^{-1}	39,51	41,84	41,84	41,84	41,84	41,84	41,84	41,84	41,84	41,84
S	JK^{-1} mol^{-1}	94,06	103,68	104,92	108,41	111,63	114,62	117,41	120,03	123,67	127,73
ΔH	kJ mol^{-1}	64,89	86,38	89,18	97,55	105,92	114,29	122,67	131,02	143,58	158,93

Physikalische Eigenschaften

MV	D	α	ΔV	$\varkappa$	E	G
cm^3	kg m^{-3}	10^{-6} K^{-1}		10^{-5} MPa^{-1}	GPa	
8,29	12410	8,40	0,12	0,350	378	14,7
$\Delta\rho_{(T)}$	$\Delta\rho_{(P)}$	χ_M	$\Psi_{(th)}$	$\Psi_{(ph)}$	D [1]	χ_M [1]
10^{-4} K^{-1}	10^{-9} hPa^{-1}	kg^{-1} m^3	V	V	kg m^{-3}	kg^{-1} m^3
46,2	– 1,62	$1{,}36 \cdot 10^{-8}$	4,68	4,98	(10800)	

μ	V_s(l)	V_s(t)	λ	ρ
	m s^{-1}		Wm^{-1} K^{-1}	nΩm
0,270	6190	3470	150	43,0
η [1]	γ [1]	dγ/dT [1]	HV	R_m
mPa s [1]	Nm^{-1}	Nm^{-1} K^{-1}	MNm^{-2}	MPa
	1,97	$(-0{,}3 \cdot 10^{-3})$	1246	951

[1] fl.

Rhodium (gr.: rhodos = rosenfarbig) wurde 1803 von W.H. Wollaston im Rückstand der Lösung von Rohplatin in Königswasser entdeckt. Hauptquelle für das äußerst seltene Rh sind Ni(Cu)-Sulfide. Rh wird aus den Rückständen der Ni-Produktion durch $NaHSO_4$-Aufschluß, Lösen in Wasser, Fällen mit NaOH, Aufreinigung, Fällung als $(NH_4)_3RhCl_6$, thermische Zersetzung gewonnen. Es ist in Säuren unlöslich und wird von geschmolzenen Alkalien gelöst. Ab 875 K wird es von Sauerstoff angegriffen, bei höheren Temperaturen zersetzt sich das gebildete Oxid wieder. Das Metall glänzt silbern. Es wird zum Härten von Pt und Pd verwendet. Legierungen werden für Heizdrähte, Thermoelemente, Düsen für die Glasfaserproduktion, Elektroden für Flugzeugzündkerzen und Labortiegel eingesetzt. Rh wird auch in der Schmuckindustrie und als Katalysator verwendet.

Oxidationsstufen: 1−, 0, 1+, 2+, <u>3+</u>, 4+, 5+, 6+
Standardreduktionspotentiale:

sauer $RhO_4^{2-} \xrightarrow{+2,01} RhO_2 \xrightarrow{+0,4} Rh^{3+} \xrightarrow{+1,1} Rh^{2+} \xrightarrow{+0,60} Rh^{+} \xrightarrow{+0,60} Rh$

Struktur

RG	SB	PS	μ/ϱ [$cm^2\ g^{-1}$]
$Fm\bar{3}m$, O_h^5;	A1;	cF4	CuK_α 194 MoK_α 22,6

a = 380,32 pm, 293 K; K_z = 12, d_{Rh-Rh} = 268,93 pm

Weitere physikalische Eigenschaften

Wärmeausdehnungszahl:

T [K]	323	373	473	573	673	773
$\bar{\alpha}$ (293-T) [K^{-1}]	8,1	8,3	8,5	8,9	9,3	$9,6 \cdot 10^{-6}$

Zugfestigkeit R_m (Rh 99,95%, geschmolzen und bei 1673 K warmgewalzt):

T [K]	293	573	773	973	1273	1523	1773
R_m [MPa]	410	444	370	265	151	75	43

Vickershärte *HV* (Rh 99,6%, 1,5 h bei 1600 °C vakuumgeglüht):

T [K]	293	373	473	673	873	1073	1273
HV [MNm^{-2}]	1250	1210	1190	1010	800	680	510

Änderung des elektrischen Widerstandes ϱ (RH kleinkristallin) im Magnetfeld $H \perp$ zum Meßstrom:

	H $MA \cdot s^{-1}$	$\left(\frac{\varrho_H - \varrho_0}{\varrho_0}\right)_T$
$T = 20,4$ K $\frac{\varrho_{20,4}}{\varrho_{293}} = 0,0036$	13,0 36,3	0,628 1,546

Hall-Koeffizient R bei 291 K; magnetische Induktion

$$B = 4,9\ Vs/m^2; \quad R = 0,505 \cdot 10^{-10}\ m^3/As.$$

thermoelektrische Kraft: $\varepsilon_{abs} = +\ 1,0\ \mu VK^{-1}$
Spektrales Emissionsvermögen ε (λ = 0,65 µm) in der Nähe des Schmelzpunktes: ε = 0,29.

Reflexionsvermögen R:

λ [µm]	0,4	0,6	0,8	1,0	1,2	1,4
R [%]	70	78	83	84	85	86

Rb	Rubidium	O.Z.	37	rel. A.M.	85,4678, a		7440-17-7

Kern

Z	I.M.B.	Kern	RE [^{1}H = 1,00]	AE [^{1}H = 1,00]	GV [rad T^{-1} s^{-1}]	QM [m^2]	F [Hz]	Ref.
20	79–95	^{87}Rb	0,17	0,0487	$8{,}7532 \cdot 10^7$	$0{,}30 \cdot 10^{-28}$	32,721	RbCl(aq)

Elektronenhülle

El. konf.	G.T.	E.A.	I [kJ mol^{-1}]	
		[kJ mol^{-1}]	+1	+2
[Kr]$5s_1$	$^2S_{1/2}$	46,9	403	26,32

Thermodynamische Eigenschaften

T_f	T_v	ΔH_f	ΔH_v	ΔH_{at}	Cp (g)	S (g)	H_{298}
K	K	kJ mol^{-1}	kJ mol^{-1}	kJ mol^{-1}	JK^{-1} mol^{-1}	JK^{-1} mol^{-1}	kJ mol^{-1}
312,65	961	2,184	75,7	80,9	20,79	170,09	7,489

T	K	298,15	300	312,65	312,65	400	500	600	700	800	961
Cp	JK^{-1} mol^{-1}	31,06	31,23	32,40	34,40	32,86	31,43	30,33	29,52	29,01	28,79
S	JK^{-1} mol^{-1}	76,78	76,97	78,29	85,27	93,56	100,73	106,36	110,37	114,88	120,45
ΔH	kJ mol^{-1}	0	0,06	0,46	2,64	5,58	8,79	11,88	14,87	17,79	22,70

Physikalische Eigenschaften

MV	D	α	ΔV	$\varkappa$	E	G
cm^3	kg m^{-3}	10^{-6} K^{-1}		10^{-5} MPa^{-1}	GPa	
55,79	1532	90	0,0228	33,0	2,35	0,91
$\Delta\rho_{(T)}$	$\Delta\rho_{(P)}$	χ_M	$\Psi_{(th)}$	$\Psi_{(ph)}$	D [1]	χ_M [1]
10^{-4} K^{-1}	10^{-9} hPa^{-1}	kg^{-1} m^3	V	V	kg m^{-3}	kg^{-1} m^3
63,7	– 62,9	$2{,}49 \cdot 10^{-9}$	2,13	2,05	14,70	

μ	V_s(l)	V_s(t)	λ
	m s^{-1}		Wm^{-1} K^{-1}
0,29	1430	770	58,2
η [1, 2]	α [1]	HV	ρ
mPa s [1]	Nm^{-1}	MNm^{-2}	nΩm
0,52	0,092	0,37	116

[1] fl,

[2] 50 K über T_f.

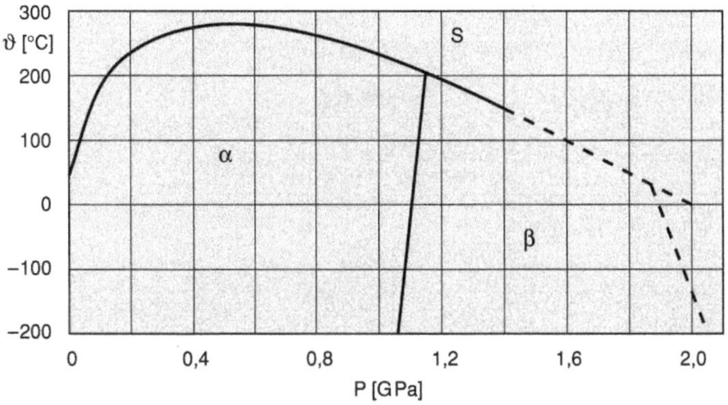

P-T Diagramm von Rubidium

Rubidium (lt.: rubidus = dunkelrot) wurde von R. Bunsen und R. Kirchhoff 1861 in Lepidolith (1,5%) spektroskopisch nachgewiesen und findet sich als Begleitelement in Alkalimetallmineralen. Rb kann durch Reduktion von $Rb_2Cr_2O_7$ mit Zr gewonnen werden. Das Metall ist weich, mit dem Messer schneidbar, an frischen Oberflächen silbrig-weiß. Es reagiert heftig mit Wasser und brennt an der Luft, muß daher unter Paraffin aufbewahrt werden. Rb enthält 27,85% des β-Strahlers ^{87}Rb (HWZ = $6{,}2 \cdot 10^{10}$ Jahre). Es wird in photoelektrischen Zellen verwendet.

Oxidationsstufen: 1−, 0, <u>1+</u>
Standardreduktionspotentiale:

$$Rb^+ \xrightarrow{-2{,}924} Rb$$

Struktur

RG SB PS μ/ϱ [$cm^2\,g^{-1}$]
$Im\bar{3}m$, O_h^9; A2; cI2 CuK_α 117 MoK_α 90,0
a = 570,3 pm, 293 K; K_z = 8, d_{Rb-Rb} = 493,7 pm
Rb_{fl}
K_z = 9,5, d_{Rb-Rb} = 497 pm, T = 313 K

Weitere physikalische Eigenschaften

Wärmeausdehnungszahl $\bar{\alpha}$ $Rb_{(fl)}$ (313–413): $\bar{\alpha} = 339 \cdot 10^{-6}\,K^{-1}$.
Viskosität η bei 373 K: η = 0,48 mPa · s.
Schallgeschwindigkeit $Rb_{(fl)}$ bei 312 K: V = 1260 m s^{-1} (12 MHz).
Verhältnis des elektrischen Widerstandes bei 311,3 K:

$$\varrho_{fl} = 220\ n\Omega m \qquad \frac{\varrho_{fl}}{\varrho_f} = 1{,}612\,.$$

Änderung des elektrischen Widerstandes ϱ (Rb kleinkristallin) im Magnetfeld $H \perp$ zum Meßstrom:

$$T = 14\ K \quad \frac{\varrho_{14}}{\varrho_{273}} = 0{,}0339; \qquad H = 40\ MA \cdot s^{-1} \quad \left(\frac{\varrho_H - \varrho_0}{\varrho_0}\right)_T < 0{,}004\,.$$

Hall-Koeffizient R bei Z.T. (Rb reinst, destilliert); magnetische Induktion

$$B = 2{,}73 - 2{,}89\ Vs/m^2; \quad R = -5{,}92 \cdot 10^{-10}\ m^3/As\,.$$

thermoelektrische Kraft: $\varepsilon_{abs} = -8{,}26\ \mu V\,K^{-1}$
Knight-Verschiebung am Schmelzpunkt: $K_f = 0{,}654\%$, $K_{fl} = 0{,}662\%$

Selbstdiffusion

ΔT (280 – 312 K); $D_0 = 0{,}23 \cdot 10^{-4}\,m^2\,s^{-1}$; $Q = 39{,}3\ kJ\,mol^{-1}$

Dichte von flüssigem Rubidium:

T [K]	312	323	423	493
D [kg m^{-3}]	14 750	14 700	14 600	14 500

Oberflächenspanung von flüssigem Rubidium:

T [K]	312	373	823	905
γ [Nm^{-1}]	0,0847	0,080	0,051	0,047

Ru	**Ruthenium**	O.Z.	44	rel. A.M.	101,07, a		7440-18-8

Kern

Z	I.M.B.	Kern	RE [^{1}H = 1,00]	AE [^{1}H = 1,00]	GV [rad $T^{-1}\,s^{-1}$]	QM [m^2]	F [Hz]	Ref.
16	93 – 108	^{101}Ru	0,00141	0,000240	$-1{,}3834 \cdot 10^7$	$0{,}44 \cdot 10^{28}$	4,941	RuO_4

Elektronenhülle

El. konf.	G.T.	E.A.	I [kJ mol^{-1}]			
		[kJ mol^{-1}]	+1	+2	+3	+4
[Kr]$4d^7 5s^1$	$^5F_5$	146	711	1617	2747	4500

Thermodynamische Eigenschaften

T_f	T_v	ΔH_f	ΔH_v	ΔH_{at}	Cp (g)	S (g)	H_{298}
K	K	kJ mol^{-1}	kJ mol^{-1}	kJ mol^{-1}	$JK^{-1}\,mol^{-1}$	$JK^{-1}\,mol^{-1}$	kJ mol^{-1}
2523	4419	24,28	595,5	651,5	21,52	186,50	4,602

T	K	298,15	400	600	800	1000	1200	1400	1600	1800	2000
Cp	$JK^{-1}\,mol^{-1}$	24,04	24,40	25,45	26,69	28,05	29,51	31,07	32,72	34,95	37,11
S	$JK^{-1}\,mol^{-1}$	28,54	35,64	45,73	53,21	59,31	64,55	69,22	73,47	77,46	81,26
ΔH	kJ mol^{-1}	0	2,47	7,45	12,66	18,13	23,88	29,94	36,32	43,09	50,30
T	K	2200	2400	2523	2523	2700	3000	3300	3600	3900	4419
Cp	$JK^{-1}\,mol^{-1}$	39,26	41,42	42,74	41,84	41,84	41,84	41,84	41,84	41,84	41,84
S	$JK^{-1}\,mol^{-1}$	84,89	88,40	90,51	100,13	102,97	107,37	111,36	115,00	118,35	123,58
ΔH	kJ mol^{-1}	57,93	66,00	71,18	95,46	102,86	115,42	127,97	140,52	153,07	174,79

Physikalische Eigenschaften

MV	D	α	ΔV	$\varkappa$	E	G
cm^3	$kg\,m^{-3}$	$10^{-6}K^{-1}$		$10^{-5}MPa^{-1}$	GPa	
8,14	12410	9,1		0,331	431	172
$\Delta\rho_{(T)}$	$\Delta\rho_{(P)}$	χ_M	$\Psi_{(th)}$	$\Psi_{(ph)}$	D[1]	χ_M[1]
$10^{-4}K^{-1}$	$10^{-9}hPa^{-1}$	$kg^{-1}m^3$	V	V	$kg\,m^{-3}$	$kg^{-1}m^3$
45,8	−2,48	$5{,}37 \cdot 10^{-9}$	4,73	4,71	10900	

μ	$V_s(l)$	$V_s(t)$	λ	ρ	R_m
	$m\,s^{-1}$		$Wm^{-1}K^{-1}$	$n\Omega m$	MPa
0,251	6530	3740	117	76	540
η[1]	γ[1]	$d\gamma/dT$[1]	HV		
mPa s[1]	Nm^{-1}	$Nm^{-1}K^{-1}$	MNm^{-2}		
	2,25	$(-0{,}31 \cdot 10^{-3})$	$2{-}5 \cdot 10^3$		

[1] fl.

Ruthenium (lt.: ruthenia = Rußland). 1827 untersuchten J. J. Berzelius und G.W. Osann den in Königswasser unlöslichen Rückstand russischer Platinerze, während Berzelius kein neues Element vermutete, meinte Osann, drei neue Elemente gefunden zu haben, eines benannte er Ruthenium. Sicher nachgewiesen wurde Ruthenium von K. Klaus, der aus Osanns RuO_3 das neue Metall herstellte. Es wird aus Rückständen der elektrolytischen Nickelherstellung gewonnen (Aufschluß mit $KHSO_4$, unlöslicher Rückstand nach Auslaugen mit H_2O, Aufschluß mit Na_2O_2, Auslaugen mit Wasser, Durchströmen von Cl_2 in der Wärme zur Bildung von flüchtigem RuO_4, Auffangen in HCl, Erwärmen zur Entfernung von OsO_4, Zugabe von NH_4Cl zur Lösung, $(NH_4)_3RuCl_6$-Niederschlag wird thermisch in Ru und NH_4Cl zersetzt). Es fällt als Pulver an und wird pulvermetallurgisch verdichtet. Ruthenium tritt als Begleiter des Platins auf. Von Säuren, Wasser und Luft wird Ru nicht, von Alkalien und Halogenen dagegen stark angegriffen.

Ru-Tiegel sind gegen viele Schmelzen beständig, so bis 200 °C über den Schmelzpunkt von Li, Na, K, Au, Ag, Cu, Pb, Bi, Sn, Te, In, Cd, Cu und Ga. Ru wird zur Härtung von Pt und Pd und als Katalysator verwendet. Die Korrosionsbeständigkeit von Ti wird durch die Zugabe von 0,1 % Ru um den Faktor 100 erhöht.

Oxidationsstufen: 2−, 0, 1+, 2+, $\underline{3+}$, 4+, 5+, 6+, 7+, 8+
Standardreduktionspotentiale:

$$RuO_4 \xrightarrow{+0{,}99} RuO_4^- \xrightarrow{+0{,}593} RuO_4^{2-} \xrightarrow{+2{,}0} RuO_2 \xrightarrow{+0{,}86} Ru^{3+} \xrightarrow{+0{,}249} Ru^{2+} \xrightarrow{+(\sim 0{,}8)} Ru$$

Struktur

RG	SB	PS	μ/ϱ [$cm^2\,g^{-1}$]
$P6_3/mmc$, D_{6h}^4;	A3;	hP2	CuK_α 183 MoK_α 21,1

a = 270,53, c = 428,14 pm, 293 K; $K_z = 6 + 6$, d_{Ru-Ru} = 264,99; 267,76 pm

Weitere physikalische Eigenschaften

Zugfestigkeit R_m für Ru (weich); R_m = 270−380 MPa
Änderung des elektrischen Widerstandes ϱ (Ru kleinkristallin gesintert) im Magnetfeld $H \perp$ zum Meßstrom:

$$T = 20{,}4\,K \quad \frac{\varrho_{20,4}}{\varrho_{293}} = 0{,}0683; \quad H = 40\,MA \cdot s^{-1} \quad \left(\frac{\varrho_H - \varrho_0}{\varrho_0}\right)_T < 0{,}151.$$

Hall-Koeffizient R bei Z.T., magnetische Induktion

$$B = 4{,}47\ \mathrm{Vs/m^2};\quad R = 2{,}2 \cdot 10^{-10}\ \mathrm{m^3/As}.$$

Supraleitung: $T_s = 0{,}49$ K, $H_0 = 66$ Oe
Reflexionsvermögen: R ~ 63 % im sichtbaren Bereich des Lichts

Sm	Samarium	O.Z.	62	rel. A.M.	150,36, a		7440-19-9

Kern

Z	I.M.B.	Kern	RE [^{1}H = 1,00]	AE [^{1}H = 1,00]	GV [rad $T^{-1}s^{-1}$]	QM [m^2]	F [Hz]	Ref.
17	142–157	^{147}Sm	0,00148	0,000221	$-1{,}1124 \cdot 10^7$	$-0{,}18 \cdot 10^{-28}$	4,128	

Elektronenhülle

El. konf.	G.T.	E.A.	I [kJ mol^{-1}]			
		[kJ mol^{-1}]	+1	+2	+3	+4
[Xe]$4f^6 6s^2$	$^7F_0$	29	543	1068	2260	3990

Thermodynamische Eigenschaften

T_f	T_v	ΔH_f	ΔH_v	ΔH_{at}	Cp (g)	S (g)	H_{298}
K	K	kJ mol^{-1}	kJ mol^{-1}	kJ mol^{-1}	JK^{-1}mol^{-1}	JK^{-1}mol^{-1}	kJ mol^{-1}
1345	2061	8,62	166,4	206,7	30,36	208,15	7,573

T	K	298,15	300	400	500	600	700	800	900	1000	1100
Cp	JK^{-1}mol^{-1}	29,54	29,58	33,18	37,41	40,79	42,64	44,03	44,49	45,28	46,54
S	JK^{-1}mol^{-1}	69,50	69,68	78,64	86,50	93,64	100,09	105,90	111,11	115,84	120,21
ΔH	kJ mol^{-1}	0	0,06	3,18	6,71	10,63	14,82	19,17	23,60	28,08	32,67
T	K	1190	1190	1200	1300	1345	1345	1500	1700	1900	2061
Cp	JK^{-1}mol^{-1}	48,38	46,94	46,94	46,94	46,94	50,21	50,21	50,21	50,21	50,21
S	JK^{-1}mol^{-1}	123,93	126,55	126,94	130,70	132,30	138,71	144,18	150,47	156,05	160,14
ΔH	kJ mol^{-1}	36,93	40,05	40,52	45,21	47,32	55,94	63,92	73,76	83,81	91,89

Physikalische Eigenschaften

MV	D	α	ΔV	$\varkappa$	E	G
cm^3	$kg\,m^{-3}$	$10^{-6}\,K^{-1}$		$10^{-5}\,MPa^{-1}$	GPa	
20,00	7520	10,4	0,036	3,27	50,0	19,5
$\Delta\rho_{(T)}$	$\Delta\rho_{(P)}$	χ_M	$\Psi_{(th)}$	$\Psi_{(ph)}$	D[1]	χ_M[1]
$10^{-4}\,K^{-1}$	$10^{-9}\,hPa^{-1}$	$kg^{-1}\,m^3$	V	V	$kg\,m^{-3}$	$kg^{-1}\,m^3$
14,8	– 3,57	$1{,}06 \cdot 10^7$	3,2	2,7		

μ	$V_s(l)$	$V_s(t)$	λ	ρ	R_m
	$m\,s^{-1}$		$W\,m^{-1}K^{-1}$	$n\Omega m$	MPa
0,282	2700	1290	13,3	914	157
η[1]	γ[1]	HV			
mPa s[1]	Nm^{-1}	MNm^{-2}			
	(0,6)	412			

[1] fl.

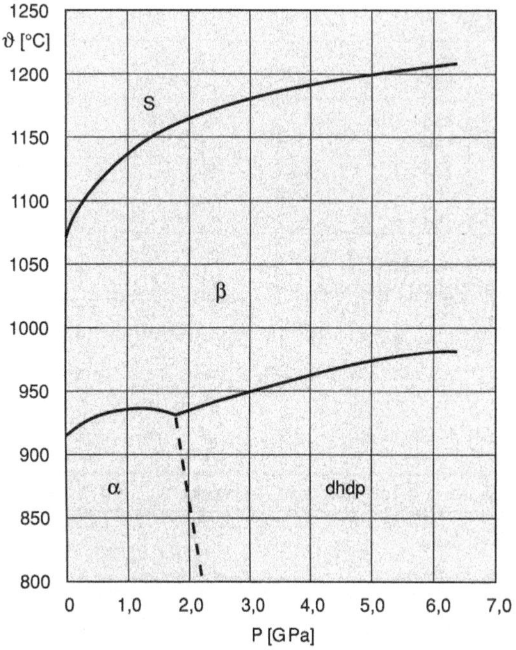

P-T Diagramm von Samarium

Samarium (nach dem Mineral Samarskasit: nach Oberst Samarski, einem russischen Bergwerksbeamten) wurde spektroskopisch von L. de Boisbaudran im Samarskasit (Y, Er)$_4$ [(Nb, Ta)$_2$ O$_7$]$_3$ nachgewiesen. Es ist auch im Monazit ($LnPO_4$) und Bastnäsit ($LnCO_3F$) enthalten. Samarium wird durch Reduktion des Oxids mit Ba erhalten. Das silbrige Metall oxidiert bei Raumtemperatur langsam, brennt oberhalb von 150 °C. Wasserstoff reagiert oberhalb von 250 °C. Es löst sich in Säuren. $SmCo_5$ wird als Permanentmagnet genutzt.

Oxidationsstufen: 0, 2+, 3+

Standardreduktionspotentiale:

basisch $Sm(OH)_3 \xrightarrow{-2,80} Sm$

sauer $Sm^{3+} \xrightarrow{-1,55} Sm^{2+} \xrightarrow{-2,67} Sm$

Struktur

RG SB PS μ/ϱ [$cm^2 g^{-1}$]
α: $R\bar{3}m$, D^5_{3d}; –; hR9 CuK_α 397 MoK_α 58,6
a = 362,6, c = 2622,2 pm hex. Aufst., 293 K; K_z = 12, d_{Sm-Sm} = 360,7 pm
>1190 K
β: $Im\bar{3}m$; O^9_h; A2; cI2
a = 407 pm; K_z = 8, d_{Sm-Sm} = 352,5 pm
> 2,2 GPa
$P6_3/mmc$, D^4_{6h}; –; hP4
a = 361,8, c = 1166 pm; K_z = 12, d_{Sm-Sm} = 360,2 pm
>91 GPa
kubisch – innenzentriert, cI2
a = 240,2, c = 423,1 pm, 189 GPa; K_z = 8, d_{Sm-Sm} = 271,3 pm

Weitere physikalische Eigenschaften

Natürlich radioaktives Isotop: ^{147}Sm Häufigkeit 15%, α-Strahler, Halbwertzeit $1,3 \cdot 10^{11}$ a.
α-Sm, Streckgrenze $R_{p0,2}$, Zugfestigkeit R_m, Bruchdehnung A und Vickershärte *HV*. *G* Gußzustand, *V* durch Schmieden bei Z.T. um ≈ 50% verformt:

Zustand	T K	$R_{p0,2}$ MPa	R_m MPa	A %	*HV* MNm^{-2}
G	Z.T.	113	126	≈ 3	410
G	477	125	148	10,4	–
V	477	134	173	14,5	–
G	700	76	83	5,6	–
V	700	90	102	12,5	–

Debye-Temperatur: 147 K aus Wärmekapazität berechnet;
135 K aus Schallgeschwindigkeit berechnet.
Hall-Koeffizient *R* bei Z.T.: $R = -0,2 \cdot 10^{-10}$ m^3/As.
Linearer Ausdehnungskoeffizient (297 K): ⊥ c-Achse $\alpha = 9,6 \cdot 10^{-6}$ [K^{-1}]; ∥ c-Achse $\alpha = 19,0 \cdot 10^{-6}$ [K^{-1}]

O	**Sauerstoff**	O.Z.	8	rel. A.M.	15,9994, a, b	Oxygen	7782-44-7

Kern

Z	I.M.B.	Kern	RE [^1H=1,00]	AE [^1H=1,00]	GV [$rad T^{-1} s^{-1}$]	QM [m^2]	F [Hz]	Ref.
8	13–20	^{17}O	0,0291	$1,08 \cdot 10^{-5}$	$-3,6264 \cdot 10^7$	$-2,6 \cdot 10^{-30}$	13,557	H_2O

Elektronenhülle

El. konf.	G.T.	E.A.	I [$kJ mol^{-1}$]		
		[$kJ mol^{-1}$]	+1	+2	+3
[He]$2s^2 2p^4$	$^3P_2$	141	1314	3388	5300

Thermodynamische Eigenschaften

T_f	T_v	ΔH_f	ΔH_v	ΔH_{at}	Cp (g)	S (g)	H_{298}
K	K	$kJ\,mol^{-1}$	$kJ\,mol^{-1}$	$kJ\,mol^{-1}$	$JK^{-1}mol^{-1}$	$JK^{-1}mol^{-1}$	$kJ\,mol^{-1}$
54,8	90,188	0,444	6,82	249,17	21,91	161,06	8,682

T	K	298,15	400	600	800	1000	1200	1400	1600	1800	2000
Cp	$JK^{-1}mol^{-1}$	29,38	30,11	32,09	33,73	34,87	35,67	36,28	36,80	37,28	37,74
S	$JK^{-1}mol^{-1}$	205,15	213,87	226,45	235,92	243,58	250,01	255,56	260,43	264,80	268,75
ΔH	$kJ\,mol^{-1}$	0	3,03	9,24	15,84	22,70	29,76	36,96	44,27	51,67	59,18
T	K	2200	2400	2600	2800	3000	3500	4000	4500	5000	
Cp	$JK^{-1}mol^{-1}$	38,19	38,64	39,07	39,48	39,86	40,72	41,42	42,04	42,68	
S	$JK^{-1}mol^{-1}$	272,37	275,71	278,82	281,73	284,47	290,68	296,16	301,08	305,54	
ΔH	$kJ\,mol^{-1}$	66,77	74,45	82,22	90,08	98,01	118,17	138,71	159,57	180,75	

Physikalische Eigenschaften

MV	D [1]	χ_M [2]	λ	η_{273}	η_{373}	η_{573}	η_{873}	η_{1102}
cm^3	$kg\,m^{-3}$	$kg^{-1}m^3$	$Wm^{-1}K^{-1}$	μPas [3]				
8,00	1,429	$1{,}355 \cdot 10^{-6}$	0,0267	19,5	24,4	33,7	44,7	50,1

[1] 273 K, [2] Gas, [3] bei Normaldruck.

GZ	B_o	Θ_{rot}	ω_o	Θ_r	$\chi_o\,\omega_o$	WZ	r_o	f
	cm^{-1}	K	cm^{-1}	K	cm^{-1}	cm^{-1}	pm	Nm^{-1}
$^3\Sigma_g^-$	1,4457	2,079	1580,36	2273,64	11,993	0,016	120,74	445,2
I	ΔH_{Dis}	d [1]	Suth-K	D	T_{Kr}	P_{Kr}	D_{Kr}	
$10^{47}kg\,m^2$	eV	pm		$cm^2 s^{-1}$	K	MPa	$kg\,m^{-3}$	
1,9223	5,115	362	125	0,187	154,58	5,04	419	
V_g [2]	V_{fl} [2]	T_{Tr}	P_{Tr}	λ [3]	$(\epsilon-1)\cdot 10^6$	χ [1]	$(n-1)\cdot 10^6$	
ms^{-1}	ms^{-1}	K	hPa	$Wm^{-1}K^{-1}$	373 K	$kg^{-1}m^3$	589,3 nm	
336,95	1079	54,34	1,52	$2{,}45 \cdot 10^{-2}$	525	$1{,}34 \cdot 10^{-6}$	270,6	

[1] 280 K, [2] 69,6 K, [3] NTP.

Sauerstoff (O, gr.: oxys genes = Säure formend) wurde schon früh beobachtet. Seine Entdeckung wird allgemein C. W. Scheele und J. Priestley (in getrennten Experimenten) zugeschrieben (1773–1774). Scheele erhielt O_2 durch thermische Zersetzung von Nitraten, Priestley von HgO. Großtechnisch wird O_2 durch Verflüssigung von Luft und anschließende Destillation hergestellt. Sauerstoff ist das häufigste Element der Erdkruste, außerdem ist es zu 21 Vol% in der Luft enthalten. O_2 ist ein farb-, geruch- und geschmackloses Gas, das aus O_2-Molekülen besteht. Verflüssigt ist es blau. Das Molekül ist stabil und dissoziiert erst bei höheren Temperaturen. Die Reaktion der Elemente mit O_2 (Oxidation) erfolgt meist erst bei höheren Temperaturen. Allerdings korrodieren viele Elemente langsam an Luft durch Rosten oder Anlaufen. Sauerstoff wird zur Stahlerzeugung, für das Synthesegas bei der Herstellung von NH_3, CH_3OH u. a. organ. Stoffen und zum Schweißen verwendet. Sauerstoff existiert in einer zweiten Modifikation O_3 (Ozon), das ein charakteristisch riechendes, blaßblaues Gas ist. Ozon ist ein starkes Oxidationsmittel, in konzentriertem Zustand explosiv und in größeren Konzentrationen giftig. Ozon bildet sich durch Einwirkung stiller elektrischer Entladungen auf O_2, oder in der Atmosphäre durch Einwirken der UV-Strahlen (Ozonschicht).

Oxidationsstufen: 2–, 1–, 0, 1+, 2+

Standardreduktionspotentiale:

basisch $O_2 \xrightarrow{-0{,}04} HO_2^- \xrightarrow{+0{,}878} OH^-$

sauer $O_2 \xrightarrow{+0{,}695} H_2O_2 \xrightarrow{+1{,}763} H_2O$

Struktur

RG	SB	PS	μ/ϱ [$cm^2\,g^{-1}$]
<23,9 K			CuK_α 11,5 MoK_α 1,31
α: C2/m, C_{2h}^3;		;	mC4

a = 540,3, b = 342,9, c = 508,6 pm, β = 132,53°
<43,6 K
β: R$\bar{3}$m, D_{3d}^5; –; hR6
a = 330,7, c = 1125,6 pm, hex. Aufst., 38 K
<54,4 K
γ: Pm3n, O_h^3; – ; cP16
a = 683 pm, 50 K

Weitere physikalische Eigenschaften

Dampfdruck von O_2 siehe Tabelle 4.1.1.2.1 und 4.1.1.3.1
Wärmeleitzahl λ von O_2 (fl) in Abhängigkeit vom Druck:

T K	λ in $10^{-3}\,Wm^{-1}\,K^{-1}$ bei p in MPa				
	2,5	5,0	7,5	10,0	12,5
80	164,5	166,2	167,8	169,5	171,1
90	151,5	153,6	155,7	157,8	159,8
100	138,5	141,0	143,6	146,1	148,5
110	125,1	127,9	130,6	133,5	136,3
120	110,9	114,3	117,4	120,6	123,8
130	96,3	100,4	104,0	107,6	111,1
140	–	85,8	90,0	94,2	98,3
150	–	67,8	75,4	80,8	85,7

Statische Dielektrizitätskonstante ε, O_2 (fl) bei 80,75 K: ε = 1,505.
Brechzahl n, O_2 (fl) bei 92 K für λ = 0,5890 µm: n = 1,221.

Löslichkeit in Wasser bei $1{,}013 \cdot 10^5$ Pa O_2-Druck:

T [K]	273	283	293	303	313	333	353	373
$\alpha = \frac{m^3(\text{Gas})}{m^3(\text{Wasser})}$	0,0489	0,0380	0,0310	0,0261	0,0231	0,0195	0,0176	0,0170

O_3 (Ozon)

Dichte (273,15 K, $1{,}013 \cdot 10^5$ Pa). $D = 2{,}1415\ kg \cdot m^{-3}$.
Schmelzpunkt T_f = 80,65 K.
Siedepunkt: T_v = 161,3 K; Verdampfungsenthalpie: ΔH_v = 10,7 kJ/Mol.
Kritischer Punkt: T_{krit} = 261,1 K
p_{krit} = 5,53 MPa
$D_{krit} = 537\ kg \cdot m^{-3}$

Dichte im Sättigungszustand:

T K	D $kg\,m^{-3}$	T K	D $kg\,m^{-3}$
	fest:	87,6	1583,9
77,4	1728	90,2	1574
	flüssig:	90,1	1572,7
77,4	1613,7	103,2	1536
77,2	1613,0	123,2	1473
77,0	1614	153,2	1376
85,2	1595	161,2	1354

Wärmeleitzahl λ von O_3 (fl):

T [K]	77,2	90,2	108,2	145,2
λ [$Wm^{-1}K^{-1}$]	218	222	227	$231 \cdot 10^{-3}$

Dielektrizitätskonstante: $(\varepsilon - 1) \cdot 10^6 = 1900$ (273 K, 0,10132 MPa).
Brechzahl O_3 (für λ = 0,5462 μm): $(n-1) \cdot 10^6 = 520$.

Löslichkeit in Wasser bei $1{,}013 \cdot 10^5$ Pa O_3-Druck:

T [K]	273	283	293	303
$\alpha = \frac{m^3(Gas)}{m^3(Wasser)}$	0,45	0,37	0,24	0,11

Sc	**Scandium**	O.Z.	21	rel. A.M.	44,955910		7440-20-2

Kern

Z	I.M.B.	Kern	RE [^{1}H=1,00]	AE [^{1}H=1,00]	GV [$rad\,T^{-1}s^{-1}$]	QM [m^2]	F [Hz]	Ref.
15	40–50	^{45}Sc	0,30	0,30	$6{,}4982 \cdot 10^7$	$-0{,}22 \cdot 10^{-28}$	24,290	$Sc(ClO_4)_3$(aq)

Elektronenhülle

El. konf.	G.T.	E.A. [$kJ\,mol^{-1}$]	I [$kJ\,mol^{-1}$] +1	+2	+3
[Ar]$3d^14s^2$	$^2D_{3/2}$	−70	631	1235	2389

Thermodynamische Eigenschaften

T_f	T_v	ΔH_f	ΔH_v	ΔH_{at}	Cp (g)	S (g)	H_{298}
K	K	$kJ\,mol^{-1}$	$kJ\,mol^{-1}$	$kJ\,mol^{-1}$	$JK^{-1}mol^{-1}$	$JK^{-1}mol^{-1}$	$kJ\,mol^{-1}$
1812	3101	14,10	314,2	377,9	22,10	174,78	5,217

T	K	298,15	400	600	800	1000	1200	1400	1608	1608	1700
Cp	$JK^{-1}mol^{-1}$	25,57	26,22	27,48	29,13	31,21	33,71	36,62	40,08	44,23	44,23
S	$JK^{-1}mol^{-1}$	34,64	42,25	53,12	61,24	67,95	73,86	79,27	84,57	87,06	89,52
ΔH	$kJ\,mol^{-1}$	0	2,64	8,01	13,66	19,67	26,17	33,20	41,17	45,17	49,24
T	K	1800	1812	1812	2000	2200	2400	2600	2800	3000	3101
Cp	$JK^{-1}mol^{-1}$	44,23	44,23	44,23	44,23	44,23	44,23	44,23	44,23	44,23	44,23
S	$JK^{-1}mol^{-1}$	92,05	92,34	100,12	104,49	108,90	112,55	116,09	119,37	122,42	123,88
ΔH	$kJ\,mol^{-1}$	53,67	54,20	68,29	76,61	85,45	94,30	103,14	111,99	120,83	125,30

Physikalische Eigenschaften

MV	D	α	ΔV	$\varkappa$	E	G
cm^3	$kg\,m^{-3}$	$10^{-6}K^{-1}$		$10^{-5}MPa^{-1}$	GPa	
15,04	2989	10,0		2,22	75,2	29,4
$\Delta\rho_{(T)}$	$\Delta\rho_{(P)}$	χ_M	$\Psi_{(th)}$	$\Psi_{(ph)}$		
$10^{-4}K^{-1}$	$10^{-9}hPa^{-1}$	$kg^{-1}m^3$	V	V		
28,2		$8{,}8 \cdot 10^{-8}$	3,23	3,5		

μ	$V_s(l)$	$V_s(t)$	λ	ρ	R_m
	$m\,s^{-1}$		$Wm^{-1}K^{-1}$	$n\Omega m$	MPa
0,279			15,8	505	256
	γ^1	HV			
	Nm^{-1}	MNm^{-2}			
	(0,9)	350			

[1] fl.

Scandium (lt.: scandia = Skandinavien) wurde als Ekabor von Mendelejev vorausgesagt und 1876 durch L. F. Nilson (Schweden) in den Mineralen Euxenit und Gadolinit als Sc_2O_3 nachgewiesen. Das wichtigste Mineral ist Thortveitit $Sc_2(Si_2O_7)$, außerdem fällt Sc als Nebenprodukt bei der Wolfram- und Uranproduktion an. Metallisches Sc wurde zuerst von Tischer, Brunger und Grieneisen durch Schmelzflußelektrolyse eines KCl- und NaCl-$ScCl_3$-Gemisches erzeugt. Das silbrige Sc färbt sich an der Luft gelblich oder rosa. Es ist sehr weich, reagiert mit Wasser und den meisten Mineralsäuren. In Gegenwart von F^- entsteht schützendes ScF_3, das die Reaktionsfähigkeit herabsetzt. Sc wird als Fenster und Filter für Neutronen in Kernreaktoren verwendet, außerdem wegen des linienreichen Spektrums in Lichtquellen von hoher Intensität.

Oxidationsstufen: 0, $\underline{3+}$

Standardreduktionspotentiale:

$$Sc^{3+} \xrightarrow{-2{,}03} Sc$$

Struktur

RG SB PS μ/ϱ [$cm^2\,g^{-1}$]
α: $P6_3/mmc$, D_{6h}^4; A3; hP2 CuK_α MoK_α
a = 330,88, c = 526,75 pm, 293 K; K_z = 12, d_{Sc-Sc} = 166 pm
>1608 K
β: $Im\bar{3}m$, O_h^9; A2; cI2

Weitere physikalische Eigenschaften

Physikalische Eigenschaften in Abhängigkeit von der Kristallorientierung:

Eigenschaft	T K	Richtung ‖ c-Achse	Richtung ⊥ c-Achse	Dimension
linearer Ausdehnungskoeffizient	297	$15{,}3 \cdot 10^{-6}$	$7{,}6 \cdot 10^{-6}$	K^{-1}
elektrischer Widerstand	298	287	642	$n\Omega m$

Hall-Koeffizient: $R = -0{,}67 \cdot 10^{-10}\,m^3/As$ 293 K
thermoelektrische Kraft: $\varepsilon_{abs} = -3{,}6\,\mu V\,K^{-1}$

S	**Schwefel**	O.Z.	16	rel. A.M.	32,066, a, b	Sulfur	7704-34-9

Kern

Z	I.M.B.	Kern	RE [^{1}H=1,00]	AE [^{1}H=1,00]	GV [rad $T^{-1}s^{-1}$]	QM [m^2]	F [Hz]	Ref.
10	29–38	^{33}S	0,00226	$1,72 \cdot 10^{-5}$	$2,0534 \cdot 10^7$	$-0,064 \cdot 10^{-28}$	7,670	CS_2

Elektronenhülle

El. konf.	G.T.	E.A.	I [kJ mol^{-1}]					
		[kJ mol^{-1}]	+1	+2	+3	+4	+5	+6
[Ne]$3s^23p^4$	$^3P_2$	200,4	1000	2251	3361	4564	7013	8500

Thermodynamische Eigenschaften

T_f	T_v	ΔH_f	ΔH_v	ΔH_{at}	Cp (g)	S (g)	H_{298}
K	K	kJ mol^{-1}	kJ mol^{-1}	kJ mol^{-1}	$JK^{-1}mol^{-1}$	$JK^{-1}mol^{-1}$	kJ mol^{-1}
388,36	717 [1]	1,72	9,62	277,0	23,58	167,83	4,412

T	K	298,15	300	368,3	368,3	388,4	388,4	400	500	600	700
Cp	$JK^{-1}mol^{-1}$	22,76	22,80	24,17	24,69	25,32	32,33	29,67	38,78	33,72	32,98
S	$JK^{-1}mol^{-1}$	32,06	32,20	37,01	38,09	39,41	43,85	44,75	53,41	59,95	65,05
ΔH	kJ mol^{-1}	0	0,04	1,65	2,05	2,55	4,27	4,62	8,53	12,10	15,41
T	K	800	882 [2]								
Cp	$JK^{-1}mol^{-1}$	34,51	36,80								
S	$JK^{-1}mol^{-1}$	69,53	73,01								
ΔH	kJ mol^{-1}	18,77	21,69								

[1] NTP (S_n n = 2–8 ...), [2] S_2.

Physikalische Eigenschaften

MV	D	α	ΔV	ϰ	χ_M	D [1]	γ [1]	λ
cm^3	kg m^{-3}	$10^{-6}K^{-1}$		$10^{-5}MPa^{-1}$	$kg^{-1}m^3$	kg m^{-3}	Nm^{-1}	$Wm^{-1}K^{-1}$
15,49	2070	74,33	0,0515	13,0	$-6,09 \cdot 10^{-9}$	1819	0,061	0,269

[1] fl.

Schwefel ist das einzige seit dem Altertum bekannte Nichtmetall. Schwefel kommt elementar in großen Lagerstätten vor, aber auch in Form seiner sulfidischen Erze. Der meiste Schwefel wird nach dem Frashverfahren erzeugt: Einblasen von heißem Wasserdampf in die Lagerstätten, der geschmolzene Schwefel wird mit Druckluft an die Oberfläche gedrückt. S entsteht aber auch als Abfallprodukt in der Erdöl- und Erdgasförderung und -raffination. Schwefel ist ein fahl-gelber, geruchloser, harter, nichtleitender Festkörper, unlöslich in Wasser, aber sehr gut löslich in CS_2. Beim Erhitzen verbrennt er zu SO_2. Er reagiert mit den meisten Metallen und vielen Nichtmetallen. Schwefel kommt in vielen Modifikationen vor, neben den unten erwähnten S_8-Ringen, sind auch Strukturen mit S_5 bis S_{26}-Ringen bekannt. Schwefel ist eine Komponente des Schießpulvers, dient zur Vulkanisation und als Fungizid.

Oxidationsstufen: 2–, 1–, 0, 1+, 2+, 3+, 4+, 6+

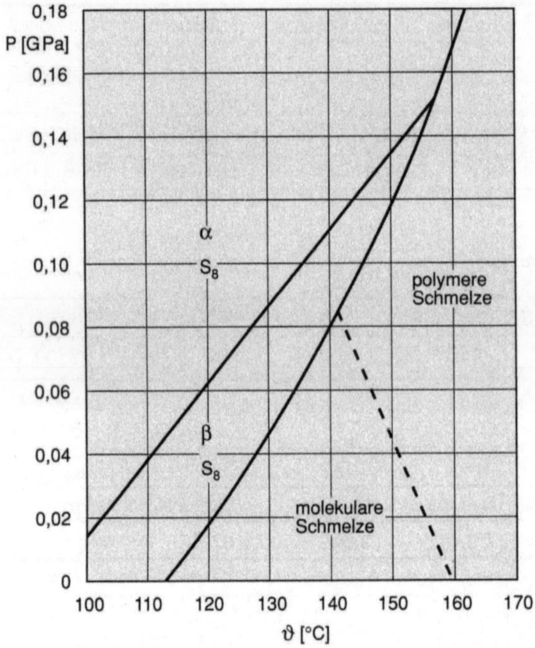

P-T Diagramm von Schwefel

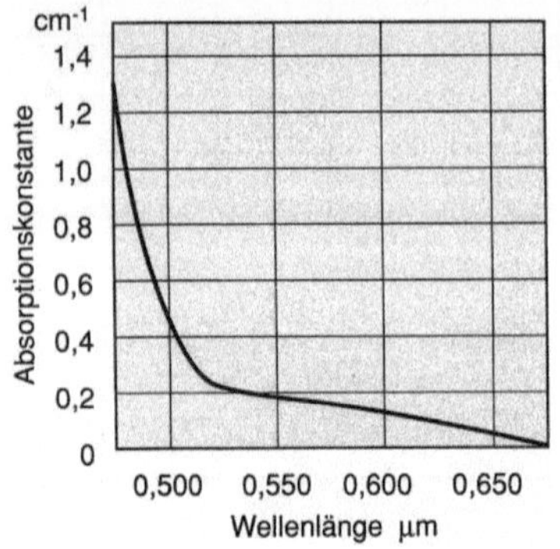

S-Kristall. Absorptionsspektrum

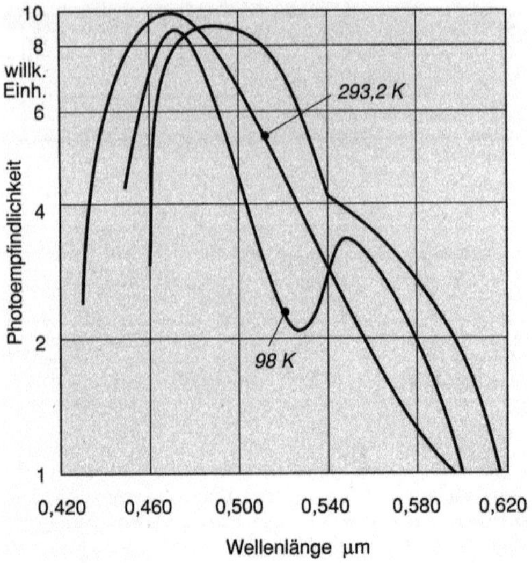

S-Kristall. Spektrale Verteilung der Photoempfindlichkeit

Standardreduktionspotentiale:

basisch $SO_4^{2-} \xrightarrow{-0{,}94} SO_3^{2-} \xrightarrow{-0{,}58} S_2O_3^{2-} \xrightarrow{-0{,}74} S \xrightarrow{-0{,}45} S^{2-}$

$S \xrightarrow{-0{,}428} S_2^{2-}$

sauer $SO_4^{2-} \xrightarrow{-0{,}22} S_2O_6^{2-} \xrightarrow{+0{,}57} SO_2 \xrightarrow{+0{,}51} S_4O_6^{2-} \xrightarrow{+0{,}08} S_2O_3^{2-} \xrightarrow{+0{,}47} S_8 \xrightarrow{+0{,}14} H_2S$

Struktur

RG SB PS μ/ϱ [cm^2 g^{-1}]
α: Fddd, D_{2h}^{24}; A16; oF128 CuK$_\alpha$ 89,1 MoK$_\alpha$ 9,55
a = 1046,46, b = 1286,60, c = 2448,60 pm; $K_z = 2$, $\bar{d}_{S-S} = 204{,}1$ pm
besteht aus S_8-Ringen
>368,3 K
β: P2$_1$/a, C_{2h}^5; –; mP64
a = 1077,8, b = 1084,4, c = 1092,4 pm, $\beta = 95{,}80°$, 293 K
$K_z = 2$, $\bar{d}_{S-S} = 204{,}12$ (geordnete S_8-Ringe) 203,9 pm (ungeordnete S_8-Ringe)
aus unterkühlten Schmelzen (metastabil)
γ: P2/c,
a = 857, b = 1305, c = 823 pm, $\alpha = 112{,}90°$

Weitere physikalische Eigenschaften

Volumenänderung bei U: $(V_\beta - V_\alpha) = 23{,}6 \cdot 10^{-6}$ m^3 kg^{-1}
Volumenänderung beim Schmelzen: $(V_{fl} - V_f) = 41 \cdot 10^{-6}$ m^3 kg^{-1}
S_2-Molekül im Grundzustand: Kernabstand 188,9 pm; Trägheitsmoment $94{,}57 \cdot 10^{-40}$ g cm^2.

Dichte D von α-S:

T [K]	273	293	313	333	353	373
D [kg m^{-3}]	2047,7	2037,0	2028,3	2018,2	2001,4	1975,6

Dichte D von S (fl):

T [K]	388,3	407,2	418,7	430,1	431,7	434,8	438,2
D [kg m^{-3}]	1808,9	1793,8	1784,6	1774,6	1773,9	1773,9	1772,4

T [K]	444,5	451,5	457,2	512,7	530,2	717
D [kg m^{-3}]	1770,5	1768,1	1765,1	1739,1	1662,0	1614

Dichte koexistierender Phasen:

T [K]	D' [kg m^{-3}]	D'' [kg m^{-3}]
473	1753	0,0170
553	1704	0,1980
633	1655	1,062
713	1608	3,408
717,8	1602	3,641
793	1540	8,215
873	1405	16,0
919	1313	26,7

Viskosität η:

T [K]	391,9	398,9	413,9	424,3	430,5	432,4	438,0	443,0
η [Pa s]	0,01146	0,01031	0,00767	0,00662	0,00672	0,0116	10	43,6
T [K]	453,7	459,4	466,1	484,7	505,2	526,7	552,8	579,3
η [Pa s]	85,7	93,3	91,8	61,3	30,2	13,6	5,3	2,1

Oberflächenspannung γ:

T [K]	392,6	428,9	456,7	484,0	553	717
γ [Nm^{-1}]	0,06046	0,0554	0,0543	0,0528	0,0482	0,0394

Bandbreite: $\Delta E = 3{,}6$ eV; 0 K $\quad \frac{d\Delta E}{dT} = -6{,}8 \cdot 10^{-4}$ eV/K

Dielektrizitätskonstante bei 296 K für $10^5 - 10^6$ Hz für einen S-Einkristall:

Feldrichtung in der *a*-Achse $\varepsilon = 3{,}75$;
Feldrichtung in der *b*-Achse $\varepsilon = 3{,}95$;
Feldrichtung in der *c*-Achse $\varepsilon = 4{,}45$.

Die elektrische Leitfähigkeit von Schwefel ändert sich bei Belichtung.

Reflexionsvermögen: $\lambda = 58{,}9$ µm, R = 70%

Se	**Selen**	O.Z.	34	rel. A.M.	78,96	Selenium	7782-49-2

Kern

Z	I.M.B.	Kern	RE [^{1}H=1,00]	AE [^{1}H=1,00]	GV [rad T^{-1}s^{-1}]	QM [m^2]	F [Hz]	Ref.
20	70–85	^{77}Se	0,00693	0,000525	$5{,}1018 \cdot 10^7$		19,067	$Se(CH_3)_2$

Elektronenhülle

El. konf.	G.T.	E.A.	I [kJ mol^{-1}]					
		[kJ mol^{-1}]	+1	+2	+3	+4	+5	+6
[Ar]$3d^{10}4s^24p^4$	$^3P_2$	195	941	2044	2974	4144	6590	7880

Thermodynamische Eigenschaften

T_f	T_v	ΔH_f	ΔH_v	ΔH_{at}	Cp (g)	S (g)	H_{298}
K	K	kJ mol^{-1}	kJ mol^{-1}	kJ mol^{-1}	JK^{-1} mol^{-1}	JK^{-1} mol^{-1}	kJ mol^{-1}
493	958	5,86	90	235,35	20,88	176,72	5,515

T	K	298,15	300	400	493	493	500	600	700	800	900
Cp	JK^{-1}mol^{-1}	25,38	25,42	27,93	30,27	35,15	35,15	35,15	35,15	35,15	35,15
S	JK^{-1}mol^{-1}	42,26	42,42	50,07	56,15	68,03	68,53	74,93	80,35	85,04	89,18
ΔH	kJ mol^{-1}	0	0,05	2,72	5,42	11,28	11,53	15,04	18,55	27,07	25,58

Physikalische Eigenschaften

MV	D	α	ΔV	$\varkappa$	E	G
cm^3	$kg\,m^{-3}$	$10^{-6}\,K^{-1}$		$10^{-5}\,MPa^{-1}$	GPa	
16,48	4790	36,9	+ 0,168	11,6	57,9	6,46
$\Delta\rho_{(T)}$	$\Delta\rho_{(P)}$	χ_M	$\Psi_{(th)}$	$\Psi_{(ph)}$	D [1]	χ_M [1, 2]
$10^{-4}\,K^{-1}$	$10^{-6}\,hPa^{-1}$	$kg^{-1}\,m^3$	V	V	$kg\,m^{-3}$	$kg^{-1}\,m^3$
		$-4{,}0 \cdot 10^{-9}$	4,72	5,9	3990	$-3{,}9 \cdot 10^{-9}$

μ	λ	ρ
	$Wm^{-1}\,K^{-1}$	MΩm
0,447	2,48	100
η [1]	γ [1]	H_{Moh}
mPa s [1]	Nm^{-1}	
	0,106	2,0

[1] fl, [2] 900 K.

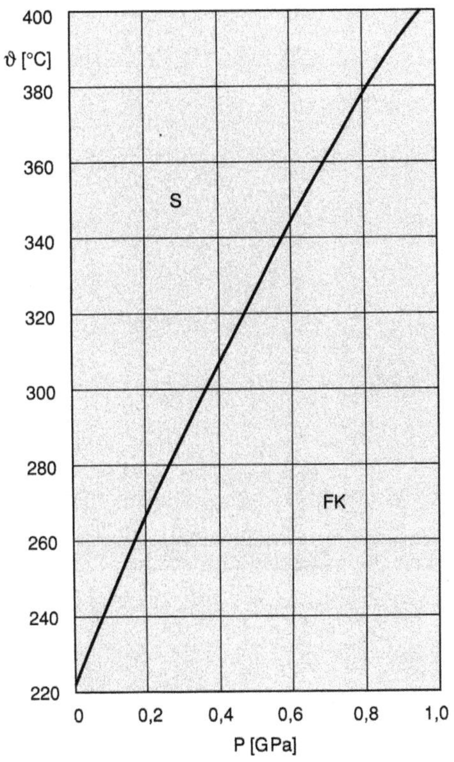

Schmelzkurve von Selen

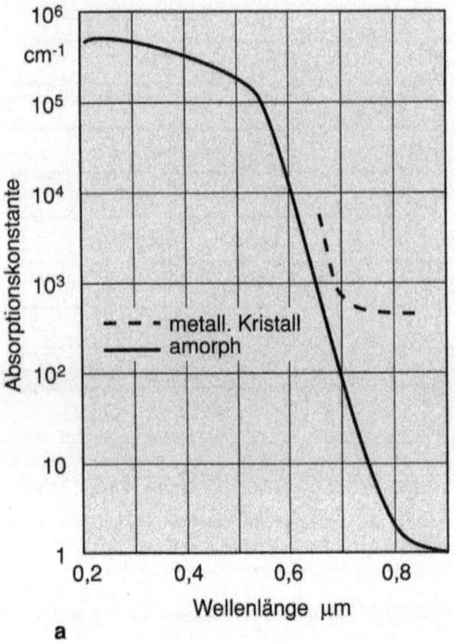

a

Se (metallisch und amorph). Absorptionsspektrum

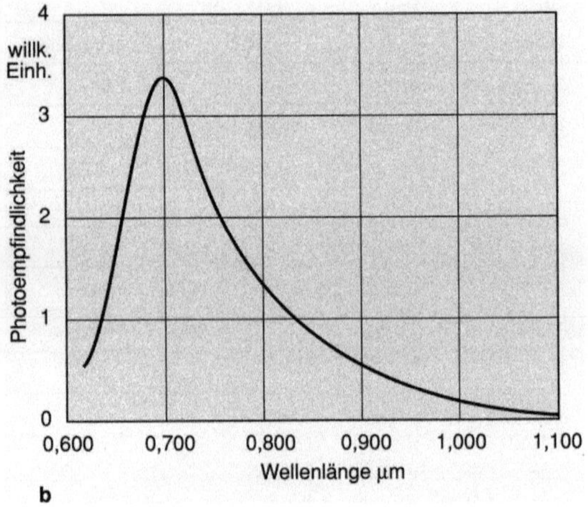

b

Se-Kristall (rot, monoklin). Spektrale Verteilung der Photoempfindlichkeit

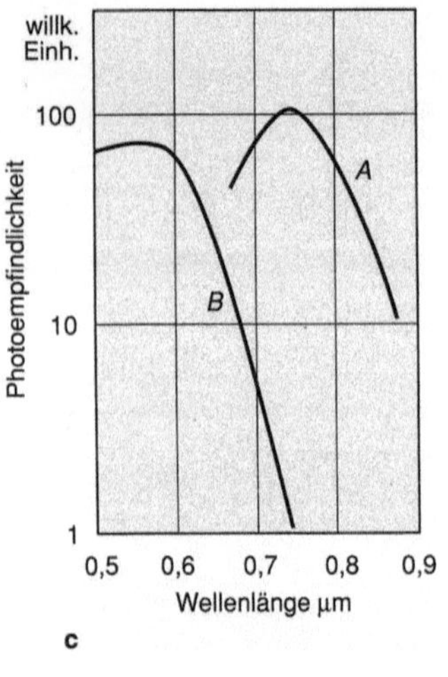

c

Se (metallisch). Spektrale Verteilung der Photoempfindlichkeit. *A* Kristalle, aus der Dampfphase gezogen; *B* Sperrschichtzelle

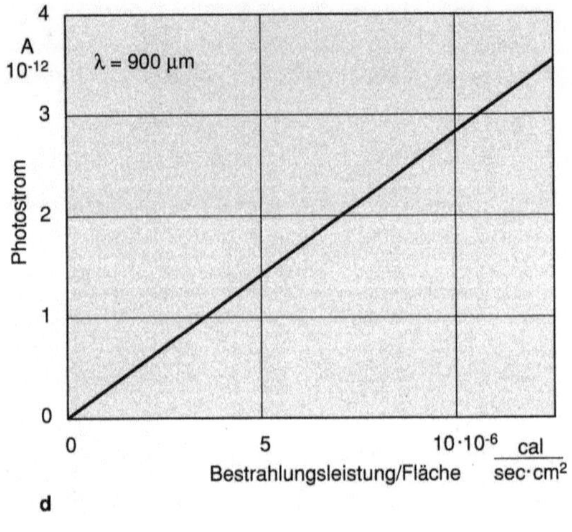

d

Se-Kristall (rot, monoklin). Photostrom als Funktion der Bestrahlungsleistung, Fläche

Selen (gr.: Selene = Mondgöttin als Parallele zum Tellur) wurde von J.J. Berzelius und J.G. Gahn 1817 in Kupfererz aus Falun nachgewiesen. Sie beobachteten beim Verbrennen von Schwefel, der aus diesem Erz hergestellt wurde, einen rotbraunen Rückstand, der sich leicht zum Element reduzieren ließ. Selen ist in Form von Seleniden als Spur in allen sulfidischen Erzen enthalten, es wird aus dem Anodenschlamm (Cu_2Se, Ag_2Se) bei der Kupferraffination gewonnen. Dabei werden die Schlämme mit Na_2CO_3 an Luft geröstet. Es entsteht wasserlösliches Na_2SeO_3, die Lösung wird mit H_2SO_4 neutralisiert ($TeO_2 \cdot H_2O$ fällt aus), und danach das lösliche Selenit mit SO_2 zum Se reduziert. Selen existiert in mehreren Modifikationen (bestehend aus Se_8-Ringen oder Selenketten). Das thermodynamisch stabile, graue Selen ist ein p-Halbleiter, wandelt Licht in Elektrizität um (photovoltaischer Effekt), sein Widerstand nimmt mit zunehmender Belichtung ab. Selen verbrennt beim Erwärmen, löst sich nicht in Wasser und verdünnten Säuren, aber in konz. HNO_3, H_2SO_4 und Alkalien. Neben seinem Einsatz für Photozellen, Gleichrichter, Photokopierer, kann man Selen als Entfärber und Farbmittel in der Glasindustrie nutzen. Außerdem ist es Additiv, um die Bearbeitbarkeit von Stählen mit geringem C-Gehalt, rostfreien Stählen, Invar und Cu-Legierungen zu verbessern. Die Blei-Antimon-Elektrodenroste werden durch Se-Zugabe stabiler, weiterhin kann es als Vulkanisierzusatz dienen.

Oxidationsstufen: $\underline{2-}$, 0, 1+, $\underline{4+}$, $\underline{6+}$

Standardreduktionspotentiale:

basisch $SeO_4^{2-} \xrightarrow{0,03} SeO_3^{2-} \xrightarrow{-0,36} Se \xrightarrow{-0,67} Se^{2-}$

sauer $SeO_4^{2-} \xrightarrow{+1,15} H_2SeO_3 \xrightarrow{+0,74} Se \xrightarrow{-0,40} H_2Se$

Struktur

RG	SB	PS	μ/ϱ [$cm^2 g^{-1}$]
grau: $P3_121$, D_3^4	;–;	(Selenketten)	CuK_α 91,4 MoK_α 74,7

a = 436,55, c = 495,76 pm, 298 K; K_z = 2, d_{Se-Se} = 237,4 pm
α: $P2_1/n$, C_{2h}^5, –; mP32
a = 905,4, b = 908,3, c = 1160,1 pm; β = 90,82°
K_z = 2, d_{Se-Se} = 232,7 – 234,6 pm (Se_8-Ringe)
β: $P2_1/a$, C_{2h}^5; –; mP32
a = 1285, b = 807, c = 931 pm, β = 93,13°, 293 K
K_z = 2, d_{Se-Se} = 232,6 – 235,8 pm (Se_8-Ringe)
γ: $P2_1/c$; –; mP64
a = 1501,8, b = 1471,3, c = 878,9 pm, β = 93,61°
K_z = 2, d_{Se-Se} = 232,6 – 234,4 pm (Se_8-Ringe)

>14 GPa	Se(II)					K_z = ?
>23 GPa	Se(III)					
monoklin, seitenzentriert		a =	b =	c =	β =	K_z = 4
>28 GPa	Se (IV)					
orthorhombisch, seitenzentriert		a =	b =	c =		K_z = 4
>60 GPa	Se(V)					
rhomboedrisch, primitiv,		a = 396,5, c = 309,1 pm, 66 GPa, K_z = 6, d_{Se-Se} ~ 251 pm				
>140 GPa	Se(VI)					
kubisch innenzentriert,		a = 282,20 pm, 140 GPa; K_z = 8, d_{Se-Se} = 241,9 pm				

Von Selen sind verschiedene Modifikationen bekannt. Das sogenannte metallische graue Selen (hexagonal) ist die stabile Form und besteht aus Se-Ketten. Die als α, β und γ bezeichneten, roten Formen kristallisieren monoklin und enthalten Se_8-Ringe. Die thermodynamische Stabilität wächst in der Reihe $Se_\gamma \rightarrow Se_\beta \rightarrow Se_\alpha$. Außerdem kommt Selen glasförmig (amorph) vor. Diese Formen wandeln sich monotrop in die hexagonale Form um.

Weitere physikalische Eigenschaften

Wärmeausdehnung $\bar{\alpha}$ (288 – 233 K): $\parallel$ c-Achse: $\bar{\alpha}$ = – 17,89 · 10^{-6} K^{-1};
$\perp$ c-Achse: $\bar{\alpha}$ = 74,09 · 10^{-6} K^{-1}.

Dichte der Se_{fl}

T [K]	501	525	556	588
D [kg m^{-3}]	3974	3956	3885	3834

Viskosität η:

T [K]	507,2	528,0	554,9	569,6	591,3	610,2	619,0
η [mPa · s]	1260	646	306	220	135	92	78

Daten am kritischen Punkt: $P_{Kr} = 38$ MPa, $T_{Kr} = 1863$ K
Se grau, hexagonal: Bandabstand ΔE (300 K) = 1,79 eV,

$$\frac{d\Delta E}{dT}(300\ \text{K}) = -9 \cdot 10^{-4}\ \frac{\text{eV}}{\text{K}}.$$

Dielektrizitätskonstante $\varepsilon = 8{,}5$ ($\lambda = 3{,}3$ cm), Brechzahlen für

$\lambda = 0{,}589$ µm: $n_\omega = 3{,}9$, $n_\epsilon = 4{,}1$.

Änderung des elektrischen Widerstands am Schmelzpunkt
$\varrho_{fl}(T_f) = 20$ MΩm $\varrho_{fl}/\varrho_f = 1{,}0$
Se(rot):
Bandabstand ΔE (0 K) = 1,7 eV; ΔE (300 K) = 1,6 eV.
Elektronenbeweglichkeit $u_n < 1$ cm²/Vs.
Se(rot)amorph: D (295 K) = 4200 kg m^{-3}
Bandabstand ΔE (0 K) = 2,31 eV; ΔE (300 K) = 2,1 eV;

$$\frac{d\Delta E}{dT}(300\ \text{K}) = -7 \cdot 10^{-4}\ \frac{\text{eV}}{\text{K}}.$$

Elektronenbeweglichkeit: $u_n = 0{,}005$ cm²/Vs.
Löcherbeweglichkeit: $u_p = 0{,}13$ cm²/Vs.
Dielektrizitätskonstante: $\varepsilon = 6{,}37$ ($\lambda = 3$ cm).
Brechzahl für $\lambda = 0{,}589$ µm: $n = 2{,}94$.
Bei Lichteinstrahlung erhöht sich die elektrische Leitfähigkeit.
Thermoelektrische Kraft: $\varepsilon_{abs} = +914$ µV K^{-1}.

Selbstdiffusion

⊥ c-Achse: ΔT (425 – 488 K); $D_0 = 100 \cdot 10^{-4}$ m² s^{-1}, Q = 115,8 kJ mol^{-1}
|| c-Achse: ΔT (425 – 488 K); $D_0 = 0{,}22 \cdot 10^{-4}$ m² s^{-1}, Q = 115,8 kJ mol^{-1}

Ag	Silber	O.Z.	47	rel. A.M.	107,8682, a	Silver	7440-22-4

Kern

Z	I.M.B.	Kern	AE [^{1}H = 1,00]	RE [^{1}H = 1,00]	GV [rad T^{-1} s^{-1}]	QM [m²]	F [Hz]	Ref.
27	102 – 117	^{109}Ag	0,000101	$4{,}86 \cdot 10^{-5}$	$-1{,}2448 \cdot 10^7$		4,652	Ag^+(aq)

Elektronenhülle

El. konf.	G.T.	E.A.	I [kJ mol^{-1}]		
		[kJ mol^{-1}]	+1	+2	+3
[Kr]4d^{10}5s^1	$^2S_{1/2}$	125,7	731	2073	3361

Thermodynamische Eigenschaften

T_f	T_v	ΔH_f	ΔH_v	ΔH_{at}	Cp (g)	S (g)	H_{298}
K	K	$kJ\,mol^{-1}$	$kJ\,mol^{-1}$	$kJ\,mol^{-1}$	$JK^{-1}mol^{-1}$	$JK^{-1}mol^{-1}$	$kJ\,mol^{-1}$
1233,95	2433	11,30	250,6	284,1	20,79	172,99	5,745

T	K	298,15	400	500	600	700	800	900	1000	1100	1234
Cp	$JK^{-1}mol^{-1}$	25,41	25,78	26,33	26,95	27,60	28,26	29,02	29,86	30,64	32,03
S	$JK^{-1}mol^{-1}$	42,68	50,19	56,00	60,85	65,06	68,79	72,16	75,26	78,14	81,73
ΔH	$kJ\,mol^{-1}$	0	2,60	5,21	7,87	10,60	13,39	16,26	19,20	22,23	26,41
T	K	1234	1300	1400	1500	1600	1700	1800	2000	2200	2433
Cp	$JK^{-1}mol^{-1}$	33,47	33,47	33,47	33,47	33,47	33,47	33,47	33,47	33,47	33,47
S	$JK^{-1}mol^{-1}$	90,89	92,63	95,11	97,42	99,58	101,61	103,52	107,05	110,24	113,61
ΔH	$kJ\,mol^{-1}$	37,71	39,92	43,27	46,61	49,96	53,31	56,66	63,35	70,04	77,84

Physikalische Eigenschaften

MV	D	α	ΔV	$\varkappa$	E	G
cm^3	$kg\,m^{-3}$	$10^{-6}K^{-1}$		$10^{-5}MPa^{-1}$	GPa	
10,27	10500	19,2	+ 0,038	0,95	82	30
$\Delta\rho_{(T)}$	$\Delta\rho_{(P)}$	χ_M	$\Psi_{(th)}$	$\Psi_{(ph)}$	D [1]	χ_M [1]
$10^{-4}K^{-1}$	$10^{-9}hPa^{-1}$	$kg^{-1}m^3$	V	V	$kg\,m^{-3}$	$kg^{-1}m^3$
43	− 3,38	$-2{,}27 \cdot 10^{-9}$	4,31	4,26	9345,0	$-2{,}83 \cdot 10^{-9}$

μ	$V_s(l)$	$V_s(t)$	λ	ρ
	$m\,s^{-1}$		$Wm^{-1}K^{-1}$	nΩm
0,37	3640	1690	429	147
η [1]	γ [1]	$d\gamma/dT$ [1]	HV	R_m
mPa s [1]	Nm^{-1}	$Nm^{-1}K^{-1}$	MNm^{-2}	MPa
3,62	0,923	$-0{,}13 \cdot 10^{-3}$	251	125

[1] fl.

Silber (Ag lt.: = argentum aus gr.: argyron = glänzend) ist seit dem Altertum bekannt und wurde schon von Hammurabi als Münzmetall verwendet. Die Lagerstätten mit gediegenem Silber sind erschöpft. In sulfidischen Erzen ist Silber, meist unter 0,1%, enthalten. Silberminerale sind Silberglanz (Ag_2S), Pyrargit (Ag_3SbS_3), Proustit (Ag_3AsS_3) und Hornsilber (AgCl). Silber ist Nebenprodukt bei der Pb- und Cu-Herstellung: Nach dem Parkes-Verfahren wird aus dem geschmolzenen Blei das Silber mit Zn extrahiert, das Zink wird durch Destillation entfernt, die Raffination erfolgt anschließend, wie bei Cu, elektrolytisch. Reines Silber hat einen hohen Glanz, ist weich, schmiedbar, polierfähig und duktil. Es ist der beste metallische Leiter für Wärme und Elektrizität und hat den geringsten Kontaktwiderstand. Geschmolzenes Silber löst bis zum 20fachen seines Volumens an Sauerstoff. Silber löst sich nur in konz. Salpeter- und Schwefelsäure. In Kontakt mit schwefelhaltigen Verbindungen bildet es schwarze Ag_2S-Überzüge. Sterlingsilber (92,5% Ag, Rest Cu) wird für Münzen und Schmuck verwendet. Ag wird auch für Zahnlegierungen, Silberlot und Batterien (Ag-Zn), (Ag-Cd) eingesetzt. Silberfarbe wird zur Herstellung gedruckter Schaltungen verwendet. Aufgedampftes Silber wird zur Verspiegelung genutzt.

Oxidationsstufen: 0, <u>1+</u>, 2+, 3+

Standardreduktionspotentiale:

basisch $Ag_2O_3 \xrightarrow{0,793} AgO \xrightarrow{0,604} Ag_2O \xrightarrow{0,342} Ag$

sauer $AgO^+ \xrightarrow{+2,1} Ag^{2+} \xrightarrow{+1,98} Ag^+ \xrightarrow{+0,7991} Ag$

Struktur

RG	SB	PS	μ/ϱ [cm² g⁻¹]
$Fm\bar{3}m, O_h^5$;	A1;	cF4	CuK_α 218 MoK_α 25,8

a = 408,570 pm; K_z = 12, d_{Ag-Ag} = 288,9 pm

Ag_{fl}

K_z = 10,0, d_{Ag-Ag} = 286 pm, T = 1273 K

Weitere physikalische Eigenschaften

Wärmeausdehnungszahl α:

	Ag (f)						Ag (fl)			
T [K]	611	732	869	997	1216	1234	1243	1313	1575	
α (273-T) [K⁻¹]	61,6	63,0	64,7	66,3	71,5	81	132,0	130,8	128,9	$\cdot 10^{-6}$

Zugfestigkeit R_m bei Z.T. R_m = 127 – 142 MPa. (Ag, getempert bei 900 K)

Vickershärte HV:

T [K]	293	373	473	673	873	1073
HV [MNm⁻²]	251	245	225	172	91	55

Viskosität η:

T [K]	1233,5	1273	1373	1473	1573	
$\eta_{(fl)}$ [mPa · s]	>3,88	3,66	3,19	2,83	2,59	

Selbstdiffusion:

Ag (f): ΔT (873 – 1223 K), D_0 = 0,54 cm² s⁻¹; Q = 187 kJ mol⁻¹ (kleinkrist.);
Ag (fl): ΔT (1275 – 1378 K), $D_0 = 7,1 \cdot 10^{-4}$ cm² s⁻¹; Q = 32 kJ mol⁻¹.

Änderung des elektrischen Widerstandes ϱ (Ag grobkrist.) im Magnetfeld $H \perp$ zum Meßstrom:

	H MA s⁻¹	$\left(\frac{\varrho_H - \varrho_0}{\varrho_0}\right)_T$
$T \approx 20,4$ K $\frac{\varrho_{20,4}}{\varrho_{273}} = 0,00293$	4,58 10,85	0,51 1,33
‖ zum Meßstrom:		
$T \approx 20$ K $\frac{\varrho_{20}}{\varrho_{273}} = 0,00296$	20	0,19

Hall-Konstante R bei 296 K; magnetische Induktion

$$B = 0,3 - 2,2\ \text{Vs/m}^2;\quad R = -0,84 \cdot 10^{-10}\ \text{m}^3/\text{As}.$$

thermoelektrische Kraft: $\varepsilon_{abs} = +\ 1{,}42\ \mu V\ K^{-1}$
Reflexionsvermögen R in %:

λ µm	R_λ %	λ µm	R_λ %
0,263	20	0,500	92
0,300	8	0,600	95
0,315	4,3	0,700	97
0,333	20	0,800	98
0,370	70	1,000	98
0,400	80	2,000	97

Spektrales Emissionsvermögen ε_λ:

T [K]	1213	1253
ε (λ = 0,65 µm)	(f) 0,044	(fl) 0,072

Dichte Ag (fl):

T [K]	1233,5	1273	1365	1468	1573
D [kg m^{-3}]	9300	9260	9200	9100	9000

Si	**Silicium**	O.Z.	14	rel. A.M.	28,08553, b	Silicon	7440-21-3

Kern

Z	I.M.B.	Kern	RE [^{1}H=1,00]	AE [^{1}H=1,00]	GV [rad T^{-1} s^{-1}]	QM [m^2]	F [Hz]	Ref.
8	25–31	^{29}Si	0,00784	0,000369	$5{,}3146 \cdot 10^7$		19,865	$Si(CH_3)_4$

Elektronenhülle

El. konf.	G.T.	E.A. [kJ mol^{-1}]	I [kJ mol^{-1}] +1	+2	+3	+4
[Ne]3s^{2}3p^2	$^3P_0$	133,6	787	1577	3231	4355

Thermodynamische Eigenschaften

T_f	T_v	ΔH_f	ΔH_v	ΔH_{at}	Cp (g)	S (g)	H_{298}
K	K	kJ mol^{-1}	kJ mol^{-1}	kJ mol^{-1}	JK^{-1} mol^{-1}	JK^{-1} mol^{-1}	kJ mol^{-1}
1685	3490	50,21	383,3	450,0	22,25	167,98	3,217

T	K	298,15	400	600	800	1000	1200	1400	1685	1685	1800
Cp	JK^{-1} mol^{-1}	19,99	22,15	24,16	25,36	26,33	27,21	28,04	29,10	27,20	27,20
S	JK^{-1} mol^{-1}	18,82	25,04	34,45	41,57	47,33	52,21	56,47	61,77	91,57	93,36
ΔH	kJ mol^{-1}	0	2,16	6,82	11,77	16,94	22,30	27,82	35,98	86,19	89,32
T	K	2000	2200	2400	2600	2800	3000	3200	3400	3500	
Cp	JK^{-1} mol^{-1}	27,20	27,20	27,20	27,20	27,20	27,20	27,20	27,20	27,20	
S	JK^{-1} mol^{-1}	96,23	98,82	101,19	103,36	105,38	107,26	109,01	110,66	111,45	
ΔH	kJ mol^{-1}	94,76	100,20	105,63	111,07	116,51	121,95	127,39	132,83	135,55	

Physikalische Eigenschaften

MV	D	α	ΔV	$\varkappa$	E	G
cm^3	$kg\,m^{-3}$	$10^{-6}K^{-1}$		$10^{-5}MPa^{-1}$	GPa	
12,06	2329	4,2	– 0,10	0,96	112	–
$\Delta\rho_{(T)}$	$\Delta\rho_{(P)}$	χ_M	$\Psi_{(th)}$	$\Psi_{(ph)}$	D [1]	χ_M [1]
$10^{-4}K^{-1}$	$10^{-6}hPa^{-1}$	$kg^{-1}m^3$	V	V	$kg\,m^{-3}$	$kg^{-1}m^3$
		$-1{,}8 \cdot 10^{-9}$	4,1	4,95	2525	

μ	$V_s(l)$	$V_s(t)$	λ	R_m
	$m\,s^{-1}$		$Wm^{-1}K^{-1}$	MPa
			83,7	690
η [1]	γ [1]	$d\gamma/dT$ [1)]	HV	
mPa s [1]	Nm^{-1}	$Nm^{-1}K^{-1}$	MNm^{-2}	
(2,0)	0,735	$-0{,}5 \cdot 10^{-3}$	2350	

[1] fl.

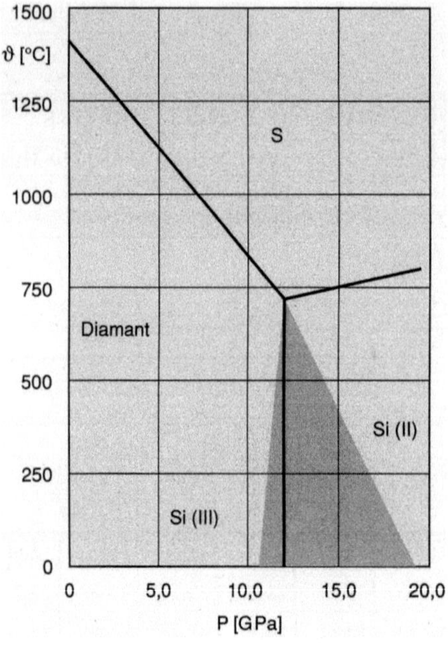

P-T-Diagramm von Silicium. Dunkle Fläche: Übergang von Diamantstruktur zu einer nicht definierten metallischen Struktur

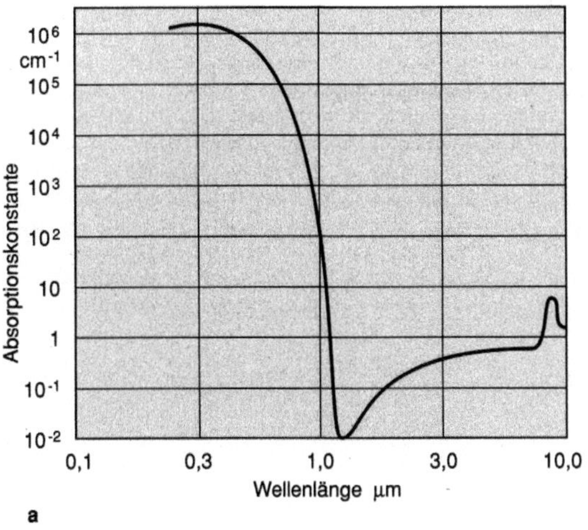

Si-Kristall. Absorptionsspektrum

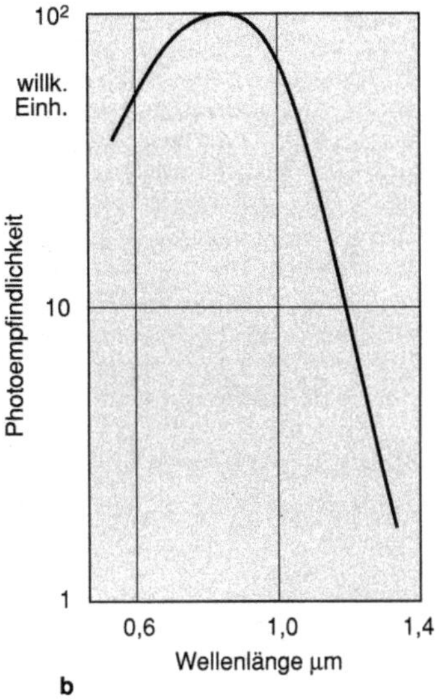

Si-Schicht. Spektrale Verteilung der Photoempfindlichkeit

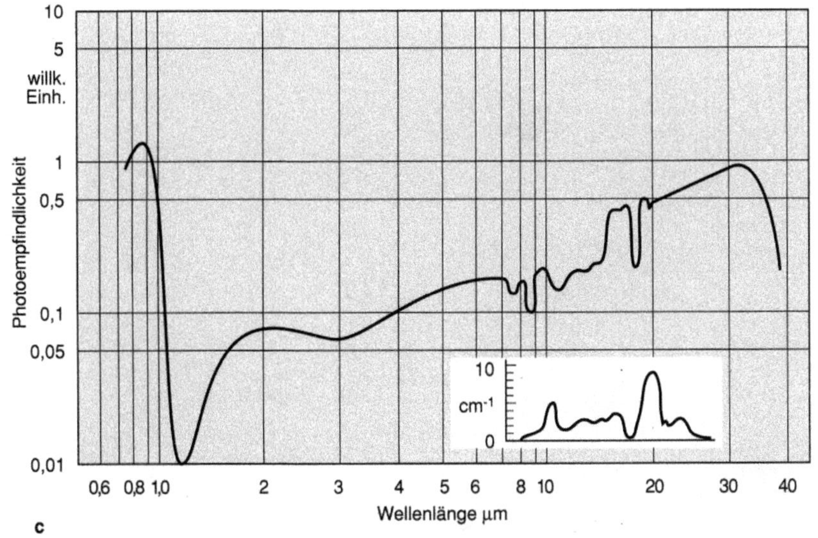

Si-Kristall (n-Typ, bei 293 K 4 · 10^{15} Ladungsträger/cm^3.) Spektrale Verteilung der Photoempfindlichkeit bei Heliumtemperatur, bezogen auf gleiche Quantenzahl. Das Absorptionsspektrum der Gitterschwingungen bei 293 K ist mit eingezeichnet

Silicium (lt.: silex = Kieselstein) ist in seinen Verbindungen lange bekannt und wurde von J. J. Berzelius 1823 durch die Reduktion von vorher gereinigtem K_2SiF_6 mit K hergestellt und 1831 von Th. Thompson in Analogie zum „carbon“ benannt. Silicium ist das zweithäufigste Element und tritt als SiO_2 und in einer Vielzahl von Silikaten (Insel-, Ketten-, Schicht- und Raumnetzstrukturen) auf. Technisch wird zur Darstellung SiO_2 mit Koks im elektrischen Ofen reduziert. Das Rohsilicium wird mit HCl zu $SiHCl_3$ umgesetzt, dieses durch Destillation gereinigt und thermisch zu Si-Pulver zersetzt. Das Pulver wird aufgeschmolzen und durch Zonenschmelzen zu Si-Einkristallen mit weniger als 10^{-9}% Verunreinigungen gereinigt. Si ist dunkelgrau mit metallähnlichem Glanz, hart, spröde und ein Halbleiter. Es löst sich nicht in Säuren (außer HF), Wasser und reagiert nicht mit O_2, aber mit heißen Alkalien und Halogenen. Mit B, Ga, P oder As dotiertes Si ist das Basismaterial der Elektronikindustrie. Elementares Silicium ist im Bereich von 1,3 – 6,7 nm infrarotdurchlässig. Es wird auch als Legierungszusatz in der Stahlherstellung (Desoxidationsmittel) und Aluminiumherstellung (Härtung) verwendet.

Oxidationsstufen: 0, 2+, <u>4+</u>

Standardreduktionspotentiale:

basisch $SiO_3^{2-} \xrightarrow{-1,697} Si$

sauer $SiO_2 \xrightarrow{+0,857} Si \xrightarrow{-0,143} SiH_4$

Struktur

RG SB PS μ/ϱ [$cm^2\,g^{-1}$]
α: $Fd\bar{3}m$, O_h^7; A4; cF8 CuK_α 60,6 MoK_α 6,44
a = 543,07 pm, 298 K; K_z = 4, d_{Si-Si} = 235,85 pm
> 11,0 GPa
Si(II) $I4_1/amd$, D_{4h}^{19}; A5; tI2
a = 468,6, c = 258,5 pm, 293 K; K_z = 4 + 2, d_{Si-Si} = 243,0; 258,5 pm
> 11,0 GPa
Si(III) Ia3, T_h^7; –; cI16 (metastabil)
a = 663,6 pm; K_z = 1 + 3, d_{Si-Si} = 230,6; 239,2 pm
Si(III) getempert bei 200 – 600 °C, 1d ergibt Si(IV)
$P6_3/mmc$, C_{6v}^4; B4; hP4 (metastabil)
a = 380, c = 628 pm, 293 K; K_z = 3 + 1, d_{Si-Si} = 233,0; 235,5 pm
> 13,2 – 16,4 GPa Übergang II – V
Si(V) primitiv hexagonal
a = 255,1, c = 238,7 pm, 16 GPa; K_z = 6 + 2
>36 – 42 GPa Übergang V – VII
Si(VII) $P6_3/mmc$, D_h^4; A3; hP2
a = 252,4, c = 414,2 pm, 41 GPa; K_z = 12
Bei Dekompression

$$V \xrightarrow{14,5^*} II + V \xrightarrow{11^*} II \xrightarrow{10,8^*} II + III \xrightarrow{8,5^*} III \quad ^* GPa$$

Weitere physikalische Eigenschaften

Wärmeausdehnungszahl α bezogen auf $l_{293\,K}$

T [K]	40	50	60	80	100	120
α [K^{-1}]	– 0,05	– 0,2	– 0,41	– 0,77	– 0,31	+ 0,01 · 10^{-6}

T [K]	160	200	240	273	300	
α [K^{-1}]	0,65	1,49	2,07	2,28	2,33 · 10^{-6}	

Si ist ein Halbleiter.

Bandabstand: ΔE (0 K) = 1,153 eV; ΔE (300 K) = 1,107 eV;

$$\frac{d\Delta E}{dT}\,(300\text{ K}) = -2{,}3\cdot 10^{-4}\,\frac{\text{eV}}{\text{K}}.$$

Elektronenbeweglichkeit: u_n = 1900 cm^2/Vs; Löcherbeweglichkeit: u_p = 480 cm^2/Vs; statische Dielektrizitätskonstante für 10^6 Hz bei 77 K: ε = 11,7; Brechzahl (11 µm) n = 3,4176.
Hall-Koeffizient: $R = -10^2$ m^3/As; 298 K
linearer Ausdehungskoeffizient: $\bar{\alpha}$ (273–1673 K) = $2{,}9\cdot 10^{-6}$ K^{-1}
Reflexionsvermögen R: 20–39% von 0,130–0,200 µm
Brechungsindex: λ = 0,578 µm, n = 3,87, λ = 0,589 µm, n = 4,24, λ = 1,00 µm, n = 4,07
Absorptionsindex: λ = 0,578 µm, k = 0,12, λ = 0,589 µm, k = 0,114, λ = 1,00 µm, k = 0,095

N	**Stickstoff**	O.Z.	7	rel. A.M.	14,00674, a, b	Nitrogen	7727-37-9

Kern

Z	I.M.B.	Kern	RE [^{1}H=1,00]	AE [^{1}H=1,00]	GV [rad T^{-1} s^{-1}]	QM [m^2]	F [Hz]	Ref.
8	12–18	^{15}N	0,00104	$3{,}85\cdot 10^{-6}$	$-2{,}7116\cdot 10^7$		10,133	NO_3^-

Elektronenhülle

El. konf.	G.T.	E.A.	I [kJ mol^{-1}]				
		[kJ mol^{-1}]	+1	+2	+3	+4	+5
[He]$2s^22p^3$	$^4S_{3/2}$	−7	1402	2856	4578	7475	9440

Thermodynamische Eigenschaften

T_f	T_v	ΔH_f	ΔH_v	ΔH_{at}	Cp(g)	S(g)	H_{298}
K	K	kJ mol^{-1}	kJ mol^{-1}	kJ mol^{-1}	J$K^{-1}$$mol^{-1}$	J$K^{-1}$$mol^{-1}$	kJ mol^{-1}
63,29	77,4	0,720	5,577	472,86	20,79	153,30	8,669

N_2											
T	K	298,15	400	600	800	1000	1200	1400	1600	1800	2000
Cp	J$K^{-1}$$mol^{-1}$	29,12	29,25	30,11	31,43	32,70	33,72	34,52	35,13	35,60	35,97
S	J$K^{-1}$$mol^{-1}$	191,61	200,18	212,18	221,02	228,17	234,23	239,49	244,14	248,30	252,08
ΔH	kJ mol^{-1}	0	2,97	8,89	15,05	21,46	28,11	34,94	41,90	48,98	56,14
T	K	2300	2600	2900	3200	3500	3800	4100	4400	4700	5000
Cp	J$K^{-1}$$mol^{-1}$	36,40	36,71	36,96	37,16	37,32	37,46	37,59	37,70	37,81	37,91
S	J$K^{-1}$$mol^{-1}$	257,13	261,61	265,64	269,29	272,62	275,70	278,55	281,21	283,70	286,04
ΔH	kJ mol^{-1}	66,99	77,96	89,02	100,13	111,31	122,53	133,78	145,08	156,41	167,76

Physikalische Eigenschaften

MV	D [1]	χ_M	$\eta_{251,5}$	η_{323}	η_{673}	η_{1098}	λ
cm^3	kg m^{-3}	kg^{-1} m^3	µPa s		[2]		W$m^{-1}$$K^{-1}$
13,65	1,2506	$-5{,}4\cdot 10^{-9}$	15,6	18,9	31,9	41,9	0,02598

[1] 273 K, [2] bei Normaldruck.

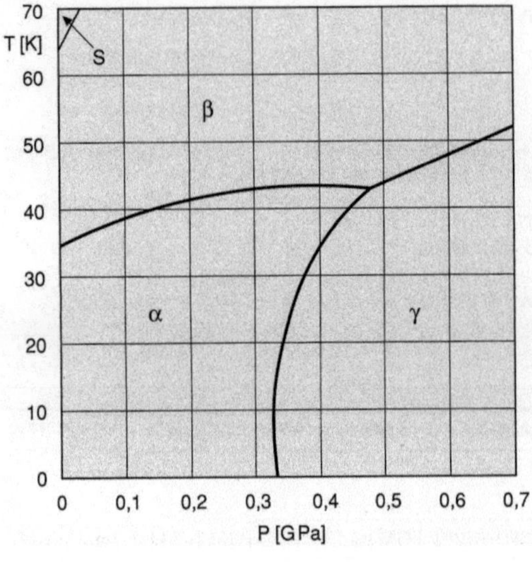

P-T Diagramm von Stickstoff

GZ	B_0	Θ_{rot}	ω_o	Θ_v	$\chi_0 \omega_0$	WZ	r_0	f
	cm^{-1}	K	cm^{-1}	K	cm^{-1}	cm^{-1}	pm	Nm^{-1}
$^1\Sigma_g$	1,999	2,87505	2359,61	3392,01	14,456	0,0186	109,76	2293,8
I	ΔH_{Dis}	d[1]	Suth-K	D[1]	T_{Kr}	P_{Kr}	D_{Kr}	
10^{47} kg m^2	eV	pm		$cm^2 s^{-1}$	K	MPa	$kg m^{-3}$	
13,91	9,756	378	105	0,185	126,25	3,40	311	
V_g[1]	V_{fl}[2]	T_{Tr}	P_{Tr}	λ[1]	$(\varepsilon - 1) \cdot 10^6$	χ[4]	$(n-1) \cdot 10^6$	
ms^{-1}	ms^{-1}	K	kPa	$Wm^{-1}K^{-1}$	293 K	$kg^{-1}m^3$	589,3 nm	
336,9	929	63,14	12,5	$2,4 \cdot 10^{-2}$	580	$-5,39 \cdot 10^{-9}$	297	

[1] NTP, [2] 70 K.

Stickstoff (N gr.: nitro genos, Salpeter erzeugend) wurde von D. Rutherford 1772 als nicht brennbarer Bestandteil der Luft entdeckt, parallel dazu von C.W. Scheele und H. Cavendish. Stickstoff (in Form von N_2-Molekülen) ist Hauptbestandteil der Luft (78,1 Vol%), daneben kommt er in Chilesalpeter ($NaNO_3$) vor. Die technische Stickstoffdarstellung erfolgt durch fraktionierte Destillation flüssiger Luft. Stickstoff ist bei Zimmertemperatur ein farbloses, geruchloses Gas. Die N_2-Moleküle sind chemisch sehr stabil, daher wird Stickstoff oft als Inertgas bei chemischen Reaktionen verwendet. Eine Aktivierung für Reaktionen mit N_2 erfolgt bei hohen Temperaturen oder durch Katalysatoren, dann reagiert N_2 direkt mit Mg, Li oder Ca zu Nitriden, mit O_2 zu NO bzw. NO_2. N_2 wird für die NH_3-Synthese, als Inertgas in der Elektronikindustrie, für Tieftemperaturkühltechniken (flüssiger N_2) und in der Ölindustrie zum Aufbau hoher Drücke verwendet.

Oxidationsstufen: 3−, 2−, 1−, 0, 1+, 2+, 3+, 4+, 5+

Standardreduktionspotentiale:

basisch $NO_3^- \xrightarrow{-0,86} N_2O_4 \xrightarrow{+0,88} NO_2^- \xrightarrow{-0,46} NO \xrightarrow{+0,76} N_2O \xrightarrow{+0,94} N_2$

$\xrightarrow{-3,04} NH_2OH \xrightarrow{+0,73} N_2H_4 \xrightarrow{+0,1} NH_3$

sauer $NO_3^- \xrightarrow{+0,79} N_2O_4 \xrightarrow{+1,07} HNO_2 \xrightarrow{+1,00} NO \xrightarrow{+1,59} N_2O \xrightarrow{+1,77} N_2$

$\xrightarrow{-1,87} [NH_3OH]^+ \xrightarrow{+1,41} N_2H_5^+ \xrightarrow{+1,28} NH_4^+$

Struktur

RG	SB	PS	μ/ϱ [$cm^2\ g^{-1}$]
< 3,56 K			CuK_α 7,52 MoK_α 0,916
α: $P2_13$, T^4;	–;	cP8	

a = 565,9 pm, 20 K; $K_z = 2$, $d_{N-N} = 109{,}8$ pm
> 35,6 K
β: $P6_3/mmc$, D_{6h}^4; –; hP4
a = 404,6, c = 662,9 pm, 43 K
Hochdruckmodifikationen
> 0,4 GPa, 20,5 K
γ: $P4_2/mnm$, D_{2h}^{14}; –; tP4
a = 395,7, c = 510,9 pm
> 4,9 GPa
δ-N_2
Pm3n; – ; cP16

Wärmeleitzahl λ von N_2 (fl) für $65 \leqq T \leqq 90$ K

$$\lambda = (244{,}3 - 1{,}354\ T) \cdot 10^{-2}\ Wm^{-1}\ K^{-1}$$

Wärmeleitzahl λ von N_2 (fl) in Abhängigkeit vom Druck:

T K	λ in $10^{-3} Wm^{-1} K^{-1}$ bei p in MPa			
	33,9	67,9	101,8	135,8
85	126,0	128,9	131,8	135,4
90	117,6	121,0	124,5	128,5
100	100,4	105,9	110,3	115,1
110	83,3	90,4	96,1	101,3
120	66,1	75,1	82,2	87,9
124[1]	59,2	69,3	77,0	83,7

Statische Dielektrizitätskonstante ε, N_2 (fl) bei 74,8 K: $\varepsilon = 1{,}445$.
Brechzahl n, N_2 (fl) bei 78 K für $\lambda = 0{,}5890$ µm: $n = 1{,}929$.

Löslichkeit in Wasser bei $1{,}013 \cdot 10^5$ Pa N_2-Druck:

T [K]	273	283	293	303	313	333	353	373
$\alpha = \dfrac{m^3\,(Gas)}{m^3\,(Wasser)}$	0,02348	0,01875	0,01557	0,01343	0,01183	0,01027	0,00957	0,00947

Sr	**Strontium**	O.Z.	38	rel. A.M.	87, 62, a, b		7440-24-6

Kern

Z	I.M.B.	Kern	RE [^1H = 1,00]	AE [^1H = 1,00]	GV [rad $T^{-1} s^{-1}$]	QM [m^2]	F [Hz]	Ref.
18	80–95	^{87}Sr	0,00269	0,000188	$-1{,}1593 \cdot 10^7$	$0{,}15 \cdot 10^{-28}$	4,333	Sr^{2+}(aq)

Elektronenhülle

El. konf.	G.T.	E.A. [kJ mol^{-1}]	I [kJ mol^{-1}] +1	+2	+3
[Kr]$5s^2$	$^1S_0$	– 146	550	1064	4810

Thermodynamische Eigenschaften

T_f	T_v	ΔH_f	ΔH_v	ΔH_{at}	Cp (g)	S (g)	H_{298}
K	K	$kJ\,mol^{-1}$	$kJ\,mol^{-1}$	$kJ\,mol^{-1}$	$JK^{-1}mol^{-1}$	$JK^{-1}mol^{-1}$	$kJ\,mol^{-1}$
1050	1685	7,43	137,19	164,0	20,79	164,64	6,568

T	K	298,15	300	400	500	600	700	800	820	820	900
Cp	$JK^{-1}mol^{-1}$	26,75	26,77	28,41	30,12	32,01	34,22	36,82	37,38	37,66	37,66
S	$JK^{-1}mol^{-1}$	55,69	55,86	63,77	70,30	75,95	81,05	85,78	86,70	87,72	91,22
ΔH	$kJ\,mol^{-1}$	0	0,05	2,81	5,73	8,84	12,14	15,69	16,44	17,27	20,29
T	K	1000	1050	1050	1100	1200	1300	1400	1500	1600	1685
Cp	$JK^{-1}mol^{-1}$	37,66	37,66	35,15	35,15	35,15	35,15	35,15	35,15	35,15	35,15
S	$JK^{-1}mol^{-1}$	95,19	97,03	104,10	105,74	108,80	111,61	114,22	116,64	118,91	120,74
ΔH	$kJ\,mol^{-1}$	24,05	25,93	33,36	35,12	38,64	42,15	45,67	49,18	52,69	55,70

Physikalische Eigenschaften

MV	D	α	ΔV	$\varkappa$	E	G
cm^3	$kg\,m^{-3}$	$10^{-6}K^{-1}$		$10^{-5}MPa^{-1}$	GPa	
34,50	2540	23		7,97	15,7	6,03
$\Delta\rho_{(T)}$	$\Delta\rho_{(P)}$	χ_M	$\Psi_{(th)}$	$\Psi_{(ph)}$	D [1]	χ_M [1]
$10^{-4}K^{-1}$	$10^{-9}hPa^{-1}$	$kg^{-1}m^3$	V	V	$kg\,m^{-3}$	$kg^{-1}m^3$
38,2	5,56	$1,32 \cdot 10^{-8}$	2,35	2,74	2375	

μ	$V_s(l)$	$V_s(t)$	λ	ρ
	$m\,s^{-1}$		$Wm^{-1}K^{-1}$	$n\Omega m$
0,284	2780	1520	35,3	303
η [1]	γ [1]	λ [1]	HV	
mPa s [1]	Nm^{-1}	$Wm^{-1}K^{-1}$	MNm^{-2}	
	0,303	$-0,106 \cdot 10^{-3}$	140	

[1] fl.

Strontium (nach dem Ort Strontian, Schottland) wurde im Strontianit als neues Element von A. Crawford 1790 nachgewiesen und 1807 von H. Davy durch Schmelzflußelektrolyse isoliert. Minerale sind Strontianit ($SrCO_3$) und Cölestin ($SrSO_4$). Sr wird durch aluminothermische Reduktion des Oxids oder durch Schmelzflußelektrolyse aus dem Chlorid hergestellt. Das weiche silbrige Metall oxidiert an Luft, reagiert mit Wasser und löst sich in Säuren.

Oxidationsstufen: 0, <u>2+</u>

Standardreduktionspotentiale:

basisch $Sr(OH)_2 \xrightarrow{-2,88} Sr$

sauer $Sr^{2+} \xrightarrow{-2,713} Sr$

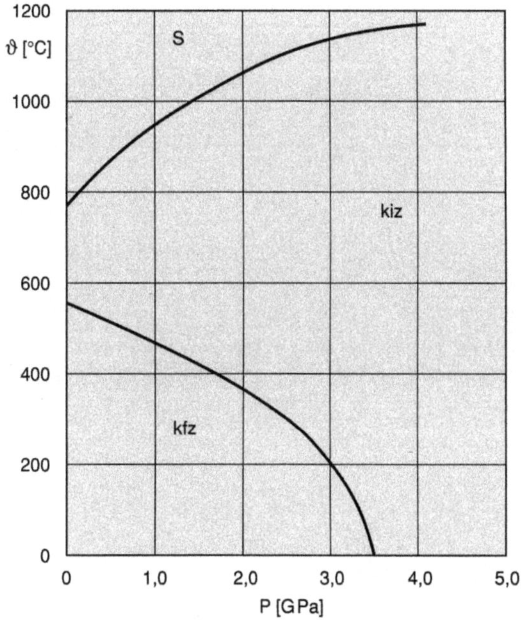

P-T Diagramm von Strontium

Struktur

RG	SB	PS	μ/ϱ [$cm^2\,g^{-1}$]
$Fm\bar{3}m$, D_h^5;	A1;	cF4	CuK_α 125 MoK_α 95,0

a = 608,6 pm, 293 K; K_z = 12, d_{Sr-Sr} = 430,3 pm
>820 K
$Im\bar{3}m$, O_h^9; A2; cI2
a = 487 pm, 887 K; K_z = 8, d_{Sr-Sr} = 421,8 pm

Ta	Tantal	O.Z.	73	rel. A.M.	180,9479		7440-25-7

Kern

Z	I.M.B.	Kern	RE [^1H=1,00]	AE [^1H=1,00]	GV [rad $T^{-1}s^{-1}$]	QM [m^2]	F [Hz]	Ref.
18	172–186	^{181}Ta	0,0360	0,0360	$3{,}2073 \cdot 10^7$	$3{,}44 \cdot 10^{-28}$	11,970	TaF_6^-(aq)

Elektronenhülle

El. konf.	G.T.	E.A. [$kJ\,mol^{-1}$]	I [$kJ\,mol^{-1}$]				
			+1	+2	+3	+4	+5
$[Xe]4f^{14}5d^3 6s^2$	$^4F_{3/2}$	14	761	1500	2100	3200	4300

Thermodynamische Eigenschaften

T_f	T_v	ΔH_f	ΔH_v	ΔH_{at}	Cp(g)	S(g)	H_{298}
K	K	kJ mol^{-1}	kJ mol^{-1}	kJ mol^{-1}	$JK^{-1} mol^{-1}$	$JK^{-1} mol^{-1}$	kJ mol^{-1}
3287	5726	31,63	743,1	781,6	20,86	185,21	5,682

T	K	298,15	500	800	1100	1400	1700	2000	2300	2600	2900
Cp	$JK^{-1} mol^{-1}$	25,36	26,28	27,00	27,74	28,70	29,78	31,14	32,90	34,93	38,20
S	$JK^{-1} mol^{-1}$	41,51	54,91	67,41	76,11	82,91	88,58	93,53	97,99	102,15	106,12
ΔH	kJ mol^{-1}	0	5,24	13,23	21,44	29,89	38,67	47,80	57,39	67,56	78,50
T	K	3287	3287	3600	3900	4200	4500	4800	5100	5400	5726
Cp	$JK^{-1} mol^{-1}$	48,21	41,84	41,84	41,84	41,84	41,84	41,84	41,84	41,84	41,84
S	$JK^{-1} mol^{-1}$	111,37	120,99	124,80	128,15	131,25	134,14	136,84	139,37	141,76	144,22
ΔH	kJ mol^{-1}	94,75	126,38	139,47	152,03	164,58	177,13	189,68	202,23	214,79	228,43

Physikalische Eigenschaften

MV	D	α	ΔV	$\varkappa$	E	G
cm^3	kg m^{-3}	$10^{-6} K^{-1}$		$10^{-5} MPa^{-1}$	GPa	
10,87	16654	6,6		0,465	186	69
$\Delta\rho_{(T)}$	$\Delta\rho_{(P)}$	χ_M	$\Psi_{(th)}$	$\Psi_{(ph)}$	D [1]	χ_M [1]
$10^{-4} K^{-1}$	$10^{-9} hPa^{-1}$	$kg^{-1} m^3$	V	V	kg m^{-3}	$kg^{-1} m^3$
38,2	−1,62	$1{,}07 \cdot 10^{-8}$	4,25	4,3	15000	

μ	$V_s(l)$	$V_s(t)$	λ	ρ
	m s^{-1}		$Wm^{-1} K^{-1}$	nΩm
0,35	4240	2030	57,4	125
η [1]	γ [1]	$d\gamma/dT$ [1]	HV	R_m
mPa s [1]	Nm^{-1}	$Nm^{-1} K^{-1}$	MNm^{-2}	MPa
	2,15	$(-0{,}25 \cdot 10^{-3})$	873	750–1300

[1] fl.

Tantal (gr.: tantalos = Vater der Niobe). A. G. Ekeberg isolierte 1802 aus Tantalit $(Fe,Mn)(Nb,Ta)_2O_6$ ein Oxid, das er einem neuen Element zuschrieb und wegen der Schwierigkeiten bei seiner Darstellung Tantal benannte, das lange Zeit aber mit Nb verwechselt wurde. Der endgültige Nachweis durch die Unterscheidung von Nb gelang 1844 H. Rose. Ziemlich reines Tantal wurde 1905 von v. Bolton hergestellt. Zur Herstellung wird Tantalerz mit HF/H_2SO_4 behandelt. Nb und Ta gehen als $H_2(Nb,Ta)F_7$ in Lösung. Ihre Trennung erfolgt über Flüssig-Flüssig-Extraktion mit Methylisobutylketon. Tantal wird dann durch Reduktion von K_2TaF_7 mit Na hergestellt. Tantal ist grau, schwer und sehr hart, in reiner Form duktil. Ta ist unterhalb 150 °C inert gegen die meisten Reagenzien, es reagiert nur mit HF und sauren Lösungen, die F^--Ionen enthalten, SO_3 und sehr langsam mit Alkalien. Bei höheren Temperaturen steigt die Reaktionsfreudigkeit. Tantal wird als Legierungsbestandteil dann verwendet, wenn Legierungen mit hohem Schmelzpunkt, hoher Festigkeit, guter Verarbeitbarkeit usf. erzeugt werden sollen. Es wird als Getter in Vakuumsystemen, Elektrolytkondensatoren und im chemischen Apparatebau eingesetzt, außerdem zur Herstellung des Hartstoffes TaC und zur Herstellung von Prothesen, die im Kontakt mit Körperflüssigkeiten sind.

Oxidationsstufen: 1–, 0, 1+, 2+, 3+, 4+, 5+

Standardreduktionspotentiale:

sauer $Ta_2O_5 \xrightarrow{-0,81} Ta$

Struktur

RG	SB	PS	μ/ϱ [$cm^2\ g^{-1}$]
$Im\bar{3}m$, O_h^9;	A2;	cI2	CuK_α 166 MoK_α 95,4

a = 330,31 pm, 298 K; K_z = 8, d_{Ta-Ta} = 286,06 pm

Weitere physikalische Eigenschaften

Wärmeausdehnungszahl $\bar{\alpha}$:

T [K]	583	866	1139	1390	1870	2480	3140
$\bar{\alpha}$ (297-T) [K^{-1}]	7,0	7,05	7,1	7,3	7,65	8,25	$9,1 \cdot 10^{-6}$

Wärmeleitfähigkeit λ:

T [K]	200	293	400	600	1200	1600	2000
λ [$Wm^{-1}K^{-1}$]	56,1	57,4	59,9	66,6	72,9	77,0	80,8

Elastizitätsmodul *E*:

T [K]	93	233	297	473	773
E [GPa]	189	186	186	179	171

Zugfestigkeit R_m und Bruchdehnung A:

Bearbeitungszustand	R_m MPa	A %
Bleche rekristallisiert	280–350	30–40
kaltgewalzt Verformungsgrad 45%	416	
Drähte geglüht Ø 0,05 mm	689	11
gezogen Ø 0,05 mm	1240	2

Vickershärte *HV* von lichtbogengeschmolzenen Barren (Gußzustand):

T [K]	293	673	873	1073	1273	1473
HV [MNm^{-2}]	870	800	720	360	285	200

Selbstdiffusion

ΔT (1261–2993 K), $D_0 = 0,21 \cdot 10^{-4}\,m^2\,s^{-1}$; $Q = 423,6\ kJ\,mol^{-1}$.

Verdampfungsgeschwindigkeit *V*:

T [K]	*V* [$g\ cm^{-2}\ s^{-1}$]
2000	$1,63 \cdot 10^{-12}$
2400	$3,04 \cdot 10^{-9}$
2800	$6,61 \cdot 10^{-7}$
3000	$5,79 \cdot 10^{-6}$
3200	$3,82 \cdot 10^{-5}$

Änderung des elektrischen Widerstandes (Ta kleinkristallin) im Magnetfeld $H \perp$ zum Meßstrom:

	H $MA \cdot s^{-1}$	$\left(\frac{\varrho_H - \varrho_0}{\varrho_0}\right)_T$
$T \approx 20{,}4$ K $\frac{\varrho_{20,4}}{\varrho_{273}} = 0{,}0144$	6,67	0,0067
	17,4	0,0297
	35,0	0,0985

Hall-Koeffizient R bei 295 K, magnetische Induktion

$$B = 1{,}7 - 1{,}8 \text{ Vs/m}^2; \; R = 1{,}01 \cdot 10^{-10} \text{ m}^3/\text{As}$$

thermoelektrische Kraft: $\varepsilon_{abs} = -5{,}0$ µV K^{-1}
Supraleitung: $T_s = 4{,}49$ K, $H_0 = 830$ Oe

Gesamtemissionsvermögen E und spektrales Emissionsvermögen ε_λ relativ:

T [K]	100	200	300	400	600	800	1000	1300	1500
E	0,025	0,026	0,028	0,030	0,040	0,053	0,065	0,085	0,094
T [K]	1373	2073	3269	1373	2073	2773			
λ [µm]	0,467	0,467	0,65	0,66	0,66	0,66			
ε_λ	0,505	0,460	0,350	0,442	0,416	0,392			
T [K]	293	1200	2000	298	298	298	298		
λ [µm]	0,665	0,665	0,665	1	3,0	5,0	9,0		
ε_λ	0,493	0,469	0,418	0,22	0,08	0,07	0,06		

Tc	**Technetium**	O.Z.	43	rel. A.M.	97,9072		7446-26-8

Kern

Z	I.M.B.	Kern	RE [^{1}H=1,00]	AE [^{1}H=1,00]	GV [rad T^{-1} s^{-1}]	QM [m^2]	F [Hz]	Ref.
23	92–103	^{99}Tc			$6{,}0503 \cdot 10^7$	$0{,}34 \cdot 10^{-28}$	22,508	TeO_4^-(aq)

Elektronenhülle

El. konf.	G.T.	E.A. [kJ mol^{-1}]	I [kJ mol^{-1}] +1	+2	+3	+4
[Kr]$4d^5 5s^2$	$^6S_{5/2}$	96	702	1472	2850	4100

Thermodynamische Eigenschaften

T_f	T_v	ΔH_f	ΔH_v	ΔH_{at}	Cp (g)	S (g)
K	K	kJ mol^{-1}	kJ mol^{-1}	kJ mol^{-1}	$JK^{-1}mol^{-1}$	$JK^{-1}mol^{-1}$
2473	4904	23,85	592,9	656,9	20,79	181,06

T	K	298,15	500	800	1100	1400	1700	2000	2300	2473	2473
Cp	$JK^{-1}mol^{-1}$	24,25	25,94	28,45	30,96	33,47	35,98	38,49	41,00	42,45	41,84
S	$JK^{-1}mol^{-1}$	33,47	46,41	59,15	68,59	76,34	83,08	89,12	94,67	97,70	107,34
ΔH	kJ mol^{-1}	0	5,07	13,22	22,14	31,80	42,22	53,39	65,32	72,53	96,83
T	K	2500	2800	3100	3400	3700	4000	4300	4600	4904	
Cp	$JK^{-1}mol^{-1}$	41,84	41,84	41,84	41,84	41,84	41,84	41,84	41,84	41,84	
S	$JK^{-1}mol^{-1}$	107,80	112,54	116,80	120,66	124,20	127,46	130,49	133,31	136,00	
ΔH	kJ mol^{-1}	97,51	110,07	122,62	135,17	147,72	160,27	172,83	185,38	198,12	

Physikalische Eigenschaften

MV	D	α	ΔV	$\varkappa$	E	G	μ	V_s(l)	V_s(t)
cm^3	kg m^{-3}	$10^{-6}K^{-1}$		$10^{-5}MPa^{-1}$	GPa			m s^{-1}	
8,6	11500	8,06		322	123	0,31	6220	3270	50,6
χ_M	HV	λ	ρ	R_m					
$kg^{-1}m^3$	MNm^{-2}	$Wm^{-1}K^{-1}$	nΩm	MPa					
$3,1 \cdot 10^{-8}$	1510	185	1510	400–740					

Technetium (gr.: technetos = künstlich) wurde 1937 in Italien von C. Perrier und E. Segré in Molybdän, das mit ^2D beschossen wurde, entdeckt. Das stabilste Isotop, ^{99}Tc, hat eine HWZ von $2,14 \cdot 10^5$ a und kommt daher in Uranmineralen vor. Das radioaktive, silbrige Metall fällt bei der Aufarbeitung von Brennstäben an. Es bildet an trockener Luft eine dünne Oxidschicht, löst sich in HNO_3 und H_2SO_4 und ist unlöslich in HCl.

Oxidationsstufen: 1–, 0, <u>4+</u>, <u>5+</u>, 6+, <u>7+</u>
Standardreduktionspotentiale:

basisch $TcO_4^- \xrightarrow{-0,569} TcO_4^{2-} \xrightarrow{?} TcO_3^- \xrightarrow{-0,709} TcO_3^{2-} \xrightarrow{+0,272} Tc$

sauer $TcO_4^- \xrightarrow{+0,698} TcO_3 \xrightarrow{+0,757} TcO_2 \xrightarrow{+0,144} Tc^{2+} \xrightarrow{+0,400} Tc$

Struktur

RG	SB	PS	μ/ϱ [cm^2 g^{-1}]
$P6_3/mmc$, D_{6h}^4;	A3;	hP2	CuK_α 172 MoK_α 19,7

a = 273,8, c = 439,4 pm, 293 K; K_z = 12, d_{Tc-Tc} = 274 pm

Te	Tellur	O.Z.	52	rel. A.M.	127,60, a	Tellurium	13494-80-9

Kern

Z	I.M.B.	Kern	RE [^{1}H = 1,00]	AE [^{1}H = 1,00]	GV [rad T^{-1} s^{-1}]	QM [m^2]	F [Hz]	Ref.
29	115–135	^{125}Te	0,0315	0,00220	$-8,4398 \cdot 10^{-7}$		31,596	$Te(CH_3)_2$

Elektronenhülle

El. konf.	G.T.	E.A. [kJ mol^{-1}]	I [kJ mol^{-1}] +1	+2	+3	+4	+5	+6
[Kr]$4d^{10}5s^25p^4$	$^3P_2$	190,2	869	1795	2698	3610	5668	6822

Thermodynamische Eigenschaften

T_f	T_v	ΔH_f	ΔH_v	ΔH_{at}	Cp (g)	S (g)	H_{298}
K	K	kJ mol^{-1}	kJ mol^{-1}	kJ mol^{-1}	JK^{-1} mol^{-1}	JK^{-1} mol^{-1}	kJ mol^{-1}
722,65	1261	17,49	104,6	211,7	20,81	182,70	6,121

T	K	298,15	300	400	500	600	700	723	723	800	900
Cp	JK^{-1} mol^{-1}	25,71	25,75	27,96	30,17	32,38	34,59	35,09	37,66	37,66	37,66
S	JK^{-1} mol^{-1}	49,50	49,66	57,37	63,84	69,54	74,69	75,80	100,00	103,83	108,27
ΔH	kJ mol^{-1}	0	0,05	2,73	5,64	8,77	12,11	12,90	30,39	33,31	37,07
T	K	1000	1100	1200							
Cp	JK^{-1} mol^{-1}	37,66	37,66	37,66							
S	JK^{-1} mol^{-1}	112,24	115,83	119,10							
H	JK^{-1}	40,84	44,60	48,37							

Physikalische Eigenschaften

MV	D	α	ΔV	$\varkappa$	E	G
cm^3	kg m^{-3}	10^{-6} K^{-1}		10^{-5} MPa^{-1}	GPa	
20,45	6240	16,75	0,05	4,8	47	15,16
$\Delta\rho_{(T)}$	$\Delta\rho_{(P)}$	χ_M	$\Psi_{(th)}$	$\Psi_{(ph)}$	D [1]	χ_M [1]
10^{-4} K^{-1}	10^{-6} hPa^{-1}	kg^{-1} m^3	V	V	kg m^{-3}	kg^{-1} m^3
		$-3,9 \cdot 10^{-9}$	4,73	4,95	5797	$-0,6 \cdot 10^{-9}$

μ	λ	ρ	
	Wm^{-1} K^{-1}	MΩm	
0,16–0,3	1,7	1–50	
η [1]	γ [1]	HB	R_m
mPa s [1]	Nm^{-1}	MNm^{-2}	MPa
	0,186	250	10,8–12,25

[1] fl.

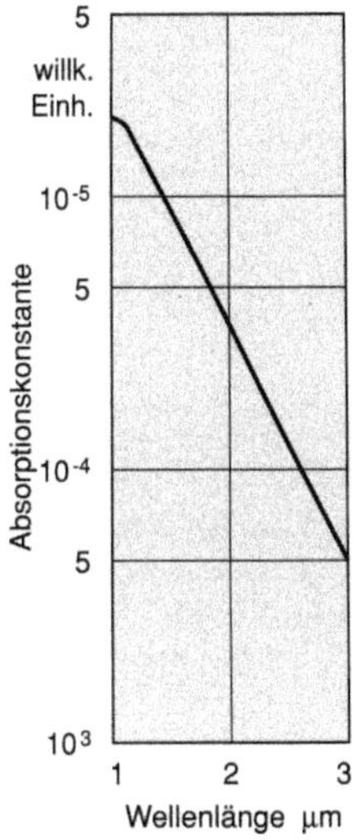

Te-Schicht.
Absorptionsspektrum

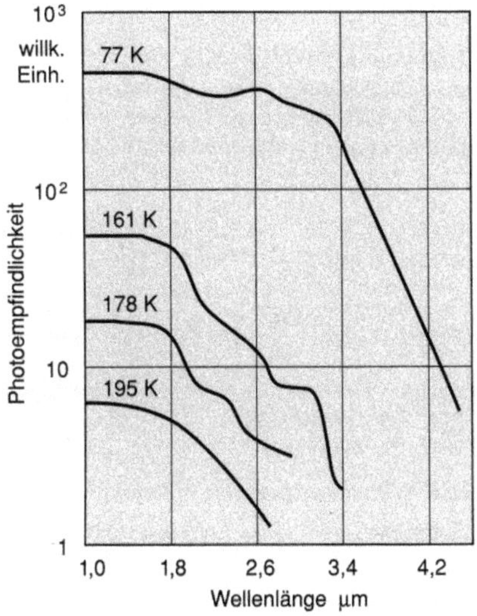

Te-Schicht. Spektrale Verteilung der Photoempfindlichkeit

Tellur (lt.: tellus = Erde) wurde in Goldminen in Transsylvanien elementar von F. J. Müller von Reichenstein beobachtet und dann von M.H. Klaproth 1798 isoliert und benannt. Telluride begleiten in Spuren die sulfidischen Minerale, bei deren Rösten wird TeO_2 im Flugstaub angereichert, oder bei ihrer elektrolytischen Raffination im Anodenschlamm als Ag_2Te. $TeO_2 \cdot aq$ fällt bei der Selenherstellung an (s.o.), dieses wird in Natronlauge gelöst und elektrolytisch zu Te reduziert. Kristallines Tellur hat metallischen Glanz, ist spröde und ein p-Halbleiter. Beim Erhitzen verbrennt es an Luft. Tellur löst sich nicht in Wasser und HCl, aber in HNO_3, H_2SO_4 und Alkalien und reagiert mit den meisten Metallen und Nichtmetallen. Tellurzusätze verbessern die Bearbeitbarkeit von rostfreiem Stahl und Kupferlegierungen. Sie erhöhen die Beständigkeit von Blei gegen Schwefelsäure.

Oxidationsstufen: $\underline{2-}$, 1−, 0, 2+, $\underline{4+}$, 5+, 6+

Standardreduktionspotentiale:

basisch $TeO_4^{2-} \xrightarrow{+0,07} TeO_3^{2-} \xrightarrow{-0,42} Te \xrightarrow{-1,14} Te^{2-}$

sauer $H_6TeO_6 \xrightarrow{+1,02} TeO_2 \xrightarrow{+0,57} Te \xrightarrow{-0,74} Te_2^{2-} \xrightarrow{-0,64} H_2Te$

$H_6TeO_6 \xrightarrow{+0,96} Te^{4+} \xrightarrow{+0,53} Te$

Struktur

RG SB PS μ/ϱ [$cm^2\ g^{-1}$]
α: $P3_121$, D_3^4; A8; hP3 CuK_α 282 MoK_α 35,0
a = 445,61, c = 592,71 pm, 298 K; K_z = 2 + 4, d_{Te-Te} = 283,4, 349,4 pm
>4,5 GPa
β: C_2^2; –; mC4
a = 310,4, b = 751,3, c = 476,6 pm, β = 92,71°; 4,5 GPa; K_z = 4 + 4, d_{Te-Te} = 280, 310 pm
>7 GPa
γ: $R\bar{3}m$, D_{3d}^5; –; hR2
a = 460,3, c = 382,2 pm, 293 K, hex. Aufstellung; K_z = 6, d_{Te-Te} = 300,2 pm

Weitere physikalische Eigenschaften

Zugfestigkeit Draht (Ø 0,33 mm) R_m = 11,3 MPa
Dielektrizitätskonstante ε, Feldrichtung || zur c-Achse: ε = 5,0;
Feldrichtung ⊥ zur c-Achse: ε = 2,2.
Bei Lichteinstrahlung erhöht sich die elektrische Leitfähigkeit.

Selbstdiffusion
⊥ c-Achse: ΔT (496 – 640 K); $D_0 = 20 \cdot 10^{-4}\,m^2\,s^{-1}$; Q = 166 $kJ\,mol^{-1}$
|| c-Achse: ΔT (496 – 640 K); $D_0 = 0{,}6 \cdot 10^{-4}\,m^2\,s^{-1}$; Q = 147,6 $kJ\,mol^{-1}$

Bandabstand: ΔE (298 K) = 0,33 eV, $\frac{d\Delta E}{dP} = -0{,}13 \cdot 10^{-11}\,eV \cdot Pa^{-1}$

Elektronenbeweglichkeit: $u_n = 1100\,cm^2 \cdot V^{-1}s^{-1}$, Lochbeweglichkeit: $u_p = 560\,cm^2\,V^{-1}\,s^{-1}$
Hall-Koeffizient: $R = 0{,}24 \cdot 10^{-10}\,m^3/As$ 298 K
thermoelektrische Kraft: $\varepsilon_{abs} = +400\,\mu V\,K^{-1}$

Änderung des elektrischen Widerstands am Schmelzpunkt

ϱ_{fl} (723 K) = 6000 nΩm, ϱ_{fl}/ϱ_f = 0,048 – 0,091

Tb	**Terbium**	O.Z.	65	rel. A.M.	158,92534		7440-27-9

Kern

Z	I.M.B.	Kern	RE [^{1}H = 1,00]	AE [^{1}H = 1,00]	GV [rad $T^{-1}s^{-1}$]	QM [m^2]	F [Hz]	Ref.
24	147 – 164	^{159}Tb	0,0583	0,0583	$6{,}4306 \cdot 10^7$	$1{,}34 \cdot 10^{-28}$	22,678	

Elektronenhülle

El. konf.	G.T.	E.A.	I [$kJ\,mol^{-1}$]			
		$kJ\,mol^{-1}$	+1	+2	+3	+4
[Xe]$4f^6 6s^2$	$^6H_{15/2}$	48	565	1112	2114	3839

Thermodynamische Eigenschaften

T_f	T_v	ΔH_f	ΔH_v	ΔH_{at}	Cp (g)	S (g)	H_{298}
K	K	$kJ\,mol^{-1}$	$kJ\,mol^{-1}$	$kJ\,mol^{-1}$	$JK^{-1}mol^{-1}$	$JK^{-1}mol^{-1}$	$kJ\,mol^{-1}$
1630	3492	10,80	330,9	388,7	24,65	203,25	9,427

T	K	298,15	400	600	800	1000	1200	1400	1560	1560	1600
Cp	$JK^{-1}mol^{-1}$	28,89	28,57	29,94	32,84	35,85	39,24	43,27	46,74	27,74	27,74
S	$JK^{-1}mol^{-1}$	73,30	81,75	93,40	102,41	110,06	116,89	123,23	128,09	131,31	132,01
ΔH	$kJ\,mol^{-1}$	0	2,93	8,68	14,96	21,83	29,33	37,56	44,76	49,78	50,89
T	K	1630	1630	1700	2000	2300	2600	2900	3200	3492	
Cp	$JK^{-1}mol^{-1}$	27,74	46,48	46,48	46,48	46,48	46,48	46,48	46,48	46,48	
S	$JK^{-1}mol^{-1}$	132,53	139,15	141,11	148,66	155,16	160,86	165,93	170,51	174,57	
ΔH	$kJ\,mol^{-1}$	51,73	62,52	65,77	79,72	93,66	107,61	121,56	135,50	149,07	

Physikalische Eigenschaften

MV	D	α	ΔV	$\varkappa$	E	G
cm^3	$kg\,m^{-3}$	$10^{-6}\,K^{-1}$		$10^{-5}\,MPa^{-1}$	GPa	
19,31	8229	7,0	0,031	2,40	57,4	22,7
$\Delta\rho_{(T)}$	$\Delta\rho_{(P)}$	χ_M	$\Psi_{(th)}$	$\Psi_{(ph)}$	D [1]	χ_M [1]
$10^{-4}\,K^{-1}$	$10^{-6}\,hPa^{-1}$	$kg^{-1}m^3$	V	V	$kg\,m^{-3}$	$kg^{-1}m^3$
11,9		$1{,}53 \cdot 10^{-5}$	3,4			

μ	$V_s(l)$	$V_s(t)$	λ	ρ
	$m\,s^{-1}$		$Wm^{-1}K^{-1}$	$n\Omega m$
0,264	2920	1060	11,1	1130
η [1]	γ [1]	ϱ [1]	HV	R_m
mPa s [1]	Nm^{-1}	$n\Omega m$	MNm^{-2}	MPa
	(0,65)	1930	863	~122

[1] fl.

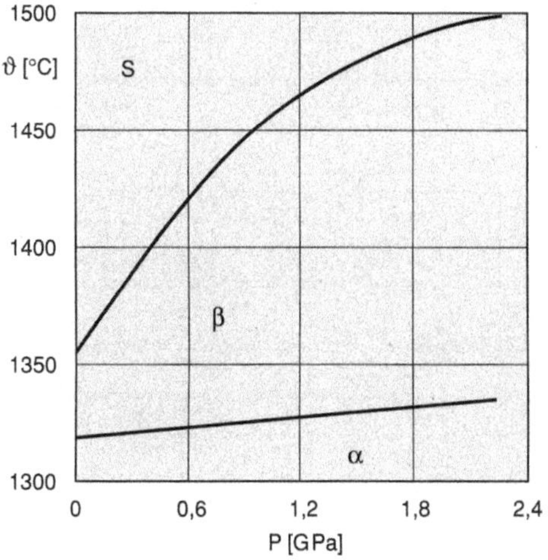

P-T Diagramm von Terbium

Terbium (von Ytterbia, Ort in Schweden) wurde 1843 von Mosander als ein oxidischer Bestandteil der Yttererde identifiziert. Es ist in Monazit ($LnPO_4$), Xenotin (YPO_4) und Euxenit enthalten und wird durch Reduktion von TbF_3 mit Ca im Tantaltiegel hergestellt. Terbium ist an Luft relativ stabil, silbrig-weiß, duktil und schmiedbar. Es muß im Vakuum oder unter Inertgas aufbewahrt werden. Tb reagiert mit Wasser und ist in Säuren leicht löslich.

Oxidationsstufen: 0, $\underline{3+}$, 4+

Standardreduktionspotentiale:

basisch $TbO_2 \xrightarrow{+0,9} Tb(OH)_3 \xrightarrow{-2,82} Tb$

sauer $Tb^{4+} \xrightarrow{+3,1} Tb^{3+} \xrightarrow{-2,31} Tb$

Struktur

RG SB PS μ/ϱ [$cm^2\ g^{-1}$]
α: $P6_3/mmc$, D_{6h}^4; A3; hP2 CuK_α 273 MoK_α 67,5
a = 360,41, c = 569,60 pm, 293 K; K_z = 12, d_{Tb-Tb} = 356,5 pm
<220 K
Cmcm, D_{2h}^{17}; –; oC2
a = 359,0, b = 626,0, c = 571,5 pm
>1560 K
β: $Im\bar{3}m$, O_h^9; A2; cI2
a = 402 pm
>6,0 GPa
$R\bar{3}m$, D_{3d}^5; –; hR9
a = 341, c = 2450 pm, 293 K

Weitere physikalische Eigenschaften

Abhängigkeit physikalischer Eigenschaften von der Kristallorientierung:

Eigenschaft	T	Richtung		Dimension
	[K]	⊥ c-Achse	∥	
linearer Ausdehnungskoeffizient	297	$9{,}3 \cdot 10^{-6}$	$12{,}4 \cdot 10^{-6}$	[K^{-1}]
elektrischer Widerstand	298	1235	1015	[nΩm]
Hall-Koeffizient	293	– 0,10	– 0,37	[$nVm \cdot A^{-1}\ T^{-1}$]

Tl	Thallium	O.Z.	81	rel. A.M.	204,3833		7440-28-0

Kern

Z	I.M.B.	Kern	RE [^1H=1,00]	AE [^1H=1,00]	GV [$rad\ T^{-1} s^{-1}$]	QM [m^2]	F [Hz]	Ref.
28	191–210	^{205}Tl	0,19	0,13	$15{,}4584 \cdot 10^7$		57,708	$TlNO_3$(aq)

Elektronenhülle

El. konf.	G.T.	E.A.	I [$kJ\ mol^{-1}$]		
		[$kJ\ mol^{-1}$]	+1	+2	+3
$[Xe]4f^{14}5d^{10}6s^26p^1$	$^2P_{1/2}$	30	589	1971	2878

Thermodynamische Eigenschaften

T_f	T_v	ΔH_f	ΔH_v	ΔH_{at}	Cp (g)	S (g)	H_{298}
K	K	$kJ\ mol^{-1}$	$kJ\ mol^{-1}$	$kJ\ mol^{-1}$	$JK^{-1} mol^{-1}$	$JK^{-1} mol^{-1}$	$kJ\ mol^{-1}$
577	1744	4,14	164,1	180,96	20,79	180,96	6,832

T	K	298,15	300	400	500	507	507	577	577	600	700
Cp	$JK^{-1} mol^{-1}$	26,32	26,32	27,44	29,46	29,62	32,01	32,68	29,71	29,71	29,71
S	$JK^{-1} mol^{-1}$	64,18	64,35	72,04	78,37	78,78	79,52	83,70	90,88	92,04	96,62
ΔH	$kJ\ mol^{-1}$	0	0,05	2,73	5,57	5,77	6,15	8,41	12,56	13,24	16,21
T	K	800	900	1000	1100	1200	1300	1400	1500	1600	1744
Cp	$JK^{-1} mol^{-1}$	29,71	29,71	29,71	29,71	29,71	29,71	29,71	29,71	29,71	29,71
S	$JK^{-1} mol^{-1}$	100,59	104,09	107,22	110,05	112,63	115,01	117,21	119,26	121,18	123,74
ΔH	$kJ\ mol^{-1}$	19,18	22,15	25,12	28,09	31,06	34,03	37,00	39,97	42,95	47,22

Physikalische Eigenschaften

MV	D	α	ΔV	$\varkappa$	E	G
cm^3	$kg\,m^{-3}$	$10^{-6}\,K^{-1}$		$10^{-5}\,MPa^{-1}$	GPa	
17,24	11850	28	0,0323	3,41	7,8	2,66
$\Delta\rho_{(T)}$	$\Delta\rho_{(P)}$	χ_M	$\Psi_{(th)}$	$\Psi_{(ph)}$	D [1]	χ_M [1]
$10^{-4}\,K^{-1}$	$10^{-9}\,hPa^{-1}$	$kg^{-1}\,m^3$	V	V	$kg\,m^{-3}$	$kg^{-1}\,m^3$
51,7	– 3,4	$-3{,}13 \cdot 10^{-9}$	3,76	4,05	11290	$-1{,}5 \cdot 10^{-9}$

μ	$V_s(l)$	$V_s(t)$	λ	ρ	R_m
	$m\,s^{-1}$		$W m^{-1} K^{-1}$	$n\Omega m$	MPa
0,454	1630	480	46,1	150	8,9
η [1]	γ [1]	$d\gamma/dT$ [1]	ϱ [1]	HV	
mPa s [1]	$N m^{-1}$	$N m^{-1} K^{-1}$	$n\Omega m$	MNm^{-2}	
	0,447	$-0{,}07 \cdot 10^{-3}$	740	9	

[1] fl.

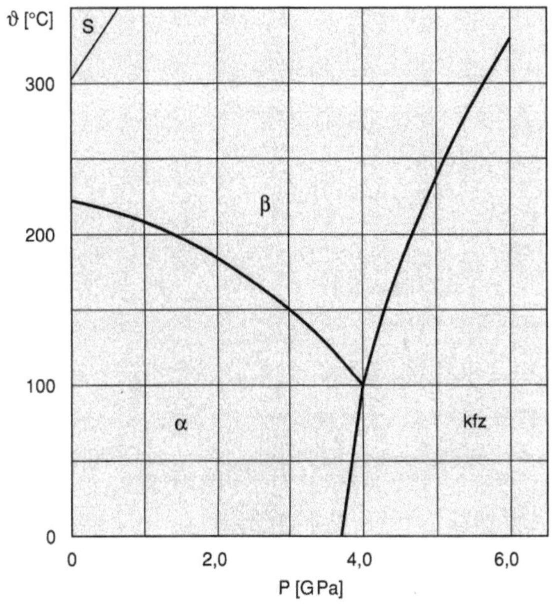

P-T Diagramm von Thallium

Thallium (gr.: thallos = grüner Sproß) wurde spektroskopisch 1861/62 von W. Crookes und ebenfalls von C. A. Lamy nachgewiesen und nach seiner grünen Linie im Spektrum benannt. Thallium ist Begleiter von Zink in der Zinkblende und von Eisen in FeS_2, seltener sind Lorandit ($TlAlS_2$) und Crookenit $(Tl,Cu,As)_2Se$. Thallium wird aus Flugstäuben gewonnen: Auflösen in HNO_3, Abtrennen von Pb als $PbSO_4$ und anschließendes Fällen von TlCl. Dieses wird in H_2SO_4 gelöst und das Metall durch Elektrolyse erhalten. Tl ist weich, duktil, schmied- und schneidbar. An der Luft ist es frisch silbrig-weiß und läuft dann graublau an. Es löst sich in Säuren (außer Halogenwasserstoffsäuren). Wegen seiner hohen Toxizität wird es selten verwendet.

Oxidationsstufen: 0, <u>1+</u>, 3+

Standardreduktionspotentiale:

basisch $Tl(OH)_3 \xrightarrow{-0,05} Tl(OH) \xrightarrow{-0,34} Tl$

sauer $Tl^{3+} \xrightarrow{+2,06} Tl^{+} \xrightarrow{-0,336} Tl$

Struktur

RG	SB	PS	μ/ϱ [cm^2 g^{-1}]
α: $P6_3/mmc$, D_{6h}^4;	–;	hP2	CuK_α 224 MoK_α 119

a = 345,63, c = 552,63 pm, 293 K
>507 K
β: $Im\bar{3}m$, O_h^9; A2; cI2
a = 388,2 pm, 535 K; K_z = 8, d_{Tl-Tl} = 336,2 pm
Tl_{fl}
K_z = 8,0, 648 K; d_{Tl-Tl} = 330 pm

Weitere physikalische Eigenschaften

Umwandlung unter Druck:

U	ΔV ($cm^3 g^{-1}$)
$\alpha \rightarrow$ III	+ 0,00029
$\beta \rightarrow$ III	– 0,00053
$\alpha \rightarrow \beta$	– 0,00024

α-Tl, Wärmeausdehnungszahl α:

T [K]	373	473	498
α [K^{-1}]	29,9	30,0	$30,2 \cdot 10^{-6}$

348 K: ‖ zur *c*-Achse $\alpha = 72 \cdot 10^{-6}$ K^{-1}; ⊥ zur *c*-Achse $\alpha = 9 \cdot 10^{-6}$ K^{-1}.
Selbstdiffusion α-Tl ΔT (420 – 500 K):

‖ *c*-Achse $D_0 = 0,4$ $cm^2 s^{-1}$; $Q = 96,0$ kJ mol^{-1}; ⊥ *c*-Achse $D_0 = 0,4$ $cm^2 s^{-1}$; $Q = 94,7$ kJ mol^{-1}.

β-Tl ΔT (510 – 550 K); $D_0 = 0,42$ $cm^2 s^{-1}$; $Q = 80,2$ kJ mol^{-1}.

Debye-Temperatur Θ_D aus der Wärmekapazität berechnet:

T [K]	11,5	16,08	18,36
Θ_D [K]	84	90	94

Änderung des elektrischen Widerstandes Tl (kleinkristallin) im Magnetfeld *H* ⊥ zum Meßstrom:

	H MA · s^{-1}	$\left(\frac{\varrho_H - \varrho_0}{\varrho_0}\right)_T$
$T \approx 80$ K $\frac{\varrho_{80}}{\varrho_{293}} = 0,33$	100	0,025
	300	0,139

Hall-Koeffizient *R* bei 297 K; magnetische Induktion

$$B = 1,7 - 1,8 \ Vs/m^2; \quad R = 0,240 \cdot 10^{-10} \ m^3/As.$$

Supraleitung: T_s = 2,4 K, H_0 = 171 Oe
thermoelektrische Kraft: ε_{abs} = + 0,4 μVK^{-1}
Massensuszeptibilität bei 293 K: ‖ *c*-Achse $\chi = -5,175 \cdot 10^{-9}$ $m^3 kg^{-1}$
⊥ *c*-Achse $\chi = -2,072 \cdot 10^{-9}$ $m^3 kg^{-1}$
Massensuszeptibilität bei 576,8 K: $\chi_{(f)} = -1,972 \cdot 10^{-9}$ $m^3 kg^{-1}$
$\chi_{(fl)} = -1,720 \cdot 10^{-9}$ $m^3 kg^{-1}$

Th	Thorium	O.Z.	90	rel. A.M.	232,0381, a		7440-29-1

Kern

Z	I.M.B.	Kern	RE [^{1}H=1,00]	AE [^{1}H=1,00]	GV [rad $T^{-1}s^{-1}$]	QM [m^2]	F [Hz]	Ref.
12	223–234	^{229}Th			$0,40 \cdot 10^7$	$4,4 \cdot 10^{-28}$		

Elektronenhülle

El. konf.	G.T.	E.A.	I [kJ mol^{-1}]			
		[kJ mol^{-1}]	+1	+2	+3	+4
[Rn]$6d^27s^2$	$^3F_2$	48	542	1148	1800	2780

Thermodynamische Eigenschaften

T_f	T_v	ΔH_f	ΔH_v	ΔH_{at}	Cp (g)	S (g)	H_{298}
K	K	kJ mol^{-1}	kJ mol^{-1}	kJ mol^{-1}	$JK^{-1}mol^{-1}$	$JK^{-1}mol^{-1}$	kJ mol^{-1}
2028	5056	16,12	514,1	575,3	20,79	190,16	6,350

T	K	298,15	500	800	1100	1400	1636	1636	1800	2028	2028
Cp	$JK^{-1}mol^{-1}$	27,35	29,92	33,73	37,55	41,36	44,37	46,02	46,02	46,02	46,02
S	$JK^{-1}mol^{-1}$	53,39	68,13	83,02	94,34	103,84	110,51	112,18	116,58	122,06	130,01
ΔH	kJ mol^{-1}	0	5,78	15,33	26,02	37,86	47,97	50,71	58,26	68,74	84,87
T	K	2200	2500	2800	3100	3400	3700	4000	4300	4600	5056
Cp	$JK^{-1}mol^{-1}$	46,02	46,02	46,02	46,02	46,02	46,02	46,02	46,02	46,02	46,02
S	$JK^{-1}mol^{-1}$	133,76	139,64	144,86	149,54	153,80	157,69	161,28	164,60	167,71	172,06
ΔH	kJ mol^{-1}	92,79	106,59	120,40	134,21	148,01	161,82	175,63	189,44	203,24	224,23

Physikalische Eigenschaften

MV	D	α	ΔV	$\varkappa$	E	G
cm^3	kg m^{-3}	$10^{-6}K^{-1}$		$10^{-5}MPa^{-1}$	GPa	
19,80	11720	12,5	0,05	1,86	72,4	27,9
$\Delta\rho_{(T)}$	$\Delta\rho_{(P)}$	χ_M	$\Psi_{(th)}$	$\Psi_{(ph)}$	D [1]	χ_M [1]
$10^{-4}K^{-1}$	$10^{-9}hPa^{-1}$	$kg^{-1}m^3$	V	V	kg m^{-3}	$kg^{-1}m^3$
27,5	−3,4	$7,2 \cdot 10^{-9}$	3,42	3,67	10350	

μ	V_s(l)	V_s(t)	λ	ρ
	m s^{-1}		$Wm^{-1}K^{-1}$	nΩm
0,27	2850	1630	77,0	147
η [1]	γ [1]	HV	R_m	
mPa s [1]	Nm^{-1}	MNm^{-2}	MPa	
	(1,05)	294–687	219	

[1] fl.

Thorium (ger.: Thor = germanischer Gott) wurde als Oxid 1829 von J. J. Berzelius aus Thorit ($ThSiO_4$) isoliert, in $ThCl_4$ überführt und mit K zu Th reduziert. Thorium findet sich bis zu 20% in Mineralkonglomeraten und in Uranthorit, einem U-Th-silikat. Das stabilste Isotop hat eine HWZ von $1{,}41 \cdot 10^{10}$ a. Thorium wird metallothermisch aus dem Oxid hergestellt und ist ein silbriges, radioaktives Metall, das an Luft stabil ist. Es ist weich, duktil und schmiedbar. Durch Säuren und Wasser wird es sehr langsam (außer HCl) angegriffen. Es wird als Brennstoff in Reaktoren eingesetzt. Das Metall dient als Legierungszusatz für Mg-Legierungen (hohe Festigkeit bei höheren Temperaturen, creep resistance). Wegen der geringen Elektronenaustrittsarbeit wird es als Beschichtung von W-Drähten in elektronischen Komponenten verwendet.

Oxidationsstufen: 0, 2+, 3+, <u>4+</u>

Standardreduktionspotentiale:

basisch $ThO_2 \xrightarrow{-2{,}56} Th$

sauer (1M–$HClO_4$) $Th^{4+} \xrightarrow{-2{,}4} Th^{3+}$; $Th^{4+} \xrightarrow{-1{,}83} Th$

Struktur

RG	SB	PS	μ/ϱ [cm² g⁻¹]
α: $Fm\bar{3}m$, O_h^5;	A1;	cF4	CuK_α 327 MoK_α 143

a = 508,51 pm, 293 K; $K_z = 12$, $d_{Th-Th} = 359{,}6$ pm

> 1636 K

β: $Im\bar{3}m$, O_h^9; A2; cI2

a = 411 pm, 1723 K; $K_z = 8$, $d_{Th-Th} = 355{,}9$ pm

Natürlich radioaktive Isotope:

^{234}Th	β^--Strahler	Halbwertzeit: 24,1 d
^{231}Th	β^--Strahler	Halbwertzeit: 25,6 h
^{230}Th	α-Strahler	Halbwertzeit: $75{,}4 \cdot 10^4$ a
^{228}Th	α-Strahler	Halbwertzeit: 1,913 a
^{227}Th	α-Strahler	Halbwertzeit: 18,6 d
^{232}Th	α-Strahler	Halbwertzeit: $1{,}4 \cdot 10^{10}$ a

Wärmeausdehnungszahl $\bar{\alpha}$:

T [K]	373	473	673	873	1073	1273
$\bar{\alpha}$ (293-T) [K⁻¹]	10,5	11,1	11,6	11,7	11,7	$12{,}3 \cdot 10^{-6}$

Dehngrenze $R_{p0,2}$, Zugfestigkeit R_m und Bruchdehnung A; Richtwerte bei Z. T.:

Herstellungsart	$R_{p0,2}$ [MPa]	R_m [MPa]	A [%]
Ca-reduziertes Th	100–150	100–300	4–23
unter Druck reduziertes Th	150–320	200–430	13–60
elektrolytisches Th	80–150	130–180	0–43
Arkel-de Boer	<80	100–150	36–44

Änderung des elektrischen Widerstandes ϱ (TH kleinkristallin 99,9%) im Magnetfeld $H \perp$ zum Meßstrom:

	H MA · s⁻¹	$\left(\frac{\varrho_H - \varrho_0}{\varrho_0}\right)_T$
$T \approx 80$ K $\frac{\varrho_{80}}{\varrho_{293}} = 0{,}266$	100	0,022
	300	0,157

Hall-Koeffizient *R* bei Z.T., magnetische Induktion

$B = 0{,}37-0{,}45$ Vs/m²; $R = -1{,}2 \cdot 10^{-10}$ m³/As.

Supraleitung: $T_s = 1{,}37$ K, $H_0 = 162$ Oe
Spektrales Emissionsvermögen ε_λ bei 1300–1710 K (relativ):

λ [μm]	0,667	0,656	0,550	(Th fl) 0,650
ε	0,38	0,36	0,30	0,40

Selbstdiffusionskoeffizient D_α [m² s⁻¹] $= 1{,}7 \cdot 10^{-4} \exp(-327/RT)$, Q = 299,8 kJmol⁻¹

D_β [m² s⁻¹] $= 0{,}5 \cdot 10^{-4} \exp(-230/RT)$

Tm	**Thulium**	O.Z.	69	rel. A.M.	168,93421		7440-30-4

Kern

Z	I.M.B.	Kern	RE [¹H=1,00]	AE [¹H=1,00]	GV [rad T⁻¹ s⁻¹]	QM [m²]	F [Hz]	Ref.
18	161–176	^{169}Tm	0,000566	0,000566	$-2{,}21 \cdot 10^7$		8,271	

Elektronenhülle

El. konf.	G.T.	E.A. [kJ mol⁻¹]	I [kJ mol⁻¹] +1	+2	+3	+4
[Xe]4f^{13}6s^2	$^2F_{7/2}$	29	597	1163	2285	4119

Thermodynamische Eigenschaften

T_f	T_v	ΔH_f	ΔH_v	ΔH_{at}	Cp (g)	S (g)	H_{298}
K	K	kJ mol⁻¹	kJ mol⁻¹	kJ mol⁻¹	JK⁻¹ mol⁻¹	JK⁻¹ mol⁻¹	kJ mol⁻¹
1818	2217	16,84	190,7	232,2	20,79	190,11	7,397

T	K	298,15	400	500	600	700	800	900	1000	1100	1200
Cp	JK⁻¹ mol⁻¹	27,02	27,18	27,21	27,55	28,33	29,60	30,60	31,46	32,27	33,05
S	JK⁻¹ mol⁻¹	74,02	81,99	88,06	93,04	97,34	101,20	104,75	108,02	111,06	113,90
ΔH	kJ mol⁻¹	0	2,77	5,48	8,22	11,01	13,90	16,92	20,02	23,20	26,47
T	K	1300	1400	1500	1600	1700	1818	1818	1900	2100	2217
Cp	JK⁻¹ mol⁻¹	33,80	34,53	35,25	35,97	36,67	37,49	41,38	41,38	41,38	41,38
S	JK⁻¹ mol⁻¹	116,57	119,10	121,51	123,81	126,01	128,50	137,76	139,59	143,73	145,97
ΔH	kJ mol⁻¹	29,81	33,23	36,72	40,28	43,91	48,29	65,13	68,52	76,80	81,64

Physikalische Eigenschaften

MV	D	α	ΔV	$\varkappa$	E	G
cm^3	$kg\,m^{-3}$	$10^{-6}\,K^{-1}$		$10^{-5}\,MPa^{-1}$	GPa	
18,12	9321	13,3	0,069	2,42	74,0	30,4
$\Delta\rho_{(T)}$	$\Delta\rho_{(P)}$	χ_M	$\Psi_{(th)}$	$\Psi_{(ph)}$	D[1]	χ_M[1]
$10^{-4}\,K^{-1}$	$10^{-9}\,hPa^{-1}$	$kg^{-1}\,m^3$	V	V	$kg\,m^{-3}$	$kg^{-1}\,m^3$
19,5	−2,6	$1{,}90 \cdot 10^{-6}$	3,12			

μ	$V_s(l)$	$V_s(t)$	λ	ρ
	$m\,s^{-1}$		$Wm^{-1}\,K^{-1}$	$n\Omega m$
0,298			16,8	670
η[1]	γ[1]	HV	R_m	
mPa s[1]	Nm^{-1}	MNm^{-2}	MPa	
	(0,62)	520	~139	

[1] fl.

Thulium (lt.: Thule = das nördlichste Land) wurde 1897 durch P. T. Cleve als Oxid aus der Yttererde isoliert. Es ist außerdem im Monazit ($LnPO_4$) enthalten. Die Herstellung erfolgt aus TmF_3 durch die Reduktion mit Ca. Bis 100 °C oxidiert Tm an Luft nur sehr langsam, selbst bis 1000 °C ist die Oxidationsgeschwindigkeit durch Ausbildung einer dichten, dunklen Oxidschicht nicht sehr hoch. Es löst sich in Säuren, die Gegenwart von F^- verringert den Angriff durch Ausbildung einer Fluoridschicht. Das Element ist hart, silbrig, duktil und schmiedbar.

Oxidationsstufen: 0, 2+, <u>3+</u>
Standardreduktionspotentiale:

basisch $Tm(OH)_3 \xrightarrow{-2,83} Tm$

sauer $Tm^{3+} \xrightarrow{-2,3} Tm^{2+} \xrightarrow{-2,3} Tm$

Struktur

RG SB PS μ/ϱ [$cm^2\,g^{-1}$]
$P6_3/mmc$, D_{6h}^4; A3; hP2 CuK_α 140 MoK_α 80,8
a = 353,76, c = 555,43 pm, 293 K; K_z = 12, d_{Tm-Tm} = 349,2 pm
Hochdruckmodifikation
>6–11,6 GPa Tm(II)
$R\bar{3}m$, D_{3d}^5; α-Sm; hR9; a = 332,7, c = 2348 pm; 11,6 GPa

Abhängigkeit physikalischer Eigenschaften von der Kristallorientierung:

Eigenschaft	T [K]	Richtung		Dimension
		‖ c-Achse	⊥ c-Achse	
linearer Ausdehnungskoeffizient	297	$22{,}2 \cdot 10^{-6}$	$8{,}8 \cdot 10^{-6}$	K^{-1}
elektrischer Widerstand	298	472	880	$n\Omega m$

Ti	**Titan**	O.Z.	22	rel. A.M.	47,88	Titanium	7440-32-6

Kern

Z	I.M.B.	Kern	RE [^{1}H = 1,00]	AE [^{1}H = 1,00]	GV [rad $T^{-1} s^{-1}$]	QM [m^2]	F [Hz]	Ref.
9	43–51	^{49}Ti	0,00376	0,000207	$1{,}5080 \cdot 10^7$	$0{,}24 \cdot 10^{-28}$	5,638	$[TiF_6]^{2-}$(HF_c)

Elektronenhülle

El. konf.	G.T.	E.A. [kJ mol^{-1}]	I [kJ mol^{-1}] +1	+2	+3	+4
[Ar]$3d^2 4s^2$	$^3F_2$	– 2	658	1310	2652	4175

Thermodynamische Eigenschaften

T_f	T_v	ΔH_f	ΔH_v	ΔH_{at}	Cp (g)	S (g)	H_{298}
K	K	kJ mol^{-1}	kJ mol^{-1}	kJ mol^{-1}	$JK^{-1} mol^{-1}$	$JK^{-1} mol^{-1}$	kJ mol^{-1}
1939	3631	14,15	410,0	473,63	24,43	180,30	4,824

T	K	298,15	400	600	800	1000	1166	1166	1200	1400	1600
Cp	$JK^{-1} mol^{-1}$	25,05	26,54	28,27	30,24	32,51	34,20	29,39	29,57	30,82	32,35
S	$JK^{-1} mol^{-1}$	30,76	38,35	49,45	57,84	64,83	69,96	73,54	74,38	79,03	83,24
ΔH	kJ mol^{-1}	0	2,64	8,12	13,96	20,24	25,78	29,95	30,96	36,99	43,30
T	K	1800	1939	1939	2100	2400	2700	3000	3300	3600	3631
Cp	$JK^{-1} mol^{-1}$	34,15	35,48	35,56	35,56	35,56	35,56	35,56	35,56	35,56	35,56
S	$JK^{-1} mol^{-1}$	87,16	89,75	97,04	99,88	104,63	108,82	112,56	115,95	119,05	119,35
ΔH	kJ mol^{-1}	49,95	54,79	68,93	74,66	85,33	96,00	106,67	117,34	128,01	129,11

Physikalische Eigenschaften

MV	D	α	ΔV	$\varkappa$	E	G
cm^3	kg m^{-3}	$10^{-6} K^{-1}$		$10^{-5} MPa^{-1}$	GPa	
10,55	4540	8,35		0,779	102	37,2
$\Delta\rho_{(T)}$	$\Delta\rho_{(P)}$	χ_M	$\Psi_{(th)}$	$\Psi_{(ph)}$	D[1]	χ_M[1]
$10^{-4} K^{-1}$	$10^{-9} hPa^{-1}$	$kg^{-1} m^3$	V	V	kg m^{-3}	$kg^{-1} m^3$
54,6	– 1,118	$4{,}01 \cdot 10^{-8}$	4,16	4,31	4110	

μ	V_s(l)	V_s(t)	λ	ρ_{293}	R_m
	m s^{-1}		$Wm^{-1} K^{-1}$	nΩm	MPa
0,359	6260	2920	21,9	390	235
η[1]	γ[1]	dγ/dT[1]	HV		
mPa s[1]	Nm^{-1}	$Nm^{-1}K^{-1}$	MNm^{-2}		
	1,65	($0{,}26 \cdot 10^{-3}$)	2000–3500		

[1] fl.

Titan (gr.: nach Titan der griechischen Mythologie) wurde als Oxid im Ilmenit ($FeTiO_3$) von W. Gregor und im Rutil (TiO_2) von M. Klaproth als neues Element erkannt und von Klaproth benannt. Das Metall wurde in unreiner Form von J. J. Berzelius 1825 dargestellt. Bedeutende Titanmineralien sind die o.e., sowie Titanit ($CaTiOSiO_4$) und Perowskit ($CaTiO_3$). Technisch wird Titan auf folgendem Weg erhalten: TiO_2 wird durch Cl_2/C in $TiCl_4$ überführt, dieses durch Destillation gereinigt und nach dem Krollverfahren mit Mg zu Titanschwamm reduziert. Der Schwamm wird in Vakuumlichtbogenöfen zu Ti-Blöcken geschmolzen. Hochreines Ti wird nach Arkel-de Boer durch thermische Zersetzung von TiI_4 hergestellt. Ti ist ein hartes, glänzend-weißes Metall, hat gute Festigkeit, hohe Korrosionsbeständigkeit und ist sauerstofffrei duktil und gut verarbeitbar. Kompaktes Metall wird durch eine TiO_2-Schicht gegen O_2 geschützt, Pulver brennen in O_2 und N_2. Ti wird von HF, konz. H_2SO_4 und Alkalien angegriffen. Titan ist sehr leicht und wird daher in der Raum- und Luftfahrtindustrie, sowie im chemischen Apparatebau, verwendet. Titanstähle sind gegen Stoß und Schlag widerstandsfähig und werden für Turbinen und Eisenbahnräder gebraucht. (Titan hat die Festigkeit von Stahl, ist aber 45% leichter.) Titan ist seewasserfest und wird daher auch im Schiffbau verwendet.

Oxidationsstufen: 1–, 0, 2+, 3+, <u>4+</u>

Standardreduktionspotentiale:

sauer $TiO^{2+} \xrightarrow{+0,10} Ti^{3+} \xrightarrow{-0,37} Ti^{2+} \xrightarrow{-1,63} Ti$

basisch $TiO_2 \xrightarrow{-0,56} Ti_2O_3 \xrightarrow{-1,23} TiO \xrightarrow{-1,31} Ti$

Struktur

RG SB PS μ/ϱ [$cm^2\,g^{-1}$]
α: $P6_3/mmc$, D_{6h}^4; A3; hP2 CuK_α 208 MoK_α 24,2
a = 295,03, c = 468,36 pm, 298 K; $K_z = 12$, $d_{Ti-Ti} = 289,5$ pm
>1166 K
β: $Im\bar{3}m$, O_h^9; A2; cI2
a = 330,65 pm, 1173 K; $K_z = 8$, $d_{Ti-Ti} = 286,4$ pm
Hochdruckmodifikation
>8 GPa Ti II
P6/mmm, D_{6h}^1; –; hP3
a = 462,5, c = 281,3 pm, 293 K; Koordination irregulär, $d_{Ti-Ti} = 267,0-301,8$ pm

Weitere physikalische Eigenschaften

α-Ti, Wärmeausdehnungszahl $\bar{\alpha}$:

T [K]	373	473	673	873
$\bar{\alpha}$ (293-T) [K^{-1}]	9,0	9,4	9,7	$10,1 \cdot 10^{-6}\,K^{-1}$

Dehngrenze $R_{p0,2}$, Zugfestigkeit R_m und Bruchdehnung A; Ti im geglühten (weichgeglühten) Zustand bei Z.T.:

Metall	$R_{p0,2}$ MPa	R_m MPa	A %
Titan [1]	103	245	72,0
Titan (99,3%)	280 [2]	350 [2]	22,0 [2,3]
Titan (99,15%)	385 [2]	455 [2]	18,0 [2,3]
Titan (98,9%)	490 [2]	560 [2]	15,0 [2,3]

[1] besonders rein (nach Arkel-de Boer); [2] Mindestwerte; [3] Meßlänge 50,5 mm.

Selbstdiffusion

α-Ti: ΔT (1013 – 1149 K); $D_0 = 6,6 \cdot 10^{-9}\,m^2\,s^{-1}$; $Q = 169,1$ kJ mol^{-1}
β-Ti: ΔT (1228 – 1784 K); $D_0 = 4,54 \cdot 10^{-8}\,m^2\,s^{-1}$; $Q = 131,0$ kJ mol^{-1}

Änderung des elektrischen Widerstandes (Ti-Einkristall) im Magnetfeld $H \perp$ zum Meßstrom:

$$T = 20{,}4\ \mathrm{K}\quad \frac{\varrho_{20,4}}{\varrho_{273}} = 0{,}1423, \quad H = 23{,}6\ \mathrm{MAs^{-1}}, \quad \left(\frac{\varrho_H - \varrho_0}{\varrho_0}\right)_T = 0{,}002.$$

Hall-Koeffizient R bei 294 K (Ti 99,87%, vakuumgeglüht); magnetische Induktion

$$B = 0{,}4 - 2{,}8\ \mathrm{Vs/m^2};\ R = -1{,}2 \cdot 10^{-10}\ \mathrm{m^3/As}.$$

Supraleitung: $T_s = 0{,}39$ K, $H_0 = 100$ Oe

Spektrales Emissionsvermögen ε_λ ($\lambda = 0{,}65\ \mu$m), relativ:

T [K]	1155	1250	1350
ε_λ	0,5	0,52	0,50

U	**Uran**	O.Z.	92	rel. A.M.	238,0289, a, c	Uranium	U^{238} 7440-61-1

Kern

Z	I.M.B.	Kern	RE [^{1}H = 1,00]	AE [^{1}H = 1,00]	GV [rad T^{-1} s^{-1}]	QM [m^2]	F [Hz]	Ref.
15	227–240	^{235}U	$1{,}21 \cdot 10^{-4}$	$8{,}71 \cdot 10^{-7}$	$-0{,}4926 \cdot 10^7$	$4{,}55 \cdot 10^{-28}$	1,790	UF_6

Elektronenhülle

El. konf.	G.T.	E.A.	I [kJ mol^{-1}]						
		[kJ mol^{-1}]	+1	+2	+3	+4	+5	+6	+7
[Rn]$5f^3 6d^1 7s^2$	$^5L_6$	29	522	1122	1745				

Thermodynamische Eigenschaften

T_f	T_v	ΔH_f	ΔH_v	ΔH_{at}	Cp (g)	S (g)	H_{298}
K	K	kJ mol^{-1}	kJ mol^{-1}	kJ mol^{-1}	$JK^{-1}mol^{-1}$	$JK^{-1}mol^{-1}$	kJ mol^{-1}
1405	4402	8,52	464,1	523,0	23,69	199,79	6,364

T	K	298,15	400	600	800	941	941	1000	1048	1048	1100
Cp	$JK^{-1}mol^{-1}$	27,65	29,70	34,76	41,79	48,01	42,93	42,93	42,93	38,28	38,28
S	$JK^{-1}mol^{-1}$	50,29	58,70	71,64	82,55	89,81	92,78	95,39	97,40	101,94	103,80
ΔH	kJ mol^{-1}	0	2,92	9,34	16,96	23,27	26,07	28,60	30,66	35,42	37,41
T	K	1300	1405	1405	1700	2000	2500	3000	3500	4000	4402
Cp	$JK^{-1}mol^{-1}$	38,28	38,28	47,91	47,91	47,91	47,91	47,91	47,91	47,91	47,91
S	$JK^{-1}mol^{-1}$	110,19	113,16	119,23	128,36	136,14	146,83	155,57	162,95	169,35	173,94
ΔH	kJ mol^{-1}	45,06	49,08	57,60	71,73	86,11	110,06	134,01	157,97	181,91	201,18

Physikalische Eigenschaften

MV	D	α	ΔV	$\varkappa$	E	G
cm^3	$kg\ m^{-3}$	$10^{-6}\ K^{-1}$		$10^{-5}\ MPa^{-1}$	GPa	
12,56	18950	12,6	0,022	0,785	178	71
$\Delta\rho_{(T)}$	$\Delta\rho_{(P)}$	χ_M	$\Psi_{(th)}$	$\Psi_{(ph)}$	D [1]	χ_M [1]
$10^{-4}\ K^{-1}$	$10^{-6}\ hPa^{-1}$	$kg^{-1}\ m^3$	V	V	$kg\ m^{-3}$	$kg^{-1} m^3$
28,2		$2{,}16 \cdot 10^{-8}$	3,47	3,47	17907	

μ	$V_s(l)$	$V_s(t)$	λ	ρ
	$m\ s^{-1}$		$Wm^{-1}\ K^{-1}$	$n\Omega m$
0,252	3370	1940	15,8	280
η [1]	γ [1]	$d\gamma/dT$ [1]	HV	R_m
mPa s [1]	Nm^{-1}	$Nm^{-1}\ K^{-1}$	MNm^{-2}	MPa
	1,53	$-0{,}14 \cdot 10^{-3}$	1960	585

[1] fl.

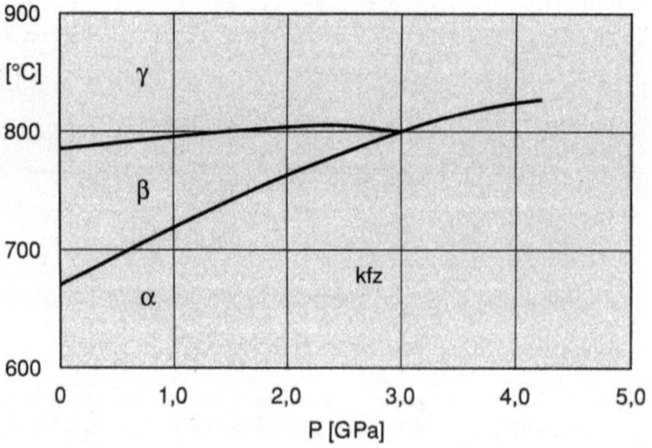

P-T Diagramm von Uran

Uran (nach dem Planeten Uranus) wurde bei einer Untersuchung der Pechblende von M. Klaproth 1789 als das Oxid eines unbekannten Elements erkannt und nach dem kurz zuvor entdeckten Planeten benannt. 1841 reduzierte Peligot das Chlorid mit K und stellte so das Metall dar. Wichtigste Erze sind Pechblende UO_2 und Carnotit $[K(UO_2)(VO_4)] \cdot 15\ H_2O$. Zur Herstellung werden Uranerze geröstet, mit H_2SO_4 in Gegenwart von Oxidantien ausgewaschen. Dabei bildet sich UO_2^{2+}, dieses Ion wird über Ionenaustauscher aufkonzentriert, mit HNO_3 ausgewaschen und durch Flüssig-Phasenextraktion gereinigt. Man erhält $(UO_2)(NO_3)_2$, das beim Erhitzen auf 300 °C UO_3 bildet, reduziert mit H_2 ergibt sich UO_2 (yellow cake). Das daraus präparierte UF_4 wird mit Mg reduziert. Uran ist ein schweres, silbriges Metall, in feinverteilter Form pyrophor. Es ist etwas weicher als Stahl, schmiedbar und duktil. Das Metall löst sich in Säuren, nicht in Basen. An der Luft überzieht es sich mit einer Oxidschicht. Nach Anreicherung von ^{235}U wird es für Kernwaffen und -reaktoren verwendet.

Oxidationsstufen: 0, 2+, 3+, 4+, 5+, 6+
Standardreduktionspotentiale:

basisch $UO_2(OH)_2 \xrightarrow{-0,3} UO_2 \xrightarrow{-2,13} U(OH)_3 \xrightarrow{-2,17} U$

sauer $UO_2^{2+} \xrightarrow{+0,063} UO_2^{+} \xrightarrow{+0,613} U^{4+} \xrightarrow{-0,607} U^{3+} \xrightarrow{-1,789} U$

Struktur

RG SB PS μ/ϱ [$cm^2 g^{-1}$]
α: Cmcm, D_{2h}^{17}; A20; oC4 CuK_α 352 MoK_α 153
a = 284,785, b = 585,801, c = 494,553 pm, 293 K
K_z = 2 + 2 + 4 + 4, d_{U-U} = 275,3; 285,4; 326,3; 334,3 pm
>914 K
β: P4/mnm, C_{2h}^{14}; –; tP30
a = 1075,9, c = 565,4 pm, 993 K; K_z = 12, 14, 15, d_{U-U} = 287 – 352,8 pm
>1048 K
γ: Im$\bar{3}$m, O_h^9; A2; cI2
a = 352,4 pm, 1078 K; K_z = 8, d_{U-U} = 347,4

Weitere physikalische Eigenschaften

Natürlich radioaktive Isotope:

^{238}U relative Häufigkeit 99,27%, α-Strahler, Halbwertzeit 4,46 · 10^9 a;
^{235}U relative Häufigkeit 0,720%, α-Strahler, Halbwertzeit 7,04 · 10^8 a;
^{234}U relative Häufigkeit 0,005%, α-Strahler, Halbwertzeit 24,5 · 10^5 a.

α-U, Wärmeausdehnungszahl $\bar{\alpha}$:

T [K]	373	473	573	673	773	873
α (273-T) [K^{-1}]	15,34	15,88	16,43	16,98	17,52	18,07 · 10^{-6}

α-U: ‖ *a*-Achse bei Z. T.: 21,0; ‖ *b*-Achse: 0,6; ‖ *c*-Achse: 18,7 · 10^{-6} K^{-1}.

Dehngrenze $R_{p0,2}$, Zugfestigkeit R_m und Bruchdehnung A:

T K	$R_{p0,2}$ MPa	R_m MPa	A %
313	137	310	6
333	130	387	10
373	149	450	17
473	130	285	24
573	110	295	25,5
673	100	150	26

Selbstdiffusion:

α-U: ΔT (773 – 923 K), D_0 = 2,0 · 10^{-3} $cm^2 s^{-1}$; Q = 167,5 kJ mol^{-1}
β-U: ΔT (953 – 1033 K), D_0 = 1,0 · 10^{-2} $cm^2 s^{-1}$; Q = 175 kJ mol^{-1}
γ-U: ΔT (1073 – 1343 K), D_0 = 1,7 · 10^{-3} $cm^2 s^{-1}$; Q = 115 kJ mol^{-1}

Hall-Koeffizient *R* bei (293 – 573 K); magnetische Induktion

B = 0,5 – 0,7 Vs/m^2; R = 0,34 · 10^{-10} m^3/As.

α-U thermoelektrische Kraft: ε_{abs} = + 5,0 μVK^{-1}
Gesamtemissionsvermögen *E*, relativ:

T [K]	370 – 1320	1325 – 1370
E	0,453	0,415

Spektrales Emissionsvermögen ε_λ: T > 1962 K, λ = 0,65 μm, ε = 0,34.

Temperaturabhängigkeit einiger Eigenschaften

Eigenschaft	T [K]	Modifik.		Dimension
Dichte	973 1173 1410	β γ fl	18130 17910 17250	kg m^{-3} kg m^{-3} kg m^{-3}
linearer Ausdehnungskoeffizient	1000 1175–1400	β γ	$28 \cdot 10^{-6}$ $20 \cdot 10^{-6}$	K^{-1} K^{-1}
Wärmeleitfähigkeit	300 600 900 1000 1100	α α α β γ	27,6 31,7 41,3 43,9 46,3	$Wm^{-1} K^{-1}$
elektrischer Widerstand	1000 1100 1500	β γ fl	560 540 66	nΩm nΩm MΩm
Vickers Härte	950 1100	β γ	30 1	MNm^{-2}

V	**Vanadium**	O.Z.	23	rel. A.M.	50,9415		7440-62-2

Kern

Z	I.M.B.	Kern	RE [^{1}H=1,00]	AE [^{1}H=1,00]	GV [rad $T^{-1} s^{-1}$]	QM [m^2]	F [Hz]	Ref.
9	46–54	^{51}V	0,38	0,38	$7{,}0361 \cdot 10^7$	$-0{,}0515 \cdot 10^{-28}$	26,289	$VOCl_3$

Elektronenhülle

El. konf.	G.T.	E.A.	I [kJ mol^{-1}]				
		[kJ mol^{-1}]	+1	+2	+3	+4	+5
[Ar]$3d^3 4s^2$	$^4F_{3/2}$	61	650	1414	2828	4507	6294

Thermodynamische Eigenschaften

T_f	T_v	ΔH_f	ΔH_v	ΔH_{at}	Cp (g)	S (g)	H_{298}
K	K	kJ mol^{-1}	kJ mol^{-1}	kJ mol^{-1}	$JK^{-1} mol^{-1}$	$JK^{-1} mol^{-1}$	kJ mol^{-1}
2175	3679	20,93	451,8	514,2	26,01	182,29	4,507

T	K	298,15	400	600	800	1000	1200	1400	1600	1800	2000
Cp	$JK^{-1} mol^{-1}$	24,89	26,23	27,49	28,66	30,49	32,68	35,14	37,91	40,98	44,31
S	$JK^{-1} mol^{-1}$	28,91	36,44	47,34	55,40	61,98	67,72	72,94	77,81	82,45	86,94
ΔH	kJ mol^{-1}	0	2,61	8,00	13,61	19,51	25,82	32,60	39,90	47,78	56,31
T	K	2175	2175	2400	2600	2800	3000	3200	3400	3600	3679
Cp	$JK^{-1} mol^{-1}$	47,37	41,84	41,84	41,84	41,84	41,84	41,84	41,84	41,84	41,84
S	$JK^{-1} mol^{-1}$	90,78	100,41	104,52	107,87	110,97	113,86	116,56	119,10	121,49	122,40
ΔH	kJ mol^{-1}	64,33	85,26	94,67	103,04	111,41	119,77	128,41	136,51	144,88	148,18

Physikalische Eigenschaften

MV	D	α	ΔV	$\varkappa$	E	G
cm^3	$kg\ m^{-3}$	$10^{-6} K^{-1}$		$10^{-5} MPa^{-1}$	GPa	
8,34	6110	8,3		0,63	127	47
$\Delta\rho_{(T)}$	$\Delta\rho_{(P)}$	χ_M	$\Psi_{(th)}$	$\Psi_{(ph)}$	D[1]	χ_M[1]
$10^{-4} K^{-1}$	$10^{-9} hPa^{-1}$	$kg^{-1} m^3$	V	V	$kg\ m^{-3}$	$kg^{-1} m^3$
39,0	– 1,6	$6{,}28 \cdot 10^{-8}$	4,09	4,3	5550	

μ	$V_s(l)$	$V_s(t)$	λ	ρ_{293}
	$m\ s^{-1}$		$Wm^{-1} K^{-1}$	$n\Omega m$
0,363	6000	2780	30,7	248
η[1]	γ[1]	$d\gamma/dT$[1]	HV	R_m[2]
mPa s[1]	Nm^{-1}	Nm^{-1}	MNm^{-2}	MPa
	1,95	$(0{,}3 \cdot 10^{-3})$	628	53

[1] fl, [2] 1300 K.

Vanadium (schwed.: vanadis = Göttin der Schönheit, wegen der Farbigkeit der Vanadium-Ionen) wurde von A. M. del Rio 1801 als neues Element in einem Bleierz nachgewiesen und Erythronium benannt, aber dieser Befund wurde 1805 zurückgezogen. 1830 wurde das Element dann wieder beschrieben, nämlich von N. G. Selfström, der es in schwedischem Eisenerz beobachtete. Ein Jahr später erkannte F. Wöhler, daß Erythronium und Vanadium identisch sind. Das Metall wurde 1867 von H. E. Roscoe durch Reduktion des Chlorids mit H_2 hergestellt. Vanadium ist in Spuren in Eisenerzen, Tonen und Basalten enthalten, Minerale sind Patronit (VS_4), Vanadinit [$Pb_5(VO_4)_3Cl$] und Carnotit. Die Erze werden mit Na_2CO_3 oder NaCl geröstet. Das gebildete $NaVO_3$ wird mit Wasser ausgelaugt, mit Schwefelsäure werden Polyvanadate gefällt, die durch Erhitzen auf 700 °C in V_2O_5 überführt werden, das durch Reduktion mit Ca zum Metall wird. Das meiste Vanadium wird als Ferrovanadium hergestellt. Reines Vanadium ist weich, duktil und strahlend-weiß. Es ist gegen Alkalien, H_2SO_4, HCl und Salzwasser beständig, aber oxidiert schnell oberhalb von 600 °C. Vanadium macht Stahl zäh und dehnbar und wird zur Herstellung von rostfreien Stählen, Federstählen und Schnelldrehstählen verwendet.

Oxidationsstufen: 3–, 1–, 0, 1+, 2+, <u>3+</u>, <u>4+</u>, <u>5+</u>
Standardreduktionspotentiale:

basisch $P_H > 12$ $\quad VO_4^{3-} \xrightarrow{+2{,}19} HV_2O_5 \xrightarrow{+0{,}542} V_2O_3 \xrightarrow{-0{,}486} VO \xrightarrow{-0{,}820} V$

sauer $P_H < 3$ $\quad VO_2^+ \xrightarrow{+1{,}000} VO^+ \xrightarrow{+0{,}337} V^{3+} \xrightarrow{-0{,}255} V^{2+} \xrightarrow{-1{,}13} V$

Struktur

RG	SB	PS	μ/ϱ [$cm^2\ g^{-1}$]
$Im\bar{3}m$, O_h^9;	A2;	cI2	CuK_α 223 MoK_α 27,5

a = 302,38 pm, 298 K; $K_z = 8$, $d_{V-V} = 261{,}9$ pm

Weitere physikalische Eigenschaften

Wärmeausdehnungszahl $\bar{\alpha}$:

T [K]	373	773	1173	1373
$\bar{\alpha}$ (286-T) [K^{-1}]	8,3	9,6	10,4	$10{,}9 \cdot 10^{-6}$

Elastizitätsmodul E:

T [K]	373	473	673	873
E [GPa]	127	125	123	120

Zugfestigkeit R_m bei 273 K: $R_m = 300–480$ MPa.
Oberflächenspannung γ bei ≈ 2173K: $\gamma = 0{,}1510$ Nm^{-1}.
Debye-Temperatur: 399,3 K.

Selbstdiffusion
ΔT (1323 – 1823 K); $D_0 = 1{,}79 \cdot 10^{-4}\,m^2\,s^{-1}$; $Q = 331{,}9\,kJ\,mol^{-1}$

Änderung des elektrischen Widerstandes ϱ (V kleinkristallin) im Magnetfeld $H \perp$ zum Meßstrom:

$$T = 80\,K \qquad \frac{\varrho_{80}}{\varrho_{298}} = 0{,}225; \quad H = 300\,MA \cdot s^{-1}; \quad \left(\frac{\varrho_H - \varrho_0}{\varrho_0}\right)_T = 0{,}04.$$

Hall-Koeffizient R bei 300 K; magnetische Induktion

$$B = 0{,}3 - 2{,}9\,Vs/m^2;\ R = 0{,}82 \cdot 10^{-10}\,m^3/As.$$

Supraleitung: $T_s = 5{,}3$ K, $H_0 = 1020$ Oe

H	**Wasserstoff**	O.Z.	1	rel. A.M.	1,00794, a, b, c	Hydrogen	1333-74-0

Kern

Z	I.M.B.	Kern	RE [^{1}H = 1,00]	AE [^{1}H = 1,00]	GV [rad T^{-1} s^{-1}]	QM [m^2]	F [Hz]	Ref.
3	1–3	^{1}H	1,00	1,00	$26{,}7510 \cdot 10^7$	–	100,00	$Si(CH_3)_4$

Elektronenhülle

El. konf.	G.T.	E.A. [kJ mol^{-1}]	I [kJ mol^{-1}] +1
$1s^1$	$^2S_{1/2}$	72,8	1312

Thermodynamische Eigenschaften

T_f	T_v	ΔH_f	ΔH_v	ΔH_{at}	Cp (g)	S (g)	H_{298}
K	K	kJ mol^{-1}	kJ mol^{-1}	kJ mol^{-1}	$JK^{-1}mol^{-1}$	$JK^{-1}mol^{-1}$	kJ mol^{-1}
14,01	20,38	0,12	0,46	218,0	20,79	114,72	8,468

T	K	298,15	300	500	700	900	1100	1300	1500	1700	1900
Cp	$JK^{-1}mol^{-1}$	28,84	28,85	29,26	29,44	29,88	30,58	31,42	32,30	33,14	33,92
S	$JK^{-1}mol^{-1}$	130,68	130,86	145,74	155,61	163,05	169,11	174,29	178,85	182,91	186,67
ΔH	kJ mol^{-1}	0	0,05	5,88	11,75	17,68	23,72	29,92	36,29	42,84	49,54
T	K	2100	2300	2500	2700	2900	3100	3300	3500	3700	3900
Cp	$JK^{-1}mol^{-1}$	34,63	35,26	35,84	36,37	36,86	37,31	37,74	38,15	38,54	38,93
S	$JK^{-1}mol^{-1}$	190,10	193,28	196,24	199,02	201,64	204,11	206,46	208,69	210,82	212,86
ΔH	kJ mol^{-1}	56,40	63,39	70,50	77,72	85,04	92,46	99,97	107,56	115,22	122,97

[1] Gas, H_2.

Physikalische Eigenschaften

MV	ϱ [2]	χ_M	λ
cm^3	$kg\,m^{-3}$	$kg^{-1}\,m^3$	$Wm^{-1}\,K^{-1}$
13,26	0,08988	$-2{,}50 \cdot 10^{-8}$	0,1406

[2] bei 273 K.

H_2

GZ	B_0	Θ_{rot}	ω_0	Θ_0	$\chi_0\,\omega_0$	WZ	r_0	f
	cm^{-1}	K	cm^{-1}	K	cm^{-1}	cm^{-1}	pm	Nm^{-1}
$^1\Sigma_g^+$	60,863	87,547	4395,2	6338,3	117,995	2993	74,166	547,9
I	ΔH_{Dis}	d_{273}	Suth-K	D_{296}	T_{Kr}	P_{Kr}	D_{Kr}	
$10^{47}\,kg\,m^2$	eV	pm		$cm^2\,s^{-1}$	K	MPa	$kg\,m^{-3}$	
0,457	4,475	275	234	1,647	33,2	1,297	31,0	
V_g [1]	V_{fl} [2]	T_{Tr}	P_{Tr}	λ [1]	$(\varepsilon-1) \cdot 10^6$	χ	$(n-1) \cdot 10^6$	
$m\,g^{-1}$	$m\,g^{-1}$	K	kPa	$Wm^{-1}\,K^{-1}$	373 K	$kg^{-1}\,m^{-3}$	589,3 nm	
1237	1340	14,0	7,2	$16{,}82 \cdot 10^{-2}$	264	$25{,}0 \cdot 10^{-9}$	132	

[1] NTP, [2] 14,6 K.

D_2

GZ	B_0	Θ_{rot}	ω_0	Θ_v	$\chi_0\omega_0$	WZ	r_0	f
	cm^{-1}	K	cm^{-1}	K	cm^{-1}	cm^{-1}	pm	Nm^{-1}
	30,44	43,03	3118,4	4307,0	60	1,06	74,17	577,0
I	ΔH_{Dis}	d	Suth-K	D [1]	T_{Kr}	P_{Kr}	D_{Kr}	
$10^{48}\,kg\,m^2$	eV	pm		$cm^2\,s^{-1}$	K	MPa	$kg\,m^{-3}$	
0,918	4,556			1,27	38,35	1,665	66,8	
V_g [2]	V_{fl}	T_{Tr}	P_{Tr}	λ [2]	$(\epsilon-1) \cdot 10^6$ [2]	χ	$(n-1) \cdot 10^6$	
ms^{-1}	ms^{-1}	K	kPa	$Wm^{-1}\,K^{-1}$	NTP	$kg^{-1}\,m^3$	546,2 nm	
929		18,65	17,1	$13{,}10 \cdot 10^{-6}$	251	$-12{,}6 \cdot 10^{-9}$	137,6	

[1] 296 K, [2] NTP.

Wasserstoff (H, gr.: hydro genos = Wasser bildend) konnte man seit dem 16. Jahrhundert herstellen, er wurde aber erst 1766 von H. Cavendish als Element erkannt, seinen Namen erhielt er von A. Lavoisier. Wasserstoff ist das häufigste Element, aus dem im Laufe der Entwicklung alle anderen Elemente entstanden. Wasserstoff wird durch Elektrolyse von wässrigen NaCl-Lösungen, nach dem Steam-Reforming Verfahren aus Erdgas mit Ni-Katalysatoren ($CH_4 + H_2O \rightarrow 3\,H_2 + CO$), durch partielle Oxidation von schwerem Heizöl [$2\,C_nH_{2n+2} + nO_2 \rightarrow 2nCO + 2(n+1)\,H_2$], oder als Wassergas [C (glühend) + $H_2O \rightarrow CO + H_2$] dargestellt. Wasserstoff ist ein farbloses, geruchloses Gas und sehr leicht, besitzt die größte spezifische Wärmekapazität und die größte Diffusionsgeschwindigkeit von allen Gasen. H_2 besitzt eine geringe Löslichkeit in Wasser, löst sich aber gut in einigen Übergangsmetallen. Wegen der großen Dissoziationsenthalpie ist H_2 reaktionsträge und muß durch Zufuhr von Wärme oder Katalysatoren aktiviert werden, dann allerdings reagiert es z. T. sehr heftig mit allen Nichtmetallen. Wasserstoff wird zur Synthese (NH_3, CH_3OH, HCN, HCl, Fetthärtung), als Raketentreibstoff, Heizgas, zum autogenen Schweißen und Schneiden, sowie als Reduktionsmittel für die Herstellung von Metallen verwendet.

Oxidationsstufen: 1–, 0, 1+

Standardreduktionspotentiale:

basisch $H_2O \xrightarrow{-0{,}8277} H_2 \xrightarrow{-2{,}23} H^-$

sauer $H_3O^+ \xrightarrow{0{,}000} H_2$

Struktur

RG SB PS μ/ϱ [$cm^2\ g^{-1}$]
CuK_α 0,435 MoK_α 0,380

<4,5 K
α: P_63/mmc, D_{6h}^4; –; hP4
a = 377,1, c = 615,2 pm; K_z = 12
>4,5 K
β: $Fm\bar{3}m$, O_h^5; –; cF8
a = 533,8 pm; K_z = 12

Weitere physikalische Eigenschaften

H_2 (und D_2)

Dichte *D* verschiedener flüssiger Wasserstoff-Modifikationen und Isotope:

T		n-H_2	para-H_2	n-D_2	HD
K	°C	*D* in kg m^{-3}			
13,81	–259,35		77,02		
13,96	–259,20	77,22			
14	–259,16	77,18	76,87		
15	–258,16	76,34	76,02		
16	–257,16	75,45	75,12		
16,60	–256,56				123,7
17	–256,16	74,50	74,17		123,2
18	–255,16	73,51	73,18		121,8
18,72	–254,44			174,0	
19	–254,16	72,47	72,14	174,0	120,0
20	–253,16	71,41	71,07	171,3	118,5
20,39	–252,77	70,98			
22	–251,16	68,96			
24	–249,16	66,20			
26	–247,16	63,01			
28	–245,16	59,19			
30	–243,16	54,28			
32	–241,16	46,65			

Dichte koexistierender Phasen von Tritium:

T K	*D'* (fl) kg m^{-3}	*D''*(g) kg m^{-3}	*T* K	*D'* (fl) kg m^{-3}	*D''*(g) kg m^{-3}
20,61	275	0,79	25,66	256	3,75
22,50	268	0,97	26,36	253	4,42
22,99	266	1,75	27,09	249	5,26
23,59	264	2,11	28,32	244	6,90
24,41	260	2,66	29,13	239	8,29
24,72	259	2,90	40,6	103,7	

Wärmeleitzahl von H_2 (fl) bei $15 \leqq T \leqq 27$ K:

$$\lambda = (71 + 2{,}333\ T) \cdot 10^{-3}\ \mathrm{Wm^{-1}K^{-1}}.$$

Wärmeleitzahl von D_2 (fl) bei $19 \leqq T \leqq 26$ K:

$$\lambda = (84{,}5 + 2{,}078\ T) \cdot 10^{-3}\ \mathrm{Wm^{-1}K^{-1}}.$$

Statische Dielektrizitätskonstante ε:

H_2 (fl) bei 20,30 K: $\varepsilon = 1{,}225$;

D_2 (fl) bei 19,54 K ($p = 24{,}5$ kPa): $\epsilon = 1{,}227$.

Brechzahl n: H_2 (fl) bei 20 K für $\lambda = 0{,}5890$ µm: $n = 1{,}112$.

Viskosität η von D_2 (fl):

T [K]	18,8	19,0	19,5	20,0	20,4
η [Pa · s · 10^{-4}]	434	418	390	368	355

Viskosität η der gasförmigen Wasserstoffisotope bei $p = 1{,}01 \cdot 10^5$ Pa:

T [K]	14,4	20,4	71,5	90,1	196,0	229,0		293,1
H_2 [Pa · s · 10^{-4}]	7,89	11,32	32,87	39,49	66,97	74,0		86,69
HD [Pa · s · 10^{-4}]	8,18	12,67	39,76	47,75	81,46	90,57		105,26
T [K]	73	113	153	193	233	253	273	293
D_2 [Pa · s · 10^{-4}]	46,8	63,2	78,7	93,1	106,0	112,0	118,1	124,0

Dampfdruck p in Pascal der verschiedenen Isotope und para- und ortho-Modifikationen des Wasserstoffs:

T K	Normaler Wasserstoff (25% para-H_2, 75% ortho-H_2)	Wasserstoff mit 99,8% para-H_2, 0,2% ortho-H_2 (Gleichgewicht bei 20,4 K)	ortho-H_2 (100% ortho-H_2)	Normales Deuterium (33,33% para-D_2, 66,67% ortho-D_2)
10	230,6	257,3		6,67
11	679	749		26,7
12	1693	1853		97,3
13	3720	4030		285
13,81	6550	7040 [1]		615
13,96	7200 [1]	7650		700
14	7386	7840		725
14,05	7600	8066	7346 [1]	757
15	12670	13390	12300	1640
16	20440	21500	19880	3380
16,60	26620	27900	25920	5050
17	31360	32820	30560	6480
18	$46,12 \cdot 10^3$	$48,08 \cdot 10^3$	$45,04 \cdot 10^3$	11630
18,69	$58,93 \cdot 10^3$	$61,30 \cdot 10^3$	$57,63 \cdot 10^3$	16840
18,72	$59,58 \cdot 10^3$	$61,98 \cdot 10^3$	$58,27 \cdot 10^3$	17130 [1]
19	$65,43 \cdot 10^3$	$68,00 \cdot 10^3$	$64,09 \cdot 10^3$	19340
20	$90,08 \cdot 10^3$	$93,36 \cdot 10^3$	$88,34 \cdot 10^3$	29320
20,27	$97,84 \cdot 10^3$	$101,32 \cdot 10^3$	$95,99 \cdot 10^3$	32650
20,39	$101,32 \cdot 10^3$	$104,90 \cdot 10^3$	$99,42 \cdot 10^3$	34160
20,45	$103,24 \cdot 10^3$	$106,88 \cdot 10^3$	$101,93 \cdot 10^3$	35000
21	$120,84 \cdot 10^3$	$124,92 \cdot 10^3$	$118,73 \cdot 10^3$	$42,96 \cdot 10^3$
22	$158,52 \cdot 10^3$	$163,53 \cdot 10^3$	$156,04 \cdot 10^3$	$61,13 \cdot 10^3$
22,13	$164,09 \cdot 10^3$	$169,24 \cdot 10^3$	$161,56 \cdot 10^3$	$63,94 \cdot 10^3$
23	$203,93 \cdot 10^3$	$209,97 \cdot 10^3$	$201,10 \cdot 10^3$	$84,82 \cdot 10^3$
23,53	$231,24 \cdot 10^3$	$237,90 \cdot 10^3$	$228,27 \cdot 10^3$	$99,90 \cdot 10^3$
23,57	$233,75 \cdot 10^3$	$240,44 \cdot 10^3$	$230,75 \cdot 10^3$	$101,32 \cdot 10^3$
24	$247,23 \cdot 10^3$			$113,48 \cdot 10^3$
25				$146,92 \cdot 10^3$
26				$185,42 \cdot 10^3$
27				$231,98 \cdot 10^3$
28				
29				

T K	Deuterium mit 2,2% para-D_2, 97,8% ortho-D_2 (Gleichgewicht bei 20,4 K)	HD	DT	T_2
10	6,67	37,3		
11	28,0	132		
12	100	392		20,5 [2]
13	293	995		
13,81	630	1950		
13,96	716	2170		
14	743	2240		
14,05	776	2333		
15	1680	4590		651 [3]
16	3470	8700		
16,60	5160	12370 [1]		
17	6610	15000		
18	11830	23520		
18,69	17130 [1]	31260		
18,72	17370	31670		
19	19620	$35,29 \cdot 10^3$		
20	29740	$51,03 \cdot 10^3$	21680	12680 [4]
20,27	33120	$56,11 \cdot 10^3$		
20,39	34650	$58,41 \cdot 10^3$		
20,45	35490	$59,69 \cdot 10^3$		
21	$43,58 \cdot 10^3$	$71,49 \cdot 10^3$	32820	25930
22	$62,01 \cdot 10^3$	$97,39 \cdot 10^3$	37890	38500
22,13	$64,86 \cdot 10^3$	$101,32 \cdot 10^3$		
23	$86,03 \cdot 10^3$	$129,59 \cdot 10^3$	$67,58 \cdot 10^3$	$55,31 \cdot 10^3$
23,53	$101,32 \cdot 10^3$	$149,33 \cdot 10^3$	–	–
23,57	$102,74 \cdot 10^3$	$151,16 \cdot 10^3$	$92,60 \cdot 10^3$	
24		$151,98 \cdot 10^3$		$77,10 \cdot 10^3$
25		$191,50 \cdot 10^3$	$123,61 \cdot 10^3$	$104,36 \cdot 10^3$
26		$236,08 \cdot 10^3$	$162,12 \cdot 10^3$	$137,72 \cdot 10^3$
27			$207,71 \cdot 10^3$	$179,38 \cdot 10^3$
28			$260,37 \cdot 10^3$	$227,98 \cdot 10^3$
29				$285,70 \cdot 10^3$

[1] Schmelzpunkt, [2] Bei 12,2 K, [3] Bei 15,6 K, [4] Bei 20,2 K.

Löslichkeit in Wasser bei 1,013 · 10^5 Pa H_2-Druck:

T [K]	273	283	293	303	313	333	353
$\alpha = \frac{m^3\,(\text{Gas})}{m^3\,(\text{Wasser})}$	0,0214	0,0193	0,0178	0,0163	0,0153	0,0125	0,0085

W	**Wolfram**	O.Z.	74	rel. A.M.	183,84	Tungsten	7440-33-7

Kern

Z	I.M.B.	Kern	RE [^{1}H = 1,00]	AE [^{1}H = 1,00]	GV [rad $T^{-1} s^{-1}$]	QM [m^2]	F [Hz]	Ref.
22	173 – 189	^{183}W	$7{,}2010^{-4}$	$1{,}03 \cdot 10^{-5}$	$1{,}1145 \cdot 10^7$		4,161	WF_6

Elektronenhülle

El. konf.	G.T.	E.A.	I [kJ mol^{-1}]				
		[kJ mol^{-1}]	+1	+2	+3	+4	+5
[Xe]$4f^{14}5d^46s^2$	$^5D_0$	119	770	1700	(2300)	(3400)	(4600)

Thermodynamische Eigenschaften

T_f	T_v	ΔH_f	ΔH_v	ΔH_{at}	Cp (g)	S (g)	H_{298}
K	K	kJ mol^{-1}	kJ mol^{-1}	kJ mol^{-1}	$JK^{-1} mol^{-1}$	$JK^{-1} mol^{-1}$	kJ mol^{-1}
3680	5931	35,40	806,8	851,0	21,30	173,95	4,970

T	K	298,15	600	900	1200	1500	1800	2100	2400	2700	3000
Cp	$JK^{-1} mol^{-1}$	24,30	25,79	27,11	28,47	29,86	31,27	32,77	34,11	36,38	40,93
S	$JK^{-1} mol^{-1}$	32,66	50,17	60,88	68,86	75,36	80,93	85,87	90,33	94,46	98,50
ΔH	kJ mol^{-1}	0	7,58	15,32	23,85	32,60	41,77	51,39	61,41	71,94	83,47
T	K	3300	3680	3680	3900	4200	4500	4800	5200	5600	5931
Cp	$JK^{-1} mol^{-1}$	48,96	65,66	54,00	54,00	54,00	54,00	54,00	54,00	54,00	54,00
S	$JK^{-1} mol^{-1}$	102,75	108,91	118,53	120,59	123,23	125,68	127,98	130,82	133,46	135,50
ΔH	kJ mol^{-1}	96,85	118,37	153,77	165,65	181,85	198,05	204,25	225,85	242,45	260,32

Physikalische Eigenschaften

MV	D	α	ΔV	$\varkappa$	E	G
cm^3	$kg\ m^{-3}$	$10^{-6}\ K^{-1}$		$10^{-5}\ MPa^{-1}$	GPa	
9,53	19300	4,59		0,28	407	156
$\Delta\rho_{(T)}$	$\Delta\rho_{(P)}$	χ_M	$\Psi_{(th)}$	$\Psi_{(ph)}$	D [1]	χ_M [1]
$10^{-4}\ K^{-1}$	$10^{-9}\ hPa^{-1}$	$kg^{-1} m^3$	V	V	$kg\ m^{-3}$	$kg^{-1}\ m^3$
51	– 1,333	$4,0 \cdot 10^{-9}$	4,50	4,54	17600	

μ	$V_s(l)$	$V_s(t)$	λ	ρ
	$m\ s^{-1}$		$Wm^{-1}\ K^{-1}$	$n\Omega m$
0,299	5320	2840	178	49
η [1]	γ [1]	$d\gamma/dT$ [1]	HV	
mPa s [1]	Nm^{-1}	$Nm^{-1}\ K^{-1}$	MNm^{-2}	
	2,31	$(-0,29 \cdot 10^{-3})$	~ 3400	

[1] fl.

Wolfram (dt.: von Wolframit, einem Begleiterz des Zinnsteins, das bei der Verhüttung zu schlechten Zinnausbeuten führte und daher von L. Ercher 1574 Wolfram (fraß das Zinn) genannt wurde) wurde 1781 im Scheelit ($CaWO_4$) von C.W. Scheele und T. Bergmann als neue Substanz erkannt und „tung sten" (schwed.: schwerer Stein) bezeichnet. 1783 stellten die spanischen Brüder de Elhuyar das Metall durch die Reduktion von Wolframit $(Mn,Fe)WO_4$ mit Kohle dar. Scheelit, Wolframit, Hübnerit ($MnWO_4$) und Ferberit ($FeWO_4$) sind die wichtigsten Vorkommen. W wird durch Reduktion von WO_3 mit H_2 hergestellt. Reines Wolfram ist stahlgrau bis zinnweiß und leicht verarbeitbar. Durch Verunreinigung (wie H_2 aus der Herstellung) wird es sehr spröde und schwer verarbeitbar. Das Metall oxidiert an Luft und korrodiert bei hohen Temperaturen an Luft vollständig. Gegen Säuren und Laugen ist es sehr beständig. Wolfram und seine Legierungen werden für Filamente in Glühlampen, Röhren, Aufdampfanlagen, Anoden in Röntgenröhren und Schweißelektroden benutzt. WC (Widia) findet für Schneidwerkzeuge Verwendung.

Oxidationsstufen: 2–, 1–, 0, 2+ 3+, 4+, 5+, 6+

Standardreduktionspotentiale:

basisch $WO_4^{2-} \xrightarrow{-1,259} WO_2 \xrightarrow{-0,582} W$

sauer $WO_3 \xrightarrow{-0,03} W_2O_5 \xrightarrow{-0,04} WO_2 \xrightarrow{-0,15} W^{3+} \xrightarrow{-0,11} W$

Struktur

RG	SB	PS	μ/ϱ [$cm^2\ g^{-1}$]
α: $Im\bar{3}m$, O_h^9;	A2;	cI2	CuK_α 172 MoK_α 99,1

a = 316,51 pm, 298 K; K_z = 8, d_{W-W} = 274,1 pm

Weitere physikalische Eigenschaften

Herstellung des Metalls pulvermetallurgisch; deshalb sind die Eigenschaften besonders stark vom Bearbeitungszustand abhängig.

Dichte	D in kg m^{-3}
vorgesintert bei 1280–1480 K	$10-12{,}5 \cdot 10^3$
vorgesintert bei 1780 K	$10-13 \cdot 10^3$
hochgesintert 3200 K	$16-17 \cdot 10^3$
gehämmert auf 4 mm	$17{,}6-19{,}2 \cdot 10^3$
Draht gezogen 0,15 → 0,01 mm	$19{,}2-19{,}3 \cdot 10^3$

Elastizitätsmodul E, Gleitmodul G, Zugfestigkeit R_m bei Z. T.:

Zustand	E oder G GPa	R_m MPa
Sinterbarren		110–130
Hartgezogener Draht		
Ø 1 mm		175
0,3 mm	E 90	215
0,2 mm		245
0,1 mm		295
0,05 mm		340
0,03 mm	E 340	
0,02 mm		410
0,015 mm		465
Geglühte Drähte	G 140–190	110
Einkristalldraht	E 360–520	110–160
	G 150–220	

Kompressibilität bei Z. T.:
Hämmerstab $2{,}93 \cdot 10^{-6}$ MPa^{-1};
Draht gezogen $3{,}15 \cdot 10^{-6}$ MPa^{-1}.

Selbstdiffusion:

$$\Delta T\ (2042-2819\ K),\ D_0 = 15{,}3 \cdot 10^{-4}\ m^2\,s^{-1};\ Q = 626{,}3\ mol^{-1}.$$

Änderung des elektrischen Widerstandes ϱ (W kleinkristallin) im Magnetfeld $H \perp$ zum Meßstrom:

	H $MA \cdot s^{-1}$	$\left(\frac{\varrho_H - \varrho_0}{\varrho_0}\right)_T$
$T \approx 78$ K $\quad \frac{\varrho_{78}}{\varrho_{273}} = 0{,}195$	100	0,16
	300	0,93

Hall-Koeffizient R bei 273 K; magnetische Induktion

$$B = 0{,}54\ Vs/m^2;\ R = 0{,}856 \cdot 10^{-10}\ m^3/As.$$

Supraleitung: $T_s = 0{,}005$ K
thermoelektrische Kraft: $\varepsilon_{abs} = 1{,}5\ \mu VK^{-1}$

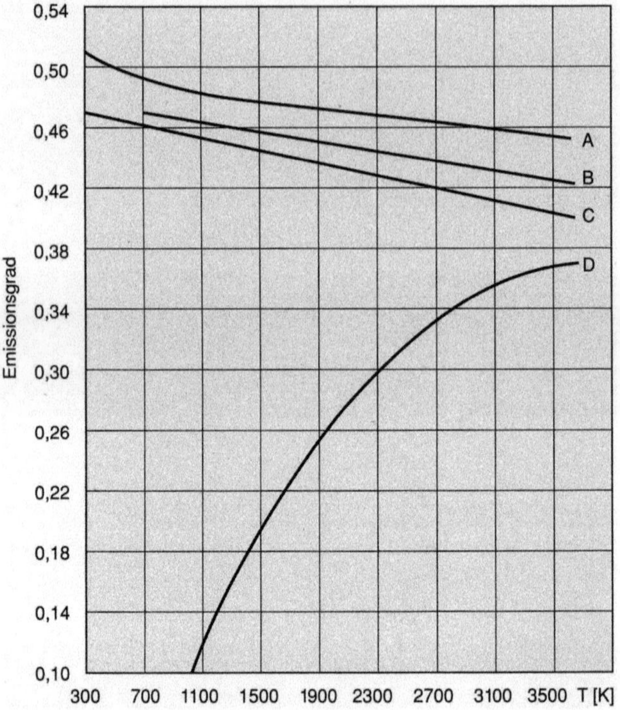

Emissionsgrad von Wolfram in Abhängigkeit von der Temperatur.
Kurve *A* für $\lambda = 4{,}67 \cdot 10^{-5}$ cm;
Kurve *C* für $\lambda = 6{,}65 \cdot 10^{-5}$ cm;
Kurve *B* Mittelwert für die Lichtstrahlung;
Kurve *D* Mittelwert für die Gesamtstrahlung.

Übersicht über einige Eigenschaften von Wolfram bei höheren Temperaturen:

Temperatur K	Wärmeausdehnung $\frac{l_T - l_{293\,K}}{l_{293\,K}}$	Verdampfungsgeschwindigkeit g cm^{-2} s^{-1}	Wärmeleitfähigkeit Wm^{-1}K^{-1}	Spez. elektr. Widerstand nΩm	Gesamtemission
293			160	54,9	
300				56,5	
400	$0{,}5 \cdot 10^{-3}$		150	80,65	
600	$1{,}4 \cdot 10^{-3}$		140	132,3	
800	$2{,}3 \cdot 10^{-3}$		130	190,0	
1000	$3{,}2 \cdot 10^{-3}$		125	249,3	0,114
1200	$4{,}1 \cdot 10^{-3}$		120	309,8	0,143
1400	$5{,}2 \cdot 10^{-3}$		115	371,9	0,175
1600	$6{,}3 \cdot 10^{-3}$	$1{,}69 \cdot 10^{-20}$	110	435,5	0,207
1800	$7{,}5 \cdot 10^{-3}$	$3{,}61 \cdot 10^{-17}$	105	500,5	0,236
2000	$8{,}8 \cdot 10^{-3}$	$1{,}47 \cdot 10^{-14}$	100	566,7	0,260
2500	$12{,}4 \cdot 10^{-3}$	$7{,}58 \cdot 10^{-10}$	90	739,1	0,303
3000	$16{,}4 \cdot 10^{-3}$	$9{,}47 \cdot 10^{-7}$		920,4	0,334
3400	$19{,}8 \cdot 10^{-3}$	$6{,}35 \cdot 10^{-5}$		1072	0,398
3500	$20{,}7 \cdot 10^{-3}$			1111	0,351
3600	$21{,}6 \cdot 10^{-3}$			1150	0,354

Xe	Xenon	O.Z.	54	rel. A.M.	131,29 a, c		7440-63-6

Kern

Z	I.M.B.	Kern	RE [^{1}H = 1,00]	AE [^{1}H = 1,00]	GV [rad T^{-1} s^{-1}]	QM [m^2]	F [Hz]	Ref.
31	118 – 142	^{129}Xe	0,0212	0,00560	– 7,4003 · 10^7		27,660	$XeOF_4$

Elektronenhülle

El. konf.	G.T.	E.A.	I [kJ mol^{-1}]		
		[kJ mol^{-1}]	+1	+2	+3
[Kr]$4d^{10}5s^25p^6$	$^1S_0$	–41	1170	2046	3097

Thermodynamische Eigenschaften

T_f	T_v	ΔH_f	ΔH_v	H_{298}
K	K	kJ mol^{-1}	kJ mol^{-1}	kJ mol^{-1}
161,3	166,1	3,10	12,65	6,197

T	K	298,15	400	600	800	1000	1200	1400	1600	1800	2000
Cp	$JK^{-1}mol^{-1}$	20,79	20,79	20,79	20,79	20,79	20,79	20,79	20,79	20,79	20,79
S	$JK^{-1}mol^{-1}$	169,68	170,50	173,76	177,16	180,25	183,01	185,47	187,69	189,71	191,56
ΔH	kJ mol^{-1}	0	2,12	6,27	10,43	14,59	18,75	22,90	27,06	31,22	35,38

Physikalische Eigenschaften

MV	D [1]	χ_M [1]	η [1]	η [3]	η [4]	η [5]	λ [1]
cm^3	kg m^{-3}	kg^{-1} m^3		µPas		[2]	$Wm^{-1}K^{-1}$
37,09	5,8971	– 4,20 · 10^{-9}	21,2	28,8	42	58,6	5,69 · 10^{-3}

[1] 273 K, [2] bei Normaldruck, [3] 373 K, [4] 573 K, [5] 873 K.

I	ΔH_{Dis}	d [1]	Suth-K	D [1]	T_{Kr}	P_{Kr}	D_{Kr}
10^{-40} cm^2	eV	pm		cm^2 s^{-1}	K	MPa	kg m^{-3}
		464	252	0,0480	289,74	5,840	1105
V_g [1]	V_{fl}	T_{Tr}	P_{Tr}	λ	$(\varepsilon-1) \cdot 10^6$	χ	$(n-1) \cdot 10^6$
ms^{-1}	ms^{-1}	K	kPa	$Wm^{-1}K^{-1}$	NTP	kg^{-1} m^3	546,2 nm
168		161,25	81,6	0,51 · 10^{-2}	1238	– 4,06 · 10^{-9}	705,5

[1] 273, [2] NTP.

Xenon (gr.: xenos = fremd) wurde 1898 durch W. Ramsay und M. W. Travers aus der Luft isoliert. Xe ist ein geruch-, farb- und geschmackloses Gas, das zu 9 · 10^{-6} Vol% in der Luft enthalten ist. Es wird durch fraktionierte Destillation der flüssigen Luft gewonnen. Xe bildet mit F_2 und O_2 zahlreiche Verbindungen. Xe wird zur Füllung von Glühlampen verwendet, Hochdruck-Xe-Lampen geben ein dem Tageslicht ähnliches Licht.

Oxidationsstufen: 0, 2+, 4+, 6+, 8+

Standardreduktionspotentiale:

basisch $HXeO_6^{3-} \xrightarrow{+0,99} HXeO_4^- \xrightarrow{+1,24} Xe$

sauer $H_4XeO_6 \xrightarrow{+2,42} XeO_3 \xrightarrow{+2,12} Xe$

$XeF_2 \xrightarrow{+0,9} XeF \xrightarrow{+3,4} Xe$

Struktur

RG SB PS μ/ϱ [$cm^2\ g^{-1}$]

$Fm\bar{3}m$, O_h^5; A1; cF4 CuK_α 306 MoK_α 39,2

a = 619,7 pm, 88 K; K_z = 12, d_{Xe-Xe} = 438,2 pm

Dichte koexistierender Phasen:

T K	D' (fl) kg m^{-3}	D'' (g) kg m^{-3}	T K	D' (fl) kg m^{-3}	D'' (g) kg m^{-3}
206,4	2763	59	278,2	1879	501
213,9	2694	78	283,2	1750	602
230,3	2605	103	285,2	1677	662
233,9	2506	139	287,2	1592	740
242,9	2411	180	288,2	1528	779
248,0	2297	235	289,2	1468	884
263,2	2169	313			
268,2	2074	363	289,8	1155	
273,1	1987	421			

Wärmeleitzahl λ von Xe (fl) in Abhängigkeit vom Druck:

T K	λ in 10^{-3} $Wm^{-1} K^{-1}$ bei p in MPa				
	2,5	10,0	20,0	30,0	50,0
170,3	68,9	72,0	74,7	–	–
190,4	62,0	64,9	68,2	71,4	76,6
210,2	54,4	57,7	61,7	65,3	71,0
235,0	44,7	48,9	54,0	57,6	64,3

Löslichkeit in Wasser bei 1,01 · 10^5 Pa Xe-Druck:

T [K]	273	293	303
$\alpha = \dfrac{m^3\,(\text{Gas})}{m^3\,(\text{Wasser})}$	0,203	0,108	0,085

Yb	**Ytterbium**	O.Z.	70	rel. A.M	173,04, a		7440-64-4

Kern

Z	I.M.B.	Kern	RE [^{1}H = 1,00]	AE [^{1}H = 1,00]	GV [rad T^{-1} s^{-1}]	QM [m^2]	F [Hz]	Ref.
16	164–177	^{171}Yb	$5{,}46 \cdot 10^{-3}$	$7{,}81 \cdot 10^{-4}$	$4{,}718 \cdot 10^7$		17,613	

Elektronenhülle

El. konf.	G.T.	E.A. [kJ mol^{-1}]	I [kJ mol^{-1}]			
			+1	+2	+3	+4
[Xe]$4f^{14}6s^2$	$^1S_0$	<0	603	1176	2415	4220

Thermodynamische Eigenschaften

T_f	T_v	ΔH_f	ΔH_v	ΔH_{at}	Cp (g)	S (g)	H_{298}
K	K	kJ mol^{-1}	kJ mol^{-1}	kJ mol^{-1}	JK^{-1} mol^{-1}	JK^{-1} mol^{-1}	kJ mol^{-1}
1097	1465	7,66	128,83	152,1	20,79	173,13	6,711

T	K	298,15	400	500	600	700	800	900	1000	1033	1033
Cp	JK^{-1} mol^{-1}	26,74	27,62	31,00	29,83	30,32	30,82	31,36	31,94	32,02	36,11
S	JK^{-1} mol^{-1}	59,83	67,81	74,25	80,20	84,83	88,91	92,57	95,91	96,95	98,64
ΔH	kJ mol^{-1}	0	2,77	5,66	8,92	11,93	14,98	18,09	21,26	22,31	24,06
T	K	1097	1097	1100	1200	1300	1400	1465			
Cp	JK^{-1} mol^{-1}	36,11	36,78	36,78	36,78	36,78	36,78	36,78			
S	JK^{-1} mol^{-1}	100,81	107,79	107,89	111,09	114,03	116,76	118,43			
ΔH	kJ mol^{-1}	26,37	34,03	34,14	37,82	41,50	45,17	47,56			

Physikalische Eigenschaften

MV	D	α	ΔV	$\varkappa$	E	G
cm^3	kg m^{-3}	10^{-6} K^{-1}		10^{-5} MPa^{-1}	GPa	
24,84	6965	25,0	0,051	7,24	23,9	9,9
$\Delta\rho_{(T)}$	$\Delta\rho_{(P)}$	χ_M	$\Psi_{(th)}$	$\Psi_{(ph)}$	D [1]	χ_M [1]
10^{-4} K^{-1}	10^{-9} hPa^{-1}	kg^{-1} m^3	V	V	kg m^{-3}	kg^{-1} m^3
13	9,7	$1{,}81 \cdot 10^{-8}$	2,50		6292	

μ	V_s(l)	V_s(t)	λ	ρ
	m s^{-1}		Wm^{-1} K^{-1}	nΩm
0,207	1820	1000	38,5	250
η [1]	γ [1]	ϱ [1]	HV	
mPa s [1]	Nm^{-1}	nΩm	MNm^{-2}	
0,424	(0,85)	1080	206	

[1] fl.

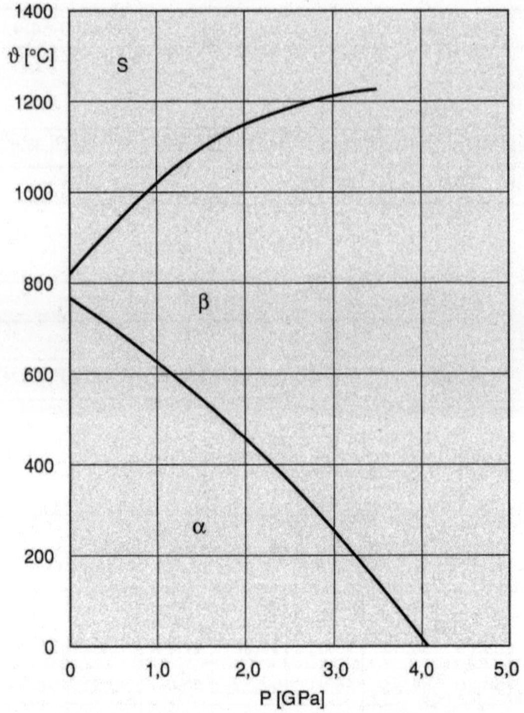

P-T-Diagramm von Ytterbium

Ytterbium (von *Ytterby*, Stadt in Schweden). Aus dem Erbiateil der Yttererde wurde 1878 von Marignac eine neue Fraktion isoliert, die er Yttererbia nannte. Urbain trennte dieses Oxidgemisch 1907 weiter auf und nannte die beiden Komponenten Ytterbium und Lutetium, gleichzeitig gelang dieses Auer v. Welsbach, er nannte die Elemente Aldebaranium und Cassiopeium. Das Metall wurde 1937 von Klemm und Bonner durch die Reduktion von YbF_3 mit K dargestellt. Heute wird das Element aus Monazitsand ($LnPO_4$) gewonnen. Yb hat einen hellen Silberglanz, ist weich, schmiedbar und duktil. Es wird von verd. und konz. Säuren rasch aufgelöst und von Wasser langsam angegriffen. An Luft läuft es an. Es sollte unter Inertgas oder im Vakuum aufbewahrt werden.

Oxidationsstufen: 0, 2+, <u>3+</u>

Standardreduktionspotentiale:

basisch $Yb(OH)_3 \xrightarrow{-2{,}74} Yb$

sauer $Yb^{3+} \xrightarrow{-1{,}05} Yb^{2+} \xrightarrow{-2{,}8} Yb$

Struktur

RG SB PS μ/ϱ [$cm^2\ g^{-1}$]
α: $Fm\bar{3}m$, O_h^5; A1; cF4 CuK_α 146 MoK_α 84,5
a = 548,43 pm, 293 K; K_z = 12, d_{Yb-Yb} = 387,8 pm
> 1033 K
β: $Im\bar{3}m$, O_h^9; A2; cI2
a = 444 pm, 1047 K; K_z = 8, d_{Yb-Yb} = 384,5 pm
< 270 K
$P6_3/mmc$, D_{6h}^4; A3; hP2
a = 387,99, c = 638,59 pm, 293 K; K_z = 6 + 6, d_{Yb-Yb} = 388,0; 390,0 pm

Weitere physikalische Eigenschaften

Dehnungsgrenze $R_{p\,0,2}$, Zugfestigkeit R_m, Bruchdehnung A und Vickershärte *HV* im Gußzustand:

T [K]	$R_{p\,0,2}$ [MPa]	R_m [MPa]	A [%]	*HV* [MNm^{-2}]
Z.T.	65,7	72,5	6	21
477	54,0	70,5	10,8	–

Hall-Koeffizient bei 80 – 300 K; $R = -0,53 \cdot 10^{-10}$ m^3/As.

Selbstdiffusion

α-Yb: ΔT (813 – 990 K); $D_0 = 0,034 \cdot 10^{-4}\,m^2\,s^{-1}$; Q = 146,8 kJ mol^{-1}
β-Yb: ΔT (995 – 1086 K); $D_0 = 0,12 \cdot 10^{-4}\,m^2\,s^{-1}$; Q = 121,0 kJ mol^{-1}

Y	**Yttrium**	O.Z.	39	rel. A.M.	88,90585		7440-65-5

Kern

Z	I.M.B.	Kern	RE [$^1H = 1,00$]	AE [$^1H = 1,00$]	GV [rad $T^{-1}s^{-1}$]	QM [m^2]	F [Hz]	Ref.
21	82–96	^{89}Y	0,000118	0,000118	$-1,3108 \cdot 10^7$		4,899	$Y(NO_3)_3(aq)$

Elektronenhülle

El. konf.	G.T.	E.A. [kJ mol^{-1}]	I [kJ mol^{-1}] +1	+2	+3	+4
$[Kr]4d^15s^2$	$^2D_{3/2}$		603,4	1176	2415	4220

Thermodynamische Eigenschaften

T_f	T_v	ΔH_f	ΔH_v	ΔH_{at}	Cp(g)	S(g)	H_{298}
K	K	kJ mol^{-1}	kJ mol^{-1}	kJ mol^{-1}	$JK^{-1}mol^{-1}$	$JK^{-1}mol^{-1}$	kJ mol^{-1}
1799	3607	11,40	363,3	424,6	25,86	179,47	5,966

T	K	298,15	400	600	800	1000	1200	1400	1600	1700	1752
Cp	$JK^{-1}mol^{-1}$	26,53	27,17	28,53	30,04	31,54	33,01	34,50	36,09	36,04	37,42
S	$JK^{-1}mol^{-1}$	44,43	52,32	63,59	72,00	78,87	84,75	89,95	94,65	96,87	97,99
ΔH	kJ mol^{-1}	0	2,73	8,30	14,16	20,32	26,77	33,52	40,58	44,23	46,16
T	K	1752	1799	1799	2000	2200	2400	2600	3000	3300	3607
Cp	$JK^{-1}mol^{-1}$	35,02	35,02	43,10	43,10	43,10	43,10	43,10	43,10	43,10	43,10
S	$JK^{-1}mol^{-1}$	100,84	101,76	108,10	112,66	116,77	120,52	123,97	130,14	134,24	138,08
ΔH	kJ mol^{-1}	51,15	52,80	64,20	72,86	81,48	90,10	98,72	115,95	128,88	142,11

Physikalische Eigenschaften

MV	D	α	ΔV	$\varkappa$	E	G
cm^3	$kg\ m^{-3}$	$10^{-6} K^{-1}$		$10^{-5} MPa^{-1}$	GPa	
19,89	4469	10,6		2,62	66,2	25,5
$\Delta\rho_{(T)}$	$\Delta\rho_{(P)}$	χ_M	$\Psi_{(th)}$	$\Psi_{(ph)}$	D[1]	χ_M[1]
$10^{-4} K^{-1}$	$10^{-6} hPa^{-1}$	$kg^{-1} m^3$	V	V	kgm^{-3}	$kg^{-1} m^3$
27,1	–	$2{,}70 \cdot 10^{-8}$	3,07	3,1		

μ	$V_s(l)$	$V_s(t)$	λ	ρ
	$m\ s^{-1}$		$Wm^{-1} K^{-1}$	$n\Omega m$
,265	4280	2420	17,2	550
η[1]	γ[1]	HV	R_m	
mPa s[1]	Nm^{-1}	MNm^{-2}	MPa	
	(0,9)	40	250–380	

[1] fl.

Yttrium (Ytterby, Stadt in Schweden) wurde zunächst als oxidisches Gemisch 1794 von J. Gadolin aus dem Gadolinit isoliert. Dieses Gemisch wurde von A. G. Ekeberg als Yttria bezeichnet, bei näherer Untersuchung fand C.G. Mosander, daß es aus mehreren Komponenten bestand und trennte Y_2O_3 1843 ab. Die erste metallische Probe erhielt F. Wöhler 1828 durch Reduktion von YCl_3 mit K. Yttrium findet sich in allen lanthanoidhaltigen Mineralen. Heute wird es durch Reduktion von YF_3 mit Ca hergestellt. Das silbrige Metall überzieht sich an Luft mit einer Oxidschicht, brennt leicht bei Temperaturen oberhalb 450°, löst sich in Wasser und Säuren, aber nicht in HF.

Oxidationsstufen: 0, $\underline{3+}$

Standardreduktionspotentiale:

basisch $Y(OH)_3 \xrightarrow{-2,85} Y$

sauer $Y^{3+} \xrightarrow{-2,37} Y$

Struktur

RG SB PS μ/ϱ [$cm^2\ g^{-1}$]
α: $P6_3/mmc$, D^4_{6h}; A3; hP2 CuK_α 134 MoK_α 100
a = 364,71, c = 573,17 pm, 293 K; $K_z = 6 + 6$
> 1752 K
β: $Im\bar{3}m$, O^9_h; A2; cI2
a = 411 pm; $K_z = 8$, $d_{Y-Y} = 355{,}9$ pm

Hall-Koeffizient R, magnetische Induktion

$$B \leqq 0{,}56\ Vs/m^2;\ R = -0{,}770 \cdot 10^{-10}\ m^3/As.$$

thermoelektrische Kraft: $\varepsilon_{abs} = +2{,}2\ \mu V\ K^{-1}$

Selbstdiffusion

α-Y: $\Delta T(1173–1573)$
⊥ c-Achse: $D_0 = 5{,}2 \cdot 10^{-4} m^2 s^{-1}$; $Q = 280{,}9$ kJ mol^{-1}
|| c-Achse: $D_0 = 0{,}82 \cdot 10^{-4} m^2 s^{-1}$; $Q = 252{,}5$ kJ mol^{-1}

Abhängigkeit anderer physikalischer Eigenschaften von der Kristallorientierung:

Eigenschaft	T [K]	Richtung		Dimension
		∥ c-Achse	⊥ c-Achse	
linearer Ausdehnungskoeffizient	297	$19{,}7 \cdot 10^{-6}$	$6{,}0 \cdot 10^{-6}$	K^{-1}
elektrischer Widerstand	298	355	725	nΩm

Zn	Zink	O.Z.	30	rel. A.M.	65,39	Zinc	7440-66-6

Kern

Z	I.M.B.	Kern	RE [^{1}H=1,00]	AE [^{1}H=1,00]	GV [rad $T^{-1} s^{-1}$]	QM [m^2]	F [Hz]	Ref.
15	60–72	^{67}Zn	0,00285	0,000117	$1{,}6737 \cdot 10^7$	$0{,}15 \cdot 10^{-28}$	6,254	$Zn(ClO_4)(aq)$

Elektronenhülle

El. konf.	G.T.	E.A. [kJ mol^{-1}]	I [kJ mol^{-1}]			
			+1	+2	+3	+4
[Ar]$3d^{10}4s^2$	$^1S_0$	9	904	1733	3832	5730

Thermodynamische Eigenschaften

T_f	T_v	ΔH_f	ΔH_v	ΔH_{at}	Cp (g)	S (g)	H_{298}
K	K	kJ mol^{-1}	kJ mol^{-1}	kJ mol^{-1}	$JK^{-1} mol^{-1}$	$JK^{-1} mol^{-1}$	kJ mol^{-1}
692,65	1179	7,32	115,3	130,4	20,79	160,98	5,657

T	K	298,15	300	400	500	600	692	692	700	800	900
Cp	$JK^{-1} mol^{-1}$	25,40	25,41	26,26	27,32	28,47	29,58	31,38	31,38	31,38	31,38
S	$JK^{-1} mol^{-1}$	41,63	41,79	49,21	55,18	60,26	64,43	75,00	75,33	79,52	83,22
ΔH	kJ mol^{-1}	0	0,05	2,63	5,31	8,10	10,78	18,11	18,34	21,48	24,61
T	K	1000	1100	1179							
Cp	$JK^{-1} mol^{-1}$	31,38	31,38	31,38							
S	$JK^{-1} mol^{-1}$	86,52	89,51	91,69							
ΔH	kJ mol^{-1}	27,75	30,89	33,37							

Physikalische Eigenschaften

MV	D	α	ΔV	$\varkappa$	E	G
cm^3	$kg\ m^{-3}$	$10^{-6}\ K^{-1}$		$10^{-5}\ MPa^{-1}$	GPa	
9,17	7133	25,0	0,073	1,65	92,6	37,2
$\Delta\rho_{(T)}$	$\Delta\rho_{(P)}$	χ_M	$\Psi_{(th)}$	$\Psi_{(ph)}$	D[1]	χ_M[1]
$10^{-4}\ K^{-1}$	$10^{-9}\ hPa^{-1}$	$kg^{-1}\ m^3$	V	V	$kg\ m^{-3}$	$kg^{-1}\ m^3$
41,7	− 6,3	$-2{,}20 \cdot 10^{-9}$	3,74	4,22	6570	$-1{,}5 \cdot 10^{-9}$

μ	$V_s(l)$	$V_s(t)$	λ	ρ
	$m\ s^{-1}$		$Wm^{-1}\ K^{-1}$	$n\Omega m$
0,235	38,90	2290	121	54,3
η[1,2]	γ[1]	$d\gamma/dT$[1]		
mPa s[1]	Nm^{-1}	$Nm^{-1}\ K^{-1}$		
3,12	0,765	$0{,}25 \cdot 10^{-3}$		

[1] fl, [2] 727 K.

Zink (dt.) wurde wahrscheinlich zuerst in Indien durch Reduktion von ZnO mit Holzkohle um 1000 n. Chr. dargestellt, Zinkmünzen wurden in China in der Ming-Dynastie (1368–1644) gebraucht. Zink findet man als ZnS in Form der Zinkblende und des Wurtzits, als Zinkspat, oder Galmei ($ZnCO_3$). Die Darstellung erfolgt thermisch oder elektrolytisch, zuerst werden die Zinkerze durch Rösten in das Oxid überführt, beim thermischem Verfahren mit C reduziert, das gasförmig entweichende Zink wird in Vorlagen kondensiert. Beim elektrolytischem Verfahren wird ZnO in H_2SO_4 gelöst, edlere Verunreinigungen (auch Cd) mit Zinkstaub gefällt und dann elektrolysiert. Zink ist ein bläulich-weißes Metall, das hochrein duktil ist. Durch Verunreinigung wird es versprödet, läßt sich aber im Temperaturbereich von 100–150 °C gut verarbeiten, darüber wird es wieder spröde. Zink ist gegen Luft und Wasser beständig, da es sich mit einer schützenden Oxidschicht überzieht. Zink löst sich in Säuren und Basen. Hochreines Zink ist in Säuren schlecht löslich, da Wasserstoff gegenüber Zn eine hohe Überspannung hat. Zinkblech wird für Dachrinnen und Trockenbatterien verwendet, Zink-Überzug für Eisen zum Korrosionsschutz eingesetzt. Zink ist Bestandteil des Messings, Zn-Al-Legierungen (20% Al = Prestal) sind bei 270 °C plastisch, bei Zimmertemperatur hart wie Stahl.

Oxidationsstufen: 0, 1+, 2+

Standardreduktionspotentiale:

basisch $[Zn(OH)_4]^{2-} \xrightarrow{-1{,}285} Zn$

$Zn(OH)_2 \xrightarrow{-1{,}246} Zn$

sauer $Zn^{2+} \xrightarrow{-0{,}7626} Zn$

Struktur

RG	SB	PS	μ/ϱ $[cm^2\ g^{-1}]$
$P6_3/mmc$, D_{6h}^4;	A3;	hP2	CuK_α 60,3 MoK_α 55,4

a = 266,44, c = 494,54 pm, 293 K; $K_z = 6 + 6$, d_{Zn-Zn} = 264,4; 291,1 pm

Weitere physikalische Eigenschaften

Wärmeausdehnungszahl $\bar{\alpha}$ (Kokillenguß):

T [K]	373	473	573	693
$\bar{\alpha}$ (293-T) [K^{-1}]	30,7	33,5	33,5	$38,7 \cdot 10^{-6}$

Zugfestigkeit R_m und Brinellhärte *HB* von Zn verschiedener Verarbeitungsarten:

Verarbeitungszustand	R_m MPa	*HB* MNm^{-2}
gegossen	20–40	280–330
gepreßt	120–160	300–380
gewalzt	120–170	300–340

Viskosität von Zn_{fl}:

T [K]	723	773	723	873	923	973
η [mPa · s]	2,95	2,60	2,40	2,20	2,05	1,98

Oberflächenspannung γ von Zn_{fl}:

T [K]	713	733	773	943
γ [Nm^{-1}]	0,816	0,808	0,798	0,756

Schallgeschwindigkeit Zn (fl) 693 K: V = 2790 m s^{-1} (12 MHz).

Änderung des elektrischen Widerstandes ϱ beim Schmelzen:

$$\varrho_{fl} = 326\ n\Omega m; \quad \frac{\varrho_{fl}}{\varrho_f} = 2{,}1\,.$$

Änderung des elektrischen Widerstandes ϱ (Zn polykristallin) im Magnetfeld $H \perp$ zum Meßstrom:

	H MA · s^{-1}	$\left(\frac{\varrho_H - \varrho_0}{\varrho_0}\right)_T$
$T \approx 20{,}4$ K $\quad \frac{\varrho_{20,4}}{\varrho_{273}} = 0{,}0125$	10 20	0,488 1,122

Hall-Koeffizient *R* bei 298 K (Zn kleinkristallin); magnetische Induktion

$$B = 0{,}4 - 2{,}2\ Vs/m^2;\ R = 0{,}63 \cdot 10^{-10}\ m^3/As.$$

Supraleitung: $T_s = 0{,}88$ K, $H_0 = 53$ Oe
thermoelektrische Kraft: $\varepsilon_{abs} = +\,2{,}9\ \mu V\ K^{-1}$
Atomsuszeptibilität bei T_f: 692,7 K
Zn (f): $\chi = 1{,}38 \cdot 10^{-9}\ m^3 kg^{-1}$; Zn (fl): $\chi = -\,1{,}32 \cdot 10^{-9}\ m^3 kg^{-1}$.

Abhängigkeit physikalischer Eigenschaften von der Kristallorientierung:

	∥ c-Achse	⊥ c-Achse	Dimension
Wärmeausdehnungszahl $\bar{\alpha}$ (273 – 373 K)	61,5	$15 \cdot 10^{-6}$	K^{-1}
Selbstdiffusion D_0 (513 – 683 K)	0,13	0,18	$cm^2 s^{-1}$
Q (513 – 683 K)	91,7	96,3	$kJ mol^{-1}$
Massensuszeptibilität	– 2,13	– 1,56	$m^3 kg^{-1}$
langwellige Grenze der Photoemission	0,377	0,400	μm
Elektronenaustrittspotential	3,28 [1]	3,09 [2]	eV
elektrischer Widerstand	61,9	58,9	nΩm

[1] Aus Basisfläche, [2] Aus Prismenflächen.

Reflexionsvermögen R:

λ [μm]	0,460	0,500	0,800	1,010	1,130
R [%]	84	74,7	69,9	53,3	70

Brechungsindex (weißes Licht) λ = 0,550 μm : n = 1,19
Absorptionsindex (weißes Licht) λ = 0,550 μm : n = 3,71

Sn	Zinn	O.Z.	50	rel. A.M.	118,710, a	Tin	7440-31-5

Kern

Z	I.M.B.	Kern	RE [^{1}H = 1,00]	AE [^{1}H = 1,00]	GV [rad $T^{-1} s^{-1}$]	QM [m^2]	F [Hz]	Ref.
28	108 – 128	^{119}Sn	0,0518	0,00444	$-9,9756 \cdot 10^7$		37,272	$Sn(CH_3)_4$

Elektronenhülle

El. konf.	G.T.	E.A. [$kJ mol^{-1}$]	I [$kJ mol^{-1}$] +1	+2	+3	+4
[Kr]$4d^{10}5s^2p^2$	$^3P_0$	121	709	1412	2943	3990

Thermodynamische Eigenschaften

T_f	T_v	ΔH_f	ΔH_v	ΔH_{at}	Cp (g)	S (g)	H_{298}
K	K	$kJ mol^{-1}$	$kJ mol^{-1}$	$kJ mol^{-1}$	$JK^{-1} mol^{-1}$	$JK^{-1} mol^{-1}$	$kJ mol^{-1}$
505,06	2879	7,03	295,8	301,3	21,26	168,49	6,323

T	K [1]	298,15	300	400	500	505,06	505,06	600	700	800	900
Cp	$JK^{-1} mol^{-1}$	26,99	27,02	28,83	30,64	30,73	29,69	28,81	28,47	28,47	28,45
S	$JK^{-1} mol^{-1}$	51,20	51,20	59,38	66,01	66,32	80,24	85,27	89,68	93,48	96,83
ΔH	$kJ mol^{-1}$	0	0,05	2,84	5,82	5,97	13,00	15,77	18,63	21,48	24,32
T	K	1000	1200	1400	1600	1800	2000	2200	2400	2600	2873
Cp	$JK^{-1} mol^{-1}$	28,45	28,45	28,45	28,45	28,45	28,45	28,45	28,45	28,45	28,45
S	$JK^{-1} mol^{-1}$	99,82	105,01	109,40	113,20	116,55	122,26	124,73	127,01	129,85	
ΔH	$kJ mol^{-1}$	27,17	32,86	44,24	49,93	55,62	61,31	67,00	72,69	80,46	

[1] Sn (weiß).

Physikalische Eigenschaften

MV	D	α	ΔV	$\varkappa$	E	G
cm^3	$kg\ m^{-3}$	$10^{-6}\,K^{-1}$		$10^{-5}\,MPa^{-1}$	GPa	
16,24	7310	21,2	0,028	1,83	53	19,9
$\Delta\rho_{(T)}$	$\Delta\rho_{(P)}$	χ_M	$\Psi_{(th)}$	$\Psi_{(ph)}$	D [1]	χ_M [1]
$10^{-4}\,K^{-1}$	$10^{-9}\,hPa^{-1}$	$kg^{-1}\,m^3$	V	V	$kg\ m^{-3}$	$kg^{-1}\,m^3$
46,5	− 9,2	$3{,}3 \cdot 10^{-10}$	4,11	4,42	6978	$-4{,}4 \cdot 10^{-10}$

μ	$V_s(l)$	$V_s(t)$	λ	ρ
	$m\ s^{-1}$		$Wm^{-1}\,K^{-1}$	$n\Omega m$
0,332	3300	1650	66,6	110
η [1]	γ [1]	$d\gamma/dT$ [1]	λ [1]	
mPa s [1]	Nm^{-1}	$Nm^{-1}K^{-1}$	$Wm^{-1}\,K^{-1}$	
2,71	0,545	$-0{,}075 \cdot 10^{-3}$	32,6	

[1] fl.

Zinn (Sn, lt.: stannum = Zinn) ist seit dem Altertum bekannt. Selten findet man es elementar, meist als Zinnstein (SnO_2), weniger verbreitet ist Zinnkies (Cu_2FeSnS_4) oder Mussivgold (SnS_2). Zur Darstellung wird SnO_2 mit Koks reduziert. Sn ist ein duktiles, weiches, silbriges Metall, das beim Verbiegen kreischt (Zinngeschrei). Bei Raumtemperatur ist es gegen Wasser und Luft stabil, von starken Säuren und Basen wird es angegriffen. Vor der Erfindung des Porzellans diente Zinn zur Herstellung von Geschirr (Durch die Umwandlung in α-Sn (nicht-metallische Diamantstruktur) konnten Zinngegenstände bei längerer Verweilzeit unter der Umwandlungstemperatur von 13,6 °C zerfallen, Zinnpest). Sn ist Bestandteil von Legierungen wie Britanniametall (Sn + 10 – 8% Sb + 2% Cu). Bronze (Cu/Sn), Weichlot (40–70% Sn, 60–30% Pb), Lettermetall, Glockenmetall. Ferner dient es für Folien (Stanniol) und zum Verzinnen. Elementares Sn wird für die Herstellung von Flachglas in großen Mengen eingesetzt (ebene Oberfläche von Zinnschmelzen).

Oxidationsstufen: 0, 2+, 4+

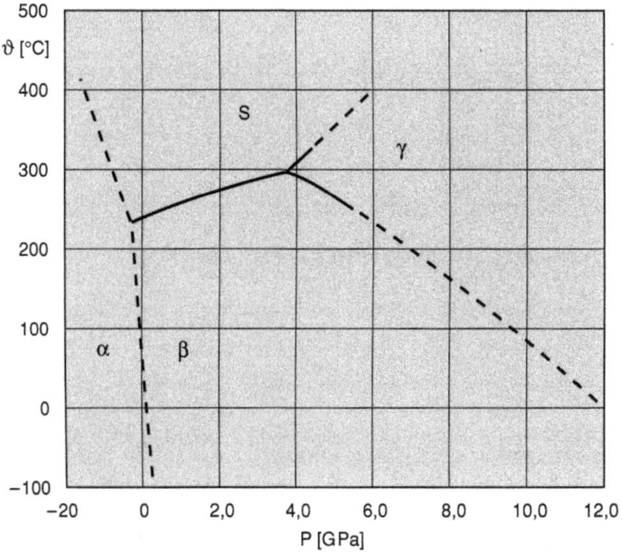

P-T-Diagramm von Zinn

Standardreduktionspotentiale:

basisch $[Sn(OH)_4]^{2-} \xrightarrow{-0,90} HSnO_2^- \xrightarrow{-0,91} Sn$

sauer $Sn^{4+} \xrightarrow{+0,15} Sn^{2+} \xrightarrow{-0,14} Sn$

$SnO_2 \xrightarrow{-0,088} SnO \xrightarrow{-0,104} Sn$

Struktur

RG SB PS μ/ϱ [$cm^2\,g^{-1}$]
β (weiß) CuK_α 256 MoK_α 31,1
$I4_1/amd$, D_{4h}^{19}; A5, tI4
a = 583,16, c = 318,15 pm, 298 K; K_z = 472, d_{Sn-Sn} = 302,2; 318,2 pm
<286,2 K
α (grau)
Fd3m, O_h^7; A4; cF4
a = 648,92 pm, 293 K; K_z = 4, d_{Sn-Sn} = 281,0 pm
>9,59 GPa
γ: –; –; tI2
a = 370, b = 337 pm, 298 K
Sn_{fl}
K_z = 10,9, d_{Sn-Sn} = 338 pm, T = 523 K

Weitere physikalische Eigenschaften

α-Sn (graues Zinn)
D (286 K) = 5770 kg m^{-3}; χ (273 K) = 1,6 · 10^{-9} m^3 kg^{-1}

Halbleiter: Bandabstand

$$\Delta E_0 = 0{,}94\ \text{eV}; \qquad \frac{d\Delta E}{dT}\ (300\ \text{K}) = -5 \cdot 10^{-5}\ \text{eV K}^{-1}.$$

Elektronenbeweglichkeit: u_n = 3600 cm^2 V^{-1}s^{-1}; Löcherbeweglichkeit: u_p = 2400 cm^2 V^{-1} s^{-1}.
Sn (fl) D (505 K) = 6970 kg m^{-3}; χ (523 K) = – 0,036 · 10^{-6} cm^3 g^{-1}.
Knight-Verschiebung bei T_f: K_f = 0,75%, K_{fl} = 0,73%

Kub. Wärmeausdehnungszahl $\bar{\gamma}$ oder γ:

Zustand	T K	$\bar{\gamma}$ oder γ 10^{-6} K^{-1}
α-Sn	143–283	14,1
β-Sn	273	59,8
	323	69,2
	373	71,4
	423	80,2

Zugfestigkeit R_m und Dehnung A (22 mm), Zerreißgeschwindigkeit 0,4 mm/min:

T [K]	288	323	373	473
R_m [MPa]	14,5	12,4	11,0	4,5
A [%]	75	85	55	45

Elastizitätsmodul E: Gußzustand grobkörnig 41,55 GPa, rekristallisiert, feinkörnig 44,30 GPa
Schallgeschwindigkeit Sn (fl) bei 505 K: V = 2270 m s^{-1} (12 MHz).

Selbstdiffusion Sn(fl):

$$\Delta T\ (500-823\ \text{K}),\ D_0 = 3{,}25 \cdot 10^{-4}\ \text{cm}^2\,\text{s}^{-1};\ Q = 11{,}6\ \text{kJ mol}^{-1}.$$

Änderung des elektrischen Widerstandes ϱ (Zn polykristallin) im Magnetfeld $H \perp$ zum Meßstrom:

	H $\mathrm{MA \cdot s^{-1}}$	$\left(\frac{\varrho_H - \varrho_0}{\varrho_0}\right)_T$
$T \approx 80$ K $\quad \frac{\varrho_{80}}{\varrho_{291}} = 0{,}22$	100 300	0,043 0,23

Hall-Koeffizient R bei Z.T.; magnetische Induktion

$B = 1{,}05$ Vs/m²; $R = 0{,}041$ m³/As.

Supraleitung: $T_s = 3{,}72$ K, $H_0 = 309$ Oe
thermoelektrische Kraft: $\varepsilon_{abs} = +0{,}1\ \mu V\ K^{-1}$

Richtungsabhängigkeit von physikalischen Eigenschaften bei β-Sn-Kristallen; $c_\parallel$: Richtung parallel zur c-Achse; $c_\perp$: senkrecht zur c-Achse:

	T K	$c_\parallel$	$c_\perp$	Dimension
Wärmeausdehnungszahl $\bar{\alpha}$	273–293	28,99	15,83	$10^{-6}\ K^{-1}$
Selbstdiffusion D_0	450–493	8,2	1,4	$cm^2\ s^{-1}$
Q		107	97,5	$kJ\ mol^{-1}$
Elektrischer Widerstand ϱ	273	110	92,7	nΩm
Suszeptibilität χ	293	0,302	0,339	$10^{-9}\ m^3\ kg^{-1}$
Kompressibilität $\varkappa$	293	6,72	6,02	$10^{-6}\ MPa^{-1}$

Dichte Sn_{fl}:

T [K]	682	747	796	847	875	921	1366	1850
D [kg m^{-3}]	6840	6789	6761	6729	6711	6671	6450	6160

Linearer Ausdehnungskoeffizient:

T [K]	73	123	173	223	273	323	373	423	
α [K^{-1}]	13,5	16,6	18,1	19,2	19,9	23,1	23,8	26,7	$\cdot 10^{-6}$

Elektrischer Widerstand:

T [K]	273	373	473	504	505	573	673	873	1073	1173
ϱ [nΩm]	110	155	200	220	450	468	490	540	587	612

Dynamische Viskosität:

T [K]	505	523	573	673	773	873	973	1073
η [mPas]	2,71	1,88	1,66	1,38	1,18	1,05	0,95	0,87

Reflexionsvermögen bei $\lambda = 0{,}546$ pm
$R_f = 80\%$, $R_{fl} = 80\%$, Brechungsindex $n_f = 1{,}0$, $n_{fl} = 1{,}7$

Oberflächenspannung (670–1070 K)
$\gamma = 700 - 0{,}17\ T + (25 + 0{,}015\ T)\ mNm^{-1}$ (T in K)

Zr	Zirkonium	O.Z.	40	rel. A.M.	91,224		7440-67-7

Kern

Z	I.M.B.	Kern	RE [^{1}H = 1,00]	AE [^{1}H = 1,00]	GV [rad T^{-1} s^{-1}]	QM [m^2]	F [Hz]	Ref.
20	81 – 98	^{91}Zr	0,00948	0,00106	$-2,4868 \cdot 10^7$	$-0,81 \cdot 10^{-28}$	9,330	

Elektronenhülle

El. konf.	G.T.	E.A.	I [kJ mol^{-1}]						
		[kJ mol^{-1}]	+1	+2	+3	+4	+5	+6	+7
[Kr]4$d^2$5s^2	$^3F_2$	41,1	660	1267	2218	3313	786		

Thermodynamische Eigenschaften

T_f	T_v	ΔH_f	ΔH_v	ΔH_{at}	Cp (g)	S (g)	H_{298}
K	K	kJ mol^{-1}	kJ mol^{-1}	kJ mol^{-1}	JK^{-1} mol^{-1}	JK^{-1} mol^{-1}	kJ mol^{-1}
2125	4703	20,92	561,3	610,0	24,78	183,03	5,566

T		298,15	400	600	800	1000	1135	1135	1200	1400	1600
Cp	JK^{-1} mol^{-1}	25,20	25,94	27,28	28,97	31,13	32,72	28,33	28,51	29,35	30,62
S	JK^{-1} mol^{-1}	38,87	46,38	57,14	65,21	71,90	75,94	79,48	81,06	85,51	89,51
H	JK^{-1}	0	2,61	7,92	13,54	19,54	23,85	27,87	29,71	35,49	41,48
T		1800	2000	2125	2125	2400	2800	3200	3600	4000	4703
Cp	JK^{-1} mol^{-1}	32,31	34,43	35,97	41,84	41,84	41,84	41,84	41,84	41,84	41,84
S	JK^{-1} mol^{-1}	93,21	96,72	98,85	108,70	113,79	120,24	125,83	130,75	135,16	141,93
H	JK^{-1}	47,70	54,43	58,84	79,76	91,26	108,00	124,74	141,47	158,21	187,61

Physikalische Eigenschaften

MV	D	α	ΔV	$\varkappa$	E	G
cm^3	kg m^{-3}	10^{-6} K^{-1}		10^{-5} MPa^{-1}	GPa	
14,02	6506	5,78		1,08	67,6	24,6
$\Delta\rho_{(T)}$	$\Delta\rho_{(P)}$	χ_M	$\Psi_{(th)}$	$\Psi_{(ph)}$	D [1]	χ_M [1]
10^{-4} K^{-1}	10^{-9} hPa^{-1}	kg^{-1} m^3	V	V	kg m^{-3}	kg^{-1} m^3
44,0	– 0,33	$+ 1,68 \cdot 10^{-8}$	4,12	4,05	5800	

μ	V_s(l)	V_s(t)	λ	ρ_{293}
	m s^{-1}		Wm^{-1} K^{-1}	nΩm
0,374	4360	1950	22,7	410
η [1]	γ [1]	dγ/dT [1]	HV	
mPa s [1]	Nm^{-1}	Nm^{-1} K^{-1}	MNm^{-2}	
	1,48	$(- 0,2 \cdot 10^{-3})$	903	

[1] fl.

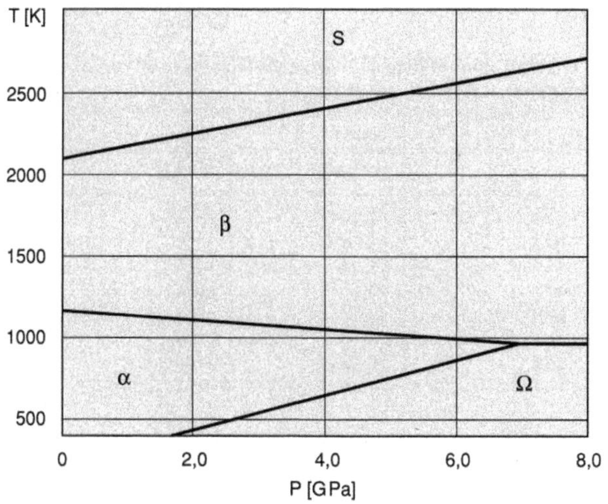

P-T Diagramm von Zirkonium

Zirkonium (ar.: zargun = goldfarben, nach dem Mineral) wurde als Bestandteil des Schmucksteins Zirkon ($ZrSiO_4$) von M. Klaproth 1789 als Oxid isoliert. Unreines Metall wurde zuerst von J.J. Berzelius 1824 erzeugt, reineres dann von M.A. Hunter (1910) durch Reduktion von $ZrCl_4$ mit Na. Zirkonium wird auch als Baddeleyit (ZrO_2) gefunden. Technisch wird Zr nach dem Krollverfahren durch Reduktion von ZrO_2 mit Mg erzeugt, nach Überführung in ZrI_4 wird es nach dem Arkel-de Boer Verfahren (thermische Zersetzung des Iodides) gereinigt. Zr ist ein grau-weißes Metall, das sehr korrosionsbeständig gegen Säuren, Basen, Seewasser und viele gebräuchliche Chemikalien ist. Massives Zr kann bis zu 300 °C erhitzt werden, ohne daß es nennenswert oxidiert, Stückchen von Zr brennen dagegen bei hohen Temperaturen. Zr hat einen niedrigen Einfangquerschnitt für Neutronen und wird zur Brennstabumhüllung und Reaktorauskleidung benutzt (Zirkalloy), im chemischen Apparatebau wird es wegen seiner Korrosionsbeständigkeit verwendet. Reines Zirkonium ist ein Gitter in Vakuumsystemen. Zr findet als Legierungskomponente im Stahl, Glühlampenfäden, chirurgischen Instrumenten, Spinndüsen etc. Verwendung.

Oxidationsstufen: 0, 1+, 2+, 3+, 4+

Standardreduktionspotentiale:

basisch $ZrO_2 \xrightarrow{-1,55} Zr$

$ZrO(OH)_2 \xrightarrow{-2,36} Zr$

sauer $Zr^{4+} \xrightarrow{-1,55} Zr$

Struktur

RG SB PS μ/ϱ [$cm^2 g^{-1}$]
α: $P6_3/mmc$, D_{6h}^4; A3; hP2 CuK_α 143 MoK_α 15,9
a = 323,17, c = 514,76 pm, 298 K; $K_z = 6 + 6$
>1135 K
β: $Im\bar{3}m$, O_h^9; A2; cI2
a = 360,90 pm, 1135 K; $K_z = 8$, $d_{Zr-Zr} = 312,5$ pm
Hochdruckmodifikation > 2 GPa
P6/mmm, D_{6h}^1; –; hP2
a = 503,6, c = 310,9 pm

Weitere physikalische Eigenschaften

Wärmeausdehnungszahl α || und ⊥ c-Achse, und kubische Wärmeausdehnungszahl γ von Zr mit einem Hf-Gehalt <0,01% und (letzte Spalte), 2,4%:

T	$\alpha_{\parallel}$	$\alpha_{\perp}$	$\gamma_{(0,01)}$	$\gamma_{(2,4)}$
K	$10^{-6}\,K^{-1}$		$10^{-6}\,K^{-1}$	$10^{-6}\,K^{-1}$
273	6,106	5,599	17,30	17,17
293	6,389	5,644	17,68	17,46
323	6,812	5,712	18,24	17,90
373	7,517	5,825	19,17	18,67
473	8,923	6,050	21,02	20,09
673	11,72	6,489	24,72	22,99
873	14,50	6,945	28,46	25,87

Richtwerte für die Dehngrenze $R_{p\,0,2}$, Zugfestigkeit R_m und Bruchdehnung A:

T K	$R_{p\,0,2}$ MPa	R_m MPa	A %
73	150–250	400–550	30–60
293	50–300	150–450	25–45
373	50–200	150–300	40–60
473	40–150	100–250	45–60
573	30–100	80–170	50–65
773	30–50	70–120	60–100

Selbstdiffusion:
α-Zr: ΔT (1013–1130 K); $D_0 = 2{,}1 \cdot 10^{-12}\,m^2\,s^{-1}$; $Q = 113\,kJ\,mol^{-1}$
β-Zr: ΔT (1167–1476 K); $D_0 = 2{,}1 \cdot 10^{-9}\,m^2\,s^{-1}$; $Q = 105{,}3\,kJ\,mol^{-1}$

Verdampfungsgeschwindigkeit V
(A: Zr mit dünner Oxidschicht; B: nicht oxidiertes Metall):

T K	V in g $cm^{-2}\,s^{-1}$	
	A	B
1600	$1 \cdot 10^{-9}$	$3 \cdot 10^{-9}$
1800	$8 \cdot 10^{-9}$	$1 \cdot 10^{-7}$
2000	$4 \cdot 10^{-8}$	$4 \cdot 10^{-6}$
2100	$8 \cdot 10^{-8}$	$1 \cdot 10^{-5}$

Debye-Temperatur Θ_D aus der Wärmekapazität berechnet:

T [K]	1,5	2,0	3,0	4,0	5,0	6,0	8,0	12	15	18
Θ_D [K]	310	304	300	295	290	285	274	267	255	249

Änderung des elektrischen Widerstandes ϱ (Zr kleinkristallin) im Magnetfeld H ⊥ zum Meßstrom:

$$T \approx 80\,K \quad \frac{\varrho_{80}}{\varrho_{293}} = 0{,}23; \quad H = 300\,MA \cdot s^{-1}; \quad \left(\frac{\varrho_H - \varrho_0}{\varrho_0}\right)_T = 0{,}05.$$

Hall-Koeffizient R bei 293 K

$$R = 0{,}212\ 10^{-10}\,m^3/As.$$

Supraleitung: $T_s = 0{,}55$ K, $H_0 = 47$ Oe

2.1.4 Elektronegativitäten der Elemente

Eine zusammenfassende Diskussion des Elektronegativitätsbegriffs und verschiedener Elektronegativitätsskalen findet man bei J. Mullay [1]. Die folgende Tabelle enthält die gebräuchlichen Elektronegativitätsskalen.

Die Paulingsche Elektronegativität χ^{P} [2] ist empirisch und basiert auf thermochemischen Daten. Die Bindungsenergie D (A – B) in kJ mol^{-1} entspricht

$$D(A-B) = 1/2\,[D(A-A) + D(B-B)] + \Delta,$$

wobei Δ eine ionische Resonanzenergie repräsentiert und proportional zu der Differenz der Elektronegativitäten ist

$$\Delta = 96{,}49\,(\chi_A^P - \chi_B^P)^2$$

Diese Skala ist relativ und auf die willkürlich zu 4,0 gesetzte Elektronegativität des Fluors normiert. Alle späteren Skalen wurden durch geeignete Wahl der Konstanten ebenfalls auf diesen Wert bezogen.

Die empirischen Elektronegativitäten von Mulliken, χ^{Mu} [3], ergeben sich aus den Mittelwerten aus erster Ionisierungsenergie I_A und Elektronenaffinität E_A des Elements im jeweiligen Valenzzustand.

$$\chi_A^{Mu} = (I_A + E_A) \cdot 0{,}168 - 0{,}206$$

Mit dieser Methode kann der Einfluß sowohl unterschiedlicher Hybridisierungszustände als auch unterschiedlicher Oxidationszahlen der Elemente auf die Elektronegativität erfaßt werden.

Allred-Rochow berechneten Elektronegativitäten, χ^{AR} [4], unter der Annahme, daß diese Werte durch die Anziehungskraft Z_{eff} zwischen dem abgeschirmten Kern (Abschirmungskonstanten von Slater [5]) und einem Elektron im kovalenten Abstand r_A beschrieben werden können.

$$\chi_A^{AR} = 0{,}36\,\frac{Z_{eff}}{r_A^2} + 0{,}74$$

Die weniger gebräuchliche Skala χ_s von Sanderson [6] ist über Elektronendichten Ed_A definiert;

$$Ed_A = \frac{3}{4}\,\frac{Z_A}{\pi r_A^3}$$

mit Z_A, der Kernladungszahl, und r_A, dem Radius des Elements. Die Elektronegativität ergibt sich durch Vergleich dieser Elektronendichten mit der Elektronendichte Ed_i eines hypothetischen inerten Elements.

$$\chi_A^s = \frac{Ed_A}{Ed_i} \cdot \text{konst.}$$

Eine nicht-empirische Elektronegativitätsskala χ_F [7] wurde aufgrund von ab initio Rechnungen aus FSGO (Floating Spherical Gaussian) Orbitalen ermittelt. Bindungen werden durch Gauss-Orbitale beschrieben. Diese Orbitale werden für die Bindung zwischen dem Atom A und B berechnet und der Abstand ihrer Mitte (R) von den Kernen A und B für die Definition eines „orbital multipliers“

$$f_{AB} = \frac{R_A}{R_A + R_B}$$

verwendet. Für eine reine kovalente Bindung ist $f_{AB} = 0{,}5$, die Abweichungen davon sind ein Maß für die Elektronegativitätsdifferenz.

$$\chi_B^F - \chi_A^F = K\,(f_{AB} - 0{,}5), \quad K \text{ ist ein Skalierungsfaktor.}$$

Andere Autoren (Mande, Deshmuhk und Deshmuhk [8]) verwendeten den Allred-Rochow-Ansatz, benutzten aber aus Röntgenbeugungsexperimenten erhaltene Abschirmkonstanten für die Berechung von Z_{eff}

$$\chi_A^M = 0{,}778\,\frac{Z_{eff}}{r_A^2} + 0{,}4,$$

um die Elektronegativität χ^M zu erhalten.

Boyd und Markus [9] ermittelten eine weitere nicht empirische Elektronegativitätsskala, χ^B, aus der Berechnung der Wellenfunktion freier Atome

$$\chi_A^B = \frac{kZ_A}{r_A^2}\left[1 - \int_0^{r_A} D(r)dr\right]$$

Z_A ist die Kernladung, r_A der Radius, bei dem die Valenzorbitale die größte Elektronendichte besitzen, D(r) die radiale Dichteverteilung, k bei Rechnungen mit atomaren Einheiten 69,5.

Philips schlug eine neue Skala (χ_{Ph}) [10] für Ionizitäten von AB-Verbindungen vor. Sie basiert auf der Annahme, daß sich die Bandlücke E_g aus einem kovalenten, E_h, und einem ionischen Anteil, E_i, zusammensetzt

$$E_g^2 = E_h^2 + E_i^2.$$

Die Ionizität ergibt sich nach

$$f_i^c = \frac{E_i^2}{E_g^2}$$

Die hypothetischen, rein kovalenten Bandabstände der Verbindungen werden durch Vergleich mit den Elementen gewonnen.

Eine aus Spektren der Atome gewonnene Elektronegativitätsskala, χ_{Bl}, wurde von St. John und Bloch [11] aufgestellt:

$$\chi \equiv 0{,}43 \sum_{l=0}^{2} \chi_l + 0{,}24,$$

wobei χ_l die Orbitalelektronegativität ist:

$$\chi_l = 1/r_l$$

und r_l die Lage des Maximums der radialen Verteilungsfunktion für die Orbitale mit den Nebenquantenzahlen $l = 0–2$.

1. John Mullay, Structure and Bonding **66** (1987) 1
2. L. Pauling, Die Natur der chemischen Bindung, dritte verbesserte Auflage, Verlag Chemie GmbH, Weinheim/Bergstr.
3. R. S. Mulliken, J. Chem. Phys. **2** (1934) 782
4. A. L. Allred and E. G. Rochow, J. Inorg. Nucl. Chem. **5** (1958) 548
5. J. C. Slater, Phys. Rev. **36** (1930) 57
6. R. T. Sanderson, Science **114** (1951) 670
7. G. Simon, M. E. Zandler and E. R. Talaty, J. Am. Chem. Soc. **98** (1976) 7869
8. C. Mande, P. Deshmuhk and P. Deshmuhk, J. Phys. **B 10** (1977) 2293
9. R. J. Boyd and G. E. Markus, J. Chem. Phys. **75** (1981) 5385
10. J. C. Phillips, Bonds and Bands in Semiconductors, Acad. Press. New York 1973
11. J. St. John and A. N. Bloch, Phys. Rev. Letters **33** (1974) 1095

	χ_{P}	χ_{Mu}	χ_{AR}	χ_{S}	χ_{F}	χ_{Ma}	χ_{B}	χ_{Ph}	χ_{Bl}
1. H	2,20	2,21 (s)	2,20	2,31			1,94		
2. He	–	4,86 (s)	3,20	–			3,51		
3. Li	0,98	0,84 (s)	0,97	0,86	1,00	1,17	1,07	1,00	1,00
4. Be	1,57	1,40 (sp)	1,47	1,61	1,48	2,11	1,56	1,50	1,50
5. B	2,04	1,81 (sp^3)	2,01	1,88	1,84	2,23	1,95	2,00	2,01
6. C	2,55	2,48 (sp^3)	2,50	2,47	2,35	2,73	2,53	2,50	2,51
7. N	3,04	3,68 (sp^3)	3,07	2,93	3,16	3,26	3,23	3,00	3,00
8. O	3,44	4,93 (sp^3)	3,50	3,46	3,52	3,71	3,53	3,50	3,50
9. F	3,98	3,90 (p)	4,10	3,92	4,00	4,34	4,00	4,00	4,00
10. Ne		4,26 (p)	5,10	4,38		4,20	4,60	–	
11. Na	0,93	0,74 (s)	1,01	0,85	0,89	0,86	1,03	0,72	0,91
12. Mg	1,31	1,17 (sp)	1,23	1,42	1,24	1,32	1,34	0,95	1,24
13. Al	1,61	1,64 (sp^2)	1,47	1,54	1,40	1,48	1,41	1,18	1,54
14. Si	1,90	2,25 (sp^3)	1,74	1,74	1,64	1,87	1,81	1,41	1,84
15. P	2,19	2,79 (sp^3)	2,06	2,16	2,11	2,21	2,34	1,64	2,13
16. S	2,58	3,21 (sp^3)	2,44	2,66	2,52	2,63	2,65	1,87	2,42
17. Cl	3,16	2,95 (p)	2,83	3,28	2,84	2,97	3,14	2,10	2,70
18. Ar		3,11 (p)	3,30	3,92	–	2,77	3,69		
19. K	0,82	0,77 (s)	0,91	0,74	0,73	0,62	0,91		0,832
20. Ca	1,00	0,99 (sp)	1,04	1,06	0,96	1,07	1,12		1,18
21. Sc	1,36		1,20	1,09	1,14	1,17	1,17		
22. Ti	1,54		1,32	1,13	1,27	1,42	1,22		
23. V	1,63		1,45	1,24	1,42	1,61	1,27		
24. Cr	1,66		1,56	1,35	1,72	1,70	1,31		
25. Mn	1,55		1,60	1,44	1,88	1,75	1,33		
26. Fe(II)	1,83		1,64	1,47	–	1,78	1,38		
Fe(III)	1,96		–	–	–	–	–		
27. Co	1,88		1,70	1,47	–	1,86	1,43		
28. Ni	1,91		1,75	1,47	–	1,90	1,47		
29. Cu(I)	1,90								
Cu(II)	2,00	1,36 (s)	1,75	1,74	1,10	2,03	1,29	0,79	1,43
30. Zn	1,65	1,49 (sp)	1,66	1,86	1,40	1,94	1,52	0,91	1,40
31. Ga	1,81	1,82 (sp^2)	1,82	2,10	1,54	1,77	1,40	1,13	1,59
32. Ge	2,01	2,50 (sp^3)	2,02	2,31	1,69	2,01	1,74	1,35	1,80
33. As	2,18	1,59 (sp)	2,20	2,53	1,99	2,31	2,18	1,57	2,00
34. Se	2,55	2,18 (p)	2,48	2,76	2,40	2,57	2,39	1,79	2,21
35. Br	2,96	2,62 (p)	2,74	2,96	2,52	2,89	2,78	2,01	2,39
36. Kr	2,90	2,77 (p)	3,10	3,17		2,50	3,21		
37. Rb	0,82	0,50 (s)	0,89	0,70		0,61	0,89		0,815
38. Sr	0,95	0,85 (sp)	0,99	0,96		0,73	1,05		1,11
39. Y	1,22		1,11	0,98		1,05	1,14		
40. Zr	1,33		1,22	1,00		1,29	1,20		
41. Nb	1,60		1,23	1,12		1,49	1,24		
42. Mo(VI)	2,35		1,30	1,24		1,66	1,27		
43. Tc	1,90		1,36	1,33		1,75	1,29		
44. Ru	2,20		1,42	1,40		1,78	1,33		
45. Rh	2,28		1,45	1,47		1,84	1,36		
46. Pd	2,20		1,35	1,57		1,79	1,39		
47. Ag	1,93		1,42	1,72		1,70	1,41	0,57	1,38
48. Cd	1,69		1,46	1,73		1,68	1,43	0,83	1,33
49. In	1,78	1,57 (sp^2)	1,49	1,88		1,36	1,36	0,99	1,50
50. Sn(II)	1,80	2,67 (sp^2)	1,72	1,58		1,59	1,63	1,15	1,65
Sn(IV)	1,96	2,44 (sp^3)	–	2,02		–	–		
51. Sb	2,05	1,46 (p)	1,82	2,19		1,79	1,99	1,31	1,85
52. Te	2,10	2,08 (p)	2,01	2,34	–	2,16	2,19	1,47	2,04
53. I	2,66	2,52 (p)	2,21	2,50	–	2,56	2,48	1,63	2,19
54. Xe	2,60	2,40 (p)	2,40	2,63	–	2,43	2,87		
55. Cs	0,79		0,86	0,69					0,799
56. Ba	0,89		0,97	0,93					1,06

	χ_P	χ_{Mu}	χ_{AR}	χ_S	χ_F	χ_{Ma}	χ_B	χ_{Ph}	χ_{Bl}
57. La	1,10		1,08	0,92					
58. Ce	1,12		(1,08)	0,92					
59. Pr	1,13		(1,07)	0,92					
60. Nd	1,14		(1,07)	0,93					
61. Pm			(1,07)	0,94					
62. Sm	1,17		(1,07)	0,94					
63. Eu			(1,01)	0,94					
64. Gd	1,20		(1,11)	0,94					
65. Tb			(1,10)	0,94					
66. Dy	1,22		(1,10)	0,94					
67. Ho	1,23		(1,10)	0,96					
68. Er	1,24		(1,11)	0,96					
69. Tm	1,25		(1,11)	0,96					
70. Yb			(1,06)	0,96					
71. Lu	1,27		(1,14)	0,96					
72. Hf	1,30		(1,23)	0,98					
73. Ta	1,50		(1,33)	1,04					
74. W	2,36		(1,40)	1,13					
75. Re	1,90		(1,46)	1,19					
76. Os	2,20		(1,52)	1,26					
77. Ir	2,20		(1,55)	1,33					
78. Pt	2,28		(1,44)	1,36					
79. Au	2,54		(1,42)	1,72	0,64	1,96			
80. Hg	2,00		(1,44)	1,92	0,79	1,43			
81. Tl(I)	1,62		(1,44)	1,36	0,94	1,52			
Tl(III)	2,04			1,96					
82. Pb(II)	1,87			1,61	1,09	1,66			
Pb(IV)	2,33		(1,55)	2,01					
83. Bi	2,02		(1,67)	2,06	1,24	1,81			
84. Po	2,00		(1,76)			1,95			
85. At	2,20		(1,90)			2,11			
86. Rn			(2,06)						
87. Fr	0,70		(0,86)						
88. Ra	0,90		(0,97)						
89. Ac	1,10		(1,00)						
90. Th	1,30		(1,11)						
91. Pa	1,50		(1,14)						
92. U	1,70		(1,22)						
93. Np	1,30		(1,22)						
94. Pu	1,30		(1,22)						
95. Am	1,30		(1,2)						
96. Cm	1,30		(1,2)						
97. Bk	1,30		(1,2)						
98. Cf	1,30		(1,2)						
99. Es	1,30		(1,2)						
100. Fm	1,30		(1,2)						
101. Md	1,30		(1,2)						
102. No	1,30								

2.1.5 Radien der Elemente und ihrer Ionen

Radien werden aus interatomaren Abständen gasförmiger Moleküle oder kristalliner Festkörper bestimmt. Sie werden daher von verschiedenen Faktoren beeinflußt, u. a. Bindungsordnung, Bindungstyp und Koordinationszahl. Aus diesem Grunde existieren zwei Klassen von Radien: Die ionischen Radien 2.1.5.1 und die Atomradien 2.1.5.2. Die zweite Gruppe läßt sich wiederum in metallische und kovalente Radien unterteilen, zu den kovalenten Radien zählen auch die ihnen verwandten Bragg-Slater (r_{BS}) – und die Orbital-Radien. Die van der Waals-Radien (r_{vdW}) [11], die den minimalen Abstand zweier nichtbindender Atome angeben, sind im wesentlichen identisch mit den uni- oder bivalenten Radien der Anionen des betreffenden Elements.

Ionenradien

Die Ionenradien für die Koordinationszahl sechs wurden aus einer Analyse der Atomabstände ionischer Kristalle gewonnen. Dabei basieren die Paulingschen [1] (überarbeitet durch Ahrens [2]) Radien (r_A) auf einem Wert von 140 pm für O^{2-}. Eine neuere Auswertung von Strukturen führte zu den Radien von Shannon und Prewitt [3, 4, 5], von denen die für Oxide und Halogenide (r_{S1}) und für Sulfide und Selenide [6] (r_{S2}) hier tabelliert sind. Diese effektiven Ionenradien berücksichtigen auch kovalente Bindungsanteile und basieren auf Werten für O^{2-} von 140 und für F^- von 133 pm. Die Umrechnung auf andere Koordinationszahlen ist möglich, Umrechnungsfaktoren [7] sind in Tab. 2.1.5.4 wiedergegeben.

Atomradien

Radien für Atome in kovalenten Bindungen r_{K1} wurden ebenfalls von Pauling [1] gegeben, dabei entsprechen die Radien der Metalle denen für die Metalleinfachbindungen. Eine zweite Radienkompilation, r_{K2}, gab Sutton [8], seine Werte unterscheiden sich von den Paulingschen im Bereich der Elemente mit niedrigen Ordnungszahlen. Die Radien für kovalente Einfachbindungen gelten nur, wenn die Atome soviel Bindungen eingegangen sind, wie ihrer Stellung im Periodensystem entspricht (z. B. Cl eine und P drei Bindungen).

Korrekturen für ionische Bindungsanteile sind durch die Gleichung

$$d(A - B) = r_A + r_B - c\,|\chi_A - \chi_B|$$

mit c = 8 pm für alle Bindungen mit mindestens einem Atom der ersten Achter-Periode (c = 6 pm bei Bindungen zwischen A = Si, P, S; B = elektronegativeres Atom (ENA); c = 4 pm bei Bindungen zwischen A = Ge, As, Se; B = ENA und c = 2 pm bei Bindungen zwischen A = Sn, Sb, Te; B = ENA; χ = Elektronegativität. Radien für Doppelbindungen sind im Schnitt um 10 pm, für Dreifachbindungen um 17 pm kleiner als die Einfachbindungsradien. Slater [9] leitete Radien (r_S) ab, die unabhängig vom Bindungstyp sind. Die Slater-Radien geben die Abstände vom Kern an, bei denen die radiale Verteilungsfunktion der Elektronen ihr Maximum hat, entsprechen also den Minimalabständen, auf die sich die inneren Schalen der Atome nähern können. Auf dem Orbitalkonzept basieren auch die Zungerschen Pseudopotentialradien (r_Z), die für s-, p- und d-Orbitale tabelliert sind. Diese Radien entsprechen den Abständen der Orbitale, bei denen die Paulingschen Abstoßungskräfte durch die Coulombsche Anziehung kompensiert werden [10].

Unter r_M sind die Paulingschen Radien [7] für die metallische Bindung (Koordinationszahl = 12) tabelliert.

1. L. Pauling, J. Am. Chem. Soc. **49** (1927) 765
2. L. H. Ahrens, Geochim. Cosmochim. Acta **2** (1952) 155
3. R. D. Shannon, C. T. Prewitt, Acta Cryst. **B25** (1969) 925
4. R. D. Shannon, C. T. Prewitt, Acta Cryst. **B26** (1970) 1046
5. R. D. Shannon, Acta Cryst. **A32** (1976) 51
6. R. D. Shannon, Struct. Bond. Cryst. **2** (1981) 53
7. L. Pauling, Die Natur der chemischen Bindung, VCH, Weinheim, 1976
8. L. Sutton, Tables of Interatomic Distances, Spec. Publ. **11, 18** The Chemical Society, London, 1958 und 1965
9. J. C. Slater, J. Chem. Phys. **41** (1964) 3199
10. A. Zunger, Phys. Rev. **22** (1980) 5839
11. A. Bondi, J. Chem. Phys. **68** (1964) 441

2.1.5.1 Ionenradien der Elemente in pm

O.Z.	*)	$r_A^{1,2}$	r_{S1}^{3-5}	r_{S2}^{6}
1	H (+)		– 38 (I)	
	H (–)	208		
2	He			
3	Li (+1)	68	76	90
4	Be (+2)	35	45	39 (IV)
5	B (+3)	23	27	24 (IV)
6	C (+4)	16	16 (IV)	1 (III)
7	N (–3)		146 (IV)	
	N (+1)		25	
	N (+3)	16	16	
	N (+5)	13	13	
8	O (–2)	140	140	
	O (–1)	176		
	O (+1)	22		
9	F (–1)	133	133	
10	Ne			
11	Na (+1)	97	102	121
12	Mg (+2)	66	72,0	90,0
13	Al (+3)	51	53,5	69
14	Si (+4)	42	26 (IV)	42,5 (IV)
15	P (–3)	212		
	P (+3)	44	44	
	P (+5)	35	38	35,0 (IV)
16	S (–2)	184	184	176
	S (+4)	37	37	
	S (+6)	30	29	
17	Cl (–1)	181	181	
	Cl (+5)		12 (III, Py)	
	Cl (+7)	27	27	
18	Ar (+1)	154		
19	K (+1)	133	138	152
20	Ca (+2)	99	100	114
21	Sc (+3)	81	74,5	87
22	Ti (+2)		86	78
	Ti (+3)	76	67,0	75
	Ti (+4)	68	60,5	73,0
23	V (+2)	88	79	(73)
	V (+3)	74	64,0	72
	V (+4)	63	58	66
	V (+5)	59	54	49 (IV)
24	Cr (+2)		LS 73	
			HS 80	90
	Cr (+3)	63	61,5	70,5
	Cr (+4)		55	64
	Cr (+5)		49	–
	Cr (+6)	52	44	–
25	Mn (+2)		LS 67	–
		80	HS 83,0	91,5
	Mn (+3)		LS 58	–
		66	HS 64,5	77,0
	Mn (+4)	60	53,0	62
	Mn (+5)		33 (IV)	–
	Mn (+6)		25,5 (IV)	–
	Mn (+7)	46	46	–

*) Die Ionenradien sind, soweit nicht anders angegeben (römische Zahl), für die Koordinationszahl sechs (Oktaeder) tabelliert. (Py = pyramidal, QP = quadratisch planar, HS = high spin, LS = low spin Konfiguration).

Ionenradien der Elemente (Fortsetzung)

O.Z.	*)	$r_A^{1,2}$	r_{S1}^{3-5}	r_{S2}^{6}
26	Fe (+2)		LS 61	55
		74	HS 78,0	82,5
	Fe (+3)		LS 55	59,5
		64	HS 64,5	72,0
	Fe (+4)		58,5	59
	Fe (+6)		25 (IV)	–
27	Co (+2)		LS 65	68
		72	HS 74,5	–
	Co (+3)		LS 54,5	57,0
		63	HS 61	–
	Co (+4)		HS 53	
28	Ni (+2)	69	69,0	53 (IV)
	Ni (+3)		LS 56	66
			HS 60	70
	Ni (+4)		LS 48	56
29	Cu (+1)	96	77	63,5 (IV)
	Cu (+2)	72	73	62 (IV)
	Cu (+3)		LS 54	49 (IV)
30	Zn (+2)	74	74,0	79
31	Ga (+3)	62	62,0	74
32	Ge (+2)	73	73	–
	Ge (+4)	53	53,0	51,0
33	As (+3)	58	58	
	As (+5)	46	46	46,5 (IV)
34	Se (–2)	198	198	184
	Se (+4)	50	50	–
	Se (+6)	42	42	–
35	Br (–1)	196	196	–
	Br (+3)		59 (IV, QP)	–
	Br (+5)		31 (III, Py)	–
	Br (+7)	39	39	–
36	Kr			
37	Rb (+1)	147	152	173 (VII)
38	Sr (+2)	112	118	132
39	Y (+3)	92	90,0	101
40	Zr (+4)	79	72	85,0
41	Nb (+3)		72	83
	Nb (+4)	74	68	77
	Nb (+5)	69	64	74
42	Mo (+3)		69	76
	Mo (+4)	70	65,0	69
	Mo (+5)		61	61 (V)
	Mo (+6)	62	59	66
43	Tc (+4)		64,5	–
	Tc (+5)		60	–
	Tc (+7)	56	56	–
44	Ru (+3)		68	68,5
	Ru (+4)	67	62,0	67
	Ru (+5)		56,5	–
	Ru (+7)		38 (IV)	–
	Ru (+8)		36 (IV)	–
45	Rh (+3)	68	66,5	66,5
	Rh (+4)		60	–
	Rh (+5)		55	–
46	Pd (+1)		59 (II)	–
	Pd (+2)	80	86	62,5 (IV, QP)
	Pd (+3)		76	–
	Pd (+4)	65	61,5	–

Ionenradien der Elemente (Fortsetzung)

O.Z.	*)	$r_A^{1,2}$	r_{S1}^{3-5}	r_{S2}^{6}
47	Ag (+1)	126	115	101
	Ag (+2)	89	94	–
	Ag (+3)		75	–
48	Cd (+2)	97	95	102
49	In (+3)	81	80,0	92,0
50	Sn (+2)	93	122 (VIII)	–
	Sn (+4)	71	69,0	86,0
51	Sb (+3)	76	76	–
	Sb (+5)	62	60	64 (IV)
52	Te (−2)	221	221	207
	Te (+4)	70	97	80 (IV)
	Te (+6)	56	56	–
53	I (−1)	220	220	–
	I (+5)	62	95	–
	I (+7)	50	53	–
54	Xe (+8)		48	–
55	Cs (+1)	167	167	190 (VII)
56	Ba (+2)	134	135	149
57	La (+3)	114	104,5	125 (VII)
58	Ce (+3)	107	101	–
	Ce (+4)	94	87	–
59	Pr (+3)	106	99,7	114
	Pr (+4)	92	85	–
60	Nd (+2)		129 (VIII)	–
	Nd (+3)	104	98,3	–
61	Pm (+3)	106	97	–
62	Sm (+2)		122 (VII)	128
	Sm (+3)	100	95,8	109
63	Eu (+2)	–	117	128
	Eu (+3)	98	94,7	113 (VII)
64	Gd (+3)	97	93,8	112 (VII)
65	Tb (+3)	93	92,3	104
	Tb (+4)	81	76	–
66	Dy (+2)		107	–
	Dy (+3)	92	91,2	110 (VII)
67	Ho (+3)	91	90,1	–
68	Er (+3)	89	89,0	–
69	Tm (+2)	–	103	–
	Tm (+3)	87	88,0	107 (VII)
70	Yb (+2)	–	102	114
	Yb (+3)	86	86,8	102
71	Lu (+3)	85	86,1	99
72	Hf (+4)	78	71	85
73	Ta (+3)	–	72	–
	Ta (+4)	–	68	79
	Ta (+5)	68	64	75
74	W (+4)	70	66	70
	W (+5)	–	62	–
	W (+6)	62	60	66
75	Re (+4)	72	63	–
	Re (+5)	–	58	–
	Re (+6)	–	55	–
	Re (+7)	56	53	–
76	Os (+4)	69	63,0	65
	Os (+5)	–	57,5	–
	Os (+6)	–	54,5	–
	Os (+7)	–	52,5	–
	Os (+8)	–	39 (IV)	–

Ionenradien der Elemente (Fortsetzung)

O.Z.	*)	$r_A^{1,2}$	r_{S1}^{3-5}	r_{S2}^{6}
77	Ir (+3)	–	68	67
	Ir (+4)	68	62,5	–
	Ir (+5)	–	57	–
78	Pt (+2)	80	80	60 (IV, QP)
	Pt (+4)	65	62,5	64
	Pt (+5)	–	57	–
79	Au (+1)	137	137	
	Au (+2)			58 (II)
	Au (+3)	85	85	62 (IV, QP)
	Au (+5)	–	57	
80	Hg (+1)	–	119	
	Hg (+2)	110	102	84 (IV)
81	Tl (+1)	147	150	145?
	Tl (+3)	95	88,5	96
82	Pb (+2)	120	119	127
	Pb (+4)	84	77,5	–
83	Bi (+3)	96	103	115
	Bi (+5)	74	76	–
84	Po (+4)	–	94	–
	Po (+6)	67	67	–
85	At (+7)	62	62	–
86	Rn	–		–
87	Fr (+1)	180	180	–
88	Ra (+2)	143	148 (VIII)	–
89	Ac (+3)	118	112	140 (VIII)
90	Th (+4)	102	94	117 (VIII)
91	Pa (+3)	113	104	–
	Pa (+4)	98	90	–
	Pa (+5)	89	78	–
92	U (+3)	–	104	113 (VII)
	U (+4)	97	89	99
	U (+5)	–	76	–
	U (+6)	80	73	–
93	Np (+2)	–	110	–
	Np (+3)	110	102	–
	Np (+4)	95	87	–
	Np (+5)	–	75	–
	Np (+6)	–	72	–
	Np (+7)	71	71	–
94	Pu (+3)	108	101	122 (VIII)
	Pu (+4)	93	86	–
	Pu (+5)	–	74	
	Pu (+6)	–	71	–
95	Am (+2)	–	121 (VII)	
	Am (+3)	107	100	122 (VIII)
	Am (+4)	92	85	–
96	Cm (+3)		97	
	Cm (+4)		85	
97	Bk (+3)		96	
	Bk (+4)		83	
98	Cf (+3)		95	122 (VII)
	Cf (+4)		82,1	
99	Es			
100	Fm			
101	Md			
102	No (+2)		(110)	

2.1.5.2 Atomradien der Elemente in pm

	r_M [7, a]	r_{BS} [9]	r_{vdW} [11]	r_{K_1} [7]	r_{K_2} [8]	r_z [10, b]		
						s	p	d-Orbital
$_{1}$H	–	25	140	30	37			
$_{2}$He	140		140	–	–			
$_{3}$Li	156	145	180	123	134	0,985	0,625	
$_{4}$Be	112	105		89	125	0,64	0,44	
$_{5}$B	89	85		81	90	0,48	0,315	
$_{6}$C	91	70	170	77	77	0,39	0,25	
$_{7}$N	92	65	155	70	75	0,33	0,21	
$_{8}$O	–	60	150	66	73	0,258	0,18	
$_{9}$F	–	50	150–160	64	71	0,25	0,155	
$_{10}$Ne	154		160	–	(69)	0,22	0,14	
$_{11}$Na	192	180	230	157	154	1,10	1,55	
$_{12}$Mg	160	150	170	136	145	0,90	1,13	
$_{13}$Al	143	125	205	125	130	0,77	0,905	
$_{14}$Si	132	110	210	117	118	0,68	0,74	
$_{15}$P	128	100	190	110	110	0,60	0,64	
$_{16}$S	127	100	185	104	102	0,54	0,56	
$_{17}$Cl	–	100	175	99	99	0,50	0,51	
$_{18}$Ar	188	–	188	–	(97)	0,46	0,46	
$_{19}$K	238	220	280	203	196	1,54	2,15	0,37
$_{20}$Ca	197	180		174	–	1,32	1,68	0,34
$_{21}$Sc	166	160		144	–	1,22	1,53	0,31
$_{22}$Ti	147	140		132	–	1,15	1,43	0,28
$_{23}$V	135	135		122	–	1,09	1,34	0,26
$_{24}$Cr	129	140		118	–	1,07	1,37	0,25
$_{25}$Mn	137	140		118	139	0,99	1,23	0,23
$_{26}$Fe	126	140		116	125	0,95	1,16	0,22
$_{27}$Co	125	135		116	126	0,92	1,10	0,21
$_{28}$Ni	125	135	160	115	121	0,96	1,22	0,195
$_{29}$Cu	128	135	140	117	–	0,88	1,16	0,185
$_{30}$Zn	134	135	140	125	120	0,82	1,06	0,175
$_{31}$Ga	153	130	190	125	120	0,76	0,935	0,17
$_{32}$Ge	137	125	234	122	122	0,72	0,84	0,16
$_{33}$As	139	115	200	121	122	0,67	0,745	0,155
$_{34}$Se	140	115	200	117	117	0,615	0,67	0,15
$_{35}$Br	–	115	200	114	114	0,58	0,62	0,143
$_{36}$Kr	202	–	200	–	110	0,56	0,60	0,138
$_{37}$Rb	250	235	244	216		1,67	2,43	0,71
$_{38}$Sr	215	200		191		1,42	1,79	0,633
$_{39}$Y	178	180		162		1,32	1,62	0,58
$_{40}$Zr	160	155		145		1,265	1,56	0,54
$_{41}$Nb	147	145		134		1,23	1,53	0,51
$_{42}$Mo	140	145		130		1,22	1,50	0,49
$_{43}$Tc	137	135		127		1,16	1,49	0,455
$_{44}$Ru	132,5	130		125		1,145	1,46	0,45
$_{45}$Rh	134,5	135		125		1,11	1,41	0,42
$_{46}$Pd	138	140	160	128		1,08	1,37	0,40
$_{47}$Ag	144	160	170	134		1,045	1,33	0,385
$_{48}$Cd	149	155	160	141		0,985	1,23	0,37
$_{49}$In	167	155	190	150		0,94	1,11	0,36
$_{50}$Sn	220	145	158	140	140	0,88	1,00	0,345
$_{51}$Sb	159	145	220	141	143	0,83	0,935	0,335
$_{52}$Te	160	140	220	137	135	0,79	0,88	0,325
$_{53}$I	–	140	210	133	133	0,755	0,83	0,315
$_{54}$Xe	216	–	220	–	130	0,75	0,81	0,305
$_{55}$Cs	272	260	262	253		1,71	2,60	
$_{56}$Ba	224	215		198		1,515	1,887	0,94

Atomradien der Elemente (Fortsetzung)

	r_M [7, a]	r_{BS} [9]	r_{vdW} [11]	r_{K_1} [7]	r_{K_2} [8]	r_z [10, b]		
						s	p	d-Orbital
$_{57}$La	187	195		169		1,375	1,705	0,874
$_{58}$Ce	182 (γ)	185		165				
$_{59}$Pr	183 (α)	185		165				
$_{60}$Nd	182	185		164				
$_{61}$Pm	181	185		165				
$_{62}$Sm	180 (α)	185		162				
$_{63}$Eu	200	185		185				
$_{64}$Gd	179	180		161				
$_{65}$Tb	176	175		159				
$_{66}$Dy	175	175		159				
$_{67}$Ho	174	175		158				
$_{68}$Er	173	175		157				
$_{69}$Tm	172	175		156				
$_{70}$Yb	194 (α)	175		174				
$_{71}$Lu	172	175		156				
$_{72}$Hf	156	155		144		1,30	1,61	0,63
$_{73}$Ta	147	145		134		1,25	1,54	0,605
$_{74}$W	141	135		130		1,22	1,515	0,59
$_{75}$Re	137	135		128		1,19	1,49	0,565
$_{76}$Os	134	130		126		1,17	1,48	0,543
$_{77}$Ir	136	135		127		1,16	1,468	0,526
$_{78}$Pt	137	135	170–180	130		1,24	1,46	0,51
$_{79}$Au	144	135	170	134		1,21	1,45	0,488
$_{80}$Hg	162	150	150	144		1,07	1,34	0,475
$_{81}$Tl	170	190	200	155		1,015	1,22	0,463
$_{82}$Pb	175	–	200	154		0,96	1,13	0,45
$_{83}$Bi	182	160	240	146		0,92	1,077	0,438
$_{84}$Po	176	190	–	146		0,88	1,02	0,425
$_{85}$At	–	–	–	145		0,85	0,98	0,475
$_{86}$Rn	240	–	240	–		0,84	0,94	0,405
$_{87}$Fr		–	–	–				
$_{88}$Ra	230	215	–	–				
$_{89}$Ac	188	195	–					
$_{90}$Th	180	180	–	165				
$_{91}$Pa	164	180						
$_{92}$U	154	175	190	142				
$_{93}$Np	150	175						
$_{94}$Pu	164	175						
$_{95}$Am	173	175						
$_{96}$Cm	174							
$_{97}$Bk	170							
$_{98}$Cf	186							
$_{99}$Es	186							

[a] Metallische Radien für die Koordinationszahl (K_Z) zwölf.
Die Radien für die $K_z = 8$, 6 und (4) erhält man näherungsweise durch Multiplikation dieser Werte mit 0,97; 0,96 und (0,88).

[b] Die Zungerschen Pseudopotentialradien sind in atomaren Einheiten angegeben.

2.5.1.3 Streuungs- σ_s und Absorptionsquerschnitt σ_a für thermische Neutronen
(Geschwindigkeit: 2200 m s^{-1})

Element	σ_a (barn)	$\bar{\sigma}_s$ (barn)
$_1$H	0,328±0,002	38±4 (Gas)
$_2$He	0	0,8±0,2
$_3$Li	70,4±0,4	1,4±0,3
$_4$Be	0,010±0,001	7±1
$_5$B	758±4	4±1
$_6$C	3,73±0,07 · 10^{-3}	4,8±0,2
$_7$N	1,88±0,05	10±1
$_8$O	< 2 · 10^{-4}	4,2±0,3
$_9$F	< 1 · 10^{-2}	3,9±0,2
$_{10}$Ne	0,032±0,009	2,4±0,3
$_{11}$Na	0,531±0,008	4,0±0,5
$_{12}$Mg	0,063±0,003	3,6±0,4
$_{13}$Al	0,241±0,003	1,4±0,1
$_{14}$Si	0,16±0,02	1,7±0,3
$_{15}$P	0,20±0,02	5±1
$_{16}$S	0,52±0,02	1,1±0,2
$_{17}$Cl	33,8±1,1	16±3
$_{18}$Ar	0,66±0,04	1,5±0,5
$_{19}$K	2,07±0,07	1,5±0,3
$_{20}$Ca	0,44±0,02	3,2±0,3
$_{21}$Sc	27,2±1	24±2
$_{22}$Ti	5,8±0,4	4±1
$_{23}$V	5,00±0,01	5±1
$_{24}$Cr	3,1±0,2	3,0±0,5
$_{25}$Mn	13,2±0,1	2,3±0,3
$_{26}$Fe	2,62±0,06	11±1
$_{27}$Co	37,1±1,0	7±1
$_{28}$Ni	4,6±0,1	17,5±1
$_{29}$Cu	3,81±0,03	7,2±0,7
$_{30}$Zn	1,10±0,02	3,6±0,4
$_{31}$Ga	2,80±0,13	4±1
$_{32}$Ge	2,45±0,20	3±1
$_{33}$As	4,3±0,2	6±1
$_{34}$Se	11,7±0,1	11±2
$_{35}$Br	6,82±0,06	6±1
$_{36}$Kr	25±2	7,2±0,7
$_{37}$Rb	0,73±0,07	5,5±0,5
$_{38}$Sr	1,21±0,06	10±1
$_{39}$Y	1,31±0,08	
$_{40}$Zr	0,185±0,004	8±1
$_{41}$Nb	1,16±0,02	5±1
$_{42}$Mo	2,70±0,04	7±1
$_{43}$Tc	22±3	5±1
$_{44}$Ru	2,56±0,12	6±1
$_{45}$Rh	149±4	5±1
$_{46}$Pd	8,0±1,5	3,6±0,6
$_{47}$Ag	64,5±0,6	6±1
$_{48}$Cd	2537±9	7±1
$_{49}$In	194±2	2,2±0,5
$_{50}$Sn	0,625±0,015	4±1
$_{51}$Sb	5,7±1,0	4,3±0,5
$_{52}$Te	4,7±0,1	5±1
$_{53}$I	6,22±0,25	3,6±0,5
$_{54}$Xe	74±1	4,3±0,4
$_{55}$Cs	28±1	7±1
$_{56}$Ba	1,2±0,1	8±1
$_{57}$La	8,9±0,2	9,3±0,7
$_{58}$Ce	0,73±0,08	2,8±0,5
$_{59}$Pr	11,3±0,2	4,0±0,4
$_{60}$Nd	49,9±2,2	16±3
$^{146}_{61}$Pm	8000	–
$_{62}$Sm	5828±30	–
$_{63}$Eu	4406±30	8±1
$_{64}$Gd	46617±100	–
$_{65}$Tb	23±3	–
$_{66}$Dy	940±20	100±20
$_{67}$Ho	65±3	–
$_{68}$Er	173±17	–
$_{69}$Tm	127±4	7±3
$_{70}$Yb	37±4	12±5
$_{71}$Lu	84±5	–
$_{72}$Hf	101,4±0,5	8±2
$_{73}$Ta	21,0±0,7	5±1
$_{74}$W	19,2±1,0	5±1
$_{75}$Re	86±4	14±4
$_{76}$Os	15,3±0,7	15,3±1,5
$_{77}$Ir	440±20	–
$_{78}$Pt	8,8±0,4	10±1
$_{79}$Au	98,6±0,3	9,3±1,0
$_{80}$Hg	374±5	20±5
$_{81}$Tl	3,4±0,5	14±2
$_{82}$Pb	0,170±0,002	11±1
$_{83}$Bi	0,034±0,002	9±1
$^{210}_{84}$Po	< 0,5	
$^{222}_{86}$Rn	0,7	
$^{226}_{88}$Ra	20	
$^{227}_{89}$Ac	810	
$_{90}$Th	7,56±0,11	12,6±0,2
$^{232}_{91}$Pa	500	
$_{92}$U	7,68±0,07	8,3±0,2
$^{237}_{93}$Np	180	
$^{244}_{94}$Pu	1,7	
$^{243}_{95}$Am	74	
$^{247}_{96}$Cm	60	
$^{249}_{97}$Bk	710	
$^{251}_{98}$Cf	2900	
$^{253}_{99}$Es	160	
$^{257}_{100}$Fm	5800	

Tabelle 2.1.5.4 Umrechnungsfaktoren für den Übergang von der Koordinationszahl 6 auf andere Koordinationszahlen in Ionenkristallen

Koordinations-zahl	Born-Exponent n						
	6	7	8	9	10	11	12
12	1,15	1,12	1,10	1,09	1,08	1,07	1,07
9	1,09	1,07	1,06	1,05	1,05	1,04	1,04
8	1,06	1,05	1,04	1,04	1,03	1,03	1,03
7	1,03	1,03	1,02	1,02	1,02	1,02	1,01
6	1,00	1,00	1,00	1,00	1,00	1,00	1,00
5	0,96	0,97	0,97	0,98	0,98	0,98	0,98
4	0,92	0,94	0,94	0,95	0,96	0,96	0,96

Die Bornschen Exponenten n haben für Ionen der entsprechenden Edelgaskonfiguration die folgenden Zahlenwerte: He n = 5; Ne n = 7; Ar, Cu^+ n = 9; Kr, Ag^+ n = 10; Xe, Au^+ n = 12. Sind Ionen verschiedener Edelgaskonfiguration an der Bindung beteiligt, wird der Mittelwert der Born-Exponenten verwendet.

2.1.6 Luft

2.1.6.1 Zusammensetzung der trockenen Luft am Erdboden

	N_2	O_2	Ar	CO_2	Ne	He	Kr	Xe	H_2
Vol.-%	78,09	20,95	0,93	0,03	0,0018	0,000524	0,0001	$8 \cdot 10^{-6}$	$5 \cdot 10^{-5}$
Gew.%	75,52	23,15	1,28	0,05	0,0013	0,00007	0,0003	$4 \cdot 10^{-5}$	$4 \cdot 10^{-6}$

O_3 ist zu $1 \cdot 10^{-6}$ Vol.-% und Rn zu $\approx 6 \cdot 10^{-18}$ Vol.-% vorhanden.

2.1.6.2 Dichte

2.1.6.2 a Dichte der trockenen Luft

	D in kg m^{-3} bei P in hPa											
T [K] t [°C]	P 930	940	950	960	970	980	990	1000	1010	1020	1030	1040
273,15 0	1,187	1,200	1,212	1,225	1,238	1,251	1,264	1,276	1,288	1,301	1,314	1,327
275,15 2	1,178	1,191	1,203	1,216	1,229	1,242	1,255	1,267	1,280	1,292	1,305	1,318
277,15 4	1,170	1,183	1,195	1,207	1,220	1,233	1,246	1,258	1,270	1,282	1,295	1,308
279,15 6	1,161	1,174	1,186	1,199	1,211	1,224	1,237	1,249	1,261	1,273	1,286	1,299
281,15 8	1,154	1,166	1,178	1,190	1,203	1,215	1,228	1,240	1,252	1,264	1,277	1,289
283,15 10	1,145	1,157	1,169	1,182	1,194	1,207	1,219	1,231	1,243	1,255	1,268	1,280
285,15 12	1,137	1,149	1,161	1,173	1,186	1,198	1,210	1,223	1,235	1,247	1,259	1,271
287,15 14	1,129	1,141	1,153	1,165	1,178	1,190	1,202	1,215	1,227	1,239	1,251	1,262

2.1.6.2.1 **Dichte der trockenen Luft** (Fortsetzung)

T [K] t [°C]	D in $kg\ m^{-3}$ bei P in hPa P 930	940	950	960	970	980	990	1000	1010	1020	1030	1040
289,15 16	1,121	1,133	1,145	1,157	1,169	1,181	1,193	1,206	1,218	1,230	1,242	1,254
291,15 18	1,112	1,124	1,136	1,148	1,161	1,172	1,185	1,197	1,209	1,221	1,233	1,245
293,15 20	1,106	1,118	1,130	1,142	1,153	1,165	1,177	1,189	1,201	1,218	1,225	1,237
295,15 22	1,098	1,110	1,122	1,134	1,145	1,157	1,169	1,181	1,193	1,205	1,217	1,228
297,15 24	1,091	1,102	1,114	1,126	1,138	1,149	1,161	1,173	1,185	1,197	1,208	1,220
299,15 26	1,083	1,095	1,106	1,118	1,130	1,141	1,153	1,165	1,177	1,191	1,200	1,212
301,15 28	1,077	1,088	1,100	1,111	1,123	1,134	1,146	1,157	1,169	1,181	1,192	1,204
303,15 30	1,070	1,082	1,093	1,104	1,116	1,127	1,139	1,150	1,162	1,173	1,185	1,196

Dichte der trockenen Luft bei 1013,25 hPa

T [K]	308	313	323	333	343	353	363	473
D [$kg\ m^{-3}$]	1,146	1,127	1,092	1,060	1,029	0,999	0,972	0,946

2.1.6.2.2 **Dichte der trockenen Luft auf den physikalischen Normzustand bezogen**

$D_{(273,15\ K;\ 1013,25\ hPa)} = 1,293\ kg\ m^{-3}$

T K	$\frac{D}{D_{(273,15\ K;\ 1013,25\ hPa)}}$ bei *p* in hPa 1013	4053	7093	10130	40530	70930	101300
100	2,7830						
200	1,3681	5,511	9,713	13,976	60,13	112,66	168,40
300	0,9102	3,644	6,383	9,125	36,72	64,34	91,61
400	0,6823	2,7277	4,771	6,811	27,043	46,89	66,27
500	0,5458	2,1809	3,813	5,441	21,526	37,23	52,53
600	0,4548	1,8171	3,176	4,532	17,917	30,977	43,71
700	0,3898	1,5575	2,7226	3,885	15,360	26,567	37,51
800	0,3411	1,3629	2,3825	3,400	13,449	23,274	32,879
900	0,3032	1,2115	2,1180	3,023	11,964	20,720	29,290
1000	0,2729	1,0905	1,9065	2,721	10,777	18,675	26,419

2.1.6.2.3 Kondensationsdruck p_{kond}, Verdampfungsdruck p_V und Dichte der flüssigen (D') und der dampfförmigen Luft (D'') im Sättigungszustand

T K	p_{kond} MPa	p_V MPa	D' kg m^{-3}	D'' kg m^{-3}	T K	p_{kond} MPa	p_V MPa	D' kg m^{-3}	D'' kg m^{-3}
123,03	2,400	2,537	–	–	132,26	3,706	–	–	262
126,83	–	3,023	523		132,30	3,723	3,768	359	–
128,80	–	3,295	503	–	132,31	–	–	–	269
129,03	3,147	3,356	–	–	132,32	3,717		–	–
129,80	–	–	488	–	132,35	3,717	3,770	365	265
129,81	3,227	3,424	–	188	132,40	3,735		–	–
130,01	3,249	–	–	–	132,41	3,748	3,791	–	273
130,80	3,436	3,578	461	–	132,42 [1]		3,775	350	–
131,16	3,504	–	–	217	132,45	–	–	328	–
131,80	3,570	3,697	–	–	132,46	3,751	3,776	323	–
131,81	–	–	439	–	132,51	3,761	3,774	–	
132,16	3,683		–	253	132,52 [2]	3,767	3,767	310	310

[1] Faltenpunkt. [2] Kritischer Punkt.

2.1.6.3 Kompressibilität ($p \cdot V$-Werte) s. Tabelle 3.3.3.3

2.1.6.4 C_p/C_V

T K	p in MPa				
	0,1	1,0	4,0	7,0	10,0
200	1,4057	1,449	1,642	1,900	2,138
220	1,4048	1,439	1,574	1,732	1,877
240	1,4040	1,431	1,533	1,643	1,744
260	1,4032	1,426	1,506	1,589	1,663
280	1,4024	1,421	1,487	1,551	1,609
300	1,4017	1,418	1,472	1,524	1,571
350	1,3993	1,410	1,447	1,480	1,511
400	1,3961	1,404	1,430	1,454	1,475
500	1,3871	1,392	1,407	1,420	1,432
600	1,3768	1,379	1,388	1,397	1,404
800	1,354	1,355	1,359	1,363	1,367
1000	1,336	1,336	1,339	1,341	1,342

2.1.6.5 Schallgeschwindigkeit in Luft V

	p in hPa					
	100	500	1000	2000	5000	10 000
V (290,15 K) [m s^{-1}]	341,39	341,46	341,49	341,60	341,92	342,55
V (300,15 K) [m s^{-1}]	347,22	347,26	347,33	347,46	347,82	348,49

2.1.6.6 Dynamische η und kinematische Viskosität ν

T K	Dichte kg m^{-3}	η µPas	ν 10^{-6} m^2 s^{-1}	T K	Dichte kg m^{-3}	η µPas	ν 10^{-6} m^2 s^{-1}
73	4,830	5,15	1,07	293	1,205	18,19	15,10
93	3,792	6,47	1,71	303	1,165	18,67	16,03
113	3,120	7,76	2,49	313	1,128	19,15	16,98
133	2,654	9,04	3,40	333	1,060	20,08	18,92
153	2,308	10,28	4,46	353	1,000	20,97	20,92
173	2,080	11,50	5,52	373	0,947	21,84	23,04
193	1,828	12,69	6,94	393	0,898	22,67	25,22
213	1,657	13,86	8,36	433	0,815	24,30	29,80
233	1,515	15,00	9,89	473	0,746	25,86	34,65
253	1,396	16,10	11,53	523	0,675	27,77	41,12
273	1,293	17,10	13,28	573	0,616	29,6	48,0
283	1,247	17,68	14,18	673	0,525	33,0	62,9
				773	0,457	36,2	79,2
				873	0,405	39,4	97,4
				973	0,363	42,5	117,2

2.1.6.7 Thermodynamische Zustandsgrößen

2.1.6.7.1 Thermodynamische Zustandsgrößen von Luft im idealen Gaszustand

S_{id} ist unter Voraussetzung des idealen Gaszustandes die Entropie bei 1013 hPa (einschließlich der Mischungsentropie). H_{id} ist bei $T = 0$ gleich Null gesetzt. $R = 8{,}314$ J/Mol K; $RT_{273,15} = 2271{,}2$ J Mol^{-1}

T K	$\frac{Cp_{id}}{R}$	$\frac{H_{id}}{R \cdot T_{273,15}}$	$\frac{S_{id}}{R}$	T K	$\frac{Cp_{id}}{R}$	$\frac{H_{id}}{R \cdot T_{273,15}}$	$\frac{S_{id}}{R}$
50	3,491	0,635	17,663	550	3,622	7,080	26,067
100	3,491	1,274	20,082	600	3,661	7,746	26,384
150	3,491	1,913	21,498	650	3,703	8,420	26,678
200	3,492	2,553	22,503	700	3,745	9,102	26,954
250	3,494	3,192	23,282	750	3,786	9,791	27,214
300	3,500	3,832	23,920	800	3,827	10,488	27,460
350	3,512	4,474	24,460	850	3,867	11,192	27,693
400	3,530	5,118	24,930	900	3,905	11,901	27,915
450	3,555	5,767	25,347	950	3,941	12,622	28,127
500	3,586	6,420	25,723	1000	3,975	13,346	28,330

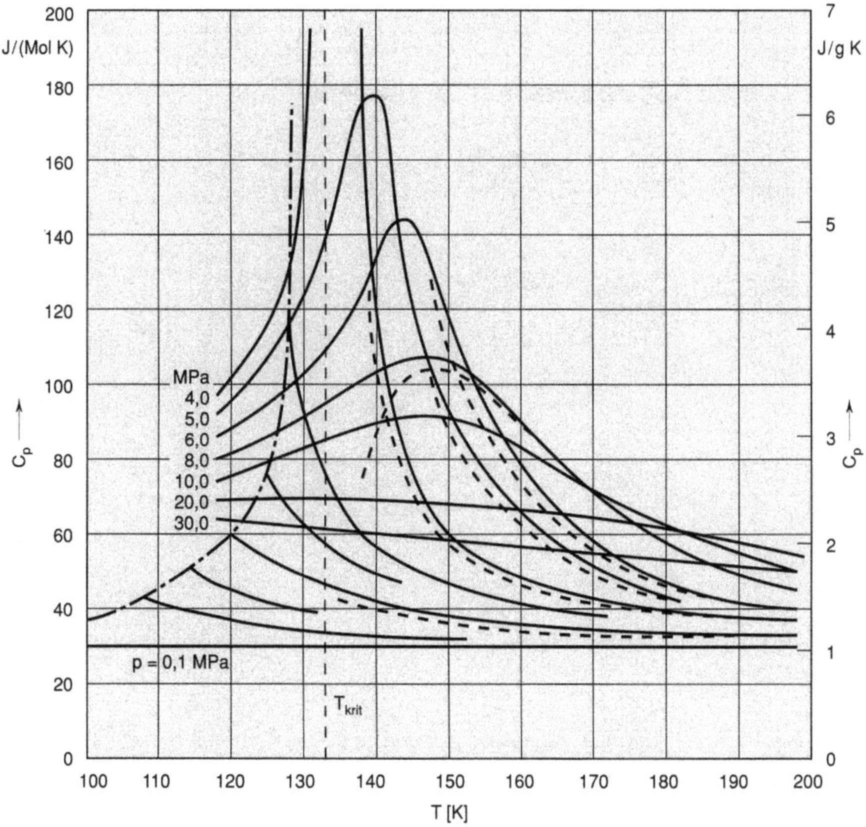

Luft, Molwärme C_p bei tiefen Temperaturen ——, ------ verschiedene Autoren

2.1.6.7.2 Thermodynamische Zustandsgrößen von flüssiger und gasförmiger Luft im Sättigungszustand

T_V Verdampfungstemperatur, T_{kond} Kondensationstemperatur, V' Molvolumen der flüssigen, V'' Molvolumen der gasförmigen Luft, H' Enthalpie, S' Entropie der flüssigen Luft, H'' Enthalpie, S'' Entropie der gasförmigen Luft. H' und S' sind für 78,8 K = 0 gesetzt

p	T_V	T_{kond}	V'	V''	H'	H''	S'	S''
hPa	K		$cm^3\,Mol^{-1}$		$J\,Mol^{-1}$		$J\,Mol^{-1}\,K^{-1}$	
1013	78,8	81,8	33,14	6456,7	0	5942	0	74,00
2026	85,55	88,31	34,39	3389,1	349	6096	4,19	70,30
3040	90,94	92,63	35,40	2319,0	585	6176	6,81	68,03
5070	96,38	98,71	36,94	1427,6	926	6251	10,39	64,98
7090	101,04	103,16	38,21	1029,1	1196	6280	13,05	62,84
10130	106,47	108,35	40,00	718,4	1549	6284	16,34	60,42
15200	113,35	114,91	43,21	464,8	2063	6233	20,83	57,37
20270	118,77	120,07	46,63	330,4	2527	6120	24,67	54,76
25330	123,30	124,41	50,37	246,6	2966	5960	28,08	52,25
30400	127,26	128,12	55,69	186,6	3412	5740	31,40	49,64
35460	130,91	131,42	64,90	134,2	3930	5399	35,40	46,60
37663 [1]	132,52 [1]		90,52		4755		41,36	
37744 [2]	132,42 [2]		88,28		4707		41,00	

[1] Kritischer Punkt. [2] Faltenpunkt.

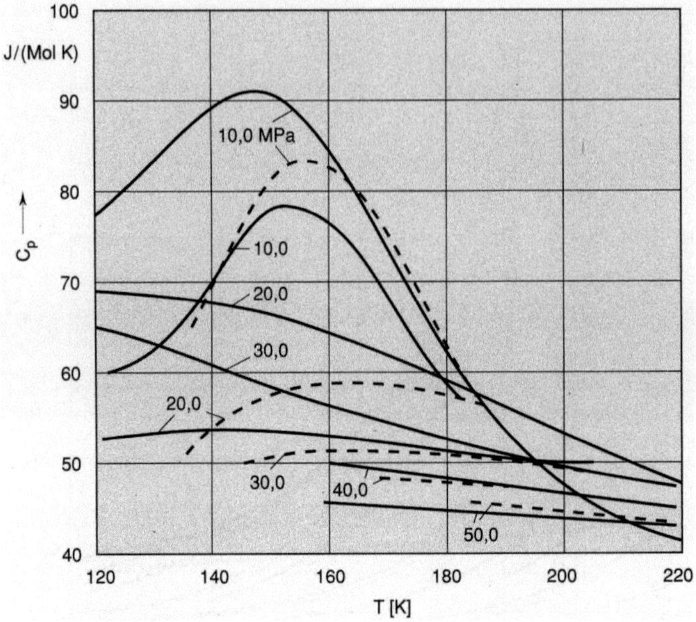

Luft, Molwärme C_p bei tiefen Temperaturen und höheren Drücken ——, ------ verschiedene Autoren

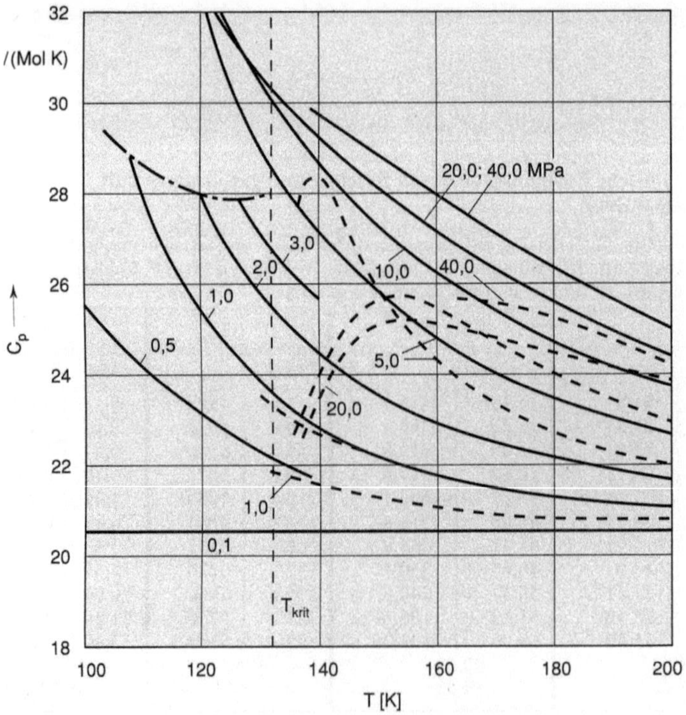

Luft, Molwärme C_p bei tiefen Temperaturen und höheren Drücken ——, ------ verschiedene Autoren

2.1.6.7.3 Luft – Plasma

Temperatur K	Zahl der Teilchen im cm^3					
	n_{N_2}	n_{O_2}	n_{NO}	n_N	n_O	n_{N+}
1013,25 hPa						
1000	$5,79 \cdot 10^{18}$	$1,54 \cdot 10^{18}$	$3,92 \cdot 10^{14}$	$2,02 \cdot 10^{-3}$	$6,02 \cdot 10^{8}$	
2000	$2,87 \cdot 10^{18}$	$7,45 \cdot 10^{17}$	$5,05 \cdot 10^{16}$	$2,99 \cdot 10^{9}$	$1,18 \cdot 10^{15}$	
3000	$1,80 \cdot 10^{18}$	$3,60 \cdot 10^{17}$	$1,75 \cdot 10^{17}$	$2,97 \cdot 10^{13}$	$1,11 \cdot 10^{17}$	
4000	$1,21 \cdot 10^{18}$	$4,84 \cdot 10^{16}$	$1,23 \cdot 10^{17}$	$2,68 \cdot 10^{15}$	$4,56 \cdot 10^{17}$	
5000	$8,70 \cdot 10^{18}$	$3,33 \cdot 10^{15}$	$5,18 \cdot 10^{16}$	$3,78 \cdot 10^{16}$	$5,03 \cdot 10^{17}$	
6000	$6,22 \cdot 10^{17}$	$2,77 \cdot 10^{14}$	$1,82 \cdot 10^{16}$	$2,10 \cdot 10^{17}$	$3,73 \cdot 10^{17}$	
7000	$2,57 \cdot 10^{17}$	$3,95 \cdot 10^{13}$	$2,08 \cdot 10^{15}$	$5,17 \cdot 10^{17}$	$2,72 \cdot 10^{17}$	$2,83 \cdot 10^{14}$
8000	$5,39 \cdot 10^{16}$	$8,12 \cdot 10^{12}$	$1,41 \cdot 10^{15}$	$6,57 \cdot 10^{17}$	$2,02 \cdot 10^{17}$	$1,75 \cdot 10^{15}$
9000	$9,75 \cdot 10^{15}$	$2,72 \cdot 10^{12}$	$4,00 \cdot 10^{14}$	$6,22 \cdot 10^{17}$	$1,71 \cdot 10^{17}$	$6,19 \cdot 10^{15}$
10000	$2,07 \cdot 10^{15}$	$1,16 \cdot 10^{12}$	$1,32 \cdot 10^{14}$	$5,47 \cdot 10^{17}$	$1,48 \cdot 10^{17}$	$1,61 \cdot 10^{16}$
12000				$3,58 \cdot 10^{17}$	$1,02 \cdot 10^{17}$	$6,22 \cdot 10^{16}$
14000				$1,66 \cdot 10^{17}$	$5,43 \cdot 10^{16}$	$1,26 \cdot 10^{17}$
16000				$5,14 \cdot 10^{16}$	$2,02 \cdot 10^{16}$	$1,56 \cdot 10^{17}$
18000				$1,44 \cdot 10^{16}$	$6,13 \cdot 10^{15}$	$1,53 \cdot 10^{17}$
20000				$4,51 \cdot 10^{15}$	$1,95 \cdot 10^{15}$	$1,41 \cdot 10^{17}$
22000				$1,62 \cdot 10^{15}$	$6,94 \cdot 10^{14}$	$1,27 \cdot 10^{17}$
24000				$6,54 \cdot 10^{14}$	$2,84 \cdot 10^{14}$	$1,11 \cdot 10^{17}$
26000				$2,72 \cdot 10^{14}$	$1,28 \cdot 10^{14}$	$8,85 \cdot 10^{16}$
28000				$1,08 \cdot 10^{14}$	$6,33 \cdot 10^{13}$	$6,01 \cdot 10^{16}$
30000				$3,80 \cdot 10^{13}$	$3,38 \cdot 10^{13}$	$3,43 \cdot 10^{16}$

Temperatur K	Zahl der Teilchen im cm^3			Dichte g/cm^3	Enthalpie J/g	Spez. Wärme J/g K
	n_{O+}	n_{N++}	ne			
1013,25 hPa						
1000				$3,51 \cdot 10^{-4}$	$1,08 \cdot 10^{3}$	1,14
2000				$1,76 \cdot 10^{-4}$	$2,32 \cdot 10^{3}$	1,46
3000				$1,15 \cdot 10^{-4}$	$4,14 \cdot 10^{3}$	2,47
4000				$7,90 \cdot 10^{-5}$	$7,51 \cdot 10^{3}$	3,62
5000				$5,75 \cdot 10^{-5}$	$1,06 \cdot 10^{4}$	3,23
6000				$4,47 \cdot 10^{-5}$	$1,49 \cdot 10^{4}$	6,80
7000	$1,38 \cdot 10^{14}$		$4,21 \cdot 10^{14}$	$3,13 \cdot 10^{-5}$	$2,61 \cdot 10^{4}$	$1,36 \cdot 10$
8000	$4,23 \cdot 10^{14}$		$2,17 \cdot 10^{15}$	$2,33 \cdot 10^{-5}$	$3,73 \cdot 10^{4}$	7,70
9000	$1,18 \cdot 10^{15}$		$7,37 \cdot 10^{15}$	$1,97 \cdot 10^{-5}$	$4,25 \cdot 10^{4}$	4,05
10000	$2,82 \cdot 10^{15}$		$1,90 \cdot 10^{16}$	$1,72 \cdot 10^{-5}$	$4,65 \cdot 10^{4}$	4,69
12000	$1,01 \cdot 10^{16}$		$7,23 \cdot 10^{16}$	$1,27 \cdot 10^{-5}$	$6,18 \cdot 10^{4}$	$1,13 \cdot 10$
14000	$2,31 \cdot 10^{16}$		$1,49 \cdot 10^{17}$	$8,84 \cdot 10^{-6}$	$9,54 \cdot 10^{4}$	$2,04 \cdot 10$
16000	$3,49 \cdot 10^{16}$		$1,91 \cdot 10^{17}$	$6,29 \cdot 10^{-6}$	$1,37 \cdot 10^{5}$	$1,72 \cdot 10$
18000	$3,83 \cdot 10^{16}$	$3,64 \cdot 10^{13}$	$1,91 \cdot 10^{17}$	$5,07 \cdot 10^{-6}$	$1,63 \cdot 10^{5}$	9,25
20000	$3,67 \cdot 10^{16}$	$2,75 \cdot 10^{14}$	$1,78 \cdot 10^{17}$	$4,41 \cdot 10^{-6}$	$1,76 \cdot 10^{5}$	4,94
22000	$3,40 \cdot 10^{16}$	$1,44 \cdot 10^{15}$	$1,64 \cdot 10^{17}$	$3,95 \cdot 10^{-6}$	$1,86 \cdot 10^{5}$	5,92
24000	$3,09 \cdot 10^{16}$	$5,50 \cdot 10^{15}$	$1,53 \cdot 10^{17}$	$3,56 \cdot 10^{-6}$	$2,00 \cdot 10^{5}$	8,40
26000	$2,76 \cdot 10^{16}$	$1,53 \cdot 10^{16}$	$1,47 \cdot 10^{17}$	$3,16 \cdot 10^{-6}$	$2,24 \cdot 10^{5}$	$1,72 \cdot 10$
28000	$2,40 \cdot 10^{16}$	$3,01 \cdot 10^{16}$	$1,44 \cdot 10^{17}$	$2,74 \cdot 10^{-6}$	$2,65 \cdot 10^{5}$	$2,28 \cdot 10$
30000	$2,07 \cdot 10^{16}$	$4,38 \cdot 10^{16}$	$1,43 \cdot 10^{17}$	$2,37 \cdot 10^{-6}$	$3,15 \cdot 10^{5}$	$2,66 \cdot 10$

2.1.6.7.3 Fortsetzung

Temperatur K	Zahl der Teilchen im cm^3					
	n_{N_2}	n_{O_2}	n_{NO}	n_N	n_O	n_{N+}
10133 hPa						
1000	$5,80 \cdot 10^{19}$	$1,54 \cdot 10^{19}$	$3,91 \cdot 10^{15}$	$6,38 \cdot 10^{-3}$	$1,91 \cdot 10^{9}$	
2000	$2,87 \cdot 10^{19}$	$7,45 \cdot 10^{18}$	$5,05 \cdot 10^{17}$	$9,47 \cdot 10^{9}$	$3,72 \cdot 10^{15}$	
3000	$1,82 \cdot 10^{19}$	$3,97 \cdot 10^{18}$	$1,85 \cdot 10^{18}$	$9,42 \cdot 10^{13}$	$3,68 \cdot 10^{17}$	
4000	$1,25 \cdot 10^{19}$	$1,35 \cdot 10^{18}$	$2,09 \cdot 10^{18}$	$8,61 \cdot 10^{15}$	$2,41 \cdot 10^{18}$	
5000	$8,00 \cdot 10^{18}$	$3,00 \cdot 10^{17}$	$1,49 \cdot 10^{18}$	$1,15 \cdot 10^{17}$	$4,78 \cdot 10^{18}$	
6000	$7,31 \cdot 10^{18}$	$2,56 \cdot 10^{16}$	$5,92 \cdot 10^{17}$	$7,19 \cdot 10^{17}$	$3,59 \cdot 10^{18}$	
7000	$4,95 \cdot 10^{18}$	$5,27 \cdot 10^{15}$	$1,06 \cdot 10^{17}$	$2,27 \cdot 10^{18}$	$3,15 \cdot 10^{18}$	$4,89 \cdot 10^{14}$
8000	$2,38 \cdot 10^{18}$	$1,09 \cdot 10^{15}$	$1,09 \cdot 10^{17}$	$4,37 \cdot 10^{18}$	$2,34 \cdot 10^{18}$	$4,33 \cdot 10^{15}$
9000	$7,60 \cdot 10^{17}$	$3,15 \cdot 10^{14}$	$3,80 \cdot 10^{16}$	$5,49 \cdot 10^{18}$	$1,84 \cdot 10^{18}$	$1,88 \cdot 10^{16}$
10000	$2,06 \cdot 10^{17}$	$1,28 \cdot 10^{14}$	$1,38 \cdot 10^{16}$	$5,46 \cdot 10^{16}$	$1,55 \cdot 10^{18}$	$5,34 \cdot 10^{16}$
12000				$4,30 \cdot 10^{18}$	$1,17 \cdot 10^{18}$	$2,43 \cdot 10^{17}$
14000				$2,92 \cdot 10^{18}$	$8,40 \cdot 10^{17}$	$6,10 \cdot 10^{17}$
16000				$1,60 \cdot 10^{18}$	$5,12 \cdot 10^{17}$	$1,02 \cdot 10^{18}$
18000				$7,21 \cdot 10^{17}$	$2,60 \cdot 10^{17}$	$1,25 \cdot 10^{18}$
20000				$2,94 \cdot 10^{17}$	$1,13 \cdot 10^{17}$	$1,31 \cdot 10^{18}$
22000				$1,21 \cdot 10^{17}$	$4,92 \cdot 10^{16}$	$1,24 \cdot 10^{18}$
24000				$5,40 \cdot 10^{16}$	$2,20 \cdot 10^{16}$	$1,16 \cdot 10^{18}$
26000				$2,58 \cdot 10^{16}$	$1,05 \cdot 10^{16}$	$1,06 \cdot 10^{18}$
28000				$1,29 \cdot 10^{16}$	$5,37 \cdot 10^{15}$	$9,32 \cdot 10^{17}$
30000				$6,55 \cdot 10^{15}$	$2,97 \cdot 10^{15}$	$7,71 \cdot 10^{17}$

Temperatur K	Zahl der Teilchen im cm^3			Dichte g/cm^3	Enthalpie J/g	Spez. Wärme J/g K
	n_{O+}	n_{N++}	n_e			
10133 hPa						
1000				$3,52 \cdot 10^{-3}$	$1,08 \cdot 10^{3}$	1,14
2000				$1,76 \cdot 10^{-3}$	$2,32 \cdot 10^{3}$	1,34
3000				$1,16 \cdot 10^{-3}$	$3,88 \cdot 10^{3}$	1,90
4000				$8,21 \cdot 10^{-4}$	$6,56 \cdot 10^{3}$	3,50
5000				$5,92 \cdot 10^{-4}$	$1,02 \cdot 10^{4}$	2,62
6000				$4,83 \cdot 10^{-4}$	$1,20 \cdot 10^{4}$	2,69
7000	$6,25 \cdot 10^{14}$		$1,11 \cdot 10^{15}$	$3,72 \cdot 10^{-4}$	$1,75 \cdot 10^{4}$	7,57
8000	$1,83 \cdot 10^{15}$		$6,15 \cdot 10^{15}$	$2,80 \cdot 10^{-4}$	$2,66 \cdot 10^{4}$	$1,02 \cdot 10$
9000	$4,37 \cdot 10^{15}$		$2,32 \cdot 10^{16}$	$2,14 \cdot 10^{-4}$	$3,66 \cdot 10^{4}$	8,51
10000	$9,81 \cdot 10^{15}$		$6,32 \cdot 10^{16}$	$1,80 \cdot 10^{-4}$	$4,27 \cdot 10^{4}$	4,38
12000	$3,79 \cdot 10^{16}$		$2,81 \cdot 10^{17}$	$1,38 \cdot 10^{-4}$	$5,20 \cdot 10^{4}$	5,78
14000	$9,85 \cdot 10^{16}$		$7,09 \cdot 10^{17}$	$1,07 \cdot 10^{-4}$	$6,72 \cdot 10^{4}$	$1,02 \cdot 10$
16000	$1,83 \cdot 10^{17}$		$1,21 \cdot 10^{18}$	$7,96 \cdot 10^{-5}$	$9,37 \cdot 10^{4}$	$1,56 \cdot 10$
18000	$2,66 \cdot 10^{17}$	$4,91 \cdot 10^{13}$	$1,52 \cdot 10^{18}$	$5,99 \cdot 10^{-5}$	$1,26 \cdot 10^{5}$	$1,55 \cdot 10$
20000	$3,10 \cdot 10^{17}$	$3,64 \cdot 10^{14}$	$1,59 \cdot 10^{18}$	$4,85 \cdot 10^{-5}$	$1,53 \cdot 10^{5}$	$1,14 \cdot 10$
22000	$3,14 \cdot 10^{17}$	$1,83 \cdot 10^{15}$	$1,56 \cdot 10^{18}$	$4,15 \cdot 10^{-5}$	$1,72 \cdot 10^{5}$	7,36
24000	$3,02 \cdot 10^{17}$	$7,22 \cdot 10^{15}$	$1,47 \cdot 10^{18}$	$3,70 \cdot 10^{-5}$	$1,84 \cdot 10^{5}$	5,59
26000	$2,83 \cdot 10^{17}$	$2,30 \cdot 10^{16}$	$1,39 \cdot 10^{18}$	$3,35 \cdot 10^{-5}$	$1,96 \cdot 10^{5}$	6,14
28000	$2,62 \cdot 10^{17}$	$6,01 \cdot 10^{16}$	$1,31 \cdot 10^{18}$	$3,05 \cdot 10^{-5}$	$2,10 \cdot 10^{5}$	8,73
30000	$2,38 \cdot 10^{17}$	$1,29 \cdot 10^{17}$	$1,27 \cdot 10^{18}$	$2,75 \cdot 10^{-5}$	$2,32 \cdot 10^{5}$	$1,32 \cdot 10$

2.1.6.8 Wärmeleitzahl λ bei 1013,25 hPa

T K	λ 10^{-2} W m^{-1} K^{-1}	T K	λ 10^{-2} W m^{-1} K^{-1}	T K	λ 10^{-2} W m^{-1} K^{-1}	T K	λ 10^{-2} W m^{-1} K^{-1}
123	1,16	333	2,85	453	3,72	873	6,22
173	1,61	353	2,99	473	3,86	973	6,66
223	2,04	373	3,14	523	4,21	1073	7,06
273	2,43	393	3,28	573	4,54	1173	7,41
293	2,57	413	3,43	673	5,15	1273	7,70
313	2,71	433	3,58	773	5,70		

Wärmeleitzahl bei höheren Drucken

T K	λ in 10^{-4} W m^{-1} K^{-1} bei p in MPa				
	0,1	10	20	30	40
273	243	(295)	(388)	(466)	(522)
298	260	299	381	454	504
323	276	304	378	443	490
348	296	311	377	436	479
373	314	321	378	432	472
423	354	360	391	432	477
473	386	390	418	444	496

2.1.6.9 Durchbruchspannung U_{d_n} und Durchbruchfeldstärke E_{d_n} im homogenen Feld zwischen ebenen Elektroden im Abstand l für Gleichspannung und niederfrequente Wechselspannung für Luft von 1013,25 hPa, T = 293,15 K und 0,011 kg m^{-3} absolute Feuchtigkeit

l cm	U_{d_n} kV	E_{d_n} kV cm^{-2}	l cm	U_{d_n} kV	E_{d_n} kV cm^{-2}	l cm	U_{d_n} kV	E_{d_n} kV cm^{-2}
0,01	0,96	96	0,4	13,9	34,8	5	137	27,4
0,02	1,46	73	0,5	16,9	33,8	6	163	27,1
0,03	1,89	63	0,6	19,8	33,0	7	188	26,8
0,04	2,36	57,6	0,7	22,7	32,4	8	213	26,7
0,05	2,70	53,9	0,8	25,5	31,9	9	238	26,5
0,06	3,07	51,2	0,9	28,3	31,4	10	263	26,3
0,07	3,44	49,2	1,0	31,0	31,0	11	288	26,2
0,08	3,85	47,5	1,5	45,0	30,0	13	338	26,0
0,09	4,14	46,1	2,0	58,6	29,3	15	388	25,9
0,1	4,51	45,1	2,5	72	28,8	17	430	25,8
0,2	7,82	39,1	3	85	28,4	20	514	27,7
0,3	10,95	36,3	4	112	27,9			

Die Durchschlagsfeldstärke E_d bei Abweichung vom Normzustand läßt sich aus

$$Ed = Ed_n \cdot \frac{p_n}{p} \, \frac{(293)}{(T)}$$

errechnen. p = Druck; T = Temperatur in K.

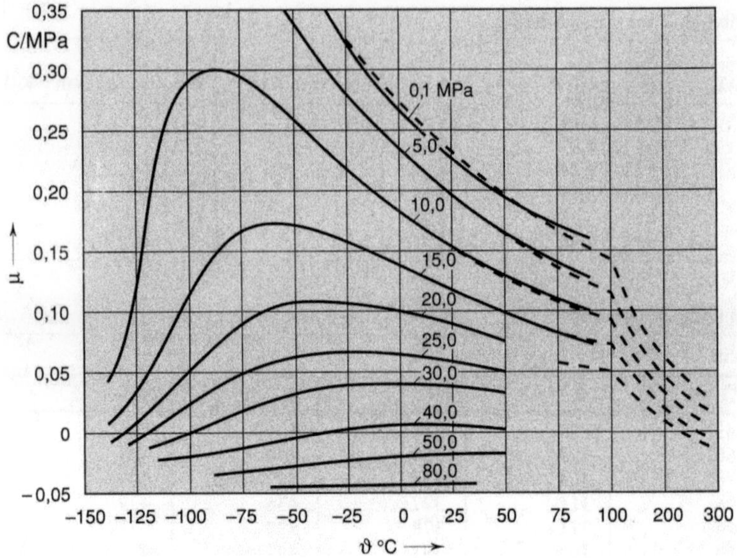

Luft, Joule-Thomson-Koeffizient μ (Isobaren) ——, ------ verschiedene Autoren

2.1.6.10 Dielektrizitätskonstante ε von trockener, CO_2 freier Luft

273,15 K $(\varepsilon - 1) \cdot 10^6 = 586$
293,15 K $(\varepsilon - 1) \cdot 10^6 = 590$

2.1.6.11 Brechzahlen n für Luft von 288 K und 1013,15 hPa mit 0,03 Vol.-% CO_2 gegenüber dem Vakuum in Abhängigkeit von der Wellenlänge, λ_L. Die angegebenen Werte sind nach folgender Dispersionsformel (international 1952 vereinbart) für $\lambda_0 = 0{,}2000 \ldots 1{,}3500$ µm angegeben (λ_0, Wellenlänge im Vakuum in µm)

$$(n_L - 1) \cdot 10^8 = 6432{,}8 + 2949810 \left(146 - \frac{1}{\lambda_0^2}\right)^{-1} + 25540 \left(41 - \frac{1}{\lambda_0^2}\right)^{-1} \quad \text{(bei 288 K, 1013,25 hPa)}$$

λ_L in µm	n	λ_L in µm	n	λ_L in µm	n	λ_L in µm	n
1,97	1,0002730	0,4808	1,0002795	0,3454	1,0002865	0,2872	1,0002935
1,310	1,0002735	0,4650	1,0002800	0,3398	1,0002870	0,2842	1,0002940
1,052	1,0002740	0,4506	1,0002805	0,3345	1,0002875	0,2814	1,0002945
0,904	1,0002745	0,4376	1,0002810	0,3295	1,0002880	0,2786	1,0002950
		0,4256	1,0002815	0,3248	1,0002885	0,2759	1,0002955
0,805	1,0002750						
0,738	1,0002755	0,4148	1,0002820	0,3202	1,0002890	0,2734	1,0002960
0,678	1,0002760	0,4048	1,0002825	0,3158	1,0002895	0,2708	1,0002965
0,634	1,0002765	0,3954	1,0002830	0,3117	1,0002900	0,2684	1,0002970
		0,3868	1,0002835	0,3078	1,0002905	0,2665	1,0002975
0,5978	1,0002770						
		0,3788	1,0002840	0,3079	1,0002910	0,2638	1,0002980
0,5674	1,0002775						
0,5413	1,0002780	0,3712	1,0002845	0,3004	1,0002915	0,2616	1,0002985
0,5185	1,0002785	0,3642	1,0002850	0,2968	1,0002920	0,2595	1,0002990
0,4985	1,0002790	0,3576	1,0002855	0,2935	1,0002925	0,2574	1,0002995
		0,3513	1,0002860	0,2903	1,0002930	0,2554	1,0003000

2.1.7 Redoxreaktionen

Aus den tabellierten Standardpotentialen bei 298,15 K und 1013,25 hPa von Lösungen mit einer Aktivität von eins lassen sich Potentiale bei anderen Bedingungen mit Hilfe der Nernstschen Gleichung berechnen.

$$E = E_o + \frac{RT}{nF} \ln \frac{a_{ox}}{a_{red}}$$

R ist die Gaskonstante mit einem Wert von 8,315 J K^{-1} mol^{-1}, T die absolute Temperatur, F die Faraday-Konstante, (96487 As $(mol\ g)^{-1}$) und n die Zahl der umgesetzten Elektronen. Die Aktivität einer reinen kondensierten Phase ist eins. Ist ein Potential positiver oder negativer als die Potentiale, bei denen Wasser entweder zu H_2 reduziert (E_{H_2} = – 0,059 P_H) oder zu O_2 oxidiert wird (E_{O_2} = 1,23 – 0,059 P_H), wird Wasser zersetzt. Bei P_H = 7 ist E_{H_2} = – 0,41 V und E_{O_2} = 0,81 V. [ ] steht für einen festen, ( ) für einen gasförmigen Stoff.

		E_0 [V]
Ag:	$Ag^+ + e \rightleftharpoons [Ag]$	0,7996
	$Ag^{2+} + 2e \rightleftharpoons [Ag]$	1,980
	$[AgBr] + e \rightleftharpoons [Ag] + Br^-$	0,0713
	$[AgBrO_3] + e \rightleftharpoons [Ag] + BrO_3^-$	0,0546
	$[AgCl] + e \rightleftharpoons [Ag] + Cl^-$	0,2223
	$[AgCN] + e \rightleftharpoons [Ag] + CN^-$	– 0,017
	$[Ag_2CO_3] + 2e \rightleftharpoons 2[Ag] + CO_3^{2-}$	0,47
	$[Ag_2CrO_4] + 2e \rightleftharpoons 2[Ag] + CrO_4^{2-}$	0,4470
	$[AgF] + e \rightleftharpoons [Ag] + F^-$	0,779
	$[AgI] + e \rightleftharpoons [Ag] + I^-$	– 0,1522
	$[AgIO_3] + e \rightleftharpoons [Ag] + IO_3^-$	0,354
	$[AgNO_2] + e \rightleftharpoons [Ag] + NO_2^-$	0,564
	$[Ag_2O] + H_2O + 2e \rightleftharpoons 2[Ag] + 2OH^-$	0,342
	$[AgOCN] + e \rightleftharpoons [Ag] + OCN^-$	0,41
	$[Ag_2S] + 2e \rightleftharpoons 2[Ag] + S^{2-}$	– 0,691
	$[Ag_2S] + 2H^+ + 2e \rightleftharpoons 2[Ag] + H_2S$	– 0,0366
	$[AgSCN] + e \rightleftharpoons [Ag] + SCN^-$	0,0895
	$[Ag_2SeO_3] + 2e \rightleftharpoons 2[Ag] + SeO_4^{2-}$	0,3629
	$[Ag_2SO_4] + 2e \rightleftharpoons 2[Ag] + SO_4^{2-}$	0,654
Al:	$Al^{3+} + 3e \rightleftharpoons [Al]$	– 1,662
	$AlO(OH)_2^- + H_2O + 3e \rightleftharpoons [Al] + 4OH^-$	– 2,33
	$AlF_6^{3-} + 3e \rightleftharpoons [Al] + 6F^-$	– 2,069
As:	$[As] + 3H^+ + 3e \rightleftharpoons (AsH_3)$	0,608
	$As_2O_3 + 6H^+ + 6e \rightleftharpoons 2[As] + 3H_2O$	0,234
	$HAsO_2 + 3H^+ + 3e \rightleftharpoons [As] + 2H_2O$	0,248
	$AsO_2^- + 2H_2O + 3e \rightleftharpoons [As] + 4OH^-$	– 0,68
	$H_3AsO_4 + 2H^+ + 2e^- \rightleftharpoons HAsO_2 + 2H_2O$	0,560
	$AsO_4^{3-} + 2H_2O + 2e \rightleftharpoons AsO_2^- + 4OH^-$	– 0,71
Au:	$Au^+ + e \rightleftharpoons [Au]$	1,692
	$Au^{3+} + 2e \rightleftharpoons Au^+$	1,401
	$Au^{3+} + 3e \rightleftharpoons [Au]$	1,498
	$AuBr_2^- + e \rightleftharpoons [Au] + 2Br^-$	0,959
	$AuBr_4^- + 3e \rightleftharpoons [Au] + 4Br^-$	0,854
	$Au(CN)_2^- + e \rightleftharpoons [Au] + 2CN^-$	0,20
	$AuCl_2^- + e \rightleftharpoons [Au] + 2Cl^-$	1,13
	$AuCl_4^- + 3e \rightleftharpoons [Au] + 4Cl^-$	1,002
	$[Au(OH)_3] + 3H^+ + 3e \rightleftharpoons [Au] + 3H_2O$	1,45
B:	$H_2BO_3^- + 5H_2O + 8e \rightleftharpoons BH_4^- + 8OH^-$	– 1,24
	$H_2BO_3^- + H_2O + 3e \rightleftharpoons [B] + 4OH^-$	– 1,79
	$H_3BO_3 + 3H^+ + 3e \rightleftharpoons [B] + 3H_2O$	– 0,870

Ba:	$Ba^{2+} + 2\,e \rightleftharpoons [Ba]$	– 2,912
	$Ba^{2+} + 2\,e \rightleftharpoons [Ba(Hg)]$ an Hg-Elektrode	– 1,570
	$[Ba(OH)_2] + 2\,e \rightleftharpoons [Ba] + 2\,OH^-$	– 2,99
Be:	$Be^{2+} + 2\,e \rightleftharpoons [Be]$	– 1,847
	$Be_2O_3^{2-} + 3\,H_2O + 4\,e \rightleftharpoons 2\,[Be] + 6\,OH^-$	– 2,63
Bi:	$BiCl_4^- + 3\,e \rightleftharpoons [Bi] + 4\,Cl^-$	0,16
	$[Bi_2O_3] + 3\,H_2O + 6\,e \rightleftharpoons 2\,[Bi] + 6\,OH^-$	– 0,46
	$[Bi_2O_4] + 4\,H^+ + 2\,e \rightleftharpoons 2\,BiO^+ + 2\,H_2O$	1,593
	$BiO^+ + 2\,H^+ + 3\,e \rightleftharpoons [Bi] + H_2O$	0,320
	$BiOCl + 2\,H^+ + 3\,e \rightleftharpoons [Bi] + Cl^- + H_2O$	0,1583
Br:	$Br_2(aq) + 2\,e \rightleftharpoons 2\,Br^-$	1,0873
	$(Br_2) + 2\,e \rightleftharpoons 2\,Br^-$	1,066
	$HBrO + H^+ + 2\,e \rightleftharpoons Br^- + H_2O$	1,331
	$HBrO + H^+ + e \rightleftharpoons 1/2\,Br_2(aq) + H_2O$	1,574
	$HBrO + H^+ + e \rightleftharpoons 1/2\,(Br_2) + H_2O$	1,596
	$BrO^- + H_2O + 2\,e \rightleftharpoons Br^- + 2\,OH^-$	0,761
	$BrO_3^- + 6\,H^+ + 5\,e \rightleftharpoons 1/2\,(Br_2) + 3\,H_2O$	1,482
	$BrO_3^- + 6\,H^+ + 6\,e \rightleftharpoons Br^- + 3\,H_2O$	1,423
	$BrO_3^- + 3\,H_2O + 6\,e \rightleftharpoons Br^- + 6\,OH^-$	0,61
Ca:	$Ca^{2+} + 2\,e \rightleftharpoons [Ca]$	– 2,87
	$[Ca(OH)_2] + 2\,e \rightleftharpoons [Ca] + 2\,OH^-$	– 3,02
Cd:	$Cd^{2+} + 2\,e \rightleftharpoons [Cd]$	– 0,403
	$Cd^{2+} + 2\,e \rightleftharpoons [Cd(Hg)]$	– 0,3521
	$[Cd(CN)_4]^{2-} + 2\,e \rightleftharpoons [Cd] + 4\,CN^-$	– 0,99
	$[Cd(OH)_2] + 2\,e \rightleftharpoons [Cd(Hg)] + 2\,OH^-$	– 0,809
Ce:	$Ce^{2+} + 2\,e \rightleftharpoons [Ce]$	– 1,68
	$Ce^{3+} + 3\,e \rightleftharpoons [Ce]$	– 2,483
	$Ce^{3+} + 3\,e \rightleftharpoons [(Ce(Hg))]$	– 1,4373
	$Ce^{4+} + e \rightleftharpoons Ce^{3+}$	1,61
	$Ce(OH)^{3+} + H^+ + e \rightleftharpoons Ce^{3+} + H_2O$	1,715
Cl:	$(Cl_2) + 2\,e \rightleftharpoons 2\,Cl^-$	1,3583
	$HClO + H^+ + e \rightleftharpoons 1/2\,(Cl_2) + H_2O$	1,611
	$HClO + H^+ + 2\,e \rightleftharpoons Cl^- + H_2O$	1,482
	$ClO^- + H_2O + 2\,e \rightleftharpoons Cl^- + 2\,OH^-$	0,81
	$(ClO_2) + H^+ + e \rightleftharpoons HClO_2$	1,277
	$HClO_2 + 2\,H^+ + 2\,e \rightleftharpoons HClO + H_2O$	1,645
	$HClO_2 + 3\,H^+ + 3\,e \rightleftharpoons 1/2\,(Cl_2) + 2\,H_2O$	1,628
	$HClO_2 + 3\,H^+ + 4\,e \rightleftharpoons Cl^- + 2\,H_2O$	1,570
	$ClO_2^- + H_2O + 2\,e \rightleftharpoons ClO^- + 2\,OH^-$	0,66
	$ClO_2^- + 2\,H_2O + 4\,e \rightleftharpoons Cl^- + 4\,OH^-$	0,76
	$ClO_2(aq) + e \rightleftharpoons ClO_2^-$	0,954
	$ClO_3^- + 2\,H^+ + e \rightleftharpoons (ClO_2) + H_2O$	1,152
	$ClO_3^- + 3\,H^+ + 2\,e \rightleftharpoons HClO_2 + H_2O$	1,214
	$ClO_3^- + 6\,H^+ + 5\,e \rightleftharpoons 1/2\,(Cl_2) + 3\,H_2O$	1,47
	$ClO_3^- + 6\,H^+ + 6\,e \rightleftharpoons Cl^- + 3\,H_2O$	1,451
	$ClO_3^- + H_2O + 2\,e \rightleftharpoons (ClO_2) + 2\,OH^-$	0,33
	$ClO_3^- + 3\,H_2O + 6\,e \rightleftharpoons Cl^- + 6\,OH^-$	0,62
	$ClO_4^- + 2\,H^+ + 2\,e \rightleftharpoons ClO_3^- + H_2O$	1,189
	$ClO_4^- + 8\,H^+ + 7\,e \rightleftharpoons 1/2\,(Cl_2) + 4\,H_2O$	1,39
	$ClO_4^- + 8\,H^+ + 8\,e \rightleftharpoons Cl^- + 4\,H_2O$	1,389
	$ClO_4^- + H_2O + 2\,e \rightleftharpoons ClO_3^- + 2\,OH^-$	0,36

C:	$HCOOH + 2\,H^+ + 2\,e \rightleftharpoons HCHO + H_2O$	0
	$(CO_2) + 2\,H^+ + 2\,e \rightleftharpoons HCOOH$	– 0,20
	$2(CO_2) + 2\,H^+ + 2\,e \rightleftharpoons (COOH)_2$	– 0,47
	$1/2\,(CN)_2 + H^+ + e \rightleftharpoons HCN$	0,80
	$1/2\,(CN)_2 + e \rightleftharpoons CN^-$	– 0,27
	$NCO^- + H_2O + 2\,e \rightleftharpoons CN^- + 2\,OH^-$	– 0,96
	$2\,HCNO + 2\,H^+ + 2\,e \rightleftharpoons (CN)_2 + 2\,H_2O$	0,33
	$(CNS)_2 + 2\,e \rightleftharpoons 2\,CNS^-$	0,77
	Chinon $+ 2\,H^+ + 2\,e \rightleftharpoons$ Hydrochinon	0,6992
Co:	$Co^{2+} + 2\,e \rightleftharpoons [Co]$	– 0,28
	$Co^{3+} + e \rightleftharpoons Co^{2+}$	1,83
	$[Co(CN)_6]^{3-} + e \rightleftharpoons [Co(CN)_6]^{4-}$	– 0,83
	$[Co(NH_3)_6]^{3+} + e \rightleftharpoons [Co(NH_3)_6]^{2+}$	0,108
	$[Co(OH)_2] + 2\,e \rightleftharpoons [Co] + 2\,OH^-$	– 0,73
	$[Co(OH)_3] + e \rightleftharpoons [Co(OH)_2] + OH^-$	0,17
Cr:	$Cr^{2+} + 2\,e \rightleftharpoons [Cr]$	– 0,913
	$Cr^{3+} + e \rightleftharpoons Cr^{2+}$	– 0,407
	$Cr^{3+} + 3\,e \rightleftharpoons [Cr]$	– 0,744
	$[Cr(CN)_6]^{3-} + e \rightleftharpoons [Cr(CN)_6]^{4-}$	– 1,28
	$Cr_2O_7^{2-} + 14\,H^+ + 6\,e \rightleftharpoons 2\,Cr^{3+} + 7\,H_2O$	1,232
	$CrO_2^- + 2\,H_2O + 3\,e \rightleftharpoons [Cr] + 4\,OH^-$	– 1,2
	$HCrO_4^- + 7\,H^+ + 3\,e \rightleftharpoons Cr^{3+} + 4\,H_2O$	1,350
	$CrO_4^{2-} + 4\,H_2O + 3\,e \rightleftharpoons [Cr(OH)_3] + 5\,OH^-$	– 0,13
	$[Cr(OH)_3] + 3\,e \rightleftharpoons [Cr] + 3\,OH^-$	– 1,48
Cs:	$Cs^+ + e \rightleftharpoons [Cs]$	– 2,92
Cu:	$Cu^+ + e \rightleftharpoons [Cu]$	0,521
	$Cu^{2+} + e \rightleftharpoons Cu^+$	0,153
	$Cu^{2+} + 2\,e \rightleftharpoons [Cu]$	0,3419
	$Cu^{2+} + 2\,e \rightleftharpoons [Cu(Hg)]$	0,345
	$Cu^{2+} + 2\,CN^- + e \rightleftharpoons [Cu(CN)_2]^-$	1,103
	$[Cu(CN)_2]^- + e \rightleftharpoons [Cu] + 2\,CN^-$	– 0,42
	$[CuCl_2]^- + e \rightleftharpoons [Cu] + 2\,Cl^-$	0,19
	$CuI_2 + 2\,e \rightleftharpoons [Cu] + 2\,I^-$	0,00
	$Cu_2O + H_2O + 2\,e \rightleftharpoons 2\,[Cu] + 2\,OH^-$	– 0,360
	$[Cu(OH)_2] + 2\,e \rightleftharpoons [Cu] + 2\,OH^-$	– 0,222
	$2[Cu(OH)_2] + 2\,e \rightleftharpoons [Cu_2O] + 2\,OH^- + H_2O$	– 0,080
D:	$2\,D^+ + 2\,e \rightleftharpoons (D_2)$	– 0,044
Eu:	$Eu^{2+} + 2\,e \rightleftharpoons [Eu]$	– 3,395
	$Eu^{3+} + 3\,e \rightleftharpoons [Eu]$	– 2,407
	$Eu^{3+} + e \rightleftharpoons Eu^{2+}$	– 0,36
F:	$(F_2) + 2\,H^+ + 2\,e \rightleftharpoons 2\,HF$	3,053
	$(F_2) + 2\,e \rightleftharpoons 2\,F^-$	2,866
	$(F_2O) + 2\,H^+ + 4\,e \rightleftharpoons H_2O + 2\,F^-$	2,153
Fe:	$Fe^{2+} + 2\,e \rightleftharpoons [Fe]$	– 0,447
	$Fe^{3+} + 3\,e \rightleftharpoons [Fe]$	– 0,037
	$Fe^{3+} + e \rightleftharpoons Fe^{2+}$	0,771
	$[Fe(CN)_6]^{3-} + e \rightleftharpoons [Fe(CN)_6]^{4-}$	0,358
	$FeO_4^{2-} + 8\,H^+ + 3\,e \rightleftharpoons Fe^{3+} + 4\,H_2O$	2,20
	$[Fe(OH)_3] + e \rightleftharpoons [Fe(OH)_2] + OH^-$	– 0,56
Ga:	$Ga^{3+} + 3\,e \rightleftharpoons [Ga]$	– 0,560
	$H_2GaO_3^- + H_2O + 3\,e \rightleftharpoons [Ga] + 4\,OH^-$	– 1,219

Ge:	$Ge^{2+} + 2\,e \rightleftharpoons [Ge]$	0,24
	$Ge^{4+} + 4\,e \rightleftharpoons [Ge]$	0,124
	$Ge^{4+} + 2\,e \rightleftharpoons Ge^{2+}$	0,00
	$[GeO_2] + 2\,H^+ + 2\,e \rightleftharpoons [GeO] + H_2O$	– 0,118
	$[H_2GeO_3] + 4\,H^+ + 4\,e \rightleftharpoons [Ge] + 3\,H_2O$	– 0,182
H:	$2\,H^+ + 2\,e \rightleftharpoons (H_2)$	0,00000
	$(H_2) + 2\,e \rightleftharpoons 2\,H^-$	– 2,23
	$HO_2 + H^+ + e \rightleftharpoons H_2O_2$	1,495
	$2\,H_2O + 2\,e \rightleftharpoons (H_2) + 2\,OH^-$	– 0,8277
	$H_2O_2 + 2\,H^+ + 2\,e \rightleftharpoons 2\,H_2O$	1,776
Hf:	$HfO^{2+} + 2\,H^+ + 4\,e \rightleftharpoons [Hf] + H_2O$	– 1,724
	$[HfO_2] + 4\,H^+ + 4\,e \rightleftharpoons [Hf] + 2\,H_2O$	– 1,505
	$[HfO(OH)_2] + H_2O + 4\,e \rightleftharpoons [Hf] + 4\,OH^-$	– 2,50
Hg:	$Hg^{2+} + 2\,e \rightleftharpoons [Hg]$	0,851
	$2\,Hg^{2+} + 2\,e \rightleftharpoons Hg_2^{2+}$	0,920
	$Hg_2^{2+} + 2\,e \rightleftharpoons 2\,[Hg]$	0,7973
	$[Hg_2Br_2] + 2\,e \rightleftharpoons 2\,[Hg] + 2\,Br^-$	0,1392
	$[Hg_2Cl_2] + 2\,e \rightleftharpoons 2\,[Hg] + 2\,Cl^-$	0,2680
	$2\,[HgCl_2] + 2\,e \rightleftharpoons [Hg_2Cl_2] + 2\,Cl^-$	0,63
	$[Hg_2HPO_4] + 2\,e \rightleftharpoons 2\,[Hg] + HPO_4^{2-}$	0,6359
	$[Hg_2I_2] + 2\,e \rightleftharpoons 2\,[Hg] + 2\,I^-$	– 0,0405
	$[Hg_2O] + H_2O + 2\,e \rightleftharpoons 2\,[Hg] + 2\,OH^-$	0,123
	$[HgO] + H_2O + 2\,e \rightleftharpoons [Hg] + 2\,OH^-$	0,0977
	$[Hg_2SO_4] + 2\,e \rightleftharpoons 2\,[Hg] + SO_4^{2-}$	0,6125
	Kalomel Elektrode, 1 molale KCl	0,2800
	Kalomel Elektrode, 1 mol/l KCl	0,2801
	Kalomel Elektrode, 0,1 mol/l KCl	0,3337
	Kalomel Elektrode, KCl gesättigt	0,2412
	Kalomel Elektrode, NaCl gesättigt	0,2360
I:	$I_2 + 2\,e \rightleftharpoons 2\,I^-$	0,5355
	$I_3^- + 2\,e \rightleftharpoons 3\,I^-$	0,536
	$H_3IO_6^{2-} + 2\,e \rightleftharpoons IO_3^- + 3\,OH^-$	0,7
	$H_5IO_6 + H^+ + 2\,e \rightleftharpoons IO_3^- + 3\,H_2O$	1,601
	$H_5IO_6 + 7\,H^+ + 8\,e \rightleftharpoons I^- + 6\,H_2O$	1,24
	$2\,HIO + 2\,H^+ + 2\,e \rightleftharpoons I_2 + 2\,H_2O$	1,439
	$HIO + H^+ + 2\,e \rightleftharpoons I^- + H_2O$	0,987
	$IO^- + H_2O + 2\,e \rightleftharpoons I^- + 2\,OH^-$	0,485
	$2\,IO_3^- + 12\,H^+ + 10\,e \rightleftharpoons I_2 + 6\,H_2O$	1,195
	$IO_3^- + 6\,H^+ + 6\,e \rightleftharpoons I^- + 3\,H_2O$	1,085
	$IO_3^- + 2\,H_2O + 4\,e \rightleftharpoons IO^- + 4\,OH^-$	0,56
	$IO_3^- + 3\,H_2O + 6\,e \rightleftharpoons I^- + 6\,OH^-$	0,26
	$IO_3^- + 6\,H^+ + 5\,e \rightleftharpoons 1/2\,[I_2] + 3\,H_2O$	1,195
In:	$In^+ + e \rightleftharpoons [In]$	– 0,14
	$In^{3+} + 2\,e \rightleftharpoons In^+$	– 0,443
	$In^{3+} + 3\,e \rightleftharpoons [In]$	– 0,3382
Ir:	$Ir^{3+} + 3\,e \rightleftharpoons [Ir]$	1,156
	$[IrCl_6]^{2-} + e \rightleftharpoons [IrCl_6]^{3-}$	0,8665
	$[IrCl_6]^{3-} + 3\,e \rightleftharpoons [Ir] + 6\,Cl^-$	0,77
	$[Ir_2O_3] + 3\,H_2O + 6\,e \rightleftharpoons 2\,[Ir] + 6\,OH^-$	0,098
K:	$K^+ + e \rightleftharpoons [K]$	– 2,931
La:	$La^{3-} + 3\,e \rightleftharpoons [La]$	– 2,522
	$[La(OH)_3] + 3\,e \rightleftharpoons [La] + 3\,OH^-$	– 2,90

Li:	$Li^+ + e \rightleftharpoons [Li]$	– 3,0401
Mg:	$Mg^{2-} + 2\ e \rightleftharpoons [Mg]$	– 2,372
	$[Mg(OH)_2] + 2\ e \rightleftharpoons [Mg] + 2\ OH^-$	– 2,690
Mn:	$Mn^{2+} + 2\ e \rightleftharpoons [Mn]$	– 1,185
	$Mn^{3+} + e \rightleftharpoons Mn^{2+}$	1,5415
	$Mn^{4+} + 2\ e \rightleftharpoons Mn^{2+}$	1,64
	$Mn^{4+} + e \rightleftharpoons Mn^{3+}$	1,78
	$[MnO_2] + 4\ H^+ + 2\ e \rightleftharpoons Mn^{2+} + 2\ H_2O$	1,224
	$[MnO_2] + 4\ H^+ + e \rightleftharpoons Mn^{3+} + 2\ H_2O$	1,06
	$MnO_4^- + e \rightleftharpoons MnO_4^{2-}$	0,558
	$MnO_4^- + 4\ H^+ + 3\ e \rightleftharpoons [MnO_2] + 2\ H_2O$	1,679
	$MnO_4^- + 8\ H^+ + 5\ e \rightleftharpoons Mn^{2+} + 4\ H_2O$	1,507
	$MnO_4^- + 2\ H_2O + 3\ e \rightleftharpoons [MnO_2] + 4\ OH^-$	0,595
	$MnO_4^{2-} + 8\ H^+ + 4\ e \rightleftharpoons Mn^{2+} + 4\ H_2O$	1,76
	$MnO_4^{2-} + 2\ H_2O + 2\ e \rightleftharpoons [MnO_2] + 4\ OH^-$	0,60
	$[Mn(OH)_2] + 2\ e \rightleftharpoons [Mn] + 2\ OH^-$	– 1,56
	$[Mn(OH)_3] + e \rightleftharpoons [Mn(OH)_2] + OH^-$	0,15
Mo:	$Mo^{3+} + 3\ e \rightleftharpoons [Mo]$	– 0,200
	$[Mo(CN)_6]^{3-} + e \rightleftharpoons [Mo(CN)_6]^{4-}$	0,73
	$[MoO_3] + 4\ H^+ + e \rightleftharpoons Mo^{3+} + 2\ H_2O$	0,5
N:	$NH_3OH^+ + 2\ H^+ + 2\ e \rightleftharpoons NH_4^+ + H_2O$	1,35
	$NH_2OH + H_2O + 2\ e \rightleftharpoons NH_3 + 2\ OH^-$	0,42
	$(N_2) + 2\ H_2O + 6\ H^+ + 6\ e \rightleftharpoons 2\ NH_4OH$	0,092
	$(N_2) + 5\ H^+ + 4\ e \rightleftharpoons N_2H_5^+$	– 0,23
	$(N_2) + 4\ H_2O + 4\ e \rightleftharpoons N_2H_4 + 4\ OH^-$	– 1,16
	$3(N_2) + 2\ H^+ + 2\ e \rightleftharpoons 2\ (NH_3)$	– 3,09
	$N_2H_5^+ + 3\ H^+ + 2\ e \rightleftharpoons 2\ NH_4^+$	1,275
	$(N_2O) + 2\ H^+ + 2\ e \rightleftharpoons (N_2) + H_2O$	1,766
	$(N_2O) + H_2O + 6\ H^+ + 4\ e \rightleftharpoons 2\ NH_3OH^+$	– 0,05
	$(N_2O) + 5\ H_2O + e \rightleftharpoons 2\ NH_2OH + 4\ OH^-$	– 1,05
	$H_2N_2O_2 + 2\ H^+ + 2\ e \rightleftharpoons (N_2) + 2\ H_2O$	2,65
	$(N_2O_4) + 2\ e \rightleftharpoons 2\ NO_2^-$	0,867
	$(N_2O_4) + 2\ H^+ + 2\ e \rightleftharpoons 2\ HNO_2$	1,065
	$(N_2O_4) + 4\ H^+ + 4\ e \rightleftharpoons 2\ (NO) + 2\ H_2O$	1,035
	$2\ NH_3OH^+ + H^+ + 2\ e \rightleftharpoons N_2H_5^+ + 2\ H_2O$	1,42
	$2\ (NO) + 2\ e \rightleftharpoons N_2O_2^{2-}$	0,10
	$2\ (NO) + 2\ H^+ + 2\ e \rightleftharpoons (N_2O) + H_2O$	1,591
	$2\ (NO) + H_2O + 2\ e \rightleftharpoons (N_2O) + 2\ OH^-$	0,76
	$HNO_2 + H^+ + e \rightleftharpoons (NO) + H_2O$	0,983
	$2\ HNO_2 + 4\ H^+ + 4\ e \rightleftharpoons H_2N_2O_2 + 2\ H_2O$	0,86
	$2\ HNO_2 + 4\ H^+ + 4\ e \rightleftharpoons (N_2O) + 3\ H_2O$	1,297
	$NO_2 + H_2O + 2\ e \rightleftharpoons (NO) + 2\ OH^-$	– 0,46
	$2\ NO_2^- + 2\ H_2O + 4\ e \rightleftharpoons N_2O_2^{2-} + 4\ OH^-$	– 0,18
	$2\ NO_2^- + 3\ H_2O + 4\ e \rightleftharpoons (N_2O) + 6\ OH^-$	0,15
	$NO_3^- + 3\ H^+ + 2\ e \rightleftharpoons HNO_2 + H_2O$	0,934
	$NO_3^- + 4\ H^+ + 3\ e \rightleftharpoons (NO) + 2\ H_2O$	0,957
	$2\ NO_3^- + 4\ H^+ + 2\ e \rightleftharpoons (N_2O_4) + 2\ H_2O$	0,803
	$NO_3^- + H_2O + 2\ e \rightleftharpoons NO_2^- + 2\ OH^-$	0,015
	$2\ NO_3^- + 2\ H_2O + 2\ e \rightleftharpoons (N_2O_4) + 4\ OH^-$	– 0,85
Na:	$Na^+ + e \rightleftharpoons [Na]$	– 2,712
Nb:	$Nb^{3+} + 3\ e \rightleftharpoons [Nb]$	– 1,099
	$[Nb_2O_5] + 10\ H^+ + 10\ e \rightleftharpoons 2\ [Nb] + 5\ H_2O$	– 0,644
Nd:	$Nd^{3+} + 3\ e \rightleftharpoons [Nd]$	– 2,431

Ni:	$Ni^{2+} + 2\,e \rightleftharpoons [Ni]$	– 0,257
	$[NiO_2] + 2\,H_2O + 4\,CN^- + 2\,e \rightleftharpoons [Ni(CN)_4]^{2-} + 4\,OH^-$	0,72
	$[Ni(CN)_4]^{2-} + e \rightleftharpoons [Ni(CN)_4]^{3-}$	– 0,6
	$[Ni(OH)_2] + 2\,e \rightleftharpoons [Ni] + 2\,OH^-$	– 0,72
	$[NiO_2] + 4\,H^+ + 2\,e \rightleftharpoons Ni^{2+} + 2\,H_2O$	1,678
	$[NiO_2] + 2\,H_2O + 2\,e \rightleftharpoons [Ni\,(OH)_2] + 2\,OH^-$	– 0,490
O:	$(O_2) + 2\,H^+ + 2\,e \rightleftharpoons H_2O_2$	0,695
	$(O_2) + 4\,H^+ + 4\,e \rightleftharpoons 2\,H_2O$	1,229
	$(O_2) + H_2O + 2\,e \rightleftharpoons HO_2^- + OH^-$	– 0,076
	$(O_2) + 2\,H_2O + 2\,e \rightleftharpoons H_2O_2 + 2\,OH^-$	– 0,146
	$(O_2) + 2\,H_2O + 4\,e \rightleftharpoons 4\,OH^-$	0,401
	$(O_3) + 2\,H^+ + 2\,e \rightleftharpoons (O_2) + H_2O$	2,076
	$(O_3) + H_2O + 2\,e \rightleftharpoons (O_2) + 2\,OH^-$	1,24
	$(O) + 2\,H^+ + 2\,e \rightleftharpoons H_2O$	2,421
	$OH + e \rightleftharpoons OH^-$	2,02
	$HO_2^- + H_2O + 2\,e \rightleftharpoons 3\,OH^-$	0,878
	$H_2O_2 + 2\,H^+ + 2\,e \rightleftharpoons 2\,H_2O$	1,78
Os:	$(OsO_4) + 4\,H^+ + 2\,Cl^- + 2\,e \rightleftharpoons OsO_2Cl_2 + 2\,H_2O$	1,0
	$(OsO_4) + 8\,H^+ + 8\,e \rightleftharpoons [Os] + 4\,H_2O$	0,85
P:	$[P]rot + 3\,H^+ + 3\,e \rightleftharpoons (PH_3)$	– 0,111
	$[P]weiß + 3\,H^+ + 3\,e \rightleftharpoons (PH_3)$	– 0,063
	$[P] + 3\,H_2O + 3\,e \rightleftharpoons (PH_3) + 3\,OH^-$	– 0,87
	$H_2PO_2^- + e \rightleftharpoons [P] + 2\,OH^-$	– 1,82
	$H_3PO_2 + H^+ + e \rightleftharpoons [P] + 2\,H_2O$	– 0,508
	$H_3PO_3 + 2\,H^+ + 2\,e \rightleftharpoons H_3PO_2 + H_2O$	– 0,499
	$H_3PO_3 + 3\,H^+ + 3\,e \rightleftharpoons [P] + 3\,H_2O$	– 0,454
	$HPO_3^{2-} + 2\,H_2O + 2\,e \rightleftharpoons H_2PO_2^- + 3\,OH^-$	– 1,65
	$HPO_3^{2-} + 2\,H_2O + 3\,e \rightleftharpoons [P] + 5\,OH^-$	– 1,71
	$H_3PO_4 + 2\,H^+ + 2\,e \rightleftharpoons H_3PO_3 + H_2O$	– 0,276
	$PO_4^{3-} + 2\,H_2O + 2\,e \rightleftharpoons HPO_3^{2-} + 3\,OH^-$	– 1,05
Pb:	$Pb^{2+} + 2\,e \rightleftharpoons [Pb]$	– 0,1262
	$Pb^{4+} + 2\,e \rightleftharpoons Pb^{2+}$	1,75
	$Pb^{2+} + 2\,e \rightleftharpoons [Pb(Hg)]$	– 0,1205
	$[PbBr_2] + 2\,e \rightleftharpoons [Pb] + 2\,Br^-$	– 0,284
	$[PbCl_2] + 2\,e \rightleftharpoons [Pb] + 2\,Cl^-$	– 0,2675
	$[PbF_2] + 2\,e \rightleftharpoons [Pb] + 2\,F^-$	– 0,3444
	$[PbI_2] + 2\,e \rightleftharpoons [Pb] + 2\,I^-$	– 0,365
	$[PbO] + H_2O + 2\,e \rightleftharpoons [Pb] + 2\,OH^-$	– 0,580
	$[PbO_2] + 4\,H^+ + 2\,e \rightleftharpoons Pb^{2+} + 2\,H_2O$	1,455
	$HPbO_2^- + H_2O + 2\,e \rightleftharpoons [Pb] + 3\,OH^-$	– 0,537
	$[PbO_2] + H_2O + 2\,e \rightleftharpoons [PbO] + 2\,OH^-$	0,247
	$[PbO_2] + SO_4^{2-} + 4\,H^+ + 2\,e \rightleftharpoons [PbSO_4] + 2\,H_2O$	1,6913
	$Pb(OH)_3^- + 2\,e \rightleftharpoons [Pb] + 3\,OH^-$	– 0,54
	$[PbSO_4] + 2\,e \rightleftharpoons [Pb] + SO_4^{2-}$	– 0,3588
	$PbSO_4 + 2\,e \rightleftharpoons Pb(Hg) + SO_4^{2-}$	– 0,3505
Pd:	$Pd^{2+} + 2\,e \rightleftharpoons [Pd]$	0,951
	$[PdCl_4]^{2-} + 2\,e \rightleftharpoons [Pd] + 4\,Cl^-$	0,591
	$[PdCl_6]^{2-} + 2\,e \rightleftharpoons [PdCl_4]^{2-} + 2\,Cl^-$	1,288
	$[Pd(OH)_2] + 2\,e \rightleftharpoons [Pd] + 2\,OH^-$	0,07
Pt:	$Pt^{2+} + 2\,e \rightleftharpoons [Pt]$	1,118
	$[PtCl_4]^{2-} + 2\,e \rightleftharpoons [Pt] + 4\,Cl^-$	0,755
	$[PtCl_6]^{2-} + 4\,e \rightleftharpoons [Pt] + 6\,Cl^-$	0,726
	$[PtCl_6]^{2-} + 2\,e \rightleftharpoons [PtCl_4]^{2-} + 2\,Cl^-$	0,68
	$[Pt(OH)_2] + 2\,e \rightleftharpoons [Pt] + 2\,OH^-$	0,14

Pu:	$Pu^{3+} + 3\,e \rightleftharpoons [Pu]$	– 2,031
	$Pu^{4+} + e \rightleftharpoons Pu^{3+}$	1,006
	$Pu^{5+} + e \rightleftharpoons Pu^{4+}$	1,099
	$[PuO_2(OH)_2] + 2\,H\ \ + 2\,e \rightleftharpoons [Pu(OH)_4]$	1,325
	$[PuO_2(OH)_2] + H^+ + e \rightleftharpoons [PuO_2OH] + H_2O$	1,062
Rb:	$Rb^+ + e \rightleftharpoons [Rb]$	– 2,98
Re:	$Re^{3+} + 3\,e \rightleftharpoons [Re]$	0,300
	$ReO_4^- + 4\,H^+ + 3\,e \rightleftharpoons [ReO_2] + 2\,H_2O$	0,510
	$[ReO_2] + 4\,H^+ + 4\,e \rightleftharpoons [Re] + 2\,H_2O$	0,2513
	$ReO_4^- + 2\,H^+ + e \rightleftharpoons [ReO_3] + H_2O$	0,768
	$ReO_4^- + 4\,H_2O + 7\,e \rightleftharpoons [Re] + 8\,OH^-$	– 0,584
	$ReO_4^- + 8\,H^+ + 7\,e \rightleftharpoons [Re] + 4\,H_2O$	0,368
Rh:	$Rh^+ + e \rightleftharpoons [Rh]$	0,600
	$Rh^{2+} + 2\,e \rightleftharpoons [Rh]$	0,600
	$Rh^{3+} + 3\,e \rightleftharpoons [Rh]$	0,758
	$RhCl_6^{3-} + 3\,e \rightleftharpoons [Rh] + 6\,Cl^-$	0,431
Ru:	$Ru^{2+} + 2\,e \rightleftharpoons [Ru]$	0,455
	$Ru^{3+} + e \rightleftharpoons Ru^{2+}$	0,2487
	$[RuO_2] + 4\,H^+ + 2\,e \rightleftharpoons Ru^{2+} + 2\,H_2O$	1,120
	$RuO_4^- + e \rightleftharpoons RuO_4^{2-}$	0,59
	$[RuO_4] + e \rightleftharpoons RuO_4^-$	1,00
S:	$[S] + 2\,e \rightleftharpoons S^{2-}$	– 0,47627
	$[S] + 2\,H^+ + 2\,e \rightleftharpoons H_2S(aq)$	0,142
	$[S] + H_2O + 2\,e \rightleftharpoons HS^- + OH^-$	– 0,478
	$2\,[S] + 2\,e \rightleftharpoons S_2^{2-}$	– 0,42836
	$[S] + Cd^{2+} + 2\,e \rightleftharpoons [CdS]$	0,32
	$[S] + Cu^{2+} + 2\,e \rightleftharpoons [CuS]$	0,60
	$[S] + Hg^{2+} + 2\,e \rightleftharpoons [HgS]$	1,06
	$[S] + Pb^{2+} + 2\,e \rightleftharpoons [PbS]$	0,35
	$S_2^{2-} + 2\,e \rightleftharpoons 2\,S^{2-}$	– 0,51
	$S_2O_6^{2-} + 4\,H^+ + 2\,e \rightleftharpoons 2\,H_2SO_3$	0,564
	$S_2O_8^{2-} + 2\,e \rightleftharpoons 2\,SO_4^{2-}$	2,010
	$S_2O_8^{2-} + 2\,H^+ + 2\,e \rightleftharpoons 2\,HSO_4^-$	2,123
	$S_4O_6^{2-} + 2\,e \rightleftharpoons 2\,S_2O_3^{2-}$	0,08
	$2\,H_2SO_3 + H^+ + 2\,e \rightleftharpoons HS_2O_4^- + 2\,H_2O$	– 0,056
	$H_2SO_3 + 4\,H^+ + 4\,e \rightleftharpoons [S] + 3\,H_2O$	0,449
	$2\,SO_3^{2-} + 2\,H_2O + 2\,e \rightleftharpoons S_2O_4^{2-} + 4\,OH^-$	– 1,12
	$2\,SO_3^{2-} + 3\,H_2O + 4\,e \rightleftharpoons S_2O_3^{2-} + 6\,OH^-$	– 0,571
	$HSO_4^- + 3\,H^+ + 2\,e \rightleftharpoons (SO_2) + 2\,H_2O$	0,12
	$SO_4^{2-} + 4\,H^+ + 2\,e \rightleftharpoons H_2SO_3 + H_2O$	0,172
	$2\,SO_4^{2-} + 4\,H^+ + 2\,e \rightleftharpoons S_2O_6^{2-} + H_2O$	– 0,22
	$SO_4^{2-} + H_2O + 2\,e \rightleftharpoons SO_3^{2-} + 2\,OH^-$	– 0,93
Sb:	$[Sb] + 3\,H^+ + 3\,e \rightleftharpoons (SbH_3)$	– 0,510
	$[Sb_2O_3] + 6\,H^+ + 6\,e \rightleftharpoons 2\,[Sb] + 3\,H_2O$	0,152
	$[Sb_2O_5]$(Senarmontit) $+ 4\,H^+ + 4\,e \rightleftharpoons [Sb_2O_3] + 2\,H_2O$	0,671
	$[Sb_2O_5]$(Valentinit) $+ 4\,H^+ + 4\,e \rightleftharpoons [Sb_2O_3] + 2\,H_2O$	0,649
	$[Sb_2O_5] + 6\,H^+ + 4\,e \rightleftharpoons 2\,SbO^+ + 3\,H_2O$	0,581
	$SbO^+ + 2\,H^+ + 3\,e \rightleftharpoons [Sb] + 2\,H_2O$	0,212
	$SbO_2^- + 2\,H_2O + 3\,e \rightleftharpoons [Sb] + 4\,OH^-$	– 0,66
	$SbO_3^- + H_2O + 2\,e \rightleftharpoons SbO_2^- + 2\,OH^-$	– 0,59
Sc:	$Sc^{3+} + 3\,e \rightleftharpoons [Sc]$	– 2,077

Se:	$[Se] + 2\,e \rightleftharpoons Se^{2-}$	– 0,924
	$[Se] + 2\,H^+ + 2\,e \rightleftharpoons H_2Se(aq)$	– 0,399
	$H_2SeO_3 + 4\,H^+ + 4\,e \rightleftharpoons [Se] + 3\,H_2O$	– 0,74
	$SeO_3^{2-} + 3\,H_2O + 4\,e \rightleftharpoons [Se] + 6\,OH^-$	– 0,366
	$HSeO_4^{2-} + 3\,H^+ + 2\,e \rightleftharpoons H_2SeO_3 + H_2O$	1,09
	$SeO_4^{2-} + H_2O + 2\,e \rightleftharpoons SeO_3^{2-} + 2\,OH^-$	0,05
Si:	$SiF_6^{2-} + 4\,e \rightleftharpoons [Si] + 6\,F^-$	– 1,24
	$[SiO_2\,(Quarz)] + 4\,H^+ + 4\,e \rightleftharpoons [Si] + 2\,H_2O$	0,857
	$SiO_3^{2-} + 3\,H_2O + 4\,e \rightleftharpoons [Si] + 6\,OH^-$	– 1,697
Sn:	$Sn^{2+} + 2\,e \rightleftharpoons [Sn]$	– 0,1375
	$Sn^{4+} + 2\,e \rightleftharpoons Sn^{2+}$	0,151
	$HSnO_2^- + H_2O + 2\,e \rightleftharpoons [Sn] + 3\,OH^-$	– 0,909
	$Sn(OH)_6^{2-} + 2\,e \rightleftharpoons HSnO_2^- + 3\,OH^- + H_2O$	– 0,93
Sr:	$Sr^{2+} + 2\,e \rightleftharpoons [Sr]$	– 2,89
	$Sr^{2+} + 2\,e \rightleftharpoons [Sr(Hg)]$	– 1,793
	$[Sr(OH)_2] + 2\,e \rightleftharpoons [Sr] + 2\,OH^-$	– 2,88
Ta:	$[Ta_2O_5] + 10\,H^+ + 10\,e \rightleftharpoons 2\,[Ta] + 5\,H_2O$	– 0,750
Te:	$[Te] + 2\,e \rightleftharpoons Te^{2-}$	– 1,143
	$[Te] + 2\,H^+ + 2\,e \rightleftharpoons (H_2Te)$	– 0,793
	$Te^{4+} + 4\,e \rightleftharpoons [Te]$	0,568
	$TeCl_6^{2-} + 4\,e \rightleftharpoons [Te] + 6\,Cl^-$	0,55
	$[TeO_2] + 4\,H^+ + 4\,e \rightleftharpoons [Te] + 2\,H_2O$	0,593
	$TeO_3^{2-} + 3\,H_2O + 4\,e \rightleftharpoons [Te] + 6\,OH^-$	– 0,57
	$TeO_4^- + 8\,H^+ + 7\,e \rightleftharpoons [Te] + 4\,H_2O$	0,472
	$[H_4TeO_6]^{2-} + 2\,e \rightleftharpoons TeO_3^{2-} + 2\,OH^- + 2\,H_2O$	0,455
	$[H_6TeO_6] + 2\,H^+ + 2\,e \rightleftharpoons [TeO_3] + 4\,H_2O$	1,02
Th:	$Th^{4+} + 4\,e \rightleftharpoons [Th]$	– 1,899
	$[ThO_2] + 4\,H^+ + 4\,e \rightleftharpoons [Th] + 2\,H_2O$	– 1,789
	$[Th(OH)]_4 + 4\,e \rightleftharpoons [Th] + 4\,OH^-$	– 2,48
Ti:	$Ti^{2+} + 2\,e \rightleftharpoons [Ti]$	– 1,630
	$Ti^{3+} + e \rightleftharpoons Ti^{2+}$	– 0,368
	$Ti^{3+} + 3\,e \rightleftharpoons [Ti]$	– 1,04
	$TiO^{2+} + 2\,H^+ + 2\,e \rightleftharpoons Ti^{2+} + H_2O$	– 0,95
	$TiO_2 + 4\,H^+ + 2\,e \rightleftharpoons Ti^{2+} + 2\,H_2O$	– 0,502
	$TiO^{2+} + 2\,H^+ + e \rightleftharpoons Ti^{3+} + H_2O$	– 0,055
Tl:	$Tl^+ + e \rightleftharpoons [Tl]$	– 0,336
	$Tl^+ + e \rightleftharpoons [Tl(Hg)]$	– 0,3338
	$Tl^{3+} + 2\,e \rightleftharpoons Tl^+$	1,252
	$[TlBr] + e \rightleftharpoons [Tl] + Br^-$	– 0,658
	$[TlCl] + e \rightleftharpoons [Tl] + Cl^-$	– 0,5568
	$[TlI] + e \rightleftharpoons [Tl] + I^-$	– 0,752
	$[Tl_2O_3] + 3\,H_2O + 4\,e \rightleftharpoons 2\,Tl^+ + 6\,OH^-$	0,02
	$[TlOH] + e \rightleftharpoons [Tl] + OH^-$	– 0,34
	$[Tl(OH)_3] + 2\,e \rightleftharpoons [TlOH] + 2\,OH^-$	– 0,05
	$[Tl_2SO_4] + 2\,e \rightleftharpoons [Tl] + SO_4^{2-}$	– 0,4360
U:	$U^{3+} + 3\,e \rightleftharpoons [U]$	– 1,798
	$U^{4+} + e \rightleftharpoons U^{3+}$	– 0,607
	$UO_2^+ + 4\,H^+ + e \rightleftharpoons U^{4+} + 2\,H_2O$	0,612
	$UO_2^{2+} + e \rightleftharpoons UO_2^+$	0,062
	$UO_2^{2+} + 4\,H^+ + 2\,e \rightleftharpoons U^{4+} + 2\,H_2O$	0,327
	$UO_2^{2+} + 4\,H^+ + 6\,e \rightleftharpoons [U] + 2\,H_2O$	– 1,444

V:	$V^{2+} + 2\,e \rightleftharpoons [V]$	– 1,175
	$V^{3+} + e \rightleftharpoons V^{2+}$	– 0,255
	$VO^{2+} + 2\,H^+ + e \rightleftharpoons V^{3+} + H_2O$	0,337
	$VO_2^+ + 2\,H^+ + e \rightleftharpoons VO^{2+} + H_2O$	0,991
	$V(OH)_4^+ + 2\,H^+ + e \rightleftharpoons VO^{2+} + 3\,H_2O$	1,00
	$V(OH)_4^+ + 4\,H^+ + 5\,e \rightleftharpoons [V] + 4\,H_2O$	– 0,254
W:	$[WO_2] + 4\,H^+ + 4\,e \rightleftharpoons [W] + 2\,H_2O$	– 0,119
	$[W_2O_5] + 2\,H^+ + 2\,e \rightleftharpoons 2\,[WO_2] + H_2O$	– 0,031
	$[WO_3] + 6\,H^+ + 6\,e \rightleftharpoons [W] + 3\,H_2O$	– 0,090
	$2\,[WO_3] + 2\,H^+ + 2\,e \rightleftharpoons [W_2O_5] + H_2O$	– 0,03
Y:	$Y^{3+} + 3\,e \rightleftharpoons [Y]$	– 2,372
Zr:	$[ZrO(OH)_2] + H_2O + 4\,e \rightleftharpoons [Zr] + 4\,OH^-$	– 2,30
	$[ZrO_2] + 4\,H^+ + 4\,e \rightleftharpoons [Zr] + 2\,H_2O$	– 1,4
Zn:	$Zn^{2+} + 2\,e \rightleftharpoons [Zn]$	– 0,761
	$Zn^{2+} + 2\,e \rightleftharpoons [Zn(Hg)]$	– 0,762
	$[Zn(CN)_4]^{2-} + 2\,e \rightleftharpoons [Zn] + 4\,CN^-$	– 1,2
	$[Zn(OH)_4]^{2-} + 2\,e \rightleftharpoons [Zn] + 4\,OH^-$	– 1,22

2.2 Anorganische Verbindungen

2.2.1 Tabelle der physikalischen und chemischen Daten

Die folgende Tabelle gibt für über 2400 anorganische Verbindungen die wichtigsten physikalischen und chemischen Daten an.

Die Tabelle ist so angelegt, daß neben den in der ersten Spalte aufgeführten Verbindungen in den folgenden Spalten fortlaufend die Eigenschaften angegeben sind. Die einzelnen Spalten enthalten:

Spalte 1		Formel und CAS-Nummer.
Spalte 2		Name
Spalte 3		Aggregatzustand bei 298,15 K
Spalte 4	Zeile 1	Molekularmasse, berechnet nach den relativen Atommassen von 1989.
	Zeile 2	Dichte bei 293,15 K; $10^3 \cdot kg\,m^{-3}$. Falls die Dichte bei einer wesentlich tiefer oder höher gelegenen Temperatur angegeben ist, findet man die Temperatur in der Spalte Bemerkungen. Der Hinweis erfolgt durch einen Stern.
Spalte 5		Kristalldaten: System, Typ und Symbol.

Es bedeutet kub. = kubisches System
tetr. = tetragonales System
orh. = orthorhombisches System
hex. = hexagonales System
trig. = trigonales oder rhomboedrisches System
mkl. = monoklines System
trikl. = triklines System.

Die Typen sind vom Strukturbericht übernommen. An Symbolen sind die nach Schoenflies und Hermann-Mauguin in der gekürzten Form angegeben.

Spalte 6	Kristalldaten: Kantenlängen der Einheitszelle in pm.
Spalte 7	Kristalldaten: Winkel der Einheitszelle des mkl., trig. oder trikl. Systems, darunter Z, die Anzahl der Formeleinheiten in der Einheitszelle.

Spalte 8	Brechzahl bei Zimmertemperatur gegen Luft für die Na-Linie 589,3 nm. Ist die Brechzahl für eine andere Linie bestimmt, so ist diese in den Bemerkungen angegeben. Für feste Stoffe ist im kub. System nur eine Brechzahl vorhanden. Im tetr., hex. und trig. System tritt Doppelbrechung auf. Es bezieht sich dann die zuerst angegebene Brechzahl auf den ordentlichen Strahl (Omega), die zweite auf den außerordentlichen Strahl (Epsilon). Für optisch mehrachsige Kristalle (orh., mkl., trikl.) sind die kleinste (n_α), die mittlere (n_β) und die größte (n_γ) Brechzahl nacheinander aufgeführt.
Spalte 9 und 10	In Spalte 9 steht die Schmelztemperatur, wenn in Spalte 10 ein *F* steht, die Verdampfungstemperatur bei 1013,3 hPa, wenn in Spalte 10 ein *V* steht, die Temperatur einer oft nicht näher gekennzeichneten Umwandlung im festen Zustand, wenn in Spalte 10 ein *U* steht. In einzelnen Fällen wurden die Umwandlungen in den Bemerkungen beschrieben. Ein *Z* in Spalte 10 besagt, daß bei der angegebenen Temperatur Zersetzung erfolgt. Ein *W* in Spalte 10 bedeutet die Abgabe eines Wassermoleküls.
Spalte 11	Molare Schmelzenthalpie, molare Verdampfungsenthalpie oder molare Umwandlungsenthalpie für die in Spalte 9 angegebene Temperatur.
Spalte 12 und 13	Standardwerte bei 298,15 K.
Spalte 12 Zeile 1	C_p^0 Molwärme bei konstantem Druck.
Zeile 2	S^0 molare Entropie.
Spalte 13 Zeile 1	ΔH_B^0 molare Bildungsenthalpie aus den Elementen im Normzustand.
Zeile 2	ΔG_B^0 molare freie Bildungsenthalpie. Es ist $\Delta G_B^0 = \Delta H_B^0 - T\Delta S^0$, ΔH_B^0 ist der in Spalte 13, Zeile 1 angegebene Wert, $T\Delta S^0$ die mit T = 298,15 K (Standardtemperatur) multiplizierte Differenz zwischen dem S^0-Wert der Verbindung (Spalte 12, Zeile 2) und der Summe der S^0-Werte der die Verbindung bildenden Elemente, zum Beispiel: Für $SiCl_4$ ist $\Delta H_B^0 = -577{,}4$ kJ/Mol, $S^0 = 239{,}7$ J/Mol · K. S^0 ist für Si 18,72 und für Cl_2 223,0 J/Mol · K. Also ist $\Delta S^0 = 239{,}7 - (18{,}72 + 2 \cdot 223{,}0) = -225{,}02$ mit T = 298,15 K multipliziert ergibt sich −67,089 kJ/Mol. ΔG_B^0 ist also −510,3 kJ/Mol.
Spalte 14	enthält die Dielektrizitätskonstante ϵ, den linearen oder kubischen Ausdehnungskoeffizienten α oder γ bei der angegebenen Temperatur bzw. $\bar{\alpha}$ und $\bar{\gamma}$ für den angegebenen Temperaturbereich, die Kompressibilität $\varkappa$, die molare Suszeptibilität χ_{Mol}, sowie alle weiteren Angaben zur Charakterisierung der Substanz wie Farbe und Beschaffenheit, Geruch, chemisches Verhalten, Umwandlungen und Veränderungen, Löslichkeit in Wasser, Säuren, Laugen und organischen Lösemitteln. Quantitative Angaben beziehen sich bei kristallwasserhaltigen Stoffen stets auf die wasserfreie Substanz. Die Konzentrationseinheit ist jeweils angegeben. % ohne Angabe bedeutet Gew.-%. Anordnung der Stoffe: Eine gesuchte Verbindung findet man unter dem chemischen Symbol des Kations in lexikographischer Anordnung; sind zwei Kationen (Metalle) in der Verbindung vorhanden, so ist unter dem im Alphabet voranstehenden Kation zu suchen. H-Atome in sauren Salzen sind ebenso wie das Kristallwasser nicht alphabetisch geordnet; diese Verbindungen folgen den neutralen Salzen, kristallwasserhaltige den wasserfreien. Im Anion erfolgt die lexikographische Ordnung nach dem jeweils dominierenden Zentralatom.

Abkürzungsliste

abs.	absolut
Absp.	Abspaltung
E	Diethylether
Al	Ethanol
Alk	Alkalilauge
alkohol.	alkoholisch
Bdk.	Bodenkörper
Bzl	Benzol
Chlf	Chloroform
D	Dichte
Darst.	Darstellung
dkl.	dunkel
E	Erstarrungspunkt
Eg	Eisessig
Egester	Essigsäureethylester
Egs	Essigsäure
expl.	explodiert, explosiv
F	Schmelzpunkt
fbl.	farblos
Fl.	Flüssigkeit
fl.	flüssig
flch.	flüchtig
gebr.	gebräuchlich
geschl.	geschlossen
Ggw.	Gegenwart
g. Z.	geringe Zersetzung
h.	heiß
h (vor Farbe)	hell
hex.	hexagonal
HT	Hochtemperatur
hygr.	hygroskopisch
k.	kalt
konz.	konzentriert
Krist.	Kristall(e)
krist.	kristallisiert, kristallin
kub.	kubisch
KW	Kohlenwasserstoff(e)
l.	löslich
L	Löslichkeit (bei quantitativen Angaben)
Lg	Ligroin
ll.	leicht löslich
Lösm.	Lösemittel
Lsg.	Lösung
Me	Methanol
met.	metallisch
mkl.	monoklin
Mod.	Modifikation
Nd.	Niederschlag
Oxid.	Oxidation
oxid.	oxidiert (sich)
or.	orange
orh.	orthorhombisch
P	Druck
Pe	Petrolether
Py	Pyridin
red.	reduziert
Red.	Reduktion
S	Säure(n)
Sb	Sublimation
schw.	schwarz
sied.	siedend
sll.	sehr leicht löslich
subl.	sublimiert
swl.	sehr wenig löslich
techn	technisch
Temp.	Temperatur
tetr.	tetragonal
trig.	trigonal
trikl.	triklin
TT	Tieftemperatur
unl.	(praktisch) unlöslich
V	Verdampfung
Vak.	Vakuum
verd.	verdünnt
Verw.	Verwendung
viol.	violett
Vol	Volumen
Vork.	Vorkommen
W	Wasser
wl.	wenig löslich
wss.	wäßrig
Z.	Zersetzung
zerfl.	zerfließlich
zers.	zersetzt (sich)
zll.	ziemlich leicht löslich
α	linearer thermischer Ausdehnungskoeffizient
γ	kubischer thermischer Ausdehnungskoeffizient
ϵ	Dielektrizitätskonstante
$\varkappa$	Kompressibilitätskoeffizient
χ	Suszeptibilität
%	Gewichts-%

Übersichtstabelle Anorganische Verbindungen

Formel	Name	Zustand	Mol.-Masse / Dichte $10^3\,kg \cdot m^{-3}$	Kristalldaten: System, Typ und Symbol	Einheitszelle: Kantenlänge in pm	Einheitszelle: Winkel und Z	Brechzahl n_D
Ag	**Silber**						
$Ag(CH_3COO)$ [563-63-3]	acetat	f	166,91 3,259				
Ag_3AsO_3 [7784-08-9]	orthoarsenit	f	446,52				
Ag_3AsO_4 [13510-44-6]	orthoarsenat	f	462,52 6,657	kub. $H2_1$ T_d^4, $P\bar{4}3n$	612	$Z=2$	2,252
Ag_3AgS_3 [15122-57-3]	thio-arsenit	f	494,71 5,570	trig. C_{3v}^6, $R3c$	684	103,5° $Z=2$	3,088 2,792
AgBr [7785-23-1]	bromid	f	187,78 6,473	kub. $B1$ O_h^5, $Fm3m$	577,45	$Z=4$	2,252
$AgBrO_3$ [7783-89-3]	bromat	f	235,77 5,206	tetr. C_{4h}^5, $I4/m$	860,9 809,2	$Z=8$	1,8466 1,9200
AgCN [506-64-9]	cyanid	f	133,89 4,063	trig. C_{3v}^5, $R3m$	600,47 525,70	101,2° $Z=1$	1,685 1,94
AgCNO [5610-59-3]	fulminat	f	149,89 4,09	hex. $R\bar{3}$	1542,7 572,6		
Ag_2CO_3 [534-16-7]	carbonat	f	275,74 6,077	mkl. C_2^2, $P2_1$	485,10 954,4 325,33	91,96° $Z=2$	

Phasen-umwandlungen			Standardwerte bei 298,15 K				Bemerkungen und Charakteristik
°C		ΔH kJ/Mol	C_p J/Mol K	S^0	ΔH_B^0 kJ/Mol	ΔG_B^0	
	Z			150	−399	−308	weiße Tafeln LkW 1 % LhW 2,5%
150	Z						gelbes Pulver; LW 20° 0,11%; l. S, wss. NH_3; unl. Al
950	F		173,9	275,8	− 634,3	−545,4	dunkelrote Kr.; LW 20° $0{,}8 \cdot 10^{-3}$%; l. S. wss. NH_3
490	F	36,8	164,7	302,6			Proustit l. HNO_3, rot, TT Mod: Xanthokon, mkl, C_{2h}^6, $C2/c$, $a = 1200$, $b = 626$, $c = 1708$ pm, $\beta = 110{,}0°$, $Z = 8$
427 1361	 V	8,49 157,2	54,6	107,1	−100,6	−97,1	$\varkappa$ (10,0...51,0 MPa, 293 K) $= 2{,}7 \cdot 10^{-5}$ MPa^{-1}; ε (10^6 Hz) = 13,1; $\chi_{Mol} = -59{,}7 \cdot 10^{-6}$ cm^3Mol^{-1}; Bromargyrit; gelblichweißes geruchloses Pulver; färbt sich am Licht viol.; LW 20° $1 \cdot 10^{-5}$%; L Al 25° 8,7 Mol/l Lsg.; l. konz. wss. NH_3, KCN- und $Na_2S_2O_3$-Lsg.; unl. in den meisten S, lichtempf.
			104,4	151,9	−10,5	71,4	χ (1000...2000 mPA) $= 2{,}3 \cdot 10^{-5}$ MPa^{-1}; weißes Salz; LW 25° 0,166%; wl. HNO_3, l. wss. NH_3
320	Z	11,5	66,5	107,2	146,0	157,0	ϵ(10^{12} Hz) = 15,7; $\chi_{Mol} = -43{,}2 \cdot 10^{-6}$ cm^3 Mol^{-1}; weißes, körniges, geruchloses Pulver, an trockener Luft beständig; praktisch unl. Al, verd. S; LW 20° $2{,}2 \cdot 10^{-5}$%; l. wss. NH_3, KCN-, $Na_2S_2O_3$-Lsg.; lichtempf. 2. Form orh, Cmcm, $a = 388$, $b = 1075$, $c = 580{,}4$ pm
					182		Nadeln; LW 13° 0,075%; l. wss. NH_3; unl. HNO_3; sehr expl.
210	Z		111,6	167,4	−505,8	−436,8	$\chi_{Mol} = -80{,}9 \cdot 10^{-6}$ cm^3Mol^{-1}; gelbes Pulver; LW 25° $3{,}2 \cdot 10^{-3}$%; l. konz. Alkalicarbonatlsg., KCN-Lsg., HNO_3, H_2SO_4; beim Erhitzen → CO_2-Abspaltung, lichtempf.

Übersichtstabelle Anorganische Verbindungen (Fortsetzung)

Formel	Name	Zustand	Mol.-Masse Dichte $10^3 kg \cdot m^{-3}$	Kristalldaten: System, Typ und Symbol	Einheitszelle: Kantenlänge in pm	Einheitszelle: Winkel und Z	Brechzahl n_D
Ag	**Silber**						
AgCl [7783-90-6]	chlorid	f	143,32 5,56	kub. B_1 O_h^5, $Fm3m$	554,9	$Z = 4$	2,0622
$AgClO_2$ [7783-91-7]	chlorit	f	175,32 4,30	tetr.	1217 672	$Z = 16$	
$AgClO_3$ [7783-92-8]	chlorat	f	191,32 4,430	tetr. C_{4h}^5, $I4/m$	849,8 793,8	$Z = 8$	
$AgClO_4$ [7783-93-9]	perchlorat	f	207,32 4,144	tetr. D_{2d}^{12}, $I\bar{4}2m$	497,6 674,6	$Z = 2$	
Ag_2CrO_4 [7784-01-2]	chromat	f	331,73 5,625	orh D_{2h}^{16}, Pmnb	702,20 1006,50 553,80	$Z = 4$	
$Ag_2Cr_2O_7$ [7784-02-3]	dichromat	f	431,73 4,740	trikl C_i^1, $P\bar{1}$	698,5 714,8 654,4	110,82° 96,11° 91,05°	
AgF [7775-41-9]	(I)-fluorid	f	126,87 7,076	kub. B_1 O_h^5, $Fm3m$	492	$Z = 4$	

Phasen-umwandlungen			Standardwerte bei 298,15 K				Bemerkungen und Charakteristik
°C		ΔH kJ/Mol	C_p J/Mol K	S^0	ΔH^0_B kJ/Mol	ΔG^0_B	
455 1548	*F* *V*	12,32 183,7	52,9	96,2	−127,1	−109,8	$\bar{\gamma}$(298...323 K) = 103 · 10^{-6} K^{-1}; $\varkappa$(10...50 MPa; 293 K) = 2,4 · 10^{-5} MPa^{-1}; ϵ(10^6 Hz) = 12,3; χ_{Mol} = −49,0 · 10^{-6} cm^3 Mol^{-1}; Chlorargyrit, Hornsilber; geschmeidig; käsig flockig, pulverförmig, körnig krist. Pulver; LW 20° 1,6 · 10^{-4}%; LMe 3,9 · 10^{-7} Mol/l Lsg.; L Al 25° 9,6 · 10^{-8} Mol/l Lsg.; l. wss. NH_3, KCN-, $Na_2S_2O_3$-Lsg. lichtempf.
1105	*Ex*		87,32	134,7	0	66,9	gelbe Kristallschuppen; verpufft bei 105°; beständig gegen sied. W; LW 0° 0,18 %; 20° 0,4 %; 60° 1,07 %; 100° 2,03 %
231 270	*F* *Z*		100,2	141,8	−30,3	65,1	undurchsichtige weiße Krist.; LW 10° 10 %, 20° 13 %, 40° 22 %; l. Al; zers. mit HCl, HNO_3, Egs
>150 486	*U* *Z*				−32,5		* über 155° C kub, T_d^2, $F\bar{4}3m$ a = 700 pm Z = 4; LW 20° 84% Bdk. 1 H_2O; Bzl 40° 6% Bdk. 1 C_6H_6; L Egs 19,8° 44%; L Py, Tol
490 665	*U* *F*		142,1	217,6	−731,8	−641,8	HT-Mod hex. a = 992, c = 1976 pm, χ_{Mol} = −39,5 · 10^{-6} cm^3 Mol^{-1} rote Krist.; dklrotes krist. Pulver; LW 0° 1,4 · 10^{-3}%, 40° 5 · 10^{-3}%; l. KCN-Lsg., S, wss. HN_3; zers. durch längeres Kochen mit konz. HNO_3
							dklrote Krist. SwlW 8 · 10^{-3} · %, hW Z, l. S, NH_4OH, KCN
435 1160	*F* *V*		51,9	83,7	−204,6	−186,6	χ_{Mol}= −36,5 · 10^{-6} cm^3 Mol^{-1}; weiße blätterig-krist. Masse, hornartig elastisch; sehr hygr.; färbt sich am Licht dkl; LW 15° 57,5 %, Bdk. 4 H_2O; 28,5° 68,2%, Bdk. 2 H_2O; 108° 66 %, Bdk. 0 H_2O; l. HF, Egs., CH_3CN; unl. Al;

Übersichtstabelle Anorganische Verbindungen (Fortsetzung)

Formel	Name	Zustand	Mol.-Masse / Dichte $10^3\,kg \cdot m^{-3}$	Kristalldaten: System, Typ und Symbol	Einheitszelle: Kantenlänge in pm	Einheitszelle: Winkel und Z	Brechzahl n_D
Ag	**Silber**						
AgF_2 [7783-95-1]	(II)-fluorid	f	145,87 / 5,942	orh	581,3 552,9 507,3		
Ag_2F [1302-01-8]	subfluorid	f	234,74 / 8,75	trig. $C6$ D_{3d}^3, $P\bar{3}m1$	300,16 570,14	$Z = 1$	
AgI [7783-96-2]	iodid	f	234,77 / 5,690	hex. $B4$ C_{6v}^4, $P6_3mc$	459,22 751,0	$Z = 2$	2,218 2,229
$AgIO_3$ [7783-97-3]	iodat	f	282,77 / 5,890	orh. C_{2v}^5, $Pbc2_1$	726,5 1517 578,6	$Z = 7,3$ bzw. 7,6	
$AgIO_4$ [15606-77-6]	meta periodat		298,77 / 5,680	tetr. C_{4h}^6, $I4_1/a$	537,4 1209,4		
α-Ag_2HgI_4 [7784-03-4]	iodomercurat	f	923,94 / 6,020	kub T_d^2, $F\bar{4}3m$	638,3	$Z = 1$	
β-Ag_2HgI_4	iodomercurat	f	923,94 / 5,90	tetr. S_4^2, $I\bar{4}$	633,02 1262,4	$Z = 2$	
$[Ag(CN)_2]$ K [506-61-6]	Kalium-dicyano-argentat	f	199,01 / 2,364	trig. $F\,5_{10}$ D_{3d}^2, $P\bar{3}1c$	738 1755	$Z = 6$	1,4915 1,6035
$AgMnO_4$ [7783-98-4]	permanganat	f	226,81 / 4,507	mkl. $H\,0_9$ C_{2h}^5, $P2_1/c$	564 833 712	92,5° $Z = 4$	
Ag_2MoO_4 [13765-74-7]	molybdat	f	375,68 / 6,179	kub. $H\,1_1$ O_h^7, $Fd3m$	931,2	$Z = 8$	

Phasen-umwandlungen			Standardwerte bei 298,15 K				Bemerkungen und Charakteristik
°C		ΔH kJ/Mol	C_p J/Mol K	S^0	ΔH_B^0 kJ/Mol	ΔG_B^0	
690 700	*F* *Z*		–	 141	−354		in reinem Zustand weißes, sonst bräunliches Pulver; chemisch sehr reaktionsfähig; in W sofort heftige Hydrolyse; toxisch
100	*Z*				−211		$\chi_{Mol} = 64{,}3 \cdot 10^{-6}\,cm^3\,Mol^{-1}$; große glänzende bronzefarbene grünlich schillernde Krist., am Licht langsam grauschw.; > 90 °C → AgF + Ag; zers. W unter Abscheiden von grauem Ag; beständig gegen Al
148 558 1506	*U** *F* *V*	6,15 9,41 143,9	56,8	 115,5	61,8	 −66,2	**U B*4 → *B*23, kub. O_h^9, $Im\bar{3}m$, $a = 504{,}8$ pm $Z = 2$; ϰ(10 ... 51 MPa, 293 K) = $4{,}0 \cdot 10^{-5}\,MPa^{-1}$; Iodargyrit; hgelbes krist. Pulver; lichtempfindlich; LW 25° $2{,}5 \cdot 10^{-7}$ %; L Al $2{,}1 \cdot 10^{-10}$ Mol/l Lsg.; l. KCN- und KI-Lsg.; wl. wss. NH_3, $Na_2S_2O_3$-Lsg.; praktisch unl. S außer HI
410 −470	*Z*		102,9	 156,9	−95,8		weiße glänzende Nadeln, am Licht rasche Färbung; Zerfall in AgI + O_2 bei höherer Temp.; LW 20° $4{,}3 \cdot 10^{-3}$ %, 40° $8{,}5 \cdot 10^{-3}$ %; l. wss. NH_3; wl. HNO_3
							weiß
158	*F*				−716,1		unl. W.; l. KI, KCN, unl. verd. S
							rot
50,7	*U* *α−β*						gelb, l. KI, KCN, unl. verd. S
					−16,3		fbl. sechsseitige Tafeln; lichtempfindlich; LW 5° 12,5 %; L Al 4,85 %; giftig
212	*Z*						dklviol. Krist.; LW 28° 1,68 %, zers. Al
483	*F*						weiß, LW 20° $3{,}4 \cdot 10^{-3}$ %, 60° S $\cdot 10^{-3}$ %

Übersichtstabelle Anorganische Verbindungen (Fortsetzung)

Formel	Name	Zustand	Mol.-Masse / Dichte 10^3 kg · m^{-3}	Kristalldaten: System, Typ und Symbol	Einheitszelle: Kantenlänge in pm	Einheitszelle: Winkel und Z	Brechzahl n_D
Ag	**Silber**						
AgN_3 [13863-88-2]	azid	f	149,89 / 4,981	orh. $F5_2$ D_{2h}^{26}, $Ibam$	558 593 604	$Z = 4$	
$AgNO_2$ [7783-99-5]	nitrit	f	153,88 / 4,453	orh. $F5_{12}$ C_{2v}^{20}, $Imm2$	352,6 617,0 518,2	$Z = 2$	
$AgNO_3$ [7761-88-8]	nitrat	f	169,88 / 4,352	orh. D_{2h}^{15}, $Pbca$	699,3 732,9 1011	$Z = 8$	1,729 1,744 1,788
$Ag_2C_2O_4$ [533-51-7]	oxalat	f	303,76 / 5,029	mkl. C_{2h}^{5}, $P2_1/n$	936,8 620,39 345,56	97,63° $Z = 2$	
Ag_2O [20667-12-3]	oxid	f	231,74 / 7,143	kub. $C3$ O_h^4, $Pn3m$	472,63	$Z = 2$	
Ag_2O_2 [1301-96-8]	peroxid	f	247,74 / 7,483	mkl. C_{2h}^{5}, $P2_1/c$	585,2 347,8 549,5	107,5 $Z = 2$	
Ag_2O_3 [12002-97-0]	oxid	f	263,73 / 7,084	orh. C_{2v}^{19}, $Fdd2$	1286 1049 366,3		
$AgOCN$ [3315-16-0]	cyanat	f	149,89 / 4,09				
AgP_2 [12002-82-3]	diphosphid	f	169,82 / 5,01	mkl C_{2h}^{5}, $P2_1/c$	621,8 505,6 780,4	113,5°	

Phasen-umwandlungen °C		ΔH kJ/Mol	Standardwerte bei 298,15 K C_p S^0 J/MolK	ΔH^0_B ΔG^0_B kJ/Mol	Bemerkungen und Charakteristik
252	*F*			279	fbl. Kristallnadeln, swl. in W, HNO_3, ll. wss. NH_3; l. KCN-Lsg., äußerst expl.; bei 170...80° grauviol. empfindlich gegen Stoß und Erhitzen
140	*Z*		79,2 128,1	−44,36 19,8	$\chi_{Mol}= -42 \cdot 10^{-6} cm^3 Mol^{-1}$; fbl. bis gelbliche Nadeln; schwärzt sich am Licht; LW 0° 0,15%; 20° 0,35%; 40° 0,72%; 60° 1,35%; l. S. wss. NH_3, Egs, unl. Al
160 212	*U** *F*	2,51 11,71	93,1 140,6	−124,4 −33,3	* *U* orh. → trig.; $\varepsilon(3 \cdot 10^6 Hz) = 9$; $\chi_{Mol} = -45,7 \cdot 10^{-6} cm^3 Mol^{-1}$; $\varkappa(5...30\,MPa; 0°) = 3,55 \cdot 10^{-5} MPa^{-1}$; fbl. Krist.; LW 20° 68,3%; L Bzl 35° 0,22%; L Me 20° 3,5%; L Al 20° 2,08%
140	*Expl*	209	– 209	−673 −584	fbl. wl.W; l. KCN, NH_4OH, S
230	*Z*		65,9 121,3	−31,0 −11,2	$\epsilon = 8,8$; dklbraunes Pulver; LW 20° $1,6 \cdot 10^{-3}$%; l. HNO_3; KCN-Lsg; NH_4OH; wl. NaOH, unl. Al, lichtempf.
>100	*Z*			−26,4	grauschw. Pulver, l. konz. HNO_3; konz. H_2SO_4 zers. → O_2-Entwicklung; wirkt stark oxid.
>100	*Z*				schwarz, met. gl., LZ S, B → $Ag^+ + O_2$
				−88,3	weißes Pulver; wl. W, l. HNO_3, wss. NH_3, KCN-Lsg.; zers. beim Erwärmen unter Bildung von met. Ag, lichtempf.
			72,6 87,9	−43,3 −32,3	$\chi_{Mol} = -54 \cdot 10^{-6} cm^3 Mol^{-1}$; graue krist. Masse; l. HNO_3; wird von Cl_2, Br_2, Königsw. angegriffen

Übersichtstabelle Anorganische Verbindungen (Fortsetzung)

Formel	Name	Zustand	Mol.-Masse / Dichte $10^3\,kg \cdot m^{-3}$	Kristalldaten: System, Typ und Symbol	Einheitszelle: Kantenlänge in pm	Einheitszelle: Winkel und Z	Brechzahl n_D
Ag	**Silber**						
Ag_3PO_4 [7784-09-0]	ortho-phosphat	f	418,58 6,390	kub. $H2_1$ T^4_d, $P\bar{4}3n$	601,3	$Z=2$	1,975
$AgPO_3$ [13465-96-8]	meta-phosphat	f	186,84 6,37				
$Ag_4P_2O_7$ [13465-97-9]	diphosphat	f	605,42 5,62	hex	953,8 4083		
$AgReO_4$ [20654-56-2]	perrhenat	f	358,07 6,933	tetr. $H0_4$ C^6_{4h}, $I4_1/a$	535 1192	$Z=4$	
Ag_2S [21548-73-2]	sulfid, Akanthit	f	247,80 7,20	mkl C^5_{2h}, $P2_1/n$	422,9 693,1 786,2	99,61° $Z=8$	
$AgSCN$ [1701-93-5]	thiocyanat	f	165,95 3,746	mkl. C^6_{2h}, $C2/c$	877,4 792,7 818,2	93,78° $Z=8$	
Ag_2SO_3 [13465-98-0]	sulfit	f	295,80	mkl. C^5_{2h}, $P2_1/c$	465,0 798,1 1117,3	120,7°	
Ag_2SO_4 [10294-26-5]	sulfat	f	311,80 5,45	orh. $H1_7$ D^{24}_{2h}, $Fddd$	1026 1270 581,8	$Z=8$	1,7583 1,7747 1,7852
$Ag_2S_2O_3$ [23149-52-2]	thiosulfat	f	327,85				

Phasen-umwandlungen			Standardwerte bei 298,15 K				Bemerkungen und Charakteristik
°C		ΔH kJ/Mol	C_p J/Mol K	S^0	ΔH_B^0 kJ/Mol	ΔG_B^0	
520 849	*U* *F*						HT-Mod: kub. a = 772 pm, $\chi_{Mol} = -40 \times 3 \cdot 10^{-6}\,cm^3\,Mol^{-1}$; gelbes amorphes Pulver, aus Egs oder verd. H_3PO_4 Krist.; am Licht allmählich Schwärzung; LW 19,5° $0{,}64 \cdot 10^{-3}$%; l. S., wss. NH_3,KCN-Lsg.
482	*F*						weißes Pulver; unl. W, l. HNO_3, wss. NH_3
585	*F*						fbl. Substanz; unl. W, Egs; l. S, wss. NH_3
430	*F*						$\chi_{Mol} = -47{,}6 \cdot 10^{-6}\,cm^3\,Mol^{-1}$; LW 20° 3,2 g/l Lsg.
177 587 837	U_1 U_2 *F*	3,98 0,75 7,78	6,2	144,0	−32,6	−40,5	HT-Mod 1 a = 488,9 pm, $\bar{\gamma}(303-348\,K) = 13 \cdot 10^{-6}\,K^{-1}$; $\varkappa\,(0{,}1 \ldots 1200\,MPa;\,383\,K) = (3{,}206 \cdot 10^{-6} - 48{,}5 \cdot 10^{-11}\,p)\,MPa^{-1}$; $\chi_{Mol} = 60{,}5 \cdot 10^{-6}\,cm^3\,Mol^{-1}$; schweres grauschw. Pulver; LW 18° $1{,}37 \cdot 10^{-5}$%, Bdk. gefällt oder Silberglanz; l. h. konz. HNO_3, KCN-Lsg.; unl. verd. HCl, NH_3
			63	131	88	101	$\chi_{Mol} = -61{,}8 \cdot 10^{-6}\,cm^3\,Mol^{-1}$; fbl. Salz; LW 20° $1{,}4 \cdot 10^{-5}$%; l. wss. NH_3; unl. S
100	*Z*						fbl. pulverige Substanz, Bei Belichtung → purpur → schw.; wl. W, l. wss. NH_3, verd. S unter Z.; unl. fl. SO_2, HNO_3
412 660	*U* *F*	18,6 17,9	131,4	200,4	−715,9	−618,3	HT-Mod hex, $P6_3mc$, a = 554, b = 744 pm, Z = 2, $\bar{\gamma}(78-195\,K) = 25 \cdot 10^{-6}\,K^{-1}$; $\chi_{Mol} = -92{,}9 \cdot 10^{-6}\,cm^3\,Mol^{-1}$; fbl. krist. Substanz, am Licht geringe Red. → leicht viol. Z. bei 1085°; LW 18° $2{,}57 \cdot 10^{-2}$%
							weiß, l. $Na_2S_2O_3$, NH_4OH

Übersichtstabelle Anorganische Verbindungen (Fortsetzung)

Formel	Name	Zustand	Mol.-Masse Dichte $10^3\,kg \cdot m^{-3}$	Kristalldaten: System, Typ und Symbol	Einheitszelle: Kantenlänge in pm	Einheitszelle: Winkel und Z	Brechzahl n_D
Ag	**Silber**						
Ag_3SbS_3 [15983-65-0]	thio- antimonit	f	541,53 5,85	trig C_{3v}^6, $R3c$	701 (R)	104,06° $Z=2$	3,084
Ag_2Se [1302-09-6]	selenid	f	294,70 8,200	orh. $D_2^4, P2_12_12_1$	433,3 706,2 776,4	$Z=4$	
Ag_2SeO_4 [7784-07-8]	selenat	f	358,70 5,72	orh. $H\,1_7$ D_{2h}^{24}, $Fddd$	607 1282 1021	$Z=8$	
Ag_2Te [12002-99-2]	tellurid	f	343,34 8,5	mkl. C_{2h}^5, $P2_1/m$	817 894 807	112,9° $Z=4$	
Al	**Aluminium**						
AlAs [22831-42-1]	arsenid	f	101,90 3,81	kub. $B3$ T_d^2, $F\bar{4}3m$	566,2	$Z=4$	
$AlAsO_4$ [13462-91-4]	orthoarsenat	f	165,90 3,359	trig. D_3^4, $P3_121$	503,0 1123		
AlB_2 [12041-50-8]	diborid	f	48,60 3,172	hex. D_{6h}^1 $P6/mmm$	300,54 325,28	$Z=1$	
AlB_{12} [12041-54-2]	dodekaborid	f	156,71 2,557	tetr. D_4^4, $P4_12_12$	1016 1428	$Z=14,4$	
$(AlO_2)_2Be$ [12004-06-7]	Beryllium- aluminat	f	126,97 3,76	orh. $S1_2$ D_{2h}^{16}, $Pnma$	548,8 942,3 443,3	$Z=4$	1,7443 1,7470 1,7530
$Al_2Be_3Si_6O_{18}$ [1302-52-9]	Beryllium- aluminium- metasilicat	f	537,50 2,78	hex. $S3_1$ D_{6h}^2, $P6/mcc$	921,5 919,2	$Z=2$	1,5684* 1,5640

Phasen-umwandlungen °C		ΔH kJ/Mol	Standardwerte bei 298,15 K C_p S^0 J/Mol K	ΔH^0_B ΔG^0_B kJ/Mol	Bemerkungen und Charakteristik
486	*F*				Pyrargyrit, l. HNO_3, dunkelrot
133 425 880	*U* *U* *F*	9,16 0,0	81,8 150,7	−38,0 −44,9	Halbleiter; grauschw. krist. Substanz; unl. W, l. h. HNO_3, wss. NH_3 HT-Mod: kub., Im$\bar{3}$m, a = 499 pm, Z = 2
425 537	*U* *U*		 202,0	−396,0 280,8	fbl. Krist.; LW 20° 1,5 · 10^{-2}, 40° 2,9 · 10^{-2}, 100° 5,3 · 10^{-2} %
148 959	*U** *F*	6,6 8,6	85,0 153,6	−36,0 −41,6	* *U* mkl. → kub. $Fm\bar{3}m$, a = 657 pm; Z = 4; Halbleiter; Hessit (12002-98-1); schw. graue krist. Substanz; unl. W, l. HNO_3, KCN-Lsg.
1740	*F*	141,8	45,8 60,3	−116,3 −115,2	Halbleiter ΔE (300 K) 3,1 eV, k. W zers. langsam → AsH_3, in der Wärme schnell; mit Al > 300° → Alkylarsine
			118,3 145,6	−1431,1 −1333,1	weißes Pulver; unl. W; langsam l. S
1350	*Z*		43,64 34,73	−151,0 −149,4	schwarz; reagiert langsam W, HCl l. h. HNO_3
2150	*F*		149,58 118,83	−266,10 −272,42	gelb bis braun, l. h. HNO_3
1870	*F*		105,4 66,3	−2301,2 −2179,0	Chrysoberyl (1304-50-3); gelbgrüne bis smaragdgrüne Krist.
					* fbl.; hblau (Aquamarin), n_D = 1,5715, 1,5667; hgrün (Smaragd) n_D = 1,5739, 1,5685; χ_{Mol} = +365 · 10^{-6} cm^3 Mol^{-1}; Beryll; durchsichtig bis durchscheinend, Glasglanz; verschiedene Farben

Übersichtstabelle Anorganische Verbindungen (Fortsetzung)

Formel	Name	Zustand	Mol.-Masse Dichte $10^3\,kg \cdot m^{-3}$	Kristalldaten System, Typ und Symbol	Einheitszelle Kantenlänge in pm	Einheitszelle Winkel und Z	Brechzahl n_D
Al	**Aluminium**						
$Al_2Be_2(SiO_4)_2 \cdot (OH)_2$ [1318-51-0]	Euklas	f	290,17 3,095	mkl. $S0_9$ C^5_{2h}, $P2_1/c$	476,3 1429 461,8	100,25° $Z=4$	1,6520 1,6553 1,6710
$AlBr_3$ [7727-15-3]	bromid	f	266,71 3,205				
Al_4C_3 [1299-86-1]	carbid	f	143,96 2,95	trig. $D7_1$ D^5_{3d}, $R\bar{3}m$	333,88 2499,6	$Z=3$	2,7* 2,75
$Al_2O_3 \cdot CaO$ [12042-68-1]	calcium-oxid	f	158,04 3,64	mkl. C^5_{2h}, $P2_1/c$	869,8 809,2 1520,8	90,14°	1,641 1,654 1,661
$Al_2O_3 \cdot 3CaO$ [12042-78-3]	calcium-oxid	f	270,20 3,02	kub. T^6_h, $Pa3$	1526	$Z=3$	1,710
$Al_2CaSi_2O_8$ [1302-54-1]	calcium-silicat	f	278,21 2,76	trikl. $S6_8$ C^1_i, $P\bar{1}$	817,56 1287,20 1418,27	93,172° 115,911° 91,199° $Z=8$	1,577 1,585 1,590
$AlCl_3$ [7446-70-0]	chlorid	f	133,34 2,44	mkl. $D0_{15}$ C^3_{2h}, $C2/m$	593 1024 617	108° $Z=4$	
$AlCl_3 \cdot 6H_2O$ [7784-13-6]	chlorid-hexa-hydrat	f	241,43 1,666	trig. $I2_2$ D^6_{3d}, $R\bar{3}c$	785	97,3° $Z=2$	1,560 1,507
Al_2O_4Co [1333-88-6]	Cobalt(II)-aluminat	f	176,89 4,50	kub. O^7_h, $Fd3m$	810,3	$Z=8$	
$AlCs(SO_4)_2 \cdot 12H_2O$ [7784-17-0]	Caesium-aluminium-sulfat	f	568,19 1,945	kub. $H4_{14}$ T^6_h, $Pa3$	1235,8	$Z=4$	1,4568

Phasen-umwandlungen °C		ΔH kJ/Mol	Standardwerte bei 298,15 K C_p S^0 J/Mol K	ΔH_B^0 ΔG_B^0 kJ/Mol	Bemerkungen und Charakteristik
					fbl., hgrün, blaugrün, gelbgrünlich, durchsichtig, Glasglanz; nur HF greift an; wird durch Schmelzen mit Phosphorsalz oder Borax gelöst
97,5 257	*F* *V*	11,3 23	100,5 180,2	−511,3 −488,5	$\bar{\gamma}$ (293...423 K) = 283 · 10^{-6} K^{-1}; fbl. glänzende Blättchen; reagiert explosionsartig mit W; ll. W, l. Al; L Nitrobzl. 20° 48 g/100 g Lsg.; ll. CS_2, Aceton, Bzl, Toluol
2230	*F*		116,1 89,0	−208,8 −196,5	* λ = 700 mm; goldgelbe Blättchen; zers. W und S → CH_4
1600	*F*		120,8 114,2	−2326,3 −2208,8	fbl. Krist., glasiger Glanz; bindet mit W ab → Al_2O_3 · 3 CaO · xH_2O von HCl leicht angegriffen, schwerer von HNO_3, H_2SO_4, HF; zers. beim Schmelzen mit KOH, K_2CO_3
1535	*F**		209,7 205,9	−3587,8 −3411,8	**F* inkongruent; fbl. Krist., glasiger Glanz, muscheliger Bruch; bindet mit W ab → Al_2O_3 · 3CaO · xH_2O; LW 21° 0,025 50° 0,027 g/100 cm^3 Lsg.; ll. HCl
1550	*F*	123	211,3 199,3	−4227,9 −4002,2	Anorthit; kleine weiße Krist. (geordnet)
192 2160 hPa 180	*F* Sb	35,5 115,7	91,1 109,3	−705,6 −630,0	$\bar{\gamma}$(293...423 K) = 60 · 10^{-6} K^{-1}; krist. Masse; sehr hygr.; raucht an der Luft; ätzend; LW 20° 31,6%, Bdk. 6 H_2O; L Bzl 17° 0,12%; l. Al, E
100	*Z*		296,3 318,0	−2691 −2260,9	Chloroaluminit; fbl, zerfl. Krist.; ll. W, Al; l. E, Glycerin
					dklblaue harte Krist.; Cl_2; Alk und Mineralsäuren greifen nicht an; $KHSO_4$-Schmelze zers.
117	*F*		619,6 686	−6063	fbl. Krist.; LW 20° 0,4%

Übersichtstabelle Anorganische Verbindungen (Fortsetzung)

Formel	Name	Zustand	Mol.-Masse Dichte $10^3\,kg \cdot m^{-3}$	Kristalldaten System, Typ und Symbol	Einheitszelle Kantenlänge in pm	Einheitszelle Winkel und Z	Brechzahl n_D
Al	**Aluminium**						
AlF_3 [7784-18-1]	fluorid	f	83,98 3,197	trig. $D0_{14}$ D_3^7, $R32$	503,9	58,65° $Z=2$	1,3765 1,3770
$AlF_3 \cdot H_2O$ [32287-65-3]	fluorid hydrat	f	101,99 2,14	orh. D_{2h}^{24}, $Fddd$	1140 2114 852	$Z=28$	1,473 1,490 1,511
$AlF_3 \cdot 3H_2O$ [15098-87-0]	fluorid trihydrat	f	138,02 2,107	hex.	923,4 936,2		
AlI_3 [7784-23-8]	iodid	f	407,69 3,98				
AlO_2K [12003-63-3]	Kalium- meta- aluminat	f	98,08	kub. $C9$ O_h^7, $Fd3m$	780	$Z=4$	1,603
$AlK(SO_4)_2 \cdot 12H_2O$ [7784-24-9]	Kalium- alu- minium- sulfat 12 hydrat	f	474,39 1,757	kub. $H4_{13}$ T_h^6, $Pa3$	1215,7	$Z=4$	1,4593
$AlKSi_3O_8$ [1302-64-3, A] [12330-27-7, S]	kalium- silicat	f	278,34 2,56	mkl. $S6_7$ C_{2h}^3, $C2/m$	860,4 1303,5 717,5	116° $Z=4$	1,5187 1,5226 1,5243
$AlKSi_3O_8$ [12251-43-3]		f	278,34 2,54... 2,57	trikl. $S6_7$ C^1_1, $P1$	858,1 1296,1 722,3	90,65° 115,94° 87,63° $Z=4$	1,5185 1,5238 1,5263
AlO_2Li [12003-67-3]	Lithium- meta- aluminat	f	65,92 2,55	orh. C_{2v}^9, $Pna2_1$	528 630 490		1,604 1,615
$[AlF_6]_2Li_3Na_3$ [19697-28-0]	Lithium- natrium- hexa- fluoro- aluminat	f	371,73 2,774	kub. $S1_4$ O_h^{10}, $Ia3d$	1212	$Z=8$	1,3393

Phasen-umwandlungen			Standardwerte bei 298,15 K				Bemerkungen und Charakteristik
°C		ΔH kJ/Mol	C_p J/Mol K	S^0	ΔH^0_B kJ/Mol	ΔG^0_B	
454 1275	U_β Sb	0,56 273,6	75,1	66,5	−1510,4	−1431,1	$\chi_{Mol} = -13{,}4 \cdot 10^{-6}\,cm^3\,Mol^{-1}$; fbl. durchsichtige Krist.; LW 20° 0,4%; Bdk. $3H_2O$; swl. org. Lösm.; β-AlF_3, tetr., $a = 355$, $c = 601$ pm; γ-AlF_3, hex. $P6_3/mmc$, $a = 693$, $c = 712{,}5$ pm
250	*F*						Fluellit; fbl. seidenglänzende Krist.
							HT-Mod: tetr. $P4/nnc$, $a = 772{,}07$, $c = 729{,}79$ pm, Rosenbergit
191 360	*F* *V*	15,9 32,2	98,9	190,1	−302,9	−299,2	$\bar{\gamma}$ (293 − 393 K) = $202 \cdot 10^{-6} K^{-1}$; zarte weiße Blättchen; sehr hygr.; auch schwach bräunliche Substanz, enthält meist I_2, ll. W, l. Al, CS_2, E; L Py 25° 0,82 g/100 cm^3 Lösm. Erhitzen an Luft → $Al_2O_3 + I_2$
>1650	*F*				−1141		fbl. Substanz; ll. W; l. Alk; unl. Al
−215,3 92	*U* *F*	0,20 28,0	651,9	687,4	−6061,8	−5140,7	$\varkappa$(0,1−1200 MPa, 303K) = $6{,}303 - 112 \cdot 10^{-6} p) \cdot 10^{-5} MPa^{-1}$; $\chi_{Mol} = -250 \cdot 10^{-6}\,cm^3\,Mol^{-1}$; Alaun; fbl. Oktaeder oder Würfel; LW 20° 5,5% Bdk. 12 H_2O
			A: 190,5 S: 204,5	234,3 232,9	−3954 −3960	−3734 −3740	Feldspat; Orthoklas trübe weiß, gelblich, grau, rötlich Sanidin (S), Adular (A) fbl., klar, durchsichtig
			202,4	214,2	−3968,1	−3742,8	Feldspat; Mikroklin
>1625	*F*		67,4	53,3	−1188,7	−1126,3	$\bar{\alpha}$ (298 ... 1273 K) = $12{,}4 \cdot 10^{-6} K^{-1}$, weißes Pulver; LW $0{,}12 \cdot 10^{-3}$ Mol/ l Lsg.
710	*F*						Kryolithionit; fbl. Krist.; l. W

Übersichtstabelle Anorganische Verbindungen (Fortsetzung)

Formel	Name	Zustand	Mol.-Masse / Dichte $10^3\,kg \cdot m^{-3}$	Kristalldaten: System, Typ und Symbol	Einheitszelle: Kantenlänge in pm	Einheitszelle: Winkel und Z	Brechzahl n_D
Al	**Aluminium**						
AlN [24304-00-5]	nitrid	f	40,99 3,09	hex. $B4$ C_{6v}^4, $P6_3mc$	311,14 497,92	 $Z=2$	2,13 2,20
$Al(NO_3)_3$ $\cdot 9H_2O$ [7784-27-2]	nitrat nonahydrat	f	375,13 1,724	mkl C_{2h}^5, $P2_1/c$	1384,7 961,7 1090,8	95,68° $Z=4$	1,401 1,541 1,525
$AlNH_4$ $(SO_4)_2$ [15710-63-1]	Am- monium- sulfat	f	237,14 2,440	hex. $H\,3_2$ D_3^2, $P321$	473,73 828,14	 $Z=1$	
$AlNH_4$ $(SO_4)_2 \cdot 12H_2O$ [7784-25-0]	ammonium sulfat- dodeka- hydrat	f	453,33 1,64	kub. $H\,4_{13}$ T_h^6, $I\bar{4}3d$	1224	 $Z=4$	1,4594
AlF_6Na_3 [13775-53-6]	Natrium- hexa- fluoro- aluminat	f	209,94 2,970	mkl. $I2_6$ C_{2h}^5, $P2_1/c$	776,9 559,3 540,4	90,18° $Z=2$	1,3376 1,3377 1,3387
AlO_2Na [1302-42-7]	Natrium- meta- aluminat	f	81,97 2,754	orh C_{2v}^9, $Pna2_1$	538,68 703,34 521,28	$Z=4$	1,566 1,575 1,580
$AlNa(SO_4)_2$ [10102-71-3]	Natrium- aluminium- sulfat	f	242,09 2,850	mkl, C_{2h}^3, $C2/m$	789,7 500,3 710,8	92,78° $Z=1$	
AlNa $(SO_4)_2 \cdot 12H_2O$ [7784-28-3]	dodeka- hydrat	f	458,28 1,675	kub. $H\,4_{15}$ T_h^6, $Pa3$	1221,4	 $Z=4$	1,4388

Phasenumwandlungen			Standardwerte bei 298,15 K				Bemerkungen und Charakteristik
°C		ΔH kJ/Mol	C_p J/Mol K	S^0	ΔH_B^0 kJ/Mol	ΔG_B^0	
>2400	*F*		30,1	20,1	−318,0	−287,0	* AlN, auch kub. $Fm\bar{3}m$, a = 404,5 pm, ΔE (300 K) 6,2 eV, reines Produkt weiß, meistens grau; zers. W → $Al(OH)_3 + NH_3$; zers. S, Alk
73 135	*F* *Z*		569		−3756	−2930	weiße Krist., sehr zerfl.; LW 20° 41,9%, Bdk. 9 H_2O; ll. Al, l. Aceton, Alk; unl. Py
			226,4	216,2	−2347	−2033	weiß, krist.; LW 20° 5,5%, Bdk. 12 H_2O; l. Glycerin, unl. Al
−202,2 93,5	*U* *F*	0,811	683,0	696,8	−5939	−4934	$\varkappa$(0,1−1200 MPa, 303 K) = (6,198 · 10^{-6}− 99,7 10^{-11}p) MPa^{-1}; Tschermigit; weißes krist. Pulver von zusammenziehendem Geschmack; LW s. $NH_4Al(SO_4)_2$, ll. Glycerin, unl. abs. Al; wss. Lsg. reagiert sauer; 100° → $-H_2O$, 190° → −11,5 H_2O, − NH_3
572 880 1020	*U* *U* *F*	8,24 0,4 107,28	215,7	238,4	−3309,5	−3144,8	Kryolith; weiße Krist. mit feuchtem Glasglanz; LW 20° 0,4%; 60° 0,8%; 100° 1,3%; Bdk. 0 H_2O; unl. HCl, HT-Mod: tetr. a = 532,5, c = 705,8 pm
1650	*F*		73,30	70,7	−1133	−1068	körnige weiße Substanz; l. W. Al
							weiße Substanz; LW 20° 28,8%; Bdk. 12 H_2O
61	*F*						fbl. Krist.; LW s. $NaAl(SO_4)_2$, l. verd. S, unl. Al

Übersichtstabelle Anorganische Verbindungen (Fortsetzung)

Formel	Name	Zustand	Mol.-Masse Dichte $10^3\,kg \cdot m^{-33}$	Kristalldaten: System, Typ und Symbol	Einheitszelle: Kantenlänge in pm	Einheitszelle: Winkel und Z	Brechzahl n_D
Al	**Aluminium**						
$AlNaSi_2O_6$ [12003-54-2]	natrium-silicat	f	202,14 3,33	mkl. C_{2h}^6, $C2/c$	943,7 857,4 522,5	 107,6°	1,4861
$AlNaSi_3O_8$ [12244-10-9]		f	262,22 2,61	trikl. $S6_8$ C_i^1, $P\bar{1}$	814,9 1288,0 710,6	93,37° 116,30° 90,28° $Z = 4$	1,5290 1,5329 1,5388
α-Al_2O_3 [1344-28-1]	α-Aluminiumoxid	f	101,96 4,050	trig. $D5_1$ D_{3d}^6, $R\bar{3}c$	475,88 1299,2	 $Z = 6$	1,7604 1,7686
γ-Al_2O_3	γ-Aluminiumoxid	f	101,96 3,423	kub. $D5_7$ O_h^7, $Fd3m$	792,4	 $Z = 8$	1,696
α-$Al_2O_3 \cdot H_2O$, AlOOH [14457-84-2] [24623-77-6]	Aluminium-meta-hydroxid, Diaspor	f	119,98 3,440	orh. $E0_2$ D_{2h}^{16}, $Pnma$	439,6 942,6 284,4	 $Z = 8$	1,702 1,722 1,747
γ-AlO(OH) [1318-23-6]	Böhmit	f	59,99 3,014	orh. $E0_4$ D_{2h}^{17}, $Cmcm$	370,0 1227,7 286,8	 $Z = 2$	1,649 1,659 1,665
$Al_2O_3 \cdot 3H_2O$, $Al(OH)_3$ [14762-49-3]	Aluminium-hydroxid, Hydrargillit	f	156,01 2,42	mkl. $D0_7$ C_{2h}^5, $P2_1/c$	862 506 970	85,4° $Z = 8$	1,568 1,568 1,587
$Al_2O_3 \cdot 3H_2O$ [20257-20-9]	Bayerit	f	156,01 2,53	hex.	501 469	$Z = 2$	1,583
$Al(OH)_3$ [21645-51-2]	hydroxid	f	78,00 3,98	amorph			

Phasen-umwandlungen			Standardwerte bei 298,15 K				Bemerkungen und Charakteristik
°C		ΔH kJ/Mol	C_p J/Mol K	S^0	ΔH_B^0 kJ/Mol	ΔG_B^0	
			159,9	133,5	−3032,8	−2854,1	Jadeit; mit $1H_2O$ Analcim [1318-10-1]; fbl. Ikositetraeder, durchsichtig oder trüb, weiß, rötlich; Glasglanz
			205,1	207,4	3937,0	−3713,5	Albit; weiß bis fbl., durchsichtig durchscheinend, glasglänzend
2050	*F*	111,1	79,0	50,9	−1675,7	−1582,3	$\bar{\gamma}$(293...373 K) = 4,6 · $10^{-6}K^{-1}$; $\varkappa$(0...200 MPa; 303 K) = 0,314 · $10^{-5}MPa^{-1}$; χ_{Mol} = −37 · $10^{-6}cm^3Mol^{-1}$; weißes Pulver; nicht hygr.; gewöhnliche Tonerde, in der Natur als Korund, [1302-74-5], Rubin, [1317-82-4], Saphir, [12174-49-1], entsteht beim Entwässern von $Al(OH)_3$ über 1000°
950 2290	*U** *F*		82,7	52,3	−1656,9	−1563,9	* *U* monotrop → α-Al_2O_3; sehr hygr. weiße Substanz; entsteht beim Entwässern von $Al(OH)_3$ unter 950°
			106,2	70,7	−1999,1	−1842,0	bei 420° $-H_2O$ → α-Al_2O_3 l. h. S, Alk
			131,3	96,9	−1980,7	−1831,4	im Bauxit nachgewiesen; bei 300° − H_2O → γ-Al_2O_3 l. h. S, Alk
			183,5	136,9	−2586,6	−310,3	an Luft beständig, zieht keine Feuchtigkeit an; LW 20° 1,5 · 10^{-4}%, beim Erwärmen l. in S. Alk
							sehr kleine Krist.; erhältlich bei sehr raschem Ausfällen oder Mangel an Hydrargillit-Impfstoff; metastabil
300	$-H_2O$		93,15	71,13	−1276,1	−1138,7	weiß, l. S, Alk.

Übersichtstabelle Anorganische Verbindungen (Fortsetzung)

Formel	Name	Zustand	Mol.-Masse Dichte $10^3\,kg \cdot m^{-3}$	Kristalldaten			Brechzahl n_D
				System, Typ und Symbol	Einheitszelle Kantenlänge in pm	Einheitszelle Winkel und Z	
Al	**Aluminium**						
AlP [20859-73-8]	phosphid	f	57,96 2,424	kub. $B3$ T_d^2, $F\bar{4}3m$	545,1	$Z = 4$	
$AlPO_4$ [7784-30-7]	phosphat	f	121,95 2,56	trig. $C8$ D_3^3; $P3_112$	4,92 10,97	$Z = 3$	1,524 1,530
$AlPO_4 \cdot 2H_2O$ [13824-50-5] [13477-75-3]	Metavariscit	f	157,98 2,51	mkl. C_{2h}^5; $P2_1/n$	518,20 951,15 845,16	90,40° $Z = 8$	1,551 1,558 1,582
Al_2S_3 [1302-81-4]	sulfid	f	150,16 2,02	hex. C_{6v}^4, $P6_3mc$	643,6 1787		
$Al_2(SO_4)_3$ [10043-01-3]	sulfat	f	342,15 2,83	hex. C_{3i}^2, $R\bar{3}$	805,86 2120,1	$Z = 6$	
$Al_3(SO_4)_3$ $\cdot 6H_2O$ [16674-84-3]	sulfat hexahydrat	f	450,24				
$Al_2(SO_4)_3 \cdot$ $18H_2O$ [7784-31-8]	sulfat octadeca hydrat	f	666,42 1,69				1,483 1,484 1,496
AlSb [25152-52-7]	antimonid	f	148,73 4,279	kub. $B3$ T_d^2, $F\bar{4}3$	613,47	$Z = 4$	
Al_2Se_3 [1302-82-5]	selenid	f	290,84 3,91	mkl. C_s^4; Cc	1168 673 733	121,10° $Z = 4$	
$Al_2O_3 \cdot SiO_2$ [12183-30-1]	silikat Andalusit	f	162,05 3,14	orh. $S0_2$ D_{2h}^{12}, $Pnmm$	779,44 789,79 555,86	$Z = 4$	1,633 1,639 1,644

Phasenumwandlungen			Standardwerte bei 298,15 K				Bemerkungen und Charakteristik
°C		ΔH kJ/Mol	C_p J/MolK	S^0 J/MolK	ΔH_B^0 kJ/Mol	ΔG_B^0 kJ/Mol	
2550	*F*	202,1	42,0	47,3	−164,4	−157,9	Halbleiter; ΔE (300 K) = 2,45 eV; dklgraue bis gelbgraue Krist.; schmilzt und zers. nicht < 1000°; mit W, S, Alk → Phosphin
580 705 1047 2000	*U* *U* *U* *F*	1,30 1,09	93,0	90,8	−1733,4	−1617,5	650, hex. $P6_222$, $a = 502{,}9$, $c = 1105$ pm, (β-Quarz), $Z = 3$ 1047°, kub. $F\bar{4}3m$, $a = 720{,}7$ pm; piezoelektrisch, Berlinit, weiße prism. Krist.; unl. W, Al, kaum l. konz. HCl, HNO_3, l. Alk
							weiße Krist.
1100	*F*	56,48	112,9	116,9	−724,0	−713,8	Halbleiter; gelbe Krist. oder Pulver; subl. bei 1550° in N_2-Atmosphäre; mit W → H_2S + $Al(OH)_3$; l. S; unl. Aceton
450	*Z*		259,4	239,3	−3440,8	−3099,6	$\chi_{Mol} = -46{,}5 \times 2 \cdot 10^{-6}\,cm^3\,Mol^{-1}$; weißes Pulver; LW 20° 26,9%; Bdk. $18\,H_2O$; Z. >960° → Al_2O_3
			492,7	468,9	−5304	−4625	weiß, krist.
86,5	*Z*				−8865		$\bar{\gamma}$ (83...290 K) = $81{,}1 \cdot 10^{-6}\,K^{-1}$, $\chi_{Mol} = -333 \cdot 10^{-6}\,cm^3\,Mol^{-1}$; weiße nadelige Krist. von säuerlichem adstringierendem Geschmack, LW s. $Al_2(SO_4)_2$, unl. Al
1080	*F*	82,1	46,4	65,0	−50,4	−47,7	Halbleiter ΔE(300 K) = 1,63 eV; beständig gegen trockene Luft; mit W → SbH_3
950	*F*		118,0	154,8	−566,9	−558,4	Halbleiter; hgelbe bis lichtbraune Substanz, leicht zu zerreiben; riecht nach H_2Se; mit W → H_2Se
			122,8	93,8	−2590,3	−2442,9	Krist. durchsichtig rötlich oder undurchsichtig grau oder gelb; glasglänzend

Übersichtstabelle Anorganische Verbindungen (Fortsetzung)

Formel	Name	Zustand	Mol.-Masse Dichte 10^3 kg · m^{-3}	Kristalldaten System, Typ und Symbol	Einheitszelle Kantenlänge in pm	Einheitszelle Winkel und Z	Brechzahl n_D
Al	**Aluminium**						
$Al_2O_3 \cdot SiO_2$ [1302-76-7]	Cyanit	f	162,05 3,6	trikl. $S0_1$ C_i^1, $P1$	711 784 557	90,1° 101,1° 105,9° $Z = 4$	1,7171 1,7272 1,7290
$Al_2O_3 \cdot SiO_2$ [12141-45-6]	Sillimanit	f	162,05 3,25	orh. $S0_3$ D_{2h}^{16}, $Pnma$	748,6 767,5 577,2	$Z = 4$	1,659 1,661 1,680
$3Al_2O_3 \cdot 2\,SiO_2$ [1302-93-8]	Mullit	f	426,05 3,00	orh. D_{2h}^{9}, $Pbam$	754,56 768,98 288,42	$Z = 3/4$	1,638 1,642 1,653
$Al_2SiO_4(OH,F)_2$ [1302-59-6]	fluorid silicat	f	184,04 3,58	orh $Pbnm$ $Pbn2_1$	464,9 879,2 839,4		$Z = 4$
Al_2Te_3 [12043-29-7]	tellurid	f	436,76 5,80	hex. C_{6v}^4; $P6_3mc$	408 694		
As	**Arsen**						
$AsBr_3$ [7784-33-0]	(III)-bromid	fl	314,65 3,54	orh. D_2^4, $P2_12_12_1$	1024,0 1218,2 432,26	$Z = 4$	
$AsCl_3$ [7784-34-1]	(III)-chlorid	f	181,28 2,16				1,598

Phasen-umwandlungen			Standardwerte bei 298,15 K		Bemerkungen und Charakteristik
°C		ΔH kJ/Mol	C_p S^0 J/MolK	ΔH_B^0 ΔG_B^0 kJ/Mol	
			121,8 83,8	−2689 −2538	(Disthen) flache Säulen und strahlige Aggregate von blauer Farbe, metastabil
1816	*F*		122,2 96,1	−2587,8 −2441,1	* *F* inkongruent, bei 1860° vollständig geschmolzen; $\bar{\gamma}$ (293 ... 373 K) = 2,8 · 10^{-6} K^{-1}; (293 ... 1073 K) = 4,3 · 10^{-6} K^{-1}; faserige Krist., stark glänzend; unl. W; zers. mit NH_4F beim Erwärmen, metastabil
1840	*F**		325,4 274,9	−6820,5 −6443,0	* *F* inkongruent, bei 1920° vollständig geschmolzen; von W und S nicht angegriffen, zers. beim Erhitzen mit HF; Aufschluß mit Na_2O_2-Schmelze
					Topas
900	*F*		121,2 175,7	-318,8 −310,8	schw. braune Substanz, met. glänzend, recht hart; an feuchter Luft → H_2Te
31,2 221	*F* *V*	11,8 61	79(g) 364(g)	−130 (g) −159(g)	$\bar{\gamma}$ (79 ... 349 K) – 250 · 10^{-6} K^{-1}; ϵ (3,75 · 10^8 Hz) = 3,3; χ_{Mol} = – 106 · 10^{-6} cm^3 Mol^{-1}; fbl. Prismen, hygr.; raucht an feuchter Luft; W zers.
−19,8 131,4	*F* *V*	10,1 35	133,5 216,3	-305,1 -259,1	$\bar{\gamma}$ (79 ... 349 K) = 190 · 10^{-6} K^{-1}; ϵ (3,75 · 10^8 Hz) = 3,6; χ_{Mol} = −79,9 · 10^{-6} cm^3 Mol^{-1}; fbl., ölige Fl, raucht an der Luft; äußerst giftig; mit W → HCl + As_2O_3; sll. E, Chlf; Lösm. für Schwefel, Phosphor, Alk.-iodide; fest: perlmuttglänzende Nadeln T_{kr} = 629 K

Übersichtstabelle Anorganische Verbindungen (Fortsetzung)

Formel	Name	Zustand	Mol-Masse Dichte $10^3\,kg \cdot m^{-3}$	Kristalldaten System, Typ und Symbol	Einheitszelle Kantenlänge in pm	 Winkel und Z	Brechzahl n_D
As	**Arsen**						
AsF_3 [7784-35-2]	(III)-fluorid	fl	131,92 3,01				
AsF_5 [7784-36-3]	(V)-fluorid	g	169,91 7,71*	hex. D^4_{6h}; $P6_3/mmc$	576,5 641,9		
AsH_3 [7784-42-1]	wasserstoff	g	77,95 3,48*	T^2_h; $Pn\bar{3}$	640		
As_2I_4 [13770-56-4]	diiodid	f	657,46				
AsI_3 [7784-45-4]	(III)-iodid	f	455,63 4,702	trig. $D0_5$ C^2_{3i}, $R\bar{3}$	720,93 2144,9	$Z = 6$	2,59* 2,23*
As_2O_3 [1303-24-8]	Arsenolith	f	197,84 3,87	kub. $D5_4$ O^7_h, $Fd3m$	1107,88	$Z = 16$	1,755
As_2O_3 [13473-03-5]	Claudetit	f	197,84 4,151	mkl. C^5_{2h}, $P2_1/c$	533,9 1298,4 454,05	94,27° $Z = 4$	1,871 1,92 2,01
As_2O_3 [1327-53-3]	(III)-oxid	f	197,84 3,702				

Phasen-umwandlungen			Standardwerte bei 298,15 K		Bemerkungen und Charakteristik
°C		ΔH kJ/Mol	C_p S^0 J/Mol K	ΔH_B^0 ΔG_B^0 kJ/Mol	
−5,95 58	*F* *V*	10,4 33,5	126,5 181,2	−821,3 −774,0	ε(10^6 Hz) = 5,7; fbl. Fl.; sehr flch.; raucht an der Luft; sehr giftig; verursacht auf der Haut tiefe Brandwunden; l. W → As_2O_3 + HF; l. Al, E unter Z.; l. Bzl
−79,8 −52,8	*F* *V*	11,46 20,8	−1237		* kg/Nm³; *D*(−79 °C) = 2,470 g/cm³, fbl. Gas, als Fl. wasserklar, fest schneeweiß; bildet an der Luft dicke weiße Nebel; l. W, Alk unter starker Wärmeentwicklung zu klarer Lsg.
−167,5 −116,9 − 62,47 230	*U* *F* *V* *Z*	0,548 1,195 16,686	38,52 222,5	66 69	* kg/Nm³; *D*(g) bezogen auf Luft = 2,695; *D* (−170 °C) = 1,960 g/cm³; fbl. Gas; unangenehmer, knoblauchart. Geruch; äußerst giftig, gegen O_2 empfindlich; Z. an porösen Oberflächen; verbrennt mit fahlblauer Flamme; T_{kr} = 373 K
137 400	*F* *Z*				rote Prismen; an der Luft außerordentlich zers.; in W zers. → As + AsI_3
110 144 419	*U* *F* *V*	 22,3 59,3	 105,8 213,1	 −58,2 −59,1	* λ = 656 nm; $\bar{\gamma}$ (78...352 K) = 170 · 10^{-6} K^{-1}; ε(3,75 · 10^8 Hz) = 5,4; glänzende rote Tafeln oder Blättchen, an Luft allmählich Z. → I_2 + As_2O_3; giftig, l. W unter Z., l. Al, E, Chlf, Bzl, CS_2; wl. konz. HCl, HT-Mod. hex. $P3_212$, a = 720, c = 2147 pm , Z = 6
312	*F*	24,3	96,9 107,4	−657,0 −576,0	$\chi_{Mol} = -41{,}2 \cdot 10^{-6}$ cm³ Mol⁻¹; fbl. Krist., nicht hygr.; LW 20° 1,8 %; unl. Me, Al, fl. NH_3; swl. fl. SO_2; schmelzende Alk-hydroxide → Arsenate, giftig
312 459	*F* *V*	22,6 28,0	97,0 117,0	−654,8 −576,6	fbl. Krist., giftig
			116,5 105,4	−924,9 −782,1	$\bar{\gamma}$ (273−323 K) = 110 · 10^{-6} K^{-1}; Halbleiter; weiße Stücke, weißes Pulver; klares durchsichtiges Glas von muscheligem Bruch, spröde, zersplittert beim Zerschlagen, giftig

Übersichtstabelle Anorganische Verbindungen (Fortsetzung)

Formel	Name	Zustand	Mol-Masse / Dichte $10^3\,kg \cdot m^{-3}$	Kristalldaten: System, Typ und Symbol	Einheitszelle: Kantenlänge in pm	Einheitszelle: Winkel und Z	Brechzahl n_D
As	**Arsen**						
$H_3AsO_4 \cdot {}^1/_2H_2O$ [28573-57-I] [29285-22-1] [29285-23-2]	säure hemihydrat	f	150,95 2,560	mkl. D^5_{2h}, $P2_1/a$	822,9 1324 765,1	111,1°	
As_2O_5 [1303-28-2]	(V)-oxid	f	229,84 4,32	orh. D^4_2, $P2_12_12_1$	845,4 864,5 462,9	$Z = 4$	
As_4S_4 [1303-32-8] [12279-90-2] [12044-30-3]	tetraarsen tetrasulfid	f	427,94 3,56	mkl. C^5_{2h}, $P2_1/n$	932,0 1355,1 658,5	106,52° $Z = 4$	2,538 2,700 2,704
As_2S_3 [1303-33-9]	(III)-sulfid	f	246,04 3,49	mkl. C^5_{2h}, $P2_1/n$	1149 959 425	90,47° $Z = 4$	2,4* 2,81* 3,02
As_4Se_4 [52126-83-7]	tetraarsen tetraselenid	f	615,52 4,811	mkl. C^5_{2h}, $P2_1/n$	955,2 1380,1 671,9	106,44° $Z = 4$	
As_2Se_3 [1303-36-2]	selenid	f	386,72 4,850	mkl C^5_{2h} $P2_1/c$	430 994 1284	109,1° $Z = 4$	
As_2Te_3 [12044-54-1]	tellurid	f	532,64 6,250	mkl C^5_{2h} $P2_1/c$	1433,9 400,6 987,3	95,1° $Z = 4$	

Phasen-umwandlungen			Standardwerte bei 298,15 K		Bemerkungen und Charakteristik
°C		ΔH kJ/Mol	C_p S^0 J/Mol K	ΔH_B^0 ΔG_B^0 kJ/Mol	
36,1 160	*F* *Z*		–	−906	klare große Krist.; hygr.; LW 20° 17% Bdk · $^1/_2H_2O$, giftig
225	*U*		116,5 105,4	−924,9 −782,1	$\bar{\gamma}$ (273 − 323 K) = 110 · $10^{-6} K^{-1}$; Kristallaggregate; undurchsichtige weiße Masse; zerfl. langsam an Luft; l. W → H_3AsO_4; l. Al; gepulvert l. Glycerin; giftig HT-Mol.: tetr. D_4^3, $P4_122$, a = 857,7, c = 463,7 pm, Z = 4
267 318 565	*U* *F* *V*	3,37 31,68	188,2 254,1	−276,2 −266,0	Realgar; rote Krist. oder rotgelbes krist. Pulver; 2. Form schw. D = 3,254; unl. W, wss. NH_3; l. Alk; mit HNO_3, HClO → As_2O_3 + S; giftig, HT-Mod: mkl, C2/c, a = 995,7, b = 933,5, c = 888,9 pm, β = 102,48°, Z = 4
170 312 707	*U* *F* *V*	30,05	116,5 163,6	−167,4 −166,1	* λ = 671 pm; Halbleiter; $\chi_{Mol} = -70 \cdot 10^{-6} cm^3 Mol^{-1}$; Auripigment; gelbe Stücke oder Pulver; LW 18°, 5,1 · 10^{-5}%; zers. Al; unl. CS_2; Bzl, mit HNO_3, HClO → As_2O_3 + S; mit ammoniakalischem H_2O_2 → H_3AsO_4, giftig
264	*Z*			−154	dunkelrot, giftig
377	*F*	40,8	121,4 194,6	−102,5 −101,5	schwarz rot, Halbleiter, glasbildend, giftig
375	*F*	46,8	127,9 226,4	−37,7 −39,6	metall-glänzend, Halbleiter

Übersichtstabelle Anorganische Verbindungen (Fortsetzung)

Formel	Name	Zustand	Mol-Masse / Dichte $10^3\,kg \cdot m^{-3}$	Kristalldaten: System, Typ und Symbol	Einheitszelle: Kantenlänge in pm	Einheitszelle: Winkel und Z	Brechzahl n_D
Au	**Gold**						
AuBr [10294-27-6]	(I)-bromid	f	276,88 / 7,955	tetr.	1395,0 / 950,3	$Z=32$	
$AuBr_3$ [10294-28-7]	(III)-bromid	f	436,69				
AuCN [506-65-0]	(I)-cyanid	f	222,98 / 7,140	hex. C_{6v}^1, $P6mm$	339,5 / 508,0	$Z=1$	
$Au(CN)_3 \cdot 3H_2O$ [6227-61-8]	(III)-cyanid	f	329,07				
AuCl [10294-29-8]	(I)-chlorid	f	232,42 / 7,810	tetr. D_{4h}^{19}, $I4_1/amd$	674,3 / 869,4	$Z=8$	
$AuCl_3$ [13453-07-1]	(III)-chlorid	f	303,33 / 4,67				
$H[AuCl_4] \cdot 4H_2O$ [1303-50-0] [14337-12-3]	Tetrachlorogoldsäure	f	411,85	mkl. C_{2h}^5, $P2_1/c$	1450 / 1160 / 1500	104° / $Z=12$	
$Cs[AuCl_4]$ [13682-60-5]	Caesium-tetrachloroaurat-(III)	f	471,68 / 4,118	mkl. C_{2h}^6, $C2/c$	959,6 / 625,2 / 1406,6	115,65° / $Z=4$	
AuI [10294-31-2]	(I)-iodid	f	323,87 / 8,25	tetr. D_{4h}^{16}, $P4_2/ncm$	435 / 1373	$Z=4$	
$[AuBr_4]K \cdot 2H_2O$ [13005-38-4] [14323-32-1]	Kalium-tetrabromoaurat	f	591,74	mkl. $H4_{19}$ C_{2h}^5, $P2_1/c$	951 / 1193 / 846	94,4° / $Z=4$	<1,74 / >1,74

Phasen-umwandlungen			Standardwerte bei 298,15 K				Bemerkungen und Charakteristik
°C		ΔH kJ/Mol	C_p J/Mol K	S^0	ΔH_B^0 kJ/Mol	ΔG_B^0	
85 – 100 298 – 300	*U* *U*		50,5	98,3	– 14,2	– 6,7	* p_{Br2} 1013 hPa.; χ_{Mol} = – 61 · 10^{-6} $cm^3 Mol^{-1}$; gelbgrau; l. KBr-, KCN-Lsg.; unl. HNO_3, H_2SO_4, CCl_4; zers. W; langsam zers. Al, E, Aceton
160	*Z*[1]				–54,4		[1] *Z* unter Bildg. AuBr + Br_2; dkl-braun; wl. W, abs. Al, Glycerin; ll. wss. Lsg. von HBr, Chlorid, Bromid
							gelb; swl. W, verd. S; l. KCN-, $(NH_4)_2S$-Lsg.; unl. Al, E
50	*Z*						Krist. blätterig, tafelförmig; ll. Al, E, W
290[1]	*Z*		48,7	85,9	–36,4	– 14,6	[1] p_{Cl2} = 1013 hPa; χ_{Mol} = –67 · 10^{-6} $cm^3 Mol^{-1}$; hgelb; l. Alkalichloridlsg., HCl, wss. NH_3; zers. W → Au + $AuCl_3$; langsam zers. Al, E, Aceton
288[1] 254	*F* *Z*		94,8	148,1	– 117,6	–47,8	[1] bei p_{Cl2} = 2026 hPA; χ_{Mol} = – 112 · 10^{-6} $cm^3 Mol^{-1}$; dklrote Krist; hygr.; LW Raumtemp. 68%; l. Al; E, NH_3, S; wl. abs. Al, wfreier E
					– 1493		zerfl. Krist.; hgelb; ll. W, l. Al, E; ätzt die Haut
							gelbe Krist.; LW 20° 0,9%; swl. Al, unl. E
100	*Z*		51,8	119,2	–0,8	–4,82	zitronengelbes Pulver; swl. W, zers. beim Sieden → Au + I_2; l. KI-Lsg.
80	*Z*						Krist.; halbmet. Glanz; l. W. Al; zers. E → $AuBr_3$ + KBr

Übersichtstabelle Anorganische Verbindungen (Fortsetzung)

Formel	Name	Zustand	Mol-Masse / Dichte $10^3\,kg \cdot m^{-3}$	Kristalldaten: System, Typ und Symbol	Einheitszelle: Kantenlänge in pm	Einheitszelle: Winkel und Z	Brechzahl n_D
Au	**Gold**						
$Au(CN)_2K$ [13967-50-5]	Kalium-dicyano-aurat	f	288,10 / 3,452	trig. C_{3i}^2, $R\bar{3}$	730,26 / 2635,7	$Z=9$	1,6005 / 1,6943
$[AuCl_4]K$ [13682-61-6]	Kalium-tetrachloro-aurat-(III)	f	377,88 / 3,72	mkl. C_s^2, Pc	867,1 / 638,6 / 1224,3	95,62° / $Z=4$	1,55 / 1,56 / 1,69
$[AuCl_4K \cdot 2H_2O$ [13005-39-5]		f	413,91	orh.			
Au_2O_3 [[1303-58-8]	(III)-oxid	f	441,93 / 11,33	orh. C_{2v}^{19}, $Fdd2$	1282 / 1052 / 383,8		
$Au(OH)_3$ [1303-52-2]	(III)-hydroxid	f	247,99				
Au_2P_3 [12044-95-0]	(III)-phosphid	f	486,86 / 6,67	mkl. C_{2h}^3, $C2/m$	586,5 / 1443,5 / 467,1	108,4° / $Z=4$	
$[AuCl_4]Rb$ [13682-62-7]	Rubidium-tetrachloro-aurat-(III)	f	424,25 / 3,95	mkl. C_{2h}^6, $C2/c$	976,0 / 590,2 / 1411,6	120,05° / $Z=4$	
$AuTe_2$ [1303-56-6] [12006-61-2] [56449-48-0]	tellurid	f	452,17 / 9,26	mkl. C_{2h}^3, $C2/m$	721,2 / 443,2 / 507,3	90,05°	
B	**Bor**						
$BAsO_4$ [13510-31-1]	arsenat	f	149,73 / 3,642	tetr. S_4^2, $I\bar{4}$	445,8 / 679,6		
BAs [12005-69-5]	arsenid	f	85,733 / 5,22	kub. T_d^2, $F\bar{4}3m$	477,7		
BBr_3 [10294-33-4]	tribromid	fl	250,54 / 2,643	hex. C_6^6, $P6_3$	640,6 / 686,4	$Z=2$	1,5312

Phasen-umwandlungen			Standardwerte bei 298,15 K		Bemerkungen und Charakteristik
°C		ΔH kJ/Mol	C_p S^0 J/Mol K	ΔH_B^0 ΔG_B^0 kJ/Mol	
					fbl.; ll. W, l. Al, unl. E, Aceton
357	*Z*				$\chi_{Mol} = -152 \cdot 10^{-6} cm^3 Mol^{-1}$; gelbe Krist.; LW 20° 38%, 60° 80,2%; unl. abs. E
					hgelbe Tafeln; l. W, Al, E
			114,0 130,0	−3,35 77,9	braunschw. Pulver; unl. W, l. HCl, konz. S, Eg
			94,0 189,5	−424,7 −316,8	gelbbraun; l. NaCN, h. KOH, konz. S
			119,6 150,6	−102,5 −82,4	zers. $HNO_3 \rightarrow H_3PO_4$ + Au
					Prismen; LW 20° 9%, 40° 17,7%, 60° 26,6%, 100° 44,2%; swl. Al, unl. E
472	*F*	40,6	76,68 141,71	−18,62 −17,19	Calaverit; hgelb
700	*Sb*				langsam W, l. S, unl. Al., fbl.
			34,99 31,5	−75,3 −72,3	rosa; unl. S, A, l. k. HNO_3, Königsw.
−46 91,3	*F* *V*	 30,5	128,03 228,9	−238,5 −236,9	fbl. leicht bewegliche stechend riechende Fl.; raucht stark an feuchter Luft; zers. heftig mit W; l. CCl_4, CS_2, Bzl

Übersichtstabelle Anorganische Verbindungen (Fortsetzung)

Formel	Name	Zustand	Mol-Masse Dichte $10^3 kg \cdot m^{-3}$	Kristalldaten: System, Typ und Symbol	Einheitszelle: Kantenlänge in pm	Einheitszelle: Winkel und Z	Brechzahl n_D
B	**Bor**						
B_4C [12069-32-8]	carbid	f	55,26 2,52	hex. D_{3d}^5, $R\bar{3}m$	560,03 1208,6	$Z=9$	
BCl_3 [10294-34-5]	trichlorid	g	117,19 1,434*	hex. C_6^6, $P6_3$	614,0 660,3	$Z=2$	
B_2Cl_4 [13701-67-2]	Tetra-chloro-diboran	fl	163,43 1,50*	orh. D_{2h}^{15}, $Pbca$	1190 628,1 769	$Z=4$	
BF_3 [7637-07-2]	trifluorid	g	67,81 2,99*				1,38**
$BF_3 \cdot 2H_2O$ [13319-75-0]	trifluorid dihydrat	fl	103,84 1,626	orh. $H0_2$ D_{2h}^{16}, $Pnma$	730 874 564	$Z=4$	1,317
BF_4Li [14282-07-9]	Lithium tetrafluoro-borat	f	93,75 1,967	orh.	670,2 637,3 680,2		

Phasen-umwandlungen °C		ΔH kJ/Mol	Standardwerte bei 298,15 K C_p S^0 J/Mol K	ΔH_B^0 ΔG_B^0 kJ/Mol	Bemerkungen und Charakteristik
2350	*F*	104,6	53,09 27,1	−71,1 −70,6	schw. glänzende Krist.; sehr beständig; nach Diamant der härteste Stoff; geschmolzenes Alk zers.; wss. Alk ohne Wirkung; Aufschluß mit Soda-Salpeter oder $KNaCO_3$; unl. S, selbst HF, HNO_3 oder Gemisch der beiden (außerdem B_8C, $B_{25}C$, $B_{13}C_2$)
−107,2 12,4	*F* *V*	 23,77	62,4 290,2	−403,0 −387,96	* *D* (fl) bei 273,15 K; T_{kr} = 471,4 K, P_{kr} 3,95 MPa; $\chi_{Mol} = -59{,}9 \cdot 10^{-6}\,cm^3\,Mol^{-1}$; fbl. Gas; leicht bewegliche, stark brechende Fl.; an der Luft dicke Nebel; zers. W → HCl + H_3BO_3; mit Al → Borsäureester
−92,94 65,5	*F* *V*	10,79 33,6			* *D* (fl) bei 273,15 K; fbl. Fl.; zers. langsam bei Zimmertemp.; l. W unter Bildung von HCl
−131 −128,7 −99,9	*U* *F* *V*	0,08 4,24 18,9	50,0 254,1	−1136,6 −1119,1	* kg/Nm³; ** $n_{0,1\,MPa}^{0°}$ (546,2 nm) = 1,0004079; T_{kr} = 261 K; p_{kr} = 51,3 MPa fbl. stechend und erstickend riechendes Gas; greift Atmungsorgane an; l. konz. H_2SO_4, HNO_3 unter Bildung einer rauchenden Fl., beim Verdünnen mit W fällt Borsäure aus; l. W bei 0°; zers. quantitativ in NaOH → BO_2^- + F^-
6	*F*				wasserklare, an der Luft nicht rauchende Fl.; fbl.; Blättchen; greift Glas nicht an; W hydrolysiert; mit E mischbar unter starker Wärmetönung; unl. org. Lösm.; l. Dioxan unter Salzbildung
	Z			−1876 −1777	weiß, hygr., l.l. W

Übersichtstabelle Anorganische Verbindungen (Fortsetzung)

Formel	Name	Zustand	Mol-Masse / Dichte $10^3\,kg\cdot m^{-3}$	Kristalldaten: System, Typ und Symbol	Einheitszelle: Kantenlänge in pm	Einheitszelle: Winkel und Z	Brechzahl n_D
B	**Bor**						
B_2H_6 [19287-45-7]	Diboran (6)	g	27,67 1,2389*	hex. D_{6h}^4, $P6_3/mmc$	454 869	 $Z=2$	
B_4H_{10} [18283-93-7]	Tetraboran (10)	g	53,32 5,60	mkl. C_{2h}^5, $P2_1/c$	868 1014 578	105,9° $Z=4$	
B_5H_9 [19624-22-7]	Pentaboran(9)	fl	63,13 6,10*	tetr. C_{4v}^9, $I4mm$	716 538	 $Z=2$	
B_5H_{11} [18433-84-6]	Pentaboran (11)	fl	65,14	mkl. C_{2h}^5, $P2_1/n$	676 851 1014	91,3° $Z=4$	
B_6H_{10} [23777-80-2]	Hexaboran (10)	fl	74,95 7,0	orh. C_{2v}^{12}, $Cmc2_1$	850 923 750	 $Z=4$	
$B_{10}H_{14}$ [17702-41-9]	Decaboran (14)	f	122,22 9,4	mkl. C_{2h}^6, $C2/c$	1455 2088 568	90° $Z=4$	
HBO_2 [13460-50-9] [13460-51-0]	Metaborsäure	f	43,82 2,486	kub. T_d^4, $P\bar{4}3n$	887	 $Z=24$	1,619
		f	43,82 2,044	mkl. C_{2h}^5, $P2_1/c$	713,2 885,2 677,2	92,25° $Z=12$	1,434 1,570 1,588
			43,82 1,78	orh. D_{2h}^{16}, $Pnma$	803 969 625	 $Z=12$	1,378 1,503 1,507

Phasen-umwandlungen			Standardwerte bei 298,15 K				Bemerkungen und Charakteristik
°C		ΔH kJ/Mol	C_p J/Mol K	S^0 J/Mol K	ΔH_B^0 kJ/Mol	ΔG_B^0 kJ/Mol	
−164,8	*F*	4,47	56,20		35,6		* kg/Nm³; bei 275 K; *D*161 K (fl) 447 kg/m³; T_{kr} = 289 K; p_{kr} = 4,17 MPa, D_{kr} = 16 kg m⁻³; fbl. Gas von charakteristischem widerlichem Geruch; krist. in Nadeln; mit feucher Luft Nebelbildung → H_3BO_3; sehr empfindlich gegen W → H_3BO_3 + H_2; trocken haltbar; etwas l. CS_2;
−92,52	*V*	14,28		232,1		86,8	
−120	*F*						* *D* (fl) bei 238 K; fbl. Gas oder fbl. Fl. von widerlichem Geruch; durch W langsam zers.; ll. in trockenem Bzl
16	*V*	27,1		280			
−46,74	*F*		197		73		* bei 273 K; fbl. leicht bewegliche, widerlich riechende Fl.; ziemlich haltbar; das beständigste der leichtflch. Borhydride; durch W langsam zers.
50,3	*V*			276		175,0	
−123,3	*F*						fbl. leicht bewegliche Fl.; zerfällt schneller als B_5H_9
63	*V*	31,8					
−65,1	*F*				95		* bei 298,15 K; fbl., ziemlich stark lichtbrechende Fl.; zers. leicht in festes, gelbes Hydrid und H_2; reagiert langsam mit k. W
108	*V*						
98,78	*F*	22	179		32		lange fbl. Nadeln oder kompakte Krist.; stechender eigentümlicher Geruch; W greift nicht an; l. Al, E Bzl; ll. CS_2
213	*V*	77		353		216	
236	*F*		54,56		−802,8		glänzende Kriställchen; HBO_2-I
				48,95		−735,0	fbl. Körner; HBO_2-II
176	*F*				−789		$\chi_{Mol} = -22{,}6 \cdot 10^{-6}$ cm³ Mol⁻¹; fbl. Prismen; HBO_2-III

Übersichtstabelle Anorganische Verbindungen (Fortsetzung)

Formel	Name	Zustand	Mol-Masse Dichte $10^3\,kg \cdot m^{-3}$	Kristalldaten System, Typ und Symbol	Einheitszelle Kantenlänge in pm	 Winkel und Z	Brechzahl n_D
B	**Bor**						
H_3BO_3 [10043-35-3]	säure	f	61,83 1,435	trikl. C_i^1, $P\bar{1}$	703,9 705,3 657,8	92,58° 101,16° 119,83° $Z = 4$	1,337 1,461 1,462
BI_3 [13517-10-7]	triiodid	f	391,52 3,35	hex. C_6^6, $P6_3$	700 746	$Z = 2$	
BN [10043-11-5]	nitrid	f	24,82 2,18	hex. *B*12 D_{6h}^4, $P6_3/mmc$	250,441 665,62	$Z = 2$	
$BH_3 \cdot NH_3$ [13774-81-7]	Boramin	f	30,87 7,40	tetr. C_{4v}^9, $I4mm$	526 505	$Z = 2$	
$B_3N_3H_6$ [6569-51-3]	Borazin	fl	80,50 0,8519*				1,3821
B_2O_3 [1303-86-2]	oxid	f	69,62 1,805 2,44	kub. hex. C_3^2, $P3_1$	1005,5 433,60 834,0	 $Z = 16$ $Z = 3$	 1,4623

Phasen-umwandlungen			Standardwerte bei 298,15 K		Bemerkungen und Charakteristik
°C		ΔH kJ/Mol	C_p S^0 J/Mol K	ΔH^0_B ΔG^0_B kJ/Mol	
176	*F*		81,38 88,74	−1094 −968,5	$\chi_{Mol} = -34{,}1 \cdot 10^{-6}\,cm^3\,Mol^{-1}$; Sassolin; weiße schuppige Blättchen, schwach; perlmuttglänzend; biegsam; fühlen sich fettig an; dicke Tafeln aus wss. Lsg.; LW21° 4,89%, Bdk. H_3BO_3; L Me 25° 2,9 Mol/l; L Al 25° 1,52 Mol/l; L Isobutanol 25° 0,6927 Mol/l; L Glycerin 20° 28 g/100 cm^3; L E wfrei 0,00775 g/100 g, E mit W gesättigt 0,2391 g/100 g Lösm.
49,9 210	*F* *V*	 40,5	70,5 348,7	71,1 20,83	fbl. durchsichtige Krist. mit perlmuttartigem Glanz; sehr hygr.; an Luft zers. unter I_2-Abscheidung; zers. W; ll. CCl_4, CS_2, Benzin; schwer l. $AsCl_3$, PCl_3
2230	*Sb*	902	19,7 14,8	−254,4 −228,5	Halbleiter $\Delta E \leqq 6$ eV; weißes leichtes lockeres Pulver; langsam l. k. W, rasch l. sied. W; zers. durch Wdampf → $NH_3 + H_3BO_3$; zers. HNO_3, H_2SO_4, h. NaOH; unl. wfrei Hydrazin auch: kub., T_d^2, $F\bar{4}3m$, $a = 361{,}58$ pm, $D = 3{,}487$
112 −114	*Z*				fbl. glänzende Nadeln; an feuchter Luft langsame Hydrolyse; im Vak. bis 90° unverändert beständig; sll. fl. NH_3, W. l. THF, E, $CHCl_3$
−58 53	*F* *V*	 32,2	 213		* bei 282,9 K; wasserklare, bewegliche, leicht flch. Fl.; krist. fbl. Tafeln; brennbar; fettlösend; l. eisk. W, bei Raumtemp. langsam zers.
460 2066	*F* *V*	24,1 361,1	62,59 53,95	−1271,9 −1192,8	für glasiges B_2O_3; D 1844 kg m^{-3} $\bar{\gamma}(548-598\,K) = 610 \cdot 10^{-6}\,K^{-1}$; $\chi_{Mol} = -39 \cdot 10^{-2}\,cm^3\,Mol^{-1}$; fbl. durchsichtiges, sehr hartes, sprödes Glas oder schneeweiße, gesintert, leicht pulverisierbare Masse; völlig geruchlos; sehr hygr. schwach bitterer Geschmack; l. W nicht sofort, sondern nach kurzzeitig erfolgtem Zerfall; 3,65%ige HF → BF_3; l. warme konz. H_2SO_4; unl. fl. NH_3

Übersichtstabelle Anorganische Verbindungen (Fortsetzung)

Formel	Name	Zustand	Mol-Masse / Dichte $10^3 kg \cdot m^{-3}$	Kristalldaten: System, Typ und Symbol	Einheitszelle: Kantenlänge in pm	Einheitszelle: Winkel und Z	Brechzahl n_D
B	**Bor**						
BP [20205-91-8]	phosphid	f	41,785	kub. T_d^2, $F\bar{4}3m$	453,83		
B_2S_3 [12007-33-9]	sulfid	f	117,81 / 1,93	mkl. C_{2h}^5, $P2_1/c$	403,9 / 1072,2 / 1862,0	96,23° / $Z = 8$	
B_2Se_3 [12297-19-7]	selenid	f	258,50 / 2,10	mkl. C_{2h}^1, $P2/m$	406 / 386 / 1043	~90° / $Z = 8$	
Ba	**Barium**						
$Ba_3(AsO_4)_2$ [13477-04-8]	ortho-arsenat	f	689,86 / 5,612	trig. D_{3d}^5, $R\bar{3}m$	577,4 / 2120,4	$Z = 3$	
BaB_6 [12046-08-1]	hexaborid	f	202,21 / 4,250	kub. $D2_1$ O_h^1, $Pm\bar{3}m$	426,24	$Z = 1$	
$BaBr_2$ [10553-31-8]	bromid	f	297,16 / 4,781	orh. $C23$ D_{2h}^{16}, $Pnma$	827,6 / 991,9 / 495,6	$Z = 4$	
$BaBr_2 \cdot H_2O$ [33429-48-0]	bromid hydrat	f	315,17 / 4,180	orh. D_{2h}^{16}, $Pnma$	943,4 / 1165 / 460,6	$Z = 4$	
$BaBr_2 \cdot 2H_2O$ [7791-28-8]	bromid dihydrat	f	333,19 / 3,824	mkl. C_{2h}^6, $C2/c$	1044,2 / 720,7 / 838,4	113,61°	1,7129 / 1,7266 / 1,7441
$Ba(BrO_3)_2 \cdot H_2O$ [13026-26-8]	bromat hydrat	f	411,17 / 3,95	mkl. C_{2h}^6, $I2/c$	906,9 / 790,1 / 963,9	93,28° / $Z = 4$	1,650 / 1,738
BaC_2 [12070-27-8]	dicarbid	f	161,36 / 3,75	tetr. $C11$ D_{4h}^{17}, $I4/mmm$	404 / 706	$Z = 2$	

Phasen-umwandlungen °C		ΔH kJ/Mol	Standardwerte bei 298,15 K C_p J/Mol K	S^0 J/Mol K	ΔH_B^0 kJ/Mol	ΔG_B^0 kJ/Mol	Bemerkungen und Charakteristik
1227	*Z*		30,25	26,8	−79,0	−73,0	Halbleiter ΔE (300 K) = 2,0 eV
563	*F*	48,1	117,1	92,0	−252,2	−247,6	glänzende, weiße Nadeln; porzellanart. oder glasige Masse je nach Darst.; stechend schwefliger Geruch; W zers. heftig; Me, Al zers. unter H_2S-Entwicklung; ll. PCl_3; SCl_2
480	*F*						Z mit H_2O
1605	*F*		257,2	309,6	−3421,7	−3192,2	große, durchsichtige, fbl. Kristallblätter; LW 20° 5,5 · 10^{-2} %
2070	*F*						viol. schw. Pulver; mikroskopisch sehr regelmäßige kleine Krist.; eisengraue, glänzende Würfel
857 2028	*F* *V*	32,0 223,0	77,0	148,5	−757,7	−738,0	$\varkappa = 3{,}58 \cdot 10^{-5}$ MPa; $\chi_{Mol} = -92 \cdot 10^{-6}\,cm^3\,Mol^{-1}$; weißes, krist. Pulver; LW 20° 49,8%, Bdk. 2 H_2O; L Me 20° 29,5%; L Al 20° 3,97%; L Aceton 20° 0,026%; giftig
75	$-H_2O$				−1067		fbl. Krist.; LW s. $BaBr_2$
120 880	−2 *W* *F*		–	226	−1366	−1231	$\chi_{Mol} = -119 \cdot 10^{-6}\,cm^3\,Mol^{-1}$; weiße Krist. etwas durchsichtig; LW s. $BaBr_2$; ll. Me; wl. Al
85	− *W*		221,3	288			$\chi_{Mol} = -117{,}5 \cdot 10^{-6}\,cm^3 Mol^{-1}$; weiße, seidenglänzende Krist. oder feinkrist. Pulver; LW 20° 0,9%; 100° 5,1%, Bdk. 1 H_2O; unl. Al, Aceton und den meisten org. Lösm.
			63,9	87,9	−74,9	−79,1	graue bis schw. Substanz; über 1750° Z.; mit W und Al stürmisch → C_2H_2 HT, kub. $Fm\bar{3}m$, $a = 656$ pm

Übersichtstabelle Anorganische Verbindungen (Fortsetzung)

Formel	Name	Zustand	Mol-Masse / Dichte $10^3 kg \cdot m^{-3}$	Kristalldaten: System, Typ und Symbol	Einheitszelle: Kantenlänge in pm	Einheitszelle: Winkel und Z	Brechzahl n_D
Ba	**Barium**						
$Ba(CN)_2 \cdot 2H_2O$ [85017-90-9]	cyanid dihydrat	f	225,41				
$BaCO_3$ [513-77-9] [14941-39-0]	carbonat	f	197,37 / 4,43	orh. $G0_2$ D_{2h}^{16}, *Pnma*	531,2 890,3 643,3	$Z = 4$	1,529 1,676 1,677
$Ba(C_2H_3O_2)_2$ [543-80-6]	acetat	f	255,45 / 2,468	tetr. C_{4h}^{6}, $I4_1/a$	993,05 2746,7		
$BaCl_2$ [10361-37-2]	chlorid	f	208,24 / 3,888	orh. *C*23 D_{2h}^{16}, *Pnma*	787,2 942,5 473,2	$Z = 4$	1,73 1,736 1,741
$BaCl_2 \cdot H_2O$ [22322-71-0]	chlorid hydrat	f	226,26 / 3,28	orh. D_{2h}^{16}, *Pnma*	1109,4 450,0 905,4	$Z = 4$	
$BaCl_2 \cdot 2H_2O$ [10326-27-9]	chlorid dihydrat	f	244,28 / 3,097	mkl. C_{2h}^{5}, $P2_1/n$	672,0 1090,7 713,5	91,10° $Z = 4$	1,635 1,646 1,660
$Ba(ClO_2)_2$ [14674-74-9]	chlorit		272,24				
$Ba(ClO_3)_2 \cdot H_2O$ [10294-38-9]	chlorat hydrat	f	322,26 / 3,18	mkl. C_{2h}^{6}, *C*2/*c*	893,8 783,7 941,8	93,7° $Z = 4$	1,564 1,58 1,634
$Ba(ClO_4)_2$ [13465-97-7]	perchlorat	f	336,24 / 3,2				

Phasen-umwandlungen °C		ΔH kJ/Mol	Standardwerte bei 298,15 K C_p J/Mol K	S^0 J/Mol K	ΔH_B^0 kJ/Mol	ΔG_B^0 kJ/Mol	Bemerkungen und Charakteristik
					−799,7		weiße, zerfl. Krist.; LW 14° 44,4 %, Bdk. 0 H_2O; Kochen mit W wandelt um → $BaCO_3$; unl. abs. Al; giftig
811 982 1740 (9 MPa)	*U* *U* *F*	17,56 3,13	85,35	112,1	−1216,3	−1137,7	$\epsilon(1{,}67 \cdot 10^5\,Hz) = 8{,}5$; $\chi_{Mol} = -58{,}9 \cdot 10^{-6}\,cm^3\,Mol^{-1}$; Witherit; gefällt schweres, weißes Pulver; LW 18° $1{,}72 \cdot 10^{-3}$ %; etwas l. in CO_2-haltigen W; l. unter Aufbrausen in HCl, HNO_3, Eg
450	*F*				−1486		weißes, krist. Pulver; kleine, nicht hygr. Krist., LW 20° 42,2 %, Bdk. 3 H_2O; wl. Al; giftig
920 963 2026	*U* *F* *V*	16,90 15,99 246,4	75,1	123,7	−858,6	−810,3	$\bar{\gamma}(293 \ldots 423\,K) = 60 \cdot 10^{-6}\,K^{-1}$; $\chi_{Mol} = -72{,}6 \cdot 10^{-6}\,cm^3\,Mol^{-1}$; weiße, krist. Masse; LW 20° 26 % Bdk. 2 H_2O; L Glycerin 15° 8,86 %; wl. HCl, HNO_3; unl. Al. wfreiem Dioxan, Xylol, Nitrobzl, fl. NH_3, fl. SO_2 bei 0 °C; giftig; 38 – 370°, hex., *P*$\bar{6}$2*m*, *a* = 811,3, *c* = 467,5 pm > 920° kub. *Fm*3*m*, *a* = 760 pm
	Z		117,9	167	−1164	−1059	fbl. Krist.; LW s. $BaCl_2$
113	−2H_2O		155,2	203	−1461	−1296	$\chi_{Mol} = -100 \cdot 10^{-6}\,cm^3\,Mol^{-1}$; fbl. Krist.; LW s. $BaCl_2$; unl. Al, giftig
				199,6	−662	−572,5	feines Pulver; LW 20° 31 %, 100° 45 %, giftig
120 250	−H_2O *Z*		211,6		−1066		$\chi_{Mol} = -99{,}2 \cdot 10^{-6}\,cm^3\,Mol^{-1}$; fbl. durchsichtige Krist.; LW 20° 20,3 %, Bdk. 0 H_2O; fast unl. Al; wl. Aceton; unl. Py; giftig;
284 350 505	*U* *U* *Z*		–	249	−806,8	−535	$\chi_{Mol} = -94{,}7 \cdot 10^{-6}\,cm^3\,Mol^{-1}$; fbl. Krist.; LW 25° 66,48 %, Bdk. 3 H_2O; L Me 68,5 %; L Al 25° 55,5 %; L Aceton 25° 55,5 %; ll. Propanol, Isobutanol; sll. fl. NH_3; mäßig l. fl. HF, giftig

Übersichtstabelle Anorganische Verbindungen (Fortsetzung)

Formel	Name	Zustand	Mol-Masse Dichte $10^3\,kg \cdot m^{-3}$	Kristalldaten System, Typ und Symbol	Einheitszelle Kantenlänge in pm	Einheitszelle Winkel und Z	Brechzahl n_D
Ba	**Barium**						
$Ba(ClO_4)_2$ $\cdot\ 3H_2O$ [10294-39-0]	perchlorat trihydrat	f	390,29 2,740	hex. $H4_{18}$ C^2_{6h}, $P6_3/m$	728 964	 $Z=2$	1,5330 1,5323
$BaCrO_4$ [10294-40-3]	chromat	f	253,33 4,598	orh. D^{16}_{2h}, $Pnma$	911,2 554,1 734,3	 $Z=4$	1,810 1,960 1,824
BaF_2 [7787-32-8]	fluorid	f	175,34 4,893	kub. $C1$ O^5_h, $Fm3m$	620,01	 $Z=4$	1,4741
BaH_2 [13477-09-3]	hydrid	f	139,36 4,21	orh. $C29$ D^{16}_{2h}, $Pnma$	680,2 784,5 417,5	 $Z=4$	
BaI_2 [13718-50-8]	iodid	f	391,15 5,15	orh. $C23$ D^{16}_{2h}, $Pnma$	892,2 1069,5 530,4	 $Z=4$	
$BaI_2 \cdot 2H_2O$ [7787-33-9]	iodid dihydrat	f	427,18 4,205	mkl. C^6_{2h}, $C2/c$	1108,9 763,4 865,6	112,96°	
$BaI_2 \cdot 6H_2O$ [13477-15-1]	iodid hexahydrat	f	499,24 2,61	trig. C^1_{3i}, $P\bar{3}$	890 460	 $Z=1$	
$Ba(IO_3)_2$ [10567-69-8]	iodat	f	487,15 4,998				
$Ba(IO_3)_2 \cdot H_2O$ [7787-34-0]	iodat hydrat	f	505,16 4,657	mkl. C^6_{2h}, $C2/c$	906,1 798,8 991,8	92,10°	

Phasen-umwandlungen			Standardwerte bei 298,15 K				Bemerkungen und Charakteristik
°C		ΔH kJ/Mol	C_p J/Mol K	S^0 J/Mol K	ΔH_B^0 kJ/Mol	ΔG_B^0 kJ/Mol	
	Z				−1696		weiße Nadeln, verwittern bei langem Aufbewahren über $CaCl_2$, l. W, Al; giftig
1400	*F**		120,2	158,6	−1446,0	−1345,3	* unter vollständiger *Z*,; hgelbe glänzende, durchsichtige Krist.; beim Erhitzen rotor., beim Abkühlen gelb; LW 20° 7 · 10^{-4}%; ll. verd. HCl, HNO_3; konz. H_2SO_4 zers.; Kochen mit wss. Na_2CO_3 → $BaCO_3$; mit gasförmigem HCl → CrO_2Cl_2; giftig
967 1207 1368 2270	*U* *U* *F* *V*	0,0 2,67 23,4 285,4	72,2	96,4	−1208	−1158	$\chi_{Mol} = -51{,}0 \cdot 10^{-6} cm^3 Mol^{-1}$; fbl. durchsichtige Krist.; LW 20° 0,15%; l. S. NH_4Cl-Lsg.; giftig
598 1200	*U* *F*	5,61 25,0	46,0	63,0	−190,1	−151,3	blaßgraue, bläuliche bis fbl. Masse von krist. Bruch; zers. W → $Ba(OH)_2 + H_2$; l. HCl unter Zischen
711	*F*	26,5	77,5	165,1	−605,4	−601,4	$\chi_{Mol} = -124 \cdot 10^{-6} cm^3 Mol^{-1}$; fbl. Krist.; LW 20° 66,5%; L Al 20° 43,5%; L Me 15° 4,5 g/100 g Lösm.; L Py 25° 8,22 g/100 cm^3 Lösm.; l. Aceton L fl. NH_3 0° 0,2%; wl. fl. SO_2; giftig
99 539 740	H_2O $-H_2O$ *Z*				−1218		$\chi_{Mol} = -163 \cdot 10^{-6} cm^3 Mol^{-1}$; fbl. zerfl. Krist.; zers. leicht; färben sich an der Luft rotbraun; giftig
25,7	*F**						* im eigenen Kristallwasser; fbl. Krist.; giftig
	Z		–	249	−1027	−865	$\chi_{Mol} = -122{,}5 \cdot 10^{-6} cm^3 Mol^{-1}$; durchsichtige Prismen; LW 20° 0,02%, 90° 0,14%, Bdk, 1 H_2O; wl. HNO_3; l. HCl; mit verd. H_2SO_4 → $BaSO_4 + HIO_3$; unl. Aceton, abs. Al; giftig
180	$-H_2O$		–	297	−1337	−1104	$\chi_{Mol} = -135 \cdot 10^{-6} cm^3 Mol^{-1}$; fbl. Krist.; LW s. $Ba(IO_3)_2$; l. HCl; wl. HNO_3; unl. Al, Aceton; giftig

Übersichtstabelle Anorganische Verbindungen (Fortsetzung)

Formel	Name	Zustand	Mol-Masse / Dichte $10^3\,kg \cdot m^{-3}$	Kristalldaten: System, Typ und Symbol	Einheitszelle: Kantenlänge in pm	Einheitszelle: Winkel und Z	Brechzahl n_D
Ba	**Barium**						
$Ba(NH_2)_2$ [20253-29-6]	amid	f	169,39				
$Ba(N_3)_2$ [18810-58-7]	azid	f	221,37 3,220	mkl. C_{2h}^2, $P2_1/m$	542 439 959	99,75° $Z=2$	
$BaMnO_4$ [7787-36-2]	manganat 7785-35-1	f	256,28 4,851	orh. D_{2h}^{16}, $Pbnm$	733,6 911,0 549,8	$Z=4$	
Ba_3N_2 [12047-79-9]	nitrid	f	440,03 4,783				
$Ba(NO_2)_2$ [13465-94-6]	nitrit	f	229,35 3,52	orh.	765,7 835,5 674,2	$Z=4$	
$Ba(NO_2)_2 \cdot H_2O$ [7787-38-4]	nitrit hydrat	f	247,37 3,173	hex. D_6^2, $P6_122$	707,59 1789,7	$Z=6$	1,614 1,518
$Ba(NO_3)_2$ [10022-31-8]	nitrat	f	261,35 3,24	kub. T^4, $P2_13$	811,84	$Z=4$	1,5715
BaO [1304-28-5]	oxid	f	153,34 5,685	kub. $B1$ O_h^5, $Fm3m$	553,93	$Z=4$	1,980

Phasenumwandlungen °C		ΔH kJ/Mol	Standardwerte bei 298,15 K C_p J/Mol K	S^0 J/Mol K	ΔH_B^0 kJ/Mol	ΔG_B^0 kJ/Mol	Bemerkungen und Charakteristik
280	*F*						weißes, krist. Pulver; schmilzt unter Dklfärbung; zers. an feuchter Luft und mit W → $Ba(OH)_2 + 2\,NH_3$; unl. fl. NH_3; ll. Lsg. NH_4NO_3 in fl. NH_3
120	$-N_2$ *Exp*		124,7		−22,3	131	glänzende, säulenförmige Krist. oder Nadeln; zers. ohne zu schmelzen; verpufft mit grünem Licht bei Schlag oder Erhitzen; LW 0° 11,6%, Bdk. 8 H_2O; swl. abs. Al; unl. in trockenem E
							unl. W, l. S Ox. Mittel, feuchtigkeitsempf., schwarz-purpur krist.; giftig
1000	*F*		117,2	152,3	−363,2	−295,6	braune bis bronzefarbene, harte Masse; gelbliche Nadeln; an feuchter Luft sofort trübe; zers. mit W; unl. fl. NH_3
243	*Z*						fbl., LW 67,5/300 g/100 cm³ W bei 20/100 °C, langsam l. Al; giftig
77 182	*U* *Z*				−1065		$\chi_{Mol} = -58{,}8 \cdot 10^{-6}\,cm^3\,Mol^{-1}$; weiß-gelbliche, glänzende Nadeln; durchscheinend; LW 20° 41 %, Bdk. 1 H_2O; L Me 20° 0,057 %; L Aceton 25° 0,005 %; L Furfurol 25° 0,01%; wl. 90% Al; fast unl. abs. Al; unl. Egs; giftig
592	*F*	25	151,4	213,8	−992,0	−796,6	$\bar{\gamma}(195 \ldots 288\,K) = 50 \cdot 10^{-6}\,K^{-1}$; $\epsilon(1{,}6 \cdot 10^6\,Hz) = 5{,}7$; $\chi_{Mol} = -66{,}5 \cdot 10^{-6}\,cm^3\,Mol^{-1}$; fbl. Krist.; LW 20° 8%, 100° 25,8 %, Bdk. 0 H_2O; giftig
2015	*F*	58,6	47,27	70,4	−553,5	−525,3	$\bar{\alpha}(293 \ldots 1148\,K) = 17{,}8 \cdot 10^{-6}\,K^{-1}$; $\varkappa = 2{,}01 \cdot 10^{-5}\,MPa^{-1}$; Halbleiter; $\chi_{Mol} = -29{,}1 \cdot 10^{-6}\,cm^3\,Mol^{-1}$; weißes bis schwach gelbliches Pulver; subl. unzers.; an feuchter Luft → $Ba(OH)_2 + BaCO_3$; zers. W; l. abs. Al, abs. und konz. Me; unl. wfreiem Aceton

Übersichtstabelle Anorganische Verbindungen (Fortsetzung)

Formel	Name	Zustand	Mol-Masse / Dichte $10^3 kg \cdot m^{-3}$	Kristalldaten: System, Typ und Symbol	Einheitszelle: Kantenlänge in pm	Einheitszelle: Winkel und Z	Brechzahl n_D
Ba	**Barium**						
BaO_2 [1304-29-6]	peroxid	f	169,34 / 5,43	tetr. $C11$ D_{4h}^{17}; $I4/mmm$	381,6 685,1	$Z=2$	
$BaO_2 \cdot 8H_2O$ [12230-86-3]	peroxid octahydrat	f	313,46 / 2,292	tetr. D_{4h}^{2}, $P4/mcc$	650,90 1141,8	$Z=2$	
$Ba(OH_2)$ [17194-00-2]	hydroxid	f	171,35 / 4,50	mkl. C_{2h}^{2}, $P2_1/*$	678,3 792,6 924,4	95,82°	
$Ba(OH)_2 \cdot 8H_2O$ [12230-71-6]	hydroxid octahydrat	f	315,48 / 2,180	mkl. C_{2h}^{6}, $A2/a$	1184,5 927,7 929,2	98,96°	1,4710 1,5017 1,5017
$BaHPO_4$ [10048-98-3]	hydrogen-phosphat	f	233,32 / 4,165	orh. C_{2v}^{9}, $Pn2_1a$	1412,5 1714,5 459,5	$Z=12$	1,635 – 1,647
$Ba_2P_2O_7$ [13466-21-2]	pyrosulfat	f	448,60 / 3,9	hex. C_6^6, $P6_3$	941,75 708,1	$Z=3$	
$Ba(H_2PO_4)_2$ [13466-20-1]	dihydrogen-phosphat	f	331,31 / 2,87	orh. D_{2h}^{10}, $Pccn$	1025 779,8 856,6		
$Ba_3(PO_4)_2$ [13517-08-2]	orthophos-phat	f	601,93 / 4,1	trig. D_{3d}^{5}, $R\bar{3}m$	770	42,6° $Z=1$	
BaS [21109-95-3]	sulfid	f	169,40 / 4,25	kub. $B1$ O_h^5, $Fm3m$	638,6	$Z=4$	2,155

Phasen-umwandlungen			Standardwerte bei 298,15 K				Bemerkungen und Charakteristik
°C		ΔH kJ/Mol	C_p J/Mol K	S^0	ΔH_B^0 kJ/Mol	ΔG_B^0	
450 800	*F* $-O_2$		67,3	93,1	−634,3	−582,3	$\varepsilon(2 \cdot 10^6 Hz) = 10,7$; $\chi_{Mol} = -40,6 \cdot 10^{-6} cm^3 Mol^{-1}$; schneeweißes, lockeres Pulver; zieht Feuchtigkeit und CO_2 an; wl. W; mit verd. S → H_2O_2; unl. Al, E, Aceton; giftig
100	$-8H_2O$				−3010		perlmuttglänzende Schuppen; wl. k. W; unl. Al, E und den meisten org. Lösm.; giftig
284 508	*U* *F*	0,0 16,7	101,6	107,1	−946,3	−859,5	$\chi_{Mol} = -53,2 \cdot 10^{-6} cm^3 Mol^{-1}$; weißes Pulver; LW 20° 3,9 %, Bdk. $8H_2O$, 100° 63,1%, Bdk. $3H_2O$; wl. Al; unl. wfreiem Aceton; ll. verd. HCl, HNO_3; giftig, ätzend
78	*F* *			427	−3346	−2793	* im eigenen Kristallwasser; $\chi_{Mol} = 157 \cdot 10^{-6} cm^3 Mol^{-1}$; glänzende, dünne Täfelchen, durchsichtige Blättchen; LW s. $Ba(OH)_2$; swl. Al; giftig, ätzend
500	$-H_2O$				−1949		kleine, dünne Tafeln, durchsichtig; beim Erhitzen auf Rotglut → $Ba_2P_2O_7$; wss. NaOH hydrolysiert in der Siedehitze; wl. konz. HNO_3; 1,7 N HNO_3 zers. beim Kochen; giftig
							fbl. Krist.; LW 20° 0,01%; l. verd. S, konz. H_2SO_4; giftig
					−3137		weiße Krist.; zers. W, ll. starken Mineralsäuren; wl. wss. NH_3, Phosphatlsg.; giftig
1727	*F*	77,8			−4174		ziemlich große, durchsichtige Kristallblättchen; l. verd. S., konz. H_2SO_4; wl. wss. NH_3; Phosphatlsg.; unl. Py; giftig
2227	*F*		49,4	78,2	−460,2	−455,4	$\bar{\gamma}(303 ... 348 K) = 102 \cdot 10^{-6} K^{-1}$; Halbleiter; weißes, krist. Pulver; an der Luft gelb; beim Übergießen mit S → H_2S-Entwicklung; zers. an feuchter Luft; LW 20° 7%, 80° 33,3%, Bdk. $6H_2O$; giftig

Übersichtstabelle Anorganische Verbindungen (Fortsetzung)

Formel	Name	Zustand	Mol-Masse / Dichte $10^3 kg \cdot m^{-3}$	Kristalldaten: System, Typ und Symbol	Einheitszelle: Kantenlänge in pm	Einheitszelle: Winkel und Z	Brechzahl n_D
Ba	**Barium**						
BaSe [1304-39-8]	selenid	f	216,30 5,02	kub. $B1$ O_h^5, $Fm\bar{3}m$	660,0	$Z = 4$	2,268
BaS_3 [12231-01-5]	trisulfid	f	233,51 3,64	tetr. D_{2d}^3, $P\bar{4}2_1m$	687,10 416,81	$Z = 2$	
$Ba(CNS)_2$ $\cdot 3H_2O$ [68016-36-4]	thiocyanat trihydrat	f	307,53 2,286				
$BaSO_3$ [7787-39-5]	sulfit	f	217,40 4,43	mkl.	664,7 548,3 464,5	106,3°	
$BaSO_4$ [7727-43-7]	sulfat	f	233,40 4,48	orh. $H0_2$ D_{2h}^{16}, $Pnma$	715,65 888,11 545,41	$Z = 4$	1,6363 1,6374 1,6480
$BaS_2O_3 \cdot H_2O$ [7787-40-8]	thiosulfat hydrat	f	267,48 3,446	orh. D_{2h}^{14}, $Pnca$	738,6 2005,0 719,1	$Z = 8$	
$BaS_2O_6 \cdot 2H_2O$ [7787-43-1]	dithionat dihydrat	f	333,49 3,124	mkl. C_{2h}^5, $C2/c$	1253,8 665,8 920,0	111,92° $Z = 4$	1,5860 1,5951 1,6072
$BaS_2O_8 \cdot 4H_2O$ [108204-08-6]	peroxid- disulfat tetrahydrat	f	401,52				

Phasen-umwandlungen			Standardwerte bei 298,15 K				Bemerkungen und Charakteristik
°C		ΔH kJ/Mol	C_p J/Mol K	S^0	ΔH_B^0 kJ/Mol	ΔG_B^0	
				90,8	−393	−366	Z mit W, S; giftig
554 600	*F* *Z*						gelbe Substanz, in der Hitze rotbraun; l. W erst beim Kochen zu alk. gelblichroten Fl., an Luft rasch zers.; giftig
160	$-H_2O$						lange, zerfl. Nadeln; LW 25° 62,6%, Bdk. $3\,H_2O$; ll. Me, Al, CH_3NH_2, $C_2H_5NH_2$; mäßig l. $(CH_3)_2NH$; unl. $(CH_3)_3N$; giftig
					−1182,6		weiße, feine Nadeln; LW 20° $1{,}97 \cdot 10^{-2}$%, Bdk. $0\,H_2O$, unl. 60% Al; wss. HCl, H_2SO_4, HNO_3 zers. heftig; ebenso zers. Oxals., Weins., Citronens.; Egs zers. nicht, desgleichen Alk und Erdalkalihydroxide; giftig
1149 1580	*U* *F*	10,04 40,6	102,2	132,2	−1473,2	−1362,1	$\bar{\gamma}(195...294\,K) = 75 \cdot 10^{-6} K^{-1}$; $\chi_{Mol} = -71{,}3 \cdot 10^{-6} cm^3 Mol^{-1}$; Schwerspat, Baryt; weißes, schweres Pulver oder faserige, körnige Aggregate; LW 20° $2{,}5 \cdot 10^{-4}$%; praktisch unl. verd. S; etwas l. konz. H_2SO_4 infolge Komplexbildung; unl. wfreiem Hydrazin, Lsg. NH_4NO_3 in fl. NH_3, Egester; l. in geschmolzenen Salzen wie NaCl, KCl, $BaCl_2$, $MnCl_2$, Na_2SO_4 HT-Mod: kub. $a = 739$ pm
100	$-H_2O$						silberglänzende, weiße Blättchen; LW 20° 0,24%; giftig
					−2312		$\chi_{Mol} = -120 \cdot 10^{-6} cm^3 Mol^{-1}$; fbl. glänzende Krist.; nur an feuchter Luft haltbar; LW 20° 15,9%, Bdk. $2\,H_2O$; unl. Al; giftig
					−3091		weißes Pulver oder durchsichtige, harte, stark geriefte Prismen; zers. langsam; LW 28%, Bdk. $4\,H_2O$; wss. Lsg. zers. nur langsam; wss. Al zers. rasch; giftig

Übersichtstabelle Anorganische Verbindungen (Fortsetzung)

Formel	Name	Zustand	Mol-Masse / Dichte $10^3\,kg \cdot m^{-3}$	Kristalldaten: System, Typ und Symbol	Einheitszelle: Kantenlänge in pm	Einheitszelle: Winkel und Z	Brechzahl n_D
Ba	**Barium**						
$BaSiF_6$ [17125-80-3]	hexafluoro-silicat	f	279,42 / 4,279	trig. D_{3d}^5, $R\bar{3}m$	718,54 701,02	$Z=3$	
$BaSiO_3$ [13255-26-0]	metasilicat	f	213,42 / 4,399	orh.* D_{2h}^1, $Pmmm$	561,82 1244,5 458,16	$Z=4$	1,673 1,674 1,678
Ba_2SiO_4 [22021-54-1]	ortho-silicat	f	366,74 / 5,4	orh. D_{2h}^{16}, $Pnma$	750,8 1021,4 580,91	$Z=4$	1,810 – 1,830
$BaTiO_3$ [12047-27-7]	titanat	f	233,21 / 5,85	tetr. D_{4h}^1, $P4/mmm$	399,45 403,35	$Z=1$	
$BaWO_4$ [12737-11-0]	wolframat	f	385,19 / 5,04	tetr. C_{4h}^6, $I4_1/a$	561,3 1272,0	$Z=4$	
Be	**Beryllium**						
$Be_2(OH)BO_3$ [1318-62-3]	hydroxy-borat	f	93,84 / 2,359	orh. $G7_2$ D_{2h}^{15}, $Pbca$	975,5 1220,2 442,6	$Z=8$	1,5536 1,5873 1,6278
$BeBr_2$ [7787-46-4]	bromid	f	168,83 / 3,465	orh.	1032 552 554	$Z=4$	
Be_2C [506-66-1]	carbid	f	30,04 / 1,90	kub. $C1$ O_h^5, $Fm3m$	434,22	$Z=4$	
$BeCl_2$ [7787-47-5]	chlorid	f	79,92 / 1,899	orh. D_{2h}^{26}, $Ibam$	536 986 526	$Z=4$	
$BeCl_2 \cdot 4{,}5\,H_2O$ [13486-27-8]	chlorid hydrat	f	160,99 / 1,580	mkl.	648 1319 790	75,5° $Z=4$	
BeF_2 [7787-49-7]	fluorid	f	47,01 / 1,986	hex.	476 518	$Z=3$	

Phasen-umwandlungen °C		ΔH kJ/Mol	Standardwerte bei 298,15 K C_p J/Mol K	S^0 J/Mol K	ΔH_B^0 kJ/Mol	ΔG_B^0 kJ/Mol	Bemerkungen und Charakteristik
					−2894		runde, säulenförmige Krist.; LW 20° 2,2 · 10^{-2} %; HCl fördert die L in W etwas; unl. Al; giftig
1605	*F*		90,0	109,6	−1623,6	−1540,3	* Hochtemperaturform; runde Körner oder abgerundete Stäbchen; LW 20° 0,012%; l. HCl; giftig
1760	*F*		134,9	176,1	−2287,8	−2175,1	fbl. Krist.; giftig
120 1460 1616	*U** *U* *F*	0,20 0,0	102,5	107,9	−1659,8	−1572,4	* *U* tetr. → kub., *a* = 400,92 pm, *Z* = 1; ferroelektrisch; piezoelektrisch
1490	*F*		133,8	154,1	−1703	−1598,5	sl W, Z S, fbl.; giftig
							Hambergit; prism. Krist.; fbl., weißgrau, durchsichtig oder durchscheinend; Glasglanz
508 520	*F* *V*	9,83	66,06	100,4	−355,6	−337,4	weiße, zerfl. Nadeln; subl.; ll. W, l. Al, E; L Py 25° 18,56 g/100 cm^3 Lösm., unl. Bzl
2127	*F* (Z)	75.3	43,3	16,3	−116,9 −114,5		zers. W, Alk, S unter Bildung von CH_4
403 415 531	*U* *F* *V*	6,82 8,7 105,0	62,4	75,8	−496,2	−449,5	$\chi_{Mol} = -26,5 \cdot 10^{-6} cm^3 Mol^{-1}$; weiße, zerfl. Krist.; ll. W, l. Al, E, sl. Bzl, CS_2, $CHCl_3$
60	$-2H_2O$				−1828		$\bar{\gamma}$ (193–423 K) = 113 · $10^{-6} K^{-1}$; fbl. zerfl. Tafeln
227 552 800	*U* *F* *Sb*	0,22 4,76 199,4	51,8	53,4	−1026,8	−979,4	sehr hygr., glasige Masse; LW 18° 18 Mol/l; L Al 25° 0,1 g/100 g Lösm.; gut l. 90% Al und Gemisch Al + E; l. H_2SO_4; HT.-Mod. kub., *a* = 678,9 pm

Übersichtstabelle Anorganische Verbindungen (Fortsetzung)

Formel	Name	Zustand	Mol-Masse / Dichte $10^3\,kg \cdot m^{-3}$	Kristalldaten: System, Typ und Symbol	Einheitszelle: Kantenlänge in pm	Einheitszelle: Winkel und Z	Brechzahl n_D
Be	**Beryllium**						
BeI_2 [7787-53-3]	iodid	f	262,82 4,325	tetr. D_{4h}^3, $P4/nbm$	609 1063	$Z=4$	
Be_3N_2 [1304-54-7]	nitrid	f	55,05 2,73	kub. $D5_3$ T_h^7, $Ia3$	814,82	$Z=16$	
$Be(NO_3)_2 \cdot 3H_2O$ [7787-55-5]	nitrat trihydrat	f	187,07				
$Be(NO_3)_2 \cdot 4H_2O$ [13510-48-0]	nitrat tetrahydrat	f	205,08	tetr.			
$[BeF_4]Na_2$ [13871-27-7]	Natrium-tetra-fluoro-beryllat	f	130,99 2,475	orh. $S1_2$ D_{2h}^{16}, $Pnma$	489,6 1092,5 657,2	$Z=4$	
BeO [1304-56-9]	oxid	f	25,01 3,020	hex. $B4$ C_{6v}^4, $P6_3mc$	269,808 437,85	$Z=2$	1,719 1,733
$Be(OH)_2$ [13327-32-7]	hydroxid	f	43,03 1,924	orh. $C31$ D_2^4, $P2_12_12_1$	463,86 707,08 454,78	$Z=4$	
BeS [13598-32-6]	sulfid	f	41,08 2,36	kub. $B3$ T_d^2, $F\bar{4}3m$	486,24	$Z=4$	
$BeSO_4$ [13510-49-1]	sulfat	f	105,07 2,443	tetr. S_4^2, $I\bar{4}$	449,27 689,37	$Z=2$	
$BeSO_4 \cdot 4H_2O$ [7787-56-6]	sulfat tetrahydrat	f	177,14 1,711	tetr. $H4_3$ D_{2d}^{10}, $I\bar{4}c2$	802 1075	$Z=4$	1,4720 1,4395

Phasen-umwandlungen °C		ΔH kJ/Mol	Standardwerte bei 298,15 K C_p J/Mol K	S^0 J/Mol K	ΔH_B^0 kJ/Mol	ΔG_B^0 kJ/Mol	Bemerkungen und Charakteristik
350 590	*F* *V*	0,02 79,5	68,9	120,5	−188,7	187,2	weiße Nadeln; zieht stark W an; W wirkt heftig → HI; ll. W, Al, E HT-Mod: >350 °C orh., *a* =1163, *b* = 1670, *c* = 1648 pm, *Z* = 32
2200 ~2240	*F* *Z*	129,3	64,6	34,1	−588,5	−532,9	weißes Pulver; sd. W langsam → $NH_3 + Be(OH)_2$; l. konz. Alk, S; HT-Mod: hex., *a* = 284,1, *c* = 969,3 pm, D_{4h}^3, $P6_3/mmc$, *Z* = 2
~60 200	*F* $-H_2O$				−788		gelb, zerfl. Krist., sehr hygr.; ll. W, Al
60,5	*F*						fbl. Krist.; verliert leicht an der Luft N_2O_5; LW 20° 52% Bdk. $4H_2O$; L E 20° 2 · 10^{-3} g/100 cm^3 Lsg.; l. Al, Aceton
~187	*U**						* *U* → trig. D_{3d}^3, $P\bar{3}m1$; *a* = 531; *c* = 708 pm; *Z* = 2; LW 0° 0,99%; 20° 1,43%; 50° 2%; 80° 2,54%; LW (trig.) 0° 1,29%; 10° 1,5%; 20° 1,67%
2100 2575 ~ 4300	*U* *F* *V*	6,70 71,1	25,57	13,37	−608,4	−579,1	$\chi_{Mol} = -11{,}9 \cdot 10^{-6} cm^3 Mol^{-1}$; Bromellit [13598-21-5]; weißes, lockeres Pulver; LW 20° 34,4 · 10^{-6}% unl. S; Aufschluß mit $KHSO_4$-Schmelze
>1000	*Z*		65,7	53,6	−902,9	−815,9	$\chi_{Mol} = -23{,}1 \cdot 10^{-6} cm^3 Mol^{-1}$; weißes Pulver; LW 20° 0,6 · 10^{-6}%; l. S, Alk; zieht stark CO_2 an
			34,1	37,0	−234,30	−232,97	graues Pulver; zers. W
590 635	*U* *U*	1,11 19,55	86,1	78,0	−1200,8	−1089,4	$\chi_{Mol} = -37 \cdot 10^{-6} cm^3 Mol^{-1}$; weiße, mikrokrist. Substanz
100 250	$-2H_2O$ $-4H_2O$		216,4	233,0	−2423,8	−2080,4	fbl. oktaedrische Krist.; an Luft beständig; konz. H_2SO_4 → $BeSO_4$ wfrei

Übersichtstabelle Anorganische Verbindungen (Fortsetzung)

Formel	Name	Zustand	Mol-Masse Dichte $10^3\,kg \cdot m^{-3}$	Kristalldaten System, Typ und Symbol	Einheitszelle Kantenlänge in pm	Winkel und Z	Brechzahl n_D
Be	**Beryllium**						
BeSe [12232-25-6]	selenid	f	87,97 4,315	kub. $B3$ T_d^2, $F\bar{4}3m$	513,9	$Z = 4$	
Be_2SiO_4 [15191-85-2]	orthosilicat	f	110,11 2,98	trig. $S1_3$ C_{3i}^2, $R\bar{3}$	1247,2 825,2	$Z = 18$	1,6539 1,6697
$Be_4Si_2O_7$ $(OH)_2$ [12161-82-9]	disilicat hydroxid	f	238,23 2,6	orh. $S4_6$ C_{2v}^{12}, $Cmc2_1$	870 1526 456	$Z = 4$	1,584 1,603 1,611
BeTe [12232-27-8]	tellurid	f	136,61 5,09	kub. $B3$ T_d^2, $F\bar{4}3m$	562,6	$Z = 4$	
Bi	**Wismut**						
$BiBr_3$ [7787-58-8]	(III)-bromid	f	448,69 5,720	mkl. C_{2h}^5, $P2_1/c$	674,6 983,4 841,3	109,65°	
$BiCl_3$ [7787-60-2]	(III)-chlorid	f	315,34 4,75	kub. T^4, $P2{,}3$	814	$Z = 4$	
BiF_3 [7787-61-3]	(III)-fluorid	f	265,98 8,25	kub. O_h^5, $P\bar{4}3m$	582,5	$Z = 4$	1,74
BiF_5 [7787-62-4]	(V)-fluorid	f	303,97 5,40	tetr. C_{4h}^5, $I4/m$	656,5 423,0	$Z = 2$	
BiI_3 [7787-64-6]	(III)-iodid	f	589,69 5,778	trig. $D0_5$ C_{3i}^2, $R\bar{3}$	752,2 2073	$Z = 6$	

Phasen- umwandlungen			Standardwerte bei 298,15 K				Bemerkungen und Charakteristik
°C		ΔH kJ/Mol	C_p J/Mol K	S^0	ΔH_B^0 kJ/Mol	ΔG_B^0	
			–	(46)	(–168)	–	graue, krist. Masse von großer Sprödigkeit; l. W; Lsg. langsam gerötet durch Se ↓
1560	*Z*		93,5	64,5	–2145,6	–2031,2	Phenakit [13598-00-0]; kleine, kurzprism. Krist.; wasserhell, gelblich, rötlich; unl. S
							Bertrandit; kleine, tafelförmige Krist.;fbl. weiß, gelblich, wasserhell bis durchscheinend, glasglänzend; unl. HCl, HNO_3
			–	(42)	(–125)	–	graues Pulver; feuchte Luft zers. etwas → H_2Te; W bildet lebhaft H_2Te
158 218 453	*U* *F* *V*	3,33 20,6 75,4	100,8	195,4	–276,1	–249,4	$\bar{\gamma}$ (194...256 K) = 200 · 10^{-6} K^{-1}; χ_{Mol} = –147 · 10^{-6} cm^3 Mol^{-1}; gelbe Krist., geschmolzen tiefrot; mit W → BiOBr, l. HCl, HBr, E
233 447	*F* *V*	23,68 124	100,4	177,0	–379,1	–315,1	$\bar{\gamma}$ (293...423 K) = 167 · 10^{-6} K^{-1}; χ_{Mol} = –100 · 10^{-6} cm^3 Mol^{-1}; fbl. hygr. Krist.; zers. W, verd. Al; l. HNO_3, HCl, Aceton, Egester abs. Al, fl. SO_2; auch orh. $Pn2_1a$, a = 764,1, b = 917,2, c = 629,1 pm, Z = 1
649 (730) 	*F* 900	21,5 *V*	85,8	122,6	–909,2	–838,1	χ_{Mol} = –61 · 10^{-6} cm^3 Mol^{-1}; grauweißes, krist. Pulver, Gananit, unl. W, Al, l. S, wss. NH_3 auch orh. $Pnmc$, a = 656,3, b = 702,1, c = 484,5 pm, Z = 4
154 230	*F* *V*						fbl. Pulver, sehr feuchtigkeitsempfindlich → gelb bis braun l. HSO_3F
408 540	*F* *V*	39,12	105,9	224,7	–150,6	–148,8	$\bar{\gamma}$ (194...290 K) = 160 · 10^{-6} K^{-1}; grauschw., krist. Pulver; mit W → BiOI; l. Al, HCl, Bzl KI-Lsg. zers. > 500°; sublimierbar

Übersichtstabelle Anorganische Verbindungen (Fortsetzung)

Formel	Name	Zustand	Mol-Masse / Dichte 10^3 kg · m^{-3}	Kristalldaten: System, Typ und Symbol	Einheitszelle: Kantenlänge in pm	Einheitszelle: Winkel und Z	Brechzahl n_D
Bi	**Wismut**						
$Bi(NO_3)_3 \cdot 5H_2O$ [10035-06-0]	(III)-nitrat pentahydrat	f	485,07 2,83	trikl. C_i^1, $P\bar{1}$	865,2 1068 652,5	99,37° 104,71° 79,10°	
BiO [1332-64-5]	oxid	f	224,98 7,2	hex. C_{3v}^5, $R3m$	388,0 971,0	$Z=3$	
α-Bi_2O_3 [1304-76-3]	(III)-oxid	f	465,96 8,64	mkl. C_{2h}^5, $P2_1/c$	584,99 816,98 751,23	112,94° $Z=4$	2,43
$Bi(OH)_3$ [10361-43-0]	(III)-hydroxid	f	260,00 4,36				
Bi_2O_5 [35984-07-7]	(V)-oxid	f	497,96 5,10				
BiOBr [7787-57-7]	oxid-bromid	f	304,89 8,082	tetr. $E\,0_1$ D_{4h}^7, $P4/nmm$	392,6 810,3	$Z=2$	
$(BiO)_2CO_3$ [12096-37-3]	oxidcarbonat	f	509,97 6,86	tetr. D_{4h}^{17}, $I4/mmm$	386,5 1367,5	$Z=2$	
BiOCl [7787-59-9]	oxid-chlorid	f	260,43 7,717	tetr. $E\,0_1$ D_{4h}^7, $P4/nmm$	389,1 736,9	$Z=2$	2,15
BiOF [13520-72-4]	oxidfluorid	f	243,98 8,1	tetr. $E\,0_1$ D_{4h}^7, $P4/nmm$	374,7 622,6	$Z=2$	

Phasen-umwandlungen			Standardwerte bei 298,15 K				Bemerkungen und Charakteristik
°C		ΔH kJ/Mol	C_p J/Mol K	S^0	ΔH^0_B kJ/Mol	ΔG^0_B	
75	*Z*						fbl. säulenförmige Krist., zerfl., l. HNO_3, zers. W → $BiO(NO_3)$
180	*Z*				−209		$\chi_{Mol} = -110 \cdot 10^{-6} cm^3 Mol^{-1}$; schweres, graues krist. Pulver, etwas hygr.; zers. W langsam, sied. W schnell; zers. verd. HCl, HNO_3, H_2SO_4
730 825 860	*U** *F* *V*	31,5 16,74	113,5	151,5	−573,9	−493,5	* *U*-α → δ; δ: kub. *Pn*3*m*, *a* = 552,5 pm, 750°; Halbleiter; $\chi_{Mol} = -83 \cdot 10^{-6} cm^3 Mol^{-1}$; Wismutocker, Bismit, grauweiß, grünlichgelb, durchscheinend, durchsichtig; hgelbes krist. Pulver; Erhitzen → rotbraun, Erkalten → gelb; LW 20° $1{,}4 \cdot 10^{-4}$ %, Bdk. BiOOH; unl. Alk, l. S
100	−*W*				−711		$\chi_{Mol} = -65{,}8 \cdot 10^{-6} cm^3 Mol^{-1}$; weiß, flockig, leicht kolloidal in Lsg.; 100° → BiO(OH); unl. verd. Alk; l. S, mit NaOH alk. gemachtem Glycerin
350	*F*[1]						[1] unter Verlust von O_2; rotbraunes bis gelbes Pulver
							fbl. krist. Pulver oder fbl. quadratische Krist., sehr stabil, schmilzt bei Rotglut; l. konz. HBr
							Bismuthin; unl. W, S Z, lichtempf.
232 447	*F* *V*		74,0	120,5	−366,9	−322,1	$\chi_{Mol} = -51{,}8 \cdot 10^{-6} cm^3 Mol^{-1}$; weißes, krist. Pulver; unl. W, Al, Egs, l. S; lichtempfindlich; Erhitzen → gelb, Erkalten → weiß
							weiß; zers. beim Erhitzen, l. S zavaritskit

Übersichtstabelle Anorganische Verbindungen (Fortsetzung)

Formel	Name	Zustand	Mol-Masse Dichte $10^3\,kg\cdot m^{-3}$	Kristalldaten: System, Typ und Symbol	Einheitszelle: Kantenlänge in pm	Einheitszelle: Winkel und Z	Brechzahl n_D
Bi	**Wismut**						
BiOI [7787-63-5]	oxidiodid	f	351,88 7,922	tetr. D_{4h}^7, *P4/nmm*	399,4 914,9	 $Z = 2$	
$BiONO_3$ [10361-46-3]	oxid nitrat	f	286,99 4,93				
$BiPO_4$ [10049-01-1]	(III)-phosphat	f	303,95 6,323	mkl. C_{2h}^2, $P2_1/m$	488,2 706,8 470,4	96,31°	
Bi_2S_3 [1345-07-9]	(III)-sulfid	f	514,15 6,78	orh. $D5_8$ D_{2h}^{16}, *Pbnm*	1114,9 1130,4 398,1	 $Z = 4$	1,315 1,900 1,670
$Bi_2(SO_4)_3$ [7787-68-0]	sulfat	f	706,14 5,08				
Bi_2Se_3 [12068-69-8]	(III)-selenid	f	654,84 7,67	trig. D_{3d}^5, $R\bar{3}m$	413,96 2863,6	 $Z = 3$	
Bi_2Te_3 [1304-82-1]	(III)-tellurid	f	800,76 7,7	trig. D_{3d}^5, $R\bar{3}m$	438,52 3048,3	 $Z = 3$	
Br	**Brom**						
BrCl [13863-41-7]	monochlorid	g	115,36				
BrF [13863-59-7]	monofluorid	g	98,90				
BrF_3 [7787-71-5]	trifluorid	fl	136,904 2,49**				

Phasen-umwandlungen			Standardwerte bei 298,15 K				Bemerkungen und Charakteristik
°C		ΔH kJ/Mol	C_p J/Mol K	S^0	ΔH_B^0 kJ/Mol	ΔG_B^0	
827	Z						ziegelrotes, geruchloses, schweres Pulver; unl. W, Chlf, Al, l. HCl; zers. HNO_3, H_2SO_4 Alk → I_2
260	$-HNO_3$						unl. W, Al, l. S., Ox. mittel
							$\chi_{Mol} = -77 \cdot 10^{-6}\,cm^3\,Mol^{-1}$; weißes, krist. Pulver, geruchlos; unl. W, Egs, Al, wl. verd. HCl, HNO_3, l. konz. HCl, HNO_3
>763	F	79,4	122,1	200,4	−143,1	−140,3	Halbleiter; $\chi_{Mol} = -123 \cdot 10^{-6}\,cm^3\,Mol^{-1}$; Wismutglanz, bleigrau bis zinnweiß, metallisch glänzende Oberfläche, bunt oder gelblich angelaufen, l. konz. S, unl. Alk-sulfidlsg.; LW 18° 1,8 · 10^{-5}% Tetradymit [1345-07-9]
425	Z		278,8	312,5	−2544,3	−2207,9	$\chi_{Mol} = -99{,}5 \times 2 \cdot 10^{-6}\,cm^3\,Mol^{-1}$; weißes, krist. hygr. Pulver; unl. W, Al, l. verd. HCl, HNO_3
722	F	86,6	124,3	239,7	−140,2	−140,0	Halbleiter; schwarz, met. gl. $\chi_{Mol} = -92{,}5 \times 2 \cdot 10^{-6}\,cm^3\,Mol^{-1}$
575	F	120,5	124,5	62,4	−77,40	−77,09	Halbleiter, met. gl. Tellurobismutith [12068-70-1]
−66 5	F V		34,98	239,9	14,7	−0,88	gelbrote Fl. oder Gas; zers. W; l. E, CS_2
−33 20	F V		33	229	−58	−74	rotbraunes Gas
8,8 127	F V	12,03 47,57	124,4	178,1	−314	−256	** bei 135° C; $D(8{,}8°) = 3{,}23$; $T_{kr} = 600{,}15$ K, $\chi_{Mol} = -33{,}9 \cdot 10^{-6}\,cm^3\,Mol^{-1}$; schwere Fl. gelb; raucht stark an der Luft; greift die Haut an; zers. W → O_2, HOBr, HF, $HBrO_3$; zers. Alk; Al, E, Bzl entzünden sich bei Berührung

Übersichtstabelle Anorganische Verbindungen (Fortsetzung)

Formel	Name	Zustand	Mol-Masse / Dichte $10^3\,kg \cdot m^{-3}$	Kristalldaten: System, Typ und Symbol	Einheitszelle: Kantenlänge in pm	Einheitszelle: Winkel und Z	Brechzahl n_D
Br	**Brom**						
BrF_5 [7789-30-2]	penta-fluorid	f	174,90 2,466				
HBr [10035-10-6]	wasserstoff	g	80,92 3,6443 [1]	kub. [2] T_h^6, $Pa\bar{3}$	580	$Z = 4$	[3]
BrHO [13517-11-8]	hypobromige Säure	f	96,92				
BrN_3 [13973-87-0]	azid	f	121,93				
C	**Kohlenstoff**						
CBr_4 [558-13-4]	Tetrabrom-methan	f	331,63 3,42	mkl. C_s^4, Cc	2112 1226 2105	110,16°	1,5942
CCl_4 [56-23-5]	Tetra-chlor-methan	fl	153,82 1,5867				1,4631
CF_4 [75-73-0]	Tetra-fluor-methan	g	88,0 1,960 *	mkl. C_s^4, Cc	871 416 1527	150,70°	
CI_4 [507-25-5]	Tetraiod-methan	f	519,63 4,34	tetr. D_4^{10}, $I4_122$	639,74 952,61	$Z = 2$	
CO [630-08-0]	monoxid	g	28,01 1,250 [1]	kub. T^4, $P2_13$	564	$Z = 4$	[2]

Phasen- umwandlungen			Standardwerte bei 298,15 K				Bemerkungen und Charakteristik
°C		ΔH kJ/Mol	C_p J/KMol	S^0 J/KMol	ΔH^0_B kJ/Mol	ΔG^0_B kJ/Mol	
−60,5 40,76	*F* *V*	7,3 30,6	100	320	−429	−350	$\chi_{Mol} = -45{,}1 \cdot 10^{-6}\,cm^3\,Mol^{-1}$; raucht stark an der Luft, dabei blaßgelb bis rot; sehr reaktionsfähig; zers. W
−184,0 −160,0 156,4 −86,9 −66,77	*U* *U* *U* *F* *V*	0,265 0,330 0,489 2,405 17,6	29,12	198,4	−36,2	−49,7	[1] kg/Nm^3; [2] bei 116 K, $D = 2780$ kg/m^3 [3]n(273 K, 101325 Pa, 546,2 nm) = 1,0006221; $T_{kr} = 363$ K; $p_{kr} = 8{,}815$ MPa, $D_{kr} = 807$ kg/m^3; $\chi_{Mol} = -32{,}9 \cdot 10^{-6}\,cm^3\,Mol^{-1}$; fbl. Gas; raucht an der Luft und bildet weiße Nebel; als Fl. klar fbl.; fest krist. fbl. durchsichtig; LW bei 10° etwa 600 Vol/1 Vol H_2O; ll. Acetonitril; fast unl. Bzl; l. Al
40^x	*F*						im Vak. l. Al, E, Clf, kalt. W warm. W Z
−45	Ex						rote Fl, l. E, KI, wl. Bzl, Ligroin
90,1 102	*F* *V*	 30,5	91,2	358,1	50,2	35,9	l. W 0,024/100 cm^3 l. Al, E, Clf unl. W
−23 76,8	*F* *V*		133,9	216,2	−132,8	−62,5	swl heiß. W, l. Bzl, Clf, E, Me, unl. W
−184 −128	*F* *V*		61,1	261,4	−933,2		* 89 K; wl. W
171	*Z*						unl. kalt W., l. Al, E, CS_2, Me, Bzl. Z heiß. W
−211,6 −205,1 −191,5	*U*[3] *F* *V*	0,633 8,08 6,04	29,14	197,7	−110,5	−137,2	[1] kg/Nm^3; [2] n (273 K, 101325 Pa, 546,2 nm) = 1,0003361; [3] *U* kub. → hex., $a = 411$, $c = 679$ pm; fbl. geruchloses Gas; brennt mit blauer Flamme; sehr giftig; LW 0° 3,5 ml; 20° 2,32 ml/100 g W, l. Me, Al

Übersichtstabelle Anorganische Verbindungen (Fortsetzung)

Formel	Name	Zustand	Mol-Masse Dichte $10^3\,kg \cdot m^{-3}$	Kristalldaten System, Typ und Symbol	Einheitszelle Kantenlänge in pm	Winkel und Z	Brechzahl n_D
C	**Kohlenstoff**						
CO_2 [124-38-9]	dioxid	g	44,01 1,101*	kub. T_h^6, $Pa3$	505,6	$Z = 4$	**
C_3O_2 [504-64-3]	suboxid	g	68,03 1,1137*				
CS_2 [75-15-0]	disulfid	fl	76,14 1,2705	tetr.	812 377	$Z = 3$	[1]
CSe_2 [506-80-9]	diselenid	fl	169,93 2,6626				1,845
COS [463-58-1]	oxidsulfid	g	60,07 1,24*	trig. C_{3v}^5, $R3m$	408	98,97° $Z = 1$	
Ca	**Calcium**						
$CaHAsO_4 \cdot H_2O$ [30375-02-1]	hydrogen-arsenat	f	198,02 2,962	orh. D_{2h}^{11}, $Pcmb$	693,5 1615 794	$Z = 8$	
Ca_3 $(AsO_4)_2$ [7778-44-1]	arsenat	f	398,08 3,620				
$Ca_3(AsO_4)_2$ $10H_2O$ [24390-08-7]	arsenat decahydrat	f	578,23 2,38	trikl. C_i^1, $P\bar{1}$	1256 1216 619,5	89,1° 79,7° 118,6°	

Phasen-umwandlungen °C		ΔH kJ/Mol	Standardwerte bei 298,15 K C_p S^0 J/KMol	ΔH_B^0 ΔG_B^0 kJ/Mol	Bemerkungen und Charakteristik
−56,6 0,535 MPa	*F*	~7,95	37,13 213,8	−393,5 −394,4	* bei −37 °C flüssig; *D*(79°) (fest) 1530 kg/m³ ***n* (273 K, 1013,25 hPa, 546,2 nm) 1,0004505; fbl. Gas; subl. bei −78,5 °C; LW 0° → 77,17% 20° 64,05%; l. Alk, Aceton
−111,3 6,8	*F* *V*	 25	65,75 257,7		* bei 0° C; Gas; ll. CS_2; Xylol; mit W → Malonsäure; giftig
−112,1 46,25	*F* *V*	4,39 26,77	75,7 151,0	87,8	[1]*n* (298 K, 589,3 nm) = 1,62761; klare fbl. stark lichtbrechende Fl.; sehr leicht brennbar; swl. W; mischbar mit wfreiem Me, Al, E, Bzl, Chlf, CCl_4; ausgezeichnetes Lösm. für Schwefel, Phosphor, Selen, Brom, Iod, Fette, Harze, Kautschuk, Campher; giftig;
−45,5 125	*F* *V*				goldgelbe Fl; unl. W; l. CS_2, Tol l. Z. Al., auch polymer
−138,8 50,28	*F* *V*	4,727 18,51	41,5 231,6	−138,4 −165,6	* bei 186K; Gas; l. W, Al; ll. Toluol; mit W langsam → H_2S und CO_2; stark narkotische Wirkung LW 20° 54 ml (100 gW)
			 146	−1715	weißes Pulver, giftig
1455	*F*		249,8 226,0	−3298,7 −3063,1	weißes Pulver; giftig; aus Schmelzfluß erstarrt, LW 25 °C 0,013%
					weißes Pulver; swl. W, ll. verd. S, giftig, Rauenthalit

Übersichtstabelle Anorganische Verbindungen (Fortsetzung)

Formel	Name	Zustand	Mol-Masse / Dichte $10^3\,kg \cdot m^{-3}$	Kristalldaten: System, Typ und Symbol	Einheitszelle: Kantenlänge in pm	Einheitszelle: Winkel und Z	Brechzahl n_D
Ca	**Calcium**						
CaB_6 [12007-99-7]	hexaborid	f	104,95 2,43	kub. $D2_1$ O_h^1, $Pm3m$	415,35	$Z = 1$	
$Ca[BO_2]_2$ [13701-64-9]	metaborat	f	125,70 2,70	orh. D_{2h}^{14}, $Pnca$	621,5 1161 428	$Z = 4$	1,550 1,660 1,680
$Ca[B_4O_7]$ [12007-56-6]	tetraborat	f	195,32 2,56	mkl. C_{2h}^5, $P2_1/n$	1226,4 989,5 779,6	91,26° $Z = 8$	1,638 1,560
$Ca_2[B_2O_5]$ [13701-60-5]	Dicalcium-diborat	f	181,78 2,85	mkl. C_{2h}^5, $P2_1/a$	1149,7 515,7 720	92,9° $Z = 4$	1,585 1,662 1,667
$Ca_3[BO_3]_2$ [13701-61-6]	Tricalcium-orthoborat	f	237,86 3,10	trig. D_{3d}^6 $R\bar{3}c$	864 1185	$Z = 6$	1,728 1,630
$CaBr_2$ [7789-41-5]	bromid	f	199,90 3,354	orh. D_{2h}^{12}, $Pnnm$	658,4 687,1 434,2	$Z = 2$	
CaC_2 [75-20-7]	carbid	f	64,10 2,11	tetr. $C11$ D_{4h}^{17}, $I4/mmm$	388 638	$Z = 2$	> 1,75
$CaCN_2$ [156-62-7]	cyanamid	f	80,10	trig. $F5_1$ D_{3d}^5, $R\bar{3}m$	540	39,9° $Z = 1$	1,60 > 1,95
$CaCO_3$ [471-34-1] [14791-73-2]	carbonat, Aragonit	f	100,09 2,93	orh. $G0_2$ D_{2h}^{16}, $Pnma$	496,23 796,8 574,39	$Z = 4$	1,5296 1,6804 1,6849
$CaCO_3$ [13397-26-7]	carbonat, Kalkspat	f	100,09 2,710[1]	trig. $G0_1$ D_{3d}^6, $R\bar{3}c$	636	46,1° $Z = 2$	1,6583 1,4864

Phasen-umwandlungen °C		ΔH kJ/Mol	Standardwerte bei 298,15 K: C_p J/KMol	S^0 J/KMol	ΔH^0_B kJ/Mol	ΔG^0_B kJ/Mol	Bemerkungen und Charakteristik
2235	*F*						schw. Krist., glänzend, rechteckig oder kub.; W wirkt bei gewöhnlicher Temp. nicht ein, Lsg. $KClO_3$ + HCl zers. langsam; schmelzende Alk-hydroxide und -carbonate, $KHSO_4$ schließen unter heftiger Reaktion auf; l. HNO_3; wl. H_2SO_4
1160	*F*	74,06	104,0	104,9	−2031,0	−1924,1	lange, flache Platten, Perlmuttglanz auf der Spaltfläche; teilweise Z. mit W
987	*F*	113,39	157,9		−3460,3	−3167,0	unregelmäßige Körner; an Luft B_2O_3 und H_3BO_3
531 1312	*U* *F*	4,60 100,83	147,1	145,1	−2734,4	−2596,6	unregelmäßige Körner; durchsichtig; beständig gegen k. W, l. verd. S
1487	*F*	148,53	187,9	183,7	−3429,1	−3259,8	unregelmäßige Körner; l. verd. S
742 1783	*F* *V*	29,08 201	75,1	129,7	−683,3	−664,2	$\chi_{Mol} = -73{,}8 \cdot 10^{-6} cm^3 Mol^{-1}$; weißes, krist. Pulver, hygr., salziger Geschmack; LW 20° 59,0%, Bdk. $6H_2O$; unl. E. Chlf; ll. Al
422 2300	*U*[1] *Z*	5,52	62,7	70,0	−59,8	−64,9	[1] *C*11 → kub. $Fm\bar{3}m$, $a = 592$ pm; $Z = 4$; fbl. krist., Masse; zers. W → C_2H_2 + $Ca(OH)_2$
1340	*F*		83,2	81,6	−350,6	−303,8	fbl. Krist.; mit W allmähliche *Z*.
825 775	*Z* *U*		82,3	88,7	−1207,1	−1127,8	$\chi_{Mol} = -40{,}8 \cdot 10^{-6} cm^3 Mol^{-1}$; fbl.,weiß, gelb, rötlich; zers. HCl → CO_2; LW 20° $1{,}5 \cdot 10^{-3}$%, 75° $1{,}9 \cdot 10^{-3}$%; l. NH_4Cl
898,6	*Z*		83,5	92,9	−1206,9	−1128,8	$\chi_{Mol} = -37{,}8 \cdot 10^{-6} cm^3 Mol^{-1}$; Marmor; [1] 18 °C Kalkstein, Kreide, durchsichtig bis undurchsichtig, Glasglanz, zers. S → CO_2; LW 20° $1{,}4 \cdot 10^{-3}$%

Übersichtstabelle Anorganische Verbindungen (Fortsetzung)

Formel	Name	Zustand	Mol-Masse / Dichte $10^3\,kg \cdot m^{-3}$	Kristalldaten: System, Typ und Symbol	Einheitszelle: Kantenlänge in pm	Einheitszelle: Winkel und Z	Brechzahl n_D
Ca	**Calcium**						
$Ca(CHO_2)_2$ [544-17-2]	formiat	f	130,12 2,023	orh. D_{2h}^{15}, *Pbca*	1018 1340 628,2	$Z = 8$	1,51005 1,51346 1,57754
$Ca(C_2H_3O_2)_2$ [62-54-4]	acetat	f	158,17 1,50				1,55 1,56 1,57
$CaC_2O_4 \cdot H_2O$ [14488-96-1]	oxalat	f	146,12 2,200	mkl. C_{2h}^5, $P2_1/n$	9976 729,4 6329,1	107,1° $Z = 8$	1,4900 1,5552 1,6497
$CaCl_2$ [10043-52-4]	chlorid	f	110,99 2,152	orh. *C*35 D_{2h}^{12}, *Pnnm*	626,1 642,9 416,7	$Z = 2$	1,600 1,605 1,613
$CaCl_2 \cdot 2H_2O$ [10035-04-8]	chlorid dihydrat	f	147,02 1,66	orh.	719 585		
$CaCl_2 \cdot 6H_2O$ [7774-34-7]	chlorid hexahydrat	f	219,08 1,712	trig. D_3^2 *P*321	787,6 395,55	$Z = 1$	1,5504 1,4949
$CaCl_2O$ [15944-13-5]	Chlorkalk	f	126,99				
$Ca(ClO_3)_2 \cdot 2H_2O$ [10035-05-9]	chlorat dihydrat	f	243,01 2,711	mkl.			
$Ca(ClO_4)_2$ [13477-36-6]	perchlorat	f	238,98				

Phasen-umwandlungen			Standardwerte bei 298,15 K				Bemerkungen und Charakteristik
°C		ΔH kJ/Mol	C_p J/KMol	S^0	ΔH_B^0 kJ/Mol	ΔG_B^0	
180 360	*U* *Z*				−1354		$\chi_{Mol} = -39{,}5 \cdot 10^{-6}$ cm³ Mol⁻¹; fbl. Krist. oder weißes, krist. Pulver; LW 20° 14,24%; ll. Ameisensäure; unl. Al, E
					−1486		$\chi_{Mol} = -70{,}5 \cdot 10^{-6}$ cm³ Mol⁻¹; weißes Pulver; LW 0° 30,4%, 100° 22,9%; wl. Al; mit $2H_2O$ lange, seidige, durchsichtige Nadeln von salzig-bitterem Geschmack
135 235	*U* −*W*		153	157	−1675	−1514	weißes Krist. pulver, kleine, mikroskopische Krist.; wfrei sehr hygr.; Whewellit: große, glänzende, fbl., durchsichtige bis opake, spröde Krist., mit muscheligem Bruch; bei 100° im Vak. beginnt Abgabe von H_2O, bei 200° völlig wfrei
782 2206,3	*F* *V*	28,54 235,1	72,86	104,6	−795,8	−748,1	$\bar{\gamma}(273...423\text{ K}) = 67 \cdot 10^{-6}\text{ K}^{-1}$; $\chi_{Mol} = -54{,}7 \cdot 10^{-6}$ cm³ Mol⁻¹; Hydrophilit; weiße, hygr. Masse von bitterem und salzigem Geschmack; LW 20° 42,5%, Bdk. $6H_2O$; L Al 20° 19,7%; L Me 20° 23%; swl. Py, l. Me_2CO
	Z				−1109	−1101	leicht rieselnde, fbl. Krist., hygr. ll. W, Al; Sinjarit
30,2	*F*			285	−2608	−2205	$\bar{\gamma}(83...290\text{ K}) = 119{,}1\text{ K}^{-1}$; fbl. hygr. Krist., sll. W, ll. Al; wss. Lsg. gegen Lackmus neutral
			100,3	113,0	−746,4	−670,3	gelblichweißes, lockeres Pulver, hygr., eigenartiger Geruch; durch Feuchtigkeit und Luft zers. → HOCl
100	*F**						* im eigenen Kristallwasser; fbl. bis hgelbe hygr. Krist.; LW 20° 66,2%, Bdk. $2H_2O$; 1. Al, Aceton; Erhitzen Z → Cl_2- und O_2-Entwicklung
				233	−737		$\chi_{Mol} = -70.5 \cdot 10^{-6}$ cm³ Mol⁻¹; fbl. Salz; LW 25° 65,35%; Al 25° 166 g/100 cm³; swl. E, L Me 237,4 g/100 cm³

Übersichtstabelle Anorganische Verbindungen (Fortsetzung)

Formel	Name	Zustand	Mol-Masse / Dichte $10^3\,kg \cdot m^{-3}$	Kristalldaten: System, Typ und Symbol	Einheitszelle: Kantenlänge in pm	Einheitszelle: Winkel und Z	Brechzahl n_D
Ca	**Calcium**						
$Ca(CN)_2$ [6860-10-2]	cyanid	f	92,12	hex.			
$CaCrO_4$ [13765-19-0]	chromat-(VI)	f	156,07 / 3,120	tetr. $S1_1$ D_{4h}^{19}, $I4_1/amd$	725 629	$Z = 4$	
$CaCr_2O_4\alpha$	chromat-(III)	f	208,07 / 4,70	tetr.	553 1916	$Z = 8$	
$CaCr_2O_4\beta$ [12013-31-9]		f	208,07 / 4,87	orh. D_{2h}^{16}, $Pnma$	907 1061 299	$Z = 4$	
CaF_2 [7789-75-5]	fluorid	f	78,08 / 3,18	kub. $C1$ O_h^5, $Fm3m$	546,31	$Z = 4$	1,4338
CaH_2 [7789-78-8]	hydrid	f	42,10 / 1,90	orh. $C29$ D_{2h}^{16}, $Pnma$	593,6 683,8 360	$Z = 4$	
CaI_2 [10102-68-8]	iodid	f	293,89 / 3,956	trig. $C6$ D_{3d}^3, $P\bar{3}m1$	448,9 697,4	$Z = 1$	
$CaI_2 \cdot 6H_2O$ [10031-31-9]	iodid hexahydrat		401,98	trig. $I1_3$ D_{3d}^1, $P\bar{3}1m$	840 425	$Z = 1$	
$Ca(IO_3)_2$ [7789-80-2]	iodat	f	389,89 / 4,59	mkl. C_{2h}^5, $P2_1/c$	728 1130 714,8	106,4° $Z = 4$	1,792 1,840 1,888

Phasen-umwandlungen			Standardwerte bei 298,15 K				Bemerkungen und Charakteristik
°C		ΔH kJ/Mol	C_p J/KMol	S^0 J/KMol	ΔH_B^0 kJ/Mol	ΔG_B^0 kJ/Mol	
~1340	*F*		83,2	81,6	−350,6	−303,8	Z W
1020*	*F*			134	−1379	−1276	* als Beginn angegeben; F unter Z.; gelbe Krist.; LW 20° 2,4 %; l. S; L Al 50 Vol % 0,1 %, Chromatit [13816-48-3]
							große fbl. oder rosafarbige Krist.
2170	*F*						dklgrüne, met.-glänzende Nadeln; gepulvert hgrün; unl. W; reagiert nicht mit Wdampf bei Rotglut; beständig gegen konz. Lsgg. von HF, HCl, HNO_3, H_2SO_4; schmelzende Alk zers.; Aufschluß durch Schmelze KNO_3 + K_2CO_3 oder Na_2O_2
1151 1418 2505,7	*U* *F* *V*	4,77 29,71 308,7	68,6	68,6	−1225,2	−1173,6	$\bar{\gamma}(277) = 57{,}4 \cdot 10^{-6}\,K^{-1}$; $\varkappa(5{,}07 \ldots 20{,}27$ MPa, 273 K) $1{,}204 \cdot 10^{-5}\,MPa^{-1}$ $\varepsilon(6{,}4 \cdot 10^5\,Hz) = 6{,}7$; $\chi_{Mol} = -28{,}0 \cdot 10^{-6}\,cm^3\,Mol^{-1}$; Flußspat, Fluorit; selten fbl., meist gefärbt, Glasglanz, weißes Pulver, unl. W, wl. verd. S; konz. S → HF
780 1000 1100	*U* *F* *F*	6,69 22,00	41,0	41,4	−177,0	−138,0	* in H_2-Atmosphäre; weißes, krist. leicht zers. Pulver; zers. W, S → H_2; unl. org. und anorg. Lösm., l. KOH-Schmelze
754 1100	*F* *V*	41,84 179,4	77,2	145,3	−536.8	−533,1	$\bar{\gamma}$ (293 ... 423 K) = $91 \cdot 10^{-6}\,K^{-1}$; $\chi_{Mol} = -109 \cdot 10^{-6}\,cm^3\,Mol^{-1}$; fbl. krist. Pulver; LW 20° 67 %, Bdk. $6H_2O$, Me 126 g/100 cm³ 20° l. Al, Me_2CO
	Z						weißes, hygr. Pulver, zers. an der Luft; sll. W, l. Al
	Z			230	−1003	−893	$\chi_{Mol} = -101{,}4 \cdot 10^{-6}\,cm^3\,Mol^{-1}$; Lautarit; LW 20° 0,25 %, Bdk. $6H_2O$, unl. Al

Übersichtstabelle Anorganische Verbindungen (Fortsetzung)

Formel	Name	Zustand	Mol-Masse / Dichte $10^3 kg \cdot m^{-3}$	Kristalldaten: System, Typ und Symbol	Einheitszelle: Kantenlänge in pm	Einheitszelle: Winkel und Z	Brechzahl n_D
Ca	**Calcium**						
$CaMoO_4$ [7789-82-4]	molybdat	f	200,02 4,23	tetr. $H0_4$ C_{4h}^{6}, $I4_1/a$	522,6 1143,4	$Z = 4$	1,967 1,978
$Ca(N_3)_2$ [19465-88-4]	azid	f	124,12 2,20	orh. D_{2h}^{24}, $Fddd$	1132 1107 595	$Z = 8$	
Ca_3N_2 [12013-82-0]	nitrid	f	148,25 2,63	kub. $D5_3$ T_h^7, $Ia3$	1147,3	$Z = 16$	
$Ca(NO_2)_2$ [13780-06-8]	nitrit	f	132,09 2,294				
$Ca(NO_3)_2$ [10124-37-5]	nitrat	f	164,09 2,504	kub. T^4, $P2_13$	760	$Z = 4$	1,595
CaO [1305-78-8]	oxid	f	56,08 3,40	kub. $B1$ O_h^5, $Fm3m$	481,06	$Z = 4$	1,837
CaO_2 [1305-79-9]	peroxid	f	72,08 3,23	tetr. $C11$ D_{4h}^{17}, $I4/mmm$	354 591		
$Ca(OH)_2$ [1305-62-0]	hydroxid	f	74,09 2,23	trig. $C6$ D_{3d}^{3}, $P\bar{3}m1$	359,3 490,9	$Z = 1$	1,575 1,547

Phasen-umwandlungen °C		ΔH kJ/Mol	Standardwerte bei 298,15 K C_p J/KMol	S^0 J/KMol	ΔH_B^0 kJ/Mol	ΔG_B^0 kJ/Mol	Bemerkungen und Charakteristik
965	*Z*						weiße Krist., leicht gelbstichig, stark glänzend; unschmelzbar; LW 20° 5 · 10^{-3}%, Bdk. $0H_2O$; unl. Al, Powellit
					317,3		fbl. Substanz; expl. bei 144...156°C LW 0° 27,5%, 15° 31%; l. Al unl. E
>1500	*F*		110,9	104,6	−431,0	−368,0	Farbe je nach Temp. bei der Darst.; schw. (350°) bis goldgelb (1150°), meist Mischfarben; mit W → $Ca(OH)_2 + NH_3$; eine zweite Form orh, *a* = 1782, *b* = 1156, *c* = 358 pm
					−746,3		fbl. Salz; LW 20° 47%, Bdk. $4H_2O$
561	*F* *Z*	21,3	149,4	193,3	−938,4	−745,1	$\varepsilon(1{,}67 \cdot 10^5 Hz) = 6{,}5$; $\chi_{Mol} = -45{,}9 \cdot 10^{-6} cm^3 Mol^{-1}$; weiße, hygr. Krist.; l. Me, Me_2CO LW 20° 56%, Bdk. $4H_2O$ L Al 15° 14 g/100 cm^3
2927 3570	*F* *V*	79,50	42,1	38,1	−635,1	−603,5	$\bar{\alpha}(303...348 K) = 21 \cdot 10^{-6} K^{-1}$; $\varkappa(0...1216 MPa; 303 K) = [4{,}51 \cdot 10^{-5} - 57{,}4 \cdot 10^{-9} p) \cdot MPa^{-1}$; $\chi_{Mol} = -15 \cdot 10^{-6} cm^3 Mol^{-1}$; fast weiße, harte Stücke, wl. W, unl. Al, l. Glycerin, verd. S; mit 4 Teilen W → $Ca(OH)_2$ unter starker Wärmeentwicklung
275	*Z*		82,8	83,7	−652,7	−604,1	$\chi_{Mol} = -23{,}8 \cdot 10^{-6} cm^3 Mol^{-1}$; weiße Substanz; zers. S unter O_2-Entwicklung; mit W allmähliche Bildung des Octahydrates
450[1]	*Z*		87,5	83,4	−986,1	−898,5	$\chi_{Mol} = -22 \cdot 10^{-6} cm^3 Mol^{-1}$; Portlandit; weißes Pulver, zieht CO_2 an; LW 20° 0,17%; l. HCl, HNO_3, Egs, unl. Aceton, Me; l. in H_2O und CaO

Übersichtstabelle Anorganische Verbindungen (Fortsetzung)

Formel	Name	Zustand	Mol-Masse / Dichte $10^3\,kg \cdot m^{-3}$	Kristalldaten: System, Typ und Symbol	Einheitszelle: Kantenlänge in pm	Einheitszelle: Winkel und Z	Brechzahl n_D
Ca	**Calcium**						
Ca_3P_2 [1305-99-3]	phosphid	f	182,19 / 2,51	trig. C_{3v}^5, $R3m$	440 2990		
$Ca(H_2PO_2)_2$ [7789-79-9]	hypophosphit	f	170,06 / 2,02	mkl. C_{2h}^6, $C2/c$	1510,6 567,2 666,8	102,13° $Z=4$	
$Ca_3(PO_4)_2$ [7758-87-4]	phosphat	f	310,18 / 3,14	trig. C_{3d}^6, $R\bar{3}c$	1042 3738		1,625 1,626
$CaHPO_4$ [7757-93-9]	hydrogenphosphat	f	136,06 / 2,9	trikl. C_i^1, $P\bar{1}$	690,6 663,4 857,7	93,9° 127,6° 91,5° $Z=4$	
$CaHPO_4 \cdot 2\,H_2O$ [14567-92-1] [7789-77-7]	Brushit	f	172,09 / 2,317	mkl. C_s^4, Ia	581,2 1518 623,9	116,4° $Z=4$	1,539 1,544 1,549
$Ca(H_2PO_4)_2 \cdot H_2O$ [10031-30-8]	dihydrogenphosphat hydrat	f	252,07 / 2,220	trikl.	625 1189,2 562,9	96,67° 114,21° 92,56° $Z=2$	
$Ca(PO_3)_2$ [13477-39-9]	metaphosphat	f	198,02 / 2,82				1,587 1,591 1,595
$Ca_2P_4O_{12} \cdot 4\,H_2O$ [86623-66-7]	tetrametaphosphat tetrahydrat	f	468,11 / 2,30	mkl. C_{2h}^5, $P2_1/n$	766.7 1288,9 714,4	107° $Z=2$	
$Ca_2P_2O_7$ [7790-76-3]	diphosphat	f	254,10 / 3,09	mkl.	807 1476 625	103° $Z=4$	1,584 1,599 1,605
$Ca_2P_2O_7 \cdot 2\,H_2O$ [17031-92-4]	diphosphat-dihydrat	f	290,13 / 2,51	trikl. C_i^1, $P\bar{1}$	738 831 670	102,80° 107,38° 85,03°	

Phasen-umwandlungen °C		ΔH kJ/Mol	Standardwerte bei 298,15 K C_p S^0 J/KMol	ΔH_B^0 ΔG_B^0 kJ/Mol	Bemerkungen und Charakteristik
~ 1600	*F*		116,3 123,9	−506,3 −481,7	rotbraune Stücke, die mit W selbstentzündlichen PH_3 entwickeln; giftig; an feuchter Luft langsam zers.
					weiße, geruchlose, bitterschmeckende Krist., ll. W, unl. Al
1150 1470 1810	*U* *U* *F*	18,83 0 167,36	(α) 227,8 (β) 236,0	−4120,8 −3885,0	Whitlockit; weißes, amorphes Pulver, unl. W, Al, ll. HCl, HNO_3; frischgefällt l. in Egs
			110,0 111,4	−1814,4 −1681,2	durchsichtige, tafelige Krist.; Erhitzen auf 500° → $Ca_2P_2O_7$; LW 25° 0,01%, Bdk. 2 H_2O; mit W < 36° → Dihydrat → Hydroxylapatit; mit W > 36° → Hydrolyse
36	*F*		 167	−2409 −2154	leichtes, weißes, krist. Pulver, luftbeständig, geruchlos; swl. W; l. NH_4-citrat, verd. HCl, HNO_3, unl. Al; mit W → Hydroxylapatit
109 203	$-H_2O$ *Z*		259,2 259,8	−3418	weiße, an feuchter Luft zerfl. Krist., l. in viel W unter Z., l. verd. HCl, HNO_3, Eg, unl. Al
963 984	*U** *F*		145,1 145,9		Hochtemperaturform (α) Kristallite oder blätterige Lamellen; **U* α → β, Platten oder Nadeln; n_α 1,573, n_β 1,587, n_γ 1,596; Metastabiler F: 977°
					nadelförmige Krist.; LW 2%; S greifen kaum an außer konz. H_2SO_4; bei Rotglut Entwässerung → β $Ca(PO_3)_2$
725 1115 1358	*U* *U* *F*	1,67 6,78 100,83	187,8 189,4	−3333,4 −3126,6	Krist.; *U* α → β tetr. C_4^2, $P4_1$ $a = 666$, $c = 2386$ pm, $Z = 4$; n_ω 1,630, n_ϵ 1,639
					fbl. Prismen

Übersichtstabelle Anorganische Verbindungen (Fortsetzung)

Formel	Name	Zustand	Mol-Masse Dichte $10^3\,kg \cdot m^{-3}$	Kristalldaten: System, Typ und Symbol	Einheitszelle: Kantenlänge in pm	Einheitszelle: Winkel und Z	Brechzahl n_D
Ca	**Calcium**						
$Ca_5(PO_4)_3 \cdot F$ [12015-73-5]	Fluorapatit	f	504,3 3,15	hex. $H5_7$ C_{6h}^2, $P6_3/m$	941,8 688,4	 $Z = 1$	1,6335 1,6316
$Ca_5(PO_4)_3$ $\cdot$ (OH) [12167-74-7]	Hydroxyl- apatit	f	502,3 3,08	hex. $H5_7$ C_{6h}^2, $P6_3/m$	936,8 688,4	 $Z = 1$	1,651 1,644
CaS (20548-54-3]	sulfid	f	72,14 2,58	kub. $B1$ O_h^5, $Fm3m$	569,48	 $Z = 4$	2,137
$Ca(SCN)_2$ $\cdot 3H_2O$ [5892-22-8]	thiocyanat trihydrat	f	210,29				
$CaSO_3$ [10257-55-3]	sulfit	f	120,14 3,33	orh.	737,6 949,8 512,1		
$CaSO_4$ [7778-18-9]	sulfat	f	136,14 2,96	orh. $H0_1$ D_{2h}^{17}, $Cmcm$	624,11 699,33 700,17	 $Z = 4$	1,5693 1,5752 1,6130
$CaSO_4 \cdot {}^1/_2H_2O$ [26499-65-0]	hemihydrat	f	145,15 2,70	mkl. C_2^3, $C2$	1203,1 1269,5 693,4	90,2° $Z = 12$	

Phasen-umwandlungen			Standardwerte bei 298,15 K		Bemerkungen und Charakteristik
°C		ΔH kJ/Mol	C_p S^0 J/KMol	ΔH^0_B ΔG^0_B kJ/Mol	
1650	F		752 776		Mineral [1306–05–4] unl. W
900	Z		770 780,7		Mineral [1306-06-5] unl. W, l. S
2525	F	66,94	47,4 56,6	−473,2 −468,2	$\bar{\alpha}(303\ldots348\,\text{K}) = 17 \cdot 10^{-6}\,\text{K}^{-1}$; $\bar{\gamma}(303\ldots348\,\text{K}) = 51 \cdot 10^{-6}\,\text{K}^{-1}$; $\varkappa(0\ldots1216\,\text{MPa}) = (2{,}250 \cdot 10^{-5} - 33{,}4 \cdot 10^{-10}p)\,\text{MPa}^{-1}$ $\varepsilon(2 \cdot 10^8\,\text{Hz}) = 20$; Oldhamit; weißes bis hgelbes Pulver, Geruch nach H_2S; LW 40° 0,11%, 80° 0,2%; unl. Al; ll. NH_4-Salzlsg.; zers. durch schwache S und feuchte Luft
					weißes, krist. Pulver; ll. W, h. Al, l. Me, Aceton, Egester
			91,7 101,4	−1159,4 −1076,0	fbl. Salz; LW 20° 0,13% konz. Lsg. ist Lösm. für Celluloseacetat
1337 1570	U F	6,27 27,61	99,65 106,7	−1434,1 −1321,7	$V_\vartheta = V_0\,(1 + 0{,}00010170 \cdot \vartheta + 0{,}0000000816 \cdot \vartheta^2)$; $\varkappa(5.0\ldots20\,\text{MPa}) = 1{,}76 \cdot 10^{-5}\,\text{MPa}^{-1}$; $\chi_{\text{Mol}} = -49{,}7 \cdot 10^{-6}\,\text{cm}^3\,\text{Mol}^{-1}$; Anhydrit; prism. Krist., durchsichtig oder durchscheinend, weiß, grau, bläulich; „wasserfreier Stuckgips“: weißes krist. Pulver, LW 20° 0,199%; l. S; bindet so schnell W ab, daß es praktisch nicht verwendet werden kann; durch Brennen bei 900° → „Estrichgips“ bindet W langsam ab, >24 Stunden Anhydrit [14798-04-0]
200	$-H_2O$		(α) 117,98 130,5 (β) 124,1 134,3	−1576,7 −1436,6 −1572 −1434	$\chi_{\text{Mol}} = -55{,}7 \cdot 10^{-6}\,\text{cm}^3\,\text{Mol}^{-1}$; Alabastergips; weißes Pulver, swl. W, unl. Al; erstarrt mit der Hälfte seines Gewichts W zu feinfaserigen Gipskriställchen, Bassanit

Übersichtstabelle Anorganische Verbindungen (Fortsetzung)

Formel	Name	Zustand	Mol-Masse Dichte $10^3\,kg \cdot m^{-3}$	Kristalldaten System, Typ und Symbol	Einheitszelle Kantenlänge in pm	 Winkel und Z	Brechzahl n_D
Ca	**Calcium**						
$CaSO_4 \cdot 2H_2O$ [10101-41-4]	sulfat- dihydrat	f	172,17 2,32	mkl. $H4_6$ C_{2h}^6, $C2/c$	628,45 1520,79 567,78	114,09° $Z=4$	1,5208 1,5229 1,5305
$CaS_2O_3 \cdot 6H_2O$ [10035-02-6]	thiosulfat hexahydrat	f	260,30 1,872	trikl. C_i^1, $P\bar{1}$	576 709 1066	72,40° 98,53° 92,67° $Z=2$	1,545 1,560 1,605
$CaS_2O_6 \cdot 4H_2O$ [13477-31-1]	dithionat tetrahydrat	f	272,27 2,176	hex.	1241 1872	$Z=12$	1,5516 1,5414
CaS_2O_7 [18808-41-8]	disulfat	f	216,20				
CaS_4O_6 [19188-83-1]	tetra- thionat	f	264,33				1,535 1,540 1,675
CaSe [1305-84-6]	selenid	f	119,04 3,77	kub. $B1$ O_h^5, $Fm3m$	592,4	$Z=4$	2,274
$CaSeO_4$ [14019-91-1]	selenat	f	183,04 3,93	tetr. C_{4h}^6 $I4_1/a$	504,7 1166,4	$Z=4$	
CaSi [12737-18-7]	silicid	f	68,17 2,32	orh. D_{2h}^{17}, $Cmcm$	391 459 1079,5	$Z=4$	
$CaSi_2$ [12013-56-8]	disilicid	f	96,25 2,50	tetr. D_{4h}^{19}, $I4_1/amd$	428,3 1352	$Z=4$	
$CaSiF_6$ [16925-39-6]	hexafluoro- silicat	f	182,16 2,662	tetr.	988 610		
$CaSiF_6 \cdot 2H_2O$ [16961-80-1]	dihydrat	f	218,19 2,254	mkl. C_{2h}^5, $P2_1/n$	1047 918 573	99°	
$CaSiO_3$, β [10101-39-0] [13983-17-0]	metasilicat	f	116,16 3,07	trikl. C_1^1, $P1$	789,4 737,1 703,7	90,02° 95,3° 102,93° $Z=6$	1,6144 1,6256 1,6265

Phasen-umwandlungen °C		ΔH kJ/Mol	Standardwerte bei 298,15 K C_p J/KMol	S^0 J/KMol	ΔH_B^0 kJ/Mol	ΔG_B^0 kJ/Mol	Bemerkungen und Charakteristik
128	$-1^1/_2$ H_2O		186,02	194,1	−2022,6	−1797,2	$\varkappa$(5,07 ... 20,27 MPa 273,15 K) = 2,42 · 10^{-11} Pa^{-1}; $\chi_{Mol} = -74 \cdot 10^{-6}$ cm^3 Mol^{-1}; Gips, Marienglas, Alabaster; weißes krist. Pulver; wl. Glycerin, unl. Al, l. HCl
						−2520	fbl. Krist.; zers.; langsame Bildung von Schwefel und Sulfit; LW 20° 32,9%, Bdk. 0 H_2O
							fbl. Tafeln; bitterer Geschmack; an Luft völlig beständig; LW 20° 20,2%, Bdk. 4 H_2O; von 66° an langsame Absp. von H_2O
							fbl. lockere Masse, reagiert heftig mit W unter starker Erwärmung
							fbl. Krist.
			48,10	67,00	−368,2	−363,2	weißes Pulver, an der Luft rötlich, nach einigen Stunden hbraun; zers. W; mit HCl → H_2Se + Se ↓
							fbl. oder milchigweiße Tafeln, auch krist. Pulver; wl. W, HNO_3; langsam l. HCl in der Wärme
1245	*F*	69,0	46,42	45,19	−151,0	−146,5	met. glänzende Blättchen; zers. HCl unter Bildung von selbstentzündlichen Silanen
990	*F*		68,15	30,63	−151,00	−142,5	Tafeln von bleigrauer Farbe und lebhaftem Metallglanz
225–325	*Z*				−2824		fbl. Krist. LW 22° 51,4% *Z* Bdk. 2 H_2O, sl. Al
100–155	−*W*				−3393		fbl. Krist.
1125 1544	*U** *F*	5,4	85,27	81,92	−1634,9	−1549,7	* *U* $\beta \rightarrow \alpha$; Wollastonit-1A; weiß, glasglänzend, in Aggregaten seidig; zers. S

Übersichtstabelle Anorganische Verbindungen (Fortsetzung)

Formel	Name	Zustand	Mol-Masse Dichte $10^3 kg \cdot m^{-3}$	Kristalldaten: System, Typ und Symbol	Einheitszelle: Kantenlänge in pm	Einheitszelle: Winkel und Z	Brechzahl n_D
Ca	**Calcium**						
$CaSiO_3$, α [14567-52-3]	metasilicat	f	116,16 2,912	trikl. C_i^1, $P\bar{1}$	682 682 1965	90,4° 90,4° 119,3° $Z = 12$	1,6177 1,6307 1,6325
Ca_2SiO_4, γ [10034-77-2] [14581-10-3]	ortho- silicat	f	172,24 2,97	orh. $S1_2$ D_{2h}^{16}, $Pcmn$	508,0 675,8 1122,4	$Z = 4$	1,640 1,645 1,651
Ca_2SiO_4, β [10034-77-2] [17830-10-3]	ortho- silicat	f	172,24 3,28	mkl. C_{2h}^5, $P2_1/n$	931 675,65 550,59	94,46° $Z = 4$	1,717 1,735 1,746
Ca_3SiO_5 [12168-85-3]	silicat	f	228,32 3,14	trikl. C_1^1, $P1$	1408,3 1421 2510	90,1° 90,22° 120° $Z = 36$	1,718 1,724
$CaTe$ [12013-57-9]	tellurid	f	167,68 4,873	kub. $B1$ O_h^5, $Fm3m$	636,42	$Z = 4$	>2,51
$CaTiO_3$ [12049-50-2]	titanat	f	135,98 4,10	orh. D_{2h}^{16}, $Pmma$	544,05 764,36 538,12	$Z = 4$	2,33 –
$CaWO_4$ [7790-75-2]	wolframat	f	287,93 6,06	tetr. $H0_4$ C_{4h}^6, $I4_1/a$	524,29 1137,3	$Z = 4$	1,918 1,934
$CaZrO_3$ [12013-47-7]	meta- zirkonat	f	179,30 4,78	orh. D_{2h}^{16}, $Pnma$	801,01 575,58 559,29	$Z = 4$	
Cd	**Cadmium**						
Cd_3As_2 [12006-15-4]	arsenid	f	487,07 6,214[1]	tetr. C_{4h}^{12}, $I4_1cd$	1267 2548	$Z = 32$	

Phasen-umwandlungen			Standardwerte bei 298,15 K				Bemerkungen und Charakteristik
°C		ΔH kJ/Mol	C_p J/KMol	S^0 J/KMol	ΔH_B^0 kJ/Mol	ΔG_B^0 kJ/Mol	
1544	*F*	56,07	86,48	87,4	−1628,4	−1544	Cyclowollastonit; fbl. Kristalle;
1100 2130	*U** *U*** *F*		126,8	120,5	−2253	−2250	* *U* → α': orh., *Pmcn*, *a* = 1118, *b* = 1895, *c* = 684 pm ** *U* → α, $P6_3mc$, *a* = 541,9, *c* = 702,3 pm; 20°
		1,84 14,18	128,6	127,6	−2255	−2152	Larnit
1300 1800	*B* *Z*		171,9	168,6	−2929,2	−2783,9	kleine fbl. Körner * *F* → Liq + CaO bildet sich eutektoid, zerfällt peritektoid
				80,8	−263,6	−260,4	weiße Substanz, färbt sich an der Luft rasch dkl; mit S → H_2Te
1257 1960	*U* *F*	2,30	97,65	93,64	−1660,6	−1575,3	Perowskit [12194-71-7]; würfelige, meist gestreifte Krist., undurchsichtig
1555	*F*		124,44	126,40	−1645,2	−1538,4	weißes, feines, schweres Pulver, LW 20° 2,7 · 10^{-3}%, Bdk. 0 H_2O; unl. verd. S, zers. konz. S; Scheelit [14913-80-5]; unl. Al; gelb, braun, glasglänzend, durchscheinend; mit konz. H_2SO_4 erwärmt → blaue Lsg., l. NH_4Cl-Lsg.
2350	*F*		96,57	100,08	−1766,9	−1681,1	Perowskitstruktur; weiße, kleine Krist., kurze Prismen; klar l. sied. verd. HCl
570 696	*U* *F*	 122,6	125,30	206,83	−41,8	−35,9	Halbleiter; spröde, dklgraue Masse; [1] bei 5 °C, mit met. Glanz, rötliche Oktaeder; unl. W; langsam. l. HCl, verd. HNO_3 → AsH_3; Cl_2, Br_2, Königsw., Oxid. mittel greifen an

Übersichtstabelle Anorganische Verbindungen (Fortsetzung)

Formel	Name	Zustand	Mol-Masse / Dichte $10^3 kg \cdot m^{-3}$	Kristalldaten: System, Typ und Symbol	Einheitszelle: Kantenlänge in pm	Einheitszelle: Winkel und Z	Brechzahl n_D
Cd	**Cadmium**						
$CdBr_2$ [7789-42-6]	bromid	f	272,22 5,192	trig. $C19$ D_{3d}^5, $R\bar{3}m$	398,5 1884,1	$Z=3$	
$Cd(CN)_2$ [542-83-6]	cyanid	f	164,44 2,33	kub. T_d^1, $P\bar{4}3m$	630,5	$Z=2$	
$CdCO_3$ [513-78-0]	carbonat	f	172,42 5,03	trig. $G0_2$ D_{3d}^6, $R\bar{3}c$	493 1627	$Z=2$	
$Cd(HCO_2)_2$ [4464-23-7]	formiat	f	202,44 3,297	orh.			1,588 1,607 1,685
$Cd(CH_3CO_2)_2$ [543-90-8]	acetat	f	230,49 2,86				
$Cd(CH_3COO)_2 \cdot 2H_2O$ [5743-04-4]	acetat dihydrat	f	266,54 2,10	orh. D_2^4, $P2_12_12_1$	868,2 1190,7 809,3	$Z=4$	
$Cd(COO)_2 \cdot 3H_2O$ [20712-42-9]	oxalat trihydrat	f	254,48				
$CdCl_2$ [10108-64-2]	chlorid	f	183,31 4,047	trig. $C19$ D_{3d}^5, $R\bar{3}m$	384,4 1748,9	$Z=3$	

Phasen-umwandlungen			Standardwerte bei 298,15 K				Bemerkungen und Charakteristik
°C		ΔH kJ/Mol	C_p J/KMol	S^0 J/KMol	ΔH_B^0 kJ/Mol	ΔG_B^0 kJ/Mol	
568 839	*F* *V*	33,35 102,5	76,57	137,24	−316,2	−296,3	$\varepsilon(0{,}5 \ldots 3 \cdot 10^{-6}\,\text{Hz}) = 8{,}6$; $\chi_{\text{Mol}} = -87{,}3 \cdot 10^{-6}\,\text{cm}^3\,\text{Mol}^{-1}$; fbl. krist. perlglänzende Schuppen; hygr.; LW 20° 49,0%; l. Al 25,4% bei 15 °C, HCl; wl. E 0,55% bei 15 °C, Aceton 2% bei 15 °C; giftig; 2. Mod. hex. $a = 230$ pm, $c = 623$ pm, $Z = {}^1/_3$
200	*Z*						$\chi_{\text{Mol}} = -54 \cdot 10^{-6}\,\text{cm}^3\,\text{Mol}^{-1}$; weißes Pulver, durchsichtige Krist.; swl. W 1,6% bei 15 °C; unl. NaOH; l. NH_3 im Überschuß, Alk.-cyanidlsg. S, Al, giftig
>500	*Z*		82,39	92,47	−751,9	−670,5	$\chi_{\text{Mol}} = -46{,}7 \cdot 10^{-6}\,\text{cm}^3\,\text{Mol}^{-1}$; weißes, krist. Pulver; Farbe → gelb bis braun; unl. W; l. S., KCN- und NH_4-Salz-lsg.; giftig; unl. NH_3
							fbl. Kristallaggregate, selten einzeln ausgeprägte Krist.; LW 20° 4,95% 100° 49%, giftig
256	*F*						$\chi_{\text{Mol}} = -83{,}7 \cdot 10^{-6}\,\text{cm}^3\,\text{Mol}^{-1}$; weißes, krist. Pulver; etwas hygr.; ll. W, Al, giftig
							weiße Nadeln; gutl. in h. + k. W., S. g. l. Al, giftig
							weißes, krist. Pulver; Prismen oder Täfelchen; LW 18 °C $4{,}9 \cdot 10^{-3}$%; h W $8{,}9 \cdot 10^{-3}$%, l. bei Anwesenheit von NH_4-Salzen; l. verd. S, giftig
568 938	*F* *V*	31,80 121	74,57	115,7	−391,5	−343,9	$\bar{\gamma}(293 \ldots 423\,\text{K}) = 73 \cdot 10^{-6}\,\text{K}^{-1}$; $\chi_{\text{Mol}} = -68.7 \cdot 10^{-6}\,\text{cm}^3\,\text{Mol}^{-1}$; fbl. glänzende Krist.; LW 20° 58,4% 100° 60,2%; l. Al, Me; unl. E, Aceton; giftig

Übersichtstabelle Anorganische Verbindungen (Fortsetzung)

Formel	Name	Zustand	Mol-Masse / Dichte $10^3 kg \cdot m^{-3}$	Kristalldaten: System, Typ und Symbol	Einheitszelle: Kantenlänge in pm	Einheitszelle: Winkel und Z	Brechzahl n_D
Cd	**Cadmium**						
$Cd(ClO_4)_2 \cdot 6H_2O$ [10326-28-0]	perchlorat hexahydrat	f	419,4 / 2,36	trig. C_{3v}^1, $P3m1$	799,39 533,04	$Z = 1$	
$CdCrO_4$ [14312-00-6]	chromat	f	228,4 / 4,42	orh., $Cmcm$	567,8 872,3 692,6	$Z = 4$	
CdF_2 [7790-79-6]	fluorid	f	150,40 / 6,64	kub. $C1$ O_h^5, $Fm3m$	538,95	$Z = 4$	1,56
CdI_2 [7790-80-9]	iodid	f	366,21 / 5,67	hex. C_{6v}^4, $P6_3mc$	424,8 1372		
$Cd(IO_3)_2$ [7790-81-0]	iodat	f	462,21 / 6,43				
$Cd(CN)_4K_2$ [16041-14-8]	Kalium-tetra-cyano-cadmat	f	294,68 / 1,847	kub. $H11$ O_h^7, $Fd3m$	1287	$Z = 8$	
$[CdCl_3]K$ [14429-85-7]	Kalium-trichloro-cadmat	f	257,86 / 3,33	orh. $E2_4$ D_{2h}^{16}, $Pnma$	878 1456 399	$Z = 4$	
$[CdI_4]K_2 \cdot 2H_2O$ [7790-82-1]	Kalium-tetra-iodo-cadmat dihydrat	f	734,25 / 3,359				
$Cd(MnO_4)_2 \cdot 6H_2O$ [13520-63-3]	perman ganat-hexa-hydrat	f	458,36 / 2,49	orh. C_{2v}^7, $Pmn2_1$	1391 804 534	$Z = 2$	
$CdMoO_4$ [13972-68-4]	molybdat	f	272,34 / 6,00	tetr. C_{4h}^6, $I4_1/a$	515,5 1119,4	$Z = 4$	

Phasen-umwandlungen			Standardwerte bei 298,15 K		Bemerkungen und Charakteristik
°C		ΔH kJ/Mol	C_p S^0 J/KMol	ΔH_B^0 ΔG_B^0 kJ/Mol	
65–70	$-2W$				l. W
500	Z				gelb, unl. W
1047 1726	F V	22,6 201	66,90 83,68	−700,4 −649,4	$\bar{\gamma}$(293...423K) = 80 · 10^{-6} K^{-1}; χ_{Mol} = −40,6 · 10^{-6} cm^3 Mol^{-1}; fbl. Krist.; LW 25° 4,16%, Bdk. 0 H_2O; l. S, HF; unl. wfrei HF, NH_3, Al
388 739	F V	20,71 (115)	79,95 161,08	−203,3 −201,3	$\bar{\gamma}$(293 ... 423 K) = 107 · 10^{-6} K^{-1}; χ_{Mol}= −117, 2 · 10^{-6} cm^3 Mol^{-1}; β-CdI_2 C27, hex., C_{6v}^4, $P6_3mc$ a = 424 pm, c = 1367 pm, Z = 2; γ-CdI_2 trig., D_{3d}^1, $P\bar{3}1m$; a = 424 pm, c = 205 pm, Z = 3; fbl. ziemlich große glänzende Blätter; geschmolzenes CdI_2 ist braun gefärbt; LW 20° 46%; l. S, wss. NH_3; ll. Me, Al, E Aceton; giftig
	Z				weiß, l. HNO_3, NH_4OH, W
					χ_{Mol} = −138 · 10^{-6} cm^3 Mol^{-1}; große fbl. stark glänzende Oktaeder; luftbeständig; stark lichtbrechend; LW 20° 33%; kaum l. abs. Al; giftig
431	F				fbl. feine Nadeln; LW 20° 27,6%
100	$-H_2O$				große wasserhelle Krist., verzerrte Oktaeder; LW 15° 57,8%; l. Al, E, Egester
95	Z				l. W
900	F				gelbe Tafeln l. S, NH_4OH, w. l. k. W

Übersichtstabelle Anorganische Verbindungen (Fortsetzung)

Formel	Name	Zustand	Mol-Masse / Dichte $10^3 kg \cdot m^{-3}$	Kristalldaten: System, Typ und Symbol	Einheitszelle: Kantenlänge in pm	Einheitszelle: Winkel und Z	Brechzahl n_D
Cd	**Cadmium**						
Cd_3N_2 [12380-95-9]	nitrid	f	365,24 6,85	kub. T_h^7, $Ia3$	1079	$Z = 16$	
$Cd(N_3)_2$ [14215-29-3]	azid	f	196,44 3,24	orh. D_{2h}^{15}, $Pbca$	782 646 1604	$Z = 8$	
$Cd(NH_2)_2$ [22750-53-4]	amid	f	144,45 3,09				
$Cd(NO_3)_2$ [10325-94-7]	nitrat	f	236,41	orh. D_{2h}^{11}, $Pcam$	750,7 1536,9 750,7		
$Cd(NO_3)_2 \cdot 4H_2O$ [10022-68-1]	nitrat tetrahydrat	f	308,47 2,46	orh. C_{2v}^{19}, $Fdd2$	582,8 2586 1100		
$[CdCl_3]NH_4$ [18532-52-0]	Ammonium-trichloro-cadmat	f	236,80 2,92	orh. D_{2h}^{16}, $Pnma$	901,7 1491,1 398,96	$Z = 4$	
$[CdCl_6] \cdot (NH_4)_4$ [15276-42-3]	Ammonium-hexachloro-cadmat	f	397,27 1,93	trig. D_{3d}^5, $R\bar{3}m$	891	88,9° $Z = 2$	1,6038 1,6042
CdO [1306-19-0]	oxid	f	128,40 6,95[1] 8,15[2]	kub. $B1$ O_h^5, $Fm3m$	469,53	$Z = 4$	
$Cd(OH)_2$ [21041-95-2]	hydroxid	f	146,41 4,790	trig. $C6$ D_{3d}^3, $P\bar{3}m1$	349,47 471,06	$Z = 1$	

Phasen- umwandlungen			Standardwerte bei 298,15 K		Bemerkungen und Charakteristik
°C		ΔH kJ/Mol	C_p S^0 J/KMol	ΔH^0_B ΔG^0_B kJ/Mol	
				162	schw. Pulver; an Luft zers. unter Oxidbildung; feuchtigkeits-empfindlich; zers. stürmisch durch NaOH, verd. und konz. HCl, H_2SO_4, HNO_3 → N_2-Entwicklung, giftig
					weiße, leicht gelblich gefärbte Krist.; sehr expl., giftig
					weißes Pulver, zuweilen etwas gelblich, an der Luft rasch ober-flächlich or.braun; zers. W; expl. beim schnellen Erhitzen
>160 350	*U* *F*			−456	fbl. *U* $\beta \rightarrow \alpha$ kub. 756 pm, l. S, E, Ac, LW 109 g 100 cm^{-3} 0 °C, 680 g 100 cm^{-3} 100 °C, giftig
59,5	*F*	32,6		−1650	$\chi_{Mol} = -114{,}5 \cdot 10^{-6} cm^3 Mol^{-1}$; fbl. Krist., Säulen oder Nadeln; an Luft zerfl.; LW 20° 60,5%, Bdk. 4 H_2O; l. Al, Egester, Aceton; unl. Py, Benzonitril L fl. NH_3 −21° 2,68 g/100 g NH_3, −33° 5,93 g/100 g NH_3, unl. HNO_3, giftig
					durchscheinende, weiße Nadeln, giftig
				−1655	rissige, farbl. Krist., giftig
700	*Sb*		43,64 54,81	−259,0 −229,3	[1] gelbrotes, braunrotes bis braun-schw. Pulver; LW 20° 0,49 · 10^{-3}%; unl. Alk; l. verd. S, NH_4-Salzlsg., Alk-cyanidlsg.; giftig; [2] kubische Krist.; Halbleiter; $\chi_{Mol} = -30 \cdot 10^{-6} cm^3 Mol^{-1}$
			−118,82 96,0	−560,7 −473,8	$\chi_{Mol} = -41 \cdot 10^{-6} cm^3 Mol^{-1}$; perlmuttglänzende Blättchen bei langsamen Auskristallisieren; zieht CO_2 an; LW 25° 2,6 · 10^{-2}%, Bdk. 0 H_2SO_4 ; L 1 molare NaOH 25° 7 · 10^{-6} Mol/l.: l. S, NH_3, NH_4-Salzlsg.; [1] bei 15 °C, gifitg

Übersichtstabelle Anorganische Verbindungen (Fortsetzung)

Formel	Name	Zustand	Mol-Masse / Dichte $10^3 kg \cdot m^{-3}$	Kristalldaten: System, Typ und Symbol	Einheitszelle: Kantenlänge in pm	Einheitszelle: Winkel und Z	Brechzahl n_D
Cd	**Cadmium**						
Cd_3P_2 [12014-28-7]	phosphid	f	399,18 5,95	tetr. $D5_9$ D_{4h}^{15}, $P4_2/nmc$	876,3 1230	 $Z=8$	
$Cd_3(PO_4)_2$ [13477-17-3]	ortho-phosphat	f	527,17 5,17	mkl. C_{2h}^5, $P2_1/c$	866,2 1033,3 830,7	114,48° $Z=4$	
$Cd_2P_2O_7$ [15600-62-1]	pyro-phosphat	f	398,74 4,965	trkl. C_i^1, $P\bar{1}$	660,2 677,8 663,1	95,79° 97,68° 65,00° $Z=2$	
CdS [1306-23-6]	sulfid	f	144,46 4,82	hex. $B4$ C_{6v}^4, $P6_3mc$	413,6 671,3	 $Z=2$	2,506 2,529
$CdSO_3$ [13477-23-1]	sulfit	f	192,46	mkl. C_{2h}^5, $P2_1/c$	554,7 1254,2 849,9	 100,0° $Z=8$	
$CdSO_4$ [10124-36-4]	sulfat	f	208,46 4,700	orh. D_{2h}^{16}, $Pnma$	890,1 734,6 483,6		
CdSb [12050-27-0]	antimonid	f	234,15 6,92	orh. D_{2h}^{15}, $Pbca$	647,1 825,3 852,6	 $Z=8$	
Cd_3Sb_2 [12014-29-8]	antimonid	f	580,73 7,07	orh.	840 789 1200		
CdSe [1306-24-7]	selenid	f	191,36 5,810 [1]	hex. $B4$ C_{6v}^4, $P6_3mc$	429,9 7,01	 $Z=2$	

Phasen- umwandlungen			Standardwerte bei 298,15 K		Bemerkungen und Charakteristik
°C		ΔH kJ/Mol	C_p S^0 J/KMol	ΔH_B^0 ΔG_B^0 kJ/Mol	
~700	F*				* unter beträchtlicher Subl.; Nadeln oder Blättchen, eisengraues Aussehen; unl. W; S greift langsam an, beim Kochen rascher → PH_3-Entwicklung; l. HCl unter Zersetzung l. HNO_3 konc. explosiv, giftig
1180	F				fbl, l. S, NH_4 Salze, unl. W, giftig
					weiße Blättchen, l. S, NH_3, wl. kW, l. wW., giftig
980	Sb	209,6	48,7 64,9	−149,4 −143,7	$\chi_{Mol} = -50 \cdot 10^{-6}\,cm^3\,Mol^{-1}$; F bei 1,034 MPa 1475 °C; Greenockit; klar gelbe bis braungelbe Krist.; zitronen-gelbes bis or.rotes Pulver; LW 18° $1{,}3 \cdot 10^{-2}$%; l. H_2SO_4, HCl → H_2S-Entwicklung; l. HNO_3 unter Schwefelabscheidung; unl.Alk, fl. NH_3, Cyanidlsg.; β-CdS $B3$, kub., T_d^2, $F\bar{4}3m$, $a = 583{,}5$ pm, $Z = 4$
	Z				wl. W, l. S, NH_4OH, unl. Al, giftig
767 834 1135	U U F	6,23 10,00	99,6 123,0	−933,3 −822,6	$\chi_{Mol} = -59{,}2 \cdot 10^{-6}\,cm^3\,Mol^{-1}$; fbl. Prismen; an feuchter Luft Aufnahme von H_2O; LW 20° 43,5%; fast unl. Me, Al, giftig
456	F	32,04	45,69 92,0	−15,1	Halbleiter; Nadeln oder prismatische Krist., giftig
421	F		 329,6	32,8 7,0	zinnweiße, met. glänzende Krist., giftig
1264	F	43,9	49,6 83,3	−144,8 −141,6	[1] bei 15 °C; Halbleiter; im Dunkeln gefällt weiß bis hgelb, im Licht rot; β-CdSe kub. $B3$, T_d^2, $F\bar{4}3m$, $a = 605$ pm, $Z = 4$; entsteht beim Fällen sied. $CdSO_4$-Lsg. mit H_2Se und ist bis mindestens 300° beständig; unl. W; zers. in S, giftig

Übersichtstabelle Anorganische Verbindungen (Fortsetzung)

Formel	Name	Zustand	Mol-Masse Dichte $10^3\,kg \cdot m^{-3}$	Kristalldaten System, Typ und Symbol	Einheitszelle Kantenlänge in pm	Winkel und Z	Brechzahl n_D
Cd	**Cadmium**						
$CdSeO_4$ $\cdot 2H_2O$ [10060-09-0]	selenat dihydrat	f	291,39 3,632	orh. D_{2h}^{15}, *Pbca*	1048 1076 942	$Z = 8$	
$CdSiF_6$ $\cdot 6H_2O$ [18972-58-2]	hexafluoro- silicat hexahydrat	f	362,57				
$CdSiO_3$ [13477-19-5]	metasilicat	f	188,48 4,928	mkl. C_{2h}^5, $P2_1/a$	1509,5 363,1 695,3	94,80° $Z = 6$	>1,739
Cd_2SiO_4 [15857-54-2]	ortho- silicat	f	316,90 5,833	orh. D_{2h}^{24} *Fddd*	980,5 1180,7 601,3		>1,739
CdTe [1306-25-8]	tellurid	f	240,00 5,85	kub. T_d^2, $F\bar{4}3m$	648,1	$Z = 1$	
$CdWO_4$ [7790-85-4]	wolframat	f	360,25 8,0	mkl. C_{2h}^5, $P2_1/c$	502,9 585,9 507,4	91,45° $Z = 2$	
Ce	**Cer**						
CeB_4 [12007-52-2]	tetraborid	f	183,36 5,74	tetr. D_{4h}^5, *P4/mbm*	720,2 409,3	$Z = 4$	
CeB_6 [12008-02-5]	hexaborid	f	204,99 4,801	kub. $D2_1$ O_h^1, *Pm3m*	414,1	$Z = 1$	
$CeBr_3$ [14457-87-5]	(III)-bromid	f	379,85 5,21	hex. $D0_{19}$ C_{6h}^2, $P6_3/m$	793,6 443,5	$Z = 2$	
CeC_2 [12012-32-7]	carbid	f	164,14 5,23	tetr. $C11$ D_{4h}^{17}, *I4/mmm*	389 649	$Z = 2$	
$Ce_2(CO_3)_3$ $\cdot 5H_2O$ [16454-92-5]	carbonat octahydrat	f	550,34 2,76	orh. D_{2h}^{10}, *Pbnb*	948,2 1693 896,5		

Phasen-umwandlungen			Standardwerte bei 298,15 K		Bemerkungen und Charakteristik
°C		ΔH kJ/Mol	C_p S^0 J/KMol	ΔH_B^0 ΔG_B^0 kJ/Mol	
100; 170;	$-1H_2O$ $-2H_2O$				kleine durchsichtige Tafeln, luftbeständig; sll. W; bildet leicht übersättigte Lösungen, giftig
					fbl. lange, gut ausgebildete Säulen; luftbeständig; im Exsiccator über H_2SO_4 langsam H_2O-Abgabe; sll. W; l. 50% Al, giftig
1242	*F*		88,6 97,5	−1189,1 −1105,4	unregelmäßig begrenzte Krist. sehr langsam l. W
					fbl. durchscheinende Krist., Platten oder Prismen, giftig
1100	*F*	44,4	49,89 92,89	−101,80 −99,30	Halbleiter; $\epsilon(10^3\,Hz) = 10,9$; schwarze Substanz, unl. k. W., S, zers. sich in HNO_3, giftig
1105	*F*		124,50 154,81	−1180,19 −1078,83	gelbes krist. Pulver; swl. W, verd. S; l. wss. NH_3, giftig
2190	*F*		103,31 74,06	−338,90 −329,85	α (Raumtemp.) = $6,8 \cdot 10^{-6} K^{-1}$; schw. bis dklbraune Substanz
733 1705	*F* *V*	51,88 188,5	100,83 207,11	−882,82 −855,79	weißes, krist. Pulver, hygr.; ll. W; l. Aceton, Py
>2300	*F*		61,01 84,10	−63,0 −63,95	goldglänzende krist., rötlichgelbe Sechsecke; W zers. → C_2H_2, CH_4, C_2H_4; S, KOH- und K_2CO_3-Schmelze zers.
					weiße Kristallschuppen und Körner, luftbeständig; unl. W; etwas l. $(NH_4)_2CO_3$; ll. org. S

Übersichtstabelle Anorganische Verbindungen (Fortsetzung)

Formel	Name	Zustand	Mol-Masse / Dichte $10^3 kg \cdot m^{-3}$	Kristalldaten: System, Typ und Symbol	Einheitszelle: Kantenlänge in pm	Einheitszelle: Winkel und Z	Brechzahl n_D
Ce	**Cer**						
$Ce(C_2H_3O_2)_3 \cdot 1^1/_2H_2O$ [17829-82-2]	(III)-acetat	f	344,28 1,668	trikl. C_i^1, $P\bar{1}$	171,0 946,8 1097	106,3° 125,59° 75,17° $Z=4$	
$Ce_2(C_2O_4)_3 \cdot 9H_2O$ [15053-73-9]	(III)-oxalat nonahydrat	f	706,44 2,33	mkl. C_{2h}^5, $P2_1/c$	1134 963 1039	114,5°	
$CeCl_3$ [7790-86-5]	(III)-chlorid	f	246,48 3,92	hex. $D0_{19}$ C_{6h}^2, $P6_3/m$	745,4 431,2	$Z=2$	
CeF_3 [7758-88-5]	(III)-fluorid	f	197,12 6,16	trig. C_{3v}^4, $P\bar{3}c1$	712,9 728,7	$Z=6$	
CeH_3 [13864-02-3]	hydrid	f	142,67 6,26		554 556		
$(NH_4)_2Ce(NO_3)_6$ [16774-21-3]	Ammonium Cer(IV)nitrat	f	548,23 2,49	mkl. C_2^2, $P2_1/m$	1306,9 684,61 817,32	91,36°	
CeI_3 [7790-87-6]	(III)-iodid	f	520,82 5,70	orh. D_{2h}^{17}, $Cmcm$	434 1391 995		
$CeI_3 \cdot 9H_2O$	nonahydrat	f	682,97				
$Ce_2(MoO_4)_3$ [13454-70-1]	(III)-molybdat	f	760,05 4,83	tetr.	524,0 1144,0		
CeN [25764-08-3]	nitrid	f	154,13 8,08	kub. $B1$ O_h^5, $Fm3m$	502,1	$Z=4$	
$Ce(NO_3)_3 \cdot 6H_2O$ [10294-41-4]	(III)-nitrat hexahydrat	f	434,23 2,38	trkl. C_i^1, $P\bar{1}$	890,5 1068,3 661,8	101,3° 102,32° 87,65° $Z=2$	

Phasen-umwandlungen °C		ΔH kJ/Mol	Standardwerte bei 298,15 K C_p S^0 J/Mol K	ΔH_B^0 ΔG_B^0 kJ/Mol	Bemerkungen und Charakteristik
					weißes, krist. Pulver; LW 15° 19,6%, 75° 13%; swl. Al
110	$-8H_2O$				weißes, krist. Pulver; swl. W; l. konz. S; wl. verd. S; unl. Oxalsäure
807 1925	*F* *V*	53,14 200,9	87,86 150,96	−1053,53 −978,05	$\chi_{Mol} = -2490 \cdot 10^{-6} cm^3 Mol^{-1}$; weiße Krist., lange Prismen, sehr hygr.; ll. W, fbl. wss. Lsg. bald gelb → Ce IV; l. Al, HCl, Aceton, Methylacetat; unl. fl. NH_3
1437	*F*	55,65	93,10 115,27	−1688,91 −1611,88	$\chi_{Mol} = -2190 \cdot 10^{-6} cm^3 Mol^{-1}$; weißes Pulver, beständiger als $CeCl_3$, unl. W
					schw. spröde Masse, als feines Pulver dklrot oder bräunlich bis dklblau; zers. an feuchter Luft schnell, häufig unter Entzündung; k. W zers. langsam, h. W schneller → $Ce(OH)_3$; $Ce(OH)_4$; l. S
					orange Krist., k. W. 141%, h. W. 227%, l. HNO_3, Al
761 1397	*F* *V*		100,4 227,2	−649,8 −644,9	fbl. krist. Substanz; l. wfrei Aceton
	V				fbl. bis schwach gefärbte rötliche Krist.; ll. W, Al, braun an Luft
973	*F*				gelbe Kristalle
			40,4 44,4	−331,0 −295,0	messinggelb, bronzefarben, fast schwarz mit Anlauffarben; hart, spröde; mit warmem W → NH_3; l. S; wss. KOH zers. langsam → $Ce(OH)_3 + NH_3$
100–150 150	−3W *F*				fbl. Tafeln, sehr kleine Prismen zerfl. LW 25° 63,7%, 50° 73,9% Bdk. $9H_2O$; wl. fl. NH_3; sll. Al; l. Aceton

Übersichtstabelle Anorganische Verbindungen (Fortsetzung)

Formel	Name	Zustand	Mol-Masse / Dichte $10^3 kg \cdot m^{-3}$	Kristalldaten: System, Typ und Symbol	Einheitszelle: Kantenlänge in pm	Einheitszelle: Winkel und Z	Brechzahl n_D
Ce	**Cer**						
$Ce(OH)(NO_3)_3 \cdot 3H_2O$ [106636-89-9]	(IV)-nitrat, basisch trihydrat	f	397,07				
Ce_2O_3 [1345-13-7]	(III)-oxid	f	328,24 6,86	trig. $D5_2$ D^3_{3d}, $P321$	388 606	$Z=1$	
CeO_2 [1306-38-3]	(IV)-oxid	f	172,12 7,3	kub. $C1$ O^5_h, $Fm\bar{3}m$	541,1	$Z=4$	
CeOCl [15600-64-3]	oxidchlorid	f	191,57 5,5	tetr. D^7_{4h}, $P4/nmm$	408,0 683,1	$Z=2$	
$CePO_4$ [13454-71-2]	phosphat	f	235,09 5,22	mkl. $S1_1$ C^5_{2h}, $P2_1/c$	680 702 647	103,6° $Z=4$	
Ce_2S_3 [12014-33-6]	(III)-sulfid	f	376,43 5,10	kub. $D7_3$ T^6_d, $I\bar{4}3d$	863,47	$Z=5^1/_3$	
CeS_2 [12133-58-5]	(IV)-sulfid	f	204,25 4,90	orh. D^{16}_{2h}, $Pnma$	810,3 1622,1 409,3	$Z=8$	
$Ce_2(SO_4)_3$ [13454-94-9]	(III)-sulfat	f	568,42 3,912	mkl.			
$Ce_2(SO_4)_3 \cdot 4H_2O$ [13454-94-9]	(III)-sulfat tetrahydrat	f	640,42 3,27	mkl. C^5_{2h}, $P2_1/c$	1339,0 724,7 1832,8	134,20° $Z=4$	1,605 1,607 1,628

Phasenumwandlungen °C		ΔH kJ/Mol	Standardwerte bei 298,15 K C_p J/Mol K	S^0 J/Mol K	ΔH_B^0 kJ/Mol	ΔG_B^0 kJ/Mol	Bemerkungen und Charakteristik
210–220	−3 *W*						rote, lange Krist.; l. W
2210 3730	*F* *V*		117,5	150,6	−1569	−1708	$\varepsilon(1{,}75...2 \cdot 10^6\,Hz) = 7{,}0$; grünlichgelbe Krist.; mikrokrist. Masse; unl. k.W; sied. W allmählich → $CeO_2 \cdot aq$; l. sied. verd. HCl, HNO_3; unl. fl. NH_3
2600	*F*		61,6	62,3	−1089	−1025	$\chi_{Mol} = +26 \cdot 10^{-6}\,cm^3\,Mol^{-1}$; schwach gefärbte Krist.; weißes Pulver mit gelbem Schimmer, beim Erhitzen gelb; unl. W, HCl, HNO_3, fl. NH_3; l. S mit Red.-mitteln, konz. H_2SO_4
							dklpurpurfarbene Blättchen; ll. verd. S; wl. konz. H_2SO_4, HNO_3, unl. HCl
2045	*F*				−1978		Monazit [13765-96-3], gelbe Prismen; unl. S, selbst h. konz. HCl, HNO_3; konz. H_2SO_4 zers. beim Abrauchen → $Ce_2(SO_4)_3$; Aufschluß durch langes Schmelzen mit Na_2CO_3; 2. Form, rote Prismen hex. D_6^4, $P6_222$, $a = 706$ pm, $c = 644$ pm, $Z = 3$
2060	*F*		128,7	180,3	−1188	−1172	$\chi_{Mol} = +2540 \times 2 \cdot 10^{-6}\,cm^3\,Mol^{-1}$; rote Mikrokrist. und Krist.; beständig an Luft; unl. W; l. verd. S unter H_2S-Entwicklung; sied. KOH → $CeO_2 \cdot aq$; H_2O_2 oxid. langsam
1700	*Z*				−1250		dklgelbbraunes Pulver; l. verd. S unter H_2S-Entwicklung
920	*Z*		281,0		−3954		weißes Pulver; hygr.; Erhitzen > 600° → SO_3; LW 20° 8,76%, Bdk. 8 H_2O; swl. konz. H_2SO_4; unl. Al
220–380	−W						gelbe Kristalle l. verd. H_2SO_4

Übersichtstabelle Anorganische Verbindungen (Fortsetzung)

Formel	Name	Zustand	Mol-Masse / Dichte $10^3 kg \cdot m^{-3}$	Kristalldaten: System, Typ und Symbol	Einheitszelle: Kantenlänge in pm	Einheitszelle: Winkel und Z	Brechzahl n_D
Ce	**Cer**						
$Ce_2(SO_4)_3 \cdot 5H_2O$ [16648-30-9]	penta-hydrat	f	658,50 / 3,21	mkl. C_s^4	1576,4 963,5 1037,2	119,85°	
$Ce_2(SO_4)_3 \cdot 8H_2O$ [10450-59-6]	octahydrat	f	712,55 / 2,88	orh. D_{2h}^{18}, $Cmca$	993 1733 952	$Z=4$	
$Ce_2(SO_4)_3 \cdot 9H_2O$ [19495-61-5]	nonahydrat	f	730,56 / 2,831	hex. C_{6h}^2, $P6_3/m$	1108 808	$Z=2$	
$Ce(SO_4)_2$ [13590-82-4]	(IV)-sulfat	f	332,24 / 3,79	orh.	932 889 1339		
$Ce_2(SeO_4)_3$ [13454-13-4]	selenat	f	709,11 / 4,456				
$CeSi_2$ [12014-85-6]	disilicid	f	196,29 / 5,31	tetr. D_{4h}^{19}, $I4_1/amd$	415,6 1384	$Z=4$	
Cl	**Chlor**						
$Cl_2 \cdot 8H_2O$ [22223-66-1]	chlor-octahydrat	g	215,03 / 1,23				
ClF [7790-89-8]	fluorid	g	54,45 / 1,62*				
ClF_3 [7790-91-2]	trifluorid	g	92,45 / 3,57*	mkl. C_{2h}^5, $P2_1/c$	805,1 440,1 1461,2	96,05° $Z=8$ 173 K	

Phasen-umwandlungen			Standardwerte bei 298,15 K				Bemerkungen und Charakteristik
°C		ΔH kJ/Mol	C_p J/Mol K	S^0	ΔH_B^0 kJ/Mol	ΔG_B^0	
			552		−5471		fbl. stark glänzende Prismen, luftbeständig; durch H_2O-Aufnahme undurchsichtig weiß; LW s. $Ce_2(SO_4)_3$
630	−8 *W*						milchige oder durchsichtige rosa Pyramiden; an Luft sehr haltbar; LW s. $Ce_2(SO_4)_3$
							weiße Nadeln; bei gelindem Glühen wfrei; LW s. $Ce_2(SO_4)_3$
					−2344		$\chi_{Mol} = +37 \cdot 10^{-6}\,cm^3\,Mol^{-1}$; gelbe Krist.; bis 150° beständig; beträchtlich l. Eisw.; wl. h. W unter Hydrolyse; l. verd. H_2SO_4; unl. konz. H_2SO_4
							weißes Pulver; an der Luft allmählich H_2O-Aufnahme, Z. bei starkem Erhitzen
							stahlgraue Lamellen, silberweiß, als Pulver grau; hart, zerbrechlich unl. W; verd. S zers.; Königsw., konz. und schmelzende Alk greifen an
9,6	*Z*						unl. H_2O l. Alk
−155,6 −100,8	*F* *V*	 24,0	32,09	 217,8	−50,3	 −57,7	* bei *V*; T_{kr} = 259 K; fast fbl. Gas, außerordentlich aggressiv
−82,65 −76,31 11,76	*U* *F* *V*	1,508 7,612 27,53	63,85	 281,6	−158,9	 −118,9	* kg/Nm³; T_{kr} = 426,9 K; $\chi_{Mol} = -26,5 \cdot 10^{-6}\,cm^3\,Mol^{-1}$; außerordentlich reaktionsfähiges Gas; als Fl. lichtgrün; fest fbl.

Übersichtstabelle Anorganische Verbindungen (Fortsetzung)

Formel	Name	Zustand	Mol-Masse / Dichte $10^3 kg \cdot m^{-3}$	Kristalldaten: System, Typ und Symbol	Einheitszelle: Kantenlänge in pm	Einheitszelle: Winkel und Z	Brechzahl n_D
Cl	**Chlor**						
HCl [7647-01-0]	wasserstoff	g	36,46 1,639*	kub.	545	$Z=4$	1,3287**
$HCl \cdot 2H_2O$ [13465-05-9]	dihydrat	f	72,49 1,46				
Cl_2O [7791-21-1]	(I)-oxid	g	86,91 3,887*				
ClO_2 [10049-04-4]	(IV)-oxid	g	67,45 3,01*				
Cl_2O_7 [12015-53-1]	(VII)-oxid	fl	182,90 1,86				
$HClO_3 \cdot 7H_2O$ [13520-64-4]	chlorige Säure heptahydrat	g	210,57 1,282				
$HClO_4$ [7601-90-3]	Überchlorsäure	fl	100,46 1,764				1,38189
$HClO_4 \cdot H_2O$ [60479-26-1]	monohydrat	f	118,47 1,88	orh. D_{2h}^{16}, *Pnma*	733,9 906,5 556,9	$Z=4$	

Phasenumwandlungen °C		ΔH kJ/Mol	Standardwerte bei 298,15 K C_p S^0 J/Mol K	ΔH_B^0 ΔG_B^0 kJ/Mol	Bemerkungen und Charakteristik
−174,7 −114,8 −84,9	*U* *F* *V*	1,189 1,992 16,15	29,12 186,9	−92,31 −95,26	* kg/Nm³; ** für fl. HCl bei 291 K, λ = 581,3 nm; Gas *n* (273,15 K, $1{,}013 \cdot 10^5$ Pa 546,2 nm, *n* = 1,0004480; *U* kub → orh. D^7, *a* = 503, *b* = 535, *c* = 571 pm, *Z* = 4; T_{kr} = 324,7 K; p_{kr} = 8,6 MPa; $D_{kr} = 0{,}41 \cdot 10^3$ kg m^{-3}; $\chi_{Mol} = -22{,}6 \cdot 10^{-6}$ cm³ Mol^{-1} für fl. HCl bei 273 K; fbl. Gas; raucht stark an der Luft, zieht W an; LW 20° $1{,}003 \cdot 10^5$ Pa, 71,88% ll. Al, E
−17,7	*F*	10,5			fbl. Krist.; an Luft zers. unter Bildung weißer Nebel; ll. W, Al
−120,6 3,8	*F* *V*	 25,9	45,6 268,0	87,9 105,1	* kg/Nm³; gelbes Gas, etwas rötlich; als Fl. rot bis bräunlich; greift Augen und Atmungsorgane stark an; LW 0° 200 Vol/1 Vol H_2O; konz wss. Lsg. goldgelb, ll. CCl_4
−59,5 11,0	*F* *V*	 30	41,84 251,3	104,6 124	* kg/Nm³; gelbes bis or.gelbes Gas; als Fl. dklrot; fest rote, durchscheinende Krist., spröde; expl. beim Erwärmen; LW 4° 20 Vol/1 Vol. H_2O; l. H_2SO_4
−91,5 82	*F* *V*	 34,7		265	fbl. sehr flch. Öl; in W langsam Bildung von $HClO_4$, l. CCl_4, Expl.
40	*Z*				l. H_2O
−112 90	*F* *Z*			−46,5	$\chi_{Mol} = -29{,}8 \cdot 10^{-6}$ cm³ Mol^{-1}; fbl. Fl.; sehr beweglich; raucht stark an der Luft; Dampf fbl. und durchsichtig; bildet aber an Luft dicke weiße Nebel, indem er W anzieht, Expl.
50	*F*			−384,5	fbl. lange Nadeln; sehr hygr.; an Luft rauchend; l. W

Übersichtstabelle Anorganische Verbindungen (Fortsetzung)

Formel	Name	Zustand	Mol-Masse Dichte $10^3\,kg \cdot m^{-3}$	Kristalldaten System, Typ und Symbol	Einheitszelle Kantenlänge in pm	Winkel und Z	Brechzahl n_D
Co	**Cobalt**						
Co_2As [12254-83-0]	Cobalt arsenid	f	192,79 8,28	orh.	598,9 1037,3 358,2		
$Co_3(AsO_4)_2$ $\cdot\,8\,H_2O$ [7785-24-2]	arsenat octa- hydrat	f	598,75 3,09	mkl. C_{2h}^3, $C2/m$	1011 1343 476	101,9° $Z = 2$	1,6263 1,6614 1,6986
CoB [12006-77-8]	borid	f	69,74 7,32	orh. $B27$ D_{2h}^{16}, $Pnma$	395 524 304	$Z = 4$	
$CoBr_2$ [7789-43-7]	(II)-bromid	f	218,75 4,849	trig. $C6$ D_{3d}^3, $P\bar{3}m1$	368,5 612,0	$Z = 1$	
Co_2C [12192-29-9]	carbid	f	129,88 7,76	orh. D_{2h}^{12}, $Pnnm$	288 445 436	$Z = 2$	
Co_3C [12011-59-5]	carbid	f	188,80 8,40	orh. D_{2h}^{16}, $Pnma$	444,4 499,3 670,7	$Z = 4$	
$Co(CN)_2$ [542-84-7]	(II)-cyanid	f	110,97 1,872				
$CoCO_3$ [513-79-1]	(II)-carbonat	f	118,94 4,13	trig. $G0_1$ D_{3d}^6, $R\bar{3}c$	465,9 1495,7	$Z = 6$	1,855 1,60
$[Co_2(CO)_8]$ [58207-38-8]	tetra- carbonyl, dimeres	f	341,95 1,87	mkl. C_{2h}^2, $P2_1/m$ oder C_2^2, $P2_1$	1126 1545 656	90,37° $Z = 4$	
Co $(C_2H_3O_2)_2$ $\cdot\,4\,H_2O$ [6147-53-1]	(II)-acetat tetrahydrat	f	249,08 1,705	mkl. C_{2h}^5, $P2_1/c$	477 1185 842	94,50° $Z = 2$	1,542

Phasen-umwandlungen			Standardwerte bei 298,15 K				Bemerkungen und Charakteristik
°C		ΔH kJ/Mol	C_p J/Mol K	S^0	ΔH_B^0 kJ/Mol	ΔG_B^0	
950							Kristallpulver; swl. HCl, H_2SO_4; l. HNO_3, Königsw.
							Erythrin; viol.-rote, sehr feine Nadeln; unl. W; nicht hydrolysierbar; l. verd. S, NH_3
1460	*F*		34,6	30,5	−94,1	−92,6	glänzende, lange Nadeln; zers. W; HCl, verd. H_2SO_4 greifen nicht an; l. HNO_3, Königsw.
678	*F*		74,3	133,9	−220,9	−206,5	grünes Pulver; LW 20° 53%; L Al 20° 43,7%, Bdk. $3\,C_2H_5OH$; L Aceton 20° 37,5%, Bdk. 1 $(CH_3)_2CO$; ll. Me, Acetonitril; l. E; wl. Egs-anhydrid
			74,5				
				124,7	39,7	31	
							blauviol. Pulver; LW 18° $4{,}1 \cdot 10^{-3}$%; Dihydrat bei 280° wfrei; ll. NH_3, $(NH_4)_2CO_3$-, KCN-Lsg.; Tetrahydrat tiefrotviol. sehr zerfl. Krist.
280	*Z*				−722,8		hrotes Pulver aus mikroskopischen Rhomboedern; unl. W, Al; l. S; Hexahydrat viol. rote mikroskopische Krist., Sphärocobaltit
51−52	*F*						or. gelbe, gut ausgebildete Krist., auch rote Krist.; unl. W, verd. S, Alk, fl. NH_3; ll. Chlf, Al, E; l. Me dklrot; umkristallisierbar aus PE, Pentan, E
140	$-4H_2O$						rot und violette Krist.; Geruch nach Egs; zerfl.; ll. W, S; l. Al, Amylacetat und -alkohol

Übersichtstabelle Anorganische Verbindungen (Fortsetzung)

Formel	Name	Zustand	Mol-Masse Dichte $10^3\,kg \cdot m^{-3}$	Kristalldaten System, Typ und Symbol	Einheitszelle Kantenlänge in pm	Winkel und Z	Brechzahl n_D
Co	**Cobalt**						
$CoC_2O_4 \cdot 2\,H_2O$ [5965-38-8]	(II)-oxalat dihydrat	f	182,98 2,296	orh. D_{2h}^{20}, *Cccm*	1187 542 1562		
$CoCl_2$ [7646-74-9]	(II)-chlorid	f	129,83 3,367	hex. D_3^7, *R*32	354,5 1744,0	$Z = 3$	
$CoCl_2 \cdot 2\,H_2O$ [16544-92-6]	dihydrat	f	165,86 2,477	mkl. C_{2h}^3, *C*2/*m*	732 854 358	97,5° $Z = 2$	1,625 1,671 1,670
$CoCl_2 \cdot 4\,H_2O$ [15696-88-5]	tetrahydrat	f	201,90	mkl.			
$CoCl_2 \cdot 6\,H_2O$ [7791-13-1]	hexahydrat	f	237,93 1,924	mkl. C_{2h}^3, *C*2/*m*	881 706 667	97,45° $Z = 2$	
$[Co(NH_3)_5Cl]Cl_2$ [13859-51-3]	Chloro-pentammin-cobalt(III)-chlorid	f	250,44 1,819	rhomb.			
$[Co(NH_3)_6Cl_3]$ [18459-96-6]	Hexammin-cobalt(III)-chlorid	f	267,47 1,707	mkl. C_{2h}^3, *C*2/*m*	1245 2129 1273	113,00° $Z = 12$	
$[Co(NH_3)_5 \cdot (H_2O)]Cl_3$ [22045-50-7]	Aquapent-ammin-cobalt(III)-chlorid	f	268,46 1,70				
$[Co(NH_3)_6] \cdot (ClO_4)_3$ [13820-83-2]	Hexammin-cobalt(III)-perchlorat	f	459,47 2,048	kub. *C*1 O_h^5, *Fm*3*m*	1140,9	$Z = 4$	
$Co(ClO_3)_2 \cdot 6\,H_2O$ [13478-33-6]	(II)-chlorat hexahydrat	f	333,92 1,92	kub.	1035,5	$Z = 4$	

Phasen- umwandlungen			Standardwerte bei 298,15 K				Bemerkungen und Charakteristik
°C		ΔH kJ/Mol	C_p J/Mol K	S^0	ΔH_B^0 kJ/Mol	ΔG_B^0	
190	$-2H_2O$						rosenrotes Pulver; fast unl. W, wss. Oxalsäure; zll. NH_3; sll. $(NH_4)_2CO_3$-Lsg.; ll. Alk-oxalatlsg.
740 1069	*F* *V*	31,0 144,9	78,6	109,3	−312,5	−269,7	blaue Krist.; subl. sehr feine Blättchen; sehr hygr.; bei W-Aufnahme hblau → dklrosa; LW 20° 33,5%, Bdk. $6\,H_2O$; L Me 20° 27,8%, Bdk. $3\,CH_3OH$; L Al 20° 35,5%, Bdk. $3\,C_2H_5OH$; L Butanol 25° 34,6%; L Aceton 22,5° 8,48%; swl. E
110...20	−2W						viol. Nädelchen; hygr.
					−1537		blaurote, prismatische Krist.; sehr hart
86	−4W				−2130		rote Krist.; LW s. $CoCl_2$; l. Me, Al tiefblau
150	*Z*						$\chi_{Mol} = -63 \cdot 10^{-6}\,cm^3\,Mol^{-1}$; „Purpureocobaltchlorid“; viol. rote Krist.; LW 20° 0,018 Mol/l Lsg., Bdk. $0\,H_2O$; unl. HCl
							„Luteocobaltchlorid“; weinrote Kristalle; LW 20° 0,26 Mol/l Lsg., Bdk. $0\,H_2O$; unl. konz. HCl; konz. H_2SO_4 entwickelt Cl_2
							„Roseocobaltchlorid“; ziegelrotes, krist. Pulver; LW 17,5° 0,859 Mol/l Lsg., Bdk. $0\,H_2O$; wl. konz. HCl
							goldgelbe Krist.; LW 18° 0,013 Mol/l Lsg., Bdk. $0\,H_2O$
61	*Z*						rote Nadeln; zerfl.; LW 20° 64,6% Bdk. $6\,H_2O$; ll. Al

Übersichtstabelle Anorganische Verbindungen (Fortsetzung)

Formel	Name	Zustand	Mol-Masse / Dichte $10^3 kg \cdot m^{-3}$	Kristalldaten: System, Typ und Symbol	Einheitszelle: Kantenlänge in pm	Einheitszelle: Winkel und Z	Brechzahl n_D
Co	**Cobalt**						
$Co(ClO_4)_2$ [13455-31-7]	(II)-perchlorat	f	257,83 / 2,95	trig. D_{3d}^5, $R\bar{3}m$	481,8 2180		
$Co(ClO_4)_2 \cdot 6H_2O$ [13478-33-6]	(II)-perchlorat-hexahydrat	f	365,92 / 2,2	hex. D_{6h}^1, $P6/mmm$	1561 524	$Z=4$	1,489 1,480
$CoCr_2O_4$ [12016-69-2]	(II)-chromit	f	226,92 / 5,4	kub. O_h^7, $Fd\bar{3}m$	832,9	$Z=8$	
CoF_2 [10026-17-1]	(II)-fluorid	f	96,93 / 4,46	kub. T_h^6, $Pa3$	495,8		
$CoF_2 \cdot 4H_2O$ [13817-37-3]	tetrahydrat	f	168,99 / 2,192	orh. C_{2v}^5, $P2_1ab$	755,2 1265 528,7		
CoF_3 [10026-18-3]	(III)-fluorid	f	115,92 / 3,89	trig. $D0_{14}$ D_3^7, $R32$	364,5	87,2° $Z=1$	
CoH_2 [33485-99-3]	(II)-hydrid	f	60,95 / 0,533				
CoI_2 [15238-00-3]	(II)-iodid	f	312,74 / 5,68	trig. $C6$ D_{3d}^3, $P\bar{3}m1$	396 665	$Z=1$	
$[Co(NH_3)_6]I_3$ [18372-69-5]	Hexammin-cobalt(III)-iodid	f	541,83 / 2,63	kub. $C1$ O_h^5, $Fm3m$	1082	$Z=4$	
$Co(IO_3)_2$ [18372-69-5]	(II)-iodat	f	408,73 / 5,008	hex. D_6^6, $P6_322$	1095,6 508,2	$Z=4$	
$Co(IO_3)_2 \cdot 2H_2O$	dihydrat	f	444,76 / 4,16	trkl. C_i^1, $P\bar{1}$	670,0 1098,0 492,3	91,75° 92,7° 98,72°	
$Co(IO_3)_2 \cdot 4H_2O$	tetrahydrat	f	480,80 / 3,46	mkl. C_{2h}^5, $P2_1/a$	851,4 657,2 837,0	99,78°	

Phasen-umwandlungen			Standardwerte bei 298,15 K		Bemerkungen und Charakteristik
°C		ΔH kJ/Mol	C_p S^0 J/Mol K	ΔH_B^0 ΔG_B^0 kJ/Mol	
					rote Nadeln; LW 20° 51,3%, Bdk. 5 H_2O; l. Al, Aceton
191	*F**				* im geschl. Rohr; rote Krist.; l. Al, Aceton
>2000	*F*		157,2 126,4	−1437,5 −1329,8	grünes bis grünschw. Pulver; unl. konz. HCl, HNO_3
1200 1400	*F* *V*		68,78 81,96	−671,5 −626,6	rosa Krist.; nicht luftempfindlich; LW 20° 1,358%, Bdk. 0 H_2O
200	*F*			−1594	rosafarbiges, mikrokrist. Pulver; luftbeständig
			91,8 94,6	−790,4 −718,9	hbraunes Pulver; fettige, glimmerähnliche Schuppen; raucht an feuchter Luft und reagiert heftig mit W; l. Al, Bzl, E
				−42,7	dklgraue, fast schw. krist. Substanz; zers. W, Al, verd. S → H_2
515 540	*F* *Z*		75,7 153,1	−88,7 −90,8	schwarzes CoI_2 ist α-Form, graphitähnlich; β-Form ist ockergelb, instabil; $D = 5{,}45$; LW 46° 79%, Bdk. 2 H_2O; L fl. SO_2 0° 0,382% Lösm.; ll. Al, Aceton, Acetonitril; l. Dioxan; mäßig l. Egs-anhydrid
					granatrote, glänzende Krist.; LW 18° 0,813%, Bdk. 0 H_2O
				−520,2	blau-violette Nadeln, LW 20° 0,46%, Bdk. 2 H_2O
				−1109	hpurpurfarbene Krist.
				1682	rosa-viol. Krist.

Übersichtstabelle Anorganische Verbindungen (Fortsetzung)

Formel	Name	Zustand	Mol-Masse Dichte $10^3\,kg \cdot m^{-3}$	Kristalldaten: System, Typ und Symbol	Einheitszelle: Kantenlänge in pm	Einheitszelle: Winkel und Z	Brechzahl n_D
Co	**Cobalt**						
$Co(CN)_6]K_3$ [13963-58-1]	Kalium-hexacyano-cobaltat-(III)	f	332,34 1,9	mkl.	710 1040 840	107,33° $Z = 2$	
$[Co(CN)_6]K_4$ [14564-70-6]	Kalium-hexacyano-cobaltat-(II)	f	371,45 2,039				
$[CoF_4]K_2$ [22391-97-5]	Kalium-tetrafluoro-cobaltat-(II)	f	213,13 3,22	tetr. D_{4h}^{17}, $I4/mmm$	407,4 1308		
$[CoF_6]K_3$ [29896-72-8]	Kalium-hexafluoro-cobaltat-(III)	f	290,23 3,11	kub. O_h^5, $Fm3m$	855	$Z = 4$	
$[Co(NO_2)_6]K_3$ [13600-98-1]	Kalium hexa-nitrito-cobaltat-(III)	f	452,27 2,64	kub. $I2_4$ T_h^3, $Fm3$	1048	$Z = 4$	
$CoMoO_4 \cdot H_2O$ [18601-87-1]	(II)-molyb-dat hydrat	f	236,88				
$[Co(NO_2)_6] \cdot (NH_4)_3$ [14652-46-1]	Ammonium-hexanitrito-cobaltat-(III)	f	389,08 2,00	kub. $I2_4$ T_h^3, $Fm3$	1080	$Z = 4$	
$Co(NO_3)_2$ [10141-05-6]	(II)-nitrat	f	182,94 2,99	kub.	741,0		
$Co(NO_3)_2 \cdot 6\,H_2O$ [10026-22-9]	hexahydrat	f	291,03 1,87	mkl. C_{2h}^6, $C2/c$	1429,5 613,9 1266,1	112,79° $Z = 4$	1,38 1,52 1,547
$[Co(NH_3)_6] \cdot (NO_3)_3$ [10534-86-8]	Hexammin-cobalt(III)-nitrat	f	347,13 1,804	orh.	2247,0 2160,6 690,1		
CoO [1307-96-6]	(II)-oxid	f	74,93 6,45	kub. $B1$ O_h^5, $Fm3m$	424,9	$Z = 4$	2,33

Phasen-umwandlungen °C		ΔH kJ/Mol	Standardwerte bei 298,15 K C_p J/Mol K	S^0 J/Mol K	ΔH_B^0 kJ/Mol	ΔG_B^0 kJ/Mol	Bemerkungen und Charakteristik
							gelbe Krist., durchsichtig; schwer l. sied. fl. NH_3
							kleine, viol. Kristallblättchen; sehr zerfl.; zers. S; l. wenig W tiefrot; unl. Al, Chlf, CS_2, E
							durchscheinend rosa Blättchen; zll. W; ll. HF, HCl, HNO_3; wl. Al, E; unl. Benzin; H_2SO_4 zers. in der Wärme
							hblaues Salz
							tiefgelbes, glänzendes Pulver; swl. W; unl. Al, E, S, wss. NH_3
							viol. glänzende Krist.; unl. k. und h. W; l. verd. S; konz. S zers. → Molybdänsäure; Alk zers. → $Co(OH)_2$
							gelbe Krist.; trocken sehr beständig; LW 0° 0,88 %; KOH färbt braun; zers. konz. H_2SO_4; nicht zers. Egs, verd. S
					−430,6		rosa Krist.; LW 20° 50 %, Bdk. 6 H_2O; unl. fl. NH_3, fl. HF
57	*F*		452		−2211		große or. rote Krist.; sehr zerfl.; ll. W, 102 g 100 cm^{-3}, Al, W, Aceton, Egs, NH_3, 2 andere Mod.
							kleine, gelbe Tafeln; LW 20° 1,8 %, Bdk. 0 H_2O; ll. h. W; fast unl. verd. S
1800*	*F*	40,2	55,1	52,97	−237,9	−215	$\chi_{Mol} = +4900 \cdot 10^{-6}\ cm^3\ Mol^{-1}$; grün. Pulver; l. HCl, H_2SO_4, HNO_3, Egs, Weinsäure; unl. fl. NH_3, verd. Alk; l. konz. Alk in O_2-freier Atm.

Übersichtstabelle Anorganische Verbindungen (Fortsetzung)

Formel	Name	Zustand	Mol-Masse Dichte $10^3 kg \cdot m^{-3}$	Kristalldaten: System, Typ und Symbol	Einheitszelle: Kantenlänge in pm	Einheitszelle: Winkel und Z	Brechzahl n_D
Co	**Cobalt**						
Co_2O_3 [1308-04-9]	(III)-oxid	f	165,86 5,18	hex.	464 575		
$Co(OH)_2$ [21041-93-0]	(II)-hydroxid	f	92,94 3,81	trig. *C6* D_{3d}^3, $P\bar{3}m1$	319,5 466	$Z=1$	
$Co(OH)_3$ [1307-86-4]	(III)-hydroxid	f	109,95				
Co_3O_4 [1308-06-1]	(II, III)-oxid	f	240,79 6,07	kub. $H1_1$ O_h^7, $Fd3m$	809	$Z=8$	
Co_2P [12134-02-0]	Di...phosphid	f	148,84 7,5	orh. *C23* D_{2h}^{16}, $Pnam$	564,6 660,9 351,3	$Z=4$	
$Co_3(PO_4)_2$ [13455-36-2]	(II)-orthophosphat	f	366,74 3,8	mkl.	755,7 836,5 506,7	94,05°	$Z=2$
CoS [1317-42-6]	(II)-sulfid	f	91,00 5,45	hex. *B8* D_{6d}^4, $P6_3/mmc$	337,4 518,8	$Z=2$	
CoS_2 [12013-10-4]	disulfid		123,06 4,80	kub. T_h^6, $Pa3$	553,5	$Z=4$	
Co_9S_8 [12017-76-4]	(III)-sulfid	f	786,88 5,34	kub. O_h^5, $Fm\bar{3}m$	993,2		
Co_3S_4 [12015-75-7]	(II, III)-sulfid	f	305,05 6,5	kub. $D7_2$ O_h^7, $Fd3m$	943,5	$Z=8$	

Phasenumwandlungen			Standardwerte bei 298,15 K				Bemerkungen und Charakteristik
°C		ΔH kJ/Mol	C_p J/Mol K	S^0 J/Mol K	ΔH_B^0 kJ/Mol	ΔG_B^0 kJ/Mol	
							braunschw. Pulver; unl. W, fl. NH_3; l. S
			97,1	79,0	−539,7	−454,2	rosa Krist., β-Modifikation; LW 18° 3,2 · 10^{-4} %; l. konz. NaOH, NH_4Cl-Lsg.; l. wss. NH_3, wenn frisch gefällt; α-Modifikation blau, hex., $a = 310$, $c = 800$ pm, ist instabil, wandelt sich in β-$Co(OH)_2$ um
					−739		braune Substanz; LW 20° 3,2 · 10^{-4} %; l. S
900−950	*Z*		123,1	114,3	−910	−794,9	$\chi_{Mol} = +\,7380 \cdot 10^{-6}$ $cm^3\,Mol^{-1}$; schw. Krist.; unl.W, HCl, HNO_3, Königsw.; l. konz. H_2SO_4, $KHSO_4$-Schmelze
1386	*F*		64,8	77,4	−188,0	−180,9	graue, glänzende Nadeln; stahlgraue Masse; unl. W; HCl zers. langsam; l. HNO_3, Königsw.; zers. Alk-Schmelze
							rötl. Kristalle, swl. H_2O l. H_3PO_4, NH_4OH
>1116	*F*		47,7		−95,27		schw. Nd.; LW 18° 3,4 · 10^{-4} %; polymorph; β-CoS messinggelbe Krist. von met. Glanz, fällt aus essigsaurer Lsg., schwer l. k. verd. HCl; γ-CoS ist trig. C_{3v}^5, $R3m$, $a = 563$ pm, $\alpha = 116°$, 88°, $Z = 3$, wandelt sich rasch in β-CoS um; α-CoS ist amorph, fällt aus alk. Lsg. mit Alkalisulfid
			68,2	69,0	−153,1	−145,6	Cattierit; schw. glanzloses Pulver; unl. Alk, S; l. HNO_3, Königsw.
					−213,5		grauschw. glänzende Krist. l. Königsw., Cobaltpentlandit
			221,6	246,0	−478,7	−486,9	Linneit; mattdklgraues Pulver

Übersichtstabelle Anorganische Verbindungen (Fortsetzung)

Formel	Name	Zustand	Mol-Masse Dichte $10^3 kg \cdot m^{-3}$	Kristalldaten System, Typ und Symbol	Einheitszelle Kantenlänge in pm	Winkel und Z	Brechzahl n_D
Co	**Cobalt**						
$Co(CNS)_2$ [15278-32-7]	(II)-thiocyanat	f	175,10 1,955				
$CoSO_3 \cdot 5H_2O$ [23716-00-9]	(II)-sulfit pentahydrat	f	229,07				
$CoSO_3 \cdot 6H_2O$ [32702-66-2]	(II)-sulfit hexahydrat	f	247,09 2,011	trig. C_3^4, $R3$	592	96,4° $Z=1$	1,55* 1,50*
$CoSO_4$ [10124-43-3]	(II)-sulfat	f	154,99 3,71	orh. $H0_2$ D_{2h}^{16}, $Pnma$	652,2 787,1 519,8	$Z=4$	
$Co(SO_4) \cdot H_2O$ [13455-34-0]	(II)-sulfat nonahydrat	f	173,01 3,075	mkl. C_{2h}^6, A2/a	747,9 758,2 697,1	116,33°	$Z=4$
$CoSO_4 \cdot 6H_2O$ [16591-12-1]	hexahydrat	f	263,09 1,970	mkl. C_{2h}^6, $C2/c$	1003,2 723,3 2426,1	98,37°	1,531 1,549 1,552
$CoSO_4 \cdot 7H_2O$ [10026-24-1]	heptahydrat	f	281,10 1,948	mkl. C_{2h}^5, $P2_1/c$	1404 650 1092	105,3°	1,477 1,483 1,489
CoSe [2017-07-1]	selenid	f	137,89 7,647	hex. $B8$ D_{6h}^4, $P6_3/mmc$	361 528	$Z=2$	
CoSi [12017-11-7]	silicid	f	87,02 6,3	kub. $B20$ T^4, $P2_13$	444,7	$Z=4$	
Co_2Si [12131-03-1]	Di…silicid	f	145,95 7,28	orh. $C37$ D_{2h}^{16}, $Pnma$	710,9 491,8 373,8	$Z=4$	
$CoSi_2$ [12017-12-8]	disilicid	f	115,11 5,3	kub. $C1$ O_h^5, $Fm3m$	535		$Z=4$
Co_2SiO_4 [13455-33-9]	orthosilicat	f	209,95 4,63	orh. D_{2h}^{16}, $Pnmb$	600,7 1031,0 478,2	$Z=4$	2,08 2,03
CoTe [12017-13-8]	tellurid	f	186,53 8,77	hex. $B8$ D_{6h}^4, $P6_3/mmc$	388 537	$Z=2$	

Phasen-umwandlungen			Standardwerte bei 298,15 K				Bemerkungen und Charakteristik
°C		ΔH kJ/Mol	C_p J/Mol K	S^0	ΔH_B^0 kJ/Mol	ΔG_B^0	
							gelbbraunes Pulver; LW mit rosa Farbe 25° 50,7%
							rote Kristalle l. H_2SO_4, swl. H_2O
							* Tageslicht; rote Krist.; unl. W; l. wss. SO_2
691 989	*U* *F*		103,2	117,4	888,3	782,4	rotes, krist. Pulver; LW 20° 25,93%, Bdk. $7H_2O$; HCl greift nicht an; etwas l. Me; mit gasförmigem $NH_3 \rightarrow [Co(NH_3)_6]SO_4$
							rote Kristalle, l. in H_2O
95	−2W				−2691,5		rote Krist., Moorhovsit
98	*F*		402		−2986,5		rote Krist.; LW s. $CoSO_4$; ll. Me; l. Al; wl. Dimethylformamid, Bieberit
					−41,8		gelbe oder graue krist. metallähnliche Masse; unl. Alk; l. HNO_3, Königsw.; zers. durch Br_2-Wasser
1395	*F*	66,9			−100,4		l. HCl, swl. HNO_3, H_2SO_4
1327	*F*	69,0			−115,5		graue Krist.
1277	*F*				−102,9		graue Krist.
1345	*F*		133,9	158,6	−1408	−1310	viol. bis dklrote Krist.; l. h. verd. HCl, mehrere andere Mod.
968	*F*				−37,7		l. Br_2 und Br_2-Wasser

Übersichtstabelle Anorganische Verbindungen (Fortsetzung)

Formel	Name	Zustand	Mol-Masse / Dichte $10^3 kg \cdot m^{-3}$	Kristalldaten: System, Typ und Symbol	Einheitszelle: Kantenlänge in pm	Einheitszelle: Winkel und Z	Brechzahl n_D
Co	**Cobalt**						
$CoWO_4$ [10101-58-3]	(II)-wolframat	f	306,78 8,42	mkl. *H*0$_6$ C_{2h}^4, *P*2/*c*	493 568 466	90,13°	
Cr	**Chrom**						
CrAs [12044-08-5]	arsenid	f	126,92 6,81	orh. *B*31 D_{2h}^{16}, *Pnma*	621 573 348	$Z=4$	
CrB [12006-79-0]	borid	f	62,81 6,14	tetr. *I*4/*amd*	294 1572	$Z=8$	
CrB_2 [12007-16-8]	diborid	f	73,62 5,60	hex. *C*32 D_{6h}^1, *P*6/*mmm*	297,3 307,1	$Z=1$	
$CrBr_2$ [10049-25-9]	(II)-bromid	f	211,81 4,356	mkl. C_{2h}^3, *C*2/*m*	711 364 621	93,88° $Z=2$	
$CrBr_3$ [10031-25-1]	(III)-bromid	f	291,72 4,63	hex. C_{3i}^2, *R*3	630,8 1835,0	$Z=6$	
$[Cr(H_2O)_4Br_2]Br \cdot 2H_2O$ [82676-67-3]	Dibromotetraquachrom(III)-bromid	f	399,82 2,49				
$[Cr(H_2O)_6]Br_3$ [13478-06-3]	Hexaquachrom(III)-bromid	f	399,82 5,40				

Phasen-umwandlungen			Standardwerte bei 298,15 K				Bemerkungen und Charakteristik
°C		ΔH kJ/Mol	C_p J/Mol K	S^0 J/Mol K	ΔH_B^0 kJ/Mol	ΔG_B^0 kJ/Mol	
713	*U*		129,7	133,9	−1137	−1036	grünlichblaue bis blauschw. Krist.; wl. k. verd. S; ll. h. konz. S
897	*U*						*U*: MnP → NiAs Typ; graue, spröde Substanz, unl. W, HCl, HNO_3, verd. H_2SO_4; Königsw. zers. in der Hitze rasch; konz. H_2SO_4 reagiert in der Hitze heftig → SO_2; wss. Alk wirken nicht ein, geschmolzene Alk reagieren vollständig
2100	*F**		35,8	35,1	−75,3	−77,1	silbrige Nadeln oder Stäbchen; unl. W, HNO_3, wss. Alk; l. $HClO_4$, HCl, H_2SO_4 beim Erwärmen; Aufschluß mit Na_2O_2-Schmelze; geschmolzene Alk-oxid. bei Weißglut
2200	*F*		53,6	58,9	−94,1	−95,2	met. harte Blättchen l. H_2SO_4, heiße HNO_3, geschm. NaOH
842	*F*	27,2	72,5	133,9	−302,1	−289,6	weiße, glänzende Krist., nach dem Schmelzen bernsteingelb, l. W, Al
958	Sb		96,4	159,7	−432,6	−405,1	schw. glänzende Krist., durchscheinend grün, als Pulver gelbgrün, unl.W, wenn nicht mit $CrBr_2$ verunreinigt; l. Bzl, zers. Alk; l. warmer konz. HI; Erhitzen an Luft → Cr_2O_3
							gelbgrüne Krist.; sehr hygr.; unter Feuchtigkeitsausschluß unbegrenzt haltbar; l. Al, Aceton; unl. Bzl, Toluol, abs. E; über H_2SO_4 im Vak → $CrBr_3 \cdot 4\,H_2O$
							grüne Krist., zerfl. sofort → viol. Lsg.; unter Luftausschluß beständig; ll. Al, Aceton, unl. E

Übersichtstabelle Anorganische Verbindungen (Fortsetzung)

Formel	Name	Zustand	Mol-Masse / Dichte $10^3 kg \cdot m^{-3}$	Kristalldaten: System, Typ und Symbol	Einheitszelle: Kantenlänge in pm	Einheitszelle: Winkel und Z	Brechzahl n_D
Cr	**Chrom**						
Cr_3C_2 [12012-35-0]	Tri… dicarbid	f	180,01 / 6,68	orh. $D5_{10}$ D_{2h}^{16}, *Pnma*	1146 552 282	$Z=4$	
$Cr_{26}C_6$ [12105-81-6]	carbid	f	1267,97 / 6,946	kub. $D8_4$ O_h^5, *Fm*3*m*	1066,0	$Z=4$	
Cr_7C_3 [12075-40-0]	Hepta… tricarbid	f	400,01 / 6,848	trig. C_{3v}^4, *P*31*c*	1398 452,3	$Z=8$	
$Cr(C_2H_3O_2)_2 \cdot H_2O$ [14976-80-8]	(II)-acetat monohydrat	f	188,10	mkl. C_{2h}^6, *C*2/*c*	1315 855 1394	117° $Z=4$	
$[Cr(H_2O)_6] \cdot (C_2H_3O_2)_3$ [66851-10-3]	Hexaqua-chrom-(III)-acetat	f	337,22				
$CrC_2O_4 \cdot H_2O$ [89306-90-1]	(II) oxalat	f	158,03 / 2,468				
$Cr(CO)_6$ [90911-18-5]	hexa-carbonyl	f	220,06 / 1,77	orh. C_{2v}^9, *Pna*2_1	1172 627 1089	$Z=4$	
$CrCl_2$ [13007-92-6]	(II)-chlorid	f	122,90 / 2,878	orh. D_{2h}^{12}, *Pnnm*	599 665 348	$Z=2$	
$CrCl_3$ [10025-73-7]	(III)-chlorid	f	158,36 / 2,76	mkl. C_{2h}^3, *A*2/*m*	612,3 1031,1 595,6	108,64° $Z=4$	

Phasen-umwandlungen			Standardwerte bei 298,15 K				Bemerkungen und Charakteristik
°C		ΔH kJ/Mol	C_p J/Mol K	S^0 J/Mol K	ΔH_B^0 kJ/Mol	ΔG_B^0 kJ/Mol	
1890 3800	*Z* *V*		99,3	85,44	−85,4	−86,3	dklgraue, leicht pulverisierbare Masse; Körner mit silberglänzendem Bruch; unl. h. konz. HCl, rauchender HNO_3, Königsw., H_2SO_4; langsam l. konz. sied. $HClO_4$, Tongbait
1550	*Z*		108,29	105,8	−68,6	−70	l. verd. H_2SO_4; reagiert mit Wdampf bei 750 °C
1780	*Z*		209,8	201	−160,7	−166,1	silberglänzende Krist.; unl. verd. HCl; l. konz. HCl, sied. H_2SO_4; Königsw. greift nicht an
							rote, glänzende Krist., beständig in CO_2- und N_2-Atmosphäre; an Luft Oxid.; wl. k. W, l. h. W → rote Lsg. → viol.; wl. Al
							blauviol. nadelige Krist.; ll. W; mit Al Solvolyse
440	*Z*						gelbes Kristallpulver; l. S.
150 200	*F** *Z*		290,2	314,2	−1077	−969	* im Einschmelzrohr; $\chi_{Mol} = +11 \cdot 10^{-6}$ cm^3 Mol^{-1}; weiße Krist.; etwas l. Chlf, CCl_4, swl. Al, E, Bzl, Egs; subl. langsam schon bei gewöhnlicher Temp.
815 1302	*F* *V*	32,2 197	71,2	115,3	−395,4	−356,2	feine weiße, nadelige Krist.; ll. W ohne Luftzutritt blau, an Luft grün; unl. Petroleum, Bzl; wl. sied. Py
−33 1150 945	*U* *F** Sb		91,80	122,9	−556,4	−486,3	* im geschlossenen Quarzröhrchen; samtartig glänzende, viol. Nadeln, feinkrist. hviol. Pulver; unl.W; l. W, Me, Al in Gegenwart $CrCl_2$ oder Red.-mittel; LW 25° 33 %, Bdk. $6H_2O$; unl. HNO_3, HCl, H_2SO_4, Königsw.; zers. sied. konz. Alk

Übersichtstabelle Anorganische Verbindungen (Fortsetzung)

Formel	Name	Zustand	Mol-Masse / Dichte $10^3 kg \cdot m^{-3}$	Kristalldaten: System, Typ und Symbol	Einheitszelle: Kantenlänge in pm	Einheitszelle: Winkel und Z	Brechzahl n_D
Cr	**Chrom**						
$[Cr(H_2O)_4Cl_2]Cl \cdot 2H_2O$ [29563-24-6]	Dichloro-tetraqua-chrom-(III)-chlorid	f	266,45 / 1,836	mkl. C_{2h}^6, $C2/c$	1204 683 1164	94,1°	
$[Cr(H_2O)_5Cl]Cl_2 \cdot H_2O$ [36179-36-9]	Mono-chloro-pentaqua-chrom-(III)-chlorid	f	266,45 / 1,76				
$[Cr(H_2O)_6]Cl_3$ [13820-88-7]	Hexaqua-chrom-(III)-chlorid	f	266,45 / 1,79	trig. $I2_2$ D_{3d}^6, $R\bar{3}c$	795	97,33° $Z=2$	
CrO_4Cs_2 [13454-78-9]	Caesium-chromat	f	381,80 / 4,237	orh. $H1_6$ D_{2h}^{16}, $Pnma$	630,2 1119,0 836	$Z=4$	
$Cr_2O_7Cs_2$ [13530-67-1]	Caesium-dichromat	f	481,80	mkl. C_{2h}^6, $A2/a$	1545 897,8 1277	97,61° $Z=4$	1,95
$CrCs(SO_4)_2 \cdot 12H_2O$ [15363-19-6]	Caesium-chrom-alaun	f	593,21 / 2,08	kub. $H4_{13}$ T_h^6, $Pa3$	1238	$Z=4$	1,4810
CrF_2 [10049-10-2]	(II)-fluorid	f	89,99 / 4,11	mkl. C_{2h}^5, $P2_1/c$	473,2 471,8 350,5	96,5° $Z=2$	
CrF_3 [7788-97-8]	(III)-fluorid	f	108,99 / 3,8	rhomb. D_{3d}^6, $R\bar{3}c$	526,4	56,61° $Z=6$	
CrO_4Hg [13444-75-2]	Queck-silber(II)-chromat	f	316,58 / 6,14	mkl. C_{2h}^5, $P2_1/n$	734,6 852,7 551,4	94,0° $Z=4$	

Phasen-umwandlungen °C		ΔH kJ/Mol	Standardwerte bei 298,15 K C_p J/Mol K	S^0 J/Mol K	ΔH_B^0 kJ/Mol	ΔG_B^0 kJ/Mol	Bemerkungen und Charakteristik
					−2430		körnige, hgrüne Krist., Schuppen; hygr.; LW 25° 58%, Bdk. $[CrCl_2(H_2O)_4]Cl \cdot 2\,H_2O$; unl. Benzin; ll. Me, Al mit grüner Farbe
							hgrüne Krist.; sehr zerfl.; bei Ausschluß Feuchtigkeit feinpulverig krist.; l. Gemisch E + HCl
					−2420		dritte hydratisomere Form; graublaue, kleine Säulen; *U* allmählich und beim Schmelzen → $[CrCl_2(H_2O)_4Cl] \cdot 2\,H_2O$; LW 25° 62%; L in HCl-gesättigter wss. Lsg. 10° 0,05%; unl. Petroleum, Benzin, CCl_4, Gemisch rauchender HCl + E, fl. H_2S
956	*F*						gelbe Krist.; LW 30° 47%
							kleine, glänzende, hrote Krist., sehr beständig; LW 30° 5,2%
116	*F*						dklrote Oktaeder; beim Erhitzen auf 95° Farbänderung; $-12\,H_2O$ bei 200° in 4 Stunden; LW 25° 0,5%, 40° 1,5%, Bdk. $12\,H_2O$
894 >1300	*F* *V*		64,8	86,7	−778,2	736,6	grünes, krist. Pulver; langsam und wl. W, verd. HNO_3, H_2SO_4; unl. Al; l. sied. HCl; Glühen an der Luft → Cr_2O_3
1100... 1200	Sb		78,74	93,88	−1173	−1103	gelbgrüne Krist., feine Nadeln, stark lichtbrechende Prismen; unl. W, Al; wl. verd. S, selbst in der Hitze nur allmählich; Schmelze mit KNO_3 → K_2CrO_4
							$\chi_{Mol} = -12{,}5 \cdot 10^{-6}\,cm^3\,Mol^{-1}$; dklrote Krist.; W hydrolysiert schon in der Kälte, vollständig beim Erwärmen; l. wss. NH_4Cl-Lsg.; unl. Aceton; zers. S

Übersichtstabelle Anorganische Verbindungen (Fortsetzung)

Formel	Name	Zustand	Mol-Masse Dichte $10^3\,kg \cdot m^{-3}$	Kristalldaten System, Typ und Symbol	Einheitszelle Kantenlänge in pm	Winkel und Z	Brechzahl n_D
Cr	**Chrom**						
CrO_4Hg_2 [13465-34-4]	Queck- silber(I)- chromat	f	517,17				
CrI_2 [13478-28-9]	(II)-iodid	f	305,80 4,92	orh. D_{2h}^{17}, *Cmcm*	390 757 1354	$Z=4$	
CrI_3 [13569-75-0]	(III)-iodid	f	432,71 4,915	hex. D_3^4, $P3_121$	686 1988	$Z=6$	
$[Cr(H_2O_6)I_3$ $\cdot 3H_2O$	Hexaqua- chrom- (III)-iodid	f	594,85 4,915				
CrO_4K_2 [7789-00-6]	Kalium- chromat	f	194,20 2,73	orh. $H1_6$ D_{2h}^{16}, *Pnma*	592 1040 761	$Z=4$	1,79873 1,72611 1,73035
$Cr_2O_7K_2$ [7778-50-9]	Kalium- dichromat, α	f	294,19 2,69	trikl. C_i^1, $P\bar{1}$	746,6 1340,9 738,6	97,97° 90,86° 96,19° $Z=4$	1,7202 1,7380 1,8197
$Cr_2O_7K_2$	β	f	294,19 2,56	mkl. C_{2h}^5, $P2_1/c$	755 752 1345	91,68° $Z=4$	1,715 1,762 1,891
$CrK(SO_4)_2$ $\cdot 12H_2O$ [7788-99-0]	Kalium- chrom- alaun	f	499,41 1,813	kub. $H4_{13}$ T_h^6, *Pa*3	1220	$Z=4$	1,48137
CrO_8K_3 [12017-87-7]	Kalium- peroxo- chromat	f	297,30 2,89	tetr. D_{2h}^{11}, $I\bar{4}2m$	671 762	$Z=2$	
$CrO_4Li_2 \cdot 2H_2O$ [7789-01-7]	Lithium- chromat dihydrat	f	165,90 2,15	orh. D_2^4, $P2_12_12_1$	774,6 1201,1 550,9	$Z=4$	

Phasen-umwandlungen °C		ΔH kJ/Mol	Standardwerte bei 298,15 K C_p J/Mol K	S^0 J/Mol K	ΔH_B^0 kJ/Mol	ΔG_B^0 kJ/Mol	Bemerkungen und Charakteristik
							$\chi_{Mol} = -63 \cdot 10^{-6} cm^3 Mol^{-1}$; rote Krist.; W hydrolysiert in der Kälte → $Hg_2O \cdot 3Hg_2CrO_4$, in der Wärme $Hg_2O \cdot 2Hg_2CrO_4$; HCl, H_2SO_4, HNO_3 zers.; beim Lösen in HNO_3 → HgII und CrIII; l. wss. KCN-Lsg.; unl. Aceton
868 1100–1400	*F* *Z*		73,7	169,0	−156,9	−165,6	dklbraune Krist., in der Durchsicht rotbraun; glänzende Blättchen, lange Nadeln; zerfl. an Luft → grüne Lsg.; ll. W, unter Ausschluß von O_2 blau
>500	*Z* CrI_2+I_2		111,7	199,6	−205,0	−205,5	schw. glänzende Krist., ziemlich beständig gegen Luft und Feuchtigkeit
							dunkel-violette Kristalle, hygr., l. Al, Acet; swl. CHI_3, $CHCl_3$
665 975	*U** *F*	10,2 28,9	146,0	200	−1404	−1295	* *U* orh. → hex.; $\bar{\gamma}$ (273...373 K) = $113,4 \cdot 10^{-6} K^{-1}$; $\varepsilon = 7,31$; gelbe Krist.; nicht hygr.; LW 20° 38,5%, Bdk. $0H_2O$; unl. Al;
241,6	*U**		219,7	291,2	−2033	−1850	* *U* trikl. (α) → mkl. (β); or. rote Krist., tafelförmig oder prismatische; LW 20° 11,3%; wss. Lsg. schwach sauer; l. Bzl, DMSO unl. Al; *Z.* >610°; Lopezit
398	*F*	36,7					HT-Mod.
89	*F**				−5788		* unter Farbänderung nach grün; blauviol. Krist., in dünner Schicht rubinrot durchsichtig; LW 25° 11,1%
							große, braunrote Krist.; wl. k. W, l. in der Wärme; unl. abs. Al, E
130	−2W						gelbe, durchscheinende Prismen; gelbes Pulver; zerfl.; LW 20° 8,5%, Bdk. $2H_2O$

Übersichtstabelle Anorganische Verbindungen (Fortsetzung)

Formel	Name	Zustand	Mol-Masse Dichte $10^3 kg \cdot m^{-3}$	Kristalldaten System, Typ und Symbol	Einheitszelle Kantenlänge in pm	Einheitszelle Winkel und Z	Brechzahl n_D
Cr	**Chrom**						
$Cr_2O_7Li_2 \cdot 2H_2O$ [13843-81-7]	Lithium-dichromat dihydrat	f	265,90 2,34				
Cr_2O_4Mg [14104-85-9]	Magnesium-chromat-(III)	f	192,30 4,2	kub. $H1_1$ O_h^7, $Fd3m$	833,3		1,90
$CrO_4Mg \cdot 5H_2O$ [16569-85-0]	Magnesium-chromat-(VI) pentahydrat	f	230,38 1,954	trikl. C_i^1, $P\bar{1}$	641,8 1078,7 615,9	98,60 108,60 75,58 $Z=2$	
$CrO_4Mg \cdot 7H_2O$ [13446-54-3]	Magnesium-chromat-(VI) heptahydrat	f	266,41 1,66	orh. D_2^4, $P2_12_12_1$	1189 1201 689	$Z=4$	1,5211 1,5500 1,5680
CrN [24094-93-7]	nitrid	f	66,00 5,9	kub. B_1 O_h^5, $Fm3m$	414	$Z=4$	
$[Cr(H_2O)_6] \cdot (NO_3)_3 \cdot 3H_2O$ [26679-46-9]	Hexaqua-chrom-(III)-nitrat trihydrat	f	400,15	mkl.			
$(NH_4)_2CrO_4$ [7788-98-9]	Ammonium-chromat	f	152,07 1,91	mkl. C_s^1, Pm	615 627 766	115,2° $Z=2$	
$(NH_4)_2Cr_2O_7$ [7789-09-5]	Ammonium-dichromat	f	252,06 2,155	mkl. C_{2h}^3, $I2/m$	1133 625 765	102,4° $Z=4$	
$NH_4Cr(SO_4)_2 \cdot 12H_2O$ [10022-47-6]	Ammonium-chromalaun	f	478,33 1,72	kub. $H4_{13}$ T_h^6, $Pa3$	1225	$Z=4$	1,4842

Phasenumwandlungen			Standardwerte bei 298,15 K				Bemerkungen und Charakteristik
°C		ΔH kJ/Mol	C_p J/Mol K	S^0 J/Mol K	ΔH_B^0 kJ/Mol	ΔG_B^0 kJ/Mol	
130 187	−2W *F**						* unter teilweiser *Z.*; or.rote Krist., dünne Plättchen; zerfl. an Luft; unl. E, CCl_4; KW; l. Al, Lsg. zers. rasch
2350	*F*		126,8	105,8	−1784	−1669	Magnesiumchromspinell; Krist.; Farbe variiert von grün bis braun nach rot; keine Veränderung beim Glühen; unl. S, Alk; Aufschluß durch Schmelze KOH + KNO_3 oder $Na_2CO_3 + Na_2B_4O_7$, l. konz. H_2SO_4
60	−3W						Krist., verwittern nicht an der Luft
130	−6W						durchsichtige, topasgelbe Prismen; beim Liegen an der Luft $-2H_2O$
1500	*Z**		52,3	37,4	−117,2	−92,7	* *Z.* → N_2 + Cr; dklbraunes bis grauschw. schweres Pulver oder amorph; sehr hart; unl. W, S, Alk; l. Hypochlorit, h. konz. H_2SO_4, Königsw., Carlsbergit
60	*F*						viol. Krist.; bei 36° → grün; LW 25° 44,8% Bdk. $9H_2O$; ll. S, Alk, Al
100	*Z*						goldgelbe Nadeln; LW 20° 25,5%; l. Al; an der Luft unter NH_3-Abgabe → $(NH_4)_2Cr_2O_7$
170	Z				−1790		leuchtend or. Krist.; schnelle Z. beim Erhitzen; LW 20° 11%; mit S → $(NH_4)_2Cr_3O_{10}$, $(NH_4)_2Cr_4O_{13}$; mit NH_3 → $(NH_4)_2CrO_4$; mit KOH → NH_3-Entwicklung; wl. fl. NH_3; ll. Me, l. Al
94	*F**		705,2	715,0			* im eigenen Kristallwasser; dklviol. Krist., beim Erhitzen auf 70° grün; verwittert langsam an der Luft

Übersichtstabelle Anorganische Verbindungen (Fortsetzung)

Formel	Name	Zustand	Mol-Masse	Dichte $10^3\,kg \cdot m^{-3}$	Kristalldaten: System, Typ und Symbol	Einheitszelle: Kantenlänge in pm	Einheitszelle: Winkel und Z	Brechzahl n_D
Cr	**Chrom**							
CrO_4Na_2 [7775-11-3]	Natrium chromat	f	161,97	2,71	orh. D_{2h}^{17}, *Amam*	715 926 586		
$CrO_4Na_2 \cdot 4\,H_2O$ [10034-82-9]	tetrahydrat	f	234,03	1,90	mkl. C_{2h}^{5}, $P2_1/c$	619,9 1118 1221	105,7°	
$Cr_2O_7Na_2 \cdot 2\,H_2O$ [7789-12-0]	Natrium-dichromat dihydrat	f	298,00	2,52	mkl. C_{2h}^{2}, $P2_1/m$	1260 1050 605	94,9° $Z=4$	1,6610 1,6994 1,7510
CrO [12018-00-7]	(II)-oxid	f	68,00		hex.			
CrO_2 [12018-01-8]	(IV)-oxid	f	83,99	4,8	tetr. *C*4 D_{4h}^{14}, $P4_2/mnm$	441 292	$Z=2$	
CrO_3 [1333-82-0]	(IV)-oxid	f	99,99	2,70	orh. C_{24v}^{16}, *Ama*2	478,9 855,7 574,3	$Z=4$	
Cr_2O_3 [1308-38-9]	(III)-oxid	f	151,99	5,21	trig. D_{3d}^{6}, $R\bar{3}c$	496,07 1359,9	$Z=6$	2,5
$Cr(OH)_2$ [12134-11-1]	(II)-hydroxid	f	86,01					
$Cr(OH)_3$ [1308-14-1]	(III)-hydroxid	f	103,02					
CrO_2Cl_2 [14977-61-8]	Chromyl-chlorid	fl	154,90	1,912				1,524

Phasen- umwandlungen			Standardwerte bei 298,15 K		Bemerkungen und Charakteristik
°C		ΔH kJ/Mol	C_p S^0 J/Mol K	ΔH_B^0 ΔG_B^0 kJ/Mol	
413 792	*U** *F*		142,1 176,6	−1342 −1235	* *U* orh. → hex.; gelbe, kleine Nädelchen; zerfl. an feuchter Luft; LW 20° 44,2%, Bdk. 6 H_2O; l. Me, wl. Al
62,8 63	*F* −*W*				schwefelgelbe, verfilzte Nadeln; verwittern nicht an der Luft; L Furfurol 25° 0,05%
100 356	−2H_2O *F*				rote, durchscheinende Krist.; lange Nadeln, kurze Prismen; sehr hygr.; LW 20° 65%, Bdk. 2 H_2O; l. Al; unl. abs. Al, E, bei 400° Z.
			31,3 237,3	188,3 154,6	schw. Blättchen; an Luft wenig stabil, langsam → Cr_2O_3; unl. fl. SO_2, verd. HNO_3
	Z		99,7 51,0	−597,9 −544,9	schw. krist. harte Substanz, unl. W, verd. HNO_3, HCl, Königsw. Alk; l. konz. H_2SO_4 beim Kochen; Schmelze mit Alk-hydroxiden → CrO_3, Cr_2O_3
198	*F*		69,3 73,2	−589,5 −512,6	$\bar{\gamma}$ (195 ... 298 K) = 170 · 10^{-6} K^{-1}; dklrote Krist., hygr.; LW 20° 62,8%; l E, HNO_3, H_2SO_4; Al wird oxidiert
2275 4000	*F* *V*		120,4 81,1	−1140 −1058	ε(175 ... 2 · 10^6 Hz) = 12; grünes Pulver, kann krist. und amorph auftreten; unl. W, S, Alk, Al, Aceton
	Z				gelb-braun, l. S
					grün bis blaugrün; LW 20° 1,2 · 10^{-7}%; l. S, Alk, besonders in frisch gefälltem Zustand; $Cr(OH)_3$ · aq. isomorph Bayerit
−96,5 116,7	*F* *V*	41,5 35,1		−567,8	dklrote, ölartige Fl.; zers. am Tageslicht in einer Woche; zers. W; l. CS_2, CCl_4, Chlf, Eg; reagiert mit org. Lösm. wie Me, Al, Butanol, Anilin, Py zuweilen heftig

Übersichtstabelle Anorganische Verbindungen (Fortsetzung)

Formel	Name	Zustand	Mol-Masse / Dichte $10^3 kg \cdot m^{-3}$	Kristalldaten: System, Typ und Symbol	Einheitszelle: Kantenlänge in pm	Einheitszelle: Winkel und Z	Brechzahl n_D
Cr	**Chrom**						
CrP [26342-61-0]	phosphid	f	82,97	orh. *B*31 D_{2h}^{16}, *Pnma*	601,7 536,7 312,2	$Z = 4$	
Cr_3P [12190-93-1]	Tri… phosphid	f	186,96 / 6,2	tetr. S_4^2, $I\bar{4}$	913 456	$Z = 8$	
$CrPO_4$ [7789-04-0]	(III)-ortho phosphat	f	146,97 / 4,62	orh. D_{2h}^{28}, *Imma*	1040,3 1289,8 629,9		
$CrPO_4 \cdot 2H_2O$ [59178-48-2]	dihydrat	f	183,00 / 2,42				
$CrPO_4 \cdot 4H_2O$ [10101-59-4]	tetrahydrat		219,03 / 2,10				
$CrPO_4 \cdot 6H_2O$ [13475-98-4]	hexahydrat	f	255,06 / 2,121	mkl. C_{2h}^6, *A*2/*a*	2347,3 689,0 988,2	99,42° $Z = 8$	
$Cr_4(P_2O_7)_3$ [14017-29-9]	pyrophosphat	f	729,81 / 3,2				
CrO_4Pb [7758-97-6]	Blei-chromat	f	323,18 / 6,21	orh. $H0_2$ D_{2h}^{16}, *Pnma*	713 867 559	$Z = 4$	
CrO_4Pb [14654-05-8]	Krokoit	f	323,18 / 6,123	mkl. C_{2h}^5, $P2_1/c$	711,8 743,4 679,4	102,45° $Z = 4$	2,31* 2,37 2,66
CrO_4Rb_2 [13446-72-5]	Rubidium-chromat	f	286,93 / 3,5	orh. $H1_6$ D_{2h}^{16}, *Pnam*	800,1 1072,2 607,4	$Z = 4$	
$Cr_2O_7Rb_2$ [13446-73-6]	Rubidium-dichromat	f	386,93 / 3,20	mkl. C_{2h}^5, $P2_1/c$	1362 762 767	93,4° $Z = 4$	

Phasen-umwandlungen °C		ΔH kJ/Mol	Standardwerte bei 298,15 K C_p J/Mol K	S^0 J/Mol K	ΔH_B^0 kJ/Mol	ΔG_B^0 kJ/Mol	Bemerkungen und Charakteristik
							graues Pulver; unl. W, HCl, Königsw.; l. Gemisch HNO_3 + HF; Aufschluß mit schmelzenden Alk
1510	*Z*						lichtgrün
1850	*F*						schw. Pulver; unl. HCl, Königsw.; sied. H_2SO_4 greift an; Erhitzen mit $K_2SO_4 \rightarrow K_2CrO_4$
							violette Kristalle, l. W, S, swl. Essigsäure
							grüne Krist.; beständig gegen feuchte Luft; l. HCl, H_2SO_4, konz. Alk; bei Dunkelrotglut wfrei
800	−*W*						viol. Krist.; wl. W; l. S, Alk
							grün, l. Alk, S
							$\chi_{Mol} = -18 \cdot 10^{-6}\,cm^3\,Mol^{-1}$; $PbCrO_4$ fällt orh., wandelt sich aber rasch in die mkl. Form um; orh. stabil 707 ... 783 °C; 3. Form > 783 °C tetr., $a = 674$, $c = 1397$ pm; $Z = 8$
707 783 844	*U* *U* *F*				−910,5		* λ = 671 nm; chromgelb; gelbrote, stark glänzende, lichtbrechende Krist.; feines gelbor. Pulver; LW 18° $1 \cdot 10^{-5}$%; l. HNO_3, Alk; > 844° Z. unter Abgabe von O_2
994	*F*						gelbe Krist., ll. W
							or.rote. Krist.; LW 18° 5,42%

Übersichtstabelle Anorganische Verbindungen (Fortsetzung)

Formel	Name	Zustand	Mol-Masse / Dichte $10^3 kg \cdot m^{-3}$	Kristalldaten: System, Typ und Symbol	Einheitszelle: Kantenlänge in pm	Einheitszelle: Winkel und Z	Brechzahl n_D
Cr	**Chrom**						
$CrRb(SO_4)_2 \cdot 12\,H_2O$ [15363-30-1]	Rubidium-chrom-alaun	f	545,77 / 1,95	kub. $H4_{13}$ T_h^6, $Pa3$	1227,9	$Z=4$	1,4815
CrS [12018-06-3]	(II)-monosulfid	f	84,06 / 4,14	mkl. C_{2h}^6 $C2/c$	382,6 593,1 608,6	101,6° $Z=4$	
Cr_2S_3 [12018-22-3]	(III)-sulfid	f	200,18 / 3,87	hex. D_{3d}^2, $P\bar{3}1c$	594,2 1118,8	$Z=4$	
$Cr_2(SO_3)_3$ [13478-08-5]	(III)-sulfit	f	344,18 / 2,2				
$Cr_2(SO_4)_3$ [10101-53-8]	(III)-sulfat	f	392,18 / 3,012	hex. C_{3i}^2 $R\bar{3}$	813,2 2194,3	$Z=6$	
$Cr(SO_4)_3 \cdot 18\,H_2O$ [13520-66-6]	octadeca-hydrat	f	716,45 / 1,70				
$CrSi$ [12018-08-5]	silicid	f	80,08 / 5,38	kub. $B20$ T^4, $P2_13$	462,9	$Z=4$	
$CrSi_2$ [12018-09-6]	disilicid	f	108,17 / 4,7	hex. $C40$ D_6^4, $P6_222$	442,0 635,0	$Z=3$	
Cr_2Si [12190-91-9]	Di…silicid	f	132,08 / 5,78				
Cr_3Si_2 [12134-19-9]	Tri…disilicid	f	212,16 / 5,51				

Phasen- umwandlungen			Standardwerte bei 298,15 K		Bemerkungen und Charakteristik
°C		ΔH kJ/Mol	C_p S^0 J/Mol K	ΔH_B^0 ΔG_B^0 kJ/Mol	
107	*F*				$\varepsilon(10^{12}\,Hz) = 5$; viol. Oktaeder; beim Erhitzen auf 88° graugrün; $-12\,H_2O$ bei 200° in 4 Stunden; LW 25° 2,57%
1550			46,78 64,02	−155,65 −158,13	schw. Pulver; l. S; swl. W
1350	−*S*		 (150)	(−334)	braun-schw. Pulver; l. HNO_3, swl. W.; zersetzt sich in Al
					grün-weißes Pulver
			281,4 258,8	−2950 −2617	viol. Pulver, l. W und S nur bei Gegenwart von Red. mitteln; LW 54,5%, Bdk. $18\,H_2O$; l. sied. S, 12N–HCl, 9N–HBr
				−8340	viol. Krist.; l. W bei Gegenwart von Spuren Cr(II)-salz; Al, bei 70 ... 75° → $Cr_2(SO_4)_3 \cdot 15\,H_2O$ dkl- grünes krist. Pulver, $D = 1{,}695$
1413	*Z*		45,2 44,8	−71,1 −71,8	met. aussehende Substanz, hart, spröde
1490	*F*		55,7 55,6	−100,4 −98,7	lange, graue, met. glänzende Nadeln, unl. k. HCl, Königsw.; l. HF, Schmelze von Alk, KNO_3, Na_2O_2, Alk-carbonat
1606	*F*				(Cr_5Si_3), kleine, met. glänzende facettenförmige Krist.; hart; ritzt Korund; F_2 greift an, Cl_2 erst bei Rotglut; gasförmige HCl bei 700° → $SiCl_4 + CrCl_3$; geschmolzenes K_2CO_3 → $SiO_2 + K_2CrO_4$; KNO_3-Schmelze reagiert langsam
1650	*F*		184,4 182,4	−326,4 −328,7	vierkantige Prismen; ritzt Glas, nicht Quarz; unl. W, wss. Alk, HNO_3, H_2SO_4; l. HCl, HF rasch, Alk-carbonat-Schmelze; KNO_3- Schmelze wirkt nicht ein

Übersichtstabelle Anorganische Verbindungen (Fortsetzung)

Formel	Name	Zustand	Mol-Masse / Dichte $10^3 kg \cdot m^{-3}$	Kristalldaten: System, Typ und Symbol	Einheitszelle: Kantenlänge in pm	Einheitszelle: Winkel und Z	Brechzahl n_D
Cr	**Chrom**						
CrO_4Sr [7789-06-2]	Strontium-chromat	f	203,61 / 3,895	mkl. C_{2h}^2, $P2_1/n$	708,0 739,4 675,5	103,2° $Z=4$	
CrO_4Tl_2 [13473-75-1]	Thallium-(I)-chromat	f	524,73 / 6,94	orh. D_{2h}^{16}, $Pnam$	790,8 1073,0 591,3	$Z=4$	
$Cr_2O_7Tl_2$ [13453-35-5]	Thallium (I)-di-chromat	f	624,73 / 5,50	trkl. C_i^1, $P\bar{1}$	766,5 733,1 740,4	108,07° 110,04° 90,43° $Z=2$	
CrO_4Zn [13530-65-9]	Zink-chromat	f	181,36 / 3,40				
Cr_2O_4Zn [12018-19-8]	Zink-chromoxid	f	233,36 / 5,367	kub. O_h^7, $Fd\bar{3}m$	832,75	$Z=8$	
Cs	**Caesium**						
$CsBF_4$ [18909-69-8]	tetrafluoro-borat	f	219,71 / 3,2	orh. $H0_2$ D_{2h}^{16}, $Pnma$	965,8 589,5 763,6	$Z=4$	~1,36 ~1,36 ~1,36
$CsBr$ [7787-69-1]	bromid	f	212,81 / 4,44	kub. $B2$ O_h^1, $Pm3m$	429,6	$Z=1$	1,7038
$CsBr_2I$ [18278-82-5]	dibrom-iodid	f	419,62 / 4,25	orh. D_{2h}^{16}, $Pnma$	657 918 1066	$Z=4$	
$CsBrO_3$ [13454-75-6]	bromat	f	260,81 / 4,109	hex. C_{3v}^5, $R3m$	650,7 823,2	$Z=3$	1,684 1,601

Phasen-umwandlungen			Standardwerte bei 298,15 K		Bemerkungen und Charakteristik
°C		ΔH kJ/Mol	C_p S^0 J/Mol K	ΔH_B^0 ΔG_B^0 kJ/Mol	
					gelbe, glänzende, durchsichtige Krist.; beim Erhitzen rotor., beim Abkühlen gelb; LW 18° 1,18%, Al erniedrigt beträchtlich; L 25 Vol% Al 25° 0,011%; ll. Egs, HCl, HNO_3
520	*U*				gelb; wl S, Al, HT-Mod. kub.
					rot; unl. in kaltem Wasser
316 540	*F* *Z*				gelb, LW, 3,1%
					dkl.-grün unl. W
220 550	*U* *F*				LW 20° 0,92%, 100° 0,04%, Bdk. 0 H_2O, 1 HNO_3 verd.
636 1300	*F* *V*	23,6 150,5	52,2 113,0	−405,4 −391,0	$\bar{\alpha}$ (303 ... 348 K) = 59,8 · 10^{-6} K^{-1}; $\varkappa$ (0 ... 1200 MPa; 305 K) = (6,918 − 1430 · 10^{-5}p) · 10^{-5} MPa^{-1}; ε(9,7 · 10^5 Hz) = 6,5; χ_{Mol} = −67,2 · 10^{-6} cm^3 Mol^{-1}; fbl. reine Krist., aus wss. Lsg. sehr klein, LW 20° 52,6%; L Aceton 18° 4 · 10^{-3} g/100 g Lösm.; l. Al, S
248 320	*F* Z				dklkirschrote, glänzende Krist., gepulvert gelb; an Luft beständig; l. W, Al ohne nennenswerte Z.; E zers. nicht sofort
420	*F*				χ_{Mol} = −75,1 · 10^{-6} cm^3 Mol^{-1}; fbl. würfelförmig erscheinende Krist.; LW 25° 3,54%; 35° 5,15%

Übersichtstabelle Anorganische Verbindungen (Fortsetzung)

Formel	Name	Zustand	Mol-Masse / Dichte $10^3 kg \cdot m^{-3}$	Kristalldaten: System, Typ und Symbol	Einheitszelle: Kantenlänge in pm	Einheitszelle: Winkel und Z	Brechzahl n_D
Cs	**Caesium**						
CsCN [21159-32-0]	cyanid	f	158,92 / 2,93	kub. *B*2* O_h^1, *Pm*3*m*	423,9	$Z = 1$	
Cs_2CO_3 [534-17-8]	carbonat	f	325,82 / 4,24	mkl. C_{2h}^5, $P2_1/c$	612,64 1027,65 814,76	95,85° $Z = 4$	
$CsHCO_3$ [29703-01-3]	hydrogen-carbonat	f	193,92 / 3,50				
$CsCHO_2$ [3495-36-1]	formiat	f	177,92 / 1,0169				
$CsC_2H_3O_2$ [3396-11-0]	acetat	f	191,95				
$Cs_2C_2O_4$ [18365-41-8]	oxalat	f	353,83 / 3,23				1,493 1,540 1,612
CsCl [7647-17-8]	chlorid	f	168,36 / 3,988	kub. *B*2 O_h^1, *Pm*3*m*	412,30	$Z = 1$	1,6398
$CsCl_2I$ [15605-42-2]	dichlor-iodid	f	330,72 / 3,86	trig. $F5_1$ D_{3d}^5, $R\bar{3}m$	546	70,7° $Z = 1$	1,611 1,645
$CsClO_3$ [13763-67-2]	chlorat	f	216,36 / 3,568	trig. C_{3v}^5, *R*3*m*	642,4 825,4	$Z = 3$	1,587 1,508

Phasen-umwandlungen °C		ΔH kJ/Mol	Standardwerte bei 298,15 K C_p J/Mol K	S^0 J/Mol K	ΔH_B^0 kJ/Mol	ΔG_B^0 kJ/Mol	Bemerkungen und Charakteristik
−80 528	*U* *F*				−121		* unter −73 °C trig. D_{3d}^5, $R\bar{3}m$, a = 423 pm, α = 86,35°, Z = 1, sehr kleine, weiße Krist.; an der Luft Geruch nach HCN; zerfl.; ll. W; die wss. Lsg. reagiert alk.
610	*Z*		123,8	204,5	−1147,3	−1064,0	$\chi_{Mol} = -103,6 \cdot 10^{-6}$ cm³ Mol⁻¹; fbl. kleine, undeutliche körnige Krist., auch blättrige Nadeln; Erhitzen im Vak. ab 600° → $Cs_2O + CO_2$; an Luft zerfl.; LW 20° 72,34%; L abs. Al 19° 11,1 g/100 g Lösm, l. E
175	$-{}^1/_2$W						fbl. große, undeutlich ausgebildete Krist., an Luft beständig; LW16° 67,8%, 96,4° 95%, l. Al
265	*F*						fbl. Prismen; sehr hygr.; LW 20° 82%, Bdk. 1 H_2O
194	*F*						fbl. Krist., sehr hygr.; LW 21° 91,5%, Bdk. 0 H_2O; bildet leicht übersättigte Lsg.
	Z						fbl. Krist.; LW 25° 75,8%
470 645 1290	*U** *F* *V*	3,8 15,9	52,4	101,2	−442,8	−414,4	* *U B*2 → *B*1, kub., O_h^5, *Fm*3*m*, a = 709,4 pm, Z = 4, n = 1,534; $\bar{\alpha}$(303 ... 348 K) = 49,5 · 10^{-6} K⁻¹; $\varkappa$(0 ... 1200 MPa; 273 K) = (5,820 − 952 · 10^{-5} p) · 10^{-5} MPa⁻¹; ε(9,7 · 10^{-5} Hz) = 7,2; weißes, krist. Pulver; an feuchter Luft zerfl.; LW 20° 65%; L Aceton 18° 4,1 · 10^{-4} g/100 g Lösm.; l. Al; unl. in wfreien Alkoholen
230 290	*F* *Z*						hor. Krist.; l. W unter langs. Z.; kann aus W umkristallisiert werden, E zers. nicht sofort
				156	−412	−308	$\chi_{Mol} = -65 \cdot 10^{-6}$ cm³ Mol⁻¹; fbl. winzige Krist.; LW 20° 6,0%, l. Al

Übersichtstabelle Anorganische Verbindungen (Fortsetzung)

Formel	Name	Zustand	Mol-Masse Dichte $10^3 kg \cdot m^{-3}$	Kristalldaten System, Typ und Symbol	Einheitszelle Kantenlänge in pm	Einheitszelle Winkel und Z	Brechzahl n_D
Cs	**Caesium**						
$CsClO_4$ [13454-84-7]	perchlorat	f	232,36 3,327	orh. $H0_2$ D_{2h}^{16}, *Pnma*	984,8 602,9 781,3	$Z = 4$	1,4752 1,4788 1,4804
CsF [13400-13-0]	fluorid	f	151,90 4,115	kub. $B1$ O_h^5, *Fm*3*m*	601,4	$Z = 4$	1,578
CsF · HF [12280-52-3]	hydrogen-fluorid	f	171,91				
$CsGa(SO_4)_2 \cdot 12\,H_2O$ [13530-72-8]	gallium-sulfat	f	610,92 2,133	kug. $H4_{13}$ T_h^6, *Pa*3	1240,1	$Z = 4$	1,461
$Cs_2[GeCl_6]$ [21780-84-7]	Caesium-hexa-chloro-germanat	f	551,12 3,45	kub. $I1_1$ O_h^5, *Fm*3*m*	1021	$Z = 4$	1,68
$Cs_2[GeF_6]$ [16919-21-4]	Caesium-hexafluoro-germanat	f	452,39 4,10	kub. $I1_1$ O_h^5, *Fm*3*m*	902,1	$Z = 4$	
CsH [13772-47-9]	hydrid	f	133,91 3,41	kub. $B1$ O_h^5, *Fm*3*m*	638,9	$Z = 4$	
CsI [7789-17-5]	iodid	f	259,81 4,51	kub. $B2$ O_h^1, *Pm*3*m*	456,79	$Z = 1$	1,7876

Phasen-umwandlungen			Standardwerte bei 298,15 K				Bemerkungen und Charakteristik
°C		ΔH kJ/Mol	C_p J/Mol K	S^0	ΔH_B^0 kJ/Mol	ΔG_B^0	
230 250	*U** *Z*		107,6	175,2	−434,4	−306	* *U* $H0_2 \rightarrow H0_5$ kub., T_d^2, *F*43*m*, a = 800 pm, Z = 4; χ_{Mol} = −70,4 · 10^{-6} cm³ Mol^{-1}; fbl. Krist.; LW 20° 1,48%; L Me 25° 9,3 · 10^{-2}%; L Al 25° 1,1 · 10^{-2}%; L Aceton 25° 1,5 · 10^{-1}%
703 1250	*F* *V*	21,7 143,6	52,0	88,3	−554,7	−525,4	$\bar{\alpha}$ (303 ... 348 K) = 31,7 · 10^{-6} K^{-1}; $\varkappa$ (0 ... 1200 MPa; 303 K) = [4,155 − 57,9 · 10^{-6}p] · 10^{-5} MPa; χ_{Mol} = −44,5 · 10^{-6} cm³ Mol^{-1}; fbl. Krist.; sehr hygr.; LW 18° 78,56%, Bdk. $^1/_2H_2O$; L Aceton 18° 7,7 · 10^{-6} g/100 g Lösm.; ll. fl. HF; unl. Py, Dioxan
176	*F*				−903,9		fbl. lange Nadeln; hygr.; ll. W, wss. Lsg. reagiert sauer; ll. verd. S; wl. konz. HF-Lsg.; unl. 95%ig Al
							fbl. Krist.; LW 25°, 1,2%
							or. Krist., hgelbes Pulver; ll. W unter Hydrolyse; unl. abs. Al, 12 N-HCl; läßt sich aus Mischung 1:2 beider Fl. umkristallisieren: L 0° 1,5 g/100 cm³; 75° 4,3 g/100 cm³
							kleine, fbl. Krist.; wl. k. W, verd. S, in der Wärme leichter l.
	Z		29,83*	214,4*	121,3*	101,3*	* für gasförmigen Zustand; fbl. stark glänzende, nadelförmige Krist.; zers. W → $CsOH + H_2$
~445 627 1280	*U** *F* *V*	 150,3	52,6	123,1	−346,6	−340,6	* *U* *B*2 → *B*1, kub. O_h^5, $Fm\bar{3}m$, a = 710 pm, Z = 4, n = 1,661; α(303 ... 348 K) = 54,9 · 10^{-6} K^{-1}; $\varkappa$ (0 ... 1200 MPa, 303 K) = (8,403 − 199,5 · 10^{-5}p) · 10^{-5} MPa^{-1}; ε (9,7 · 10^5 Hz) = 5,7; χ_{Mol} = −82,6 · 10^{-6} cm³ Mol^{-1}; rein weiße, deutliche Krist.; LW 20° 43,6%; L Aceton 20° 0,2%; l. fl. NH_3; unl. Toluol

Übersichtstabelle Anorganische Verbindungen (Fortsetzung)

Formel	Name	Zustand	Mol-Masse Dichte $10^3 kg \cdot m^{-3}$	Kristalldaten System, Typ und Symbol	Einheitszelle Kantenlänge in pm	Einheitszelle Winkel und Z	Brechzahl n_D
Cs	**Caesium**						
CsI_3 [12297-72-2]	polyiodid	f	513,62 4,47	orh. $D0_{16}$ D_{2h}^{16}, $Pbnm$	1002,89 1108,69 684,57	$Z=4$	
$CsIO_3$ [13454-81-4]	iodat	f	307,81 4,85	kub. O_h^1, $Pm3m$	467,36		
$CsIO_4$ [13478-04-1]	periodat	f	323,81 4,259	orh. $H0_4$ D_{2h}^{16}, $Pnma$	586,44 603,44 1438,55	$Z=4$	
$CsNH_2$ [22205-57-8]	amid	f	148,93 3,60	tetr. D_{4h}^7, $P4/nmm$	564,1 419,5	$Z=2$	
$CsNO_2$ [13454-83-6]	nitrit	f	178,91 3,50	kub. O_h^1, $Pm3m$	438,9	$Z=1$	
$CsNO_3$ [7789-18-6]	nitrat	f	194,91 3,685	trig. C_{3v}^2, $P31m$	1095,0 771,6	$Z=9$	1,554 1,560
Cs_2O [20281-00-9]	oxid	f	281,81 4,25	trig. $C19$ D_{3d}^5, $R\bar{3}m$	425,6 1899	$Z=3$	
CsO_2 [12018-61-0]	hyperoxid	f	164,90 3,77	tetr. $C11a$ D_{4h}^{17}, $I4/mmm$	446,2 732,6	$Z=2$	
Cs_2O_2 [12053-70-2]	peroxid	f	297,81 4,70	orh.	432 751,7 643,0		
$CsOH$ [21351-79-1]	hydroxid	f	149,9 3,675	orh. D_{2h}^{17}, $Cmcm$	435,27 1202,0 452,04	$Z=4$	

Phasen-umwandlungen °C		ΔH kJ/Mol	Standardwerte bei 298,15 K C_p J/Mol K	S^0 J/Mol K	ΔH_B^0 kJ/Mol	ΔG_B^0 kJ/Mol	Bemerkungen und Charakteristik
207,5	*F**						* *F* inkongruent; glänzende, schw. Krist., an dünnsten Kanten braunrot durchscheinend, gepulvert braun; an Luft beständig; swl. W, wss. CsI; leichter l. Al; E zers. nicht sofort
					−525		$\chi_{\mathrm{Mol}} = -83{,}1 \cdot 10^{-6}\,\mathrm{cm^3\,Mol^{-1}}$; fbl. würfelförmige Krist.; beim Erhitzen keine Iodabgabe, sondern Schmelzen unter O_2-Entwicklung, LW 24 ° 2,5 % nicht zers.; unl. Al
262	*F*			184		−381	LW 15 °C 2,1%, weiße Kristallplatten, leicht umkristallisierbar aus h. W
							weiße, kleine Prismen; heftig zers. W, an Luft unter Feuererscheinung; sll. fl. NH_3
							glänzende, durchsichtige, kleine Oktaeder, schwach gelb gefärbt, stark brechend; hygr.; ll. W, fl. NH_3, aus diesem umkristallisierbar
151,5 414	*U** *F*	37,4 20,8		155	−506	−407	* *U* → *B*2, kub. O_h^1, *Pm*3*m*, *a* = 449 pm, *Z* = 1; $\chi_{\mathrm{Mol}} = -54{,}3 \cdot 10^{-6}\,\mathrm{cm^3\,Mol^{-1}}$; weiße, prismatische, glänzende Krist.; an Luft beständig; LW 20° 19%; wl. abs. Al
490 (in N_2) 400	*F* *Z*		76,0	146,9	−346,0	−308,4	weiche, verfilzte, or.rote Nadeln, beim Erhitzen Farbvertiefung; zerfl. an Luft allmählich unter Entfärbung; reagiert heftig mit W unter Entflammung, mit Al etwas weniger heftig
557	*F*	21	79,1	142,3	−286,2	−242,0	gelbe bis rötliche Krist., kleine Nadeln; stark hygr.; mit W ohne Zischen → CsOH + H_2O_2; langsam l. verd. Al → O_2-Entwicklung
590 650	*F* $-O_2$				−403		gelblichweiße Substanz; l. W langsam → H_2O_2
220 227 990	*U* *F* *V*	6,1 4,6	67,9	98,7	−416,1	−370,7	weiße, krist. Masse; zerfl.; LW 15° 79,4%, 30° 75,18%; l. Al, HT-Mod.

Übersichtstabelle Anorganische Verbindungen (Fortsetzung)

Formel	Name	Zustand	Mol-Masse / Dichte $10^3 kg \cdot m^{-3}$	Kristalldaten: System, Typ und Symbol	Einheitszelle: Kantenlänge in pm	Einheitszelle: Winkel und Z	Brechzahl n_D
Cs	**Caesium**						
Cs_2O_3, $2CsO_2$ $\cdot$ Cs_2O_2 [12134-22-4]	Mischoxid	f	313,81 / 4,25	kub. $D7_3$ T_d^6, $I\bar{4}3d$	986	$Z = 8$	
$Cs_2[OsCl_6]$ [19276-52-9]	hexa-chloro-osmat	f	668,73 / 4,24	kub. O_h^5, $Fm\bar{3}m$	1023,0	$Z = 4$	
$Cs_2[PtCl_6]$ [16902-25-3]	hexa-chloro-platinat-(IV)	f	673,62 / 4,197	kub. $I1_1$ O_h^5, $Fm3m$	1021,5	$Z = 4$	1,757
$CsReO_4$ [13768-49-5]	perrhenat	f	383,10 / 4,99	orh. $H0_4$ D_{2h}^{16}, $Pnma$	573,7 597 1424,1	$Z = 4$	
$CsRh(SO_4)_2$ $\cdot$ $12H_2O$ [15413-93-1]	rhodium-sulfat	f	644,12 / 2,238	kub. $H4_{13}$ T_h^6, $Pa3$	1230	$Z = 4$	1,5077
$Cs_2[RuCl_6]$ [23793-15-9]	hexa-chloro-ruthenat-(IV)	f	579,5				
Cs_2S [12214-16-3]	sulfid	f	297,87 / 4,19	orh. D_{2h}^{16}, $Pnma$	857,1 538,3 1038,5	$Z = 4$	
$CsHS$ [23317-42-2]	hydrogen-sulfid	f	165,98 / 2,28	kub. $B2$ O_h^1, $Pm3m$	430,2	$Z = 1$	
Cs_2S_4 [72046-80-1]	tetrasulfid	f	394,05				
Cs_2S_5 [12134-28-0]	pentasulfid	f	426,11 / 3,15	orh. D_2^4, $P2_12_12_1$	714,8 1849 678,3		

Phasen-umwandlungen			Standardwerte bei 298,15 K				Bemerkungen und Charakteristik
°C		ΔH kJ/Mol	C_p J/Mol K	S^0 J/Mol K	ΔH_B^0 kJ/Mol	ΔG_B^0 kJ/Mol	
400	*F*		125,5	230,1	−520,1	−446,2	schw. bis braune Substanz; zers. W → H_2O_2 + O_2-Entwicklung; l. Al
							rote Oktaeder, an trockener Luft beständig; swl. k. W, leichter l. h. W; swl. HCl, unl. Al; die salzsaure Lsg. ist beständig, die wss. zers.
570	*Z*						kleine, honiggelbe, durchsichtige Krist.; LW 20° 8,6 · 10^{-3}%, 100° 9 · 10^{-2}%, Bdk. 0 H_2O, unl. Al
616	*F*				−1076		kleine Prismen oder flache, quadratische Täfelchen; LW 20° 0,7%, Bdk. 0 H_2O
110	*F*						gelbe Krist., ll. W
							dklbraune bis schw. Oktaeder, durchscheinend purpurrot; fast unl. k. W, in der Wärme zers.; ll. warmer HCl hrot → dklrot; H_2S fällt gesamtes Ru
520	*F*				−339		weißes bis blaßgelbes, krist. Pulver oder doppelbrechende Krist.; an feuchter Luft zerfl. unter *Z*.; l. W unter starker Wärmeentwicklung mit heftiger Reaktion
							weiße, hygr. Kristallmasse
160	*Z*						$\chi_{Mol} = -139 \cdot 10^{-6}$ cm^3 Mol^{-1}; rotgelbe Prismen, nicht hygr.; kurze Zeit luftbeständig; l. W ohne Schwefelabscheidung; l. verd. Al; unl. abs. Al
210	*F*						$\chi_{Mol} = -150 \cdot 10^{-6}$ cm^3 Mol^{-1}; dkl. korallenrote Krist.; nicht hygr.; einige Tage an Luft haltbar; ll. 79%ig Al mit dklrotgelber Farbe

Übersichtstabelle Anorganische Verbindungen (Fortsetzung)

Formel	Name	Zustand	Mol-Masse / Dichte $10^3 kg \cdot m^{-3}$	Kristalldaten: System, Typ und Symbol	Einheitszelle: Kantenlänge in pm	Einheitszelle: Winkel und Z	Brechzahl n_D
Cs	**Caesium**						
$Cs_2S_5 \cdot H_2O$ [96222-52-5]	monohydrat	f	444,13 2,98	trikl. $C_i^1, P\bar{1}$	697,4 787,0 1041,31	108,72° 111,23° 82,00° $Z=2$	
Cs_2S_6 [12410-59-2]	hexasulfid	f	458,17 3,076	trikl. $C_i^1, P\bar{1}$	1153 917 467	89,09° 95,15° 95,07° $Z=2$	
CsSCN [3879-01-4]	thiocyanat	f	190,99 2,98	orh. $D_{2h}^{16}, Pnma$	799 632 838	$Z=4$	
Cs_2SO_4 [10294-54-9]	sulfat	f	361,87 4,243	orh. $H1_6$ $D_{2h}^{16}, Pmcn$	626,4 1095 824,2	$Z=4$	1,5598 1,5644 1,5662
$CsHSO_4$ [7789-16-4]	hydrogen-sulfat	f	229,97 3,352	orh.			
$Cs_2S_2O_6$ [25837-75-6]	dithionat	f	425,93 3,49	trig. $D_3^2, P321$	633,8 1155,8	$Z=2$	1,5230 1,5438
$Cs_2S_2O_8$ [29287-69-2]	peroxid-disulfat	f	457,93 3,47	mkl. $K4_1$ $C_{2h}^5, P2_1/c$	813 833 646	95,32° $Z=2$	
Cs_2SeCl_6 [20130-42-1]	hexachloro-selenat	f	557,49	kub, $I1_1$ $O_h^5, Fm3m$	1026	$Z=4$	
Cs_2SeO_4 [10326-29-1]	selenat	f	408,77 4,4528	orh.	646,2 1125 839		1,5989 1,5999 1,6003
Cs_2SiF_6 [16923-87-8]	hexa-fluoro-silicat	f	407,89 3,372	kub. $I1_1$ $O_h^5, Fm3m$	919	$Z=4$	1,391
Cs_2SnCl_6 [17362-93-5]	hexachloro-stannat-(IV)	f	597,22 3,33	kub. $I1_1$ $O_h^5, Fm3m$	1038,1	$Z=4$	1,672

Phasen-umwandlungen			Standardwerte bei 298,15 K				Bemerkungen und Charakteristik
°C		ΔH kJ/Mol	C_p J/Mol K	S^0 J/Mol K	ΔH_B^0 kJ/Mol	ΔG_B^0 kJ/Mol	
85	*F*						rote Krist.
186	*F*						$\chi_{Mol} = -160 \cdot 10^{-6} cm^3 Mol^{-1}$; rote bis bräunliche Krist.
							fbl. Krist., an Luft beständig; zerfl. nur an feuchter, heißer Luft; sll. W; l. Me, aus diesem umkristallisierbar
667 1005	*U** *F*	4,3 35,7	135,1	211,9	−1443,0	−1323,5	$\chi_{Mol} = -116 \cdot 10^{-6} cm^3 Mol^{-1}$; weißes, luftbeständiges Kristallpulver; LW 20° 64%; unl. Al, Aceton * HT-Mod: hex. $P\bar{3}m1$ $a = 648{,}5$, $c = 898{,}0$ pm
	Z				−1145		fbl. kurze Prismen, nicht hygr.; Lsg. reagiert stark sauer; von Al und E nicht merklich angegriffen
							fbl. durchsichtige Tafeln, gut ausgebildete Krist.
							fbl. Nadeln; LW 23° 8,15%
							gelbe Oktaeder
							fbl. große Krist.; zerfl. vollständig an der Luft; LW 12° 71,2%, Bdk. $0 H_2O$
							opalisierendes, durchscheinendes Pulver, glänzende Oktaeder; LW 17 °C 37,5%, besser h. W; unl. Al
							mikroskopische Krist.; unl. konz. HCl, zers. H_2SO_4

Übersichtstabelle Anorganische Verbindungen (Fortsetzung)

Formel	Name	Zu- stand	Mol- Masse Dichte $10^3\,kg \cdot m^{-3}$	Kristalldaten System, Typ und Symbol	Einheitszelle Kanten- länge in pm	 Winkel und *Z*	Brechzahl n_D
Cs	**Caesium**						
Cs_2TeBr_6 [16925-33-0]	hexa- bromo- tellurat	f	872,83	kub. $I1_1$ O_h^5, $Fm\bar{3}m$	1091,9	$Z=4$	
Cs_2TeCl_6 [17498-83-8]	hexa- chloro- tellurat	f	606,13 3,51	kub. $I1_1$ O_h^5, $Fm3m$	1045	$Z=4$	
Cs_2TeI_6 [22505-67-5]	hexaiodo- tellurat	f	1154,84 4,7	kub. $I1_1$ O_h^5, $Fm3m$	1172	$Z=4$	
Cs_2ZrCl_6 [16918-86-8]	hexa- chloro- zirkonat	f	569,75 3,33	kub. $I1_1$ O_h^5, $Fm3m$	1040,7	$Z=4$	
Cu	**Kupfer**						
Cu_3As [12005-75-3]	Tri… arsenid	f	265,56 8,0	kub. T_d^6, $I\bar{4}3d$	995	$Z=16$	
$Cu_3[AsO_4]_2$ [7778-41-8]	(II)-ortho- arsenat	f	468,46 5,18	mkl. $P2_1/c$	539 1164 508	111,71° $Z=2$	
$Cu_2(OH)AsO_4$ [12774-48-0]	ortho- arsenat, bas.	f	283,01 4,54	mkl. C_{2h}^5, $P2_1/n$	823 861 594	90,1° $Z=4$	1,772 1,810 1,863
$Cu_3(AsO_4)_2$ $\cdot 4\,H_2O$ [13478-34-7]	tetrahydrat	f	540,54 3,86				
$Cu_3(AsO_4)_2$ $\cdot 5\,H_2O$	pentahydrat	f	558,53	hex. C_{6h}^2, $P6_3/m$	1361 590	$Z=4$	
$Cu_2As_2O_7$ [69938-36-9]	(II)-di- arsenat	f	388,32 4,67	mkl.	700 821 913	108,9°	

Phasen-umwandlungen			Standardwerte bei 298,15 K				Bemerkungen und Charakteristik
°C		ΔH kJ/Mol	C_p J/KMol	S^0 J/KMol	ΔH_B^0 kJ/Mol	ΔG_B^0 kJ/Mol	
							rubinrote Oktaeder, luftbeständig; zers. W → TeO_2; l. verd. HBr, durch konz. HBr ausfällbar; unl. Al
							gelbe, stark glänzende Oktaeder, luftbeständig; zers. W → TeO_2; l. verd. HCl, durch konz. HCl wieder ausfällbar; unl. Al
							schw. amorphes Pulver, gibt an der Luft langsam I_2 ab; zers. W → TeO_2; fast unl. HI; unl. Al
							weißes, krist. Salz; zers. leicht an der Luft
830	*F*		93,1	137,2	−11,7	−12,3	Domeykit; zinnweiß bis stahlgrau, metallglänzend; synthetisch graue krist. Masse; sehr hart, spröde; Krist. laufen an der Luft sehr leicht an; unl. W; l. HNO_3, Königsw.
			258,2	298,6	−1522,6	−1316,0	Prismen oder Täfelchen, dichroitisch blau und olivgrün; nimmt an der Luft kein H_2O auf; ll. HCl; unl. Py
							Olivenit; hgrüne oder olivgrüne Krist., sehr beständig; l. in starken S
110 250 410	−2*W* −*W* −*W*						grüne, kurze Nadeln; sied. W hydrolysiert; l. in starken S
							Trichalcit; dünne Platten
							grünlichweiß; an Luft beständig; bei Feuchtigkeit Aufnahme von H_2O

Übersichtstabelle Anorganische Verbindungen (Fortsetzung)

Formel	Name	Zustand	Mol-Masse Dichte $10^3 kg \cdot m^{-3}$	Kristalldaten System, Typ und Symbol	Einheitszelle Kantenlänge in pm	Winkel und Z	Brechzahl n_D
Cu	**Kupfer**						
$Cu_2As_2O_7 \cdot H_2O$ [77464-78-9]	monohydrat	f	406,93				
$Cu_2As_2O_7 \cdot 3H_2O$ [133963-54-9]	trihydrat	f	442,96 3,70	trikl. P	639,5 811,0 1573	92,01° 93,87° 95,02°	1,685 1,690
$Cu_3As_2O_8$ [79304-52-2]	(I)-diarsenat	f	468,5 5,18	mkl. C_{2h}^5, $P2_1/c$	539 1164 508	111,7°	
$Cu_4(AsO_2)_6 \cdot (CH_3CO_2)_2$ [12310-22-4]	(II)-arsenitacetat	f	1013,77 3,18...3,3				
Cu_3B_2 [12228-45-4]	Tri... diborid	f	212,26 8,116				
$Cu[BF_4]_2 \cdot 6H_2O$ [14735-84-3]	(II)-tetrafluoroborat hexahydrat	f	345,24 2,253	mkl.			
CuB_2O_4 [10290-09-2]	(II)-metaborat	f	149,16 3,859	tetr. D_{2d}^{12}, $I\bar{4}2d$	1148,4 562,0	$Z = 12$	
$CuBr$ [7787-70-4]	(I)-bromid	f	143,45 4,98	kub. $B3$ T_d^2, $F\bar{4}3m$	569,05	$Z = 4$	2,116
$CuBr_2$ [7789-45-9]	(II)-bromid	f	223,35 4,77	mkl. C_{2h}^3, $C2/m$	714 346 702	119,8° $Z = 2$	

Phasen-umwandlungen			Standardwerte bei 298,15 K				Bemerkungen und Charakteristik
°C		ΔH kJ/Mol	C_p J/KMol	S^0	ΔH_B^0 kJ/Mol	ΔG_B^0	
200	−W						grüne, hygr. Verbindung; l. in starken S, wss. NH_3
120	−2W						hblaue oder hgrüne glänzende Tafeln oder Blättchen; l. in starken S, wss. NH_3, Geminit
							Lammerit; dkl-grün
							Schweinfurter Grün; smaragdgrüne Krist., tafel-, nadel-, kugelförmig; an Luft nicht verändert; unl. W; wird aber durch W hydrolysiert; l. HCl beim Erhitzen, Bromwasser; teilweise l. h. Egs; zers. Alk; zers. S → As_2O_5; l. NH_3 tiefblau
							rötlichgelber, met. Körper; läßt sich trotz seiner Sprödigkeit hämmern
							eisblumenartig aussehende Kristallmasse; sehr zerfl.; ll. W, Al
1060	*Z*						blaue, doppelbrechende Nadeln; unl. k. verd. S, wss. Alk; staubfein gepulvert l. h. konz. HCl; Abschrecken → tief dklgrünes, fast schw. Glas, pulverisiert rasch l. verd. S
384 468 486 1343	U_1 U_2 *F* *V*	4,6 2,1 5,1 14,0	54,74	96,1	−105,6	−101,7	$\bar{\alpha}$ (303...348 K) = 20,7 · $10^{-6} K^{-1}$; $\varkappa$(0,101 MPa; 303 K) = 2,90 · 10^{-5} MPa^{-1}; ϵ(3 · 10^6 Hz) = 8,0; feine, weiße Krist. mit gelblichem Stich; verfärbt sich leicht; swl. W; l. HBr, HCl, HNO_3, wss. NH_3; unl. Egs, h. konz. H_2SO_4: L Acetonitril 3,7%; U_1 → hex., *a* = 406, *c* = 666 pm; U_2 → kub, *a* = 456 pm
498 900	*F* *V*		75,7	128,9	−138,5	−121,6	grauschw. met. glänzende Krist.; LW 20° 56%; l. Al, Aceton, Py, wss. NH_3; unl. Bzl; Z. bei 327°, p_{Br_2} = 1013 hPa

Übersichtstabelle Anorganische Verbindungen (Fortsetzung)

Formel	Name	Zustand	Mol-Masse	Dichte $10^3\,kg \cdot m^{-3}$	Kristalldaten: System, Typ und Symbol	Einheitszelle: Kantenlänge in pm	Einheitszelle: Winkel und Z	Brechzahl n_D
Cu	**Kupfer**							
Cu_2C_2 [1117-94-8]	(I)-acetylid	f	151,11	4,62				
CuCN [544-92-3]	(I)-cyanid	f	89,56	2,92	orh.	1279 1814 782	$Z = 36$	1,73 1,80 2,07
$Cu(CN)_2$ [14763-77-0]	(II)-cyanid	f	115,58					
CuCON [94833-09-7]	(I)-fulminat	f	105,56					
$CuCO_3 \cdot Cu(OH)_2$ [1319-53-5]	Malachit	f	221,12	4,0	mkl. C_{2h}^5, $P2_1/a$	950,2 1174 324,0	98,7° $Z = 4$	1,655 1,875 1,909
$2\,CuCO_3 \cdot Cu(OH)_2$ [1319-45-5]	Azurit	f	344,67	37,7	mkl. $G7_4$ C_{2h}^5, $P2_1/c$	500,8 584,4 1033,6	92,5° $Z = 2$	1,730 1,758 1,838
$CuHCO_2$ [624-88-4]	(I)-formiat	f	108,56					
$Cu(HCO_2)_2$ [544-19-4]	(II)-formiat	f	153,58	2,54	mkl. C_{2h}^5, $P2_1/a$	819,5 792,5 362,0	122,21°	
$Cu(HCO_2)_2 \cdot 2\,H_2O$ [22992-79-6]	dihydrat	f	189,61	2,25	mkl. C_{2h}^5, $P2_1/c$	848 713 934	97° $Z = 4$	

Phasen-umwandlungen			Standardwerte bei 298,15 K				Bemerkungen und Charakteristik
°C		ΔH kJ/Mol	C_p J/KMol	S^0	ΔH_B^0 kJ/Mol	ΔG_B^0	
	Exp.						schw. pulveriges Präparat; expl. bei Erschütterung oder Berührung mit scharfkantigen Gegenständen oder bei 120° in Gegenwart von Luft; in CO_2 nicht expl.; Z. W; l. KCN; zers. S
473 (in N_2)	*F*	12,6	61,0	90,0	95,0	108,3	weiße, sehr kleine Krist.; unl. W, sied. verd. H_2SO_4, Al; l. wss. NH_3, KCN, sied. verd. HCl, $HNO_3 \rightarrow$ HCN-Entwicklung; mäßig l. fl. NH_3; swl. Py, l. S
	Z						gelber Nd.; färbt sich mit fl. NH_3 tiefblau und ist teilweise l.
							hgraues Produkt mit grünlichem Stich, an trockener Luft beständig; gegen Schlag empfindlich; unl. W; Verpuffungstemp. 205°
200	*Z*						$\epsilon(10^{12}$ Hz$) = 7{,}2$; Krist. selten, meist nadelförmig oder glaskopfartige Aggregate; künstlicher Malachit grüne Krist., unl. W, Al; l. verd. S, wss. NH_3, KCN
220	*Z*						Kupferlasur; flächenreiche Krist., auch in kugeligen Gruppen; zers. HCl; durch Aufnahme von H_2O und Verlust von $CO_2 \rightarrow$ Malachit, l. wss. NH_3, h $NaHCO_3$-Lsg
							fbl. sehr leichte Nadeln; an feuchter Luft schnell or.rot $\rightarrow Cu_2O$; zers. W $\rightarrow Cu_2O + HCO_2H$; zers. S, wss. NH_3; mit wss. $HCO_2H \rightarrow$ met. Cu + Cu(II)-formiat
					−750		blaue Kristallkrusten; wl. fl. NH_3 aus dem Tetrahydrat
							hblaue Tafeln; im Vak. bei 110° $-H_2O$, Z. ab 200°

Übersichtstabelle Anorganische Verbindungen (Fortsetzung)

Formel	Name	Zustand	Mol-Masse / Dichte $10^3\,kg \cdot m^{-3}$	Kristalldaten: System, Typ und Symbol	Einheitszelle: Kantenlänge in pm	Einheitszelle: Winkel und Z	Brechzahl n_D
Cu	**Kupfer**						
$Cu(HCO_2)_2 \cdot 4\,H_2O$ [5893-61-8]	tetrahydrat	f	225,64 1,812	mkl. C^3_{2h}, $C2/m$	815,6 812,8 629,0	101,08° $Z = 2$	1,4143 1,5423 1,5571
$CuCH_3CO_2$ [598-54-9]	(I)-acetat	f	122,58				
$Cu(CH_3CO_2)_2$ [19955-76-1]	(II)-acetat	f	181,64 1,93	tetr.	1336 1508		
$Cu(CH_3CO_2)_2 \cdot H_2O$ [6046-93-1]	monohydrat	f	199,65 1,882	mkl. C^6_{2h}, $C2/c$	1317,1 855,8 1386,3	117,1° $Z = 8$	1,545 1,550
$CuCl$ [7758-89-6]	(I)-chlorid	f	99,00 4,14	kub. $B3$ T^2_d, $F\bar{4}3m$	541,6	$Z = 4$	1,930
$CuCl_2$ [7447-39-4]	(II)-chlorid	f	134,45 3,386	mkl. C^3_{2h}, $B2/m$	681,4 329,6 662,2	118,29°	
$CuCl_2 \cdot 2\,H_2O$ [10125-13-0]	dihydrat	f	170,48 2,39	orh. $C45$ D^7_{2h}, $Pbmn$	741,64 809,26 374,94	$Z = 2$	1,644 1,683 1,731

Phasen-umwandlungen			Standardwerte bei 298,15 K				Bemerkungen und Charakteristik
°C		ΔH kJ/Mol	C_p J/KMol	S^0	ΔH^0_B kJ/Mol	ΔG^0_B	
130	$-W$				−1955		blaue, durchsichtige, große Krist., auch grünlich blau; oft tafelig; LW 20° 1 g $Cu(HCO_2)_2 \cdot 4H_2O$/8 g H_2O; L Al 86% 17° 1 g/400 g Al
							weiße Krist., leichte, wollige, krist. Masse; an trockener Luft ziemlich beständig; Geschmack ätzend und stumpf; durch W zers. → Cu_2O + Cu(II)-acetat
					−894		blaue Krist.; ll. W, Egs, Py; L Me 15° 0,48 g/100 g Lösm.; l. E
115	$-W$				−1189		grüne, durchsichtige, glasglänzende Krist., pleochroitisch hgrün-dklblau; LW 25° 6,79%; L Al 0° 0,33 g/100 ml abs. Al; wl. E
412 423 1490	U F V	7,1 165,7	52,5	 87,7	−155,6	 −138,7	$\bar{\alpha}$ (303 ... 348 K) = 21.8 · 10^{-6} K^{-1}; $\varkappa$(0 ... 1200 MPa; 303 K) = (2,463 · 10^{-6}–13,9 · 10^{-11} p) MPa^{-1}; reinweißes Pulver, schneeweiße mikroskopische Krist.; LW 25° 1,5%; l. HCl, NH_3, Py, ll. Acetonitril; unl. abs. Al, Aceton, U → tetr., a = 391, c = 642 pm
370 488 628 993 Z	U U F V	0,71	71,9	 108,1	−218,0	 −173,8	Tolbachit; ε (3 · 10^6 Hz) = 10; gelbe mikroskopische Krist.; hygr. Pulver, an der Luft grün → Dihydrat; LW 20° 42,2%, Bdk. $3H_2O$; L Al 20° 33,2%, Bdk. $2C_2H_5OH$; L Me 20° 37%, Bdk. $2CH_3OH$; L Aceton 22° 2,2%
100	$-W$				−808		* im eigenen Kristallwasser; Eriochalcit; hblaue Krist. mit grünlichem Stich; glänzende, durchsichtige Nadeln; zerfl. an feuchter Luft; LW s. $CuCl_2$; ll. Al, Me, Aceton, Py, NH_4Cl

Übersichtstabelle Anorganische Verbindungen (Fortsetzung)

Formel	Name	Zustand	Mol-Masse Dichte $10^3\,kg \cdot m^{-3}$	Kristalldaten: System, Typ und Symbol	Einheitszelle: Kantenlänge in pm	Einheitszelle: Winkel und Z	Brechzahl n_D
Cu	**Kupfer**						
$[Cu(NH_3)_6]Cl_2$ [14854-78-5]	(II)-hexammin-chlorid	f	236,64 1,48	tetr. D_{4h}^1, $P4/mmm$	1038 948		
$Cu(ClO_3)_2 \cdot 6\,H_2O$	(II)-chlorat hexahydrat	f	338,54	kub.			
$Cu(ClO_4)_2 \cdot 6\,H_2O$ [10294-46-9]	(II)-perchlorat hexahydrat	f	370,54 2,22				1,505
CuF [13478-41-6]	(I)-fluorid	f	82,54 7,07	kub. *B*3 T_d^2, $F\bar{4}3m$	426	$Z = 4$	
CuF_2 [7789-19-7]	(II)-fluorid	f	101,54 4,23	mkl. C_{2h}^5, $P2_1/n$	330 456 461	83,3° $Z = 2$	
$CuF_2 \cdot 2\,H_2O$ [13454-88-1]	dihydrat	f	137,57 2,934	mkl. C_{2h}^3, $C2/n$	641,2 740,3 330,25	99,77° $Z = 2$	1,502 1,522 1,534
CuH [13517-00-5]	hydrid	f	64,55 6,38	hex. *B*4* C_{6v}^4, $P6_3mc$	292 462	$Z = 2$	
$Cu_2[HgI_4]$ [13876-85-2]	(I)-tetraiodomercurat-(II)	f	835,30 α 6,116 β 6,102	β tetr. D_{2d}^{11}, $I\bar{4}2m$	607,80 1225,40	$Z = 2$	

Phasen-umwandlungen			Standardwerte bei 298,15 K				Bemerkungen und Charakteristik
°C		ΔH kJ/Mol	C_p J/KMol	S^0 J/KMol	ΔH_B^0 kJ/Mol	ΔG_B^0 kJ/Mol	
							$\chi_{Mol} = + 1480 \cdot 10^{-6}$ cm³ Mol⁻¹; blaues Pulver, an Luft unter NH_3-Verlust grün; ll. W blau; viel W zers. → $Cu(OH)_2$; unl. fl. NH_3
65 100	*F* *Z*						grüne Krist.; sehr zerfl.; LW 20° 69,5%, Bdk. 4 H_2O; ll. Al
82	*F*						kleine, hblaue Krist.; sehr zerfl.; Z. ab 120°, LW 0° 54,3%; l. Al, E; wl. wfrei HF
908 * ~1100	*F* Sb		49,9	64,9	−280,3	259,5	* unter Druck; bildet sich in Schmelzen als rote, durchsichtige Masse, zerfällt in Cu + CuF_2; unl. W; Al; l. HCl, HNO_3
836 1670	*F* *V*	55,2 81,1	65,6	77,4	−538,9	−491,6	$\chi_{Mol} = + 1050 \cdot 10^{-6}$ cm³ Mol⁻¹; rein weißes, krist. Pulver, am Licht langsam blauviol., an feuchter Luft grün; LW 25° 0,07%, Bdk. 2 H_2O; l. verd. HNO_3, HCl, H_2SO_4, Py; swl. Al; unl. Aceton, Egester
130	*Z*		151,4		−1148	−985	$\chi_{Mol} = + 1600 \cdot 10^{-6}$ cm³ Mol⁻¹; hblaue, kleine Krist.; LW s. CuF_2
			29,19 **	196,12 **	297 **	278 **	** für den gasförmigen Zustand; für festes CuH ist $\Delta H_B = 21{,}4$ kJ/Mol; dklbraunes Pulver, trocken rotbraun, gealtert schw. mit etwa 60% CuH; zers. W → H_2; l. HCl → H_2; l. $FeCl_3$-Lsg., $AuCl_3$-Lsg. → H_2
70 90	U_1 U_2						rotes Krist.pulver oder kleine, tafelförmige Krist.; bei U_2: β → γ, kub. *B*3, T_d^2, $F\bar{4}3m$, $a = 611{,}5$ pm, $Z = 1$

Übersichtstabelle Anorganische Verbindungen (Fortsetzung)

Formel	Name	Zustand	Mol-Masse	Dichte $10^3\,kg \cdot m^{-3}$	Kristalldaten System, Typ und Symbol	Einheitszelle Kantenlänge in pm	Einheitszelle Winkel und Z	Brechzahl n_D
Cu	**Kupfer**							
CuI [7681-65-4]	(I)-iodid	f	190,45	5,62	γ: kub. $B3$ T_d^2, $F\bar{4}3m$	605,1	$Z = 4$	2,346
$[Cu(NH_3)_6]I_2$ [18854-80-9]	Hexammin-kupfer(II)-iodid	f	419,53	2,14	kub. O_h^5, $Fm3m$	1072	$Z = 4$	
$[CuBr_3]K$ [23342-78-1]	Kalium-tribromo-cuprat-(II)	f	342,37		mkl. C_{2h}^2, $P2_1/m$	929 1443 428	97,53° $Z = 4$	
$[Cu(CN)_2]K$ [13682-73-0]	Kalium-dicyano-cuprat-(I)	f	154,67	2,38	mkl. C_{2h}^5, $P2_1/c$	757 782 745	102,2° $Z = 4$	1,589 1,705 1,718
$[Cu(CN)_4]K_2$ [22853-59-4]	Kalium-tetra-cyano-cuprat-(II)	f	245,81					
$[Cu(CN)_4K_3$ [14263-73-1]	Kalium-tetra-cyano cuprat-(I)	f	284,92	2,03	trig. D_3^7, $R32$	802	74,1° $Z = 2$	1,555 1,547
$[CuCl_3]K$ [13877-25-3]	Kalium-trichloro-cuprat-(II)	f	209,00	2,86	mkl. C_{2h}^5, $P2_1/c$	403,1 1378,8 873,2	97,17° $Z = 4$	1,670 1,890
$[CuCl_4]K_2 \cdot 2\,H_2O$ [10085-76-4]	Kalium-tetrachloro-cuprat-(II) dihydrat	f	319,59	2,392	tetr. $H4_1$ D_{4h}^{14}, $P4_2/mnm$	745,4 790,9	$Z = 2$	1,613 1,638

Phasenumwandlungen			Standardwerte bei 298,15 K				Bemerkungen und Charakteristik
°C		ΔH kJ/Mol	C_p J/KMol	S^0	ΔH_B^0 kJ/Mol	ΔG_B^0	
369	U_1	3,10	54,0		−67,8		$\bar{\alpha}$ (303...348 K) = 24,4 · 10⁻⁶ K⁻¹; $\varkappa$(0...1200 MPa; 303 K) = (2,752 · 10⁻⁶ − 24,8 · 10⁻¹¹ p) MPa⁻¹; weißes, krist. Pulver, leicht graustichig; allmählich bräunliche Verfärbung; LW 18° 4,3 · 10⁻⁴%; l. KI; KCN, verd. NaOH, h. konz. HCl; zers. konz. HNO₃, H₂SO₄; ll. fl. NH₃; unl. Al U_1: → hex, $P3m1$, β, a = 428, c = 717 pm, U_2: → kub, α, 615 pm
407	U_2	2,65		96,6		−69,4	
605	F	7,9					
1290	V	130					
							χ_{Mol} = + 1426 · 10⁻⁶ cm³ Mol⁻¹; dklblaue Krist. oder krist. Pulver; an der Luft langsam schw. → CuI₂ · 3 1/3 NH₃
							fast schw. glänzende Prismen, in geringer Dicke rot; luftbeständig
							fbl. bis blaßgelbe, durchsichtige Krist. oder perlmuttartige Blättchen; wl. k. W; sied. W zers.; l. wss. NH₃ blau; zers. S → HCN-Entwicklung
							weiße Krist.; ll. W; die wss. Lsg. löst Ag und Au
							fbl. durchsichtige Krist.; zerfl.; ll. W, zers. S → HCN-Entwicklung
							granatrote, feine Nadeln; ll. W
							grüne Krist.; l. W, wfrei braunrote, krist. Masse, Mitscherlichit

Übersichtstabelle Anorganische Verbindungen (Fortsetzung)

Formel	Name	Zustand	Mol-Masse / Dichte $10^3\,kg \cdot m^{-3}$	Kristalldaten: System, Typ und Symbol	Einheitszelle: Kantenlänge in pm	Einheitszelle: Winkel und Z	Brechzahl n_D
Cu	**Kupfer**						
$[CuF_4]K_2$ [17712-46-8]	Kalium-tetra-fluoro-(II)-cuprat	f	217,74 / 3,29	tetr. D_{4h}^{17}, *I4/mmm*	415,5 1274	$Z=2$	
Cu_3N [1308-80-1]	(I)-nitrid	f	204,64 / 5,84	kub. $D0_9$ O_h^1, *Pm3m*	381,5	$Z=1$	
CuN_3 [14336-80-2]	(I)-azid	f	105,57 / 3,26	tetr. C_{4h}^6, $I4_1/a$	865,3 559,4	$Z=8$	
$Cu(N_3)_2$ [14215-30-6]	(II)-azid	f	147,59 / 2,58	orh. D_{2h}^{16}, *Pbnm*	908,4 1345,0 307,9	$Z=4$	
$Cu(NO_3)_2 \cdot 3H_2O$ [10031-43-3]	(II)-nitrat trihydrat	f	241,60 / $2,32_4^{25}$	mkl. C_{2h}^6, *I2/c*	1646,2 494,1 1596,5	93,76° $Z=8$	1,43 1,49
$Cu(NO_3)_2 \cdot 6H_2O$ [13478-38-1]	hexahydrat	f	295,65 / 2,074	trikl. C_i^1, $P\bar{1}$	591,1 776,8 543,2	97,65° 93,88° 72,53° $Z=1$	
$[Cu(NH_3)_2 \cdot (NO_3)_2]$ [15414-04-7]	(II)-di-ammin-nitrat	f	221,61 / 2,17				
$[Cu(NH_2CH_2 \cdot CH_2NH_2)] (NO_3)_2 \cdot 2H_2O$	ethylen-diamin-nitrat dihydrat	f	283,68 / 1,677				

Phasen-umwandlungen			Standardwerte bei 298,15 K				Bemerkungen und Charakteristik
°C		ΔH kJ/Mol	C_p J/KMol	S^0	ΔH_B^0 kJ/Mol	ΔG_B^0	
							blaß blaugrüne, körnige Krist.; ll. W
>300*	*Z*		90,8		74,4		* *Z*. → Cu + N_2; dklgrünes oder schw. Pulver; glänzende, schw. Schuppen; an Luft beständig; zers. W unter Wärmeentwicklung; mit konz. S heftige *Z*.→ Cu + N_2; ll. verd. S unter Bildung von NH_4-Salz; langsame *Z*. durch Alk → NH_3-Entwicklung
				166,0	251,9	297,7	fbl. Krist.; außerordentlich expl.; lichtempfindlich; Verfärbung nach dklrot; LW 20° 0,0075 g/l; l. wss. NH_3, NH_4Cl-Lsg.; mit konz. H_2SO_4 → Abscheidung von Cu; L 2% HN_3 20° 0,289 g/l
							Farbe je nach Darstellung. Fällung Cu^{++} + NaN_3 → dklbraun, sehr feinkrist.; Cu + HN_3 → glänzende, schw.-braune Kristallnadeln, konz. HN_3 + CuO → moosgrüne, met.glänzende Nadeln; sehr expl., heftige Detonation; LW 20° 0,08 g/l; beim Kochen Hydrolyse → CuO + HN_3; l. HN_3; ll. S
114,5 170	*F* *V*				−1218		gut ausgebildete, blaue Krist.; zerfl.; LW 20° 57%, Bdk. 6 H_2O; L Al 12,5° 50%
26,4	−*W*	36,4	415		−2110		* im eigenen Kristallwasser unter Bildung des Trihydrats; blaßblaue Krist.; zerfl.; LW 243,7 g 100 cm^{-3} 0 °C im Vak. → Trihydrat
							hblaues Salz; unl. W; l. konz. NH_3
213	*F*						sehr beständige Verbindung; ll. W blauviol.; Fällungsreagenz für Hg und Cd gewichtsanalytisch

Übersichtstabelle Anorganische Verbindungen (Fortsetzung)

Formel	Name	Zustand	Mol-Masse Dichte $10^3\,kg \cdot m^{-3}$	Kristalldaten System, Typ und Symbol	Einheitszelle Kantenlänge in pm	 Winkel und Z	Brechzahl n_D
Cu	**Kupfer**						
$[CuCl_3]NH_4$ [31247-73-1]	Ammonium-trichloro-cuprat-(II)	f	187,97 2,42	mkl. C_{2h}^5, $P2_1/c$	400,3 1418,7 897,8	96,47° $Z=4$	1,660 1,850
$[CuCl_4](NH_4)_2 \cdot 2H_2O$ [10060-13-6]	Ammonium-tetrachloro-cuprat-(II)-dihydrat	f	277,46 1,98	tetr. $H4_1$ D_{4h}^{14}, $P4_2/mnm$	758 796	 $Z=2$	1,744 1,724
Cu_2O [1317-39-1]	(I)-oxid	f	143,09 6,0	kub. $C3$ O_h^4, $Pn3m$	426,96	 $Z=2$	2,705
CuO [1317-38-0]	(II)-oxid	f	79,55 6,3–6,49	mkl. $B26$ C_{2h}^6, $C2/c$	468,4 342 512,9	99,5° $Z=4$	n_β(rot) = 2,63
$Cu(OH)_2$ [20427-59-2]	(II)-hydroxid	f	97,56 3,93	orh. D_{2h}^{17}, $Cmcm$	295,1 1059,2 527,3	 $Z=4$	1,720 1,800
$Cu(OCN)_2$ [22620-90-2]	(II)-cyanat	f	147,57 2,418				
Cu_3P [12019-57-7]	Tri… phosphid	f	221,61 7,147	trig. D_{3d}^4, $P\bar{3}c1$	695,4 714,9	 $Z=6$	
CuP_2 [12019-11-3]	diphosphid	f	125,49 4,20	mkl. C_{2h}^5, $P2_1/c$	580,2 480,7 752,5	112,68° $Z=4$	

Phasen-umwandlungen °C		ΔH kJ/Mol	Standardwerte bei 298,15 K: C_p J/KMol	S^0 J/KMol	ΔH_B^0 kJ/Mol	ΔG_B^0 kJ/Mol	Bemerkungen und Charakteristik
>400	*Z*						dklrote Krist.
120	−2W				−430,6		blaue bis grünliche Krist.; LW 20° 25,9%, Bdk. 2 H_2O; wfrei; fbl. Krist., an Luft schnell braun, dann grün
1244 1800	*F* *V*	64,8	62,5	92,3	−170,7	−147,9	$\varkappa$ (...1200 MPa; 303 K) = $(1{,}909 \cdot 10^{-6} - 19{,}66 \cdot 10^{-11}\ P)\ MPa^{-1}$; Halbleiter; $\varepsilon = 10{,}5$; rote Krist. oder rotes Pulver; LW 20° 0,1 mg/l Lsg.; l. verd. S, NH_4Cl-Lsg., wss. NH_3; unl. Al Cuprit [1308-76-5]
1326	*F*		42,2	42,59	−156,1	−128,3	Halbleiter, Tenorit, Melaconit; eisenschw. Pulver, gefällt dklbraun, beim Erhitzen blaustichig schw.; LW 20° 0,15 mg/l Lsg.; unl. Al, Aceton, NH_4Cl; l. verd. S, $(NH_4)_2CO_3$, KCN; L 70% NaOH 1 Tl. Cu/30 Tl. Na; stark geglühtes CuO löst sich auch in h. konz. S schwer
			95	108	−450	−373	Spertinit; Gel oder Krist., blau; LW 20° $5{,}3 \cdot 10^{-5}$ g/l Lsg.; L 12N-NaOH 30 g/l, 1 N-NaOH 1,88 Millimol Cu/l; l. S, NH_3, KCN
							dklmoosgrünes Produkt; >80° Z. → CO_2 + Cu-cyanid
1022	*F*		87,8	119,2	−151,5	−145,1	$\chi_{Mol} = -33 \cdot 10^{-6}\ cm^3\ Mol^{-1}$; stahlgraues, sprödes Produkt, aus wss. Medium erhaltenes ist schw.; unl. W, HCl; ll. HNO_3; beim Kochen mit konz. HCl → PH_3; HT Mod: >550 °C, hex. D^3_{3d}, $P\bar{3}m1$, $a = 409{,}2$, $c = 718{,}6$ pm, $Z = 2$
			71,1	81,6	−121,0	−110,9	$\chi_{Mol} = -35 \cdot 10^{-6}\ cm^3\ Mol^{-1}$; grauschw. körniges Pulver oder glänzende Nadeln je nach Darst.; bei Rotglut Oxid. an Luft; reagiert nur langsam mit HCl-Lsg.; langsam l. sied. HNO_3

Übersichtstabelle Anorganische Verbindungen (Fortsetzung)

Formel	Name	Zustand	Mol-Masse / Dichte $10^3\,kg \cdot m^{-3}$	Kristalldaten: System, Typ und Symbol	Einheitszelle: Kantenlänge in pm	Einheitszelle: Winkel und Z	Brechzahl n_D
Cu	**Kupfer**						
$Cu_2P_2O_7$ [15191-80-7]	(II)-pyrophosphat	f	301,03 4,15	mkl. C_{2h}^6, $C2/c$	687,6 811,3 916,2	109,54° $Z=4$	
$Cu_3(PO_4)_2$ [7798-23-4]	(II)-phosphat	f	380,59				
$Cu_3(PO_4)_2 \cdot Cu(OH)_2$ [1318-84-9]	(II)-phosphat, bas.	f	478,12 3,97	orh. D_{2h}^{12}, $Pnnm$	806,33 839,81 588,73	$Z=2$	1,701 1,743 1,787
$CuSO_4 \cdot Rb_2SO_4 \cdot 6\,H_2O$ [21349-43-9]	Rubidiumkupfersulfat	f	534,70 2,57	mkl. C_{2h}^5, $P2_1/a$	926,7 1236,6 622,8	105,32° $Z=2$	1,4886 1,4906 1,5036
Cu_2S [22205-45-4]	(I)-sulfid	f	159,15 5,6	mkl. C_{2h}^5, $P2_1/c$	1523,5 1188,5 1349,6	116,26° $Z=[48]$	
CuS [1317-40-4]	(II)-sulfid	f	95,61 4,671	hex. *B*18 D_{6h}^4, $P6_3/mmc$	379,2 1634,4	 $Z=6$	1,45
$CuSCN$ [1111-67-7]	(I)-thiocyanat	f	121,62 2,98	orh. D_{2h}^{15}, $Pcab$	725,5 1105,1 668,3	 $Z=8$	

Phasen-umwandlungen			Standardwerte bei 298,15 K				Bemerkungen und Charakteristik
°C		ΔH kJ/Mol	C_p J/KMol	S^0	ΔH_B^0 kJ/Mol	ΔG_B^0	
~70	U						hblaues, krist. Pulver, unl. W; wl konz. S; l. h. HCl, HNO_3
							graugrüne Krist., gelbdurchscheinende Blättchen, gelbgrünes Pulver; unl. W, verd. HCl; etwas l. sied. verd. HNO_3; ll. konz. H_2SO_4
							Libethenit; grünlichgraues, krist. Pulver
							blaßgrünlichblaue, tafelförmige Krist.; ll. W
110 440 1127	U_1 U_2 F	36 1,2 12,8	76,9	116,2	−81,2	−86,5	U $C_{2v}^5 \rightarrow D_{6h}^4$, $P6_3/mmc$, $a = 396{,}1$, $c = 672{,}2$ pm, β-Cu_2S, $Z = 2$, U_2: γ-Cu_2S, kub. $a = 572{,}5$ pm, 465 °C; Halbleiter, Chalcosit; schwärzlich bleigraues, krist. Pulver; LW 25° $1{,}9 \cdot 10^{-12}$ g/l Lsg.; l. Königsw.; langsam l. verd. HNO_3 beim Erwärmen, sied. konz. HCl; verd. HCl greift nicht an
507	Z		47,82	66,5	−53,1	−53,5	Covellin, Kupferindig; schw. glänzende, mikroskopische Krist.; als feines Pulver tiefblau; LW 18° $3 \cdot 10^{-4}$ g/l Lsg.; l. HNO_3, h. konz. HCl, H_2SO_4, KCN; unl. Alk, saurer konz. Alk-chloridlsg., fl. NH_3, Aceton, Egester
1094	F						weißes, körniges Pulver; LW 18° $5 \cdot 10^{-5}$%; l. wss. NH_3, KSCN, E; unl. verd. S; β-Mod: hex, $R\bar{3}m$, $a = 385{,}7$, $c = 1644{,}9$ pm, $Z = 3$

Übersichtstabelle Anorganische Verbindungen (Fortsetzung)

Formel	Name	Zustand	Mol-Masse / Dichte $10^3\,kg \cdot m^{-3}$	Kristalldaten: System, Typ und Symbol	Einheitszelle: Kantenlänge in pm	Einheitszelle: Winkel und *Z*	Brechzahl n_D
Cu	**Kupfer**						
$Cu(SCN)_2$ [15192-76-4]	(II)-thiocyanat	f	179,70 2,356				
$[Cu(NH_3)_4] \cdot (SCN)_2$	(II)-tetrammin-thiocyanat	f	247,83				
$CuSO_4$ [18939-61-2] [10124-44-4]	(II)-sulfat	f	159,60 3,606	orh. D_{2h}^{16}, *Pmnb*	669,82 839,56 482,91	$Z = 4$	1,724 1,733 1,739
$CuSO_4 \cdot H_2O$ [155146-37-5]	monohydrat	f	177,62 3,149	trikl. C_i^1, $P\bar{1}$	517,0 503,8 757,5	108,37° 108,60° 90,93° $Z = 2$	1,625 * 1,671 1,699
$CuSO_4 \cdot 3\,H_2O$ [98924-22-2]	trihydrat	f	213,65 2,66	mkl. C_s^4, *Cc*	559 1303 734	97,1° $Z = 4$	1,559 1,615
$CuSO_4 \cdot 5\,H_2O$ [7758-99-8]	pentahydrat	f	249,68 2,286	trikl. $H4_{10}$ C_i^1, $P\bar{1}$	715,5 1071 595,5	97,63° 125,32° 94,32° $Z = 2$	1,5141 1,5337 1,5443
$[Cu(NH_3)_4]SO_4 \cdot H_2O$ [10380-29-7]	tetrammin-sulfat monohydrat	f	245,74 1,81	orh. D_{2h}^{16}, *Pnma*	708 1202 1066	$Z = 4$	

Phasen-umwandlungen			Standardwerte bei 298,15 K				Bemerkungen und Charakteristik
°C		ΔH kJ/Mol	C_p J/KMol	S^0 J/KMol	ΔH_B^0 kJ/Mol	ΔG_B^0 kJ/Mol	
100	*Z*						schw. krist. Pulver; zers. W, KOH; l. HNO_3, HCl, H_2SO_4 beim Erwärmen über Bildung von CuSCN; l. Al, Aceton, org. Lösm.; mit wss. NH_3 → $[Cu(NH_3)_2](SCN)_2$, hblaue Nadeln, wl. W, oder $[Cu(NH_3)_4](SCN)_2$, dklblaue Tafeln, ll. W
							tiefblaue, glänzende Krist., an Luft $-NH_3$ hblau; l. sied. konz. HCl, k. konz. HNO_3, wss. NH_3; l. W unter Z. zu $[Cu(NH_3)_2](SCN)_2$
200 560	*F* *Z*		98,8	109,0	−771,4	−662,1	Chalcocyanit; blaßgrün, bräunlich. gelblich, auch himmelblau; weißes, krist. Pulver; sehr beständig beim Erhitzen; nimmt leicht W auf →blau; mit trockenem NH_3-Gas → $CuSO_4 \cdot 5\,NH_3$; LW 20° 16,9%, Bdk. $5\,H_2O$; L Me 18° 1,05%, Bdk. 1 CH_3OH; Verw. zum Entwässern hochprozentigen Alkohols
			134,0	146,0	−1085	−918	* für weißes Licht; $\epsilon(1{,}6 \cdot 10^6\,Hz) = 7$; grünweiße, bläulichweiße, blaßblaue Krist.; an der Luft H_2O-Aufnahme → $CuSO_4 \cdot 5\,H_2O$, beim Erhitzen → $CuSO_4$
			205,0	221,3	−1684,3	−1399,9	* für weißes Licht; Bonattit $\chi_{Mol} = +\,1480 \cdot 10^{-6}\,cm^3\,Mol^{-1}$; himmelblaue Krist.; blaßblaues, feinkrist. Pulver; nimmt H_2O auf → $CuSO_4 \cdot 5\,H_2O$; beim Erhitzen → $CuSO_4 \cdot H_2O$
54 110 150	*U* −4W −1W		281,2	300,4	−2279,6	−1879,7	Chalkanthit, Kupfervitriol; blaue Krist.; mit NH_3-Gas → $[Cu(NH_3)_4]SO_4 \cdot H_2O$; LW s. $CuSO_4$; L Al 3° 2,46 g/100 g Lösm.; L Me 18° 15,6 g/100 g Lösm.
150	*Z*						dklblaue Krist. oder feine, blaue Nadeln; verwittern an der Luft unter NH_3-Abgabe zu grünem Pulver; LW 20° 15%; unl. Al, gesättigtem wss. NH_3

Übersichtstabelle Anorganische Verbindungen (Fortsetzung)

Formel	Name	Zustand	Mol-Masse / Dichte $10^3\,kg \cdot m^{-3}$	Kristalldaten: System, Typ und Symbol	Einheitszelle: Kantenlänge in pm	Einheitszelle: Winkel und Z	Brechzahl n_D
Cu	**Kupfer**						
$CuSbS_2$ [16023-82-8]	(I)-thio-antimonit	f	249,42 4,95	orh. $F5_6$ D_{2h}^{16}, $Pnma$	602,11 379,92 1450,9	$Z = 4$	
CuSe [1317-41-5]	(II)-selenid	f	142,51 5,99	hex. D_{6h}^{4}, $P6_3/mmc$	394 1725	$Z = 6$	
Cu_2Se [12015-78-0]	(I)-selenid	f	206,05 6,84	mkl.	1408,7 2048,1 414,5	90,38° $Z = 24$	
$CuSeO_3$ [10214-40-1]	(II)-selenit	f	190,50	orh. D_{2h}^{15}, $Pcab$	596,2 700,8 1223	$Z = 4$	
$CuSeO_3 \cdot 2\,H_2O$ [15168-20-4]	dihydrat	f	226,53 3,31	orh. D_2^4, $P2_12_12_1$	667,1 919,3 738,4	$Z = 4$	1,712 1,732 1,732
$CuSeO_4 \cdot 5\,H_2O$ [10031-45-5]	(II)-selenat pentahydrat	f	296,58 2,559	trikl. C_i^1, $P\bar{1}$	622,4 1087,2 608,1	97,76° 107,07° 77,15° $Z = 2$	1,565
$CuSiF_6 \cdot 4\,H_2O$ [25869-11-8]	hexafluoro-silicat-tetrahydrat	f	277,68 2,158	mkl. C_{2h}^5, $P2_1/c$	536 964 722	105,2°	
$CuSiF_6 \cdot 6\,H_2O$ [12021-69-1]	hexahydrat	f	313,71 2,207	trig. C_{3i}^2, $R\bar{3}$	915 987	$Z = 3$	1,4092 1,4080

Phasen-umwandlungen			Standardwerte bei 298,15 K				Bemerkungen und Charakteristik
°C		ΔH kJ/Mol	C_p J/KMol	S^0 J/KMol	ΔH_B^0 kJ/Mol	ΔG_B^0 kJ/Mol	
542	*F*						Wolfsbergit; Chalcostibit; grau, met. glänzend, l. HNO_3 + Weinsäure; unl. NH_3; zers. h. KOH, h. Alksulfidlsg.
120 377	*U* *Z*	1,4	81,4	78,2	−41,8	−42,7	Klockmannit; blauschw. Nadeln; gibt beim Erhitzen Se ab; l. Br_2 und Br_2-Wasser; l. HCl → H_2Se-Entwicklung, l. H_2SO_4 → SO_2-Entwicklung; HNO_3 oxid. → $CuSeO_3$
122 1113	*U** *F*	6,8	81,4	129,7	−65,2	−71,6	* *U* $O_h^5 \to T_d^2$, *Fm*3*m*, $a = 584$ pm, $Z = 4$, 170 °C; bläulich schw. met. glänzende Krist.; dklbraunes oder dklolivgrünes Pulver gefällt aus Cu^+-Lsg. mit H_2Se; l. Br_2 oder Br_2-Wasser; l. HCl → H_2Se-Entwicklung; l. H_2SO_4 → SO_2-Entwicklung; HNO_3 oxid. in der Wärme → $CuSeO_3$; l. KCN
460	*Z*		97,8	103,5	−431,5	−348,0	kleine, grüne Stäbchen; an der Luft rasch H_2O-Aufnahme; unl. W; l. S, NH_3
							Chalkomenit [14567-89-6]; kleine Kristallkörner, leuchtend blau; Prismen; unl. W. wss. SeO_2-Lsg.; ab 100° Abgabe von H_2O; Clinochalkomenit: mkl. C_{2h}^5, $P2_1/n$, $a = 817{,}7$, $b = 861{,}1$, $c = 629{,}0$ pm, $\beta = 97{,}27°$
1113	*F**						$\chi_{Mol} = +1323 \cdot 10^{-6}\,cm^3\,Mol^{-1}$; * *F* der wfreien Substanz; durchsichtige, glänzende, blaue Krist.; verwittern nur sehr langsam; 50 ... 100° Abgabe von $4H_2O$, 175 ... 250° Abgabe des letzten H_2O; unl. konz. $CuCl_2$-Lsg.; swl. Aceton
							krist. aus Lsg. bei 50° aus; LW 25° 59,08 %, Bdk. $4H_2O$
							blaßblaues, krist. Pulver; verwittert an der Luft; an feuchter Luft zerfl.; ll. W; L wss. Al steigt mit W-Gehalt; zers. durch h. H_2SO_4, NaOH

Übersichtstabelle Anorganische Verbindungen (Fortsetzung)

Formel	Name	Zustand	Mol-Masse / Dichte 10^3 kg · m^{-3}	Kristalldaten: System, Typ und Symbol	Einheitszelle: Kantenlänge in pm	Einheitszelle: Winkel und Z	Brechzahl n_D
Cu	**Kupfer**						
Cu_2Te [12019-52-2]	(I)-tellurid	f	254,68 / 7,27	hex. D_{6h}^1, *P6/mmm*	423 727		
Dy	**Dysprosium**						
$Dy(C_2H_3O_2)_3 \cdot 4H_2O$ [15280-55-4]	(III)acetat tetrahydrat	f	411,70 / 1,994	trikl. C_1^1, *P*1	931,5 969,3 1064	87,6° 116,1° 123,7°	
$DyBr_3$ [14456-48-5]	(III)bromid	f	402,21 / 5,8	trig. C_{3i}^2, $R\bar{3}$	710,8 1915		
$DyCl_3$ [10025-74-8]	(III)-chlorid	f	268,86 / 3,60	mkl. C_{2h}^3, *C2/m*	691 1197 640	111,2° $Z = 4$	
$DyCl_3 \cdot 6H_2O$ [15059-52-6]	hexahydrat	f	376,96				
$Dy(NO_3)_3 \cdot 5H_2O$ [10031-49-9]	(III)-nitrat pentahydrat	f	438,59	trikl.			
DyF_3 [13569-80-7]	(III)fluorid	f	219,50 / 7,45	orh. D_{2h}^{16}, *Pnma*	646 691 438	$Z = 4$	
DyI_3 [15474-63-2]	(III)iodid	f	543,21	hex. C_{3i}^2; $R\bar{3}$	748,8 2083,3	$Z = 6$	
Dy_2O_3 [1308-87-8]	(III)-oxid	f	373,00 / 7,81	kub. $D5_3$* T_h^7, *Ia*3	1066,7	$Z = 16$	1,974

Phasen-umwandlungen			Standardwerte bei 298,15 K				Bemerkungen und Charakteristik
°C		ΔH kJ/Mol	C_p J/KMol	S^0	ΔH_B^0 kJ/Mol	ΔG_B^0	
* 855	 *F*		75,8	134,7	−41,8	−47,5	Halbleiter; Weissit; * zahlreiche Umwandlg. in Überstrukturen eines hexagenolen Gitters, HT-Mod: > 568 °C kub., a = 612 pm; Umwandlungstemp. sehr stark konzentrationsabhängig; bläulich schw. bis schw.; massiv mit unregelmäßigem Bruch; glänzende, blauschw. Krist., auch stahlblau; feuchte Luft greift langsam an; leicht oxidierbar, l. Br_2 und Br_2-Wasser; unl. k. HCl, H_2SO_4
120	−W Z						weiß
881 1480	*F* *V*	37,7 184			−173	−166,5	s.l.l. W, l. Pyr
655 1530	*F* *V*		97,1	154,0	−990,0	−913,7	gelblichweiße, perlmuttglänzende Schuppen; l. W, Me, Al
162	*F*		346,0	401,7	−2870,0	−2450,4	hellgelb, ll. W
88,6	*F**						* im eigenen Kristallwasser; gelbe Krist., ll. W, Al; HNO_3 setzt die Löslichkeit in W herab; an trockener Luft rasche Verwitterung
1030 1157 >2200	*U* *F* *V*	 58,6	94,2	118,8	−1692,0	−1614,4	hgrün, $U \rightarrow$ hex. D_{6h}^3, $P6_3/mcm$, $a = 701$, $c = 705{,}0$ pm, $Z = 6$, unl. W
955 1320	*F* *V*	42 172					gelb-grün, ll. W
1860 2200 2340 3900	U_1 U_2 *F* *V*		115,4	149,8	−1863	−1771	$\chi_{Mol} = + 89600 \cdot 10^{-6}$ $cm^3 Mol^{-1}$; fast weiße Substanz; unl. W.; wl. Ameisensäure; l. S. * C-Typ

Übersichtstabelle Anorganische Verbindungen (Fortsetzung)

Formel	Name	Zustand	Mol-Masse Dichte $10^3\,kg \cdot m^{-3}$	Kristalldaten			Brechzahl n_D
				System, Typ und Symbol	Einheitszelle		
					Kantenlänge in pm	Winkel und Z	
Dy	**Dysprosium**						
$Dy(OH)_3$ [1308-85-6]	(III)- hydroxid	f	213,52 5,78	hex. $D0_{19}$ C_{6h}^2, $P6_3/m$	628 357	 $Z=2$	
$DyPO_4 \cdot 5H_2O$	(III)- phosphat pentahydrat	f	347,55				
$Dy_2(SO_4)_3$ $\cdot 8H_2O$ [10031-50-2]	(III)-sulfat octahydrat	f	757,31 3,12	mkl. C_s^4, Cc	1823,1 672 1349,1	102,06°	 1,541 1,550
Er	**Erbium**						
$ErBr_3$ [13536-73-7]	(III)-bromid		406,96	trikl. C_1^1, $P1$	927 967 1058	87,5° 115,9° 123,6°	
$Er(C_2H_3O_4)_3$ $\cdot 4H_2O$ [15280-57-6]	(III)-acetat tetrahydrat	f	416,45 2,114				
$ErCl_3$ [10138-41-7]	(III)-chlorid	f	273,62 3,77	mkl. C_{2h}^3, $C2/m$	681 1179 639	110,7° $Z=4$	
$ErCl_3 \cdot 6H_2O$ [10025-75-9]	hexahydrat	f	381,71	mkl. C_{2h}^4, $P2/n$	957,0 647,0	93,67° $Z=2$	
ErF_3 [13760-83-3]	(III)-fluorid	f	224,28 7,806	orh. D_{2h}^{16}, $Pnma$	635,5 684,5 438,5	$Z=4$	
ErI_3 [13813-42-8]	(III)-iodid	f	547,97	hex. C_{3i}^2, $R\bar{3}$	740 2070	$Z=6$	
$Er(NO_3)_3$ $\cdot 6H_2O$	(III)-nitrat hexahydrat	f	461,37	mkl. C_i^1, $P\bar{1}$	2078		
Er_2O_3 [12061-16-4]	(III)-oxid	f	382,51 8,640	kub. C-Typ T_h^7, $Ia3$	1054,9	$Z=16$	1,953
$Er(OH)_3$ [14646-16-3]	(III)- hydroxid	f	218,28 6,09	hex. C_{6h}^2, $P6_3/m$	624 352		

Phasen-umwandlungen °C		ΔH kJ/Mol	Standardwerte bei 298,15 K C_p J/KMol	S^0 J/KMol	ΔH_B^0 kJ/Mol	ΔG_B^0 kJ/Mol	Bemerkungen und Charakteristik
205	*Z*						fbl. Nd.
					−1279,7		weißes, krist. Pulver, gelbstichig; unl. W; ll. verd. S, sogar l. Egs.
110 360	*F* −8 *W*				 −5532		$\chi_{Mol} = +92{,}752 \times 10^{-3}$ cm³ Mol⁻¹; zitronengelbe Krist., blaßgelblich körnig; LW 20° 4,83 %, Bdk. 8 H_2O; geringe hydrolytische Spaltung in wss. Lsg.
950 1730	*F* *V*	42 180			−707,1	−677,9	rosa, sll. W, l. Py
							rosa
774 1500	*F* *V*		98,1	152,7	−994,5	−918,5	fast fbl. hrosenrote, blätterig krist. Masse; etwas hygr.; l. W
164	*F*		343,0	398,7	−2874,4	−2454,4	rosafarbene, sehr zerfl. Krist.; l. W, Al; ll. S
1117 1146 2200	*U* *F* *V*	29,5 28,2	96,2	117,6	−1693,7	−1616,2	rosa, *U* → hex. $D_{3d}^3\,P\bar{3}m1$, $a = 697$, $c = 827$ pm, $Z = 6$
1020	*F* *V*	41 164			−3012		strahlig-krist. Masse; sehr zerfl.; ll. W, Al; unl. E
							große, rote Krist., nicht zerfl.; ll. W; l. Al, E, Aceton
2344 3920	*F* *V*		108,4	155,6	−1897,9	−1808,9	rosa, α (32 − 742 °C) $= 6{,}22 \cdot 10^{-6} + 3{,}21 \cdot 10^{-9}\,t + 0{,}28 \cdot 10^{-12}\,t^2$ (t in °C)
200	*Z*				−1422,6	−1288,1	rosa, l. W 10^{-6} mol/l

Übersichtstabelle Anorganische Verbindungen (Fortsetzung)

Formel	Name	Zustand	Mol-Masse / Dichte $10^3\,kg \cdot m^{-3}$	Kristalldaten: System, Typ und Symbol	Einheitszelle: Kantenlänge in pm	Einheitszelle: Winkel und Z	Brechzahl n_D
Er	**Erbium**						
$Er_2(SO_4)_3$ [13478-49-4]	(III)sulfat	f	622,69 3,678	orh. D_{2h}^{14}, *Pbcn*	1244,2 900,1 983,7	$Z = 4$	
$Er_2(SO_4)_3 \cdot 8H_2O$ [10031-52-4]	octahydrat	f	766,87 3,217	mkl. C_{2h}^{6}, *C2/c*	1345 667,3 1820	101,94° $Z = 4$	1,547 1,556
Eu	**Europium**						
$EuBr_2$ [13780-48-8]	(II)bromid	f	311,78	tetr. C_{4h}^{3}, *P4/n*	1157,10 708,81	$Z = 10$	
$EuBr_3$ [13759-88-1]	(III)bromid	f	391,69	orh. D_{2h}^{17}, *Cmcm*	401,58 1263,84 909,91	$Z = 4$	
$EuCl_2$ [13769-20-5]	(II)chlorid	f	222,87 4,86	orh. D_{2h}^{16}, *Pbnm*	897 753 449		
$EuCl_3$ [10025-76-0]	(III)-chlorid	f	258,32 4,4	hex. C_{6h}^{2}, $P6_3/m$	737,5 413,4		
$EuCl_3 \cdot 6H_2O$ [13759-92-7]	(III)-chlorid	f	366,42				
$EuCO_3$ [5772-74-7]	(II)carbonat	f	211,97	orh. D_{2h}^{16}, *Pmcn*	510 842 603		
EuF_2 [14077-39-5]	(II)fluorid	f	189,96 6,495	kub.	583,6		
EuF_3 [13765-25-8]	(III)fluorid	f	208,96 6,78	orh. D_{2h}^{16}, *Pnma*	661,05 701,57 439,59	$Z = 4$	
EuI_2 [22015-35-6]	(II)-iodid	f	405,77 5,504	mkl. C_{2h}^{4}, *P2/c*	762 823 788	98° $Z = 4$	
Eu_2O_3 [1308-96-9]	(III)-oxid	f	351,92 7,42	kub. $D5_3$ T_h^7, *Ia*3	1086,4	$Z = 16$	

Phasen-umwandlungen			Standardwerte bei 298,15 K				Bemerkungen und Charakteristik
°C		ΔH kJ/Mol	C_p J/KMol	S^0	ΔH_B^0 kJ/Mol	ΔG_B^0	
630	*Z*		271,1				weiß, hygr., l. W 7,70%; HT: trig., $R\bar{3}$, $a = 918$, $c = 2239$ pm
400	−8 *W*		577,3				rosa, l. W $\chi_{Mol} = -75{,}326 \times 10^{-3}$ cm³/Mol
677 1880	*F* *V*		82,4	136,8	−719,6	−691,9	l. W
702	*Z*		110,6	182,8	−753,1	−716,4	hgrau; l. W
757 >2000	*F* *V*						l. W, S; HT: kub., $Fm\bar{3}m$, $a = 715$ pm
623	*F*		107,0	144,1	−936	−855,9	hygroskopische, feine, gelbe Krist.; l. W klar
			366,9	407,1	−2784,9	−2366,0	
430	*Z*						gelb, unl. W
1380 >2400	*F* *V*						unl. W, weiß
647 1390 2280	*U* *F* *V*		99,6	107,0	−1584,1	−1502,1	unl. W, fbl.; HT: trig., $P\bar{3}c1$, $a = 692$, $c = 709$ pm
527 1580	*F* *V*				−577		l. W, olivgr.
1075 2291 3790	*U* *F* *V*		124,7	140,2	−1662,7	−1566,4	$\chi_{Mol} = +10{,}1 \cdot 10^{-3}$ cm³ Mol⁻¹; fast weißes Pulver mit rötlich-gelbem Ton, auch rosafarben

Übersichtstabelle Anorganische Verbindungen (Fortsetzung)

Formel	Name	Zustand	Mol-Masse / Dichte $10^3\,kg \cdot m^{-3}$	Kristalldaten: System, Typ und Symbol	Einheitszelle: Kantenlänge in pm	Einheitszelle: Winkel und Z	Brechzahl n_D
Eu	**Europium**						
$EuSO_4$ [10031-54-6]	(II)-sulfat	f	248,02 / 5,70	orh D_{2h}^{16}, *Pnma*	836 532 683	$Z=4$	
$Eu_2(SO_4)_3 \cdot 8H_2O$ [10031-55-7]	(III)-sulfat octahydrat	f	736,23 / 2,972	mkl.	1825 674 1349	102,25° $Z=4$	
F	**Fluor**						
HF [7664-39-3]	wasserstoff	g	20,01 / 0,901*	orh. ** D_{2h}^{17}, *Cmcm*	342 432 541	$Z=4$	
OF_2 [7783-41-7]	Sauerstoff-difluorid	g	54,00 / 2,421*				
O_2F_2 [7783-44-0]	Disauer-stoff-difluorid	g	69,9 / *				
Fe	**Eisen**						
FeB [12006-84-7]	borid	f	66,66 / 6,7	orh. D_{2h}^{7}, *Pbmn*	405,8 550,3 294,7	$Z=4$	
$FeBr_2$ [7789-46-0]	(II)-bromid	f	215,67 / 4,636	hex *C6* D_{3d}^{3}, $P\bar{3}m1$	374,8 6,183	$Z=1$	

Phasen-umwandlungen			Standardwerte bei 298,15 K				Bemerkungen und Charakteristik
°C		ΔH kJ/Mol	C_p J/KMol	S^0	ΔH_B^0 kJ/Mol	ΔG_B^0	
							unl. W, fbl.
375	$-8H_2O$		612,2		−5570		hrosafarbene Krist.; luftbeständig; LW 20° 2,5 %, Bdk. $8\,H_2O$
−83,36 19,46 998 hPa	*F* *V*	3,928 7,489	29,14	173,7	−268,5		* kg/Nm³, ** bei −125 °C, Dichte 1,663; T_{kr} = 461 K, p_{kr} = 6,71 MPa; D_{kr} = 0,29 g cm^{-3}; $\chi_{Mol} = -8{,}6 \cdot 10^{-6}$ cm³ Mol^{-1} für fl. HF bei 14 °C; fbl. Gas; fbl. Fl., stechender Geruch; raucht an Luft; zieht begierig W an; fest krist. durchscheinend, weiß; mit W in jedem Verhältnis mischbar, ebenso Al, E, Ketonen, Nitrilen; nicht mischbar KW; mit HCl heftige Reaktion; mischbar konz. H_2SO_4, HNO_3
−223,8 −144,8	*F* *V*	 11,09	43,30	246,8	31,8	49,2	* kg/Nm³; *D* am *F*: 1900 kg/m³, *D* am *V*: 1,52 kg/m³; T_{kr} = 215 K; p_{kr} = 5,12 MPa; D_{kr} = 0,553 g cm^{-3}; fbl. Gas; als Fl. or.gelb; charakteristischer Geruch; reizt Atmungsorgane heftig; wl. W; wss. Lsg. ist stark oxid.; alk. Lsg. zers. rasch; mischbar mit fl. F_2 und fl. O_2
−163 −57	*F* *V*	 19,1			19,8		* D^{-57} 1440; D^{-163} 1912 kg/m³; thermisch labiles schwach braunes Gas; Fl. kirschrot; fest or. Nd., stark oxidierend und fluorierend
1540	*F*		50,2	27,7	−71,1	−69,5	grünlich grau, l. verd. + konz. S., reagiert k. W
377 689 967	*U* *F* *V*	0,42 50	80,23	140,7	−248,9	−237,4	gelbe, durchscheinende Krist.; an Luft allmählich Braunfärbung und zerfl.; LW 20° 53,5 %, Bdk. $6\,H_2O$

Übersichtstabelle Anorganische Verbindungen (Fortsetzung)

Formel	Name	Zustand	Mol-Masse / Dichte $10^3\,kg \cdot m^{-3}$	Kristalldaten: System, Typ und Symbol	Einheitszelle: Kantenlänge in pm	Einheitszelle: Winkel und Z	Brechzahl n_D
Fe	**Eisen**						
$FeBr_3$ [10031-26-2]	(III)-bromid	f	295,57	trig. C_{3i}^2, $R\bar{3}$	642 1840	$Z=6$	
$FeBr_3 \cdot 6\,H_2O$ [13463-12-2]	hexahydrat	f	403,67 3,80				
$H_4[Fe(CN)_6]$ [17126-47-5]	Hexacyano-eisen(II)-säure	f	215,99 1,536				1,644
Fe_3C [12011-67-5]	Tri…carbid	f	179,55 7,694	orh. D_{2h}^{16}, *Pnma*	509,15 674,46 452,76	$Z=4$	
$FeCO_3$ [563-71-3]	(II)-carbonat	f	115,86 3,850	hex. D_{3d}^6, $R\bar{3}c$	469,3 1538,6	$Z=6$	1,875 1,633
$Fe(CO)_4$ [51222-96-9] [22321-35-3]	tetra-carbonyl	f	167,89 1,996	mkl. C_{2h}^5, $P2_1/c$	888 1133 835	97,16° $Z=2$	
$Fe(CO)_5$ [13463-40-6]	penta-carbonyl	fl	195,90 1,453				1,528
$Fe(CH_3CO_2)_2 \cdot 4\,H_2O$ [19807-28-4]	(II)-acetat tetrahydrat	f	246,00				
$FeC_2O_4 \cdot 2\,H_2O$ [6047-25-2]	(II)-oxalat dihydrat	f	179,90 2,280	mkl. C_{2h}^6, $C2/c$	970,7 555,6 992,1	104,5° $Z=4$	

Phasen-umwandlungen			Standardwerte bei 298,15 K		Bemerkungen und Charakteristik
°C		ΔH kJ/Mol	C_p S^0 J/KMol	ΔH_B^0 ΔG_B^0 kJ/Mol	
120	*Z*		96,9 173,6	−268,2 −243,8	braune, grünschillernde, met. glänzende Tafeln; sehr hygr. ll. W, Al, E, Acetonitril; l. NH_4Br-Lsg.; wl. fl. NH_3
27	*F*				dklgrüne, feine, nadelförmige Krist.; kaum hygr.; l. Al, E; LW 119 g/100 g
					weiße, perlmuttglänzende Blättchen; weißes Pulver, trocken haltbar; färbt sich an feuchter Luft blau; ll. W, Al, Me; l. konz. H_2SO_4; unl. E; beim Erhitzen NH_3- und HCN-Abgabe
1148	*Z*		105,9 104,6	25,1 20,0	Cementit, grau Z verd. S unter Bild. von KW
	Z		82,10 92,9	−740,6 −666,7	$\bar{\gamma}$ (195−288 K) = 60 · 10^{-6} K^{-1}; Siderit; Spateisenstein; weiß; LW 25° 6,7 · 10^{-3}%; Wdampf zers.; l. S in der Wärme, $NaHCO_3$-Lsg.; Kochen mit KOH → Fe_3O_4
140... 150	 *Z*				trimer: $[Fe(CO)_4]_3$; dklgrüne, glänzende Prismen; mit Wdampf < 100° unzers. flch.; unl. konz. HCl, fl. NH_3; Alk wirken nur wenig ein, konz. H_2SO_4 nur in der Hitze; k. konz. HNO_3 greift an
−20 102,8 180	*F* *V* *Z*	35	240,6 337,6	−764,0 −695,1	zähe, blaßgelbe Fl.; entzündet sich leicht an der Luft → Fe_2O_3, zers. W; l. Al., E, Aceton, alkohol. NaOH oder KOH; unl. fl. NH_3
					fbl. kleine Krist., auch grünlich-weiße Nadeln; sll. W
					Humboldtin; hgelbes Pulver; wl. W; l. Alk-oxalatlsg. warme verd. S; bei 142° im Vak. −2 H_2O

Übersichtstabelle Anorganische Verbindungen (Fortsetzung)

Formel	Name	Zustand	Mol-Masse Dichte $10^3\,kg \cdot m^{-3}$	Kristalldaten System, Typ und Symbol	Einheitszelle Kantenlänge in pm	Einheitszelle Winkel und Z	Brechzahl n_D
Fe	**Eisen**						
$Fe_2(C_2O_4)_3 \cdot 5H_2O$ [15155-21-2]	(III)-oxalat pentahydrat	f	465,8				
$FeCl_2$ [7758-94-3]	(II)-chlorid	f	126,75 3,16	trig. $C19$ D_{3d}^5, $R\bar{3}m$	620	33,55° $Z=1$	
$FeCl_2 \cdot 2H_2O$ [16399-77-2]	dihydrat	f	162,78 2,350	mkl.	735,2 856,0 363,6	98,10° $Z=2$	
$FeCl_2 \cdot 4H_2O$ [13478-10-9]	tetrahydrat	f	198,81 1,93	mkl. C_{2h}^5, $P2_1/a$	851,7 718,3 589,3	111,10° $Z=2$	
$FeCl_3$ [7705-08-0]	(III)-chlorid	f	162,21 2,904	trig. $D0_5$ C_{3i}^2, $R\bar{3}$	669	52,5° $Z=2$	
$FeCl_3 \cdot 6H_2O$ [10025-77-1]	hexahydrat	f	270,30	mkl. C_{2h}^3, $C2/m$	1183,4 702,9 595,24	100,47° $Z=2$	
$FeCr_2O_4$ [12068-77-8]	(II)-chromit	f	223,84 4,97	kub. O_h^7, $Fd3m$	837,90	$Z=8$	
FeF_2 [7789-28-8]	(II)-fluorid	f	93,84 4,09	tetr. $C4$ D_{4h}^{14}, $P4_2/mnm$	470 331	$Z=2$	
$FeF_2 \cdot 4H_2O$ [26085-60-9]	tetrahydrat	f	165,91 2,095	hex. D_{3d}^5, $R\bar{3}m$	950 482	$Z=3$	

Phasen-umwandlungen			Standardwerte bei 298,15 K				Bemerkungen und Charakteristik
°C		ΔH kJ/Mol	C_p J/KMol	S^0	ΔH_B^0 kJ/Mol	ΔG_B^0	
100	*Z*						gelbgrüne Blättchen; lichtempfindlich; ll. W, S, unl. Al; geht leicht in basisches Salz über
677 1012	*F* *V*	43,0 125,5	76,7	117,9	−341,8	−302,3	weiße, glänzende Krist., an der Luft grünlich gelb; LW 20° 38,6%, Bdk. $4H_2O$; l. Me, Al, Aceton, Acetonitril; wl. Bzl, Eg; unl. E
150–160	−*W*		−955				Rokuhnit; feine, grüne Krist. LW s. $FeCl_2$
105–110	−*W*				−1550		grüne Krist.; LW s. $FeCl_2$ sll. in schwach HCl-saurem W
303,9 319	*F*, *Z* *V*	43,1 25,18	96,6	142,3	−399,4	−333,9	$\bar{\gamma}$ (195...290 K) = $50 \cdot 10^{-6}$ K^{-1}; kleine, stark glänzende, irisierende Platten, verschiedenfarbige, met. glänzende Flitter, im durchfallenden Licht purpurrot, im reflektierten grün; subl.; sehr zerfl.; LW 20° 48%, Bdk. $6H_2O$; ll. Me, Al, E, l. Aceton, Bzl, Toluol, Py; unl. Glycerin
37	*F*				−2226		harte, gelbe Krist. von herbem, salzigen Geschmack; LW s. $FeCl_3$; hygr.; ll. Al, Glycerin, Gemisch Al + E; wss. Lsg. reagiert sauer
2160	*F*						Chromit oder Chromeisenstein unl. W, S
−194,8 1100 1800	*U* *F* *V*		68,12	86,98	−705,8	−663,2	weißes Salz; fbl. durchsichtige Krist.; langsam und wl. W; unl. Al, E
							kleine Krist., weißes Salz; wl. W; l. wss. HF, etwas l. Al, E; gut l. HCl, H_2SO_4, HNO_3

Übersichtstabelle Anorganische Verbindungen (Fortsetzung)

Formel	Name	Zustand	Mol-Masse / Dichte $10^3\,kg \cdot m^{-3}$	Kristalldaten: System, Typ und Symbol	Einheitszelle: Kantenlänge in pm	Einheitszelle: Winkel und Z	Brechzahl n_D
Fe	**Eisen**						
FeF_3 [7783-50-8]	(III)-fluorid	f	112,84 3,52	hex. $D0_{12}$ D_{3d}^6, $R\bar{3}c$	520,0 1332,3	$Z=6$	
Na_3FeF_6 [20955-11-7]	Natrium-hexafluoro-ferrat	f	238,8	mkl. C_{2h}^5, $P2_1/n$	551,3 572,8 796,4	90,40° $Z=2$	
FeI_2 [7783-86-0]	(II)-iodid	f	309,66 5,315	trig. $C6$ D_{3d}^3, $P\bar{3}m1$	404 675	$Z=1$	
$[Fe(CN)_6]K_3$ [13746-66-2]	Kalium-hexacyano-ferrat-(III)	f	329,26 1,850	mkl. C_{2h}^5, $P2_1/c$	1347,1 1041,7 840,2	90,11° $Z=4$	1,561 1,562 1,576
$[Fe(CN)_6K_4$ [14459-95-1]	Kalium-hexacyano-ferrat-(II)	f	368,36 1,989	orh. D_{2h}^{19}, $Bmmm$	1401,0 2102,7 417,51	$Z=4$	1,585 1,589 1,591
$[Fe(CN)_6]K_4 \cdot 3H_2O$ [13943-58-3]	trihydrat	f	422,41 1,85	tetr. C_{4h}^6, $I4_1/a$	939,4 3372	$Z=8$	1,570 1,575 1,580
Fe_2N [12023-20-0]	Di…nitrid	f	125,70 6,35	orh. $L'3$ D_{2h}^{16}, $Pbca$	483,0 552,3 442,5	$Z=4$	
Fe_3N [12053-51-7]	Tri…nitrid	f	181,50 7,36	hex. $P6_322$	270,0 437,1	$Z=1$	
Fe_4N [12023-64-0]		f	237,39 6,57	kub. $L'1$ T_d^1, $P\bar{4}3m$	379,5	$Z=1{,}25$	
$Fe(NO_3)_2 \cdot 6H_2O$ [14013-86-6]	(II)-nitrat hexahydrat	f	287,95				
$Fe(NO_3)_2 \cdot 9H_2O$ [14013-86-6]	nonahydrat	f	341,99 1,684	mkl.			

Phasen-umwandlungen			Standardwerte bei 298,15 K				Bemerkungen und Charakteristik
°C		ΔH kJ/Mol	C_p J/KMol	S^0	ΔH_B^0 kJ/Mol	ΔG_B^0	
926	*Sb*	202,1	91,0	98,3	−1041,8	−972,3	weiß, manchmal grünliche, kleine durchsichtige, lichtbrechende Krist.; wl. sied. W; ll. wss. HF; unl. Al, E
							weiß, pulvrig
377 477 1093	*U* *F* *V*	0,8 44,8 111,9	83,7	167,4	−104,6	−111,7	dklviol. bis schwarz Krist; hygr.; l.W, Al, E
315	*Z*		316	420	−173	−51	rote Krist.; zers. in der Hitze; LW 20° 31,5%, Bdk. 0 H_2O; l. Aceton; unl. Al, wss. NH_3
−143	*U*						weißes Pulver, hygr.; zers. beim stärkeren Erhitzen; LW 20° 22%, Bdk. 3 H_2O
							hgelbe Krist.; luftbeständig; LW s. $[Fe(CN)_6]K_4$; l. Aceton; unl. Al, E, wss. NH_3
400	$-N_2$		70,6	101,2	−3,8	10,7	grau; Pikrinsäure greift nicht an; h. alk. Pikratlsg. verfärbt nach bräunlich, unl. W., l. H_2SO_4, HCl
420	*Z*						grau
680	*U*		122,6	155,3	−11,1	3,72	gelblich gefärbte Substanz; Pikrinsäure greift nicht an; h. alk. Pikratlsg. verfärbt nach bräunlich
60,5	*F*						wasserhelle Krist.; zerfl.; LW 20° 45,5%, Bdk. 6 H_2O
50,1	*F*				−3279		das reine Salz ist fbl., sonst schwach viol.; Geruch nach HNO_3; zerfl.; ll. W; l. Al, Aceton; in HNO_3 steigender Konz. immer weniger löslich

Übersichtstabelle Anorganische Verbindungen (Fortsetzung)

Formel	Name	Zustand	Mol-Masse Dichte $10^3\,kg \cdot m^{-3}$	Kristalldaten: System, Typ und Symbol	Einheitszelle: Kantenlänge in pm	Einheitszelle: Winkel und Z	Brechzahl n_D
Fe	**Eisen**						
$[Fe(CN)_6] \cdot (NH_4)_4 \cdot 3\,H_2O$ [32108-79-5]	Ammonium-hexacyano-ferrat-(II) trihydrat	f	338,15				
$[Fe(CN)_6]Na_4 \cdot 10\,H_2O$ [14434-22-1]	Natrium-hexacyano-ferrat-(II) dekahydrat	f	484,07 1,458	mkl. C_{2h}^5, $P2_1/n$	976,6 1144 902,9	97,48°	1,519 1,530 1,544
FeO [1345-25-1]	(II)-oxid	f	71,85 5,745	kub. $B1$ O_h^5, $Fm3m$	430,7	$Z=4$	2,32
Fe_2O_3 [1309-37-1]	(III)-oxid	f	159,69 5,25	trig. $D5_1$ D_{3d}^6, $R\bar{3}c$	503,56 1374,89	$Z=6$	3,042* 2,797*
Fe_3O_4 [1317-61-9]	(II, III)-oxid	f	231,54 5,18	kub. $H1_1$ O_h^7, $Fd3m$	839,6	$Z=8$	2,42
$Fe(OH)_2$ [18624-44-7]	(II)-hydroxid	f	89,86 3,40	trig. $C6$ D_{3d}^3, $P\bar{3}m1$	325,8 460,5	$Z=1$	
$Fe(OH)_3$ [1309-33-7]	(III)-hydroxid	f	106,87 3,12	mkl. C_{2h}^5, $P2_1/c$	992 512 899	93,43° $Z=8$	
FeP [26508-33-8]	phosphid	f	86,8 5,070	orh. C_{2v}^9, $Pna2_1$	519,3 597,2 309,9		
FeP_2 [12022-85-4]	triphosphid	f	117,7 5,7	orh. D_{2h}^{12}, $Pmnn$	273,0 498,5 566,8	$Z=2$	
FeP_4 [68825-13-8]	tetra-phosphid	f	179,7 4,133	mkl. C_{2h}^5, $P2_1/c$	461,9 1367,8 700,2	101,48° $Z=6$	

Phasen- umwandlungen °C		ΔH kJ/Mol	Standardwerte bei 298,15 K: C_p S^0 J/KMol	ΔH_B^0 ΔG_B^0 kJ/Mol	Bemerkungen und Charakteristik
					gelbes krist. Pulver; färbt sich an der Luft blau; ll. W; unl. abs. Al und verd. Al; die wss. Lsg. ist nicht haltbar
81,5	$-10H_2O$				gelbe Prismen; verwittern leicht; LW 20° 15,5%, Bdk, $10H_2O$; unl. Al und den meisten org. Lösm.; zers. vollständig bei 435°
−84,7 1369 3414	*U* *F* *Z*	 24,1	49,94 60,75	−272,0 −251,4	Wüstit; Zusammensetzung etwa $Fe_{0,95}O$; schw. Pulver; unl. W, Alk, Al; l. S
687 1457	*U* Z	0,67	103,8 87,4	−824,2 −742,3	* λ = 656 nm; α-Fe_2O_3, Halbleiter, Hämatit; gut ausgebildete Krist. oder in feiner Verteilung, gelbrot bis rotbraun; unl. W; l. HCl; β-Fe_2O_3; kub. T_h^7, $Ia\bar{3}$, $a = 940{,}4$ pm; γ-Fe_2O_3 tetr. $a = 834$, $c = 2502$ pm
577 1594	*U* *F*	 138	150,7 146,1	−1118,4 −1015,2	Magnetit; schw. bis blauschw. Pulver; unl. W, HNO_3, Alk; langsam l. konz. HCl; l. HF
	Z		97,0 88,0	−569,0 −487,0	weißer, feinflockiger Nd., an der Luft rasch oxid. und grün; LW 20° 1,3 · 10^{-5} Mol/l Lsg.; l. HCl, konz. H_2SO_4, HF; auch l. verd. S
500	$-W$		101,5 106,7	−823 −696,5	frisch gefällt gelartig, getrocknet rotbraune Stücke; LW 18° 4,8 · 10^{-9}%; l. HCl; frisch gefällt l. HF, H_2SO_4, org. S
					schwarz, unl. W
					schwarz, unl. W
					schwarz, unl. W

Übersichtstabelle Anorganische Verbindungen (Fortsetzung)

Formel	Name	Zustand	Mol-Masse	Dichte $10^3\,kg \cdot m^{-3}$	Kristalldaten: System, Typ und Symbol	Einheitszelle: Kantenlänge in pm	Einheitszelle: Winkel und Z	Brechzahl n_D
Fe	**Eisen**							
Fe_2P [1310-43-6]	Di… phosphid	f	142,67	6,56	trig. D_3^1, $P321$	586,7 345,8	$Z=3$	
Fe_3P [12023-53-9]	Tri… phosphid	f	198,51	6,24	tetr. S_4^2, $I\bar{4}$	910 445	$Z=8$	
$Fe_3(PO_4)_2$ $\cdot\,8\,H_2O$ [10028-23-6]	(II)-ortho- phosphat octahydrat	f	501,61	2,58	mkl. C_{2h}^3, $I2/m$	1003,4 1344,9 470,4	102,65° $Z=2$	1,579 1,603 1,633
$FePO_4 \cdot 2\,H_2O$ [13463-10-0]	(III)-ortho- phosphat dihydrat	f	186,85	2,87	orh. D_{2h}^{15}, $Pbca$	1012,2 988,6 872,33	$Z=8$	
FeS [1317-37-9]	(II)-sulfid	f	87,91	4,74	hex. $B8$ D_{6h}^4, $P6_3/mmc$	596,76 1176,1	$Z=2$	
FeS_2 [1309-36-0] [12068-85-8]	disulfid	f	119,98	5,00	kub. $C2$ T_h^6, $Pa3$	541,79	$Z=4$	
FeS_2 [1317-66-4]		f	119,98	4,87	orh. $C18$ D_{2h}^{12}, $Pnnm$	444,3 542,4 338,6	$Z=2$	
Fe_2S_3 [12063-27-3]	(III)-sulfid	f	207,89	4,246	kub.	542	$Z=2$	
$Fe(SCN)_2$ [23411-79-2]	(III)-thio- cyanat	f	172,01					

Phasen-umwandlungen °C		ΔH kJ/Mol	Standardwerte bei 298,15 K C_p J/KMol	S^0 J/KMol	ΔH_B^0 kJ/Mol	ΔG_B^0 kJ/Mol	Bemerkungen und Charakteristik
1370	*F*				−161		graue Krist.; unl. W, verd. S; l. Königsw., HNO_3 + HF
1166	*Z*				−164		graue Substanz; unl. W Schreibersit
							Vivianit [14567-67-0] kleine fbl. Krist. auf frischen Bruchflächen, an der Luft aber rasch blau; unl. W; auch als Metavivianit trk. C_i^1; $P\bar{1}$, $a = 781$, $b = 908$, $c = 465$ pm, $\alpha = 94{,}08$, $\beta = 97{,}15$, $\gamma = 107{,}37°$, $Z = 1$
160–300	−*W*				−1845		Strengit; [13824-49-2] Phosphosiderit [14567-75-0] mkl. C_{2h}^5, $P2_1/n$, $a = 530$, $b = 979$, $c = 867$ pm, $\beta = 90{,}6°$, $Z = 4$; gelblichweißer Nd.; unl. W, Egs; l. HCl, H_2SO_4
138 325 1190	*U* *U* *F*	1,67 0,397 31,46	50,5	60,3	101,7	−102,0	$\chi_{Mol} = +977 \cdot 10^{-6}$ cm³ Mol⁻¹; grauschw. met. glänzende Stücke, Stäbchen; Troilit; sied. W zers.; LW 18° $6{,}1 \cdot 10^{-4}$%; l. S → H_2S-Entwicklung; unl. wss. NH_3, Py, Egester
743	*Z*		62,1	53,0	−171,5	−160,1	$\varkappa$(5,0...200,0 MPa, 273 K) = $0{,}69 \cdot 10^{-5}$ MPa⁻¹; Halbleiter; Pyrit; messinggelbe Krist.; LW 18° $5 \cdot 10^{-4}$%; unl. verd. S; l. HNO_3, konz. HCl; h. konz. H_2SO_4 oxid. → $Fe_2(SO_4)_3$
445	*U*				−154,3		$\varkappa$(5,0...20 MPa, 273 K) = $0{,}78 \cdot 10^{-5}$ MPa⁻¹; Markasit; Farbe wie Pyrit, aber mehr grünlich, met. glänzend
							gelblichgraue Substanz; LW 20° $3 \cdot 10^{-18}$ Mol/l; l. HCl → H_2S-Entwicklung, metastabil
							rote Krist. von unangenehm met. Geschmack; sehr zerfl.; ll. W blutrot, Al, Amylal., E, Aceton; l. Py; unl. Chlf, CCl_4, PE, Pentan, CS_2

Übersichtstabelle Anorganische Verbindungen (Fortsetzung)

Formel	Name	Zustand	Mol-Masse / Dichte $10^3\,kg \cdot m^{-3}$	Kristalldaten: System, Typ und Symbol	Einheitszelle: Kantenlänge in pm	Winkel und Z	Brechzahl n_D
Fe	**Eisen**						
$Fe(SCN)_3 \cdot 3H_2O$ [4119-52-2]	(III)-thiocyanat trihydrat	f	284,14				
$FeSO_3 \cdot 3H_2O$ [70676-85-6]	(II)-sulfit trihydrat	f	189,95 2,55	mkl. C_{2h}^5, $P2_1/n$	659,1 869,1 870,9	96,0° $Z=4$	
$FeSO_4$ [7720-78-7]	(II)-sulfat	f	151,91 3,34	orh. D_{2h}^{17}, $Cmcm$	526 801,2 645,2	$Z=4$	
$FeSO_4 \cdot 7H_2O$ [7782-63-0]	heptahydrat	f	278,02 1,891	mkl. C_{2h}^5, $P2_1/c$	1407,7 650,9 1105,4	105,6° $Z=4$	1,4713 1,4782 1,4866
$Fe_2(SO_4)_3$ [10028-22-5]	(III)-sulfat	f	399,88 3,097	hex. C_{3i}^2, $R\bar{3}$	823,6 2216,6	$Z=6$	
$(NH_4)_2 Fe(SO_4)_2 \cdot 6H_2O$ [7783-85-9]	Ammonium-eisen(II)-sulfat-hexahydrat	f	392,14 1,864	mkl., C_{2h}^5, $P2_1/a$	929,24 1260,1 624,91	106,792°	1,487 1,492 1,499
$(NH_4)Fe(SO_4)_2 \cdot 12H_2O$ [7783-83-7]	Ammonium-eisen(III)-sulfat-dodekahydrat	f	482,19 1,71	kub., T_h^6, $Pa\bar{3}$	1231,8		1,4854
$FeSi$ [12022-95-6]	(II)-silicid	f	83,93 6,1	kub. T^4, $P2_13$	448,79	$Z=4$	
Fe_2SiO_4 [10179-73-4]	ortho-silicat	f	203,78 4,34	orh. D_{2h}^{16}, $Pmnb$	609,02 1048,05 482,15	$Z=4$	
$FeVO_4$ [13977-56-5]	(III)-vanadat	f	170,79 3,6	trikl. C_i^1, $P\bar{1}$	805,72 934,7 671,38	106,59° 101,52° 96,69°	

Phasen-umwandlungen °C		ΔH kJ/Mol	Standardwerte bei 298,15 K C_p S^0 J/KMol	ΔH_B^0 ΔG_B^0 kJ/Mol	Bemerkungen und Charakteristik
					rote Krist.; zerfl.; ll. W, Al blutrot, E viol.; sied. wss. Lsg. zers.
350 671	*U* *Z*		100,5 121	−928,8 −824,9	weißliches Pulver; zieht an der Luft W an, LW 20° 21%, Bdk. 7H_2O
64 300	*F* −7*W*		394 409	−3015 −2510	grüne Krist. Melanterit; mit HCl abdampfen → Chlorid; LW s. $FeSO_4$; L 40% Al 15° 0,3%; l. abs. Me; wl. N_2H_4; unl. fl. NH_3, Eg, Aceton, Py
1178	*Z*		265,0 307,5	−2583,0 −2262,8	krist. hrosa, rein weiß, grünlichgelb bis gelb; Farbe abhängig vom Reinheitsgrad, hygr.; l. W, wss. H_2SO_4; unl. 100% H_2SO_4; fl. NH_3, Eg, Aceton, Py
100	Z				blau-grün, LW. 26,9% unl. Al; Mohrit
40 230	*F* −H_2O				fbl., LW 12,40% unl. Al; Lonecreekit
1410	*F*	70,5	45,2 44,7	−78,8 −78,4	grau-gelb
1205	*F*	92,2	132,8 148,1	−1438 −1337,5	Fayalit [13918-37-1]; zers. konz. sied. HCl → SiO_2
850	*F*				blau-graue Krist, schwarz Pulv.

Übersichtstabelle Anorganische Verbindungen (Fortsetzung)

Formel	Name	Zustand	Mol-Masse Dichte $10^3\,kg \cdot m^{-3}$	Kristalldaten			Brechzahl n_D
				System, Typ und Symbol	Einheitszelle		
					Kantenlänge in pm	Winkel und Z	
Fe	**Eisen**						
$FeWO_4$ [13870-24-1] [13870-24-1]	(II)- wolframat	f	303,69 6,64	mkl. C_{2h}^4, $P2/c$	475 572 497	90,17° $Z=2$	
Ga	**Gallium**						
GaAs [1303-00-0]	(III)-arsenid	f	144,64 5,317	kub. $B3$ T_d^2, $F\bar{4}3m$	565,38	$Z=4$	3,133
$GaBr_3$ [13450-88-9]	(III)-bromid	f	309,45 3,69				
$GaCl_3$ [13450-90-3]	(III)-chlorid	f	176,08 2,47				
GaF_3 [7783-51-9]	(III)-fluorid	f	126,72 4,47	trig. D_{3d}^6, $R\bar{3}c$	520	57,5° $Z=6$	1,457
$GaF_3 \cdot 3\,H_2O$ [7783-51-9]	trihydrat	f	180,76 3,34	trig. D_{3d}^5, $R\bar{3}m$	936,6 473,0		
Ga_2H_6 [13572-93-5]	hydrid	fl	145,49				
GaI_3 [13450-91-4]	(III)-iodid	f	450,43 4,15	orh. D_{2h}^{17}, $Cmcm$	609 1829 594	$Z=4$	
$GaK(SO_4)_2$ $\cdot\, 12\,H_2O$	Kalium- gallium- sulfat dodeka- hydrat	f	517,13 1,895	kub. $H4_{13}$ T_h^6, $Pa3$	1222	$Z=4$	1,4653
Ga_2O_4Mg [12064-13-0]	Magnesium- gallat	f	227,75 5,298	kub. O_h^7, $Fd3m$	828	$Z=8$	

Phasen-umwandlungen °C		ΔH kJ/Mol	Standardwerte bei 298,15 K C_p J/KMol	S^0 J/KMol	ΔH_B^0 kJ/Mol	ΔG_B^0 kJ/Mol	Bemerkungen und Charakteristik
			114,7	131,8	−1184,5	−1083,6	schwarz; l. S; Ferberit, Wolframit
1240	*F*	87,6	46,9	64,2	−74,1	−70,4	Halbleiter ΔE (300 K) = 1,428 eV; dklgrau, metall. glänzend
123 279	*F* *V*	11,71 38,9	101,7	179,9	−386,6	−360,0	weiße, krist. Substanz; äußerst hygr.; ll. W unter Hydrolyse
77 200	*F* *V*	11,51 23,9	118,4	135,1	−524,6	−453,0	$\chi_{Mol} = -63 \cdot 10^{-6}$ cm³ Mol⁻¹; weiße, nadelförmige Krist.; raucht stark und zerfl. an Luft; ll. W unter Hydrolyse; l. Bzl, PE, CCl_4, CS_2; klar l., wenn Lösm. getrocknet sind
			89,0	96,0	−1174,9	−1100,6	weißes Pulver; nicht hygr.; LW 20° 0,02%; l. sied. 2N-HCl nur in Spuren; subl. bei 800° im N_2-Strom, bei 1000° vollständig verdampft
140°	$-H_2O$						feines weißes Pulver; an Luft beständig; unl. k. W, l. h. W; wl. 50% wss. HF; ll. verd. HCl
−21,4	*F*						Digallan; fbl. Fl.; zers. W, S, Alk
213 346	*F* *V*	22,18 56,5	117,2	203,8	−239,3	−236,0	$\chi_{Mol} = -149 \cdot 10^{-6}$ cm³ Mol⁻¹; hgelbe, krist. Substanz, geschmolzen gelbrot bis or. braun; hygr.; raucht an der Luft; hydrolysiert leicht
							fbl. Krist.; l. W
							Gallium-magnesium-spinell, fbl.

Übersichtstabelle Anorganische Verbindungen (Fortsetzung)

Formel	Name	Zustand	Mol-Masse Dichte $10^3\,kg \cdot m^{-3}$	Kristalldaten System, Typ und Symbol	Einheitszelle Kantenlänge in pm	Winkel und Z	Brechzahl n_D
Ga	**Gallium**						
GaN [25617-97-4]	(III)-nitrid	f	83,73 6,10	hex. *B*4 C_{6v}^4, $P6_3mc$	318,6 517,8	$Z=2$	2,29
$GaNH_4(SO_4)_2 \cdot 12H_2O$ [13628-46-1]	Ammonium-gallium-sulfat dodeka-hydrat	f	496,07 1,777	kub. $H4_{13}$ T_h^6 $Pa3$	1226,8	$Z=4$	1,4684
Ga_2O [12024-20-3]	(I)-oxid	f	155,44 4,77				
Ga_2O_3 α [12024-21-4]	(III)-oxid		187,44	trig. $D5_1$ D_{3d}^6, $R\bar{3}c$	497,9 1342,9	$Z=6$	
$Ga(OH)_3$ [12023-99-3]	(III)-hydroxid	f	120,74 3,84	kub. T_h^5, $Im\bar{3}$	747	$Z=8$	
GaP [12063-98-8]	(III)-phosphid	f	100,69 4,13	kub. *B*3 T_d^2, $F\bar{4}3m$	545,117	$Z=4$	
GaS [12024-10-1]	(II)-sulfid	f	101,78 3,864	hex. D_{6h}^4, $P6_3/mmc$	358,7 1549,2	$Z=4$	

Phasen-umwandlungen			Standardwerte bei 298,15 K				Bemerkungen und Charakteristik
°C		ΔH kJ/Mol	C_p J/KMol	S^0	ΔH_B^0 kJ/Mol	ΔG_B^0	
1500	*F*		40,8	29,7	−109,6	−77,7	dklgrau; Halbleiter ΔE (300 K) = 3,44 eV; an Luft beständig; unl. verd. und konz. HF, HCl, HNO_3, Königsw.; langsam l. h. konz. H_2SO_4, h. konz. NaOH
							fbl. durchsichtige Krist.; LW 25° 13,8%, Bdk. 12 H_2O; l. verd. wss. Al
					−360		$\chi_{Mol} = -34 \cdot 10^{-6}$ $cm^3\,Mol^{-1}$; braun-schw. Pulver (Mischung Ga + Ga_2O_3); subl. bei 500° im Vak.; wl. verd. HNO_3; konz. HNO_3 reagiert heftig, verd. H_2SO_4 wird zu H_2S reduziert
~600 1800	*U** *F*	 109,0	91,2	85,0	−1089,1	−998,3	* *U* $\alpha \rightarrow \beta$; röntgenographisch ermittelte Dichte für α = 6,440, β = 5,880; weißes Pulver; schwach geglühtes Oxid l. HCl, H_2SO_4; geglühtes wird von allen S und KOH nicht angegriffen; Aufschluß durch Schmelze mit KOH oder $KHSO_4$
			–	100	−964	−832	weißer, flockiger Nd., zeigt Alterungserscheinung; bei 420...440° → Ga_2O_3; l. verd. S, Alk, wss. NH_3; Abnahme der L durch Alterung
1567	*F*	115,7	44,1	51,4	−100,4	−91,3	Halbleiter ΔE (300 K) = 2,27 eV; or.gelbe, schwach gesinterte Masse
965	*F*		46,0	57,7	−209,2	−204,7	Halbleiter; $\chi_{Mol} = -23 \cdot 10^{-6}$ $cm^3\,Mol^{-1}$; kleine, glitzernde, gelbe Krist.; beständig gegen W; mit 15% Egs in der Siedehitze → H_2S

Übersichtstabelle Anorganische Verbindungen (Fortsetzung)

Formel	Name	Zustand	Mol-Masse / Dichte $10^3\,kg \cdot m^{-3}$	Kristalldaten: System, Typ und Symbol	Einheitszelle: Kantenlänge in pm	Einheitszelle: Winkel und Z	Brechzahl n_D
Ga	**Gallium**						
Ga_2S_3 [12024-22-5]	(III)-sulfid	f	235,63 / 3,65	mkl. C_s^4, Bb	1109,4 639,5 957,6	141,15°	
$Ga_2(SO_4)_3$ [13494-91-2]	(III)-sulfat	f	427,62 / 3,41	hex. C_{3i}^2, $R\bar{3}$	806,50 2187	$Z = 6$	
$Ga_2(SO_4)_3 \cdot 18\,H_2O$	(III)-sulfat	f	751,90				
GaSb [12064-03-8]	(III)-antimonid	f	191,47 / 5,619	kub. $B3$ T_d^2, $F\bar{4}3m$	609,5	$Z = 4$	
Ga_2Se [12160-72-4]	(I)-selenid	f	218,4 / 5,024		375 1590		
GaSe [12024-11-2]	(II)-selenid	f	148,68 / 5,03	hex. D_{6h}^4, $P6_3/mmc$	374,9 1590,7	$Z = 4$	
Ga_2Se_3 [12024-24-7]	(III)-selenid α	f	376,32 / 4,91	kub. T_d^2, $F\bar{4}3m$	2323,5 542,9	$Z = 48$	
GaTe [12024-14-5]	tellurid	f	197,32 / 5,751	mkl. C_{2h}^3, $B2/m$	1740,4 1045,6 407,7	104,44°	
Ga_2Te_3 [12024-27-0]	(III)-tellurid	f	522,24 / 6,57	kub. $B3$ T_d^2, $F\bar{4}3m$	589,8	$Z = 4$	
Ga_2Te_5 [63691-46-3]	tellurid	f	777,4 / 5,85	tetr. C_{4h}^5, $I4/m$	791,3 684,8	$Z = 2$	
Ga_2O_4Zn [12064-18-5]	Zinkgallat	f	268,81 / 6,154	kub. $H11$ O_h^7, $Fd3m$	833,49	$Z = 8$	> 1,74

Phasen-umwandlungen °C		ΔH kJ/Mol	Standardwerte bei 298,15 K C_p J/KMol	S^0 J/KMol	ΔH_B^0 kJ/Mol	ΔG_B^0 kJ/Mol	Bemerkungen und Charakteristik
1090	*F*		104,6	142,3	−516,3	−505,7	Halbleiter; $\chi_{Mol} = -80 \cdot 10^{-6}$ cm³ Mol⁻¹; gelbe Substanz; an der Luft langsam *Z.* → H_2S; zers. W; mit verd. und konz. HNO_3 → H_2S; Alk zers. unter Bildung von Gallat
							weißes Pulver; hygr.
							fbl. Krist.; nicht hygr.; ll. W; l. 60% Al; unl. E
712	*F*	25,1 66,2	24,3	76,1	−41,6	−38,5	Halbleiter ΔE (300 K) = 0,70 eV; spröder, metallischer Körper
920	*F*						schwarz
960	*F*		48,5	70,3	−1590	−155,2	Halbleiter; dklrotbraune, fettig glänzende Blättchen
730 1020	*U* *F*		116,3	180,0	−408,8	−400,3	Halbleiter; fein zerrieben rotes Pulver; Schmelzkuchen schw.; ziemlich hart, spröde; *U* $\alpha \rightarrow \beta$ (mkl.)
835	*F*		49,4	85,4	−123,4	−121,9	Halbleiter ΔE (300 K) ~ 1,2 – 1,6 eV; schw. weiche, fettig glänzende Blättchen, leicht zu zerreiben
870	*F*		150,6	213,4	−274,9	−269,9	Halbleiter ΔE (300 K) ~ 1,2 eV, schw. Substanz, hart, spröde
484							schwarze Kristalle; bildet sich bei 407°
							weiße, feinkrist. Substanz

Übersichtstabelle Anorganische Verbindungen (Fortsetzung)

Formel	Name	Zustand	Mol-Masse Dichte $10^3\,kg \cdot m^{-3}$	Kristalldaten System, Typ und Symbol	Einheitszelle Kantenlänge in pm	Winkel und Z	Brechzahl n_D
Gd	**Gadolinium**						
GdB_2 [60304-77-0]	diborid	f	178,8 ~7,9	hex. D^1_{6h}, $P6/mmm$	331,8 393,3	$Z=1$	
GdB_4 [12007-54-4]	tetraborid	f	200,5 ~6,4	tetr. D^5_{4h}, $P4/mbm$	713,3 404,7	$Z=4$	
GdB_6 [12008-06-9]	hexaborid	f	222,12 5,309	kub. $D2_1$ O^1_h, $Pm3m$	410,71	$Z=1$	
GdB_{12} [38343-51-1]	dodekaborid	f	286,97 ~4,4	kub. O^5_h, $Fm3m$	752,4		
$GdCl_3$ [10138-52-0]	(III)-chlorid	f	263,61 4,52	hex. C^2_{6h}, $P6_3/m$	736,71 480,64	$Z=2$	
GdF_3 [13765-26-9]	(III)-fluorid	f	214,25 ~7,0	orh. D^{16}_{2h}, $Pnma$	657,1 698,5 439,3	$Z=4$	
GdI_3 [13572-98-0]	(III)-iodid	f	537,96 ~5,2	hex. C^2_{3i}, $R\bar{3}$	755 2080		
$Gd(NO_3)_3 \cdot 5H_2O$ [57288-53-1]	(III)-nitrat pentahydrat	f	433,34 2,406				
$Gd(NO_3)_3 \cdot 6H_2O$ [19598-90-4]	hexahydrat		451,36 2,332				
Gd_2O_3 [12064-62-9]	(III)-oxid	f	362,50 7,407	kub. $D5$ T^7_h, $Ia3$	1081,3	$Z=16$	
$Gd(OH)_3$ [16469-18-4]	(III)-hydroxid	f	208,27	hex. $D0_{19}$ C^2_{6h}, $P6_3/m$	634,5 363	$Z=2$	

Phasen-umwandlungen			Standardwerte bei 298,15 K				Bemerkungen und Charakteristik
°C		ΔH kJ/Mol	C_p J/KMol	S^0 J/KMol	ΔH_B^0 kJ/Mol	ΔG_B^0 kJ/Mol	
							Hochdruckverbindung
~3000	*F*						gold-glänzend, $\mu_{eff} = 8{,}07\ \mu_B$
2510	*Z*						α (Raumtemp.) = $5{,}88 \cdot 10^{-6}\,K^{-1}$; violette Kristalle
							Hochdruckverbindung
609 1580	*F* *V*	40,71	88,0	151,4	−1008,0	−933,1	$\chi_{Mol} = +27\,930 \cdot 10^{-6}\,cm^3\,Mol^{-1}$; rein weiße Nadeln mit schwach grauem Ton; l. W, Al; wird nicht hydrolysiert; · $6\,H_2O$ dicke tafelförmig abgestumpfte Krist., $D = 2424\ kg\ m^{-3}$
1075 1232	*U* *F*	6,0 52,4	88,4	114,8	−1699,1	−1622,4	fbl; unl. W
740 926 1340	U *F* *V*	0,92 54,0	98,6	226,4	−594,1	−589,4	gelb; hygr.
92	*F*						
91	*F*						farbl.; hygr., l. W, Al, Aceton
2339 3900	*F* *V*		105,5	150,6	−1826,9	−1739,5	$\bar{\alpha}(298 \ldots 1273\ K) = 10{,}5 \cdot 10^{-6}\,K^{-1}$; $\chi_{Mol} = +53\,200 \cdot 10^{-6}\,cm^3\,Mol^{-1}$; 2. Modifikation mkl., C_{2h}^3, $C2/m$, $a = 1409{,}5$, $b = 357{,}65$, $c = 876{,}92$ pm, $\beta = 100{,}08°$, $Z = 6$, weißes Pulver; schwach gelbstichig; nimmt leicht CO_2 auf; l. S, unl. W
210	*Z*				−1289		fbl. Krist., unl. W.

Übersichtstabelle Anorganische Verbindungen (Fortsetzung)

Formel	Name	Zustand	Mol-Masse / Dichte $10^3\,kg \cdot m^{-3}$	Kristalldaten: System, Typ und Symbol	Einheitszelle: Kantenlänge in pm	Einheitszelle: Winkel und Z	Brechzahl n_D
Gd	**Gadolinium**						
$Gd_2(SO_4)_3 \cdot 8H_2O$ [13450-87-8]	(III)-sulfat octahydrat	f	746,81 / 3,01	mkl. C_{2h}^6, $C2/c$	1355 676 1831	$Z = 4$ $\beta =$ 102,16°	
Gd_2S_3 [12134-77-9]	(III)-sulfid	f	410,68 / 6,175	orh. D_{2h}^{16}, *Pnma*	1074,5 389,9 1054,6	$Z = 4$	
Ge	**Germanium**						
$GeBr_4$ [13450-92-5]	(IV)-bromid	f	392,23 / 3,132	kub.			1,6269
GeH_3Br [13569-43-2]	Monobrom-german	fl	155,52 / 2,34				
GeH_2Br_2 [13769-36-3]	Dibrom-german	fl	234,42 / 2,80				
$Ge(CH_3CO_2)_4$ [3396-12-1]	(IV)-acetat	f	308,77				
$GeCl_2$ [10060-11-4]	(II)-chlorid	f	143,50				
$GeCl_4$ [10038-98-9]	(IV)-chlorid	fl	214,40 / 1,884				1,4644
GeH_3Cl [13637-65-5]	Monochlor-german	fl	111,07 / 2,147				
$GeHCl_3$ [1184-65-2]	Trichlor-german	fl	179,96 / 1,93				

Phasen-umwandlungen °C		ΔH kJ/Mol	Standardwerte bei 298,15 K: C_p S^0 J/KMol	ΔH_B^0 ΔG_B^0 kJ/Mol	Bemerkungen und Charakteristik
			587,9 651,9	−6355 −5565	χ_{Mol} = + 53280 ·10^{-6} cm^3 Mol^{-1}; sehr kleine glänzende fbl. Krist.; LW 20° 2,81%, Bdk. 8 H_2O
1885	*F*				rot-br.; μ_{eff} = 7,94 μ_B
26,1 186	*F* *V*	12,1 41,4	101,8* 396,2*	−300,0* −318,1*	weiße glänzende Krist.; W hydrolysiert; l. abs. Al, CCl_4, Bzl, E * Gas
−32 52	*F* *V*				
−15 89	*F* *V*				
156	*F*				feine weiße Nadeln; W hydrolysiert → GeO_2; l. Egsanhydrid, Bzl, Aceton; wl. CCl_4
	Z		53,8* 295,8*	−171,0* −183,4*	in dünnen Schichten fbl. Substanz; sehr reaktionsfähig; W hydrolysiert → GeO, Sauerstoff greift schnell an; l. $GeCl_4$, Bzl, E; unl Al, Chlf, * Gas
−49,5 84	*F* *V*	 29,7	96* 348*	−496* −457*	ε = 2,65; χ_{Mol} = −72 ·10^{-6} cm^3 Mol^{-1}; fbl. Fl., leicht beweglich; raucht stark an der Luft; W hydrolysiert → GeO_2, verd. NaOH mit heftiger Reaktion; l. abs. Al, CS_2, CCl_4, Chlf, Bzl, E, Aceton, * Gas
−52 28,0	*F* *V*		54,77 263,6		
−71 75,3	*F* *Z*	 33,5			„Germaniumchloroform"; fbl. bewegliche Fl.; mit W → $Ge(OH)_2$, desgleichen wss. NH_3, *Z* unter HCl Abgabe

Übersichtstabelle Anorganische Verbindungen (Fortsetzung)

Formel	Name	Zustand	Mol-Masse / Dichte $10^3\,kg \cdot m^{-3}$	Kristalldaten: System, Typ und Symbol	Einheitszelle: Kantenlänge in pm	Einheitszelle: Winkel und Z	Brechzahl n_D
Ge	**Germanium**						
GeF_4 [7783-58-6]	(IV)-fluorid	g	148,58 / 6,710*	kub. $I\bar{4}3m$	548,5	$Z=2$ (213 K)	
$GeFCl_3$ [24422-20-6]	Fluor-trichlor-german	fl	197,95				
GeF_2Cl_2 [24422-21-7]	Dichlor-difluor-german	g	181,49				
GeH_4 [7782-65-2]	German	g	76,62 / 3,43[1]				1,0009
Ge_2H_6 [13818-89-8]	Digerman	fl	151,23 / 1,98*				
Ge_3H_8 [14691-44-2]	Trigerman	fl	225,83 / 2,2*				
GeI_2 [13573-08-5]	(II)-iodid	f	326,40 / 5,37	trig. $C6$ D^3_{3d}, $P\bar{3}m1$	413 679	$Z=1$	
GeI_4 [13450-95-8]	(IV)-iodid	f	580,21 / 4,32	kub. $D11$ T^6_h, $Pa3$	1204,0	$Z=4$	
$[GeF_6]K_2$ [7783-73-5]	Kalium-hexa-fluoro-germanat	f	264,78 / 3,01	kub. O^5_h, $Fm3m$	835,7	$Z=4$	
$[GeF_6]Na_2$ [36470-39-0]	Natrium-hexafluoro-germanat	f	232,5	hex. D^2_3, $P321$	905,83 510,88	$Z=3$	

Phasen-umwandlungen			Standardwerte bei 298,15 K		Bemerkungen und Charakteristik
°C		ΔH kJ/Mol	C_p S^0 J/KMol	ΔH_B^0 ΔG_B^0 kJ/Mol	
−15 0,4 MPa −36,8	*F* Sb	 32,7	81,6* 301,9*	−1190,1* −1150,0*	* kg/Nm³; D^0(fl) = 2126 kg m⁻³; fbl. Gas, raucht stark an der Luft, Geruch; greift Atmungsorgane an, verursacht Heiserkeit; zers. W → H_2GeF_6, *Gas
−49,8 37,5	*F* *V*	 27,5			fbl. Fl.; raucht an der Luft; Geruch nach Knoblauch; gefriert zu einer weißen Masse; zers. W → GeO_2; l. abs. Al; mit verd. NaOH heftige Reaktion
−51,8 2,8	*F* *V*	 23,65			fbl. Gas und Fl., gefriert zu einer weißen Masse; zers. W → GeO_2; l. abs. Al; mit verd. NaOH heftige Reaktion; T_{kr} = 405,6 K
−200 −196 −165,9 −88,35 230	*U* *U* *F* *V* *Z*	0,547 0,542 0,837 14,06	45,0* 217,3*	90,8* 113,2*	[1] kg/Nm³; D^{-142}(fl.) = 1523 kg m⁻³ fbl. Gas; <280° nur sehr langsame Z. in Ge und H_2; l. w. NH_3, NaOCl wlh. HCl; * Gas
−109 29 215	*F* *V* *Z*	 25,1		137	* bei −109°C; fbl. Fl., Z. W, l. NH_3
−105 110,5 195	*F* *V* *Z*	 32,2		 194	* bei −105°C; fbl. Fl., unl. W, l. CCl_4
448 240 (Vakuum)	*F* *Sb*			−92	gelbe Krist. l. k. W, HI_c, verd. S, unl. CS_2, h. WZ
144	*F* *Z*		104,1* 428,9*	−56,9* −106,3*	$\chi_{Mol} = -174 \cdot 10^{-6}$ cm³ Mol⁻¹; or.rote Krist.masse, beim Schmelzen rubinrote Fl. Z W, Al, Aceton; l. CS_2, CCl_4, Bzl, MeOH; * Gas
240 500 730 835	U_1 U_2 *F* *V*			−2603	weiße Krist., Tafeln aus W; feines krist. Pulver; LW 18° 0,56%, 100° 2,7%; unl. Al, U_1 → hex.; U_2 → kub.
650	*U*				fbl. Kristalle, HT-Mod.: kub. a = 795 pm

Übersichtstabelle Anorganische Verbindungen (Fortsetzung)

Formel	Name	Zustand	Mol-Masse / Dichte $10^3\,kg \cdot m^{-3}$	Kristalldaten: System, Typ und Symbol	Einheitszelle: Kantenlänge in pm	Winkel und Z	Brechzahl n_D
Ge	**Germanium**						
GeO_3Li_2	Lithium-meta-germanat	f	134,47 3,53	orh. C_{2v}^{12}, $Cmc2_1$	962,0 547,8 483,6	$Z=4$	1,73
GeO_4Mg_2 [12025-13-7]	Magnesium-germanat	f	185,21	orh. $S1_2$ D_{2h}^{16}, $Pnmb$	603,74 1031,88 491,42	$Z=4$	1,698 1,717 1,763
α-Ge_3N_4 [12065-36-0]	(IV)-nitrid	f	273,80 5,25	hex. C_{3v}^{4}, $P31c$	820,2 594,1	$Z=4$	
$GeF_6(NH_4)$ [16962-47-3]	Ammonium-hexafluoro-germanat	f	222,66 2,564	trig. $I1_{13}$ D_{3d}^{3}, $P\bar{3}m1$	586,2 481,7	$Z=1$	1,428 1,425
GeO_3Na_2	Natrium-meta-germanat	f	166,57 3,31	orh. C_{2v}^{12}, $Cmc2_1$	621,8 1088,0 492,6	$Z=4$	1,59
GeO [20619-16-3]	(II)-oxid	f	88,59 1,825				1,607
GeO_2 [1310-53-8]	(IV)-oxid	f	104,59 4,228	trig. $C8$ D_3^4, $P3_121$	498,50 564,80	$Z=3$	1,695 1,735
GeO_2		f	104,59 6,278	tetr. D_{4h}^{14}, $P4_2/mnm$	439,63 286,26	$Z=2$	1,99 2,05
GeF_6Rb_2 [16962-48-4]	Rubidium-hexa-fluoro-germanat	f	357,52	trig. $I1_{13}$ D_{3d}^{3}, $P\bar{3}m1$	582 479	$Z=1$	

Phasen-umwandlungen			Standardwerte bei 298,15 K				Bemerkungen und Charakteristik
°C		ΔH kJ/Mol	C_p J/KMol	S^0	ΔH_B^0 kJ/Mol	ΔG_B^0	
1238	*F*						weißes Pulver; strahlig ausgebildete Krist.; LW 25° 0,85 %, Bdk. $^1/_3 H_2O$; wss. Lsg. reagiert alk.; ll. verd. S
							rein weiße Substanz, LW 26° $1{,}6 \cdot 10^{-3}$ %; ll. verd. S, HT-Mod; ZT; *Fd*3*m*, *a* = 825 pm
456	*Z*		167		−65,3	−27,1	β-Ge_3N_4, hex. C_{6h}^2, $P6_3/m$, *a* = 803,22, *c* = 307,827 pm, *Z* = 2, $\chi_{Mol} = -90{,}6 \cdot 10^{-6}\,cm^3\,Mol^{-1}$; hellgrau; unl. 2N-HCl, -H_2SO_4, -HNO_3, NaOH, konz. HCl, HNO_3; swl. konz. H_2SO_4, konz. NaOH; Aufschluß mit Alk-Schmelze
							weiße strahlig ausgebildete Krist.; aus der Luft CO_2-Aufnahme; LW 20° 19,85 %, Bdk. $7H_2O$
650 700	*U** *Z*		–	50	−212	−237	* *U* amorph → krist.; $\chi_{Mol} = -28{,}8 \cdot 10^{-6}\,cm^3 Mol^{-1}$; gelbes Pulver, amorph; schw.braun, krist.; unl. W
1035 1116	*U* *F*	20,9 12,6	50,2	39,7	−579,9	−521,3	$\chi_{Mol} = -34{,}3 \cdot 10^{-6}\,cm^3\,Mol^{-1}$; weißes Pulver; feuerbeständig; LW 20° 0,4 %; wl. H_2SO_4; l. HF, HCl; rasch l. 5N-NaOH; Schmelze glasklar, gibt beim Abkühlen ein klares, stark lichtbrechendes Glas, HT-Mod.
1086	*F*						* *U* unl. → löslich; unl. W, HF, HCl, H_2SO_4, langsam l. 5N-NaOH; Argutit

Übersichtstabelle Anorganische Verbindungen (Fortsetzung)

Formel	Name	Zustand	Mol-Masse / Dichte $10^3\,kg \cdot m^{-3}$	Kristalldaten: System, Typ und Symbol	Einheitszelle: Kantenlänge in pm	Einheitszelle: Winkel und Z	Brechzahl n_D
Ge	**Germanium**						
GeS [12025-32-0]	(II)-sulfid	f	104,65 4,010	orh. *B*16 D_{2h}^{16}, *Pnam*	1047,0 429,7 364,1	$Z=4$	
GeS_2 [12025-34-2]	(IV)-sulfid	f	136,72 2,94	orh. C_{2v}^{19}, *Fdd*2	1166 2234 686	$Z=24$	
GeSe [12065-10-0]	(II)-selenid	f	151,55 5,529	orh. D_{2h}^{16}, *Pbnm*	438,80 1082,50 383,30	$Z=4$	
$GeSe_2$ [12065-11-1]	(IV)-selenid	f	230,51 4,345	orh. *P*	703,7 1182,6 1682,1	$Z=16$	
GeTe [12025-39-7]	(II)-tellurid	f	200,19 ~6,2	orh. D_{2h}^{16}, *Pnma*	1176 1659 1744	$Z=4$	

Phasen-umwandlungen			Standardwerte bei 298,15 K				Bemerkungen und Charakteristik
°C		ΔH kJ/Mol	C_p J/KMol	S^0	ΔH_B^0 kJ/Mol	ΔG_B^0	
665 847	*F* *V*	23,4 126,5	47,8	66,0	−76,1	−77,0	Halbleiter ΔE(300K) = 1,8 eV; $\chi_{Mol} = -40{,}9 \cdot 10^{-6} cm^3 Mol^{-1}$; dkl. grauschw. flimmernde Krist., im durchfallenden Licht rot bis gelbrot, gepulvert rot; ll. KOH; unl. fl. NH_3, HCl und anderen S; GeS frisch gefällt amorph, braunrotes Pulver; $D = 3310\,kg\,m^{-3}$; in W und an feuchter Luft langsam hydrolysiert; L fl. NH_3 −33° $3 \cdot 10^{-3}$ Mol/l Lsg.; etwas l. wss. NH_3; ll. Alk; l. HCl; unl. H_2SO_4, org. S
940	*F*	41,8	65,7	87,4	−156,9	−154,6	auch mkl.; $P2_1/c$ in polytyp. Formen z.B. α-GeS_2, $a = 1144{,}5$, $b = 1609{,}0$, $c = 670{,}9$ pm, $\beta = 90{,}56°$, $Z = 16$, $\chi_{Mol} = -53{,}3 \cdot 10^{-6} cm^3 Mol^{-1}$; perlmuttglänzende Schuppen, gefällt weißes Pulver; wird von W nur schwierig benetzt; l. Alk, NH_3, mit $H_2O_2 \rightarrow GeO_2$; erstarrt aus Schmelze als bernsteingelbe durchsichtige Masse; L fl. NH_3 −33° 0,155 Mol/l Lsg.
651 675 861	*U* *F* *V*	 24,7 132,8	50,0	78,2	−69,0	−70,5	grau-metall. unl. W; Hochtemp. Form: kub. *B*1, O_h^5, $Fm\bar{3}m$, $a = 573{,}0$ pm, $Z = 4$
740	*F*		71,2	112,6	−113,0	−112,1	unl. W, schlecht l. Alk, grau-metall. Hochtemp. Form, mkl. C_{2h}^5, $P2_1/c$ $a = 701{,}6$, $b = 1679{,}6$, $c = 1183{,}1$ pm, $\beta = 90{,}65°$, $Z = 2$
430 725	*U* *F*		51,9	90,0	−48,5	−51,3	grau-metall., ZT-Mod.; trig., $R3m$, $a = 834$, $c = 1066$ pm

Übersichtstabelle Anorganische Verbindungen (Fortsetzung)

Formel	Name	Zustand	Mol-Masse / Dichte $10^3\,kg \cdot m^{-3}$	Kristalldaten: System, Typ und Symbol	Einheitszelle: Kantenlänge in pm	Einheitszelle: Winkel und Z	Brechzahl n_D
H	**Wasserstoff**						
H_2O [7732-18-5]	Wasser	fl	18,01 / 1,000	hex. D_{6h}^4, $P6_3/mmc$	451,90 736,16	$Z=4$	1,333
H_2O_2 [7722-84-1]	Wasserstoffperoxid	fl	34,01 / 1,448	tetr. D_4^4, $P4_12_12$	406 800	$Z=4$	1,4067
D_2O [7789-20-0]	Deuteriumoxid	fl	20,0276 / 1,106	hex.* D_{6h}^4, $P6_3/mmc$	451,3 735,5	$Z=4$	1,3284
Hf	**Hafnium**						
$HfBr_4$ [13777-22-5]	(IV)-bromid	f	498,11 / 4,90	kub. T_h^6, $Pa3$	1091	$Z=8$	
HfC [12069-85-1]	(IV)-carbid	f	190,50 / 12,6	kub. O_h^5, $Fm3m$	463,8	$Z=4$	
$HfCl_4$ [13499-05-3]	(IV)-chlorid	f	320,30	kub.	1041		
HfF_4 [13709-52-9]	(IV)-fluorid	f	254,48 / 7,13	mkl. C_{2h}^6, $C2/c$	947 984 762	94,48° $Z=12$	1,56
$[HfF_6]K_2$ [16871-86-6]	Kalium-hexafluorohafnat	f	370,68 / 4,76	mkl. C_{2h}^6, $C2/c$	654 1139 687	90,53°	1,461* 1,449
HfI_4 [13777-23-6]	(IV)-iodid	f	686,11 / ~5,5	kub. T_h^6, $Pa3$	1176,5	$Z=8$	
HfN [25817-87-2]	nitrid	f	192,50 / ~13,7	kub. O_h^5, $Fm\bar{3}m$	452,5		
HfO_2 [12055-23-1]	oxid	f	210,49 / 9,68	kub. O_h^5, $Fm3m$	512,5	$Z=4$	

Phasen-umwandlungen			Standardwerte bei 298,15 K				Bemerkungen und Charakteristik
°C		ΔH kJ/Mol	C_p J/KMol	S^0	ΔH^0_B kJ/Mol	ΔG^0_B	
0,00 100,0	*F* *V*	6,007 40,89	75,28	69,95	−285,83	−237,14	[1] bei 273,15 K
−0,41 150,2	*F* *V*	12,50	89,1	109,6	−187,8	−120,3	$\chi_{Mol} = -17{,}7 \cdot 10^{-6}\,cm^3 Mol^{-1}$; fbl. sirupöse Fl.; erstarrt krist.; mischbar mit W; l. E; unl. PE; Perhydrol: wss. Lsg. mit 30 Gew% H_2O_2; klare fbl. Fl.; mischbar mit Al; starkes Oxid.-mittel; hautätzend; $D^{20}_4 = 1{,}114 \cdot 10^3 kg\,m^{-3}$; Gefrierpunkt −30 °C
3,81 101,4	*F* *V*	6,280 41,57	84,4	75,9	−294,6	−243,4	* bei −50 °C;
420	*F*		127,6	238,5	−767,3	−734,7	rein weiße Substanz; ll. W; subl. 322°, ΔH_{Sb} 100 kJ/Mol
3890 ±150	*F*		34,4	41,2	−251,0	−248,6	graue Substanz von met. Aussehen
315	*Sb*	98,0	120,5	190,7	−990,4	−901,2	rein weiße Substanz
962	*Sb*		100,4	113,0	−1930,5	−1830,3	
							weiß; * n_{Max} und n_{Min}; L $^1/_8$ N-HF 20° 0,1008 Mol/l; L 5,9 N-HF 20° 0,1942 Mol/l
449	*F*		144,3	269,9	−493,7	−491,9	gelb
3305	*F*		39,4	48,1	−373,6	−346,4	dkl.gr bis braunes Pulver, el. Leiter
1700 2900	*U* *F*	10,5 104,6	60,2	59,3	−1144,7	−1088,3	weißes Pulver

Übersichtstabelle Anorganische Verbindungen (Fortsetzung)

Formel	Name	Zustand	Mol-Masse / Dichte $10^3\,kg \cdot m^{-3}$	Kristalldaten: System, Typ und Symbol	Einheitszelle: Kantenlänge in pm	Einheitszelle: Winkel und Z	Brechzahl n_D
Hf	**Hafnium**						
$HfOBr_2$ [14118-72-0]	(IV)-oxid-bromid	f	354,31	tetr.			
$HfSi_2$ [12401-56-8]	disilicid	f	234,6 ~7,9	orh. D_{2h}^{17}, *Cmcm*	368,0 1455,6 364,9	$Z=4$	
Hg	**Quecksilber**						
Hg_2Br_2 [15385-58-7]	(I)-bromid	f	561,00 7,51	tetr. $D3_1$ D_{4h}^{17}, *I4/mmm*	466,7 1113,8	$Z=2$	
$HgBr_2$ [7789-47-1]	(II)-bromid	f	360,41 6,05	orh. $C24$ C_{2v}^{12}, $Cmc2_1$	463,3 681,2 1247,0	$Z=4$	
$Hg(CN)_2$ [592-04-1]	(II)-cyanid	f	252,63 3,996	tetr. $F1_1$ D_{2d}^{12}, $I\bar{4}2d$	969,3 889,6	$Z=8$	1,645 1,492
$Hg(CN)_2 \cdot HgO$ [1335-31-5]	(II)-cyanid, bas.	f	469,214 4,437	orh. D_{2h}^{16}, *Pnma*	1890,1 390,0 707,8		
$Hg(ONC)_2$ [628-86-4]	(II)-fulminat	f	284,62 4,42				
Hg_2CO_3 [6824-78-8]	(I)-carbonat	f	461,19				
$Hg_2(CH_3CO_2)_2$ [631-60-7]	(I)-acetat	f	519,27 ~4,6	mkl.	1218,5 596,6 518,7	100,08° $Z=2$	
$Hg(CH_3CO_2)_2$ [1600-27-7]	(II)-acetat	f	318,68 3,286	mkl. C_{2h}^{5}, $P2_1/a$	716,1 2014,3 462,5	107,94° $Z=4$	

Phasen-umwandlungen			Standardwerte bei 298,15 K				Bemerkungen und Charakteristik
°C		ΔH kJ/Mol	C_p J/KMol	S^0	ΔH^0_B kJ/Mol	ΔG^0_B	
							glänzende Nadeln; sll. verd. HCl; die L sinkt rasch mit steigender Konz. an HCl
							grau, met. gl.
459	*Sb*		104,6	218,7	−204,2	−178,8	weiß-gelbliches Pulver; LW 25° $3{,}9 \cdot 10^{-6}$%, l. S; unl Al, Aceton
241 322	*F* *V*	17,91 58,89	75,3	170,3	−169,5	−152,2	$\chi_{Mol} = -100{,}2 \cdot 10^{-6}\,cm^3\,Mol^{-1}$; fbl. glänzende Kristallblätter; geschmolzen hgelbe Fl.; LW 25° 0,62%; L Al 25° 30%; L Me 25° 69,4%; l. HCl, HBr; giftig
320	*Z*						$\chi_{Mol} = -67 \cdot 10^{-6}\,cm^3\,Mol^{-1}$; weiße Krist.; geruchlos; lichtempfindlich; LW 0° 8%, 120° 41%, Bdk. 0 H_2O; L Me 19,5° 44,1%; L Al 19,5° 10,1%; l. NH_3, Py, Aceton; wl. E; unl. Bzl; giftig
							weiße Nadeln oder krist. Pulver; wl. k. W; expl. durch Reibung oder Schlag; giftig
							Krist.; LW 18° 0,07%; swl. sied. E, Chlf; wl. Egester in der Wärme; l. Aceton, besonders in der Wärme; Initialexplosivstoff
130	*Z*		184		−553,3	−469	weißes Pulver; LW 25° $8{,}8 \cdot 10^{-10}$%; l. wss. NH_4Cl-Lsg.; giftig
					−841,6		weiße glänzende schuppige Krist.; lichtempfindlich; wl. W; l. verd. HNO_3, unl. Al, E; sied. W zers. → Hg + $Hg(CH_3CO_2)_2$; giftig
178 280	*F* *Z*				−834,5		$\chi_{Mol} = -100 \cdot 10^{-6}\,cm^3\,Mol^{-1}$; fbl. glänzende Krist.; Geruch nach Egs; lichtempfindlich; ll. in mit Egs angesäuertem W; giftig

Übersichtstabelle Anorganische Verbindungen (Fortsetzung)

Formel	Name	Zustand	Mol-Masse / Dichte $10^3\,kg \cdot m^{-3}$	Kristalldaten: System, Typ und Symbol	Einheitszelle: Kantenlänge in pm	Einheitszelle: Winkel und Z	Brechzahl n_D
Hg	**Quecksilber**						
Hg_2Cl_2 [10112-91-1]	(I)-chlorid	f	472,09 7,15	tetr. $D3_1$ D_{4h}^{17}, $I4/mmm$	448,01 1090,60	$Z=2$	1,9732 2,6559
$HgCl_2$ [7487-94-7]	(II)-chlorid	f	271,50 5,44	orh. $C28$ D_{2h}^{16}, $Pnma$	597,6 1276,8 433,5	$Z=4$	1,725 1,859 1,965
$Hg(NH_2)Cl$ [10124-48-8]	(II)-amido-chlorid	f	252,07 5,7	orh. C_{2v}^1, $Pmm2$	515,6 671,6 435,3	$Z=2$	
$Hg(NH_3)_2Cl_2$ [14376-09-1]	Diammin-quecksilber(II)-chlorid	f	305,56 3,77	kub.	407		
$Hg_2(ClO_3)_2$ [10294-44-7]	(I)-chlorat	f	568,08 6,409				
$Hg(ClO_3)_2$ [13465-30-0]	(II)-chlorat	f	367,49 4,998				
Hg_2F_2 [13967-25-4]	(I)-fluorid	f	439,18 8,73	tetr. $D3_1$ D_{4h}^{17}, $I4/mmm$	366 1090	$Z=4$	

Phasen- umwandlungen			Standardwerte bei 298,15 K		Bemerkungen und Charakteristik
°C		ΔH kJ/Mol	C_p S^0 J/KMol	ΔH^0_B ΔG^0_B kJ/Mol	
543 382	*F** *Sb*		101,9 192,5	−264,9 −210,6	* unter Druck; $\bar{\gamma}$ (293 ... 423 K) = 103 · 10^{-6} K^{-1}; Kalomel; weißes schweres mikrokrist. Pulver; geruch- und geschmacklos; an Luft beständig; färbt sich an Luft dunkler; LW 20° 2,3 · 10^{-4}%; l. Bzl, Py, h. sauerstoffhaltigen S; unl. Al, E; TT-Form mkl, $P2_1/m$, $a = 443{,}7$, $b = 1090{,}2$, $c = 443{,}9$ pm, $\beta = 90{,}40°$, $Z = 4$; giftig
278 302	*F* *V*	19,45 58,91	73,9 144,5	−230,1 −184,0	$\chi_{Mol} = -81{,}7 \cdot 10^{-6}$ cm^3 Mol^{-1}; Sublimat; weiße durchscheinende strahlig krist. Stücke oder krist. Pulver; LW 20° 6%, L Me 20° 35%; L Al 5° 33,6%; LE 18° 6,05%; L Chlf 20° 0,1%; L Egester 25° 23,7%; ll. sied. W; l. Py, Egs, Glycerin, Aceton; giftig und ätzend
					„unschmelzbares Präzipitat", weißes Pulver; geruchlos; lichtempfindlich; unl. W, Al; l. S, $(NH_4)_2CO_3$- und $Na_2S_2O_3$-Lsg.; bei Rotglut flch. ohne zu schmelzen; giftig
300	*F*			−468,7	„schmelzbares Präzipitat"; weißes kleinkrist. Salz; schmilzt unter Z; W zers., l. Egs, wss. KI-Lsg.; giftig
					fbl. lange Krist., die an der Luft Durchsichtigkeit und Glanz verlieren; weißes Pulver; expl. bei 250° C; l. k. W; h. W zers.; l. Al. Egs; giftig
					kleine Nadeln; zers. beim Erhitzen; l. W; giftig
676	*Z*		100,3 160,7	−485,3 −427,5	gelbes Pulver; W zers., lichtempfindlich; giftig

Übersichtstabelle Anorganische Verbindungen (Fortsetzung)

Formel	Name	Zustand	Mol-Masse / Dichte $10^3\,kg \cdot m^{-3}$	Kristalldaten: System, Typ und Symbol	Einheitszelle: Kantenlänge in pm	Einheitszelle: Winkel und Z	Brechzahl n_D
Hg	**Quecksilber**						
HgF_2 [7783-39-3]	(II)-fluorid	f	238,59 8,59	kub. *C*1 O_h^5, *Fm*3*m*	553,7	$Z = 4$	
Hg_2I_2 [15385-57-6]	(I)-iodid	f	654,99 7,70	tetr. *D*3$_1$ D_{4h}^{17}, *I*4/*mmm*	493,3 1163,3	$Z = 2$	
HgI_2 [7774-29-0]	(II)-iodid	f	454,40 6,36	tetr. D_{4h}^{15}, *P*4$_2$/*nmc*	436,9 1244,9	$Z = 2$	2,748 2,555
$Hg_2(N_3)_2$ [38232-63-2]	(I)-azid	f	485,22				
$Hg_2(NO_3)_2 \cdot 2H_2O$ [14836-60-3]	(I)-nitrat-hydrat	f	561,22 4,79	mkl. C_{2h}^5, *P*2$_1$/*c*	864 752 630	103,80 $Z = 2$	
$Hg(NO_3)_2 \cdot H_2O$ [7783-34-8]	(II)-nitrat-hydrat	f	342,61 4,300	mkl. C_{2h}^6, *A*2/*a*	629,8 1889,5 513,8	111,82° $Z = 4$	
Hg_2O [15829-53-5]	(I)-oxid	f	417,18 9,8				
HgO [21908-53-2]	(II)-oxid	f	216,59 11,14	orh. D_{2h}^{16}, *Pnma*	552,5 660,7 352,2	$Z = 4$	2,37* 2,5* 2,65*

Phasen- umwandlungen			Standardwerte bei 298,15 K				Bemerkungen und Charakteristik
°C		ΔH kJ/Mol	C_p J/KMol	S^0	ΔH_B^0 kJ/Mol	ΔG_B^0	
645 646	*F* *V*	23,0 92	74,9	116,3	−422,6	−374,2	$\chi_{Mol} = -62 \cdot 10^{-6} cm^3 Mol^{-1}$; fbl. durchsichtige Krist.; l. HF, verd. HNO_3, lichtempfindlich; giftig
290	*F*	27,2	105,8	241,34	−119,1	−111,1	gelbes schweres Pulver; verfärbt sich am Licht; LW 25° $2 \cdot 10^{-9}$%; l. KI-Lsg., Hg(I)- und Hg(II)-nitrat-Lsg.; unl. Al, E, Alk; giftig; ab 310° tritt Z ein; Coccinit
127 257 354	*U* *F* *V*	2,51 18,97 59,16	77,8	181,3	−105,4	−102,2	$\bar{\gamma}$ (403...411 K) = $235 \cdot 10^{-6} K^{-1}$; $\chi_{Mol} = -128{,}6 \cdot 10^{-6} cm^3 Mol^{-1}$; scharlachrotes schweres krist. Pulver, bei 127° *U* rot → gelb; lichtempfindlich; giftig; LW 25° $6 \cdot 10^{-3}$%; L abs. Al 25° 1,8%; L Me 19,5° 3,15%; l. E, Aceton, KI-Lsg.; swl. Chlf; Moschelit gelbes HgI_2: orh. C_{2v}^{12}, $Cmc2_1$, $a = 759$, $b = 1380$, $c = 497$ pm, $Z = 4$
					556,6		weiße Krist.; expl. bei 245 °C; LW 20° $2{,}5 \cdot 10^{-2}$%
70	*Z*				−865,8		fbl. Krist.; lichtempfindlich; zerfl. an feuchter Luft; verwittern an trockener Luft; ll. sied. W; viel W hydrolysiert; l. verd. HNO_3; unl. Al; giftig
							fbl., zerfl.; lichtempfindlich, giftig
					−91,23		$\chi_{Mol} = -76{,}3 \cdot 10^{-6} cm^3 Mol^{-1}$; braunschw. Pulver; swl. W; l. Egs, HNO_3; unl. verd. HCl, fl. NH_3; giftig
220 476	*U* *Z*		44,1	70,2	−90,8	−58,5	* λ 671 nm; $\chi_{Mol} = -44 \cdot 10^{-6} cm^3 Mol^{-1}$; Montroydit; rotes schweres krist. Pulver; LW 25° $5 \cdot 10^{-3}$%, 100° $3{,}9 \cdot 10^{-3}$%; l. HCl, HNO_3; unl. fl. NH_3, Al; giftig

Übersichtstabelle Anorganische Verbindungen (Fortsetzung)

Formel	Name	Zustand	Mol-Masse / Dichte $10^3\,kg \cdot m^{-3}$	Kristalldaten: System, Typ und Symbol	Einheitszelle: Kantenlänge in pm	Einheitszelle: Winkel und Z	Brechzahl n_D
Hg	**Quecksilber**						
HgO		f	216,59 11,14	trig. D_3^4, $P3_221$	357,7 868,1	$Z = 3$	
Hg_2S [51595-71-2]	(I)-sulfid		433,24				
HgS [1344-48-5]	(II)-sulfid	f	232,65 8,09	trig. *B*9 $D_3^{4,6}$, $P3_{1,2}21$	414,95 949,7	$Z = 3$	2,9051* 3,2560
HgS		f	232,65 7,65	kub. *B*3 T_d^2, $F\bar{4}3m$	585,2	$Z = 4$	
$[HgSCN]_2$ [13465-37-7]	(I)-thio-cyanat	f	517,3 5,318				
$Hg(SCN)_2$ [592-85-8]	(II)-thio-cyanat	f	316,75 3,71	mkl. C_{2h}^3, $C2/m$	1094 405,4 644,9	95,48° $Z = 2$	
Hg_2SO_4 [7783-36-0]	(I)-sulfat	f	497,24 7,56	mkl. C_{2h}^4, $P2/a$	836,5 442,6 627,9	91,77° $Z = 8$	
$HgSO_4$ [7783-35-9]	(II)-sulfat	f	296,65 6,47	orh. C_{2v}^7, $P2_1mn$	481,5 657,5 478,1		
$HgSO_4$ $\cdot\,2HgO$ [1312-03-4]	(II)-sulfat, bas.	f	729,83 8,18	trig. D_3^4, $P3_121$	703 1002		

Phasen-umwandlungen			Standardwerte bei 298,15 K				Bemerkungen und Charakteristik
°C		ΔH kJ/Mol	C_p J/KMol	S^0	ΔH_B^0 kJ/Mol	ΔG_B^0	
				73,2	−90,18	−58,7	$\chi_{Mol} = -44{,}6 \cdot 10^{-6}$ cm³ Mol⁻¹; gelbes schweres Pulver; LW 25° 5,2 · 10⁻³ %, 100° 4,3 · 10⁻³ %; l. S, konz. NH_4Cl-Lsg.; unl. Al, giftig
>0	*Z*						schw. Substanz; LW 25° 2,8 · 10⁻²⁴ %; unl. S, $(NH_4)_2$ S-Lsg.; giftig
345 825	*U* *Z*	4,0	48,4	82,4	−53,3	−45,7	* $\lambda = 598{,}5$ nm; $\chi_{Mol} = -55{,}4 \cdot 10^{-6}$ cm³ Mol⁻¹; optisch aktiv; *U* rot → schw.; Zinnober, Cinnabarit; scharlachrotes Pulver oder Stücke; LW 18° 1,25 · 10⁻⁶%; unl. Al, HCl, HNO_3; l. Königsw. unter Bildung von $HgCl_2$ und Abscheidung von Schwefel
				88,0	−53,6	−49,0	Metacinnabarit, Quecksilbermohr; feines schw. schweres Pulver; fällt bei Einleiten von H_2S in Hg(II)-salzlsg.; unl. W, Al, verd. S; l. Königsw.; giftig
	Z						weißes krist. Pulver; w. l. W; l. HCl, KSCN-Lsg.; giftig
165	*Z*				200,8		$\chi_{Mol} = -96{,}5 \cdot 10^{-6}$ cm³ Mol⁻¹; weißes nadelförmig-krist. Pulver; LW 25° 0,07%; wl. Al, E; l. HCl, NaCl-, KCN-, NH_4-Salz-lsg.; zers. ohne zu schmelzen und brennt bläulich unter starker Aufblähung; giftig
	Z		132,0	200,8	−743,1	−625,8	$\chi_{Mol} = -61{,}5 \times 2 \cdot 10^{-6}$ cm³ Mol⁻¹; weißes krist. Pulver; färbt sich am Licht grau; LW 25° 6 · 10⁻⁴%; wl. verd. H_2SO_4; l. verd. HNO_3; giftig
			102,2	140,1	−707,5	−594,8	$\chi_{Mol} = -78{,}1 \cdot 10^{-6}$ cm³ Mol⁻¹; weißes krist. Pulver; viel W hydrolysiert; l. verd. S, NaCl-Lsg.; unl. Al; giftig
							schweres gelbes Pulver; geruchlos; met. Geschmack; unl. W, Al; l. S; giftig; Schütteit

Übersichtstabelle Anorganische Verbindungen (Fortsetzung)

Formel	Name	Zustand	Mol-Masse / Dichte $10^3\,kg \cdot m^{-3}$	Kristalldaten: System, Typ und Symbol	Einheitszelle: Kantenlänge in pm	Einheitszelle: Winkel und Z	Brechzahl n_D
Hg	**Quecksilber**						
HgSe [20601-83-6]	(II)-selenid	f	279,55 8,38	kub. T_d^2, $F\bar{4}3m$	608,5	$Z=4$	
HgTe [12068-90-5]	(II)-tellurid	f	328,19 8,10	kub. T_d^2, $F\bar{4}3m$	646,0	$Z=4$	
Ho	**Holmium**						
$HoBr_3$ [13825-76-8]	(III)-bromid	f	404,66				
$HoCl_3$ [10138-62-2]	(III)-chlorid	f	271,29				
$HoCl_3 \cdot 6H_2O$ [14914-84-2]	hexahydrat	f	379,38				
HoF_3 [13760-78-6]	(III) fluorid	f	221,93 7,644	orh. D_{2h}^{16}, $Pnma$	639,6 687,4 438,2	$Z=4$	
HoI_3 [13813-41-7]	(III)-iodid	f	545,64 ~5,4	hex. C_{3i}^2, $R\bar{3}$	744 2070		
Ho_2O_3 [12055-62-8]	(III)-oxid	f	377,88 ~8,4	kub., T_h^7, $Ia\bar{3}$	1060,6	$Z=16$	
In	**Indium**						
InAs [1303-11-3]	arsenid	f	189,742 5,667	kub. T_d^2, $F\bar{4}3m$	605,83	$Z=4$	3,42
InBr [14280-53-6]	(I)-bromid	f	194,73 4,96	orh. D_{2h}^{17}, $Cmcm$	446,6 1236,9 473,9	$Z=4$	
In_2Br_4 [14226-34-7]	(I, III)-bromid	f	549,28 4,22	orh. D_{2h}^6, $Pnna$	798,6 1038,5 1042,5		

Phasen-umwandlungen			Standardwerte bei 298,15 K				Bemerkungen und Charakteristik
°C		ΔH kJ/Mol	C_p J/KMol	S^0	ΔH_B^0 kJ/Mol	ΔG_B^0	
			53,6	100,8	−43,5	−38,4	grau-met.; Tiemannit
670	*F*	35,6	54,8	113,0	−31,8	−28,1	schw.; Coloradoit
919 1470	*F* *V*	50,1	98,8	194,1	−840,9	−808,4	hellgelb, l. W, $\mu_{eff} = 10{,}87\ \mu_B$
720	*F*	30,6	96,2	154,0	−1005,4	−929,2	hellgelb, l. W
75 164	−*W* *Z*		347,3	406,2	−2878,2	−2459,9	hellgelb, l. W, hygr.
1070 1143 >2200	*U* *F* *V*	0 56,3	91,2	118,8	−1697,9	−1620,2	unl. W; rosa
989 1300	*F* *V*						hellgelb; l. W; hygr.
2330 3900	*F* *V*		115,0	158,2	−1880,7	−1791,4	weiß; unl. W, l. S., $\mu_{eff} = 10{,}5\ \mu_B$
942	*F*	77,0	47,8	75,7	−58,6	−53,3	Halbleiter ΔE(298 K) = 0,36 eV grau, metall.-gl.; $\varepsilon = 12{,}3$
285 735	*F* *V*	24,3 80,0	51,0	113,0	−175,3	−169,1	$\chi_{Mol} = -107 \cdot 10^{-6}\ cm^3\ Mol^{-1}$; rote krist. Masse, geschmolzen rotbraune bis braunsch. Fl.; zers. mit W → In + $InBr_3$; ll. verd. S → H_2-Entwicklung; l. k. konz. HCl
235 632	*F* *V*	 85,6					fbl. schwach gelbliche durchscheinende Masse, geschmolzen dkl-gelbe Fl.; zers. W → InBr + $InBr_3$; ll. k. und h. verd. S; l. k. konz. HCl → H_2-Entwicklung

Übersichtstabelle Anorganische Verbindungen (Fortsetzung)

Formel	Name	Zustand	Mol-Masse / Dichte $10^3\,kg \cdot m^{-3}$	Kristalldaten: System, Typ und Symbol	Einheitszelle: Kantenlänge in pm	Einheitszelle: Winkel und Z	Brechzahl n_D
In	**Indium**						
$InBr_3$ [13465-09-3]	(III)-bromid	f	354,54 4,74	mkl. C_{2h}^3, $C2/m$	669,5 1164,1 663,3	108,99° $Z=4$	
InCl [74391-31-4]	(I)-chlorid	f	150,27 4,19	kub.	1237		
In_2Cl_4 [11094-66-9]	(I, III)-chlorid	f	371,46 3,62	mkl.	1078 1747 734	92,5°	
$InCl_3$ [10025-82-8]	(III)-chlorid	f	221,18 3,45	mkl. C_{2h}^3, $C2/m$	1252 1092 634	111° $Z=8$	
InF_3 [7783-52-0]	(III)-fluorid	f	171,82 4,39	trig.	576	56,40°	1,453
$InF_3 \cdot 9H_2O$ [13465-13-9]	nonahydrat	f	333,95				
InI [13966-94-4]	(I)-iodid	f	241,72 5,32	orh. D_{2h}^{17}, $Cmcm$	476,3 1278,1 490,9	$Z=4$	
InI_3 [13510-35-5]	(III)-iodid	f	495,53 4,68				

Phasen-umwandlungen °C		ΔH kJ/Mol	Standardwerte bei 298,15 K C_p S^0 J/KMol	ΔH^0_B ΔG^0_B kJ/Mol	Bemerkungen und Charakteristik
419 409	*F** Sb	 123,4	98,2 178,7	−428,9 −396,9	* unter Druck; weiße krist. Substanz, leicht flch.; LW 25° 85,2%, Bdk. 2 H_2O; mit fl. NH_3 → In(III)-Ammin-bromide, feine weiße Pulver
114 225 609	*U** *F* *V*	0,5 21,3 89,9	51,5 100,0	−186,0 −165,3	* *U* gelb → rot; $\chi_{Mol} = -30 \cdot 10^{-6}$ cm^3 Mol^{-1}; die gelbe Form ist lichtempfindlich, die rote nicht; zerfl. und zerfällt in In + $InCl_3$ unter Graufärbung; zers. W
235 485	*F* *V*	 192,4	147,0 244,2	−725,5 −630,8	$\chi_{Mol} = -56 \cdot 10^{-6}$ cm^3Mol^{-1}; weiße krist. strahlige Masse; subl. weiße Nadeln, geschmolzen bernstein-farben; zerfl. an feuchter Luft; zers. W → $InCl_3$ + In
483 498	*F** Sb	 106	95,3 41,0	−537,2 −462,2	* unter Druck; $\chi_{Mol} = -86 \cdot 10^{-6}$ cm^3 Mol^{-1}; weiße leichte glänzende Kristallblättchen; leicht subl.; hygr.; LW 20° 66,7%, Bdk. 4 H_2O; l. abs. Al; mit fl. NH_3 → In(III)-Amminchloride, feines weiße Pulver
1170	*F*	64,0	92,0 110,0	−1189,9 −1114,8	fbl. Substanz; LW 22° 7,83%, Bdk. 3 H_2O, L Me 20° 0,89 g/100 g Lsg.; L Al 20° 0,02 g/100 g Lsg.; l. verd. S
					mattweiße Nadeln; wl. k. W; unl. Al, E; ll. HCl, HNO_3 beim Erwärmen; wss. Lsg. zers. beim Kochen
365 712	*F* *V*	22,4 90,8	51,9 123,8	−115,9 −118,3	braunrot, fein zerrieben rot, von W nicht zers., erst mit O_2 → $In(OH)_3$ + HI; sehr langsam l. k. verd. S; mit Alk und wss. NH_3 → schw. flockige Masse; unl. Al, E, Chlf
210 446	*F* *V*	20,0	164,0 203,3	−234,7 −226,2	gelbe krist. Substanz; geschmolzen dklrotbraune Fl., hygr.; LW 20° 93,0%, Bdk. 0 H_2O, l. Al, E, Chlf, Bzl; mit fl. NH_3 → In(III)-Ammin-iodide

Übersichtstabelle Anorganische Verbindungen (Fortsetzung)

Formel	Name	Zustand	Mol-Masse Dichte $10^3\,kg \cdot m^{-3}$	Kristalldaten System, Typ und Symbol	Einheitszelle Kantenlänge in pm	Einheitszelle Winkel und Z	Brechzahl n_D
In	**Indium**						
InN [25617-98-5]	nitrid	f	128,83 6,88	hex. $B4$ C_{6v}^4, $P6_3mc$	354,46 570,34	$Z = 2$	2,56
In_2O [12030-22-7]	(I)-oxid	f	245,64 6,31				
In_2O_3 [1312-43-2]	(III)-oxid	f	277,6 7,179	kub. $D5_3$ T_h^7, $Ia3$	1010,56	$Z = 16$	
$In(OH)_3$ [20661-21-6]	(III)-hydroxid	f	165,84 4,41	kub. O_h^4, $Pn\bar{3}m$	795,8	$Z = 8$	1,716
InOCl [13776-78-8]	(III)-oxidchlorid	f	166,27 4,64	orh. D_{2h}^{13}, $Pmmn$	406,5 352,3 808	$Z = 2$	
InP [22398-80-7]	(III)-phosphid	f	145,79 4,783	kub. $B3$ T_d^2, $F\bar{4}3m$	586,87	$Z = 4$	
InS [12030-14-7]	(II)-sulfid	f	146,88 5,180	orh. D_{2h}^{12}, $Pmnn$	394,4 444,7 1065,0	$Z = 4$	
In_2S_3 [12030-24-9]	(III)-sulfid	f	325,83 4,890	tetr. D_{4h}^{19}, $I4_1/amd$	762 3232		
$In_2(SO_4)_3$ [13464-82-9]	(III)-sulfat	f	517,82 3,438	mkl C_{2h}^5, $P2_1/n$	856,4 889,7 1204,7	91,10° $Z = 4$	

Phasen-umwandlungen			Standardwerte bei 298,15 K				Bemerkungen und Charakteristik
°C		ΔH kJ/Mol	C_p J/KMol	S^0	ΔH_B^0 kJ/Mol	ΔG_B^0	
1200	*F*		41,7	43,5	17,2	+15,7	Halbleiter ΔE(300 K) = 2,0 eV; schw. Pulver; mit wss. HCl → $InCl_3$ + NH_4Cl
							$\chi_{Mol} = -47 \cdot 10^{-6} cm^3 Mol^{-1}$; schw. feinkrist. Substanz, dünn durchscheinend gelb; spröde; ziemlich hart; Erhitzen an Luft → In_2O_3; gegen k. W beständig; ll. HCl → H_2-Entwicklung
1910	*F*		100,4	104,2	−925,8	−830,6	Halbleiter; $\chi_{Mol} = -56 \cdot 10^{-6} cm^3 Mol^{-1}$; dklgelbe bis hgelbe Substanz; l. S; weiße Krist. (entstehen bei hohen Temp.), stark glänzend, hart; unl. S
				105	−895	−759	weißer voluminöser Nd.; frisch gefällt ll. verd. S; LW 20° 1,95 · 10^{-9} Mol/l; l. Ameisensäure; Egs, Weinsäure, Alk; unl. wss. NH_3; gealtert wl. verd. S; beim Erhitzen Gelbfärbung unter Absp. von H_2O
							weißes lockeres Pulver, nicht flch.; l. verd. S in der Kälte schwer, langsam beim Erwärmen; ll. k. konz. S
637 1054	*U* *F*	0,38 62,8	45,4	59,8	−88,7	−77,0	Halbleiter ΔE(300 K) = 1,34 eV; $\varepsilon = 9{,}6$, schw. Masse; l. HCl → PH_3, unl. W
692	*F*	36,0	48,1	69,0	−133,9	−127,7	$\chi_{Mol} = -28 \cdot 10^{-6} cm^3 Mol^{-1}$; weinrot; l. HCl → H_2S-Entwicklung; l. HNO_3 unter Bildung von Stickoxiden
387 827 1090	*U* *U* *F*	1,09 4,01	117,7	163,6	−355,6	−341,3	β-In_2S_3 Halbleiter; ΔE = 2,0 eV, $\chi_{Mol} = -98 \cdot 10^{-6} cm^3 Mol^{-1}$; rotes Pulver; durch H_2S gefällt gelber Nd., l. HCl, H_2SO_4 → H_2S-Entwicklung; über 300° β-In_2S_3; kub. O_h^4, $Fd3m$, a = 1074 pm, $Z = \frac{32}{3}$
585			280,0	272,0	−2787	−2438,0	weiße Masse; hygr., LW 25° 0,621 g $In_2(SO_4)_3$/g Lsg.

Übersichtstabelle Anorganische Verbindungen (Fortsetzung)

Formel	Name	Zustand	Mol-Masse / Dichte $10^3\,kg \cdot m^{-3}$	Kristalldaten: System, Typ und Symbol	Einheitszelle: Kantenlänge in pm	Einheitszelle: Winkel und Z	Brechzahl n_D
In	**Indium**						
$In_2(SO_4)_3 \cdot 9H_2O$	nonahydrat	f	679,96	mkl.			
InSb [1312-41-0]	antimonid	f	236,57 / 5,77	kub. $T_d^2, F\bar{4}3m$	647,94	$Z=4$	3,96
InSe [1312-42-1]	(II)-selenid	f	193,78 / 5,55	hex. D_{6h}^4, $P6_3/mmc$	400,5 / 1664	$Z=4$	
In_2Se_3 [12056-07-4]	(III)-selenid	f	466,52 / 5,67	hex. D_{6h}^4, $P6_3/mmc$	403 / 1923	$Z=6$	
In_2Te_3 [1312-45-4]	(III)-tellurid	f	612,44 / 5,78	kub. $B3$ $T_d^2, F\bar{4}3m$	1848	$Z=4$	
Ir	**Iridium**						
$IrBr_3$ [10049-24-8]	(III)-bromid	f	431,93 / 6,45	$CrCl_3$-Typ			
IrCl [42582-01-4]	(I)-chlorid	f	227,65 / 10,18				
$IrCl_2$ [13465-17-3]	(II)-chlorid	f	263,11				
$IrCl_3$ [10025-83-9]	(III)-chlorid	f	298,58 / 5,30	$CrCl_3$-Typ			
IrF_6 [7783-75-7]	(VI)-fluorid	f	306,19 / 6,00*				
IrI_3 [7790-41-2] Al	(III)-iodid	f	572,91	$CoAs_3$-Typ			
IrI_4 [7790-45-6]	(IV)-iodid	f	699,82				

Phasen-umwandlungen			Standardwerte bei 298,15 K				Bemerkungen und Charakteristik
°C		ΔH kJ/Mol	C_p J/KMol	S^0 J/KMol	ΔH^0_B kJ/Mol	ΔG^0_B kJ/Mol	
							fbl. kleine gut ausgebildete Krist.
525	*F*	47,8	49,5	86,2	−30,5	−25,4	Halbleiter ΔE(300 K) = 0,18 eV; Metallartiger spröder Körper
660	*F*	34,7	50,3	81,6	−118,0	−112,5	Halbleiter; schw. Substanz, zerreibbar, matt, fettglänzend
200 890	*U* *F*	1,41	140,6	201,3	−326,4	−314,1	Halbleiter; schw., ziemlich weiche Substanz; ll. in starken S → H_2Se; mit HNO_3→ Se → SeO_2
610 667	*U* *F*	0,0 81,6	123,4	234,3	−191,6	−182,7	Halbleiter; schw. harte spröde Substanz
			105,5	127,6	−177,8	−137,2	dklrotbraunes Pulver; unl. W, S, Alk; beim Erhitzen → $IrBr_2$
			92		−67		kupferrote met. glänzende Krist.; subl. leicht; unl. S, konz. H_2SO_4, Alk, konz. Alk greifen etwas an
			130		−138		braunes krist. Produkt; Z. bei 773° → IrCl; unl. HCl, HNO_3, H_2SO_4, Königsw., KOH- und K_2CO_3-Lsg.; konz. Alk greifen etwas an; K_2CO_3-Schmelze → Oxid
763	*Z*		85,8	114,9	−245,6	−169,5	$\chi_{Mol} = -14{,}4 \cdot 10^{-6}\,cm^3\,Mol^{-1}$; rot; flch. bei 470°; unl. W, S. Alk; konz. Alk zers. langsam → Alkaliiridit, l. HCl
0,4 43,8 53,6	*U* *F* *V*	7,1 8,4 7,38	120,9	345,4	−544	−454,9	* bei −190°C; hgelbe glänzende Blättchen und Nadeln; zers. an feuchter Luft → HF + $IrOF_4$
							schw. braunes Pulver; swl. k. W, leichter l. h. W; l. Alk; fast unl. S,
							schw. Substanz; unl. W, S; l. Alkiodidlsg. mit rubinroter Farbe; zers. beim Erhitzen, Existenz fraglich

Übersichtstabelle Anorganische Verbindungen (Fortsetzung)

Formel	Name	Zustand	Mol-Masse / Dichte $10^3\,kg \cdot m^{-3}$	Kristalldaten: System, Typ und Symbol	Einheitszelle: Kantenlänge in pm	Einheitszelle: Winkel und Z	Brechzahl n_D
Ir	**Iridium**						
$[IrCl_6]K_2$ [16920-56-2]	Kalium-hexa-chloro-iridat-(IV)	f	483,12 3,546	kub., O_h^5, $Fm\bar{3}m$	976,1	$Z=4$	
$[Ir(NO_2)_6]K_3$ [38930-18-6]	Kalium-hexa-nitrito-iridat-(III)	f	585,54 3,297	kub. $I2_1$ T_h^3, $Fm3$	1059	$Z=4$	
$[IrCl_6](NH_4)_2$ [16940-92-4]	Ammonium-hexa-chloro-iridat-(IV)	f	441,01 ~3,0	kub. O_h^5, $Fm\bar{3}m$	986,2		
$[IrCl_6]Na_2$ [16941-25-6]	Natrium-hexa-chloro-iridat-(IV)	f	450,90				
$[IrI_6]Na_2$	Natrium-hexa-iodo-iridat-(IV)	f	999,61				
IrO_2 [12030-49-8]	(IV)-oxid	f	224,20	tetr. D_{4h}^{14}, $P4_2/mnm$	449,83 354,4	$Z=2$	
$Ir(OH)_4$ $IrO_2 \cdot 2H_2O$ [25141-14-4]	(IV)-hydroxid, (IV)-oxid-hydrat	f	260,23				
Ir_2S_3 [12136-42-4]	(III)-sulfid	f	480,59 9,64	orh. D_{2h}^{14}, $Pbcn$	846,9 600,1 614,3	$Z=4$	
IrS_2 [12030-51-2]	(IV)-sulfid	f	256,33 8,43	orh. D_{2h}^{16}, $Pnam$	1979 562 357		

Phasen-umwandlungen			Standardwerte bei 298,15 K				Bemerkungen und Charakteristik
°C		ΔH kJ/Mol	C_p J/KMol	S^0	ΔH_B^0 kJ/Mol	ΔG_B^0	
							$\chi_{Mol} = +978 \cdot 10^{-6}$ cm³Mol⁻¹; tiefschw. bis dklrote Oktaeder; LW 20° 1%, Bdk. 0 H_2O; unl. Al
							weißes Kristallpulver; fast unl. k.W; wl. h. W; unl. wss. KCl-Lsg.; l. h. konz. $H_2SO_4 \rightarrow Ir_2(SO_4)_3 \cdot xH_2O$
							schw.rote Krist., stark lichtbrechende Oktaeder; Z. beim Erhitzen; LW 20° 0,8%; mit intensiv brauner Farbe, Bdk. 0 H_2O
							ziegelrotes Pulver; LW 20° 28%, Bdk. 0 H_2O
							dklbraungrünes Kristallpulver; unl. k. W, Al; wl. h. W; leichter l. S; zers. beim Erhitzen
>1100	*F*		60,0	58,6	−242,7	−188,4	schw. feines Pulver, auch mit blauem Schimmer; met. glänzende Krist.; unl. S, $KHSO_4$-Schmelze, fl. NH_3; mit W → Hydratbildung; LW 20° $0{,}2 \cdot 10^{-3}$%
							blaue Substanz; l. W kolloidal; l. wss. HF, HCl, HBr, H_2SO_4, Egs; unl. verd. HNO_3, Alk
			109,3	121,3	−210	−196,4	schw. feinkrist. Pulver
300	*Z*		65,9	69,0	−133,1	−123,9	graues sandiges Pulver, auch schw.; braun; l. HNO_3 unter Bildung von $Ir(SO_4)_2$; unl. S, Alk, NH_3

Übersichtstabelle Anorganische Verbindungen (Fortsetzung)

Formel	Name	Zustand	Mol-Masse / Dichte $10^3\,kg \cdot m^{-3}$	Kristalldaten: System, Typ und Symbol	Einheitszelle: Kantenlänge in pm	Einheitszelle: Winkel und Z	Brechzahl n_D
Ir	**Iridium**						
$Ir(SO_4)_2$ [64583-02-4]	(IV)-sulfat	f	384,32				
$IrSe_2$ [12030-55-6]	(IV)-selenid	f	350,12	orh. D_{2h}^{16}, *Pnma*	593 2094 374	$Z=8$	
I	**Iod**						
IBr [7789-33-5]	mono-bromid	f	206,84 4,415				
ICl [7790-99-0]	mono-chlorid	f	162,36 3,86*	mkl. C_{2h}^5, $P2_1/c$	1236 438 1190	117,43 $Z=8$	
ICl_3 [865-44-1]	trichlorid	f	233,26 3,117				
IF_5 [7783-66-6]	penta-fluorid	fl	221,90 3,252				
IF_7 [16921-96-3]	hepta-fluorid	g	259,89 2,669				

Phasen-umwandlungen			Standardwerte bei 298,15 K				Bemerkungen und Charakteristik
°C		ΔH kJ/Mol	C_p J/KMol	S^0	ΔH_B^0 kJ/Mol	ΔG_B^0	
							gelbliche Substanz; l. W mit gelber Farbe
600–700	Z						feines grauschw. Kristallpulver; unl. S; sied. Königsw. greift spurenweise an
41 116	F V				−10,5		dkl-rot. Krist. ähnlich I_2; stechender bromähnlicher Geruch; geschmolzen braunrote Fl.; Dämpfe ätzen Augen und Nasenschleimhäute; ll. oft unter Z. W, Al, E, Chlf, CS_2, Egs
27,3 94,4	F Z	11,12	56,2	201,2	−23,8		* bei 0 °C; (α) rubinrote Krist.; wenig hygr.; stechender Geruch; greift Schleimhäute an; als Fl. dklrotbraun, l. W unter Z. → HIO_3 + HCl + I_2; l. Me, Al, E, Aceton, Py, Egs, CCl_4, Chlf, Bzl, Toluol, CS_2; (β) braunrote Krist.; F 13,9 °C, D_4^0 3,66 g cm^{-3}
101 (1,6 MPa)	F		172		−88,5	−22,6	dimer; gelbe Nadeln; stechender Geruch; an der Luft zerfl.; ll. W unter Z → HCl, HIO_3, ICl; l. Al, E, CCl_4, Bzl, Egs; bei 77° Z.
9,6 100,5	F V	12,6 41,3			−856		fbl. Fl.; raucht an der Luft; reizt die Atmungsorgane; mit W heftig → HF + HIO_3; mit konz. H_2SO_4, HCl Reaktion; mischbar konz. HNO_3 ohne Reaktion; zers. Alk
4,5 5,5	F V		99,16	328,7	−814		* bei 6 °C fbl. Gas von muffig-saurem Geruch; bildet Nebel an der Luft; l. W ohne heftige Reaktion

Übersichtstabelle Anorganische Verbindungen (Fortsetzung)

Formel	Name	Zustand	Mol-Masse / Dichte 10^3 kg · m^{-3}	Kristalldaten: System, Typ und Symbol	Einheitszelle: Kantenlänge in pm	Einheitszelle: Winkel und Z	Brechzahl n_D
I	**Iod**						
HI [10034-85-2]	wasserstoff	g	127,91 5,789*	kub.	629	130 K	
HIO_3 [7782-68-5]	säure	f	175,91 4,65	orh. D_2^4, $P2_12_12_1$	588,8 773,3 553,8	$Z = 4$	1,95
I_2O_5 [12029-98-0]	pentoxid	f	333,81 5,08	mkl. C_{2h}^4, $P2/c$	1103 506 814	107,2°	
K	**Kalium**						
KH_2AsO_4 [7784-41-0]	dihydrogen-arsenat	f	180,04 2,867	tetr. D_{2h}^{12}, $I\bar{4}2d$	762,85 715,98	$Z = 4$	1,5674 1,5179
K_3AsO_4 [76080-77-8]	ortho-arsenat	f	256,214	orh.			
$K[BF_4]$ [14075-53-7]	tetra-fluoro-borat	f	125,908 2,505	orh. $H0_2$ D_{2h}^{16}, $Pnma$	866,4 548,0 702,8	$Z = 4$	1,3239 1,3245 1,32,47
KBH_4 [13762-51-1]	tetra-hydridoborat	f	53,95 1,178	kub. T_d^2, $F\bar{4}3m$	672,87	$Z = 4$	1,494
KBO_2 [16481-66-6]	metaborat	f	81,91	trig. $F5_{13}$ D_{3d}^6, $R\bar{3}c$	776	110,6° $Z = 6$	1,526 1,450

Phasen-umwandlungen °C		ΔH kJ/Mol	Standardwerte bei 298,15 K C_p J/KMol	S^0	ΔH_B^0 kJ/Mol	ΔG_B^0	Bemerkungen und Charakteristik
−247 −203 −147,6 −50,79 −35,54	*U* *U* *U* *F* *V*	 0,078 0,805 2,87 19,76	29,2	206,6	−26,4	+1,56	* kg/Nm³; T_{kr} = 424 K; p_{kr} = 858 MPa; fbl. stechend riechendes Gas; an feuchter Luft Nebel; klare fbl. Fl., zers. leicht amLicht; fest krist. fbl. durchsichtig; LW10° 425 Vol/1 Vol H_2O; wss. Lsg. ist wenig stabil; l. Al, Acetonitril; unl. Chlf
110	*Z*						fbl. durchscheinende Krist., Glasglanz, zuweilen fettartig, saurer Geschmack, schwach iodähnlicher Geruch; sll. W; swl. abs. Al, l. wss. Al; unl. E, Chlf, CS_2, Egs, KW
300	*Z*				−177		weiße geruchlose Blättchen; schmilzt nicht und subl. nicht; sll. W; l. konz. S besonders in der Wärme, wl. bei Zimmer-Temp.; l. sied. Egs-anhydrid
−177,6 288	*U* *F*	0,36	126,7	155,1	−1136	−990,5	$\chi_{Mol} = -70{,}3 \cdot 10^{-6} cm^3 Mol^{-1}$; piezoelektrisch; fbl. Krist.; vierseitige Säulen und Nadeln; salzig-kühlender Geschmack; LW 7° 21,9%, 21° 19,35%; ll. S, NH_3; L Glycerin; 52 g/100 cm³; unl. Egester, unl. Al
1310	*F*		172,29	237,82	−1668,75	−1548,83	fbl., hygr. L. k. W. 18,9 g/100 cm³ unl. Al.
278 530	*U** *F*	 18	115	134	−1887	−1785	* *U* orh. →, kub. T_d^2, $F\bar{4}3m$, a = 726 pm, Z = 4; Avogadrit, fbl. Krist.; zers. beim Erhitzen → KF + BF_3; LW 20° 0,4%, Bdk. 0 H_2O; fast unl. fl. HF, Al, E; swl. Egs
500	*Z*		–	106,6	−227	−160	LW 190 g/ 20 °C; s.ll. h. W; fbl.
950 1401	*F* *V*	31,38	67,04	79,98	−994,96	−936,92	fbl. Krist.; aus Schmelze lange Nadeln; LW 25° 4,6 g/l Lsg., unl. E, wl. Al, Me

Übersichtstabelle Anorganische Verbindungen (Fortsetzung)

Formel	Name	Zustand	Mol-Masse / Dichte $10^3\,kg \cdot m^{-3}$	Kristalldaten: System, Typ und Symbol	Einheitszelle: Kantenlänge in pm	Einheitszelle: Winkel und Z	Brechzahl n_D
K	**Kalium**						
$KB_5O_8 \cdot 4\,H_2O$ [12229-13-9]	pentaborat tetra hydrat	f	293,1 1,735	orh. C_{2v}^{17}, *Aba*2	1107,0 1117,5 904,4	$Z = 4$	1,422 1,436 1,480
KBr [7758-02-3]	bromid	f	119,01 2,75	kub. *B*1 O_h^5, *Fm*3*m*	660,05	$Z = 4$	1,5593
$KBrO_3$ [7758-01-2]	bromat	f	167,00 3,25	hex. $G0_6$ C_{3v}^5, *R*3*m*	601,4 815,6	$Z = 3$	1,678 1,599
KCN [151-50-8]	cyanid	f	65,12 1,52	kub. O_h^5, $Fm\bar{3}m$	652,71	$Z = 4$	1,410
$K_2C_2O_4$	ethindiolat	f	134,22 ~2,2	tetr. D_{4h}^{18}, *I*4/*mcm*	393 1275		
K_2CO_3 [584-08-7]	carbonat	f	138,21 2,428	mkl. C_{2h}^5, $P2_1/c$	563,8 984,1 687,6	98,66° $Z = 4$	1,426 1,531 1,541

Phasen-umwandlungen			Standardwerte bei 298,15 K		Bemerkungen und Charakteristik
°C		ΔH kJ/Mol	C_p S^0 J/KMol	ΔH_B^0 ΔG_B^0 kJ/Mol	
780	*F*				Santinit; $\chi_{Mol} = -147 \cdot 10^{-6}$ cm³ Mol⁻¹; fbl. Krist.; schmilzt zu einem Glas; LW 20° 3 %, Bdk. $4\,H_2O$
734 1383	*F* *V*	25,52 155,1	52,31 95,94	−393,80 −380,43	$\bar{\gamma}(273-298\,K) = 112 \cdot 10^{-6}\,K^{-1}$; $\varkappa(300\,K) = 6{,}48 \cdot 10^{-5}\,MPa^{-1}$; $\varepsilon(10^2 \ldots 10^{10})$ Hz = 4,9; $\chi_{Mol} = -49{,}1 \cdot 10^{-6}\,cm^3\,Mol^{-1}$; fbl. glänzende Krist. von scharf-salzigem Geschmack; LW 20° 39,4 %, Bdk. $0\,H_2O$; L Me 20° 2 %; L Al 20° 0,453 %; L Aceton 18° $3{,}6 \cdot 10^{-3}$ %; L Glykol 25° 13,4 %
434	*F*		104,9 149,1	−332,1 −242,8	$\varepsilon(2 \cdot 10^6\,Hz) = 7{,}9$; $\chi_{Mol} = -52{,}6 \cdot 10^{-6}\,cm^3\,Mol^{-1}$; fbl. Krist.; LW 20° 6,5, Bdk. $0\,H_2O$; unl. Al, Aceton
−104,9 622 1625	*U** *F* *V*	1,3 14,64	66,35 127,78	−113,47 −102,01	* *U* orh. → kub.; <−104,9 °C orh., $a = 424$, $b = 514$, $c = 616$ pm, $Z = 4$; $\varkappa(0 \ldots 500{,}0\,MPa) = 5{,}5 \cdot 10^{-5}\,MPa^{-1}$; $\varepsilon(2 \cdot 10^6\,Hz) = 6{,}2$; $\chi_{Mol} = -37 \cdot 10^{-6}\,cm^3\,Mol^{-1}$; fbl. Krist.; weißes Salz; LW 20° 40,4 %; L Me 19,5° 4,68 %; L Al 19,5° 0,87 %; L Glycerin 15,5° 24,24 %; L fl. NH_3 −33° 3,75 g/100 cm³ Lösm.; schwer l. Py, Benzonitril; unl. CS_2, Egester, Egs-methylester; mit fl. HF stürmisch → HCN; wss. KCN-Lsg. durch S unter HCN-Entwicklung zers.; giftig
					fbl.
250 428 622 901	*U* *U* *U* *F*	 27,6	114,24 155,52	−1150,18 −1064,53	$\bar{\gamma}(195 \ldots 292\,K) = 130 \cdot 10^{-6}\,K^{-1}$; $\bar{\gamma}$ fl. $(1173 \ldots 1273\,K) = 240 \cdot 10^{-6}\,K^{-1}$; $\varepsilon(1{,}66 \cdot 10^5\,Hz) = 5{,}0$; $\chi_{Mol} = -59 \cdot 10^{-6}\,cm^3\,Mol^{-1}$; weißes Pulver; krist. schlecht; hygr.; LW 20° 52,5 %, Bdk. $^3/_2\,H_2O$; L fl. NH_3 −33° 0,06 g/100 cm³ Lösm.; L 99,7 % Hydrazin 20° 1 g/100 cm³ Lösm.; L Glykol 25° 25,6 %; L abs. Me 4,29 %; L abs. Al 25° 0,1114 g/100 cm³ Lösm. Pottasche

Übersichtstabelle Anorganische Verbindungen (Fortsetzung)

Formel	Name	Zustand	Mol-Masse / Dichte $10^3 kg \cdot m^{-3}$	Kristalldaten: System, Typ und Symbol	Einheitszelle: Kantenlänge in pm	Einheitszelle: Winkel und Z	Brechzahl n_D
K	**Kalium**						
$K_2CO_3 \cdot {}^3/_2H_2O$ [6381-79-9]	sesqui-hydrat	f	165,22 2,115	mkl.	1029 1382 712,0	95,92° $Z = 8$	
$KHCO_3$ [298-14-6]	hydrogen-carbonat	f	100,12 2,17	mkl. C_{2h}^5, $P2_1/a$	1511 567 371	103,75° $Z = 4$	1,380 1,482 1,578
$KC_2H_3O_2$ [127-08-2]	acetat	f	98,15 1,8	tetr.	1385 1783		
$K_2C_2O_4 \cdot H_2O$ [6487-48-5]	oxalat-mono-hydrat	f	184,24 2,12	mkl. C_{2h}^6, $C2/c$	932 617 1065	111,96° $Z = 4$	1,434 1,493 1,560
KHC_2O_4 [127-95-7]	hydrogen-oxalat	f	128,11 2,060	mkl. C_{2h}^5, $P2_1/c$	431,9 1289,0 766,0	101,96° $Z = 4$	1,382 1,553 1,573
$K_2C_4H_4O_6 \cdot {}^1/_2H_2O$ [6100-19-2]	D- oder L-tartrat hemihydrat	f	235,28 1,984	mkl. C_2^3, $I2$	1277 505 1258	104,8°	1,526
$K_2C_4H_4O_6 \cdot 2H_2O$	tartrat dihydrat	f	262,31 1,897	trikl. C_1^1, $P1$	705 687 1116	95,87° 103,27° 62,22°	
$KHC_4H_4O_6$ [868-14-4]	hydrogen-tartrat	f	188,18 1,954	mkl. D_2^4, $P2_12_12_1$	761 1064 778		
$KHC_4H_4O_6$	D- oder L-hydrogen-tartrat	f	188,18 1,956	orh.	761 1070 780	 $Z = 4$	1,5105 1,5498 1,5900

Phasen-umwandlungen			Standardwerte bei 298,15 K				Bemerkungen und Charakteristik
°C		ΔH kJ/Mol	C_p J/KMol	S^0	ΔH_B^0 kJ/Mol	ΔG_B^0	
235 273	$-{}^1/_4$W $-{}^3/_4$W						große glasglänzende Krist.; an feuchter Luft zerfl.; LW s. K_2CO_3
100–200	*Z*			116	−963	−864	fbl. durchscheinende Krist. oder weißes Pulver; beim Erhitzen → K_2CO_3, CO_2, H_2O; LW 20° 25,0%; unl. abs. Al, Egester, Egs-methylester; Kalicinit
76 140 292	*U* *U* *Z*				−725		weißes geruchloses krist. Pulver; LW 20° 72%, Bdk. 1,5 H_2O; ll. Al; L MeOH 24 g/100 cm³ 15°; unl. E, Aceton; p_H einer 1% wss. Lsg. 9,7
100	$-H_2O$				−1641		fbl. Krist.; LW; unl. Egester, Anilin
							glänzende durchsichtige Krist.; L. k W; 2,5 g/100 cm³; unl. abs. Al, E
155 >200	$-H_2O$ *Z*						piezoelektrisch; große glasglänzende wasserhelle Krist., sehr rein und klar durch langsames Eindunsten zu erhalten; bei 150° wfrei; LW 150 g/100 cm³ wl. Al
~90	*F**						* im eigenen Kristallwasser; inaktiv, nicht spaltbar; fbl. Krist.; LW 20° 48,7%
250	*Z*						Racemat; fbl. vierseitige Platten; LW 15° 0,4%, 28° 0,69%; ll. S; unl. Al; Mesohydrogentartrat: kl. fbl. glasige Krist.; LW 20° 11,65%
							piezoelektrisch; wasserhelle stark glänzende Krist., sehr wenig hygr.; unbegrenzt haltbar; LW 20° 0,5%; L 17% Al 25° 0,242%, 51% Al 0,062%, 99,9% Al 0,01%

Übersichtstabelle Anorganische Verbindungen (Fortsetzung)

Formel	Name	Zustand	Mol-Masse / Dichte $10^3\,kg \cdot m^{-3}$	Kristalldaten: System, Typ und Symbol	Einheitszelle: Kantenlänge in pm	Einheitszelle: Winkel und Z	Brechzahl n_D
K	**Kalium**						
KCl [7447-40-7]	chlorid	f	74,56 1,984	kub. *B*1 O_h^5, *Fm*3*m*	629,17	Z = 4	1,4904
$KClO_3$ [3811-04-9]	chlorat	f	122,56 2,338	mkl. $G0_6$ C_{2h}^2, $P2_1/n$	465,5 559,1 710,1	109,69° Z = 2	1,4084 1,5167 1,5234
$KClO_4$ [7778-74-7]	perchlorat	f	138,549 2,52	orh. $H0_2$ D_{2h}^{16}, *Pnma*	885,7 566,3 725,4	Z = 4	1,4731 1,4737 1,4769
KF [7789-23-3]	fluorid	f	58,097 2,49	kub. *B*1 O_h^5, *Fm*3*m*	534,76	Z = 4	1,3610*
$KF \cdot 2H_2O$ [13455-21-5]	dihydrat	f	94,13 1,671	orh. C_{2v}^2, $Pb2_1m$	518,48 883,28 408,50	Z = 2	1,345 1,352 1,363
KHF_2 [7789-29-9]	hydrogen-fluorid	f	78,11 2,37	tetr. $F5_2$ D_{4h}^{18}; *I*4/*mcm*	567 681	Z = 4	

Phasen-umwandlungen			Standardwerte bei 298,15 K				Bemerkungen und Charakteristik
°C		ΔH kJ/Mol	C_p J/KMol	S^0	ΔH_B^0 kJ/Mol	ΔG_B^0	
772 1437	*F* *V*	26,3 161,5	51,71	82,55	−436,68	−408,75	$\bar{\alpha}$(288−298 K) = 33,7 · $10^{-6}K^{-1}$; $\bar{\gamma}$(195...298 K) = 101 · $10^{-6}K^{-1}$; $\varkappa$(303 K) = 5,45 · $10^{-5}MPa^{-1}$; $\epsilon(10^6 Hz)$ = 4,68; χ_{Mol} = −39,0 · $10^{-6}cm^3Mol^{-1}$; Sylvin; fbl. Krist.; LW 20° 25,5%; Bdk. 0 H_2O; L Me 25° 0,5%; L Al 18,5° 0,034%; L Glykol 25° 4,92%; l. Glycerin; unl. E, Aceton, p_H der gesättigten wss. Lsg. = 7
368 400	*F* *Z*		100	143	−391	−290	$\bar{\gamma}$(195...294 K) · = 220 · $10^{-6}K^{-1}$; $\varkappa$(0...200,0 MPa) = 5,1 · $10^{-6}MPa^{-1}$; χ_g = −0,333 · $10^{-6}cm^3g^{-1}$, fbl. glänzende Krist. von kühlendem Geschmack; LW 20° 6,5%, Bdk. 0 H_2O; L Glycerin 15° 3,4%; wl. Al; entzündet sich expl. beim Verreiben mit org. und oxidierbaren Substanzen
299,5 526	*U** *F*	13,76	112,40	151,04	−430,15	−300,28	* *U* orh. → kub., T_d^2, $F\bar{4}3m$, a = 747 pm, Z = 4; $\bar{\gamma}$(195...291 K) = 140 · $10^{-6}K^{-1}$; χ_g = −0,341 · $10^{-6}cm^3g^{-1}$; ε = 5,9; χ_{Mol} = −47,4 · $10^{-6}cm^3 Mol^{-1}$; fbl. Krist.; LW 20° 1,7%, Bdk. 0 H_2O; L Me 25° 0,105%; L Al 25° 0,012%; L Aceton 25° 0,155%; L Egester 25° 1,5 · 10^{-3}%; unl. E; HCl zers. nicht; wird nicht gefärbt durch konz. H_2SO_4
857 1502	*F* *V*	27,2 172,7	48,97	66,55	−568,61	−538,93	* λ = 578 nm; $\bar{\gamma}$(194...273 K) = 100 · $10^{-6}K^{-1}$; $\varkappa(0°)$ = 3,21 · $10^{-5}MPa^{-1}$; ε_∞ = 1,85; χ_{Mol} = −23,6 · $10^{-6}cm^3 Mol^{-1}$; weißes krist. Pulver; zerfl.; LW 20° 48,5%, Bdk. 2 H_2O; L Me 20° 0,19%; L Al 20° 0,11%; L Aceton 18° 2,2 · 10^{-5}%; l. HF
41 156	*F* *V*			150,6	−1159	−1015	fbl. Krist.; LW s. KF; l. HF; unl. Al
196,0 238,7	*U** *F*	11,12 6,61	76,82	104,2	−920,1	−851,8	* *U* tetr. → kub., a = 636 pm; fbl. Krist.; LW 20° 27,6%, Bdk. 0 H_2O; l. verd. Al; unl. abs. Al

Übersichtstabelle Anorganische Verbindungen (Fortsetzung)

Formel	Name	Zustand	Mol-Masse / Dichte $10^3\,kg \cdot m^{-3}$	Kristalldaten: System, Typ und Symbol	Einheitszelle: Kantenlänge in pm	Einheitszelle: Winkel und Z	Brechzahl n_D
K	**Kalium**						
KH [7693-26-7]	hydrid	f	40,11 1,47	kub. $B1$ O_h^5, $Fm3m$	5,714	$Z = 4$	1,453
KI [7681-11-0]	iodid	f	166,01 3,126	kub. $B1$ O_h^5, $Fm3m$	706,55	$Z = 4$	1,668
$KICl_4$ [14323-44-5]	tetra-chloro-iodat	f	307,82 2,62	mkl. $H0_{10}$ C_{2h}^5, $P2_1/c$	1309 1418 420	95,1° $Z = 4$	
KIO_3 [7758-05-6]	iodat	f	214,00 3,89	trikl. C_1, $P1$	770,8 772,2 768,9	109,25° 108,96° 109,37° $Z = 4$	
$KH(IO_3)_2$ [13455-24-8]	hydrogen-diiodat	f	389,91 4,20	orh. C_{2v}^{19}, $Fdd2$	3929,4 815,7 1158,0	$Z = 24$	
KIO_4 [7790-21-8]	meta-periodat	f	230,00 3,618	tetr. $H0_4$ C_{4h}^6, $I4_1/a$	573,04 1260,4	$Z = 4$	1,620 1,648
$KMnO_4$ [7722-64-7]	per-manganat	f	158,04 2,703	orh. $H0_2$ D_{2h}^{16}, $Pnma$	912,2 571,5 743,0	$Z = 4$	1,59

Phasen-umwandlungen			Standardwerte bei 298,15 K		Bemerkungen und Charakteristik
°C		ΔH kJ/Mol	C_p S^0 J/KMol	ΔH_B^0 ΔG_B^0 kJ/Mol	
420	Z		37,91 50,21	−57,82 −34,03	hgraue Substanz; zers. sofort an feuchter Luft; W zers. stürmisch unter H_2-Entwicklung; unl. E, CS_2, Bzl
685 1345	F V	24,0 145,1	52,78 106,34	−327,9 −323,04	$\bar{\gamma}$(298...323 K) = 114 · 10^{-6} K^{-1}; $\varkappa$(303 K) = 8,26 · 10^{-5} MPa^{-1}; ε_∞ = −2,69; χ_{Mol} = −63,8 · 10^{-6} cm^3 Mol^{-1}; fbl. Krist., würfelförmig; geruchlos; scharf-salziger, etwas bitterer Geschmack; LW 20° 59 %, Bdk. 0 H_2O; L Me 19,5° 16,4 %; L Al 20° 1,72 %; L Glykol 25° 33 %, L Py 10° 0,26 %; ll. Glycerin
115	F*			−570	* im zugeschmolzenen Rohr; goldgelbe Nadeln; zers. leicht → ICl_3 + KCl; ll. W unter Z
560	Z		106,4 151,4	−508,2 −436,8	$\bar{\gamma}$(195...288 K) = 95 · 10^{-6} K^{-1}; $\varkappa$((0...200,0) MPa, 293 K) = 3,36 · 10^{-5} MPa^{-1}; ε(2 · 10^6 Hz) = 16,9; χ_{Mol} = −63,1 · 10^{-6} cm^3 Mol^{-1}; fbl. Krist.; LW 20° 7,5 %, Bdk. 0 H_2O; unl. Al
	Z −W				fbl. Krist.; Urtitersubstanz LW 13 g/l 15 °C, unl. Al.
580	F		 176	−467 −361	$\varkappa$(0...200,0 MPa, 293 K) = 3,90 · 10^{-5} MPa^{-1}; χ_{Mol} = −70 · 10^{-6} $cm^3 Mol^{-1}$; kleine weiße Krist.; LW 25° 0,51 %; unl. Egsmethylester; swl. $POCl_3$
>240	Z $-O_2$		119,2 171,7	−813,4 −713,4	dklblauviol. Krist. mit stahlblauem Glanz; luftbeständig; süßlicher, adstringierender Geschmack; LW 20° 6 %, Bdk. 0 H_2O wl. Al, Aceton, Me; starkes Oxid.-mittel; mit brennbaren Stoffen beim Verreiben oft explosionsartige Entzündung

Übersichtstabelle Anorganische Verbindungen (Fortsetzung)

Formel	Name	Zustand	Mol-Masse / Dichte $10^3\,kg \cdot m^{-3}$	Kristalldaten: System, Typ und Symbol	Einheitszelle: Kantenlänge in pm	Einheitszelle: Winkel und Z	Brechzahl n_D
K	**Kalium**						
K_2MoO_4 [13446-49-6]	molybdat	f	238,14 2,91	trig. D_{3d}^3, $P\bar{3}m1$	626 789		
KN_3 [20762-60-1]	azid	f	81,12 2,038	tetr. $F5_2$ D_{4h}^{18}, $I4/mcm$	609 706	$Z = 4$	1,410 1,656
KNH_2 [17242-52-3]	amid	f	55,12 1,57	mkl. C_{2h}^2, $P2_1/m$	459 390 622	95,8°	
KNO_2 [7758-09-0]	nitrit	f	85,11 1,915	hex. D_{3d}^5, $R\bar{3}m$	499,4 1025,3	$Z = 3$	1,466 1,400
KNO_3 [7757-79-1]	nitrat	f	101,11 2,109	orh. $G0_2$ D_{2h}^{16}, $Pnma$	541,4 916,4 643,1	$Z = 4$	1,3320 1,505 1,509

Phasen-umwandlungen			Standardwerte bei 298,15 K				Bemerkungen und Charakteristik
°C		ΔH kJ/Mol	C_p J/KMol	S^0	ΔH^0_B kJ/Mol	ΔG^0_B	
323 458 480 926	U^1 U^2 U^3 F						[1] $\gamma \rightleftharpoons \delta$; [2] $\beta \rightleftharpoons \gamma$; [3] $\alpha \rightleftharpoons \beta$; fbl. kleine Krist.; weißes Pulver; tetramorph; LW 20° 64,3%, Bdk. 0 H_2O; zerfl. an feuchter Luft, zieht CO_2 an
354	F			85,98	−1,4	77,75	fbl. glänzende durchsichtige Krist.; luftbeständig; langsame Z. im Hochvak. liefert sehr reines N_2; LW 20° 34%, Bdk. 0 H_2O; L Al 0° 0,16 g/100 g Lösm.; L sied. Bzl 0,15 g/100 g Lösm.; unl. E
60 338	U F				−113,8		weiße wachsweiche krist. Masse; subl. federartige Krist.; feines weißes Pulver; hygr.; zers. an feuchter Luft → NH_3 + KOH; zers. W, S unter starker Erwärmung; l. fl. NH_3
88 440	U Z			152	−370,2	−307	−100 °C (VII) mkl, C^2_{2h}, $P2_1/m$ 839,7; 477,3; 764,4 pm, 112°, $Z = 4$; −35°C, mkl, C^2_{2h}, $P2_1/m$ 467,7; 965,0; 639,5 pm, 93,8° $Z = 4$, D = 1963 kg/m³ + 88°C, kub, O^1_h, $Pm\bar{3}m$, 388,7 pm, $Z = 1$, $\chi_{Mol} = -23{,}3 \cdot 10^{-6}\,cm^3\,Mol^{-1}$; weißes Salz mit gelblichem Stich; sehr kleine Krist.; sehr zerfl.; LW 20° 74%, Bdk. 0 H_2O; ll. wss. NH_3; unl. k. 94% Al; etwas l. h. Al; unl. Aceton, Egester; Salpeter
90 337	U F	5,10 9,62	96,40	133,05	−494,63	−394,71	$U\alpha \rightarrow \beta$; β = trig.; D^5_{3d}, $R\bar{3}m$ $a = 542{,}5$, $c = 983{,}6$ pm, $Z = 3$; $\bar{\gamma}$ (−195...291 K) = 210 · $10^{-6}\,K^{-1}$; $\varepsilon(1{,}67 \cdot 10^5\,Hz) = 4{,}37$; fbl. durchscheinende Krist.; wenig hygr.; LW 20° 24%, Bdk. 0 H_2O; L Egs 25° 0,0183 Mol/l Al; swl. Egester, Propanol, Py, Acetonitril, Benzonitril

Übersichtstabelle Anorganische Verbindungen (Fortsetzung)

Formel	Name	Zustand	Mol-Masse / Dichte $10^3\,kg \cdot m^{-3}$	Kristalldaten: System, Typ und Symbol	Einheitszelle: Kantenlänge in pm	Einheitszelle: Winkel und Z	Brechzahl n_D
K	**Kalium**						
$KNbO_3$ [12030-85-2]	niobat	f	180,00 4,640	orh. C_{2v}^{14}, *Cm2m*	569,50 572,13 397,39	$Z = 2$	2,1* 2,3* 2,4*
K_2O [12136-45-7]	oxid	f	94,20 2,32	kub. *C*1 O_h^5, *Fm3m*	644,9	$Z = 4$	
KO_2 [12030-88-5]	superoxid	f	71,10 2,158	tetr. *C*11*a* D_{4h}^{17}, *I4/mmm*	404 670,4	$Z = 2$	
K_2O_2 [17014-71-0]	peroxid	f	110,20	orh. D_{2h}^{18}, *Cmca*	673,5 700,0 647,0		
K_2O_3 $2\,KO_2 \cdot K_2O_2$	Misch-oxid	f	126,20				
KOH [1310-58-3]	hydroxid	f	56,11 2,044	mkl. C_2^2, $P2_1$	393 399 572	103,62°	

Phasen-umwandlungen			Standardwerte bei 298,15 K		Bemerkungen und Charakteristik
°C		ΔH kJ/Mol	C_p S^0 J/KMol	ΔH_B^0 ΔG_B^0 kJ/Mol	
224 435 1150	U_1 U_2 Z	0,35 0,80			λ = 528 nm, fbl., U_1: tetr. C_{4v}^1, $P4mm$; a = 399,72, c = 406,36 pm, U_2: kub. O_h^1, $Pm3m$; a = 402,25 pm, $\bar{\gamma}$ (273 – 373 K) = 4,2 · 10^{-6} K; $\bar{\gamma}$ (373 – 700 K) = 5,4 · 10^{-6} K; $\bar{\gamma}$ (700 – 1471 K) = 6,9 · 10^{-6} K; unl. W., S, l. HF
740	F	27,2	74,42 102,01	–361,5 322,77	>330 °C kub. a = 1212,5 pm >450 °C hex. a = 1796,4, c = 2116,5 pm, rein weiße Substanz, in der Hitze gelb; heftige Reaktion mit W; langsam l. 95% oder abs. Al
509	F		77,49 122,59	–284,51 –240,62	HT-Mod. β: kub, a = 609 pm, χ_{Mol} = + 3230 · 10^{-6} cm³ Mol⁻¹; chromgelbe Substanz, auch schwefelgelb; an trockener Luft beständig; mit W heftige Reaktion → KOH und O_2; mit kaltem W → KOH, H_2O_2, O_2
410	F		95,38 110,08	–495,34 –428,48	weiße Substanz; Gelbfärbung durch KO_2-Verunreinigung; reagiert heftig mit W
430	F			–523	je nach Darstellung ziegelrot, gelb oder braun gefärbt; mit wenig W → Hydratbildung, andernfalls Sauerstoffentwicklung
249 410 1327	U* F V	6,44 8,62 142,7	64,90 78,91	–424,68 –378,86	* U mkl. → kub., O_h^5, $Fm\bar{3}m$, a = 579 pm, Z = 4; $\bar{\gamma}$ (303...363 K) = 188 · 10^{-6} K⁻¹; χ_{Mol} = –22 · 10^{-6} cm³ Mol⁻¹; weiße spröde zerfl. Stücke von strahligem Gefüge; LW 20° 53%, Bdk. 2 H_2O; L Me 28° 40,2 g/100 g Lösm.; L Al 28° 29,0 g/100 g Lösm.; l. Glycerin; stark ätzend; unl. fl. NH_3, Py, Aceton

Übersichtstabelle Anorganische Verbindungen (Fortsetzung)

Formel	Name	Zustand	Mol-Masse Dichte $10^3\,kg \cdot m^{-3}$	Kristalldaten System, Typ und Symbol	Einheitszelle Kantenlänge in pm	 Winkel und Z	Brechzahl n_D
K	**Kalium**						
KOCN [590-28-3]	cyanat	f	81,12 2,056	tetr. D_{4h}^{18}, *I*4/*mcm*	608,4 703,4	 $Z = 4$	1,575 1,412
$K_2[OsBr_6]$ [16903-69-8]	hexa- bromo- osmat	f	747,86 ~4,4	kub. $I1_1$ O_h^5, *Fm*3*m*	1037		
$K_2[OsCl_6]$ [16871-60-6]	hexa- chloro- osmat	f	481,12 3,42	kub. $I1_1$ O_h^5, *Fm*3*m*	982	 $Z = 4$	
$K_2OsO_4 \cdot 2\,H_2O$ [10022-66-9]	osmat dihydrat	f	368,43	tetr. C_{4h}^5, *I*4/*m*	560 948		
KPO_3 [7790-53-6]	meta- phosphat	f	118,07 2,393	mkl. $P2_1/a$	1406,7 454,64 1032,72	101,09° $Z = 8$	
$K[PF_6]$ [17084-13-8]	hexa- fluoro- phosphat	f	184,07 2,591	kub. (α) T_h^6, *Pa*3	771,0	 $Z = 4$	
K_2HPO_4 [7758-11-4]	hydrogen- ortho- phosphat	f	174,18 1,5	orh. D_{2h}^{11}, *Pbcm*	1031,4 2259,8 594,4	$Z = 8$	
KH_2PO_4 [7778-77-0]	di- hydrogen- ortho- phosphat	f	136,09 2,338	tetr. D_{2d}^{12}, $I\bar{4}2d$	745,32 697,42	 $Z = 4$	1,511 1,468

Phasen-umwandlungen °C		ΔH kJ/Mol	Standardwerte bei 298,15 K C_p S^0 J/KMol	ΔH_B^0 ΔG_B^0 kJ/Mol	Bemerkungen und Charakteristik
700–900	*Z*				$\chi_{Mol} = -38 \cdot 10^{-6} cm^3 Mol^{-1}$; kleine wasserhelle Krist.; aus Al dünne Blättchen; LW 20° 69,9%; wss. Lsg. hydrolysiert rasch; wird durch S unter CO_2-Entwicklung zers.; etwas l. fl. NH_3; unl. fl. SO_2; L Al 0° 0,16 g/100 g Lösm.; L sied. Bzl 0,18 g/100 g Lösm.
					schw.braune met. glänzende Oktaeder, rot durchscheinend; wl. W, mit viel W Hydrolyse; l. konz. HBr, zwl. verd. HBr
600	*Z*				$\chi_{Mol} = +707 \cdot 10^{-6} cm^3 Mol^{-1}$; kleine schw. Oktaeder, gepulvert karminrot; wss. Lsg. langsam zers., l. HCl, unl. Al
>100	$-H_2O$				granatrote Krist.; l. W; unl. Al, E
807	*F*				HT-Mod.; orh. *a* = 1294, *b* = 453, *c* = 593 pm
−25 575	*U* *Z*				fbl. dicke Tafeln; hygr.; LW 20° 7%, Bdk. 0 H_2O; in wss. Lsg. keine Hydrolyse; gegen alk. Lsg. selbst beim Kochen beständig; langsame Z in mineralsaurer Lsg. TT-Mod: β rhomb. *a* = 485 pm, α = 94°
315 400–450	*U* *Z*		141,29 179,08	−1775,77 −1636,55	ε = (2 · 10^6 Hz) = 9,1; weißes körniges hygr. Pulver; LW 20° 61,5%, Bdk. 3 H_2O; wl. Al; beim Glühen → $K_4P_2O_7$
−151,19 171 253	*U** *U* *F*	0,36 4,60	116,57 134,85	−1568,33 −1415,72	* <−151,19° orh. C_{2v}^{19}, *Fdd2*, *a* = 1052, *b* = 1044, *c* = 690 pm, *Z* = 8; ϰ(0...250,0 MPa) = 3,46 · 10^{-5} MPa^{-1}, ε (2 · 10^6 Hz) = 31; $\chi_{Mol} = -59 \cdot 10^{-6} cm^3 Mol^{-1}$; piezoelektrisch; fbl. Krist.; LW 20° 18,2%; Bdk. 0 H_2O, unl. Al

Übersichtstabelle Anorganische Verbindungen (Fortsetzung)

Formel	Name	Zustand	Mol-Masse Dichte $10^3\,kg \cdot m^{-3}$	Kristalldaten System, Typ und Symbol	Einheitszelle Kantenlänge in pm	 Winkel und Z	Brechzahl n_D
K	**Kalium**						
K_3PO_4 [7778-53-2]	ortho- phosphat	f	212,266 2,610	kub.	811,1	$Z = 4$	
$K_4P_2O_7 \cdot 3\,H_2O$ [7790-67-2]	pyro- phosphat trihydrat	f	384,40 2,29	mkl. C_{2h}^5, $P2_1/c$	970,1 1002,1 1205,6	108,10° $Z = 4$	
$K_2[PdBr_4]$ [13826-93-2]	tetra- bromo- palladat-(II)	f	504,21 3,559	tetr. D_{4h}^1, $P4/mmm$	740,3 429,3		$Z = 1$
$K_2[Pd(CN)_4]$ $\cdot H_2O$ [14516-46-2]	tetra- cyano- palladat-(II) monohydrat	f	306,69	mkl. $C_{2h}^5 P2_1/c$	1855 1618 1578	107,5° $Z = 20$	
$K_2[PdCl_4]$ [10025-98-6]	tetra- chloro- palladat-(II)	f	326,42 2,67	tetr. $H1_5$ D_{4h}^1, $P4/mmm$	705 410	 $Z = 1$	1,710 1,523
$K_2[PdCl_6]$ [16919-73-6]	hexa- chloro- palladat-(IV)	f	397,32 2,738	kub. $I1_1$ O_h^5, $Fm3m$	976	 $Z = 4$	
$K_2[PtBr_6]$ [16920-93-7]	hexa- bromo- platinat-(IV)	f	752,75 4,660	kub. $I1_1$ O_h^5, $Fm3m$	1029,3	 $Z = 4$	
$K_2[Pt(CN)_4]$ $\cdot 3H_2O$ [14323-36-5]	tetra- cyano- platinat-(II) trihydrat	f	431,41 2,455	orh.			
K_2PtCl_4 [10025-99-7]	tetrachloro- platinat-(II)	f	415,11 3,305	tetr. D_{4h}^1, $P4/mmm$	701,7 413,3	 $Z = 1$	1,683 1,553
K_2PtCl_6 [16921-30-5]	hexa- chloro- platinat-(IV)	f	486,012 3,499	kub. $I1_1$ O_h^5, $Fm3m$	975,60	 $Z = 4$	1,825

Phasen- umwandlungen			Standardwerte bei 298,15 K				Bemerkungen und Charakteristik
°C		ΔH kJ/Mol	C_p J/KMol	S^0	ΔH_B^0 kJ/Mol	ΔG_B^0	
1640	*F*	37,2	164,85	211,71	−1988,24	−1858,94	$\bar{\gamma}$ (195 − 290 K) = 120 · 10^{-6} K^{-1}; ε (2 · 10^6 Hz) = 7,8; weißes hygr. Pulver; LW 20° 49,7 %, Bdk. 7 H_2O; unl. abs. Al
100 180 300	$-H_2O$ $-H_2O$ $-H_2O$						blendend weiße strahlige Masse; zerfl.; l. W., l.l. h. W, unl. Al
							rotbraune Nadeln, luftbeständig; sll. W
200	$-H_2O$						fbl. durchsichtige Blättchen, perlmuttglänzend
105	*Z*				−1095		χ_{Mol} = −136 · 10^{-6} cm^3 Mol^{-1}; goldgelbe Kristallnadeln, gepulvert gelbgrün; ll. W; wl. Al; mit wss. NH_3 → $[Pd(NH_3)_2Cl_2]$
170	*Z*				−1188		zinnoberrote Krist.; wl. W; h. W zers.; ll. verd. HCl; unl. Al. Alkchloridlsg.
400	*Z*						χ_{Mol} = −230 · 10^{-6} cm^3 Mol^{-1}; hrote bis tiefrubinrote Krist.; wl. W; unl. Al, Toluol, Xylol
100	$-H_2O$						fbl. gelbliche oder grünliche Krist., blau fluoresz.; verwittert an der Luft; LW 20° 25,3 %; l. konz. H_2SO_4; fast unl. Al
							rubinrote Krist.; ll. W; fast unl. Al; wl. CH_3NH_2, $C_2H_5NH_2$
250	*F*		205,4	333,8	−1259	−1108	χ_{Mol} = −177,5 · 10^{-6} cm^3 Mol^{-1}; orgelbe Krist.; LW 20° 1 %, 100° 4,75 %, Bdk. 0 H_2O; L 1N-H_2SO_4 15° 0,9 g/100 g Lösm.; L abs. Al 20° 9 · 10^{-4} g/100 g Lösm.; L 20 Gew% Al 20° 0,218 g/100 g Lösm.; unl. E

Übersichtstabelle Anorganische Verbindungen (Fortsetzung)

Formel	Name	Zustand	Mol-Masse	Dichte $10^3\,kg \cdot m^{-3}$	Kristalldaten: System, Typ und Symbol	Einheitszelle: Kantenlänge in pm	Einheitszelle: Winkel und Z	Brechzahl n_D
K	**Kalium**							
K_2PtI_6 [16905-14-9]	hexa-iodo-platinat-(IV)	f	1034,72	4,963				
$K_2[Pt(NO_2)_4]$ [13815-39-9]	tetra-nitrito-platinat-(II)	f	457,32	3,13	mkl. C_{2h}^5, $P2_1/c$	924 1287 774	96,25°	
K_2ReCl_6 [16940-97-9]	hexa-chloro-rhenat-(IV)	f	477,12	3,34	kub. $I1_1$ O_h^5, $Fm3m$	984,0	$Z=4$	
$KReO_4$ [10466-65-6]	perrhenat	f	289,30	4,887	tetr. $H0_4$ C_{4h}^6, $I4_1/a$	567,5 1270,0	$Z=4$	1,645 1,675
$K_3[Rh(NO_2)_6]$ [17712-66-2]	hexa-nitrito-rhodat-(III)	f	496,24	2,744	kub. $I2_4$ T_h^3, $Fm3$	1063	$Z=4$	
$K_4[Ru(CN)_6] \cdot 3\,H_2O$ [15002-31-0]	hexa-cyano-ruthenat-(II) trihydrat	f	467,63	2,14	mkl. C_{2h}^6, $C2/c$	930 1680 930	90,13° $Z=4$	1,5837
$K_2[RuCl_6]$ [23013-82-3]	Kalium-hexa-chloro-ruthenat-(IV)	f	391,99	2,782	kub. $I1_1$ O_h^5, $Fm3m$	978,1	$Z=4$	
$KRuO_4$ [10378-50-4]	per-ruthenat	f	204,17	4,060	tetr.	1158 767	$Z=4$	
$K_2RuO_4 \cdot H_2O$ [31111-21-4]	ruthenat-mono-hydrat	f	261,29		orh.			

Phasen-umwandlungen			Standardwerte bei 298,15 K		Bemerkungen und Charakteristik
°C		ΔH kJ/Mol	C_p S^0 J/KMol	ΔH_B^0 ΔG_B^0 kJ/Mol	
					$\chi_{Mol} = -302 \cdot 10^{-6}$ cm³ Mol⁻¹; met. glänzende schw. Tafeln; spröde; sll. W weinrot; die wss. Lsg. zers. besonders am Licht → PtI_4; fast unl. Al
					feine fbl. Prismen, wasserhell, glänzend; wl. k. W, l. beim Erwärmen
					gelbgrüne Oktaeder; LW 0° 0,8%; L 10% HCl 20° 30 g/l Lsg.; L 37% HCl 18° 3,72 g/l Lsg.; L 20% H_2SO_4 18° 46 g/l Lsg.
555	F	85,3	122,6 167,9	−1104 −1001,3	weißes Kristallpulver; kleine weiße stark lichtbrechende Rauten; subl. unverändert im Hochvak.; LW 20° 1,0%, Bdk. 0 H_2O l. 80% Al; wl. 90% Al
					kleine weiße Krist.; fast unl. k. W, wl. h.W; zers. S; unl. Al; mit konz. HCl → $K_3[RhCl_6] \cdot 3\,H_2O$
110	$-H_2O$				fbl. durchsichtige Tafeln; an Luft beständig; wss. Lsg. in der Hitze mit S → HCN
					$\chi_{Mol} = +3816 \cdot 10^{-6}$ cm³ Mol⁻¹; dklbraune bis schw. kleine Krist. mit grünlichem Schimmer, stark glänzend; ll. W mit gelber Farbe, hydrolysiert schnell → schw.; unl. konz. HCl, Al
440	Z				schw. undurchsichtige Krist., luftbeständig; wl. k. W mit schw.-grüner Farbe; wss. Lsg. zers.
200 400	$-H_2O$ Z				schw. met. glänzende Krist., zerfl.; zers. an der Luft; ll. W mit dkl. or. Farbe; wss. Lsg. zers., besonders durch S

Übersichtstabelle Anorganische Verbindungen (Fortsetzung)

Formel	Name	Zustand	Mol-Masse Dichte $10^3\,kg \cdot m^{-3}$	Kristalldaten: System, Typ und Symbol	Einheitszelle: Kantenlänge in pm	Einheitszelle: Winkel und Z	Brechzahl n_D
K	**Kalium**						
K_2S [1312-73-8]	sulfid	f	110,27 1,740	kub. $C1$ O_h^5, $Fm3m$	739	$Z = 4$	
KHS [1310-61-8]	hydrogen- sulfid	f	72,17 1,71	trig. $B22$ D_{3d}^5, $R\bar{3}m$	436,8	69,03° $Z = 1$	
KSCN [333-20-0]	thio- cyanat	f	97,18 1,886	orh. $F5_9$ D_{2h}^{11}, $Pbcm$	670,8 669,5 761,6	$Z = 4$	1,619 1,665 1,74
K_2SO_3 [10117-38-1]	sulfit	f	158,27				
K_2SO_4 [7778-80-5]	sulfat	f	174,27 2,662	orh. $H1_6$ D_{2h}^{16}, $Pnma$	577,2 1007,2 748,3	$Z = 4$	1,4933 1,4946 1,4973
$KHSO_4$ [7646-93-7]	hydrogen- sulfat	f	136,17 2,322	orh. D_{2h}^{15}, $Pbca$	979,4 1896 841,1	$Z = 16$	1,445* 1,460* 1,491*
$2\,K_2S_2O_3 \cdot 5\,H_2O$ [13446-67-8]	thiosulfat penta- hydrat	f	661,07	orh.			

Phasen-umwandlungen			Standardwerte bei 298,15 K				Bemerkungen und Charakteristik
°C		ΔH kJ/Mol	C_p J/KMol	S^0	ΔH_B^0 kJ/Mol	ΔG_B^0	
777 948	*U* *F*	0,0 16,15	74,68	115,06	−376,56	−362,75	$\chi_{Mol} = -60 \cdot 10^{-6}\,cm^3\,Mol^{-1}$; weiße zerfl. Krist.; an Luft Verfärbung; sll. W; l. Al, NH_3, Glycerin; h. K_2S-Lsg. löst Schwefel unter Bildung von Polysulfiden; $K_2S \cdot 5\,H_2O$ aus W; fbl. Prismen, leicht zers., F 60°
170 455	*U** *F*	2,3			−264,3		* *U B*22 → *B*1, kub., O_h^5, *Fm*3*m*; $a = 668$ pm; $Z = 4$; weiße Krist.; hygr.; ll. W; h. W zers.; l. Al mit geringer Alkoholyse
141,4 175,1 500	*U* *F* *Z*	0,13 14,2		124	−203,4	−178	$\chi_{Mol} = -48 \cdot 10^{-6}\,cm^3\,Mol^{-1}$; fbl. Krist.; zerfl.; LW 20° 69,0%, Bdk. 0 H_2O; L Aceton 22° 17,2%; L Py 20° 5,79%; L Egester 14° 0,4%; L Acetonitril 18° 11,31%; l. Al, fl. NH_3
			123,43	171,54	−1126,75	1038,03	$\chi_{Mol} = -64 \cdot 10^{-6}\,cm^3\,Mol^{-1}$; fbl. Prismen; nicht zerfl.; LW 20° 51,6%, Bdk. 0 H_2O; unl. fl. NH_3, wfreiem Aceton
583 1069	*U** *F*	8,45 34,39	131,19	175,56	−1437,79	−1319,68	* *U* orh. → hex. $P6_3mc$, C_{6v}^4 $a = 589{,}7$, $c = 808{,}3$ pm, $Z = 2$; $\bar{\gamma}(195...294\,K) = 130 \cdot 10^{-6}\,K^{-1}$; $\varkappa(293\,K) = 3{,}21 \cdot 10^{-5}\,MPa^{-1}$; $\varepsilon(4 \cdot 10^6\,Hz) = 6{,}3$; $\chi_{Mol} = -67 \cdot 10^{-6}\,cm^3\,Mol^{-1}$; Arcanit; fbl. harte Krist.; luftbeständig; bitterer Geschmack; LW 20° 10%, Bdk. 0 H_2O; L Glycerin 25° 0,75%, ll. fl. HF; unl. Me, Al, Aceton, Py, CS_2, fl. NH_3
164,2 180,5 218,6	*U* *U* *F*	2,05 0,40			−1158		* $\lambda = 550$ nm, weiße durchscheinende Krist.; zerfl.; LW 0° 25,5%, 100° 53%; beim Erhitzen $-H_2O \rightarrow K_2S_2O_7$, unl. Al, Aceton; Mercallit
							fbl. glänzende Krist.; sll. W unter starker Abkühlung; LW 20° 60,7%, Bdk. $^5/_3\,H_2O$

Übersichtstabelle Anorganische Verbindungen (Fortsetzung)

Formel	Name	Zustand	Mol-Masse / Dichte $10^3\,kg \cdot m^{-3}$	Kristalldaten: System, Typ und Symbol	Einheitszelle: Kantenlänge in pm	Einheitszelle: Winkel und Z	Brechzahl n_D
K	**Kalium**						
$K_2S_2O_5$ [16731-55-8]	pyrosulfit	f	222,33 2,34	mkl. $K0_1$ C_{2h}^2, $P2_1/m$	754,5 616,5 692,9	102,80° $Z=2$	
$K_2S_2O_6$ [13455-20-4]	dithionat	f	238,33 2,277	trig. $K1_1$ D_3^2, $P321$	978,5 629,5	$Z=3$	1,4550 1,5153
$K_2S_2O_7$ [7790-62-7]	pyrosulfat	f	254,33 2,512	mkl. C_{2h}^6, $C2/c$	1235 731 727	93,12° $Z=4$	
$K_2S_2O_8$ [7727-21-1]	peroxi-disulfat	f	270,33 2,450	trikl. $K4_1$ C_1^1, $P1$	551,4 703,8 511,6	106,11° 90,15° 106,30° $Z=1$	1,4609 1,4669 1,5657
$K_2S_3O_6$ [13446-66-7]	trithionat	f	270,39 2,320	orh. $K5_1$ D_{2h}^{16}, $Pnma$	980 1360 576	$Z=4$	1,4934 1,5641 1,602
$K_2S_4O_6$ [13932-13-3]	tetra-thionat	f	302,46 2,296	mkl. C_s^4, Cc	2205 799 1009	102,1° $Z=8$	1,5896* 1,6057* 1,6435*
$K_2S_5O_6 \cdot 1^1/_2H_2O$ [23371-63-3]	penta-thionat sesquihydrat	f	361,55 2,112	orh. D_{2h}^{14}, $Pbcn$	0,4564: 1: 0,3051	$Z=8$	1,570 1,630 1,658
$K_2S_6O_6$ [22318-57-6]	hexa-thionat	f	366,54 2,15	trikl.	743 1132 737	105,93° 90° 104,90° $Z=2$	
$K(SbO)C_4H_4O_6 \cdot {}^1/_2H_2O$ [16039-64-8]	antimonyl-tartrat hemihydrat	f	333,93 2,607	orh.			1,620 1,636 1,638
$KSbF_6$ [16893-92-8]	hexafluoro-antimonat	f	274,84 3,457	kub. T_h^7, $Ia3$	1015	$Z=8$	

Phasen-umwandlungen			Standardwerte bei 298,15 K				Bemerkungen und Charakteristik
°C		ΔH kJ/Mol	C_p J/KMol	S^0	ΔH_B^0 kJ/Mol	ΔG_B^0	
190	*Z*				−1517,5		$\chi_{Mol} = -86{,}4 \cdot 10^{-6}\,cm^3\,Mol^{-1}$; glänzende Prismen; LW 20° 30,6%, Bdk. 0 H_2O; in wss. Lsg. Bildung von HSO_3^-; unl. Al
	Z			309,5	−1736,7		$\chi_{Mol} = -91 \cdot 10^{-6}\,cm^3\,Mol^{-1}$; optisch aktiv, piezoelektrisch; fbl. Krist. von bitterem Geschmack; LW 20° 6,23%; Bdk. 0 H_2O; unl. Al
225 315	*U* *U*				−1984,5		$\chi_{Mol} = -92 \cdot 10^{-6}\,cm^3\,Mol^{-1}$; fbl. Prismen; an feuchter Luft langsam Aufnahme von H_2O
	Z				−1918		$\chi_{Mol} = -102 \cdot 10^{-6}\,cm^3\,Mol^{-1}$; weiße geruchlose Krist.; zers. bei 100° LW 20° 4,5 g/100 cm^3 Lsg.; L Furfurol 25° 0,01%; unl. Al; die wss. Lsg. hydrolysiert unter Bildung von H_2O_2
	Z				−1678,2		$\chi_{Mol} = -100 \cdot 10^{-6}\,cm^3\,Mol^{-1}$; fbl. Krist. von schwach salzigem und bitterem Geschmack; LW 20° 18,5%, Bdk. 0 H_2O; unl. Al
					−1644,7		* $\lambda = 656$ nm; $\chi_{Mol} = -118 \cdot 10^{-6}\,cm^3\,Mol^{-1}$; fbl. Krist.; LW 20° 23%, Bdk. 0 H_2O; unl. abs. Al
					−2156,9		fbl. Krist.; stark hygr.; LW 20° 24,8%, Bdk. $1^1/_2 H_2O$; unl. abs. Al
							$\chi_{Mol} = -154 \cdot 10^{-6}\,cm^3\,Mol^{-1}$; kleine weiße Blättchen; trocken haltbar; l. W klar, zers. beim Stehen unter Abscheidung von Schwefel
>300	*F*						Brechweinstein; fbl. Krist. oder weißes Pulver von widerlich süßlichem Geschmack; l. k. W; ll. h. W; l. Glycerin; unl. Al

Übersichtstabelle Anorganische Verbindungen (Fortsetzung)

Formel	Name	Zustand	Mol-Masse / Dichte $10^3\,kg \cdot m^{-3}$	Kristalldaten: System, Typ und Symbol	Einheitszelle: Kantenlänge in pm	Einheitszelle: Winkel und Z	Brechzahl n_D
K	**Kalium**						
K_2Se [1312-74-9]	selenid	f	157,16 / 2,251	kub. $C1$ O_h^5, $Fm3m$	769,2	$Z = 4$	
K_2SeO_3 [10431-47-7]	selenit	f	205,16				
K_2SeO_4 [7790-59-2]	selenat	f	221,16 / 3,07	orh. $H1_6$ D_{2h}^{16}, $Pnma$	602 1040 760	$Z = 4$	1,5352 1,5390 1,5446
$K_2[SiF_6]$ [16871-90-2]	hexafluoro-silicat	f	220,28 / 2,66	kub. $I1_1$ O_h^5, $Fm3m$	813,3	$Z = 4$	1,3391
K_2SnCl_6 [16923-42-5]	hexa-chloro-stannat	f	409,61 / 2,71	kub. $I1_1$ O_h^5, $Fm3m$	1000,2	$Z = 4$	1,6574
K_2TaF_7 [16924-00-8]	hepta-fluoro-tantalat	f	392,14 / 5,2	orh. $K6_2$ D_{2h}^5, $Pmma$	585 1267 850	$Z = 4$	
K_2Te [12142-40-4]	tellurid	f	205,80 / 2,52	kub. $C1$ O_h^5, $Fm3m$	816,8	$Z = 4$	
K_2TiF_6 [16919-27-0]	hexa-fluoro-titanat	f	240,09 / 3,012	trig. D_{3d}^3, $P\bar{3}m1$	571,5 465,6	$Z = 1$	
K_2TiO_3 [12030-97-6]	titanat	f	174,10 / ~3,0	orh. D_{2h}^{16}, $Pmcn$	1004 695 546		
K_2ThF_6 [60840-80-4]	hexa-fluoro-thorat	f	424,23 / 4,33	kub. $C1$ O_h^5, $Fm3m$	599	$Z = {}^4/_3$	

Phasen-umwandlungen °C		ΔH kJ/Mol	Standardwerte bei 298,15 K C_p J/KMol	S^0 J/KMol	ΔH_B^0 kJ/Mol	ΔG_B^0 kJ/Mol	Bemerkungen und Charakteristik
					−331,9		$\chi_{Mol} = -67 \cdot 10^{-6}\,cm^3\,Mol^{-1}$; weiße harte Substanz; sehr hygr.; zers. an Luft; wss. Lsg. zers. an Luft → Se; unl. fl. NH_3
							weißes feinkörniges Salz; hygr.; LW 20° 67,2%, Bdk. 4 H_2O; kaum l. Al; bei 875° → K_2SeO_4
							fbl. Krist.; sehr hygr.; LW 20° 53,6%, Bdk. 0 H_2O
					−2807		fbl. Krist.; zers. beim Erhitzen → SiF_4; ohne Z. schmelzbar unter Zusatz von KF; LW 20° 0,15%; unl. fl. NH_3; wl. wss. Al, Benzonitril; unl. Egs-methylester, Hieratit; 2. Mod. hex, C_{6v}^4, $P6_3mc$ $a = 567$, $c = 924$ pm
							oktaedrische Krist.; LW 70° 52,2% unter Hydrolyse, mehrere Tieftemp. mod.
730	*F*						fbl. Krist.; wl. W unter Z; etwas l. HF
							$\chi_{Mol} = -93 \cdot 10^{-6}\,cm^3\,Mol^{-1}$; fbl. Krist.; hygr.; zers. an Luft → Te-Abscheidung; l. W fbl. → rot → fbl. unter Te-Abscheidung in Nadeln oder Krist.
~780	*F*						weiße Blättchen; LW 20° 1,2%, Bdk. 1 H_2O; Zusatz von HF erhöht die L; beim Erhitzen an Luft >600° geringe Z.
							Krist.; LW 25° $6{,}4 \cdot 10^{-5}$%, Bdk. 1 H_2O; 2. Modifikation hex. D_{3h}^3, $P\bar{6}2m$, $a = 656{,}5$, $c = 381{,}5$ pm, $Z = 1$; $D = 4910\,kg\,m^{-3}$

Übersichtstabelle Anorganische Verbindungen (Fortsetzung)

Formel	Name	Zustand	Mol-Masse Dichte 10^3 kg · m^{-3}	Kristalldaten System, Typ und Symbol	Einheitszelle Kantenlänge in pm	Winkel und Z	Brechzahl n_D
K	**Kalium**						
K_2WO_4 [7790-60-5]	wolframat	f	326,05 4,208	mkl. C_{2h}^3, $C2/m$	1238,3 611,94 755,26	$Z = 4$	
K_2ZrF_6 [16923-95-8]	hexa- fluoro- zirkonat	f	283,41 3,58	mkl. C_{2h}^6, $C2/c$	658 1140 694	90,3° $Z = 4$	1,466 1,455
K_3ZrF_7 [17442-97-6]	hepta- fluoro- zirkonat	f	341,51 3,123	kub. O_h^5, $F3m$	898,8	$Z = 4$	1,408
La	**Lanthan**						
LaB_6 [12008-21-8]	hexaborid	f	203,78 4,73	kub. $D2_1$ O_h^1, $Pm3m$	415,690	$Z = 1$	
$LaBr_3$ [13536-79-3]	bromid	f	218,82	hex. $D0_{19}$ C_{6h}^2, $P6_3/m$	795,1 450,1	$Z = 2$	
LaC_2 [12071-15-7]	dicarbid	f	162,93 5,3	tetr. $C11$ D_{4h}^{17}, $I4/mmm$	393,4 657,2	$Z = 2$	
$La(O_2C_2H_3)_3$ $\cdot 1{,}5\,H_2O$ [25721-92-0]	acetat sesqui hydrat	f	343,07 1,659	trikl. C_i^1, $P\bar{1}$	1738 952,1 1091	107,2° 95,21° 74,68° $Z = 4$	
$La_2(C_2O_4)_3$ $\cdot 10\,H_2O$ [537-03-1]	oxalat decahydrat	f	722,02 2,290	mkl. C_{2h}^5, $P2_1/c$	1137,0 960,8 1049,0	114,57°	
$LaCl_3$ [10099-58-8]	chlorid	f	245,24 3,79	hex. $D0_{19}$ C_{6h}^2, $P6_3/m$	748,3 436,4	$Z = 2$	
$LaCl_3 \cdot 7\,H_2O$ [10025-84-0]	heptahydrat	f	371,38 2,223	mkl.	1237 1068 923	114,3°	
LaF_3 [13709-38-1]	fluorid	f	195,90 5,936	hex. D_{3d}^4, $P\bar{3}c1$	718,71 735,01	$Z = 6$	

Phasen- umwandlungen			Standardwerte bei 298,15 K				Bemerkungen und Charakteristik
°C		ΔH kJ/Mol	C_p J/KMol	S^0	ΔH^0_B kJ/Mol	ΔG^0_B	
388 933 792	*U* *F*	 18,4					nadelförmige sehr dünne Krist.; blendend weißes Pulver; hygr.; sll. W; >435 °C, hex, D^3_{3d}, $P\bar{3}m$, $a = 630$, $c = 792$ pm
							fbl. Krist., lange Nadeln; glänzende Prismen; LW 20° 1,48%, Bdk. 0 H_2O; L HF steigt mit der HF-Konz.; unl. fl. NH_3
							kleine glänzende oktaedrische Krist.; verwittern an der Luft; wl. W
2200	*F*						α(Raumtemp.) = 5,6 · 10^{-6} K^{-1}; schw. bis dklbraune Substanz stabil gegen H_2SO_4, HCl, 40% NaOH
788 1735	*F* *V*	54,39 202	99,56	 177,82	−907,09	 −875,07	weiße sehr hygr. Substanz; ll. W, Al, Py, DMF; wl. THF, Acetonitril
2438	*F*						Z W; l. H_2SO_4, unl. HNO_3; gelb. Krist.
							LW 16,9 g/100 cm^3
							swl. W.
858 1945	*F* *V*	54,39 224	98,13	 137,57	−1071,10	 −995,37	$\bar{\gamma}$(323–423K) = 48 · 10^{-6} K^{-1}; fbl. kurze dicke Krist.; weiße Substanz, wenn rein; hygr.; LW 20° 48,98%, Bdk. 7 H_2O; ll. Al, l. Py, DMSO, wl. THF, Aceton
91	*Z*						fbl. Krist.; zerfl. zuweilen vollständig; LW s. $LaCl_3$; ll. Al; Fluocerit-(La)
1493	*F*	90,21	90,29	 106,99	−1699,54	 −1623,70	

Übersichtstabelle Anorganische Verbindungen (Fortsetzung)

Formel	Name	Zustand	Mol-Masse / Dichte 10^3 kg · m^{-3}	Kristalldaten: System, Typ und Symbol	Einheitszelle: Kantenlänge in pm	Einheitszelle: Winkel und Z	Brechzahl n_D
La	**Lanthan**						
LaI_3 [13813-22-4]	iodid	f	519,62 5,610	orh. D_{2h}^{17}, *Cmcm*	439,6 1397 1010	 $Z=4$	
LaN [25764-10-7]	nitrid	f	152,92 ~6,8	kub. *B*1 O_h^5, *Fm*3*m*	529,5	 $Z=4$	
$La(NO_3)_3 \cdot 6H_2O$ [10277-43-7]	nitrat hexahydrat	f	433,02 2,358	trikl. C_i^1, $P\bar{1}$	892,4 1071,1 665,0	78,88° 102,08° 92,03°	1,458 1,552 1,593
La_2O_3 [1312-81-8]	oxid	f	325,82 6,51	mkl.	1460 372 928	99,9°	
$La(OH)_3$ [14507-19-8]	hydroxid	f	189,93 4,45	hex. C_{6h}^2, $P6_3/m$	652,86 385,88	 $Z=2$	
LaS_2 [12325-81-4]	disulfid	f	203,04 4,83	mkl. C_{2h}^5, $P2_1/a$	818 813 403	90° $Z=8$	
La_2S_3 [12031-49-1]	sulfid	f	374,01 4,86	kub. $D7_3$ T_d^6, $I\bar{4}3d$	872,7	 $Z=5\,^1/_3$	
$La_2(SO_4)_3$ [10099-60-2]	sulfat	f	566,00 3,60	orh.	986 981 1740		
$La_2(SO_4)_3 \cdot 9H_2O$ [10294-62-9]	nonahydrat	f	728,14 2,820	hex. C_{6h}^2, $P6_3/m$	1098 813	 $Z=2$	1,564

Phasen-umwandlungen °C		ΔH kJ/Mol	Standardwerte bei 298,15 K C_p J/KMol	S^0 J/KMol	ΔH_B^0 kJ/Mol	ΔG_B^0 kJ/Mol	Bemerkungen und Charakteristik
778	*F*	56,06	99,17	214,22	−666,93	−661,89	weißes Pulver; beim Auskrist. glänzende Schuppen; wl. k. W; l. h. W; sll. HCl, l. Aceton, DMF
			40,36	44,35	−303,34	−271,03	grauschw. graphitähnliche körnige Substanz; auch weißgraues Pulver; riecht an feuchter Luft nach NH_3; sll. S; mit h. W → NH_3; Alk.-schmelze → NH_3
40 126	*F* Z		421,4				wasserhelle große Säulen; stark glänzend; LW 20° 54,5%, Bdk. $6H_2O$; ll. Al
2315 4200	*F* *V*		108,78	127,32	−1793,70	−1705,98	$\chi_{Mol} = -78 \cdot 10^{-6} cm^3 Mol^{-1}$; weißes Pulver; blättchenförmige Krist.; ll. S, Egs, konz. NH_4NO_3-Lsg.; l. wss. Alk, Erdalk-, Alk-carbonatschmelze; auch kub. T_h^7, *Ia*3, *a* = 1132,7 pm, *Z* = 16
260	*Z*						weißes Pulver; etwas l. W; l. S, k. NH_4Cl-Lsg.
				(90)	−656		gelbe Substanz; 17%ige HCl entwickelt H_2S_2; HT-Mod.: orh. D_{2h}^{16}, *Pnma*, *a* = 813, *b* = 1634, *c* = 414 pm, *Z* = 8
2100	*F*		120,89	164,98	−1221,73	−1208,31	$\chi_{Mol} = -37 \cdot 10^{-6} cm^3 Mol^{-1}$; helle gelbe Substanz, in der Hitze or.gelb; an Luft beständig; zers. W; mit sied. W → H_2S; ll. verd. S auch orh., *Pnam*, *a* = 758,4, *b* = 1586,0, *c* = 414,4 pm
1150	*Z*		280,4				schneeweißes hygr. Pulver; LW 20° 2,2%; 100° 0,68%, Bdk. $9H_2O$; gut l. Eiswasser; wl. Al
			636		−5872		weiße nadelförmige Krist., glänzend; LW s. $La_2(SO_4)$, Zusatz von verd. H_2SO_4 erhöht LW; konz. H_2SO_4 löst ziemlich reichlich

Übersichtstabelle Anorganische Verbindungen (Fortsetzung)

Formel	Name	Zustand	Mol-Masse / Dichte 10^3 kg · m^{-3}	Kristalldaten: System, Typ und Symbol	Einheitszelle: Kantenlänge in pm	Einheitszelle: Winkel und Z	Brechzahl n_D
Li	**Lithium**						
α-$LiAlO_2$ [12003-67-7]	meta-aluminat	f	65,9 3,41	trig. O^5_{3d}, $R\bar{3}m$	279,9 1418		1,614
γ-$LiAlO_2$ (1000 °C)			2,605	tetr. D^4_2, $P42_12$	517,15 628,40	$Z=4$	
$LiAlH_4$ [16853-85-3]	alanat	f	37,95 0,917	mkl. C^5_{2h}, $P2_1/c$	960 786 790	111,3°	
Li_3As [12044-22-3]	arsenid	f	95,74 2,42	hex. $D0_{18}$ D^4_{6h}, $P6_3/mmc$	439,6 782,6	$Z=2$	
Li_3AsO_4 [13478-14-3]	ortho-arsenat	f	159,74 3,07	orh. D^{16}_{2h}, $Pmnb$	627,9 1076,8 495,5	$Z=4$	
$LiBH_4$ [16949-15-8]	boranat	f	21,78 0,67	orh. D^{16}_{2h}, $Pnma$	680 444 726	$Z=4$	
$LiBO_2$ [13453-69-5]	metaborat	f	49,75 1,397*				
$Li_2B_4O_7 \cdot 5H_2O$ [1303-94-2]	tetraborat pentahydrat	f	259,19				
$Li_2B_4O_7$ [12007-60-2]	tetraborat	f	169,12 ~2,4	tetr. C^{12}_{4v}, $I4_1cd$	947,7 1028,6		
LiBr [7550-35-8]	bromid	f	86,85 3,464	kub. $B1$ O^5_h, $Fm3m$	550,13	$Z=4$	1,784

Phasenumwandlungen °C		ΔH kJ/Mol	Standardwerte bei 298,15 K C_p J/KMol	S^0 J/KMol	ΔH_B^0 kJ/Mol	ΔG_B^0 kJ/Mol	Bemerkungen und Charakteristik
1609,8	*F* *U*	 87,9	67,83	53,35	−1188,7	−1126,3	unl. W, weiß
							unl. W, weiß
125	*Z*			87,9	−117	−48	reagiert heftig mit W; weiß, LE 39 g/100 cm³, THF 15 g/100 g
							dklbraune krist. Masse, in geringer Dicke durchsichtig rotbraun; empfindlich gegen feuchte Luft; zers. W → AsH_3; reagiert heftig mit Oxid.mitteln
			161,84	173,13	−1702,39	−1595,02	kleine tafelförmige Krist., fbl.; swl. W; unl. Py, l. verd. Egs
275	*Z*		77,4		−90,5	−124,7	weiße Substanz; an trockener Luft beständig; zers. allmählich an Luft; mit W heftig → $LiBO_2 + 4H_2$; l. Eiswasser unter geringer Z.; l. E, Tetrahydrofuran; unl. Bzl
785 844	*U* *F*	 33,81	60,37	51,71	−1019,22	−963,07	* *D* der zweiten Modifikation = 2,749 · 10³ kg/m³; fbl. Pulver; perlmuttglänzende Blättchen; LW 20° 2,5 %; unl. Aceton, Egester; L. Al. 10 %; > 1200° Z.
200	$-2H_2O$						körniges weißes Pulver; ll. W; unl. Al, Aceton
916,8	*F* *U*	 120,5	182,29	155,65	−3362,26	−3170,3	LW 2,89 %, h. W 5,45 %; unl. org. LM, weiße Krist.
550 1265	*F* *V*	17,66 148	48,94	74,06	−350,90	−341,63	$\bar{\gamma}$(195–273 K) = 140 · 10^{-6} K^{-1}; $\varkappa$(0 MPa, 273 K) = 4,28 · 10^{-5} MPa^{-1}; ε(2 · 10^6 Hz) = 10,95; χ_{Mol} = −34,7 · 10^{-6} $cm^3 Mol^{-1}$; weißes feinkörniges Pulver; zerfl.; LW 20° 61,5 %, Bdk. $2H_2O$; L Glykol 25° 28 %; L Aceton 25° 15 %; L Al 73 %, CH_3OH 8 %, schw. l. Pyridin; beim Schmelzen → klare Fl., bei Luftzutritt Z.

Übersichtstabelle Anorganische Verbindungen (Fortsetzung)

Formel	Name	Zustand	Mol-Masse Dichte 10^3 kg · m^{-3}	Kristalldaten System, Typ und Symbol	Einheitszelle Kantenlänge in pm	Einheitszelle Winkel und Z	Brechzahl n_D
Li	**Lithium**						
$LiBr \cdot H_2O$ [23303-71-1]	monohydrat		104,86 2,51	orh. D_{2h}^5, *Pnma*	797,4 405,4 401,6	$Z = 7$	
Li_2C_2 [1070-75-3]	carbid	f	37,90 1,30	orh. D_{2h}^{25}, *Immm*	365,5 544,0 483,3		
LiCN [2408-36-8]	cyanid	f	32,96 1,0755	orh. D_{2h}^{16}, *Pnma*	373 652 873	$Z = 4$	
Li_2CO_3 [554-13-2]	carbonat	f	73,89 2,111	mkl. C_{2h}^6, *C2/c*	835,9 497,67 619,4	114,72° $Z = 4$	1,428 1,567 1,572
Li_2CN_2	cyanamid	f	53,91 1,51	tetr. *I4/mmm*	369 867		
$LiCHO_2 \cdot H_2O$ [6108-23-2]	formiat monohydrat	f	69,97 1,46	orh. C_{2v}^9, *Pna*2$_1$	699 650 485	$Z = 4$	
$LiC_2H_3O_2$ · $2H_2O$ [6108-17-4]	acetat dihydrat	f	102,02 1,37	orh. D_{2h}^{19}, *Cmmm*	682,0 1088 662,0	$Z = 4$	α 1,40 β 1,50
$Li_2C_2O_4$ [553-91-3]	oxalat	f	101,90 2,121	mkl. C_{2h}^5, *P*2$_1$/*n*	340,29 515,02 905,8	95,6° $Z = 2$	1,465 1,53 1,696
$LiC_7H_5O_2$ [553-54-8]	benzoat	f	128,06	trikl.			
LiCl [7447-41-8]	chlorid	f	42,39 2,068	kub. *B*1 O_h^5, $Fm\bar{3}m$	513,96	$Z = 4$	1,662
$LiCl \cdot H_2O$ [16712-20-2]	monohydrat	f	60,41 1,78	tetr. D_{4h}^{15}, *P*4$_2$/*nmc*	766,9 774,2	$Z = 8$	1,63

Phasen-umwandlungen °C		ΔH kJ/Mol	Standardwerte bei 298,15 K C_p S^0 J/KMol	ΔH_B^0 ΔG_B^0 kJ/Mol	Bemerkungen und Charakteristik
165	−*W*		94,5 110	−662,3 −594	weiße Krist. bei 44° LiBr · $2H_2O$ → LiBr · H_2O; LW s. LiBr; ZT-Mod.
	Z			−59,5 −66	Lithiumethindiid; weißes Pulver; glänzende Krist., durch Luftfeuchtigkeit leicht veränderlich; zers. W → C_2H_2; geschmolzene KOH zers.; konz. S greift nur langsam an
160	*F*				fbl. Kristallmasse, von Luftfeuchtigkeit hydrolytisch gespalten → LiOH + HCN; ll. W
350 410 720	*U* *U* *F*	0,561 2,24 44,77	96,23 90,17	−1216,04 −1132,12	$\varepsilon(1{,}66 \cdot 10^5\,Hz) = 4{,}9$; weißes, sehr leichtes Pulver; LW 20° 1,54% Bdk. $0\,H_2O$; l. S; unl. Al, Aceton, Py, Egester, Methylacetat
					weiß
94 230	−H_2O *Z*				fbl. Krist., hygr.; LW 20° 27,9% wl. Al, Aceton; unl. Benzol
70	*F*				fbl. Krist.; LW 20° 28%, Bdk. $2H_2O$; L Me 15° 27,5%; l. Al; unl. Aceton
					fbl. prismatische Nadeln; l. W; Lsg. ist schwach alk.; unl. Al, E
					weißes krist. Pulver; ll. W, h. Al
610 1383	*F* *V*	19,83 150,5	48,03 59,30	−408,27 −384,02	$\bar{\gamma}(194...273\,K) = 122 \cdot 10^{-6}K^{-1}$; $\varkappa[(5{,}0...20{,}0\,MPa);\,293\,K] = 3{,}6 \cdot 10^{-5}\,MPa^{-1}$; $\varepsilon(1{,}66 \cdot 10^5\,Hz) = 10{,}62$; $\chi_{Mol} = -24{,}3 \cdot 10^{-6}cm^3\,Mol^{-1}$; fbl. Krist.; zerfl.; LW 20° 64%, Bdk. $1\,H_2O$; L Al 25° 25%; L Me 20° 42%; l. Aceton, Py; wl. Methylacetat, wl. NH_4OH
98	−H_2O		97,9 103,7	−712,3 −832,9	fbl. Krist.; sehr hygr.; LW s. LiCl, l. HCl

Übersichtstabelle Anorganische Verbindungen (Fortsetzung)

Formel	Name	Zustand	Mol-Masse / Dichte 10^3 kg · m^{-3}	Kristalldaten: System, Typ und Symbol	Einheitszelle: Kantenlänge in pm	Einheitszelle: Winkel und Z	Brechzahl n_D
Li	**Lithium**						
$LiClO_3$ [13453-71-9]	chlorat		90,39 / 1,1190	kub.			1,64
$LiClO_4$ [7791-03-9]	perchlorat	f	106,39 / 2,428				
$LiClO_4 \cdot 3\,H_2O$ [13453-78-6]	trihydrat	f	160,44 / 1,841	hex. $H4_{18}$ C_{6v}^4, $P6_3mc$	771,9 545,5	$Z = 2$	1,482 1,447
LiF [7789-24-4]	fluorid	f	25,94 / 2,64	kub. $B1$ O_h^5, $Fm\bar{3}m$	402,70	$Z = 4$	1,3915
Li_3GaN_2 [61028-93-1]	gallium-nitrid	f	118,56 / 3,35	kub. T_{2h}^7, $Ia3$	961,3		
Li_2GeO_3 [12315-28-5]	metagermanat	f	134,47 / 3,53	orh. D_{2h}^{17}, $Cmcm$	438 2454 1064		1,7
LiH [7580-67-8]	hydrid	f	7,95 / 0,82	kub. $B1$ O_h^5, $Fm\bar{3}m$	408,3	$Z = 4$	1,615
LiI [10377-51-2]	iodid	f	133,84 / 4,06	kub. $B1$ O_h^5, $Fm\bar{3}m$	600	$Z = 4$	1,955

Phasen-umwandlungen °C		ΔH kJ/Mol	Standardwerte bei 298,15 K C_p S^0 J/KMol	ΔH^0_B ΔG^0_B kJ/Mol	Bemerkungen und Charakteristik
41,5 99,1 127,6 300	*U* *U* *F* *Z*			−293	$\chi_{Mol} = -28{,}8 \cdot 10^{-6}\,cm^3\,Mol^{-1}$; fbl. lange Nadeln; hygr.; LW 20° 79,8%; l. Al, L 0,14% Aceton
236 430	*F* *Z*	29,29	105,05 125,52	−380,74 −253,91	$\varkappa(0...200{,}0\,MPa) = 3{,}9 \cdot 10^{-5}\,MPa^{-1}$; fbl. Krist.; zerfl.; LW 20° 36%, Bdk. $3\,H_2O$; L Me 25° 64%; L Al 25° 60%; L Aceton 25° 58%; L E 25° 52%; L Egester 25° 49%
98 130...50	$-H_2O$ $-H_2O$		255	−1298 −1001	$\chi_{Mol} = -71{,}7 \cdot 10^{-6}\,cm^3 Mol^{-1}$; fbl. lange spröde Nadeln oder kurze Prismen; LW s. $LiClO_4$ L Al 72,9% l. Me 156%, L Aceton 96%, wl. E
848 1717	*F* *V*	27,09 213,3	41,92 35,66	−616,93 −588,66	$\alpha\,(273\,K) = 38 \cdot 10^{-6}\,K^{-1}$; $\varkappa[(0...1200{,}0\,MPa); 303\,K] = (1{,}495–6{,}69\,10^{-6}\,MPa) \cdot 10^{-5}\,MPa^{-1}$; $\chi_{Mol} = -10{,}1 \cdot 10^{-6}\,cm^3\,Mol^{-1}$; sehr feines weißes Pulver, kleine Krist.körner; LW 20° 0,27%, Bdk. $0\,H_2O$; L Aceton 18° $0{,}3 \cdot 10^{-6}$%, l. HF, unl. Al, Py, Methylacetat; ll. HNO_3, H_2SO_4
800	*Z*				l. Al, NaOH; hellgraues Pulver
1239					LW 0,85%, l. Al
688,9 950	*F* *Z*	22,59	27,95 20,04	−90,63 −68,45	$\chi_{Mol} = -4{,}6 \cdot 10^{-6}\,cm^3\,Mol^{-1}$; weißes Pulver, glasige Masse, nadelförmige Krist.; zers. W → LiOH + H_2; abs. Al wirkt langsam ein → Alkoholat
468,9 1176	*F* *V*	14,64 170,6	50,28 85,77	−270,08 −269,67	$\varkappa[(0...1200\,MPa), 303\,K] = 6{,}51–117 \cdot 10^{-6}\,MPa) \cdot 10^{-5}\,MPa^{-1}$; $\varepsilon(2 \cdot 10^6\,Hz) = 8{,}2$; $\chi_{Mol} = -50 \cdot 10^{-6}\,cm^3\,Mol^{-1}$; weiße Krist., Würfel oder Oktaeder; hygr.; LW 20° 62,3%, Bdk. $3\,H_2O$; L Me 25° 77%, L Al 25° 21%; L Aceton 18° 29%

Übersichtstabelle Anorganische Verbindungen (Fortsetzung)

Formel	Name	Zustand	Mol-Masse Dichte $10^3\,kg \cdot m^{-3}$	Kristalldaten System, Typ und Symbol	Einheitszelle Kantenlänge in pm	Einheitszelle Winkel und Z	Brechzahl n_D
Li	**Lithium**						
$LiI \cdot 3H_2O$ [7790-22-9]	trihydrat	f	187,89 3,48	hex. $H4_{18}$ D_{6h}^4, $P6_3/mmc$	749,07 548,59	$Z=2$	1,655* 1,625
$LiIO_3$ [13765-03-2]	iodat	f	181,84 4,502	hex. $E2_3$ D_6^6, $P6_322$	548,1 517,2	$Z=2$	
$LiMnO_4$ $\cdot 3H_2O$ [20959-56-2]	permanganat-trihydrat	f	179,92 2,06	hex. C_{6v}^4, $P6_3mc$	779,4 542,7		
Li_2MoO_4 [13568-40-6]	molybdat	f	173,82 2,66	hex. C_{3i}^2, $R\bar{3}$	1433,8 958,8	$Z=18$	
Li_3N [26134-62-3]	nitrid	f	34,82 1,28	hex. $C32$ D_{6h}^1, $P6/mmm$	364,8 387,5	$Z=1$	
LiN_3 [19597-69-4]	azid	f	48,96 1,84	mkl. C_{2h}^3, $C2/m$	562,7 331,9 497,9	107,4° $Z=2$	
$LiNH_2$ [7782-89-0]	amid	f	22,96 1,178	tetr. S_4^2, $I\bar{4}$	501,6 1022	$Z=8$	
Li_2NH [12135-01-2]	imid	f	28,89 1,48	kub. O_h^5, $Fm3m$	504,7	$Z=4$	

Phasen-umwandlungen °C		ΔH kJ/Mol	Standardwerte bei 298,15 K: C_p J/KMol	S^0 J/KMol	ΔH_B^0 kJ/Mol	ΔG_B^0 kJ/Mol	Bemerkungen und Charakteristik
73 80 300	$-H_2O$ $-H_2O$ $-H_2O$		180,7		−1192		* $\lambda = 550$ nm; $\bar{\gamma}(194...273\text{ K}) = 167 \cdot 10^{-6}\text{K}^{-1}$; $\varkappa[5{,}0...20\text{ MPa}, 293\text{ K}] = 7{,}1 \cdot 10^{-5}\text{MPa}^{-1}$; fbl. gut ausgebildete Prismen; nicht spaltbar; hygr. LW s. LiI; l. Al, Aceton
					−503		$\chi_{Mol} = -47 \cdot 10^{-6}\text{cm}^3\text{Mol}^{-1}$; fbl. kurze Prismen; hygr., LW 18° 44,5 %, Bdk. $^1/_2H_2O$; L Aceton 20° 0,3 %, unl. Al.
190	*Z*						LW 71,43 g/100 ml Z, Al
705	*F*	17,6					weiße nadelförmige Krist., häufig in Kristallaggregaten; hygr.; LW 20° 44,4 %; ll. LiOH-Lsg.
813 in N_2	*F*		75,28	62,59	−164,56	−128,64	dkl. rostbraunes Pulver (amorph), schw. bis stahlgrau (kub.) bunt angelaufen; äußerst feine Krist., rubinrot durchscheinend, grünlich met. glänzend
115– 298	*Z*			71,76	10,8	77,4	fbl. spießförmige Krist.; sehr hygr.; LW 20° 66 %, Bdk. $1\,H_2O$; unl E; L abs. Al 20 %; zers. beim Erhitzen unter Expl.
380–400 430	*F* *V*				−182		fbl. lange durchscheinende Nadeln; l. k. W ohne heftige Reaktion, l. h. W unter Aufbrausen → $LiOH + NH_3$; schw. l. NH_3 (fl) wl. Al, leichter l. beim Sieden unter NH_3-Absp.; unl. E, Benzol; greift Glas schwach an
					−221		weiße Masse mit krist. Bruch; lichtempfindlich, im Sonnenlicht rot unter Bildung von $Li_3N + LiNH_2$; mit Al, Py, Anilin → NH_3-Entwicklung; zers. Chlf; unl. Bzl, Toluol, E

Übersichtstabelle Anorganische Verbindungen (Fortsetzung)

Formel	Name	Zustand	Mol-Masse	Dichte 10^3 kg · m^{-3}	Kristalldaten: System, Typ und Symbol	Einheitszelle: Kantenlänge in pm	Einheitszelle: Winkel und Z	Brechzahl n_D
Li	**Lithium**							
$LiNO_3$ [7790-69-4]	nitrat	f	68,94	2,38	trig. $G0_1$ D_{3d}^6, $R\bar{3}c$	469,2 1522	$Z=6$	1,735 1,735
$LiNO_3 \cdot 3H_2O$ [13453-76-4]	trihydrat	f	122,98	1,55	orh. D_{2h}^{17}, $CmCm$	680,3 1271,8 600,2	$Z=4$	
$LiNbO_3$ [12031-63-9]	niobat	f	147,85	4,64	hex. C_{3v}^6, $R3c$	514,74 1385,61	$Z=6$	
Li_2O [12057-24-8]	oxid	f	29,88	2,013	kub. $C1$ O_h^5, $Fm3m$	461,14	$Z=4$	1,644
Li_2O_2 [12031-80-0]	peroxid	f	45,88	2,30	hex.	314,2 765,0	$Z=2$	
$LiOH$ [1310-65-2]	hydroxid	f	23,95	1,46	tetr. $B10$ D_{4h}^7, $P4/nmm$	355,3 434,8	$Z=2$	1,4644 1,4521
$LiOH \cdot H_2O$ [1310-66-3]	monohydrat	f	41,96	1,51	mkl. $B36$ C_{2h}^3, $C2/m$	737 826 319	110,18° $Z=4$	1,460 1,524
Li_3P [12057-29-3]	phosphid	f	51,79	1,43	hex. $D0_{18}$ D_{6h}^4, $P6_3/mmc$	427,2 759,4	$Z=2$	
Li_2HPO_3 [14332-24-2]	hydrogen-phosphit	f	93,86					
$LiPO_3$ [13762-75-9]	meta-phosphat	f	85,91	2,461	mkl. Pn o.$P2/n$	1649,0 542,7 1312,0	98,9° $Z=20$	

Phasen-umwandlungen °C		ΔH kJ/Mol	Standardwerte bei 298,15 K C_p J/KMol	S^0 J/KMol	ΔH^0_B kJ/Mol	ΔG^0_B kJ/Mol	Bemerkungen und Charakteristik
264 600	*F* *Z*	25,5	89,12	90	−482,2	−381	wasserklare, scharfe Rhomboeder; sehr hygr.; geschmolzen klare Fl., die Glas stark angreift; >600° Z. → O_2 + nitrose Gase; LW 20° 90%, Bdk. 3 H_2O; Py. 37%, l. S, NH_4OH, L Eg 8,2 Mol%; l. Al, Aceton
29,9 61,1	−2,5H_2O −3H_2O	36,4		223	−1375	−1104	$\chi_{Mol} = -62 \cdot 10^{-6}\,cm^3\,Mol^{-1}$; fbl. lange prism. Krist.; zerfl. Nadeln; LW s. $LiNO_3$
1198 1253	*U** *F*	95,8					fbl., unl. W, *Curietemp., HT-Mod: D^6_{3d}, R$\bar{3}$c; $\bar{\gamma}$(473 – 873 K) = $12 \cdot 10^{-6}K^{-1}$
1560 2563	*F* *V*	58,58	54,09	37,89	−598,73	−562,10	fbl. durchscheinende Masse, unregelmäßige Schuppen; langsam l. W; LW 30° 7,0%
195	*Z*		70,67	56,48	−632,62	−570,96	weiße Substanz; nicht hygr.
471 1624	*F* *V*	20,88 187,9	49,58	42,80	−484,93	−438,95	$\bar{\gamma}$(293 – 393 K) = $80 \cdot 10^{-6}K^{-1}$; $\chi_{Mol} = -12{,}3 \cdot 10^{-6}\,cm^3\,Mol^{-1}$; weiße durchscheinende perlmuttglänzende Substanz, scharfer brennender Geschmack; LW 20° 12,8%, Bdk. 1 H_2O; wl. Al; unl. Aceton, Py, Egs-methylester
			79,50	71,42	−790,5	−690	fbl. körniges Pulver, kleine spießförmige Krist.; LW 22,3%
							rotbraune Substanz aus kleinen roten durchscheinenden Krist. und grauem Anteil mit muscheligem Bruch
							fbl. Krist.; LW 20° 7,7%, Bdk. 0 H_2O
							unl. W, l. Al, farbl. Blättchen

Übersichtstabelle Anorganische Verbindungen (Fortsetzung)

Formel	Name	Zustand	Mol-Masse Dichte 10^3 kg · m^{-3}	Kristalldaten System, Typ und Symbol	Einheitszelle Kantenlänge in pm	Einheitszelle Winkel und Z	Brechzahl n_D
Li	**Lithium**						
$Li_3PO_4 \cdot {}^1/_2H_2O$ [10377-52-3]	ortho- phosphat- hemihydrat	f	124,80 2,41				
LiH_2PO_4 [13453-80-0]	dihydrogen- phosphat	f	103,93 2,03	orh. C_{2v}^9, $P2_1cn$	687,1 764,5 624,4		
Li_3PO_4 [10377-52-3]	ortho- phosphat	f	115,79 2,537	orh. $S1_2$ D_{2h}^{16}, $Pnma$	492,3 1047,5 611,5	$Z=4$	1,550 1,557 1,567
$LiReO_4$ [13768-48-4]	perrhenat	f	257,14 4,810	trikl. C_i^1, $P\bar{1}$	965,2 845,5 628,8	101,53° 106,55° 92,22° $Z=6$	
$LiHS$ [26412-73-7]	hydrogen- sulfid	f	40,01 1,38	tetr. D_{4h}^9, $P4_2/mmc$	391,9 615		
$Li_2SO_3 \cdot H_2O$ [1345-87-7]	sulfit- mono- hydrat	f	111,96				1,53
Li_2S [12136-58-2]	sulfid	f	45,94 1,66	kub. $C1$ O_h^5, $Fm3m$	572,0	$Z=4$	
LiSCN [556-65-0]	thio- cyanat	f	65,02				1,333
$LiKSO_4$ [14520-76-4]	kalium- sulfat	f	142,10 2,393	hex. C_6^6, $P6_3$	514,57 862,98	$Z=2$	1,469 1,471
Li_2SO_4 [10377-48-7]	sulfat	f	109,94 2,221	mkl. C_{2h}^5, $P2_1/a$	824,1 495,3 847,4	107,5° $Z=4$	– β 1,465 –
$Li_2SO_4 \cdot H_2O$ [10102-25-7]	monohydrat	f	127,95 2,06	mkl. $H4_8$ C_2^2, $P2_1$	545,2 487,1 817,5	107,32° $Z=2$	1,460 1,477 1,487
$Li_2S_2O_6 \cdot 2H_2O$ [34669-40-4]	dithionat dihydrat	f	210,03 ~2,2	orh.	1015 1043 599	$Z=4$	1,5487 1,5602 1,5763

Phasen-umwandlungen °C		ΔH kJ/Mol	Standardwerte bei 298,15 K: C_p S^0 J/KMol	ΔH^0_B ΔG^0_B kJ/Mol	Bemerkungen und Charakteristik
100	$-H_2O$				LW 0,04 g/100 ml, l. Al; weißes Pulver
>100					fbl. Krist., hygr. piezoelektr.
1167 1220	*U* *F*				körniges weißes Krist.pulver, meist dünne Blättchen; LW 20° 0,03 %, Bdk. $2H_2O$; l. S; l. Al, weniger l. Egs; swl. wss. NH_3; besser l. in NH_4-salzlsg. als in W; unl. Aceton; HT-Mod.
426	*F*			−1060,4	fbl. Krist.; LW 20° 74 %, Bdk. $2H_2O$
					l. W, Al; weißes Pulver; hygr.
140 455	$-H_2O$ *Z*				LW 24,9 %; unl. org. LM, weiße Nadeln
1370	*F*		38,62 62,76	−447,27 −439,08	rein weißes Pulver, an feuchter Luft rasch verfärbt; hygr.; ll. W; ll. Al
					zerfl. Blättchen; LW 20° 53,2 %; l. Egs-methylester
435	*U*				l. W; fbl. Krist.
575 859	*U* *F*	28,45 8,58	120,96 115,10	−1436,49 −1321,58	fbl. Krist.; LW 20° 25,65 %, Bdk. $1H_2O$, L fl. SO_2 0° 0,017 g/100 g Lösm.; unl. abs. Al, Aceton, Py, Egester, Egs-methylester, fl. NH_3
100	$-H_2O$		 164	−1736 −1566	piezoelektrisch; fbl. Krist.; LW s. Li_2SO_4; unl. abs. Al, L aq Al 23,9 %
70...87	$-H_2O$				fbl. Krist.; verwittern nicht; beim Erhitzen ab 122° Z. unter SO_2-Verlust, bei 195° → Li_2SO_4; ll. W, Al

Übersichtstabelle Anorganische Verbindungen (Fortsetzung)

Formel	Name	Zustand	Mol-Masse / Dichte 10^3 kg · m^{-3}	Kristalldaten: System, Typ und Symbol	Einheitszelle: Kantenlänge in pm	Winkel und Z	Brechzahl n_D
Li	**Lithium**						
Li_3Sb [12057-30-6]	antimonid	f	142,57 3,2	hex. $D0_{18}$ D_{6h}^4, $P6_3/mmc$	470,8 832,6	$Z=2$	
Li_2Se [12136-60-6]	selenid	f	92,84 2,83	kub. $C1$ O_h^5, $Fm3m$	600,2	$Z=4$	
Li_2SiF_6 [17347-95-4]	hexa-fluoro-silicat	f	155,96 2,8	hex.	822 456		
Li_2SiO_3 [10102-24-6]	meta-silicat	f	89,96 2,52	orh. C_{2v}^{12}, $Cmc2_1$	539,8 939,7 466,2	$Z=4$	α 1,584 γ 1,604
Li_4SiO_4 [13453-84-4]	ortho-silicat	f	119,84 2,392	mkl. C_{2h}^2, $P2_1/m$	529,8 610,2 515,0	90,25° $Z=2$	α 1,594 γ 1,614
$Li_2Si_2O_5$ [13568-46-2]	disilicat	f	150,05 2,454	orh. C_s^4, Cc	582 1460 478	90° $Z=4$	1,547 1,550 1,558
$LiTaO_3$ [12031-66-2]	tantalat	f	235,89 7,454	hex. C_{3v}^6, $R3c$	515,43 1378,35	$Z=6$	
Li_2Te [12136-59-3]	tellurid	f	141,48 3,39	kub. $C1$ O_h^5, $Fm3m$	651,7	$Z=4$	
Li_2TiO_3 [12031-82-2]	titanat	f	109,78 3,42	mkl. C_{2h}^6, $C2/c$	506,9 879,9 975,9	100,2°	
Li_2WO_4 [13568-45-1]	wolframat	f	261,73 ~5,8	tetr. D_{4h}^{19}, $I4_1/amd$	1194 841	$Z=8$	

Phasen-umwandlungen °C		ΔH kJ/Mol	Standardwerte bei 298,15 K C_p S^0 J/KMol	ΔH^0_B ΔG^0_B kJ/Mol	Bemerkungen und Charakteristik
~650 1400	*U* *F*				dkl. graue krist. Substanz; Red.-mittel, red. MeO, MeS → Me; mit W → H_2 + flockiges Sb; verd. S → SbH_3-haltiges Gas; Z. Al
1102	*F*		71,47 71,13	−419,20 −410,47	rotbraunes Pulver; zers. an der Luft leicht; l. W → rote nicht völlig klare Lsg.
				−2880	fbl. Substanz; zers. beim mäßigen Glühen → LiF + SiF_4; ll. W
1201	*F*	28,03	100,48 80,29	−1649,50 −1558,74	lange fbl. Prismen, wenig durchsichtige Nadeln; nicht hygr.; zers. sied. W, S; ll. verd. k. HCl → Rückstand Kieselsäure; unl. Py, Egester, Egs-methylester
1255	*F*	31,13	146,63 121,34	−2330,07 −2203,64	*F* inkongruent; fbl. durchsichtige Prismen; krist. Pulver; zers. sied. W, schwächste S, Al; wss. Lsg. von Li_2SiO_4 scheidet Gemisch von Li_2SiO_3 + $Li_2Si_2O_5$ aus; l. verd. HCl unter Abscheidung von Kieselsäure
936 1034	*U* *F**	0,941 53,81	138,07 125,51	−2560,90 −2416,85	fbl. große Tafeln; gut spaltbar
1650	*F*		100		weiß; unl. W
1204	*F*		74,03 77,40	−355,64 −346,62	rein weißes Pulver, das sich an feuchter Luft rasch verfärbt
1212 1547	*U* *F*	11,51 110,04	109,9 91,8	−1670,7 −1579,8	weiß, unl. W
1128	*F*	28,0			feinkörniges fbl. Pulver, mikroskopisch Kristallnadeln; ll. W, wss. LiOH

Übersichtstabelle Anorganische Verbindungen (Fortsetzung)

Formel	Name	Zustand	Mol-Masse Dichte 10^3 kg · m^{-3}	Kristalldaten System, Typ und Symbol	Einheitszelle Kantenlänge in pm	Winkel und Z	Brechzahl n_D
Li	**Lithium**						
Li_4ZrO_4 [12384-08-6]	ortho- zirkonat	f	182,97 3,86	mkl. C_s^4, Cc	1044,6 599,1 1020,5	100,25° $Z = 8$	
Li_2ZrO_3 [12031-83-3]	meta- zirkonat	f	153,10 3,51	tetr.	900 343	$Z = 4$	
Lu	**Lutetium**						
$LuCl_3$ [10099-66-8]	(III)-chlorid	f	281,33 3,98	mkl. C_{2h}^3, $C2/m$	671,3 1159,6 637,3	110,4° $Z = 4$	
LuF_3 [13760-81-1]	(III)-fluorid	f	231,96 8,29	orh. D_{2h}^{16}, $Pnma$	615,1 676,1 446,8	$Z = 4$	
Lu_2O_3 [12032-20-1]	(III)-oxid	f	397,94 9,42	kub. T_h^7, $Ia3$	1039,0	$Z = 16$	
$Lu_2(SO_4)_3$ $\cdot 8H_2O$ [13473-77-3]	(III)-sulfat octahydrat	f	782,23 3,3	mkl. C_{2h}^6 $A2/a$	1860 666 1370	103°	
Mg	**Magnesium**						
$Mg(CH_3COO)_2$ [142-72-3]	acetat	f	142,39 1,51	orh. D_2^4, $P2_12_12_1$	1127 1501 1100	$Z = 12$	
$Mg(CH_3COO)_2$ $\cdot 4H_2O$ [16674-78-5]	tetrahydrat	f	214,46 1,454	mkl. C_{2h}^5, $P2_1/a$	855 1199,5 480,7	95,37°	1,491
Mg_3As_2 [12044-49-4]	arsenid	f	222,78 3,148	kub. $D5_3$ T_h^7, $Ia3$	1235	$Z = 16$	

Phasen-umwandlungen °C		ΔH kJ/Mol	Standardwerte bei 298,15 K C_p S^0 J/KMol	ΔH^0_B ΔG^0_B kJ/Mol	Bemerkungen und Charakteristik
					weißes Pulver; mikroskopisch gedrungene Prismen; stark lichtbrechend; swl. sied. verd. HCl
			109,54 91,63	−1760,20 −1666,84	schneeweißes Pulver; mikroskopisch kleine Krist., stark lichtbrechend; l. sied. verd. HCl
905 1480	*F* *V*			−953,1	fbl. Krist.; l. W, Al
1182 2200	*F* *V*				weiß, unl. W
2427 3980	*F* *V*		101,76 109,96	−1878,20 −1788,85	weiß. Pulver
				−5474	fbl. krist. Masse; schwer zu zerkleinern; an trockener Luft beständig; LW 20° 16,93%, 40° 14,46%, Bdk. $8\,H_2O$ <47,5
357	*F*			−1367	ll. W; L Me 5,25%, weiße Krist.; α-Mod., β-Mod.: trikl.
80	*F*			−2566	LW 120%, l. Al, farbl., hygr.; β-Mod, mkl., a = 1296, b = 764,7, c = 1017 pm, β = 113,84°
~1100	*U*				hartes sprödes braun-rotes Produkt, mattglänzend; dklbraunes Pulver; zers. W und verd. S → AsH_3; mit sied. Al langsam → Mg-ethylat + AsH_3; HT-Mod.: hex, $P\bar{3}m1$; a = 426, c = 673,8 pm, Z = 1

Übersichtstabelle Anorganische Verbindungen (Fortsetzung)

Formel	Name	Zustand	Mol-Masse / Dichte 10^3 kg · m^{-3}	Kristalldaten: System, Typ und Symbol	Einheitszelle: Kantenlänge in pm	Einheitszelle: Winkel und Z	Brechzahl n_D
Mg	**Magnesium**						
$Mg_3(AsO_4)_2$ · $8H_2O$ [37541-75-6]	arsenat octahydrat	f	494,89 / 2,609	mkl. C_{2h}^3, $I2/m$	1013,7 1345,5 475,42	101,73° $Z = 2$	1,563 1,571 1,596
$MgAsO_3(OH)$ · $7H_2O$ [13520-58-6]	arsenat-hydroxide heptahydrat	f	290,34 / 1,953	mkl. C_{2h}^6, $A2/a$	1153,1 2573 668,7	95,7° $Z = 8$	1,488 1,507 1,510
$MgB_2O_4 \cdot H_2O$ [39467-02-2]	diborat monohydrat	f	127,93 / 2,60 – 2,70	orh.			1,54
MgB_2O_4 · $3H_2O$ [14916-49-5]	metaborat trihydrat	f	163,98 / 2,28	tetr. C_4^3, $P4_2$	762 819	$Z = 4$	1,575 1,565
MgB_2O_4 · $8H_2O$ [10031-14-8]	octahydrat	f	254,05 / 2,30	tetr.			1,565 1,575
$Mg_2B_2O_5$ [13703-83-8]	pyroborat	f	150,24 / 2,92	trikl. C_i^1, $P\bar{1}$	615,5 922,0 312,2	90,47° 92,15° 104,42° $Z = 2$	
$Mg_3(BO_3)_2$ [13767-68-5]	orthoborat	f	190,55 / 2,987	orh. D_{2h}^{12}, $Pnmn$	540,14 842,33 450,71	$Z = 2$	1,6527 1,6537 1,6748
$Mg_3B_7O_{13}Cl$ [1303-91-9]	Boracit	f	392,03 / 2,95	orh. C_{2v}^5, $Pca2_1$	854 854 1210	$Z = 4$	1,6622 1,6670 1,6730

Phasen-umwandlungen			Standardwerte bei 298,15 K				Bemerkungen und Charakteristik
°C		ΔH kJ/Mol	C_p J/KMol	S^0 J/KMol	ΔH_B^0 kJ/Mol	ΔG_B^0 kJ/Mol	
							Hörnesit; fbl. Krist. oder gefällt krist. Nd.; bis 100° keine Veränderung; · $22\,H_2O$ fbl. Krist., an Luft langsam Verwitterung; $D = 1{,}788 \cdot 10^3\,kg/m^3$
100 200	$-5\,H_2O$ $-H_2O$						Rösslerit; große Prismen, fbl. mit starkem Glanz; an Luft beständig; durch W allmählich zers.
							Pinnoit; gelb; feine doppelbrechende Nadeln; als Mineral sowohl derbkristallin als auch feinfaserig
							stark glänzende Kristallnadeln, hart und spröde; beim Erhitzen $-H_2O$, milchweiß; unl. k. und sied. W; ll. wss. HCl; l. Al
							weißes feinkörniges Kristallpulver; unl. W; ll. S; als Mineral Suanit: $Mg_2B_2O_5 \cdot H_2O$ Acharit, haarfeine gebogene asbestähnliche Nadeln; schwer l. 0,1 N-HCl
							Kotoit; durchscheinende prismatische Krist., perlmuttglänzend, schwer schmelzbar; unl. W, verd. Egs; Mineralsäuren greifen an; Aufschluß: Sodaschmelze
266	U*						* U orh. → kub. T_d^5, $F\bar{4}3c$, $a = 1210\,pm$, $Z = 4$; weiße kleine glänzende Tetraeder; beim Erhitzen Sinterung; wl. verd. HCl

Übersichtstabelle Anorganische Verbindungen (Fortsetzung)

Formel	Name	Zustand	Mol-Masse / Dichte $10^3\,kg \cdot m^{-3}$	Kristalldaten: System, Typ und Symbol	Einheitszelle: Kantenlänge in pm	Einheitszelle: Winkel und Z	Brechzahl n_D
Mg	**Magnesium**						
$MgBr_2$ [7789-48-2]	bromid	f	184,12 / 3,72	hex. D^3_{3d}, $P\bar{3}m1$	382,2 626,9	$Z=1$	
$MgBr_2 \cdot 6H_2O$ [13446-53-2]	hexahydrat	f	292,22 / 2,00	mkl. $I1_7$ C^3_{2h}, $C2/m$	1028,6 733,1 621,1	93,57 $Z=2$	
$Mg(BrO_3)_2 \cdot 6H_2O$ [7789-36-8]	bromat hexahydrat	f	388,21 / 2,289	kub.	1041,5	$Z=4$	1,5139
MgC_2 [12122-46-2]	dicarbid	f	48,33 / 2,1	tetr. P	555 503	$Z=4$	
Mg_2C_3 [12151-74-5]	Tri... dicarbid	f	84,66 / 2,2	hex.	743,4 1056,4	$Z=8$	
$MgCO_3$ [546-93-0]	carbonat	f	84,32 / 3,037 *	trig. $G0_1$ D^6_{3d}, $R\bar{3}c$	463,31 1501,5	rhomb. $Z=2$	1,717 1,515
$MgCO_3 \cdot 3H_2O$ [14457-83-1]	trihydrat	f	138,37 / 1,850	mkl. C^5_{2h}, $P2_1/n$	1211 536,5 769,7	90,4°	1,495 1,501 1,526

Phasen-umwandlungen			Standardwerte bei 298,15 K		Bemerkungen und Charakteristik
°C		ΔH kJ/Mol	C_p S^0 J/KMol	ΔH_B^0 ΔG_B^0 kJ/Mol	
711 1156	*F* *V*	39,33 149,0	73,16 117,15	−524,26 −504,06	$\chi_{Mol} = -72 \cdot 10^{-6} cm^3 Mol^{-1}$; fbl. Krist.; sehr hygr.; LW 20° 50,5%, Bdk. 6 H_2O; L Me 20° 44,6%, Bdk. 6 CH_3OH; L Al 20° 32,7%, Bdk. 6 C_2H_5OH; L Propanol 20° 85,1%, Bdk. 6 C_3H_7OH; L Iso-butanol 20° 65,2%, Bdk. 6 C_4H_9OH; L Aceton 30° 0,8%, Bdk. 3 CH_3COCH_3; mit wfreiem fl. HF lebhaft → HBr + MgF_2; swl. fl. NH_3
172,4	*F*		 397	−2407 −2055	farblose hexagonale Prismen oder Nadeln; sehr hygr.; LW s. $MgBr_2$; l. Al, wl. NH_3
200	*Z* −6 H_2O				fbl. Krist.; verwittern an der Luft und über H_2SO_4 im Vak.; LW 20° 48,2%, Bdk. 6 H_2O
			56,24 54,39	87,86 84,81	$\bar{\gamma}(283-423\ K) = 74 \cdot 10^{-6} K^{-1}$; zers. W unter starker Wärme-entwicklung und Bildung von C_2H_2
			93,78 100,42	79,50 74,18	zers. W heftiger als MgC_2 unter Bildung von Methylethin; angefeuchtete Produkte erglühen und verbrennen an der Luft
900	−CO_2		75,52 65,70	−1095,80 −1012,19	* $D = 2{,}958 \cdot 10^3 kg/m^3$ für synthetisches $MgCO_3$; $\chi_{Mol} = -32{,}4 \cdot 10^{-6} cm^3 Mol^{-1}$; Magnesit, Bitterspat, LW 25° 0,0034%; weißes Kristallpulver: geruch- und geschmacklos; LW 25° 0,094%; l. S unter CO_2-Entwicklung
165	*F*				$\chi_{Mol} = -72{,}7 \cdot 10^{-6} cm^3 Mol^{-1}$; fbl., unl. Ac, NH_3; rhombische Nadeln; verlieren beim Stehen an der Luft H_2O; in h. W bildet sich basisches Carbonat; LW 25° 0,18 g/100 cm^3 Lsg.; ll. verd. HCl

Übersichtstabelle Anorganische Verbindungen (Fortsetzung)

Formel	Name	Zustand	Mol-Masse	Dichte 10^3 kg · m^{-3}	Kristalldaten System, Typ und Symbol	Einheitszelle Kantenlänge in pm	Einheitszelle Winkel und Z	Brechzahl n_D
Mg	**Magnesium**							
$MgCO_3 \cdot 5H_2O$ [61042-72-6]	pentahydrat	f	174,40	1,73	mkl. C_{2h}^5, $P2_1/a$	1247,6 762,6 734,6	101,76° $Z=4$	1,4559 1,4755 1,5023
$MgCO_3$ · $Mg(OH)_2$ · $3H_2O$ [7757-69-9]	basisches carbonat	f	196,68	2,02	mkl. C_{2h}^3, $C2/m$	1656 315 622	99,15° $Z=2$	1,489 1,534 1,557
$4MgCO_3$ · $Mg(OH)_2$ · $4H_2O$ [12125-28-9]	basisches carbonat	f	467,64	2,25	mkl. C_{2h}^5, $P2_1/c$	1011 894 838	114,6°	1,527 1,530 1,540
$MgCl_2$ [7786-30-3]	chlorid	f	95,22	2,316–2,33	hex. D_{3d}^5, $R\bar{3}m$	363,2 1779,5	$Z=3$	1,675 1,59
$MgCl_2 \cdot 2H_2O$ [19098-17-0]	dihydrat	f	131,25					
$MgCl_2 \cdot 6H_2O$ [7791-18-6]	hexahydrat	f	203,31	1,57	mkl. $I1_7$ C_{2h}^3, $C2/m$	987,1 711,3 607,9	93,74° $Z=2$	1,495 1,507 1,528
$Mg(NH_3)_6Cl_2$ [68374-23-2]	hexammin-chlorid	f	197,40	1,243	kub. $C1$ O_h^5, $Fm\bar{3}m$	1017,9	$Z=4$	
$Mg(ClO_2)_2$ · $6H_2O$ [60840-79-1]	chlorit hexahydrat	f	267,31	1,619	pseudokub.	1055		
$Mg(ClO_3)_2$ · $6H_2O$ [7791-19-7]	chlorat hexahydrat	f	299,31	1,80				

Phasen-umwandlungen °C		ΔH kJ/Mol	Standardwerte bei 298,15 K: C_p J/KMol	S^0 J/KMol	ΔH_B^0 kJ/Mol	ΔG_B^0 kJ/Mol	Bemerkungen und Charakteristik
	Z				−2584		Lansfordit; weiße tafel- und säulenförmige Krist.; zers. leicht; LW 20° 0,375 $MgCO_3 \cdot 5\,H_2O$/100 Tl. W; l. $MgSO_4$- und $MgCl_2$-Lsg., CO_2-haltigem W, HCl
							Artinit; [12143-96-3]; weißes lockeres Pulver; geruch- und geschmacklos; leichte zerreibbare Masse; unl. W, Al; l. NH_4 Salzlsg. wl. CO_2-haltigem W; l. verd. S CO_2-Entwicklung
	Z						Hydromagnesit; [12072-90-1]
714 1435	*F* *V*	43,1 156,2	71,38	89,63	−641,62	−592,07	$\bar{\gamma}$ (293 − 423 K) = 74 · 10^{-6} K^{-1}; χ_{Mol} = −47,4 · 10^{-6} $cm^3\,Mol^{-1}$; Chloromagnesit; dünne glänzende tafelige Krist.; durchscheinende Blättchen; an feuchter Luft zerfl.; LW 20° 35,2%, Bdk. $6\,H_2O$; l. Al
			159,1	179,9	−1279	−1118	sehr kleine fbl. Blättchen; sehr hygr.; LW s. $MgCl_2$
117	*F/Z*	34,3	315,8	366,0	−2499	−2117	$\bar{\gamma}$ (83 − 290 K) = 107,2 · 10^{-6} K^{-1}; fbl. durchsichtige Krist.; hygr.; LW s. $MgCl_2$; ll. 85% Al, Me; Bischofit
							bildet sich aus $MgCl_2$ durch Aufnahme von $6\,NH_3$
							fbl. Krist., meist abgeplattete Oktaeder; einige Tage haltbar
35 120	*F* *Z*						krist. blätterige weiße Salzmasse; lange Nadeln; sehr zerfl.; LW 20° 57,2%, Bdk. $6\,H_2O$, l. S

Übersichtstabelle Anorganische Verbindungen (Fortsetzung)

Formel	Name	Zustand	Mol-Masse Dichte 10^3 kg · m^{-3}	Kristalldaten System, Typ und Symbol	Einheitszelle Kantenlänge in pm	Winkel und Z	Brechzahl n_D
Mg	**Magnesium**						
$Mg(ClO_4)_2$ [10034-81-8]	perchlorat	f	223,21 2,208				
$Mg(ClO_4)_2$ $\cdot 6H_2O$ [13446-19-0]	hexahydrat	f	331,30 1,98	hex. D_{6h}^1, P6/*mmm*	1560,6 527,88	$Z = 4$	1,482 [1] 1,458 [1]
$Mg(NH_3)_6$- $(ClO_4)_2$ [123652-23-3]	hex- ammin- perchlorat	f	325,40 1,41	mkl. C_{2h}^5, $P2_1/n$	1138 1189 1138	93,6°	
$MgCr_2O_4$ [13423-61-5]	chromit	f	192,29 4,6	kub. O_h^7, $Fd\bar{3}m$	833,3	$Z = 8$	
$MgCrO_4 \cdot 7H_2O$ [13446-54-3]	chromat- hepta- hydrat	f	266,41 1,695	rh.			1,521 1,550 1,568
$Mg(CN)_2$ [306-61-6]	cyanid	f	76,34				
MgF_2 [7783-40-6]	fluorid	f	62,31 3,13	tetr. D_{4h}^{14}, $P4_2/mnm$	992,7 617,2	$Z = 16$	1,378 1,390 3,14
Mg_2GeO_4 [12025-13-7]	ortho- germanat	f	185,20 4,02	orh. D_{2h}^{16}, *Pmnb*	603,74 1031,88 491,42	$Z = 4$	
MgH_2 [7693-27-8]	hydrid	f	26,32 1,45	tetr. D_{4h}^{14}, $P4_2/mnm$	451,7 302,0		

Phasenumwandlungen °C		ΔH kJ/Mol	Standardwerte bei 298,15 K C_p J/KMol	S^0 J/KMol	ΔH_B^0 kJ/Mol	ΔG_B^0 kJ/Mol	Bemerkungen und Charakteristik
251	Z			213	−69	−432	weißes Salz; sehr hygr.; LW 25° 49,9%, Bdk. $0\,H_2O$; reagiert mit W unter heftigem Zischen, l. Al
193	F^2			521	−2446	−1863	[1] für weißes Licht; [2] im geschlossenem Rohr; $\chi_{Mol} = -142{,}8 \cdot 10^{-6}\,cm^3\,Mol^{-1}$; fbl. nadelähnliche Krist.; nimmt sehr begierig W auf
							fbl.Salz; l. Al, Egester unter Z., l. NH_3(fl.)
							unl. W, l. konz. H_2SO_4, unl. verd. S. und B.; dunkelgrün o. rot
17,2	$-2\,W$						ll. W; gelb
300	Z						l. W, giftig
1263 2262	F V	58,7 274,05	61,54	57,26	−1124,24	−1071,11	$\bar{\gamma}(293-423\,K) = 32 \cdot 10^{-6}\,K^{-1}$; $\chi_{Mol} = -22{,}7 \cdot 10^{-6}\,cm^3\,Mol^{-1}$; Sellait; fbl. Krist.; längliche Prismen; LW 20° $9 \cdot 10^{-3}$%; unl. S außer konz. H_2SO_4; fast unl. fl. HF; unl. Al
							schwer l. W., l. S, unl. B
280 (Vakuum)	Z		35,33	31,09	−76,15	−36,71	weiße tetraedische Krist. heftige Z. W, unl. E. β: $a = 453$, $c = 1099$ pm tetr., γ: $a = 453$, $b = 544$, $c = 493$ pm, Pbcn, orh.

Übersichtstabelle Anorganische Verbindungen (Fortsetzung)

Formel	Name	Zustand	Mol-Masse / Dichte $10^3\,kg \cdot m^{-3}$	Kristalldaten: System, Typ und Symbol	Einheitszelle: Kantenlänge in pm	Einheitszelle: Winkel und Z	Brechzahl n_D
Mg	**Magnesium**						
MgI_2 [10377-58-9]	iodid	f	278,12 / 4,43	hex. D_{3d}^3, $P\bar{3}m1$	414,8 / 689,4	$Z = 1$	
$MgI_2 \cdot 8\,H_2O$ [7790-31-0]	octahydrat	f	422,24 / ~2,09	orh. C_{2v}^{17}, Aca	994,8 / 1565,2 / 858,5		
$Mg(IO_3)_2 \cdot 4\,H_2O$ [13446-17-8]	iodat tetrahydrat	f	446,18 / 3,283	mkl. C_{2h}^5, $P2_1/a$	850,63 / 663,62 / 833,06	100,59° / $Z = 2$	
$Mg(MnO_4)_2$ [10377-62-5]	permanganat	f	370,27 / 2,18				
$MgMoO_4$ [13767-03-8]	molybdat	f	184,24 / 2,208	mkl. C_{2h}^3, $C2/m$	1028,1 / 929,1 / 703,0	106,90° / $Z = 8$	
$Mg(NH_2)_2$ [7803-54-5]	amid	f	56,35 / ~1,4	tetr. D_4^{10}, $I4_1/acd$	1037 / 2015	$Z = 32$	
Mg_3N_2 [12057-71-5]	nitrid	f	100,95 / 2,712	kub. T_h^7, $Ia3$	996,57	$Z = 16$	
$Mg(NO_2)_2$ [15070-34-5]	nitrit	f	116,32				
$Mg(NO_3)_2$ [10377-60-3]	nitrat	f	148,32	kub.	747,7		

Phasen- umwandlungen			Standardwerte bei 298,15 K				Bemerkungen und Charakteristik
°C		ΔH kJ/Mol	C_p J/KMol	S^0	ΔH_B^0 kJ/Mol	ΔG_B^0	
633 981	*F* *V*	29,29 151,15	74,85	129,70	−366,94	−361,24	fbl. blättchenförmige Krist.; sehr hygr.; mit W zers. unter Zischen und I_2-Entwicklung; mit wfreiem fl. HF → HI + MgF_2; LW 20° 59,7%, Bdk. $8\,H_2O$; L Me 30° 54%, Bdk. $6\,CH_3OH$; L Al 10° 27,5%, Bdk. $6\,C_2H_5OH$; L Aceton 30° 6,7%, Bdk. $6\,CH_3COCH_3$; L Benzaldehyd 20° 3,8%, Bdk. $6\,C_6H_5CHO$
41	*Z*						krist. bei Raumtemp. aus wss. Lsg. weiß aus, *U* $8H_2O$ → $6\,H_2O$ bei 41 °C; zerfl. Salz; verwittert über H_2SO_4 LW 80%; Al, E
210	$-4H_2O$						glänzende weiße Krist.; sehr beständig; LW 20° 7,8%, Bdk. $4\,H_2O$
	Z						ll. W, l. Me, Egs; dunkelviolette Nadeln, hygr.
			111,17	118,80	−1401,23	−1296,05	LW, 14%
350–400	*Z*						Z. W, E, schw. l. NH_3(fl.), graues Pulver
550 788 1077	*U* *U* *Z*	0,92 1,09	104,53	87,9	−460,66	−400,50	grünlichgelbe leichte lockere Masse, gut pulverisierbar, kleine Krist. mikroskopisch; zers. an feuchter Luft; mit W stürmisch → $Mg(OH)_2 + NH_3$; l. S, unl. Al.
							weißes Salz; LW 20° 43,5%, Bdk. $6\,H_2O$; wss. Lsg. zers. beim Erhitzen
	Z		141,93	164,0	−790,65	−589,18	das wfreie Salz ist schwierig darzustellen; sehr zerfl.; LW 20° 41,5%, Bdk. $6\,H_2O$; ll. Al unter Wärmeentwicklung; l. fl. NH_3

Übersichtstabelle Anorganische Verbindungen (Fortsetzung)

Formel	Name	Zustand	Mol-Masse / Dichte 10^3 kg · m^{-3}	Kristalldaten: System, Typ und Symbol	Einheitszelle: Kantenlänge in pm	Einheitszelle: Winkel und Z	Brechzahl n_D
Mg	**Magnesium**						
$Mg(NO_3)_2$ · $2H_2O$ [15750-45-5]	dihydrat	f	184,35 2,0256				
$Mg(NO_3)_2$ · $6H_2O$ [13446-18-9]	hexahydrat	f	256,41 1,58	mkl. $C_{2h}^5, P2_1/c$	619,4 1271 660,0	93° $Z=2$	1,344 1,506 1,506
MgO [1309-48-4] Mineral [1317-74-4]	oxid	f	40,31 3,576	kub. O_h^5, $Fm3m$	421,3	$Z=4$	1,7366
MgO_2 [14452-57-4]	peroxid	f	56,31				
$Mg(OH)_2$ [1309-42-8]	hydroxid	f	58,33 2,4	hex. $C6$ D_{3d}^3, $P\bar{3}m1$	314,7 476,9	$Z=1$	1,5634 1,5840
MgC_2O_4 · $2H_2O$ [6150-88-5]	oxalat-dihydrat	f	148,36 2,45	mkl. C_{2h}^6, $C2c$	1267,5 540,6 998,4	129,75° $Z=4$	
$Mg(H_2PO_2)_2$ · $6H_2O$ [7783-17-7]	hypophosphit hexahydrat	f	262,38 1,59	kub.	1031		
Mg_3P_2 [12057-74-8]	phosphid	f	134,88 2,055	kub. $D5_3$ T_h^7, $Ia3$	1203	$Z=16$	

Phasen-umwandlungen			Standardwerte bei 298,15 K				Bemerkungen und Charakteristik
°C		ΔH kJ/Mol	C_p J/KMol	S^0	ΔH_B^0 kJ/Mol	ΔG_B^0	
130	*F*						weißes grobes Pulver; durchsichtige kurze Krist.; LW s. $Mg(NO_3)_2$; sehr hygr.; l. konz. HNO_3, Al, NH_3(fl.)
90 330	*F* *V*	41,0 *Z*		452	−2611	−2081	wasserhelle Krist.; lange Prismen; sehr hygr.; LW s. $Mg(NO_3)_2$; l. Me, Al, NH_3(fl.); Nitromagnesit
2831 3600	*F* *V*	77,82	37,11	26,92	−601,24	−568,94	$\bar{\alpha}(293-373\ K) = 11{,}2 \cdot 10^{-6} K^{-1}$; $\bar{\gamma}(303-348\ K) = 40 \cdot 10^{-6} K^{-1}$; $\varkappa(0 \ldots 1200\ MPa, 303\ K) = (0{,}986 \cdot 10^{-6} - 10{,}7 \cdot 10^{-11} p)\ MPa^{-1}$, $\chi_{Mol} = -10{,}2 \cdot 10^{-6} cm^3 Mol^{-1}$; Periklas; weiße Krist. oder Pulver; LW 20° 6,2 · 10^{-4}%; l. S, jedoch von vorheriger Glühtemp. abhängig; l. NH_4NO_3-Schmelze, Mg-citratlsg.; swl. NaOH- oder KOH-Schmelze; fast unl. Me, Al; unl. Aceton
							weißes Pulver, meist Gemisch mit MgO; unl. W; l. verd. HCl, HNO_3, H_2SO_4, Egs unter Absp. von H_2O_2; bei Lagerung Verlust von O_2
269	$-H_2O$		77,22	63,22	−924,66	−833,64	$\bar{\alpha}(293-373\ K) = 11{,}0 \cdot 10^{-6} K^{-1}$; $\varepsilon = 8{,}9$; $\chi_{Mol} = -22{,}1 \cdot 10^{-6} cm^3 Mol^{-1}$; Brucit; hexagonale fbl. Täfelchen, glimmerartige Blättchen; hygr.; nimmt aus der Luft CO_2 auf; ll. S, konz. NH_4Cl-Lsg. beim Erhitzen
150	*Z*						wl. W, l. S und B, weißes Pulver
100 180	$-5H_2O$ $-6H_2O$						fbl. große gut ausgebildete Krist., hart; verwittern an der Luft; ll. W; wl. Al, unl. E
							fbl. bis blaßgelbe Krist., auch glänzend graugrün, stahlblau je nach Darst.; an trockener Luft haltbar; an feuchter rasch zers. → PH_3; mit W heftig → PH_3 + $Mg(OH)_2$; wss. S zers. heftig, konz. H_2SO_4 langsam

Übersichtstabelle Anorganische Verbindungen (Fortsetzung)

Formel	Name	Zustand	Mol-Masse / Dichte $10^3\ kg \cdot m^{-3}$	Kristalldaten: System, Typ und Symbol	Einheitszelle: Kantenlänge in pm	Einheitszelle: Winkel und Z	Brechzahl n_D
Mg	**Magnesium**						
$Mg_2P_2O_7$ [13446-24-7]	diphosphat	f	222,57 / 3,058	mkl. C_{2h}^5, $P2_1/n$	891,24 829,0 694,92	111,70° $Z = 4$	1,602 1,604 1,615
$Mg_3(PO_4)_2$ [7757-87-1]	orthophosphat	f	262,88 / 2,74	mkl. C_{2h}^5, $P2_1/n$	759,95 823,55 507,62	94,062° $Z = 2$	
$Mg_3(PO_4)_2 \cdot 8H_2O$ [13446-23-6]	octahydrat	f	406,98 / 2,195	mkl. C_{2h}^3, $C2/m$	1007 1238 466	105,0° $Z = 4$	1,519 1,520 1,543
$Mg_3(PO_4)_2 \cdot 22H_2O$ [53408-95-0]	orthophosphathydrat docosahydrat	f	659,19 / 164,0	trikl. C_i^1, $P\bar{1}$	693,7 693,2 1613,3	82,15 89,72 119,49 $Z = 1$	
$MgHPO_4 \cdot 3H_2O$ [7782-75-4]	hydrogenphosphat trihydrat	f	174,34 / 2,123	orh. D_{2h}^{15}, $Pbca$	1020,83 1068,45 1001,29	$Z = 8$	1,514 1,518 1,533
$MgHPO_4 \cdot 7H_2O$ [13446-22-5]	heptahydrat	f	246,40 / 1,728	mkl. C_{2h}^6, $C2/c$	1135 2536 660	95° $Z = 8$	1,477 1,485 1,486
MgS [12032-36-9]	sulfid	f	56,38 / 2,84	kub. $B1$ O_h^5, $Fm\bar{3}m$	520,00	$Z = 4$	2,271
$MgSO_3 \cdot 6H_2O$ [13446-29-2]	sulfit hexahydrat	f	212,47 / 1,725	hex. C_3^4, $R3$	883,85 908,0	$Z = 3$	1,511 1,464
$MgSO_4$ [7487-88-9]	sulfat	f	120,37 / 2,96	orh. D_{2h}^{17}, $Cmcm$	518,2 789,3 650,6	$Z = 4$	1,56

Phasen-umwandlungen			Standardwerte bei 298,15 K		Bemerkungen und Charakteristik
°C		ΔH kJ/Mol	C_p S^0 J/KMol	ΔH_B^0 ΔG_B^0 kJ/Mol	
68 1380	*U* *F*				fbl. glasglänzende Krist.; an Luft beständig; kaum l. W; ll. wss. HCl, HNO_3, wss. NH_4-citratlsg., unl. Al
1348	*F*	121,3	213,11 189,20	−3780,66 −3538,70	perlmuttglänzende Täfelchen; unl. sied. W, fl. NH_3, wfreiem N_2H_4; ll. S; langsam l. konz. HNO_3
110 280 370	−*W* −*W* −*W*				Bobierit; kleine Aggregate winziger Prismen; swl. W, l. NH_4 citrat
150 280 >320	−20 H_2O −H_2O *Z*				wl. W, Z S, fbl. Prismen
205 550–650	−H_2O *Z*				gut ausgebildete klare glänzende Krist., weiße krist. Pulver; swl. W; ll. verd. S; Newberyit
100 550–650	−4 H_2O *Z*				seidenglänzende weiße Nadeln, verwittern an der Luft; in W löslicher als das Dreihydrat; frisch gefällt l. $MgSO_4$-Lsg., ll. S.,. unl. Al; Phosphorrösslerit
>2000	*F*		45,58 50,33	−345,72 −341,43	rein: weißes Pulver; meist gelbgrau bis hellrötlich; mit W sofort → $Mg(OH)_2$ + $Mg(SH)_2$ bei amorphem MgS; krist. wird nur wenig angegriffen; verd. S entwickeln H_2S; mit konz. HNO_3 Abscheidung von Schwefel
200	−6 H_2O		−2819		fbl. Krist.; LW 20° 0,59 %, Bdk. 6 H_2O; zers. >200° → SO_2 und Schwefel; das wfreie Salz in reinem Zustand schwer zu erhalten; unl. Alk, NH_3
1127	*F*	14,64	96,20 91,6	−1284,90 −1170,58	$\varepsilon(1{,}6 \cdot 10^6\,Hz) = 8{,}2$; porzellanartig farblose Masse aus Schmelze; mikroskopisch kleine Krist.; sehr hygr.; LW 20° 25,8 %, Bdk. 7 H_2O; L Al 15° 0,025 g/100 g Lösm.; zll. HCl, HNO_3; unl. fl. NH_3, Aceton

Übersichtstabelle Anorganische Verbindungen (Fortsetzung)

Formel	Name	Zustand	Mol-Masse / Dichte 10^3 kg · m^{-3}	Kristalldaten: System, Typ und Symbol	Einheitszelle: Kantenlänge in pm	Einheitszelle: Winkel und Z	Brechzahl n_D
Mg	**Magnesium**						
$MgSO_4 \cdot H_2O$ [14168-73-1]	monohydrat	f	138,39 2,57	mkl. C_{2h}^6, $A2/a$	551,10 761,1 692,1	116,17° $Z=4$	1,523 1,535 1,586
$MgSO_4 \cdot 6H_2O$ [17830-18-1]	hexahydrat	f	228,46 1,75	mkl. C_{2h}^6, $A2/a$	2444,2 721,6 1011,9	98,46° $Z=8$	1,456 1,453 1,426
$MgSO_4 \cdot 7H_2O$ [10034-99-8]	heptahydrat	f	246,48 1,68	orh. D_2^4, $P2_12_12_1$	1186,9 1198,4 684,7	$Z=4$	1,4325 1,4554 1,4609
$MgS_2O_3 \cdot 6H_2O$ [13446-30-5]	thiosulfat hexahydrat	f	244,53 1,73	orh. D_{2h}^{16}, $Pnma$	939,7 1445,5 686,4	$Z=4$	
$MgS_2O_6 \cdot 6H_2O$ [34719-54-5]	dithionat hexahydrat	f	292,53 1,666	trikl.			
Mg_3Sb_2 [12057-75-9]	antimonid	f	316,42 4,088	hex. D_{3d}^3, $P\bar{3}m1$	456,8 722,9	$Z=1$	
MgSe [1313-04-8]	selenid	f	103,27 4,21	kub. $B1$ O_h^5, $Fm\bar{3}m$	546,2	$Z=4$	2,44
$MgSeO_4 \cdot 6H_2O$ [13446-28-1]	selenat hexahydrat	f	275,36 1,928	mkl. C_{2h}^6, $C2/c$	1021 735 2480	98,43° $Z=8$	1,468 1,4892 1,4911
Mg_2Si [22831-39-6]	silicid	f	76,71 1,95	kub. $C1$ O_h^5, $Fm3m$	635,119	$Z=4$	
$MgSiO_3$ [14567-55-6] [13776-74-4]	meta-silicat, Enstatit	f	100,40 3,11–3,18	orh. $S4_3$ D_{2h}^{15}, $Pbca$	1823 884 519	$Z=16$	1,650 1,653 1,658

Phasen- umwandlungen			Standardwerte bei 298,15 K				Bemerkungen und Charakteristik
°C		ΔH kJ/Mol	C_p J/KMol	S^0	ΔH^0_B kJ/Mol	ΔG^0_B	
					−1610		$\chi_{Mol} = -61 \cdot 10^{-6} cm^3 Mol^{-1}$; Kieserit; weiße Kristallkrusten LW 68 g/100 cm^3 100°
70–150	$-5H_2O$			348	−3083	−2632	fbl. durchsichtige Krist., an der Luft bald trübe; lange schiefe Prismen; LW s. $MgSO_4$, Hexahydrit
150–200	$-6H_2O$			372	−3389	−2872	$\varepsilon(1,6 \cdot 10^6 Hz) = 8,2$; $\chi_{Mol} = -135,7 \cdot 10^{-6} cm^3 Mol^{-1}$; optisch aktiv, piezoelektrisch; Epsomit, Bittersalz; Nadeln oder Prismen mit seidenartigem Glanz; 2. L siehe $MgSO_4$; Tafeln oder blätterige Krist.; $D = 1,69 \cdot 10^3 kg/m^3$, l. W, wl. Al
170	$-3H_2O$				−2834,5		durchsichtige fbl. Krist., glänzend, tafelförmig; ll. W, unl. Al
							fbl. Krist., nadelförmig; LW 20° 33,9%
930 1230	*U* *F*	 152,7	124,6		−330,6		α-Mg_3Sb_2; Halbleiter; Blättchen von met. Aussehen; stahlgraue hexagonale Krist.
			47,98	62,76	−292,88	−289,25	hgraues Pulver, färbt sich an Luft braunrot infolge Abscheidung von Se; zers. durch W; mit verd. S → H_2Se
							fbl. Krist.; LW 20° 27,2%, Bdk. $6H_2O$
1100	*F*	85,8	67,84	75,77	−79,29	−76,78	Halbleiter; blau; wird durch W und verd. S zers. unter Bildung von H_2 und Silanen
630 985 1577	*U* *U* *F*	0,669 1,632 75,3	81,95	67,8	−1548,92	−1462,02	opalartig trübe Krist.; unl. W, verd. sied. HCl und stärkeren Mineralsäuren

Übersichtstabelle Anorganische Verbindungen (Fortsetzung)

Formel	Name	Zustand	Mol-Masse	Dichte 10^3 kg·m^{-3}	Kristalldaten: System, Typ und Symbol	Einheitszelle: Kantenlänge in pm	Einheitszelle: Winkel und Z	Brechzahl n_D
Mg	**Magnesium**							
$MgSiO_3$ [14654-06-9]	Klino-enstatit	f	100,40	3,19–3,28	mkl. C_{2h}^5, $P2_1/c$	960,61 881,85 517,10	108,29° $Z=8$	1,651 1,654 1,660
Mg_2SiO_4 [10034-94-3]	ortho-silicat	f	140,71	3,275	orh. D_{2h}^{16}, *Pnma*	476 1021 599	$Z=4$	1,6359 1,6507 1,6688
$MgSiF_6 \cdot 6H_2O$ [18972-56-0]	hexa-fluoro-silicat-hexa-hydrat	f	274,47	1,788	mkl. C_{2h}^5, $P2_1/a$	844 949 648	99,8°	1,3439 1,3602
MgTe [12032-44-9]	tellurid	f	151,91	3,86	kub. T_h^6, $Pa3$	702,5	$Z=2$	>2,51
$MgTiO_3$ [12032-30-3]	titanat	f	120,21	4,05	hex. C_{3i}^2, $R\bar{3}$	505,4 1389,8	$Z=6$	
$MgWO_4$ [13573-11-0]	wolframat	f	272,16	6,8	mkl. C_{2h}^4, $P2/a$	492,88 567,51 468,79	90,70° $Z=2$	
Mn	**Mangan**							
MnAs [12005-95-7]	arsenid	f	129,86	6,17–6,20	hex., C_{6h}^4, $P6_3/mmc$	372,0 571,0	$Z=2$	
MnB [12045-15-7]	borid	f	65,75	6,45	orh., D_{2h}^{16}, *Pnma*	556,0 297,7 414,5	$Z=4$	
MnB_2 [12228-50-1]	diborid	f	76,56	5,3	hex., D_{6h}^1, $P6/mmm$	300,91 303,67	$Z=1$	
$MnBr_2$ [13446-03-2]	(II)-bromid	f	214,75	4,385	hex. *C*6 D_{3d}^3, $P\bar{3}m1$	382,8 620,0	$Z=1$	
Mn_3C [12121-90-3]	Tri…carbid	f	176,83	6,89				

Phasen-umwandlungen °C		ΔH kJ/Mol	Standardwerte bei 298,15 K C_p S^0 J/KMol	ΔH^0_B ΔG^0_B kJ/Mol	Bemerkungen und Charakteristik
1557	Z				ε = 6; weiße trübe oder durchscheinende Krist.; feinfaserige Aggregate
1898	F	71,13	118,72 95,14	−2076,94 −2057,88	weißes Pulver; erstarrte Schmelze weiß bis grünlichgelb durchscheinend; unl. W, k. verd. HCl; h. HCl zers. vollständig zu SiO_2; Forsterit [15118-03-3]
120	Z				weiß, LW. 6,5 g 100 cm^{-3}, l. verd. S, unl. Al
			40,78 74,48	−209,3 −206,9	braunes gesintertes Produkt, an feuchter Luft unbeständig; mit W → H_2Te; mit S → $H_2Te + H_2$
1630	F	90,4	91,9 74,6	−1572,6 −1484,1	weiß; unl. W.; Geikielit
			109,14 101,17	−1515,9 −1404,2	l. W, Al, Z S, fbl.
43 120 936	U_1 U_2 F	3,27 0,03	70,2 77,1	−56,9 −59,7	schwarz; unl. W, l. S
1890	F		35,8 32,4	−75,3 −73,7	rot-br.; ferromagn.
1989	F		53,6 34,5	−94,1 −91,4	grau-violett; l. S, Z W; ferromagn.
698	F	33,47	75,3 142,2	−385,8 −373,3	$\chi_{Mol} = +11000 \cdot 10^{-6}$ cm^3 Mol^{-1}; rosarote Krist.; LW 20° 58,8%, 40° 62,8%, Bdk. $4H_2O$
1037 1245	U F	13,2	93,47 98,7	−4,60 −5,51	zers. durch W nach: $Mn_3C + 6H_2O \rightarrow 3Mn(OH)_2 + CH_4 + H_2$, l. Al; antiferromagn.

Übersichtstabelle Anorganische Verbindungen (Fortsetzung)

Formel	Name	Zustand	Mol-Masse Dichte $10^3\,kg \cdot m^{-3}$	Kristalldaten			Brechzahl n_D
				System, Typ und Symbol	Einheitszelle		
					Kantenlänge in pm	Winkel und Z	
Mn	**Mangan**						
$MnCO_3$ [598-62-9] [14476-12-1]	(II)-carbonat	f	114,95 3,70	hex. $G0_1$ D_{3d}^6, $R\bar{3}c$	477,7 1567	 $Z = 6$	1,816 1,597
$Mn_2(CO)_{10}$ [10170-69-1]	Di-decacarbonyl	f	389,98 ~1,8	mkl., C_{2h}^5, $P2_1/c$	1416 711 1467	105°	
$Mn(C_2H_3O_2)_2 \cdot 4H_2O$ [15243-27-3]	(II)-acetat tetrahydrat	f	245,09 1,589	mkl. C_{2h}^5, $P2_1/c$	1110,0 1751,0 909,0	118,62° $Z = 6$	
$MnC_2O_4 \cdot 2H_2O$ [6556-16-7]	(II)-oxalat dihydrat	f	178,99 ~2,2	orh. D_2^4, $P2_12_12_1$	626,5 608,6 1359	$Z = 4$	
$MnCl_2$ [7773-01-5]	(II)-chlorid	f	125,84 2,977	hex. $C19$ D_{3d}^5, $R\bar{3}m$	370,61 1756,9	 $Z = 1$	
$MnCl_2 \cdot 2H_2O$ [20603-88-7]	(II)-chlorid dihydrat	f	161,88 2,272	mkl., C_{2h}^3, $C2/m$	740,62 880,32 368,82	98,22° $Z = 2$	1,583 1,613 1,664
$MnCl_2 \cdot 4H_2O$ [13446-34-9]	tetrahydrat	f	197,91 2,01	mkl. C_{2h}^5, $P2_1/n$	1119,4 952,7 620,2	99,75° $Z = 4$	1,555 1,575 1,607
MnF_2 [7782-64-1]	(II)-fluorid	f	92,93 3,891	tetr. $C4$ D_{4h}^{14}, $P4_2/mnm$	487,36 331,00	 $Z = 2$	1,484* 1,490* 1,492*
MnF_3 [7783-53-1]	(III)-fluorid	f	111,93 3,54	mkl. C_{2h}^6, $C2/c$	1344,8 503,7 809,4	92,74° $Z = 12$	
$Mn(H_2PO_4)_2 \cdot 2H_2O$	(II)di-hydrogen-ortho-phosphat-dihydrat	f	284,94 2,40	mkl. C_{2h}^5, $P2_1/n$	731,0 1008,0 537,0	94,75° $Z = 2$	

Phasenumwandlungen			Standardwerte bei 298,15 K				Bemerkungen und Charakteristik
°C		ΔH kJ/Mol	C_p J/KMol	S^0 J/KMol	ΔH_B^0 kJ/Mol	ΔG_B^0 kJ/Mol	
250–300	*Z*		81,50	85,8	−894,1	−816,7	Manganspat, Rhodochrosit; himbeerrotes Mineral; gefällt weißes Pulver, allmählich hbraun; unl. W, Al; l. verd. S; bei Kochen mit W teilweise Hydrolyse; Glühen über 200° $-CO_2 \rightarrow Mn_3O_4$, $\mu_{eff} = 6{,}26\ \mu_B$
155	*F*						unl. W; goldgelb
					−2332		rosarote Krist.; sll. W; l. Al, Me
					−1624,5		γ-Form; weißes krist. Pulver; über 100° entsteht daraus das schwach rosa gefärbte wfreie MnC_2O_4
650 1231	*F* *V*	37,7 149	73,0	118,2	−481,3	−440,5	hrosarote Krist.; LW 20° 42,3%, Bdk. $4H_2O$, 100° 53,5%, Bdk. $2H_2O$; L Py 25° 1,06 g/100 cm³; unl. E; l. abs. Al
35	*Z*		218				rosa, LW. 120 g/100 cm³
58	*F*		–	303	−687	−1424	rosarote Krist.; zerfl. an Luft; LW s. $MnCl_2$; l. Al; unl. E
750 900	*U* *F*	2,10 29,3	67,8	93,2	−849,4	−807,1	rosafarbene Prismen; LW 20° 1,05%, Bdk. $4H_2O$; unl. E; * HT-Mod: orh., $a = 496{,}0$, $b = 580{,}0$, $c = 535{,}9$ pm
	Z Sb	 285	91,2	97,1	−1071,1	−999,8	rote Krist.; wl. wasserfr. HF, l. wenig W rotbraun, beim Verdünnen zers.; $MnF_3 \cdot 2H_2O$ rubinrote Säulen, $\mu_{eff} = 4{,}94\ \mu_B$
							l. W, unl. Al

Übersichtstabelle Anorganische Verbindungen (Fortsetzung)

Formel	Name	Zustand	Mol-Masse	Dichte 10^3 kg · m^{-3}	Kristalldaten System, Typ und Symbol	Einheitszelle Kantenlänge in pm	Winkel und Z	Brechzahl n_D
Mn	**Mangan**							
$MnHPO_4$ · $3\,H_2O$ [7782-76-5]	hydrogen-phosphat trihydrat	f	204,96	2,3	orh. D_{2h}^{15}, *Pbca*	1044 1087 1022	$Z = 8$	1,656
MnI_2 [7790-33-2]	(II)-iodid	f	308,75	5,01	hex. *C6* D_{3d}^{3}, $P\bar{3}m1$	417 683	$Z = 1$	
$MnMoO_4$ [14013-15-1]	(II) molybdat	f	214,86	4,05	mkl. C_{2h}^{3}, *C2/m*	1046,9 951,6 714,3	106,28° $Z = 8$	
$MnNH_4PO_4$ · H_2O [13446-31-6]	ammonium-phosphat monohydrat	f	185,96		orh., C_{2v}^{7}, $Pmn2_1$	574,1 491,2 882,4	$Z = 2$	
$Mn(NO_3)_2$ · $6\,H_2O$ [17141-63-8]	(II)-nitrat hexahydrat	f	287,04	1,82	orh., C_{2h}^{16}, *Pnma*	1261 1301 632	$Z = 4$	
MnO_4Na · $3\,H_2O$ [10101-50-5]	Natrium-permanganat trihydrat	f	195,97	2,46				
MnO [1344-43-0] [1313-12-8]	(II)-oxid	f	70,94	5,18	kub. O_h^5, *Fm3m*	444,5	$Z = 4$	2,18
MnO_2 [1313-13-9]	(IV)-oxid	f	86,94	4,83	tetr. C_{4h}^{5}, *I4/m*	978,4 2863		
γ-MnOOH [12025-99-9] [1310-98-1]	Manganit	f	87,94	4,33	mkl. $E0_6$ C_{2h}^{5}, $P2_1/c$	530,0 527,8 530,7	114,36° $Z = 4$	2,25 * 2,25 * 2,53 *

Phasen-umwandlungen °C		ΔH kJ/Mol	Standardwerte bei 298,15 K C_p J/KMol	S^0 J/KMol	ΔH_B^0 kJ/Mol	ΔG_B^0 kJ/Mol	Bemerkungen und Charakteristik
							blaßrote, fast fbl., stark glasglänzende Krist.; wl. W unter langsamer Z., ll. wss. SO_2-Lsg.
638 1017	*F* *V*	41,8	75,3	171,5	−266,1	−273,1	rosa Krist., die an Licht und Luft braun werden; l. W unter Z.; kann mit Nitraten, Chloraten und anderen oxid. wirkenden Substanzen expl.; $\mu_{eff} = 5{,}88\ \mu_B$
1130	*F*		124,1	136,0	−1192	−1091,5	weiß
350	*Z*						seidenglänzende kleine Krist.; beim Glühen → $Mn_2P_2O_7 + 2NH_3 + 3H_2O$; LW 70° 0,005%; ll. verd. S; unl. NH_3 und NH_4-salzlsg.; konz. KOH zers. unter NH_3-Entwicklung
25,8	*F*	40,19	613,6		−2369		rosarote zerfl. Krist., auch fast fbl.; verwittern nicht über H_2SO_4; LW 20° 56,7%, Bdk. $6H_2O$; l. Al
36	*F*						purpurfarbene Krist.; sehr zerfl.; LW 20° 58,8%, Bdk. $3H_2O$; l. NH_3
−155,4 1842	*U* *F*	 43,9	44,10	59,71	−385,2	−362,9	blaßgrünes, pistaziengrünes Pulver; smaragdgrüne glänzende Krist.; l. HCl, NH_4Cl-Lsg., unl. W; HT-Form: kub. *B*1, O_h^5, $Fm\bar{3}m$ $a = 443$ pm, $Z = 4$; Manganosit
250	*U*		54,4	53,1	−520,0	−465,1	Braunstein; α-MnO_2; schw. Kristallpulver; l. HCl unter Cl_2-Entwicklung; über 500° Abgabe von O_2; starkes Oxid.mittel, auch Ramsdellit, orh. D_{2h}^{16}, *Pnma*, $a = 937{,}1$, $b = 2864$, $c = 447$ pm, $Z = 4$; HT-Form kub. *Fd*3*m* $a = 803{,}6$ pm
250	*Z*						* $\lambda = 671$ nm; braunschw., in dünnen Splittern rot; unl. W; l. h. H_2SO_4, HCl

Übersichtstabelle Anorganische Verbindungen (Fortsetzung)

Formel	Name	Zustand	Mol-Masse Dichte 10^3 kg · m^{-3}	Kristalldaten System, Typ und Symbol	Einheitszelle Kantenlänge in pm	Einheitszelle Winkel und Z	Brechzahl n_D
Mn	**Mangan**						
$Mn(OH)_2$ [18933-05-6] [1310-97-0]	(II)-hydroxid	f	88,95 3,258	hex. *C*6 D^3_{3d}, $P\bar{3}m1$	331,5 474	$Z = 1$	1,723 1,681
Mn_2O_3 [1317-34-6]	(III)-oxid	f	157,87 49,5	kub. $D5_3$ T^7_h, $Ia3$	940,91	$Z = 16$	2,45* 2,15*
Mn_2O_7 [12057-92-0]	(VII)-oxid	fl	221,87 2,4				
Mn_3O_4 [1317-35-7] [1309-55-3]	(II), (III)-oxid	f	228,81 4,84	tetr. D^{19}_{4h}, $I4_1/amd$	576,21 946,96	$Z = 4$	
$Mn_2P_2O_7$ [13446-44-1]	(II)-pyrophosphat	f	283,82 3,707	mkl., C^3_{2h}, $C2/m$	663,5 858,4 454,6	102,78° $Z = 2$	1,695 1,704 1,710
MnP [12032-78-9]	phosphid	f	85,91 5,39	orh. *B*31 D^{16}_{2h}, *Pnma*	591,7 525,9 317,3	$Z = 4$	
MnS [18820-29-6] [1318-06-5]	(II)-sulfid	f	87,00 3,99	kub. *B*1 O^5_h, $Fm3m$	522,4	$Z = 4$	2,70*
MnS_2 [12125-23-4]	disulfid	f	119,07 3,46	kub. *C*2 T^6_h, *Pa* 3	610,01	$Z = 4$	2,69*

Phasen-umwandlungen			Standardwerte bei 298,15 K				Bemerkungen und Charakteristik
°C		ΔH kJ/Mol	C_p J/KMol	S^0	ΔH_B^0 kJ/Mol	ΔG_B^0	
				99	−693,5	−610	Pyrochroit; weißer Nd.; auch orh. *Pbnm*, $a = 456{,}0$, $b = 1070{,}0$, $c = 287{,}0$ pm, $Z = 4$; färbt sich an Luft braun → Mn^{IV}; l. in hochkonz. Alk, S
1080	*Z*		99,0	110,5	−959,0	−881,1	* λ = 671 nm; schw. Pulver; in feiner Verteilung braun; l. h. HCl, h. H_2SO_4; zers. sied. HNO_3; Bixbyit-C
5,9	*F*				−742,2		dklrote Fl., schweres Öl; an trockener Luft haltbar; explosiv zers. beim Erwärmen; l. SO_2Cl_2 l. in viel k. W; in wenig W Z durch die Erwärmung
1172 1562	*U* *F*	18,1	140,5	155,6	−1387,8	−1283,2	Hausmannit; zimtbraunes Pulver; l. h. konz. H_2SO_4, H_3PO_4 rot; l. Egs, HCl, Oxal- und Weinsäure braun; HT-Form: kub. $a = 842$ pm
1196	*F*						br.-rosa, wl. W; l. $HNO_3 + H_2SO_4$, $H_2SO_4 + H_2O_2$
1190	*F*		46,86	65,27	−113,0	−110,6	graue Substanz; unl.W, HCl; l. HNO_3
1430	*F*	26,1	50,0	78,2	−214,2	−218,4	* λ = 671 nm; Manganblende, Alabandin; schwarzschimmernde Krist., beim Zerreiben grünes Pulver; stabile Modifikation; instabile Modifikationen bei Fällung hrosafarben, rötlich: β-MnS kub. *B*3, T_d^2, $F\bar{4}3m$, $a = 561{,}1$ pm, $Z = 4$; γ-MnS hex. *B*4, C_{6v}^4, $P6_3mc$, $a = 397{,}6$, $c = 643{,}2$ pm, $Z = 2$; beim Kochen → grün; LW 18° $4{,}7 \cdot 10^{-2}$%, Bdk. $0\,H_2O$
			70,1	99,9	−223,8	−225,0	* λ = 671 nm; Hauerit, Mangankies; rot-br. krist. Substanz; gibt beim Erhitzen leicht Schwefel ab; $\mu_{eff} = 6{,}30\ \mu_B$

Übersichtstabelle Anorganische Verbindungen (Fortsetzung)

Formel	Name	Zustand	Mol-Masse	Dichte 10^3 kg · m^{-3}	Kristalldaten System, Typ und Symbol	Einheitszelle Kantenlänge in pm	Einheitszelle Winkel und Z	Brechzahl n_D
Mn	**Mangan**							
$MnSO_4$ [7785-87-7]	(II)-sulfat	f	151,00	3,181	orh. D_{2h}^{17}, *Amam*	684,47 804,14 526,49	$Z=4$	
$MnSO_4 \cdot H_2O$ [10034-96-5]	monohydrat	f	169,01	3,15	mkl. C_{2h}^{6}, *A2/a*	776,6 766,6 712,0	115,85° $Z=4$	1,562 1,595 1,632
$MnSO_4 \cdot 2H_2O$ [13465-25-3]	dihydrat	f	187,03	2,526	mkl., C_{2h}^{6}, *C2/c*	563 1494 634	112°	
$MnSO_4 \cdot 4H_2O$ [10101-68-5]	tetrahydrat	f	223,06	2,26	mkl. C_{2h}^{5}, $P2_1/n$	602 1376 801	90,8° 1,522	1,508 1,518
$MnSO_4 \cdot 5H_2O$ [13465-27-5]	pentahydrat	f	241,08	2,03	trikl. C_i^1, $P\bar{1}$	637 1077 613	98,77° 109,95° 75,03°	1,495 1,508 1,514
$MnSO_4 \cdot 7H_2O$ [13492-24-5]	heptahydrat	f	277,1	1,846	mkl., C_{2h}^{5}, $P2_1/c$	1415 650 1106	105,6° $Z=4$	1,462 1,465 1,474
$MnS_2O_6 \cdot 2H_2O$ [34719-57-8	dithionat dihydrat	f	251,09	1,757				
MnSe [1313-22-0]	selenid	f	133,90	5,55	kub. O_h^5, $Fm\bar{4}3m$	588	$Z=4$	
$MnSeO_3 \cdot 2H_2O$ [16061-67-9]	(II)selenit-dihydrat	f	217,93	3,143	mkl., C_{2h}^{5}, $P2_1/c$	1089 655 665	103,30° $Z=4$	1,636 1,674 1,720
$MnSeO_4 \cdot 2H_2O$	selenat dihydrat	f	233,93	3,006	orh. D_{2h}^{15}, *Pbca*	1044 1054 925	$Z=8$	
MnSi [12032-85-8]	silicid	f	83,02	5,90	kub. *B*20 T^4, $P2_13$	456,03	$Z=4$	
$MnSi_2$ [12032-86-9]	disilicid	f	111,11	5,24	tetr.	552,4 1746		

Phasen-umwandlungen °C		ΔH kJ/Mol	Standardwerte bei 298,15 K C_p J/KMol	S^0 J/KMol	ΔH_B^0 kJ/Mol	ΔG_B^0 kJ/Mol	Bemerkungen und Charakteristik
700	*Z*		100,2	112,1	−1065,3	−957,2	fast rein weiße Substanz; LW 20° 38,7, Bdk. $5H_2O$; L Me 25° 0,114 g/100 g Lösm.; fast unl. E $\mu_{eff} = 5{,}7\ \mu_B$
					−1375		Szmikit; rosafarbige Krist.; LW s. $MnSO_4$; $\mu_{eff} = 5{,}74\ \mu_B$
60−100	*Z*						LW. 85 g/100 cm^3 (35 °C); rosa
					−2257		rosafarbige Krist.; LW s. $MnSO_4$; unl. Al
			326		−2550		rosafarbige Krist.; LW s. $MnSO_4$; $\mu_{eff} = 5{,}9\ \mu_B$
24	*F*				−3139		rosa, LW 172 g/100 cm^3, unl. Al, Mallardit
			241,4	279,0			rosafarbige Krist.; l. W
1535	*F*		51,05	90,8	−171,5	−176,5	graue Krist. mit bläulichem Reflex; unl. W; l. verd. S; mit HCl → H_2Se-Entwicklung; salzsaures H_2O_2 oxid. zu $MnSeO_4$; außer α-MnSe bestehen: β-MnSe kub. *B*3 T_d^2, $a = 582$pm, $Z = 4$; instabil, wandelt sich in α-MnSe um; γ-MnSe hex.*B*4, C_{6v}^4, $P6_3mc$, $a = 412$, $c = 672$ pm, $Z = 2$
	Z						hellbr., swl. W
							rosa Tafeln oder kleine Nadeln, bisweilen verfilzt; LW 30° 36,8%, 60° 35,4%
1275	*F*	60,0	45,9	47,1	−77,8	−76,7	krist. Substanz; unl. W; swl. S; l. HF
1152	*Z*		58,7	55,5	−83,7	−81,1	graue Substanz; $MnSi_{2-x}$ ($x = 0{,}25 - 0{,}33$) unl. W, S; l. HF, Alk

Übersichtstabelle Anorganische Verbindungen (Fortsetzung)

Formel	Name	Zustand	Mol-Masse / Dichte $10^3\,kg \cdot m^{-3}$	Kristalldaten: System, Typ und Symbol	Einheitszelle: Kantenlänge in pm	Einheitszelle: Winkel und Z	Brechzahl n_D
Mn	**Mangan**						
$MnSiF_6 \cdot 6H_2O$ [25868-86-4]	hexa-fluoro-silicat hexahydrat	f	305,11 1,903	trig. $I6_1$ C_{3i}^2, $R\bar{3}$	971 973	$Z = 3$	1,3570 1,3742
$MnSiO_3$ [7759-00-4]	(II)-meta-silicat	f	131,02 3,72	trikl. C_i^1, $P\bar{1}$	769,9 1222 670,2	93,98° 93,07° 68,2° $Z = 1$	
Mn_2SiO_4 [13568-32-6] [14987-02-1]	ortho-silicat	f	201,96 4,043	orh. $S1_2$ D_{2h}^{16}, $Pmnb$	625,85 1060,39 490,30	$Z = 4$	1,7720 1,8038 1,8143
$Mn(TaO_3)_2$ [12057-87-3]	(II)-tantalat	f	512,83 7,35–7,88	mkl.,	952 1148,9 514,0	90,97°	
$MnTiO_3$ [12032-74-5]	(II)-titanat	f	150,82 4,54	hex., C_{3i}^2, $R\bar{3}$	513,96 1429,02	$Z = 6$	2,481* 2,210*
$MnWO_4$ [14177-46-9]	(II)-wolframat	f	302,79 7,2	mkl. C_{2h}^4, $P2/c$	482,9 575,9 499,8	91,16° $Z = 2$	
Mo	**Molybdän**						
MoB [12006-98-3]	borid	f	106,75 8,3	tetr. D_{4h}^{19}, $I4_1/amd$	310,5 1697	$Z = 8$	
MoB_2 [12007-27-1]	diborid	f	117,56 7,9	hex. $C3_2$ D_{6h}^1, $P6/mmm$	304 307	$Z = 1$	
Mo_2B [12006-99-4]	Di…borid	f	202,69 9,26	tetr. $C16$ D_{4h}^{18}, $I4/mcm$	554,7 473,9	$Z = 4$	
$MoBr_2$ [13446-56-5]	(II)-bromid	f	255,76 4,88				

Phasen- umwandlungen °C		ΔH kJ/Mol	Standardwerte bei 298,15 K: C_p / S^0 J/KMol	ΔH_B^0 / ΔG_B^0 kJ/Mol	Bemerkungen und Charakteristik
					blaßrötliche Krist.; LW 17,5° 58,4%, Bdk. $6H_2O$
1286	*Z*		86,4 89,1	−1320,9 −1240,6	Rhodonit; rosenrote Nadeln; findet sich auch schön krist. in der Hochofenschlacke
1346	*F*	89,6	129,9 163,2	−1730,5 −1632,1	Tephroit; schön krist. in der Hochofenschlacke anzutreffen; $\mu_{eff} = 5{,}86\ \mu_B$
					schwarz; Manganotantalit; [1313-16-2], orh., *Pcan*, $a = 577$, $b = 1445$, $c = 510$ pm
1404	*F*		100,1 104,9	−1358,6 −1279,4	Pyrophanit; gelb; * $\lambda = 589$ nm
			124,3 140,6	−305,0 −205,3	gelb-br. Hübnerit; [15501-92-5]
2180	*F*				unl. verd. und konz. HCl, wss. Alk; l. verd. HNO_3, in der Wärme rasch; konz. HNO_3 wirkt heftig ein; Alk-Schmelze oxid.
2350	*F*				unl. verd. und konz. HCl, wss. Alk; l. verd. HNO_3, in der Wärme rasch; konz. HNO_3 wirkt heftig ein; Alk-Schmelze oxid.
2280	*F*				unl. verd. und konz. HCl, wss. Alk; l. verd. HNO_3, in der Wärme rasch; konz. HNO_3 wirkt heftig ein; Alk-Schmelze oxid.
				−121,4	gelbrotes amorphes Pulver; unschmelzbar; unl. W, S, Königsw.; ll. h. verd. Alk; zers. konz. Alk → $Mo(OH)_3$; wl. sied. Al; l. alkohol. Halogenwasserstoff.; unl. E

Übersichtstabelle Anorganische Verbindungen (Fortsetzung)

Formel	Name	Zustand	Mol-Masse Dichte $10^3\,kg \cdot m^{-3}$	Kristalldaten System, Typ und Symbol	Einheitszelle Kantenlänge in pm	Winkel und Z	Brechzahl n_D
Mo	**Molybdän**						
$MoBr_3$ [13446-57-6]	(III)-bromid	f	335,67				
$MoBr_4$ [13520-59-7]	(IV)-bromid	f	415,58				
Mo_2C [12069-89-5]	Di…carbid	f	203,89 8,9	hex. D_{6h}^4, $P6_3/mmc$	301,2 473,5	$Z=1$	
MoC [12011-97-1]	carbid	f	107,95 8,2	hex. D_{6h}^4, $P6_3/mmc$	293,2 1097	$Z=4$	
$Mo(CO)_6$ [13939-06-5]	hexa-carbonyl	f	264,003 1,96	orh. C_{2v}^9, $Pna2_1$	1204,3 647,7 1144,9	$Z=4$	
$MoCl_2$ [11062-51-4]	(II)-chlorid (Mo_6Cl_{12})	f	166,85 3,714	orh. D_{2h}^{18}, $Bbam$	1124,9 1128,0 1406,7	$Z=24$	
α-$MoCl_3$ [13478-18-7]	(III)-chlorid	f	202,30 3,74	mkl. C_{2h}^3, $C2/m$	606,5 976,0 725,0	124° $Z=4$	>2,10
α-$MoCl_4$ [13320-71-3]	(IV)-chlorid	f	237,75 3,192	trig. D_{3d}^2, $P\bar{3}1c$	605 1167		
α-$MoCl_5$ [10241-05-1]	(V)-chlorid	f	273,21 2,928	mkl. C_{2h}^3, $C2/m$	1731 1781 607,9	95,70 $Z=12$	

Phasen-umwandlungen			Standardwerte bei 298,15 K				Bemerkungen und Charakteristik
°C		ΔH kJ/Mol	C_p J/KMol	S^0	ΔH^0_B kJ/Mol	ΔG^0_B	
					−171,5		schw. bis schw.grüne dichte verfilzte Kristallnadeln; unl. W, S; ll. sied. wfreiem Py dklbraun, zers. sied. Alk → $Mo(OH)_3$
	Z				−188,3		schw. glänzende scharfe Nadeln; zerfl. an Luft; l. W gelbbraun
2624	*F*		60,2	65,8	−53,1	−54,0	glänzende Prismen; unl. nichtoxid. S; l. HNO_3, Königsw. zahlreiche *U*
1220	*F**		30,9	36,7	−28,5	−29,1	* *F* inkongruent; nicht stöchiometrisch; graue glänzende Krist.; Erhitzen an Luft oxid. → $MoO_2 + CO_2$; l. konz. HF; zers. HNO_3, sied. konz. H_2SO_4; unl. sied. wss. HCl, Alk
			242,3	325,9	−982,8	−877,7	fbl. diamantglänzende Krist.; l. E, Bzl
727 1427	*F* *V*	25,1 150,6	74,5	124,7	−285,8	−239,3	gelbes Pulver; luftbeständig; unschmelzbar; unl. W, aber langsam Hydrolyse; l. Alk, wss. NH_3, Me, Aceton, Py; ll. HCl, HBr; l. konz. H_2SO_4 in der Wärme; unl. HNO_3, Egs, Toluol, Ligroin, Brombzl.
~300	*Z*		94,8	124,7	−403,3	−355,6	dkl. kupferrote Masse; sehr schwer flch.; unl. W, HCl, Al, E; wl. Py; l. HNO_3, k. H_2SO_4; zers. Alk
272	*Z*		118,3	159	−479,5	−574	braunes mikrokrist. Pulver; empfindlich gegen Luft, Licht, Feuchtigkeit; nur teilweise l. W braun, Al, E rotbraun; wl. konz. HCl; l. konz. H_2SO_4, HNO_3
194 268	*F* *V*	33,5 62,8	155,6	270	−423,6		rein schw. Nadeln; schw.graue Krist.; sehr hygr.; an feuchter Luft rasch blaugrün und zerfl.; l. W, HCl, H_2SO_4, HNO_3, fl. NH_3, abs. Al, E, Chlf, CCl_4 und vielen org. Lösm.

Übersichtstabelle Anorganische Verbindungen (Fortsetzung)

Formel	Name	Zustand	Mol-Masse / Dichte $10^3 kg \cdot m^{-3}$	Kristalldaten: System, Typ und Symbol	Einheitszelle: Kantenlänge in pm	Einheitszelle: Winkel und Z	Brechzahl n_D
Mo	**Molybdän**						
MoF_6 [7783-77-9]	(VI)-fluorid	fl	209,93 / 2,543 *	orh.	965 868 505	253 K	
MoI_2 [14055-74-7]	(II)-iodid	f	349,75 / 5,278				
MoO_4Na_2 [7631-95-0]	Natrium-molybdat	f	205,92 / 3,6	kub. $H1_1$ O_h^7, $Fd3m$	899	$Z = 8$	
$MoO_4Na_2 \cdot 2H_2O$ [10102-40-6]	dihydrat	f	241,95 / 2,566	orh. D_{2h}^{15}, $Pbca$	1053,7 1382,5 845,3	$Z = 8$	
$Mo(OH)_3$ [60414-57-5]	(III)-hydroxid	f	146,96				
MoO_2 [18868-43-4]	(IV)-oxid	f	127,94 / 6,47	mkl. C_{2h}^5, $P2_1/n$	560,68 485,95 553,73	119,37° $Z = 4$	
$MoO(OH)_3$ [27845-91-6]	(V)-hydroxid	f	162,96				
MoO_3 [1313-27-5]	(VI)-oxid	f	143,94 / 4,50	orh. $D0_8$ D_{2h}^{16}, $Pbnm$	396,30 1385,6 369,66	$Z = 4$	
$MoO_3 \cdot H_2O$ [7782-91-4]	säure	f	161,95 / 3,4	trikl. C_i^1, $P\bar{1}$	655,3 737,2 370,7	91,75° 104,36° 65,66° $Z = 2$	

Phasen-umwandlungen			Standardwerte bei 298,15 K				Bemerkungen und Charakteristik
°C		ΔH kJ/Mol	C_p J/KMol	S^0 J/KMol	ΔH^0_B kJ/Mol	ΔG^0_B kJ/Mol	
17,5 35	*F* *V*	9,2 26,6	170	260	−1586	−1473	* D_{fl} bei 292 K $\chi_{Mol} = -26 \cdot 10^{-6}$ $cm^3 Mol^{-1}$; schneeweiße weichkrist. Masse; Dampf fbl.; zers. mit wenig W; l. viel W fbl.; Alk und wss. NH_3 absorbieren leicht und vollständig
							braunes Pulver; unl. W, Al; zers. sied. W → HI; zers. H_2SO_4, HNO_3 in der Wärme
440 580 620 687	*U* *U* *U* *F*	61,1 15,1			−1466		weiße Krist.; LW 15,5° 39,27%, 100° 45,57%, Bdk. $2H_2O$
100	$-H_2O$						kleine perlmuttglänzende Blättchen; luftbeständig ll. W; l. 30% H_2O_2 blutrot; leicht zers.
							schw. Pulver; swl. verd. und konz. HCl, H_2SO_4; unl. Alk; l. 30% H_2O_2
	Z		55,98	46,28	−588,9	−533,0	dkl.blauviol. kleine glänzende Krist.; unl. HF, HCl; swl. H_2SO_4; mit HNO_3 in der Wärme → MoO_3
							hbrauner Nd.; LW 0,2%; unl. Alk; wl. NH_3; l. Alk-carbonat-lsg.
802 1155	*F* *V*	48,9 138	75,0	77,7	−745,0	−668,0	$\bar{\gamma}(195 \ldots 294\ K) = 70 \cdot 10^{-6}\ K^{-1}$; krist. weißes Pulver mit grünlichem Stich, beim Erhitzen gelb; strah- lige seidenglänzende Krist. aus Schmelze; LW 20° 0,13%, Bdk. $2H_2O$; frisch gefällt zll. S, geglüht unl. S; l. konz. H_2SO_4, 10% HSCN; ll. alk. Fl. und Schmelzen; auch hex., $a = 1053,1$, $c = 1487,6$ pm, (metastabil); Molybdit
	115	*F*			−1075		feine weiße Nadeln; α- und β-Form bekannt; wl. W; l. Alk, wss. NH_3, H_3PO_4, Oxalsäure

Übersichtstabelle Anorganische Verbindungen (Fortsetzung)

Formel	Name	Zustand	Mol-Masse / Dichte $10^3\,kg \cdot m^{-3}$	Kristalldaten: System, Typ und Symbol	Einheitszelle: Kantenlänge in pm	Einheitszelle: Winkel und Z	Brechzahl n_D
Mo	**Molybdän**						
$H_2MoO_4 \cdot H_2O$ $MoO_3 \cdot 2H_2O$ [14259-85-9]	säure- dihydrat	f	179,97 3,124	mkl. C_{2h}^5, $P2_1/n$	1061,8 1382,5 1048,2	91,61° $Z = 16$	1,70 2,21 2,38
MoO_2Cl_2 [13637-68-8]	(VI)-oxid- chlorid	f	198,84 3,31	tetr.			
$MoOCl_3$ [13814-74-9]	(V)-oxid chlorid	f	218,29	tetr.	1076 395		
$MoOCl_2$ [24989-40-0]	(IV)-oxid- chlorid	f	182,84 3,90	mkl.	1277 376 654	104,8°	
$MoOF_4$ [14459-59-7]	(VI)-oxid- fluorid	f	187,93 3,00	mkl., C_{2h}^5, $P2_1/c$	550 1698 784	91,7° $Z = 8$	
MoO_2F_2 [13824-57-2]	(VI)-oxid- fluorid	f	165,94 3,494				
MoP [12163-69-8]	phosphid	f	126,91 6,167	hex., D_{3h}^1, $P\bar{6}m2$	322,2 319,1	$Z = 1$	
MoP_2 [61219-54-3]	diphosphid	f	157,83 5,35	orh., C_{2v}^{12}, $Cmc2_1$	314,5 1118,4 498,4		
MoO_4Pb [10190-55-3]	Blei(II)- molybdat	f	367,13 6,92	tetr., $H0_4$ C_{4h}^6, $I4_1/a$	543,5 1211,0	$Z = 4$	2,4053 2,2826
Mo_2S_3 [12033-33-9]	(III)-sulfid	f	288,06 5,91	mkl., C_{2h}^2, $P2_1/m$	609,2 320,8 863,3	102,43° $Z = 2$	

Phasen-umwandlungen °C		ΔH kJ/Mol	Standardwerte bei 298,15 K C_p J/KMol	S^0 J/KMol	ΔH_B^0 kJ/Mol	ΔG_B^0 kJ/Mol	Bemerkungen und Charakteristik
70	*Z*				−1387		gelbe kleine Krist.; LW 15° 0,5 g/l; ll. wss. H_2O_2 beim Erwärmen; swl. S; mit konz. HNO_3 → MoO_3; l. wss. Alk und -carbonatlsg.;Sidwillit
−198 170 250	*U* *F* *V*		104,4	142,3	−717,1	−632,3	gelblichweiße Substanz, auch Kristallschuppen oder Blättchen; leicht flch.; ll. W; l. Al; wl. abs. Al, Dichlorethan, unl. Bzl.
295	*Z*						schwarz; zers. Luft, H_2O, Me, unl. unpol. org. LM.
338	*U* *Z*						blau-schwarz; unl. org. LM, H_2SO_4, HCl; Z HNO_3
98 186	*F* *V*		127	151	−1380		weiße durchscheinende Substanz; sehr hygr.; an Luft rasch blau und zerfl.; l. W, Al fbl.; l. E, Chlf hgrün, gelb; swl. Bzl, CS_2; unl. Toluol; zers. konz. H_2SO_4
270	Sb				−1200		weiße strahlig krist. Substanz; an Luft rasch grünblau und zerfl.; l. W, $AsCl_3$, $SiCl_4$, SO_2Cl_2 fbl., PCl_3 blau; l. h. Py; swl. E, Chlf, CCl_4, CS_2; unl. Toluol
1100	*Z*						graues krist. Pulver; sehr schwer schmelzbar; l. h. konz. HNO_3
							schwarz; unl. HCl, l. HNO_3, H_2SO_4, Königsw.
1065	*F*		−119,7	166,1	−1052,3	−951,7	Wulfenit; graues oder gelblich-weißes krist. Pulver; aus Lsg. rein weiß; lichtempfindlich; frisch gefällt l. HNO_3 und starken S, NaOH; wl. Na-acetatlsg.; unl. Egs
1807	*F*	0,13	109,3	115,0	−407,1	−395,7	lange stahlgraue Nadeln; unl. HCl, H_2SO_4; zers. konz. HNO_3 in der Wärme

Übersichtstabelle Anorganische Verbindungen (Fortsetzung)

Formel	Name	Zustand	Mol-Masse / Dichte $10^3\,kg \cdot m^{-3}$	Kristalldaten: System, Typ und Symbol	Einheitszelle: Kantenlänge in pm	Einheitszelle: Winkel und Z	Brechzahl n_D
Mo	**Molybdän**						
MoS_2 [1317-33-5]	(IV)-sulfid	f	160,04 / 4,8	hex., *C*7, D_{6h}^4, $P6_3/mmc$	316,12 / 1229,85	$Z = 2$	5,67*
MoS_3 [12033-29-3]	(VI)-sulfid	f	192,13				
MoS_4 [12136-77-5]	persulfid	f	224,28				
$MoSe_2$ [12058-18-3]	diselenid	f	253,86 / 6,90	hex., D_{6h}^4, $P6_3/mmc$	328,70 / 1292,5	$Z = 2$	
$MoSi_2$ [12136-78-6]	disilicid	f	152,11 / 6,31	tetr. D_{4h}^{17}, $I4/mmm$	320,4 / 784,4		
N	**Stickstoff**						
NOBr [13444-87-6]	Nitrosyl-bromid	g	109,92 / > 1,0				
NCl_3 [10025-85-1]	trichlorid	fl	120,37 / 1,653				
$NOBF_4$ [14635-75-7]	nitrosyl-tetrafluoro-borat	f	116,78 / 2,185	orh., C_{2h}^{16}, *Pbnm*	698 / 891 / 568		

Phasen-umwandlungen °C		ΔH kJ/Mol	Standardwerte bei 298,15 K C_p J/KMol	S^0 J/KMol	ΔH_B^0 kJ/Mol	ΔG_B^0 kJ/Mol	Bemerkungen und Charakteristik
450 1750 (1013 hPa)	Sb *F*		63,6	62,6	−276,1	−267,2	* λ = 500 nm; Halbleiter; Molybdänit; graublaue Blättchen; fühlen sich fettig an; l. Königsw.; mit konz. H_2SO_4 beim Kochen → MoO_3
350	*Z*		82,6	75,3	−309,6	−294,9	kleine schw. Blättchen, graphitähnlich; l. Alk in der Hitze; l. Alksulfidlsg. und -hydrogensulfidlsg.
							dklzimtbraunes Pulver; oxid. teilweise an Luft; l. sied. konz. H_2SO_4; l. Alk-sulfidlsg. in der Kälte schwer, beim Kochen leicht
			(90)		(−200)		grau-schwarz; Drysdallit-2H
2020	*F*		64,9	65,0	−118,8	−118,5	eisengraue Substanz, met. glänzend; krist.; unl. HF, HCl, H_2SO_4, HNO_3, Königsw.; rasch l. Gemisch HF + HNO_3; unl. Alk; rasch zers. Alk-Schmelze
−55,5 0	*F* *V*		45,5	273,6	82,1	82,4	braunes Gas, braune Fl; zers. W; zers. Alk → KBr + KNO_2
−40 71	*F* *V*		229				explosiv wachsgelbes dünnfl. Öl von unangenehmem Geruch; Dämpfe greifen Augen und Atmungsorgane an; W zers. langsam, Alk rasch; fast unl. W; ll. Al, Bzl, Chlf, CCl_4, CS_2, PCl_3, E
250 Vak.	Sb						weiß; feuchtigkeitsempf; hygr.

Übersichtstabelle Anorganische Verbindungen (Fortsetzung)

Formel	Name	Zustand	Mol-Masse / Dichte 10^3 kg · m^{-3}	Kristalldaten: System, Typ und Symbol	Einheitszelle: Kantenlänge in pm	Einheitszelle: Winkel und Z	Brechzahl n_D
N	**Stickstoff**						
NOCl [2696-92-6]	Nitrosylchlorid	g	65,46 / 2,99*				
$NOClO_4$ [15605-28-4]	Nitrosylperchlorat	f	129,4				
NO_2Cl [13444-30-1]	Nitrylchlorid	g	81,46 / 2,57*				
NOF [7789-25-5]	Nitrosyl fluorid	g	49,00 / 2,176*				
NF_3 [7783-54-2]	trifluorid	g	71,00 / 1,855*				
NH_3 [7664-41-7]	Ammoniak	g	17,03 / 0,77147*	kub., $D0_1$ T^4, $P2_13$	513,8	$Z = 4$	**
N_2H_4 [302-01-2]	Hydrazin	fl	32,05 / 1,0083	mkl., C_{2h}^2, $P2_1/m$	453 578 356	109,50° $Z = 2$	1,46979
$N_2H_6Cl_2$ [5341-61-7]	Hydrazindihydrochlorid	f	104,97 / 1,42	kub., T_h^6, $Pa\bar{3}$	786		
HN_3 [7782-79-8]	Stickstoffwasserstoffsäure	fl	43,03 / 1,126 (0 °C)				

Phasen-umwandlungen			Standardwerte bei 298,15 K				Bemerkungen und Charakteristik
°C		ΔH kJ/Mol	C_p J/KMol	S^0	ΔH_B^0 kJ/Mol	ΔG_B^0	
−59,6 −6,4	*F* *V*	5,98 25,78	44,6	261,7	51,7	66,1	* kg/Nm^3; T_{kr} = 440,7 K, p_{kr} = 9,36 MPa; D_{kr} = 0,47 gcm^{-3}; zitronengelbes bis rotes Gas von erstickendem Geruch; feurig rotgelbe Fl., sehr beweglich; blutrote Krist.; l. W unter Z. → HCl + HNO_2; zers. Alk → KCl + KNO_2
100 115−120	*Z* Exp.						weiße Krist.; mit W → grünblau durch freiwerdendes N_2O_3; org. LM expl. heftig
−31 5	*F* *V*		52,8	272	12,1	54,0	gelb-bräunlich; * Gas
−132,5 −59,9	*F* *V*		40,8	248,1	−65,7	−50,3	* kg/Nm^3; fbl.
−209,6 −128,8	*F* *V*		53	261	−125	−83	fbl.; s. wl. W −129 °C *
−77,73 −33,41	*F* *V*	5,65 23,35	35,7	192,8	−45,9	−16,4	* kg/Nm^3; ** *n* (273 K, 1013 hPa 546,2 nm) = 1,0003844; T_{kr} = 140,8 K, p_{kr} = 11,3 MPa; fbl. stechend riechendes Gas; LW 20° 35,0%; l. Al, Me und anderen org. Lösm.; reizt Schleimhäute und Augen
1,54 113,5	*F* *V*	12,66 41,8	50*	238*	95*	159*	fbl. ölige Fl.; raucht an Luft; eigentümlicher Geruch; hygr.; nicht expl. außer bei Dest. größerer Mengen; l. W, Me, Al, Propanol, Isobutanol; fast unl. in anderen org. Lösm. wie KW und halogenierten KW; gutes Lösm.; giftig beim Einatmen; brennbar, Flammpunkt 52° (* Gas)
198	*Z*	−HCl			−367		weiß; LW 27 g/100 cm^3, wl. Al
−80 35,7	*F* *V*	 30,5	 138,2*		269,3*	327*	wasserhelle leicht bewegliche Fl.; sehr expl.; stechender Geruch, giftig beim Einatmen; in wss. Lsg. gefahrlos zu handhaben; mit NH_3 → NH_4N_3; * fl.

Übersichtstabelle Anorganische Verbindungen (Fortsetzung)

Formel	Name	Zustand	Mol-Masse / Dichte $10^3\,kg \cdot m^{-3}$	Kristalldaten: System, Typ und Symbol	Einheitszelle: Kantenlänge in pm	Einheitszelle: Winkel und Z	Brechzahl n_D
N	**Stickstoff**						
HNO_3 [7697-37-2]	Salpetersäure	fl	63,002 1,503*	mkl., C_{2h}^5, $P2_1/c$	1623 857 631	90° Z = 16	1,3972
$HNO_3 \cdot H_2O$ [13444-82-1]	monohydrat	fl	81,03 1,764*	orh., C_{2v}^9, $Pna2_1$	631 869 544	Z = 4	
$HNO_3 \cdot 3H_2O$ [13444-83-2]	trihydrat	fl	117,06 1,583*	orh., D_2^4, $P2_12_12_1$	950 1466 338	Z = 4	
NO_2NH_2 [7782-94-7]	Nitramid	f	62,03	mkl., C_{2h}^6, $C2/c$	786 479 665	112,4° Z = 4	
N_2O [10024-97-2]	(I)-oxid	g	44,01 1,9775*	kub., T_h^6, $Pa3$	572	Z = 4	**
NO [10102-43-9]	(II)-oxid	g	30,006 1,3402*	mkl., C_{2h}^5, $P2_1/c$	655 396 581	114,9° Z = 2	
N_2O_3 [10544-73-7]	(III)-oxid	g	76,01 1,447*	tetr., D_4^{10}, $I4_122$	1640 886	Z = 32	
$NO_2 \rightleftharpoons N_2O_4$ [10544-72-6] [10102-44-0]	(IV)-oxid	g	46,01 1,4494**	kub., T^5, $I2_13$	779	Z = 12	

Phasen-umwandlungen			Standardwerte bei 298,15 K		Bemerkungen und Charakteristik
°C		ΔH kJ/Mol	C_p S^0 J/KMol	ΔH^0_B ΔG^0_B kJ/Mol	
−41,6 83	*F* *V*		109,8 156,1	−173,0 −79,76	* bei 287,4 K $\chi_{Mo\,l} = -19{,}9 \cdot 10^{-6}$ $cm^3 Mol^{-1}$; fbl. Fl.; raucht stark an der Luft und zieht H_2O an; stark ätzend
−37,62	*F*	17,51	182,5 216,9	−472,6 −328	* bei 194 K fbl. Fl; feste kleine etwas undurchsichtige Krist.
−18,47	*F*	29,09	325,5 347,0	−1055 −809,9	* bei 194 K fbl. Fl.; fast durchsichtige große Krist.
72	*Z*				glänzende weiche weiße Kristallblätter; ll. W, Al, E, Aceton; Bzl., unl. Ligroin; zers. h. W, konz. H_2SO_4
−90,91 −88,56	*F* *V*	6,54 16,552	38,8 220,0	2,1 104,2	* kg/Nm³; ** *n* (273 K, 1013 hPa, 546,2 nm) = 1,0005079; T_{kr} = 309,58 K; p_{kr} = 75,2 MPa; D_{kr} = 0,452 gcm^{-3}; fbl. Gas; fl. N_2O ist fbl., leicht beweglich, durchsichtig; erstarrt fbl. krist.; schwach angenehmer Geruch; schwach süßlicher Geschmack
−163,6 −151,73	*F* *V*	2,299 13,774	29,8 210,7	90,3 86,6	* kg/Nm³; T_{kr} = 179 K, P_{kr} = 6,6 MPa, fbl. Gas; an Luft → NO_2, braunrote Dämpfe; wl. W 7,34 $cm^3\,l^{-3}$; 0 °C; l. wss. $FeSO_4$, wl H_2SO_4, Al; mit Cl_2, Br_2 → Nitrosylhalogenide
−125 −102 3,5	*U* *F* *Z*		65,9 309,4	82,8 139,5	* bei 275 K; tiefblaue Fl., blaßblaue Krist.; Gas dissoziiert schon unter 0 °C, bei 25° zu 90% in NO + NO_2; mit W → HNO_2, zers. rasch; mit Alk → Nitrit
−11,25 21,10	*F* *V*	14,65 38,12	36,6 240,0 77,6* 304,3*	33,1 51,3 9,08* 97,9*	* für N_2O_4 (Gas), ** fl. braunrotes, stark giftiges Gas von charakteristischem Geruch; rotbraune Fl.; verblaßt beim Abkühlen, fbl. Krist.; Gleichgewicht bei 27° 20%, 50° 40% 100° 89% NO_2

Übersichtstabelle Anorganische Verbindungen (Fortsetzung)

Formel	Name	Zustand	Mol-Masse / Dichte $10^3\,kg \cdot m^{-3}$	Kristalldaten: System, Typ und Symbol	Einheitszelle: Kantenlänge in pm	Einheitszelle: Winkel und Z	Brechzahl n_D
N	**Stickstoff**						
N_2O_5 [10102-03-1]	(V)-oxid	f	108,01 1,64	hex., D_{6h}^4, $P6_3/mmc$	545 666	$Z = 2$	
NH_2OH [7803-49-8]	Hydroxylamin	f	33,03 1,2044				1,44047
$NH_2OH \cdot HCl$ [5470-11-1]	Hydroxylaminhydrochlorid	f	69,49 1,67	mkl., C_{2h}^5, $P2_1/c$	728,8 594,7 695,5	114,14° $Z = 4$	
NH_4	**Ammonium**						
$NH_4H_2AsO_4$ [13462-93-6]	dihydrogenarsenat	f	158,97 2,31	tetr., D_d^{12}, $I\bar{4}2d$	769,78 771,93	$Z = 4$	1,5766 1,5217
NH_4BF_4 [13826-83-0]	tetrafluoroborat	f	104,84 1,851	orh., $H0_2$ D_{2h}^{16}, $Pbnm$	727,2 906,3 568,6	$Z = 4$	
$(NH_4)_2B_4O_7 \cdot 4\,H_2O$ [10135-84-9]	tetraborattetrahydrat	f	263,37	tetr.			
$NH_4B_5O_8 \cdot 4\,H_2O$ [12229-12-8]	pentaborat tetrahydrat	f	272,15 1,565	orh., C_{2v}^{17}, Bba2	1103,3 1133,2 923,8	$Z = 4$	1,490 1,436 1,431
NH_4Br [12124-97-9]	bromid	f	97,95 2,431	kub., $B2$ O_h^1, $Pm3m$	405,94	$Z = 1$	1,7108
NH_4CN [12211-52-8]	cyanid	f	44,05 1,02	tetr., D_{4h}^{10}, $P4_2/mcm$	416,09 760,14	$Z = 2$	

Phasen-umwandlungen °C		ΔH kJ/Mol	Standardwerte bei 298,15 K C_p J/KMol	S^0 J/KMol	ΔH_B^0 kJ/Mol	ΔG_B^0 kJ/Mol	Bemerkungen und Charakteristik
30 47	*F* *V*		96,4*	346,5*	11,3*	118,0*	fbl. harte Krist., an Luft zerfl.; mit W begierig → HNO_3 (* Gas)
33,1 58 (29,3 hPa)	*F* *V*				−114		fbl. geruchlose durchsichtige Krist.; fl. NH_2OH neigt zur Unterkühlung; giftig; hygr.; flch.; zers. beim Erhitzen → N_2, NH_3, H_2O, HNO_2; l. Me, Al; wl. Propanol, E, Chlf; unl. Bzl, PE, CS_2, Aceton
157	*F*		92		−310		fbl. Krist.; hygr.; LW 20° 83 g/100 ml; ll. Me; l. Al, Glycerin; unl. E, Expl b. Erw.
−57,1	*U*	0,92	151,2	172,0	−1052	−825,6	weißes krist. Pulver; LW 20° 32,5%, Bdk. 0 H_2O
236	*U**						* *U* orh. → kub. $H0_5$, T_d^2, $F\bar{4}3m$, a = 755 pm, Z = 4; feine fb. Krist.; LW 20° 18,6%; h. W 97 g/100 cm³, l. Al, NH_4OH
	Z						fbl; l. W. 7,3 g/100 cm³, h. W 52,7 g, wl. Ac, unl. Al
							große fbl. Krist.; an Luft beständig; LW 20° 6,5%, 40° 10,5%, Bdk. 4 H_2O
137,8 452	*U** Sb	3,22	96	110	−270,3	−175	* *U* *B*2 → *B*1 kub., O_h^5, $Fm3m$, a = 686,7 pm, Z = 4; $\varkappa(0...300,0\ \text{MPa}, 273\ \text{K})$ = $5{,}9 \cdot 10^{-5}\ \text{MPa}^{-1}$; $\varepsilon(10^{12}\ \text{Hz}) = 7{,}3$; $\chi_{Mol} = -47{,}0 \cdot 10^{-6}\ \text{cm}^3\text{Mol}^{-1}$; weißes krist. Pulver; schwach hygr.; färbt sich an der Luft gelblich; LW 20° 42%, Bdk. 0 H_2O; L Me 19,5° 12,5%; l. Al
			133,9		0,0		fbl.; vierseitige Tafeln oder Prismen; zers. sehr leicht; ll. W, Al; weniger l. E; die wss. Lsg. riecht nach NH_3 und HCN; giftig

Übersichtstabelle Anorganische Verbindungen (Fortsetzung)

Formel	Name	Zustand	Mol-Masse / Dichte $10^3\,kg \cdot m^{-3}$	Kristalldaten: System, Typ und Symbol	Einheitszelle: Kantenlänge in pm	Einheitszelle: Winkel und Z	Brechzahl n_D
NH_4	**Ammonium**						
$(NH_4)CO_2NH_2$ [1111-78-0]	carbamat	f	78,07 1,36	orh. D_{2h}^{15}, *Pbca*	1712 653 674		
$(NH_4)_2CO_3$ [506-87-6]	carbonat	f	96,09				
NH_4HCO_3 [1066-33-7]	hydrogen-carbonat	f	79,06 1,58	orh., D_{2h}^{10}, *Pccn*	726 1071 875	$Z = 8$	1,4227 1,5358 1,5545
NH_4HCO_2 [540-69-2]	formiat	f	63,04 1,28	orh., D_{2h}^{10}, *Pccn*	725,5 1070,9 874,6	$Z = 8$	
$NH_4CH_3CO_2$ [631-61-8]	acetat	f	77,08 1,173	mkl., C_{2h}^{5}, $P2_1/c$	478,7 774,2 1201,5	100,76° $Z = 4$	
NH_4Cl [12125-02-9]	chlorid	f	53,49 1,531	kub., *B*2 O_h^1, *Pm*3*m*	387,56	$Z = 1$	1,6422
NH_4ClO_3 [10192-29-7]	chlorat	f	101,49 1,91	trig., C_{3v}^{5}, *R*3*m*	444	86,4°	

Phasen-umwandlungen			Standardwerte bei 298,15 K				Bemerkungen und Charakteristik
°C		ΔH kJ/Mol	C_p J/KMol	S^0	ΔH_B^0 kJ/Mol	ΔG_B^0	
60	*Sb*		131,8	166	−645	−456	weiße krist. Masse; ll. W unter Abkühlung; gibt allmählich an der Luft NH_3 ab, wl. Al
58	*F* *Z*			121	−849	−666	$\chi_{Mol} = -42{,}5 \cdot 10^{-6}$ cm³ Mol⁻¹; kleine seidig glänzende Krist. oder flache Prismen; an Luft zers. unter Abgabe von NH_3, CO_2, H_2O → NH_4HCO_3 als feuchtes Pulver; LW 16,7° 21%; wl. k. wss. NH_3, beim Erwärmen etwas reichlicher l.; ziemlich l. wss. Me; unl. fl. NH_3, Al, wss. Propanol, wss. Aceton
36–60	*Z*			−121	−849	−666	Teschemacherit; weißes grobes krist. Pulver; LW 20° 17,6%, 60° 37%, Bdk. 0 H_2O; unl. Al, Aceton
117 180	*F* *Z*				−555,8		weiße Krist.; hygr.; LW 20° 58,5%, 100° 93,5%; l. Al, E
114	*F*				−616		weiße Krist.; zerfl.; LW; 148 g/100 cm³; Me 7,8 g/100 cm³; ll. Al; saures Salz: lange Nadeln; zerfl.; F 66°
−30,6 184,3 520[1] 337,8	U^2 *U* *F* Sb	1,1 3,95	86,7	95,0	−314,6	−203,1	[1] bei 348 MPa; [2] unter −30,6° und über 184,3 °C *B*1 kub., O_h^5, *Fm*3*m*, $a = 653$ pm, $Z = 4$; $\bar{\gamma}$ (195...292 K) = $280 \cdot 10^{-6}$ K⁻¹; $\varkappa$(0...200,0 MPa, 303K) = $5{,}8 \cdot 10^{-5}$ MPa⁻¹; $\varepsilon(10^{12}$ Hz$) = 6{,}8$; $\chi_{Mol} = -36{,}7 \cdot 10^{-6}$ cm³ Mol⁻¹; piezoelektrisch; weißes krist. Pulver oder fbl. durchscheinende faserig-krist. Stücke; Salmiak hart, geruchlos; LW 20° 27%, Bdk. 0 H_2O; wl. Al; l. Glycerin
102	Ex.						fbl. mkl. Nadeln; L. k. W 28,7 g/100 cm³ L. h. W. 115 g, wl. Al

Übersichtstabelle Anorganische Verbindungen (Fortsetzung)

Formel	Name	Zustand	Mol-Masse Dichte 10^3 kg · m^{-3}	Kristalldaten System, Typ und Symbol	Einheitszelle Kantenlänge in pm	Einheitszelle Winkel und Z	Brechzahl n_D
NH_4	**Ammonium**						
NH_4ClO_4 [7790-98-9]	perchlorat	f	117,49 1,95	orh., $H0_2$ D_{2h}^{16}, $Pnma$	923,1 581,3 745,3	$Z=4$	1,4824 1,4828 1,4868
$(NH_4)_2CuCl_4$ $\cdot 2H_2O$ [10060-13-6]	tetrachloro- cuprat- dihydrat	f	277,46 1,993	tetr., D_{4h}^{14}, $P4_2/mnm$	759,4 796,3	$Z=2$	1,744 1,724
NH_4F [12125-01-8]	fluorid	f	37,04 1,0092	hex., $B4$ C_{6v}^4, $P6_3mc$	444,08 717,26	$Z=2$	1,3147 1,3160
NH_4HF_2 [1341-49-7]	hydrogen- fluorid	f	57,04 1,39	orh., $F5_8$ D_{2h}^{16}, $Pbmn$	817,0 841,6 367,6	$Z=4$	1,368 1,385 1,387
$(NH_4)_2GeF_6$ [16962-47-3]	hexafluoro- germanat	f	222,66 2,564	hex., D_{3d}^3, $P\bar{3}m$	586,2 481,7		1,428 1,425
NH_4I [12027-06-4]	iodid	f	144,94 2,515	kub., $B1$ O_h^5, $Fm3m$	726,13	$Z=4$	1,7007
NH_4IO_3 [13446-09-8]	iodat	f	192,94 3,309	orh., C_{2v}^9, $Pc2_1n$	640,95 917,06 638,11	$Z=4$	1,785
$(NH_4)_2Mo_2O_7$ [27546-07-2]	dimolybdat	f	339,95 2,950	trikl., C_i^1, $P\bar{1}$	794,7 728,2 726,9	94,42° 114,56° 82,60° $Z=2$	
$(NH_4)_6Mo_7O_{24}$ $\cdot 4H_2O$ [13106-76-8]	Ammonium- para- molybdat- tetrahydrat	f	1235,86 2,498	mkl., C_{2h}^5, $P2_1/c$	839,34 361,70 1047,15	115,958° $Z=4$	

Phasen-umwandlungen			Standardwerte bei 298,15 K				Bemerkungen und Charakteristik
°C		ΔH kJ/Mol	C_p J/KMol	S^0	ΔH_B^0 kJ/Mol	ΔG_B^0	
240	U*		128,1	184,2	−295,8	−88,6	* U $HO_2 \rightarrow HO_5$, kub. T_d^2, $F\bar{4}3m$, $a = 770$ pm, $Z = 4$; $\varkappa(0...200{,}0$ MPa$) = 6{,}15 \cdot 10^{-5}$ MPa^{-1}; $\chi_{Mol} = -46{,}5 \cdot 10^{-6}$ cm^{3}Mol^{-1}; fbl. Krist.; LW 20° 18,5%, Bdk. 0 H_2O; l. Aceton; zers. beim Erhitzen Abgabe von Cl_2 und O_2
110	F						blau; LW 33,8 g/100 cm³ h. W 100 g; l. S, Al, wl. NH_3
	Sb		65,3	72,0	−464	−349	$\chi_{Mol} = -23 \cdot 10^{-6}$ cm^{3}Mol^{-1}; weiße Kristallnadeln, LW 20° 45%, Bdk. 0 H_2O; die wss. Lsg. reagiert sauer; beim Kochen Bildung von NH_4HF_2 unter NH_3-Entwicklung, l. Al
126 239	F V						weiße Krist.; LW 20° 37,5%, Bdk. 0 H_2O; w. l. Al.
	Z						fbl.; l. W.; unl. Al, Me
−42,5 −13 551	U^1 U^2 F	2,93 20,9	81,7	113,0	−202,1	−112,0	¹ U B25 tetr. → B2 kub.; ² U B2 kub. → B1 kub.; <−42,5 °C B25 tetr., D_{4h}^7, $P4/nmm$, $a = 618$, $c = 437$ pm, $Z = 2$; <−13 °C B2 kub. O_h^1, $Pm3m$, $a = 438$ pm, $Z = 1$; $\varkappa(0...57{,}0$ MPa, 293 K$) = 3{,}6 \cdot 10^{-5}$ MPa^{-1}; $\chi_{Mol} = -66 \cdot 10^{-6}$ cm^{3}Mol^{-1}; weißes krist. Pulver; sehr hygr.; färbt sich an Luft und Licht gelb bis gelbbraun; LW 20° 63%, Bdk. 0 H_2O; ll. Al, Glycerin
150	Z						fbl.; LW. 2,1 g/100 cm³; h. W. 14,5 g
							fbl.
90 190	$-H_2O$ Z						gelblich; LW, 43 g/100 cm³, unl. Al

Übersichtstabelle Anorganische Verbindungen (Fortsetzung)

Formel	Name	Zustand	Mol-Masse / Dichte $10^3\,kg \cdot m^{-3}$	Kristalldaten: System, Typ und Symbol	Einheitszelle: Kantenlänge in pm	Einheitszelle: Winkel und Z	Brechzahl n_D
NH_4	**Ammonium**						
$(NH_4)_2MoS_4$ [15060-55-6]	thiomolybdat	f	260,27	orh. D_{2h}^{16}, *Pnma*	957,6 699,1 1221		
NH_4N_3 [12164-94-2]	azid	f	60,06 1,3459	orh., $F5_8$ D_{2h}^{16}, *Pnma*	893,6 380,3 866,3	$Z = 4$	
NH_4NO_2 [13446-48-5]	nitrit	f	64,04 1,69				
NH_4NO_3 [6484-52-2]	nitrat	f	80,04 1,725	orh., $G0_{11}$ D_{2h}^{13}, *Pmmn*	545 575 496	$Z = 2$	1,411 1,612 1,635
$(NH_4)_2Ni(SO_4)_2 \cdot 6H_2O$ [7785-20-8]	nickelsulfat hexahydrat	f	394,97 1,923	mkl., $H4_4$ C_{2h}^5, $P2_1/a$	918,62 1246,8 624,23	106,93° $Z = 2$	1,4949 1,5007 1,5081
$(NH_4)_2OsBr_6$ [24598-62-7]	hexabromoosmat	f	705,70 (4,1)	kub., O_h^5, $Fm\bar{3}m$	1039,8	$Z = 4$	
$(NH_4)_2[OsCl_6]$ [12125-08-5]	hexachloroosmat	f	439,02 2,93	kub., O_h^5, $Fm3m$	988,1	$Z = 4$	

Phasen- umwandlungen			Standardwerte bei 298,15 K				Bemerkungen und Charakteristik
°C		ΔH kJ/Mol	C_p J/KMol	S^0	ΔH_B^0 kJ/Mol	ΔG_B^0	
100	*Z*						dkl.-rot; ll. W
160	*F*				85,4		sehr kleine weiße Krist.; fbl. große Blätter, wasserhelle Prismen; expl. beim schnellen Erhitzen; sehr flch.; Dämpfe beim Einatmen giftig; LW 20,2 g/100 cm^3; ll. W, 80% Al; swl. abs. Al; unl. E, Bzl, Aceton, Chlf, CS_2, Nitrobzl., Toluol, Xylol
60–70	*Exp*				−264		fbl. Krist.; subl. rein weiß; beim Eindunsten gelbstichige und elastisch formbare Salzmasse; LW 20° 67%, Bdk. 0 H_2O; ll. wss. Al, Me; etwas l. abs. Al, fast unl. E, Chlf, Egester
−16 32,1 84,2 125,2 169,6	U^1 U^2 U^3 U^4 *F*	0,54 1,59 1,34 4,22 6,40	139,3	150,6	−365,1	−183,2	[1] <−16° hex. $a = 572$, $c = 1600$ pm, $Z = 6$; [1] *U* hex. → $G0_{11}$, orh.; [2] *U* $G0_{11} \rightarrow G0_{10}$, orh., D_{2h}^{16}, *Pnma*, $a = 706$, $b = 766$, $c = 588$ pm, $Z = 4$; $D = 1660$ kg m^{-3}, [3] *U* $G0_{10} \rightarrow G0_9$ tetr., D_{2d}^3, $P\bar{4}2_1m$, $a = 576$, $c = 502$ pm, $Z = 2$; $D = 1600$ kg m^{-3}; [4] *U* $G0_9 \rightarrow G0_8$ kub., O_h^1, *Pm3m*, $a = 441$ pm, $Z = 1$; $D = 1550$ kg m^{-3}; $\varkappa(0 \ldots 1020{,}0$ MPa; 293 K$) = (6{,}464 \cdot 10^{-5} - 130{,}6 \cdot 10^{-11}\,p)$ MPa^{-1}; fbl. Krist.; zerfl. an feuchter Luft; LW 20° 65,4%, Bdk. 0 H_2O; L abs. Al 20,5° 3,8 g/100 g Lösm.; L abs. Me 20,5% 17,1 g/100 g Lösm.; L 66% Al 25° 43,8 g/100 g Lösm.; L Py wfrei 25° 22,88 g/100 g Lösm.; fast unl. Egester; unl. E, Benzonitril; l. fl. NH_3; ll. Egs
							blaugrüne Krist.; LW 20° 6,5%, 80° 20,6%; unl. Al
							schwarz; l. Glycerin, wl. k. W, Z h. W
170	*Sb*						$\chi_{Mol} = +716 \cdot 10^{-6}$ $cm^3 Mol^{-1}$; glänzende schw. Oktaeder; wl. W; beim Erwärmen Hydrolyse

Übersichtstabelle Anorganische Verbindungen (Fortsetzung)

Formel	Name	Zustand	Mol-Masse	Dichte $10^3\,kg \cdot m^{-3}$	Kristalldaten: System, Typ und Symbol	Einheitszelle: Kantenlänge in pm	Einheitszelle: Winkel und Z	Brechzahl n_D
NH_4	**Ammonium**							
$NH_4H_2PO_2$ [13446-12-3]	dihydrogen- hypo- phosphit	f	83,03	2,115	orh., $F5_7$ D_{2h}^{21}, *Cmma*	398 757 1147	$Z = 4$	
$NH_4\,H_2PO_3$ [13446-12-3]	dihydrogen phosphit	f	99,03	1,672	mkl., C_{2h}^5, $P2_1/c$	627,6 823,9 891,0	120,16° $Z = 4$	
$NH_4H_2PO_4$ [7722-76-1]	dihydrogen- phosphat	f	115,02	1,803	tetr., $H2_2$ D_{2d}^{12}, $I\bar{4}2d$	750,21 755,41	$Z = 4$	1,5246 1,4792
$(NH_4)_2HPO_4$ [7783-28-0]	hydrogen- phosphat	f	132,06	1,619	mkl., C_{2h}^5, $P2_1/c$	1073,5 668,9 800,0	109,72° $Z = 4$	1,52
$(NH_4)_3PO_4$ $\cdot\,3\,H_2O$ [25447-33-0]	ortho- phosphat trihydrat	f	203,13					
$(NH_4)_2$ $[PdBr_4]$ [15661-00-4]	tetrabromo- palladat-(II)	f	462,11	3,40				
$(NH_4)_2$ $[PdCl_4]$ [13820-40-1]	tetrachloro- palladat-(II)	f	284,31	2,17	tetr., $H1_5$ D_{4h}^1, *P4/mmm*	721,8 427,0	$Z = 1$	
$(NH_4)_2[PdCl_6]$ [19168-23-1]	hexachloro- palladat-(IV)	f	355,21	2,418	kub., $I1_1$ O_h^5, *Fm3m*	990	$Z = 4$	
$(NH_4)_2PtCl_4$ [13820-41-2]	tetrachloro- platinat(II)	f	372,98	2,936	tetr., D_{4h}^1, *P4/mmm*	714,8 431,9	$Z = 1$	
$(NH_4)_2[PtCl_6]$ [16919-58-7]	hexachloro- platinat-(IV)	f	443,87	3,065	kub., $I1_1$ O_h^5, *Fm3m*	983,4	$Z = 4$	1,95

Phasen-umwandlungen			Standardwerte bei 298,15 K				Bemerkungen und Charakteristik
°C		ΔH kJ/Mol	C_p J/KMol	S^0	ΔH^0_B kJ/Mol	ΔG^0_B	
200 240	*F* *Z*						piezoelektrisch; fbl. Krist.; hygr.; LW 20° 80 g/100 cm^3 Lsg.; l. Al, NH_3
123 145	*F* *Z*						fbl., LW. 171 g/100 cm^3, h. W. 260 g, unl. Al
−124,28 190	*U* *F*	0,588	142,3	151,9	−1451	−1214	$\chi_{Mol} = -61 \cdot 10^{-6}$ $cm^3 Mol^{-1}$; weiße glänzende Krist.; wenig hygr.; LW 20° 22,7%, Bdk. 0 H_2O; p_H der wss. Lsg. = 3,8; wl. Al
185	*Z*		182,0		−1574		$\bar{\gamma}$ (82 ... 290 K) = $160 \cdot 10^{-6}$ K^{-1}; $\chi_{Mol} = -71 \cdot 10^{-6}$ $cm^3 Mol^{-1}$; fbl. Krist.; hygr.; LW 20° 40,8%, Bdk. 0 H_2O; p_H der wss. Lsg. = 8; beim Kochen entweicht NH_3; unl. Al
60	*Z*	−W					weißes krist. Pulver; riecht nach NH_3; LW 25° 26,1%, Bdk. 3 H_2O
	Z						große olivbraune Krist.; beständig an Luft; sll. W; mit HNO_3 in der Hitze → $(NH_4)_2[PdBr_6]$
	Z	−Cl					grünlichgelbe oder braungrüne Prismen, gepulvert hbraun; ll. W mit dklroter Farbe, wss. Al; fast unl. abs. Al
							rote Krist., im durchscheinenden Licht gelb; wl. W; wss. Lsg. zers. beim Sieden → Cl_2, fast unl. NH_4Cl-Lsg.
140−150	*Z*						orange-rot, feuchtigkeitsempf. l. W, unl. Al
							$\chi_{Mol} = -174 \cdot 10^{-6}$ $cm^3 Mol^{-1}$; zitronengelbes Krist.pulver oder kleine or. Krist.; LW 20° 0,49%; unl. k. HCl; in der Wärme: wl. HCl, l. verd. H_2SO_4, ll. HNO_3; wl. wss. NH_3, ll. beim Sieden; fast unl. konz. NH_4Cl-Lsg.; wl. Al; unl. E

Übersichtstabelle Anorganische Verbindungen (Fortsetzung)

Formel	Name	Zustand	Mol-Masse / Dichte $10^3 kg \cdot m^{-3}$	Kristalldaten: System, Typ und Symbol	Einheitszelle: Kantenlänge in pm	Einheitszelle: Winkel und Z	Brechzahl n_D
NH_4	**Ammonium**						
$(NH_4)_2[PtI_6]$ [77932-30-0]	hexaiodo-platinat-(IV)	f	992,58 / 4,61				
NH_4ReO_4 [13598-65-7]	perrhenat	f	268,24 / 3,97	tetr., $H0_4$ C_{4h}^6, $I4_1/a$	588,3 1297,9	$Z=4$	
$(NH_4)_3$ $[Rh(NO_2)_6]$ [61180-97-0]	hexanitrito-rhodat-(III)	f	433,05 / 2,214	kub., $I2_4$ T_h^3, $Fm3$	1093	$Z=4$	
$(NH_4)_3[RhCl_6]$ $\cdot H_2O$ [63771-38-0]	hexachloro-rhodat-(III) monohydrat	f	387,75	orh.			
NH_4HS [12124-99-1]	hydrogen-sulfid	f	51,11 / 1,17	tetr., $B10$ D_{4h}^7, $P4/nmm$	602,3 401,7	$Z=2$	1,74
NH_4SCN [1762-95-4]	thio-cyanat	f	76,12 / 1,305	mkl., C_{2h}^5, $P2_1/c$	1304 716 426	97,58° $Z=4$	1,533 1,684 1,696
NH_4HSO_4 [7803-63-6]	hydrogen-sulfat	f	115,10 / 1,78	mkl.,	1440 459,1 1440	118,0° $Z=16$	1,473
$(NH_4)_2SO_4$ [10043-02-4] [7783-20-2]	sulfat	f	132,13 / 1,766	orh., $H1_6$ D_{2h}^{16}, $Pnam$	789,0 1056,3 595,4	$Z=4$	1,5209 1,5230 1,5330
$(NH_4)_2S_2O_3$ [7783-18-8]	thiosulfat	f	148,202 / 1,68	mkl., C_{2h}^3, $C2/m$	1022 650 880	94,6° $Z=4$	
$(NH_4)_2S_2O_8$ [7727-54-0]	peroxid-disulfat	f	228,19 / 1,98	mkl., C_{2h}^5, $P2_1/n$	782,9 800,75 614,83	95,12° $Z=2$	1,4981 1,5016 1,5866
NH_4SbF_4 [14792-90-8]	tetrafluoro-antimonit	f	215,80 / ~3,1	mkl., C_{2h}^5, $P2_1/a$	1633 695,9 822,6	104,5° $Z=8$	

Phasen-umwandlungen			Standardwerte bei 298,15 K				Bemerkungen und Charakteristik
°C		ΔH kJ/Mol	C_p J/KMol	S^0	ΔH_B^0 kJ/Mol	ΔG_B^0	
							met. glänzende schw. Tafeln; zers. beim Erhitzen → I_2, NH_3, N_2, Pt, NH_4I; l. W rot; unl. NH_4I-Lsg., Al
365	*Z*						weiße dicke Krist.; bis 200° beständig; LW 20° 6,1 %, Bdk. 0 H_2O; LW 80° 32,3 % angegeben
							weißes krist. Pulver; fast unl. k. W, etwas l. sied. W; zers. S; unl. Al, NH_4Cl-Lsg.
140	$-H_2O$						himbeerrote nadelige Krist.; glasglänzend, ll. W; l. verd. NH_4Cl-Lsg.; unl. Al; wss. Lsg. beim Erhitzen → $(NH_4)_3[Rh(H_2O)Cl_5]$
118	*F*						fbl. Krist.; sehr hygr.; subl. bei Zimmertemp.; ll. W, wss. NH_3, H_2S-Wasser, Al; fast unl. E, Bzl
87,7 149 170	*U* *F* *Z*	3,3			−83,7		$\chi_{Mol} = -48{,}1 \cdot 10^{-6}$ $cm^3 Mol^{-1}$; fbl. Krist.; LW 20° 61 %, Bdk. 0 H_2O; ll. Al; l. fl. SO_2, Egs-methylester; bei 170° Z unter Entwicklung von CS_2, H_2S, NH_3
146,9	*F* *Z*						fbl.; LW 100 g/100 cm^3, wl. Al, unl. Aceton
498 513	*U* *F*		187,5	220,1	−1180,9	−901,6	$\chi_{Mol} = -67 \cdot 10^{-6}$ $cm^3 Mol^{-1}$; fbl. Krist.; zerfl. an feuchter Luft; LW 20° 43 %, Bdk. 0 H_2O; unl. Al, Aceton; Mascagnit
150	*Z*						fbl. Krist.; ll. W; unl. Al, E; subl. beim Erhitzen auf 150° unter Z.
120	*Z*				−1643		$\chi_{Mol} = -100 \cdot 10^{-6}$ $cm^3 Mol^{-1}$; fbl. Krist. oder körniges Pulver; zers. allmählich, bei 160 ... 180° sofort unter O_2-Abgabe; LW 0° 32,5 %, 20° 38 %, Bdk. 0 H_2O
							fbl.; l. W

Übersichtstabelle Anorganische Verbindungen (Fortsetzung)

Formel	Name	Zustand	Mol-Masse Dichte $10^3\,kg \cdot m^{-3}$	Kristalldaten			Brechzahl n_D
				System, Typ und Symbol	Einheitszelle		
					Kantenlänge in pm	Winkel und Z	
NH_4	**Ammonium**						
$(NH_4)_2SbBr_6$ [30660-75-4]	hexabromo- antimonat	f	637,28 3,461	tetr., D_{4h}^{19}, $I4_1/amd$	1066 2152	$Z = 8$	
NH_4HSeO_4 [10294-60-7]	hydrogen- selenat	f	162,00 2,162	mkl., C_{2h}^5, $P2_1/b$	794,4 784,5 804,7	112,54° $Z = 4$	
$(NH_4)_2SeO_4$ [7783-21-3]	selenat	f	179,03 2,194	mkl., C_{2h}^3, $I2/m$	1123,7 642,07 770,64	102,74° $Z = 4$	1,5599 1,5605 1,5812
NH_4VO_3 [7803-55-6]	meta- vanadat	f	116,98 2,326	orh., D_{2h}^{11}, $Pmab$	582,7 1178,2 490,5	$Z = 4$	1,828 1,90 1,925
$(NH_4)V(SO_4)_2 \cdot 12H_2O$ [29932-01-2]	Vanadin- ammonium- alaun	f	477,29 1,683	kub.			1,475
$(NH_4)_2SiF_6$ [16319-19-0]	hexafluoro- silicat	f	178,14 2,011	kub., O_h^5, $Fm\bar{3}m$	839,5	$Z = 4$	2,011
$(NH_4)_{10}W_{12}O_{41} \cdot 5H_2O$	wolframat pentahydrat	f	3133,64	mkl., C_{2h}^5, $P2_1/b$	1554 1453 1102	108,75°	1,823 1,836 1,867
$(NH_4)_2WS_4$ [13862-78-7]	thio- wolframat	f	348,18 2,71	orh., C_{2h}^{16}, $Pnma$	962,3 1240 705,5	$Z = 4$	
$(NH_4)ZnPO_4$ [15006-70-9]	Zinkammon- phosphat	f	178,38 ~2,7	hex.	1067 869		
$(NH_4)_2Zn(SO_4)_2 \cdot 6H_2O$ [7783-24-6]	Zink- ammon- sulfat hexahydrat	f	401,66 1,931	mkl., $H4_4$ C_{2h}^5, $P2_1/a$	923,88 1251,73 625,16	106,85° $Z = 2$	1,4890 1,4934 1,4996
$(NH_4)_3ZrF_7$ [17250-81-6]	hepta- fluoro- zirkonat	f	278,32 ~2,2	kub., O_h^5, $Fm3m$	941,7	$Z = 4$	1,433

Phasen-umwandlungen			Standardwerte bei 298,15 K				Bemerkungen und Charakteristik
°C		ΔH kJ/Mol	C_p J/KMol	S^0	ΔH_B^0 kJ/Mol	ΔG_B^0	
							tiefschw. Oktaeder; an trockener Luft beständig, Feuchtigkeit zers.; 12N-HCl, konz. HBr
	Z						fbl.
	Z						Krist.; LW 12° 117 g/100 cm³; l. Egs; unl. Al, Aceton, wss. NH_3
200	*Z*		129,3	140,5	−1051	−885,3	weißes krist. Pulver; LW 20° 0,5%; l. wss. NH_3
49	*F*						viol. Krist.; sll. W; an Luft allmählich Verwitterung
	Z						fbl.; LW 18,6 g/100 cm³, h. W 56 g, wl. Al; Kryptohalit
							weiß
							gelb-orange; ll. W
							fbl. Nd., der langsam krist.; LW 10,5° $1,36 \cdot 10^{-2}$ g/l Lsg.
110	$-6H_2O$				−3999		wasserhelle harte Krist.; LW 20° 12,5% mit saurer Reaktion
							kleine durchsichtige Oktaeder; verwittern an der Luft; LW 20° 0,551 Mol Zr/l und 1,655 Mol NH_3/l

Übersichtstabelle Anorganische Verbindungen (Fortsetzung)

Formel	Name	Zustand	Mol-Masse / Dichte $10^3\,kg \cdot m^{-3}$	Kristalldaten: System, Typ und Symbol	Einheitszelle: Kantenlänge in pm	Einheitszelle: Winkel und Z	Brechzahl n_D
Na	**Natrium**						
$NaAsO_2$ [7784-46-5]	metaarsenit	f	129,91 3,40	orh., D_{2h}^{13}, *Pbca*	1431,4 677,9 508,6	$Z = 8$	
$NaAsO_3$ [15120-17-9]	metaarsenat	f	145,91 2,301				1,479 1,502 1,527
$NaH_2AsO_4 \cdot H_2O$ [13466-04-1]	dihydrogen-orthoarsenathydrat	f	181,94 2,53				1,583 1,553 1,507
Na_2HAsO_4 [7778-43-0]	hydrogen-orthoarsenat	f	185,91				
$Na_2HAsO_4 \cdot 7H_2O$ [10048-95-0]	orthoarsenat-heptahydrat	f	312,02 1,871	mkl.	1060 1101 939	95,43°	1,4622 1,4658 1,4782
$Na_2HAsO_4 \cdot 12H_2O$ [13510-46-8]	hydrogen orthoarsenat-dodecahydrat	f	402,09 1,736	mkl.			1,4453 1,4496 1,4513
$Na_3AsO_4 \cdot 12H_2O$ [13510-46-8]	ortho-arsenat dodeka-hydrat	f	424,07 1,752	hex., D_{3d}^{4}, $P\bar{3}c1$	1203 1282	$Z = 4$	1,4589 1,4669
$Na_4As_2O_7$ [13464-42-1]	pyro-arsenat	f	353,79 2,205				
$Na_3AsS_4 \cdot 8H_2O$ [13472-42-9]	thioarsenat-octahydrat	f	416,27 1,79	mkl., C_{2h}^{5}, $P2_1/c$	1371 1268 869	103,44° $Z = 4$	1,680
$NaBF_4$ [13755-29-8]	tetra-fluoro-borat	f	109,79 2,47	orh., $H0_1$ D_{2h}^{17}, *Cmcm*	625 677 682	$Z = 4$	1,301 1,3012 1,3068

Phasen-umwandlungen °C		ΔH kJ/Mol	Standardwerte bei 298,15 K C_p J/KMol	S^0 J/KMol	ΔH_B^0 kJ/Mol	ΔG_B^0 kJ/Mol	Bemerkungen und Charakteristik
							ll. W, wl. Al; weißes Pulver
615	*F*						ll. W
100–130 200–300	–*W* *Z*						l W; farblos
							loses fbl. Pulver; LW 20° 23,5%, Bdk. $12 H_2O$; ll. 100% H_2SO_4; unl. fl. Cl_2
50 130	*F* $-5 H_2O$						fbl. Krist., verwittern nicht außer im Exsiccator; beim Erhitzen → $Na_4As_2O_7$; LW s. Na_2HAsO_4; l. Glycerin; wl. Al
28 100	*F* $-12 H_2O$						fbl. Krist.; verwittern stark und werden trübe; LW s. Na_2HAsO_4
86,3	*Z*				–5080		$\chi_{Mol} = -240 \cdot 10^{-6}\ cm^3 Mol^{-1}$; fbl. lange Säulen oder Pulver; luftbeständig; LW 17° 10,5; wird durch S zers.
850 1000	*F* *Z*						ll. W; weiß
	Z						ll. W, unl. Al; gelb
311 384	*U* *F*						große klare Prismen; LW 26° 52%; wl. Al, HT-Form: R, $a = 1469$, $c = 1739$ pm

Übersichtstabelle Anorganische Verbindungen (Fortsetzung)

Formel	Name	Zustand	Mol-Masse	Dichte $10^3\,kg \cdot m^{-3}$	Kristalldaten: System, Typ und Symbol	Einheitszelle: Kantenlänge in pm	Einheitszelle: Winkel und Z	Brechzahl n_D
Na	**Natrium**							
$NaBH_4$ [16940-66-2]	borhydrid	f	37,83	1,074	kub.	613,7	$Z = 4$	1,542
$NaBO_2$ [7775-19-1]	metaborat	f	65,80	2,464	hex., D_{3d}^{6}, $R\bar{3}c$	1109,01 642,2		
$Na_2B_4O_7$ [1330-43-4]	tetraborat	f	201,22	2,367	trikl. C_i^1, $P\bar{1}$	846,6 1050,6 657,2	94,95° 90,93° 93,18° $Z = 4$	1,5010
$Na_2B_4O_7 \cdot 5\,H_2O$ [12045-88-4] [12228-99-8]	tetraborat-pentahydrat	f	291,30	1,815	trig., $R\bar{3}$	1112 2120	$Z = 3$	1,461 1,474
$Na_2B_4O_7 \cdot 10\,H_2O$ [1303-96-4]	Borax	f	381,37	1,73	mkl., C_{2h}^6, $C2/c$	1188,4 1066,5 1221,9	106,60° $Z = 4$	1,4467 1,4694 1,4724
NaBr [7647-15-6]	bromid	f	102,90	3,202	kub., $B\,1$ O_h^5, $Fm\bar{3}m$	597,35	$Z = 4$	1,6412

Phasen-umwandlungen			Standardwerte bei 298,15 K				Bemerkungen und Charakteristik
°C		ΔH kJ/Mol	C_p J/KMol	S^0	ΔH_B^0 kJ/Mol	ΔG_B^0	
−83,3 300	*U* *Z*	0,97	86,90	101,5	−183,3	−118,5	fbl. Krist.; l. k. W unter Entwicklung von H_2; L Ethylamin 170° 20,9 g/100 g Lösm.; L Py 25° 3,1 g/100 g Lösm.; L Acetonitril 28° 0,9 g/100 g Lösm.; ll. Isopropylamin; wl. Tetrahydrofuran; unl. E; bei höheren Temp. (> 300°) oder durch S zers. unter Bildung von H_2
966 1474	*F* *V*	33,4 239,7	65,94	73,53	−975,7	−919,4	$\chi_{Mol} = -52 \cdot 10^{-6}$ cm^3 Mol^{-1}; fbl. gut ausgebildete Prismen; LW 20° 20,2%, Bdk. 4 H_2O; unl. Al
741 1575	*F* *Z*	81,2	186,8	189,5	−3276,7	−3081,5	$\chi_{Mol} = -85 \cdot 10^{-6}$ cm^3 Mol^{-1}; aus Schmelze durchsichtiges Glas oder krist. Masse von hohem Glanz und radial faseriger Struktur; LW 20° 2,5%, Bdk. 10 H_2O; HCl, H_2SO_4; HNO_3 zers. vollständig mit Hilfe von wfreiem Me, das Borsäure als Methylester verflüchtigt; unl. Al
120	−H_2O						l. W; fbl. Tincalconit
320	−8 H_2O −10 H_2O		615		−6262		$\bar{\gamma}(85 \ldots 290\ K) = 100 \cdot 10^{-6}\ K^{-1}$; $\chi_{Mol} = -226 \cdot 10^{-6}$ cm^3 Mol^{-1}; fbl. harte Krist.; verwittern oberflächlich an trockener Luft; bläht sich beim Erhitzen stark auf und schmilzt zu einem klaren Glas; LW s. $Na_2B_4O_7$; unl. Al, Egester
747 1390	*F* *V*	26,11 185	51,89	86,82	−361,4	−349,3	$\bar{\gamma}(194 \ldots 273\ K) = 119 \cdot 10^{-6}\ K^{-1}$; $\varkappa(0 \ldots 1200\ MPa, 303\ K) = (4{,}98 \cdot 10^{-5} - 62{,}1 \cdot 10^{-11}\ p)\ MPa^{-1}$; $\varepsilon(2 \cdot 10^6\ Hz) = 6{,}1$; $\chi_{Mol} = -41 \cdot 10^{-6}$ cm^3 Mol^{-1}; weiße Krist.; etwas hygr.; LW 20° 47,5%, Bdk. 2 H_2O; L Me 15° 15%; L Al 20° 2,18%; L Aceton 18° 0,012%; ll. $C_2H_5NH_2$; l. Py, fl. NH_3; unl. Benzonitril

Übersichtstabelle Anorganische Verbindungen (Fortsetzung)

Formel	Name	Zustand	Mol-Masse Dichte $10^3\,kg \cdot m^{-3}$	Kristalldaten: System, Typ und Symbol	Einheitszelle: Kantenlänge in pm	Einheitszelle: Winkel und Z	Brechzahl n_D
Na	**Natrium**						
$NaBr \cdot 2H_2O$ [13466-08-5]	dihydrat	f	138,93 2,176	mkl., C_{2h}^5, $P2_1/a$	675,7 1043,1 651,3	113,49° $Z = 4$	1,5128 1,5192 1,5252
$NaBrO_3$ [7789-38-0]	bromat	f	150,90 3,339	kub., $G0_3$ T^4, $P2_13$	670,3	 $Z = 4$	1,5943
Na_2C_2 [2881-62-1]	ethindiid	f	70,00 1,575	tetr., D_{4h}^{20}, $I4_1/acd$	675,6 1268,8	 $Z = 8$	
NaCN [143-33-9]	cyanid	f	49,01 1,546	kub., $B1$ O_h^5, $Fm\bar{3}m$	588,94	 $Z = 4$	1,452
Na_2CO_3 [497-19-8]	carbonat	f	105,99 2,532	mkl.	890,6 523,8 604,5	101,35° $Z = 4$	
$Na_2CO_3 \cdot H_2O$ [5968-11-6]	hydrat	f	124,00 2,25	orh., $G7_6$ C_{2v}^5, $Pca2_1$	1072 524,9 646,9	 $Z = 4$	 1,505 1,529 1,524
$Na_2CO_3 \cdot 7H_2O$ [56399-31-6]	heptahydrat	f	232,10 1,51	orh., D_{2h}^{15}, $Pbca$	1448 1950 701,6	 $Z = 8$	1,422 1,433 1,437

Phasen- umwandlungen °C		ΔH kJ/Mol	Standardwerte bei 298,15 K C_p J/KMol	S^0	ΔH_B^0 kJ/Mol	ΔG_B^0	Bemerkungen und Charakteristik
51	$-2H_2O$			179	−951	−828	fbl. Krist.; LW s. NaBr
381				129	−343	−243	$\chi_{Mol} = -44{,}2 \cdot 10^{-6}$ cm³ Mol⁻¹; optisch aktiv, piezoelektrisch; weißes geruchloses krist. Pulver; LW 20° 27%, Bdk. $0H_2O$; starkes Oxid.mittel; gibt beim Erhitzen O_2 ab; l. fl. NH_3
ca. 700	*F*				17,16		weißes Pulver; ohne Anwesenheit von Oxid.mitteln unempfindlich gegen Verreiben oder Stoß; sehr hygr.; mit wenig W → C_2H_2 + NaOH; unl. in allen Lösm.
−101,1 15,3 563,7 1530	*U* *U** *F* *V*	0,63 2,93 8,786 156,0	68,6	118,5	−90,7	−80,4	* *U* orh. → kub.; zw 20 u 80 °C koexistent, orh. C_{2v}^{20}, *Imm*2 $a = 377{,}4$, $b = 471{,}9$, $c = 564{,}0$ pm, $Z = 2$; weißes krist. Pulver; etwas hygr.; LW 20° 36,7%, Bdk. $2H_2O$; L Furfurol 25° 0,02%; wl. Al; giftig
450 851	*U* *F*	 0,69 29,67	111,0	138,8	−1130,8	−1048,0	α Phase >450 °C hex., $P6_3mc$, $a = 521{,}5$, $c = 658{,}4$ pm, $Z = 2$, $\varepsilon(10^3\ Hz) = 7{,}14$; $\chi_{Mol} = -41 \cdot 10^{-6}$ cm³ Mol⁻¹; weißes grießartiges Pulver; hygr.; LW 20° 17,9%, Bdk. $10H_2O$; L Al 20° $8{,}8 \cdot 10^{-3}$ g/100 cm³ Lsg., l. Glycerin; Glykol; unl. fl. NH_3, CS_2; Natrit
100	$-H_2O$			170	−1431	−1291	feine weiße Krist. oder weißes krist. Pulver; LW s. Na_2CO_3; wl. Glycerin; unl. Al; Thermonatrit
32	$-H_2O$			395	−3202	−2711	LW 34 g/100 cm³, vierseitige Tafeln; krist. als stabiler Bdk. zwischen 32° und 35,4° aus; verwittern an trockener Luft

Übersichtstabelle Anorganische Verbindungen (Fortsetzung)

Formel	Name	Zustand	Mol-Masse / Dichte $10^3\,kg \cdot m^{-3}$	Kristalldaten: System, Typ und Symbol	Einheitszelle: Kantenlänge in pm	Einheitszelle: Winkel und Z	Brechzahl n_D
Na	**Natrium**						
$Na_2CO_3 \cdot 10H_2O$ [6132-02-1] [15491-24-4]	deka-hydrat	f	286,14 / 1,46	mkl.	1275,4 900,9 1260	115,85° $Z=4$	1,405 1,425 1,440
$NaHCO_3$ [144-55-8] [15752-47-3]	hydrogen-carbonat	f	84,01 / 2,238	mkl., $G0_{12}$ C_{2h}^5, $P2_1/c$	747,5 968,6 348,1	93,38° $Z=4$	1,378 1,500 1,582
$NaCHO_2$ [141-53-7]	formiat	f	68,01 / 1,92	mkl., C_{2h}^6, $C2/c$	625,7 676,1 616,6	116,18°	
$NaC_2H_3O_2$ [127-09-3]	acetat	f	82,03 / 1,528	orh., D_{2h}^8, $Pcca$	595,6 1009,1 589,6	$Z=4$	1,464
$NaC_2H_3O_2 \cdot 3H_2O$ [6131-90-4]	trihydrat	f	136,08 / 1,45	mkl., C_{2h}^6, $C2/c$	1235,3 1045,1 1041,4	111,72° $Z=8$	1,464
$Na_2C_2O_4$ [62-76-0]	oxalat	f	134,00 / 2,34	mkl., C_{2h}^5, $P2_1/c$	1035 526 346	92,9° $Z=2$	
$NaHC_2O_4 \cdot H_2O$ [16009-94-2]	hydrogen-oxalat hydrat	f	130,03 / 1,925	trikl., C_i^1, $P\bar{1}$	651,6 667,5 570,8	95,06° 109,96° 75,03° $Z=2$	

Phasenumwandlungen °C		ΔH kJ/Mol	Standardwerte bei 298,15 K: C_p S^0 J/KMol	ΔH^0_B ΔG^0_B kJ/Mol	Bemerkungen und Charakteristik
32,5 −34,5	$-H_2O$		 536	−4077 −3424	$\bar{\gamma}$ (87−290 K) = 156 · 10^{-6} K^{-1}; ε(1,6 · 10^6 Hz) = 5,3; fbl. bis weiße, durchscheinende, glasglänzende, leicht verwitternde Krist.; LW s Na_2CO_3; l. Glycerin; unl. Al; Natron
270	$-CO_2$		87,6 101,7	−950,8 −852,9	ε(10^4 Hz) = 4,39; weißes luftbeständiges krist. Pulver; salziger und laugenhafter Geschmack; LW 20° 8,6%, Bdk. 0 H_2O; unl. Al; ab 50° beginnt die Z. von CO_2; p_H der frisch bereiteten 1% wss. Lsg. 8,2; Nahcolit
253	*F*	16,7	69,47 110,6	−648,5	$\chi_{Mol} = -24,8 \cdot 10^{-6}$ cm^3 Mol^{-1}; weißes krist. Pulver; zerfl.; bitter-salziger Geschmack; schwach stechender Geruch; LW 20° 46,2%, Bdk. 2 H_2O; l. Glycerin; wl. Al
−251 198 324	*U* *U* *F*		81,5 123,1	−710,4	β-Mod: orh. *Pmnm*, a = 520,81, b = 994,81, c = 346,74 pm, Z = 2; $\chi_{Mol} = -37,6 \cdot 10^{-6}$ cm^3 Mol^{-1}; weißes körniges Pulver; hygr.; LW 0° 119 g/100 ml Lösm.; L Al 18° 2,1 g/100 ml Lösm.
58 123	*F* $-3H_2O$			−1605	fbl. Krist.; bitter-salziger Geschmack; geruchlos; LW s. $NaC_2H_3O_2$; l. Al; bei 123° wfrei
250−270	*Z*		142	−1314,6	weißes krist. Pulver; LW 20° 3,3%, 100° 5,9%, Bdk. 0 H_2O; unl. Al, E
100 200	$-H_2O$ *Z*				kleine harte fbl. Krist.; luftbeständig; LW 10° 1,5%; l. verd. HCl; unl. Al, E; spurenweise l. 80% Al

Übersichtstabelle Anorganische Verbindungen (Fortsetzung)

Formel	Name	Zustand	Mol-Masse	Dichte $10^3\,kg \cdot m^{-3}$	Kristalldaten: System, Typ und Symbol	Einheitszelle: Kantenlänge in pm	Einheitszelle: Winkel und Z	Brechzahl n_D
Na	**Natrium**							
NaCl [7647-14-5]	chlorid	f	58,44	2,163	kub., *B*1 O_h^5, $Fm3m$	563,87	$Z = 4$	1,5442
$NaClO \cdot 5H_2O$ [10022-70-5]	hypochloritpentahydrat	f	164,52					
$NaClO_2$ [7758-19-2]	chlorit	f	90,44					
$NaClO_3$ [7775-09-9]	chlorat	f	106,44	2,490	kub., $G0_3$ T^4, $P2_13$	657,6	$Z = 4$	1,5131
$NaClO_4$ [7601-89-0]	perchlorat	f	122,44	2,50	orh., D_{2h}^{12}, $Amam$	705,5 708,8 651,9	$Z = 4$	1,4606 1,4617 1,4731
$NaClO_4 \cdot H_2O$ [7791-07-3]	hydrat	f	140,46	2,02	mkl., C_{2h}^6, $C2/c$	1555,5 554,36 1106,3	110,70° $Z = 8$	

Phasen-umwandlungen °C		ΔH kJ/Mol	Standardwerte bei 298,15 K C_p S^0 J/KMol	ΔH_B^0 ΔG_B^0 kJ/Mol	Bemerkungen und Charakteristik
800 1461	*F* *V*	28,2 170	50,5 72,1	−411,1 −384,0	$\bar{\gamma}$(193 ... 273 K) = 110 · 10^{-6} K^{-1}; $\varkappa$(0 ... 1200,0 MPa, 303 K) = (4,128 · 10^{-5} − 49,7 · 10^{-11} p) MPa^{-1}; χ_{Mol} = −30,3 · 10^{-6} cm^3 Mol^{-1}; Steinsalz; weißes krist. Pulver; fbl. Würfel; LW 20° 26,5%, Bdk. 0 H_2O; L abs. Me 25° 1,3%; L abs. Al 25° 6,5 · 10^{-2} %; L Aceton 18° 4,1 · 10^{-6} %; L Egester 17° 0,24%; unl. Anilin, Py; nur spurenweise l. Propanol
24,5	*F*				fbl. Krist.; zerfl.; im geschlossenen Glas haltbar; im Vak. über H_2SO_4, NaOH oder CaO −5 H_2O; LW 20° 34,6%, Bdk. 5 H_2O; im Handel in Form der wss. Lsg.: „Eau de Labarraque"; grüngelbe Fl. von deutlichem Chlorgeruch; lichtempfindlich; zers. sich langsam
180–200	*Z*				LW 39 g/100 cm^3; hygr.
255	*F* *Z*	22,6	100,8 123	−358,6 −262	ε(1,6 · 10^6 Hz) = 5,9; χ_{Mol} = −34,7 · 10^{-6} cm^3 Mol^{-1}; piezoelektrisch; weißes Kristallpulver; wenig hygr.; LW 20° 49,5%, Bdk. 0 H_2O; ll. fl. NH_3, Glycerin, wl. CH_3NH_2, $C_2H_4NH_2$; kaum l. Al; unl. Egester; beim Erhitzen Z. → NaCl, $NaClO_4$, O_2
308 482	*U** *Z*	13,975	111,3 142,3	−382,8 −254,2	* *U* $H0_1$ → $H0_5$ kub., T_d^2, $F\bar{4}3m$, a = 708 pm, Z = 4; n_D = 1,5152; χ_{Mol} = −37,6 · 10^{-6} cm^3 Mol^{-1}; rechtwinklige lange Prismen oder durchsichtige Platten; weißes krist. Pulver; LW 20° 66,5%, Bdk. 1 H_2O; L Me 25° 33,93%; L Aceton 25° 34,1%; L Egester 25° 8,8%; sll. konz. Al; unl. E; HCl greift nicht an
130 482	*Z* *Z*				χ_{Mol} = −50,3 · 10^{-6} cm^3 Mol^{-1}; weiße Krist.; verwittern leicht über H_2SO_4; LW s. $NaClO_4$; ll. Me, Aceton; l. Al; unl. E

Übersichtstabelle Anorganische Verbindungen (Fortsetzung)

Formel	Name	Zustand	Mol-Masse Dichte $10^3\,kg \cdot m^{-3}$	Kristalldaten System, Typ und Symbol	Einheitszelle Kantenlänge in pm	Einheitszelle Winkel und Z	Brechzahl n_D
Na	**Natrium**						
Na_2CrO_4 [7775-11-3]	chromat	f	161,97 2,710 −2,736	orh., D_{2h}^{12}, Amam	714,62 926,35 586,40	$Z = 4$	
$Na_2Cr_2O_7$ $\cdot\,2\,H_2O$ [7789-12-0]	dichromat- dihydrat	f	298,00 2,52	mkl., C_{2h}^2, $P2_1/m$	1274,0 1077,8 613,2	95,1° $Z = 4$	1,661 1,699 1,951
NaF [7681-49-4]	fluorid	f	41,99 2,79	kub., $B\,1$ O_h^5, $Fm\bar{3}m$	463,329	$Z = 4$	1,336
$NaHF_2$ [1333-83-1]	hydrogen- fluorid	f	61,99 2,08	hex., D_{3d}^3 $R\bar{3}m$	346,8 1376	$Z = 3$	
Na_2GeO_3 [12025-19-3]	meta- germanat	f	166,57 3,31	orh.	621,8 1088,0 492,6		1,59
Na_2GeO_3 $\cdot\,7\,H_2O$ [12310-03-1]	metager- manat- hepta- hydrat	f	292,68 2,05	orh.	652 1737 844	$Z = 4$	
NaH [7646-69-7]	hydrid	f	24,00 1,38	kub., $B\,1$ O_h^5, $Fm\bar{3}m$	488	$Z = 4$	1,470
NaI [7681-82-5]	iodid	f	149,89 3,667	kub., $B\,1$ O_h^5, $Fm3m$	647,3	$Z = 4$	1,7745
$NaI \cdot 2\,H_2O$ [13517-06-1]	dihydrat	f	185,92 2,448	trikl., C_i^1, $P\bar{1}$	714,6 716,9 602,9	98,07° 115,02° 63,04° $Z = 2$	

Phasen-umwandlungen			Standardwerte bei 298,15 K				Bemerkungen und Charakteristik
°C		ΔH kJ/Mol	C_p J/KMol	S^0	ΔH_B^0 kJ/Mol	ΔG_B^0	
423 794	*U* *F*	13,81 24,69	142,3	176,6	−1342,2	−1234,8	LW 87,3 g/100 cm³, wl. Al; HT-Form, hex. $P6_3/mmc$, $a = 569{,}1$, $c = 747{,}8$ pm, $Z = 2$
100 400	$-2\,H_2O$ *Z*						ll. W, unl. Al; rot
993 1695	*F* *V*	33,35 209	46,9	51,2	−575,4	−545,1	$\bar{\gamma}(193\ldots273\ K) = 98 \cdot 10^{-6}\ K^{-1}$; $\varkappa(303\ K = 2{,}04 \cdot 10^{-5}\ MPa^{-1}$; $\varepsilon(8{,}6 \cdot 10^5\ Hz) = 6{,}00$ (bezogen auf Benzol bei 20 °C); $\chi_{Mol} = -16{,}4 \cdot 10^{-6}\ cm^3\ Mol^{-1}$; weißes krist. Pulver; nicht hygr.; LW 20° 4%, Bdk. $0\,H_2O$; konz. H_2SO_4 zers. beim Erhitzen → HF; nur in Spuren l. Al
							weißes krist. Pulver; l. h. W; die wss. Lsg. ätzt Glas; über 160° zers. → NaF + HF
1083							Z W; l. Al
83	$-H_2O$						LW 45,5 g/100 cm³, l. Al, fbl.
427	*Z*		36,4	40,0	−56,4	−33,6	weiße lockere Masse, nadelförmige Kristallaggregate, manchmal durchsichtig; zers. an feuchter Luft; zers. W → NaOH + H_2
661 1304	*F* *V*	23,6 159,7	52,2	98,3	−287,9	−284,5	$\bar{\gamma}(193\ldots273\ K) = 135 \cdot 10^{-6}\ K^{-1}$; $\chi_{Mol} = -57{,}0 \cdot 10^{-6}\ cm^3\ Mol^{-1}$; fbl. Krist.; hygr.; wird an Luft langsam gelb oder bräunlich, Abspaltung von I_2; LW 20° 64%, Bdk. $2\,H_2O$; L Me 20° 42,2%, Bdk. $3\,CH_3OH$; L Al 20° 30,8%; L Aceton 20° 23,5%; l. Glycerin
752	*F*				−883,2		fbl. Krist.; LW s. NaI l. NH_3(fl)

Übersichtstabelle Anorganische Verbindungen (Fortsetzung)

Formel	Name	Zustand	Mol-Masse	Dichte $10^3\,kg \cdot m^{-3}$	Kristalldaten: System, Typ und Symbol	Einheitszelle: Kantenlänge in pm	Einheitszelle: Winkel und Z	Brechzahl n_D
Na	**Natrium**							
$NaIO_3$ [7681-55-2]	iodat	f	197,89	4,277	orh., D_{2h}^{16}, *Pnma*	574,9 639,9 813,4	$Z=4$	1,58 1,63 1,74
$NaIO_4$ [7790-28-5]	meta-periodat	f	213,89	4,174	tetr., $H0_4$ C_{4h}^6, $I4_1/a$	533,72 1195,2	$Z=4$	1,705 1,743
$NaIO_4 \cdot 3H_2O$ [13472-31-6]	trihydrat	f	267,94	3,219	trig., C_3^4, *R*3	558	65,02° $Z=1$	1,7745
Na_5IO_6 [18122-72-0]	paraper-iodat	f	337,85		mkl.	576,31 978,85 565,87	111,54° $Z=2$	
$NaMnO_4$ [10101-50-5]	permanganat	f	141,93					
Na_2MoO_4 [7631-95-0]	molybdat	f	205,92	3,28	kub., O_h^7, $Fd\bar{3}m$	910,8	$Z=8$	
$Na_2MoO_4 \cdot 2H_2O$ [10102-40-6]	molybdat-dihydrat	f	241,95	2,51	orh., D_{2h}^{15}, *Pcab*	1056,6 1389,2 848,2	$Z=8$	
$Na_2Mo_2O_7$ [13466-16-5]	dimolybdat	f	349,86	3,53	orh., D_{2h}^{18}, *Cmca*	716,4 1183,7 1471,4	$Z=8$	
NaN_3 [26628-22-8]	azid	f	65,01	1,846	trig., $F5_1$ D_{3d}^5, $R\bar{3}m$	364,6 1521,4	$Z=3$	
$NaNH_2$ [7782-92-5]	amid	f	39,01	1,39	orh., D_{2h}^{24}, *Fddd*	892,8 1042,7 806,0	$Z=16$	

Phasen-umwandlungen			Standardwerte bei 298,15 K				Bemerkungen und Charakteristik
°C		ΔH kJ/Mol	C_p J/KMol	S^0	ΔH_B^0 kJ/Mol	ΔG_B^0	
	Z			135	−470		$\chi_{Mol} = -53 \cdot 10^{-6}$ cm³ Mol⁻¹; weißes krist. Pulver; LW 20° 8,1%, Bdk. 1 H_2O; unl. Al, l. Aceton
300	Z						$\varkappa(0...200{,}0\ MPa) = 3{,}8 \cdot 10^{-5}\ MPa^{-1}$; weiße Krist.; LW 20° 9,3%, Bdk. 3 H_2O; l. H_2SO_4, HNO_3, Egs; bei 300...400° oft expl. Z.
175	Z						fbl. Krist.; LW s. $NaIO_4$
800	Z						Z W, weiß
	Z						ll. W; zerfließlich
451 585 635 687	U_1 U_2 U_3 F	23,4 2,00 9,12 22,4	141,7	159,4	−1465	−1355	LW 44,3 g/100 cm³, Mod. 1 orh., C_{2v}^9, $Pc2_1n$, $a = 1089{,}2$, $b = 1732{,}2$, $c = 717{,}6$ pm, $Z = 12$, Mod. 2 orh., D_{2h}^{24}, $Fddd$, $a = 1091{,}2$, $b = 1287{,}2$, $c = 648{,}5$ pm, $Z = 8$, Mod. 3 hex., D_{6h}^4, $P6_3/mmm$, $a = 593{,}4$ pm, $c = 754{,}9$ pm, $Z = 2$; weiß; LW 44,3 g/100 cm³
100	$-2H_2O$				−2130	−1831	LW, 60 g/100 cm³, unl. Me, Aceton; weiß
612	F						wl. W; weiße Nadeln
300	Z		80,0	70,5	−21,3	−101,15	weißes krist. Pulver, nicht hygr.; expl. nicht; verpufft bei hoher Temp. mit glänzend gelbem Licht; LW 20° 29,3%, Bdk. 0 H_2O; wl. abs. Al, l. NH_3(fl)
210 400	F V		66,15	76,90	−113,8		weiße durchscheinende Masse von krist. Struktur; zieht an Luft sofort H_2O und CO_2 an; mit W in lebhafter Reaktion → NH_3 + NaOH, unl. Al

Übersichtstabelle Anorganische Verbindungen (Fortsetzung)

Formel	Name	Zustand	Mol-Masse / Dichte $10^3\,kg \cdot m^{-3}$	Kristalldaten: System, Typ und Symbol	Einheitszelle: Kantenlänge in pm	Einheitszelle: Winkel und Z	Brechzahl n_D
Na	**Natrium**						
$Na_2N_2O_2$ [13517-28-7] [100435-20-9]	hyponitrit	f	105,99 1,728		1178 1336		
$NaNO_2$ [7632-00-0]	nitrit	f	68,99 2,168	orh., $F5_5$ C_{2v}^{20}, $Imm2$	357,0 557,8 539,0	$Z = 2$	1,354 1,460 1,648
$NaNO_3$ [7631-99-4]	nitrat	f	84,99 2,261	hex., D_{3d}^{6}, $R\bar{3}c$	507,11 1682,36	$Z = 6$	1,587 1,336
$NaNbO_3$ [12034-09-2]	niobat	f	163,89 4,55	orh., D_{2h}^{11}, $Pbma$	556,6 1552,0 550,6		1,64
Na_2O [1313-59-3]	oxid	f	61,98 2,27	kub., $C1$ O_h^5, $Fm3m$	556	$Z = 4$	
Na_2O_2 [1313-60-6)	peroxid	f	77,98 2,55	hex., D_{3h}^{3}, $P\bar{6}2m$	622 447	$Z = 3$	
$Na_2O_2 \cdot 8\,H_2O$ [12136-94-6]	octahydrat	f	222,10	mkl., C_{2h}^{6}, $C2/c$	1349 645 1140	110,52° $Z = 4$	

Phasenumwandlungen			Standardwerte bei 298,15 K				Bemerkungen und Charakteristik
°C		ΔH kJ/Mol	C_p J/KMol	S^0	ΔH_B^0 kJ/Mol	ΔG_B^0	
300	*Z*						Z W; unl. Al
284 320	*F* *Z*	 14,94	69,0	121,3	−359,0	−280,1	$\chi_{Mol} = -14{,}5 \cdot 10^{-6}$ cm³ Mol⁻¹; schwach gelbliche Krist.; hygr.; LW 20° 45%, Bdk. 0 H_2O; sll. fl. NH_3; l. Me; fast unl. k. Al; zll. 90% Al in der Wärme; swl. Py
275 306,8 380	*U** *F* *Z*	3,95 15,50	93,0	116,3	−468,0	−362,1	* $U\ D_{3d}^6 \rightarrow D_{3d}^5$, trig., $R\bar{3}m$, $a = 656$ pm, $\alpha = 45{,}58°$, $\bar{\gamma}\,(195...293\,K) = 110 \cdot 10^{-6}\,K^{-1}$; $\varkappa(50...20{,}0\,MPa) = 3{,}83 \cdot 10^{-5}\,MPa^{-1}$; $\varepsilon(1{,}66 \cdot 10^5\,Hz) = 6{,}85$; $\chi_{Mol} = -25{,}6 \cdot 10^{-6}$ cm³ Mol⁻¹; Natronsalpeter; fbl. Krist. von kühlendem schwach bitterem Geschmack; hygr.; LW 20° 46,4%, Bdk 0 H_2O; L Me 25° 0,41%; L Al 25° 0,036%; unl. wfreiem Aceton, Benzonitril, Anilin, ll. NH_3(fl)
360 640 1422	*U* *U* *F*	0,351 0,305			−1287		oberhalb 640 °C Perowskitstruktur, $a = 394{,}04$ pm, 650 °C, zwischen 360 und 640 °C zahlreiche Phasenumwandlungen, $\bar{\gamma}\,(610-1010\,K) = 23 \cdot 10^{-6}\,K^{-1}$; unl. W, Alk, Z. S.
750 970 1132 1950	*U* *U* *F* *Z*	1,757 11,924 47,698	68,9	75,0	−418,0	−397,1	$\chi_{Mol} = -19{,}8 \cdot 10^{-6}$ cm³ Mol⁻¹; reinweiße amorphe pulverförmige Masse, die in der Hitze gelblich wird; l. W unter heftiger Erwärmung
512 675	*U* *F*	5,732	89,2	94,8	−513,2	−449,7	$\chi_{Mol} = -28{,}10 \cdot 10^{-6}$ cm³ Mol⁻¹; gelblichweiße mikrokrist. Stücke; an der Luft CO_2-Aufnahme; l. warmem W unter O_2-Entwicklung; l. W 0° ohne Gasentwicklung; l. verd. S in gleicher Weise; Alk beschleunigen die Z. von Na_2O_2; starkes Oxid.mittel, unl. Al.
>30	*F**						* im eigenen Kristallwasser; weiße große glimmerähnliche Tafeln; im Vak. über H_2SO_4 −6 H_2O; l. W unter Abkühlung und ohne Gasentwicklung, unl. Al

Übersichtstabelle Anorganische Verbindungen (Fortsetzung)

Formel	Name	Zustand	Mol-Masse Dichte $10^3\,kg \cdot m^{-3}$	Kristalldaten: System, Typ und Symbol	Einheitszelle: Kantenlänge in pm	Einheitszelle: Winkel und Z	Brechzahl n_D
Na	**Natrium**						
NaOH [1310-73-2]	hydroxid	f	40,00 2,13	orh., *B*33 D_{2h}^{17}, *Cmcm*	340,14 1138,4 340,14	$Z = 4$	1,3576
NaOCN [917-61-3]	cyanat	f	65,01 1,937				1,389 1,627
Na_3P [12058-85-4]	phosphid	f	99,94 ~1,7	hex., D_{6h}^4, $P6_3/mmc$	499,0 881,5		
$NaH_2PO_2 \cdot H_2O$ [10039-56-2]	hypo- phosphit hydrat	f	105,99 1,79	mkl. C_{2h}^5, $P2_1/n$	1290 1354 1110	103,0°	
$NaPO_3$ [10361-03-2]	meta- phosphat	f	101,96 2,476	mkl.*, C_{2h}^5, $P2_1/c$	1392 610 1375	118,7° $Z = 16$	1,473 – 1,486
Na_3PO_4 $\cdot\, 12 H_2O$ [10101-89-0]	ortho- phosphat dodekahydrat	f	380,12 1,62	trig., D_{3d}^4, $P\bar{3}c1$	1191 1269	$Z = 4$	1,446 1,452
$NaNH_4HPO_4$ $\cdot\, 4 H_2O$ [7783-13-3]	ammonium- hydrogen- phosphat tetrahydrat	f	209,07 1,554	trikl. C_i^1, $P\bar{1}$	692 1061 644	98,3° 90,4° 71,2°	1,439 1,441 1,469
$(NaPO_3)_6$ [10124-56-8]	hexa- meta- phosphat	f	611,17				1,482

Phasen-umwandlungen			Standardwerte bei 298,15 K				Bemerkungen und Charakteristik
°C		ΔH kJ/Mol	C_p J/KMol	S^0	ΔH_B^0 kJ/Mol	ΔG_B^0	
299 323 1554	*U* *F* *V*	7,196 6,611 175,3	59,6	64,4	−425,9	−329,7	$\bar{\gamma}$ (293...393 K) = 84 · 10^{-6} K^{-1}; weiße sehr hygr. Stücke, Plätzchen, Tafeln; LW 20° 52%, Bdk. 1 H_2O; L Me 1 g/4,2 cm^3 Lösm.; L abs. Al 1 g/7,2 cm^3 Lösm.; unl fl. NH_3, Aceton, E; starkes Ätzmittel; nimmt aus der Luft H_2O und CO_2 auf
200	*Z*				−400		fbl. Pulver; aus Al Nadeln; nicht hygr., sll. W; L Al am Siedepunkt 0,52 g/100 g; L Bzl am Siedepunkt 0,13 g/100 g; beim Übergießen mit HCl entwickelt sich gasförmige Isocyansäure
	Z						Z W unter PH_3-Entw.; rot
	Z						perlmuttglänzende vierseitige Tafeln; schneeweißes Pulver; hygr.; ll. W, Al, fl. NH_3, Glycerin
524 577 625	*U* *U* *F*	0,649 3,60	92		−1207		* β-Form, Kurrolsches Salz; α-Form, Maddrellsches Salz: mkl. C_{2h}^5, $P2_1/c$ a = 1212, b = 620, c = 699 pm, β = 92°, Z = 8; $\bar{\gamma}$ (870...970 K) = 43 · 10^{-6} K^{-1}; χ_{Mol} = −42,5 · 10^{-6} cm^3 Mol^{-1}; glasartige fbl. Stücke; hygr.; l. W, S; die wss. Lsg. reagiert alk.
75	*Z*				−5478		fbl. oder weiße Krist.; LW 20° 10,1%, Bdk. 12 H_2O; unl. Al, CS_2
30−40	*Z*						LW, 16,7 g/100 cm^3, unl. Al, Aceton
							ll. W; Grahamsches Salz

Übersichtstabelle Anorganische Verbindungen (Fortsetzung)

Formel	Name	Zustand	Mol-Masse Dichte $10^3\,kg \cdot m^{-3}$	Kristalldaten System, Typ und Symbol	Einheitszelle Kantenlänge in pm	Winkel und Z	Brechzahl n_D
Na	**Natrium**						
$(NaPO_3)_3$ $\cdot 6H_2O$ [15528-36-6]	Trimeta- phosphat- hexahydrat	f	413,98				1,433 1,442 1,426
NaH_2PO_4 $\cdot 2H_2O$ [13472-35-0]	dihydrogen- ortho- phosphat- diydrat	f	156,01 1,91	orh.	723,3 1135 662,1	$Z = 4$	1,4629
Na_2HPO_4 $\cdot 2H_2O$ [10028-27-7]	mono- hydrogen- ortho- phosphat- dihydrat	f	177,99 2,066	orh.	1034 1682 660,1	$Z = 8$	1,463
Na_3PO_4 [7601-54-9]	ortho- phosphat	f	169,94 2,5		1075 682		
$NaPF_6$ [21324-39-0]	hexafluro- phosphat	f	167,9 2,505	kub., O_h^5, $Fm\bar{3}m$	761	$Z = 4$	
Na_2HPO_4 $\cdot 7H_2O$ [7782-85-6]	hydrogen- phosphat heptahydrat	f	268,07 1,6789	mkl.	730,5 1100 627,6	96,92° $Z = 2$	1,4412 1,4424 1,4526
$NaH_2PO_4 \cdot H_2O$ [10049-21-5]	dihydrogen- phosphat hydrat	f	137,99 2,040	orh., *Pnam*	760,4 789,7 736,9	$Z = 4$	1,4557 1,4582 1,4873
Na_2HPO_4 $\cdot 12H_2O$ [10039-32-4]	dodeka- hydrat	f	358,14 1,52	mkl. C_s^4, *Cc*	1571 902 1277	121,4°	1,432 1,436 1,437
$Na_4P_2O_6$ $\cdot 10H_2O$ [10101-92-5]	hypo- phosphat- decahydrat	f	430,06 1,823	mkl.	1682 696 1450	114,7°	1,477 1,482 1,504
$Na_4P_2O_7$ [7722-88-5]	pyro- phosphat	f	265,90 2,534	hex.	1079 1349		1,425

Phasen-umwandlungen			Standardwerte bei 298,15 K		Bemerkungen und Charakteristik
°C		ΔH kJ/Mol	C_p S^0 J/KMol	ΔH_B^0 ΔG_B^0 kJ/Mol	
50 53	$-6H_2O$ *F*				l. W; Kurrollsches Salz
60	(*F*)				fbl.
95	$-2H_2O$			−2344	LW 50° 100 g/100 cm³; Dorfmanit
1583	*F*			−1925	ll. W
					fbl.; kubische Krist.; sll. W. z. ll. Me, Al, Aceton
48	$-5H_2O$		362,2	−3820	fbl. Krist.; LW 20° 7,1%, Bdk. $12H_2O$
100	$-H_2O$				$\chi_{Mol} = -66 \cdot 10^{-6}$ cm³ Mol⁻¹; fbl. durchsichtige Krist.; an Luft undurchsichtig; LW 20° 46%, Bdk. $2H_2O$; beim Erhitzen auf 190...204° → $Na_2H_2P_2O_7$, bei weiterem Erhitzen → $NaPO_3$
35,1 100	$-5H_2O$ $-12H_2O$		557	−5297	fbl. durchscheinende Prismen; verwittern an trockener Luft; schwach salziger Geschmack; LW s. $Na_2HPO_4 \cdot 7H_2O$; unl. Al
	Z				LW 1,49 g/100 cm³, farblos
98,5	*F*	57,3	255	−3182	weiße krist. Masse; LW 20° 5,35%, Bdk. $10H_2O$; L Glycerin der Dichte 1,2303 20° 9,6 g/100 g Lösm.; unl. fl. NH_3

Übersichtstabelle Anorganische Verbindungen (Fortsetzung)

Formel	Name	Zustand	Mol-Masse	Dichte $10^3\,kg \cdot m^{-3}$	Kristalldaten: System, Typ und Symbol	Einheitszelle: Kantenlänge in pm	Einheitszelle: Winkel und Z	Brechzahl n_D
Na	**Natrium**							
$Na_4P_2O_7 \cdot 10H_2O$ [13472-36-1]	dekahydrat	f	446,06	1,82	mkl., C^6_{2h}, $C2/c$	1681 697 1450	114,83° $Z=4$	1,4499 1,4525 1,4604
$Na_5P_3O_{10}$ [7758-29-4]	triphosphat	f	367,86	2,52	mkl., C^6_{2h}, A2/a	1855 536,3 964,3	96,95° $Z=4$	
$NaReO_4$ [13472-33-8]	perrhenat	f	273,19	5,39	tetr., C^6_{4h}, $I4_1/a$	537,330 1176,28	$Z=4$	
Na_2S [1313-82-2]	sulfid	f	78,04	1,856	kub., $C1$ O^5_h, $Fm3m$	653,0	$Z=4$	
$Na_2S \cdot 9H_2O$ [1313-84-4]	nonahydrat	f	240,18	1,427	tetr., D^3_4, $P4_122$	933,1 1285	$Z=4$	
NaHS [16721-80-5]	hydrogen-sulfid	f	56,06	1,79	trig., $B22$ D^5_{3d}, $R\bar{3}m$	399	67,93° $Z=1$	
$NaHS \cdot 3H_2O$	trihydrat	f	110,11					
Na_2S_4 [12034-39-8]	tetrasulfid	f	174,24		tetr., D^{12}_{2d}, $I\bar{4}2d$	959,6 1178,8	$Z=8$	
Na_2S_5 [12034-40-13]	pentasulfid	f	206,30		orh.	765,1 1450,4 584,30		
$NaHSO_3$ [7631-90-5]	hydrogen sulfit	f	104,06	1,48				1,526
NaSCN [540-72-2]	thiocyanat	f	81,07	1,73	orh., D^{16}_{2h}, $Pbnm$	563,0 1333,1 408,5	$Z=4$	1,545 1,625 1,695

Phasen-umwandlungen			Standardwerte bei 298,15 K				Bemerkungen und Charakteristik
°C		ΔH kJ/Mol	C_p J/KMol	S^0	ΔH_B^0 kJ/Mol	ΔG_B^0	
93,8 880	$-H_2O$ *F*				−6143		fbl. Krist.; verwittern schwach; bei 100° Entwässerung oder im Vak.; LW s. $Na_4P_2O_7$
622	*F*						LW, 15 g/100 cm³
414	*F*				−1042		fbl. sechseckige Tafeln; an Luft zerfl. LW 20° 57%, Bdk. $0\,H_2O$ L abs. Al 18° 11,14 g/l Lsg.; L 90% Al 19,5° 22,4 g/l Lsg.
1003 1180	*U* *F*	0,0 19,2	82,8	96,2	−366,1	−354,6	$\chi_{Mol} = -39 \cdot 10^{-6}$ cm³ Mol⁻¹; weiße hygr. Masse; als Nd. gelblich gefärbt; an Luft gelb, beim Erhitzen weiß; geschmolzenes Na_2S greift Glas an; LW 20° 16%, Bdk. $9\,H_2O$; unl. Egester
920	*Z*				−3083		fbl. hygr. Krist.; Geruch nach H_2S; an Licht und Luft Verfärbung nach gelb; LW s. Na_2S; l. Al; stark ätzend
85 350	*U** *F*	2,9		82,8	−238,9	−219,3	* *U B*22 → *B*1, kub., O_h^5, *Fm*3*m*, *a* = 606 pm, *Z* = 4; rein weißes Pulver oder feste weiße Masse; hygr.; sll. W; l. HCl unter H_2S-Entwicklung zu einer klaren Fl.; mäßig l. Al
22	*F*						große fbl. glänzende Rhomben
300	*F*	16,74	152,2	167,4	−411,3	−392,2	l. W, l. Al; gelb; hygr.
251,8	*F*						l. W, l. Al; gelb
	Z						ll. W, wl. Al; weiß
287	*F*	18,6			−174,5		fbl. Krist.; zerfl.; LW 20° 57,5%, Bdk. $1\,H_2O$; ll. Al, Aceton

Übersichtstabelle Anorganische Verbindungen (Fortsetzung)

Formel	Name	Zu-stand	Mol-Masse Dichte $10^3\,kg \cdot m^{-3}$	Kristalldaten System, Typ und Symbol	Einheitszelle Kantenlänge in pm	Winkel und Z	Brechzahl n_D
Na	**Natrium**						
Na_2SO_3 [7757-83-7]	sulfit	f	126,04 2,633	trig., $G3_2$ C_{3i}^1, $P\bar{3}$	545,93 616,55	$Z=2$	1,565 1,515
Na_2SO_3 $\cdot\,7\,H_2O$ [10102-15-6]	heptahydrat	f	252,15 1,539	mkl.	1,5728: 1: 1,1694	93,60°	
Na_2SO_4 [7757-82-6]	sulfat	f	142,04 2,663	orh., $H1_7$ D_{2h}^{24}, $Fddd$	586,2 1230,3 981,9	$Z=8$	1,471 1,477 1,485
Na_2SO_4 $\cdot\,7\,H_2O$ [13472-39-4]	heptahydrat	f	268,15				
Na_2SO_4 $\cdot\,10\,H_2O$ [7727-73-3]	dekahydrat	f	322,19 1,464	mkl., C_{2h}^5, $P2_1/c$	1152 1037 1284	107,77° $Z=4$	1,394 1,396 1,398
$NaHSO_4$ [7681-38-1]	hydrogen-sulfat	f	120,06 2,435	trikl., C_i^1, $P\bar{1}$	700,5 712,5 671,2	95,93° 92,31° 75,52° $Z=4$	1,43 1,46 1,47
$NaHSO_4$ $\cdot\,H_2O$ [10034-88-5]	hydrogen-sulfat-monohydrat	f	138,04 2,103	mkl., C_s^4, Aa	821,3 781,2 780,5	120,04°	1,46
$Na_2S_2O_3$ [7772-98-7]	thiosulfat	f	158,11 2,345	mkl. C_{2h}^5, $P2_1/c$	851 815 642	97,1°	

Phasen-umwandlungen °C		ΔH kJ/Mol	Standardwerte bei 298,15 K C_p J/KMol	S^0	ΔH^0_B kJ/Mol	ΔG^0_B	Bemerkungen und Charakteristik
911	*F*	25,9	120,25	145,94	−1100,8	−1012,3	feines weißes Pulver; LW 20° 20,9%, Bdk. 7 H_2O; l. Glycerin; wl. Al, l. Cl_2, NH_3(fl)
150	−7 H_2O				−3153		fbl. verwitternde Krist.; LW s. Na_2SO_3; l. Glycerin; wl. Al; bei 150° wfrei
185 241 884	*U*[1] *U*[2] *F*	0,255 10,908 23,849	128,2	149,6	−1387,8	−1269,8	[1] $U\,D^{24}_{2h} \rightarrow D^{6}_{2h}$, orh. *Pnna*, $a = 559$, $b = 893$, $c = 698$ pm, $Z = 4$; [2] $U\,D^{6}_{2h} \rightarrow D^{3}_{3d}$, trig., $R\bar{3}c$, $a = 540$, $c = 727$ pm, $Z = 2$; $\varkappa$(0...1020,0 MPa; 293 K) = $(2{,}29 - 22{,}6 \cdot 10^{-6}) \cdot 10^{-5}$ MPa^{-1}; $\chi_{Mol} = -52 \cdot 10^{-6}$ $cm^3\,Mol^{-1}$; Thenardit; weißes geruchloses Pulver; LW 20° 16,2%, Bdk. 10 H_2O unl. Al und den meisten org. Lösm., l. Glycerin
24,4	−H_2O						ll. W, unl. Al; weiß
32,38 100	*F** −10 H_2O	69	575,7	585,6	−4323	−3644	* im eigenen Kristallwasser; $\varepsilon(10^3$ Hz$) = 7{,}9$; $\chi_{Mol} = -184 \cdot 10^{-6}$ $cm^3 Mol^{-1}$; Glaubersalz; fbl. verwitternde Krist. von kühlendem und salzig-bitteren Geschmack; LW s Na_2SO_4; l. Glycerin; unl. Al
>315	*Z*			113	−1105	−993	fbl. Krist.; an Luft leicht trübe; geruchlos; LW 25° 22,2%, 100° 50%; die wss. Lsg. reagiert sauer; unl. E, metastab. *β*-Mod: 0 °C mkl. C^{5}_{2h}, $P2_1/c$, $a = 875{,}9$, $b = 750{,}0$, $c = 514{,}7$ pm, $\beta = 99{,}49°$, $Z = 4$
58,5	*Z*				−1419		Z W, Z Al; Matteuccit
				146	−1117	−1028	weißes Pulver; LW 20° 41%, Bdk. 5 H_2O, unl. Al

Übersichtstabelle Anorganische Verbindungen (Fortsetzung)

Formel	Name	Zustand	Mol-Masse Dichte $10^3\,kg \cdot m^{-3}$	Kristalldaten			Brechzahl n_D
				System, Typ und Symbol	Einheitszelle		
					Kantenlänge in pm	Winkel und Z	
Na	**Natrium**						
$Na_2S_2O_3 \cdot 5H_2O$ [10102-17-7]	pentahydrat	f	248,18 1,729	mkl., C_{2h}^5, $P2_1/c$	753,61 2159,5 595,03	103,80° $Z=4$	1,4886 1,5079 1,5360
$Na_2S_2O_4$ [7775-14-6]	dithionit	f	174,11 2,37	mkl., C_{2h}^4, $P2/c$	654,4 655,9 640,4	118,85° $Z=2$	
$Na_2S_2O_5$ [7681-57-4]	pyrosulfit	f	190,10 1,48				
$Na_2S_2O_6 \cdot 2H_2O$ [10101-85-6]	dithionat dihydrat	f	242,13 2,19	orh., D_{2h}^{16}, $Pnma$	1062 1075 642	$Z=4$	1,4820 1,4953 1,5185
$Na_2S_2O_7$ [13870-29-6]	pyrosulfat	f	222,16 2,658	trikl., C_i^1, $P\bar{1}$	680,6 682,7 678,6	116,4° 96,0° 84,2°	
$Na_2S_2O_8$ [7775-27-1]	peroxid- disulfat	f	238,10				
Na_3Sb [12058-86-9]	antimonid	f	190,72 2,67	hex., $D0_{18}$ D_{6h}^4, $P6_3/mmc$	536,6 951,5	$Z=2$	
$NaSbO_3$ [15432-85-6]	metaanti- monat	f	192,74	trig. D_{3d}^5, $R\bar{3}m$	529,9 1596		
$NaSbF_6$ [16925-25-0]	hexafluoro- anti- monat(V)	f	258,73 3,375	kub. T_h^6, $Pa3$	820		
$Na_3SbS_4 \cdot 9H_2O$ [10101-91-4]	thioanti- monat nonahydrat	f	481,11 1,866	kub., T^4, $P2_13$	1196	$Z=4$	

Phasen-umwandlungen			Standardwerte bei 298,15 K				Bemerkungen und Charakteristik
°C		ΔH kJ/Mol	C_p J/KMol	S^0	ΔH_B^0 kJ/Mol	ΔG_B^0	
48,5 100	*F* $-5\,H_2O$	23,4		 360,5	−2601	 −2230	$\bar{\gamma}$ (95...290 K) = 96 · 10^{-6} K^{-1}; $\chi_{Mol} = -122 \cdot 10^{-6}$ cm^3 Mol^{-1}; fbl. säulenförmige Krist. von salzig-bitterem Geschmack; an feuchter Luft etwas hygr., an trockener Luft verwitternd; LW s. $Na_2S_2O_3$, unl. Al; bei 100° wfrei, bei höherer Temp. zers.
>300	*F*						weißes krist. Pulver von charakteristischem Geruch; LW 20° 18,3%, Bdk. $2\,H_2O$; wl. Al
>150	*Z*				1460,7		weißes Kristallpulver; schwacher Geruch nach SO_2; LW 20° 39%, Bdk. $0\,H_2O$; in wss. Lsg. liegt $Na^+HSO_3^-$ vor; wl. Al
110 267	$-2\,H_2O$ $-SO_2$						wasserklare Krist.; luftbeständig; LW 20° 15%, Bdk. $2\,H_2O$; unl. Al; zwischen 60 und 100 °C $-H_2O$
400,9 460	*F* *Z*						weiße durchscheinende Krist.; entsteht beim Erhitzen von $NaHSO_4$; bildet leicht unter H_2O-Aufnahme $NaHSO_4$
200	*Z*						weißes krist. Pulver; ll. W; die wss. Lsg. zers. bei höherer Temp. unter O_2-Entwicklung; durch NaOH wird die Z. verlangsamt, durch H_2SO_4 beschleunigt
856	*F*	77			−219,5		Halbleiter; schw. Pulver; tiefblaue Krist.; zers. W → H_2; mit verd. HCl, H_2SO_4 → SbH_3, schwer l. NH_3
							weiß, Leuconin
>1360	*F*				−2060		weiße kub. Krist.; LW 128,6 g/100 cm^3; l. Al, Aceton
87 234	*F* *Z*						Schlippesches Salz; hgelbe Krist.; LW 20,15 g/100 cm^3; sll. sied. W; unl. Al

Übersichtstabelle Anorganische Verbindungen (Fortsetzung)

Formel	Name	Zustand	Mol-Masse Dichte $10^3\,kg \cdot m^{-3}$	Kristalldaten: System, Typ und Symbol	Einheitszelle: Kantenlänge in pm	Einheitszelle: Winkel und Z	Brechzahl n_D
Na	**Natrium**						
Na_2Se [1313-85-5]	selenid	f	124,94 2,625	kub., $C1$ O_h^5, $Fm3m$	682,3	$Z=4$	
Na_2SeO_3 [10102-18-8]	selenit	f	172,94 3,4	mkl., C_{2h}^5, $P2_1/a$	684,9 1000,2 490,4	91,09° $Z=4$	
$NaHSeO_3$ [7782-82-3]	hydrogen-selenit	f	150,96 3,06				
Na_2SeO_4 [13410-01-0]	selenat	f	188,94 3,213	orh., D_{2h}^{24}, $Fddd$	1017,1 1258,7 610,38	$Z=8$	
$Na_2SeO_4 \cdot 10H_2O$ [10102-23-5]	dekahydrat	f	369,09 1,62	mkl.,	1,10489: 1: 1,23637	107,92°	
Na_2SiF_6 [16893-85-9]	hexafluoro-silikat	f	188,06 2,679	hex., D_3^2, $P321$	886,59 504,33	$Z=3$	1,3125 1,3089
Na_2SiO_3 [6834-92-0]	meta-silikat	f	122,06 2,4	orh., C_{2v}^{12}, $Cmc2_1$	602 1043 481	$Z=4$	1,518 1,527
$Na_2SiO_3 \cdot 5H_2O$ [10213-79-3]	metasilikat pentahydrat	f	212,14 1,75	trikl., C_i^1, $P\bar{1}$	668 793 855	109,1° 98,1° 105,0° $Z=2$	
$Na_2SiO_3 \cdot 9H_2O$ [13517-24-3]	nonahydrat	f	284,20 1,646	orh., D_{2h}^{27}, $Ibca$	1174 1703 1160	$Z=8$	1,451 1,455 1,460

Phasen- umwandlungen °C		ΔH kJ/Mol	Standardwerte bei 298,15 K C_p J/KMol	S^0	ΔH_B^0 kJ/Mol	ΔG_B^0	Bemerkungen und Charakteristik
>875	*F*				−254,9		$\chi_{Mol} = -60 \cdot 10^{-6}$ cm³ Mol⁻¹; weiße sehr harte Substanz von krist. Bruch oder Pulver; zerfl. unter Rotfärbung an der Luft; l. in luftfreiem W fbl., zers. W an Luft unter Abscheidung von rotem Se; unl. fl. NH_3
710	*F*						$\chi_{Mol} = -51{,}8 \cdot 10^{-6}$ cm³ Mol⁻¹; weißes Kristallpulver; kleine milchweiße Prismen; LW 20° 46%, Bdk. $5 H_2O$; unl. Al; beim Erhitzen auf 700° an der Luft → Na_2SeO_4
85	*Z*				−756		fbl. sternförmig angeordnete Krist.; an Luft beständig; LW 20° 58%, Bdk. $3 H_2O$
					−1080		weißes krist. Pulver; krist. aus konz. wss. Lsg. oberhalb 33° aus; LW 20° 30%, Bdk. $10 H_2O$; l. CH_3NH_2
							große durchsichtige Krist., an Luft bald matt; verwittern zu weißem Pulver; LW s. Na_2SeO_4
					−2833,5		kleine glänzende Krist.; nicht hygr.; LW 20° 0,68%, 100° 2,4%, Bdk. $0 H_2O$; Kochen mit Sodalsg. zers.
1089	*F*	51,8	111,9	113,8	−1561,5	−1467,4	fbl. lange Krist.; klares Glas; LW 20° 15,6%, Bdk. $9 H_2O$, konz. H_2SO_4 zers.
							weiße kub. Krist.; sll. W, zll. Alk, Aceton
40−48 100	*F* $-6 H_2O$				−4194		fbl. Tafeln; über 100° wfrei; LW s. Na_2SiO_3; L 0,5 N-NaCl 17,5° 33,8 g $Na_2SiO_3 \cdot 9 H_2O$/100 cm³ Lösm.; L 0,5 N-NaOH 17,5° 25,56 g/100 cm³ Lösm.; L in gesättigter NaCl-Lsg. 17,5° 20,6 g/100 cm³ Lösm.

Übersichtstabelle Anorganische Verbindungen (Fortsetzung)

Formel	Name	Zustand	Mol-Masse / Dichte $10^3\,kg \cdot m^{-3}$	Kristalldaten: System, Typ und Symbol	Einheitszelle: Kantenlänge in pm	Einheitszelle: Winkel und Z	Brechzahl n_D
Na	**Natrium**						
Na_4SiO_4 [13472-30-5]	ortho-silikat	f	184,04 / 2,65	trikl., C_i^1, $P\bar{1}$	556 838 618	98,32° 123,49° 98,56° $Z = 2$	1,530
$Na_2Si_2O_5$ [13870-28-5]	meta-disilikat	f	182,15 / 2,49	mkl., C_{2h}^5, $P2_1/c$	1230,7 484,9 812,4	104,12° $Z = 4$	1,500 1,510 1,515
Na_2SnF_6 [16924-51-9]	hexafluo-stannat(IV)	f	278,66 / 3,64	tetr.	505 1012	$Z = 2$	
$NaTaO_3$ [12034-15-0]	tantalat-(V)	f	251,94 / ~7	orh.	551,3 775,0 549,4	$Z = 4$	
Na_2Te [12034-41-2]	tellurid	f	173,58 / 2,90	kub., $C1$ O_h^5, $Fm\bar{3}m$	732,9	$Z = 4$	
Na_2TiF_6 [17116-13-1]	hexafluoro-titanat(IV)	f	207,87 / 2,78	hex., D_{3d}^3, $P\bar{3}m1$	920 513	$Z = 3$	1,412 1,619
Na_2TiO_3 [12034-34-3]	meta-titanat	f	141,88 / 3,19	kub.	450		
$Na_2Ti_2O_5$ [12164-19-1]	dititanat	f	221,78 / 3,42	orh.	1352 1669 381	$Z = 8$	
$Na_2Ti_3O_7$ [12034-36-5]	trititanat	f	301,68 / 3,36–3,50	mkl., C_{2h}^2, $P2_1/m$	912,8 380,3 856,2	101,6° $Z = 2$	
$NaUO_2 \cdot (CH_3CO_2)_3$ [14286-13-6]	uranyl-acetat	f	470,15 / 2,55	kub., T^4, $P2_13$	1069,2	$Z = 4$	1,501

Phasen-umwandlungen			Standardwerte bei 298,15 K		Bemerkungen und Charakteristik
°C		ΔH kJ/Mol	C_p S^0 J/KMol	ΔH^0_B ΔG^0_B kJ/Mol	
1120	F	57,7	184,72 195,6	−2106,6 1975,7	glasklare Krist.; hygr.
678 707 874	U_1 U_2 F	0,42 0,63 35,6	157,0 164,1	−2470,1 −2322,2	schuppenartige Krist., Platten oder Nadeln; durch W schwer zers.; Natrosilit; Hochtemperaturform orh. $a = 642{,}82$, $b = 1545$, $c = 490{,}9$ pm, $Z = 4$
					weiß
1035	F	13,8	77,3 115,1	−313,8 −302,7	$\chi_{Mol} = -75 \cdot 10^{-6}$ $cm^3\,Mol^{-1}$; weiße krist. Masse, sehr zerfl.; an Luft sofort dkl; l. W; die wss. Lsg. zers. an Luft unter Abscheidung von schw. Te; etwas l. fl. NH_3
					weiß
287 965	U Z	1,67	125,6 121,6	−1551,6 −1456,3	kurze derbe Prismen; W hydrolysiert; vollständig l. verd. h. HCl
985	F	109,8	174,4 173,8	−2539,7 −2389,6	tafelige, fast nadelige Krist.; gut haltbar, unl. W; schwer l. k. HCl, ll. sied. HCl; Alk-sulfatschmelze zers. fast vollständig
1128	Z		229,5 233,9	−3479,8 −3277,4	weiße glänzende Nadeln; unl. W fast unl. sied. HCl; etwas l. h. H_2SO_4; sied. H_2SO_4 zers.
					gelbe Krist. mit grünlicher Fluoresz.; LW 20° 4,62%; L Me 15° 0,74 g/100 g Lösm.; L Aceton 15° 2,37 g/100 g Lösm.

Übersichtstabelle Anorganische Verbindungen (Fortsetzung)

Formel	Name	Zustand	Mol-Masse Dichte 10^3 kg · m^{-3}	Kristalldaten: System, Typ und Symbol	Einheitszelle: Kantenlänge in pm	Einheitszelle: Winkel und Z	Brechzahl n_D
Na	**Natrium**						
Na_2UO_4 [13510-99-1]	uranat	f	348,01 5,71	orh., * D_{2h}^{19}, *Cmmm*	572 974 349	$Z=2$	
$NaVO_3$ [13718-26-8]	vanadat	f	121,93	mkl., C_{2h}^{6}, *I2/a*	1033,3 947,3 588,0	104,20° $Z=8$	
Na_3VO_4 [13721-39-6]	orthovanadat	f	183,94 2,722	kub.	760		
$Na_4V_2O_7$ [13517-26-5]	pyrovanadat	f	305,84	mkl., C_{2h}^{6}, *C2/c*	1537,6 575,7 3256,4	95,1° $Z=16$	
Na_2WO_4 [13472-45-2]	wolframat	f	293,83 4,179	orh. D_{2h}^{16}, *Pnam*	772 1007 558		
$Na_2WO_4 \cdot 2H_2O$ [10213-10-2]	dihydrat	f	329,86 3,23	orh., D_{2h}^{15}, *Pbca*	1060,4 1384,4 845,5	$Z=8$	
Na_3ZrF_7 [17442-98-7]	heptafluoro-zirkonat	f	293,19 ~3,2	tetr., D_{4h}^{17}, *I4/mmm*	531,0 1050,0	$Z=8$	
Na_2ZrO_3 [12201-48-8]	meta-zirkonat	f	185,20 4,0	hex.	1862,1 1096,5		1,720 – >1,80
Nb	**Niob**						
NbB_2 [12007-29-3]	diborid	f	114,53 6,97	hex. D_{6h}^{1}, *P6/mmm*	311,13 324,43	$Z=1$	
$NbOBr_3$ [14459-75-7]	oxidbromid	f	348,63				

Phasen-umwandlungen			Standardwerte bei 298,15 K				Bemerkungen und Charakteristik
°C		ΔH kJ/Mol	C_p J/KMol	S^0	ΔH_B^0 kJ/Mol	ΔG_B^0	
930	*U*		147,0	166,0	−1862	−1745	HT-Form; D_{2h}^{10}, *Pccn*, $a = 597$, $b = 1168$, $c = 580$ pm; $Z = 4$; glänzende grünlichgelbe bis goldgelbe Blättchen, auch durchsichtige rötlichgelbe Prismen; unl. W; ll. verd. S
393 630	*U* *F*	1,046 28,32	97,6	113,7	−1147,7	−1065,8	l. W; HT-Mod: orh., $a = 536{,}25$, $b = 1415{,}5$, $c = 364{,}99$ pm
1200	*F*		164,9	190,0	−1763,5	−1643,1	l. W, unl. Al; HT-Mod: kub. T^4, $P2_13$, $a = 762$ pm, $Z = 4$; β: orh, D_{2h}^{16}, *Pnmb*, $a = 704$, $b = 1210$, $c = 557$ pm, $Z = 4$
653	Z	66,32	269,7	318,4	−2926,3	−2728,5	l. W, unl. Al; fbl.; hygr.
591 696	*U* *F*	34,4 22,3	139,8	160,3	−1544,7	−1429,8	weiße undurchsichtige krist. Masse
100	$-H_2O$						sehr dünne glänzende Tafeln oder Blättchen; luftbeständig; ll. W; unl. Al, Nitrobzl, Py, CS_2, Anilin
830	*F*						fbl. sehr kleine Krist.
~1500	*F**						* *F* inkongruent; kubisch Mod. $a = 4{,}66$ pm; krist. Masse; kleine sechsseitige Tafeln; zieht an der Luft Feuchtigkeit an; W hydrolysiert vollständig; l. sied. HCl; schwer l. NaOH- und Na_2CO_3-Schmelze
3000	*F*		47,89	37,66	−251,0	−248,0	olivgrün; unl. HCl (1 : 1); *Z* 5–20% NaOH bei 80 °C, H_2O_2
170 310	Sb, Vak. *Z*				−747		Zers. W; l. S.; gelb

Übersichtstabelle Anorganische Verbindungen (Fortsetzung)

Formel	Name	Zustand	Mol-Masse / Dichte 10^3 kg · m^{-3}	Kristalldaten: System, Typ und Symbol	Einheitszelle: Kantenlänge in pm	Einheitszelle: Winkel und Z	Brechzahl n_D
Nb	**Niob**						
$NbBr_5$ [13478-45-0]	bromid	f	492,45 4,99	mkl.,	1920 1855 610	90,1° $Z = 12$	
NbC [12069-94-2]	carbid	f	104,92 7,83	kub., O_h^5, $Fm\bar{3}m$	446,98	$Z = 4$	
$NbOCl_3$ [13597-20-1]	oxidchlorid	f	215,26 3,05	tetr. D_{2h}^{14}, $P4_2/mnm$	1087 396	$Z = 4$	
$NbCl_5$ [10026-12-7]	chlorid	f	270,17 2,75	mkl.,	1823 1776 586	90,60° $Z = 12$	2,01 2,02 2,038
NbF_3 [15195-53-6]	(III)-fluorid	f	149,9 4,02	kub., O_h^1, $Pm3m$	390,3	$Z = 1$	
NbF_5 [7783-68-8]	fluorid	f	187,8 3,293	mkl., C_{2h}^3, $C2/m$	962 1443 512	96,1° $Z = 8$	
NbH [13981-86-7]	hydrid	f	93,91 7,6	orh., D_{2h}^{20}, $Cccm$	484,3 491,7 346,7	$Z = 4$	
NbI_5 [13779-92-5]	iodid	f	727,43				
NbN [24621-21-4]	nitrid	f	106,91 8,4	hex., D_{6h}^4, $P6_3/mmm$	296,8 554,8	$Z = 2$	
NbO [12034-57-0]	(II)-oxid	f	108,91 7,3	kub., O_h^1, $Pm3m$	421	$Z = 3$	
NbO_2 [12034-59-2]	(IV)-oxid	f	124,90 5,9	tetr., C_{4h}^6, $I4_1/a$	1368 597		

Phasen-umwandlungen			Standardwerte bei 298,15 K				Bemerkungen und Charakteristik
°C		ΔH kJ/Mol	C_p J/KMol	S^0	ΔH^0_B kJ/Mol	ΔG^0_B	
265,2 361,6	*F* *V*	45,6 78,3	147,9	258,8	−556,4	−509,3	rotes krist. Pulver; aus Schmelze granatrote Krist.; hygr.; raucht an der Luft, W zers. unter Zischen; ll. wfreiem C_2H_5Br, Al; Dimer
3613	*F*		36,9	35,4	−138,9	−136,9	dklblaue stark glänzende, sehr feine Nadeln
277	Sb		119,82	142,00	−879,5	−780,6	Zers. W; l. Al, H_2SO_4, unl. HCl farblose Nadeln
204,7 251,4	*F* *V*	33,9	147,9	214,1	−797,5	−684,1	schwefelgelbe durchsichtige Krist.; zers. W → HCl + Niobsäure, l. HCl, Al, E, CCl_4, wss. KOH, konz. H_2SO_4; Dimer
570	*Sb*	54					schw. Substanz; Halbleiter unl. S; l. HF; Alk-Schmelzen
77,9 233,3	*F* *V*	12,0 54,0	32,2	160,2	−1813,8	−1699,6	fbl. stark lichtbrechende Krist.; hygr.; ll. W; l. Al; Tetramer
							l. HF, c. H_2SO_4, unl. HCl, HNO_3; graues Pulver, wasserstoffreich
327 346	*F* *V*	37,7 59	155,7	343,1	−268,6	−273,5	messingfb.; Dimer
1370 2205	*U* *F*	4,18 46,0	39,0	34,5	−235,1	−206,0	samtschw. Pulver; unl. HCl, H_2SO_4, HNO_3; l. HF + HNO_3; KOH-Schmelze zers.
1937	*F*	85,4	41,1	46,0	−419,7	−391,9	schw. Pulver; schw. glänzende Krist.; $KHSO_4$-Schmelze oxid. → Nb_2O_5; etwas l. HCl; l. h. konz. H_2SO_4, Gemisch HF + H_2SO_4; unl. HNO_3; Al; sied. KOH löst langsam
817 927 1902	*U* *U* *F*	3,42 0,00 92,0	57,4	54,5	−795,0	−739,2	dichtes schw. Pulver, etwas bläulich; unl. W, HCl, H_2SO_4; HNO_3, HF, Königsw.; wl. sied. KOH

Übersichtstabelle Anorganische Verbindungen (Fortsetzung)

Formel	Name	Zu-stand	Mol-Masse Dichte 10^3 kg · m^{-3}	Kristalldaten System, Typ und Symbol	Einheitszelle Kanten-länge in pm	Winkel und Z	Brechzahl n_D
Nb	**Niob**						
Nb_2O_5 [1313-96-8]	(V)-oxid	f	265,81 4,47	mkl., C_2^1, $P2$	2038,1 342,5 1936,8	115,7° $Z = 14$	
NbS_2 [12136-97-9]	disulfid	f	157,04 4,54	trig. C_{3v}^5, $R3m$	334 1786	$Z = 21-24$	
Nd	**Neodym**						
$Nd(CH_3COO)_3 \cdot 4H_2O$ [50484-87-2]	triacetat-tetrahydrat	f	393,38	trkl., C_i^1, $P\bar{1}$	942,5 993,2 1065	88,09° 115,06° 123,69°	
NdB_6 [12008-23-0]	hexaborid	f	209,11 4,948	kub., O_h^1, $Pm3m$	412,6	$Z = 1$	
$NdBr_3$ [13536-80-6]	bromid	f	383,97	orh., D_{2h}^{17}, $Cmcm$	915 1263 410	$Z = 4$	
$Nd(BrO_3)_3 \cdot 9H_2O$ [13477-88-8]	bromat nonahydrat	f	690,10 2,79	hex., C_{6v}^4, $P6_3mc$	1180 676	$Z = 2$	1,547 1,599
NdC_2 [12071-21-5]	dicarbid	f	168,26 5,15	tetr., $C11$ D_{4h}^{17}, $I4/mmm$	387,3 640,5	$Z = 2$	
$NdCl_3$ [10024-93-8]	chlorid	f	250,60 4,134	hex., C_{6h}^2, $P6_3/m$	740,0 424,0	$Z = 2$	
$NdCl_3 \cdot 6H_2O$ [13477-89-9]	hexahydrat	f	358,69 2,282	mkl., C_{2h}^4, $P2/c$	972 660 790	93,75° $Z = 2$	

Phasen-umwandlungen			Standardwerte bei 298,15 K				Bemerkungen und Charakteristik
°C		ΔH kJ/Mol	C_p J/KMol	S^0 J/KMol	ΔH_B^0 kJ/Mol	ΔG_B^0 kJ/Mol	
1512	*F*	104,3	132,0	137,3	−1899,5	−1765,9	ZT-Form; β-Form: mkl. $a = 2210$, $b = 763{,}8$, $c = 1952$ pm, $\beta = 118, 25°$; γ': mkl, $a = 734{,}8$, $b = 596{,}2$, $c = 1365$ pm; $\beta = 155{,}5°$; $\varepsilon(10^3\,Hz) = 280$; weißes Pulver; geruch- und geschmacklos; l. $KHSO_4$-Schmelze; geglühtes unl. Alk-laugen, ungeglühtes l. h. konz. H_2SO_4; Aufschluß auch mit Alk-schmelze L. HF
				71	−356		schwarz
							hellrot; l. W
2540	*F*						schw. bis dklbraune Substanz; unl. verd. S, l. Königsw.
682 1540	*F* *V*	45,3 195,8	99,1	194,1	−873,2	−841,8	viol. bis rosagraue Krist.; W löst langsam; l. Me; mäßig l. Aceton
66,7 150	*F* −*W*				−3584		rosa Prismen; LW 20° 43 %, Bdk. $9\,H_2O$; unl. Al
1150 >2000	*U* *F*						gelbe Blättchen; schwärzliche Masse, auf frischem Schnitt goldgelb; zers. W; l. verd. S, unl. konz. HNO_3; antiferromagn.
759 1600	*F* *V*	50,23 216,7	99,1	153,4	−1041,8	−966,6	rosafarbenes Pulver; hrosa durchscheinende verfilzte Nadeln; LW 20° 49,5 %, Bdk. $6\,H_2O$, ll. Al; unl. E, Chlf
124 160	 $-6\,H_2O$				−2897	−2439	rosafarbene große Krist.; LW s. $NdCl_3$

Übersichtstabelle Anorganische Verbindungen (Fortsetzung)

Formel	Name	Zustand	Mol-Masse Dichte $10^3\ kg \cdot m^{-3}$	Kristalldaten System, Typ und Symbol	Einheitszelle Kantenlänge in pm	 Winkel und Z	Brechzahl n_D
Nd	**Neodym**						
NdF_3 [13709-42-7]	fluorid	f	201,24 6,506	hex., D_{6h}^3, $P6_3/mcm$	703,0 719,6	$Z=6$	
NdI_3 [13813-24-6]	iodid	f	524,95	orh., D_{3d}^2, $Cmcm$	427 1387 990	$Z=4$	
$Nd_2(MoO_4)_3$ [13477-90-2]	molybdat	f	768,29 5,14	mkl. C_{2h}^6, C^*/c	1678,8 1171,9 1584,9	108,54°	2,005
NdN [25764-11-8]	nitrid	f	158,25 7,73	kub., O_h^5, $Fm\bar{3}m$	514,1	$Z=4$	
$Nd(NO_3)_3$ $\cdot 6\,H_2O$ [16454-60-7]	nitrat- hexahydrat	f	438,35 2,260	trikl., C_i^1, $P\bar{1}$	930,8 1174,5 678,9	91,26° 112,63° 109,11° $Z=2$	
Nd_2O_3 [1313-97-9]	(III)-oxid	f	336,48 7,24	trig., D_{3d}^3, $P\bar{3}m1$	383,1 599,9	$Z=1$	
$Nd(OH)_3$ [16469-12-3]	hydroxid	f	195,26 4,88	hex., C_{6h}^2, $P6_3/m$	642,1 374	$Z=2$	1,768 1,740
Nd_2S_3 [12035-32-4]	(III)-sulfid	f	384,67 5,487	orh., D_{2h}^{16}, $Pnma$	744,2 1551,9 402,9	$Z=4$	
$Nd_2(SO_4)_3$ [10101-95-8]	sulfat	f	576,66 3,96	mkl., C_{2h}^6, $B2/b$	2172 690,4 667,3	109,73° $Z=4$	
$Nd_2(SO_4)_3$ $\cdot 8\,H_2O$ [13477-91-3]	sulfat octahydrat	f	720,79 2,85	mkl., C_{2h}^6, $C2/c$	1371 684,0 1844	102,5° $Z=1$	1,41 1,561 1,562

Phasen-umwandlungen			Standardwerte bei 298,15 K				Bemerkungen und Charakteristik
°C		ΔH kJ/Mol	C_p J/KMol	S^0 J/KMol	ΔH_B^0 kJ/Mol	ΔG_B^0 kJ/Mol	
1377	*F*	54,8	92,42		−1679,5		unl. W; hell-lila
2300	*V*			120,79		−1603,6	
574	*U*	13,8	98,7		−639,3		weiße Substanz, geschmolzen
775	*F*	41,5		230,5		−635,0	schw.; bleibt beim Erstarren
1370	*V*						zunächst dkl, wird dann hell;
							empfindlich gegen O_2 und W;
							l. W unter Zischen; ll. Aceton
1176	*F*						
			36				Z. W; schwarz
							ll. W, l. Alk.
1120	*U*	0,586	111,3		−1807,0		HT Mod: mkl. $a = 1432$,
2272	*F*			158,5		−1721,1	$b = 368$, $c = 902$ pm, $\beta = 100{,}45°$;
							$\chi_{Mol} = +10200 \cdot 10^{-6} cm^3 Mol^{-1}$;
							blaue Blättchen;
							LW 20° $1{,}9 \cdot 10^{-4}$ %; ll. HCl
350	$-W$						viol. graues Pulver; unl. W, l. Alk.
						−1295	konz. $(NH_4)_2CO_3$-Lsg. löst nur
							in Spuren
1180			122,5		−1188,0		braunoliv durchsichtige Tafeln oder
2010				185,2		−1172,2	olivgrünes Pulver; sied. W zers.
							langsam → H_2S; l. verd. S
890	$-SO_2/O_2$		272,6		−3899,5		$\chi_{Mol} = +10000 \cdot 10^{-6} cm^3 Mol^{-1}$;
1235	$-SO_2/O_2$			288,3		−3547,4	rosafarbene lockere Masse feiner
							Nadeln; LW 20° 6,4 %, Bdk. $8H_2O$
85	$-3W$		606		−6381		rosafarbene seidenglänzende
145	$-3W$			673		−5585	Blättchen LW s. $Nd_2(SO_4)_3$
290	$-2W$						

Übersichtstabelle Anorganische Verbindungen (Fortsetzung)

Formel	Name	Zustand	Mol-Masse / Dichte 10^3 kg · m^{-3}	Kristalldaten: System, Typ und Symbol	Einheitszelle: Kantenlänge in pm	Einheitszelle: Winkel und Z	Brechzahl n_D
Ni	**Nickel**						
NiAs [27016-75-7]	arsenid	f	133,63 7,57	hex., D_{6h}^4, $P6_3/mmc$	360,9 501,9	$Z=2$	
$Ni_3(AsO_4)_2$ [13477-70-8]	(II)-ortho-arsenat	f	453,97 5,37	mkl. C_{2h}^5, $P2_1/a$	1017 955 577	93°	
$Ni_3(AsO_4)_2$ $\cdot$ 8 H_2O [7784-48-7]	orthoarsenat octahydrat	f	598,09 3,07	mkl., C_{2h}^3, C2/m	1005,4 1330,3 471,59	102,10° $Z=2$	
NiB [12007-00-0]	borid	f	69,53 7,39	orh., D_{2h}^{17}, $Cmcm$	293,6 738 296,8	$Z=4$	
$Ni(BF_4)_2 \cdot 6\,H_2O$ [15684-36-3]	tetrafluoro-hexahydrat	f	340,40 2,136	hex.	1532 516		
$Ni(BrO_3)_2$ $\cdot$ 6 H_2O [13477-93-5]	bromat-hexahydrat	f	422,60 2,575	kub., T_h^6, $Pa3$	1027	$Z=4$	
$NiBr_2$ [13462-88-9]	(II)-bromid	f	218,51 5,098	trig., D_{3d}^5, $R\bar{3}m$	372 1834	$Z=3$	
Ni_3C [12012-02-1]	Tri…carbid	f	188,14 7,957	trig., D_{3d}^6, $R\bar{3}c$	458,3 1299	$Z=3$	
$Ni(CN)_2$ [557-19-7]	(II)-cyanid	f	110,75 2,393	tetr.	683 319		
$NiCO_3$ [3333-67-3]	(II)-carbonat	f	118,72 4,388	hex. D_{3d}^6, $R\bar{3}c$	460,9 1473,7	$Z=6$	1,721 1,930

Phasen- umwandlungen			Standardwerte bei 298,15 K				Bemerkungen und Charakteristik
°C		ΔH kJ/Mol	C_p J/KMol	S^0	ΔH_B^0 kJ/Mol	ΔG_B^0	
968	*F*		56,0	45,4	−73,3	−67,3	$\chi_{Mol} = +43 \cdot 10^{-6} cm^3 Mol^{-1}$; Rotnickelkies; derbe hkupferrote Masse, oft mit einem Anflug apfelgrüner Nickelblüte; spröde; l. h. HNO_3, Königsw.
			265,4	344,8	−1849,3	−1659,4	gelbes bis gelbgrünes Pulver; unl. W; l. S; Xanthiosit
							unl. W, l. S; grün
1600	*Z*		34,63	30,13	−100,4	−98,8	wl. S, l. Königsw., $KNO_3 + Na_2CO_3$ Schmelze
							zll. H_2O, Al; grüne Kristalle
130	−*W*						LW 28 g/100 cm³, Bdk. $6 H_2O$
963	*F*	54,4	75,4	122,4	−211,9	−194,1	gelbe Krist.; zerfl.; subl. leicht ab 880 °C; LW 20° 56,5 %, Bdk. $6 H_2O$; l. wss. NH_3, Al, E
			106,7	106,3	+ 67,4	+ 64,2	dklgrau Pulv.
					−97,3		braungelbes Salz; frisch gefällt l. Alk-cyanidlsg. goldgelb; $\cdot 4 H_2O$ hgrüne Krist.; unl. W; l., wss. NH_3; giftig
400	$-CO_2$		86,2	86,2	−694,5	−617,9	hgrünes krist. Pulver; fast unl. W; l. S; Gaspeit

Übersichtstabelle Anorganische Verbindungen (Fortsetzung)

Formel	Name	Zustand	Mol-Masse Dichte 10^3 kg · m^{-3}	Kristalldaten: System, Typ und Symbol	Einheitszelle: Kantenlänge in pm	Einheitszelle: Winkel und Z	Brechzahl n_D
Ni	**Nickel**						
$Ni(CO)_4$ [13463-39-3]	tetra- carbonyl	fl	170,75 1,328	kub., T_h^6, $Pa3$	1084	$Z=8$	
$Ni(C_2H_3O_2)_2$ $\cdot 4H_2O$ [6018-89-9]	(II)-acetat tetrahydrat	f	248,86 1,744	mkl., C_{2h}^5, $P2_1/c$	844,3 1177,8 477,8	93,93° $Z=2$	
$Ni(COO)_2$ $\cdot 2H_2O$ [6018-94-6]	(II)-oxalat dihydrat	f	182,76 2,227	orh., D_{2h}^{20}, $Cccm$	1184,2 534,9 1571,6	$Z=8$	
$Ni(ClO_3)_2$ $\cdot 6H_2O$ [13477-94-6]	chlorat- hexahydrat	f	333,70 2,07	kub., T_h^6, $Pa3$	1031,6	$Z=4$	
$Ni(ClO_4)_2$ $\cdot 6H_2O$ [13520-61-1]	perchlorat- hexahydrat	f	365,70 2,25	hex., D_{6h}^1, $P6/mmm$	1552,8 516,9	$Z=4$	1,518 1,498
$NiCl_2$ [7718-54-8]	(II)-chlorid	f	129,62 3,55	hex., D_{3d}^5, $R\bar{3}m$	357,8 1741	$Z=3$	
$NiCl_2 \cdot 6H_2O$ [7791-20-0]	hexahydrat	f	237,70 1,93	mkl., C_{2h}^3, $I2/m$	828,6 707,6 662,5	97,2° $Z=2$	~1,57
NiF_2 [10028-18-9]	(II)-fluorid	f	96,71 4,63	tetr., D_{4h}^{14}, $P4_2/mnm$	465,08 308,37	$Z=2$	
$NiF_2 \cdot 4H_2O$ [13940-83-5]	fluorid- tetrahydrat	f	168,77 2,276	orh., C_{2h}^5, $P2_1ab$	798,5 1248,2 572	$Z=4$	
$Ni(IO_3)_2$ [13477-98-0]	iodat	f	408,52 5,07	mkl.	567 510 895	101,3° $Z=2$	
$Ni(IO_3)_2$ $\cdot 4H_2O$	iodat- tetra- hydrat	f	480,59	mkl., C_{2h}^5, $P2_1/a$	853,2 656,2 826,8	100,7° $Z=2$	

Phasen-umwandlungen °C		ΔH kJ/Mol	Standardwerte bei 298,15 K C_p J/KMol	S^0 J/KMol	ΔH^0_B kJ/Mol	ΔG^0_B kJ/Mol	Bemerkungen und Charakteristik
−25 42,4 >35	*F* *V* *Z*	13,83 29,3	149,29*	410,6*	−602,9*	−582,2*	fbl. Fl.; oxid. an Luft; verbrennt mit heller Flamme; Gemische mit Luft expl. bei etwa 60°; swl. W; l. Al, E, Bzl, Aceton, Chlf, CCl_4; entflammt mit konz. H_2SO_4; * Gas
80–85 350	−*W* $-CO_2$						grüne Krist.; l. W, Al; unl. abs. Al; wfreies Salz; $D = 1798$ kg m^{-3}
200	*Z*						$\chi_{Mol} = +3880 \cdot 10^{-6}$ cm^3 Mol^{-1}; hgrünes Pulver; unl. W und org. Lösm., l. S, NH_4-salzlsg.; bei 150° wfrei
80	*Z*				−1979		LW 0,9 g/100 cm^3; dunkelgrün
140	*Z*						LW 223 g/100 cm^3, l. Chlf., Aceton, Al; grüne Nadeln; hygr.
1031 993	*F* *Sb*	77,3	71,68	98,1	−305,3	−259,1	goldgelbe glänzende Kristallschuppen; fühlen sich talkartig an; subl. leicht ab 970° C; LW 20° 38%, Bdk. $6H_2O$; ll. Al; wl. Aceton
30	−2*W*			314,5	−2115	−1718	grasgrüne körnige Krist.; grünes krist. Pulver, zerfl.; LW s. $NiCl_2$; ll. Al; verliert bei 140° alles Kristallwasser
1450	*F*		64,03	73,6	−657,7	−610,3	gelbe Krist.; LW 20° 2,5%, Bdk. $4H_2O$; unl. S, wss. NH_3, Al, E; $\cdot 3H_2O$ körnige blaßgrüne Krist.
120	−3*W*					−1590	hellgrün; l. W, unl. Al
					−521	−362,8	LW 1,1 g/100 cm^3; gelbe Nadeln, β-Mod: hex, D^6_6, $P6_322$, $a = 1078,3$ $b = 514,7$ pm, $Z = 4$
100	*Z*						wl. W

Übersichtstabelle Anorganische Verbindungen (Fortsetzung)

Formel	Name	Zustand	Mol-Masse / Dichte 10^3 kg · m^{-3}	Kristalldaten: System, Typ und Symbol	Einheitszelle: Kantenlänge in pm	Einheitszelle: Winkel und Z	Brechzahl n_D
Ni	**Nickel**						
NiI_2 [13462-90-3]	(II)-iodid	f	312,52 / 5,834	hex., D_{3d}^5 $R\bar{3}m$	392,9 1981,1	$Z = 3$	
$Ni(NH_3)_6Cl_2$ [10534-88-0]	(II)-hexammin-dichlorid	f	231,80 / 1,468	kub., O_h^5, $Fm3m$	1009,9	$Z = 4$	
$Ni(NH_3)_3I_2$ [13859-68-2]	(II)-hexa-ammin-diiodid	f	414,70 / 2,101	kub., O_h^5, $Fm3m$	1087,5		
$Ni(NO_3)_2 \cdot 6H_2O$ [13478-00-7]	(II)-nitrat hexahydrat	f	290,81 / 2,05	trikl.,	769,9 1167,7 579,9	98,56 102,22° 105,80° $Z = 2$	
NiO [1313-99-1]	(II)-oxid	f	74,71 / 7,45	kub., O_h^5, $Fm\bar{3}m$	417,68	$Z = 4$	2,73
Ni_2O_3 [1314-06-3]	(III)-oxid	f	165,42 / 4,83	hex.	461 561	$Z = 2$	
$Ni(OH)_2$ [12054-48-7]	(II)-hydroxid	f	92,72 / 4,1	trig., $C6$ D_{3d}^3, $P\bar{3}m1$	313,1 466,6	$Z = 1$	
Ni_2P [12035-64-2]	Di… phosphid	f	148,39 / 7,2	hex., $C22$ D_{3h}^3, $P\bar{6}2m$	585 337	$Z = 3$	
Ni_3P [12059-19-7]	Tri… phosphid	f	207,08 / 5,99	tetr., S_4^2, $I\bar{4}$	895,2 438,8	$Z = 8$	
Ni_5P_2 [11103-55-2]	Penta… diphosphid	f	355,50 / 7,28	hex. C_{3i}^1, $P\bar{3}$	1322 2462,2	$Z = 24$	
$Ni_3(PO_4)_2 \cdot 8H_2O$ [19033-89-7]	(II)-ortho-phosphat octahydrat	f	510,20 / 2,85	mkl., C_{2h}^3, $I2/m$	984,6 1320,3 463,4	102,27° $Z = 2$	

Phasen-umwandlungen			Standardwerte bei 298,15 K				Bemerkungen und Charakteristik
°C		ΔH kJ/Mol	C_p J/KMol	S^0	ΔH^0_B kJ/Mol	ΔG^0_B	
797	F		77,4	138,7	−78,2	−76,0	schw. Krist.; zerfl.; LW 20° 59,5%, Bdk. $6H_2O$; l. Al
							luftempf.; blau; l. NH_4OH
							luftempf.; blau; l. NH_4OH
−30 56,7 136,7	U F V	7,5	402		−2223		smaragdgrüne, glasige Krist.; hygr.; LW 20° 48,5%, Bdk. $6H_2O$: l. Al; wl. Aceton
250 292 1955	U_1 U_2 F	0,000 0,000 54,4	44,31	38,0	−239,7	−211,5	TT. Mod. hex $R\bar{3}m$, D^5_{3d}, $a = 295{,}4$, $c = 723{,}6$ pm, $Z = 3$; [1] antiferromagnetische Umwandlung; Halbleiter; Bunsenit; pistaziengrüne kleine Krist.; grünlichgraues Pulver; unl. W; ll. S; wird durch starkes Glühen grauschw., met. glänzend und schwer l. S
							keine reine Substanz; grauschw. Pulver; unl. W; l. S, wss. NH_3, KCN-Lsg.
230	$-W$			79	−528,1	−452	$\chi_{Mol} = +4500 \cdot 10^{-6} cm^3 Mol^{-1}$; hgrüner voluminöser Nd.; grünes Kristallpulver; ll. S, wss. NH_3, NH_4-salzlsg.; unl. Alk
1112	F		64,81	77,4	−184,1	−177,1	graue krist. Substanz; unl. W, S; l. Gemisch HNO_3 + HF, Königsw.
							graue Substanz; unl. W, l. S
1185	F		152	185	−435	−421	silberw. Nadeln, l. h. HCl Z HNO_3, H_2SO_4, Königsw.
							hgrüne körnige Krist.; unl. W; l. S, NH_4-salzlsg.; Arupit

Übersichtstabelle Anorganische Verbindungen (Fortsetzung)

Formel	Name	Zustand	Mol-Masse / Dichte 10^3 kg · m^{-3}	Kristalldaten: System, Typ und Symbol	Einheitszelle: Kantenlänge in pm	Einheitszelle: Winkel und Z	Brechzahl n_D
Ni	**Nickel**						
NiS [16812-54-7]	(II)-sulfid	f	90,77 5,5	hex., C_{3v}^5, $R3m$	962,0 314,9	$Z=9$	
NiS_2 [12035-51-7]	disulfid	f	122,8 4,45	kub., T_h^6, $Pa3$	566,8	$Z=4$	
Ni_3S_2 [12035-72-2]	Tri…disulfid	f	240,26 5,82	hex., D_3^7, $R32$	574,5 713,9	$Z=3$	
Ni_3S_4 [12137-12-1]	Tri…tetrasulfid	f	304,39 4,81	kub., O_h^7, $Fd3m$	948	$Z=8$	
$NiSO_3 \cdot 6H_2O$ [13444-81-0]	sulfit-hexahydrat	f	246,86 1,825	tetr., D_{4h}^3, $P4/nbm$	878 1165		
$NiSO_4$ [7786-81-4]	(II)-sulfat	f	154,77 3,68	orh., D_{2h}^{17}, $Cmcm$	633,78 783,62 515,69	$Z=4$	1,695 1,723
$NiSO_4 \cdot 6H_2O$ [10101-97-0]	hexahydrat	f	262,86 2,07	tetr., D_{4h}^4, $P4_12_12$	678,2 1828	$Z=4$	1,487 1,513
$NiSO_4 \cdot 7H_2O$ [10101-98-1]	heptahydrat	f	280,88 1,948	orh., $H4_{12}$ D_2^4, $P2_12_12_1$	1186 1208 681	$Z=4$	1,467 1,4893 1,492
δ-Ni_2Si [12059-14-2]	Di…silicid	f	145,51 7,27	orh., D_{2h}^{16}, $Pbnm$	706 499 372	$Z=4$	

Phasen-umwandlungen			Standardwerte bei 298,15 K				Bemerkungen und Charakteristik
°C		ΔH kJ/Mol	C_p J/KMol	S^0 J/KMol	ΔH_B^0 kJ/Mol	ΔG_B^0 kJ/Mol	
379 976	*U* *F*	6,443 30,125	47,12	53,0	−87,9	−85,2	Millerit; künstlich dargestelltes γ-NiS wandelt sich bei Berührung mit der Lsg. um in β-NiS, hex. *B*8, D_{6h}^4, $P6_3/mmc$, *a* = 342, *c* = 530 pm, *Z* = 2; fällt aus egs. Lsg. durch H_2S, schwer l. k. verd. HCl; α-NiS fällt als schw. Nd. durch $(NH_4)_2S$; bleibt leicht kolloid in Lsg.; wird beim Stehen unl. k. verd. HCl; l. Königsw.; konz. HCl, HNO_3; Gemisch Egs und 30%igem H_2O_2
1007	*F*	65,7	70,6	72,0	−131,4	−124,8	antiferromagnetisch, grau; Vaesit
556 789	*U* *F*	56,23 19,74	117,74	133,9	−216,3	−210,4	HT-Mod: kub, *a* = 521,7 pm, $\chi_{Mol} = +1030 \cdot 10^{-6} cm^3 Mol^{-1}$; bronze-gelbe met. glänzende Substanz; unl. W; l. HNO_3
353	*Z*		164,8	186,6	−301,2	−291,9	Polydymit; grauschw. krist.; unl. W; l. HNO_3
							unl. W, l. S; grün
848	*Z*		137,96	92,00	−872,9	−759,6	gelbgrünes krist. Salz; zers. in Nickeloxid und SO_3; LW 20° 27,5%, Bdk. $7H_2O$, unl. Al, E, Aceton
53,3	*U**		343	305,7	−2688	−2222	* *U* tetr. → mkl. C_{2h}^6, *C*2/*c*, *a* = 2418,8, *b* = 724,1, *c* = 989,5 pm, β = 98,4°, *Z* = 8; ϰ(0...1000,0 MPa) = $3{,}4 \cdot 10^{-5} MPa^{-1}$; tetr. blaugrüne Krist.; mkl. grüne Krist.; LW s. $NiSO_4$; Retgersit
31,5 99 103	$-H_2O$ *F* −6*W*				−2983		smaragdgrüne Krist., LW 76 g/100 cm^3; l. Al.; Morenosit
1309	*F*						unl. W, unl. S; HT-Mod, hex, *a* = 379,7, *c* = 389,2 pm, *Z* = 2

Übersichtstabelle Anorganische Verbindungen (Fortsetzung)

Formel	Name	Zustand	Mol-Masse / Dichte 10^3 kg·m^{-3}	Kristalldaten: System, Typ und Symbol	Einheitszelle: Kantenlänge in pm	Einheitszelle: Winkel und Z	Brechzahl n_D
Ni	**Nickel**						
$NiS_2O_6 \cdot 6H_2O$ [13477-96-8]	(II)-dithionat hexahydrat	f	326,93 / 1,908	trikl.			
NiSb [12035-52-8]	antimonid	f	180,46 / 7,54	hex., *B*8 D_{6h}^4, $P6_3/mmc$	393,8 513,8	Z = 2	
NiSe [1314-05-2]	(II)-selenid	f	137,67 / ~6,6	orh., D_{2h}^{17}, *Cmcm*	343,7 1126,0 1206,0	Z = 20	
$NiSeO_4 \cdot 6H_2O$ [10101-94-2]	(II)-selenat hexahydrat	f	309,76 / 2,314	tetr., D_4^4, $P4_12_12$	691,4 1842,0	Z = 2	1,5393
$NiTiO_3$ [12035-39-1]	titanat	f	154,59 / 5,097	hex., C_{3i}^2, $R\bar{3}$	503,02 1379,02	Z = 6	
Os	**Osmium**						
$OsCl_4$ [10026-01-4]	(IV)-chlorid	f	332,01 / 4,38	kub. O_h^6, $P4_33_2$	995		
OsF_8 [18432-81-0]	(VIII)-fluorid	f	342,19 / 3,87 *	kub.	625		
OsO_2 [12036-02-1]	(IV)-oxid	f	222,2 / 11,37	tetr., D_{4h}^{14}, $P4_2/mnm$	451 319	Z = 2	
OsO_4 [20816-12-0]	(VIII)-oxid	f	254,2 / 4,906	mkl., C_2^3, *C*2	769 452 475	95,22° Z = 2	
OsP_2 [12032-59-1]	diphosphid	f	252,15 / 9,47	orh., D_{2h}^{13}, *Pmnm*	510,12 590,22 291,83	Z = 2	
OsS_2 [12137-61-0]	(IV)-sulfid	f	254,33 / 9,47	kub., T_h^6, $Pa\bar{3}$	561,96	Z = 4	

Phasen-umwandlungen °C		ΔH kJ/Mol	Standardwerte bei 298,15 K C_p / S^0 J/KMol	ΔH_B^0 / ΔG_B^0 kJ/Mol	Bemerkungen und Charakteristik
				−2962	grüne Krist., zerfl., l. W, Me, Al, unl. Egs, E, Bzl.
1158 1400	*F* *V*		49,7 78,2	−83,7 −84,5	Breithauptit; hkupferrote Masse
980	*F*		53,4 75,2	−74,9 −75,2	weißgraue bis silbrigweiße Substanz; unl. W, HCl, l. HNO_3, Königsw.
					grüne Krist.; LW 20° 26,4%, Bdk. $6\,H_2O$
1775	*F*		99,3 85,8	−1202,4 −1118,2	gelb
350	*Z*			−255	schw. met. glänzende Krusten; nicht hygr.; l. W unter Hydrolyse; l. HCl, konz. oxid S; unl. org. Lösm.
34,4 47,3	*F* *V*	7,36 28,4			* bei −183°; D_{fl} am *V*: 2740 kg m^{-3} feine gelbe Nadeln, l. H_2SO_4; l. Alk mit gelbroter Farbe; OsF_8-Dämpfe in W fbl. löslich unter Hydrolyse
650	*Z*		57,09 51,88	−295,0 −239,5	braune dichte krist. Substanz, unl. W, S, Alk; oder schw. Pulver; l. konz. HCl
31 130	*F* *V*	14,3 39,5	151,46 143,90	−394,1 −304,9	hgelbe nadelförmige Krist. oder gelbe krist. Masse; LW 20° 6%, Bdk. $0\,H_2O$; l. KW, Al, E, Alk, Na_2CO_3-Lsg., mit konz. HCl Red. unter Cl_2-Entwicklung
			71,14 82,01	−152,3 −142,5	grauschw. Pulver; Aufschluß durch alk. Schmelzen
			62,18 54,39	−147,7 −135,1	schw. krist. Substanz; unl. W, S, Alk; l. HNO_3; Halbleiter

Übersichtstabelle Anorganische Verbindungen (Fortsetzung)

Formel	Name	Zustand	Mol-Masse / Dichte 10^3 kg · m^{-3}	Kristalldaten: System, Typ und Symbol	Einheitszelle: Kantenlänge in pm	Einheitszelle: Winkel und Z	Brechzahl n_D
Os	**Osmium**						
$OsSe_2$ [12310-19-9]	diselenid	f	348,12 ~10,9	kub., T_h^6, $Pa\bar{3}$	594,5	$Z=4$	
$OsTe_2$ [12165-67-2]	ditellurid	f	445,40 ~11,3	kub., T_h^6, $Pa\bar{3}$	639,68	$Z=4$	
P	**Phosphor**						
PBr_3 [7789-60-8]	(III)-bromid	fl	270,70 2,852	orh., D_{2h}^{16}, $Pnma$	801,4 1002,6 644,4	$Z=4$	1,687
PBr_5 [7789-69-7]	(V)-bromid	f	430,52 3,6	orh., D_{2h}^{11}, $Pbcm$	831 1694 563	$Z=4$	
PCl_3 [7719-12-2]	(III)-chlorid	fl	137,33 1,5778	orh., D_{2h}^{16}, $Pnma$	804,2 936,9 607,9	$Z=4$	1,520
PCl_5 [10026-13-8]	(V)-chlorid	f	208,24 2,12	tetr., C_{4h}^3, $P4/n$	922 744	$Z=4$	
PF_3 [7783-55-3]	(III)-fluorid	g	87,97 3,907*				
PF_5 [7647-19-0]	(V)-fluorid	g	125,97 5,805*	hex., D_{6h}^4, $P6_3/mmc$	556,3 617,6	$Z=2$	**
PH_3 [7803-51-2]	wasserstoff	g	34,00 1,5307*	kub., T^4, $P2_13$	631	$Z=4$	1,317

Phasen-umwandlungen °C		ΔH kJ/Mol	Standardwerte bei 298,15 K C_p J/KMol	S^0 J/KMol	ΔH^0_B kJ/Mol	ΔG^0_B kJ/Mol	Bemerkungen und Charakteristik
			65,62	81,59	−120,1	−109,5	hgraue krist. Substanz; l. konz. HNO_3, Königsw., unl. S, Alk
~600	*F*						grauschw. undeutlich krist. Substanz; unl. S, Alk; l. verd. HNO_3 unter Oxid.
−40,5 172,9	*F* *V*	 38,8	 76,0*	 348,2*	 −145,9*	 −169,4*	wasserhelle dünne Fl. von stechendem Geruch; raucht stark an der Luft; zers. W, Al; l. E, Aceton, Chlf, CS_2, CCl_4, Bzl; Lösm. für P, I_2, $PSBr_3$ und org. Stoffe; * Gas
84	*Z*				−238		rotgelbe krist. Masse; subl. Nadeln; bildet stechend riechende Nebel; zerfl. an feuchter Luft; zers. W, Al; l. CS_2, CCl_4, Bzl
−93,6 75,5	*F* *V*	4,52 30,5	71,6*	311,7*	−288,6*	−269,5*	$\chi_{Mol} = -63{,}4 \cdot 10^{-6}\,cm^3\,Mol^{-1}$; fbl. sehr dünne Fl.; raucht stark an der Luft; reizt zu Tränen; zers. W, Al; l. E, Bzl, Chlf, CS_2, CCl_4; * Gas
164	Sb	67,4	111,6*	364,1*	−374,9*	−304,9*	$\chi_{Mol} = -102 \cdot 10^{-6}\,cm^3\,Mol^{-1}$; weißes glänzendes krist. Pulver; aus Schmelze durchsichtige Säulen; zerfl.; raucht an der Luft; stechender Geruch, die Dämpfe reizen Schleimhäute; zers. W, Al; l. CS_2; CCl_4; * Gas
−151,5 −101,5	*F* *V*	 16,5	58,7*	273,2*	−958,4*	−936,9*	* kg/Nm³; $T_{kr} = 271{,}1$ K; $P_{kr} = 4{,}46$ MPa; fbl. Gas; raucht nicht an der Luft; zers. W, Alk; * Gas
−83 −75	*F* *V*	11,8 17,2	84,9*	300,8*	−1594,4*	−1520,7*	* kg/Nm³; ** n(273 K; 1013 hPa; 589,4 nm) = 1,0006416; fbl. sehr stechend riechendes Gas; greift Schleimhäute stark an; raucht an der Luft; zers. W; * Gas
−242,8 −223,7 −185,0 −133,8 87,77	*U* *U* *U* *F* *V*	0,0824 0,778 0,485 1,130 14,598	37,1*	210,3*	5,56*	13,5*	* kg/Nm³; ** n (273 K, 1013 hPa; weiß) = 1,000789; * Gas; $T_{kr} = 325{,}0$ K; $P_{kr} = 6{,}68$ MPa; fbl. Gas; Geruch nach faulen Fischen; sehr giftig; LW 20° 0,01 mol/l

Übersichtstabelle Anorganische Verbindungen (Fortsetzung)

Formel	Name	Zustand	Mol-Masse Dichte 10^3 kg · m^{-3}	Kristalldaten System, Typ und Symbol	Einheitszelle Kantenlänge in pm	 Winkel und Z	Brechzahl n_D
P	**Phosphor**						
PH_4I [12125-09-6]	Phosphoniumiodid	f	161,89 2,86	tetr., D_{4h}^7, $P4/nmm$	635 463	$Z = 2$	
PI_3 [13455-01-1]	(III)-iodid	f	411,69 4,18	tetr.	734 1226		
P_2I_4 [13455-00-0]	Di… tetraiodid	f	569,57	trikl., C_i^1, $P\bar{1}$	456 706 740	80,2° 107° 98,2°	
P_3N_5 [12136-91-3]	nitrid	f	162,95 2,51	mkl.	926,3 588,6 793,6	113,36°	
$(PNCl_2)_3$ [940-71-6]	Triphosphornitrilchlorid	f	347,66 1,98	orh., D_{2h}^{16}, $Pnma$	1299 1409 619	$Z = 4$	
$(PNCl_2)_4$ [2950-45-0]	Tetraphosphornitrilchlorid	f	463,55 2,18	tetr., C_{4h}^4, $P4_2/n$	1082 597	$Z = 2$	
P_4O_6 [10248-58-5]	(III)-oxid	fl	219,89 2,135	mkl., C_{2h}^2, $P2_1/m$	642,2 787,7 678,6	106,1° $Z = 2$	
P_2O_5 [1314-56-3]	(V)-oxid	f	141,94 2,93	orh., D_{2h}^{16}, $Pnma$	919,3 489,0 716,2	$Z = 4$	1,599 1,624
P_4O_{10} [16752-60-0]		f	283,89 2,30	trig., C_{3v}^6, $R3c$	744	87° $Z = 2$	

Phasen-umwandlungen			Standardwerte bei 298,15 K				Bemerkungen und Charakteristik
°C		ΔH kJ/Mol	C_p J/KMol	S^0	ΔH_B^0 kJ/Mol	ΔG_B^0	
18,5 80	*F* *V*		110,0	123	−70,0	1	fbl. große wasserhelle Krist., glänzend; zerfl. an Luft; zers. durch W, wss. NH_3 oder KOH zu PH_3 + HI; HNO_3, HIO_3, $HBrO_3$, $HClO_3$ entflammen die Verbindung, $HClO_4$ zers. beim Erwärmen
61,5 227	*F* *V*	 43,9	78,4*	374,4*	−18,0*	−65,4*	$\bar{\gamma}$(78...194 K) = 160 · $10^{-6}K^{-1}$; rote Kristallblätter; zers. W; sll. CS_2; * Gas
125,5	*F*				−82,7		hor. Krist.; gelbe krist. Masse; zers. W; l. CS_2
	Z		149		−317		weißes geruch- und geschmackloses Pulver; kein Lösm. für P_3N_5 bekannt; wss. Lsg. aller Art oder konz. HNO_3 wirken nicht ein
114 256	*F* *V*	20,9 55,2					wasserhelle dünne Tafeln, stark glänzende Krist.; spröde; W benetzt nicht, aber allmählich Z.; flch. mit Wdampf; wss, S und Alk reagieren nicht; l. Al, E, Chlf, CS_2, Bzl, S, $POCl_3$, fl. SO_2; Al und E zers. allmählich
123,5 328	*F* *V*	 63					Prismen; sehr wenig flch. mit Wdampf; sied. W, S, Alk greifen nicht an; l. Bzl, E, Egs; Al zers. allmählich
23,8 175,8	*F* *V*	14,2 37,7	144,0	345,7	−2214,1	−2084,7	weiße sehr voluminöse Flocken; schneeähnliche Masse; oxid. an der Luft zu P_4O_{10}; giftig; l. k. W → H_3PO_3; h. W reagiert heftig → PH_3 + H_3PO_4 l. verd. k. Alk, E, CS_2, Bzl
580 359	*F* *Sb*	71,5 106	211,7	228,8	−3010,0	−2723,3	fbl. leichte Masse, weiß, schneeähnlich; sehr hygr.; geruchlos; schmeckt stark sauer; l. W → Metaphosphorsäure → Orthophosphorsäure; unl. NH_3, Aceton, mit HNO_3 sehr heftige Reaktion, polymer
422	*F*				−2990		metastabile Modifikation, monomolekular

Übersichtstabelle Anorganische Verbindungen (Fortsetzung)

Formel	Name	Zustand	Mol-Masse Dichte 10^3 kg · m^{-3}	Kristalldaten System, Typ und Symbol	Einheitszelle Kantenlänge in pm	Winkel und Z	Brechzahl n_D
P	**Phosphor**						
$POCl_3$ [10025-87-3]	Phosphoryl chlorid	fl	153,33 1,675	orh., C_{2v}^9, $Pna2_1$	918,5 532,6 574,9	$Z=4$	1,488
H_3PO_2 [6303-21-5]	Unter-phos-phorige Säure	f	66,00 1,49				1,4601
HPO_3 [10343-62-1]	Meta-phosphor-säure	f	79,98 2,17				
H_3PO_3 [13598-36-2]	Phos-phorige Säure	f	82,00 1,65	orh., C_{2v}^9, $Pna2_1$	725,7 1204,4 684,5	$Z=8$	
H_3PO_4 [7664-38-2]	säure	f	98,00 1,88	mkl. C_{2h}^5, $P2_1/c$	1165 484 578	95,5° $Z=4$	
$H_4P_2O_7$ [2466-09-3]	Pyro-phosphor-säure	f	177,97	orh.			
P_4S_{10} [15857-57-5]	Tetra-decasulfid	f	444,54 2,08	trikl., C_i^1, $P\bar{1}$	918 919 907	101,2° 110,5° 92,4° $Z=2$	
P_4S_3 [1314-85-8]	tetra-trisulfid	f	220,08 2,03	orh., D_{2h}^{16}, $Pnmb$	1059,7 1367,1 966,0	$Z=8$	
α-P_4S_4 [39350-99-7]	Tetra-tetrasulfid	f	252,16 2,26	mkl., C_{2h}^6, $C2/c$	977,9 905,5 875,9	102,6° $Z=4$	

Phasen-umwandlungen			Standardwerte bei 298,15 K				Bemerkungen und Charakteristik
°C		ΔH kJ/Mol	C_p J/KMol	S^0	ΔH_B^0 kJ/Mol	ΔG_B^0	
1,2 105,3	*F* *V*	13,0 34,35	138,8*	222,5*	−597,1*	−520,8*	fbl. Fl., stark lichtbrechend; stechender Geruch; raucht an der Luft; zers. W, S, Al; gutes Lösm. für viele anorganische Stoffe; giftig, ätzend; Fl.
26,5 130	*F* *Sb*	9,76			−608,8		zähe, sehr saure Fl.; fbl. ölig; krist. beim Reiben oder Impfen; große weiße blätterige Krist.; ll. W; l. Al, E; zers.beim Erhitzen; HNO_3 oxid. zu H_3PO_4
					−955		weiche klebrige zerfl. Masse, fbl. durchsichtig oder weiß; ll. W unter Bildung von H_3PO_4; l. Al
73,6 250	*F* *Z*	12,8			−971,5		fbl. sehr hygr. Krist.; strahlig krist. Masse; an der Luft langsam oxid. → H_3PO_4; sll. W; l. Al; mit konz. H_2SO_4 → H_3PO_4
42,35	*F*	10,5	106,1	110,5	−1281	−1119,5	fbl. wasserhelle Krist.; spröde; sll. W; l. Al; beim Erhitzen auf 200° → $H_4P_2O_7$
71,5	*F*	9,20			−2251		fbl. glasige Masse; undeutliche undurchsichtige Krist.; ll. W; l. Al, E; wss. Lsg. in der Wärme oder mit HNO_3 → H_3PO_4
286 514	*F* *V*	41,1	296,0	381,7	−309,2	−278,5	hgelbe derbe Krist.; graugelbe krist. leicht zerreibliche Masse; zers. an feuchter Luft, zers. W; Z Alk, NH_3, l. CS_2; langsam Z. wss. Alk-carbonat-lsg.
39 172 407	*U* *F* *V*	10,3 3,68	162,6	203,3	−224,2	−207,2	gelbe Masse; hgelbe Krist. aus CS_2, PCl_3, $PSCl_3$; beständig an Luft; unl. W; l. Al unter Z.; l. Na_2S-, K_2S-Lsg., CS_2, PCl_3, $PSCl_3$; Cl_2-Wasser zers. langsam; *U* → rh., *R*3, $a = 1585$ pm, $\alpha = 89{,}53°$, plastischer Kristall
134	*Z*						blaßgelb, l. CS_2, Bzl; zers. an Luft

Übersichtstabelle Anorganische Verbindungen (Fortsetzung)

Formel	Name	Zustand	Mol-Masse	Dichte $10^3\ kg \cdot m^{-3}$	Kristalldaten: System, Typ und Symbol	Einheitszelle: Kantenlänge in pm	Einheitszelle: Winkel und Z	Brechzahl n_D
P	**Phosphor**							
α-P_4S_5 [15578-54-8] [12137-70-1]	Tetra-pentasulfid	f	284,22	2,17	mkl., C_{2h}^5, $P2_1/c$	641,2 1090,3 669,4	111,66° $Z=2$	
β-P_4S_5 [20419-10-7] [12137-70-1]	Tetra-pentasulfid	f	284,22		mkl., C_{2h}^2, $P2_1/m$	638,9 1096,6 661,3	115,65	
β-P_4S_6 [12165-71-8]	Tetra-hexasulfid	f	316,29		mkl., C_{2h}^5, $P2_1/c$	701,7 1204,0 1148,5	103,36 $Z=4$	
P_4S_7 [15578-16-2]	Tetra-heptasulfid	f	348,34	2,19	mkl., C_{2h}^5, $P2_1/c$	887 1735 683	92,7° $Z=4$	
P_4S_9 [25070-46-6]	Tetra-nonasulfid	f	412,4	1,92	mkl., C_{2h}^5, $P2_1/n$	855 1263 1245	104,9° $Z=4$	
$PSBr_3$ [3931-89-3]	thio-phosphoryl-bromid	f	302,76	2,72	kub., $D1_1$ T_h^6, $Pa3$	1105	$Z=8$	
$PSCl_3$ [3982-91-0]	thio-phosphoryl-chlorid	fl	169,40	1,635				1,5554
Pa	**Protactinium**							
$PaCl_4$ [13867-41-9]	(IV)-chlorid	f	372,91	(4,6)	tetr. D_{4h}^{19}, $I4_1/amd$	837,7 747,9	$Z=4$	
PaF_4 [13842-89-2]	(IV)-fluorid	f	307,09		mkl.	1286 1088 854	126,21°	

Phasenumwandlungen °C		ΔH kJ/Mol	Standardwerte bei 298,15 K C_p J/KMol	S^0 J/KMol	ΔH_B^0 kJ/Mol	ΔG_B^0 kJ/Mol	Bemerkungen und Charakteristik
180	*Z*		211,1	252,7	−304,9	−283,5	gelb, l. Bzl, L CS_2 10 g/100g, zers. an Luft;
103	*Z*						metastabil gelb, l. Bzl, CS_2; zers. an Luft
							metastabil; gelb, l. Bzl, CS_2; zers. an Luft
310 523	*F* *V*	36,61 1,84	242,3	307,5	−323,3	−299,1	gelbliche, fast fbl. durchsichtige Krist.; hart; zers. schnell an Luft → H_2S; wl. CS_2
240	*Z*				−292		gelb; l. Bzl, CS_2, zers. an Luft
38 212	*F* *Z*		95,0				zitronengelbe Blättchen von unangenehmem Geruch, stechend; als Fl. gelblich gefärbt, lichtbrechend; raucht an feuchter Luft; zers. W; ll. E, CS_2; konz. HNO_3 oder KOH zers. stürmisch; PCl_3 lösl.
−35 125	*F* *V*		87,9	331,5			fbl. leicht bewegliche Fl. von scharfem Geruch; an der Luft dünne Nebel; greift Augen an; sinkt in W unter und zers. langsam in HCl, H_3PO_4, H_2S; l. CS_2
400	*V*		133,5		−1045		gelb-grün, l. W, verd. S, Al, Aceton, Acetonitril
			133,9	149,8	−1998		rotbraun; unl. W, verd. S

Übersichtstabelle Anorganische Verbindungen (Fortsetzung)

Formel	Name	Zustand	Mol-Masse Dichte 10^3 kg · m^{-3}	Kristalldaten System, Typ und Symbol	Einheitszelle Kantenlänge in pm	 Winkel und Z	Brechzahl n_D
Pb	**Blei**						
$Pb_2As_2O_5$	(II)-diarsenat	f	644,22 6,95	mkl., C_{2h}^5, $P2_1/a$	1358,4 565,0 855,1	108,8° $Z = 4$	
$PbHAsO_4$ [7784-40-9]	(II)-hydrogen-arsenat	f	347,12 6,04	mkl., C_{2h}^4, $P2/a$	584,2 675,4 485,7	95,66° $Z = 2$	1,8903 1,9097 1,9765
$Pb_3(AsO_4)_2$ [3687-31-8]	(II)-arsenat	f	899,41 7,80	mkl., C_{2h}^5, $P2_1/n$	755,3 604,6 932,0	112,35° $Z = 2$	2,14
$Pb_2As_2O_7$ [13510-94-6]	(II)-pyro-arsenat	f	676,22 7,15	trikl. C_i^1, $P\bar{1}$	686 713 1293	99,0° 91,2° 89,8°	2,03
$Pb(AsO_3)_2$ [13464-43-2]	(II)-meta-arsenat	f	453,03 6,43	hex., D_3^1, $P312$	485,9 548,1		
PbB_4O_7 [12007-64-6]	tetraborat	f	362,44 5,85	orh., C_{2v}^7, $P2_1nm$	424,4 445,7 1084,0	$Z = 2$	1,915 1,935
$PbBr_2$ [10031-22-8]	(II)-bromid	f	367,01 6,667	orh., $C23$ D_{2h}^{16}, $Pnma$	472 806 954	$Z = 4$	2,434 2,476 2,553
$Pb(BrO_3)_2 \cdot H_2O$ [10031-21-7]	(II)-bromat hydrat	f	481,02 5,53	mkl., C_{2h}^6, $I2/c$	895,2 770,9 937,9	92,2° $Z = 4$	
$Pb(CN)_2$ [592-05-2]	(II)-cyanid	f	259,23				
$PbCO_3$ [598-63-0] [14476-15-4]	(II)-carbonat	f	267,20 6,6	orh., $G0_2$ D_{2h}^{16}, $Pmcn$	519,5 843,6 615,2	$Z = 4$	1,804 2,0765 2,0786

Phasen-umwandlungen °C		ΔH kJ/Mol	Standardwerte bei 298,15 K C_p J/KMol	S^0 J/KMol	ΔH_B^0 kJ/Mol	ΔG_B^0 kJ/Mol	Bemerkungen und Charakteristik
							Paulmooreit; weiß
220 720	$-W$ Z						weißes Pulver; glimmerähnliche durchsichtige Tafeln; fühlt sich fettig an; bei dkl. Rotglut → $Pb_2As_2O_7$; unl. W, Egs; l. HNO_3
325 1042	U F		258,0	324,6	−1780,2	−1553,1	weißes Pulver; unl. W, NH_3, NH_4-salzlsg.; konz. HNO_3 zers.; HT-Form hex., $H5_7$, C_{6h}^2, $P6_3/m$, $a = 2040$, $b = 576$, $Z = 3$
802	F						weiße glasige Masse, etwas krist.; l. HCl, HNO_3; schmelzbar bei Rotglut; beim Befeuchten mit W → $PbHAsO_4$
650	Z						sprödes durchsichtiges Glas; zieht W an und wird undurchsichtig unter Z; l. HNO_3
160	$-H_2O$		107,6		−1556,4		weiß; l. S, unl. W, Alk
373 916	F V	16,44 118	79,6	161,1	−277,4	−260,7	$\bar{\gamma}(273...323\,K) = 90 \cdot 10^{-6} K^{-1}$; $\varepsilon(5 \cdot 10^5 ... 10^6 Hz) = 30$; $\chi_{Mol} = -90{,}6 \cdot 10^{-6} cm^3 Mol^{-1}$; weiße seidenglänzende Nadeln; im Licht langsam Schwärzung; LW 20° 0,85%, 100° 4,5%, Bdk. 0 H_2O; l. S, KBr-Lsg.; wl. NH_3; unl. Al, Bzl; zwl. h. Py; l. Anilin
180	Z						fbl; l. k. W, 1,38%; w. l. h. W
				64,9	−197		weißer dicker Nd.; swl. W; zers. S; l. wss. NH_3, Alk-cyanidlsg., NH_4-salzlsg.; giftig
315	Z		87,4	131,0	−699,1	−625,3	$\varkappa(5{,}0 ... 20{,}0\,MPa; 273\,K) = 1{,}84 \cdot 10^{-5} MPa^{-1}$; Weißbleierz, Cerussit; weißes krist. Pulver; swl. W; l. 0,1 N-KOH, stärkere zers.; l. konz. Citronensäure, l. S, unl. NH_3, Al

Übersichtstabelle Anorganische Verbindungen (Fortsetzung)

Formel	Name	Zustand	Mol-Masse	Dichte 10^3 kg · m^{-3}	Kristalldaten: System, Typ und Symbol	Einheitszelle: Kantenlänge in pm	Einheitszelle: Winkel und Z	Brechzahl n_D
Pb	**Blei**							
$2\,PbCO_3 \cdot Pb(OH)_2$ [1319-46-6]	carbonat, bas.	f	775,60	6,70	trig., C_{3v}^2, $P31m$	910,64 2483,9	$Z = 3$	1,94 2,09 2,09
$Pb(C_2H_3O_2)_2$ [301-04-2]	(II)-acetat	f	325,28	3,25				
$Pb(C_2H_3O_2)_2 \cdot 3\,H_2O$ [6080-56-4]	trihydrat	f	379,33	2,55	mkl. C_2^3, $C2$	1580 727,0 906,0	109,61°	1,567
$Pb(C_2H_3O_2)_4$ [546-67-8]	(IV)-acetat	f	443,37	2,228	mkl.			
PbC_2O_4 [814-93-7]	(II)-oxalat	f	295,21	5,28	trikl.	609,1 697,8 555,7	91,2° 123,08° 106,67°	
$PbCl_2$ [7758-95-4]	(II)-chlorid	f	278,10	5,85	orh., $C23$ D_{2h}^{16}, $Pnma$	762,22 904,48 453,48	$Z = 4$	2,1992 2,2172 2,260
$PbCl_2 \cdot PbO$ [12182-67-1]	(II)-chlorid, bas.	f	501,29	6,60	mkl., C_{2h}^5, $P2_1/c$	873 1565 827	92,17° $Z = 10$	
$PbCl_2 \cdot 2\,PbO$ [12205-70-8] [1306-99-6]	Mendipit	f	724,47	7,3	orh., D_2^4, $P2_12_12_1$	1187 508,6 951	$Z = 4$	2,24 2,27 2,31
$PbCl_4$ [13463-30-4]	(IV)-chlorid	fl	349,00	3,18	tetr.,			

Phasen-umwandlungen °C		ΔH kJ/Mol	Standardwerte bei 298,15 K: C_p J/KMol	S^0 J/KMol	ΔH_B^0 kJ/Mol	ΔG_B^0 kJ/Mol	Bemerkungen und Charakteristik
220	*Z*						Hydrocerussit; fbl. perlmuttglänzende Blättchen; Bleiweiß; weißes Pulver; H_2S schwärzt → PbS; l. verd. HCl
280	*F*				−965		$\chi_{Mol} = -80{,}1 \cdot 10^{-6}\,cm^3\,Mol^{-1}$; weiße staubige oder feste Masse; aus Schmelze sechsseitige Tafeln; LW 20° 25%, Bdk. 0 H_2O; l. K-acetat-lsg.
75 200	*F* *Z*				−1853		Bleizucker; wasserhelle glänzende Krist., verwittern etwas an trockener Luft; süßlicher, met. Geschmack und schwacher Essiggeruch
175	*F*						fbl. durchsichtige Krist.; W zers. → PbO_2; l. 37% HF, HCl, HBr, HI unter Z.; l. Egs unzers., ll. in der Wärme; l. Bzl, Nitrobzl, Chlf, $C_2H_2Cl_4$
300	*Z*		104,6	146,0	−863	−757	weiß; l. HNO_3, unl. Al, swl. W
501 950	*F* *V*	21,9 127	77,1	136,0	−359,4	−314,1	$\bar{\gamma}(293\ldots423\,K) = 93 \cdot 10^{-6}\,K^{-1}$; $\varepsilon(5 \cdot 10^6\,Hz) = 33{,}5$; $\chi_{Mol} = -73{,}8 \cdot 10^{-6}\,cm^3\,Mol^{-1}$; weiße glänzende kleine Krist.; LW 20° 0,97%, 100° 3,2%, Bdk. 0 H_2O; l. konz. NH_4Cl-Lsg.; swl. Al; L Glycerin 2,04 g/100 g Lösm. unl. Al; Hornblei
524	*F* (*Z*)				−600		Matlockit; dünne Tafeln; gelblichgrün, durchscheinend bis durchsichtig; l. Alk, h. HCl
693	*F*				−833,2		gelbweiße Tafeln, glänzend, durchsichtig; l. KOH
−15 >50	*F* Zerfall (Expl)		100,5*	381,7*	−552,4*	−513,8*	gelbe klare schwere Fl.; stark lichtbrechend; raucht an feuchter Luft; l. konz. HCl, Chlf; W und wss. Alk zers. → PbO_2 + HCl; * Gas

Übersichtstabelle Anorganische Verbindungen (Fortsetzung)

Formel	Name	Zustand	Mol-Masse / Dichte 10^3 kg · m^{-3}	Kristalldaten: System, Typ und Symbol	Einheitszelle: Kantenlänge in pm	Einheitszelle: Winkel und Z	Brechzahl n_D
Pb	**Blei**						
$Pb(ClO_3)_2$ [10294-47-0]	(II)-chlorat	f	374,09 / 3,89	orh., C_{2v}^{19}, *Fdd*2	1256,1 1155,4 758,77	$Z = 8$	
$Pb(ClO_2)_2$ [13453-57-1]	(II)-chlorit	f	342,09 / 5,30	tetr., D_{4h}^{17}, 4/*mmm*	415 625	$Z = 1$	
PbF_4 [7783-59-7]	(IV)-fluorid	f	283,18 / 6,7	tetr., D_{4h}^{17}, *I*4/*mmm*	424,7 802,8	$Z = 2$	
PbF_2 [7783-46-2]	(II)-fluorid	f	245,19 / 8,37	orh., *C*23 D_{2h}^{16}, *Pnma*	644,22 389,94 764,99	$Z = 4$	
$Pb(IO_3)_2$ [25659-31-8]	II)-iodat	f	557,01 / 6,155	orh., D_{2h}^{10}, *Pnaa*	609,0 1669,0 558,0	$Z = 4$	
PbI_2 [10101-63-0]	(II)-iodid	f	461,00 / 6,16	hex., *C*6 D_{3d}^{3}, $P\bar{3}m1$	455,7 697,9	$Z = 1$	
$Pb(N_3)_2$ [13424-46-9]	(II)-azid	f	291,23 / 4,71	orh., D_{2h}^{16}, *Pnma**	663 1625 1132	$Z = 12$	1,86 2,24 2,64

Phasen-umwandlungen			Standardwerte bei 298,15 K				Bemerkungen und Charakteristik
°C		ΔH kJ/Mol	C_p J/KMol	S^0 J/KMol	ΔH_B^0 kJ/Mol	ΔG_B^0 kJ/Mol	
230	*Z*						weiß; l. l. k. W, l. Al; hygr.
~126	expl.						gelb; LW 20° 0,1 %, 100° 0,4 %, Bdk. 0 H_2O, l. KOH
600	*F*		90,9*	333,6*	−1133,4*	−1092,7*	gelb; feuchtigkeitsempf.; * Gas
260 855 1290	*U** *F* *V*	1,46 14,7 160,4	72,3	113,0	−677,0	−630,9	* *U* orh. → kub. *C*1, O_h^5, *Fm*3*m*, a = 594 pm, Z = 4; D = 7658 kg/m³; $\varepsilon(<10^6\,Hz) = 3{,}6$; $\chi_{Mol} = -58{,}1 \cdot 10^{-6}\,cm^3\,Mol^{-1}$; weißes krist. Pulver; LW 20° 0,065 %, Bdk. 0 H_2O; swl. wss. HF, Alk-fluoridlsg.; mit konz. H_2SO_4 → HF; unl. Anilin, l. HNO_3, unl. Aceton, NH_3
400	*Z*				−505		weiß; LW 29,3 mg/l H_2O, wl. HNO_3, unl. NH_3
410 830	*F* *V*	23,43 118,6	77,6	174,8	−175,4	−173,6	$\bar{\gamma}(293 \ldots 423\,K) = 108 \cdot 10^{-6}\,K^{-1}$; $\varkappa(0 \ldots 500{,}0\,MPa) = 6{,}53 \cdot 10^{-5}\,MPa^{-1}$; $\varepsilon(5 \cdot 10^5 \ldots 10^6\,Hz) = 20{,}8$; $\chi_{Mol} = -125{,}6 \cdot 10^{-6}\,cm^3\,Mol^{-1}$; goldgelbes schweres krist. Pulver; LW 20° 0,09 %, 100° 0,45 %, Bdk. 0 H_2O; l. Alk, KI-Lsg.; unl. Al
~350	expl.			150	436,5	556	* 2. Mod. mkl., a = 510; b = 884; c = 1750 pm; β = 90,2°; n (λ = 589 nm): 1,98; 2,14; 2,7; fbl. lange Nadeln; sehr expl.; W zers. beim Sieden; unl. konz. wss. NH_3; ll. Egs unter langsamer Z

Übersichtstabelle Anorganische Verbindungen (Fortsetzung)

Formel	Name	Zustand	Mol-Masse Dichte 10^3 kg · m^{-3}	Kristalldaten			Brechzahl n_D
				System, Typ und Symbol	Einheitszelle		
					Kantenlänge in pm	Winkel und Z	
Pb	**Blei**						
$Pb(NO_3)_2$ [10099-74-8]	(II)-nitrat	f	331,20 4,535	kub., $G2_1$ T_h^6, $Pa3$	785,94	$Z=4$	1,7807
PbO [1317-36-8] [79120-33-5]	(II)-oxid	f	223,19 9,14	tetr., $B10$ D_{4h}^7, $P4/nmm$	397,29 501,92	$Z=2$	2,665* 2,535*
PbO [74891-45-5]	Massicot, Bleiglätte	f	223,19 8,0	orh., D_{2h}^{11}, $Pcam$	549,03 589,20 475,20	$Z=4$	2,51* 2,61* 2,71*
$PbO \cdot H_2O$ [19783-14-3]	oxidhydrat	f	241,20 7,59	orh., C_{2v}^5, $Pca2_1$	910,2 1107,5 572,6	$Z=4$	2,229
$Pb_2O(OH)_2$ [37343-84-3]	oxidhydroxid	f	464,39 7,59				
$3PbO \cdot H_2O$ [12137-16-5]	oxidhydrat	f	687,58 7,592	tetr., D_{4h}^6, $P4/mnc$	801,6 938,9	$Z=4$	
Pb_2O_3 [1314-27-8]	sesqui oxid	f	462,38 9,95	mkl., C_{2h}^5, $P2_1/a$	781,4 562,7 846,5	124,48° $Z=4$	
PbO_2 [1309-60-0]	(IV)-oxid	f	239,19 9,643	tetr., $C4$ D_{4h}^{14}, $P4_2/mnm$	495,64 338,77	$Z=2$	2,229

Phasen-umwandlungen			Standardwerte bei 298,15 K				Bemerkungen und Charakteristik
°C		ΔH kJ/Mol	C_p J/KMol	S^0	ΔH_B^0 kJ/Mol	ΔG_B^0	
	Z		151	213	−449,3		ε(5 · 10^5... 10^6 Hz) = 16,8; χ_{Mol} = − 74 · 10^{-6} cm^3 Mol^{-1}; fbl. Krist., durchsichtig oder trübe; LW 20° 34,5 %, Bdk. 0 H_2O; L Me 20° 0,04 g/100 g Lösm.; L Al 22° 8,7 g/100 g Lösm.; l. fl. NH_3
491	*U***	0,17	45,8	66,3	−219,4	−189,3	* λ = 671 nm; ** *U* rot → gelb; $\bar{\gamma}$ (195 ... 289 K) = 55 · 10^{-6} K^{-1}; χ_{Mol} = −47 · 10^{-6} cm^3 Mol^{-1}; Lithargit; rotes krist. Pulver; blätterige Krist. von starkem Glanz; LW 25° 0,23 · 10^{-3} %, Bdk. 0 H_2O; wl. HCl, H_2SO_4; ll. HNO_3; unl. HF; l. h. Alk; gut l. Alk-Schmelze; Pbacet., NH_4Cl
890 1472	*F* *V*	25,52 213	45,8	68,7	−218,1	−188,6	* λ = 671 nm; χ_{Mol} = −44 · 10^{-6} cm^3 Mol^{-1}; gelbes Pulver; HT-Form; LW 20° 1,2 · 10^{-3} %, l. Alk
130−145	*Z*			88	−514,5	−421	weißes Pulver; fbl. Krist.; l. S, Alk; LW 20° 4,8 · 10^{-6} Mol/l; unl. Egs.
145	*Z*						weiß, w. l. W, l. Alk, HNO_3, Egs.
							weißes Pulver; fbl. Krist.; l. wss. Alk → Plumbite; l. S
370	*Z*		104,9	152			orange-gelb, unl. k. W, z. h. W, S; Pb[PbO_3]
290	*Z*		61,1	71,8	−274,4	−215,4	braunes Pulver; LW 25° 0,57 · 10^{-3} Mol/1000 g Lsg.; etwas l. HNO_3; mit HCl → Cl_2-Entwicklung; l. h. konz. KOH, wl. Egs, unl. Al; Plattnerit

Übersichtstabelle Anorganische Verbindungen (Fortsetzung)

Formel	Name	Zustand	Mol-Masse / Dichte 10^3 kg · m^{-3}	Kristalldaten: System, Typ und Symbol	Einheitszelle: Kantenlänge in pm	Einheitszelle: Winkel und Z	Brechzahl n_D
Pb	**Blei**						
Pb_3O_4 [1314-41-6]	(II, IV)-oxid, (II)-orthoplumbat	f	685,57 / 9,05	tetr., D_{4h}^{13}, $P4_2/mbc$	881,45 656,64	$Z=4$	2,42*
$PbHPO_3$ [13453-65-1]	(II)-orthophosphit	f	287,17 / 5,91	orh., D_{2h}^{17}, $Cmcm$	1428 1116 809	$Z=16$	
$PbHPO_4$ [15845-52-0]	(II)-hydrogenphosphat	f	303,17 / 5,661	mkl., C_{2h}^{4}, $P2/a$	578,22 664,54 468,43	97,14° $Z=2$	
$Pb_2P_2O_7$ [13453-66-2]	(II)-pyrophosphat	f	588,32 / 6,52	trikl., C_i^1, $P\bar{1}$	697,54 1276,4 696,27	91,16° 90,32° 83,22° $Z=4$	
$Pb_3(PO_4)_2$ [7446-27-7]	(II)-orthophosphat	f	811,51 / 7,45	mkl., C_{2h}^{6}, $C2/c$	1380,8 568,8 943,1	102,39° $Z=4$	1,969 1,932
PbS [1314-87-0]	(II)-sulfid	f	239,25 / 7,5	kub., $B1$ O_h^5, $Fm3m$	593,62	$Z=4$	3,921
$PbSO_3$ [7446-10-8]	(II)-sulfit	f	287,25 / 6,468	orh., D_{2h}^{16}, $Pnma$	790,3 548,8 680,2	$Z=4$	
$PbSO_4$ [7446-14-2]	(II)-sulfat	f	303,25 / 6,29	orh., $H0_2$ D_{2h}^{16}, $Pbnm$	695,75 847,63 539,82	$Z=4$	1,8781 1,8832 1,8947

Phasen-umwandlungen °C		ΔH kJ/Mol	Standardwerte bei 298,15 K C_p J/KMol	S^0 J/KMol	ΔH_B^0 kJ/Mol	ΔG_B^0 kJ/Mol	Bemerkungen und Charakteristik
−110 500	*U* *Z*		154,9	212,0	−718,7	−601,6	* λ = 671 nm; ε (4 · 10^8 Hz) = 17,8; Mennige, rotes krist.-körniges Pulver; wl. HF; l. HCl; zers. verd. HNO_3 → PbO_2 + $Pb(NO_3)_2$; unl. Aceton, Pb(II)-acetatlsg., K-tartratlsg.; Minium
	Z			133,5	−979,0	−871,5	weiß, unl. W, l. HNO_3
330–360*	*Z*				−1301	−1203	glänzend weiße Blättchen, durchsichtig; w. W, Egs; l. HNO_3, Alk, NH_4Cl-Lsg., *Entw zu Pyrophosphat
824	*F*		202				weißes Pulver; ll. verd. S; l. KOH, HNO_3; unl. NH_3, Egs, H_2SO_4
191,5 1014	*U* *F*		256	353,2	−2594	−2380	$\chi_{Mol} = -181{,}7 \cdot 10^{-6}$ cm³ Mol⁻¹; weißes Pulver; h. W hydrolysiert langsam; l. Alk, NH_3, HNO_3; wl. Anilin; unl. $Pb(NO_3)_2$-Lsg., Egs, Al
1114	*F*	18,83	49,43	91,3	−98,6	−97,0	Halbleiter; $\chi_{Mol} = -84 \cdot 10^{-6}$ cm³ Mol⁻¹; Bleiglanz; rötlich bleigraue, stark metallglänzende kleine Krist.; schw. feines Pulver; LW 25° 3 · 10^{-5}%; l. HNO_3, konz. HCl; Königsw. zers. leicht; ll. HBr, HI, unl. Al, KOH
	Z				−657		weiß; unl. W, l. HNO_3
866 1170	*U* *F*	16,98 40,1	86,4	148,5	−923,1	−816,2	$\varkappa$ (5,0 ... 20,0 MPa, 273 K) = 1,87 · 10^{-5} MPa⁻¹; $\chi_{Mol} = -69{,}7 \cdot 10^{-6}$ cm³ Mol⁻¹; Anglesit; weißes krist. Pulver; LW 20° 4,21 · 10^{-3}%, Bdk. 0 H_2O; l. Alk, HNO_3, konz. H_2SO_4; swl. verd. H_2SO_4; wl. h. HCl; konz. HCl → $PbCl_2$

Übersichtstabelle Anorganische Verbindungen (Fortsetzung)

Formel	Name	Zustand	Mol-Masse Dichte 10^3 kg · m^{-3}	Kristalldaten: System, Typ und Symbol	Einheitszelle: Kantenlänge in pm	Einheitszelle: Winkel und Z	Brechzahl n_D
Pb	**Blei**						
$PbSO_4 \cdot PbO$ [12036-76-9]	(II)-sulfat, bas.	f	526,44 6,92	mkl., C_{2h}^3, $C2/m$	1376,9 569,8 707,9	115,9° $Z = 4$	1,928 2,007 2,036
PbS_2O_3 [13478-50-7]	(II)-thiosulfat	f	319,32 5,18	orh., D_{2h}^{15}, $Pbca$	718,0 692,0 1611,6	$Z = 8$	
$Pb_2Sb_2O_7$ [15578-55-9]	pyroantimonat	f	769,88 6,72	orh.	783,5 748,4 1042,8	$Z = 8$	
PbSe [12069-00-0]	(II)-selenid	f	286,15 7,80	kub., $B1$ O_h^5, $Fm3m$	612,4	$Z = 4$	
$PbSeO_4$ [7446-15-3]	(II)-selenat	f	350,15 6,37	orh., D_{2h}^{16}, $Pnma$	848 550 704		1,96 – 1,98
$PbSiO_3$ [10099-76-0]	(II)-metasilicat	f	283,27 6,49	mkl. C_s^2, Pn	1227 703 1128	112,75° $Z = 12$	1,947 1,961 1,968
PbTe [1314-91-6]	(II)-tellurid	f	334,79 8,16	kub., $B1$ O_h^5, $Fm3m$	645,9	$Z = 4$	
$PbTiO_3$ [12060-00-3]	(II)-titanat	f	303,09 7,82	tetr., C_{4v}^1, $P4/m$	390,2 414,7	$Z = 1$	2,75
$Pb(VO_3)_2$ [10099-79-3]	(II)-metavanadat	f	405,07 5,88	orh., D_{2h}^{16}, $Pnma$	977,1 368,4 1271,3	$Z = 4$	
$PbWO_4$ [7759-01-5]	(II)-wolframat	f	455,04 8,52	mkl., C_{2h}^5, $P2_1/a$	1355,5 497,6 556,1	107,63° $Z = 4$	2,27 2,27 2,30

Phasen-umwandlungen			Standardwerte bei 298,15 K				Bemerkungen und Charakteristik
°C		ΔH kJ/Mol	C_p J/KMol	S^0 J/KMol	ΔH_B^0 kJ/Mol	ΔG_B^0 kJ/Mol	
977	*F*		116,9	233,3	−1157,4	−1022,9	Lanarkit; gelblichweiß bis grau oder grünlichweiß, glänzend, weiße Krist., wasserhell oder undurchsichtig; swl. W; l. S unter Abscheidung von $PbSO_4$
	Z		37,7		−661,3		$\chi_{Mol} = -84 \cdot 10^{-6}\,cm^3\,Mol^{-1}$; weißes krist. Pulver; zers. >120°; swl. W; sied. W zers.; l. Alk-thiosulfatlsg., S
			215				dunkel-gelbes Pulver; unl. W, wl. HCl
1065	*F*	36,5	50,2	102,5	−100,0	−98,6	Halbleiter; Clausthalit; bleigraue weiche Masse, auch silberweiß; zers. H_2SO_4, $HNO_3 \rightarrow$ Se; konz. HCl greift nur beim Sieden an
500	*Z*		104,0	167,8	−609,6	−505,4	weißes Pulver; unl. W, Al, l. konz. S; Kerstinit
766	*F*	34,5	90,06	109,9	−1144,9	−1061,1	weiße durchsichtige glänzende Fasern; schneeweißes Pulver; l. HNO_3 unter Abscheidung von SiO_2; Alamosit
917	*F*	57,3	50,6	110,0	−68,6	−67,4	Halbleiter; graue krist. Substanz, spröde; ll. Br_2, Br_2-Wasser, unl. S; Altait
490 1286	*U* *F*	5,65	104,4	111,9	−1198,7	−1111,9	gelb; unl. W; Mazedonit
							gelb, unl. W, l. verd. HNO_3
1123	*F*		119,9	168,2	−1121,7	−1020,5	Raspit; weiß, swl. W, unl. S Al, l. Alk, auch tetr., C_{4h}^6, $I4_1/a$; $a = 546{,}2$, $c = 1204{,}9$ pm, $Z = 4$, Stolzit

Übersichtstabelle Anorganische Verbindungen (Fortsetzung)

Formel	Name	Zustand	Mol-Masse / Dichte $10^3\ kg \cdot m^{-3}$	Kristalldaten: System, Typ und Symbol	Einheitszelle: Kantenlänge in pm	Einheitszelle: Winkel und Z	Brechzahl n_D
Pd	**Palladium**						
$PdAs_2$ [12255-86-6]	diarsenid	f	256,24 / 7,9	kub., *C*2 T_h^6, *Pa*3	598	$Z=4$	
$PdBr_2$ [13444-94-5]	(II)-bromid	f	266,22 / 5,35	mkl., C_{2h}^5, $P2_1/c$	659 396 2522	92,6° $Z=4$	
$Pd(CN)_2$ [2035-66-7]	(II)-cyanid	f	158,44				
$PdCl_2$ [7647-10-1]	(II)-chlorid	f	177,30 / 4,0	orh., *C*50 D_{2h}^{12}, *Pnnm*	381 334 1100	$Z=2$	
cis-$Pd(NH_3)_2Cl_2$ [15684-18-7]	cis-diammin-chlorid	f	211,3 / 2,5	tetr.	897,5 649,0	$Z=4$	
PdF_2 [13444-96-7]	(II)-fluorid	f	144,4 / 5,8	tetr., D_{4h}^{14}, $P4_2/mnm$	495,6 338,9	$Z=4$	
PdF_3 [13842-82-5]	(II,IV)-fluorid	f	163,40 / 5,06	rh., C_{3i}^2, $R\bar{3}$	552	53,9° $Z=4$	
PdI_2 [7790-38-7]	(II)-iodid	f	360,21 / 6,003	orh.,* D_{2h}^{12}, *Pnmn*	669 800 380	$Z=2$	
PdO [1314-08-5]	(II)-oxid	f	122,40 / 8,20	tetr., D_{4h}^9, $P4_2/mmc$	304,56 533,87	$Z=2$	
PdS [12125-22-3]	(II)-sulfid	f	138,46 / 6,60	tetr., *B*34 C_{4h}^2, $P4_2/m$	643,0 663,0	$Z=8$	
PdS_2 [12137-75-6]	(IV)-sulfid	f	170,53 / 4,91	orh., D_{2h}^{15}, *Pbca*	551 556 716	$Z=4$	

Phasen-umwandlungen			Standardwerte bei 298,15 K				Bemerkungen und Charakteristik
°C		ΔH kJ/Mol	C_p J/KMol	S^0 J/KMol	ΔH_B^0 kJ/Mol	ΔG_B^0 kJ/Mol	
800	*F*						hgraues Pulver
310	*Z*			125	−124	−93,2	rotbraune Masse; unl. W; l. HBr; ll. NaCl-Lsg.
							weißer flockiger Nd., getrocknet grau; nicht zers. durch S; l. konz. HCN, wss. NH_3, KCN; giftig
679	*F*	18,4	75,3	104,1	−198,7	−152,0	$\chi_{Mol} = -38 \cdot 10^{-6} cm^3 Mol^{-1}$; rote Krist.; hygr.; addiert leicht NH_3 unter Weißfärbung; l. W, HCl, 2N-NaCl-Lsg., wl. Al; swl. E; unl. CS_2; l. Aceton
							wl. W.; wandelt leicht in trans-Form um
350	*Z*		65,9	88,7	−468,6	−423,3	violett, wl. W., l. THF
							schw. feinkrist. Pulver; hygr.; mit W → PdO · $xH_2O + O_2$; l. konz. HCl; zers. konz. HNO_3 und H_2SO_4 → HF-Entwicklung; Na_2SO_3-Schmelze → PdO + NaF
570	*U*	0,0	75,06	180,0	−63,2	−71,0	* α-Form; braunschw. Pulver; addiert NH_3 unter Weißfärbung; unl. W, Al, E, verd. HI; l. wss. HCN, Cyanidlsg.; Egsmethylester; swl. Py; sied. KOH zers. → PdO
875	*Z*		31,4	38,9	−115,5	−85,2	schw. Pulver; unl. W, S, Königsw.
970	*F*		43,4	56,5	−70,7	−66,7	grauschw. mattglänzendes krist. Pulver; unl. wfreiem HF, fl. NH_3 langsam l. Königsw.; swl. KCN-Lsg.; Visotskit
600	*Z*		65,9	87,9	−78,2	−74,0	schw. braunes dichtes krist. Pulver; l. Königsw.; unl. S, $(NH_4)_2S$

Übersichtstabelle Anorganische Verbindungen (Fortsetzung)

Formel	Name	Zustand	Mol-Masse / Dichte 10^3 kg · m^{-3}	Kristalldaten: System, Typ und Symbol	Einheitszelle: Kantenlänge in pm	Einheitszelle: Winkel und Z	Brechzahl n_D
Pd	**Palladium**						
$PdSO_4 \cdot 2H_2O$ [13444-98-9]	(II)-sulfat dihydrat	f	238,49				
PdSe [12137-76-7]	(II)-selenid	f	185,36 / 7,8	tetr., C_{4h}^2, $P4_2/m$	672,7 691,2	$Z = 8$	
$PdSe_2$ [60672-19-7]	(IV)-selenid	f	264,32 / 6,77	orh., D_{2h}^{15}, $Pbca$	574,1 586,6 769,1	$Z = 4$	
PdSi [11113-78-3]	(II)-silicid	f	134,49 / 7,31	orh., D_{2h}^{16}, $Pnma$	612,1 558,8 559,9	$Z = 4$	
PdTe [12037-94-4]	(II)-tellurid	f	234,00 / 9,18	hex., D_{6h}^4, $P6_3/mmc$	415,21 567,19	$Z = 2$	
$PdTe_2$ [12037-95-5]	(IV)-tellurid	f	361,60 / 8,30	hex., D_{3d}^3, $P\bar{3}m1$	403,65 513,2	$Z = 1$	
Po	**Polonium**						
$PoCl_2$ [60816-56-0]	(II)-chlorid	f	279,91 / 6,50	orh., D_2^1, $P222$	433,1 894,4 729,2	$Z = 4$	
$PoCl_4$ [10026-02-5]	(IV)-chlorid	f	350,86	mkl.			
$(NH_4)_2PoCl_6$ [61104-72-1]	Ammonium-hexachloro-polonat	f	457,85 / 2,76	kub., O_h^5, $Fm3m$	1035	$Z = 4$	1,850
PoO_2 [7446-06-2]	(IV)-oxid	f	241,05 / ~9	kub., O_h^5, $Fm3m$	562,6		

Phasen-umwandlungen			Standardwerte bei 298,15 K				Bemerkungen und Charakteristik
°C		ΔH kJ/Mol	C_p J/KMol	S^0	ΔH_B^0 kJ/Mol	ΔG_B^0	
	Z						rotbraune krist. Substanz; an feuchter Luft zerfl.; zll. W, viel W zers.
620	*Z*		–	(73,2)	(–50,2)	–	harte glänzende Plättchen, Bruch met. glänzend; l. sied. Königsw.; wl. konz. HCl in der Kälte; beim Sieden zers. → Se
760	*Z*		–	(123)	(–58,6)		olivgraue Substanz; langsam l. konz. HNO_3 beim Erwärmen; rasch l. Königsw. → $PdCl_2$ + SeO_2; unl. S, Alk
1100	*F*						bläulichgraue stark glänzende Stücke; unl. HCl, H_2SO_4; zers. HNO_3, Königsw.; zers. Alk → Pd + Alk-Silicat
720	*F*		51,3	89,6	–37,7	–38,3	gefällt schw. feiner Nd., unl. HCl, H_2SO_4; ll. Königsw.; HNO_3 oxid.; getempert doppelbrechende Krist.; Kotulskit
1018	*F*		76,6	126,6	–54,4		hsilberglänzende krist. Substanz; gut spaltbar; ll. Königsw., konz. und verd. HNO_3; l. h. H_2SO_4; unl. S, Alk; Merenskyit
130 355	*Sb* *F**						rot, l. verd. HNO_3; hygr. * unter Druck
300 390	*F* *V*		197				gelb, k. W Z., l. HCl, Al, Aceton, hygr.; am V scharlachrot, bei 500 °C blaugrün
885	*Sb*			72	–252	–195	gelb; l. w. $(NH_4)_2CO_3$ Lsg. HT-Form: tetr. a = 545, c = 836 pm, rot

Übersichtstabelle Anorganische Verbindungen (Fortsetzung)

Formel	Name	Zustand	Mol-Masse Dichte 10^3 kg · m^{-3}	Kristalldaten: System, Typ und Symbol	Einheitszelle: Kantenlänge in pm	Einheitszelle: Winkel und Z	Brechzahl n_D
Pr	**Praseodym**						
$PrBr_3$ [13536-53-3]	(III)-bromid	f	380,63 5,25	hex., $D0_{19}$ C_{6h}^2, $P6_3/m$	793 438	 $Z=2$	
$Pr(BrO_3)_3$ $\cdot 9H_2O$ [13494-86-5]	(III)-bromat nonahydrat	f	686,77	hex., D_{6h}^4, $P6_3/mmc$	1184,0 680,1	$Z=2$	1,546 1,598
PrC_2 [12071-25-9]	dicarbid	f	164,93 5,10	tetr., $C11$ D_{4h}^{17}, $I4/mmm$	385 643	 $Z=2$	
$Pr_2(CO_3)_3$ $\cdot 8H_2O$ [14948-62-0]	(III)-carbonat octahydrat	f	605,96 ~2,8	orh., D_{2h}^{10}, $Pccn$	890 942 1694	$Z=4$	
$Pr_2(C_2O_4)_3$ $\cdot 10H_2O$ [24992-60-7]	(III)-oxalat decahydrat	f	726,03 ~2,36	mkl., C_{2h}^5, $P2_1/c$	1125,4 963,2 1033	114,31° $Z=2$	
$PrCl_3$ [10361-79-2]	(III)-chlorid	f	247,27 4,02	hex., $D0_{19}$ C_{6h}^2, $P6_3/m$	742,3 427,2	 $Z=2$	
$PrCl_3 \cdot 7H_2O$ [10025-90-8]	heptahydrat	f	373,37 2,25	trikl., C_i^1, $P\bar{1}$	820 900 800	107° 98,66° 72° $Z=2$	
PrF_3 [13709-46-1]	(III)-fluorid	f	197,90 6,18	trig., D_{3d}^4, $P\bar{3}c1$	707,5 723,8	 $Z=6$	
PrI_3 [13813-23-5]	(III)-iodid	f	521,62 5,85	orh., D_{2h}^{17}, $Cmcm$	430 1388 992	$Z=4$	
Pr_2O_3 [12036-32-7]	(III)-oxid	f	329,81 7,07	hex., $D5_2$ D_{3d}^3, $P\bar{3}m1$	385,7 601,2	 $Z=1$	
$Pr(OH)_3$ [16469-16-2]	(III)- hydroxid	f	191,93	hex., $D0_{19}$ C_{6h}^2, $P6_3/m$	647 376	 $Z=2$	
PrO_2 [12036-05-4]	(IV)-oxid	f	172,91 6,82	kub., $C1$ O_h^5, $Fm3m$	539,2	 $Z=4$	

Phasen- umwandlungen			Standardwerte bei 298,15 K				Bemerkungen und Charakteristik
°C		ΔH kJ/Mol	C_p J/KMol	S^0	ΔH^0_B kJ/Mol	ΔG^0_B	
691 1547	*F* *V*	473	101,7	192,4	−891,2	−858,5	grüne durchsichtige Nadeln, langsam l. W, THF
56,5 >250	*Z* Z	−*W* $-Br_2,O_2$			−859		grüne Prismen; LW 20° 47,7%, Bdk. $9H_2O$; l. THF, unl. Al
1130 2535	*U* (*Z*)						gelbe mikroskopische Blättchen; schwärzliche Masse, auf frischem Schliff goldgelb; zers W; l. verd. S
100	$-6H_2O$						grün; unl. W, l. S (Z); $\mu_{eff} = 3{,}43\ \mu_B$
100	$-H_2O$						hellgrün, unl. W, l. S; $\mu_{eff} = 3{,}45\ \mu_B$
786 1700	*F* *V*	50,6 218,8	98,9	153,3	−1056,9	−980,8	grüne lange Nadeln; blaßgrünes Pulver; LW 20° 48,9%, Bdk. $7H_2O$; ll. Al; unl. E, Chlf. l. Py
~65 115	$-H_2O$ *F*				−3199		große grüne Krist.; LW s. $PrCl_3$ l. Al, HCl
1399 2300	*F* *V*	57,3	92,6	121,2	−1689,0	−1612,5	gelbliche glänzende Krist. von grünlichem Reflex; unl. W
737 1377	*F* *V*	53,1	99,7	228,9	−654,4	−648,6	grün; hygr.; s. ll. W
2200 3760	*F* *V*		117,9	155,6	−1809,6	−1720,2	grünlichgelbe Blättchen; 2. Modi- fikation; kub., a = 1113,8 pm; ll. S; l. Egs; LW 30° $2 \cdot 10^{-5}$%; $\mu_{eff} = 3{,}55\ \mu_B$
220	*Z*				−1300		blaßgrünes Pulver; wl. W; l. Egs, k. konz. Citronensäure
>350			72,93	79,91	−949,3	−889,9	$\chi_{Mol} = +1930 \cdot 10^{-6}\ cm^3 Mol^{-1}$; schw. mikrokrist. Pulver; l. S

Übersichtstabelle Anorganische Verbindungen (Fortsetzung)

Formel	Name	Zustand	Mol-Masse / Dichte $10^3\,kg \cdot m^{-3}$	Kristalldaten: System, Typ und Symbol	Einheitszelle: Kantenlänge in pm	Einheitszelle: Winkel und Z	Brechzahl n_D
Pr	**Praseodym**						
Pr_2S_3 [12038-13-0]	(III)-sulfid	f	378,01 / 5,10	orh., D_{2h}^{16}, *Pnma*	747,2 1560,4 405,8	$Z=4$	
$Pr_2(SO_4)_3$ [10277-44-8]	(III)-sulfat	f	570,00 / 3,72	mkl., C_{2h}^{6}, *B2/b*	2171 694,1 672,2	109,0° $Z=4$	
$Pr_2(SO_4)_3 \cdot 5\,H_2O$ [16648-31-0]	pentahydrat	f	660,08 / 3,173	mkl., C_{2h}^{6}, *C2/c*	1370 950 1030	100,48° $Z=4$	
$Pr_2(SO_4)_3 \cdot 8\,H_2O$ [13510-41-3]	octahydrat	f	714,22 / 2,827	mkl., C_{2h}^{6}, *C2/c*	1843 688,0 1367	102,98° $Z=4$	1,5494 1,540 1,561
Pt	**Platin**						
$PtAs_2$ [12044-52-9]	diarsenid	f	344,93 / 10,8	kub., T_h^6, *Pa*3	596,7	$Z=4$	
$PtBr_2$ [13455-12-4]	(II)-bromid	f	354,91 / 6,652				
$PtBr_3$ [25985-07-3]	(III)-bromid	f	434,82 / 6,504	trig., C_{3i}^{2}, $R\bar{3}$	2232,0 903,4	$Z=36$	
$PtBr_4$ [68938-92-1]	(IV)-bromid	f	514,73 / 5,687	orh., C_{2h}^{15}, *Pbca*	1199 1449 633	$Z=8$	
$H_2[PtBr_6] \cdot 9\,H_2O$	(IV)-hexabromosäure nonahydrat	f	838,70	mkl.			
$Pt(CN)_2$ [592-06-3]	(II)-cyanid	f	247,13				

Phasen-umwandlungen °C		ΔH kJ/Mol	Standardwerte bei 298,15 K C_p J/KMol	S^0 J/KMol	ΔH_B^0 kJ/Mol	ΔG_B^0 kJ/Mol	Bemerkungen und Charakteristik
1795	*Z*			198,7	−1150,6		braun, unl. k. W, h. W. und S Z
910 1230	$-SO_2/O_2$ $-SO_2/O_2$				−3987	−3690	hgrünes Pulver, hygr. LW 20° 10,8%, Bdk. $8H_2O$
							blaßgrüne Krist.; LW s. $Pr_2(SO_4)_3$
					−5595		dklgrüne durchsichtige Krist., hmeergrüne seidenglänzende Blätter; LW s. $Pr_2(SO_4)_3$
>800	*Z*						graue Masse, mikroskopisch kleine Krist., zinnweiß mit glänzenden Flächen; l. konz. HNO_3 erst bei 180° im Einschmelzrohr; swl. Königsw.; wl. konz. HCl; zers. konz. H_2SO_4; Sperrilith
250	*Z*		75,8	53,4	−100,4	−58,5	grünbraunes Pulver; unl. W, Al; l. HBr; wl. KBr-Lsg. mit schwach gelber Farbe
			100,3	111,2	−130,9	−83,6	grünschw.; langsam l. W, HBr; wl. Al, Egester; unl. E
180	*Z*		125,5	163,5	−158,9	−104,5	dklrot Pulver; luftbeständig; addiert 6 Mol NH_3 → tiefgelb; LW 20° 0,4% mit gelber bis rotgelber Farbe; sll. HBr; ll. Al, E mit tiefbrauner Farbe; l. Glycerin; wl. konz. Egs
							braunrote Krist.; zerfl.; sll. W, Al, E; l. Chlf, Egs; wl. CS_2
							gelbes Pulver, gefällt und getrocknet braun; frisch gefällt l. wss. NH_3, KCN, NH_4CN-Lsg.; trocken unl. W, S, Alk, wss. NH_3, NH_4CN-Lsg.; l. HCN

Übersichtstabelle Anorganische Verbindungen (Fortsetzung)

Formel	Name	Zustand	Mol-Masse / Dichte 10^3 kg · m^{-3}	Kristalldaten: System, Typ und Symbol	Einheitszelle: Kantenlänge in pm	Einheitszelle: Winkel und Z	Brechzahl n_D
Pt	**Platin**						
$PtCl_2$ [10025-65-7]	(II)-chlorid	f	265,9 / 6,054	trig., D_{3d}^5, $R\bar{3}m$	809,0	108,2° $Z=6$	1,99*
$PtCl_3$ [25909-39-1]	(II/IV)-chlorid	f	301,45 / 5,256				
$PtCl_4$ [13454-96-1]	(IV)-chlorid	f	336,90 / 4,303	orh., D_{2h}^{15}, *Pbca*	1137 1365 595	$Z=8$	
$PtCl_4 \cdot 4H_2O$ [15869-69-3]	tetrahydrat	f	408,96 / 2,43				
$H_2[PtCl_6] \cdot 6H_2O$ [18497-13-7]	(IV)-hexachlorosäure hexahydrat	f	517,92 / 2,431				
PtF_4 [13455-15-7]	(IV)-fluorid	f	271,08 / 6,12	mkl.	668 668 571	$Z=8$ 92,02°	
PtI_2 [7790-39-8]	(II)-iodid	f	448,90 / 7,65	mkl., C_{2h}^4, $P2_1/c$	658,8 817,5 688,9	102,8° $Z=4$	
PtI_3 [68220-29-1]	(II/IV)-iodid	f	575,80 / 7,414	mkl., C_{2h}^6, $C2/c$	673,5 1206,1 1331,3	101,25° $Z=8$	

Phasen-umwandlungen			Standardwerte bei 298,15 K				Bemerkungen und Charakteristik
°C		ΔH kJ/Mol	C_p J/KMol	S^0	ΔH^0_B kJ/Mol	ΔG^0_B	
581	Z		75,4	219,6	−106,6	−93,2	* $\lambda = 550$ nm; $\chi_{Mol} = -54 \cdot 10^{-6} cm^3Mol^{-1}$; braungrünes oder gelbgrünes Pulver; luftbeständig; addiert 5 Mol NH_3 → hgrau bis weiß; unl. W, H_2SO_4, E, HNO_3, Al, Chlf, Egs, Benzin; langsam l. HCl, Königsw. beim Sieden; swl. fl. NH_3; wl. $C_2H_5NH_2$, l. Chinolin
435	Z		121,3	246,9	−168,1	−129,6	$\chi_{Mol} = -66{,}7 \cdot 10^{-6} cm^3 Mol^{-1}$; schw. grünes Pulver; sehr langsam l. k. W, rasch l. sied. W; fast unl. konz. HCl, erst beim Erwärmen; l. wss. KI-Lsg.; wss. Al red. zu Pt
370	Z		125,5	267,8	−229,2	−163,6	$\chi_{Mol} = -93 \cdot 10^{-6} cm^3 Mol^{-1}$; rotes bis dklbraunes Pulver; hygr.; addiert 6 Mol NH_3 → hgelb; l. HCl → $H_2[PtCl_6]$; konz. H_2SO_4 zers. → Cl_2; LW 25° 58,7% l. Al, NH_3, Ac, unl. E
100	−W						rote gut ausgebildete Krist.; ziegelrotes Pulver; l. Al, E; ll. W; Z. 360° im Vak. → $PtCl_2$, Cl_2, H_2O
60							gelbe Krist., sehr zerfl.; l. Al, E, ll. W; wl. fl. NH_3 unter Weißfärbung; mit gasförmigem NH_3 → $[Pt(NH_3)_4Cl_2]Cl_2$, weiß
	Z						dklrote Masse, kleine braungelbe Krist.; sehr hygr.; flch.; l. W unter Z., S, Alk
360	Z			160	−17		schw. feines Pulver; luftbeständig; Z → Pt + I_2; unl. W, Al, E, S, Egester; mäßig l. $C_2H_5NH_2$; swl. $(C_2H_5)_2NH$, HI
310	Z						graphitähnliche Substanz; unl. W, Al, E, Egester; l. KI-Lsg. tiefbraunrot

Übersichtstabelle Anorganische Verbindungen (Fortsetzung)

Formel	Name	Zustand	Mol-Masse / Dichte 10^3 kg · m^{-3}	Kristalldaten: System, Typ und Symbol	Einheitszelle: Kantenlänge in pm	Einheitszelle: Winkel und Z	Brechzahl n_D
Pt	**Platin**						
PtI_4 [7790-46-7]	(IV)-iodid	f	702,71 / 6,064	tetr., C_{4h}^6, $I4_1/a$	677 / 3110	$Z=8$	
$H_2[PtI_6] \cdot 9H_2O$ [19583-74-5] [20740-45-8]	(IV)-hexaiodosäure nonahydrat	f	1120,67				
$Pt(NH_3)_2Cl_2$ [26035-31-4]	(II)-diammindichlorid	f	299,9 / 3,800	mkl., C_{2h}^5, $P2_1/a$	803,8 / 600,3 / 547,9	95,53° / $Z=2$	
cis-$Pt(NH_3)_2Cl_4$ [16893-05-3] [16949-90-9]	(IV)-diammintetrachlorid	f	370,95 / 3,51	mkl., C_{2h}^3, $A2/m$	1155,9 / 1022,5 / 608,8	105,05° / $Z=4$	
PtO [12035-82-4]	(II)-oxid	f	211,09 / 13,5	tetr., D_{4h}^9, $P4_2/mmc$	305 / 545	$Z=2$	
Pt_3O_4 [12137-40-5]	(II, IV)-oxid	f	649,27 / 12,3	kub., O_h^3, $Pm3m$	558,5		
PtO_2 [1314-15-4]	(IV)-oxid	f	227,09 / 10,2	trig., D_{3d}^3, $P\bar{3}m1$	310,0 / 414,0	$Z=1$	
$Pt(OH)_2$ ($PtO \cdot H_2O$) [12135-23-8]	(II)-hydroxid oder (II)-oxidhydrat	f	229,10				
$Pt(OH)_4$ $PtO_2 \cdot 2H_2O$ [12135-48-7]	(IV)-hydroxid oder (IV)-oxidhydrat	f	263,12				

Phasen-umwandlungen °C		ΔH kJ/Mol	Standardwerte bei 298,15 K C_p J/KMol	S^0 J/KMol	ΔH^0_B kJ/Mol	ΔG^0_B kJ/Mol	Bemerkungen und Charakteristik
130	*Z*		125,5	180,7	−72,8	−45,0	schw. Pulver, zuweilen krist.; gibt I_2 beim Erhitzen ab 131° ab; unl. W; l. fl. NH_3, wss. NH_3, NaOH, Na_2CO_3-Lsg. gelb, HI, KI-Lsg. braunrot; etwas l. Al; unl. E, Egester
							kleine kupferfarbene Nadeln; braune met. glänzende Tafeln; zerfl. schnell an Luft; sll. W dklrot; wss. Lsg. zers. → PtI_4
270	*Z*						trans-Form [14913-33-8] cis-Form [15663-27-1] gelb; l. W, DMF, DMSO
240	*F*						gelb
550	*Z**						* Z. gemäß $2\,PtO \rightarrow 2\,Pt + O_2$; schw. Pulver; unl. W; l. Königsw.
	Z						violett-schw.; unl. W, S, KW
450	*Z**		43,1	259,5	170,7	166,9	* Z. gemäß $2\,PtO_2 \rightarrow 2\,PtO + O_2$; blauschw. Pulver; unl. in allen Mineralsäuren
	Z		1108*		−364,7*		* für $Pt(OH)_2$; tiefschw. Pulver; $PtO \cdot 2H_2O$ lange auf 120° erhitzt → $PtO \cdot H_2O$; frisch gefällt l. konz. HNO_3, H_2SO_4, SO_2-Lsg.; unl. verd. HNO_3, H_2SO_4 verd. und konz. Egs; l. HCl, HBr, 3% wss. KCN-Lsg.
100	$-2H_2O$						braun; unl. verd. und konz. S; l. konz. HCl nach längerer Zeit, Königsw.; swl. sied. W; unl. Alk

Übersichtstabelle Anorganische Verbindungen (Fortsetzung)

Formel	Name	Zustand	Mol-Masse / Dichte 10^3 kg · m^{-3}	Kristalldaten: System, Typ und Symbol	Einheitszelle: Kantenlänge in pm	Einheitszelle: Winkel und Z	Brechzahl n_D
Pt	**Platin**						
$H_2[Pt(OH)_6]$ [51850-20-5]	(IV)-hexahydroxosäure	f	299,14 4,17	mkl., C_{2h}^6, $C2/c$	845,9 718,4 742,9	93,71° $Z=4$	
PtP_2 [12165-68-3]	diphosphid	f	257,04 9,01	kub., T_h^6, $Pa3$	570	$Z=4$	
$[PtCl_6]Rb_2$ [17363-00-7]	Rubidium-hexachloroplatinat-(IV)	f	578,75 3,86	kub., $I1_1$ O_h^5, $Fm3m$	988	$Z=4$	
PtS [12038-20-9]	(II)-sulfid	f	227,15 10,04	tetr., $B17$ D_{4h}^9, $P4_2/mmc$	347,00 610,96	$Z=2$	
PtS_2 [12038-21-0]	(IV)-sulfid	f	259,22 7,66	hex., D_{3d}^3, $P\bar{3}m1$	354,32 503,88	$Z=1$	
$Pt(SCN)_2$ [35330-77-9]	(II)-thiocyanat	f	311,25				
$PtSe_2$ [12038-26-5]	(IV)-selenid	f	353,01 9,53	hex., D_{3d}^3, $P\bar{3}m1$	372,78 508,13	$Z=1$	
$PtTe_2$ [12038-29-8]	(IV)-tellurid	f	450,29 10,16	hex., D_{3d}^3, $P\bar{3}m1$	402,59 522,09	$Z=1$	
Pu	**Plutonium**						
$PuBr_3$ [15752-46-2]	(III)-bromid	f	483,73 6,69	orh., D_{2h}^{17}, $Ccmm$	1257 411 913	$Z=4$	
$PuCl_3$ [13569-62-5]	(III)-chlorid	f	350,36 5,78	hex., C_{6h}^2, $P6_3/n$	739,5 424,6	$Z=2$	

Phasen-umwandlungen °C		ΔH kJ/Mol	Standardwerte bei 298,15 K C_p J/KMol	S^0 J/KMol	ΔH^0_B kJ/Mol	ΔG^0_B kJ/Mol	Bemerkungen und Charakteristik
100 300	$-2H_2O$ $-3H_2O$						weiß bis hgelb, am Licht bräunliche Verfärbung; unl. W; frisch gefällt: weiß, ll. verd. S; getrocknet: strohgelb, l. 2N-HCl, schwer l. 2N-H_2SO_4,2N-HNO_3, unl. Egs; zll. Alk → $Alk_2[Pt(OH)_6]$, l. H_2SiF_6
~1500	*F*						metall-gl. unl. W, S, wl. KW, l. NH_3
							honiggelbe kleine glänzende Krist.; LW 20° 0,0282%, 100° 0,3%; Bdk. 0 H_2O; unl. Al
			43,4	55,1	−83,1	−77,5	Cooperit; schw. bis grauschw.; unl. S, Königsw., Alk; zers. durch Glühen mit $KClO_3$, KNO_3, l. $(NH_4)_2S$
225 250	*Z*		65,8	74,6	−110,4	−101,1	grauschw. mikrokrist. Pulver; unl. S, Alk; zers. durch KOH-, KNO_3- oder $KClO_3$-Schmelze, unl. $(NH_4)_2S$, l. HCl, HNO_3
							rotes oder hbraunes Pulver; unl. W, S, Alk; l. Königsw., wss. KCN-, KSCN-Lsg.
	Z			(102,5)	(−79,5)		grauschw. Pulver, mikroskopisch kleine Krist.; l. Königsw.; frisch gefällt l. Alk-sulfid- oder -selenid-lsg., wenig l. HNO_3, H_2SO_4
1200... 1300	*F*		75,4	(121)		(−58,6)	hgraues krist. Pulver, kleine glänzende Krist.; unl. HCl; l. HNO_3, Königsw., Na_2S-, $(NH_4)_2S$-Lsg.; Moncheit
681	*F*	56,1	107,9	192,9	−793,3	−767,4	grün; l. W
760	*F*	63,6	102,8	159,0	−961,4	−893,6	grün, l. W, verd. S

Übersichtstabelle Anorganische Verbindungen (Fortsetzung)

Formel	Name	Zustand	Mol-Masse / Dichte 10^3 kg · m^{-3}	Kristalldaten: System, Typ und Symbol	Einheitszelle: Kantenlänge in pm	Einheitszelle: Winkel und Z	Brechzahl n_D
Pu	**Plutonium**						
PuF_3 [13842-83-6]	(III)-fluorid	f	301 / 9,488	hex., D_{6h}^4, $P6_3/mmc$	409,5 725,5	$Z = 2$	
PuF_4 [13709-56-3]	(IV)-fluorid	f	320 / 7,0	mkl., C_{2h}^6, $C2/c$	1259 1069 829	$Z = 12$	
PuF_6 [13693-06-6]	(VI)-fluorid	f	358 / 5,158	orh., D_{2h}^{16}, $Pnma$	988,89 896,18 520,35	$Z = 4$	
PuI_3 [13813-46-2]	(III)-iodid	f	625 / 6,936	orh., D_{2h}^{17}, $Cmcm$	429,93 1402,86 992,05	$Z = 4$	
PuN [12033-54-4]	nitrid	f	258 / 14,522	kub., O_h^5, $Fm\bar{3}m$	490,5	$Z = 4$	
PuO_2 [12059-95-9]	(IV)-oxid	f	276 / 11,668	kub., O_h^5, $Fm\bar{3}m$	539,6	$Z = 4$	
Ra	**Radium**						
$RaBr_2$ [10031-23-9]	bromid	f	385,82 / 5,790	orh., D_{2h}^{16}, $Pmcn$	841 1015 506	$Z = 4$	
$RaCl_2$ [10025-66-8]	chlorid	f	296,91 / 4,91	orh., D_{2h}^{16}, $Pmcn$	806 971 490	$Z = 4$	
$RaCl_2 \cdot 2H_2O$ [120956-70-9]	dihydrat	f	332,94	mkl., $BaCl_2$-$2H_2O$ Typ			
$RaCO_3$ [7116-98-5]	carbonat	f	286,01 / 5,66	orh., D_{2h}^{16}, $Pcmn$	546 918 669	$Z = 4$	
RaF_2 [20610-49-5]	fluorid	f	264,05 / 6,750	kub., $C1$ O_h^5, $Fm3m$	637,9	$Z = 4$	
$Ra(NO_3)_2$ [10213-12-4]	nitrat	f	350,01 / ~4,1	kub., T_h^6, $Pa\bar{3}$	828,4		

MIX
Papier aus verantwortungsvollen Quellen
Paper from responsible sources
FSC® C105338

If you have any concerns about our products,
you can contact us on
ProductSafety@springernature.com

In case Publisher is established outside the EU,
the EU authorized representative is:
Springer Nature Customer Service Center GmbH
Europaplatz 3, 69115 Heidelberg, Germany

Printed by Libri Plureos GmbH
in Hamburg, Germany

D'Ans · Lax

Taschenbuch für Chemiker und Physiker

Springer-Verlag Berlin Heidelberg GmbH

D'Ans · Lax

Taschenbuch für Chemiker und Physiker

Vierte, neubearbeitete und revidierte Auflage

Band III
Elemente, anorganische Verbindungen und Materialien, Minerale

Herausgegeben von
R. Blachnik

Springer

Prof. Dr. Roger Blachnik
Anorganische Chemie
Universität Osnabrück
Barbarastraße 7
49069 Osnabrück

ISBN 978-3-642-63755-1

Die Deutsche Bibliothek – CIP-Einheitsaufnahme

Ans, Jean d:
Taschenbuch für Chemiker und Physiker / D'Ans ; Lax. – Berlin ; Heidelberg ;
New York ; Barcelona ; Budapest ; Hongkong ; London ; Mailand ; Paris ; Santa Clara ;
Singapur ; Tokio : Springer.
Bd. 3. Elemente, anorganische Verbindungen und Materialien, Minerale / hrsg.
von R. Blachnik. – 4., neubearb. und rev. Aufl. – 1998
ISBN 978-3-642-63755-1 ISBN 978-3-642-58842-6 (eBook)
DOI 10.1007/978-3-642-58842-6

Einbandgestaltung: Medio, Berlin
Satz: Fotosatz-Service Köhler OHG, Würzburg
SPIN 10005303 68/3020 – 5 4 3 2 1 0 – Gedruckt auf säurefreiem Papier

Autoren

Prof. Dr. R. Blachnik
Anorganische Chemie
Universität Osnabrück
Barbarastraße 7
D-49069 Osnabrück

Prof. Dr. S. Koritnig
Mineralogisch-Petrologisches
Institut der Universität
V. M. Goldschmidt Straße 1
37077 Göttingen

Dr. D. Steinmeier
Physikalische Chemie
Universität Osnabrück
Barbarastraße 7
D-49069 Osnabrück

Prof. Dr. A. Wilke
Institut für Lagerstättenkunde
Technische Universität Berlin
Bundesratsufer 12
D-10555 Berlin

Prof. Dr. A. Feltz
Siemens Matsushita
Siemensstraße 43
A-8530 Deutschkrona

Prof. Dr. H. Reuter
Anorganische Chemie
Universität Osnabrück
Barbarastraße 7
D-49069 Osnabrück

Dr. E. Stieber
Bizetstraße 83
D-13088 Berlin

Vorwort

Für die vierte Auflage des Taschenbuchs für Chemiker und Physiker wurde der dritte Band überarbeitet, insbesondere wurde weitgehend auf SI-Einheiten umgestellt.

Dieser Band gibt einen Überblick über die Eigenschaften von Elementen, anorganischen Verbindungen, Werkstoffen und Mineralen.

Kapitel 1 enthält die wesentlichen Maßeinheiten, Umrechnungsfaktoren und Grundkonstanten, die in den folgenden Kapiteln erscheinen.

Im umfangreichsten, zweiten Kapitel wurden die Eigenschaften von Stoffen zusammengefaßt. Es ist gegenüber der vorhergehenden Auflage beträchtlich erweitert worden, insbesondere wurden thermodynamische und strukturelle Daten vervollständigt und für Elemente und Verbindungen die CAS-Registriernummer hinzugefügt. Die Anordnung der Elemente und Verbindungen wurde alphabetisch nach den chemischen Symbolen vorgenommen.

Für jedes Element sind Beschreibung und die Eigenschaften in einer Tabelle wiedergegeben. Radien und Elektronegativitäten der Elemente, sowie Normalpotentiale sind dagegen jeweils zu einer Liste zusammengestellt.

Anschließend finden sich Tabellen, in denen etwa 3000 anorganische Verbindungen mit ihren charakteristischen Daten aufgeführt sind, weiterhin solche, in denen wichtige Eigenschaften von Legierungen, Glas, Keramik, anderen anorganischen Materialien und Mineralen wiedergegeben werden.

Es folgen im dritten Kapitel mechanisch-thermische Konstanten von reinen Festkörpern, Flüssigkeiten und Gasen, wie Dichte, Ausdehnungs- und Kompressibilitätskoefizient und Gleichgewichtskonstante.

Heterogene Phasengleichgewichte bilden den Inhalt des vierten Kapitels, darunter Dampfdruckgleichungen für Elemente und anorganische Verbindungen, Siedediagramme von binären und ternären anorganisch-organischen Mischphasen. Azeotrope, binäre Lösungsgleichgewichte zwischen Elementen, so Zustandsdiagramme technisch wichtiger Metallsysteme, das Mischungsverhalten von Salzen, die Löslichkeit von Salzen in Wasser und Verteilungskoeffizienten. Ausführlich wird die Löslichkeit von Gasen in kondensierten Phasen behandelt.

Im fünften Kapitel werden thermodynamische Daten von Elementen, Verbindungen und einigen binären Metallsystemen vorgestellt.

Kapitel 6 setzt die lange Tradition der Beschreibung anorganischer Kristallstrukturen im D'Ans Lax fort. In keinem anderen Bereich der Chemie hat sich in den letzten beiden Jahrzehnten eine so rasante Entwicklung vollzogen wie im Bereich der Einkristallröntgenstrukturanalyse: nicht zuletzt aufgrund immer schnellerer und leistungsfähigerer Rechner, begleitet von neuen Verfahren zur Datenerfassung und verbesserten Programmen zur Lösung und Verfeinerung der Strukturmodelle gehören Einkristallröntgenstrukturanalysen heute zur Alltagsroutine eines Chemikers und sind aus kaum noch einer Publikation mehr wegzudenken. Dieser Entwicklung, die noch lange nicht abgeschlossen ist, wurde bei der Neufassung von Kap. 6 dahingehend Rechnung getragen, daß parallel zur anschaulichen Beschreibung der etwa 160 vorgestellten Kristallstrukturtypen mit etwa 2600 Einzelverbindungen, die sich im wesentlichen an dem Modell der dichten Kugelpackungen und dem Polyederkonzept orientiert und anhand von etwa 200 neu konzipierten Abbildungen erfolgt, nun zusätzlich die exakten Kristallstrukturdaten (Elementarzelle, Raumgruppe, Atomkoordinaten) mit aufgeführt werden.

Im neuen Kapitel 7 sind einige Abkürzungen für chemische und physikalische Meßverfahren erläutert.

Für die Manuskripterstellung und das Korrekturlesen bedanke ich mich bei den Koautoren und bei meinen Mitarbeitern. Mein ganz besonderer Dank gilt dem Springer Verlag, insbesondere Herrn Dr. R. Stumpe, Herrn H. Schoenefeldt und Frau U. Weisgerber für das Verständnis und ihre große Hilfe bei den Vorbereitungen zur Drucklegung dieses Werkes.

Inhaltsverzeichnis

Phasen-umwandlungen			Standardwerte bei 298,15 K				Bemerkungen und Charakteristik
°C		ΔH kJ/Mol	C_p J/KMol	S^0	ΔH_B^0 kJ/Mol	ΔG_B^0	
1425	*F*	54,4	92,6	126,1	−1552,3	−1483,8	purpur; unl. k. W, wl. S
1037	*F*	42,7	116,2	147,3	−1778,2	−1685,8	blaßbraun
50,8	*F*	18,6	167,3	221,8	−1799,1	−1668,5	rot-braun; W Z
777	*F*	50,2	111,8	214,2	−579,9	−576,5	hellgrün; l. W; $\mu_{eff} = 0{,}88\ \mu_B$
2830	*F*		49,6	64,8	−299,2	−274,6	schwarz; l. HCl, H_2SO_4, W Z
2442	*F*	75,3	66,2	66,1	−1055,8	−999,0	gelbgrün; wl. h.konz. H_2SO_4, HNO_3, HF
728 900	*F* *Sb*						weißes Salz, schwach gelblich oder schwach grau gefärbt; LW 20° 41,5%, l. Al
1000	*F*			133,9			weißes Salz, schwach gelblich oder schwach grau gefärbt; LW 20° 19,6%, l. Al
100	$-2H_2O$			209,2	−1469	−1304	derbe undurchsichtige Nadeln, anfangs rein weiß, mit der Zeit gelblich, l. W, HCl
							weiß, unl. W, S Z
1327 1927	*F* *V*				−1206		fbl. Salz
				217,6	−991,8	−796,4	weiße Krist.; LW 20° 11,4%

Übersichtstabelle Anorganische Verbindungen (Fortsetzung)

Formel	Name	Zustand	Mol-Masse / Dichte 10^3 kg · m^{-3}	Kristalldaten: System, Typ und Symbol	Einheitszelle: Kantenlänge in pm	Einheitszelle: Winkel und Z	Brechzahl n_D
Ra	**Radium**						
RaS [23320-13-0]	sulfid	f	258,06 / 6,030	kub., O_h^5, $Fm\bar{3}m$	657,5	$Z = 4$	
$RaSO_4$ [7446-16-4]	sulfat	f	322,06 / 5,77	orh., D_{2h}^{16}, $Pnma$	916,2 554,6 730,1	$Z = 4$	
RaSe [23320-14-1]	selenid	f	290,13 / 6,43	kub., O_h^5, $Fm\bar{3}m$	680	$Z = 4$	
Rb	**Rubidium**						
$RbBF_4$ [18909-68-7]	tetra-fluoro-borat	f	172,27 / 2,82	orh., $H0_2$ D_{2h}^{16}, $Pnma$	907,0 560,0 723,0	$Z = 4$	1,333
RbBr [7789-39-1]	bromid	f	165,37 / 3,35	kub., $B1$ O_h^5, $Fm3m$	689,0	$Z = 4$	1,5528
$RbBrO_3$ [13446-70-3]	bromat	f	213,37 / 3,674	trig., C_{3v}^5, $R3m$	621,8 809,9	$Z = 3$	
RbCN [19073-56-4]	cyanid	f	111,49 / 2,32	kub., O_h^5, $Fm3m$	682,0	$Z = 4$	
Rb_2CO_3 [584-09-8]	carbonat	f	230,94 / 3,545	mkl., C_{2h}^5, $P2_1/a$	734,4 1011,6 587,26	$Z = 4$	
$RbHCO_3$ [19088-74-5]	hydrogen-carbonat	f	146,48	orh.			

Phasen-umwandlungen			Standardwerte bei 298,15 K				Bemerkungen und Charakteristik
°C		ΔH kJ/Mol	C_p J/KMol	S^0	ΔH_B^0 kJ/Mol	ΔG_B^0	
							grau-schw.
				142,3	−1473	−1364	weißes Pulver; LW 20° 1,4 · 10^{-4}%, L 50% H_2SO_4 25° 2,1 · 10^{-6} g/100 cm^3 Lösm.
							grau-schw.
590	*F*						fbl. sehr kleine glänzende Krist.; LW 20° 0,5%, 100° 0,99%
693 1340	*F* *V*	23,3 155,3	52,8	109,9	−394,6	−381,8	$\bar{\gamma}$ (194...273 K) = 104 · 10^{-6} K^{-1}; $\varkappa$ (5,0...20,0 MPa; 293 K) = 7,9 · 10^{-5} MPa^{-1}; ε (8,6 · 10^5 Hz) = 4,87 (bezogen auf Bzl. von 20 °C); χ_{Mol} = 56,4 · 10^{-6} cm^3 Mol^{-1}; fbl. würfelförmige Krist.; luftbeständig; LW 10° 51%, 20° 52,7%; L Aceton 18° 5 · 10^{-3}%; l. fl. NH_3
430	*F*			161	−367	−278	kleine weiße Krist.; LW 25° 2,85%, 40° 5,08%
599	*F*				−117		fbl. Krist.pulver; ll. W; wss. Lsg. reagiert alk. und entwickelt HCN; unl. Al, E; giftig
303 873	*U* *F*	1,26 29,3	117,6	181,3	−1136,0	−1050,8	ε (1,67 · 10^5 Hz, 292 K) = 6,7; χ_{Mol} = − 75,4 · 10^{-6} cm^3 Mol^{-1}; weiße, undurchsichtige Krist.; sehr hygr.; LW. 450 g/l bei 20°; wss. Lsg. reagiert alk.; fast unl. Al
175	*Z*			121	−963	−864	fbl. glasglänzende Krist., sehr lange Nadeln; an Luft beständig; LW 53,73 g/100 cm^3; sied. wss. Lsg. → CO_2; L Al 2 g/100 cm^3

Übersichtstabelle Anorganische Verbindungen (Fortsetzung)

Formel	Name	Zustand	Mol-Masse / Dichte 10^3 kg · m^{-3}	Kristalldaten: System, Typ und Symbol	Einheitszelle: Kantenlänge in pm	Einheitszelle: Winkel und Z	Brechzahl n_D
Rb	**Rubidium**						
$RbC_2H_3O_2$ [563-67-7]	acetat	f	144,5				
$Rb_2C_2O_4 \cdot H_2O$ [7243-75-6]	oxalat hydrat	f	276,98 / 2,76	mkl., C_{2h}^6, $C2/c$	966 638 1120	110,5° $Z=4$	1,438 1,485 1,557
$RbHC_2O_4$ [32368-65-3]	hydrogen-oxalat	f	174,50 / 2,55	mkl., C_{2h}^5, $P2_1/c$	430 1363 1039	113,25° $Z=4$	1,386 1,555 1,583
RbCl [7791-11-9]	chlorid	f	120,92 / 2,76	kub., $B1$ O_h^5, $Fm3m$	658,10	$Z=4$	1,4936
$RbClO_3$ [13446-71-4]	chlorat	f	168,92 / 3,19	trig., $G0_1$ C_{3v}^5, $R3m$	608,9 817,4	$Z=3$	1,572 1,484
$RbClO_4$ [13510-42-4]	perchlorat	f	184,92 / 2,8	orh., $H0_2$ D_{2h}^{16}, $Pbnm$	749,0 926,9 581,4	$Z=4$	1,4692 1,4701 1,4731
Rb_2CrO_4 [13446-72-5]	chromat	f	286,93 / 3,518	orh., D_{2h}^{16}, $Pnam$	800,1 1072,2 607,4	$Z=4$	
RbF [13446-74-7]	fluorid	f	104,47 / 3,557	kub., $B1$ O_h^5, $Fm3m$	565,16	$Z=4$	1,398

Phasen-umwandlungen			Standardwerte bei 298,15 K				Bemerkungen und Charakteristik
°C		ΔH kJ/Mol	C_p J/KMol	S^0	ΔH_B^0 kJ/Mol	ΔG_B^0	
225,5 243,5	*U* *F*						fbl. perlmuttglänzende Blättchen, fühlen sich fettig an; sehr hygr.; LW 44,7° 86,23 %, 99,4 °C, 89,3 % Bdk. 0 H_2O; l. Al; ll. Egs
							fbl. Krist., glanzlos
							fbl. prismatische Krist.
718 1390	*F* *V*	23,7 154,4	52,3	95,9	−435,4	−407,8	$\bar{\gamma}$ (196 ... 273 K) = 98,5 · $10^{-6} K^{-1}$; $\varkappa$(0 ... 80,0 MPa; 303 K) = 6,44 · $10^{-5} MPa^{-1}$; ε (8,6 · 10^5 Hz) = 4,95 (bezogen auf Bzl von 293 K); $\chi_{Mol} = -46 \cdot 10^{-6}$ $cm^3 Mol^{-1}$; fbl. Krist.; beim langsamen Verdunsten glasglänzende Würfel; LW 20° 47,5 %; L Me 25° 1,41 %; L Al 25° 0,078 %; L Aceton 18° 2,1 · 10^{-4} %; l. konz. alkohol. HCl; swl. fl. NH_3
			103,2	151,8	−392,3	−292	$\varkappa$(0 ... 200,0 MPa) = 5,1 · $10^{-5} MPa^{-1}$; kleine weiße Krist.; an Luft beständig; LW 20° 4,85 %, 80° 45 %
279	*U*[1]			160,6	−434,4	−306	[1] $H0_2 \rightarrow H0_5$ kub. T_d^2, a = 770 pm, Z = 4; $\chi_{Mol} = -53,1 \cdot 10^{-6}$ $cm^3 Mol^{-1}$; fbl. kleine Krist. mit stark glänzenden Flächen; luftbeständig, Erhitzen auf Rotglut → RbCl + O_2; LW 20° 0,99 %; L Me 25° 0,06 %; L Al 25° 9 · 10^{-3} %; L Aceton 25° 9,5 · 10^{-2} %
994	*F*						gelbe Kristalle, LW 62 g/100 g bei 273 K, 95,7 g/100 g bei 333 K
795 1410	*F* *V*	25,6 165,3	50,5	80,3	−557,7	−528,5	$\chi_{Mol} = -31,9 \cdot 10^{-6}$ $cm^3 Mol^{-1}$; weiße krist. Masse, zerspringt leicht; sehr hygr.; LW 18° 75 %, Bdk. 1 H_2O; L Aceton 18° 3,6 · 10^{-4} %; unl. Al, E, fl. NH_3; ll. fl. HF 14 ... 18°; wl. wss. HF → Hydrogenfluorid

Übersichtstabelle Anorganische Verbindungen (Fortsetzung)

Formel	Name	Zustand	Mol-Masse / Dichte 10^3 kg · m^{-3}	Kristalldaten: System, Typ und Symbol	Einheitszelle: Kantenlänge in pm	Einheitszelle: Winkel und Z	Brechzahl n_D
Rb	**Rubidium**						
$RbHF_2$ [12280-64-7]	hydrogen-fluorid	f	124,47 / 3,7	tetr.	590 726		
RbH [13446-75-8]	hydrid	f	86,48 / 2,65	kub., *B*1 O_h^5, *Fm*3*m*	604,9	$Z = 4$	
RbI [7790-29-6]	iodid	f	212,37 / 3,55	kub., *B*1 O_h^5, *Fm*3*m*	734,2	$Z = 4$	1,6474
RbI_3 [12298-69-0]	triiodid	f	466,18 / 4,03	orh., D_{2h}^{16}, *Pnma*	1088,44 663,9 968,74	$Z = 4$	
$RbIO_3$ [13446-76-9]	iodat	f	260,37 / 4,33	hex., C_{3v}^5, *R*3*m*	641,3 789,2	$Z = 3$	
$RbIO_4$ [13465-48-0]	periodat	f	276,37 / 3,918	tetr., $H0_4$ C_{4h}^6, $I4_1/a$	592,1 1305,2	$Z = 4$	
Rb_3N [12136-85-5]	nitrid	f	270,42				
RbN_3 [22756-36-1]	azid	f	127,49 / 2,787	tetr., $F5_2$ D_{4h}^{18}, *I*4/*mcm*	630,8 753,7	$Z = 4$	
$RbNH_2$ [12141-27-4]	amid	f	101,49 / 2,59	kub., O_h^5, *Fm*3*m*	639,5		

Phasen-umwandlungen °C		ΔH kJ/Mol	Standardwerte bei 298,15 K C_p J/KMol	S^0 J/KMol	ΔH_B^0 kJ/Mol	ΔG_B^0 kJ/Mol	Bemerkungen und Charakteristik
176 205	U* F				−1135		* U tetr. → kub. a = 671 pm; fbl. Krist.; l. W etwas weniger als RbF; unl. Al, E
300	Z		–	71,1	−54,3	−32,0	fbl. prismatische Nadeln; zers. W → RbOH + H_2; mit HCl-Gas → RbCl + H_2
656 1300	F V	22,1 150,4	52,5	118,4	−333,9	−328,9	$\bar{\gamma}$ (196 ... 273 K) = 119 · 10^{-6} K^{-1}; $\varkappa$ (5 ... 20 MPa; 293 K) = 9,0 · 10^{-5} MPa^{-1}; ε (8,6 · 10^5 Hz) = 5,82 (bezogen auf Bzl von 293 K); χ_{Mol} = −72,2 · 10^{-6} cm^3 Mol^{-1}; kleine weiße Krist., würfelförmig; LW 20° 61,6%; L Furfurol 25° 4,9 g/100 cm^3 Lsg.; L Aceton 20° 2,8%; L Acetonitril 25° 1,35 g/100 cm^3 Lsg.; l. fl. NH_3
192	F						schw. glänzende Krist., gepulvert rotbraun; ll. W; l. Al ohne Z.; zers. E
	$Z-O_2$					−426	weiße undurchsichtige Würfel; LW 23° 2,05%; ll. HCl unter Gelbfärbung
	$Z-O_2$						$\varkappa$ (0 ... 200 MPa) = 9,2 · 10^{-5} MPa^{-1}; fbl. Krist.; LW 23° 0,7%
							graugrünes Pulver, sehr hygr.; an Luft Geruch nach NH_3, an trockener Luft beständig; mit W unter Zischen → RbOH + NH_4OH
310	Z						fbl. tafelförmige Krist., feine Nadeln, seidenglänzend, etwas hygr.; LW 16° 50%; wss. Lsg. reagiert alk.; wl. Al; unl. abs. E
309	F						weiße kleine Täfelchen; zerfl.; beim Schmelzen → grünlichbraune ölige Fl.; zers. W → RbOH + NH_3; zers. Al → Rb-alkoholat + NH_3; reichlich l. fl. NH_3

Übersichtstabelle Anorganische Verbindungen (Fortsetzung)

Formel	Name	Zustand	Mol-Masse Dichte $10^3\ kg \cdot m^{-3}$	Kristalldaten: System, Typ und Symbol	Einheitszelle: Kantenlänge in pm	Einheitszelle: Winkel und Z	Brechzahl n_D
Rb	**Rubidium**						
$RbNO_3$ [13126-12-0]	nitrat	f	147,47 3,11	trig., C_{3v}^2, $P31m$	1047 745	 $Z=4$	1,51 1,52 1,524
Rb_2O [18088-11-4]	oxid	f	186,94 3,72	kub., $C1$ O_h^5, $Fm3m$	674	 $Z=4$	
$RbOH$ [1310-82-3]	hydroxid	f	102,48 3,203	orh., $B33$ D_{2h}^{17}, $Cmcm$	415 430 122	 $Z=4$	
RbO_2 [12137-25-6]	superoxid	f	117,47 3,80	mkl., C_{2h}^2, $P2_1/m$	414,7 423,0 600,5	105,4°	
Rb_2O_2 [23611-30-5]	peroxid	f	202,94 3,80	orh.	420,1 707,5 598,3	 $Z=2$	
Rb_2O_3 [12137-33-6]	Rb-Misch-oxid	f	218,93 3,53	kub., $D7_3$ T_d^6, $I\bar{4}3d$	930	 $Z=8$	
RbH_2PO_4 [13774-16-8]	di-hydrogen-phosphat	f	182,46 2,869	tetr., $H2_2$ D_{2d}^{12}, $I\bar{4}2d$	760,80 729,79	 $Z=4$	
$Rb_3PO_4 \cdot 4H_2O$ [101056-52-4]	ortho-phosphat tetrahydrat	f	423,44				
$RbReO_4$ [13768-47-3]	perrhenat	f	335,67 4,99	tetr., $H0_4$ C_{4h}^6, $I4_1/a$	581,5 1319,3	 $Z=4$	

Phasenumwandlungen °C		ΔH kJ/Mol	Standardwerte bei 298,15 K C_p J/KMol	S^0 J/KMol	ΔH^0_B kJ/Mol	ΔG^0_B kJ/Mol	Bemerkungen und Charakteristik
165	U^*				−95		* U (165°) $C^5_{3v} \rightarrow B2$, kub., O^1_h, a = 436 pm, Z = 1; U (225°) → $G0_1$, trig., a = 781 pm, α = 41,1°, Z = 2; $\varkappa$ (1...1000 MPa) = $4{,}2 \cdot 10^{-5}$ MPa^{-1}; $\chi_{Mol} = -41 \cdot 10^{-6}$ $cm^3 Mol^{-1}$; fbl. Krist.; sehr hart beim langsamen Verdunsten; LW 20° 35,0%; L fl. NH_3 ~3%, l. HNO_3, Aceton whaltig; swl. Aceton wfrei
225	U^*			147		−396	
291	U						
316	F	5,60					
270	U	0,8	74,1		−339,0		ε (8,6 · 10^5 Hz; 292 K) = 4,95 (bezogen auf Bzl von 20 °C); blaßgelbe, durchsichtige Krist.; durch Licht allmählich zers. unter Freiwerden von Metall; reagiert heftig mit W unter Entflammung
340	U	4,2		125,5		−300,1	
505	F	20,9					
94	U	7,11			−418		weiße krist. Masse; sehr zerfl.; nimmt an Luft CO_2 auf → Carbonat; keine Z. beim Glühen; LW 15° 64,2%, 30° 63,4%; l. Al
245	U	6,77					
301	F			84			
540	F	20,9	77,6		−278,7		dklor., in der Kälte gelb, außerordentlich hygr.; zers. W unter Zischen → $RbOH + H_2O_2$
1157	Z			130,1		−233,4	
570	F				−425,6		mikroskopisch sehr feine gelbe Nadeln
600	Z						
489	F				−527		mattschwarze Verbindung $2RbO_2 \cdot Rb_2O_2$
						−452	
283	F						piezoelektrisch; fbl. gut ausgebildete Prismen; Erhitzen → $RbPO_3$; LW 43 g/100 cm^3; 0 °C; wss. Lsg. reagiert gegen Lackmus sauer; Al fällt aus der wss. Lsg. aus
							fbl. kurze Prismen, außerordentlich hygr.; wss. Lsg. reagiert alk; durch Al wieder ausgefällt
605	F						oktaederähnliche Krist.; LW 20° 1%, Bdk. 0 H_2O

Übersichtstabelle Anorganische Verbindungen (Fortsetzung)

Formel	Name	Zustand	Mol-Masse Dichte 10^3 kg · m^{-3}	Kristalldaten: System, Typ und Symbol	Einheitszelle: Kantenlänge in pm	Einheitszelle: Winkel und Z	Brechzahl n_D
Rb	**Rubidium**						
Rb_2S [31083-74-6]	sulfid	f	203,00 2,912	kub., $C1$ O_h^5, $Fm3m$	765,0	$Z = 4$	
RbHS [23317-41-1]	hydrogen-sulfid	f	118,54	trig., $B22$ D_{3d}^5, $R\bar{3}m$	453,0	69,3° $Z = 1$	
Rb_2S_5 [12137-98-3]	penta-sulfid	f	331,24 2,618	orh., D_2^4, $P2_12_12_1$	683,7 1784,5 663,3	$Z = 4$	
RbSCN [3879-02-5]	thiocyanat	f	143,55				
Rb_2SO_4 [7488-54-2]	sulfat	f	266,99 3,613	orh., $H1_6$ D_{2h}^{16}, $Pnma$	780,1 596,5 1041,6	$Z = 4$	1,5131 1,5133 1,5144
$RbHSO_4$ [15587-72-1]	hydrogen-sulfat	f	182,54 2,892	mkl., C_{2h}^5, $P2_1/n$	1440 462,2 1436	118,0°	– 1,473 –
$Rb_2S_2O_6$ [24079-72-9]	dithionat	f	331,06 2,89	trig., $K1_1$ D_3^2, $P321$	1017 642	$Z = 3$	1,4574 1,5078
Rb_2Se [31052-43-4]	selenid	f	249,89 3,16	kub., O_h^5, $Fm3m$	801,0	$Z = 4$	1,5515 1,5537 1,5582
Re	**Rhenium**						
$ReBr_3$ [13569-49-8]	(III)-bromid	f	425,92				
$Re_2(CO)_{10}$ [14285-68-8]	Dirhenium decacarbonyl		652,51	orh., C_{2h}^6, $I2/a$	1470 715 1491	$Z = 4$	

Phasen-umwandlungen			Standardwerte bei 298,15 K				Bemerkungen und Charakteristik
°C		ΔH kJ/Mol	C_p J/KMol	S^0	ΔH_B^0 kJ/Mol	ΔG_B^0	
530	Z*			134	−361	−339	* im Vak.; $\chi_{Mol} = -80 \cdot 10^{-6}$ cm^3 Mol^{-1}; weißes bis blaßgelbes krist. Pulver; zerfl. an feuchter Luft; beim Schmelzen Polysulfidbildung unter Verfärbung; l. W
130	U*	1,7			−268,2		* U $B22 \rightarrow B1$, kub., O_h^5, $Fm3m$ $a = 692$ pm, $Z = 4$; weißglänzende undeutlich ausgebildete Nadeln; sehr zerfl.
225	F						$\chi_{Mol} = -122 \cdot 10^{-6}$ cm^3 Mol^{-1}; dkl-korallenrote Krist.; zerfl. an Luft → dklrote Fl., aus der Schwefel abscheidet; sll. 70%ig Al
195	F				−226		fbl. Krist.
653 1060 1700	U F V	4,2 38,4	113,1	197,4	−1435,6	−1316,8	$\chi_{Mol} = -88{,}4 \cdot 10^{-6}$ cm^3 Mol^{-1}; fbl. Krist., bei langsamen Verdampfen groß, hart und glasglänzend, sonst federartig; an Luft beständig; LW 20° 32,5%; unl. Aceton, Py
208					−1145	−1030	fbl. strahlige Kristallmasse; nicht zerfl.; Erhitzen auf höhere Temp. → $Rb_2S_2O_7$
							fbl. harte glasglänzende Krist.
740	F						fbl. sehr große Krist.; stark hygr.
500 vac.	Sb		100,7	200,8	−175,7	−156,6	grünschw. Krist.; l. fl. NH_3; l. wss. HBr rot, l. wss H_2SO_4; trimer
177 250	F Z						gelb-weiße Kristalle; unl. W. s. wl. org. LM

Übersichtstabelle Anorganische Verbindungen (Fortsetzung)

Formel	Name	Zustand	Mol-Masse / Dichte 10^3 kg · m^{-3}	Kristalldaten: System, Typ und Symbol	Einheitszelle: Kantenlänge in pm	Einheitszelle: Winkel und Z	Brechzahl n_D
Re	**Rhenium**						
$Re(CO)_5Br$ [14220-21-4]	-pentacarbonylbromid	f	406,16 / 3,114	orh., D_{2h}^{16}, *Pnma*	1192 1176 618		
$Re(CO)_5Cl$ [14099-01-5]	-pentacarbonylchlorid	f	361,71 / 3,260	orh.	1132 1112 586		
$ReCl_3$ [13569-63-6]	(III)-chlorid	f	292,56	hex., D_{3d}^5, $R\bar{3}m$	1027 2037		
$ReCl_4$ [13569-71-6] [30663-99-1]	(IV)-chlorid	f	328,02	mkl., *Pc o P2/c*	636,6 628,2 1216,5	93,17°	
$ReCl_5$ [13596-35-5]	pentachlorid	f	363,47 / 3,9	mkl., C_{2h}^5, $P2_1/c$	926,04 1156,24 1203,94	109,03° $Z = 8$	
ReF_4 [15192-42-4]	(IV)-fluorid	f	262,20 / 5,383	tetr.	1010 1595		
ReF_6 [10049-17-9]	(VI)-fluorid	fl	300,20 Schmelze 6,1573 fest 3,616				
ReO_2 [12036-09-8]	(IV)-oxid	f	218,21 / 11,4	orh.,* D_{2h}^{14}, *Pbcn*	480,94 564,33 460,07	$Z = 4$	
ReO_3 [1314-28-9]	(VI)-oxid	f	234,21 / 7,38	kub., $D0_9$ O_h^1, *Pm3m*	374,8	$Z = 1$	

Phasen-umwandlungen			Standardwerte bei 298,15 K				Bemerkungen und Charakteristik
°C		ΔH kJ/Mol	C_p J/KMol	S^0	ΔH_B^0 kJ/Mol	ΔG_B^0	
							feuchtigkeitsempfindlich
							feuchtigkeitsempfindlich
720	*F*		92,4	123,8	−264,0	−190,2	schw. rote stark glänzende Krist., beim Zerreiben hrotes Pulver; l. W mit langsamer Hydrolyse; l. fl. NH_3, Al, Propanol, Dioxan; wl. E; die saure Lsg. ist beständig gegen O_2
300	*Z*						schw.; Z W; Me, Al, Aceton; l. HCl
261	*V*				−373		feuchtigkeitsempfindlich; Z W; l HCl, Alk. dkl. gr., dimer
124,5 500	*F* *Z*						Z. W.; l. S; blau; luftempf.
18,8 33,7	*F* *V*	21 28,8			−1150		blaßgelbe krist. Substanz; subl. glänzende federart. Krist.; zers. W → $HReO_4 + ReO_2 \cdot 2H_2O$; l. konz. HNO_3 unter Bildung weißer Dämpfe; 8% NaOH zers. hydrolytisch → $NaReO_4$ + NaF; mit org. Lösm. wie Al, E, Aceton, Egs, Bzl. Anilin, CS_2, $CHCl_3$, CCl_4 Schwärzung, hygr.
300 1000	*U* *Z*		54,4	47,8	−448,9	−391,1	schw.graue Substanz; schwache S greifen nicht an; l. konz. Halogenwasserstoffsäuren; l. 30% H_2SO_4 rot; mit H_2O_2, HNO_3, Chlor- oder Bromwasser → $HReO_4$; *HT-Form
160 400	*F* *Z*		74,4	69,3	−589,1	−507,1	$\chi_{Mol} = + 16 \cdot 10^{-6}$ cm³ Mol⁻¹; rotes feinkrist. Pulver, aber auch tiefblau oder blauviol.; luftbeständig; nicht hygr.; unl. k. W, h. verd. HCl, k. verd. NaOH; k. starke HNO_3 → $HReO_4$, l. H_2O_2, HNO_3

Übersichtstabelle Anorganische Verbindungen (Fortsetzung)

Formel	Name	Zustand	Mol-Masse / Dichte 10^3 kg · m^{-3}	Kristalldaten: System, Typ und Symbol	Einheitszelle: Kantenlänge in pm	Einheitszelle: Winkel und Z	Brechzahl n_D
Re	**Rhenium**						
Re_2O_7 [1314-68-7]	(VII)-oxid	f	484,41 6,103	orh., D_{2h}^5, *Pmma*	1252* 1525 545	$Z=8$	
$ReOF_4$ [17026-29-8]	(VI)-oxid-fluorid	f	278,20 fl. 3,717* f. 4,032	mkl., C_{2h}^6, $C2/c$	1901,0 557,0 1472,0	90,0° $Z=16$	
$HReO_4$ [13768-11-1]	Per-rhenium-säure	f	251,26				
ReS_2 [12038-64-1]	(IV)-sulfid	f	250,33 7,506	trikl., C_i^1 $P\bar{1}$	645,5 636,2 640,1	105,04° 91,60° 118,97° $Z=4$	
Re_2S_7 [12038-67-4]	(VII)-sulfid	f	596,83 4,866	tetr.	1366 1024	$Z=5$	
Rh	**Rhodium**						
$RhCl_3$ [10049-07-7]	(III)-chlorid	f	209,26 3,92	mkl., C_{2h}^3, $C2/m$	595 1030 603	109,2° $Z=4$	
$RhBr_3$ [15608-29-4]	(III)-bromid	f	342,6 5,56	mkl., C_{2h}^3, $C2/m$	627 1085 635	109,0° $Z=4$	
$[Rh(NH_3)_5Cl]Cl_2$ [13820-95-6]	(III)-chloro-pentammin-chlorid	f	294,42 2,06	orh., $I1_8$ D_{2h}^{16}, *Pnma*	1333 1043 673	$Z=4$	1,707 1,703 1,700
RhF_3 [60804-25-3]	(III)-fluorid	f	159,90 5,38	trig., $D0_{12}$ D_{3d}^6, $R\bar{3}c$	488,8 1355	$Z=4$	

Phasenumwandlungen °C		ΔH kJ/Mol	Standardwerte bei 298,15 K C_p J/KMol	S^0 J/KMol	ΔH_B^0 kJ/Mol	ΔG_B^0 kJ/Mol	Bemerkungen und Charakteristik
40 330,3	*U* *V*	0,08 65,7	166,2	207,3	−1263,1	−1089,1	$\chi_{Mol} = -16 \cdot 10^{-6}$ cm³ Mol⁻¹; gelbe Krist.; sehr hygr.; l. W → $HReO_4$, ll. Al; wl. E; *Kristalldaten bei 110 °C
108 171	*F* *V*						* am Schmelzpunkt; blaue Krist.; W hydrolysiert
150	*F*			152,3	−762,3	−652,9	feste gelbe Masse; erstarrt nach Schmelzen zu klarem gelben Glas; starke S; beim Neutralisieren mit Alk → Salze
			65,8	60,7	−178,7	−166,7	Halbleiter; schw. Blättchen von geringer Härte; unl. HCl, H_2SO_4, Alk, Alk-sulfid-Lsg.; Oxidationsmittel → $HReO_4$, l. HNO_3
	Z		200,7	167,3	−451,5	−412,7	schw. feinverteiltes Pulver; unl. wss. Na_2SO_3-Lsg., Alk-hydroxid und -sulfid; bei Luftausschluß unl. HCl, H_2SO_4; HNO_3, H_2O_2 oder Bromwasser oxid. zu $HReO_4$
450–500 800	*Z* *Sb*		92,2	126,8	−299,2	−227,8	$\chi_{Mol} = -7{,}5 \cdot 10^{-6}$ cm³ Mol⁻¹; braunrotes oder ziegelrotes Pulver; zerfließlich unl. W, S, Königsw.; l. in der Wärme in stark alk. Lsg. von Na- und K-tartrat, schwach alk. Lsg. von Na- und K-oxalat, konz. KCN-Lsg.
805	*Z*						braune Platten, unl. W, S, org. Lösm.
							hygroskopisch; schwefelgelbe Krist.; LW 25° 0,83 %; l. Alk, wss. NH_3; unl. Al
>600	*Sb*						rotes feinkrist. Pulver; nicht hygr.; unl. W, konz. HCl, HNO_3, NaOH; konz. H_2SO_4 zers. in der Hitze → HF-Entwicklung; Na_2CO_3-Schmelze → Rh_2O_3 + NaF

Übersichtstabelle Anorganische Verbindungen (Fortsetzung)

Formel	Name	Zustand	Mol-Masse Dichte 10^3 kg · m^{-3}	Kristalldaten System, Typ und Symbol	Einheitszelle Kantenlänge in pm	 Winkel und Z	Brechzahl n_D
Rh	**Rhodium**						
RhF_5 [3-04-3]	(V)-fluorid	f	197,90 3,95	mkl., $C_{2h}^5, P2_1/a$	1233,8 991,7 551,7	100,4° $Z = 8$	
RhF_6 [7-18-7]	(VI)-fluorid	f	216,90 3,13	kub.	613	$Z = 2$	
RhO_2 [12137-27-8]	dioxid	f	134,90 7,19	tetr., D_{4h}^{14}, $P4_2/mnm$	448,9 309,0	$Z = 2$	
Rh_2O_3 [12036-35-0]	(III)-oxid	f	253,81 8,20	hex., $D_{3d}^6, R\bar{3}c$	512,7 1385,3	 $Z = 6$	
$Rh_2(SO_4)_3$ [10489-46-0]	(III)-sulfat	f	494 3,94	rhom., $C_{3i}^2, R\bar{3}$	837,0	55° $Z = 2$	
$Rh(OH)_3$ [21656-02-0]	(III)-hydroxid	f	153,93				
Rh_2S_3 [12067-06-0]	(III)-sulfid	f	302,00 6,40	orh., $D_{2h}^{14}, Pbcn$	846,2 598,5 613,8	$Z = 4$	
$Rh_{17}S_{25}$ [76900-84-0]	sulfid	f	2551,04 7,68	kub., $O_h^1, Pm3m$	991,1	$Z = 2$	
$Rh_{1-x}Te_2$ [122046-39-3]	tellurid	f	358,11 8,43	kub., $P_h^6, Pa3$	644,1	$Z = 4$	
Ru	**Ruthenium**						
$RuBr_3$ [14014-88-1]	(III)-bromid	fl	340,7 5,42	hex., $D_6^6, P6_322$	1292 586		
$Ru_2(CO)_9$ [63128-11-0]	Diruthenium nonacarbonyl	f	454,24				
$Ru_3(CO)_{12}$ [15243-33-1]	Triruthenium-dodecacarbonyl	f	639,34 2,458	mkl., $C_{2h}^5, P2_1/n$	810,8 1485,5 1459,6	100,64° $Z = 4$	

Phasen-umwandlungen			Standardwerte bei 298,15 K				Bemerkungen und Charakteristik
°C		ΔH kJ/Mol	C_p J/KMol	S^0	ΔH_B^0 kJ/Mol	ΔG_B^0	
95,5	*F*						rot
70	*F*						schw.
680	$-O_2$		43,04	263,7	−184,0	−192,1	unl. W, S, Alk, org. Lösm. schw.
1100–1150	*Z*		103,8	106,3	−355,6	−276,8	$\chi_{Mol} = +104 \cdot 10^{-6}$ cm^3 Mol^{-1}; dklgrau bis schw. krist. Pulver; unl. W, S, Königsw.; KOH-Schmelze red. zum Metall
							or-rot; bildet 4- und 10-hydrat
200…400	−*W*				−469		orgelbe glänzende Lamellen, spröde; l. S, Alk, unl. W
							schw. sich fettig anfühlendes Pulver; unl. S, Königsw., Alk-sulfidlsg.
1100	*Z*						dklgraue krist. Substanz; unl. verd. und konz. S, Königsw., Supraleiter <5,8 K
							feines Pulver in gut ausgebildeten Kriställchen; unl. verd. und konz. S; rasch l. Königsw.
500	*Z*				−184	−126	schw.-braun. Pulver, unl. W, S, org. Lösm.
>−40	*Z*						l. HNO_3, H_2SO_4, Al, E, Aceton, Chlf, Bzl, Egs-anhydrid, Py mit gelber Farbe
155	*Z*				−1903		orange Krist., l. meistens org. Lösm; unl. Al, W

Übersichtstabelle Anorganische Verbindungen (Fortsetzung)

Formel	Name	Zustand	Mol-Masse / Dichte $10^3\,kg \cdot m^{-3}$	Kristalldaten: System, Typ und Symbol	Einheitszelle: Kantenlänge in pm	Einheitszelle: Winkel und Z	Brechzahl n_D
Ru	**Ruthenium**						
$[Ru(NH_3)_3]Cl_3$ [20640-23-4]	Triammin-trichlor-	f	258,5	orh., C_{2v}^7, $Pnm2_1$	993,3 652,2 547,5	$Z=2$	
$[Ru(NH_3)_5Cl]Cl_2$ [18532-87-1]	(III)-pentammin-chlorid	f	292,58 2,33	orh., D_{2h}^{16}, $Pnma$ C_{2v}^9, $Pn2_1a$	1348 1055 679		
$[Ru(NH_3)_6]Cl_2$ [15305-72-3]	(II)-hexammin-chlorid	f	274,16 1,8	kub., O_h^5, $Fm3m$	1003,5		
$RuCl_3$ [10049-08-8]	(III)-chlorid	f	207,43 3,11				
$[Ru(NH_3)_6]Cl_3$ [14282-91-8]	(III)-hexammin-chlorid	f	309,61 1,86	mkl., C_{2h}^3, $C2/m$	1270 2160 1410	122,5° $Z=12$	
RuF_3 [51621-05-7]	(III)-fluorid	f	158,0	trig., D_{3d}^6, $R\bar{3}c$	540,8	54,7° $Z=2$	
RuF_5 [14521-18-7]	(V)-fluorid		196,06 2,963	mkl., C_h^2, $P2_1/c$	538,5 981,5 1228,9	99,5° $Z=8$	
RuO_2 [12036-10-1]	(IV)-oxid	f	133,07 6,97	tetr., $C4$ D_{4h}^{14}, $P4_2/mnm$	449,02 310,59	$Z=2$	

Phasen-umwandlungen			Standardwerte bei 298,15 K		Bemerkungen und Charakteristik
°C		ΔH kJ/Mol	C_p S^0 J/KMol	ΔH_B^0 ΔG_B^0 kJ/Mol	
	Z			−159	rote Krist., l. verd. HCl
	Z				hygroskopisch, gelbe Kristalle
					gelb
730	*Sb*	282	92,2 127,1	−230,1 −159,7	$\chi_{Mol} = + 1998 \cdot 10^{-6}$ cm³ Mol⁻¹; glänzende schw. Blättchen; unl. k. W; sied. W zers.; l. HCl; wl. Al
	Z				kleine hgelbe Krist.; ll. W, HCl vermindert die L; mit konz. HCl → $[Ru(NH_3)_5Cl]Cl_2$ dklgelb, wl. k. W, ziemlich l. h. W; swl. konz. HCl
	Z				dkl.-braun. Pulver, unl. W, verd. S; Z h. HNO_3, H_2SO_4
85 230	*F* *V*	79,5 56,5	163,2 161,1	−892,9 −781,3	dklgrüne durchsichtige Masse; raucht an der Luft, sehr hygr.; W zers. → HF, RuO_4, niedere Oxide schw.; l. konz. HCl → Cl_2-Entwicklung + $RuCl_4$; l. konz. NaOH → Ruthenat + schw. Nd., $\mu_{eff} = 1{,}795\ \mu_B$ (pro Ru-Atom)
>955	*F*		56,5 58,2	−305,0 −252,7	$\chi_{Mol} = + 162 \cdot 10^{-6}$ cm³ Mol⁻¹; schw. blaues Pulver; met. glänzende blauschillernde Krist.; wird nicht angegriffen von S und Säuregemischen, met. leitend

Übersichtstabelle Anorganische Verbindungen (Fortsetzung)

Formel	Name	Zustand	Mol-Masse Dichte 10^3 kg · m^{-3}	Kristalldaten: System, Typ und Symbol	Einheitszelle: Kantenlänge in pm	Einheitszelle: Winkel und Z	Brechzahl n_D
Ru	**Ruthenium**						
RuO_4 [20427-56-9]	(VIII)-oxid	f	165,07 3,29[1]				
RuS_2 [12166-20-0]	(IV)-sulfid	f	165,19 6,00	kub., *C*2 T_h^6, *Pa*3	560,95	$Z = 4$	
$RuSe_2$ [12166-21-1]	(IV)-selenid	f	258,99 8,25	kub., *C*2 T_h^6, *Pa*3	593,3	$Z = 4$	
$RuTe_2$ [12166-22-2]	(IV)-tellurid	f	356,27 9,066	kub., *C*2 T_h^6, *Pa*3	639,06	$Z = 4$	
S	**Schwefel**						
S_2Br_2 [13172-31-1]	Dischwefel-dibromid	fl	223,93 2,6355	orh., C_{2v}^{17}, *Aba*2	1349,0 678,8 542,5	$Z = 4$	1,730*
SCl_2 [10545-99-0]	dichlorid	fl	102,97 1,6285	orh., D_{2h}^{16}, $P2_12_12_1$	400,2 918,8 1750,5	$Z = 8$	1,557

Phasen-umwandlungen °C		ΔH kJ/Mol	Standardwerte bei 298,15 K C_p J/KMol	S^0 J/KMol	ΔH^0_B kJ/Mol	ΔG^0_B kJ/Mol	Bemerkungen und Charakteristik
25 27 108 *Z*	*F*[2] *F*[3]		75,8 *	290,8 *	−184,1 *	−139,9 *	[1] für das geschmolzene Oxid; [2] gelb; [3] braun, gelbe Nadeln; sehr flch. ab 7°, Dämpfe giftig; unangenehmer Geruch; LW 20° 2%; l. verd. HCl, Alk, wss. und fl. NH_3, CCl_4; konz. HCl → $RuCl_3$; konz. HI explosionsart. → RuI_3; mit Al expl; 2. Modifikation braun, körnig krist. Kugeln; fast unl. W; l. HCl erst in der Wärme; * Gas
1000	*Z*		62,2	54,4	−205,8	−194,4	graue bläuliche Krist. oder hgrau kristallin; an Luft leicht oxidierbar; unl. W, S; l. HNO_3 unter Oxid.; auf trockenem Wege hergestelltes RuS_2 ist in allen S unl.; Laurit [12197-04-5]
			72,2	81,6	−161,5	−152,1	grauschw. gut krist. Produkt; unl. verd. und konz. S; Königsw. greift in der Hitze etwas an
					−179		blaugraues krist. Produkt; unl. verd. und konz. S; l. Königsw. in der Wärme
−46 87 54 27 Pa	*F* *V* *V*		75,2#	350,5#	30,9#	−9,0#	* λ = 782 nm; granatrote ölige schwere Fl.; auch Br_3–Br_8; zerfällt leicht in die Elemente, k. W und Al langsam → Schwefel; h. W und wss. KOH zers. sofort; # Standardwerte für gasförmige Substanz
−122 59,6	*F* *V*, *Z*		50,8#	281,6#	−17,5#	−25,4#	* $\chi_{Mol} = -49{,}4 \cdot 10^{-6}$ $cm^3\,Mol^{-1}$; granatrote Fl; raucht an feuchter Luft stark → HCl; $D^0_4 = 1656{,}7$ kg/m^3; bei Dest. im Vak. etwas Cl_2-Absp.; W hydrolysiert vollständig

Übersichtstabelle Anorganische Verbindungen (Fortsetzung)

Formel	Name	Zustand	Mol-Masse Dichte 10^3 kg · m^{-3}	Kristalldaten System, Typ und Symbol	Einheitszelle Kantenlänge in pm	Einheitszelle Winkel und Z	Brechzahl n_D
S	**Schwefel**						
SCl_4 [13451-08-6]	tetra- chlorid	fl	173,87				
S_2Cl_2 [10025-67-9]	Dischwefel- dichlorid	fl	135,03 1,678				1,670
SF_4 [7783-60-0]	tetrafluorid	g	108,05 1,919*	kub., O_h^5, $Fm3m$	676,1	$Z = 4$	
SF_6 [2551-62-4]	hexafluorid	g	146,05 6164* fl. 1.88 bei −50,5 °C	kub., T_d^3, $I\bar{4}3m$	591,5	$Z = 2$	**
S_2F_2 [13709-35-8]	Difluor- disulfan	g	102,12 4,3*				
S_2F_{10} [5714-22-7]	Dischwefel- decafluorid	fl	254,10 2,08				

Phasen-umwandlungen °C		ΔH kJ/Mol	Standardwerte bei 298,15 K: C_p S^0 J/KMol	ΔH^0_B ΔG^0_B kJ/Mol	Bemerkungen und Charakteristik
−30	*F**			−57	fbl.; unbest.; * im geschl. Rohr unter Z.; wl. HCl
−80 135,6	*F* *V*	 36	124,2* 223,8*	−58,1* −39,2*	ε = 4,79 (288 K); χ_{Mol} = −62,2 · 10^{-6} cm^3 Mol^{-1}; gelbe ölige Fl., auch Cl_3–Cl_8 raucht an der Luft → HCl-Absp.; stark ätzend; riecht unangenehm und greift Schleimhäute an; zerstört Kork und Kautschuk; Dampf sehr giftig; wird durch W hydrolysiert unter Abscheidung von Schwefel; l. Al, E, Bzl, CS_2, CCl_4; löst leicht Schwefel; * Fl
−124 −40,4	*F* *V*	 26,45	77,6# 299,6#	−763,1# −722,0#	* bei −73°; T_{kr} = 243 K; fbl. Gas; charakteristischer, unangenehmer Geruch ähnlich S_2Cl_2, reizt zum Husten; sehr giftig; l. Bzl; vollständig l. W und wss. NaOH unter Z.; # Gas
−178,9 −50,7 (2270 hPa) −63,7	*U* *F* *Sb*	1,607 5,02 22,8	96,9# 291,7#	−1220,4# −1116,5#	* kg/m^3; ** n(273 K; 1013 hPa; 546,2 nm) = 1,0007718; T_{kr} = 318,73 K; P_{kr} = 3,88 MPa; D_{kr} = 730 kg m^{-3}; χ_{Mol} = −44 · 10^{-6} cm^3 Mol^{-1}; fbl. Gas, geruchlos, ungiftig, chem. inaktiv, nicht brennbar; swl. W, wl. Al; wird durch W nicht hydrolysiert; # Gas
−133 15	*F* *V*		63,1# 292,8#	−401,2# −408,9#	* kg/m^3; D^{-100} (fl.) 1500 kg/m^3; fbl. Gas; schneeweiße Masse in fl. N_2; unangenehmer Geruch ähnlich S_2Cl_2, reizt Atmungsorgane, raucht an der Luft, zers. durch W; ziemlich reaktionsfähig, met. Na sofort → NaF; F–SS–F; # Gas
−53 26,7 150	*F* *V* *Z*		176,7* 397,2*	−2064,4* −1861,4*	* Gas; fbl.; Z Alk. Schmelzen

Übersichtstabelle Anorganische Verbindungen (Fortsetzung)

Formel	Name	Zustand	Mol-Masse Dichte 10^3 kg · m^{-3}	Kristalldaten			Brechzahl n_D
				System, Typ und Symbol	Einheitszelle		
					Kantenlänge in pm	Winkel und Z	
S	**Schwefel**						
H_2S [7783-06-4]	wasserstoff	g	34,08 1,539*	kub., *C*2 O_h^5, *Fm*3*m*	578	$Z=4$	**
^2H_2S [13536-94-2]	Deuterium- sulfid	g	36,09	kub., *C*2 O_h^5, *Fm*3*m*	578,9	$Z=4$	*
$(SN)_x$ [56422-03-8]	nitrid	f	2,19	mkl., C_{2h}^5, $P2_1/c$	411 443 763	110° $Z=4$	
S_2N_2 [25474-92-4]	Dischwefel- dinitrid	f	92,14 ~2,2	mkl., C_{2h}^5, $P2_1/c$	449,6 383,3 848,9	105,65° $Z=2$	
S_4N_4 [28950-34-7]	Tetra- schwefel- tetra- nitrid	f	184,27 2,20	mkl., C_{2h}^5, $P2_1/c$	875 716 865	92,08° $Z=4$	
S_4N_2 [79796-31-9]	Tetra- schwefel- dinitrid	f	156,25 2,21	tetr., C_{4v}^4, $P4_2nm$	1125 383,6		

Phasen-umwandlungen			Standardwerte bei 298,15 K				Bemerkungen und Charakteristik
°C		ΔH kJ/Mol	C_p J/KMol	S^0	ΔH_B^0 kJ/Mol	ΔG_B^0	
−169,6 −146,9 −85,6 −60,4	*U* *U* *F* *V*	1,51 0,45 2,38 18,67	34,22	205,5	−20,7	−33	* kg/Nm³; ** *n* (273 K ;1013 hPa, 5462 nm) = 1,0006499; T_{kr} = 373,53 K, P_{kr} = 9,00 MPa, D_{kr} = 349 kg m^{-3}; fbl. Gas; unangenehmer fauliger Geruch; brennt mit blaßblauer Flamme, entzündet sich bei 260 °C; expl. Gemische mit Luft 4,3... 46 Vol% H_2S, l. Al, E, Glycerin; LW 2,61 l H_2S/l 20 °C; starkes Red.mittel; giftig
−165,3 −140,3 −86,01	*U* *U* *F*	1,682 0,519 2,365	35,70	219,6	−23,9	−35,4	* *n* (273 K; 1013 hPa; 546,2 nm) = 1,0006405
130	*Z*						aus S_2N_2 bei Polym.; farb. Krist. messing. stark gestreift, faserig; unl. in allen gebr. Lösm.; verd. NaOH greift langsam an, konz. rascher; Z. ohne Expl.; in Kettenrichtung met. ltd.
20 Vac	*Sb*				−79,5		fbl. Krist., widerlicher iodart. Geruch; Darst. aus S_4N_4 bei −80°; expl. beim Zerreiben und ab 30°; bei 20° ⟶ polym. $(SN)_x$; l. Al gelbrot; fbl. l. Bzl, E, CCl_4, Dioxan, Aceton; W und S benetzen nicht; reagiert lebhaft mit Alk
179 ~185	*F* *V*				460		$\chi_{Mol} = -102 \cdot 10^{-6}$ cm³ Mol^{-1}; or.gelbe Krist., bei −30° hgelb, bei 100° or.rot; expl. bei Schlag, Reibung, Stoß und Erhitzen > 130° unter Luftabschluß; Erhitzen an Luft ⟶ rasche Verbrennung ohne Expl.; unl. W; L Bzl 0° 2,26 g/l, 30° 8,69 g/l; L Al 0° 0,64 g/l, 20° 1,05 g/l; l. Dioxan, CS_2; wl. E
23	*F*				351		dklrote widerlich riechende Substanz; wenig beständig; bei 100° explosionsart. Z.; l. Bzl und Homologen, Nitrobzl., CS_2, $CHCl_3$; wl. Al; unl. W, jedoch langsame Hydrolyse

Übersichtstabelle Anorganische Verbindungen (Fortsetzung)

Formel	Name	Zustand	Mol-Masse / Dichte 10^3 kg · m^{-3}	Kristalldaten: System, Typ und Symbol	Einheitszelle: Kantenlänge in pm	Einheitszelle: Winkel und Z	Brechzahl n_D
S	**Schwefel**						
$S_4N_4H_4$ [293-40-3]	Tetra-schwefel-tetraimid	f	188,31 1,88	orh., D_{2h}^{16}, *Pnma*	801 1220 672,7	$Z=4$	
$S_6(NH)_2$ [1003-75-4]	Hexa-schwefel-diimid	f	222,41 2,02	orh., D_{2h}^{16}, *Pnma*	787 1283 738	$Z=4$	
S_7NH [293-42-5]	Hepta-schwefel-imid	f	239,46 2,01	orh., D_{2h}^{28}, *Imma*	1623 1246 1428		
SO_2 [7446-09-5]	dioxid	g	64,06 2,9262*	orh., C_{2v}^{17}, *Aba*2	603 594 606	$Z=4$	**
$SO_3(\gamma)$ [S_3O_9] [7446-11-9]	trioxid	fl	80,06 1,9229	orh., C_{2v}^{9}, $Pna2_1$	1070 1230 530	$Z=4$	
SO_3 [$(SO_3)_n$]		f	80,06 2,42	mkl., C_{2h}^{5}, $P2_1/c$	927 406 620	109,15° $Z=4$	
H_2SO_4 [7664-93-9]	säure	fl	98,07 1,834	mkl., C_s, *Aa*	854,0 470,0 814,0	111,4° $Z=4$	

Phasen-umwandlungen			Standardwerte bei 298,15 K				Bemerkungen und Charakteristik
°C		ΔH kJ/Mol	C_p J/KMol	S^0	ΔH_B^0 kJ/Mol	ΔG_B^0	
152	*Z*		191		318		$\chi_{Mol} = -88 \cdot 10^{-6}$ $cm^3\,Mol^{-1}$; fbl. kleine glänzende Krist.; 80...100° Verfärbung nach Rot; nicht expl.; unl. W, wl. org. Lösm.; etwas l. Aceton, Al, Bzl bei höherer Temp.; ll. Py
130	*Z*						reinst fbl. durchsichtige Krist., sonst etwas gelblich; unl. W; ll. Aceton, Py, Tetrahydrofuran
113,5	*F*	18,8	196		89,3		fast fbl. feste Substanz; unl. W, l. Bzl, Xylol, Chlf, E, Dioxan, Aceton, Py und verschiedenen Alkoholen; L CCl_4 20° 0,811 g/100 ml
−72,7 −10,08	*F* *V*	7,4 24,9	39,9#	248,2#	−296,8#	−300,1#	* kg/Nm³; D^{-10} (fl.) = 1460 kg m^{-3}; ** *n* (273 K; 1013 hPa; 546,2 nm) = 1,0006796; T_{kr} = 430,7 K; p_{kr} = 8,14 MPa; D_{kr} = 525 kg m^{-3}; $\chi_{Mol} = -18{,}2 \cdot 10^{-6}$ $cm^3\,Mol^{-1}$ für SO_2 bei Zimmertemp.; fbl.; Gas #, stechender Geruch, nicht brennbar; LW 20° 9,5%; fl. SO_2 l. Me, Al, E, Chlf, Aceton, H_2SO_4, S_2Cl_2; wirkt stark red., gärungshemmend, konservierend; Kristalldaten bei 95 K
16,83 44,8	*F* *V*	9,5 41,8	50,7#	256,8#	−395,8#	−371,0#	$\bar{\gamma}$ (83...195 K) = $280 \cdot 10^{-6}$ K^{-1}; T_{kr} = 491,5 K; p_{kr} = 8,49 MPa; D_{kr} = 633 kg m^{-3}; D^{100} (g) bezogen auf Luft = 2,75; *D* (f) = 1942,2 kg/m³; „eisartige Form"; fbl. durchscheinende Masse; sehr hygr.; raucht an der Luft; mit W explosionsartig → H_2SO_4; # Gas
32,5 (β) 62,2 (α)	*F* *F*	10,3 25,5					„asbestartige Form"; nadelförmige Krist.
10,36 330	*F* *V*	10,71	138,9	156,9	−814	−690	$\bar{\gamma}$ (82...351 K) = $220 \cdot 10^{-6}$ K^{-1}; klare, schwer bewegliche, fbl. Fl.; verkohlt org. Stoffe; „konz. Schwefelsäure" ist bei 332,5 °C konstant siedendes Gemisch mit 1,7% W; fbl. stark ätzende Fl.; nimmt begierig W auf unter starker Erwärmung

Übersichtstabelle Anorganische Verbindungen (Fortsetzung)

Formel	Name	Zustand	Mol-Masse / Dichte 10^3 kg · m^{-3}	Kristalldaten: System, Typ und Symbol	Einheitszelle: Kantenlänge in pm	Einheitszelle: Winkel und Z	Brechzahl n_D
S	**Schwefel**						
$H_2SO_4 \cdot H_2O$ [10193-30-3]	hydrat	fl	116,09 1,788	mkl., C_{2h}^5, $P2_1/a$	816,0 698,0 696,0	105,8° $Z=4$	1,438
$H_2SO_4 \cdot 2H_2O$ [13451-10-9]	dihydrat	fl	134,10 1,650	mkl., C_{2h}^6, $C2/c$	1300,8 797,9 1488,1	101,6° $Z=12$	1,405
$H_2SO_4 \cdot 3H_2O$ [40835-65-2]	trihydrat	fl	152,12				
$H_2SO_4 \cdot 4H_2O$ [37006-20-5]	tetrahydrat	fl	170,14	tetr., D_{2d}^4, $P42_1c$	748,4 634,9	$Z=2$	
H_2SO_5 [7722-86-3]	Peroxo-schwefel-säure	f	114,07				
$H_2S_2O_7$ [7783-05-3]	Pyro-schwefel-säure	f	178,13 1,9	mkl., C_{2h}^6, $C2/c$	1295,5 1370,5 1316,4	109,2° $Z=16$	
$H_2S_2O_8$ [13445-49-3]	Peroxo-dischwefel-säure	f	194,13				
$SOCl_2$ [7719-09-7]	Thionyl-chlorid	fl	118,97 1,638	mkl., C_{2h}^5, $P2_1/c$	883,7 580,3 758,6	100,1° $Z=4$	1,517
SO_2Cl_2 [7791-25-5]	Sulfuryl-chlorid	fl	134,96 1,6674	orh., C_{2v}^{19}, $Fdd2$	1545,2 1033,6 542,2	$Z=8$	1,4437
$S_2O_5Cl_2$ [7791-27-7]	Disulfuryl-chlorid	fl	215,02 fl 1,818				1,837
HSO_3Cl [7790-94-5]	Chlor-sulfon-säure	fl	116,52 1,776				1,437

Phasen-umwandlungen °C		ΔH kJ/Mol	Standardwerte bei 298,15 K: C_p / S^0 J/KMol	ΔH_B^0 / ΔG_B^0 kJ/Mol	Bemerkungen und Charakteristik
8,62 290	*F* *V*	19,41	215,1 211,3	−1127	$\bar{\gamma}$ (81...351 K) = 80 · 10^{-6} K^{-1}
−39,5 −167	*F* *V*	18,24	261 276,7		
−36,4	*F*	24,0	320,9 335,4		
−28,26	*F*	30,64	386,2 414,5		außerdem noch $H_2SO_4 \cdot 6H_2O$ F: −54 °C; $H_2SO_4 \cdot 8H_2O$ F: −62 °C
45	*F*				Z W, l. H_3PO_4, l. Al, E Carosche Säure
35	*F*				fbl.; hygr.; Z W, Al
65	*Z*				fbl.; hygr.; Z W, l. E, H_2SO_4 Marschallsche Säure
−99,5 75,3	*F* *V*	 31,7	66,6 # 308,1 #	−212,0 # −197,5 #	fbl. Fl.; stark lichtbrechend, raucht an der Luft; hautätzend; zers. W → HCl und SO_2; mischbar Bzl, Chlf, CCl_4; # Gas
−54,1 69,1	*F* *V*	 31,4	77,10 # 311,1 #	−354,8 # −310,3 #	$\chi_{Mol} = -54 \cdot 10^{-6}$ cm^3 Mol^{-1}; ε = 10,0 (294,5 K); Fl., ätzt die Haut; Dampf sehr giftig; mit W langsam → H_2SO_4, HCl, Cl_2; # Gas l. Bzl, Chlf, E
−37 152,5	*F* *V*		232,2	−697	fbl. Fl. von eigenartigem Geruch; hygr.; raucht aber nicht stark an der Luft
−80 152	*F* *V*			−597	fbl. Fl. von stechendem Geruch; raucht stark; hautätzend; zers. explosionsart. mit W, auch beim Vermischen mit Al; als S stark assoziiert, l. Chlf, Py, CH_2Cl_2

Übersichtstabelle Anorganische Verbindungen (Fortsetzung)

Formel	Name	Zustand	Mol-Masse / Dichte $10^3\ kg \cdot m^{-3}$	Kristalldaten: System, Typ und Symbol	Einheitszelle: Kantenlänge in pm	Einheitszelle: Winkel und Z	Brechzahl n_D
S	**Schwefel**						
SOF_2 [7783-42-8]	Thionylfluorid	g	86,06 / 2,9*	mkl., C_{2h}^5, $P2_1/c$	524,7 704,9 1449,3	97,2° $Z=8$	
SO_2F_2 [2699-79-8]	Sulfurylfluorid	g	102,06 / 3,55	tetr., D_4^4, $P4_12_12$	517,6 1168,5	$Z=4$	
HSO_3F [7789-21-1]	Fluorsulfonsäure	fl	100,07 / 1,74	orh., D_{2h}^{15}, $P2_12_12_1$	486,8 673,6 935,9	$Z=4$	
$(NH_2)SO_3H$ [5329-14-6]	Amidosulfonsäure	f	97,07 / 2,126	orh., D_{2h}^{15}, $Pbca$	806 805 922	$Z=8$	1,553* 1,563* 1,568*
$SO_2(NH_2)_2$ [7803-58-9]	Sulfamid	f	96,10 / 1,611	orh., C_{2v}^{19}, $Fdd2$	541,0 1685,0 458,0	$Z=8$	
Sb	**Antimon**						
$SbBr_3$ [7789-61-9]	(III)-bromid	f	361,46 / 4,148	orh., D_{2h}^5, $P2_12_12_1$	1016,2 1238,8 445,9	$Z=4$	>1,74
$SbCl_3$ [10025-91-9]	(III)-chlorid	f	228,11 / 3,140	orh. D_{2h}^7, $Pnma$	811,1 941,9 631,3	$Z=4$	

Phasen-umwandlungen			Standardwerte bei 298,15 K				Bemerkungen und Charakteristik
°C		ΔH kJ/Mol	C_p J/KMol	S^0	ΔH_B^0 kJ/Mol	ΔG_B^0	
−129,5 −43,8	*F* *V*	 21,8	57,1	279,1	−543,9	−526,5	* D(g) 273 K, 1013 hPa, bezogen auf Luft; T_{kr} = 88,0 K; p_{kr} = 5,78 MPa; fbl. Gas; in fl. Luft feste weiße Substanz; raucht schwach an feuchter Luft; wird leicht hydrolysiert
−136,7 −55,4	*F* *V*		65,8	283,6	−758,6	−711,9	* D (g) 288 K auf Luft bezogen; D (fl.) 182...204 K = 2,576 −0,004044 T g/cm³; fbl. und geruchloses Gas, in fl. N_2 schneeweiße Krist.; gegen chemische Einwirkungen sehr beständig; l. W ohne Z.
−89 162,6 900	*F* *V* *Z*				−799		dünne fbl. Fl., schwach stechender Geruch; raucht an der Luft; reagiert heftig mit W; sehr starke S; l. Egs, E, $PhNO_2$; unl. CS_2, CCl_4
205 210	*F* *Z*						* λ = 546,1 nm; große glashelle Krist., luftbeständig, nicht hygr., beständig gegen k. W; LW 20° 17,6%, 60° 27 %; Kochen mit Al → NH_4-Alkylsulfate
91,5 250	*F* *Z*						fbl. Tafeln; nicht hygr.; geschmacklos; an Luft beständig; ll. W; gut l. Me, Al, Egester, CH_3COOCH_3; swl. trocknem E
96,6 288	*F* *V*	14,6 59	112,7	210,0	−259,4	−240,4	T_{kr} = 904,7 K, p_{kr} = 5,67 MPa; $\bar{\gamma}$ (194...290 K) = 260 · 10^{-6} K^{-1}; ε(3,75 · 10^8 Hz) = 5,1; χ_{Mol} = −115 · 10^{-6} cm³ Mol^{-1}; weiße seidenglänzende Krist.masse; hygr.; hydrolysiert in W; l. HCl, HBr, Aceton, CS_2, CCl_4, Toluol
73,4 219	*F* *V*	12,5 45,2	110,5	183,3	−381,1	−322,5	T_{kr} = 797 K, p_{kr} = 6,18 MPa ε(3,6 · 10^8 Hz) = 5,4; χ_{Mol} = −86,7 · 10^{-6} cm³ Mol^{-1}; fbl. lange Krist. oder krist. Masse; zerfl.; raucht an der Luft, stark ätzend; LW 20° 90%; mit viel W Hydrolyse → SbOCl; l. Al, E, Aceton, Bzl, CS_2, Tartrat; gutes Lösevermögen für viele Stoffe

Übersichtstabelle Anorganische Verbindungen (Fortsetzung)

Formel	Name	Zustand	Mol-Masse / Dichte 10^3 kg · m^{-3}	Kristalldaten: System, Typ und Symbol	Einheitszelle: Kantenlänge in pm	Einheitszelle: Winkel und Z	Brechzahl n_D
Sb	**Antimon**						
$SbCl_5$ [7647-18-9]	(V)-chlorid	fl	299,02 2,336	hex., D_{6h}^4, $P6_3/mmc$	749 801	$Z = 2$	1,601
$HSbCl_6$ [16941-91-6]	Hexa-chlor-antimon-säure	f	335,48				
SbF_3 [7783-56-4]	(III)-fluorid	f	178,75 4,379	orh., C_{2v}^{16}, $Ama2$	724,1 745,6 494,0	$Z = 4$	
SbF_5 [7783-70-2]	(V)-fluorid	fl	216,74 2,99				
SbH_3 [7803-52-3]	wasserstoff	g	124,77 5,30*				
SbI_3 [7790-44-5]	(III)-iodid	f	502,46 4,917	trig., $D0_5$ C_{3i}^2, $R\bar{3}$	748,5 2093	$Z = 6$	2,78* 2,36*
SbSI [13816-38-1]	thioiodid	f	280,71	orh., D_{2h}^{16}, $Pnam$	852,7 1014 408,9		
Sb_2O_4 [1332-81-6]	(III/V)-oxid	f	307,50 6,59	orh., C_{2v}^9, $Pna2_1$	650,9 651,2 308,3	$Z = 4$	1,83 2,04 2,04

Phasen-umwandlungen °C		ΔH kJ/Mol	Standardwerte bei 298,15 K C_p S^0 J/KMol	ΔH_B^0 ΔG_B^0 kJ/Mol	Bemerkungen und Charakteristik
4,0 ~140	*F* *Z*	10 48,1	120,9 # 401,8 #	−388,8 # −328,7 #	ε (3,8 · 10^8 Hz) = 3,8; fbl. bis gelbe ölige Fl., raucht an der Luft; mit wenig W → $SbCl_5 \cdot H_2O$ fest, auch $SbCl_5 \cdot 4H_2O$; mit viel W Hydrolyse → Sb_2O_5; l HCl, Weinsäure, CS_2,CCl_4, # Gas
					grünliche Prismen; sehr hygr.; ll. Al, Aceton, Egs, wenig W, mit viel W Hydrolyse
292 376	*F* *V*	22,8	90,2 127,2	−915,4 −849,1	$\chi_{Mol} = -46 \cdot 10^{-6}$ $cm^3 Mol^{-1}$; schneeweiße Krist., schmeckt sehr sauer; raucht nicht an der Luft; LW 20° 82% ohne Z; Krist. zerfl. und zers. unter Abgabe von HF; starkes Red.mittel; l. polar. org. Lösm.; unl. NH_3
8,3 142,7	*F* *V*	 9,74			fbl. dicke ölige Fl.; ätzt stark die Haut; sehr hygr.
−88 −17,1 1000 hPa	*F* *V*	 21,2	41,2 # 233,1 #	145,1 # 147,6 #	* mg/cm³; D^{18} 2,204 g/cm³; T_{kr} = 446 K; fbl. leicht entzündliches Gas von charakteristischem Geruch; empfindlich gegen Luft; l. CS_2, E, Bzl. zers. S, Alk; # Gas
170 401	*F* *V*	22,8 67,4	98,1 218,9	−100,4 −100,2	* λ = 671 nm; T_{kr} = 1101 K, p_{kr} = 5,57 MPa; $\bar{\gamma}$ (194...290 K) = 170 · 10^{-6} K^{-1}; ε (3,75 · 10^8 Hz) = 9,1; $\chi_{Mol} = -147 \cdot 10^{-6}$ $cm^3 Mol^{-1}$; rote blättchenförmige Krist., an der Luft Verfärbung nach gelb → SbOI; Schmelzen: granatrote Fl., Dampf or.rot; mit W Hydrolyse → SbOI; l. HI, HCl, KI-Salzlsg., CS_2, Bzl
392	*F*				dkl. rot; unl. W, Z konz. HCl piezo-, pyroelektr.
930	*Z*		114,6 126,9	−907,5 −795,9	ε (1,75...2 · 10^6 Hz) = 10,1; winzige glitzernde Krist., beim Erhitzen gelb; Cervantit; bei höheren Temp. → $Sb_2O_3 + O_2$; unl. W, wl. S, l. HCl, KOH

Übersichtstabelle Anorganische Verbindungen (Fortsetzung)

Formel	Name	Zustand	Mol-Masse Dichte 10^3 kg · m^{-3}	Kristalldaten			Brechzahl n_D
				System, Typ und Symbol	Einheitszelle		
					Kantenlänge in pm	Winkel und Z	
Sb	**Antimon**						
Sb_2O_5 [1314-60-9]	(V)-oxid	f	323,50 6,7	mkl., C_3^4, $C*/c$	1274 479 545	105,05° $Z = 4$	
Sb_4O_6 [72926-13-7] [1314-75-6]	(III)-oxid Senarmontit	f	583,00 5,2	kub., $D5_4$ O_h^7, $Fd3m$	1116	$Z = 16$	2,087
Sb_2O_3 [1309-64-4] [1317-98-2]	Valentinit	f	291,50 5,76	orh., $D5_{11}$ D_{2h}^{10}, $Pccn$	491,4 1246,8 542,1	$Z = 4$	2,18 2,35 2,35
SbOCl [7791-08-4]	oxidchlorid	f	173,20 4,31	mkl., C_{2h}^5, $P2_1/c$	954 1077 794	103,6° $Z = 12$	
Sb_2S_3 [1345-04-6] [1317-86-8]	(III)-sulfid	f	339,68 4,630	orh., $D5_8$ D_{2h}^{16}, $Pnma$	1122,9 1131,0 383,9	$Z = 4$	3,41 4,37 5,12
Sb_2S_5 [1315-04-4]	(V)-sulfid	f	403,80 4,12				
$(SbO)_2SO_4$ [14459-74-6]	Antimonylsulfat	f	371,56 4,89	orh.			
$Sb_2(SO_4)_3$ [7446-32-4]	(III)-sulfat	f	531,67 3,625	mkl., C_{2h}^5, $P2_1/c$	1312 475,0 1755,0	126,50° $Z = 4$	
Sb_2Se_3 [1315-05-5]	(III)-selenid	f	480,38 5,848	orh., D_{2h}^{16}, $Pnma$	1163,3 1178,0 398,5	$Z = 4$	

Phasen-umwandlungen °C		ΔH kJ/Mol	Standardwerte bei 298,15 K C_p S^0 J/KMol	ΔH_B^0 ΔG_B^0 kJ/Mol	Bemerkungen und Charakteristik
380	*Z*		117,6 125,1	−971,9 −829,1	feines blaßgelbes Pulver, im Vak. sublimierbar; unl. Al, wl. W, wss. KOH; l. HCl, Alk-Schmelze; >800° Verlust von $O_2 \rightarrow Sb_2O_4$
570 650	*U** *F*	13,6 110	222,8 220,8	−1440 −1268	* *U* kub. → orh.; ε (1,75...2 · 10^6 Hz) = 12,8; weißes krist. Pulver, beim Erhitzen gelb; unl. W, l. HCl, Alk, Alksulfid-lsg., Weinsäure, sauren Tartraten; wl. verd. HNO_3, H_2SO_4
656 1425	*F* *V*	 17,6	101,4 123,0	−708,6 −626,3	fbl. oder weißlich; unl. W; l. konz. HCl, Königsw., sublimierbar bei 700 °C an Luft → Sb_2O_4
250 320	$Sb_2O_5Cl_2$ $\rightarrow Sb_2O_3$		74,5 107,5	−374,1 −328,7	$\chi_{Mol} = -37 \cdot 10^{-6}$ cm^3 Mol^{-1}; Antimonylchlorid; fbl. Krist. oder krist. Pulver; l. HCl, Weinsäure, CS_2; mit W Hydrolyse → Sb_2O_5
546 1150	*F* *V*	40,6	119,8 182,1	−141,8 −140,3	$\chi_{Mol} = -86 \cdot 10^{-6}$ cm^3 Mol^{-1}; bleigraue Krist., undurchsichtig, metallglänzend, sehr leicht schmelzbar; Halbleiter; Antimon-glanz; 2. Modifikation or.rot, durch Fällung mit H_2S, $D = 4120$ kg m^{-3}; LW 18° 1,7 · 10^{-4}% l. h. HCl, Alk, Polysulfidlsg., wl. wss. NH_3; subl. bei 530 °C im Vak.
75	*Z*				or.gelbes feines Pulver; unl. W, l. h. wss. NH_3, Alk und -carbonatlsg., -sulfidlsg. unter Bildung von Thio-antimonaten; l. HCl → H_2S-Ent-wicklung
					weißes Pulver; unl. W; l. verd. Weinsäure
	Z		275,5 291,2	−2402,5 −2066,5	fbl. Krist., an der Luft zerfl.; k. W zers. → basisches Sulfat, beim Ko-chen vollständige Hydrolyse
615	*F*	53,8	124,9 212,1	−127,6 −125,9	Halbleiter; bleigraue met. Substanz von kristallinem Bruch; gefällt: schw. Nd., trocken mit Metallglanz; l. konz. HCl, Alk-selenidlsg. → Selenoantimonid

Übersichtstabelle Anorganische Verbindungen (Fortsetzung)

Formel	Name	Zustand	Mol-Masse / Dichte 10^3 kg · m^{-3}	Kristalldaten: System, Typ und Symbol	Einheitszelle: Kantenlänge in pm	Winkel und Z	Brechzahl n_D
Sb	**Antimon**						
Sb_2Te_3 [1327-50-0]	(III)-tellurid	f	626,30 6,47	trig., D_{3d}^5, $R\bar{3}m$	426,2 304,5	$Z = 3$	
Sc	**Scandium**						
$ScBr_3$ [13465-59-3]	bromid	f	284,67 3,914	trig., C_{3i}^2, $R\bar{3}$	665,6 1880,3	$Z = 4$	
$ScCl_3$ [10361-84-9]	chlorid	f	151,31 2,39	trig., $D0_5$ C_{3i}^2, $R\bar{3}$	697,9	54,43° $Z = 2$	
ScF_3 [13709-47-2]	fluorid	f	101,95 2,62	trig., D_{3d}^6, $R\bar{3}c$	401,2	90,05°	
ScI_3 [14474-33-0]	iodid	f	425,66 4,65	trig., C_{3i}^2, $R\bar{3}$	714,9 2040,1	$Z = 6$	
ScN [25764-12-9]	nitrid	f	58,96 4,21	kub., $B1$ O_h^5, $Fm3m$	445	$Z = 4$	
$Sc(NO_3)_3 \cdot 4H_2O$ [16999-44-3]	nitrat	f	303,03 1,84	mkl., C_{2h}^1, $P2/m$	770 1239 1165	97,8° $Z = 4$	
$Sc(OH)_3$ [17674-34-9]	hydroxid	f	95,98 2,65	kub., T_h^5, $Im3$	788,2	$Z = 8$	
Sc_2O_3 [12060-08-1]	oxid	f	137,91 3,864	kub., $D5_3$ T_h^7, $Ia3$	984,5	$Z = 16$	
$Sc_2(SO_4)_3$ [13465-61-7]	sulfat	f	378,08 2,579	hex., C_{3i}^2, $R\bar{3}$	867,0 2250	$Z = 6$	

Phasen-umwandlungen			Standardwerte bei 298,15 K				Bemerkungen und Charakteristik
°C		ΔH kJ/Mol	C_p J/KMol	S^0 J/KMol	ΔH^0_B kJ/Mol	ΔG^0_B kJ/Mol	
619	*F*	98,9	128,7	246,4	−56,5	−58,5	Halbleiter; stahlgraue Substanz, met. glänzend; gefällt schw.; an Luft beständig; k. verd. HCl greift nicht an; l. HNO_3, Königswasser; verd. HNO_3 → SbH_3-Entwicklung
970	*F*	19,0	95,3	167,3	−742,7	−714,1	fbl. Krist.
967 1342	*F* *V*	67,4	91,6	127,1	−925,1	−852,9	weiße krist. Masse; perlmuttglänzende Schuppen; ll. W; zll. Al, E
1553	*F*	62,6	83,7	97,9	−1611,7	−1539,8	hygr.; weiß; wl. W, l. wss. F-Lsg.
953	*F*	75		188	−600	−556	gelb
2647	*F*		37,1	29,7	−313,8	−283,7	tief dklblaue Substanz; KOH-Schmelze → NH_3; sll. HCl, HNO_3, H_2SO_4
100 150	$-4H_2O$ *F*						fbl. platte kleine Prismen; zerfl.; ll. W, Al
105	−*W*				−1364	−1233	weißer voluminöser Nd., halb durchsichtig; LW 20° $1{,}2 \cdot 10^{-7}$ %; unl. Alk, NH_3; ll. verd. S, Na_2CO_3
2491	*F*	130,8	94,2	77,0	−1908,8	−1819,3	schneeweißes lockeres leichtes Pulver; verd. S greifen nur wenig an; ll. h. starken S; l. sied. verd. H_2SO_4; wl. HNO_3
600	*Z*	259	259		−3686		weiße kleine dünne Krist.; undurchsichtig; hygr.; LW 25° 10,3 %, Bdk. $5H_2O$

Übersichtstabelle Anorganische Verbindungen (Fortsetzung)

Formel	Name	Zustand	Mol-Masse / Dichte 10^3 kg·m^{-3}	Kristalldaten: System, Typ und Symbol	Einheitszelle: Kantenlänge in pm	Einheitszelle: Winkel und Z	Brechzahl n_D
Se	**Selen**						
$SeBr_4$ [7789-65-3]	(IV)-bromid	f	398,58 3,97	trig., C_{3v}^4, $P31c$	1020,0 3035,1	$Z = 16$	
Se_2Br_2 [7789-52-8]	Diselen-dibromid	fl	317,73 3,604	mkl., P	733,1 1427 498,6	97,14° −20 °C	
$SeCl_4$ [10026-03-6]	(IV)-chlorid	f	220,77 2,600	mkl.	1649 975 1490	117,0° −150 °C	1,807
Se_2Cl_2 [10025-68-0]	Diselen-dichlorid	fl	228,83 2,774	mkl., C_{2h}^5, $P2_1/n$	708,1 1405,8 481,4	97,06° $Z = 4$ 196 K	1,596
SeF_6 [7783-79-1]	(VI)-fluorid	g	192,95 3,01	kub., (193 K)	599	$Z = 2$	1,895
H_2Se [7783-07-5]	wasserstoff	g	80,98 3,6624*	kub., $C1$ O_h^5, $Fm3m$	603	$Z = 4$	

Phasen-umwandlungen			Standardwerte bei 298,15 K		Bemerkungen und Charakteristik
°C		ΔH kJ/Mol	C_p S^0 J/KMol	ΔH_B^0 ΔG_B^0 kJ/Mol	
45	*Z*				or. rote Krist., gepulvert gelb; unangenehmer Geruch; an Luft unbeständig → Se_2Br_2 → Se; l. wenig W gelb; mit viel W zers. → H_2SeO_3 + HBr; l. HCl, HBr, CS_2, Chlf, C_2H_5Br; l. Al teilweise Z.; fl. NH_3 zers. lebhaft
5 225	*F* *V*, *Z*		79,7# 378,1#	29,3# −12,8#	dklrote Fl. von unangenehmem Geruch; zers. an feuchter Luft → H_2SeO_3 + HBr; zers. h. W; l. wss. KOH, wss. NH_3 unter langsamer Z.; zers. Al; l. Chlf, CS_2, C_2H_5Br, # Gas
196 305	*Sb*, *Z* *F**		133,8 194,6	−188,7 −101,1	* im geschl. Rohr; weiße bis gelbliche kleine Krist.; zerfl. an feuchter Luft; l. W unter Z. → SeO_2 + HCl; fast unl. CS_2, Al, E, Chlf, CCl_4, Acetylchlorid, Benzoylchlorid; unl. fl. SO_2, Cl_2, Br_2
−85 127	*F* *V*, *Z*		127,1 246,8	−83,7 −65,6	$\chi_{Mol} = -94{,}8 \cdot 10^{-6}$ cm³ Mol⁻¹; klare rotbraune Fl.; zers. an feuchter Luft; mit W und wss. KOH allmählich → H_2SeO_3; HCl, Se; fl. NH_3 zers. → Se; l. rauchender H_2SO_4, Chlf, CCl_4, Bzl, Toluol, Xylol; ll. CS_2
−46,6 −34,5	*F* *Sb*	6,69	110,1# 313,6#	−1116,9# −1016,4#	* kg/Nm³; D^{-10} (fl.) 2,108 · 10³ kg/m³; ** *n* (273,15 K, 1013 hPa; 5,462 nm) = 1,0009047; $\chi_{Mol} = -51 \cdot 10^{-6}$ cm³ Mol⁻¹; fbl. Gas; klare bewegliche Fl., weiße schneeart. Masse; verursacht Atembeschwerden; nicht zers. beim Aufbewahren; nicht hydrolysiert durch W oder 3 N-KOH; # Gas
−190,9 −100,6 −65,73 −41,5	*U* *U* *F* *V*	1,57 1,12 2,51 19,7	34,56 218,9	85,7	* kg/Nm³; D^{-42} (fl.) 2,12 · 10³ kg/m³; fbl. Gas; wasserhelle Fl.; weiße krist. Substanz; subl. leicht; ziemlich leicht zers. an feuchter Luft; LW 4° 377 cm³, 22,5° 270 cm³/100 cm³ H_2O; fbl. Lsg., an Luft Rotfärbung → Se; zers. konz. H_2SO_4, HNO_3; l. CS_2

Übersichtstabelle Anorganische Verbindungen (Fortsetzung)

Formel	Name	Zustand	Mol-Masse / Dichte 10^3 kg·m^{-3}	Kristalldaten: System, Typ und Symbol	Einheitszelle: Kantenlänge in pm	Einheitszelle: Winkel und Z	Brechzahl n_D
Se	**Selen**						
Se_4N_4 [12033-88-4]	Tetra-selen-tetranitrid	f	371,87 / 4,2	mkl., C_{2h}^6, $C2/c$	965 973 647	104,9° $Z=4$	
SeO_2 [7446-08-4]	(IV)-oxid	f	110,96 / 3,95	tetr., $C47$ D_{4h}^{13}, $P4_2/mbc$	836,35 506,35	$Z=8$	
$SeOBr_2$ [7789-51-7]	(IV)-oxid-dibromid	f	254,77 / 3,50	mkl., C_2^2, $P2_1$	825,0 438,9 1272,2	107,32°	1,651
$SeOCl_2$ [7791-23-3]	(IV)-oxid-dichlorid	fl	165,87 / 2,435				1,65159
$SeOF_2$ [7783-43-9]	(IV)-oxid-difluorid	fl	132,96 / 2,81	orh., C_{2v}^5, $Pca2_1$	565 746 624	$Z=4$ 238 K	
H_2SeO_3 [7783-00-8]	Selenige Säure	f	128,97 / 3,004	orh., D_2^4, $P2_12_12_1$	913 599 509		
H_2SeO_4 [7783-08-6]	säure	f	144,97 / 2,619	orh., D_2^4, $P2_12_12_1$	817 852 461	$Z=4$	1,5174

Phasen-umwandlungen			Standardwerte bei 298,15 K				Bemerkungen und Charakteristik
°C		ΔH kJ/Mol	C_p J/KMol	S^0	ΔH^0_B kJ/Mol	ΔG^0_B	
160–200	Expl				−770		hrotes bis or.farbenes Pulver; sehr expl.; unl. k. W; sied. W zers. langsam; expl. mit HCl; mit verd. S, KOH → NH_3 unl. allen Lösm.
315 340	*Sb* *F**		58,1	66,7	−225,4	−171,4	* im geschl. Rohr; $\chi_{Mol} = -27{,}2 \cdot 10^{-6}$ cm^3 Mol^{-1}; blendend weiße krist. Substanz; glänzende Nadeln, hygr.; mit W sofort → H_2SeO_3; ll. W, Al, Me; l. wfreier H_2SO_4, H_2SeO_4; l. S_2Cl_2 unter Z.; swl. Aceton; unl. Bzl, CCl_4, fl. SO_2
45 217	*F* *V*, *Z*						lange gelbliche Nadeln; an feuchter Luft rasch zerfl. zu rotbrauner Fl.; mit W → H_2SeO_3 + HBr; l. konz. H_2SO_4, Chlf, CS_2, CCl_4, $C_2H_2Cl_4$, Bzl, Toluol, Xylol
8,5 176,5	*F* *V*	4,23 42,7	69,2*	318*			$\chi_{Mol} = -48{,}6 \cdot 10^{-6}$ cm^3 Mol^{-1}; fahlgelbe Fl, stark ätzend; raucht an feuchter Luft; ll. W → H_2SeO_3 + HCl; l. CCl_4, Chlf, $AsCl_3$; CS_2, Bzl, Toluol, E; * Gas
15 124	*F* *V*	8,1	61,4		-575		fbl. rauchende Fl. von ozonart. Geruch; klare eisart. Masse; greift Glas an; W hydrolysiert vollständig; ll. Al
70	*Z*, −*W*			84	-524		fbl. Krist.; zerfl. an feuchter Luft; verwittern an trockener Luft, LW 167 g/100 cm^3; l. Al; unl. wss. NH_3; leicht red. durch Aldehyd, Sulfit, SO_2
62 260	*F* *Z*	14,4			-538,1		fbl. Krist.; geschmolzen ölige Fl.; bei 172° im Hochvak. unzers. destillierbar; sehr hygr.; LW 1300 g/100 cm^3; l. H_2SO_4; unl. wss. NH_3, E; verkohlt org. Substanzen; wird red. durch Aldehyd, org. S, Zucker; h. konz. H_2SeO_4 greift Au und Pt an

Übersichtstabelle Anorganische Verbindungen (Fortsetzung)

Formel	Name	Zustand	Mol-Masse / Dichte 10^3 kg · m^{-3}	Kristalldaten: System, Typ und Symbol	Einheitszelle: Kantenlänge in pm	Einheitszelle: Winkel und Z	Brechzahl n_D
Se	**Selen**						
$H_2SeO_4 \cdot H_2O$ [71939-35-0]	Monohydrat	f	162,99 / 2,67	orh., D_{2h}^{15}, *Pbca*	849,6 1045,3 913,1	$Z = 8$	
Si	**Silicium**						
$SiBr_4$ [7789-66-4]	tetra-bromid	fl	347,72 / 2,814				1,5685
Si_2Br_6 [13517-13-0]	Disilicium-hexabromid	f	535,63				
SiH_3Br [13465-73-1]	Mono-bromsilan	g	111,02 / 5,058 *				
SiH_2Br_2 [13768-94-0]	Dibrom-silan	fl	189,92 / 2,17 *				
$SiHBr_3$ [7789-57-3]	Tribrom-silan	fl	268,82 / 2,7				

Phasenumwandlungen			Standardwerte bei 298,15 K				Bemerkungen und Charakteristik
°C		ΔH kJ/Mol	C_p J/KMol	S^0	ΔH_B^0 kJ/Mol	ΔG_B^0	
26 205	*F* *V*				−841		kurze breite glänzende Krist.; die Schmelze neigt stark zur Unterkühlung, ll. W
5,4 152,8	*F* *V*	 37,9	146,4 Gas 97,0	 278,2 379,3	−457,3 Gas −415,5	 −443,9 −432,2	T_{kr} = 656 K; χ_{Mol} = −128,6 · 10^{-6} cm^3 Mol^{-1}; D_f(202 K) = 3,292 · 10^3 kg m^{-3} fbl., vollkommen klare ölige Fl.; raucht stark an der Luft; fest: weiße Schuppen mit Perlmuttglanz; zers. W unter starker Erwärmung → HBr und Kieselsäure
95 265	*F* *V*						fester weißer Körper, gut krist.; durch Luftfeuchtigkeit rasch hydrolysiert; zers. W, Alk, wss. NH_3; l. CCl_4, Chlf, CS_2, Bzl, $SiCl_4$; $SiBr_4$
−94 1,9	*F* *V*	 24,4	53,09	 262,6	−64		* kg/Nm^3; D^{-30} (fl.) 1,72 · 10^3 kg m^{-3}, D^0 (fl.) 1,533 · 10^3 kg m^{-3}; fbl. stechend riechendes Gas; entzündet sich sofort an Luft; mit W → Disiloxan; zers. NaOH → SiO_2 + HBr + H_2
−70,1 66	*F* *V*	 31,0					* bei 0 °C; fbl. leicht bewegliche Fl.; ziemlich stark lichtbrechend; entzündet sich an der Luft; sehr empfindlich gegen Feuchtigkeit; zers. W, Alk
−73,5 109	*F* *V*	 34,8					fbl. Fl.; raucht stark an der Luft und entzündet sich spontan; W, Alk zers. lebhaft

Übersichtstabelle Anorganische Verbindungen (Fortsetzung)

Formel	Name	Zustand	Mol-Masse / Dichte 10^3 kg · m^{-3}	Kristalldaten: System, Typ und Symbol	Einheitszelle: Kantenlänge in pm	Einheitszelle: Winkel und Z	Brechzahl n_D
Si	**Silicium**						
SiC [409-21-2]	carbid	f	40,1 / 3,22	hex., C_{6v}^4, $P6_3mc$	308,1 / 503,1	$Z=2$	
SiH_3Cl [13465-78-6]	Monochlorsilan	g	66,56 / 3,033 *				
SiH_2Cl_2 [4109-96-0]	Dichlorsilan	g	101,01 / 4,599 *				
$SiHCl_3$ [10025-78-2]	Trichlorsilan	fl	135,45 / 1,34				
$SiCl_4$ [10026-04-7]	tetrachlorid	fl	169,90 / 1,483	tetr.	564 / 722		1,413

Phasen-umwandlungen °C		ΔH kJ/Mol	Standardwerte bei 298,15 K C_p J/KMol	S^0 J/KMol	ΔH_B^0 kJ/Mol	ΔG_B^0 kJ/Mol	Bemerkungen und Charakteristik
~2100 ~2700	*U* *Sb*		26,9	16,6	−73,2	−70,9	$\bar{\gamma}$ (291...1473 K) = 6,25 · 10^{-6} K^{-1}; $\varkappa$((50...200 MPa), 293 K) = 0,37 · 10^{-5} MPa^{-1}; Halbleiter; χ_{Mol} = −12,8 · 10^{-6} cm^3 Mol^{-1}; „α-SiC"; β-SiC kub. *B* 3, T_d^2, $F\bar{4}3m$, *a* = 435,89 pm, *Z* = 4; viele polytype Formen; in reinem Zustand fbl. Krist., sonst grün bis blauschw., schillernd; sehr widerstandsfähig; unl. konz. S, selbst HNO_3 + HF; Aufschluß mit Alk-Schmelze bei Luftzutritt
−118,1 −30,4	*F* *V*	 21			−136		* kg/Nm³; D^{-113} (fl.) 1,145 · 10^3 kg · m^{-3}; fbl. Gas von stechendem Geruch; als Fl. leicht beweglich; mit W sofort → Disiloxan
−122 8,3	*F* *V*	 25	60,46	283,8	−315		* kg/Nm³; D^{-122} (fl.) 1,42 · 10^3 kg m^{-3}; fbl. Gas von stechendem Geruch; raucht stark an der Luft; als Fl. leicht beweglich; empfindlich gegen Feuchtigkeit und Fett
−128,2 31,5	*F* *V*	 26,6			−499		χ_{Mol} = −71,3 · 10^{-6} cm^3 Mol^{-1}; „Silicochloroform"; fbl. sehr leicht bewegliche Fl. von stark reizendem Geruch; raucht heftig an der Luft; mit W Hydrolyse → Dioxodisiloxan; wss. NH_3 zers.; l. CCl_4, Chlf, Bzl, CS_2
−70,4 57,57	*F* *V*	7,72 28,7	145,3 90,3#	239,7 331,0#	−577,4 −662,7#	−510 −622,8#	T_{kr} = 506,6 K, p_{kr} = 37,5 MPa, D_{kr} = 584 kg m^{-3}; χ_{Mol} = −88,3 · 10^{-6} cm^3 Mol^{-1}; fbl. Fl.; erstickender Geruch; raucht an der Luft; W hydrolysiert zu HCl und Kieselsäure; mischbar E, Bzl, Chlf; # Gas

Übersichtstabelle Anorganische Verbindungen (Fortsetzung)

Formel	Name	Zustand	Mol-Masse / Dichte 10^3 kg · m^{-3}	Kristalldaten: System, Typ und Symbol	Einheitszelle: Kantenlänge in pm	Einheitszelle: Winkel und Z	Brechzahl n_D
Si	**Silicium**						
Si_2Cl_6 [13465-77-5]	Disilicium-hexachlorid	fl	268,89 / 1,56				1,4748
SiF_3Cl [14049-36-6]	trifluor-chlorid	g	120,53 / 5,4549*				
SiF_2Cl_2 [18356-71-3]	difluor-dichlorid	g	136,99 / 6,2756*				
$SiFCl_3$ [14965-52-7]	fluor-trichlorid	g	153,44 / 6,5046*				
$SiICl_3$ [13465-85-5]	iod-trichlorid	fl	261,35				
$SiHF_3$ [13465-71-9]	Trifluor-silan	g	86,09 / 3,86*				
SiF_4 [7783-61-1]	tetra-fluorid	g	104,08 / 4,69*	kub., $D1_2$ T_d^3, $I\bar{4}3m$	541,0	$Z=2$	**
Si_2F_6 [13830-68-7]	Disilicium-hexafluorid	g	170,16 / 7,75*				

Phasen-umwandlungen			Standardwerte bei 298,15 K		Bemerkungen und Charakteristik
°C		ΔH kJ/Mol	C_p S^0 J/KMol	ΔH_B^0 ΔG_B^0 kJ/Mol	
2,5 145	*F* *V*	 42			fbl. ölige Fl.; raucht an feuchter Luft; hydrolysiert sehr leicht; fest: weißer eisähnlicher Körper
−138 −70,0	*F* *V*	 18,7			* kg/Nm³; T_{kr} = 307,63 K, p_{kr} = 3,46 MPa; D_{kr} = 558 kg m⁻³; fbl. Gas von stechendem Geruch; starker Reiz beim Einatmen; hydrolysiert rasch an feuchter Luft
−144 −32,2	*F* *V*	 21,2			* kg/Nm³; T_{kr} = 368,92 K; p_{kr} = 3,50 MPa; D_{kr} = 563 kg m⁻³; fbl. Gas von stechendem Geruch; starker Reiz beim Einatmen; hydrolysiert rasch an feuchter Luft
−120,8 12,2	*F* *V*	 25,1			* kg/Nm³; T_{kr} = 438,41 K; p_{kr} = 3,578 MPa; D_{kr} = 577 kg m⁻³; fbl. Gas von stechendem Geruch; starker Reiz beim Einatmen; hydrolysiert rasch an feuchter Luft
>−60 113	*F* *V*				fbl. Fl.; raucht an der Luft infolge Hydrolyse; zers. W
−131,4 −95	*F* *V*	 16,2			* kg/Nm³; fbl. Gas; zers. leicht; zers. W, Alk, Al, E; l. Toluol
−90,3 (1760 hPa) −86	*F* *V*		73,6# 282,7#	−1614,9# −1572,7#	* kg/Nm³; ** *n* (273 K; 1013 hPa; 546,2 nm) = 1,0005692; T_{kr} = 279 K; p_{kr} = 34,2 MPa; D_{fl} (178 K) = 1,66 · 10³ kg m⁻³; D_f (90 K) = 2,133 · 10³ kg m⁻³; fbl. stechend riechendes Gas; bildet an feuchter Luft dicke Nebel; mit W→ H_2SiF_6 und H_2SiO_3, L Glykol 26,2%; L Butanol 23,4%; L abs. Al 36,4%; l. wss. Al, erst ab 8% W → $H_2SiF_6 + SiO_2$; L abs. Me 32,8%; unl. E, wfrei HF; l. Aceton; wl. Bzl; #Gas
−18,7 −18,5	*F* *V*	42,3			* kg/Nm³; fbl. Gas; fest schneeweiße Kristallmasse; raucht an feuchter Luft; hydrolysiert leicht

Übersichtstabelle Anorganische Verbindungen (Fortsetzung)

Formel	Name	Zustand	Mol-Masse Dichte 10^3 kg · m^{-3}	Kristalldaten: System, Typ und Symbol	Einheitszelle: Kantenlänge in pm	Einheitszelle: Winkel und Z	Brechzahl n_D
Si	**Silicium**						
SiH_4 [7803-62-5]	tetrahydrid, Monosilan	g	32,12 1,4469 *	tetr.	1250 1420	$Z = 32$	
Si_2H_6 [1590-87-0]	Disilan	g	62,22 2,865 * 0,686 253 K	mkl., C_{2h}^5, $P2_1/c$			
Si_3H_8 [7783-26-8]	Trisilan	fl g	92,32 0,743 *				1,4978
n-Si_4H_{10} [7783-29-1]	Tetrasilan	fl	122,42 0,792				1,5477
SiH_3I [13598-42-0]	iodsilan	fl	158,01 2,034	mkl., C_h^2, $P2_1/c$	456,4 838,8 1050,9	103,1° $Z = 4$	
$SiHI_3$ [13465-72-0]	Triiod- silan	fl	409,81 3,314				
SiI_4 [13465-84-4]	Silicium- tetraiodid	f	535,70 4,108 (195K)	kub., $D1_1$ T_h^6, $Pa3$	1201,0	$Z = 8$	
Si_3N_4 [12033-89-5]	nitrid	f	140,28 3,17	trig., C_{3v}^4, $P31c$	775,8 562,3	$Z = 4$	

Phasen-umwandlungen			Standardwerte bei 298,15 K		Bemerkungen und Charakteristik
°C		ΔH kJ/Mol	C_p S^0 J/KMol	ΔH_B^0 ΔG_B^0 kJ/Mol	
−209,7 −184,67 −112,3 300	*U* *F* *V* *Z*	0,615 0,667 12,1	42,8# 204,7#	34,3# 56,8#	* kg/Nm³; T_{kr} = 269,7 K; p_{kr} = 5,00 MPa; #Gas D_{fl} (188 K) = 0,68 · 10³ kg m⁻³; fbl. Gas von widerlichem Geruch; entzündet sich explosionsartig an der Luft; zers. W in Glasgefäßen (Alk-Gehalt), in Quarz keine Z.; mit Alk → Na_2SiO_3 + H_2; l. Cyclohexanol; etwas l. org. Lösm.
−129,4 −14,8 >300	*F* *V* *Z*	 21,2	79,1# 272,7#	80,3# 127,1#	* kg/Nm³; fbl. Gas von widerlichem Geruch; entzündet sich an der Luft; Alk zers.; W in Quarz-Quarzgefäßen zers. nicht l. Bzl, CS_2, Al; #Gas
−117 53	*F* *V*	 28,5		121	* bei 273 K; fbl. leicht bewegliche Fl.; zers. am Licht; entzündet sich an Luft Z.; l. in CCl_4
−89,9 108,1	*F* *V*	 34,66		175	fbl. kristallklare Fl.; zers. bei Zimmertemp.; entzündet sich an Luft
−57,0 45,5	*F* *V*				fbl.; Z W
8 220	*F* *V*	54,4 270,8		−2	„Silicoiodoform“; fbl. Fl., stark lichtbrechend; weiße leicht schmelzende Krist.; sehr empfindlich gegen Feuchtigkeit; zers. W; l. Bzl, CS_2
120,5 287,5	*F* *V*	19,7	108,0 258,1	−189,5 −191,6	fbl. Krist., nach einiger Zeit rötlich unter Ausscheidung von I_2; subl. weiße glitzernde Krist.; zers. W → HI und Kieselsäure L 2,1 % CS_2
1900	*Z*		99,5 113,0	−744,8 −647,3	α-Form; weißes, schwach grau gefärbtes Pulver; schwammig und sehr leicht; unl. verd. S; zers. HF; zers. langsam mit konz. H_2SO_4 beim Erwärmen

Übersichtstabelle Anorganische Verbindungen (Fortsetzung)

Formel	Name	Zustand	Mol-Masse / Dichte 10^3 kg · m^{-3}	Kristalldaten: System, Typ und Symbol	Einheitszelle: Kantenlänge in pm	Einheitszelle: Winkel und Z	Brechzahl n_D
Si	**Silicium**						
H_2SiO_5 [13933-55-6]	metadikieselsäure	f	138,18 / 2,01	mkl. C_{2h}^4, $P*/c$	1128,7 990,5 837,7	103,78° $Z = 8$	
SiO [10097-28-6]	monoxid (II)-oxid	f	44,09 / 2,13	kub.	516	$Z = 4$	
SiO_2 [7631-86-9] [14808-60-7]	dioxid, α-Quarz	f	60,08 / 2,648	trig., $C8_2$ D_3^4, $P3_121$	491,33 540,53	$Z = 3$	1,544 1,553
SiO_2 [15468-32-3]	β-Tridymit (HT-Form)	f	60,08 / 2,264	hex., $C10$ D_{6h}^4, $P6_3/mmc$	504,6 823,4	$Z = 4$	1,469 1,470 1,471
SiO_2 [14464-46-1]	β-Cristobalit (HT-Form)	f	60,08 / 2,334	kub., T^4, $P2_13$	716,0	$Z = 8$	1,487 1,484
H(O)Si · O · Si(O)H [44234-98-2]	Dioxodisiloxan	f	106,18				
$(Cl_3Si)_2O$ [14986-21-1]	Hexachlordisiloxan	fl	284,89 / 1,560				1,428

Phasenumwandlungen			Standardwerte bei 298,15 K				Bemerkungen und Charakteristik
°C		ΔH kJ/Mol	C_p J/KMol	S^0	ΔH_B^0 kJ/Mol	ΔG_B^0	
150	Z						fbl., unl. W., l. NH_3, HF
< 1702 1880	V	50,2	29,9#	211,6#	−100,4#	−127,3#	metastabile weiße Kristalle; sehr voluminös; unl. W; l. verd. HF + HNO_3; #Gas
575 806 1550	U_1 U_2 F	0,728 2,00 7,70	44,6	41,6	−910,9	−856,4	U_1 α-Quarz → β-Quarz hex., D_6^5, $P6_22$, $a = 499{,}9$, $c = 545{,}9$ pm, $Z = 3$, $\varepsilon\,(1{,}6 \cdot 10^6\ \text{Hz}) = 4{,}6$ (∥ c-Achse), 4,45 (⊥ c-Achse); $\chi_{Mol} = -22$ bis $-28 \cdot 10^{-6}\ \text{cm}^3\ \text{Mol}^{-1}$; optisch aktiv
117 1470	U_3 U_4	0,29 0,21	44,6	44,0	−856,3	−802,8	β-Quarz; piezoelektrisch; fbl. geschmacklose Krist.; ziemlich reaktionsträge, nur l. HF, Alk-Schmelze → Silikat; amorphes SiO_2 (Entwässern von Kieselgel) weißes l. sied. Alk → Silikat
270 1705 2950	U_5 F V	1,3 9,6	45,0	43,4	−908,3	−854,3	U_2: β-Quarz → β- Tridymit. U_3 (Abkühlung): β-Tr → α-Tr(metastabil). U_4 β-Tr → β-Crist. U_5 (Abkühlung): β-Cr → α-Cr (metastabil), tetr. D_4^4, $P4_12_12$, $a = 497{,}32$, $c = 692{,}36$ pm, $Z = 4$; Hochdruckformen: Coesit; Stishovit
							„Silicoameisensäureanhydrid", D_{fl} (183 K) = 881 kg m^{-3}; weiße sehr leichte voluminöse Substanz; schwimmt auf W, sinkt in E unter; etwas l. W; l. Alk, wss. NH_3 unter stürmischer Gasentwicklung; S, selbst konz. HNO_3 sind ohne Wirkung; l. HF unter H_2-Entwicklung
28 137	F V						fbl.; Z W; ll. CS_2, CCl_4

Übersichtstabelle Anorganische Verbindungen (Fortsetzung)

Formel	Name	Zustand	Mol-Masse	Dichte $10^3\,kg \cdot m^{-3}$	Kristalldaten: System, Typ und Symbol	Einheitszelle: Kantenlänge in pm	Einheitszelle: Winkel und Z	Brechzahl n_D
Si	**Silicium**							
$H_3SiOSiH_3$ [13597-73-4]	Disiloxan	g	78,22	3,491*	orh., D_{2h}^{15}, $P2_12_12_1$	433 779 1297	$Z=2$ 108 K	
SiS_2 [13759-10-9]	disulfid	f	92,21	2,02	orh., *C*42 D_{2h}^{26}, *Ibam*	560 553 955	$Z=4$	
$SiSe_2$ [22832-62-8]	diselenid	f	186,0	3,665	orh., D_{2h}^{26}, *Ibam*	966,9 599,8 585,1	$Z=4$	
Sm	**Samarium**							
$Sm(CH_3COO)_3 \cdot 4H_2O$ [15280-52-1]	(III)-acetat tetrahydrat	f	399,54	1,84	trikl., C_1^1, P_1	939,1 988,6 1070	87,88° 115,80° 123,51°	
SmB_6 [12008-30-9]	hexaborid	f	215,23	5,074	kub., $D2_1$ O_h^1, *Pm3m*	413,32	$Z=1$	
SmC_2 [12071-28-2]	dicarbid	f	174,37	5,86	tetr., D_{4h}^{17}, *I4/mmm*	376,3 632,1	$Z=2$	
$SmCl_2$ [13874-75-4]	(II)-chlorid	f	221,26	4,56	orh., D_{2h}^{16}, *Pnma*	450 753 897	$Z=4$	
$SmCl_3$ [10361-82-7]	(III)-chlorid	f	256,71	4,465	hex., C_{6h}^2, $P6_3/m$	737,8 417,1	$Z=2$	
$SmCl_3 \cdot 6H_2O$ [13465-55-9]	hexahydrat	f	364,80	2,382	mkl., *P*2/*n*	960 661 800	93,67° $Z=2$	1,564 1,569 1,573
SmF_2 [15192-17-3]	(II)-fluorid	f	188,35	6,16	kub., CaF_2-Typ	578		
SmF_3 [13765-24-7]	(III)-fluorid	f	207,35	6,928	orh., D_{2h}^{16}, *Pnma*	667,22 705,85 440,43	$Z=4$	

Phasen- umwandlungen			Standardwerte bei 298,15 K				Bemerkungen und Charakteristik
°C		ΔH kJ/Mol	C_p J/KMol	S^0	ΔH_B^0 kJ/Mol	ΔG_B^0	
−144 −15,2	*F* *V*						* kg/Nm³; fbl. geruchloses Gas; nicht selbstentzündlich; ohne Sauerstoff unzers. haltbar; W hydrolysiert
1090 1250	*F* *Sb*	8,37	77,5	80,3	−213,4	−212,6	fbl. Nadeln oder faserige Masse; beständig an trockener Luft; zers. bei Feuchtigkeit → $SiO_2 + H_2S$; l. unter Z in W, Al, Alk; unl. Bzl
975	*F*			94	−152		fbl. Ndl.
							gelbe Kristalle; l. W
2540	*F*						α (Raumtemp.) = $6{,}5 \cdot 10^{-6}\ K^{-1}$
				96,2	−71,1	−75,7	gelblich, W Z
>680 859	*U* *F*		82,4	127,6	−815,5	−766,3	braunrotes Pulver, rot durchscheinend; hygr.; wird durch Feuchtigkeit zers.; ll. W dklbraun, zers.
682	*F*	46,0	99,5	150,1	−1025,9	−950,2	weißes schwach gelbstichiges Pulver; hygr.; schwach gelbe durchscheinende Krist.; LW 20° 48,5%; Bdk. $6H_2O$; l. Me, Al
110 142	$-5H_2O$ *F*				−2870	−2456	topasgelbe große Tafeln; LW s. $SmCl_3$; hygr.
1417 >2400	*F* *V*				−1180	−1086	violettes Pulver
490 1306 2323	U_1 *F* *V*	 52,3	96,2	119,2	−1778	−1512	fbl. Pulver β-YF_3-Struktur $\xrightarrow{U_1}$ LaF_3-Struktur hex., D_{3d}^5, $P6_3/mcm$, $a = 695{,}2$, $c = 712{,}2$ pm, $Z = 6$

Übersichtstabelle Anorganische Verbindungen (Fortsetzung)

Formel	Name	Zustand	Mol-Masse / Dichte $10^3\ kg \cdot m^{-3}$	Kristalldaten: System, Typ und Symbol	Einheitszelle: Kantenlänge in pm	Einheitszelle: Winkel und Z	Brechzahl n_D
Sm	**Samarium**						
SmI_2 [32248-43-4]	(II)-iodid	f	404,16 5,47	mkl., C_{2h}^5, $P2_1/c$	761,6 828,1 790,1	97,9° $Z=4$	
SmI_3 [13813-25-7]	(III)-iodid	f	531,06 5,10	hex., C_{3i}^3, $R\bar{3}$	761 2065	$Z=6$	
$Sm(NO_3)_3$ $\cdot 6H_2O$ [24581-35-9]	(III)-nitrat hexahydrat	f	444,46 2,375	trikl., C_i^1, $P\bar{1}$	920,5 1165 677,5	91° 112° 109° $Z=2$	
Sm_2O_3 [12060-58-1]	(III)-oxid	f	348,70 8,347	kub., C-Typ T_h^7, $Ia3$ mkl., B-Typ C_{2h}^3, $C2/m$	1092,7 1418 884,7 363,3	$Z=16$ 99,97°	1,97
$Sm(OH)_3$ [20403-06-9]	(III)- hydroxid	f	201,37	hex., $D0_{19}$ C_{6h}^2, $P6_3/m$	631,2 359,0	 $Z=2$	
SmOCl [13759-28-9]	(III)-oxid- chlorid	f	201,80 7,017	tetr., D_{4h}^7, $P4/nmm$	398,2 672,1	 $Z=2$	
Sm_2S_3 [12067-22-0]	(III)-sulfid	f	396,89 5,729	kub., T_d^6, $I\bar{4}3d$	843,7	$Z=16/3$	
$Sm_2(SO_4)_3$ $\cdot 8H_2O$ [13465-58-2]	(III)-sulfat octahydrat	f	733,01 2,93	mkl., C_{6h}^2, $C2/c$	1363 680,2 1841	102,22° $Z=4$	1,5427 1,5516 1,5629
Sn	**Zinn**						
$SnBr_2$ [10031-24-0]	(II)-bromid	f	278,51 4,923				

Phasen-umwandlungen			Standardwerte bei 298,15 K				Bemerkungen und Charakteristik
°C		ΔH kJ/Mol	C_p J/KMol	S^0	ΔH^0_B kJ/Mol	ΔG^0_B	
793 1580	*F* *V*	21		187	−590	−523	dkl.grün; Z W; $\mu_{\text{eff}} = 3{,}52\ \mu_B$
850	*F*	37,6		205	−641,8		or. krist. Pulver
78	*F*						schwach gelbliche Prismen; gut ausgebildete Krist. oder strahlige Masse aus flachen Nadeln; LW 20° 58,9% 50° 64,8%, Bdk. $6\,H_2O$
2325	*F*	83,7	115,8 114,5	144,8 151,0	−1827,4 −1823,6	−1737,4 −1735,5	$\bar{\alpha}$ (373 ... 1273 K) = 9,9 · 10^{-6} K^{-1}; weißes Pulver, kaum gelbstichig, geglüht gelblich weiß; unl. W; l. S, Umwandlungstemperatur mkl. kub. 900−1200°
220	*Z*				−1292		weißes Pulver, etwas gelblich; unl. W, Alk; l. S
							weißes Pulver; seidenglänzende Schüppchen; hygr.; etwas l. verd. Egs; unl. W, Alk
>1250 1780	*U* *F*			179	−1058		HT-Form, orh. *a* = 738,2, *b* = 1537,8, *c* = 397,4 pm, $\chi_{\text{Mol}} = +\,3300 \cdot 10^{-6}$ cm³ Mol⁻¹; braungelbes Pulver; W zers. erst merklich in der Hitze; l. S unter Entwicklung von H_2S
450	$-8\,H_2O$		606,8	757,5	−5577		$\chi_{\text{Mol}} = +\,1710 \cdot 10^{-6}$ cm³ Mol⁻¹; topasgelbe glänzende Krist.; LW 20° 2,6%, 40° 1,82%; $\mu_{\text{eff}} = 1{,}67\ \mu_B$
231 853	*F* *V*	17,1 102	79,0	153,0	−243,5	−228,5	$\chi_{\text{Mol}} = -149 \cdot 10^{-6}$ cm³ Mol⁻¹; weiße krist. schwach gelblich durchscheinende Masse; l. wenig W, Al, E, Py, Aceton; durch viel W zers.

Übersichtstabelle Anorganische Verbindungen (Fortsetzung)

Formel	Name	Zustand	Mol-Masse / Dichte 10^3 kg · m^{-3}	Kristalldaten: System, Typ und Symbol	Einheitszelle: Kantenlänge in pm	Einheitszelle: Winkel und Z	Brechzahl n_D
Sn	**Zinn**						
$Sn(C_2H_3O_2)_2$ [638-39-1]	(II)-acetat	f	236,78 / 2,31	orh.	496 1411 2135	$Z=8$	
$SnBr_4$ [7789-67-5]	(IV)-bromid	f	438,33 / 3,34	mkl., C_{2h}^5, $P2_1/c$	1059 710 1066	103,92° $Z=4$	1,654 (656 nm)
$SnCl_2$ [7772-99-8]	(II)-chlorid	f	189,60 / 3,951	orh., D_{2h}^{16}, $Pnma$	779,3 443 920,7	$Z=4$	
$SnCl_2 \cdot 2H_2O$ [10025-69-1]	dihydrat	f	225,62 / 2,70	mkl., C_{2h}^5, $P2_1/c$	931,8 725,7 897,3	114,89° $Z=4$	
$SnCl_4$ [7646-78-8]	(IV)-chlorid	fl	260,50 / 2,226	mkl., C_{2h}^5, $P2_1/c$	985 675 998	102,25° $Z=4$	1,5112
$SnCl_4 \cdot 5H_2O$ [10026-06-9]	(IV)-chlorid pentahydrat	f	350,61 / 2,20	mkl., C_{2h}^6, $C2/c$	1229,3 1003,4 870,33	103,84° $Z=4$	
SnF_2 [7783-47-3]	(II)-fluorid	f	156,69 / 4,85	mkl., C_{2h}^6, $C2/c$	1335,3 490,8 1378,3	109,1° $Z=16$	1,70
SnF_4 [7783-62-2]	(IV)-fluorid	f	194,68 / 4,78	tetr., D_{4h}^{17}, $I4/mmm$	405 793	$Z=2$	
SnH_4 [7803-62-5]	Stannan	g	122,72 / 0,68*				

Phasen-umwandlungen °C		ΔH kJ/Mol	Standardwerte bei 298,15 K C_p J/KMol	S^0 J/KMol	ΔH_B^0 kJ/Mol	ΔG_B^0 kJ/Mol	Bemerkungen und Charakteristik
182 240	*F* *V*						Z W, l. HCl
-6 33 215	*U* *F* *V*	 11,3 36,8	136,5	264,4	−405,8	−378,7	$\bar{\gamma}$ (78 ... 194 K) = 300 · 10^{-6} K^{-1}; weiße krist. Substanz, auch große fbl. Krist., die an der Luft matt werden; geschmolzen fbl. stark lichtbrechende Fl.; ll. W (Hydrolyse), Al
247 614	*F* *V*	14,6 93,7	78,0	134,1	−328,0	−286,2	durchscheinende, fast reinweiße Masse; fettglänzend; LW 0° 45,6%, 25° 70,1%, Bdk. $2H_2O$; l. verd. und konz. S, Alk, Egs, Al, Egester, Py und vielen anderen org. Lösm.
37,7	*F* Z				−945,4		fbl. wasserhelle Säulen; LW s. $SnCl_2$; sll. Al, Egs
−33,3 114,1	*F* *V*	9,16 33,4	165,3	258,7	−511,3	−440,1	$\bar{\gamma}$ (78 ... 194 K) = 240 · 10^{-6} K^{-1}; χ_{Mol} = −115 · 10^{-6} $cm^3 Mol^{-1}$; fbl. dünne Fl.; raucht an der Luft; gutes Lösm. für viele Substanzen; fest weiße Krist.; ll. W unter Hydrolyse; ll. Al, CCl_4, Bzl, CS_2, Toluol
							fbl., stabil 19–56 °C l. W, Me, Rosiersalz
213 850	*F* *V*	10,5	72,4	96,2	−648,5	−601,4	fbl. Prismen; hygr.; l. W, unl. Me, E, Chlf
701 705	*V* Sb			115	−1188	−992	schneeweiße strahlig-krist. Masse; sehr hygr.; ll. W unter Hydrolyse
−146 −52,5 150	*F* *V* *Z*	 19,05	50,8	228,8	162,8	187,7	fbl. Gas; * 188 K rein ziemlich haltbar; bei Spuren met. Sn sofort zers.; verd. S und Alk zers. nicht; feste Alk, konz. H_2SO_4, $AgNO_3$- und $HgCl_2$-Lsg. zers.

Übersichtstabelle Anorganische Verbindungen (Fortsetzung)

Formel	Name	Zustand	Mol-Masse / Dichte 10^3 kg · m^{-3}	Kristalldaten: System, Typ und Symbol	Einheitszelle: Kantenlänge in pm	Einheitszelle: Winkel und Z	Brechzahl n_D
Sn	**Zinn**						
SnI_2 [10294-70-9]	(II)-iodid	f	372,50 / 5,285	mkl., C_{2h}^3, $C2/m$	1417 / 453,5 / 1087	92,0° / $Z=6$	
SnI_4 [7790-47-8]	(IV)-iodid	f	626,22 / 4,73	kub., $D1_1$ / T_h^6, $Pa3$	1227,3	$Z=8$	2,106
SnO [21651-19-4]	(II)-oxid	f	134,69 / 6,446	tetr., D_{4h}^7, $P4/nmm$	380,2 / 483,6	$Z=2$	
$Sn(OH)_2$ [12026-24-3]	(II)-hydroxid	f	152,70				
SnO_2 [18282-10-5]	(IV)-oxid	f	150,69 / 7,02	tetr., D_{4h}^{14}, $P4_2/mnm$	473,82 / 318,71	$Z=2$	1,997 / 2,093
SnP [25324-56-5]	phosphid	f	149,66 / 5,67	hex., D_{3d}^3, $P\bar{3}m1$	439,2 / 604,0	$Z=2$	
$SnHPO_4$ [16834-09-6]	(II)-monohydrogenphosphat	f	214,67 / 4,0	mkl., C_{2h}^5, $P2_1/c$	457,6 / 1354,8 / 578,5	98,74° / $Z=4$	
SnS [1314-95-0]	(II)-sulfid	f	150,75 / 5,2	orh., $B29$ / D_{2h}^{16}, $Pnma$	432,91 / 1119,23 / 398,38	$Z=4$	
SnS_2 [1315-01-1]	(IV)-sulfid	f	182,82 / 3,9	hex., D_{3d}^3, $P\bar{3}m$	364,9 / 590,2		

Phasen-umwandlungen °C		ΔH kJ/Mol	Standardwerte bei 298,15 K C_p J/KMol	S^0 J/KMol	ΔH_B^0 kJ/Mol	ΔG_B^0 kJ/Mol	Bemerkungen und Charakteristik
320 717	*F* *V*	18,0 105	78,5	168,5	−143,9	−144,2	gelbrote Nadeln; LW 20° 0,97%, l. Bzl, Chlf, CS_2, Alk-iodidlsg.
144,5 354,5	*F* *V*	19,2 52,2	132,0	282,7	−215,3	−215,1	$\bar{\gamma}$ (−79...0 °C) = 300 · 10^{-6} K^{-1}; χ_{Mol} = −205 · 10^{-6} cm^3 Mol^{-1}; rote krist. Masse; Oktaeder; W hydrolysiert; l. Al, E, Bzl, Chlf, CS_2
270 1080 Z	*U* *F* *V*	 26,8 251	47,8	56,5	−286,8	−256,8	schiefergraues bis schw. Pulver; HT-Form, rot: orh., C_{2v}^{12}, *Cmc*2_1, *a* = 500, *b* = 572, *c* = 1120 pm, *Z* = 8; unl. W, verd. Alk; l. S; mit sied. Alk → teilweise Stannat
			154,8		−578,4	−491,1	weißer Nd.; getrocknet rötlich gelbes bis gelbbraunes Pulver; swl. W; ll. S, Alk; unl. NH_3, Alk-carbonat-lsg.
410 1630 1800–1900	*U* *F* Sb	1,9 47,7 313,8	52,6	52,3	−580,8	−519,6	Halbleiter; χ_{Mol} = −41 · 10^{-6} cm^3 Mol^{-1}; Zinnstein, Kassiterit; fbl. glänzende Krist. oder weißes Pulver; unl. W, S, Alk; l. $KHSO_4$-Schmelze, fällt aber beim Verdünnen mit W wieder aus
550	*Z*						silberweiße Masse, spröde; ll. HCl; unl. HNO_3; Sn_4P_3
330 >360	*F* −*W*						weiß; unl. W; l. verd. S
602 882 1230	*U* *F* *V*	0,67 31,6	49,3	77,0	−107,9	−106,0	Halbleiter; dklbleigraue Masse, blätterig; weich; leicht zu verreiben; abfärbend; Herzbergit LW 18° 1,36 · 10^{-6}%; l. konz. HCl, $(NH_4)_2S_x$
765	*F*		70,1	87,4	−153,6	−145,2	Polytypie; goldgelbe durchscheinende feine Schuppen; fühlen sich weich und fettig an, Halbleiter ΔE(300 K) = 2,22 eV; LW 18° 1,46 · 10^{-5}%; unl. konz. HCl, HNO_3; l. Königsw., Alk

Übersichtstabelle Anorganische Verbindungen (Fortsetzung)

Formel	Name	Zustand	Mol-Masse / Dichte 10^3 kg · m^{-3}	Kristalldaten: System, Typ und Symbol	Einheitszelle: Kantenlänge in pm	Einheitszelle: Winkel und Z	Brechzahl n_D
Sn	**Zinn**						
$SnSO_4$ [7488-55-3]	(II)-sulfat	f	214,75 / 4,15	orh., D_{2h}^{16}, *Pnma*	879,9 / 531,9 / 711,5	$Z = 4$	
$Sn(SO_4)_2 \cdot 2H_2O$ [19307-28-9]	(IV)-sulfat dihydrat	f	346,84 / 4,5	hex.			
SnSb [12509-56-7]	antimonid	f	240,44 / 6,94	trig., D_{3d}^5, $R\bar{3}m$	432,5 / 534,6		
SnSe [1315-06-6]	(III)-selenid	f	197,65 / 6,174	orh., D_{2h}^{16}, *Pnma*	1142 / 419 / 446	$Z = 4$	
SnTe [12040-02-7]	(II)-tellurid	f	246,29 / 6,478	kub., *B*1 O_h^5, *Fm*3*m*	629,8	$Z = 4$	
Sr	**Strontium**						
$SrHAsO_4$ [14214-97-2]	hydrogen-arsenat	f	227,55 / 4,035				
SrB_6 [12046-54-7]	hexaborid	f	152,49 / 3,39	kub., *D*2 O_h^1, *Pm*3*m*	419,3	$Z = 1$	
SrB_4O_7 [12007-66-8]	diborat		242,86 / 4,0	orh., C_{2v}^7, $Pnm2_1$	442,63 / 1070,74 / 423,38	$Z = 2$	
$SrBr_2$ [10476-81-0]	bromid	f	247,44 / 4,216	orh., *C*53 D_{2h}^{16}, *Pnma*	920 / 1142 / 430	$Z = 4$	1,575
$SrBr_2 \cdot 6H_2O$ [7789-53-9]	bromid hexahydrat	f	355,53 / 2,386	trig., D_3^2, *P*321	822,8 / 416,4	$Z = 1$	

Phasen-umwandlungen			Standardwerte bei 298,15 K				Bemerkungen und Charakteristik
°C		ΔH kJ/Mol	C_p J/KMol	S^0	ΔH_B^0 kJ/Mol	ΔG_B^0	
>360	$-SO_2$		150,6	138,3	−887,0	−781,2	fbl. schwere Kristallnadeln; LW 25° 25%; l. verd. H_2SO_4; die wss. Lsg. zers. leicht unter Bildung eines basischen Sulfats
							fbl. hex. Prismen; kleine Nadeln; l. E; ll. verd. H_2SO_4; viel W zers. unter Abscheidung eines weißen Nd; hygr.
							schwarz, Stistait
540 880	*U* *F*		50,6	89,5	−88,7	−87,5	Halbleiter; hgraue met. glänzende Masse, leicht zu zerreiben, abfärbend; unl. W; ll. Königsw., Alksulfid und -selenidlsg.
806	*F*	33,5	51,5	100,0	−61,9	−61,7	graue Substanz; unl. W; Z Alk, S
					−1443		weißes krist. Pulver; bei 270° → $Sr_2As_2O_7$; LW 15° 276 mg/100 g, W; l. HCl, HNO_3, verd. Egs; zers. H_2SO_4
2235	*F*				−211		grünlich schw. Pulver aus kleinen Krist., die in dünner Schicht rotbraun durchsichtig sind
930	*F*						lange feine Nadeln; l. k. HNO_3
645 657 2143	*U* *F* *V*	12,2 10,1 194,1	76,9	143,5	−718,0	−698,8	$\chi_{Mol} = -86{,}6 \cdot 10^{-6}$ cm³ Mol⁻¹; fbl. nadelförmige Krist.; sehr hygr.; LW 20° 50%, Bdk. $6H_2O$; L Al 20° 63,9 g/100 g; L Me 20° 119,4 g/100 g; mit fl. HF lebhaft → $SrF_2 + Br_2$
88,6 180	$-4H_2O$ $-2H_2O$		343,2	406	−2528	−2175	$\chi_{Mol} = -160 \cdot 10^{-6}$ cm³ Mol⁻¹; lange Prismen; LW s. $SrBr_2$, unl. E

Übersichtstabelle Anorganische Verbindungen (Fortsetzung)

Formel	Name	Zustand	Mol-Masse / Dichte 10^3 kg · m^{-3}	Kristalldaten: System, Typ und Symbol	Einheitszelle: Kantenlänge in pm	Einheitszelle: Winkel und Z	Brechzahl n_D
Sr	**Strontium**						
SrC_2 [12071-29-3]	dicarbid	f	111,64 3,26	tetr., $C11$ D_{4h}^{17}, $I4/mmm$	411 669	$Z=2$	
$SrCO_3$ [1633-05-2] [14941-40-3]	carbonat	f	147,63 3,736	orh., $G0_2$ D_{2h}^{16}, $Pnma$	602,9 841 510,7	$Z=4$	1,517 1,663 1,666
$Sr(CHO_2)_2$ [592-89-2]	formiat	f	177,66 2,695	orh., D_2^4, $P2_12_12_1$	687 874 727	$Z=4$	
$Sr(CHO_2)_2 \cdot 2H_2O$ [6160-34-5]	dihydrat	f	213,68 2,25	orh., D_2^4, $P2_12_12_1$	730 1199 713	$Z=4$	1,4838 1,5210 1,5382
$Sr(CH_3CO_2)_2$ [543-94-2]	acetat	f	205,71 2,099				
$SrCrO_4$ [7789-06-2]	chromat	f	203,61 3,895	mkl., C_{2h}^5, $P2_1/n$	709,0 739,4 675,5	103,2° $Z=4$	
$SrCl_2$ [10476-85-4]	chlorid	f	158,53 3,094	kub., $C1$ O_h^5, $Fm3m$	697,67	$Z=4$	1,650
$SrCl_2 \cdot 2H_2O$ [16056-95-4]	dihydrat	f	194,56 2,67	mkl., C_{2h}^6, $C2/c$	1168,8 640,48 669,57	105,54° $Z=4$	1,5942 1,5948 1,6172
$SrCl_2 \cdot 6H_2O$ [7790-40-1]	hexahydrat	f	266,62 1,93	hex., D_3^2, $P321$	796,3 412,5	$Z=1$	1,5356 1,4856

Phasen-umwandlungen			Standardwerte bei 298,15 K				Bemerkungen und Charakteristik
°C		ΔH kJ/Mol	C_p J/KMol	S^0 J/KMol	ΔH_B^0 kJ/Mol	ΔG_B^0 kJ/Mol	
370 >1700	*U* *F*		71,1	63,0	−75,0	−76,2	schw. Masse mit krist. Bruch und einzelnen braunroten Krist.; HT-Form, kub., O_h^5, $Fm\bar{3}m$, $a = 624$ pm, $Z = 4$, $D = 3{,}04 \cdot 10^3$ kg m^{-3}, zers. W → $Sr(OH)_2 + C_2H_2$
924 1289	*U* $-CO_2$	19,7	84,3	97,1	−1219,8	−1138,7	ε (1,67 · 10^5 Hz) = 8,85; $\chi_{Mol} = -47 \cdot 10^{-6}$ cm^3 Mol^{-1}; Strontianit; weißes krist. Pulver; LW 20° 1,0 · 10^{-3} %; etwas leichter l. in CO_2-haltigem W; l. verd. S, Aceton, Me
71,9	*F*				−1362		$\chi_{Mol} = -60 \cdot 10^{-6}$ cm^3 Mol^{-1}; weißes krist. Pulver; unl. Al, E; LW 9,1% 0 °C, 34,4% 100 °C
100	$-2H_2O$						fbl. krist. Pulver; an Luft beständig; unl. Al, E; LW 26,6 °C 11,6%, 100 °C 26,6%
315	*F*				−1600		$\chi_{Mol} = -79 \cdot 10^{-6}$ cm^3 Mol^{-1}; weißes krist. Pulver; LW 36,9 g/100 cm^3; wl. Al
1251	*Z*						gelb; LW 0,12 g/100 cm^3; l. HCl, HNO_3, Egs, NH_4-salzlsg.
872 2056	*F* *V*	16,2 248,2	75,6	114,8	−828,9	−780,0	ε (3,75 · 10^6 Hz) = 9,2; $\chi_{Mol} = -63 \cdot 10^{-6}$ cm^3 Mol^{-1}; fbl. Krist.; weißes Salz; LW 20° 34,5%, 100° 50%, Bdk. $6H_2O$; L N_2H_4 8 g/100 cm^3; wl. Aceton; unl. abs. Al, wss. NH_3, Benzonitril; swl. Py, die L steigt mit W-Gehalt; mit fl. HF → SrF_2 + HCl
140	$-2H_2O$		160,2		−1437	−1282	dünne glänzende durchsichtige Blätter, LW s. $SrCl_2$
60 100	$-4H_2O$ $-2H_2O$		–	390,8	−2624	−2241	$\varepsilon = 8{,}5$; $\chi_{Mol} = -145 \cdot 10^{-6}$ cm^3 Mol^{-1}; lange dünne sechsseitige Nadeln; hygr.; LW s. $SrCl_2$; L abs. Me 6° 38,7 g $SrCl_2 \cdot 6H_2O$/100 g Lsg.; l. Al

Übersichtstabelle Anorganische Verbindungen (Fortsetzung)

Formel	Name	Zustand	Mol-Masse / Dichte $10^3\,kg \cdot m^{-3}$	Kristalldaten: System, Typ und Symbol	Einheitszelle: Kantenlänge in pm	Einheitszelle: Winkel und Z	Brechzahl n_D
Sr	**Strontium**						
$Sr(ClO_3)_2$ [7791-10-8]	chlorat	f	254,52 3,152	orh., C_{2v}^{19}, *Fdd*2	1253,5 1145,7 748,18	$Z = 8$	1,516 1,605 1,626
$Sr(ClO_4)_2$ [13450-97-0]	perchlorat	f	286,52 2,973				
SrF_2 [7783-48-4]	fluorid	f	125,62 4,24	kub., *C*1 O_h^5, *Fm*3*m*	580,0	$Z = 4$	1,442
SrI_2 [10476-86-5]	iodid	f	341,43 4,549	orh., D_{2h}^{15} *Pbca*	1522 822 790	$Z = 8$	
$SrI_2 \cdot 6H_2O$ [7790-40-1]	hexahydrat	f	449,52 2,672	trig., D_3^2, *P*321	860,4 426,8	$Z = 1$	1,632 1,649
$Sr(IO_3)_2$ [13470-01-4]	iodat	f	437,42 5,045	mkl., C_{2h}^6, C_c^2	1299 789,9 807,2	132,62°	
$SrMoO_4$ [13470-04-7]	molybdat	f	247,56 4,54	tetr., C_{4h}^6, $I4_1/a$	539,4 1202	$Z = 4$	
$Sr(N_3)_2$ [19465-89-5]	azid	f	171,66 2,73	orh., D_{2h}^{24}, *Fddd*	1182 1147 608	$Z = 8$	
$Sr(NO_2)_2$ [13470-06-9]	nitrit	f	179,63 2,997	orh.	753,20 814,96 648,20	$Z = 4$	
$Sr(NO_2)_2 \cdot H_2O$ [13450-96-9]	hydrat	f	197,65 2,408	mkl.	1258,38 894,98 448,60	99,115°	1,588

Phasen- umwandlungen			Standardwerte bei 298,15 K				Bemerkungen und Charakteristik
°C		ΔH kJ/Mol	C_p J/KMol	S^0	ΔH_B^0 kJ/Mol	ΔG_B^0	
120	Z						große fbl. Krist.; nicht zerfl.; LW 20° 63,7%, Bdk. 0 H_2O; unl. Al
288	*U*			248	−762,8		fbl. zerfl. Kristallmasse; äußerst hygr.; LW 25° 75,6%, Bdk. 0 H_2O ll. Me, Al, unl. E
1148 1211 1477 2486	U^1 U^2 *F* *V*	0,0 0,0 29,7 319,7	70,0	82,1	−1217,1	−1164,5	$\chi_{Mol} = -37{,}2 \cdot 10^{-6}$ $cm^3\,Mol^{-1}$; weißes Pulver; durchsichtige Oktaeder; LW 20° $12 \cdot 10^{-3}$%; kaum l. in wfreiem HF 14...18° und wss. HF; l. in heißer HCl
538	*F*	19,67	78,0	159,1	−561,5	−557,7	$\chi_{Mol} = -112 \cdot 10^{-6}$ $cm^3\,Mol^{-1}$; fbl. krist. Masse; sehr hygr.; LW 20° 64,2%, Bdk. 6 H_2O; l. Al; unl. E; ll. fl. NH_3, $C_2H_5NH_2$; in wfreiem HF → SrF_2 + HI
90	−*W*		355,1		−2389		fbl. hygr. Krist.; an Licht und Luft → Gelbfärbung; LW s. SrI_2; l. Al; unl. E
	Z		–	234,3	−1019	−855,2	$\chi_{Mol} = -108 \cdot 10^{-6}$ $cm^3\,Mol^{-1}$; kleine durchscheinende Krist.; zers. beim Erhitzen unter Abgabe von O_2 und I_2
1457	*F*						weiß, LW 0,0104 g/100 g l. S
				148,5	8,79	150,3	kleine gut ausgebildete Krist.; milchweiße Blättchen; l. W; wl. Al; unl. E
200	*U*				−762,7		feine seidenglänzende Nadeln; HT-Form: kub., a = 757,52 pm, Z = 4, LW 20° 41%, Bdk. 1 H_2O; swl. sied. abs. Al; etwas l. 90% Al
100 240	−H_2O *Z*						weiße Nadeln; feucht schwach gelblich; dünne glashelle Krist.; im Vak. −H_2O; LW s. $Sr(NO_2)_2$

Übersichtstabelle Anorganische Verbindungen (Fortsetzung)

Formel	Name	Zustand	Mol-Masse / Dichte 10^3 kg · m^{-3}	Kristalldaten: System, Typ und Symbol	Einheitszelle: Kantenlänge in pm	Einheitszelle: Winkel und Z	Brechzahl n_D
Sr	**Strontium**						
$Sr(NO_3)_2$ [10042-76-9]	nitrat	f	211,63 2,93	kub., T^4, $P2_13$	778,13	$Z = 4$	1,5665
$Sr(NO_3)_2$ · 4 H_2O [13470-05-8]	tetrahydrat	f	283,70 2,249	mkl., C_{2h}^6, $C2/c$	1112,0 1417,0 634,0	123,4° $Z = 4$	
SrO [1314-11-0]	oxid	f	103,62 4,7	kub., $B1$ O_h^5, $Fm3m$	516,0	$Z = 4$	1,810
SrO_2 [1314-18-7]	peroxid	f	119,63 4,56	tetr., D_{4h}^{17}, $I4/mmm$	356,8 661,6	$Z = 2$	
SrO_2 · 8 H_2O [12143-24-7]	octahydrat	f	263,74 1,951	tetr., D_{4h}^2, $P4/ncc$	634,32 1119,7	$Z = 2$	
$Sr(OH)_2$ [18480-07-4]	hydroxid	f	121,63 3,625	orh., D_{2h}^{16} $Pbnm$	612,01 989,2 391,93	$Z = 4$	
$Sr(OH)_2$ · 8 H_2O [1311-10-0]	octahydrat	f	265,76 1,91	tetr., D_{4h}^2, $P4/ncc$	901,9 1161,4	$Z = 4$	1,4991 1,4758
$SrHPO_4$ [13450-99-2]	hydrogen-phosphat	f	183,60 3,544	trikl., C_i^1, $P\bar{1}$	718,4 679,0 725,6	94,68° 104,97° 88,77° $Z = 4$	1,625 – 1,608
$Sr_3(PO_4)_2$ [7446-28-8]	ortho-phosphat	f	452,80 4,53	trig., D_{3d}^5, $R\bar{3}m$	7,295	43,35° $Z = 1$	

Phasenumwandlungen			Standardwerte bei 298,15 K				Bemerkungen und Charakteristik
°C		ΔH kJ/Mol	C_p J/KMol	S^0	ΔH_B^0 kJ/Mol	ΔG_B^0	
570	F		149,9	194,6	−978,2	−780,1	$\bar{\alpha}$ (303...348 K) = 32,2 · 10^{-6} K^{-1}; ε (1,67 · 10^5 Hz) = 5,33; χ_{Mol} = −57,2 · 10^{-6} cm^3 Mol^{-1}; fbl. kub. Krist.; luftbeständig; LW 20° 41 %, Bdk. 4 H_2O; wl. Me; swl. Al; ll. fl. NH_3; unl. Egs, konz. HNO_3, wfreiem HF
36 1100	−4 H_2O → SrO		–	369,0	−2154,8	−1730,7	χ_{Mol} = −106 · 10^{-6} cm^3 Mol^{-1}; große wasserhelle Krist.; verwittern an der Luft sehr schnell; LW s. $Sr(NO_3)_2$; unl. wfreiem HF
2665 ~3090	F V	75,3 530	45,4	55,5	−592,0	−561,4	χ_{Mol} = − 35 · 10^{-6} cm^3 Mol^{-1}; weißes krist. Pulver; feuchte Luft oder W → $Sr(OH)_2$; wl. W, Me, Al; l. S; unl. E, Aceton
488–512	Z		69,0	59,0	−633,5	−573,3	χ_{Mol} = −32,3 · 10^{-6} cm^3 Mol^{-1}; weißes Pulver; LW 20° 0,018 %; ll. S, NH_4Cl-Lsg.; unl. wss. NH_3, Aceton
−100	−8 H_2O				−3023		perlglänzende Schuppen; LW s. SrO_2; unl. Al, E, org. Lösm.; wird von Al teilweise entwässert
375 710	F* −H_2O	21,0	74,9	97,1	−968,9	−881,1	* im H_2-Strom; hygr.; χ_{Mol} = −40 · 10^{-6} cm^3 Mol^{-1}; weißes Pulver; LW 20° 0,9 %, Bdk. 8 H_2O l. l, NH_4Cl
100	−8 H_2O				−3352		χ_{Mol} = −136 · 10^{-6} cm^3 Mol^{-1}; fbl. Krist.; spaltbare Tafeln, zuweilen Prismen; verwittern an der Luft; LW s. $Sr(OH)_2$
340–420	−W		–	121,3	−1822	−1689	weißes krist. Pulver; unl. W; l. wss. H_3PO_4, HNO_3, HCl, NH_4Cl-Lsg.
1767	F	77,4			−4129		fbl. mikroskopisch dünne Schuppen; bei 100° harte glasige Masse, LW (gesättigt) 0,5 mg P_2O_5/L

Übersichtstabelle Anorganische Verbindungen (Fortsetzung)

Formel	Name	Zustand	Mol-Masse / Dichte 10^3 kg·m^{-3}	Kristalldaten: System, Typ und Symbol	Einheitszelle: Kantenlänge in pm	Einheitszelle: Winkel und Z	Brechzahl n_D
Sr	**Strontium**						
SrS [1314-96-1]	sulfid	f	119,68 / 3,70	kub., $B1$ O_h^5, $Fm3m$	602,0	$Z=4$	2,107
$SrSO_3$ [13451-02-0]	sulfit	f	167,68 / 3,90	orh.	527,0 1215,7 442,4	$Z=4$	
$SrSO_4$ [7759-02-6]	sulfat	f	183,68 / 3,96	orh., $H0_2$ D_{2h}^{16}, $Pnma$	835,9 535,2 686,6	$Z=4$	1,622 1,624 1,631
$SrS_2O_3 \cdot 5H_2O$	thiosulfat pentahydrat	f	289,82 / 2,17	mkl.	1,2946: 1: 2,5848	107,53°	
$SrS_2O_6 \cdot 4H_2O$ [13472-54-3]	dithionat tetrahydrat	f	319,81 / 2,373	hex., C_6^4, $P6_2$	632 1928	$Z=3$	1,5296 1,5252
SrSe [1315-07-7]	selenid	f	166,58 / 4,38	kub., $B1$ O_h^5, $Fm3m$	624,6	$Z=4$	2,220
$SrSeO_4$ [7446-21-1]	selenat	f	230,58 / 4,23	mkl., C_{2h}^5, $P2_1/n$	708,7 731,7 686,2	103,55° $Z=4$	
$SrSiF_6 \cdot 2H_2O$ [18972-60-6]	hexafluoro-silicat dihydrat	f	265,73 / 2,99	mkl., C_{2h}^5, $P2_1/n$	1076,0 589,2 946,2	99,5° $Z=4$	
$SrSiO_3$ [13451-00-8]	meta-silicat	f	163,70 / 3,65	mkl., C_2^3, C_2	1234,0 713,6 1088,0	111,51° $Z=12$	1,599 1,637
Sr_2SiO_4 [13597-55-2]	ortho-silicat	f	267,32 / 4,506	orh., $H1_6$ D_{2h}^{16}, $Pnma$	707,9 567,2 974,3	$Z=4$	1,7275 1,732 1,756

Phasen-umwandlungen			Standardwerte bei 298,15 K				Bemerkungen und Charakteristik
°C		ΔH kJ/Mol	C_p J/KMol	S^0	ΔH^0_B kJ/Mol	ΔG^0_B	
>2000	*F*		48,7	68,2	−468,6	−462,8	Halbleiter; rein weißes körniges Produkt; an feuchter Luft schwach gelb; fast unl. k. W; sied. W zers.; mit S → H_2S-Entwicklung
	Z				−1177		weißes, sehr feines krist. Pulver; swl. W; l. Egs; ll. verd. HCl, Weinsäure; unl. sehr verd. Egs, 60% Al
1156 1605	*U* *F*	10,04 35,98	101,7	121,8	−1459,0	−1346,8	$\chi_{Mol} = -57{,}9 \cdot 10^{-6}$ cm³ Mol⁻¹; Cölestin, fbl. Krist.; HT-Form, kub. a = 715 pm, LW 20° 13 · 10^{-3}%, Bdk. 0 H_2O; L 1 N-HCl 1,88 g/l; L 1 N-HNO_3 2,17 g/l; l. konz. H_2SO_4, mit W wieder ausfällbar; fast unl. Al; unl. Aceton; mit Na_2CO_3 schmelzbar und vollständig l. HCl
100	−4 H_2O						klare durchsichtige glänzende Krist.; luftbeständig; LW 0° 8,25%, 20° 17,7%, 40° 26,5%, Bdk. 5 H_2O; unl. Al
							optisch aktiv; große klare Krist., luftbeständig; LW 0° 4,3%, 20° 10,7%, Bdk. 4 H_2O; unl. Al
							weißes krist. Pulver; zers. an feuchter Luft; färbt sich rötlich durch freies Se; zers. W → Se; zers. HCl → H_2Se
					−1143		durchsichtige Krist.; Erhitzen im H_2-Strom red. → SrSe l. in heißer HCl
							fbl. durchsichtige Krist.; zers. W teilweise → SrF_2 + SiO_2; sll. in angesäuertem W
1580	*F*		88,5	96,7	−1634	−1550	fbl. Prismen oder fächerförmige Aggregate; k. 2 N-HCl zers. vollständig
>1750	*F*		143,3	153,1	−2305	−2189	fbl. Kristallkörner; HT-Form β: mkl. C^5_{2h}, $P2_1/n$, a = 975,3, b = 707,8, c = 566,1 pm, β = 92,64°, Z = 4

Übersichtstabelle Anorganische Verbindungen (Fortsetzung)

Formel	Name	Zustand	Mol-Masse / Dichte $10^3\ kg \cdot m^{-3}$	Kristalldaten: System, Typ und Symbol	Einheitszelle: Kantenlänge in pm	Einheitszelle: Winkel und Z	Brechzahl n_D
Sr	**Strontium**						
SrTe [12040-08-3]	tellurid	f	215,22 4,83	kub., O_h^5, $Fm\bar{3}m$	666,0	$Z=2$	2,408
$SrTiO_3$ [12060-59-2]	titanat	f	183,51	kub., O_h^1, $Pm\bar{3}m$	390,5	$Z=1$	
$SrWO_4$ [13451-05-3]	wolfra-mat	f	335,47 6,187	tetr., C_{4h}^6, $I4_1/a$	541,68 1195,1	$Z=4$	
$SrZrO_3$ [12036-39-4]	zirkonat	f	226,84 5,45	orh., D_{2h}^{16}, $Pnma$	581,4 819,6 579,2	$Z=4$	
Ta	**Tantal**						
$TaBr_5$ [13451-11-1]	bromid	f	580,49 4,99	orh., D_{2h}^9, $Pbam$	615,5 1329 1866	$Z=8$	
TaB [12007-07-7]	borid	f	191,76 14,0	orh., D_{2h}^{17}, $Cmcm$	328,01 867,08 315,57	$Z=4$	
TaB_2 [12007-35-1]	diborid	f	202,57 10,73	hex., D_{6h}^1, $P6/mmm$	308,8 322,6	$Z=1$	
Ta_2C [12070-07-4]	Di…carbid	f	373,2 14,9	hex., D_{3d}^3, $P\bar{3}m1$	310 493	$Z=1$	
TaC [12070-06-3]	carbid	f	192,96 13,3	kub., $B1$ O_h^5, $Fm3m$	445,47	$Z=4$	
$TaCl_4$	(IV)-chlorid	f	322,76 4,35	mkl.	1232 682 821	134°	
$TaCl_5$ [7721-01-9]	chlorid	f	358,21 3,68				
TaF_5 [7783-71-3]	fluorid	f	275,94 4,74	mkl., C_{2h}^3, $C2/m$	964 1445 512	96,3°	

Phasen-umwandlungen			Standardwerte bei 298,15 K				Bemerkungen und Charakteristik
°C		ΔH kJ/Mol	C_p J/KMol	S^0	ΔH_B^0 kJ/Mol	ΔG_B^0	
1490	*F*						weiß
−177 2080	*U* *F*		98,4	108,8	−1672,4	−1587,3	weiß; unl. W; Tausonit
1535	*F*		125,5	138,0	−1639,7	−1532	weiß, LW. 0,14 g/100 cm^3
2750	*F*		103,4	115,1	−1767,3	−1681,7	weiß, >900° tetr.; D_{4h}^{18}, *I4a/mcm*, $a = 585{,}04$, $c = 829{,}52$ pm, $Z = 4$
265 348,8	*F* *V*	37,7 62,3	155,7	250,2	−598,3	−547,1	gelbe Krist.; raucht an der Luft; zers. W; l. abs. Al, Me; ll. C_2H_5Br; dimer
>2800	*F*		47,2	59			grau-schwarz
3100	*F*	83,7	48,1	44,4	−209,2	−206,6	dunkelgrau
3400	*Z*		60,9	83,7	−213,4	−211,9	schwarz
3880 5500	*F* *V*		36,8	42,4	−144,1	−142,6	gelbe stark glänzende lange und sehr feine Nadeln; unl. W, S; l. HF + HNO_3, H_2SO_4
570 1050	*F* *V*, *Z*			295	−586		schw.; luft- und feuchtigkeits-empf.
215,9 242	*F* *V*	35,15 53,0	147,9	221,8	−859,0	−746,4	$\chi_{Mol} = +140 \cdot 10^{-6}$ cm^3 Mol^{-1}; reingelbe pulverige Masse; zieht Feuchtigkeit an; zers. W; l. abs. Al, Egs; sied. verd. HCl löst unvollständig; ll. gesättigter HCl
96,8 229,2	*F* *V*	18,83 50,6	161,1	171,5	−1903,3	−1790,9	fbl. stark lichtbrechende Krist.; hygr.; l. W, HF, konz. HNO_3, HCl; wl. konz. H_2SO_4; tetramer

Übersichtstabelle Anorganische Verbindungen (Fortsetzung)

Formel	Name	Zustand	Mol-Masse / Dichte 10^3 kg · m^{-3}	Kristalldaten: System, Typ und Symbol	Einheitszelle: Kantenlänge in pm	Einheitszelle: Winkel und Z	Brechzahl n_D
Ta	**Tantal**						
TaI_5 [14693-81-3]	iodid	f	815,47 6,8	orh., D_{2h}^{16}, *Pnma*	665 1395 2010		
TaN [12033-62-4]	nitrid	f	194,95 16,3	hex., D_{6h}^{1}, *P6/mmm*	519,18 290,81	$Z = 4$	
TaO_2 [12036-14-5]	(IV)-oxid	f	212,9	tetr., D_{4h}^{14}, $P4_2/mnm$	470,9 306,5		
Ta_2O_5 [1314-61-4]	(V)-oxid	f	441,89 7,529	orh.	619,8 402,9 388,8	$Z = 22$	
TaS_2 [12143-72-5]	disulfid	f	245,08 6,86	hex., D_{6h}^{4}, $P6_3/mmc$	331,4 1290,7	$Z = 2$	
TaS_3 [12138-12-4]	trisulfid	f	277,1 5,959	mkl., C_{2h}^{2}, $P2_1/m$	955,2 334,5 1492,5	109,98° $Z = 6$	
$TaSi_2$ [12039-79-1]	silizid	f	237,12 9,14	hex., D_{6}^{4}, $P6_222$	478,35 656,98	$Z = 3$	
Tb	**Terbium**						
$TbBr_3$ [14456-47-4]	(III)-bromid	f	398,64 4,6	mkl., C_{2h}^{3}, *C2/m*	716,7 1241,0 682,9	110,47° $Z = 4$	
$TbCl_3$ [10042-88-3]	(III)-chlorid	f	265,28 4,35	orh., D_{2h}^{17}, *Cmcm*	386 1171	$Z = 4$	

Phasen-umwandlungen			Standardwerte bei 298,15 K				Bemerkungen und Charakteristik
°C		ΔH kJ/Mol	C_p J/KMol	S^0 J/KMol	ΔH_B^0 kJ/Mol	ΔG_B^0 kJ/Mol	
496 543	*F* *F*	7,74 75,8	155,7	343,1	−292,9	−296,2	bräunlich schw. Lamellen, ähnlich I_2; fl. dklbraun; zers. etwas beim Stehen; zers. W; dimer
3090	*F*	66,9	41,9	51,0	−252,3	−226,6	schw. Substanz od. braune Bronze, >300 °C, trikl., $a = 538{,}5$, $b = 538{,}4$, $c = 3954{,}7$ pm, $\alpha = 89{,}75°$, $\beta = 90{,}88°$, $\gamma = 89{,}87°$, $Z = 8$, >500°, mkl. $a = 537{,}5$, $b = 537{,}9$, $c = 3598{,}4$ pm, $\beta = 90{,}95°$, $Z = 8$, >950 °C, tetr., D_{4h}^{19}, $I4_1/amd$, $a = 381$, $c = 3568{,}8$ pm, $Z = 6$, wenig l. W, HF, HNO_3
			52,3	267,8	−171,5	−179,9	dunkelgraues Pulver, unl. W, oxidiert beim Erhitzen
1880	*F*	120,1	135,5	143,1	−2046	−1911	ε (1,75...2 · 10^6 Hz) = 11,6; weißes Pulver; unl. W und in allen S; langsam l. HF, HNO_3 + HF; Aufschluß mit $KHSO_4$-Schmelze
>1300	*F*		69,9	75,3	−354,0	−344,9	dklmessinggelbes bis mattschw. Pulver; unl. W, HCl; l. HF + HNO_3, KOH-Schmelze; sied. HNO_3 zers., konz. H_2SO_4 in der Wärme polymorph.
−113 −63	U_1 U_2						U_2: Metall-Halbleiterübergang
~2200	*Z*				−116		dunkelgraues bis olivgrünes Pulver $\chi = -40 \cdot 10^{-6}$ cm³/Mol
827 1490	*F* *V*	38 184			−732	−705	weißes Pulver, zerfl., ll. W, Py, Acetonitril
510 588 1550	*U* *F* *V*	14,1 19,4	97,5	153,1	−997,0	−921,1	rein weiße feine verfilzte Nadeln; l. W, Al

Übersichtstabelle Anorganische Verbindungen (Fortsetzung)

Formel	Name	Zustand	Mol-Masse	Dichte 10^3 kg · m^{-3}	Kristalldaten: System, Typ und Symbol	Einheitszelle: Kantenlänge in pm	Einheitszelle: Winkel und Z	Brechzahl n_D
Tb	**Terbium**							
TbF_3 [13708-63-9]	(III)-fluorid	f	215,92	7,2	orh., D_{2h}^{16}, *Pnma*	650,82 694,79 439,08	$Z = 4$	
TbI_3 [13813-40-6]	(III)-iodid	f	539,64	6,1	orh., D_{2h}^{17}, *Cmcm*	416,1 1397,8 999,9	$Z = 4$	
$Tb(NO_3)_3 \cdot 6H_2O$ [57584-27-7]	(III)-nitrat hexahydrat	f	453,03		mkl.			
Tb_2O_3 [12036-41-8]	(III)-oxid	f	365,85	7,81	kub., $D5_3$ T_h^7, *Ia*3	1073,0	$Z = 16$	
Tb_4O_7 [12037-01-3]	(III/IV)-oxid	f	747,0		kub., *B*1 O_h^5, *Fm*3*m*	529		
$Tb_2(SO_4)_3 \cdot 8H_2O$ [13842-67-6]	(III)-sulfat octahydrat	f	750,15		mkl., C_s^6, *Cc*	1350,2 675,1 1827,5	102,15° $Z = 4$	
Te	**Tellur**							
$TeBr_4$ [10031-27-3]	(IV)-bromid	f	447,24	4,31	mkl., C_{2h}^6, *C*2/*c*	1790 1089 1593	116,5° $Z = 16$	
$TeCl_2$ [10025-71-5]	(II)-chlorid	f	198,51					
$TeCl_4$ [10026-07-0]	(IV)-chlorid	f	269,41	3,01	mkl., C_{2h}^6, *C*2$_1$/*c*	1705 1041 1526	116,5° $Z = 16$	

Phasen-umwandlungen			Standardwerte bei 298,15 K				Bemerkungen und Charakteristik
°C		ΔH kJ/Mol	C_p J/KMol	S^0 J/KMol	ΔH_B^0 kJ/Mol	ΔG_B^0 kJ/Mol	
950 1172 1330	*U* *F* *V*	1,4 57,3 272	98	115	−1490	−2060	weißes Pulver, *U* in hex. Form; unl. W
955 >1300	*F* *V*	57,3 167		200	−510	−518	BiI_3-Struktur; l. W
89,3	*F**				−3054		* im eigenen Kristallwasser; fbl. Nadeln; ll. W; l. Al, Aceton
2200 2387	*U* *F*		115,1	156,9	−1865,2	−1776,5	$\chi_{Mol} = + 7{,}834 \cdot 10^{-2}\ cm^3\ Mol^{-1}$; weißes Pulver; HT-Form: hex., $a = 384$, $c = 613$ pm, $Z = 1$; l. S, unl. W
	$-O_2$						dunkelbraune od. schwarze Sub., l. h. S, unl. W
200 300	$-6\,H_2O$ $-2\,H_2O$		481	2652	−6347	−5558	$\chi_{Mol} = + 15{,}30 \cdot 10^{-4}\ cm^3\ Mol^{-1}$; fbl. Pulver aus dünnen Blättchen; luftbeständig; LW 20° 3,4%, 40° 2,4%, Bdk. $8\,H_2O$; unl. Al; $\mu_{eff} = 9{,}75\ \mu_B$
386 414	*F* *V*		129,6	243,5	−190,4	−157,5	or.gelbe Krist.; hygr.; an trockener Luft haltbar; l. wenig W ohne Z.; l. E, Egs; ll. HBr
			54,3	305,7	−112,9	−122,8	nur in der Gasphase
224,1 394	*F* *V*	18,9 77,0	138,5	200,8	−323,8	−235,9	weiße Krist., geschmolzen bräunlich gelb; sehr hygr.; l. W unter Hydrolyse; l. wss. HCl, konz. wss. Weinsäure, Me, Al, E, Chlf, Toluol; wl. Aceton, PE, Benzaldehyd; unl. Cyclohexan; fast unl. CCl_4

Übersichtstabelle Anorganische Verbindungen (Fortsetzung)

Formel	Name	Zustand	Mol-Masse / Dichte 10^3 kg · m^{-3}	Kristalldaten: System, Typ und Symbol	Einheitszelle: Kantenlänge in pm	Einheitszelle: Winkel und Z	Brechzahl n_D
Te	**Tellur**						
TeF_4 [15192-26-4]	(IV)-fluorid	f	203,59 4,22	orh., $D_2^4, P2_12_12_1$	536 622 964	$Z = 4$	
TeF_6 [7783-80-4]	(IV)-fluorid	g	241,59 3,76*	kub.	633	$Z = 2$	**
H_2Te [7783-09-7]	wasserstoff	g	129,62 2,701*				
TeI_4 [7790-48-9]	(IV)-iodid	f	635,22 5,403	orh., D_{2h}^{16}, *Pnma*	1354 1673 1448	$Z = 16$	
Te_2O_5 [12036-81-6]	(IV/VI)-oxid	f	335,1 5,69	mkl., $C_2^2, P2_1$	536,8 469,6 795,5	104,82° $Z = 2$	
TeO_2 [7446-07-3]	(IV)-oxid	f	159,60 5,90	orh., *C*52 D_{2h}^{15}, *Pbca*	560,7 1203,4 546,3	$Z = 8$	2,00 2,18 2,35
TeO_3 [13451-18-8]	(IV)-oxid	f	175,6 6,21	trig., $D_{3d}^6, R\bar{3}c$	518,0	56,41° $Z = 2$	

Phasen-umwandlungen °C		ΔH kJ/Mol	Standardwerte bei 298,15 K C_p S^0 J/KMol	ΔH_B^0 ΔG_B^0 kJ/Mol	Bemerkungen und Charakteristik
130 374	*F* *V*	26,57 52,80	85,1 * 324,2 *	948,1 * 909,1 *	* Gas; fbl. Nadeln, sehr hygr.; mit W hydrolysiert → TeO_2
−37,6 −38,9	*F* *Sb*	7,95	117,3 336,0	−1369,0 −1273,0	* bei −37,6°; ** *n* (273 K, 1013 hPa; 546,2 nm) = 1,0001020, $\chi_{Mol} = -60 \cdot 10^{-6}$ $cm^3\,Mol^{-1}$; fbl. Gas von unangenehmem Geruch, weiße krist. Masse, beim Schmelzen fbl. Fl.; von W und wss. KOH langsam aber vollständig hydrolysiert
−51 −2,2	*F* *V*	4,1 19,2	35,6 228,8	99,6 169,5	* bei −17,7 °C; fbl. Gas, leicht zers.; krist. weiße schneeähnliche Masse, beim Schmelzen fbl. Fl.; unangenehmer Geruch; zers. W; zers. langsam durch H_2SO_4 unter Rotfärbung der S
280 283	*F* *V*			−69	kleine schw. Krist.; an Luft beständig; swl. W; ll. wss. KOH, NH_3; mit HCl, H_2SO_4, HNO_3 → I_2-Entwicklung; wl. Al, Aceton; unl. E, Egs, Chlf, CCl_4, CS_2
					gelb; unl. W; Z. KOH, unl. HCl
733 1245	*F* *V*	29,079	63,9 74,1	−323,4 −269,6	gelb; Tellurit; Paratellurit: tetr. *a* = 481, *c* = 761,3 pm, *Z* = 4; weiße krist. Masse mit langen Nadeln; aus wss. Lsg. sehr kleine diamantglänzende Krist.; nicht hygr.; wl. W, HNO_3; l. HNO_3 beim Erwärmen; ll. KOH; langsam l. wss. NH_3; Alk-carbonatschmelze → Tellurite
395	*Z*				α-Form: or.gelbes lockeres Mehl; β: graue Krst.; nicht hygr.; unl. W, Al, S, verd. Alk; langsam l. Königsw., sied. HCl; l. hochkonz. sied. Alk → Tellurat

Übersichtstabelle Anorganische Verbindungen (Fortsetzung)

Formel	Name	Zustand	Mol-Masse / Dichte 10^3 kg · m^{-3}	Kristalldaten: System, Typ und Symbol	Einheitszelle: Kantenlänge in pm	Einheitszelle: Winkel und Z	Brechzahl n_D
Te	**Tellur**						
H_2TeO_3 [10049-23-7]	Tellurige Säure	f	177,61 3,05				
$Te(OH)_6$ [7803-68-1]	Ortho-tellur-säure	f	229,64 3,158	kub., O_h^8, *Fd*3*c*	1551	$Z = 32$	
Th	**Thorium**						
ThB_4 [12007-83-9]	tetra-borid	f	275,2 7,5	tetr., D_{4h}^5, *P*4/*mbm*	726,05 411,41	$Z = 4$	
ThB_6 [12229-63-9]	hexa-borid	f	296,90 6,4	kub., O_h^1, $Pm\bar{3}m$	411,15	$Z = 1$	
α-$ThBr_4$ [13453-49-1]	(IV)-bromid		551,67 5,84	tetr., C_{4h}^6, $I4_1/a$	673,7 1360,1	$Z = 4$	
ThC [12012-16-7]	carbid	f	244,0 10,62	kub., *B*1 O_h^5, $Fm\bar{3}m$	534	$Z = 4$	
ThC_2 [12071-31-7]	dicarbid	f	256,0 8,96	mkl., C_{2h}^6, *C*2/*c*	653 424 656	104°	
$ThCl_4$ [10026-08-1]	(IV)-chlorid	f	373,85 4,64	tetr., C_{4h}^6, $I4_1/a$	640,8 1292,4	$Z = 4$	

Phasen-umwandlungen			Standardwerte bei 298,15 K				Bemerkungen und Charakteristik
°C		ΔH kJ/Mol	C_p J/KMol	S^0 J/KMol	ΔH_B^0 kJ/Mol	ΔG_B^0 kJ/Mol	
40	*Z*			200	−605,4	−522	voluminöse weiße Substanz, flockig; l. HCl, HNO_3; ll. Alk, Alk-carbonat-Lsg., wss. NH_3; unl. Egs
136	*F*		197		−1299		fbl. sehr kleine Krist.; ll. W; wl. konz. HNO_3; unl. abs. Al; l. Al je nach W-Gehalt; fast unl. E, Aceton, org. Lösm.; stabile 2. Modifikation große wasserklare Krist.; $D = 3{,}07 \cdot 10^3\,kg\,m^{-3}$; mkl. C_{2h}^5, $P2_1/c$, $a = 570$, $b = 930$, $c = 974$ pm; $\beta = 104{,}5°$, $Z = 4$
>2500	*F*				−217	−217	schwarz. Krist.; l. HNO_3, HCl, heißer H_2SO_4 unl. W; gegen O_2 beständig
2195	*F*				−276	−230	dunkel violett od. schwarze Krist.; l. HNO_3, unl. W, H_2SO_4, HCl, HF
420 678 853	 *F* *V*	4,18 62,8 109,24	125,2	221,0	−956,6	−924,8	weiße krist. Masse oder durchsichtige feine Nadeln; geschmolzen hgelb; hygr.; l. W, anfangs vollständig, dann teilweise zers., wl. E; HT-Form β: tetr. D_{4h}^{19}, $I4_1/amd$, $a = 893{,}1$, $c = 796{,}3$ pm, $Z = 4$
2525	*F*	46					graues Pulver; l. S
1427 1490 2655 ~5000	U_1 U_2 *F* *V*	2,1 10,5	56,7	70,3	−147,7	−149,4	dkl. gelb, met. glänzend, undurchsichtig, U_1 $\alpha \rightarrow \beta$; U_2 $\beta \rightarrow \gamma$, kub., $a = 580{,}8$ pm, $Z = 4$; in W → C_2H_2, $C_2H_6 + 2H_2$
406 769 928	*U* *F* *V*	5,024 61,46 146,4	120,3	190,4	−1186,8	−1094,6	$\bar{\alpha}$ (293...423 K) = $30 \cdot 10^{-6}\,K^{-1}$; fbl. weiße Krist.; HT-Form: β, orh. $a = 1118$, $b = 593$, $c = 909$ pm, hygr.; ll. W; l. Al; swl. E; unl. Bzl, Toluol, Chlf, CS_2

Übersichtstabelle Anorganische Verbindungen (Fortsetzung)

Formel	Name	Zustand	Mol-Masse / Dichte 10^3 kg · m^{-3}	Kristalldaten: System, Typ und Symbol	Einheitszelle: Kantenlänge in pm	Einheitszelle: Winkel und Z	Brechzahl n_D
Th	**Thorium**						
ThF_4 [13709-59-6]	(IV)-fluorid	f	308,03 6,32	mkl., C^6_{2h}, $C2/c$	1290 1093 858	126,4°	1,500 1,518 1,534
ThI_4 [7790-49-0]	(IV)-iodid	f	739,66 6,01	mkl., C^5_{2h}, $P2_1/n$	1321,6 806,8 796,6	98,65°	$Z=4$
ThN [12033-65-7]	nitrid	f	246,0 11,91	kub., $B1$ O^5_h, $Fm\bar{3}m$	515,9	$Z=4$	
Th_3N_4 [12033-90-8]	(IV)-nitrid	f	752,14 10,5	α: hex., D^5_{3d}, $R\bar{3}m$	387,1 2738,5	$Z=3$	
				mkl. β: meta-stabil	695,2 383,0 620,6	90,71° $Z=2$	
$Th(NO_3)_4$ [13823-29-5]	(IV)-nitrat	f	480,05				
ThO_2 [1314-20-1]	(IV)-oxid	f	264,04 9,86	kub., $C1$ O^5_h, $Fm3m$	558,4	$Z=4$	
$Th(OH)_4$ [13825-36-0]	(IV)-hydroxid	f	300,07				
$ThOBr_2$ [13596-00-4]	(IV)-oxid-bromid	f	407,86				
$ThOCl_2$ [13637-74-6]	(IV)-oxid-chlorid	f	318,94 4,119	orh., D^9_{2h}, $Pbam$	1549,4 1809,5 407,8		
$ThOI_2$ [13841-21-9]	(IV)-oxid-iodid	f	501,85 8,2				
ThS [12039-06-4]	(II)-sulfid	f	264,1	kub., $B1$ O^5_h, $Fm\bar{3}m$	569	$Z=4$	

Phasenumwandlungen °C		ΔH kJ/Mol	Standardwerte bei 298,15 K C_p S^0 J/KMol	ΔH_B^0 ΔG_B^0 kJ/Mol	Bemerkungen und Charakteristik
1110 1680	*F* *V*	41,8 258	110,5 142,0	−2098,0 −2003,5	weißes würfliges Pulver; LW 25° 1,9 · 10^{-5}%; unl. wss. HF, konz. H_2SO_4; etwas l. mäßig verd. H_2SO_4, HCl
566 839	*F* *V*	48,1 120,5	126,7 255,2	−664,8 −655,7	gelbe Blättchen; l. W; die thermische Z. dient zur Darst. des Metalls
2820			44,9 56,1	−391,2 −363,4	goldgelb. Substanz, metallischer Leiter, Supraleiter
2660	*F*		147,3 201,0	−1315,0 −1212,9	dklbraunes Pulver, auch schw. krist.; zerfällt an feuchter Luft unter NH_3-Entwicklung; W hydrolysiert in der Kälte langsam, in der Hitze schnell; ll. S
55	*F, Z*				wenig hygr., wenn gut getrocknet; weißes krist. Pulver; LW 20° 66%; ll. Al
3370 4400	*F* *V*	75,3	61,76 65,24	−1226 −1168	$\chi_{Mol} = -16 \cdot 10^{-6}$ cm^3 Mol^{-1}; weißes schweres krist. Pulver; LW 25° 2 · 10^{-6}%; unl. verd. S, Alk; l. h. konz. H_2SO_4; Aufschluß mit $NaHSO_4$-Schmelze; Thorianit
450	−*W*			−1764	weißes Pulver oder gelartiger Nd.; unl. W, HF, Alk; l. S; in feuchtem Zustand leicht, getrocknet weit schwieriger löslich
			93,5 131,0	−1187,4 −1134,6	weißes Pulver; hygr.; ll. W
550	*Z*		91,3 123,4	−1232,2 −1156	kleine Nadeln; zerfl.; l. W klar; unl. Al
			94,2 159,0	−1000,8 −967,1	weißes Produkt, das sich am Licht rasch gelb färbt; l. W
 2330	 *F*		47,7 69,8	−395,4 −390,8	supraleitend <0,5 K

Übersichtstabelle Anorganische Verbindungen (Fortsetzung)

Formel	Name	Zustand	Mol-Masse Dichte 10^3 kg · m^{-3}	Kristalldaten: System, Typ und Symbol	Einheitszelle: Kantenlänge in pm	Einheitszelle: Winkel und Z	Brechzahl n_D
Th	**Thorium**						
ThS_2 [12138-07-7]	(IV)-sulfid	f	296,17 7,30	orh., *C*23 D_{2h}^{16}, *Pnma*	724,9 860,0 425,9	 $Z = 4$	
Th_2S_3 [12286-35-0]	(III)-sulfid	f	560,27 7,87	orh., D_{2h}^{16}, *Pnma*	1097 1083 395	 $Z = 4$	
$Th(SO_4)_2$ [10381-37-0]	(IV)-sulfat	f	424,16 4,225				
$Th(SO_4)_2$ $\cdot 4H_2O$ [20792-09-0]	tetrahydrat	f	496,22				
$Th(SO_4)_2$ $\cdot 8H_2O$ [10381-37-0]	octahydrat	f	568,28 2,78	mkl. C_{2h}^5, $P2_1/n$	851 1186 1346	92,65° $Z = 4$	1,5168
$ThSi_2$ [12067-54-8]	disilicid	f	288,21 7,96	tetr. D_{4h}^{19}, $I4_1/amd$ hex. D_{6h}^1, *P6/mmm*	413,4 1437,4 413,6 412,6	$Z = 4$ $Z = 1$	
$ThSiO_4$ [15501-86-6] [24311-32-8]	silicat Thorit Huttonit	f f	324,1 7,1	tetr., D_{4h}^{19}, $I4_1/amd$ mkl., C_{2h}^5, $P2_1/n$	713,2 632,2 677,59 696,48 649,82	$Z = 4$ 104,99° $Z = 4$	1,80
Ti	**Titan**						
TiB_2 [12045-63-5]	diborid	f	69,52 4,52	hex., D_{6h}^1, *P6/mmm*	303,0 322,9	$Z = 1$	
$TiBr_2$ [13783-04-5]	(II)-bromid	f	207,68 4,41	trig., D_{3d}^3, $P\bar{3}m1$	362,9 649,2	 $Z = 1$	

Phasen-umwandlungen			Standardwerte bei 298,15 K				Bemerkungen und Charakteristik
°C		ΔH kJ/Mol	C_p J/KMol	S^0	ΔH_B^0 kJ/Mol	ΔG_B^0	
1915	*F*		74,7	96,2	−626,0	−619,7	graubraunes Pulver; unter dem Mikroskop schw. Krist., braun durchscheinend; unl. W, verd. Alk; l. verd. HNO_3 warm, k. konz. HNO_3; NaOH- und KOH-Schmelze → ThO_2
1957	*F*		122,2	180,0	−1084	−1077	
			173,5	159,0	−2542,6	−2310,3	weißes Pulver; unter dem Mikroskop krist. Struktur; etwas hygr.; LW 20° 1,3%, Bdk. $9\,H_2O$; unl. Al
100 400	$-2\,H_2O$ $-2\,H_2O$				−3694		milchweiße Krist., nadelförmig; wl. W, l. wss. NH_4-acetatlsg.
42	$-4\,H_2O$				−4890		fbl. Kristallaggregate; L k W 1,5%, h W 6,2%
1300	*Z*			82	−174		schwarz; unl. W; l. heiße HCl, heiße verd. H_2SO_4, supraleitend bei tiefen Temperaturen; HT-Form, tetr.
							fbl. Pulver; l. S; wl. W Huttonit (mkl.) Thorit (tetr.)
2920 3977	*F* *Z*	100,4	44,1	28,5	−323,8	−319,6	grau, von Diamanthärte
>400	*Z*		78,7	108,4	−405,4	−383,2	tiefschw. Pulver; stark reduzierend; l. W unter H_2-Entwicklung; entzündet sich an der Luft

Übersichtstabelle Anorganische Verbindungen (Fortsetzung)

Formel	Name	Zustand	Mol-Masse Dichte 10^3 kg · m^{-3}	Kristalldaten			Brechzahl n_D
				System, Typ und Symbol	Einheitszelle		
					Kantenlänge in pm	Winkel und Z	
Ti	**Titan**						
$TiBr_3$ [13135-31-4]	(III)-bromid	f	287,63 4,4	trig., C_{3i}^2, $R\bar{3}$	637 1830	$Z = 6$	
$TiBr_3 \cdot 6H_2O$ [15928-58-2]	hexa- hydrat	f	395,72				
$TiBr_4$ [7789-68-6]	(IV)-bromid	f	367,54 3,25	kub., I	1130	$Z = 8$	
TiC [12070-08-5]	carbid		59,91 4,93	kub., $B1$ O_h^5, $Fm\bar{3}m$	432,74	$Z = 4$	
$Ti(C_2O_4)_3$ $\cdot 10H_2O$ [31094-20-9]	(III)-oxalat decahydrat	f	540,01	trikl., $P1$ o. $P\bar{1}$	824,2 716,1 993,4	95,3° 122,54° 102,64°	
$TiCl_2$ [10049-06-6]	(II)-chlorid		118,81 3,13	trig., D_d^3, $P\bar{3}m1$	356,1 587,5	$Z = 1$	
$TiCl_3$ [7705-07-9]	(III)-chlorid		154,26 2,64	trig., D_{3d}^3, $P\bar{3}m1$	356,1 587,5	$Z = 2/3$	
$TiCl_4$ [7550-45-0]	(IV)- chlorid	fl	189,71 1,726				1,61
TiF_3 [13470-08-1]	(III)-fluorid	f	104,9 3,40	trig., D_{3d}^6, $R\bar{3}c$	551,9	59,07° $Z = 2$	
TiF_4 [7783-63-3]	(IV)-fluorid	f	123,89 2,798				
TiH_2 [7704-98-5]	(II)-hydrid	f	49,92 3,91	tetr., D_{4h}^{17}, $I4/mmm$	312 418		

Phasen-umwandlungen			Standardwerte bei 298,15 K		Bemerkungen und Charakteristik
°C		ΔH kJ/Mol	C_p S^0 J/KMol	ΔH^0_B ΔG^0_B kJ/Mol	
400	*Z*		101,7 176,6	−550,2 −525,6	$\chi_{Mol} = +520 \cdot 10^{-6}$ cm³ Mol⁻¹; blau schw. Krist., Blättchen oder Nadeln l. W viol.; *Z* → II und IV Bromid
115 400	*F* *Z*				rötl.-viol. Krist., l. W, Me, Al, Aceton; unl. CCl_4, Bzl
−15 38,2 230	*U* *F* *V*	 12,89 45,2	131,5 243,5	−618,0 −590,6	$\bar{\gamma}$ (253...303 K) = 283 · 10^{-6} K^{-1}; bernsteingelbe Krist.; hydrolysiert an feuchter Luft und in W → TiO_2 + HBr; zers. HNO_3, H_2SO_4, wss. NH_3, NaOH; ll. 34% HBr, konz. HCl
3020 4820	*F* *V*	71,1	33,8 24,2	−184,5 −180,8	graue Substanz, sehr spröde und hart; unl. W, HCl; l. HNO_3, verd. HF, HNO_3 + HCl; Königsw. löst nur langsam, beim Sieden rasch; Fluoridschmelzen zers. TiC voll
					gelbe Krist.; l. W, unl. Al, E; wssr. Lsg. stark reduzierend
1310	*Sb*	248	69,8 87,4	−515,5 −465,8	schw. Substanz; zers. W heftig mit feuchter Luft → TiO_2; l. konz. HCl, konz. H_2SO_4 grün; unl. E, Chlf, CS_2
475	*Z*		97,1 139,7	−721,7 −654,5	$\chi_{Mol} = +705 \cdot 10^{-6}$ cm³ Mol⁻¹; viol. Blättchen, sehr dünn; an feuchter Luft → HCl + TiO_2; ll. W, Al; schwer l. HCl; unl. E, Chlf, CCl_4, CS_2, Bzl, $TiCl_4$; *Z* → II + IV Cl
−24,3 136,5	*F* *V*	10,0 35,8	145,2 252,4	−804,2 −737,2	fbl. Fl.; hygr.; raucht stark an der Luft; W hydrolysiert; l. Al, Me
950	*Z*	222	92,0 87,8	−1435,5 −1361,9	$\chi_{Mol} = +1300 \cdot 10^{-6}$ cm³ Mol⁻¹; viol. Pulver; unl. W; *Z* → Ti + TiF_4
283,1	*Sb*	97,8	114,3 134,0	−1649,3 −1559,2	weiße Substanz; hygr.; l. W klar, wfreiem Al, Py, 100% H_2SO_4; unl. E
1000	H_2		30,3 29,7	−144,3 −105,1	grau, zers. mit W

Übersichtstabelle Anorganische Verbindungen (Fortsetzung)

Formel	Name	Zustand	Mol-Masse	Dichte 10^3 kg·m^{-3}	Kristalldaten: System, Typ und Symbol	Einheitszelle: Kantenlänge in pm	Einheitszelle: Winkel und Z	Brechzahl n_D
Ti	**Titan**							
TiI_2 [13783-07-8]	(II)-iodid	f	301,71	4,99	trig., $C6$ D^1_{3d}, $P\bar{3}1m$	411 682	$Z = 1$	
TiI_4 [7720-83-4]	(IV)-iodid	f	555,52	4,3	kub.* D^1_1 T^6_h, $Pa3$	1203	$Z = 8$	
TiN [25583-20-4]	nitrid	f	61,91	5,22	kub., $B1$ O^5_h, $Fm\bar{3}m$	424,1	$Z = 4$	
TiO [12137-20-1]	(II)-oxid	f	63,90	4,93	hex., D^1_{6h}, $P6/mmm$	499,15 287,94	$Z = 3$	
TiO_2 [13463-67-7] [1317-80-2]	(IV)-oxid, Rutil	f	79,90	4,23	tetr., $C4$ D^{14}_{4h}, $P4_2/mnm$	459,33 295,97	$Z = 2$	2,6158 2,9029
TiO_2 [1317-70-0]	Anatas	f	79,90	3,84	tetr., $C5$ D^{19}_{4h}, $I4_1/amd$	378,52 951,39	$Z = 4$	2,534 2,493
TiO_2 [12188-41-9]	Brookit	f	79,90	4,14	orh., $C21$ D^{15}_{2h}, $Pbca$	545,58 918,19 514,29	$Z = 8$	2,5832 2,5856 2,7414

Phasen-umwandlungen			Standardwerte bei 298,15 K				Bemerkungen und Charakteristik
°C		ΔH kJ/Mol	C_p J/KMol	S^0	ΔH^0_B kJ/Mol	ΔG^0_B	
400	Z		86,2	122,6	−266,1	−258,9	schw. met. glänzende Blättchen; zers. rasch an Luft, da hygr.; mit W heftige Z.; l. sied. HCl blau, konz. wss. HF; H_2SO_4, HNO_3 zers. unter I_2-Abscheidung
106 150 377,2	U F V	9,9 19,8 53,6	125,7	246,0	−375,7	−370,6	* über 125 °C; bei Raumtemp. hex. $a = 797{,}8$, $c = 1968$ pm; $\bar{\gamma}$ (293...423 K) = $222 \cdot 10^{-6}\,K^{-1}$; dklrötlichbraune große Krist.; raucht stark an der Luft; l. W unter Hydrolyse; l. konz. HF, HCl; unl. fl. H_2S, fl. PH_3
2930	F	62,8	37,1	30,3	−337,9	−309,2	hbraune pulverförmige Substanz, nach Pressen Bronzefarbe; unl. HCl, HNO_3, verd. und konz. H_2SO_4; l. Königsw. beim Erhitzen; KOH-Schmelze → K-titanat und NH_3-Entwicklung
991 1750 3227	U F V	4,18 41,8	40,0	34,8	−542,7	−513,3	hbronzefarbenes met. bis braunes grobkrist. Pulver; l. 40 % HF, unter H_2-Entwicklung, verd. H_2SO_4, HCl; konz. HCl greift langsam an; sied. HNO_3 → TiO_2
1855 2900	F V	66,9	55,1	50,3	−944,7	−889,4	$\alpha(298\,K) = 7{,}1 ... 9{,}2 \cdot 10^{-6}\,K^{-1}$; $\chi_{Mol} = -480 \cdot 10^{-6}\,cm^3\,Mol^{-1}$; $\varkappa$(5...20 MPa, 273 K) = $0{,}58 \cdot 10^{-5}\,MPa^{-1}$; Halbleiter; weiße Krist.; unl. W, S außer H_2SO_4 und HF; unl. verd. Alk; Aufschluß mit Schmelze $KHSO_4$, KHF_2, K_2CO_3; Schmelze mit Metalloxiden → Titanate
642 1560	U F	1,3	55,3	50,0	−938,7	−883,3	$\varepsilon(5 \cdot 10^5 ... 10^6\,Hz) = 48$; beim Erhitzen → Rutil
							beim Erhitzen → Rutil

Übersichtstabelle Anorganische Verbindungen (Fortsetzung)

Formel	Name	Zustand	Mol-Masse / Dichte 10^3 kg · m^{-3}	Kristalldaten: System, Typ und Symbol	Einheitszelle: Kantenlänge in pm	Einheitszelle: Winkel und Z	Brechzahl n_D
Ti	**Titan**						
Ti_2O_3 [1344-54-3]	(III)-oxid	f	143,80 / 4,6	trig., $D5_1$ D^6_{3d}, $R\bar{3}c$	513,9 1365,9	$Z = 6$	
TiS [12039-07-5]	(II)-sulfid		79,96 / 4,12	trig., D^5_{3d}, $R\bar{3}m$	342,0 2650	$Z = 9$	
TiS_2 [12039-13-3]	(IV)-sulfid	f	112,03 / 3,22	trig., $C6$ D^1_{3d}, $P\bar{3}1m$	340,49 569,12	$Z = 1$	
Ti_2S_3 [12039-16-6]	(III)-sulfid	f	191,99 / 3,584	kub., O^7_h, $Fd\bar{3}m$	980	$Z = 16$	
$Ti(SO_4)_2$ [13693-11-3]	(IV)-sulfat	f	240,02				
$Ti_2(SO_4)_3$ [10343-61-0]	(III)-sulfat	f	383,98 / 2,8	hex. C^2_{3i}, $R\bar{3}$	844 2195	$Z = 6$	
$TiOSO_4$ [34354-86-4]	(IV)-oxid sulfat	f	159,96 / 2,96	orh., C^7_{2v}, $Pmn2_1$	634,0 1093,6 515,0	$Z = 4$	1,80 1,89
$TiOSO_4 \cdot H_2O$ [16425-76-6]	(IV)-oxid-sulfat-monohydrat	f	177,98 / 2,71	orh., D^4_2, $P2_12_12_1$	978,8 512 859,8	$Z = 4$	
$TiSi_2$ [12039-83-7]	silicid	f	104,06 / 3,90	orh., D^{24}_{2h}, $Fddd$	826,87 855,34 479,83	$Z = 8$	
Ti_5Si_3 [12067-57-1]	silicid		323,76 / 4,3	hex., D^3_{6h}, $P6_3/mcm$	744,4 514,3		
Tl	**Thallium**						
TlBr [7789-40-4]	(I)-bromid	f	284,28 / 7,557	kub., $B2$ O^1_h, $Pm\bar{3}m$	398,5	$Z = 1$	2,4–2,8

Phasenumwandlungen °C		ΔH kJ/Mol	Standardwerte bei 298,15 K C_p J/KMol	S^0 J/KMol	ΔH_B^0 kJ/Mol	ΔG_B^0 kJ/Mol	Bemerkungen und Charakteristik
200 2130 3000	*U* *F* *V*	1,14 104,6	95,8	77,2	−1520,9	−1433,8	dklviol. bis schw. Pulver oder grobkrist. Masse; unl. W, HCl, HNO_3; l. H_2SO_4 unter Viol.färbung; wss. HF oder Königsw. greifen beim Erwärmen an
1927	*F*		48,1	56,5	−272,0	−270,1	dkl. rot; met. glzd; l. konz. H_2SO_4; unl. HCl, HF, W
147	*U*	0,0	67,9	78,4	−407,1	−402,2	dklgrüne Substanz, Strich messinggelb; olive Blättchen; l. HF beim Erwärmen; unl. konz. HCl, verd. H_2SO_4, wss. NH_3
							grau schw. Krist.; unl. W; l. konz. H_2SO_4, HNO_3
							weißes Pulver, äußerst hygr.; l. W unter Wärmeentwicklung; zers. bei 150 °C unter Verlust von SO_3
							grünes krist. Pulver; unl. W, Al, konz. H_2SO_4, fl. NH_3; l. verd. H_2SO_4, HCl viol.
500	*Z*						weiß o. schwach gelb. Pulver
350	−*W*						fbl. Krist.; l. W unter Hydrolyse, l. k. HCl langsam, in der Wärme schnell
1480	*Z*		65,5	61,1	−134,3	−132,1	dunkelgrau
2130	*F*		187	217	−579	−581	schw.
							alle Tl-Verb. giftig
460 819	*F* *V*	16,4 99,56	50,5	122,6	−173,2	−167,9	$\bar{\gamma}$ (293...423 K) = 172 · 10^{-6} K^{-1}; $\varkappa$(10,0...51,0 MPa; 293 K) = 5,3 · 10^{-5} MPa^{-1}; ε (5 · 10^5...10^6 Hz) = 30; χ_{Mol} = −63,9 · 10^{-6} cm^3 Mol^{-1}; fbl. krist. Pulver, LW 20° 0,047%; l. Al; unl. Aceton, Py

Übersichtstabelle Anorganische Verbindungen (Fortsetzung)

Formel	Name	Zustand	Mol-Masse / Dichte 10^3 kg · m^{-3}	Kristalldaten: System, Typ und Symbol	Einheitszelle: Kantenlänge in pm	Einheitszelle: Winkel und Z	Brechzahl n_D
Tl	**Thallium**						
$TlBr_3$ [13701-90-1]	(III)-bromid	f	444,10				
$TlBr_3 \cdot 4H_2O$ [13453-29-7]	(III)-bromid tetrahydrat	f	516,16	orh., D_{2h}^{6}, *Pnma*	671,0 1100,6 1275,3	$Z = 4$	
$Tl[TlBr_4]$ [13453-28-6]	(I), (III)-bromid	f	728,38	orh., D_{2h}^{6}, *Pnna*	802 1035 1045	$Z = 8$	
$TlBrO_3$ [14550-84-6]	(I)-bromat	f	332,28 6,1	trig., C_{3v}^{5}, *R3m*	617,9 808,9	$Z = 3$	
$TlCN$ [13453-34-4]	(I)-cyanid	f	230,39 6,523	kub., O_h^1, *Pm3m*	399,4	$Z = 1$	2,02
$Tl[Tl(CN)_4]$ [15007-44-0]	(I), (III)-cyanid	f	512,81				
Tl_2CO_3 [6533-73-9]	(I)-carbonat	f	468,75 7,24	mkl., C_2^2, $P2_1$ o. C_{2h}^2, $P2_1/m$	752 539 1059	94,80° $Z = 4$	
$TlHCO_2$ [992-98-3]	(I)-formiat	f	249,39 5,2	orh., D_{2h}^{28}, *Imam*	673 594 782	$Z = 4$	
$Tl(HCO_2)_3$ [71929-23-2]	(III)-formiat	f	339,42	mkl.	0,6218: 1: 0,4896	100,58°	
$TlCH_3CO_2$ [563-68-8]	(I)-acetat	f	263,42 4,2	mkl., C_{2h}^6, *C2/c*	1240 1199 530	94° $Z = 8$	
$Tl_2C_2O_4$ [30737-24-7]	(I)-oxalat	f	496,76 6,31				

Phasen-umwandlungen			Standardwerte bei 298,15 K				Bemerkungen und Charakteristik
°C		ΔH kJ/Mol	C_p J/KMol	S^0	ΔH_B^0 kJ/Mol	ΔG_B^0	
131	*F*				−250		gelb, hygr., l. W, ll. Al
40	*F*						schwach gelbliche Nadeln; leicht zers. → $Tl[TlBr_4]$; ll. W
							dklgelbe lange Nadeln; etwas l. in Br_2; zers. W
120	Exp.				−136,4	−53,1	weiße Nadeln; LW. 0,35% 20°, l. h. W; ll. verd. S
							$\chi_{Mol} = -49 \cdot 10^{-6}$ cm^3Mol^{-1}; sehr kleine weiße glänzende Blättchen starker Geruch nach HCN; zers. durch die schwächste S; LW 25° 14,2%, Bdk. 0 H_2O; L fl. SO_2 0° 0,012 g/100 g SO_2; ll. wss. KCN; l. Al
125... 130	*F**						* unter Entwicklung von Cyan Z. zu schw.brauner Masse; fbl. stark glänzende Krist.; LW 30° 21,4%; verd. S zers. → HCN-Entwicklung
228 273	*U* *F*	 18,4	 159,4		−699,6	 −615	$\varepsilon (4 \cdot 10^8$ Hz$) = 17$; $\chi_{Mol} = -101{,}6 \cdot 10^{-6}$ $cm^3\,Mol^{-1}$; fbl. große glänzende Krist.; wasserhelle Nadeln; LW 20° 5,2%, Bdk. 0 H_2O; L fl. SO_2 0° 0,01 g/100 g SO_2; unl. abs. Al, E Aceton, Py
101	*F*						fbl. nadelförmige Krist.; sll. W unter Hydrolyse beim Verdünnen; ll. Me; wl. Al; swl. Chlf
							fbl. strahlig krist. Krusten; wird an Luft rasch braun; in W sofort Hydrolyse; ll. verd. S; l. Al; swl. org. Lösm.
131	*F*						weiße seidenglänzende Krist.; hygr.; L fl. SO_2 0° 7,5 g/100 g SO_2; ll. W, Me, Al, Chlf, Egester; swl. Aceton, Toluol
							LW, 1,58% 20°, 9% 100°

Übersichtstabelle Anorganische Verbindungen (Fortsetzung)

Formel	Name	Zustand	Mol-Masse Dichte 10^3 kg · m^{-3}	Kristalldaten System, Typ und Symbol	Einheitszelle Kantenlänge in pm	Winkel und Z	Brechzahl n_D
Tl	**Thallium**						
Tl_2CS_3 [6889-65-2]	(I)-thio-carbonat	f	516,94				
TlCl [7791-12-0]	(I)-chlorid	f	239,82 7,00	kub., *B*2 O_h^1, $Pm\bar{3}m$	384,21	$Z = 1$	2,247
$TlCl_3$ [13453-32-2]	(III)-chlorid	f	310,73	mkl., C_{2h}^3, $C2/m$	654 1133 632	110,2° $Z = 4$	
$TlCl_3 \cdot 4\,H_2O$ [13453-33-3]	tetrahydrat	f	382,79	orh., *Pnma*	650,3 1067,3 1230,8	$Z = 4$	
$Tl[TlCl_4]$ [23344-53-8]	(I/III)-chlorid	f	550,58 4,64	tetr., $I4_1/a$	696,4 1552,8	$Z = 4$	
$Tl_3[TlCl_6]$ [15022-84-1]	(I), (III)-chlorid		1030,20 5,7	trig., D_{3d}^2, $P\bar{3}1c$	1490 2520	$Z = 32$	
$TlClO_3$ [13453-30-0]	(I)-chlorat	f	287,82 5,05	hex. C_{3v}^5, $R3m$	609,2 809,3	$Z = 3$	
$TlClO_4$ [13453-40-2]	(I)-per-chlorat		303,82 4,89	orh., D_{2h}^7, *Pbnm*	751,0 930,4 584,5	$Z = 4$	1,6427 1,6445 1,6541
TlF [7789-27-7]	(I)-fluorid	f	223,37 8,36	orh., C_{2v}^4, $Pm2a$	518,5 609,8 549,2	$Z = 4$	

Phasen-umwandlungen °C		ΔH kJ/Mol	Standardwerte bei 298,15 K C_p J/KMol	S^0	ΔH_B^0 kJ/Mol	ΔG_B^0	Bemerkungen und Charakteristik
	Z		136,5		−87,9	−60	zinnoberrotes Pulver; zers. beim Erhitzen; swl. W; beständig gegen Alk; H_2SO_4, HNO_3 reagieren heftig; org. S zers. erst beim Sieden; unl. Me, Al, E, Aceton, Bzl, Chlf, CCl_4, CS_2, PE
431 720	*F* *V*	15,56 102,2	50,9	111,3	−204,2	−185,0	$\bar{\gamma}$ (293...423 K) = 168 · 10^{-6} K^{-1}; $\varkappa$(10...51 MPa, 293 K) = 4,9 · 10^{-5} MPa^{-1}; ε (5 · 10^5...10^6 Hz) = 32; χ_{Mol} = −57,8 · 10^{-6} cm^3 Mol^{-1}; fbl. Krist.; am Licht Verfärbung rötlich bis viol., LW 20° 0,32%, 100° 2%, Bdk. 0 H_2O; l. 30% KOH, sied. NaOH, swl. wss. NH_3; wl. HCl; unl. Al, Aceton, Py
155	*F*		108,7	152,3	−315,1	−241,5	rein weißes krist. Sublimat; durchsichtige Masse; sehr hgr.; LW 17° 37,6%, Bdk. 4 H_2O; ll. Al, E, Aceton; fast unl. in wfreiem HF
37 100	*F* −4 *W*				−1538		fbl. Krist.; LW s. $TlCl_3$; l. Al, E
							weißes krist. Pulver;
400... 500	 *F*						zitronengelbe Blättchen; beim Schmelzen → dklbraune Fl.; l. W. wss. Lsg. mit Alk → Tl_2O_3 + TlCl
							χ_{Mol} = −65,5 · 10^{-6} cm^3 Mol^{-1}; fbl. lange Nadeln oder weißes Pulver, luftbeständig; LW 20° 3,75, 100° 30%
266 501	*U** *F*						* *U* D_{2h}^{16} → kub. HO_5, T_d^2, $F\bar{4}3m$ a = 772 pm, Z = 4; χ_{Mol} = −72,5 · 10^{-6} cm^3 Mol^{-1}; fbl. durchsichtige glänzende Krist.; schweres krist. Pulver; nicht hygr.; LW 20° 11,5% s. ll. h. W.; wl. Al
83 327 826	*U* *F* *V*	0,33 13,89	53,4	95,7	−324,7	−303,8	χ_{Mol} = −44,4 · 10^{-6} cm^3 Mol^{-1}; weiße glänzende Krist.; im Sonnenlicht Verfärbung; LW 20° 78,8%, Bdk. 0 H_2O; ll. fl. HF 14...18°; wl. Al

Übersichtstabelle Anorganische Verbindungen (Fortsetzung)

Formel	Name	Zustand	Mol-Masse	Dichte $10^3\ kg \cdot m^{-3}$	Kristalldaten: System, Typ und Symbol	Einheitszelle: Kantenlänge in pm	Einheitszelle: Winkel und Z	Brechzahl n_D
Tl	**Thallium**							
TlF_3 [7783-57-5]	(III)-fluorid	f	261,37	8,70	orh., D_{2h}^{16}, *Pnma*	582,5 702,4 485,1	$Z = 4$	
TlI [7790-30-9]	(I)-iodid	f	331,27	7,29	orh., D_{2h}^{17}, *Amma*	525,1 458,2 1292,0	$Z = 4$	2,78
TlI_3 [60488-29-1]	(I)-triiodid	f	585,08		orh., D_{2h}^{16}, *Pmcn*	640 942 1058	$Z = 4$	
$TlIO_3$ [14767-09-0]	(I)-iodat	f	379,27	6,8	trig., C_{3v}^{5}, *R3m*	634,6 792,3	$Z = 3$	
Tl_3N [12397-33-0]	(I)-nitrid	f	627,12					
TlN_3 [13487-66-0]	(I)-azid	f	246,39		tetr., D_{4h}^{18}, *I4/mcm*	620,3 737,9	$Z = 4$	
$TlNO_2$ [13826-63-6]	(I)-nitrit	f	250,38	5,70	kub., O_h^1, $Pm\bar{3}m$	421	$Z = 1$	
$TlNO_3$ [10102-45-1]	(I)-nitrat	f	266,38	5,56	orh., D_{2h}^{16}, *Pbnm*	628,7 1231,0 800,1	$Z = 8$	1,817
Tl_2O [1314-12-1]	(I)-oxid	f	424,74	9,52	trig., D_{3d}^{5}, $R\bar{3}m$	351,6 3767	$Z = 6$	

Phasen-umwandlungen			Standardwerte bei 298,15 K				Bemerkungen und Charakteristik
°C		ΔH kJ/Mol	C_p J/KMol	S^0	ΔH_B^0 kJ/Mol	ΔG_B^0	
500	Z				~−650		weiß, durch Luftfeuchtigkeit zers. → braun und HF-Nebel; zers. W
178 440 823	U* F V	0,91 14,7 104,7	52,5	127,7	−123,8	−125,5	* U gelb → rot; $\varkappa$(10...51 MPa; 293 K) = 6,9 · 10^{-5} MPa^{-1}; ε(10^{12} Hz) = 35; $\chi_{Mol} = -82{,}2 \cdot 10^{-6}$ cm^3 Mol^{-1}; dünne gelbe Blättchen; LW 20° 6,3 · 10^{-3}%; Bdk. 0 H_2O; l. HNO_3 → I_2-Entwicklung; l. Königsw.; wl. Al; unl. KI; l. KOH, krist. aus nach Kochen in glänzenden roten Blättchen, 2. Modifikation, kub. *B*2 O_h^1, $Pm\bar{3}m$, a = 419 pm, Z = 1
260	Z						schwarz, glänzend; l. W.
							weiße Nadeln, l. W
							schw. Nd.; expl. bei Schlag oder Berührung mit W, verd. S; Wdampf hydrolysiert; l. in Lsg. von $TlNO_3$ in fl. NH_3, KNH_2 in fl. NH_3
334	F				34,4		große durchsichtige fbl. Krist., zerbrechlich; weißer feinkrist. Nd.; im Sonnenlicht → dklbraun; nicht hygr., nicht expl; LW 20° 0,35%; ll. h. W; unl. abs. Al, E
182	Z						gelb Krist.; LW, 32% 25 °C, s. ll. h. W
75 145 206 430	U U* F V	1,00 3,18 9,58	99,4	160,7	−242,6	−151	* U → kub. *B*2, O_h^1, $Pm\bar{3}m$, a = 431 pm, Z = 1; ε(5 · 10^5... 10^6 Hz) = 16,5; $\chi_{Mol} = -56{,}5 \cdot 10^{-6}$ cm^3 Mol^{-1}; fbl. Krist.; LW 20° 8,72%; ll. Methylamin; l. Aceton; wl. fl. NH_3; unl. Al
579	F	30,2	78,9	145,3	−169,0	−143,5	schw. krist. Substanz; sehr hygr., ll. W → TlOH; l. S; L abs. Al 20° 0,011 g/250 cm^3 Lösm.

Übersichtstabelle Anorganische Verbindungen (Fortsetzung)

Formel	Name	Zu- stand	Mol- Masse Dichte 10^3 kg · m^{-3}	Kristalldaten			Brechzahl n_D
				System, Typ und Symbol	Einheitszelle		
					Kanten- länge in pm	Winkel und Z	
Tl	**Thallium**						
Tl_2O_3 [1314-32-5]	(III)-oxid	f	456,74 9,65	kub., $D5_3$ T_h^7, $Ia\bar{3}$	1054,34	$Z = 16$	
TlOH [12026-06-1]	(I)-hydroxid	f	221,38 7,45	mkl.	2120 6240 595	91,65° $Z = 16$	
TlOF [29814-46-8]	(III)-oxid- fluorid	f	239,37 9,90	kub., T^5, $I2_13$	1077,3	$Z = 32$	
TlCNO [62043-19-0]	(I)-cyanat	f	246,39 5,487				
Tl_3PO_4 [13453-41-3]	(I)-ortho- phosphat	f	708,08 6,89	hex., C_6^6, $P6_3$	835,5 511,2	$Z = 2$	
Tl_2S [1314-97-2]	(I)-sulfid	f	440,80 8,39	trig., C_3^4, $R3$	1212,0 1817,5	$Z = 27$	
Tl_4S_3 [12039-18-8]	sulfid	f	913,66 7,8	mkl., C_{2h}^4, $P2_1/a$	797,2 775,7 1303,0	104° $Z = 4$	
Tl_2S_5 [39417-52-2]	polysulfid	f	569,06 5,19	orh., D_2^4, $P2_12_12_1$	666 1670,0 653,8	$Z = 4$	
TlSCN [3535-84-0]	(I)-thio- cyanat	f	262,45 4,956	orh., D_{2h}^{11}, $Pbcm$	678,2 681,4 760,3	$Z = 4$	
Tl_2SO_3 [13453-46-8]	(I)-sulfit	f	488,80 6,427	orh., D_{2h}^{16}, $Pnma$	756,8 1041,1 589,2	$Z = 4$	

Phasen-umwandlungen			Standardwerte bei 298,15 K				Bemerkungen und Charakteristik
°C		ΔH kJ/Mol	C_p J/KMol	S^0 J/KMol	ΔH_B^0 kJ/Mol	ΔG_B^0 kJ/Mol	
934 1169	*F* *V*		105,4	159,0	−394,6	−311,9	$\chi_{Mol} = +76 \cdot 10^{-6}\ cm^3\ Mol^{-1}$; braun; unl. W, Alk, KOH-Schmelze; l. HCl, H_2SO_4, HNO_3; schw. Oxid. m.
139	*Z*		72,4		−240,4	−196	gelber voluminöser Nd.; glänzend gelbe krist. Masse; gelbweiße Nadeln; LW 20° 25,55%; wss. Lsg. greift Glas an
							dklolivgrün; unl. W; zers. langsam durch sied. W; fast unl. HF; l. S
							$\chi_{Mol} = -55{,}5 \cdot 10^{-6}\ cm^3\ Mol^{-1}$; fbl. kleine glänzende Blättchen, auch Nadeln; ll. W; swl. Al
							$\chi_{Mol} = -145{,}2 \cdot 10^{-6}\ cm^3\ Mol^{-1}$; weißer krist. Nd. von seidigem Aussehen; LW 0,5% 20 °C; ll. HNO_3; sll. NH_4-salzlsg.; unl. Al
457 1367	*F* *V*	23,01 154	80,3	159,0	−95,0	−94,5	$\chi_{Mol} = -88{,}8 \cdot 10^{-6}\ cm^3\ Mol^{-1}$; schw. krist. Substanz; LW 20° 0,02, Bdk. 0 H_2O; ll. verd. HNO_3, H_2SO_4; wl. verd. HCl; unl. Alk, Alk-carbonatlsg., -cyanidlsg., Egs, Aceton; rauchende HNO_3 oxid. → Sulfat; Carlinit
274	*Z*						schw. amorphes Produkt: $<12°$ hart spröde mit glasglänzendem Bruch, $>25°$ weich und zu Fäden ziehbar; unl. W; l. h. verd. H_2SO_4
310	*F*						glänzende schw. undurchsichtige Krist.
						38,5	weißer käsiger Nd., auch gelb, grau je nach Fällung; weiße glänzende Blättchen oder Prismen; LW 20° 0,314%; l. sied. W; L fl. SO_2 0° 0,024 g/100 g SO_2; l. Na_2CO_3-Lsg., Me; gut l. Py, unl. Aceton
							weiße Krist. LW 3,3% 15 °C; unl. Al

Übersichtstabelle Anorganische Verbindungen (Fortsetzung)

Formel	Name	Zustand	Mol-Masse / Dichte 10^3 kg · m^{-3}	Kristalldaten: System, Typ und Symbol	Einheitszelle: Kantenlänge in pm	Einheitszelle: Winkel und Z	Brechzahl n_D
Tl	**Thallium**						
Tl_2SO_4 [7446-18-6]	(I)-sulfat	f	504,80 6,765	orh., D_{2h}^{16}, *Pmcn*	592,3 1066,0 782,8	$Z = 4$	1,8600 1,8671 1,8853
Tl_2Se [15572-25-5]	(I)-selenid	f	487,70 9,05	tetr., C_{4h}^{3}, *P4/n*	854 1271	$Z = 10$	
Tl_2SeO_3 [15123-92-9]	(I)-selenit	f	535,70				
$Tl_2(SeO_3)_3$ [92484-66-7]	(III)-selenit	f	789,62				
Tl_2SeO_4 [7446-22-2]	(I)-selenat	f	551,70 6,88	orh., D_{2h}^{16}, *Pnma*	793,5 1094,4 608,9	$Z = 4$	1,9493 1,9592 1,9640
$Tl_2[SiF_6]$ [27685-40-1]	(I)-hexa-fluoro-silicat	f	550,82 5,72	kub., $I1_1$ O_h^5, $Fm\bar{3}m$	856,8	$Z = 4$	
Tm	**Thulium**						
$TmBr_3$ [14456-51-0]	(III)-bromid	f	408,66 5,03	trig., C_3^2, $R\bar{3}$	700,51 1909,2	$Z = 6$	
$TmCl_3$ [13537-18-3]	(III)-chlorid	f	275,29 4,34	mkl., C_{2h}^{3}, *C2/m*	679 1171 638	110,6° $Z = 4$	
TmF_3 [13760-79-7]	(III)-fluorid	f	225,93 7,9	orh., D_{2h}^{16}, *Pnma*	627,82 681,31 440,97	$Z = 4$	
TmI_3 [13813-43-9]	(III)-iodid	f	549,65 5,6	trig., C_{3i}^2, $R\bar{3}$	738 2070	$Z = 6$	

Phasen-umwandlungen			Standardwerte bei 298,15 K				Bemerkungen und Charakteristik
°C		ΔH kJ/Mol	C_p J/KMol	S^0	ΔH_B^0 kJ/Mol	ΔG_B^0	
500 632	*U* *F*	0,0 23,85	137,8	230,5	−931,8	−830,4	ε (5 · 10^5... 10^6 Hz) = 25,5; fbl. Krist.; LW 20° 4,5%; L fl. SO_2 0° 0,021 g/100 g Lösm.; l. H_2SO_4; unl. Ethylamin; reagiert lebhaft mit gasförmigem HCl, HBr
390	*F*		79,5	173,6	−94,1	−95,0	graue glänzende Blättchen; aus Schmelzfluß schw., hart, spröde; unl. W, Egs, Alk-sulfid- und -selenidlsg.; l. S
							feine glänzende glimmerart. Blättchen; wl. k. W; wss. Lsg. zeigt alk. Reaktion; Al, E fällt aus wss. Lsg. wieder aus
							weiße krist. Masse; unl. W; l. verd. HNO_3; zers. HCl, H_2SO_4; zers. Alk → Tl_2O_3, SeO_2
							lange weiße Nadeln; F >400° → klare gelbe Fl.; bildet dabei Selenit; LW 20° 2,7%, Bdk. 0 H_2O; unl. Al, E
							durchsichtige Krist.; feinkrist. Nd.; sll. W; konz. H_2SO_4 zers. → HF + SiF_4; wss. Lsg. scheidet langsam etwas SiO_2 ab
952 1440	*F* *V*	53,5 180		180	−849	−670	fbl.; l. W
845 1490	*F* *V*		97,9	146,9	−986,6	−908,5	fahl gelbgrünes Salz; l. W
1053 1158 >2200	*U* *F* *V*	30,3 28,9	95,0	115,5	−1505,4	−1427,1	fbl.; unl. W, l. verd. S
1015 1260	*F* *V*	42 167		197	−567	−560	gelb; l. W

Übersichtstabelle Anorganische Verbindungen (Fortsetzung)

Formel	Name	Zustand	Mol-Masse / Dichte $10^3\,kg \cdot m^{-3}$	Kristalldaten: System, Typ und Symbol	Einheitszelle: Kantenlänge in pm	Einheitszelle: Winkel und Z	Brechzahl n_D
Tm	**Thulium**						
Tm_2O_3 [12036-44-1]	(III)-oxid	f	385,87 / 8,77	kub., $D5_3$ T_h^7, $Ia3$	1052	$Z = 16$	
U	**Uran**						
UB_2 [12007-36-2]	diborid	f	259,65 / 12,70	hex., D_{6h}^1, $P6/mmm$	313,1 398,7	$Z = 1$	
UBr_3 [13470-19-4]	(III)-bromid	f	477,76 / 6,53	hex., C_{6h}^2, $P6_3m$	792,6 443,2	$Z = 2$	
UBr_4 [13470-20-7]	(IV)-bromid	f	557,67 / 5,35	mkl., C_{2h}^3, $C2/m$	1105 880 707	94,4°	
UO_2Br_2 [13520-80-4]	Uranyl-bromid	f	429,85	tetr., D_4^4, $P4_12_12$	886,4 590,9		
UC_2 [12071-33-9]	dicarbid	f	262,05 / 11,28	tetr., $C11$ D_{4h}^{17}, $I4/mmm$	354 599	$Z = 2$	
$UO_2(CH_3CO_2)_2$ [541-09-3]	Uranyl-acetat	f	388,12				
$UO_2(CH_3CO_2)_2 \cdot 2\,H_2O$ [6159-44-0]	dihydrat	f	424,15 / 2,89	orh., C_{2v}^9, $Pna2_1$	963 1488,3 682,3	$Z = 4$	
$UO_2(C_2O_4) \cdot 3\,H_2O$ [18860-43-0]	oxalat-trihydrat	f	412,09 / 3,07	mkl., $C2/n$, $P2_1/c$	561 1704 941	98,2° $Z = 4$	
UCl_3 [10025-93-1]	(III)-chlorid	f	344,39 / 5,44	hex., C_{6h}^2, $P6_3/m$	742,8 431,2	$Z = 2$	

Phasen-umwandlungen			Standardwerte bei 298,15 K				Bemerkungen und Charakteristik
°C		ΔH kJ/Mol	C_p J/KMol	S^0 J/KMol	ΔH^0_B kJ/Mol	ΔG^0_B kJ/Mol	
1407 2341 3945	*U* *F* *V*	1,30	116,7	139,7	−1888,7	−1794,4	dichtes weißes Pulver mit schwach grünlichem Ton; unl. W; langsam l. in warmen konz. S
2365	*F*		55,8	55,5	−161,5	−159,6	
730 1537	*F* *V*	43,9	108,7	192,5	−699,1	−673,5	rot, nadelf. Krist.; l. W
519 765	*F* *V*	48,53 134	128,1	238,5	−802,5	−767,9	$\chi_{Mol} = +3530 \cdot 10^{-6}$ cm³ Mol⁻¹; glänz. braune bis schw. Blättchen; raucht an der Luft und zerfl.; l. W. unter Zischen; l. Egester, Acet, Py; unl. E
250	*Z*		98,0	169,5	−1137,6	−1066,6	l. Al, E
2425 4100	*F* *V*		60,8	71,0	−87,0	−89,9	silberweiß, met.; besitzt dichte feinkrist. Struktur; zers. W unter Gasentwicklung, zers. verd. und konz. S, Alk
200	*Z*				−1991		gelbliches Kristallpulver; LW 7,7% 16 °C; Py in der Wärme; etwas l. $C_2H_5NH_2$, wl. CH_3NH_2; kaum l. E, Chlf
100	*Z*				−2615		gelbe Prismen; LW (Zusatz Egs zur Hemmung der Hydrolyse); 8,3 g/100 g, wl. Al, unl. E, Egester
110	$-H_2O$				−2715		gelb Krist.; LW 0,9% 15 °C; l. S, Alk, Oxals.
835	*F*	46,44	102,5	159,0	−861,9	−794,5	$\chi_{Mol} = +3460 \cdot 10^{-6}$ cm³ Mol⁻¹; dkl.braune bis dklrote glänzende Nadeln; sehr hygr.; sll. W, l. HCl; unl. Al, Chlf, CCl_4, Aceton, Py

Übersichtstabelle Anorganische Verbindungen (Fortsetzung)

Formel	Name	Zustand	Mol-Masse / Dichte 10^3 kg·m^{-3}	Kristalldaten: System, Typ und Symbol	Einheitszelle: Kantenlänge in pm	Einheitszelle: Winkel und Z	Brechzahl n_D
U	**Uran**						
UCl_4 [10026-10-5]	(IV)-chlorid	f	379,84 4,854	tetr., D_{4h}^{19}, $I4_1/amd$	829,8 748,6	$Z=4$	
UCl_5 [13470-21-8]	(V)-chlorid	f	415,30 3,81	mkl., C_{2h}^{2}, $P2_1/n$	799 1069 848	91,5° $Z=4$	
UF_3 [13775-06-9]	(III)-fluorid	f	295,03 9,1	hex., D_{6h}^{3}, $P6_3/mcm$	717,9 734,5	$Z=6$	
UF_4 [10049-14-6]	(IV)-fluorid	f	314,02 6,70	mkl., C_{2h}^{6}, $C2/c$	1282 1074 841	126,17° $Z=12$	
UF_6 [7783-81-5]	(VI)-fluorid	f	352,02 4,68	orh., D_{2h}^{16}, $Pnma$	995 902 526	$Z=4$	
UH_3 [13598-56-6]	(III)-hydrid	f	241,05 11,4	kub., O_h^1, $Pm\bar{3}m$	416	$Z=2$	
UI_4 [13470-22-9]	(IV)-iodid	f	745,65 5,6	trikl.	761,2 765,7 757,7	96,44° 102,72° 89,35°	
UN [25658-43-9]	nitrid	f	252,04 14,31	kub., O_h^5, $Fm\bar{3}m$	488,97	$Z=4$	
$UO_2(NO_3)_2 \cdot 6\,H_2O$ [13520-83-7]	Uranyl-nitrat hexahydrat	f	502,13 2,807	orh., C_{2v}^{12}, $Cmc2_1$	1319,7 803,5 1146,7	$Z=4$	1,4967*
UO_2 [1344-57-6]	(IV)-oxid	f	270,03 10,96	kub., O_h^5, $Fm\bar{3}m$	547,0	$Z=4$	
$UO_2(OH)_2$ [12326-21-5]	Uranyl-hydroxid	f	304,04 5,926	orh., D_{2h}^{15}, $Pbca$	564,38 628,67 993,72	$Z=3$	

Phasen-umwandlungen °C		ΔH kJ/Mol	Standardwerte bei 298,15 K C_p J/KMol	S^0 J/KMol	ΔH_B^0 kJ/Mol	ΔG_B^0 kJ/Mol	Bemerkungen und Charakteristik
589 618	*F* *V*	45,6	121,9	197,1	−1019,2	−929,9	$\chi_{Mol} = + 3680 \cdot 10^{-6}$ cm^3 Mol^{-1}; grüne Krist.; met. glänzend sehr hygr.; raucht an der Luft; l. W grün unter HCl-Entwicklung; l. Al, Aceton, Egester; unl. E, Chlf, Bzl
327	*F*	35,56	144,6	242,7	−1059,0	−950,1	nadelförmige dkl. metallgrüne Krist., im durchfallenden Licht rubinrot; sehr hygr.; l. W unter HCl-Entwicklung; l. abs. Al, Aceton, CCl_3CO_2H, Egester, Benzonitril; etwas l. CCl_4, Chlf; unl. E, Bzl, Nitrobzl
1140	*F*		95,1	123,4	−1508,8	−1439,9	purpur; wl. W, s. wl. S
960	*F*	50,0	116,0	151,7	−1920,9	−1830,2	grünes Pulver; hygr.; unl. W, verd. S; schwierig l. konz. S, l. HF; etwas l. fl. NH_3; sied. NaOH zers.
64,5	*F*	19,1	167,5	227,6	−2197,0	−2068,5	fbl. glänzende Krist.; stark rauchend; schwach gelblich; hygr.; l. W gelblichgrün; org. Lösm. reagieren heftig; bestes Lösm: 1,1,2,2-Tetrachlorethan
300	*Z*		49,4	63,6	−127,2	−72,7	unl. W, Al, Aceton
506	*F*	38,49	126,4	263,6	−512,1	−506,5	schw. feine Nadeln; zerfl. an feuchter Luft; l. W zu einer stark sauren Fl.
~2630	*F*		47,6	62,4	−290,8	−265,8	braunes Pulver; unl. S
60,2 200 500	*F* −6 *W* *Z*		468,8	506	−3198	−2615	* n_β (gelbes Licht); gelbe Krist., fluoresz. gelbgrün; hygr., LW 20° 55%; ll. Al, E
2842	*F*	76,0	63,6	77,0	−1084,9	−1031,7	Halbleiter; braunes krist. Pulver; feine oktaedrische Krist.; luftbeständig; unl. verd. HCl, H_2SO_4; l. HNO_3, konz. H_2SO_4, rauchende HCl, Königsw.
250−300	$-H_2O$						l. S, unl. W

Übersichtstabelle Anorganische Verbindungen (Fortsetzung)

Formel	Name	Zustand	Mol-Masse Dichte 10^3 kg · m^{-3}	Kristalldaten: System, Typ und Symbol	Einheitszelle: Kantenlänge in pm	Einheitszelle: Winkel und Z	Brechzahl n_D
U	**Uran**						
U_3O_8 [1344-59-8]	(IV, VI)- oxid	f	842,09 8,30	orh., C_{2v}^{11}, $C2mm$	671,6 1196,0 414,7	$Z=2$	
UO_3 [1344-58-7]	(VI)-oxid	f	286,03 7,29	trig., * D_{3d}^3, $P\bar{3}m1$	395,0 415,7	$Z=1$	
$UO_3 \cdot H_2O$ [12060-10-5]	hydrat	f	304,04 5,67	orh., D_{2h}^{15}, $Pbca$	563,8 627,3 992,5	$Z=4$	1,735 1,745 1,780
$UO_3 \cdot 2\,H_2O$ [20593-39-9]	dihydrat	f	322,06 4,90	orh., D_{2h}^{15}, $Pbca$	1398 1666 1474	$Z=32$	
$UO_4 \cdot 2\,H_2O$ (14125-21-4]	peroxid- dihydrat	f	338,06 4,51	orh., D_{2h}^{25}, $Immm$	651 421 878	$Z=2$	
UO_2Cl_2 [7791-26-6]	Uranyl- chlorid	f	340,94 5,28	orh., D_{2h}^{16}, $Pnma$	572,5 840,9 872,0	$Z=4$	
$UO_2Cl_2 \cdot 3\,H_2O$ [13867-67-9]	Uranyl- dichlorid- trihydrat	f	394,98 3,5	orh., D_{2h}^{16}, $Pnma$	1273,8 1049,5 554,7	$Z=4$	
UO_2F_2 [13536-84-0]	Uranyl- fluorid	f	308,03 5,8	trig., D_{3d}^5, $R\bar{3}m$	420,1 1566,9	$Z=3$	
UO_2I_2 [13520-82-6]	Uranyl- iodid	f	523,84				
US [12039-11-1]	(II)-sulfid	f	270,09 10,87	kub., $B1$ O_h^5, $Fm\bar{3}m$	548,6	$Z=4$	
US_2 [12039-14-4]	Uran(IV)- sulfid	f	302,16 7,96	orh., D_{2h}^{16}, $Pnma$	706 847 412	$Z=4$	
U_2S_3 [12138-13-5]	(III)-sulfid	f	572,25 8,94	orh., D_{2h}^7, $Pbnm$	1036,0 1060,0 386,2	$Z=4$	
$UO_2SO_4 \cdot 3\,H_2O$ [20910-28-5]	Uranyl- sulfat- trihydrat	f	420,14 3,28	orh., D_{2h}^7, $Pbnm$	1258 1700 673	$Z=8$	

Phasenumwandlungen			Standardwerte bei 298,15 K				Bemerkungen und Charakteristik
°C		ΔH kJ/Mol	C_p J/KMol	S^0 J/KMol	ΔH_B^0 kJ/Mol	ΔG_B^0 kJ/Mol	
1150	*F*		237,2	282,6	−3574,8	−3369,4	grünes Pulver; l. HNO_3, konz. H_2SO_4 sied.; swl. verd. HCl, H_2SO_4
650	*F*		81,7	96,1	−1223,0	−1144,9	* α-UO_3; polymorph; $\chi_{Mol} = +128 \cdot 10^{-6}\ cm^3\ Mol^{-1}$; hor.gelbes Pulver; sehr hygr.; l. S
100	−0,2 *W*		117,3	125,9	−1533,9	−1395,1	or.gelbes Pulver oder orh. Krist.; amorph ll. verd. S, konz. Lsg. von $UO_2(NO_3)_2$; β-Mod.
20–140	−1,2 *W*		154,4	167,0	−1826,7	−1630,7	hgelbes Pulver, luftbeständig; LW 27° 0,16 g/l; β-Mod.
115	*Z*				−1825		gelbweißes amorphes Pulver; swl. W. l. HCl → Cl_2-Entwicklung; zers. Alk → UO_3 + Peruranat; hygr.
578	*F*		107,9	150,5	−1243,9	−1146,1	gelbes krist. Produkt; sehr zerfl.; LW 320 g/100 g; gelb
150	*W*				−2167		gelb; hygr.
~800	*Sb*		103,2	135,6	−1648,1	−1551,9	gelbes Pulver; sehr zerfl.; ll. W, Al; unl. E, Amylal.
					−1000		rote krist. Masse, sehr zerfl.; l. W gelb; ll. Al, E, Bzl; l. Egester, Aceton, Py
2462	*F*		50,6	78,0	−318,0	−316,7	schwarz, unl. S
1847	*F*		74,7	110,5	−527,2	−526,0	schw. oder eisengraue, sehr kleine Krist. von met. Glanz; zers. W-dampf, konz. HCl, HNO_3
2030	*F*		141,4	199,2	−854,0	−854,7	grauschwarz, nadelige Krist.; Z. an Luft unter H_2S-Entw.; l. Königsw, konz. HNO_3
100	−2 H_2O		264		−2790	−2452	zitronengelbe kleine Krist.; LW 20° 60%; l. verd. S; kaum l. konz. Ameisensäure, Egs; wl. Al, Glykol

Übersichtstabelle Anorganische Verbindungen (Fortsetzung)

Formel	Name	Zustand	Mol-Masse / Dichte $10^3\ kg \cdot m^{-3}$	Kristalldaten: System, Typ und Symbol	Einheitszelle: Kantenlänge in pm	Einheitszelle: Winkel und Z	Brechzahl n_D
U	**Uran**						
$U(SO_4)_2 \cdot 4\,H_2O$ [13470-23-0]	Uran(IV)-sulfat-tetrahydrat	f	502,22 3,60	orh., D_{2h}^{16}, $Pnma$	1466 1109 568	$Z = 4$	1,668 1,582
$U(SO_4)_2 \cdot 8\,H_2O$ [19086-22-7]	octahydrat	f	574,28	mkl.	0,7190: 1: 0,5697	140°	
V	**Vanadin**						
VB_2 [12007-37-3]	diborid	f	72,56 5,066	hex., D_{6h}^{1}, $P6_3/mmm$	299,76 305,62	$Z = 1$	
VBr_3 [13470-26-3]	(III)-bromid	f	290,67 4,00				
VC [12070-10-9]	carbid	f	62,94 5,77	kub., $B1$ O_h^5, $Fm3m$	417	$Z = 4$	
VCl_2 [10580-52-6]	(II)-chlorid	f	121,85 3,09	hex., D_{3d}^{3}, $P\bar{3}m$	360,1 583,5	$Z = 1$	
VCl_3 [7718-98-1]	(III)-chlorid	f	157,30 3,00	trig., $D0_5$ C_{3i}^{2}, $R\bar{3}$	674,3	52,55° $Z = 2$	
VCl_4 [7632-51-1]	(IV)-chlorid	fl	192,75 1,836				
VF_3 [10049-12-4]	(III)-fluorid	f	107,94 3,363	trig., D_{3d}^{6}, $R\bar{3}c$	537,3	57,52° $Z = 2$	
VF_4 [10049-16-8]	(IV)-fluorid	f	126,94 3,15	mkl., C_{2h}^{5}, $P2_1/m$	538,1 517,0 534,0	59,7° $Z = 2$	
VF_5 [7783-72-4]	(V)-fluorid	f	145,93 2,177	orh., D_{2h}^{16}, $Pmcn$	540,0 1672,0 753,8	$Z = 8$	

Phasen-umwandlungen °C		ΔH kJ/Mol	Standardwerte bei 298,15 K: C_p J/KMol	S^0 J/KMol	ΔH_B^0 kJ/Mol	ΔG_B^0 kJ/Mol	Bemerkungen und Charakteristik
400	−4 *W*						hgrüne oder dklgrüne Krist.; luftbeständig; LW 20° 10,4%; l. verd. HCl, H_2SO_4; wl. konz. S
70 400	−4 *W* −4 *W*						kleine dklgrüne Krist.; LW 11,8° 20 °C; l. verd. S, Al, Glykol
2450	*F*		47,0	30,12	−203,8	−200,6	unl. W, 20% NaOH; Z S (1 : 1)
	Z		101,7	142,3	−446,0	−411,7	grünschwarz; hygr.; l. k. W; Z → II + IV Bromid
2556 3900	*F* *V*		33,35	28,3	−117	−105	silberweiße Krist.; unl. W, H_2SO_4; l. HNO_3; KNO_3- oder $KClO_3$-Schmelze zers.
1030	*Sb*		71,9	97,04	−452	−405,6	hgrüne glimmerglänzende Tafeln; l. W nach einiger Zeit, da anfangs nicht benetzt; sehr hygr.; l. Al, E
400	*Z*		93,2	130,0	−581,1	−511,5	pfirsichblütenfarbene glänzende Krist.; anfangs von W nicht benetzt, dann l. mit dklbrauner Farbe; l. Al, E; *Z* → II + IV Bromid
−25,7 144,6	*F* *V*	41,4	161,7	255,0	−569,4	−503,8	braunrote, an der Luft rauchende Fl.; zers. am Licht und beim Sieden; zers. W; l. abs. Al, E, rauchender HCl
1406	*F*		89,9	97,1	−1297,0	−1226,7	$\chi_{Mol} = +2730 \cdot 10^{-6}$ $cm^3 Mol^{-1}$; $VF_3 \cdot 3 H_2O$; dklgrüne Krist.; verwittern sehr schnell an der Luft; ll. h. W; unl. Al
325	*Z*		107,0	121,3	−1403,3	−1310,0	braungelb; l. W, Aceton; wl. Al, Chlf; $\mu_{eff} = 1,86\ \mu_B$
19,5 48,3	*F* *V*				−1481		fbl.; l. Al, HF

Übersichtstabelle Anorganische Verbindungen (Fortsetzung)

Formel	Name	Zustand	Mol-Masse	Dichte 10^3 kg · m^{-3}	Kristalldaten System, Typ und Symbol	Einheitszelle Kantenlänge in pm	Einheitszelle Winkel und Z	Brechzahl n_D
V	**Vanadin**							
VI_2 [15513-84-5]	(II)-iodid	f	304,71	5,26	hex., D_{3d}^3, $P\bar{3}m1$	405,8 675,3		
VN [24646-85-3]	nitrid	f	64,95	5,75	kub., *B*1 O_h^5, *Fm*3*m*	413,916	$Z=4$	
VO [12035-98-2]	(II)-oxid	f	66,94	5,76	kub., *B*1 O_h^5, *Fm*3*m*	412	$Z=4$	
V_2O_3 [1314-34-7] [12419-30-6]	(III)-oxid	f	149,88	4,87	trig., $D5_1$ D_{3d}^6, $R\bar{3}c$	545	53,82° $Z=2$	
V_2O_4 [12036-73-6]	(IV)-oxid	f	165,88	4,65	mkl., C_{2h}^4, $C2/c$	575 454 538	122,6°	
V_2O_5 [1314-62-1]	(V)-oxid	f	181,88	3,32	orh., D_{2h}^{13}, *Pmmn*	1151 356,5 437,2	$Z=2$	
VOBr [13520-88-2]	(III)-oxid-bromid	f	146,85	4,04	orh., D_{2h}^{13}, *Pmmn*	377,5 338,0 842,5	$Z=2$	
$VOBr_3$ [13520-90-6]	(V)-oxid-bromid	fl	306,67	2,933				
VOCl [13520-87-1]	(III)-oxid-chlorid	f	102,39	2,824	orh., D_{2h}^{13}, *Pmmn*	378,0 330,0 791,0	$Z=2$	
$VOCl_2$ [10213-09-9]	(IV)-oxid-chlorid	f	137,85	2,88	orh., D_{2h}^{25}, *Immm*	336,0 1175,0 383,8	$Z=2$	
$VOCl_3$ [13709-31-4]	(V)-oxid-chlorid	fl	173,30	1,854	orh., D_{2h}^{16}, *Pnma*	496,3 914,0 1122,1		
VOF_3 [13709-31-4]	(V)oxid-fluorid	f	123,94	2,459				
$VOSO_4 \cdot 5H_2O$ [12439-96-2]	(IV)-oxid-sulfat-pentahydrat	f	253,07	3,30	mkl., C_{2h}^4, $P2_1/a$	1294 975 701	110,9°	

Phasen-umwandlungen			Standardwerte bei 298,15 K		Bemerkungen und Charakteristik
°C		ΔH kJ/Mol	C_p S^0 J/KMol	ΔH^0_B ΔG^0_B kJ/Mol	
800	*F*		74,8 146,4	−256,1 −256,5	viol-rosa; l. W
2346	*Z*		38,0 37,3	−217,1 −191,1	graubraunes Pulver mit met. glänzenden Teilchen
1790	*F*	54,4	45,5 38,9	−431,8 −404,2	met. glänzendes graues Pulver; unl. W; l. S
2070	*F*	117,1	105,0 98,1	−1218,8 −1139,0	schw. halb met. glänzendes Pulver; unl. W, S, Alk; l. HF, HNO_3; l. S und Alk erst nach Oxid.
72 1545 2700	*U* *F* *V*	9,0 112,0	115,4 103,5	−1427,1 −1318,5	tief dklblaue glänzende Krist.; schw.-erdige Substanz; stahlfarbenes schweres Kristallpulver; unl. W; l. S, Alk
670 1800	*F* *V*	65,0	132,7 130,5	−1550,6 −1419,4	rostgelbes bis ziegelrotes Pulver; rote Kristallnadeln; LW 20° $5 \cdot 10^{-3}$ %; l. S, Alk; unl. abs. Al; wl. wss. Al; Shcherbianit
480	*Z*				viol; s. wl. W
−59 170	*F* *V*				rot; l. CH_2Br_2
127 350	*F* *Z*			−600	leichtes braunes flockiges Pulver; unl. W; ll. HNO_3
380	*Z*			−691	glänzende grasgrüne Tafeln; zerfl. an Luft; zers. W langsam; ll. verd. HNO_3
−79 127,2	*F* *V*	9,6 36,78	150,6 244,3	−734,8 −668,6	gelbe Fl., klar, leicht beweglich; l. W unter langsamer Z.; l. Al, E, Egs, konz. HCl
300 480	*F* *V*				gelblich; hygr.; l. Acetonitril
					blau; ll. W; Minasragrit

Übersichtstabelle Anorganische Verbindungen (Fortsetzung)

Formel	Name	Zustand	Mol-Masse / Dichte $10^3\ kg \cdot m^{-3}$	Kristalldaten: System, Typ und Symbol	Einheitszelle: Kantenlänge in pm	Einheitszelle: Winkel und Z	Brechzahl n_D
V	**Vanadin**						
VS [12166-27-7]	(II)-sulfid	f	83,01 / 4,28	hex., *B*8 D_{6h}^4, $P6_3/mmc$	335 / 579,6	$Z=2$	
V_5S_8 [12067-28-6]	(III)-sulfid	f	511,2	mkl., C_{2h}^3, $C2/m$	1135,6 / 664,8 / 1129,8	91,6° / $Z=4$	
VS_4 [12188-60-2]	(V)-sulfid	f	179,2 / 3,00	mkl., C_{2h}^6, $C2/c$	678,0 / 1042,0 / 1211,0	100,8° / $Z=8$	
$VSO_4 \cdot 6\ H_2O$ [3607-42-3]	(II)-sulfat hexahydrat	f	255,11	mkl., C_{2h}^6, $C2/c$	1008,1 / 728,6 / 2444,5	98,8° / $Z=8$	
VSi_2 [12039-87-1]	disilicid	f	107,11 / 4,42	hex. D_6^4, $P6_222$	457,23 / 637,30	$Z=3$	
V_3Si [12039-76-8]	Tri…silicid	f	180,9 / 5,48	kub., O_h^3, $Pm\bar{3}n$	471,2	$Z=2$	
W	**Wolfram**						
WAs_2 [12006-39-2]	diarsenid	f	333,69 / 10,46	mkl., C_2^3, C_2	908,5 / 331,8 / 769,0	119,52° / $Z=4$	
WB [12007-09-9]	borid	f	194,66 / 15,744	tetr., D_{4h}^{19}, $I4_1/amd$	311,65 / 1691,01	$Z=8$	
WB_2 [12228-69-2]	borid	f	205,47 / 10,77	hex., D_{6h}^4, $P6_3/mmc$	298,3 / 1387,9	$Z=4$	

Phasen-umwandlungen			Standardwerte bei 298,15 K				Bemerkungen und Charakteristik
°C		ΔH kJ/Mol	C_p J/KMol	S^0	ΔH_B^0 kJ/Mol	ΔG_B^0	
1900	*F*			60,7	−188	−187,7	braunschw. Pulver; schwach bronze-glänzende Blättchen; unl. HCl, verd. H_2SO_4; l. h. konz. H_2SO_4 grünlichgelb; l. verd. HNO_3 blau; mit konz. HNO_3 heftig → Vanadylsulfat
850	*Z*						grauschw. Pulver; l. HNO_3, Königsw., konz. H_2SO_4; wl. Alk; unl. W; ll. $(NH_4)_2S$-Lsg.
400	*Z*						Patronit; schw. graphitähnliches Pulver; unl. W; l. verd. HNO_3, Alk, Alk- und NH_4-sulfidlsg.
							rot- bis blauviol. Krist., durchsichtig; an der Luft oxid. und zerfl. → grüne Masse; sll. W
1677	*F*						met. glänzende Prismen; ritzen Glas; unl.W, Al, E, HCl, H_2SO_4, HNO_3, KOH, NH_3; l. k. verd. HF, Si-Schmelze
1925	*F*						silberweiße, spröde, met. glänzende Krist.; ritzen leicht Glas; unl. W, S, Al, E; l. HF
							schw. krist. glänzende Masse; unl. W, HF, HCl; l. Gemisch HF + HNO_3; mit Königsw., HNO_3 beim Erwärmen → WO_3; Alk-Schmelze reagiert heftig, KNO_3 + K_2CO_3 expl.
2920	*F*						dunkelgraue Kristalle
~2900	*F*						

Übersichtstabelle Anorganische Verbindungen (Fortsetzung)

Formel	Name	Zustand	Mol-Masse / Dichte 10^3 kg·m^{-3}	Kristalldaten: System, Typ und Symbol	Einheitszelle: Kantenlänge in pm	Einheitszelle: Winkel und Z	Brechzahl n_D
W	**Wolfram**						
W_6Br_{18} [12049-33-1]	(III)-bromid	f	2541,3 / 5,85	orh., D_{2h}^{18}, *Cmca*	1460,6 1426,2 1207,1	$Z = 4$	
WBr_5 [13470-11-6]	(V)-bromid	f	583,40				
WC [12070-12-1]	carbid	f	195,86 / 15,7	hex., D_{3h}^{1}, $P\bar{6}m2$	290,62 283,78	$Z = 1$	
W_2C [12070-13-2]	Di-carbid	f	379,71 / 16,06	trig., D_{3d}^{3}, $P\bar{3}m1$	299,704 472,79	$Z = 1$	
$W(CO)_6$ [14040-11-0]	hexa-carbonyl	f	351,91 / 2,7	orh., D_{2h}^{16}, *Pnma*	1190 1127 642	$Z = 4$	
WCl_2 [13470-12-7]	(II)-chlorid	f	254,76 / 5,436				
WCl_4 [13470-13-8]	(IV)-chlorid	f	325,66 / 4,624	mkl., C_{2h}^{3}, $C2/m$	1220 647,3 806,1	132,4°	
WCl_5 [13470-14-9]	(V)-chlorid	f	361,12 / 3,875	mkl., C_{2h}^{3}, $C2/m$	1743,8 1770,6 606,3	95,5° $Z = 6$	

Phasen-umwandlungen			Standardwerte bei 298,15 K				Bemerkungen und Charakteristik
°C		ΔH kJ/Mol	C_p J/KMol	S^0	ΔH^0_B kJ/Mol	ΔG^0_B	
230	*Z*						schw. Krist.; ZW; l. polaren org. Lösm. mit roter Fb, allmählich gelb; $\chi_{Mol} = 130 \cdot 10^6$ cm³/Mol
276 333	*F* *V*	17,2 81,5	155,5	272,0	−311,7	−269,6	dklbraune bis schw. Nadeln; sehr hygr.; raucht an der Luft; zers. W → blaues Oxid + HBr, in der Wärme → gelbe Wolframsäure; l. wss. HF, konz. HCl; verd. H_2SO_4, verd. u. konz. HNO_3 → Wolframsäure; l. Alk, abs. Al, E, Chlf, CCl_4
2976	*Z*		35,4	32,4	−40,2	−38,4	unl. Gemisch 1 Tl. HNO_3 + 4 Tl. HF (Unterschied zu W_2C)
2857 6000	*F* *V*		76,6	56,1	−26,4	−21,9	ritzt noch den Korund; l. Gemisch 1 Tl. HNO_3 + 4 Tl. HF; mit Cl_2 bei 400° → WCl_6 + Graphit
50	Sb		241,4	332,2	−951,9	−847,4	fbl. Krist.; unl. W, wss. HCl, HNO_3, Br_2-Wasser; rauchende HNO_3 zers. → CO; swl. Al, E, Bzl; bei 100 °C, Z → Wolfram + blaues Oxid
500	*Z* 0+IV		77,8	130,5	−257,3	−220,0	lose graue Masse, nicht krist.; nicht schmelzbar; wl. W mit bräunlicher Farbe; teilweise zers. zu WO_2 + HCl; Reduktionsvermögen
300	*Z*		129,5	198,3	−443,1	−359,4	lose graubraune krist. Masse; hygr.; nicht schmelzbar; nicht flch.; wl. W; teilweise zers. zu WO_2 + HCl; Z → III + V
253 286	*F* *V*	20,6 68,1	155,6	217,6	−513,0	−401,8	glänzende schw. Nadeln; gepulvert grün; zerfl. an feuchter Luft; zers. W, HCl, Alk unter Bildung von blauem Oxid; l. frisch hergestellter HSCN, CS_2, CCl_4; l. Me, Al unter heftigem Zischen, Dimer

Übersichtstabelle Anorganische Verbindungen (Fortsetzung)

Formel	Name	Zustand	Mol-Masse / Dichte 10^3 kg · m^{-3}	Kristalldaten: System, Typ und Symbol	Einheitszelle: Kantenlänge in pm	Winkel und Z	Brechzahl n_D
W	**Wolfram**						
WCl_6 [13283-01-7]	(VI)-chlorid	f	396,57 / 3,52	trig., D_{3d}^3, $P\bar{3}m1$	1051,1 575,7	$Z = 3$	
WF_6 [7783-82-6]	(VI)-fluorid	g	297,84 / 12,9*	orh., D_{2h}^{16}, $Pnma$	942,2 856,9 498,0	$Z = 4$	
WI_2 [12298-70-3]	(II)-iodid	f	437,66 / 6,9				
WI_4 [14055-84-6]	(IV)-iodid	f	691,47 / 5,2				
WO_2 [12036-22-5]	(IV)-oxid	f	215,85 / 12,11	mkl., C_{2h}^5, $P2_1/n$	556,5 489,2 555	118,9°	
WO_3 [1314-35-8]	(VI)-oxid	f	231,85 / 7,16	mkl., C_{2h}^5, $P2_1/c$	727,4 750,1 768,8	90,67°	

Phasen-umwandlungen			Standardwerte bei 298,15 K				Bemerkungen und Charakteristik
°C		ΔH kJ/Mol	C_p J/KMol	S^0	ΔH_B^0 kJ/Mol	ΔG_B^0	
177 240 292 348	*U* *U* *F* *V*	4,2 15,8 6,7 60,0	175,4	238,5	−593,7	−455,5	T_{kr} = 690 K; p_{kr} = 3,25 MPa; dklviol. bis braunschw. Krusten mit met. glänzendem Schimmer; viol. krist. Pulver; an Luft zers. → WO_2Cl_2 + HCl; swl. W, zers. bei 60 °C; mit sied. HCl → gelbe Wolframsäure; l. frisch hergestellter HSCN; l. Alk → Wolframat; ll. Al, Chlf, CCl_4, CS_2, E, Aceton, Bzl
−8,2 2,3 17,06	*U* *F* *V*	6,7 4,1 27,05	119,0*	341,1*	−1721,7*	−1632,3*	* mg/cm³; fbl. Gas; gelbe Fl.; feste weiße Masse; raucht stark an der Luft; wss. NH_3 und Alk absorbieren vollständig; Feuchtigkeit zers.; * Gas
					−4,18		braune Krist.; nicht schmelzbar; unl. W, zers. beim Sieden; zers. H_2SO_4, HNO_3, Königsw. → WO_3; wss. HF, HCl greifen nur langsam an; zers. Alk, besonders Alk-Schmelze; unl. CS_2; Al; l. wss. Alk-thiocyanatlsg. grün
					0		schw. krist. Masse; nicht schmelzbar; unl. W, beim Sieden zers.; zers. HCl, H_2SO_4, HNO_3, Königsw.; l. Alk, Alk-carbonat, $KHSO_4$-Schmelze unter Abscheidung von Iod; l. abs. Al; unl. E, Chlf
1500 1730	*F* *V*		55,7	50,5	−589,7	−533,9	braunes Pulver; bildet leicht Krist.; unl. HCl, H_2SO_4, Alk, wss. NH_3; HNO_3 oxid. zu WO_3; Alk-carbonatschmelze → Wolframat
780 1473 1800	*U* *F* *V*	1,5 73,4	72,8	75,9	−842,9	−764,1	Halbleiter; zitronengelbes Pulver, geschmolzen grün; aus Schmelze tafelförmige Krist.; geglüht unl. W, verd. und konz. H_2SO_4, HNO_3, verd. HCl, HBr, HI; l Alk, wss. NH_3 abhängig von vorheriger Entwässerungstemp.; l. H_2O_2

Übersichtstabelle Anorganische Verbindungen (Fortsetzung)

Formel	Name	Zustand	Mol-Masse / Dichte 10^3 kg·m^{-3}	Kristalldaten: System, Typ und Symbol	Einheitszelle: Kantenlänge in pm	Einheitszelle: Winkel und Z	Brechzahl n_D
W	**Wolfram**						
H_2WO_4 $WO_3 \cdot H_2O$ [7783-03-1]	säure	f	249,86 5,5	orh., D_{2h}^{16},*Pnmb*	524,9 1071,1 513,3	$Z = 4$	2,09 2,24 2,26
$H_2WO_4 \cdot H_2O$ $WO_3 \cdot 2\,H_2O$ [13783-37-1]	säure- hydrat	f	267,88 4,613	mkl., C_{2h}^{1}, *P*2/*m*	750 693 370	90,5°	1,70 1,95 2,04
$WOBr_4$ [13520-77-9]	(VI)-oxid- bromid	f	519,49	tetr., C_4^5, *I*4	900,2 393,5	$Z = 2$	
WO_2Br_2 [13520-75-7]	(VI)-dioxid- bromid	f	375,67				
$WOCl_4$ [13520-78-0]	(VI)-oxid- chlorid	f	341,66 3,95	tetr., C_4^5, *I*4	846,3 398,9	$Z = 2$	
WO_2Cl_2 [13520-76-8]	(VI)-dioxid- chlorid	f	286,75 4,586	orh., D_{2h}^{25}, *Immm*	388,7 1390,2 384,2	$Z = 2$	
WOF_4 [13520-79-1]	(VI)-oxid- fluorid	f	275,84 5,07	mkl., C_{2h}^{3}, *C*2/*m*	965,0 1442,0 515,0	95,4° $Z = 8$	
WP [12037-70-6]	phosphid	f	214,82 12,06	orh., D_{2h}^{16}, *Pnma*	573,1 324,8 622,7	$Z = 4$	
W_2P [60883-49-0]	Di… phosphid	f	407,67 5,21	orh.	573,1 324,8 622,7		

Phasen-umwandlungen			Standardwerte bei 298,15 K		Bemerkungen und Charakteristik
°C		ΔH kJ/Mol	C_p S^0 J/KMol	ΔH_B^0 ΔG_B^0 kJ/Mol	
100	$-H_2O$		112,6 144,8	−1132 −1004	$\chi_{Mol} = -28{,}0 \cdot 10^{-6}$ cm^3 Mol^{-1}; „gelbe Wolframsäure"; gelbe Substanz, mikroskopisch amorph, röntgenographisch krist.; sehr stabil; Tungstit
					„weiße Wolframsäure"; blaßgelbes Pulver; mit der Zeit Übergang in gelbe Wolframsäure
277 327	*F* *V*				braunschw. glänzende Nadeln; sehr zerfl.; zers. leicht an der Luft; zers. W; l. Dioxan, Aceton, R_2O
200	*Z*				zitronengelbe bis messinggelbe Schuppen, gepulvert gelb; an der Luft zers. → HBr + Wolframsäure; nicht schmelzbar; zers. W → HBr + Wolframsäure
211 223	*F* *V*	45,4 43,9	146,3 172,8	−671,1 −549,3	lange durchsichtige glänzende Nadeln, zinnober- bis scharlachrot; zers. an feuchter Luft; zers. W → Wolframsäure; ll. CS_2, S_2Cl_2; wl. Bzl
266 369	*F* *Z*		104,4 200,8	−780,3 −702,8	gelbe glänzende Schuppen, dünne kleine Tafeln; zers. W → Wolframsäure + HCl; l. Alk → Wolframat; l. wss. NH_3; unl. org. Lösm. außer E
101 188	*F* *V*	5,0 56,1	133,6 175,7	−1394,4 −1285,5	weiße krist. Substanz; äußerst hygr.; l. W → gelbe Wolframsäure, ll. abs. Al, Chlf; wl. Bzl; swl. CS_2; unl. CCl_4
					graue Krist. von met. Glanz; unl. wss. HF, HCl; l. Königsw., Gemisch HF + HNO_3; l. Alk-carbonat-schmelze → Wolframat; $KHSO_4$ schließt nur langsam auf
					stahlgraue, stark glänzende Krist.; leitet metallisch; unl. S., Königsw.; Aufschluß durch Schmelze Na_2CO_3 + $NaNO_3$

Übersichtstabelle Anorganische Verbindungen (Fortsetzung)

Formel	Name	Zustand	Mol-Masse / Dichte 10^3 kg · m^{-3}	Kristalldaten: System, Typ und Symbol	Einheitszelle: Kantenlänge in pm	Einheitszelle: Winkel und Z	Brechzahl n_D
W	**Wolfram**						
α-WP_2 [12037-78-4]	diphosphid	f	245,80 / 9,3	mkl., D_{2h}^3, $C2/m$	850,0 316,8 746,6	119,35° $Z=4$	
WS_2 [12138-09-9]	(IV)-sulfid	f	247,98 / 7,5	hex., *C*7 D_{6h}^4, $P6_3/mmc$	315,4 1236,2	$Z=2$	
WS_3 [12125-19-8]	(VI)-sulfid	f	280,04				
WSi_2 [12039-88-2]	disilicid	f	240,02 / 9,4	tetr., *C*11 D_{4h}^{17}, $I4/mmm$	321,1 786,8	$Z=2$	
W_5Si_3 [12039-95-1]	Pentatrisilicid	f	1003,51 / 14,5	tetr., D_{4h}^{18}, $I4/mcm$	964,0 497,0	$Z=4$	
Y	**Yttrium**						
YB_6 [12008-32-1]	hexaborid	f	153,77 / 3,7	kub., O_h^1, $Pm3m$	410,0	$Z=1$	
$Y(BrO_3)_3 \cdot 9H_2O$ [15162-95-5]	bromatnonahydrat	f	634,76 / 2,6	hex., C_{6v}^4, $P6_3mc$	1173 668	$Z=2$	
YC_2 [12071-35-1]	dicarbid	f	112,93 / 4,13	tetr., D_{4h}^{17}, $I4/mmm$	366,3 617,1	$Z=2$	

Phasen-umwandlungen			Standardwerte bei 298,15 K				Bemerkungen und Charakteristik
°C		ΔH kJ/Mol	C_p J/KMol	S^0	ΔH^0_B kJ/Mol	ΔG^0_B	
							schw. krist. Masse; unl. HF, HCl, ammoniakalischem H_2O_2, Al, E, Chlf, CS_2; l. Gemisch HF + HNO_3, Königsw. beim Erwärmen; mit H_2SO_4, HNO_3 → Oxid; Aufschluß durch Schmelze Na_2CO_3, K_2CO_3, $NaNO_3$ +Na_2CO_3, $KHSO_4$
1250	*F*		63,5	64,9	−259,4	−249,9	Halbleiter; $\chi_{Mol} = + 5850 \cdot 10^{-6}$ cm^3 Mol^{-1}; grauschw. Pulver; blauschw. Krist., leicht zerreibbar, abfärbend; unl. W; l. Gemisch HF + HNO_3; wss. HF, HCl, HNO_3 wirken nicht ein; mit Cl_2 bei 400 °C → WCl_6
170	*Z*						schw. Pulver, fein verteilt braun; etwas l. k. W, l. h. W, wss. NH_3, Alk, Alk-carbonatlsg.
2164	*F*						graue bläuliche met. glänzende Krist.; unl. S; l. Gemisch HF + HNO_3; Alk-Schmelze zers. rasch; $KHSO_4$ wirkt nicht ein, desgl. Königsw.; Aufschluß Schmelze Alk-carbonat mit -nitrat oder -chlorat
2324	*F*						stahlgraue Nadeln von met. Aussehen; unl. S, Königsw.; l. Gemisch HF + HNO_3; wl. wss. Alk, rasch l. Alk-Schmelze, auch Alk-carbonat- und KNO_3-Schmelze
2600	*Z*						blau; unl. HCl; l. HNO_3; metallisch
74 100	*F* −6 *W*						l. W, unl. E, wl. Al
1320 2145	*U* *F*						goldglänzende krist. Masse; mikroskopisch gelbe durchsichtige Krist.; zers. W unter Bildung von KW

Übersichtstabelle Anorganische Verbindungen (Fortsetzung)

Formel	Name	Zustand	Mol-Masse / Dichte 10^3 kg · m^{-3}	Kristalldaten: System, Typ und Symbol	Einheitszelle: Kantenlänge in pm	Einheitszelle: Winkel und Z	Brechzahl n_D
Y	**Yttrium**						
$Y_2(CO_3)_3 \cdot 2\,H_2O$ [36833-38-2]	(III)-carbonat-dihydrat	f	393,87 / 3,12	orh., C_{2v}^{12}, $Bb2_1m$	608 917 1512		
YCl_3 [10361-92-9]	(III)-chlorid	f	195,26 / 2,67	mkl., C_{2h}^{3}, $C2/m$	692 1194 644	111,0° $Z=4$	
$YCl_3 \cdot 6H_2O$ [10025-94-2]	chlorid-hexahydrat	f	303,36 / 2,18	mkl., C_s^2, Pn	960,16 649,55 785,66	93,709° $Z=2$	
YF_3 [13709-49-4]	fluorid	f	145,90 / 5,0	orh., D_{2h}^{16}, $Pnma$	636,54 685,66 439,16	$Z=4$	
YI_3 [13470-38-7]	(III)-iodid	f	469,62 / 4,62	trig., C_{3i}^2, $R\bar{3}$	750,3 2081	$Z=6$	
YN [25764-13-0]	nitrid	f	102,91 / 5,89	kub., $B1$ O_h^5, $Fm\bar{3}m$	489,44	$Z=4$	
$Y(NO_3)_3$ [10361-93-0]	(III)-nitrat	f	274,92 / 1,7446				
$Y(NO_3)_3 \cdot 6H_2O$ [13494-98-9]	hexyhydrat	f	383,01 / 2,68	trikl., C_i^1, $P\bar{1}$	915,1 1209,7 672,3	104,5° 112,4° 104,1° $Z=2$	
Y_2O_3 [1314-37-0]	(III)-oxid	f	225,81 / 5,01	kub., $D5_3$ T_h^7, $Ia3$	1061	$Z=16$	
$Y(OH)_3$ [16469-22-0]	(III)-hydroxid	f	139,93 / 3,81	hex., $D0_{19}$ C_{6h}^2, $P6_3/m$	626,8 354,7	$Z=2$	
Y_2S_3 [12039-19-9]	(III)-sulfid	f	273,99 / 3,87	mkl.	1752,0 401,9 1017,0	98,64° $Z=6$	

Phasen-umwandlungen °C		ΔH kJ/Mol	Standardwerte bei 298,15 K C_p J/KMol	S^0	ΔH_B^0 kJ/Mol	ΔG_B^0	Bemerkungen und Charakteristik
130	$-3\,H_2O$						weißes Pulver; praktisch unl. W; l. verd. S, überschüssiger Alk-carbonatlsg.
721 1507	*F* *V*	31,5	92,0	136,8	−1000,0	−927,7	fbl. strahlige Masse mit kleinen Krist.; durchscheinende Blättchen; LW 20° 43,9%, Bdk. 6 H_2O, ll. Al; etwas l. Py; l. in viel Aceton; LW 217 g/100 cm^{-3}
100	$-5\,H_2O$						fbl. platte große Prismen; wl. Al; unl. E
1077 1155 2230	*U* *F* *V*	32,5 28,0	86,9	88,7	−1718,4	−1640,9	weiß; unl. W, s. wl. verd. S
997 1310	*F* *V*	50 172	96,0	207,1	−616,7	−613,3	goldgelb; wasserhaltig: lange sehr zerfl. Krist.; ll. W; l. Al; wl. E; wasserfrei ll. Aceton
~2670	*F*		39,3	37,7	−299,2	−268,6	
			317				weiße Krist.; hygr.; LW 20° 53,3%, 60° 68%, ll. Al; l. Aceton, etwas l. E
100	$-3\,H_2O$						strahlige Masse aus fbl. Prismen; große durchsichtige Krist., LW s. $Y(NO_3)_3$; l. Al, E; zerfl.
1057 2432 4300	*U* *F* *V*	1,30	102,5	99,1	−1905,3	−1816,6	$\bar{\alpha}$ (293 ... 1273 K) = 9,3 · 10^{-6} K^{-1}; weißes gelblich getöntes Pulver; kleine Körner, LW 20° 1,8 · 10^{-4}% l. S, sogar Egs; langsam l. verd. HCl, ll. konz. HCl
190	*Z*				−1413	−1290	weißer gallertartiger Nd.; unl. W, Alk; ll. S; etwas l. NH_4Cl-Lsg.; fl. NH_4-salzlsg. beim Kochen unter Entwicklung von NH_3
1600	*F*				−1180		grün-gelb; Z S → H_2S
				(142)			

Übersichtstabelle Anorganische Verbindungen (Fortsetzung)

Formel	Name	Zustand	Mol-Masse / Dichte $10^3\,kg \cdot m^{-3}$	Kristalldaten: System, Typ und Symbol	Einheitszelle: Kantenlänge in pm	Einheitszelle: Winkel und Z	Brechzahl n_D
Y	**Yttrium**						
$Y_2(SO_4)_3$ [13510-71-9]	(III)-sulfat	f	465,99 2,52	trig., C_{3i}^2, $R\bar{3}$	919,0 2287	$Z=6$	
$Y_2(SO_4)_3 \cdot 8H_2O$ [7446-33-5]	octahydrat	f	610,12 2,558	mkl., C_{2h}^6, $C2/c$	1347 667 1823	101,69° $Z=4$	1,5423 1,5490
Yb	**Ytterbium**						
$YbBr_2$ [25502-05-0]	(II)-bromid	f	332,86 5,91	orh., D_{2h}^{12}, $Pnnm$	663,2 693,2 437,2	$Z=2$	
$YbBr_3$ [13759-89-2]	(III)-bromid	f	412,77 5,117	trig., C_{3i}^2, $R\bar{3}$	697,3 1908,6	$Z=6$	
$Yb(C_2H_3O_2)_3 \cdot 4H_2O$ [15280-58-7]	(III)-acetat-tetrahydrat	f	422,24 2,113	trikl., C_1^1, $P1$	924,4 963,6 1056,0	87,52° 115,85° 123,74° $Z=2$	
$YbCl_2$ [13874-77-6]	(II)-chlorid	f	243,95 5,08	orh., D_{2h}^{15}, $Pbca$	1315,52 694,43 669,42	$Z=8$	
$YbCl_3$ [10361-91-8]	(III)-chlorid	f	279,40 3,98	mkl., C_{2h}^3, $C2/m$	674,1 1165,7 638,4	110,2 $Z=4$	
$YbCl_3 \cdot 6H_2O$ [10035-01-5] [19423-87-1]	hexahydrat	f	387,49 2,575				
YbF_2 [15192-18-4]	(II)-fluorid	f	211,04 7,985	kub., O_h^5, $Fm\bar{3}m$	559,93	$Z=4$	
YbF_3 [13760-80-0]	(III)-fluorid	f	230,04	trig., D_{3d}^3, $P\bar{3}m$	403 416	$Z=6$	
YbI_2 [19357-86-9]	(II)-iodid	f	426,85 5,80	hex.	450,3 697,2	$Z=1$	
Yb_2O_3 [1314-37-0]	(III)-oxid	f	394,08 9,215	kub., $D5_3$ T_h^7, $Ia3$	1043,47	$Z=16$	

Phasen-umwandlungen °C		ΔH kJ/Mol	Standardwerte bei 298,15 K C_p J/KMol	S^0 J/KMol	ΔH_B^0 kJ/Mol	ΔG_B^0 kJ/Mol	Bemerkungen und Charakteristik
800	*Z*		255,2		−3952	−3650	weißes Pulver; LW 20° 6,8 %, Bdk. 8 H_2O; W erhitzt heftig; ll. gesättigter K_2SO_4-Lsg., unl. Aceton; hygr.
120	−8 *W*		577		−6329	−5554	fbl. kleine Krist., durchsichtig, luftbeständig; LW s. $Y_2(SO_4)_3$
677 1800	*F* *V*	 201			−552	−531	gelb; l. W.
956 1470	*F* *V*	42			−775	−594	fbl.; ll. W
70 300	−*W* *Z*						s. ll. W
720 1900	*F* *V*	25 209	82,9	130,5	−800,0	−754,1	grüngelb; ll. W, verd. S.
875,2	*F*	38	95,3	147,7	−959,9	−886,2	fbl. perlmuttglänzende Schuppen; ll. W unter Erwärmung; ll. abs. Al
154	*F* *F* *V*		341	393	−2846	−2430	wasserhelle Krist., ll. W; l. abs. Al
1407 2380		21 314		84,0	−1184	−1046	grau; unl. W
1157 2200	*F* *V*	29,7 251	92		~−1700	−1390	fbl.; unl. W, verd. S
780 1300	*F* *V*						gelb; l. W, S
1092 2450 4070	*U* *F* *V*	0,63	115,4	133,1	−1814,5	−1726,8	weißes schweres unschmelzbares Pulver; l. h. S; in der Kälte langsam l; ll. HCl

Übersichtstabelle Anorganische Verbindungen (Fortsetzung)

Formel	Name	Zustand	Mol-Masse / Dichte 10^3 kg · m^{-3}	Kristalldaten: System, Typ und Symbol	Einheitszelle: Kantenlänge in pm	Einheitszelle: Winkel und Z	Brechzahl n_D
Yb	**Ytterbium**						
$Yb_2(SO_4)_3$ [13469-97-1]	(III)-sulfat	f	634,26 / 3,793	kub.	643,0		
$Yb_2(SO_4)_3 \cdot 8\,H_2O$ [10034-98-7]	octahydrat	f	778,39 / 3,286	mkl., C^6_{2h}, $C2/c$	1343 / 663,4 / 1814	101,52° / $Z = 4$	
Zn	**Zink**						
$ZnAs_2$ [12044-55-2]	diarsenid	f	215,21 / 5,08	mkl. C^5_{2h}, $P2_1/c$	928,1 / 767,9 / 803,3	102,19° / $Z = 8$	
Zn_3As_2 [12006-40-5]	Di… triarsenid	f	345,95 / 5,578	tetr., C^{12}_{4v}, $I4_1cd$	1176 / 2365	$Z = 8$	
$Zn_3(AsO_4)_2 \cdot 8\,H_2O$ [16484-91-6]	ortho-arsenat-octahydrat	f	618,08 / 3,31	mkl., C^3_{2h}, $C2/m$	1011 / 1331 / 470	103° / $Z = 2$	1,662 / 1,683 / 1,717
$Zn_3B_4O_9$ [12536-65-1]	tetraborat	f	383,35 / 4,25	mkl., C^4_s, Ic	2343,0 / 540,0 / 838,48	97,53° / $Z = 8$	
$ZnBr_2$ [7699-45-8]	bromid	f	225,19 / 4,219	tetr., D^{20}_{4h}, $I4_1/acd$	1143,4 / 2180		
$ZnBr_2 \cdot 2H_2O$ [18921-13-6]	dihydrat	f	261,22	orh., D^{25}_{2h}, $Immm$	1043,5 / 1036,7 / 796,1	$Z = 8$	
$Zn(BrO_3)_2 \cdot 6H_2O$ [13517-27-6]	bromat-hexa-hydrat	f	429,28 / 2,566	kub., T^6_h, $Pa\bar{3}$	1034,0	$Z = 4$	1,5452
$Zn(CN)_2$ [557-21-1]	cyanid	f	117,41 / 1,852	kub., $C3$ T^1_d, $P\bar{4}3m$	590,5	$Z = 2$	1,47

Phasen- umwandlungen °C		ΔH kJ/Mol	Standardwerte bei 298,15 K C_p J/KMol	 S^0	 ΔH_B^0 kJ/Mol	 ΔG_B^0	Bemerkungen und Charakteristik
900	Z		275		−3890	−3570	fbl. Nadeln, weiß, undurchsichtig; LW 20° 22,9% Bdk. 8 H_2O; ll. in gesättigter K_2SO_4-Lsg.
					−6260	−5477	große glasglänzende luftbeständige Prismen; LW s. $Yb_2(SO_4)_3$
771	F						undurchsichtige met. schw.graue Masse; subl. Nadeln oder Blättchen; W zers. nicht; zers. S → AsH_3
190 692 1015	U U F	0,0 0,0 154,8	125,2	168,0	−133,9	−125,5	α-Zn_3As_2 Halbleiter; met. glänzende Masse von blätterig krist. Struktur; W zers. nicht; zers. S → AsH_3
			255,3	281,9	−2134,7	−1915,6	Köttigit; durchsichtige Krist.; unl. W; l. verd. S
980	F						fbl.; krist. unl. HCl; amorph l. HCl
402 655	F V	15,6 118	65,1	136,0	−329,7	−312,5	fbl. glänzende Nadeln; geschmolzen fbl. Fl., zerfl.; LW 20° 81,3%, Bdk. 2 H_2O; L Aceton 20° 78,44%; L Py 18° 4,4 g/100 cm^3; l. Al, E
37	F			235,1	−923,9		kleine Krist.; schmelzen zu einer klaren Fl., die sich schnell trübt; feuchter Luft zerfl.
100 200	F $-6H_2O$						weiß; s. ll. W
800	Z						$\chi_{Mol} = -46 \cdot 10^{-6}$ cm^3 Mol^{-1}; feines weißes Pulver; bei langsamer Bildung glänzende Krist.; LW 20° $5 \cdot 10^{-4}$%; l. verd. S, Alk, wss. KCN, NH_3, fl. NH_3; unl. Al, Py

Übersichtstabelle Anorganische Verbindungen (Fortsetzung)

Formel	Name	Zustand	Mol-Masse Dichte 10^3 kg · m^{-3}	Kristalldaten: System, Typ und Symbol	Einheitszelle: Kantenlänge in pm	Einheitszelle: Winkel und Z	Brechzahl n_D
Zn	**Zink**						
$ZnCO_3$ [3486-35-9] [14476-25-6]	carbonat Smithsonit	f	125,38 4,44	hex., D_{3d}^6, $R\bar{3}c$	465,33 1502,8	$Z = 6$	1,630 1,841
$2\,ZnCO_3$ $\cdot\ 3\ Zn(OH)_2$ [12122-17-7] [5263-02-5]	Hydro- zinkit	f	548,90 4,00	mkl., C_{2h}^3, $C2/m$	1358 628 541	95,58° $Z = 2$	1,640 1,736 1,750
$Zn(CHO)_2$ [557-41-5]	formiat	f	155,41 2,368				
$Zn(HCO)_2$ $\cdot\ 2\ H_2O$ [5970-62-7]	formiat dihydrat	f	191,44 2,207	mkl.	930,5 714,5 869,0	97,41° $Z = 4$	2,207 2,158 2,16–2,33
$Zn(CH_3CO_2)_2$ [557-34-6]	acetat	f	183,46 1,84	tetr.	1113 1095		
$Zn(CH_3CO_2)_2$ $\cdot\ 2\ H_2O$ [5970-45-6]	acetat- dihydrat	f	219,49 1,77	mkl., C_{2h}^6, $C2/c$	1443,3 534,0 1098,1	99,88° $Z = 4$	1,432 1,492 1,553
ZnC_2O_4 $\cdot\ 2\ H_2O$ [4255-07-6]	oxalat- dihydrat	f	189,42 2,5	mkl., C_{2h}^6, $C2/c$	1180,4 540,3 992,1	127,7° $Z = 4$	
$ZnCl_2$ [7646-85-7]	chlorid	f	136,28 2,93	tetr.,* D_{2d}^{12}, $I\bar{4}2d$	539,8 1033	$Z = 4$	1,687 1,713
$Zn(ClO_4)_2$ $\cdot\ 6\ H_2O$ [10025-64-6]	perchlorat hexahydrat	f	372,36 2,26	hex., D_{6h}^1, $P6/mmm$	1562 522,0	$Z = 2$	1,508 1,480

Phasen-umwandlungen			Standardwerte bei 298,15 K		Bemerkungen und Charakteristik
°C		ΔH kJ/Mol	C_p S^0 J/KMol	ΔH_B^0 ΔG_B^0 kJ/Mol	
300	$-CO_2$		80,1 82,4	−812,9 −731,5	$\chi_{Mol} = -34 \cdot 10^{-6}$ cm³ Mol⁻¹; Zinkspat; weißes Kristallpulver, LW 25° 1,46 10^{-4} Mol/l; S, wss. NH_3 nur in Gegenwart von NH_4-salz; unl. Aceton, Py
					fbl. Krist.; l. NH_4-salzlsg.
350	*Z*				fbl.; L k. W 3,8%, h. W 62%
100 250	$-2H_2O$ *Z*			−1540	fbl. prismatische Krist.; ll. sied. W L. k. W 5,2 g/100 cm³; unl. Al; zers. beim Erhitzen
180	*Z*				weiße Krist.; l. W, jedoch mäßig k. W; L Egs 0,016 Mol/l; L abs. Al 0,027 Mol/l; L E 0,0027 Mol/l
100	*F**				* im eigenen Kristallwasser; fbl. Krist.; schwacher Geruch nach Egs; l. Al, Aceton, Egester
100	*Z*				fbl. Krist.; LW 25° 1,67 · 10^{-4} Mol l. HCl, H_2SO_4, HNO_3, Alk-oxalat-lsg.
290 732	*F* *V*	10,3 126	71,3 111,5	−415,0 −369,4	* α-$ZnCl_2$; β-Modifikation mkl. C_{2h}^5, $P2_1/c$, $a = 654$, $b = 1131$, $c = 1233$ pm, $\beta = 90°$, $Z = 12$, γ-Modifikation; tetr. D_{4h}^{15}, $P4_2/nmc$, $a = 370$, $c = 106$ pm, $\bar{\gamma}$ (293...423 K) = 87 · 10^{-6} K⁻¹; fbl. Krist.; geschmolzen fbl. klare Fl.; LW 20° 78,7%, Bdk. 1½ H_2O; L Aceton 18° 30,3%; L Glycerin 15° 33%; l. Al, E
163 180	*F* *−W*				fbl. Krist., lange Nadeln; zerfl.; l. Al

Übersichtstabelle Anorganische Verbindungen (Fortsetzung)

Formel	Name	Zustand	Mol-Masse / Dichte 10^3 kg · m^{-3}	Kristalldaten: System, Typ und Symbol	Einheitszelle: Kantenlänge in pm	Einheitszelle: Winkel und Z	Brechzahl n_D
Zn	**Zink**						
ZnF_2 [7783-49-5]	fluorid	f	103,37 4,95	tetr., $C4$ D_{4h}^{14}, $P4_2/mnm$	471,1 313,2	$Z = 2$	1,502 1,529
$ZnF_2 \cdot 4\,H_2O$ [13986-18-0]	fluorid-tetra-hydrat	f	175,43 2,309	orh., C_{2v}^5, $P2_1ab$	754,4 1264,1 529,2	$Z = 4$	
ZnH_2 [14018-82-7]	hydrid	f	67,39				
ZnI_2 [10139-47-6]	iodid		319,18 4,736	tetr., D_{4h}^{20}, $I4_1/acd$	1232 2356	$Z = 32$	
$Zn(IO_3)_2$ [7790-37-6]	iodat	f	415,18 5,063				
$Zn(IO_3)_2 \cdot 2H_2O$ [7790-37-6]	iodat-dihydrat	f	451,21 4,223				
Zn_3N_2 [1313-49-1]	nitrid	f	224,12 6,22	kub., $D5_3$ T_h^7, $Ia3$	977,687	$Z = 16$	
$Zn(NO_3)_2 \cdot 6\,H_2O$ [10196-18-6]	nitrat hexahydrat	f	297,47 2,065	orh., C_{2v}^9, $Pna2_1$	1237,2 1290,2 630,2	$Z = 4$	
ZnO [1314-13-2]	oxid	f	81,37 5,66	hex., $B4$ C_{6v}^4, $P6_3mc$	324,982 520,661	$Z = 2$	2,008 2,029

Phasen-umwandlungen °C		ΔH kJ/Mol	Standardwerte bei 298,15 K C_p J/KMol	S^0 J/KMol	ΔH_B^0 kJ/Mol	ΔG_B^0 kJ/Mol	Bemerkungen und Charakteristik
820 872 1500	*U* *F* *V*	3,14 39,9 184,9	65,6	73,7	−764,4	−713,5	$\bar{\gamma}$ (293...423 K) = 34 · 10^{-6} K^{-1}; χ_{Mol} = −38,2 · 10^{-6} cm^3 Mol^{-1}; fbl. durchsichtige Krist.; l. W, h. S; unl. Al, fl. NH_3
100	$-4\,H_2O$						fbl.; L. k. W, 1,6%, l. h. W, S, Alk, NH_4OH
90–100	$-H_2$						weiße nicht flch. Substanz; von W langsam hydrolysiert, von S und Alk rasch, wobei sich H_2 entwickelt; unl. E
446 750	*F* *V*	16,7 109,7	65,7	161,5	−208,2	−209,3	χ_{Mol} = −98 · 10^{-6} cm^3 Mol^{-1}; 2. Form trig. D_{3d}^3, $P\bar{3}m1$, a = 425, c = 654 pm, Z = 1; 3. Form tetr., a = 427, c = 1180 pm; fbl. Krist.; weißes Pulver; färbt sich an Luft und Licht braun; sehr hygr.; LW 20° 81,5%, Bdk. 0 H_2O; L Py 18° 12,6 g/100 cm^3, L Glycerin 15° 28,5%; l. Al, E, Aceton, etwas l. fl. NH_3; unl. CS_2
600	*Z*						kleine weiße sehr feine glänzende Nadeln; wl. k. W; l. HNO_3, Alk, NH_3
200	$-2\,H_2O$						weiß; L. k. W 0,9%, h. W 1,3%; l. HNO_3, NH_4OH
600	*Z*		109,3	108,8	−22,6	+39,3	χ_{Mol} = −44,6 · 10^{-6} cm^3 Mol^{-1}; schw. graues Pulver; l. verd. und konz. HCl, 2 N-H_2SO_4, NaOH unter Bildung von NH_3; mit konz. H_2SO_4, verd. und konz. HNO_3 entwickelt sich N_2
36,1 27–145	*F* −*W*				−2306		wasserhelle Krist.; sehr hygr.; LW 20° 54%, Bdk. 6 H_2O; ll. Al
1975	*F*	54,3	41,1	43,6	−350,5	−320,5	Halbleiter; Rotzinkerz; weiße seidenglänzende Nadeln oder Prismen; nimmt an der Luft H_2O und CO_2 auf; l. S, Alk

Übersichtstabelle Anorganische Verbindungen (Fortsetzung)

Formel	Name	Zustand	Mol-Masse Dichte 10^3 kg · m^{-3}	Kristalldaten: System, Typ und Symbol	Einheitszelle: Kantenlänge in pm	Einheitszelle: Winkel und Z	Brechzahl n_D
Zn	**Zink**						
ZnO_2 [1314-22-3]	peroxid	f	97,39 5,5	kub., T_h^6, $Pa\bar{3}$	487,1	$Z = 4$	
$Zn(OH)_2$ [20427-58-1]	hydroxid	f	99,38 3,082	orh., $C31$ D_2^4, $P2_12_12_1$	516 853 492	$Z = 4$	
ZnP_2 [12037-79-5]	diphosphid	f	127,32 3,51	tetr., D_4^8, $P4_32_12$	508 1859	$Z = 8$	
Zn_3P_2 [1314-84-7]	Di…tri- phosphid	f	258,06 4,21	tetr., $D5_9$ D_{4h}^{15}, $P4_2/nmc$	811,3 1147	$Z = 8$	
$Zn_2P_2O_7$ [7446-26-6]	pyro- phosphat	f	304,68 3,75	mkl., C_{2h}^6, $I2/c$	2006,8 825,9 909,9	106,28° $Z = 12$	
$Zn_3(PO_4)_2$ [7779-90-0]	ortho- phosphat	f	386,05 3,83	mkl., C_{2h}^6, $A2/a$	1500,6 563,5 818,3	105,02° $Z = 4$	
$Zn_3(PO_4)_2$ $\cdot 4\,H_2O$ [7543-51-3] [15491-18-6]	ortho- phosphat, tetrahydrat Hopeit	f	458,11 3,13	orh., D_{2h}^{16}, $Pnma$	1060,67 1830,04 502,84	$Z = 4$	1,587 1,596 1,598
$Zn_3(PO_4)_2$ $\cdot 4\,H_2O$ [16842-47-0]	Parahopeit	f	458,11 3,31	trikl., C_i^1, $P\bar{1}$	576 754 529	93,30° 91,88° 91,32° $Z = 1$	1,614 1,625 1,665
$Zn_3(PO_4)_2$ $\cdot 8\,H_2O$ [7543-51-3]	octahydrat	f	530,18 3,109				

Phasen-umwandlungen °C		ΔH kJ/Mol	Standardwerte bei 298,15 K C_p J/KMol	S^0 J/KMol	ΔH_B^0 kJ/Mol	ΔG_B^0 kJ/Mol	Bemerkungen und Charakteristik
							Z W
125	$-W$		72,4		−642,0		HP-Form trig. $C6$, D_{3d}^3, $P3m1$, $a = 319$, $c = 465$ pm, $Z = 1$; weiße Substanz in amorpher und krist. Formen, LW 29° $1{,}9 \cdot 10^{-4}$ %; l. S, Alk
107 985	U F	 93,3	73,2	 60,3	−101,7	 −82,7	or.rote durchsichtige nadelförmige Krist.; unl. nichtoxid. S; l. konz. HNO_3, ZnP_2 (schwarz) mkl. C_{2h}^5, $P2_1/c$; $a = 886$; $b = 730$; $c = 757$ pm; $Z = 8$, $\beta = 102{,}3°$
980 1199	U F	0,0 163,2	116,9	 150,6	−195,0	 −178,2	Halbleiter; dklgraue Nadeln oder Blättchen mit met. glänzenden Flächen; mit feuchter Luft → PH_3; unl. W, mit wss. HCl, H_2SO_4 → PH_3; l. HNO_3 ohne Gasentwicklung
							schweres weißes krist. Pulver; l. S, Alk, wss. NH_3; unl. Egs beim Erhitzen in W → $Zn_3(PO_4)_2$ + $ZnHPO_4$
942	F	19,0	234,1	 237,0	−2899,5	 −2663,8	unl. W, S, NH_4OH
150 200 400	$-2W$ $-W$ $-W$						$\chi_{Mol} = -165 \cdot 10^{-6}$ cm³ Mol⁻¹; weiße glänzende Krist.; unl. W, fl. NH_3, Egs. methylester; l. NH_3 in Gegenwart von NH_4Cl
							weiße glänzende Krist.
							l. Al

Übersichtstabelle Anorganische Verbindungen (Fortsetzung)

Formel	Name	Zustand	Mol-Masse / Dichte 10^3 kg · m^{-3}	Kristalldaten: System, Typ und Symbol	Einheitszelle: Kantenlänge in pm	Winkel und Z	Brechzahl n_D
Zn	**Zink**						
ZnS [1314-98-3] [12169-28-7]	sulfid, Blende		97,44 / 4,079	kub., *B*3 T_d^2, $F\bar{4}3m$	540,60	$Z = 4$	2,3688
ZnS [12138-06-6]	Wurtzit	f	97,43 / 4,087	hex., *B*4 C_{6v}^4, $P6_3mc$	382,098 625,73	$Z = 2$	2,378 2,356
$ZnSO_3 \cdot 2H_2O$ [7488-52-0]	sulfit-dihydrat	f	181,46 / 2,94	mkl., C_{2h}^5, $P2_1/n$	642,1 852,4 757,4	98,93° $Z = 4$	
$ZnSO_4$ [7733-02-0]	sulfat	f	161,43 / 3,546	orh., D_{2h}^{16}, *Pnma*	858,8 674,0 477,0	$Z = 4$	1,658 1,669 1,670
$ZnSO_4 \cdot H_2O$ [7446-19-7]	hydrat	f	179,45 / 3,195	mkl., C_{2h}^6, $C2/c$	750,79 758,71 693,55	116,248 $Z = 4$	
$ZnSO_4 \cdot 6\,H_2O$ [13986-24-8]	hexahydrat	f	269,52 / 2,074	mkl., C_{2h}^6, $C2/c$	998,1 725,0 2428,0	98,45° $Z = 8$	
$ZnSO_4 \cdot 7\,H_2O$ [7446-20-0]	hepta-hydrat	f	287,54 / 1,957	orh., D_2^4, $P2_12_12_1$	1177,9 1205,0 682,2	$Z = 4$	1,458 1,480 1,485
ZnSb [12039-35-9]	antimonid	f	187,12 / 6,383	orh., D_{2h}^{15}, *Pbca*	621,8 774,1 811,5	$Z = 8$	
Zn_3Sb_2 [12039-40-6]	Tri…di-antimonid	f	439,61 / 6,327	orh., D_{2h}^{13}, *Pmmm*	803 732 1134	$Z = 2$	

Phasen-umwandlungen			Standardwerte bei 298,15 K				Bemerkungen und Charakteristik
°C		ΔH kJ/Mol	C_p J/KMol	S^0	ΔH_B^0 kJ/Mol	ΔG_B^0	
1020	*U*	13,4	45,4	57,6	−205,2	−200,4	$\varkappa$(5,0...20,0 MPa; 273 K) = 1,28 · 10^{-5} MPa^{-1}; Halbleiter; ε = 8,3 (10^{12} Hz); χ_{Mol} = −25 · 10^{-6} cm^3 Mol^{-1}; piezoelektrisch, Sphalerit; künstlich dargestellt durchsichtige Krist.; LW 18° 6,8 · 10^{-5}%; ll. S, selbst in stark verd. Mineralsäuren
1180	*Sb*		45,9	68,0	−191,8	−190,1	$\varkappa$(5...20,0 MPa; 273 K) = 1,33 · 10^{-5} MPa^{-1}; HT Mod.; gefällt weißes staubiges Pulver; LW 18° 2,81 · 10^{-4}%; ll. S
100 200	−2 H_2O *Z*						weiß; LW 0,16 %, h. W. Z., l. S
740	*U*	20,4	99,1	110,5	−982,8	−871,4	χ_{Mol} = −45 · 10^{-6} cm^3 Mol^{-1}; weißes Pulver von säuerlichem Geschmack; leicht zu zerreiben; LW 20° 34,9%, Bdk. 7 H_2O; langsam l. k. W, rasch l. h. W; L Me 18° 0,65%; L Al 25° 0,034%; HT-Mod. 740 °C, kub. T_d^2, $F\bar{4}3m$, a = 718 pm; Z = 4
225	−*W*		153,6	145,5	−1301,5	−1131,1	χ_{Mol} = −63 · 10^{-6} cm^3 Mol^{-1}; fbl. Krist.; LW s. $ZnSO_4$; Gunningit
36−90	−*W*		358,0	355,9	−2779,0	−2323,5	fbl. Krist.; LW s. $ZnSO_4$
48	*F*		379,2	388,7	−3078,5	−2563,3	χ_{Mol} = −143 · 10^{-6} cm^3 Mol^{-1}; piezoelektrisch; fbl. durchsichtige glasglänzende Krist.; verwittern leicht; LW s. $ZnSO_4$; swl. Al, Zinkvitriol; Goslarit
537	*Z*		52,05	89,7	−151		Halbleiter; silberweiße Krist.; sied. W zers. etwas; unl. S
405 455 566	*U* *U* *F*		256		−30,5		silberweiße Krist.; zers. sied. W

Übersichtstabelle Anorganische Verbindungen (Fortsetzung)

Formel	Name	Zustand	Mol-Masse / Dichte 10^3 kg·m^{-3}	Kristalldaten: System, Typ und Symbol	Einheitszelle: Kantenlänge in pm	Einheitszelle: Winkel und Z	Brechzahl n_D
Zn	**Zink**						
$ZnSb_2O_6$ [15578-22-0]	antimonat	f	404,87 6,64	tetr., $C4$ D_{4h}^{14}, $P4_2/mnm$	666,6 926,5	$Z = 2$	>2,00
ZnSe [1315-09-9]	selenid Stilleite	f	144,33 5,261	kub., $B3$ T_d^2, $F\bar{4}3m$	566,882	$Z = 4$	
$ZnSiF_6 \cdot 6\,H_2O$ [18433-42-6]	hexafluoro-silicat hexahydrat	f	315,54 2,15	trig., $I6_1$ C_{3i}^2, $R\bar{3}$	936,2 969,5	$Z = 1$	1,3824 1,3956
$ZnSiO_3$ [13814-85-2]	meta-silicat	f	141,45 3,52	mkl.	979 918 530	111,5°	1,616 1,62 1,623
Zn_2SiO_4 [13597-65-4]	ortho-silicat, Willemit	f	222,82 3,9	trig., $S1_3$ C_{3i}^2, $R\bar{3}$	1393,81 931,00	$Z = 18$	1,694 1,723
$Zn_4Si_2O_7(OH)_2 \cdot H_2O$ [73356-02-2]	Hemimorphit	f	481,72 3,48	orh., C_{2v}^{20}, $Imm2$	841 514 1073	$Z = 4$	1,61376 1,61673 1,63576
ZnTe [1315-11-3]	tellurid	f	192,97 5,639	kub., $B3$ T_d^2, $F\bar{4}3m$	610,26	$Z = 4$	3,56
Zr	**Zirkon**						
ZrB_2 [12045-64-6]	diborid	f	112,84 5,64	hex., D_{6h}^1, $P6/mmm$	316,870 353,002	$Z = 1$	
$ZrBr_2$ [24621-17-8]	(II)-bromid	f	251,04 5,000	trig.	352 2056	$Z = 3$	

Phasen-umwandlungen			Standardwerte bei 298,15 K				Bemerkungen und Charakteristik
°C		ΔH kJ/Mol	C_p J/KMol	S^0	ΔH_B^0 kJ/Mol	ΔG_B^0	
							feines weißes Pulver; Ordonezit
1522	*F*		51,9	70,3	−159,0	−154,9	Halbleiter; auch hex, C_{6v}^4, $P6_3mc$, $a = 399{,}6$, $c = 655$ pm, $Z = 2$, gelbes Pulver oder kleine Krist.; mit rauchender HCl → H_2Se; mit kalter verd. HNO_3 → Se-Abscheidung
							wasserhelle Krist.; LW 20° 35%, Bdk. $6\,H_2O$
1429	*F*		84,8	89,5	−1262	−1179	weißes krist. Pulver; unl. W, S; l. 20% HF
1512	*F*		121,3	131,4	−1644	−1530	fbl. Krist.; unl. W; l. 20% HF; l. HCl unter Abscheidung von Kieselsäure; HT-Mod., >1400 °C, trkl., $a = 510$; $b = 994$; $c = 1590$ pm; $\alpha = 89{,}99°$; $\beta = 96{,}98°$; $\gamma = 119{,}26°$
							Kieselzinkerz; fbl. Krist.; l. S, auch Egs, unter Abscheidung von Kieselsäure; etwas l. Citronensäure, wss. NH_3 mit NH_4Cl; unl. $(NH_4)_2CO_3$-Lsg.
1300	*F*		49,7	77,8	−119,2	−115,3	Halbleiter; rötlich braunes Pulver; an trockener Luft beständig; zers. W, verd. HCl unter H_2Te-Entwicklung; HT-Mod., >430 °C hex. $a = 431$, $c = 709$ pm
3060 4193	*F* *Z*	104,6	48,4	35,9	−322,6	−318,2	graue Substanz mit met. Eigenschaften; beträchtliche Härte; beständig gegen sied. HCl, HNO_3
400	*Z*		86,7	115,9	−404,6	−382,2	$\bar{\alpha}$ (293...773 K) = $6{,}36 \cdot 10^{-6}$ K^{-1}; glänzend schw. Pulver; Z → Zr + $ZrBr_4$; heftige Reaktion mit H_2O

Übersichtstabelle Anorganische Verbindungen (Fortsetzung)

Formel	Name	Zustand	Mol-Masse Dichte $10^3\ kg \cdot m^{-3}$	Kristalldaten			Brechzahl n_D
				System, Typ und Symbol	Einheitszelle		
					Kantenlänge in pm	Winkel und Z	
Zr	**Zirkon**						
$ZrBr_3$ [24621-18-9]	(III)-bromid	f	330,95 4,52	hex., D_{6h}^3, $P6_3/mcm$	675 632	$Z = 2$	
$ZrBr_4$ [13777-25-8]	(IV)-bromid	f	410,86 3,98	kub., T_h^6, $Pa\bar{3}$	1095	$Z = 8$	
ZrC [12070-14-3]	carbid	f	103,23 6,51	kub., $B1$ O_h^5, $Fm3m$	469,30	$Z = 4$	
$Zr(CH_3CO_2)_4$ [7585-20-8]	(IV)-acetat	f	327,40				
$ZrCl_2$ [13762-26-0]	(II)-chlorid	f	162,13 3,6	trig., C_{3v}^5, $R3m$	338,2 1937,8	$Z = 3$	
$ZrCl_3$ [10241-03-9]	(III)-chlorid	f	197,58 2,28	trig., D_{3d}^3, $P\bar{3}m1$	596,1 966,9	$Z = 2$	
$ZrCl_4$ [10026-11-6]	(IV)-chlorid	f	233,03 2,80	mkl., C_{2h}^4, $P2/c$	636,1 740,7 625,6	109,3°	
ZrF_4 [7783-64-4]	(IV)-fluorid	f	167,21 4,43	mkl., C_{2h}^6, $I2/a$	955,85 995,12 770,71	94,520° $Z = 12$	1,57 1,60

Phasen-umwandlungen °C		ΔH kJ/Mol	Standardwerte bei 298,15 K C_p S^0 J/KMol	ΔH^0_B ΔG^0_B kJ/Mol	Bemerkungen und Charakteristik
310	*Z*		99,5 172,04	−636,0 −607,6	blauschw. Pulver; Z → $ZrBr_2$ + $ZrBr_4$, l. Eisw. mit heftiger Reaktion unter H_2-Entwicklung
450 357	*F** Sb	 107,8	124,8 224,7	−760,7 −725,3	* unter Druck; weißes krist. Pulver oder gelbliche Krist.masse; sehr hygr.; zers. an feuchter Luft oder mit W → $ZrOBr_2$; L fl. NH_3 −33° 1,05 g/5 cm³ fl. NH_3, bei 0° Ammonolyse; l. Egs, Aceton; wl. E; unl. Bzl, CCl, C_2H_5Br
3530 5100	*F* *V*	79,5	37,9 33,3	−196,6 −193,3	met. graue Substanz; unl. W; verd. oder konz. HCl greift nicht an; l. sied. konz. H_2SO_4; Königsw. zers. in der Wärme; KOH-Schmelze zers.
					fbl. mikroskopische Prismen; ll. W, Al; unl. E; über H_2SO_4 Abgabe von Egs → $ZrO(CH_3CO_2)_2$; ll. W, Al
650	*Z*		72,6 110,0	−431,0 −385,6	glänzende schw. Pulver; l. konz. S, Alk unter H_2-Entwicklung; unl. Al, E, Bzl; *Z* → Zr + $ZrCl_4$
300	*Z*		96,2 145,6	−714,2 −646,2	braues krist. Pulver, an Luft oxid. → $ZrOCl_2$; zers. W; mit HCl-Lsg. → $ZrOCl_2 \cdot 8\,H_2O$ in langen Nadeln; unl. fl. SO_2, *β* $ZrCl_3$; hex. D^3_{6h} $P6_3/mcm$, a = 638,42; c = 613,41 pm; *Z* → $ZrCl_2$ + $ZrCl_4$
437 331	*F** Sb	50 106	119,8 181,4	−979,8 −889,3	* unter Druck; $\bar{\gamma}$ (293...373 K) = 89 · 10^{-6} K^{-1}; weiße Krist. oder krist. Pulver; raucht an der Luft; leicht flch.; l. W unter Hydrolyse; beim Eindampfen → $ZrOCl_2 \cdot 8\,H_2O$; l. Me, Al, E, Py, konz. HCl
450 903	*U* *Sb*	0,0	103,4 104,7	−1911,3 −1809,9	schneeweiße kleine Krist., stark lichtbrechend; LW 20° 1,32%, bei 50° Hydrolyse, L fl. HF 12° 9 · 10^{-3} g/100 g Lösm.; l. wss. HF; swl. S, Alk; mit konz. H_2SO_4 → HF; *α*-ZrF_4 tetr. C^2_{4h}; $P4_2/m$, a = 789,6, c = 772,4 pm, *Z* = 8

Übersichtstabelle Anorganische Verbindungen (Fortsetzung)

Formel	Name	Zustand	Mol-Masse / Dichte 10^3 kg · m^{-3}	Kristalldaten: System, Typ und Symbol	Einheitszelle: Kantenlänge in pm	Einheitszelle: Winkel und Z	Brechzahl n_D
Zr	**Zirkon**						
ZrH_2 [7704-99-6]	hydrid	f	93,24 / 5,616	tetr., D_{4h}^{17}, *I4/mmm*	351,99 445,00	$Z=2$	
ZrI_2 [15513-85-6]	(II)-iodid	f	345,03	orh., C_{2v}^{7}, $Pmn2_1$	374,4 683,1 1488,6	$Z=4$	
ZrI_3 [13779-87-8]	(III)-iodid	f	471,93 / 5,18	hex., D_{6h}^{3}, $P6_3/mcm$	728,50 665,87		
ZrI_4 [13986-26-0]	(IV)-iodid	f	598,84 / 4,793	mkl., C_{2h}^{4}, *P2/c*	835,6 832,6 1792,6	103,2° $Z=6$	
ZrN [25658-42-8]	nitrid	f	105,23 / 6,97	kub., *B*1 O_h^5, *Fm*3*m*	457,756	$Z=4$	
$Zr(NO_3)_4 \cdot 5\,H_2O$ [13986-27-1]	(IV)-nitrat	f	429,32 / 2,11	trikl.	805 820 1060	100° 104° 96° $Z=2$	1,60 1,61
$ZrO(NO_3)_2 \cdot 2\,H_2O$ [20213-65-4]	oxidnitrat dihydrat	f	267,26 / 6,93				1,55 1,56
ZrO_2 [12036-23-6] [1314-23-4]	oxid	f	123,22 / 5,82	mkl., *C*43 C_{2h}^{5}, $P2_1/c$	531,29 521,75 514,71	99,218° $Z=4$	2,13 2,19 2,20

Phasen-umwandlungen °C		ΔH kJ/Mol	Standardwerte bei 298,15 K C_p S^0 J/KMol	ΔH_B^0 ΔG_B^0 kJ/Mol	Bemerkungen und Charakteristik
1000	$-H_2$				schwarz-grau, l. konz. S
600	*Z*		94,1 150,2	−259,4 −258,0	$Z \rightarrow Zr + ZrI_4$; heftige Reaktion mit H_2O $\rightarrow$ H_2-Entwicklung
275	*Z*		103,9 204,6	−397,5 −395,0	blau; $Z \rightarrow ZrI_2 + ZrI_4$
500 431	*F** Sb		127,8 260,3	−488,7 −485,5	* unter Druck; weiße feine Nadeln; gelb, rosa bis rot je nach Iodspuren; raucht an der Luft; sehr hygr.; l. W unter heftiger Reaktion $\rightarrow$ $ZrOI_2$ + HI; l. S; wl. Bzl, PE, CS_2; zers. Al; unl. fl. NH_3; α-ZrI_4 orh. $a = 707{,}7$, $b = 837{,}9$, $c = 1364{,}0$ pm, $Z = 4$, $D = 4{,}850 \cdot 10^3$ kg m^{-3}; β-ZrI_4, tetr. C_4^5, $I4$, , $a = 833{,}8$, $c = 2361$ pm, $Z = 8$, $D = 4830$ kg m^{-3}
2982	*F*	67,4	40,4 38,9	−365,2 −336,7	gelbbraunes Pulver mit goldgelben Krist.; hochgesintert zitronengelb sehr hart; ziemlich spröde; unl. W, HNO_3; l. konz. H_2SO_4, HF; sehr langsam l. HCl
140°	$-H_2O$				große wasserklare Prismen; sehr hygr.; ll. W, etwas weniger l. Al
				−1910	weißes krist. Pulver; ll. W; l. Al; Z. ab 110° an der Luft
1205 2377 2687 4270	*U* U_2 *F* *V*	5,94 87,0 624	56,1 50,3	−1097,5 −1039,7	Baddeleyit; $U \rightarrow$ stabile Hochtemperaturform; tetr., $P4_2/nmc$ $a = 364$ pm, $c = 527$ pm, $U_2 \rightarrow$ kub. $\bar{\alpha}$ (293 ... 1273 K) = $7{,}1 \cdot 10^{-6}$ K^{-1}; $\varepsilon = 12{,}4$; $\chi_{Mol} = -13{,}8 \cdot 10^{-6}$ cm^{3}Mol^{-1}; weißes krist. Pulver; unl. W; swl. S; l. H_2SO_4, HF; Aufschluß durch Schmelze mit Alkhydroxid

Übersichtstabelle Anorganische Verbindungen (Fortsetzung)

Formel	Name	Zustand	Mol-Masse Dichte 10^3 kg · m^{-3}	Kristalldaten System, Typ und Symbol	Einheitszelle Kantenlänge in pm	Winkel und Z	Brechzahl n_D
Zr	**Zirkon**						
ZrO_2 kub. [1314-23-4]		f	123,22 6,27	kub., $C1$* O_h^5, $Fm3m$	508	$Z=4$	
$Zr(OH)_4$ [14475-63-9]	(IV)- hydroxid- oxidaquat	f	159,25 3,25				
$ZrOBr_2 \cdot 8\,H_2O$ [13520-92-8]	oxid- bromid octahydrat	f	411,16	tetr., D_{2d}^4, $P\bar{4}2_1c$	1765,0 795,0	$Z=8$	
$ZrOCl_2 \cdot 8\,H_2O$ [13520-92-8]	oxid- chlorid octahydrat	f	322,25 1,9	tetr., D_{2d}^4, $P\bar{4}2_1c$	1708,0 769,0	$Z=8$	1,552 1,563
ZrP_2 [12037-80-8]	diphosphid	f	153,17 4,77	orh., D_{2h}^{16}, $Pnma$	649,4 351,3 874,4	$Z=4$	
ZrP_2O_7 [13565-97-4]	diphosphat	f	265,16 3,135	kub., T_h^6, $Pa3$	824,5	$Z=4$	
ZrS_2 [12039-15-5]	disulfid	f	155,35 3,87	trig., $C6$ D_{3d}^3, $P\bar{3}m1$	366,0 582,5	$Z=1$	
Zr_3S_4 [12504-49-3]	sulfid	f	401,9 4,34	kub., O_h^7, $Fd\bar{3}m$	1025,0	$Z=8$	
ZrOS [12164-95-3]	oxidsulfid	f	139,28 4,87	kub., T^4, $P2_13$	569,6	$Z=4$	
$Zr(SO_4)_2$ [14466-61-2]	(IV)-sulfat	f	283,34 3,71	orh. D_{2h}^{16}, $Pbnm$	1089 861 544,5	$Z=4$	

Phasenumwandlungen °C		ΔH kJ/Mol	Standardwerte bei 298,15 K: C_p J/KMol	S^0 J/KMol	ΔH^0_B kJ/Mol	ΔG^0_B kJ/Mol	Bemerkungen und Charakteristik
							* leicht verzerrtes Gitter; $\bar{\alpha}$ (293...373 K) = 3,7 · 10^{-6} K^{-1}; (293...1273 K) = 5,51 · 10^{-6} K^{-1}
					−1720		weißer gelatinöser Nd.; LW 20° 1,27 · 10^{-9} %, Bdk. 9 H_2O; l. S; unl. Alk
					−3471		feine durchsichtige Kristallnadeln; leicht zerfl.; an Luft langsam undurchsichtig unter Abgabe von HBr; l. W, Al
					−3560		weiße seidenglänzende Prismen, lange Nadeln; verwittern beim längeren Stehen an der Luft; ll. W, Al; wl. HCl, Abnahme der L mit steigender Konz.
							graue glänzende Verbindung; hart, spröde; unl. W, S; l. konz. H_2SO_4 in der Wärme
							stark lichtbrechende Oktaeder; nicht hygr.; schwer schmelzbar; NaOH-Schmelze → ZrO_2; vollständiger Aufschluß durch zweimaliges Schmelzen mit Na_2CO_3
~1450	*F*		68,8	78,2	−577,4	−570,0	schw. krist. Substanz, nach Pulvern braunrot; unl. W; mit NaOH-Lsg. in der Kälte langsam, in der Hitze schnell → $Na_2S + ZrO_2 \cdot xH_2O$; mit HCl bei 165° → $ZrCl_4$
1850	*F*						rotviolette Verbindung, unl. konz. HCl; mit 10%iger HCl sied. → $H_2S + ZrCl_4$; reagiert mit konz. HNO_3, H_2SO_4; unl. NaOH, wss. NH_3
							hgelbes Pulver
			11,7		−2499		weißes mikrokrist. Pulver; beim Erhitzen bis 400° beständig; sehr hygr.; wl. k. W, ll. h. W; γ-$Zr(SO_4)_2$ orh. $a = 1184$, $b = 741$, $c = 586$ pm, $Z = 4$

Übersichtstabelle Anorganische Verbindungen (Fortsetzung)

Formel	Name	Zustand	Mol-Masse / Dichte $10^3\ kg \cdot m^{-3}$	Kristalldaten: System, Typ und Symbol	Einheitszelle: Kantenlänge in pm	Einheitszelle: Winkel und Z	Brechzahl n_D
Zr	**Zirkon**						
$Zr(SO_4)_2 \cdot 4H_2O$ [7446-31-3]	tetrahydrat	f	355,40 2,85	orh., D_{2h}^{24}, *Fddd*	1162 2592 553,2	$Z = 8$	1,618 1,646 1,676
$ZrSi_2$ [12039-90-6]	disilicid	f	147,39 4,88	orh., *C*49 D_{2h}^{17}, *Cmcm*	369,58 1475,14 366,54	$Z = 4$	
$ZrSiO_4$ [14940-68-2] [10101-52-7]	silicat	f	183,30 4,60	tetr., $S1_1$ D_{4h}^{19}, $I4_1/amd$	660,4 597,9	$Z = 4$	1,924... 1,96 1,968... 2,01

Literatur

Inorganic Crystal Structure Data Base. FIZ Karlsruhe und Gmelin Institut, Frankfurt

Wyckoff RWG. Crystal Structures. J. Wiley, New York

Powder Diffraction File. International Centre for Diffraction Data, Pennsylvania

Villars P, Calvert LD. Pearson's Handbook of Craystallographic Data for Intermetallic Compounds. ASM, Materials Park, Ohio

Daams JLC, Villars P, van Vucht JHN. Atlas of Crystal Structure Types for Intermetallic Compounds. ASM, Materials Park, Ohio

Gschneidner KA Jr., Eyring LR. Handbook of Physics and Chemistry of Rare Earth. North Holland Park, New York

Gmehling J, Onken U. Vapor-Liquid-Equilibria, Chemistry Data Series. Dechema, Frankfurt

Stephen H, Stephen T. Solubilities of Inorganic and Organic Compounds. Pergamon Press, Oxford

Structure Reports. Kluwer Academic Publ., Dordrecht

Zuckermann JJ. Inorganic Reactions and Methods. VCH, Weinheim

Hermann WA, Salzer A. Synthetic Methods of Organometallic and Inorganic Chemistry. Thieme, Stuttgart

Goldsmith A, Waterman TE, Hirschorn HJ. Handbook of Thermophysical Properties of Solid Materials. McMillan, N.Y.

Phasen-umwandlungen			Standardwerte bei 298,15 K				Bemerkungen und Charakteristik
°C		ΔH kJ/Mol	C_p J/KMol	S^0	ΔH_B^0 kJ/Mol	ΔG_B^0	
110...200	$-3\,H_2O$						fbl. krist. Krusten, kurze Prismen; LW 18° 0,9045 g $Zr(SO_4)_2 \cdot 4\,H_2O$/ml Lsg.; l. verd. H_2SO_4; swl. konz. H_2SO_4; unl. Al
1925	*Z*				−151		graue Krist.; unl.S, Königsw.; l. HF; NaOH-Schmelze zers.
1540	*Z*		98,8	84,1	−2023,8	−1909,2	$\chi_{Mol} = -39{,}5 \cdot 10^{-6}\,cm^3\,Mol^{-1}$; fbl. Krist.; unl. W, S, Königsw.; Alk; Aufschluß durch Schmelze mit Alk oder Mischungen von Alk-verbindungen; Zirkon

Levin EM et al. Phase Diagrams for Ceramists ACs, Columbus

Landolt-Börnstein, Zahlenwerte und Funktionen aus Naturwissenschaften und Technik, Neue Serie, Springer, Heidelberg

Gmelin-Handbuch der Anorganischen Chemie. Springer, Heidelberg

Stull DR et al., JANAF, Thermochemical Tables. Nat Bur Stand., Washington

Hultgren R, Desai PD, Hawkings DT, Gleiser M, Kelley KK. Selected Values of the Thermodynamic Properties of the Elements. ASM, Metals Park, Ohio

Hultgren R, Desai PD, Hawkings DT, Gleiser M, Kelley KK. Selected Values of the Thermodynamic Properties of Binary Alloys. ASM, Metals Park, Ohio

McCormick S, Morefield G, McCormick M, McCormick AS. TAPP-A Database of Thermochemical and Physical Properties

Massalski TB. Binary Alloy Phase Diagrams, 2nd edition. ASM, Metals Park, Ohio

Petzow G, Effenberg G (Hrsg.). Ternary Alloys. VCH, Weinheim

Barin I et al., Thermochemical Data of Pure Substances, Part I + II. VCH, Weinheim

Block BP, Powell WH, Fernelius WC. Inorganic Chemical Nomenclature. ASC Prof. Reference Book, A.C.S., Washington

2.3 Minerale und mineralische Rohstoffe

2.3.1 Minerale

Von S. Koritnig, Göttingen

und

2.3.2 Mineralische Rohstoffe

Von A. Wilke, Berlin

2.3.1 Minerale

2.3.1.1 Chemische und physikalische Daten der wichtigsten Minerale

Verwendete Abkürzungen

a	kristallogr. *a*-Achse	Mod.	Modifikation
Absg.	Absonderung	Mtgl.	Metallglanz
AE	opt. Achsenebene	n'_α	Brechzahlwert zwischen
am.	amorph		n_α und n_β gelegen
An.-Eff.	Anisotropie-Effekt	$n'_{\varepsilon(10\bar{1}1)}$	Brechzahlwert auf
aszend.	aszendent		der Fläche $(10\bar{1}1)$
b	kristallogr. *b*-Achse	n_γ/c	Auslöschungsschiefe
bas.	basisch		z.B. von n_γ zur *c*-Achse
Begl.	Begleiter	or.	orange
ber.	berechnet	orh.	orthorhombisch
Birefl.	Bireflexion		(= rhombisch)
Brz.	Brechzahl	opt.	optisch
c	kristallogr. *c*-Achse	pegm.	pegmatitisch
d.	deutlich	Perlm.	Perlmutt
diagen.	diagenetisch	pneumat(olyt).	pneumatolytisch
dkl.	dunkel	ps.	pseudo
durchs.	durchsichtig	R, R_α usw., $\bar{R}$	Reflexionsvermögen
durchschein.	durchscheinend		im kub. Krist.-System,
einachs.	einachsig		parallel n_α usw., oder
entm.	entmischt		mittleres Reflexions-
fbl.	farblos		vermögen
gef.	gefärbt	Rohst.	Rohstoff
Gest.	Gestein	schw.	schwach
... gest.	... gestein	sed.	sedimentär
getr.	getrübt	sek.	sekundär
-Gl.	-Glanz	selt.	selten
... gl.	... glanz	st.	stark(er)
... glä.	... glänzend	s.v.	sehr vollkommen
h vor Farben	hell	synth.	synthetisch
halbmet.	halbmetallisch	*T.*	Translationsfläche
hex.	hexagonal	*t.*	Translationsrichtung
Hocht., H.	Hochtemperatur	tetr.	tetragonal
h.v.	höchst vollkommen	Tieft., T.	Tieftemperatur
hydrotherm.	hydrothermal	trig.	trigonal
krist.	kristallin(e)	trikl.	triklin
kub.	kubisch, tesseral	uv.	unvollkommen
$\varkappa_\omega$	Absorptionsindex;	v.	vollkommen
	z. B. in Richtung von n_ω	versch.	verschieden
l. hinter Farben	lich	viol.	violett
Lgst.	Lagerstätte	vorw.	vorwiegend
magmat.	magmatisch	vulk.	vulkanisch
metall.	metallisch	$2V_\alpha$, $2V_\gamma$	opt. Achsenwinkel mit n_α
met(am).	metamorph		bzw. n_γ als I. Mittellinie
metasom.	metasomatisch		wgr. weniger
mkl.	monoklin	zweiachs.	zweiachsig

Erläuterungen

Die *chemischen Formeln* sind gegenüber der natürlichen Zusammensetzung meist idealisiert. So ist z. B. die chemische Zusammensetzung besonders vieler silicatischer Minerale (aber auch anderer) durch isomorphen Ersatz der Hauptkomponenten, z. T. auch mit *anderswertigen* Ionen sehr variabel aufgebaut. Sie kann in ihrer Formelschreibung sogar von der Stöchiometrie abweichen. Der Ladungsausgleich ist dabei aber immer gewahrt. Als Beispiel möge die gem. Hornblende genannt sein, deren Formel sich vom Tremolit $Ca_2Mg_5\,[(OH,F)Si_4O_{11}]_2$ ableitet, indem ein Teil des Ca^{2+} durch Na^+ und K^+, des Mg^{2+} durch Fe^{2+}, Fe^{3+} und Al^{3+}, sowie Si^{4+} durch Al^{3+} ersetzt ist. *Kristall-Klassen-* und *Raumgruppen-Symbole* nach Hermann-Mauguin bzw. Schönflies. Die *Spaltbarkeit* ist in den fünf Abstufungen – h. v. = höchst vollkommen; s. v. = sehr vollkommen; v. = vollkommen; d. = deutlich; uv. = unvollkommen – angegeben. Eine Gradzahl dabei gibt den Spaltwinkel zwischen den vorher genannten Spaltflächen an. Als *Härte* ist die Ritzhärte n. Mohs aufgeführt. Der *Strich* ist die charakteristische Farbe des Mineralpulvers. Er ist nur bei opaken Mineralen (meist Erze) von Bedeutung. Die *optische Hauptgruppe* gibt die Form der Lichtausbreitung im Kristall an. Bei *isotropen* ist sie eine Kugel, bei *opt. einachsigen* ein Rotationsellipsoid und bei *opt. zweiachsigen* ein dreiachsiges Ellipsoid. *Brechzahlen:* Isotrope Körper haben eine Brz. n; opt. einachsige zwei, n_ω (ordentlicher Strahl/kugelförm. Ausbreitung) und n_ε (außerordentl. Strahl/rotationsellipt. Ausbreit.); *opt. zweiachsige* haben drei charakteristische Brzn.: n_α (kleinster Wert), n_β (den Kreisschnitten des Indexellipsoides entsprechend) und n_γ (größter Wert). Bei opaken Substanzen ist an Stelle der Brechzahl meist das *Reflexionsvermögen* R, R_α, R_β usw. entsprechend der opt. Hauptgruppe oder das mittlere Reflexionsvermögen $\bar{R}$ angegeben. Der *opt. Achsenwinkel* $2V$ gibt den spitzen Winkel der auf den beiden Kreisschnitten des dreiachsigen Indexellipsoides senkrecht stehenden Geraden (opt. Achsen) an. Je nachdem ob n_α oder n_γ in diesem spitzen Winkel liegt, hat das Mineral opt. negativen ($2V_\alpha$) oder opt. positiven ($2V_\gamma$) Charakter. Die *Achsendispersion* $\varrho \gtrless \nu$ gibt an, ob $2V$ für rotes Licht $\gtrless$ als für blaues ist. Die maximale Doppelbrechung Δ entspricht bei opt. zweiachsigen Kristallen $(n_\gamma - n_\alpha)$ und bei opt. einachsigen $(n_\varepsilon - n_\omega)$. Je nachdem ob $n_\varepsilon \gtrless n_\omega$ ist, hat das Mineral opt. positiven oder negativen Charakter. Bei opt. zweiachsigen Kristallen gilt in erster Näherung die Faustregel, daß, wenn $(n_\gamma - n_\beta) \gtrless (n_\beta - n_\alpha)$ ist, der opt. Charakter positiv bzw. negativ ist. Bei opaken Substanzen sind an Stelle der Doppelbrechung qualitative Angaben über die Stärke des *Anisotropie-Effektes* gemacht. Unter *opt. Orientierung* ist die Lage des Indexellipsoides zum Kristallkörper angegeben, wobei die Lage der *opt. Achsenebene* (AE), in der n_α und n_γ liegen und auf der n_β senkrecht steht, eine besonders charakteristische Fläche darstellt. Unter *Pleochroismus* finden sich Angaben über die chromatischen Absorptionsunterschiede beim Lichtdurchgang in verschiedenen Richtungen. Bei *Vorkommen* finden sich allgemeine Angaben über die Art des Auftretens, die Hinweise auf die Bildungsart geben.

2.3.1.1 Mineralverzeichnis mit chemischen Formeln

Mineral und Formel	Krist.-Syst.	Krist.-Kl. und Raumgruppe	Gitterkonstanten in pm	Spaltbarkeit	Härte nach Mohs	Dichte in g · cm^{-3}	Farbe	Strich	Glanz	Optische Hauptgruppe
Akanthit (Argentit, Silberglanz) Ag_2S <179 °C	mkl. ps.orh.	$2/m$ C_{2h}^5 $P2_1/n$	$a = 423$ $b = 691$ $c = 787$ $\beta = 99° 35'$	–	2...2,5	7,3	dkl.blei-grau, schwarz anlaufend	dkl.blei-grau, glä.	Mtgl.	opt. zwei-achs.
Aktinolith (Strahlstein) $Na_2Ca_4(Mg, Fe)_{10}$ $[(OH)_2O_2Si_{16}O_{44}]$	mkl.	$2/m$ C_{2h}^3 $C2/m$	$a = 989$ $b = 1814$ $c = 531$ $\beta = 105° 48'$	(110) v. 124° 11′	5...6	3,0...3,1	grün...dkl.-grün	hell... grünl.-grau	Glasgl.	opt. zwei-achs.
Albit $Na[AlSi_3O_8]$	trikl.	$\bar{1}$ C_i^1 $P\bar{1}$	$a = 813{,}5$ $b = 1278{,}8$ $c = 715{,}4$ $\alpha = 94° 13^1/_2'$ $\beta = 116° 31'$ $\gamma = 87° 42^1/_2'$	(001) v. (010) wgr.v. ~ 87°	6...6,5	2,605	fbl.; weiß, gelbl., lichtrot, bläul.	weiß	(001): Perlm.-Gl. sonst. Glasgl.	opt. zwei-achs.
Almandin $Fe_3Al_2[SiO_4]_3$	kub.	$m3m$ O_h^{10} $Ia3d$	$a = 1152$	–	6,5...7,5	~ 4,2	dklrot, blaustichig, braun...fast schwarz	weiß, gelbl.	Glasgl.... Fettgl.	opt. isotrop
Anglesit $Pb[SO_4]$	orh.	mmm D_{2h}^{16} $Pnma$	$a = 847$ $b = 539$ $c = 694$	(001) d. (210) d. 76° 16′	3	6,38	fbl.; getr. u. versch. gef.	weiß	Diamant-gl....fettig	opt. zwei-achs.
Anhydrit $Ca[SO_4]$	orh.	mmm D_{2h}^{17} $Ccmm$	$a = 623$ $b = 697$ $c = 698$	(001) v. (010) v. (100) d.	3...4	2,93	fbl.; weiß, bläul.-grau; rötl.	weiß	Glasgl.	opt. zwei-achs.
Anorthit $Ca[Al_2Si_2O_8]$	trikl.	$\bar{1}$ C_i^1 $P\bar{1}$	$a = 817{,}7$ $b = 1287{,}7$ $c = 1418$ $\alpha = 93° 10'$ $\beta = 115° 51'$ $\gamma = 91° 13'$	(001) v. (010) wgr. v. ~ 86,5°	6	2,765	trübweiß, grauweiß, rötl.	weiß	(001): Perlm.-Gl, sonst Glasgl.	opt. zwei-achs.

Mineral und Formel	Brechzahlen	Opt. Achsenwinkel 2V maxim. Doppelbrechung Δ	Optische Orientierung	Pleochroismus	Vorkommen
Akanthit (Argentit, Silberglanz) (Forts.)	$\bar{R}_{grün} = 37\%$ $\bar{R}_{rot} = 30\%$	An.-Eff. deutl.	–	–	Auf hydrotherm. Ag-Erzgängen
Aktinolith (Strahlstein) (Forts.)	$n_\alpha = 1{,}63...1{,}66$ $n_\beta = 1{,}64...1{,}67$ $n_\gamma = 1{,}65...1{,}68$	$2\,V_\alpha = 80°$ $\varrho < \nu$ Δ 0,020	(–) AE (010) n_γ/c 10°...20°	$n_\alpha \simeq n_\beta$ n_β = gelbl.... gelbgrün n_γ = grün	In krist. Schiefern
Albit (Forts.)	$n_\alpha = \begin{cases}1{,}5286 \text{ Tieft.Mod.}\\1{,}5273 \text{ Hocht.Mod.}\end{cases}$ $n_\beta = \begin{cases}1{,}5326 \text{ Tieft.Mod.}\\1{,}5344 \text{ Hocht.Mod.}\end{cases}$ $n_\gamma = \begin{cases}1{,}5388 \text{ Tieft.Mod.}\\1{,}5357 \text{ Hocht.Mod.}\end{cases}$	$2\,V_\gamma = \begin{cases}77{,}2° \text{ T.Mod.}\\133{,}1° \text{ H.Mod.}\end{cases}$ $\varrho < \nu$ $\Delta \begin{cases}0{,}0102 \text{ Tieft.Mod.}\\0{,}0084 \text{ Hocht.Mod.}\end{cases}$	(+) Tieft.Mod. (–) Hocht. Mod. AE ~ ⊥c	–	Magmat., Gemengeteil SiO_2-reicher Gest., pegm., hydrotherm. auf Klüften (Periklin), metam., diagen. i. Sed.
Almandin (Forts.)	$n \sim 1{,}76...1{,}83$	–	–	–	Metam. in Gneisen u. Glimmerschiefern
Anglesit (Forts.)	$n_\alpha = 1{,}877$ $n_\beta = 1{,}882$ $n_\gamma = 1{,}894$	$2\,V_\gamma = 75°\,24'$ Δ 0,017	(+) AE (010) $n_\gamma \parallel a$	–	Im Ausgehenden von Bleigl.-Lgst.
Anhydrit (Forts.)	$n_\alpha = 1{,}5698$ $n_\beta = 1{,}5754$ $n_\gamma = 1{,}6136$	$2\,V_\gamma = 43°\,41'$ $\varrho < \nu$ Δ 0,044	(+) AE (010) $n_\gamma \parallel a$	–	Sed., z. T. metam. In hydrotherm. Gängen
Anorthit (Forts.)	$n_\alpha = 1{,}5750$ Hocht.Mod. $n_\beta = 1{,}5834$ Hocht.Mod. $n_\gamma = 1{,}5883$ Hocht.Mod.	$2\,V_\alpha = 75{,}2°$ $\varrho > \nu$ Δ 0,0133	(–) AE ~ ∥c	–	Magmat. i. SiO_2-armen Gest., metam. in krist. Schiefern; kontaktmet.-vulk. (Somma-Auswürflinge)

2.3.1.1 Mineralverzeichnis mit chemischen Formeln (Fortsetzung)

Mineral und Formel	Krist.-Syst.	Krist.-Kl. und Raumgruppe	Gitterkonstanten in pm	Spaltbarkeit	Härte nach Mohs	Dichte in g · cm^{-3}	Farbe	Strich	Glanz	Optische Hauptgruppe
Antimonit (Stibnit) Sb_2S_3	orh.	*mmm* D_{2h}^{16} *Pbnm*	$a = 1122$ $b = 1130$ $c = 384$	(010) s. v. (100 uv. (110) uv.	2	4,63	bleigrau	dkl.blei-grau	st. Mtgl. z. T. matt angelaufen	opt. zwei-achs.
Apatit $Ca_5[F(PO_4)_3]$ F → Cl, OH	hex.	6/*m* C_{6h}^{2} $P6_3/m$	$a = 938$ $c = 686$	(0001) d. $(10\bar{1}0)$	5	3,16...3,22	klar u. trüb, fbl. u. gef.	weiß	Glasgl.... Fettgl.	opt. einachs.
Aragonit $Ca[CO_3]$	orh.	*mmm* D_{2h}^{16} *Pmcn*	$a = 495$ $b = 796$ $c = 573$	(010) uv.	3,5...4	2,947	weiß, weingelb u. a. gef.	weiß	Glasgl.... Harzgl.	opt. zwei-achs.
Arsenkies (Arsenopyrit) FeAsS	mkl. ps.orh.	2/*m* C_{2h}^{5} $P2_1/c$	$a = 574$ $b = 567$ $c = 577$ $\beta = 111{,}93°$	(110) uv.	5,5...6	5,9...6,2	zinnweiß... hstahlgrau, oft ange-laufen	schwarz	Mtgl.	opt. zwei-achs.
Augit $Ca_{6.5}Na_{0,5}Fe^{2+}Mg_6$ Al, Fe^{3+}, Ti)$_2$ $[Al_{1.5-3.5}Si_{14.5-12.5}O_{48}]$	mkl.	2/*m* C_{2h}^{6} $C2/c$	$a \sim 980$ $b \sim 900$ $c \sim 525$ $\beta \sim 105°$	(110) d. 87°	5,5...6	3,3...3,5	grün... schwarz-grün, braun	graugrün	Glasgl.	opt. zwei-achs.
Auripigment As_2S_3	mkl.	2/*m* C_{2h}^{5} $P2_1/n$	$a = 1149$ $b = 959$ $c = 425$ $\beta = 90° 27'$	(010) s. v. $T = (010)$ $t = [001]$	1,5...2	3,48	zitronengelb	gelb	Fettgl... Perlm.-Gl.	opt. zwei-achs.
Azurit (Kupferlasur) $Cu_3[(OH)CO_3]_2$	mkl.	2/*m* C_{2h}^{5} $P2_1/n$	$a = 500$ $b = 585$ $c = 1035$ $\beta = 92° 20'$	(011) v. (100) d. (110) d.	3,5...4	3,7...3,9	lasurblau durchschein.	heller blau	Glasgl.	opt. zwei-achs.

Mineral und Formel	Brechzahlen	Opt. Achsenwinkel 2V maxim. Doppelbrechung Δ	Optische Orientierung	Pleochroismus	Vorkommen
Antimonit (Stibnit) (Forts.)	$n_\alpha = 3{,}194$ 760 nm $n_\beta = 4{,}046$ 760 nm $n_\gamma = 4{,}303$ 760 nm $R_{grün}$ R_{rot} $\parallel a$ 38,6% 32,0% $\parallel b$ 30,5% 24,9% $\parallel c$ 43,9% 35,4%	$2\,V_\alpha = 25°\,45'$ (760 nm) Δ 1,71	(–) AE (100) $n_\gamma \parallel b$	–	Auf Sb-Quarzgängen; auf Pb- u. Ag-Erzgängen; z. T. metasom.
Apatit (Forts.)	$n_\omega = 1{,}632$ $n_\varepsilon = 1{,}630$	Δ 0,002	(–)		In Eruptivgest., Sedimenten u. Metamorphiten; hydrotherm. Gängen
Aragonit (Forts.)	$n_\alpha = 1{,}5300$ $n_\beta = 1{,}6810$ $n_\gamma = 1{,}6854$	$2\,V_\alpha = 18°\,0{,}5'$ $\varrho < \nu$ Δ 0,1554	(–) AE (100) $n_\gamma \parallel c$	–	Hydrotherm....hydrisch, sed. u. biogen
Arsenkies (Arsenopyrit) (Forts.)	grün rot $R_\alpha = 47{,}02\%$ 49,88% $R_\beta = 47{,}94\%$ 50,04% $R_\gamma = 51{,}00\%$ 50,74%	An.-Eff. sehr stark	–	Birefl. schwach	Pneumatolyt....hydrotherm., oft Au-haltig. Auch metam.
Augit (Forts.)	$n_\alpha = 1{,}69 \ldots 1{,}74$ $n_\beta = 1{,}70 \ldots 1{,}77$ $n_\gamma = 1{,}71 \ldots 1{,}78$	$2\,V_\gamma = 42° \ldots 70°$ $\varrho > \nu$ Δ ~ 0,028	(+) AE (010) n_γ/c 39°...48°	schwach, n_α = hellgrün, n_β = hellgelbgrün... hellgrün, n_γ = oliv... graugrün	Magmat. in Eruptivgest., Kontaktmetam., metam. In Schlacken
Auripigment (Forts.)	$n_\alpha = 2{,}4$ Li $n_\beta = 2{,}81$ Li $n_\gamma = 3{,}02$ Li	$2\,V_\alpha = 76°$ Δ 0,62	(–) AE ⊥ (010) n_β/c 1,5°...3°	in gelb. Tönen. Absorption $n_\alpha > n_\beta$ u. n_γ	Auf Erzgängen niedriger Temperatur. Verwitterungsprodukt
Azurit (Kupferlasur) (Forts.)	$n_\alpha = 1{,}730$ $n_\beta = 1{,}758$ $n_\gamma = 1{,}838$	$2\,V_\gamma = 67°$ $\varrho \gg \nu_i$ Δ 0,108	(+) AE ⊥ (010) n_γ/c 12,5°	gering, mit Absorption $n_\gamma > n_\beta > n_\alpha$	In der Oxidationszone von Cu-Lgst.; Imprägnation in Sandsteinen

2.3.1.1 Mineralverzeichnis mit chemischen Formeln (Fortsetzung)

Mineral und Formel	Krist.-Syst.	Krist.-Kl. und Raumgruppe	Gitterkonstanten in pm	Spaltbarkeit	Härte nach Mohs	Dichte in $g \cdot cm^{-3}$	Farbe	Strich	Glanz	Optische Hauptgruppe
Baryt (Schwerspat) Ba[SO_4]	orh.	*mmm* D_{2h}^{16} *Pnma*	$a = 887$ $b = 545$ $c = 714$	(001) v. (210) d.	3...3,5	4,48	klar u. durchs., weiß, trüb, oft gef. gelbl....rötl.	–	Glasgl., auf (001) Perlm.-Gl.	opt. zweiachs.
Beryll $Al_2Be_3[Si_6O_{18}]$ grün = Smaragd; hellblau = Aquamarin	hex.	*6/mmm* D_{6h}^{2} *P6/mcc*	$a = 923$ $c = 919$	(0001) d.	7,5...8	2,63...2,80	fbl. u. versch. gef., klar u. getr.	weiß	Glasgl.	opt. einachs.
Bleiglanz (Galenit) PbS	kub.	*m3m* O_h^5 *Fm3m*	$a = 594$	(100) s.v. $T = (100)$	2,5	7,58	bleigrau	graul.... schwarz	st. Mtgl., matt anlaufend	opt. isotrop
Bornit (Buntkupferkies) Cu_5FeS_4 <228 °C	tetr. ps.kub.	$\bar{4}2m$ D_{2d}^{4} $P\bar{4}2_1c$	$a = 1094$ $c = 2188$	(111) uv.	3	5,08	frisch: bronzegelb ...kupferrot; rötl.-viol., blau anlaufend	grauschwarz	Mtgl.	opt. einachs.
Calcit (Kalkspat) Ca[CO_3]	trig.	$\bar{3}m$ D_{3d}^{6} $R\bar{3}c$	$a = 498$ $c = 1706$	(10$\bar{1}$1) s.v. 74° 55′	3	2,71	fbl. u. gef., durchs.... undurchs.	weiß	Glasgl.	opt. einachs.
Carnallit $KMgCl_3 \cdot 6\ H_2O$	orh.	*mmm* D_{2h}^{6} *Pbnn*	$a = 956$ $b = 1605$ $c = 2256$	–	1...2	1,60	fbl.; weiß, gelbl., rötl.	weiß	Glasgl.... Fettgl.	opt. zweiachs.
Cassiterit (Zinnstein) SnO_2	tetr.	*4/mmm* D_{4h}^{14} $P4_2/mnm$	$a = 473$ $c = 318$	(100) uv.	6...7	6,8...7,1	braun... schwarz	gelbl.... weiß	Glasgl. Bruchfläche = Fettgl.	opt. einachs.
Cerussit (Weißbleierz) Pb[CO_3]	orh.	*mmm* D_{2h}^{16} *Pmcn*	$a = 515$ $b = 847$ $c = 611$	(110) d. (021) d.	3...3,5	6,55	fbl., weiß, grau, braun... schwärzl.	weiß	Diamantgl....Fettgl.	opt. zweiachs.

Mineral und Formel	Brechzahlen	Opt. Achsenwinkel $2V$ maxim. Doppelbrechung Δ	Optische Orientierung	Pleochroismus	Vorkommen
Baryt (Schwerspat) (Forts.)	$n_\alpha = 1{,}636$ $n_\beta = 1{,}637$ $n_\gamma = 1{,}648$	$2\,V_\gamma = 37°\,02'$ $\varrho < \nu$ $\Delta\ 0{,}012$	(+) AE (010) $n_\gamma \parallel a$	–	Vorw. hydrotherm., z. T. diagen. sed.
Beryll (Forts.)	$n_\omega = 1{,}57 \ldots 1{,}602$ $n_\varepsilon = 1{,}56 \ldots 1{,}595$	$\Delta\ 0{,}004 \ldots 0{,}008$	(–)	n_ω = heller n_ε = dunkler	In pegm. Gängen, z. T. hydrotherm.
Bleiglanz (Galenit) (Forts.)	$n = 4{,}30$ Na $\varkappa = 0{,}40$ Na $R_{\text{grün}} = 43{,}4\%$ $R_{\text{rot}} = 40{,}1\%$	–	–	–	Vorw. hydrotherm., z. T. kontaktpneumat., z. T. sed.
Bornit (Buntkupferkies) (Forts.)	$\bar{R}_{\text{grün}} = 18{,}5\%$ $\bar{R}_{rot} = 21\%$	An.-Eff. schw.	–	–	Vorw. hydrotherm.; pegm.-pneumat., z. T. sed.
Calcit (Kalkspat) (Forts.)	$n_\omega = 1{,}6584$ $n_\varepsilon = 1{,}4864$ $n'_\varepsilon(10\bar{1}1) = 1{,}566$	$\Delta\ 0{,}172$	(–)	Absorption $n_\omega > n_e$	Hydrotherm .... hydrisch; sed., auch magmat.
Carnallit (Forts.)	$n_\alpha = 1{,}466$ $n_\beta = 1{,}475$ $n_\gamma = 1{,}494$	$2\,V_\gamma = 70°$ $\varrho < \nu$ $\Delta\ 0{,}028$	(+) AE (010) $n_\alpha \parallel c$	–	In Kalisalzlagerstätten
Cassiterit (Zinnstein) (Forts.)	$n_\omega = 1{,}997$ $n_\varepsilon = 2{,}093$	$\Delta\ 0{,}096$	(+)	–	Zinnsteinpegmatite. Pneumat. Imprägnationen (Greisenbildung). Hydrotherm. Gänge. Seifen-Lgst.
Cerussit (Weißbleierz) (Forts.)	$n_\alpha = 1{,}804$ $n_\beta = 2{,}076$ $n_\gamma = 2{,}078$	$2\,V_\alpha = 9°$ $\varrho \gg \nu$ $\Delta\ 0{,}274$	(–) AE (010) $n_\alpha \parallel c$	–	Verwitterungsprodukt in Bleigl.-Lgst.

2.3.1.1 Mineralverzeichnis mit chemischen Formeln (Fortsetzung)

Mineral und Formel	Krist.-Syst.	Krist.-Kl. und Raumgruppe	Gitterkonstanten in pm	Spaltbarkeit	Härte nach Mohs	Dichte in $g \cdot cm^{-3}$	Farbe	Strich	Glanz	Optische Hauptgruppe
Chalkanthit (Kupfervitriol) $Cu[SO_4] \cdot 5\,H_2O$	trikl.	$\bar{1}$ C_i^1 $P\bar{1}$	$a = 716$ $b = 1069$ $c = 596$ $\alpha = 97{,}63°$ $\beta = 125{,}3°$ $\gamma = 94{,}3°$	$(1\bar{1}0)$ uv. (110) uv.	2,5	2,286	blau	weiß	Glasgl. durchschein.	opt. zweiachs.
Chamosit $\left\{\begin{matrix}(Fe, Fe^{3+})_3\,[(OH)_2AlSi_3O_{10})\\(Fe,Mg)_3(O, OH)_6\end{matrix}\right\}$	mkl.	$2/m$ C_{2h}^3 $C2/m$	$a = 540$ $b = 936$ $c = 1403$ $\beta = 90°$	?	2,5...3	3,2	schwarzgrün	lichtgraugrün	–	opt. zweiachs.
Chloanthit (Weißnickelkies) $NiAs_2$	kub.	$2/m\bar{3}$ T_h^5 $Im3$	$a = 828$	–	5,5...6	6,5	zinnweiß... hstahlgrau, dkl. anlaufend	grauschwarz	Mtgl.	opt. isotrop
Chromit (Chromeisenstein) $FeCr_2O_4$	kub.	$m3m$ O_h^7 $Fd3m$	$a = 836{,}1$	–	5,5	4,5...4,8	bräunl.-schwarz, undurchs.	braun	Mtgl. fettartig	opt. isotrop
Chrysotil (Serpentinasbest) $Mg_6[(OH)_8\,\|\,Si_4O_{10}]$	mkl. $2/m$ C_{2h}^6 $C2/c$	Röllchen-Textur, Ø 5000 20000 pm Faserachse a_0 (häufigster Fall)	$a = 534$ $b = 925$ $c = 1465$ $\beta = 93°16'$	(110) uv. ~130°	2...3	2,36...2,50	grün... goldgelb	–		opt. zweiachs.
Cobaltin (Kobaltglanz) CoAsS	kub.	$2/m\bar{3}$ T_h^6 $Pa3$	$a = 561$	(100) uv.	5,5	6,0...6,4	undurchs., silberweiß... rötl.	grau... schwarz	auf frischen Flächen Mtgl.	opt. isotrop

Mineral und Formel	Brechzahlen	Opt. Achsenwinkel $2V$ maxim. Doppelbrechung Δ	Optische Orientierung	Pleochroismus	Vorkommen
Chalkanthit (Kupfervitriol) (Forts.)	$n_\alpha = 1{,}514$ $n_\beta = 1{,}537$ $n_\gamma = 1{,}543$	$2\,V_\alpha = 56°$ $\varrho < \nu$ $\Delta\ 0{,}029$	(–) auf $(1\bar{1}0)$ Austritt 1 Achse; auf (110) 1 Achse u. n_γ	–	Verwitterung v. Cu-Erzen, bes. in alten Grubenbauten. In Trockengebieten (Chile)
Chamosit (Forts.)	$n_\alpha = 1{,}62...1{,}65$ $n_\beta = 1{,}63...1{,}66$ $n_\gamma = 1{,}65...1{,}66$	$2\,V_\alpha \cong 0°$ $\Delta \sim 0{,}005$	(–) AE? $n_\alpha \sim \perp (001)$	n_α = gelbl....fbl., n_β u. n_γ = dkl.grün	In oolithischen Eisenerzen
Chloanthit (Weißnickelkies) (Forts.)	$R_{\text{grün}} = 58{,}5\%$ $R_{\text{rot}} = 50{,}0\%$	–	–	–	Hydrotherm., auf Co-Ni-Ag-Lgst.
Chromit (Forts.)	$n = 2{,}1$ Li $R_{\text{grün}} = 15\%$ $R_{\text{rot}} = 12{,}5\%$	–	–	–	Magmat. Ausscheidung; in Verbindung mit Peridotiten u. Serpentinen
Chrysotil (Serpentinasbest) (Forts.)	$n_\alpha = 1{,}53...1{,}560$ $n_\beta \cong 1{,}54$ $n_\gamma = 1{,}54...1{,}567$	$2\,V_\gamma = 30°...35°$ $\varrho > \nu$ $\Delta\ 0{,}008...0{,}013$	(±) AE (010)		Hydrotherm....hydrisch, Umwandlungsprod. aus Mg-Silicaten (z. B. Olivin)
Cobaltin (Kobaltglanz) (Forts.)	$R_{\text{grün}} = 52\%$ $R_{\text{rot}} = 48\%$	–	–	–	Vorw. hydrotherm. Auf Fahlbändern pneumat.

2.3.1.1 Mineralverzeichnis mit chemischen Formeln (Fortsetzung)

Mineral und Formel	Krist.-Syst.	Krist.-Kl. und Raumgruppe	Gitterkonstanten in pm	Spaltbarkeit	Härte nach Mohs	Dichte in g · cm⁻³	Farbe	Strich	Glanz	Optische Hauptgruppe
Coelestin $Sr[SO_4]$	orh.	*mmm* D_{2h}^{16} *Pnma*	$a = 838$ $b = 537$ $c = 685$	(001) v. (210) d. (010) uv.	3...3,5	3,9...4	fbl., weiß gelbl., bläul.	–	Glasgl... Perlm.-Gl.	opt. zweiachs.
Covellin (Kupferindig) CuS	hex.	6/*mmm* D_{6h}^{4} $P6_3/mmc$	$a = 377$ $c = 1629$	(0001) s.v.	1,5...2	4,68	blauschwarz	schwarz	matt, durch Reiben halbmet.	opt. einachs.
Cuprit (Rotkupfererz) Cu_2O	kub.	*m*3*m* O_h^4 *Pn*3*m*	$a = 427$	(111) d.	3,5...4	6,15	rotbraun... grau, durchschein.... undurchs.	braunrot	Mtgl. auf frischen Flächen	opt. isotrop
Descloizit $Pb(Zn, Cu)\,[(OH)(VO_4)]$	orh.	*mmm* D_{2h}^{16} *Pnma*	$a = 762$ $b = 603$ $c = 940$	–	3...3,5	5,9	rotbraun... schwarzbraun auch grünl.	or....gelb; grünl.	Diamantgl.	opt. zweiachs.
Diamant β-C	kub.	*m*3*m* O_h^7 *Fd*3*m*	$a = 356{,}68$	(111) v.	10	3,52	fbl.... durchs.... trübe, z. T. schw. gef.	–	st. Gl. „Diamantgl."	opt. isotrop
Diaspor α-AlOOH	orh.	*mmm* D_{2h}^{16} *Pbnm*	$a = 441$ $b = 940$ $c = 284$	(010) s. v.	6,5...7	3,3...3,5 (3,37)	durchs.... durchschein, fbl. u. gef. (rot)	weiß	Glasgl. Perlm.-Gl.	opt. zweiachs.
Diopsid $CaMg[Si_2O_6]$	mkl.	2/*m* C_{2h}^{6} *C*2/*c*	$a = 973$ $b = 891$ $c = 525$ $\beta = 105° 50'$	(110) d. 87°	5,5...6 [001] ~ 7	3,27	durchs.... durchschein. fbl., grau, grünl.	weiß	Glasgl.	opt. zweiachs.

Mineral und Formel	Brechzahlen	Opt. Achsenwinkel 2*V* maxim. Doppel-brechung Δ	Optische Orientierung	Pleochroismus	Vorkommen
Coelestin (Forts.)	$n_\alpha = 1{,}622$ $n_\beta = 1{,}624$ $n_\gamma = 1{,}631$	$2\,V_\gamma = 50° 25'$ $\varrho < \nu$ $\Delta\ 0{,}009$	(+) AE (010) $n_\gamma \parallel \alpha$	–	Hydrotherm. u. sek. Kluft-füllungen in Sedimenten
Covellin (Kupferindig) (Forts.)	$n_\omega = 1{,}00$ 635 nm 1,97 505 nm R_ω R_ε grün: 18,5% 27,0% rot: 10% 22%	–	(+)	Birefl. sehr stark n_ω = tiefblau n_ε = blauweiß	Verwitterungsprodukt von Kupfersulfiden. Selt. aszen-dent hydrotherm.; exhalativ
Cuprit (Forts.)	$n = 2{,}849$ Li $R_{grün} = 30\%$ $R_{rot} = 21{,}5\%$	–	–	–	Oxidationsprodukt v. Cu-Erzen
Descloizit (Forts.)	$n_\alpha = 2{,}185$ $n_\beta = 2{,}265$ $n_\gamma = 2{,}35$	$2\,V_\alpha \sim 90°$ $\varrho \gg \nu$ $\Delta\ 0{,}17$	AE (010) $n_\gamma = a$	$n_\alpha = n_\beta$ n_β = hellgelb n_γ = braungelb	Im Ausgehenden v. Pb-Cu-Zn-Lgst.
Diamant (Forts.)	$n = 2{,}4172$ Na	–	–	–	In olivinreichen Eruptivgest. (Kimberlit). In Seifen. Techn. wicht. Rohstoff
Diaspor (Forts.)	$n_\alpha = 1{,}702$ $n_\beta = 1{,}722$ $n_\gamma = 1{,}750$	$2\,V_\gamma \sim 85°$ $\varrho \leqq \nu$ $\Delta\ 0{,}048$	(+) AE (010) $n_\gamma \parallel \alpha$	–	In metam. Gest., Bauxiten, auch auf Klüften
Diopsid (Forts.)	$n_\alpha = 1{,}664$ $n_\beta = 1{,}6715$ $n_\gamma = 1{,}694$	$2\,V_\gamma = 59°$ $\varrho > \nu$ $\Delta\ 0{,}030$	(+) AE (010) $n_\gamma/c\ 39°$	–	In Tiefen- und Ganggest. In krist. Schiefern. Kontaktmet. in Hornfelsen

2.3.1.1 Mineralverzeichnis mit chemischen Formeln (Fortsetzung)

Mineral und Formel	Krist.-Syst.	Krist.-Kl. und Raumgruppe	Gitterkonstanten in pm	Spaltbarkeit	Härte nach Mohs	Dichte in g · cm⁻³	Farbe	Strich	Glanz	Optische Hauptgruppe
Dolomit $CaMg[CO_3]_2$	trig.	$\bar{3}$ C_{3i}^2 $R\bar{3}$	$a_{rh} = 619$ $\alpha = 102° 50'$	$(10\bar{1}1)$ v. 73° 45′	3,5...4	2,85...2,95	durchs.... durchschein., fbl., weiß u. gef.	weiß, gelblich	Glasgl.	opt. einachs.
Enargit Cu_3AsS_4	orh.	$2mm$ C_{2v}^7 $Pnm2_1$	$a = 647$ $b = 744$ $c = 619$	(110) v. (100) d. (010) d.	3,5	4,45	stahlgrau... eisenschwarz, viol. braunstichig	grauschwarz	Mtgl.	opt. zweiachs.
Enstatit $Mg_2[Si_2O_6]$; Mg → Fe	orh.	mmm D_{2h}^{15} $Pbca$	$a = 1822$ $b = 881$ $c = 521$	(110) d...uv. 88°	5...6	~3,15	grau, gelbl.-grün...dkl. grün	hell	Glasgl.	opt. zweiachs.
Fluorit (Flußspat) CaF_2	kub.	$m3m$ O_h^5 $Fm3m$	$a = 546$	(111) v.	4	3,18	meist gef., durchs.... durchschein.	weiß	Glasgl.	opt. isotrop
Gips $Ca[SO_4] \cdot 2H_2O$	mkl.	$2/m$ C_{2h}^6 $A2/a$	$a = 629$ $b = 1518$ $c = 568$ $\beta = 127°24'$	(010) s. v. (111) d. (100) d.	1,5...2	2,317	durchs.... undurchs. fbl., weiß, manchmal gef.	weiß	(010) Perlm.-Gl. sonst Glasgl.	opt. zweiachs.
Goethit (Nadeleisenerz) α-FeOOH (Limonit z.T.)	orh.	mmm D_{2h}^{16} $Pbnm$	$a = 465$ $b = 1002$ $c = 304$	(010) v. (100) d.	5...5,5	4,00	schwarzbraun ...lichtgelb	braun... braungelb	diamantartig; seidig; matt, halbmet.	opt. zweiachs.

Mineral und Formel	Brechzahlen	Opt. Achsenwinkel $2V$ maxim. Doppelbrechung Δ	Optische Orientierung	Pleochroismus	Vorkommen
Dolomit (Forts.)	$n_\omega = 1{,}6799$ Na $n_\varepsilon = 1{,}5013$ Na $n_{\varepsilon(10\bar{1}1)} = 1{,}588$	Δ 0,178	(–)		In Gängen, gesteinsbildend d. metasom. Verdrängung v. Kalkstein
Enargit (Forts.)	R_α R_γ grün: 24,28% 28,50% rot: 22,25% 24,66%	An.-Eff. stark	–	Birefl. $\Delta R_{grün}$ 4,22 ΔR_{rot} 2,41	Hydrotherm. (Gänge, Verdrängung, Imprägnationen)
Enstatit (Forts.)	$n_\alpha = 1{,}650...1{,}696$ $n_\beta = 1{,}653...1{,}707$ $n_\gamma = 1{,}659...1{,}710$	$2\,V_\gamma = 55°...85°$ $\varrho < \nu$ Δ 0,009...0,014	(+) AE (100) $n_\gamma \parallel c$	–	Magmat. in Tiefen- u. Ergußgest.; in Meteoriten
Fluorit (Flußspat) (Forts.)	$n = 1{,}4338$	–	–		Durchläufermineral. In Eruptivgest. pneumat., hydrotherm. auf Gängen, diagen. in Sedimenten
Gips (Forts.)	$n_\alpha = 1{,}5205$ $n_\beta = 1{,}5226$ $n_\gamma = 1{,}5296$	$2\,V_\gamma = 58°$ $\varrho > \nu$ (geneigt) Δ 0,009	(+) AE (010) n_γ/c 52°30′	–	Aus wäßriger Lösg., Salz-Lgst., Ausscheidung in Tonen
Goethit (Nadeleisenerz) (Forts.)	$n_\alpha = 2{,}260$ $n_\beta = 2{,}394$ $n_\gamma = 2{,}400$	$2\,V_\alpha =$ klein $\varrho \gg \nu$ Δ 0,140	(–) für rot: AE (100) für gelb...blau: AE (001)	$n_\alpha =$ hellgelb $n_\beta =$ braungelb $n_\gamma =$ rotgelb	Verwitterungsprodukt eisenhaltiger Minerale. Selten tiefhydrotherm.

2.3.1.1 Mineralverzeichnis mit chemischen Formeln (Fortsetzung)

Mineral und Formel	Krist.-Syst.	Krist.-Kl. und Raumgruppe	Gitterkonstanten in pm	Spaltbarkeit	Härte nach Mohs	Dichte in $g \cdot cm^{-3}$	Farbe	Strich	Glanz	Optische Hauptgruppe
Gold Au	kub.	$m3m$ O_h^5 $Fm3m$	$a = 407{,}83$	–	2,5...3	15,5 ... 19,3 rein: 19,23	goldgelb... messinggelb	metall. goldfarben	st. Mtgl.	opt. isotrop
Graphit α-C	hex.	$6/mmm$ D_{6h}^4 $P6_3/mmc$	$a = 246$ $c = 670{,}8$	(0001) v.	1	2,1...2,3 rein: 2,255	undurchs., stahlgrau, bräunl. Stich	grau	Mtgl. oder matt	opt. einachs.
Hämatit (Eisenglanz, Rot eisenerz) α-Fe_2O_3	trig.	$\bar{3}m$ D_{3d}^6 $R\bar{3}c$	$a = 504$ $c = 1377$	gelegentl. Absg. n. (0001)	6,5	5,2 ... 5,3	stahlgrau... eisenschwarz, bunt angelaufen oder rot	rot... rotbraun	Mtgl. matt	opt. einachs.
Halloysit (Endellit) $\left\{ \begin{matrix} Al_4[(OH)_8 \vert Si_4O_{10}] \\ (H_2O)_4 \end{matrix} \right\}$	mkl.	P	$a = 511{,}8$ $c = 1003$	dicht, erdig	(1...2)	2,0 ... 2,2 berechn. 2,12	wachsartig weiß, bläul. gräul. u.a.	–	schimmernd	opt. zweiachs.
Hemimorphit (Kieselzinkerz) $Zn_4[(OH)_2Si_2O_7] \cdot H_2O$	orh.	$2mm$ C_{2v}^{20} $Imm2$	$a = 1072$ $b = 840$ $c = 512$	(110) v. (101) d.	5	3,3 ... 3,5	durchs.... durchschein. fbl., weiß, auch gef.	weiß	(010) Glasgl.	opt. zweiachs.
Hornblende, gem. $(Na, K)_{0,5-2}Ca_{3-4}Mg_{3-8}$ $Fe^{2+}{}_{2-4}\ (Al, Fe^{3+})_2$ $[(OH)_4Al_{2-4}Si_{14-12}O_{44}]$	mkl.	$2/m$ C_{2h}^3 $C2/m$	$a = 996$ $b = 1819$ $c = 537$ $\beta = 105°45'$	(110) v. 124°	5...6	3,0 ... 3,4	grün... grünschwarz	graugrün	Glasgl.	opt. zweiachs.

Mineral und Formel	Brechzahlen	Opt. Achsenwinkel 2V maxim. Doppelbrechung Δ	Optische Orientierung	Pleochroismus	Vorkommen
Gold (Forts.)	$n = 0{,}368$ Na $\varkappa = 7{,}71$ Na $R_{\text{grün}} = 47{,}0\%$ $R_{\text{rot}} = 86{,}0\%$	–	–	–	Wichtigstes Golderz, vorw. hydrotherm. In Seifen
Graphit (Forts.)	$\parallel n_\omega$ $\parallel n_\varepsilon$ $R_{\text{grün}} = 22{,}5\%$ 5% $R_{\text{rot}} = 23\%$ 5,5%	$\Delta R_g = 17{,}5$ $\Delta R_r = 17{,}5$	(–)	–	In metam. Gest. (Ostalpen). Pegm. Spaltenfüllung (Ceylon)
Hämatit (Eisenglanz, Roteisenerz) (Forts.)	$n_\omega = 3{,}042$ Li $n_\varepsilon = 2{,}7975$ Li R_ω R_ε 589 nm 27,8% 24,9%	An.-Eff. deutl. Δ 0,244	(–)	Birefl. ΔR 2,9 589 nm	Hydrotherm., pneumat., metam., exhalativ, sed.
Halloysit (Endellit) (Forts.)	$n_{\text{mitt.}} = 1{,}490$ theoret.	2 V = ? Δ fast isotrop	–	–	Hydrisch, Bestandteil v. Tonen u. Böden
Hemimorphit (Kieselzinkerz) (Forts.)	$n_\alpha = 1{,}614$ $n_\beta = 1{,}617$ $n_\gamma = 1{,}636$	$2\,V_\gamma = 46°$ $\varrho \gg \nu$ Δ 0,022	(+) AE (100) $n_\gamma = c$	–	Metasom., hydrotherm.
Hornblende, gem. (Forts.)	$n_\alpha = 1{,}63 \ldots 1{,}68$ $n_\beta = 1{,}64 \ldots 1{,}70$ $n_\gamma = 1{,}64 \ldots 1{,}71$	$2\,V_\alpha = 87° \ldots 63°$ $\varrho \gtreqless \nu$ Δ 0,014…0,026	(–) AE (010) n_γ/c 10°…27°	stark n_α = hellgrünl.-gelb n_β = grünlich…bräunlich n_γ = oliv…blaugrün	In vielen Eruptivgest., in manchen kristall. Schiefern (Amphiboliten)

2.3.1.1 Mineralverzeichnis mit chemischen Formeln (Fortsetzung)

Mineral und Formel	Krist.-Syst.	Krist.-Kl. und Raumgruppe	Gitterkonstanten in pm	Spaltbarkeit	Härte nach Mohs	Dichte in g · cm^{-3}	Farbe	Strich	Glanz	Optische Hauptgruppe
Hydrargillit (Gibbsit) γ-$Al(OH)_3$	mkl.	$2/m$ C_{2h}^5 $P2_1/n$	$a = 864$ $b = 507$ $c = 972$ $\beta = 94° 34'$	(001) v.	2,5...3	2,3...2,4	fbl., weiß, grünl., grau	weiß	–	opt. zweiachs.
Ilmenit $FeTiO_3$	trig.	$\bar{3}$ C_{3i}^2 $R\bar{3}$	$a = 509$ $c = 1407$	Absg. nach (0001), (10$\bar{1}$1)	5...6	4,79	eisenschwarz... braunschwarz	schwarzbraun	Mtgl., teilweise matt	opt. einachs.
Kainit $KMg[Cl(SO_4)] \cdot 3\ H_2O$	mkl.	$2/m$ C_{2h}^3 $C2/m$	$a = 1976$ $b = 1626$ $c = 957$ $\beta = 94° 56'$	(100) v. (110) d. (?)	3	2,15	weiß, gelbl., grau, rötl. u.a.	weiß	schimmernde Bruchflächen	opt. zweiachs.
Kaolinit $Al_4[(OH)_8Si_4O_{10}]$	trikl.	$\bar{1}$ C_i^1 $P\bar{1}$	$a = 514$ $b = 893$ $c = 737$ $\alpha = 91°48'$ $\beta = 104° 30'$... 105° $\gamma = 90°$	(001) v.	2...2,5	2,6	weiß, gelb, grünl., bläul.	–	Perlm.-Gl. teilweise matt	opt. zweiachs.
Kernit $Na_2[B_4O_6(OH)_2] \cdot 3H_2O$	mkl.	$2/m$ C_{2h}^4 $P2/c$	$a = 1568$ $b = 915$ $c = 702$ $\beta = 108° 52'$	(100) h.v. (001) s.v.	2,5	1,91	fbl., weiß	weiß	Glasgl. Seidengl.	opt. zweiachs.
Kieserit $Mg[SO_4] \cdot H_2O$	mkl.	$2/m$ C_{2h}^6 $C2/c$	$a = 689$ $b = 761$ $c = 763$ $\beta = 117° 43'$	(110) v. (111) v. ($\bar{1}$11) d. ($\bar{1}$01) d. (011) d.	3,5	2,57	fbl. u. trübe, weiß, gelbl.	weiß	Glasgl., schimmernd	opt. zweiachs.

Mineral und Formel	Brechzahlen	Opt. Achsenwinkel $2V$ maxim. Doppelbrechung Δ	Optische Orientierung	Pleochroismus	Vorkommen
Hydrargillit (Forts.)	$n_\alpha = 1{,}567$ $n_\beta \simeq n_\alpha$ $n_\gamma = 1{,}589$	$2\,V_\gamma \simeq 0°$ $\varrho \lesseqgtr \nu$ Δ 0,02	(+) AE (010) $n_\gamma/c \sim 25°$ auch $n_\alpha \parallel b$	–	Häufiges Mineral d. Bauxit-Lgst.
Ilmenit (Forts.)	$\bar{R}_{\text{grün}} = 18\,\%$ $\bar{R}_{\text{rot}} = 18\,\%$	An.-Eff. deutl.	–	–	In Eruptivgest., in Gängen, in metam. Gest. u. Sedimenten
Kainit (Forts.)	$n_\alpha = 1{,}495$ $n_\beta = 1{,}506$ $n_\gamma = 1{,}520$	$2\,V_\alpha = 85°$ $\varrho > \nu$ (geneigt) Δ 0,025	(–) AE (010) n_α/c 8°...13°	–	Wichtiges Mineral d. Kalisalz-Lgst. (metam. aus Carnallit)
Kaolinit (Forts.)	$n_\alpha = 1{,}553...1{,}563$ $n_\beta = 1{,}559...1{,}569$ $n_\gamma = 1{,}560...1{,}570$	$2\,V_\alpha = 20°...55°$ $\varrho > \nu$ $\Delta \sim 0{,}006$	(–) AE $\perp$ (010) $n_\alpha/\perp$ (001) 1°...3$^1/_2$°	–	Durch Verwitterung oder hydrotherm. Unsetzung v. Feldspat u. ähnl. Silikaten; in Tonen, Böden
Kernit (Forts.)	$n_\alpha = 1{,}454$ $n_\beta = 1{,}472$ $n_\gamma = 1{,}488$	$2\,V_\alpha = 80°$ $\varrho > \nu$ Δ 0,034	(–) AE $\perp$ (010) n_α/c 38,5°	–	Metam. i. Boraxseen, z.Z. wichtigster B-Rohstoff
Kieserit (Forts.)	$n_\alpha = 1{,}523$ $n_\beta = 1{,}535$ $n_\gamma = 1{,}586$	$2\,V_\gamma = 55°$ $\varrho > \nu$ (geneigt) Δ 0,063	(+) AE (010) n_α/c 14°	–	In Kalisalz-Lgst.

2.3.1.1 Mineralverzeichnis mit chemischen Formeln (Fortsetzung)

Mineral und Formel	Krist.-Syst.	Krist.-Kl. und Raumgruppe	Gitterkonstanten in pm	Spaltbarkeit	Härte nach Mohs	Dichte in $g \cdot cm^{-3}$	Farbe	Strich	Glanz	Optische Hauptgruppe
Klinoenstatit $Mg_2[Si_2O_6]$	mkl.	$2/m$ C_{2h}^5 $P2_1/c$	$a = 962$ $b = 883$ $c = 519$ $\beta = 108° 21^1/_2'$	(110) d. 88°	6	3,19	fbl....gelbl.	–	Glasgl.	opt. zweiachs.
Korund Al_2O_3 rot = Rubin blau = Saphir	trig.	$\bar{3}m$ D_{3d}^6 $R\bar{3}c$	$a_{rh} = 514$ $\alpha = 55° 17'$	Absg. nach $(10\bar{1}1)$ u. (0001)	9	3,9...4,1	fbl. u. gef., bläul. u. rot, durchs.... trübe	weiß	Glasgl.	opt. einachs.
Kryolith α-$Na_3[AlF_6]$ <550 °C	mkl.	$2/m$ C_{2h}^5 $P2_1/n$	$a = 777$ $b = 559$ $c = 540$ $\beta = 90,2°$	Absg. n. (001), (110) (101)	2,5...3	2,97	schneeweiß, rötl., braun, durchschein.	–	(001) Perlm.-Gl., sonst Glasgl.	opt. zweiachs.
Kryptomelan $K_{2-x}Mn_8O_{16}$	tetr. und mkl. Mod.	$4/m$ C_{4h}^5 $I4/m$ $2/m$ C_{2h}^3 $I2/m$	$a = 984$ $c = 286$ $a = 971$ $b = 288$ $c = 994$ $\beta = 90° 37'$	dicht	6,5 (...1)	4,1...4,9	schwarz... bläul. schwarz	schwarz... schwarzbraun	matt, auch st. glä.	–
Kupferglanz (Chalkosin) Cu_2S <103 °C	mkl.	$2/m$ C_{2h}^5 $P2_1/c$	$a = 1522$ $b = 1188$ $c = 1348$ $\gamma = 116° 21'$	(110) uv.	2,5...3	5,5...5,8 ber. 5,77	dkl.bleigrau	grau glä.	Mtgl.	opt. zweiachs.
Kupferkies (Chalkopyrit) $CuFeS_2$	tetr.	$42m$ D_{2d}^{12} $I\bar{4}2d$	$a = 528$ $c = 1042$	manchmal (011) uv.	3,5...4	4,1...4,3	messinggelb mit grünl. Stich, bunt anlaufend	grünl.-schwarz	Mtgl.	opt. einachs.

Mineral und Formel	Brechzahlen	Opt. Achsenwinkel $2V$ maxim. Doppelbrechung Δ	Optische Orientierung	Pleochroismus	Vorkommen
Klinoenstatit (Forts.)	$n_\alpha = 1{,}651$ $n_\beta = 1{,}654$ $n_\gamma = 1{,}660$	$2\,V_\gamma = 53°$ $\varrho < \nu$ Δ 0,009	(+) AE ⊥ (010) n_γ/c 22°	–	In Meteoriten; Ergußgest. selten
Korund (Forts.)	$n_\omega = 1{,}769$ $n_\varepsilon = 1{,}761$	Δ 0,008	(–)	teilw. pleochroitisch z. B. n_ω = indigoblau, tiefpurpur n_ε = lichtblau, hellgelb.	Magmat., pegm., metam., kontaktmetam. Auf Edelsteinseifen
Kryolith (Forts.)	$n_\alpha = 1{,}3385$ $n_\beta = 1{,}3389$ $n_\gamma = 1{,}3396$	$2\,V_\gamma = 43°$ $\varrho < \nu$ Δ 0,0011	(+) AE ⊥ (010) n_γ/c 44°	–	In Pegmatiten (Ivigtut, Grönland)
Kryptomelan (Forts.)	–	–	–	–	Oxidationszone, Verwitterungsprod. Wicht. Mn-Erz
Kupferglanz (Chalkosin) (Forts.)	$\bar{R}_{\text{grün}} = 30\%$ $\bar{R}_{\text{rot}} = 23\%$	An.-Eff. schwach	–	–	Hydrotherm. u. Zementationszone. Wicht. Cu-Erz
Kupferkies (Chalkopyrit) (Forts.)	$R_{\text{grün}} = 41{,}5\%$ $R_{\text{rot}} = 40\%$	–	–	–	Durchläufermineral: Tiefengest. (magmat. Absg.) pegm., hydrotherm., sed., metam.

2.3.1.1 Mineralverzeichnis mit chemischen Formeln (Fortsetzung)

Mineral und Formel	Krist.-Syst.	Krist.-Kl. und Raumgruppe	Gitterkonstanten in pm	Spaltbarkeit	Härte nach Mohs	Dichte in g · cm⁻³	Farbe	Strich	Glanz	Optische Hauptgruppe
Lepidokrokit (Rubinglimmer) γ-FeOOH (Limonit z.T.)	orh.	*mmm* D_{2h}^{17} *Amam*	*a* = 388 *b* = 1254 *c* = 307	(010) v. (100) wgr. v. (001) d	5	4,09	rubinrot.. gelbrot	bräunl. gelb or.braun	Diamantgl.	opt. zwei- achs.
Lepidolith 2M₂ $KLi_{2-1,5}Al_{1-1,5}$ $[(F, OH)_2 \| Al_{0-1}Si_{4-3}O_{10}]$	mkl.	2/*m* C_{2h}^{3} *C*2/*m*	*a* = 521 *b* = 897 *c* = 1016 *β* = 100° 48′	(001) s. v.	2,5…4	2,8…2,9	hrot, weiß, grau, grünl.	weiß	Perlm.-Gl.	opt. zwei- achs.
Leucit $K[AlSi_2O_6]$ < 605 °C	tetr. ps. kub.	4/*m* C_{4h}^{6} $I4_1/a$	*a* = 1304 *c* = 1385	–	5,5	2,5	weiß...grau	weiß, grau	Glasgl.	opt. zwei- achs.
Magnesit (Bitterspat) $Mg[CO_3]$	trig.	$\bar{3}m$ D_{3d}^{6} $R\bar{3}c$	*a* = 458,4 *c* = 1492	(10$\bar{1}$1) s. v. 72° 36′	4…4,5	3,00	fbl., weiß, gelb, braun, grau	weiß, grau	Glasgl.	opt. einachs
Magnetit Fe_3O_4	kub.	*m*3*m* O_h^{7} *Fd*3*m*	*a* = 839,1	(111) uv.	5,5	5,2	undurchs. eisen- schwarz	schwarz	Mtgl. matt	opt. isotrop
Malachit $Cu_2[(OH)_2CO_3]$	mkl.	2/*m* C_{2h}^{5} $P2_1/c$	*a* = 948 *b* = 1203 *c* = 321 *β* = 98° 42′	($\bar{2}$01) v.	4	4,0	smaragd- grün	hgrün	Glasgl. Seidengl.	opt. zwei- achs.
Mikroklin $K[AlSi_3O_8]$ Tieftemp.-Mod. grün = Amazonenstein, Amazonit	trikl.	$\bar{1}$ C_i^{1} $P\bar{1}$	*a* = 857 *b* = 1298 *c* = 722 *β* = 90°41′ *β* = 115° 59′ *γ* = 87° 30′	(001) v. (010) wgr.v. 89,5°…90°	6	2,54…2,57	fbl., weiß, gelb, grün, lichtfleisch- rot	weiß	(001) Perlm.-Gl., sonst Glasgl.	opt. zwei- achs.

Mineral und Formel	Brechzahlen	Opt. Achsenwinkel 2*V* maxim. Doppelbrechung Δ	Optische Orientierung	Pleochroismus	Vorkommen
Lepidokrokit (Rubinglimmer) (Forts.)	$n_\alpha = 1{,}94$ $n_\beta = 2{,}20$ $n_\gamma = 2{,}51$	$2\,V_\alpha = 83°$ Δ 0,57	AE (001) $n_\alpha = b$	n_α = hellgelb n_β = dkl.rot-or. n_γ = dkler.rot-or.	Wie Nadeleisenerz, doch seltener
Lepidolith (Forts.)	$n_\alpha \cong 1{,}543$ $n_\beta \cong 1{,}555$ $n_\gamma \cong 1{,}558$	$2\,V_\alpha \cong 45°$ Δ ~ 0,015	(–) AE ⊥ (010) $n_\alpha/c \sim 0°$ oder AE ∥ (010) n_α/c 6°...7°	–	Pneumat. u. pegm., Li-Rohstoff
Leucit (Forts.)	$n_\alpha = 1{,}508$ $n_\beta = ?$ $n_\gamma = 1{,}509$	$2\,V_\gamma$ = sehr klein Δ 0,001	(+)	–	Magmat., in Ergußgest.
Magnesit (Forts.)	$n_\omega = 1{,}700$ $n_\varepsilon = 1{,}509$ $n'_{\varepsilon(10\bar{1}1)} = 1{,}599$	Δ 0,191	(–)	–	In metam. Gest.: Chlorit- und Talkschiefer; d. metasom. Umwandlung von Kalkstein
Magnetit (Forts.)	$n = 2{,}42$ Na $R_{\text{grün}} = 21\,\%$ $R_{\text{rot}} = 21\,\%$	–	–	–	Eisenerz. Magmat. (Kiruna), kontaktpneumat., sed.
Malachit (Forts.)	$n_\alpha = 1{,}655$ $n_\beta = 1{,}875$ $n_\gamma = 1{,}909$	$2\,V_\alpha = 43°$ $\varrho \ll \nu$ Δ 0,254	(–) AE (010) n_α/c 23° $n_\alpha \sim \perp$ (001)	n_α = fast fbl. n_β = gelbgrün n_γ = tiefgrün	In der Oxidationszone von Kupfererzen
Mikroklin (Forts.)	$n_\alpha = 1{,}5186$ $n_\beta = 1{,}5223$ $n_\gamma = 1{,}5250$	$2\,V_\alpha \cong 80°$ $\varrho < \nu$ Δ 0,006	(–) AE ~ ⊥ (010) auf (010) n_α/a 5° auf (001) 15°...20°	–	Gemengeteil in Tiefengest., krist. Schiefern. Kristalle in Drusen von Graniten u. Pegmatiten

2.3.1.1 Mineralverzeichnis mit chemischen Formeln (Fortsetzung)

Mineral und Formel	Krist.-Syst.	Krist.-Kl. und Raumgruppe	Gitterkonstanten in pm	Spaltbarkeit	Härte nach Mohs	Dichte in $g \cdot cm^{-3}$	Farbe	Strich	Glanz	Optische Hauptgruppe
Molybdänglanz (Molybdänit) 2H-MoS_2	hex.	$6/mmm$ D_{6h}^4 $P6_3/mmc$	$a = 316$ $c = 1232$	(0001) s. v.	1...1,5	4,7...4,8	bleigrau (bläul.)	dkl.grau	Mtgl.	opt. einachs.
Monazit $Ce[PO_4]$	mkl.	$2/m$ C_{2h}^5 $P2_1/n$	$a = 679$ $b = 704$ $c = 647$ $\beta = 104° 24'$	(100) v. (010) d.	5...5,5	4,8...5,5	hgelb... dkl.braun, rot	hgelb... hrotbraun	Harzgl.	opt. zweiachs.
Montmorillonit $\left\{\begin{array}{l}(Al_{1,67}Mg_{0,33})\\ [(OH)_2Si_4O_{10}]^{0,33-}\\ Na_{0,33}(H_2O)_4\end{array}\right\}$	mkl. ps. rhomb.	$2/m$ (?) (?)	$a = 517$ $b = 894$ $c = 1520$ $\beta \sim 90°$	(001) v.	1...2	2,1	weiß, bräunl., grünl.	–	–	opt. zweiachs.
Mullit $Al^{[6]}{}_4Al_4^{[4]}[O_3(O_{0,5}, OH, F)\vert Si_3AlO_{16}]$	orh.	mmm D_{2h}^9 $Pbam$	$a = 755$ $b = 769$ $c = 288$	(010) d...uv.	(?)	3,03	fbl.... rosa	–	Glasgl.	opt. zweiachs.
Muskovit $KAl_2[OH, F)_2\vert AlSi_3O_{10}]$	mkl.	$2/m$ C_{2h}^6 $C2/c$	$a = 519$ $b = 904$ $c = 2008$ $\beta = 95° 30'$	(001) h. v.	2...2,5	2,78...2,88	durchs.... durchschein., fbl., gelbl., bräunl., grünl.	weiß	Perlm.-Gl.	opt. zweiachs.
Natrolith $Na_2[Al_2Si_3O_{10}] \cdot 2\ H_2O$	orh. ps. tetr.	$2mm$ C_{2v}^{19} $Fdd2$	$a = 1835$ $b = 1870$ $c = 661$	(110) d. 88° 45′	5...5,5	2,2...2,4	fbl., weiß, grau, gelbl., rötl.	weiß	Glasgl.	opt. zweiachs.

Mineral und Formel	Brechzahlen	Opt. Achsenwinkel $2V$ maxim. Doppelbrechung Δ	Optische Orientierung	Pleochroismus	Vorkommen
Molybdänglanz (Molybdänit) (Forts.)	$n_\omega = 4{,}336$ 852 nm $n_\varepsilon = 2{,}03$ 852 nm R_ω R_ε grün: 36,0% 15,5% rot: 30,5% 15%	Δ 2,30	(−)	Birefl. $\Delta R_{\text{grün}}$ 20,5 ΔR_{rot} 15,5	Pegm.-pneumat.
Monazit (Forts.)	$n_\alpha = 1{,}796$ $n_\beta = 1{,}797$ $n_\gamma = 1{,}841$	$2\,V_\gamma \cong 13°$ $\varrho < \nu$ Δ 0,045	(+) AE ⊥ (010) n_γ/c 2°...6°	Absorpt. $n_\beta > n_\alpha$ u. n_γ	Selten; in Graniten, Gneisen u. Pegmatiten. Auf Seifenlgst.
Montmorillonit (Forts.)	$n_\alpha \sim 1{,}49$* $n_\beta = 1{,}50...1{,}56$ $n_\gamma = 1{,}50...1{,}56$	$2\,V_\alpha = 7°...27°$ Δ 0,025	(−) AE (010) $n_\alpha \sim \perp$ (001)	–	In Walkerden, Bentoniten, Tonen u. Böden. Umwandl.-prod. v. vulk. Gläsern
Mullit (Forts.)	$n_\alpha \sim 1{,}642$ $n_\beta \sim 1{,}644$ $n_\gamma \sim 1{,}654$	$2\,V_\gamma = 45°...50°$ $\varrho > \nu$ Δ 0,012	(+) AE (010) $n_\gamma \parallel c$	n_α u. n_β = fbl. n_γ = rosa (Ti-haltig)	Hauptkomponente v. Porzellan u. anderen keramischen Massen; kontaktmet. in Tonbrocken im Basalt
Muskovit (Forts.)	$n_\alpha = 1{,}552...1{,}57$ $n_\beta = 1{,}582...1{,}60$ $n_\gamma = 1{,}588...1{,}61$	$2\,V_\alpha = 35°...50°$ $\varrho > \nu$ Δ 0,036...0,054	(−) AE ⊥ (010) $n_\gamma \parallel b$ n_α/c ½°...2°	n_α = fbl. n_β u. n_γ = selten blaß gelblich	Häufigster Glimmer. Eruptivgest. (Granite). In metam. Gest. Große Krist. in Pegmatiten. Sek. in Sedimenten
Natrolith (Forts.)	$n_\alpha = 1{,}4789$ $n_\beta = 1{,}4822$ $n_\gamma = 1{,}4911$	$2\,V_\gamma = 63°\,03'$ Δ 0,012	(+) AE (010) $n_\gamma \parallel c$	–	Hydrotherm. i. Hohlräumen u. Klüften v. Phonolithen, Basalten, auch Syeniten, metam. Gesteinen

* Brechzahlen abhängig vom Einbettungsmittel!

2.3.1.1 Mineralverzeichnis mit chemischen Formeln (Fortsetzung)

Mineral und Formel	Krist.-Syst.	Krist.-Kl. und Raumgruppe	Gitterkonstanten in pm	Spaltbarkeit	Härte nach Mohs	Dichte in g · cm^{-3}	Farbe	Strich	Glanz	Optische Hauptgruppe
Nephelin (Na, K) [$AlSiO_4$] Im Idealfall Na : K = 3 : 1	hex.	6 C_6^6 $P6_3$	a = 1001 c = 841	(10$\bar{1}$0) uv. (0001) uv.	5,5...6	2,619	fbl. u. klar, trübe, weiß, grau u. verschied. gef.	weiß, grau	Glasgl., Bruchfl. = Fettgl.	opt. einachs.
Nitrokalit (Kalisalpeter) K[NO_3]	orh.	mmm D_{2h}^{16} $Pcmm$	a = 543 b = 919 c = 646	(011) v. (010) d. (110) d.	2	2,1	fbl., weiß, grau	weiß	Glasgl.	opt. zweiachs.
Nitronatrit (Natronsalpeter) Na[NO_3]	trig.	$\bar{3}m$ D_{3d}^6 $R\bar{3}c$	a = 507 c = 1681	(1011) v. 73°37′	1,5...2	2,27	fbl., wenig gef.	weiß	Glasgl.	opt. zweiachs.
Olivin (Mg, Fe)$_2$[SiO_4] Mg-Endgl. = Forsterit Fe-Endgl. = Fayalit	orh.	mmm D_{2h}^{16} $Pmcn$	a = 601 b = 478 c = 1028	(010) d. (100) uv.	6,5...7	3,27 4,2	durchs., grünl.... gelbl.... rotbraun	weiß	Glasgl., Bruchfl. = Fettgl.	opt. zweiachs.
Opal SiO_2 + aq.	am.	–	–	–	5,5...6,5	2,1...2,2	durchs.... durchschein. versch. gef.	weiß	Glasgl.... Wachsgl.	opt. isotrop
Orthoklas K[$AlSi_3O_8$]	mkl.	$2/m$ C_{2h}^3 $C2/m$	a = 856,2 b = 1299,6 c = 719,3 β = 116° 01	(001) v. (010) wgr.v.	6	2,53...2,56	durchs.... trüb, weiß, gelb, rötl., grünl.	weiß	(001) Perlm.-Gl., sonst Glasgl.	opt. zweiachs.
Pentlandit (Ni, Fe)$_9$$S_8$ Ni : Fe ~ 1 : 1	kub.	$m3m$ O_h^5 $Fm3m$	a = 1004	(111) d.	3,5...4	4,6...5	hbräunl.	schwarz	Mtgl.	opt. isotrop

Mineral und Formel	Brechzahlen	Opt. Achsenwinkel $2V$ maxim. Doppelbrechung Δ	Optische Orientierung	Pleochroismus	Vorkommen
Nephelin (Forts.)	$n_\omega = 1{,}537$ $n_\varepsilon = 1{,}533$	Δ 0,004	(–)	–	In Eruptivgest. Durch Entm. v. $KAlSiO_4$ od. and. Umwandl.-prod., getrübt = Eläolith
Nitrokalit (Kalisalpeter) (Forts.)	$n_\alpha = 1{,}335$ $n_\beta = 1{,}505$ $n_\gamma = 1{,}506$	$2\ V_\alpha = 7°$ $\varrho < \nu$ Δ 0,171	(–) AE (100) $n_\alpha \parallel c$	–	Untergeordnet auf den Salpeter-Lgst. Chiles, Höhlenprodukt
Nitronatrit (Natronsalpeter) (Forts.)	$n_\omega = 1{,}585$ $n_\varepsilon = 1{,}337$ $n'_{\varepsilon(10\bar{1}1)} = 1{,}467$	Δ =,248	(–)	–	Hauptvorkommen i.d. Salpeterlagern in Chile
Olivin (Forts.)	$n_\alpha = 1{,}635...1{,}686$ $n_\beta = 1{,}651...1{,}707$ $n_\gamma = 1{,}670...1{,}726$	$2\ V_\alpha = 94°...83°$ $\varrho < \nu \mid \varrho > \nu$ Δ 0,035...0,040	(±) AE (100) $n_\gamma = b$	n_α = grünlich-gelb n_β = orangegelb n_γ = grünlich-gelb	Magmat. in bas. Eruptivgest.; kontaktmetam., metam.; in Meteoriten, Schlacken
Opal (Forts.)	$n = 1{,}3...1{,}45$	–	–	–	Hydrotherm., biogen
Orthoklas (Forts.)	$n_\alpha = 1{,}5168$ $n_\beta = 1{,}5202$ $n_\gamma = 1{,}5227$	$2\ V_\alpha = 66°58'$ $\varrho > \nu$ Δ 0,006	(–) AE $\perp$ (010) auch $\parallel$ (010), auf (010) n_α/a 5°	–	In Eruptivgest., Gneisen u. Sedimentgest. In Pegmatiten, auf Klüften (Adular)
Pentlandit (Forts.)	$R_{grün} = 51\%$ $R_{rot} = 51\%$	–	–	–	Liquidmagmat....pneumat. mit Magnetkies verwachsen. Wichtigstes Ni-Erz

2.3.1.1 Mineralverzeichnis mit chemischen Formeln (Fortsetzung)

Mineral und Formel	Krist.-Syst.	Krist.-Kl. und Raumgruppe	Gitterkonstanten in pm	Spaltbarkeit	Härte nach Mohs	Dichte in $g \cdot cm^{-3}$	Farbe	Strich	Glanz	Optische Hauptgruppe
Polyhalit $K_2Ca_2Mg[SO_4]_4 \cdot 2\,H_2O$	trikl. ps.orh.	1 C_i $P1$	$a = 696$ $b = 697$ $c = 897$ $\alpha = 104°30'$ $\beta = 101°30'$ $\gamma = 113°54'$	(101–) v. Querabsg. ~ ‖ (010)	3,5	2,78	fbl., weiß, grau, blaß... ziegelrot	weiß	Glasgl.... Harzgl.	opt. zwei- achs.
Pyrit (Eisenkies, Schwefelkies) FeS_2	kub.	$2/m\bar{3}$ T_h^6 $Pa3$	$a = 542$	(100) uv.	6...6.5	5...5,2	speisgelb... goldgelb	schwarz... grünl.	Mtgl. undurchs.	opt. isotrop
Pyrolusit β-$MnO_{2,00-1,89}$ gut ausgeb. Kristalle = Polianit)	tetr.	$4/mmm$ D_{4h}^{14} $P4_2/mnm$	$a = 439$ $c = 287$	(110) v.	6...6,5 (Pol.); 6...2 (Pyr.)	5,2 (Pol.); 4,4...5,0 (Pyr.)	schwarz (Pol.); eisengrau... schwarz abfärbend (Pyr.)	schwarz	Mtgl.	opt. einachs.
Pyrop $Mg_3Al_2[SiO_4]_3$	kub.	$m3m$ O_h^{10} $Ia\bar{3}d$	$a = 1153$	–	6,5...7,5	3,58	blutrot	weiß, gelbl.	Glasgl.... Fettgl.	opt. isotrop
Quarz SiO_2 <573 °C	trig.	32 D_3^4 $P3_121$	$a = 491{,}30$ $c = 540{,}45$	–	7	2,65	fbl., weiß, trübe u. versch. gef.	weiß	Glasgl., Bruchfl. = Fettgl.	opt. einachs.
Realgar As_4S_4	mkl.	$2/m$ C_{2h}^5 $P2_1/n$	$a = 929$ $b = 1353$ $c = 657$ $\beta = 106°33'$	(010) v.	1,5...2	3,5...3,6	rot, durchschein.	or.-gelb	Diamantgl.	opt. zwei- achs.

Mineral und Formel	Brechzahlen	Opt. Achsenwinkel $2V$ maxim. Doppelbrechung Δ	Optische Orientierung	Pleochroismus	Vorkommen
Polyhalit (Forts.)	$n_\alpha = 1{,}547$ $n_\beta = 1{,}560$ $n_\gamma = 1{,}567$	$2\,V_\alpha = 62°$ $\varrho < \nu$ Δ 0,020	(–) auf (100): $n'_\alpha/(010) + 6°$ auf (010): $n'_\alpha/(100) - 13°$ auf (001): $n'_\alpha/(010) + 8°$	–	Metam. in Salzlgst.
Pyrit (Eisenkies, Schwefelkies) (Forts.)	$R_{grün} = 54\%$ $R_{rot} = 52{,}5\%$	–	–	–	Durchläufermineral. In Kieslagern. Hydrotherm., sed. In manch. Eruptivgest.
Pyrolusit (Forts.)	$\bar{R} = 55...40\%$ (Pol.) $\bar{R} = 55...30\%$ (Pyr.)	An.-Eff. sehr stark...stark	–	–	Hydrisch, Oxidationszone Mn-halt. Lgst. u. Gest. Sed. Wicht. Mn-Erz.
Pyrop (Forts.)	$n = 1{,}714$	–	–	–	Aus Serpentingest. (Böhmische Granate); im Kimberlit u. in Diamantseifen
Quarz (Forts.)	$n_\omega = 1{,}54425$ Na $n_\varepsilon = 1{,}55336$ Na	Δ 0,009	(+) zirkular-polarisierend	–	Gest. bildend in Eruptiven, krist. Schiefern u. Sedimentgest. Hydrotherm. In Gängen
Realgar (Forts.)	$n_\alpha = 2{,}46$ Li $n_\beta = 2{,}59$ Li $n_\gamma = 2{,}61$ Li	$2\,V_\alpha \cong 40°(-)$ Δ 0,15	(–) $n_\beta \parallel b$ n_α/c 11°	n_α = fast fbl.... orangerot n_β, n_γ = blaßgoldgelb... zinnoberrot	Hydrotherm. auf Erzgängen, Verwitterungsprod. von As-Erzen

2.3.1.1 Mineralverzeichnis mit chemischen Formeln (Fortsetzung)

Mineral und Formel	Krist.-Syst.	Krist.-Kl. und Raumgruppe	Gitter konstanten in pm	Spaltbarkeit	Härte nach Mohs	Dichte in $g \cdot cm^{-3}$	Farbe	Strich	Glanz	Optische Hauptgruppe
Rotnickelkies (Nickelin) NiAs	hex.	$6/mmm$ D_{6h}^4 $P6_3/mmc$	$a = 358$ $c = 511$	$(10\bar{1}0)$ (0001) uv.	5,5	7,3...7,7	licht-kupferrot	bräunl.-schwarz	Mtgl. matt	opt. einachs.
Rutil TiO_2	tetr.	$4/mmm$ D_{4h}^{14} $P4_2/mnm$	$a = 459$ $c = 296$	(110) v. (100) d.	6...6,5	4,2...4,3	rot, braun... schwarz	gelbl. braun	metall-artiger Diamantgl. Fettgl.	opt. einachs.
Sanidin $K[AlSi_3O_8]$ Hochtemp.-Mod.	mkl.	$2/m$ C_{2h}^3 $C2/m$	$a = 856$ $b = 1303$ $c = 717,5$ $\beta = 115°59'$	(001) v. (010) wgr. v.	6	2,53...2,56	glasig, trüb fbl....blaß-gelbl., blaßgrau	weiß	(001): Perlm.-Gl. sonst st. Glasgl.	opt. zwei-achs.
Sassolin $B(OH)_3$	trikl.	$\bar{1}$ C_i^1 $P\bar{1}$	$a = 704$ $b = 705$ $c = 658$ $\alpha = 92°35'$ $\beta = 101°10'$ $\gamma = 119°50'$	(001) v.	1	1,48	weiß, blaßgrau	weiß	Perlm.-Gl.	opt. zwei-achs.
Scheelit $Ca[WO_4]$	tetr.	$4/m$ C_{4h}^6 $I4_1/a$	$a = 525$ $c = 1140$	(111) d. (101) uv.	4,5...5	5,9...6,1	grauweiß... gelbl.	weiß, grau	Fettgl.... Diamantgl.	opt. einachs.
Schwefel α-S	orh.	mmm D_{2h}^{24} $Fddd$	$a = 1044$ $b = 1284,5$ $c = 2437$	–	1,5...2	2,06	gelb, wachsgelb... braun	weiß	Diamant-gl.... Fettgl.	opt. zwei-achs.
Siderit (Eisenspat) $Fe[CO_3]$	trig.	$\bar{3}m$ D_{3d}^6 $R\bar{3}c$	$a_{rh} = 603$ $\alpha = 103°05'$	(101–1) v. 73°	4...4,5	3,89	gelbweiß... gelbbraun	grau, gelb, ocker	Glasgl.... Perlm.-Gl. metall. anlaufend	opt. einachs.

Mineral und Formel	Brechzahlen	Opt. Achsenwinkel 2V maxim. Doppelbrechung Δ	Optische Orientierung	Pleochroismus	Vorkommen
Rotnickelkies (Nickelin) (Forts.)	grün / rot $n_\omega = 1{,}46$ / 1,05 $n_\varepsilon = 1{,}36$ / 1,93 $\varkappa_\omega = 1{,}59$ / 2,37 $\varkappa_\varepsilon = 1{,}46$ / 2,46 $R_\omega = 48{,}9\%$ / 59,5% $R_\varepsilon = 42{,}8\%$ / 58,5%	An.-Eff. sehr stark $\Delta_{grün}$ 0,10 Δ_{rot} 0,88	(–)	Birefl. $\Delta R_{grün}$ 6,1 ΔR_{rot} 1,0	Auf hydrotherm. Gängen mit Co-Ni-Erzen
Rutil (Forts.)	$n_\omega = 2{,}616$ $n_\varepsilon = 2{,}903$	Δ 0,287	(+)	n_ω = gelb... bräunl. gelb n_ε = braungelb ...gelbgrün, dkl.blutrot	Pegm., hydrotherm., metam. u. in Seifen
Sanidin (Forts.)	$n_\alpha = 1{,}5203$ $n_\beta = 1{,}5248$ $n_\gamma = 1{,}5250$	$2\,V_\alpha \cong 10° \ldots 20°$ $\varrho \lesseqgtr \nu$ Δ 0,005	(–) AE ∥ u. ⊥ (010) n_α/a 0°...9°	–	Magmat. i. SiO_2-reichen Ergußgest.
Sassolin (Forts.)	$n_\alpha = 1{,}340$ $n_\beta = 1{,}456$ $n_\gamma = 1{,}459$	$2\,V_\alpha = 7°$ Δ 0,119	(–) AE ~ (010) $n_\alpha \sim \parallel c$	–	Sublimationsprod. v. Fumarolen, Absätze heißer Quellen
Scheelit (Forts.)	$n_\omega = 1{,}9185$ $n_\varepsilon = 1{,}9345$	Δ 0,0160	(+)	–	Pegm.-pneumat., hydrotherm., Begl. v. Sn-Erz.
Schwefel (Forts.)	$n_\alpha = 1{,}960$ $n_\beta = 2{,}040$ $n_\gamma = 2{,}248$	$2\,V_\gamma = 69°5'$ $\varrho < \nu$ Δ 0,288	(+) AE (010) $n_\gamma \parallel c$	–	Vulk. Exhalationen; sed. d. Reduktion organ. Substanz.
Siderit (Eisenspat) (Forts.)	$n_\omega = 1{,}875$ $n_\varepsilon = 1{,}633$ $n'_{\varepsilon(10\bar{1}1)} = 1{,}747$	Δ 0,242	(–)	Absorption $n_\varepsilon < n_\omega$	Pegm.-pneumat., hydrotherm. u. sed.

2.3.1.1 Mineralverzeichnis mit chemischen Formeln (Fortsetzung)

Mineral und Formel	Krist.-Syst.	Krist.-Kl. und Raumgruppe	Gitterkonstanten in pm	Spaltbarkeit	Härte nach Mohs	Dichte in $g \cdot cm^{-3}$	Farbe	Strich	Glanz	Optische Hauptgruppe
Silber Ag	kub.	$m3m$ O_h^5 $Fm3m$	$a = 408{,}56$	–	2,5…3	9,6…12 rein: 10,5	silberweiß, gelbl., graubraun anlaufend	silberweiß	Mtgl.	opt. isotrop
Smithsonit (Zinkspat) $Zn[CO_3]$	trig.	$\bar{3}m$ D_{3d}^6 $R\bar{3}c$	$a_{rh} = 588$ $\alpha = 103°30'$	$(10\bar{1}1)$ v. 72°20′	5	4,3…4,5	fbl., gelbl., braun, grau, grünl.	weiß	Glasgl.… Perlm.-Gl.	opt. einachs.
Soda (Natron) $Na_2[CO_3] \cdot 10\ H_2O$	mkl.	$2/m$ C_{2h}^6 $C2/c$	$a = 1276$ $b = 901$ $c = 1347$ $\alpha = 122°48'$	(100) d. (010) uv.	1…1,5	1,42…1,47	fbl., weiß, grau, gelbl.	weiß	Glasgl. durchs.… durchschein.	opt. zweiachs.
Speiskobalt (Skutterudit) $CoAs_3$; Co → Ni	kub.	$2/m\bar{3}$ T_h^5 $Im3$	$a = 821 \ldots 829$	–	5,5…6	6,8	zinnweiß… hstahlgrau, dkl. anlaufend	grauschwarz	Mtgl.	opt. isotrop
Sperrylith $PtAs_2$	kub.	$m\bar{3}$ T_h^6 $Pa\bar{3}$	$a = 597$	–	6…7	10,6	zinnweiß	schwarz	st. Mtgl.	opt. isotrop
Spinell (Magnesiospinell) $MgAl_2O_4$ Mg → Fe	kub.	$m3m$ O_h^7 $Fd3m$	$a = 810{,}2$	(111) uv.	8	3,6	fbl. u. in allen Farben	–	Glasgl.	opt. isotrop
Spodumen $LiAl[Si_2O_6]$	mkl.	$2/m$ C_{2h}^6 $C2/c$	$a = 947$ $b = 839$ $c = 522$ $\beta = 110{,}2°$	(110) v. ~ 87°	6…7	3,12…3,2	aschgrau, grünl.-weiß, gelb, grün u. viol.	weiß	hoher Glasgl.	opt. zweiachs.

Mineral und Formel	Brechzahlen	Opt. Achsenwinkel $2V$ maxim. Doppelbrechung Δ	Optische Orientierung	Pleochroismus	Vorkommen
Silber (Forts.)	$n = 0{,}181$ Na $\varkappa = 20{,}3$ Na $R_{grün} = 95{,}5\%$ $R_{rot} = 93\%$	–	–	–	Hydrotherm. u. aszendent zementativ i. Silber-Lgst.; auch sed.
Smithsonit (Zinkspat) (Forts.)	$n_\omega = 1{,}849$ $n_\varepsilon = 1{,}621$ $n'_{\varepsilon(10\bar{1}1)} = 1{,}733$	Δ 0,228	(–)	–	In der Verwitterungszone von ZnS i. Verbindung mit Kalken
Soda (Natron) (Forts.)	$n_\alpha = 1{,}405$ $n_\beta = 1{,}425$ $n_\gamma = 1{,}440$	$2\,V_\alpha$ = groß $\varrho > \nu$ (gekreuzt) Δ 0,035	(–) AE ?? (010) $n_\alpha \parallel b$ n_β/c 41°	–	In Natronseen. Ausblühung des Bodens
Speiskobalt (Skutterudit) (Forts.)	$R_{grün} = 60{,}0\%$ $R_{rot} = 51{,}0\%$	–	–	–	Hydrotherm., auf Co-Ni-Ag-Lgst. Wicht. Co-Erz
Sperrylith (Forts.)	R ca. 56%	–	–	–	Magmat. mit Magnetkies in bas. Tiefengest. Pt-Träger der Ni-Magnetkieslgst.
Spinell (Magnesiospinell) (Forts.)	$n = 1{,}715 \ldots 1{,}785$*	–	–	–	Kontaktmetam. In Silikatschmelzen. Edelstein
Spodumen (Forts.)	$n_\alpha = 1{,}65 \ldots 1{,}668$ $n_\beta = 1{,}66 \ldots 1{,}674$ $n_\gamma = 1{,}676 \ldots 1{,}681$	$2\,V_\gamma = 50° \ldots 70°$ $\varrho < \nu$ Δ 0,025...0,013	(+) AE (010) n_γ/c 23°...27°	Absorption $n_\alpha > n_b > n_g$	Auf pegm. Gängen, in Granit u. Gneis. Klar u. durchs. wertvoller Edelstein (viol. = Kunzit, grün = Hiddenit)

* Mg:Fe = 1:0,9.

2.3.1.1 Mineralverzeichnis mit chemischen Formeln (Fortsetzung)

Mineral und Formel	Krist.-Syst.	Krist.-Kl. und Raumgruppe	Gitterkonstanten in pm	Spaltbarkeit	Härte nach Mohs	Dichte in g · cm^{-3}	Farbe	Strich	Glanz	Optische Hauptgruppe
Steinsalz (Halit) NaCl	kub.	*m3m* O_h^5 *Fm3m*	$a = 564{,}04\,(1)$	(100) v. $T = (110)$	2	2,165	fbl. u. rot, gelb, grau, blau gef.	–	Glasgl.	opt. isotrop
Strontianit $Sr[CO_3]$	orh.	*mmm* D_{2h}^{16} *Pmcn*	$a = 513$ $b = 842$ $c = 609$	(110) d.	3,5	3,7	fbl., graul., gelbl., grünl.	weiß	Glasgl. fettartig durchs.... durchschein.	opt. zweiachs.
Sylvin KCl	kub.	*m3m* O_h^5 *Fm3m*	$a = 629$	(100) v. $T = (110)$	2	1,99	fbl. u. gef., trübe	Glasgl. durchs.... durchschein.	opt. isotrop	
Talk $Mg_3[OH)_2 \mid Si_4O_{10}]$	mkl.	2/*m* C_{2h}^6 *C2/c*	$a = 527$ $b = 912$ $c = 1885$ $\beta = 100°00'$	(001) s. v.	1	2,7...2,8	weiß, grünl. u.a. Farben	–	Perlm.-Gl.	opt. zweiachs.
Tantalit $(Fe, Mn)(Ta, Nb)_2O_6$	orh.	*mmm* D_{2h}^{14} *Pbcn*	$a = 1427$ $b = 574$ $c = 509$	(100) d.	6...6,5	8,21	eisenschwarz... bräunl.-schwarz	bräunl.-schwarz	pechart. Mtgl.	opt. zweiachs.
Tetraedrit (Fahlerz) $Cu_{12}Sb_4S_{13}$	kub	$\bar{4}3m$ T_d^3 $I\bar{4}3m$	$a = 1034$	–	3...4	4,6...5,2	stahlgrau mit olivfarbenen Stich	schwarz... rotbraun	Mtgl.	opt. isotrop
Thuringit $\left\{ (Fe^{2+}, Fe^{3+}, Al)_3 [(OH)_2Al_{1,2-2}Si_{2,8-2}O_{10}] (Mg, Fe^{2+}, Fe^{3+})_3 (OH, O)_6 \right\}$	mkl.	2/*m* C_{2h}^3 *C2/m*	$a = 539$ $b = 933$ $c = 1410$ $\beta = 97°20'$	(001) s.v.	1...2	3,2	grün... dkl.grün	graugrün		opt. zweiachs.

Mineral und Formel	Brechzahlen	Opt. Achsenwinkel $2V$ maxim. Doppelbrechung Δ	Optische Orientierung	Pleochroismus	Vorkommen
Steinsalz (Halit) (Forts.)	$n = 1{,}5441$	–	–	–	Sed. in Steinsalzlgst., vulk. Sublimationsprod.
Strontianit (Forts.)	$n_\alpha = 1{,}516$ $n_\beta = 1{,}664$ $n_\gamma = 1{,}666$	$2\,V_\alpha = 7°$ $\varrho < \nu$ Δ 0,150	(–) AE (010) $n_\gamma \parallel c$		Auf Erzgängen. Ausscheidung in Mergeln
Sylvin (Forts.)	$n = 1{,}4930$ für 546 nm	–	–	–	Exhalationsprodukt. In Kalisalzlagern metam. aus Carnallit
Talk (Forts.)	$n_\alpha = 1{,}538 \ldots 1{,}545$ $n_\beta = ? \ldots 1{,}589$ $n_\gamma = 1{,}575 \ldots 1{,}590$	$2\,V_\alpha = 0° \ldots 30°$ $\varrho > \nu$ Δ 0,03...0,05	(–) AE (100) $n_\alpha \sim \perp (001)$	–	Metam., hydrotherm...metasom. Umwandlungsprod. v. Olivin, Enstatit u. ähnl. Mg-Silicaten
Tantalit (Forts.)	$n_\alpha = 2{,}26$ $n_\beta = 2{,}32$ $n_\gamma = 2{,}43$	$2\,V_\gamma =$ groß $\varrho < \nu$ Δ 0,17	(+) AE (100) $n_\gamma \parallel c$	dkl.rot Absorption $n_\alpha < n_\beta < n_\gamma$	In Granitpegmatiten. Rohmaterial zur Tantalgewinnung
Tetraedrit (Fahlerz) (Forts.)	$R_{\text{grün}} = 27\%$ $R_{\text{rot}} = 20{,}5\%$	–	–	–	In hydrotherm. Gängen; sed.
Thuringit (Forts.)	$n_\beta = 1{,}65 \ldots 1{,}68$	$2\,V_\alpha =$ klein $\varrho > \nu$ Δ 0,008	(–) n_α/c 5°...7°	stark $n_\alpha =$ fast fbl. n_β u. $n_\gamma =$ dkl.grün	Metam. aus sed. Fe-Erzen, auf Klüften

2.3.1.1 Mineralverzeichnis mit chemischen Formeln (Fortsetzung)

Mineral und Formel	Krist.-Syst.	Krist.-Kl. und Raumgruppe	Gitterkonstanten in pm	Spaltbarkeit	Härte nach Mohs	Dichte in $g \cdot cm^{-3}$	Farbe	Strich	Glanz	Optische Hauptgruppe
Topas $Al_2[F_2 \mid SiO_4]$	orh.	*mmm* D_{2h}^{16} *Pbnm*	$a = 465$ $b = 880$ $c = 840$	(001) v.	8	3,5 ... 3,6	fbl., meist gef., weingelb, blau, grün	weiß	Glasgl.	opt. zweiachs.
Turmalinreihe $XY_3Z_6[(OH, F]_4(BO_3)_3Si_6O_{18}]$ wobei für: X = Na, Ca Y = Li, Al, Mg, Fe^{2+}, Mn Z = Al, Mg, tritt	trig.	3*m* C_{3v}^{5} *R*3*m*	$a = 1584$, $c = 710$ } fbl. $a = 1603$, $c = 715$ } schwz.	–	7	3...3,25	durchs.... undurchs., verschied. gef., schwarz	–	Glasgl., pechartig	opt. einachs.
Uraninit (Uranpecherz, Pechblende) UO_2	kub.	*m*3*m* O_h^5 *Fm*3*m*	$a = 544{,}9...$ 554,0	–	4 ... 6	10,3 ... 10,9	undurchs., pechschwarz, bräunl.	dkl.grün... bräunl.-schwarz	Pech-... Fettgl., matt	opt. isotrop
Vanadinit $Pb_5[Cl(VO_4)_3]$	hex.	6/*m* C_{6h}^{2} $P6_3/m$	$a = 1032$ $c = 734$	–	3	6,8 ... 7,1	gelb, braun, or.rot	weißl.... rötl.gelb	Diamantgl.	opt. einachs.
Vermiculit $\{(Mg, Fe, Al)_3\ [(OH)_2Si, Al)_4O_{10}]^{0,64-}\ Mg_{0,33}(H_2O)_4\}$	mkl. ps. hex.	2/*m* C_{2h}^{6} *C*2/*c*	$a = 524$ $b = 917$ $c = 2860$ $\beta = 94{,}6°$	(001) v.	1 ... 2	2,28	weißl. gelbl., grünl., bräunl.... bronzefarben	–	–	opt. zweiachs.
Willemit $Zn_2[SiO_4]$	trig.	$\bar{3}$ C_{3i}^{2} $R\bar{3}$	$a = 1396$ $c = 934$	(0001) d. $(11\bar{2}0)$ d.	5,5	4,0 ... 4,2	fbl. u. versch. gef., oft grüngelb	weiß	fettiger Glasgl.	opt. einachs.

Mineral und Formel	Brechzahlen	Opt. Achsenwinkel $2V$ maxim. Doppelbrechung Δ	Optische Orientierung	Pleochroismus	Vorkommen
Topas (Forts.)	$n_\alpha = 1{,}607 \dots 1{,}629$ $n_\beta = 1{,}610 \dots 1{,}630$ $n_\gamma = 1{,}617 \dots 1{,}638$	$2\,V_\gamma = 48° \dots 67°$ $\varrho > \nu$ Δ 0,008 ... 0,010	(+) AE (010) $n_\gamma \parallel c$	–	Vorw. pneumat. in der Granitgefolgschaft. Edelstein
Turmalin (Forts.)	$n_\omega = 1{,}63 \dots 1{,}69$ $n_\varepsilon = 1{,}61 \dots 1{,}65$	Δ 0,015 ... 0,046	(–)	Absorption $n_\omega \gg n_\varepsilon$	Vorw. pneumat.-pegm., bes. geknüpft an Granite. Kontaktmineral. In Sedimenten
Uraninit (Uranpecherz) (Forts.)	$R_{grün} = 15\%$ $R_{or.} = 12{,}5\%$ $R_{rot} = 12{,}5\%$	–	–	–	Besond. i. Pegmatiten u. hydrotherm. Gängen
Vanadinit (Forts.)	$n_\omega = 2{,}416$ $n_\varepsilon = 2{,}350$	Δ 0,066	(–)	Absorption $n_\varepsilon < n_\omega$	Oxidationszone v. Pb-Lgst.
Vermiculit (Forts.)	$n_\alpha = 1{,}540$ $n_\beta = 1{,}560$ $n_\gamma = 1{,}560$	$2\,V_\alpha = 0° \dots 8°$ Δ 0,020	(–) AE (?) $n_\alpha \perp (001)$	n_α = fbl....gelbl. n_β, n_γ = zart gelbgrün	Kontaktmetam., hydrotherm., Verwitterungsprod. (besond. v. Biotiten)
Willemit (Forts.)	$n_\omega = 1{,}691$ $n_\varepsilon = 1{,}719$	Δ 0,028	(+)	–	Oxidationszone v. Zn-Lgst., metam. (Franklin)

2.3.1.1 Mineralverzeichnis mit chemischen Formeln (Fortsetzung)

Mineral und Formel	Krist.-Syst.	Krist.-Kl. und Raumgruppe	Gitterkonstanten in pm	Spaltbarkeit	Härte nach Mohs	Dichte in $g \cdot cm^{-3}$	Farbe	Strich	Glanz	Optische Hauptgruppe
Wismut Bi	trig.	$\bar{3}m$ D_{3d}^5 $\bar{R}3m$	$a = 455$ $c = 1185$	(0001) v. (02$\bar{2}$1) d	2...2,5	9,7...9,8	rötl.... silberweiß, oft bunt angelaufen	bleigrau	undurchs. Mtgl.	opt. einachs.
Wismutglanz (Bismuthinit) Bi_2S_3	orh.	mmm D_{2h}^{16} $Pbnm$	$a = 1115$ $b = 1129$ $c = 398$	(010) s.v.	2	6,78...6,81	bleigrau... zinnweiß	grau metallglä.	Mtgl.	opt. zweiachs.
Wolframit (Mn, Fe) $[WO_4]$	mkl.	$2/m$ C_{2h}^4 $P2/c$	$a = 479$ $b = 574$ $c = 499$ $\beta = 90°26'$	(010) v.	5...5,5	7,14...7,54	dkl.braun... schwarz	gelb-braun... tiefbraun	Mtgl.... fettig	opt. zweiachs.
Wollastonit $Ca_3[Si_3O_9]$	trikl. ps. mkl.	$\bar{1}$ C_i^1 $P\bar{1}$	$a = 794$ $b = 732$ $c = 707$ $\alpha = 90° 02'$ $\beta = 95° 22'$ $\gamma = 103° 26'$	(100) v. (001) v.	4,5...5	2,8...2,9	weiß od. blaß gef.	–	Glasgl. Seidengl.	opt. zweiachs.
Wulfenit (Gelbbleierz) $Pb[MoO_4]$	tetr.	4 C_{4h}^6 $I4_1/a$	$a = 542$ $c = 1210$	(101) d.	3	6,7...6,9	gelb...or.	weiß... hgrau	Diamant... Harzgl.	opt. einachs.
Wurtzit β-ZnS >1020 °C	hex.	$6mm$ C_{6v}^4 $P6_3mc$	$a = 385$ $c = 629$	(101–0) v. (0001) v....d.	3,5...4	4,0	hell... dkl.braun	licht-braun	Glasgl., harzig	opt. einachs.
Zinkblende (Sphalerit) α-ZnS	kub.	$\bar{4}3m$ T_d^2 $F\bar{4}3m$	$a = 543$	(110) v.	3,5...4	3,9...4,2 rein: 4,06	braun, gelb, rot, grün, schwarz	braun... gelbl. weiß	halbmet. Diamant... Glasgl.	opt. isotrop

Mineral und Formel	Brechzahlen	Opt. Achsenwinkel $2V$ maxim. Doppelbrechung Δ	Optische Orientierung	Pleochroismus	Vorkommen
Wismut (Forts.)	$\bar{R}_{grün} = 67{,}5\%$ $\bar{R}_{rot} = 65\%$	–	–	–	Pegm.-pneumat., hydrotherm. Mit Sn-Erz auf Co-Ni-Ag-Erzgängen
Wismutglanz (Bismuthinit) (Forts.)	R_α R_γ grün: 41,46% 54,51% rot: 39,60% 49,18%	An.-Eff. stark	–	–	Hydrotherm. In d. Zinnstein- u. Ag-Co-Formation in den Ag-Sn-Bi-Gängen Boliviens. Exhalat. auf Vulcano
Wolframit (Forts.)	$n_\alpha = 2{,}26$ Li $n_\beta = 2{,}32$ Li $n_\gamma = 2{,}42$	$2\,V_\gamma = 78{,}5°$ Δ 0,16	(+) AE ?? (010) n_γ/c 17°...21° (mit Mn-Geh. zunehmend)	Absorption $n_\alpha > n_\beta > n_\gamma$	Pegm. u. pneumat. in Verbindung mit Graniten. In Seifen. Wolframerz
Wollastonit (Forts.)	$n_\alpha = 1{,}619$ $n_\beta = 1{,}632$ $n_\gamma = 1{,}634$	$2\,V_\alpha = 35°...40°$ $\varrho > \nu$ Δ 0,015	(–) AE (010) n_α/c 32°	–	Kontaktmetam., besonders in Kalken
Wulfenit (Gelbbleierz) (Forts.)	$n_\omega = 2{,}405$ $n_\varepsilon = 2{,}283$	Δ 0,122	(–)	–	In d. Oxidationszone von Bleiglanz-Lgst.
Wurtzit (Forts.)	$n_\omega = 2{,}356$ $n_\varepsilon = 2{,}378$	Δ 0,022	(+)	–	Mit Zinkblende in Schalenblende, Hüttenprodukt
Zinkblende (Sphalerit) (Forts.)	$n = 2{,}369$ $R_{grün} = 18{,}5\%$ $R_{rot} = 18\%$	–	–	–	Pegm.-pneumat., hydrotherm., metasom., sed.

2.3.1.1 Mineralverzeichnis mit chemischen Formeln (Fortsetzung)

Mineral und Formel	Krist.-Syst.	Krist.-Kl. und Raumgruppe	Gitterkonstanten in pm	Spaltbarkeit	Härte nach Mohs	Dichte in $g \cdot cm^{-3}$	Farbe	Strich	Glanz	Optische Hauptgruppe
Zinkit (Rotzinkerz) ZnO	hex.	$6mm$ C_{6v}^4 $P6_3mc$	$a = 325$ $c = 519$	(0001) v. $(10\bar{1}0)$ d.	4,5 ... 5	5,4 ... 5,7	blutrot	or.gelb	Diamantgl.	opt. einachs.
Zinnkies (Stannin) Cu_2FeSnS_4	tetr.	$\bar{4}2m$ D_{2d}^{11} $I\bar{4}2m$	$a = 547$ $c = 1074$	(110) uv.	4	4,3 ... 4,5	stahlgrau (grünl.)	schwarz	Mtgl.	opt. einachs.
Zinnober (Cinnabarit) HgS	trig.	32 D_3^4 $P3_221$	$a = 414{,}6$ $c = 949{,}7$	(101–0) v.	2...2,5	8,18	rot; bräunl.... schwarz	rot	Diamantgl.	opt. einachs.
Zirkon $Zr[SiO_4]$ gelbrot = Hyazinth	tetr.	$4/mmm$ D_{4h}^{19} $I4_1/amd$	$a = 659$ $c = 594$	(101) uv.	7,5	3,9 ... 4,67	braun, braunrot, gelb, grau, grün, durchs.... trüb	weiß	Diamantgl., Bruchfläche Fettgl.	opt. einachs.

Mineral und Formel	Brechzahlen	Opt. Achsenwinkel $2V$ maxim. Doppelbrechung Δ	Optische Orientierung	Pleochroismus	Vorkommen
Zinkit (Rotzinkerz) (Forts.)	$n_\omega = 2{,}013$ $n_\varepsilon = 2{,}029$	Δ 0,016	(+)	–	Metam., fast nur auf der Zn-Lgst. von Franklin N.J.; Hüttenprod. (dann gelblich))
Zinnkies (Stannin) (Forts.)	$\bar{R}_{\text{grün}} = 23\%$ $\bar{R}_{\text{rot}} = 19\%$	–	–	–	Hydrotherm....pegm.
Zinnober (Cinnabarit) (Forts.)	$n_\omega = 2{,}913$ Na $n_\varepsilon = 3{,}272$ Na	Δ 0,359	(+)	–	Hydrotherm. b. sehr niedrigen Temp. Wichtigstes Hg-Erz
Zirkon (Forts.)	$n_\omega = 1{,}960$ $n_\varepsilon = 2{,}01$	Δ 0,05	(+)	–	In Eruptivgest. u. krist. Schiefern; in Sedimenten, Edelsteinseifen. Edelstein

2.3.1.2 Mineralverzeichnis mit chemischen Formeln

Aus den insgesamt etwa 6300[1] vorhandenen Mineralnamen findet sich hier eine Auswahl von etwa 900. Minerale, die einer wichtigen Gruppe – z. B. Granate – angehören, sind unter dem Gruppennamen nochmals zusammen aufgeführt. Es sind nur häufigere Synonyme in die Liste aufgenommen. Mineral-Varietäten (V.) sind durch geringe chemische Unterschiede oder charakteristische Farbe und dergleichen besonders hervorgehobene Ausbildungen einer Mineralart (z. B. violetter Quarz = Amethyst). Für die mit einem (*) gekennzeichneten Minerale finden sich in Tabelle 2.3.1.1 nähere Daten, die mit (†) bezeichneten Namen sind veraltet.

Achat	schichtig aufgebauter Chalcedon
Adular	K-Feldspat-V. (Tieftemp.-Modif.)
Aegirin	Pyroxen-Gr., $NaFe^{3+}[Si_2O_6]$
Afwillit	$Ca_3[SiO_3OH]_2 \cdot 2\ H_2O$
Agalmatholith	dichter Pyrophyllit
Akanthit*	Argentit, Silberglanz Ag_2S
Åkermanit	Melilith-Gr., $Ca_2Mg[Si_2O_7]$
Akmit	Pyroxen-Gr., brauner Aegirin
Aktinolith*	Strahlstein, Amphibol-Gr., $Na_2Ca_4(Mg, Fe)_{10}$ $[(OH)_2O_2 \mid Si_{16}O_{44}]$
Alabandin	Manganblende, α-MnS
Alabaster	dichter Gips, $Ca[SO_4] \cdot 2\ H_2O$
Albit*	Na-Feldspat, Plagioklas-Endglied, $Na[AlSi_3O_8]$
Alexandrit	Chrysoberyll-V., Al_2BeO_4
Allanit	s. Orthit
Allemontit	Gemenge von Stibarsen mit As oder Sb
Allophan	Aluminiumsilikat mit Al : Si = 1 : 1
Almandin*	Granat-Gr., $Fe_3^{2+}\ Al_2[SiO_4]_3$
Aluminit	$Al_2[(OH)_4 \mid SO_4] \cdot 7\ H_2O$
Alunit	$KAl_3[(OH)_6 \mid (SO_4)_2]$
Amazonenstein } Amazonit }	grüner Mikroklin, $K[AlSi_3O_8]$
Amblygonit	$LiAl[F \mid PO_4]$
Amesit	Serpentin-Gr., $(Mg_{3,2}Al_{2,0}Fe^{2+}_{0,8})$ $[(OH)_8 \mid Al_2Si_2O_{10}]$
Amethyst	violette Quarz-V., SiO_2
Amianth	feinfaseriger Amphibol
Amphibole: siehe Aktinolith* Anthophyllit Arfvedsonit Barkevikit Glaukophan Hornblende, basalt. Hornblende,* gem. Kaersutit Krokydolith Riebeckit Tremolit	
Analbit	instabile (eingefrorene) K-haltige Albit-Hochtemp.-Modif. (trikl.)
Analcim	$Na[AlSi_2O_6] \cdot H_2O$
Anatas	TiO_2
Anauxit	Kaolinit-Gr., $(Al, H_3)_4$ $[(OH)_8 \mid Si_4O_{10}]$
Andalusit	$Al^{[6]}Al^{[5]}[O \mid SiO_4]$
Andesin	Ca-Na-Feldspat, Plagioklas, $Ab_{70}An_{30} - Ab_{50}An_{50}$**
Andradit	Granat-Gr., $Ca_3Fe_2[SiO_4]_3$
Anglesit*	$Pb[SO_4]$
Anhydrit*	$Ca[SO_4]$
Ankerit	$CaFe[CO_3]_2$
Annabergit	Nickelblüte, $Ni_3[AsO_4]_2 \cdot 8\ H_2O$
Anorthit*	Ca-Feldspat, Plagioklas, $Ca[Al_2Si_2O_8]$, $Ab_{10}An_{90} - Ab_0An_{100}$
Anorthoklas	Trikl. K-Na-Feldspat-Mischkristall
Anthophyllit	Amphibol-Gr., $(Mg, Fe)_7[OH \mid Si_4O_{11}]_2$
Antigorit	Serpentin-Gr., $Mg_6[(OH)_8 \mid Si_4O_{10}]$
Antimonglanz	s. Antimonit*
Antimonit*	Stibnit, Sb_2S_3
Antimonocker	Roméit, (Ca, Na, H) $Sb_2O_6(O, OH, F)$
Antiperthit	Albit mit K-Feldspat-Spindeln
Antlerit	$Cu_3[(OH)_4 \mid SO_4]$
Apatit*	$Ca_5[(F, Cl)\ (PO_4)_3]$
Apophyllit	$KCa_4[F \mid (Si_4O_{10})_2] \cdot 8\ H_2O$

[1] Ein vollständiges Verzeichnis mit chemischer Formel, Gitterkonstanten u. a. findet man z. B. in P. Ramdohr u. H. Strunz: Klockmanns Lehrbuch d. Mineralogie. 16. Aufl. Enke-Verl. Stuttgart 1980.
** Ab = Albit, An = Anorthit.

2.3.1.2 Mineralverzeichnis mit chemischen Formeln (Fortsetzung)

Aquamarin	Beryll-V.* (hellblau), $Al_2Be_3[Si_6O_{18}]$
Aragonit*	$CaCO_3$
Arfvedsonit	Amphibol-Gr., $Na_5Ca(Fe^{2+}, Mg, Ti)_7Fe^{3+}_3[(OH)_4 \mid (Al, Fe^{3+})Si_{15}O_{44}]$
Argentit	Silberglanz, Akanthit*, Ag_2S
Argyrodit	Ag_8GeS_6
Arsen	Scherbenkobalt, As
Arsenkies*	Arsenopyrit, FeAsS
Arsenolith	As_2O_3
Arsenopyrit	Arsenkies*, FeAsS
Asbest	1. Serpentinasbest = Chrysotil 2. Hornblende-asbest
Asbolan	Co-haltiger Wad
Ascharit	Szaibelyit, Camsellit, $MgHBO_3$
Astrakanit	Blödit, $Na_2Mg[SO_4]_2 \cdot 4\,H_2O$
Atacamit	$Cu_2[(OH)_3Cl]$
Attapulgit	Palygorskit, $Mg_{2,5}[(H_2O)_2 \mid OH \mid Si_4O_{10}] \cdot 2\,H_2O$
Augit*	Pyroxen-Gr., $Ca_{6,5}Na_{0,5}Fe^{2+}Mg_6(Al, Fe^{3+}, Ti)_2[Al_{1,5-3,5}Si_{14,5-12,5}O_{48}]$
Auripigment*	As_2S_3
Autunit	$Ca(UO_2)_2[PO_4]_2 \cdot \sim 10\,H_2O$
Aventurin-feldspat	Plagioklas mit eingelagerten Glimmerschüppchen
Aventurin-quarz	Quarz mit eingelagerten Glimmerschüppchen
Axinit	$Ca_2(Fe,Mg,Mn)Al_2B[OH \mid O \mid (Si_2O_7)_2]$
Azurit*	Kupferlasur, $Cu_3[OH \mid CO_3]_2$
Baddeleyit	ZrO_2
Bandeisen	s. Taenit
Bariumfeldspat	s. Celsian u. Hyalophan
Barkevikit	Amphibol-Gr., $(Na, K)_{2-3}Ca_4Mg_{4-6}Fe_{1-3}Ti_{0-2}(Fe^{3+}, Al)_{2-3}[(O, OH)_4 \mid Al_4Si_{12}O_{44}]$
Baryt*	Schwerspat, $Ba[SO_4]$
Barytocalcit	$BaCa[CO_3]_2$
Bastnäsit	$Ce[F \mid CO_3]$
Bauxit	Gestein aus Böhmit, Hydrargillit, Diaspor u. a.
Beidellit	$Al_{2,17}[(OH)_2 \mid Al_{0,83}Si_{3,17}O_{10}]^{0,32-}Na_{0,32}(H_2O)_4$
Benitoit	$BaTi[Si_3O_9]$
Bentonit	Montmorillonit-reicher Ton
Beraunit	$Fe^{3+}_3[(OH)_3 \mid (PO_4)_2] \cdot 2^1/_2\,H_2O$
Bergholz, Bergkork	z. T. Chrysotil, z. T. Palygorskit
Bergkristall	farbloser, klarer Quarzkristall aus alpinen Klüften
Bergleder	verfilzter Palygorskit oder Chrysotil
Bernstein	fossiles Harz, durchschn. Zus.: 78% C, 10% H, 11% O, S u. a.
Berthierin	Serpentin-Gr., $(Fe^{2+}, Fe^{3+}, Al, Mg)_6[(OH)_8 \mid Al_{1,5}Si_{2,5}O_{10}]$
Berthierit	$FeSb_2S_4$
Bertrandit	$Be_4[(OH)_2 \mid SiO_4 \mid SiO_3]$
Beryll*	$Al_2Be_3[Si_6O_{18}]$
Berzelianit	Cu_2Se
Betafit	(Ca, Ce, Y, U, Pb) $(Nb, Ti, Ta)_2(O, OH)_7$ (?)
Bildstein	Agalmatolith, dichter Pyrophyllit
Bindheimit	$Pb_{1-2}Sb_{2-1}(O, OH, H_2O)_{6-7}$
Biotit	Glimmer-Gr., $K(Mg, Fe, Mn)_3[(OH, F)_2 \mid AlSi_3O_{10}]$
Bischofit	$MgCl_2 \cdot 6\,H_2O$
Bismuthinit	Wismutglanz*, Bi_2S_3
Bismutit	$Bi_2[O_2 \mid CO_3]$
Bittersalz	Epsomit, $Mg[SO_4] \cdot 7\,H_2O$
Bitterspat	Magnesit*, $MgCO_3$ (z. T. auch Dolomit)
Bixbyit	Sitaparit, $(Mn, Fe)_2O_3$
Bleiglanz*	Galenit, PbS
Bleiglätte	Massicot, β-PbO
Blödit	Astrakanit, $Na_2Mg[SO_4]_2 \cdot 4\,H_2O$
Blomstrandin	Priorit, (Y, Ce, Th, Ca, Na, U) $[(Ti, Nb, Ta)_2O_6]$
Böhmit	γ-AlOOH
Boracit	$Mg_3[Cl \mid B_7O_{13}]$
Borax	Tinkal, $Na_2[B_4O_7] \cdot 10\,H_2O$
Bornit*	Buntkupferkies, Cu_5FeS_4
Bort	Industriediamanten
Botryogen	$MgFe^{3+}[OH \mid (SO_4)_2] \cdot 7\,H_2O$

2.3.1.2 Mineralverzeichnis mit chemischen Formeln (Fortsetzung)

Boulangerit	$5\ PbS \cdot 2\ Sb_2S_3$
Bournonit	Rädelerz, $2\ PbS \cdot Cu_2S \cdot Sb_2S_3$
Brammallit	Hydroparagonit, $(Na, H_2O)Al_2 [(H_2O, OH)_2 \mid AlSi_3O_{10}]$
Brannerit	$(U, Ca, Th, Y)(Ti, Fe)_2O_6$
Brasilianit	$NaAl_3[(OH)_2 \mid PO_4]_2$
Brauneisenerz	z. T. Goethit, z. T Lepidokrokit
Braunit	$Mn_4^{2+}Mn_3^{4+}[O_8 \mid SiO_4]$
Braunstein	wesentlich Gemenge verschied. Mn-Oxid-Minerale
Bravaisit	Hydromuskovit-V.
Bravoit	Nickelpyrit, $(Ni, Fe)S_2$
Breithauptit	$NiSb$
Breunnerit †	Mesitinspat, $(Mg, Fe)CO_3$
Brochantit	$Cu_4[(OH)_6 \mid SO_4]$
Bröggerit	Uraninit-V., reich an Th
Bronzit	Pyroxen-Gr., $(Mg, Fe)_2[Si_2O_6]$
Brookit	TiO_2
Brucit	$Mg(OH)_2$
Brushit	$CaH[PO_4] \cdot 2\ H_2O$
Buntkupferkies	Bornit*, Cu_5FeS_4
Bytownit	Ca-Na-Feldspat, Plagioklas, $Ab_{30}An_{70}-Ab_{10}\ An_{90}$
Calaverit	$(Au, Ag)Te_2$
Calcit*	Kalkspat, $CaCO_3$
Calderit	Granat-Gr., $Mn_3Fe_2^{3+}[SiO_4]_3$
Camsellit	Ascharit, $MgHBO_3$
Cancrinit	$(Na_2, Ca)_4[CO_3 \mid (H_2O)_{0-3} \mid (AlSiO_4)_6]$
Carbonado	Graphit-haltiger, koksartiger Diamant
Carbonat-Apatit	Francolith, $Ca_5[F \mid (PO_4, CO_3, OH)_3]$
Carborund	Moissanit, SiC
Carnallit*	$KMgCl_3 \cdot 6\ H_2O$
Carnegieit	$Na[AlSiO_4]$
Carneol	gelblicher bis orange-roter Chalcedon
Carnotit	$K_2[UO_2 \mid VO_4]_2 \cdot 3\ H_2O$
Cassiterit*	Zinnstein, SnO_2
Celsian	Feldspat-Gr., $Ba[Al_2Si_2O_8]$
Cementit	Cohenit, Fe_3C
Cerfluorit	Yttrocerit, $(Ca,Ce)F_{2-2,33}$
Cerussit*	Weißbleierz, $PbCO_3$
Chabasit	Zeolith-Gr., $(Ca, Na_2)[Al_2Si_4O_{12}] \cdot 6\ H_2O$

Chalcedon	Quarz-V., SiO_2
Chalkanthit*	Kupfervitriol, $Cu[SO_4] \cdot 5\ H_2O$
Chalkomenit	$Cu[SeO_3] \cdot 2\ H_2O$
Chalkophanit	$ZnMn_3O_7 \cdot 3\ H_2O$
Chalkopyrit	Kupferkies*, $CuFeS_2$
Chalkosin	Kupferglanz*, α-Cu_2S
Chamosit*	Chlorit-Gr., $(Fe^{2+}, Fe^{3+})_3[(OH)_2 \mid AlSi_3O_{10}] (Fe^{2+}, Mg)_3(O, OH)_6$
Chiastolith	Andalusit-V.
Chilesalpeter	Nitronatrit, Natron-salpeter, $NaNO_3$
Chiolith	$Na_5[Al_3F_{14}]$
Chloanthit*	Weißnickelkies, $NiAs_3$
Chlorite: siehe Chamosit*, Delessit, Kämmererit, Klinochlor, Korundophilit, Leuchtenbergit, Pennin, Rhipidolith, Thuringit*	
Chloritoid	$(Fe, Mg)_2Al_4[(OH)_4 \mid O_2 \mid (SiO_4)_2]$
Chloropal	durch Nontronit gelb gefärbter Opal
Chondrodit	$Mg_5[(OH, F)_2 \mid (SiO_4)_2]$
Chromeisenerz	s. Chromit*
Chromit*	Chromeisenerz, Spinell-Gr., $FeCr_2O_4$
Chromspinell	Cr-haltiger Spinell
Chrysoberyll	Alexandrit, Al_2BeO_4
Chrysokoll	$CuSiO_3 \cdot nH_2O$
Chrysolith	Olivin-V.
Chrysopras	durch Ni grün gefärbt. Chalcedon
Chrysotil*	Serpentin m. Röllchen-Textur (Faserserpentin) $Mg_6[(OH)_8 \mid Si_4O_{10}]$
Cinnabarit	Zinnober*, HgS
Citrin	gelber Quarz
Clausthalit	$PbSe$
Cobaltit*	Kobaltglanz, $CoAsS$
Coelestin*	$Sr[SO_4]$
Coesit	Hochdruckmodif. von SiO_2
Coffinit	$U[SiO_4]$
Cohenit	Fe_3C
Colemanit	$Ca[B^{[4]}{}_2B^{[3]}O_4(OH)_3] \cdot H_2O$
Columbit	Niobit, $(Fe, Mn)(Nb, Ta)_2O_6$
Cooperit	PtS
Copiapit	$(Fe^{2+}, Mg)Fe_4{}^{3+}[OH \mid (SO_4)_3]_2 \cdot 20\ H_2O$

2.3.1.2 Mineralverzeichnis mit chemischen Formeln (Fortsetzung)

Coquimbit	$Fe_2^{3+}[SO_4]_3 \cdot 9\,H_2O$
Cordierit	$Mg_2Al_3[AlSi_5O_{18}]$
Cornetit	$Cu_3[(OH)_3 \mid PO_4]$
Coronadit	$Pb_{\leq 2}Mn_8O_{16}$
Corrensit	$Mg_8[Al_3Si_6O_{20} \mid (OH)_{10}] \cdot 4\,H_2O$ + 1 Äquiv. (Ca, Na, K u. a.)
Coulsonit	FeV_2O_4, Spinell-Gr.
Covellin*	Kupferindig, CuS
Crednerit	$Cu_2Mn_2O_5$
Cristobalit	SiO_2
Cronstedtit	Serpentin-Gr., $Fe_4^{2+}Fe_2^{3+}[(OH)_8 \mid Fe_2^{3+}Si_2O_{10}]$
Cubanit	$CuFe_2S_3$
Cuprit*	Rotkupfererz, Cu_2O
Curit	$3\,PbO \cdot 8\,UO_3 \cdot 4\,H_2O$
Cuspidin	$Ca_4[(F, OH)_2 \mid Si_2O_7]$
Cyanit	Disthen, $Al^{[4]}Al^{[6]}[O \mid SiO_4]$
Cyclowollastonit	$Ca_3[Si_3O_9]$
Danait	Arsenopyrit mit 6–9% Co
Danburit	$Ca[B_2Si_2O_8]$
Datolith	$CaB^{[4]}[OH \mid SiO_4]$
Daubréelith	$FeCr_2S_4$ (in Meteoriten)
Davidit	U-haltiger, metamikter Ilmenit
Delafossit	$CuFeO_2$
Delessit	Chlorit-Gr., $(Mg, Fe^{2+}, Fe^{3+})_3[(OH)_2 \mid Al_{0-0,9}Si_{4-3,1}O_{10}]$ $(Mg, Fe^{2+})_3(O, OH)_6$
Demantoid	Granat-Gr., grünl.-gelbe Andradit-V.
Descloizit*	$Pb(Zn,Cu)[OH \mid VO_4]$
Desmin	Stilbit, Zeolith-Gr., $Ca[Al_2Si_7O_{18}] \cdot 7\,H_2O$
Diallag	Pyroxen-Gr., $Ca_7Fe^{2+}Mg_{6,5}Fe_{0,5}^{3+}Al[Al_{1,5}Si_{14,5}O_{48}]$
Diamant*	β-C
Diaspor*	α-AlOOH
Dichroit	Cordierit, $Mg_2Al_3[AlSi_5O_{18}]$
Dickit	$Al_4[(OH)_8 \mid Si_4O_{10}]$
Digenit	Cu_9S_5
Diopsid*	Pyroxen-Gr., $CaMg[Si_2O_6]$
Dioptas	$Cu_6[Si_6O_{18}] \cdot 6\,H_2O$
Dipyr	Skapolith-Gr., Ma_8*, Me_2 bis Ma_5Me_5
Disthen	Cyanit, $Al^{[4]}Al^{[6]}[O \mid SiO_4]$

Dolomit*	$CaMg[CO_3]_2$
Domeykit	Cu_3As
Dravit	brauner Turmalin,* $NaMg_3Al_6[(OH)_4 \mid (BO_3)_3 \mid Si_6O_{18}]$
Dufrenit	$Fe_3^{2+}Fe_6^{3+}[(OH)_3 \mid PO_4]_4$
Dufrenoysit	$Pb_2As_2S_5$
Dumortierit	$(Al, Fe)_7[O_3 \mid BO_3 \mid (SiO_4)_3]$
Dyskrasit	Antimonsilber, Ag_3Sb
Edelopal	SiO_2 + aq., mit prächtigem Farbspiel
Eisenblüte	bäumchenförmiger Aragonit
Eisenglanz	Hämatit-V.
Eisenglimmer	dünnblättriger bis schuppiger Hämatit
Eisenkies	Pyrit*, FeS_2
Eisenkiesel	Quarz, durch Fe-Oxid gefärbt
Eisenspat	Siderit*, $FeCO_3$
Eisenvitriol	Melanterit, $Fe[SO_4] \cdot 7\,H_2O$
Eläolith	durch Entmischung getrübter Nephelin
Elektrum	Au mit 25 ... 28% und mehr Ag
Elpidit	$Na_2Zr[Si_6O_{15}] \cdot 3\,H_2O$
Enargit*	Cu_3AsS_4
Endellit	s. Halloysit
Enstatit*	Pyroxen-Gr., $Mg_2[Si_2O_6]$
Epidot	$Ca_2(Al, Fe^{3+})Al_2[O \mid OH \mid SiO_4 \mid Si_2O_7]$
Epsomit	Bittersalz, $Mg[SO_4] \cdot 7\,H_2O$
Erdwachs	s. Ozokerit
Erythrin	Kobaltblüte, $Co_3[AsO_4]_2 \cdot 8\,H_2O$
Ettringit	$Ca_6Al_2[(OH)_4 \mid SO_4]_3$ $26\,H_2O$
Euchroit	$Cu_2[OH \mid AsO_4] \cdot 3\,H_2O$
Eudialyt	$(Na, Ca, Fe)_6Zr[(OH, Cl) \mid (Si_3O_9)_2]$
Eudidymit	$(Na_2, Be_2)[Si_6O_{15}] \cdot H_2O$
Euklas	$Al, Be\,[SiO_4 \mid OH]$
Eukolit	Nb-haltiger Eudialyt
Eukryptit	α-$LiAl[SiO_4]$
Eulytin	$Bi_4[SiO_4]_3$
Euxenit	$(Y, Er, Ce, U, Pb, Ca)[(Nb, Ta, Ti)_2(O, OH)_6]$
Fahlerz	Tetraedrit*, $Cu_{12}Sb_4S_{13}$ Tennantit, $Cu_{12}As_4S_{13}$
Famatinit	Stibioluzonit, Cu_3SbS_4
Faserserpentin	s. Chrysotil
Fassait	Pyroxen-Gr., $Ca_8Mg_{6,5}(Fe^{3+}, Ti)_{0,5}Al[Al_{1,5-2}Si_{14,5-14}O_{48}]$

* Ma = Marialith, Me = Mejonit.

2.3.1.2 Mineralverzeichnis mit chemischen Formeln (Fortsetzung)

Faujasit	Zeolith-Gr., $Na_2Ca[Al_2Si_4O_{12}]_2 \cdot 16\,H_2O$
Fayalit	Olivin-Gr., $Fe_2[SiO_4]$
Feldspate:	
a) Kalifeldspate, siehe	
Adular	
Anorthoklas	
Mikroklin*	
Orthoklas	
Sanidin*	
b) Plagioklase, siehe	
Albit (Ab)*	
Andesin	
Anorthit (An)*	
Bytownit	
Labradorit	
Oligoklas	
Ferberit	$Fe[WO_4]$
Fergusonit	$Y(Nb, Ta)O_4$
Ferrospinell	Hercynit, $FeAl_2O_4$
Feuerblende	Pyrostilpnit, Ag_3SbS_3
Feueropal	SiO_2 + aq., orange-gelb...rot, wasserklar
Feuerstein	s. Flint
Fireclay	schlecht geordneter Kaolinit
Flint	Feuerstein, Opal-Chalcedon-Gemenge
Fluorit*	Flußspat, CaF_2
Flußspat	s. Fluorit*
Forsterit	Olivin-Gr., $Mg_2[SiO_4]$
Francolith	Carbonat-Apatit, $Ca_5[F \mid (PO_4, CO_3, OH)_3]$
Franklinit	Spinell-Gr., $ZnFe_2O_4$
Freibergit	bis 18% Ag-halt. Tetraedrit*
Friedelit	$(Mn, Fe)_{14}[(OH, Cl)_{14} \mid Si_{14}O_{35}]$
Fulgurit	durch Blitz gefritteter Quarzsand
Fülleisen	s. Plessit
Gadolinit	$Y_2FeBe_2[O \mid SiO_4]_2$
Gagat	Jet, schwarzglänzende Braunkohlen-V.
Gahnit	Zinkspinell, $ZnAl_2O_4$
Galaxit	Manganspinell, $MnAl_2O_4$
Galenit	Bleiglanz*, PbS
Galenobismutit	$PbS \cdot Bi_2S_3$
Gallit	$CuGaS_2$
Galmei	z. T. Zinkspat, z. T. Hemimorphit (Kieselgalmei)
Garnierit	Nickel-Chrysotil
Gaylussit	$Na_2Ca[CO_3]_2 \cdot 5\,H_2O$
Gehlenit	Melilith-Gr., $Ca_2Al[(Si, Al)_2O_7]$

Geikielith	$MgTiO_3$
Gelbbleierz	Wulfenit*, $Pb[MoO_4]$
Germanit	$Cu_3(Ge, Fe)S_4$
Gersdorffit	NiAsS
Gibbsit	$Al(OH)_3$, trikl.
Gips*	$Ca[SO_4] \cdot 2\,H_2O$
Gismondin	Zeolith-Gr., $Ca[Al_2Si_2O_8] \cdot 4\,H_2O$
Glaserit	Aphthitalit, $K_3Na[SO_4]_2$
Glaskopf	roter: Fe_2O_3 brauner: FeOOH schwarzer: ~ MnO_2
Glauberit	$CaNa_2[SO_4]_2$
Glaubersalz	Mirabilit, $Na_2[SO_4] \cdot 10\,H_2O$
Glaukochroit	$CaMn[SiO_4]$
Glaukodot	(Co, Fe)AsS
Glaukonit	Glimmer-Gr., $(K, Ca, Na)_{<1}(Al, Fe^{3+}, Fe^{2+}, Mg)_2[(OH)_2 \mid Al_{0,35}Si_{3,65}O_{10}]$
Glaukophan	Amphibol-Gr., $Na_4Mg_{3-6}Fe^{2+}_{2-3}Fe^{3+}_{0-0,5}Al_{3,5-4}[(OH)_4 \mid Al_{0-0,5}Si_{15,5-16}O_{44}]$
Glimmer:	
Biotit	
Glaukonit	
Lepidolith*	
Margarit	
Muskovit*	
Paragonit	
Phlogopit	
Roscoelith	
Seladonit	
Zinnwaldit	
Goethit*	Nadeleisenerz, α-FeOOH
Gold*	Au, meist 2...20% u. mehr Ag enthaltend
Gonnardit	Zeolith-Gr., $(Ca, Na)_3[(Al, Si)_5O_{10}]_2 \cdot 6\,H_2O$
Görgeyit	$K_2Ca_5[SO_4]_6 \cdot 1{,}5\,H_2O$
Goslarit	„Zinkvitriol", $Zn[SO_4] \cdot 7\,H_2O$
Granate: siehe	
Almandin	
Andradit	
Calderit	
Grossular	
Hessonit	
Hibschit	
Melanit	
Pyrop*	
Spessartin	
Uwarowit	

2.3.1.2 Mineralverzeichnis mit chemischen Formeln (Fortsetzung)

Graphit*	α-C
Grauspießglanz	Antimonit*, Sb_2S_3
Greenockit	β-CdS
Grossular	Granat-Gr., $Ca_3Al_2[SiO_4]_3$
Grünbleierz	Pyromorphit, $Pb_5[Cl \mid (PO_4)_3]$
Gummit	gummiartiges Gemenge verschiedener U-Minerale
Hämatit*	Eisenglanz, Roteisenerz, α-Fe_2O_3
Halit	Steinsalz*, NaCl
Halloysit*	$Al_4[(OH)_8 \mid Si_4O_{10}] \cdot (H_2O)_4$ s. a. Metahalloysit
Halotrichit	$Fe^{2+}Al_2[SO_4]_4 \cdot 22\,H_2O$
Hambergit	$Be_2[OH \mid BO_3]$
Hardystonit	$Ca_2Zn[Si_2O_7]$
Harmotom	Zeolith-Gr., $Ba[Al_2Si_6O_{16}] \cdot 6\,H_2O$
Hartmanganerz	z. T. Kryptomelan, Psilomelan u. a. Mn-Oxide
Hauerit	Mangankies, MnS_2
Hausmannit	$MnMn_2O_4$
Hauyn	Sodalith-Gr., $(Na, Ca)_{8-4}[(SO_4)_{2-1} \mid (AlSiO_4)_6]$
Heazlewoodit	Ni_3S_2
Hectorit	$(Mg, Li)_3[(OH, F)_2 \mid Si_4O_{10}]^{0,33-}Na_{0,33}(H_2O)_4$
Hedenbergit	Pyroxen-Gr., $CaFe[Si_2O_6]$
Heliodor	Beryll-V.*, grünlichgelb
Heliotrop	Chalcedon-V. (grün m. roten Flecken)
Helvin	$(Mn, Fe, Zn)_8[S_2 \mid (BeSiO_4)_6]$
Hemimorphit*	Kieselzinkerz, $Zn_4[(OH)_2 \mid Si_2O_7] \cdot H_2O$
Hercynit	Ferrospinell, $FeAl_2O_4$
Herzenbergit	SnS
Hessit	Ag_2Te
Hessonit	Granat-Gr., Fe-haltiger Grossular
Heulandit	Zeolith-Gr., $Ca[Al_2Si_7O_{18}] \cdot 6\,H_2O$
Hewittit	$CaH_2[V_6O_{17}] \cdot 8\,H_2O$
Hibschit	Granat-Gr., $Ca_3Al_2[(Si, H_4)O_4]_3$
Hiddenit	Pyroxen-Gr., Spodumen-V. (grün)
Hillebrandit	$Ca_2[SiO_4] \cdot H_2O$
Hochquarz	SiO_2, hexag.
Hollandit	$Ba_{\leqq 2}Mn_8O_{16}$
Honigstein	Mellit, $Al_2[C_{12}O_{12}] \cdot 18\,H_2O$
Hopeit	$Zn_3[PO_4]_2 \cdot 4\,H_2O$
Hornblende, basaltische	Amphibol-Gr., $(Na, K)_{2-3}Ca_4Mg_{4-6}Fe^{2+}_{1-3}Ti_{0-2}(Fe^{3+}, Al)_{2-3}[(O, OH)_4 \mid Al_4Si_{12}O_{44}]$
Hornblende, gemeine*	Amphibol-Gr., $(Na, K)_{0,5-2}Ca_{3-4}Mg_{3-8}Fe^{2+}_{4-2}(Al, Fe^{3+})_2[(OH)_4 \mid Al_{2-4}Si_{14-12}O_{44}]$
Hornblende-Asbest	feinfaseriger Amphibol
Hornstein	Gemenge von Chalcedon u. Opal
Hortonolith	Olivin-Gr., $(Fe, Mg)_2[SiO_4]$
Hübnerit	$Mn[WO_4]$
Humboldtin	Oxalit, $Fe[C_2O_4] \cdot 2\,H_2O$
Humit	$Mg_7[(OH, F)_2 \mid (SiO_4)_3]$
Hyacinth	Zirkon-V.
Hyalit	Opal-V.
Hyalophan	Feldspat-Gr., $(K, Ba)[Al(Al, Si)Si_2O_8]$
Hydrargillit*	γ-$Al(OH)_3$
Hydrocerussit	$Pb_3[OH \mid CO_3]_2$
Hydroglimmer	Glimmer, deren Alkalien durch Auslaugung z. T. durch H_2O oder $(H_3O)^+$ ersetzt sind
Hydromagnesit	$Mg_5[OH \mid (CO_3)_2]_2 \cdot 4\,H_2O$
Hydromuskovit	Bravaisit, $(K, H_2O)Al_2[(H_2O, OH)_2 \mid AlSi_3O_{10}]$
Hydroparagonit	Brammallit, $(Na, H_2O)Al_2[(H_2O, OH)_2 \mid AlSi_3O_{10}]$
Hydrotalkit	$Mg_6Al_2[(OH)_{16} \mid CO_3] \cdot 4H_2O$
Hydrozinkit	Zinkblüte, $Zn_5[(OH)_3 \mid CO_3]_2$
Hypersthen	Pyroxen-Gr., $(Fe, Mg)_2[Si_2O_6]$
Ianthinit	$[UO_2 \mid (OH)_2]$
Illit	feinstkörniger Hydromuskovit
Ilmenit*	$FeTiO_3$
Ilvait	Lievrit, $CaFe^{2+}_2Fe^{3+}[OH \mid O \mid Si_2O_7]$
Inderit	$Mg[B_3O_3(OH)_5] \cdot 5\,H_2O$
Iodargyrit	Iodyrit, AgI

2.3.1.2 Mineralverzeichnis mit chemischen Formeln (Fortsetzung)

Isokit	$CaMg[F \mid PO_4]$
Jade } Jadeit }	Pyroxen-Gr., $NaAl[Si_2O_6]$
Jakobsit	Spinell-Gr., $MnFe_2O_4$
Jamesonit	$4PbS \cdot FeS \cdot 3Sb_2S_3$
Jarosit	$KFe_3^{3+}[(OH)_6 \mid (SO_4)_2]$
Jaspis	durch Beimengungen getrübter, farbiger Chalcedon
Jet	s. Gagat
Johannit	Uranvitriol, $Cu(UO_2)_2[OH \mid SO_4]_2 \cdot 6\,H_2O$
Kaersutit	Amphibol-Gr., $(Na, K)_{2-3}Ca_4 Mg_{4-6}Fe^{2+}_{1-3}Ti_{0-2} (Fe^{3+}, Al)_{2-3} [(O, OH)_4 \mid Al_4Si_{12}O_{44}]$
Kainit*	$KMg[Cl \mid SO_4] \cdot 3\,H_2O$
Kakoxen	$Fe_4[OH \mid PO_4]_3 \cdot 12\,H_2O$
Kalialaun	$KAl[SO_4]_2 \cdot 12\,H_2O$
Kalifeldspat	s. u. Adular, Mikroklin, Orthoklas, Sanidin
Kaliophilit	$K[AlSiO_4]$
Kalisalpeter	Nitrokalit*, KNO_3
Kalkeisengranat	s. Andradit
Kalkspat	Calcit*, $CaCO_3$
Kalkton-granat	s. Grossular
Kallait	Türkis, $CuAl_6[(OH)_2 \mid PO_4]_4 \cdot 4\,H_2O$
Kalsilit	$K[AlSiO_4]$
Kamazit	Ni-armes Meteoreisen, α-Fe
Kämmererit	Chlorit-Gr., $(Mg, Cr)_3[(OH)_2 \mid CrSi_3O_{10}]Mg_3(OH)_6$
Kammkies	Markasit-V.
Kaolin	Gemenge von Kaolinit, Dickit u. a. Tonerdesilikaten
Kaolinit*	Kaolin, $Al_4[(OH)_8 \mid Si_4O_{10}]$
Karborund	s. Carborund
Karneol	s. Carneol
Karpholith	$MnAl_2 [(OH)_4 \mid Si_2O_6]$
Kascholong	weißer, trüber Opal
Kasolit	$Pb(UO_2)\,[SiO_4] \cdot H_2O$
Kassiterit	s. Cassiterit*
Katapleit	$Na_2Zr[Si_3O_9] \cdot H_2O$
Katzengold	angewitterter Biotit
Katzensilber	angewitterter Muskovit
Kermesit	Rotspießglanz, Sb_2S_2O
Kernit*	$Na_2[B_4O_7] \cdot 4\,H_2O$
Kieselgalmei	Hemimorphit*, $Zn_4[(OH)_2 \mid Si_2O_7] \cdot H_2O$
Kieselgur	Diatomeenreste aus Opal
Kieselzinkerz	Hemimorphit*, $Zn_4[(OH)_2 \mid Si_2O_7] \cdot H_2O$
Kieserit*	$Mg[SO_4] \cdot H_2O$
Klinochlor	Chlorit-Gr., $(Mg, Al)_3[(OH)_2 \mid AlSi_3O_{10}] Mg_3(OH)_6$
Klinoedrit	$Ca_2Zn_2[(OH)_2 \mid Si_2O_7] \cdot H_2O$
Klinoenstatit*	Pyroxen-Gr., $Mg_2[Si_2O_6]$
Klinoferrosilit	Pyroxen-Gr., $Fe_2[Si_2O_6]$
Klinohumit	$Mg_9[(OH, F)_2 \mid (SiO_4)_4]$
Klinohypersthen	Pyroxen-Gr., $(Mg, Fe)_2[Si_2O_6]$
Klinopyroxene: siehe Aegirin, Augit*, Diallag, Diopsid*, Fassait, Hedenbergit, Jadeit, Klinoenstatit*, Klinoferrosilit, Klinohypersthen, Omphacit, Spodumen*	
Klinostrengit	Phosphosiderit, $Fe[PO_4] \cdot 2\,H_2O$
Klinozoisit	$Ca_2Al_3[O \mid OH \mid SiO_4 \mid Si_2O_7]$
Kobaltblüte	Erythrin, $Co_3[AsO_4]_2 \cdot 8\,H_2O$
Kobaltglanz	Cobaltin*, $CoAsS$
Kobaltkies	Linneit, Co_3S_4
Kollophan	mikrokristalliner, meist CO_3^{2-} u. F^- enthaltender Apatit
Kornerupin	Prismatin, $(Mg, Fe, Al)_4(Al, B)_6 [(O, OH)_{5-6} \mid (SiO_4)_4]$
Korund*	Al_2O_3
Korundo-philit	Chlorit-Gr., $(Mg, Fe, Al)_3 [(OH)_2 \mid Al_{1,5-2} Si_{2,5-2}O_{10}] Mg_3(OH)_6$
Köttigit	$Zn_3[AsO_4]_2 \cdot 8\,H_2O$
Kramerit	Probertit, $NaCa[B_5O_9] \cdot 5\,H_2O$
Krokoit	Rotbleierz, $Pb[CrO_4]$
Krokydolith	Amphibol-Gr., $(Na, K, Ca)_{3-4}Mg_6Fe^{2+}(Fe^{3+}, Al)_{3-4}[(OH)_4 \mid Si_{16}O_{44}]$

2.3.1.2 Mineralverzeichnis mit chemischen Formeln (Fortsetzung)

Kryolith *	α-$Na_3[AlF_6]$
Kryolithionit	$Na_3Li_3[AlF_6]_2$
Kryptomelan *	$K_{\leq 2}Mn_8O_{16}$
Kryptoperthit	K-Feldspat mit sehr fein entmischten Albitspindeln
Kunzit	Pyroxen-Gr., Spodumen*-V. (rosa)
Kupferglanz *	Chalkosin, Cu_2S
Kupferindig	Covellin *, CuS
Kupferkies *	Chalkopyrit, $CuFeS_2$
Kupferlasur	Azurit*, $Cu_3[OH \mid CO_3]_2$
Kupfer-manganerz	Cu-halt. Wad
Kupferpecherz	Gemenge von Stilpnosiderit mit Chrysokoll u.a.
Kupferschaum	Tirolit, $Ca_2Cu_9[(OH)_{10} \mid (AsO_4)_4] \cdot 10\,H_2O$
Kupferschwärze	Co- u. Cu-halt. Wad
Kupferuran-glimmer	s. Torbernit
Kupfervitriol	Chalkanthit *, $Cu[SO_4] \cdot 5\,H_2O$
Kyanit	s. Cyanit
Labradorit	Ca-Na-Feldspat, Plagioklas, $An_{50}Ab_{50} - An_{70}Ab_{30}$
Långbanit	$Mn_4^{2+}Mn_3^{4+}[O_8 \mid SiO_4]$
Langbeinit	$K_2Mg_2[SO_4]_3$
Langit	$Cu_4[(OH)_6 \mid SO_4] \cdot H_2O$
Lansfordit	$Mg[CO_3] \cdot 5H_2O$
Lanthanit	$(La, Dy, Ce)_2[CO_3]_3 \cdot 8H_2O$
Lapislazuli	Lasurstein, Lasurit, Sodalith-Gr., $(Na, Ca)_8[(SO_4, S, Cl)_2 \mid (AlSiO_4)_6]$
Larnit	β-$Ca_2[SiO_4]$
Larsenit	$PbZn[SiO_4]$
Lasurit	s. Lapislazuli
Lasurstein	s. Lapislazuli
Laumontit	Zeolith-Gr., $Ca[AlSi_2O_6]_2 \cdot 4\,H_2O$
Lawsonit	$CaAl_2[(OH)_2 \mid Si_2O_7] \cdot H_2O$
Lazulith	$(Mg, Fe^{2+})Al_2[OH \mid PO_4]_2$
Leadhillit	$Pb_4[(OH)_2 \mid SO_4 \mid (CO_3)_2]$
Lechatelierit	SiO_2-Glas
Leonit	$K_2Mg[SO_4]_2 \cdot 4\,H_2O$
Lepidokrokit *	Rubinglimmer, γ-FeOOH

Lepidolith *	Glimmer-Gr., $K(Li, Al)_3[(F, OH, O)_2 \mid AlSi_3O_{10}]$
Lepidomelan	Glimmer-Gr., sehr Fe-reicher Biotit
Leuchten-bergit	Chlorit-Gr., fast Fe-freier Klinochlor
Leucit *	$K[AlSi_2O_6]$
Leukoxen	Gemenge von vorzugsw. Titanit
Libethenit	$Cu_2[OH \mid PO_4]$
Liebigit	Uranothallit, $Ca_2(UO_2)[(CO_3)_3] \cdot 10\,H_2O$
Lievrit	Ilvait, $CaFe_2^{2+}Fe^{3+}[OH \mid O \mid Si_2O_7]$
Limonit	Brauneisenerz, Sammelname für Goethit * u. Lepidokrokit *
Linarit	$PbCu[(OH)_2 \mid SO_4]$
Linneit	Kobaltkies, Co_3S_4
Lithion-glimmer †	z. T. Lepidolith, * z. T. Zinnwaldit
Lithiophilit	$Li(Mn, Fe)[PO_4]$
Löllingit	$FeAs_2$
Löweit	$Na_2Mg[SO_4]_2 \cdot 2\,H_2O$
Ludwigit	$(Mg, Fe^{2+})_2Fe^{3+}[O_2 \mid BO_3]$
Lüneburgit	$Mg_3[PO_4 \mid BO(OH)]_2 \cdot 7\,H_2O$
Lussatin	Cristobalitchalcedon, c-Achsen $\parallel$ Faserrichtung
Lussatit	Cristobalitchalcedon, c-Achsen $\perp$ Faserrichtung
Lutecin	Chalcedon-V., Faserrichtung $\parallel c$
Luzonit	Cu_3AsS_4
Lydit	schwarzer Kieselschiefer (Probierstein der Juweliere)
Maghämit	γ-Fe_2O_3
Magnesiaton-granat	s. Pyrop *
Magnesioferrit	Spinell-Gr., $MgFe_2O_4$
Magnesiospinell	Spinell *, $MgAl_2O_4$
Magnesit *	Bitterspat, $MgCO_3$
Magneteisenerz	s. Magnetit *
Magnetit *	Spinell-Gr., Fe_3O_4
Magnetkies	Pyrrhotin, $Fe_{1,00-0,83}S$
Malachit *	$Cu_2[(OH)_2 \mid CO_3]$
Manganblende	Alabandin, α-MnS
Manganit	γ-MnOOH
Mangankies	Hauerit, MnS_2
Mangano-phyll(it)	Glimmer-Gr., Mn-reicher Biotit
Manganosit	MnO

2.3.1.2 Mineralverzeichnis mit chemischen Formeln (Fortsetzung)

Manganspat	Rhodochrosit, $Mn[CO_3]$
Manganspinell	Galaxit, $MnAl_2O_4$
Margarit	Glimmer-Gr., $CaAl_2[(OH)_2 \mid Al_2Si_2O_{10}]$
Marialith	Skapolith-Gr., $Na_8[(Cl_2, SO_4, CO_3) \mid (AlSi_3O_8)_6]$
Markasit	FeS_2
Martit	Pseudomorphose von Hämatit n. Magnetit
Massicot	Bleiglätte, gelb, β-PbO
Matlockit	PbFCl
Maucherit	Ni_4As_3
Meerschaum	Sepiolith, $Mg_4[(H_2O)_3 \mid (OH)_2 \mid Si_6O_{15}] \cdot 3\,H_2O$
Mejonit	Skapolith-Gr., $Ca_8[(Cl_2, SO_4, CO_3)_2 \mid (Al_2Si_2O_8)_6]$
Melanit	Granat-Gr., dunkler Ti-reicher Andradit
Melanterit	Eisenvitriol, $Fe[SO_4] \cdot 7\,H_2O$
Melilith	$(Ca, Na)_2(Al, Mg)[(Si, Al)_2O_7]$
Melinophan	$(Ca, Na)_2(Be, Al)\,[Si_2O_6F]$
Mellith	Honigstein, $Al_2[C_{12}O_{12}] \cdot 18\,H_2O$
Merwinit	$Ca_3Mg[SiO_4]_2$
Mesitinspat	Fe-haltiger Magnesit
Mesolith	Zeolith-Gr., $Na_2Ca_2[Al_2Si_3O_{10}]_3 \cdot 8\,H_2O$
Messingblüte	Aurichalcit, $(Zn, Cu)_5[(OH)_3 \mid CO_3]_2$
Metacinnabarit	HgS (schwarz)
Metahalloysit	$Al_4[(OH)_8 \mid Si_4O_{10}]$
Metahewettit	$CaH_2[V_6O_{17}] \cdot 2\,H_2O$
Meteoreisen	mit ca. 6–7% Ni (Kamazit), ca. 13–48% Ni (Taenit) u. Plessit
Miargyrit	$AgSbS_2$
Mica	Glimmer (englisch)
Mikroklin	K-Feldspat, Tieftemp.-Modif. $K[AlSi_3O_8]$
Milarit	$KCa_2AlBe_2[Si_{12}O_{30}] \cdot {}^1/_2H_2O$
Milchopal	milchig getrübter Opal
Milchquarz	milchig getrübter Quarz
Millerit	β-NiS
Mimetesit	$Pb_5[Cl \mid (AsO_4)_3]$
Mirabilit	Glaubersalz, $Na_2[SO_4] \cdot 10\,H_2O$
Mizzonit	Skapolith-Gr., Ma_5Me_5 bis Ma_2Me_8*
Moissanit	SiC
Moldavit	Glas, kosmischer (?) Herkunft
Molybdänglanz*	Molybdänit, MoS_2
Molybdänit	s. Molybdänglanz*
Monalbit	$Na[AlSi_3O_8]$, monokl. Hochtemperatur-Modif. s. Analbit
Monazit*	$Ce[PO_4]$
Mondstein	K-Feldspat, milchig getrübter Sanidin oder Orthoklas
Monetit	$CaH[PO_4]$
Montebrasit	$LiAl[OH \mid PO_4]$
Monticellit	$CaMg[SiO_4]$
Montmorillonit*	$(Al_{1,67}Mg_{0,33})[(OH)_2 \mid Si_4O_{10}]^{0,33-}Na_{0,33}(H_2O)_4$
Moosachat	Achat mit moosähnlichen Einschlüssen
Mordenit	Zeolith-Gr., $(Ca, K_2, Na_2)[AlSi_5O_{12}]_2 \cdot 7\,H_2O$
Morion	tiefbrauner Quarz
Mottramit	$Pb(Cu, Zn)[OH \mid VO_4]$
Mullit*	$Al_4^{[6]}Al_4^{[4]}[O_3(O_{0,5}, OH, F) \mid Si_3AlO_{16}]$
Muskovit*	Glimmer-Gr., $KAl_2[(OH, F)_2 \mid AlSi_3O_{10}]$
Nadeleisenerz	Goethit*, α-FeOOH
Nakrit	$Al_4[(OH)_8 \mid Si_4O_{10}]$
Natrit	Soda*, Natron, $Na_2CO_3 \cdot 10\,H_2O$
Natrolith*	Zeolith-Gr., $Na_2[Al_2Si_3O_{10}] \cdot 2\,H_2O$
Natron	Soda*, Natrit, $Na_2CO_3 \cdot 10\,H_2O$
Natronalaun	$NaAl[SO_4]_2 \cdot 12\,H_2O$
Natronsalpeter	Nitronatrit*, $NaNO_3$
Naumannit	α-Ag_2Se
Nephelin*	$KNa_3[AlSiO_4]_4$
Nephrit	dichter Aktinolith oder Anthophyllit
Neptunit	$Na_2FeTi[Si_4O_{12}]$
Nesquehonit	$Mg[CO_3] \cdot 3\,H_2O$
Niccolit	s. Nickelin, NiAs
Nickelblüte	Annabergit, $Ni_3[AsO_4]_2 \cdot 8\,H_2O$
Nickeleisen	meteorisch: Kamazit, Taenit, Plessit
Nickelin	Rotnickelkies*, Niccolit, NiAs
Nickelpyrit	Bravoit, $(Ni, Fe)S_2$
Nickelvitriol	Morenosit, $Ni[SO_4] \cdot 7\,H_2O$
Nigrin	stark Fe-haltiger Rutil
Niobit	Columbit, $(Fe, Mn)(Nb, Ta)_2O_6$
Niter	Nitrokalit*, KNO_3

2.3.1.2 Mineralverzeichnis mit chemischen Formeln (Fortsetzung)

Nitrokalit *	Kalisalpeter, Niter, KNO_3
Nitronatrit *	Natronsalpeter, $NaNO_3$
Nontronit	$Fe_2^{3+}[(OH)_2 \mid Al_{0,33}Si_{3,67}O_{10}]^{0,33-}Na_{0,33}(H_2O)_4$
Norbergit	$Mg_3[(OH, F)_2 \mid SiO_4]$
Nosean	Sodalith-Gr., $Na_8[SO_4 \mid (AlSiO_4)_6]$
Obsidian	vulk. Gesteinsglas
Oldhamit	CaS
Oligoklas	Ca-Na-Feldspat, Plagioklas, $Ab_{90}An_{10}-Ab_{70}An_{30}$
Olivenit	$Cu_2[OH \mid AsO_4]$
Olivin *	$(Mg, Fe)_2[SiO_4]$
Omphacit	Pyroxen-V. in Eklogiten
Onyx	gebänderte Achat-V. (schwarz-weiß); auch gebänderter Aragonit oder Alabaster
Opal *	SiO_2 + aq.
Orangit	Thorit-V.
Orthit	Allanit, (Ca, Ce, La, $Na)_2(Al, Fe, Be, Mg, Mn)_3[O \mid OH \mid SiO_4 \mid Si_2O_7]$
Orthoklas *	K-Feldspat, $K[AlSi_3O_8]$
Orthopyroxene: siehe Bronzit Enstatit Hypersthen	
Ottrelith	Fe^{2+}-reicher Chloritoid
Oxalit	Humboldtin, $Fe[C_2O_4] \cdot 2\,H_2O$
Ozokerit	Erdwachs, Gemenge hochmolekularer Kohlenwasserstoffe
Palygorskit	Attapulgit, $Mg_{2,5}[(H_2O)_2 \mid OH \mid Si_4O_{10}] \cdot 2\,H_2O$
Pandermit	Priceit, $Ca_2[B_5O_6 \mid (OH)_7]$
Paragonit	Glimmer-Gr., $NaAl_2[(OH, F)_2 \mid AlSi_3O_{10}]$
Parawollastonit	$Ca_3[Si_3O_9]$, monokl.
Parisit	$CaCe_2[F_2 \mid (CO_3)_3]$
Patronit	VS_4
Pechblende	Uraninit, UO_2
Pektolith	$Ca_2Na[Si_3O_8 \mid OH]$
Pennin	Chlorit-Gr., $(Mg, Al)_3[(OH)_2 \mid Al_{0,5-0,9}Si_{3,5-3,1}O_{10}]Mg_3(OH)_6$
Pentlandit *	Eisennickelkies, $(Fe, Ni)_9S_8$
Peridot	Olivin *, $(Mg, Fe)_2[SiO_4]$
Periklas	MgO
Periklin	Ca-Na-Feldspat, Plagioklas-Tracht-V.
Perlglimmer	Margarit, Glimmer-Gr., $CaAl_2[(OH)_2 \mid Al_2Si_2O_{10}]$
Perowskit	$CaTiO_3$
Perthit	K-Feldspat m. entmischten Albit-Spindeln
Petalit	$Li[AlSi_4O_{10}]$
Petzit	$(Ag, Au)_2Te$
Pharmakolith	$CaH[AsO_4] \cdot 2\,H_2O$
Phenakit	$Be_2[SiO_4]$
Phillipsit	Zeolith-Gr., $KCa[Al_3Si_5O_{16}] \cdot 6\,H_2O$
Phlogopit	Glimmer-Gr., $KMg_3[(F, OH)_2 \mid AlSi_3O_{10}]$
Phosgenit	$Pb_2[Cl_2 \mid CO_3]$
Phosphorit	Apatit- u. Kollophan-reiches Sedimentgestein
Phosphosiderit	Klinostrengit, $Fe[PO_4] \cdot 2\,H_2O$
Pickeringit	$MgAl_2[SO_4]_4 \cdot 22\,H_2O$
Picotit	Spinell-Gr., $(Fe^{2+}, Mg)(Al, Cr, Fe^{3+})_2O_4$
Piemontit	$Ca_2(Al, Fe, Mn)_2Al[O \mid OH \mid SiO_4 \mid Si_2O_7]$
Pigeonit	Pyroxen-Gr., Ca-haltiger Klinohypersthen
Pikromerit	Schönit, $K_2Mg[SO_4]_2 \cdot 6\,H_2O$
Pimelit	Ni-Saponit
Pinit	durch glimmerartige Minerale pseudomorphisierter Cordierit
Plagioklas	Ca-Na-Feldspat, Mischglieder von Albit (Ab) bis Anorthit (An)
Plasma	grüne Chalcedon-V.
Platin	niemals rein; leg. m. Fe, Ir, Rh, Ni u. a.
Plattnerit	PbO_2
Pleonast	Fe^{2+}-haltiger Spinell
Plessit	Fülleisen, feines Aggregat von Kamazit u. Taenit
Polianit	Pyrolusit *, β-$MnO_{2,00-1,89}$

2.3.1.2 Mineralverzeichnis mit chemischen Formeln (Fortsetzung)

Pollucit	$(Cs, Na)[AlSi_2O_6] \cdot H_2O_{<1}$
Polydymit	Ni_3S_4
Polyhalit*	$K_2Ca_2Mg[SO_4]_4 \cdot 2\,H_2O$
Portlandit	$Ca(OH)_2$
Porzellanerde	s. Kaolin
Powellit	$Ca[MoO_4]$
Prasem	Quarz-V. m. Strahlstein-Einschl.
Prehnit	$Ca_2Al^{[6]}[(OH)_2 \mid Si_3Al^{[4]}O_{10}]$
Priceit	Pandermit, $Ca_2[B_5O_9 \mid OH] \cdot 3\,H_2O$
Priorit	Blomstrandin, $(Y, Ce, Th, Ca, Na, U)[(Ti, Nb, Ta)_2O_6]$
Prismatin	Kornerupin, $(Mg, Fe, Al)_4(Al, B)_6[(O, OH)_{5-6} \mid (SiO_4)_4]$
Probertit	Kramerit, $NaCa[B_5O_9] \cdot 5\,H_2O$
Prochlorit	Rhipidolith, Chlorit-Gr., $(Mg, Fe, Al)_3[(OH)_2 \mid Al_{1,2-1,5}Si_{2,8-2,5}O_{10}]\ Mg_3(OH)_6$
Proustit	Lichtes Rotgültigerz, Ag_3AsS_3
Pseudobrokit	Fe_2TiO_5
Pseudomalachit	$Cu_5[(OH)_2 \mid PO_4]_2$
Pseudowollastonit	s. Cyclowollastonit
Psilomelan	$(Ba, H_2O)_2Mn_5O_{10}$
Pucherit	$Bi[VO_4]$
Pumpellyit	$Ca_2MgAl_2[(OH)_2 \mid SiO_4 \mid Si_2O_7] \cdot H_2O$
Pyrargyrit	Dunkles Rotgültigerz, Ag_3SbS_3
Pyrit*	Schwefelkies, FeS_2
Pyrochlor	$(Na, Ca)_2(Nb, Ta, Ti)_2O_6(OH, F, O)$
Pyrolusit*	Polianit, β-$MnO_{2,00-1,89}$
Pyromorphit	$Pb_5[Cl \mid (PO_4)_3]$
Pyrop*	Granat-Gr., $Mg_3Al_2[SiO_4]_3$
Pyrophanit	$MnTiO_3$
Pyrophyllit	$Al_2[(OH)_2 \mid Si_4O_{10}]$
Pyrostilpnit	Feuerblende, Ag_3SbS_3
Pyroxene: s. Klinopyroxene s. Orthopyroxene	
Pyrrhotin	Magnetkies, $Fe_{1,00-0,83}S$
Quarz*	SiO_2
Quarzin	Chalcedon-V. faserig //c
Quarzit	Gestein aus Quarz
Quecksilberfahlerz	Schwazit, Hg-haltiger Tetraedrit
Rädelerz	Bournonit, $2\,PbS \cdot Cu_2S \cdot Sb_2S_3$
Rammelsbergit	$NiAs_2$
Ramsdellit	γ-MnO_2
Rauchquarz	rauchbrauner Quarz
Realgar*	As_4S_4
Reichardtit†	Bittersalz, $Mg[SO_4] \cdot 7\,H_2O$
Renièrit	$Cu_3(Fe, Ge)S_4$
Rhabdit	Schreibersit, $(Fe, Ni, Co)_3P$
Rhipidolith	Prochlorit, Chlorit-Gr., $(Mg, Fe, Al)_3[(OH)_2 \mid Al_{1,2-1,5}Si_{2,8-2,5}O_{10}]\ Mg_3(OH)_6$
Rhodochrosit	Manganspat, $Mn[CO_3]$
Rhodonit	$CaMn_4\ [Si_5O_{15}]$
Riebeckit	Amphibol-Gr., $(Na, K)_{4-6}Ca_{0-1}Mg_{0-2}Fe^{2+}_{3-8}Fe^{3+}_{0-6}[(O, OH)_4 \mid Al_{0-1}Si_{15-16}O_{44}]$
Rinneit	$K_3Na[FeCl_6]$
Roscoelith	Glimmer-Gr., $KV_2[(OH)_2 \mid AlSi_3O_{10}]$
Rosenquarz	rosafarbiger Quarz
Rotbleierz	Krokoit, $Pb[CrO_4]$
Roteisenerz	Hämatit*, α-Fe_2O_3
Rotgültigerz	Dunkles: Pyrargyrit, Ag_3SbS_3 Lichtes: Proustit, Ag_3AsS_3
Rotkupfererz	Cuprit*, Cu_2O
Rotnickelkies*	Nickelin, $NiAs$
Rotspießglanz	Kermesit, Sb_2S_2O
Rotzinkerz	Zinkit*, ZnO
Rubellit	rote Turmalin-V.
Rubin	roter Korund
Rubinglimmer	Lepidokrokit*, γ-$FeOOH$
Rutil*	TiO_2
Safflorit	$CoAs_2$
Sagenit	feinnadeliges, verzwill. Rutil-Netz
Salmiak	α-NH_4Cl
Samarskit	$(Y, Er)_4[(Nb, Ta)_2O_7]_3$
Sanidin*	K-Feldspat, Hochtemp.-Modif., $K[AlSi_3O_8]$
Saphir	blauer Korund
Saphirin	$Mg_2Al_4[O_6 \mid SiO_4]$
Saponit	$Mg_3[(OH)_2 \mid Al_{0,33}Si_{3,67}O_{10}]^{0,33-}Na_{0,33}(H_2O)_4$
Sarkolith	$(Ca, Na)_8[O_2 \mid (Al(Al, Si)Si_2O_8)_6]$(?)
Sassolin*	(Borsäure), $B(OH)_3$

2.3.1.2 Mineralverzeichnis mit chemischen Formeln (Fortsetzung)

Saussurit	Umwandlungsprodukt An-reicher Plagioklase in Zoisit, Skapolith u. a.
Scawtit	$Ca_6[Si_3O_9]_2 \cdot CaCO_3 \cdot 2\,H_2O$
Schalenblende	z. T. Wurtzit, z. T. Zinkblende
Schapbachit	α-$AgBiS_2$
Scheelit*	$Ca[WO_4]$
Scherbenkobalt	Arsen-V.
Schmirgel	Smirgel, Gestein aus Korund, Magnetit, Eisenglanz u. Quarz
Schönit	Pikromerit, $K_2Mg[SO_4]_2 \cdot 6\,H_2O$
Schörl	schwarzer Turmalin, $NaFe_3Al_6[(OH)_4 \mid (BO_3)_3 \mid Si_6O_{18}]$
Schreibersit	$(Fe, Ni, Co)_3P$
Schuchardtit	Ni-haltiger Antigorit (?)
Schungit	hoch inkohlter Anthracit
Schwazit	Hg-haltiger Tetraedrit
Schwefel*	α-S
Schwefelkies	Pyrit*, FeS_2
Schwerspat	Baryt*, $Ba[SO_4]$
Seladonit	Glimmer-Gr., $(K, Ca, Na)_{<1}(Al, Fe^{2+}, Fe^{3+}, Mg)_2[(OH)_2 \mid Al_{0,11}Si_{3,89}O_{10}]$
Sellait	MgF_2
Senarmontit	Sb_2O_3
Sepiolith	Meerschaum, $Mg_4[H_2O)_3 \mid (OH)_2 \mid Si_6O_{15}] \cdot 3\,H_2O$
Sericit	dichter Muskovit
Serpentin	Sammelname für Antigorit u. Chrysotil
Serpentin-asbest	Chrysotil*, $Mg_6[(OH)_8 \mid Si_4O_{10}]$
Siderit*	Eisenspat, $Fe[CO_3]$
Sideronatrit	$Na_2Fe[OH \mid (SO_4)] \cdot 3\,H_2O$
Silber*	Ag
Silberfahlerz	Freibergit
Silberglanz	Argentit, Akanthit*, Ag_2S
Silex(it)	dichte SiO_2-Minerale
Sillimanit	$Al^{[6]}Al^{[4]}[O \mid SiO_4]$
Sinhalit	$MgAl[BO_4]$
Sitaparit	Bixbyit, $(Mn, Fe)_2O_3$
Skapolith	Mischkristalle von Marialith u. Mejonit
Skolezit	Zeolith-Gr., $Ca[Al_2Si_3O_{10}] \cdot 3\,H_2O$
Skorodit	$Fe[AsO_4] \cdot 2\,H_2O$
Skutterudit	Speiskobalt*, $CoAs_3$
Smaltin	Skutterudit

Smaragd	grüner Beryll
Smaragdit	Cr-haltige aktinolithische Hornblende
Smirgel	s. Schmirgel
Smithsonit*	Zinkspat, $Zn[CO_3]$
Soda*	Natrit, Natron, $Na_2[CO_3] \cdot 10\,H_2O$
Sodalith	$Na_8[Cl_2 \mid (AlSiO_4)_6]$
Sonnenstein	Feldspat-Gr., Plagioklas m. Einschlüssen v. Hämatit-Schüppchen
Spargelstein	lichtgrüner Apatit
Spateisenstein	Siderit, $Fe[CO_3]$
Speckstein	Steatit, dichter Talk
Speerkies	Markasit-V.
Speiskobalt*	Skutterudit, $CoAs_3$
Sperrylith*	$PtAs_2$
Spessartin	Granat-Gr., $Mn_3Al_2[SiO_4]_3$
Sphaerokobaltit	Kobaltspat, $Co[CO_3]$
Sphalerit	Zinkblende*, α-ZnS
Sphen	keilförmige Titanitkristalle
Spinell*	Magnesiospinell, $MgAl_2O_4$
Spinelle: siehe Chromit, Coulsonit, Franklinit, Gahnit, Galaxit, Hercynit, Jakobsit, Magnesioferrit, Magnetit*, Picotit, Spinell*, Ulvit	
Spodumen*	Pyroxen-Gr., $LiAl[Si_2O_6]$
Spurrit	$Ca_5[CO_3 \mid (SiO_4)_2]$
Stannin	Zinnkies*, Cu_2FeSnS_4
Staßfurtit	α-Boracit-V.
Staurolith	$Al_4Fe[O \mid OH \mid SiO_4]_2$
Steatit	Speckstein, dichter Talk
Steenstrupin	$Na_2Ce(Mn, Ta, Fe, ...)H_2[(Si, P)O_4]_3$
Steinmark	Nakrit, z. T. auch Kaolinit oder Halloysit
Steinsalz*	Halit, NaCl
Stephanit	Ag_5SbS_4
Sternrubin	Rubin mit Asterismus
Sternsaphir	Saphir mit Asterismus
Stibarsen	AsSb
Stibioluzonit	Famatinit, Cu_3SbS_4
Stibiotantalit	$Sb(Ta, Nb)O_4$
Stibnit	Antimonit*, Sb_2S_3
Stichtit	$Mg_6Cr_2[(OH)_{16} \mid CO_3] \cdot 4\,H_2O$

2.3.1.2 Mineralverzeichnis mit chemischen Formeln (Fortsetzung)

Stilbit	Desmin, Zeolith-Gr., $Ca[Al_2Si_7O_{18}] \cdot 7\,H_2O$
Stilpnomelan	$(K, H_2O)\,(Fe^{2+}, Fe^{3+}, Mg, Al)_{<3}[(OH)_2 \mid Si_4O_{10}]X_n(H_2O)_2$
Stilpnosiderit	Limonit-V.
Stinkquarz	bituminöser Quarz
Stishovit	Höchstdruck-Modif. von SiO_2
Stolzit	β-$Pb[WO_4]$
Stottit	$Fe[Ge(OH)_6]$
Strahlstein	Aktinolith*, Amphibol-Gr., $Na_2Ca_4(Mg, Fe)_{10}[(OH)_2 \mid O_2 \mid Si_{16}O_{44}]$
Strengit	$Fe[PO_4] \cdot 2\,H_2O$
Stromeyerit	$Cu_2S \cdot Ag_2S$
Strontianit*	$Sr[CO_3]$
Struvit	$NH_4Mg[PO_4] \cdot 6\,H_2O$
Sulfoborit	$Mg_3[SO_4 \mid B_2O_5] \cdot 4^1/_2\,H_2O$
Sulfohalit	$Na_6[F \mid Cl \mid (SO_4)_2]$
Sulvanit	$Cu_3[VS_4]$
Sussexit	$Mn[HBO_3]$
Svabit	$Ca_5[F \mid (AsO_4)_3]$
Sylvanit	$AuAgTe_4$
Sylvin*	KCl
Szaibelyit	Ascharit, $Mg[HBO_3]$
Tachyhydrit	$CaCl_2 \cdot 2\,MgCl_2 \cdot 12\,H_2O$
Taenit	Bandeisen der Meteorite, α-(Fe, Ni)
Talk*	$Mg_3[(OH)_2 \mid Si_4O_{10}]$
Tantalit*	$(Fe, Mn)[(Ta, Nb)_2O_6]$
Tapiolit	$(Fe, Mn)[(Ta, Nb)_2O_6]$
Tarapacait	$K_2[CrO_4]$
Teallit	$PbSnS_2$
Tennantit	$Cu_{12}As_4S_{13}$
Tenorit	CuO
Tephroit	$Mn_2[SiO_4]$
Tetradymit	Bi_2Te_2S
Tetraedrit*	Fahlerz, $Cu_{12}Sb_4S_{13}$
Thalenit	$Y[Si_2O_7]$
Thaumasit	$Ca_3H_2[CO_3 \mid SO_4 \mid SiO_4] \cdot 13\,H_2O$
Thenardit	α-$Na_2[SO_4]$
Thermonatrit	$Na_2[CO_3] \cdot H_2O$
Thomsenolith	$NaCa[AlF_6] \cdot H_2O$
Thomsonit	Zeolith-Gr., $NaCa_2[Al_2(Al, Si)Si_2O_{10}]_2 \cdot 5\,H_2O$
Thorianit	$(Th, U)O_2$
Thorit	$Th[SiO_4]$
Thortveitit	$Sc_2[Si_2O_7]$
Thuringit*	Chlorit-Gr., $(Fe^{2+}, Fe^{3+}, Al)_3[(OH)_2 \mid Al_{1,2-2}Si_{2,8-2}O_{10}]\,(Mg, Fe^{2+}, Fe^{3+})_3(O, OH)_6$
Tiemannit	HgSe
Tigerauge	Quarz mit Krokydolith-Einschlüssen
Tinkal	Borax, $Na_2[B_4O_7] \cdot 10\,H_2O$
Titaneisenerz†	Ilmenit*, $FeTiO_3$
Titanit	$CaTi[O \mid SiO_4]$
Titanomagnetit	Ti-haltiger Magnetit, z. T. entmischt
Tobermorit	$Ca_5H_2[Si_3O_9]_2 \cdot 4\,H_2O$
Topas*	$Al_2[F_2 \mid SiO_4]$
Topazolith	Granat-Gr., Andradit-V.
Torbernit	$Cu(UO_2)_2\,[PO_4]_2 \cdot 12-8\,H_2O$
Tremolit	Amphibol-Gr., $Ca_2(Mg, Fe)_5[OH \mid Si_4O_{11}]_2$
Tridymit	SiO_2
Triphylin	$Li(Fe, Mn)\,[PO_4]$
Triplit	$(Mn, Fe)_2[F \mid PO_4]$
Triploidit	$(Mn, Fe)_2[OH \mid PO_4]$
Trögerit	$H_2(UO_2)_2\,[AsO_4]_2 \cdot 8\,H_2O$
Troilit	Magnetkies in Meteoriten, FeS
Trona	$Na_3H[CO_3]_2 \cdot 2\,H_2O$
Troostit	$(Zn, Mn)_2[SiO_4]$
Tungstit	Wolframocker, $WO_2(OH)_2$
Türkis	Kallait, $CuAl_6[(OH)_2 \mid PO_4]_4 \cdot 4\,H_2O$
Turmalin*	ein Bor-Silikat: Formel vgl. S. 860
Tysonit	Fluocerit, $(Ce, La)F_3$
Ulexit	$NaCa[B_5O_6(OH)_6] \cdot 5\,H_2O$
Ullmannit	NiSbS
Ulvit, Ulvöspinell	Spinell-Gr., Fe_2TiO_4
Umangit	Cu_3Se_2
Uralit	Pseudomorphose von Hornblende nach Pyroxen
Uranblüte	Zippeit, $(UO_2)_6[(OH)_6 \mid (SO_4)_3] \cdot 12\,H_2O$
Uranglimmer	$A[UO_2 \mid ZO_4]_2 \cdot 2-10\,H_2O$; $A = H_2$, Ba, Ca, Mg, Fe, Cu u. a.; Z = P oder As
Uraninit*	Uranpecherz, UO_2
Uranocircit	$Ba(UO_2)_2\,[PO_4]_2 \cdot 8\,H_2O$
Uranophan	Uranotil, $Ca(H_3O)_2(UO_2)_2\,[SiO_4]_2 \cdot 3\,H_2O$
Uranospinit	$Ca(UO_2)_2\,[AsO_4]_2 \cdot 10\,H_2O$
Uranothallit	Liebigit, $Ca_2(UO_2)_2[(CO_3)_3] \cdot 10\,H_2O$
Uranotil	siehe Uranophan

2.3.1.2 Mineralverzeichnis mit chemischen Formeln (Fortsetzung)

Uranpecherz	Uraninit*, UO_2
Uranvitriol	Johannit, $Cu(UO_2)_2[OH \mid SO_4]_2 \cdot 6\,H_2O$
Uvanit	$(UO_2)_2[V_6O_{17}] \cdot 15\,H_2O$
Uwarowit	Granat-Gr., $Ca_3Cr_2^{3+}[SiO_4]_3$
Valentinit	Antimonblüte, Sb_2O_3
Valleriit	$CuFeS_2$
Vanadinit*	$Pb_5[Cl \mid (VO_4)_3]$
Vanadinocker	V_2O_5
Vanthoffit	$Na_6Mg[SO_4]_4$
Variscit	$Al[PO_4] \cdot 2\,H_2O$
Vaterit	hexag. $CaCO_3$-Modif.
Vermiculite*	beim Erhitzen sich stark aufblähende glimmerartige Schichtsilikate
Vesuvian	$Ca_{10}(Mg, Fe)_2Al_4[(OH)_4 \mid (SiO_4)_5 \mid (Si_2O_7)_2]$
Villiaumit	NaF
Vivianit	$Fe_3[PO_4]_2 \cdot 8\,H_2O$
Wad	Sammelname für Weichmanganerze (lockere Mn-Oxide)
Wagnerit	$Mg_2[F \mid PO_4]$
Wavellit	$Al_3[(OH)_3 \mid (PO_4)_2] \cdot 5\,H_2O$
Weddelit	$Ca[C_2O_4] \cdot 2\,H_2O$
Weichmanganerz	hauptsächlich β-MnO_2
Weißbleierz †	Cerussit*, $Pb[CO_3]$
Weißnickelkies	Chloanthit*, $NiAs_3$
Whewellit	$Ca[C_2O_4] \cdot H_2O$
Willemit*	$Zn_2[SiO_4]$
Wismut*	Bi
Wismutglanz*	Bismuthinit, Bi_2S_3
Wismutocker	z. T. Bismit, z. T. Bismutit
Witherit	$Ba[CO_3]$
Wöhlerit	$Ca_2NaZr[F \mid (SiO_4)_2]$
Wolframit*	$(Mn, Fe)[WO_4]$
Wolframocker	Tungstit, $WO_2(OH)_2$
Wollastonit*	$Ca_3[Si_3O_9]$
Wulfenit*	Gelbbleierz, $Pb[MoO_4]$
Wurtzit*	β-ZnS
Wüstit	FeO
Xenotim	$Y[PO_4]$
Yttrocerit	Cerfluorit, $(Ca, Ce)F_{2-2,33}$
Yttrofluroit	$(Ca, Y)F_{2-2,33}$
Yttrotantalit	$Y_4[Ta_2O_7]_3$
Zaratit	$Ni_3[(OH)_4 \mid CO_3] \cdot 4\,H_2O$
Zeolithe: siehe Chabasit, Faujasit, Gismondin, Gonnardit, Harmotom, Heulandit, Laumontit, Mesolith, Mordenit, Natrolith*, Phillipsit, Skolezit, Stilbit, Thomsonit	
Zinkblende*	Sphalerit, α-ZnS
Zinkblüte	Hydrozinkit, $Zn_5[(OH)_3 \mid CO_3]_2$
Zinkit*	Rotzinkerz, ZnO
Zinkosit	$Zn[SO_4]$
Zinkspat	Smithsonit*, $Zn[CO_3]$
Zinkspinell	Gahnit, $ZnAl_2O_4$
Zinnerz	Zinnstein, SnO_2
Zinnkies*	Stannin, Cu_2FeSnS_4
Zinnober*	Cinnabarit, HgS
Zinnstein	Cassiterit*, SnO_2
Zinnwaldit	Glimmer-Gr., $KLiFe^{2+}Al[(F, OH)_2 \mid AlSi_3O_{10}]$
Zippeit	siehe Uranblüte
Zirkon*	$Zr[SiO_4]$
Zoisit	$Ca_2Al_3[O \mid OH \mid SiO_4 \mid Si_2O_7]$

2.3.2 Mineralische Rohstoffe

2.3.2.1 Mineralische Rohstoffe zur Gewinnung von Metallen (Erze) und Nichtmetallen

Element	Erzminerale theoret. Gehalt	Lagerstätten Fördererze Roherzgehalte	Weltförderung Hauptförderländer Anteile (%)	Verwendung Anteile (%)
Ag	ged. Silber >95% Ag Silberglanz 87% Fahlerze (Freibergit) 20% Pyrargyrit (Rotgültigerz) 60% Stephanit 68%	Viele magmatogene Buntmetall-Lgst haben gewinnbare Ag-Gehalte, der wichtigste Ag-Träger ist Bleiglanz mit 80–1200 ppm Ag. Aus Pb-Zn (Cu)-Erzen stammen 45–55%, aus Cu- u. Cu/Ni-Erzen 15–20%, aus Au-Erz 10–15% der Ag-Produktion; aus Lgst. mit Ag Hauptwertmetall ca. 15%	*Welt 1984: 12 400 t Ag* Mexiko (17) Peru (14) USSR (12) USA (11) Kanada (9) Australien (8)	(USA und Europa 1982/85) Fotoindustrie (40) Elektro- und Elektronik-Ind. (29) Bestecke, Schmuck, Geräte (15) Lote, Medizin, Spiegel (13) Münzmetall (3)
Al	Gibbsit 65% Al_2O_3 Diaspor 85% Böhmit 85%	„Bauxite" mit 45–65% Al_2O_3 bilden sich bei lateritischer Verwitterung Al-reicher Gesteine (z.B. Syenite) u. Al-armer Karbonatgesteine (Karstlgst.). Ferner werden Nephelinite mit 20–30% Al_2O_3 abgebaut.	*Welt 1985: 88×10⁶ t Rohbauxit ca. 20×10⁶ t Reinaluminium* Australien (34) Guinea (15) Jamaika (10) Brasilien (6) USSR (5) Surinam (4)	Verpackung (33) Bauindustrie (20) Verkehr (16) Elektroind. (11) Maschinenbau (7) Recycling ca. 30% (1984)
As	Arsenopyrit 46% As Löllingit 72% Speiskobalt (Skutterudit) 60% As-Fahlerz 20%	As ist stets Nebenprodukt der Au-, Co- und Pb-Erzverarbeitung; in Konzentraten bewirkt es Wertminderung.	*Welt 1984: 32 670 t As_2O_3* USSR (25) Schweden (18) Frankreich (15) Mexiko (11) Namibia (7) Peru (3)	Chemikalien, Elektronik, Bleilegierungen, Pflanzenschutz und Holzkonservierung (stark rückläufig)
Au	ged. Gold Au in Pyrit Goldtelluride	a) Magmatogene Primär-Lgst. „Berggold"; Gold-Pyrit-Quarzgänge, „Porphyry Copper Ores", massive Pyrit-Cu-Zn-Lgst. mit 10–80 ppm Au. b) Sekundär-Lgst. „Seifengold"; Rezente Flußsedimente u. Laterite, fossile, metamorphe Konglomerate mit 2–20 ppm Au.	*Welt 1984: 1431 t Au* Südafrika (48) USSR (19) Kanada (6) USA (4) China (4) Brasilien (4)	(Währungsreserven 1983 ca. 25 000 t!) Schmuck (60) Elektronik (8) Zahnersatz, Medizin (7) Münzen, Medaillen (7) Raumfahrt (1)

2.3.2.1 Mineralische Rohstoffe zur Gewinnung von Metallen (Erze) und Nichtmetallen (Fortsetzung)

Element	Erzminerale theoret. Gehalt		Lagerstätten Fördererze Roherzgehalte	Weltförderung Hauptförderländer Anteile (%)	Verwendung Anteile (%)
B	Kernit Ulexit Colemanit Borax Sassolin Pandermit	51% B_2O_3 50% 51% 36% 56% 50%	a) Sedimentäre Lager; Türkei, USA, 15–25% B_2O_3. b) Borathaltige Salzseen „Brines“; USA, Chile, ca. 3% Borat. c) Vulkanische Exhalationen; Italien	*Welt 1985:* *2,43×10⁶ t Borminerale* USA (44) Türkei (37) USSR (8) Argentinien (8)	Reaktorbau, Stahllegier. (30) Waschmittel (30) Glasuren, Emaillierung, Löthilfen (20) Schleifmittel (10)
Ba	Vgl. Tabelle 2.3.2.2 „Baryt“				
Be	Beryll Bertrandit	14% BeO 48%	Beryllerz in Pegmatit 2–5% BeO, Handkonzentrate ca. 10% BeO Bertrandit-Erz 0,3–0,5% BeO	*Welt 1984:* *8700 t Erz mit ca. 5% Be* USA (60) USSR (20) Brasilien (14) Argentinien (6)	Legierungsmetall (Bronzen) (50) Kerntechnik (15) Hochfeuerfest-material (Hitzeschilde) (30)
Bi	ged. Bi Wismutglanz Tetradymit	 81% Bi 59%	Komplexerze der Pb-Zn-Cu-Ag-Lgst. in Peru und Au-Cu-Lgst. in Australien haben gewinnbare Bi-Gehalte; Sn-W-Bi-Erze in Bolivien; Beiprodukt der Pb-Raffination.	*Welt 1985: ca. 3900 t Bi* Australien (38) Mexico (15) Japan (13) Peru (14) Jugoslawien (3)	Pharma- u. Kosmetik-Ind. (30) Email- u. Farben-Ind. (20) Metallegierungen (Lote) (25) Elektroindustrie (10)
Cd	Greenockit	78% Cd	in Zinkblende 0,1–0,5% Cd, in Zn-Konzentraten bis 0,3% Cd	*Welt 1984: 17700 t Cd* USSR (17) Japan (14) USA (10) Kanada (7) Australien (7) BRD (6)	Galvan. Überzüge (29) Ni-Cd-Akkus (24) Farben für Glas, Keramik u. Plastik (20) Stabilisatoren (10) Legierungen (6)
Co	Linneit Kobaltglanz Skutterudit Safflorit	58% Co 35% 20% 28%	Co ist Begleiter von Ni und Cu auf vielen Lgst., z.B. Kanada, Zaire, Sambia. Nur in Bou Azzer/Marokko ist Skutterudit Haupterz. Erzknollen im Pazifik: bis 2% Co	*Welt 1983: 23130 t Co* Zaire (47) Sambia (13) USSR (10) Australien (7,5) Kuba (7) Kanada (6)	Superlegier. (40) Dauermagnete (15) Katalysatoren (12) Hartmetall (10) Chemie, Farben, Keramik (8) Recycling ca. 20%

2.3.2.1 Mineralische Rohstoffe zur Gewinnung von Metallen (Erze) und Nichtmetallen (Fortsetzung)

Element	Erzminerale theoret. Gehalt		Lagerstätten Fördererze Roherzgehalte	Weltförderung Hauptförderländer Anteile (%)	Verwendung Anteile (%)
Cr	Chromit	34–60% Cr_2O_3	Ausscheidungen der magmat. Frühkristallisation in Ultrabasiten. Cr-Gehalte abhängig von Fe-, Mg-, Al-, Mn-Anteilen des Chromit-Mischkristalls (max. 46% Cr)	*Welt 1986: 9,9×10⁶ t Chromit* Südafrika (34) USSR (30) Albanien (8) Indien (5,5) Simbabwe (5) Türkei (4)	Stahllegierungen für Bauindustrie (20), für Maschinenbau (17), für Fahrzeuge (16) Feuerfest. St. (12) Chemikalien + Verchromung (20)
Cu	Kupferglanz Chalkopyrit Bornit Enargit Covellin	80% Cu 34% 55–69% 48% 66%	a) Magmatische (hydrothermale) Imprägnationen „Porphyry Copper Ore", Großlgst. mit 0,3–0,8% Cu, sekundäre Anreicherungen bis 2,5%. Mit Au- u. Mo-Geh. b) Vulkanogen-sedimentäre Sulfiderze mit P/Zn/Cu-Vererzung, Cu-Gehalte 0,5–3%. Rezente „Erzschlämme" im Roten Meer mit 4% Cu, 8% Zn, 0,5% Pb. c) Sedimentäre Lgst.: „Kupferschiefer" und „Kupfersandstein" 1,3–2,5% Cu.	*Welt 1986: 7,8×10⁶ t Cu* Chile (16) USA (15) Kanada (9) USSR (12) Zaire (7) Sambia (5) Polen (4)	Elektroindustrie (ca. 50), davon Kabel (30) Motoren (20). Bauindustrie (15) Kfz-Ind. (12) Schiffbau (10) Münzen, Kunstgewerbe (6) Chemie (4) Recycling 25–30%
F	Vgl. Tabelle 2.3.2.2 „Flußspat"				
Fe	Magnetit Hämatit Limonit Siderit Chamosit	72% Fe 70% 63% 48% 36%	a) Magmatische (vulkanische) Differentiate: 40–50% Fe, Reicherze mit 55–68% Fe (Hämatit/Magnetit). Sideritgänge u. -Lager, >40% Fe. b) Präkambrische Quarz-Eisen-Formation: Bändererze, Itabirite, Jasplite, +– metamorph und durch lateritische Verwitterung angereichert 48–65% Fe, Primärerz 30–40% Fe. c) Sedimentäre Brauneisenerze: Oolithe 35–42% Fe.	*Welt 1986: 780×10⁶ t Eisenerz* USSR (29) Brasilien (15) Australien (12) China (9) USA (6) Indien (5)	Gußeisen für Maschinenbau (20), unlegierte Stähle für Hoch- und Tiefbau (30–40), schwachlegierte Stähle für Werkzeuge, Geräte und Fahrzeugbau (30), hochleg. Sonderstähle (10–20) Recycling 40–60%

2.3.2.1 Mineralische Rohstoffe zur Gewinnung von Metallen (Erze) und Nichtmetallen (Fortsetzung)

Element	Erzminerale theoret. Gehalt		Lagerstätten Fördererze Roherzgehalte	Weltförderung Hauptförderländer Anteile (%)	Verwendung Anteile (%)
Ga Ge	Gallit Germanit Renierit	35% Ga 8% Ge 1% Ga 6% Ge	Ga u. Ge treten in Cu-Lgst. verschied. Genese auf (Namibia, Zaire, Kupferschiefer); Pb/Zn-Erze enthalten Ge, Al-Erze Ga. Gewinnung aus Flugstäuben, Schlacken, Kohlenaschen, Erdölrückstd.	*Welt 1984: 35 t Ge, ca. 15 t Ga* USA (60) Belgien (6) BRD (3) Namibia (3)	Halbleitertechnik
Hg	Zinnober Metacinnabarit Fahlerz (Schwazit) ged. Hg	86% Hg 86% 17%	a) Hydrothermale Gänge, Imprägnationen, Spanien, Kalifornien 1,0–2,5% Hg; b) Vulkanogen-sedimentäre Lgst., Jugoslawien, Türkei 0,5–2,0% Hg, in Pb-Zn-Konzentraten bis 250 g/t.	*Welt 1984: 6010 t Hg* USSR (37) Spanien (23) China (12) USA (11) Algerien (6) Mexiko (4)	Elektroind. (Batterien) (> 50) physikal. u. medizin. Geräte (15) Fungizide (14) Chemie (13)
K	Sylvin Carnallit Kainit	63% K_2O 17% 19%	Rohsalz (sylvinitisch) bis 24% K_2O, (carnallitisch) 10–13% K_2O; Hartsalz = Sylvin + Kieserit + Steinsalz mit 8–13% K_2O	*Welt 1985: 28,6×10⁶ t K₂O* USSR (35) Kanada (23) DDR (12) BRD (9) Frankreich (6) USA (5)	Düngemittel (ca. 90) Glas, Keramik (5) Chemikalien (3)
Li	Spodumen Amblygonit Petalit Lepidolith	7% Li_2O 10% 5% 3–5%	Pegmatite mit nesterförmig. Reicherz bis 4% Li_2O, sonst 1–2% Li_2O. Solen aus Salzseen 0,5–1,5% Li_2O, oft zusammen mit B-Gehalten.	*Welt 1984: ca. 100000 t Lithium-Erze -Konzentrate und -Rohsalze; 7000 t* Li_2O USSR (50) Simbabwe (17) China (15) Australien (6) USA (6) Chile (2)	Al-Elektrolyse (25) Schmierfette (20) Kerntechnik (20) Emaille, Glasuren, Legierungen mit Al, Pb (15) Katalysatoren (10) Pharmazeut. (8)
Mg	Magnesit Kieserit Dolomit Carnallit	29% Mg 17% 13% 9%	Magnesitgestein bis 45% MgO, Abgänge der Kalisalzgewinnung <12% MgO, Meerwasser 0,13% Mg. Magnesit und Dolomit s. Tabelle 2.3.2.2 Industrieminerale	*Welt 1985: 325000 t Mg-Inh.* USA (44) USSR (26) Norwegen (16) Frankreich (4)	Legierung. mit Al, Mn, Zn, Si (75) Stahl-Entschwefelung (12) Reduktion v. Metallchloriden (8) Reaktorbau, Pyrotechnik (5)

2.3.2.1 Mineralische Rohstoffe zur Gewinnung von Metallen (Erze) und Nichtmetallen (Fortsetzung)

Element	Erzminerale theoret. Gehalt		Lagerstätten Fördererze Roherzgehalte	Weltförderung Hauptförderländer Anteile (%)	Verwendung Anteile (%)
Mn	Pyrolusit Psilomelan Manganit Hausmannit Manganspat Braunit	63% Mn 63% 62% 72% 48% 35%	Verwitterungs-Lgst. u. sedimentäre Lager z. T. metamorph (vgl. Quarz-Eisen-Bändererze), Oolithe, 40–60% Mn; Mn-reicher Siderit bis 8% Mn. „battery grade" 70% Mn.	*Welt 1985:* *24,5×10⁶ t Manganerz* *mit ca. 12×10⁶ t Mn-Inhalt* USSR (40) Südafrika (15) Brasilien (11) Gabun (10) Australien (8) China (7)	Stahlerzeugung u. -Legierung (80) Desoxidationsmittel (10) Chemie (3) Trockenbatterien (7) Im Handel: Ferromangan 75% Mn, Silicomangan 65–70% Mn, sowie Elektrolyt. Metall.
Mo	Molybdänglanz Wulfenit	60% Mo 26%	Kluftnetz- und Diffusimprägnationen granitischer Plutonite „Porphyry Ores" (mit Cu und Au) 0,15–0,5% Mo; MoS_2-Beiprodukt von Cu-Konzentraten.	*Welt 1983: 62500 t Mo* USA (25) Chile (24) USSR (17) Kanada (17) Mexiko (9)	Baustähle (40) Rostfreie St. (20) Werkzeugstähle (10) Schmiermittel, Chemikalien (9) Reinmetall (5), Pigmente (5)
Na	Steinsalz	39% Na	Bergbauprodukt: Steinsalz, Rohsalz; Salinenprodukt: Siedesalz, Kochsalz, auch Beiprodukt der Kalifabrikation. Aus Meerwasser (2,7% NaCl): Meersalz, mit Gehalten an K, Mg, Ca, I.	*Welt 1985: 170,3×10⁶ t Rohsalz* USA (29) USSR (10) China (9) BRD (6) Kanada (6)	Chemie (Cl, NaOH, Na-Metall). Speisesalz, Gewerbesalz (Konservier.-mittel), Industrie- u. Auftausalz; Glasuren, Wasseraufbereitung. Na-Met: org. Synthese; Redukt. v. Metall
Nb	Columbit (Niobit) Pyrochlor Euxenit	<65% Nb_2O_5 <70% 72%	In Pegmatiten, Karbonatiten u. „Greisen"; Pyrochlorerz 1,0–5% Nb_2O_5. Columbiterz 0,5–2%, Alkalisyenit (USSR) 0,2–0,5%. Columbit-Seifen ca. 0,1%.	*Welt 1985: 20800 t Konzentrat* *= ca. 8500 t Nb-Inh.* Brasilien (80) Kanada (15) (Produktion abhängig von Stahlerzeugung)	Stahlveredl. (80–85) HSLA-Stähle (high strength low alloy) 0,1–1% Nb, für Hochbau und Pipelines; Elektronik, Raumfahrt (10)
Ni	Pentlandit Chloanthit Rammelsbergit Rotnickelkies Garnierit	35% Ni 20% 28% 44% <30%	Magmat. Sulfidlgst. (20% d. Weltvorräte). Ni-Magnetkieserz 1,0–3% Ni. Silikat. oxid. Verwitterungslgst. auf ultrabs. Gestein (80% Weltvorräte). Garnieriterz 2,5–8% Ni.	*Welt 1985: 777000 t Ni* USSR (21) Kanada (20) Australien (11) Neukaledon. (11) Kuba (5)	Edelstähle, rost-, hitze- u. säurebeständig (80); Galvan. Oberflächenschutz (5) Apparatebau (3) Ni-Cd-Akkus (3) Münzen (2). Ni austauschbar durch Al u. Kunstst.

2.3.2.1 Mineralische Rohstoffe zur Gewinnung von Metallen (Erze) und Nichtmetallen (Fortsetzung)

Element	Erzminerale theoret. Gehalt		Lagerstätten Fördererze Roherzgehalte	Weltförderung Hauptförderländer Anteile (%)	Verwendung Anteile (%)
P	Apatit Phosphorit	45% P_2O_5 <38%	a) Magmatische Apatitzonen in Pegmatiten u. Karbonatiten <39% P_2O_5, S.-Afrika, USSR. b) Sedimentäre Phosporitlager >30% P_2O_5 bzw. >65% BPL (= Tricalciumphosphat, Bone Phosphate of Lime). USA, N.-Afrika. Ferner: P-haltige Eisenerze (Thomasschlacke); Guano	*Welt 1985: 151,4×10^6 t Rohphosphat mit ca. 48% BPL* [2]) USA (34) USSR (21) Marokko (14) China (8) Jordanien (5)	Dünge- und Futtermittel (70) Wasch- u. Reinigungsmittel (10) Korrosionsschutz f. Metalle (8) Feuersichere Anstriche. Element. P: Legierungen
Pb	Bleiglanz Cerussit Anglesit	86% Pb 77% 68%	a) Magmatogene, hydrothermale Erzgänge zus. mit Zn- u. Cu-Mineralen, 1–5% Pb; b) Vulkanogen-sedimentäre Pyritlager 2–12% Pb; c) Sedimentäre Lgst. in Karbonatgestein 0,5–3% Pb; d) Verwitterungs-Anreicherung (Karst) bis 20% Pb.	*Welt 1985: 3,5×10^6 t Pb* USSR (16) Australien (14) USA (12) Kanada (8) Peru (6) Mexiko (6) China (5)	Akkumulatoren (ca. 50) Kabel und Bleche (15) Strahlenschutz (10) Pigmente, Rostschutz (12) Pb-organ.-Verbind. (6) Recycling (Akkus) ca. 80%
Pt	Sperrylit Cooperit ged. Platin	56% Pt 86%	Magmat. Entmisch. in Ultrabasiten 8–20 ppm Pt, in Pyrit-Ni-Magnetkies-lagern 2 ppm, auf Seifenlgst. 4–12 ppm Pt	*Welt 1984: 220 t Pt + Pt-Met.* USSR (52) Südafrika (41) Kanada (5)	Katalysatoren (35) Schmuck (30) Elektroindustrie (12) Chemie (9) Recycling 12–20%, stark zunehmend
S	ged. Schwefel Pyrit Magnetkies Gips Kohle, Erdöl, Erdgas	<95% S 53% 36% 19%	Pyrit als Nebenprodukt von Buntmetall- und Golderzen; reine Pyritlgst. heute nicht mehr abbauwürdig. Ged. Schwefel im Gipshut von Salzlgst. „Caprock" und in Anhydritlagern. Aus Reinigung von Erdgas und Abgasen.	*Welt 1984 51,9×10^6 t S-Inh.* USA (20) USSR (18) Kanada (13) Polen (10)	Chemie (Schwefelsäure) Zelluloseind., Gummiverarbeitung, Farben, Beton, Straßenbelag

[2]) 1% BPL = bone phosphate of lime entspricht 0,458% P_2O_5

2.3.2.1 Mineralische Rohstoffe zur Gewinnung von Metallen (Erze) und Nichtmetallen (Fortsetzung)

Element	Erzminerale theoret. Gehalt		Lagerstätten Fördererze Roherzgehalte	Weltförderung Hauptförderländer Anteile (%)	Verwendung Anteile (%)
Sb	Antimonit Fahlerz (Tetraedrit) Valentinit	71% Sb 25–30% 83%	Vulkanogene und sedimentäre Lgst.; Antimonit-Quarz-Gänge 5–10% Sb, stratiforme Erze <6% Sb, 5 g/t Au. Sb Nebenprodukt der Metallhütten.	*Welt 1984: 53400 t Sb* China (28) Bolivien (18) USSR (17) Südafrika(17) Mexiko (4)	Brandhemmender Zusatz zu Gummi, Kunststoffen, Lacken, Papier u. Textilien (<50), Pigmente, Glas, Keramik (15) Hartblei (10)
Se	Clausthalit Naumannit Umangit	28% Se 26% 45%	Se-Spuren in vielen Pyrit-Cu-Au-Lgst.; (Pyrit mit 0,001–0,025% Se); in S- u. U-Lgst. sowie Kohlenaschen. Gewinnung bei der Raffination von Cu, Ag, Pb u. bei der Laugung von Au- u. U-Erzen.	*Welt 1984 ca. 1400 t Se* USA (48) USSR (18) Kanada (16) Japan (12)	Halbleitertechnik (Fotozellen, Gleichrichter etc.) (40) Färbung v. Glas u. Keramik (25) Pigmente (20) Chemikal. u. Legierungen (8)
SE Lan-thanoide	Monazit Bastnäsit	<70% SEox 74% Ce_2O_3	Seltenerdmetalle sind in pegmatitisch-karbonatitischen Restschmelzen angereichert; SE-Minerale finden sich in Küstenstreifen mit Ilmenit, Rutil, Zirkon. Indien, Australien, Madagaskar.	*Welt 1983: 23000 t SE-Oxide* USA (58) Australien (28) China (12)	Katalysatoren (35) Metallurgie z. B. „Sphäroguß“, Al-Legierung. (35) Glas, Keramik (15) Dauermagnete, Zündsteine (5)
Sn	Kassiterit = Zinnstein	78% Sn	Imprägnation granitischer Randzonen, „Greisen“, pegmatitische Quarzgänge, „Bergzinn“, 0,5–2% Sn Europa, Brasilien. S.-Afrika, China. Zinnsteinstreifen in Flußtälern und vor Küsten 200–1500 g/m³ SnO_2	*Welt 1984: 207800 t Sn* Malaysia (20) USSR (17) Thailand (10) Indonesien (10) Bolivien (10) Brasilien (8) China (7) Australien (5)	Weißblech (40) Weichlote (25) Chemie (8) Lagermetall (5) Folien, Kunstgewerbe (12) Recycling 5–10%, Substitution bei allen Verwendungen möglich
Sr	Coelestin Strontianit	56% Sr 70%	Sedimentäre Lgst. in Kalken, z.T. umgelagert in Klüften und Konkretionen	*Welt 1985: 125000 t Sr-Erze* Türkei (28) Mexiko (25) Spanien (22) Großbritan. (10)	Fernsehröhren Stahlherstellung Pyrotechnik Glasuren Medikamente

2.3.2.1 Mineralische Rohstoffe zur Gewinnung von Metallen (Erze) und Nichtmetallen (Fortsetzung)

Element	Erzminerale theoret. Gehalt		Lagerstätten Fördererze Roherzgehalte	Weltförderung Hauptförderländer Anteile (%)	Verwendung Anteile (%)
Ta	Columbit Tantalit	<20% Ta 43–66%	Granit-Pegmatite, Karbonatite, Syenite (wie Nb und Sn). Columbit fällt bei Zinnaufbereitung und in Sn-Schlacken an (1–15% Ta_2O_5)	*Welt 1983: 20800 t Konzentrat (Nb u. Ta) a. 300 t Ta-Inh.* Thailand (40) Australien (22) Brasilien (13)	Hochtemperatur-Werkstoff für Superlegierungen, Tantalkarbide Elektrolytkondensatoren Recycling 5–10%
Th	Monazit Thorit Thorianit	6–10% ThO_2 <80% 35–90%	In Pegmatiten u. hydrotherm. Gängen vgl. SE	*Welt 1983:* *21400 t Monazit-Konz. mit 4–9% ThO_2* Australien (67) Indien (19) Brasilien (9)	Kerntechnik, Legierungen
Ti	Ilmenit Rutil Titanomagnetit	32% Ti 62% 10%	Magmatische Differentiate basischer Gesteine, schlierenförmig oder massiv. Norwegen, Kanada, Südafrika, <20% Ti. Küstenstreifen <10% Ti	*Welt 1983: 2,6×10⁶ t Ilmenit-konzentrat, 300000 t Rutilkonz. 950000 t Ti-Schlacken.* Ilmenit: Austral. (31) Norwegen (20) USSR (17) USA (9) Malaysia (7) Rutil: Austral. (53) Sierra Leone (22) Südafrika (17)	Ti-Oxid: Weißpigmente für Farben, Papier, Gummi, Plastik, Textilien. Ti-Metall: Legier. für Luft- u. Raumfahrt, Rüstung, Apparatebau, Medizin, Prothesen
U	Pechblende (Uraninit) Coffinit Brannerit Carnotit Torbernit	88% U 40–60% 30–50% 53% 47%	a) Primäre, granitische Lgst. 0,04% U Namibia hydrothermale Gänge <2% U CSSR, Kanada, Zaire b) Sekundäre, sedimentäre Lgst. 500 g/t Konglomerate, S.-Afrika, Kanada c) Verwitterungs- u. Sandsteinlgst. 0,1–0,5%. (bis 4%) USA, Kanada	*Welt 1983: rd 44000 t U-Inh. (westl. Welt)* USA (38) Kanada (16) S.-Afrika (14) Nigeria (9) Namibia (9)	Kerntechnik, Stahllegierungen Abgereichertes U für Strahlenschutz

2.3.2.1 Mineralische Rohstoffe zur Gewinnung von Metallen (Erze) und Nichtmetallen (Fortsetzung)

Element	Erzminerale theoret. Gehalt		Lagerstätten Fördererze Roherzgehalte	Weltförderung Hauptförderländer Anteile (%)	Verwendung Anteile (%)
V	Vanadinit Coulsonit Titanomagnetit	11% V 45% 2%	Heutige Produktion vorwiegend aus Fe-Ti- und U-Erzen, bzw. Schlacken. V-reiche Rückstände fallen bei der Erdölverarbeitung an.	*Welt 1983: 28800 t V-Inh.* Südafrika (30) USSR (29) China (11) USA (14) Finnland (8)	Ferrolegierungen mit 50–60% V zur Herstellung von HSLA-Stählen (vgl. Nb) (ca. 80); VAl- u. VTi-Legierungen für Schweißelektroden, Düsentriebwerke
W	Wolframit Scheelit	<75% WO_3 80%	Wolframit häufig in der Nähe von Sn-Lgst. in Graniten und Pegmatiten, sowie in Quarzgängen, 2–4% WO_3. Scheelit in vulkanogen-sedimentären, metamorphen Schiefern ca. 1,5% WO_3	*Welt 1985: 47000 t W* China (32) USSR (19) Kanada (7) Südkorea (6) Austral. (4) Portugal (3) Österreich (3)	Hartmetalle, Karbide (55) Stahllegier. (20) W-Metall, Elektroind. (10) Superlegierung. (10)
Zn	Zinkblende (Sphalerit, Wurtzit „Galmei") Smithsonit Willemit	67% Zn 52% 58%	Hydrothermale Gänge, vulkanogene Pyrit-Lgst., sedimentäre Lgst. in Karbonatgestein, stets zusammen mit Pb-Vererzung (s. Pb), Zn oft vorherrschend. Auf Verwitterungslgst. hohe Anreicherung im Galmei-Erz bis 25% Zn.	*Welt 1984: 6,4×10⁶ t Zn* Kanada (19) USSR (13) Austral. (10) Peru (8) Mexiko (4) USA (4)	Galvan. Verzinkung von Baustählen (40) Messing, Rotguß, Neusilber (20) Druckguß (16) Feinbleche (10) Trockenbatterien (8) Pigmente (2)
Zr	Zirkon Baddeleyit	50% Zr 74% Zr	Zirkon akzess. Bestandteil vieler magmatischer u. metamorpher Gesteine; Gewinnung aus Küstenseifen als Beiprodukt von Ilmenit u. Rutil. Baddeleyit in Karbonatiten, S.-Afrika	*Welt 1985: 775000 t Zirkon-Konzentrat* Australien (57) S.-Afrika (26) USSR (11) China (2) Indien (2)	Gießereisande (40) Feuerfest. Material (30) Keramik (15) Schleifmittel (6) Leichtmetall-Legier. (5)

[3]) HSLA-Stähle (high strength low alloy)

2.3.2.2 Industrieminerale, Kohlen, Erdöl, Erdgas

Mineral-rohstoff	Weltförderung Hauptförderländer Anteile (%)	Verwendung
Asbest	*Welt 1985: 4,2×10⁶ t* USSR (58) Kanada (18) S.-Afrika (4) Simbabwe (4) Italien (3,5) China (3,5)	Wärmeisolierung, Füllmittel für Gummi u. Zementsteine. Chemie-Industrie (stark rückläufig)
Baryt	*Welt 1985: 6,05×10⁶ t* China (17) USA (11) Indien (10) USSR (9) Mexiko (8) Marokko (7) Türkei (3)	Schwerspülung für Tiefbohrung; Strahlenschutz; Beschwerung von Papier, Gummi, Kunststoffen; Farbe (Lithopone)
Bentonit	*Welt 1986: 9,6×10⁶ t* *(incl. Walkerden, ohne USSR)* USA (45) Griechenland (13) BRD (8) Japan (4) Italien (3) Brasilien (3) Gr.-Britan. (3) Rumänien (2)	Dickspülung für Tiefbohrung; Gießereisand; Pelletierung v. Erz; Bauindustr. (Abdichtung, Zementzusatz, Bodenversiegelung); Filter u. Absorbens f. Lebensmitt., Öle u. Farben; Träger f. Medikamente u. Futtermittel, Streu f. Haustiere.
Diamant	*Welt 1985: 13 000 kg* *(7800 kg Industriediam.)* Zaire (29) Botswana (20) USSR (16) S.-Afrika (15) Australien (10)	Schneiden höchster Härte und Genauigkeit, Besatz von Tiefbohrkronen u. Gesteinssägen.
Feldspat	*Welt 1985: 3,9×10⁶ t* Italien (29) USA (16) USSR (9) BRD (7) Frankreich (6) Brasilien (3) Spanien (3)	Porzellan- u. Glasindustrie; Metallurgie (Schlackenbildner)
Flußspat	*Welt 1984: 4,7×10⁶ t* USSR (25) Mexiko (15) China (12) S. Afrika (7) Thailand (6) Westeuropa (19) N. Afrika (7) DDR + CSSR (4)	„Hüttenspat": Flußmittel für Reduktionsschmelzen, spez. Eisen- u. Aluminiumerze; Zementzuschlag. „Säurespat": Flußsäureherstellung Glas, Keramik.
Gips	*Welt 1985: 80,9×10⁶ t* USA (17) Kanada (10) Japan (8) Frankreich (7) Spanien (6) China (6) Iran (6) G.-Britan. (4) Mexiko (3) BRD (2,5)	Baugips; Estrichgips für Innen und für Platten; Zementfabrikation; Füllstoff; Stuckgips; (REA-Gips aus Rauchgas-Entschwefelungsanlagen)
Glimmer	*Welt 1985: 260 600 t* USA (47) USSR (18) Indien (7) Südkorea (6) Kanada (4) Frankreich (4)	Elektrischer u. thermischer Isolator, Zusatz für Baustoffe u. Farben
Graphit	*Welt 1985: 613 800 t* China (30) USSR (13) CSSR (10) S.-Korea (8) Mexiko (7) Österreich (6) Indien (6) Brasilien (5) N.-Korea (4)	Elektroden u. Tiegel f. Metallurgie; Rostschutzanstriche, Schmiermittel; Elektrotechnik.

2.3.2.2 Industrieminerale, Kohlen, Erdöl, Erdgas (Fortsetzung)

Mineral- rohstoff	Weltförderung Hauptförderländer Anteile (%)	Verwendung
Kaolin	*Welt 1985: 21,20×10⁶ t* USA (33) Großbritan. (14) USSR (14) Kolumbien (4) Spanien (4) S.-Korea (3)	Feuerfeste Keramik, Porzellan; Farbenind.
Korund Schmirgel	*Welt 1985: 15200 t* USSR (57) Simbabwe (39) Indien (3)	Schleifmittel, Straßenbelag
Kyanit (Disthen) einschl. Sillimanit und Mullit	*Welt 1985: 319800 t* S.-Afrika (58) Frankreich (16) Indien (15)	Hochfeuer- u. druckfeste Keramik z. B. Zündkerzen
Magnesit	*Welt 1985: 12,0×10⁶ t* USSR (18) China (17) N.-Korea (16) Österreich (10) Griechenland (9) Türkei (6)	Auskleidung von Industrieöfen; Sorelzement, Heraklitplatten; Mg-reiche Gläser.
Quarz Quarzit	*Welt 1983: 3,4×10⁶ t* (für künstl. Quarz geeignet „Lasca" 20–30000 t) USA Brasilien USSR Europa	a) Kristallquarz: Optik, Elektronik (Piezo-Quarz), Quarzglas, Silicium-Gewinnung. b) Quarzsand: Hohl- u. Flachglas c) Quarzit: Ofenbau-Steine Recycling: Hohlglas a. 50%
Talk	*Welt 1985: 7,5×10⁶ t* Japan (19) USA (15) China (13) S.-Korea (9) USSR (7) Brasilien (6) Indien (5) Finnland (4,5) Frankreich (4)	Füllstoff für Farb-, Gummi- und Papierind.; Träger für Insektizide u. Kosmetika; Steatit-Keramik
Vermiculit	*Welt 1985: 503800 t* USA (56) S.-Afrika (37) Japan (4)	Isolations- u. Verpackungsmaterial, Adsorptionsmittel
Steinkohle	*Welt 1985: 3,05×10⁹ t* China (26) USA (24) USSR (18) EU (7)	Stromerzeugung + Fernwärme ca. 45%; Hüttenkoks, Gaserzeugung ca. 35%; Hausbrand, sonst. Wärmeerz. ca. 10%; Chemische Industrie ca. 10%
Braunkohle	*Welt 1985: 1,16×10⁹ t* DDR (27) USSR (13) BRD (10) CSSR (8,8) USA (5,3) Polen (5) Jugoslawien (5) Rumänien (3) Australien (3)	Stromerzeugung ca. 80% Chemie ca. 15% Hausbrand (Briketts) ca. 5%

2.3.2.2 Industrieminerale, Kohlen, Erdöl, Erdgas (Fortsetzung)

Mineral-rohstoff	Weltförderung Hauptförderländer Anteile (%)	Verwendung
Erdöl	*Welt 1986: 2,9×10⁹ t* USSR (22) USA (18) Saudiarabien (9) Mexiko (5) China (4,5) Gr.-Britan. (4,4) Iran (3) Venezuela (3) Irak (3) Kanada (3) Nigeria (2,6) Kuweit (2,5) Arab. Emirate (2) Indonesien (2)	Stromerzeugung >30% Kraftstoffe f. Fahrzeuge 40% Heizung 20% Petrochemie 10%
Erdgas	*Welt 1986: 1820×10⁶ m³* USSR (37) USA (35) Kanada (5) Niederl. (4,5) Gr.-Britan. (3) Algerien (2,5) Rumänien (2,3) Indonesien (2) Mexiko (1,6) Norwegen (1,5)	Haushalte >40% Industrie 30% Kraftwerke 12% Chemie 10%

2.4 Zusammenfassende Tabellen mit mechanisch-kalorischen Daten für wichtige Werkstoffe

2.4.1 Metall-Legierungen

2.4.1.1 Gebräuchliche Thermoelemente

Material (positiv/negativ)	Thermospannung (μV/K zwischen 0–100 °C)	Bereich [°C]
Pt 30% Rh/Pt 6% Rh EL18	3,3	0–1800
Pt/Pt 10% Rh	6,4	0–1600
Pt/Pt 13% Rh	6,5	0–1600
Pt/Pt Re	15,6	0–1200
Pt Rh (95; 5) Au Pd Pt (52; 46; 2) Pallaplat	28,6	–100–1300
Ir 10% Ru/Ir 10% Rh	5,5	0–1800
Ir/Ir 60% Rh	5,5	0–2000
Nickelchrom/Ni	41	0–900 (1200[1])
Chromel/Alumel	41	–200–1370
Fe/Konstantan	53,7	–200–700 (900[1])
Cu/Konstantan	42,5	–200–400 (600[1])
NiCr/Konstantan	62,1	0–800
WRe3/WRe25	11,5	0–2300
AuFe/Chromel		–270–0
W/Mo 0–2600[1]; W/Mo 1% Fe 0–2500[1]; Ta/W		0–2600[1]

[1]) in nichtoxidierenden Atmosphären.

2.4.1.2 Stähle*

Die nachstehenden Tabellen enthalten einige Stahllegierungen, deren Zusammensetzung und ihre mechanischen und physikalischen Eigenschaften.

*) nach Stahlschlüssel, Verlag Stahlschlüssel, Marbach.

Weitere Literatur

Eube et al. (1996) Tabellenbuch für Auswahl und Anwendung von Stahl, Düsseldorf: Beuth, 1996
Jänicke et al. (1994) Werkstoffkunde Stahl, VDEh, Kurznamen u. Werkstoffnummern der Eisenwerkstoffe in DIN-Normen u. Stahl-Eisen-Werkstoffblättern (DIN-Normenheft 3), Düsseldorf: Beuth 1994
Lampman u. Peters (1981) Ferroalloys and Other Additives to Liquid Iron and Steel (STP 739), Philadelphia: ASTM
Materialprüfnormen für metallische Werkstoffe 1 (DIN-Taschenb. 19), Berlin: Beuth 1996
Schäning et al. (1995) Internationaler Vergleich von Standard-Werkstoffen, Stahl u. Gußeisen, Berlin
Scheer u. Berns (1980) Was ist Stahl, Berlin: Springer
Schunk u. Miller, Stahl-Eisen-Liste, Düsseldorf: VDEh
Stahlschlüssel, Marbach: Verl. Stahlschlüssel (jährlich)

2.4.1.2.1 Deutsche Stähle (Auswahl)

2.4.1.2.1.1 Druckwasserstoffbeständige Stähle

	Kurzname	Zusammensetzung					Mechanische Eigenschaften bei Zimmertemperatur		
		C %	Mn %	Cr %	Mo %	V %	vergütet		
Stoff-Nr.	DIN	alle: P ≦ 0.035% S ≦ 0.035% Si ≦ 0.40%					R_e Streck-grenze ≧N/mm²	R_m Zug-festigkeit N/mm²	Brinell-härte HB 30
1.7218	25 CrMo 4	0.22–0.29	0.60–0.90	0.90–1.20	0.15–0.30	–	345	540–690	160–205
1.7259	26 CrMo 7	0.22–0.30	0.50–0.70	1.50–1.80	0.20–0.25	–	440	640–780	190–235
1.7276	10 CrMo 11	0.08–0.12	0.30–0.50	2.70–3.00	0.20–0.30	–	215	440–540	130–160
1.7281	16 CrMo 9 3	0.12–0.20	0.30–0.50	2.00–2.50	0.30–0.40	–	345	540–640	160–190
1.7362	12 CrMo 19 5	≦0.15	0.30–0.50	4.50–5.50	0.45–0.65	–	390	590–740	175–220
1.7766	17 CrMoV 10	0.15–0.20	0.30–0.50	2.70–3.00	0.20–0.30	0.10–0.20	440	640–780	190–235
1.7779	20 CrMoV 13 5	0.17–0.23	0.30–0.50	3.00–3.30	0.50–0.60	0.45–0.55	540	690–830	220–265
1.8212 *	21 CrVMoW 12	0.18–0.25	0.30–0.50	2.70–3.00	0.35–0.45	0.75–0.85	540	690–830	205–250

* W 0.30–0.45%.

2.4.1.2.1.2 Rost- und säurebeständige Stähle

Stoff-Nr.	Kurzname	Zusammensetzung							
		C %	Si ≦%	Mn ≦%	P ≦%	S ≦%	Cr %	Mo %	Ni %
1.4000	X 7 Cr 13	≦0.08	1.00	1.00	0.045	0.030	12.00–14.00	–	–
1.4001	X 7 Cr 14	≦0.08	1.00	1.00	0.045	0.030	13.00–15.00	–	–
1.4002	X 7 CrAl 13	≦0.08	1.00	1.00	0.045	0.030	12.00–14.00	–	–
1.4005	X 12 CrS 13	≦0.15	1.00	1.00	0.045	0.15–0.25	12.00–13.00	–	–
1.4006	X 10 Cr 13	0.08–0.12	1.00	1.00	0.045	0.030	12.00–14.00	–	–
1.4016	X 8 Cr 17	≦0.10	1.00	1.00	0.045	0.030	15.50–17.50	–	–
1.4021	X 20 Cr 13	0.17–0.22	1.00	1.00	0.045	0.030	12.00–14.00	–	–
1.4024	X15 Cr 13	0.12–0.17	1.00	1.00	0.045	0.030	12.00–14.00	–	–
1.4028	X 30 Cr 13	0.28–0.35	1.00	1.00	0.045	0.030	12.00–14.00	–	–
1.4031	X 40 Cr 13	0.35–0.42	1.00	1.00	0.045	0.030	12.50–14.50	–	–
1.4034	X 40 Cr 13	0.40–0.50	1.00	1.00	0.045	0.030	12.00–14.00	–	–
1.4057	X 22 CrNi 17	0.15–0.23	1.00	1.00	0.045	0.030	16.00–18.00	–	1.50–2.50
1.4104	X 12 CrMoS 17	0.10–0.17	1.00	1.50	0.045	0.15–0.35	15.50–17.50	0.20–0.30	–
1.4108	X 100 CrMo13	1.00–1.10	1.00	1.00	0.045	0.030	12.00–14.00	0.40–0.60	–
1.4109	X 65 CrMo14	0.60–0.75	1.00	1.00	0.045	0.030	13.00–15.00	0.50–0.60	–
1.4110	X 55 CrMo14	0.50–0.60	1.00	1.00	0.045	0.030	13.00–15.00	0.50–0.60	–
1.4111	X 110 CrMoV 15	1.05–1.15	1.00	1.00	0.045	0.030	14.00–16.00	0.40–0.60	–
1.4112	X 90 CrMoV 18	0.85–0.95	1.00	1.00	0.045	0.030	17.00–19.00	0.90–1.30	–
1.4113	X 6 CrMo 17	≦0.07	1.00	1.00	0.045	0.030	16.00–18.00	0.90–1.20	–
1.4116	X 45 CrMoV 15	0.42–0.48	1.00	1.00	0.045	0.030	13.80–15.00	0.45–0.60	–
1.4117	X 38 CrMoV 15	0.35–0.40	1.00	1.00	0.045	0.030	14.00–15.00	0.40–0.60	–
1.4119	X 15 CrMo 13	0.12–0.17	1.00	1.00	0.030	0.030	12.00–14.00	1.00–1.30	–
1.4120	X 20 CrMo 13	0.17–0.22	1.00	1.00	0.045	0.030	12.00–14.00	0.90–1.30	≦1.00
1.4122	X 35 CrMo 17	0.33–0.43	1.00	1.00	0.045	0.030	15.50–17.50	0.90–1.30	≦1.00
1.4125	X 105 CrMo 17	0.95–1.20	1.00	1.00	0.045	0.030	16.00–18.00	0.40–0.80	–
1.4301	X 5 CrNi 18 9	≦0.07	1.00	2.00	0.045	0.030	17.00–20.00	–	8.50–10.50
1.4303	X 5 CrNi 19 11	≦0.07	1.00	2.00	0.045	0.030	17.00–20.00	–	10.50–12.00
1.4305	X 12 CrNiS 18 8	≦0.15	1.00	2.00	0.045	0.15–0.35	17.00–19.00	–	0.80–10.00
1.4306	X 2 CrNi 18 9	≦0.03	1.00	2.00	0.045	0.030	17.00–20.00	–	10.00–12.50
1.4310	X 12 CrNi 17 7	0.08–0.14	1.50	2.00	0.045	0.030	16.00–18.00	≦0.80	6.50–9.00
1.4311	X 2 CrNiN 18 10	≦0.03	1.00	2.00	0.045	0.030	17.00–19.00	–	9.00–11.50
1.4321	X 2 NiCr 18 16	≦0.03	0.3–0.5	0.6–0.9	0.045	0.030	15.50–16.50	–	17.50–18.50
1.4401	X 5 CrNiMo 18 10	≦0.07	1.00	2.00	0.045	0.030	16.50–18.50	2.00–2.50	10.50–13.50
1.4404	X 2 CrNiMo 18 10	≦0.03	1.00	2.00	0.045	0.030	16.50–18.50	2.00–2.50	11.00–14.00
1.4406	X 2 CrNiMoN 18 12	≦0.03	1.00	2.00	0.045	0.030	16.50–18.50	2.00–2.50	10.50–13.50
1.4429	X 2 CrNiMoN 18 13	≦0.03	1.00	2.00	0.045	0.030	16.50–18.50	2.50–3.00	12.00–14.50
1.4435	X 2 CrNiMo 18 12	≦0.03	1.00	2.00	0.045	0.030	16.50–18.50	2.50–3.00	12.50–15.00
1.4436	X 5 CrNiMo 18 12	≦0.07	1.00	2.00	0.045	0.030	16.50–18.50	2.50–3.00	11.50–14.00
1.4438	X 2 CrNiMo 18 16	≦0.03	1.00	2.00	0.045	0.030	17.00–19.00	3.00–4.00	15.00–17.00
1.4439	X 2 CrNiMoN 17 13 5	≦0.03	1.00	2.00	0.045	0.030	16.50–18.50	4.00–5.00	12.50–14.50
1.4449	X 5 CrNiMo 17 13	≦0.07	1.00	2.00	0.045	0.030	16.00–18.00	4.00–5.00	12.50–14.50
1.4460	X 8 CrNiMo 27 5	≦0.10	1.00	2.00	0.045	0.030	26.00–28.00	1.30–2.00	4.00–5.00
1.4462	X 2 CrNiMoN 22 5	≦0.03	1.00	2.00	0.030	0.020	21.00–23.00	2.50–3.50	4.50–6.50
1.4505	X 5 NiCrMoCuNb 20 18	≦0.07	1.00	2.00	0.045	0.030	16.50–18.50	2.00–2.50	19.00–21.00
1.4506	X 5 NiCrMoCuTi 20 18	≦0.07	1.00	2.00	0.045	0.030	16.50–18.50	2.00–2.50	19.00–21.00
1.4510	X 8 CrTi 17	≦0.10	1.00	1.00	0.045	0.030	16.00–18.00	–	–
1.4511	X 8 CrNb 17	≦0.10	1.00	1.00	0.045	0.030	16.00–18.00	–	–
1.4512	X 5 CrTi 12	≦0.08	1.00	1.00	0.045	0.030	10.50–12.50	–	–
1.4523	X 8 CrMoTi 17	≦0.10	1.00	1.00	0.045	0.030	16.50–18.50	1.50–2.00	≦1.00
1.4535	X 90 CrCoMoV 17	0.85–0.95	1.00	1.00	0.045	0.030	15.50–17.50	0.40–0.60	–
1.4539	X 2 NiCrMoCu 25 20 5	≦0.03	1.00	2.00	0.030	0.020	19.00–21.00	4.00–5.00	24.00–26.00
1.4541	X 10 CrNiTi 18 9	≦0.10	1.00	2.00	0.045	0.030	17.00–19.00	–	9.00–11.50
1.4543	X 5 CrNiNb 18 9	≦0.07	1.00	2.00	0.045	0.030	17.00–20.00	≦0.20	9.00–11.50
1.4550	X 10 CrNiNb 18 9	≦0.10	1.00	2.00	0.045	0.030	17.00–19.00	–	9.00–11.50
1.4571	X 10 CrNiMoTi 18 10	≦0.10	1.00	2.00	0.045	0.030	16.50–18.50	2.00–2.50	10.50–13.50
1.4573	X 10 CrNiMoTi 18 12	≦0.10	1.00	2.00	0.045	0.030	16.50–18.50	2.50–3.00	12.00–14.50
1.4577	X 5 CrNiMoTi 25 25	≦0.07	1.00	2.00	0.045	0.030	24.00–26.00	2.00–2.50	24.00–26.00
1.4580	X 10 CrNiMoNb 18 10	≦0.10	1.00	2.00	0.045	0.030	16.50–18.50	2.00–2.50	10.50–13.50
1.4582	X 4 CrNiMoNb 25 7	≦0.06	1.00	2.00	0.045	0.030	24.00–26.00	1.30–2.00	6.50–7.50
1.4583	X 10 CrNiMoNb 18 12	≦0.10	1.00	2.00	0.045	0.030	16.50–18.50	2.50–3.00	12.00–14.50
1.4586	X 5 NiCrMoCuNb 22 18	≦0.07	1.00	2.00	0.045	0.030	16.50–18.50	3.00–3.50	21.50–23.50

2.4.1.2.1.2 Rost- und säurebeständige Stähle (Fortsetzung)

Stoff-Nr.	Zusammensetzung		Mechanische Eigenschaften bei Raumtemperatur		
	V %	Sonstige %	Härte HB 30	$R_{p0.2}$ 0.2%-Grenze ≧N/mm²	R_m Zugfestigkeit ≧N/mm²
1.4000	–	–	130–180	250	450–650
1.4001	–	–	130–180	245	–
1.4002	–	Al 0.10–0.30	160–210	400	550–700
1.4005	–	–	170–210	440	590–780
1.4006	–	–	130–170	270	450–600
1.4016	–	–	≦220	–	≦750
1.4021	–	–	≦220	–	≦750
1.4024	–	–	≦245	–	≦780
1.4028	–	–	≦250	–	≦800
1.4031	–	–	180–230	450	650–800
1.4034	–	–	≦225	–	≦800
1.4057	–	–	≦275	–	≦950
1.4104	–	–	160–210	300	550–700
1.4108	–	–	[59–61]	–	–
1.4109	–	–	[56–58]	–	–
1.4110	–	–	≦225	–	≦800
1.4111	0.10–0.15	–	[60–62]	–	–
1.4112	0.07–0.12	Cu≦0.30	≦265	–	–
1.4113	–	–	130–180	270	450–650
1.4116	0.10–0.15	–	≦260	–	≦900
1.4117	0.10–0.15	–	[54–56]	–	–
1.4119	–	–	220–260	540	740–880
1.4120	–	–	220–270	550	750–900
1.4122	–	–	235–285	600	800–950
1.4125	–	–	≦285	–	–
1.4301	–	–	130–180	185	500–700
1.4303	–	–	130–180	185	500–700
1.4305	–	–	130–180	215	500–700
1.4306	–	–	120–180	175	450–700
1.4310	–	–	170–220	350	700–950
1.4311	–	N 0.12–0.20	140–200	270	550–750
1.4321	–	–	130–180	175	440–690
1.4401	–	–	130–180	205	500–700
1.4404	–	–	120–180	195	450–700
1.4406	–	N 0.12–0.20	150–210	280	600–800
1.4429	–	N 0.14–0.22	150–210	300	600–800
1.4435	–	–	120–180	195	450–700
1.4436	–	–	130–180	205	500–700
1.4438	–	–	130–180	195	500–700
1.4439	–	N 0.12–0.22	150–210	285	590–780
1.4449	–	–	130–190	205	540–740
1.4460	–	–	190–230	490	640–900
1.4462	–	N 0.08–0.20	–	450	680–880
1.4505	–	Cu 1.80–2.20: Nb≧8x%C	130–190	225	490–740
1.4506	–	Cu 1.80–2.20: Ti≧7x%C	130–190	225	490–740
1.4510	–	Ti≧7x%C	130–170	270	450–600
1.4511	–	Nb≧12x%C	130–170	270	450–600
1.4512	–	Ti≧6x%C≦1.00	130–180	260	400–600
1.4523	–	Ti≧7x%C	130–190	260	450–650
1.4535	0.20–0.30	Co 1.20–1.80	[58–60]	–	–
1.4539	–	Cu 1.00–2.00	–	220	500–750
1.4541	–	Ti≧5x%C	130–190	205	500–750
1.4543	–	Nb≧10x%C	130–190	205	490–740
1.4550	–	Nb≧8x%C	130–190	205	500–750
1.4571	–	Ti≧5x%C	130–190	225	500–750
1.4573	–	Ti≧5x%C	130–190	225	490–740
1.4577	–	Ti≧10x%C	130–190	205	490–740
1.4580	–	Nb≧8x%C	130–190	225	500–750
1.4582	–	Nb≧10x%C	190–230	490	640–900
1.4583	–	Nb≧8x%C	130–190	225	490–740
1.4586	–	Cu 1.50–2.00: Nb≧8x%C	130–190	275	540–740

Stoff-Nr.	Physikalische Eigenschaften					
	D (20 °C) kg/dm³	C_p (20 °C) $\frac{J}{g \cdot K}$	λ (20 °C) $\frac{W}{K \cdot m}$	ρ (20 °C) $\frac{\Omega \cdot mm^2}{m}$	E (20 °C) 10^3 N/mm²	Magnetisierbar
1.4000	7.7	0.46	30	0.60	216	+
1.4001	7.7	0.46	30	0.60	216	+
1.4002	7.7	0.46	30	0.60	216	+
1.4005	7.7	0.46	30	0.60	216	+
1.4006	7.7	0.46	30	0.60	216	+
1.4016	7.7	0.46	25	0.60	220	+
1.4021	7.7	0.46	30	0.55	216	+
1.4024	7.7	0.46	30	0.55	216	+
1.4028	7.7	0.46	30	0.55	220	+
1.4031	7.7	0.46	30	0.55	220	+
1.4034	7.7	0.46	30	0.55	220	+
1.4057	7.7	0.46	25	0.70	216	+
1.4104	7.7	0.46	25	0.70	216	+
1.4108	7.7	0.46	30	0.55	221	+
1.4109	7.7	0.46	30	0.65	210	+
1.4110	7.7	0.46	30	0.65	210	+
1.4111	7.7	0.46	30	0.65	211	+
1.4112	7.7	0.46	29	0.65	230	+
1.4113	7.7	0.46	25	0.70	216	+
1.4116	7.7	0.46	30	0.55	220	+
1.4117	7.7	0.46	30	0.55	221	+
1.4119	7.7	0.46	30	0.60	207	+
1.4120	7.7	0.46	29	0.55	218	+
1.4122	7.7	0.46	29	0.65	220	+
1.4125	7.7	0.46	29	0.65	230	+
1.4301	7.9	0.50	15	0.73	200	–
1.4303	7.9	0.50	15	0.73	200	–
1.4305	7.9	0.50	15	0.73	200	–
1.4306	7.9	0.50	15	0.73	200	–
1.4310	7.9	0.50	15	0.73	200	–
1.4311	7.9	0.50	15	0.75	200	–
1.4321	8.0	0.50	17	0.85	196	–
1.4401	7.95	0.50	15	0.75	200	–
1.4404	7.95	0.50	15	0.75	200	–
1.4406	7.95	0.50	15	0.75	200	–
1.4429	7.95	0.50	15	0.75	200	–
1.4435	7.95	0.50	15	0.75	200	–
1.4436	7.95	0.50	15	0.75	200	–
1.4438	8.0	0.50	17	0.85	200	–
1.4439	7.9	0.50	15	0.85	200	–
1.4449	7.9	0.50	15	0.85	200	–
1.4460	7.7	0.50	15	0.75	206	+
1.4462	7.7	0.50	15	0.79	206	+
1.4505	7.9	0.50	15	0.85	200	–
1.4506	7.9	0.50	15	0.85	200	–
1.4510	7.7	0.46	25	0.60	220	+
1.4511	7.7	0.46	25	0.60	220	+
1.4512	7.7	0.46	25	0.60	220	+
1.4523	7.7	0.46	25	0.70	220	+
1.4535	7.7	0.46	30	0.65	211	+
1.4539	8.0	0.50	19	0.80	181	–
1.4541	7.9	0.50	15	0.73	200	–
1.4543	7.8	0.50	15	0.73	199	–
1.4550	7.9	0.50	15	0.73	200	–
1.4571	7.95	0.50	15	0.75	200	–
1.4573	7.9	0.50	15	0.75	200	–
1.4577	7.9	0.50	15	0.90	196	–
1.4580	7.95	0.50	15	0.75	200	–
1.4582	7.7	0.50	15	0.75	206	+
1.4583	7.9	0.50	15	0.75	200	–
1.4586	7.9	0.50	17	0.85	181	–

2.4.1.2.1.3 Rost- und säurebeständiger Stahlguß

Stoff-Nr.	Kurzname	Zusammensetzung C %	Si %	Mn %	P ≦%	S ≦%	Cr %	Mo %	Ni %	Cu %	N %	Sonstige %
1.4008	G-X 8 CrNi 13	0.06–0.12	≦1.00	≦1.00	0.045	0.030	12.00–13.50	≦0.50	1.00–2.00	–	–	–
1.4027	G-X 20 Cr 14	0.16–0.23	≦1.00	≦1.00	0.045	0.030	12.50–14.50	–	≦1.00	–	–	–
1.4059	G-X 22 CrNi 17	0.20–0.27	≦1.00	≦1.00	0.045	0.030	16.00–18.00	–	1.00–2.00	–	–	–
1.4085	G-X 70 Cr 29	0.50–0.90	≦2.00	≦1.00	0.045	0.030	27.00–29.00	–	–	–	–	–
1.4086	G-X 120 Cr 29	0.90–1.30	≦2.00	≦1.00	0.045	0.030	27.00–30.00	–	–	–	–	–
1.4106	G-X 10 CrMo 13	0.08–0.13	≦1.00	≦1.00	0.045	0.030	11.50–13.50	0.40–0.60	0.50–1.00	–	–	–
1.4136	G-X 70 CrMo 29 2	0.50–0.90	≦2.00	≦1.00	0.045	0.030	27.00–30.00	2.00–2.50	–	–	–	–
1.4138	G-X 120 CrMo 29 2	0.90–1.30	≦2.00	≦1.00	0.045	0.030	27.00–29.00	2.00–2.50	–	–	–	
1.4308	G-X 6 CrNi 18 9	≦0.07	≦2.00	≦1.50	0.045	0.030	18.00–20.00	–	9.00–11.00	–	–	–
1.4312	G-X 10 CrNi 18 8	≦0.12	≦2.00	≦1.50	0.045	0.030	17.00–19.50	–	8.00–10.00	–	–	–
1.4313	G-X 5 CrNi 13 4	≦0.07	≦1.00	≦1.50	0.035	0.025	12.00–13.50	≦0.70	3.50–5.00	–	–	–
1.4340	G-X 40 CrNi 27 4	0.30–0.50	≦2.00	≦1.50	0.045	0.030	26.00–28.00	–	3.50–5.50	–	–	–
1.4347	G-X 8 CrNi 26 7	≦0.08	≦1.50	≦1.50	0.045	0.030	25.00–27.00	–	5.50–7.50	–	–	–
1.4408	G-X 6 CrNiMo 18 10	≦0.07	≦1.50	≦1.50	0.045	0.030	18.00–20.00	2.00–3.00	10.00–12.00	–	–	–
1.4410	G-X 10 CrNiMo 18 9	≦0.12	≦2.00	≦1.50	0.045	0.030	17.00–19.50	2.00–2.50	9.00–11.00	–	–	–
1.4437	G-X 6 CrNiMo 18 12	≦0.07	≦2.00	≦2.00	0.045	0.030	16.50–18.50	2.50–3.00	11.50–13.50	–	–	–
1.4439	G-X 3 CrNiMoN 17 13 5	≦0.04	≦1.00	≦1.50	0.045	0.030	16.50–18.50	4.00–4.50	12.50–14.50	–	0.12–0.22	–
1.4446	G-X 2 CrNiMoN 17 13 4	≦0.03	0.60–1.00	0.30–0.60	0.030	0.020	16.50–17.50	4.30–4.80	13.00–14.00	–	0.13–0.17	–
1.4448	G-X 6 CrNiMo 17 13	≦0.07	≦1.00	≦2.00	0.045	0.030	16.00–18.00	4.00–5.00	12.50–14.50	–	–	–
1.4465	G-X 2 CrNiMoN 25 25	≦0.03	≦1.00	≦2.00	0.045	0.030	24.00–26.00	2.00–2.50	22.00–25.00	–	0.08–0.16	–
1.4500	G-X 7 NiCrMoCuNb 25 20	≦0.08	≦1.50	≦2.00	0.045	0.030	19.00–21.00	2.50–3.50	24.00–26.00	1.50–2.50	–	Nb ≧8x%C
1.4531	G-X 2 NiCrMoCuN 20 18	≦0.03	0.30–0.50	0.30–0.60	0.030	0.020	17.00–18.50	2.10–2.40	19.00–21.00	1.80–2.20	0.13–0.17	–
1.4536	G-X 2 NiCrMoCuN 25 20	≦0.03	≦1.00	≦1.00	0.045	0.030	19.00–21.00	2.50–3.50	24.00–26.00	1.50–2.00	0.10–0.17	–
2.4537	G-NiMo 16 CrW	≦0.10	≦1.00	≦1.00	0.045	0.030	14.00–18.00	15.00–18.00	≧52.00	≦0.50	–	W3.0–5.0: Fe≦7.00
1.4552	G-X 5 CrNiNb 18 9	≦0.06	≦1.50	≦1.50	0.045	0.030	18.00–20.00	–	9.00–11.00	–	–	Nb ≧8x%C
1.4581	G-X 5 CrNiMoNb 18 10	≦0.06	≦1.50	≦1.50	0.045	0.030	18.00–20.00	2.00–2.50	10.50–12.50	–	–	Nb ≧8x%C
1.4583	G-X 10 CrNiMoNb 18 12	≦0.10	≦1.00	≦2.00	0.045	0.030	16.50–18.50	2.50–3.00	12.00–14.50	–	–	Nb ≧8x%C
1.4585	G-X 7 CrNiMoCuNb 18 18	≦0.08	≦1.50	≦2.00	0.045	0.030	16.50–18.50	2.00–2.50	19.00–21.00	1.80–2.40	–	Nb ≧8x%C
2.4810	G-NiMo 30	≦0.05	≦0.50	≦1.00	0.030	0.015	≦1.00	26.00–30.00	≧62.00	≦0.50	–	Co≧2.5: Fe 4.0–7.0: V≦0.60

2.4.1.2.1.3 **Rost- und säurebeständiger Stahlguß** (Fortsetzung)

	mechanische Eigenschaften bei Zimmertemperatur			Physikalische Eigenschaften								
	R_e Streck-grenze	R_m Zug-festigkeit	Härte HB	Wärmeausdehnungszahl $\bar{\alpha}$ zwischen 20 °C und T 10^{-6} K^{-1}					D (20 °C)	C_p (20 °C)	λ (20 °C)	Magnetisierbar
	≧N/mm²	N/mm²		100 °C	200 °C	300 °C	400 °C	500 °C	kg/dm³	$\frac{J}{g \cdot K}$	$\frac{W}{K \cdot m}$	
1.4008	440	590–780	170–240	10.5	11.0	11.5	12.0	12.3	7.7	0.46	29	+
1.4027	440	590–790	170–240	10.5	11.0	11.5	11.5	12.0	7.7	0.46	29	+
1.4059	590	780–980	230–300	10.0	10.5	11.0	11.0	11.0	7.7	0.46	25	+
1.4085	–	880–980	210–280	9.5	10.0	10.5	11.0	11.5	7.7	0.50	19	+
1.4086	–	880–1080	260–330	9.5	10.0	10.5	11.0	11.5	7.7	0.50	19	+
1.4106	735	880–1030	265–310	10.0	10.5	11.0	11.5	12.0	7.7	0.46	29	+
1.4136	–	880–980	260–300	9.5	10.0	10.5	11.0	11.5	7.5	0.50	19	+
1.4138	–	880–1080	260–330	9.5	10.0	10.5	11.0	11.5	7.7	0.50	19	+
1.4308	175	440–640	130–200	16.0	17.0	17.0	18.0	18.0	7.9	0.50	15	+
1.4312	175	440–640	150–200	16.0	17.0	17.0	18.0	18.0	7.9	0.50	15	+
1.4313	550	760–960	240–300	10.5	11.0	12.0	12.5	13.0	7.7	0.46	25	+
	830	900–1100	280–350									
1.4340	–	440–640	230–300	10.5	12.0	12.5	13.0	13.5	7.7	0.50	17	+
1.4347	430	590–740	190–230	12.5	13.5	14.5	–	–	7.7	0.50	15	–
1.4408	185	440–640	130–200	16.5	17.5	17.5	18.5	18.5	7.9	0.50	15	+
1.4410	185	440–640	130–200	16.5	17.5	17.5	18.5	18.5	7.9	0.50	15	+
1.4437	185	440–640	130–200	16.0	17.5	18.0	18.5	19.0	7.9	0.50	15	–
1.4439	210	490–690	130–200	16.5	17.5	17.5	18.5	18.5	8.0	0.50	17	–
1.4446	205	490–640	150–200	16.5	17.5	18.0	18.5	19.0	7.9	0.50	15	–
1.4448	185	440–640	130–200	16.0	17.5	18.0	18.5	19.0	7.9	0.50	15	–
1.4465	185	440–640	130–200	16.5	17.5	18.0	18.5	19.0	7.9	0.50	15	–
1.4500	185	440–640	130–200	16.5	17.5	18.0	18.5	19.0	7.9	0.50	15	–
1.4531	185	440–640	130–200	16.5	17.5	18.0	18.5	19.0	7.9	0.50	15	–
1.4536	185	440–640	130–200	16.5	17.5	17.5	18.5	18.5	7.9	0.50	15	–
2.4537	295	490–690	190–240	11.3	12.0	12.6	13.0	13.4	8.9	0.38	11	+
1.4552	175	440–640	130–200	16.0	17.0	17.0	18.0	18.0	7.9	0.50	15	+
1.4581	185	440–640	130–200	16.5	17.5	18.0	18.5	19.0	7.9	0.50	15	+
1.4583	185	440–640	130–200	16.0	17.5	18.0	18.5	19.0	7.9	0.50	15	–
1.4585	175	440–640	130–180	16.5	17.0	17.5	18.0	18.5	7.9	0.50	15	–
2.4810	345	490–640	150–250	9.5	10.0	10.5	11.0	12.0	9.0	0.38	13	–

2.4.1.2.1.4 Hitzebeständiger Stahlguß

Stoff-Nr.	Kurzname	Zusammensetzung C %	Si %	Mn %	P ≦%	S ≦%	Cr %	Mo %	Ni %	Cu %	N %	Sonstige %
1.4710	G-X 30 CrSi 6	0.20–0.40	1.00–2.50	0.50–1.00	0.045	0.030	6.00–8.00	–	–	–	–	–
1.4729	G-X 40 CrSi 13	0.30–0.50	1.00–2.50	0.50–1.00	0.045	0.030	12.00–14.00	–	–	–	–	–
1.4740	G-X 40 CrSi 17	0.30–0.50	1.00–2.50	0.50–1.00	0.045	0.030	16.00–18.00	–	–	–	–	–
1.4743	G-X 160 CrSi 18	1.40–1.80	1.00–2.50	0.50–1.00	0.045	0.030	17.00–19.00	–	–	–	–	–
1.4745	G-X 40 CrSi 23	0.30–0.50	1.00–2.50	0.50–1.00	0.045	0.030	22.00–24.00	–	–	–	–	–
1.4776	G-X 40 CrSi 29	0.30–0.50	1.00–2.50	0.50–1.00	0.045	0.030	27.00–30.00	–	–	–	–	–
1.4777	G-X 130 CrSi 29	1.20–1.40	1.00–2.50	0.50–1.00	0.045	0.030	27.00–30.00	–	–	–	–	–
1.4822	G-X 40 CrNi 24 5	0.30–0.50	1.00–2.00	≦1.50	0.045	0.030	23.00–25.00	–	3.50–5.50	–	–	–
1.4823	G-X 40 CrNiSi 27 4	0.30–0.50	1.00–2.50	0.50–1.50	0.045	0.030	25.00–28.00	–	3.50–5.50	–	–	–
1.4825	G-X 25 CrNiSi 18 9	0.15–0.35	1.00–2.50	0.50–1.50	0.045	0.030	17.00–19.00	–	8.00–10.00	–	–	–
1.4826	G-X 40 CrNiSi 22 9	0.30–0.50	1.00–2.50	0.50–1.50	0.045	0.030	21.00–23.00	–	9.00–11.00	–	–	–
1.4832	G-X 25 CrNiSi 20 14	0.15–0.35	1.00–2.50	0.50–1.50	0.045	0.030	19.00–21.00	–	13.00–15.00	–	–	–
1.4837	G-X 40 CrNiSi 25 12	0.30–0.50	1.00–2.50	0.50–1.50	0.045	0.030	24.00–26.00	–	11.00–14.00	–	–	–
1.4848	G-X 40 CrNiSi 25 20	0.30–0.50	1.00–2.50	0.50–1.50	0.045	0.030	24.00–26.00	–	19.00–21.00	–	–	–
1.4857	G-X 40 NiCrSi 35 25	0.30–0.50	1.00–2.50	0.50–1.50	0.045	0.030	24.00–26.00	–	34.00–36.00	–	–	–
1.4865	G-X 40 NiCrSi 38 18	0.30–0.50	1.00–2.50	0.50–1.50	0.045	0.030	17.00–19.00	–	36.00–39.00	–	–	–
2.4879	G-NiCr 28 W	0.35–0.55	0.50–2.00	0.50–1.50	0.045	0.030	27.00–30.00	–	47.00–50.00	–	–	W 4.0–5.5

Stoff-Nr.	Festigkeitswerte bei Zimmertemperatur: R_m Zugfestigkeit N/mm²	Härte HB	Physikalische Eigenschaften: Wärmeausdehnungszahl $\bar{\alpha}$ zwischen 20 °C und T 10^{-6} K^{-1}, 400 °C	800 °C	1000 °C	1200 °C	D (20 °C) kg/dm³	C_p (20 °C) $\frac{J}{g \cdot K}$	λ (20 °C) $\frac{W}{K \cdot m}$	Magnetisierbar
1.4710	490–740	200–280	12.5	13.5	–	–	7.7	0.50	18.8	+
1.4729	490–780	200–300	12.5	13.5	–	–	7.7	0.50	18.8	+
1.4740	490–780	200–300	12.5	13.5	–	–	7.7	0.50	18.8	+
1.4743	–	250–350	12.5	13.5		–	7.7	0.50	18.8	+
1.4745	–	200–300	12.0	14.0	16.0	–	7.6	0.50	18.8	+
1.4776	–	200–300	11.5	14.0	16.0	–	7.5	0.50	18.8	+
1.4777	–	250–350	11.5	14.0	16.0	–	7.5	0.50	18.8	+
1.4822	–	200–300	13.0	14.5	16.5	–	7.6	0.50	16.7	+
1.4823	490–780	200–300	13.0	14.5	16.5	–	7.6	0.50	16.7	–
1.4825	440–640	130–200	17.5	18.5	19.5	–	7.8	0.50	14.6	–
1.4826	440–640	150–220	17.5	18.5	19.5	–	7.8	0.50	14.6	–
1.4832	440–640	150–220	17.5	18.5	19.5	–	7.8	0.50	14.6	–
1.4837	440–640	130–200	17.5	18.5	19.0	19.5	7.8	0.50	14.6	–
1.4848	440–640	150–220	17.0	18.0	19.0	19.5	7.9	0.50	14.6	–
1.4857	440–640	150–220	15.5	17.0	18.0	19.0	8.0	0.50	14.6	–
1.4865	390–590	150–220	16.0	17.0	18.5	19.0	8.0	0.50	14.6	–
2.4879	440–640	150–220	15.0	16.0	16.5	19.0	8.1	0.50	14.6	

2.4.1.2.1.5 Nichtmagnetisierbare Stähle

Stoff-Nr.	Kurzname DIN	Zusammensetzung, alle $S \leqq 0.030\%$							Festigkeitseigenschaften [1]	
		C %	Si %	Mn %	P ≦%	Cr %	Ni %	Sonstige %	R_e Streckgrenze ≧N/mm²	R_m Zugfestigkeit N/mm²
1.3802	X 120 Mn 13	1.10–1.30	≦0.50	11.50–13.50	0.100	≦0.50	–	–	345	780–1080
1.3805	X 35 Mn 18	0.30–0.40	≦0.80	17.00–19.00	0.100	–	–	–	245	690–930
1.3813	X 40 MnCrN 19	0.30–0.50	≦0.80	17.00–19.00	0.100	3.00–500	–	N 0.08–0.12	295	740–930
1.3815	X 40 MnCr 18 2	0.30–0.35	0.30–0.80	17.00–19.00	0.100	1.50–3.00	–	–	295	690–930
1.3817	X 40 MnCr 18	0.40–0.55	≦0.80	17.00–19.00	0.100	3.00–5.00	–	–	295	740–930
1.3819	X 50 MnCrV 20 14	0.40–0.60	≦1.00	19.00–21.00	0.100	13.00–15.00		V 1.00–1.30; N 0.15–0.35	490	880–1080
1.3941	X 4 CrNi 18 13	≦0.05	≦1.00	≦2.00	0.045	16.50–18.50	12.00–14.00	–	195	490–690
1.3949	X 5 MnCr 18 13 [2]	≦0.08	≦1.00	17.00–19.00	0.080	12.00–14.00	2.00–3.00	N 0.10–0.20	295	640–780
1.3952	X 4 CrNiMoN 18 14 [3]	≦0.05	≦1.00	≦2.00	0.045	16.50–18.50	13.00–15.00	N 0.10–0.30	295	490–690
1.3953	X 2 CrNiMo 18 15 [3]	≦0.04	≦1.00	≦2.00	0.045	16.50–18.50	13.50–15.50	–	175	490–690
1.3958	X 5 CrNi 18 11	≦0.07	≦1.00	≦2.00	0.045	17.00–19.00	9.00–11.00	–	195	490–690
1.3960	X 45 MnNiCrV 13 7 6	0.40–0.50	≦1.00	12.00–13.50	0.080	5.00–6.00	6.00–7.00	V 0.70–1.00	–	–
1.3962	X 15 CrNiMn 12 10	0.05–0.20	≦0.60	5.50–6.50	0.045	10.50–12.50	9.00–11.00	–	215	490–690
1.3965	X 8 CrMnNi 18 8	≦0.10	≦1.00	7.50–9.50	0.045	17.00–19.00	4.50–6.50	N 0.10–0.20	295	590–780
1.3968	X 12 MnCr 18 12 [2]	≦0.15	≦1.00	17.00–19.00	0.080	11.00–13.00	1.50–2.50	–	295	640–780

[1]) abgeschreckt, [2]) Mo 0.30–0.80%, [3]) Mo 2.50–3.00%.

2.4.1.2.1.5 Nichtmagnetisierbare Stähle (Fortsetzung)

Stoff-Nr.	Physikalische Eigenschaften							
	Wärmeausdehnungszahl $\bar{\alpha}$ zwischen 20 °C und T in $10^{-6}\,K^{-1}$				Magnetische Permeabilität (Gauss/Oerstedt ≦)	D (20 °C)	Elastizitäts-modul (20 °C) ca.	ρ (20 °C)
	100 °C	200 °C	300 °C	400 °C	abgeschreckt	kg/dm³	10³ N/mm²	$\frac{\Omega \cdot mm^2}{m}$
1.3802	18.0	19.0	20.0	–	1.01	7.9	186	0.7–0.8
1.3805	16.5	17.5	18.0	–	1.01	7.9	191	0.7–0.8
1.3813	16.0	17.5	18.6	19.8	1.01	7.9	191	0.7
1.3815	18.0	19.0	20.0	–	1.01	7.9	191	0.7–0.8
1.3817	18.0	19.0	20.0	–	1.01	7.9	191	0.7
1.3819	15.0	16.0	17.0	18.0	1.01	7.8	196	0.71
1.3941	16.0	17.0	17.0	–	1.01	7.8	196	0.7
1.3949	16.5	17.5	18.5	18.5	1.01	7.8	198	0.71
1.3952	16.5	17.5	18.0	–	1.01	7.8	199	0.75
1.3953	16.5	17.5	18.0	18.5	1.01	7.8	199	0.75
1.3958	16.0	17.0	17.0	–	1.05	7.8	199	0.73
1.3960	19.2	19.7	20.1	–	–	7.8	189	0.73
1.3962	18.0	19.0	20.0	–	1.01	7.9	191	0.7
1.3965	16.5	17.5	18.0	18.4	1.01	7.8	197	0.69
1.3968	16.5	17.5	18.5	19.0	1.01	7.8	198	0.71

2.4.1.2.1.6 Hitzebeständige Stähle

Stoff-Nr.	Kurzname DIN	Zusammensetzung alle S ≦ 0.030%, P ≦ 0.045%					
		C %	Si %	Mn %	Cr ≦%	Ni %	Sonstige %
1.4700	8 CrSi 7 7	≦0.10	1.50–1.80	≦1.00	1.50–2.00	–	–
1.4712	X 10 CrSi 6	≦0.12	2.00–2.50	≦1.00	5.50–6.50	–	–
1.4713	X 10 CrAl 7	≦0.12	0.50–1.00	≦1.00	6.00–8.00	–	Al 0.50–1.00
1.4722	X 10 CrSi 13	≦0.12	1.90–2.40	≦1.00	12.00–14.00	–	–
1.4724	X 10 CrAl 13	≦0.12	0.70–1.40	≦1.00	12.00–14.00	–	Al 0.70–1.20
1.4741	X 10 CrSi 18	≦0.12	1.90–2.40	≦1.00	17.00–19.00	–	–
1.4742	X 10 CrAl 18	≦0.12	0.70–1.40	≦1.00	17.00–19.00	–	Al 0.70–1.20
1.4762	X 10 CrAl 24	≦0.12	0.70–1.40	≦1.00	23.00–26.00	–	Al 1.20–1.70
1.4821	X 20 CrNiSi 25 4	0.10–0.20	0.80–1.50	≦2.00	24.00–27.00	3.50–5.50	–
1.4828	X 15 CrNiSi 20 12	≦0.20	1.50–2.50	≦2.00	19.00–21.00	11.00–13.00	–
1.4841	X 15 CrNiSi 25 20	≦0.20	1.50–2.50	≦2.00	24.00–26.00	19.00–21.00	–
1.4845	X 12 CrNi 25 21	≦0.15	≦0.75	≦2.00	24.00–26.00	19.00–22.00	–
1.4861	X 10 NiCr 32 20	≦0.12	≦1.00	≦1.50	19.00–22.00	30.00–34.00	–
1.4864	X 12 NiCrSi 36 16	≦0.15	1.00–2.00	≦2.00	15.00–17.00	34.00–37.00	–
1.4876	X 10 NiCrAlTi 32 20	≦0.12	≦1.00	≦2.00	19.00–23.00	30.00–34.00	Al 0.15–0.60; Ti 0.15–0.60
1.4878	X 12CrNiTi 18 9	≦0.12	≦1.00	≦2.00	17.00–19.00	9.00–11.50	Ti≧4x% C–0.80
1.5310	8 SiTi 4	≦0.10	0.70–1.10	0.70–1.00	–	–	Ti≧5x% C

2.4.1.2.1.6 Hitzebeständige Stähle (Fortsetzung)

Stoff-Nr.	Brinell-härte ≦HB	Zustand		Festigkeitswerte		Physikalische Eigenschaften								
		abge-schreckt	ge-glüht	R_e Streck-grenze (20 °C) ≧N/mm²	R_m Zug-festigkeit (20 °C) N/mm²	Wärmeausdehnungszahl $\bar{\alpha}$ zwischen 20 °C und T in 10^{-6} K^{-1} 400 °C	800 °C	1000 °C	1200 °C	λ (20 °C) $\frac{W}{K \cdot m}$	C_p (20 °C) $\frac{J}{g \cdot K}$	ρ (20 °C) $\frac{\Omega \cdot mm^2}{m}$	Magnetisier-barkeit	D (20 °C) kg/dm³
1.4700	192	–	+	295	490–640	13.0	14.5	–	–	18	0.50	0.65	+	7.7
1.4712	195	–	+	390	540–690	12.0	12.5	–	–	18	0.50	0.75	+	7.7
1.4713	192	–	+	220	420–620	12.0	13.0	–	–	23	0.45	0.69	+	7.7
1.4722	195	–	+	345	540–690	11.5	12.5	13.5	–	18	0.50	0.90	+	7.7
1.4724	192	–	+	250	450–650	11.5	12.5	13.5	–	21	0.45	0.90	+	7.7
1.4741	215	–	+	345	540–690	11.5	12.5	13.0	–	17	0.50	0.95	+	7.7
1.4742	212	–	+	270	500–700	11.5	12.5	13.5	–	19	0.45	0.95	+	7.7
1.4762	223	–	+	280	520–720	11.5	12.5	14.0	15.0	17	0.45	1.10	+	7.7
1.4821	235	+	–	400	600–850	13.5	14.5	15.0	15.5	17	0.50	0.90	+	7.7
1.4828	223	+	–	230	500–750	17.5	18.5	19.5	–	15	0.50	0.85	–	7.9
1.4841	223	+	–	230	550–800	17.0	18.0	19.0	19.5	14	0.50	0.90	–	7.9
1.4845	192	+	–	210	500–750	17.0	18.0	19.0	–	14	0.50	0.85	–	7.9
1.4861	200	+	–	235	490–740	16.0	17.5	18.5	–	12	0.50	1.04	–	7.9
1.4864	223	+	–	230	550–800	16.0	17.5	18.5	–	13	0.50	1.00	–	8.0
1.4876	192	+	–	245	540–740	16.0	17.5	18.0	–	12	0.50	1.00	–	8.0
1.4878	192	–	+	210	500–750	18.0	19.0	–	–	15	0.50	0.75	–	7.9
1.5310	151	–	+	190	350–500	13.5	–	–	–	35	0.45	0.30	+	7.8

2.4.1.2.1.7 Heizleiterlegierungen

Stoff-Nr.	Kurzname DIN	Zusammensetzung C %	Si %	Mn %	P ≦%	S ≦%	Cr %	Mo %	Ni %	Sonstige %
1.4765	CrAl 25 5	≦0.10	≦1.00	≦0.60	0.045	0.030	22.00–25.00	–	–	Al 4.50–6.00
1.4767	CrAl 20 5	≦0.10	≦1.00	≦1.00	0.045	0.030	19.00–22.00	–	–	Al 4.00–5.50
1.4843	CrNi 25 20	≦0.20	1.50–2.50	≦2.00	0.045	0.030	22.00–25.00	–	19.00–22.00	–
1.4860	NiCr 30 20	≦0.20	2.00–3.00	≦1.50	0.045	0.030	20.00–22.00	–	28.00–31.00	–
2.4867	NiCr 60 15	≦0.15	0.50–2.00	≦2.00	0.025	0.020	14.00–19.00	–	59.00–65.00	Cu≦0.50
2.4869	NiCr 80 20	≦0.15	0.50–2.00	≦1.00	0.025	0.020	19.00–21.00	–	≦76.00	Cu≦0.50

Stoff-Nr.	Festigkeitswerte: Draht-durch-messer mm	Rm Zug-festigkeit N/mm²	A Dehnung ≧%	Hitzebeständig an Luft bis °C	Physikalische Eigenschaften: Wärmeausdehnungszahl $\bar{\alpha}$ zwischen 20 °C und T in 10^{-6} K^{-1}: 400 °C	800 °C	1000 °C	D (20 °C) kg/dm³	C_p $\frac{J}{g \cdot K}$ 20 °C	C_p 0–1000 °C	λ (20 °C) $\frac{W}{K \cdot m}$	T_f ~ °C
1.4765	0.1<0.5	640–830	≧12	1300	12	14	15	7.1	0.46	0.63	13	1500
1.4767	≧0.5	590–780	≧12	1200	12	14	15	7.2	0.46	0.63	13	1500
1.4843	0.1<0.3	740–880	≧20	1050	17	18	19	7.8	0.50	0.55	13	1380
1.4860	≧0.3<0.5	740–880	≧30	1100	16	18	19	7.9	0.50	0.55	13	1390
2.4867	≧0.5<1.0	670–810	≧30	1150	15	16	17	8.2	0.46	0.50	13	1390
2.4869	≧1.0	590–740	≧30	1200	15	16	17	8.3	0.42	0.50	15	1400

Physikalische Eigenschaften: Spezifischer elektrischer Widerstand $\frac{\Omega \cdot mm^2}{m}$

Stoff-Nr.	20 °C	100 °C	200 °C	300 °C	400 °C	500 °C	600 °C	700 °C	800 °C	900 °C	1000 °C	1100 °C	1200 °C
Zulässige Abweichung	± 5%			± 6%			± 7%			± 8%			
1.4765	1.44	1.44	1.44	1.44	1.45	1.45	1.46	1.47	1.48	1.49	1.49	1.49	1.49
1.4767	1.37	1.37	1.38	1.38	1.39	1.41	1.42	1.43	1.44	1.44	1.45	1.45	1.45
1.4843	0.95	0.99	1.03	1.07	1.11	1.15	1.18	1.20	1.22	1.24	1.26	1.28	1.30
1.4860	1.04	1.07	1.11	1.14	1.17	1.20	1.22	1.24	1.26	1.28	1.30	1.32	1.34
2.4867	1.13	1.14	1.16	1.18	1.20	1.22	1.21	1.21	1.22	1.23	1.24	1.26	1.28
2.4869	1.12	1.13	1.13	1.14	1.15	1.16	1.15	1.14	1.14	1.14	1.15	1.16	1.17

2.4.1.2.1.8 Ventilstähle

Stoff-Nr.	Kurzname DIN	Zusammensetzung								
		C %	Si %	Mn %	P ≦%	S ≦%	Cr %	Mo %	Ni %	Sonstige %
1.0906	65 Si 7	0.60–0.68	1.50–1.80	0.70–1.00	0.050	0.050	–	–		N ≦ 0.007
1.3817	X 40 MnCr 18	0.40–0.55	≦0.80	17.00–19.00	0.100	0.030	3.00–5.00	–	–	–
1.4704	X 45 SiCr 4	0.40–0.50	3.50–4.50	≦1.00	0.045	0.030	2.50–3.00	–	–	–
1.4718	X 45 CrSi 9 3	0.40–0.50	2.70–3.30	≦0.80	0.040	0.030	8.00–10.00	–	–	–
1.4721	X 215 Cr 12	2.00–2.25	≦0.50	≦1.00	0.045	0.030	11.00–12.00	–	–	–
1.4731	X 40 CrSiMo 10 2	0.35–0.45	2.00–3.00	≦0.80	0.040	0.030	9.00–11.00	0.80–1.30	–	–
1.4732	X 80 CrSiMoW 15 2	0.75–0.85	1.80–2.20	≦0.80	0.040	0.030	14.00–16.00	0.80–1.20	0.60–0.90	W 0.80–1.20
1.4747	X 80 CrNiSi 20	0.75–0.85	1.75–2.75	≦1.00	0.030	0.030	19.00–21.00	–	1.00–1.75	–
1.4748	X 85 CrMoV 18 2	0.80–0.90	≦1.00	≦1.50	0.040	0.030	16.50–18.50	2.00–2.50	–	V 0.30–0.60
1.4785	X 60 CrMnMoVNbN 21 10	0.57–0.65	≦0.25	9.50–11.50	0.050	0.025	20.00–22.00	0.75–1.25	≦1.50	V 0.75–1.00
1.4871	X 53 CrMnNiN 21 9	0.48–0.58	≦0.25	7.00–10.00	0.050	0.030	20.00–22.00	–	3.25–4.50	N 0.38–0.50
1.4873	X 45 CrNiW 18 9	0.40–0.50	2.00–3.00	0.80–1.50	0.045	0.030	17.00–19.00	–	8.00–10.00	W 0.80–1.20
1.4875	X 55 CrMnNiN 20 8	0.50–0.60	≦0.25	7.00–10.00	0.050	0.030	19.50–21.50	–	2.00–2.75	N 0.20–0.40
1.4881	X 70 CrMnNiN 21 6	0.65–0.75	≦0.80	5.50–7.00	0.050	0.02–0.06	20.00–22.00	–	1.40–1.90	N 0.18–0.28
1.4882	X 50 CrMnNiNbN 21 9	0.45–0.55	≦0.45	8.00–10.0	0.050	0.030	20.00–22.00	–	3.50–5.00	W 0.80–1.50
1.5122	37 MnSi5	0.33–0.41	1.10–1.40	1.10–1.40	0.035	0.035	–	–	–	–
2.4955	NiFe 25 Cr 20 NbTi	≦0.10	≦1.00	≦1.00	0.030	0.015	18.00–21.00	–	Rest	Al 0.30–1.00

2.4.1.2.1.8 Ventilstähle (Fortsetzung)

Stoff-Nr.	Mechanische Eigenschaften		Physikalische Eigenschaften							
	$R_{p\,0.2}$ 0.2 % Dehn-grenze ≧ N/mm²	R_m Zugfestigkeit N/mm²	Wärmeausdehnungszahl $\bar{\alpha}$ 10^{-6} K^{-1}					λ (20 °C) $\frac{W}{K \cdot m}$	D (20 °C) kg/dm³	Magnetisierbarkeit
			20–100 °C	20–300 °C	20–500 °C	20–700 °C	20–900 °C			
1.0906	590	780–930	11.2	12.7	13.4	14.0	–	21	7.8	+
1.2731	390	780–980	17.5	17.5	18.5	18.5	–	13	7.9	–
1.3817	245	740–930	16.7	19.1	19.7	21.9	22.7	21	7.9	–
1.4704	685	880–1030	–	–	12.3	12.5	–	17	7.75	+
1.4718	700	900–1100	12.9	13.2	13.6	14.0	–	21	7.7	+
1.4721	490	780–930	10.0	11.0	11.8	–	–	17	7.7	+
1.4731	700	900–1100	12.9	13.2	13.6	14.0	–	21	7.7	+
1.4732	785	980–1180	10.4	10.9	11.6	12.7	–	17	7.7	+
1.4747	685	880–1130	–	–	10.6	11.2	12.0	13	7.6	+
1.4748	800	1000–1200	10.9	11.5	11.7	11.9	–	21	7.7	+
1.4785	800	1000–1250	16.1	17.2	18.0	19.0	–	14.5	7.8	–
1.4871	580	950–1200	14.5	16.7	17.8	18.4	–	14.5	7.7	–
1.4873	380	800–1000	15.5	17.5	18.2	18.6	–	14.5	7.9	–
1.4875	550	900–1150	14.5	16.7	17.8	18.4	–	14.5	7.7	–
1.4881	590	980–1180	17.1	18.1	19.0	20.0	–	13	7.7	–
1.4882	580	950–1150	15.5	17.5	18.5	18.8	–	14.5	7.7	–
1.5122	590	780–930	11.1	12.9	13.9	–	–	25	7.85	+
2.4955	500	900–1100	14.1	15.5	15.9	16.8	–	12.5	8.12	–

2.4.1.2.1.9 Hochwarmfeste Stähle und Legierungen

Stoff-Nr.	Kurzname	Zusammensetzung															
		C %	Si %	Mn %	P ≦%	S ≦%	Co %	Cr %	Mo %	Ni %	V %	W %	Al %	Cu %	Fe %	Ti %	Sonstige %
1.4923	–	0.18–0.26	0.15–0.40	0.40–0.70	0.035	0.035	–	10.5–12.5	0.90–1.20	0.30–0.80	0.25–0.35	(0.40–0.60)	–	–	–	–	–
1.4935	X 20 CrMoWV 12 1	0.17–0.25	0.10–0.50	0.30–0.80	0.045	0.030	–	11.0–12.5	0.80–1.20	0.30–0.80	0.25–0.35	0.40–0.60	–	–	–	–	–
1.4939	–	0.08–0.15	≦0.35	0.50–0.90	0.030	0.025	–	11.0–12.5	1.50–2.00	2.00–3.00	0.25–0.40	–	–	–	–	–	N 0.020–0.040
1.4945	X 6 CrNiWNb 16 16	0.04–0.10	0.30–0.60	≦1.50	0.030	0.030	–	15.5–17.5	–	15.5–17.5	–	2.50–3.50	–	–	–	–	N 0.10; Nb
1.4948	X 6 CrNi 18 11	0.04–0.08	≦0.75	≦2.00	0.045	0.030	–	17.0–19.0	≦0.50	10.0–12.0	–	–	–	–	–	–	–
2.4951	NiCr 20 Ti	0.08–0.15	≦1.00	≦1.00	0.030	0.015	≦5.00	18.0–21.0	–	≧72.0	–	–	≦0.30	≦0.50	≦5.00	0.20–0.60	B≦0.006
2.4952	NiCr 20 TiAl	0.04–0.10	≦1.00	≦1.00	0.020	0.015	≦2.00	18.0–21.0	–	≧65.0	–	–	1.00–1.80	≦0.20	≦1.50	1.80–2.70	B ≦0.008
1.4960	X 40 CrNiCoNb 13 13	0.35–0.45	≦1.00	≦2.00	0.030	0.030	9.50–10.5	12.5–13.5	1.80–2.20	12.5–13.5	–	2.30–2.80	–	–	–	–	Nb/Ta 2.80–3.20
1.4961	X 8 CrNiNb 16 13	0.04–0.10	0.30–0.60	≦1.50	0.045	0.030	–	15.0–17.0	–	12.0–14.0	–	–	–	–	–	–	
1.4962	X 12 CrNiWTi 16 13	≦0.15	≦0.50	≦1.00	0.045	0.030	–	15.0–17.0	–	12.5–14.5	–	2.50–3.00	–	–	–	0.40–0.60	–
2.4969	NiCr 20 Co 18 Ti	≦0.10	≦1.00	≦1.00	0.030	0.015	15.0–21.0	18.0–21.0	–	Rest	–	–	1.00–2.00	≦0.20	≦2.00	2.00–3.00	–
1.4971	X 12 CrCoNi 21 20	0.08–0.16	≦1.00	≦2.00	0.045	0.030	18.5–21.0	20.0–22.5	2.50–3.50	19.0–21.0	–	2.00–3.00	–	–	–	–	N 0.1–0.2; Nb/Ta 0.75–1.25
2.4973	NiCr 19 CoMo	≦0.12	≦0.50	≦0.10	0.020	0.010	10.00–20.0	18.0–20.0	9.00–10.5	Rest	–	–	1.40–1.80	–	≦5.00	2.80–3.30	B
1.4974	–	0.08–0.16	≦1.00	1.00–2.00	0.040	0.030	18.5–21.0	20.0–22.5	2.50–3.50	19.0–21.0	–	2.00–3.00	–	–	–	–	N 01–0.2; Nb 0.75–1.25
2.4975	NiFeCr 12 Mo	≦0.10	≦0.60	≦2.00	0.020	0.010	≦1.00	11.0–14.0	5.00–7.00	40.0–45.0	–	–	≦0.35	–	Rest	2.35–3.10	B
2.4976	NiCr 20 Mo	≦0.10	≦1.00	≦1.00	0.020	0.010	≦2.00	18.0–21.0	4.00–5.00	Rest	–	–	0.50–1.80	–	≦5.00	1.80–2.70	B
1.4977	X 40 CoCrNi 20 20	0.35–0.45	≦1.00	≦1.50	0.045	0.030	19.0–21.0	19.0–21.0	3.50–4.50	19.0–21.0	–	3.50–4.50	–	–	–	–	Nb/Ta 3.50–4.50
1.4978	X 50 CoCrNi 20 20	0.45–0.55	≦1.00	≦1.50	0.045	0.030	19.0–21.0	19.0–21.0	3.50–4.50	19.0–21.0	–	3.50–4.50	–	–	–	–	Nb/Ta 3.50–4.50
1.4980	X 5 NiCrTi 26 15	≦0.08	≦1.00	1.00–2.00	0.030	0.030	–	13.5–16.0	1.00–1.50	24.0–27.0	0.10–0.50	–	≦0.35	–	–	1.90–2.30	B 0.003–0.010
1.4981	X 8 CrNiMoNb 16 16	0.04–0.10	0.30–0.60	≦1.50	0.045	0.030	–	15.5–17.5	1.60–2.00	15.5–17.5	–	–	–	–	–	–	
2.4982	NiCr 20 CoMo	≦0.10	≦1.00	≦1.00	0.020	0.010	15.0–21.0	18.0–21.0	4.00–5.00	Rest	–	–	0.80–2.00	–	≦5.00	1.80–3.00	B
2.4983	NiCr 18 Co	≦0.15	≦0.50	≦1.00	0.020	0.010	17.0–20.0	17.0–20.0	3.00–5.00	Rest	–	–	2.50–3.25	–	≦4.00	2.50–3.25	B
1.4986	X 8 CrNiMoBNb 16 16	0.04–0.10	0.30–0.60	≦1.50	0.045	0.030	–	15.5–17.5	1.60–2.00	15.5–17.5	–	–	–	–	–	–	B 0.05–0.10; Nb/Ta≧10x% C ≦1.20
1.4988	X8CrNiMoVNb1613	0.04–0.10	0.30–0.60	≦1.50	0.045	0.030	–	15.5–17.5	1.10–1.50	12.5–14.5	0.60–0.85	–	–	–	–	–	N~0.10

2.4.1.2.1.9 **Hochwarmfeste Stähle und Legierungen** (Fortsetzung)

Stoff-Nr.	Warm-festigkeit ~°C	Zunder-beständig-an Luft ~°C	bei Zimmertemperatur R_e Streck-grenze ≧N/mm²	bei Zimmertemperatur R_m N/mm²	ρ (20 °C) $\frac{\Omega \cdot mm^2}{m}$	C_p (20 °C) $\frac{J}{kg \cdot K}$
1.4923	580	600	600	800–950	0.60	460
1.4935	580	600	590	780–930	0.60	460
1.4939	580	600	800	950–1150	0.86	460
1.4945	–	650	255	540–740	0.86	500
1.4948	650	–	185	490–690	0.75	500
2.4951	–	1200	235	≧640	1.09	420
2.4952	700	950	590	≧980	1.24	460
1.4960	–	800	345	640–830	0.85	460
1.4961	650	750	195	510–690	0.86	500
1.4962	–	750	245	540–690	0.85	500
2.4969	810	1090	345	830–1130	0.88	420
1.4971	850	950	685	≧1200	1.15	460
2.4973	730	980	345	690–830	0.92	460
1.4974	–	950	980	1320	1.15	460
2.4975	–	850	835	≧1180	1.13	420
2.4976	–	1000	735	≧1180	1.24	420
1.4977	800	950	390	780–980	0.90	460
1.4978	–	950	540	980	0.90	460
1.4980	700	820	635	930–1180	0.91	460
1.4981	700	750	215	530–690	0.86	500
2.4982	–	1000	785	1230	1.15	460
2.4983	–	1000	785	1320	1.15	460
1.4986	650	750	500	650–850	0.86	460
1.4988	650	750	255	540–740	0.86	460

2.4.1.2.1.10 **Hochwarmfeste Stähle und Legierungen** (Fortsetzung)

Stoff-Nr.	Physikalische Eigenschaften																		
	Wärmeausdehnungszahl $\bar{\alpha}$ zwischen 20 °C und T in $10^{-6}\,K^{-1}$									λ $\frac{W}{K \cdot m}$									D (20 °C) kg/dm³
	100 °C	200 °C	300 °C	400 °C	500 °C	600 °C	700 °C	800 °C	900 °C	20 °C	100 °C	200 °C	300 °C	400 °C	500 °C	600 °C	700 °C	800 °C	
1.4923	10.5	11.0	11.5	12.0	12.3	12.5	–	–	–	24	25	25	26	26	26	27	–	–	7.7
1.4935	9.5	10.0	10.5	11.0	11.5	12.0	–	–	–	24	25	25	26	26	26	27	–	–	7.7
1.4939	10.5	11.0	11.5	12.0	12.3	12.5	–	–	–	29	–	–	–	–	–	–	–	–	7.7
1.4945	15.7	16.7	17.1	17.4	17.6	17.8	18.0	–	–	15	–	–	–	–	–	–	–	–	7.9
1.4948	16.0	17.0	17.5	18.0	18.0	18.5	18.5	19.0	–	15	–	–	–	–	–	–	–	–	7.9
2.4951	12.5	13.0	13.4	13.8	14.3	14.7	15.2	15.5	16.0	13	15	16	18	19	21	23	24	26	8.4
2.4952	11.9	12.6	13.1	13.5	13.7	14.0	14.5	15.1	15.8	13	14	15	16	17	18	20	23	26	8.2
1.4960	15.8	16.5	16.9	17.1	17.6	17.7	18.0	18.3	–	13	–	–	–	–	–	–	–	–	8.2
1.4961	16.9	18.7	19.0	19.2	19.4	19.7	20.1	20.3	–	16	17	19	20	21	23	24	24	25	7.9
1.4962	15.5	16.1	16.6	17.1	17.7	18.3	18.6	19.0	–	15	15	16	17	19	20	21	22	–	7.9
2.4969	11.5	12.4	13.1	13.5	14.0	14.6	15.5	16.5	17.6	13	14	16	17	18	19	20	21	22	8.2
1.4971	14.2	14.8	15.5	16.5	16.5	17.0	17.6	17.7	18.0	12	13	16	17	19	21	23	24	26	8.25
2.4973	11.0	11.8	12.2	12.5	12.7	13.2	13.8	14.6	15.5	11	12	13	15	16	17	19	20	21	8.2
1.4974	13.9	14.1	14.4	14.7	15.1	15.6	16.1	16.8	–	13	13	15	16	18	19	20	21	23	8.2
2.4975	11.9	12.7	13.0	13.5	13.7	14.0	14.5	15.1	15.8	11	12	13	14	16	17	19	20	22	8.2
2.4976	14.2	14.7	15.0	15.5	15.9	16.3	16.6	17.0	–	13	14	16	19	20	22	24	25	27	8.3
1.4977	12.0	13.3	13.8	14.0	14.4	14.9	15.4	15.8	16.0	13	14	16	19	20	22	24	25	27	8.3
1.4978	16.5	16.8	17.1	17.3	17.5	17.7	18.0	18.5	–	12	14	16	17	19	20	22	24	25	7.95
1.4980	17.4	18.1	18.5	18.8	19.0	19.4	19.5	19.5	19.8	14	16	17	19	20	21	22	24	–	7.98
1.4981	11.6	12.6	12.7	13.5	13.7	14.2	15.0	16.0	17.0	12	13	14	16	17	18	19	21	22	8.2
2.4982	11.3	12.0	12.4	12.8	13.1	13.7	14.3	14.9	16.1	13	12	13	15	16	17	19	20	21	8.1
2.4983	16.6	17.7	17.9	17.9	17.9	18.1	18.3	18.6	–	15	16	17	19	19	21	22	24	25	7.97
1.4986	15.7	16.7	17.1	17.4	17.6	17.8	18.0	18.7	–	15	16	17	18	19	20	22	23	–	7.9

2.4.1.2.2 Zusammensetzung und Eigenschaften einiger ausländischer HSLA (High-Strength-Low-Alloy) Stähle

Zusammensetzung der Super-Legierungen auf der Basis NiCrFe (in Gew.-%)

Kurzzeichen oder kennzeichnender Handelsname	Cr	Ni	Co	Mo	W	Nb	Ti	Al	Fe	C	Sonst.
Carpenter 20-Cb3	20.0	34.0	–	2.5	–	< 1.0	–	–	42.4	< 0.07	3.5 Cu
Haynes 556	22.0	21.0	20.0	3.0	2.5	0.1		0.3	29.0	0.10	0.5 Ta; 0.02 La; 0.002 Zr
Incoloy 800	21.0	32.5	–	–	–	–	0.38	0.38	45.7	0.05	–
Incoloy 801	20.5	32.0	–	–	–	–	1.13	–	46.3	0.05	–
Incoloy 901	12.5	42.5	–	6.0	–	–	2.7	–	36.2	0.10	–
Haynes 25	20.0	10.0	50.0	–	15.0	–	–	–	3.0	0.10	1.5 Mn
Haynes 188	22.0	22.0	37.0	–	14.5	–	–	–	< 3.0	0.10	0.92 La
Stellite 6B	30.0	1.0	61.5	–	4.5	–	–	–	1.0	1.0	–
UMCo 50	28.0	–	49.0	–	–	–	–	–	21.0	< 0.12	–
Hastelloy B-2	< 1.0	69.0	< 1.0	28.0	–	–	–	–	< 2.0	< 0.02	–
Hastelloy C-4	16.0	63.0	< 2.0	15.5	–	–	0.7	–	< 3.0	< 0.015	–
Hastelloy C-276	15.5	59.0	–	16.0	3.7	–	–	–	5.0	< 0.02	–
Hastelloy N	7.0	72.0	–	16.0	–	–	< 0.5	–	5.0	0.06	–
Hastelloy S	15.5	67.0	–	15.5	–	–	–	0.2	1.0	< 0.02	0.02 La
Hastelloy W	5.0	61.0	< 2.5	24.5	–	–	–	–	5.5	< 0.12	0.6 V
Hastelloy X	22.0	49.0	< 1.5	9.0	0.6	–	–	2.0	15.8	0.15	–
Inconel 600	15.5	76.0	–	–	–	–	–	–	8.0	0.08	< 0.25 Cu
Inconel 617	22.0	55.0	12.5	9.0	–	–	–	1.0	–	0.07	–
Inconel 625	21.5	61.0	–	9.0	–	3.6	0.2	0.2	2.5	0.05	–
Nimonic 75	19.5	75.0	–	–	–	–	0.4	0.15	2.5	0.12	<0.25 Cu
Udimet 500	19.0	48.0	19.0	4.0	–	–	3.0	3.0	<4.0	0.08	0.005 B
Udimet 700	15.0	53.0	18.5	5.0	–	–	3.4	4.3	< 1.0	0.07	0.03 B

2.4.1.2.2 Zusammensetzung und Eigenschaften einiger ausländischer HSLA (High-Strength-Low-Alloy) Stähle (Fortsetzung)

Physikalische Eigenschaften

Legierung	Dichte bei 20 °C [kg m^{-3}]	Schmelz-tempe-ratur [°C]	Cp bei 20 °C [J/kg · K]	Wärme-leitfähig-keit λ [W/m · K]	Mittlerer Längen-ausdehnungs-koeffizient α_m [µm/m · K] 20...100 °C	spez. el. Wider-stand ρ bei 20° [n Ωm]	Elastizitäts-modul E bei 20 °C [GPa]	Permea-bilität μ_T
Carpenter 20 Cb3	8055	1370	–	–	–	1040	–	–
Haynes 556	8230	–	472	11.2	14.0	970	203	–
Incoloy 800	7940	1355	502	13.8	14.2	980	195	1.0092
Incoloy 801	7940	1355	452	11.3	15.2	1010	197	–
Incoloy 901	8230	–	–	–	13.95	1120	196	–
Haynes 25	9130	1329	374	9.8	12.9	890	225	< 1.00
Haynes 188	9130	1302–1330	423*	10.8	11.9	–	–	1.01
Stellite 6 B	8380	1265	421	14.7	13.9	910	–	< 1.20
UMCo 50	8050	1380	–	8.9	16.8	825	215	–
Hastelloy B-2	9210	–	389*	–	–	1380	–	–
Hastelloy C-4	8640	–	426*	10.0	10.8	1250	211	–
Hastelloy C-276	8900	1323	427	10.2	11.2	1330	205	–
Hastelloy N	8930	–	419*	11.5	12.6	120*	–	–
Hastelloy S	8760	1335	427*	14.0	11.5*	–	212	–
Hastelloy W	9030	–	–	–	11.3	–	–	–
Hastelloy X	8230	1250	486	9.7	13.8	1180	196	< 1.002^{+}
Inconel 600	8420	1354	444	–	–	1030	207	1.010
Inconel 617	–	1333	–	–	–	–	–	–
Inconel 625	8440	1290	410	–	–	1290	208	1.006
Nimonic 15	–	1360	–	13.0	12.2	–	–	–
Udimet 500	8140	1260	–	–	13.3	1203	–	–
Udimet 700	7920	1216	–	–	16.0	–	–	–

* bei 100 °C.

$^{+}$ bei 93 °C.

Mechanische Eigenschaften

Temperatur in °C	Zugfestigkeit R_m [N mm^{-2}]	Dehngrenze $R_{p\,0.2}$ [N mm^{-2}]	Dehnung A [%]	
Incoloy 800				
25	616	268	60–30	abgekühlt
Incoloy 801				
25	514	197	53	
Haynes 25				
21	1010	460	64	
540	800	250	59	
650	710	240	35	
760	455	260	12	
870	325	240	30	
Haynes 188				
21	960	485	56	
540	740	305	70	
650	710	305	61	
760	635	290	43	
870	420	250	73	
Haynes 556 (Bleche)				
20	815	400	58	
315	675	255	62	
540	650	240	69	
650	585	220	62	
760	490	230	52	
870	335	205	50	
980	210	140	56	
1090	80	50	61	
Hastelloy B-2				
21	965	525	53	Bleche (1.3–3 mm Dicke)
204	885	450	50	
316	860	425	49	
427	860	415	51	
Hastelloy C-4				
21	785	400	54	von 1065 °C abgeschreckt
Hastelloy W				
425	725	260	56.0	
650	–	255	29.5	
730	465	–	16.0	
815	405	250	17.0	
900	353	220	14.5	
980	–	135	14.5	
1065	180	–	34.0	
Hastelloy X (Bleche)				
21	785	360	43.0	
540	650	290	45.0	
650	570	275	37.0	
760	435	260	37.0	
870	255	180	50.0	

Mechanische Eigenschaften (Fortsetzung)

Temperatur in °C	Zugfestigkeit R_m [N mm^{-2}]	Dehngrenze $R_{p0.2}$ [N mm^{-2}]	Dehnung A [%]
Inconel 600 (massiv)			
21	620	250	47
540	580	195	47
650	450	180	39
760	185	115	46
870	105	62	80
Inconel 625 (massiv)			
21	855	490	50
540	745	405	50
650	710	420	35
760	505	420	42
870	385	475	125
Nimonic 75 (massiv)			
21	750	–	41
540	635	–	41
650	538	–	42
760	290	–	70
870	145	–	68
Stellite 6 B (Bleche)			
20	1010	635	11
815	510	310	17
870	385	270	18
980	230	140	36
1090	140	76	44
1150	90	55	22
Udimet 500 (massiv)			
21	1310	840	32
540	1240	795	28
650	1210	760	28
760	1040	730	39
870	640	495	20
Udimet 700 (massiv)			
21	1410	965	17
540	1280	895	16
650	1240	855	16
760	1030	825	20
870	690	635	27
UMCo-50	(verformt)		
25	925	610	10
500	885	570	23
700	325	225	21
900	155	150	12
1000	79	49	18

2.4.1.3 Kupferlegierungen

2.4.1.3.1 Niedriglegierte Kupferwerkstoffe nach DIN 17666 und 17655[1]

Werkstoff	Kurz-zeichen	Werkstoff-nummer	Zusammensetzung (Massenanteile) in %	Dichte D kg/dm³	Schmelzpunkt bzw. -bereich °C	elektrische Leitfähigkeit bei 20 °C $\varkappa$ m/Ω · mm²	Wärme-leitfähigkeit bei 20 °C λ W/m K	Aus-dehnungs koeffizient (25 bis 300 °C) α 10^{-6}/K	Elastizitäts-modul bei 20 °C E kN/mm²
Nicht aushärtbare Knetlegierungen nach DIN 17666									
Kupfer-Silber	CuAg0,03	2.1201	0,025 bis 0,050 Ag; Rest Cu; sauerstoffhaltig	8,9	≈ 1082	55 bis 58	≈ 385	17	126,5
	CuAg0,1	2.1203	0,09 bis 0,12 Ag; Rest Cu; sauerstoffhaltig	8,9	≈ 1082	55 bis 57	≈ 385	17	126,5
	CuAg0,1P	2.1191	0,09 bis 0,12 Ag; 0,01 bis 0,007 P[2]; Rest Cu; sauerstofffrei	8,9	≈ 1082	54 bis 56	≈ 380	17	126,5
Kupfer-Arsen	CuAsP	2.1491	0,15 bis 0,50 As; 0,015 bis 0,040 P; Rest Cu	8,9	1052 bis 1082	17 bis 35	117 bis 234	17	125
Kupfer-Cadmium	CuCd0,3	2.1267	0,2 bis 0,5 Cd; Rest Cu	8.9	≈ 1080	56 bis 58	370 bis 385	17	126,5
	CuCd0,7	2.1268	0,5 bis 0,9 Cd; Rest Cu	8.9	≈ 1079	53 bis 56	355 bis 370	17	126,5
	CuCd1	2.1266	0,9 bis 1,3 Cd; Rest Cu	8.9	≈ 1078	46 bis 53	314 bis 355	17	126,5
Kupfer-Cadmium-Zinn	CuCdSn	2.1270	0,2 bis 0,8 Cd; 0,2 bis 0,8 Sn; Rest Cu	8,9	≈ 1060	36 bis 44	209 bis 251	17	126,5
Kupfer-Magnesium	CuMg0,4	2.1322	0,3 bis 0,6 Mg; Rest Cu	8,9	≈ 1076	≧ 36	≈ 240	17,6	123
	CuMg0,7	2.1323	0,5 bis 0,8 Mg; Rest Cu	8,9	≈ 1070	≧ 18	≈ 120	17,6	126
Kupfer-Mangan	CuMn2	2.1363	1,5 bis 2,0 Mn; Rest Cu	8,8	1145 bis 1160	20	126	17,5	127
	CuMn5	2.1366	4,0 bis 5,0 Mn; Rest Cu	8,6	1015 bis 1035	7	42	21	125
Kupfer-Silicium-Mangan	CuSi2Mn	2.1522	0,8 bis 2,2 Si; 0,3 bis 0,7 Mn; Rest Cu	8,7	1030 bis 1060	5,4 bis 5,8	59	17,9	120
	CuSi3Mn	2.1525	2,7 bis 3,6 Si; 0,5 bis 1,3 Mn; Rest Cu	8,5	970 bis 1025	3,8 bis 4	38	18	105
Kupfer-Schwefel	CuSP	2.1498	0,2 bis 0,5 S; 0,005 bis 0,012 P; Rest Cu	8,9	1067 bis 1079	54 bis 55	370 bis 375	18	120

[1] Nach DKI-Informationsdruck i. 8

[2] Phosphor kann ganz oder teilweise durch andere Desoxidationsmittel, z. B. Lithium, ersetzt werden.

2.4.1.3.1 Niedriglegierte Kupferwerkstoffe nach DIN 17 666 und 17 655 [1] (Fortsetzung)

Werkstoff	Kurzzeichen	Werkstoffnummer	Zusammensetzung (Massenanteile) in %	Dichte D kg/dm³	Schmelzpunkt bzw. -bereich °C	elektrische Leitfähigkeit bei 20 °C ϰ m/Ω · mm²	Wärmeleitfähigkeit bei 20 °C λ W/m · K	Ausdehnungskoeffizient (25 bis 300 °C) α 10⁻⁶/K	Elastizitätsmodul bei 20 °C E kN/mm²
Nicht aushärtbare Knetlegierungen nach DIN 17 666									
Kupfer-Tellur	CuTeP	2.1546	0,4 bis 0,7 Te; 0,005 bis 0,012 P; Rest Cu	8,9	1051 bis 1081	≈ 54,5	≈ 368	18	120
Kupfer-Zink	(CuZn0,7)	[1]	0,5 bis 0,9 Zn; ≦0,05 P; Rest Cu	8,9	≈ 1081	≧52	≈ 385	17,7	125
Kupfer-Eisen	(CuFe2P)	[1]	2,1 bis 2,6 Fe; 0,015 bis 0,04 P; 0,50 bis 0,20 Zn; Rest Cu	8,8	1084 bis 1089	17 bis 38	200 bis 260	16	123
Aushärtbare Knetlegierungen nach DIN 17 666									
Kupfer-Beryllium	CuBe1,7 CuBe2	2.1245 2.1247	1,6 bis 1,8 Be; 0,2 bis 0,6 Ni + Co; Rest Cu 1,8 bis 2,1 Be; 0,2 bis 0,6 Ni + Co; Rest Cu	8,4 8,3	895 bis 1000 865 bis 980	8 bis 18 8 bis 18	92 bis 125 92 bis 125	17 17	135 135
Kupfer-Kobalt-Beryllium	CuCoBe	2.1285	1,8 bis 2,8 Co; 0,4 bis 0,6 Be; Rest Cu	8,8	1030 bis 1070	25 bis 32	192 bis 239	18	138
Kupfer-Chrom	CuCr	2.1291	0,3 bis 1,2 Cr; Rest Cu	8,9	≈ 1075	26 bis 47	167 bis 314	17	112
Kupfer-Chrom-Zirkon	(CuCrZr)	2.1293 [1]	0,4 bis 1,1 Cr; 0,03 bis 0,3 Zr; Rest Cu	8,9	1073 bis 1080	26 bis 48	167 bis 320	17	112
Kupfer-Nickel-Silicium	CuNi1,5Si CuNi2Si CuNi3Si	2.0853 2.0855 2.0857	1,0 bis 1,6 Ni; 0,4 bis 0,7 Si; Rest Cu 1,6 bis 2,5 Ni; 0,5 bis 0,8 Si; Rest Cu 2,6 bis 4,5 Ni; 0,8 bis 1,3 Si; Rest Cu	8,8 8,8 8,8	1050 bis 1070 1040 bis 1060 1030 bis 1050	11 bis 24 10 bis 23 8 bis 23	75 bis 126 67 bis 120 59 bis 120	16 16 16	143 143 143
Kupfer-Zirkon	(CuZr)		0,08 bis 0,25 Zr; Rest Cu	8,9	1073 bis 1080	26 bis 54	167 bis 330	17	135
Aushärtbare Gußlegierung nach DIN 17655									
Guß-Kupfer-Chrom	G-CuCr	2.1292	0,4 bis 1,2 Cr; Rest Cu	8,9	≈ 1075	≈ 45	≈ 188	17	110 bis 130

[1] Nach DKI-Informationsdruck i. 8.
Phosphor kann ganz oder teilweise durch andere Desoxidationsmittel, z. B. Lithium, ersetzt werden.

2.4.1.3.2 Kupfer-Aluminium-Legierungen[1]

Kupfer-Aluminium-Knetlegierungen nach DIN 17 665 mittlere **Zusammensetzung**

Kurzzeichen (DIN 17665) neu	alt (Ausg. 4.1974)	alt	Werkstoffnummer	mittlere Zusammensetzung (Massenanteile) in %	Dichte D kg/dm³
CuAl5As	CuAl5As	AlBz5	2.0918	5 Al; 0,3 As; Rest Cu	8,2
CuAl8	CuAl8	AlBz8	2.0920	8 Al; Rest Cu	7,7
CuAl8Fe3	CuAl8Fe	AlBz8Fe	2.0932	8 Al; 3 Fe; Rest Cu	7,7
CuAl9Mn2	CuAl9Mn	AlBz9Mn	2.0960	9 Al; 2 Mn; Rest Cu	7,5
CuAl9Ni3Fe2	CuAl9Ni2		2.0971	9 Al; 3 Ni; 2 Fe; Rest Cu	7,7
CuAl10Fe3Mn2	CuAl10Fe	AlBz10Fe	2.0936	10 Al; 3 Fe; 2,5 Mn; Rest Cu	7,6
CuAl10Ni5Fe4	CuAl10Ni	AlBz10Ni	2.0966	10 Al; 5 Ni; 4 Fe; Rest Cu	7,5
CuAl11Ni6Fe5	CuAl11Ni	AlBz11Ni	2.0978	11 Al; 6 Ni; 6 Fe; Rest Cu	7,5

Kupfer-Aluminium-Knetlegierungen nach DIN 17 665 mittlere **Zusammensetzung** (Fortsetzung)

Kennzeichen (DIN 17 665) neu	Schmelzbereich °C	elektrische Leitfähigkeit bei 20 °C $\varkappa$ m/Ω · mm²	Wärmeleitfähigkeit bei 20 °C λ W/m · K	Ausdehnungskoeffizient (20 bis 250 °C) α 10^{-6}/K	Permeabilität μ (H = 78,5 A/cm)	Elastizitätsmodul bei 20 °C E kN/mm²	Gleitmodul bei 20 °C G kN/mm²
CuAl5As	1060 bis 1070	10	83	18	0,99995 bis 1,01	123	45
CuAl8	1037 bis 1045	8	67	17	0,99995 bis 1,01	121	43
CuAl8Fe3	1045 bis 1060	7,5	65	17	1,02 bis 1,2	120	45
CuAl9Mn2	1030 bis 1050	6,5	54	17	1,00	105	43
CuAl9Ni3Fe2	1030 bis 1050	8	65	17	1,01 bis 1,2	120	44
CuAl10Fe3Mn2	1040 bis 1050	7	57	17	1,05 bis 1,4	120	43
CuAl10Ni5Fe4	1050 bis 1080	6	50	17	1,05 bis 1,3	120	45
CuAl11Ni6Fe5	1060 bis 1080	5	40	17	1,2 bis 1,5	127	45

[1] Nach DKI-Informationsdruck 1.006.

2.4.1.3.2 Kupfer-Aluminium-Legierungen [1]

Kupfer-Aluminium-Gußlegierungen nach DIN 1714 mittlere **Zusammensetzung**

Kurzzeichen DIN 1714 (11.1981) neu	alt	Werkstoffnummer DIN 1714	mittlere Zusammensetzung* (Massenanteile) in %	Dichte D kg/dm³
G-CuAl10Fe	G-FeAlBzF50	2.0940.01	87 Cu; 10 Al; 3 Fe	7,5
G-CuAl9Ni	G-NiAlBzF50	2.0970.01	86 Cu; 9 Al; 3 Ni; 2 Fe	7,5
G-CuAl10Ni	G-NiAlBzF60	2.0975.01	80 Cu; 10 Al; 5,5 Ni; 4,5 Fe	7,6
G-CuAl11Ni	G-NiAlBzF70	2.0980.01	80 Cu; 11 Al; 6 Ni; 5,5 Fe	7,6
G-CuAl8Mn	G-NiAlBzF68	2.0962.01	85 Cu; 8 Al; 5,5 Mn; 1,5 Ni	7,5

Kupfer-Aluminium-Gußlegierungen nach DIN 1714 mittlere **Zusammensetzung** (Fortsetzung)

Kurzzeichen DIN 1714 (11.1981) neu	Schmelz-bereich °C	Schwind-maß %	elektrische Leitfähigkeit bei 20 °C $\varkappa$ m/Ω · mm²	Wärme-leitfähigkeit bei 20 °C λ W/m · K	Ausdehnungs-koeffizient (20 bis 200 °C) α 10^{-6}/K	Permea-bilität μ (H = 78,5 A/cm)	Elastizitäts-modul bei 20 °C E kN/mm²
G-CuAl10Fe	1040 bis 1060	1,5 bis 2	5 bis 8	55	16 bis 17	1,3	110 bis 116
G-CuAl9Ni	980 bis 1000	1,5 bis 2	6 bis 8	60	17 bis 19	1,01 bis 1,5	110 bis 125
G-CuAl10Ni	1020 bis 1040	1,75 bis 2	4 bis 6	60	17 bis 19	1,4 bis 2,0	110 bis 128
G-CuAl11Ni	1030 bis 1050	1,75 bis 2	2 bis 5	60	17 bis 19	1,2 bis 1,5	110 bis 128
G-CuAl8Mn	1027 bis 1050	1,5 bis 2	2 bis 4	50	18	1,001 bis 1,05	110 bis 112

[1] Nach DKI-Informationsdruck 1.006.

2.4.1.3.3 Kupfer-Nickel-Legierungen [1]

Kupfer-Nickel-Knetlegierungen nach **DIN 17 664**

Kurzzeichen DIN 17 664	Werkstoff-nummer	mittlere Zusammensetzung (Massenanteil in %)	Schmelz-bereich °C	Ausdehnungs-koeffizient (25 bis 300 °C) α 10^{-6}/K	Wärme-leitfähigkeit bei 20 °C λ W/(m · K)	elektrische Leitfähigkeit bei 20 °C $\varkappa$ m/(Ω · mm²)	Elastizitäts-modul E kN/mm²
CuNi9Sn2	2.0875	9,5 Ni; 2,3 Sn; Rest Cu	1060–1130	17,6	48	6,4	140
CuNi10Fe1Mn	2.0872	10 Ni; 1,5 Fe; 0,8 Mn; Rest Cu	1100–1145	17,0	46	5,3	130
CuNi25	2.0830	25 Ni; Rest Cu	1150–1210	15,5	29	3,1	145
CuNi30Mn1Fe	2.0882	31 Ni; 0,7 Fe; 1 Mn; Rest Cu	1180–1240	16,0	29	2,7	150
CuNi30Fe2Mn2	2.0883	30 Ni; 2 Fe; 2 Mn; Rest Cu	1160–1240	15,0	21	2,0	140
CuNi44Mn1	2.0842	44 Ni; 1,3 Mn; Rest Cu	1230–1290	14,5	23	2,04	165

Kupfer-Nickel-Gußlegierungen nach **DIN 17 658**

Kurzzeichen DIN 17 658	Werkstoff-nummer	mittlere Zusammensetzung (Massenanteile in %)	Schmelz-bereich °C	elektrische Leitfähig-keit bei 20 °C $\varkappa$ m/(Ω · mm²)	Wärme-leitfähig-keit bei 20 °C λ W/(m · K)	Aus-dehnungs-koeffizient (25 bis 300 °C) α 10^{-6}/K	Elastizitäts-modul E kN/mm²	Zugfestig-keit R_m N/mm²	Brinell-härte HB 10/1000
G-CuNi10	2.0815.01	10 Ni; 1,5 Fe; 1 Mn; 0,25 Nb; 0,2 Si; Rest Cu	1105 bis 1140	5,5	59	17	123	≧310	≧100
G-CuNi30	2.0835.01	30 Ni; 1 Fe; 1 Mn; 0,75 Nb; 0,5 Si; Rest Cu	1170 bis 1240	2,5	29	16	145	≧440	≧115

2.4.1.3.3 Kupfer-Nickel-Legierungen (Fortsetzung)

Kupfer-Nickel-Legierungen als Widerstandslegierungen nach **DIN 17471**

Kurzzeichen DIN 17471	Werkstoff-nummer	mittlere Zusammensetzung (Massenanteile in %)	Solidus-temperatur °C	Dichte bei 20 °C D_{20} kg/dm³	spez. Wärme bei 20 °C C_p J/(g · K)	Wärme-leitfähigkeit bei 20 °C λ W/(m · K)	Mittlerer Längenausdehnungskoeffizient (20 bis 100 °C) α 10^{-6}/K	(20 bis 400 °C) α 10^{-6}/K	Thermo-spannung gegen Kupfer bei 20 °C µV/K
CuNi2	2.0802	2 Ni; Rest Cu	1090	8,9	0,38	130	16,5	17,5	−15
CuNi6	2.0807	6 Ni; Rest Cu	1095	8,9	0,38	92	16	17,5	−20
CuNi10	2.0811	10 Ni; Rest Cu	1100	8,9	0,38	59	16	17,5	−25
CuNi23Mn	2.0881	23 Ni; 1,5 Mn; Rest Cu	1150	8,9	0,37	33	16	17,5	−30
CuNi30Mn	2.0890	30 Ni; 3 Mn; Rest Cu	1180	8,8	0,40	25	14,5	16	−25
CuNi44	2.0842	44 Ni; 1 Mn; Rest Cu	1230 bis 1290 [2]	8,9	0,41	23	13,5	15	−40

Spezifischer elektrischer Widerstand in Ω · mm²/m bei 20 °C	100 °C	200 °C	300 °C	400 °C	500 °C	Temperaturkoeffizient des elektrischen Widerstandes zwischen 20 und 105 °C 10^{-6}/K	Obere Anwendungstemperatur an Luft °C	Zugfestigkeit R_m N/mm² ≧
0,05	0,057	0,064	–	–	–	+ 1000 bis + 1600	300	220
0,10	0,107	0,114	0,123	–	–	+ 500 bis + 900	300	250
0,15	0,156	0,162	0,169	0,175	–	+ 350 bis + 450	400	290
0,30	0,308	0,315	0,323	0,331	0,339	+ 220 bis + 280	500	350
0,40	0,404	0,410	0,417	0,424	0,432	+ 80 bis + 130	500	40
0,49	0,49	0,49	0,49	0,49	0,49	– 80 bis + 40	600	420

[1] Nach DKI-Informationsdruck i.014.

2.4.1.3.4 Kupfer-Nickel-Knetlegierungen/ Neusilber[1]

Kurzzeichen DIN 17 663 neu	Kurzzeichen DIN 17 663 früher	Kurzzeichen ISO 430[1]	Werkstoffnummer	mittlere Zusammensetzung Gew.-% Cu	Ni	Zn	Pb
bleifreie Knetlegierungen							
CuNi12Zn24	Ns6512	CuNi12Zn24	2.0730	64	12	24	–
CuNi18Zn20	Ns6218	CuNi18Zn20	2.0740	62	18	20	–
CuNi25Zn15	Ns6025	nicht in ISO	2.0750	60	25	15	–
bleihaltige Knetlegierungen							
CuNi10Zn42Pb	Ns4711Pb	CuNi10Zn42Pb2	2.0770	47	10	42	1
CuNi12Zn30Pb	Ns5712Pb	nicht in ISO	2.0780	57	12	30	1
CuNi18Zn19Pb	Ns6218Pb	CuNi18Zn19Pb1	2.0790	62	18	19	1

Kurzzeichen DIN 17 663 neu	Dichte D ≈ kg/dm³	Schmelzbereich °C	elektrische Leitfähigkeit bei 20 °C m/Ω · mm²	Wärmeleitfähigkeit bei 20 °C W/m · K	Ausdehnungskoeffizient (25 bis 300 °C) 10^{-6}/K	Zugfestigkeit R_m (σ_B) N/mm²	0,2%-Dehngrenze $R_{p\,0,2}$ ($\sigma_{0.2}$) N/mm²	Bruchdehnung A_5 (δ_5) % mind.	Bruchdehnung A_{10} (δ_{10}) % mind.	Brinellhärte HB 2,5/62,5 ungefähre Mittelwerte
bleifreie Knetlegierungen										
CuNi12Zn24	8,7	990 bis 1020	4	33	16,5	340 bis 410	≦290	45	40	85
CuNi18Zn20	8,7	1025 bis 1100	3,5	27	17	370 bis 430	≦290	40	35	90
CuNi25Zn15	8,8	1105	3	23	16,5	390 bis 460	≦290	40	35	90
bleihaltige Knetlegierungen										
CuNi10Zn42Pb	8,5	900 bis 920	5	35	19,5	≧510	≧370	12	8	150
CuNi12Zn30Pb	8,6	950 bis 1000	4	33	19,5	490 bis 590	≧410	12	8	155
CuNi18Zn19Pb	8,8	1015 bis 1075	3,5	27	17	430 bis 530	≧290	25	20	135

[1] DKI-Informationsdruck i.13.

2.4.1.3.5 Schweißmaterial

Kurzzeichen DIN 1733	Werkstoff-nummer DIN 1733	mittlere Zusammensetzung (Massenanteile) in %	Verwendung für		
			Gasschweißen	WIG-Schweißen	MIG-Schweißen
Zinkhaltige Schweißzusätze					
S-CuZn40Si	2.0366	60 Cu; 0,2 Si; Rest Zn	empfohlen	geeignet	nicht geeignet
S-CuZn39Ag	2.0535	59 Cu; 1 Ag; 0,2 Si; Rest Zn	empfohlen	geeignet	nicht geeignet
S-CuZn39Sn	2.0532	59 Cu; 1 Sn; 0,3 Si; Rest Zn	empfohlen	geeignet	nicht geeignet
Zinkfreie Schweißzusätze					
S-CuSn	2.1006	1 Sn; 0,3 Si; 0,3 Mn; Rest Cu	geeignet	empfohlen	empfohlen
S-CuSi3	2.1461	3 Si; 1 Mn; Rest Cu	nicht geeignet	empfohlen	empfohlen
S-CuSn6	2.1022	6 Sn; 0,2 P; Rest Cu	geeignet	empfohlen	empfohlen
S-CuAl8	2.0921	B Al; Rest Cu	nicht geeignet	empfohlen	empfohlen

Schweißzusätze nach DIN 1733 für Kupfer-Zink-Legierungen [1]

[1] Nach DKI-Informationsschrift i.15.

2.4.1.3.6 Kupfer-Zinn-Legierungen, Zinnbronzen

Kupfer-Zinn-Knetlegierungen nach **DIN 17 662** [1]

Kurzzeichen	Werkstoff-nummer	mittlere Zusammensetzung (Massenanteile) in %	früheres Kurzzeichen	Dichte D kg/dm³	Schmelz-bereich °C	elektrische Leitfähigkeit (bei 20 °C) $\varkappa$ m/Ω · mm²
CuSn4	2.1016	4 Sn; 0,01 bis 0,35 P; Rest Cu	SnBz4	8,9	960–1060	12,0
CuSn6	2.1020	6 Sn; 0,01 bis 0,35 P; Rest Cu	SnBz6	8,8	910–1040	9,0
CuSn8	2.1030	8 Sn; 0,01 bis 0,35 P; Rest Cu	SnBz8	8,8	875–1025	7,5
CuSn6Zn6	2.1080	6 Sn; 6 Zn; 0,01 bis 0,1 P; Rest Cu	MSnBz6	8,8	900–1015	9,5

Kupfer-Zinn-Knetlegierungen nach **DIN 17 662** (Fortsetzung)

Kurzzeichen	Temperatur-koeffizient des elektr. Widerstandes α_K K^{-1}	Wärmeleit-fähigkeit (bei 20 °C) λ W/m · K	Aus-dehnungs-koeffizient (20 ⋯ 200 °C) α 10^{-6}/K	Schmelz-wärme ΔH (s-l) J/g	spezifische Wärme C_p J/g · K	Permeabilität μ (H = 80 A/cm)
CuSn4	0,0007	90	18,2	~195	0,377	<1,0001
CuSn6	0,0007	75	18,5	~189	0,377	<1,0001
CuSn8	0,0007	67	18,5	~187	0,377	<1,0001
CuSn6Zn6	0,0008	80	18,4	~190	0,377	<1,0001

nach früheren Ausgaben von DIN 17 662

		Dichte D kg/dm³	Schmelz-bereich °C	elektrische Leitfähigkeit (bei 20 °C) $\varkappa$ m/Ω · mm²	Wärmeleit-fähigkeit (bei 20 °C) λ W/m · K	Ausdehnungs-koeffizient (20–200 °C) α 10^{-6}/K
CuSn2	2 Sn; 0,01 bis 0,4P; Rest Cu	8,9	1015 bis 1070	25,0	184	17,8
CuSn5	5 Sn; 0,01 bis 0,4P; Rest Cu	8,8	930 bis 1060	10	96	18,3
CuSn4Zn4	4 Sn; 4 Zn; bis 0,1P; Rest Cu					
CuSn4Zn4Pb4	4 Sn; 4 Zn; 4 Pb; bis 0,1 P; Rest Cu					

[1] Nach DKI-Informationsdruck i.15.

2.4.1.3.7 Kupfer-Zinn- und Kupfer-Zink-Gußlegierungen [1]

Kennzeichen [1] nach DIN 1705 bzw. DIN 1716	Werkstoffnummer	mittlere Zusammensetzung (Massenanteil) in %	früheres Kurzzeichen	Dichte D g/cm³	Schmelzbereich °C	Schwindmaß %
Kupfer-Zinn-Gußlegierungen nach DIN 1705						
G-CuSn12	2.1052.01	12 Sn, Rest Cu	G-SnBz12	8,6	830 bis 1000	1,5
G-CuSn12Ni	2.1060.01	12 Sn; 2 Ni; Rest Cu		8,6	830 bis 1010	1,5
G-CuSn12Pb	2.1061.01	12 Sn; 1.5 P; Rest Cu		8,7	830 bis 1000	1,5
G-CuSn10	2.1050.01	10 Sn; Rest Cu	G-SnBz10	8,7	830 bis 1020	1,5
Kupfer-Zinn-Zink-Gußlegierungen nach DIN 1705						
G-CuSn10Zn	2.1086.01	10 Sn; 2 Zn; Rest Cu	Rg10	8,7	850 bis 1010	1,3 bis 1,5
G-CuSn7ZnPb	2.1090.01	7 Sn; 4 Zn; 6 Pb; Rest Cu	Rg7	8,8	860 bis 1020	1,3 bis 1,5
G-CuSn6ZnNi	2.1093.01	6 Sn; 2 Zn; 3 Pb; 2 Ni; Rest Cu	–	8,7	830 bis 1030	1,3 bis 1,5
G-CuSn5ZnPb	2.1096.01	5 Sn; 5 Zn; 5 Pb; Rest Cu	Rg5	8,7	860 bis 1030	1,3 bis 1,5
G-CuSn2ZnPb	2.1098.01	2 Sn; 8 Zn; 5 Pb; 2 Ni; Rest Cu	–	8,7	830 bis 1040	1,3 bis 1,5
Kupfer-Blei-Zinn-Gußlegierungen nach DIN 1716						
G-CuPb5Sn	2.1170.01	5 Pb; 10 Sn; Rest Cu	G-SnPbBz5	8,7	850 bis 1000	1,4
G-CuPb10Sn	2.1176.01	9,5 Pb; 10 Sn; Rest Cu	G-SnPbBz10	9,0	850 bis 1000	1,4
G-CuPb15Sn	2.1182.01	15 Pb; 8 Sn; Rest Cu	G-SnPbBz15	9,1	880 bis 1030	1,4
G-CuPb20Sn	2.1188.01	20,5 Pb; 5 Sn; Rest Cu	G-SnPbBz20	9,3	900 bis 950	1,5
G-CuPb22Sn	2.1166.09	22 Pb; 2 Sn; Rest Cu	G-PbBz25	9,5	900 bis 950	–

[1] Nach DKI-Informationsdruck i.025.

2.4.1.3.7 Kupfer-Zinn- und Kupfer-Zink-Gußlegierungen (Fortsetzung)

Kennzeichen nach DIN 1705 bzw. DIN 1716	elektrische Leitfähigkeit bei 20 °C $\varkappa$ m/(Ω · mm²)	Wärmeleitfähigkeit bei 20 °C λ W/(m · K)	Ausdehnungskoeffizient 20 … 200 °C α 10^{-6}/K	Elastizitätsmodul E kN/mm²	Biegewechselfestigkeit (10^8 Lastwechsel) R_{bw} N/mm²	Scherfestigkeit N/mm²
Kupfer-Zinn-Gußlegierungen nach DIN 1705						
G-CuSn12	6,2	54	18,5	90 bis 110	90	195 bis 210
G-CuSn12Ni	6,2	54	17,5	90 bis 110	140	210 bis 225
G-CuSn12Pb	6,2	54	18,5	90 bis 110	130	195 bis 210
G-CuSn10	7,0	59	18,5	90 bis 110	100	200 bis 215
Kupfer-Zinn-Zink-Gußlegierungen nach DIN 1705						
G-CuSn10Zn	6,5	56	18,8	75 bis 100	100	195 bis 210
G-CuSn7ZnPb	7,5	64	18,5	98 bis 115	110	180 bis 190
G-CuSn6ZnNi	7,9	69	18,5	90 bis 96	80	200 bis 215
G-CuSn5ZnPb	8,5	71	18,2	65 bis 105	75	165 bis 175
G-CuSn2ZnPb	8,5	71	18,0	90 bis 95	110	155 bis 170
Kupfer-Blei-Zinn-Gußlegierungen nach DIN 1716						
G-CuPb5Sn	6,5	59	18,5	80 bis 85	80 bis 90	145 bis 180
G-CuPb10Sn	6,0	54	18,7	75 bis 83	70 bis 85	110 bis 135
G-CuPb15Sn	7,0	63	18,8	75 bis 80	–	110 bis 135
G-CuPb20Sn	8,5	71	19,3	74 bis 78	–	95 bis 120
G-CuPb22Sn	–	67	–	–	–	–

2.4.1.3.8 Kupfer-Zink-Legierungen[1]/Messing und Sondermessing

Kupfer-Zink-Knetlegierungen nach DIN 17 660

Kurzzeichen DIN 17 660	früheres Kurzzeichen	Werkstoffnummer DIN	mittlere Zusammensetzung (Massenanteile) in %	Zugfestigkeit R_m N/mm^2	Brinellhärte HB 10
Kupfer-Zink-Knetlegierungen ohne weitere Legierungselemente					
CuZn5	Ms95	2.0220	95 Cu; Rest Zn	230 bis ≧ 340	45 bis 105
CuZn10	Ms90 (Rottombak)	2.0230	90 Cu; Rest Zn	240 bis ≧ 350	50 bis 105
CuZn15	Ms85 (Goldombak)	2.0240	85 Cu; Rest Zn	260 bis ≧ 460	55 bis 140
CuZn20	Ms80 (Hellrottombak)	2.0250	80 Cu; Rest Zn	270 bis ≧ 490	55 bis 145
CuZn28	Ms72 (Gelbtombak)	2.0261	72 Cu; Rest Zn	270 bis ≧ 520	55 bis 150
CuZn30	Ms70	2.0265	70 Cu; Rest Zn	270 bis ≧ 520	55 bis 150
CuZn33	Ms67 (Halbtombak)	2.0280	67 Cu; Rest Zn	280 bis ≧ 530	55 bis 150
CuZn36	Ms63 (Druckmessing)	2.0335	64 Cu; Rest Zn	300 bis ≧ 610	55 bis 190
CuZn37		2.0321	63 Cu; Rest Zn	300 bis ≧ 610	55 bis 190
CuZn40	Ms60	2.0360	60 Cu; Rest Zn	340 bis ≧ 470	75 bis 130
Kupfer-Zink-Knetlegierungen mit Blei					
CuZn36Pb1,5	Ms63Pb (Nippelmessing)	2.0331	63 Cu; 1,5 Pb; Rest Zn	290 bis ≧ 540	60 bis 160
CuZn37Pb0,5		2.0332	63 Cu; 0,5 Pb; Rest Zn	290 bis ≧ 540	60 bis 160
CuZn36Pb3	–	2.0375	61 Cu; 3 Pb; Rest Zn	340 bis ≧ 460	85 bis 140
CuZn38Pb1,5	Ms60Pb	2.0371	60 Cu; 1,5 Pb; Rest Zn	340 bis ≧ 540	75 bis 150
CuZn39Pb0,5		2.0372	60 Cu; 0,5 Pb; Rest Zn	340 bis ≧ 540	75 bis 150
CuZn39Pb2	Ms58	2.0380	59 Cu; 2 Pb; Rest Zn	360 bis ≧ 590	85 bis 160
CuZn39Pb3		2.0401	58 Cu; 3 Pb; Rest Zn	360 bis ≧ 500	90 bis 145
CuZn40Pb2		2.0402	58 Cu; 2 Pb; Rest Zn	380 bis ≧ 610	90 bis 165
CuZn44Pb2	Ms56	2.0410	56 Cu; 2 Pb; Rest Zn	ohne vorgeschriebene Werte	

[1] Nach DKI-Informationsschrift i.5.

2.4.1.3.8 Kupfer-Zink-Legierungen[1]/Messing und Sondermessing (Fortsetzung)

Kurzzeichen DIN 17 660	Dichte D kg/dm³	Schmelzbereich °C	Elektrische Leitfähigkeit bei 20 °C $\varkappa$ m/Ω · mm²	Wärmeleitfähigkeit bei 20 °C λ W/m · K	Wärmeausdehnungskoeffizient (20 bis 200 °C) α 10^{-6}/K	Permeabilität (H = 80 A/cm) μ	Elastizitätsmodul bei 20 °C E kN/mm²	Schubmodul G kN/mm²
Kupfer-Zink-Knetlegierungen ohne weitere Legierungselemente								
CuZn5	8,9	1055 bis 1065	33,3	243	18,0	0,99997 bis 1,04	127	48
CuZn10	8,8	1025 bis 1045	24,7	184	18,2	0,99997 bis 1,04	124	46
CuZn15	8,8	1005 bis 1025	21,1	159	18,5	0,99997 bis 1,04	122	45
CuZn20	8,7	970 bis 1010	19,0	142	18,8	0,99997 bis 1,04	119	44
CuZn28	8,6	910 bis 965	16,5	130	19,7	0,99997 bis 1,04	114	40
CuZn30	8,5	910 bis 965	16,3	126	19,7	0,99997 bis 1,04	114	40
CuZn33	8,5	902 bis 940	15,5	121	19,9	0,99997 bis 1,04	112	40
CuZn36	8,4	902 bis 920	15,5	121	20,2	0,99997 bis 1,04	110	40
CuZn37	8,4	902 bis 920	15,5	121	20,2	0,99997 bis 1,04	110	40
CuZn40	8,4	895 bis 900	15,0	117	20,3	0,99997 bis 1,04	102	37
Kupfer-Zink-Knetlegierungen mit Blei								
CuZn36Pb1,5	8,5	902 bis 915	14,7	113	20,4	0,99997 bis 1,04	110	39
CuZn37Pb0,5	8,5	902 bis 915	14,7	113	20,4	0,99997 bis 1,04	110	39
CuZn36Pb3	8,5	885 bis 900	13,0	100	20,6	0,99997 bis 1,05	102	37
CuZn38Pb1,5	8,4	895 bis 900	13,9	109	20,4	0,99997 bis 1,05	102	37
CuZn39Pb0,5	8,4	895 bis 900	13,9	109	20,4	0,99997 bis 1,05	102	37
CuZn39Pb2	8,4	880 bis 895	13,9	109	21,1	0,99997 bis 1,05	102	36
CuZn39Pb3	8,5	880 bis 895	14,6	113	21,4	0,99997 bis 1,06	96	35
CuZn40Pb2	8,4	880 bis 895	14,9	113	21,1	0,99997 bis 1,05	96	36
CuZn44Pb2	8,4	870 bis 885	16,4	126	21,2	0,99997 bis 1,05	84	31

2.4.1.3.8 Kupfer-Zink-Legierungen[1]/Messing und Sondermessing (Fortsetzung)

Kurzzeichen DIN 17660	früheres Kurzzeichen	Werkstoffnummer DIN	mittlere Zusammensetzung (Massenanteile) in %	Zugfestigkeit R_m N/mm²	Brinellhärte HB 10
Kupfer-Zink-Knetlegierungen mit weiteren Legierungselementen					
CuZn20Al2	SoMs76	2.0460	76 Cu; 2 Al; 0,020 bis 0,035 As; Rest Zn	330 bis ≧ 390	65 bis 100
CuZn23Al6Mn4Fe3	SoMs64	2.0500	64 Cu; 6 Al; 4 Mn; 3 Fe; Rest Zn	≧780	190
CuZn28Sn1	SoMs71	2.0470	71 Cu; 1 Sn; 0,020 bis 0,035 As; Rest Zn	≧320	65 bis 100
CuZn31Si1	SoMs68	2.0490	68 Cu; 1 Si; Rest Zn	440 bis ≧ 490	120 bis 150
CuZn35Ni2	SoMs59	2.0540	59 Cu; 2,5 Ni; 2 Mn; 1 Al; Rest Zn	440 bis ≧ 540	120 bis 150
CuZn38SnAl	–	2.0525	60 Cu; 0,4 Sn; 0,3 Al; 0,3 Ni; 0,3 Fe; 0,5 Pb; Rest Zn	390 bis ≧ 450	80 bis 115
CuZn38Sn1	SoMs60	2.0530	60 Cu; 1 Sn; Rest Zn	≧340	80 bis 120
CuZn37Al1	SoMs58Al1	2.0510	60 Cu; 1 Al; 1 Mn; Rest Zn	440 bis ≧ 510	125 bis 145
CuZn40Al1		2.0561	58 Cu; 1 Al; 1,3 Mn; Rest Zn	440 bis ≧ 510	125 bis 145
CuZn40Al2	SoMs58Al2	2.0550	58 Cu; 2 Al; 2 Mn; Rest Zn	540 bis ≧ 640	150 bis 170
CuZn40Mn2	SoMs58	2.0572	58 Cu; 2 Mn; Rest Zn	440 bis ≧ 490	120 bis 135
CuZn40Mn1Pb	SoMs58Pb	2.0580	58 Cu; 1 Mn; 1,5 Pb; Rest Zn	390 bis ≧ 490	110 bis 140

Kupfer-Zink-Gußlegierungen nach DIN 1709

Kurzzeichen DIN 1709	früheres Kurzzeichen	Werkstoffnummer DIN	mittlere Zusammensetzung (Massenanteile) in %	Zugfestigkeit R_m N/mm² (minimal)	Brinellhärte HB 10/1000 (minimal)
G-CuZn15	–	2.0241	85 Cu; 0,1 As; Rest Zn	170	45
G-CuZn33Pb	G-Ms65	2.0290	65 Cu; 2 Pb; Rest Zn	180	45
G-CuZn37Pb	G-Ms60	2.0340	61 Cu; 0,5 Al; 1,5 Pb; Rest Zn	280	70
G-CuZn38Al	G-Ms60	2.0591	61 Cu; 0,5 Al; Rest Zn	300	75
G-CuZn40Fe	G-SoMF30	2.0590	59 Cu; 0,7 Fe; Rest Zn	300	75
G-CuZn37Al1	G-SoMF45	2.0595	62 Cu; 1 Al; Rest Zn	450	105
G-CuZn35Al1	G-SoMF45	2.0592	60 Cu; 1,5 Al; 1,5 Fe; 1,5 Mn; Rest Zn	450	110
G-CuZn34Al2	G-SoMF60	2.0596	60 Cu; 2 Al; 2 Fe; 2 Mn; Rest Zn	600	170
G-CuZn25Al5	G-SoMF75	2.0598	63,5 Cu; 5 Al; 2,5 Fe; 3,5 Mn; Rest Zn	750	180
G-CuZn15Si4	–	2.0492	80,5 Cu; 4 Si; Rest Zn	400	100

2.4.1.3.8 Kupfer-Zink-Legierungen[1]/Messing und Sondermessing (Fortsetzung)

Kurzzeichen DIN 17 660	Dichte D kg/dm³	Schmelzbereich °C	Elektrische Leitfähigkeit bei 20 °C $\varkappa$ m/Ω · mm²	Wärmeleitfähigkeit bei 20 °C λ W/m · K	Wärmeausdehnungskoeffizient (20 bis 200 °C) α 10^{-6}/K	Permeabilität (H = 80 A/cm) μ	Elastizitätsmodul bei 20 °C E kN/mm²	Schubmodul G kN/mm²
Kupfer-Zink-Knetlegierungen mit weiteren Legierungselementen								
CuZn20Al2	8,3	930 bis 970	12,6	100	19,0	0,99997 bis 1,06	110	41
CuZn23Al6Mn4Fe3	8,2	950 bis 1030	4,0	27	20,5	0,99997 bis 1,06	105	39
CuZn28Sn1	8,5	890 bis 945	14,1	109	19,5	0,99997 bis 1,06	110	41
CuZn31Si1	8,4	880 bis 915	8,9	71	19,2	0,99997 bis 1,06	108	38
CuZn35Ni2	8,3	880 bis 890	5,7	46	18,0	0,99997 bis 1,06	100	38
CuZn38SnAl	8,3	880 bis 890	15,1	117	18,0	0,99997 bis 1,06	112	42
CuZn38Sn1	8,4	880 bis 890	15,1	117	21,2	0,99997 bis 1,06	112	42
CuZn37Al1	8,3	860 bis 910	7,8	80	21,1	0,99997 bis 1,06	93	35
CuZn40Al1	8,2	890 bis 920	9,1	71	21,6	0,99997 bis 1,06	106	40
CuZn40Al2	8,1	875 bis 910	7,8	63	20,4	0,99997 bis 1,06	93	35
CuZn40Mn2	8,3	880 bis 890	8,6	67	8,5	0,99997 bis 1,06	100	38
CuZn40Mn1Pb	8,2	900 bis 930	8,7	67	19,0	0,99997 bis 1,06	95	36

Kupfer-Zink-Gußlegierungen nach DIN 1709

Kurzzeichen DIN 1709	Dichte D kg/dm³	Schmelzbereich °C	Elektrische Leitfähigkeit bei 20 °C $\varkappa$ m/Ω · mm²	Wärmeleitfähigkeit bei 20 °C λ W/m · K	Wärmeausdehnungskoeffizient (20 bis 200 °C) α 10^{-6}/K	Permeabilität (H = 78,5 A/cm) μ	Schwindmaß %	Elastizitätsmodul bei 20 °C E kN/mm²
G-CuZn15	8,6	990 bis 1030	15	90	19	1,00 bis 1,01	1,8 bis 2	90 bis 100
G-CuZn33Pb	8,5	930 bis 945	15	80	19	1,00 bis 1,035	1,8 bis 2	95 bis 100
G-CuZn37Pb	8,5	890 bis 910	10 bis 14	65 bis 85	19	1,00 bis 1,02	1,8 bis 2	98 bis 120
G-CuZn38Al	8,5	900 bis 915	14	85	20	1,00 bis 1,035	1,8 bis 2	95 bis 110
G-CuZn40Fe	8,6	880 bis 900	8,5	50	18,5	1,00 bis 1,05	1,8 bis 2	90 bis 100
G-CuZn37Al1	8,5	880 bis 900	8 bis 9,5	50 bis 60	19	1,00 bis 1,35	2	19 bis 105
G-CuZn35Al1	8,6	880 bis 900	8 bis 9,5	55	19	1,05 bis 1,20	1,5 bis 2,3	95 bis 110
G-CuZn34Al2	8,6	880 bis 900	7 bis 8	55 bis 59	20	1,05 bis 1,30	1,5 bis 2,3	90 bis 98
G-CuZn25Al5	8,2	900 bis 925	7 bis 8	45 bis 55	18	1,05 bis 1,20	1,8 bis 2,3	105 bis 115
G-CuZn15Si4	8,6	830 bis 900	3 bis 5	34	18	1,00 bis 1,01	1,5	100

2.4.1.4. Magnesium-Legierungen

2.4.1.4.1 Magnesium-Gußlegierungen nach DIN 1729

Kurzzeichen	handels-übl. Bezeichnung	Legierungs-bestandteile %	Werkstoffeigenschaften				
			0,2-Grenze [1] N/mm²	Zugfestigkeit [1] N/mm²	Bruch-dehnung [1] %	Brinell-härte [1] HB5/250	Biegewechselfestig-keit b. 50 × 10⁶ Lastspielen N/mm²
G-MgAl8Zn1	AZ 81	Al 7,0 bis 8,5 Zn 0,3 bis 1,0 Mn 0,1 bis 0,3	90 bis 110 (80)	160 bis 220 (130)	2 bis 6 (1)	50 bis 65	70 bis 90
G-MgAl8Zn1 ho		Mg Rest	90 bis 120 (80)	240 bis 280 (170)	8 bis 12 (4)	50 bis 65	80 bis 100
GK-MgAl8Zn1			90 bis 110 (80)	160 bis 220 (130)	2 bis 6 (1)	50 bis 65	70 bis 90
GK-MgAl8Zn1 ho			90 bis 120 (80)	240 bis 280 (170)	8 bis 12 (4)	50 bis 65	80 bis 100
GD-MgAl8Zn1			140 bis 160	200 bis 240	1 bis 3	60 bis 85	50 bis 70
G-MgAl9Zn1	AZ 91	Al 8,0 bis 9,5 Zn 0,3 bis 1,0 Mn 0,1 bis 0,3	90 bis 120 (80)	160 bis 220 (130)	2 bis 5 (1)	50 bis 65	70 bis 90
G-MgAl9Zn1 ho		Mg Rest	110 bis 140 (90)	240 bis 280 (170)	6 bis 12 (3)	55 bis 70	80 bis 100
G-MgAl9Zn1 wa			150 bis 190 (140)	240 bis 300 (170)	2 bis 7 (1,5)	60 bis 90	80 bis 100
GK-MgAl9Zn1			110 bis 130 (90)	160 bis 220 (120)	2 bis 5 (1)	55 bis 70	70 bis 90
GK-MgAl9Zn1 ho			120 bis 160 (100)	240 bis 280 (170)	6 bis 10 (3)	55 bis 70	80 bis 100
GK-MgAl9Zn1 wa			150 bis 190 (130)	240 bis 300 (170)	2 bis 7 (1,5)	60 bis 90	80 bis 100
GD-MgAl9Zn1			150 bis 170	200 bis 250	0,5 bis 3,0	65 bis 85	50 bis 70

2.4.1.4.1 Magnesium-Gußlegierungen nach DIN 1729 (Fortsetzung)

Kurzzeichen	handels-übl. Bezeichnung	Legierungs-bestandteile %	Werkstoffeigenschaften				
			0,2-Grenze [1] N/mm^2	Zugfestigkeit [1] N/mm^2	Bruch-dehnung [1] %	Brinell-härte [1] HB5/250	Biegewechselfestig-keit b. 50×10^6 Lastspielen N/mm^2
G-MgZn4SE1Zr1	RZ 5	Zn 3,5 bis 5,0 SE 0,8 bis 1,7 Zr 0,4 bis 1,0 Mg Rest	140 bis 180 (140)	200 bis 240 (190)	3 bis 8 (2)	60 bis 80	80 bis 95
G-MgZn5Th2Zr1	TZ6	Zn 4,8 bis 6,2 Th 1,5 bis 2,0 Zr 0,4 bis 1,0 Mg Rest	150 bis 180 (120)	250 bis 290 (200)	3 bis 8 (3)	60 bis 80	70 bis 85
G-MgSE3Zn2Zr1	ZRE 1	SE 2,5 bis 4,0 Zn 0,8 bis 3,0 Zr 0,4 bis 1,0 Mg Rest	100 bis 120 (90)	150 bis 180 (120)	3 bis 6 (2)	50 bis 70	65 bis 75
G-MgTh3Zn2Zr1	ZT 1	Th 2,7 bis 3,3 Zn 1,7 bis 2,7 Zr 0,4 bis 1,0 Mg Rest	90 bis 120 (80)	190 bis 240 (180)	5 bis 12 (4)	50 bis 60	65 bis 75
G-MgAg3SE2Zr1	MSR	Ag 2,0 bis 3,0 SE 1,8 bis 2,5 Zr 0,4 bis 1,0 Mg Rest	180 bis 220 (140)	240 bis 280 (200)	2 bis 6 (1)	65 bis 85	100 bis 120
G-MgAl6	A 6	Al 5,5 bis 6,5 Mn 0,1 bis 0,4 Mg Rest	80 bis 110 (80)	180 bis 240 (140)	8 bis 12 (4)	50 bis 65 (50)	70 bis 90
G-MgAl6 ho			90 bis 110 (90)	190 bis 250 (150)	8 bis 15 (6)	50 bis 65 (50)	70 bis 90
GD-MgAl6			120 bis 150	190 bis 230	4 bis 8	55 bis 70	50 bis 70

2.4.1.4.1 Magnesium-Gußlegierungen nach DIN 1729 (Fortsetzung)

Kurzzeichen	handelsübl. Bezeichnung	Legierungsbestandteile %	Werkstoffeigenschaften				
			0,2-Grenze [1] N/mm²	Zugfestigkeit [1] N/mm²	Bruchdehnung [1] %	Brinellhärte [1] HB5/250	Biegewechselfestigkeit b. 50 × 10⁶ Lastspielen N/mm²
GD-MgAl6Zn1	AZ 61	Al 5,5 bis 6,5 Zn 0,2 bis 1,0 Mn 0,1 bis 0,4 Mg Rest	130 bis 160	200 bis 240	3 bis 6	55 bis 70	50 bis 70
GD-MgAl4Si1	AS 41	Al 4,0 bis 5,0 Si 0,4 bis 1,0 Mg 0,2 bis 0,5 Mg Rest	120 bis 150	200 bis 250	3 bis 6	60 bis 90	50 bis 70

[1] Die nicht eingeklammerten Werte sind an gesondert gegossenen Probestäben ermittelt.

2.4.1.4.2 Magnesium-Knetlegierungen nach DIN 1729

Kurzzeichen	handelsübl. Bezeichnung	Legierungsbestandteile (%)	0,2-Grenze N/mm²		Zugfestigkeit N/mm²		Dehnung (%)		Brinell-Härte
			typ.	min.	typ	min.	typ.	min	
MgMn2	M 2	Mn 1,2–2,0	150	–	250	195	10	2	43
MgAl3Zn	AZ 31	Al 2,5–3,5 Zn 0,5–1,5 Mn 0,15–0,4	170 [1] (200)	110 (150)	250 (270)	220 (250)	16 (15)	8 (7)	46 (49)
MgAl6Zn	AZ 61	Al 5,5–7,0 Zn 0,5–1,5 Mn 0,15–0,4	170 (230)	110 (150)	280 (320)	250 (270)	14 (16)	7 (8)	50 (60)
MgZn6Zr	ZK 60	Zn 4,8–6,2 Zr 0,45–0,80	250 (270)	200 (220)	320 (340)	280 (300)	12 (14)	5 (5)	75 (75)
MgZn6Zr		(warmausgehärtet)	280 (310)	270 (250)	350 (370)	320 (320)	11 (11)	4 (4)	82 (82)
MgZn2Mn [2]	ZM 21	Zn 1,8–2,2 Mn 0,75–1,25	150 (170)	– (150)	250 (260)	– (230)	15 (20)	– (14)	– (49)

[1] Werte ungeklammert: Rohre, Hohlprofile; Klammerwerte: Stangen, dichte Profile. – [2] Nicht genormt.

2.4.1.5 Aluminiumlegierungen

(nach Aluminium-Schlüssel, 5. Auflage)

Bezeichnung	Werkstoff-Nummer	Zusammensetzung bzw. zulässige Beimengungen in % der Masse								Dichte	Schmelzbereich	Elektrische Leitfähigkeit	Wärmeleitfähigkeit	Wärmeausdehnungskoeffizient
		Si	Fe	Cu	Mn	Mg	Zn	Ti	Ga	10^3 kg/m³	°C	(m/Ω mm²)	(W/m · K)	(10^{-6} 1/K)
Al99.98 R	3.0385	0.010	0.006	0.003	–	–	0.01	0.003	–	2,70	660	37,6	232	23,6
Al99.5	3.0255	0.25	0.40	0.05	0.05	0.05	0.07	0.05	–	2,70	646–657	34–36	210–220	23,5
Al99	3.0205	Si + Fe	1.0	0.05	0.05	0.05	0.10	0.05	–	2,71	644–657	33–34	205–210	23,5
Knetwerkstoffe														
		Si	Fe	Cu	Mn	Mg	Cr	Zn	Ti					
Al99.8ZnMg	3.4337	0.10	0.10	0.20	0.05	0.7–1.2	0.10	3.8–4.6	0.020	–	–	–	–	–
AlFeSi	3.0915	0.40	0.50	0.1	0.10	–	–	0.10	0.05	2,71	640–655	34–35	210–220	23,5
AlMn0.6	3.0506	0.30	0.45	0.10	0.4–0.8	0.10	–	0.10	–	–	–	–	–	–
AlMnCu	3.0517	0.6	0.7	0.05–0.20	1.0–1.5	–	–	0.10	–	2,73	643–654	23–29	160–200	23,2
AlMn1Mg1	3.0526	0.30	0.7	0.25	1.0–1.5	0.8–1.3	–	0.26	–	2,72	629–654	23–25	160–190	23,2
AlMg1	3.3315	0.30	0.45	0.05	0.15	0.7–1.1	0.10	0.20	–	2,69	630–650	23–31	160–220	23,6
AlMg3	3.3535	0.40	0.40	0.10	–	2.6–3.6	–	0.20	0.15	2,66	610–640	20–23	140–160	23,9
AlMg5	3.3555	0.40	0.50	0.10	0.1–0.6	4.5–5.4	–	0.20	0.20	2,64	575–630	15–19	110–140	24,1
AlMg2Mn0.8	3.3527	0.40	0.50	0.10	0.5–1.1	1.6–0.5	0.30	0.20	0.10	2,71	620–650	20–25	140–180	23,7
AlMg4.5Mn	3.3547	0.40	0.40	0.10	0.4–1.0	4.0–4.9	0.05–0.50	0.25	0.15	2,66	574–638	16–19	110–140	24,2
E-AlMgSi0.5	3.3207	3.3–0.6	0.1–0.3	0.05	0.05	0.35–0.6	–	0.10	–	2,70	585–650	≧30,0	≧210	23,4
AlMgSi1	3.2315	0.7–1.3	0.50	0.10	0.4–1.0	0.6–1.2	0.25	0.20	0.10	2,70	585–650	24–32	170–220	23,4
AlMgSiPb	3.0615	0.6–1.4	0.50	0.10	0.4–1.0	0.6–1.0	0.30	0.30	0.20	2,75	585–650	24–32	170–220	23,4
AlCuMgPb	3.1645	0.8	0.8	3.3–4.6	0.5–1.0	0.4–1.8	0.10	0.8	0.20	2,85	507–650	18–22	130–160	23
AlCuMg1	3.1325	0.2–0.8	0.7	3.5–4.5	0.4–1.0	0.4–1.0	0.10	0.25	–	2,80	512–650	18–28	130–200	23
AlZn4.5Mg1	3.4335	0.35	0.40	0.20	0.05–0.50	1.0–1.4	0.10–0.35	4.0–5.0	–	2,77	480–650	19–23	130–160	23,1
AlZnMgCu0.5	3.4345	0.50	0.50	0.5–1.0	0.1–0.4	2.6–3.7	0.1–0.3	4.3–5.2	–	2,78	485–640	19–23	130–160	23,6
AlZnMgCu1.5	3.4365	0.40	0.50	1.2–2.0	0.30	2.1–2.9	0.18–0.28	5.1–6.1	0.20	2,80	480–640	19–23	130–160	23,4
Gußwerkstoffe														
G-AlSi12	3.2581	10.5–13.5	0.5	0.05	0.001–0.4	0.05	–	0.1	0.15	2,65	575–585	17–27	120–190	20
G-AlSi10Mg	3.2381	9.0–11.0	0.5	0.05	0.001–0.4	0.2–0.5	–	0.1	0.15	2,65	575–620	17–26	120–180	20
G-AlSi6Cu4	3.2151	5.0–7.5	1.0	3.0–5.0	0.1–0.6	0.1–0.5	0.3	2.0	0.15	2,75	510–620	15–18	110–130	22
G-AlCu4Ti	3.1841	0.18	0.18	4.5–5.2	0.001–0.5	–	–	0.07	0.15	2,75	550–640	16–20	110–140	23
G-AlCu4TiMg	3.1371	0.18	0.18	4.2–4.9	0.001–0.5	0.15–0.30	–	0.07	0.15–0.30	2,75	540–640	16–20	110–140	23

2.4.1.6 Nickellegierungen

2.4.1.6.1 Zusammensetzung von Ni-Knetlegierungen in Gew. -%

Kurzzeichen	Werkstoff-Nr.	Ni	Co	Cu	Fe	Mn	Mg	Si	C	S	W	Al	Ti	Sonstige	Eigenschaften
NiAl4Ti	2.4128	94	–	0,2	0,5	0,4	0,15	1	0,15	–	–	4...5	–		aushärtbar; hoher Verschleißwiderstand
NiBe2	2.4132	96	–	0,2	0,5	1	0,1	0,1	0,1	–	–	–	–	–	aushärtbar, hohe Festigkeitswerte
NiCo4		Rest	4...5												
NiCo2,4Cr		Rest	2,4											2,3 Cr	Magnetostriktiv
NiCo1,4Cr		Rest	1,4											0,8 Cr	Schwinger hohen Wirkungsgrades
NiMn1	2.4106	98	–	0,5	0,5	0,3...1,0	0,15	0,1	0,1	–	–	–	–	–	chem. Apparatebau
NiMn1C	2.4108	98	–	0,5	0,5	0,8...1,2	0,15	0,1	0,15...0,2	–	–	–	–	–	verbesserte Zerspanung
NiMn2	2.4110	97	–	0,2	0,3	1,5...2,5	0,15	0,2	0,1	–	–	–	–	–	erhöhte Warmfestigkeit
NiMn3Al	2.4122	95	–	0,1	0,3	2...4	0,1	0,5...1,5	0,05	–	–	1...2	–	–	hohe Thermokraft gegen Ni–Cr
NiMn3Si		Rest				2,75		1							erhöhte Beständigkeit gegen PbS und $PbSO_4$
NiMn5	2.4116	94		0,2	0,3	4,5...5,5	0,15	0,2	0,1						hohe Warmfestigkeit, erhöhte Beständigkeit gegen S
NiSi2		Rest				0,5		2,0							erhöhte Beständigkeit gegen PbS und $PbSO_4$ (NiSi2 und NiSi4)
NiSi4		Rest				0,3		4,0							
NiTi; Permanickel		98	–	0,5	0,1	0,1	–	0,1	0,25	–	–	–	0,4	–	aushärtbar
NiTi1Al	2.4162	94	–	0,25	0,75	0,3...1,0	–	0,3...1,5	0,05	0,02		0,5...2,0	0,5...2,0	–	
NiTi2Al	2.4160	92	–	0,25	0,75	0,5...1,5	–	0...1,3	0,4	0,02	–	0,2...1.0	0...4	–	Schweißzusatz-Werkstoffe (NiTi2Al und S-NiTi3)
S-NiTi3	2.4156	93	–	0,25	1	0,3...1	0,15	0,5...1,3	0,1	–	–	0,3...1,0	1...4	–	

2.4.1.6.2 Zusammensetzung von Ni-Gußlegierungen in Gew.-%

Kurz- oder Handelsname	Ni	Cu	Fe	Mn	Si	C	S	sonstige	Eigenschaften
GNi95 (Nickelguß)	93...97	1,25	1,25	1,50	2,0	1,0	0,015	–	erhöhte Abriebfestigkeit
GNi94C (G-Nickel)	93...95	1,25	1,25	1,50	2,0	1,0...2,5	0,015	–	
GNi88Si (S-Nickel)	88	1,25	1,25	1,50	5,5...6,5	1,0	0,015	–	
GNi85Si10Cu (Hastelloy D)	83...85	2,0...4,0	2,0	0,5...1,25	7,5...8,5	0,12	–	1,5 Co	gut beständig gegen Schwefelsäure, Essigsäure, Phosphorsäure; hohe Abriebfestigkeit
GNiCu30Fe	62...68	26...33	<2,5	<1,5	<2,0	<0,35	–	–	gleiche Korrosionsbeständigkeit wie NiCu30Fe
Monel 502	66,5	27...33	<2,0	<1,5	<0,5	<0,10	<0,01	2,5...3,5 Al <0,5 Ti	
Monel 505	60,0	27...31	<2,5	<1,5	3,5...4,5	<0,25	0,015	–	erhöhte Beständigkeit gegen Abrieb und Festfressen
Monel 506	63,0	27...31	1,5	0,8	3,2	0,1	0,008	–	wie Monel 505
Monel 507	64,0	30,5	1,5	0,8	2,7	0,55	0,008	–	verbesserte Bearbeitbarkeit
Monel 400	63...70	Rest	<2,5	<2,0	<0,5	<0,03	<0,24	–	
Monel K500	66,5	27...33	<2,0	<1,5	<0,5	<0,25	<0,01	2,3...3,5 Al 0,35...0,85 Ti	

2.4.1.6.3 Physikalische Eigenschaften der Ni-Knet- und Gußlegierungen

Legierung	Dichte bei 20 °C 10^3 kgm^{-3}	Schmelz-temperatur °C	Spezifische Wärme		Wärmeausdehnungs-koeffizient		Wärmeleitfähigkeit		Elastizitäts-modul E GPa
			bei °C	J/kgK	bei °C	10^{-6} K^{-1}	bei °C	W/mK	
NiAl4Ti	8,26	1400...1440	20...100	435	25...100	13	20...100	18,4	210
NiTi	8,75	–	–	444	25...100	13	–	–	210
NiBe2	8,1	1160	–	–	20...200	13,9	20	31,4	200
NiMn1	8,83	1445	100	500	–	–	–	–	–
NiMn2	8,81	1440	100	500	–	–	–	–	222
NiMn5	8,78	1425	100	540	–	–	0...100	48	227
NiMn3Si	8,75	1420	100	540	–	12,9	300	30...40	170
NiSi2	8,68	1350...1450	–	–	–	12,9	300	33	160...180
NiSi4	7,94	1370...1400	–	–	–	13,1	300	30...40	160
GNi95	8,34	1345...1427	–	–	20...760	16	100	59	152
GNi94C	8,34	1345...1427	–	–	20...760	15,7	–	–	154
GNi88Si	8,01	1260...1370	–	–	20...760	15,8	–	–	168
GNi85Si10Cu	7,8	1110...1120	–	–	20	18,1	100	21	182
GNiCu30Fe	8,63	1305...1330	–	540	25...600	16,2	100	26,8	161
Monel 506	8,48	1295...1305	–	540	25...600	16	–	–	168
Monel 505	8,36	1240...1330	–	540	25...600	16	100	19,7	168
Monel 400	8,83	1299	21	427	10...1000	16,6	93	34,1	179
Monel K 500	8,47	1315	21	419	25...600	14,8	93	19,6	179
Monel 502	8,44	1315	20	419	25...600	14,8	93	19,6	179

2.4.1.7 Titan-Legierungen [1]

Werkstoff	Chemische Zusammensetzung max. Gew.-%					Zugfestigkeit R_m N/mm²		Streckgrenze $R_{p0.2}$ N/mm²		Bruchdehnung A %		Härte HB
	Fe	C	Al	V	sonstige	geglüht	ausgehärtet	geglüht	ausgehärtet	geglüht	ausgehärtet	N/mm²
Ti99,5F30	0,20	0,08	–	–	–	295 ... 410	–	196	–	30	–	1370
Ti99,5F35	0,25	0,08	–	–	–	350 ... 540	–	275	–	22	–	1765
Ti99F35D	0,30	0,10	–	–	–	460 ... 590	–	350	–	18	–	1960
Ti99F55	0,35	0,10	–	–	–	540 ... 735	–	440	–	16	–	2150
Ti99Pd02F30	0,20	0,08	–	–	0,20 Pd	295 ... 410	–	196	–	30	–	1370
Ti99Pd02F35	0,25	0,08	–	–	0,20 Pd	390 ... 540	–	275	–	22	–	1765
TiAl5Sn2	0,50	0,08	4,0–6,0	–	2,0–3,0 Sn	825	–	785	–	10	–	2950
TiAl6Sn2Zr4Mo2	0,25	0,05	5,5–6,5	–	1,8–2,2 Sn 3,6–4,4 Zr 1,8–2,2 Mo	890	–	825	–	10	–	–
TiAl8Mo1V1	0,30	0,08	7,5–8,5	0,8–1,2	0,8–1,2 Mo	890	–	825	–	10	–	3040
TiAl6V4	0,25	0,08	5,8–6,8	3,5–4,5		890	1110	825	1030	10	10	3040
TiAl7Mo4	0,25	0,08	6,5–7,3	–	3,5–4,5 Mo	1000	1165	930	1110	10	6–8	3220
TiAl6V6Sn2	0,35–1,0	0,05	5,0–6,0	5,0–6,0	1,5–2,5 Sn 0,35–1,0 Cu	1060	1235	960	1165	8–10	6–8	–
TiV13Cr11Al3	–	0,05	2,5–3,5	12,5–14,5	10–11 Cr	940	1275	880	1175	10	4	2750
TiAl5Sn2T	0,15	0,08	4,7–5,6	–	2,0–3,0 Sn	685	1580	615	1420	10	15	2840
TiAl5V4T	–	0,08	4,5–5,5	3,5–4,5		890	1810	825	1705	10	6	2950

[1] Aus Werkstoff und Innovation 1 (1988).

2.4.1.8 Zirkonium-Legierungen [1]

Zusammensetzung der wichtigsten Zirkonium-Legierungen in Massen-%

Bestandteil	Zircaloy-2 (R60802)	Zircaloy-4 (R60804)	ZrNb 2,5 (R60901)
Zirkonium	Rest	Rest	Rest
Zinn	1,2–1,7	1,2–1,7	≦0,050
Eisen	0,07–0,20	0,18–0,24	≦0,150
Chrom	0,05–0,15	0,07–0,13	≦0,020
Nickel	0,03–0,08	≦0,007	≦0,007
Niob	–	–	2,40–2,80
Sauerstoff	0,10–0,14	0,10–0,14	0,09–0,13
Wasserstoff	≦0,0025	≦0,0025	≦0,0025
Stickstoff	≦0,0065	≦0,0065	≦0,0065

Physikalische Eigenschaften von Zircaloy-2 und Zircaloy-4

Dichte bei 20 °C	6,55 g/cm³
Spezifische elektrische Leitfähigkeit bei 25 °C	1,42 μS/m
Wärmeleitfähigkeit bei 25 °C	12,2 W/(m · K)
Thermischer Ausdehnungskoeffizient bei 20–700 °C	$6{,}5 \cdot 10^{-6}$ 1/K
Wirkungsquerschnitt für thermische Neutronen	$2{,}3 \cdot 10^{-29}$ m² (0,23 barn)
Umwandlungstemperatur	
α-Form → α- u. β-Form	900 °C
α- u. β-Form → β-Form	1050 °C

Mechanische Eigenschaften von Zircaloy-2 und Zircaloy-4

Eigenschaft	Spannungsarm geglüht	Halb rekristallisiert	Rekristallisiert
Bei 25 °C:			
Zugfestigkeit in MPa	785	660	520
(0,2%)-Dehngrenze in MPa	600	490	370
Bruchdehnung (50 mm) in %	17	24	34
Elastizitätsmodul in MPa	–	98 000	–
Bei 200 °C:			
Zugfestigkeit in MPa	440	380	290
(0,2%)-Dehngrenze in MPa	360	260	150
Bruchdehnung (50 mm) in %	20	30	45
Bei 400 °C:			
Zugfestigkeit in MPa	180	300	190
(0,2%)-Dehngrenze in MPa	300	220	130
Bruchdehnung (50 mm) in %	20	35	55

[1] Nach Ullmann Enzyklopädie der technischen Chemie 4. Aufl. Bd. 24 S. 690. Verlag Chemie.

2.4.1.9 Ferro-Legierungen

Ferrobor nach DIN 17 597 (Angaben in Massen %)

Kurzzeichen	B	Al	Si	C	Mn	P	S	Co
	höchstens							
FeB 16	15–18	4,0	1,0	0,10	0,50	0,005	0,001	0,005
FeB 18	18–20	2,0	2,0	0,10	0,50	0,005	0,001	0,005
FeB 12C	10–14	0,50	4,0	2,0	0,50	0,005	0,1	0,005
FeB 17C	14–19							

Ferrochrom

in Massen %	C_{max}	Cr	Si	Schmelzbereich °C	Dichte g/cm³
Chrommetall, aluminothermisch		99,0–99,4		ca. 1850	7,2
Elektrolytchrommetall		99,9		1875	7,2
Ferrochrom	0,01	ca. 72	ca. 0,6	1600–1690	7,34
	0,1	ca. 72	ca. 0,6	1600–1680	7,35
	0,2	72	ca. 0,6	1600–1670	7,36
	0,5	72	ca. 0,6	1590–1650	7,38
	0,7	72	ca. 0,6	1590–1625	7,34
	1	ca. 70	ca. 0,6	1560–1585	7,34
	2	ca. 70	ca. 0,6	1400–1480	7,31
	4	ca. 69	ca. 0,6	1360–1420	7,22
	6	69	ca. 0,6	1350–1500	7,17
	8	67	ca. 0,6	1540–1630	7,12
	5,5	ca. 63	ca. 7	1430–1500	6,67
Ferrochrom, N-haltig (3,8%)	0,04	ca. 70	0,74	1425–1515	7,34
Silicochrom 40		43	41	1350–1355	5,3
Silicochrom 60		63	19	1545–1565	5,8

Ferromolybdän

Kurzzeichen	Chemische Zusammensetzung [%]						
	Mo	Si	C	S	P	Cu	Dichte g/cm³
FeMo 70	60–75	≦1,0	≦0,10	≦0,10	≦0,10	≦0,50	9,1–9,4
FeMo 62	58–65	≦2,0	≦0,5	≦0,10	≦0,10	≦1,0	9,0–9,2

Vanadium-Vorlegierungen nach DIN 17 563

Handelsbezeichnung bzw. Kurzzeichen	% V	% C	% Si	% Al
Ferrovanadium				
Fe V 60	50–65	≦0,15	≦1,5	≦2,0
Fe V 80	78–82	0,15	1,5	≦1,5
Vanadium-Aluminium				
V 80 Al	85	0,1	1,0	15
V 40 Al	40	0,1	1,0	60
V 40 Al 60	40–45	0,1	0,3	55–60
V 80 Al 20	75–85	0,05	0,4	15–20
Vanadium-Metall				
V 99	>99	<0,06	<0,1	<0,01

2.4.1.10 Weitere Legierungen: Lagermetalle, Zusammensetzung und Brinellhärte (Blei-/Zinnbasis)

Benennung	Kurzzeichen ( ): veraltete Kurzzeichen	Zusammenseztung in Gew.-%	Zulässige Beimengungen % höchstens	HB in N/mm² bei 20 °C	HB in N/mm² bei 100 °C
Weißmetall 80	LgSn 80 (WM 80)	Sn 79...81 Cu 5...7 Sb 11...13 Pb 1...3	Fe 0,1 Zn 0,05 Al 0,05 zusammen höchstens 0,15	265…285	100
Weißmetall 80 F	LgSn 80 F (WM 80 F)	Sn 79...81 Cu 8...10 Sb 10...12	Pb <0,5 sonst wie Weißmetall 80	265…285	100
Weißmetall 10	LgPbSn 10 (WM 10)	Sn 9,5...10,5 Cu 0,5...1,5 Sb 14,5...16,5 Pb 72,5...74,5	Fe 0,1 Zn 0,05 Al 0,05 zusammen höchstens 0,15	225…245	85…100
Weißmetall 5	LgPbSn 5 (WM 5)	Sn 4,5...5,5 Cu 0,5...1,5 Sb 14,5...16,5 Pb 77,5...79,5		205…215	55…100
Cadmiumhaltiges Weißmetall 9	LgPbSn 9 Cd	Sn 8...10 Sb 13...15 Cu 0,8...1,2 Cd 0,3...0,7 As 0,3...1,0 Ni 0,2...0,6 Pb Rest	nicht festgelegt	235…275	120…150

2.4.1.10 (Fortsetzung)

Benennung	Kurzzeichen	Zusammensetzung in Gew. %	Zulässige Beimengungen % höchstens	HB in N/mm² bei 20 °C	HB in N/mm² bei 100 °C
Cadmiumhaltiges Weißmetall 6	LgPbSn 6 Cd	Sn 5...7 Sb 14...16 Cu 0,8...1,2 Cd 0,6...1,0 As 0,3...1,0 Ni 0,2...0,6 Pb Rest	nicht festgelegt	255...275	140...160
Lagerhartblei 12	LgPbSb 12	Sb 10,5...13,0 Cu 0,3...1,5 Ni ...0,3 As ...1,5 Pb Rest		175...245	70...130
Blei-Alkali-Lagermetall	LgPb	Ca 0,4...0,75 Ba ...0,8 Na 0,15...0,70 Li ...0,04 Mg ...0,05 Al ...0,05 Pb Rest	nicht festgelegt	195...350	100...195
Lagermetalle auf Zinkbasis					
Feinzink-Gußlegierung	G-ZnAl 4 Cu 1	Al 3,5...4,3 Cu 0,6...1,0 Mg 0,02...0,05 Zn Rest	Pb+Cd 0,011 Sn 0,001 Fe 0,075	690...785	440

2.4.1.10 (Fortsetzung)

Benennung	Kurzzeichen	Zusammenseztung in Gew. %	Zulässige Beimengungen % höchstens		HB in N/mm² bei 20 °C	HB in N/mm² bei 100 °C
Lagermetalle auf Zinkbasis (Fortsetzung)						
Feinzink-Knet- und Gußlegierung		Al 30...50 Cu 1...5 Mg 0...0,05 Zn Rest			853…1275	640
Guß-Legierung	G-ZnCu 5 Pb 2	Cu 4...5 Pb 2...2,5 Sn 0,5...1 Zn Rest	Al 0,2 Cd 0,5 Bi + Tl 0,1 Mg 0,1 Fe 0,5		765	600
Lagermetalle auf Aluminiumbasis						
AlSi 12 CuNi (Guß- und Knetwerkstoff)	Si 11...13 Cu 0,8...1,5	Ni 0,8...1,3 Mg 0,8...1,3	Fe 0,7 Mn 0,2	Zn 0,2 Ti 0,2	690…1225	880…1225
AlZn 5 PbCuMg (Knetwerkstoff)	Zn 4,5...5,5 Si 1...2 Cu 0,8...1,2	Mg 0,4...0,6 Pb 0,7...1,3	Fe 0,7		390…540	370…440
AlSn 6 Cu (Knetwerkstoff)	Sn 5,5...6,5 Cu 1,3...1,7			35...40	345…390	275…295
AlSn 20 Cu (Knetwerkstoff)	Sn 17,5...22,5	Cu 0,7...1,3 Fe 0,7	Si 0,7	Mn 0,7	275…345	–
AlSn 2 Cu 3 Mg (Knetwerkstoff)	Sn 2,0...2,6 Si 0,2...0,5	Cu 3,2...3,8 Mg 0,8...1,3	Fe 0,5 Mn 0,2...0,5	Zn 0,5	390…440	370…412
USA Alcoa (Guß- und Knetwerkstoff)	Sn 6,5...7,5 Si 0,2...1,5 Cu 0,7...1,3	Ni 0,2...1,5 Mg 0,1...0,8	Ti 0,1			
M 400 (Knetwerkstoff)	Si 4 Cd 2	Ni 0,5 Mg 0,5				

2.4.1.11 Lote und Lettermetalle, niedrigschmelzende Lote mit Bleigehalten

Benennung	Zusammensetzung in Gew.-%	Schmelzpunkt bzw. Intervall °C
38 E	21,7 Pb, 42,9 Bi, 5,1 Cd, 4 Hg, 18,3 Zn, 8 Sn	43...38
41	22,2 Pb, 40,3 Bi, 8,1 Cd, 17,7 In, 10,7 Sn, 1 Te	41,5
46	22,4 Pb, 40,6 Bi, 8,2 Cd, 18 In, 10,8 Sn	46,5
47 E	22,6 Pb, 44,7 Bi, 11,3 Sn, 5,3 Cd, 16,1 Zn	52...47
47	22,6 Pb, 44,7 Bi, 5,3 Cd, 19,1 In, 8,3 Sn	47,2
56 E	25,1 Pb, 47,5 Bi, 9,5 Cd, 12,6 Sn, 5 Zn	65...46
58	18 Pb, 49 Bi, 21 In, 12 Sn	57,8
58 E	18 Pb, 49 Bi, 15 Sn, 18 Zn	69...58
61 E	25,6 P, 48 Bi, 9,6 Cd, 12,8 Sn, 4 Zn	65...61
66	25,7 Pb, 46,5 Bi, 9,5 Cd, 12,3 Sn, 6 Tl	66
	27,3 Pb, 49,6 Bi, 10 Cd, 13,1 Sn	71
	40,2 Pb, 51,7 Bi, 8,1 Cd	91,5
	31,3 Pb, 50 Bi, 18,7 Sn	96
	43 Pb, 55 Bi, 2 Zn	124
	43,5 Pb, 56,5 Bi	125
134 E	37,5 Pb, 37,5 Sn, 25 In	282...134
	28,6 Pb, 52,5 Sn, 16,7 Cd, 2,2 Zn	138
	32 Pb, 18,2 Cd, 49,8 Sn	145
	24 Pb, 71 Sn, 5 Zn	177
	37,7 Pb, 62,3 Sn	183
184 E 1	73,7 Pb, 25 Sn, 1,3 Sb	263...184
184 E 2	79 Pb, 20 Sn, 1 Sb	270...184
184	64,1 Pb, 34,5 Sn, 1,3 Sb, 0,1 As	184
185 E 1	58 Pb, 40 Sn, 2 Sb	231...185
185 E 2	63,2 Pb, 35 Sn, 1,8 Sb	243...185
185 E 3	68,4 Pb, 30 Sn, 1,6 Sb	250...185
230	75 Pb, 25 In	300...230
	81,7 Pb, 17,3 Cd, 1 Zn	245
	82,5 Pb, 17,5 Cd	248
302 E	93...95 Pb, 5...6 Ag, 1...2 Sn	304...302
	97,5 Pb, 2,5 Ag	304
304 E	94...95 Pb, 5...6 Ag	380...304
309	97,5 Pb, 1,5 Ag, 1 Sn	309
314	95 Pb, 5 In	314
	99,5 Pb, 0,5 Zn	318,2

2.4.1.12 Legierungen für das graphische Gewerbe

Legierungen für das graphische Gewerbe (DIN 16 512) und ihre Eigenschaften

Benennung	Kurzzeichen	Sb Gew.-%	Sn Gew.-%	HB N/mm^2	Schmelz-Temp. °C	Gieß-Temp. °C
Hintergießmetall	PbSn3Sb4	3,5...4,5	2,5...3,5	–	292	320
Typometall	PbSn3Sb12	11,5...12,5	2,5...3,5	180	255	270...280
Linometall	PbSn5Sb12	11,5...12,5	4,5...5,5	200	250	280
Stereometall	PbSn4Sb15	14,5...15,5	3,5...4,5	220	265	290
Monometall	PbSn9Sb19	18,5...19,5	8,5...9,5	290	285	350...390
Letternmetall	PbSn5Sb28	28...29	5...6	210...250	350...380	380...420
Notenmetall	PbSn15Sb4	4...5	15,5...16	–	–	–
Zusatzmetall	VPbSn30Sb6	5...7	29...31	–	–	–
Zusatzmetall	VPbSn5Sb28	28...29	5...5,5			

Zulässige Beimengungen für alle Legierungen maximal: 0,001% Zn, 0,01% Al, 0,001% Fe.

Im besonderen ist zulässig für:

PbSn3Sb4 ... 0,3% As 0,3% (Cu + Ni), verwendet zum Hintergießen von Galvanos.
PbSn3Sb12...0,3% As 0,05% (Cu + Ni), für Typographsetzmaschinen, alle Sorten Blindmaterial.
PbSn5Sb12...0,3% As 0,05% (Cu + Ni), für Linotypen und Intertype-Setzmaschinen.
PbSn4Sb15...0,3% As 0,3% (Cu + Ni), für Flach- und Rundstereoplatten.
PbSn9Sb19...0,3% As 0,05% (Cu + Ni), für Monotype-Gießmaschinen.
PbSn5Sb28...0,2% As 0,3% (Cu + Ni), Komplettgußschriften.
PbSn15Sb4...0,3% As 0,3% (Cu + Ni), für Notenstichplatten.

2.4.1.13 WC–TiC–TaC(NbC)Co

Zusammensetzung und Eigenschaften von WC–TiC–TaC(NbC)–Co-Hartmetallen

Zusammensetzung in Gew.-% Sollanalyse				Dichte 10^3kg m^{-3}	Vickers-Härte N/mm^2	Biegebruch-festigkeit GPa	Mittlerer Längsausdehnungs-koeffizient in 10^{-6}/K^{-1}	
W	TiC	TaC(NbC)	Co				0... 300 °C	300... 600 °C
83,5	4	6	6,5	12,7...12,9	1550...1650	1,50...1,70	–	–
81	5	5	9	13,0...13,2	1350...1450	1,75...1,90	4,81	5,80
74,5	13	4	8,5	11,5...11,7	1450...1550	1,55...1,65	4,85	5,76
69,5	18	5	7,5	10,4...10,6	1550...1650	1,30...1,40	4,83	5,73
50,5	38	5	6,5	8,5...8,7	1600...1700	0,95...1,05	–	–

Literatur

1. Landolt Börnstein (1962). Springer-Verlag. Berlin, Göttingen, Heidelberg. z.B. 9. Teil. Magnetische Eigenschaften
2. Gmelins Handbuch (1959). Verlag Chemie GmbH, Weinheim/Bergstr. z.B. Magnetische Werkstoffe System-Nr. 59
3. Metals Handbook. Ninth Edition. American Society for Metals. Metals Park, Ohio 44073
4. Metals Reference Book (1967). Colin J. Smithells, Butterworth, London
5. Houdremont E. Handbuch der Sonderstahlkunde. Springer-Verlag, Berlin/Göttingen/Heidelberg. Verlag Stahleisen m.b.H. Düsseldorf
6. Werkstoff-Handbuch (1960) Nichteisenmetalle. Herausgegeben von Deutsche Gesellschaft für Metallkunde und dem Verein Deutscher Ingenieure. VDI-Verlag GmbH, Düsseldorf
7. Metallurgie und Werkstofftechnik (1975) Ein Wissensspeicher, Band 1. Dipl.-Ing. R. Zimmermann, Dr.-Ing. K. Günther. VEB Deutscher Verlag für Grundstoffindustrie, Leipzig
8. Legierungen des Kupfers mit Zinn, Nickel, Blei und anderen Metallen (1965), Herausgeber: Deutsches Kupfer-Institut, Berlin
9. Das Wieland-Buch (1964) Schwermetalle, 3. Auflage. Herausgeber: Wieland-Werke AG, Ulm. Werkstoffangaben, DIN-Bezeichn., Eigenschaften
10. Dauermagnete (1970) Werkstoffe und Anwendungen. K. Schüler, K. Brinkmann. Springer-Verlag, Berlin/Heidelberg/New York
11. Magnetism and Metallurgy. A.E. Berkowitz, E. Keller. Academic Press, New York and London

2.4.2 Gläser

Bearbeitet von A. Feltz, Deutschkrona

2.4.2.1 Kieselglas und Quarz

2.4.2.1.1 Allgemeine Daten

Quarz, SiO_2, 25 °C,

Molwärme	C_p =	44,43 J $K^{-1}mol^{-1}$
Entropie	S_o =	42,09 J $K^{-1}mol^{-1}$
Bildungsenthalpie	ΔH_B =	– 859,3 kJ · mol^{-1}
freie Bildungsenthalpie	ΔG_B =	– 809 kJ · mol^{-1}
Atomisierungsenthalpie	ΔH_A =	1857 kJ · mol^{-1}
mittlere Si-O-Bindungsenergie	ΔH_B =	465 kJ · mol^{-1}
Umwandlung $\alpha \to \beta$ bei 573 °C	ΔH_U =	0,36 kJ · mol^{-1}
Umwandlung $\beta \to$ Tridymit bei 867 °C	ΔH_U =	0,50 kJ · mol^{-1}
Schmelzenthalpie	ΔH_S =	8 kJ · mol^{-1}
Glastransformationstemperatur	T_G =	1220 °C

2.4.2.1.2 Phasen-Umwandlungsdiagramme

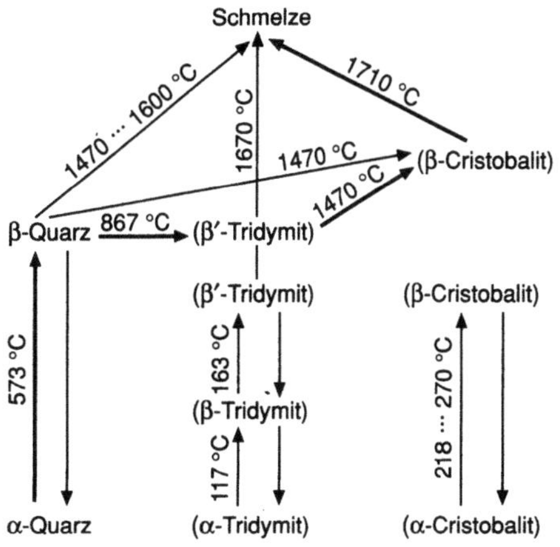

2.4.2.1.2 a Phasengleichgewichte von SiO_2. Die instabilen Phasen sind eingeklammert. Umwandlungstemperaturen (abgerundet) nach Landolt-Börnstein, 6. Aufl., Bd. II/3, S. 272.

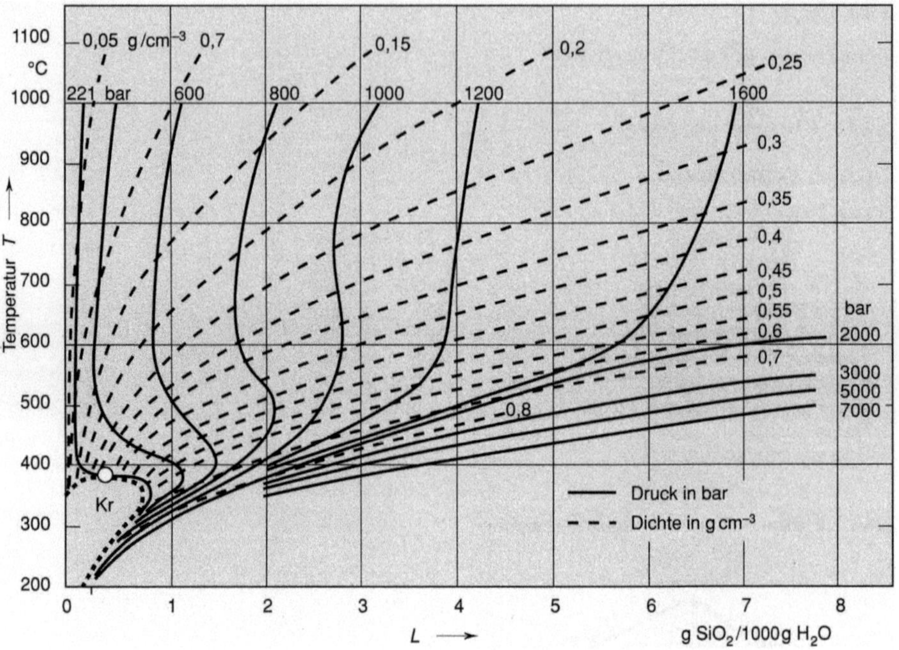

2.4.2.1.2 b Löslichkeit von SiO_2 in Wasser bzw. Wasserdampf (überkritisch). Hydrothermales Gleichgewicht.

2.4.2.1.3 Kristalldaten

Modifikation	Kristall-system	Typ	Raumgruppe	Gitterkonstante in pm		
α-Quarz, tief	hex.	C8	$D_3^{4,6}$-P$3_{1,2}21$	a = 491,38 (2)		c = 540,52 (2)
β-Quarz, hoch	hex.	C8	$D^{4,5}$-P$6_{2,4}22$	a = 503,8		c = 546,0
α-Cristobalit	tetrag.	C36	$D_4^{4,8}$-P$4_{1,3}2_11$	a = 497,1 (3)		c = 691,8 (3)
β-Cristobalit	kub.	C9	O^7-Fd3m	a = 712,97 (8)		
α-Tridymit						
Tridymit S	monokl.		C_{2h}^6-C2/c	a = 1854 β = 117,67°	b = 501	c = 2579
	orthorh.		C_{2v}^{18}-Fmm2 D_{2h}^{23}-Fmmm D_2^7-F222	a = 988	b = 1710	c = 1630
Tridymit M			D_2^5-C222_1	a = 994,0	b = 1721	c = 4092
β-Tridymit	hex.	C10	D_{6h}^4-P6_3/mmc	a = 503		c = 822
Keatit			$D_4^{4,8}$-P$4_{1,3}2_11$	a = 746		c = 861
Faseriges SiO_2			D_{2h}^{26}-Ibam	a = 472	b = 836	c = 516
Coesit			C_{2h}^6-C2/c	a = 717, 3 (4)	b = 1232,8 (6) β = 120,00°	c = 717,5 (4)
Stishovit			D_{4h}^{14}-P4_2/mmm	a = 417,90 (4)		c = 266, 49 (4)

2.4.2.1.4 Linearer thermischer Ausdehnungskoeffizient $\bar{\alpha}$ von Quarz

Temperaturbereich in °C	$\alpha_{\parallel}$ zur c-Achse $10^{-6}K^{-1}$	$\alpha_{\perp}$
0...118	8,7	14,2
0...418	10,5	18,5
0...567	14	24,0
0...579	17,8	29,7
0...750	13,5	24,0

Kieselglas
Lineare Längenänderung a in mm/m (‰) zwischen 0 und T °C

T (°C)	– 250	– 200	– 150	– 100	– 50	50
a	+ 0,076	+ 0,027	– 0,002	– 0,015	– 0,015	+ 0,022
T (°C)	100	200	400	600	800	1000
a	+ 0,051	+ 0,117	+ 0,254	+ 0,36	+ 0,45	+ 0,54

2.4.2.1.5 Spezifische Wärmekapazität von Quarz und Quarzglas

	C_p in J/g K							
	– 200	– 100	0	20	100	300	600	1000
Quarzkristall	0,168	0,485	0,712	0,745	0,855	1,07	–	–
Quarzglas	0,18	0,485	0,70	0,730	0,83	1,02	1,14	1,19

2.4.2.1.6 Brechzahlen und natürliche Drehung des Quarzes bei 20 °C und Brechzahlen des Quarzglases bei in Klammern hinzugefügten Temperaturen. Die Werte bei 20 °C sind Durchschnittswerte, die Werte bei 24 °C sind mit einer Dispersionsformel berechnet

λ in μm	Quarz			Quarzglas n
	⊥ zur optischen Achse		Drehung α bei 20° in Grad/mm	
	n_{ord} bei 20 °C	n_{ex} bei 20 °C		
0,18621	–	–	365,6	–
0,19	1,66632	–	–	–
0,22	1,62441	–	–	–
0,22100	–	–	216,50	–
0,26	1,59473	–	–	–
0,26604	–	–	131,607	–
0,28	1,58522	–	–	–
0,28163	–	–	114,10	–
0,30	1,57793	–	–	–
0,30876	–	–	91,19	–
0,35	1,56544	–	–	1,47701 (24 °C)
0,3726	–	–	58,86	–
0,40467 (*h*)	1,557061	1,56667	48,948	1,4697 (20 °C)
0,43405 (*G'*)	1,553944	1,56337	41,927	1,4669 (20 °C)
0,47999 (*F'*)	1,550097	1,55941	33,678	1,4635 (20 °C)
0,48613 (*F*)	1,549662	1,55896	32,766	1,4631 (20 °C)
0,54608 (*C*)	1,546152	1,55531	25,538	1,4601 (20 °C)
0,58930 (*D*)	1,544220	1,55332	21,725	1,4584 (20 °C)
0,64385 *C'*	1,542249	1,55129	18,024	1,4567 (20 °C)
0,65628 (*C*)	1,541873	1,55089	17,314	1,4563 (20 °C)
0,76820 (*A'*)	1,539034	1,54794	12,451	1,4539 (20 °C)
1,00	1,535050	–	–	1,45047 (24 °C)
1,040	–	–	6,69	–
1,20	1,532340	–	–	1,44811 (24 °C)
1,40	1,529742	–	–	1,44584 (24 °C)
1,450	–	–	3,41	–
1,60	1,527047	–	–	1,44349 (24 °C)
1,770	–	–	2,28	–
1,80	1,524145	–	–	1,44095 (24 °C)
2,0	1,520972	–	–	1,43817 (24 °C)
2,140	–	–	1,55	–
2,30	1,515610	–	–	1,43346 (24 °C)
2,60	1,50986	–	–	1,42800 (24 °C)
3,00	1,49953	–	–	1,41937 (24 °C)
3,50	1,48451	–	–	1,40601 (24 °C)
4,00	1,46617	–	–	–

2.4.2.2 Technische Gläser

2.4.2.2.1 Chemische Zusammensetzung technischer Gläser

Art des Glases, Hersteller und Bezeichnung (in Klammern) und hauptsächliche Verwendung	Bestandteile in Gew.-%										
	SiO_2	Al_2O_3	B_2O_3	Na_2O	K_2O	BaO	CaO	MgO	PbO	ZnO	sonstige
Silicate											
Fensterglas, Mittelwerte (Kalknatronsilicat)	73,0			13,5			13,5				
Normal-Natronkalkglas (Kalknatronsilicat)	73,5			12,9			11,6				
Moosbrunner-Apparateglas (Kalkmagnesiasilicat)	70,5			16,6	1,0	2,5	5,5	3,9			
Normal-Kalikalkglas (Kalikalksilicat)	70,8				18,3		10,9				
Bleisilicate											
Weiches Bleiglas (Corning soft glass G 1), für Quetschfüße	63,1	0,28		7,6	5,5		0,94		20,2		Mn_2O_3: 0,9
Weiches Bleiglas, für allgemeines Einschmelzen und für Glühlampen	56,5	0,8	0,2 (gemeinsam für die drei Bleisilicate)	5,1	7,2				30,2		
Minosglas (Schott 1650 [III]), für Kondensatoren	45,5	0,6		6,0	3,0		0,3	5,0	43,9		
Alumosilicate											
Glühlampenkolbenglas	72,0	3,0		16,0	1,0		5,0	3,0			
Thüringisches Apparateglas	68,5	3,2		14,2	6,3		7,1				
Gundelach-Apparateglas (Osramglas V 584)	65,22	5,22	1,67	11,86	3,28	4,8	7,71				Fe_2O_3: 0,24
Normalglas (Schott 16[III]), für Thermometer	67,3	2,5	2,0	14,0			7,0			7,0	
	66,58	3,84	0,91	14,8			7,18	0,17		6,24	Mn_2O_3: 0,28
Amerikanisches Apparateglas (Corning Pyrex 774), u. a. für Röntgenröhren	80,9	1,8	12,6	4,4							
Duranglas (Schott 2956[III])	76,1	1,75	16,0	5,4	0,6		0,2				
Wolfram-Einschmelzglas	77,0	1,1	15,4	4,6	1,9		0,4				
Molybdän-Einschmelzglas	71,2	2,5	14,6	3,6	4,0		2,9				
Fernico-Einschmelz- und Röntgenröhrenglas (Corning G 705 A 3)	67,0	2,0	22,0	6,5							
Fernico-, Kovar-, Nicosil-Einschmelzglas, u. a. für Quecksilberdampfgleichrichter	66,0	2,0	24,0	4,0	3,5		0,5				
Nonexglas (Corning 772), u. a. für Röntgenröhren (Bleiborosilicat)	73,0		16,5	4,5					6		

2.4.2.2.1 Chemische Zusammensetzung technischer Gläser (Fortsetzung)

Art des Glases, Hersteller und Bezeichnung (in Klammern) und hauptsächliche Verwendung	Bestandteile in Gew.-%										
	SiO_2	Al_2O_3	B_2O_3	Na_2O	K_2O	BaO	CaO	MgO	PbO	ZnO	sonstige
Alumoborosilicate											
Alkalifreies Jenaer Geräteglas (Schott)	65,3	3,5	15,0			12,0				4,2	
Hartglas, für Quecksilberdampfgleichrichter	72,9	3,0	14,4	2,4	4,2		3,1				
Thermometerglas G 80 (Corning)	72,4	5,1	10,2	9,8					1,8		
Thermometerglas (Schott 59^{III})	72,68	6,24	10,43	9,82							
	71,95	5,0	12,0	11,0	0,1		0,35	0,2			Mn_2O_3: 0,05
Geräteglas 20 (Schott 2877, ^{III}) für chemische Geräte	75,3	6,2	7,6	5,7	0,8	3,5	1,1				
Supremaxglas (Schott 2950^{III})	56,0	20,0	9,0	1,0	1,0		5,0	8,0			
	56,4	20,13	8,87	0,63	0,64		4,8	8,65			Fe_2O_3: 0,17
Hartglas, für Benutzung an offener Flamme (Kochgeräte)	57,5	19,5	5,7	1,1			6,5	9,3			

2.4.2.2.2 Kennzeichnende physikalische Eigenschaften technischer Gläser

Temperatur bei der die Viskosität des Glases 10^{13} dPas beträgt (Transformationstemperatur T_G)
Temperatur bei der die Viskosität des Glases $10^{7,65}$ dPas beträgt (Erweichungstemperatur T_E)
Temperatur bei der das Glas einen spezifischen elektrischen Durchgangswiderstand von $10^8\,\Omega$ cm hat

n_d Brechzahl für die He-Linie 587,6 nm
n_D Brechzahl für die Na-Linie 589,3 nm
n_C Brechzahl für die H-Linie 656,3 nm
n_F Brechzahl für die H-Linie 486,1 nm

Nr.	Bezeichnung Art und Name	Farbe	Hauptverwendung	Mittlere lineare Wärmeausdehnungszahl zwischen 20 und 30 °C in °C × 10^7	Dichte D bei 20° in g/cm³	Transformationstemperatur in °C	Erweichungstemperatur in °C	$\vartheta_{\times 100}$ in °C	Elastizitätsmodul E in GPa	Brechzahl n_d	Dispersion $n_F - n_C$	Abbesche Zahl ν $\nu_d = \frac{n_d - 1}{n_F - n_C}$	Spezifische Wärme J/gK	Wärmeleitfähigkeit W/cm K	Dielektrizitätskonstante bei 800 Hz	Dielektrischer Verlustfaktor tan δ bei $10^6 \div 10^7$ Hz	Durchschlagfestigkeit effektiver Wert kV/cm
8330	Duran 50 Borosilicatglas	farblos, klar	für allgemeine Zwecke, chemische Glasapparate und Laborgeräte, feuerfestes Haushaltsglas	32	2,23	568	815	248	62,9	1,472	71,9	65,6	0,8	0,117	–	–	–
2955	Supremax	farblos, klar	hoch hitzebeständig, Verbrennungsrohre, Entladungslampen, Thermometer	37	2,47	715	938	517	87,9	1,526	84,8	62,1	–	0,117	6,0	$18 \cdot 10^{-4}$	–
3891	Suprax Borosilicatglas	farblos, klar	für allgemeine Zwecke, Wolframeinschmelzungen, Lampenkolben	39	2,31	567	793	245	66,4	1,484	74,5	64,9	–	0,113	–	–	–
8212	Wolfram-Glas	farblos, klar	Wolframeinschmelzungen, hochisolierend	41	2,31	520	742	401	64,4	1,484	77,3	62,6	–	–	–	–	–
1646	Wolfram-Glas	farblos, klar	Wolfram-einschmelzungen	42	2,27	534	754	252	67,5	1,481	73,4	65,6	–	–	–	–	–
8412	Fiolax Borosilicatglas	farblos, klar	chemisch hoch resistent Ampullenfertigung	49	2,39	565	783	–	–	1,493	76,2	64,8	–	–	–	–	–
2877	Geräteglas 20 Borosilicatglas	klar	chemisch hoch resistent Laboratoriumsgläser	49	2,39	569	794	195	72,4	1,494	76,6	64,5	–	0,117	6,1	$75 \cdot 10^{-4}$	380

1447	Molybdän-Glas	farblos, klar	Röntgenröhren } für elektr. Zwecke,	51	2,48	529	725	197	68,7	1,507	83,1	61,0	–	–	6,55	$66 \cdot 10^{-4}$	370
8243	Kovar-Glas	farblos, klar	hoch-isolierend } Einschmelzungen von Ni-Fe-Co-Legierungen u. Molybdän	52	2,26	497	715	342	60,6	1,482	73,8	65,3	–	–	–	–	–
2963	Fiolax	braun	chemisch noch resistent, Ampullen für lichtempfindliche Präparate	55	2,46	560	773	–	70,6	1,509	–	–	–	–	–	–	–
2954	Thermometerglas	farblos, klar	Thermometer, Einschmelzungen von Fe-Ni-Co-Legierungen	64	2,42	590	780	137	73,5	1,507	80,4	63,0	0,8	0,109	7,5...8	$(5...6) \cdot 10^{-4}$	200...300
8407	–	farblos, klar	pharmazeutisches Glas	80	2,50	732	732	–	75,3	1,510	80,6	63,3	–	–	–	–	–
16^{III}	Normalglas	farblos, klar	Thermometer	90	2,58	537	712	165	73,7	1,525	90,4	58,1	0,8	0,100	8,1	$79 \cdot 10^{-4}$	370
8095	Bleiglas	farblos, klar	für elektrische Zwecke, Einschmelzungen von Fe-Ni-Cr-Legierungen	99	3,02	430	595	326	–	1,559	127,7	43,8	–	–	–	–	–
8405	Uviolglas	farblos, klar	UV-durchlässiges Glas, Platineinschmelzungen	99	2,51	446	657	268	–	1,501	80,7	62,1	–	–	–	–	–
4210	Eiseneinschmelzglas	farblos, klar	Einschmelzungen	127	2,68	455	614	177	–	1,530	94,5	56,1	–	–	–	–	–

2.4.2.2.3 Viskosität

	Kurve Nr.	SiO_2	Al_2O_3	Fe_2O_3	MnO	CaO	MgO
Schweres Bleikristall	1	52,54	0,34	0,38	0,16	0,30	0,15
Thüringer Glas	2	65,96	4,98	0,78	0,10	6,04	0,93
Sehr tonerdereiches Thüringer Glas	3	66,22	7,10	0,48	0,38	6,40	0,28
Geräteglas	4	67,60	3,40	0,26	0,10	6,24	0,34
Hartglas	5	66,26	5,48	0,64	–	0,42	–
Tafelglas	6	70,72	1,86	0,26	0,16	13,78	0,41
Jenaer Geräteglas	7	69,82	5,34	0,54	–	8,30	0,48

	Kurve Nr.	Na_2O	K_2O	B_2O_3	ZnO	BaO	PbO
Schweres Bleikristall	1	0,18	12,10	–	–	–	33,82
Thüringer Glas	2	15,74	5,72	–	–	–	–
Sehr tonerdereiches Thüringer Glas	3	15,46	3,46	–	–	–	–
Geräteglas	4	14,24	0,18	2,28	5,59	–	–
Hartglas	5	11,66	0,30	7,91	7,30	–	–
Tafelglas	6	12,40	0,30	–	–	–	–
Jenaer Geräteglas	7	3,69	2,06	–	–	5,48	–

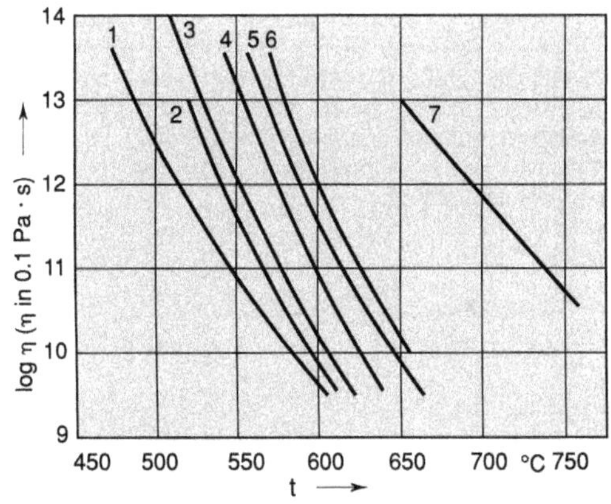

Viskosität von Gläsern als Funktion der Temperatur

2.4.2.2.4 Durchlässigkeit technischer Gläser im Ultraviolett und Infrarot

Glasbezeichnung Hersteller (in Klammern) [1]	Glastyp	Transmissionsgrade [2] bis 1 mm Schichtdicke bei den Wellenlängen		
		200 nm	250 nm	300 nm
Ultrasil (H)	Quarzglas	0,88	0,94	–
Suprasil (H)		0,93	0,94	–
Vycor (C) 9710	96% SiO_2	< 0,01	0,82	–
Vycor (C) 9712		0,06	0,85	–
WG 10 (S)	Phosphatglas	0,53	0,80	–
WG 8 (S)	Phosphatglas	0,10	0,77	0,89

	Linearer Wärmeausdehnungskoeffizient in $10^{-7} \cdot K^{-1}$ (20 bis 300 °C)	Obere Entspanntemperatur [3] T_G in °C	Erweichungstemperatur [4] T_E in °C	Dichte ϱ in $g \cdot cm^{-3}$
Ultrasil (H), Suprasil (H)	5,6	1075	1585	2,20
Vycor (C)	8	910	1500	2,18
WG 10 (S)	81	525	675	2,74
WG 8 (S)	101	410	605	2,72

[1] Die Tabelle wurde aus folgenden Quellen zusammengestellt: (C) Corning, Ultraviolet Transmitting Glasses, Bulletin UV-1 (1952); (H) Heraeus Quarzschmelze, Hanau, Prospektblatt: Quarzglas für die Optik; (S) Schott & Gen., Mainz, nach unveröffentlichten Angaben dieser Firma.

[2] Kleinste Verunreinigungen in der Glasschmelze sowie der Schmelzablauf selbst können die angegebenen Transmissionsgrade bis zu ± 10% schwanken lassen.

[3] Temperatur des Glases beim Viskositätswert $10^{13,0}$ dPa s.

[4] Temperatur des Glases beim Viskositätswert $10^{7,65}$ dPa s.

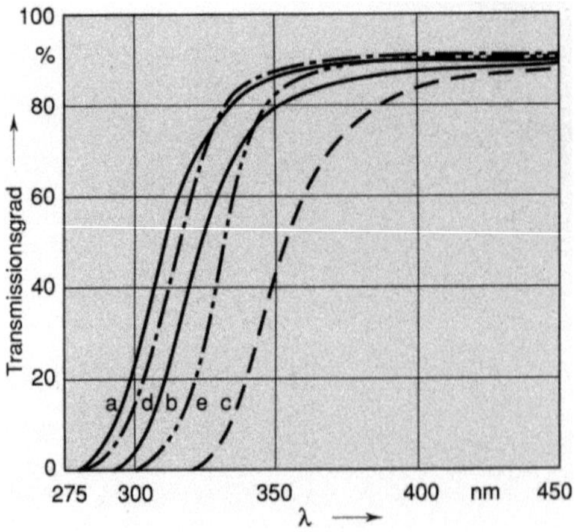

UV-Durchlässigkeit technischer Gerätegläser für 2 mm Schichtdicke nach unveröffentlichten Angaben der Fa. Schott & Gen., Mainz.

Kurve *a* = Duran 50
Kurve *b* = Geräteglas 20
Kurve *c* = Supremax 2955 (Al_2O_3-Gehalt ca. 20%)
} Borosilikatgläser Hersteller: Schott & Gen., Mainz

Kurve *d* = Spiegelglas der DESAG, Grünenplan
Kurve *e* = Fensterglas

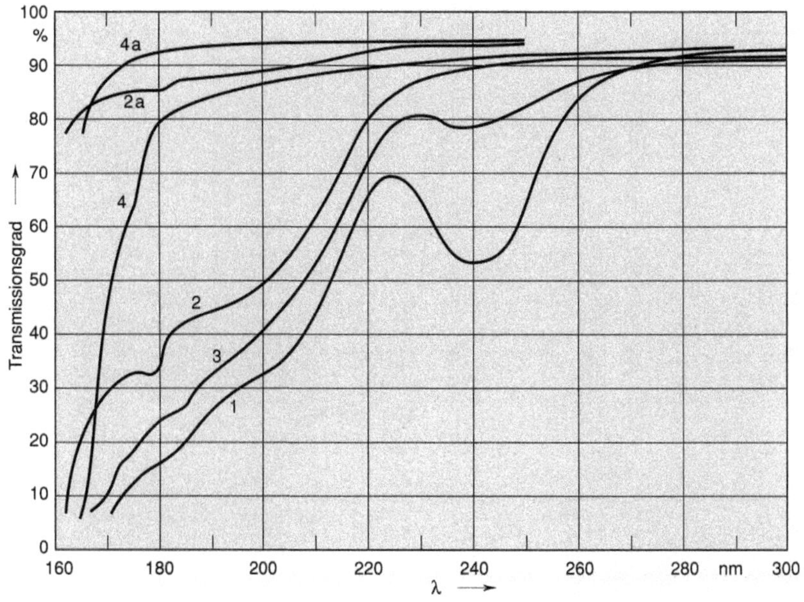

UV-Durchlässigkeit von vier verschiedenen Quarzglassorten der Fa. Heraeus für 10 mm und teilweise 1 mm (Zusatzbezeichnung *a* Glasdicke, nach unveröffentlichten Messungen von H. Prugger, Elektrochemisches Institut der TH München.

Homosil: Kurve *1* Ultrasil: Kurve 2, 2*a*
Infrasil: Kurve *3* Suprasil: Kurve 4, 4*a*

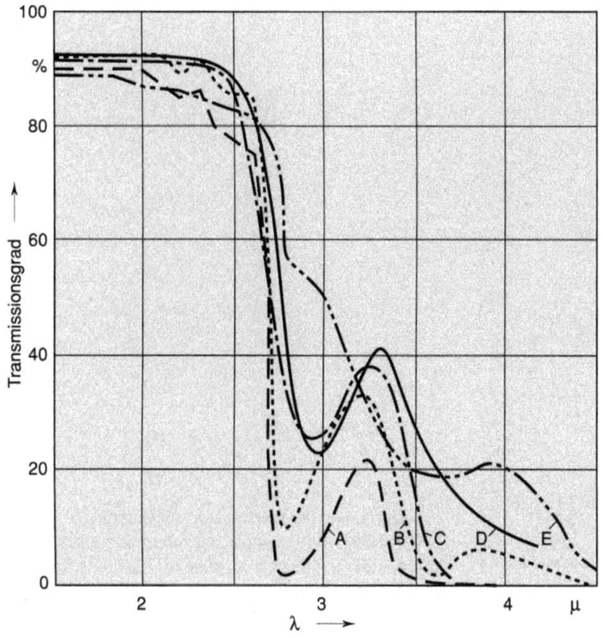

IR-Durchlässigkeit handelsüblicher technischer Gerätegläser der Fa. Schott & Gen., Mainz, für 2 mm Schichtdicke, nach unveröffentlichten Angaben dieser Firma.

Kurve *A*: Glas-Nummer 8243, Einschmelzglas für Fe-Ni-Co-Legierungen
Kurve *B*: Glas-Nummer 2954, Supremax
Kurve *C*: Glas-Nummer 8330, Duran-Glas
Kurve *D*: Glas-Nummer 2877, Geräteglas 20
Kurve *E*: Glas-Nummer 8095, Bleiglas

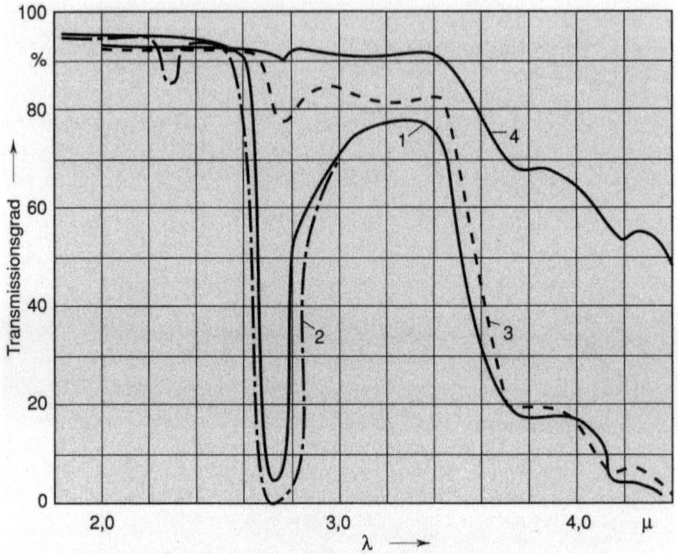

Infrarotdurchlässigkeit verschiedener Quarzglassorten der Fa. Heraeus.

Kurve *1*: Herasil, Homosil, Ultrasil } 10 mm Schichtdicke
Kurve *2*: Suprasil
Kurve *3*: Infrasil
Kurve *4*: Infrasil, 2 mm Schichtdicke

2.4.2.2.5 Spezifischer Widerstand von Quarz, Kieselglas und einigen technischen Gläsern

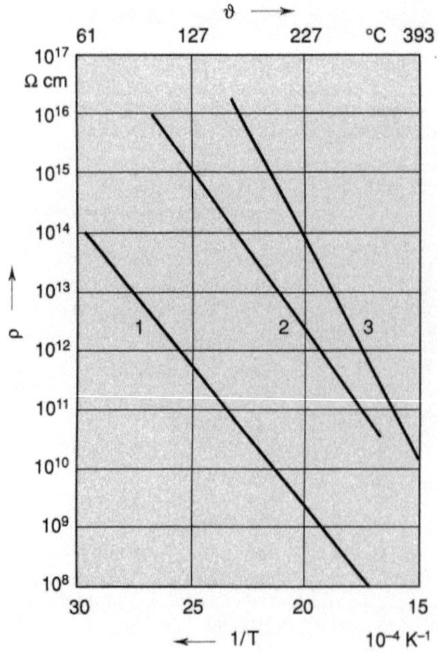

Spezifischer Widerstand ϱ von Quarz in Abhängigkeit von der Temperatur, Kurve *1* für kristallinen Quarz || zur Achse; Kurve *2* für kristallinen Quarz ⊥ zur Achse; Kurve *3* für amorphen, umgeschmolzenen Quarz.

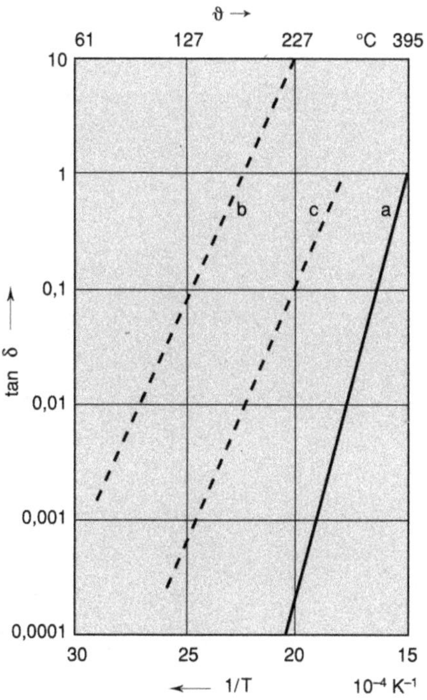

Dielektrischer Verlustfaktor tan δ von kristallinem und von amorphem Quarz bei 50 Hz in Abhängigkeit von der Temperatur T. *a* Umgeschmolzener Quarz, *b* Quarzkristall || zur Achse, *c* Quarzkristall ⊥ zur Achse.

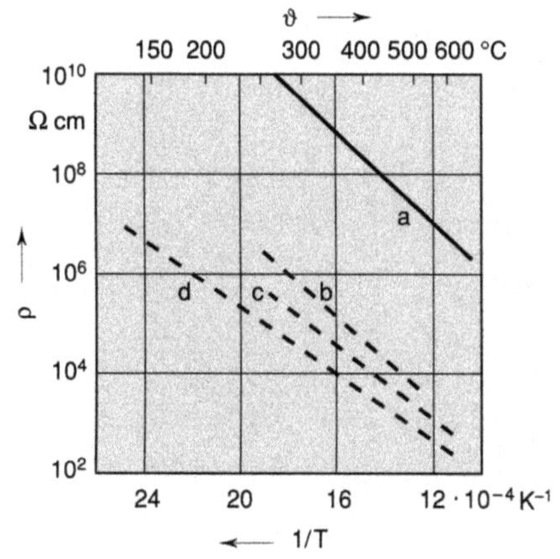

Spezifischer Widerstand von Quarzglas und verschiedenen Gläsern in Abhängigkeit von der Temperatur T. *a* Quarzglas; *b* Geräteglas; *c* Duranglas; *d* Glas 59^{III} (71,95 Gew.-% SiO_2, 11% Na_2O, 5% Al_2O_3, 12% B_2O_3, 0,5% Mn_2O_3).

2.4.2.3 Optische Gläser

2.4.2.3.1 Optische Gläser zur Abbildung im sichtbaren Spektralbereich und im Ultraviolett

2.4.2.3.1.1 Bezeichnung und Zusammensetzung typischer optischer Gläser (Konzentrationsangaben in Massen-% nach W. Vogel Glaschemie, Dt. Verlag für Grundstoffindustrie 1979)

Bezeichnung		SiO_2	B_2O_3	$Na_2O + K_2O$	CaO	BaO	Al_2O_3	F	ZnO	TiO_2	PbO	La_2O_3	P_2O_5
Fluorkrone	FK	40–60	10–30	10–20			5–20	5–10					
Phosphatkrone	PK	40–75	10–20	10–20		+	+	+	+				+
Phosphatschwerkrone	PSK	40–60	10–20	5–15		20–30	+						+
Borkrone	BK	50–70	10–20	10–20	+	+	+						
Barytleichtkrone	BaLK	60–70	10–20	+		5–15			+				
Krone	K	60–70	10–20	10–20									
Zinkkrone	ZK	50–70	+	5–20	+		+		5–25				
Barytkrone	BaK	40–60	+	5–10		15–30	+		5–15				
Schwerkrone	SK	30–50	5–20	+	+	30–40	+		+				
Kronflinte	KF	50–70	+	5–20			+	+	+	+	5–20		
Barytleichtflinte	BaLF	45–60		5–15		10–25			5–15		5–15		
Schwerstkrone	SSK	30–40	5–10	+		30–50	+		+		+		
Lanthankrone	LaK		30–96						0,5–20 Nb_2O_5/Ta_2O_5			30–68	
Doppelleichtflinte	LLF	50–60		5–15	+		+		+		20–30		
Barytflinte	BaF	30–50	5–10	0–10	+	10–40	+		+	+	5–20		
Leichtflinte	LF	50–60		5–15	+	+					30–40		
Flinte	F	40–45		10–20							40–45		
Barytschwerflinte	BaSF	30–45	5–10	5–10	+	10–40	+		+	+	10–40		
Lanthanflinte	LaF		20–50			+				+		18–68	
Lanthanschwerflinte	LaSF		13–20	15–30 ThO_2, 5–25 Ta_2O_5, 2–27 Nb_2O_5							0–10	12–35	
Schwerflinte	SF	25–50		+			+				50–70		
Titankrone	TiK	15–70	8–25	6–23		0–2,5	1,5–25	← tw. Fluoride →	5–30		1–50		+
Fluorphosphatkrone	FPK	0–58 MgF_2, 0–58 CaF_2, 0–58 SrF_2, 0–58 BaF_2, 7–54 LiF, 7–54 NaF, 7–54 KF, 30–90 $Al(PO_3)_3$, 0–58 ZnF_2, 30–90 $Be(PO_3)_2$											
Fluorphosphat-schwerkrone	FPKSK	70–98 mol-% Fluoride AlF_3, CaF_2, NaF + Metaphosphate											
Berylliumfluorkrone	BeFK	14–50 BeF_2, 7–15 MgF_2, 1,6–26 CaF_2, 1,7–31 SrF_2, 2,4–45 BaF_2, 10–32 AlF_3, 0–9 NaF, 15–25 KF, 7–30 PbF_2, 8,5–18 $Al(PO_3)_3$, 2,5–15 LaF_3											
Zirkonfluoridkrone	ZrFK	60–63 ZrF_4, 20–31 BaF_2, 7–9 LaF_3, 0–10 NaF											

2.4.2.3.1.2 n_d-ν_d-Diagramm optischer Gläser

n_d: Brechzahl für die He-Linie 587,6 nm und

ν_d: $\frac{n_d - 1}{n_F - n_C}$ (reziproke relative Hauptdispersion) mit
n_F Brechzahl für die H-Linie 486,1 nm und
n_C Brechzahl für die H-Linie 656,3 nm.

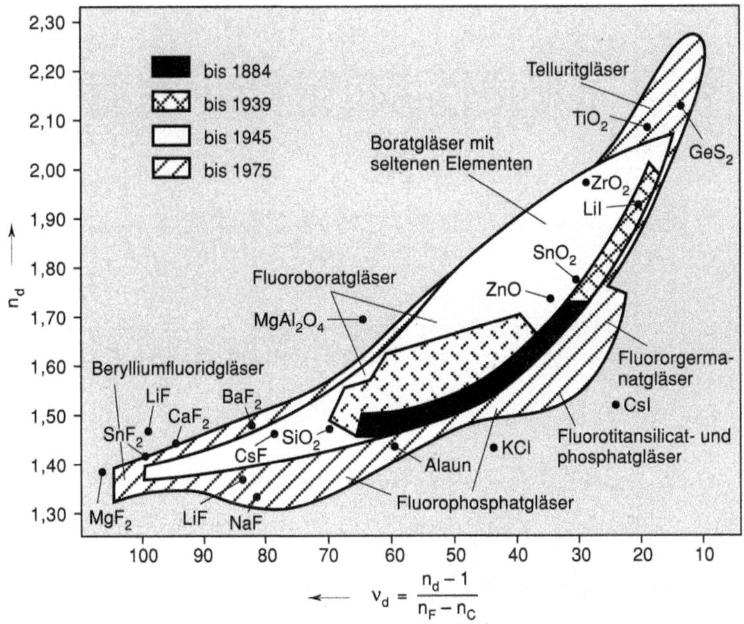

2.4.2.3.1.3 Kennzeichnende physikalische Eigenschaften einer Auswahl optischer Gläser für den sichtbaren und UV-Bereich

$\Delta P_{g,F}$ bezeichnet zur Korrektur des sekundären Spektrums in der Beziehung $P_{g,F} = a_{g,F} + b_{g,F}\,\nu_d + \Delta P_{g,F}$ die Abweichung der relativen Teildispersion $P_{g,F} = (n_g - n_F)/(n_F - n_c)$ von der Abbeschen Normalgeraden ($\Delta P_{g,F} = 0$), die laut Katalog der Schott Glass Technologies Inc., Stand VIII/84, für die Gläser K7 und F2 mit $a_{g,F} = 0{,}6438$ und $b_{g,F} = -0{,}001682$ festgelegt ist (n_g Brechzahl für die Quecksilberlinie 435,8 nm).

SR = 1 hohe, SR = 51–53 sehr geringe Säureresistenz

Bezeichnung	Brechzahl n	Abbesche Zahl ν_d	$\Delta P_{g,F} \cdot 10^4$	$\alpha_{20-300\,°C}$ / 10^{-6} K	T_G / °C	D / $g \cdot cm^{-3}$	E / GPa	Querkontraktionszahl μ	Knoop-Härte HK	Säureresistenzklasse SR
(CaF_2-Kristall)	(1,435)	(94,8)	(470)	(23,0)	(–)	(3,18)				
FK 54	1,43700	90,70	418	16,9	403	3,18	76	0,286	320	52
FK 3	1,46450	65,77	2	9,4	362	2,27	46	0,245	340	51
TiK 1	1,47869	58,70	– 9	11,3	340	2,39	40	0,254	330	51
FK 5	1,48749	70,41	36	10,0	464	2,45	62	0,205	450	4
BK 10	1,49782	66,95	– 7	6,6	532	2,39	72	0,205	490	1
BK 3	1,49831	65,06	– 36	6,1	553	2,37	74	0,204	510	2
K 11	1,50013	61,44	8	7,0	493	2,50	67	0,202	460	1
PK 1	1,50378	66,92	– 1	6,8	572	2,44	74	0,204	570	1
K 51	1,50518	59,55	– 37	4,9	521	2,47	71	0,197	460	2
ZK N7	1,50847	61,19	– 39	5,4	528	2,49	71	0,214	450	2
BK 1	1,51009	63,46	3	8,9	547	2,46	74	0,210	480	1
K 7	1,51112	60,41	0	9,7	513	2,53	69	0,218	450	2
KF 3	1,51454	54,70	– 18	9,4	470	2,56	66	0,216	410	1
BK 7	1,51680	64,17	– 8	8,3	559	2,51	81	0,208	520	1
KF 6	1,51742	52,20	– 19	8,0	446	2,67	66	0,201	420	1
PK 2	1,51821	65,05	– 5	8,1	568	2,51	84	0,209	520	2
K 4	1,51895	57,40	– 20	8,4	507	2,63	71	0,212	460	1
BK 8	1,52015	63,68	– 6	8,7	544	2,57	80	0,213	520	1
KF 9	1,52341	51,49	– 15	7,9	445	2,71	67	0,202	440	1
PK 3	1,52542	64,66	– 9	8,3	567	2,59	84	0,207	570	2
KzFN 2	1,52944	51,63	– 57	6,8	422	2,54	54	0,221	380	2
BK 6	1,53113	62,15	– 8	9,1	537	2,69	81	0,222	490	2
LLF 6	1,53172	48,76	– 14	8,5	422	2,81	63	0,205	420	1
ZK 5	1,53375	55,31	– 7	10,2	534	2,76	68	0,238	430	2
BaK 2	1,53996	59,71	5	9,1	562	2,86	71	0,233	450	1
KF 1	1,54047	51,10	– 2	10,0	478	2,78	67	0,221	430	1

LLF 2	1,54072	47,17	– 12	9,1	440	2,87	61	0,207	410	1
PSK 3	1,55232	63,46	– 2	7,4	602	2,91	84	0,226	510	3
SK 20	1,55963	61,21	– 3	7,5	605	3,03	79	0,235	530	2–3
SK 11	1,56384	60,80	– 4	7,6	610	3,08	79	0,239	510	2
LF 8	1,56444	43,75	– 7	9,6	439	3,08	60	0,218	380	2
BaK 1	1,57250	57,55	1	8,7	602	3,19	74	0,253	460	4
LF 4	1,57845	41,59	– 9	9,3	442	3,21	60	0,219	400	1
SK 12	1,58313	59,45	– 2	7,5	633	3,27	78	0,251	490	4
BaFN 6	1,58900	48,45	– 2	8,5	549	3,17	77	0,234	460	2
BaLF 6	1,58904	53,01	– 7	7,9	577	3,32	75	0,254	470	51
SK 5	1,58913	61,27	– 8	6,5	658	3,30	84	0,256	480	4
F 8	1,59551	39,18	– 6	9,3	446	3,38	60	0,222	370	1
SK 14	1,60311	60,60	– 5	7,0	649	3,44	86	0,261	490	51
SK 3	1,60881	58,92	– 3	7,4	644	3,53	83	0,263	480	51
KzFS 1	1,61310	44,34	– 111	6,0	472	3,14	55	0,282	370	53
SSK 1	1,61720	53,91	– 9	7,3	621	3,63	79	0,263	450	51
F 2	1,62004	36,37	0	9,1	438	3,55	58	0,224	360	1
SK 16	1,62041	60,33	– 11	7,2	648	3,60	79	0,268	450	51
F 6	1,63636	35,34	9	9,4	439	3,76	57	0,231	360	2–3
SF 16	1,64611	34,05	13	9,3	443	3,85	55	0,232	340	2
LaK 11	1,65830	57,26	– 33	8,4	616	3,79	90	0,285	520	53
BaSF 2	1,66446	35,83	25	9,3	493	3,90	66	0,245	410	3
SF 5	1,67270	32,21	19	9,2	425	4,07	56	0,233	340	2
BaSF 13	1,69761	38,57	28	8,2	584	3,97	81	0,268	450	51
SF 1	1,71736	29,51	39	9,1	417	4,46	57	0,234	340	3
LaK 10	1,72000	50,41	– 76	6,9	620	3,81	111	0,288	580	52
LaFN 8	1,73520	41,59	– 28	7,9	545	4,02	98	0,293	500	53
LaF 26	1,74597	40,02	– 32	6,7	553	4,20	96	0,292	520	52
LaF 13	1,77551	37,84	– 26	6,8	582	4,55	95	0,290	490	4
SF 6	1,80518	25,43	87	10,3	585	3,37	93	0,260	500	2
LaSF 13	1,85544	36,59	– 37	7,3	619	5,10	110	0,309	540	3
SF 59	1,95250	20,36	219	10,3	362	6,26	51	0,269	250	53
ZrFK	1,5248	80				4,58				

2.4.2.3.1.4 Durchlässigkeit optischer Gläser

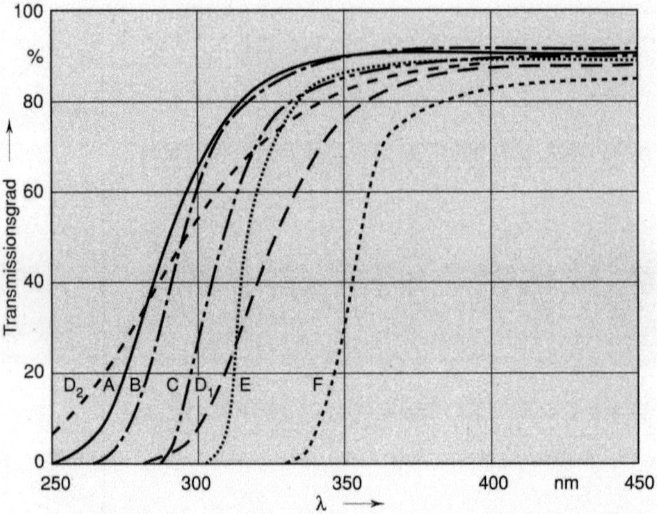

UV-Durchlässigkeit verschiedener optischer Gläser für 2 mm Schichtdicke nach unveröffentlichten Angaben der Fa. Schott & Gen., Mainz.

Die Klammer hinter der folgenden Typenbezeichnung enthält (Brechzahl n_d/Abbesche Zahl ν_d).

Kurve A = BK 7 (1,5168/64,2)
Kurve B = BK 1 (1,5101/63,4)
Kurve C = BaK 4 (1,5688/56,0)
Kurve D_1, D_2 = SK 16 (1,6204/60,3) D_1 im Schamottehafen, D_2 im Platintiegel erschmolzen.
Kurve E = F 5 (1,6034/38,0)
Kurve F = SF 4 (1,7552/27,5)

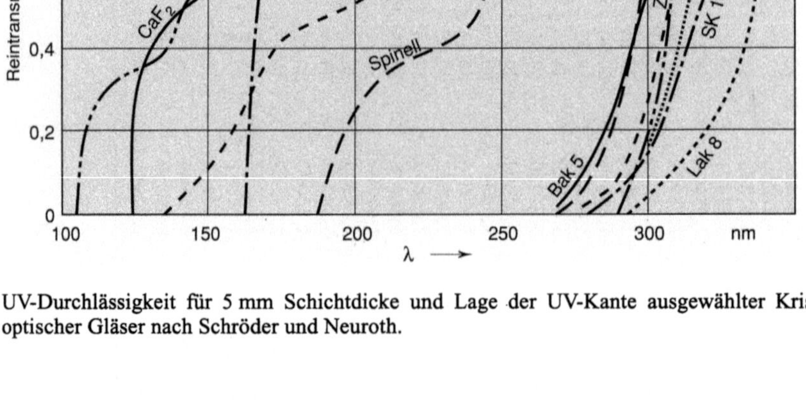

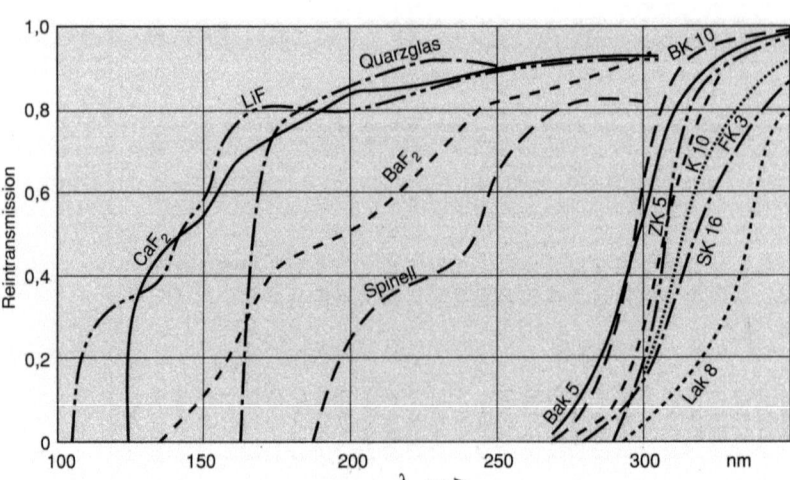

UV-Durchlässigkeit für 5 mm Schichtdicke und Lage der UV-Kante ausgewählter Kristalle und optischer Gläser nach Schröder und Neuroth.

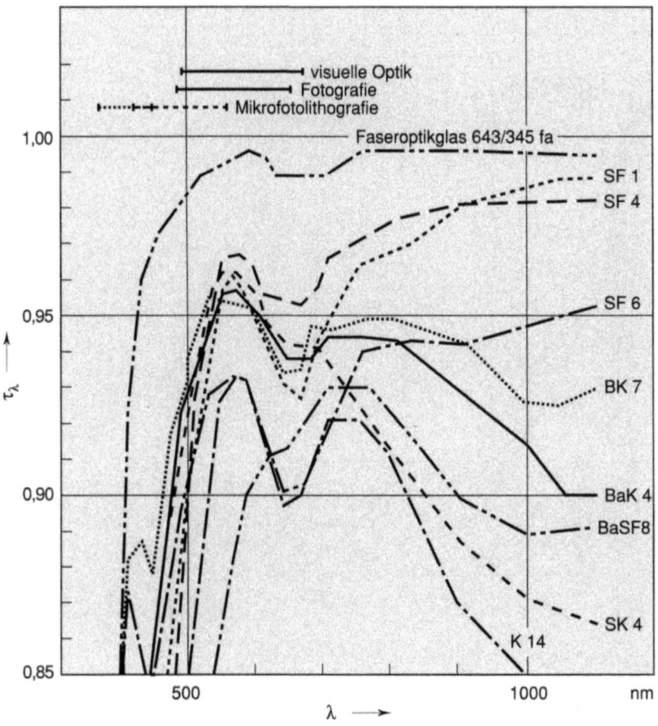

Spektrale Reintransmission optischer Gläser im Vergleich zum Quarzglas für 10 mm Glasweg nach Hofmann und Nordwig.

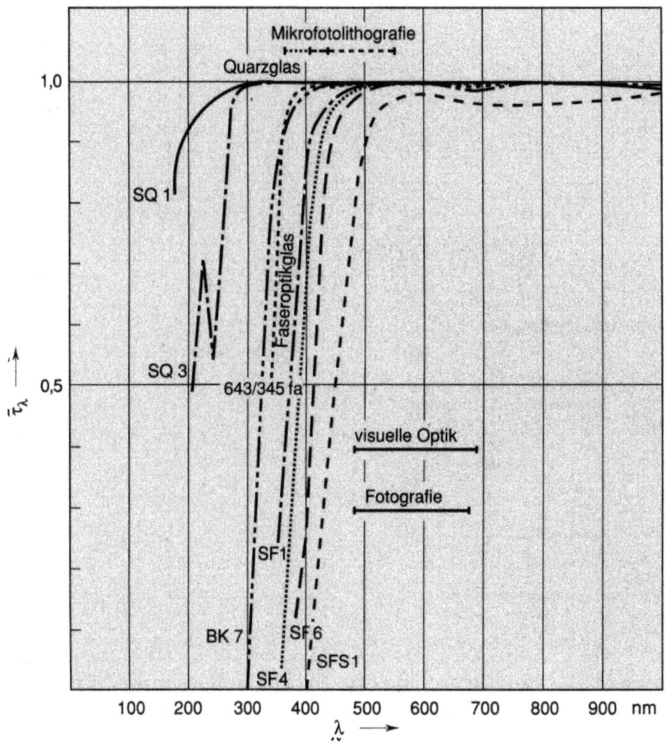

Spektrale Reintransmission ausgewählter optischer Medien für 100 mm Glasweg nach Hofmann und Nordwig.

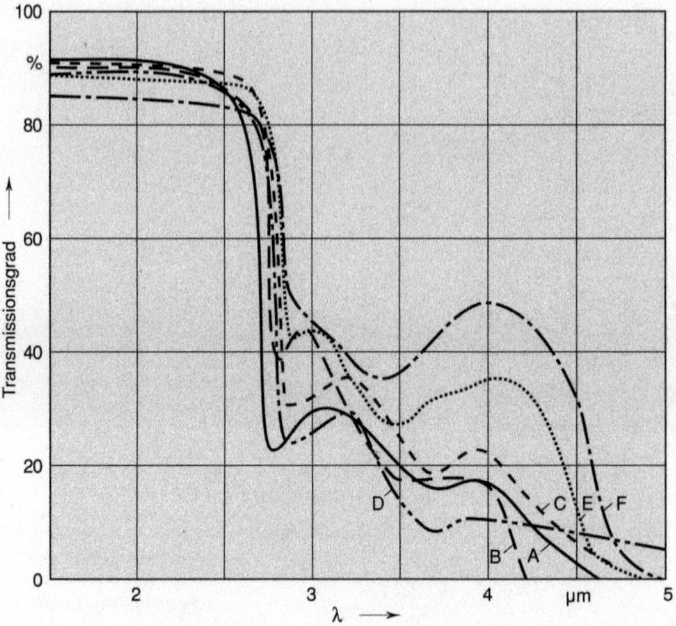

Infrarot-Durchlässigkeit optischer Gläser des sichtbaren Spektralbereichs.
IR-Durchlässigkeit handelsüblicher optischer Gläser für 2 mm Schichtdicke, nach unveröffentlichten Angaben der Fa. Schott & Gen., Mainz. Die Klammer hinter der Typenbezeichnung enthält (Brechzahl n_d/Abbesche Zahl ν_d).

Kurve *A* = BK 7 (1,517/64,2)
Kurve *B* = BK 1 (1,510/63,4)
Kurve *C* = BaK 4 (1,569/56,0)
Kurve *D* = SK 16 (1,620/60,3)
Kurve *C* = F 5 (1,603/38,0)
Kurve *F* = SF 4 (1,755/27,5)

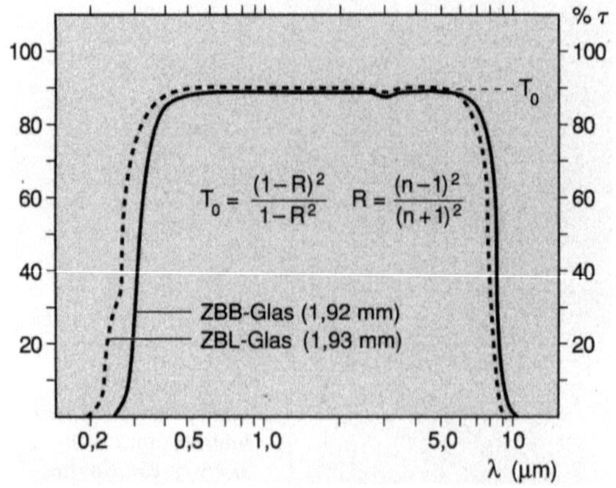

Vergleich der Transmissionsspektren von Gläsern aus dem System ZrF_4-BaF_2-BiF_3(ZBB) und ZrF_4-BaF_2-LaF_3(ZBL).

2.4.2.3.1.5 Viskosität einiger optischer Gläser in Abhängigkeit von der Temperatur

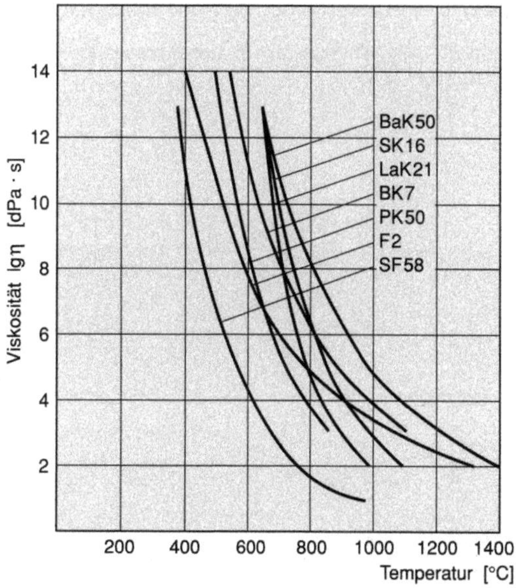

2.4.2.3.2 Infrarotdurchlässige optische Gläser und Kristalle

2.4.2.3.2.1 Allgemeine Angaben

Die Transmission optischer Gläser des sichtbaren Spektralbereichs ist im Infrarot in der Regel auf etwa 2,5 µm begrenzt, da in diesem Bereich eine durch konstitutionell gebundene Wasserspuren verursachte Absorption, die O-H-Valenzschwingungsbande, auftritt (2,5 µm).
Chalkogenidgläser absorbieren mit Ausnahme von GeS_2 im sichtbaren Spektralbereich auf Grund ihrer zu geringen optischen Bandlücke $E_g < 3{,}1$ eV, entsprechend $> 0{,}4$ µm, sind dafür aber im Infrarot je nach der Zusammensetzung bis zu 16 µm transparent und damit als optische Medien in diesem Spektralbereich zur Abbildung geeignet. Die Kombination von Gläsern zu „farbkorrigierten" Infrarot-Objektiven erfordert die Definition von reziproken relativen Dispersionen, die der Abbeschen Zahl für den sichtbaren Spektralbereich analog sind.

2.4.2.3.2.2 $n_{2,0}/\nu_{2,0}$-Diagramm

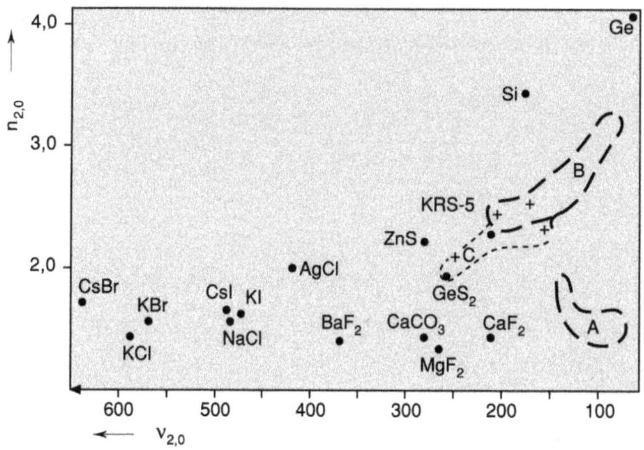

Das Diagramm zeigt Brechzahl und den der Abbeschen Zahl entsprechenden Dispersionsparameter bei 2 µm mit $\nu_{2,0} = \frac{n_{2,0} - 1}{n_{1,8} - n_{2,2}}$ für Oxidgläser (A) entsprechend 2.4.2.3.1.2, von Chalkogenidgläsern (B), und von $Ge_{22}As_{18}Se_{60}$, $Ge_{36}As_4Se_{60}$, $Ge_{29}Sb_{11}S_{60}$, $Ge_{37}Sb_3S_{60}$ (C) nach Linke, sowie von einigen Kristallen. KRS-5 ist ein Mischkristall (44% TlBr, 56% TlI).

2.4.2.3.2.3 n_{10}/ν_{10}-Diagramm

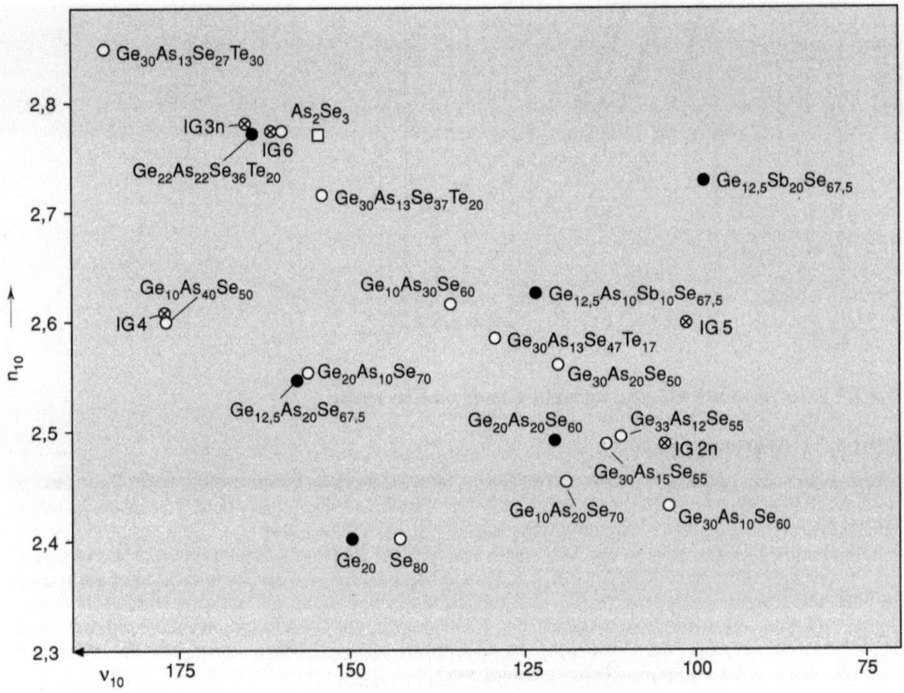

Das Diagramm zeigt Brechzahl und den der Abbeschen Zahl entsprechenden Dispersionsparameter bei 10 µm mit $\nu_{10} = \frac{n_{10} - 1}{n_8 - n_{12}}$ für optische Chalkogenidgläser mit Gläsern der JG-Serie der Jenaer Glaswerke GmbH.

2.4.2.3.2.4 Transmissionsspektren von infrarotdurchlässigen Gläsern der JG-Serie der Jenaer Glaswerke GmbH

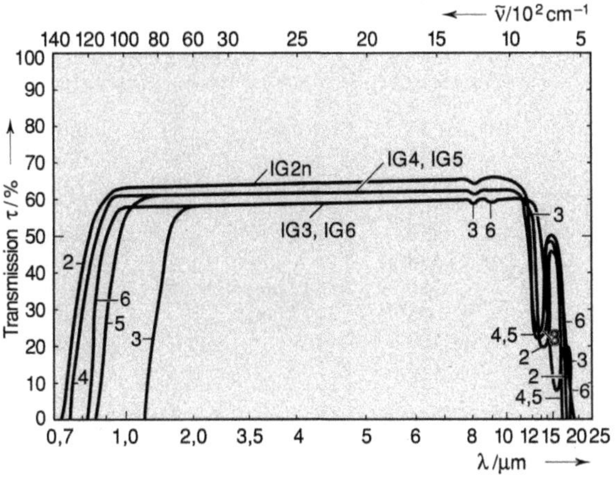

(2) JG 2n (2919) (4) JG 4 (1921) (6) JG 6 (1923)
(3) JG 3n (2920) (5) JG 5 (1922)

2.4.2.3.2.5 Kennzeichnende physikalische Eigenschaften infrarotdurchlässiger optischer Gläser der JG-Serie der Jenaer Glaswerke GmbH für den infraroten Spektralbereich

Eigenschaft	JG 2n 2919	JG 3n 2920	JG 4 1921	JG 5 1922	JG 6 1923
Brechzahl (25 °C)					
$n_{3,0\,\mu m}$	2,5173	2,8111	2,6263	2,6277	2,8014
$n_{4,0\,\mu m}$	2,5129	2,8034	2,6210	2,6226	2,7945
$n_{5,0\,\mu m}$	2,5098	2,7993	2,6183	2,6187	2,7907
$n_{8,0\,\mu m}$	2,5024	2,7919	2,6121	2,6105	2,7831
$n_{10,0\,\mu m}$	2,4967	2,7870	2,6084	2,6038	2,7775
$n_{12,0\,\mu m}$	2,4882	2,7810	2,6029	2,5948	2,7721
Δn	$\pm 2 \cdot 10^{-3}$	$\pm 2 \cdot 10^{-3}$	$\pm 2 \cdot 10^{-3}$	$\pm 2 \cdot 10^{-3}$	$\pm 2 \cdot 10^{-3}$
Abbesche Zahl					
$\nu_{4,0\,\mu m}$	202	153	203	180	168
$\nu_{10,0\,\mu m}$	105	164	176	102	161
$\Delta \nu/\nu$	±3%	±3%	±3%	±3%	±3%
$D/g \cdot cm^{-3}$	4,41	4,48	4,47	4,66	4,63
$\alpha_{20/120}/10^{-6}\,K^{-1}$	13,0	14,1	19,4	12,8	19,6
$T_G/°C$	368	279	225	285	185
Knoop-Härte in GPa	1,41	1,36	1,12	1,13	
Elastizitätsmodul in GPa	21,5	22,0			
µ	0,25	0,21			

2.4.2.3.2.6 Kennzeichnende physikalische Eigenschaften kristalliner infrarotdurchlässiger optischer Medien und Gläser

Material*	Transparenzbereich in µm	α/cm^{-1} bei 10,6 µm	Härte nach Knoop	n bei 5 µm	dn/dT · 10^6 K bei 5 µm	λ cm · K · W^{-1}
c-KBr	0,2–25	$1{,}5 \cdot 10^{-5}$	6	1,54	– 40	
c-NaCl	0,2–17	10^{-3}	15	1,52	– 33	0,07
c-KRS-5	0,6–40		40	2,38	– 236	0,0055
c-Si	1,2–15	1	1150	3,42	+ 168	1,64
c-Ge	1,8–17	$2 \cdot 10^{-2}$	700	4,01	+ 280	0,59
c-GaAs	1,0–15	$2 \cdot 10^{-2}$	750	3,27		0,48
c-ZnS	1,0–12		354	2,26		0,16
c-ZnSe	0,5–22	$4 \cdot 10^{-4}$	150	2,45 (2 µm)	+ 50	0,18
c-CdTe	0,9–31	$3 \cdot 10^{-4}$	45	2,71 (2 µm)		0,06
a-As_2S_3	0,6–11		109	2,41	– 10	0,0017
a-As_2Se_3	1,0–15	$1{,}5 \cdot 10^{-2}$	114	2,79		
a-$Ge_{0.33}As_{0.12}Se_{0.55}$	0,7–14	$5 \cdot 10^{-2}$	170	2,51	+ 85	0,0025
a-$Ge_{0.28}Sb_{0.12}Se_{0.60}$	0,7–14	10^{-2}	150	2,62	+ 80	0,0092

* c = kristallin, a = amorph.

2.4.2.3.3 Spannungsdoppelbrechung

2.4.2.3.3.1 Allgemeine Angaben

Die Spannungsdoppelbrechung von Gläsern wird durch die Brechzahländerung parallel und senkrecht zur Richtung der einwirkenden Spannung S erfaßt:

$$\Delta n_{\parallel} = n_{\parallel} - n = C_1 S_\sigma$$
$$\Delta n_{\perp} = n_{\perp} - n = C_2 S_\sigma$$

$$n_{\parallel} - n_{\perp} = (C_1 - C_2) S_\sigma = B\, S_\sigma$$

Die spannungsoptische Konstante B entspricht der Differenz der photoelastischen Koeffizienten C_1 und C_2. Sie wird gemessen in $TPa^{-1} = 0{,}981 \cdot 10^{-7}$ cm²/Kp = 1 Brewster.
Oxidgläser weisen spannungsoptische Konstanten von etwa – 2 bis + 4 TPa^{-1} auf, Chalkogenidgläser dagegen B-Werte zwischen – 40 und + 20 TPa^{-1}.

2.4.2.3.3.2 Spannungsoptische Konstante von Chalkogenidgläsern

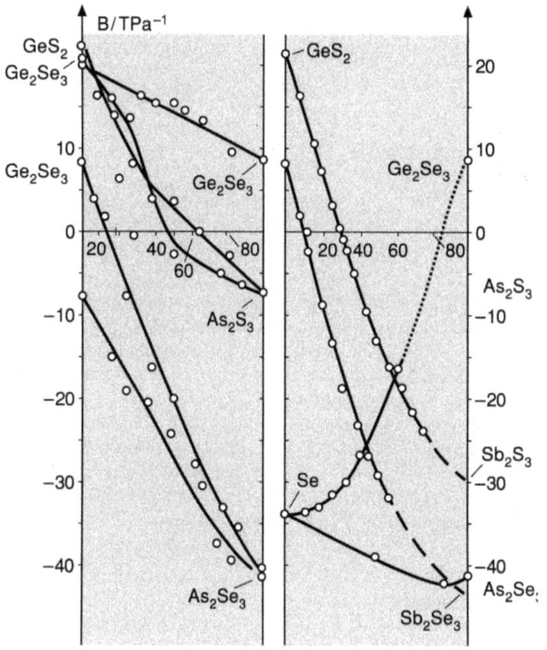

Gläser mit der spannungsoptischen Konstante B = 0 nach Linke sind

$(Ge_2Se_3)_{83}(As_2Se_3)_{17}$, $(Ge_2S_3)_{53}(As_2S_3)_{47}$, $(GeS_2)_{35}(As_2S_3)_{65}$
$(Ge_2Se_3)_{90}(Sb_2Se_3)_{10}$, $(GeS_2)_{70}(Sb_2S_3)_{30}$, $(Ge_2Se_3)_{85}(Se)_{15} = (Ge_2Se_3)_{70}(GeSe_2)_{30}$

2.4.2.3.3.3 Vergleich der spannungsoptischen Konstante von Gläsern mit doppelbrechenden Kristallen

Glas	B/TPa^{-1}	$\Delta n/10^6$ Pa	Glas	B/TPa^{-1}	$\Delta n/10^6$ Pa
GeS_2	+ 22,1	$+ 2,2 \cdot 10^{-5}$	As_2S_3	− 7,8	$- 0,8 \cdot 10^{-5}$
Ge_2S_3	+ 21,0	$+ 2,1 \cdot 10^{-5}$	As_2Se_3	− 39,4	$- 3,9 \cdot 10^{-5}$
Ge_2Se_3	+ 8,5	$+ 0,9 \cdot 10^{-5}$	Se	− 30,4	$- 3,0 \cdot 10^{-5}$
SiO_2	+ 3,5	$+ 0,35 \cdot 10^{-5}$			
Polystyren	+ 6,7				
$n_{\parallel} > \nu_{\perp}$			$n_{\perp} > n_{\parallel}$		
Kristall			Kristall		
Si	+ 11,8	$+ 1,2 \cdot 10^{-5}$	MoS_2	− 2,3	
Ge	+ 24,5	$+ 2,4 \cdot 10^{-5}$	Graphit	− 0,5	
ZnS (Wurtzit)		+ 0,02	$FeCO_3$	− 0,24	
CdS (Wurtzit)		+ 0,03	$CaCO_3$	− 0,17	
Se (trig.)		+ 1,04	$Be_3Al_2Si_6O_{18}$	− 0,01	

Dreidimensional vernetzte Gläser und Kristalle haben positive B-Werte, in anisotropen (doppelbrechenden) Kristallen ist der Effekt gegenüber der spannungsinduzierten Doppelbrechung um den Faktor 10^3 bis 10^5 verstärkt.
Gläser, bestehend aus zweidimensional und eindimensional verknüpften Baugruppen haben negative B-Werte, entsprechende anisotrope Kristalle gleichfalls negative Doppelbrechung, verstärkt etwa um den Faktor 10^5.

2.4.2.4 Farbgläser, Filtergläser und photochrome Gläser

2.4.2.4.1 Ionengefärbte Gläser

2.4.2.4.1.1 Allgemeine Angaben

Gläser, die Kationen der Übergangsmetalle mit partiell besetzten d-Elektronenzuständen enthalten, sind durch ein Absorptionsspektrum im sichtbaren Spektralbereich gekennzeichnet. Überwiegend sind es die Kationen der 3d-Elemente Cr, Mn, Fe, Co, Ni, Cu. Deren Absorptionsspektren hängen von der Oxidationsstufe, der Koordinationszahl und der Symmetrie der sie umgebenden Sauerstoffkoordinationspolyeder ab. Grundlage der Spektreninterpretation sind die Kristallfeld- und Ligandenfeldtheorie. d-d-Übergänge unterliegen dem Bahnverbot. Ihr Zustandekommen resultiert aus der Kopplung mit Schwingungen. Die molaren Extinktionskoeffizienten liegen infolge des Wirkens der Auswahlregeln in einem mittleren Bereich von $1 < \varepsilon < 100 \ \mathrm{l \cdot mol^{-1} cm^{-1}}$. Gegenüber niedermolekularen Komplexen und kristallinen Festkörpern sind die Absorptionsbanden der Ligandenfeldspektren von Kationen in Gläsern auf Grund lokaler Verzerrungen in der Regel stark verbreitert.

2.4.2.4.1.2 Chromophore in ionengefärbten Gläsern

Rohstoff	Chromophor	Beobachtete Glasfärbung
Fe_2O_3	Fe_2O_3	gelbbraun
$FeC_2O_4 \cdot 2\,H_2O$	„FeO“	grün
$CoCO_3$	CoO	blau
CuO		blau
$CuSO_4 \cdot 5\,H_2O$	CuO	blau
Cr_2O_3	Cr_2O_3	grün
NiO		grün
$NiCO_3$	NiO *	grün
U_3O_8		gelbgrün
$Na_2U_2O_7 \cdot 3\,H_2O$	UO^{2+}	gelbgrün
MnO_2	MnO	amethyst
	Mn_2O_3	violett
Ln_2O_3		
Didym		
(Nd_2O_3, Pr_2O_3)	Nd_2O_3	violett
	Pr_2O_3	schwach grün

* je nach Matrix auch gelb, blau, braun.

2.4.2.4.1.3 Bezeichnung von Schott-Farbgläsern

BG Blaugläser	VG Grüngläser
GG Gelbgläser	UG Violettglas
OG Orangegläser	NG Neutralglas
RG Rotgläser	SG Augenschutzglas

2.4.2.4.1.4 Lichtdurchlässigkeitskurven von ionengefärbten Gläsern der Fa. Schott (nach W. Vogel)

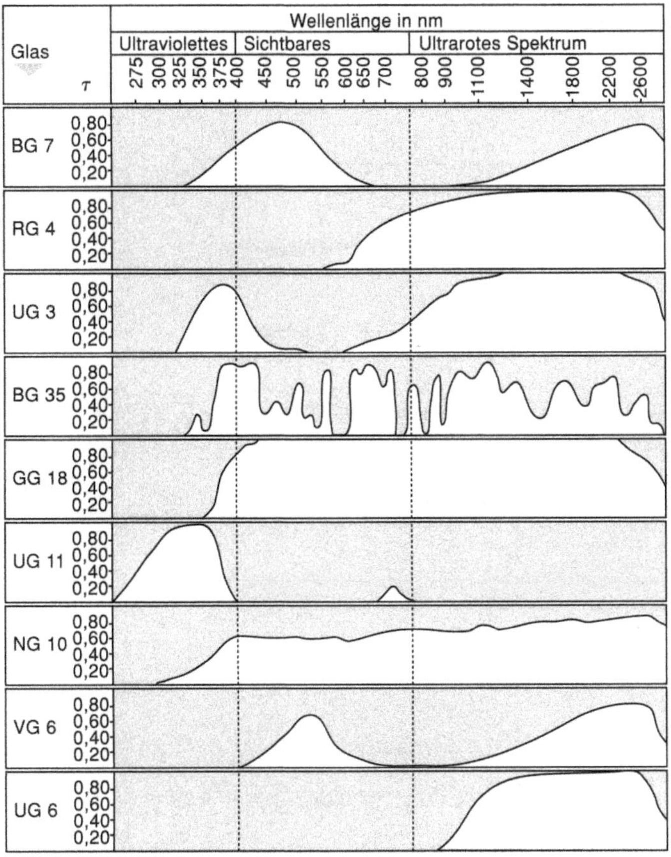

2.4.2.4.2 Anlauffarbgläser

2.4.2.4.2.1 Allgemeine Angaben

Sie sind durch steile Absorptionskanten gekennzeichnet, die durch Ausscheidung submikroskopisch kleiner Kristallite (10–50 nm) von Halbleitern zustande kommen. Meist werden Zink- oder Cadmiumchalkogenide angewandt, deren optische Bandlücke im sichtbaren Spektralbereich liegt. Man kennt alle Übergangsstadien zwischen Gelb-(GG), Orange-(OG) und Rot-(RG)-Gläsern. Die farblosen Grundgläser gehören in der Regel dem System K_2O-ZnO-SiO_2 an: 50–60% SiO_2, 10–22% ZnO, 10–20% K_2O. Mitunter ist ZnO durch CaO und K_2O partiell durch Na_2O ersetzt. Man setzt einige zehntel Prozent CdS, CdSe, CdTe oder Selen auch als Na_2SeO_3 dem Gemenge zu und schmilzt reduzierend, um ein vollständiges Ausbrennen der Chalkogenide zu vermeiden. Die Gläser fallen bei nicht zu langsamer Abkühlung farblos an. Erst als Ergebnis einer nachträglichen Temperung bei etwa 550 bis 700 °C laufen die Gläser infolge mikroheterogener Ausscheidung der Chalkogenide an. Dabei läßt sich die Steilkante des Spektrums entsprechend dem Kristallitwachstum und der damit verbundenen Ausbildung der Bandstruktur der farbgebundenen Substanzen in bestimmten Grenzen auf die gewünschte Wellenlänge einstellen.

2.4.2.4.2.2 Lichtdurchlässigkeit von Schott-Anlaufgläsern (nach W. Vogel)

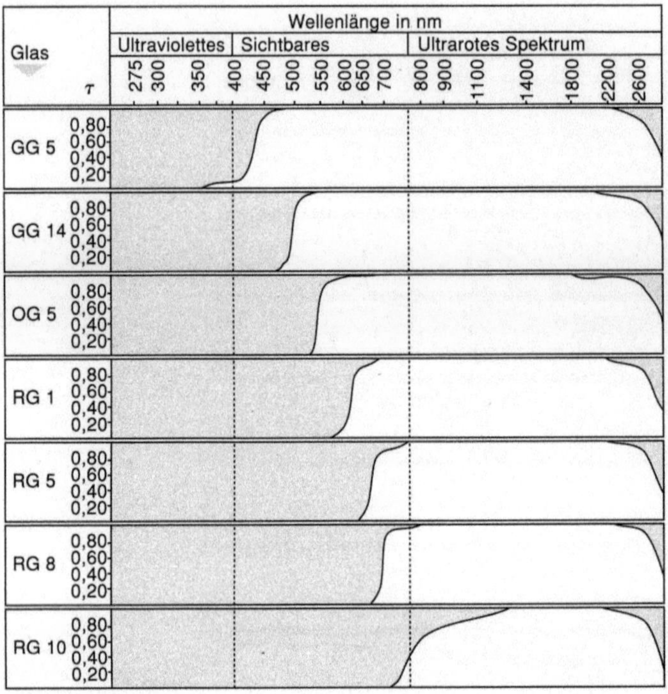

2.4.2.4.3 Kolloidgefärbte Gläser

2.4.2.4.3.1 Allgemeine Angaben

Durch Ausscheiden submikroskopisch kleiner Partikel von Metallen in Gläsern wird Farbgebung erreicht, die wie bei den Anlaufgläsern überwiegend auf dem Eigenabsorptionsverhalten der Partikel beruht und zum Teil auf Lichtstreuung zurückzuführen ist. Am bekanntesten ist das Goldrubinglas. 0,003 bis 0,1% eines Kupfer-, Silber- oder Goldsalzes werden dem Gemenge des Grundglases, z.B. Gläsern des Systems K_2O-PbO-B_2O_3-SiO_2 oder K_2O-Sb_2O_3-B_2O_3-SiO_2, zusammen mit einem Reduktionsmittel und bestimmten Dotanden wie SnO_2 zugesetzt, wobei letztere als Schutzkolloid wirken. Die bei nicht zu langsamer Abkühlung der Schmelze nur schwach gefärbten Gläser laufen bei der nachfolgenden Temperung bei Kupfer- und Golddotierung mehr oder weniger intensiv rot und bei Silberdotierung gelb bis gelbbraun an. Mit anderen kolloiddispersen Metallen ergeben sich die folgenden Farbgläser:

Platinrubine – graubraun
Bismutrubine – graubraun
Antimonrubine – graubraun
Bleirubine – graubraun
Zinnrubine – braun
Kobaltrubine – braun

2.4.2.4.3.2 Lichtdurchlässigkeit eines Goldrubinglases

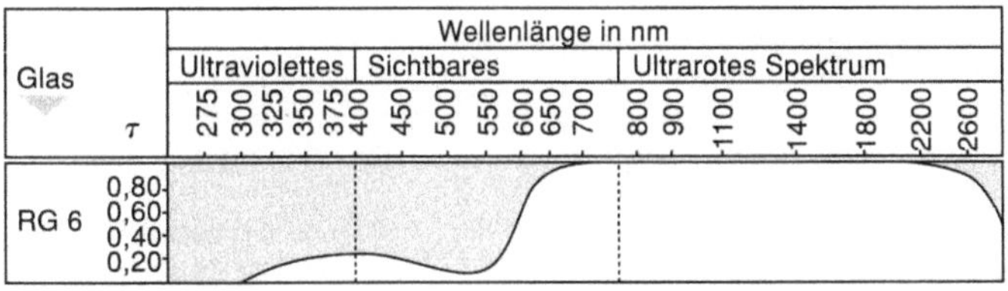

2.4.2.4.4 Wärmeschutzglas

2.4.2.4.4.1 Allgemeine Angaben

Optische transparente ungefärbte Gläser mit starker Absorption im angrenzenden infraroten Spektralbereich werden auf der Basis des Grundglassystems MgO-ZnO-Al_2O_3-P_2O_5 erhalten, wenn man Eisenoxid zusetzt und durch reduzierendes Schmelzen dafür sorgt, daß in der Glasstruktur überwiegend $[Fe^{II}O_6]$-Oktaeder vorliegen.

2.4.2.4.4.2 Wärmeabsorbierendes Glas

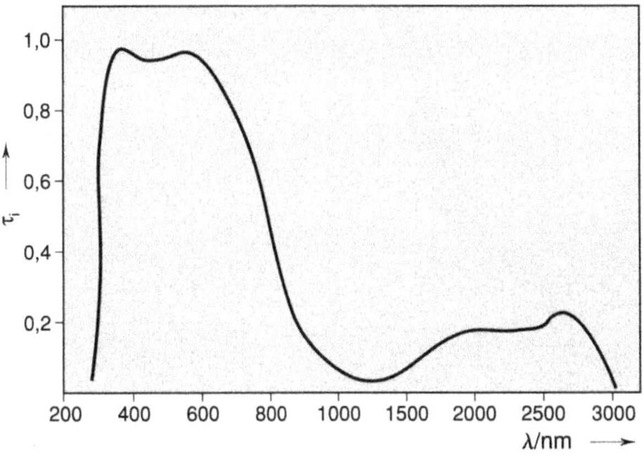

Typischer Verlauf des spektralen inneren Transmissionsgrades τ_i von C9971-Glas der Jenaer Glaswerk GmbH.

2.4.2.4.5 Dosimetergläser

2.4.2.4.5.1 Allgemeine Angaben

Gläser verfärben sich unter der Einwirkung energiereicher Strahlung. Der Effekt wird zum Messen integraler Strahlendosen ausgenutzt. Man mißt die Verfärbung spektralphotometrisch durch Vergleich zwischen einer bestrahlten und einer unbestrahlten Glasprobe.

2.4.2.4.5.2 Dosimetergläser für verschiedene Meßbereiche

Die Erzeugung von 2,08 · 10^9 Ionenpaaren pro Kubikzentimeter Luft von 0 °C bei 0,981 · 10^5 Pa entspricht der γ-Strahlendosis 1 Röntgen (r) bzw. 2,58 · 10^{-4} C/kg.

γ-Strahlendosis	Glassystem	Meßprinzip
0,5 bis 50 r 1,29 · 10^{-4} bis 0,0129 C/kg	Metaphosphatgläser mit Ag^+-Ionen Zusatz	Fluoreszenzänderung
10 bis 10^4 r 0,00258 bis 2,58 C/kg	zweiphasige Borosilicatgläser, mit AgBr und Na_2SiF_6 dotiert	Transmissionsänderung infolge Ag-Kolloid-Ausscheidung
10^3 bis 10^7 r 0,258 bis 2580 C/kg	Na_2O-CaO-MgO-SiO_2-P_2O_3-Gläser, durch Cr_2O_3 und CoO grünblau gefärbt	Transmissionsänderung infolge Veränderung des Oxidationzustandes der Kationen

2.4.2.4.5.3 Dosimeterglas DG1 der Jenaer Glaswerk GmbH

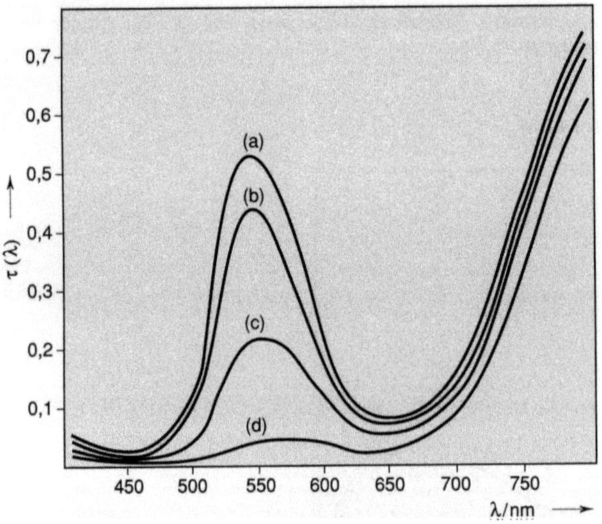

Transmission $\tau(\lambda)$ für 4 mm Glasdicke in Abhängigkeit von der Wellenlänge für verschiedene Co-60-Strahlendosen: (a) unbestrahlt, (b) 2,75 C/kg, (c) 27,5 C/kg, (d) 212,5 C/kg.

2.4.2.4.6 Photochromatische Gläser

2.4.2.4.6.1 Allgemeine Angaben

Photochromatische Gläser ändern bei Bestrahlung mit Licht bestimmter Wellenlänge ihre Farbe. Im Dunkeln bzw. nach Unterbrechung der Bestrahlung wird die Ausgangsfärbung wiedererlangt. Man ist interessiert an Gläsern, die

- eine kontinuierliche Regelung der Lichtintensität gestatten,
- einer möglichst verzögerungsfreien Änderung der Lichttransmission unterliegen und damit zur Blendschutzverglasung geeignet sind.

Der Effekt beruht auf der photochemischen Wechselwirkung elektromagnetischer Strahlung mit bestimmten im Glas gelösten lichtempfindlichen Komponenten, z.B. Silberhalogeniden, die man durch Tempern zu einer submikroskopischen kristallinen Ausscheidung gebracht hat. Ag-Metallcluster, die im Ergebnis der photochemischen Reaktion entstehen, absorbieren im sichtbaren Spektralbereich. Die Rückreaktion mit Halogenmolekülen, die in der Nachbarschaft der Metallcluster verbleiben, erfolgt nach Abschalten der Bestrahlung.

2.4.2.4.6.2 Sonnenschutzgläser

(Jenaer Glaswerk GmbH)	Heliovar II	Heliovar SB	Heliovar-Color
Brechzahl n_d	1,523	1,5228	1,523
Abbesche Zahl ν_d	60	56,8	59,6
Ausgangstransmission τ_o (550 nm)	0,90	0,91	0,73
Eindunklungsgrad $\Delta\tau$ (550 nm) (5 min Bestr.)	0,67 (25 °C)	0,61	0,52 (25 °C)
Halbwertszeit der Eindunklung $t_{D/2}$	223 s (25 °C)	10 s	263 s (25 °C)
Halbwertszeit der Aufhellung $t_{H/2}$	350 s (25 °C)	100 s	350 s (15 °C)
Dichte D	2,5 g · cm^{-3}	2,42 g · cm^{-3}	2,5 g · cm^{-3}
T_G	530 °C	505 °C	517 °C
α_{20-400}	5,5 · 10^{-6} K^{-1}	6,8 · 10^{-6} K^{-1}	5,5 · 10^{-6} K^{-1}
Säurebeständigkeit	1–2	1	1–2

2.4.2.4.6.3 Verlauf der Transmission in Abhängigkeit von der Eindunklungs- und Aufhellzeit

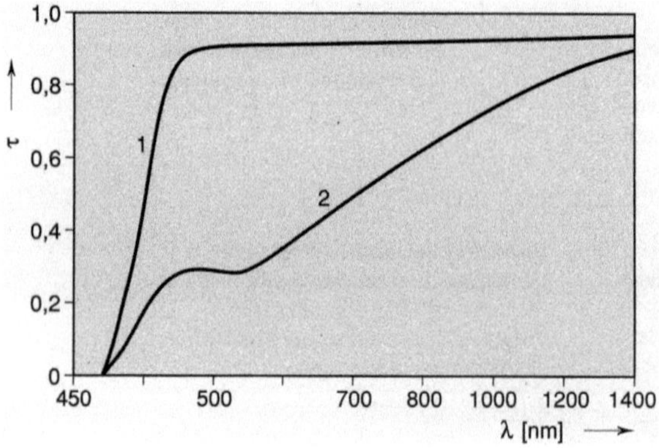

1) Vor der Bestrahlung.

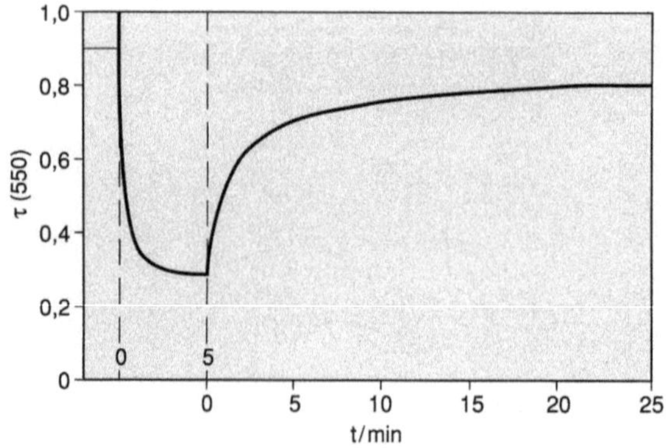

2) Nach 5 min Bestrahlung mit Xe-Höchstdrucklampe XBO 150, gefiltert mit einer 0,5 %igen $CuSO_4 \cdot 5H_2O$-Lösung in destilliertem Wasser bei einer Schichtdicke von 20 mm und einer Bestrahlungsstärke von 50 000 Lux an der Probe (entspricht etwa Sonnenlicht).

Verlauf von τ(550 nm) in Abhängigkeit von der Eindunklungs- und Aufhellzeit.

2.4.2.5 Halbleitende Gläser

2.4.2.5.1 Allgemeine Übersicht

Elektrische Leitfähigkeit

extrem klein, Isolatoren (lokalisierte Ladungen) Dielektrika, z. B. Kieselglas

vorhanden Leiter (bewegliche Ladungen) Ohmsches Gesetz: Stromdichte $j = ne\mu E$ (E Feldstärke)

Halbleitende Gläser
Spezif. Leitfähigkeit $\sigma = ne\mu$ steigt mit der Temperatur T exponentiell an, bei T = 0 K verschwindet σ

Metallische Gläser
geringer Temperaturkoeffizient der spezifischen Leitfähigkeit, quasi freie Elektronen

Ionenleitende Gläser
Gläser mit einwertigen Kationen M^+, bei kleiner Ladungsträgerdichte exp. Zunahme von n mit der Temperatur, bei hoher Konzentration korrelierte Bewegung: Exponentielles Anwachsen der Beweglichkeit μ

Elektronenleitende Gläser
Elektronen und/oder Defektelektronen sind Ladungsträger

Polaronenleitende Gläser
Ladungsträger sind durch Gitterpolarisation lokalisiert, Leitfähigkeit beruht auf Sprüngen derartiger Polaronen, die Beweglichkeit μ ist thermisch aktiviert und nimmt mit T exponentiell zu

Bandlücken-Halbleitergläser
Elektronen und/oder Defektelektronen sind die Ladungsträger, die den Strom mittels ausgedehnter Bandzustände tragen

Chalkogenidgläser
Ladungsträgerdichte n nimmt mit T exp. zu, Leitfähigkeit beruht auf Transport in Bandzuständen, die durch thermische Anregung von geladenen Defektzentren D^+ und/oder D^- (lone pairs) besetzt werden

Tetraedrisch gebundene Halbleiter
Elektronensprungprozesse zwischen einfach besetzten Defektzentren (dangling bonds) in der Bandlücke bestimmen bei tiefer Temperatur die Leitfähigkeit

2.4.2.5.2 Ionenleitende Gläser

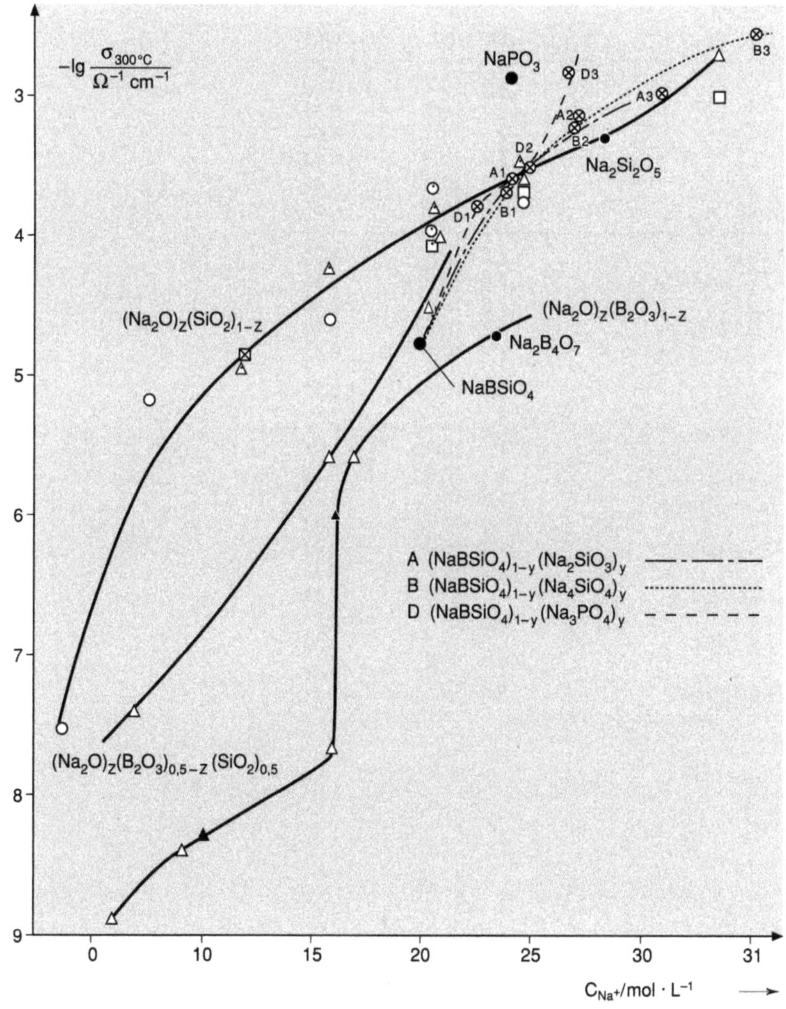

2.4.2.5.2.1 Vergleich der spezifischen Na^+-Ionenleitfähigkeit typischer Gläser bei 300 °C in Abhängigkeit von der Na^+-Ionenkonzentration (nach A. Feltz u. P. Büchner)

2.4.2.5.2.2 Gläser mit hoher Ionenleitfähigkeit bei 25 °C (E_A Aktivierungsenergie)

Zusammensetzung	$\sigma_{25\,°C}$ / $\Omega^{-1}\,cm^{-1}$	E_A / eV
$AgPO_3$	$4{,}5 \cdot 10^{-7}$	0,52
$AgPS_3$	$8 \cdot 10^{-6}$	0,41
Na_2SiO_3	$2 \cdot 10^{-7}$	0,64
Na_2SiS_3	$1{,}1 \cdot 10^{-5}$	0,43
Na_2GeO_3	$2{,}3 \cdot 10^{-8}$	0,69
Na_2GeS_3	$2{,}9 \cdot 10^{-7}$	0,56
$(Na_2O)_{33}(B_2O_3)_{67}$	$3{,}5 \cdot 10^{-11}$	0,71
$(Na_2O)_{30}(B_2O_3)_{60}(SiO_2)_6(NaCl)_4$	$2{,}4 \cdot 10^{-10}$	0,65
$Li_2Si_2O_5$	$2{,}8 \cdot 10^{-9}$	0,70
$(Li_2Si_2O_5)_{71,5}(Li_2SO_4)_{28,5}$	$1{,}3 \cdot 10^{-8}$	0,70
$(Li_2O)_{27}(B_2O_3)_{64}(Li_2Cl_2)_9$	$1{,}7 \cdot 10^{-10}$	0,58
$(Li_2O)_{35}(SiO_2)_{12,5}(B_2O_3)_{12,5}$ $(Li_2SO_4)_{30}(Li_2Cl_2)_{10}$	$3{,}3 \cdot 10^{-6}$	0,53
Li_2SiS_3	$1{,}5 \cdot 10^{-4}$	0,34
$(Li_2S)_{30}(SiS_2)_{30}(LiBr)_{40}$	$1{,}1 \cdot 10^{-4}$	0,42
$(Li_2S)_{36}(SiS_2)_{24}(LiI)_{40}$	$1{,}8 \cdot 10^{-3}$	0,28
Li_2GeS_3	$4{,}0 \cdot 10^{-5}$	0,51
$(Li_2S)_{24}(GeS_2)_{36}(LiI)_{40}$	$1{,}2 \cdot 10^{-4}$	0,45
Ag_2GeS_3	$3{,}7 \cdot 10^{-4}$	0,33
$(Ag_2S)_{33}(GeS_2)(AgI)_{33}$	$6 \cdot 10^{-3}$	0,28
$Li_2B_4S_7$	$1{,}5 \cdot 10^{-4}$	0,33
$(Li_2S)_{30}(B_2S_3)_{23}(LiI)_{47}$	$2{,}5 \cdot 10^{-3}$	0,33
$Li_4P_2S_7$	$1{,}1 \cdot 10^{-4}$	0,36
$(Li_2S)_{37}(P_2S_5)_{18}(LiI)_{45}$	$9{,}6 \cdot 10^{-4}$	0,31

2.4.2.5.2.3 Temperaturabhängigkeit der spezifischen elektrischen Leitfähigkeit einiger Gläser im Vergleich mit den Keramiken NASICON $Na_3Zr_2(SiO_4)_2(PO_4)$ und β''-Al_2O_3 (Na_2O-enthaltendes β-Al_2O_3) für Anwendungen in Feststoffbatterien

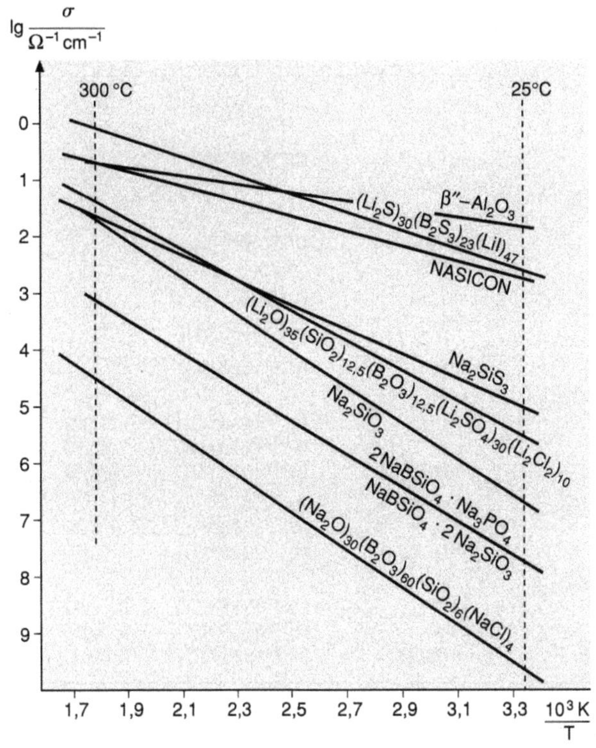

2.4.2.5.2.4 Thermisch und chemisch relativ stabile Gläser mit hinreichender Na^+-Ionenbeweglichkeit, um durch Na^+/Ag^+-Austausch definierte Brechzahlprofile in multi-mode Wellenleitergläsern zu erzeugen

Zusammensetzung der Gläser	$\sigma_{300\,°C}$ / $\Omega^{-1}\,cm^{-1}$	E_A / eV	Verbrauch ml 0,1 M HCl [1] / 1 g gekörntes Glas	
$(Na_2O)_{16,7}(Al_2O_3)_{16,7}(SiO_2)_{66,7}$	$1,3 \cdot 10^{-4}$	0,94	–	Hunold et al. (1980)
$(Na_2O)_{55}(Al_2O_3)_{15}(B_2O_3)_{15}(SiO_2)_{15}$	$1,2 \cdot 10^{-3}$	0,53	30	
$(Na_2O)_{40}(Al_2O_3)_{15}(B_2O_3)_{15}(SiO_2)_{30}$	$2,5 \cdot 10^{-4}$	0,64	1,3	
$(Na_2O)_{20}(Al_2O_3)_{20}(B_2O_3)_{15}(SiO_2)_{45}$	$1,5 \cdot 10^{-5}$	0,71	0,01	Feltz, Popp, Kaps (1989)
$(Na_2O)_{25}(Al_2O_3)_{25}(B_2O_3)_{12,5}(SiO_2)_{37,5}$	$3,2 \cdot 10^{-5}$	0,66	0,06	
$(Na_2O)_{30}(Al_2O_3)_{30}(B_2O_3)_{10}(SiO_2)_{30}$	$5,8 \cdot 10^{-3}$	0,80	0,2	
$(Na_2O)_{33,3}(ZrO_2)_{16,7}(SiO_2)_{50}$	$1,2 \cdot 10^{-3}$	0,55		Susmann et al. (1983)
$Na_4Nb(PO_4)_3$	$0,7 \cdot 10^{-3}$	0,60	0,17	Barth, Feltz (1989)

[1] 1 g gekörntes Glas (0,3 – 0,5 mm) in Wasser bei 98 °C 1 h behandelt.

2.4.2.5.3 Polaronenleitende Gläser

2.4.2.5.3.1 Elektrische Leitfähigkeit und Aktivierungsenergie typischer Gläser mit Polaronenleitung

Zusammensetzung		$\frac{\sigma}{\Omega^{-1}\,cm^{-1}}$	$\frac{E_A}{eV}$
$(V_2O_a)_x(P_2O_5)_{1-x}$	x = 0,1 a = 4,8	10^{-4} (25 °C)	0,32
$(BaO)_x(P_2O_5)_{0,4-x}(V_2O_a)_{0,6}$	x = 0,2 a = 4,8	$10^{-5,5}$ (25 °C)	–
$(GeO_2)_x(P_4O_{10})_y(V_2O_5)_z$	x = 0,025 y = 0,025 z = 0,95	$10^{-3,2}$ (25 °C)	–
$(P_2O_5)_{0,45}(FeO_a)_{0,55}$	a = 1,24	$10^{-9,2}$ (25 °C)	0,65
$(CoO)_{0,3}(CaO)_{0,23}(B_2O_3)_{0,47}$		$10^{-6,5}$ (350 °C)	1
$(PO_{2,5})_{0,47}(TiO_{2-y})_{0,53}$	y = 0,01	$10^{-8,3}$ (300 °C)	
(A) $(BaO)_{0,25-y}(M_zO)_y(VO_2)_{0,25}(SiO_2)_{0,5}$			
$M_zO = K_2O$	y = 0,1	$10^{-14,9}$ (350 °C)	1,02
	y = 0	$10^{-11,4}$ (350 °C)	0,73
$M_zO = La_{0,67}O$	y = 0,05	$10^{-10,1}$ (350 °C)	0,61
(B) $(BaO)_{0,33-y}(M_zO)_y(VO_2)_{0,22}(SiO_2)_{0,45}$			
$M_zO = La_{0,67}O$	y = 0	$10^{-12,9}$ (350 °C)	0,78
	y = 0,125	$10^{-11,4}$ (350 °C)	0,70
(C) $(BaO)_{0,35-y}(M_zO)_y(VO_2)_{0,25}(SiO_2)_{0,40}$			
$M_zO = K_2O$	y = 0,1	$10^{-14,8}$ (350 °C)	0,93
	y = 0	$10^{-12,0}$ (350 °C)	0,76
$M_zO = La_{0,67}O$	y = 0,175	$10^{-9,9}$ (350 °C)	0,62

2.4.2.5.3.2 Abhängigkeit der auf die Ladungsträgerkonzentration n normierten Leitfähigkeit vom mittleren Abstand a zwischen den V-Atomen in den Glasbildungssystemen VO_2-V_2O_5-P_2O_5 (●) und (◇), CaO-VO_2-V_2O_5-P_2O_5 (◆) bzw. – B_2O_3 (△), BaO-VO_2-V_2O_5-Al_2O_3-B_2O_3 (+) und BaO-VO_2-SiO_2 (▼).

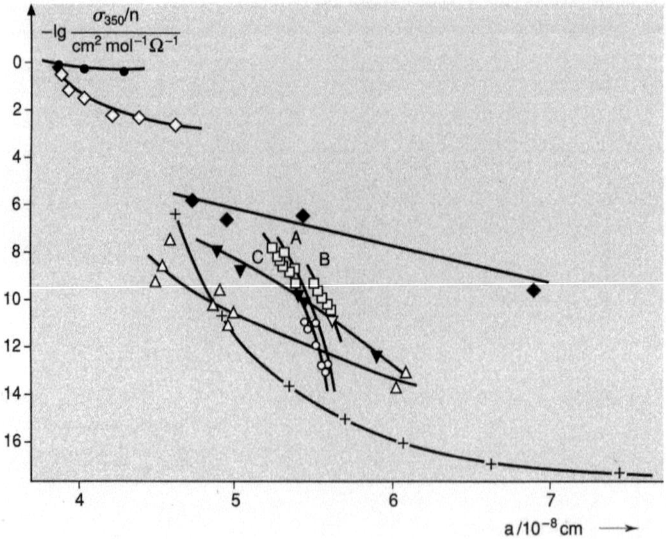

Das Diagramm zeigt den dominanten Einfluß der Polarisierbarkeit der Oxidionen, die in den Reihen A, B, C nach 2.4.2.5.3.1 mit zunehmender Substitution von K^+ durch Ba^{2+} und von Ba^{2+} durch La^{3+} abnimmt, was die Aktivierungsenergie erniedrigt und die spezifische Leitfähigkeit ansteigen läßt:

A $(BaO)_{0,25-y}(M_zO)_y(VO_2)_{0,25}(SiO_2)_{0,50}$: $M_zO = K_2O$: $0 < y < 0,1$
$= La_{0,67}O$: $0 < y < 0,05$
B $(BaO)_{0,33-y}(M_zO)_y(VO_2)_{0,22}(SiO_2)_{0,45}$: $M_zO = La_{0,67}O$: $0 < y < 0,125$
C $(BaO)_{0,35-y}(M_zO)_y(VO_2)_{0,25}(SiO_2)_{0,40}$: $M_zO = K_2O$: $0 < y < 0,1$
$La_{0,67}O$: $0 < y < 0,175$

2.4.2.5.4 Chalkogenidgläser

2.4.2.5.4.1 Temperaturabhängigkeit der elektrischen Leitfähigkeit halbleitender Chalkogenidgläser

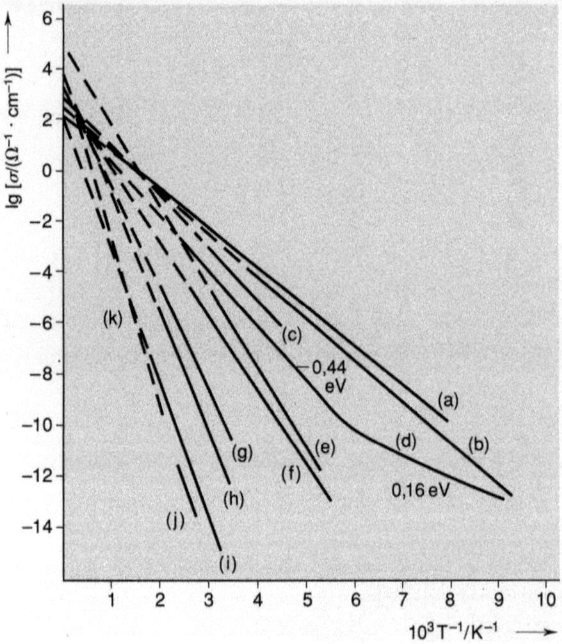

lg σ gegen 1/T von Chalkogeniden und Chalkogenidgläsern: (a) GeTe, (b) $Tl_2As_2SeTe_3$, (c) As_2Te_3, (d) $As_{10}Se_3Te_{12}$, (e) $CdGeAs_2$, (f) $Tl_2As_2Se_3$, (g) $As_6Sb_4Se_{15}$, (h) As_2Se_3, (i) Ge_2Se_3, (j) As_2S_3, (k) Se.

2.4.2.5.4.2 Kennzeichnende Eigenschaften halbleitender Chalkogenidgläser

Zusammensetzung	Optische Bandlücke E_g/eV	Aktivierungsenergie E_A/eV	$\sigma_{25°C}$ / $\Omega^{-1}\,cm^{-1}$	Modifizierung durch Verunreinigungen oder Zusätze	$\sigma_{25°C}$ / $\Omega^{-1}\,cm^{-1}$	E_A/eV	Seebeck-Effekt S / mV/K	Aktivierungsenergie E_A/eV
Se	2,0	1,0–1,15	10^{-18}	+ 20 ppm O	10^{-11}	0,75	+ 2,4 (230 °C)	1,15
				+ 500 ppm Cl	10^{-9}	0,56		
As_2Se_3	1,8	0,91	$6 \cdot 10^{-13}$	+ 5% Cu	10^{-8}	0,68	+ 1,0 (230 °C)	1,06
				+ 2,4% Cu	$6 \cdot 10^{-7}$	0,61		
				+ 28,6% Tl	$2,5 \cdot 10^{-7}$	0,48		
				+ 3% Ga		0,75		
As_2Te_3	0,87	0,44						
Ge_2Se_3	1,8	0,99		+ 1 mol PbSe				
$Ge_{20}As_{10}Se_{70}$	1,78	0,8						
$Ge_{15}Sb_{15}Se_{70}$		0,89	$3,2 \cdot 10^{-13}$					
$Ge_{20}Sb_{10}Se_{70}$	1,77							
$(PbSe)_y(GeSe)_{0,65-y}(GeSe_2)_{0,35}$ (y = 0)	–	0,97	$1,8 \cdot 10^{-15}$	y = 0,45	$1,6 \cdot 10^{-10}$	0,65		
$(PbSe)_{0,4}(GeSe)_{0,3}(GeSe_2)_{0,3}$	1,3	0,70	$1,5 \cdot 10^{-10}$					
$Ge_{0,4-x}Sn_xSe_{0,5}Te_{0,1}$ (x = 0)	1,8	0,78	10^{-15}	x = 0,08	$5 \cdot 10^{-10}$	0,63		
$(HgSe)_{0,4}(GeSe)_{0,3}(GeSe_2)_{0,3}$	1,8	0,99						
$As_{30}Si_{12}Ge_{10}Te_{48}$	1,14	0,68	$4 \cdot 10^{-8}$	+ 1% Mn	$4 \cdot 10^{-7}$	0,5		

2.4.2.5.5 Tetraedrisch koordinierte nichtkristalline Halbleiter und Kristalle

	$\frac{\sigma_{25\,°C}}{\Omega^{-1}\,cm^{-1}}$	$\frac{E_A}{eV}$	$\frac{E_g}{eV}$	$\frac{E_g}{eV}$ (kristallin)
amorphes Ge	10^{-2}–10^{-4}*	0,55	1,10	0,78
amorphes Si (Schicht)	10^{-2}–10^{-5}*	0,75	1,50	1,12
SiH_x-Schicht	10^{-12}	0,75		

* je nach Temperatur des Substrats bei der Abscheidung und Temperung

2.4.2.6 Metallische Gläser

2.4.2.6.1 Allgemeine Angaben

Metallegierungen lassen sich im Bereich tief schmelzender eutektischer Zusammensetzungen (bezogen auf vergleichsweise hohe Schmelztemperaturen reiner Komponenten im betreffenden System) bei hinreichend hoher Abkühlgeschwindigkeit q $10^2 \leqq q \leqq 10^8\,K \cdot s^{-1}$ in der Regel als Glas erhalten. Der spezifische elektrische Widerstand liegt bei Raumtemperatur im Bereich 50 bis 300 $\mu\Omega$ cm und ist damit signifikant herabgemindert gegenüber kristallinen Metallen. Der Temperaturkoeffizient ist relativ klein und positiv. Er stellt i. allg. eine Fortsetzung der Temperaturabhängigkeit des Widerstandes der Schmelze nach tiefen Temperaturen dar.

2.4.2.6.2 Phasendiagramme typischer Systeme glasbildender Legierungen im Bereich tief schmelzender Eutektika

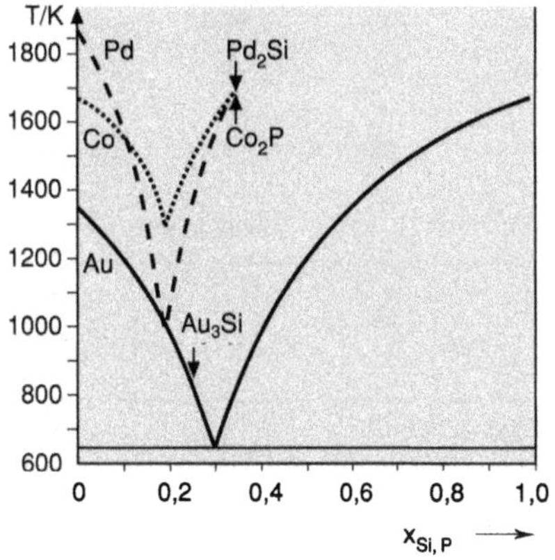

2.4.2.6.3 Zusammensetzung und Eigenschaften einiger ausgewählter glasartiger Metall-Legierungen

Zusammensetzung	T_G/°C	$\varrho/\mu\Omega$ cm	Zusammensetzung	T_G/°C	$\varrho/\mu\Omega$ cm
$Au_{81}Si_{19}$	17	–	$Pd_{77}Au_5Si_{18}$	377	–
$Pd_{82}Si_{18}$	397	86,78	$Pd_{77}Cu_6Si_{17}$	362	85
$Pd_{81}P_{19}$	342	–	$Pd_{60}Fe_{20}P_{20}$	344	–
$Ni_{80}P_{20}$	334	–	$Ni_{40}Pd_{40}P_{20}$	314	–
$Fe_{81}P_{17}$	247	–	$Ni_{78}Si_8B_{14}$	420	98
$Fe_{83}B_{17}$	357	120	$Fe_{80}P_{13}C_7$	427	–
$Ti_{80}Si_{20}$	594	–	$Ti_{40}Ni_{40}Si_{20}$	830	–
$Ni_{60}Nb_{40}$	697	–	$Ti_{72}Fe_{12}Si_6$	577	–
$Cu_{57}Zr_{43}$	467	224	$Ni_{75}P_{16}B_6Al_3$	418	–
$Gd_{67}Co_{33}$	250	238	$Fe_{40}Ni_{40}P_{14}B_6$	390	–
$Au_{77}Ge_{14}Si_9$	22	–			

2.4.3 Keramik

Bearbeitet von Edith Stieber, Berlin

2.4.3.1 Feinkeramische Massen*

α mittlerer linearer Ausdehnungskoeffizient, λ mittlere Wärmeleitfähigkeit

	Dichte	offene Porosität	Biegefestigkeit		E-Modul	$\alpha_{(20-100)\,°C}$	$\lambda_{(20-100)\,°C}$
			glasiert	unglasiert			
	$g\,cm^{-3}$	Vol.-%	MPa	MPa	GPa	$10^{-6}\,K^{-1}$	$Wm^{-1}K^{-1}$
1. Hartporzellan (C-110)	2,3–2,4	0	60	50	70	3–6	1–2,5
2. Preßporzellan (C-111)	2,2–2,3	0–3		40	50	3–5	1–2,5
3. Cristobalitporzellan (C-112)	2,3–2,35	0	100	80	70	6–8	1,4–2,5
4. Tonerdeporzellan (C-120)	2,3–2,8	0	110	90	80–100	3–6	1,2–2,6
5. Tonerdeporzellan mit hoher Festigkeit (C-130)	2,6–3,3	0	160	140	100–180	4–7	1,5–4,0
6. Zirkonporzellan	3,4–3,8	0–1		200	140	3,5–5,5 [1]	
7. Steatit (C-220)	2,6–2,65	0		120	80	7–9	2–3
8. Cordierit (C-410)	2,2–2,5	0–1		60	70–100	1–3	1,5–2,5
9. Lithiumkeramik	2,4	0–3		50		0,06–0,85 [2]	

[1] $\alpha_{(20-700)\,°C}$ [2] $\alpha_{(20-500)\,°C}$

Rohstoffe	Besondere Eigenschaften
1. Ton, Kaolin, Feldspat, Quarz	Mechanisch und thermisch gut
2. Ton, Kaolin, Feldspat, Quarz	Mechanisch und thermisch mittelgut
3. Ton, Kaolin, Feldspat, Quarz	Mechanisch und thermisch brauchbar
4. Ton, Kaolin, Feldspat, Quarz	Mechanisch fester als Hartporzellan
5. Ton, Disthen, Tonerde bis zu 90% Al_2O_3, wenig Sinterungsmittel	Mechanisch gut bis sehr gut, erhöhte Wärmeleitfähigkeit, hohe Feuerbeständigkeit
6. Zirkonsand, Ton, Bindemittel	Mechanisch fester als Hartporzellan, gute Temperaturwechselbeständigkeit
7. Talk oder Speckstein	Mechanisch sehr fest, aber empfindlich gegen schroffen Temperaturwechsel
8. Ton (Kaolin), Speckstein (Talk)	Sehr kleine Wärmeausdehnung, hohe Temperaturwechselbeständigkeit
9. Lithiummineralien	Wärmeausdehnung fast Null, höchste Temperaturwechselbeständigkeit

* Nach R. Morrell: Handbook of properties & engineering ceramics, Part 1 – An introduction for the engineer and designer, London Her Majesty's Stationary Office (HMSO), 1989.

2.4.3.2 Zusammenfassende Tabelle: Keramische Isolierstoffe *

Eigenschaften	Symbol	Einheit					
		Gruppe	C-100				
			Werkstoffe auf Basis von Alkali-Aluminiumsilicaten (Porzellane)				
		Untergruppe	110	111	112	120	130
			Siliciumdioxid-haltige Porzellane	Gepreßte siliciumdioxid-haltige Porzellane	Cristobalit-Porzellan	Porzellane mit standardisierter Festigkeit	Porzellane mit hoher Festigkeit
Offene Porosität max.	P	Volumen-%	0	3	0	0	0
Dichte min.	d	$g\,cm^{-3}$	2,2	2,2	2,3	2,3	2,5
Biegefestigkeit min. unglasiert glasiert	σ	MPa	50 60	40	80 100	90 110	140 160
Elastizitätsmodul min.	E	GPa	60		70		100
Mittlerer linearer Ausdehnungskoeffizient	$\alpha_{20\,°C\ bis\ 100\,°C}$ $\alpha_{20\,°C\ bis\ 300\,°C}$ $\alpha_{20\,°C\ bis\ 600\,°C}$ $\alpha_{20\,°C\ bis\ 1000\,°C}$	$10^{-6}K^{-1}$ $10^{-6}K^{-1}$ $10^{-6}K^{-1}$ $10^{-6}K^{-1}$	3 bis 6 3 bis 6 4 bis 7	3 bis 5 3 bis 6 4 bis 7	6 bis 8 6 bis 8 6 bis 8	3 bis 6 3 bis 6 4 bis 7	4 bis 7 4 bis 7 5 bis 7
Spezifische Wärmekapazität 20 °C bis 100 °C	c_p	$J\,kg^{-1}K^{-1}$	750 bis 900	800 bis 900	800 bis 900	750 bis 900	800 bis 900
Wärmeleitfähigkeit 20 °C bis 100 °C	λ	$Wm^{-1}K^{-1}$	1 bis 2,5	1 bis 2,5	1,4 bis 2,5	1,2 bis 2,6	1,5 bis 4,0
Beständigkeit gegen Temperaturschock min.	ΔT	K	150	150	150	150	150
Elektrische Durchschlagfestigkeit min.	E_d	$kV\,mm^{-1}$	20		20	20	20
Relative Dielektrizitätskonstante 48 Hz bis 62 Hz	ε_t		6 bis 7		5 bis 6	6 bis 7	6 bis 7,5
Dielektrischer Verlustfaktor bei 20 °C 48 Hz bis 62 Hz 1 kHz 1 MHz	$\tan\delta$	10^{-3}	25 12		25 12	25 12	30 15
Spezifischer Durchgangswiderstand bei bestimmten Temperaturwerten (Gleichstrom) 20 °C 200 °C 600 °C	ϱ_v	Ωcm	10^{13} 10^{8} 10^{4}	10^{12} 10^{8} 10^{4}	10^{13} 10^{8} 10^{4}	10^{13} 10^{8} 10^{4}	10^{13} 10^{8} 10^{4}
Temperatur bei einem bestimmten spezifischen Durchgangswiderstand 100 MΩcm 1 MΩcm	$t_{k\,100}$ $t_{k\,1}$	°C °C	200 350	200 350	200 350	200 350	200 350

* Auszüge aus: IEC 672-3.1. Ausgabe 1984, identisch mit VDE 0335, Blatt 3, Ausgabe 02.88.

2.4.3.2 Zusammenfassende Tabelle: Keramische Isolierstoffe (Fortsetzung)

		Gruppe	C-200				
			Werkstoffe auf Basis von Magnesiumsilicaten (Steatite und Forsterite)				
		Untergruppe	210	220	221	230	240
			Niederspannungs-steatite	Steatite	Steatite mit geringen dielektrischen Verlusten	Poröse Steatite	Poröse Forsterite
Eigenschaften	Symbol	Einheit					
Offene Porosität max.	P	Volumen-%	0,5	0	0	35	30
Dichte min.	d	$g\ cm^{-3}$	2,3	2,6	2,7	1,8	1,9
Biegefestigkeit min. unglasiert glasiert	σ	MPa	80	120	140	30	35
Elastizitätsmodul min.	E	GPa	60	80	110		
Mittlerer linearer Ausdehnungskoeffizient	$\alpha_{20\,°C\ bis\ 100\,°C}$ $\alpha_{20\,°C\ bis\ 300\,°C}$ $\alpha_{20\,°C\ bis\ 600\,°C}$ $\alpha_{20\,°C\ bis\ 1000\,°C}$	$10^{-6}K^{-1}$ $10^{-6}K^{-1}$ $10^{-6}K^{-1}$ $10^{-6}K^{-1}$	6 bis 8 6 bis 8 6 bis 8 6 bis 8	7 bis 9 7 bis 9 7 bis 9 8 bis 10	6 bis 8 7 bis 9 7 bis 9 8 bis 9	8 bis 10 8 bis 10 8 bis 10	8 bis 10 8 bis 10 8 bis 10 8 bis 10
Spezifische Wärmekapazität 20 °C bis 100 °C	c_p	$J\ kg^{-1}\ K^{-1}$	800 bis 900	800 bis 900	800 bis 900	800 bis 900	800 bis 900
Wärmeleitfähigkeit 20 °C bis 100 °C	λ	$Wm^{-1}\ K^{-1}$	1 bis 2,5	2 bis 3	2 bis 3	1,5 bis 2	1,4 bis 2
Beständigkeit gegen Temperaturschock min.	ΔT	K	80	80	100		
Elektrische Durchschlagfestigkeit min.	E_d	$kVmm^{-1}$		15	20		
Relative Dielektrizitätskonstante 48 Hz bis 62 Hz	ε_t		6	6	6		
Dielektrischer Verlustfaktor bei 20 °C 48 Hz bis 62 Hz 1 kHz 1 MHz	$\tan\delta$	10^{-3}	25 7	5 3	1,5 1,2		
Spezifischer Durchgangswiderstand bei bestimmten Temperaturwerten (Gleichstrom) 20 °C 200 °C 600 °C	ϱ_v	Ωcm	10^{12} 10^{9} 10^{5}	10^{13} 10^{10} 10^{5}	10^{13} 10^{11} 10^{7}	 10^{10} 10^{7}	 10^{11} 10^{7}
Temperatur bei einem bestimmten spezifischen Durchgangswiderstand 100 MΩcm 1 MΩcm	$t_{k\ 100}$ $t_{k\ 1}$	°C °C	200 400	350 530	500 800	500 800	500 800

2.4.3.2 **Zusammenfassende Tabelle: Keramische Isolierstoffe** (Fortsetzung)

		Gruppe		C-300			
		Untergruppe	250	310	320	330	331
			Dichte Forsterite	Hauptbestandteil Titandioxid	Hauptbestandteil Magnesiumtitanat	Hauptbestandteil Titandioxid oder verschiedene andere Oxide	
Eigenschaften	Symbol	Einheit					
Offene Porosität max.	P	Volumen-%	0	0	0	0	0
Dichte min.	d	g cm^{-3}	2,8	3,5	3,1	4,0	4,5
Biegefestigkeit min. unglasiert glasiert	σ	MPa	140	70	70	80	80
Elastizitätsmodul min.	E	GPa					
Mittlerer linearer Ausdehnungskoeffizient	$\alpha_{20\,°C\text{ bis }100\,°C}$ $\alpha_{20\,°C\text{ bis }300\,°C}$ $\alpha_{20\,°C\text{ bis }600\,°C}$ $\alpha_{20\,°C\text{ bis }1000\,°C}$	$10^{-6}\,K^{-1}$ $10^{-6}\,K^{-1}$ $10^{-6}\,K^{-1}$ $10^{-6}\,K^{-1}$	9 bis 11 9 bis 11 9 bis 11 10 bis 11	6 bis 8	6 bis 10		
Spezifische Wärmekapazität 20 °C bis 100 °C	c_p	J kg^{-1} K^{-1}	800 bis 900	700 bis 800	900 bis 1000		
Wärmeleitfähigkeit 20 °C bis 100 °C	λ	Wm^{-1} K^{-1}	3 bis 4	3 bis 4	3,5 bis 4		
Beständigkeit gegen Temperaturschock min.	ΔT	K	80				
Elektrische Durchschlagfestigkeit min.	E_d	kVmm^{-1}	20	8	8	10	10
Relative Dielektrizitätskonstante 48 Hz bis 62 Hz	ε_t		7	40 bis 100	12 bis 40	25 bis 50	30 bis 70
Dielektrischer Verlustfaktor bei 20 °C 48 Hz bis 62 Hz 1 kHz 1 MHz	tan δ	10^{-3}	1,5 0,5	 6,5 2	 2 1,5	 20 0,8	 7 1,0
Spezifischer Durchgangswiderstand bei bestimmten Temperaturwerten (Gleichstrom) 20 °C 200 °C 600 °C	ϱ_v	Ωcm	10^{13} 10^{11} 10^{7}	10^{12}	10^{11}	10^{11}	10^{11}
Temperatur bei einem bestimmten spezifischen Durchgangswiderstand 100 MΩcm 1 MΩcm	$t_{k\,100}$ $t_{k\,1}$	°C °C	500 800				

2.4.3.2 Zusammenfassende Tabelle: Keramische Isolierstoffe (Fortsetzung)

Eigenschaften	Symbol	Einheit					
		Gruppe				C-400	
						Werkstoffe aus Erdalkali-Aluminiumsilicaten	
		Untergruppe	340	350	351	410	420
			Strontium - oder Kalium - Bismut-Titanat	Hauptbestandteil Bariumtitanat ε_t mittel	Hauptbestandteil Bariumtitanat ε_t hoch	Dichtes Cordierit	Dichtes Celsian
Offene Porosität max.	P	Volumen-%	0	0	0	0,5	0,5
Dichte min.	d	g cm^{-3}	3,0	4,0	4,0	2,1	2,7
Biegefestigkeit min. unglasiert glasiert	σ	MPa	70	50	50	60	80
Elastizitätsmodul min.	E	GPa					
Mittlerer linearer Ausdehnungskoeffizient	$\alpha_{20\,°C\ bis\ 100\,°C}$ $\alpha_{20\,°C\ bis\ 300\,°C}$ $\alpha_{20\,°C\ bis\ 600\,°C}$ $\alpha_{20\,°C\ bis\ 1000\,°C}$	$10^{-6}K^{-1}$ $10^{-6}K^{-1}$ $10^{-6}K^{-1}$ $10^{-6}K^{-1}$				1 bis 3 1 bis 3 2 bis 4 2 bis 4,5	3 bis 5 3 bis 5 3,5 bis 6 4 bis 7
Spezifische Wärmekapazität 20 °C bis 100 °C	c_p	J kg^{-1} K^{-1}				800 bis 1200	800 bis 1000
Wärmeleitfähigkeit 20 °C bis 100 °C	λ	Wm^{-1} K^{-1}				1,5 bis 2,5	1,5 bis 2
Beständigkeit gegen Temperaturschock min.	ΔT	K				250	200
Elektrische Durchschlagfestigkeit min.	E_d	kV mm^{-1}	6	2	2	10	20
Relative Dielektrizitätskonstante 48 Hz bis 62 Hz	ε_t		100 bis 700	350 bis 3000	3000	5	7
Dielektrischer Verlustfaktor bei 20 °C 48 Hz bis 62 Hz 1 kHz 1 MHz	tan δ	10^{-3}	 5	 35	 35	25 7	10 12 0,5
Spezifischer Durchgangswiderstand bei bestimmten Temperaturwerten (Gleichstrom) 20 °C 200 °C 600 °C	ϱ_v	Ωcm	10^{11}	10^{10}	10^{10}	10^{12} 10^{8} 10^{5}	10^{14} 10^{13} 10^{9}
Temperatur bei einem bestimmten spezifischen Durchgangswiderstand 100 MΩcm 1 MΩcm	$t_{k\,100}$ $t_{k\,1}$	°C °C				200 400	600 900

2.4.3.2 Zusammenfassende Tabelle: Keramische Isolierstoffe (Fortsetzung)

		Gruppe	C-500				
			Poröse Werkstoffe aus Aluminium- und Magnesiumsilicaten				
		Untergruppe	510	511	512	520	530
			Magnesiumhaltig	Magnesiumhaltig	Magnesiumhaltig	Hoher Cordieritgehalt	Hoher Aluminiumgehalt
Eigenschaften	Symbol	Einheit					
Offene Porosität max.	P	Volumen-%	30	20	40	20	30
Dichte min.	d	$g\ cm^{-3}$	1,9	1,9	1,8	1,9	2,1
Biegefestigkeit min. unglasiert glasiert	σ	MPa	25	25	15	30	30
Elastizitätsmodul min.	E	GPa				40	
Mittlerer linearer Ausdehnungskoeffizient	$\alpha_{20\,°C\ bis\ 100\,°C}$ $\alpha_{20\,°C\ bis\ 300\,°C}$ $\alpha_{20\,°C\ bis\ 600\,°C}$ $\alpha_{20\,°C\ bis\ 1000\,°C}$	$10^{-6}K^{-1}$ $10^{-6}K^{-1}$ $10^{-6}K^{-1}$ $10^{-6}K^{-1}$	3 bis 5 3 bis 5 3 bis 6	3 bis 6 4 bis 6 4 bis 6	3 bis 5 3 bis 5 3 bis 6	1,5 bis 3,5 1,5 bis 3,5 2 bis 4	3,5 bis 5 3,5 bis 5 4 bis 6
Spezifische Wärmekapazität 20 °C bis 100 °C	c_p	$J\ kg^{-1}\ K^{-1}$	750 bis 850	750 bis 850	750 bis 900	750 bis 900	800 bis 900
Wärmeleitfähigkeit 20 °C bis 100 °C	λ	$Wm^{-1}\ K^{-1}$	1,2 bis 1,7	1,3 bis 1,8	1 bis 1,5	1,3 bis 1,8	1,4 bis 2
Beständigkeit gegen Temperaturschock min.	ΔT	K	150	200	250	300	350
Elektrische Durchschlagfestigkeit min.	E_d	$kV\ mm^{-1}$					
Relative Dielektrizitätskonstante 48 Hz bis 62 Hz	ε_t						
Dielektrischer Verlustfaktor bei 20 °C 48 Hz bis 62 Hz 1 kHz 1 MHz	tan δ	10^{-3}					
Spezifischer Durchgangswiderstand bei bestimmten Temperaturwerten (Gleichstrom) 20 °C 200 °C 600 °C	ϱ_v	Ωcm	 10^9 10^5	 10^9 10^5	 10^9 10^5	 10^9 10^8	 10^{10} 10^6
Temperatur bei einem bestimmten spezifischen Durchgangswiderstand 100 MΩcm 1 MΩcm	$t_{k\ 100}$ $t_{k\ 1}$	°C °C	 500	 500	 500	 500	 600

2.4.3.2 Zusammenfassende Tabelle: Keramische Isolierstoffe (Fortsetzung)

		Gruppe	C-600		C-700		
			Werkstoffe aus Aluminiumsilicaten (Mullitkeramik)		Keramik mit hohem Aluminiumoxidgehalt		
		Untergruppe	610	620	780	786	795
			Al_2O_3-Gehalt 50 bis 65%	Al_2O_3-Gehalt 65 bis 80%	Al_2O_3-Gehalt 80 bis 86%	Al_2O_3-Gehalt 86 bis 95%	Al_2O_3-Gehalt 95 bis 99%
Eigenschaften	Symbol	Einheit					
Offene Porosität max.	P	Volumen-%	0	0	0	0	0
Dichte min.	d	g cm^{-3}	2,6	2,8	3,2	3,4	3,5
Biegefestigkeit min. unglasiert glasiert	σ	MPa	120	150	200	250	280
Elastizitätsmodul min.	E	GPa	100	150	200	220	280
Mittlerer linearer Ausdehnungskoeffizient	$\alpha_{20\,°C\text{ bis }100\,°C}$ $\alpha_{20\,°C\text{ bis }300\,°C}$ $\alpha_{20\,°C\text{ bis }600\,°C}$ $\alpha_{20\,°C\text{ bis }1000\,°C}$	$10^{-6}\,K^{-1}$ $10^{-6}\,K^{-1}$ $10^{-6}\,K^{-1}$ $10^{-6}\,K^{-1}$	5 bis 6 5 bis 6 5 bis 7 5 bis 7	5 bis 6 5 bis 6 5 bis 7 5 bis 7	5 bis 7 5 bis 7 6 bis 8 7 bis 8	5,5 bis 7,5 6 bis 8 6 bis 8 7 bis 8	5 bis 7 6 bis 7,5 6 bis 8 7 bis 9
Spezifische Wärmekapazität 20 °C bis 100 °C	c_p	J $kg^{-1}\,K^{-1}$	850 bis 1050	850 bis 1050	850 bis 1050	850 bis 1050	850 bis 1050
Wärmeleitfähigkeit 20 °C bis 100 °C	λ	$Wm^{-1}\,K^{-1}$	2 bis 6	6 bis 15	10 bis 16	14 bis 24	16 bis 28
Beständigkeit gegen Temperaturschock min.	ΔT	K	150	150	140	140	140
Elektrische Durchschlagfestigkeit min.	E_d	kV mm^{-1}	17	15	10	15	15
Relative Dielektrizitätskonstante 48 Hz bis 62 Hz	ε_t		8	8	8	9	9
Dielektrischer Verlustfaktor bei 20 °C 48 Hz bis 62 Hz 1 kHz 1 MHz	tan δ	10^{-3}			1 1,5 1,5	0,5 1 1	0,5 1 1
Spezifischer Durchgangswiderstand bei bestimmten Temperaturwerten (Gleichstrom) 20 °C 200 °C 600 °C	ϱ_v	Ωcm	10^{13} 10^{11} 10^{6}	10^{13} 10^{11} 10^{6}	10^{14} 10^{12} 10^{7}	10^{14} 10^{12} 10^{8}	10^{14} 10^{12} 10^{8}
Temperatur bei einem bestimmten spezifischen Durchgangswiderstand 100 MΩcm 1 MΩcm	$t_{k\,100}$ $t_{k\,1}$	°C °C	300 600	300 600	400 700	500 800	500 800

2.4.3.2 **Zusammenfassende Tabelle: Keramische Isolierstoffe** (Fortsetzung)

		Gruppe		C-800		
				Keramik aus Spezialoxiden		
		Untergruppe	799	810	820	830
			Al_2O_3-Gehalt >99%	Berylliumoxid BeO	Magnesiumoxid MgO	Zirconiumoxid ZrO_2
Eigenschaften	Symbol	Einheit				
Offene Porosität max.	P	Volumen-%	0	0	30	0
Dichte min.	d	g cm^{-3}	3,7	2,8	2,5	5,0
Biegefestigkeit min. unglasiert glasiert	σ	MPa	300	150	50	150
Elastizitätsmodul min.	E	GPa	300	300	90	150
Mittlerer linearer Ausdehnungskoeffizient	$\alpha_{20\,°C\ bis\ 100\,°C}$ $\alpha_{20\,°C\ bis\ 300\,°C}$ $\alpha_{20\,°C\ bis\ 600\,°C}$ $\alpha_{20\,°C\ bis\ 1000\,°C}$	$10^{-6}\,K^{-1}$ $10^{-6}\,K^{-1}$ $10^{-6}\,K^{-1}$ $10^{-6}\,K^{-1}$	5 bis 7 6 bis 8 7 bis 8 7 bis 9	5 bis 7 5,5 bis 7,5 7 bis 8,5 8 bis 9,5	8 bis 9 10 bis 12 11 bis 13 12 bis 14	8 bis 9 9 bis 11 10 bis 12 11 bis 13
Spezifische Wärmekapazität 20 °C bis 100 °C	c_p	J $kg^{-1}\,K^{-1}$	850 bis 1050	1000 bis 1250	850 bis 1050	450 bis 550
Wärmeleitfähigkeit 20 °C bis 100 °C	λ	W$m^{-1}\,K^{-1}$	19 bis 30	150 bis 220	6 bis 10	1,2 bis 3,5
Beständigkeit gegen Temperaturschock min.	ΔT	K	150	180		80
Elektrische Durchschlagfestigkeit min.	E_d	kV mm^{-1}	17	13		
Relative Dielektrizitätskonstante 48 Hz bis 62 Hz	ε_t		9	7	10	22
Dielektrischer Verlustfaktor bei 20 °C 48 Hz bis 62 Hz 1 kHz 1 MHz	tan δ	10^{-3}	0,2 0,5 1	1 1 1		 2
Spezifischer Durchgangswiderstand bei bestimmten Temperaturwerten (Gleichstrom) 20 °C 200 °C 600 °C	ϱ_v	Ωcm	10^{14} 10^{11} 10^{8}	10^{14} 10^{12} 10^{9}		10^{11}
Temperatur bei einem bestimmten spezifischen Durchgangswiderstand 100 MΩcm 1 MΩcm	$t_{k\,100}$ $t_{k\,1}$	°C °C	500 800	600 900	600 1000	100 350

Tabelle 2.4.3.3.1 Eigenschaften von reinen feuerfesten Materialien *

Material	CAS-Registrier-nummer	Formel	Schmelz-punkt	Rein-dichte	mittlere spezifische Wärme		Wärmeleitfähigkeit		linearer therm. Ausdehnungs-koeffizient von 20–1000 °C
						Temperatur-bereich	bei 500 °C	bei 1000 °C	
			°C	g cm⁻³	J kg⁻¹ K⁻¹	°C	W m⁻¹ K⁻¹	W m⁻¹ K⁻¹	10^{-6} K⁻¹
Aluminiumoxid	[1344-28-1]	Al_2O_3	2015	3,97	795,5	25–1800	10,9	6,2	8,6
Berylliumoxid	[1304-56-9]	BeO	2550	3,01	1004,8	25–1200	65,4	20,3	9,1
Calciumoxid	[1305-78-8]	CaO	2600	3,32	753,6	25–1800	8,0	7,8	13,0
Magnesiumoxid	[1309-48-4]	MgO	2800	3,58	921,1	25–2100	13,9	7,0	14,2
Siliciumdioxid [1]	[7631-86-9]	SiO_2		2,20	753,6	25–2000	1,6	2,1	0,5
Thoriumoxid	[1314-20-1]	ThO_2	3300	10,01	251,2	25–1800	5,1	3,0	9,4
Titaniumoxid	[13463-67-7]	TiO_2	1840	4,24	711,8	25–1800	3,8	3,3	8,0
Uranoxid	[1344-58-7]	UO_2	2878	10,90	251,2	25–1500	5,1	3,4	
Zirconiumoxid [2]	[1314-23-4]	ZrO_2	2677	5,90	460,6	25–1100	2,1	2,3	
Mullit	[55964-99-3]	$3\,Al_2O_3 \cdot 2\,SiO_2$	1850 [3]	3,16	628,0	25–1500	4,4	4,0	4,5
Spinell	[1302-67-6]	$MgO \cdot Al_2O_3$	2135	3,58	795,5		9,1	5,8	0,2
Forsterit	[15118-03-3]	$2\,MgO \cdot SiO_2$	1885	3,22	837,4		3,1	2,4	9,5
Zirkon	[10101-52-7]	$ZrO_2 \cdot SiO_2$	2340–2550 [4]	4,60	544,3		4,3	4,1	4,0
Kohlenstoff	[7440-44-0]	C		2,10	1046,7	25–1300	13,4	9,9	4,0
Siliciumcarbid	[409-21-2]	SiC	3990 [5]	3,21	795,5	25–1300	22,5	23,7	5,2

[1] Quarzglas
[2] kubisch, stabilisiert mit CaO
[3] kongruent
[4] inkongruent
[5] dissoziiert über 2450 °C in reduzierender Atmosphäre und wird bereits oxidiert oberhalb 1650 °C.

* aus: Kirk-Othmer: „Encyclopedia of Chemical Technology", Third Edition, Vol. 20, John Wiley & Sons, New York – Chichester – Brisbane – Toronto – Singapore 1982.

Tabelle 2.4.3.3.2 Eigenschaften feuerfester Materialien mit hohem SiO_2-Gehalt *

Eigenschaft	Einheit	Silika	saure Schamotte	Schamotte
chem. Zusammensetzung	Masse-%			
SiO_2		93–96	68–85	55–70
$Al_2O_3 + TiO_2$		0,5–2	10–30	30–45
CaO		2–3		
CaO + MgO			1	0,5–1,5
Fe_2O_3			1–2,5	1–4
R_2O**			1–2	1–3
Mineralbestandteile	Masse-%			
Cristobalit		20–80		
Tridymit		10–40		
Quarz		5–15		
röntgenamorphe Substanz		5–20		
Rohdichte	$g\ cm^{-3}$	1,7–2,0	1,8–2,2	1,8–2,2
Porosität	%	20–26	24–27	20–27
Kaltdruckfestigkeit	MPa	15–60	13–20	13–25
Druckerweichung $T_{0,6}$	°C	1640–1690	1300–1350	1250–1450
Ausdehnung	%			
bis 250 °C		1		
350–800 °C		0,5		
Wärmeleitfähigkeit	$Wm^{-1}K^{-1}$	1–1,5		

* aus: Petzold, A.: Anorganisch-nichtmetallische Werkstoffe, 1. Aufl. Leipzig, VEB Deutscher Verlag für Grundstoffindustrie 1981.
** R = Alkalimetall.

Tabelle 2.4.3.3.3 Eigenschaften feuerfester Materialien auf Magnesiabasis *

Eigenschaft	Einheit	Periklas (M)	Periklas-Chromit (MC)	Chromit-Periklas (CM)	Forsterit (F)	Sinter-dolomit
chemische Zusammensetzung	Masse-%					
MgO		85–95	60–80	30–50	45–60	30–40
CaO		2–3	2–3	1–2	1–3	57–62
Al_2O_3		1–3	5–8	8–15	2–8	1–3
Fe_2O_3		3–8	5–12	8–15	2–8	1
SiO_2		1–5	2–7	3–10	20–40	1–6
Cr_2O_3			6–20	25–35	0–6	
Rohdichte	$g\ cm^{-3}$	2,8–3	2,8–3,1	2,8–3,2	2,6–3	3
Porosität	%	20–25	18–24	20–25	18–25	18–22
Kaltdruckfestigkeit	MPa	30–100	20–50	15–45	25–60	
Druckerweichung $T_{0.6}$	°C	1450–1700	1550–650	1500	1600	1500
linearer Ausdehnungskoeffizient (20–1000 °C)	$10^{-6}K^{-1}$	14	12	9,5	10	
Wärmeleitfähigkeit	$Wm^{-1}K^{-1}$					
bei Zimmertemperatur		3–12		2		
bei 1000 °C		3–5			1,5	

* aus: Petzold, A.: Anorganisch-nichtmetallische Werkstoffe, 1. Aufl. Leipzig, VEB Deutscher Verlag für Grundstoffindustrie 1981.

Tabelle 2.4.3.3.4 Eigenschaften schmelzgegossener feuerfester Werkstoffe *

Eigenschaft	Einheit	Korund	β-Tonerde	Baddeleyit-Korund	Cr_2O_3-Korund
chemische Zusammensetzung	Masse-%				
Al_2O_3		92–98	94	42–54	60–80
SiO_2		0,5–7	<1	10–15	1–2
Fe_2O_3		0,3	<1	<1	5
CaO + MgO		0,6	<1	<1	5
R_2O **		0,6–1,2	5	1–2	<1
ZrO_2				32–43	
Cr_2O_3					10–30
Mineralbestandteile	Masse-%				
Korund		90–95	2–5	40–50	60
β-Al_2O_3		0–8	95–98		
Baddeleyit				25–40	
Spinell					30
Glasphase		1–5	<1	10–25	5–10
Rohdichte	g cm^{-3}	2,8–3	2,8–3	3,7–4	3,4–3,8
Porosität	%	5–15	15–18	1–15	4–6(oP)
Ausdehnung bei 1000 °C	%	0,8–1	0,7	0,8–1	1
Wärmeleitfähigkeit bei 1000 °C	Wm^{-1}K^{-1}	7	3,5	2,5–4,5	5
spez. elektr. Widerstand bei 1000 °C	Ωcm	10^2	$10^{1,5}$	$10^{3,5}$	
Druckerweichung $T_{0,6}$	°C	>1700		1950–2020	

* aus: Petzold, A.: Anorganisch-nichtmetallische Werkstoffe, 1. Aufl. Leipzig, VEB Deutscher Verlag für Grundstoffindustrie 1981.

** R = Alkalimetall.

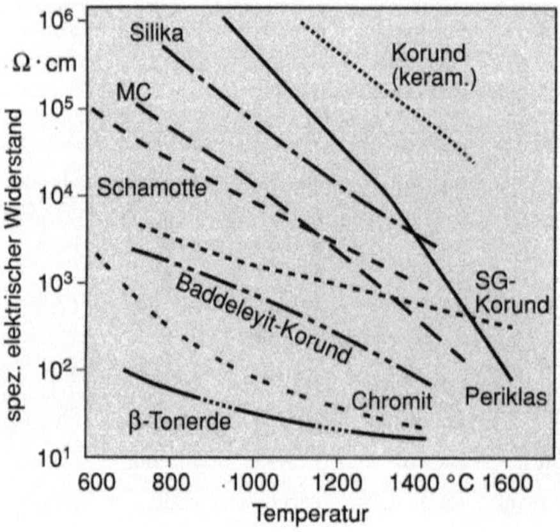

Temperaturabhängigkeit des spezifischen elektrischen Widerstandes feuerfester Werkstoffe, aus: Petzold, A.: Anorganisch-nichtmetallische Werkstoffe, 1. Aufl. Leipzig, VEB Deutscher Verlag für Grundstoffindustrie 1981.

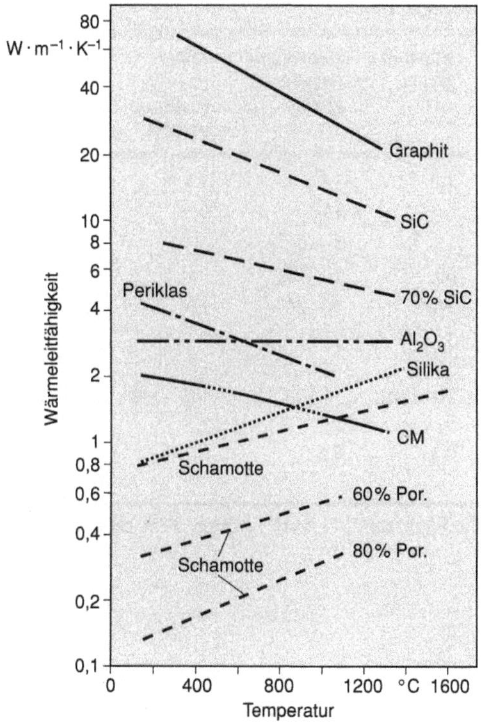

Temperaturabhängigkeit der Wärmeleitfähigkeit feuerfester Werkstoffe, aus: Petzold, A.: Anorganisch-nichtmetallische Werkstoffe, 1. Aufl. Leipzig, VEB Deutscher Verlag für Grundstoffindustrie 1981.

Tabelle 2.4.3.4 Eigenschaften nicht feuerfester grobkeramischer Werkstoffe *

Eigenschaft	Einheit	Mauer- und Dachziegel	Baukeramik und Kacheln	Klinker	Kanalisationssteinzeug	chem.-techn. Steinzeug
Rohdichte	g cm^{-3}	1,8	1,9	1,8–2,2	2,2–2,5	2,2
Porosität	%	20–50	20–30	5–10	5–10	
E-Modul	GPa	5–20		30–70	40–70	50–70
Druckfestigkeit	MPa	10–25	10–25	30–50	150–500	300–600
Biegefestigkeit	MPa	5–10	>8	10–30	30–80	30–90
Ausdehnungskoeffizient	$10^{-6} K^{-1}$	5	5	5	4–5,5	4–4,5
Wärmeleitfähigkeit	$Wm^{-1} K^{-1}$	0,5–0,7	0,3–0,5	0,8–1,2	1,5–2	1,5–2
Wasseraufnahme	%	10–20	8–15	3–10	1–8	0–3
Permeabilität	Pm	10^{-9}–10^{-12}		$<10^{-12}$		
Feuchtedehnung	%	0,2		0,1		
Temperaturwechselbeständigkeit	ΔK					130–250
Säurebeständigkeit (Masseverlust)	%		<1	<2	<1,5	<1

* aus: Petzold, A.: Anorganisch-nichtmetallische Werkstoffe, 1. Aufl. Leipzig, VEB Deutscher Verlag für Grundstoffindustrie 1981.

Tabelle 2.4.3.5 Eigenschaften von Kohlenstoffwerkstoffen *

Eigenschaft	Einheit	Elektrodengraphit	Apparategraphit	Kunstkohle (Hartbrandkohle)	imprägnierter Elektrographit	Pyrographit
Rohdichte	g cm^{-3}	1,6	1,8	1,6	1,8	2,2
Porosität	%	10–15		15	0	
E-Modul	GPa	3–10	15	5–15		25
Druckfestigkeit	MPa	20–50	60	20–150	75	105
Biegefestigkeit	MPa	5–25	30	10–20	55	100
Ausdehnungskoeffizient	$10^{-6} K^{-1}$	4–5	3	3–5	3	$\parallel$ c −1,2 $\perp$ c 73
Wärmeleitfähigkeit	$Wm^{-1} K^{-1}$	50–150	80–120	5–10	100–150	$\parallel$ c 350 $\perp$ c 1
spez. elektr. Widerstand	Ωcm	0,05–5	0,1	0,5	0,1	$\parallel$ c 0,005 $\perp$ c 70

* aus: Petzold, A.: Anorganisch-nichtmetallische Werkstoffe, 1. Aufl. Leipzig, VEB Deutscher Verlag für Grundstoffindustrie 1981.

2.4.3.6 Nitrid- und Carbidkeramik

Tabelle 2.4.3.6.1 Eigenschaften dichter polykristalliner Aluminiumnitrid-Werkstoffe*

Eigenschaft	Einheit	Festphasensinterung	Flüssigphasensinterung	Isostatisches Heißpressen
Dichte	g cm^{-3}	3,1	3,23	3,26
Biegefestigkeit	MPa	300	320	340
Elastizitätsmodul	GPa	300	310	320
linearer Wärmeausdehnungskoeffizient (20–1000 °C)	$10^{-6} K^{-1}$	5,3	5,7	5,5
Wärmeleitfähigkeit	$Wm^{-1} K^{-1}$	70	230	150
spez. elektr. Widerstand	Ωcm	10^{13}	10^{15}	10^{15}
relative Dielektrizitätskonstante		8,5	8,5	8,9
dielektrischer Verlustfaktor (1 MHz)	10^{-4}	5	5	5
elektr. Durchschlagfestigkeit	$kVmm^{-1}$	30	30	30

* aus: Michalowsky, L. (Hrsg): Neue keramische Werkstoffe, 1. Aufl. Leipzig/Stuttgart, Deutscher Verlag für Grundstoffindustrie 1994.

Tabelle 2.4.3.6.2 Eigenschaften von hexagonalen Bornitrid-Werkstoffen (weißer Graphit) *

Eigenschaft	Einheit	Graphittyp	HP BN [1]	HIP BN [2]	P BN [3]
Dichte	g cm^{-3}	2,10	2,92	2,20	2,15
Porosität	%	<7	<6	≦2	<5
Biegefestigkeit 4-Punkt-Test	MPa	70/30 [4]	120/65 [4]	30	80
Druckfestigkeit	MPa	650/250 [4]	1000/600 [4]	290	250
Weibull-Modul		20	20	19	20
Elastizitätsmodul	GPa	50	40	45	22
Poissonzahl		0,13	0,14	0,10	0,12
linearer Wärmeausdehnungs-koeffizient	$10^{-6} K^{-1}$	4,3	4,2	4,1	4,4
Wärmeleitfähigkeit	$Wm^{-1} K^{-1}$	50	50–300	50–300	50–300
spez. elektr. Widerstand	Ωcm	10^{12}	10^{12}	10^{12}	10^{12}
relative Dielektrizitätskonstante		4	4	4	5
elektr. Durchschlagfestigkeit	$kVmm^{-1}$	35	35	35	200

[1] Heißgepreßtes Bornitrid.
[2] Isostatisch heißgepreßtes Bornitrid.
[3] Pyrolytisch abgeschiedenes Bornitrid.
[4] Prüfrichtung senkrecht zur Preßrichtung.
* aus: Michalowsky, L. (Hrsg): Neue keramische Werkstoffe, 1. Aufl. Leipzig/Stuttgart, Deutscher Verlag für Grundstoffindustrie 1994.

Tabelle 2.4.3.6.3 Eigenschaften von kubischem Bornitrid bei Raumtemperatur *

Eigenschaft	Einheit	
Dichte	g cm^{-3}	3,5
Schmelztemperatur	°C	3000
Sublimationstemperatur	°C	3250
obere Anwendungstemperatur	°C	1500 im Schutzgas 800 in oxid. Atmosphäre
Biegebruchfestigkeit	MPa	500
Druckfestigkeit	MPa	1000
Härte nach Mohs		9,5
Härte nach Knoop	GPa	27,5
Elastizitätsmodul	GPa	680–810
Poissonzahl		0,22
linearer Wärmeausdehnungs-koeffizient (20°C–1000°C)	$10^{-6} K^{-1}$	4,4
Wärmeleitfähigkeit	$Wm^{-1} K^{-1}$	300–1300 [1]

[1] theoretischer Grenzwert.
* aus: Michalowsky, L. (Hrsg): Neue keramische Werkstoffe, 1. Aufl. Leipzig/Stuttgart, Deutscher Verlag für Grundstoffindustrie 1994.

Tabelle 2.4.3.6.4 Eigenschaften von Siliciumnitrid-Werkstoffen *

Eigenschaft	Einheit	RBSN [1]	SRBSN/SSN [2]	HPSN/HIPSN [3]
relative Dichte	%	65–85	95–100	98–100
Biegefestigkeit	MPa			
20 °C		200–350	700–1400	700–1500
1000 °C		200–350	700–900	700–1500
1200 °C		200–350	300–800	300–1000
Bruchzähigkeit	MPa $m^{1/2}$	1,5–3	5–10	5–10
Härte nach Knoop	GPa	5–10	14–18	14–18
Elastizitätsmodul	GPa	80–200	280–310	290–325
Poissonzahl		0,22–0,25	0,23–0,28	0,26–0,32
linearer Wärmeausdehnungskoeffizient (20–1300 °C)	$10^{-6} K^{-1}$	2,5–3,0	2,8–3,8	2,5–3,8
Wärmeleitfähigkeit (20 °C)	$Wm^{-1} K^{-1}$	4–15	20–40	20–40
Temperaturwechselbeständigkeit	K	300–600	500–800	500–800
spez. elektr. Widerstand	Ωcm			
20 °C		10^{12}	10^{12}	10^{12}–10^{13}
1000 °C		10	10^{7}	10^{7}

[1] Reaktionsgebundenes Siliciumnitrid.
[2] Gesintertes Siliciumnitrid.
[3] Heißgepreßtes/isostatisch heißgepreßtes Siliciumnitrid.
* aus: Michalowsky, L. (Hrsg): Neue keramische Werkstoffe, 1. Aufl. Leipzig/Stuttgart, Deutscher Verlag für Grundstoffindustrie 1994.

Tabelle 2.4.3.6.5 Eigenschaften von Siliciumcarbid-Werkstoffen *

Eigenschaft	Einheit	RSiC [1]	SiSiC [2]	SSiC [3]	HPSiC [4]	HIPSiC [5]
Dichte	g cm^{-3}	2,5–2,9	3,10	3,15	3,20	3,21
offene Porosität	%	25	0	1	0	0
Biegefestigkeit	MPa	80–100	400	500	600–700	600–700
Druckfestigkeit	MPa	300–500				
Bruchzähigkeit	MPa $m^{1/2}$		3–4	4–5	5–6	5–6
Weibull-Modul			10	10	10	10–15
Elastizitätsmodul	GPa	240	370	390	420	450
Poissonzahl		0,16	0,20	0,16	0,16	
linearer Wärmeausdehnungskoeffizient (20–1000 °C)	$10^{-6} K^{-1}$	4,5	4,4	4,5	4,6	4,5
Wärmeleitfähigkeit (20–1000 °C)	$Wm^{-1} K^{-1}$		120	70	90	90–120
spez. elektr. Widerstand [6]	Ωcm	10^{11}	10	10^{3}	10^{5}	10^{5}
obere Anwendungstemperatur	°C	2000	1400	1700	1300	1300

[1] Reaktionsgesintertes Silicumcarbid.
[2] Siliciuminfiltriertes Siliciumcarbid.
[3] Dichtgesintertes Siliciumcarbid.
[4] Heißgepreßtes Siliciumcarbid.
[5] Isostatisch heißgepreßtes Siliciumcarbid.
[6] abhängig vom Dotierungsgehalt.
* aus: Michalowsky, L. (Hrsg): Neue keramische Werkstoffe, 1. Aufl. Leipzig/Stuttgart, Deutscher Verlag für Grundstoffindustrie 1994.

2.4.3.7. Zusammenfassende Tabelle: Isolierstoffe aus Glas *

		Gruppe	G-100		G-200	G-300	
			Alkali-Erdalkalisilicat-Gläser		Borosilicat-Gläser	Elektrisch widerstandsfähige Borosilicat-Gläser	
		Untergruppe	110	120		310	320
			geglüht	vorgespannt		geringe Verluste	hohe Spannung
Eigenschaften	Symbol	Einheit					
Dichte min.	D	$g\,cm^{-3}$	2,4	2,4	2,2	2,2	2,3
Biegefestigkeit min.	σ	MPa	30	150	30	30	30
Elastizitätsmodul min.	E	GPa	70	70	60	60	70
Mittlerer linearer Ausdehnungskoeffizient	$\alpha_{20\,°C\text{ bis }100\,°C}$ $\alpha_{20\,°C\text{ bis }300\,°C}$	$10^{-6}\,K^{-1}$ $10^{-6}\,K^{-1}$	8 bis 9,5 8,5 bis 10	6 bis 9,5 8,5 bis 10	3 bis 5 3 bis 5	 4,6 bis 5,1	 4,6 bis 5,5
Umwandlungstemperatur	T_g	°C	500 bis 560	500 bis 560	520 bis 560	480 bis 510	
Elektrische Durchschlagfestigkeit min.	E_d	$kVmm^{-1}$	25	25	30	30	30
Spannungsfestigkeit min.	Ü	kV	25	25	30	30	30
Relative Dielektrizitätskonstante 48 Hz bis 62 Hz	ε_t		6,5 bis 7,6	7,3 bis 7,6	4,0 bis 5,5	4,9 bis 5,5	5 bis 6
Temperaturkoeffizient von ε	TK_ε	$10^{-3}\,K^{-1}$	3 bis 20	3 bis 20	2 bis 10		
Dielektrischer Verlustfaktor bei 20 °C: 48 Hz bis 62 Hz 1 kHz 1 MHz	tan δ	10^{-3}	30 20 10	60 60 60	20 10 10	3,5 2,5 2	30 12 8
Spezifischer Durchgangswiderstand bei bestimmten Temperaturwerten (Gleichstrom): 20 °C 200 °C	ρ_V	Ωcm	10^{12} 10^{7}	10^{12} 10^{7}	10^{14} 10^{9}	10^{14} 10^{10}	10^{14} 10^{8}
Temperatur bei einem bestimmten spezifischen Durchgangswiderstand: 100 MΩcm 1 MΩcm	$t_{k\,100}$ t_{k1}	°C °C	170 280	180 280	250 400	350 480	200 350

* Auszüge aus: IEC 672 - 3, 1. Ausgabe 1984, identisch mit VDE 0335, Blatt 3, Ausgabe 02.88.

2.4.3.7. Zusammenfassende Tabelle: Isolierstoffe aus Glas (Fortsetzung)

			Gruppe	G-400	G-500	G-600
				Calcium-Aluminium Silicat-Gläser	Bleioxid-Alkali-Silicat-Gläser	Bariumoxid-Alkali-Silicat-Gläser
			Untergruppe			
Eigenschaften		Symbol	Einheit			
Dichte	min.	D	g cm^{-3}	2,5	2,8	2,6
Biegefestigkeit	min.	σ	MPa	40	30	30
Elastizitätsmodul	min.	E	GPa	80	60	70
Mittlerer linearer Ausdehnungskoeffizient		$\alpha_{20\,°C\ bis\ 100\,°C}$ $\alpha_{20\,°C\ bis\ 300\,°C}$	$10^{-6}\,K^{-1}$ $10^{-6}\,K^{-1}$	4 bis 4,6	8 bis 10	9 bis 10
Umwandlungstemperatur		T_g	°C	620 bis 730	430 bis 470	430 bis 500
Elektrische Durchschlagfestigkeit	min.	E_d	$kVmm^{-1}$	30		
Spannungsfestigkeit	min.	Ü	kV	30		
Relative Dielektrizitätskonstante 48 Hz bis 62 Hz		ε_t		5,5 bis 7,5	6 bis 8	6,5 bis 7,5
Temperaturkoeffizient von ε		TK_ε	$10^{-3}\,K^{-1}$			
Dielektrischer Verlustfaktor bei 20 °C	48 Hz bis 62 Hz 1 kHz 1 MHz	tan δ	10^{-3}	2,5 2,5 3	3 2,5 2	4 2,5
Spezifischer Durchgangswiderstand bei bestimmten Temperaturwerten (Gleichstrom)	20 °C 200 °C	ρ_V	Ωcm	10^{14} 10^{12}	10^{14} 10^{10}	10^{14} 10^{10}
Temperatur bei einem bestimmten spezifischen Durchgangswiderstand	100 MΩcm 1 MΩcm	$t_{k\,100}$ t_{k1}	°C °C	430 600	280 430	250 400

2.4.3.8 Korrosionsverhalten von Oxidkeramik[1] gegen

	°C	Al_2O_3	BeO	MgO	ZrO_2
Oxide, Hydroxide					
B_2O_3	1250	sg	g	O	O
Cr_2O_3	1900	o	o	o	o
Cu_2O	1300	sg	–	sg	sg
FeO	1500	O	O	O	O
Fe_2O_3	1600	O	O	O	O
KOH	500	sg	g	g	g
K_2CO_3	1000	sg	–	–	O
Li_2CO_3	1000	sg	–	–	sg
Mn_2O_3	1600	O	O	O	O
Mn_3O_4	1700	O	O	O	O
MoO_3	800	sg	o	–	g
Na_2CO_3	1000	sg	sg	–	sg
Na_2O_2		sg	g	–	g
NaOH		sg	g	sg	sg
P_2O_5	600	g	–	–	–
PbO	900	o	–	g	o
Sb_2O_3	850	sg	–	–	sg
SiO_2	1780	b	O	–	g
	1900	o	O	O	–
WO_3	1600	o	o	–	g
konzentrierte Säuren, Basen					
HCl	110	b	o	–	g
HF	120	g	o	–	g
HNO_3	122	b	b	–	sg
H_3PO_4		g	o	–	g
H_2SO_4	338	g	o	–	b
NaOH (20%)	100	g	g	–	g
Metalle					
Al [2]	1000	sg	O	O	sg
Au	1100	sg	–	sg	sg
Be [2]	1500	O	sg	–	–
Bi	600	sg	–	–	sg
Ca [2]	1000	sg	o	b	o
Co	1600	sg	–	sg	sg
Cr [2]	1900	sg	–	g	g
Cr [3]	1900	O	–	–	O
Cu [3]	1200	sg	–	b	sg
Fe [3]	1700	O	O	–	O
Fe [2]	1600	sg	–	sg	sg
K [2]	800	g	sg	–	sg
Li [2]	700	O	O	O	g
Mg[2]	800	g	o	sg	(b)
Mn [2]	1600	g	–	b	g
Mn [3]	1600	O	–	O	O
Na [2]	700	sg	sg	–	sg
Ni	1600	sg	–	sg	sg
Pb	600	sg	–	sg	sg
Pt	1700	sg	–	sg	sg
Sb	800	sg	–	–	sg
Si [2]	1600	sg	o	O	sg
Ti [2]	1800	b	–	O	b
Zr [2]	1700	o	g	sg	g

[1] Geräte aus unreinen Oxiden sind weniger widerstandsfähig, sg = wird nicht angegriffen, g = wird kaum angegriffen, b = wird leicht angegriffen, o = wird stark angegriffen, O = wird zerstört.
[2] in Wasserstoffatmosphäre.
[3] in oxidierender Atmosphäre.

2.4.3.8 Korrosionsverhalten von Oxidkeramik gegen (Fortsetzung)

Salze	°C	Al_2O_3	ZrO_2	Salze	°C	Al_2O_3	ZrO_2
$BaCl_2$	1100	sg	sg	NaCl	900	sg	sg
$BaSO_4$	1650	g	b	NaF	1200	O	g
$CaCl_2$	900	sg	sg	Na_2MoO_4	800	sg	sg
CaF_2	1500	O	g	$NaNO_2$	400	sg	sg
$Ca_3(PO_4)_2$	1800	sg	–	$NaNO_3$	600	sg	sg
$CaSiO_3$	1700	O	g	$NaPO_3$	800	sg	sg
CuS	1300	g	g	$Na_4P_2O_7$	1200	sg	sg
FeS	1350	sg	g	Na_2SO_4	1150	sg	sg
KBO_2	1200	sg	sg	Na_2SiO_3	1300	sg	sg
KCN	800	sg	b	Na_2WO_4	700	sg	sg
KCl	1000	sg	sg	PbB_2O_4	1300	sg	sg
KF	1000	o	g	PbS	1300	g	g
$KHSO_4$	500	sg	g	$PbSO_4$	1300	g	g
$K_4P_2O_7$	1200	sg	o	$PbSiO_3$	1300	sg	sg
K_2SO_4	1200	sg	sg	$SrCl_2$	1000	sg	sg
LiCl	800	sg	sg	$Sr(NO_3)_2$	800	g	g
Li_2SO_3	1300	sg	sg	$SrSO_4$	1700	b	g
$Na_2B_4O_7$	1000	sg	sg	$ZnCl_2$	500	sg	sg
NaCN	700	sg	sg	$ZnSiO_3$	1500	g	O

2.4.4 Eigenschaften von nichtmetallischen Hartstoffen

	Dichte	Schmelzpunkt	Linearer Wärmeausdehnungskoeffizient[1]		Wärmeleitfähigkeit[1]		Mikrohärte[2] [20 °C]	E-Modul[2] [20 °C]	Spez. elektrischer Widerstand [20 °C]
	$\times 10^3$ kg m^{-3}	°C	10^{-6} K^{-1}		Wm^{-1} K^{-1}		kp/mm^2 [3]	GPa	$\times 10^{-1}$ μΩm
C (Diamant)	3,52	3700 ± 100	0,9–1,2		138			900	Isolator
TiB_2	4,52	2870	6,4	(25–1300)	24	(23)	3480/50 g	360	0,9
ZrB_2	6,1	3040	6,88	(20–1100)	24	(23)	2200/50 g	340	0,7
HfB_2	11,1	3250	5,73	(20–1100)	–		2900/50 g		1,58
VB_2	5,1	2400	5,2	(20–1100)	–		2080/50 g	268	1,9
NbB_2	7,0	3000	8,0	(20–1100)	17	(23)	2600/50 g		1,2
TaB_2	12,62	3150	5,1	(20–870)	14	(200)	2200/50 g	257	2,1
CrB_2	5,6	2200	11,1	(20–870)	22,3	(20)	2250/50 g	211	56
Mo_2B_5	7,48	2300	–	–	27	(20)	3220/50 g	–	1,8
W_2B_5	13,1	2300	–	–	32	(20)	2700/50 g	–	2,1
SiC	3,2	2200	4,4		110	(25)	–	–	–
TiC	4,93	3170	7,42	(12–270)	30	(25)	3200/50 g	316	6,8
ZrC	6,56	3530	6,73	(20–1100)	35,4	(710)	2560/50 g	380	4,2
HfC	12,76	3890	6,59	(25–612)	20,3	(834)	2700/50 g	352	3,7
VC	5,71	2830	7,2	(17–190)	39,0	(957)	2950/50 g	271	6,0
NbC	7,80	3500	6,65	(20–1100)	31,7	(282)	2400/50 g	285	3,4
TaC	14,50	3780	6,29	(20–1100)	40,7	(264)	1780/50 g	285	2,5
Cr_3C_2	6,66	1895 Zers.	10,3		19,2	(20)	2280/50 g	370	7,5
Mo_2C	9,18	2400 Zers.	4,4	(12–190)	21,9	(949)	1950/50 g	217	13,3
WC	15,7	2800 Zers.	a: 5,2 c: 7,3	(22–400)	40	(25)	2080/50 g	713	2,2
W_2C	17,34	2700	a: 1,2 c: 11,4	(22–400)	29		1990/50 g	420	8,0
UC	13,61	2520	9,1		21,1	(100)	460	214	4,0
B_4C	2,52	2450	5,0		23,5	(90)	3700	451	10,0
ε-TiN	5,43	2950	9,35	(25–1100)	29,1	(90)	2450/50 g	251	2,5
ZrN	7,37	2980	6,0	(20–1100)	10,9	(135)	1990/30 g	–	2,11
HfN	13,94	ca. 2700	6,9	(20–1100)	11,1	(284)	2000/50 g	–	
VN	6,10	2050 Zers.	8,1	(20–1100)	11,3	(20)	1520/50 g	–	8,6
NbN	8,47	2300 Zers.	10,1	(20–270)	3,8	(20)	1396/50 g	–	6,0

2.4.4 Eigenschaften von nichtmetallischen Hartstoffen (Fortsetzung)

	Dichte	Schmelzpunkt	Linearer Wärmeausdehnungs-koeffizient[1]		Wärmeleit-fähigkeit[1]		Mikrohärte[2] [20 °C]	E-Modul[2] [20 °C]	Spez. elektrischer Widerstand [20 °C]
	$\times 10^3$ kg m^{-3}	°C	10^{-6} K^{-1}		Wm^{-1} K^{-1}		kp/mm^2 [3]	GPa	$\times 10^{-1}$ µΩm
TaN	14,36	3090	3,6	(20–700)	9,54	(675)	1300/ 50 g	–	12,8
ε-$TiSi_2$	4,12	1540	10,5	(20–1070)	46,4	(20)	620/100 g	259	1,8
$ZrSi_2$	4,71	1520	8,6	(20–1070)	15,6	(20)	1030/100 g	263	7,58
$HfSi_2$	8,03	1750	–	–	–		865/100 g	–	–
VSi_2	4,71	1660	11,2	(20–770)	16,0	(20)	960/100 g	–	1,33
$NbSi_2$	5,72	2150	11,7	(370–1070)	16,6	(20)	700/100 g	–	5,04
$TaSi_2$	9,14	2200	8,8	(20–1000)	21,8	(20)	1200/100 g	337	4,61
$CrSi_2$	4,90	1550	11,3	(20–770)	10,6	(20)	1000/100 g	–	142
$MoSi_2$	6,24	2050	8,4	(20–1070)	48,7	(20)	1290/100 g	42	2,15
WSi_2	9,25	2165	6,25	(20–420)	47,7	(20)	1090/100 g	276	12,5

[1] In Klammern Temperaturbereich in °C.
[2] Die Werte sind von der Probenvorbereitung abhängig.
[3] Der Wert nach / entspricht der Last.

2.4.5 Pigmente [1]

2.4.5.1 Weißpigmente

Mittlere Brechungsindices, n, gegen Vakuum und optimale Teilchendurchmesser, d_{opt}, gegen Bindemittel einiger Weißpigmente für $\lambda = 550$ nm

Verbindung	Name	n	d_{opt} (µm)	Aufhellvermögen
TiO_2	Rutil	2,80	0,19	bis 800
TiO_2	Anatas	2,55	0,24	600
α-ZnS	Zinkblende	2,37	0,29	350
ZnO	Zinkit	2,01	0,48	100
$2\,PbCO_3 \cdot Pb(OH)_2$	Bleiweiß	2,01	0,48	100
$BaSO_4$	Baryt	1,64	1,60	25

2.4.5.2 Buntpigmente

Pigmentgruppe	Formel	Strukturtyp	Farbe	Brechungsindices [2] n		
				n_ω	n_ε	
				n_α	n_β	n_γ
Eisenoxidhydroxide						
Goethit	α-FeOOH	Diaspor	grüngelb bis orangegelb			
Lepidokrokit	γ-FeOOH	Boehmit	gelb bis rotorange	2,275	2,409	2,415
Eisenoxide						
Hämatit	α-Fe_2O_3	Korund	gelbrot bis blaurot	2,988	2,759	
Maghämit	γ-Fe_2O_3	Spinell	braun bis rotbraun			
Magnetit	Fe_3O_4	Spinell	schwarz	2,42		
Chromatpigmente						
Chromgelb	$Pb(Cr, S)O_4$	Anglesit	grünstichig gelb			
		Krokoit	hell- bis mittelgelb	2,31	2,37	2,66
Molybdatorange Molybdatrot	$Pb(Cr, Mo, S)O_4$	Scheelit	orange bis rot			
Chromorange Chromrot	$PbCrO_4 \cdot PbO$	monoklin	orange bis rot			
Eisenblaupigmente	$M^{(I)}Fe^{(II)}Fe^{(III)}(CN)_6 \cdot xH_2O$ mit M = Na, K, NH_4	NaCl-Variante	hell- bis dunkelblau	2,43		
Chromoxide						
Chromoxidgrün	α-Cr_2O_3	Korund	grün	2,5	2,5	
Chromoxidhydratgrün	γ-CrOOH	Boehmit	blaugrün			
Ultramarine						
Ultramarinblau	$Na_8[Al_6Si_6O_{24}] \cdot S_n$	Sodalith	grün- bis rotstichig blau	1,50		
Ultramaringrün			grün			
Ultramarinrot			rot bis violett			

2.4.5.2 Buntpigmente (Fortsetzung)

Pigmentgruppe	empirische Formel	Strukturtyp	Farbe	Brechungsindices[2] n
Cadmiumpigmente				
Cadmiumgelb	(Cd, Zn)S	Wurtzit	grünstichig gelb bis goldgelb	
Cadmiumorange	Cd(S, Se)		hell- bis dunkelrot	
Cadmiumrot			hell- bis dunkelrot	
Cadmium-Zinnober	(Cd, Hg)S		rot bis dunkelrot	
Mischphasenpigmente				
Spinellblau	$CoAl_2O_4$	Spinell	rotstichig bis	1,74
	$Co(Al, Cr)_2O_4$		grünstichig blau	
Spinellgrün	$(Co, Ni, Zn)_2TiO_4$		grün	
Zink-Eisenbraun	$ZnFe_2O_4$		hell- bis mittelbraun	
Spinellschwarz	$Cu(Fe, Cr)_2O_4$		schwarz	
Chrom-Rutilgelb	$(Ti, Cr, Sb)O_2$	Rutil	orangegelb	
Nickel-Rutilgelb	$(Ti, Ni, Sb)O_2$		zitronengelb	
Rutilbraun	$(Ti, Mn, Sb)O_2$		hell- bis dunkelbraun	
Pseudobrookitgelb	$Fe_2TiO_5 \cdot xTiO_2$	Pseudobrookit	gelbbraun	
Eisen-Manganschwarz	$(Fe, Mn)_2O_3$	Bixbyit	schwarz	
Eisen-Manganbraun	$(Fe, Mn)_2O_3$	Korund	hell- bis rotbraun	
Eisen-Chrombraun	$(Fe, Cr)_2O_3$			
Manganblau	$BaSO_4 \cdot Ba_3(MnO_4)_2$	Baryt	grünstichig blau	

[2] (n für isotrope Phasen, n_ω und n_ε für einachsige Kristalle, bzw. n_α, n_β und n_γ für optisch zweiachsige Kristalle) einiger wichtiger Buntpigmente, Verschnitt- und Füllstoffe sowie Dispersionsmittel für die Wellenlänge $\lambda = 589$ nm.
nach Winnacker-Küchler, Chemische Technologie, Carl Hanser Verlag München.

2.4.6 Natursteine und künstliche Steine

2.4.6.1 Richtzahlen für Natursteine (DIN 52 100)

Gesteinsgruppen	Rohwichte (Raumgewicht) d × 10^3 (kg m^{-3})	Reinwichte (Spezifisches Gewicht) DIN 52 102 d_n × 10^3 (kg m^{-3})	Wahre Porosität $\left(\frac{(d-d_n)}{d_n}\right) \cdot 100$ (Raum-%)	Raummetergewicht von Schotter 30/60 eingefüllt DIN 52 110 (t/m^3)	Wasseraufnahme DIN 52 103 Gew.%	Wasseraufnahme DIN 52 103 „scheinbare Porosität" Raum-%	Ultraschallgeschwindigkeit V_L (10^3 m/s)
A. Erstarrungsgesteine							
1. Granit Syenit	2,60...2,80	2,62...2,85	0,4...1,5	1,30...1,40	0,2...0,5	0,4...1,4	3,7...6,2 4,0...6,7
2. Diorit, Gabbro	2,80...3,00	2,85...3,05	0,5...1,2	1,40...1,50	0,2...0,4	0,5...1,2	5,8...7,5
3. Quarzporphyr, Keratophyr, Porphyrit, Andesit	2,55...2,80	2,58...2,83	0,4...1,8	1,30...1,40	0,2...0,7	0,4...1,8	3,4...5,8
4. Basalt,	2,95...3,00	3,00...3,15	0,2...0,9	1,40...1,50	0,1...0,3	0,2...0,8	3,6...7,0
Basaltlava	2,20...2,35	3,00...3,15	20...25	1,10...1,25	4...10	9...24	3,9...6,3
5. Diabas	2,80...2,90	2,85...2,95	0,3...1,1	1,35...1,45	0,1...0,4	0,3...1,0	5,0...7,0
B. Schichtgesteine							
6. Kieselige Gesteine							
a) Gangquarz, Quarzit, Grauwacke b) quarzitische Sandsteine	2,60...2,65	2,64...2,68	0,4...2,0	1,25...1,35	0,2...0,5	0,4...1,3	5,0...6,4 2,8...5,7
c) sonstige Quarzsteine	2,00...2,65	2,64...2,72	0,5...25		0,2...9	0,5...24	1,4...5,6
7. Kalksteine							
a) Dichte (feste) Kalke und Dolomite, Marmor	2,65...2,85	2,70...2,90	0,5...2,0	1,30...1,40	0,2...0,6	0,4...1,8	3,2...7,5 3,8...6,6
b) sonstige Kalksteine einschl. Kalkkonglomerate	1,70...2,60	2,70...2,74	0,5...30	–	0,2...10	0,5...25	2,4...7,0
c) Travertin	2,40...2,50	2,69...2,72	5...12	–	2...5	4...10	2,2...4,8
8. Vulkanische Tuffsteine	1,80...2,00	2,62...2,75	20...30	–	6...15	12...30	
C. Metamorphe Gesteine							
9. a) Gneise, Granulit b) Amphibolit	2,65...3,00 2,70...3,10	2,67...3,05	0,4...2,0	1,30...1,50	0,1...0,6	0,3...1,8	2,7...6,0
		2,75...3,15	0,4...2,0	1,40...1,50	0,1...0,4	0,3...1,2	4,5...6,4
c) Serpentin	2,60...2,75	2,62...2,78	0,3...2,0	1,30...1,40	0,1...0,7	0,3...1,8	5,6...7,7
d) Tonschiefer	2,70...2,80	2,82...2,90	1,6...2,5	–	0,5...0,6	1,4...1,8	1,6...6,1

2.4.6.1 Richtzahlen für Natursteine (DIN 52 100) (Fortsetzung)

Gesteinsgruppen	Elastizitätsmodul (dyn.) E (GPa)	Druckfestigkeit σ_D (MPa)	Spaltzugfestigkeit $\sigma_{Z'}$ (MPa)	Biegefestigkeit σ_B (MPa)	Schlagfestigkeit S_n (J/m³)	Abnutzbarkeit durch Schleifen (BÖHME Scheibe) (cm³/cm²)	Diffusionswiderstandszahlen[1] 0–50 µ	Diffusionswiderstandszahlen[1] 50–100 µ
A. Erstarrungsgesteine								
1. Granit	37...83	80...300	4,5...17	10...40	5...12	0,06...0,27	>400 (1.–6. a)	>20 (1.–6. a)
Syenit	37...74	80...230	6...20	11...40	6...14	0,15...0,32		
2. Diorit, Gabbro	64...120	80...345	8...32,5	20...70	6,5...20	0,15...0,30		
3. Quarzporphyr, Keratophyr, Porphyrit, Andesit	35...73	80...330	7...22,5	11...40	2,5...13,5	0,12...0,27		
4. Basalt,	48...105	160...400	8...30	20...65	7,5...20	0,10...0,27		
Basaltlava	40...90	25...220	3...12,5	5...20	1,5...10	0,18...0,45		
5. Diabas	64...115	140...330	10...35	27,5...72,5	8...22,5	0,13...0,28		
B. Schichtgesteine								
6. Kieselige Gesteine								
a) Gangquarz, Quarzit, Grauwacke	50...105	100...500	6,5...18	14...50	3,7...12	0,03...0,15		
b) quarzitische Sandsteine	12...54	130...300	8,5...22,5	13...47	5...17,5	0,10...0,36	>400	>20
c) sonstige Quarzsteine	12...71	60...290	3,5...14,5	7...33	1,4...11,5	0,11...0,90	20–50	8–200
7. Kalksteine								
a) Dichte (feste) Kalke und Dolomite, Marmor	32...100	50...175	2,5...16,5	3,5...30	1,5...4,5	0,23...0,80	50–200	20–40
b) sonstige Kalksteine einschl. Kalkkonglomerate	50...105	40...325	7...17,5	10...45	0,8...3,6	0,13...0,65		
c) Travertin	14...90	12...240	2,5...15,5	2,5...30	0,3...4,2	0,20...1,10		
8. Vulkanische Tuffsteine	13...55	2...130	1,5...10	3,5...22	1...4	0,30...3,00		
C. Metamorphe Gesteine								
9. a) Gneise, Granulit	29...66	70...260	5...16,5	8...45	3,5...11	0,07...0,53		
b) Amphibolit	43...78	145...345	7,5...21,5	13,5...50	6...15	0,08...0,25		
c) Serpentin	85...130	55...210	6,5...16	10,5...42	5...15	0,18...0,52		
d) Tonschiefer	23...85	40...210	7...23	25...80	2...21	0,08...0,90		

[1] ein relativer materialspezifischer Wert, der angibt, um wieviel größer der Diffusionswiderstand bzw. Durchlässigkeitswiderstand eines Materials im Vergleich zu einer gleich dicken Luftschicht ist.

2.4.6.2 Schwinden und Quellen

Die zwischen Austrocknen und Durchfeuchten sich ergebenden Längenänderungen hängen vom mineralischen Aufbau, von der Dauer und vom Grad der Einwirkung, vom Gefüge, von der Körpergröße usw. ab.

Thermische Dehnung sowie Quellen und Schwinden von Natursteinen

Material	Thermische Dehnung bei $\Delta T = 100$ K, Differenz in mm/m	Quellen und Schwinden in mm/m
Sandstein	1,20	0,30–0,70
Basalt	0,90	0,35
Gabbro	0,88	0,13
Granit, Syenit	0,80	0,06–0,18
Kalkstein	0,70	0,10–0,16
Dichte Kalksteine und Dolomite	0,75	0,10
Travertine	0,68	0,10–0,12
Quarzit, Quarzporphyr, Porphyrit	1,25	0,08
Trachyte	1,00	0,10
Diabas	0,75	0,09
Schiefer	–	0,10–0,13
Andesite	0,53	0,10
Diorit	0,88	0,12

2.4.6.3 Künstliche Steine [1]

Begriffsbestimmungen. *a) Mauerziegel nach DIN 105*: Aus Lehm, Ton oder tonigen Massen gebrannt, zum Teil mit Magerungsmitteln. Steinrohwichte ~ 1,8 kg/dm³: *Normalform* 25 · 12 · 6,5 cm³ (Schornsteinziegel, vgl. DIN 1057). *b) Kalksandstein nach DIN 106*. Aus Quarzsand und Kalk gepreßt und unter Dampfdruck erhärtet. Abmessungen wie bei a). *c) Hüttensteine nach DIN 398*. Aus gekörnter Hochofenschlacke und Kalk, Schlackenmehl oder Zement. Abmessungen wie bei a). *d) Hüttenschwemmsteine nach DIN 399*. Leichte hochporige Mauersteine aus geschäumter Hochofenschlacke, sonst wie Hüttensteine. Abmessungen 25 · 12 cm²; Höhe 6,5 cm, 9,5 cm und 14 cm. *e) Schlackensteine nach DIN 400*. Leichte porige Mauersteine aus Verbrennungsrückständen von Steinkohlen und Koks mit hydraulischen Bindemitteln (die Verbrennungsrückstände dürfen keinen reinen, ungelöschten oder dolomitischen Kalk, höchstens 15% unverbrannte Bestandteile, bis 1 Gew.-% SO_3 und bis 0,2 Gew.-% Sulfidschwefel enthalten). *f) Zementschwemmsteine aus Bimskies nach DIN 1059*. Leichte hochporige Mauersteine aus rheinischem, gekörntem Bims mit hydraulischen Bindemitteln. Abmessungen wie d).

Gütewerte

Mauerziegel und Hüttensteine

Steinart	Prüfung nach	Druckfestigkeit (Mittelwert) MPa	Wasseraufnahme Gew.-%
Hochbauklinker KMz 350	DIN 105	≧35	≦6
Vormauerziegel VMz 250	DIN 105	≧25	≦12
Vormauerziegel VMz 150	DIN 105	≧15	≧8
Mauerziegel, Mz 150	DIN 105	≧15	≧8
Mauerziegel, Mz 100	DIN 105	≧10	≧8
Kalksandsteine	DIN 106	≧15	≧10
Hüttenhartsteine HH S	DIN 398	≧25	≧5
Hüttensteine HS 150	DIN 398	≧15	≧10
Hüttensteine HS 100	DIN 398	≧10	≧10
Hüttensteine HS 50	DIN 398	≧5	≧10

Leichtbausteine

Steinart	Prüfung nach	Druck-festigkeit (Mittelwert) MPa	Raumgewicht (Rohwichte) 10^3kg/m³	Wärmeleitzahl bei 20 °C $Wm^{-1} K^{-1}$
Sonder-Schwemmsteine	DIN 399	≧3	≦1,2	≦0,29
Hüttenschwemmsteine	DIN 399	≧2	≦1,0	≦0,23
Sonder-Schlackensteine	DIN 400	≧5	≦1,4	≦0,33
Schlackensteine	DIN 400	≧3	≦1,2	≦0,29
Sonder-Schwemmsteine	DIN 1059	≧3	≦0,85	≦0,17
Schwemmsteine	DIN 1059	≧2	≦0,80	≦0,17

[1] Weitere Einzelheiten s. Landolt-Börnstein IV/1, S. 133.

2.4.6.4 Zementmörtel und -beton

Größtkorn des Zuschlags für Mörtel bis 7 mm, für Beton bis 30 mm oder mehr. Die Eigenschaften des mit Normzementen hergestellten Betons hängen in erster Linie ab: vom Zementgehalt, von der Kornzusammensetzung und vom Wassergehalt des Frischbetons (weitere Einflüsse: Kornform und Eigenschaften des Zuschlags, Feuchtigkeit der Luft und Temperatur bei der Erhärtung, Probenform, Alter, Art der Verarbeitung usw.).

a) Druckfestigkeit. Gemittelte Verhältnisse aus Betonmischungen mit Kiessand bzw. mit nur gebrochenem Gestein, hergestellt und geprüft nach DIN 1045 und 1048 (Eignungsprüfung):

Würfeldruckfestigkeit in MPa für 28 Tage alten Beton

Zementgehalt kg/m³	Gemischtkörniger Zuschlag (bis 30 mm, stetig abgestuft)		
	grobkörnig	mittelkörnig	feinkörnig
Stampfbeton, etwas nasser als erdfeucht			
180	21	16	11
240	31 (6%)	26 (8%)	19 (10%)
300	42	38	26
Weicher Beton			
180	14	12	9
240	21 (8%)	19 (11%)	15 (13%)
300	29	27	22
Flüssiger Beton			
180	12	10	8
240	17 (10%)	16 (13%)	13 (15%)
300	23	21	19

b) Raumgewicht. Gewöhnlicher Beton: vorwiegend 2,2 ... 2,5 $\times 10^3$ kg m^{-3} Leichtbeton mit Bims und ähnlichen Stoffen ≦1,8 × 10 g m^{-3}
c) E-Modul (Druck). Gewöhnlicher Beton: rund 10 ... 50 GPa Leichtbeton: bis rund 1 GPa und kleiner.
d) Schwinden beim Austrocknen. Kleinere Körper im trockenen Raum zwischen 0,2 und 0,8 mm/m. Größere Betonkörper im Freien unter 0,2 mm/m. Putzmörtel bis 0,8 mm/m und mehr.
e) Wasseraufnahme durch Capillarwirkung zwischen rund 2 und 12 Raum-%.

Mauerwerk

Druckfestigkeit und Elastizität des Mauerwerks hängen ab von der Gesteinsfestigkeit, dem Mauermörtel, dem Verband, der Körperform usw.

Mauerwerk aus	Druckfestigkeit MPa	E-Modul GPa	Raumgewicht $\times 10^3$ kg m^{-3}
Schwemmsteinen	1,7	1,6	1,0
Hartbrandziegeln	8,0	5,0	1,9
Betonformsteinen	15	2,7...15	2,2
Sandstein	44	8,0	2,3
Kalkstein	32	22,5	2,5
Granit	56	32,5	2,5

2.4.6.5 Linare Wärmeausdehnung α_ϑ, Wärmeleitzahl λ und spezifische Wärme c_p

Lineare Wärmeausdehnung α_ϑ

Die Werte für α_ϑ streuen bei Gebrauchstemperaturen entsprechend der Uneinheitlichkeit der Gesteinsbeschaffenheit, innerhalb gleicher Art in weiten Grenzen. Vergleichsweise seien folgende Werte angeführt:

Stoff	α_ϑ für 1 °C	Stoff	α_ϑ für 1 °C
Basalt	$9 \cdot 10^{-6}$	Mörtel	$8...11 \cdot 10^{-6}$
Granit	$8 \cdot 10^{-6}$	Zementstein	$11...18 \cdot 10^{-6}$
Kalkstein	$7 \cdot 10^{-6}$	Beton mit	
Sandstein	$12 \cdot 10^{-6}$	Granit	$9 \cdot 10^{-6}$
Quarzit	$13 \cdot 10^{-6}$	Basalt	$9 \cdot 10^{-6}$
Ziegelstein	$5 \cdot 10^{-6}$	Kalkstein	$9 \cdot 10^{-6}$
Steinholz	$17 \cdot 10^{-6}$	Quarzgestein	$12 \cdot 10^{-6}$
		Hochofenschlacke	$7...10 \cdot 10^{-6}$
Schaumbeton	$11 \cdot 10^{-6}$	Kies	$9...12 \cdot 10^{-6}$

Bei Temperaturen um 1000 °C weisen besonders Ziegelbruch, dann Hochofenstückschlacke und Basalt geringe Wärmedehnung auf.

Wärmeleitzahl λ (Wm^{-1} K^{-1}) und spezifische Wärme c_p (kJ $\cdot$ kg^{-1} K^{-1})

Die Werte λ sind weitgehend von der Feuchtigkeit abhängig, ferner von der Struktur, dem Porenraum, der Porengröße, dem Grundstoff usw.

Stoff	Raumgewicht $\times 10^3$ kg m^{-3}	λ	c_p
Dichte Natursteine	2,8	2,90	0,88
Feinporige Natursteine	2,6	1,74	0,92
Sandschüttung, trocken	1,6	0,60	–
Sandschüttung, naß	2,1	2,30	–
Zementstein	2,0	0,93	–
Kiesbeton	2,2	1,28	0,88
Bimsbeton	1,1	0,45	1,00
Ziegelmauerwerk	1,8	0,87	0,92
Gipsdielen	0,8	0,35	0,84
Steinholz	1,5	0,17	–
Faserstoffplatten	0,35	0,06	–

2.4.7 Glimmer

Muskovit: Kalium-Aluminium-Doppelsilicat.
Phlogopit: Kalium-Magnesium-Aluminium-Eisen-Doppelsilicat.

	Muskovit	Phlogopit
Dichte $\times 10^3$ kg m^{-3}	2,65...3,2	2,75...2,9
Zugfestigkeit MPa	382,5	–
Druckfestigkeit MPa	174	105,5
Elastizitätsmodul MPa	$0{,}4 \ldots 10^4$	–
Scherfestigkeit MPa	230,0...260,0	100,0...130,0
Härte (Mohs)	2,8...3,2	2,5...2,7
Wärmeausdehnungszahl K^{-1}	$3{,}3 \ldots 8{,}5 \cdot 10^{-6}$	$13{,}5 \cdot 10^{-8}$
Spezifische Wärme $Jg^{-1} K^{-1}$	8,7...9	8,6
Wärmeleitzahl $Wm^{-1} K^{-1}$	0,344...0,59	–
Schmelztemperatur °C	1200...1300	≈1030
Maximale Gebrauchstemperatur °C	400...500	800...900
Spezifischer Widerstand Ω cm 20°	$3 \cdot 10^{17}$	
100°	$1{,}3 \cdot 10^{15}$	<Muskovit
200°	$2 \cdot 10^{14}$	
700°	$1 \cdot 10^{9}$	
Dielektrizitätskonstante ε	6...8	5...6
Dielektrischer Verlustfaktor tg δ 60...10^6 Hz	$1 \ldots 8 \cdot 10^{-4}$	$30 \ldots 900 \cdot 10^{-4}$

3 Mechanische-thermische Konstanten homogener Stoffe

3.1 Dichte, Ausdehnung, Kompressibilität und Festigkeitseigenschaften fester Stoffe

3.1.1 Mittlerer kubischer Ausdehnungskoeffizient $\bar{\gamma}$ von anorganischen Verbindungen

Stoff	Temperaturbereich K	$\bar{\gamma}$ in 10^{-5} K^{-1}	Temperaturbereich K	$\bar{\gamma}$ in 10^{-5} K^{-1}
AgCl	–	–	293...423	10,3
Ag_2SO_4	78...195	2,5	195...288	6,0
$AlBr_3$	81...195	15	195...291	40
$AlCl_3$	90...195	6	195...290	7
AlI_3	90...195	19	195...290	23
Al_2O_3	293...373	0,46	293...473	0,58
Sinterkorund	293...673	0,68	293...873	0,75
$Al(SO_4)_3 \cdot 12H_2O$	83...290	8,11	–	–
$AsBr_3$	79...194	25	–	–
$AsCl_3$	79...194	19	–	–
AsI_3	78...194	17,0	–	–
As_2O_3	–	–	273...323	11
B_2O_3	373...423	5	548...698	61
$BaCl_2$	–	–	293...423	6
$Ba(NO_3)_2$	78...195	2	195...288	5
BaS	–	–	303...348	10,2
$BaSO_4$	90...195	6	194...294	7,5
$BeCl_2$	–	–	293...423	11,3
$BiBr_3$	78...194	14,0	194...290	20
$BiCl_3$	78...194	15,0	–	–
BiI_3	79...194	11,0	194...290	16
CF_4	86	270	–	–
$CaCO_3$	78–289	0,9	–	–
$CaCl_2$	83...290	11,9	293...423	6,7
CaF_2	–	–	313	5,74
	–	–	325	5,80
CaI_2	–	–	293...423	9,1
CaO	–	–	303...348	6,3
β-$Ca_3(PO_4)_2$	80...195	6	195...288	10
CaS	–	–	303...348	5,1
$CdCl_2$	–	–	293...423	7,3
CdF_2	–	–	293...423	8
CdI_2	–	–	293...423	10,7
CrO_3	90...195	17,0	195...298	17
CrO_4K_2	–	–	273...373	11,34
CsBr	193...293	14,6	303...348	17,9
CsCl	303...348	14,9		–
CsF	303...348	9,5	–	–

3.1.1 Ausdehnungskoeffizient $\bar{\gamma}$ von anorganischen Verbindungen (Fortsetzung)

Stoff	Temperaturbereich K	$\bar{\gamma}$ in 10^{-5} K^{-1}	Temperaturbereich K	$\bar{\gamma}$ in 10^{-5} K^{-1}
CsI	193...293	14,6	303...348	16,5
CuBr	293...423	5,6	–	–
CuCl	303...348	6,5	709...858	21,0
CuI	293...423	6,7	–	–
HF	82...179	80	–	–
$FeCO_3$	78...195	4,0	195...288	6,0
$FeCl_3$	79...194	6,0	195...290	5,0
$GeCl_4$	78...194	52	–	–
H_2O	268...273	21,3	–	–
Hg_2Cl_2	293...423	10,3	–	
HgI_2	291...398,1	14,0	403...411	23,5
HIO_3	83...195	11,0	–	–
I_2O_5	78...195	8,0	–	–
KBr	89...194	10,1	194...273	11
K_2CO_3	90...195	9,0	195...292	13,0
KCl	78...287	8,9	195...298	10,1
$KClO_3$	78...195	13	195...294	22
$KClO_4$	78...195	11,0	195...294	14,0
KF	89...194	7,9	194...273	10,0
KI	89...194	11,6	194...273	12,5
KIO_3	79...195	9	195...288	9,5
$KMnO_4$	79...195	17,0	195...291	22,0
KNO_3	78...195	14,0	195...291	21,0
KOH	303...463	18,8	303...403	19,6
K_3PO_4	80...195	8,0	195...290	12,0
K_2SO_4	78...195	7,0	195...294	12,64
$LaCl_3$	323...423	4,8	–	–
LiBr	89...194	11,8	195...273	14,0
LiCl	89...194	10	195...273	12,2
LiF	89...194	6,1	195...273	9,2
LiI	89...194	14,1	195...273	16,7
MgC_2	–	–	283...423	7,4
$MgCl_2$	293...423	7,4	–	–
MgF_2	–	–	293...423	3,2
MgO	–	–	303...348	4
MoO_3	78...195	5,0	195...294	7,0
NH_4Cl	78...195	9,0	195...292	28,0
$(NH_4)_2HPO_4$	82...290	16,0	–	–
$(NH_4)_3PO_4$	78...195	22,0	–	–
$(NH_4)_4P_2O_7$	78...291	6,0	–	–
NaBr	89...194	10,7	194...273	11,9
NaCl	89...194	9,3	194...273	11,0
NaF	89...194	6,8	194...273	9,8
NaI	89...194	12,3	194...273	13,5
$NaNO_3$	85...195	9,0	195...293	11,0
NaOH	–	–	293...393	8,4
$NaPO_3$	–	–	873...1043	4,3
NaH_2PO_4	–	–	893...1208	5,3
PBr_3	90...194	29,0	–	–
PH_4I	90...194	16,0	–	–
PI_3	78...194	18,0	–	–
$POBr_3$	90...194	24	254...252	20
PCl_5	90...194	22	–	–
$POCl_3$	90...194	19	–	–
H_3PO_4	78...195	19	–	–

3.1.1 Ausdehnungskoeffizient $\bar{\gamma}$ von anorganischen Verbindungen (Fortsetzung)

Stoff	Temperaturbereich K	$\bar{\gamma}$ in 10^{-5} K^{-1}	Temperaturbereich K	$\bar{\gamma}$ in 10^{-5} K^{-1}
P_4O_{10}	78...195	17	–	–
P_2O_5 (glasig)	78...195	14	–	–
$PbBr_2$		–	273...323	9,0
$PbCl_2$	–	–	293...423	9,3
PbI_2	–	–	293...423	10,8
PbO	78...195	13,5	195...289	5,5
$PbTiO_3$	313...713	– 1,8	–	–
RbBr	89...194	9,7	194...273	11,0
RbCl	89...194	9,15	194...273	18,6
RbI	89...194	11,2	194...273	12,5
SO_2	83...195	28,0	–	–
SO_3	83...195	28	–	–
H_2SO_4	82...194	22,0	–	–
$H_2SO_4 \cdot H_2O$	81...195	8	195...273	12
$SbBr_3$	78...194	21	194...290	26
$SbCl_3$	78...194	20	293...423	23,9
SbI_3	78...194	15	194...290	17
SeO_3	78...195	9	–	–
$SiBr_4$	79...202	44	–	–
SiC	291...1473	6,25	–	–
$SiCl_4$	78...194	51	–	–
SiI_4	78...194	30	–	–
$SnBr_4$	78...194	30,0	–	–
$SnCl_4$	78...194	24	–	–
SnI_4	78...194	24,0	194...273	30
SnO_2 (synth.)	81...195	36	–	–
$Sr(NO_3)_2$	303...348	9,7	–	–
$TiBr_4$	293...423	28,3	–	–
TiI_4	293...423	22,2	–	–
TlBr	293...423	17,2	–	–
TlCl	293...423	16,8	–	–
UCl_4	90...195	10,7	195...292	6,5
WCl_6	78...195	17,0	195...291	20,0
$ZnCl_2$	–	–	293...423	8,7
ZnF_2	–	–	293...423	3,4
$ZrCl_4$	293...423	8,9	–	–

3.1.2 Kubischer Kompressibilitätskoeffizient $\varkappa$ in 10^{-5} MPa^{-1}

$\varkappa$ ist aus $\varkappa = a + bp$ zu berechnen, a in 10^{-5} MPa^{-1}, b in 10^{-10} MPa^{-2}, p Druck in MPa.

Abkürzungen: a. Schm. = aus dem Schmelzfluß, a. Wss. = aus wäßriger Lösung, E. = Einkristall, gepr. = gepreßt, ges. = gesintert, Kr. = Kristall, Pulv. = Pulver; wssfr. = wasserfrei.

Formel, Angaben über Zustand	K	Druckbereich MPa	$\varkappa = a + bp$	
			a in 10^{-5} MPa^{-1}	b in 10^{-10} MPa^{-2}
AgBr	293	10...51	2,7	–
AgCl	293	10...51	2,4	–
AgI	293	10...51	4,0	–
$AgNO_3$	273	5...20	3,53	–
Ag_2S	273	5...20	2,88	–
$AlK(SO_4)_2 \cdot 12H_2O$, E. a. Wss.	303	0...1200	6,186	– 116,1
	348	0...1200	5,466	– 93,3
$AlNH_4(SO_4)_2 \cdot 12\,H_2O$, E. a. Wss.	303	0...1200	6,231	– 102,3
	348	0...1200	6,078	– 100,8
Al_2O_3, synth. Saphir	303	0...200	0,311	–
Al_2O_3, Korund	303	5...20	0,36	–
Al_2O_3, Pulv. gepr.	303	0...900	9,115	– 272,4
$BaCO_3$, Witherit	273	5...20	1,94	–
BaF_2, Pulv. ges.	303	0...1200	2,03	– 17,7
	348	0...1200	2,04	– 18,1
$BaSO_4$, Schwerspat	273	5...20	1,70	–
Bi_2S_3, Wismutglanz	273	5...20	3,19	–
CSi, Siliciumcarbid	293	5...20	0,36	–
$CaCO_3$, Kalkspat	293	0...1020	1,33	–
$CaCO_3$, Marmor	293	0...1020	1,33	–
$CaCO_3$, Aragonit	273	5...20	1,47	–
CaF_2	273	5...20	1,20	–
CaO, Pulv. gepr.	303	0...1200	4,48	– 58,2
	348	0...1200	4,55	– 58,5
$CaSO_4$, Anhydrit	273	5...20	1,76	–
$CaSO_4 \cdot 2\,H_2O$ (Gips)	273	5...20	2,40	–
CaS, Pulv. gepr.	303	0...1200	2,236	– 38,8
	348	0...1200	1,945	– 25,8
CdF_2	303	0...1200	1,081	– 8,5
	348	0...1200	1,075	– 8,4
CoAsS, Kobaltglanz	273	5...20	0,8	–
$CrK(SO_4)_2 \cdot 12\,H_2O$, E. a. Wss	303	0...1200	6,361	– 112,5
CsBr, Pulv. gepr.	303	0...1200	6,784	– 144,9
	348	0...1200	7,061	– 141,6
CsCl, Pulv. gepr.	303	0...1200	5,712	– 96,9
	348	0...1200	5,943	– 101,1
CsF, grobkrist. a. Schm.	303	0...1200	4,075	– 57,9
	348	0...1200	4,263	– 61,8
CsI, Pulv. gepr.	303	0...1200	8,241	– 201,9
	348	0...1200	8,494	–195,6
CuBr, Pulv. gepr.	303	0	2,81	–
	348	0	3,10	–
CuCl, Pulv. gepr.	303	0...1200	2,415	– 14,1
	348	0...1200	2,664	– 24,2
$CuFeS_2$, Kupferkies	273	5...20	1,23	–
CuI, Pulv. gepr.	303	0...1200	2,699	– 25,1
	348	0...1200	2,900	– 33,6
Cu_2O, Pulv. gepr.	303	0...1200	1,872	– 19,92
	348	0...1200	1,964	– 22,74

3.1.2 Kubischer Kompressibilitätskoeffizient $\varkappa$ in 10^{-5} MPa^{-1} (Fortsetzung)

Formel, Angaben über Zustand	K	Druckbereich MPa	$\varkappa = a + bp$	
			a in 10^{-5} MPa^{-1}	b in 10^{-10} MPa^{-2}
FeAsS, Arsenkies	273	5...20	0,94	–
$FeCO_3$, Eisenspat	273	5...20	0,94	–
Fe_2O_3, Roteisenstein	273	5...20	1,04	–
FeS_2, Pyrit	273	5...20	0,69	–
KBr	303	0...1200	6,43	–
KCl	303	0...1200	5,42	–
KF	303	0	3,19	–
KI	303	0...1200	8,21	–
K_2SO_4, Pulv. gepr.	Z.T.	0...1020	3,187	– 36,3
LiBr	293	5...20	4,9	–
	303	0	4,15	–
LiCl	293	5...20	3,6	–
	303	0	3,28	–
LiF	303	0	1,47	–
$LiI \cdot 3\,H_2O$	303	0...1200	6,38	– 117
MgO, Pulv. gepr.	303	0...1200	0,967	– 10,8
	348	0...1200	0,978	– 12,2
MgO, synth. Kr.	303	0...1200	0,5790	– 2,22
	348	0...1200	0,5863	– 2,22
$MnCO_3$, Manganspat	273	5...20	1,3	–
$MnCl_2$, Pulv. gepr.	303	0...1200	5,305	– 96,3
	348	0...1200	5,455	– 106,5
NH_4Br, Pulv. gepr.	273	0...300	6,0	–
	348	0...300	6,7	–
NH_4Cl, Pulv. gepr.	303	0...200	5,9	–
	348	0...200	6,2	–
NH_4NO_3, Pulv. gepr.	Z.T.	0...1020	6,428	– 132,3
NaBr	303	0...1200	4,88	–
$NaBrO_3$, E. a. Wss.	303	0...1200	4,24	– 74,2
NaCl, Kr. a. Schm.	303	0...1200	4,101	– 50,4
	348	0...1200	4,260	– 51,9
$NaClO_3$, E. a. Wss.	303	0...1200	4,84	– 93
	348	0...1200	5,18	– 93
NaF, Pulv. gepr.	303	0...1200	2,03	– 17,7
	348	0...1200	2,04	– 18,1
NaI, Pulv. gepr.	303	0	6,802	–
$NaNO_3$, E. a. Schm.	303	0...1200	3,780	– 39,2
Na_2SO_4, Thenardit	Z.T.	0...1020	2,279	– 22,9
$PbSO_4$, Anglesit	273	5...20	1,85	–
PbS, Bleiglanz	273	5...20	1,88	–
RbBr	293	5...20	8,0	–
	303	0	7,63	–
RbCl, E. a. Schm.	303	0...80	6,39	–
	348	0...80	6,62	–
RbI	293	5...20	9,1	–
	303	0	9,21	–
Sb_2S_3, Antimonglanz	273	5...20	1,43	–
SiO_2, Quarz	273	5...20	2,57	–
SnO_2, Zinnstein	273	5...20	0,46	–
SrF_2, Pulv. gepr.	303	0...1200	1,55	– 10,3
	348	0...1200	1,58	– 10,8
$Sr(NO_3)_2$, Pulv. gepr.	303	0...1200	3,186	– 43,2
	348	0...1200	3,301	– 41,1

3.1.2 Kubischer Kompressibilitätskoeffizient $\varkappa$ in 10^{-5} MPa^{-1} (Fortsetzung)

Formel, Angaben über Zustand	K	Druckbereich MPa	$\varkappa = a + bp$	
			a in 10^{-5} MPa^{-1}	b in 10^{-10} MPa^{-2}
SrS, Pulv. gepr.	303	0...1200	2,337	– 38,6
	348	0...1200	2,273	– 43,5
TiO_2, Rutil	273	5...20	0,56	–
TlBr	293	10...51	5,2	–
TlCl	293	10...51	4,8	–
TlI	293	10...51	6,8	–
$ZnCl_2$, wssfr. Pulv. gepr.	303	0...1200	4,06	– 107,7
ZnO, Rotzinkerz	273	5...20	0,74	–
ZnS, Zinkblende	273	5...20	1,24	–

3.2 Dichte, Ausdehnung und Kompressibilität von Flüssigkeiten

3.2.1 Dichte reiner Flüssigkeiten

3.2.1.1 Dichte D, kubischer Ausdehnungs- (γ) und Kompressibilitätskoeffizient ($\varkappa$) von reinen anorganischen Flüssigkeiten bei 291,15 K

Stoff	D in $\times 10^3$ kg m^{-3}	γ in 10^{-5} K^{-1}	$\varkappa$ in 10^{-5} MPa^{-1}	Stoff	D in $\times 10^3$ kg m^{-3}	γ in 10^{-5} K^{-1}	$\varkappa$ in 10^{-5} MPa^{-1}
Arsentrichlorid	2,17	102	–	Schwefelsäure	1,834	57	–
Brom	3,120	113	64	Schwefelhexafluorid	2,51	290	223 K[2]
Phosphortrichlorid	1,578	–	–	Selenhexafluorid	3,24	260	237 K[2]
Phosphorpentachlorid	2,114	22	–	Siliciumtetrabromid	2,812	–	86,6
Quecksilber	13,5457	18,1	3,91	Siliciumtetrachlorid	1,483	140,44	165,2
Salpetersäure	1,512	124	–	Tellurhexafluorid	3,76	220	235,4 K[2]
Dischwefelwasserstoff	1,341	104	–	Titantetrachlorid	1,76	–	89,6
Schwefelkohlenstoff	1,263	118	92,7[1]	Wasser	0,9982	18	45,9
				Zinntetrachlorid	2,232	–	108,9

[1] 273,15 K [2] γ bei

3.2.1.2 Dichte schwerer reiner Flüssigkeiten [1]

Anorganische reine Stoffe

Formel	T K	D 10^3 kg m^{-3}	Formel	T K	D 10^3 kg m^{-3}
$SnCl_4$	290	2,23	$HgNO_3 + H_2O$	343	4,3
	321	2,169	OsO_4	315	4,44
MoF_6	292	2,543		373	4,19
H_2SeO_4	Z. T.	2,611	$AgHg(NO_3)_2$	383	4,5
$BaHgBr_4$	283	3,137	$AgTl(NO_3)_2$	343	4,8
$Li_2HgI_4 + H_2O$	Z. T.	3,28		363	$4{,}6_8$
$SnBr_4$	310,6	3,320		373	$4{,}6_6$
WF_6	288	3,441	$2\ AgNO_3 + 3\ AgI$	343	5,0
$Na_2HgI_4 + H_2O$	299	3,46	$HgTl(NO_3)_2$	349	5,3
$BaHgI_4$	Z. T.	3,576			

[1] Weitere schwere Flüssigkeiten s. Tabelle 3.2.2.1.4.

Organische reine Stoffe

Name und Formel	T K	D 10^3 kg m^{-3}	Name und Formel	T K	D 10^3 kg m^{-3}
Ethyliodid, C_2H_5I	288	1,941	Bromoform,	293	2,8899
	293	1,929	$CHBr_3$	323	2,7934
				343	2,7364
1,2-Dibromethan	293	2,1804		363	2,6823
$C_2H_4Br_2$			1,1,2,2-Tetra-	273	2,996
Methyliodid, CH_3I	293	2,2790	bromethan	293	2,9673
Dibrommethan	293	2,4953	$C_2H_2Br_4$	303,6	2,934
CH_2Br_2				323	2,897
			Diiodmethan	293	3,3254
			CH_2I_2	298	3,304

3.2.2 Dichte von Lösungen

3.2.2.1 Dichte wäßriger Lösungen anorganischer Verbindungen

3.2.2.1.1 Ausführliche Dichte-Tabellen von H_2O_2, Basen und Säuren

a) $H_2O_2 - H_2O$, Wasserstoffperoxid – Wasser

Gew.-%	Dichte × 10^3 kg m^{-3}			Gew.-%	Dichte × 10^3 kg m^{-3}		
	0 °C	10 °C	20 °C		0 °C	10 °C	20 °C
2	1,0079	1,0071	1,0056	30	1,1213	1,1164	1,1111
5	1,0195	1,0184	1,0164	35	1,1431	1,1371	1,1314
10	1,0395	1,0374	1,0345	40	1,1649	1,1588	1,1525
15	1,0594	1,0564	1,0529	45	1,1867	1,1801	1,1735
20	1,0797	1,0758	1,0717	50	1,2092	1,2021	1,1952
25	1,1002	1,0959	1,0910	55	1,2321	1,2248	1,2173

b) $Ca(OH)_2 - H_2O$, Kalkmilch – Wasser bei 20 °C

Lit.-Gew. in g	Gew.-% CaO	Gew.% $Ca(OH)_2$	g CaO/L	Lit.-Gew. in g	Gew.-% CaO	Gew.-% $Ca(OH)_2$	g CaO/L
1008,5	0,99	1,31	10	1118,5	14,30	18,90	160
1017,0	1,96	2,59	20	1125,5	15,10	19,95	170
1024,5	2,93	3,87	30	1132,5	15,89	21,00	180
1031,5	3,88	5,13	40	1140,0	16,67	22,03	190
1039,0	4,81	6,36	50	1147,5	17,43	23,03	200
1046,0	5,74	7,58	60	1154,5	18,19	24,04	210
1053,5	6,65	8,79	70	1161,5	18,94	25,03	220
1060,5	7,54	9,96	80	1168,5	19,68	26,01	230
1067,5	8,43	11,14	90	1176,0	20,41	26,96	240
1075,0	9,30	12,29	100	1183,5	21,12	27,91	250
1082,5	10,16	13,43	110	1190,5	21,84	28,86	260
1089,5	11,01	14,55	120	1197,5	22,55	29,80	270
1096,5	11,86	15,67	130	1205,0	23,24	30,71	280
1104,0	12,68	16,76	140	1212,5	23,92	31,61	290
1111,0	13,50	17,84	150	1219,5	24,60	32,51	300

c) $KOH - H_2O$, Kalilauge – Wasser

Gew.-% KOH	Dichte $\times 10^3$ kgm^{-3} bei									
	0 °C	10 °C	15 °C	20 °C	25 °C	30 °C	40 °C	50 °C	75 °C	100 °C
2	1,0193	1,0183	1,0174	1,0162	1,0148	1,0133	1,0098	1,0054	0,9922	0,9765
5	1,0481	1,0462	1,0450	1,0435	1,0420	1,0403	1,0363	1,0319	1,0186	1,0030
10	1,0962	1,0931	1,0913	1,0896	1,0877	1,0857	1,0812	1,0767	1,0633	1,0482
15	1,1457	1,1417	1,1396	1,1374	1,1352	1,1330	1,1283	1,1232	1,1096	1,0946
20	1,1954	1,1910	1,1887	1,1861	1,1840	1,1817	1,1766	1,1713	1,1571	1,1425
25	1,2461	1,2414	1,2390	1,2367	1,2340	1,2317	1,2264	1,2210	1,2068	1,1914
30	1,2990	1,2938	1,2910	1,2882	1,2858	1,2830	1,2776	1,2720	1,2578	1,2423
35	1,3522	1,3470	1,3441	1,3415	1,3389	1,3360	1,3304	1,3249	1,3099	1,2938
40	1,4073	1,4020	1,3992	1,3966	1,3939	1,3910	1,3850	1,3792	1,3640	1,3470
45	1,4650	1,4590	1,4560	1,4531	1,4500	1,4470	1,4413	1,4352		
50	1,5257	1,5187	1,5151	1,5120	1,5090	1,5059	1,4999	1,4940		

d) $NH_3 - H_2O$, Ammoniak – Wasser

Gew.-% NH_3	Dichte $\times 10^3$ kgm^{-3} bei									
	0 °C	10 °C	15 °C	20 °C	25 °C	30 °C	40 °C	50 °C	75 °C	100 °C
2	0,9919	0,9911	0,9903	0,9893	0,9881	0,9867	0,9832	0,9791	0,9660	0,9500
5	0,9804	0,9792	0,9782	0,9770	0,9756	0,9739	0,9700	0,9656	0,9517	0,9350
10	0,9625	0,9604	0,9590	0,9574	0,9556	0,9537	0,9490	0,9441	0,9289	0,9110
15	0,9464	0,9432	0,9414	0,9393	0,9371	0,9349	0,9297	0,9240	0,9082	0,8900
									60 °C	
20	0,9313	0,9272	0,9250	0,9227	0,9200	0,9172	0,9116	0,9057	0,8993	
25	0,9175	0,9127	0,9099	0,9070	0,9040	0,9010	0,8947	0,8880	0,8807	
30	0,9040	0,8980	0,8950	0,8919	0,8885	0,8850	0,8780	0,8704	0,8625	
35	0,8901	0,8832	0,8799	0,8761	0,8727	0,8689	0,8610	0,8527	0,8440	
40	0,8758	0,8685	0,8649	0,8609	0,8569	0,8527	0,8441	0,8351	0,8262	
45	0,8614	0,8531	0,8490	0,8449	0,8403	0,8360	0,8270	0,8175	0,8080	

e) $NaOH-H_2O$, Natronlauge – Wasser

Gew.-% NaOH	Dichte $\times 10^3$ kgm^{-3} bei									
	0 °C	10 °C	15 °C	20 °C	25 °C	30 °C	40 °C	50 °C	75 °C	100 °C
2	1,0244	1,0231	1,0220	1,0208	1,0192	1,0177	1,0139	1,0095	0,9960	0,9796
5	1,0598	1,0570	1,0554	1,0537	1,0519	1,0500	1,0455	1,0407	1,0270	1,0115
10	1,1170	1,1132	1,1111	1,1090	1,1068	1,1044	1,0994	1,0941	1,0799	1,0643
15	1,1738	1,1690	1,1666	1,1641	1,1616	1,1590	1,1536	1,1479	1,1330	1,1172
20	1,2293	1,2243	1,2219	1,2191	1,2164	1,2137	1,2079	1,2020	1,1862	1,1699
25	1,2851	1,2798	1,2769	1,2740	1,2710	1,2680	1,2620	1,2559	1,2399	1,2229
30	1,3400	1,3340	1,3310	1,3280	1,3249	1,3218	1,3155	1,3090	1,2925	1,2753
35	1,3925	1,3861	1,3830	1,3799	1,3765	1,3732	1,3669	1,3601	1,3431	1,3259
40	1,4433	1,4368	1,4330	1,4300	1,4265	1,4231	1,4162	1,4096	1,3925	1,3750
45	1,4921	1,4850	1,4814	1,4780	1,4744	1,4710	1,4640	1,4570	1,4395	1,4220
50	1,5400	1,5326	1,5289	1,5251	1,5217	1,5180	1,5110	1,5039	1,4860	1,4689

f) $HCl - H_2O$, Salzsäure – Wasser

Gew.-% HCl	Dichte $\times 10^3$ kgm^{-3} bei								
	0 °C	10 °C	15 °C	20 °C	25 °C	30 °C	50 °C	75 °C	100 °C
2	1,0118	1,0109	1,0100	1,0090	1,0076	1,0060	0,9981	0,9845	0,9680
5	1,0266	1,0253	1,0242	1,0230	1,0216	1,0200	1,0120	0,9993	0,9841
10	1,0521	1,0501	1,0487	1,0473	1,0457	1,0440	1,0359	1,0234	1,0090
15	1,0795	1,0761	1,0744	1,0726	1,0707	1,0687	1,0600	1,0475	1,0333
20	1,1065	1,1022	1,1000	1,0979	1,0957	1,0933	1,0839	1,0711	1,0575
25	1,1338	1,1287	1,1261	1,1238	1,1211	1,1186	1,1081	1,0947	1,0806
30	1,1611	1,1551	1,1522	1,1493	1,1463	1,1433	1,1318	1,1175	1,1030
35	1,1875	1,1805	1,1771	1,1738	1,1705	1,1671	1,1540	1,1379	1,1220

Litergewicht gL^{-1} gesättigter HCl-Lösungen bei verschiedenen Temperaturen

°C	gL^{-1}	Gew.-%	°C	gL^{-1}	Gew.-%	°C	gL^{-1}	Gew.-%
0	1225,7	45,15	12	1214,8	43,28	23	1201,4	41,54
4	1226,5	44,36	14	1207,4	42,83			
8	1218,5	43,83	18	1206,4	42,34			

g) $HNO_3 - H_2O$, Salpetersäure – Wasser

Gew.-% HNO_3	Dichte $\times 10^3$ kgm^{-3} bei								
	0 °C	10 °C	15 °C	20 °C	25 °C	30 °C	50 °C	75 °C	100 °C
2	1,0107	1,0100	1,0091	1,0081	1,0067	1,0053	0,9976	0,9844	0,9685
5	1,0287	1,0275	1,0264	1,0253	1,0239	1,0221	1,0137	0,9997	0,9827
10	1,0605	1,0579	1,0561	1,0543	1,0523	1,0501	1,0401	1,0253	1,0082
15	1,0926	1,0888	1,0866	1,0842	1,0818	1,0791	1,0680	1,0520	1,0339
20	1,1256	1,1203	1,1177	1,1150	1,1121	1,1091	1,0966	1,0791	1,0597
25	1,1594	1,1531	1,1500	1,1468	1,1435	1,1400	1,1259	1,1066	1,0857
30	1,1945	1,1871	1,1834	1,1798	1,1760	1,1720	1,1561	1,1349	1,1122
35	1,2305	1,2223	1,2180	1,2138	1,2095	1,2051	1,1870	1,1631	1,1384
40	1,2653	1,2561	1,2514	1,2468	1,2419	1,2370	1,2171	1,1911	1,1638
45	1,2992	1,2896	1,2841	1,2790	1,2738	1,2683	1,2465	1,2181	1,1884
50	1,3323	1,3212	1,3158	1,3100	1,3041	1,2983	1,2746	1,2439	1,2117
55	1,3639	1,3517	1,3455	1,3393	1,3331	1,3270	1,3011	1,2681	1,2338
60	1,3932	1,3802	1,3737	1,3669	1,3601	1,3536	1,3261	1,2909	1,2546
65	1,4199	1,4057	1,3984	1,3913	1,3841	1,3770	1,3484	1,3120	1,2750
70	1,4438	1,4289	1,4210	1,4137	1,4060	1,3983	1,3686	1,3312	1,2940
75	1,4652	1,4493	1,4412	1,4337	1,4260	1,4180	1,3868	1,3487	1,3110
80	1,4845	1,4682	1,4600	1,4521	1,4437	1,4357	1,4039	1,3648	1,3264
85	1,5020	1,4851	1,4768	1,4688	1,4603	1,4520	1,4195	1,3789	1,3390
90	1,5172	1,5000	1,4910	1,4829	1,4740	1,4657	1,4320	1,3910	1,3511
95	1,5288	1,5109	1,5019	1,4931	1,4847	1,4760	1,4425	1,4019	1,3632
100	1,5495	1,5312	1,5220	1,5130	1,5040	1,4955	1,4610	1,4202	1,3824

h) $H_2SO_4 - H_2O$, Schwefelsäure – Wasser

Gew.-% H_2SO_4	Dichte $\times 10^3$ kgm^{-3} bei								
	0 °C	10 °C	15 °C	20 °C	25 °C	30 °C	50 °C	75 °C	100 °C
2	1,0148	1,0138	1,0129	1,0117	1,0103	1,0089	1,0006	0,9869	0,9705
5	1,0363	1,0344	1,0330	1,0317	1,0300	1,0280	1,0192	1,0052	0,9888
10	1,0736	1,0700	1,0680	1,0661	1,0638	1,0615	1,0517	1,0371	1,0205
15	1,1115	1,1069	1,1043	1,1020	1,0996	1,0970	1,0858	1,0703	1,0538
20	1,1503	1,1450	1,1421	1,1394	1,1366	1,1337	1,1216	1,1058	1,0885
25	1,1909	1,1844	1,1812	1,1781	1,1750	1,1717	1,1589	1,1421	1,1250
30	1,2321	1,2252	1,2220	1,2185	1,2150	1,2117	1,1979	1,1804	1,1630
35	1,2745	1,2671	1,2637	1,2600	1,2562	1,2528	1,2381	1,2202	1,2027
40	1,3174	1,3101	1,3066	1,3029	1,2990	1,2954	1,2809	1,2626	1,2445
45	1,3628	1,3551	1,3512	1,3475	1,3437	1,3400	1,3250	1,3066	1,2885
50	1,4109	1,4030	1,3990	1,3950	1,3910	1,3871	1,3719	1,3531	1,3348
55	1,4615	1,4533	1,4491	1,4452	1,4411	1,4371	1,4216	1,4021	1,3835
60	1,5152	1,5067	1,5022	1,4982	1,4940	1,4900	1,4737	1,4538	1,4345
65	1,5709	1,5620	1,5576	1,5532	1,5490	1,5449	1,5279	1,5070	1,4874
70	1,6287	1,6196	1,6150	1,6105	1,6061	1,6016	1,5840	1,5624	1,5417
75	1,6872	1,6781	1,6734	1,6691	1,6642	1,6598	1,6415	1,6188	1,5965
80	1,7480	1,7373	1,7320	1,7271	1,7220	1,7170	1,6971	1,6727	1,6492
85	1,8005	1,7894	1,7839	1,7787	1,7731	1,7679	1,7468	1,7211	1,6966
90	1,8359	1,8250	1,8196	1,8143	1,8090	1,8039	1,7830	1,7578	1,7331
95	1,8545	1,8439	1,8387	1,8336	1,8285	1,8235	1,8040	1,7801	1,7570
100	1,8511	1,8408	1,8357	1,8305	1,8257	1,8207	1,8013	1,7789	1,7578

Litergewicht gL^{-1} rauchender Schwefelsäure verschiedener Konzentration nach Kniebeck

Gew.-% SO_3		gL^{-1} 15 °C	gL^{-1} 35 °C	Gew.-% SO_3		gL^{-1} 15 °C	gL^{-1} 35 °C
frei	gesamt			frei	gesamt		
0	81,63	1850,0	1818,6	52	91,18		1974,9
2	81,99		1827,0	54	91,55		1976,0
4	82,36		1836,0	56	91,91		1977,2
6	82,73		1842,5	58	92,28		1975,4
8	83,09		1849,8	60	92,65	2020 Max.	1973,8
10	83,46	1888	1856,5	62	93,02		1970,9
12	83,82		1862,7	64	93,38		1967,2
14	84,20		1869,2	66	93,75		1963,6
16	84,56		1875,6	68	94,11		1960,0
18	84,92		1883,0	70	94,48	2018	1955,0
20	85,30	1920	1891,9	72	94,85		1950,2
22	85,66		1902,0	74	95,21		1944,2
24	86,03		1909,2	76	95,58		1937,9
26	86,40		1915,8	78	95,95		1931,5
28	86,76		1922,0	80	96,32	2008	1925,1
30	87,14	1957	1928,0	82	96,69		1918,3
32	87,50		1933,8	84	97,05		1911,5
34	87,87		1940,5	86	97,42		1904,6
36	88,24		1947,4	88	97,78		1896,5
38	88,60		1953,5	90	98,16	1990	1888,8
40	88,97	1979	1958,4	92	98,53		1880,0
42	89,33		1961,2	94	98,90		1871,2
44	89,70		1964,3	96	99,26		1860,5
46	90,07		1967,2	98	99,63		1848,8
48	90,44		1970,2	100	100,00	1984	1837,0
50	90,81	2009	1973,3				

3.2.2.1.2 Dichte wäßriger Lösungen anorganischer Verbindungen

Verbindung	T °C	Dichte $D \times 10^3$ kg m^{-3} bei der Konzentration in Gew.-%															
		2	4	6	8	10	12	14	16	18	20	25	30	35	40	45	50
$AgNO_3$	20	1,0154	1,0327	1,0506	1,0690	1,0882	1,1080	1,1284	1,1495	1,1715	1,1942	1,2545	1,3205	1,3931	1,4743		1,668
$AlCl_3$	18	1,0164	1,0344	1,0526	1,0711	1,0900	1,1093	1,1290	1,1491								
$AlK(SO_4)_2$	19	1,0174	1,0369	1,0565													
$Al(NO_3)_3$	18	1,0144	1,0305	1,0469	1,0638	1,0811	1,0989	1,1171	1,1357	1,1549	1,1745		1,2805				
$Al_2(SO_4)_3$	19	1,019	1,040	1,061	1,083	1,105	1,129	1,152	1,176	1,201	1,226						
H_3AsO_4	20	1,0112	1,0245	1,0379	1,0515	1,0659	1,0802	1,0951									
H_3BO_3	20	1,0056	1,0136														
$Na_2B_4O_7$[1]	15																
$BaBr_2$	20	1,0158	1,0335	1,0520	1,0711	1,0908	1,1113	1,1321	1,1542	1,1773	1,2009	1,2608	1,3320	1,4086	1,4929		
$BaCl_2$	20	1,0159	1,0341	1,0528	1,0721	1,0921	1,1128	1,1342	1,1564	1,1793	1,2031	1,2668					
$Ba(ClO_3)_2$	20	1,0145	1,0309	1,0477	1,0651	1,0836	1,1024	1,1220	1,1419	1,1623	1,1831						
$Ba(ClO_4)_2$	20	1,0150	1,0318	1,0484	1,0652	1,0829	1,1012	1,1202	1,1400	1,1602	1,1809	1,2355	1,2943	1,3602	1,4320	1,5085	1,5894
BaI_2	20	1,0152	1,0330	1,0513	1,0700	1,0895	1,1100	1,1310	1,1529	1,1755	1,1989	1,2601	1,3283	1,4040	1,4898	1,5867	1,6978
$Ba(NO_3)_2$	20	1,0150	1,0318	1,0492	1,0670												
$Ba(OH)_2$	20	1,0204	1,0440														
$BeCl_2$	20	1,0112	1,0249	1,0382	1,0517	1,0658											
$Be(NO_3)_2$	18	1,0108	1,0233	1,0361	1,0491	1,0624	1,0761	1,0902	1,1046	1,1193	1,1344						
$BeSO_4$	20	1,0160	1,0336	1,0520	1,0708	1,0903											
HBr	20	1,0120	1,0262	1,0410	1,0560	1,0718	1,0876	1,1040	1,1210	1,1380	1,1566	1,2042	1,2560	1,3121	1,3733	1,4410	
HCN	18	0,996	0,993	0,990	0,986	0,982					0,958	0,943	0,925	0,908	0,892	0,876	0,860
$CaBr_2$	20	1,0152	1,0326	1,0504	1,0688	1,0877	1,1071	1,1272	1,1480	1,1696	1,1919	1,2499	1,3125	1,3809	1,457	1,541	1,635
$CaCl_2$	20	1,0148	1,0316	1,0486	1,0659	1,0835	1,1015	1,1198	1,1578	1,1775	1,2284	1,2816	1,3373	1,3957			
$Ca(ClO_4)_2$	20	1,0129	1,0279	1,0430	1,0590	1,0749	1,0912	1,1081	1,1252	1,1428	1,1610	1,2090	1,2597	1,3125	1,3692	1,4285	1,4920
CaI_2	20	1,0150	1,0323	1,0500	1,0683	1,0873	1,1069	1,1273	1,1485	1,1703	1,1928	1,2530	1,3195	1,3928	1,4734		
$Ca(NO_3)_2$	20	1,0130	1,0285	1,0442	1,0600	1,0762	1,0929	1,1100	1,1274	1,1450	1,1630	1,2096	1,2594	1,3122	1,3667	1,4235	1,4840
$Ca(OH)_2$[2]	15																
$CaSO_4$	20	1,0130	1,0280	1,0431	1,0590	1,0749	1,0912	1,1082	1,1251	1,1429	1,1610	1,2090	1,2595	1,3125	1,3690	1,4282	1,4920
$CdCl_2$	20	1,0159	1,0339	1,0524	1,0715	1,0912	1,1115	1,1324	1,1540	1,1762	1,1994	1,2604	1,3273	1,4110	1,4833	1,5748	1,6762
$Cd(NO_3)_2$	18	1,0154	1,0326	1,0502	1,0683	1,0869	1,1061	1,1261	1,1468	1,1682	1,1904	1,2488	1,3124	1,3822	1,4590		1,6356
$CdSO_4$	18	1,0182	1,0383	1,0590	1,0803	1,1023	1,1250	1,1485	1,1729	1,1982	1,2243	1,2940	1,3714	1,4551	1,5470		
$Ce_2(SO_4)_3$	15	1,0190	1,0395	1,0606	1,0823	1,1047	1,1279	1,1520	1,1770	1,2030	1,2300						
HCl	20	1,0081	1,0180	1,0280	1,0376	1,0474	1,0573	1,0673	1,0774	1,0877	1,0980	1,1237	1,1491	1,1739	1,1980		
$HClO_3$	20	1,0010	1,0216	1,0336	1,0461	1,0590	1,0718	1,0852	1,0990	1,1129	1,1271						
$HClO_4$	20	1,0098	1,0212	1,0333	1,0452	1,0578	1,0705	1,0836	1,0972	1,1109	1,1253	1,1627	1,2033	1,2469	1,2945	1,3460	1,4034
$Co(NO_3)_2$	18	1,015	1,032	1,049	1,067	1,085	1,104	1,123	1,143	1,163	1,184	1,240	1,300				

$CoSO_4$	0	1,0215	1,0436	1,0662	1,0890												
$CrCl_3$	18																
violett		1,0166	1,0349	1,0535	1,0724	1,0917	1,1114	1,1316									
dunkelgrün		1,0157	1,0332	1,0510	1,0691	1,0876	1,1065										
$CrK(SO_4)_2$	15																
violett		1,0182	1,0376	1,0573	1,0773												
grün		1,016	1,034	1,052	1,070	1,089	1,109	1,129	1,150	1,171	1,193		1,315	1,383	1,456	1,533	1,615
$Cr(NO_3)_3$	15																
violett		1,0155	1,0325	1,0492	1,0666	1,0844	1,1027	1,1214	1,1407	1,1606	1,1810		1,2929				
CrO_3	15	1,014	1,030	1,045	1,060	1,076	1,093	1,110	1,127	1,145	1,163		1,260	1,313	1,371	1,435	1,505
CrO_4Na_2	18	1,0163	1,0344	1,0529													
$Cr_2O_7Na_2$	15	1,013	1,027	1,041	1,056	1,070	1,084	1,098	1,112	1,126			1,207	1,244	1,279	1,312	1,342
$NH_4Cr(SO_4)_2$	15																
violett		1,0172	1,0357	1,0545													
grün		1,015	1,031	1,048	1,065	1,082	1,100	1,118	1,137	1,156	1,176			1,341	1,403		1,542
$Cr_2(SO_4)_3$	15																
violett		1,0191	1,0395	1,0604	1,0817	1,1034	1,1257	1,1486	1,1722	1,1966	1,2218						
grün		1,0172	1,0358	1,0551	1,0751	1,0958	1,1172	1,1392	1,1618	1,1851	1,2091		1,3401	1,4123	1,4893		
CsBr	20	1,0142	1,0299	1,0470	1,0648	1,0830	1,1018	1,1207	1,1406	1,1606	1,1818	1,2380	1,2995	1,3679	1,4424	1,5266	1,6199
CsCl	20	1,0139	1,0298	1,0462	1,0632	1,0806	1,0987	1,1170	1,1360	1,1552	1,1754	1,2294	1,2881	1,3520	1,4227	1,4999	1,5852
CsF	20	1,0156	1,0335	1,0520	1,0711	1,0910	1,1120	1,1334	1,1560	1,1790	1,2023	1,2653	1,3351	1,4120	1,4960	1,5920	
CsI	20	1,0142	1,0299	1,0470	1,0640	1,0820	1,1009	1,1199	1,1399	1,1599	1,1809	1,2375	1,2995	1,3679	1,4430	1,5282	1,6226
$CsNO_3$	20	1,0130	1,0281	1,0442	1,0608	1,0776	1,0944	1,1120	1,1306	1,1500	1,1694						
CsOH	20	1,0160	1,0345	1,0536	1,0730	1,0930	1,1140	1,1360									
Cs_2SO_4	20	1,0160	1,0340	1,0521	1,0709	1,0902	1,1100	1,1302	1,1516	1,1730	1,1952	1,2545	1,3190	1,3909	1,4713	1,5600	1,6573
$CuCl_2$	20	1,017	1,036	1,056	1,076	1,096	1,116	1,138	1,160	1,182	1,205						
$Cu(NO_3)_2$	20	1,015	1,032	1,050	1,069	1,088	1,107	1,126	1,147	1,168	1,189	1,248					
$CuSO_4$	20	1,019	1,040	1,062	1,084	1,107	1,131	1,155	1,180	1,206							
HF	20	1,0050	1,0121	1,0192	1,0258	1,0326	1,0395	1,0463	1,0535	1,0608	1,0680	1,0865	1,1052	1,1252	1,1460	1,1669	1,1870
$K_3Fe(CN)_6$	20	1,0090	1,0201	1,0314	1,0427	1,0542	1,0656	1,0789	1,0910	1,1030	1,1150						
$K_4Fe(CN)_6$	20	1,0119	1,0256	1,0395	1,0536	1,0678	1,0823	1,0971	1,1120								
$FeCl_2$	18	1,0165	1,0348	1,0535	1,0726	1,0923	1,1126	1,1336	1,1551	1,1771	1,1996	1,2596					
$FeCl_3$	20	1,015	1,032	1,049	1,067	1,085	1,104	1,123	1,142	1,162	1,182	1,234	1,291	1,353	1,417	1,485	1,551
$Fe(NO_3)_2$	18	1,0144	1,0304	1,0468	1,0636	1,0810	1,0989	1,1172	1,1359	1,1551	1,1748	1,2281					
$FeSO_4$	18	1,0180	1,0375	1,0575	1,0785	1,1000	1,1220	1,1445	1,1675	1,1905	1,2135						
$NH_4Fe(SO_4)_2$	15	1,016	1,032	1,050	1,068	1,086	1,104	1,122	1,141	1,1161	1,181	1,380					
$Fe_2(SO_4)_3$	17,5	1,016	1,033	1,050	1,067	1,084	1,103		1,141		1,181	1,241	1,307	1,376	1,449		1,613

[1] 15° 0,5% $1{,}0042\times10^3$ kg m^{-3}; 1,0% $1{,}0084\times10^3$ kg m^{-3}; 1,5% $1{,}0131\times10^3$ kg m^{-3}; 2,0% $1{,}0179\times10^3$ kg m^{-3}; 2,5% $1{,}0226\times10^3$ kg m^{-3}; 3,0% $1{,}0274\times10^3$ kg m^{-3}; 3,5% $1{,}0321\times10^3$ kg m^{-3}.

[2] 15° 0,05% $0{,}9998\times10^3$ kg m^{-3}; 0,10% $1{,}0004\times10^3$ kg m^{-3}; 0,15% $1{,}0011\times10^3$ kg m^{-3} s. auch Tabelle „Kalkmilch“ S. 1018.

Verbindung	T °C	Dichte $D \times 10^3$ kg m^{-3} bei der Konzentration in Gew.-%															
		2	4	6	8	10	12	14	16	18	20	25	30	35	40	45	50
^2H_2O	20	0,9983	1,0005	1,0027	1,0049	1,0078	1,0093	1,0115	1,0137	1,0159	1,0177	1,0236	1,0278	1,0346	1,0380	1,0456	1,0487
H_2O_2	20	1,0055	1,0128	1,0200	1,0271	1,0344	1,0417	1,0490	1,0565	1,0640	1,0717	1,0910	1,1111	1,1315	1,1525	1,1735	1,1952
$HgCl_2$	20	1,0150	1,0323	1,0500													
HI	20	1,0126	1,0272	1,0429	1,0585	1,0750	1,0918	1,1090	1,1270	1,1457	1,1649	1,2170	1,2735	1,3355	1,4027	1,4735	
HIO_3	20	1,0146	1,0318	1,0495	1,0685	1,0880	1,1081	1,1291	1,1510	1,1732	1,1961	1,2565	1,3210	1,3900			
HIO_4	17	1,0165	1,0349	1,0539	1,0737	1,0944	1,1161	1,1388	1,1623	1,1865	1,2116	1,3545					
KBr	20	1,0124	1,0273	1,0424	1,0580	1,0739	1,0900	1,1069	1,1242	1,1418	1,1600	1,2078	1,2593	1,3144	1,3745		
$KBrO_3$	20	1,0130	1,0284	1,0440													
KCN	20	1,0082	1,0185	1,0289	1,0395	1,0500	1,0601	1,0702	1,0805	1,0909	1,1012	1,1275	1,1539	1,1807			
KSCN	20	1,0079	1,0180	1,0283	1,0388	1,0490	1,0595	1,0699	1,0805	1,0911	1,1020	1,1293					
KCl	20	1,0108	1,0238	1,0370	1,0502	1,0635	1,0770	1,0906	1,1043	1,1181	1,1324	1,1668					
$KClO_3$	20	1,0108	1,0241	1,0372													
$KClO_4$ [1]	15																
KF	20	1,0153	1,0326	1,0501	1,0681	1,0865	1,1050	1,1238	1,1425	1,1625	1,1811	1,2315	1,2840	1,3394	1,3970	1,4580	
$KHCO_3$	15	1,0125	1,0260	1,0396	1,0534	1,0674											
KHS	18	1,0105	1,0224	1,0343	1,0463	1,0583	1,0704	1,0826	1,0949	1,1072	1,1196			1,2152	1,2479	1,2810	1,3144
$KHSO_4$	20	1,0125	1,0267	1,0413	1,0563	1,0715	1,0870										
KH_2PO_4	20	1,0125	1,0269	1,0411	1,0558	1,0705	1,0858	1,1012	1,1170	1,1330	1,1492	1,1920					
KI	20	1,0130	1,0282	1,0438	1,0597	1,0760	1,0930	1,1105	1,1286	1,1470	1,1660	1,2167	1,2713	1,3308	1,3960	1,4667	1,5455
KIO_3	20	1,0150	1,0326	1,0503													
$KMnO_4$	15	1,0130	1,0271	1,0414													
KNO_2	17,5	1,011	1,024	1,037	1,049	1,062	1,075	1,088	1,102	1,116			1,203	1,242	1,284		1,378
KNO_3	20	1,0107	1,0234	1,0360	1,0492	1,0625	1,0760	1,0898	1,1039	1,1181	1,1325	1,1705					
KOH	20	1,0162	1,0343	1,0525	1,0711	1,0897	1,1087	1,1277	1,1469	1,1664	1,1861	1,2365	1,2884	1,3415	1,3967	1,4532	1,5120
K_2CO_3	20	1,0163	1,0346	1,0531	1,0717	1,0906	1,1098	1,1292	1,1490	1,1693	1,1897	1,2428	1,2979				
K_2MoO_4	15	1,0152	1,0316	1,0484	1,0657	1,0834	1,1015	1,1200	1,1389								
K_2S	18	1,017	1,033	1,049	1,066	1,083	1,100	1,118	1,136	1,154	1,173			1,320	1,372	1,432	
K_2SO_3	15	1,016	1,032	1,049	1,067	1,085	1,103	1,121	1,140	1,160	1,179						
K_2SO_4	20	1,0140	1,0306	1,0472	1,0640	1,0809											
K_2SiO_3	20	1,0163	1,0349	1,0537	1,0729	1,0922	1,1121	1,1325	1,1535	1,1749	1,1963	1,2527					
K_2WO_4	15	1,0164	1,0341	1,0523	1,0711	1,0905	1,1105	1,1312	1,1527	1,1750							
$La(NO_3)_3$	18	1,0167	1,0353	1,0545	1,0742	1,0945	1,1153	1,1368	1,1589	1,1817	1,2052		1,3360				
LiBr	20	1,0128	1,0277	1,0429	1,0585	1,0746	1,0910	1,1079	1,1253	1,1429	1,1613	1,2102	1,2625	1,3210	1,3830	1,4540	1,5325
$LiBrO_3$	20	1,0135	1,0292	1,0457	1,0625	1,0799											
LiCl	20	1,0099	1,0211	1,0325	1,0440	1,0555	1,0671	1,0790	1,0910	1,1031	1,1155	1,1468	1,1800	1,2151	1,2522	1,2950	
$LiClO_3$	20	1,0110	1,0241	1,0375	1,0510	1,0645	1,0786	1,0926									
$LiClO_4$	20	1,0103	1,0223	1,0350	1,0475	1,0606	1,0740	1,0874	1,1013	1,1155	1,1300	1,1675	1,2077	1,2508			
LiI	20	1,0130	1,0282	1,0441	1,0601	1,0771	1,0943	1,1120	1,1303	1,1492	1,1688	1,2204	1,2772	1,3393	1,4078	1,4840	1,5690

$LiIO_3$	20	1,0156	1,0335	1,0520	1,0711	1,0910	1,1116	1,1328	1,1554	1,1781	1,2017	1,2638	1,3325	1,4066	1,4881		
$LiNO_3$	20	1,0100	1,0220	1,0341	1,0463	1,0590	1,0718	1,0848	1,0981	1,1119	1,1254	1,1610	1,1988	1,2392	1,2837		
LiOH	20	1,0217	1,0437	1,0650	1,0862	1,1072											
Li_2SO_4	20	1,0155	1,0327	1,0501	1,0679	1,0860	1,1040	1,1228	1,1411	1,1600	1,1789	1,2280					
$MgBr_2$	20	1,0151	1,0324	1,0501	1,0683	1,0871	1,1065	1,1265	1,1471	1,1683	1,1903	1,2482	1,3110	1,379	1,452	1,532	
$MgCl_2$	20	1,0150	1,0315	1,0483	1,0654	1,0829	1,1008	1,1188	1,1374	1,1562	1,1757	1,2249	1,2772	1,3349			
$Mg(ClO_4)_2$	20	1,0127	1,0272	1,0420	1,0567	1,0718	1,0871	1,1030	1,1199	1,1370	1,1546	1,1990	1,2460	1,2960	1,3493	1,4075	
MgI_2	20	1,0149	1,0321	1,0498	1,0680	1,0869	1,1065	1,1268	1,1480	1,1695	1,1920	1,2519	1,3180	1,3914	1,4730		
$Mg(NO_3)_2$	20	1,0132	1,0285	1,0441	1,0600	1,0762	1,0928	1,1098	1,1272	1,1449	1,1630	1,2096					
$MgSO_4$	20	1,0186	1,0392	1,0602	1,0816	1,1034	1,1256	1,1484	1,1717	1,1955	1,2198	1,2830					
$MnCl_2$	18	1,0153	1,0324	1,0498	1,0676	1,0859	1,1046	1,1238	1,1435	1,1638	1,1846		1,2988				
$Mn(NO_3)_2$	18	1,0140	1,0298	1,0459	1,0624	1,0794	1,0969	1,1149	1,1333	1,1522	1,1717		1,2781	1,3367	1,3993	1,5378	
$MnSO_4$	15	1,0188	1,0389	1,0595	1,0807	1,1025	1,1248	1,1478	1,1714	1,1956	1,2205		1,3565				
Na_2MoO_4	15	1,0165	1,0343	1,0526	1,0713	1,0905	1,1102	1,1304	1,1511	1,1724	1,1943						
HNO_3	20	s. S. 1020															
$NH_2OH \cdot HCl$	17	1,0084	1,0167	1,0253	1,0340	1,0437					1,0888	1,1126					
NH_4Br	20	1,0096	1,0210	1,0327	1,0444	1,0567	1,0689	1,0815	1,0943	1,1077	1,1210	1,1558	1,1923	1,2315	1,2733		
NH_4SCN	18	1,0032	1,0078	1,0124	1,0170	1,0216	1,0263	1,0309	1,0356	1,0402			1,0645				1,1108
$(NH_4)_2CO_3$	20	1,0069	1,0155	1,0241	1,0326	1,0410	1,0497	1,0582	1,0667	1,0753	1,0838	1,0954					
NH_4Cl	20	1,0045	1,0107	1,0168	1,0227	1,0286	1,0344	1,0401	1,0457	1,0512	1,0567	1,0700					
NH_4ClO_4	20	1,0077	1,0173	1,0272	1,0374	1,0476	1,0579	1,0681									
NH_4F	18	1,0085	1,0178	1,0265	1,0346	1,0420	1,0487	1,0547									
NH_4I	20	1,0110	1,0240	1,0371	1,0507	1,0648	1,0789	1,0936	1,1088	1,1241	1,1398	1,1815	1,2252	1,2732	1,3255	1,3810	
NH_4NO_3	20	1,0064	1,0147	1,0230	1,0313	1,0397	1,0482	1,0567	1,0653	1,0740	1,0828	1,1052	1,1281	1,1512	1,1754	1,2004	1,2258
NH_4OH	20	0,9894	0,9810	0,9730	0,9650	0,9574	0,9500	0,9430	0,9361	0,9292	0,9226	0,9070	0,8918	0,8762	0,8606	0,8446	0,8274
$NH_4H_2PO_4$	20	1,0090	1,0205	1,0319	1,0431	1,0545	1,0660	1,0775	1,0890	1,1008	1,1125	1,1421					
$(NH_4)_2SO_4$	20	1,0101	1,0220	1,0338	1,0456	1,0574	1,0691	1,0808	1,0924	1,1039	1,1154	1,1440	1,1721	1,2000	1,2277	1,2550	1,2825
N_2H_4	15	1,0013	1,0034	1,0056	1,0077	1,0099	1,0121	1,0143	1,0164								
$N_2H_4 \cdot HCl$	20	1,0070	1,0158	1,0246	1,0334	1,0422	1,0509	1,0596	1,0683	1,0770							
Na_3AsO_4	17	1,0207	1,0431	1,0659	1,0892	1,1130	1,1373										
Na_2HAsO_4	14	1,0175	1,0355	1,0553	1,0755	1,0964	1,1180	1,1406	1,1635								
$NaBO_2$	20	1,0200	1,0421	1,0642	1,0870	1,1095											
NaBr	20	1,0139	1,0298	1,0462	1,0631	1,0803	1,0981	1,1163	1,1352	1,1545	1,1745	1,2271	1,2841	1,3462	1,4138		
$NaBrO_3$	20	1,0140	1,0302	1,0469	1,0638	1,0815	1,0995	1,1180	1,1370	1,1564	1,1765	1,2300					
NaSCN	20	1,0092	1,0195	1,0299	1,0404	1,0515	1,0620	1,0729	1,0839	1,0950	1,1061	1,1350	1,1649	1,1955	1,2300	1,2630	
Na_2CO_3	20	1,0190	1,0398	1,0607	1,0820	1,1035	1,1254	1,1473	1,1697	1,1922	1,2145	1,2739					
$NaHCO_3$	20	1,0129	1,0272	1,0410	1,0542	1,0665											
NaCl	20	1,0125	1,0268	1,0413	1,0559	1,0707	1,0857	1,1009	1,1162	1,1319	1,1478	1,1887					

[1] 15° 0,2% $1{,}0004 \times 10^3$ kg m^{-3}; 0,4% $1{,}0016 \times 10^3$ kg m^{-3}; 0,6% $1{,}0029 \times 10^3$ kg m^{-3}; 0,8% $1{,}0041 \times 10^3$ kg m^{-3}; 1,0% $1{,}0054 \times 10^3$ kg m^{-3}; 1,2% $1{,}0067 \times 10^3$ kg m^{-3}; 1,4% $1{,}0079 \times 10^3$ kg m^{-3}; 1,6% $1{,}0092 \times 10^3$ kg m^{-3}; 1,8% $1{,}0105 \times 10^3$ kg m^{-3}.

Verbindung	T °C	Dichte $D \times 10^3$ kg m^{-3} bei der Konzentration in Gew.-%															
		2	4	6	8	10	12	14	16	18	20	25	30	35	40	45	50
$NaClO_3$	20	1,0115	1,0252	1,0390	1,0530	1,0675	1,0822	1,0972	1,1125	1,1280	1,1440	1,1859	1,2300				
$NaClO_4$	20	1,1014	1,0247	1,0381	1,0520	1,0667	1,0811	1,0962	1,1115	1,1270	1,1430	1,1850	1,2287	1,2766	1,3275	1,3820	1,4402
NaF	20	1,0194	1,0405														
NaI	20	1,0138	1,0298	1,0463	1,0633	1,0808	1,0988	1,1174	1,1366	1,1565	1,1729	1,2314	1,2910	1,3556	1,4271	1,5065	1,5944
$NaIO_3$	20	1,0160	1,0350														
$NaNO_2$	20	1,0114	1,0247	1,0381	1,0518	1,0657	1,0796	1,0935	1,1078	1,1227	1,1373	1,1773	1,2150	1,2560	1,2985		
$NaNO_3$	20	1,0117	1,0253	1,0390	1,0530	1,0675	1,0820	1,0970	1,1120	1,1275	1,1430	1,1835	1,2256	1,2701	1,3176	1,3685	
NaOH	20	1,0209	1,0427	1,0646	1,0868	1,1087	1,1310	1,1530	1,1749	1,1971	1,2191	1,2736	1,3278	1,3799	1,4300	1,4778	1,5252
$NaPO_3$	20	1,0145	1,0309	1,0461	1,0615												
Na_3PO_4	15	1,0194	1,0405	1,0624	1,0850	1,1083											
Na_2HPO_4	18	1,020	1,043	1,067													
NaH_2PO_4	25	1,0120	1,0270	1,0422	1,0575	1,0730											
$Na_4P_2O_7$	20	1,019	1,037														
Na_2S	20	1,0190	1,0399	1,0600	1,0806	1,1013	1,1215	1,1419	1,1625								
Na_2SO_3	19	1,0172	1,0363	1,0556	1,0751	1,0948	1,1146	1,1346	1,1549	1,1755							
$NaHSO_3$	15	1,017	1,044	1,063	1,084	1,104	1,124	1,144	1,165	1,185	1,202						
Na_2SO_4	20	1,0164	1,0348	1,0535	1,0724	1,0915	1,1109	1,1306	1,1507	1,1710	1,1915	1,2450					
$NaHSO_4$	20	1,0138	1,0393	1,0450	1,0608	1,0772	1,0935	1,1101	1,1270	1,1439	1,1614						
$Na_2S_2O_3$	20	1,0149	1,0315	1,0481	1,0654	1,0828	1,1001	1,1180	1,1366	1,1550	1,1739	1,2228	1,2740	1,3275	1,3826		
Na_2SiO_3	18	1,0203	1,0425	1,0652	1,0884	1,1122	1,1365	1,1613	1,1866	1,2123	1,2385						
$Na_2O \cdot 1{,}69\, SiO_2$	20	1,017	1,036	1,056	1,077	1,098	1,119	1,141		1,186							
$Na_2O \cdot 2{,}06\, SiO_2$	20	1,016	1,035	1,054	1,073	1,093	1,113	1,134		1,178							
$Na_2O \cdot 2{,}4\, SiO_2$	20	1,016	1,034	1,052	1,071	1,090	1,110		1,151				1,309				
$Na_2O \cdot 3{,}36\, SiO_2$	20	1,014	1,030	1,047		1,083		1,120		1,159			1,290				
Na_2SnO_3	20	1,015	1,033	1,051	1,069	1,088	1,107	1,126	1,166	1,187							
Na_2WO_4	20	1,0166	1,0354	1,0546	1,0742	1,0944	1,1154	1,1372	1,1598	1,1833	1,2076		1,3444				
$NiCl_2$	18	1,018	1,038	1,058	1,079	1,100	1,122	1,144	1,167	1,191	1,216						
$Ni(NO_3)_2$	18	1,016	1,033	1,051	1,069	1,088	1,108	1,128	1,148	1,169	1,191	1,249	1,311	1,378			
$NiSO_4$	18	1,020	1,042	1,063	1,085	1,109	1,133	1,158	1,183	1,209							
H_3PO_4	20	1,0087	1,0198	1,0308	1,0419	1,0531	1,0646	1,0764	1,0884	1,1008	1,1134	1,1460	1,1806	1,2169	1,2554	1,2955	1,3377
$PbCl_2$ [1]	18																
$Pb(NO_3)_2$	18	1,0163	1,0344	1,0529	1,0720	1,0918	1,1123	1,1336	1,1557	1,1789	1,2030		1,3289				
$PtCl_4$	20	1,017	1,035	1,054	1,074	1,095	1,117	1,139	1,162	1,186	1,212	1,283	1,360	1,448	1,543	1,663	1,782
RbBr	20	1,0136	1,0296	1,0460	1,0630	1,0804	1,0984	1,1168	1,1359	1,1550	1,1748	1,2290	1,2880	1,3520	1,4226	1,5000	1,5863
RbCl	20	1,0130	1,0283	1,0439	1,0600	1,0762	1,0934	1,1102	1,1280	1,1460	1,1641	1,2140	1,2663	1,3235	1,3842	1,4521	1,5251
RbF	20	1,0159	1,0340	1,0525	1,0716	1,0913	1,1116	1,1328	1,1546	1,1772	1,2001	1,2607	1,3273	1,3991	1,4790		
RbI	20	1,0137	1,0298	1,0460	1,0630	1,0804	1,0986	1,1168	1,1367	1,1560	1,1762	1,2312	1,2910	1,3561	1,4280	1,5080	1,5964

$RbNO_3$	20	1,0126	1,0275	1,0422	1,0577	1,0734	1,0897	1,1060	1,1227	1,1401	1,1580	1,2052	1,2550	1,3100			
RbOH	20	1,0170	1,0363	1,0563	1,0770	1,0980	1,1199	1,1422	1,1655	1,1897	1,2143	1,2795					
Rb_2SO_4	20	1,0142	1,0319	1,0499	1,0680	1,0863	1,1055	1,1246	1,1446	1,1650	1,1860	1,2428	1,3028				
H_2SO_3	15,5	1,002562	1,005124	1,007686	1,010248	1,01281											
H_2SO_4	20	1,0117	1,0250	1,0384	1,0523	1,0661	1,0802	1,0946	1,1094	1,1244	1,1396	1,1783	1,2185	1,2600	1,3027	1,3476	1,3953
$H_2S_2O_8$	14	1,011	1,022	1,034	1,046	1,059	1,072	1,085	1,099	1,113	1,127		1,205	1,245			
H_2SeO_4	20	1,0135	1,0291	1,0448	1,0607	1,0769	1,0932	1,1101	1,1279	1,1456	1,1640	1,2129	1,2653	1,3212	1,3819	1,4470	1,5181
H_2SiF_6	17,5	1,015	1,031	1,048	1,065	1,082	1,100	1,117	1,136	1,154	1,173						
$SnCl_2$	15	1,0146	1,0306	1,0470	1,0638	1,0810	1,0986	1,1167	1,1353	1,1545	1,1743			1,3461	1,4145		1,5729
$SnCl_4$	18	1,0145	1,0306	1,0469	1,0634	1,0802	1,0974	1,1150	1,1331	1,1516	1,1706						
$SrBr_2$	20	1,0160	1,0338	1,0521	1,0711	1,0910	1,1109	1,1318	1,1534	1,1760	1,1996	1,2604	1,3305				
$SrCl_2$	20	1,0161	1,0344	1,0532	1,0726	1,0925	1,1130	1,1341	1,1558	1,1781	1,2010	1,260	1,325	1,396			
$Sr(ClO_4)_2$	20	1,0150	1,0308	1,0460	1,0621	1,0790	1,0961	1,1139	1,1317	1,1502	1,1691	1,2201	1,2762	1,3348	1,3990	1,4675	1,5428
SrI_2	20	1,0156	1,0330	1,0512	1,0701	1,0896	1,1100	1,1310	1,1528	1,1750	1,1983	1,2604	1,3300	1,4056	1,4900	1,5840	
$Sr(NO_3)_2$	20	1,015	1,031	1,048	1,065	1,083	1,101	1,119	1,138	1,158	1,179	1,233	1,290	1,352	1,419		
$Sr(OH)_2$ [2]	25																
$Th(NO_3)_4$	15	1,0169	1,0354	1,0546	1,0747	1,0957	1,1176	1,1404	1,1640	1,1885							
$Tl(NO_3)_3$	25	1,0142	1,0319	1,0501													
Tl_2SO_4	20	1,0170	1,0360														
$UO_2(NO_3)_2$	25	1,0104	1,0242	1,039	1,055	1,072	1,091	1,111	1,132	1,154	1,177		1,304				1,630
$ZnCl_2$	20	1,0167	1,0350	1,0532	1,0715	1,0899	1,1085	1,1275	1,1468	1,1665	1,1866	1,2380	1,2928		1,4173		1,5681
$Zn(NO_3)_2$	18	1,0154	1,0322	1,0496	1,0675	1,0859	1,1048	1,1244	1,1445	1,1652	1,1865	1,2427	1,3029	1,3678	1,4378		1,5944
$ZnSO_4$	20	1,0190	1,0403	1,0620	1,0842	1,1071	1,1308	1,1553	1,1806		1,232	1,304	1,378				

[1] 18° 0,1% 0,99954×10^3 kg m^{-3}; 0,2% 1,00046×10^3 kg m^{-3}; 0,3% 1,00138×10^3 kg m^{-3}; 0,4% 1,00230×10^3 kg m^{-3}; 0,5% 1,00320×10^3 kg m^{-3}; 0,6% 1,00414×10^3 kg m^{-3}; 0,7% 1,00506×10^3 kg m^{-3}; 0,8% 1,00598×10^3 kg m^{-3}; 0,9% 1,00690 × 10^3 kg m^{-3}.

[2] 25° 0,1% 1,004×10^3 kg m^{-3}; 0,2% 1,0018×10^3 kg m^{-3}; 0,3% 1,0032×10^3 kg m^{-3}.

3.2.2.1.3 Dichtemaximum wäßriger Lösungen anorganischer Stoffe

Gel. Stoff	Gew.-%	°C	Gel. Stoff	Gew.%	°C
$Al(NO_3)_3$	0,551	3,56	$LiNO_3$	0,400	3,25
	1,940	0,73		0,812	2,52
$Al_2(SO_4)_3$	0,418	3,52		1,650	0,87
	1,899	1,02	Li_2SO_4	0,194	3,61
$BaCl_2$	0,67	3,21		0,405	3,23
	4,00	− 0,84		0,826	2,52
$Ba(NO_3)_2$	0,567	3,20		1,685	1,00
	1,165	2,47	$MgCl_2$	1,100	2,39
	2,440	0,95		2,330	0,58
$Be(NO_3)_2$	0,484	3,33	$Mg(NO_3)_2$	0,412	3,24
	2,022	1,32		1,741	0,90
$BeSO_4$	0,680	3,07	$MgSO_4$	0,227	3,59
	1,375	2,19		1,745	1,15
$CaCl_2$	1,23	2,05	$MnCl_2$	1,114	2,71
	3,57	− 2,43		2,279	1,33
	6,89	− 10,4	$Mn(NO_3)_2$	0,494	3,23
$Ca(NO_3)_2$	0,431	3,19		2,069	0,81
	1,787	0,70	$MnSO_4$	0,453	3,32
$CaSO_4$	0,185	3,63		1,896	1,42
$CdCl_2$	1,873	2,27	NH_3	2,12	0,8
	3,884	0,39		5,61	− 7,2
$Cd(NO_3)_2$	0,303	3,63		7,96	− 10,5
	2,606	1,07	NH_4Cl	1,23	2,28
$CdSO_4$	0,604	3,37		2,45	0,60
	2,558	1,39	NH_4NO_3	0,458	3,19
HCl	1,49	1,19		2,017	0,56
	3,29	− 2,26	$(NH_4)_2SO_4$	0,240	3,56
	5,87	− 10,6		1,597	1,36
	6,77	− 14,5	Na_2CO_3	3,57	− 7,0
	9,82	− 16,3		6,89	− 17,3
$CoCl_2$	0,883	2,87	NaCl	0,5	2,91
	1,859	0,28		2	− 0,61
$CoSO_4$	0,181	3,7		3	− 3,33
	1,823	1,43		4	− 5,72
CsCl	2,000	2,54		6	− 11,16
	4,044	0,98		7	− 13,78
$CsNO_3$	0,796	3,25	$NaNO_3$	0,14	3,77
	2,993	1,18		0,54	2,83
Cs_2SO_4	0,416	3,60		1,09	1,69
	1,704	2,49	Na_2SO_4	0,62	2,52
$CuCl_2$	1,032	2,63		2,43	− 1,51
	2,149	1,06		3,57	− 4,33
$Cu(NO_3)_2$	0,163	3,55		6,89	− 12,3
	2,365	0,29	$NiCl_2$	0,508	3,32
$CuSO_4$	0,389	3,37		2,104	1,27
	1,915	1,11	$Ni(NO_3)_2$	0,182	3,68
K_2CO_3	3,57	− 3,95		1,593	1,47
	6,89	− 12,4	$NiSO_4$	0,189	3,68
KCl	0,74	2,65		1,667	1,60
	1,46	1,33	$Pb(NO_3)_2$	0,32	3,73
KI	3,22	1,01		1,29	3,07
KNO_3	0,16	3,77		5,16	0,25
	1,29	1,89	$PtCl_4$	1,29	3,33
KOH	3,57	− 5,6	$RbNO_3$	0,650	3,19
K_2SO_4	0,62	2,92		2,721	0,63
	3,57	− 2,28	Rb_2SO_4	0,591	3,31
	6,89	− 8,4		2,468	1,24

3.2.2.1.3 Dichtemaximum wäßriger Lösungen anorganischer Stoffe (Fortsetzung)

Gel. Stoff	Gew.-%	°C	Gel. Stoff	Gew.%	°C
H_2SO_4	0,62	2,18	$Sr(NO_3)_2$	0,34	3,50
	1,23	0,60		2,70	0,03
	2,45	– 1,92	Tl_2SO_4	0,478	3,68
	3,57	– 5,0		2,677	2,43
	6,89	– 13,7	$Zn(NO_3)_2$	0,203	3,67
$SrCl_2$	0,870	2,79		1,858	1,17
	2,240	0,84	$ZnSO_4$	0,205	3,68
SrI_2	0,88	3,23		2,383	0,64

3.2.2.1.4 Dichte wäßriger Lösungen anorganischer Stoffe (geordnet nach Dichten ($\times 10^3$ kg m^{-3}))

Z.T. = Zimmertemperatur, ges. = gesättigt, ges. Al. = gesättigte Lösung in absolutem Alkohol, wf. = wasserfreie Substanz.

Formel	°C	Gew.-%	*D*	Formel	°C	Gew.-%	*D*
$Nd(NO_3)_3$	25,8	60,1	1,7986	AgF	18	66,2	2,62
CaI_2	20	29,48	1,864	$ZnBr_2$	25	84	2,65
$CdCl_2$	Z.T.	60	1,89		25	77,5	2,39
NaI	25	39,24	1,9190		25	71	2,17
MgI_2	Z.T.	60	1,92	$ZnBr_2 \cdot 2\,H_2O$	18	81,5 wf.	2,660
CsCl	Z.T.	65,46	1,93	$ZnI_2 \cdot 2\,H_2O$	18	81,2 wf.	2,725
HI	Z.T.	67	1,94	ZnI_2	25	81,5	2,73
$SnCl_2$	Z.T.	67	1,95		25	74	2,36
$ZnCl_2$	Z.T.	72	1,95		25	68,5	2,16
NaI	35	66,4	1,951	$UO_2Cl_2 \cdot 3\,H_2O$	18	88,2 wf.	2,740
	0	61,5	1,861	$Pb(ClO_4)_2$	25	ges.	2,7753
CaI_2	Z.T.	62	1,96	$AgClO_4$	25	84,5	2,806
$FeCl_3$	Z.T.	79	1,98	$AgNO_3$	100	90,4	3,195
$UO_2(NO_3)_2$	Z.T.	63	2,03		100	81,7	2,657
CsCl	100	72,5	2,037		100	77,1	2,525
	100	67,2	1,893		100	69,1	2,125
BaI_2	Z.T.	63	2,05		100	51,2	1,622
$ZnCl_2$	25	75	2,07		100	44,9	1,495
$Cr(ClO_4)_3$	25	75,59	2,0837		100	33,2	1,310
$ZnBr_2$	Z.T.	68	2,10		100	22,6	1,170
I_2O_5	Z.T.	65	2,13		100	16,2	1,098
SrI_2	Z.T.	65	2,15	H_2WO_4(Kolloid)	25	79,86	3,243
$HReO_4$	17	65,1	2,15	$TiBr_4$	20	ges. Al.	3,25
BaI_2	25	68,8	2,277	$SnBr_2$	29	ges.	3,32
	20	67,2	2,222	$AgTl(NO_3)_2$	90	99,1	4,525
	15	65,8	2,176		90	97,82	4,390
	10	64,8	2,149		90	92,18	4,292
$Cd(ClO_3)_2$	18	82,30	2,284		90	89,1	3,651
$AgNO_3$	30	ges.	2,3803		90	83,87	3,368
H_2SeO_4	20	90	2,386		90	83,36	2,960
	20	80	2,122		90	80	2,921
	20	70	1,887		90	75	2,702
ZnI_2	Z.T.	76	2,40		90	70	2,431
$PbSiF_6 \cdot 4\,H_2O$	20	81,90	2,4314		90	65	2,210
As_2O_5	Z.T.	77	2,45		90	60	2,030
HIO_3	18	74,56	2,471		90	45,4	1,873
$Pb(ClO_4)_2$	Z.T.	78	2,6		90	40	1,540

3.2.2.2 Litergewicht gL^{-1} wäßriger Lösungen anorganischer Stoffe, ternäre Systeme

I_2 in KI-Lösungen (7,9 °C) Die Lösungen sind an Iod gesättigt			KCl in KOH Lösung (20 °C) Die Lösungen sind an KCl gesättigt			NaCl in NaOH-Lösung (20 °C) Die Lösungen sind an NaCl gesättigt		
Gew.-% KI	Gew.-% I_2	gL^{-1}	g KOH	g KCl	gL^{-1}	g NaOH	g NaCl	gL^{-1}
1,80	1,17	1023,3	10	293	1185	10	308	1200
3,16	2,30	1043,2	50	255	1195	50	297	1230
4,63	3,64	1066,7	100	211	1210	100	253	1250
5,94	4,78	1088,0	150	178	1225	150	213	1270
7,20	6,04	1111,1	200	148	1245	200	173	1290
8,66	7,37	1138,1	250	124	1270	250	139	1305
10,04	8,88	1163,6	300	104	1295	300	112	1330
11,03	9,95	1189,2	350	85	1320	350	85	1350
11,89	11,18	1210,9	400	68	1345	400	61	1375
12,64	12,06	1229,2	450	53	1370	450	42	1400
			500	40	1397	500	30	1425
			550	29	1425	550	26	1450
			600	22	1450	600	22	1470
			650	16	1475	640	18	1490
			700	14	1500			
			750	13	1525			
			800	11	1550			
			850	9	1580			

3.2.2.3 Dichte von Meerwasser in Abhängigkeit von Salzgehalt (S) bzw. Chlorgehalt (Cl), Temperatur des Dichtemaximums

S ‰	Cl ‰	Dichte in 10^3 kg m^{-3} des Meerwassers bei T in °C				TD_{max}	D
		0°	10°	20°	25°	°C	$\times 10^3$ kg m^{-3}
5	2,76	1,00397	1,00367	1,00207	1,00088		
10	5,53	1,00801	1,00756	1,00586	1,00463	1,86	1,00818
15	8,30	1,01204	1,01443	1,009643	1,00837		
20	11,07	1,01607	1,01532	1,013422	1,01212	– 0,31	1,01607
25	13,84	1,02008	1,01920	1,01720	1,01586		
30	16,61	1,02410	1,02308	1,02099	1,01961	– 2,47	1,02415
35	19,37	1,02813	1,02698	1,02478	1,02337		
40	22,14	1,03218	1,03089	1,02860	1,02714	– 4,54	1,03232

3.2.2.4 Dichte wäßriger Lösungen von Salzen organischen Säuren oder Basen in $10^3 \cdot kg\ m^{-3}$

Name/Formel	°C	1	2	4	6	8	10	12	16	20	25	30	35	40	50 Gew.-%
$(CHO_2)_2Ca$	18	1,0056	1,0126	1,0268	1,0413	1,0560	1,0708	1,0858							
$(CHO_2)NH_4$	15	1,0019	1,0046	1,0101	1,0155	1,0209	1,0262	1,0314	1,0418			1,0760	1,0874	1,0984	1,1189
CHO_2Na	18	1,0049	1,0112	1,0239	1,0368	1,0498	1,0630	1,0762	1,1029	1,1300					
$(COOH)_2$	17,5	1,0035	1,0082	1,0181	1,0278	1,0375									
$C_2O_4K_2$	18	1,0061	1,0136	1,0288	1,0441	1,0596	1,0753	1,00912							
C_2HO_4K	17,5	1,0050	1,0112	1,0235											
$C_2O_4(NH_4)_2$	15	1,0035	1,0085	1,0186	1,0292										
$(C_2H_3O_2)_2Ba$	18	1,0059	1,0133	1,0282	1,0433	1,0587	1,0745	1,0908	1,1246	1,1599		1,2554	1,3069	1,3608	
$(C_2H_3O_2)_2Ca$	18	1,0043	1,0100	1,0215	1,0331	1,0447	1,0563	1,0679	1,0912	1,1146					
$C_2H_3O_2K$	18	1,0038	1,0089	1,0191	1,0293	1,0395	1,0497	1,0599	1,0808	1,1022			1,1868	1,2162	1,2761
$C_2H_3O_2NH_4$	18	1,0008	1,0030	1,0074	1,0117	1,0159	1,0200	1,0240	1,0318	1,0393		1,0569			
$C_2H_3O_2Na$	20	1,0033	1,0084	1,0186	1,0289	1,0392	1,0495	1,0598	1,0807	1,1021					
$(C_2H_3O_2)_2Pb$	18	1,0061	1,0137	1,0290	1,0446	1,0605	1,0768	1,0936	1,1283	1,1663		1,2711	1,3304	1,3994	
$(C_2H_3O_2)_2UO_2$	20	1,0055	1,0129	1,0278											
Ethylaminchlorhydrat $C_2H_7N \cdot HCl$	20	0,9992	1,0003	1,0027	1,050	1,0073	1,0096	1,0118	1,0162	1,0204	1,0254	1,0300	1,0342	1,0380	1,0441
Dimethylaminchlorhydrat $C_2H_7N \cdot HCl$	20	0,9992	1,0003	1,0024	1,0045	1,0065	1,0085	1,0104							
Milchsaures Na $C_3H_5O_3Na$	25	1,0022	1,0072	1,0173	1,0275	1,0377	1,0478								
Glycerin $C_3H_8O_3$	20	1,0006	1,0030	1,0077	1,0125	1,0173	1,0221			1,0470	1,0597	1,0727	1,0860	1,0995	1,1263
K-tartrat $C_4H_4O_6K_2$	20	1,0048	1,0114	1,0248	1,0383	1,0519	1,0657	1,0798	1,1087	1,1387		1,2181	1,2606	1,3051	1,4001
Na-K-Tartrat $C_4H_4O_6KNa$	20	1,0049	1,0116	1,0252	1,0390	1,0530	1,0673	1,0818	1,1114	1,1419					
Brechweinstein $C_4H_4O_6KSbO$	17,5	1,005	1,012	1,026	1,042										

Name	°C	1	2	4	6	8	10	12	16	20	25	30	35	40	50 Gew. %
Weinsäure															
$C_4H_6O_6$	20	1,0028	1,0071	1,0158	1,0247	1,0340	1,0702	1,0851	1,1156	1,1471		1,1477		1,2055	1,2660
$C_4H_4O_6Na_2$	20	1,0052	1,0123	1,0266	1,0410	1,0555	1,0435	1,0533	1,0736	1,0944					
Diethylaminchlorhydrat															
$C_4H_{11}N \cdot HCl$	21	0,99835	0,99869	0,99936	1,00004	1,00072	1,00140	1,00209	1,00354	1,00510		1,00918	1,0110	1,0125	1,0144
Citronensäure															
$C_6H_8O_7$	18		1,0072	1,0145	1,0220	1,0298	1,0375	1,0460	1,0620			1,1242			1,2223
$C_6H_5O_7Na_3$	25	1,0047	1,0124	1,0278	1,0432	1,0589									
Dextrose, Glucose															
$C_6H_{12}O_6$	20		1,0058	1,0138	1,0216	1,0296	1,0377	1,0460	1,0626	1,0798		1,1247			
Phthalsaures Na															
$C_8H_4O_4Na_2$	25	1,0031	1,0092	1,0213	1,0334	1,0456	1,0579								
Palmitinsaures Na															
$C_{16}H_{31}O_2Na$	90	0,965	0,9651	0,9649	0,9647	0,9644	0,9642	0,9640	0,9637	0,9633		0,9624			
Stearinsaures Na															
$C_{18}H_{35}O_2Na$	90	0,9965	0,964	0,964	0,963	0,962	0,962	0,961	0,960						

3.2.2.5 Dichte nichtwäßriger Lösungen

Schwefel in CS_2 (15 °C)		HCl in Ethylalkohol (25 °C)		H_2SO_4 in Essigsäure (15 °C)		H_2SO_4 in Diethylether (10 °C)		Ethylalkohol in Diethylether (15 °C)	
Gew-. %	kg m^{-3}	Gew. -%	kg m^{-3}	Gew. -%	kg m^{-3}	Gew. -%	kg m^{-3}	Gew. -%	kg m^{-3}
0	1270,8	0,00	785,1						
1	1275,5	1,27	790,7						
2	1280,2								
3	1285,2	5,22	817,4						
4	1290,1					9,84	767	10	732,0
5	1294,9	13,47	864,2			16,8	819	12	734,4
6	1299,8					21,8	858	14	736,8
7	1304,7					29,6	926	16	739,3
8	1309,6			29,9	1271	39,2	1013	18	741,9
9	1314,5					46,2	1083	20	744,3
10	1319,5			49,9	1422	52,1	1147	22	746,7
11	1324,6					58,3	1217	24	749,0
12	1329,7			70,1	1592	64,9	1299	26	751,4
13	1334,8					72,0	1383	28	754,0
14	1339,9			90,1	1758	78,1	1461	30	756,7
15	1345,0					84,9	1559		
16	1350,2					91,6	1666		
17	1355,3					97,4	1769		
18	1360,4					98,7	1795		
19	1365,6					100	1828		
20	1370,9								

3.3 Dichte, Ausdehnung und Kompressibilität von Gasen

3.3.1 Übersichtstabellen über mechanische-thermische Eigenschaften von Gasen

Angegeben sind:
M relative Molmasse, D_N Normdichte (bei 273,15 K und 1013,25 hPa, V_m Molvolumen, *F* Schmelzpunkt, *Trp* Tripelpunkt, p_F Dampfdruck am Schmelzpunkt, Δh_F spezifische Schmelzenthalpie, K_p Siedepunkt bei 1013,25 hPa, Δh_v spezifische Verdampfungsenthalpie, T_{krit} kritische Temperatur, p_{krit} kritischer Druck, D_{krit} kritische Dichte.

Einteilung:
1. Elemente geordnet nach den chemischen Symbolen.
2. Anorganische Verbindungen, geordnet nach den chemischen Symbolen. Verbindungen mit Wasserstoff findet man beim namengebenden Element.

Elemente

Formel	Name des Gases	*M*	D_N kg/Nm³	V_m Nm³/kMol	T_{Trp} K	p_{Trp} hPa	Δh_F kJ/kg	K_p K	Δh_v kJ/kg	T_{krit} K	p_{krit} 10^3 hPa	D_{krit} kg/dm³
Ar	Argon	39,944	1,7836	22,395	83,77	687,5	29,3	87,27	163,2	150,71	48,6	0,531
Cl_2	Chlor	70,914	3,214	22,064	172,35	13,92	90,3	239,1	288	417	77,0	0,567
F_2	Fluor	38,00	1,696	22,406	53,53	2,21	13,4	85,1	172	144	55,7	0,63
n-H_2 [1]	Wasserstoff	2;016	0,08989	22,427	13,95	72	58,0	20,38	454	33,3	12,96	0,0301
p-H_2 [1]	Wasserstoff	2,016			13,88	70,4	58,0	20,28	446	33,0	12,9	0,0308
n-D_2 [1]	Deuterium	4,028	0,1796	22,428	18,65	170,6	48,9	23,67	304	38,4	16,65	0,0668
o-D_2 [1]	Deuterium	4,028			18,63	171,3	48,9	23,59	304	38,3	16,49	0,0668
DH	Deuteriumhydrid	3,03			16,7	123,7	51,1	22,13	366	40,6	14,83	0,0482
T_2	Tritium	6,05			20,3	209		24,91	230	40,2	18,3	0,106
TH	Tritiumhydrid	4,03			18,5	166		23,6		38,3	16,6	0,0668
DT	Tritiumdeuterid	5,04			19,7	190,5		24,3		39,5	17,6	0,0862
^3He	Helium 3							3,20		3,34	1,19	0,04131
^4He	Helium 4	4,003	0,17847	22,430				4,21	20,6	5,20	2,291	0,6945
Kr	Krypton	83,80	3,744	22,382	115,98	732	19,5	119,75	108	209,40	54,9	0,908
N_2	Stickstoff	28,016	1,25046	22,405	63,15	125	25,7	77,33	198,2	126,3	33,8	0,311
$^{15}N_2$	Stickstoff 15				63,19		24,0	77,40	186,4	126,4	33,9	0,332
Ne	Neon	20,183	0,9000	22,426	24,54	433,0		27,09	91,2	44,40	26,54	0,4835
O_2	Sauerstoff	32,000	1,42895	22,394	54,35	1,52	13,9	90,18	213	154,83	50,8	0,430
O_3	Ozon	48,000	2,1415	22,414	80,7		43,5	161,3	316	261,1	55,3	0,537
	Luft	28,96	1,2928	22,401				81,8		132,42	37,75	0,328
Rn	Radon	222			202,2	667	12,3	211	82,7	169,4	63,3	1,6
Xe	Xenon	131,30	5,896	22,269	161,4	816	17,5	165,03	99,2	256,56	59,0	1,105

[1] Weitere Eigenschaften der Wasserstoff- bzw. Deuteriummodifikationen s. Seite 224–229.

Anorganische Verbindungen

Formel	Name des Gases	M	D_N kg/Nm³	V_m Nm³/kMol	T_{Trp} K	p_{Trp} hPa	Δh_F kJ/kg	K_p K	Δh_v kJ/kg	T_{krit} K	p_{krit} 10^3 hPa	D_{krit} kg/dm³
AsF_5	Arsenpentafluorid	169,91			193,4	199	67,5	220,4	123			
AsH_3	Arsenwasserstoff	77,93			156,22	29,84	15,35	210,67	214	373,1		
BCl_3	Bortrichlorid	117,19	5,252	22,313	165,7		18,0	285,7	208	452,0	38,7	
BF_3	Bortrifluorid	67,82	3,065	22,127	144,5		62,5	172,9	279	261,0	49,65	0,59
B_2H_6	Diboran	27,69	1,259	21,994	108,30		161,6	180,7	516	289	40,4	0,16
B_2D_6	Deuteriumdiboran	33,73						179,8	436			
HBr	Bromwasserstoff	80,924	3,6443	22,206	186,29	298,9	37,4	206,43	218	363,1	85	0,807
DBr	Bromdeuterium	81,93			185,7		29,3	206,4	218	436,2		
HCN	Cyanidwasserstoff	27,027			259,9	187,2	311	298,85	933,5	456,7	53,9	0,195
DCN	Deuteriumcyanid	28,03			261			299				
C_2N_2	Dicyan	52,038			245,32	73,1	155,9	252	448	399,70	58,9	
CO	Kohlenstoffoxid	28,011	1,25001	22,408	68,08	153,7	29,8	81,6	216	133,0	34,99	0,301
COS	Kohlenstoffoxidsulfid	60,077	2,721	22,079	134,4		78,7	252,92	308	375,4	61,8	0,44
CO_2	Kohlenstoffdioxid	44,011	1,9769	22,263	216,58		180,7	194,70		303,2	73,81	0,468
C_3O_2	Kohlenstoffsuboxid	68,033						280,0	368			
ClF	Chlorfluorid	54,46	2,425	22,458	119			172,6	440,7	259		
$ClFO_3$	Perchlorylfluorid	102,46			125,5		37,4	226,48	188,7	368,4	53,7	0,64
ClF_3	Chlortrifluorid	92,46	3,57	25,899	196,83		82,38	284,90	298	426,9		
HCl	Chlorwasserstoff	36,465	1,6392	22,246	158,96	137,9	54,7	188,12	443	324,69	83,1	0,411
DCl	Chlordeuterium	37,47			128,49	124,3		188,40	464	323,6		
ClO_2	Chlordioxid	67,457			214			283,7	445			
Cl_2O	Dichloroxid	86,914	3,89	22,343	157			275,2	298			
HF	Fluorwasserstoff	20,01			189,78		196	292,66	375	461	64,9	0,29
DF	Fluordeuterium	21,02			189,6			291,79				
FO	Sauerstofffluorid	35,00			50			87,8	193			
F_2O	Sauerstoffdifluorid	54,00	2,421	22,305	49,4			127,9	205	215	49,2	0,553
F_2O_2	Disauerstoffdifluorid	70,00			109,7			216	237			
$GeClF_3$	Germaniumchlortrifluorid	165,06			207,0			252,7	134	380,8		
$GeCl_2F_2$	Germaniumdichlordifluorid	181,51			221,4	404,2		276,0	130,3	405,6		
GeF_4	Germaniumtetrafluorid	148,60	6,715	22,130	123,2			236,4	219,4			
GeH_4	Germaniumwasserstoff	76,63			107,17		10,9	184,7	183,6			
GeD_4	Germaniumdeuterium	80,66			107			184,0	194,3			
HI	Iodwasserstoff	127,92	5,789	22,097	222,4		22,4	238,0	154	424	83,1	

Anorganische Verbindungen

Formel	Name des Gases	M	D_N kg/Nm³	V_m Nm³/kMol	T_{Trp} K	p_{Trp} hPa	Δh_F kJ/kg	K_p K	Δh_v kJ/kg	T_{krit} K	p_{krit} 10^3 hPa	D_{krit} kg/dm³
DI	Ioddeuterium	128,93			221,4	488	22,2	237,78	153	421,8		
NF_2	Stickstoffdifluorid	52,0						200	127,6	309	78,1	
NF_3	Stickstofftrifluorid	71,01	3,16	22,472	66,36		5,60	144	163,2	233,89	44,09	
NHF_2	Difluoramin	53,02			149			250	469	403	94	
NH_3	Ammoniak	17,032	0,77142	22,078	195,41	60,77	332	239,74	1371	405,6	113,0	0,235
ND_3	Trideuteriumammoniak	20,05			198,8	64,29		242,11	1209	409,6	112,5	0,274
NO	Stickstoffoxid	30,008	1,3402	22,391	109,6	219,2	76,6	121,40	459	180,3	65,4	0,52
NOCl	Nitrosylchlorid	65,465	2,9919	21,881	213,6	55,1	91,4	267,6	394	440,7	90,6	0,47
NOF	Nitrosylfluorid	49,01	2,231	21,968	140,7			213,3	393			
NO_2F	Nitrylfluorid	65,01	2,971	21,882	107,2			200,8	278	349,5		
NO_3F	Nitroxyfluorid	81,01			98			227,3	244	340		
N_2O	Distickstoffoxid	44,016	1,9804	22,226	182,34	878,5	149	184,68	376	309,58	72,7	0,4525
N_2O_4	Distickstofftetroxid	92,016			261,95	186,4	153,3	294,35	414,4	431,4	101,3	0,5504
$PBrF_2$	Phosphorbromiddifluorid	148,89			139,4			257,1	161	386		
$PClF_2$	Phosphorchloriddifluorid	104,43			108,4			225,9	168,4	362,32	45,20	
$PClF_2S$	Thiophosphorylchlorid-difluorid	136,50			118			279,5	175	439	41,2	
PCl_2F	Phosphordichloridfluorid	120,89			129			287,00	206,0	462,99	49,9	
PF_3	Phosphortrifluorid	87,98	3,922	22,432	121,7	14,3	10,7	374,53	166	271,10	43,2	
PF_3O	Phosphorylfluorid	103,98	4,8	21,663	234,1	1040	145	233,5	221	346,5	42,4	
PF_3S	Thiophosphorylfluorid	120,04			124,4			220,9	163	346,0	38,2	
PF_5	Phosphorpentafluorid	125,98	5,80	21,721	179,4	569	94,0	188,6	136,5			
PH_3	Phosphorwasserstoff	33,999	1,531	22,207	139,35	36,44	33,3	185,38	429,6	325,1	65	
SF_2O	Thionylfluorid	86,07			143,7			229,4	253	362,2	56,0	
SF_2O_2	Sulfurylfluorid	102,07			137,4		44,04	217,8	188,5			
SF_4	Schwefeltetrafluorid	108,07			151,2	1,7		232,8	244	343		
SF_6	Schwefelhexafluorid	146,07	6,602	22,125	222,4		40	209,4	162	318,73	37,6	0,730
S_2F_2	Dischwefeldifluorid	102,13	4,3		167,7			274				
H_2S	Schwefelwasserstoff	34,082	1,5362	22,186	187,45	227	69,8	213	548	373,53	90,1	0,349
D_2S	Schwefeldeuterium	36,09			187,2	217	65,5			372,3		
SO_2	Schwefeldioxid	64,066	2,9262	21,894	197,7	16,74	116	263,13	390	430,7	78,8	0,525
SbH_3	Antimonwasserstoff	124,78			184,7			256,2	170			
SeF_6	Selenhexafluorid	192,96	8,687	22,213	238,5		43,6	226,6	143			

H_2Se	Selenwasserstoff	80,98	3,6643	22,099	207,5	273,8	31,1	231,8	243	414,4	92
D_2Se	Deuteriumselenid	82,99			206,3	257,8	30,1			412,4	
DHSe	Deuteriumwasserstoffselenid	81,98			206,80	265,8	30,5				
$SiBrH_3$	Bromsilan	111,03	4,970	22,340	179,2			274,1	219,8		
$SiClF_3$	Trifluorchlorsilan	120,55	5,455	22,099	131			203,2	153	307,63	34,66
$SiClH_3$	Chlorsilan	66,57	3,033	21,949	155,2			242,8	302		
$SiCl_2F_2$	Difluordichlorsilan	137,00	6,276	21;829	133,5			241,0	155	368,92	35,00
$SiCl_2H_2$	Dichlorsilan	101,02	4,599	21,966	151,2			281,6	249		
$SiCl_3F$	Fluortrichlorsilan	153,46	6,5		153,07			285,4	164	438,41	35,8
SiF_4	Tetrafluorsilan	104,09	4,6905	22,191	186,35	2240	90,2	178,0	143	259,00	37,2
Si_2F_6	Hexafluordisilan	70,18	7,759		254,5	1040	86	254,1	248,5		
SiH_4	Silan	32,12	1,44	22,306	86,8	<1,3	24,6	161,8	363	269,7	48,4
SiD_4	Deuteriumsilan	36,15			86,8	<1,3		161,8	343		
Si_2D_6	Deuteriumdisilan	68,27			143,0	<1,3		257,8	312		
Si_2H_6	Disilan	62,23	2,85	21,835	140,6			258,9	344		
Si_2H_6O	Disiloxan	78,23	3,552	22,024	129			258,0	276		
SnH_4	Stannan	122,73			123,31			221,4	155,2		
TeF_6	Tellurhexafluorid	241,61	10,915	22,136	235,5	1067	32,9	234,3	117		
H_2Te	Tellurwasserstoff	129,63	5,76	22,505	224		31,6	271,9	148		
WF_6	Wolframhexafluorid	297,86			275,5	559,7	71,5	290,8	87,8		

3.3.2 Umrechnung der Gasvolumen bei kleinen Abweichungen vom Normzustand

Wird das Volumen eines Gases nicht im Normzustand, sondern bei dem Druck p (in hPa) und bei der Temperatur T' (in °C) gemessen ($V_{p,T}$), so ist das Volumen dieser Gasmenge im Normzustand V_N im allgemeinen mit genügender Genauigkeit bei kleinen Abweichungen von p und T vom Normzustand gegeben durch die Beziehung:

$$V_N = \frac{273}{273 + T'} \cdot \frac{p}{1013{,}25} \cdot V_{p,T} = \frac{1}{1 + \alpha T'} \cdot \frac{p \cdot V_{p,T}}{1013{,}25}; \quad (\alpha = 0{,}00366)$$

oder

$$V_N = \frac{0{,}2696}{273 + T'} \cdot \quad p \cdot V_{p,T} \,.$$

Wenn es erforderlich ist, die Abweichungen vom idealen Gasgesetz zu berücksichtigen, so sind die rechten Seiten der Gleichungen mit

$$[1 - \varkappa_0\,(p - 1013{,}25)]$$

zu multiplizieren. Für einige Gase ist der Wert $\varkappa_0$ für $T = 0\,°C$ nachstehend angegeben. Diese Werte gelten in den Formeln mit ausreichender Genauigkeit zwischen 0 °C und Zimmertemperatur für Drücke in der Nähe von 1013,25 hPa.

Korrekturwerte $\varkappa_0$

	Gas	$\varkappa_0 \cdot 10^6$		Gas	$\varkappa_0 \cdot 10^6$
Ar	Argon	– 1,7	HCl	Chlorwasserstoff	– 13,0
CH_3Cl	Chlormethan	– 43,2	H_2	Wasserstoff	+ 1,1
CH_4	Methan	– 3,9	He	Helium	+ 0,9
CO	Kohlenstoffmonoxid	– 0,8	N_2	Stickstoff	– 0,8
CO_2	Kohlenstoffdioxid	– 12,3		Luft	– 1,1
C_2H_2	Ethin	– 15,7	NH_3	Ammoniak	– 27,0
C_2H_4	Ethen	– 14,0	NO	Stickstoffmonoxid	– 2,0
C_2H_6	Ethan	– 20,7	N_2O	Distickstoffmonoxid	– 12,9
C_3H_6	Propen	– 35,2	Ne	Neon	+ 0,8
C_3H_8	Propan	– 46,1	O_2	Sauerstoff	– 1,7
C_4H_{10}	Butan	– 72,0	H_2S	Schwefelwasserstoff	– 18,3
	2-Methyl-propen	– 50,1	SO_2	Schwefeldioxid	– 41,6
Cl_2	Chlor	– 30,5			

3.3.3 Zustandsgleichungen

3.3.3.1 Die einzelnen Gleichungen

Es bedeuten:
V_m Molvolumen, T Temperatur in K, p Druck, R Gaskonstante.

Der für R einzusetzende Zahlenwert richtet sich nach den Maßeinheiten für p und V: für V_m in L, p in at ist $R = 8{,}47868 \cdot 10^{-2}$ L · at K^{-1} · Mol^{-1}, für V_m in cm^3 und p in atm ist $R = 82{,}0617$ cm^3 atm K^{-1} Mol^{-1},

für V_m in m^3 und p in Nm ist $R = 8{,}314$ J mol^{-1} K^{-1},
für V_m in L und p in bar ist $R = 0{,}08314$ bar L mol^{-1} K^{-1},
für V_m in L und p in Pa ist $R = 8314$ Pa L mol^{-1} K^{-1},
für V_m in m^3 und p in Pa ist $R = 8{,}314$ Pa m^3 mol^{-1} K^{-1}.

1. Zustandsgleichung für ideale Gase:

$$pV_m = RT.$$

2. *Van der Waalssche Zustandsgleichung:*

$$\left(p + \frac{a}{V_m^2}\right)(V_m - b) = RT$$

$$pV_m \left(1 + \frac{a}{V_m^2 p}\right)\left(1 - \frac{b}{V_m}\right) = RT.$$

b trägt dem Eigenvolumen der Moleküle Rechnung; a/V_m^2 der Druckvermehrung infolge Kohäsion. Für einige Gase sind die Konstanten a und b in 3332 angegeben. Diese Gleichung ist dritten Grades in Bezug auf V_m; zu bestimmten p und T gehören also drei Werte von V_m. Im kritischen Punkt müssen dann die drei reellen Wurzeln der van der Waalschen Gleichung zusammenfallen, hieraus ergibt sich:

$$V_{m,kr} = 3b, \quad p_{kr} = \frac{a}{27b^2}, \quad T_{kr} = \frac{8a}{27bR}.$$

Oberhalb T_{kr} existiert nur eine reelle Wurzel. Für geringe Drucke kann man für V_m in den Korrekturgliedern $\frac{a}{p \cdot V_m^2}$ und $\frac{b}{V_m}$ den Wert $V_m = \frac{RT}{p}$ einsetzen und erhält als Näherungsformel bei Anwendung der für kleine Größen gültigen Gesetzen $\left(\frac{b}{V_m} \ll 1\right)$:

$$p\,V_m = RT\left(1 - \frac{ap}{(RT)^2}\right)\left(1 + \frac{bp}{RT}\right)$$

$$= RT\left[1 + \frac{p}{RT}\left(b - \frac{a}{RT}\right)\right].$$

Setzt man $b - \frac{a}{RT} = B$, so erhält man $pV_m = RT + Bp$.

B wird der zweite Virialkoeffizient genannt.

3. *Reduzierte van der Waalssche Gleichung* (Theorem der übereinstimmenden Zustände). Bei Einführung der kritischen Größen als Maßgrößen für Volumen, Druck und Temperatur sollen die individuellen Eigenschaften der einzelnen Gase verschwinden, man erhält eine Gleichung ohne individuelle Konstanten.
Diese reduzierte Gleichung lautet:

$$\left(\frac{p}{p_{kr}} + \frac{3V_{m,kr}^2}{V_m^2}\right)\left(3\frac{V_m}{V_{m,kr}} - 1\right) = 8\frac{T}{T_{kr}}$$

Es sei $\frac{p}{p_{kr}} = P_r$; $\frac{V}{V_{kr}} = V_r$ und $\frac{T}{T_{kr}} = T_r$ gesetzt,dann ergibt sich

$$\left(P_r + \frac{3}{V_r^2}\right)\left(V_r - \frac{1}{3}\right) = \frac{8}{3}T_r.$$

Die reduzierte Zustandsgleichung gibt das Verhalten der Gase nicht vollständig wieder. Auch die van der Waalssche Gleichung ist nur in beschränkten Druckbereichen gültig.
Zustandsgleichungen, die in gewissen Bereichen von Druck und Temperatur das Verhalten der Gase besser wiedergeben, sind:

4. *Berthelotsche Zustandsgleichung*:
Es wird die Konstante a als abhängig von T angesehen und durch a'/T ersetzt

$$\left(p + \frac{a'}{V_m^2 T}\right)(V_m - b) = RT.$$

5. Beattie und Bridgeman:

$$p=\frac{RT\left(1-\frac{c}{V_\mathrm{m}T^3}\right)\left[V_\mathrm{m}+B_0\left(1-\frac{b}{V_\mathrm{m}}\right)\right]}{V_\mathrm{m}^2}-\frac{A_0}{V_\mathrm{m}^2}\left(1+\frac{a}{V_\mathrm{m}}\right).$$

6. Kammerlingh-Onnes:

$$p=\frac{RT}{V_\mathrm{m}}\left(1+\frac{B(T)}{V_\mathrm{m}}+\frac{C(T)}{V_\mathrm{m}^2}\cdots\right)$$

3.3.3.2 Van der Waalssche Konstanten a und b für das Molvolumen 22,414 · 10^{-3} m^3 mol^{-1} im idealen Gaszustand

Elemente

Stoff	a Pa m^2 mol^{-2}	b × 10^6 m^3 mol^{-1}	Stoff	a Pa m^2 mol^{-2}	b × 10^6 m^3 mol^{-1}
Ar	1,365	32,188	Hg	8,220	16,956
Br_2	9,75	59,1	Kr	2,354	39,782
Cl_2	6,594	56,224	N_2	1,369	38,505
F_2	1,171	28,96	Ne	0,215	17,091
H_2	0,2476	21,884	O_2	1,381	31,830
He	0,346	23,699	Xe	4,169	51,587

Anorganische Verbindungen

Stoff	a Pa m^2 mol^{-2}	b × 10^6 m^3 mol^{-1}	Stoff	a Pa m^2 mol^{-2}	b × 10^6 m^3 mol^{-1}
$AlCl_3$	42,63	245,1	NF_3	3,58	54,53
BCl_3	15,60	122,2	NH_4Cl	4,11	45,45
BF_3	3,98	54,4	NH_3	4,235	37,184
B_2H_6	6,05	74,4	NO	1,361	27,888
$(CN)_2$	7,788	69,014	N_2O	3,842	44,150
CO	1,508	39,849	N_2O_4	5,366	44,240
CO_2	3,649	42,672	PF_3	4,954	65,10
CS_2	11,803	76,854	PH_3	4,705	51,565
$GeCl_4$	22,955	148,512	PH_4Cl	4,118	45,449
GeH_4	5,743	65,55	SF_6	7,857	87,87
HBr	4,521	44,307	SO_2	6,819	56,358
HCl	3,726	40,813	$SiCl_4$	20,96	147,0
HF	9,565	73,9	SiF_4	4,261	55,709
HI	6,309	53,03	SiH_4	4,388	57,859
H_2O	5,550	30,509	$SnCl_4$	27,333	164,237
H_2S	4,500	42,873	$TiCl_4$	25,47	142,3
H_2Se	5,351	46,368	UF_6	16,01	112,8
			WF_6	13,25	106,3

3.3.3.3 *pV*-Werte von Gasen in Abhängigkeit vom Druck *p* in hPa und von der Temperatur *T* in °C

Nach J. Otto, Braunschweig

Das Volumen des Gases *V* im Normzustand (0 °C und 1013,25 hPa) wird gleich 1 gesetzt. Soll das Volumen in dm^3/g oder in dm^3/Mol dargestellt werden, so sind die Tabellenwerte mit dem reziproken Wert der Normdichte oder dem Molvolumen im Normzustand zu multiplizieren.

Helium

	Temperatur in °C																	
p×10³/hPa	– 258	– 253	– 208	– 183	– 150	– 100	– 50	0	50	100	200	300	400	500	600	800	1.000	1.200
0	0,0555	0,0745	0,2384	0,3299	0,4506	0,6336	0,8165	0,9995	1,1824	1,3654	1,7313	2,0972	2,4630	2,8289	3,1948	3,9266	4,6584	5,3902
1	0,0549	0,0744	0,2388	0,3304	0,4511	0,6341	0,8171	1,0000	1,1830	1,3659	1,7318	2,0976	2,4635	2,8294	3,1953	3,9270	4,6588	5,3906
10	0,0523	0,0743	0,2427	0,3347	0,4557	0,6389	0,8218	1,0047	1,1876	1,3704	1,7361	2,1017	2,4674	2,8334	3,1991	3,9306	4,6622	5,3938
20	0,0536	0,0760	0,2473	0,3396	0,4609	0,6443	0,8271	1,0099	1,1928	1,3755	1,7410	2,1064	2,4719	2,8379	3,2035	3,9347	4,6660	5,3974
30	0,0576	0,0791	0,2520	0,3445	0,4660	0,6496	0,8324	1,0151	1,1980	1,3805	1,7458	2,1109	2,4763	2,8423	3,2078	3,9387	4,6698	5,4011
40	0,0635	0,0834	0,2568	0,3494	0,4712	0,6550	0,8377	1,0203	1,2031	1,3855	1,7506	2,1156	2,4808	2,8468	3,2122	3,9428	4,6736	5,4046
50	0,0702	0,0887	0,2618	0,3546	0,4765	0,6604	0,8430	1,0256	1,2084	1,3907	1,7556	2,1202	2,4852	2,8512	3,2164	3,9468	4,6774	5,4082
60	0,0770	0,0947	0,2669	0,3597	0,4819	0,6659	0,8484	1,0308	1,2135	1,3957	1,7604	2,1247	2,4896	2,8557	3,2208	3,9509	4,6813	5,4118
80	0,0904	0,1076	0,2772	0,3701	0,4926	0,6767	0,8591	1,0412	1,2239	1,4058	1,7701	2,1340	2,4984	2,8646	3,2294	3,9589	4,6889	5,4190
100	0,1050	0,1201	0,2873	0,3808	0,5036	0,6878	0,8700	1,0516	1,2342	1,4158	1,7799	2,1432	2,5072	2,8735	3,2380	3,9670	4,6965	5,4262

p×10³/hPa	– 70	– 35	0	50	100	200
100	0,7964	0,9248	1,0523	1,2349	1,4165	1,7805
200	0,8476	0,9746	1,1023	1,2846	1,4647	1,8270
400	0,9465	1,0743	1,2000	1,3822	1,5610	1,9156
600	1,0442	1,1706	1,2965	1,4732	1,6517	2,0114
800	1,1368	1,2633	1,3876	1,5657	1,7432	2,0940
1000	1,2268	1,3524	1,4778	1,6543	1,8302	2,1830

Neon

	Temperatur in °C													
p×10³/hPa	– 207,9	– 182,5	–150,0	– 100,0	– 50,0	0,0	50,0	100,0	200,0	300,0	400,0	500,0	600,0	700,0
0	0,2388	0,3317	0,4506	0,6336	0,8166	0,9995	1,1825	1,3654	1,7313	2,0972	2,4631	2,8290	3,1949	3,5608
1	0,2379	0,3314	0,4507	0,6339	0,8170	1,0000	1,1830	1,3660	1,7319	2,0978	2,4637	2,8296	3,1955	3,5614
10	0,2299	0,3283	0,4509	0,6365	0,8205	1,0043	1,1879	1,3708	1,7371	2,1032	2,4691	2,8350	3,2009	3,5669
20	0,2209	0,3255	0,4514	0,6394	0,8247	1,0091	1,1934	1,3764	1,7430	2,1092	2,4752	2,8410	3,2070	3,5730
40	0,2041	0,3209	0,4531	0,6456	0,8332	1,0188	1,2042	1,3874	1,7548	2,1214	2,4874	2,8532	3,2193	3,5854
60	0,1908	0,3181	0,4558	0,6523	0,8419	1,0288	1,2152	1,3987	1,7666	2,1334	2,4994	2,8652	3,2315	3,5977
80	0,1834	0,3169	0,4595	0,6595	0,8509	1,0390	1,2261	1,4101	1,7785	2,1455	2,5116	2,8774	3,2438	3,6100
100	0,1841	0,3175	0,4642	0,6672	0,8604	1,0493	1,2372	1,4216	1,7904	2,1575	2,5237	2,8894	3,2560	3,6223

Argon

p×10³/hPa	Temperatur in °C – 100,0	– 50,0	0,0	25,0	50,0	75,0	100,0	125,0	150,0	174,0	200,0	300,0.	400,0	500,0	600,0
0	0,6345	0,8178	1,0010	1,0926	1,1842	1,2758	1,3674	1,4590	1,5506	1,6386	1,7338	2,1003	2,4668	2,8333	3,1997
1	0,6317	0,8161	1,0000	1,0919	1,1837	1,2755	1,3672	1,4590	1,5507	1,6387	1,7341	2,1008	2,4674	2,8340	3,2006
10	0,6054	0,8014	0,9915	1,0857	1,1795	1,2727	1,3657	1,4587	1,5514	1,6403	1,7361	2,1051	2,4735	2,8411	3,2083
20	0,5741	0,7851	0,9825	1,0792	1,1751	1,2700	1,3643	1,4587	1,5524	1,6422	1,7385	2,1102	2,4808	2,8489	3,2169
40	0,5051	0,7530	0,9657	1,0673	1,1673	1,2653	1,3624	1,4593	1,5549	1,6467	1,7440	2,1205	2,4940	2,8646	3,2340
60	0,4270	0,7221	0,9506	1,0569	1,1610	1,2620	1,3617	1,4608	1,5585	1,6519	1,7502	2,1313	2,5077	2,8802	3,2512
80	0,3391	0,6937	0,9374	1,0481	1,1561	1,2600	1,3622	1,4633	1,5628	1,6581	1,7574	2,1424	2,5215	2,8959	3,2684
100	0,2407	0,6686	0,9266	1,0420	1,1523	1,2595	1,3640	1,4665	1,5677	1,6648	1,7656	2,1537	2,5353	2,9189	3,2937
200			0,9126	1,0397	1,1609	1,2770	1,3895	1,4990	1,6066						
300			0,9609	1,0856	1,2077	1,3261	1,4415	1,5542	1,6647						
400			1,0471	1,1647	1,2829	1,3995	1,5144	1,6274	1,7386						
600			1,2623	1,3687	1,4780	1,5882	1,6986	1,8089	1,9184						
800			1,4908	1,5915	1,6951	1,8004	1,9068	2,0136	2,1206						
1000			1,7190	1,8169	1,9175	2,0198	2,1233	2,2277	2,3324						
1200			1,9436	2,0402	2,1395	2,2400	2,3417	2,4443	2,5473						
1500			2,2722	2,3686	2,4672	2,5665	2,6671	2,7680	2,8696						
2000			2,7995	2,8974	2,9970	3,0963	3,1968	3,2966	3,3973						
2500			3,3060	3,4061			3,7101								

Krypton

p×10³/hPa	Temperatur in °C 0,0	50,0	100,0	150,0	200,0	300,0	400,0	500,0	600,0
0	1,0028	1,1864	1,3699	1,5535	1,7370	2,1042	2,4713	2,8384	3,2055
1	1,0000	1,1844	1,3686	1,5527	1,7366	2,1042	2,4716	2,8389	3,2063
10	0,9750	1,1676	1,3573	1,5457	1,7325	2,1045	2,4746	2,8440	3,2131
20	0,9468	1,1493	1,3450	1,5383	1,7283	2,1050	2,4780	2,8498	3,2208
30	0,9183	1,1314	1,3334	1,5313	1,7245	2,1059	2,4818	2,8558	3,2285
40	0,8895	1,1139	1,3221	1,5247	1,7210	2,1069	2,4856	2,8618	3,2363
50	0,8605	1,0967	1,3114	1,5186	1,7179	2,1082	2,4896	2,8680	3,2442
60	0,8311	1,0799	1,3011	1,5129	1,7152	2,1098	2,4939	2,8742	3,2521
70	0,8014	1,0635	1,2914	1,5075	1,7128	2,1116	2,4983	2,8806	3,2600
80	0,7714	1,0475	1,2821	1,5025	1,7108	2,1137	2,5029	2,8871	3,2680

Xenon

	Temperatur in °C								
p×10³/hPa	0,0	25,0	30,0	40,0	50,0	75,0	100,0	125,0	150,0
0	1,0070	1,0992	1,1176	1,1544	1,1913	1,2835	1,3756	1,4678	1,5600
1	1,0001	1,0933	1,1120	1,1492	1,1864	1,2793	1,3720	1,4646	1,5572
5	0,9719	1,0696	1,0891	1,1279	1,1663	1,2622	1,3574	1,4521	1,5464
10	0,9347	1,0390	1,0596	1,1003	1,1407	1,2404	1,3389	1,4362	1,5327
30	0,7513	0,9011	0,9283	0,9805	1,0306	1,1498	1,2630	1,3720	1,4779
50		0,7172	0,7604	0,8364	0,9037	1,0522	1,1842	1,3069	1,4235
100		0,3397	0,3597	0,4200	0,5209	0,7889	0,9871	1,1511	1,2972
150		0,4383	0,4514	0,4832	0,5242	0,6719	0,8586	1,0399	1,2049
200		0,5509	0,5630	0,5897	0,6206	0,7214	0,8562	1,0110	1,1693
250		0,6615	0,6732	0,6986	0,7267	0,8121	0,9201	1,0482	1,1882
300		0,7695	0,7813	0,8063	0,8335	0,9122	1,0074	1,1188	1,2430
350		0,8754	0,8873	0,9124	0,9391	1,0147	1,1031	1,2045	1,3175
400		0,9793	0,9914	1,0167	1,0433	1,1173	1,2018	1,2971	1,4024
450		1,0814	1,0937	1,1193	1,1461	1,2193	1,3014	1,3928	1,4928
500		1,1820	1,1946	1,2204	1,2474	1,3204	1,4011	1,4897	1,5861
600		1,3697	1,3919	1,4186	1,4461	1,5194	1,5988	1,6844	1,7764
700		1,5704	1,5847	1,6121	1,6402	1,7144	1,7936	1,8779	1,9674
800		1,7596	1,7734	1,8016	1,8304	1,9057	1,9851	2,0690	2,1573
900		1,9443	1,9586	1,9875	2,0169	2,0935	2,1736	2,2575	2,3452
1.000		2,1260	2,1406	2,1702	2,2003	2,2782	2,3591	2,4432	2,5308
1.100		2,3049	2,3199	2,3502	2,3809	2,4600	2,5418	2,6265	2,7143
1.200		2,4813	2,4967	2,5276	2,5590	2,6394	2,7221	2,8075	2,8955
1.300		2,6554	2,6710	2,7027	2,7346	2,8163	2,9001	2,9862	3,0746
1.400		2,8274	2,8433	2,8756	2,9082	2,9911	3,0759	3,1627	3,2517
1.500		2,9974	3,0137	3,0466	3,0797	3,1638	3,2497	3,3373	3,4269
1.600		3,1657	3,1823	3,2157	3,2493	3,3347	3,4217	3,5100	3,6003
1.700		3,3323	3,3492	3,3832	3,4173	3,5040	3,5919	3,6811	3,7720
1.800		3,4973	3,5145	3,5490	3,5836	3,6714	3,7605	3,8504	3,9420
1.900		3,6610	3,6783	3,7133	3,7485	3,8374	3,9275	4,0182	4,1106
2.000		3,8233	3,8408	3,8762	3,9119	4,0020	4,0930	4,1846	4,2776
2.100				4,0378	4,0740	4,1651	4,2572	4,3496	4,4434
2.200				4,1982	4,2348	4,3270	4,4200	4,5133	4,6078
2.300						4,4877	4,5816	4,6757	4,7709
2.400						4,6471	4,7419		4,9328
2.500						4,8055	4,9011		5,0936

p×10³/hPa	200,0	300,0	400,0	500,0	600,0	700,0
0	1,7437	2,1123	2,4808	2,8493	3,2178	3,5864
1	1,7416	2,1111	2,4803	2,8493	3,2182	3,5870
10	1,7229	2,1012	2,4762	2,8493	3,2214	3,5927
20	1,7024	2,0908	2,4719	2,8495	3,2249	3,5989
30	1,6822	2,0806	2,4681	2,8499	3,2285	3,6052
40	1,6056	2,0708	2,4645	2,8504	3,2319	3,6116
50	1,6390	2,0614	2,4613	2,8510	3,2355	3,6179

Wasserstoff

p×10³/hPa	Temperatur in °C – 175	– 170	– 160	– 150	– 135	– 120	– 100	– 75	– 50	– 25	0	25	50	75	100	125	150
0	0,3591	0,3774	0,4140	0,4506	0,5055	0,5603	0,6335	0,7250	0,8164	0,9079	0,9994	1,0909	1,1823	1,2738	1,3653	1,4568	1,5482
1	0,3590	0,3773	0,4140	0,4507	0,5057	0,5606	0,6339	0,7255	3,8170	0,9085	1,0000	1,0915	1,1830	1,2745	1,3660	1,4575	1,5489
10	0,3581	0,3770	0,4146	0,4520	0,5078	0,5636	0,6375	0,7298	0,8218	0,9137	1,0054	1,0972	1,1889	1,2806	1,3723	1,4638	1,5554
30	0,3578	0,3778	0,4172	0,4561	0,5137	0,5709	0,6463	0,7399	0,8329	0,9255	1,0179	1,1101	1,2021	1,2942	1,3861	1,4779	1,5697
50	0,3600	0,3809	0,4217	0,4618	0,5210	0,5792	0,6559	0,7505	0,8444	0,9376	1,0306	1,1232	1,2156	1,3078	1,3999	1,4918	1,5837
100	0,3765	0,3981	0,4407	0,4825	0,5438	0,6057	0,6826	0,7793	0,8748	0,9693	1,0631	1,1565	1,2495	1,3423	1,4347	1,5270	1,6191
150	0,4049	0,4261	0,4685	0,5103	0,5722	0,6330	0,7127	0,8106	0,9069	1,0022	1,0967	1,1905	1,2840	1,3771	1,4700	1,5624	1,6547
200	0,4401	0,4607	0,5020	0,5432	0,6046	0,6653	0,7453	0,8435	0,9494	1,0361	1,1310	1,2253	1,3190	1,4124	1,5054	1,5981	1,6906
250	0,4789	0,4988	0,5388	0,5792	0,6399	0,7000	0,7796	0,8779	0,9749	1,0708	1,1660	1,2604	1,3545	1,4479	1,5411	1,6339	1,7265
300	0,5194	0,5386	0,5776	0,6171	0,6767	0,7363	0,8154	0,9134	1,0103	1,1062	1,2014	1,2959	1,3900	1,4836	1,5769	1,6698	1,7624
350		0,5791	0,6172	0,6559	0,7146	0,7645	0,8520	0,9495	1,0463	1,1421	1,2371	1,3316	1,4258	1,5195	1,6128	1,7058	1,7984
400			0,6573	0,6952	0,7529	0,8102	0,8891	0,9861	1,0826	1,1782	1,2731	1,3675	1,4616	1,5553	1,6486	1,7417	1,8343
450				0,7347	0,7917	0,8494	0,9265	1,0230	1,1190	1,2144	1,3092	1,4035	1,4975	1,5912	1,6845	1,7775	1,8700
500				0,7741	0,8304	0,8875	0,9641	1,0600	1,1556	1,2508	1,3453	1,4395	1,5335	1,6271	1,7203	1,8133	1,9058
600						0,9637	1,0392	1,1341	1,2290	1,3235	1,4176	1,5116	1,6053	1,6987	1,7917	1,8845	1,9769
700							1,1139	1,2079	1,3020	1,3960	1,4896	1,5833	1,6767	1,7699	1,8627	1,9553	2,0475
800								1,2810	1,3745	1,4680	1,5612	1,6545	1,7477	1,8407	1,9332	2,0257	2,1177
900									1,4463	1,5393	1,6321	1,7252	1,8180	1,9108	2,0032	2,0955	2,1873
1000										1,6099	1,7024	1,7951	1,8878	1,9803	2,0725	2,1646	2,2563
1100											1,7719	1,8644	1,9568	2,0492	2,1412	2,2330	2,3246
1200											1,8407	1,9329	2,0251	2,1173	2,2092	2,3009	2,3923
1300											1,9087	2,0007	2,0926	2,1848	2,2765	2,3681	2,4594
1400											1,9760	2,0678	2,1595	2,2515	2,3432	2,4347	2,5258
1500											2,0425	2,1341	2,2257	2,3177	2,4092	2,5006	2,5916
1600											2,1083	2,1998	2,2912	2,3831	2,4746	2,5660	2,6569
1700											2,1735	2,2648	2,3562	2,4479	2,5393	2,6307	2,7215
1800											2,2380	2,3293	2,4206	2,5122	2,6035	2,6947	2,7855
1900											2,3018	2,3930	2,4844	2,5759	2,6671	2,7583	2,8490
2000											2,3651	2,4563	2,5476	2,6390	2,7302	2,8214	2,9120
2100											2,4277	2,5190	2,6102	2,7016	2,7927	2,8839	2,9744
2200												2,5811	2,6723	2,7637	2,8548	2,9459	3,0364
2300												2,6428	2,7340	2,8253	2,9163	3,0074	3,0978
2400													2,7952	2,8864	2,9774	3,0684	3,1588
2500													2,8559	2,9471	3,0380	3,1290	3,2194
2600														3,0073	3,0982	3,1891	

Deuterium

	Temperatur in °C																
p×10³/hPa	– 175	– 170	– 160	– 150	– 135	– 120	– 100	– 75	– 50	– 25	0	25	50	75	100	125	150
0	0,3591	0,3774	0,4140	0,4506	0,5055	0,5603	0,6335	0,7250	0,8164	0,9079	0,9994	1,0909	1,1823	1,2738	1,3653	1,4568	1,5482
1	0,3589	0,3773	0,4140	0,4507	0,5057	0,5607	0,6339	0,7255	0,8170	0,9085	1,0000	1,0915	1,1830	1,2745	1,3660	1,4575	1,5489
10	0,3574	0,3764	0,4141	0,4516	0,5076	0,5634	0,6373	0,7295	0,8216	0,9135	1,0051	1,0968	1,1886	1,2803	1,3719	1,4635	1,5550
30	0,3558	0,3760	0,4158	0,4548	0,5127	0,5700	0,6455	0,7392	0,8322	0,9249	1,0172	1,1093	1,2014	1,2934	1,3852	1,4770	1,5687
50	0,3568	0,3778	0,4192	0,4596	0,5192	0,5776	0,6545	0,7494	0,8433	0,9366	1,0295	1,1221	1,2146	1,3068	1,3988	1,4907	1,5825
100				0,4780	0,5400	0,6006	0,6798	0,7770	0,8725	0,9672	1,0612	1,1546	1,2477	1,3405	1,4330	1,5254	1,6175
150				0,5034	0,5663	0,6279	0,7084	0,8069	0,9036	0,9991	1,0937	1,1879	1,2815	1,3746	1,4676	1,5603	1,6526
200				0,5338	0,5967	0,6585	0,7394	0,8385	0,9359	1,0321	1,1270	1,2217	1,3156	1,4092	1,5024	1,5953	1,6877
250				0,5676	0,6298	0,6914	0,7722	0,8716	0,9693	1,0658	1,1610	1,2559	1,3501	1,4438	1,5373	1,6304	1,7231
300				0,6036	0,6649	0,7259	0,8064	0,9056	1,0034	1,1000	1,1955	1,2905	1,3848	1,4787	1,5722	1,6655	1,7582
350				0,6406	0,7011	0,7615	0,8415	0,9404	1,0382	1,1347	1,2303	1,3254	1,4198	1,5137	1,6073	1,7006	1,7934
400				0,6780	0,7379	0,7978	0,8773	0,9757	1,0733	1,1697	1,2653	1,3604	1,4548	1,5488	1,6424	1,7357	1,8286
450					0,7750	0,8344	0,9134	1,0114	1,1087	1,2050	1,3005	1,3955	1,4899	1,5838	1,6774	1,7708	1,8636
500					0,8123	0,8711	0,9497	1,0472	1,1443	1,2404	1,3357	1,4306	1,5250	1,6189	1,7125	1,8058	1,8987
600							1,0222	1,1192	1,2154	1,3113	1,4062	1,5010	1,5952	1,6890	1,7824	1,8756	1,9684
700								1,1908	1,2865	1,3818	1,4765	1,5710	1,6650	1,7586	1,8520	1,9450	2,0377
800									1,3570	1,4788	1,5463	1,6405	1,7344	1,8279	1,9209	2,0139	2,1065
900										1,5250	1,6155	1,7096	1,8032	1,8965	1,9893	2,0823	2,1742
1000											1,6841	1,7780	1,8714	1,9646	2,0572	2,1500	2,2423
1100											1,7520	1,8456	1,9390	2,0320	2,1244	2,2172	2,3093
1200											1,8192	1,9127	2,0059	2,0988	2,1910	2,2837	2,3758
1300											1,8857	1,9790	2,0720	2,1649	2,2570	2,3497	2,4416
1400											1,9514	2,0446	2,1376	2,2304	2,3223	2,4149	2,5067
1500											2,0165	2,1096	2,2024	2,2952	2,3871	2,4797	2,5714
1600											2,0808	2,1739	2,2667	2,3594	2,4514	2,5437	2,6354
1700											2,1445	2,2375	2,3303	2,4230	2,5151	2,6072	2,6989
1800											2,2076	2,3006	2,3933	2,4861	2,5782	2,6701	2,7618
1900											2,2699	2,3630	2,4557	2,5485	2,6407	2,7325	2,8242
2000											2,3318	2,4249	2,5176	2,6104	2,7027	2,7943	2,8860
2100											2,3930	2,4861	2,5790	2,6718	2,7641	2,8556	2,9472
2200											2,4536	2,5470	2,6398	2,7327	2,8251	2,9164	3,0079
2300											2,5137	2,6072	2,7002	2,7931	2,8855	2,9768	3,0679
2400														2,8531	2,9455	3,0367	
2500															3,0050	3,0962	

Sauerstoff

	Temperatur in °C				
$p \times 10^3$/hPa	0	25	50	100	200
0	1,0010	1,0926	1,1842	1,3674	
1	1,0000	1,0919	1,1837	1,3673	
10	0,9914	1,0856	1,1793	1,3660	
20	0,9823	1,0790	1,1746	1,3648	
30	0,9735	1,0727	1,1704	1,3639	
40	0,9650	1,0667	1,1665	1,3632	
50	0,9570	1,0613	1,1630	1,3629	
60	0,9495	1,0561	1,1599	1,3628	
80	0,9359	1,0473	1,1549	1,3634	
100	0,9245	1,0403	1,1514	1,3649	
120	0,9156	1,0352	1,1496	0,1071	
200	0,91			1,35	1,82
300	0,96			1,45	1,89
400	1,05			1,53	1,96
500	1,15			1,61	2,04
600	1,26			1,71	2,13
700	1,38			1,82	2,23
800	1,49			1,93	2,33
1000	1,72			2,14	

Schwefelhexafluorid

	Temperatur in °C					
$p \times 10^3$/hPa	0	50	100	150	200	250
0	1,0153	1,2012	1,3870	1,5729	1,7587	1,9446
1	1,0002	1,1913	1,3799	1,5676	1,7551	1,9421
2	0,9847	1,1814	1,3727	1,5622	1,7516	1,9398
5	0,9357	1,1502	1,3509	1,5464	1,7404	1,9326
10	0,8456	1,0943	1,3136	1,5199	1,7234	1,9205
15	0,7448	1,0334	1,2752	1,4935	1,7058	1,9085
20	0,6326	0,9676	1,2357	1,4669	1,6881	1,8964
25	0,5086	0,8968	1,1951	1,4405	1,6706	1,8845

Stickstoff

	Temperatur in °C											
$p \times 10^{-3}$/hPa	– 125	– 100	– 75	– 50	– 25	0	25	50	75	100	125	150
0	0,5427	0,6343	0,7258	0,8174	0,9089	1,0005	1,0920	1,1836	1,2751	1,3667	1,4583	1,5498
1	0,5385	0,6312	0,7236	0,8162	0,9080	1,0000	1,0918	1,1836	1,2753	1,3670	1,4587	1,5504
3	0,5308	0,6253	0,7197	0,8137	0,9062	0,9991	1,0914	1,1836	1,2756	1,3676	1,4595	1,5514
5	0,5223	0,6196	0,7157	0,8113	0,9047	0,9982	1,0910	1,1836	1,2759	1,3682	1,4604	1,5524
10	0,5035	0,6062	0,7063	0,8054	0,9008	0,9963	1,0902	1,1837	1,2768	1,3698	1,4624	1,5550
30	0,4265	0,5566	0,6733	0,7838	0,8882	0,9894	1,0879	1,1851	1,2811	1,3767	1,4716	1,5661
50	0,3452	0,5159	0,6465	0,7660	0,8785	0,9857	1,0877	1,1882	1,2870	1,3849	1,4819	1,5781
100	0,2861	0,4499	0,6101	0,7453	0,8707	0,9847	1,0966	1,2040	1,3089	1,4115	1,5127	1,6127
200	0,4338	0,5313	0,6543	0,7851	0,9142	1,0349	1,1530	1,2673	1,3784	1,4869	1,5935	1,6984
300	0,5884	0,6751	0,7792	0,8944	1,0138	1,1305	1,2477	1,3623	1,4747	1,5850	1,6936	1,8007
400	0,7385	0,8231	0,9203	1,0270	1,1392	1,2502	1,3637	1,4764	1,5879	1,6979	1,8068	1,9144
600	1,0243	1,1102	1,2042	1,3049	1,4106	1,5145	1,6222	1,7306	1,8388	1,9468	2,0543	2,1612
800	1,2953	1,3845	1,4794	1,5794	1,6832	1,7840	1,8888	1,9946	2,1008	2,2070	2,3131	2,4190
1000	1,5555	1,6482	1,7452	1,8462	1,9502	2,0500	2,1535	2,2581	2,3634	2,4685	2,5737	2,6790
1200	1,8070	1,9032	2,0028	2,1052	2,2105	2,3102	2,4135	2,5180	2,6229	2,7275	2,8324	2,9375
1500	2,1716	2,2727	2,3759	2,4816	2,5893	2,6902	2,7941	2,8989	3,0040	3,1088	3,2137	3,3189
2000	2,7528	2,8614	2,9710	3,0821	3,1944	3,2989	3,4060	3,5120	3,6181	3,7246	3,3805	3,9368
2500	3,3100	3,4250	3,5406	3,6569	3,7738	3,8837	3,9952	4,1027	4,2104	4,3192	4,4276	4,5349
3000	3,8483	3,9691	4,0900	4,2112	4,3331	4,4492	4,5657	4,6766	4,7859	4,8968	5,0084	5,1177
3500					4,8754	4,9987	5,1202	5,2344	5,3469	5,4604	5,5747	5,6866
4000					5,4039	5,5349	5,6613	5,7794	5,8948	6,0117	6,128	6,2435
4500					5,9204	6,0599	6,1906	6,3129	6,4319	6,1551	6,672	6,7899
5000						6,5750	6,7106	6,8365	6,9588	7,0239	7,206	7,3265
5500						7,092	7,2207	7,351	7,4769	7,6046	7,731	7,8543
6000						7,601	7,7292	7,858	7,9869	8,1185	8,250	8,3744

$p \times 10^3$/hPa	200	300	400	500	600	700	800
0	1,7330	2,0992	2,4655	2,8317	3,1980	3,5642	3,9304
1	1,7337	2,1002	2,4665				
10	1,7398	2,1083	2,4760	2,8432	3,2102	3,5771	3,9437
40	1,7613	2,1361	2,5078	2,8783	3,2474	3,6158	3,9837
70	1,7845	2,1648	2,5404	2,9136	3,2847	3,6547	4,0237
100	1,8093	2,1946	2,5736	2,9493	3,3223	3,6937	4,0636
200	1,908	2,301	2,689	3,071	3,449	3,825	4,197
300	2,012	2,416	2,809	3,195	3,577	3,955	4,331
400	2,127	2,538	2,933	3,322	3,706	4,087	4,465
500	2,248	2,663	3,061	3,451	3,837	4,219	4,598
600	2,370	2,790	3,190	3,582	3,969	4,351	4,732
700		2,917	3,319	3,712	4,100	4,484	4,876
800			3,447	3,842	4,232	4,616	5,015
900			3,574	3,971	4,363	4,748	5,134

Luft

p×10³/hPa	Temperatur in °C – 170	– 165	– 160	– 155	– 145	– 135	– 125	– 115	– 100	– 85	– 70	– 50	– 25	0	25	50	75	100	150	200
0	0,3779	0,3962	0,4145	0,4328	0,4694	0,5061	0,5427	0,5793	0,6343	0,6892	0,7442	0,8174	0,9090	1,0006	1,0922	1,1838	1,2753	1,3669	1,5501	1,7332
1	0,371	0,390	0,408	0,4274	0,4648	0,5021	0,5392	0,5763	0,6318	0,6872	0,7425	0,8161	0,9081	1,0000	1,0918	1,1836	1,2753	1,3671	1,5504	1,7338
2	0,363	0,383	0,402	0,4218	0,4601	0,4981	0,5358	0,5733	0,6294	0,6853	0,7408	0,8149	0,9072	0,9994	1,0915	1,1835	1,2754	1,3672	1,5508	1,7343
4	0,348	0,369	0,390	0,4103	0,4505	0,4898	0,5288	0,5673	0,6244	0,6812	0,7376	0,8124	0,9054	0,9982	1,0908	1,1832	1,2755	1,3676	1,5516	1,7354
6	0,332	0,355	0,377	0,3983	0,4405	0,4815	0,5216	0,5611	0,6195	0,6772	0,7343	0,8099	0,9038	0,9971	1,0901	1,1829	1,2756	1,3679	1,5523	1,7365
8				0,3856	0,4301	0,4730	0,5144	0,5549	0,6146	0,6731	0,7311	0,8074	0,9021	0,9961	1,0895	1,1827	1,2757	1,3683	1,5531	1,7375
10				0,3720	0,4195	0,4641	0,5070	0,5487	0,6095	0,6692	0,7278	0,8051	0,9004	0,9950	1,0888	1,1825	1,2758	1,3687	1,5538	1,7386
15				0,3331	0,3906	0,4411	0,4881	0,5327	0,5970	0,6591	0,7197	0,7989	0,8963	0,9923	1,0876	1,1820	1,2762	1,3697	1,5558	1,7414
20					0,3572	0,4161	0,4681	0,5163	0,5843	0,6491	0,7117	0,7931	0,8923	0,9899	1,0862	1,1816	1,2766	1,3707	1,5580	1,7442
30						0,3576	0,4249	0,4821	0,5586	0,6292	0,6961	0,7817	0,8849	0,9854	1,0840	1,1813	1,2777	1,3731	1,5623	1,7501
40						0,2758	0,3761	0,4459	0,5329	0,6097	0,6811	0,7710	0,8782	0,9816	1,0824	1,1814	1,2793	1,3759	1,5670	1,7562
50						0,1682	0,3208	0,4084	0,5074	0,5910	0,6669	0,7611	0,8720	0,9782	1,0812	1,1820	1,2813	1,3791	1,5720	1,7625
60						0,1587	0,2667	0,3713	0,4829	0,5734	0,6537	0,7520	0,8666	0,9755	1,0805	1,1829	1,2836	1,3825	1,5772	1,7690
80						0,1851	0,2358	0,3186	0,4417	0,5430	0,6312	0,7370	0,8582	0,9720	1,0808	1,1863	1,2895	1,3906	1,5886	1,7828
100						0,2172	0,2534	0,3102	0,4186	0,5223	0,6151	0,7265	0,8531	0,9711	1,0832	1,1914	1,2967	1,4001	1,6011	1,7975
150						0,2982	0,3269	0,3641	0,4366	0,5220	0,6102	0,7236	0,8563	0,9806	1,0985	1,2117	1,3214			
200						0,3771	0,4044	0,4368	0,4960	0,5664	0,6436	0,7499	0,8805	1,0058	1,12260	1,2420	1,3542			
300							0,5558	0,5863	0,6378	0,6963	0,7605	0,8522	0,9716	1,0917	1,2102	1,3266				
400								0,7318	0,7819	0,8365	0,8954	0,9793	1,0900	1,2036	1,3181	1,4320				
500									0,9229	0,9765	1,0333	1,1133	1,2185	1,3274	1,4382	1,5492				
600										1,1141	1,1701	1,2483	1,3505	1,4560	1,5640	1,6726				
700											1,3048	1,3822	1,4827	1,5863	1,6921	1,7988				
800												1,5144	1,6142	1,7164	1,8208					
900													1,7441	1,8458	1,9492					
1000													1,8726	1,9739	2,0767					

Ammoniak

p×10³/hPa	Temperatur in °C 50	75	100	150	200	250	300
0	1,2019	1,2948	1,3878	1,5738	1,7598	1,9457	2,1317
1	1,1926	1,2863	1,3814	1,569	1,755	1,942	2,129
5	1,1555	1,2555	1,3559	1,549	1,741	1,931	2,120
10	1,1064	1,2166	1,3238	1,528	1,726	1,919	2,110
20		1,130	1,253	1,483	1,693	1,896	2,092
30		1,026	1,183	1,435	1,659	1,869	2,073
40			1,098	1,385	1,625	1,847	2,053
50				1,333	1,591	1,821	2,037
60				1,278	1,555	1,796	2,018
80				1,156	1,481	1,746	1,984
100				1,040	1,413	1,698	1,950

Ammoniak (Fortsetzung)

	Temperatur in °C						
p×10³/hPa	50	75	100	150	200	250	300
200				0,448	0,987	1,433	1,769
300				0,541	0,817	1,242	1,635
400				0,674	0,865	1,192	1,564
500				0,798	0,967	1,223	1,553
600				0,928	1,083	1,305	1,592
700				1,048	1,197	1,405	1,664
800				1,172	1,317	1,511	1,748
900				1,290	1,437	1,622	1,847
1000				1,406	1,552	1,733	1,955

Distickstoffmonoxid

	Temperatur in °C									
p×10³/hPa	– 30	– 15	0	15	30	50	75	100	125	150
0	0,8966	0,9519	1,0072	1,0625	1,1178	1,1916	1,2838	1,3760	1,4682	1,5604
1	0,8874	0,9438	1,0001	1,0561	1,1124	1,1868	1,2798	1,3725	1,4652	1,5579
2	0,8780	0,9357	0,9929	1,0497	1,1064	1,1819	1,2756	1,3691	1,4624	1,5555
4	0,8585	0,9188	0,9781	1,0366	1,0949	1,1721	1,2674	1,3621	1,4565	1,5505
6	0,8379	0,9015	0,9631	1,0235	1,0833	1,1621	1,2591	1,3551	1,4504	1,5455
8	0,8166	0,8838	0,9477	1,0104	1,0716	1,1520	1,2507	1,3480	1,4445	1,5405
10	0,7938	0,8650	0,9315	0,9968	1,5551	1,1417	1,2422	1,3409	1,4385	1,5354
15		0,8143	0,8894	0,9696	1,0494	1,1153	1,2206	1,3228	1,4233	1,5226
20		0,7555	0,8434	0,9223	0,9959	1,0883	1,1983	1,3046	1,4079	1,5095
30			0,7316	0,8362	0,9244	1,0308	1,1526	1,2669	1,3768	1,4832
40				0,7282	0,8440	0,9686	1,1049	1,2286	1,3452	1,4573
50					0,7450	0,9008	1,0551	1,1894	1,3136	1,4313
60					0,6008	0,8246	1,0027	1,1493	1,2820	1,4055
70						0,7358	0,9478	1,1089	1,2504	1,3808
80						0,6228	0,8901	1,0682	1,2190	1,3558
90						0,4738	0,8292	1,0272	1,1878	1,3311
100						0,3732	0,7661	0,9859	1,1569	1,3069
120						0,3592	0,6482	0,9059	1,0982	1,2610
140						0,3861	0,5777	0,8369	1,0453	1,2195
160						0,4202	0,5593	0,7874	1,0012	1,1838
180						0,4560	0,5704	0,7608	0,9698	1,1550
200						0,4927	0,5934	0,7553	0,9594	1,1345
220						0,5299	0,6225	0,7632	0,9426	1,1224
240						0,5670	0,6538	0,7810	0,9449	1,1177
260						0,6024	0,6879	0,8046	0,9555	1,1197
280						0,6408	0,7230	0,8315	0,9721	1,1273
300						0,6775	0,7570	0,8614	0,9932	1,1414

Kohlenstoffmonoxid

	Temperatur in °C		
p×10³/hPa	– 70	– 50	– 25
0	0,744	0,817	0,909
1	0,743	0,816	0,908
25	0,704	0,790	0,894
50	0,665	0,763	0,877
75	0,633	0,740	0,864
100	0,616	0,727	0,859
150	0,619	0,730	0,866
200	0,661	0,763	0,900
300	0,791	0,882	1,005
400	0,935	1,021	1,133
500	1,082	1,166	1,274
600	1,227	1,311	1,417
800	1,509	1,595	1,700
1000	1,781	1,869	1,976

p×10³/hPa	0	25	50	75	100	125	150
0	1,0006	1,0922	1,1838	1,2754	1,3670	1,4585	1,5501
1	1,0000	1,0918	1,1836	1,2754	1,3672	1,4589	1,5506
50	0,9778	1,0814	1,1829	1,2828	1,3814	1,4790	1,5758
100	0,9721	1,0853	1,1945	1,3007	1,4047	1,5068	1,6077
200	1,0170	1,1373	1,2537	1,3666	1,4767	1,5843	1,6903
300	1,1149	1,2330	1,3490	1,4629	1,5745	1,6840	1,7919
400	1,2386	1,3522	1,4656	1,5782	1,6892	1,7986	1,9071
600	1,5109	1,6184	1,7268	1,8355	1,9439	2,0515	2,1590
800	1,7877	1,8923	1,9979	2,1042	2,2105	2,3163	2,4226
1000	2,0601	2,1636	2,2681	2,3732	2,4783	2,5830	2,6883
1200	2,3261	2,4299	2,5340	2,6387	2,7432	2,8476	2,9523
1500	2,7139	2,8185	2,9234	3,0283	3,1330	3,2374	3,3420
2000	3,3342	3,4408	3,5479	3,6545	3,7608	3,8665	3,9719
2500	3,9259	4,0363	4,1463	4,2557	4,3642	4,4718	4,5785
3000	4,4958	4,6104	4,723	4,836	4,947	5,057	5,165

Kohlenstoffdioxid

	Temperatur in °C								
p×10³/hPa	0	50	100	150	200	300	400	500	600
0	1,0070	1,1914	1,3757	1,5600	1,7444	2,1130	2,4817	2,8504	3,2190
1	1,0001	1,1869	1,3725	1,5578	1,7428	2,1124	2,4816	2,8506	3,2196
10	0,9350	1,1448	1,3435	1,5376	1,7293	2,1071	2,4810	2,8531	3,2244
20	0,8541	1,0961	1,3109	1,5152	1,7142	2,1011	2,4803	2,8557	3,2298
30	0,7546	1,0446	1,2775	1,4928	1,6991	2,0950	2,4796	2,8585	3,2352
40		0,9950	1,2437	1,4703	1,6840	2,0890	2,4789	2,8612	3,2405
50		0,9305	1,2093	1,4479	1,6688	2,0830	2,4782	2,8638	3,2458

p×10³/hPa	50	75	100	125	150	198	258
0	1,1914	1,2836	1,3757	1,4679	1,5600	1,7369	1,9581
1	1,1869	1,2797	1,3725	1,4651	1,5578	1,7355	1,9574
100	0,5018	0,8332	1,0331	1,1958	1,3397	1,584	1,848
200	0,5015	0,6298	0,8155	1,0131	1,1942	1,498	1,805
300	0,6719	0,7633	0,8851	1,0321	1,1915	1,494	1,819
400	0,8443	0,7390	1,0308	1,1512	1,2859	1,559	1,880
600	1,1770	1,2516	1,3524	1,4557	1,5687	1,802	
800	1,4955	1,5798	1,6719	1,7711	1,8771	2,093	
1000	1,8029	1,8904	1,9835	2,0821	2,1860		
1200	2,1016	2,1922	2,2872	2,3867	2,4902		
1500	2,5363	2,6314	2,7298	2,8315	2,9362		
2000		3,3353	3,4394	3,5454	3,6540		

Kohlenstofftetrafluorid

	Temperatur in °C						
p×10³/hPa	0	50	100	150	250	300	400
0	1,0050	1,1889	1,3729	1,5569	1,9248	2,1087	2,4766
1	1,0001	1,1858	1,3710	1,5557	1,9248	2,1091	2,4777
10	0,9549	1,1579	1,3541	1,5459	1,9257	2,1131	2,4873
20	0,9022	1,1272	1,3363	1,5363	1,9273	2,1182	2,4981
30	0,8477	1,0971	1,3193	1,5276	1,9296	2,1239	2,5094
40	0,7911	1,0680	1,3034	1,5203	1,9326	2,1301	2,5209
50	0,7324	1,0407	1,2892	1,5140	1,9364	2,1370	2,5327

Methan

	Temperatur in °C								
p×10³/hPa	– 70	– 50	– 25	0	25	50	100	150	200
0	0,7455	0,8189	0,9106	1,0024	1,0941	1,1859	1,3695	1,5528	1,7365
1	0,7411	0,8151	0,9075	1,0000	1,0922	1,1843	1,3684	1,5523	1,7363
20	0,648	0,741	0,850	0,9552	1,0567	1,1563	1,3515	1,5437	1,732
40	0,527	0,657	0,789	0,9086	1,0209	1,1287	1,3358	1,5363	1,731
60	0,344	0,559	0,726	0,8634	0,9875	1,1037	1,3223	1,5305	1,731
80	0,260	0,465	0,668	0,8219	0,9574	1,0817	1,3113	1,5267	1,732
100	0,279	0,412	0,620	0,7866	0,9320	1,0634	1,3029	1,5250	1,735
120	0,315	0,410	0,590	0,7604	0,9124	1,0494	1,2974	1,5254	1,740
140	0,351	0,428	0,581	0,7458	0,8995	1,0401	1,2949	1,5279	1,746
160	0,388	0,457	0,588	0,7416	0,8942	1,0360	1,2953	1,5325	1,754
180	0,425	0,488	0,606	0,7474	0,0857	1,0367	1,2988	1,5393	1,764
200	0,461	0,522	0,629	0,7611	0,9026	1,0428	1,3051	1,5480	1,775
300	0,639	0,695	0,782	0,884	1,002	1,126	1,375	1,620	1,850
400	0,809	0,866	0,947	1,041	1,142	1,254	1,487	1,722	1,953
500	0,976	1,032	1,111	1,199	1,296	1,401	1,619	1,846	2,072
600	1,136	1,194	1,273	1,358	1,453	1,553	1,762	1,983	2,203
800	1,447	1,508	1,588	1,672	1,764	1,862	2,058	2,268	2,480
1000	1,746	1,809	1,891	1,980	2,069	2,164	2,356	2,561	2,767

Ethan

	Temperatur in °C									
$p \times 10^3$/hPa	0	25	50	75	100	125	150	175	200	225
0	1,0103	1,1028	1,1952	1,2877	1,3802	1,4726	1,5651	1,6576	1,7500	1,8425
1	1,0001	1,0943	1,1881	1,2817	1,3752	1,4683	1,5613	1,6543	1,7490	1,8401
2	0,9898	1,0858	1,1812	1,2759	1,3699	1,4639	1,5577	1,6512	1,7445	1,8376
5	0,9612	1,0599	1,1597	1,2577	1,3548	1,4511	1,5467	1,6419	1,7366	1,8308
10	0,9206	1,0152	1,1235	1,2272	1,3294	1,4295	1,5282	1,6258	1,7228	1,8188
20		0,9142	1,0455	1,1645	1,2774	1,3860	1,4918	1,5954	1,6961	1,7961
40			0,8554	1,0236	1,1677	1,2961	1,4185	1,5341	1,6446	1,7528
60			0,5616	0,8596	1,0485	1,2060	1,3454	1,4751	1,5961	1,7131
80			0,4059	0,6927	0,9336	1,1194	1,2771	1,4201	1,5528	1,6781
100			0,4279	0,6089	0,8424	1,0453	1,2206	1,3745	1,5156	1,6491
150			0,5563	0,6544	0,7986	0,9689	1,1432	1,3056	1,4594	1,6068
200			0,6920	0,7702	0,8775	1,0093	1,1576	1,3115	1,4617	1,6097
250			0,8302	0,9024	0,9937	1,1059	1,2343	1,3726	1,5140	1,6554
300			0,9662	1,0360	1,1207	1,2215	1,3369	1,4614	1,5928	1,7284
350			1,1002	1,1695	1,2502	1,3445	1,4504	1,5656	1,6885	1,8172
400			1,2319	1,3008	1,3803	1,4704	1,5699	1,6777	1,7936	1,9158
450			1,3616	1,4312	1,5097	1,5971	1,6917	1,7935	1,9039	2,0208
500			1,4896	1,5600	1,6384	1,7235	1,8150	1,9127	2,0172	2,1292

Ethen (Ethylen)

	Temperatur in °C					
$p\times10^3$/hPa	0	10	20	30	40	50
0	1,0073	1,0442	1,0811	1,1180	1,1548	1,1917
1	1,0001	1,0375	1,0748	1,1121	1,1493	1,1865
2	0,9927	1,0307	1,0684	1,1061	1,1436	1,1812
5	0,9698	1,0097	1,0486	1,0878	1,1267	1,1653
10	0,9290	0,9726	1,0144	1,0562	1,0975	1,1381
15	0,8850	0,9329	0,9782	1,0233	1,0672	1,1102
20	0,8375	0,8905	0,9403	0,9889	1,0360	1,0816
25	0,7868	0,8456	0,9004	0,9532	1,0036	1,0522

$p\times10^3$/hPa	0	25	50	75	100	125	150
0	1,0073	1,0995	1,1917	1,2839	1,3761	1,4683	1,5605
1	1,0001	1,0933	1,1865	1,2797	1,3728	1,4660	1,5592
50	0,1850	0,6867	0,8908	1,0467	1,1833	1,3092	1,4282
100	0,3069	0,3873	0,5702	0,8105	1,0052	1,1703	1,3180
200	0,5605	0,6192	0,7016	0,8129	0,9488	1,0990	1,2519
300	0,7986	0,8596	0,9334	1,0221	1,1258	1,2427	1,3689
400	1,0265	1,0909	1,1646	1,2482	1,3418	1,4449	1,5560
600	1,4608	1,5316	1,6088	1,6920	1,7809	1,8758	1,9759
800	1,8750	1,9516	2,0329	2,1184	2,2079	2,3016	2,3989
1000	2,2743	2,3560	2,4414	2,5301	2,6213	2,7157	2,8132
1200	2,6618	2,7480	2,8374	2,9291	3,0226	3,1187	3,2172
1500	3,2251	3,3174	3,4121	3,5085	3,6054	3,7046	3,8054
2000	4,1273	4,2280	4,3305	4,4338	4,5366	4,6410	4,7463
2500	4,9945	5,1022	5,2117	5,3211	5,4291	5,5383	5,6481

Ethin (Acetylen)

	Temperatur in °C				
$p\times10^3$/hPa	0	15	25	40	50
0	1,0088	1,0641	1,1015	1,1569	1,1938
1	1,0001	1,0562	1,0940	1,1502	1,1876
2	0,9913	1,0481	1,0865	1,1435	1,1813
5	0,9643	1,0235	1,0636	1,1229	1,1625
10	0,9171	0,9809	1,0241	1,0880	1,1307
15	0,8671	0,9363	0,9830	1,0522	1,0985
20	0,8144	0,8896	0,9404	1,0155	1,0658
25	0,7590	0,8407	0,8961	0,9779	1,0328

Propan

	Temperatur in °C												
$p \times 10^3$/hPa	0	10	20	30	40	50	75	100	125	150	200	250	300
0	1,0193	1,0566	1,0939	1,1312	1,1685	1,2245	1,2991	1,3924	1,4857	1,5790	1,7656	1,9522	2,1387
1	1,0003	1,0379	1,0761	1,1143	1,1530	1,1918	1,2871	1,3816	1,4758	1,5699	1,7591	1,9473	2,1347
2	0,9783	1,0182	1,0582	1,0982	1,1373	1,1755	1,2737	1,3718	1,4664	1,5644	1,7536	1,9428	2,1311
4		0,9730	1,0179	1,0615	1,1041	1,1463	1,2490	1,3485	1,4471	1,5457	1,7394	1,9330	2,1256
6			0,9758	1,0233	1,0696	1,1145	1,2212	1,3251	1,4278	1,5287	1,7267	1,9231	2,1154
8				0,9783	1,0290	1,0779	1,1925	1,3010	1,4089	1,5108	1,7146	1,9141	2,1094
10					0,9861	1,0394	1,1625	1,2780	1,3887	1,4936	1,7017	1,9038	2,1014
20							0,9870	1,1441	1,2825	1,4048	1,6361	1,8566	2,0647
40									1,0250	1,2076	1,5059	1,7650	1,9950
60									0,6625	0,9882	1,3802	1,6787	1,9337
80									0,5416	0,7934	1,2648	1,6034	1,8834
100									0,5821	0,7414	1,1779	1,5420	1,8443
150									0,7635	0,8594	1,1404	1,4855	1,8120
200									0,9479	1,0355	1,2654	1,5472	1,8617
300									1,3247	1,4067	1,5992	1,8172	
400									1,6819	1,7672	1,9513	2,1539	
500									2,0302	2,1123	2,2964	2,4966	
600									2,3638	2,4481	2,6360	2,8328	

Propen

	Temperatur in °C					
$p \times 10^3$/hPa	25	50	75	100	125	150
0	1,1129	1,2062	1,2995	1,3928	1,4861	1,5794
1	1,0971	1,1930	1,2883	1,3832	1,4778	1,5722
10	0,9301	1,0605	1,1796	1,2920	1,4002	1,5055
30			0,8366	1,0453	1,2049	1,3454
50				0,5924	0,9635	1,1677
100				0,4844	0,5967	0,7942
200				0,8335	0,9066	0,9998
300				1,1724	1,2448	1,3277

3.3.3.4 Die zweiten Viralkoeffizienten von Gasen

Nach J. Otto, Braunschweig

Unter dem zweiten Virialkoeffizienten soll hier der Koeffizient B der Zustandsgleichung $pV_m/RT = 1 + Bp + Cp^2...$, verstanden werden, wobei $V_m = V/m$, die molare Volumeneinheit ist; T [K] = [t (°C) + 273,15].
Die pV Werte werden oft auf den Zustand des Gases bei 273,15 K und 1013,25 hPa bezogen.
$pV\ [= pV/(pV)_{273,15\,K,\ 1013,25\,hPa}] = A + Bp + Cp^2 \ldots.$
Der folgende Koeffizient B ist für diese Gleichung wiedergegeben.

T °C	*B* in hPa^{-1} Helium He	Neon Ne	Argon Ar	Krypton Kr	Xenon Xe	Wasserstoff H_2	Deuterium D_2	Sauerstoff O_2
1000	0,39		(1,05)*	(1,13)*	(1,14)*			
900	0,40		(1,02)*	(1,06)*	(1,00)*			
800	0,42		(0,98)*	(0,98)*	(0,83)*			
700	0,43	0,632	(0,93)*	(0,88)*	0,65			
600	0,44	0,627	0,88	0,76	0,36			
500	0,46	0,621	0,80	0,58	−0,01			
400	0,47	0,620	0,69	0,34	−0,49	0,71		
300	0,480	0,619	0,50	0,19	−1,10	0,73		
200	0,498	0,605	0,22	−0,49	−2,11	0,74		0,25
175	0,501	0,596	0,17	−0,66	−2,43	0,73		0,18
150	0,507	0,587	0,06	−0,84	−2,78	0,719	0,703	0,08
125	0,511	0,575	−0,04	−1,06	−3,21	0,714	0,697	−0,02
100	0,516	0,557	−0,18	−1,32	−3,73	0,708	0,682	−0,14
75	0,521	0,547	−0,33	−1,60	−4,32	0,695	0,671	−0,30
50	0,526	0,537	−0,56	−1,94	−5,05	0,674	0,652	−0,47
25	0,531	0,52	−0,73	−2,37	−5,93	0,649	0,629	−0,63
0	0,536	0,49	−0,99	−2,85	−7,05	0,620	0,602	−0,96
−25	0,542	0,46	−1,30			0,589	0,562	−1,32
−50	0,546	0,41	−1,69			0,545	0,521	−1,74
−75	0,547	0,35	−2,22			0,487	0,459	−2,33
−100	0,547	0,28	−2,95			0,403	0,379	−3,10
−125	0,545	0,17	−4,00			0,315	0,289	−4,10
−150	0,539	0,01				0,12	0,08	−5,80
−175	0,501	−0,27				−0,13	−0,19	
−200	0,451	−0,69						
−225	0,335							
−250	−0,100							

* Extrapolierte Werte.

T	B in hPa^{-1}						
°C	Schwefel-hexafluorid SF_6	Stickstoff N_2	Luft	Ammoniak NH_3	Distick-stoff-monoxid N_2O	Kohlen-stoff-monoxid CO	Kohlen-stoff-dioxid CO_2
1000		(1,44)*					(1,04)*
900		(1,41)*					(0,96)*
800		1,38					(0,86)*
700		1,34					(0,73)*
600		1,29					0,55
500		1,21					0,27
400		1,07					– 0,08
300		0,92				0,92	– 0,62
200	– 3,65	0,695	0,54	– 3,5		0,65	– 1,55
175	– 4,51	0,628	0,47	– 4,0		0,51	– 1,93
150	– 5,44	0,537	0,38	– 4,6	– 2,65	0,45	– 2,34
125	– 6,28	0,424	0,27	– 5,5	– 3,11	0,33	– 2,79
100	– 7,31	0,294	0,16	– 6,5	– 3,66	0,20	– 3,29
75	– 8,51	0,152	0,02	– 7,8	– 4,31	0,04	– 3,90
50	– 9,95	– 0,018	– 0,155	– 9,5	– 5,02	– 0,15	– 4,69
25	– 11,4	– 0,212	– 0,363	– 12,0	– 6,08	– 0,37	– 5,63
0	– 15,3	– 0,470	– 0,608	– 16,1	– 7,35	– 0,64	– 6,99
– 25		– 0,79	– 0,91				– 8,5
– 50		– 1,13	– 1,31				– 12,3
– 75		– 1,67	– 1,70				
– 100		– 2,34	– 2,51				
– 125		– 3,34	– 3,53				
– 150		– 4,68					

* Extrapolierte Werte.

3.4 Gleichgewichtskonstanten

3.4.1 Dissoziationskonstante in wäßriger Lösung

3.4.1.1 Anorganische Säuren und Basen

Formel	Name	Stufe	°C	Konstante Konz. in Mol/L	p_{Ks}
H_3AlO_3	Aluminiumhydroxid	–	25	$6 \cdot 10^{-12}$	11,22
H_3AsO_3	Arsenige Säure	1	25	$4 \cdot 10^{-10}$	9,40
		2	25	$3 \cdot 10^{-14}$	13,5
		3	32	$< 10^{-15}$	>15
H_3AsO_4	Arsensäure	1	18	$5{,}62 \cdot 10^{-3}$	2,25
		2	18	$1{,}70 \cdot 10^{-7}$	6,77
		3	18	$2{,}95 \cdot 10^{-12}$	11,53
HBO_2	Metaborsäure	–	25	$7{,}5 \cdot 10^{-10}$	9,12
H_3BO_3	Borsäure	1	20	$5{,}27 \cdot 10^{-10}$	9,28
		2	20	$1{,}8 \cdot 10^{-13}$	12,74
		3	20	$1{,}6 \cdot 10^{-14}$	13,80
HBr	Bromwasserstoffsäure	–	25	10^{7}	> 7
HBrO	Hypobromige Säure	–	20	$2{,}0 \cdot 10^{-9}$	8,30
HCN	Cyanwasserstoffsäure	–	18	$4{,}79 \cdot 10^{-4}$	3,320

3.4.1.1 Anorganische Säuren und Basen (Fortsetzung)

Formel	Name	Stufe	°C	Konstante Konz. in Mol/L	p_{Ks}
$HOCN$	Cyansäure	–	25	$2{,}2 \cdot 10^{-4}$	3,66
$HSCN$	Thiocyansäure	–	25	0,142	0,847
H_2CO_3	Kohlensäure	1	25	$4{,}31 \cdot 10^{-7}$	6,37
		2	25	$5{,}61 \cdot 10^{-11}$	10,251
HCl	Chlorwasserstoffsäure	–	25	10^{7}	7
$HClO$	Hypochlorige Säure	–	15	$3{,}2 \cdot 10^{-8}$	7,49
$HClO_2$	Chlorige Säure	–	25	$4{,}9 \cdot 10^{-3}$	2,31
H_2CrO_4	Chromsäure	1	25	0,18	0,74
		2	25	$3{,}2 \cdot 10^{-7}$	6,49
HF	Fluorwasserstoffsäure	–	25	$6{,}7 \cdot 10^{-4}$	3,17
HI	Iodwasserstoffsäure	–	25	$3 \cdot 10^{-9}$	8,5
HIO	Hypoiodige Säure	–	25	$2 \cdot 10^{-10}$	9,7
HN_3	Stickstoffwasserstoffsäure	–	25	$1{,}9 \cdot 10^{-5}$	4,72
HNO_2	Salpetrige Säure	–	20	$7 \cdot 10^{-4}$	3,2
HNO_3	Salpetersäure	–	30	22	– 1,34
NH_2OH	Hydroxylamin	–	25	$9{,}3 \cdot 10^{-9}$	8,03
H_2O_2	Wasserstoffperoxid	–	20	$1{,}78 \cdot 10^{-12}$	11,75
H_3PO_2	Phosphinsäure	1	18	$8{,}5 \cdot 10^{-2}$	1,07
H_3PO_3	Phosphonsäure	1	18	$1{,}0 \cdot 10^{-2}$	2
		2	18	$2{,}6 \cdot 10^{-7}$	6,59
H_3PO_4	Phosphorsäure	1	20	$7{,}46 \cdot 10^{-3}$	2,13
		2	20	$6{,}12 \cdot 10^{-8}$	7,21
$H_4P_2O_7$	Diphosphorsäure	1	18	$1{,}1 \cdot 10^{-1}$	0,95
		2	18	$3{,}2 \cdot 10^{-2}$	1,49
		3	25	$2{,}7 \cdot 10^{-7}$	6,57
		4	25	$2{,}4 \cdot 10^{-10}$	9,62
H_2S	Schwefelwasserstoff	1	20	$8{,}73 \cdot 10^{-7}$	6,06
		2	20	$3{,}63 \cdot 10^{-12}$	11,44
H_2SO_3	Schweflige Säure	1	18	$1{,}66 \cdot 10^{-2}$	1,78
		2	18	$1{,}02 \cdot 10^{-7}$	6,99
H_2SO_4	Schwefelsäure	2	20	$1{,}27 \cdot 10^{-2}$	1,90
H_2SO_5	Peroxoschwefelsäure	2	25	$4 \cdot 10^{-10}$	9,40
HO_3SNH_2	Amidoschwefelsäure	–	20	$1{,}014 \cdot 10^{-1}$	0,994
H_2Se	Selenwasserstoff	1	25	$1{,}88 \cdot 10^{-4}$	3,73
H_2SeO_3	Selenige Säure	1	18	$2{,}88 \cdot 10^{-3}$	2,54
H_2SeO_4	Selensäure	1	25	~ 3	~– 0,5
		2	30	$1{,}13 \cdot 10^{-2}$	1,94
H_2SiO_3	Metakieselsäure	1	25	$3{,}1 \cdot 10^{-10}$	9,50
		2	25	$1{,}7 \cdot 10^{-12}$	11,77
H_4SiO_4	Orthokieselsäure	1	30	$2{,}2 \cdot 10^{-10}$	9,65
		2	30	$2{,}0 \cdot 10^{-12}$	11,70
		3	30	$1 \cdot 10^{-12}$	12
		4	30	$1 \cdot 10^{-12}$	12
H_2Te	Tellurwasserstoff	1	18	$2{,}27 \cdot 10^{-3}$	2,64
		2	25	$1{,}59 \cdot 10^{-9}$	8,80
H_2TeO_3	Tellurige Säure	1	25	$3 \cdot 10^{-3}$	2,52
		2	25	$1{,}4...4{,}3 \cdot 10^{-6}$	–
H_2TeO_4	Tellursäure	1	25	$1{,}55 \cdot 10^{-8}$	7,81
		2	25	$4{,}7 \cdot 10^{-11}$	10,33
$Ag(NH_3)_2OH$	Diamminsilberhydroxid	–	18	$3{,}31 \cdot 10^{-8}$	7,48
$AgOH$	Silberhydroxid		25	$1{,}1 \cdot 10^{-4}$	3,96
$Ba(OH)_2$	Bariumhydroxid	2	25	0,23	0,63
$Be(OH)_2$	Berylliumhydroxid	2	25	$5 \cdot 10^{-11}$	10,3
$Ca(OH)_2$	Calciumhydroxid	1	25	$3{,}74 \cdot 10^{-3}$	2,43
		2	25	$4{,}3 \cdot 10^{-2}$	1,37

3.4.1.1 Anorganische Säuren und Basen (Fortsetzung)

Formel	Name	Stufe	°C	Konstante Konz. in Mol/L	p_{Ks}
$Fe(OH)_2$	Eisen(II)-hydroxid	2	25	$8{,}3 \cdot 10^{-7}$	6,08
$Ga(OH)_3$	Gallium(III)-hydroxid	2	18	$\sim 1{,}6 \cdot 10^{-11}$	10,8
		3	18	$\sim 4 \cdot 10^{-12}$	11,4
LiOH	Lithiumhydroxid	–	25	0,665	0,177
$Mg(OH)_2$	Magnesiumhydroxid	2	25	$2{,}6 \cdot 10^{-3}$	2,59
NH_3	Ammoniak	1	20	$1{,}71 \cdot 10^{-5}$	4,77
		–	50	$1{,}89 \cdot 10^{-5}$	4,72
N_2H_4	Hydrazin	1	25	$8{,}5 \cdot 10^{-7}$	6,07
		2	25	$8{,}9 \cdot 10^{-16}$	15,05
NH_2Cl	Chloramin	–	25	$\sim 10^{15}$	~15
NH_2OH	Hydroxylamin	–	20	$1{,}07 \cdot 10^{-8}$	7,97
NaOH	Natriumhydroxid	–	25	3,7...5,9	–
PH_3	Phosphorwasserstoff	–	–	$\sim 4 \cdot 10^{-28}$	27,4
$Pb(OH)_2$	Blei(II)-hydroxid	1	25	$9{,}6 \cdot 10^{-4}$	3,02
		2	25	$3 \cdot 10^{-8}$	7,5
$Sr(OH)_2$	Strontiumhydroxid	2	25	0,150	0,823
		2	25	$1{,}5 \cdot 10^{-9}$	8,82

3.4.1.2 Einige Indikatoren und Puffer, geordnet nach p_H-Werten

Name	p_H-Bereich	Umschlag		100 ml Pufferlösung bei 25 °C aus
Methylviolett	0–1,6	gelb-blau	0	
			1	27,2 ml 0,2 M-KCl + 72,8 ml 0,2 M-HCl
Chinaldinrot	1,0–2,2	fbl.-rot	2	79,4 ml 0,2 M-KCl + 20,6 ml 0,2 M-HCl
Erythrosin-dinatrium	2,2–3,6	orange-rot	3	69,2 ml 0,1 M-Kaliumhydrogenphthalat = A + 30,8 ml 0,1 M-HCl
Methylorange	3,2–4,4	rot-gelb	4	99,8 ml A + 0,2 ml 0,1 M-HCl
Bromkresolgrün	3,8–5,4	gelb-blau	5	68,9 ml A + 31,1 ml 0,1 M-NaOH
Methylrot	4,8–6,0	rot-gelb	6	89,9 ml 0,1 M-KH_2PO_4 = B + 10,1 ml 0,1 M-NaOH
Bromthymolblau	6,0–7,6	gelb-blau	7	63,2 ml B + 36,8 ml 0,1 M-NaOH
Phenolrot	6,6–8,0	gelb-rot	8	51,7 ml B + 48,3 ml 0,1 M-NaOH
o-Kresolphthalein	8,2–9,8	fbl.-rot	9	91,6 ml 0,025 M-Borax = C + 8,4 ml 0,1 M-HCl
Phenolphthalein	8,2–10,0	fbl.-rot		
Thymolphthalein	9,4–10,6	fbl.-blau	10	73,2 ml C + 26,8 ml 0,1 M-NaOH
Alizarin Gelb R	10,1–12,0	gelb-rot	11	92,4 ml 0,05 M-Na_2HPO_4 = D + 7,6 ml 0,1 M-NaOH
Dinatrium p-(2,4-Dihydroxy-phenylazo-) benzensulfat	11,4–12,6	gelb-orange	12	65,0 ml D + 35 ml 0,1 M-NaOH
2,4,6-Trinitro-toluen	11,5–13	fbl.-orange	13	27,5 ml 0,2 M-KCl + 72,5 ml 0,2 M-NaOH
1,3,5-Trinitro-benzen	12–14	fbl.-orange	14	

3.4.1.3 Löslichkeitsprodukt von in Wasser schwer löslichen Salzen anorganischer Säuren

Steht ein Elektrolyt im Gleichgewicht mit seiner festen Phase, so ist aus dem Lösungsgleichgewicht die Zahl der gelösten Moleküle bekannt. Nach dem Massenwirkungsgesetz gilt für das Gleichgewicht für ein-einwertige Elektrolyte

$$\frac{[A^+] \cdot [B^-]}{[AB]} = K, \quad [A^+]\,[B^-] = K \cdot [AB] = L_{AB}\,.$$

Die Konstante L nennt man das Löslichkeits- oder Ionenprodukt.

Stoff	Temp. °C	Löslichkeits-produkt Konz. in Mol/L	Stoff	Temp. °C	Löslichkeits-produkt Konz. in Mol/L
Ag_3AsO_3	25	$4{,}5 \cdot 10^{-19}$	$CaCrO_4$	18	$2{,}3 \cdot 10^{-2}$
Ag_3AsO_4	25	$1{,}0 \cdot 10^{-19}$	CaF_2	18	$3{,}4 \cdot 10^{-11}$
$AgBr$	25	$6{,}3 \cdot 10^{-13}$	$Ca(IO_3)_2 \cdot 6\,H_2O$	18	$7{,}4 \cdot 10^{-7}$
$AgBrO_3$	25	$5{,}77 \cdot 10^{-5}$		30	$3{,}9 \cdot 10^{-6}$
$AgCH_3COO$	25	$4{,}4 \cdot 10^{-3}$	$Ca(OH)_2$	18	$5{,}47 \cdot 10^{-6}$
$AgCN$	25	$7 \cdot 10^{-15}$	$CaHPO_4$	25	$\sim 5 \cdot 10^{-6}$
$AgCN_2$	25	$1{,}4 \cdot 10^{-9}$	$Ca_3(PO_4)_2$	25	$1 \cdot 10^{-25}$
$AgOCN$	18...20	$2{,}3 \cdot 10^{-7}$	$CaSO_4$	10	$6{,}1 \cdot 10^{-5}$
$AgSCN$	25	$1{,}16 \cdot 10^{-12}$	CdC_2O_4	25	$1{,}10 \cdot 10^{-8}$
Ag_2CO_3	25	$6{,}15 \cdot 10^{-12}$	$CdCO_3$	25	$2{,}5 \cdot 10^{-14}$
$AgCl$	20	$1{,}61 \cdot 10^{-10}$	$Cd(OH)_2$	18	$1{,}2 \cdot 10^{-14}$
	50	$13{,}2 \cdot 10^{-10}$	CdS aus $CdCl_2$	18	$7{,}1 \cdot 10^{-28}$
Ag_2CrO_4	25	$4{,}05 \cdot 10^{-12}$	CdS aus $CdSO_4$	18	$5{,}1 \cdot 10^{-29}$
$Ag_2Cr_2O_7$	25	$2 \cdot 10^{-7}$	$Ce_2(C_2O_4)_3$	25	$3{,}98 \cdot 10^{-29}$
AgI	25	$1{,}5 \cdot 10^{-16}$	$Ce_2(C_4H_4O_6)_3$	25	10^{-19}
$AgIO_3$	25	$3{,}2 \cdot 10^{-8}$	$Ce(IO_3)_3$	25	$3{,}46 \cdot 10^{-10}$
$AgMoO_4$	18	$3{,}1 \cdot 10^{-11}$	$CoCO_3$	25	$1 \cdot 10^{-12}$
$AgOH$	18	$1{,}24 \cdot 10^{-8}$	$Co(OH)_2$	25	$2{,}0 \cdot 10^{-16}$
Ag_3PO_4	20	$1{,}8 \cdot 10^{-18}$	CoS	20	$1{,}9 \cdot 10^{-27}$
Ag_2S	18	$1{,}6 \cdot 10^{-49}$	$Cr(OH)_2$	18	$2{,}0 \cdot 10^{-20}$
Ag_2SO_4	25	$7{,}7 \cdot 10^{-5}$	$Cr(OH)_3$	25	$6{,}7 \cdot 10^{-31}$
Ag_3VO_4	20	$5 \cdot 10^{-7}$	$CsClO_4$	25	$3{,}2 \cdot 10^{-3}$
$AgWO_4$	18	$5{,}2 \cdot 10^{-10}$	$CuBr$	18...20	$4{,}15 \cdot 10^{-8}$
$Al(OH)_3$	18	$1{,}5 \cdot 10^{-15}$	$CuCO_3$	25	$1{,}37 \cdot 10^{-10}$
	25	$3{,}7 \cdot 10^{-15}$	$Cu(COO)_2$	25	$2{,}87 \cdot 10^{-8}$
As_2S_3	18	$4 \cdot 10^{-29}$	$CuSCN$	18	$1{,}6 \cdot 10^{-11}$
$Ba(BrO_3)_2$	25	$5{,}49 \cdot 10^{-6}$	$CuCl$	18...20	$1{,}02 \cdot 10^{-6}$
$BaCO_3$	16	$7 \cdot 10^{-9}$	CuI	18...20	$5{,}06 \cdot 10^{-12}$
$BaC_2O_4 \cdot 3^1/_2\,H_2O$	18	$1{,}62 \cdot 10^{-7}$	$Cu(IO_3)_2$	25	$1{,}4 \cdot 10^{-7}$
$BaCrO_4$	18	$1{,}6 \cdot 10^{-10}$	$Cu(OH)_2$	25	$5{,}6 \cdot 10^{-20}$
BaF_2	18	$1{,}7 \cdot 10^{-6}$	Cu_2S	18	$2 \cdot 10^{-47}$
$Ba(IO_3)_2$	25	$6{,}02 \cdot 10^{-10}$	CuS	18	$8 \cdot 10^{-45}$
$BaMnO_4$	25	$2{,}5 \cdot 10^{-10}$	$FeCO_3$	20	$2{,}5 \cdot 10^{-11}$
$BaSO_4$	25	$1{,}08 \cdot 10^{-10}$	$Fe(COO)_2$	25	$2{,}1 \cdot 10^{-7}$
	50	$1{,}98 \cdot 10^{-10}$	$Fe(OH)_2$	18	$4{,}8 \cdot 10^{-16}$
$Be(OH)_2$	25	$2{,}7 \cdot 10^{-19}$	$Fe(OH)_3$	18	$3{,}8 \cdot 10^{-38}$
$Bi(OH)_3$	18	$4{,}3 \cdot 10^{-31}$	FeS	18	$3{,}7 \cdot 10^{-19}$
$BiOCl$	25	$1{,}6 \cdot 10^{-31}$	Hg_2Br_2	25	$1{,}3 \cdot 10^{-21}$
Bi_2S_3	18	$1{,}6 \cdot 10^{-72}$	Hg_2CO_3	25	$9 \cdot 10^{-17}$
$CaCO_3$	25	$4{,}8 \cdot 10^{-9}$	$Hg_2(CN)_2$	25	$5 \cdot 10^{-40}$
$Ca(COO)_2 \cdot H_2O$	18	$1{,}78 \cdot 10^{-9}$	Hg_2Cl_2	25	$2 \cdot 10^{-18}$
$CaC_4H_4O_6 \cdot$	25	$7{,}7 \cdot 10^{-7}$	Hg_2CrO_4	25	$2 \cdot 10^{-9}$
$2\,H_2O$,Tartrat			Hg_2I_2	25	$1{,}2 \cdot 10^{-28}$

Stoff	Temp. °C	Löslichkeits-produkt Konz. in Mol/L	Stoff	Temp. °C	Löslichkeits-produkt Konz. in Mol/L
Hg_2O	25	$1,6 \cdot 10^{-23}$	$PbCl_2$	25	$2,12 \cdot 10^{-5}$
HgO	25	$1,7 \cdot 10^{-26}$	$PbCrO_4$	25	$1,77 \cdot 10^{-14}$
Hg_2S	18	$1 \cdot 10^{-47}$	PbF_2	9	$2,7 \cdot 10^{-8}$
HgS	18	$3 \cdot 10^{-54}$	PbI_2	25	$8,7 \cdot 10^{-9}$
Hg_2SO_4	25	$4,8 \cdot 10^{-7}$	$Pb(IO_3)_2$	18	$1,2 \cdot 10^{-13}$
Hg_2WO_4	18	$1,1 \cdot 10^{-17}$	PbS	18	$3,4 \cdot 10^{-28}$
$KClO_4$	25	$1,07 \cdot 10^{-2}$	$PbSO_4$	25	$1,58 \cdot 10^{-8}$
$KHC_4H_4O_6$	18	$3,8 \cdot 10^{-4}$	$RaSO_4$	20	$4,25 \cdot 10^{-11}$
Tartrat			$RbClO_4$	25	$4 \cdot 10^{-3}$
K_2PdCl_6	25	$5,97 \cdot 10^{-6}$	$Sb(OH)_3$	–	$4 \cdot 10^{-42}$
K_2PtCl_6	18	$1,1 \cdot 10^{-5}$	$Sn(OH)_2$	25	$5 \cdot 10^{-26}$
$La(C_4H_4O_6)_3$	25	$2 \cdot 10^{-30}$	$Sn(OH)_4$	25	$1 \cdot 10^{-56}$
$La(IO_3)_3$	25	$6 \cdot 10^{-10}$	SnS	25	10^{-28}
$La_2[(COO)_2]_3$	18	$2,02 \cdot 10^{-28}$	$SrCO_3$	25	$1,6 \cdot 10^{-9}$
$La(OH)_3$	25	$\sim 10^{-20}$	$Sr(COO)_2$	18	$5,6 \cdot 10^{-8}$
Li_2CO_3	25	3,16	$SrCrO_4$	18	$3,6 \cdot 10^{-5}$
$MgCO_3 \cdot 3\ H_2O$	12	$2,6 \cdot 10^{-5}$	SrF_2	18	$2,8 \cdot 10^{-9}$
$Mg(COO)_2$	18	$8,57 \cdot 10^{-5}$	$SrSO_4$	25	$2,8 \cdot 10^{-7}$
MgF_2	27	$6,4 \cdot 10^{-9}$	$Te(OH)_4$	18	$7 \cdot 10^{-53}$
$MgNH_4PO_4$	25	$2,5 \cdot 10^{-13}$	$TlBr$	25	$3,9 \cdot 10^{-6}$
$Mg(OH)_2$	25	$5,5 \cdot 10^{-12}$	$TlBrO_3$	25	$8,5 \cdot 10^{-5}$
$MnCO_3$	18	$8,8 \cdot 10^{-10}$	$TlCl$	25	$1,9 \cdot 10^{-4}$
$Mn(OH)_2$	18	$4 \cdot 10^{-14}$	TlI	25	$5,8 \cdot 10^{-8}$
MnS	18	$7 \cdot 10^{-16}$	$Tl(OH)_3$	25	$1,4 \cdot 10^{-53}$
$NaHCO_3$	25	$1,3 \cdot 10^{-3}$	Tl_2S	25	$9 \cdot 10^{-23}$
$Nd_2[COO)_2]_3$	25	$5,87 \cdot 10^{-29}$	$Yb(COO)_2$	25	$4,45 \cdot 10^{-25}$
$NiCO_3$	25	$1,35 \cdot 10^{-7}$	$10\ H_2O$		
$Ni(OH)_2$	25	$1,6 \cdot 10^{-14}$	$ZnCO_3$	25	$6 \cdot 10^{-11}$
NiS	20	$1 \cdot 10^{-26}$	$Zn(COO)_2$	18	$1,35 \cdot 10^{-9}$
$PbBr_2$	25	$3,9 \cdot 10^{-5}$	$Zn(OH)_2$	25	$1 \cdot 10^{-17}$
$PbCO_3$	18	$3,3 \cdot 10^{-14}$	ZnS, α	20	$6,9 \cdot 10^{-26}$
$Pb(COO)_2$	18	$2,74 \cdot 10^{-11}$	ZnS, β	25	$1,1 \cdot 10^{-24}$

3.4.2 Aktivitätskoeffizienten von Elektrolyten in wäßrigen Lösungen

γ = Stöchiometrischer Aktivitätskoeffizient bei 25 °C.
γ' = Stöchiometrischer Aktivitätskoeffizient bei einer Temperatur in der Nähe des Gefrierpunktes der Lösung.

Stoff		Mol in 1000 g Wasser										
		0,001	0,005	0,01	0,05	0,1	0,5	1,0	2,0	3,0	4,0	5,0
$AgNO_3$	γ					(0,734)	0,536	0,429	0,316	0,252	0,210	0,181
	γ'		0,925	0,896	0,787	0,717	0,501	0,390				
$AlCl_3$	γ					(0,337)	0,331	0,539				
$Al(ClO_3)_3$	γ'	0,783	0,620	0,533	0,350	0,299	0,258					
$Al_2(SO_4)_3$	γ					(0,035)	0,0143	0,0175				
$BaBr_2$	γ		0,800	0,740	0,594		0,443	0,511				
$BaCl_2$	γ	0,881	0,774	0,716	0,564	0,499	0,392	0,388				
BaI_2	γ'	0,907	0,839	0,798	0,686	0,634						
$Ba(NO_3)_2$	γ	0,882	0,772	0,705	0,517	0,433						
$Ba(OH)_2$	γ		0,773	0,612	0,526	0,443						
$Be(NO_3)_2$	γ'	0,885	0,762	0,694	0,541	0,478						
$BeSO_4$	γ'	0,754	0,534	0,426	0,222	0,157						
$CaCl_2$	γ	0,883	0,783	0,730	0,589	0,531	0,447	0,505				
CaI_2	γ'	0,885	0,779	0,717	0,589	0,538						
$Ca(NO_3)_2$	γ'	0,885	0,78	0,71	0,55	0,48	0,34	0,31				
CaS_2O_3	γ	0,754	0,540	0,446	0,267	0,208	0,122	0,111				
$CdBr_2$	γ'		0,527	0,432	0,249	0,179	0,072					
	γ	0,85	0,65	0,50	0,23	0,17	0,08	0,06				
$CdCl_2$	γ'		0,648	0,567	0,380	0,289	0,130					
	γ	0,755	0,569	0,475	0,277	0,206	0,093	0,061				
CdI_2	γ'	0,70	0,47	0,36	0,15	0,094	0,032	0,021				
	γ		0,56	0,40	0,14	0,092	0,031	0,02				
$Cd(NO_3)_2$	γ'	0,906	0,835	0,800	0,696	0,653	0,60	0,61				
$CdSO_4$	γ	0,754	0,540	0,432	0,227	0,166	0,067	0,045	0,032	0,033		
$CeCl_3$	γ					(0,309)	0,264	0,342	0,847			
$CoCl_2$	γ'	0,900	0,806	0,751	0,618	0,567	0,524	0,628				
$CrCl_3$	γ					(0,331)	0,314	0,481				
$Cr(NO_3)_3$	γ					(0,319)	0,291	0,401				
$Cr_2(SO_4)_3$	γ					(0,046)	0,019	0,021				
$CsBr$	γ'		0,926	0,898	0,795	0,733	0,564	0,483				
	γ					0,754	0,603	0,538	0,486	0,465	0,457	0,453
$CsCH_3CO_2$	γ					0,799	0,762	0,802	0,950	1,145		
$CsCl$	γ		0,924	0,896	0,795	0,739	0,598	0,534	0,495	0,478	0,473	0,474
CsF	γ'	0,982	0,963	0,952	0,913	0,892	0,851	0,874				
CsI	γ					0,754	0,599	0,533	0,470	0,434		
$CsNO_3$	γ		0,924	0,894	0,780	0,707	0,528	0,422				
$CsOH$	γ					0,795	0,739	0,771				
Cs_2SO_4	γ'	0,894	0,806	0,752	0,587	0,494						
$CuBr_2$	γ'	0,896	0,812	0,768	0,667	0,634	0,659					
$CuCl_2$	γ	0,888	0,783	0,723	0,577	0,518	0,416	0,43				
$CuSO_4$	γ	0,74	0,53	0,41	0,209	0,149	0,061	0,041				
$EuCl_3$	γ					(0,318)	0,276	0,371	0,995			
$FeCl_2$	γ'	0,895	0,804	0,752	0,624	0,580	0,568	0,668				
$FeCl_3$	γ'	0,80	0,65	0,59	0,47	0,41	0,35	0,42				
HBr	γ			0,91	0,84	0,81	0,78	0,87				
HCl	γ	0,965	0,928	0,904	0,830	0,796	0,757	0,809	1,009	1,316	1,762	2,38
$HClO_4$	γ					0,803	0,769	0,823	1,055	1,448	2,08	3,11
HI	γ		0,927	0,902	0,822	0,818	0,839	0,963	1,356	2,015		
HIO_3	γ'	0,961	0,908	0,865	0,691	0,580	0,294	0,186				
HNO_3	γ	0,965	0,927	0,902	0,823	0,785	0,715	0,720	0,793	0,909		
H_2SO_4	γ	0,837	0,646	0,543		0,379	0,221	0,186				
KBO_2	γ'		0,930	0,906	0,818	0,763	0,582	0,495				
KBr	γ	0,965	0,927	0,903	0,822	0,777	0,665	0,625				
$KBrO_3$	γ'		0,926	0,896	0,795	0,729						
KCH_3CO_2	γ					0,796	0,751	0,783	0,910	1,086		
KCN	γ'		0,926	0,900	0,809	0,755	0,617	0,615				

3.4.2 Elektrolyte in wäßrigen Lösungen (Fortsetzung)

Stoff		Mol in 1000 g Wasser										
		0,001	0,005	0,01	0,05	0,1	0,5	1,0	2,0	3,0	4,0	5,0
K_2CO_3	γ	0,892	0,807	0,745	0,576	0,497	0,357	0,327				
KCl	γ	0,965	0,927	0,902	0,818	0,771	0,655	0,611				
$KClO_3$	γ	0,967	0,932	0,907	0,813	0,755	0,568					
$KClO_4$	γ	0,965	0,924	0,895								
KF	γ	0,971	0,949	0,934	0,881	0,848	0,741	0,710	0,658	0,705	0,779	
$K_4Fe(CN)_6$	γ'	0,650	0,447	0,360	0,189	0,134	0,062					
$K_3Fe(CN)_6$	γ'	0,785	0,618	0,547	0,365	0,291	0,155					
KI	γ	0,965	0,927	0,905	0,837	0,799	0,706	0,680				
KNO_3	γ					0,739	0,545	0,443	0,333	0,269		
KOH	γ		0,924	0,898	0,805	0,754	0,666	0,675				
KH_2PO_4	γ					0,731	0,529	0,421				
KSCN	γ'		0,926	0,902	0,820	0,771	0,629	0,555				
	γ					0,769	0,646	0,559	0,556	0,538	0,529	0,524
K_2SO_4	γ	0,889	0,781	0,715	0,529	0,441						
$LaCl_3$	γ					(0,314)	0,266	0,342	0,847			
$La(NO_3)_3$	γ'	0,792	0,630	0,551	0,380	0,317						
LiBr	γ'	0,966	0,932	0,909	0,842	0,810	0,783	0,848				
	γ					0,796	0,753	0,803	1,015	1,341	1,897	2,74
$LiCH_3CO_2$	γ					0,784	0,700	0,689	0,729	0,798	0,877	
LiCl	γ'	0,963	0,921	0,895	0,819	0,782	0,729	0,761				
	γ					0,790	0,739	0,774	0,921	1,156	1,510	2,02
$LiClO_3$	γ'	0,967	0,933	0,911	0,842	0,810	0,769	0,808				
$LiClO_4$	γ'	0,967	0,935	0,915	0,853	0,825	0,821	0,913				
	γ					0,812	0,808	0,887	1,158	1,582	2,18	
LiF	γ'	0,965	0,922	0,889								
LiI	γ'		0,95	0,94	0,91	0,90	0,92					
	γ					0,815	0,824	0,910	1,198	1,715		
$LiNO_3$	γ'	0,966	0,930	0,904	0,834	0,798	0,743	0,765				
	γ					0,788	0,726	0,743	0,835	0,966	1,125	1,310
LiOH	γ					0,760	0,617	0,554	0,513	0,494	0,481	
$MgCl_2$	γ'	0,891	0,800	0,751	0,627	0,577	0,540	0,659				
$Mg(NO_3)_2$	γ	0,882	0,771	0,712	0,554	0,508	0,443	0,496				
$MgSO_4$	γ				0,262	0,195	0,091	0,067	0,042			
$MnCl_2$	γ'	0,892	0,790	0,731	0,594	0,543	0,490	0,568				
$MnSO_4$	γ'	0,780	0,621	0,536	0,333	0,247	0,110	0,080				
	γ					(0,150)	0,064	0,044	0,035	0,038	0,048	
NH_4Br	γ'	0,964	0,901	0,870	0,780	0,733	0,617	0,572				
NH_4Cl	γ	0,961	0,911	0,880	0,790	0,742	0,620	0,574				
NH_4I	γ'	0,962	0,917	0,889	0,804	0,760	0,646	0,600				
NH_4NO_3	γ	0,959	0,912	0,882	0,783	0,726	0,558	0,471				
NaBr	γ'	0,966	0,934	0,914	0,844	0,807	0,726	0,717				
	γ					0,782	0,697	0,687	0,731	0,812	0,929	
$NaBrO_3$	γ	0,967	0,934	0,911	0,826	0,775						
$NaCH_3CO_2$	γ					0,791	0,735	0,757	0,851	0,982		
Na_2CO_3	γ'	0,891	0,791	0,729	0,565	0,488	0,281					
NaCl	γ'	0,966	0,929	0,906	0,828	0,786	0,688	0,664				
	γ					0,778	0,681	0,657	0,668	0,714	0,783	0,874
$NaClO_3$	γ'	0,966	0,930	0,905	0,819	0,769	0,621	0,544				
	γ					0,772	0,645	0,589	0,538	0,515		
$NaClO_4$	γ'	0,966	0,929	0,904	0,821	0,773	0,640	0,576				
	γ					0,775	0,668	0,629	0,609	0,611	0,626	0,649
NaF	γ'		0,926	0,900	0,807	0,752	0,615					
	γ					0,765	0,632	0,573				
NaI	γ'	0,966	0,935	0,917	0,866	0,841	0,808	0,844				
	γ					0,787	0,723	0,736	0,820	0,963		
$NaIO_3$	γ		0,924	0,895	0,784	0,714						
$NaNO_3$	γ					0,762	0,617	0,548	0,478	0,437	0,408	0,386
NaOH	γ'			0,905	0,815	0,772	0,678	0,668				
	γ					0,766	0,690	0,678	0,709	0,784	0,903	1,077
Na_2HPO_4	γ'	0,885	0,771	0,706	0,530	0,441						
NaH_2PO_4	γ					0,744	0,563	0,468	0,371	0,320	0,293	0,276
NaSCN	γ					0,787	0,715	0,712	0,744	0,804	0,897	

3.4.2 Elektrolyte in wäßrigen Lösungen (Fortsetzung)

Stoff		Mol in 1000 g Wasser										
		0,001	0,005	0,01	0,05	0,1	0,5	1,0	2,0	3,0	4,0	5,0
Na_2SO_3	γ'	0,891	0,808	0,757	0,610	0,530	0,327	0,24				
Na_2SO_4	γ	0,887	0,778	0,714	0,536	0,453						
Na_2SiO_3	γ				0,50	0,41	0,23	0,18				
$NdCl_3$	γ					(0,310)	0,264	0,344	0,867			
$NiCl_2$	γ'	0,900	0,807	0,753	0,619	0,567						
$Ni(NO_3)_2$	γ	0,90	0,805	0,76	0,63	0,58	0,515	0,58				
$NiSO_4$	γ'	0,764	0,561	0,455	0,246	0,180	0,078	0,056				
$PbCl_2$	γ	0,802	0,660	0,584								
$Pb(NO_3)_2$	γ'	0,885	0,763	0,687	0,464	0,373	0,168	0,112				
$PrCl_3$	γ					(0,311)	0,262	0,338	0,825			
RbBr	γ'		0,929	0,905	0,818	0,765	0,621	0,556				
	γ					0,763	0,632	0,578	0,536	0,520	0,514	0,515
$RbCH_3CO_2$	γ					0,796	0,755	0,792	0,933	1,126		
RbCl	γ		0,927	0,903	0,816	0,765	0,638	0,585	0,546	0,536	0,538	0,546
RbF	γ'		0,940	0,924	0,871	0,839	0,756	0,729				
RbI	γ					0,762	0,629	0,575	0,533	0,518	0,515	0,517
$RbNO_3$	γ'		0,297	0,902	0,792	0,720						
	γ					0,734	0,534	0,430	0,321	0,257	0,216	
$ScCl_3$	γ					(0,320)	0,298	0,443				
$SmCl_3$	γ					(0,314)	0,271	0,362	0,940			
$SnCl_2$	γ	0,809	0,624	0,512	0,283	0,233						
$SrCl_2$	γ	0,898	0,814	0,759	0,616	0,558	0,455	0,496				
SrI_2	γ'	0,93	0,88	0,85	0,76	0,73	0,82	1,11				
$Sr(NO_3)_2$	γ'	0,895	0,82	0,77	0,62	0,54	0,34	0,27				
$Th(NO_3)_4$	γ					(0,279)	0,189	0,207	0,326	0,486	0,647	0,791
$TlCH_3CO_2$	γ					0,750	0,589	0,515	0,444	0,405	0,376	0,354
$TlNO_3$	γ		0,922	0,890	0,765	0,680						
UO_2Cl_2	γ'	0,93	0,88	0,85	0,75	0,70	0,57					
$UO_2(NO_3)_2$	γ'	0,912	0,845	0,801	0,674	0,615	0,554	0,658				
UO_2SO_4	γ'	0,754	0,533	0,420	0,214	0,150	0,060					
YCl_3	γ					(0,314)	0,278	0,385	1,136			
$ZnCl_2$	γ'	0,891	0,797	0,746	0,62	0,580	0,490	0,465				
	γ	0,881	0,767	0,708	0,556	0,502	0,376	0,325				
$Zn(NO_3)_2$	γ	0,89	0,79	0,75	0,62	0,57	0,49	0,56				
$ZnSO_4$	γ	0,700	0,477	0,387	–	0,144	0,060	0,043	0,035	0,041		

3.4.3 Gleichgewicht in Gasen[1]

Die folgende Tabelle gibt für wichtige chemische Gas-Reaktionen die Werte der Gleichgewichtskonstanten K_p als Funktion der Temperatur an. In besonderen Fällen wurden für einige spezielle Drücke (Gesamtdrücke) die Werte des Dissoziationsgrades α hinzugefügt, die sich aus den vorliegenden Gleichgewichtskonstanten für eine Dissoziation des Ausgangsstoffes ergeben. Im einzelnen kann man sich für die verschiedenen Reaktionstypen mit Hilfe der unten angegebenen Zusammenstellung S. 1065 die Dissoziationsgrade wie folgt selbst errechnen:
Für die Reaktionsgleichung

$$\nu_A A + \nu_B B \rightleftharpoons \nu_C C + \nu_D D, \tag{1}$$

in der die ν_i die stöchiometrischen Umsatzzahlen sind, gilt für $K_p\,(T)$ mit den Partialdrucken p_i der Einzelkomponenten im Gleichgewicht:

$$\frac{p_A^{\nu_A} \cdot p_B^{\nu_B}}{p_C^{\nu_C} \cdot p_D^{\nu_D}} = K_p(T). \tag{2}$$

Von einem Dissoziationsgrad spricht man meist nur dann, wenn auf der einen Seite der Umsatzgleichung (1) nur ein Stoff steht, also z.B. $\nu_D = 0$ ist. Für die am häufigsten vorkommenden Werte

[1] Nach Landolt-Börnstein, 6. Aufl. Bd. II/5, Beitrag Schäfer/Grau.

von ν_A, ν_B und ν_C ist in der erwähnten Zusammenstellung der Zusammenhang von Dissoziationsgrad α und Gleichgewichtskonstante K_p angegeben. Zum Beispiel findet man dort für $\nu_A = 3$, $\nu_B = 1$ und $\nu_C = 2$ der Reaktion

$$3\,A + B \rightleftharpoons 2\,C \tag{1a}$$

unter der Spalte K_p die Angabe $K_p = 27\alpha^4\,p^2/16\,(1-\alpha^2)^2$, die besagt, daß

$$\frac{27\alpha^4 p^2}{16\,(1-\alpha^2)^2} = K_p\,(T) = \frac{p_A^3 \cdot p_B}{p_C^2} \tag{3}$$

ist, so daß aus den in der Tabelle aufgeführten K_p-Werten bei gegebenem Gesamtdruck p des reagierenden Gas-Systems α berechnet werden kann.

Bei der numerischen Auswertung von Gl. (3) ist darauf zu achten, daß der $K_p(T)$-Wert auf die Umsatzgleichung (1) bezogen ist. Zum Beispiel gilt Gl. (1a) für die Bildung von Ammoniak aus den Elementen. In der Tabelle auf S. 1078 ist aber der K_p-Wert auf die Reaktionsgleichung, $\frac{3}{2}H_2 + \frac{1}{2}N_2 = NH_3$ bezogen, so daß

$$K_p = \frac{p_{H_2}^{3/2} \cdot p_{N_2}^{1/2}}{p_{NH_3}} \tag{4}$$

und der entsprechende K_p-Wert auf S. 1078 aufgeführt ist; der Wert, der in Gl. (3) zu verwenden ist, wird aus dem Gleichgewichtswert nach Gl. (4) offensichtlich durch Quadrieren erhalten. Entsprechend hat man in anderen Fällen zu verfahren.

Die Zahlentabelle für die Gleichgewichtskontanten K_p ist so angelegt, daß am Kopf der Tabelle die chemische Reaktionsgleichung aufgeführt ist, daneben steht die Enthalpie (für die stöchiometrischen Umsatzzahlen) der Reaktion. Die Reaktionsenthalpie ist auf 0 K, oder auf Zimmertemperatur (298 K) bezogen.

In Spalte 1 sind die Temperaturen aufgeführt, auf welche sich die Angaben von log K_p und K_p in Spalte 2 und 3 beziehen. Am Kopf von Spalte 3 findet man die genaue Definition von K_p; die dabei benutzte Druckeinheit steht hinter der Reaktionsenthalpie.

Etwaige weitere Spalten geben – wie oben bereits vermerkt wurde – die Werte des Dissoziationsgrades α für die am Kopf dieser Spalten aufgeführten Gesamtdrücke p an. Sucht man die Werte der Gleichgewichtskonstanten für eine Reaktion, die nicht in der vorliegenden Tabelle aufgeführt ist, so kann man die log K_p-Werte aus den Angaben von Kapitel 5.3 berechnen, sofern dort die freien Enthalpien ΔG_B^0 für sämtliche an der Reaktion beteiligten Stoffe *A, B, C, D* der Reaktionsgleichung (1) aufgeführt sind. Es gilt nämlich für die Reaktion nach Gl. (1)

$$\Delta G_{Reakt} = \nu_C\,\Delta G_B^0\,(C) + \nu_D\,\Delta G_B^0\,(D) - \nu_A\,\Delta G_B^0\,(A) - \nu_B\,\Delta G_B^0\,(B) = R\,T \ln K_p\,, \tag{5}$$

wobei die für die Temperatur T gültigen ΔG_B^0-Werte zu verwenden sind. Zum Beispiel findet man die ΔG_B^0-Werte für die Partner der Reaktion:

$$CO + H_2O = CO_2 + H_2$$

bei 1000 K zu $\Delta G_B^0\,(CO) = -200{,}3$ kJ/Mol; $\Delta G_B^0\,(H_2O) = -192{,}7$ kJ/Mol; $\Delta G_B^0\,(CO_2) = -395{,}8$ kJ/Mol und $\Delta G_B^0\,(H_2) = 0{,}0$ kJ/Mol.

Nach Gl. (5) ergibt sich

$$\begin{aligned} RT \log Kp\,(1000\text{ K}) &= 8{,}314 \cdot 1000\,(\text{J/Mol}) \cdot 2{,}303 \log \text{K}_p \\ &= +1\,(-395{,}8) + 1\,(0{,}0) - 1\,(-200{,}3) - 1\,(-192{,}7) = -2{,}8\text{ kJ/Mol}\,, \end{aligned}$$

so daß

$$\begin{aligned} \log K_p\,(1000\text{ K}) &= -2{,}8/19{,}147 = -0{,}146 \\ K_p\,(1000\text{ K}) &= 0{,}72\,. \end{aligned} \tag{5a}$$

Sind die ΔG_B^0-Werte der Reaktionspartner nicht in Kapitel 5.3 aufgeführt, so kann man in den Fällen, in denen man in Tabelle 2.1.3 für Elemente und in Tabelle 2.2.1 für anorganische Verbindungen für $T = 298$ K die Bildungsenthalpien und die Normalentropien S^0 der Reaktionspartner findet, über die Beziehung

$$RT \ln K_p = \Delta (\Delta H_B^0) - T\Delta S^0 \qquad (6)$$

die Gleichgewichtskonstanten wenigstens näherungsweise ermitteln. In dem obigen Falle findet man z. B. in der Tabelle 2.1.3 und 2.2.1 die ΔH_B^0 bzw. S^0-Werte

ΔH_B^0 (CO) $= -110{,}5$ kJ/Mol bzw. $S^0 = 197{,}7$ J/Mol K

ΔH_B^0 (H_2O), g $= -241{,}8$ kJ/Mol $S^0 = 188{,}7$ J/Mol K

ΔH_B^0 (H_2) $= 0$ kJ/Mol $S^0 = 130{,}6$ J/Mol K

ΔH_B^0 (CO_2) $= -393{,}5$ kJ/Mol $S^0 = 213{,}8$ J/Mol K.

Nach Gl. (6) erhält man

$$\begin{aligned} RT \ln K_p\,(1000\text{ K}) &= 19{,}147 \cdot 1000 \text{ J/Mol} \log K_p \\ &= [1\,(-393{,}5) + 1\,(0{,}0) - 1\,(-110{,}5) - 1\,(-241{,}8) \text{ kJ/Mol}] - \\ &\quad - 1000\,[1\,(213{,}8) + 1\,(130{,}6) - 1\,(197{,}7) - 1\,(188{,}7)] \text{ J/Mol}, \end{aligned} \qquad (6a)$$

d.h. $19{,}147 \text{ kJ/Mol} \cdot \log K_p\,(1000\text{ K}) = -41{,}20 \text{ kJ/Mol} - 1000\,(-42{,}0) \text{ J/Mol}$
$= 0{,}8$ kJ/Mol

also

$$\log K_p\,(1000\text{ K}) = 0{,}04$$
$$K_p\,(1000\text{ K}) = 1{,}1\,.$$

Die Übereinstimmung mit den experimentellen Werten ist jetzt weniger gut als nach Gl. (5) bzw. (5a) (s. S. 1081, wo für K_p bei 1000 K 0,776 angegeben ist). Das Massenwirkungsgesetz in der Form der Gl. (2) gilt nur, so lange die Partialdrucke p_i der Komponenten noch so gering sind, daß die Gase dem idealen Gasgesetz mit ausreichender Genauigkeit gehorchen. Abweichungen von der einfachen Gl. (2), zeigt z. B. das NH_3-Gleichgewicht S. 1078.

Zusammenhang zwischen Gleichgewichtskonstante K_p und Dissoziationsgrad α für verschiedene Reaktionstypen

Reaktion	Gleichgewichtskonstante K_p	Dissoziationsgrad α
$2A \rightleftharpoons C$	$K_p = \frac{4\alpha^2 p}{1-\alpha^2}$ für $\alpha \ll 1$ $K_p = 4\alpha^2 p$	$\alpha = \sqrt{\frac{K_p}{4p + K_p}}$ für $\alpha \ll 1$ $\alpha = \frac{1}{2}\sqrt{\frac{K_p}{p}}$
$A + B \rightleftharpoons 2C$	$K_p = \frac{\alpha^2}{4(1-\alpha^2)}$	$\alpha = 2\sqrt{\frac{K_p}{1+4K_p}}$ α druckunabhängig
$3A \rightleftharpoons 2C$	$K_p = \frac{27\alpha^2 p}{4(2+\alpha)(1-\alpha)^2}$	für $\alpha \ll 1$; $\alpha = \sqrt{\frac{8K_p}{27p}}$
$A + 2B \rightleftharpoons 2C$	$K_p = \frac{\alpha^3 p}{(1-\alpha)^2(2+\alpha)}$	für $\alpha \ll 1$; $\alpha = \sqrt[3]{\frac{2K_p}{p}}$

Fortsetzung

Reaktion	Gleichgewichtskonstante K_p	Dissoziationsgrad α
$A + B = C$	$K_p = \dfrac{\alpha^2 p}{1-\alpha^2}$	$\alpha = \sqrt{\dfrac{K_p}{K_p + p}}$ für $\alpha \ll 1$; $\alpha = \sqrt{\dfrac{K_p}{p}}$
$3A + B \rightleftharpoons 2C$	$K_p = \dfrac{27\,\alpha^4 p^2}{16\,(1-\alpha^2)^2}$	$\left(\dfrac{\alpha^2}{1-\alpha^2}\right) = \sqrt{\dfrac{16\,K_p}{27\,p^2}}$
$2A \rightleftharpoons C + 2D$	$K_p = \dfrac{\alpha^2\,(3-\alpha)}{(1-\alpha)^2\,p}$	für $\alpha \ll 1$; $\alpha = \sqrt{\dfrac{K_p \cdot p}{3}}$
$A + B \rightleftharpoons C + D$	$K_p = \dfrac{\alpha^2}{(1-\alpha)^2}$	$\dfrac{\alpha}{1-\alpha} = \sqrt{K_p}$ α druckunabhängig

Die Anordnung der Gleichgewichte in den Tabellen ist die folgende:
Dissoziationsgleichgewichte von Elementen.
Dissoziationsgleichgewichte einfacher anorganischer Verbindungen und Radikale.
Reaktionen zwischen anorganischen Verbindungen.

o-H_2 $\rightleftharpoons$ p-H_2

T (K)	% p-H_2	T (K)	% p-H_2	T (K)	% p-H_2
20	99,7	120	33,0	240	25,1
30	97,0	140	29,8	260	25,0
40	90,0	160	27,8	280	25,0
60	65,0	180	26,6	300	25,0
80	48,5	200	25,8		
100	38,5	220	25,3		

o-D_2 $\rightleftharpoons$ p-D_2

T (K)	% p-D_2	T (K)	% p-D_2	T (K)	% p-D_2
20	1,2	80	30,2	160	33,4
30	8,0	100	32,2	180	33,5
40	15,0	120	33,0	200	33,5
60	25,6	140	33,3	220	33,5

o-T_2 $\rightleftharpoons$ p-T_2

T (K)	% p-T_2	T (K)	% p-T_2	T (K)	% p-T_2
10	97,2	35	37,2	125	25,0
15	83,6	40	33,2	150	25,0
20	66,2	50	28,7	175	25,0
25	52,6	75	25,5		
30	43,3	100	25,1		

Br + Br ⇌ Br_2, $\Delta H^0_{298} = -223{,}74$ kJ/Mol (p in hPa)

T (K)	$\log K_p$	$K_p = \frac{p^2_{Br}}{p_{Br_2}}$	T (K)	$\log K_p$	$K_p = \frac{p^2_{Br}}{p_{Br_2}}$
900	– 2,63	$2{,}37 \cdot 10^{-3}$	1600	+ 2,33	$2{,}12 \cdot 10^{2}$
1000	– 1,53	$2{,}93 \cdot 10^{-2}$	1800	+ 3,03	$1{,}06 \cdot 10^{3}$
1200	+ 0,18	1,53	2000	+ 3,60	$3{,}94 \cdot 10^{3}$
1400	+ 1,40	$2{,}54 \cdot 10^{1}$	2200	+ 4,06	$1{,}17 \cdot 10^{4}$
1500	+ 1,88	$7{,}69 \cdot 10^{1}$	2500	+ 4,60	$4{,}03 \cdot 10^{4}$

Cl + Cl ⇌ Cl_2, $\Delta H^0_{298} = -242{,}6$ kJ/Mol (p in hPa)

T (K)	$\log K_p$	$K_p = \frac{p^2_{Cl}}{p_{Cl_2}}$	T (K)	$\log K_p$	$K_p = \frac{p^2_{Cl}}{p_{Cl_2}}$
1000	– 3,83	$1{,}47 \cdot 10^{-4}$	2000	+ 2,73	$5{,}32 \cdot 10^{2}$
1200	– 1,64	$2{,}27 \cdot 10^{-2}$	2200	+ 3,31	$2{,}03 \cdot 10^{3}$
1400	+ 0,09	$8{,}04 \cdot 10^{-1}$	2400	+ 3,81	$6{,}39 \cdot 10^{3}$
1500	+ 0,54	3,43	2500	+ 4,03	$1{,}08 \cdot 10^{4}$
1600	+ 1,08	$1{,}19 \cdot 10^{1}$	2600	+ 4,24	$1{,}72 \cdot 10^{4}$
1800	+ 1,98	$9{,}45 \cdot 10^{1}$			

F + F ⇌ F_2, $\Delta H^0_{298} =$ 158,76 kJ/Mol (p in hPa)

T (K)	$\log K_p$	$K_p = \frac{p^2_{F}}{p_{F_2}}$	T (K)	$\log K_p$	$K_p = \frac{p^2_{F}}{p_{F_2}}$
800	– 1,15	$7{,}01 \cdot 10^{-2}$	1500	+ 3,85	$7{,}17 \cdot 10^{3}$
1000	0,996	9,90	1600	+ 4,21	$1{,}61 \cdot 10^{4}$
1200	2,40	$2{,}54 \cdot 10^{2}$	1800	+ 4,81	$6{,}39 \cdot 10^{4}$
1400	+ 3,43	$2{,}73 \cdot 10^{3}$			

H + H ⇌ H_2, $\Delta H^0_{298} = -436{,}0$ kJ/Mol (p in hPa)

T (K)	$\log K_p$	$K_p = \frac{p^2_{H}}{p_{H_2}}$	T (K)	α		
				10^3 hPa	10^4 hPa	10^5 hPa
1500	– 6,51	$3{,}06 \cdot 10^{-7}$	1500	$8{,}70 \cdot 10^{-6}$	$2{,}75 \cdot 10^{-6}$	$8{,}70 \cdot 10^{-7}$
1800	– 3,89	$1{,}28 \cdot 10^{-4}$	1800	$1{,}78 \cdot 10^{-4}$	$5{,}61 \cdot 10^{-5}$	$1{,}78 \cdot 10^{-5}$
2000	– 2,58	$2{,}66 \cdot 10^{-3}$	2000	$8{,}10 \cdot 10^{-4}$	$2{,}56 \cdot 10^{-4}$	$8{,}10 \cdot 10^{-5}$
2200	– 1,47	$3{,}35 \cdot 10^{-2}$	2200	$2{,}88 \cdot 10^{-3}$	$9{,}10 \cdot 10^{-4}$	$2{,}88 \cdot 10^{-4}$
2500	– 0,19	$6{,}39 \cdot 10^{-1}$	2500	$1{,}26 \cdot 10^{-2}$	$3{,}98 \cdot 10^{-3}$	$1{,}26 \cdot 10^{-3}$
3000	– 1,37	$2{,}37 \cdot 10^{1}$	3000	$7{,}6 \cdot 10^{-2}$	$2{,}42 \cdot 10^{-2}$	$7{,}6 \cdot 10^{-3}$

D + D ⇌ D_2, $\Delta H^0_{298} = -443{,}6$ kJ/Mol (p in hPa)

T (K)	$\log K_p$	$K_p = \frac{p^2_{D}}{p_{D_2}}$	T (K)	$\log K_p$	$K_p = \frac{p^2_{D}}{p_{D_2}}$
1000	– 14,41	$4{,}03 \cdot 10^{-5}$	2500	– 0,192	$6{,}42 \cdot 10^{-1}$
1500	– 6,543	$2{,}86 \cdot 10^{-7}$	3000	1,410	$2{,}57 \cdot 10^{1}$
2000	– 2,583	$2{,}61 \cdot 10^{-3}$			

$T + T \rightleftharpoons T_2$, $\Delta H^0_{298} = -447{,}2$ kJ/Mol (p in hPa)

T (K)	$\log K_p$	$K_p = \frac{p_T^2}{p_{T_2}}$	T (K)	$\log K_p$	$K_p = \frac{p_T^2}{p_{T_2}}$
1000	– 14,516	$3{,}05 \cdot 10^{-15}$	2000	– 2,623	$2{,}38 \cdot 10^{-3}$
1500	– 6,607	$2{,}47 \cdot 10^{-7}$	2500	– 0,220	$6{,}02 \cdot 10^{-1}$

$H + D \rightleftharpoons HD$, $\Delta H^0_{298} = -439{,}6$ kJ/Mol (p in hPa)

T (K)	$\log K_p$	$K_p = \frac{p_H \cdot p_D}{p_{HD}}$	T (K)	$\log K_p$	$K_p = \frac{p_H \cdot p_D}{p_{HD}}$
1000	– 14,600	$2{,}51 \cdot 10^{-15}$	2500	– 0,479	$3{,}31 \cdot 10^{-1}$
1500	– 6,798	$1{,}59 \cdot 10^{-7}$	3000	+ 1,116	$1{,}30 \cdot 10^{1}$
2000	– 2,861	$1{,}38 \cdot 10^{-3}$			

$\frac{1}{2} H_2 + \frac{1}{2} T_2 \rightleftharpoons HT$, $\Delta H^0_{298} = -0{,}710$ kJ/Mol (p in hPa)

T (K)	$\log K_p$	$K_p = \frac{p_{H_2}^{1/2} \cdot p_{T_2}^{1/2}}{p_{HT}}$	T (K)	$\log K_p$	$K_p = \frac{p_{H_2}^{1/2} \cdot p_{T_2}^{1/2}}{p_{HT}}$
300	– 0,206	$6{,}22 \cdot 10^{-1}$	800	– 0,284	$5{,}20 \cdot 10^{-1}$
400	– 0,237	$5{,}79 \cdot 10^{-1}$	1000	– 0,291	$5{,}12 \cdot 10^{-1}$
500	– 0,256	$5{,}55 \cdot 10^{-1}$	2000	– 0,305	$4{,}95 \cdot 10^{-1}$
600	– 0,269	$5{,}38 \cdot 10^{-1}$			

$H + T \rightleftharpoons HT$, $\Delta H^0_{298} = -440{,}9$ kJ/Mol (p in hPa)

T (K)	$\log K_p$	$K_p = \frac{p_H \cdot p_T}{p_{HT}}$	T (K)	$\log K_p$	$K_p = \frac{p_H \cdot p_T}{p_{HT}}$
1000	– 14,640	$2{,}29 \cdot 10^{-15}$	2000	– 2,873	$1{,}34 \cdot 10^{-3}$
1500	– 6,821	$1{,}51 \cdot 10^{-7}$	2500	– 0,488	$3{,}25 \cdot 10^{-1}$

$D + T \rightleftharpoons DT$, $\Delta H^0_{298} = -445{,}5$ kJ/Mol (p in hPa)

T (K)	$\log K_p$	$K_p = \frac{p_D \cdot p_T}{p_{DT}}$	T (K)	$\log K_p$	$K_p = \frac{p_D \cdot p_T}{p_{DT}}$
1000	– 14,771	$1{,}69 \cdot 10^{-15}$	2000	– 2,911	$1{,}23 \cdot 10^{-3}$
1500	– 6,887	$1{,}30 \cdot 10^{-7}$	2500	– 0,513	$3{,}07 \cdot 10^{-1}$

$\frac{1}{2} H_2 + \frac{1}{2} D_2 \rightleftharpoons HD$, $\Delta H^0_{298} = +0{,}2$ kJ/Mol (p in hPa)

T (K)	$\log K_p$	$K_p = \frac{p_{H_2}^{1/2} \cdot p_{D_2}^{1/2}}{p_{HD}}$	T (K)	$\log K_p$	$K_p = \frac{p_{H_2}^{1/2} \cdot p_{D_2}^{1/2}}{p_{HD}}$
1000	$-0{,}299_1$	0,502	2500	$-0{,}299_5$	0,502
1500	$-0{,}299_6$	0,502	3000	$-0{,}299_3$	0,502
2000	$-0{,}299_8$	0,502			

$I + I \rightleftharpoons I_2$, $\Delta H_0^0 = -213{,}52$ kJ/Mol (p in hPa)

T (K)	$\log K_p$	$K_p = \frac{p_I^2}{p_{I_2}}$	T (K)	$\log K_p$	$K_p = \frac{p_I^2}{p_{I_2}}$
800	– 1,49	$3{,}20 \cdot 10^{-2}$	1600	+ 3,53	$3{,}35 \cdot 10^{3}$
1000	+ 0,51	3,20	1800	+ 4,05	$1{,}13 \cdot 10^{4}$
1200	+ 1,86	$7{,}17 \cdot 10^{1}$	2000	+ 4,53	$3{,}35 \cdot 10^{4}$
1400	+ 2,80	$6{,}25 \cdot 10^{2}$	2200	+ 4,89	$7{,}69 \cdot 10^{4}$
1500	+ 3,185	$1{,}53 \cdot 10^{3}$			

$K + K \rightleftharpoons K_2$, $\Delta H_0^0 = -49{,}4$ kJ/Mol (p in hPa)

T (K)	$\log K_p$	$K_p = \frac{p_K^2}{p_{K_2}}$	T (K)	$\log K_p$	$K_p = \frac{p_K^2}{p_{K_2}}$
500	+ 1,40	$2{,}49 \cdot 10^{1}$	1500	+ 5,00	$1{,}00 \cdot 10^{5}$
600	+ 2,27	$1{,}88 \cdot 10^{2}$	2000	+ 5,48	$2{,}99 \cdot 10^{5}$
800	+ 3,43	$2{,}73 \cdot 10^{3}$	2500	+ 5,73	$5{,}32 \cdot 10^{5}$
1000	+ 4,11	$1{,}28 \cdot 10^{4}$	3000	+ 5,93	$8{,}43 \cdot 10^{5}$
1200	+ 4,56	$3{,}60 \cdot 10^{4}$			

$Li + Li \rightleftharpoons Li_2$, $\Delta H_0^0 = -109{,}9$ kJ/Mol (p in hPa)

T (K)	$\log K_p$	$K_p = \frac{p_{Li}^2}{p_{Li_2}}$	T (K)	$\log K_p$	$K_p = \frac{p_{Li}^2}{p_{Li_2}}$
800	– 0,04	$9{,}03 \cdot 10^{-1}$	2000	+ 4,45	$2{,}79 \cdot 10^{4}$
1000	+ 1,47	$2{,}92 \cdot 10^{1}$	2500	+ 5,04	$1{,}08 \cdot 10^{5}$
1200	+ 2,46	$2{,}86 \cdot 10^{2}$	3000	+ 5,46	$2{,}86 \cdot 10^{5}$
1500	+ 3,46	$2{,}86 \cdot 10^{3}$			

$N + N \rightleftharpoons N_2$, $\Delta H_{298}^0 = -945{,}36$ kJ/Mol (p in hPa)

T (K)	$\log K_p$	$K_p = \frac{p_N^2}{p_{N_2}}$	T (K)	$\log K_p$	$K_p = \frac{p_N^2}{p_{N_2}}$
2500	– 9,92	$1{,}20 \cdot 10^{-10}$	4000	– 2,44	$3{,}60 \cdot 10^{-3}$
2800	– 7,79	$1{,}61 \cdot 10^{-8}$	4500	– 1,04	$9{,}03 \cdot 10^{-2}$
3000	– 6,64	$2{,}27 \cdot 10^{-7}$	5000	0	1,00
3500	– 4,24	$5{,}69 \cdot 10^{-5}$			

$Na + Na \rightleftharpoons Na_2$, $\Delta H_0^0 = -73{,}3$ kJ/Mol (p in hPa)

T (K)	$\log K_p$	$K_p = \frac{p_{Na}^2}{p_{Na_2}}$	T (K)	$\log K_p$	$K_p = \frac{p_{Na}^2}{p_{Na_2}}$
600	+ 0,49	3,06	1500	+ 4,53	$3{,}35 \cdot 10^{4}$
800	+ 2,18	$1{,}50 \cdot 10^{2}$	2000	+ 5,21	$1{,}61 \cdot 10^{5}$
1000	+ 3,18	$1{,}53 \cdot 10^{3}$	2500	+ 5,61	$4{,}03 \cdot 10^{5}$
1200	+ 3,85	$7{,}01 \cdot 10^{3}$	3000	+ 5,88	$7{,}51 \cdot 10^{5}$

$O + O \rightleftharpoons O_2$, $\Delta H^0_{298} = -498{,}36$ kJ/Mol (p in hPa)

T (K)	$\log K_p$	$K_p = \frac{p_O^2}{p_{O_2}}$	T (K)	$\log K_p$	$K_p = \frac{p_O^2}{p_{O_2}}$
1500	– 7,64	$2{,}27 \cdot 10^{-8}$	3000	+ 1,26	$1{,}80 \cdot 10^{1}$
1800	– 4,63	$2{,}37 \cdot 10^{-5}$	3500	+ 2,51	$3{,}20 \cdot 10^{2}$
2000	– 3,19	$6{,}39 \cdot 10^{-4}$	4000	+ 4,80	$6{,}39 \cdot 10^{4}$
2500	– 0,49	$3{,}20 \cdot 10^{-1}$			

$O_2 + O \rightleftharpoons O_3$, $\Delta H^0_{298} = -107{,}1$ kJ/Mol (p in hPa)

T (K)	$\log K_p$	$K_p = \frac{p_{O_2} \cdot p_O}{p_{O_3}}$	T (K)	$\log K_p$	$K_p = \frac{p_{O_2} \cdot p_O}{p_{O_3}}$
800	+ 2,91	$8{,}04 \cdot 10^{2}$	2000	+ 7,14	$1{,}37 \cdot 10^{7}$
1000	+ 3,31	$2{,}03 \cdot 10^{3}$	2500	+ 7,68	$4{,}74 \cdot 10^{7}$
1200	+ 5,26	$1{,}80 \cdot 10^{5}$	3000	+ 8,05	$1{,}13 \cdot 10^{8}$
1500	+ 6,15	$1{,}43 \cdot 10^{6}$	3500	+ 8,33	$2{,}12 \cdot 10^{8}$
1800	+ 6,81	$6{,}39 \cdot 10^{6}$	4000	+ 8,81	$6{,}39 \cdot 10^{8}$

$O_3 \rightleftharpoons \frac{3}{2} O_2$, $\Delta H^0_0 = -145{,}8$ kJ/Mol (p in hPa)

T (K)	$\log K_p$	$K_p = \frac{p_{O_3}}{p_{O_2}^{3/2}}$	T (K)	$\log K_p$	$K_p = \frac{p_{O_3}}{p_{O_2}^{3/2}}$
800	– 13,55	$2{,}80 \cdot 10^{-14}$	2000	– 8,70	$1{,}98 \cdot 10^{-9}$
1000	– 11,94	$1{,}14 \cdot 10^{-12}$	2500	– 8,07	$8{,}45 \cdot 10^{-9}$
1200	– 10,83	$1{,}47 \cdot 10^{-11}$	3000	– 7,63	$2{,}32 \cdot 10^{-8}$
1500	– 9,80	$1{,}57 \cdot 10^{-10}$	3500	– 7,65	$4{,}43 \cdot 10^{-8}$
1800	– 9,05	$1{,}86 \cdot 10^{-10}$	4000	– 6,75	$1{,}77 \cdot 10^{-7}$

$P + P \rightleftharpoons P_2$, $\Delta H^0_0 = -483{,}0$ kJ/Mol (p in hPa)

T (K)	$\log K_p$	$K_p = \frac{p_P^2}{p_{P_2}}$	T (K)	$\log K_p$	$K_p = \frac{p_P^2}{p_{P_2}}$
2000	– 3,60	$2{,}49 \cdot 10^{-4}$	3000	+ 0,69	4,85
2200	– 2,60	$2{,}54 \cdot 10^{-3}$	3500	+ 1,93	$8{,}62 \cdot 10^{1}$
2500	– 1,00	$1{,}00 \cdot 10^{-1}$	4000	+ 2,88	$7{,}51 \cdot 10^{2}$
2800	+ 0,11	1,28			

$S + S \rightleftharpoons S_2$, $\Delta H^0_0 = -314{,}8$ kJ/Mol (p in hPa)

T (K)	$\log K_p$	$K_p = \frac{p_S^2}{p_{S_2}}$	T (K)	$\log K_p$	$K_p = \frac{p_S^2}{p_{S_2}}$
1800	+ 0,18	1,50	2500	+ 3,11	$1{,}28 \cdot 10^{3}$
2000	+ 1,22	$1{,}64 \cdot 10^{1}$	2800	+ 3,91	$8{,}04 \cdot 10^{3}$
2200	+ 2,08	$1{,}22 \cdot 10^{2}$			

$Se + Se \rightleftharpoons Se_2$, $\Delta H_0^0 = -259{,}8$ kJ/Mol (p in hPa)

T (K)	$\log K_p$	$K_p = \frac{p_{Se}^2}{p_{Se_2}}$	T (K)	$\log K_p$	$K_p = \frac{p_{Se}^2}{p_{Se_2}}$
1800	+ 0,10	$1{,}25 \cdot 10^1$	2500	+ 3,32	$2{,}06 \cdot 10^3$
2000	+ 1,89	$7{,}69 \cdot 10^1$	2800	+ 3,93	$8{,}43 \cdot 10^3$
2200	+ 2,53	$3{,}43 \cdot 10^2$			

$Te + Te \rightleftharpoons Te_2$, $\Delta H_0^0 = -221{,}3$ kJ/Mol (p in hPa)

T (K)	$\log K_p$	$K_p = \frac{p_{Te}^2}{p_{Te_2}}$	T (K)	$\log K_p$	$K_p = \frac{p_{Te}^2}{p_{Te_2}}$
1800	+ 1,87	$7{,}51 \cdot 10^1$	2200	+ 3,10	$1{,}25 \cdot 10^3$
2000	+ 2,55	$3{,}52 \cdot 10^2$	2500	+ 3,75	$5{,}57 \cdot 10^3$

$\frac{1}{2} Br_2 + \frac{1}{2} Cl_2 \rightleftharpoons BrCl$, $\Delta H_0^0 = -0{,}84$ kJ/Mol (p in hPa)

T (K)	$\log K_p$	$K_p = \frac{p_{Br_2}^{1/2} \cdot p_{Cl_2}^{1/2}}{p_{BrCl}}$	T (K)	$\log K_p$	$K_p = \frac{p_{Br_2}^{1/2} \cdot p_{Cl_2}^{1/2}}{p_{BrCl}}$
300	− 0,452	$3{,}53 \cdot 10^{-1}$	800	− 0,356	$4{,}41 \cdot 10^{-1}$
400	− 0,414	$3{,}86 \cdot 10^{-1}$	1000	− 0,344	$4{,}53 \cdot 10^{-1}$
500	− 0,390	$4{,}07 \cdot 10^{-1}$	1200	− 0,336	$4{,}61 \cdot 10^{-1}$
600	− 0,376	$4{,}21 \cdot 10^{-1}$			

$\frac{1}{2} F_2 + \frac{1}{2} Br_2 \rightleftharpoons BrF$, $\Delta H_{298}^0 = -76{,}83$ kJ/Mol (p in hPa)

T (K)	$\log K_p$	$K_p = \frac{p_{F_2}^{1/2} \cdot p_{Br_2}^{1/2}}{p_{BrF}}$	T (K)	$\log K_p$	$K_p = \frac{p_{F_2}^{1/2} \cdot p_{Br_2}^{1/2}}{p_{BrF}}$
500	− 8,27	$5{,}37 \cdot 10^{-9}$	1500	− 2,92	$1{,}20 \cdot 10^{-3}$
600	− 6,93	$1{,}81 \cdot 10^{-7}$	1800	− 2,46	$3{,}47 \cdot 10^{-3}$
800	− 5,26	$5{,}50 \cdot 10^{-6}$	2000	− 2,25	$5{,}62 \cdot 10^{-3}$
1000	− 4,26	$5{,}50 \cdot 10^{-5}$	2500	− 1,85	$1{,}41 \cdot 10^{-2}$
1200	− 3,57	$2{,}69 \cdot 10^{-4}$			

$\frac{1}{2} I_2 + \frac{1}{2} Br_2 \rightleftharpoons IBr$, $\Delta H_0^0 = -5{,}94$ kJ/Mol (p in hPa)

T (K)	$\log K_p$	$K_p = \frac{p_{I_2}^{1/2} \cdot p_{Br_2}^{1/2}}{p_{IBr}}$	T (K)	$\log K_p$	$K_p = \frac{p_{I_2}^{1/2} \cdot p_{Br_2}^{1/2}}{p_{IBr}}$
400	− 1,080	$8{,}32 \cdot 10^{-2}$	1000	− 0,606	$2{,}48 \cdot 10^{-1}$
500	− 0,922	$1{,}20 \cdot 10^{-1}$	1200	− 0,555	$2{,}79 \cdot 10^{-1}$
600	− 0,818	$1{,}52 \cdot 10^{-1}$	1500	− 0,502	$3{,}15 \cdot 10^{-1}$
800	− 0,685	$2{,}07 \cdot 10^{-1}$			

$\frac{1}{2}Cl_2 + \frac{1}{2}F_2 \rightleftharpoons ClF$, $\Delta H_0^0 = -51{,}6$ kJ/Mol (p in hPa)

T (K)	$\log K_p$	$K_p = \frac{p_{Cl_2}^{1/2} \cdot p_{F_2}^{1/2}}{p_{ClF}}$	T (K)	$\log K_p$	$K_p = \frac{p_{Cl_2}^{1/2} \cdot p_{F_2}^{1/2}}{p_{ClF}}$
400	– 7,68	$2{,}09 \cdot 10^{-8}$	1200	– 2,68	$2{,}09 \cdot 10^{-3}$
500	– 6,16	$6{,}92 \cdot 10^{-7}$	1500	– 2,18	$6{,}61 \cdot 10^{-3}$
600	– 5,17	$6{,}76 \cdot 10^{-6}$	1800	– 1,86	$1{,}38 \cdot 10^{-2}$
800	– 3,92	$1{,}20 \cdot 10^{-4}$	2000	– 1,70	$2{,}00 \cdot 10^{-2}$
1000	– 3,18	$6{,}61 \cdot 10^{-4}$	2500	– 1,40	$3{,}98 \cdot 10^{-2}$

$\frac{1}{2}I_2 + \frac{1}{2}Cl_2 \rightleftharpoons ICl$, $\Delta H_{298}^0 = -14{,}0$ kJ/Mol (p in hPa)

T (K)	$\log K_p$	$K_p = \frac{p_{I_2}^{1/2} \cdot p_{Cl_2}^{1/2}}{p_{ICl}}$	T (K)	$\log K_p$	$K_p = \frac{p_{I_2}^{1/2} \cdot p_{Cl_2}^{1/2}}{p_{ICl}}$
400	– 2,12	$7{,}59 \cdot 10^{-3}$	1200	– 0,90	$1{,}26 \cdot 10^{-1}$
500	– 1,74	$1{,}82 \cdot 10^{-2}$	1500	– 0,77	$1{,}70 \cdot 10^{-1}$
600	– 1,50	$3{,}16 \cdot 10^{-2}$	1800	– 0,70	$2{,}00 \cdot 10^{-1}$
800	– 1,20	$6{,}31 \cdot 10^{-2}$	2000	– 0,65	$2{,}24 \cdot 10^{-1}$
1000	– 1,02	$9{,}55 \cdot 10^{-2}$	2500	– 0,57	$2{,}69 \cdot 10^{-1}$

$\frac{1}{2}H_2 + \frac{1}{2}Br_2 \rightleftharpoons HBr$, $\Delta H_{298}^0 = -36{,}29$ kJ/Mol (p in hPa)

T (K)	$\log K_p$	$K_p = \frac{p_{H_2}^{1/2} \cdot p_{Br_2}^{1/2}}{p_{HBr}}$	T (K)	$\log K_p$	$K_p = \frac{p_{H_2}^{1/2} \cdot p_{Br_2}^{1/2}}{p_{HBr}}$
1000	– 2,97	$1{,}07 \cdot 10^{-3}$	1800	– 1,77	$1{,}70 \cdot 10^{-2}$
1200	– 2,53	$2{,}95 \cdot 10^{-3}$	2000	– 1,63	$2{,}34 \cdot 10^{-2}$
1400	– 2,20	$6{,}31 \cdot 10^{-3}$	2500	– 1,36	$4{,}37 \cdot 10^{-2}$
1600	– 1,97	$1{,}07 \cdot 10^{-2}$	3000	– 1,17	$6{,}76 \cdot 10^{-2}$

$\frac{1}{2}D_2 + \frac{1}{2}Br_2 \rightleftharpoons DBr$, $\Delta H_0^0 = -50{,}9$ kJ/Mol (p in hPa)

T (K)	$\log K_p$	$K_p = \frac{p_{D_2}^{1/2} \cdot p_{Br_2}^{1/2}}{p_{DBr}}$	T (K)	$\log K_p$	$K_p = \frac{p_{D_2}^{1/2} \cdot p_{Br_2}^{1/2}}{p_{DBr}}$
500	– 5,84	$1{,}45 \cdot 10^{-6}$	1200	– 2,61	$2{,}46 \cdot 10^{-3}$
600	– 4,92	$1{,}20 \cdot 10^{-5}$	1500	– 2,16	$6{,}92 \cdot 10^{-3}$
800	– 3,76	$1{,}74 \cdot 10^{-4}$	1700	– 1,95	$1{,}12 \cdot 10^{-2}$
1000	– 3,08	$8{,}32 \cdot 10^{-4}$	2000	– 1,70	$2{,}00 \cdot 10^{-2}$

$\frac{1}{2}H_2 + \frac{1}{2}Cl_2 \rightleftharpoons HCl$, $\Delta H_{298}^0 = -92{,}31$ kJ/Mol (p in hPa)

T (K)	$\log K_p$	$K_p = \frac{p_{H_2}^{1/2} \cdot p_{Cl_2}^{1/2}}{p_{HCl}}$	T (K)	$\log K_p$	$K_p = \frac{p_{H_2}^{1/2} \cdot p_{Cl_2}^{1/2}}{p_{HCl}}$
1000	– 5,26	$5{,}50 \cdot 10^{-6}$	1800	– 3,06	$8{,}71 \cdot 10^{-4}$
1200	– 4,43	$3{,}72 \cdot 10^{-5}$	2000	– 2,79	$1{,}62 \cdot 10^{-3}$
1400	– 3,84	$1{,}45 \cdot 10^{-4}$	2500	– 2,29	$5{,}13 \cdot 10^{-3}$
1600	– 3,40	$3{,}98 \cdot 10^{-4}$	3000	– 1,95	$1{,}12 \cdot 10^{-2}$

$\frac{1}{2}\,D_2 + \frac{1}{2}\,Cl_2 \rightleftharpoons DCl$, $\Delta H_0^0 = -\,93{,}2$ kJ/Mol (p in hPa)

T (K)	log K_p	$K_p = \frac{p_{D_2}^{1/2} \cdot p_{Cl_2}^{1/2}}{p_{DCl}}$	T (K)	log K_p	$K_p = \frac{p_{D_2}^{1/2} \cdot p_{Cl_2}^{1/2}}{p_{DCl}}$
800	– 6,50	$3{,}16 \cdot 10^{-7}$	1500	– 3,60	$2{,}51 \cdot 10^{-4}$
1000	– 5,25	$5{,}62 \cdot 10^{-6}$	1700	– 3,21	$6{,}17 \cdot 10^{-4}$
1200	– 4,42	$3{,}80 \cdot 10^{-5}$	2000	– 2,76	$1{,}74 \cdot 10^{-3}$

$\frac{1}{2}\,H_2 + \frac{1}{2}\,F_2 \rightleftharpoons HF$, $\Delta H_{298}^0 = -\,273{,}3$ kJ/Mol (p in hPa)

T (K)	log K_p	$K_p = \frac{p_{H_2}^{1/2} \cdot p_{F_2}^{1/2}}{p_{HF}}$	T (K)	log K_p	$K_p = \frac{p_{H_2}^{1/2} \cdot p_{F_2}^{1/2}}{p_{HF}}$
1000	– 14,35	$4{,}47 \cdot 10^{-15}$	1400	– 10,26	$5{,}50 \cdot 10^{-11}$
1200	– 11,95	$1{,}12 \cdot 10^{-12}$	1600	– 9,00	$1{,}00 \cdot 10^{-9}$

$\frac{1}{2}\,H_2 + \frac{1}{2}\,I_2 \rightleftharpoons HI$, $\Delta H_0^0 = -\,3{,}85$ kJ/Mol (p in hPa)

T (K)	log K_p	$K_p = \frac{p_{I_2}^{1/2} \cdot p_{H_2}^{1/2}}{p_{HI}}$	T (K)	log K_p	$K_p = \frac{p_{I_2}^{1/2} \cdot p_{H_2}^{1/2}}{p_{HI}}$
400	– 1,155	$7{,}00 \cdot 10^{-2}$	1000	– 0,715	$1{,}93 \cdot 10^{-1}$
500	– 1,010	$9{,}77 \cdot 10^{-2}$	1200	– 0,657	$2{,}20 \cdot 10^{-1}$
600	– 0,913	$1{,}22 \cdot 10^{-1}$	1500	– 0,587	$2{,}59 \cdot 10^{-1}$
800	– 0,791	$1{,}62 \cdot 10^{-1}$			

$\frac{1}{2}\,D_2 + \frac{1}{2}\,I_2 \rightleftharpoons DI$, $\Delta H_0^0 = -\,4{,}06$ kJ/Mol (p in hPa)

T (K)	log K_p	$K_p = \frac{p_{D_2}^{1/2} \cdot p_{I_2}^{1/2}}{p_{DI}}$	T (K)	log K_p	$K_p = \frac{p_{D_2}^{1/2} \cdot p_{I_2}^{1/2}}{p_{DI}}$
500	– 0,97	$1{,}07 \cdot 10^{-1}$	1200	– 0,62	$2{,}40 \cdot 10^{-1}$
600	– 0,87	$1{,}35 \cdot 10^{-1}$	1500	– 0,57	$2{,}69 \cdot 10^{-1}$
800	– 0,74	$1{,}82 \cdot 10^{-1}$	1700	– 0,55	$2{,}82 \cdot 10^{-1}$
1000	– 0,67	$2{,}14 \cdot 10^{-1}$	2000	– 0,53	$2{,}95 \cdot 10^{-1}$

$O + H \rightleftharpoons OH$, $\Delta H_0^0 = -\,418{,}8$ kJ/Mol (p in hPa)

T (K)	log K_p	$K_p = \frac{p_O \cdot p_H}{p_{OH}}$	T (K)	log K_p	$K_p = \frac{p_O \cdot p_H}{p_{OH}}$
1500	– 6,41	$3{,}85 \cdot 10^{-7}$	2500	– 0,27	$5{,}32 \cdot 10^{-1}$
1800	– 3,85	$1{,}43 \cdot 10^{-4}$	3000	+ 1,26	$1{,}80 \cdot 10^{1}$
2000	– 2,56	$2{,}73 \cdot 10^{-3}$	4000	+ 3,21	$1{,}61 \cdot 10^{3}$

$\frac{1}{2}H_2 + \frac{1}{2}O_2 \rightleftharpoons OH$, $\Delta H_0^0 = -+41{,}0$ kJ/Mol (p in hPa)

T (K)	$\log K_p$	$K_p = \dfrac{p_{O_2}^{1/2} \cdot p_{H_2}^{1/2}}{p_{OH}}$	T (K)	$\log K_p$	$K_p = \dfrac{p_{O_2}^{1/2} \cdot p_{H_2}^{1/2}}{p_{OH}}$
1000	+ 1,35	$2{,}24 \cdot 10$	2500	+ 0,07	1,18
1500	+ 0,64	4,37	3000	– 0,07	$8{,}51 \cdot 10^{-1}$
1800	+ 0,40	2,51	4000	– 0,24	$5{,}75 \cdot 10^{-1}$
2000	+ 0,28	1,91			

$H_2 + O \rightleftharpoons H_2O$, $\Delta H_0^0 = -484{,}3$ kJ/Mol (p in hPa)

T (K)	$\log K_p$	$K_p = \dfrac{p_{H_2} \cdot p_O}{p_{H_2O}}$	T (K)	$\log K_p$	$K_p = \dfrac{p_{H_2} \cdot p_O}{p_{H_2O}}$
1200	– 12,39	$4{,}03 \cdot 10^{-13}$	2500	– 0,99	$1{,}01 \cdot 10^{-1}$
1500	– 8,04	$9{,}03 \cdot 10^{-9}$	3000	0,76	5,69
1800	– 5,09	$8{,}04 \cdot 10^{-6}$	4000	2,96	$9{,}03 \cdot 10^{1}$
2800	– 3,59	$2{,}54 \cdot 10^{-4}$			

$H_2 + \frac{1}{2}O_2 \rightleftharpoons H_2O$, $\Delta H_{298}^0 = -241{,}826$ kJ/Mol (p in hPa)

T (K)	$\log K_p$	$K_p = \dfrac{p_{H_2} \cdot p_{O_2}^{1/2}}{p_{H_2O}}$	T (K)	α		
				10^3 hPa	10^4 hPa	10^5 hPa
1500	– 4,23	$5{,}92 \cdot 10^{-5}$	1500	$0{,}000_2$	$0{,}000_1$	0,0000
1800	– 2,78	$1{,}68 \cdot 10^{-3}$	2000	$0{,}005_2$	$0{,}002_6$	$0{,}001_2$
2000	– 2,04	$9{,}16 \cdot 10^{-3}$	2500	$0{,}04_1$	0,019	$0{,}008_8$
2500	– 0,73	$1{,}87 \cdot 10^{-1}$	3000	$0{,}14_6$	0,071	0,034
3000	– 0,15	1,42	4000	$0{,}54_5$	$0{,}31_9$	$0{,}16_5$
4000	+ 1,24	$1{,}75 \cdot 10^{1}$				

$\frac{1}{2}H_2 + OH \rightleftharpoons H_2O$, $\Delta H_0^0 = -279{,}9$ kJ/Mol (p in hPa)

T (K)	$\log K_p$	$K_p = \dfrac{p_{H_2}^{1/2} \cdot p_{OH}}{p_{H_2O}}$	T (K)	α		
				10^3 hPa	10^4 hPa	10^5 hPa
1500	– 4,87	$1{,}36 \cdot 10^{-5}$	1500	$7{,}15 \cdot 10^{-5}$	$3{,}32 \cdot 10^{-5}$	$1{,}54 \cdot 10^{-5}$
1800	– 3,20	$6{,}34 \cdot 10^{-4}$	1800	$9{,}29 \cdot 10^{-4}$	$4{,}31 \cdot 10^{-4}$	$2{,}00 \cdot 10^{-4}$
2000	– 2,35	$4{,}49 \cdot 10^{-3}$	2000	$3{,}41 \cdot 10^{-3}$	$1{,}58 \cdot 10^{-3}$	$7{,}36 \cdot 10^{-4}$
2500	– 0,84	$1{,}45 \cdot 10^{-1}$	2500	$3{,}41 \cdot 10^{-2}$	$1{,}60 \cdot 10^{-2}$	$7{,}46 \cdot 10^{-3}$
3000	+ 0,15	1,42	3000	$1{,}46 \cdot 10^{-1}$	$7{,}10 \cdot 10^{-2}$	$3{,}36 \cdot 10^{-2}$
4000	+ 0,46	$2{,}91 \cdot 10^{1}$	4000	$6{,}4 \cdot 10^{-1}$	$4{,}0_5 \cdot 10^{-1}$	$2{,}20 \cdot 10^{-1}$

$2\,HDO \rightleftharpoons H_2O + D_2O$, $\Delta H_0^0 = -0{,}293$ kJ/Mol (p in hPa)

T (K)	$\log K_p$	$K_p = \dfrac{p_{HDO}^2}{p_{H_2O} \cdot p_{D_2O}}$	T (K)	$\log K_p$	$K_p = \dfrac{p_{HDO}^2}{p_{H_2O} \cdot p_{D_2O}}$
298,1	0,5717	3,73	700	0,6010	3,99
400	0,5843	3,84	800	0,6042	4,02
500	0,5922	3,91	900	0,6064	4,04
600	0,5977	3,96	1000	0,6075	4,05

$D_2O + H_2 \rightleftharpoons H_2O + D_2$, $\Delta H_0^0 = +7{,}399$ kJ/Mol (p in hPa)

T (K)	$\log K_p$	$K_p = \frac{p_{D_2O} \cdot p_{H_2}}{p_{H_2O} \cdot p_{D_2}}$	T (K)	$\log K_p$	$K_p = \frac{p_{D_2O} \cdot p_{H_2}}{p_{H_2O} \cdot p_{D_2}}$
298,1	1,0469	11,14	700	0,3010	2,00
400	0,7160	5,20	800	0,2330	1,71
500	0,5238	3,34	900	0,1790	1,51
600	0,3945	2,48	1000	0,1367	1,37

$HDO + H_2 \rightleftharpoons H_2O + HD$, $\Delta H_0^0 = +3{,}871$ kJ/Mol (p in hPa)

T (K)	$\log K_p$	$K_p = \frac{p_{HDO} \cdot p_{H_2}}{p_{H_2O} \cdot p_{HD}}$	T (K)	$\log K_p$	$K_p = \frac{p_{HDO} \cdot p_{H_2}}{p_{H_2O} \cdot p_{HD}}$
298,1	0,5527	3,57	700	0,1614	1,45
400	0,3802	2,40	800	0,1271	1,34
500	0,2788	1,90	900	0,1004	1,26
600	0,2122	1,63	1000	0,0755	1,19

$D_2O + HD \rightleftharpoons HDO + D_2$, $\Delta H_0^0 = +3{,}511$ kJ/Mol (p in hPa)

T (K)	$\log K_p$	$K_p = \frac{p_{D_2O} \cdot p_{HD}}{p_{HDO} \cdot p_{D_2}}$	T (K)	$\log K_p$	$K_p = \frac{p_{D_2O} \cdot p_{HD}}{p_{HDO} \cdot p_{D_2}}$
298,1	0,4942	3,12	700	0,1399	1,38
400	0,3365	2,17	800	0,1072	1,28
500	0,2455	1,76	900	0,0792	1,20
600	0,1847	1,53	1000	0,0607	1,15

$OH + H \rightleftharpoons H_2O$, $\Delta H_0^0 = -494{,}3$ kJ/Mol (p in hPa)

T (K)	$\log K_p$	$K_p = \frac{p_{OH} \cdot p_H}{p_{H_2O}}$	T (K)	α		
				10^3 hPa	10^4 hPa	10^5 hPa
1200	−12,49	$3{,}20 \cdot 10^{-14}$	1200	$1{,}78 \cdot 10^{-8}$	$5{,}63 \cdot 10^{-9}$	$1{,}78 \cdot 10^{-9}$
1500	−8,04	$9{,}03 \cdot 10^{-9}$	1500	$2{,}99 \cdot 10^{-6}$	$9{,}46 \cdot 10^{-7}$	$2{,}99 \cdot 10^{-7}$
1800	−5,09	$8{,}05 \cdot 10^{-6}$	1800	$8{,}90 \cdot 10^{-5}$	$2{,}82 \cdot 10^{-5}$	$8{,}90 \cdot 10^{-6}$
2000	−3,59	$2{,}54 \cdot 10^{-4}$	2000	$5{,}01 \cdot 10^{-4}$	$1{,}58 \cdot 10^{-4}$	$5{,}01 \cdot 10^{-5}$
2500	−0,95	$1{,}13 \cdot 10^{-1}$	2500	$1{,}06 \cdot 10^{-2}$	$3{,}34 \cdot 10^{-3}$	$1{,}06 \cdot 10^{-3}$
3000	+0,86	7,17	3000	$8{,}39 \cdot 10^{-2}$	$2{,}66 \cdot 10^{-2}$	$8{,}40 \cdot 10^{-3}$
4000	+3,11	$1{,}28 \cdot 10^{3}$	4000	$7{,}46 \cdot 10^{-1}$	$3{,}35 \cdot 10^{-1}$	$1{,}12 \cdot 10^{-1}$

$2\,OH \rightleftharpoons H_2O + \frac{1}{2}\,O_2$, $\Delta H_0^0 = -320{,}9$ kJ/Mol (p in hPa)

T (K)	$\log K_p$	$K_p = \frac{p_{OH}^2}{p_{H_2O} \cdot p_{O_2}^{1/2}}$	T (K)	$\log K_p$	$K_p = \frac{p_{OH}^2}{p_{H_2O} \cdot p_{O_2}^{1/2}}$
1200	−8,30	$5{,}06 \cdot 10^{-9}$	2500	−0,90	$1{,}27 \cdot 10^{-1}$
1500	−5,45	$3{,}57 \cdot 10^{-6}$	3000	+0,25	1,79
1800	−3,55	$2{,}84 \cdot 10^{-4}$	3500	+1,05	$1{,}13 \cdot 10^{-1}$
2000	−2,55	$2{,}84 \cdot 10^{-3}$			

$H_2 + O_2 \rightleftharpoons H_2O_2$, $\Delta H^0_{298} = -136{,}31$ kJ/Mol (p in hPa)

T (K)	$\log K_p$	$K_p = \frac{p_{H_2} \cdot p_{O_2}}{p_{H_2O_2}}$	T (K)	$\log K_p$	$K_p = \frac{p_{H_2} \cdot p_{O_2}}{p_{H_2O_2}}$
400	– 11,53	$2{,}96 \cdot 10^{-13}$	1000	+ 1,51	$3{,}21 \cdot 10^{1}$
600	– 3,36	$4{,}39 \cdot 10^{-4}$	1300	+ 3,22	$1{,}66 \cdot 10^{3}$
800	– 0,30	$5{,}00 \cdot 10^{-1}$	1500	+ 4,08	$1{,}19 \cdot 10^{4}$

$D_2 + O_2 \rightleftharpoons D_2O_2$, $\Delta H^0_0 = -138{,}3$ kJ/Mol (p in hPa)

T (K)	$\log K_p$	$K_p = \frac{p_{D_2} \cdot p_{O_2}}{p_{D_2O_2}}$	T (K)	$\log K_p$	$K_p = \frac{p_{D_2} \cdot p_{O_2}}{p_{D_2O_2}}$
400	– 10,04	$9{,}12 \cdot 10^{-11}$	1000	+ 1,38	$2{,}40 \cdot 10^{1}$
600	– 3,70	$2{,}01 \cdot 10^{-4}$	1300	+ 3,12	$1{,}35 \cdot 10^{3}$
800	– 0,53	$2{,}98 \cdot 10^{-1}$	1500	+ 3,91	$8{,}13 \cdot 10^{3}$

$CO + Cl_2 \rightleftharpoons COCl_2$, $\Delta H^0_{646-724} = -109{,}4$ kJ/Mol (p in hPa)

T (K)	$\log K_p$	$K_p = \frac{p_{CO} \cdot p_{Cl_2}}{p_{COCl_2}}$	T (K)	$\log K_p$	$K_p = \frac{p_{CO} \cdot p_{Cl_2}}{p_{COCl_2}}$
500	– 1,22	$5{,}97 \cdot 10^{-2}$	800	+ 3,08	$1{,}22 \cdot 10^{3}$
600	+ 0,69	4,85	900	+ 3,91	$8{,}05 \cdot 10^{3}$
700	+ 2,05	$1{,}13 \cdot 10^{2}$	1000	+ 4,53	$3{,}35 \cdot 10^{4}$

$CO + O \rightleftharpoons CO_2$, $\Delta H^0_0 = -524{,}8$ kJ/Mol (p in hPa)

T (K)	$\log K_p$	$K_p = \frac{p_{CO} \cdot p_{O}}{p_{CO_2}}$	T (K)	$\log K_p$	$K_p = \frac{p_{CO} \cdot p_{O}}{p_{CO_2}}$
1500	– 7,69	$2{,}02 \cdot 10^{-9}$	2500	– 0,19	$6{,}39 \cdot 10^{-1}$
1800	– 4,54	$2{,}86 \cdot 10^{-5}$	3000	+ 1,73	$5{,}32 \cdot 10^{1}$
2000	– 2,99	$1{,}01 \cdot 10^{-3}$	3500	+ 3,11	$1{,}28 \cdot 10^{3}$

$CO + \frac{1}{2} O_2 \rightleftharpoons CO_2$, $\Delta H^0_0 = -279{,}4$ kJ/Mol (p in hPa)

T (K)	$\log K_p$	$K_p = \frac{p_{CO} \cdot p_{O_2}^{1/2}}{p_{CO_2}}$	T (K)	$\log K_p$	$K_p = \frac{p_{CO} \cdot p_{O_2}^{1/2}}{p_{CO_2}}$
1300	– 5,28	$5{,}28 \cdot 10^{-6}$	2500	+ 0,08	1,21
1500	– 3,77	$1{,}71 \cdot 10^{-4}$	3000	+ 1,07	$1{,}18 \cdot 10^{1}$
1800	– 2,16	$6{,}97 \cdot 10^{-3}$	3500	+ 1,77	$5{,}92 \cdot 10^{1}$
2000	– 1,37	$4{,}30 \cdot 10^{-2}$			

$\frac{1}{2}\,S_2 + CO \rightleftharpoons COS$, $\Delta H_0^0 = -91{,}0$ kJ/Mol (p in hPa)

T (K)	$\log K_p$	$K_p = \frac{p_{S_2}^{1/2} \cdot p_{CO}}{p_{COS}}$	T (K)	$\log K_p$	$K_p = \frac{p_{S_2}^{1/2} \cdot p_{CO}}{p_{COS}}$
400	− 6,88	$1{,}33 \cdot 10^{-7}$	1000	+ 0,70	5,06
500	− 4,36	$4{,}39 \cdot 10^{-5}$	1200	+ 1,53	$3{,}40 \cdot 10^{1}$
600	− 2,67	$2{,}15 \cdot 10^{-3}$	1500	+ 2,37	$2{,}35 \cdot 10^{2}$
800	− 0,58	$2{,}64 \cdot 10^{-1}$			

$CS_2 + CO_2 \rightleftharpoons 2\,COS$, $\Delta H_0^0 = -5{,}7$ kJ/Mol (p in hPa)

T (K)	$\log K_p$	$K_p = \frac{p_{CO_2} \cdot p_{CS_2}}{p_{COS}^2}$	T (K)	$\log K_p$	$K_p = \frac{p_{CO_2} \cdot p_{CS_2}}{p_{COS}^2}$
400	− 1,42	$3{,}80 \cdot 10^{-2}$	1000	− 0,90	$1{,}26 \cdot 10^{-1}$
500	− 1,24	$5{,}75 \cdot 10^{-2}$	1200	− 0,84	$1{,}45 \cdot 10^{-1}$
600	− 1,13	$7{,}41 \cdot 10^{-2}$	1500	− 0,80	$1{,}59 \cdot 10^{-1}$
800	− 0,98	$1{,}05 \cdot 10^{-1}$			

$NO + \frac{1}{2}\,Br_2 \rightleftharpoons NOBr$, $\Delta H_0^0 = -23{,}8$ kJ/Mol (p in hPa)

T (K)	$\log K_p$	$K_p = \frac{p_{NO} \cdot p_{Br_2}^{1/2}}{p_{NOBr}}$	T (K)	$\log K_p$	$K_p = \frac{p_{NO} \cdot p_{Br_2}^{1/2}}{p_{NOBr}}$
250	− 0,30	$5{,}06 \cdot 10^{-1}$	400	+ 1,59	$3{,}91 \cdot 10^{1}$
300	+ 0,54	3,50	500	+ 2,23	$1{,}71 \cdot 10^{2}$
350	+ 1,14	$1{,}39 \cdot 10^{1}$			

$2\,NO + Cl_2 \rightleftharpoons 2\,NOCl$, $\Delta H_0^0 = -63{,}6$ kJ/Mol (p in hPa)

T (K)	$\log K_p$	$K_p = \frac{p_{NO}^2 \cdot p_{Cl_2}}{p_{NOCl}^2}$	T (K)	$\log K_p$	$K_p = \frac{p_{NO}^2 \cdot p_{Cl_2}}{p_{NOCl}^2}$
400	− 0,63	$2{,}32 \cdot 10^{-1}$	800	+ 4,18	$1{,}50 \cdot 10^{4}$
500	+ 1,28	$1{,}94 \cdot 10^{1}$	1000	+ 5,14	$1{,}38 \cdot 10^{5}$
600	+ 2,58	$3{,}77 \cdot 10^{2}$			

$H_2 + \frac{1}{2}\,S_2 \rightleftharpoons H_2S$, $\Delta H_{298}^0 = -84{,}7$ kJ/Mol (p in hPa)

T (K)	$\log K_p$	$K_p = \frac{p_{H_2} \cdot p_{S_2}^{1/2}}{p_{H_2S}}$	T (K)	$\log K_p$	$K_p = \frac{p_{H_2} \cdot p_{S_2}^{1/2}}{p_{H_2S}}$
400	− 7,58	$2{,}65 \cdot 10^{-8}$	1000	− 0,61	$2{,}47 \cdot 10^{-1}$
500	− 5,25	$5{,}67 \cdot 10^{-6}$	1200	+ 0,17	1,49
600	− 3,72	$1{,}92 \cdot 10^{-4}$	1500	+ 0,97	9,39
800	− 1,76	$1{,}75 \cdot 10^{-2}$	1800	+ 1,49	$3{,}10 \cdot 10^{-1}$

$\frac{3}{2} H_2 + \frac{1}{2} N_2 \rightleftharpoons NH_3$, $\Delta H^0_{298} = -45{,}94$ kJ/Mol (p in hPa)

T (K)	$\log K_p$	$K_p = \frac{p_{H_2}^{3/2} \cdot p_{N_2}^{1/2}}{p_{NH_3}}$	T (K)	α			
				10^3 hPa	10^4 hPa	10^5 hPa	10^6 hPa
600	+ 4,32	$2{,}12 \cdot 10^4$	600	0,970	0,785	0,372	0,126
800	+ 5,53	$3{,}35 \cdot 10^5$	800	0,998	0,981	0,846	0,450
1000	+ 6,25	$1{,}76 \cdot 10^6$	1000	0,999	0,996	0,964	0,757
1200	+ 6,72	$5{,}20 \cdot 10^6$	1200	1,000	0,999	0,986	0,893
1500	+ 7,19	$1{,}53 \cdot 10^7$	1500	1,000	1,000	0,996	0,960
2000	+ 7,65	$4{,}53 \cdot 10^7$	2000	1,000	1,000	0,999	0,986
2500	+ 7,95	$8{,}83 \cdot 10^7$	2500	1,000	1,000	1,000	0,993

Druckabhängigkeit der realen K_p-Werte für die Ammoniakbildung in stöchiometrischen Gemischen

T (K)	K_p (p in hPa) bei dem Gesamtdruck p in hPa				
	10^4	$3 \cdot 10^4$	10^5	$3 \cdot 10^5$	10^6
623	$3{,}84 \cdot 10^4$	$3{,}75 \cdot 10^4$	–	–	–
673	$7{,}92 \cdot 10^4$	$7{,}85 \cdot 10^4$	$7{,}35 \cdot 10^4$	$5{,}90 \cdot 10^4$	$1{,}68 \cdot 10^4$
723	$1{,}55 \cdot 10^5$	$1{,}51 \cdot 10^5$	$1{,}40 \cdot 10^5$	$1{,}16 \cdot 10^5$	$4{,}45 \cdot 10^4$
773	$2{,}65 \cdot 10^5$	$2{,}63 \cdot 10^5$	$2{,}48 \cdot 10^5$	$2{,}03 \cdot 10^5$	$1{,}03 \cdot 10^5$
873	$6{,}65 \cdot 10^5$	$6{,}89 \cdot 10^5$	$6{,}63 \cdot 10^5$	$5{,}31 \cdot 10^5$	$3{,}14 \cdot 10^5$
973	$1{,}72 \cdot 10^6$	$1{,}63 \cdot 10^6$	$1{,}71 \cdot 10^6$	$1{,}40 \cdot 10^6$	$1{,}02 \cdot 10^6$

$\frac{1}{2} H_2 + \frac{3}{2} N_2 \rightleftharpoons HN_3$, $\Delta H^0_{298} = -299{,}8$ kJ/Mol (p in hPa)

T (K)	$\log K_p$	$K_p = \frac{p_{H_2}^{1/2} \cdot p_{N_2}^{3/2}}{p_{HN_3}}$	T (K)	$\log K_p$	$K_p = \frac{p_{H_2}^{1/2} \cdot p_{N_2}^{3/2}}{p_{HN_3}}$
800	– 22,79	$1{,}61 \cdot 10^{-23}$	2000	– 10,79	$1{,}61 \cdot 10^{-11}$
1000	– 18,77	$1{,}68 \cdot 10^{-19}$	2500	– 9,16	$6{,}85 \cdot 10^{-10}$
1200	– 16,09	$8{,}05 \cdot 10^{-17}$	3000	– 8,09	$8{,}05 \cdot 10^{-9}$
1500	– 13,44	$3{,}60 \cdot 10^{-14}$	4000	– 6,74	$1{,}80 \cdot 10^{-7}$
1800	– 11,69	$2{,}03 \cdot 10^{-12}$	5000	– 6,00	$1 \cdot 10^{-6}$

$N_2 + \frac{1}{2} O_2 \rightleftharpoons N_2O$, $\Delta H^0_{298} = +82{,}05$ kJ/Mol (p in hPa)

T (K)	$\log K_p$	$K_p = \frac{p_{N_2} \cdot p_{O_2}^{1/2}}{p_{N_2O}}$	T (K)	$\log K_p$	$K_p = \frac{p_{N_2} \cdot p_{O_2}^{1/2}}{p_{N_2O}}$
400	– 13,01	$9{,}61 \cdot 10^{-14}$	1200	– 5,87	$1{,}36 \cdot 10^{-6}$
500	– 11,83	$1{,}50 \cdot 10^{-12}$	1500	– 5,20	$6{,}37 \cdot 10^{-6}$
600	– 9,43	$3{,}76 \cdot 10^{-10}$	1800	– 4,70	$2{,}00 \cdot 10^{-5}$
800	– 7,65	$2{,}25 \cdot 10^{-8}$	2000	– 4,47	$3{,}41 \cdot 10^{-5}$
1000	– 6,58	$2{,}65 \cdot 10^{-7}$			

$\frac{1}{2} N_2 + \frac{1}{2} O_2 \rightleftharpoons NO$, $\Delta H^0_{298} = +90{,}25$ kJ/Mol (p in hPa)

T (K)	$\log K_p$	$K_p = \frac{p_{N_2}^{1/2} \cdot p_{O_2}^{1/2}}{p_{NO}}$	T (K)	$\log K_p$	$K_p = \frac{p_{N_2}^{1/2} \cdot p_{O_2}^{1/2}}{p_{NO}}$
500	+ 8,80	$6{,}31 \cdot 10^8$	1800	+ 1,98	$9{,}55 \cdot 10$
600	+ 7,22	$1{,}66 \cdot 10^7$	2000	+ 1,72	$5{,}25 \cdot 10$
800	+ 5,25	$1{,}78 \cdot 10^5$	2500	+ 1,25	$1{,}78 \cdot 10$
1000	+ 4,08	$1{,}20 \cdot 10^4$	3000	+ 0,94	8,71
1200	+ 3,30	$2{,}00 \cdot 10^3$	4000	+ 0,55	3,55
1500	+ 2,51	$3{,}24 \cdot 10^2$	5000	+ 0,31	2,04

$N + O \rightleftharpoons NO$, $\Delta H^0_0 = -496$ kJ/Mol (p in hPa)

T (K)	$\log K_p$	$K_p = \frac{p_N \cdot p_O}{p_{NO}}$	T (K)	$\log K_p$	$K_p = \frac{p_N \cdot p_O}{p_{NO}}$
800	– 23,59	$2{,}54 \cdot 10^{-24}$	1800	– 7,59	$2{,}54 \cdot 10^{-9}$
1000	– 17,79	$1{,}61 \cdot 10^{-18}$	2000	– 6,29	$5{,}08 \cdot 10^{-7}$
1200	– 14,00	$1 \cdot 10^{-14}$	2500	– 3,95	$1{,}13 \cdot 10^{-4}$
1500	– 10,14	$7{,}17 \cdot 10^{-11}$			

$NO + \frac{1}{2} O_2 \rightleftharpoons NO_2$, $\Delta H^0_{298} = -57{,}1$ kJ/Mol (p in hPa)

T (K)	$\log K_p$	$K_p = \frac{p_{NO} \cdot p_{O_2}^{1/2}}{p_{NO_2}}$	T (K)	$\log K_p$	$K_p = \frac{p_{NO} \cdot p_{O_2}^{1/2}}{p_{NO_2}}$
300	– 4,62	$2{,}42 \cdot 10^{-5}$	600	+ 0,42	2,64
400	– 2,10	$7{,}99 \cdot 10^{-3}$	800	+ 0,18	$4{,}81 \cdot 10^1$
500	– 0,60	$2{,}53 \cdot 10^{-1}$	1000	+ 2,45	$2{,}84 \cdot 10^2$

$NO_2 \rightleftharpoons \frac{1}{2} N_2 + O_2$, $\Delta H^0_{298} = -33{,}32$ kJ/Mol (p in hPa)

T (K)	$\log K_p$	$K_p = \frac{p_{NO_2}}{p_{N_2}^{1/2} \cdot p_{O_2}}$	T (K)	$\log K_p$	$K_p = \frac{p_{NO_2}}{p_{N_2}^{1/2} \cdot p_{O_2}}$
300	– 10,44	$3{,}61 \cdot 10^{-11}$	800	– 6,89	$1{,}28 \cdot 10^{-7}$
400	– 9,02	$9{,}49 \cdot 10^{-10}$	1000	– 6,45	$3{,}52 \cdot 10^{-7}$
500	– 8,17	$6{,}72 \cdot 10^{-9}$	1200	– 6,17	$6{,}72 \cdot 10^{-7}$
600	– 7,59	$2{,}55 \cdot 10^{-8}$			

$2\,NO_2 \rightleftharpoons N_2O_4$, $\Delta H^0_{298} = -57{,}29$ kJ/Mol (p in hPa)

T (K)	$\log K_p$	$K_p = \frac{p^2_{NO_2}}{p_{N_2O_4}}$	T (K)	$\log K_p$	$K_p = \frac{p^2_{NO_2}}{p_{N_2O_4}}$
275	+ 1,33	$2{,}12 \cdot 10^1$	350	+ 3,65	$4{,}53 \cdot 10^3$
300	+ 2,24	$1{,}72 \cdot 10^2$	375	+ 4,22	$1{,}64 \cdot 10^4$
325	3,00	10^3	400	+ 4,72	$5{,}20 \cdot 10^4$

$\frac{1}{2} S_2 + \frac{1}{2} O_2 \rightleftharpoons SO$, $\Delta H^0_{298} = + 16{,}2$ kJ/Mol (p in hPa)

T (K)	$\log K_p$	$K_p = \frac{p_{S_2}^{1/2} \cdot p_{O_2}^{1/2}}{p_{SO}}$	T (K)	$\log K_p$	$K_p = \frac{p_{S_2}^{1/2} \cdot p_{O_2}^{1/2}}{p_{SO}}$
300	+ 2,49	$3{,}09 \cdot 10^2$	800	+ 0,77	5,89
400	+ 1,80	$6{,}31 \cdot 10$	1000	+ 0,56	3,63
500	+ 1,39	$2{,}46 \cdot 10$	1200	+ 0,42	2,63
600	+ 1,11	$1{,}29 \cdot 10$	1500	+ 0,28	1,91

$\frac{1}{2} S_2 + O_2 \rightleftharpoons SO_2$, $\Delta H^0_{298} = - 361{,}4$ kJ/Mol (p in hPa)

T (K)	$\log K_p$	$K_p = \frac{p_{S_2}^{1/2} \cdot p_{O_2}}{p_{SO_2}}$	T (K)	$\log K_p$	$K_p = \frac{p_{S_2}^{1/2} \cdot p_{O_2}}{p_{SO_2}}$
800	− 18,30	$5{,}06 \cdot 10^{-19}$	1800	− 5,20	$6{,}37 \cdot 10^{-6}$
1000	− 13,57	$2{,}71 \cdot 10^{-14}$	2000	− 4,17	$6{,}81 \cdot 10^{-5}$
1200	− 10,45	$3{,}57 \cdot 10^{-11}$	2500	− 2,30	$5{,}06 \cdot 10^{-3}$
1500	− 7,30	$5{,}06 \cdot 10^{-8}$	3000	− 1,00	$1{,}00 \cdot 10^{-1}$

$SO + \frac{1}{2} O_2 \rightleftharpoons SO_2$, $\Delta H^0_0 = - 325{,}1$ kJ/Mol (p in hPa)

T (K)	$\log K_p$	$K_p = \frac{p_{SO} \cdot p_{O_2}^{1/2}}{p_{SO_2}}$	T (K)	$\log K_p$	$K_p = \frac{p_{SO} \cdot p_{O_2}^{1/2}}{p_{SO_2}}$
800	− 16,20	$6{,}37 \cdot 10^{-17}$	1800	− 4,00	$1{,}00 \cdot 10^{-4}$
1000	− 11,80	$1{,}59 \cdot 10^{-12}$	2000	− 3,07	$8{,}56 \cdot 10^{-4}$
1200	− 8,85	$1{,}42 \cdot 10^{-9}$	2500	− 1,30	$5{,}06 \cdot 10^{-2}$
1500	− 6,00	$1{,}00 \cdot 10^{-6}$	3000	− 0,10	$7{,}99 \cdot 10^{-1}$

$2\,SO \rightleftharpoons SO_2 + \frac{1}{2} S_2$, $\Delta H^0_0 = - 298{,}2$ kJ/Mol (p in hPa)

T (K)	$\log K_p$	$K_p = \frac{p_{SO}}{p_{SO_2} \cdot p_{S_2}^{1/2}}$	T (K)	$\log K_p$	$K_p = \frac{p_{SO}}{p_{SO_2} \cdot p_{S_2}^{1/2}}$
800	− 17,20	$6{,}28 \cdot 10^{-18}$	1800	− 6,05	$8{,}85 \cdot 10^{-7}$
1000	− 13,12	$7{,}54 \cdot 10^{-14}$	2000	− 5,15	$7{,}03 \cdot 10^{-6}$
1200	− 10,45	$3{,}52 \cdot 10^{-11}$	2500	− 3,57	$2{,}68 \cdot 10^{-4}$
1500	− 7,85	$1{,}40 \cdot 10^{-8}$	3000	− 2,50	$3{,}14 \cdot 10^{-3}$

$SO_2 + \frac{1}{2} O_2 \rightleftharpoons SO_3$, $\Delta H^0_0 = - 95{,}0$ kJ/Mol (p in hPa)

T (K)	$\log K_p$	$K_p = \frac{p_{SO_2} \cdot p_{O_2}^{1/2}}{p_{SO_3}}$	T (K)	$\log K_p$	$K_p = \frac{p_{SO_2} \cdot p_{O_2}^{1/2}}{p_{SO_3}}$
500	− 3,98	$1{,}05 \cdot 10^{-4}$	1000	1,26	$1{,}83 \cdot 10^{-1}$
600	− 2,24	$5{,}79 \cdot 10^{-3}$	1200	2,12	$1{,}33 \cdot 10^{2}$
800	− 0,04	$9{,}17 \cdot 10^{-1}$	1500	2,98	$9{,}61 \cdot 10^{2}$

$PCl_3 + Cl_2 \rightleftharpoons PCl_5$, $\Delta H_0^0 = -89{,}2$ kJ/Mol (p in hPa)

T (K)	$\log K_p$	$K_p = \frac{p_{PCl_3} \cdot p_{Cl_2}}{p_{PCl_5}}$	T (K)	$\log K_p$	$K_p = \frac{p_{PCl_3} \cdot p_{Cl_2}}{p_{PCl_5}}$
400	+ 0,41	2,54	700	+ 5,46	$2{,}86 \cdot 10^5$
500	+ 2,77	$5{,}97 \cdot 10^2$	800	+ 6,26	$1{,}88 \cdot 10^6$
600	+ 4,34	$2{,}17 \cdot 10^4$	1000	+ 7,51	$3{,}20 \cdot 10^7$

$\frac{1}{4} P_4 + \frac{3}{2} H_2 \rightleftharpoons PH_3$, $\Delta H_0^0 = -1{,}60$ kJ/Mol (p in hPa)

T (K)	$\log K_p$	$K_p = \frac{p_{P_4}^{1/4} \cdot p_{H_2}^{3/2}}{p_{PH_3}}$	T (K)	$\log K_p$	$K_p = \frac{p_{P_4}^{1/4} \cdot p_{H_2}^{3/2}}{p_{PH_3}}$
400	+ 4,44	$2{,}78 \cdot 10^4$	700	5,11	$1{,}30 \cdot 10^5$
500	+ 4,75	$5{,}68 \cdot 10^4$	800	5,22	$1{,}68 \cdot 10^5$
600	+ 4,95	$9{,}00 \cdot 10^4$	1000	5,37	$2{,}37 \cdot 10^5$

Deacon-Prozeß
$4\,HCl + O_2 \rightleftharpoons 2\,H_2O + 2\,Cl_2$, $\Delta H_0^0 = -110{,}0$ kJ/Mol (p in hPa)

T (K)	$\log K_p$	$K_p = \frac{p_{HCl}^4 \cdot p_{O_2}}{p_{H_2O}^2 \cdot p_{Cl_2}^2}$	T (K)	$\log K_p$	$K_p = \frac{p_{HCl}^4 \cdot p_{O_2}}{p_{H_2O}^2 \cdot p_{Cl_2}^2}$
500	− 3,19	$6{,}39 \cdot 10^{-3}$	800	+ 2,39	$2{,}43 \cdot 10^2$
600	− 0,14	$7{,}17 \cdot 10^{-1}$	1000	+ 3,91	$8{,}05 \cdot 10^3$

Wassergas-Gleichgewicht
$CO + H_2O \rightleftharpoons CO_2 + H_2$, $\Delta H_0^0 = -40{,}4$ kJ/Mol (p in hPa)

T (K)	$\log K_p$	$K_p = \frac{p_{CO} \cdot p_{H_2O}}{p_{CO_2} \cdot p_{H_2}}$	T (K)	$\log K_p$	$K_p = \frac{p_{CO} \cdot p_{H_2O}}{p_{CO_2} \cdot p_{H_2}}$
500	− 2,12	$7{,}59 \cdot 10^{-3}$	1200	+ 0,21	1,62
600	− 1,45	$3{,}55 \cdot 10^{-2}$	1500	+ 0,48	3,02
800	− 0,62	$2{,}40 \cdot 10^{-1}$	2000	+ 0,69	4,90
1000	− 0,11	$7{,}76 \cdot 10^{-1}$	2500	+ 0,79	6,17

$COS + H_2O \rightleftharpoons H_2S + CO_2$, $\Delta H_0^0 = -2{,}9$ kJ/Mol (p in hPa)

T (K)	$\log K_p$	$K_p = \frac{p_{COS} \cdot p_{H_2O}}{p_{CO_2} \cdot p_{H_2S}}$	T (K)	$\log K_p$	$K_p = \frac{p_{COS} \cdot p_{H_2O}}{p_{CO_2} \cdot p_{H_2S}}$
400	− 3,83	$1{,}48 \cdot 10^{-4}$	1000	− 1,47	$3{,}39 \cdot 10^{-2}$
500	− 3,03	$9{,}33 \cdot 10^{-4}$	1200	− 1,20	$6{,}31 \cdot 10^{-2}$
600	− 2,50	$3{,}16 \cdot 10^{-3}$	1500	− 0,93	$1{,}18 \cdot 10^{-1}$
800	− 1,86	$1{,}38 \cdot 10^{-2}$			

$CS_2 + H_2O \rightleftharpoons COS + H_2S$, $\Delta H_0^0 = -34{,}4$ kJ/Mol (p in hPa)

T (K)	log K_p	$K_p = \frac{p_{CS_2} \cdot p_{H_2O}}{p_{COS} \cdot p_{H_2S}}$	T (K)	log K_p	$K_p = \frac{p_{CS_2} \cdot p_{H_2O}}{p_{COS} \cdot p_{H_2S}}$
400	– 5,24	$5{,}75 \cdot 10^{-6}$	1000	– 2,37	$4{,}27 \cdot 10^{-3}$
500	– 4,28	$5{,}25 \cdot 10^{-5}$	1200	– 2,05	$8{,}91 \cdot 10^{-3}$
600	– 3,64	$2{,}29 \cdot 10^{-4}$	1500	– 1,73	$1{,}86 \cdot 10^{-2}$
800	– 2,84	$1{,}45 \cdot 10^{-3}$			

$2\,H_2O + CS_2 \rightleftharpoons 2\,H_2S + CO_2$, $\Delta H_0^0 = -0{,}940$ kJ/Mol (p in hPa)

T (K)	log K_p	$K_p = \frac{p_{H_2O}^2 \cdot p_{CS_2}}{p_{H_2S}^2 \cdot p_{CO_2}}$	T (K)	log K_p	$K_p = \frac{p_{H_2O}^2 \cdot p_{CS_2}}{p_{H_2S}^2 \cdot p_{CO_2}}$
400	– 9,03	$9{,}33 \cdot 10^{-10}$	1000	– 3,94	$1{,}15 \cdot 10^{-4}$
500	– 7,33	$4{,}68 \cdot 10^{-8}$	1200	– 3,37	$4{,}27 \cdot 10^{-4}$
600	– 6,21	$6{,}17 \cdot 10^{-7}$	1500	– 2,82	$1{,}51 \cdot 10^{-3}$
800	– 4,79	$1{,}62 \cdot 10^{-5}$			

$2\,CO + SO_2 \rightleftharpoons 2\,CO_2 + \frac{1}{2}\,S_2$, $\Delta H_0^0 = -195{,}4$ kJ/Mol (p in hPa)

T (K)	log K_p	$K_p = \frac{p_{CO}^2 \cdot p_{SO_2}}{p_{CO_2}^2 \cdot p_{S_2}^{1/2}}$	T (K)	log K_p	$K_p = \frac{p_{CO}^2 \cdot p_{SO_2}}{p_{CO_2}^2 \cdot p_{S_2}^{1/2}}$
600	– 10,80	$1{,}59 \cdot 10^{-11}$	1200	– 2,01	$9{,}84 \cdot 10^{-3}$
800	– 6,45	$3{,}57 \cdot 10^{-7}$	1500	– 0,02	$5{,}92 \cdot 10^{-1}$
1000	– 3,78	$1{,}67 \cdot 10^{-4}$			

$3\,H_2 + SO_2 \rightleftharpoons 2\,H_2O + H_2S$, $\Delta H_0^0 = -196{,}7$ kJ/Mol (p in hPa)

T (K)	log K_p	$K_p = \frac{p_{H_2}^3 \cdot p_{SO_2}}{p_{H_2O}^2 \cdot p_{H_2S}}$	T (K)	log K_p	$K_p = \frac{p_{H_2}^3 \cdot p_{SO_2}}{p_{H_2O}^2 \cdot p_{H_2S}}$
1000	– 4,30	$4{,}96 \cdot 10^{-5}$	1800	+ 1,15	$1{,}42 \cdot 10^{1}$
1200	– 2,28	$5{,}20 \cdot 10^{-3}$	2000	+ 1,81	$6{,}39 \cdot 10^{1}$
1500	– 0,19	$6{,}39 \cdot 10^{-1}$	2500	+ 3,04	$1{,}08 \cdot 10^{3}$

$CO + 2\,H_2 \rightleftharpoons CH_3OH$, $\Delta H_0^0 = -74{,}0$ kJ/Mol (p in hPa)

T (K)	log K_p	$K_p = \frac{p_{CO} \cdot p_{H_2}^2}{p_{CH_3OH}}$	T (K)	log K_p	$K_p = \frac{p_{CO} \cdot p_{H_2}^2}{p_{CH_3OH}}$
400	+ 5,89	$7{,}79 \cdot 10^{-5}$	800	+ 12,22	$1{,}67 \cdot 10^{12}$
500	+ 8,42	$2{,}64 \cdot 10^{8}$	1000	+ 13,49	$3{,}10 \cdot 10^{13}$
600	+ 10,09	$1{,}23 \cdot 10^{10}$	1200	+ 14,34	$2{,}20 \cdot 10^{14}$
700	+ 11,31	$2{,}05 \cdot 10^{11}$	1500	+ 15,18	$1{,}52 \cdot 10^{15}$

$2\,CO + 2\,H_2 \rightleftharpoons CH_4 + CO_2$, $\Delta H_0^0 = -227{,}8$ kJ/Mol (p in hPa)

T (K)	$\log K_p$	$K_p = \frac{p_{CO}^2 \cdot p_{H_2}^2}{p_{CO_2} \cdot p_{CH_4}}$	T (K)	$\log K_p$	$K_p = \frac{p_{CO}^2 \cdot p_{H_2}^2}{p_{CO_2} \cdot p_{CH_4}}$
600	−0,18	$1{,}75 \cdot 10^{-2}$	1000	+7,26	$1{,}83 \cdot 10^{7}$
700	+1,46	$2{,}90 \cdot 10^{1}$	1200	+9,51	$3{,}24 \cdot 10^{9}$
800	+3,87	$7{,}43 \cdot 10^{3}$	1400	+11,15	$1{,}42 \cdot 10^{11}$
900	+5,77	$5{,}90 \cdot 10^{5}$			

$CO + 3\,H_2 \rightleftharpoons CH_4 + H_2O$, $\Delta H_0^0 = -188{,}1$ kJ/Mol (p in hPa)

T (K)	$\log K_p$	$K_p = \frac{p_{CO} \cdot p_{H_2}^3}{p_{CH_4} \cdot p_{H_2O}}$	T (K)	$\log K_p$	$K_p = \frac{p_{CO} \cdot p_{H_2}^3}{p_{CH_4} \cdot p_{H_2O}}$
600	−0,36	$4{,}38 \cdot 10^{1}$	1000	+7,47	$2{,}97 \cdot 10^{7}$
700	+2,45	$2{,}82 \cdot 10^{2}$	1200	+9,43	$2{,}70 \cdot 10^{9}$
800	+4,53	$3{,}40 \cdot 10^{4}$	1400	+10,86	$7{,}27 \cdot 10^{10}$
900	+6,17	$1{,}49 \cdot 10^{6}$			

$CO_2 + 4\,H_2 \rightleftharpoons CH_4 + 2\,H_2O$, $\Delta H_0^0 = -148{,}5$ kJ/Mol (p in hPa)

T (K)	$\log K_p$	$K_p = \frac{p_{CO_2} \cdot p_{H_2}^4}{p_{CH_4} \cdot p_{H_2O}^2}$	T (K)	$\log K_p$	$K_p = \frac{p_{CO_2} \cdot p_{H_2}^4}{p_{CH_4} \cdot p_{H_2O}^2}$
600	+1,13	$1{,}35 \cdot 10^{1}$	800	+5,13	$1{,}36 \cdot 10^{5}$
700	+3,41	$2{,}58 \cdot 10^{3}$	900	+6,96	$2{,}90 \cdot 10^{6}$

4 Mechanisch-thermische Konstanten für das Gleichgewicht heterogener Systeme

4.1 Einstoffsysteme

4.1.1 Dampfdruck

Für begrenzte Temperaturgebiete läßt sich die Abhängigkeit des Dampfdrucks von der Temperatur durch die Formel wiedergeben

$$\log p = \frac{A}{T} + B \log T + C \cdot T + D$$

(A, B, C, D = Konstante, A in K, B dimensionslos, C in $(\mathrm{K})^{-1}$, der Wert von D hängt von der für p benutzten Druckeinheit ab.)

Innerhalb kleinerer Temperaturintervalle genügt es sogar, mit der zweigliedrigen Formel zu rechnen:

$$\log p = \frac{A}{T} + D$$

In den folgenden Tabellen sind für einige Elemente und anorganische Verbindungen die Konstanten A, B, C und D für diese Gleichungen angegeben.

4.1.1.1 Koeffizienten der Dampfdruckgleichungen für Elemente und Verbindungen, alphabetisch nach chemischen Symbolen geordnet

Der Gültigkeitsbereich der Gleichungen ist ebenfalls angegeben. Für den Schmelzpunkt ist die Temperaturangabe mit ′ und für den Siedepunkt mit * gekennzeichnet, sowie für eine Sublimationstemperatur mit $^{+}$.

Substanz	log *p* [hPa]				ΔH$_v$	Temp.-bereich
	A	B	C × 10^3	D	[kJmol^{-1}]	[K]
Ag (f)	– 14900	– 0,85	–	12,32		298–1235′
Ag	– 14400	– 0,85	–	11,82	253	1235–2420*
AgCl (f)	– 11830	– 0,30	– 1,02	12,51		298–728′
AgCl	– 11320	– 2,55	–	17,46	178	728–1837*
AgBr	– 12400	– 2,97	–	19,45	192	703′–1833*
AgI	– 10250	– 3,52	–	20,21	144	831′–1778*
Ar	– 380,2	–	–	7,258	6,52	55–148
Al	– 16380	– 1,0	–	12,44	291	933′–2723*
AlN (f)	– 25900	–	–	9,04	–	1920–2180
AlF_3 (f)	– 16700	– 3,02	–	23,39	280 sb	298–1553$^+$
$AlCl_3$ (f)	– 6360	3,77	– 6,12	9,78	111,7 sb	298–453$^+$
$AlBr_3$ (f)	– 5280	– 1,75	– 4,08	20,93		298–370′
$AlBr_3$	– 5280	– 12,59	–	46,82	45,6	370–528$^+$
AlI_3 (f)	– 7150	+ 0,12	– 4,96	17,88	–	298–464′
AlI_3	– 6760	– 11,89	–	46,79	64,4	464–658*
Al_2O_3 (f)	– 28200			14,34		2100–2470
	– 27360			11,42		2420–3250
Am	– 13700	– 1,0	–	14,09	238	1103–1453
AmF_3 (f)	– 24600	– 7,05	–	36,99	–	1100–1300
As (f)	– 6160	–	–	9,94	114 sb	600–900
AsF_3	– 4150	– 18,26	–	61,50	–	265–292
AsI_3	– 4897	– 7,0	–	30,274	–	413′–640*
AsF_5	– 1088	–	–	7,84	20,9	193′–220*
$AsCl_3$	– 2660	– 5,83	–	24,88	31,4	257′–403*
$As(CH_3)_3$	– 1456	–	–	7,520	–	183–323
AsH_3	– 978			7,68		131–211
As_2O_3 (Claud.)	– 5282	–	–	11,03	59,4	373–573
As_2O_3 (Arsen.)	– 5452	–	–	11,593		488–573
As_2S_3 (f)	– 5100	–	–	4,79	–	450–600
Au (f)	– 19820	– 0,306	– 0,16	10,93	–	298–1337′
Au	– 19280	– 1,01	–	12,50	343	1337–3080*
B (f)	– 29900	– 1,0	–	14,00	504,5	1000–2573′
B_2H_6	– 828	–	–	7,52	14,3	118–254
B_5H_{11}	– 1675,7	–	–	7,9782	31,84	151–338
BF_3	– 1174,4	1,75	– 1,335	8,1785	–	146–173
BN (f)	– 23530		–	9,21		1785–2000
BP (f)	– 13700	–	–	8,04	–	
BCl_3	– 2115	– 7,04	–	27,68	23,8	166′–286*
BBr_3	– 2710	– 7,04	–	28,48	30,5	227′–364*
BI_3	– 3342	– 5,4	–	24,43	42,3	364′–483*
Ba (f)	– 9730	–	–	7,95	–	750–1002′
Ba	– 9340	–	–	7,54	150,9	1002′–1910*
BaF_2	– 20330	– 5,03	–	28,16	270	1563′–2655*
BaO (f)	– 21900	–	–	10,11	–	1200–1700
Be (f)	– 16730	–	0,145	9,190		1000–1557′
Be	– 17000	– 0,775	–	12,02	308,8	1557–2670
BeF_2	– 13000	– 3,98	–	24,68	199,4	825′–1448*
$BeCl_2$ (f)	– 7870	– 5,03	–	27,27		298–688′

(Fortsetzung)

Substanz	log p [hPa]				ΔH$_v$	Temp.-bereich
	A	B	C × 10³	D	[kJmol⁻¹]	[K]
$BeCl_2$	– 7220	– 5,03	–	26,40	104,6	688–805*
$BeBr_2$ (f)	– 7650	– 5,03	–	27,27	–	298–761′
$BeBr_2$	– 6570	– 5,03	–	25,75	100	761–784*
BeI_2 (f)	– 7000	– 5,03	–	26,6	–	298–783′
BeI_2	– 5800	– 5,03	–	25,08	(96)	783–863*
Bi	– 10400	– 1,26	–	12,47	179,1	544′–1833*
Bi_2	– 10730	– 3,02	–	18,2	–	544′–1833*
$BiCl_3$ (f)	– 6200	–	–	12,95	–	298–506′
$BiCl_3$	– 5980	– 7,04	–	31,50	72,4	506–714*
$BiBr_3$	– 6190	– 7,04	–	31,52	75,3	491′–734*
BiF_5	– 3250	–	–	9,46	–	–
$Bi(CH_3)_3$	– 1840	–	–	7,83	–	187′–382*
Br_2	– 2200	– 4,15	–	20,08	30,5	298–390
BrF_5	– 1668	–	–	8,32	30,6	204–313
CCl_4	– 2400	– 5,30	–	23,72	32,6	250′–350*
CBr_4 (kub.)	– 2841	–	–	9,511		295–319
CBr_4 (mkl.)	– 2579	–	–	8,722	44,3	321–329
CS_2	– 1865	– 3,13	–	16,67	27,2	161′–319*
Ca (f)	– 9350	– 1,39	–	12,94	–	298–1112′
Ca	– 8920	– 1,39	–	12,57	150,6	1112–1757*
CaF_2 (α)	– 23600	– 4,525	–	27,53	–	298–1424
CaF_2 (β)	– 23350	– 4,525	–	27,35	–	1424–1691′
CaF_2	– 21800	– 4,525	–	26,43	312,1	1691–2783*
$CaCl_2$	– 13570	–	–	9,34	–	1110–1281
$CaCO_3$ (f)	– 8700	–	–	10,39		860–1514
Cd (f)	– 5908	– 0,232	– 0,284	9,842	–	298–594′
Cd	– 5819	– 1,257	–	12,442	100,0	594–1038*
CdF_2	– 16170	– 5,03	–	27,62	218	1383′–2023*
$CdCl_2$ (f)	– 9270	– 2,11	–	17,58	–	298–841′
$CdCl_2$	– 9183	– 5,04	–	26,032	123,8	841–1234*
$CdBr_2$ (f)	– 8250	– 2,5	–	18,27	–	298–840′
$CdBr_2$	– 7150	– 2,5	–	16,97	113	840–1136*
CdI_2 (f)	– 7530	– 2,5	–	18,13	–	298–663′
CdI_2	– 6720	– 2,5	–	16,91	106	663–1069*
CdO	– 11990	–	–	9,55		1273–1823
CdS (f)	– 11460	– 2,5	–	16,18	–	298–1200
Ce	– 20304	–	–	8,332	398	1611–2038
CeF_3 (f)	– 20460	–	–	12,21	–	1374–1637
$CeCl_3$ (f)	– 18750	– 7,05	–	36,50	–	298–1090′
$CeBr_3$ (f)	– 18000	– 7,05	–	36,61	–	298–1005′
Cl_2	– 1530	–	–	10,07	20,4	119–170
	– 1132	–	–	7,67	27,5	155–400
ClF	– 1127	–	–	9,52	20,1	130–173*
ClF_3	– 1296	–	–	7,56	–	193′–284*
Cl_2O	– 1375	–	–	8,00	25,9	175–275*
ClO_2	– 1632	–	–	8,79	26,3	214′–284*
Cl_2O_6	– 2484	–	–	9,00	39,7	281–415
Cl_2O_7	– 1857	–	–	8,27	34,7	228–352*

(Fortsetzung)

Substanz	log *p* [hPa]				ΔH_v	Temp.-bereich
	A	B	C × 10^3	D	[$kJmol^{-1}$]	[K]
$ClSO_3H$	– 3112	–	–	10,34	–	305–424
ClF_5	– 1197	–	–	7,6086	22,2	170′–260*
Co (f)	– 22209	–	– 0,223	10,942	382,4	298–1768′
$CoCl_2$ (f)	– 14150	– 5,03	–	30,22	–	298–1013′
$CoCl_2$	– 11050	– 5,03	–	27,18	157	1013–1298*
Cr (f)	– 20680	– 1,31	–	14,68	341,8	298–2130′
$CrCl_2$ (f)	– 14000	– 0,62	– 0,58	15,26	–	298–1088′
$CrCl_2$	– 13800	– 5,03	–	27,82	197	1088–1573*
$CrCl_3$ (f)	– 13950	– 0,73	– 0,77	17,61	–	298–1218⁺
CrI_2 (f)	– 16080	– 3,53	–	26,04	–	298–1129′
CrO_2Cl_2	– 3340	– 9,08	–	35,06	34,7	177′–390*
CrO_3 (f)	– 10300	–	–	20,26	–	448–468
$Cr(CO)_6$ (f)	– 3738	–	–	11,97	–	274–311
Cs	– 4075	– 1,45	–	11,50	66,5	280–1000
CsF (f)	– 10930	– 2,12	–	17,63	–	298–976′
CsF	– 9950	– 2,84	–	18,74	156	976–1483*
CsCl (f)	– 10800	– 3,02	–	20,11	–	700–918′
CsCl	– 9815	– 3,52	–	20,50	160	978–1573*
CsBr (f)	– 10950	– 3,02	–	20,14	–	700–908′
CsBr	– 10080	– 3,52	–	20,68	151	908–1573*
CsI (f)	– 10420	– 3,02	–	19,82	–	600–894′
CsI	– 9678	– 3,52	–	20,47	150	894–1553*
Cu (f)	– 17770	– 0,86	–	12,41	–	298–1357′
Cu	– 17520	– 1,21	–	13,33	306,7	1357–2840*
CuCl	– 4438	–	–	5,46	166	820–1622*
CuBr	– 5067	–	–	6,69	–	845–1628*
CuI	– 4243			5,696		883–1566*
F_2	– 355	–	–	7,16	3,26	50–85
	– 339	–	–	6,98	–	85–113
F_2O	– 561	–	–	7,35	–	77–125*
$FClO_2$	– 1412	–	–	8,36	–	–
$FClO_3$	– 1652,4	8,6263	4,6	29,458	19,32	164–229
F_2O_2	– 1000	–	–	7,515	19,18	< 173
F_2O_3	– 675,57	–	–	6,2592	19,2	79–114
Fe (f)	– 21080	– 2,14	–	17,01	–	298–1808′
Fe	– 19710	– 1,27	–	13,39	340,2	1808–3023*
$FeCl_2$	– 9475	– 5,23	–	26,65	126	950′–1085*
$FeCl_3$ (f)	– 6660		–	14,30	61	470–590*
FeI_2 (f)	– 12180	– 5,03	–	29,71	–	298–863′
FeI_2	– 8750	– 5,536	–	27,310	112	863–1208*
$Fe(CO)_5$	– 2075	–	–	8,54	32,6	298–382*
Ga	– 14330	– 0,844	–	11,54	270,3	298–303′
$GaCl_3$	– 4886	– 6,44	–	29,26	62,8	303–2676*
$GaBr_3$	– 4700	– 6,44	–	28,81	58,6	395′–587*
GaP (f)	– 16600	–	–	9,95		1000–1450
GaAs (f)	– 19230	–	–	11,93		1000–1420
Ge (f)	– 20150	– 0,91	–	13,40	–	298–1210′
Ge	– 18700	– 1,16	–	12,99	327,6	1210′–3103*

(Fortsetzung)

Substanz	log p [hPa]				ΔH$_v$	Temp.-bereich
	A	B	C × 10^3	D	[kJmol^{-1}]	[K]
$GeCl_4$	– 2940	– 9,08	–	34,39	29,7	224′–357*
$GeBr_4$	– 3690	– 9,05	–	35,12	36,0	299′–462*
GeI_4 (f)	– 4920	– 4,02	–	22,85	84,1 sb	298–419′
GeS (f)	– 8350	–	–	10,90	145	500–938′
GeH_4	– 789	–	–	7,29	14,1	110′–184*
$GeCl_3H$	– 1981	–	–	8,72		231–348*
$Ge(CH_3)_4$	– 1556	–	–	7,93		200–314
Ge_2H_6	– 1344	–	–	7,43	26,8	184–304
Ge_3H_8	– 1771	–	–	7,62	33,5	236–384
GeH_2Cl_2	– 1742,7	–	–	8,094	–	–
GeH_3Cl	– 1527,4	–	–	8,086	–	–
GeH_2Br_2	– 2461,9	–	–	9,923	–	–
GeH_3Br	– 1614,7	–	–	7,976		
H_2O	– 2900	– 4,65	–	22,3738	41,1	273′–373*
H_2O_2	– 3560	– 7,04	–	29,80	43	272,5′
H_2S_2	– 1850	–	–	8,38	31,4	273–344*
H_2	– 54,76	–	–	5,707	0,90	10–30
D_2	– 58,4619		2,671	4,856	1,22	18,7–23,7
HF	– 918,24	3,21542	–	– 2,0366	–	–
HCl	– 905,53	1,75	– 5	4,7813	16,16	158′–188*
HBr	– 1338	– 4,672	–	20,304	17,61	186′–206*
HI	– 1636	– 7,111	2,293	26,244	19,76	222′–238*
HNO_3	– 1986	–	–	8,575	39,44	273–356*
	– 1380	–	–	9,08	–	–<207
H_2Se	– 1030	–	–	7,39	19,3	207–232*
H_2S	– 1052	–	–	9,860	18,7	139–349
	– 1220	–	–	7,51	–	<222
H_2Te	– 1005	–	–	6,65	23,4	222–269*
NH_2OH	– 3677	–	–	3,81	–	312–383
He	– 6,0	–	–	4,304	0,025	1,4–5
Hf (α)	– 32000	– 0,5	–	11,93	–	298–2023
Hf (β)	– 31630	– 0,5	–	11,75	–	2023–2503′
Hf	– 29830	–	–	9,32	570,7	2503–5470*
$HfCl_4$ (f)	– 5197	–	–	11,83	–	476–681
HfI_4 (α)	– 10700	–	–	19,68	–	575–597
HfI_4 (β)	– 7360	–	–	14,09	–	598–645
Hg	– 3305	– 0,795	–	10,480	59,11	298–630
$HgCl_2$ (f)	– 4580	– 2,0	–	16,51	58,9	298–551′
$HgBr_2$ (f)	– 4500	0,05	– 1,51	11,59		298–511′
$HgBr_2$	– 4370	– 5,03	–	24,30	59,2	511–592*
HgI_2 (f)	– 5690	– 6,47	–	30,39	–	298–523′
HgI_2	– 4620	– 5,53	–	25,84	59,2	523–627*
I_2 (f)	– 3578	– 2,51	–	17,840	–	298–387′
I_2	– 3205	– 5,18	–	23,77	41,67	387–457,5*
IF_5 (f)	– 3035	–	–	11,889	–	–282′
IF_5	– 3090	– 6,968	–	29,147	36	282– 377*
IF_7 (f)	– 3047	1,978 · T^{-2}	–	11,3568	24,7 (sb)	195– 277$^+$
IF_7	– 1292	–	–	7,5116		

(Fortsetzung)

Substanz	log p [hPa] A	B	C × 10³	D	ΔH_v [kJmol⁻¹]	Temp.-bereich [K]
In	– 12580	– 0,45	–	9,91	231,8	429′–2353*
InCl	– 4640	–	–	8,15	85	498′–881*
InP (f)	– 17780	–	–	13,84		900–1250
InAs (f)	– 28800			22,50		1050–1330
InSb (f)	– 20519	–	–	23,68		710–800
$InCl_3$ (f)	– 8270	–	–	13,74	158 sb	500–771⁺
InBr (f)	– 6470	– 2,01	–	16,43	–	298–548′
$InBr_3$ (f)	– 5670	–		11,79	108 sb	500–644⁺
InI (f)	– 6730	– 1,97	–	15,86	96,7	298–638′
Ir (f)	– 35070	– 0,7	–	13,30	612,1	298–2683′
IrF_6	– 1657	–	–	8,077	31	317′–326*
K	– 4770	– 1,37	–	11,70	79,1	350–1047*
KF (f)	– 12930	– 2,06	–	17,42	–	298–1130′
KF	– 11570	– 2,32	–	17,02	187	1130–1783*
KCl (f)	– 12230	– 3,0	–	20,46	–	298–1045′
KCl	– 10710	– 3,0	–	19,03	163	1045–1680*
KBr (f)	– 11110	– 2,0	–	16,72	–	298–1013′
KBr	– 10180	– 3,0	–	18,79	156	1013–1656*
KI (f)	– 11000	– 2,0	–	17,11	–	298–958′
KI	– 10050	– 3,52	–	20,53	145	958–1603*
KOH	– 10230	– 5,03	–	25,54	129	673′–1603*
Kr	– 537,5	–	–	7,413	9,05	73–206
La (f)	– 22120	– 0,33	–	10,51	–	298–1194′
La	– 21530	– 0,33	–	10,01	402,1	1194–3730*
$LaCl_3$ (f)	– 19040	– 7,05	–	36,32	–	298–1128′
$LaBr_3$ (f)	– 18780	– 7,05	–	36,95	–	298–1056′
LaI_3 (f)	– 18390	– 7,05	–	37,12	–	298–1051′
Li	– 8415	– 1,0	–	11,46	147,7	454′–1620*
LiF	– 14560	– 4,02	–	23,68	213	1121′–1954*
LiCl	– 10760	– 4,02	–	22,42	151	883′–1655*
LiBr	– 10170	– 3,52	–	20,67	148	823′–1583*
LiI	– 11110	– 3,52	–	21,82	171	742′–1443*
Mg (f)	– 7780	– 0,855	–	11,53	–	298–922′
Mg	– 7550	– 1,41	–	12,91	127,6	922–1363*
MgF_2 (f)	– 20600	– 2,11	–	19,18	–	298–1536′
MgF_2	– 18150	– 3,9	–	23,29	273,2	1536–2605*
$MgCl_2$	– 10840	– 5,03	–	25,65	137	987′–1691*
$MgBr_2$	– 10930	– 5,03	–	26,19	(146)	983′–1503*
MgI_2	– 8090	– 5,03	–	25,30	–	970
Mn (f)	– 14920	– 1,96	–	16,31		298–1517′
Mn	– 14520	– 3,02	–	19,36	220,5	1517–2235*
MnF_2 (f)	– 17400	– 3,02	–	22,18	–	298–1129′
$MnCl_2$	– 10606	4,33	–	23,80	149	923′–1504*
MnF_3 (f)	– 14250	–	–	10,69	–	
Mo (f)	– 34700	– 0,236	– 0,145	11,78	589,9	298–2890′
MoF_5	– 2772	–	–	8,70	51,9	300–487*

(Fortsetzung)

Substanz	log p [hPa]				ΔH$_v$	Temp.-bereich
	A	B	C × 10^3	D	[kJmol^{-1}]	[K]
MoF_6	– 1500	–	–	7,88	27,8	291′–307*
$MoOF_4$ (f)	– 2854	–	–	9,33	–	313–371′
$MoOF_4$	– 2671	–	–	8,841	50,6	371–459*
$MoCl_5$ (f)	– 5210	–	–	13,2	63	298–467′
MoO_3 (f)	– 15230	– 4,02	–	27,28	–	298–1068′
MoO_3	– 12480	– 4,02	–	24,72	192	1068–1373*
N_2	– 325,5	–	–	7,175	5,58	47–125
NF_3	– 664,6	–	–	7,616	11,6	98–144*
NH_3 (f)	– 1630,7	–	–	10,1308		– 195′
NH_3	– 1612,5	1,252 · 10^{-5}T^2	– 2,31	11,96487	23,35	195–239,7*
N_3H	– 1643	–	–	8,323	–	–
NO	– 857,7	–	–	10,173	13,77	73–112
	– 772,5	–	–	9,250		88–178
N_2O	– 1040,8	–	–	8,424	16,55 (185 K)	130–300
N_2O_3	– 2057,6	–	–	10,425	–	248–273
NO_2	– 2880,6	–	–	13,525	38,1 (294 K)	173–233
	– 2054	–	–	9,883		218–405
N_2O_5	– 2537	–	–	12,805	–	236–305
NOCl	– 1347,1	–	–	8,056	25,8	213′–266*
NOF	– 1156,1	–	–	8,383	19,25	141′–217*
NO_2F	– 1047,5	–	–	8,246	18,1	130–201*
NOF_3	– 180	–	–	– 10,51	16,10	–
N_2F_4	– 692	–	–	6,45	15,52	–
cis-N_2F_2	– 803	–	–	7,800	15,35	–
trans-N_2F_2	– 742,3	–	–	7,595	14,22	–
Na	– 5780	– 1,18	–	11,62	99,2	298–1156*
NaF (f)	– 14960	– 2,01	–	17,65	–	298–1265′
NaF	– 13500	– 2,52	–	18,05	217	1265–1983*
NaCl (f)	– 12440	– 0,90	– 0,46	14,43	–	298–1074′
NaCl	– 11530	– 3,48	–	20,89	170	1074–1738*
NaBr (f)	– 12100	– 3,0	–	20,51	–	298–1023′
NaBr	– 10500	– 3,0	–	18,93	–	1023–1666*
NaBr	– 9687	–	–	9,082	159	1143–1403
NaI	– 10740	– 3,52	–	21,08	159	933–1577*
NaOH	– 7520	–	–	7,55	(144)	1280–1700
Nb (f)	– 37650	+ 0,715	– 0,166	9,06	680,2	298–2741′
NbF_5 (f)	– 4900	–	–	14,522	–	298–351′
NbF_5	– 2780	–	–	8,49	52,3	351–506*
$NbCl_4$ (f)	– 6870	–	–	12,42	–	577–651
$NbCl_5$ (f)	– 4370	–	–	11,63	–	403–478′
$NbCl_5$	– 2870	–	–	8,49	54,8	478–523*
$NbOCl_3$ (f)	– 5330	–	–	11,79	–	298–608$^+$
$NbBr_5$	– 4085	–	–	9,45	78,2	538′–634*
$NdCl_3$ (f)	– 18220	– 7,05	–	36,39	–	298–1032′
$NdBr_3$ (f)	– 17650	– 7,05	–	36,63	–	298–957′
NdI_3 (f)	– 17490	– 7,05	–	36,73	–	298–1060′
Ne	– 106,090	4,11 · 10^{-4} · T^2	– 35,66	7,586		24,5′–27,1*

(Fortsetzung)

Substanz	log p [hPa]				ΔH_v	Temp.-bereich
	A	B	C × 10^3	D	[$kJmol^{-1}$]	[K]
Ni (f)	– 22500	– 0,96	–	13,72	–	298–1726′
Ni	– 22400	– 2,01	–	17,07	374,8	1726–3005*
NiF_2 (f)	– 14650	– 3,02	–	20,40	–	298–1200
$NiCl_2$ (f)	– 13300	– 2,68	–	22,00	–	298–1243$^+$
$NiBr_2$ (f)	– 13110	– 1,71	– 0,35	16,80	–	298–1192$^+$
$Ni(CO)_4$	– 1530	–	–	7,85	29,3	298–315
NpF_6 (f)	– 2892	– 2,7	–	18,60	–	273–327
NpF_6	– 1913	– 2,347	–	14,738	–	328–350
O_2	– 377,15	–	–	7,1648	6,82	54–149
O_3	– 634,9	–	–	6,9233	–	93–162
Os (f)	– 39880	–	–	10,490	738,6	2157–2592
OsF_5	– 3429	–	–	9,87	65,7	343′–499*
OsF_6 (f)	– 1858	–	–	8,851	–	273–306′
OsF_6	– 1473	–	–	7,59	28,1	306–321*
OsO_4 (gelb)	– 2955	–	–	9,76	–	273–329
OsO_4 (weiß)	– 2580	–	–	10,82	–	273–315
OsO_4	– 2065	–	–	8,13	39,5	300–403*
P_4 (weiß)	– 3530	– 3,5	–	19,21	51,4	298–317′
P_4 (schwarz)	– 7240	–	–	12,97	–	298–883′
P_4 (violett)	– 5600	–	–	11,12	–	298–600
P_4	– 2740	–	–	7,96	–	317–553*
PF_3	– 606,17	2,9858	–	– 0,1383	16,5	–
PBr_3	– 2076	–	–	7,65	38,8	–
PCl_3	– 2370	– 5,14	–	22,86	30,5	273–348*
PCl_5	– 3520	–	–	11,160	–	373–432
P_4O_{10} (hex.)	– 4940	–	–	10,82	(108)	298–631
P_4O_{10} (orh.)	– 8250	–	–	12,67	–	298–842
POF_3 (f)	– 1984,7	–	–	11,5004	38	188–233
POF_3	– 1207	–	–	8,1773	23	233–253
POF_2Cl	– 1328,3	–	–	7,8153	25,4	233–288
$POFCl_2$	– 1618,23	–	–	7,9689	31,0	243–362
POF_2Br	– 1550	–	–	8,0881	29,7	220–305
$POFBr_2$	– 1642,9	–	–	7,2936	31,5	300–384
$POCl_3$	– 1830	–	–	7,84	35,1	273–378*
Pb	– 10130	– 0,985	–	11,28	177,8	601′–2013*
PbF_2	– 11800	– 5,03	–	26,60	160	1091′–1566*
$PbCl_2$ (f)	– 9890	– 0,95	– 0,91	15,48	–	298–772′
$PbCl_2$	– 10000	– 6,65	–	31,72	127	772–1225*
$PbBr_2$ (f)	– 9320	– 2,08	– 0,34	18,56	–	298–643′
$PbBr_2$	– 9540	– 6,76	–	31,79	116	643–1187*
PbI_2 (f)	– 9340	– 2,35	– 0,32	19,80	–	298–683′
PbI_2	– 10000	– 9,21	–	39,92	103	683–1145*
PbO (f)	– 13480	– 0,92	– 0,35	14,48	–	298–1159′
PbS (f)	– 13300	– 0,81	– 0,43	14,97	–	298–1200
Pd (f)	– 19800	– 0,755	–	11,94	–	298–1825′
Pd	– 17500	+ 1,0	–	4,93	361,5	1825–3413*
Po	– 5810	– 1,0	–	10,82	100,8	527′–1235*

(Fortsetzung)

Substanz	log p [hPa]				ΔH_v	Temp.-bereich
	A	B	C × 10³	D	[kJmol⁻¹]	[K]
Pr	– 17190	–	–	8,22	357	1425–1692
$PrCl_3$ (f)	– 18490	– 7,05	–	36,43	–	298–1059′
$PrBr_3$ (f)	– 17800	– 7,05	–	36,65		298–966′
PrI_3 (f)	– 17470	– 7,05	–	36,78	–	298–1011′
Pt (f)	– 28460	– 1,27	–	14,45	–	298–2045′
Pt	– 27890	– 1,77	–	15,83	469	2045–4100*
Pu	– 17590	–	–	8,02	343,5	1392–1793
PuF_3 (f)	– 24950	– 7,05	–	37,03	–	298–1699′
PuF_3	– 23500	– 6,45	–	34,59	320	1699–2000
$PuCl_3$ (f)	– 18270	– 5,34	–	32,72	–	298–1033′
$PuCl_3$	– 15490	– 6,45	–	31,88	186	1033–2063*
$PuBr_3$ (f)	– 17460	– 5,34	–	31,44	–	298–954′
$PuBr_3$	– 15030	– 6,45	–	32,46	193	954–1748*
Rb	– 4688	– 1,76	–	13,19	75,7	813–1258
RbF (f)	– 12600	– 2,66	–	19,71	–	298–1048′
RbF	– 11230	– 2,66	–	18,38	178	1048–1663*
RbCl (f)	– 11670	– 3,0	–	20,282	–	298–988′
RbCl	– 10300	– 3,0	–	18,89	166	988–1654*
RbBr (f)	– 11510	– 3,0	–	20,280	–	298–953′
RbBr	– 10220	– 3,0	–	18,930	155	953–1625*
RbI	– 10280	– 3,52	–	20,76	151	913′–1577*
Re (f)	– 40800	– 1,16	–	14,32	704,3	298–3000
ReF_5	– 3037	–	–	9,150	57,4	321′–494*
ReF_6	– 1489	–	–	7,85	28,5	292′–307*
ReF_7 (f)	– 2206	– 1,47	–	13,170	–	259–321′
ReF_7	– 244,3	+ 9,91	–	– 21,710	35,8	321–347*
$ReCl_3$	– 10,87	–	–	12,95	–	
$ReOF_4$ (f)	– 3888	–	–	12,00	–	323–381′
$ReOF_4$	– 3206	–	–	10,21	61,1	381–445*
$ReOF_5$ (α)	– 2250	–	–	9,70		273–303
$ReOF_5$ (β)	– 1959	–	–	8,74	–	303–314′
$ReOF_5$	– 1679	–	–	7,85	32,2	314–346*
ReO_2F_3	– 3437	–	–	10,48	65,7	300– 458*
$ReOCl_4$	– 2380	–	–	7,75	45,6	–
ReO_2 (f)	– 14437	–	–	11,77	274 sb	600–1630*
ReO_3 (f)	– 10882	–	–	15,28	208 sb	600–720
Re_2O_7 (f)	– 6775	–	–	13,79	75,3	413–478
ReS_2	– 4976	–	–	3,339		870–1070
Rh (f)	– 29360	– 0,88	–	13,62	494,3	298–2239′
Ru (f)	– 32770	–	–	10,50	567	1940–2377
$RuCl_3$ (f)	– 16750	– 4,63	–	30,65	–	298–1000
S	– 4830	– 5,0	–	24,00	9,62	386′–717*
SO_2 (f)	– 1850	–	–	10,57		–198′
SO_2	– 1867,5	$1{,}5 \cdot 10^{-5}\,T^2$	– 0,15865	12,2003	24,92	198′–263*
SO_3 (α)	– 2680	–	–	11,56	–	273–290′
SO_3 (β)	– 2860	–	–	12,09	–	273–306′
SO_3 (γ)	– 3610	–	–	14,12	–	273–335

(Fortsetzung)

Substanz	log p [hPa]				ΔH_v	Temp.-bereich
	A	B	C × 10³	D	[kJmol⁻¹]	[K]
SO_3	– 2230	–	–	10,02	–	300–316*
SO_2Cl_2	– 1660	–	–	7,77	156,9	219′–342*
Sb (f)	– 10320	–	–	10,71	165,8	500–904′
Sb	– 6500	–	–	6,49	–	904–1908*
SbH_3	– 1446,34	– 3,12	$1{,}48 \cdot 10^{-2}$	16,1771	87,9	–
$Sb(CH_3)_3$	– 1697	–	–	7,832		211–353
SbF_5	– 2364	–	–	8,692	–	–
$SbCl_3$ (f)	– 3460	3,88	– 5,6	2,93	–	298–346′
$SbCl_3$	– 3770	– 7,04	–	29,60	43,5	346–493*
$SbCl_5$	– 2530	–	–	8,68	–	276′–350
$SbBr_3$	– 4760	– 4,54	–	23,80	(59)	370′–553*
SbI_3	– 3600	–	–	8,37	68,6	474–674
Sb_4O_6 (kub.)	– 10360	–	–	12,320	–	742–839
Sb_4O_6 (orh.)	– 9625	–	–	11,437	–	742–914
Sb_4O_6	– 3900	–	–	5,262	–	929–1073
Sc (β)	– 19700	– 1,0	–	13,19	376,1	1607–1814′
$ScCl_3$ (f)	– 14200	–	–	14,49	–	1065–1233
$ScBr_3$ (f)	– 13780	–	–	14,47	–	1042–1200
ScI_3 (f)	– 13340	–	–	14,29	–	1010–1180
Se	– 4990	–	–	8,21	90	490′–958*
SeF_4	– 2457	–	–	9,56	47,0	263′–375*
SeF_6 (f)	– 1441	–	–	9,367	18,3	–
$SeOF_2$	– 2316	–	–	8,82	–	–
SeO_2F_2	– 1481	–	–	8,570	28,3	–
$SeOCl_2$	– 830,9/T-178	–	0,219	5,975	–	–
SeO_2 (f)	– 4995	–	–	11,10	102,5	420–492
SeO_3 (f)	– 6968	–	–		37,7	
Si (f)	– 23550	– 0,565	–	12,47	–	298–1683′
Si	– 20900	– 0,565	–	10,90	383,3	1683–2628*
$SiCl_4$	– 1572	–	–	7,76	28,5	273–333
SiH_4	– 740,0	1,75	– 7,97	5,000	12,48	88′–161*
Si_2H_6	– 1380,0	1,75	– 6,93	5,907	21,21	141–259*
Si_3H_8	– 1559	–	–	7,825	–	200–326
n-Si_4H_{10}	– 2247,3	1,75	– 5,76	6,572	35,56	189′–380*
SiH_3F	– 1078,5	–	–	9,248	–	120–171
$SiHF_3$	– 1561,9	– 9,42	–	32,959	–	121–178
SiH_2F_2	– 1023	–	–	8,274	–	127–200
SiH_3Cl	– 1384,8	1,75	– 8,83	6,681	–	155–243
SiH_2Cl_2	– 1297,2	1,75	– 2,48	4,123	–	–
$SiHCl_3$	– 1666,95	+ 1,75	– 5,59	5,828	–	–
$SiHBr_3$	– 1178,3	+ 1,75	– 1,44	3,416	–	–
SiH_2Br_2	– 1620,2	–	–	7,779	–	
SiH_2I_2	– 1736,8	–	–	7,076	–	276–423
SiH_3I	– 1550	–	–	7,893	–	220–318
SiF_4	– 1346	–	–	10,60	18,66	129–252
$SiBr_4$	– 1865	+ 1,75	–	3,28	37,8	
SiF_3Cl	– 994,8	–	–	7,910	–	129–292
$SiFClBr_2$	– 1581,3	–	–	7,767	–	208–333
SiF_2Br_2	– 1379,1	–	–	7,828	–	206–287
$(SiH_3)_2O$	– 1231,6	–	–	7,788	–	161–258
$SiFCl_3$	– 1342,2	–	–	7,674	–	181–429

(Fortsetzung)

Substanz	log p [hPa]				ΔH_v	Temp.-bereich
	A	B	C × 10^3	D	[kJmol^{-1}]	[K]
Si_2Cl_6	– 2427,2	–	–	8,895	–	277–412
$(SiCl_3)_2O$	– 2252,1	–	–	8,565	–	268–409
Si_2F_6	– 2264,4	–	–	11,904	–	192–254
Si_3Cl_8	– 2688,4	–	–	8,543	–	319–484
$SiFBr_3$	– 1786,8	–	–	8,035	–	227–356
SiO_2 (f)	– 18988	–	–	10,594	–	2000–2500
SiI_4	– 3863	– 5,0	–	23,50	50,2	395′–560*
Sm (f)	– 11170	– 1,56	–	13,88	164,8	298–1350′
Sn	– 15500	–	–	8,35	296,2	505–2543*
$SnCl_4$	– 1925	–	–	7,990	33,9	298–388*
$SnBr_4$	– 3510	– 6,5	–	27,75	41,0	303–480*
SnI_4 (f)	– 3990	–	–	10,20	–	298–418′
SnI_4	– 2975	–	–	7,791	56,9	418–621*
SnS (f)	– 10460	–	–	10,09	–	890–1154′
Sr (f)	– 9450	– 1,31	–	13,20	–	813–1042′
Sr	– 9000	– 1,31	–	12,75	154,4	1042–1657*
SrF_2	– 21660	– 5,03	–	28,16	299	1750′–2753*
SrO (f)	– 27500	– 2,0	–	17,86	–	298–1600
Ta (f)	– 40800	–	–	10,41	758,2	298–3269′
$TaCl_4$ (f)	– 6600	–	–	11,83	–	–
$TaCl_5$ (f)	– 4654	–	–	12,322	–	–
$TaCl_5$	– 2865	–	–	8,66	50,2	483′–507*
$TaBr_5$ (f)	– 7320	– 7,04	–	34,97	–	298–542′
$TaBr_5$	– 3260	–	–	8,26	62,3	542–620*
TaI_5 (f)	– 6660	– 7,04	–	31,73	–	298–769′
TaI_5	– 3955	–	–	7,84	74,9	769–818*
TaF_5 (f)	– 2834	–	–	8,649	–	350–500
Tc_2O_7 (f)	– 7205	–	–	18,40	–	298–392′
Tc_2O_7	– 3570	–	–	9,12	58,6	392–585*
TcF_7 (f)	– 3565	– 10,787	–	41,1252	–	257–268
TcF_7 (f)	– 2178	– 2,295	–	15,3343	–	268–310′
TcF_7	– 2405	– 5,8036	–	24,8087	–	310–325
Te (f)	– 9175	– 2,71	–	19,80	–	298–723′
Te	– 7830	– 4,27	–	22,41	104,6	723–1263*
TeF_4 (f)	– 3174	–	–	9,218	–	298–403′
TeF_4	– 1787	–	–	5,765	34,2	403–467
TeF_6 (f)	– 1460	–	–	9,25	18,8	194–241
Te_2F_{10} (f)	– 920	–	–	20,63	39,5	–
$TeCl_2$	– 3350	–	–	8,63	64	
TeO_2 (f)	– 13940	– 3,52	–	23,63	–	298–1006′
TeO_2	– 11300	–	–		216	–
Th (f)	– 30200	– 1,0	–	13,07	513,7	298–2023′
$ThCl_4$ (f)	– 12900	–	–	14,42	–	974–1043
$ThCl_4$	– 7980	–	–	9,69	153	1043–1186
$ThBr_4$ (f)	– 9630	–	–	11,85	–	903–951
$ThBr_4$	– 7550	–	–	9,68	144	955–1126
ThI_4	– 6890	–	–	9,21	132	856–1107
ThO_2 (f)	– 31600	–	–	10,2	–	2000–2800

(Fortsetzung)

Substanz	log p [hPa]				ΔH_v	Temp.-bereich
	A	B	C × 10^3	D	[kJmol^{-1}]	[K]
Ti (β)	– 24400	– 0,91	–	13,30	–	1155–1933′
Ti	– 23200	– 0,66	–	11,86	425,5	1933–3560*
TiF_4 (f)	– 5332	– 2,57	–	19,63	–	298–s.p.
$TiCl_2$ (f)	– 15230	– 2,51	–	19,48	–	298–1308′
$TiCl_2$	– 13110	– 2,51	–	18,05	–	1308–1773*
$TiCl_4$	– 2919	– 5,788	–	25,253	362	298–410*
$TiBr_4$	– 3621	–	–	11,38	43,9	275–311
TiI_2 (f)	– 12500	– 1,51	–	17,02	–	298–1000
TiI_4	– 3054		–	7,701	56,1	430–643
Tm (f)	– 12550	–	–	9,30	247	807–1219
Tl	– 9300	– 0,892	–	11,22	166,1	700–1730
TlF (f)	– 7710	– 2,18	–	17,78	(116)	298–595′
TlCl (f)	– 7370	– 2,11	–	16,61	–	298–702′
TlCl	– 6650	– 2,62	–	17,04	104	702–1089*
TlBr (f)	– 7420	– 2,0	–	16,30	–	298–733′
TlBr	– 6840	– 3,02	–	18,38	103	733–1098*
TlI (f)	– 7270	–2,01	–	15,97	–	298–715′
TlI	– 6890	– 3,02	–	18,32	104	715–1118*
U (f)	– 25580	– 2,62	–	18,70	–	298–1406′
U	– 24090	– 1,26	–	13,32	417,1	1406–4018*
UF_4 (f)	– 16400	– 3,02	–	22,72	–	298–1309′
UF_4	– 15300	– 5,03	–	28,17	222	1309–1730*
UF_6 (f)	– 3312	– 5,53	–	26,968	–	273–337′
UF_6	– 1502	–	–	7,62	–	337–
UCl_4 (f)	– 11350	– 3,02	–	23,33	–	298–863′
UCl_4	– 9950	– 5,53	–	29,08	141	863–1062*
UCl_6 (f)	– 4000	–	–	10,32	–	298–450
UBr_3 (f)	– 16420	– 3,02	–	23,07	–	298–1003′
UBr_3	– 15000	– 5,03	–	27,66	–	1003–2083*
UBr_4 (f)	– 10800	– 3,02	–	23,27	–	298–792′
UBr_4	– 8770	– 5,53	–	28,05	119	792–1050*
UI_4 (f)	– 12330	– 3,52	–	26,74	–	298–779′
UI_4	– 9310	– 5,53	–	28,69	–	779–1303*
V (f)	– 26900	+ 0,33	– 0,265	10,24	459,7	298–2160′
VF_5	– 2423	–	–	10,55	46,4	293–319
VCl_2 (f)	– 9720	–	–	8,73	–	1183–1373
VCl_4	– 2875	– 6,07	–	25,68	33,1	298–422*
VBr_2 (f)	– 10460	–	–	5,48	–	790–1000
VBr_3 (f)	– 9470	–	–	3,44	–	590–700
$VOCl_3$	– 1921	–	–	7,82	33,4	298–400*
V_2O_5	– 7100	–	–	5,17	–	943′ – 1500
W (f)	– 44000	+ 0,50	–	8,88	824,2	298–3680′
WF_6	– 1380	–	–	7,760	26,6	274′–290,7*
WCl_4 (α)	– 3996	–	–	9,740	–	458–503
WCl_4 (β)	– 3588	–	–	8,920	–	503–554
WCl_4	– 3253	–	–	8,320	–	555–600
WCl_5 (f)	– 3670	–	–	9,62	–	413–513′
WCl_5	– 2760	–	–	7,84	52,7	513–549*
WCl_6 (α)	– 4580	–	–	10,85	–	425–470
WCl_6 (β)	– 4080	–	–	9,85	–	470–555′

(Fortsetzung)

Substanz	log *p* [hPa]				ΔH_v	Temp.-bereich
	A	B	C × 10³	D	[kJmol⁻¹]	[K]
WCl_6	– 3050	–	–	7,89	58,2	555–611*
WOF_4	– 3125	–	–	9,81	–	378–459*
WOF_4 (f)	– 3605	–	–	11,08	59,6	298–378′
WO_3 (f)	– 24600	–	–	15,75	–	1000–1745′
Xe	– 828,2	–	–	8,0194		104,5–165
XeF_2 (f)	– 3057,67	– 1,2352	–	14,0946		298–402′
XeF_6 (f)	– 3400,12	–	–	12,9861		273–295,8
	– 3313,5	–	–	12,7172		254–291,8
	– 3093	–	–	11,9644		291,8–322,4′
Y (f)	– 22230	– 0,66	–	11,960	–	298–1795′
Y	– 22280	– 1,97	–	16,25	367,4	1795–3611*
Zn (f)	– 6850	– 0,755	–	11,36	–	298–693′
Zn	– 6620	– 1,255	–	12,46	114,2	693–1180*
ZnF_2	– 13650	– 5,03	–	27,02	184	1145′–1773*
$ZnCl_2$	– 8415	– 5,035	–	26,54	119,2	(693)–883
Zn_2Cl_4	– 4700	–	–	6,01	–	(693)–883
$ZnBr_2$	– 7785	– 5,03	–	26,23	–	(671)–835
Zn_2Br_4	– 5613	–	–	8,040	–	(671)–835
ZnI_2 (f)	– 6450	– 1,76	–	14,92	–	298–721′
ZnS (f)	– 13980		–	9,10	–	970–1280
ZnO (s)	– 28230	–	–	17,12	–	1620–1770
Zr (β)	– 31820	– 0,50	–	11,90	–	1125–2125′
Zr	– 30300	–	–	9,50	566,7	2115–4650*
ZrF_4 (f)	– 14700	– 5,03	–	30,92	–	298–1181
$ZrCl_4$ (f)	– 5400	–	–	11,890	–	480–689
$ZrBr_4$ (f)	– 6780	– 1,76	– 1,65	19,72	–	298–630⁺
ZrI_4 (f)	– 7680	– 2,164	– 1,344	20,99	–	298–704⁺

Literatur

1. Semiconductors and Semimetals Vol. 4 ed. R. K. Willardson, R. C. Beer, Acad Pres New York London 1968
2. Comprehensive Inorganic Chemistry J. C. Bailor, J. Emeleus, R. Nyholm, A. F. Trotman-Dickenson Pergamon Press, Oxford, 1973
3. Metallurgical Thermochemistry O. Kubaschewski, C. B. Alcock, Pergamon Press, Oxford, 1979

4.1.1.2. Dampfdruck *p* zwischen 2 und 20 atm von flüssigen Gasen

Symbol	Temperatur in °C bei (1 Torr = 1,333224 hPa)			
	1520 Torr = 2 atm	3800 Torr = 5 atm	7600 Torr = 10 atm	15200 Torr = 20 atm
Ar fl.	– 178,79	– 163,86	– 156,36	– 143,19
Br_2 fl.	78,8	110,3	139,8	174,0
Cl_2 fl.	– 17,7	10,4	35,0	63,6
n-H_2 fl.	– 250,17	– 245,75	– 241,57	
n-D_2 fl.	– 246,96	– 242,55	– 238,33	
^4He fl.	– 268,24			
Hg fl.	399	461	519	527
Kr fl.	– 143,77	– 128,23	– 113,69	– 96,03
N_2 fl.	– 189,33	– 179,07	– 169,28	– 157,33
Ne fl.	– 243,55	– 239,36	– 235,52	– 230,82

4.1.1.2. Dampfdruck *p* zwischen 2 und 20 atm von flüssigen Gasen (Fortsetzung)

Symbol	Temperatur in °C bei (1 Torr = 1,333224 hPa)			
	1520 Torr = 2 atm	3800 Torr = 5 atm	7600 Torr = 10 atm	15200 Torr = 20 atm
O_2 fl.	– 175,8	– 164,1	– 153,3	– 140,1
O_3 fl.	– 101,0	– 83,7	– 67,8	– 48,6
S fl.	507	663		
Xe fl.	– 95,09	– 73,93	– 54,19	– 30,18
Zn fl.	991,84	1091,84	1166,84	1276,84

4.1.1.3 Dampfdruck des Quecksilbers

4.1.1.3.1 Dampfdrucke des Quecksilbers in hPa zwischen – 40 und + 358 °C

T in °C Zehner	Einer + 0	+ 2	+ 4	+ 6	+ 8	Faktor
– 40	0,2390	0,3138	0,4088	0,5340	0,6926	
– 30	0,8927	1,141	1,453	1,844	2,329	× 10^{-5}
– 20	2,933	3,694	4,638	5,838	7,233	
– 10	0,8978	1,112	1,376	1,705	2,070	× 10^{-4}
0	2,530	3,085	3,748	4,542	5,506	
+ 10	0,6627	0,7973	0,9590	1,154	1,365	
+ 20	1,626	1,931	2,284	2,697	3,180	× 10^{-3}
+ 30	3,734	4,385	5,136	6,004	7,009	
+ 40	0,8157	0,9478	1,099	1,271	1,468	
+ 50	1,696	1,952	2,238	2,573	2,946	× 10^{-2}
+ 60	3,368	3,844	4,380	4,984	5,657	
+ 70	6,430	7,283	8,235	9,305	1,049	
+ 80	1,182	1,330	1,493	1,677	1,877	
+ 90	2,101	2,348	2,620	2,920	3,252	× 10^{-1}
+ 100	3,617	4,018	4,457	4,941	5,345	
+ 110	6,046	6,679	7,369	8,126	8,962	
+ 120	0,9843	1,082	1,188	1,303	1,459	
+ 130	1,564	1,711	1,867	2,040	2,229	
+ 140	2,428	2,644	2,877	3,128	3,398	
+ 150	3,690	4,001	4,336	4,696	5,082	
+ 160	5,501	5,944	6,417	6,925	7,465	
+ 170	8,045	8,658	9,319	10,03	10,75	
+ 180	11,570	12,41	13,32	14,27	15,29	
+ 190	16,37	17,51	18,72	20,01	21,37	
+ 200	22,82	24,34	25,96	27,66	29,46	
+ 210	31,36	33,37	35,53	37,69	40,08	
+ 220	42,56	45,16	47,90	50,78	53,81	
+ 230	57,00	60,33	63,86	67,51	71,38	
+ 240	75,42	79,71	84,15	88,79	93,70	
+ 250	98,82	104,16	109,72	115,56	121,67	
+ 260	127,96	134,62	141,52	148,8	156,3	
+ 270	164,17	172,4	180,8	189,7	199,2	
+ 280	208,72	218,8	229,2	240,1	251,3	
+ 290	263,06	275,2	287,8	301,0	314,6	
+ 300	328,71	343,3	358,5	374,2	390,6	
+ 310	407,47	424,9	443,2	462,1	481,4	
+ 320	501,6	522,2	543,8	565,8	588,9	
+ 330	612,6	637,1	662,2	686,9	715,3	
+ 340	743,4	771,9	801,5	832,2	863,4	
+ 350	896,3	929,8	964,1	999,5	1035,9	

4.1.1.3.2 Dampfdrucke des Quecksilbers in hPa zwischen 350 und 675 °C

T in °C Zehner	Einer						
	+ 0	+ 5	+ 10	+ 15	+ 20	+ 25	
350	896,4	981,8	1074	1172	1276	1393	
380	1517	1645	1785	1934	2091	2260	
410	2440	2631	2836	3054	3291	3526	
440	3782	4059	4338	4638	4954	5288	
470	5641	6008	6394	6802	7226	7668	
500	8142	8630	9135	9677	10214	10790	
530	1,142	1,205	1,268	1,340	1,408	1,484	
560	1,561	1,641	1,724	1,810	1,904	1,991	
590	2,087	2,186	2,288	2,394	2,505	2,617	$\times 10^4$
620	2,733	2,853	2,977	3,106	3,238	3,374	
650	3,514	3,658	3,807	3,960	4,117	4,277	

4.1.1.4 Dampfdrücke von Trockenmitteln

Trockenmittel	H_2O-Partialdruck in hPa bei bei 25 °C	Trockenmittel	H_2O-Partialdruck in hPa bei 25 °C`	Trockenmittel	H_2O-Partialdruck in hPa bei bei 25 °C
CaH_2	$1{,}3 \cdot 10^{-5}$	Silicagel	$2{,}7 \cdot 10^{-3}$	H_2SO_4 90%	$1{,}0 \cdot 10^{-2}$
P_2O_5	$2{,}7 \cdot 10^{-4}$	H_2SO_4 80%	$1{,}65 \cdot 10^{-1}$	H_2SO_4 konz.	$4 \cdot 10^{-3}$
$Mg(ClO_4)_2$	$6{,}78 \cdot 10^{-4}$	H_2SO_4 85%	$5{,}2 \cdot 10^{-2}$	$CaSO_4$	$6{,}7 \cdot 10^{-3}$
Molekularsiebe	$1 \cdot 10^{-3}$			CaO	$4 \cdot 10^{-3}$
Al_2O_3 (aktiviert)	10^{-4}			$CaCl_2$	$1{,}9–3{,}3 \cdot 10^{-1}$
KOH (geschmolzen)	$2{,}7 \cdot 10^{-3}$				

4.1.1.5 Dampfdruck p und Schmelzpunkt T_f von Dichtungsfetten und Kitten

Material	p in Pa bei:		T_f
	20 °C	90 °C	°C
Apiezon-Fett H, frisch	$< 10^{-4}$		250
Apiezon-Fett L	$< 10^{-5}$	10^{-2}	47
Apiezon-Fett M	$< 10^{-3}$		44
Apiezon-Fett N	$< 10^{-4}$	$6 \cdot 10^{-1}$	43
Apiezon-Fett T	$< 10^{-3}$		125
FETT AP 100			47
FETT AP 101		–	
Dichtungsfett DD	$< 10^{-5}$		120
KEL-F 90, VOLTALEF	< 100		175
Lithelen	$< 10^{-5}$		150
Picein	30–40		
Ramsay-Fett	0–10		
Siegellack, weiß	100		
Silicon-Fett	$< 10^{-5}$	10^{-3}	

4.1.1.6 Dampfdruck p von Treibmitteln für Diffusionspumpen[1]

$$\left(\text{Dampfdruckgleichung: } \log p = -\frac{A}{T} + B\right)$$

Trivialname	Chemische Formel	p in Pa bei 25 °C	T in °C bei $1{,}33 \cdot 10^{-3}$ Pa	T in °C bei 1,33 Pa	Konstanten d. Dampfdruckgleichung A	B
Amoil	Di-isoamylphthalat	$1{,}7 \cdot 10^{-3}$	22	93	4610	15,72
Amoil S	Di-isoamylsebacat	$1{,}3 \cdot 10^{-4}$	25	114	5190	16,52
AP 301 [1]	–	$4{,}8 \cdot 10^{-6}$				
Apiezon A		$2{,}7 \cdot 10^{-4}$	37	110		
Apiezon B	Gemisch aus Kohlenwasserstoffen	$5{,}3 \cdot 10^{-5}$	50	127		
Apiezon C		$1{,}3 \cdot 10^{-6}$	77	160	5925	16,79
Arochlor	ähnlich Pentachlordiphenyl	$1{,}1 \cdot 10^{-3}$	27	93		
Butylphthalat	Di-n-butylphthalat	$4{,}4 \cdot 10^{-3}$	18	81	4680	16,338
b–S	Di-benzylsebacat	$5{,}3 \cdot 10^{-7}$	64	155	6320	17,899
m—Cr	Tri-m-kresylphosphat	$1{,}2 \cdot 10^{-5}$	50	141	5373	16,106
p–Cr	Tri-p-kresylphosphat	$2{,}7 \cdot 10^{-6}$	52	144	5926	17,347
Chlophen A 40	Chloriertes Benzen	$2{,}7 \cdot 10^{-2}$	0	67	4135	15,27
DC 704		$4 \cdot 10^{-7}$				
Diffelen L		$3 \cdot 10^{-6}$				
Diffelen N		$1 \cdot 10^{-6}$				
Diffelen U		$4 \cdot 10^{-7}$				
Edwards L9 [1]		$7{,}8 \cdot 10^{-8}$				
Fomblin [1]		$2{,}7 \cdot 10^{-6}$				
Littonoil	gerade Kohlenwasserstoffketten C_nH_{2n}	$1{,}9 \cdot 10^{-5}$	57	132		
Narcoil 40	Di-(3,5,5-trimethylhexyl)-phthalat	$8{,}0 \cdot 10^{-6}$	57	124	5936	18,00
Nonylphthalat	Di-n-nonylphthalat	$1{,}3 \cdot 10^{-6}$	73	146	5690	18,53
Octoil	Di-2-ethylhexylphthalat	$3{,}1 \cdot 10^{-5}$	54	128	5590	17,240
		$4{,}4 \cdot 10^{-6}$	67	134	6157	18,02
Octoil S	Di-2-ethylhexylsebacat	$2{,}7 \cdot 10^{-6}$	50	142	5514	16,38
Octylphthalat	Di-n-octylphthalat	$5{,}3 \cdot 10^{-6}$	65	128	6035	18,06
Santvoac 5 [1]	–	$2{,}6 \cdot 10^{-8}$				
Silicon DC 703	halborganische Verbindung des Siliciums	$6{,}7 \cdot 10^{-7}$	83	153	6165	16,44
Silicon 702 [1]	–	$6{,}5 \cdot 10^{-5}$				
Silicon 704/F4 [1]	–	$1{,}3 \cdot 10^{-6}$				
Silicon 705/F5 [1]		$2{,}6 \cdot 10^{-8}$				

[1] bei 20 °C.

4.1.2 Schmelzen und Umwandlungen unter Druck[1] von anorganischen Verbindungen

Angaben über Schmelzen und Umwandlungen unter Druck von Elementen bei diesen.
Einteilung der Tabelle 4.1.2: Anorganische Verbindungen, Ordnung alphabetisch nach den Symbolen.

Abkürzungen

I, II, III verschiedene Modifikationen

F Schmelzpunkt
fl. flüssig
p Druck
Trp Tripelpunkt
U Umwandlungspunkt
Δ*V* Volumenänderung bei Phasenumwandlung
T Temperatur in K

			p MPa	*T* K	Δ*V* $\times 10^{-3}$ m³ kg⁻¹
$AgClO_4$	*U*	I–II	0,1	428	
		II–III	735	273	0,0145
			900	473	0,0120
AgI	*U*	I–II	0,1	417,8	– 0,00860
			290	369,3	– 0,01020
		I–III	290	378	0,01390
			640	485,5	0,00830
		II–III	270	373,2	– 0,02412
			290	303,2	– 0,0239
	Trp.	I–II	275	372,6	– 0,01010
		I–III			+ 0,01402
		II–III			– 0,02412
$AgNO_3$	*U*	I–II	0,1	432,6	– 0,00250
			100	425,0	– 0,00254
			490	391,9	– 0,00279
			880	330,0	– 0,00320
			960	273,2	– 0,00330
		II–III	3140	273	0,00400
			3430	373	0,00375
			3720	473	0,00350
		III–IV	3650	573	– 0,0108
			3940	473	– 0,0112
			4230	273	– 0,0116
CO_2	*F*		100	235,9	
			195	– 252,7	
			390	281,7	0,0979
$CsClO_4$	*U*	II–III	80	273	0,01390
			1641	373	0,01475
			2500	473	0,01560
$CsMnO_4$	*U*	I–II	940	473	– 0,0045
			1260	373	– 0,0062
			1590	273	– 0,0080
		II–III	3670	473	– 0,0137
			3870	373	– 0,0135
			4080	273	– 0,0133

Ordnung alphabetisch nach den Symbolen (Fortsetzung)

			p MPa	T K	ΔV $\times 10^{-3}$ $m^3\,kg^{-1}$
$CsNO_3$	*U*	I–II	0,1	426,9	0,00405
			295	454,5	0,00352
			590	480,3	0,00298
CuI	*U*		1200	423	– 0,00480
			1360	323	– 0,00630
			1520	223	– 0,00698
			1590	173	– 0,00705
FeS	*U*		0,1	411	
			100	327,0	
			195	306,0	
$HgBr_2$	*U*	I–II	165	323	0,00185
			255	473	0,00185
		II–III	2250	323	0,00112
			2500	423	– 0,00092
		III–IV	3700	423	– 0,00250
			3850	273	– 0,00204
$HgCl_2$	*U*		0,1	549	
			1230	423	– 0,0016
			2040	273	– 0,0010
KCN	*U*	I–II	390	423	– 0,0230
			470	353	– 0,0150
		II–III	2025	323	0,0553
			2130	423	0,0507
		II–IV	1730	193	0,0638
			1970	293	0,0602
		III–IV	2305	323	0,0034
			4010	403	0,0016
	Trp.	II–IV	2010	309	+ 0,0595
		II–III			+ 0,0558
		III–IV			+ 0,0037
KCl	*U*		2018	195	– 0,0564
$KClO_3$	*U*		557	273	0,02510
			758	473	0,02466
$KHSO_4$	*U*	I–II	0,1	453,7	0,00066
			100	463,6	0,00137
			195	472,5	0,00209
		I–IV	195	473,7	0,00307
			295	491,6	0,00290
		II–III	0,1	437,4	– 0,00556
			100	405,8	– 0,00566
			295	389,8	– 0,00571
		II–IV	177	473,2	– 0,00113
			229	433,2	– 0,00111
			282	393,2	– 0,00110
		III–IV	295	389,6	– 0,0068
			390	370,7	– 0,0064
			590	324,6	– 0,0058
	Trp.	I–II	180	471,8	+ 0,00197
		II–IV			– 0,00113
		I–IV			+ 0,00310
		II–III	284	391,4	– 0,00570
		II–IV			– 0,00110
		III–IV			– 0,00680

Ordnung alphabetisch nach den Symbolen (Fortsetzung)

			p MPa	T K	ΔV $\times 10^{-3}$ $m^3\,kg^{-1}$
KNO_2	*U*		490	270,2	0,0312
			785	324,0	0,0355
			980	382,5	0,0383
KNO_3	*U*	I–II	0,1	400,85	0,0060
		II–III	10,10	400,90	
			25,10	398,35	– 0,0091
			5,0	393,2	– 0,0105
			230	333,2	– 0,01480
			290,0	293,2	– 0,01560
		II–IV	261,0	273,2	0,04474
			285	293,2	0,04410
		III–IV	295	297,1	0,02830
			490	370,0	0,02680
			880	487,7	0,02500
	Trp.	II–III	287	294,5	– 0,01560
		III–IV			+ 0,02840
		II–IV			+ 0,04400
		I–III	11,0	401,5	+ 0,01420
		II–III	8,20	401,2	– 0,00886
		I–II			+ 0,00534
KSCN	*U*	I–II	0,1	413,2	0,00306
			195	447,1	0,00200
			390	481,5	0,00151
K_2S	*U*		0,1	419,6	0,000948
			195	443,6	0,000886
			490	479,6	0,000794
NH_4Br	*U*		0,1	411,0	0,0647
			30	436,6	0,0659
			60	465,0	0,0658
NH_4Cl	*U*		0,1	457,5	0,0985
			20	471,0	0,1160
NH_4I	*U*	I–II	364	295,7	– 0,267
		II–III	1161	294,7	– 0,181
			1730	565,7	– 0,097
		I–IV	376	442,5	– 0,197
			262	583	– 0,175
		II–IV	434	440,0	0,060
			1360	547,5	0,038
		I–fl	230	490,4	– 0,120
		IV–fl	309,8	492,5	0,055
NH_4HSO_4	*U*	I–II	120	313	0,01330
			150	353	0,01259
			175	393	0,01188
		I–III	180	403	0,00529
			180	423	0,00529
		II–III	195	401,6	0,00635
			390	439,1	0,00524
		III–IV	550	450,2	– 0,00168
			540	454,2	– 0,00265
		IV–V	590	451,5	0,00466
			785	460,3	0,00360
			980	467,0	0,00300
	Trp.	(I–II–III)	182	399,4	
		(II–III–IV)	555	450,1	

Ordnung alphabetisch nach den Symbolen (Fortsetzung)

			p MPa	T K	ΔV $\times 10^{-3}$ m³ kg⁻¹
NH_4NO_3	*F*	I–fl.	0,1	441	
			100	475	(0,0510)
	U	I–II	0,1	398,7	0,01351
			195	416,2	0,01028
			490	437,7	0,00751
			880	459,8	0,00476
		II–III	0,1	355,9	0,00758
			40	348,3	0,00836
			80	338,2	0,00913
		II–IV	100	338,5	0,01210
			390	380,0	0,01215
			780	429,2	0,01250
$NaClO_3$	*U*	I–II	1270	443	– 0,00013
			1490	343	– 0,00028
			1600	293	– 0,00035
		II–III	3090	373	– 0,0065
			3240	343	– 0,0030
		II–IV	2415	443	– 0,0055
			2751	408	– 0,0061
			3090	373	– 0,0055
		III–IV	3090	373	0,0010
			3520	408	0,0012
			3950	443	0,0014
	Trp.	II–IV	3090	373	– 0,0055
		III–IV			+ 0,0010
		II–III			– 0,0065
NH_4SCN	*U*		0,1	361	– 0,0419
			100	326	– 0,0412
			195	299	– 0,0407
$NaBrO_3$	*U*		1720	443	– 0,0078
			1980	373	– 0,0076
$NaClO_4$	*U*	I–II	2190	323	0,00115
			2770	423	0,00148
		II–III	2850	293	
			3200	373	0,0131
			3100	433	– 0,0190
$NaNO_2$	*U*		590	- 193	
			1650	423	
RbBr	*U*		482	323	– 0,0325
			495	273	– 0,0313
RbCl	*U*		541	323	– 0,0505
			550	273	– 0,0484
$RbNO_3$	*U*	I–II	0,1	437,6	0,00688
			295	465,8	0,00561
			590	491,8	0,00434
		II–III	1620	273	0,0017
			2080	373	0,0025
			2550	473	0,0033
$SiCl_4$	*F*		0,1	204,5	
			195	263,2	0,0522
			390	315,8	0,0428

Ordnung alphabetisch nach den Symbolen (Fortsetzung)

			p MPa	T K	ΔV $\times 10^{-3}$ m³ kg⁻¹
$TlNO_3$	U	I–II	0,1	417,8	0,00244
			295	442,4	0,00239
			690	473,9	0,00232
		II–III	0,1	348,2	0,00073
			295	367,7	0,00065
			785	398,5	0,00052
			1180	422,3	0,00042
$ZnSO_4 \cdot K_2SO_4$	U		0,1	422	0,0150
			100	438	0,0150
			195	452	0,0150
			390	475	0,0150

[1] Die Daten sind größtenteils dem Beitrag S. Valentiner Landolt-Börnstein 6. Auflage Band II/2a S. 224 entnommen. Literatur ist dort angegeben.

4.2 Mehrstoffsysteme

4.2.1 Heterogene Gleichgewichte

Der Abschnitt ist unterteilt in:

4.2.1.1 Gleichgewichte bei thermischer Zersetzung

z.B. $CaCO_{3\,f} \rightleftharpoons CaO_f + CO_{2g}$

4.2.1.2 Gleichgewichte mit Umsetzung

z.B. $CH_{4g} + 3\,Fe_f \rightleftharpoons Fe_3C_f + 2\,H_{2g}$

Nach dem Massenwirkungsgesetz erhält man in diesen Fällen

$$K_p = p_{CO_2} \text{ und } K_p = \frac{p_{H_2}^2}{p_{CH_4}}$$

p ist streng genommen die Fugazität, die aber bei Drucken $\lesssim$ 1013,25 hPa mit dem Partialdruck fast übereinstimmt.

Die freie Enthalpie der Reaktion ist $\Delta G = -RT \ln K_p$.

ΔH ist die Änderung der Enthalpie des Systems bei der Reaktion. Index f = fest, g = gasförmig.

4.2.1.1 Heterogene Gleichgewichte bei thermischer Zersetzung

$BaCO_{3f} \rightleftharpoons BaO_f + CO_{2g}$
$K_p = p_{CO_2}$

T K	p_{CO_2} hPa	T K	p_{CO_2} hPa
1073	0,0320	1329	7,23
1121	0,1050	1395	19,5
1161	0,249	1435	35,1
1220	0,908	1477	69,3
1271	2,34		

$$\log K_p \ (K_p \text{ in hPa}) = -\frac{13075}{T} + 10{,}673$$

$C_f + CO_{2g} \rightleftharpoons 2CO$

$$K_p = \frac{p_{CO}^2}{p_{CO_2}}$$

T K	K_p hPa	T K	K_p hPa
673	$9{,}3 \cdot 10^{-2}$	1073	$10 \cdot 10^3$
773	3,7	1173	$38 \cdot 10^3$
873	80,45	1273	$145 \cdot 10^3$
973	$1{,}02 \cdot 10^3$	1373	$769 \cdot 10^3$

$C_{Graphit} + 2\ S_g \rightleftharpoons CS_{2g}$

$S_g = (S_8 \rightleftharpoons S_6 \rightleftharpoons S_2)$

$$K_p = \frac{p_{CS_2}}{p_{Schwefel}}$$

T K	p_s 10^3 hPa	p_{CS_2} 10^3 hPa	T K	p_s 10^3 hPa	p_{CS_2} 10^3 hPa
400	1,013	0,000	1000	0,088	0,925
600	0,989	0,024	1200	0,103	0,910
800	0,216	0,797	1500	0,128	0,886

$CH_{4g} \rightleftharpoons C_f + 2\ H_{2g}$

$$K_p = \frac{p_{H_2}^2}{p_{CH_4}}$$

T K	K_p 10^3 hPa	T K	K_p 10^3 hPa
400	0,072	900	48,5
500	0,433	1000	106
600	2,17	1050	143
700	7,34	1150	260
800	20,2		

$CaBr_2 \cdot 8\,NH_{3f} \rightleftharpoons CaBr_2 \cdot 6\,NH_{3f} + 2\,NH_{3g}$

$K_p = p_{NH_3}^2$

T K	p_{NH_3} hPa	T K	p_{NH_3} hPa
273,15	173,3	293,15	670,6
288,00	482,6	295,90	825,7
291,45	625,9	299,95	1027,4

$$\log K_p\ (K_p \text{ in hPa}^2) = 2\left(-\frac{2387}{T} + 10{,}97\right)$$

$CaBr_2 \cdot 6\,NH_{3f} \rightleftharpoons CaBr_2 \cdot 2\,NH_{3f} + 4\,NH_{3g}$

$K_p = p^4_{NH_3}$

T K	p_{NH_3} hPa	T K	p_{NH_3} hPa
303,25	39,5	334,45	250,6
324,75	145,3	343,25	406,6
329,25	194,0	350,75	581,3

$$\log K_p\ (K_p \text{ in hPa}^4) = 4\left(-\frac{2613}{T} + 10{,}16\right)$$

$CaBr_2 \cdot 2NH_{3f} \rightleftharpoons CaBr_2NH_{3f} + NH_{3g}$

$K_p = p_{NH_3}$

T K	p_{NH_3} hPa	T K	p_{NH_3} hPa
451,2	173,3	484,2	596,0
456,2	220,0	495,7	847,0
474,2	414,0	499,2	964,0

$$\log K_p\ (K_p \text{ in hPa}) = -\frac{3399}{T} + 9{,}79$$

$CaCO_{3f} \rightleftharpoons CaO_f + CO_{2g}$

$K_p = p_{CO_2}$

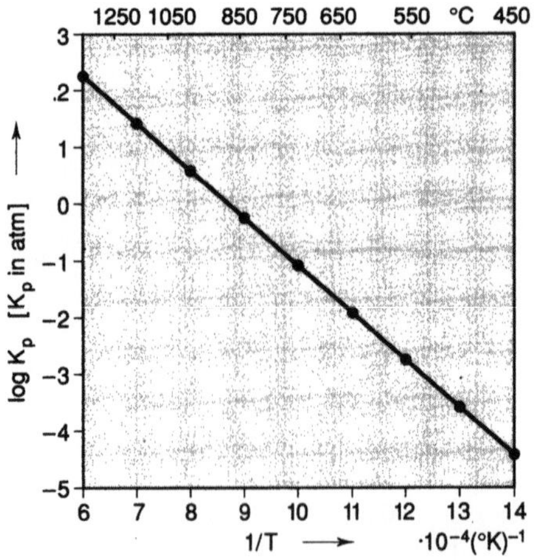

Temperaturabhängigkeit von $\log K_p$

$CaSO_{4f} \rightleftharpoons CaO_f + SO_{2g} + {}^1/_2 O_{2g}$

$K_p = p_{SO_2} \cdot p_{O_2}^{1/2} = 0{,}385 \cdot p_{ges}^{3/2}$

T K	p_{ges} hPa		K_p atm $^3/_2$	
	Messung	Rechnung	Messung	Rechnung
1573	1,77	0,25	0,907	0,048
1773	14,0	12,4	20,2	16,8

$\Delta H_{298\,K}$ = 154,0 kJ/Mol $CaSO_4$ (aus Bildungsenthalpien)
$\Delta G_{1300\,K}$ = 144,3 kJ/Mol $CaSO_4$
$\Delta G_{1500\,K}$ = 94,1 kJ/Mol $CaSO_4$
Standarddruck 1013,25 hPa
Messung und Rechnung nach verschiedenen Autoren

$2\,FeCl_{2f} + Cl_{2g} \rightleftharpoons Fe_2Cl_{6g}$

$$K_p = \frac{p_{Fe_2Cl_6}}{p_{Cl_2}}$$

T K	log K_p		T K	log K_p	
	exp.	ber.		exp.	ber.
606	1,209	1,121	745	1,804	1,721
649	1,357	1,343	855	2,16	2,003
671	1,499	1,447	949	2,44	2,176
721	1,708	1,639	970	2,48	2,210

$\Delta H_{775\,K} = (41{,}0 \pm 1{,}3)$ kJ/Mol Cl_2 $\quad$ $\Delta S_{778\,K} = (89{,}5 \pm 1{,}7)$ J/Mol Cl_2

I. $FeCl_2 \cdot 6\,NH_{3f} \rightleftharpoons FeCl_2 \cdot 2\,NH_{3f} + 4\,NH_{3g}$

$K_p = p_{NH_3}^4$

II. $FeCl_2 \cdot 6\,ND_{3f} \rightleftharpoons FeCl_2 \cdot 2\,ND_{3f} + 4\,ND_{3g}$

$K_p = p_{ND_3}^4$

T K	I	II	T K	I	II
	p_{NH_3} hPa	p_{ND_3} hPa		p_{NH_3} hPa	p_{ND_3} hPa
319,9	38,0	–	373,7	620,0	473,5
354,1	240	209,0	379,8	816,0	765,5
359,6	333,0	301,0	383,1	942,0	888,0
366,0	436,0	399,0			

$$\text{I. } \log K_p \; (K_p \text{ in hPa}^4) = 4\left(-\frac{2719}{T} + 10{,}019\right)$$

$$\text{II. } \log K_p \; (K_p \text{ in hPa}^4) = 4\left(-\frac{2807}{T} + 10{,}278\right)$$

$2\,FeO_f \rightleftharpoons 2\,Fe_f + O_{2g}$

$K_p = p_{O_2}$

T K	$\log K_p$ K_p in hPa	T K	$\log K_p$ K_p in hPa
1123	– 14,798	1323	– 10,927
1173	– 13,634	1373	– 10,151
1223	– 12,659	1423	– 9,435
1273	– 14,760	1473	– 8,759

$2\,KH_f \rightleftharpoons 2\,K_{fl} + H_{2g}$

$K_p = p_{H_2}$

T K	p_{H_2} hPa	T K	p_{H_2} hPa
587	20	637	119
599	33	649,5	179
612	51	662,7	267
625	79		

$$\log K_p\ (K_p \text{ in hPa}) = -\frac{5850}{T} + 11{,}3$$

$LiCl \cdot 4\,NH_{3f} \rightleftharpoons LiCl \cdot 3\,NH_{3f} + NH_{3g}$

$K_p = p_{NH_3}$

T K	p_{NH_3} hPa	T K	p_{NH_3} hPa
273,2	518,6	283,15	902,6
278,45	686,6	287,25	1066,7

$$\log K_p\ (K_p \text{ in hPa}) = -\frac{1750}{T} + 9{,}115$$

$LiCl \cdot 3\,NH_{3f} \rightleftharpoons LiCl \cdot 2\,NH_3 + NH_{3g}$

$K_p = p_{NH_3}$

T K	p_{NH_3} hPa	T K	p_{NH_3} hPa
293,25	110,0	318,95	504,0
299,95	168,8	323,05	627,8
303,25	206,0	327,25	782,2
313,55	376,0		

$$\log K_p\ (K_p \text{ in hPa}) = -\frac{2395}{T} + 10{,}21$$

$LiCl \cdot 4ND_{3f} \rightleftharpoons LiCl \cdot 3ND_{3f} + ND_{3g}$

$K_p = p_{ND_3}$

T K	p_{ND_3} hPa	T K	p_{ND_3} hPa
273,2	430,1	283,25	746,5
278,45	574,0	287,25	933,0

$$\log K_p\ (K_p \text{ in hPa}) = -\frac{1884}{T} + 9{,}528$$

$LiCl \cdot 3ND_{3f} \rightleftharpoons LiCl \cdot 2ND_{3f} + ND_{3g}$

$K_p = p_{ND_3}$

T K	p_{ND_3} hPa	T K	p_{ND_3} hPa
298,25	136,5	323,35	576,0
303,25	182,5	329,65	801,0
313,05	330,5	332,94	953,0
313,55	334,6		

$$\log K_p\ (K_p \text{ in hPa}) = -\frac{2455}{T} + 10{,}35$$

I. $MnCl_2 \cdot 6NH_{3f} \rightleftharpoons MnCl_2 \cdot 2NH_{3f} + 4NH_{3g}$

$K_p = p^4_{NH_3}$

II. $MnCl_2 \cdot 6ND_{3f} \rightleftharpoons MnCl_2 \cdot 2ND_{3f} + 4ND_{3g}$

$K_p = p^4_{ND_3}$

T K	I	II	T K	I	II
	p_{NH_3} hPa	p_{ND_3} hPa		p_{NH_3} hPa	p_{ND_3} hPa
321,65	143,2	121,3	355,15	821,0	742,0
333,65	272,0	238,2	361,3	603,0	906,0
339,15	370,0	325,3			

$$\text{I. } \log K_p\ (K_p \text{ in hPa}^4) = 4\left(-\frac{2557}{T} + 10{,}105\right)$$

$$\text{II. } \log K_p\ (K_p \text{ in hPa}^4) = 4\left(-\frac{2673}{T} + 10{,}391\right)$$

$NH_4CO_2NH_{2f} \rightleftharpoons 2NH_{3g} + CO_{2g}$

$K_p = 0{,}148 \cdot p^3_{ges}$

$\Delta H = 157{,}3\ \text{kJ Mol}^{-1}$

T K	p_{ges} 10^3 hPa	K_p hPa^3	T K	p_{ges} 10^3 hPa	K_p hPa^3
293	0,0844	$6{,}01 \cdot 10^5$	353	3,194	$32{,}58 \cdot 10^9$
313	0,3254	$3{,}446 \cdot 10^7$	373 extrapol.	8,332	$578 \cdot 10^9$
333	1,107	$1{,}357 \cdot 10^9$	413 extrapol.	42,89	$78{,}90 \cdot 10^{12}$

$NH_4HSe_f \rightleftharpoons NH_{3g} + H_2Se_g$

$K_p = 0{,}25\, p_{ges}^2$

T K	p_{ges} hPa	K_p hPa^2	T K	p_{ges} hPa	K_p hPa^2
288,2	9,1	20	296,2	16,0	64
290,2	10,3	26	298,0	18,7	87
292,2	12,1	37	300,9	24,05	$1{,}4 \cdot 10^2$
294,2	13,6	46	303,3	30,8	$2{,}4 \cdot 10^2$

I. $NiCl_2 \cdot 6\,NH_{3f} \rightleftharpoons NiCl_2 \cdot 2\,NH_{3f} + 4\,NH_{3g}$

$K_p = p_{NH_3}^4$

II. $NiCl_2 \cdot 6\,ND_{3f} \rightleftharpoons NiCl_2 \cdot 2\,ND_{3f} + 4\,ND_{3g}$

$K_p = p_{ND_3}^4$

T K	I	II	T K	I	II
	p_{NH_3} hPa	p_{ND_3} hPa		p_{NH_3} hPa	p_{ND_3} hPa
372,8	43,5	38,1	431,2	689,5	617,9
383,2	75,3	66,5	437,9	885,9	818,6
391,8	116,4	103,2	445,9	1239,4	1137,2

I. $\log K_p$ (K_p in hPa^4) $= 4\left(-\dfrac{3285}{T} + 10{,}45\right)$

II. $\log K_p$ (K_p in hPa^4) $= 4\left(-\dfrac{3349}{T} + 1053\right)$

$SrCO_{3f} \rightleftharpoons SrO_f + CO_{2f}$

$K_p = p_{CO_2}$

T K	p_{CO_2} hPa	T K	p_{CO_2} hPa
969	0,0447	1195	12,8
999	0,1072	1209	15,9
1052	0,504	1248	32,1
1113	2,28	1308	72,3
1158	5,61	1364	153,7

bei 1197 K U orh. $\rightleftharpoons$ hex.

$2\,SrO_{2f} \rightleftharpoons 2\,SrO_f + O_{2g}$

$K_p = p_{O_2}$

T K	p_{O_2} hPa	T K .	p_{O_2} hPa · 10^3
595	420	718...723	11... 21 hPa
611	632	788...793	27... 36 hPa
625	752	818...823	45... 60 hPa
629	859	863...873	96...115 hPa
632	897		

$\Delta H_{595...873\,K} = 84{,}8$ kJ/Mol O_2

$\Delta H_{298\,K} = 92{,}0$ kJ/Mol O_2

$VOSO_{4f} \rightleftharpoons {}^1/_2\, V_2O_{4f} + SO_{3g}$

$K_p = p_{SO_3}$

T K	$-\log K_p$ (K_p in hPa)		T K	$-\log K_p$ (K_p in hPa)	
	exp.	ber.		exp.	ber.
843	4,90	4,90	800	5,51	5,55
831	5,07	5,08	798	5,64	5,58
810	5,38	5,39	796	5,72	5,60

4.2.1.2 Heterogene Gleichgewichte mit Umsetzungen

$Al_2O_{3f} + 6\,HCl_g \rightleftharpoons 2\,AlCl_3 + 3\,H_2O_g$

$$K_p = \frac{p^2_{AlCl_3} \cdot p^3_{H_2O}}{p^6_{HCl}}$$

$$\log K_p\ (K_p \text{ in hPa}^{-1}) = -\frac{14879}{T} - 4{,}63$$

T K	$\log K_p$ (K_p in hPa^{-1})		T K	$\log K_p$ (K_p in hPa^{-1})	
	exp.	ber.		exp.	ber.
1276	– 16,37	– 16,320	1466	– 14,75	– 14,78
1363	– 14,54	– 14,55	1475	– 14,73	– 14,72
1378	– 14,49	– 14,43	1490	– 14,63	– 14,62

$CH_{4g} + 3\,Fe(\alpha)_f \rightleftharpoons Fe_3C(\beta)_f + 2\,H_{2g}$

$$K_p = \frac{p^2_{H_2}}{p_{CH_4}}$$

$\Delta H = 110$ kJ/Mol Fe_3C

T K	K_p hPa	T K	K_p hPa
320,3	0,66	415,9	17,73
337,2	1,43	452,6	43,0
372,1	4,07	468,0	72,0
391,8	7,38		

$Fe_f + 2HCl_g \rightleftharpoons FeCl_{2fl} + H_{2g}$

$$K_p = \frac{p_{H_2}}{p_{HCl}^2}$$

$$\log K_p\ [K_p \text{ in hPa}^{-1}] = -13{,}66 + \frac{5{,}96 \cdot 10^3}{T} \quad \text{für } \alpha\text{-Fe als Bodenkörper}$$

$$\log K_p\ [K_p \text{ in hPa}^{-1}] = -13{,}71 + \frac{6{,}02 \cdot 10^3}{T} \quad \text{für } \beta\text{-Fe als Bodenkörper}$$

$$\log K_p\ [K_p \text{ in hPa}^{-1}] = -13{,}78 + \frac{6{,}10 \cdot 10^3}{T} \quad \text{für } \gamma\text{-Fe als Bodenkörper}$$

T K	Boden-körper	K_p hPa^{-1} (ber.)	T K	Boden-körper	K_p hPa^{-1} (ber.)
975	α-Fe	$2{,}89 \cdot 10^{-8}$	1198	γ-Fe	$2{,}11 \cdot 10^{-9}$
998	α-Fe	$2{,}11 \cdot 10^{-8}$	1205	γ-Fe	$1{,}07 \cdot 10^{-9}$
1073	β-Fe	$7{,}91 \cdot 10^{-9}$			

$FeCl_f + H_{2g} \rightleftharpoons \alpha\text{-}Fe_f + 2HCl_g$

$$K_p = \frac{p_{HCl}^2}{p_{H_2}}$$

T K	$\log K_p$ (K_p in hPa)		T K	$\log K_p$ (K_p in hPa)	
	exp.	ber.		exp.	ber.
1030	6,52	6,443	1153	4,942	4,978
1076	5,82	5,854	1177	4,804	4,776
1113	5,43	5,397	1208	4,556	4,485

$SiO_{2f} + H_{2g} \rightleftharpoons SiO_g + H_2O$

$$K_p = \frac{p_{SiO} \cdot p_{H_2O}}{p_{H_2}}$$

T K	$\log p_{SiO}$ p in hPa	K_p hPa	T K	$\log p_{SiO}$ p in hPa	K_p hPa
1473	– 0,6021	$1{,}55 \cdot 10^{-6}$	1673	1,572	$1{,}35 \cdot 10^{-4}$
1573	1,0791	$1{,}40 \cdot 10^{-5}$	1773	– 1,917	$6{,}65 \cdot 10^{-4}$

4.2.2 Dampfdruck von Mischsystemen[1]

4.2.2.1 Binäre Systeme

4.2.2.1.0 Vorbemerkungen

Die Partialdrücke p_i der einzelnen Komponenten über einer Mischung sind von den Dampfdrücken p_i^* der reinen Komponenten verschieden. Nach dem Raoultschen Gesetz sollte $p_i = p_i^* x_i'$ (x_i Molenbruch) sein. Der beobachtete Verlauf ist jedoch meist anders (s. z. B. System 13 Wasser-1,4-Dioxan); es treten Abweichungen von der Raoultschen Geraden sowohl nach oben wie nach unten auf. Systeme, die wenig abweichen, werden als ideal bezeichnet. Man verwendet sie zum Eichen von Apparaturen, wie z. B. die Systeme Benzen-1,2-Dichlorethan (Nr. 41) und Benzen-Toluen (Nr. 57).

In einem Zweistoffsystem mit einer flüssigen und einer dampfförmigen Phase sind nach der Gibbs'schen Phasenregel zwei Freiheitsgrade vorhanden. In den Tabellen werden entweder der Druck p oder die Temperatur T und x_2 vorgegeben, p oder T als Festwert und x_2' als Parameter. Bei Systemen, die bis ins kritische Gebiet untersucht sind, wird häufig auch x_2' als Festwert gewählt. Bei p bzw. T als Festwert und x_2' als Parameter sind x_2'' und die Siedetemperaturen T bzw. der Siededruck p die abhängigen Größen. Bei x_2' als Festwert und p als Parameter sind T' und T'' (Siedetemperatur und Kondensationstemperatur), bei T als Parameter p' und p'' (Siededruck und Verflüssigungsdruck) die abhängigen Größen.

In den Diagrammen sind die flüssigen Phasen mit ——, die Dampfphasen mit - - - - (extrapolierte Werte mit ·····) gekennzeichnet.

Die p-T-Diagramme für Systeme, die bis ins kritische Gebiet untersucht sind, zeigen schleifenartige Kurven. Die Punkte mit dem größten Abstand von der p-Achse jeder Schleife (Punkte maximaler Temperatur) bilden die sogenannte *kritische Kurve II. Ordnung*; die Punkte höchsten Druckes aller Schleifen die *Kurve maximalen* Druckes. Die Enveloppe der Kurven verbindet die Punkte, in denen $x_2' = x_2''$ ist; es ist die *kritische Kurve I. Ordnung.*

Im ($p - x_2$)-Diagramm bilden im kritischen Gebiet die Maxima der zu konstantem T gehörenden Schleifen die kritische Kurve I. Ordnung, die Punkte größten Abstandes von der p-Achse bilden wieder die kritische Kurve II. Ordnung und die Enveloppe der Schleifen die Kurve maximalen Druckes.

Schließlich werden im ($T - x_2$)-Diagramm bei konstantem Druck schleifenförmige Kurven erhalten, deren Maxima die kritische Kurve I. Ordnung bilden. Alle Diagramm-Typen sind in dem System SO_2–CO_2 (Nr. 38) zu finden.

Die kritischen Kurven I. und II. Ordnung und die Kurven maximalen Druckes unterscheiden sich oft nur sehr wenig voneinander (z. B. System 38).

Besondere Fälle: *Azeotropismus.* Bei großen Abweichungen vom idealen Verhalten kann der Gesamtdruck bei vorgegebener Temperatur für einen bestimmten Molenbruch ein Maximum (z. B. Ethanol-Tetrachlorkohlenstoff, Nr. 24), oder ein Minimum (z. B. Wasser-Hydrazin, Nr. 20) erreichen. An dieser Stelle haben Dampf- und Flüssigkeitsphase die gleiche Zusammensetzung; man nennt diesen ausgezeichneten monovarianten Punkt einen azeotropen Punkt. Ist der Druck vorgegeben, so erhält man einen entsprechenden Wert in der Siedekurve, und zwar bei Systemen, bei denen der Druck einen Maximalwert zeigt, ein Minimum und umgekehrt. Der azeotrope Punkt verschiebt sich mit Druck und Temperatur, so daß manche Systeme nur in gewissen Druck- und Temperaturbereichen azeotrop sind. Bei den Abbildungen ist gewöhnlich auf den Azeotropismus hingewiesen.

Mischungslücken. Bei großer endothermer Mischungsenthalpie der Komponenten kann, solange die Temperatur nicht zu hoch ist, eine Mischungslücke auftreten. Im Normalfall verschwindet sie bei einer bestimmten höheren Temperatur (oberer kritischer Lösungspunkt o. kr.Lp.). Erstrecken sich die Mischungslücken bis ins kritische Gebiet, so fällt der obere kritische Lösungspunkt mit einem kritischen Punkt I. Ordnung zusammen (kritischer Endpunkt), z. B. Wasser-Diethylether, Nr. 15. Es gibt auch Systeme, bei denen sich bei Temperaturerniedrigung die Mischungslücke schließt. Systeme mit geschlossenen Mischungslücken sind in den Tabellen 4.2.6.1.3.2 und 4.2.6.1.4 zu finden.

Für die Zusammensetzung des Dampfes, der sich mit den beiden nicht mischbaren Phasen im Gleichgewicht befindet, sind die folgenden Fälle möglich:

1. $(x_2')_{\text{Phase I}} < x_2'' < (x_2')_{\text{Phase II}}$. Hier ist der Gesamtdruck der Dampfphase im Gebiet der Mischungslücke größer als der Dampfdruck jeder einzelnen Komponenten. Die Siedetemperatur liegt unterhalb der Siedetemperatur der reinen Komponenten (System Ameisensäure–Benzol, Nr. 30).

[1] Der weitaus größte Teil des Abschnittes 4.2.2.1 und 4.2.2.2 ist dem Beitrag C. Kux, Landolt-Börnstein 6. Auflage Bd. II/2a, S. 336, entnommen. Literaturangaben sind dort zu finden.

2. $(x'_2)_{\text{Phase I}} < (x'_2)_{\text{Phase II}} < x''_2$. Hier liegt der Gesamtdruck im Gebiet der Mischungslücke zwischen den Dampfdrücken der beiden reinen Komponenten. Die Siedetemperatur der Mischung liegt zwischen den Siedetemperaturen der reinen Komponenten. (System H_2O – 1,2-Propylenoxid, Nr. 11).

Es gibt Systeme, die azeotrop sind und gleichzeitig eine Mischungslücke haben, z. B. Ameisensäure–Benzol (Nr. 30).

Bei extremen Drucken – weit oberhalb normaler kritischer Drücke – beobachtet man gelegentlich das Aufspalten eines Mischsystems in zwei Gasphasen. Beispiel Ammoniak–Stickstoff (Nr. 3).

Abkürzungsliste

f	feste Phase
fl	flüssige Phase
g	gasförmige Phase
g'_i	Gewichtsbruch der i-ten Komponente in der flüssigen Mischung
g''_i	Gewichtsbruch der i-ten Komponente in der Gasphase
M	Molekulargewicht (Molmasse)
M.L.	Mischungslücke
o. kr. Lp.	oberer kritischer Lösungspunkt
p	Gesamtdampfdruck
p_i	Partialdruck der i-ten Komponente
p_i^*	Dampfdruck der reinen Komponente i
p'	Siededruck
p''	Taudruck
p_{az}	Druck am azeotropen Punkt
$p_{\text{kr I}}$	Druck der kritischen Punkte I. Ordnung
$p_{\text{kr II}}$	Druck der kritischen Punkte II. Ordnung
p_{III}	Dreiphasendruck (f, fl, g)
Qdrp.	Quadrupelpunkt
T	Temperatur in K
u. kr. Lp.	unterer kritischer Lösungspunkt
V	Siedepunkt bei 1013,25 hPa
x'_i	Molenbruch der i-ten Komponente in der flüssigen Mischung
x''_i	Molenbruch der i-ten Komponente in der Gasphase
$x_{i\text{az}}$	Molenbruch am azeotropen Punkt
T_{0i}	Siedetemperatur der reinen Komponente i (bei gegebenem Druck)
T'	Siedetemperatur
T''	Tautemperatur
T_{az}	Temperatur am azeotropen Punkt
T_{III}	Dreiphasentemperatur
T_{krI}	Temperatur der kritischen Punkte I. Ordnung
T_{krII}	Temperatur der kritischen Punkte II. Ordnung

4.2.2.1.1 Übersicht über die Systeme

Das Verhalten der einzelnen Systeme ist entweder durch Zahlenangaben (Tabellen = T) oder durch Diagramme (D) charakterisiert.

Reihenfolge: Systeme mit Elementen, Systeme mit H_2O – dann weitere Verbindungen, nach den chemischen Symbolen geordnet. Die Komponente, die im Alphabet vorangeht, ist für die Stellung in den einzelnen Teilen maßgebend. Die organischen Verbindungen sind nach dem Hillschen System geordnet. 4.2.2.1.2 enthält die Systeme, in denen die betreffende Komponente vorkommt, ihre relative Molekularmasse und ihren Siedepunkt.

4.2.2.1.1 Systemübersicht

	Tabellen: Nr.	Diagramme: Nr.
Ar Argon – N_2 Stickstoff		1
Ar Argon – O_2 Sauerstoff	1	
H_2 Wasserstoff – CH_4 Methan	2	
H_2 Wasserstoff – CO Kohlenstoffmonoxid	3	
H_2 Wasserstoff – N_2 Stickstoff	4	
N_2 Stickstoff – CH_4 Methan		2
N_2 Stickstoff – CO Kohlenstoffmonoxid	5	
N_2 Stickstoff – NH_3 Ammoniak		3
N_2 Stickstoff – O_2 Sauerstoff		4
H_2O Wasser – HBr Bromwasserstoff		5
H_2O Wasser – CH_4O Methanol		6
H_2O Wasser – CH_2O_2 Ameisensäure	6	
H_2O Wasser – C_2H_4O Acetaldehyd		7
H_2O Wasser – $C_2H_4O_2$ Essigsäure	7	
H_2O Wasser – C_2H_6 Ethan		8
H_2O Wasser – C_2H_6O Ethanol		9
H_2O Wasser – C_3H_6O Aceton		10
H_2O Wasser – C_3H_6O 1,2-Propylenoxid		11
H_2O Wasser – C_3H_8O Propanol-(2)		12
H_2O Wasser – $C_4H_8O_2$ 1,4-Dioxan		13
H_2O Wasser – $C_4H_{10}O$ Butanol-(1)		14
H_2O Wasser – $C_4H_{10}O$ Diethylether		15
H_2O Wasser – $C_4H_{11}N$ Diethylamin		16
H_2O Wasser – $C_5H_4O_2$ Furfurol		17
H_2O Wasser – C_6H_6O Phenol		18
H_2O Wasser – $C_6H_{12}O_6$ Glucose	8	
H_2O Wasser – $C_{12}H_{22}O_{11}$ Saccharose	9	
H_2O Wasser – HCl Chlorwasserstoff	10	
H_2O Wasser – NH_3 Ammoniak		19
H_2O Wasser – HNO_3 Salpetersäure	11	
H_2O Wasser – H_4N_2 Hydrazin		20
H_2O Wasser – H_2S Schwefelwasserstoff		21
H_2O Wasser – SO_2 Schwefeldioxid	12	
H_2O Wasser – SO_3 Schwefeltrioxid	13	
H_2O Wasser – H_2SO_4 Schwefelsäure	14	
CCl_4 Tetrachlorkohlenstoff – $CHCl_3$ Chloroform		22
CCl_4 Tetrachlorkohlenstoff – CS_2 Schwefelkohlenstoff		23
CCl_4 Tetrachlorkohlenstoff – C_2H_6O Ethanol		24
CCl_4 Tetrachlorkohlenstoff – $C_4H_8O_2$ Essigsäureethylester		25
CCl_4 Tetrachlorkohlenstoff – $C_4H_{10}O$ Diethylether		26
$CHCl_3$ Chloroform – C_2H_6O Ethanol		27
$CHCl_3$ Chloroform – C_3H_6O Aceton		28
$CHCl_3$ Chloroform – C_6H_6 Benzen		29
CH_2O_2 Ameisensäure – C_6H_6 Benzen		30
CH_4 Methan – CO_2 Kohlenstoffdioxid		31
CH_4 Methan – C_5H_{12} Pentan		32
CH_4 Methan – H_2S Schwefelwasserstoff		33
CH_4O Methanol – C_3H_6O Aceton		34
CH_4O Methanol – C_6H_6 Benzen		35
CO_2 Kohlenstoffdioxid – C_2H_4 Ethen		36
CO_2 Kohlenstoffdioxid – C_2H_6 Ethan	15	
CO_2 Kohlenstoffdioxid – C_3H_8 Propan		37
CO_2 Kohlenstoffdioxid – SO_2 Schwefeldioxid		38
CS_2 Schwefelkohlenstoff – C_3H_6O Aceton		39
C_2H_4 Ethen – C_7H_{16} Heptan		40

4.2.2.1.1.1 Systemübersicht (Fortsetzung)

	Tabellen: Nr.	Diagramme: Nr.
$C_2H_4Cl_2$ 1,2-Dichlorethan – C_6H_6 Benzen		41
$C_2H_4O_2$ Essigsäure – C_6H_6 Benzen		42
$C_2H_4O_2$ Essigsäure – $C_6H_{15}N$ Triethylamin		43
C_2H_5Br Bromethan – C_6H_6 Benzen		44
C_2H_6 Ethan – C_6H_6 Benzen		45
C_2H_6 Ethan – HCl Chlorwasserstoff		46
C_2H_6 Ethan – N_2O Distickstoffmonoxid		47
C_2H_6 Ethan – H_2S Schwefelwasserstoff		48
C_2H_6O Ethanol – C_6H_6 Benzen		49
C_2H_6O Ethanol – $C_6H_{15}N$ Triethylamin		50
C_2H_6O Dimethylether – HCl Chlorwasserstoff		51
C_3H_6O Aceton – C_6H_6 Benzen		52
C_5F_{12} Perfluorpentan – C_5H_{12} Pentan		53
C_6H_6 Benzen – C_6H_7N Anilin		54
C_6H_6 Benzen – C_6H_{12} Cyclohexan		55
C_6H_6 Benzen – C_6H_{14} Hexan		56
C_6H_6 Benzen – C_7H_8 Toluen		57
C_6H_6 Benzen – C_7H_{16} Heptan		58
C_6H_6 Benzen – C_7H_{16} 2,2,3-Trimethylbutan		59
C_6H_6 Benzen – C_8H_{10} m-Xylen		60
C_6H_6O Phenol – C_7H_8 Toluen		61
C_8H_{10} Ethylbenzen – C_8H_{10} p-Xylen		62
C_8H_{10} m-Xylen – NH_3 Ammoniak		63

4.2.2.1.2 Übersicht über die einzelnen Komponenten der Systeme

Formel	Name	Relative Molekularmasse	Siedepunkt T bei 1013,25 hPa in K	Angaben in System
Ar	Argon	39,948	87,28	T 1, D 1
HBr	Bromwasserstoff	80,917	206,38	D 5
CCl_4	Tetrachlorkohlenstoff	153,82	349,9	D 22, 23, 24, 25, 26
$CHCl_3$	Chloroform	119,38	334,7	D 22, 27, 28, 29
CH_2O_2	Ameisensäure	46,03	373,90	T 6, D 30
CH_4	Methan	16,04	109	T 2, D 2, 31, 32, 33
CH_4O	Methanol	32,04	337,9	D 6, 34, 35
CO	Kohlenstoffmonoxid	28,01	81,7	T 3, 5
CO_2	Kohlenstoffdioxid	44,01	194,4	T 15, D 31, 36, 37, 38
CS_2	Schwefelkohlenstoff	76,14	319,6	D 23, 39
C_2H_4	Ethen	28,05	103	D 36, 40
$C_2H_4Cl_2$	1,2-Dichlorethan	98,96	357,3	D 41
C_2H_4O	Acetaldehyd	44,05	293,41	D 7
$C_2H_4O_2$	Essigsäure	60,05	391,7	T 7, D 42, 43
C_2H_5Br	Bromethan	108,97	311,5	D 44
C_2H_6	Ethan	30,07	184,6	T 15, D 8, 45, 46, 47, 48
C_2H_6O	Ethanol	46,07	351,47	D 9, 24, 27, 49, 50
C_2H_6O	Dimethylether	46,07	248,3	D 51
C_3H_6O	Aceton	58,08	329,4	D 10, 28, 34, 39, 52
C_3H_6O	1,2-Propylenoxid	58,08	307,3	D 11
C_3H_8O	Propanol-(2)	60,10	355,7	D 12
C_3H_8	Propan	44,10	231,1	D 37

4.2.2.1.2 Übersicht über die einzelnen Komponenten der Systeme (Fortsetzung)

Formel	Name	Relative Molekularmasse	Siedepunkt T bei 1013,25 hPa in K	Angaben in System
$C_4H_8O_2$	1,4-Dioxan	88,11	285,0	D 13
$C_4H_8O_2$	Essigsäureethylester	88,11	350,21	D 25
$C_4H_{10}O$	Butanol-(1)	74,12	390,7	D 14
$C_4H_{10}O$	Diethylether	74,12	307,8	D 15, 26
$C_4H_{11}N$	Diethylamin	73,14	156,8	D 16
C_5F_{12}	Perfluorpentan	288,04	302,4	D 53
$C_5H_4O_2$	Furfurol	96,08	434,8	D 17
C_5H_{12}	Pentan	72,15	309,30	D 32, 53
C_6H_6	Benzen	78,11	353,4	D 29, 30, 35, 41, 42, 44, 45, 49, 52, 54, 55, 56, 57, 58, 59, 60
C_6H_6O	Phenol	94,11	455,4	D 18, 61
C_6H_7N	Anilin	93,13	457,6	D 54
C_6H_{12}	Cyclohexan	84,16	353,6	D 55
$C_6H_{12}O_6$	Glucose	180,16	–	T 8
C_6H_{14}	Hexan	86,18	342,0	D 56
$C_6H_{15}N$	Triethylamin	101,19	362	D 43, 50
C_7H_8	Toluen	92,14	384,0	D 57, 61
C_7H_{16}	Heptan	100,21	371,47	D 40, 58
C_7H_{16}	2,2,3-Trimethylbutan	100,21	354,1	D 59
C_8H_{10}	Ethylbenzen	106,17	409,3	D 62
C_8H_{10}	m-Xylen	106,17	412	D 60, 63
C_8H_{10}	p-Xylen	106,17	411,6	D 62
$C_{12}H_{22}O_{11}$	Saccharose	342,30	–	T 9
HCl	Chlorwasserstoff	36,46	188,1	T 10, D 46, 51
H_2	Wasserstoff	2,015		T 2, 3, 4
H_2O	Wasser	18,02	373	T 6, 7, 8, 9, 10, 11 12, 13, 14, D 5, 6, 7, 8, 9, 10, 11, 12, 13, 14, 15, 16, 17, 18, 19, 20, 21
N_2	Stickstoff	28,013	77,50	T 4, 5, D 1, 2, 3, 4
NH_3	Ammoniak	17,03	239,7	D 3, 19, 63
H_4N_2	Hydrazin	32,05	386,7	D 20
HNO_3	Salpetersäure	63,01		T 11
N_2O	Distickstoffmonoxid	44,01	184,6	D 47
O_2	Sauerstoff	32,0	90,32	T 1, D 4
H_2S	Schwefelwasserstoff	34,08	212,96	D 21, 33, 48
SO_2	Schwefeldioxid	64,06	–	T 12, D 38
SO_3	Schwefeltrioxid	80,06		T 13
H_2SO_4	Schwefelsäure	98,08	–	T 14

4.2.2.1.3 Die Systeme

4.2.2.1.3.1 Tabellen

Tabelle 1. x_1 O_2, Sauerstoff, x_2 Ar, Argon

x'_2	x''_2	p hPa	x''_2	p hPa	x''_2	p hPa
	90,0 K		100,0 K		110,0 K	
0,1	0,1402	1045	0,1314	2653	0,1245	5628
0,2	0,2623	1092	0,2401	2750	0,2387	5802
0,3	0,3713	1135	0,3567	2841	0,3450	5962
0,4	0,4709	1176	0,4568	2922	0,4453	6107
0,5	0,5641	1212	0,5514	3000	0,5417	6242
0,6	0,6529	1246	0,6426	3066	0,6342	6359
0,7	0,7391	1288	0,7317	3126	0,7236	6465
0,8	0,8246	1300	0,8201	3178	0,8161	6551
0,9	0,9112	1321	0,9091	3216	0,9073	6618

Tabelle 2. x_1 CH_4, Methan, x_2 H_2, Wasserstoff

x'_2	x''_2	p 10^3 hPa	x'_2	x''_2	p 10^3 hPa
90,7 K			90,7 K		
0,0038	0,9835	17,11	0,0559	0,9882	100,64
0,0070	0,9854	21,90	0,0760	0,9683	129,92
0,0056	0,9799	36,90	0,0890	0,9783	168,99
0,0064	0,9863	46,71	0,1020	0,9789	198,34
0,0170	0,9875	56,35	0,0958	0,9787	208,15
0,0383	0,9905	80,61			

Kritischer Punkt II. Ordnung: $x''_2 \approx 0{,}99$, $p \approx 60 \cdot 10^3$ hPa; $T = 90{,}7$ K
Tripelpunkt von CH_4: $0{,}1165 \cdot 10^3$ hPa, 455,61 K

Tabelle 3. x_1 CO, Kohlenstoffmonoxid, x_2 H_2, Wasserstoff

x'_2	x''_2	p 10^3 hPa	x'_2	x''_2	p 10^3 hPa	x'_2	x''_2	p 10^3 hPa	x'_2	x''_2	p 10^3 hPa
68 K			73 K			83 K			88 K		
0,030	0,979	17,25	0,033	0,967	17,5	0,027	0,899	17,4	0,036	0,840	17,4
0,033	0,982	21,98	0,056	0,975	32,2	0,102	0,931	51,9	0,052	0,866	22,4
0,042	0,976	26,96	0,084	0,967	51,7	0,195	0,918	90,7	0,071	0,888	31,8
0,049	0,986	32,09	0,120	0,964	81,2	0,206	0,906	111,1	0,129	0,893	56,5
0,062	0,985	41,96	0,165	0,948	115,2	0,292	0,840	168,9	0,134	0,902	56,6
0,102	0,977	80,95	0,206	0,930	154,4	0,368	0,808	188,6	0,203	0,888	90,5
0,138	0,965	119,95	0,218	0,917	178,7	0,415	0,777	203,3	0,217	0,887	90,8
0,163	0,946	154,35	0,236	0,914	188,7	0,448	0,759	213,2	0,303	0,848	129,9
0,188	0,939	193,50	0,257	0,902	208,1	0,486	0,694	223,8	0,410	0,771	168,9
0,202	0,934	218,01	0,275	0,890	227,9	0,541	0,663	227,8	0,454	0,704	183,7

Kritische Punkte I. Ordnung

x_2	p 10^3 hPa	T K
0,00	35,1	134,5
0,58	189	88
0,60	231	83
0,64	329	173
0,66	385	68
1,00	12,96	33

Tabelle 4. x_1 N_2, Stickstoff, x_2 H_2, Wasserstoff

x_2'	x_2''	p 10^3 hPa	x_2'	x_2''	p 10^3 hPa	x_2'	x_2''	p 10^3 hPa	x_2'	x_2''	p 10^3 hPa
63 K			68 K			78 K			88 K		
0,020	0,987	12,31	0,033	0,973	17,42	0,023	0,905	17,42	0,024	0,770	17,23
0,041	0,981	27,05	0,046	0,976	26,93	0,073	0,930	37,07	0,053	0,833	27,11
0,075	0,982	46,72	0,066	0,976	36,46	0,119	0,937	56,30	0,092	0,853	41,58
0,085	0,974	56,33	0,076	0,979	46,50	0,175	0,922	80,96	0,207	0,866	81,06
0,120	0,963	90,77	0,094	0,973	56,62	0,248	0,895	115,11	0,283	0,821	105,4
0,143	0,948	119,98	0,154	0,955	90,74	0,334	0,840	149,32	0,345	0,783	119,91
0,172	0,957	149,35	0,181	0,944	120,04	0,379	0,813	164,02	0,387	0,745	129,78
0,195	0,933	178,73	0,219	0,922	149,36	0,430	0,759	178,97	0,420	0,712	134,57
0,216	0,935	208,18	0,252	0,903	178,74	0,479	0,700	187,53	0,470	0,608	139,55
0,222	0,929	217,97	0,296	0,870	212,05	0,549	0,617	193,42	0,53[1]		140
			0,296	0,883	213,07	0,58[1]		193,5			
			0,307	0,881	225,79						
			0,311	0,854	227,79						

[1] Kritischer Punkt I. Ordnung.

Tabelle 5. x_1 CO, Kohlenstoffmonoxid, x_2 N_2, Stickstoff

x_2'	x_2''	p 10^3 hPa	x_2''	p 10^3 hPa	x_2''	p 10^3 hPa	x_2''	p 10^3 hPa	x_2''	p 10^3 hPa	x_2''	p 10^3 hPa
	70 K		80 K		90 K		100 K		110 K		122 K	
0,10	0,173	0,24	0,149	0,99	0,142	2,61	0,136	5,92	0,129	11,30	0,119	21,92
0,20	0,305	0,26	0,274	1,04	0,262	2,70	0,238	6,12	0,231	11,62	0,224	22,29
0,30	0,435	0,28	0,385	1,08	0,372	2,78	0,358	6,23	0,340	11,91	0,325	22,84
0,40	0,559	0,29	0,500	1,14	0,468	2,88	0,454	6,44	0,440	12,28	0,429	23,45
0,50	0,658	0,30	0,615	1,21	0,582	2,96	0,564	6,62	0,550	12,66	0,532	24,12
0,60	0,736	0,33	0,700	1,25	0,665	3,06	0,650	6,79	0,643	13,04	0,630	24,77
0,70	0,817	0,35	0,784	1,28	0,765	3,16	0,751	7,00	0,739	13,45	0,724	25,55
0,80	0,887	0,36	0,869	1,32	0,852	3,20	0,840	7,24	0,835	13,81	0,818	26,34
0,90	0,952	0,39	0,940	1,37	0,926	3,40	0,922	7,60	0,918	14,16	0,914	27,0

Zwischen 80 und 120 K ist das Raoultsche Gesetz erfüllt.

Tabelle 6. x_1 H_2O, Wasser, x_2 HCOOH, Ameisensäure

$p_{0\,1} > p_{0\,2}$ bei $p < 968$ hPa; $T < 372{,}5$ K

$p_{0\,1} < p_{0\,2}$ bei $p > 968$ hPa; $T = 372{,}5$ K

p_{21} = Partialdruck von (HCOOH); p_{22} = Partialdruck von $(HCOOH)_2$

$p_2 = p_{21} + p_{22}$ $Kp = p_{22}/(p_{21})^2$

x_2'	g_2'	x_2''	g_2''	p_1 hPa	p_2 hPa	p_{21} hPa	p_{22} hPa	Kp
$T = 333$ K								
0,104	0,229	0,055	0,130	176,9	8,3	6,4	1,9	0,045
0,235	0,439	0,150	0,311	152,0	19,9	12,7	7,2	0,044
0,368	0,598	0,318	0,543	126,1	38,7	20,4	18,3	0,040
0,421	0,650	0,381	0,611	106,4	44,3	23,1	21,2	0,040
0,499	0,717	0,541	0,751	88,5	67,2	29,6	37,6	0,043
0,689	0,850	0,794	0,908	54,0	126,7	43,1	86,3	0,047
$T = 353$ K								
0,016	0,040	0,0062	0,0156	–	–	–	–	–
0,096	0,213	0,045	0,107	433,0	18,0	15,6	2,4	0,010
0,210	0,405	0,123	0,264	366,4	41,7	31,7	10,0	0,010
0,383	0,613	0,319	0,545	282,4	98,1	64,0	34,1	0,008
0,489	0,710	0,465	0,689	237,2	142,4	78,4	64,0	0,011
0,521	0,735	0,535	0,746	208,4	163,3	86,8	76,5	0,011
0,548	0,756	0,583	0,781	195,6	184,4	96,0	88,8	0,010
0,607	0,798	0,683	0,846	164,8	230,2	106,8	122,1	0,011
0,641	0,820	0,722	0,869	150,0	255,0	117,1	138,0	0,010
0,963	0,985	0,977	0,991	18,9	501,8	191,2	310,6	0,008

Azeotrope Punkte

x_2	K	hPa
0,466	333	177
0,514	353	373
0,56	≈ 380	≈ 1013

Tabelle 7. x_1 H_2O, Wasser, x_2 CH_3COOH, Essigsäure
p_{21} Partialdruck von (CH_3COOH); p_{22} Partialdruck von $(CH_3COOH)_2$

x_2'	x_2''	g_2'	g_2''	p_1 hPa	p_2 hPa	p_{21} hPa	p_{22} hPa
315 K							
0,0632	0,0437	0,1835	0,1323	77,7	2,5	1,5	1,1
0,2281	0,1690	0,4962	0,4040	68,5	8,8	3,6	5,2
0,3589	0,2899	0,6510	0,5763	58,9	14,9	5,6	9,3
0,5691	0,4665	0,8040	0,7445	46,9	23,5	5,9	17,6
0,8540	0,7765	0,9512	0,9205	21,9	41,1	6,1	34,9
1,00	1,000	1,000	1,000	0,0	51,3	8,7	42,7

Tabelle 7. x_1 H_2O, Wasser, x_2 CH_3COOH, Essigsäure

353,24 K							
0,0150	0,0097	0,0484	0,0315	–	–	–	–
0,0636	0,0437	0,1845	0,1323	453,0	16,4	1,2	4,4
0,1385	0,0965	0,3689	0,2625	426,0	33,5	21,5	12,0
0,2264	0,1586	0,4938	0,3858	398,6	50,9	26,9	24,0
0,3699	0,2636	0,6617	0,5431	350,1	81,3	37,3	44,0
0,5454	0,4329	0,7999	0,7178	274,5	130,1	50,7	79,5
0,8781	0,7704	0,9600	0,9179	99,7	229,2	73,2	156,0
1,000	1,000	1,000	1,000	0,0	277,7	74,8	202,9

Tabelle 8. g_1 H_2O, Wasser, g_2 $C_6H_{12}O_6$, Glucose[1]

g_2'	p in hPa bei					
	273 K	283 K	293 K	298 K	308 K	328 K
0,0	6,107	12,271	23,37	31,66	56,22	95,83
0,5	6,076	12,207	23,25	31,50	55,93	95,33
0,10	6,040	12,134	23,10	31,32	55,60	94,78
0,15	5,997	12,051	22,96	31,10	55,24	94,17
0,20	5,950	11,958	22,78	30,86	54,82	93,46
0,25	5,896	11,850	22,57	30,58	54,33	92,65
0,30	5,833	11,720	22,33	30,26	53,76	91,69
0,35	5,757	11,572	22,05	29,89	53,10	90,55
0,40	5,669	11,395	21,72	29,44	52,30	89,22
0,45	5,564	11,186	21,32	28,89	51,36	87,61
0,50	5,434	10,930	20,84	28,24	50,20	85,63
0,55	5,278	10,620	20,25	27,45	48,81	83,30
0,60	5,085	10,232	19,52	26,48	47,08	80,38

[1] Nach H. Rother, Dissertation Braunschweig 1960.

Tabelle 9. g_1 H_2O, Wasser, g_2 $C_{12}H_{22}O_{11}$, Saccharose[1]

g_2'	p in hPa bei							
	273 K	283 K	293 K	298 K	303 K	313 K	323 K	363 K*
0,00	6,107	12,271	23,37	31,66	42,41	73,74	123,35	700,9
0,05	6,090	12,236	23,30	31,57	42,29	73,53	123,00	698,9
0,10	6,070	12,198	23,22	31,48	42,16	73,30	122,62	696,7
0,15	6,048	12,152	23,14	31,36	42,01	73,03	122,19	694,3
0,20	6,021	12,099	23,05	31,22	41,82	72,73	121,68	691,7
0,25	5,990	12,036	22,93	31,06	41,61	72,37	121,08	688,3
0,30	5,953	11,962	22,78	30,88	41,37	71,94	120,38	684,6
0,35	5,908	11,874	22,62	30,65	41,06	71,42	119,51	679,9
0,40	5,853	11,763	22,41	30,37	40,69	70,78	118,44	674,2
0,45	5,785	11,627	22,16	30,02	40,24	69,99	117,14	667,0
0,50	5,700	11,458	21,84	29,60	39,66	69,01	115,51	657,9
0,55	5,590	11,243	21,44	29,05	38,93	67,75	113,44	646,5
0,60	5,446	10,960	20,90	28,34	37,98	66,14	110,79	632,2
0,65	–	10,580	20,20	27,40	36,73	63,98	107,23	613,3

[1] Nach H. Rother, Dissertation Braunschweig 1960.
* Extrapolierte Werte.

Tabelle 10. g_1 H_2O, Wasser, g_2 HCl, Chlorwasserstoff

g_2'	x_2'	p_1	p_2	p_1	p_2	p_1	p_2
		hPa					
		273 K		283 K		293 K	
0,06	0,0306	5,57	$0,88 \cdot 10^{-4}$	11,26	$0,31 \cdot 10^{-3}$	21,20	$0,10 \cdot 10^{-2}$
0,10	0,0520	5,12	$0,56 \cdot 10^{-3}$	10,27	$0,18 \cdot 10^{-2}$	19,50	$0,18 \cdot 10^{-2}$
0,14	0,0744	4,52	$0,32 \cdot 10^{-2}$	9,27	$0,94 \cdot 10^{-2}$	17,50	$0,53 \cdot 10^{-2}$
0,18	0,0978	3,83	$1,80 \cdot 10^{-2}$	7,89	0,049	15,10	0,127
0,20	0,1099	3,49	0,0421	7,20	0,112	13,70	0,273
0,22	0,1223	3,11	0,0979	6,43	0,249	12,40	0,600
0,24	0,1350	2,73	0,233	5,75	0,57	11,10	1,33
0,26	0,1479	2,35	0,55	4,95	1,31	9,61	2,89
0,28	0,1612	2,00	1,33	4,28	3,03	8,43	6,53
0,30	0,1748	1,68	3,2	3,64	6,97	7,21	14,10
0,32	0,1887	1,39	7,6	3,03	15,7	6,07	31,30
0,34	0,2029	1,13	17,5	2,49	35,2	5,08	67,3
0,36	0,2175	0,91	38,7	2,00	75,2	4,13	141
0,38	0,2324	0,71	84,0	1,60	156	3,35	280
0,40	0,2478	0,55	173	1,25	311	2,67	532
0,42	0,2635	0,41	337	0,96	573	2,08	954

g_2'	x_2'	p_1	p_2	p_1	p_2	p_1	p_2
		hPa					
		298 K		303 K		313 K	
0,06	0,0306	29,1	$0,17 \cdot 10^{-2}$	38,8	$0,300 \cdot 10^{-2}$	67,5	$0,82 \cdot 10^{-2}$
0,10	0,0520	26,7	$0,89 \cdot 10^{-2}$	35,7	$0,148 \cdot 10^{-1}$	62,7	$3,76 \cdot 10^{-2}$
0,14	0,0744	24,0	$0,421 \cdot 10^{-1}$	32,1	$0,667 \cdot 10^{-1}$	56,1	0,161
0,18	0,0978	20,5	0,197	27,5	0,304	48,5	0,687
0,20	0,1099	18,8	0,43	25,3	0,64	44,4	1,41
0,22	0,1223	16,8	0,91	22,8	1,36	36,1	2,77
0,24	0,1350	15,2	1,99	20,5	2,89	32,0	6,00
0,26	0,1479	13,3	4,27	18,0	6,08	28,1	12,3
0,28	0,1612	11,7	9,40	15,7	13,2	24,5	25,5
0,30	0,1748	10,0	20,10	13,6	28,0	20,9	52,5
0,32	0,1887	8,49	43,3	11,6	59,3	18,0	108
0,34	0,2029	7,13	91,3	9,76	123	15,2	215
0,36	0,2175	5,88	189	8,11	251	12,7	429
0,38	0,2324	4,80	369	6,71	480	10,5	797
0,40	0,2478	3,84	687	5,45	836	8,6	–
0,42	0,2635	3,07	1200	4,37	–	–	–

g_2'	x_2'	p_1	p_2	p_1	p_2	p_1	p_2
		hPa					
		323 K		333 K		353 K	
0,06	0,0306	115	$2,17 \cdot 10^{-2}$	185	$5,3 \cdot 10^{-2}$	444	$2,75 \cdot 10^{-1}$
0,10	0,0520	107	$9,20 \cdot 10^{-2}$	173	$2,09 \cdot 10^{-1}$	413	$9,7 \cdot 10^{-1}$
0,14	0,0744	95,6	$3,67 \cdot 10^{-1}$	155	$8,0 \cdot 10^{-1}$	364	3,33
0,18	0,0978	83,3	1,48	136	3,1	331	11,5
0,20	0,1099	76,0	2,95	125	5,9	307	20,8
0,22	0,1223	69,3	5,89	114	11,5	281	39,1
0,24	0,1350	62,3	11,9	103	22,5	259	72,7

Tabelle 10. g_1 H_2O, Wasser, g_2 HCl, Chlorwasserstoff (Fortsetzung)

g_2'	x_2'	p_1	p_2	p_1	p_2	p_1	p_2
		hPa					
		323 K		333 K		353 K	
0,26	0,1479	55,3	23,3	92,0	43,3	231	133
0,28	0,1612	48,7	47,6	80,9	85,3	205	251
0,30	0,1748	42,7	94,7	71,3	165	181	453
0,32	0,1887	36,9	188	62,0	317	160	831
0,34	0,2029	32,0	364	54,0	600	139	–
0,36	0,2175	27,2	713	46,4	1150	120	–
0,38	0,2324	23,2	1270	39,5	–	103	–
0,40	0,2478	19,3	–	33,3	–	89,7	–
0,42	0,2635	16,1	–	28,3	–	76,3	–

g_2'	x_2'	p_1	p_2	p_1	p_2
		hPa			
		373 K		383 K	
0,06	0,0306	953	1,22	–	2,37
0,10	0,0520	903	3,87	1280	7,2
0,14	0,0744	833	12,0	1189	21,3
0,18	0,0978	733	37,0	1044	64
0,20	0,1099	680	65,0	972	110
0,22	0,1223	623	120	893	195
0,24	0,1350	568	209	815	337
0,26	0,1479	516	368	740	581
0,28	0,1612	465	657	665	1013
0,30	0,1748	413	1127	592	–
0,32	0,1887	367	–	528	–
0,34	0,2029	324	–	473	–
0,36	0,2175	283	–	415	–
0,38	0,2324	243	–	355	–
0,40	0,2478	211	–	307	–
0,42	0,2635	180	–	260	–

Azeotrope Punkte

g_2	x_2	p hPa	T K	g_2	x_2	p hPa	T K
0,1936	0,1060	1626	396,13	0,2134	0,1176	533	365,23
0,2022	0,1113	1013	381,73	0,2188	0,1216	333	354,26
0,2064	0,1139	800	375,36	0,2252	0,1256	200	343,11
0,2092	0,1156	667	370,73	0,2342	0,1313	66,7	321,87

Tabelle 11. g_1 H_2O, Wasser, g_2 HNO_3, Salpetersäure

g_2'	x_2'	p_1	p_2	p_1	p_2	p_1	p_2	p_1	p_2	p_1	p_2	p_1	p_2
		Pa											
		273 K		283 K		293 K		298 K		303 K		313 K	
0,20	0,067	550	–	1100	–	2030	–	2750	–	3680	–	6330	–
0,25	0,087	510	–	1010	–	1890	–	2560	–	3430	–	5870	–
0,30	0,109	480	–	950	–	1760	–	2370	–	3170	–	5470	15
0,35	0,133	440	–	870	–	1600	–	2160	–	2890	12	5030	27
0,40	0,160	400	–	770	–	1440	–	1950	16	2600	23	4470	48
0,45	0,190	350	–	670	–	1250	20	1690	31	2250	44	3910	91
0,50	0,222	280	–	560	16	1050	36	1430	52	1920	75	3330	151
0,55	0,259	240	–	470	28	890	60	1210	88	1630	124	2840	243
0,60	0,300	200	25	400	55	750	112	1030	161	1370	221	2410	413
0,65	0,347	170	55	350	115	650	224	880	309	1170	423	2070	760
0,70	0,400	150	105	290	211	550	400	730	547	990	733	1710	1290
0,80	0,533	–	267	160	533	320	1070	430	1400	530	1870	930	3270
0,90	0,720	–	730	–	1470	–	2670	130	3600	170	4800	320	8270
1,00	1,00	–	1470	–	2930	–	5600	–	7600	–	$10{,}3 \cdot 10^3$	–	$17{,}7 \cdot 10^3$
		323 K		333 K		353 K		373 K		383 K		393 K	
0,20	0,067	$10{,}7 \cdot 10^3$	–	$17{,}10 \cdot 10^3$	17	$40{,}9 \cdot 10^3$	71	$90{,}0 \cdot 10^3$	250	–	–	–	–
0,25	0,087	$10{,}0 \cdot 10^3$	17	$16{,}1 \cdot 10^3$	37	$38{,}3 \cdot 10^3$	140	$83{,}7 \cdot 10^3$	467	–	–	–	–
0,30	0,109	9200	33	$15{,}1 \cdot 10^3$	68	$35{,}6 \cdot 10^3$	249	$77{,}3 \cdot 10^3$	807	–	–	–	–
0,35	0,133	8400	56	$13{,}6 \cdot 10^3$	113	$32{,}4 \cdot 10^3$	409	$70{,}7 \cdot 10^3$	1290	$100{,}7 \cdot 10^3$	2200	–	–
0,40	0,160	7470	100	$12 \cdot 10^3$	197	$29{,}1 \cdot 10^3$	680	$64{,}0 \cdot 10^3$	2070	$91{,}7 \cdot 10^3$	3430	–	–
0,45	0,190	6600	180	$10{,}7 \cdot 10^3$	339	$25{,}6 \cdot 10^3$	1090	$57{,}3 \cdot 10^3$	3070	$83{,}3 \cdot 10^3$	4930	–	–
0,50	0,222	5670	291	9300	540	$22{,}7 \cdot 10^3$	1670	$51{,}1 \cdot 10^3$	4560	$74{,}7 \cdot 10^3$	7270	$104{,}7 \cdot 10^3$	$11{,}2 \cdot 10^3$
0,55	0,259	4840	455	8000	820	$19{,}7 \cdot 10^3$	2400	$44{,}1 \cdot 10^3$	6270	$64{,}7 \cdot 10^3$	9730	$91{,}3 \cdot 10^3$	$14{,}7 \cdot 10^3$
0,60	0,300	4130	757	6800	1320	$16{,}8 \cdot 10^3$	3670	$38{,}0 \cdot 10^3$	9270	$55{,}6 \cdot 10^3$	$13{,}7 \cdot 10^3$	$78{,}7 \cdot 10^3$	$20{,}8 \cdot 10^3$
0,65	0,347	3470	1330	5730	2240	$14{,}1 \cdot 10^3$	5800	$31{,}7 \cdot 10^3$	$13{,}7 \cdot 10^3$	$46{,}0 \cdot 10^3$	$20{,}3 \cdot 10^3$	$65{,}3 \cdot 10^3$	$29{,}1 \cdot 10^3$
0,70	0,400	2910	2200	4710	3610	$11{,}5 \cdot 10^3$	9000	$25{,}6 \cdot 10^3$	$20{,}3 \cdot 10^3$	$36{,}0 \cdot 10^3$	$29{,}5 \cdot 10^3$	$52{,}4 \cdot 10^3$	$41{,}6 \cdot 10^3$
0,80	0,533	1600	5470	2670	8930	6400	$21{,}1 \cdot 10^3$	$14{,}4 \cdot 10^3$	$44{,}0 \cdot 10^3$	$20{,}7 \cdot 10^3$	$62{,}0 \cdot 10^3$	$29{,}2 \cdot 10^3$	$85{,}3 \cdot 10^3$
0,90	0,720	530	$13{,}7 \cdot 10^3$	870	$20{,}9 \cdot 10^3$	2130	$45{,}1 \cdot 10^3$	4670	$90{,}0 \cdot 10^3$	–			
1,00	1,00	–	$28{,}7 \cdot 10^3$	–	$42{,}7 \cdot 10^3$	–	$83{,}3 \cdot 10^3$	–	–	–	–		

Azeotrope Punkte: $x_2 = 0{,}352$; 273,15 K; 147 Pa. $x_2 = 0{,}347$; 293,15 K; 668 Pa.

Tabelle 12. x_1 H_2O, Wasser, x_2 SO_2, Schwefeldioxid

x'_2	p_1	p_2	p_1	p_2	p_1	p_2	p_1	p_2	p_1	p_2
	hPa									
	283 K		293 K		303 K		313 K			
0,0070	12,1	144	23,2	209	42,0	299	73,2	415		
0,0152	12	329	22,9	500	41,7	715	72,5	977		
0,0207	12	460	22,8	699	41,5	1002	–	–		
0,0287	11,9	665	22,7	1001	–	–	–	–		
0,0353	11,7	847	–	–	–	–	–	–		
0,0405	11,7	991	–	–	–	–	–	–		
	323 K		333 K		343 K		353 K			
0,0014	123	111	199	148	312	192	472	243		
0,0028	123	219	198,5	289	311	375	472	475		
0,0042	122,5	329	198,5	437	311	568	471	724		
0,0070	122,5	561	198	749	309	985	469	1275		
0,0097	122	804	197	1072	–	–	–	–		
0,0125	121,5	1057	–	–	–	–	–	–		
	363 K		373 K		383 K		393 K		403 K	
0,0014	700	300	1011	365	1429	435	1981	503	2698	560
0,0028	699	593	1009	731	1428	881	1979	1033	2696	1172
0,0042	697	912	1008	1133	1427	1376	–	–	–	–

Tabelle 13. x_1 H_2O, Wasser, x_2 SO_3, Schwefeltrioxid

x'_2	p_{SO_3} in hPa								
	293 K	298 K	303 K	313 K	323 K	333 K	343 K	353 K	363 K
0,52828	–	–	–	0,8	2,1	5,1	11,3	24,3	50,0
0,54314	–	–	–	1,2	2,8	6,4	14,0	29,3	59,2
0,55854	0,25	0,4	0,65	1,7	4,0	8,9	18,9	38,7	75,7
0,56646	0,40	0,5	0,9	2,3	5,3	11,9	25,1	50,5	98,5
0,57455	0,50	0,9	1,5	3,5	8,0	17,5	36,3	72,1	138,3
0,58277	1,05	1,6	2,5	5,9	13,0	27,6	56,1	108,7	204,1
0,59115	1,9	2,8	4,3	9,7	20,9	42,8	84,0	158,7	289,6
0,59970	3,2	4,8	7,3	16,0	33,3	66,4	127,3	228,2	415,8
0,60841	5,3	8,0	11,9	25,1	50,8	98,7	184,3	332,2	579,8
0,61729	9,2	13,3	19,5	38,9	75,2	139,5	223,0	431,6	730,2
0,62637	–	21,2	29,9	57,9	107,5	192,3	332,4	–	–
0,63561	–	–	46,8	86,4	154,2	265,8	444,8	–	–
0,64504	–	–	–	115,5	202,8	344,4	566,7	–	–
0,66449	–	–	–	178,3	306,8	511,3	–	–	–
0,68479	–	–	140,3	247,6	421,7	–	–	–	–
0,70594	101,5	176,0	184,7	323,2	546,5	–	–	–	–
0,72804	129,0	174,5	233,4	406,5	683,8	–	–	–	–
0,75113	158,8	214,2	286,5	497,7	835,8	–	–	–	–
0,77533	192,2	259,0	345,6	598,4	1001,5	–	–	–	–

Rauchende Schwefelsäure ist hier als ein binäres Gemisch von H_2O und SO_3 mit $x'_2 > 0{,}5$ betrachtet. Wird sie als binäres Gemisch von (wasserfreier) H_2SO_4 mit SO_3 angesetzt, so ist $x_{H_2SO_4} = 2x'_{SO_3}$ (stets > 1).

Tabelle 14. x_1 H_2O, Wasser, x_2 H_2SO_4, Schwefelsäure

Berechnung nach der Formel $\lg p = A - \frac{B}{T}$

g_2'	x_2'	Gesamtdruck in Pa								
		273 K	278 K	283 K	288 K	293 K	298 K	303 K	323 K	348 K
0,10	0,02	604	851	1183	1640	2210	2990	3970	11500	$36{,}46 \cdot 10^3$
0,20	0,044	556	789	1093	1507	2053	2760	3690	10720	$34{,}18 \cdot 10^3$
0,30	0,073	473	669	933	1285	1760	2360	3160	9160	$29{,}30 \cdot 10^3$
0,35	0,090	428	604	843	1164	1590	2130	2880	8430	$27{,}09 \cdot 10^3$
0,40	0,109	356	507	709	981	1350	1813	2440	7170	$23{,}22 \cdot 10^3$
0,45	0,131	272	387	543	753	1035	1400	1890	5630	$18{,}45 \cdot 10^3$
0,50	0,155	213	305	431	600	828	1137	1520	4610	$15{,}41 \cdot 10^3$
0,55	0,183	147	212	300	421	584	813	1090	3390	$11{,}48 \cdot 10^3$
0,60	0,216	93,1	135	193	273	383	528	723	2290	7960
0,65	0,254	50,8	74,7	108	168	221	305	421	1870	5050
0,70	0,300	20,8	31,2	46,3	67,6	97,7	139	196	692	2750
0,75	0,355	7,48	11,4	17,2	25,6	37,6	54,4	78,0	292	1230
0,80	0,424	1,96	3,09	4,83	7,41	11,2	16,8	24,7	103	488
0,85	0,510	0,553	0,893	1,43	2,23	3,43	5,21	7,81	34,7	176
0,90	0,623	–	0,157	0,257	0,415	0,657	1,03	1,44	7,77	44,0
0,95	0,777	–	–	–	–	–	–	–	0,773	5,63

g_2'	Gesamtdruck in Pa					A	B	V/K
	373 K	398 K	423 K	473 K	523 K			
0,10	$99{,}29 \cdot 10^3$	$221{,}8 \cdot 10^3$	$455{,}0 \cdot 10^3$	–	–	11,05	2259	375
0,20	$93{,}30 \cdot 10^3$	$206{,}4 \cdot 10^3$	$424{,}5 \cdot 10^3$	–	–	11,02	2268	377
0,30	$80{,}15 \cdot 10^3$	$183{,}9 \cdot 10^3$	$381{,}7 \cdot 10^3$	–	–	10,989	2271	381
0,35	$74{,}63 \cdot 10^3$	$168{,}5 \cdot 10^3$	$353{,}2 \cdot 10^3$	–	–	10,998	2286	383
0,40	$64{,}41 \cdot 10^3$	$150{,}0 \cdot 10^3$	$317{,}0 \cdot 10^3$	–	–	10,969	2299	387
0,45	$51{,}52 \cdot 10^3$	$128{,}8 \cdot 10^3$	$275{,}0 \cdot 10^3$	–	–	10,934	2322	391
0,50	$43{,}74 \cdot 10^3$	$109{,}1 \cdot 10^3$	$232{,}2 \cdot 10^3$	–	–	10,957	2357	396
0,55	$33{,}18 \cdot 10^3$	$84{,}13 \cdot 10^3$	$186{,}1 \cdot 10^3$	–	–	10,952	2400	403
0,60	$23{,}98 \cdot 10^3$	$62{,}07 \cdot 10^3$	$162{,}8 \cdot 10^3$	–	–	10,966	2458	413
0,65	$15{,}41 \cdot 10^3$	$41{,}40 \cdot 10^3$	$98{,}38 \cdot 10^3$	–	–	10,978	2533	424
0,70	9000	$25{,}52 \cdot 10^3$	$63{,}81 \cdot 10^3$	–	–	11,157	2688	438
0,75	4270	$12{,}64 \cdot 10^3$	$33{,}02 \cdot 10^3$	–	–	11,159	2810	455
0,80	1870	6080	$17{,}17 \cdot 10^3$	$98{,}60 \cdot 10^3$	–	11,418	3040	475
0,85	715	2450	7280	$45{,}06 \cdot 10^3$	–	11,364	3175	498
0,90	197	736	2330	$16{,}48 \cdot 10^3$	$79{,}59 \cdot 10^3$	11,380	3390	528
0,95	31,5	149	535	5000	$30{,}76 \cdot 10^3$	11,915	3888	563

Azeotroper Punkt $x_2 = 0{,}925$, 608 K; 1013,25 hPa.

Tabelle 15. x_1 C_2H_6, Ethan, x_2 CO_2, Kohlenstoffdioxid

T K	p' MPa	p'' MPa	T K	p' MPa	p'' MPa	T K	p' MPa	p'' MPa	T K	p' MPa	p'' MPa
$x_2 = 0{,}5$			$x_2 = 0{,}57$			$x_2 = 0{,}70$			$x_2 = 0{,}85$		
281,95	4,810	–	282,10	4,910	4,790	282,20	4,972	4,922	283,50	5,011	4,949
282,00	–	4,635	288,10	5,603	5,522	288,10	5,703	5,656	289,15	5,707	5,646
282,20	–	4,655	290,70	5,919	–	290,43	6,010	5,980	296,30	6,720	–
282,25	4,837	–	290,73	–	5,895	291,83	6,200	–	296,35	–	6,703
288,10	5,482	5,634	290,77	5,914[1]		291,84	–	6,195	296,50	6,740	6,732
290,70	5,794	5,738				291,88	6,209	–	296,52	6,745	–
290,90	5,800	5,765				291,90	6,212	6,202	296,55	6,742[1]	
291,00	5,791	5,775				291,92	6,210	–			
291,03	5,786[1]					291,95	6,207[1]				

[1] Kritische Punkte 1. Ordnung.

4.2.2.1.3.2 Diagramme

Nr. 1. x_1 Argon, x_2 Stickstoff

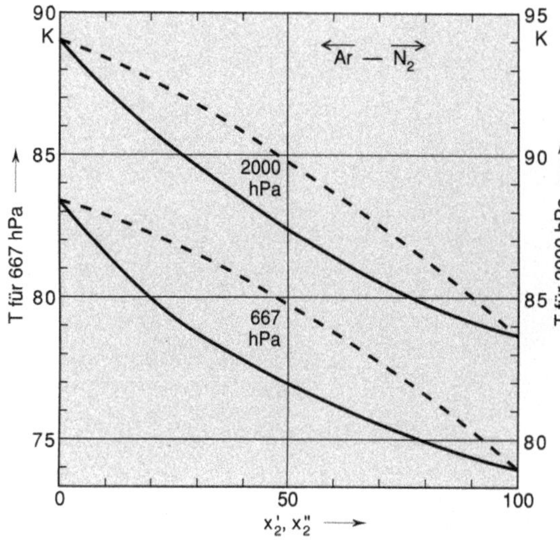

Siedediagramm des Systems Ar-N_2 bei verschiedenen Drucken

Nr. 2. x_1 Methan, x_2 Stickstoff

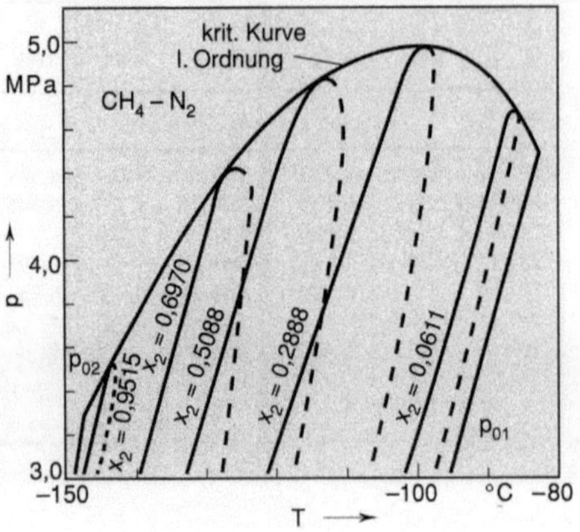

Dampfdruckdiagramm im kritischen Gebiet

Nr. 3. x_1 Ammoniak, x_2 Stickstoff

Doppelfaltenpunkt: 101 MPa; 359,7 K
Kritische Punkte oberhalb des Doppelfaltenpunktes

MPa	K
152	362
181	363
206	373
304	383

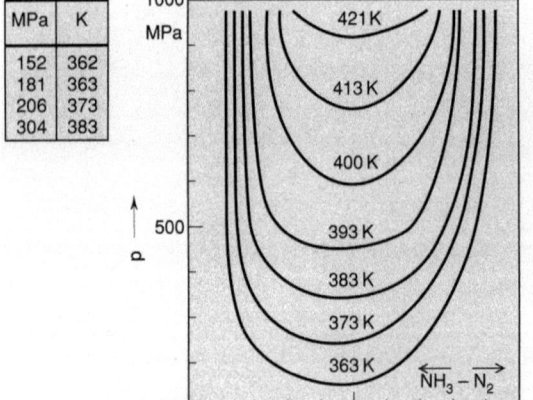

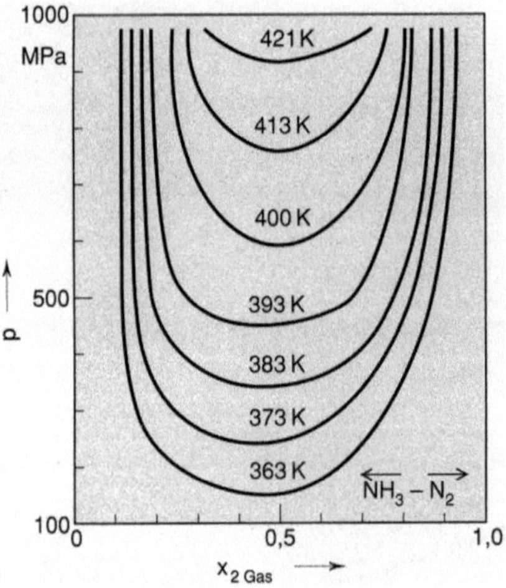

Aufspaltung des überkritischen Gasgemisches in zwei Phasen bei extrem hohen Drucken

Nr. 4. x_1 Sauerstoff, x_2 Stickstoff

x_2	Kritische Punkte			
	I. Ordnung		II. Ordnung	
	K	MPa	K	MPa
0,00	154,4	5,04	–	–
0,25	147,6	4,65	147,7	4,64
0,50	140,6	4,25	137,7	4,25
1,00	126,1	3,38	–	–
Luft $g_2 = 75{,}5\%$	132,42	3,774	132,52	3,766

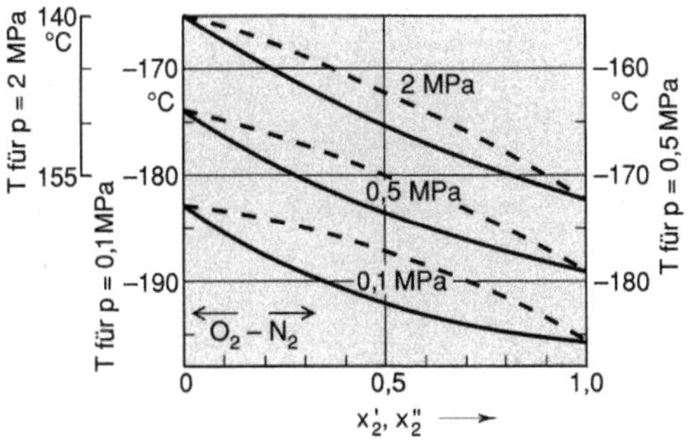

(4.a). Siedetemperaturen des Systems O_2-N_2 bei verschiedenen Drucken

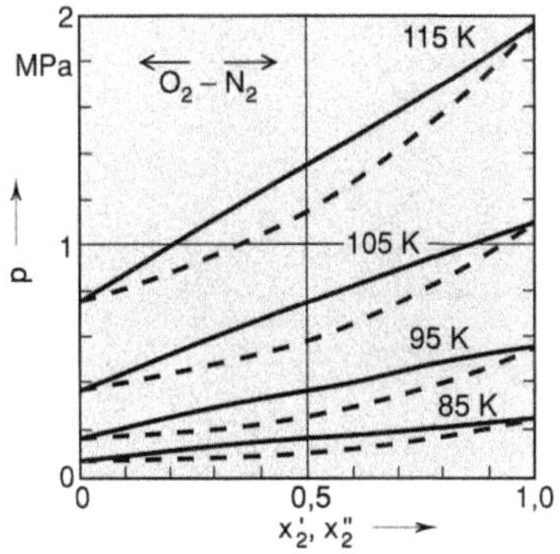

(4.b). Siededrucke des Systems O_2-N_2 bei verschiedenen Temperaturen

x_1 O_2, x_2 N_2

x_2'	x_2''	K	x_2''	K	D fl.Phase 10^3 kg m^{-3}
	506,6 hPa		1013,2 hPa		
0	0	84,16	0	90,32	1,135
0,05	0,1980	82,86	0,1735	89,06	1,125
0,1	0,3545	81,62	0,3100	87,82	1,110
0,2	0,5585	79,62	0,5081	85,77	1,078
0,3	0,6850	78,02	0,6405	84,09	1,045
0,4	0,7705	76,70	0,7350	82,69	–
0,5	0,8313	75,59	0,8046	81,50	0,970
0,6	0,8784	74,65	0,8591	80,48	–
0,7	0,9158	73,85	0,9031	79,59	0,895
0,8	0,9476	73,15	0,9399	78,81	0,855
0,9	0,9751	72,55	0,9717	78,13	0,835
1	1	72,06	1	77,50	0,805

Nr. 5. x_1 Wasser, x_2 Bromwasserstoff

x_2'	x_2''	p_1 hPa	p_2 hPa
T = 327,98 K			
0,0240	0,0000	146,1	0,0
0,0545	0,0000	133,0	0,0
0,1285	0,0025	76,4	0,1
0,1694	0,0050	48,5	2,5
0,1820	0,1330	42,7	6,5
0,1820	0,1300	42,3	6,3
0,1880	0,1990	36,9	9,2
0,1880	0,1990	36,4	8,8
0,1920	0,2489	36,4	12,0
0,2028	0,4552	28,7	24,0
0,2112	0,5490	31,1	37,7
0,2285	0,8593	19,5	119
0,2517	0,9630	15,1	348

Azeotrope Punkte

x_2	hPa	K
0,196	5,7	293,08
0,187	45,2	327,98
0,180	–	353,1

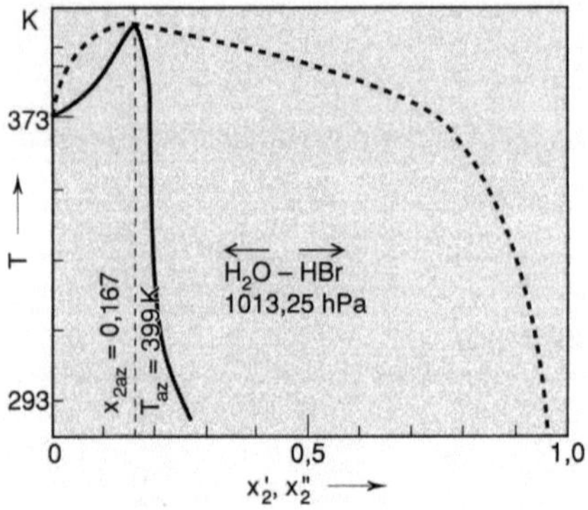

(5a). Azeotropismus im Siedediagramm H_2O-HBr

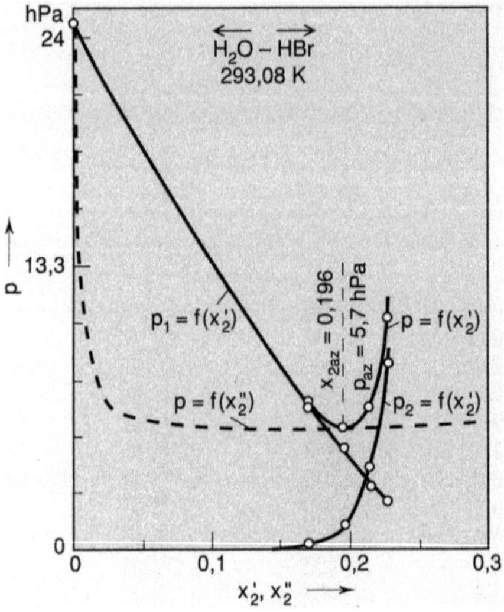

(5b). Azeotropismus im Siededruck-Diagramm H_2O-HBr

Nr. 6. x_1 Wasser, x_2 Methanol

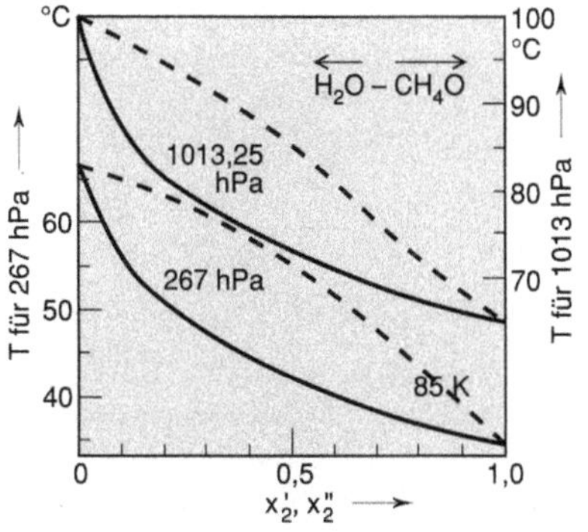

(6a). Siedediagramm H_2O-CH_4O. Kritischer Punkt I. Ordnung $x_2 = 0{,}773$; $p = 8{,}4$ MPa

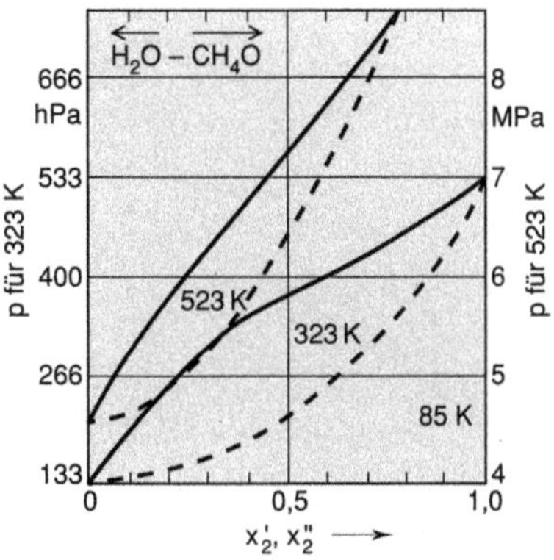

(6b). Siededruck-Diagramm des Systems H_2O-CH_4O

Nr. 7 x_1 Wasser, x_2 Acetaldehyd

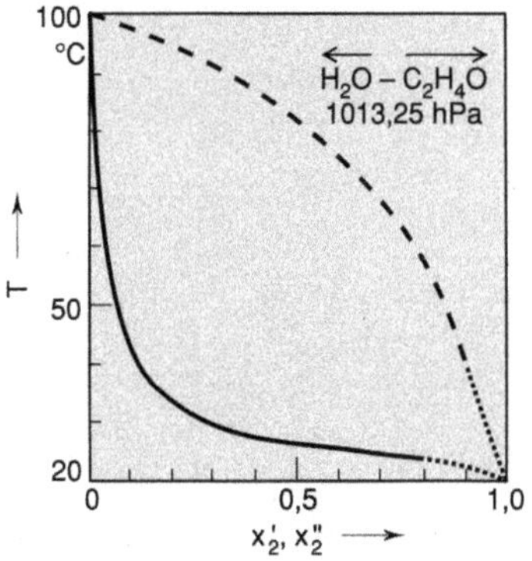

Siedediagramm bei Atmosphärendruck

Nr. 8. x_1 Wasser, x_2 Ethan

x_2''			
T			
p MPa	311 K	377,6 K	444,3 K
1,379	0,994993	0,91218	0,4046
2,758	0,997359	0,95493	0,6964
4,173	0,998141	0,96921	0,7935
6,895	0,998756	0,98048	0,8709
10,35	0,999051	0,98604	0,90953
20,68	0,999312	0,991447	0,94678
31,03	0,999374	0,993095	0,95862
41,37	0,999383	0,993827	0,96440
48,26	0,999381	0,994110	0,96682
55,16	0,999377	0,994350	0,96883
62,05	0,999374	0,994569	0,97056
68,95	0,999371	0,994793	0,97205

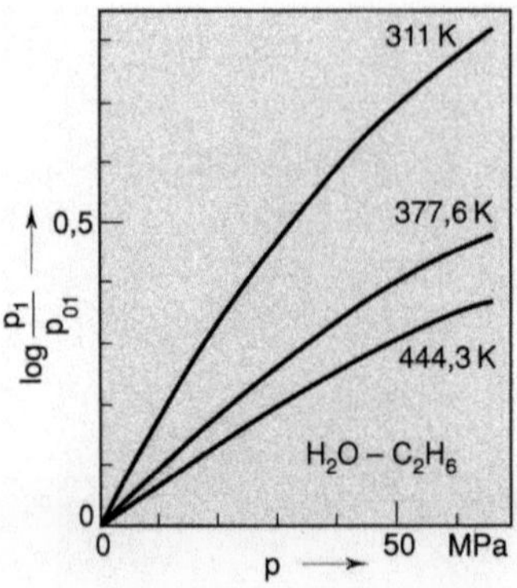

Relative Dampfdruckerhöhung durch Fremdgaszusatz

Nr. 9. x_1 Wasser, x_2 Ethanol

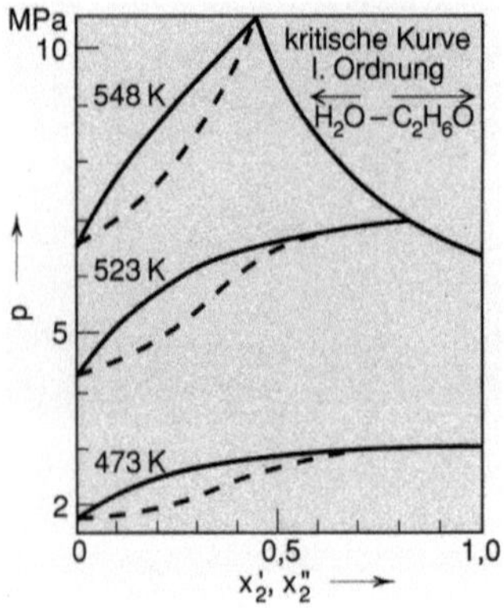

(9a). Siededrucke und kritische Kurve

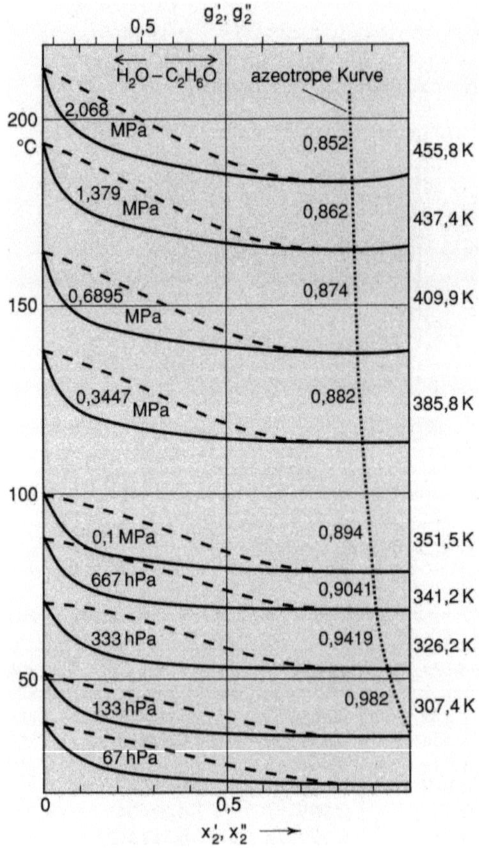

(9b). Siedediagramme und Azeotropismus bei verschiedenen Drucken. Die rechts angegebenen Temperaturen beziehen sich auf den jeweiligen azeotropen Punkt

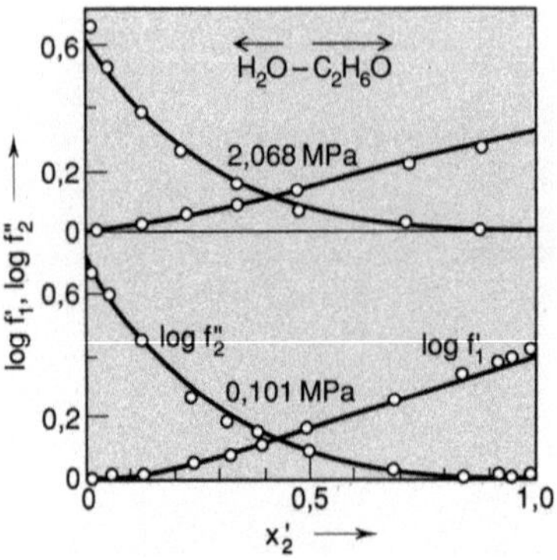

(9c). o Experimentelle Aktivitätskoeffizienten; — Theoretische Aktivitätskoeffizienten nach Gleichung von VAN LAAR

Nr. 10. x_1 Wasser, x_2 Aceton

Azeotrope Punkte		
x_2	K	MPa
0,854	398,8	0,6895
0,779	430,8	1,379
0,685	473	3,054
0,555 [1]	562	6,757

[1] zugleich kritischer Punkt I. Ordnung

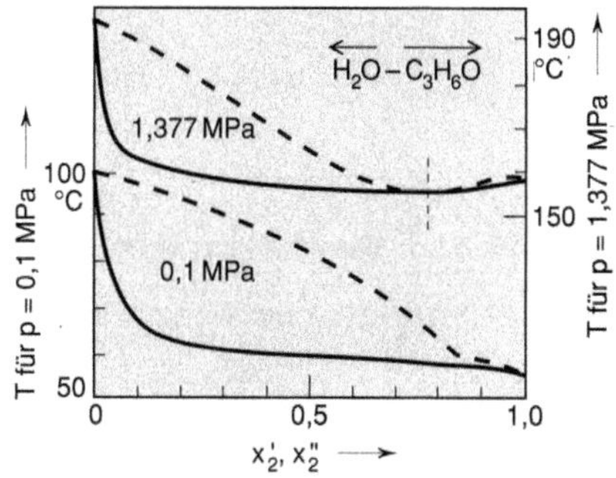

Siedediagramme bei verschiedenen Drucken, Azeotropismus

Nr. 11. x_1 Wasser, x_2 1,2-Propylenoxid

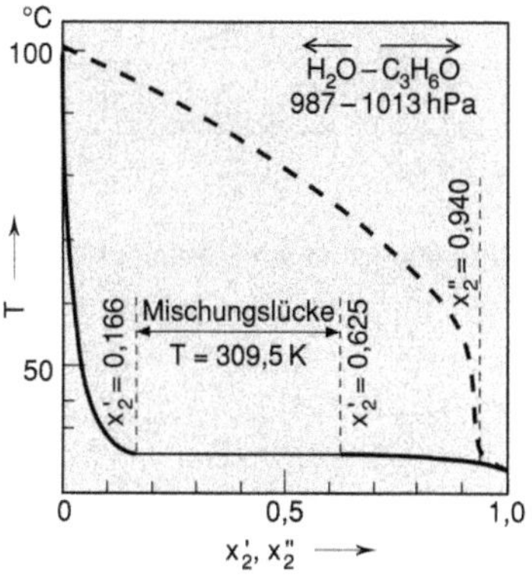

Siedediagramm mit Mischungslücke

Nr. 12. x_1 Wasser, x_2 Propanol-(2)

Azeotrope Punkte		
x_2	K	hPa
0,6670	303,15	127
0,6705	322,48	253
0,6750	337,05	507
0,6870	353,25	1013
0,6950	393,30	4117

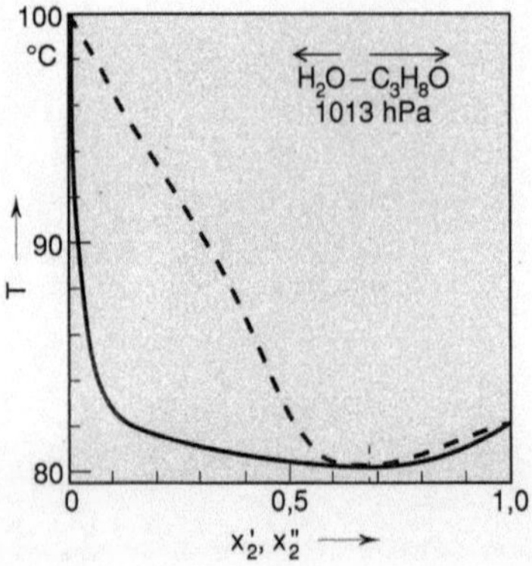

Siedediagramm und Azeotropismus

Nr. 13. x_1 Wasser, x_2 1,4 Dioxan

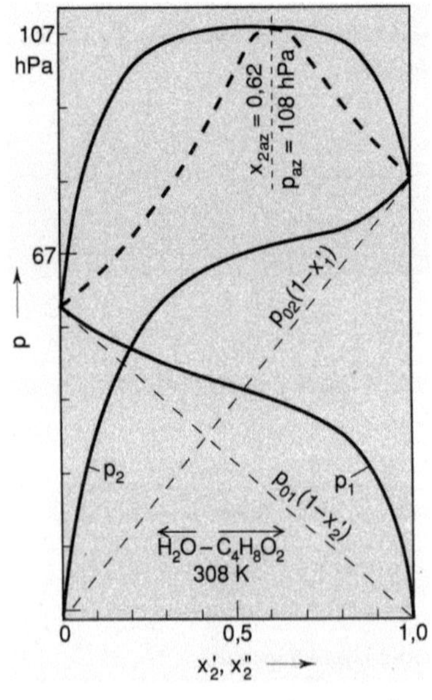

Siedediagramm, Azeotropismus und Partialdrucke

Nr. 14. x_1 Butanol-(1), x_2 Wasser

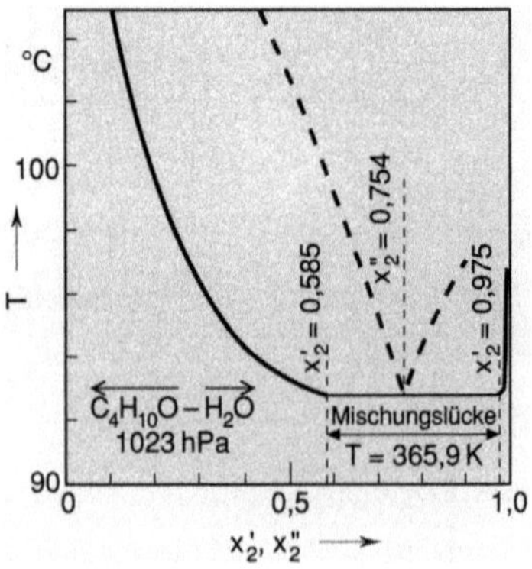

Siedediagramm mit Mischungslücke

Nr. 15. x_1 Wasser, x_2 Diethylether

Dreiphasenlinie	
p_{III} MPa	T K
2,15	423,5
2,38	429,1
2,63	434,7
2,85	439,1
3,085	443,30
3,32	447,7
3,622	452,70
3,96	457,70
4,322	463,30
4,65	467,9
4,99	472,3
5,25[1]	475,41

[1] Kritischer Endpunkt.

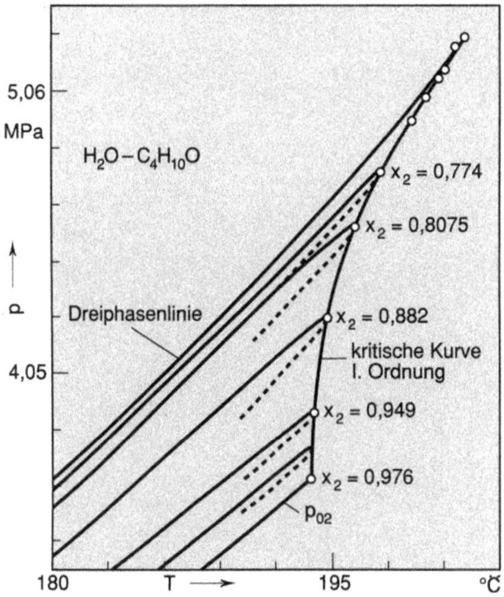

Kritische Kurve I. Ordnung bis zur Löslichkeitsgrenze (Dreiphasenlinie)

Kritische Punkte I. Ordnung			Kritische Punkte I. Ordnung			Kritische Punkte I. Ordnung		
$x_2' = x_2''$	p_{krI} MPa	T_{krI} K	$x_2' = x_2''$	p_{krI} MPa	T_{krI} K	$x_2' = x_2''$	p_{krI} MPa	T_{krI} K
–	5,25[1]	475,4[1]	0,725	5,04	473,3	0,882	4,25	468,00
0,684	5,223	475,1	0,740	4,95	472,50	0,949	3,91	467,3
0,700	5,132	474,2	0,774	4,77	470,8	0,976	3,41	467,2
0,702	5,11	474,0	0,8075	4,59	469,6	1,000	3,66	467,1

[1] Kritischer Endpunkt.

Nr. 16. x_1 Wasser, x_2 Diethylamin

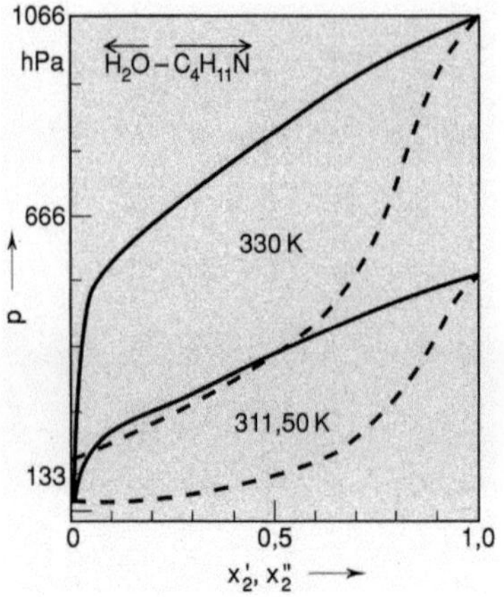

Siededrucke bei verschiedenen Temperaturen

Nr. 17. x_1 Furfurol, x_2 Wasser

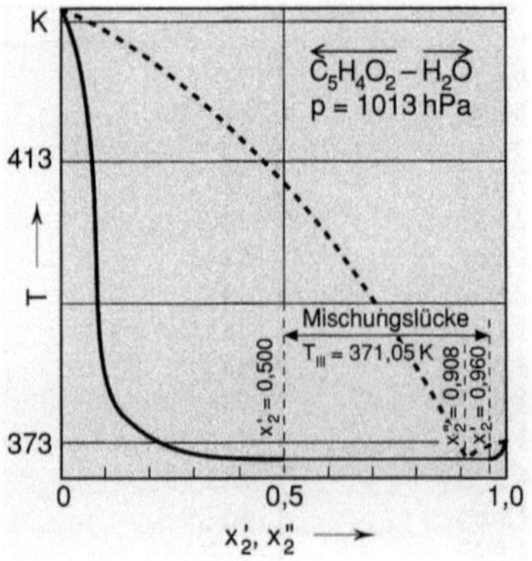

Siedediagramm mit Mischungslücke

Nr. 18. x_1 Phenol, x_2 Wasser

Azeotrope Punkte

x_2	K	hPa
0,981	372,8	1013
0,985	348	392
0,989	329,5	169

Mischungslücke bei tiefer Temperatur

Mischungslücke

x_2'		x_2''	K	hPa
0,691	0,984	0,9889	303,0	39
0,729	0,979	0,9860	315,6	83
0,777	0,969	0,9840	333,1	200
0,850	0,947	0,9822	337,6	243
o. kr. Lp.	0,910		341	

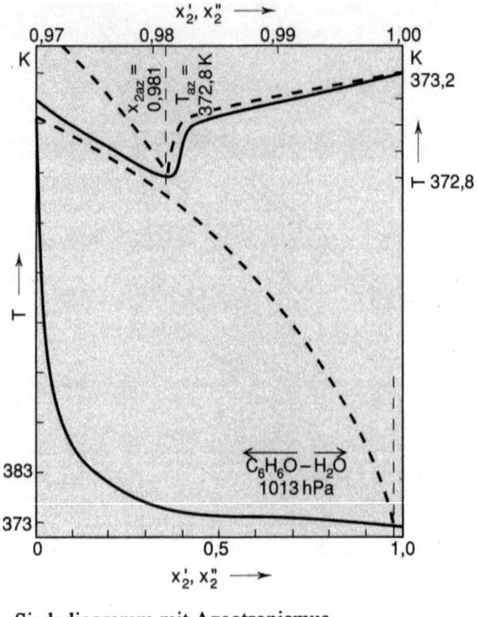

Siedediagramm mit Azeotropismus

Nr. 19. g_1 Wasser, g_2 Ammoniak

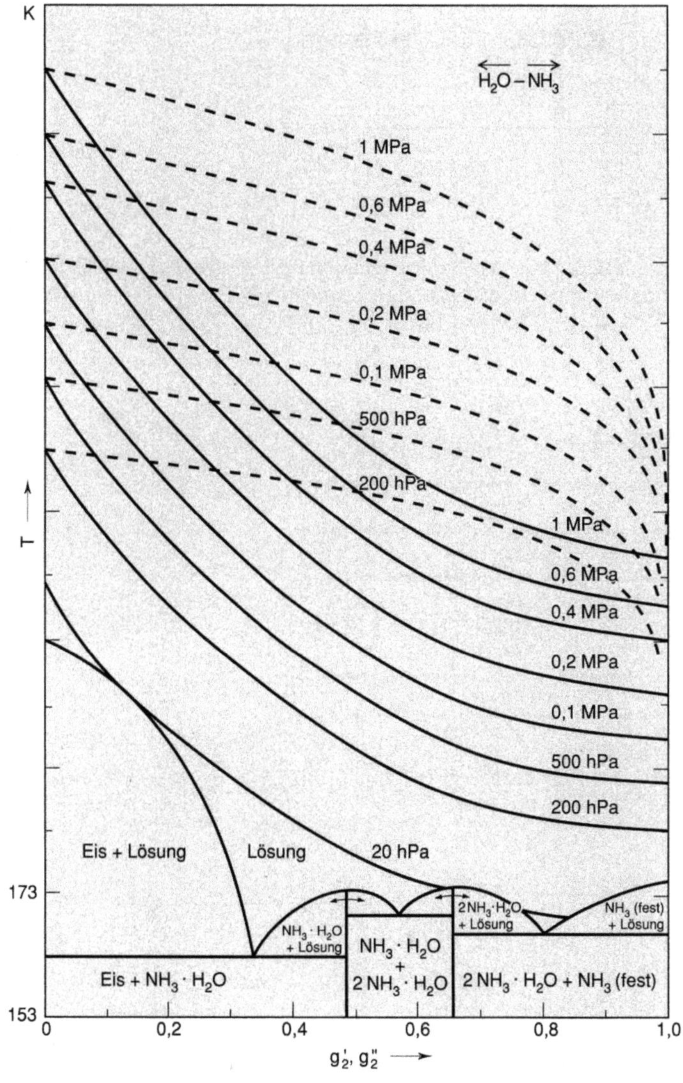

(19a). Siedediagramm und Gleichgewichte mit verschiedenen Bodenkörpern

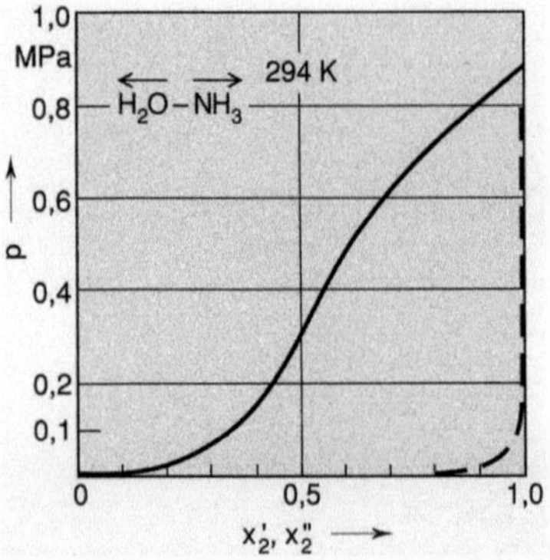

(19b). Siededruck-Kurve bei gegebener Temperatur

Nr. 20. x_1 Hydrazin, x_2 Wasser

Azeotrope Punkte		
x_2	K	hPa
0,4700	347,5	166,4
0,4606	366,6	375,2
0,4500	384,5	747,7

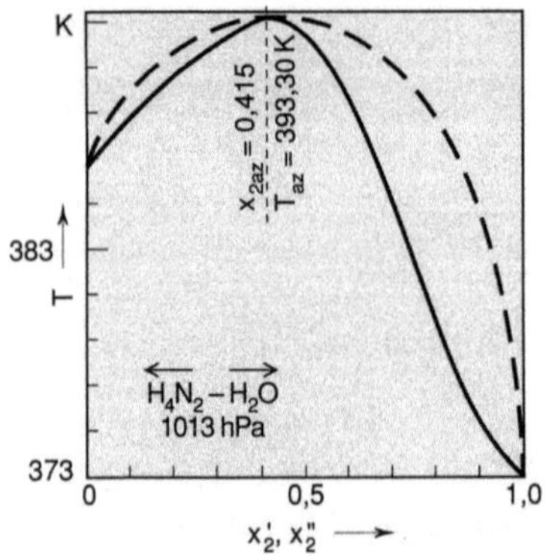

Siedediagramm und Azeotropismus

Nr. 21. x_1 Wasser, x_2 Schwefelwasserstoff

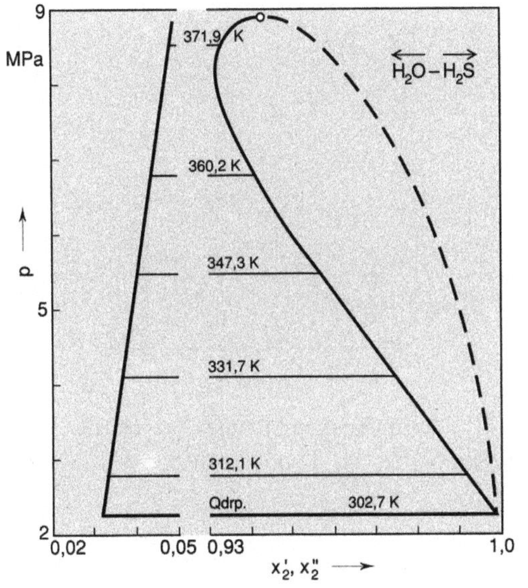

(21a). Quadrupelpunkt = 302,7 K
$x_2' = 0{,}0323$ bzw. 0,997 $x_2'' = 0{,}9971$,
$p = 2{,}238$ MPa

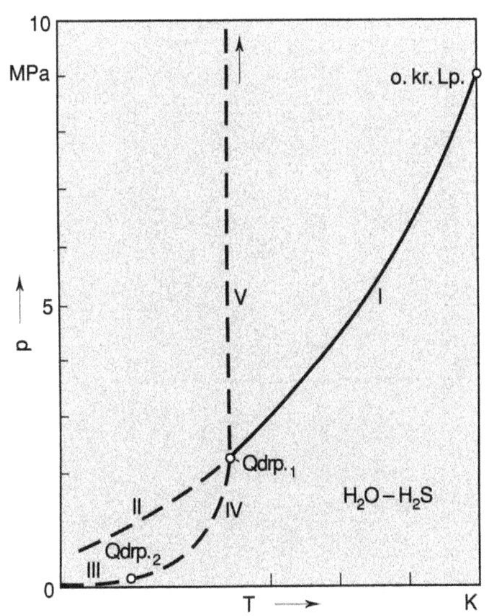

(21b). Drücke der Gebiete mit 3 Phasen in Abhängigkeit von der Temperatur. *I* Gasdruck über den beiden flüssigen Phasen, *II* über festem Hydrat und der H_2S-reichen flüssigen Phase; *III* über festem Hydrat und Eis; IV über festem Hydrat und H_2O-reicher, flüssiger Phase; V Druck über festem Hydrat und H_2O-reicher und H_2S-reicher flüssiger Phase Qdrp.$_2$ = 278,8 K, Eis + festes Hydrat, H_2O-reiche, flüssige Phase, $p = 931$ hPa

Nr. 22. x_1 Tetrachlorkohlenstoff, x_2 Chloroform

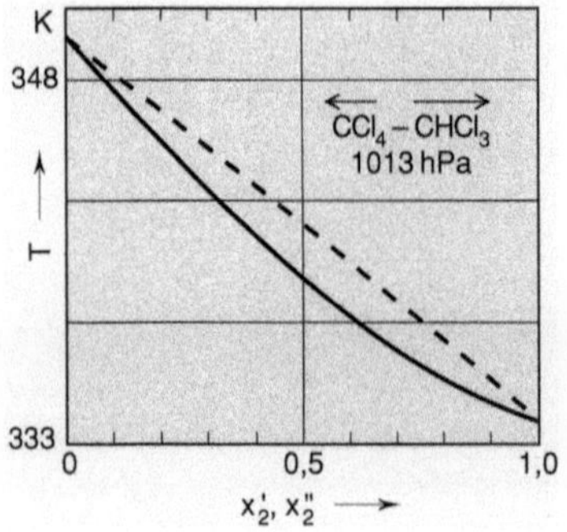

Siedediagramm bei Atmosphärendruck

Nr. 23. x_1 Tetrachlorkohlenstoff, x_2 Schwefelkohlenstoff

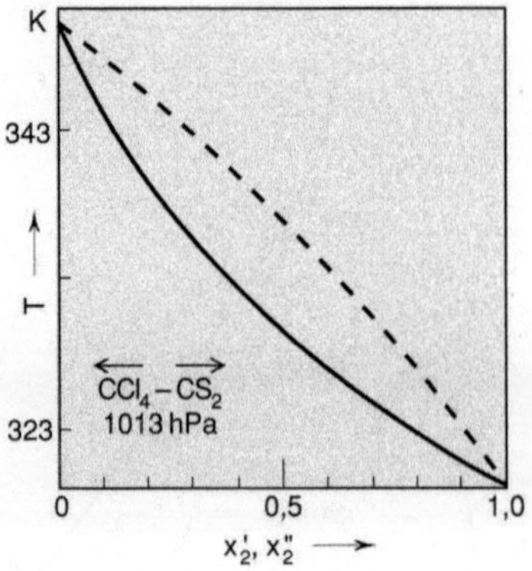

Siedediagramm bei Atmosphärendruck

Nr. 24. x_1 Ethanol, x_2 Tetrachlorkohlenstoff

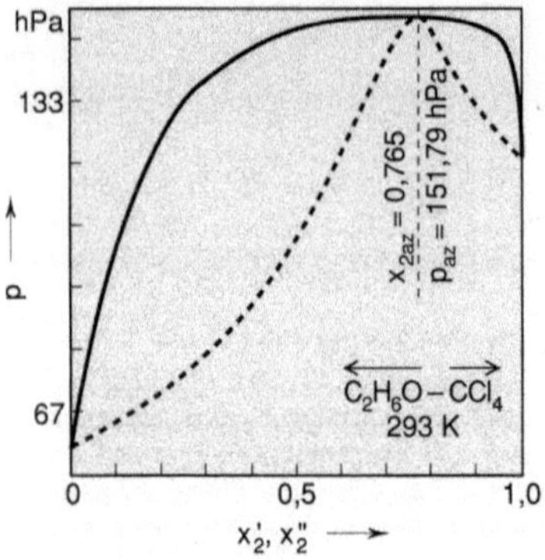

(24a). Siededruck-Diagramm mit Azeotropismus

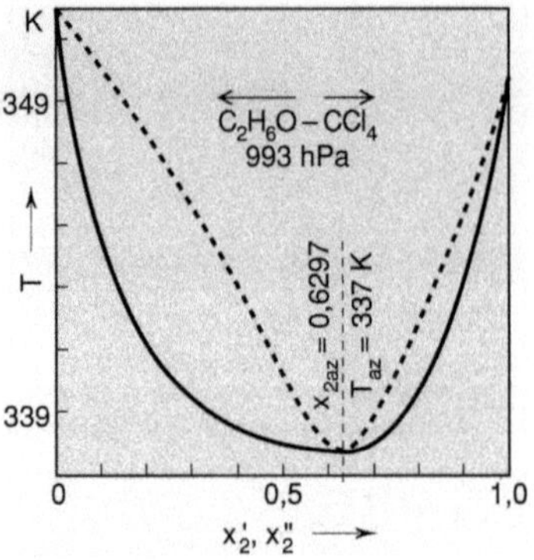

(24b). Siedediagramm mit Azeotropismus

Nr. 25. x_1 Essigsäureethylester, x_2 Tetrachlorkohlenstoff

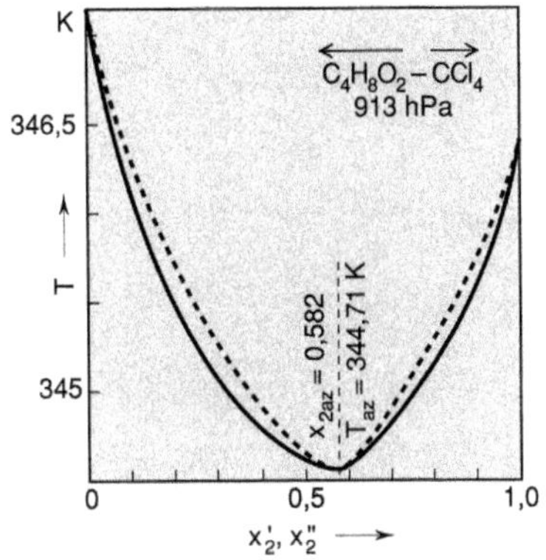

Siedediagramm mit Azeotropismus

Nr. 26. x_1 Tetrachlorkohlenstoff, x_2 Diethylether

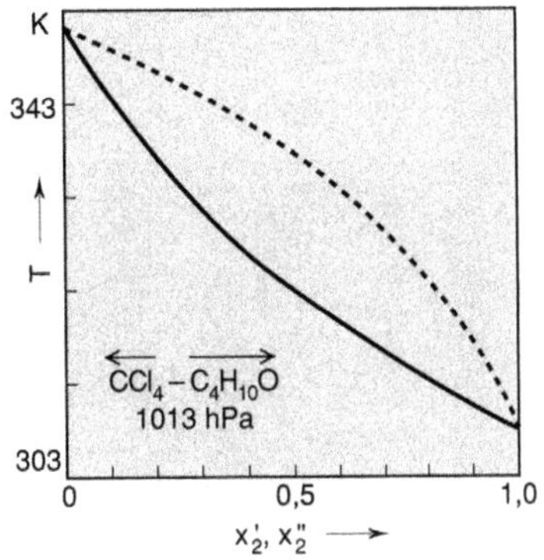

Siedediagramm

Nr. 27. x_1 Ethanol, x_2 Chloroform

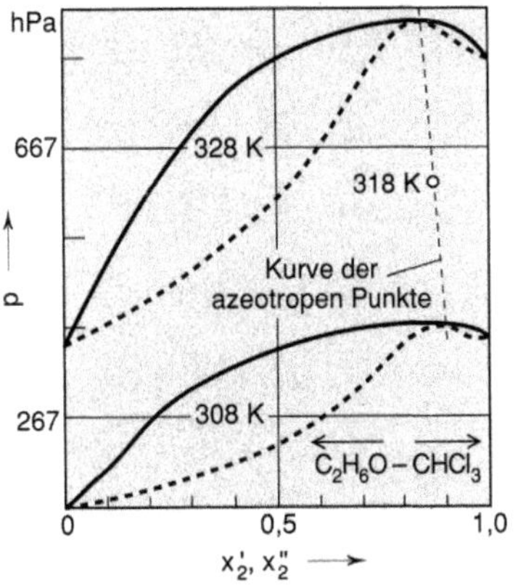

Siededruck-Diagramm mit Azeotropismus bei verschiedenen Temperaturen

Nr. 28 x_1 Chloroform, x_2 Aceton

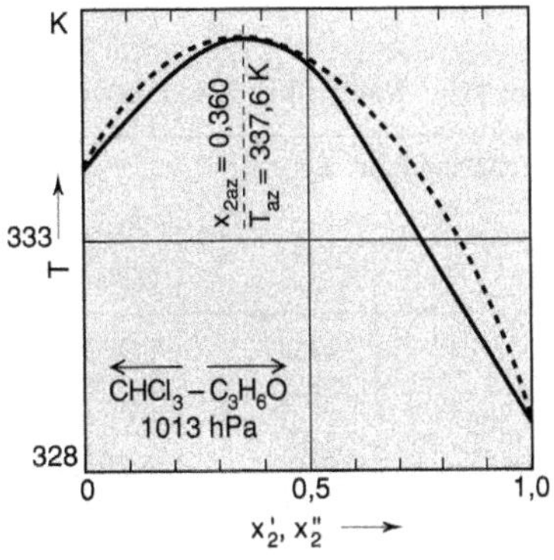

Siedediagramm mit Azeotropismus

Nr. 29. x_1 Benzen, x_2 Chloroform

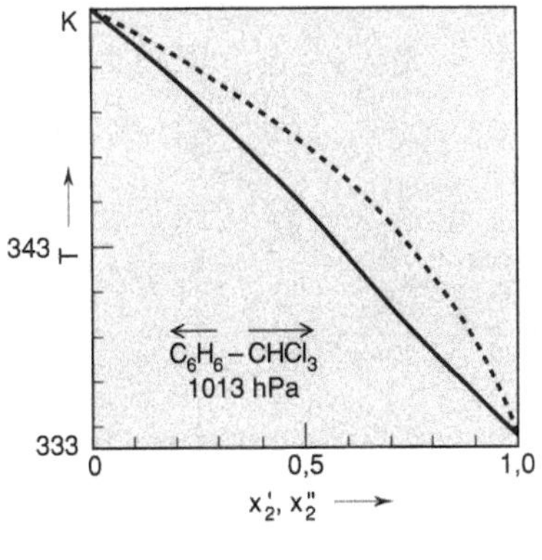

Siedediagramm

Nr. 30. x_1 Ameisensäure, x_2 Benzen

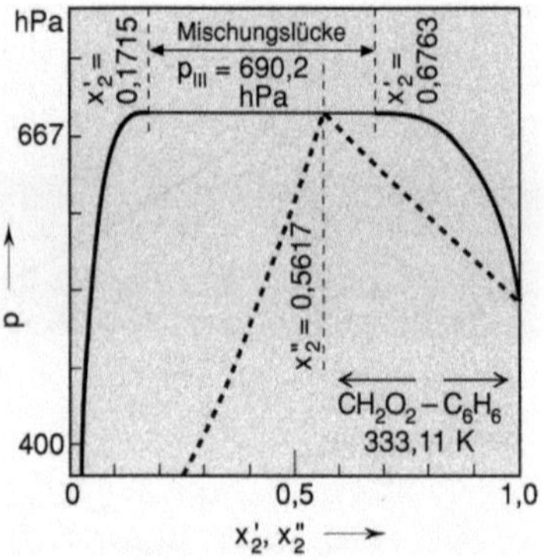

(30a). Siededruckdiagramm mit Mischungslücke

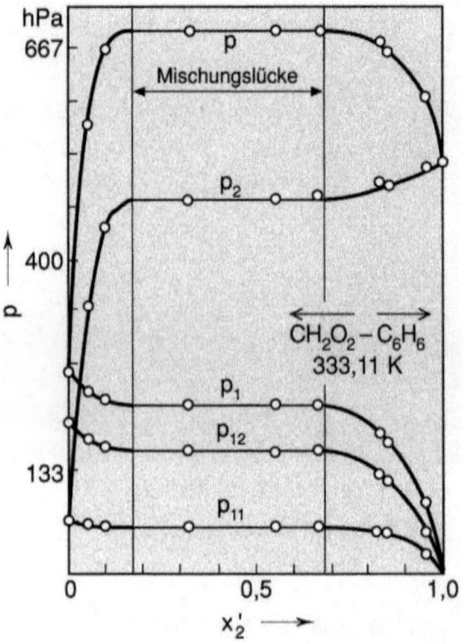

(30b). Dampfdruck und Partialdrucke mit Mischungslücke

Nr. 31. x_1 Kohlenstoffdioxid, x_2 Methan

Kritische Punkte
I. Ordnung

x_2	K	MPa
0	304,3	7,397
0,12	286,5	8,378
0,295	273,8	8,619
0,457	256,5	8,446
0,82	222,1	6,792
1,00	191,0	4,437

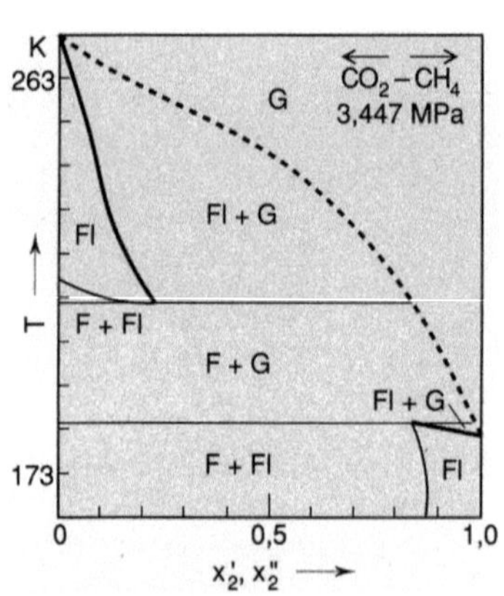

(31a). Siedediagramm und Gleichgewicht mit festem Bodenkörper

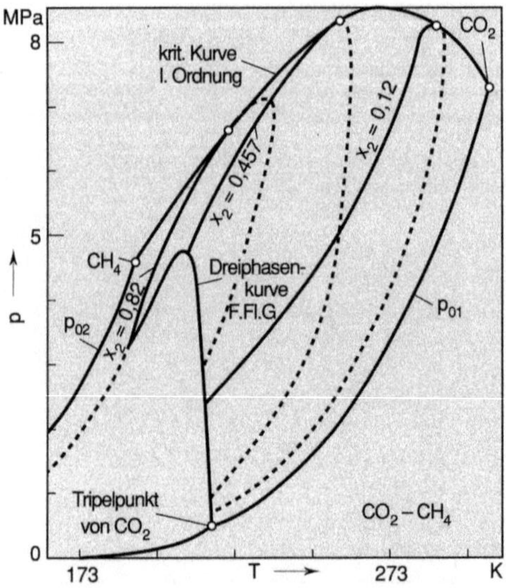

(31b). Dampfdruckdiagramm im kritischen Gebiet und Gleichgewicht mit festem Bodenkörper

Nr. 32. x_1 Pentan, x_2 Methan

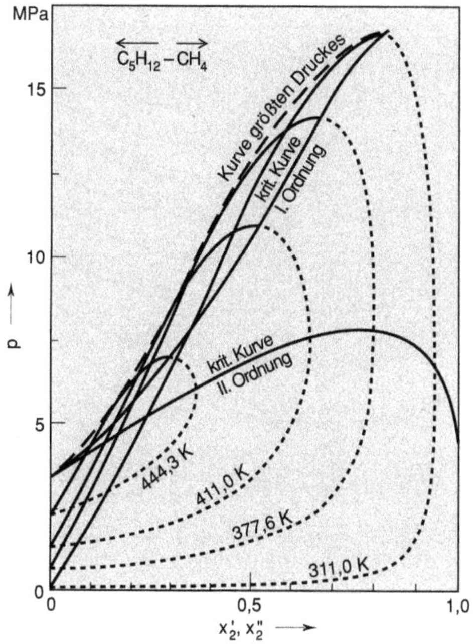

Siededruck-Kurven im kritischen Gebiet

Nr. 33. x_1 Schwefelwasserstoff, x_2 Methan

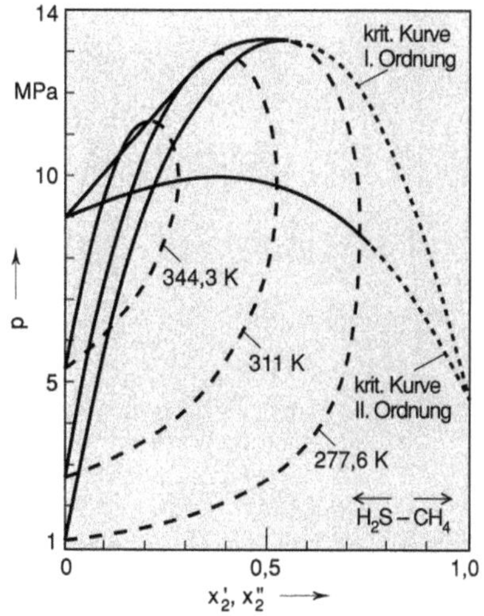

Siededruck-Kurven im kritischen Gebiet

Nr. 34. x_1 Methanol, x_2 Aceton

Azeotrope Punkte		
x_2	K	MPa
0,228	423	1,428
0,507	373	0,402
0,754	328,9	0,1

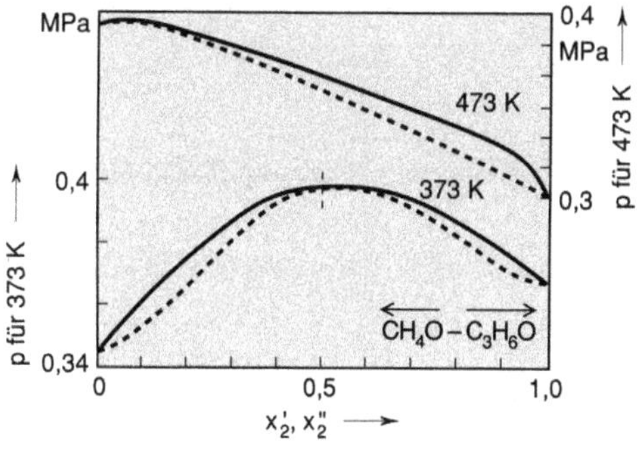

Siededruck-Diagramm und Azeotropismus bei verschiedenen Temperaturen

Nr. 35. x_1 Benzen, x_2 Methanol

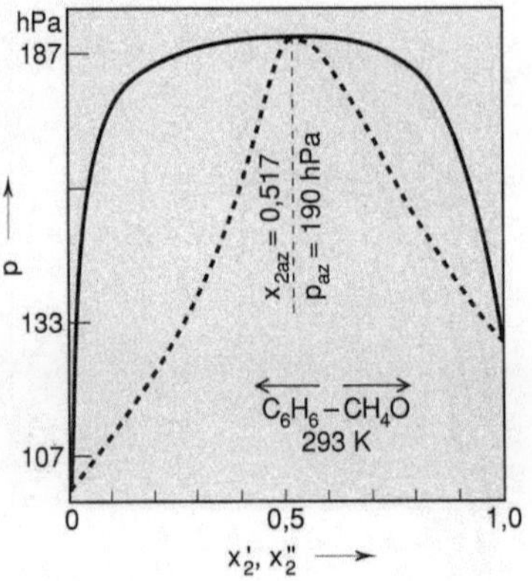

Siededruck-Diagramm mit Azeotropismus

Nr. 36. x_1 Ethen, x_2 Kohlenstoffdioxid

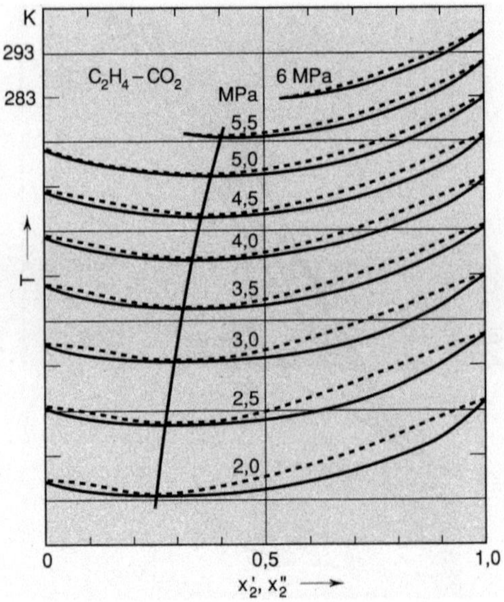

Siedediagramme mit Azeotropismus bei höheren Drucken

Nr. 37. x_1 Propan, x_2 Kohlenstoffdioxid

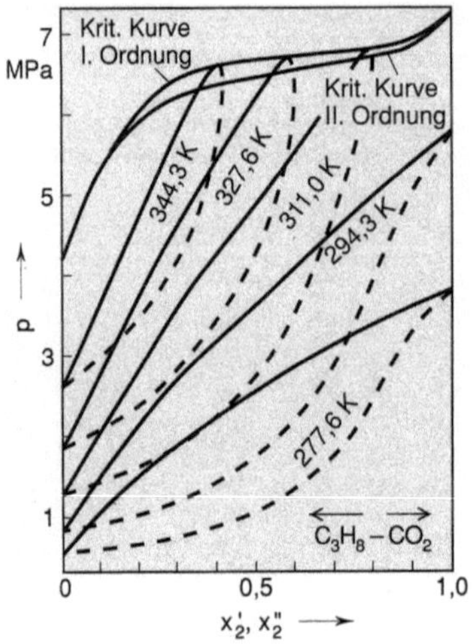

Siededruck-Kurven bis zum kritischen Gebiet

Nr. 38. x_1 Schwefeldioxid, x_2 Kohlenstoffdioxid

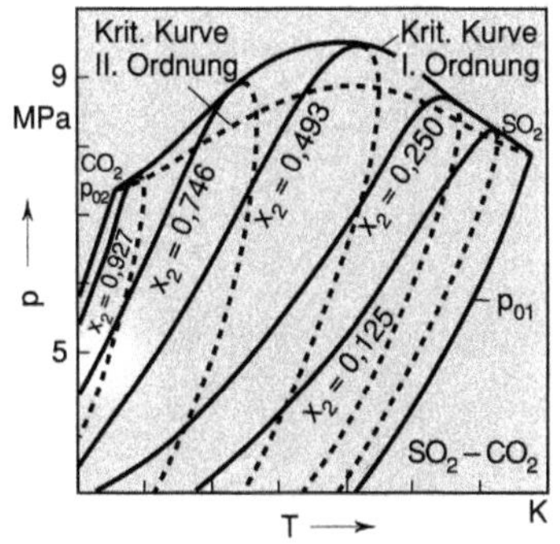

(38a). Dampfdruckdiagramm im kritischen Gebiet

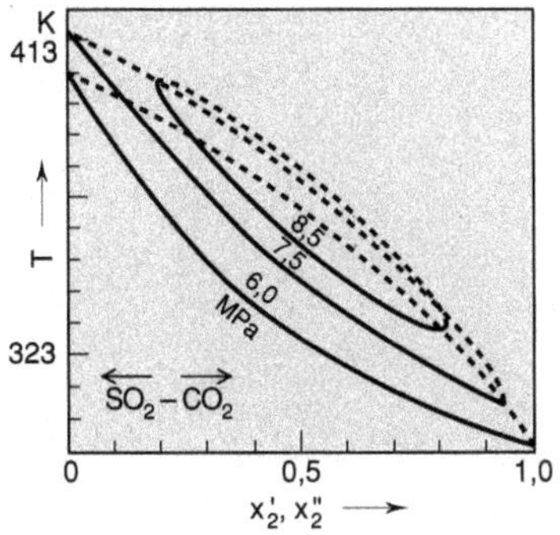

(38b). Siedediagramme bei verschiedenen Drücken

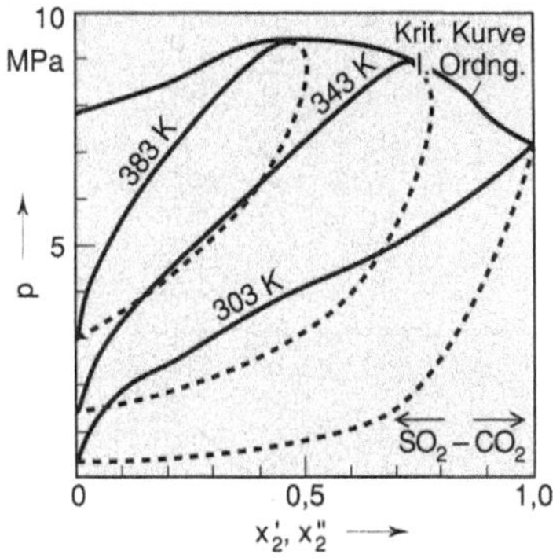

(38c). Siededruck-Kurven im kritischen Gebiet

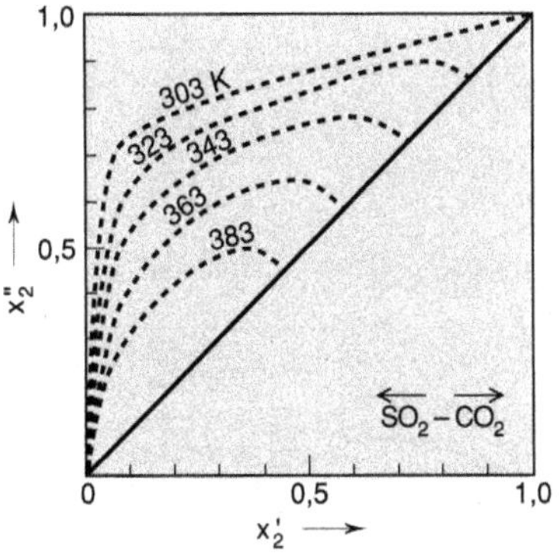

(38d). Flüssigkeits- und Dampfzusammensetzung bei verschiedenen Temperaturen

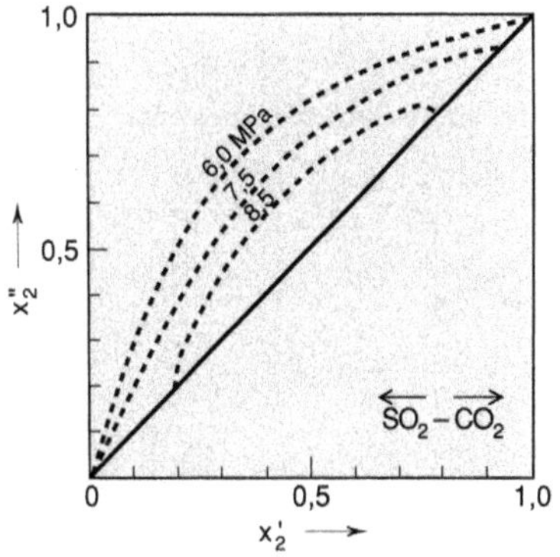

(38e). Flüssigkeits- und Dampfzusammensetzung bei verschiedenen Drücken

Nr. 39. x_1 Aceton, x_2 Schwefelkohlenstoff

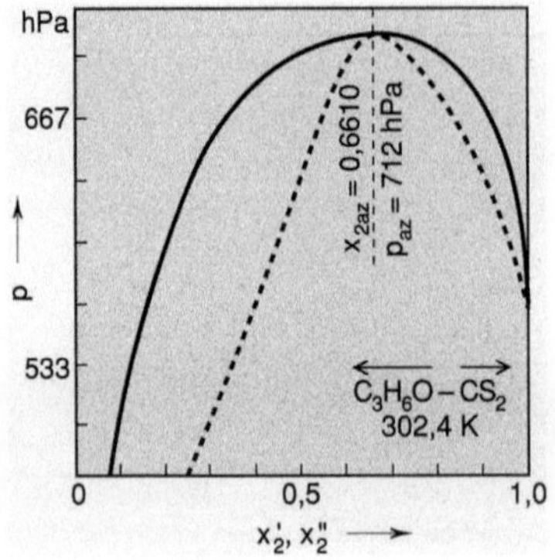

Siededruck-Diagramm mit Azeotropismus. Azeotroper Punkt bei Atmosphärendruck $p = 1013{,}2$ hPa, $T = 312$ K, $x'_{2\mathrm{az}} = 0{,}664$

Nr. 40. x_1 Heptan, x_2 Ethen

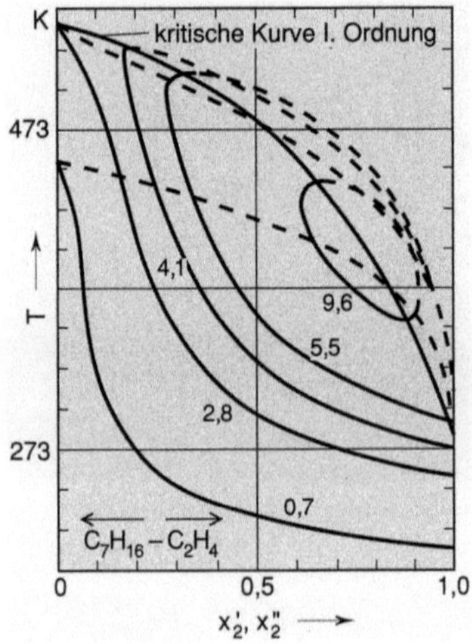

Siede- und Taulinien bis ins kritische Gebiet Druck in MPa

Nr. 41. x_1 1,2-Dichlorethan, x_2 Benzen

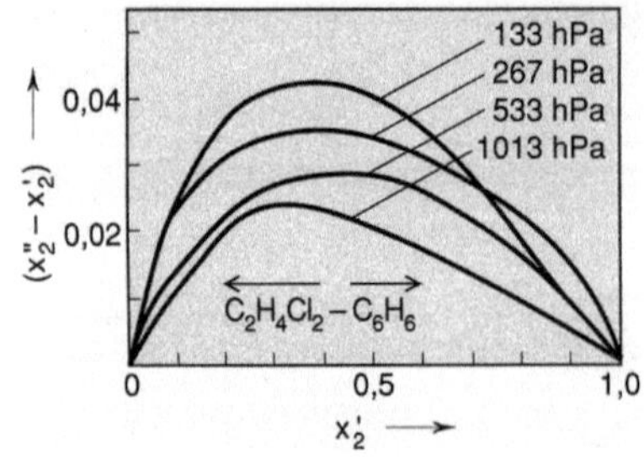

(41a). Differenz der Dampf- und Flüssigkeitszusammensetzung bei verschiedenen Gesamtdrücken (Testgemisch)

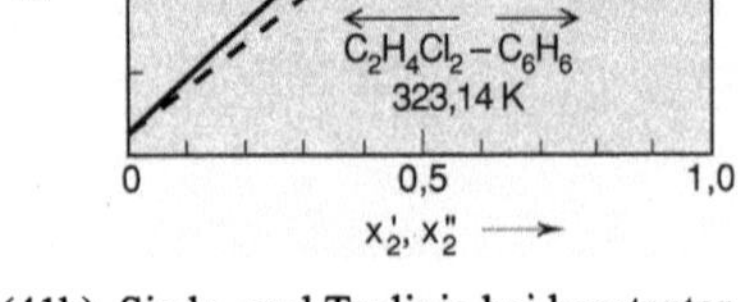

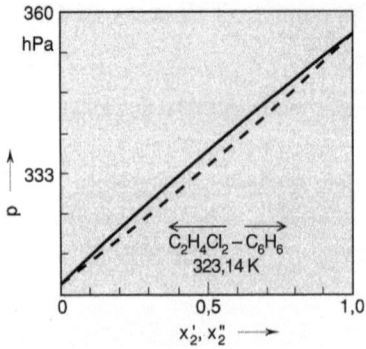

(41b). Siede- und Taulinie bei konstanter Temperatur

Nr. 42. x_1 Essigsäure, x_2 Benzen

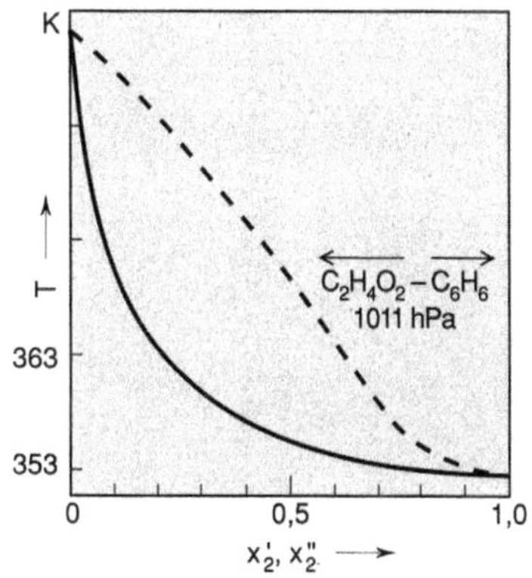

Siedediagramm

Nr. 43. x_1 Essigsäure, x_2 Triethylamin

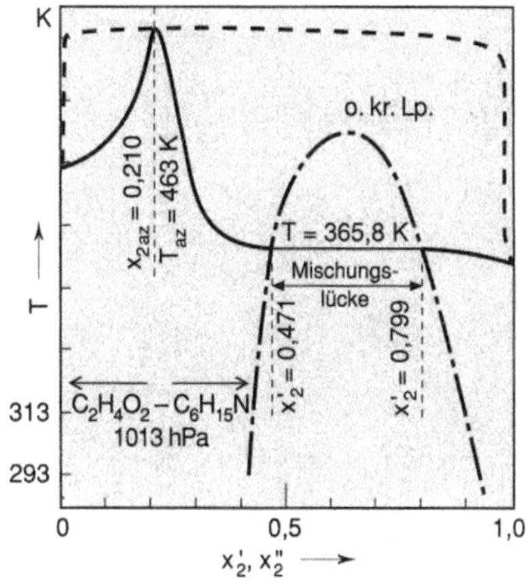

System mit Azeotropismus und Mischungslücke.
–·–·– Dreiphasenkurve (fl, fl, g) o. kr. Lp.
$x_2 = 0{,}640$, $T = 403$ K, 1013 hPa, M.L. 365 K, 1013 hPa, $x_2'' = 0{,}983$

Nr. 44. x_1 Benzen, x_2 Bromethan

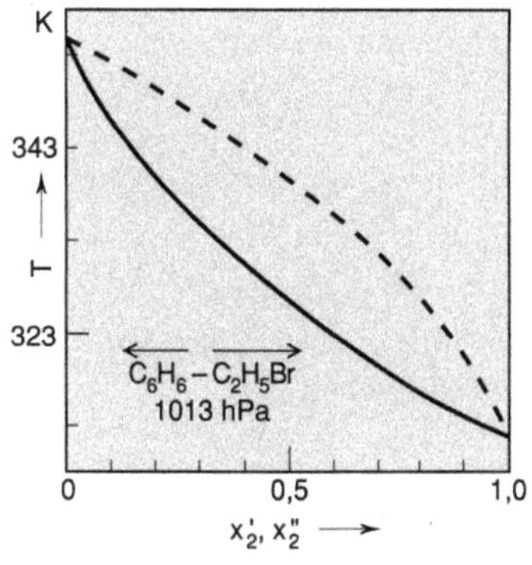

Siedediagramm bei Atmosphärendruck

Nr. 45. x_1 Benzen, x_2 Ethan

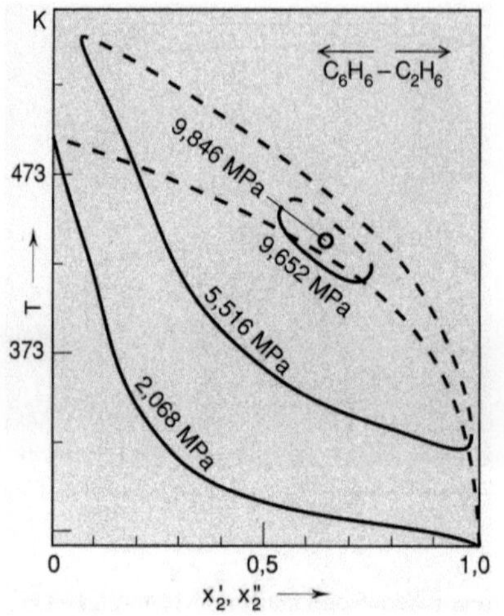

(45a). Siede- und Taulinien bei verschiedenen Drücken bis ins kritische Gebiet

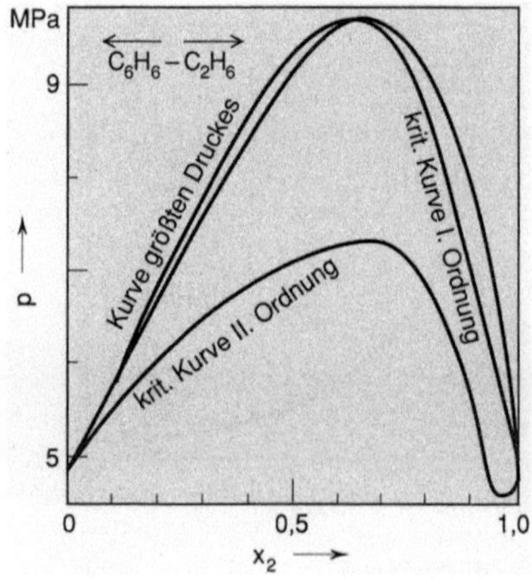

(45b)

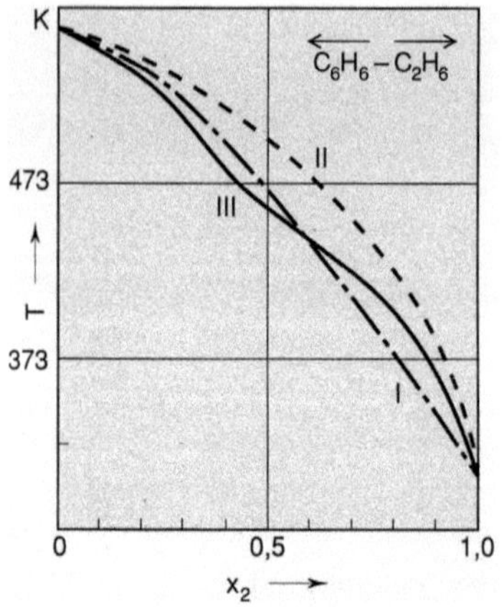

(45c). *I* Kritische Kurve I. Ordnung; *II* Kritische Kurve II. Ordnung; *III* Kurve größten Druckes

Nr. 46. x_1 Chlorwasserstoff, x_2 Ethan

Kritische Punkte I. Ordnung

x_2	K	MPa
0,00	324,5	8,52
0,1318	316,3	7,85
0,4035	303,8	6,63
0,6167	300,4	6,00
0,7141	300,6	5,15
1,000	305,2	4,95

Azeotrope Punkte		
x_2	MPa	K
0,513	0,5116	213
0,503	0,7495	223
0,495	1,062	233
0,480	1,442	243

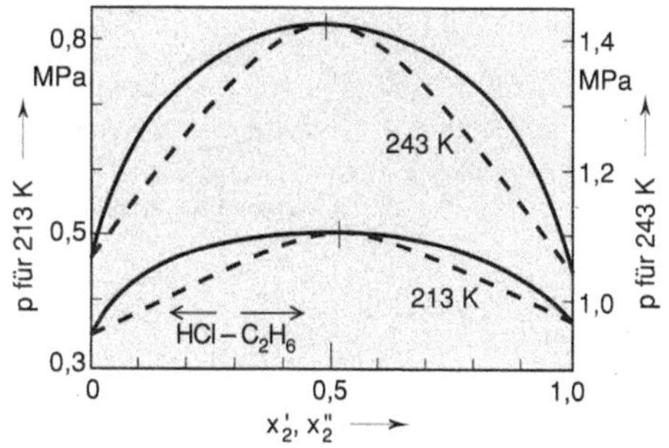

Siededruck bei verschiedenen Temperaturen; Azeotropismus

Nr. 47. x_1 Ethan, x_2 Distickstoffmonoxid

Kritische Punkte I. Ordnung		
x_2	K	MPa
0,00	305,2	4,94
0,24	301,00	5,325
0,45	299,20	5,686
0,57	299,20	5,919
0,75	301,30	6,416
0,82	303,0	6,619
1,00	309,8	7,29

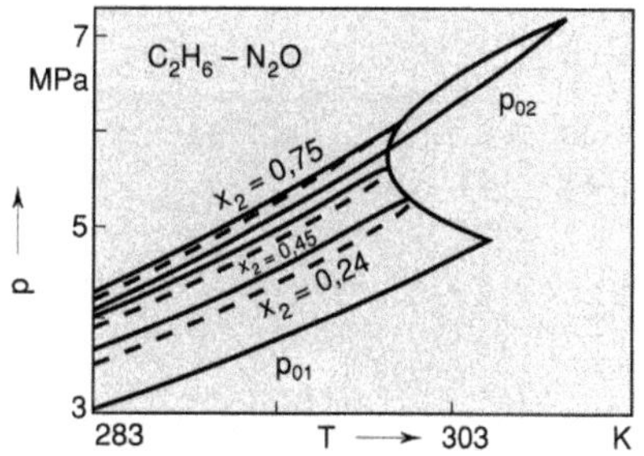

Kritisches Gebiet des Systems

Nr. 48. x_1 Schwefelwasserstoff, x_2 Ethan

Kritische Punkte I. Ordnung

x_2	K	MPa
0,000	373,1	8,943
0,1103	360,4	8,393
0,2890	341,5	7,394
1,4990	323,8	6,313
0,6694	313,9	5,661
0,7779	309,6	5,348
0,8901	306,7	5,087
0,000	305,2	4,876

Azeotrope Punkte

x_2	K	MPa
0,823	296,7	4,137
0,845	288,2	3,447
0,870	278,1	2,758
0,896	266,7	2,676
0,930	251,5	1,379

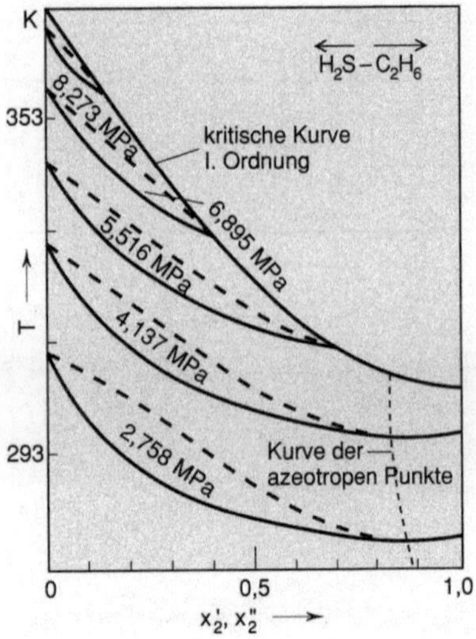

Siede- und Taulinien bei gegebenen Drücken bis ins kritische Gebiet; Azeotropismus

Nr. 49. x_1 Benzen, x_2 Ethanol

Azeotrope Punkte

x_2	K	hPa
0,297	308,0	264
0,397	333,2	760
0,443	341,0	1013

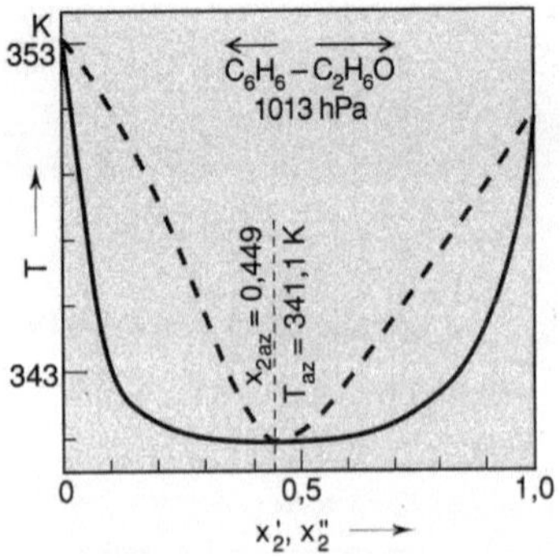

Siedediagramm bei Atmosphärendruck, Azeotropismus

Nr. 50. x_1 Triethylamin, x_2 Ethanol

Azeotrope Punkte

x_2	K	hPa
0,395	308,00	158,6
0,520	322,75	318,8
0,629	338,00	617,7
0,716	350,25	1013,1

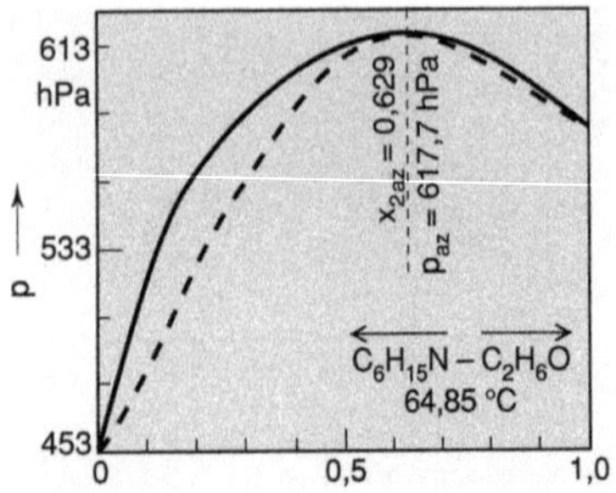

Siededrücke bei gegebener Temperatur; Azeotropismus

Nr. 51. x_1 Dimethylether, x_2 Chlorwasserstoff

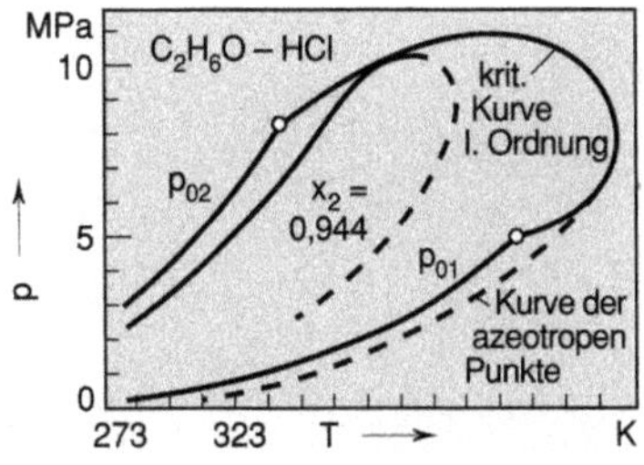

Kritisches Gebiet; Azeotropismus

Nr. 52. x_1 Benzen, x_2 Aceton

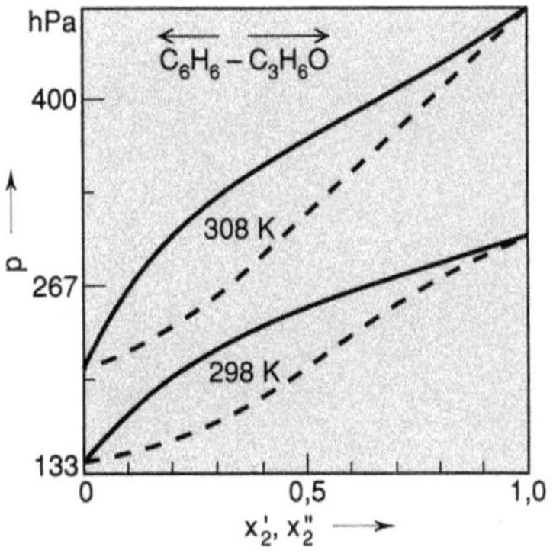

Siededrücke bei verschiedenen Temperaturen

Nr. 53. x_1 Pentan, x_2 Perfluorpentan

Azeotrope Punkte

x_2	K	hPa
0,522	278,6	593
0,526	288,2	869
0,528	292,9	1041

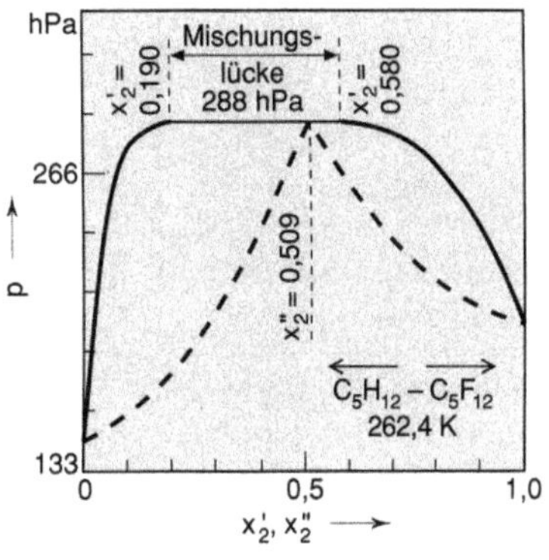

(53a). Siede- und Taulinien; Siededruckkurve bei konstanter Temperatur; Mischungslücke und Azeotropismus

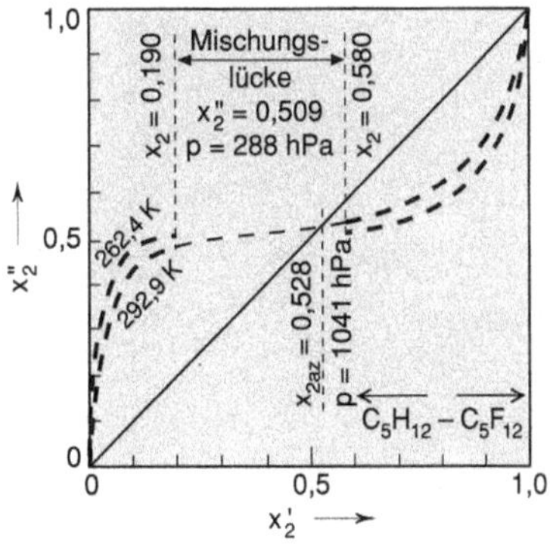

(53b). Dampf- und Flüssigkeitszusammensetzung bei gegebenen Temperaturen; Mischungslücke und Azeotropismus

Nr. 54. x_1 Anilin, x_2 Benzen

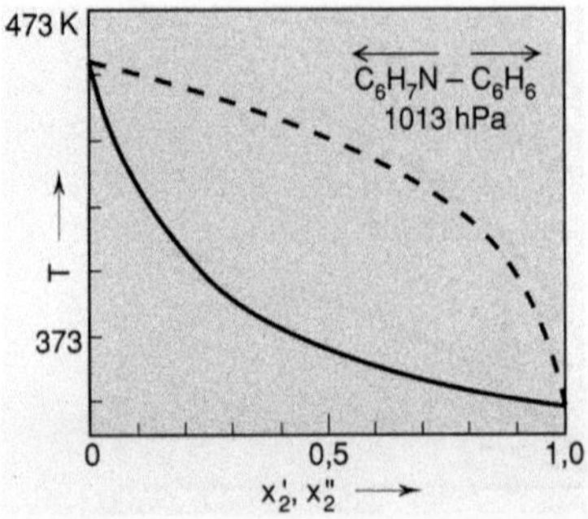

Siedediagramm bei Atmosphärendruck

Nr. 55. x_1 Cyclohexan, x_2 Benzen

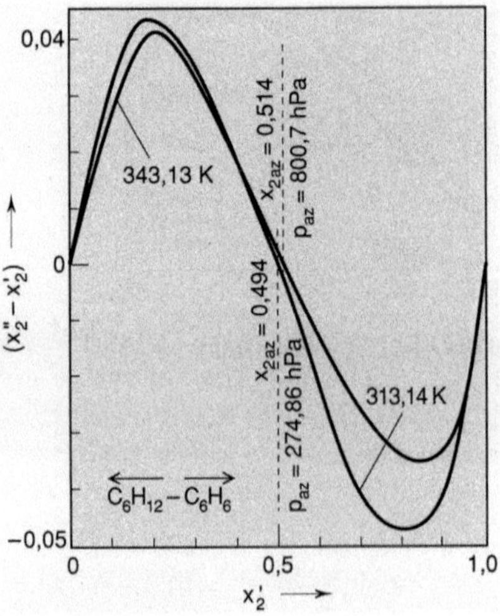

Differenz der Dampf- und Flüssigkeitszusammensetzung bei verschiedenen Temperaturen; Azeotropismus

Nr. 56. x_1 Benzen, x_2 Hexan

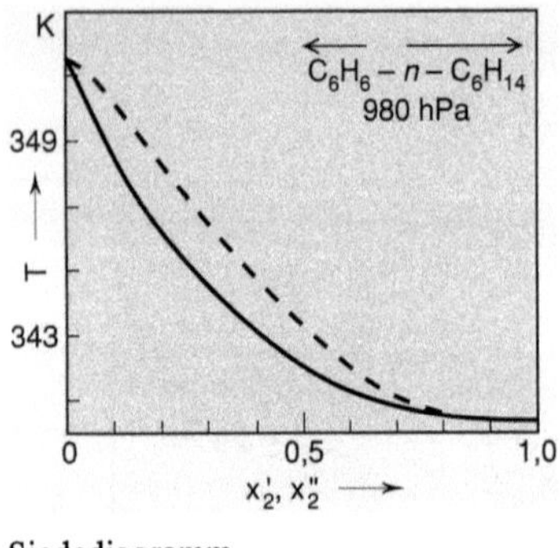

Siedediagramm

Nr. 57. x_1 Toluen, x_2 Benzen

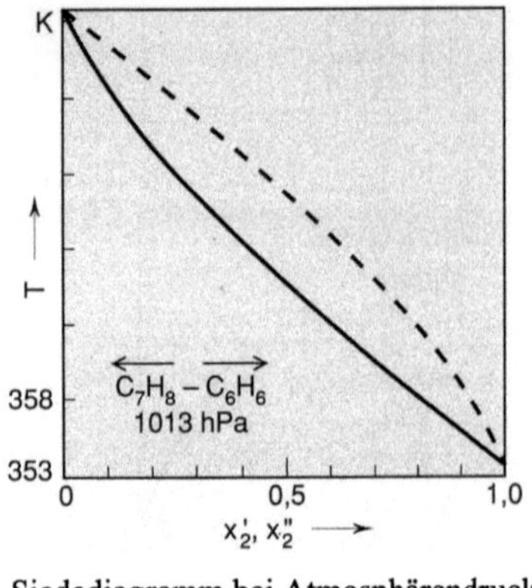

Siedediagramm bei Atmosphärendruck

Nr. 58. x_1 Heptan, x_2 Benzen

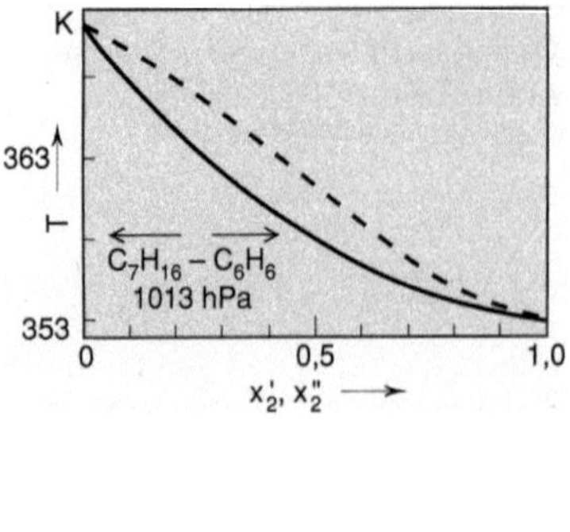

Siedediagramm bei Atmosphärendruck

Nr. 59. x_1 2,2,3-Trimethyl-butan, x_2 Benzen

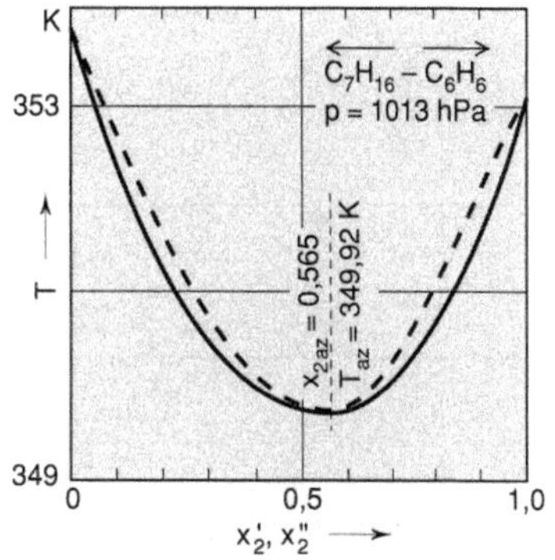

Siedediagramm bei Atmosphärendruck, Azeotropismus

Nr. 60. x_1 m-Xylen, x_2 Benzen

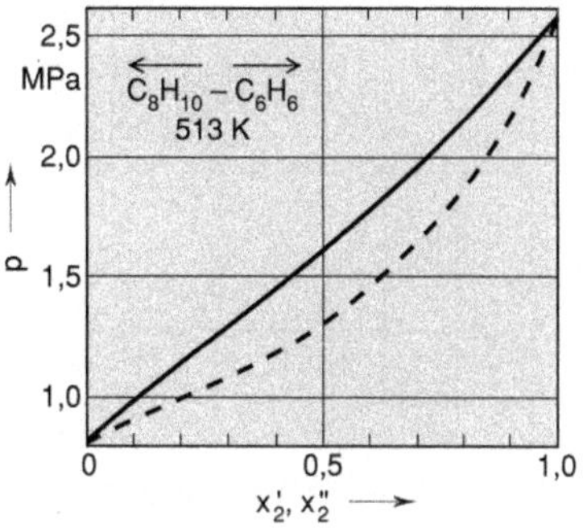

Siededruckdiagramm bei gegebener Temperatur

Nr. 61. x_1 Phenol, x_2 Toluen

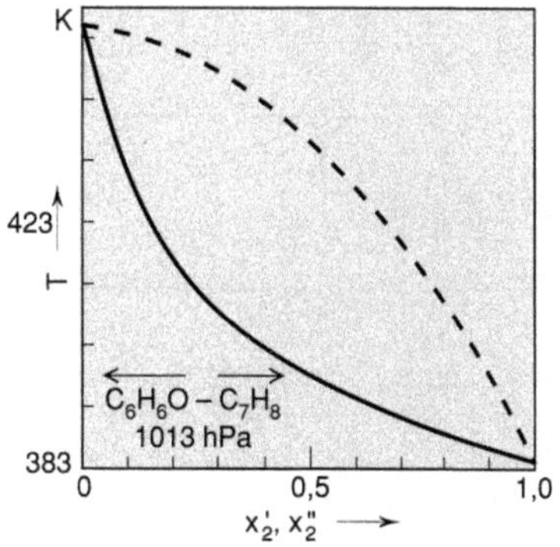

Siedediagramm bei Atmosphärendruck

Nr. 62. x_1 p-Xylen, x_2 Ethylbenzen

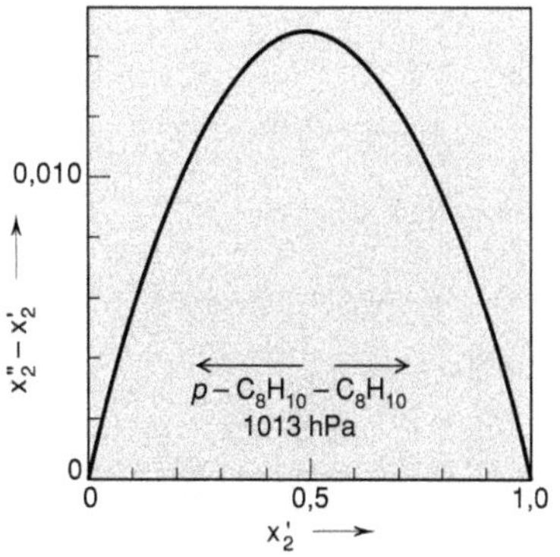

Differenz der Dampf- und Flüssigkeitszusammensetzungen bei Atmosphärendruck

Nr. 63. x_1 m-Xylen, x_2 Ammoniak

Mischungslücke		
x_2'	K	MPa
0,567 u. 0,936	280,98	0,557
0,604 u. 0,922	282,97	0,595
0,638 u. 0,905	284,96	0,636
0,718 u 0,875	286,94	0,678
o.kr.Lp. 0,814	287,7	0,694

4.2.2.2 Dampfdrücke *p* über gesättigten wäßrigen Lösungen

Es sind die Temperaturen in °C angegeben, bei denen der in der Kolonnenüberschrift angegebene Druck vorhanden ist.

Formel des gelösten Stoffes	*p* in Torr (1 Torr = 133,3224 Pa)									Bodenkörper
	20	30	50	100	500	760	1520	3800	7600	
CH_4N_2O Harnstoff	26,6	34,8	46,1							
$C_4H_6O_6$ Weinsäure	24,25	32,43	43,27							
$CaHPO_4 \cdot 2H_2O$	22,8	30,1	39							
$CdBr_2$	24	31,6	41,5							$CdBr_2 \cdot 4\,H_2O$
$CdSO_4$	23,9	31,4								$CdSO_4 \cdot {}^8/_3\,H_2O$
$CuCl_2 \cdot 2H_2O$	28,9	36,1								
$CuSO_4$	22,6	29,5	38,7							$CuSO_4 \cdot 5\,H_2O$
$CuSO_4$					91,74					$CuSO_4 \cdot 3\,H_2O$
$C_4H_4O_6K_2 \cdot {}^1/_2\,H_2O$ Kaliumtartrat	27,3	34,6								
KCl	24,5	32,3	41,8	55,4	95,5					
$KClO_3$				52,4	91,52					
KNO_3	24,8	30,6	39,3	55,3	99,9	115,6				
KH_2PO_4	22,7	30,2	39,3							
K_2SO_4	22,2	29,5	38,6	52	90,3					
LiCl	64,62	73,06	88,96	105,8	153,4	168,6	195,4	236,9	273,5	
Li_2SO_4	24,7	31,7	41,0	54,5	92,3	103,8				
$MgCl_2$	41,7	50,8	62,3	79,5						
$MgSO_4$		30	40,8	55,1	95,4					
$Mg(NO_3)_2$	33,9	42,6	54,8	76,3						$Mg(NO_3)_2 \cdot 6\,H_2O$
NH_4Br					95,6	116,5	141,6			
NH_4Cl	26,1	38,8	43,7							
NH_4NO_3	28	42	52,9	76						
$NH_4H_2PO_4$	23,3	30,4	40							
$(NH_4)_2SO_4$	25,6	32,6	42,3							
$C_4H_4O_6Na_2 \cdot 2\,H_2O$ Natriumtartrat	23,7	30,6								
$C_4H_4O_6NaK \cdot 4\,H_2O$	24,3	31,7	41							
Na_2CO_3						104,8	123,5	149,7	181,8	Na_2CO_3
Na_2CO_3		35	42,4	56,3	91,9					$Na_2CO_3 \cdot H_2O$

4.2.2.2 Dampfdrücke p über gesättigten wäßrigen Lösungen (Fortsetzung)

Es sind die Temperaturen in °C angegeben, bei denen der in der Kolonnenüberschrift angegebene Druck vorhanden ist.

Formel des gelösten Stoffes	p in Torr (1 Torr = 133,3224 Pa)									Bodenkörper
	20	30	50	100	500	760	1520	3800	7600	
Na_2CO_3	24,5	32,8								$Na_2CO_3 \cdot 7H_2O$
Na_2CO_3		31,7								$Na_2CO_3 \cdot 10H_2O$
NaCl	26,82	34,2	43,71	57,49	96,8					
$NaNO_3$	27,4	35,1	44	59	102	119				
Na_2HPO_4	22,9									$Na_2HPO_4 \cdot 12H_2O$
$Na_4P_2O_7$	22,6									$Na_4P_2O_7 \cdot 10H_2O$
Na_2SO_3	24,2	31,1	40,3	53,7	89,7	100,3	119,5	148,1	172,6	Na_2SO_3
Na_2SO_3	23,5	30,9	40,8	55,4	94,9	106,8	128,3	160,7	188,9	$Na_2SO_3 \cdot 7H_2O$
Na_2SO_4	25,3	31,9	40,9	53,9	91,5	104,8	123,1	154,2	182,9	Na_2SO_4
Na_2SO_4	23,4	31,3								$Na_2SO_4 \cdot 10H_2O$
$Na_2S_2O_3$			53,9							$Na_2S_2O_3 \cdot 5H_2O$
$TlNO_3$						104,5				

4.2.2.3 Siedetemperatur T_v (bei 1013,25 hPa) wäßriger Lösungen in Abhängigkeit von der Konzentration c

Stoff	T_v in °C bei c in g Stoff/100 g H_2O									Sättigung		
	10	25	50	75	100	500	1000	1500	3000	T_v	c g Stoff/100 g H_2O	Bodenkörper
$AlK(SO_4)_2$		100,8	101,9	103,4	105,2							
$BaCl_2$		102,0	104,0									
$BaCl_2 \cdot 2H_2O$		101,5	103,2									
$Ba(NO_3)_2$		101,0								101,1	27,5	$Ba(NO_3)_2$
$(COOH)_2$, Oxalsäure		102,0	104,1	106,5	109,2	139,2	147,5	150,5	154,2			
$C_4H_6O_6$, Weinsäure		101,5	102,9	104,3	105,7	125,7	140,4	148,1	157,7			
$C_6H_8O_7$, Citronensäure			102,0	103,0	104,2	120,6	131,3	137,7	147,3			
$CaCl_2$		105,0	113,0	122,0	129,7					178,0	305,0	$CaCl_2 \cdot 1\,H_2O$ oder $2\,H_2O$
$Ca(NO_3)_2$	101,0	102,5	105,0	107,5	110,0							
$Ca(NO_3)_2 \cdot 2H_2O$		101,9	103,7	105,5	107,0							
$CuSO_4$		100,6	101,6	103,5						104,2	82,2	$CuSO_4 \cdot 5\,H_2O$
$FeSO_4$		100,7	101,5									
$KC_2H_3O_2$, K-acetat	101,7	104,1	108,0	112,5	115,1	153,0				161,0	626,0	
$K_2C_4H_4O_6$, K-tartrat		101,5	103,0	104,5	106,0					115,0	246,3	
$K_2C_4H_4O_6 \cdot {}^1/_2\,H_2O$		101,3	102,8	104,0	105,6							
K_2CO_3		102,2	105,3	108,4	113,1							
KCl	101,1	103,3	107,7							108,5	57,4	KCl
$KClO_3$	100,7	101,8	103,3							104,4	69,2	$KClO_3$
KI		101,3	103,3	105,0	107,1					118,5	220,0	KI
KNO_3		101,7	103,2	104,6	106,0					115,0	338,5	KNO_3
KOH		106,0	116,5	129,0	145,0	312,0						
K_2SO_4	100,7	101,7								102,1	31,6	K_2SO_4
LiCl	103,0	109,5	125,0	140,9	152,0					168,6	151,0	LiCl
$LiCl \cdot 2H_2O$	101,5	103,9	108,0	112,2	116,3							
$MgCl_2$	102,2	106,5	120,4							130,0	62,9	
$MgCl_2 \cdot 6H_2O$	100,9	102,3	104,6	106,6	109,1							
$MgSO_4$	100,6	101,6	104,3	108,0						108,0	75,0	
$MgSO_4 \cdot 7H_2O$			101,2	101,7	102,3							
$MnSO_4$		100,8	101,8							102,4	68,4	
NH_4Cl	101,5	104,0	108,9	113,1						114,8	87,1	NH_4Cl

4.2.2.3 Siedetemperatur T_v (bei 1013,25 hPa) wäßriger Lösungen in Abhängigkeit von der Konzentration c (Fortsetzung)

Stoff	T_v in °C bei c in g Stoff/100 g H_2O									Sättigung		
	10	25	50	75	100	500	1000	1500	3000	T_v	c g Stoff/ 100 g H_2O	Bodenkörper
NH_4NO_3	101,0	102,5	104,8	107,1	109,3	132,7	150,6	163,0	188,3			
$(NH_4)_2SO_4$		101,6	104,4	105,6	107,1					108,2	115,3	$(NH_4)_2SO_4$
$Na_2B_4O_7$	100,6	101,6	102,6	103,5	104,3							
$Na_2B_4O_7 \cdot 10H_2O$			101,3	101,6	102,0	103,5	104,1	104,3	104,4	104,5	5555,5	$Na_2B_4O_7 \cdot 5H_2O$
$NaC_2H_3O_2$, Na-acetat	101,2	103,2	107,3	111,4	115,0					125,0	207,0	
$NaC_2H_3O_2 \cdot 3H_2O$		101,7	103,3	104,8	106,2	115,3	117,6	118,8	119,8			
$Na_2C_4H_4O_6$, Na-tartrat		101,4	102,9	104,4	105,8					108,4	146,0	
$Na_2C_4H_4O_6 \cdot 2H_2O$		101,2	102,3	103,3	104,2					108,4	273,3	
Na_2CO_3	101,0	102,4	104,9							105,0	51,2	$Na_2CO_3 \cdot 1H_2O$
$Na_2CO_3 \cdot 10H_2O$			101,3	101,9	102,3	104,3	104,9					
NaCl	101,6	104,6								108,8	40,7	NaCl
$NaNO_3$	101,1	102,7	105,2	107,6	110,1					120,0	222,0	$NaNO_3$
NaOH		108,1	119,5	132,5	142,5	217,4	250,0	264,1	285,3			
$NaHPO_4$	100,6	101,5	102,9	104,4	105,9					106,5	110,5	
Na_2SO_4	100,6	101,6								103,2	46,7	Na_2SO_4
$Na_2S_2O_3$		101,8	104,1	106,8	109,6					126,0	348,0	$Na_2S_2O_3 \cdot 5H_2O$
$Na_2S_2O_3 \cdot 5H_2O$		101,1	102,0	102,9	103,7	110,7	113,5	114,6				
$PbC_4H_6O_4$, Pb(II)-acetat					101,4	105,4	109,5	112,6	119,0			
$Pb(NO_3)_2$		101,0	101,6	102,2	102,8					103,5	137,0	
$SrCl_2$		102,5	106,0	110,7	115,1							
$SrCl_2 \cdot 6H_2O$		101,3	102,5	103,7	104,9	114,6						
$Sr(NO_3)_2$		101,0	102,3	103,6	105,2					106,3	116,5	
$ZnSO_4$		101,0	102,3							105,0	85,7	

4.2.3 Azeotrope Gemische

4.2.3.1 Azeotrope Punkte von binären Mischungen

Alle aufgeführten Systeme enthalten organische Verbindungen. Die Systeme, die eine anorganische Komponente enthalten, sind zuerst aufgelistet und diese ist als erste Komponente aufgeführt (Reihenfolge H_2O, Br_2, HBr, CS_2, $SiCl_4$). Systeme, von denen der azeotrope Punkt bei 1013,25 hPa in Tabelle 4.2.2.1 aufgeführt ist, sind nicht aufgenommen.

In Spalte 1 sind die Formeln, in Spalte 2 die Namen der Verbindungen angegeben. Für die erste Komponente sind Formel, Name und Siedepunkt (Spalte 3) halbfett gedruckt. Spalte 3 gibt die Siedepunkte der reinen Komponenten bei Atmosphärendruck an. Spalte 4 gibt die Siedetemperatur des Azeotropengemisches bei 1013,25 hPa an. In Spalte 5 ist die Zusammensetzung des Gemisches durch Angabe des Molenbruches, x_1, der ersten Komponente gekennzeichnet. Falls der Druck, auf den sich die Angaben über das azeotrope Gemisch beziehen, von 1013,25 hPa abweicht, ist sein Wert als p_{az} in Spalte 2 angegeben.

Formel	Name	T_v °C	T_{az} °C	$x_{1\,az}$
H_2O	**Wasser**	**100**		
CCl_4	Tetrachlorkohlenstoff	76,7	66,8	0,27
$CHCl_3$	Chloroform	61,2	60,0	0,72
CH_3O_2N	Nitromethan	101,0	83,6	0,512
CH_2Cl_2	Methylenchlorid	40,0	38,8	0,05
CH_2O_2	Ameisensäure	100,7	107,1	0,43
CS_2	Schwefelkohlenstoff	46,3	43,6	0,08
$C_2Cl_3F_3$	1,1,2-Trichlor-trifluorethan	47,7	44,5	0,10
C_2Cl_4	Tetrachlorethen	121,0	88,5	0,80
C_2HCl_3	Trichlorethen	86,9	73,6	0,268
C_2HCl_3O	Chloral	98,0	95,0	0,33
$C_2H_2Cl_2$	cis-1,2-Dichlorethen	60,2	55,3	0,156
$C_2H_2Cl_2$	trans-1,2-Dichlorethen	48,55	45,3	0,129
$C_2H_3Cl_3$	1,1,2-Trichlorethan	113,7	86,0	0,59
C_2H_3N	Acetonitril	81,5	76,8	0,31
$C_2H_4Cl_2$	1,2-Dichlorethan	84	72	0,60
$C_2H_4O_2$	Essigsäure	118,1	76,6	0,99
C_2H_5ClO	Ethenchlorhydrin	128,7	97,8	0,86
C_2H_6O	Ethanol	78,3	78,39	0,105
$C_2H_8N_2$	1,2-Diaminoethan	116,2	118,5	0,375
C_3H_3N	Acrylnitril	78,0	70,6	0,33
C_3H_4O	Propenal(Acrolein)	52,5	52,4	0,04
C_3H_5Cl	Allylchlorid	44,9	43,0	0,09
C_3H_5ClO	α-Epichlorhydrin	117,0	108,3	0,64
C_3H_5N	Propionnitril	97,2	82,2	0,49
$C_3H_6Cl_2O$	2,3-Dichlorpropanol	182,0	99,4	0,98
C_3H_6O	Propanal	48,8	47,5	0,06
C_3H_6O	Aceton	84,0	81,4	0,04
C_3H_6O	Allylalkohol	96,99	88,7	0,56
$C_3H_6O_2$	Propansäure	141,3	99,98	0,947
$C_3H_6O_2$	Essigsäuremethylester (p_{az} = 1035 hPa)	57	56,9	0,102
$C_3H_6O_2$	1,2-Dioxolan	75,6	71,9	0,24
$C_3H_6O_2$	Ameisensäureethylester	54,5	52,6	0,18
C_3H_7Cl	n-Propylchlorid	46,6	44,0	0,08
C_3H_7Cl	iso-Propylchlorid	36,5	35,0	0,05
C_3H_7ClO	1-Chlor-2-propanol	119,0	95,4	0,82
C_3H_8O	1-Propanol	97,3	87,8	0,568
C_3H_8O	Isopropylalkohol	82,3	80,4	0,35
$C_3H_8O_2$	2-Methoxy-ethanol	124,5	99,75	0,949
$C_3H_{10}O$	Pentanal	103,3	83,0	0,53

4.2.3.1 (Fortsetzung)

Formel	Name	T_v	T_{az}	x_{1az}
$C_3H_{10}O_2$	Valeriansäure	186,2	99,8	0,98
C_4H_5N	n-Butylamin	69,0	69,0	0,05
	(p_{az} = 1020 hPa)			
C_4H_5N	Allylcyanid	118,9	89,4	0,65
C_4H_6O	2-Butenal (Crotonaldehyd)	104,0	84,0	0,55
C_4H_6O	Methacrolein	67,5	63,6	0,25
$C_4H_6O_2$	Acrylsäuremethylester	80	71	0,314
$C_4H_6O_2$	Essigsäurevinylester	72,7	66,0	0,27
C_4H_7N	Buttersäurenitril	118,0	32,5	0,65
C_4H_8O	2-Butanon	79,5	73,1	0,347
C_4H_8O	Butanal	75,7	70,7	0,86
C_4H_8O	Vinylethylether	35,5	34,6	0,06
$C_4H_8O_2$	Ameisensäure-propylester	80,9	71,6	0,535
$C_4H_8O_2$	2 Butanol-3-on	143,6	99,87	0,965
$C_4H_8O_2$	1,4-Dioxan	101,3	87,8	0,36
$C_4H_8O_2$	Buttersäure	164,0	99,4	0,94
$C_4H_8O_2$	Essigsäureethylester	77,15		
	(p_{az} = 2000 hPa)		90,30	0,354
	(p_{az} = 1333 hPa)		78,17	0,327
	(p_{az} = 1013 hPa)		70,37	0,31
	(p_{az} = 667 hPa)		59,36	0,286
	(p_{az} = 133 hPa)		23,03	0,194
	(p_{az} = 34 hPa)		– 1,89	0,155
$C_4H_8O_2$	Ameisensäureisopropylester	68,8	65,0	0,215
$C_4H_8O_2$	Propansäuremethylester	79,85	71,4	0,166
C_4H_9Cl	n-Butylchlorid	78,0	68,0	0,28
C_4H_9ClO	2-Chlorethylether	179,2	98,0	0,92
$C_4H_{10}O$	Diethylether	34,6	34,0	0,44
$C_4H_{10}O$	2-Methyl-2-propanol	82,57	79,9	0,354
$C_4H_{10}O$	1-Butanol	117,7	93,0	0,76
$C_4H_{10}O$	2-Butanol	99,5	88,5	0,66
$C_4H_{10}O$	tert.-Butanol	82,8	79,9	0,36
$C_4H_{10}O_2$	2-Ethoxy-ethanol	135,1	99,4	0,93
$C_4H_{10}O_2$	1,1-Dimethoxy-ethan	64,3	61,3	0,067
C_5H_5N	Pyridin	115,5	94,4	0,96
C_5H_8O	Cyclopentanon	130,7	93,5	0,77
C_5H_8O	1-Methoxy-1,3-butadien	90,9	76,2	0,56
$C_5H_8O_2$	Ethylacrylat	99,8	81,0	0,50
$C_5H_8O_2$	2,4-Pentandion (Acetylaceton)	140,6	94,4	0,83
$C_5H_8O_2$	Essigsäureallylester	104,1	83,0	0,53
$C_5H_{10}O$	2-Pentanon	102,0	83,3	0,54
$C_5H_{10}O$	4-Pentanal	106,2	84,3	0,56
$C_5H_{10}O$	Isoveralaldehyd	92,5	77,0	0,40
$C_5H_{10}O$	Cyclopentanol	140,9	96,3	0,87
$C_5H_{10}O$	Vinylisopropylether	55,7	51,8	0,12
$C_5H_{10}O_2$	2-Methyl-2-butanol-3-on	143	98,8	0,897
$C_5H_{10}O_2$	Ameisensäure-butylester	106,6	83,8	0,535
$C_5H_{10}O_2$	Essigsäurepropylester	101,6	82,4	0,481
$C_5H_{10}O_2$	Propansäure-ethylester	99,1	81,0	0,463
$C_5H_{10}O_2$	Butansäure-methylester	102,65	82,7	0,48
$C_5H_{10}O_2$	Isobutansäure-methylester	92,5	77,9	0,359
$C_5H_{10}O_3$	Kohlensäurediethylester	126,5	ca. 91	0,737
$C_5H_{11}N$	Piperidin	105,8	93,7	0,735
C_5H_{12}	Pentan	36,1	34,6	0,05
$C_5H_{12}O$	1-Pentanol	137,8	95,8	0,855
$C_5H_{12}O$	3-Pentanol (Amylalkohol)	115,6	91,5	0,73

4.2.3.1 (Fortsetzung)

Formel	Name	T_v	T_{az}	x_{1az}
$C_5H_{12}O$	3-Methyl-butanol	132,05	95,15	0,828
$C_5H_{12}O$	3-Methyl-2-butanol	101,7	91,7	0,656
$C_5H_{12}O$	Ethylpropylether	63,85	60,0	0,169
$C_5H_{12}O$	Isoamylalkohol	130,5	95,2	0,83
$C_5H_{12}O_2$	1-Ethoxy-propanol	132,2	97,3	0,85
$C_5H_{14}O$	1-Ethoxybutan	148,5	94,6	0,86
C_6H_6	Benzen	80,2	69,3	0,296
C_6H_6O	Phenol	181,4	99,6	0,98
C_6H_7N	Anilin	184,4	41	0,975
C_6H_7N	2-Methylpyridin (α-Picolin)	128	94,8	0,819
C_6H_7N	4-Methylpyridin (γ-Picolin)	144,6	97,4	0,90
C_6H_8O	2,5-Dimethylfuran	93,3	77,0	0,95
$C_6H_{10}O$	Cyclohexanon	155,4	95,0	0,90
$C_6H_{10}O$	2-Hexanal	149,0	95,1	0,84
$C_6H_{10}O$	Mesityloxid	128,7	91,8	0,74
$C_6H_{10}O$	Vinylbutylether	94,2	77,5	0,44
$C_6H_{10}O_2$	Ethylcrotonsäureester	136,5	93,5	0,80
$C_6H_{10}O_2$	Isopropylessigsäureester	89,0	75,9	0,41
$C_6H_{11}N$	Diallylamin	110,5	87,2	0,63
C_6H_{12}	4-methyl-2-penten(cis)	56,7	53,3	0,14
C_6H_{12}	Cyclohexan	81,4	69,8	0,48
$C_6H_{12}Cl_2O$	β, β'-dichlorisopropylether	187,0	98,5	0,95
$C_6H_{12}O$	Cyclohexanol	161,5	97,8	0,96
$C_6H_{12}O$	2-Ethyl-butylaldehyd	116,9	87,5	0,63
$C_6H_{12}O$	Hexanal	128,5	91,0	0,72
$C_6H_{12}O$	Vinyl-isobutylether	83,4	70,5	0,41
$C_6H_{12}O_2$	Diacetonalkohol	164	99,5	0,972
$C_6H_{12}O_2$	2-Methylpentansäure(d, l)	196,4	99,4	0,99
$C_6H_{12}O_2$	Essigsäurebutylester	126,5	90,7	0,70
$C_6H_{12}O_2$	Hexansäure	205,0	99,3	0,99
$C_6H_{12}O_3$	Paraldehyd	124,5	90,8	0,72
$C_6H_{13}Cl$	Hexylchlorid	133,9	91,8	0,74
$C_6H_{13}N$	Cyclohexylamin	134,0	96,4	0,87
C_6H_{14}	Hexan	69,0	61,6	0,10
$C_6H_{14}O$	2-Ethyl-butanol	146,3	96,7	0,89
$C_6H_{14}O$	Hexanol	158	97,8	0,91
$C_6H_{14}O$	Isopropylether	67,5	62,2	0,22
$C_6H_{14}O$	2-Methyl-pentanol	148,0	97,2	0,90
$C_6H_{14}O$	4-Methyl-2-pentanol	131,0	94,3	0,82
$C_6H_{14}O_2$	Diethylacetal	103,2	82,6	0,52
$C_6H_{15}N$	1-aminohexan	132,7	95,5	0,84
$C_6H_{15}N$	Triethyl-amin	89,5	75,8	0,39
C_7H_8	Toluen	110,6	85,0	0,56
C_7H_8O	Benzylalkohol	205,25	99,8	0,98
C_7H_8O	Anisol	153,85	95,5	0,83
$C_7H_{14}O$	Dipropylketon	144,0	94,3	0,81
$C_7H_{14}O_4$	Diethylsuccinat	217,7	99,9	0,99
C_7H_{16}	Hystan	98,4	79,2	0,45
$C_7H_{16}O$	1-Heptanol	176,15	98,7	0,969
C_8H_8	Styren	145,2	93,9	0,80
C_8H_8O	Acetophenon	202,3	99,1	0,97
C_8H_8O	Styrenoxid	194,2	99,2	0,96
$C_8H_8O_2$	Benzoesäure-methylester	199,4	99,08	0,966
C_8H_{10}	Ethylbenzen	136,2	92,0	0,74

4.2.3.1 (Fortsetzung)

Formel	Name	T_v	T_{az}	x_{1az}
C_8H_{10}	m-Xylen	139	92	0,757
C_8H_{10}	Phenetol	170,45	97,3	0,90
$C_8H_{11}N$	n-Ethyl-anilin	204,8	99,2	0,97
$C_8H_{12}O_4$	Diethyl-malein-säureester	223	99,6	0,98
$C_8H_{15}N$	Diisopropylamin	84,1	74,1	0,36
$C_8H_{16}O_2$	Butyl-buttersäureester	166,4	97,9	0,90
$C_8H_{18}O$	Dibutylether	142,0	94,1	0,78
$C_8H_{18}O$	2-Ethylhexanol	185,0	99,1	0,97
$C_8H_{18}O$	1-Octanol	195,2	99,5	0,983
$C_8H_{19}N$	Dibutylamin	159,6	97,0	0,88
$C_9H_{10}O_2$	Essigsäurebenzylester	215,0	99,60	0,988
$C_9H_{10}O_2$	Benzoesäureethylester	212,5	99,40	0,98
C_9H_{12}	Isopropylbenzen	152,4	95,0	0,84
$C_9H_{15}N$	Triallylamin	151,4	95,0	0,82
C_9H_{20}	Nonan	150,0	95,0	0,83
$C_{10}H_{10}O_2$	Safrol	235,9	99,72	0,99
$C_{10}H_{10}O_4$	Dimethylphthalsäureester	283,8	100,0	0,99
$C_{10}H_{14}N_3$	Nicotin	247,3	99,85	0,997
$C_{10}H_{15}N$	N-Butylanilin	240,9	99,8	0,99
$C_{10}H_{18}O$	Cineol	176,35	97,65	0,926
$C_{10}H_{20}O_2$	2-Ethylhexylessigsäureester	199,0	99,0	0,96
$C_{11}H_{14}O_2$	Benzoesäurebutylester	250,2	99,9	0,99
$C_{12}H_{10}O$	Diphenylether	259,0	99,93	0,995
$C_{12}H_{14}O_4$	Phthalsäurediethylester	296,0	99,9	0,99
$C_{12}H_{27}N$	Dihexylamin	239,8	99,8	0,99
$C_{12}H_{27}N$	Tributylamin	213,9	99,8	0,99
HBr	Bromwasserstoff	−67,0	126,0	0,83
HCl	Chlorwasserstoff	−83,7	108,6	0,89
HF	Fluorwasserstoff	19,4	111,4	0,68
HI	Iodwasserstoff	−35,5	127,0	0,86
HNO_3	Salpetersäure	86,0	121,0	0,62
Br_2	**Brom**	**57,9**		
CCl_4	Tetrachlorkohlenstoff (p_{az} = 1004,7 hPa)	76,7	57,7	0,884
$C_2Cl_3F_3$	1,1,2-Trifluor-1,2,2-trichlor-ethan	47,6	41,0	0,455
$C_7H_5F_3$	Benzotrifluorid	102,2	58,1	0,967
HBr	**Bromwasserstoff**	**− 66,8**		
H_2S	Schwefelwasserstoff (p_{az} = 560 hPa)	− 60,4	− 70	0,393
H_2S	**Schwefelwasserstoff**	**− 60,2**		
C_2H_6	Ethan (p_{az} = 18,15 hPa)	− 88,6	− 21,7	0,07
C_3H_8	Propan (p_{az} = 18,15 hPa)	− 42,1	7,8	0,797
CS_2	**Schwefelkohlenstoff**	**46,2**		
CH_2Cl_2	Dichlormethan	40,0	37,0	0,415
CH_2O_2	Ameisensäure	100,75	42,55	0,748
CH_3I	Methyliodid	42,5	41,55	0,553
CH_3NO_2	Nitromethan	101,22	44,25	0,88
CH_4O	Methanol	64,65	37,65	0,716
$C_2H_4Cl_2$	1,1-Dichlor-ethan	57,25	44,75	0,771
$C_2H_4O_2$	Ameisensäure-methylester	31,7	24,75	0,281
C_2H_5Br	Bromethan	38,4	37,8	0,414
C_3H_5Cl	3-Chlor-propen-(1)	45,3	41,2	0,502
C_3H_6O	Allylalkohol	96,85	45,25	0,915
C_3H_6O	Propionaldehyd	48,7	40,0	0,535
C_3H_6O	Aceton	56,2	39,0	0,664
C_3H_7Br	2-Brom-propan	59,4	46,08	0,935
C_3H_7Cl	1-Chlor-propan	46,65	42,05	0,563

4.2.3.1 (Fortsetzung)

Formel	Name	T_v	T_{az}	x_{1az}
C_3H_7Cl	2-Chlor-propan	34,9	33,7	0,227
C_3H_8O	Propanol-(1)	97,2	45,65	0,932
C_3H_8O	Propanol-(2)	82,42	44,22	0,885
C_4H_8O	Butanon-(2)	79,6	45,85	0,84
$C_4H_{10}O$	2-Methyl-propanol-(2)	82,45	44,8	0,928
$C_4H_{10}O$	Diethylether	34,6	20,10	0,136
C_5H_{10}	Cyclopentan	49,4	44,0	0,652
C_5H_{12}	Pentan	36,15	35,7	0,105
$SiCl_4$	**Siliciumtetrachlorid**	**57,3**		
CH_3NO_2	Nitromethan	101	53,8	0,847
C_2H_3N	Acetonitril	82	49	0,698
C_3H_3N	Acrylsäurenitril	79	51,2	0,524
C_3H_5N	Propansäurenitril	97	55,6	0,801
CCl_3NO_2	**Trichlornitromethan**	**111,9**		
$C_2H_4O_2$	Essigsäure	118,1	107,65	0,602
$C_4H_{10}O$	Butanol-(1)	117,5	106,65	0,644
$C_5H_{12}O$	Pentanol-(2)	119,8	108,0	0,724
$C_5H_{12}O$	2-Methyl-butanol-(2)	102,35	98,9	0,50
CCl_4	**Tetrachlorkohlenstoff**	**76,7**		
CH_4O	Methanol	64,7	55,7	0,449
$C_2H_4Cl_2$	1,2-Dichlor-ethan	82,85	75,5	0,746
C_3H_6O	Aceton	56,08	55,98	0,052
C_3H_8O	Propanol-(1)	97,19	73,4	0,818
C_6H_{12}	Methylcyclopentan	71,8	71,6	0,205
$CHBr_3$	**Bromoform**	**149,5**		
CH_2O_2	Ameisensäure	100,75	97,4	0,163
$C_2H_2Cl_4$	1,1,2,2-Tetrachlor-ethan	146,2	145,5	0,352
$C_2H_3ClO_2$	Chloressigsäure	189,35	148,5	0,538
$C_2H_4O_2$	Essigsäure	118,1	117,9	0,049
$C_2H_6O_2$	Glykol	197,4	146,45	0,776
$C_4H_8O_2$	Buttersäure	164,0	146,8	0,825
$C_6H_{14}O$	Hexanol-(1)	157,85	147,6	0,713
$CHCl_3$	**Chloroform**	**61,3**		
CH_2O_2	Ameisensäure	100,75	59,15	0,687
CH_4O	Methanol (p_{az} = 1026,8 hPa)	64,7	54,0	0,657
$C_3H_8O_2$	Dimethoxymethan (p_{az} = 386 hPa)	42,3	35,0	0,853
C_6H_{12}	Methylcyclopentan	71,8	60,5	0,747
C_6H_{14}	Hexan	68,7	59,95	0,65
$C_6H_{14}O$	Diisopropylether	68,00	70,48	0,324
CH_2Br_2	**Dibrommethan**	**97,0**		
CH_4O	Methanol	64,65	64,25	0,812
$C_2H_4O_2$	Essigsäure	118,1	94,8	0,646
C_2H_6O	Ethanol	78,3	75,5	0,285
CH_2Cl_2	**Dichlormethan**	**40,0**		
CH_4O	Methanol	64,65	37,8	0,828
C_2H_6O	Ethanol	78,3	39,85	0,912
$C_4H_{10}O$	Diethylether	34,6	40,8	0,672
$C_4H_{10}O$	Methylpropylether	38,9	44,8	0,541
CH_2I_2	**Methyleniodid**	**181**		
$C_2H_6O_2$	Glykol	197,4	168,65	0,576
$C_4H_8O_2$	Buttersäure	164,0	159,1	0,35
CH_2O_2	**Ameisensäure**	**100,75**		
C_2HCl_3	Trichlorethen	86,9	74,1	0,487
C_5H_{10}	Cyclopentan	49,2	46,0	0,225
C_6H_5Cl	Chlorbenzen	131,75	93,7	0,779
C_6H_{14}	Hexan	68,7	60,5	0,421

4.2.3.1 (Fortsetzung)

Formel	Name	T_v	T_{az}	x_{1az}
C_8H_{10}	o-Xylen	144,3	95,7	0,868
C_8H_{10}	m-Xylen	139,0	92,8	0,855
C_8H_{10}	p-Xylen	138,3	94,5	0,83
CH_3Br	**Brommethan**	**3,65**		
CH_4O	Methanol	64,7	≈ 3,55	0,984
CH_3I	**Methyliodid**	**42,5**		
CH_4O	Methanol	64,7	37,8	0,795
C_2H_6O	Ethanol	78,3	40,7	0,91
C_3H_6O	Aceton	56,15	42,4	0,885
CH_3NO_2	**Nitromethan**	**101,2**		
CH_4O	Methanol	64,7	64,5	0,043
C_2HCl_3	Trichlorethen (p_{az} = 987 hPa)	86,9	80,2	0,346
$C_2H_4O_2$	Essigsäure	118,1	101,2	0,954
C_2H_6O	Ethanol	78,4	75,95	0,216
C_3H_8O	Propanol-(1)	97,2	89,3	0,471
C_3H_8O	Propanol-(2)	82,3	79,3	0,279
$C_4H_8O_2$	Dioxan	101,35	100,55	0,652
$C_4H_{10}O$	Butanol-(1)	117,5	97,8	0,739
C_5H_{10}	Cyclopentan	49,2	< 47,5	< 0,10
$C_5H_{12}O$	2-Methyl-butanol-(2)	102,35	93,1	0,585
C_6H_{14}	Hexan	68,7	62,0	0,273
C_7H_8	Toluen	110,6	96,5	0,648
C_7H_{14}	Methylcyclohexan	101,15	81,25	0,512
C_7H_{16}	Heptan	98,4	80,2	0,491
C_8H_{18}	Octan	125,6	92,0	0,632
CH_4O	**Methanol**	**64,65**		
C_4H_4O	Furan	31,7	< 30,5	< 0,138
C_4H_4S	Thiophen	84,7	< 59,55	< 0,244
C_5H_8	2-Methyl-butadien-(1,3)	34,3	29,5	0,101
C_5H_{10}	Cyclopentan	49,2	38,8	0,26
C_6H_5F	Fluorbenzen	84,9	59,7	0,585
C_6H_6	Benzen	80,1	57,6	0,609
C_6H_{12}	Methylcyclopentan	71,8	51,3	0,552
C_6H_{12}	Cyclohexan	80,7	54,2	0,618
C_6H_{14}	Hexan (p_{az} = 840,3 hPa)	68,7	45	0,495
C_7H_8	Toluen	110,6	63,6	0,88
C_8H_{18}	Octan	125,6	63,0	0,902
C_8H_{18}	2,2,4-Trimethyl-pentan	99,2	59,4	0,801
C_2Cl_4	**Tetrachlorethen**	**121,1**		
C_2H_6O	Ethanol	78,3	76,6	0,133
$C_2H_6O_2$	Glykol	197,4	119,1	0,857
C_3H_8O	Propanol-(1)	97,2	94,05	0,28
C_3H_8O	Propanol-(2)	82,4	81,65	0,125
C_4H_5N	Pyrrol	130,0	113,35	0,626
$C_4H_{10}O$	Butanol-(1)	117,8	108,95	0,523
$C_4H_{10}O$	Butanol-(2)	99,5	97,0	0,25
C_5H_5N	Pyridin	115,4	112,85	0,336
C_2HCl_3	**Trichlorethen**	**86,9**		
$C_2H_4O_2$	Essigsäure	118,1	86,45	0,92
C_2H_6O	Ethanol	78,3	70,8	0,474
C_3H_6O	Allylalkohol	96,85	80,9	0,705
$C_4H_{10}O$	Butanol-(1)	117,8	86,65	0,948
$C_4H_{10}O$	Butanol-(2)	99,5	84,2	0,761
$C_4H_{10}O$	2-Methyl-propanol-(1)	108,0	85,35	0,851
$C_4H_{10}O$	2-Methyl-propanol-(2)	82,45	77,0	0,546
$C_2HCl_3O_2$	**Trichloressigsäure**	**197,55**		

4.2.3.1 (Fortsetzung)

Formel	Name	T_v	T_{az}	x_{1az}
$C_6H_4Cl_2$	1,4-Dichlor-benzen	174,4	174,1	0,09
C_6H_5I	Iodbenzen	188,45	< 184,3	0,265
$C_2H_2Cl_2$	**cis-1,2-Dichlor-ethen**	**60,3**		
C_2H_6O	Ethanol	78,3	–	0,902
C_3H_6O	Aceton	56,4	61,9	0,674
$C_3H_6O_2$	Essigsäuremethylester	57,2	61,7	0,674
C_4H_8O	Tetrahydrofuran	66,1	69,9	0,386
$C_2H_2Cl_2$	**trans-1,2-Dichlor-ethen**	**48,3**		
C_2H_6O	Ethanol	78,3	–	0,94
$C_2H_2Cl_4$	**1,1,2,2-Tetrachlor-ethan**	**146,2**		
C_2H_5ClO	2-Chlor-ethanol-(1)	128,6	128,2	0,177
$C_2H_6O_2$	Glykol	197,4	144,9	0,82
$C_5H_4O_2$	Furfurol	161,45	161,55	0,018
$C_6H_{10}O$	Cyclohexanon	155,7	159,0	0,324
$C_2H_3ClO_2$	**Monochloressigsäure**	**189,35**		
$C_{10}H_8$	Naphthalin	218,0	187,1	0,828
C_2H_3N	**Acetonitril**	**81,6**		
C_2H_6O	Ethanol	78,4	72,6	0,469
C_3H_8O	Propanol-(1)	97,2	< 81,0	> 0,838
C_6H_{14}	Hexan	68,7	56,8	0,25 Vol.
C_7H_8	Toluen	110,6	81,1	0,78 Vol.
C_7H_{14}	Methylcyclohexan	101,15	71,1	0,51 Vol.
C_8H_{18}	Octan	125,6	77,2	0,64 Vol.
C_8H_{18}	2,2,4-Trimethyl-pentan	99,2	68,9	0,38 Vol.
$C_2H_4Br_2$	**1,2-Dibrom-ethan**	**131,6**		
C_4H_5N	Pyrrol	130,0	126,5	0,421
$C_2H_4Cl_2$	**1,2-Dichlor-ethan**	**83,4**		
C_2H_6O	Ethanol	78,3	70,5	0,464
C_6H_{12}	Cyclohexan	80,7	74,1	0,462
C_2H_4O	**Acetaldehyd**	**20,2**		
$C_4H_{10}O$	Diethylether	34,6	18,9	0,846
$C_2H_4O_2$	**Essigsäure**	**118,1**		
$C_2H_5NO_2$	Nitroethan	114,2	112,4	0,348
$C_4H_8O_2$	Dioxan	101,35	119,5	0,83
C_5H_5N	Pyridin	115,5	83,8	0,605
C_6H_{14}	Hexan	68,7	67,5	0,071
C_7H_8	Toluen	110,6	100,6	0,632
C_8H_{10}	o-Xylen	144,3	116,2	0,863
C_8H_{10}	m-Xylen	139,0	115,35	0,177
C_8H_{10}	p-Xylen	138,3	115,2	0,812
C_2H_5I	**Ethyliodid**	**72,4**		
$C_4H_8O_2$	Essigsäureethylester	77,1	71,0	0,658
C_2H_5NO	**Acetamid**	**221,15**		
C_6H_5ClO	4-Chlor-phenol	219,75	231,7	0,517
C_7H_6O	Benzaldehyd	179,2	178,6	0,101
C_8H_8O	Acetophenon	202,0	197,45	0,284
C_8H_{10}	o-Xylen	144,3	142,6	0,182
$C_{10}H_8$	Naphthalin	218,0	199,55	0,446
$C_{12}H_{12}O$	Diphenylether	259,0	214,5	0,758
$C_2H_5NO_2$	**Nitroethan**	**114,2**		
C_3H_8O	Propanol-(1)	97,2	< 95,0	> 0,19
$C_4H_{10}O$	Butanol-(1)	117,5	107,7	0,547
C_7H_{14}	Methylcyclohexan	101,15	90,8	0,36
C_2H_6O	**Ethanol**	**78,4**		
C_4H_4S	Thiophen	84,7	70,0	0,596
C_4H_8O	Butanon-(2)	79,2	74,0	0,501

4.2.3.1 (Fortsetzung)

Formel	Name	T_v	T_{az}	x_{1az}
$C_4H_8O_2$	Dioxan	101,07	78,13	0,949
C_5H_8	2-Methyl-butadien-(1,3)	34,3	32,65	0,045
C_5H_{10}	Cyclopentan	49,2	44,7	0,11
C_6H_5F	Fluorbenzen	84,9	69,5	0,435
C_6H_{12}	Methylcyclopentan	71,8	60,3	0,378
C_6H_{12}	Cyclohexan (p_{az} = 187,3 hPa)	80,7	25	0,334
C_6H_{14}	Hexan	68,7	58,68	0,332
C_7H_8	Toluen	110,6	55	0,76
C_7H_{14}	Methylcyclohexan (p_{az} = 506,7 hPa)	101,15	55	0,613
C_8H_{18}	Octan	125,6	76,3	0,886
$C_2H_6O_2$	**Glykol**	**197,4**		
$C_6H_4Cl_2$	1,2-Dichlor-benzen	179,5	165,8	0,373
C_6H_5Br	Brombenzen	156,1	150,2	0,255
C_6H_5Cl	Chlorbenzen	131,75	129,8	0,097
C_6H_5I	Iodbenzen	188,45	170,2	0,545
C_7H_6O	Benzaldehyd	179,2	< 173,5	> 0,23
C_7H_8	Toluen	110,6	110,2	0,09
C_7H_8O	Benzylalkohol	205,25	193,35	0,667
C_7H_8O	Anisol	153,85	150,45	0,185
C_7H_8O	o-Kresol	191,1	189,6	0,392
C_7H_8O	m-Kresol	202,8	–	0,736
C_7H_{14}	Methylcyclohexan	101,15	100,6	≈ 0,06
C_8H_8	Styren	145,8	141,2	0,312
C_8H_8O	Acetophenon	202,0	185,65	0,677
C_8H_{10}	Ethylbenzen	136,15	133,2	0,21
C_8H_{10}	o-Xylen	144,3	140,0	0,245
C_8H_{10}	m-Xylen	139,0	135,8	0,23
C_8H_{10}	p-Xylen	138,3	135,2	0,225
C_8H_{18}	Octan	125,6	123,5	0,193
$C_{10}H_8$	Naphthalin	218,0	183,9	0,683
$C_{12}H_{10}$	Diphenyl	256,1	192,25	0,833
C_2H_6S	**Ethanthiol**	**35,04**		
C_5H_{10}	Cyclopentan	49,2	34,95	0,99
C_3H_6O	**Aceton**	**56,3**		
$C_3H_6O_2$	Essigsäuremethylester	56,9	≈ 56	0,56
C_5H_8	2-Methyl-butadien-(1,3)	34,3	30,5	0,224
C_5H_{10}	Cyclopentan	49,2	41,0	0,405
C_6H_{12}	Cyclohexan	80,7	53,0	0,749
C_6H_{12}	Methylcyclopentan	71,8	50,3	0,658
C_6H_{14}	Hexan	68,7	49,7	0,631
$C_3H_6O_2$	**Propansäure**	**141,3**		
C_8H_8	Styren	145,8	135,0	0,535
C_3H_8O	**Propanol-(1)**	**97,2**		
$C_4H_8O_2$	Dioxan	101,35	95,3	0,642
C_6H_5Cl	Chlorbenzen	131,75	96,90	0,895
C_6H_{12}	Cyclohexan	80,7	74,3	0,259
C_8H_{18}	2,2,4-Trimethyl-pentan	99,2	< 85,3	< 0,57
C_3H_8O	**Propanol-(2)**	**82,4**		
C_6H_{12}	Cyclohexan	80,7	68,6	0,408
C_8H_{18}	2,2,4-Trimethyl-pentan	99,2	76,8	0,69
$C_3H_8O_2$	**Propandiol-(1,2)**	**187,8**		
C_6H_7N	Anilin	184,35	179,5	0,48
C_8H_8O	Acetophenon	202,0	183,5	
$C_3H_8O_3$	**Glycerin**	**290,5**		
$C_6H_{14}O_4$	Triethylenglykol	288,7	≈ 285,1	≈ 0,49
$C_{10}H_8$	Naphthalin	218,0	215,2	0,135

4.2.3.1 (Fortsetzung)

Formel	Name	T_v	T_{az}	x_{1az}
$C_{12}H_{10}$	Diphenyl	256,1	245,8	0,358
C_3H_8S	**Propanthiol-(1)**	**67,82**		
C_6H_{14}	2-Methyl-pentan	60,2	59,20	0,262
C_3H_8S	**Propanthiol-(2)**	**52,60**		
C_5H_{10}	Cyclopentan	49,2	47,75	0,334
C_4H_4S	**Thiophen**	**83,97**		
C_6H_{14}	Hexan	68,7	68,46	0,113
C_7H_{16}	Heptan	98,4	83,09	0,855
C_4H_8O	**Butanon-(2)**	**79,6**		
C_7H_{14}	Methylcyclohexan	101,15	77,7	0,845
$C_4H_8O_2$	**Buttersäure**	**164,0**		
$C_5H_4O_2$	Furfurol	161,45	159,4	0,447
C_6H_5Cl	Chlorbenzen	131,75	131,5	0,036
C_7H_8O	Anisol	153,85	152,85	0,143
C_8H_{10}	o-Xylen	144,3	143,0	0,118
C_8H_{10}	p-Xylen	138,3	137,8	0,065
C_8H_{10}	Ethylbenzen	136,15	135,8	0,048
$C_8H_{10}O$	Phenetol	170,45	162,35	0,72
$C_4H_8O_2$	**Dioxan**	**101,35**		
$C_4H_{10}O$	Butanol-(2)	99,5	< 98,8	< 0,555
$C_5H_{12}O$	2-Methyl-butanol-(2)	102,35	100,65	0,80
C_6H_{12}	Methylcyclopentan	71,8	< 71,5	> 0,047
C_7H_{14}	Methylcyclohexan	101,15	93,5	> 0,48
C_7H_{16}	Heptan	98,4	91,85	0,472
C_4H_8S	**Tetrahydrothiophen**	**120,79**		
C_5H_5N	Pyridin	115,4	113,5	0,424
C_8H_{16}	Ethylcyclohexan	131,8	120,46	0,841
$C_4H_{10}O$	**Butanol-(1)**	**117,5**		
C_5H_5N	Pyridin	115,4	118,7	0,723
C_6H_5Cl	Chlorbenzen	131,75	115,35	0,64
C_6H_{12}	Cyclohexan	80,7	79,8	0,045
C_6H_{12}	Methylcyclopentan	71,8	71,8	< 0,09
C_8H_{10}	o-Xylen	144,3	117,1	0,828
C_8H_{10}	p-Xylen	138,3	116,2	0,752
$C_4H_{10}O$	**Butanol-(2)**	**99,5**		
C_6H_{12}	Cyclohexan	80,7	76,5	0,20
C_6H_{12}	Methylcyclopentan	71,8	69,7	0,129
C_6H_{14}	Hexan	68,7	67,1	0,098
C_7H_{14}	Methylcyclohexan	101,1	90,8	0,49
$C_4H_{10}O$	**2-Methyl-propanol-(1)**	**108,0**		
C_6H_5Cl	Chlorbenzen	131,7	107,2	0,721
C_6H_{12}	Cyclohexan	80,7	78,15	0,156
C_6H_{12}	Methylcyclopentan	71,8	71,0	≈ 0,056
$C_4H_{14}O$	**2-Methyl-propanol-(2)**	**82,45**		
C_6H_{12}	Cyclohexan	80,7	71,45	0,40
C_6H_{12}	Methylcyclopentan	71,8	66,6	0,304
C_6H_{14}	Hexan	68,7	64,2	0,258
$C_5H_4O_2$	**Furfurol**	**161,45**		
$C_6H_4Cl_2$	1,2-Dichlor-benzen	179,5	161,0	≈ 0,845
$C_6H_4Cl_2$	1,4-Dichlor-benzen	174,4	160,3	0,727
C_6H_5Br	Brombenzen	156,1	153,3	0,327
$C_6H_{12}O$	Cyclohexanol	160,8	156,4	0,56
$C_6H_{14}O$	Hexanol-(1)	157,85	154,1	0,455
C_7H_8O	Anisol	153,85	153,2	0,241
$C_7H_{16}O$	Heptanol-(1)	176,15	< 160,9	< 0,655
C_8H_8	Styren	145,8	< 145	–

4.2.3.1 (Fortsetzung)

Formel	Name	T_v	T_{az}	x_{1az}
C_8H_{10}	o-Xylen	< 144,3	< 144,1	< 0,084
$C_8H_{10}O$	Phenetol	170,45	161,0	0,86
C_8H_{18}	2,2,4-Trimethyl-pentan	99,2	99,0	0,04
$C_{10}H_{16}$	Dipenten	177,7	155,95	0,725
C_5H_5N	**Pyridin**	**115,4**		
C_7H_8	Toluen	110,6	110,15	0,247
C_7H_{16}	Heptan	98,4	< 97,0	< 0,17
C_8H_{18}	Octan	125,6	< 112,8	< 0,92
C_8H_{18}	2,2,4-Trimethyl-pentan	99,2	95,4	0,306
$C_6H_4Cl_2$	**1,2-Dichlor-benzen**	**179,5**		
C_6H_6O	Phenol	182,2	173,7	0,543
C_6H_7N	Anilin	184,35	177,4	0,597
C_7H_6O	Benzaldehyd	179,2	< 178,5	> 0,40
$C_6H_4Cl_2$	**1,4-Dichlor-benzen**	**174,4**		
C_6H_6O	Phenol	182,2	171,05	0,655
C_6H_7N	Anilin	184,35	173,95	0,822
$C_6H_{14}O$	Hexanol-(1)	157,85	157,65	0,14
C_6H_5Br	**Brombenzen**	**156,1**		
$C_6H_{12}O$	Cyclohexanol	160,8	153,6	0,587
$C_6H_{14}O$	Hexanol-(1)	157,85	151,6	0,559
C_6H_5I	**Iodbenzen**	**188,45**		
C_6H_6O	Phenol	182,2	177,7	0,311
C_6H_7N	Anilin	184,35	181,6	> 0,208
$C_6H_5NO_2$	**Nitrobenzen**	**210,75**		
C_7H_8O	Benzylalkohol	205,25	204,2	0,35
C_6H_6	**Benzen**	**80,10**		
C_6H_{12}	Cyclohexan	80,7	77,62	0,545
C_6H_{12}	Methylcyclopentan	71,8	71,5	0,099
C_8H_{18}	2,2,4-Trimethyl-pentan	99,2	80,1	0,984
C_6H_6O	**Phenol**	**181,9**		
C_6H_7N	Anilin	184,35	186,2	≈ 0,418
$C_6H_{10}O_4$	Glykoldiacetat	186,3	189,9	0,509
C_7H_5N	Benzonitril	191,1	192,0	0,215
C_7H_6O	Benzaldehyd	179,2	186,0	0,54
C_7H_9N	Benzylamin	185	196,6	0,482
$C_7H_{16}O$	Heptanol-(1)	176,15	185,0	0,76
C_8H_8O	Acetophenon	202	–	0,193
$C_8H_{18}O$	Octanol-(1)	195,2	194,4	≈ 0,107
$C_{10}H_{16}$	Dipenten	177,7	168,95	0,495
$C_6H_6O_3$	**Pyrogallol**	**309**		
$C_{12}H_{10}$	Diphenyl	256,1	253,5	0,12
C_6H_7N	**Anilin**	**184,35**		
$C_7H_{16}O$	Heptanol-(1)	176,15	175,4	0,263
$C_8H_{18}O$	Octanol-(1)	195,2	183,95	0,872
$C_6H_{10}O$	**Cyclohexanon**	**155,7**		
$C_6H_{14}O$	Hexanol-(1)	157,85	155,65	0,94
$C_6H_{10}O_2$	**Hexandion-(2,5)**	**194,4**		
C_7H_8O	m-Kresol	202,8	–	0,34
C_7H_8O	p-Kresol	201,8	–	0,314
$C_6H_{10}O_4$	**Glykoldiacetat**	**190,5**		
C_7H_8O	m-Kresol	202,8	–	0,20
$C_{10}H_{16}$	Dipenten	177,7	173,5	0,354
$C_6H_{12}O$	**Cyclohexanol**	**160,8**		
C_7H_8O	Anisol	153,85	152,3	0,306
C_8H_8	Styren	145,8	144,4	0,165
$C_8H_{10}O$	Phenetol	170,45	159,5	0,758

4.2.3.1 (Fortsetzung)

Formel	Name	T_v	T_{az}	x_{1az}
$C_{10}H_{16}$	Dipenten	177,7	159,3	0,79
$\mathbf{C_6H_{14}O}$	**Hexanol-(1)**	**157,85**		
C_7H_8O	Anisol	153,85	151,0	0,382
C_8H_8	Styren	145,8	≈ 144	0,234
C_8H_{10}	o-Xylen	144,3	143,1	0,206
$C_8H_{10}O$	Phenetol	170,45	157,55	0,825
$C_{10}H_{16}$	Dipenten	177,7	157,2	0,825
$\mathbf{C_7H_6O}$	**Benzaldehyd**	**179,2**		
C_7H_8O	o-Kresol	191,1	192,0	0,234
$C_7H_{16}O$	Heptanol-(1)	176,15	< 174,5	< 0,473
$C_8H_{10}O$	Phenetol	170,45	< 169,8	< 0,135
$\mathbf{C_7H_6O_2}$	**Benzoesäure**	**250,8**		
$C_7H_7NO_2$	4-Nitro-toluen	238,9	237,4	0,122
$C_{10}H_8$	Naphthalin	218,0	217,65	0,054
$C_{10}H_{10}O_2$	Safrol	235,9	234,75	0,159
$C_{10}H_{14}O$	Carvacrol	237,85	< 237,75	–
$\mathbf{C_7H_8O}$	**Benzylalkohol**	**205,25**		
C_7H_8O	m-Kresol	202,2	206,6	0,63
C_7H_8O	p-Kresol	201,7	206,7	0,62
C_7H_9N	N-Methyl-anilin	196,25	195,8	0,698
$C_8H_{11}N$	N-Ethyl-anilin	205,5	202,8	0,528
$C_{10}H_8$	Naphthalin	218,0	204,15	0,64
$C_{10}H_{15}N$	N,N-Diethyl-anilin	217,05	204,2	0,781
$\mathbf{C_7H_8O}$	**o-Kresol**	**191,1**		
C_8H_8O	Acetophenon	202,0	203,75	0,281
$C_8H_{16}O$	Octanon-(2)	172,85	192,05	0,79
$C_8H_{18}O$	Octanol-(1)	195,2	196,4	0,393
$\mathbf{C_7H_8O_2}$	**Guajacol**	**205,05**		
C_8H_8O	Acetophenon	202,0	205,25	0,667
$\mathbf{C_8H_8O_2}$	**Essigsäurephenylester**	**195,7**		
$C_8H_{18}O$	Octanol-(1)	195,2	192,8	0,519
$\mathbf{C_8H_8O_2}$	**Benzoesäuremethylester**	**199,4**		
$C_8H_{18}O$	Octanol-(1)	195,2	194,4	0,34
$\mathbf{C_8H_8O_2}$	**Anisaldehyd**	**249,5**		
$C_9H_{10}O$	Zimtalkohol	257,0	< 248,0	–
$\mathbf{C_8H_8O_2}$	**Phenylessigsäure**	**266,5**		
$C_{10}H_{12}O_2$	Isoeugenol	268,8	< 266,2	> 0,625
$C_{12}H_{10}$	Diphenyl	256,1	252,35	0,256
$C_{12}H_{10}O$	Diphenylether	259,0	255,05	0,324
$\mathbf{C_8H_{10}}$	**Ethylbenzen**	**136,15**		
C_8H_{18}	Octan	125,6	< 125,6	< 0,128
$\mathbf{C_9H_8O}$	**Zimtaldehyd**	**253,7**		
$C_{12}H_{10}$	Diphenyl	256,1	252,5	0,567
$\mathbf{C_9H_{10}O}$	**Zimtalkohol**	**257,0**		
$C_{12}H_{10}$	Diphenyl	256,1	253,0	≈ 0,485
$C_{12}H_{10}O$	Diphenylether	259,0	< 256,0	–
$\mathbf{C_{10}H_8}$	**Naphthalin**	**218,0**		
$C_{10}H_{20}O$	Menthol	216,3	215,05	0,706

4.2.3.2 Siedepunkte ternärer azeotroper Gemische bei 1013,25 hPa

1. Stoff		2. Stoff		3. Stoff		T_v in °C
Name	$x_{1\,az}$	Name	$x_{2\,az}$	Name	$x_{3\,az}$	
Wasser	0,251	Tetrachlorkohlenstoff	0,645	Allylalkohol	0,104	65,4
Wasser	0,163	Chloroform	0,353	Aceton	0,484	60,4
Wasser	0,306	Ameisensäure	0,455	m-Xylen	0,239	97,9
Wasser	0,417	Nitromethan	0,393	Propanol-(1)	0,190	82,3
Wasser	0,176	Nitromethan	0,278	Propanol-(2)	0,546	78
Wasser	0,315	Trichlorethen	0,555	Allylalkohol	0,130	71,6
Wasser	0,105	Ethanol	0,853	1,4-Dioxan	0,042	78,08
Wasser	0,233	Ethanol	0,228	Benzen	0,539	64,85
Wasser	0,283	Allylalkohol	0,095	Benzen	0,622	68,3
Wasser	0,283	Propanol	0,089	Benzen	0,628	68,48
Wasser	0,7005	Butanol-(1)	0,1594	Essigsäurebutylester	0,1401	91,4
Kohlenstoffdisulfid	0,405	Methanol	0,241	Ethylbromid	0,354	68,3
Ameisensäuremethylester	0,452	Ethylbromid	0,238	Isopentan	0,31	16,95
Ameisensäuremethylester	0,446	Diethylether	0,072	Pentan	0,482	20,4
2-Methoxyethanol-(1)	0,0953	Benzen	0,4055	Cyclohexan	0,4992	73
Milchsäurepropylester	0,307	Phenetol	0,352	Menthen	0,341	163

4.2.4 Molale Siedepunktserhöhung E_0 („Ebullioskopische Konstanten E_0“) anorganischer und organischer Lösemittel

E_0 ist der auf unendliche Verdünnung extrapolierte Grenzwert der Siedepunktserhöhung, den ein Mol einer nicht dissoziierenden Substanz hervorruft, wenn es in 1000 g Lösemittel gelöst ist und nur reines Lösemittel verdampft.

Außer der Bestimmung auf experimentellem Wege kann man E_0 auch berechnen, z. B. nach der Formel von VAN'T HOFF:

$$E_0 = \frac{RT_v^2}{1000\,\Delta H_v}.$$

R Gaskonstante, T_v Siedetemperatur in K, ΔH_v Verdampfungsenthalpie kJ pro g Lösemittel.

In der Tabelle ist für die anorganischen Lösemittel neben der Formel die Siedetemperatur und E_0 angegeben. In der Tabelle der organischen Lösemittel ist außerdem noch der Name der Verbindung hinzugefügt.

4.2.4.1 Anorganische Lösemittel

Formel	Siede-temperatur °C	E_0	Formel	Siede-temperatur °C	E_0	Formel	Siede-temperatur °C	E_0
$AsCl_3$	130	7,1	Hg	357	11,4	H_2SO_4	331,7	5,33
Br_2	58,8	5,2	H_2O	100	0,521	$SiCl_4$	57,5	5,5
HBr	−68,7	1,50	I_2	184	10,5	$SnCl_4$	114	10,2
CS_2	46,3	2,40	HI	−35,7	2,83	SCl_2O	75,6	3,89
Cl_2	−33,6	1,73	NH_3	−33,46	0,34	SCl_2O_2	69,5	4,5
HCl	−82,9	0,64	N_2O_4	22,0	1,37	S_2Cl_2	138	5,02
$CrCl_2O_2$	118	5,50	PCl_3	74,7	5,0	SO_3	46	1,34
HF	19,54	1,90	H_2S	−60,2	0,63	$TiCl_4$	135,8	6,6

4.2.4.2 Organische Lösemittel

Lösemittel		Siede temperatur °C	E_0
Formel	Name		
CCl_4	Tetrachlorkohlenstoff	76,50	5,07
$CHCl_3$	Chloroform	61,12	3,65
CH_2O_2	Ameisensäure	101	2,4
CH_3I	Methyliodid	41,3	4,23
CH_3NO_2	Nitromethan	101,2	1,86
CH_4O	Methanol	64,67	0,83
C_2Cl_4	Tetrachlorethen	121,9	5,50
$C_2H_2Cl_2$	1,2-Dichlor-ethen, trans	60	3,44
$C_2H_4Br_2$	1,2-Dibrom-ethan	130	6,43
$C_2H_4Cl_2$	1,1-Dichlor-ethan	57	3,20
$C_2H_4Cl_2$	1,2-Dichlor-ethan	82,3	3,12
$C_2H_4O_2$	Essigsäure (wasserfrei)	118,5	3,08
C_2H_5Br	Ethylbromid	37,7	2,29
C_2H_5Cl	Ethylchlorid	12,5	1,95
$C_2H_5NO_2$	Nitroethan	114	2,60
C_2H_6O	Ethanol	78,3	1,07
C_3H_6O	Aceton	56,2	1,69
$C_3H_6O_2$	Propionsäure	141	3,51
$C_3H_6O_2$	Methylacetat	56,5	2,06
$C_3H_6O_2$	Ethylformiat	53,8	2,18
C_3H_8O	n-Propanol	97,3	1,73
$C_4H_8O_2$	1,4-Dioxan	100,3	3,27
$C_4H_{10}O$	Diethylether	34,5	2,16
C_5H_5N	Pyridin	115,8	2,69
$C_5H_{12}O$	2-Methyl-butanol-(4)	131,5	2,58
$C_5H_{12}O$	2-Methyl-butanol-(2)	102	2,26
C_6H_6	Benzen	18,15	2,54
C_6H_6O	Phenol	182,2	3,60
C_6H_7N	Anilin	184,3	3,69
C_6H_{12}	Cyclohexan	81,5	2,75
C_6H_{14}	n-Hexan	68,7	2,78
C_7H_8	Toluen	110,6	3,33
C_7H_9N	p-Toluidin	198	4,14
C_7H_{16}	n-Heptan	98,4	3,58
C_8H_{18}	2,2,4-Trimethylpentan	99,3	5,042
$C_{10}H_8$	Naphthalin	218,0	5,80
$C_{10}H_{16}O$	Campher	204	6,09
$C_{10}H_{18}$	Dekahydronaphthalin („Dekalin“)	191,7	5,76
$C_{12}H_{10}$	Diphenyl	254,9	7,06

4.2.5 Gefrierpunktserniedrigung

4.2.5.1 Molale Gefrierpunktserniedrigung E_0 („Kryoskopische Konstanten") anorganischer und organischer Lösemittel

E_0 ist der auf unendliche Verdünnung extrapolierte Grenzwert der Gefrierpunktserniedrigung, den ein Mol einer nicht dissoziierenden Substanz hervorruft, wenn es in 1000 g Lösemittel gelöst ist und nur reines Lösemittel auskristallisiert.

Kryoskopische Konstanten lassen sich auch nach der Formel von VAN'T HOFF

$$E_0 = \frac{RT_F^2}{1000 \cdot \Delta H_F}$$

berechnen. R Gaskonstante, T_F Schmelztemperatur in K; ΔH_F Schmelzenthalpie in kJ pro g Lösemittel.

In der Tabelle ist für die anorganischen Lösemittel neben der Formel die Schmelztemperatur und E_0 angegeben. In der Tabelle der organischen Lösemittel ist außerdem noch der Name der Verbindung hinzugefügt.

4.2.5.1.1 Anorganische Lösemittel

Formel	Schmelz-temperatur °C	E_0	Formel	Schmelz-temperatur °C	E_0
$AgNO_3$	208,5	28,36	Li_2SO_4	870	95
$AlNa_3F_6$	1008	41,1	NH_3	−77,3	1,32
$AsBr_3$	31,2	18,2	NH_4NO_3	169,6	22,1
Br_2	−7,20	8,8	N_2O_4	−11,26	4
HBr	−86	9,41	NaCl	800	20,5
HCl	−112	4,98	$NaNO_3$	305,8	15,0
HCN	−13,3	1,845	Na_2SO_4	885	62
$CaCl_2$	767	38,0	$Na_2SO_4 \cdot 10H_2O$	32,383	3,27
$CaCl_2 \cdot 6H_2O$	29,5	4,13	H_2O	0	1,858
$HgBr_2$	238,5	37,45	D_2O	3,82	2,00±0,01
$HgCl_2$	265	34,0	$POCl_3$	1,3	7,57
I_2	114	20,4	P_4O_6	23,8	11,45
HI	−51	20,26	H_2S	−82,3	3,83
KCl	772	25	H_2SO_4	10,36	6,12
KNO_3	335,08	29,0	$SbCl_3$	73,2	18,4
KSCN	177,9	17,4	$SbCl_5$	3,0	18,5
$LiBO_2$	840	15	$SeOCl_2$	8,5	26
$LiNO_3$	246,7	6,04	$SnBr_4$	29,5	27,6
$LiNO_3 \cdot 3H_2O$	29,88	2,6			

4.2.5.1.2 Organische Lösemittel

Lösemittel		Schmelztemperatur °C	E_0
Formel	Name		
CBr_4	Tetrabrommethan	92,7	87,1
CCl_4	Tetrachlorkohlenstoff	– 24,7	29,8
$CHBr_3$	Bromoform	7,8	14,4
$CHCl_3$	Chloroform	– 63,2	4,90
CH_2O_2	Ameisensäure	8,40	1,932
CH_3NO	Formamid	2,45	3,56
CH_4N_2O	Harnstoff	132,1	21,5
CH_4O_3S	Methansulfonsäure	19,66	5,69
$C_2Cl_4F_2$	1,2-Difluortetrachlorethan	24,7	37,7
$C_2Cl_4F_2$	1,1-Difluortetrachlorethan	52	38,6
C_2Cl_5F	Fluorpentachlorethan	99,9	42,0
$C_2HCl_3O_2$	Trichloressigsäure	57,0	12,1
$C_2H_2Br_4$	Tetrabrom-ethan	0,13	21,7
$C_2H_4Br_2$	1,2-Dibrom-ethan	9,975	12,5
$C_2H_4N_2O_6$	Glykoldinitrat	– 22,3	4,17
$C_2H_4O_2$	Essigsäure	16,60	3,59
C_2H_5NO	Acetamid	82,3	5,5
$C_3H_2N_2$	Malonitril	31,5	4,89
$C_3H_7NO_2$	Urethan	48,7	5,14
$C_4H_4O_3$	Bernsteinsäureanhydrid	118,6	6,3
$C_4H_8O_2$	1,4-Dioxan	11,78	4,63
$C_4H_{10}O$	tert. Butanol	25,4	8,25
$C_4H_{10}O$	Diethylether	– 117	1,79
C_5H_5N	Pyridin	– 40	4,97
$C_5H_8N_2$	endo-Methylendehydro-piperidazin	100	29,4
$C_5H_{10}N_2$	endo-Methylenpiperidazin	53	32,4
C_6Cl_6	Hexachlorbenzen	227	20,75
$C_6H_4BrNO_2$	o-Bromnitrobenzen	36,5	9,10
$C_6H_4BrNO_2$	m-Bromnitrobenzen	54,0	8,75
$C_6H_4BrNO_2$	p-Bromnitrobenzen	124	11,53
$C_6H_4ClNO_2$	o-Chlornitrobenzen	32,5	7,50
$C_6H_4ClNO_2$	m-Chlornitrobenzen	44,4	6,07
$C_6H_4ClNO_2$	p-Chlornitrobenzen	83	10,9
$C_6H_4N_2O_4$	m-Dinitrobenzen	91	10,6
C_6H_5ClO	o-Chlorphenol	7	7,72
C_6H_5ClO	m-Chlorphenol	28,5	8,30
C_6H_5ClO	p-Chlorphenol	37	8,58
$C_6H_5NO_2$	Nitrobenzen	5,668	6,89
$C_6H_5NO_3$	o-Nitrophenol	44,3	7,44
C_6H_6	Benzen	5,455	5,065
$C_6H_6Cl_6$	γ-Hexachlorcyclohexan	114	16,1
C_6H_6O	Phenol	40	7,1
$C_6H_6O_2$	Brenzcatechin	104,03	5,9
$C_6H_6O_2$	Resorcin	110	6,5
C_6H_7N	Anilin	– 5,96	5,87
$C_6H_{10}N_2$	1,4-endo-Azocyclohexan	141	32,2
C_6H_{12}	Cyclohexan	6,2	20,2
$C_6H_{12}O$	Cyclohexanol	24,5	37,7
$C_6H_{12}O_3$	Paraldehyd	12,6	7,05
C_6H_{14}	n-Hexan	– 95,45	1,8
$C_7H_5F_3$	Benzotrifluorid	– 28,16	4,90
$C_7H_5N_3O_6$	2,4,6-Trinitrotoluen	82	11,5
$C_7H_6N_2O_4$	2,4-Dinitrotoluen	70	8,9
$C_7H_6O_2$	Benzoesäure	119,53	8,79
C_7H_7Cl	p-Chlortoluen	6,86	5,53

4.2.5.1.2 Organische Lösemittel (Fortsetzung)

Lösemittel		Schmelz-temperatur °C	E_0
Formel	Name		
$C_7H_7NO_2$	o-Nitrotoluen	– 4,14	7,18
$C_7H_7NO_2$	m-Nitrotoluen	16,1	6,78
$C_7H_7NO_2$	p-Nitrotoluen	52	7,8
C_7H_8O	o-Kresol	30	5,60
C_7H_8O	p-Kresol	37	7,00
C_7H_{16}	n-Heptan	– 90,7	1,9
C_8H_8O	Acetophenon	19,7	4,83
$C_8H_8O_2$	Phenylessigsäure	78	9,0
C_8H_9NO	Acetanilid	113,94	6,93
C_8H_{10}	p-Xylen	16	4,3
$C_8H_{11}N$	Dimethylanilin	2,40	6,8 – 7,2
C_8H_{18}	n-Octan	– 57,0	2,0
C_9H_8	Inden	– 1,76	7,28
C_9H_{20}	n-Nonan	– 53,7	3,1
$C_{10}H_7Br$	β-Bromnaphthalin	59	12,4
$C_{10}H_7Cl$	β-Chlornaphthalin	54	9,76
$C_{10}H_7NO_2$	α-Nitronaphthalin	61	9,1
$C_{10}H_8$	Naphthalin	79,25	6,9
$C_{10}H_8O$	β-Naphthol	121	11,25
$C_{10}H_{12}O$	Anethol	20,1	6,2
$C_{10}H_{15}BrO$	3-Bromcampher	76	9,6
$C_{10}H_{16}O$	Campher	179,5	40
$C_{10}H_{20}O_2$	Caprinsäure	27	4,7
$C_{10}H_{22}$	n-Decan	– 30,0	2,3
$C_{12}H_{10}$	Diphenyl	70,5	7,8
$C_{12}H_{10}N_2$	Azobenzen	69	8,25
$C_{12}H_{10}O$	Diphenylether	27	7,59
$C_{12}H_{11}N$	Diphenylamin	50,2	8,6
$C_{13}H_{10}O$	Benzophenon	48,1	9,8
$C_{13}H_{10}O_3$	Salol	43	13
$C_{13}H_{11}NO$	Benzanilid	161	9,65
$C_{14}H_8O_2$	Anthrachinon	277	14,8
$C_{14}H_{10}$	Anthracen	213	11,65
$C_{14}H_{10}$	Phenanthren	96,25	12,0
$C_{14}H_{10}O_2$	Benzil	94	10,5
$C_{14}H_{14}$	Dibenzyl	52	7,23
$C_{14}H_{14}O$	Dibenzylether	3,60	6,27
$C_{16}H_{32}O_2$	Palmitinsäure	61,2	4,35

4.2.5.2 Reale Gefrierpunktserniedrigung in anorganischen Lösemitteln

Die Tabellen enthalten Angaben über die reale Gefrierpunktserniedrigung von Lösungen anorganischer Stoffe in Wasser, ferner für anorganische Stoffe in Schwefelsäure.

Die Konzentrationsangaben für die Lösungen sind in **Molalitäten** $\boldsymbol{m}$ (Zahl der Mole des gelösten Stoffes in 1000 g Lösemittel) angegeben. Die in der Tabelle angegebene reale molale Gefrierpunktserniedrigung

$$E = \frac{\Delta T}{m}$$

hat die Einheit: K · Mol^{-1} · 1000 g.

4.2.5.2.1 Anorganische Stoffe

Stoff	Molekulargewicht	Konzentration: Mol in 1000 g H_2O								
		0,001	0,005	0,01	0,05	0,1	0,5	1	2	5
$AgNO_3$	169,87	–	–	3,60	3,42	3,32	2,96	2,63	2,16	–
$AlCl_3$	133,34	–	–	7,10	6,02	5,68	7,06	9,45	–	–
$Al(NO_3)_3$	212,99	–	–	–	6,3	6,1	7,9	10,6	–	–
$Al_2(SO_4)_3$	342,15	–	–	–	–	–	4,19	–	–	–
$BaCl_2$	208,25	5,30	5,120	5,034	4,796	4,698	4,82	5,20	–	–
$Ba(ClO_4)_2$	336,24	$5{,}38_6$	$5{,}21_1$	5,107	4,845	4,780	4,893	5,300	–	–
$Ba(NO_3)_2$	261,35	5,38	5,13	4,98	–	–	–	–	–	–
Br_2	159,82	–	–	1,95	1,875	1,870	–	–	–	–
$CaCl_2$	110,99	–	–	5,112	4,886	4,832	4,98	5,85	7,68	–
$Ca(ClO_4)_2$	238,98	$5{,}40_6$	$5{,}24_7$	5,145	4,956	4,941	5,566	6,742	–	–
$Ca(NO_3)_2$	164,09	–	–	–	4,7	4,58	–	4,59	4,86	–
$CdBr_2$	272,22	–	4,76	4,47	3,65	3,22	–	–	–	–
$CdCl_2$	183,31	–	4,79	4,71	4,12	3,84	3,24	–	–	–
CdI_2	366,21	–	4,06	3,86	2,69	2,27	2,1	2,25	–	–
$Cd(NO_3)_2$	236,42	–	5,28	5,20	–	5,08	–	5,42	6,2	–
$CdSO_4$	208,46	–	2,916	2,744	2,3	2,1	–	1,79	–	–
Cl_2	70,91	–	–	4,0	3,145	–	–	–	–	–
HCl	36,46	3,651	3,634	3,617	3,542	3,526	3,654	3,925	–	–
$CoCl_2$	129,83	–	5,208	5,107	4,918	4,882	–	6,31	8,51	–
$Co(NO_3)_2$	182,94	–	–	–	–	4,6	–	5,5	–	–
$CoSO_4$	154,99	–	–	–	–	–	1,75	–	–	–
K_2CrO_4	194,20	–	–	–	3,0	3,3	–	–	–	–
$K_2Cr_2O_7$	294,19	7,06	–	–	–	–	–	–	–	–
Na_2CrO_4	161,97	–	–	–	–	4,49	–	3,71	–	–
$Cr_2(SO_4)_2$	392,18	–	–	–	4,6	4,2	–	–	–	–
$CuSO_4$	159,60	3,37	3,040	2,800	–	2,12	–	–	–	–
HF	21,00	–	–	–	–	1,98	–	1,93	2,03	–
$FeCl_3$	162,21	–	–	–	6,28	6,01	6,55	8,18	12,45	–
$K_3[Fe(CN)_6]$	329,26	7,10	6,53	6,26	5,60	5,30	5,00	4,55	–	–
$K_4[Fe(CN)_6]$	368,36	–	–	–	5,72	5,18	–	–	–	–
$Fe(NO_3)_3$	241,86	–	–	–	–	6,30	–	9,4	–	–
$FeSO_4$	151,91	–	–	–	–	2,39	–	–	–	–
H_2O_2	34,01	–	–	–	–	1,84	1,86	1,88	1,91	1,96
HI	127,91	–	–	–	–	3,50	–	4,09	4,75	7,70
HIO_3	175,91	–	–	–	3,12	2,95	2,21	1,72	1,16	0,75
KBr	119,01	3,67	3,63	3,601	3,505	3,453	3,324	3,280	–	–
KCN	65,12	–	–	–	3,49	3,41	3,27	3,25	3,27	3,44
K_2CO_3	138,21	–	–	5,20	4,74	4,56	4,39	4,51	5,01	–
$KHCO_3$	100,12	–	–	–	–	–	3,09	2,91	2,68	–

4.2.5.2.1 Anorganische Stoffe (Fortsetzung)

Stoff	Molekulargewicht	Konzentration: Mol in 1000 g H_2O								
		0,001	0,005	0,01	0,05	0,1	0,5	1	2	5
$KHCO_2$	84,12	$3,67_6$	$3,63_6$	3,610	3,528	3,487	3,452	3,497	–	–
$KC_2H_3O_2$	98,15	$3,67_5$	$3,63_4$	3,609	3,544	3,527	3,625	3,825	–	–
KCl	74,56	$3,67_5$	$3,62_9$	3,599	3,498	3,443	3,314	3,2634	–	–
$KClO_3$	122,55	3,68	3,63	3,602	3,461	3,359	–	–	–	–
$KClO_4$	138,55	3,67	3,62	3,575	–	–	–	–	–	–
KF	58,10	–	–	–	–	3,39	3,36	3,39	–	–
KI	166,01	–	–	–	–	3,54	3,88	3,37	3,40	3,50
KNO_3	101,11	3,67	3,62	3,587	3,438	3,331	2,893	2,561	–	–
KOH	56,11	–	3,706	–	–	–	–		–	–
KH_2PO_4	136,09	–	–	–	3,47	3,34	–	–	–	–
$KSCN$	97,18	–	–	–	–	3,44	3,25	–	–	–
K_2SO_4	124,27	5,280	5,150	5,01	4,559	4,319	–	–	–	–
$LiBr$	86,85	3,676	3,637	3,613	–	3,537	3,666	3,934	$4,54_6$	–
$LiHCO_2$	51,96	3,675	3,632	3,603	3,511	3,469	3,421	3,467	–	–
$LiC_2H_3O_2$	65,98	3,675	3,632	3,604	3,524	3,494	3,531	3,677	–	–
$LiCl$	42,39	3,670	3,622	3,594	3,528	3,505	3,589	3,800	–	–
$LiClO_3$	90,39	3,675	3,636	3,610	3,544	3,524	3,607	3,803	–	–
$LiClO_4$	106,39	3,677	3,640	3,618	3,561	3,550	3,718	4,013	–	–
$LiNO_3$	68,94	$3,67_5$	3,635	3,607	3,538	–	3,569	3,724	–	–
$MgCl_2$	95,22	–	–	5,144	4,974	4,938	5,38	6,35	8,8	–
$Mg(ClO_4)_2$	223,21	$5,39_6$	$5,23_7$	5,147	4,959	4,953	5,844	7,2061	–	–
$Mg(NO_3)_2$	148,32	–	–	–	–	4,74	5,08	5,78	7,0	–
$MgSO_4$	120,37	3,38	3,02	2,85	2,420	2,252	–	2,02	–	–
$MnCl_2$	125,84	–	–	–	–	4,86	–	6,05	–	–
$Mn(NO_3)_2$	178,95	–	–	–	–	–	–	6,00	6,64	–
$MnSO_4$	151,00	–	–	–	–	–	–	2,02	2,5	–
HN_3	17,03	–	–	–	–	–	–	1,94	1,94	2,06
HNO_3	63,00	$3,67_4$	3,630	3,601	3,519	3,494	3,496	3,604	3,861	4,708
NH_4Br	97,95	$3,65_6$	$3,58_6$	3,556	3,470	3,425	3,331	3,3169	–	–
NH_4Cl	53,49	$3,66_4$	$3,59_7$	3,563	3,474	3,424	3,315	3,3002	–	–
NH_4NO_3	80,04	$3,66_0$	$3,60_4$	3,568	3,451	3,379	3,119	2,9342	–	–
NH_4NaHPO_4	137,00	–	–	4,95	4,51	4,23	–	–	–	–
$NaBr$	102,90	3,68	3,64	3,620	3,540	3,499	3,444	3,4815	–	–
Na_2CO_3	105,99	–	–	5,12	–	4,44	–	–	–	–
$NaHCO_3$	84,01	–	–	–	–	3,65	–	–	–	–
$NaHCO_2$	68,01	3,68	3,63	3,606	3,523	3,482	3,414	3,423	–	–
$NaC_2H_3O_2$	82,03	3,68	3,63	3,609	3,542	3,521	3,581	3,730	–	–
$NaCl$	58,44	$3,67_6$	$3,63_4$	3,606	3,516	3,470	3,383	3,388	–	–
$NaClO_3$	106,44	$3,67_5$	$3,62_9$	3,598	3,494	3,433	3,238	3,111	–	–
$NaClO_4$	122,44	3,67	3,63	3,598	3,501	3,447	3,292	3,217	–	–
NaI	149,89	–	–	–	–	3,68	–	3,66	3,97	–
$NaNO_3$	84,99	$3,67_5$	3,630	3,600	3,489	3,418	3,173	3,007	–	–
$NaOH$	40,00	–	3,719	3,654	3,408	–	–	–	–	–
Na_3PO_4	163,94	–	–	7,15	6,11	5,69	–	–	–	–
Na_2HPO_4	143,97	–	–	4,99	4,61	4,34	–	–	–	–
Na_2S	78,04	–	–	–	–	7,12	–	6,87	–	–
Na_2SO_4	142,04	–	5,2	5,04	–	4,344	–	–	–	–
Na_2SiO_3	122,06	–	–	6,6	–	5,32	4,02	–	–	–
$NiCl_2$	129,62	–	–	–	5,41	5,38	5,69	6,22	8,67	–
$Ni(NO_3)_2$	182,72	–	–	–	5,32	5,20	–	–	–	–
$NiSO_4$	154,77	–	3,036	2,832	2,37	2,20	–	1,94	–	–
H_3PO_4	98,00	–	3,1	2,95	–	2,36	–	2,14	2,41	–
$Pb(NO_3)_2$	331,20	5,368	5,090	4,898	4,276	3,955	2,940	2,435	–	–
H_2SO_3	82,09	–	–	–	–	2,8	–	2,35	–	–
H_2SO_4	98,08	–	4,814	4,584	4,112	3,940	–	4,04	5,07	–

4.2.5.2.1 Anorganische Stoffe (Fortsetzung)

Stoff	Molekulargewicht	Konzentration: Mol in 1000 g H_2O								
		0,001	0,005	0,01	0,05	0,1	0,5	1	2	5
$SrCl_2$	158,53	–	–	5,3	–	4,82	–	5,83	7,54	–
$Sr(ClO_4)_2$	286,52	5,40	5,29	5,137	4,941	4,925	5,374	6,2262	–	–
$Sr(NO_3)_2$	211,64	–	–	5,7	–	4,63	–	3,90	–	–
$UO_2(NO_3)_2$	394,04	–	–	–	5,16	5,00	–	6,15	–	–
$ZnCl_2$	136,28	–	5,28	5,15	–	4,94	–	5,21	5,49	–
$Zn(NO_3)_2$	189,38	–	–	–	–	4,89	–	5,83	7,12	–
$ZnSO_4$	161,43	–	–	2,80	–	2,29	–	1,87	–	–

4.2.5.2.2 Organische Stoffe

Stoff: Formel	Name	Molekulargewicht	Konzentration: Mol in 1000 g H_2O: 0,005	0,01
CHO_2K	Kaliumformiat	84,12	$3,63_6$	3,610
CHO_2Li	Lithiumformiat	51,96	3,632	3,603
CHO_2Na	Natriumformiat	68,01	3,63	3,606
CH_4O	Methanol	32,04	–	1,82
$C_2H_2O_4$	Oxalsäure	90,04	–	–
$C_2H_3O_2K$	Kaliumacetat	98,15	$3,63_4$	3,609
$C_2H_3O_2Li$	Lithiumacetat	65,98	3,63	3,604
$C_2H_3O_2Na$	Natriumacetat	82,03	3,63	3,609
$C_2H_4O_2$	Essigsäure	60,05	–	–
C_2H_6O	Ethanol	46,07	–	–
$C_2O_4K_2$	Kaliumoxalat	127,12	–	–
C_3H_6O	Aceton	58,08	–	–
C_3H_8O	Propanol-(1)	60,09	–	1,86
$C_3H_8O_3$	Glycerin	92,09	–	1,86
$(C_2H_3O_2)_2Pb$	Bleiacetat	325,28	–	–
$(C_2H_3O_2)_2Zn$	Zinkacetat	183,46	–	–
$C_4H_6O_6$	Weinsäure	150,09	–	2,34
$C_4H_8O_2$	Essigsäureethylester	88,11	–	–
$C_4H_{10}O$	Diethylether	74,12	–	1,67
$C_6H_3O_7N_3$	Pikrinsäure	229,10	3,82	3,63
C_6H_6O	Phenol	94,11	–	–
C_6H_7N	Anilin	93,19	–	1,85
$C_6H_8O_7$	Zitronensäure	192,12	–	2,26
$C_6H_{12}O_6$	Dextrose	180,16	–	–
$C_{12}H_{22}O_{11}$	Rohrzucker	342,30	1,86	–

Stoff	Konzentration: Mol in 1000 g H_2O						
Formel	0,05	0,1	0,2	0,5	1	2	5
CHO_2K	3,528	3,487	3,457	3,452	3,497	–	–
CHO_2Li	3,511	3,469	3,433	3,421	3,467	–	–
CHO_2Na	3,523	3,482	3,444	3,414	3,423	–	–
CH_4O	–	1,81	1,81	–	–	1,86	–
$C_2H_2O_4$	3,04	2,84	2,64	–	–	–	–
$C_2H_3O_2K$	3,544	3,527	3,533	3,625	3,825	–	–
$C_2H_3O_2Li$	3,524	3,494	3,482	3,531	3,677	–	–

4.2.5.2.2 **Organische Stoffe** (Fortsetzung)

Stoff	Konzentration: Mol in 1000 g H_2O					
Formel	0,05	0,1	0,2	0,5	1	2	5
$C_2H_3O_2Na$	3,542	3,521	3,519	3,581	3,730	–	–
$C_2H_4O_2$	–	1,90	–	–	1,79	–	1,6
C_2H_6O	–	1,83	–	–	1,83	1,84	–
$C_2O_4K_2$	–	4,46	–	4,18	–	–	–
C_3H_6O	–	1,85	–	–	1,79	–	–
C_3H_8O	1,84	1,83	–	–	1,79	1,79	1,76
$C_3H_8O_3$	–	–	1,87	1,89	1,92	–	2,1
$(C_2H_3O_2)_2Pb$	3,63	2,85	2,37	–	–	–	–
$(C_2H_3O_2)_2Zn$	–	4,74	4,37	–	–	–	–
$C_4H_6O_6$	2,12	2,05	1,98	1,94	–	–	2,35
$C_4H_8O_2$	–	1,85	1,83	1,82	–	–	–
$C_4H_{10}O$	1,70	1,72	1,70	–	–	–	–
$C_6H_3O_7N_3$	–	–	–	–	–	–	–
C_6H_6O	–	1,81	1,83	1,63	–	–	–
C_6H_7N	1,82	1,79	1,73	–	–	–	–
$C_6H_8O_7$	2,08	2,03	–	1,93	1,94	2,00	–
$C_6H_{12}O_6$	1,86	1,86	1,87	–	1,92	–	–
$C_{12}H_{22}O_{11}$	1,87	1,88	1,90	1,96	2,06	2,3	–

4.2.5.3 **Reale molale Gefrierpunktserniedrigung** $\frac{\Delta T}{m}$

Anorganische Stoffe in Schwefelsäure

Die Gefrierpunktserniedrigungen ΔT sind wegen Autoprotolyse ($2\,H_2SO_4 = H_3SO_4^+ + HSO_4^-$) und wegen ionischer Selbstdehydratation ($2\,H_2SO_4 = H_3O^+ + HS_2O_7^-$) der Schwefelsäure korrigiert. Sie entsprechen daher dem durch den gelösten Stoff allein bewirkten Effekt.

Stoff		Molekulargewicht	Konzentration: Mol in 1000 g H_2SO_4		
Formel	Name		0,01	0,05	0,1
Ag_2SO_4	Silbersulfat	311,80	23,2	$23,4_0$	$23,4_0$
Cs_2SO_4	Caesiumsulfat	361,87	23,5	$24,3_2$	$24,4_5$
K_2SO_4	Kaliumsulfat	174,27	23,7	$24,4_0$	$24,9_8$
Li_2SO_4	Lithiumsulfat	109,94	23,7	24,3	$24,8_5$
$(NH_4)_2SO_4$	Ammoniumsulfat	132,14	23,5	$23,8_2$	$24,0_0$
Na_2SO_4	Natriumsulfat	142,04	24,0	$24,9_0$	$25,6_5$
Tl_2SO_4	Thallium(I)-sulfat	504,80	23,2	$23,3_6$	$23,3_5$

4.2.6 Lösungsgleichgewichte (Zustandsdiagramme)

Bei den zunächst behandelten binären Systemen handelt es sich um Gemische zweier Komponenten, die unter Normalbedingungen fest sind und sich erst bei höherer Temperatur, d.h. im geschmolzenen Zustand mischen. Bei genügend hoher Temperatur bildet das Gemisch bei jedem vorgegebenen Molverhältnis (Mischungsverhältnis) eine homogene flüssige Phase. Im Einklang mit dem Phasengesetz kann bei gleichzeitigem Vorliegen der Gasphase (üblicherweise 1013,25 hPa) neben der flüssigen Phase außer der Konzentration nur noch die Temperatur frei gewählt werden. Beim Abkühlen der Schmelze kristallisieren entweder Mischkristalle oder die reinen Komponenten aus; die Temperatur, bei der eine neue Phase auftritt, kennzeichnet das Gleichgewicht. Im einzelnen pflegt man folgende Fälle (Abb. S. 1182) zu unterscheiden, wobei Gleichgewichte, an denen nur feste Phasen beteiligt sind, nicht berücksichtigt wurden:

Typus 1: Mischbarkeit der flüssigen Komponenten A und B in allen Verhältnissen, sehr geringe Mischbarkeit im kristallisierten Zustand (eutektisches System). Die eutektische Schmelze E kristallisiert zu einem Eutektikum aus den beiden reinen Komponenten. Das Eutektikum ist im Sinne des Phasengesetzes ein mechanisches Gemenge von zwei Phasen.

Typus 2: Die im flüssigen Zustand völlig, im festen Zustand nicht mischbaren Komponenten bilden eine kongruent schmelzende Verbindung mit einem „offenen“ Kurvenmaximum als Schmelzpunkt. Die Verbindung bildet einerseits mit A ein Eutektikum E_1, andererseits mit B ein zweites E_2.

Typus 3: Die Komponenten bilden eine inkongruent schmelzende Verbindung mit einem „verdeckten“ (instabilen) Maximum (peritektisches Gleichgewicht). Bildung und Zerfall der Verbindung entspricht der Reaktion: Schmelze u + Kristalle $B \rightleftharpoons V$. Die Verbindung bildet nur mit A ein Eutektikum E. Der Grenzfall zwischen kongruent und inkongruent schmelzender Verbindung entsteht, wenn die Konzentrationen von u (Übergangspunkt) und V zusammenfallen.
Im gesamten Mischungsgebiet sind auch mehrere Verbindungen mit gegenseitigem Eutektikum oder Verbindungen vom Typus 2 in Kombination mit solchem vom Typus 3 möglich.

Typus 4: Die Komponenten sind im flüssigen Zustand nur partiell mischbar (monotektisches Gleichgewicht). Die Mischungslücke $S_1 - S_2$ führt zur Schichtenbildung. Nach beendigter Kristallisation enthält Schicht S_1 das Eutektikum, Schicht S_2 besteht aus B-Kristallen.

Oberhalb einer bestimmten Temperatur tritt in der flüssigen Phase schließlich vollständige Mischbarkeit auf (oberer kritischer Lösungspunkt).

Grenzfall: Vollständige Nichtmischbarkeit. Die Löslichkeitsgebiete beiderseits der Mischungslücke fallen fort, die beiden Schichten bestehen aus den reinen Komponenten.

Typus 5: Die Komponenten bilden eine Verbindung, die zu zwei Flüssigkeiten S_1 und S_2 schmilzt, entsprechend der Reaktion: $S_1 + S_2 \rightleftharpoons V$ (syntektisches Gleichgewicht).

Typus 6: Die Komponenten bilden eine lückenlose Mischkristallreihe, deren Schmelzintervalle liegen zwischen den Schmelzpunkten der Komponenten.

Typus 7: Lückenlose Mischkristallreihe mit Temperaturminimum, bzw. dem nicht dargestelten Fall eines Temperaturmaximums. Die Temperaturminima sind häufig mit einer Mischungslücke im festen Zustand, die Maxima mit dem Auftreten von Überstrukturen verbunden.

Typus 8: Begrenzte gegenseitige Mischkristallbildung der Komponenten. Eutektikum E aus zwei gesättigten Mischkristallen m_1 und m_2.

Typus 9: Begrenzte Mischkristallbildung der Komponenten mit peritektischer Reaktion.

$$\text{Schmelze } u + m_2 \rightleftharpoons m_1 \text{ (vgl. Typus 3)}$$

Der Mischkristall m_1 schmilzt inkongruent. Im Grenzfall (entsprechend Typus 3) fallen u und m_1 zusammen.

Typus 10: Es tritt eine kongruent schmelzende Verbindung auf (intermetallische Phase mit Homogenitätsbereich (β). Bei gleichzeitiger begrenzter Mischkristallbildung auf seiten der Komponenten entstehen drei Mischkristallgebiete α, β, γ getrennt durch zwei Mischungslücken $\alpha + \beta$ und $\beta + \gamma$.

Typus 11: Eine intermetallische Phase mit Homogenitätsbereich (β) schmilzt inkongruent. Peritektische Reaktion: Schmelze $u + m_2 \rightleftharpoons \beta$, entsprechend Typus 9. Im kristallisierten Zustand sind die Verhältnisse wie beim Typus 10.

Gelegentlich beobachtet man in flüssiger Phase noch das Auftreten einer geschlossenen Mischungslücke mit einem oberen und unteren kritischen Lösungspunkt (Typus 12).

In den folgenden Tabellen sind in den meisten Fällen nur für präparative Zwecke nutzbare eutektische Systeme aufgeführt. Die Zustandsdiagramme der Lösungsgleichgewichte sind entweder abgebildet oder nur durch Angabe der charakteristischen Punkte gekennzeichnet (siehe Abb. S. 1182).

In den Abschnitten „Lösungsgleichgewichte“ benutzte Bezeichnungen und Abkürzungen:

α, β, γ...	Mischkristallphasen
Bdk.	Bodenkörper
E	Eutektikum
F	Schmelzpunkt
F(I · 2II)	Schmelzpunkt einer Verbindung aus 1 Mol Komponente I und 2 Mol Komponente II
IF(I · II)	Inkongruenter Schmelzpunkt einer Verbindung aus 1 Mol Komponente I und 1 Mol Komponente II
L	flüssige Phasen (in den Diagrammen)
L	Löslichkeit
M. L.	Mischungslücke
mst.	metastabil
Ph.	Phase
U	Umwandlungspunkt einer Komponente
u bzw. *Ü*	Übergangspunkt
V	Verbindung

Bei Lösungsgleichgewichten mit Wasser:

F(6)	Schmelzpunkt des Bodenkörpers mit 6 Mol Kristallwasser
I (6 → 4)	Übergangspunkt vom Gebiet mit Bodenkörper aus Komponente I mit 6 Kristallwasser zum Gebiet mit Bodenkörper aus Komponente I mit 4 Kristallwasser.

4.2.6.1 Lösungsgleichgewichte zwischen zwei kondensierten Stoffen

4.2.6.1.1 Lösungsgleichgewichte zwischen zwei Elementen

Ag	960,5°	Lückenlos mb.	1063°	Au
Ag	960,5°	*E* = 95,3 Mol%, 262°	271°	Bi
Ag	960,5°	*E* ≈ 961°; Monotekt. Cr + 2 fl. Ph. (≈ 15 u. ≈ 96 Mol%) ≈ 1445°	(1800°)	Cr
Ag	960,5°	*E* 39,9 Mol%/779°; [α(14,1) + β(95,1 Mol%)]	1083°	Cu
Ag	960,5°	*E* 25,9 Mol%/651°; (α ≈ 9,6 Mol%)	945°	Ge
Ag	960,5°	*E* 97 Mol% /97°	97°	Na
Ag	960,5°	*E* 95,3 Mol%/304°; (α 0,8 Mol%) f. L_{max} 2,8 Mol% Pb ≈ 650°	327°	Pb
Ag	960,5°	Lückenlos mb.	1552°	Pd
Ag	960,5°	*E* 97,2 Mol%/291°; (α 5,1 Mol%) f. L_{max} 7,5 Mol%/555°; *U*(Tl) 232°	302°	Tl
Al	660°	*E* 2,5 Mol%/645°; *L* 20 Mol%/980°; – 40 Mol%/1090°; 90 Mol%/1225°	1280°	Be
Al	660°	*E* 99 Mol%/27°	29,8°	Ga
Al	660°	*E* 30 Mol%/424°(α ≈ 2,8 Mol%)	940°	Ge
Al	660°	*L* 10 Mol%/620°, 40 Mol%/575°, 80 Mol%/510° *E* ≈ 100 Mol%/– 38,9°	– 38,9°	Hg
Al	660°	*E* 4,7 Mol%/155° Monotekt. Al + 2 fl. Ph. (4,7 u. ≈ 89 Mol%)/≈ 637°	156°	In
Al	660°	nicht mischbar	97,5°	Na
Al	660°	Monotekt. Al + 2 fl. Ph. (0,2 u. 99,1 Mol%)/ 658°; *E* 99,1 Mol%/326,8°	327,3°	Pb
Al	660°	*E* 12,1 Mol%/577° (α 1,65 Mol%); α 1,30%/ 550°, 0,8%/480°, 0,29%/400°, 0,06%/300°, 0,008%/250°	1412°	Si
Al	660°	*L* 30 Mol%/590°, 60 Mol%/550°, 80 Mol%/ 470°/*E* 97,8 Mol%/228,3°	232°	Sn
Al	660°	nicht mischbar	302°	Tl
Al	660°	*E* 88,7 Mol%/382° (α 66,5 Mol%/ 275° (*ML* α_1(16,0)+ α_2 (59,4 Mol%) kr. Pkt. 351,5°/39,5 Mol%	419°	Zn
Ar	– 189,4°	lückenlos mb. Minimum 75 Mol%/– 210,3°	– 210,1°	N_2
Ar	– 189,4°	*ML* 79...90 Mol%/– 217,4°	– 218,7°	O_2
As	817°	*E* 99,5 Mol%/270,3°	271,3°	Bi

4.2.6.1.1 a Lösungsgleichgewichte zwischen zwei Elementen (Fortsetzung)

As	817°	*E* 7,4 Mol%/288°	327°	Pb
As	817°	lückenlos mb. (Min. 19,5 Mol%/605°);	630,5°	Sb
Au	1063°	*E* 27 Mol%/996° (α 23,5 Mol%)	1495°	Co
Au	1063°	lückenlos mb.; Min. 43,5 Mol%/889°; bei tieferer Temp. geordnete Atomverteilung; *F* AuCu 410°; *F* $AuCu_3$ 390°	1085°	Cu
Au	1063°	*E* 27 Mol%/356° (α 3,2 Mol%)	936°	Ge
Au	1063°	lückenlos mb.; (Min. 42 Mol%/950°	1453°	Ni
Au	1063°	lückenlos mb.; *L* 20 Mol%/1300°, 40 Mol%/ 1410°, 60 Mol%/1470°	1541°	Pd
Au	1063°	*E* ≈ 34 Mol%/360° (f. α 0,64 Mol%); *IF* $AuSb_2$ 460° (*Ü* ≈ 66 Mol%)	630,5°	Sb
Au	1063°	*L* 20 Mol%/840°, *E* ≈ 31 Mol%/370°; *L* 60 Mol%/1150°	1412°	Si
Au	1063°	*E* 72,3 Mol%/131°	302°	Tl
Be	1282°	*E* ≈ 33 Mol%/1090°	1412°	Si
Bi	271°	*E* ≈ 45 Mol%/144°	321°	Cd
Bi	271°	*E* ≈ 90 Mol%/258° Monotekt. Co + 2 fl. Ph (~ 20 u. ~ 98 Mol%) 1345°	1495°	Co
Bi	271°	nicht mischbar	1553°	Cr
Bi	271°	*E* 0,5 Mol%/270°; *L* 20 Mol%/670°, 40 Mol%/800°, 70 Mol%/870°	1083°	Cu
Bi	271°	nicht mischbar	1536°	Fe
Bi	271°	*E* $2 \cdot 10^{-2}$ Mol%/271° *L* 1,5 Mol%/600°, 10 Mol%/700°, 22 Mol%/800°, 40 Mol%/850°, 80 Mol%/885°	938°	Ge
Bi	271°	*E* ~ 99 Mol%/– 39,2°	– 38,9°	Hg
Bi	271°	lückenlos mb.	630,5°	Sb
Bi	271°	Monotekt. Si + 2fl. Ph. (≈ 4 u. ≈ 95 Mol%) 1393°	1412°	Si
Bi	271°	*E* 43 Mol%/139° (α, 86,9 Mol%)	231,9°	Sn
Bi	271°	*E* ≈ 8,1 Mol%/254°; Monotekt. 2 fl. Ph. + Zn (47 u. 99,4 Mol%) 416°	419°	Zn
Ca	848°	*E* ~ 99 Mol%/97,5° Monotekt. 2 fl. Ph + Ca (22,1 u. 95,9 Mol%)	97,5°	Na
Cd	321°	*E* 2,9 Mol%/319°; *L* 5 Mol%/560°, 20 Mol%/700°, 50 Mol%/800°, 80 Mol%/875°	938°	Ge
Cd	321°	*E* 74 Mol%/123° (β 83 Mol%)	151°	In
Cd	321°	*E* 72 Mol%/248° (α 0,14; β 94 Mol%)	327°	Pb
Cd	321°	*E* 66,54 Mol%/177°, HT-V 95 Mol%	232°	Sn
Cd	321°	*E* 72,8 Mol%/203,5°	302°	Tl
Cd	321°	*E* 26,5 Mol%/266° (α 5,01, β 98,7 Mol%)	419,5°	Zn
Co	1495°	*Ü* 94,5 Mol%/1110°, β 10, α 12 Mol%	1083°	Cu
Co	1495°	Monotekt.Co + 2 fl. Ph. 1438°; (2 u. 99 Mol%)	327°	Pb
Cr	1550°	Monotekt. Cr + 2 fl. Ph. (≈ 6 u. ≈ 58 Mol%/1470°; *E* ≈ 98,2 Mol%/1075°	1083°	Cu
Cr	1857°	Monotekt.; Cr + 2 fl. Ph./1470° (≈ 9 u. 60 Mol%) *E* 327°	327°	Pb
Cr	1857°	Monotekt.; Cr + 2 fl. Ph./~ 1430° *E* 232°	232°	Sn
Cs	28,4	lückenlos mb.; Min. bei 50 Mol%/–37,5°	63,6°	K
Cs	28,4°	lückenlos mb.; Min. 50 Mol%/9°	38,9°	Rb
Cu	1083°	*Ü* 3,9 Mol%/1094° (α 4,8 Mol% β 94 Mol%)	1536°	Fe
Cu	1083°	*E* ~ 99 Mol%/179°	179,4°	Li
Cu	1083°	Monotekt. Cu + 2 fl. Ph. (14,7 u. 67 Mol%)/954°;	327°	Pb
Ga	29,8°	degeneriertes *E* ≈ 29,8°	937°	Ge
Ga	29,8°	Monotekt.; Ga + 2 fl. Ph./~ 28° (≈ 5 u. 97 Mol%)	– 38,9°	Hg

4.2.6.1.1 a Lösungsgleichgewichte zwischen zwei Elementen (Fortsetzung)

Ga	29,8°	*E* 16,5 Mol%/15,7°; *β* 81,7 Mol%	156°	In
Ga	29,8°	Monotekt.; Pb + 2 fl. Ph./317° (≈ 5 u. 86.5 Mol%)	327°	Pb
Ga	29,9°	*E* 5 · 10^{-8} Mol%/29,9°; *L* 5 Mol%/800°, 18 Mol%/1000°, 40 Mol%/1150°, 60 Mol%/1230°, 80 Mol%/1300°	1412°	Si
Ga	29,8°	*E* ≈ 5 Mol%/≈ 20°	232°	Sn
Ga	29,8°	*E* ≈ 5 Mol%/25°; *L* 20 Mol%/140°	419°	Zn
Ge	937°	*L* 40 Mol%/790°, 80 Mol%/600°; *E* 156°	156°	In
Ge	937°	*L* 80 Mol%/810°, 95 Mol%/780°; *E* 327°	327°	Pb
Ge	937°	*E* ≈ 83 Mol%/590°	630,5°	Sb
Ge	937°	lückenlos mb.	1412°	Si
Ge	937°	*L* 40 Mol%/800°, 80 Mol%/600°, 95 Mol%/ 400°; *E* nahe *F* Sn	232°	Sn
Ge	937°	*E* 94,5 Mol%/398°	419°	Zn
Hg	–38,9°	*E* ≈ 0,5 Mol%/– 37,6°; IF bleireich;	327°	Pb
Hg	–38,9°	*E* ≈ 0,5 Mol%/34,6°; IF zinnreich; 90°	232°	Sn
In	156°	*E* 2 · 10^{-8} Mol%/156°; *L* 5 Mol%/1100°, 10 Mol%/1200°, 30 Mol%/1300°, 80 Mol%/1350°	1412°	Si
In	156°	*E* 4,8 Mol%/143,5° (*α* 2,5 Mol%); *L* 20 Mol%/283°, 50 Mol%/350,5°, 90 Mol%/380°	419°	Zn
I_2	113°	*E* 89,2 Mol%/65,6°	119,6°	S
I_2	113°	*E* 66,7 Mol%/58°	218,5°	Se
K	63°	*E* 34 Mol%/– 12,5°; *IF*(KNa_2) 6,6° (*Ü* ≈ 58,2 Mol%)	97,5°	Na
K	63,6°	lückenlos mb.; Min. ≈ 70 Mol%/34°	38,9°	Rb
K	63,6°	*E* 63°, syntekt.; I · 13II → 2 fl. Ph./590°	419°	Zn
Kr	–156,6°	lückenlos mb.; Min. ≈ 70 Mol%/–220,8°	–218,8°	O_2
La	921°	*E* 17 Mol%/~ 715° monotekt.; Mn + 2 fl. Ph./1090° (60 u. 86 Mol%)	1246°	Mn
Li	179,4°	Monotekt. Li + 2 fl. Ph. (3,8 u. 86,9 Mol%)/171°; *E* ≈ 96,3 Mol% 93,4°	97,5°	Na
Mg	650°	Monotekt.; Mg + 2 fl. Ph. (2,1 u. 98,6 Mol%)/638°	97,5°	Na
N_2	– 210,1°	*E* 77,5 Mol%/– 223,1° (*α* 69, *β* 84,3 Mol%)	– 219,1°	O_2
Na	97,5°	*E* 75,5 Mol%/– 5°	38,9°	Rb
Nb	2477°	*E* 82 Mol%/1435°	1750°	Th
Pb	327°	*E* 17,5 Mol%/252° (*ML*, *α* 5,8 u. *β* 97 Mol%); f. *L* 0,75 Mol%/100°	630,5°	Sb
Pb	327°	*E* 73,9 Mol%/183° (*ML*, *α* 29 u. *β* 98,5 Mol%) f. *L* 11%/150°, 4%/100°, 2%/20°	232°	Sn
S	119,6°	*E* ≈ 2 Mol%/≈ 107° (*α* 1 u. *β* 84 Mol%); *L* 10 Mol%/295°; 30 Mol%/362°	453°	Te
Sb	630,5°	*E* 0,3 Mol%/630°; *L* 10 Mol%/1090°, 20 Mol%/1220°, 40 Mol%/1260°, 70 Mol%/1315°	1412°	Si
Se	220°	lückenlos mb.	453°	Te
Si	1412°	degeneriertes *E* 232°	232°	Sn
Sn	232°	*E* 15 Mol%/198° (*α* 2 u. *β* 99,4 Mol%)	419,4°	Zn
Th	1750°	*E* ≈ 40 Mol%/1190°	1668°	Ti
Th	1750°	*E* ≈ 19 Mol%/1400°	1905°	V
Ti	1720°	lückenlos mb.; Min. bei ≈ 35 Mol%/≈ 1615°; *U* *α* ⇌ *β* Ti 882°; *U* *α* ⇌ *β* Zr 865°; *α*-Ti mit *α*-Zr lückenlos mb.; Min. ≈ 51 Mol%/≈ 530°	1860°	Zr

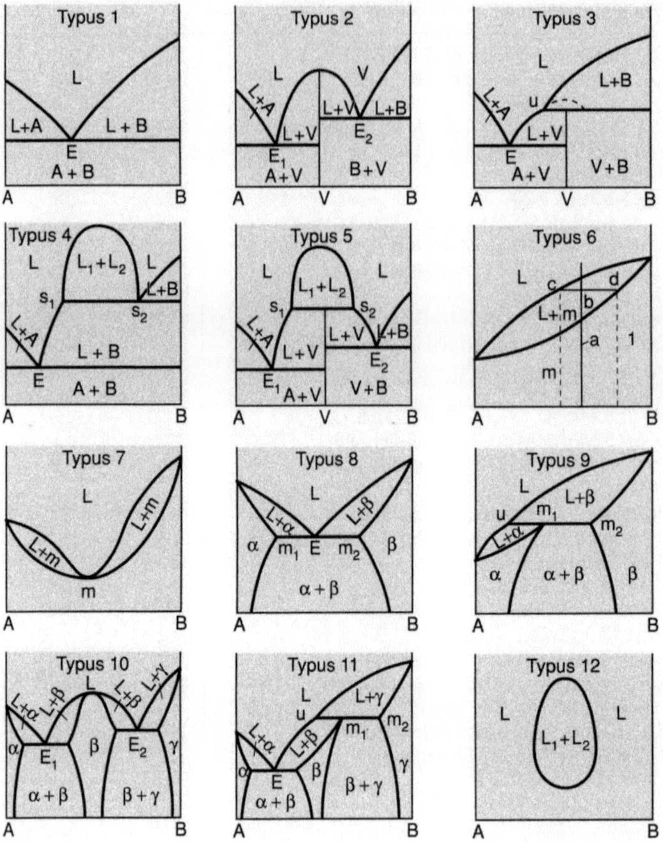

Die zwölf Lösungsgleichgewichte

4.2.6.1.1b Abgebildete binäre Systeme

Al-Cu (0–20 Gew.-%; 94–100 Gew.-%)	1a, b	Cu-P (0–16 Gew.-% P)	23
Al-Fe (0–0,04 Gew.-% Fe)	2	Cu-Si	24
Al-Mg	3	Cu-Sn (0–40 Gew.-% Sn)	25
Al-Mn (20–100 Gew.-% Mn)	4	Cu-Zn	26
Al-Ni	5	Fe-Mn	27
Al-Ti (0–40 Gew.-% Al)	6	Fe-Mo	28
Al-Zn	7	Fe-N (0–9 Gew.-% N)	29
Be-Cu (0–20 Gew.-% Be)	8	Fe-Ni	30
Bi-Pb (0–60 Gew.-% Bi)	9	Fe-O_2 (0–32 Gew.-% O_2)	31
C-Cr (0–12 Gew.-% Cr)	10	Fe-P (0–33 Gew.-% P)	32
C-Fe (0–7 Gew.-% Fe)	11	Fe-S	33
Ce-Fe	12	Fe-Si	34
Co-Fe	13	Fe-Ti	35
Co-Ni	14	Fe-V	36
Co-W (0–50 Mol.-% W)	15	Fe-Zr	37
Cr-Fe	16	H-Pd	38
Cr-Mn	17	Mg-Zn	39
Cr-Ni	18	Mn-N (0–14 Gew.-% N)	40
Cu-Fe	19	Mn-Ni (0–50 Gew.-% Mn)	41
Cu-Mg	20	Mo-Ni (0–50 Gew.-% Mo)	42
Cu-Mn	21	Ni-Si (0–10 Gew.-% Si)	43
Cu-O (0–1,8 Gew.-% O)	22		

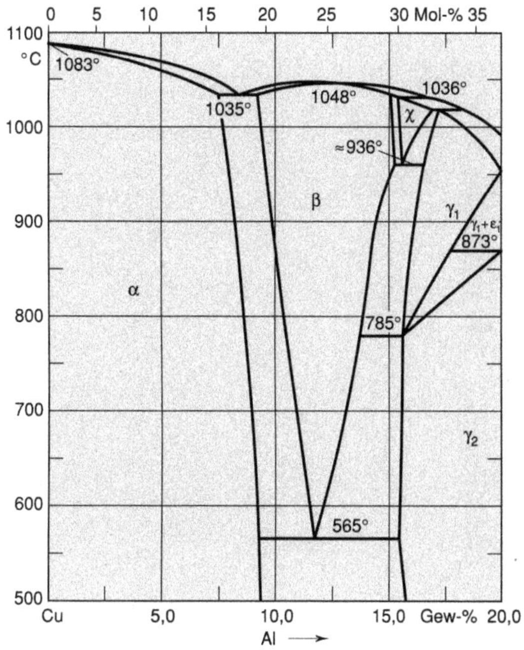

Abb. 1 a

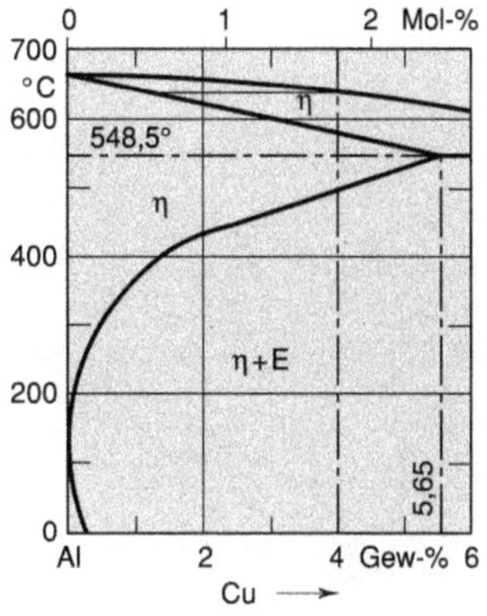

Abb. 1 b

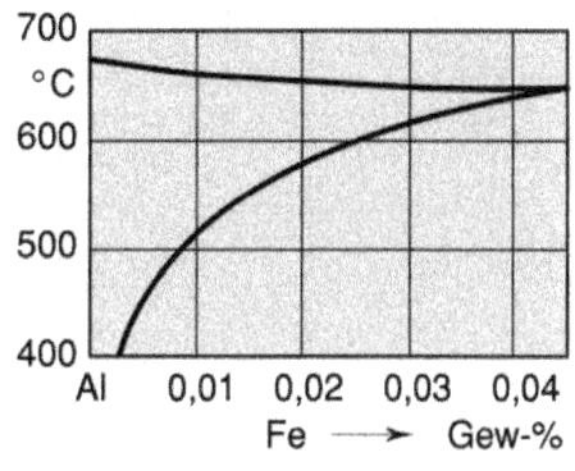

Abb. 2

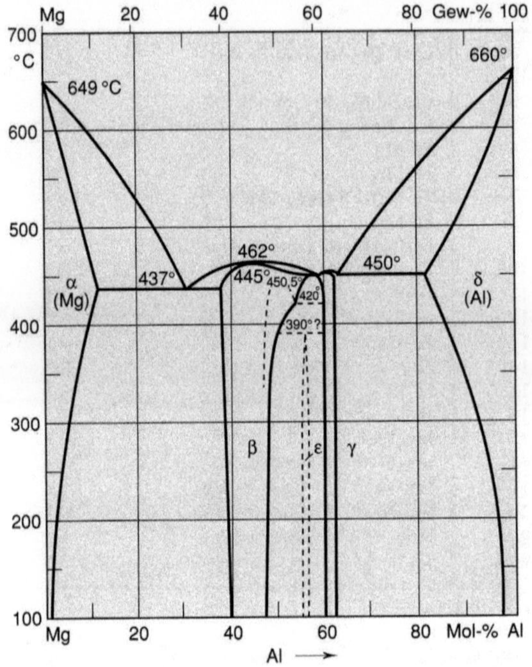

Mg
20
40
60
80 Gew-% 100
700
°C
660°
649 °C
600
500
462°
437°
445°
450,5°
450°
α
(Mg)
420°
δ
(Al)
400
390°?
300
β
ε
γ
200
100
Mg
20
40
60
80 Mol-% Al
Al

Abb. 3

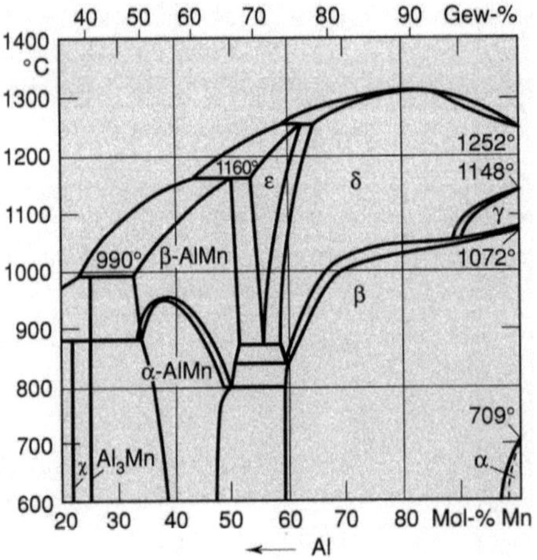

40
50
60
70
80
90
Gew-%
1400
°C
1300
1252°
1200
1160°
ε
δ
1148°
1100
γ
990°
β-AlMn
1072°
1000
β
900
α-AlMn
800
709°
700
χ
Al_3Mn
α
600
20
30
40
50
60
70
80 Mol-% Mn
Al

Abb. 4

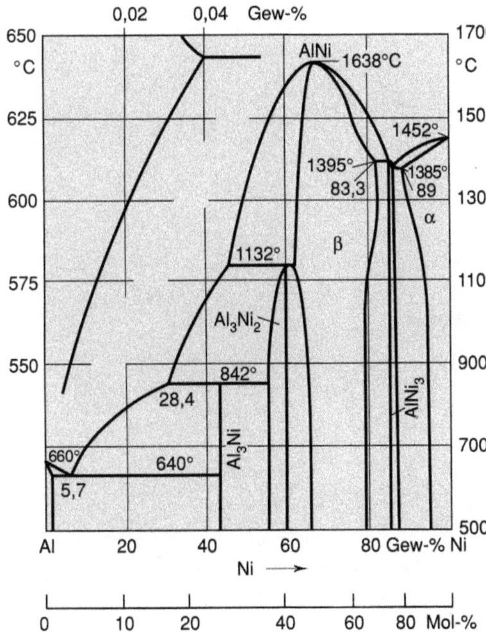

Abb. 5

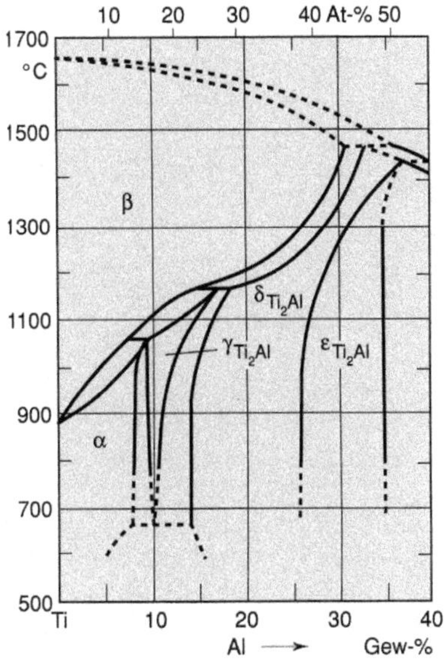

Abb. 6

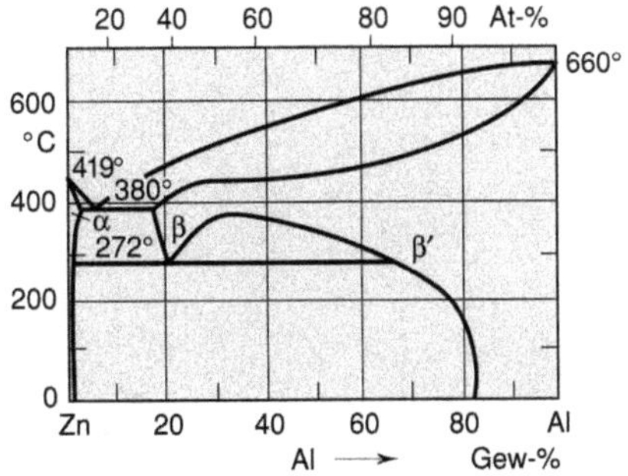

Abb. 7

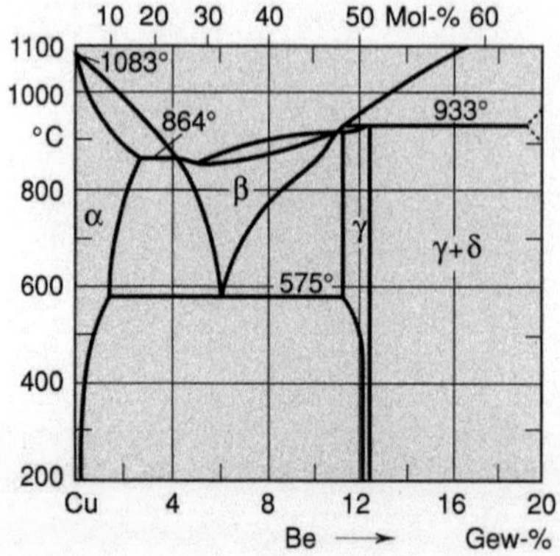

Abb. 8

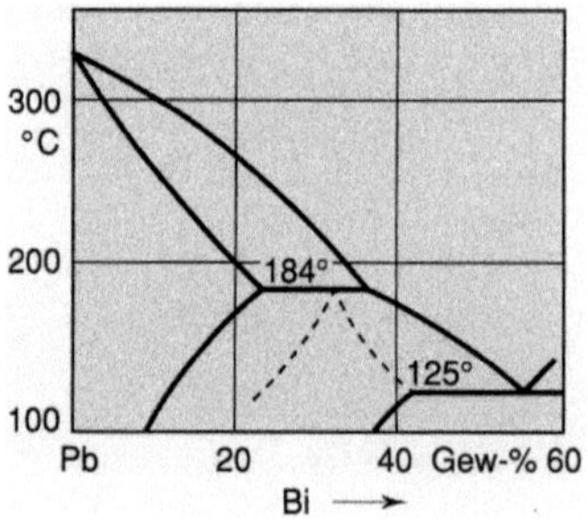

Abb. 9

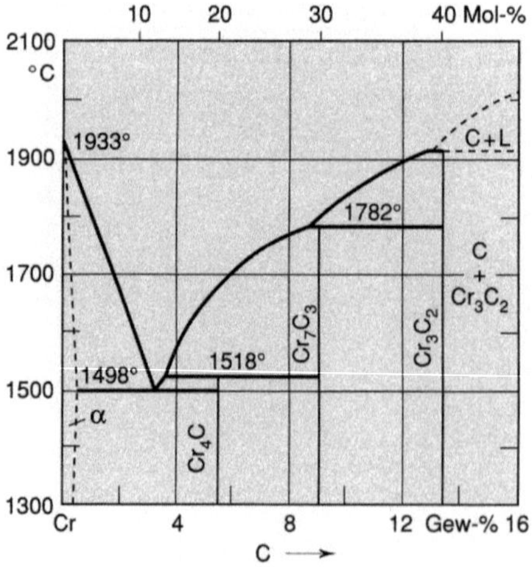

Abb. 10

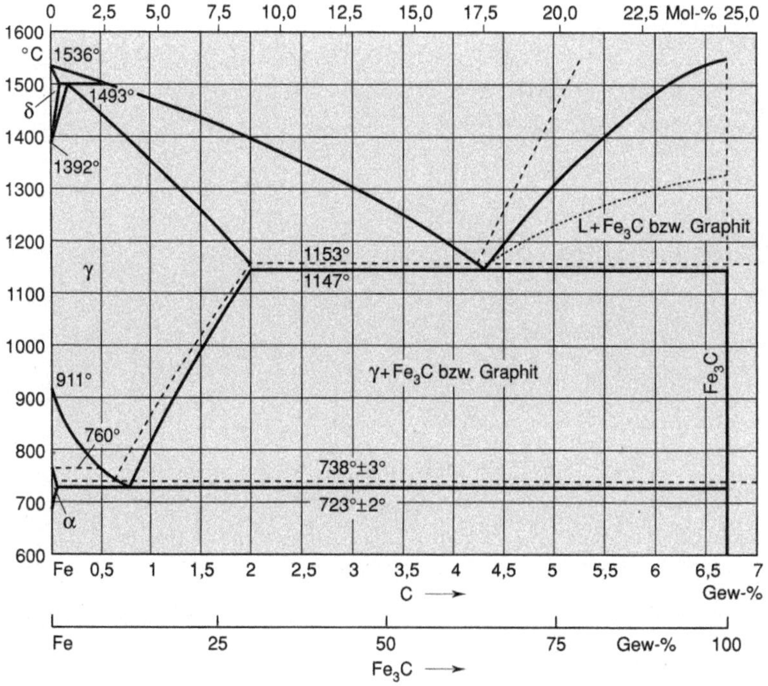
0 2,5 5,0 7,5 10,0 12,5 15,0 17,5 20,0 22,5 Mol-% 25,0
1600 °C 1500 1400 1300 1200 1100 1000 900 800 700 600
1536°
1493°
δ
1392°
γ
1153°
1147°
L+Fe3C bzw. Graphit
γ+Fe3C bzw. Graphit
Fe3C
911°
760°
738°±3°
723°±2°
α
Fe 0,5 1 1,5 2 2,5 3 3,5 4 4,5 5 5,5 6 6,5 7
C ⟶ Gew-%
Fe 25 50 75 Gew-% 100
Fe3C ⟶

Abb. 11

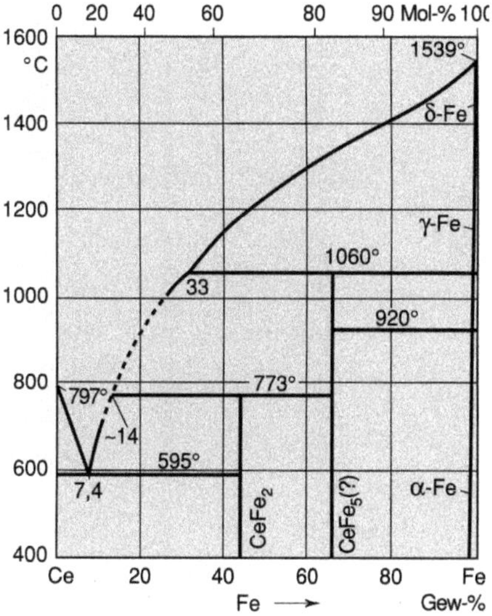
0 20 40 60 80 90 Mol-% 100
1600 °C 1400 1200 1000 800 600 400
1539°
δ-Fe
γ-Fe
1060°
33
920°
797°
773°
~14
595°
7,4
CeFe2
CeFe5(?)
α-Fe
Ce 20 40 60 80 Fe
Fe ⟶ Gew-%

Abb. 12

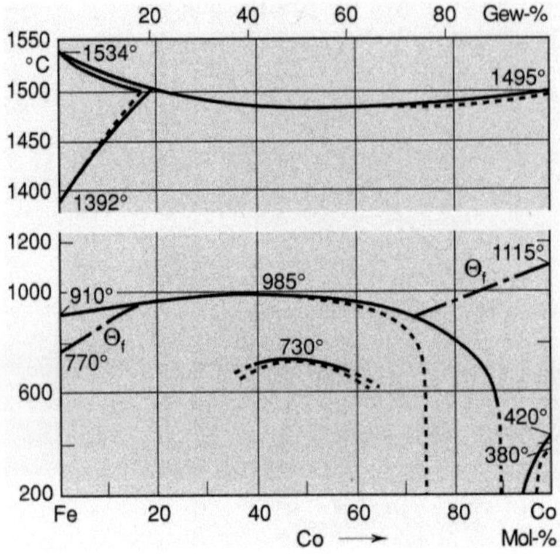

Abb. 13

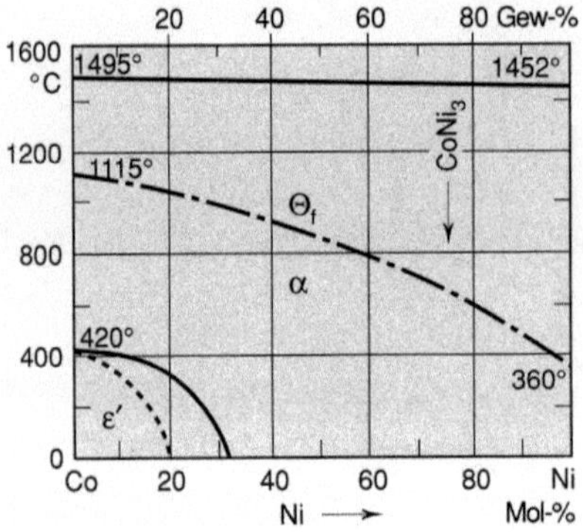

Abb. 14

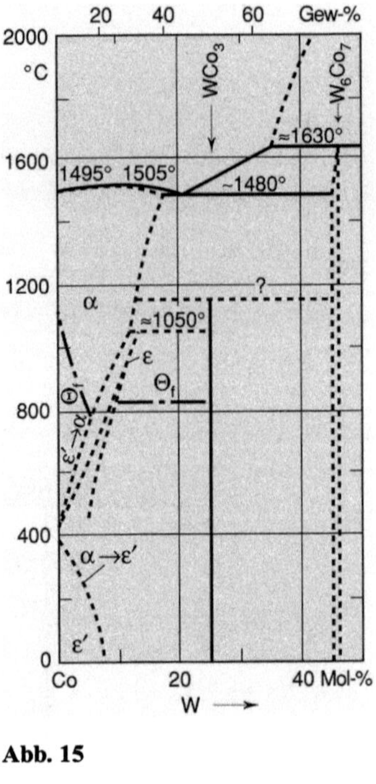

Abb. 15

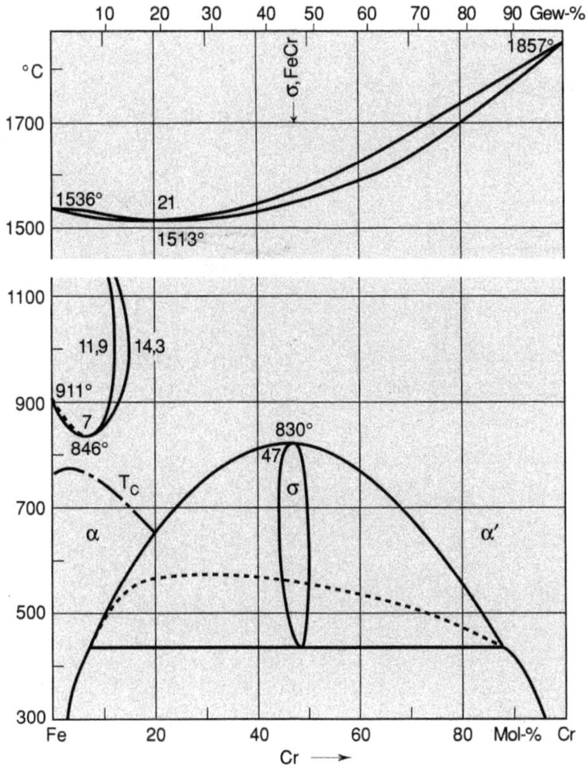

Abb. 16

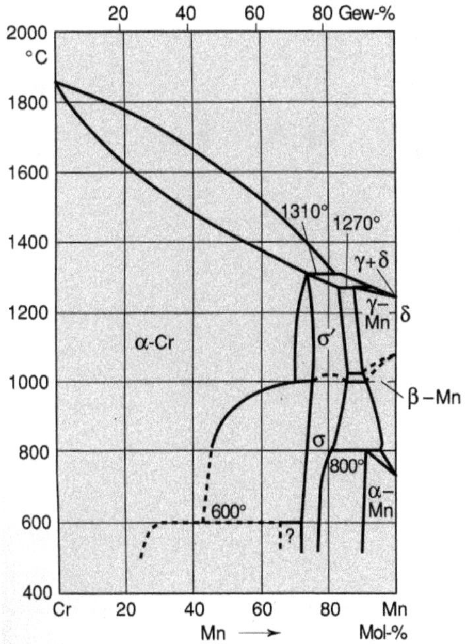

Abb. 17

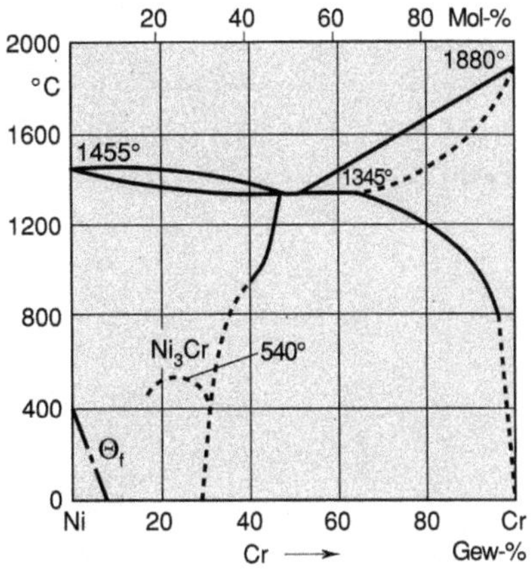

Abb. 18

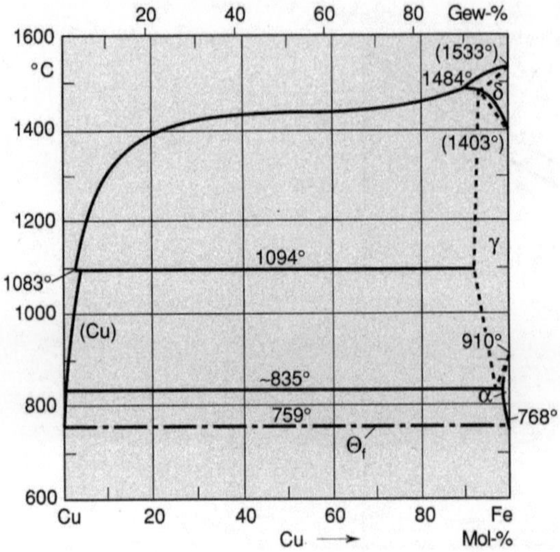

Abb. 19

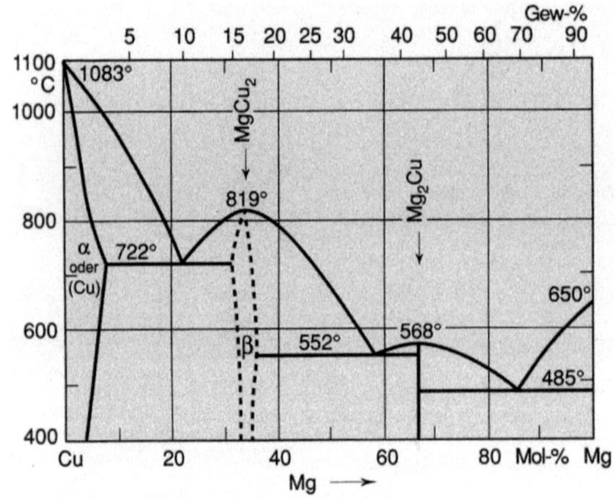

Abb. 20

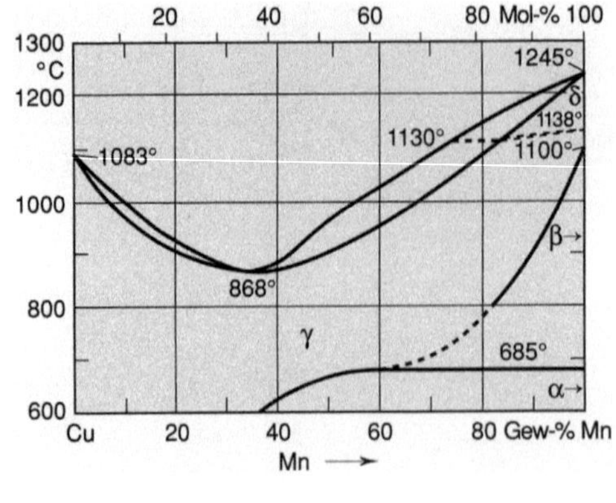

Abb. 21

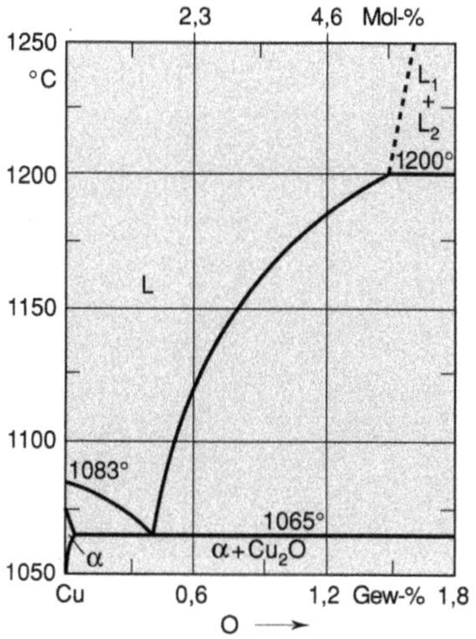

Abb. 22

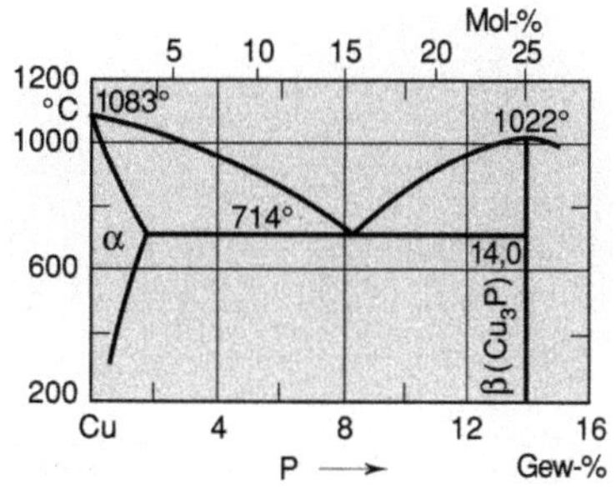

Abb. 23

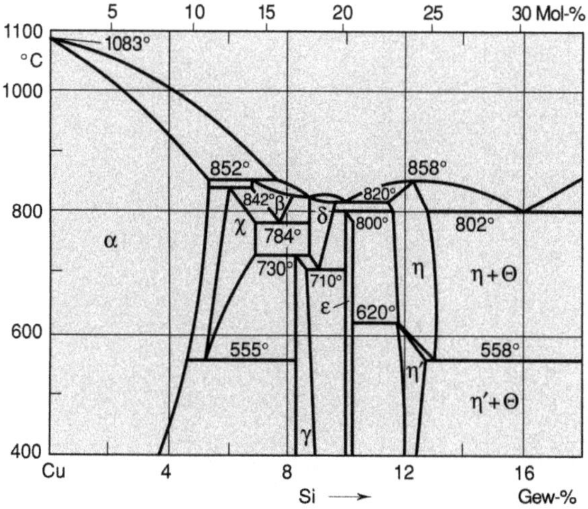

Abb. 24

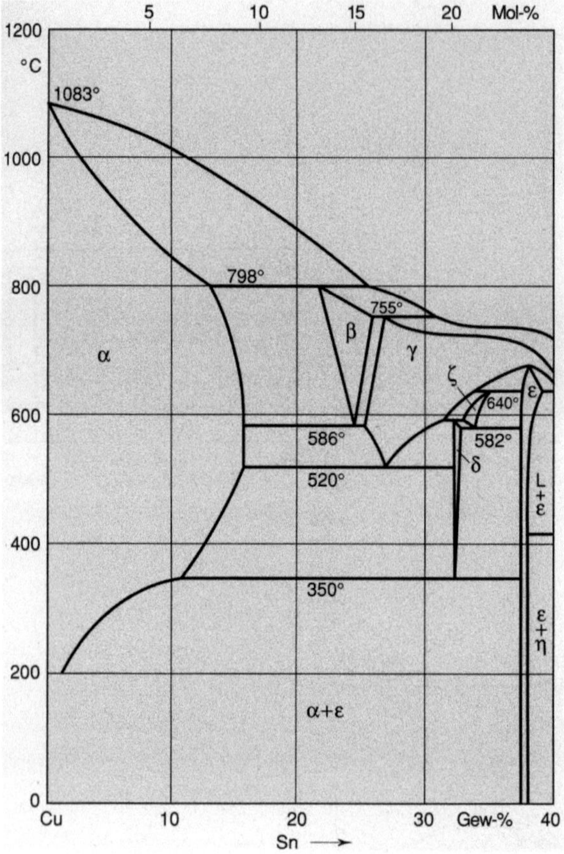
5
10
15
20
Mol-%
1200
°C
1083°
1000
800
798°
755°
β
γ
α
ζ
ε
640°
600
586°
582°
δ
520°
L+ε
400
350°
ε+η
200
α+ε
0
Cu
10
20
30
Gew-%
40
Sn

Abb. 25

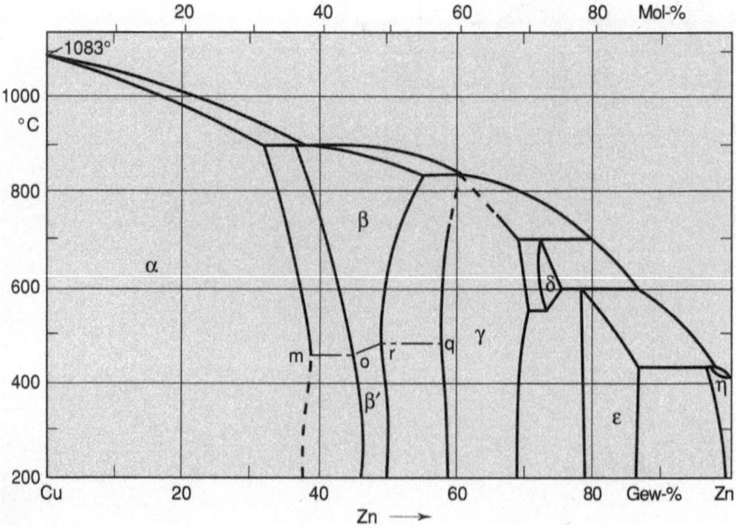
20
40
60
80
Mol-%
1083°
1000
°C
800
β
α
600
δ
m
o
r
q
γ
400
β′
η
ε
200
Cu
20
40
60
80
Gew-%
Zn
Zn

Abb. 26

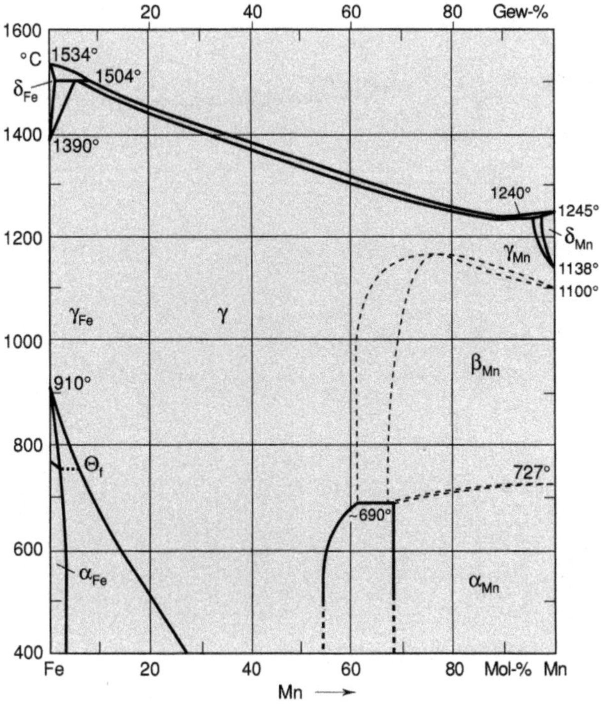
20
40
60
80
Gew-%
1600
°C
1534°
1504°
δFe
1400
1390°
1240°
1245°
δMn
1200
γMn
1138°
1100°
γFe
γ
1000
βMn
910°
800
Θf
727°
~690°
600
αFe
αMn
400
Fe
20
40
60
80
Mol-%
Mn
Mn

Abb. 27

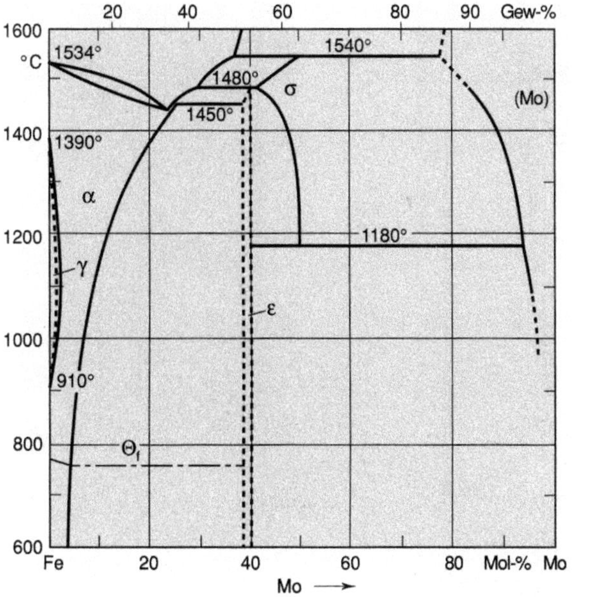
20
40
60
80
90
Gew-%
1600
°C
1534°
1540°
1480°
σ
(Mo)
1450°
1400
1390°
α
1200
1180°
γ
ε
1000
910°
800
Θf
600
Fe
20
40
60
80
Mol-%
Mo
Mo

Abb. 28

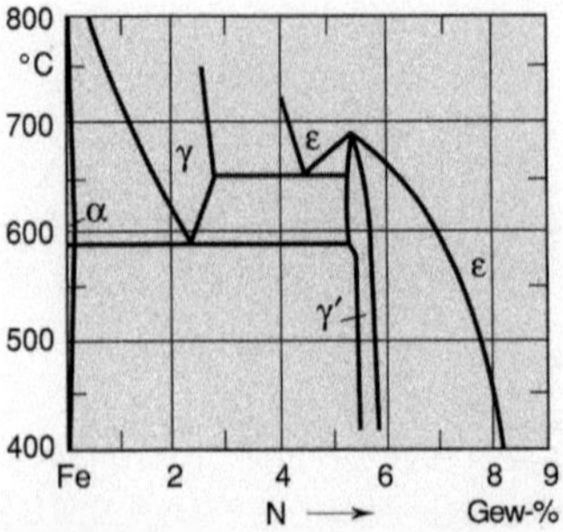

Abb. 29

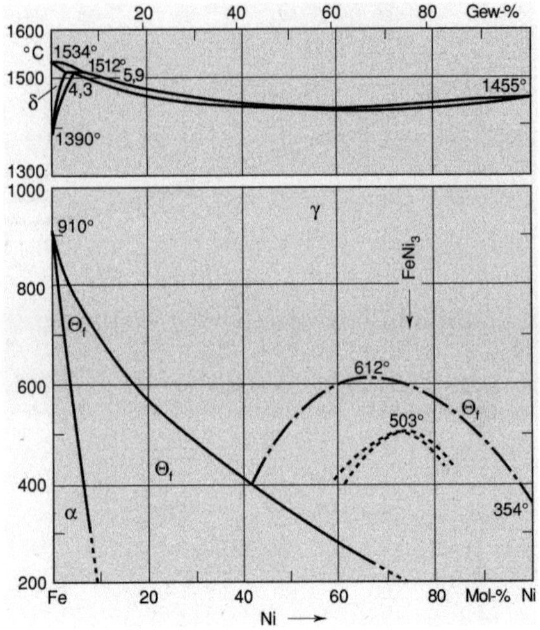

Abb. 30

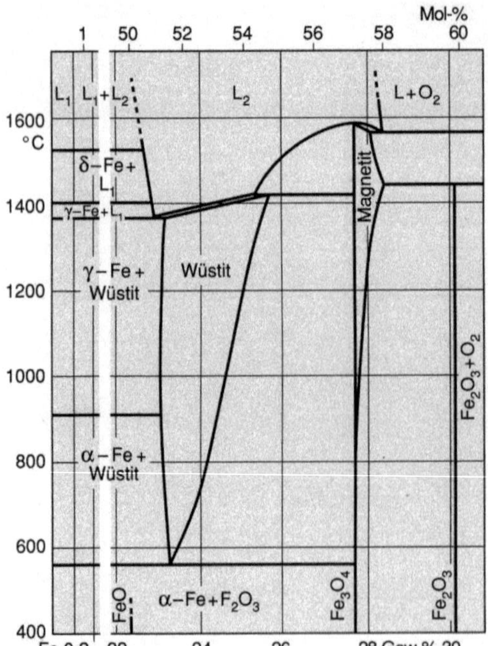

Abb. 31

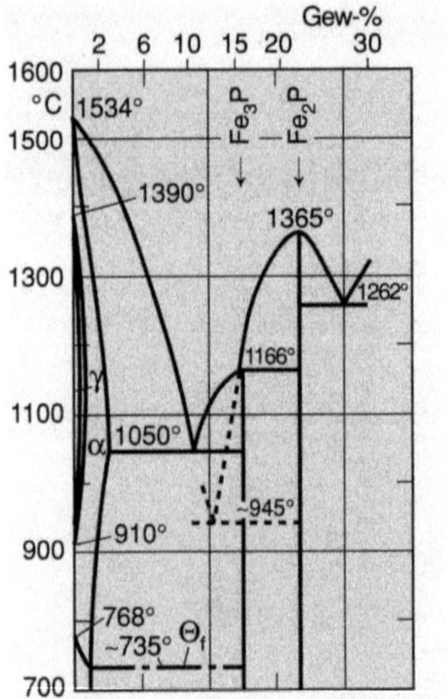

Abb. 32

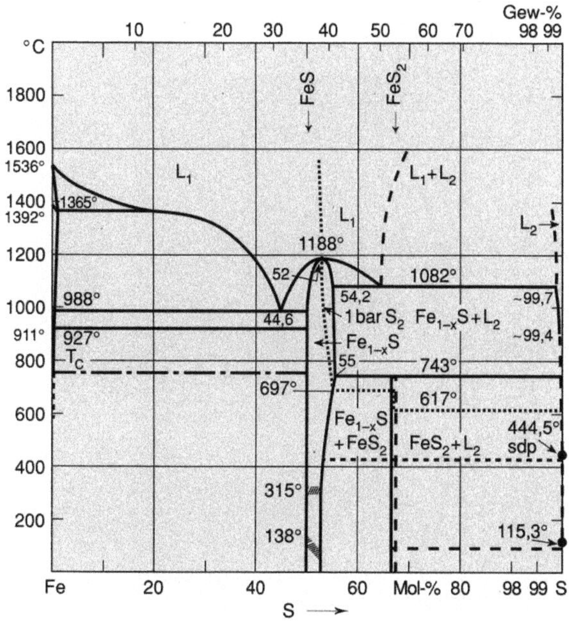
Gew-%
10
20
30
40
50
60
70
98 99
°C
1800
1600
1536°
1400
1392°
1200
1000
911°
800
600
400
200
FeS
FeS2
L1
L1+L2
L1
L2
1365°
1188°
52
1082°
988°
54,2
~99,7
44,6
1 bar S2
Fe1-xS+L2
927°
Fe1-xS
~99,4
TC
55
743°
697°
617°
Fe1-xS
+FeS2
FeS2+L2
444,5°
sdp
315°
138°
115,3°
Fe
20
40
60
Mol-%
80
98
99
S
S

Abb. 33

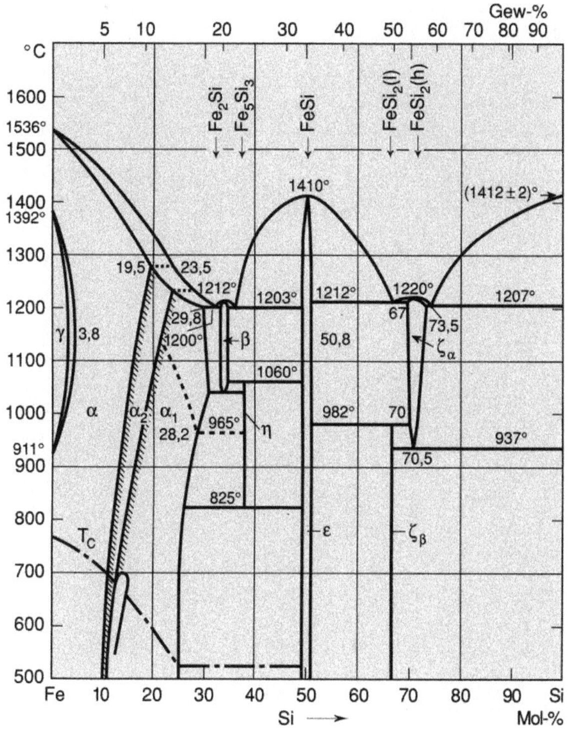
Gew-%
5
10
20
30
40
50
60
70
80
90
°C
1600
1536°
1500
1400
1392°
1300
1200
1100
1000
911°
900
800
700
600
500
Fe2Si
Fe5Si3
FeSi
FeSi2(l)
FeSi2(h)
1410°
(1412±2)°
19,5
23,5
1212°
1203°
1212°
1220°
1207°
29,8
67
73,5
γ
3,8
1200°
β
50,8
ζα
1060°
α
α2
α1
965°
η
982°
70
28,2
937°
70,5
825°
TC
ε
ζβ
Fe
10
20
30
40
50
60
70
80
90
Si
Si
Mol-%

Abb. 34

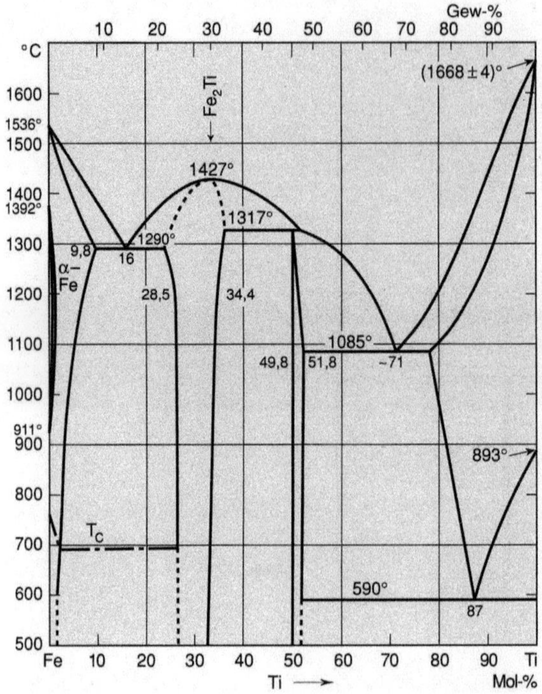
Gew-%
°C
Fe_2Ti
(1668 ± 4)°
1536°
1427°
1392°
1317°
1290°
9,8
16
α-Fe
28,5
34,4
1085°
49,8
51,8
~71
911°
893°
T_C
590°
87
Fe
Ti
Ti
Mol-%

Abb. 35

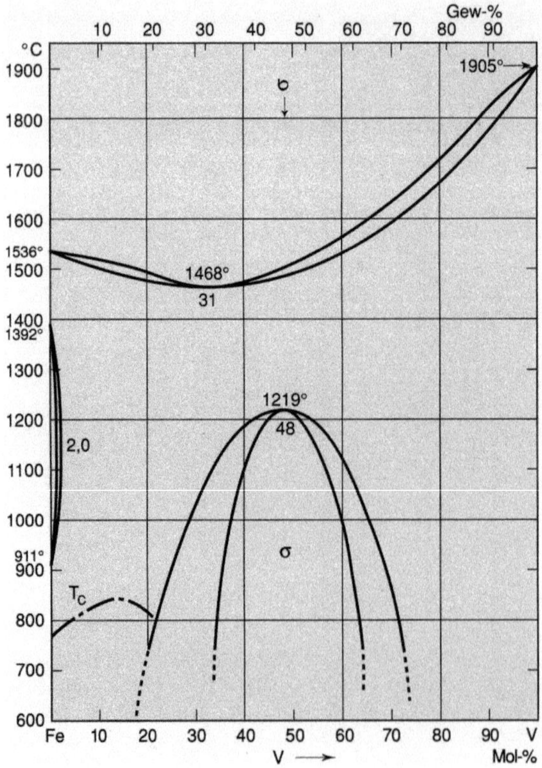
Gew-%
°C
σ
1905°
1536°
1468°
31
1392°
1219°
48
2,0
σ
911°
T_C
Fe
V
V
Mol-%

Abb. 36

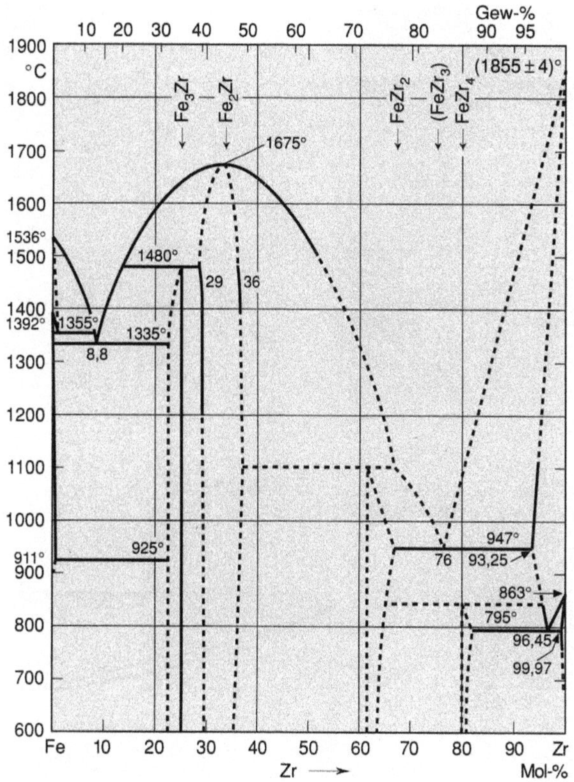
Gew-%
10 20 30 40 50 60 70 80 90 95
1900
°C
1800
1700
1600
1536°
1500
1400
1392°
1300
1200
1100
1000
911°
900
800
700
600
Fe₃Zr
Fe₂Zr
FeZr₂
(FeZr₃)
FeZr₄
(1855 ± 4)°
1675°
1480°
29
36
1355°
1335°
8,8
925°
947°
76
93,25
863°
795°
96,45
99,97
Fe 10 20 30 40 50 60 70 80 90 Zr
Zr
Mol-%

Abb. 37

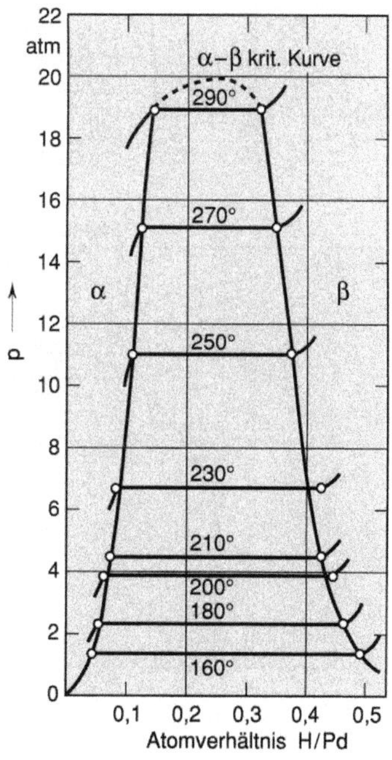
22
atm
20
18
16
14
12
10
8
6
4
2
0
p
α–β krit. Kurve
290°
270°
250°
230°
210°
200°
180°
160°
α
β
0,1 0,2 0,3 0,4 0,5
Atomverhältnis H/Pd

Abb. 38

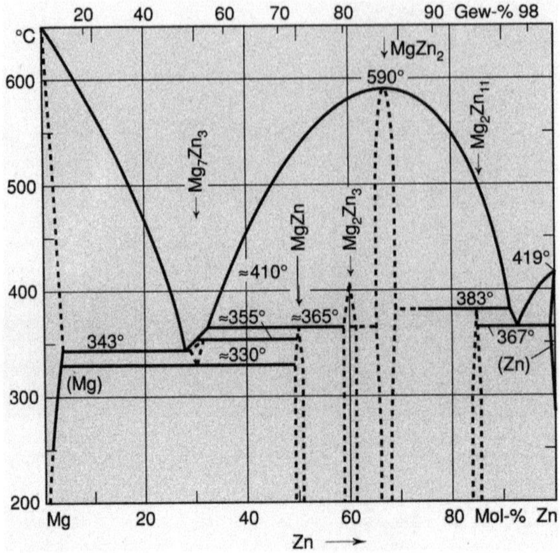

Abb. 39

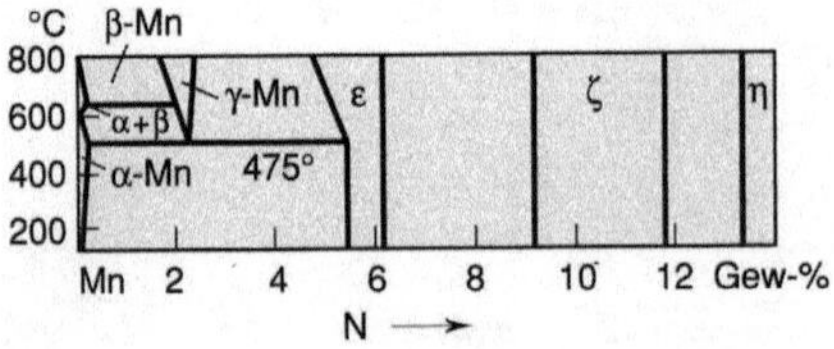

Abb. 40

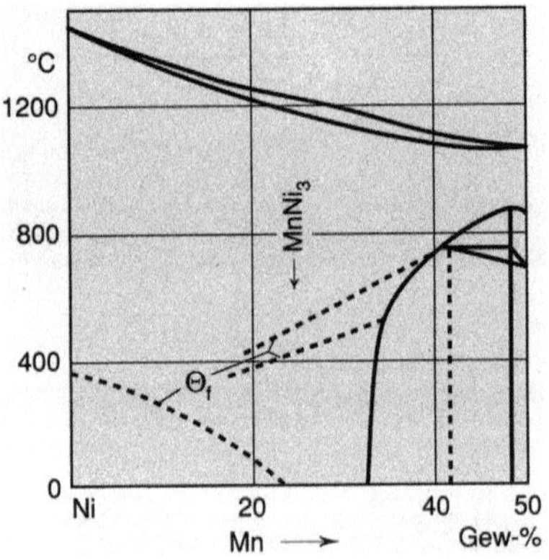

Abb. 41

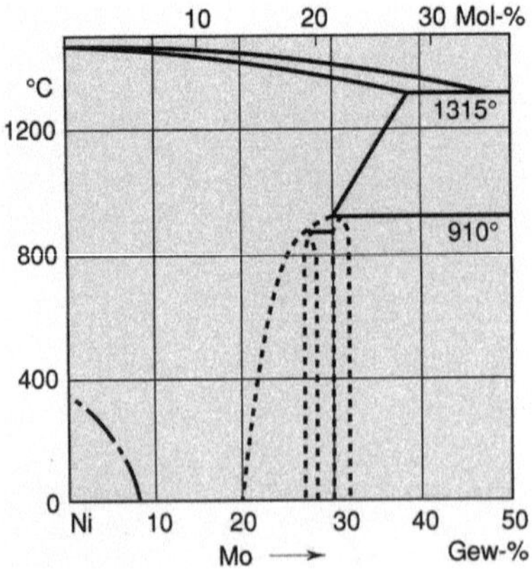

Abb. 42

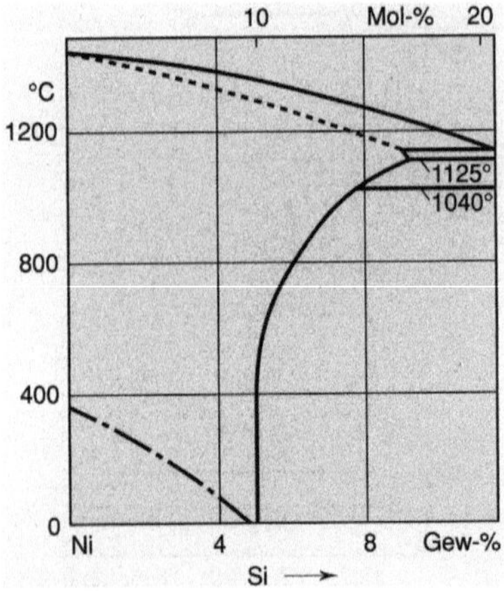

Abb. 43

4.2.6.1.2 Lösungsgleichgewichte zwischen anorganischen Verbindungen

4.2.6.1.2.1 Lösungsgleichgewichte zwischen anorganischen Verbindungen mit Ausnahme von H_2O und anorganischen Flüssigkeiten (Schmelzgleichgewichte)

Verbindung I		Angaben über die Liquiduskurve und das Zustandsdiagramm in % (= Gew.%) oder Mol% der Verbindung II, Temperaturangaben in °C	Verbindung II	
Formel	F in °C		F in °C	Formel
AgBr	427	lückenlos mb.; Min. 35 Mol%/413°	455	AgCl
AgBr	427	lückenlos mb.; Min. 22,5 Mol%/364°	558	AgI
AgBr	427	*E* 32 Mol%/285°	734	KBr
AgBr	427	lückenlos mb., < 300° ML	747	NaBr
AgCl	455	*E* 53 Mol%/264°	558	AgI
AgCl	455	*E* 59,6 Mol%/376°	837	Ag_2S
AgCl	455	*E* 18,6 Mol%/450°	773	$CaCl_2$
AgCl	455	*E* 54 Mol%/260°	424	CuCl
AgCl	455	*E* 12,6 Mol%/≈ 272°	277	$HgCl_2$
AgCl	455	*E* 30 Mol%/306°	771	KCl
AgCl	455	*E* 80 Mol%/245°		NH_4Cl
AgCl	455	lückenlos mb.	801	NaCl
AgCl	455	*E* 40 Mol%/251°	720	RbCl
AgI	558	*E* 26,8 Mol%/235°	645	CsCl
AgI	558	lückenlos mb.; Min. 50 Mol%/500°	595	CuI
AgI	558	*E* 89,5 Mol%/245°	257	HgI_2
AgI	558	*IF*(4I · II/253°; *E* 29,5 Mol%/238° *IF*(I · 2II) 130°	681	KI
AgI	558	*ML*/7–95,5 Mol%; T_{Kr} 50 Mol%/706°	550	LiBr
AgI	558	lückenlos mb.; Min. 80 Mol%/437°	469	LiI
AgI	558	*E* 9 Mol%/477°	747	NaBr
AgI	558	*E* 50 Mol%/394°	660	NaI
AgI	558	*E* 15 Mol%/370°	720	RbCl
$AgNO_3$	210	*U*(I) 159°; *E* 2 Mol%/205°; *U*(II) 412°	660	Ag_2SO_4
$AgNO_3$	210	*U*(I) 159°; *E* 25 Mol%/171,5°	255	$LiNO_3$
$AgNO_3$	210	*E* 4 Mol%/197°	zers.	$Pb(NO_3)_2$
Ag_2S	837	lückenlos mb.; Min 63 Mol%/640°	1127	Cu_2S
Ag_2S	837	*E* 25,8 Mol%/610°	1190	FeS
Ag_2S	837	*E* 23,5 Mol%/630°	1113	PbS
Ag_2S	837	*E* 9,6 Mol%/807°	1722	ZnS
Ag_2SO_4	660	*E* 36 Mol%/583°	1135	$CdSO_4$
Ag_2SO_4	660	*U*(I) 420°; lückenlos mb.; *U*(II) 240°	884	Na_2SO_4
$AlBr_3$	97,1	*E* 42 Mol%/76°	192,5	$AlCl_3$
$AlBr_3$	97,1	*E* 77 Mol%/20°	30	$SnBr_4$
$AlCl_3$	192,5	*E* 90 Mol%/69°	73	$SbCl_3$
AlF_3	–	*E* 64 Mol%/828	1418	CaF_2
AlI_3	191	*E* 67 Mol%/94°	113,6	I_2
$AlLi_3F_6$	785	lückenlos mb.; Min. 35 Mol%/≈ 730°	1012	$AlNa_3F_6$
$AlLi_3F_6$	785	*E* nahe II	2054	Al_2O_3
$AlNa_3F_6$	1012	*E* 27,5 Mol%/937°	2054	Al_2O_3
$AlNa_3F_6$	1012	*E* ≈ 27 Mol%/≈ 900°	1418	CaF_2
Al_2O_3	2054	*E* 45 Mol%/1785°	> 2600	CeO_2
Al_2O_3	2054	lückenlos mb.	2330	Cr_2O_3
Al_2O_3	2054	*E* 92 Mol%/1165°	1244	Cu_2O
Al_2O_3	2054	α 15 Mol% IF β 25 Mol%/1960 °C	1795	Ga_2O_3
Al_2O_3	2054	*E* 30 Mol%/1840° *F*(I · II)/2110°; *E* 23,5 Mol%/1780°	2315	La_2O_3
Al_2O_3	2054	lückenlos mb.	1562	Mn_3O_4
Al_2O_3	2054	*E* 25 Mol%/1920°	3370	ThO_2
Al_2O_3	2054	*E* 40 Mol%/1845°	2677	ZrO_2
$AsBr_3$	31	lückenlos mb.	– 16	$AsCl_3$

4.2.6.1.2.1 Lösungsgleichgewichte zwischen anorganischen Verbindungen mit Ausnahme von H_2O und anorganischen Flüssigkeiten (Schmelzgleichgewichte) (Fortsetzung)

Verbindung I		Angaben über die Liquiduskurve und das Zustandsdiagramm in % (= Gew.%) oder Mol% der Verbindung II, Temperaturangaben in °C	Verbindung II	
Formel	F in °C		F in °C	Formel
$AsBr_3$	31	*E* 28 Mol%/22,2°	140,4	AsI_3
$AsBr_3$	31	*E* 80 Mol%/– 31,5°	– 7,3	Br_2
$AsBr_3$	31	lückenlos mb.	– 40	PBr_3
$AsBr_3$	31	*E* 18 Mol%/23°	108	PBr_5
$AsBr_3$	31	*E* 87 Mol%/– 56°	– 46	S_2Br_2
$AsBr_3$	31	lückenlos mb.	95	$SbBr_3$
$AsCl_3$	– 16	*E* 2,5 Mol%/– 20,9°	140,4	AsI_3
$AsCl_3$	– 16	*E* 94 Mol%/– 107°	– 101,5	Cl_2
AsI_3	140,4	*E* 8 Mol%/71,5°	113,6	I_2
AsI_3	140,4	lückenlos mb.; Min. 70 Mol%/128°	170	SbI_3
BBr_3	– 47,5	*E* 20 Mol%/– 60,4°	– 5,7	Br_2
BCl_3	– 108,7	*E* 46,5 Mol%/– 135,4°	– 101,5	Cl_2
BCl_3	– 108,7	*E* 80,3 Mol%/– 134,5°	– 114,2	HCl
BF_3	– 127,0	*E* 8,1 Mol%/– 130,2°; M L 2 fl. Ph. (21,3...87,5 Mol%)/– 92°	– 86,0	HBr
BF_3	– 127,0	*E* 27,7 Mol%/– 134,2°	– 114,2	HCl
BF_3	– 127,0	*E* 23,4 Mol%/– 138°	– 91	N_2O
BF_3	– 127,0	*E* 78,5 Mol%/– 163,5°	– 151,5	PF_3
BF_3	– 127,0	*E* 22 Mol%/– 148°; *F*(I · II) – 137°; *E* 53 Mol%/– 140°; *IF*(I · 7II) – 99°	– 85,5	H_2S
BF_3	– 127,0	*E* 4,8 Mol%/– 128,6°; *F*(I · II) – 96°; *E* 62 Mol%/– 97,2°	– 72,7	SO_2
$BaBr_2$	857	*E* 58 Mol%/594°	747	NaBr
$BaCO_3$	1740	*E* 52 Mol%/1139°	Zers	$CaCO_3$
$BaCO_3$	1740	*E* 63 Mol%/686°	858	Na_2CO_3
$BaCl_2$	962	*E* 90 Mol%/700°	711	BaI_2
$BaCl_2$	962	*U*(I) 922°; *E* 56 Mol%/450°	568	$CdCl_2$
$BaCl_2$	962	*E* 60 Mol%/514°	610	$(LiCl)_2$
$BaCl_2$	962	*E* 37 Mol%/550°	714	$MgCl_2$
$BaCl_2$	962	*E* 61 Mol%/640°	801	NaCl
$BaCl_2$	962	lückenlos mb.	501	$PbCl_2$
$BaCl_2$	962	*U*(I) 922°; lückenlos mb.; Min. 70 Mol%/852°	870	$SrCl_2$
$BaCl_2$	962	*U*(I) 922°, *E* nahe II	431	TlCl
BaF_2	1368	*E* 84 Mol%/628°	703	CsF
BaF_2	1368	*E* 60 Mol%/729°	857	$(KF)_2$
BaF_2	1368	*E* 65 Mol%/812°	996	NaF
BaF_2	1368	*E* 30 Mol%/1050°	1418	CaF_2
BaF_2	1368	lückenlos mb.; Min. 27 Mol%/1305°	1470	SrF_2
BaI_2	711	*E* 80 Mol%/475°	528	SrI_2
$Ba(NO_3)_2$	592	*E* 94 Mol%/284°	310	$NaNO_3$
BaO	2013	*E* 45 Mol%/1475°	2832	MgO
$BaSO_4$	1680	lückenlos mb.	1460	$CaSO_4$
$BaSO_4$	1680	*E* 80 Mol%/760°	860	Li_2SO_4
$BeCl_2$	415	*E* 53 Mol%/292°	501	$PbCl_2$
BeF_2	552	*E* 6 Mol%/528°	1263	MgF_2
BeO	2548	lückenlos mb.; Min. 35 Mol%/2230°	2330	Cr_2O_3
BeO	2548	*E* 94 Mol%/1200°	1244	Cu_2O
BeO	2548	*E* 31 Mol%/1838°	2832	MgO
BeO	2548	*E* 40 Mol%/1530°	1562	Mn_3O_4
BeO	2548	*E* ≈ 36 Mol%/2240°	2677	ZrO_2

4.2.6.1.2.1 Lösungsgleichgewichte zwischen anorganischen Verbindungen mit Ausnahme von H_2O und anorganischen Flüssigkeiten (Schmelzgleichgewichte) (Fortsetzung)

Verbindung I		Angaben über die Liquiduskurve und das Zustandsdiagramm in % (= Gew.%) oder Mol% der Verbindung II, Temperaturangaben in °C	Verbindung II	
Formel	F in °C		F in °C	Formel
$BiCl_3$	234	*E* 36 Mol%/190°	424	CuCl
$BiCl_3$	234	*E* 22 Mol%/171,5°	304	$FeCl_3$
$BiCl_3$	234	*E* 11,2 Mol%/205,3°	501	$PbCl_2$
$BiCl_3$	234	*E* 5 Mol%/215°	317	$ZnCl_2$
$Bi_2(MoO_4)_3$	643	*E* 30 Mol%/616°	1065	$PbMoO_4$
Br_2	– 7,3	*E* 18 Mol%/– 15,5°	95	$SbBr_3$
Br_2	– 7,3	*E* 92,3 Mol%/– 95°	– 87,3	HBr
Br_2	– 7,3	*E* 77 Mol%/– 52°	– 39,5	S_2Br_2
Br_2	– 7,3	*E* 99 Mol%/– 75,5°	– 72,7	SO_2
HBr	– 83,1	lückenlos mb.; Min. 51,5 Mol%/– 88°	– 82,6	H_2S
$CaBr_2$	742	lückenlos mb.; Min. 40 Mol%/740°	773	$CaCl_2$
$CaCO_3$	Zers.	*E* 58 Mol%/1010°	1460	$CaSO_4$
$CaCl_2$	773	lückenlos mb.; Min. 85 Mol%/545°	568	$CdCl_2$
$CaCl_2$	773	*E* 62 Mol%/496°	610	LiCl
$CaCl_2$	773	*E* 52,8 Mol%/620°	714	$MgCl_2$
$CaCl_2$	773	lückenlos mb.; Min. 65,4 Mol%/590°	650	$MnCl_2$
$CaCl_2$	773	*E* 47 Mol%/500°	801	NaCl
$CaCl_2$	773	*E* 83 Mol%/468°	501	$PbCl_2$
$CaCl_2$	773	*E* 98,3 Mol%/245°	247	$SnCl_2$
$CaCl_2$	773	*E* 98,8 Mol%/274°	317	$ZnCl_2$
CaF_2	1418	*E* 81 Mol%/620°	779	CaI_2
CaF_2	1418	*E* 23,5 Mol%/1362°	2610	CaO
CaF_2	1418	*E* 80,5 Mol%/769°	848	LiF
CaF_2	1418	*E* 57 Mol%/980°	1263	MgF_2
CaF_2	1418	*E* 68 Mol%/810°	996	NaF
$Ca(NO_3)_2$	562	lückenlos mb.; Min. 75 Mol%/268°	426	$Mg(NO_3)_2$
$Ca(NO_3)_2$	562	*E* 70 Mol%/111°	169	NH_4NO_3
$Ca(NO_3)_2$	562	*E* 71 Mol%/230°	310	$NaNO_3$
$Ca(NO_3)_2$	562	lückenlos mb.	645	$Sr(NO_3)_2$
CaO	2610	*E* 58 Mol%/1425°	1805	CoO
CaO	2610	*E* 68 Mol%/1130°	1377	FeO
CaO	2610	*E* 42 Mol%/1695°	1955	NiO
CaO	2610	lückenlos mb.	2665	SrO
CaO	2610	*E* 40 Mol%/2300°	3370	ThO_2
CaO	2610	*E* ≈ 45 Mol%/2080°; MK-Bildung bei II	2842	UO_2
CaS	2450	*E* 77 Mol%/1120°	1190	FeS
$CaSO_4$	1460	*U*(I) 1205°; *E* 83,5 Mol%/695°; *U*(II) 583°	860	Li_2SO_4
$CaSO_4$	1460	*E* 63 Mol%/725°	801	NaCl
$CaSiO_3$	1544	lückenlos mb.; Min. 56%/1477°	1580	$SrSiO_3$
$CdBr_2$	568	lückenlos mb.; Min. 40 Mol%/551°	568	$CdCl_2$
$CdBr_2$	568	*E* 53 Mol%/368°	747	NaBr
$CdBr_2$	568	*E* 85 Mol%/340°	371	$PbBr_2$
$CdCl_2$	568	*E* 69 Mol%/359°	388	CdI_2
$CdCl_2$	568	*E* 16,5 Mol%/542°	1135	$CdSO_4$
$CdCl_2$	568	lückenlos mb.	740	$CoCl_2$
$CdCl_2$	568	lückenlos mb.	677	$FeCl_2$
$CdCl_2$	568	*E* 90 Mol%/235°	247	$SnCl_2$
$CdCl_2$	568	*E* nahe II	317	$ZnCl_2$
CdF_2	1072	*E* 53 Mol%/660°	996	NaF
CdI_2	388	lückenlos mb.; *U*(II) 128°	257	HgI_2
CdI_2	388	*E* 47 Mol%/287°	660	NaI
$Cd(NO_3)_2$	350	*E* 53 Mol%/135°	310	$NaNO_3$

4.2.6.1.2.1 Lösungsgleichgewichte zwischen anorganischen Verbindungen mit Ausnahme von H_2O und anorganischen Flüssigkeiten (Schmelzgleichgewichte) (Fortsetzung)

Verbindung I		Angaben über die Liquiduskurve und das Zustandsdiagramm in % (= Gew.%) oder Mol% der Verbindung II, Temperaturangaben in °C	Verbindung II	
Formel	F in °C		F in °C	Formel
CeF_3	1437	*E* 75 Mol%/660°	857	KF
CeO_2	> 2600	*E* 30 Mol%/2240°	2832	MgO
CeO_2	> 2600	lückenlos mb.; Min. 80 Mol%/≈ 2200°	2677	ZrO_2
Cl_2	– 101,5	*E* 60 Mol%/– 107,4°	– 64,5	NOCl
Cl_2	– 101,5	*E* 18 Mol%/– 107,2°; *IF*(I · 2II)– 55°	1,15	$POCl_3$
Cl_2	– 101,5	*E* 3 Mol%/– 102,2°	– 72,7	SO_2
Cl_2	– 101,5	*E* 22,7 Mol%/– 109,1°	– 54,1	SO_2Cl_2
Cl_2	– 101,5	*E* 25 Mol%/– 117,0°	– 67,8	$SiCl_4$
Cl_2	– 101,5	*E* 22 Mol%/– 108°	– 22,5	$TiCl_4$
HCl	– 114,2	*E* 5,8 Mol%/– 122°; *IF*(3I ·II) – 99,4°; *F*(2I · II) – 61°; *E* 43,1 Mol%/– 77°; *F*(I · II) – 54,8°; *E* 61,5 Mol%/– 90° *F*(I · 3II) – 57,2°; *E* 86,2% – 86,2°	– 41,3	HNO_3
HCl	– 114,2	lückenlos mb.; Min. 28,7 Mol%/– 117,4°	– 82,6	H_2S
HCl	– 114,2	*E* 20,7 Mol%/– 133,4°	– 72,7	SO_2
ClNO	– 60,8	*E* 38 Mol%/– 74,8°	– 11,2	N_2O_4
Cl_3PO	1	*E* 74,9 Mol%/– 73,8°	– 54,1	SO_2Cl_2
$CoCl_2$	740	*U*(I) 700°; *E* 30 Mol%/658°		$CoSO_4$
$CoCl_2$	740	lückenlos mb.	677	$FeCl_2$
$CoCl_2$	740	lückenlos mb.	650	$MnCl_2$
$CoCl_2$	740	*E* 60,4 Mol%/424°	501	$PbCl_2$
$CoCl_2$	740	*E* 93 Mol%/312°	317	$ZnCl_2$
CoO	1805	lückenlos mb.	1377	FeO
CoO	1805	lückenlos mb.	2832	MgO
CoO	1805	*E* 55 Mol%/1725°	2677	ZrO_2
CoS	1060	lückenlos mb.	1190	FeS
CrO_4K_2	973	*U*(I) 666°; lückenlos mb., Min. 75 Mol%/740°; *U*(II) 392°	794	CrO_4Na_2
CrO_4K_2	973	*U*(I) 666°; *E* 99 Mol%/393°	395	$Cr_2O_7K_2$
CrO_4K_2	973	*U*(I) 666°; *E* 69 Mol%/650°	771	KCl
CrO_4K_2	973	lückenlos mb.	926	K_2MoO_4
CrO_4K_2	973	*U*(I) 666°; *E* 99 Mol%/325°	337	KNO_3
CrO_4K_2	973	*U*(I) 666°; *E* 92 Mol%/358°; *U*(II) 375°	404	KOH
CrO_4K_2	973	lückenlos mb.	1069	K_2SO_4
CrO_4K_2	973	*U*(I) 666°, lückenlos mb.; *U*(II) 575°	921	K_2WO_4
$Cr_2O_7K_2$	395	*E* 28 Mol%/366°	771	KCl
CrO_4Na_2	794	*E* 45 Mol%/572°	801	NaCl
Cr_2O_3	2330	*E* 45 Mol%/≈ 2200°	2677	ZrO_2
CsBr	635	MK(I) 39 Mol%, *E* 43 Mol%/613°; MK(II) 47 Mol%	645	CsCl
CsBr	635	*E* 48,5 Mol%/436°	703	CsF
CsBr	635	lückenlos mb.; Min. 49 Mol%/578°	640	CsI
CsBr	635	MK(I) 23 Mol%; 40 Mol%/571°; MK(II) 59 Mol%	734	KBr
CsBr	635	*E* 41,3 Mol%/466°	747	NaBr
$CsCO_3$	410	*E* 17,5 Mol%/380°	730	$CsNO_3$
CsCl	645	*U*(I) 470°, *E* 50 Mol%/440°	703	CsF
CsCl	645	*U*(I)470; MK(I) 24 Mol%; *E* 48 Mol%/502° MK(II) 88 Mol%	640	CsI

4.2.6.1.2.1 Lösungsgleichgewichte zwischen anorganischen Verbindungen mit Ausnahme von H_2O und anorganischen Flüssigkeiten (Schmelzgleichgewichte) (Fortsetzung)

Verbindung I		Angaben über die Liquiduskurve und das Zustandsdiagramm in % (= Gew.%) oder Mol% der Verbindung II, Temperaturangaben in °C	Verbindung II	
Formel	F in °C		F in °C	Formel
CsCl	632	*E* 17 Mol%/574°	1010	Cs_2SO_4
CsCl	645	*U*(I) 470° lückenlos mb.; Min. 36 Mol%/615°	771	KCl
CsCl	645	*U*(I) 470°, IF(2I · II) 382°; IF (I · II) 354°; *E* 58 Mol%/327°	610	LiCl
CsCl	645	*U*(I)470°; *E* 35 Mol%/486°	801	NaCl
CsCl	645	*U*(I) 470°, lückenlos mb.	720	RbCl
CsF	703	*E* 53 Mol%/431°	640	CsI
CsF	703	*E* 45 Mol%/151,5°; *F*(I · II) 176° *E* 64 Mol%/38,3°; *F*(I · 2II) 50,2°; *E* 71 Mol%/ 16,9°; *F*(I · 3II) 32,6°; *E* 83 Mol%/– 49,5°; *F*(I · 6II) – 42,3°	– 85	HF
CsF	703	*E* 24 Mol%/610°	996	NaF
CsF	703	lückenlos mb.	793	RbF
CsI	640	MK(I) 7 Mol%; *E* 39 Mol%/536°; MK(II) 65 Mol%	681	KI
CsI	640	*E* 66 Mol%/217°	469	LiI
CsI	640	*E* 48,5 Mol%/428°	660	NaI
CsI	640	MK(I) 36 Mol%; *E* 49,3 Mol%/580° MK(II) 64 Mol%	647	RbI
$CsNO_3$	414	*U*(I) 154°; *E* 60 Mol%/220° *U*(II) 128°	337	KNO_3
$CsNO_3$	414	*U*(I) 154°; *E* 58 Mol%/190°	310	$NaNO_3$
$CsNO_3$	414	MK mehrerer Typen	169	NH_4NO_3
$CsNO_3$	414	MK mehrerer Typen	316	$RbNO_3$
Cs_2SO_4	1010	lückenlos mb.	1069	K_2SO_4
CuBr	486	*U*(I) 384°; lückenlos mb.; Min. 70 Mol%/408°	424	CuCl
CuBr	486	*U*(I) 410 *E* 30 Mol%/333°	747	NaBr
CuCl	424	*E* 13 Mol%/378°	622	$CuCl_2$
CuCl	424	*E* 43 Mol%/284°; *U*(II) 400°	595	CuI
CuCl	424	*E* nahe I	1244	Cu_2O
CuCl	424	*E* 37,9 Mol%/304°; *F*(I · II) 320°; *E* 81,7 Mol%/263°	304	$FeCl_3$
CuCl	424	*E* 22 Mol%/330°	–	Hg_2Cl_2
CuCl	424	*E* 34 Mol%/150°;	771	KCl
CuCl	424	*E* 27 Mol%/314°	801	NaCl
CuCl	424	*E* 32 Mol%/258°	501	$PbCl_2$
CuCl	424	*E* 64,3 Mol%/171,7°	247	$SnCl_2$
CuCl	424	*E* 84,7 Mol%/241,6°	317	$ZnCl_2$
CuI	595	*E* nahe II	113,6	I_2
CuO	1124	*E* 19,9 Mol%/698°	886	PbO
Cu_2O	1244	*E* 20 Mol%/1175°	2832	MgO
Cu_2S	1127	*E* 41 Mol%/540°	1113	PbS
HF	83,7	*E* 6,9 Mol%/– 97°; *F*(4 I · II) 72°; *E* 22,9 Mol%/63,6°; *F*(3I · II) 65,8°; *E* 27,3 Mol%/62,4°; *F*(5I · 2II) 64,3°; *E* 30,3 Mol%/61,8°; *F*(2I · II) 71,7°; *E* 35,1 Mol%/68,3°; *F*(I · II) 239°; *E* 51,4 Mol%/229,5°; *U*(I · II) 195°	857	KF
$FeCl_2$	677	lückenlos mb.	714	$MgCl_2$

4.2.6.1.2.1 Lösungsgleichgewichte zwischen anorganischen Verbindungen mit Ausnahme von H_2O und anorganischen Flüssigkeiten (Schmelzgleichgewichte) (Fortsetzung)

Verbindung I		Angaben über die Liquiduskurve und das Zustandsdiagramm in % (= Gew.%) oder Mol% der Verbindung II, Temperaturangaben in °C	Verbindung II	
Formel	F in °C		F in °C	Formel
$FeCl_2$	677	lückenlos mb.	650	$MnCl_2$
$FeCl_2$	677	*E* 53,5 Mol%/421°	501	$PbCl_2$
$FeCl_2$	677	*E* 98 Mol%/≈ 240°	247	$SnCl_2$
$FeCl_2$	677	*E* nahe II	317	$ZnCl_2$
$FeCl_3$	304	*E* 46 Mol%/158°	801	NaCl
$FeCl_3$	304	*E* 36,8 Mol%/178,6°	501	$PbCl_2$
$FeCl_3$	304	*E* 73,5 Mol%/214°	317	$ZnCl_2$
FeO	1377	*E* 65 Mol%/920°	1190	FeS
FeO	1377	lückenlos mb.	2832	MgO
FeO	1377	*E* 33 Mol%/950	1132	Na_2O
Fe_2O_3	–	lückenlos mb.	1385	$FeTiO_3$
Fe_2O_3	–	*E* 35 Mol%/1520°	2677	ZrO_2
Fe_3O_4	1597	lückenlos mb.	2832	MgO
Fe_3O_4	1597	lückenlos mb.	1562	Mn_3O_4
FeS	1190	*E* 6,5 Mol%/1164°	1530	MnS
FeS	1190	*E* 46,2 Mol%/863°	1113	PbS
FeS	1190	*E* 70 Mol%/785°	881	SnS
FeS	1190	*E* 6,4 Mol%/1180°	1722	ZnS
Ga_2O_3	1800	lückenlos mb.	>1910	In_2O_3
H_2O_2	– 1,72	*E* 16 Mol%/– 32,2°	771	KCl
H_2O_2	– 1,72	*E* 15 Mol%/– 14°	801	NaCl
H_2O_2	– 1,72	*E* 6,5 Mol%/– 15,2°	996	NaF
H_2O_2	– 1,72	*E* 22 Mol%/– 11°	310	$NaNO_3$
HfC	3830	lückenlos mb.; Max. 80 Mol%/≈ 3940°	3890	TaC
$HgBr_2$	241	lückenlos mb.; Min. 30 Mol%/215°	277	$HgCl_2$
$HgBr_2$	241	lückenlos mb.; Min. 45 Mol%/180°; *U*(II) 127°	257	HgI_2
$HgBr_2$	241	*E* < 1 Mol%/240°	–	$HgSO_4$
$HgCl_2$	277	*E* 48 Mol%/145°	257	HgI_2
HgI_2	257	*E* 86,2 Mol%/100,8°	113,6	I_2
$InCl_3$	583	*E* 72 Mol%/374°	501	$PbCl_2$
$InCl_3$	583	*E* 96 Mol%/276°	317	$ZnCl_2$
I_2	113,6	*E* 20 Mol%/78°; *F*(3I · 2II) 79,8°; *E* 50 Mol%/77°	681	KI
I_2	113,6	*E* 66,7 Mol%/64,1°	73	$SbCl_3$
I_2	113,6	*E* 93,3 Mol%/80°	171	SbI_3
I_2	113,6	*E* 38 Mol%/79,6°	143,5	SnI_4
I_2	113,6	*E* 37 Mol%/90°	440	TlI
HI	– 46	lückenlos mb.; Min. 71,6 Mol%/– 90,8°	– 82,6	H_2S
KBO_2	947	*E* 57 Mol%/582°; *U*(II) 794°	844	$LiBO_2$
KBr	734	lückenlos mb.; Min. 36 Mol%/717°	771	KCl
KBr	734	*E* 40,3 Mol%/580°	857	KF
KBr	734	lückenlos mb.; Min. 67 Mol%/663°	681	KI
KBr	734	*E* 75 Mol%/300°; *U*(II) 205°	404	KOH
KBr	734	*E* 60 Mol%/334°; *U*(II) 505°	550	LiBr
KBr	734	lückenlos mb.; Min. 49 Mol%/644°; ML. < 394°	747	NaBr
KBr	734	lückenlos mb.; Min. 50 Mol%/ 615°	801	NaCl
KBr	734	*E* 87 Mol%/459°	460	TlBr

4.2.6.1.2.1 Lösungsgleichgewichte zwischen anorganischen Verbindungen mit Ausnahme von H_2O und anorganischen Flüssigkeiten (Schmelzgleichgewichte) (Fortsetzung)

Verbindung I		Angaben über die Liquiduskurve und das Zustandsdiagramm in % (= Gew.%) oder Mol% der Verbindung II, Temperaturangaben in °C	Verbindung II	
Formel	F in °C		F in °C	Formel
KCN	622	lückenlos mb.	771	KCl
KCN	622	lückenlos mb.; Min. 55 Mol%/500°	562	NaCN
K_2CO_3	901	*U*(I) 422°; *E* 62 Mol%/623°	771	KCl
K_2CO_3	901	*U*(I) 422°; *E* 96,4 Mol%/326°	337	KNO_3
K_2CO_3	901	*U*(I) 422°; *E* 90,7 Mol%/367°	404	KOH
K_2CO_3	901	lückenlos mb.	1069	K_2SO_4
K_2CO_3	901	lückenlos mb.; Min. 55 Mol%/712°	858	Na_2CO_3
KCl	771	*E* 87,35 Mol%/345°	365	$KClO_3$
KCl	771	*E* 45 Mol%/605°	857	KF
KCl	771	MK(I) 4 Mol%/*E* 50 Mol%/598° MK(II) 55 Mol%	681	KI
KCl	771	*IF*(I · II) 356°; *E* 94 Mol%/320°	337	KNO_3
KCl	771	lückenlos mb.; Mischungslücke T_{Kr} 405°, Monot. 141° MK(I) 8 Mol%/ MK(II) 76 Mol%	404	KOH
KCl	771	*E* 15 Mol%/720°	1340	K_3PO_4
KCl	771	*E* 94,5 Mol%/260°	273	KH_2PO_4
KCl	771	*E* 15 Mol%/735°	1090	$K_4P_2O_7$
KCl	771	*E* 26,3 Mol%/690°; *U*(II) 587°	1069	K_2SO_4
KCl	771	*E* 59,5 Mol%/355	610	LiCl
KCl	771	*E* 96 Mol%/458°	471	LiOH
KCl	771	lückenlos mb.		NH_4Cl
KCl	771	*E* 42 Mol%/563°	858	Na_2CO_3
KCl	771	lückenlos mb.; Min. 50,6 Mol%/657° ML. <500°	801	NaCl
KCl	771	*E* 26,5 Mol%/648°	996	NaF
KCl	771	lückenlos mb.; Min. 67 Mol%/685°	694	RbBr
KCl	771	lückenlos mb.	720	RbCl
KCl	771	MK(I) 40 Mol%/; *E* 92,5 Mol%/426°	431	TlCl
$KClO_3$	365	lückenlos mb.; Min. 89 Mol%/236°	258	$NaClO_3$
KF	857	*E* 67 Mol%/543°	681	KI
KF	857	lückenlos mb.; *U*(II) 265°	404	KOH
KF	857	*E* 9,2 Mol%/308°	337	KNO_3
KF	857	*E* 48 Mol%/766°	1340	K_3PO_4
KF	857	*E* 20 Mol%/730°	1090	$K_4P_2O_7$
KF	857	*E* 51 Mol%/492°	848	LiF
KF	857	*E* 40 Mol%/719°	996	NaF
KI	681	*E* 60 Mol%/457°	560	KIO_3
KI	681	*E* 71 Mol%/250°; *U*(II) 265°	404	KOH
KI	681	*E* 15 Mol%/660°; *U*(II) 587°	1069	K_2SO_4
KI	681	*E* 50 Mol%/77°; *F*(2I · 3 II) 79,8°; *E* 80 Mol%/78°	113,6	I_2
KI	681	*E* 63,3 Mol%/285°	469	LiI
KI	681	*E* ≈ 39 Mol%/255°	634	MgI_2
KI	681	lückenlos mb.	–	NH_4I
KI	681	*E* 43,5 Mol%/514°	801	NaCl
KI	681	lückenlos mb.; Min. 58,5 Mol%/580° ML. < 240°	660	NaI
KI	681	lückenlos mb.; Min. 74 Mol%/643°	647	RbI
KI	681	*E* 90 Mol%/438°	440	TlI
K_2MoO_4	926	lückenlos mb.; Min. 20 Mol%/920°; *U*(II) 595°	1069	K_2SO_4
K_2MoO_4	926	*U*(I) 475°lückenlos mb.; *U*(II) 575°	921	K_2WO_4

4.2.6.1.2.1 Lösungsgleichgewichte zwischen anorganischen Verbindungen mit Ausnahme von H_2O und anorganischen Flüssigkeiten (Schmelzgleichgewichte) (Fortsetzung)

Verbindung I		Angaben über die Liquiduskurve und das Zustandsdiagramm in % (= Gew.%) oder Mol% der Verbindung II, Temperaturangaben in °C	Verbindung II	
Formel	F in °C		F in °C	Formel
KNO_2	387	lückenlos mb.; Min. 86 Mol%/320°	337	KNO_3
KNO_2	387	lückenlos mb.; Min. 70 Mol%/224°	284	$NaNO_2$
KNO_3	337	*E* 31 Mol%/217°; *F*(I · II) 235°; *E* 64 Mol%/225°; *U*(II) 249°	404	KOH
KNO_3	337	*E* 1 Mol%/334°	1069	K_2SO_4
KNO_3	337	*E* 42,2 Mol%/125°	255	$LiNO_3$
KNO_3	337	*E* 19 Mol%/195°; *F*(2I · II) 225°; *E* 44 Mol%/178°	426	$Mg(NO_3)_2$
KNO_3	337	*E* 88,9 Mol%/156,5°	169	NH_4NO_3
KNO_3	337	lückenlos mb.	670	NaI
KNO_3	337	lückenlos mb.; Min. 50 Mol%/221° oder *E* 25 Mol%, 110°	310	$NaNO_3$
KNO_3	337	*E* 23 Mol%/217,8°	zers.	$Pb(NO_3)_2$
KNO_3	337	lückenlos mb.; Min. 70 Mol%/291°	312	$RbNO_3$
KNO_3	337	*E* 15 Mol%/275°	570	$Sr(NO_3)_2$
KOH	404	*E* 5,6 Mol%/377°; *U*(II) 583°	1069	K_2SO_4
KOH	404	*U*(I) 249°; *E* 31 Mol%/226°; *IF*(I · 2II) 315°	471	LiOH
KOH	404	*U*(I) 249°, Eutektoid. 11 Mol%/219°, *E* 51,5 Mol%/170°	320	NaOH
$K_4P_2O_7$	1090	*U*(I) 275°; lückenlos mb.; Min. 65 Mol%/875°; *U*(II) 395°	994	$Na_4P_2O_7$
K_2SO_4	1069	*U*(I) 586°; lückenlos mb.; Min 65 Mol%/884° U (II) 573°	921	K_2WO_4
K_2SO_4	1069	*E* 27,5 %/750°; *F*(I · 2II) 943°; *E* 70,9%/884°	1127	$MgSO_4$
K_2SO_4	1069	*E* 65 Mol%/540°	801	NaCl
K_2SO_4	1069	lückenlos mb.; Min. 75 Mol%/832°	884	Na_2SO_4
K_2SO_4	1069	lückenlos mb.	1070	Rb_2SO_4
$KHSO_4$	207,1	*E* 83 Mol%/110,5°	144,8	NH_4HSO_4
$KHSO_4$	207,1	*E* 53,5 Mol%/125°	178,3	$NaHSO_4$
K_2WO_4	921	lückenlos mb.; Min. 82 Mol%/646°	696	Na_2WO_4
$LiBO_2$	844	*E* 42 Mol%/648°	966	$NaBO_2$
LiBr	550	lückenlos mb.; Min. 36 Mol%/522°	610	LiCl
LiBr	550	*E* 24 Mol%/448°	848	LiF
LiBr	550	lückenlos mb.; Min. 63 Mol%/418°	469	LiI
LiBr	550	*E* 45 Mol%/275°; *IF*(I · 3II) 310°	471	LiOH
LiBr	550	lückenlos mb.; Min. 24 Mol%/510°	747	NaBr
Li_2CO_3	730	*E* 60 Mol%/506°	610	LiCl
Li_2CO_3	730	*E* 99,7 Mol%/254,6°	255	$LiNO_3$
Li_2CO_3	730	*E* 82,2 Mol%/418°; *U*(II) 410°	471	LiOH
Li_2CO_3	730	*E* 60 Mol%/575° *U*(II) 578°	860	Li_2SO_4
Li_2CO_3	730	*E* 48 Mol%/500°;	858	Na_2CO_3
LiCl	610	*E* 30,4 Mol%/501°	848	LiF
LiCl	610	*E* 65,4 Mol%/368°	469	LiI
LiCl	610	*E* 88 Mol%/255°	255	$LiNO_3$
LiCl	610	*E* 36,8 Mol%/480°; *U*(II) 578°	860	Li_2SO_4
LiCl	610	*E* 3 Mol%/598°	1230	Li_3VO_4
LiCl	610	lückenlos mb.; Min. 40 Mol%/560°	714	$MgCl_2$
LiCl	610	lückenlos mb.; Min. 52 Mol%/555°	650	$MnCl_2$
LiCl	610	*E* 50 Mol%/267°; *U*(II) 174°	520	NH_4Cl
LiCl	610	lückenlos mb.; Min. 28 Mol%/554°	801	NaCl
LiCl	610	*E* 55 Mol%/410°	501	$PbCl_2$
LiCl	610	*E* 48 Mol%/473°	872	$SrCl_2$

4.2.6.1.2.1 Lösungsgleichgewichte zwischen anorganischen Verbindungen mit Ausnahme von H_2O und anorganischen Flüssigkeiten (Schmelzgleichgewichte) (Fortsetzung)

Verbindung I		Angaben über die Liquiduskurve und das Zustandsdiagramm in % (= Gew.%) oder Mol% der Verbindung II, Temperaturangaben in °C	Verbindung II	
Formel	F in °C		F in °C	Formel
LiF	848	*E* 62 Mol%/617°	705	Li_2MoO_4
LiF	848	*E* 80 Mol%/430°	471	LiOH
LiF	848	*E* 58,7 Mol%/531°, *U*(II) 578°	860	Li_2SO_4
LiF	848	*E* 62 Mol%/642°	742	Li_2WO_4
LiF	848	lückenlos mb.; Min. 33 Mol%/742°	1263	MgF_2
LiF	848	*E* 39 Mol%/649°; MK(II) 91,5 Mol%	996	NaF
LiI	469	lückenlos mb.; Min. 21 Mol%/450°	660	NaI
$LiNO_3$	255	*E* 3,1 Mol%/250°	592	$Ba(NO_3)_2$
$LiNO_3$	255	*E* 16 Mol%/257°	645	$Sr(NO_3)_2$
$LiNO_3$	255	*E* 1,9 Mol%/251°	562	$Ca(NO_3)_2$
$LiNO_3$	255	*E* 1,5 Mol%/253°; *U*(II) 578°	860	Li_2SO_4
$LiNO_3$	255	*E* 12 Mol%/233°	801	NaCl
$LiNO_3$	255	*E* 46,2 Mol%/195°	310	$NaNO_3$
LiOH	471	*E* 93 Mol%/≈ 290°	310	$NaNO_3$
Li_2SO_4	860	*E* 35 Mol%/585°	700	$MnSO_4$
Li_2SO_4	860	*E* 16,6 Mol%/746°	1605	$SrSO_4$
$MgBr_2$	711	*E* 59 Mol%/431°	747	NaBr
$MgCl_2$	714	*E* 19 Mol%/656°	1127	$MgSO_4$
$MgCl_2$	714	*E* nahe II	247	$SnCl_2$
$MgCl_2$	714	*E* 49,5 Mol%/535°	874	$SrCl_2$
$MgCl_2$	714	*E* nahe II	317	$ZnCl_2$
$Mg(NO_3)_2$	426	*E* 67 Mol%/136°	310	$NaNO_3$
MgO	2832	*E* 67 Mol%/1600°	zers.	MgS
MgO	2832	lückenlos mb.	1562	Mn_3O_4
MgO	2832	lückenlos mb.	1955	NiO
MgO	2832	*E* 50 Mol%/1935°	2665	SrO
MgO	2832	lückenlos mb.; Min. 40 Mol%/2080°	3370	ThO_2
MgO	2832	*E* 51 Mol%/2113°	2677	ZrO_2
$MgSO_4$	1127	*E* 65 Mol%/642°	801	NaCl
$MnCl_2$	650	*E* 70 Mol%/408°	317	$PbCl_2$
$MnCl_2$	650	*E* nahe II	317	$ZnCl_2$
MnO	1842	*E* 45 Mol%/1285°	1530	MnS
MoO_3	802	*E* 2 Mol%/765°...770°	1473	WO_3
MoO_4Na_2	687	lückenlos mb.; Min. 30 Mol%/680°	884	Na_2SO_4
MoO_4Pb	1065	*E* 47,8 Mol%/962°	1170	$PbSO_4$
N_2O_3	- 102	*E* 13,7 Mol%/– 107°	– 11,2	N_2O_4
N_2O_4	– 11,2	*E* 9 Mol%/– 15,8°	41	N_2O_5
N_2O_4	– 11,2	*E* 92,3 Mol%/– 84,2°	72,7	SO_2
NH_4Br	542	lückenlos mb.; Min. 65 Mol%/512°	520	NH_4Cl
NH_4Cl	520	*E* 83 Mol%/141°	169	NH_4NO_3
NH_4NO_3	169	*E* 19,5 Mol%/120,8°	310	$NaNO_3$
NH_4NO_3	169	*E* 33 Mol%/131,5°	zers.	$Pb(NO_3)_2$
$NaBO_2$	967	*F*(I · II)? 800°; 5...25 Mol% und 60...75 Mol% glasig	610	$NaPO_3$
NaBr	747	lückenlos mb.; Min. 24 Mol%/741°	801	NaCl
NaBr	747	*E* 28 Mol%/640°	996	NaF
NaBr	747	lückenlos mb.; Min. 69 Mol%/645°	660	NaI
NaBr	747	*E* 79 Mol%/260°	320	NaOH
NaBr	747	*E* 40 Mol%/645°	884	Na_2SO_4
NaCN	562	*E* 50 Mol%/490°	–	NaCNO
NaCN	562	*E* 14 Mol%/550°	858	Na_2CO_3
NaCN	562	lückenlos mb.	801	NaCl
Na_2CO_3	858	*E* 57 Mol%/638°	801	NaCl

4.2.6.1.2.1 Lösungsgleichgewichte zwischen anorganischen Verbindungen mit Ausnahme von H_2O und anorganischen Flüssigkeiten (Schmelzgleichgewichte) (Fortsetzung)

Verbindung I		Angaben über die Liquiduskurve und das Zustandsdiagramm in % (= Gew.%) oder Mol% der Verbindung II, Temperaturangaben in °C	Verbindung II	
Formel	F in °C		F in °C	Formel
Na_2CO_3	858	*E* 39 Mol%/690°	996	NaF
Na_2CO_3	858	*E* 97,8 Mol%/306°	310	$NaNO_3$
Na_2CO_3	858	*E* 92 Mol%/285°; *U*(II) 294°	320	NaOH
Na_2CO_3	858	*E* 34,5 Mol%/795°	1160	Na_2S
Na_2CO_3	858	lückenlos mb.; Min. 37 Mol%/828°	884	Na_2SO_4
NaCl	801	*E* 85 Mol%/417°	482 zers.	$NaClO_4$
NaCl	801	*E* 33,3 Mol%/81°	996	NaF
NaCl	801	MK(I) 4 Mol%/; *E* 60 Mol%/574° MK(II) 76 Mol%	660	NaI
NaCl	801	lückenlos mb.; Min. nahe II	281,5	$NaNO_2$
NaCl	801	*E* 93,3 Mol%/298°	310	$NaNO_3$
NaCl	801	F MK(II) 60 Mol%/352° Zerfall 73 Mol%/207°	320	NaOH
NaCl	801	*E* 7 Mol%/775	≈ 1510	Na_3PO_4
NaCl	801	*E* 21,5 Mol%/724°	990	$Na_4P_2O_7$
NaCl	801	*E* 48 Mol%/628°	884	Na_2SO_4
NaCl	801	*E* 76 Mol%/589°	630	$NaVO_3$
NaCl	801	*E* 72 Mol%/411°	501	$PbCl_2$
NaCl	801	*E* 56 Mol%/550°	720	RbCl
NaCl	801	*E* 69 Mol%/183°	239	$SnCl_2$
NaCl	801	*E* 50 Mol%/565°	870	$SrCl_2$
NaCl	801	*E* 14,5 Mol%/738°; *U*(II) 1150°	≈ 1600	$SrSO_4$
NaCl	801	*E* 93 Mol%/410°	429	TlCl
NaF	996	*E* 81 Mol%/596°	660	NaI
NaF	996	*E* 96,5 Mol%/303°	310	$NaNO_3$
NaF	996	MK(II) 82 Mol%/370° Z. 90Mol%/265°	320	NaOH
NaF	996	*E* 30 Mol%/850°	≈ 1510	Na_3PO_4
NaF	996	*E* 67,2 Mol%/667°	793	RbF
NaF	996	*E* 67 Mol%/540°	855	PbF_2
NaF	996	*E* 67 Mol%/667°	795	RbF
NaI	660	MK(I) 18 Mol%; *E* 50 Mol%/505° MK(II) 82 Mol%	647	RbI
$NaNO_3$	310	*E* 5 Mol%/301°	884	Na_2SO_4
$NaNO_3$	310	*E* 42 Mol%/275°	zers.	$Pb(NO_3)_2$
$NaNO_3$	310	*E* 55 Mol%/178,5°	312	$RbNO_3$
$NaNO_3$	310	*E* 77 Mol%/162°	206	$TlNO_3$
NaOH	320	*E* 22 Mol%/241°; *F*(2I · II) 278°; *E* 64 Mol%/237°	301	RbOH
Na_2S	1172	*E* 59,5 Mol%/740°	884	Na_2SO_4
Na_2SO_4	884	lückenlos mb.; Min. 70 Mol%/662°	696	Na_2WO_4
Na_2SO_4	884	MK(I) 30 Mol%/; *E* 53 Mol%/735°; *U*(II) 860°	1170	$PbSO_4$
Na_2WO_4	696	*E* 20 Mol%/605°	1125	$PbWO_4$
NbC	3387	lückenlos mb.	3890	TaC
NbC	3387	lückenlos mb.; Min. 80 Mol%/2830°	2795	W_2C
NbC	3387	lückenlos mb.	3532	ZrC
NiO	1955	*E* 30 Mol%/1950°	2677	ZrO_2
PBr_3	− 40	*E* nahe I	95	$SbBr_3$
PBr_5	108	*E* 99,5 Mol%/− 46°	− 46	S_2Br_2
PCl_3	− 92	*E* nahe I	149	PCl_5
H_3PO_3	73,6	*E* 61 Mol%/− 13,0°	35,0	H_3PO_4
$PbCl_2$	501	*E* 22,5 Mol%/442°	1113	PbS
$PbCl_2$	501	*E* 4 Mol%/474°	1170	$PbSO_4$

4.2.6.1.2.1 Lösungsgleichgewichte zwischen anorganischen Verbindungen mit Ausnahme von H_2O und anorganischen Flüssigkeiten (Schmelzgleichgewichte) (Fortsetzung)

Verbindung I		Angaben über die Liquiduskurve und das Zustandsdiagramm in % (= Gew.%) oder Mol% der Verbindung II, Temperaturangaben in °C	Verbindung II	
Formel	F in °C		F in °C	Formel
$PbCl_2$	501	lückenlos mb.; Min. 80 Mol%/308°	317	$ZnCl_2$
PbF_2	830	*E* 54 Mol%/494°	886	PbO
$Pb(NO_3)_2$	zers.	*E* 87,8 Mol%/175,5°	206	$TlNO_3$
PbO	886	*E* 25 Mol%/790°	1113	PbS
PbS	1113	MK 53...100% bei 890°	881	SnS
PbS	1113	*E* 45 Mol%/282°	457	Tl_2S
PbS	1113	17,6 Mol%/1044°	1722	ZnS
$PbWO_4$	1125	*E* 82,5 Mol%/837°	844	$PbCrO_4$
$RbBr$	694	lückenlos mb.; Min. 38 Mol%/682°	720	$RbCl$
$RbBr$	694	*E* 46 Mol%/509°	793	RbF
$RbBr$	694	lückenlos mb.; Min. 52 Mol%/618°	647	RbI
$RbCl$	720	*E* 48 Mol%/543°	793	RbF
$RbCl$	720	lückenlos mb.; Min. 58 Mol%/560°	647	RbI
$RbCl$	720	*E* 20 Mol%/642°	1070	Rb_2SO_4
RbF	793	*E* 57 Mol%/485°	647	RbI
SO_2	– 72,7	*E* 28,5 Mol%/–84,5°	– 54,1	SO_2Cl_2
SO_2Cl_2	– 54,1	*E* 22,7 Mol%/– 66,4°; *F*(2I · II) – 19,1°; *E* 46 Mol%/– 39,1°	16,8	SO_3
HSO_3Cl	– 80	*E* 13,9 Mol%/– 109,3°	10,4	H_2SO_4
H_2SO_4	10,4	*E* 26,9 Mol%/– 12°	36	$H_2S_2O_7$
H_2SO_4	10,4	*E* 11,4 Mol%/3,2°	56,0	H_2SeO_4
$H_2SO_4 \cdot H_2O$	95	*E* 30 Mol%/5°	24,0	$H_2SeO_4 \cdot H_2O$
$H_2SO_4 \cdot 4\,H_2O$	– 28,8	lückenlos mb.	– 50,5	$H_2SeO_4 \cdot 4\,H_2O$
$SbBr_3$	95	lückenlos mb.; Min. 30 Mol%/54°	73	$SbCl_3$
$SbBr_3$	95	lückenlos mb.; Min. 15 Mol%/84°	171	SbI_3
$SbCl_3$	73	*E* 95 Mol%/2°	4	$SbCl_5$
$SbCl_3$	73	*E* 18 Mol%/41,5°; (ML 0... 55 Mol%)	171	SbI_3
Sb_2O_3	655	*E* 75 Mol%/485°	550	Sb_2S_3
$SiBr_4$	5	*E* 87 Mol%/– 67°	– 70	$SiCl_4$
$SiBr_4$	5	*E* 8 Mol%/3°	120	SiI_4
$SiCl_4$	– 70	*E* nahe I	120	SiI_4
$SiCl_4$	– 70	*E* nahe I	– 24	$TiCl_4$
$SnCl_2$	247	*E* 43,9 Mol%/171°	317	$ZnCl_2$
$SnCl_4$	– 36,2	lückenlos mb.	– 24	$TiCl_4$
$SrBr_2$	657	lückenlos mb.; Min. 70 Mol%/470°	538	SrI_2
SrO	2665		2677	ZrO_2
TaC	3890	lückenlos mb.	3087	TaN
TaC	3890	lückenlos mb.; Min. 85 Mol%/2780°	2795	W_2C
TaC	3890	lückenlos mb.; Max. 20 Mol%/3940°	3532	ZrC
Te	453	*E* 22,4 Mol%/200°; 3 verschiedene MK	115	$TeBr_4$
Te	453	*E* 23,5 Mol%/205°; 3 verschiedene MK	224	$TeCl_4$
ThO_2	3370	*E* 75,7 Mol%/1625°	1857	TiO_2
ThO_2	3370	lückenlos mb.	2842	UO_2
ThO_2	3370	lückenlos mb.	2677	ZrO_2
TiC	3017	lückenlos mb.; Max. 50 Mol%/3180°	2950	TiN
$TlBr$	460	lückenlos mb.; Min. 60 Mol%/423°	431	$TlCl$
$TlCl$	431	*E* 48 Mol%/316°	442	TlI
$TlCl$	431	*E* 22 Mol%/358°	632	Tl_2SO_4
ZnO	1975	*E* 30 Mol%/1810°	2677	ZrO_2

Literatur

Phase Diagrams for Ceramists, The American Ceramic Society, Columbus, Ohio Vol. I u.f.

4.2.6.1.2.2 Lösungsgleichgewichte anorganischer Stoffe in Wasser

Die Bezeichnungen sind in der Einleitung S.. 1179 f. erläutert.

Verbindung	Lösungsgleichgewicht in Gew.% der Verbindung bei T in °C							Angaben über die Liquiduskurve
	0°	10°	20°	40°	60°	80°	100°	
AgBr			$1 \cdot 10^{-5}$	$3 \cdot 10^{-5}$	$7{,}5 \cdot 10^{-5}$	$1{,}6 \cdot 10^{-4}$	$2{,}5 \cdot 10^{-4}$	
AgCl	$5 \cdot 10^{-5}$		$1{,}6 \cdot 10^{-4}$	$3{,}5 \cdot 10^{-4}$	$7 \cdot 10^{-4}$	$1{,}3 \cdot 10^{-3}$	$2 \cdot 10^{-3}$	
$AgClO_4$	80	82	84	85,5	87	88	89	*E* (Eis + 2) 73,9%/– 58,2°; *Ü* (1 → 0) 86,5%/43°
Ag_2CrO_4	$1{,}5 \cdot 10^{-3}$	$2 \cdot 10^{-3}$	$2{,}9 \cdot 10^{-3}$	$4{,}4 \cdot 10^{-3}$	$6{,}5 \cdot 10^{-3}$			
$AgNO_3$	53,49	61,45	68,30	77,0	82,49	86,70	91,10	*E* (Eis + 0) 46,9%/7,57°
Ag_2O			$1{,}6 \cdot 10^{-3}$	$3{,}6 \cdot 10^{-3}$	$4{,}75 \cdot 10^{-3}$	$5{,}5 \cdot 10^{-3}$		
Ag_2SO_4			0,784	0,941	1,108	1,283	1,48	
$AlCl_3$	31,0	31,3	31,6	32,0	32,2	32,5	33,0	Bdk. $6\,H_2O$
$Al(NO_3)_3$	38,1	40,1	41,9	45,6	50,0	59,4	61,3	*E* (Eis + 9) 30,5%/– 27°; *F* (9) 56,8%/72° *E* (9 + 8) 59%/71°; *Ü* (8 → 6) 82%/102°
$Al_2(SO_4)_3$	23,9	25,0	26,9	31,5	36,4	41,7	47,0	*E* (Eis + 18) 23,1%/– 4°
$CsAl(SO_4)_2$	0,2	0,3	0,4	0,8	2,0	5,2	17,2	*F* (12) 62,0%/122°
$KAl(SO_4)_2$	3,0	4,0	5,5	10,2	19,5	33,5	60,8	*F*(12) 54,5%/92,5°; *E* (12 + *x*) 56,8%/91,5°
$NaAl(SO_4)_2$	27,5	28,2	28,8	30,6				
$NH_4Al(SO_4)_2$	2,5	3,9	5,5	10,5	18,0	30,5	57,8	*E*(Eis + 12) 2,59%/– 0,2°; *F* (12) 52,2%/95 *E* (12 + *x*) 53,7%/94,5°
$RbAl(SO_4)_2$	0,8	1,1	1,4	3,1	7,0	17,7	38,0	*F* (12) 58,5%/109°
$TlAl(NO_3)_2$	3,05	4,398	6,19	12,66	26,03			
H_3AsO_4	*35,5*	*39,3*	*44,5*	*55*	*59*	*63,5*	*68,2*	in Mol% H_3AsO_4
$CsAuCl_4$	–	0,5	0,9	3,2	8,2	16,3	27,5	
$KAuCl_4$		27,6	38	59,2	80,4			
$LiAuCl_4$		53	57,5	67,3	76,4	85,5		
$NaAuCl_4$		58,2	60	69,4	90			
$RbAuCl_4$		4,6	9	17,5	26,6	35,3	44,2	
$BaBr_2$	48,2	49,0	49,8	51,4	53,0	55,0	57,0	*E* (Eis + 2) 46,6%/– 22,6°; *Ü* (2 → 1) 58,5%/113°; *Ü* (1 → 0) 83%/350°

$BaCl_2$	23,5	25,0	26,0	29,0	31,6	34,2	37,0	*E* (Eis + 2) 22,5%/– 7,8°; *Ü* (2 → 1) 37,5%/102°; *Ü* (1 → 0) 50%/270°; *L*: 150° 39%; 200° 41%; 250° 46%; 300° 49,7%
BaF_2		0,16	0,15	0,13	0,11	0,09	0,08	*L* 150° 0,05%; 200° 0,032%
BaI_2	62,8	64,5	66,5	69,6	70,5	71,6	73,0	*Ü* (6? → 2) 69,3%/34,5°
$Ba(NO_2)_2$	31	36	41	52	59	67,8	76	*E* (Eis + 1β) 29,4%/– 5,9°; *Ü* (1β → 1α) 52%/40°
$Ba(NO_3)_2$	4,95	6,0	8,0	12,0	17,0	21,5	25,0	*E* (Eis + 0) 4,56%/ – 0,55°; *L*: 150 35%; 200° 44%; 300° 61%; 400° 79%
$Ba(OH)_2$	1,50	2,5	3,9	7,9	17,5	53,5	63,1	*E* (Eis + 8) 1,65%/– 0,5°; *Ü* (8 → 3) 52,4%/77,9°; Auftreten mst. Ph.
BaS	2,91	4,76	7,25	13,71	21,88	33,28	38,0	*Ü* (6 → ?) 40,2%/90°
$BaSO_3$			$19,7 \cdot 10^{-3}$				$1,7 \cdot 10^{-3}$	
$BaSO_4$	$1,7 \cdot 10^{-4}$	$2,14 \cdot 10^{-4}$	$2,5 \cdot 10^{-4}$	$3,2 \cdot 10^{-4}$	$3,5 \cdot 10^{-4}$	$3,8 \cdot 10^{-4}$	$3,9 \cdot 10^{-4}$	
BaS_2O_3		0,19	0,249	0,328	0,398			
$BaSiF_6$	0,015	0,018	0,022	0,029	0,036			*L* 70° 0,041%; 78° 0,044%;
$Be(NO_3)_2$	49,5	50,5	52,0	55,5	63,0			Bdk. 4 H_2O; *F* (4) 64,8%/61°
$BeSO_4$	26,2	27,0	28,0	31,0	38,8	37,5	30,0	*E* (Eis + 5) 24,0%/ – 18,5; *Ü* (5 → 4) 25,0%/ – 16,9°; *Ü* (4 → 1) 76°/41,14%
Br_2 (1/2)	*0,4*	*0,84*	*0,78*	*0,77*	*0,82*			in Mol%; *E* (Eis + 8) *0,49* Mol%/– 0,3°; *Ü* (8 → 0) *0,855* Mol%/5,84°
$CaBr_2$	55,5	57,0	59,0	68,0	73,5	74,3	75,4	*F* (6) 65%/34°; *E* (6 + 4 ?) 67%/34°; *Ü* (4? → 2?) 73%/54°
$CaCO_3$			$1,5 \cdot 10^{-3}$				$2 \cdot 10^{-3}$	
$CaCl_2$	37,0	39,5	42,5	56,0	58,0	59,5	61,2	*E* (Eis + 6) 30,2%/– 49,8°; *Ü* (6 → 4) 50,1%/29,8°; *Ü* (4 → 2) 56,6/45,3°; *Ü* (2 → 1) 74,8%/175,5°; *L* 120° 63,2%; 160° 69%; 200° 75,7%; 240° 77%
$Ca(ClO_3)_2$	63,7	65,0	66,2	69,4	73,1	77,1	78,5	*E* (Eis + 6) 45,5%/ –41°; *Ü* (4 → 2); 62,7 %/ – 7,8°; *Ü* (6 → 4) 55%/–26,8° *Ü* (2 → 0) 77%/76°; *L* 120° 79,7%; 200° 85%
$Ca_2Fe(CN)_6$	32,0	33,5	35,5	39,7	44,2	44		*E* (Eis + 11) 30,45%/– 10,1°; *Ü* (11 → ?) 44%/50°
$CaHPO_4$				0,014	0,018		0,025	Bdk. 0 H_2O; *L* 25° 0,01; Bdk. 2 H_2O

4.2.6.1.2.2 Lösungsgleichgewichte anorganischer Stoffe in Wasser (Fortsetzung)

Verbindung	Lösungsgleichgewicht in Gew.% der Verbindung bei T in °C							Angaben über die Liquiduskurve
	0°	10°	20°	40°	60°	80°	100°	
CaI_2	66,0	66,4	67,0	70,8				$F(6)$ 73%/42°; $E(6+x)$ 74%/41,5°
$Ca(IO_2)_2$	0,10	0,15	0,25	0,505	0,62	0,68		$Ü(6 \rightarrow 1)$ 0,48%/33°; $Ü(1 \rightarrow 0)$ 0,62%/57,5°
$CaMoO_4$	$4 \cdot 10^{-3}$		$5 \cdot 10^{-3}$		$9 \cdot 10^{-3}$		$2{,}4 \cdot 10^{-2}$	
$Ca(NO_2)_2$	39,0	43,0	47,0	55,2	57,3	60,3	64	E(Eis + 4) 34,2%/– 20°; $Ü(4 \rightarrow 1)$ 55%/34,5°
$Ca(NO_3)_2$	50,0	53,0	56,0	65,2	78,0	78,2	78,6	E(Eis + 4) 42,9%/ – 28,7°; $F(4\alpha)$ 69,5%/42,7°; $E(4\alpha+3) \approx$ 69,6%/42,6°; $F(3)$ 75,25%/51,1°; $E(3+2) \approx$ 77%/50,6°; $Ü(2 \rightarrow 0)$ 77,8%/51,6°.
$Ca(OH)_2$	0,19	0,18	0,17	0,13	0,11	0,087	0,066	L 120° 0,048%; 160° 0,002%
CaS				0,11	0,14	0,2		
$CaSO_3$		0,132	0,134	0,135	0,134	0,132	0,13	
$CaSO_4$	0,176	0,193	0,199	0,21	0,15	0,1	0,065	$Ü(2 \rightarrow 0) \approx$ 0,21%/42°; $Ü(2 \rightarrow {}^1/_2)$ 0,17%/97°; L 120° 0,04%; 200° 0,008%
$CdBr_2$	36,0	42,8	49,0	60,8	61,0	61,2	61,7	E(Eis + 4) 33,2%/– 4,4°; $Ü(4 \rightarrow 0)$ 60,3%/36°
$CdCl_2$	49,0	55,5	57,5	57,6	58,0	58,5	59,5	E(Eis + 4) 43,4%/– 11,5°; $Ü(4 \rightarrow {}^5/_2)$ 46,2%/– 5°; $Ü({}^5/_2 \rightarrow 1)$ 57,3%/12,5°; $Ü(1 \rightarrow 0)$ 69%/174°
$[CdCl_3]K$	21	24,2	27,6	34,5	39,4	45,7	50,3	E(Eis + 1) 19%/4,1°; $Ü(1 \rightarrow 0)$ 33,5%/36,6°
$Cd(ClO_3)_2$	74	75,5	76,5	79	82			$F(2)$ 88,6%/79°
$Cd(ClO_4)_2$	56,5	57,4	88,2	60	62	[1]	[2]	E(Eis + 6) 51,2%/– 66,5°; $F(6)$ 74,3%/129°; $E(6+2\beta)$ 82,4%/58,5°; $U(2\beta \rightleftharpoons 2\alpha)$ 82,8%/66°; $F(2, \alpha)$ 89,6%/157,9°; $E(2+0)$ 92%/144,4°

[1] L 80°:65% u. 81% Bdk. 6; 83,5% Bdk. 2α.
[2] L 100°:67% Bdk. 6; 80% Bdk. 2α

CdI_2	44,2	45,0	46,0	47,8	50,0	52,2	44,9	*E*(Eis + 0) 43,5%/– 7,5°
$Cd(NO_3)_2$	51,5	57,5	60,5	66	86	86,6	87,2	*E*(Eis + 9) 36,9%/– 16°; Ü(9 → 4) 56,1%/3,5°; *F*(4) 76,6%/59,5°; *E*(4 + 2) 82,3%/48,7°; Ü(2 → 0) 86%/56,8°
$CdSO_4$	43,0	43	43,5	44,3	45,0	43,5	37,0	*E*(Eis + $^8/_3$) 43%/– 12°; Ü($^8/_3$ → 1 β) 44,3%/ – 41,5°; *U*(1 β → 1 α) 40,9%/ 74,5°; Ü(1 α → 0) (34,5%/114,5°)
$Ce(SO_4)_3$	14,2	11,5	8,76	5,3	2,15	0,89	0,398	Ü(12 → 8) 14,31%/3°; Ü(8 → 9) 6,36%/33°; Ü(9 → 4) 5,21%/42°; [Ü(12 → 9) mst. 14,34%/4,5°]; [Ü (8 → 4) mst. 5,39%/41,2°]; [Ü(8 → 5) mst. 4,286%/ 54,5°]; [Ü(9 → 5) mst. 4,03%/56°]
Cl_2 ($^1/_2$)	*0,25*	*0,5*	*0,96*					in Mol%; *E*(Eis + 8 Cl_2) *0,25* Mol%/ – 0,24°; Ü(8 → 2 fl. Ph.) *1,843* Mol%/28,7°
ClO_2	*0,75*	*1,55*						in Mol%; *E*(Eis + 8) *0,73* Mol%/ – 0,79°; Ü(8 → 0) *3,13* Mol%/18,2°
$CoBr_2$	48,0	50,3	53,0	61,0	69,4	70,6	72	Ü(6 → 4) 65,2%/43°; Ü(4 → 2) 69,4%/60°
$CoCl_2$	28,8	31	33,5	40,2	48,1	49,3	51,3	*E*(Eis + 6) 24%/– 22,5°; Ü(6 → 4) 46,3%/50°; Ü(4 → 2) 48,1%/60°
$Co(ClO_3)_2$	58,4	60,6	64,6	68,0				Ü(6 → 4) 64,2%/18,5°
$Co(ClO_4)_2$	50,3	50,8	51,3	53,0				Ü(9 → 5) 50%/15°
$Co(IO_3)_2$	0,32	0,39	0,46	0,60	0,73	0,74	0,69	Ü(2 → 0) 0,77%/65°
$Co(NO_3)_2$	45,4	47,6	50,0	55,5	62,8	68,0		*E*(Eis + 9) 38,7%/– 29°; Ü(9 → 6) 41,5%/– 22°; Ü(6 → 3) 61,7%/55°; *F*(3) 77,2%/91°
$CoSO_4$	20,0	22,77	25,93	31,97	35,9	32,9	27,55	*E*(Eis + 7) 19,0%/– 2,7°; Ü(7 → 6) 32,9%/43,3°; Ü(6 → 1) 36,63%/64,2°
$CoSeO_4$	31,97	34,64	35,81	37,5	37,9	32,66	18,0	*E*(Eis + 7) 30,27%/– 6,4°; Ü(7 → 6) 30,27%/11,4°; Ü(6 → 4) (37,3%)/33,5°; Ü(4 → 1) (38,46%)/73,2°

4.2.6.1.2.2 Lösungsgleichgewichte anorganischer Stoffe in Wasser (Fortsetzung)

Verbindung	Lösungsgleichgewicht in Gew.% der Verbindung bei T in °C							Angaben über die Liquiduskurve
	0°	10°	20°	40°	60°	80°	100°	
CrO_3	62,0	62,4	62,8	64,0	65,2	66,5	68,5	E (Eis + 0) 60,5 %/– 155°; L 120° 71,0%; 140° 75%; 160° 82%
CrO_4K_2	37,0	38,0	38,5	40,0	41,5	43,0	44,0	E (Eis + 0) 36,2%/ – 11,35°; L 150° 47%; 200° 49,8; 250° 52,4%; 300° 54,8%
$Cr_2O_7K_2$	4,5	7,3	11,0	21,0	32,0	42,0	50,5	E (Eis + 0) ≈ 4,2%/≈ – 0,63°; L 120° 57,9%; 140° 64%; 160°, 69%; 180° 72,5%
CrO_4Li_2	7,2	7,8	8,5	10,7	13,5	16,2	17	Ü(2 → 0) ≈ 56,2%/74,6°
$Cr_2O_7Li_2$	62,2	63,2	64	66	68	70,5	73,5	E (Eis + 2) 56,3%/ – 70°
CrO_4Na_2	24,0	33,5	44,2	49,0	53,2	55,0	55,8	Ü(10 → 6) 44%/19,9°; Ü(6 → 4) 46,2%/26,8°; Ü(4 → 0) 55%/68°; L 160 56,8%; 200° 58,6%; 260°; 62%;
$Cr_2O_7Na_2$	62,0	63,3	65,0	69,0	73,9	79,5	81,3	Ü(2 → 0) ≈ 80,0%/83°
$Cr_2O_7(NH_4)_2$	15,0	21,0	26,0	36,6	46,0	53,8	61,0	
CrO_4Rb_2	38,3	40,5	42,5	46,0	48,8			E (Eis + 0) ≈36,5%/≈ – 8°
CsBr			52,6					L 30° 57,3%
CsCl	61,9	63,5	65,0	67,5	69,6	71,5	73,0	L 120° 74,5%
$CsClO_3$	2,44	3,84	6,0	12,3	20,6	31,05	43,5	
$CsClO_4$		0,99	1,48	3,1	6,8	12,6	22,2	
CsI	30,5	37,5	43,6	53,4	60,0	65,5	69,8	E (Eis + 0) 27,45%/– 4°; L 110° 71,5%
$CsNO_3$	9,0	12,5	19,0	32,0	46,0	57,0		E (Eis + 0) 7,84%/– 1,25°; L 90° 66%
Cs_2PtCl_6	0,005	0,006	0,009	0,016	0,029	0,053	0,092	
$CsReO_4$	0,299	0,497	0,74	1,67				L 25° 0,912%; 50° 2,39%
Cs_2SO_4	62,5	63,4	64,0	65,5	66,5	68,0	69,0	
$CuBr_2$	51,8	53,7	56,0	56,3				Ü(4 → 0) ≈ 56%/≈ 18°
$CuCl_2$	41,0	41,6	42,2	44,7	46,6	49,2	52,5	E (Eis + 4) 39,9%/– 43,4°; Ü(4 → 3) 42,1%/15°; Ü(3 → 2) 43,6%/25,7°; Ü(2 → 1) 45,2%/42,2°
$[CuCl_4](NH_4)_2$	22	23,9	25,9	30,5	36,2			E (Eis + 2) 20,3%/– 11°
$Cu(ClO_3)_2$	59,0	60,6	62,0	65,5	69,4			Bdk. 4 H_2O

$Cu(NO_3)_2$	45,0	50,2	57,0	61,8	64,0	67,5	71,6	*E*(Eis + 9) 35,9%/– 24°; *Ü*(9 → 6) 39,8%/– 20°; *Ü*(6 → 3) 61,4%/24,5°; *F*(3) 77,6%/114,5°
$CuSO_4$	12,5	14,4	16,9	22,2	28,5	35,9	43,5	*E*(Eis + 5) 11,97%/– 1,5°; *Ü* (5 → 3) 43,37%/95,5°
$CuSeO_4$	10,7	12,3	14,2	19,5	26,5	34,6		*E*(Eis + 5) ≈ 11,2%/≈ – 1,0°
$Dy_2(SO_4)_3$			4,83	3,23				Bdk. 8 H_2O
$Er_2(SO_4)_3$			13,8	6,10				Bdk. 8 H_2O
$Eu_2(SO_4)_3$			2,5	1,855				Bdk. 8 H_2O
$FeBr_2$	50,8	52,0	53,5	57,0	59,0	62,6	64,5	*E*(Eis + 9) 42,45%/– 43,6°; *Ü*(9 → 6) 47,65%/ – 29,3; *Ü*(6 → 4) 58,45%/49°; *Ü*(4 → 2) 63,3%/83°
$Fe(CN)_6K_3$	23,5	28,0	31,5	37,0	41,4	44,5	47	*E* (Eis + 0) 21,7%/– 3,9°
$Fe(CN)_6K_4$	12,5	17,0	22,0	27,0	32,3	38,5	42	*E* (Eis + 3 β) 11,8%/– 1,7°; *U*(3 β ⇌ 3 α) 21,6%/17,7°; *Ü*(3 α → 0) 41%/87,3°; *L* 140° 45%
$Fe(CN)_6Na_4$			15,5	22,6	30,0	38,0		*Ü*(10 → *x*) (38,9%)/81,5°
$FeCl_2$	33,0	36,7	38,6	41,0	44,0	47,5	48,6	*E*(Eis + 6) 30,4%/– 36,5; *Ü*(6 → 4) 37,6%/12,3°; *Ü*(4 → 2) 47,4%/76,5°
$FeCl_3$	43,0	45,0	48,0	74,3	79,0	84,0	84,2	*E*(Eis + 6) 28,5%/– 35°; *F*(6) 60%/37°; *E*(6 + 3,5) 68,6%/27,4°; *F*(3,5) 72%/32,5°; *E*(3,5 + 2,5) 73,2%/30°; *F*(2,5) 78,3%/56°; *E*(2,5 + 2) 78,6%/55°; *F*(2) 84%/66°
$Fe(NO_3)_2$	41,5	43,3	45,5	50,8	61,0			*E*(Eis + 9) 35,5%/– 28°; *Ü*(9 → 6) 39,4%/– 12°; *F*(6) 62,5%/60,5°
$FeSO_4$	13,8	17,0	21,0	28,5	36,5	30,0		*E*(Eis + 7) 12,99%/–1,82°; *Ü*(7 → 4) 35,32%/56,17°; *Ü*(4 → 1) 35,65%/64°
$Fe(SO_4)_2(NH_4)_2$	15,11	18,1	21,2	27,8	34,8	42,2		Bdk. 6 H_2O
$Gd(BrO_3)_3$	25,7	32,05	37,54	47,89				Bdk. 9 H_2O
$Gd_2(SO_4)_3$	3,84	3,1	2,81	2,13				Bdk. 8 H_2O
HfO			$2,2 \cdot 10^{-6}$	$2,4 \cdot 10^{-6}$	$3 \cdot 10^{-6}$	$3,8 \cdot 10^{-6}$		
$HgBr_2$				1,0	1,8	3,0	4,6	*L* 140° 11,5%; 160° 20%; 180° 45%; 200° 96%

4.2.6.1.2.2 Lösungsgleichgewichte anorganischer Stoffe in Wasser (Fortsetzung)

Verbindung	Lösungsgleichgewicht in Gew.% der Verbindung bei T in °C							Angaben über die Liquiduskurve
	0°	10°	20°	40°	60°	80°	100°	
$HgCl_2$	4,3	5,1	6,2	8,8	13,3	22,0	35,0	E(Eis + 0) 3,29%/– 0,2°; L 140° 70%; 180° 88%; 220° 95,5%; 260° 98,7%
Hg_2Cl_2	$1{,}4 \cdot 10^{-4}$	$1{,}7 \cdot 10^{-4}$	$2{,}3 \cdot 10^{-4}$	$6 \cdot 10^{-4}$				
$Ho_2(SO_4)_3$			7,58	4,284				Bdk. 8 H_2O
$InBr_3$	71,0	73,3	*	85,7	86,0	86,9	87,7	F(5) (79,7%/20,5°); E(5 + 2) (85%/14°); $Ü$(2 → 0) 85,5%/30,5° L 20° (5) 79,5% u. (2) 85%
$InCl_3$	62,1	64,0	66,7	71,4	75,2	78,8	81,0	$Ü$(4 → 3) 69,4%/28°; $Ü$(3 → $^5/_2$) 78,45%/71,5°; $Ü$($^5/_2$ → 2) 81,2%/100,5°
InI_3	92,2	92,6	93,0	93,7	94,6			
$In(OH)_3$		*$1{,}1 \cdot 10^{-9}$*	*$1{,}95 \cdot 10^{-9}$*	*$3 \cdot 10^{-9}$*				in Mol/l
$IrCl_6(NH_4)_2$	0,596	0,695	0,794	1,186	2,34	4,21		
$IrCl_6Na_2$			28,0	48,4	65,5	73,5		
I_2	0,017	0,022	0,03	0,055	0,105	0,23	0,46	
HIO_3	*22,7*	*23,3*	*24,4*	*26,2*	*99*	*32,3*	*36,8*	in Mol%; E(Eis + HIO_3) *21,6* Mol%/ – 14°; $Ü$(HIO_3 → HI_3O_8) *39,6* Mol%/ 110°
KB_5O_8	1,6	2,3	3,0	5,2	9,0	14,7	22,3	E(Eis + 4) 1,54%/– 0,53°
KBr	35,0	37,5	39,4	43,0	46,0	48,7	51,0	E(Eis + 0) 31,2%/– 11,5°; L 120° 53%; 140° 55,5%; 180° 59%; 220° 62%
$KBrO_3$	3,0	4,5	6,5	11,7	18,2	25,4	32,5	L 140° 45,8; 180° 58%; 220° 68,6%; 260° 77%; 300° 84,1%
KCN	38,0	39,1	40,4	43,5	46,9	50,7	54,4	E(Eis + 0) 34,64%/– 29,61°
K_2CO_3	51,2	52,0	52,5	54,0	56,0	58,0	61,0	E(Eis + 6) 39,6%/– 36,5°; $Ü$(6 → $^3/_2$) 51,6%/ – 6,2%
$KHCO_3$	18,5	21,6	25,0	31,0	37,5			E(Eis + 0) 16,5%/– 5,43°
KCl	22,0	23,8	25,5	28,5	31,3	33,6	35,6	E(Eis + 0) 19,34%/– 10,7°; L 120° 37,5%; 160° 41%; 200° 44,8%

$KClO_3$	3,0	4,5	6,5	12,7	20,4	28,2	36,5	*L* 120° 44%; 160° 59%; 200° 72%; 240° 83%; 280° 91%; 300° 95%
$KClO_4$	*0,7*	1,1	1,7	4,1	7,5	12,0	18,0	*L* 140° 31,5%; 180° 46,5%; 220° 59%; 260° 68,7%
KF	30,3	35,0	48,5	58,5	59,0	60,0		*E* (Eis + 4) 21,5%/– 21,8°; *F* (4) ≈ 44,7%/≈ 18,5°; *E* (4 + 2) 47,7%/17,7°; *Ü* (2 → 0) 58,6%/40,2°
KHF_2	19,6	23,5	27,6	36,0	44,5	53,3		*E* (Eis + 0) 16,5%/– 7,6°
KI	56,0	57,5	59,0	61,5	63,8	65,6	67,5	*E* (Eis + 0) 52,2%/– 23,0°; *L* 140° 70,5%; 180° 73,4%; 200° 74,6%; 250° 77,5%; 300° 80,5%; 350° 83,4%; 400° 86,2%
KIO_3	4,5	6,0	7,5	11,2	15,2	19,1	23,0	*L* 140° 30,4%; 180° 37,7%; 220° 44,6%; 260° 51,3%; 300° 58%
KIO_4	0,1	0,3	0,5	1,0	2,1	4,1	7,4	
$KMnO_4$	3,0	4,0	6,0	11,1	18,0			*E* (Eis + 0) 2,86%/– 0,58°
K_2MoO_4	63,71	64,03	64,3	64,84	63,1	63,95	66,93	*E* (Eis + 0) 62,7%/– 38°; *L* 120° 67,53%
KN_3	29,2	31,6	34,0	38,2	43,0	47,1	51,2	*E* (Eis + 0) 26,2%/– 12,9°
KNO_2	72,5	73,2	74,0	75,3	76,7	78,2	79,8	*E* (Eis + $^1/_2$) 65%/– 40°; *Ü* ($^1/_2$ → 0) 72%/– 9,5°; *L* 120° 64,5%
KNO_3	11,5	17,5	24,0	39,3	52,6	62,5		*E* (Eis + 0) 9,66%/– 2,85°; *L* 140° 81%; 180° 86,5%; 220° 91%; 260° 94,5%; 300° 98,8%
KOCN	33,3	37,4	41,1					*E* (Eis + 0) 26,5%/– 18,1°
KOH	49,0	51,0	53,2	57,6	59,1	61,5	64,2	*E* (Eis + 4?) (31%/– 74°); *Ü* (4 → 2) 43,3%/– 33,0°; *Ü* (2 → 1) 57,0%/33°; *F* (1) 143°/75,7%; *L* 120° 67,8%; 140° 73,5%
K_3PO_4	44,0	47,0	49,7	57,8	64,0			*E* (Eis + 9) 38,33%/– 24°; *Ü* (9 → 7) ≈ 42,4%/≈ 11,2°; *Ü* (7 → 3) 63,3%/45,4°
K_2HPO_4	46,0	54,0	61,5	67,5	72,2	72,9	73,8	*E* (Eis + 6) 36,78%/– 13,5°; *Ü* (6 → 3) 60,2%/14,3°; *Ü* (3 → 0) 71,9%/48,3°
KH_2PO_4	12,5	15,0	18,2	25,0	33,0	41,0		*E* (Eis + 0) 12,1%/–2,5°
$K_2Pt(CN)_4$	10,5	16,8	25,0	44,0	58,0	63,6		*Ü* (5 → 3) 21,4%/15,3°; *Ü* (3 → 2) 55%/52,4°; *Ü* (2 → 1) 63,7%/74,5°

4.2.6.1.2.2 Lösungsgleichgewichte anorganischer Stoffe in Wasser (Fortsetzung)

Verbindung	Lösungsgleichgewicht in Gew.% der Verbindung bei T in °C							Angaben über die Liquiduskurve
	0°	10°	20°	40°	60°	80°	100°	
K_2PtCl_6	0,596	0,794	1,088	1,67	2,53	3,57	4,76	
$KReO_4$	0,47	0,5	1,0	2,0	4,0	7,6	11,8	E(Eis + 0) 0,343%/–0,06°; F(0) 518° L 200° 44%; 400° 88%
KSCN	62,8	66,0	69,0	74,0	78,8	83,8	87,5	E(Eis + 0 β) 50,25%/–31,2°; U(0 $\beta \to$ 0 α) ≈ 94,9%/≈ 141°; L 120° 91,2%; 140° 95%
K_2SO_3	51,4	51,4	51,6	52,0	52,3	52,8	53,1	E(Eis + 0) 51,0%/–45,5°
K_2SO_4	7,0	8,5	10,0	12,7	15,2	17,5	19,4	E(Eis + 1) 7,09%/–1,8°; $Ü$(1 → 0) 8,48%/9,7°; L 160° 24,3%; 200° 25,7%; 240° 26%; 300° 25,8%; 320° 19%; 340° 10,4%
$K_2S_2O_3$	49,0	53,5	60,8	67,2	70,2	74,6		$Ü$($^5/_3$ → 1) 66,9%/35°; $Ü$(1 → $^1/_3$) 70%/56,1°; $Ü$($^1/_3$ → 0) 74,5%/78,3°
$K_2S_2O_5$	22,0	26,5	30,6	39,0	46,0	52,0		E(Eis + $^2/_3$) 19,2%/–5,5°; $Ü$($^2/_3$ → 0) 24,1%/4,0°
$K_2S_2O_6$			6,0					
$K_2S_2O_8$	*1,77*	*2,5*	*4,5*	*10,0*				Angabe in g/100 cm³ Lösung
K_3SbS_4	75,5	76,0	76,2	77,2	78,2	79,2		E(Eis + 6) 62,0%/–34°; $Ü$(6 → 5) 75,5%/0°
K_2SeO_3	63,0	65,4	67,2	68,5	68,7	68,8	68,9	$Ü$(4 → 0) 68,5%/24,3°
K_2SeO_4	52,4	53,0	53,2	54,0	54,9	55,8	56,5	
K_2SiF_6	0,07	0,1	0,15	0,24	0,35	0,52	0,79	
$KSnCl_3$		31,7	40,8	57	73,5			
K_2TiF_6	0,497	0,89	1,28					Bdk. 1 H_2O
K_2ZrF_6		1,18	1,48	2,06	3,84	6,54	18,9	
$La(BrO_3)_3$	49,4	54,5	59,9					Bdk. 9 H_2O; L 25°/63,0%; 30°/66,3%
$LaCl_3$	48,18	48,45	48,98	50,44	53,7	58,84		Bdk. 7 H_2O
$La(NO_3)_3$	50,0	52,0	54,5	61,5	70,0			$Ü$(6 β → 6 α) 43°/63,5%; F(6 α) 65,4°/75%
$La_2(SO_4)_3$	2,91	2,53	2,2	1,57	1,28	0,89	0,69	Bdk. 9 H_2O

$LiBO_2$	1,0	1,5	2,5	*				*E* (Eis + 8) – 0,515°/0,78%; *F* (8) 47°/25,76%; *L* 40° 10,1% u. 35,1%
LiBr	58,8	59,1	61,5	68,0	69,0	70,5	73,0	Ü(3 → 2) 4°/59%; Ü(2 → 1) 35,2°/67,5%
$LiBrO_3$	61,1	62,8	64,5	69,0	73,4	76,0	78,5	*E* (Eis + 1) – 47°/54,5%; Ü(1 → 0) 52°/72,4%
Li_2CO_3	1,5	1,415	1,32	1,15	0,99	0,84	0,73	
LiCl	41,0	42,8	45,0	47,0	49,7	53,0	56,1	Ü(3 → 2) ≈ – 15°/≈ 38,5%; Ü(2 → 1) 19,1°/45,0%; Ü(1 → 0) ≈95°/≈56,0%; *L* 140°/57,9%
$LiClO_3$	53,0	74,0	79,8	86,0	88,5	91,2	95,0	*E* (Eis + 3) – 40°/37%; *F* (3) 8°/62,6%; *E* (3 + 1) 1,5°/71,1%; Ü(3 → 0 γ) 21°/81,2%; Ü(0 γ → 0 β) 41,5°/86,6%; Ü(0 β → 0 α) 90°/94,9%
$LiClO_4$	30,0	32,7	36,0	41,8	48,2	55,8	71,2	*F* (3) 95,1°/66,3%; *E* (3 + 1) 92,5°/70,2%; *F* (1) 149°/86,5%; *E* (1 + 0) 145,7°/89,6%
LiF	0,152	0,15	0,148	0,139	0,13	0,12	0,112	*L* 200° 0,745%; 400° 0,159%
LiI	60,2	61,2	62,3	64,1	67,0	81,5	83,0	
Li_2MoO_4	45	44,7	44,4	43,8	43,3	42,8		Bdk. $^3/_4 H_2O$
LiN_3	37,2	38,9	40,0	43,2	46,6			*E* (Eis + 4) – 47,5°/26%; Ü(4 → 1) – 31°/33,5; Ü(1 → 0) 68,2°/48,0%
$LiNO_2$	44,8	47,0	50,2	58,0	64,8	70,0	76,3	*E* (Eis + $^3/_2$) – 38,7°/26,58%; Ü($^3/_2$ → 1) – 7,95°/43,5%; Ü(1 → $^1/_2$) 50°/63%; Ü($^1/_2$ → 0) 94,2°/75,9%
$LiNO_3$	35,0	37,6	42,0	59,0	62,5			*E* (Eis + 3) – 17,8°/31,2%; *F* (3) 29,88°/56,1%; *E* (3 + $^1/_2$) 29,6°/57,8%; Ü($^1/_2$ → 0) 61,1°/65%
LiOH	11,2	11,25	11,3	11,5	12,3	13,2	15,0	*E* (Eis + 1) – 18°/11,2%
Li_2HPO_3	9,0	8,4	7,7	6,6	5,7	4,9	4,2	
Li_2SO_4	26,47	25,93	25,65	24,81	24,24	23,66	23,13	*E* (Eis + 2 ?) – 23°/27,8%; Ü(2 → 1) –8°/≈ 27,01%; Ü(1 → 0) 232,8°/≈ 23,55%

4.2.6.1.2.2 Lösungsgleichgewichte anorganischer Stoffe in Wasser (Fortsetzung)

Verbindung	Lösungsgleichgewicht in Gew.% der Verbindung bei T in °C							Angaben über die Liquiduskurve
	0°	10°	20°	40°	60°	80°	100°	
$Li_2Pt(CN)_4$	56,2	57,0	58,4	61,0	64,0	68,3		Ü(?) 29,5°/60,1 %); Ü(?) 39,5°/(61 %); Ü(?) 49°/(63,4 %); Ü(?) 72°/(67,3 %);
LiSCN			53,2	60,5				*E* (2 + 1) 32°/58,5 %
Li_3SbS_4	45,5	46,8	48,5	51				*E* (Eis + 10) – 42°/40,4 %
Li_2SeO_3	20	18,8	17,5	15,3	13,1	11,0	9	
Li_3VO_4	2,7	3,4	4,6	4,6	2,5			Ü(9 → 1) 35,2°/6,25 %
$Lu_2(SO_4)_3$			32,12	14,46				Bdk. 8 H_2O
$MgBr_2$	49,5	50,0	50,5	51,8	53,0	54,1	55,6	*E* (Eis + 10) 36,8 %/– 42,7°; Ü(10 → 6) 49,4 %/0,8°; *F* (6) 172,4°; *L* 120° 57 %; 160° 60,1 %
$Mg(BrO_3)_2$	42,4	45,5	48,5	54,5	61	70,1	71,3	*E* (Eis + 6) 38,5 %/– 13°
$MgCl_2$	34,5	35,0	35,2	36,5	38,0	40,0	42,0	*E* (Eis + 12) 20,6 %/– 33,6°; *F* (12) 30,5 %/– 16,4°; Ü(8 α → 6) 34,3 %/ – 3,4°; Ü(6 → 4) 46,1 %/116,7°; Ü(4 → 2) 55,8 %/181,5°; *L* 120° 46,2 %; 160° 50,5 %; 200° 57,2 %; 250° 62 %; 300° 67,8 %
$Mg(ClO_3)_2$	53,4	55	57,2	64,3	68			Ü(6 → 4) 63,6 %/35°; Ü(4 → 2) 72,1 %/75°
$Mg(IO_3)_2$	3,2	6	7,8	10,2	13	13,4		*E* (Eis + 10) 3,18 %/– 0,36°; Ü(10 → 4) 7,32 %/13°; Ü(4 → 0) 13,1 %/57,5°
$MgMoO_4$	12,13	14,31	15,25	17,35	19,74	13,8		*E* (Eis + 7) 11,58/1,67°; Ü(7 → 5) 15,11 %/12,7°; Ü(5 → 2) 60,8°/19,87 %
$Mg(NH_4)PO_4$			0,052	0,036		0,019		
$Mg(NH_4)_2(SO_4)_2$	10,3	12,66	15,25	20,32	25,93	32,66	38,78	*E* (Eis + 6) 9,58 %/– 2,34°
$Mg(NO_2)_2$	32,0	38,0	43,5	57,5				*E* (Eis + 9) 23,2 %/– 21,2°; Ü(9 → 6) 38,5 %/11°; *F* (6) 51,7 %/29,5°; *E* (6 + 3) 52,5 %/29,3°
$Mg(NO_3)_2$	39,0	40,5	41,5	44,5	48,0	52,0	72,2	*E* (Eis + 9) 32,4 %/– 31,9°; *L* 120° 75,8 %; 140° 82,3 %; 180° 84,2 %

$MgPt(CN)_4$	26,6	30,0	33,3	40,0	42,0	44,7	44,0	Ü(6,8 bis 8,1 → 4) (40%/40°); Ü(4 → 2) (46%/91°)
$MgSO_4$	20,64	23,66	25,82	30,6	35,24	35,9	32,9	*E*(Eis + 12) 19%/– 3,9°; *L* 120° 28,6%; 140° 22,24%; 160° 13,04%; 180° 5,124%; 200° 1,96%
$MnCl_2$	39,0	40,5	42,3	47,0	51,8	52,5	53,5	*E*(Eis + 6) 30,5%/– 26,5°; Ü(6 → 4) 38,5%/– 2°; Ü(4 → 2) 51,6%/58°; Ü(2 → 1) 63,7%/198°; Ü(1 → 0) 85%/362°
$Mn(NO_3)_2$	49,8	53,0	56,6	81,0	82,0			*F*(6) 62,4%/25,3°; *E*(6 + 4) 64%/23,5°; *F*(4) 71,3%/35,5°; *E*(4 + 2) 77,2%/36°; Ü(2 → 1) 81%/36°
MnO_4Na	48,7	54	58,5	76,5	82,3			*E*(Eis + 3) 41,4%/– 15,8°; *F*(3) 72%/36°; *E*(3 + 1) 75,2%/33,7°; *F*(1) 88%/68,7°
$MnSO_4$	34,5	37,0	38,5	37,4	35,0	31,2	25,0	*E*(Eis + 7) 32,3%/– 11,4°; Ü(7 → 5) 37,2%/9°; Ü(5 → 1) 39%/23,9°
MoO_4Na_2	30,8	39,1	39,4	40,5	42,2	43,82	45,6	Ü(10 → 2) 39,21%/11°
MoO_3			0,13	0,448	1,18	2,06		Ü(2 → 1) (2,04%/70,5°)
NH_4Br	37,0	40,0	42,0	49,0	51,0	54,0	58,0	*E*(Eis + 0) 32,1%/– 17°; *L* 150° 66%; 200° 72%; 250° 77%; 300° 81%; 350° 85%; 400° 88%
NH_4HCO_3	10	13,5	17,2	26	37	52	78	*E*(Eis + 0) 9,5%/– 3,9°
NH_4Cl	23,0	25,0	27,0	32,0	35,0	40,0	44,0	*E*(Eis + 0) 19,5%/– 16°; *L* 150° 56%; 200° 62%; 250° 69%; 300° 76%; 350° 82%; 400° 88%
NH_4ClO_4	11	14,8	18,4	26,0	33,6			*E*(Eis + 0) 9,8%/– 2,7°
NH_4F	42,0	43,0	45,0	48,0	53,0	59,0		*E*(Eis + 1) 32,3%/– 26,5°; Ü(1 → 0) 41%/– 16°
NH_4HF_2	28,8	32,0	37,8	49,0	61,8	74,2	86,0	*E*(Eis + 0) 23,6%/– 14,8°; *L* 120° 96,8%
NH_4I	60,2	62,0	63,0	65,8	67,9	69,7	71,2	*E*(Eis + 0) 55,5%/– 27,4°; *L* 120° 70,3%
NH_4NO_3	53,6	60,0	65,5	74,5	80,5	86,2	91,0	*E*(Eis + 0, ε) 42,3%/– 16,9°; Ü($\varepsilon \to \delta$) (43,3%)/– 16°; Ü($\delta \to \gamma$) 72%/32,5°; Ü($\gamma \to \beta$) (87,4%)/84°; Ü($\beta \to \alpha$) (96,1%)/125°

4.2.6.1.2.2 Lösungsgleichgewichte anorganischer Stoffe in Wasser (Fortsetzung)

Verbindung	Lösungsgleichgewicht in Gew.% der Verbindung bei T in °C							Angaben über die Liquiduskurve
	0°	10°	20°	40°	60°	80°	100°	
$(NH_4)_3PO_4$	8,6		16,87					L 25° 18,96%; 50° 27,38%; Bdk. 3 H_2O
$(NH_4)_2HPO_4$	36,5	38,5	40,8	45	49,2	54	59	
$NH_4H_2PO_4$	18	22,5	27	36,2	45,6	54,8	63,5	E (Eis + 0) 16,5%/– 4°; L 120° 72,6%
$(NH_4)_2PtBr_6$	0,398	0,457	0,695	0,99	1,575	2,34	3,47	
$(NH_4)_2PtCl_6$	0,299	0,398	0,497	0,794	1,283	2,057	3,19	
NH_4ReO_4		0,01	0,02	0,05				
NH_4SCN	55,0		62,0	70,0	78,0			E (Eis + 0) 42%/– 25,2°; L 70° 82%
$(NH_4)_2SO_3$	32,5	35,0	37,8	44,3	51,0	59	60,5	E (Eis + 1) 28,9%/– 12,96°; $Ü$(1 → 0) (59%)/80,8°
$(NH_4)_2SO_4$	41,0	42,0	43,0	45,0	46,7	48,5	50,5	E (Eis + 0) 39,7%/– 18,5°; L 150° 55%; 200° 59,7%; 250° 64,5%; 300° 69%; 350° 73,3%; 400° 78%
$(NH_4)_2SnCl_4$		33,1	38,8	50	62,5			
$(NH_4)_2ZrF_6$	0,65	0,85	1,1	1,6	2,14	2,67		Angaben in Mol/L
Na_2HAsO_4	5,4	11	22,9					$Ü$(12 → 7) (25,9%)/(21,5°)
$NaBO_2$	14	17	20,2	29	39,1	45,8	55,8	$Ü$(4 → 2) 37,85%/54°
NaB_5O_8	6,3	8,1	10,6	17,5	26,9	37,8	50,5	E (Eis + 5) 5,80%/– 1,70°; $Ü$(5 → 1) (52,60%/103°)
$Na_2B_4O_7$	1,1	1,6	2,5	6,0	15,0	20,0	28,3	E (Eis + 10) 1,09%/– 0,45°; $Ü$(10 → 4) 14,5%/58,5°; [$Ü$(10 → 5) 16,65%/60,8°]; L 120° 49%; 140° 69%
$NaBr$	44,2	45,7	47,5	51,5	54,0	54,4	55,0	E (Eis + 5) 40,3%/– 28,0°; $Ü$(5 → 2) 41%/– 24,0°; $Ü$(2 → 0) 53,97%/50,8°; L 120° 55,5%; 160° 57,5%; 200° 60%
$NaBrO_3$	21,5	24,0	27,0	33,0	38,0	43,0	48,0	
$NaCN$	30,0	32,9	36,7	46,0				E (Eis + 2) 23,46%/– 26,4°; $Ü$(2 → 0) 44,82%/34°
Na_2CO_3	6,5	11,0	17,9	32,8	31,5	30,6	30,6	E (Eis + 10) 5,93%/– 2,10°; $Ü$(10 → 7) 31,2%/32°; $Ü$(7 → 1) 33,3%/35,3°; $Ü$(1 → 0) 30,8%/112,5°; L 150° 27,2%; 200° 23%; 250° 16,8%; 300° 8,5%

$NaHCO_3$	6,5	7,5	8,6	11,2	13,7	15,4	19,2	*E* (Eis + 0) 6,26 %/– 2,33°; *L* 120° 22,2%; 140° 25,5%; 160° 29,5%; 180° 34,5%
NaCl	26,3	26,4	26,5	26,8	27,0	27,5	28,0	*E* (Eis + 2) 22,42%/– 21,2°; *Ü* (2 → 0) 26,27%/0,1°; *L* 120° 28,5%; 160° 30%; 200° 31,5%
NaClO	22,7	26,8	34,6	53,0				*E* (Eis + 5) 19,2%/– 16,6°; *F* (5) 44,0%/24,5°; *E* (5 + 2,5) 48,5%/23,0°
$NaClO_3$	45,0	47,0	49,0	54,0	58,0	63,0	68,0	
$NaClO_4$	62,5	64,3	66,5	71,0	74,0	75,3	77,0	*E* (Eis + 1) 56%/– 32°; *Ü* (1 → 0) 73,8%/52,75°
NaF	3,94	3,96	4,03	4,06	4,22	4,49		*E* (Eis + 0) 3,92%/– 3,5°
NaI	61,5	62,8	64,0	68,5	72,0	74,6	75,0	*E* (Eis + 5) 55,9%/– 33°; *Ü* (5 → 2) 60,2%/– 13,5°; *Ü* (2 → 0) 74,57%/68,2°; *L* 180°/ 77,5%
$NaIO_3$	2,1	4,0	8,1	12,0	16,5	21,0	25,0	*E* (Eis + 5) 2,38%/– 0,35°; *Ü* (5 → 1) 7,83%/19,85°; *Ü* (1 → 0) 20,0%/73,4° *Ü* (3 → 0) 21,3%/34,5°
$NaIO_4$		5,2	9,3	23,0				
NaN_3	28,0	28,5	29,2	30,9	32,2	34,0	35,5	*E* (Eis + 3) 21,6%/– 15,1°; [*E* (Eis + 0) 26,8%/– 20°]; *Ü* (3 → 0) 27,8%/– 2,1°
$NaNO_2$	42,0	43,4	45,0	49,0	53,0	57,0	61,0	*E* (Eis + $^1/_2$) 28,1%/– 19,5°; [*E* (Eis + 0) 36%/– 26°]; *Ü* ($^1/_2$ → 0) 41,65%/– 5,1°, *L* 120° 66%
$NaNO_3$	41,8	44,0	46,4	51,0	55,5	59,6	63,5	*E* (Eis + 0) 36,9%/– 18,5°; *L* 120° 67,5%; 140° 71,5%; 160° 76%; 200° 83%; 250° 92%; 300° 99%
NaOH	29,6		52,0	56,3	64,0	75,5	77,0	
Na_3PO_4	4,29	7,4	10,15	18,03	28,2	36,9	43,4	*Ü* (12 → 10) 20,94%/45,5°; *Ü* (10 → 8) 30,8%/64,5°; *E* (8 + 1) 48,18%/121°; *E* (1 + 0) 33,8%/215°
Na_2HPO_4	1,2	3,5	7,1	35	44,5	48	51	*E* (Eis + 12/β) 1,2%/– 0,5°; *U* (12β → 12α) 29,6°/19,2%; *Ü* (12 → 7) 29,3%/35,2°; *Ü* (7 → 2) 48,3°/44,4%; *Ü* (2 → 0) 95,0°/51,3%

4.2.6.1.2.2 Lösungsgleichgewichte anorganischer Stoffe in Wasser (Fortsetzung)

Verbindung	Lösungsgleichgewicht in Gew.% der Verbindung bei T in °C							Angaben über die Liquiduskurve
	0°	10°	20°	40°	60°	80°	100°	
NaH_2PO_4	36	41	46	58	65,7	68	71	E(Eis + 2) 32,4%/– 9,9°; $\ddot{U}$(2 → 1) 58,5%/40,8; $\ddot{U}$(1 → 0) 65,5%/57,4°
$Na_4P_2O_7$	2,63	3,84	5,19	11,1	17,96	23,08		E(Eis + 10) 2,124%/– 0,43°; E(10 + 0) 36,38%/79,5°
Na_2PtCl_6	38,5	41,5	44,0	50,0	56,5	64,0	72,0	Bdk. 6 H_2O
Na_2S	11,0	13,2	16,0	22,0	28,0	33,0	60,8	E(Eis + 9) 9,5%/– 9,5°; $\ddot{U}$(9 → 6) 26,3%/48,0°; $\ddot{U}$(6 → 5,5) 38,0%/92,0°; F(5,5) 44,1/98,0°; E(5,5 + 1) 55,5%/85,0°; $\ddot{U}$(1 → x) 60,0%/95,0°
NaSCN		53,0	57,5	63,9	65,0	67,0	69,0	$\ddot{U}$(1 → 0) 63,15%/30,4°
Na_2SO_3	12,45	16,31	20,89	27,01	24,43	22,24	21,02	E(Eis + 7) 10,47%/– 3,35°; $\ddot{U}$(7 → 0) 28%/33,4°
$Na_2SO_4 \cdot 7H_2O$	15,6	23,36	30,9					Bdk. 7 H_2O, metastabil, E(Eis + 7) 12,73%/– 3,6°; $\ddot{U}$(7 → 0) 34%/24,5°
$Na_2SO_4 \cdot 10H_2O$	4,36	8,37	16,2					Bdk. 10 H_2O; E(Eis + 10) 3,84%/– 1,2°; $\ddot{U}$(10 → 0 monoklin) 33,11%/32,2°; U(0 monokl. → 0 rhomb. I) 220°/33%; U(0 rhomb. I → rhomb. II) 270°/29%
$Na_2S_2O_3$	33,5	37,0	41,0	50,8	65,3	69,7	71,0	E(Eis + 5 α) 30,25%/– 10,6°; $\ddot{U}$(5 α → 2 α) 61,6%/48,17°; $\ddot{U}$(2 α → 1/2) 67,6%/65,0°; $\ddot{U}$(1/2 → 0) 69,4%/75°
$Na_2S_2O_4$	16,5	17,4	18,3	20,5	22,8			E(Eis + 2) 15,95%/– 4,58°; $\ddot{U}$(2 → 0) 21,8%/52°
$Na_2S_2O_5$	31,0	38,0	39,0	41,2	44,0	46,8		E(Eis + 7) 23,5%/– 9,05; $\ddot{U}$(7 → 0) 37,8%/5,5°
$Na_2S_2O_6$	6,0	11,0	15,0	24,6	36,0	49,0	65,0	E(Eis + 8) 5,72%/– 1,136°; $\ddot{U}$(8 → 6) 6,27%/0°; $\ddot{U}$(6 → 2) 10,75%/9,1°
Na_2SeO_3	43,2	44,3	46	49,8	47,8	46,5	45,5	$\ddot{U}$(8 → 5) 42,65%/– 7,2°; $\ddot{U}$(5 → 0) 49,79%/37,0°

$NaHSeO_3$	41	49	57,9	68,6	72,1	76,6		*E* (Eis + 3) 33,6%/– 9,3°; Ü(3 → 0) 67,11%/28,0
Na_2SeO_4	11,5	20,0	30,0	45,0	43,8	42,5	42,0	Ü(10 → 0) 46%/32°
Na_2SiF_6	0,428	0,517	0,69	1,02	1,43	1,89	2,39	Bdk. 0 H_2O
Na_2SiO_3	6,7	10,8	15,7	30,2	48,2	51,8		*E* (Eis + 9) 5,6%/– 2,7°; Ü(9 → 6) 39,8%/46,8°; Ü(6 → 5) 48%/59,8°; Ü(5 → 0) 56,6%/72°
Na_3VO_4			10,7	20,64	24,81	29,1		Ü(2 → 0) 19,49%/35°
Na_2WO_4	36,31	41,86	42,36	43,82	45,62	47,26	49,24	Ü(10 → 2) 41,8%/6°
$Nd(BrO_3)_3$	30,5	37,2	43,0	54,1				Bdk. 9 H_2O; *L* 45° 56,8%
$NdCl_3$	49,24	49,3	49,5	50,8	53,27	55,95	58,1	Bdk. 6 H_2O; *L* 50° 51%
$Nd(NO_3)_3$	56,0	56,8	58,5	61,5	68,5			Ü(6 β → 6 α) 20°/58,5%; *F* (6 α) 67,5°/75,3%
$Nd_2(SO_4)_3$	11,38	8,76	6,37	4,22	2,91	2,15	1,09	Ü(15 → 8) (11,38%/1°); Ü(8 β → 8 α) (2,15%/80°)
$NiBr_2$	53,1	54,9	56,6	59,1	60,4	60,6	60,8	Ü(9 → 6) 53%/– 2,5°; Ü(6 → 3) 57,8%/28,5°; Ü(3 → ?) 60,1%/52°
$NiCl_2$	35,0	36,0	38,0	42,0	44,6	46,5	46,8	*E* (Eis + 7) 29,9%/– 45,3°; Ü(7 → 6) 33,8%/– 33,3°; Ü(6 → 4) 28,8°/41,6%; Ü(4 → 2) 64,3°/46,1%
$Ni(ClO_3)_2$	52,8	55,0	57,2	64,5	69,0	69,5		Ü(6 → 5) 68%/48°
$Ni(ClO_4)_2$	51,1	51,9	52,5	54,0				Ü(9 → 5) 50,9%/– 2,8°
NiI_2	55,9	57,5	59,5	63,6	64,5	65,1		Ü(6 → 4) 64,2%/43°
$Ni(NO_3)_2)$	44,2	46,5	48,5	54,5	61,365,3	68,6		*E* (Eis + 9) 36%/– 27,8°; Ü(9 → 6) 42%/9°; Ü(6 → 4) 60%/54°; Ü(4 → 2) 67,2%/85,4°
$NiSO_4$	21,88	24,81	27,55	32,62	36,22	39,94	40,93	*E* (Eis + 7) 20,64%/– 3,4°; Ü(7 → 6 β) 30,7%/30,7°; Ü(6 β → 6 α) 35,32%/53,8°; Ü(6 β → 1) 40,93%/84,8°
$NiSeO_4$	21,81	24,0	26,3	31,12	36,83	42,73	45,66	*E* (Eis + 6) 21,02%/– 3°; Ü(6 → 4) 43,62%/82°
$PbBr_2$	0,45	0,62	0,85	1,45	1,97	3,3	4,55	2 fl. Ph. (39 u. 80%)/302°
$PbCl_2$	0,63	0,75	0,97	1,42	1,97	2,55	3,2	2 fl. Ph. (24 u. 76%)/345°
PbF_2		$6,1 \cdot 10^{-2}$	$6,5 \cdot 10^{-2}$					
PbI_2	0,05	0,05	0,09	0,11	0,2	0,3	0,44	2 fl. Ph. (12 u. 82%)/334°

4.2.6.1.2.2 Lösungsgleichgewichte anorganischer Stoffe in Wasser (Fortsetzung)

Verbindung	Lösungsgleichgewicht in Gew.% der Verbindung bei T in °C							Angaben über die Liquiduskurve
	0°	10°	20°	40°	60°	80°	100°	
$Pb(NO_3)_2$	26,8	30,8	34,5	41,0	46,8	52,0	56,0	E (Eis + 0) 26,0%/–2,7°
$Pb_3(PO_4)_2$			$1{,}3 \cdot 10^{-5}$					
$Pb(SCN)_2$			$1{,}37 \cdot 10^{-3}$					
$PbSO_4$	$3{,}34 \cdot 10^{-3}$	$3{,}7 \cdot 10^{-3}$	$4{,}21 \cdot 10^{-3}$					
$PbSiF_6$	5,5	7,0	8,5	12,0	–	21	22	$Ü(4 \rightarrow 2)$ 60°/20,1%
$Pr(BrO_3)_3$	35,8	42,2	47,4	59,0				Bdk. $9\,H_2$; L 45° 62%
$PrCl_3$	47,77	48,24	48,89	50,7	54,12	58,1		
$Pr(NO_3)_3$			60,0	64,1				Bdk. $6\,H_2O$; F(6) 75,2%/56°; L 50° 68%
$Pr_2(SO_4)_3$	16,46	13,57	10,95	6,8	4,579	2,44	0,764	$Ü(8 \rightarrow 5)$ 29,57%/75°
$PtCl_4$				62,2	74,0	78,2	88,0	$Ü(5 \rightarrow 4)$ 72%/52°; $Ü(4 \rightarrow 3)$ 78%/75°
$PtCl_6Rb_2$	0,0137	0,020	0,0282	0,0565	0,0997	0,182	0,334	
$RaBr_2$			41,5					
$Ra(NO_3)_2$			12,2					
$RaSO_4$			$1{,}4 \cdot 10^{-4}$	$5 \cdot 10^{-6}$				
RbBr		50,6	52,7					
RbCl	43,5	45,8	47,5	50,8	53,5	56,0	58,0	L 110° 59%
$RbClO_3$	1,96	3,1	4,85	10,3	18,05	27,55	38,7	
$RbClO_4$		0,59	0,99	2,34	4,76	8,42	14,9	
RbI	55,6	59,0	61,6	65,1	68,3	71,2	73,8	E (Eis + 0) 50,0%/– 13,0°; L 110° 75%
$RbNO_3$	17,0	25,0	35,0	54,0	66,0	75,0	86,0	
$RbReO_4$	0,398	0,695	1,08	2,34				L 25° 1,33%; 50° 3,353%
Rb_2SO_4	26,6	30,0	32,5	36,6	40,5	42,9	45,0	L 120° 46,9%; 140° 48%; 160° 48,8%
ReO_4Tl			0,15	0,547	0,91	1,29		
$SbCl_3$	85,8	87,7	89,6	93,3	97,8			
$Sc(OH)_3$			$1{,}25 \cdot 10^{-7}$					Bdk. $0\,H_2O$
$Sc_2(SO_4)_3$			28,53*					* bei 25 °C; Bdk. $5\,H_2O$
$SmCl_3$		48,03	48,28	49,1				Bdk. $6\,H_2O$
$Sm_2(SO_4)_3$			2,6	1,967				Bdk. $8\,H_2O$; L 25° 1,48%
$SnCl_2$	45,6							L 15° 73,0%; 25° 70,1%; Bdk. $2\,H_2O$

SnI_2			0,97	1,37	1,99	2,79	3,74	
$SrBr_2$	47,0	48,2	50,0	53,5	58,0	64,0	69,0	*Ü*(6 → 2?) 68%/88°; *Ü*(2? → 1)72%/~ 140°; *Ü*(1 → 0) 92,8%/344,5°
$SrCl_2$	30,0	32,2	34,5	40,0	46,0	48,0	51,0	*E*(Eis + 6) 26,2%/– 18,7°; *Ü*(6 → 2) 46,65%/61,3°; *Ü*(2 → 1) 56,1%/134,4°; *Ü*(1 → 0) 78,5%/320°; *L* 150° 57%; 200° 62%; 300° 75%; 350° 89%; 400° 81%
$Sr(ClO_3)_2$	61,5	63,4	63,7	64,4	65	66,2	66,5	*E*(Eis + 3) 54,5%/– 37°
SrF_2	$11,3 \cdot 10^{-3}$	$11,5 \cdot 10^{-3}$	$12 \cdot 10^{-3}$					
SrI_2	62,5	63,0	64,5	66,5	69,5	73,7	78,5	*F*(6) 76%/84°; *E*(6 + 2) 77%/83°; *L* 120° 80,8%; 160° 84,3%
$Sr(NO_2)_2$	31	36	41,0	44,0	48	52	57	*E*(Eis + 4) 26,4%/– 8,8°; *Ü*(4 → 1) 39%/15°
$Sr(NO_3)_2$	28,0	33,0	41,0	48,9	49,0	50,0	50,1	*E*(Eis + 4) 24,7%/– 5,4°; *Ü*(4 → 0) 47,4%/31,3°; *L* 150° 53%; 200° 57%; 300° 67%; 400° 77,2%
$Sr(OH)_2$	0,34	0,497	0,89	1,87	3,48	8,1	22,48	*E*(Eis + 8) 0,438%/– 0,1°
$SrSO_4$	$11,3 \cdot 10^{-3}$	$12,6 \cdot 10^{-3}$	$13 \cdot 10^{-3}$	$13,8 \cdot 10^{-3}$	$13 \cdot 10^{-3}$	$11,5 \cdot 10^{-3}$	$10,1 \cdot 10^{-3}$	*L* 200° $4,5 \cdot 10^{-3}$; 400° $8 \cdot 10^{-4}$
$Tb(BrO_3)_3$	30,75	36,3	41,5	51,2				Bdk. 9 H_2O
$Tb_2(SO_4)_3$			3,44	2,45				Bdk. 8 H_2O
$Th(NO_3)_4$	65,0	65,4	66,0	68,0	71,0	74,5	78,5	*E*(Eis + 6) 64%/– 48°; *E*(6 + 4) 81,6%/111°; *E*(4 + *x*) 86,9%/151°; *F*(6) etwa zusammenfallend mit *E*(6 + 4) 81,6%/111°; *F*(4) etwas mit *E*(4 + *x*) 86,9%/151°; *L* 120° 82%; 160° 87,6%; 200° 90,8%
$Th(SO_4)_2$	0,69	0,99	1,28	2,91	1,57	0,892		*Ü*(9 → 4) 3,24%/43°
TlBr	$23,8 \cdot 10^{-3}$		$47,6 \cdot 10^{-3}$		$20,4 \cdot 10^{-2}$			
$TlBrO_3$			0,345	0,70				
Tl_2CO_3	–	–	5,2	8,2	11,2	14,7	18,3	
TlCl	0,169		0,318	0,596	1,01	1,575	2,32	*F* 430°
$TlCl_3$								*L* 17° 37,57%; Bdk. 4 H_2O
$TlClO_3$	1,96	2,53	3,75	8,1	15,25	25,15	36,31	
$TlClO_4$		7,92	11,5					
TlN_3	0,17		0,35					

4.2.6.1.2.2 Lösungsgleichgewichte anorganischer Stoffe in Wasser (Fortsetzung)

Verbindung	Lösungsgleichgewicht in Gew.% der Verbindung bei T in °C							Angaben über die Liquiduskurve
	0°	10°	20°	40°	60°	80°	100°	
$TlNO_2$	15	22	29	45,5	62	92	96	E (Eis + 0) 12,3%/– 7°; L 160° 97,5%
$TlNO_3$	3,67	6,0	8,72	17,29	31,6	52,67	80,52	U 72,8°/45%; U 142,5°/96%
TlSCN			0,314	0,725				
Tl_2SO_4	3,0	3,6	4,5	7,0	9,5	12,5	16,8	L 200° 28,7%; 300° 36%; 2 fl. Ph. 360° 37...76%; 400° 98%
$UO_2(NO_3)_2$	48,6	51,5	55,0	63,2	76,6	79,0	82,0	E (Eis + 6) 43%/– 18,1°; $Ü$(6 → 3) 76,2% 58,6°; [F(6) 78%/59,5°]; $Ü$(3 → 2) 84,8%/113°; F(2) 91,63%/184°; L 140° 87%; 180° 91%
UO_2SO_4	59,2	59,8	60,0	61,0	62,3	64,0	66,0	E (Eis + 3) 58,3%/– 38,5°; $Ü$(3 → 1) 76%/181°
$U(SO_4)_2$			10,4	8,4	6,8			Bdk. 4 H_2O; $Ü$(8 → 4) 10,5%/19,5°
			10,6	22	37	51		Bdk. 8 H_2O, metastabil
YBr_3	39,03	41,5	43,66	47,26	50,49	53,7		Bdk. ? H_2O
YCl_3		43,82	43,98	44,75	45,66	46,67		Bdk. 6 H_2O
$Y(NO_3)_3$	48,0	53,0	56,7	62,2	66,6			L 65° 67,5%
$Y_2(SO_4)_3$	7,4	7,0	6,8	5,84	4,4	3,0	1,57	Bdk. 8 H_2O
$Yb_2(SO_4)_3$	30,7	26,8	22,9	15,04	9,09	6,0	4,4	Bdk. 8 H_2O
$ZnBr_2$	79,5	80,2	81,3	85,6	86,0	86,5	87,0	$Ü$(3 → 2) 79,1%/– 8°; F(2) 86,2%/37°; $Ü$(2 → 0) 85,4%/35°
$ZnCl_2$	67,6	73,0	78,7	82,0	83,0	84,5	86,0	E (Eis + 4) 51%/– 62°; E(2,5 + 1,5) 77,0%/11,5°; $Ü$(1,5 → 1) 80,9%/26,0°; $Ü$(1 → 0) 81,3%/28,0°
$Zn(ClO_3)_2$	59	63,5	66,7	69,4	76			$Ü$(6 → 4) 66,3%14,5°; $Ü$(4 → 2) 75,4%/55°
ZnI_2	81,0	81,2	81,4	82,0	82,4	83,0	83,6	$Ü$(2 → 0) 81,1%/0°; F(2) 89,9%/27°

$Zn(NO_3)_2$	48,0	51,0	54,0	Anm.	87,4			*L* 40° (4) 67,5% und 77,0%; *L* 40° (2) 78,6%; *E* (Eis + 9) 38,9%/– 32,0°; *Ü* (9 → 6) 44,8%/– 17,6° *F* (6) 63,4%/36,1°; *E* (6 + 4) 65,0%/35,6°; *F* (4) 72,5%/44,7°; *E* (4 + 2) 77,9%/37,0°; *F* (2) 84,0%/55,4°; *E* (2 + 1) 86,2%/51,8°; *F* (1) 91,4%/73,0°
$ZnSO_4$	29,2	32	35	41,5	45	46	44	*E* (Eis + 7) 27,2%/– 6,55°; *Ü* (7 → 6) 41,2%/39°; *Ü* (6 → 1) 47,1%/70°; *L* 150° 37%; 200° 26%; 260° 7%
$ZnSeO_4$	33,5	35	37,2	42,9	40,4	35,8	~ 31	*E* (Eis + 6) 32,2%/– 7,8°; *Ü* (6 → 5) 41,8%/34,4°; *Ü* (5 → 1) 43,8%/43,4°; *Ü* (1 → 0) 40,4%/60°
$ZnSiF_6$	33,5	34,3	35	37	39	40,5	42	*E* (Eis + 6)32%/– 14,6°

Literatur

JUPAC Solubility Series Vol. 1 u. f., ed. A. S. Kertes, Pergamon Press.

4.2.6.1.2.3 Lösungsgleichgewichte anorganischer Verbindungen in schwerem Wasser
(Erläuterungen zur letzten Spalte s. S. 1179)

Verbindung	Gew.% der Verbindung in der gesättigten Lösung bei T in °C							
	0	10	20	40	60	80	100	
$BaCl_2$		20	22	24,7	27,6	30,6	32,4	*Ü*(2 → 1) 32%/93,3°
CdI_2		34,2	35,6	30	41,5	44,4	47,6	
$CuSO_4$			10	18,7	26,4	33,2		*E*(0 + 5) 10,5° *Ü*(5 → 3) 40%/95,5°
$HgCl_2$		2,9	4,04	6,8	10,7	17,4	29,1	
KBr			35,1	38,4	41,5	44,7	47,5	
KCl		19,4	20,6	24,3	27,6	30,5	35,1	
KI			34,4	38,3	41,5	44,5	47,4	
NaBr	41,3	43	44,6	48,7	50,5	51	51,5	*Ü*(2 → 0) 50,4%/47°
NaCl	22,6	22,9	23	23,5	24	24,5	25	Bdk. 0 D_2O
NaI			61,3	64,9	70	72,2	72,6	*Ü*(2 → 0) 72%/66°
Na_2SO_4		6,3	13,0	30	38,6	38,0	37,2	*Ü*(10 → 0) 30,6%/34,2°
$SrCl_2$		30,5	32,4	37,3	43,2	45,0	47,5	*Ü*(6 → 2) 43%/56,4° *Ü*(2 → 1) 50,2%/128,5°

4.2.6.1.2.4 Lösungsgleichgewichte anorganischer Verbindungen in anorganischen Flüssigkeiten

a) in Ammoniak (Erläuterungen zur achten Spalte s. S. 1179)

Gelöste Verbindung	Gew.% der Verbindung in der gesättigten Lösung in *T* in °C						Weitere Angaben
	– 60	– 40	– 20	0	20	40	
$Ba(NO_3)_2$			4,28	21,2	49,0		*Ü*(4 (?) → 0) 12,1%/– 9,0
$Ca(NO_3)_2$	39,2	43,2	44,2	45,7	47,5	54,6	*Ü*(6,5 (?) → 4 (?)) 43,2%/– 43°; *Ü*(4 (?) → 0) 48%/20°
$Cd(NO_3)_2$	22,9	8,2	2,92	1,53	0,795		*E*(NH_3 + 4) 22,8%/ – 77,5°
K	32,3	32,4	32,5	32,6	32,7		
KCl	0,225	0,195	0,165	0,134	0,104		*E*(NH_3 + 0) 0,25%/– 77,2°
Li	9,74	9,75	9,75	9,75			
LiCl			0,795	1,32	2,72		Bdk. 0 NH_3
$LiNO_3$	30	38	41,8	47	69,8	73	*E*(NH_3 + 8) ≈ 23%/≈ – 81,0°; *F*(8) ≈ 33,6%/≈ – 52,5°; *E*(8 + 4) ≈35,8%/– 57,0°; *F*(4) ≈ 50,3%/≈ 6,0°; *E*(4 + 2) 57%/– 3,0°; *F*(2) ≈ 66,9%/≈ 15,0°; *E*(2 + 0) 69,2%/12,5°;
NH_4Br	39,5	43,7	49,6	56,8	69,8	71,3	*E*(NH_3 + 3) ≈ 36,7%/≈ – 78,0°; *F*(3) 65,7%/13,7°; *E*(3 + 0) 69,3%/9,2°
NH_4Cl	4,0	10,8	22,7	38,5	54,7		*F*(3) 51,2%/10,7°; *E*(3 + 0) ≈ 54,2%/≈ 8,5°;
NH_4ClO_4	55	59,9	65	72	73,8	78,5	*E*(NH_3 + 6) 49,0%/– 96,5°; *Ü*(6 → 4) ≈ 57,6%/≈ – 50,0°; *Ü*(4 → 0) ≈ 72,0%/0,0°
NH_4I	46	52,6	60,5	77	78,3	81	*E*(NH_3 + 4) ≈ 39,7%/≈ – 81,0°; *F*(4) 68,0%/– 5,1°; *E*(4 + 3) ≈ 71,8%/≈ – 11,0°; *F*(3) 73,9%/– 8,0°; *E*(3 + 0) ≈ 76,0%/≈ – 12,5°.
NH_4NO_3	24	61	72	74	77	84	*F*(3) 61%/– 40,0°, *E*(3 + 0) ≈ 68,0%/≈ – 41,5°
Na	20,3	20	19,4	18,6	18		
NaBr			26,5	41,4			*F*(5) ≈ 54,7%/≈ 13,2°; *Ü*(5 → 0)
NaCl	0,06	2	8	10,5	5,3		*E*(NH_3 + 5) 0,28%/– 76,6°; *Ü*(5 → 0) 15,37%/– 9,5°
$NaNO_3$		52	54	55,8	57	59,7	Bdk. 0 NH_3
$Sr(NO_3)_2$	7,84	11,5	19,3	29,0	39,6		*Ü*(? → 0) 37,23%/14,0°
$Zn(NO_3)_2$	24,8	24,6	23,0	22,4	23	27	*E*((?) NH_3 + 10) 16,7%/– 77°; *Ü*(10 → 8) 25,97%/– 58°; *Ü*(8 → 6) 22,5%/0°; *Ü*(6 → 4) 25,9%/58°

b) in Schwefeldioxid

Gelöste Verbindung	g der Verbindung/100 g SO_2 in der gesättigten Lösung bei *T* in °C	
	0	25
AgCl	< 0,001	
AgI	0,16	
$BaCl_2$	unlöslich	0,03
$CaBr_2$		0,02
$CaCl_2$		0,02
$CoCl_2$	0,013	
$HgBr_2$	0,074	
$HgSO_4$	0,010	
KBr	2,81	0,50
		0,38
KCl	0,041	0,0126
LiBr	0,052	0,067
LiCl	0,012	0,00062
NH_4Br	0,059	0,052
NH_4Cl	0,009	0,0031
NaBr	0,014	0,0038
NaCl	0,016	0,0004
$PbCl_2$	0,019	
$SrCl_2$		< 0,01
TlBr		0,017
TlCl		0,007
$ZnCl_2$		0,160

4.2.6.1.3 Lösungsgleichgewichte zwischen anorganischen und organischen Stoffen

4.2.6.1.3.1 Organische Säuren und deren Salze in Wasser

Verbindung		Lösungsgleichgewicht in Gew.% der Verbindung bei T in °C							Bemerkungen
Formel	Name	0°	10°	20°	40°	60°	80°	100°	
CH_2O_2	Ameisensäure	95	vollst. mb.						E(Eis + 0) – 40°/70%
$(CHO_2)_2Ba$	Ba-formiat	21,88	23,08	24,24	25,37	27,55	30,6	34,12	Bdk. 2 H_2O
$(CHO_2)_2Ca$	Ca–	13,94	14,09	14,24	14,54	14,9	15,25	15,61	
$(CHO_2)_2Cd$	Cd–	8,25	9,91	12,3	20,38	37,11	44,75	48,72	$\ddot{U}(2 \rightarrow 0)$ 68°/43,18%
CHO_2Cs	Cs–	76	78	82	87	94,7	95	95,2	$F(1)$ 45°/90,8%; $E(1 + 0)$ 41°/94,2%
CHO_2K	K–	74,8	75,9	76	79,5	82,3	85,2	88,5	L 120° 92%; $F(0)$ 157°
CHO_2Li	Li–	24,81	26,47	28,6	32,9	39,4	48,75	57,26	$\ddot{U}(1 \rightarrow 0)$ 88°/56,72%
$(CHO_2)_2Mg$	Mg–	12,3	12,45	12,66	13,8	15,25	17,01	19,35	Bdk. 2 H_2O
CHO_2NH_4	NH_4–	52	54	58,5	66,5	75	83,6	92,5	$F(0)$ 116°
CHO_2Na	Na–	30,6	37,5	46,24	51,69	54,75	57,98	62,4	$\ddot{U}(3 \rightarrow 2)$ 17°/44,15%; $\ddot{U}(2 \rightarrow 0)$ 25°/49,9%
CHO_2Rb	Rb–	77	82	85	87,4	90	92	93,8	$\ddot{U}(1 \rightarrow 1/2)$ 16°/84,7%; $\ddot{U}(1/2 \rightarrow 0)$ 50°/89,5%
$(CHO_2)_2Sr$	Sr–	9,09	9,91	10,7	15,25	21,26	24,24	25,37	$\ddot{U}(2 \rightarrow 1)$ 72°/23,78%
$(CHO_2)_2Zn$	Zn–	3,84	4,28	4,76	6,98	10,7	14,9	27,55	
$C_2H_2O_4$	Oxalsäure	3,84	5,48	7,4	18,7				Bdk. 2 H_2O
C_2O_4Ba	Ba-oxalat	$5,5 \cdot 10^{-3}$	$7 \cdot 10^{-3}$	$9,4 \cdot 10^{-3}$	$1,5 \cdot 10^{-2}$	$1,75 \cdot 10^{-2}$	$1,9 \cdot 10^{-2}$	$2,1 \cdot 10^{-2}$	$\ddot{U}(? \rightarrow 1/2)$ 40°/$1,5 \cdot 10^{-2}$%
C_2O_4Ca	Ca–	$5 \cdot 10^{-4}$	$5 \cdot 10^{-4}$	$5,1 \cdot 10^{-4}$	$8 \cdot 10^{-4}$	$1 \cdot 10^{-3}$	$1,3 \cdot 10^{-3}$		
$C_2O_4K_2$	K–	20,19	22,2	25,37					E(Eis + 1) – 6,3°/19,87%; L 30° 44,4%
C_2O_4Mn	Mn–	$2 \cdot 10^{-2}$	$2,4 \cdot 10^{-2}$	$2,9 \cdot 10^{-2}$					Bdk. 2 H_2O
C_2O_4Mn	Mn–	$3,3 \cdot 10^{-2}$	$4,4 \cdot 10^{-2}$	$5,9 \cdot 10^{-2}$					Bdk. 3 H_2O
$C_2O_4(NH_4)_2$	NH_4–	1,96	2,91	3,84	7,4	10,7	15,25	20,94	Bdk. 1 H_2O
$C_2O_4Na_2$	Na–	1,96	4,94	9,09	18,7	31,05	46,24		Bdk. 2 H_2O
C_2O_4Sr	Sr–	$3 \cdot 10^{-3}$	$4 \cdot 10^{-3}$	$4,7 \cdot 10^{-3}$					
$C_2O_4UO_2$	UO_2–		0,448	0,497	0,794	1,186	1,86	3,10	Bdk. 3 H_2O

$C_2H_3ClO_2$	Monochlor-essigsäure								
	α-Modifikation				90,8	98			*F* 62,4°
	β-Modifikation				93				*F* 56,5°
	γ-Modifikation			88	95,8				*F* 51°
$C_2H_4O_2$	Essigsäure	87	96						*E*(Eis + 0) – 26,7°/60%
$C_2H_3O_2Ag$	Ag-acetat	0,744	0,863	0,99	1,38	1,845	2,44		
$(C_2H_3O_2)_2Ba$	Ba–	32,9	38,7	41,86	44,15	35,49	35,07	35,49	Ü(3 → 1) 24°/43,82%; Ü(1 → 0) 41°/44,2%
$(C_2H_3O_2)_2Ca$	Ca–	27,55	26,47	25,65	24,81	24,81	27,27	22,48	Ü(2 → 1) 84°/27,27%
$C_2H_3O_2Cs$	Cs–	91	91	91,5	92	92,5	93	94	*L* 160° 98%; *F* 194°
$C_2H_3O_2K$	K–	68,3	70	72	76,3	78	79,3		Ü($^3/_2$ →$^1/_2$) 40°/76,3%
$C_2H_3O_2Li$	Li–	24	25	28	40	66	66	67	Ü(2 → 0) 38°/66%; *L* 200° 79%
$(C_2H_3O_2)_2Mg$	Mg–	35,9	37,3	38,7	42,96	53,7			*E*(Eis + 4) – 28,5°/34,64%; *L* 68° 64,3%
$C_2H_3O_2Na$	Na–	26,47	29,1	32,1	39,4				*E*(Eis + 3) 18°/23,31%; Ü(3 → 0) 58°/58%
$(C_2H_3O_2)_2Pb$	Pb–	13,8	16,81	24,24	35,07				Bdk. 3 H_2O
$C_2H_3O_2Rb$	Rb–	83	84	84,5	86	87	88	91	*L* 150° 94%, 200° 97%; *F* 242°
$(C_2H_3O_2)_2Sr$	Sr–	24,24	30,0	29,1	27,8	26,74	26,47		Ü(4 → ? $^1/_2$) 8,5°/30,31%
$C_2H_4O_3$	Glykolsäure			0,04	0,06	0,099	0,84		
$(C_2H_3O_3)_3Gd$	Gd-glykolat			1,38					
$(C_2H_3O_3)_3La$	La–			0,329					
$C_2H_5NO_2$	Aminoessig-säure	14,15	15,25	17,35	25,09	31,27	36,9	42,96	
$C_2H_7NO_3S$	Taurin	3,84	5,66	8,256	14,54	21,6	27,55	31,05	
$C_3H_4O_4$	Malonsäure	51,9							*L* 16,1° 57,95%
$C_3H_2O_4Ba$	Ba-malonat	0,1398	0,1797	0,2195	0,2693	0,304	0,329		Bdk. 2 H_2O
$C_3H_2O_4Ca$	Ca–	0,279	0,329	0,359	0,418	0,453	0,478		Bdk. 4 H_2O
$C_3H_6O_2$	Propionsäure								*E*(Eis + 0)) – 29,4°/87,65%; *F* – 19,3°
$C_3H_5O_2Ag$	Ag-propionat	0,497	0,675	0,813	1,147	1,55			
$(C_3H_5O_2)_2Ba$	Ba–	36,7	36,18	36,10	36,9	38,27	40,48	44,91	Bdk. 1 H_2O
$(C_3H_5O_2)_2Ca$	Ca–	29,82	29,1	28,6	28,0	27,8	28,6	32,9	Bdk. $^1/_2$ H_2O
$C_3H_6O_3$	Milchsäure								
$(C_3H_5O_3)_2Ca$	Ca-lactat	3,0	4,398	5,838					

4.2.6.1.3.1 Organische Säuren und deren Salze in Wasser (Fortsetzung)

Verbindung		Lösungsgleichgewicht in Gew.% der Verbindung bei T in °C							Bemerkungen
Formel	Name	0°	10°	20°	40°	60°	80°	100°	
$(C_3H_5O_3)_2Zn$	d-Zn–	4,58	4,625	4,94					L30° 6,54%
$(C_3H_5O_3)_2Zn$	l-Zn–	4,25	4,398	4,76					L30° 6,05%
$(C_3H_5O_3)_2Zn$	inaktives Zn–	1,088	1,33	1,575					L30° 1,77%
$C_3H_7NO_2$	α-Amino-propionsäure								
	d-Alanin	11,5	12,66	13,8	16,67	19,35	23,37	27,27	
	d,l–	10,7	12,3	13,8	17,01	21,26	26,47	30,6	
$C_3H_7NO_3$	α-Amino-β-hydroxypropionsäure								
	d,l-Serin	2,246	2,91	4,03	7,322	11,97	17,63	24,43	
$C_4H_4O_4$	Fumarsäure				1,5	2,5	5,2	9,0	
$C_4H_2O_4HNa$	Na-hydrogen-fumarat				9,698	15,79		23,2	L25° 6,43%
$C_4H_4O_4$	Maleinsäure				51	60	70,5		
$C_4H_2O_4Ca$	Ca-maleat				2,799				L25° 2,43% Bdk. 1 H_2O
$(C_4H_2O_4)_2H_2Ca$	– hydrogen –				29,5	48			Bdk. 5 H_2O
$C_4H_2O_4HNa$	Na-hydrogen–				11	23,5	44,9	74	Bdk. 3 H_2O
$C_4H_6O_5$	Äpfelsäure, rac.				65	72,8	81		
$C_4H_4O_5Ba$	l-Ba-malat	0,99	1,127	1,20					
$C_4H_4O_5Ba$	d,l-Ba–	0,76							L25° 0,576%
$C_4H_4O_5Ca$	l-Ca–	0,665	0,774	0,882					Bdk. 2 H_2O
$C_4H_4O_5Ca$	d,l-Ca–	0,239	0,269	0,284					Bdk. 3 H_2O
$(C_4H_4O_5)_2H_2Ca$	Ca-hydrogen			1,48	5,48				Bdk. 6 H_2O
$C_4H_4O_5Mg$	Mg– aktives	2	2,18	2,4					Bdk. 3 H_2O
$C_4H_4O_5Mg$	Mg– inaktives	0,9	1,05	1,19					Bdk. $^5/_2$ H_2O
$C_4H_4O_5Pb$	l-Pb–	0,02	0,025	0,04					Bdk. 2 H_2O
$C_4H_4O_5Pb$	d,l-Pb–	0,02	0,021	0,03					Bdk. 2 H_2O
$C_4H_4O_5Sr$	l-Sr–	0,189	0,299	0,428					Bdk. 4 H_2O

$C_4H_4O_5Sr$	d,l-Sr–	0,289	0,309	0,378					Bdk. 5 H_2O
$C_4H_6O_6$	Weinsäure, rac. Traubensäure	8,5	12	17,5	30	43,5	55,5	65	Bdk. 1 H_2O
$C_4H_6O_6$	d- oder l-Weinsäure	53,5	56	58	64	68	73	77,5	
$C_4H_4O_6K_2$	K-tartrat	68	64	56	49				Bdk. $^1/_2$ H_2O
$C_4H_4O_6HK$	K-hydrogen–	0,199	0,398	0,596	1,186	2,39	4,17	6,45	
$C_4H_4O_6NaK$	d-KNa–	24,53	31,51	40,48					*E*(Eis + 0) – 5°/22,36%; Bdk. 4 H_2O
$C_4H_4O_6NaK$	rac. KNa–	32,25	36,7	42,53					*E*(Eis + 0) – 7°/29,82%; Bdk. 3 H_2O
$C_4H_4O_6HLi$	d-Li-hydrogen–	29,57	24,24	21,26	21,26	22,77			*Ü*(2 → 0) 17,5°/21,88%
$C_4H_4O_6(NH_4)_2$	NH_4–	30,6	33,56	36,31	41,5	46,53			
$C_4H_6O_4$	Bernsteinsäure	3,0	4,5	7,0	14	26,5	41,5	56	*L* 120° 69%; 140° 79,5%; 160° 88%; 180° 97%
$C_4H_4O_4Ba$	Ba-succinat	0,418	0,408	0,398	0,379	0,299	0,199		
$C_4H_4O_4Ca$	Ca–	1,108	1,234	1,28	1,137	0,892			Bdk. 3 H_2O
$C_4H_6O_4$	Methylmalonsäure, Isobernsteinsäure								*L* 25° 55,31%
$C_4H_4O_4Ba$	Ba-isosuccinat	1,82	2,77	3,47	4,32	4,44	3,80		Bdk. 2 H_2O
$C_4H_4O_4Ca$	Ca–	0,517	0,507	0,497	0,487	0,398	0,279		Bdk. 1 H_2O
$C_4H_8O_2$	Buttersäure								*E*(Eis + 0) 13,4°/87,62%; *F* – 4,7°
$C_4H_7O_2Ag$	Ag-butyrat	0,349	0,398	0,487	0,636	0,843	1,127		
$(C_4H_7O_2)_2Ba$	Ba–	27,01	26,47	26,15	26,03	27,17	29,48		
$(C_4H_7O_2)_2Ca$	Ca–	16,67	16,11	15,25	14,15	13,11	13,04	13,65	Bdk. 1 H_2O
$C_4H_8O_2$	Isobuttersäure								
$C_4H_7O_2Ag$	Ag-isobutyrat	0,794	0,863	0,941	1,166	1,45	1,86		
$(C_4H_7O_2)_2Ca$	Ca–	16,67	17,35	18,37	20,32	22,2	21,26	20,76	*Ü*(5 → 2) 62°/22,3%
$C_4H_7NO_4$	Asparaginsäure								
	d,l–	0,2494	0,4282	0,636	1,38	2,724			
	l–	0,2494	0,299	0,4282	0,8428	1,67	3,148		
$C_4H_8N_2O_3$	l-Asparagin	0,99	1,575	2,34	5,66	11,97	22,36		
$C_5H_4N_4O_3$	Harnsäure	0,002	0,004	0,006	0,013	0,023	0,0395	0,063	
$C_5H_8O_4$	Glutarsäure	27	40	52,5	71				

4.2.6.1.3.1 Organische Säuren und deren Salze in Wasser (Fortsetzung)

Verbindung		Lösungsgleichgewicht in Gew.% der Verbindung bei T in °C							Bemerkungen
Formel	Name	0°	10°	20°	40°	60°	80°	100°	
$C_5H_9NO_4$	Glutaminsäure								
	d,l–	0,99	1,283	1,77	3,475	6,542	12,81	22,2	
	d–	0,3984	0,4975	0,7936	1,48	2,91	6,542	12,3	
$C_5H_{10}O_2$	2-Methyl-buttersäure								
$C_5H_9O_2Ag$	Ag–	1,088	1,117	1,176	1,39	1,80	2,34		
$(C_5H_9O_2)_2Ca$	Ca–	18,7	19,0	19,68	22,48	19,68	17,69	16,67	$\ddot{U}(5 \rightarrow {}^1/_2)$ 36,5°/23,02%
$C_5H_{10}O_2$	3-Methyl-buttersäure								
$C_5H_9O_2Ag$	Ag-isovalerat	0,189	0,209	0,249	0,319	0,398	0,487		
$(C_5H_9O_2)_2Ca$	Ca–	20,94	18,5	17,96	18,03	15,33	14,38	14,15	$\ddot{U}(3 \rightarrow 1)$ 45,5°/18,27%
$C_5H_{10}O_2$	Valeriansäure								
$C_5H_9O_2Ag$	Ag-valerat	0,25	0,26	0,3	0,4	0,55	0,73		
$(C_5H_9O_2)_2Ba$	Ba–	22	21	20	20	21			
$(C_5H_9O_2)_2Ca$	Ca–	9,8	9,3	8,8	8,0	7,75	8,0	8,6	Bdk. 1 H_2O
$C_5H_{11}NO_2$	d,l-Valin	5,66	6,0	6,366	7,49	9,256	11,97	15,25	
$C_5H_{11}NO_2S$	d,l-Methionin	1,77	2,246	2,91	4,579	7,06			
$C_6H_5NO_2$	Nicotinsäure	0,744	1,186	1,575	2,53	3,938	6,19	9,67	
$C_6H_4NO_2Na$	Na-Salz	9,48	19,35	25,93	34,21	39,03	43,98	50,0	Bdk. ${}^1/_2$ H_2O
$C_6H_5NO_2$	Isonicotinsäure	0,4975	0,7936	1,186	2,34	5,30	9,67	14,9	
$C_6H_6O_4S$	p-Phenylsul-fonsäure								
$(C_6H_5O_4S)_2Ni$	Ni-Salz	15,98	19,0	23,8	30,6	40,12	48,18		Bdk. 8 H_2O
$C_6H_7NO_2S$	o-Anilin-sulfonsäure	0,793	1,186	1,67	2,91	4,94	8,00		$\ddot{U}(1 \rightarrow 0)$ 15,55°/1,46%
	m-Anilin-sulfonsäure	0,793	1,1	1,45	2,45	3,98	6,25		Bdk. 0 H_2O
	p-Anilin-sulfonsäure	0,398	0,744	1,186	2,152	3,05	4,286	6,278	$\ddot{U}(2 \rightarrow 1)$ 18,9°/1,137%; $\ddot{U}(1 \rightarrow 0)$ 44°/2,44%
$C_6H_8O_6$	l-Ascorbinsäure	11,38	14,97	18,17	24,7	29,7	33,6	36,63	
$C_6H_8O_7$	Citronensäure	55,7	59,2	62					E(Eis + 1) – 11,8°/46,47%

$C_6H_{10}O_4$	Adipinsäure			1,86	4,76	15,25	33,8	50,0	
$C_6H_{12}N_2O_4S_2$	l-Cystin	0,005	0,007	0,0095	0,0175	0,033			
$C_6H_{12}O_2$	Diethylessigsäure								
$(C_6H_{11}O_2)_2Ca$	Ca-Salz	23,31	21,88	20,38	18,17	16,53			
$C_6H_{12}O_2$	Capronsäure	0,793	0,892	0,99	1,088	1,186			
$(C_6H_{11}O_2)_2Ca$	Ca-capronat	2,246	2,152	2,152	2,057	2,152	2,296	2,44	Bdk. 1 H_2O
$C_6H_{12}O_2$	2-Methylpentansäure								
$(C_6H_{11}O_2)_2Ba$	Ba-Salz	12,6	11,82	11,19	11,02	12,81	14,02		Bdk. 4 H_2O
$(C_6H_{11}O_2)_2Ca$	Ca–	14,15	13,72	13,19	12,45	12,2	12,3		
$C_6H_{12}O_2$	3-Methylpentansäure								
$(C_6H_{11}O_2)_2Ba$	Ba-Salz	10,23	7,66	6,36	5,48	7,75	12,81		Bdk. $^7/_2$ H_2O
$(C_6H_{11}O_2)_2Ca$	Ca–	10,86	13,11	14,68	15,98	14,97	11,82		Bdk. 3 H_2O
$C_6H_{12}O_2$	4-Methylpentansäure								
$(C_6H_{11}O_2)_2Ca$	Ca-Salz	6,98	6,0	5,30	5,12	6,0	8,25		
$C_7H_5IO_3$	3-Iodsalicylsäure								
$C_7H_4IO_3Na$	Na-Salz			7	10	16	25	50	
$C_7H_5IO_3$	5-Iodsalicylsäure								
$C_7H_4IO_3Na$	Na-Salz			4,5	6,5	11,5	20	33,5	
$C_7H_5NO_5$	5-Nitrosalicylsäure		0,06	0,07	0,1598	0,3289	0,6655	1,55	*Ü*(1 → 0) 42,5°/0,1647%
$C_7H_6O_2$	Benzoesäure								
$(C_7H_5O_2)_2Ca$	Ca-benzoat	2,2	2,3	2,4	3,5	5	7	9	*E*(Eis + 3) – 0,37°/2,22%; *Ü*(3 → 1) 84,7°/7,62%
$C_7H_5O_2Cs$	Cs–	74	74,8	75,5	76,5	77,5	78,8	80	*E*(Eis + 0) – 19°/73%
$C_7H_5O_2K$	K–	38,2	40	41,5	45	48	51	54	*E*(Eis + 0) – 8°/37%
$C_7H_5O_2Li$	Li–	28	29	31	33,5	33,5	34,3	36	*E*(Eis + 1) – 11°/26%; *Ü*(1 → 0) 34°/33,5%
$C_7H_5O_2Na$	Na–	38,2	38,2	38,3	38,5	39	40,8	43	*E*(Eis + 0) – 14°/38,5%
$C_7H_5O_2Rb$	Rb–	55	56	57	58,8	60,8	63	65,4	*E*(Eis + 0) – 22°/55%
$C_7H_6O_3$	o-Hydroxybenzoesäure	0,08	0,12	0,179	0,398	0,852			

4.2.6.1.3.1 Organische Säuren und deren Salze in Wasser (Fortsetzung)

Verbindung		Lösungsgleichgewicht in Gew.% der Verbindung bei T in °C							Bemerkungen
Formel	Name	0°	10°	20°	40°	60°	80°	100°	
$C_7H_5O_3Cs$	Cs-salicylat	67	70,5	74	83,5	87,2	92,3	94	E(Eis + 1) – 12,5°/63 %; $Ü$(1 → 1/2) 39,5°/83,5 %; $Ü$(1/2 → 0) 73°/92 %
$C_7H_5O_3K$	K–	44	48	51,8	59,5	62	65	68	E(Eis + 1) – 10,5°/42 %; $Ü$(1 → 0) 31°/58 %
$C_7H_5O_3Li$	Li–	50	52,5	54	59,5	66	67,2	69,5	E(Eis + 6) – 16,5°/42 %; $Ü$(6 → 1) 1,5°/51,5 %; $Ü$(1 → 0) 55°/65,5 %
$C_7H_5O_3Na$	Na–	22	31	50	54	57	59,7	62	E(Eis + 6) – 5,04°/21,18 %; $Ü$(6 → 0) 21°/51,5 %
$C_7H_5O_3Rb$	Rb–	63	65,5	67,8	73	76	78,8	81,5	E(Eis + 1) – 16°/60 %; $Ü$(1 → 0) 49,0°/74,97 %
$C_7H_6O_3$	m-Hydroxy-benzoesäure						10,8	33	
$C_7H_5O_3Cs$	Cs–	74,5	76	79	86	88,8	90	91,5	E(Eis + 1) – 25°/71,5 %; $Ü$(1 → 0) 41,5°/87,88 %
$C_7H_5O_3K$	K–	57,9	59	60	62,5	65	67,5		E(Eis + 0) – 22,5°/55,5 %
$C_7H_5O_3Li$	Li–	52	52,5	53	54	55,2	56,5	58	E(Eis + 0) – 22,5°/52 %
$C_7H_5O_3Rb$	Rb–	50	50,5	51,5	57,5	63,5	68,5	73,5	E(Eis + 1) – 13,8°/50,5 %; $Ü$(1 → 0) 45°/60,02 %
$C_7H_6O_3$	p-Hydroxy-benzoesäure					4	11,5	34,0	L 120° 58 %; 140° 75 %; 180° 94 %; F 213°
$C_7H_5O_3Cs$	Cs–	29	33	38	46	55	62	68,8	E(Eis + 1) – 4,27°/27 %; $Ü$(1 → 0) 62°/56 %
$C_7H_5O_3K$	K–	18	25,5	32	43,5	54	62,4	64	E(Eis + 3) – 3,24°/15,55 %; $Ü$(3 → 0) 78°/62,3 %
$C_7H_5O_3Li$	Li–	31	30,5	30,2	30,0	30,7	31,7	33,8	E(Eis + 0) – 16,3°/32 %
$C_7H_5O_3Na$	Na–	13	21	28	43,5	47	48,1	49,7	E(Eis + 5) – 2,07°/10,43 %; $Ü$(5 → 0) 39°/45,61 %
$C_7H_5O_3Rb$	Rb–	28	32	36,5	44,5	52,5	60	67,2	E(Eis + 1) – 4,22°/26,22 %; $Ü$(1 → 0) 74°/58 %

$C_7H_{14}O_2$	Önanthsäure Heptansäure	0,87	0,92	0,97	1,06	1,17			
$C_7H_{13}O_2Ag$	Ag–Salz	0,045	0,05	0,06	0,07	0,1	0,17		
$(C_7H_{13}O_2)_2Ca$	Ca–	0,95	0,9	0,86	0,81	0,82	0,98	1,21	Bdk. 1 H_2O
$C_8H_2Cl_4O_4$	Tetrachlor-phthalsäure	0,299	0,329	0,359	0,488	0,695	1,186		
$C_8Cl_4O_4K_2$	K-tetrachlor-phthalat	28,0	28,6	29,2	31,51	34,86			
$C_8Cl_4O_4Na_2$	Na–	13,42	14,54	16,67	23,08	32,43	34,64		*Ü*(5 → 0) 63,5°/34,0%
$C_8H_6O_4$	Phthalsäure		0,8	1,0	2,3	6,0	15	38,8	*F* 193,3°
$C_8H_4O_4Na_2$	Na-phthalat	39,94	41,31	43,01	47,09				Bdk. $^7/_2$ H_2O
$C_8H_8O_3$	d-Mandelsäure	9	10,5	17	60				
$C_8H_8O_3$	l–				21	65			
$C_8H_{16}O_2$	Caprylsäure, Octansäure	0,044		0,068	0,1129			0,249	*L* 30° 0,079%; 45° 0,095%
$(C_8H_{15}O_2)_2Ca$	Ca-caprylat	0,329		0,309	0,279	0,239	0,319	0,497	Bdk. 1 H_2O
$C_9H_8O_2$	Allozimtsäure, cis	0,38	0,54	0,73	1,27				*F* 68°
$(C_9H_7O_2)_2Ba$	Ba-allo-cinnamat			0,636					Bdk. 3 H_2O
$C_9H_9Br_2NO_3$	l-Dibrom-tyrosin	0,1199	0,1647	0,2425	0,3825				*Ü*(1 → 0) 17,5°/0,235%
$C_9H_9Cl_2NO_3$	l-Dichlor-tyrosin	0,0999	0,1298	0,1697	0,313				Bdk. 1 H_2O
$C_9H_9I_2NO_3$	l-Diiodtyrosin	0,02	0,034	0,05	0,1189				
	d,l–	0,015	0,02	0,029	0,057				
$C_9H_{11}NO_2$	d,l-Phenyl-alanin	0,99	1,137	1,283	1,82	2,579			
	l–	1,96	2,246	2,676	3,615	4,94	6,67	9,0	
$C_9H_{11}NO_3$	d,l-Tyrosin	0,014	0,021	0,029	0,058				
	d bzw. l–	0,02	0,027	0,038	0,075	0,1478			
$C_9H_{18}O_2$	Pelargonsäure	0,014	0,02	0,026	0,038	0,051			
$(C_9H_{17}O_2)_2Ca$	Ca-Salz	0,1598	0,1528	0,1448	0,1298	0,1228	0,1478	0,259	Bdk. 1 H_2O
$C_9H_{16}O_4$	Azelainsäure	0,1	0,13	0,2	0,54	1,55			
$C_{10}H_{20}O_2$	Caprinsäure, Decansäure	$9 \cdot 10^{-3}$	$1{,}2 \cdot 10^{-2}$	$1{,}5 \cdot 10^{-2}$	$2{,}1 \cdot 10^{-2}$	$2{,}7 \cdot 10^{-2}$			
$C_{11}H_{12}N_2O_2$	l-Tryptophan	0,7936	0,941	1,04	1,38	2,01	3,0	4,76	
$C_{11}H_{22}O_2$	Undecylsäure	$6{,}4 \cdot 10^{-3}$	$8 \cdot 10^{-3}$	$9{,}5 \cdot 10^{-3}$	$1{,}34 \cdot 10^{-2}$	$1{,}5 \cdot 10^{-2}$			

4.2.6.1.3.1 Organische Säuren und deren Salze in Wasser (Fortsetzung)

Verbindung		Lösungsgleichgewicht in Gew.% der Verbindung bei T in °C							Bemerkungen
Formel	Name	0°	10°	20°	40°	60°	80°	100°	
$C_{12}H_{24}O_2$	Laurinsäure	$3{,}7 \cdot 10^{-3}$	$4{,}6 \cdot 10^{-3}$	$5{,}5 \cdot 10^{-3}$	$7{,}1 \cdot 10^{-3}$	$8 \cdot 10^{-3}$			
$C_{13}H_{26}O_2$	Dodecan-carbonsäure	$2{,}1 \cdot 10^{-3}$	$2{,}7 \cdot 10^{-3}$	$3{,}3 \cdot 10^{-3}$	$4{,}36 \cdot 10^{-3}$	$5{,}4 \cdot 10^{-3}$			
$C_{14}H_{28}O_2$	Myristinsäure	$1{,}3 \cdot 10^{-3}$	$1{,}65 \cdot 10^{-3}$	$2 \cdot 10^{-3}$	$2{,}7 \cdot 10^{-3}$	$3{,}4 \cdot 10^{-3}$			
$C_{15}H_{30}O_2$	Pentadecyl-säure	$7{,}5 \cdot 10^{-4}$	$1 \cdot 10^{-3}$	$1{,}2 \cdot 10^{-3}$	$1{,}6 \cdot 10^{-3}$	$2 \cdot 10^{-3}$			
$C_{16}H_{32}O_2$	Palmitinsäure	$4{,}5 \cdot 10^{-4}$	$5{,}7 \cdot 10^{-4}$	$7 \cdot 10^{-4}$	$9{,}4 \cdot 10^{-4}$	$1{,}2 \cdot 10^{-3}$			
$C_{16}H_{31}O_2Na$	Na-palmitat								L 30° 0,497%; 50° 1,088% 90° 27,48%; 150° 34,2%
$C_{17}H_{34}O_2$	Margarinsäure	$2{,}8 \cdot 10^{-4}$	$3{,}7 \cdot 10^{-4}$	$4{,}7 \cdot 10^{-4}$	$6{,}4 \cdot 10^{-4}$	$8{,}1 \cdot 10^{-4}$			
$C_{18}H_{33}O_2Tl$	Tl-oleat			0,05	0,07	0,09	0,1498	0,299	
$C_{18}H_{36}O_2$	Stearinsäure	$1{,}8 \cdot 10^{-4}$	$2{,}35 \cdot 10^{-4}$	$2{,}9 \cdot 10^{-4}$	$3{,}9 \cdot 10^{-4}$	$5 \cdot 10^{-4}$			
$C_{18}H_{35}O_2Tl$	Tl-stearat			0,01	0,02	0,05	1,088		
$C_{24}H_{39}O_4Na$	Na-salz der Desoxychol-säure	48	48,5	49	52	64	71,5	74	E(Eis + 8) – 2,9°/47,8%; $\ddot{U}$(8 → 0) 64°/70%; F(8) (64,5°)/74,2%
$C_{26}H_{43}NO_6$	Glykocholsäure			0,3488	0,4975	1,04	2,39	8,5	

4.2.6.1.3.2 Kältebäder

Bäder mit konstanter tiefer Temperatur werden durch die Einstellung eines fest/flüssig Gleichgewichts erzeugt. Man bringt dazu eine organische Badflüssigkeit in einen Dewar, die durch Eingießen von flüssigem Stickstoff teilweise zum Erstarren gebracht wird. Die angegebenen Temperaturen gelten nur für reine Verbindungen.

Badflüssigkeit	Schmelzpunkt K	Badflüssigkeit	Schmelzpunkt K
2-Methyl-butan	113,3	Ethylacetat	189,6
Methylcyclopentan	130,8	Trockeneis + Aceton[1]	195,2
Ethylchlorid	136,8	N-Methylanilin	216,2
n-Pentan	143,5	Trockeneis + 32 Gew.% $CaCl_2$[1]	223
Methylcyclohexan	146,6	Chlorbenzen	227,6
Ethylbromid	154,6	Methoxybenzen	235,8
Ethanol	155,9	Brombenzen	242,4
Trichlorfluormethan	162,2	Tetrachlorkohlenstoff	250,2
Isobutanol	165,2	Benzylalkohol	258
Aceton	177,8		
Dichlormethan	178,2		
Toluen	178,2		

[1] ohne N_2.

4.2.6.1.3.3 Lösungsgleichgewichte anorganischer Verbindung in organischen Lösemitteln

Es sind die bei den vorgegebenen Temperaturen gelösten Mengen der anorganischen Verbindung in dem organischen Lösemittel angegeben. Die Einheiten der Konzentration sind in Spalte 10 vermerkt. Ein Strich zwischen den Zahlen weist darauf hin, daß auf der Liquiduskurve zwischen den beiden Temperaturen ein ausgezeichneter Punkt liegt, der in der Spalte „Weitere Angaben" vermerkt ist. Bei der Kennzeichnung der anorganischen Verbindung ist die Formel fortgelassen, und die Verbindung nur durch die Zahl der Mole Lösemittel des Bodenkörpers gekennzeichnet, also z.B. beim System $CaCl_2$ in Methanol *Ü* (4 → 3) = *Ü* $CaCl_2 \cdot 4\ CH_4O \rightarrow CaCl_2 \cdot 3\ CH_4O$ oder im System $CaCl_2$ in Essigsäure *E* (CH_3CO_2H + 4) = Eutektikum, bei dem sich Essigsäure und $CaCl_2 \cdot 4\ CH_3CO_2H$ ausscheiden.

F = Schmelzpunkt, *E* = Eutektischer Punkt, *Ü* = Übergangspunkt

Gelöste Verbindung	Lösemittel	Lösungsgleichgewicht bei *T* in °C							Einheit der Konzentration	Weitere Angaben
		0	10	20	40	60	80	100		
$B(OH)_3$	Glycerin	13	16	18,2	23,5	28,5	32,6	36,2	Gew. %	
$BaCl_2$	Nitrobenzol	–	–	0,0167	–	–	–	0,040	g/100 cm³ Lösung	
$BaBr_2$	Methanol	30,7	30,1	29,5	28,5	28	–	–	Gew.%	Bdk. 0 CH_3OH
	Ethanol	5,553	4,823	3,966	2,375	1,457	–	–	Gew.%	Bdk. 0 C_2H_5OH
	Aceton	0,0287	0,0275	0,0262	0,0254	–	–	–	Gew.%	Bdk. 0 $(CH_3)_2CO$
BaI_2	Ethanol	43,74	43,61	43,50	43,25	43,02			Gew.%	Bdk. 0 C_2H_5OH
$CaCl_2$	Methanol	–	20,3	22,7	28	▮ 32,8	34	36	Gew.%	*Ü*(4 → 3) 32,4%/55°; *F*(3) 53,6%/177°; *E*(3 + 1) ≈ 55%/≈ 176°
	Ethanol	15	17,5	20	25	31	37	–	Gew.%	*F*(3) 44,45%/≈ 97,5°
	Propanol-(1)	7,5	10,5	13,5	19,5	25,5	–	–	Gew.%	
	Aceton	0,006	0,007	0,01	0,017	–	–	–	Gew.%	
	Essigsäure	–	–	▮ 14,7	18,2	24	–	–	Gew.%	*E*(CH_3CO_2H + 4) 13,3%/11,1°; *F*(4) 31,6%/73°
	Butanol	14	17,5	20,5	24	25,8	–	–	Gew.%	
$CaBr_2$	Methanol	33,5	34,3	36	42	59,5	–	–	Gew.%	
	Ethanol	32	32,5	▮ 34,8	37,2	43,5	▮ 50,9	–	Gew.%	*Ü*(4 → 3) ≈ 34,5%/17°; *Ü*(3 → 1) ≈ 50,3%/73,9°
	Propanol	6	11,8	18,5	33	43	–	–	Gew.%	
	Aceton	2,81	2,72	2,67	2,81	–	–	–	Gew.%	Bdk. 2 $(CH_3)_2CO$

Fortsetzung

Gelöste Verbindung	Lösemittel	Lösungsgleichgewicht bei T in °C							Einheit der Konzentration	Weitere Angaben
		0	10	20	40	60	80	100		
CaI_2	Methanol	53,7	54,8	55,8	57,7	60	–	–	Gew.%	Bdk. 6 CH_3OH
	Aceton	42	44,6	47	51,1	54,5	–	–	Gew.%	Bdk. 3 $(CH_3)_2CO$
$Ca(NO_3)_2$	Methanol	–	57,3	57,7	59	61,3	62,9	–	Gew.%	$Ü(2 \rightarrow 0) \approx 63{,}1\%/72{,}2°$
	Ethanol	–	31,6	33,7	38,8	45,3	47,8		Gew.%	$Ü(2 \rightarrow 0) \approx 47{,}3\%/65{,}5°$
	Aceton	17,3	14,5	14,4	14,99	–	–	–	Gew.%	Bdk. 1 $(CH_3)_2CO$
KBr	Methanol	1,8	1,9	2,0	2,3	2,7	–	–	Gew.%	
	Ethanol	–	–	0,453	0,563	–	–	–	Gew.%	
KF	Methanol	–	–	0,19	0,15	–	–	–	Gew.%	
	Ethanol	–	–	0,108	0,069	–	–	–	Gew.%	
KI	Methanol	12,0	12,7	13,6	15,4	17	18,6	20	Gew.%	
LiBr	Ethanol	24,7	26,5	29,3[1] 37,2[1] 41,3[2]	42,5	45,1	50	–	Gew.%	$F(4)$ 32%/23,8°; $E(4+0) \approx 41{,}5\%/13{,}2°$ [1] Bdk 4 C_2H_5OH [2] Bdk 0 C_2H_5OH
	Aceton	–	12	15,5	21	28,5	–	–	Gew.%	$Ü(2 \rightarrow 0)$ 18,5%/35,5°
LiCl	Methanol	31,1	30,7	30,5	30,5	31	–	–	Gew.%	$Ü(3 \rightarrow 0)$ 31,1%/0,1°
	Ethanol	79,3	84,7	79,1	78,4	79,7	–	–	Gew.%	$Ü(4 \rightarrow 0)$ 79,3%/17,4°
	Aceton	–	1,5	1,2	0,7	–	–	–	Gew.%	Bdk. 1 $(CH_3)_2CO$
	Pyridin	–	11,3	11,6	11,6	11,4	11,7	12,9	Gew.%	$Ü(2 \rightarrow 1)$ 11,8%/28°
$LiNO_3$	Essigsäure	–	–	8,3	9,7	11,8	14,3	17	Mol%	$E(CH_3CO_2H + 0) \approx 8$ Mol%/≈ 13°
$MgBr_2$	Methanol	21	21,4	21,9	23	24	25,1	27,1	Gew.%	Bdk. 6 CH_3OH
	Ethanol	6,9	10	13,1	19,2	25	29,6	34,7	Gew.%	Bdk. 6 C_2H_5OH
	Ameisensäure	20	21,5	23	26	29,3	34,5	–	Gew.%	$F(6)$ 40,0%/88°
	Propanol-(1)	26,2	27,5	28,9	31,1	–	–	–	Gew.%	$F(6)$33,8%/52°
	tert. Butanol	–	–	–	4	11,9	29,0	–	Gew.%	$F(4)$ 29,3%/80°
$MgCl_2$	Methanol	15,5	15,6	16	17,7	20,4	–	–	Gew.%	Bdk. 6 CH_3OH
	Ethanol	3,5	4,5	5,5	10	16	–	–	Gew.%	Bdk. 6 C_2H_5OH
MgI_2	Aceton	–	2,4	2,6	3,3	4,7	13,5	–	Gew.%	$F(6)$ 4,4%/106,3°
	Ethanol	–	13,8	16,6	22,2	27,8	33	37,5	Gew.%	$F(6)$ 50,2%/146,5°
$Mg(NO_3)_2$	Methanol	–	13,7	14,9	18,5	26	–	–	Gew.%	Bdk. 6 CH_3OH
	Ethanol	–	2	3	9,5	19,5	24,7		Gew.%	$Ü(6 \rightarrow 0)$ 24,5%/67,5°
NH_4Br	Methanol	10,5	11,5	12,49	14	15,5	–	–	Gew.%	
	Ethanol	3	3,1	3,4	4	4,5	–	–	Gew.%	

Fortsetzung

Gelöste Verbindung	Lösemittel	Lösungsgleichgewicht bei T in °C							Einheit der Konzentration	Weitere Angaben
		0	10	20	40	60	80	100		
NH_4NO_3	Essigsäure	–	–	–	1	2,3	3,9	32	Mol%	$E(CH_3CO_2H + 0)$ 0,129 Mol%/16,47° [1]
NaBr	Methanol	14,7	14,6	14,4	13,9	13,3	–	–	Gew.%	
	Ethanol	2,39	2,33	2,28	2,22	2,25	–	–	Gew.%	
NaF	Methanol	–	–	0,42	0,46	–	–	–	Gew.%	
	Ethanol	–	–	0,09	0,12	–	–	–	Gew.%	
NaI	Aceton	11,5	16,5	23	26,5	22,5	18	–	Gew.%	$Ü(3 \rightarrow 0)$ 29,2%/25,7°
	Methanol	–	39,4	42,2	44,69	44,3	–	–	Gew.%	$Ü(3 \rightarrow 0) \approx 45$%/27,4°
	Ethanol	–	30,5	30,9	31	31	31	31	Gew.%	
$NaNO_3$	Essigsäure	–	–	0,150	0,175	0,29	0,475	0,775	Mol%	$E(CH_3CO_2H + 0)$ 0,15 Mol%; 16,5°
$SbBr_3$	Benzen	–	10	14,9	26,8	44,0	67,99	–	Gew.%	$E(C_6H_6 + 2)$ 1,93 Gew.%/4,5°/ $F(2)$ 66,7 Gew.%/92,5°; $E(2 + 0)$ 84,9 Gew.%/85°
	o-Xylen	13,7	22	37	58	66,9	81,9	–	Mol.%	$E(C_8H_{10} + 1)$ 3,4 Mol%/ – 33°; $F(1)$ 50 Mol%/24° $E(1 + 0)$ 52 Mol%/22,5°
	m-Xylen	20,7	39	49	55,8	65	80	–	Mol%	$E(C_8H_{10} + 1)$ 2 Mol%/–59,2°; $Ü(1 \rightarrow 0)$ 47 Mol%/13°
	p-Xylen	–	10,9	14,7	25	46	–	–	Mol%	$E(C_8H_{10} + ^1/_2)$ 10,5 Mol%/10°; $F(^1/_2)$ 66,7 Mol%/67,3°; $E(^1/_2 + 0)$ 68,9 Mol%/66,5°
$SbCl_3$	Essigsäure	–	10	23	30,8	43	69,9	–	Mol%	$E(C_2H_4O_2 + 0)$ 18,5 Mol%/4°
$SrBr_2$	Methanol	–	53,5	54,5	55,6	57,8	–	–	Gew.%	$Ü(1\,^1/_2 \rightarrow ^1/_2) \approx 56$%/45,7°
	Ethanol	–	39	39	42,4	43	43,8	–	Gew.%	$Ü(^1/_2 \rightarrow 0) \approx 42,8$%/40,5°

[1] $U(\delta 0 \rightarrow \gamma 0)$ = 0,5 Mol%/32°; $U(\gamma 0 \rightarrow \beta 0)$ = 3,8 Mol%/82°; $U(\beta 0 \rightarrow \alpha 0)$ 66,8 Mol%/124,8°.

4.2.6.2 Lösungsgleichgewichte zwischen drei kondensierten Phasen

4.2.6.2.1 Anorganische Verbindungen in wäßrigen Lösungen organischer Verbindungen

Es ist die Masse des Stoffes I, die in dem aus Stoff II und H_2O zusammengesetzten Lösemittel gelöst ist, angegeben. Die Zusammensetzung des Lösemittels ist aus dem Tabellenkopf und der in Spalte 12 angegebenen Einheit zu ersehen.

Stoff I	Temperatur °C	Konzentrationseinheit für Stoff I	Konzentration des Stoffes I in der an ihm gesättigten Lösung des Lösemittels (Stoff II mit Wasser) mit folgender Konzentration des Stoffes II								Konzentrationseinheit für Stoff II
			0	10	20	30	40	60	80	100	
II. Stoff CH_4O Methanol											
$B(OH)_3$	25	g/100 cm³ Lsg.	–	–	5,1	5,6	6,15	7,5	11,2	18	Gew.%
KBr	25	Gew.%	41	35,7	30,5	26	21	12	5,5	2	Gew.%
KCl	25	Gew.%	26,6	21,8	17,4	13,5	10	4,5	1,5	0,6	g/100 g Lsm.
KI	25	Gew.%	59,6	56	52,7	49	44,8	35,6	25	14	g/100 g Lsm.
NaBr	25	Gew.%	48,5	46	43,4	40,5	37,5	30,5	22,75	14,5	g/100 g Lsm.
NaCl	25	Gew.%	26,5	23	19,5	16	13	6,7	3	1,5	g/100 g Lsm.
$NaNO_3$	25	Gew.%	47,8	43,4	38,3	32,4	26,2	15	6,6	–	g/100 g Lsm.
II. Stoff C_2H_6O Ethanol											
$B(OH)_3$	25	Gew.%	5,4	5,3	5,2	5,15	5,1	5,0	5,05	11,2	Gew.%
$BaCl_2$ [1]	15	Gew.%	–	20	15,5	11	8,5	3	0,3	–	g/100 g Lsm.
KBr	30	Gew.%	41,5	36	31	26	21,3	11,5	3	–	Gew.%
KCl	25	Gew.%	26,5	21,3	16,6	12,6	9,1	3,8	–	–	g/100 g Lsm.
$KClO_3$	30	Gew.%	9,2	6,4	4,5	3,2	2,4	1,0	0,2	–	g/100 g Lsm.
$KClO_4$	14	Gew.%	1,24	0,85	0,67	0,53	0,42	0,25	0,11	–	g/100 g Lsm.
KI	18	Gew.%	–	54,5	51	46	42,5	31,7	16	–	g/100 g Lsm.
$LiSO_4$ [2]	30	g/100 g Lsm.	33,5	21	13,5	9	5	1,1	0	–	g/100 g Lsm.
NaBr	30	Gew.%	49,5	46,5	43,2	39,5	35,5	26	15	3,0	g/100 g Lsm.
NaCl	30	Gew.%	26,5	22,5	19	15,5	12,5	6,4	1,5	–	g/100 g Lsm.
NaI	30	Gew.%	65,2	59,5	53,4	47,8	42,8	34,5	–	–	g/100 g Lsm.
$NaNO_3$	30	Gew.%	49	43,4	37,3	31,2	25,1	13	4,1	–	g/100 g Lsm.
Na_2SO_4	36	Gew.%	33	21,3	11,5	4,6	1,65	–	–	–	g/100 g Lsm.
$SrCl_2$	18	Gew.%	–	32	29,3	26	22,8	15,7	7,8	–	Gew.%

4.2.6.2.1 Anorganische Verbindungen in wäßrigen Lösungen organischer Verbindungen (Fortsetzung)

Stoff I	Temperatur °C	Konzentrationseinheit für Stoff I	Konzentration des Stoffes I in der an ihm gesättigten Lösung des Lösemittels (Stoff II mit Wasser) mit folgender Konzentration des Stoffes II								Konzentrationseinheit für Stoff II
			0	10	20	30	40	60	80	100	
II. Stoff $C_2H_6O_2$ Glykol											
K_2CO_3	25	Gew.%	52,8	50	47	43,7	40,3	32,9	26,3	25,6	g/100 g Lsm.
K_2CO_3	40	Gew.%	54	51	48,4	45	41,5	34	27	27,5	g/100 g Lsm.
KI	30	Gew.%	60,5	58	56	53,5	50,6	45	39,5	33,5	g/100 g Lsm.
II. Stoff C_3H_6O Aceton											
KBr	25	Gew.%	41,5	38,3	34,5	30,5	26,5	17	6,3	0	Gew.%
KCl	20	Gew.%	30,5	26,3	21,6	16,9	12,6	5,4	1,0	–	g/100 g Lsm.
NaI	25	Gew.%	64,5	62,6	60,3	57,8	55	50	45	29,5	g/100 g Lsm.
NaOH	0	Gew.%	–	13	7,8	5,0	3,3	1	–	–	Gew.%
II. Stoff C_3H_8O Propanol-(2)											
KNO_3 [3]	25	Gew.%	26,5	18,5	13,4	9,5	6,5	2,75	0,5	–	g/100 g Lsm.
$MgSO_4$	25	Gew.%	–	13,8	7,6	3,7	1,5	–	–	–	g/100 g Lsm.
II. Stoff $C_3H_8O_3$ Glycerin											
$B(OH)_3$	25	g/100 cm³ Lsg.	5,5	5,4	5,2	5,3	5,4	6,3	10,3	19	Gew.%
KBr	25	Gew.%	41,6	39	36,5	34	31,3	25,7	20,3	15	g/100 g Lsm.
II. Stoff $C_4H_{10}O$ tert. Butanol											
KBr	30	Gew.%	41,5	24	15,5	11,8	9	5	–	–	Gew.%
KI	30	Gew.%	–	46	38	32	27	17	–	–	g/100 g Lsm.
K_2SO_3	30	Gew.%	34,3	9,3	4,5	2,7	1,7	–	–	–	g/100 g Lsm.

[1] Bdk. $BaCl_2 \cdot H_2O$,
[2] Bdk. $Li_2SO_4 \cdot H_2O$,
[3] 2 fl. Ph. oberhalb 47 °C; 50 °C 31% KNO_3 18 g C_3H_8O-(2)/100 g Lsm. und 7,5% KNO_3 50 g C_3H_8O-(2)/100 g Lsm.

4.2.6.2.2 Lösungsgleichgewichte mit mehreren nicht mischbaren flüssigen Phasen

4.2.6.2.2.1 Systeme mit Angabe der Zusammensetzung der im Gleichgewicht befindlichen Phasen [1]

Sind alle drei Komponenten flüssig, so sind bei Systemen, die mehrere nicht mischbare Phasen bilden, im wesentlichen folgende Fälle zu unterscheiden.

1. Ein binäres Teilsystem besitzt ein Entmischungsgebiet (Mischungslücke), das sich als geschlossene Mischungslücke in das ternäre System fortsetzt. Bei steigender Temperatur wird die Mischungslücke meist kleiner.

Es kommt auch vor, daß bei steigender Temperatur die Mischungslücke in dem Teilsystem verschwindet, jedoch ein Entmischungsgebiet im ternären System vorhanden bleibt. Beispiel: Phenol – Wasser – Aceton.

2. Zwei binäre Teilsysteme haben Mischungslücken, die sich in das ternäre Gebiet als zwei getrennte Mischungslücken fortsetzen oder eine durchgehende Mischungslücke bilden. Mit steigender Temperatur geht die durchgehende Mischungslücke oft in eine geschlossene Mischungslücke über.

3. Alle drei binären Teilsysteme haben Entmischungsgebiete, es können sich drei geschlossene Mischungslücken bilden, eine geschlossene Lücke und eine durchgehende Lücke, oder alle drei Lücken schließen sich zusammen. Dann entsteht in der Mitte des ternären Systems ein Gebiet, in dem drei flüssige Phasen miteinander im Gleichgewicht stehen. Außerhalb dieser Lücke sind im allgemeinen drei zweiphasige und drei einphasige Gebiete zu unterscheiden. In den zweiphasigen Gebieten sind einige der zusammengehörigen Werte des flüssig-flüssig-Gleichgewichtes auf der die Mischungslücke begrenzenden Isotherme gradlinig verbunden (Konoden). Ist der kritische Lösungspunkt bekannt, so ist er als Kreis in die Isotherme eingetragen und seine Lage angegeben.

Die Systeme sind in der nachstehenden Übersicht aufgeführt. In dieser ist die Reihenfolge der Komponenten folgende: Zuerst stehen die Systeme mit Wasser und zwei organischen Komponenten, anschließend die mit einer anorganischen und zwei organischen Verbindungen.

Abkürzungen

g_i	Gewichtsbruch der Komponente *i*
x_i	Molenbruch der Komponente *i*
krit. Lp.	Kritischer Lösungspunkt
p	Druck
p_s	Sättigungsdruck
I, II usw.	Gebiete verschiedener Phasen

[1] Nach dem Beitrag C. Kux, Landolt-Börnstein, 6. Aufl., Bd. II/2c.

Verzeichnis der Abbildungen

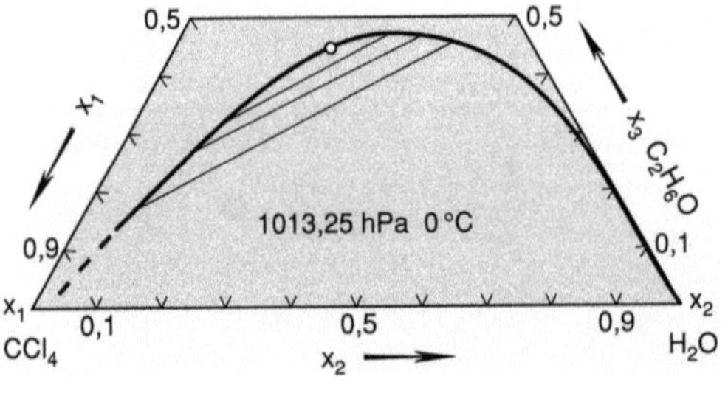

Abb. 1. x_1 CCl_4Tetrachlorkohlenstoff
x_2 H_2O Wasser
x_3 C_2H_6O Ethanol
krit. Lp.: $x_2 = 0{,}237$; $x_3 = 0{,}447$

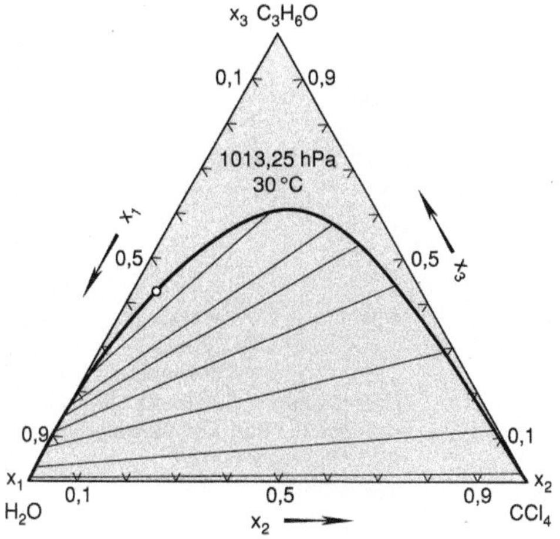

Abb. 2. x_1 H_2O Wasser
x_2 CCl_4 Tetrachlorkohlenstoff
x_3 C_3H_6O Aceton
krit. Lp.: $x_2 = 0{,}0486$; $x_3 = 0{,}4223$

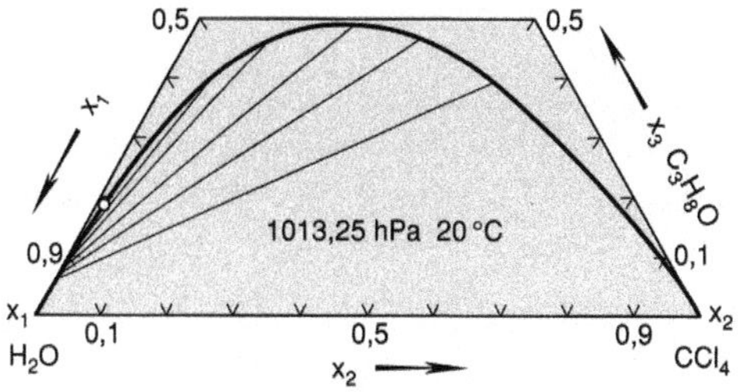

Abb. 3. x_1 H_2O Wasser
x_2 CCl_4 Tetrachlorkohlenstoff
x_3 C_3H_8O Propanol-(1)
krit. Lp.: $x_2 = 0{,}012$; $x_3 = 0{,}188$

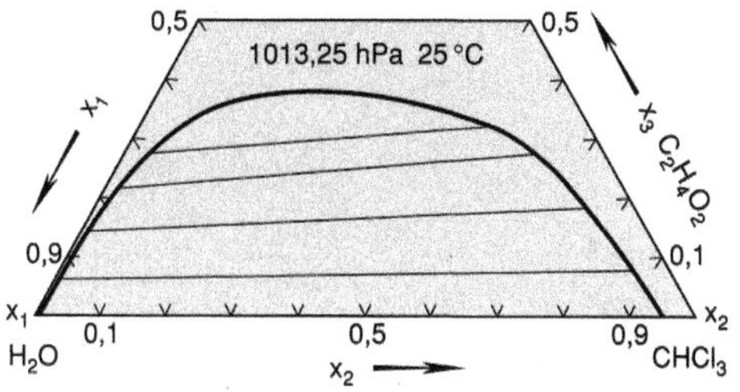

Abb. 4. x_1 H_2O Wasser
x_2 $CHCl_3$ Chloroform
x_3 $C_2H_4O_2$ Essigsäure

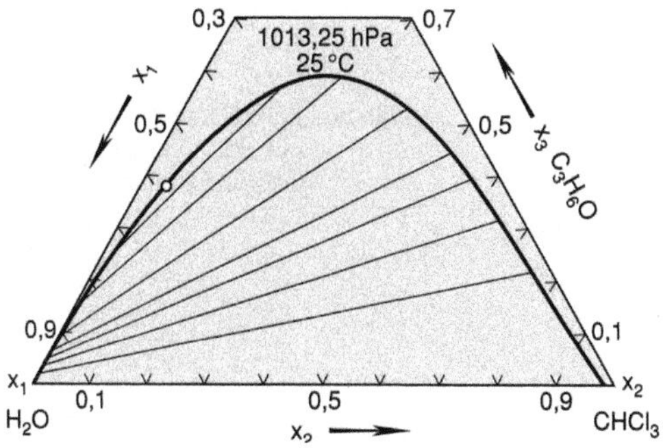

Abb. 5. x_1 H_2O Wasser
x_2 $CHCl_3$ Chloroform
x_3 C_2H_6O Aceton
krit. Lp.: $x_2 = 0{,}044$; $x_3 = 0{,}382$

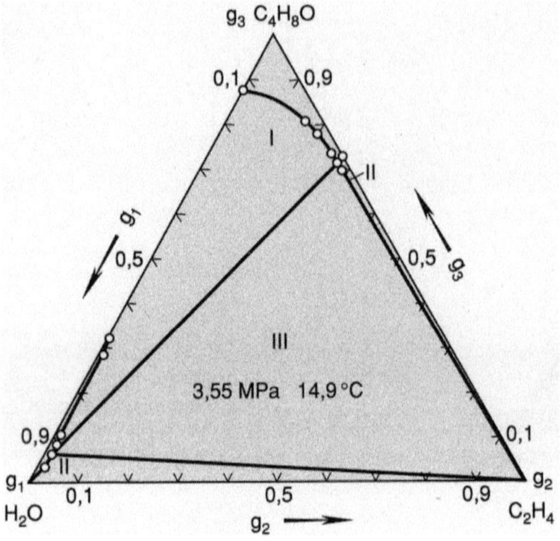

Abb. 6. g_1 H_2O Wasser
g_2 C_2H_4 Ethen
g_3 C_4H_8O Butanon-(2)
Phasengebiete: *I* 2 flüssige Phasen;
II 1 flüssige und 1 gasförmige Phase;
III 2 flüssige Phasen
und 1 gasförmige Phase

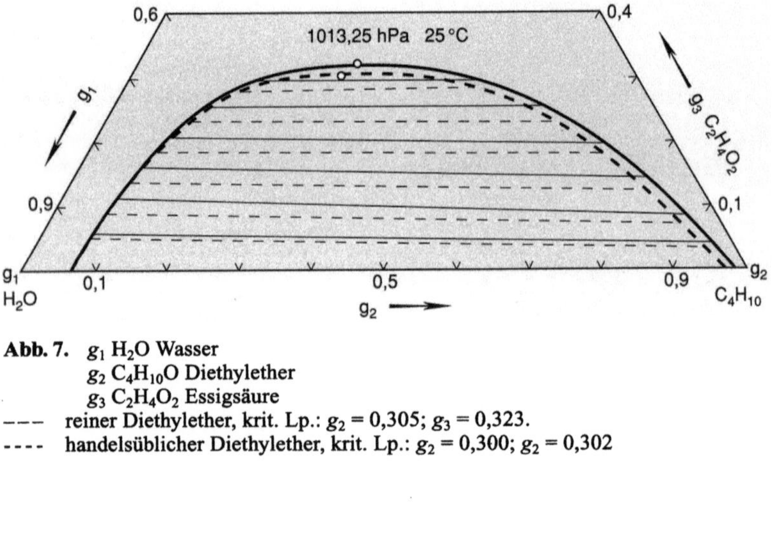

Abb. 7. g_1 H_2O Wasser
g_2 $C_4H_{10}O$ Diethylether
g_3 $C_2H_4O_2$ Essigsäure
--- reiner Diethylether, krit. Lp.: $g_2 = 0{,}305$; $g_3 = 0{,}323$.
---- handelsüblicher Diethylether, krit. Lp.: $g_2 = 0{,}300$; $g_2 = 0{,}302$

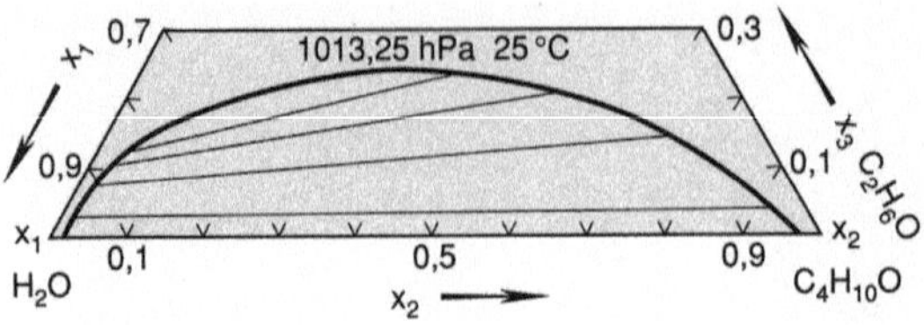

Abb. 8. x_1 H_2O Wasser
x_2 $C_4H_{10}O$ Diethylether
x_3 C_2H_6O Ethanol

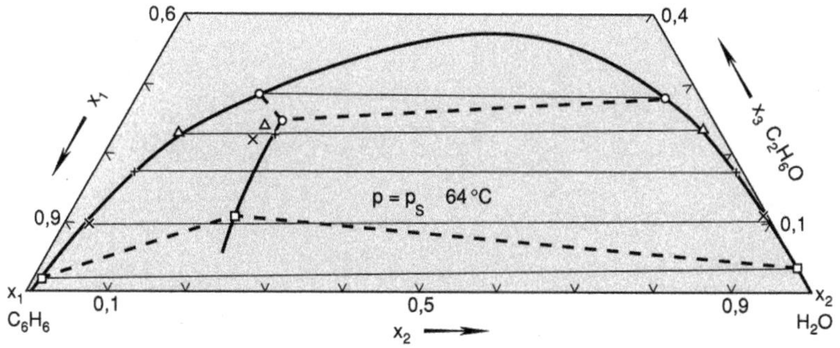

Abb. 9. x_1 C_6H_6 Benzen
x_2 H_2O Wasser
x_3 C_2H_6O Ethanol
Die Punkte innerhalb des zweiphasigen Bereichs geben die Zusammensetzung der jeweiligen Dampfphase an.

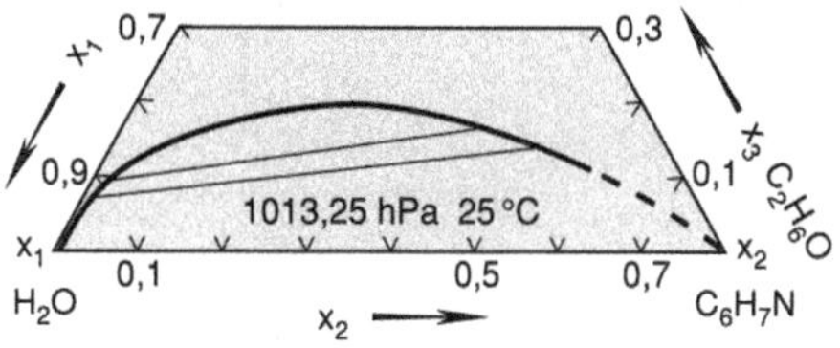

Abb. 10. x_1 H_2O Wasser
x_2 C_6H_7N Anilin
x_3 C_2H_6O Ethanol

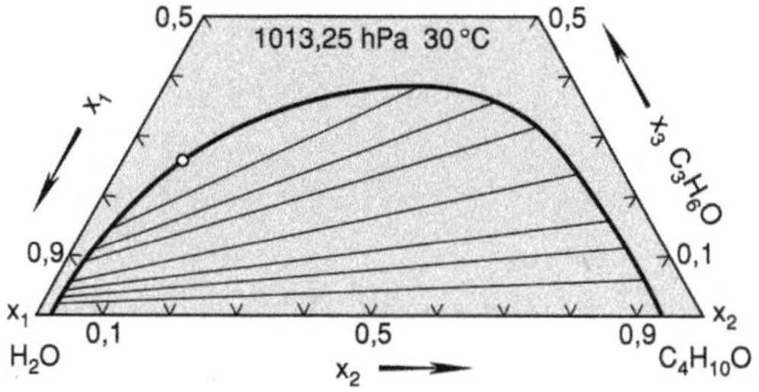

Abb. 11. x_1 H_2O Wasser
x_2 $C_4H_{10}O$ Diethylether
x_3 C_3H_6O Aceton
krit. Lp.: $x_2 = 0{,}092$; $x_3 = 0{,}259$

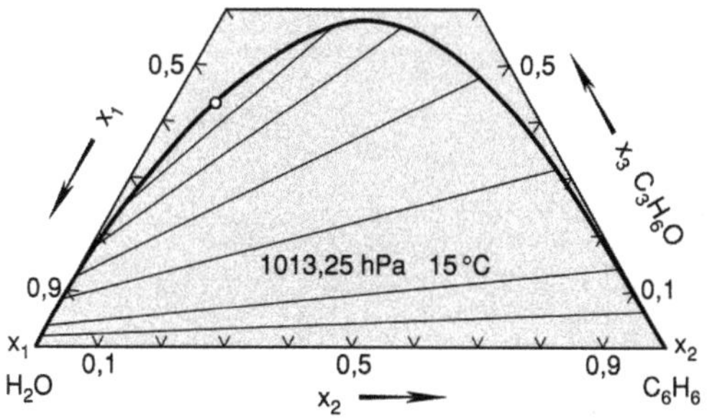

Abb. 12. x_1 H_2O Wasser
x_2 C_6H_6 Benzen
x_3 C_3H_6O Aceton
krit. Lp.: $x_2 = 0{,}067$; $x_3 = 0{,}431$

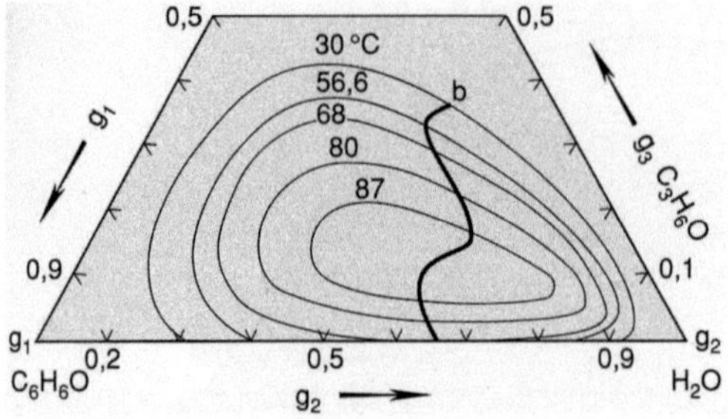

Abb. 13. g_1 C_6H_6O Phenol
g_2 H_2O Wasser
g_3 C_3H_6O Aceton
Die Kurve *b* verbindet die kritischen Lösungspunkte.

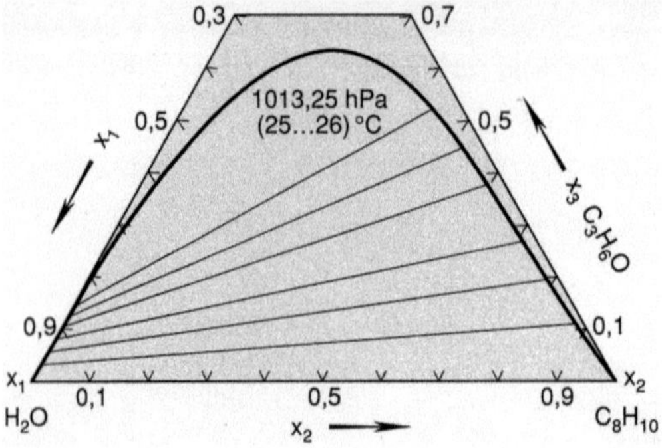

Abb. 14. x_1 H_2O Wasser
x_2 C_8H_{10} Xylen
x_3 C_3H_6O Aceton

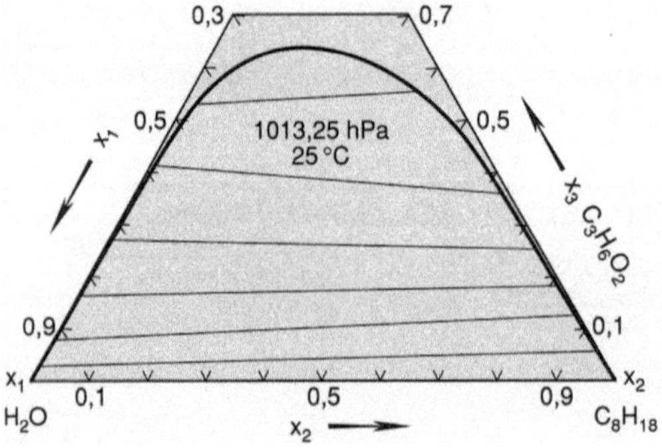

Abb. 15. x_1 H_2O Wasser
x_2 C_8H_{18} Octan
x_3 $C_3H_6O_2$ Propionsäure

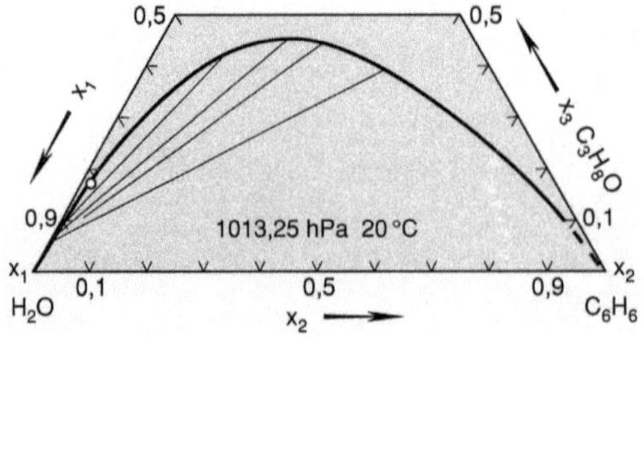

Abb. 16. x_1 H_2O Wasser
x_2 C_6H_6 Benzen
x_3 C_3H_8O Propanol-(1)
krit. Lp.: $x_2 = 0{,}014$; $x_3 = 0{,}178$

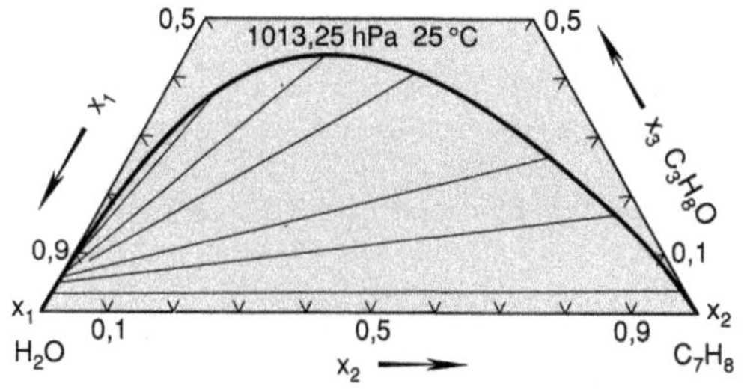

Abb. 17. x_1 H_2O Wasser
x_2 C_7H_8 Toluen
x_3 C_3H_8O Propanol-(1)
krit. Lp.: $x_2 = 0{,}003$; $x_3 = 0{,}102$

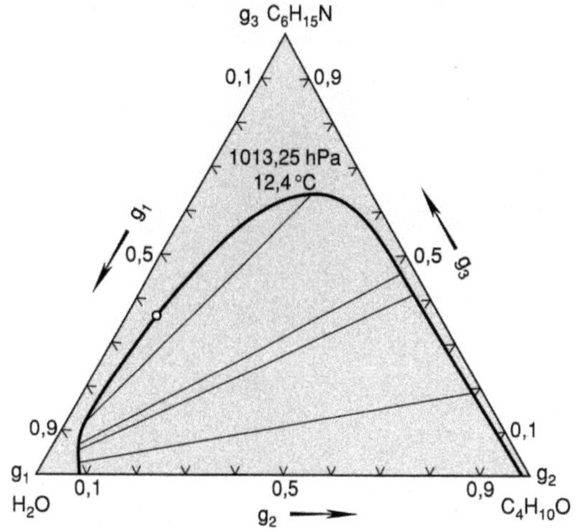

Abb. 18. g_1 H_2O Wasser
g_2 $C_4H_{10}O$ Diethylether
g_3 $C_6H_{15}N$ Triethylamin
krit. Lp.: $x_2 = 0{,}060$; $x_3 = 0{,}360$

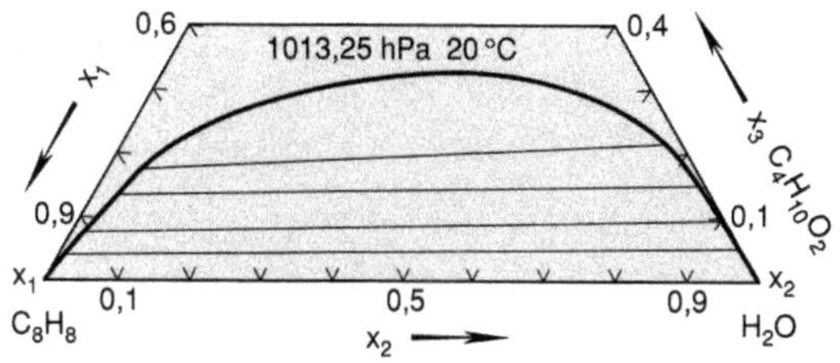

Abb. 19. x_1 C_8H_8 Styren
x_2 H_2O Wasser
x_3 $C_4H_{10}O_2$
2-Ethoxyethanol

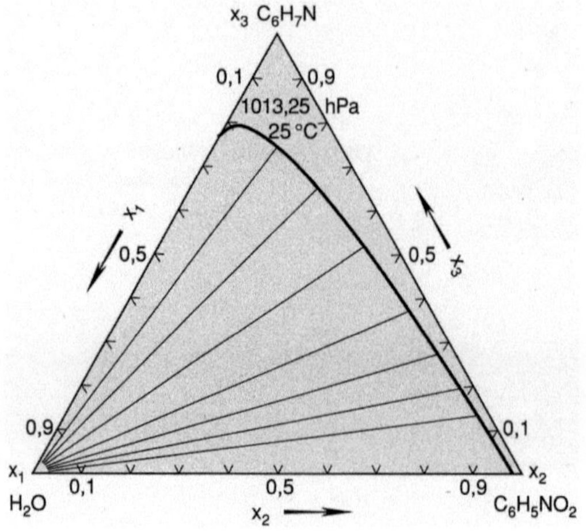

Abb. 20. x_1 H_2O Wasser
x_2 $C_6H_5NO_2$ Nitrobenzen
x_3 C_6H_7N Anilin

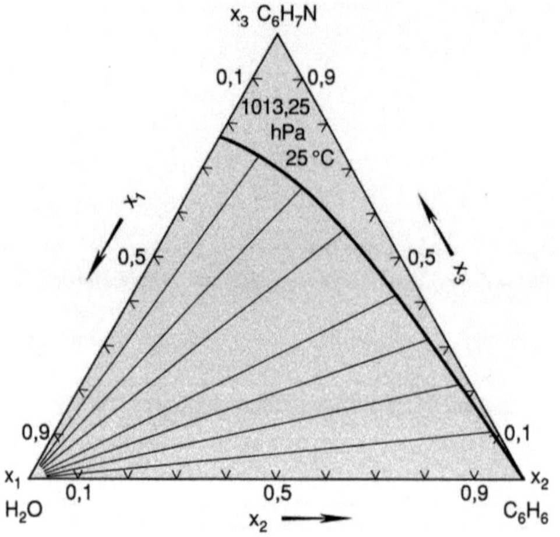

Abb. 21. x_1 H_2O Wasser
x_2 C_6H_6 Benzen
x_3 C_6H_7N Anilin

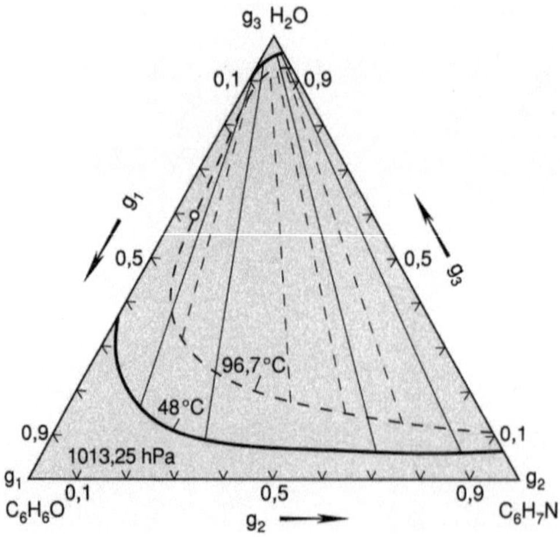

Abb. 22. g_1 C_6H_6O Phenol
g_2 C_6H_7N Anilin
g_3 H_2O Wasser
krit. Lp.: 96,7 °C; $g_2 = 0,047$; $g_3 = 0,598$

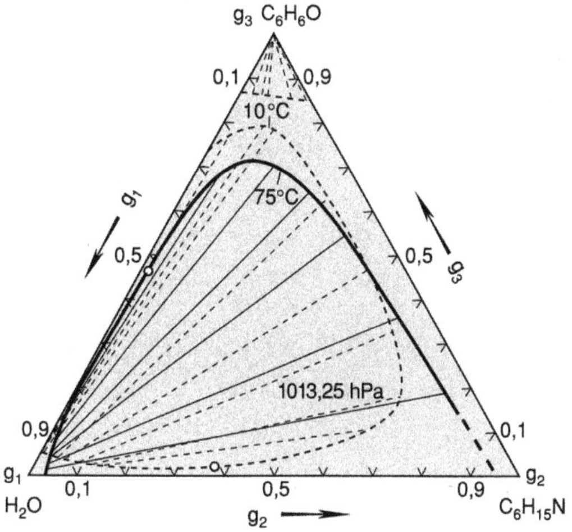

Abb. 23. g_1 H_2O Wasser
g_2 $C_6H_{15}N$ Triethylamin
g_3 C_6H_6O Phenol
krit. Lp.: 10 °C; g_2 0,370; g_3 0,020;
75 °C; g_2 0,015; g_3 0,460

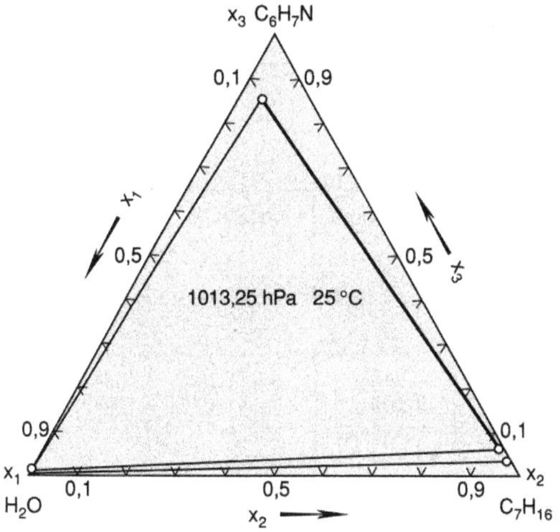

Abb. 24. x_1 H_2O Wasser
x_2 C_7H_{16} Heptan
x_3 C_6H_7N Anilin

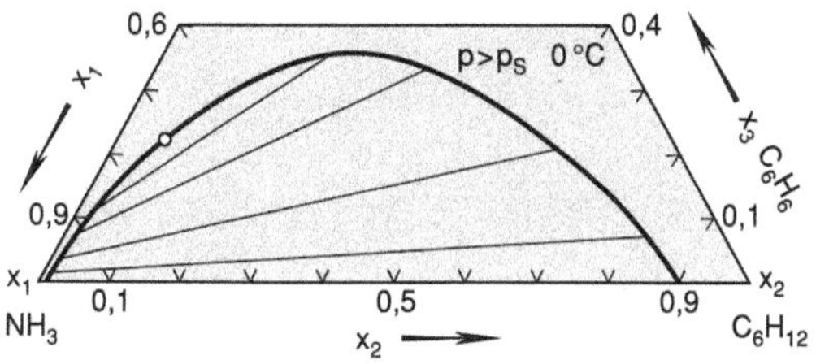

Abb. 25. x_1 NH_3 Ammoniak
x_2 C_6H_{12} Cyclohexan
x_3 C_6H_6 Benzen
krit. Lp.: $x_2 = 0{,}066$; $x_3 = 0{,}214$

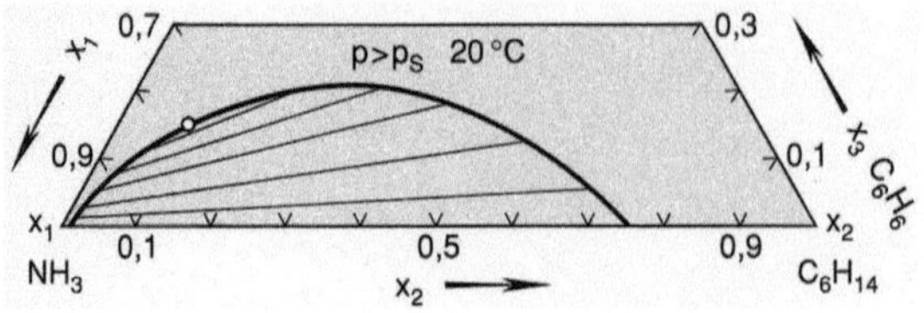

Abb. 26. x_1 NH_3 Ammoniak
x_2 C_6H_{14} Hexan
x_3 C_6H_6 Benzen
krit. Lp.: $x_2 = 0{,}099$; $x_3 = 0{,}142$

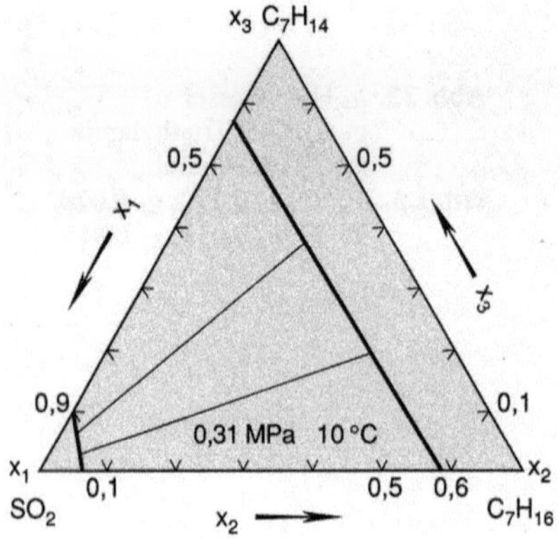

Abb. 27. x_1 SO_2 Schwefeldioxid
x_2 C_7H_{16} Heptan
x_3 C_7H_{14} Methylcyclohexan

4.2.6.2.3 Verteilungskoeffizienten

Stoff	Temperatur °C	Konzentration	In Phase *A*	In Phase *B*	*k*
Wasser (*A*) und Benzen (*B*)					
HCl Chlorwasserstoffsäure	20	Mol/LLsg.	0,946	$4{,}94 \cdot 10^{-5}$	20000
			2,599	$7{,}68 \cdot 10^{-4}$	3400
			8,555	0,025	342
			13,504	0,246	54,9
			15,062	0,477	31,6
			16,562	0,485	34,1
			19,709	0,507	38,9
$HgBr_2$ Quecksilber(II)-bromid	25	Mol/LLsg.	0,00320	0,00353	0,90
			0,00634	0,00715	0,89
			0,01147	0,01303	0,88
			0,0170	0,0194	0,88
$HgCl_2$ Quecksilber(II)-chlorid	25	Mol/LLsg.	0,263	0,0197	13,4
HgI_2 Quecksilber(II)-iodid	25	Mol/LLsg.	0,00013	0,00493	0,026
I_2 Iod	20	g/L	0,03499	12,972	0,00272
			0,05498	20,432	0,00269
			0,10997	41,240	0,00267
			0,17245	66,446	0,00260
			0,22494	90,633	0,00248
			0,25868	105,74	0,00245

4.2.6.2.3 Verteilungskoeffizienten (Fortsetzung)

Stoff	Temperatur °C	Konzentration	In Phase *A*	In Phase *B*	*k*
Wasser (*A*) und Benzen (*B*)					
CH_2O_2 Ameisensäure	25	Mol/LLsg.	2,5739	0,00568	453
			7,4000	0,0265	279
			12,5290	0,0796	157
			22,0488	0,7760	28,4
CH_5N Methylamin	25	Mol/LLsg.	0,5515	0,0242	22,78
			1,0545	0,0424	24,87
			1,5636	0,0485	32,23
			2,0757	0,0576	36,04
$C_2HCl_3O_2$ Trichloressigsäure	18	Mol/LLsg.	0,0535	0,000465	115
			0,1096	0,00163	67,2
			0,2366	0,00622	35,8
			0,4512	0,02213	20,4
			1,153	0,1525	7,55
$C_2H_4O_2$ Essigsäure	25	Mol/LLsg.	0,531	0,0125	42,5
			1,148	0,0443	25,9
			2,976	0,224	13,6
			4,743	0,486	9,99
			8,710	1,463	5,95
			11,137	3,111	3,58
C_2H_6O Ethanol	25	Gew.%	2,5	0,7	3,6
			10,6	1,2	8,8
			16,4	1,6	10,2
			24,3	2,4	10,1
			31,8	3,9	8,1
			40,5	7,0	5,8
			57,3	9,8	4,9
C_2H_7N Dimethylamin	25	Mol/LLsg.	0,3212	0,0394	8,152
			0,6234	0,0576	10,84
			0,9061	0,0788	11,50
			1,2001	0,1061	11,31
C_3H_6O Aceton	25	Mol/LLsg.	0,01583	0,01437	1,113
			0,03209	0,02898	1,110
			0,1058	0,09650	1,098
			0,3125	0,2909	1,074
			0,6150	0,5940	1,035
			0,9040	0,9062	0,998
$C_3H_6O_2$ Propionsäure	25	Mol/LLsg.	0,0310	0,00245	12,65
			0,0780	0,00858	9,09
			0,1241	0,0179	6,93
			0,2062	0,0398	5,18
			0,2979	0,0742	4,14
			0,4540	0,1560	2,91
			1,401	1,002	1,40
			2,799	2,710	1,03
			3,562	3,556	1,00

4.2.6.2.3 Verteilungskoeffizienten (Fortsetzung)

Stoff	Temperatur °C	Konzentration	In Phase *A*	In Phase *B*	*k*
Wasser (*A*) und Benzen (*B*)					
C_3H_9N Trimethylamin	25	Mol/LLsg.	0,0584 0,2474 0,4663 1,1135	0,0295 0,1237 0,2328 0,5681	1,98 2,00 2,01 1,90
$C_4H_8O_2$ Buttersäure	20	g/100 cm³	2,39 3,57 4,96 6,39	6,49 13,20 21,82 32,16	0,368 0,270 0,227 0,196
$C_4H_8O_2$ Isobuttersäure	25	Mol/LLsg.	0,00774 0,0164 0,0364 0,0877 0,1906	0,00213 0,00639 0,0232 0,1156 0,5014	3,63 2,66 1,57 0,76 0,38
$C_4H_{11}N$ Diethylamin	25	Mol/LLsg.	0,0726 0,1387 0,1979 0,2652	0,0653 0,1326 0,1877 0,2501	1,112 1,046 1,053 1,060
C_5H_5N Pyridin	25	Mol/LLsg.	0,0147 0,0447 0,0933 0,170 0,405	0,0363 0,109 0,207 0,308 0,396	0,405 0,410 0,450 0,553 1,02
C_6H_6O Phenol	25	Mol/LLsg.	0,00202 0,00565 0,00797 0,01094 0,01440 0,01829 0,03105 0,05306 0,1029 0,2531 0,3660 0,5299	0,00466 0,01324 0,01859 0,02528 0,03428 0,04370 0,07485 0,1329 0,2913 1,198 2,978 6,487	0,433 0,427 0,429 0,433 0,420 0,419 0,415 0,399 0,353 0,211 0,12 0,08
$C_6H_{15}N$ Triethylamin	25	Mol/LLsg.	0,0156 0,0417 0,0762 0,2152 0,2781	0,1794 0,5280 1,1233 3,3049 4,7107	0,087 0,079 0,068 0,065 0,059
$C_7H_6O_2$ Benzoesäure	6	Mol/LLsg.	0,00329 0,00493 0,00644 0,00874 0,0114	0,0156 0,0355 0,0616 0,1144 0,195	0,120 0,081 0,063 0,046 0,036

4.2.6.2.3 Verteilungskoeffizienten (Fortsetzung)

Stoff	Temperatur °C	Konzentration	In Phase *A*	In Phase *B*	*k*
Wasser (*A*) und Benzen (*B*)					
$C_7H_6O_3$ Salicylsäure	25	Mol/LLsg.	0,00260	0,00440	0,591
			0,00373	0,00634	0,588
			0,00503	0,01149	0,438
			0,00950	0,03904	0,320
			0,01187	0,04079	0,291
			0,01460	0,06150	0,237
			0,01635	0,07370	0,222
$C_8H_8O_2$ Phenylessigsäure	25	Mol/LLsg.	0,00430	0,00761	0,565
			0,00514	0,00998	0,515
			0,00732	0,01812	0,400
			0,01102	0,03682	0,292
			0,01626	0,07454	0,218
Wasser (*A*) und Chloroform (*B*)					
I_2 Iod	25	Mol/LLsg.	0,00025	0,0338	0,0074
			0,00120	0,1546	0,00775
			0,00184	0,2318	0,00793
			0,00242	0,3207	0,00752
NH_3 Ammoniak	25	Mol/LLsg.	0,01098	0,00045	24,1
			0,1388	0,005794	23,94
			0,2330	0,009777	23,83
			0,4677	0,01993	23,47
			0,6882	0,02960	23,24
			1,022	0,04466	22,88
			2,08	0,095	21,9
			3,98	0,205	19,4
			6,25	0,365	17,1
			8,34	0,549	15,2
			10,23	0,864	11,8
			12,23	1,227	10,0
CH_2O_2 Ameisensäure	0	Mol/LLsg.	1,7495	0,00709	247
			7,7546	0,0543	143
			11,7973	0,1418	83,2
			16,6676	0,4610	36,2
			19,5283	1,7377	11,2
			19,9538	2,3997	8,3
CH_5N Methylamin	25	Mol/LLsg.	0,02113	0,001521	13,89
			0,06876	0,005611	12,25
			0,10151	0,008380	12,11
			0,2484	0,02104	11,80
			0,5837	0,05018	11,63
			1,1157	0,09788	11,40
			1,6858	0,1501	11,23
			2,0384	0,1834	11,11
			2,6180	0,2402	10,90

4.2.6.2.3 Verteilungskoeffizienten (Fortsetzung)

Stoff	Temperatur °C	Konzentration	In Phase *A*	In Phase *B*	*k*
Wasser (*A*) und Chloroform (*B*)					
$C_2HCl_3O_2$ Trichloressigsäure	25	Mol/LLsg.	0,0488 0,2960 0,6224 0,9750 1,4221 2,6737 3,6039	0,0017 0,0218 0,0765 0,1666 0,3277 0,7089 1,0011	28,71 13,58 8,14 5,85 4,34 3,77 3,60
$C_2H_4O_2$ Essigsäure	25	Mol/LLsg.	0,405 0,727 1,188 2,056	0,0231 0,0583 0,1351 0,3493	17,5 12,5 8,8 5,9
C_3H_6O Aceton	25	Mol/LLsg.	0,0320 0,145 0,493 1,01	0,168 0,676 1,98 3,06	0,190 0,216 0,249 0,332
$C_3H_6O_2$ Propionsäure	25	Mol/LLsg.	0,036 0,169 0,452 1,004 2,511 5,386	0,0075 0,081 0,427 1,506 4,620 6,930	4,80 2,09 1,06 0,67 0,54 0,78
$C_4H_8O_2$ Buttersäure	25	Mol/LLsg.	0,00178 0,00367 0,01435 0,02832 0,04670 0,08160 0,1260	0,000924 0,00213 0,01258 0,03808 0,08520 0,2324 0,4710	1,925 1,721 1,140 0,744 0,548 0,351 0,267
C_6H_6O Phenol	25	Mol/LLsg.	0,0737 0,163 0,247 0,436	0,254 0,761 1,85 5,43	0,29 0,21 0,13 0,08
$C_9H_8O_4$ Acetylsalicylsäure	25	Mol/LLsg.	0,0094 0,0127 0,0198	0,0440 0,0764 0,1810	0,214 0,166 0,109
Wasser (*A*) und Tetrachlorkohlenstoff (*B*)					
Br_2 Brom	25	Mol/LLsg.	0,00853 0,03085 0,13132	0,1949 0,7008 3,9880	0,0441 0,0441 0,0330
I_2 Iod	20	mg/L	16,0 27,3 65,1 93,8 119,9 182,5	1280 2084 5208 7626 9909 15466	0,0132 0,0131 0,0125 0,0123 0,0121 0,0118

4.2.6.2.3 Verteilungskoeffizienten (Fortsetzung)

Stoff	Temperatur °C	Konzentration	In Phase *A*	In Phase *B*	*k*
Wasser (*A*) und Tetrachlorkohlenstoff (*B*)					
NH_3 Ammoniak	25	Mol/LLsg.	1,73	0,00787	222
			2,35	0,0118	200
			6,86	0,0464	147
			8,59	0,0735	116
CH_2O_2 Ameisensäure	25	Mol/LLsg.	4,1492	0,00473	878
			10,0005	0,0212	472
			14,3270	0,0473	303
			20,0011	0,1773	113
			23,1692	0,4137	56
$C_2HCl_3O_2$ Trichloressigsäure	25	Mol/LLsg.	0,2772	0,0012	231
			0,6262	0,0088	71,2
			1,2285	0,0268	45,8
			3,1972	0,0949	33,8
			5,5014	0,3391	16,2
			5,6000	0,6388	8,77
$C_2H_4O_2$ Essigsäure	25	Mol/LLsg.	0,0733	0,000945	77,6
			1,8560	0,0709	26,2
			3,4699	0,2128	16,8
			4,9412	0,3664	13,5
			7,7546	0,7447	10,4
			11,1354	1,7022	6,54
C_2H_6O Ethanol	25	Mol/LLsg.	0,406	0,0097	41,8
			0,792	0,0201	39,2
			1,477	0,0353	41,8
C_3H_6O Aceton	25	Mol/LLsg.	0,186	0,0833	2,22
			1,01	0,514	1,96
			1,66	0,997	1,66
			2,87	2,10	1,37
$C_3H_6O_2$ Propionsäure	25	Mol/LLsg.	0,0129	0,0004	32
			0,0898	0,0088	10,2
			0,716	0,283	2,53
			2,090	1,637	1,28
			7,175	5,950	1,20
$C_4H_8O_2$ Buttersäure	25	Mol/LLsg.	0,01524	0,00267	5,70
			0,2040	0,1797	1,14
			0,8858	4,4528	0,199
			1,4564	8,1204	0,179
			1,8414	8,1664	0,225
$C_4H_8O_2$ Isobuttersäure	25	Mol/LLsg.	0,01425	0,00302	4,712
			0,1221	0,0907	1,346
			0,3048	0,8561	0,356
			0,6456	3,2122	0,201
			1,2888	7,9640	0,162
			1,9827	8,6235	0,230
			2,1339	8,0745	0,264

4.2.6.2.3 Verteilungskoeffizienten (Fortsetzung)

Stoff	Temperatur °C	Konzentration	In Phase *A*	In Phase *B*	*k*
Wasser (*A*) und Tetrachlorkohlenstoff (*B*)					
C_6H_6O Phenol	25	Mol/LLsg.	0,0605	0,0247	2,04
			0,140	0,0712	1,92
			0,489	1,47	0,33
			0,525	2,49	0,21
Wasser (*A*) und Diethylether (*B*)					
$Fe(SCN)_3$ Eisen(III)-thiocyanat	10	Mol/LLsg.	0,0127	0,0128	1,00
	20	Mol/LLsg.	0,0165	0,0091	1,81
	30	Mol/LLsg.	0,0207	0,0048	4,3
$Fe(NO_3)_3$ Eisen(III)-nitrat	15	g/L Lösm.	150	0,088	1700
HNO_3 Salpetersäure	25	Mol/LLsg.	0,0847	0,0011	76,0
			0,4326	0,0165	26,2
			1,9071	0,4263	4,47
H_2O_2 Wasserstoffperoxid	18	Mol/LLsg.	0,7194	0,0518	13,90
			1,6376	0,1300	12,60
			2,9126	0,2721	10,76
			4,0711	0,4026	10,11
			6,2749	0,8003	7,84
			9,0157	1,5103	5,97
CH_2O_2 Ameisensäure	18	Mol/LLsg.	0,0486	0,0181	2,69
			0,1860	0,0721	2,58
			0,3699	0,1476	2,51
			0,6782	0,2812	2,41
			0,8450	0,3555	2,38
			1,342	0,6016	2,23
CH_3I Iodmethan	21	Mol/LLsg.	0,00975	0,817	0,012
CH_4O Methanol	20	Mol/LLsg.	1,920	0,274	7,14
CH_5N Methylamin	15	Mol/LLsg.	0,094	0,0022	43,5
$C_2H_2O_4$ Oxalsäure	15	Mol/LLsg.	0,0435	0,0022	19,8
			0,0892	0,0055	16,1
			0,1885	0,01395	13,5
			0,3435	0,02945	11,6
C_2H_3N Acetonitril	20	Mol/LLsg.	0,624	0,376	1,66
$C_2H_4O_2$ Essigsäure	25	Mol/LLsg.	0,01323	0,00609	2,17
			0,03309	0,01528	2,17
			0,06654	0,03110	2,14
			0,1341	0,06355	2,11
			0,3265	0,1624	2,01
			0,6497	0,3406	1,91
			1,2600	0,7413	1,70

4.2.6.2.3 Verteilungskoeffizienten (Fortsetzung)

Stoff	Temperatur °C	Konzentration	In Phase *A*	In Phase *B*	*k*
Wasser (*A*) und Diethylether (*B*)					
$C_2H_4O_3$ Glykolsäure	20	Mol/LLsg.	0,250 0,447 0,534 0,890 1,146	0,0087 0,0141 0,0195 0,0267 0,0339	28,7 31,7 32,5 33,3 33,8
C_2H_6O Ethanol	25	Mol/LLsg.	0,252 0,628 1,496 2,215	0,356 1,077 2,448 4,118	0,707 0,583 0,611 0,538
C_2H_7N Dimethylamin	21	Mol/LLsg.	0,0909	0,005	18,2
C_2H_7NO Ethanolamin	19	Mol/LLsg.	0,945	0,0012	770
C_3H_6O Aceton	20	Mol/LLsg.	0,617	0,383	1,61
$C_3H_6O_2$ Propionsäure	25	Mol/LLsg.	0,9427 1,6002 1,9605	2,4408 3,8173 4,3089	0,39 0,42 0,46
$C_3H_6O_3$ Milchsäure	20 25	Mol/LLsg. Mol/LLsg.	0,0818 0,3575	0,00684 0,0320	11,9 11,17
$C_3H_6O_4$ Glycerinsäure	20	Mol/LLsg.	0,0921	0,00082	111
$C_3H_7NO_2$ α-Alanin	19	Mol/LLsg.	1,0	0,0014	714
C_3H_9N Propylamin	19	Mol/LLsg.	0,194	0,0558	3,45
C_3H_9N Trimethylamin	20	Mol/LLsg.	0,0444	0,0178	2,4
$C_4H_6O_6$ Weinsäure	27	Mol/LLsg.	0,427 0,857 1,625	0,0016 0,0033 0,0070	268 259 233
$C_4H_8O_2$ Buttersäure	21	Mol/LLsg.	0,0121 0,0264	0,0744 0,1707	0,163 0,155
$C_4H_{10}N_2$ Piperazin	20	Mol/LLsg.	0,798	0,00041	1887
$C_4H_{10}O$ Butanol-(1)	18	Mol/LLsg.	0,242	1,860	0,13
$C_4H_{10}O$ Butanol-(2)	20	Mol/LLsg.	0,390	1,743	0,222
C_4H_{10} Isobutanol	20	Mol/LLsg.	0,259	1,789	0,145

4.2.6.2.3 Verteilungskoeffizienten (Fortsetzung)

Stoff	Temperatur °C	Konzentration	In Phase *A*	In Phase *B*	*k*
Wasser (*A*) und Diethylether (*B*)					
$C_4H_{11}N$ Diethylamin	18	Mol/LLsg.	0,0646	0,0342	1,90
$C_4H_{11}NO_2$ Diethanolamin	18	Mol/LLsg.	0,921	0,0005	1840
$C_4H_{12}N_2$ Tetramethylendiamin	23	Mol/LLsg.	0,468	0,00059	770
C_5H_5N Pyridin	18	Mol/LLsg.	0,302	0,354	0,833
$C_5H_8O_3$ Lävulinsäure	20	Mol/LLsg.	0,478	0,123	3,85
$C_5H_{10}O_2$ Valeriansäure	22	Mol/LLsg.	0,0041 0,0100	0,0907 0,2333	0,0452 0,0429
C_6H_6O Phenol	19	Mol/LLsg.	0,0135	0,598	0,0227
$C_6H_8O_7$ Citronensäure	25,5	Mol/LLsg.	0,241 0,481	0,00155 0,0031	154 155
$C_6H_{15}N$ Triethylamin	18	Mol/LLsg.	0,0164	0,0974	0,170
$C_6H_{15}NO_3$ Triethanolamin	20	Mol/LLsg.	0,707	0,00078	910
$C_7H_6O_2$ Benzoesäure	10	Mol/LLsg.	0,041 0,205 0,823	0,0078 0,0373 0,124	5,3 5,3 6,6
$C_7H_8n_2O$ Phenylharnstoff	18	Mol/LLsg.	0,0704	0,077	0,9
C_7H_9N Benzylamin	18	Mol/LLsg.	0,0359	0,0676	0,526
$C_8H_8O_2$ Phenylessigsäure	18	Mol/LLsg.	0,0286	1,068	0,027
$C_9H_9NO_3$ Hippursäure	17	Mol/LLsg.	0,0237	0,00933	2,56
$C_{10}H_{15}NO$ Ephedrin	18	Mol/LLsg.	0,0173	0,0345	0,5
$C_{13}H_{17}N_3O$ Pyramidon	20	Mol/LLsg.	0,205	0,130	1,59
$C_{17}H_{21}NO_4$ Cocain	18	Mol/LLsg.	0,00095	0,125	0,00725

4.2.6.2.3 Verteilungskoeffizienten (Fortsetzung)

Stoff	Temperatur °C	Konzentration	In Phase *A*	In Phase *B*	*k*
Wasser (*A*) und Diethylether (*B*)					
$C_{17}H_{23}NO_2$ Atropin	19	Mol/LLsg.	0,00522	0,0217	0,244
$C_{18}H_{21}NO_3$ Codein	18	Mol/LLsg.	0,0127	0,0102	1,25
$C_{20}H_{24}N_2O_2$ Chinin	20	Mol/LLsg.	0,00082	0,036	0,0227
$C_{23}H_{26}N_2O_4$ Brucin	18	Mol/LLsg.	0,00558	0,00103	5,55

4.2.6.3 Lösungsgleichgewichte zwischen Gasen und kondensierten Stoffen

4.2.6.3.1 Gase in Metallen

Die folgende Tabelle gibt die Löslichkeit von Gasen in festen und flüssigen Metallen wieder. Dabei ist in der 1. Spalte das lösende Metall durch sein chemisches Symbol gekennzeichnet, die 2. Spalte gibt den Aggregatzustand oder die Modifikation an. Die 3. Spalte kennzeichnet das gelöste Gas durch sein chemisches Symbol. Dabei findet das für den Gaszustand maßgebende Symbol Verwendung, auch dann, wenn die molekulare Einheit im gelösten Zustand eine andere ist (H_2 im Gas, H im Metall).

Die 4. Spalte gibt den Gleichgewichtsdruck des Gases, die 5. die Temperatur. Die Spalten 6 und 7 geben die Löslichkeit an, in Spalte 6 den Gew.%-Anteil des gelösten Gases und in Spalte 7 die Zahl der gelösten Mole/1000 cm^3 Metall. Auch hier liegt der Angabe die molekulare Einheit des Gases im Gaszustand zugrunde. Die 8. Spalte gibt schließlich die molare Lösungsenthalpie in kJ/Mol an.

Bei der Lösung in Metallen wird das Gasmolekül stets aufgespalten. Für zweiatomige Gase folgt deshalb im Gültigkeitsbereich des Henryschen Gesetzes

$$c = k\sqrt{p}.$$

k ist bei konstanter Temperatur eine Konstante. Dieser Sonderfall des Henryschen Gesetzes wird auch als „Gesetz von SIEVERTS“ bezeichnet.

Bei Gültigkeit des Henryschen Gesetzes folgt ferner für die Temperaturabhängigkeit der Gaslöslichkeit

$$c = c_0 \cdot e^{-\Delta H/2RT}$$

für zweiatomige Gase bei konstantem Druck.

Wenn die Affinität eines Gases zu einem Metall hoch ist, bilden die Komponenten gewöhnlich eine neue stabile Phase, auch bei einem kleineren Gasdruck als 0,1 MPa. In solchen Fällen ist in der Tabelle die Löslichkeit im Metall im Gleichgewicht mit dieser Phase angegeben.

Wenn ein Metall Verunreinigungen enthält, die eine wesentlich höhere Affinität zu dem Gas haben, so können diese die Löslichkeit des Gases stark heraufsetzen. Dieser Effekt bedingt speziell bei Löslichkeiten von D_2 und N_2 einen größeren Meßfehler.

Metall	Zustand oder Modifikation	Gas	Im Gleichgewicht mit	Temperatur °C	Löslichkeit		Lösungsenthalpie kJ/Mol
					Gew.%	Mol/1000 cm^3 Metall	
Ag Silber	f.	H_2	$H_2, p = 1013{,}25$ hPa	400	$0{,}6 \cdot 10^{-5}$	0,0003	+ 50,2
	f.	N_2	$N_2, p = 1013{,}25$ hPa	200 ... 800	$< 2{,}5 \cdot 10^{-5}$	< 0,0001	
	f.	O_2	$O_2, p = 1013{,}25$ hPa	200	(0,00187)	(0,0061)	
				600	(0,00174)	(0,0058)	
	fl.	O_2	$O_2, p = 1013{,}25$ hPa	973	0,305	1,00	
				1075	0,277	0,91	
Al Aluminium	f.	H_2	$H_2, p = 1013{,}25$ hPa	400	$4{,}5 \cdot 10^{-7}$	$6 \cdot 10^{-5}$	
				500	$1{,}1 \cdot 10^{-6}$	$1{,}5 \cdot 10^{-5}$	+ 79,5
				650	$3{,}3 \cdot 10^{-6}$	$4{,}3 \cdot 10^{-5}$	
	fl.	H_2	$H_2, p = 1013{,}25$ hPa	660	$5{,}7 \cdot 10^{-5}$	$7{,}8 \cdot 10^{-4}$	+ 105
Ce Cer	f.	H_2	$H_2, p = 1013{,}25$ hPa	700	1,35	45,5	
				800	1,27	43	
				1000	1,16	39,5	
				1200	0,5	16	
Co Cobalt (einige Zehntel Prozente Sauerstoff)	f.	H_2	$H_2, p = 1013{,}25$ hPa	600	0,00008	0,004	
				900	0,00023	0,010	+ 69,1
				1200	0,00049	0,0215	
Kobalt (99,5%)	α	O_2	CoO	600	0,006	0,017	
				700	0,009	0,026	
				875	0,0205	0,056	
	β	O_2	CoO	875	0,0058	0,016	
				1200	0,013	0,036	
Cr Chrom (99,7%)	f.	H_2	$H_2, p = 1013{,}25$ hPa	600	$2{,}9 \cdot 10^{-5}$	0,00105	
				1000	$2{,}35 \cdot 10^{-4}$	0,0085	+ 48,2
				1200	$4{,}35 \cdot 10^{-4}$	0,0157	
		N_2	Cr_2N	800	0,0012	0,003	+ 138
				1000	0,014	0,036	für
				1200	0,085	0,022	1 Cr_2N
		O_2	Cr_2O_3	1100	0,00066	0,0015	+ 151
				1300	0,0036	0,0080	für
				1500	0,0132	0,030	$^1/_3\,Cr_2O_3$
Cu Kupfer (Elektrolyt)	f.	H_2	$H_2, p = 1013{,}25$ hPa	600	$8{,}0 \cdot 10^{-6}$	0,00036	
				800	$2{,}8 \cdot 10^{-5}$	0,0013	+ 117
				1000	$1{,}0 \cdot 10^{-4}$	0,0045	
	fl.		$H_2, p = 1013{,}25$ hPa	1100	$4{,}9 \cdot 10^{-4}$	0,022	
				1300	$8{,}5 \cdot 10^{-4}$	0,038	+ 99,6
				1500	$1{,}3 \cdot 10^{-3}$	0,058	
Kupfer (99,99%)	f.	O_2	Cu_2O	600	0,0071	0,020	
				800	0,0087	0,0245	
	fl.	O_2	Cu_2O	1100	0,45	2,0	
Fe Eisen (99,9%)	α	H_2	$H_2, p = 1013{,}25$ hPa	600	0,00010	0,00395	
				700	0,00015	0,0058	+ 54,2
				800	0,00020	0,0080	
				900	0,00026	0,0103	
	γ	H_2	$H_2, p = 1013{,}25$ hPa	1000	0,00050	0,195	
				1200	0,000665	0,026	+ 45,2
				1400	0,00083	0,0325	
	δ	H_2	$H_2, p = 1013{,}25$ hPa	1450	0,00058	0,023	
	fl.	H_2	$H_2, p = 1013{,}25$ hPa	1550	0,0026	0,102	(+ 54,4)
				1800	0,00332	0,13	+ 62,6
	α	D_2	$D_2, p = 1013{,}25$ hPa	600	$2{,}43 \cdot 10^{-4}$	0,00475	
				700	$3{,}57 \cdot 10^{-4}$	0,0070	+ 54,8
				800	$4{,}91 \cdot 10^{-4}$	0,0096	
				900	$6{,}38 \cdot 10^{-4}$	0,0125	

Metall	Zustand oder Modifikation	Gas	Im Gleichgewicht mit	Temperatur °C	Löslichkeit Gew.%	Löslichkeit Mol/1000 cm^3 Metall	Lösungsenthalpie kJ/Mol
Fe	γ	D_2	D_2, p = 1013,25 hPa	1000	0,00105	0,020	
Eisen				1200	0,0014	0,027	+ 49,4
				1400	0,00178	0,035	
	α	N_2	Fe_8N	200	0,0088	0,025	
	α	N_2	γ-FeN	700	0,069	0,195	
99,96%	γ	O_2	FeO	1325 ... 1423	0,003	0,007	
	δ	O_2	FeO	1528	0,005	0,01	
	fl.	O_2	FeO, flüssig	1550	0,19	0,43	
				1700	0,33	0,75	+ 110 für
				1750	0,39	0,88	1 FeO
Ge Germanium (spektralrein)	f.	H_2	H_2, p = 1013,25 hPa	800 ... 1000	$< 10^{-4}$	< 0,003	
Mn	α	H_2	H_2, p = 1013,25 hPa	25	0,0027	0,10	
Mangan				400	0,0011	0,041	– 7,95
(dest.)				600	0,0010	0,037	
	β[1]		H_2, p = 1013,25 hPa	800	0,0024	0,090	
				1050	0,0030	0,11	
	γ[1]		H_2, p = 1013,25 hPa	1100	0,0037	0,138	
				1125	0,00375	0,14	
	δ		H_2, p = 1013,25 hPa	1165	0,0036	0,133	
				1244	0,00395	0,147	
	fl.		H_2, p = 1013,25 hPa	1244	0,0053	0,197	
				1320	0,0056	0,208	
Mn (99,9%)	fl.	N_2	N_2, p = 1013,25 hPa	1270	2,75	7,3	
				1400	1,9	5,0	– 118,7
				1500	1,5	4,0	
Mo	f.	H_2	H_2, p = 1013,25 hPa	600	$(1,4 \cdot 10^{-5})$	(0,0007)	
Molybdän				800	$(2,8 \cdot 10^{-5})$	0,0014)	(+ 50,2)
(chem.-anal.				1100	$(5,3 \cdot 10^{-5})$	(0,0027)	
100%)		N_2	Mo_2N?	800	(0,0061)	(0,022)	(– 147)
				1200	(0,00061)	(0,0022)	
		O_2	MoO_2	1100	(0,0046)	(0,015)	
				1600	(0,0060)	(0,02)	
Ni	f.	H_2	H_2, p = 1013,25 hPa	600	0,00051	0,023	
Nickel				1000	0,0009	0,041	+ 25,8
(99,52%)				1200	0,0011	0,048	
	fl.	H_2	H_2, p = 1013,25 hPa	1500	0,0036	0,16	
Pd	f.	H_2	H_2, p = 1013,25 hPa	300	0,0146	0,87	
Palladium				600	0,0083	0,493	– 7,2
				1000	0,0070	0,42	
Pt	f.	H_2	H_2, p = 1013,25 hPa	800	$0,5 \cdot 10^{-5}$	0,00052	
Platin				1000	$1,8 \cdot 10^{-5}$	0,0019	+ 146,4
				1400	$9,2 \cdot 10^{-5}$	0,0099	
Sn	fl.	H_2	H_2, p = 1013,25 hPa	1000	$0,3 \cdot 10^{-5}$	0,0001	+ 266
Zinn (99,99%)				1200	$1,9 \cdot 10^{-5}$	0,0007	
Ta	f.	H_2	H_2, p = 1013,25 hPa	400	0,22	17,9	
Tantal				500	0,11	9,1	
				600	0,056	4,6	
	f.	N_2	TaN	1970	(0,8)	(4,0)	
	f.	O_2	Ta_xO	700	0,135	0,70	
				1100	0,28	1,45	
				1650	0,60	3,1	

Metall	Zustand oder Modifikation	Gas	Im Gleichgewicht mit	Temperatur °C	Löslichkeit		Lösungsenthalpie kJ/Mol
					Gew.%	Mol/1000 cm^3 Metall	
Th Thorium	f.	H_2	ThH_2	500	0,024	1,38	+ 66
				800	0,124	7,2	
Ti Titan	α	H_2	β-TiH	500	0,187	4,25	
				700	0,137	3,1	
				800	0,07	1,5	
	β	H_2	γ-TiH	500	2,15	48	
				600	2,18	48	
Titan (99,95)	α	N_2	TiN	20 ... 800	≦6,2	≦9,2	
	β		α-TiN	1000	0,2	0,3	
	β	O_2	α-TiO	1000	0,6	0,85	
				1300	1,6	2,3	
				1500	1,8	2,6	
Zr Zirkon	α	H_2	δ-Zr_2H_3	400	0,02	0,67	
0,015% O	β	H_2	δ-Zr_2H_3	600	0,71	23	
				800	1,09	35	
Zirkon (99,8%)	α	O_2	ZrO_2	600 ... 1900	6,75	14,7	
	β		α-ZrO	1100	0,35	0,7	
				1700	1,6	3,3	

[1] Hystereseerscheinungen an den Umwandlungspunkten.
Literatur: E. Fromm, E. Gebhardt, Gase und Kohlenstoff in Metallen, Springer, Berlin, 1976.

Löslichkeit von Wasserstoff in Palladium unter Druck, ausgedrückt durch das Atomverhältnis Pd : H = 1 : *X*

p_{H_2} in MPa	326 °C *X*	366 °C *X*	396 °C *X*	437 °C *X*	477 °C *X*	p_{H_2} in MPa	326 °C *X*	366 °C *X*	396 °C *X*	437 °C *X*	477 °C *X*
2,5	–	0,109	0,084	0,075	0,033	29,4	0,602	0,587	0,568	0,558	0,508
5,1	0,426	0,348	0,214	0,160	0,055	100	0,691	0,676	0,664	0,655	0,611
10,1	0,522	0,494	0,466	0,331	0,172						

4.2.6.3.2 Löslichkeit von Gasen in Flüssigkeiten [1]

Nach ANNA MAY, München

Die Zahlenwerte der Löslichkeit werden hier in folgenden Größen ausgedrückt:

α, der *Bunsen*sche Löslichkeitskoeffizient (*Bunsen*scher Absorptionskoeffizient), ist diejenige Gasmenge in Ncm^3 (cm^3 reduziert auf 273,15 K und 1013,25 hPa (1 atm), Norm-cm^3), die von 1 cm^3 Lösemittel bei der Meßtemperatur aufgenommen wird, wenn der Teildruck des Gases 1 atm = 1013,25 hPa beträgt.

λ, der technische Löslichkeitskoeffizient, ist diejenige Gasmenge in Ncm^3, die von 1 g Lösemittel aufgenommen wird, wenn der Teildruck des Gases 980,067 hPa (1 at) beträgt.

l ist diejenige Gasmenge in Ncm^3, die von 1 cm^3 Lösemittel bei der Meßtemperatur aufgenommen wird, wenn der Gesamtdruck (Teildruck des Gases + Dampfdruck des Lösemittels) 1013,25 hPa beträgt.

α'_H, die *Horiuti*sche Löslichkeit = Verhältnis der Konzentration des Gases in der Flüssigkeit zu der in der Gasphase, wobei unter Flüssigkeit das Volumen der Gaslösung verstanden wird (vgl. Definition von α').

L Löslichkeit in Ncm^3 (Gas)/g (Lösemittel) bzw. Ncm^3 (Gas)/cm^3(Lösemittel).

Veraltete Meßgrößen:

α', die *Ostwald*sche Löslichkeit ist das Verhältnis der Konzentration des Gases in der Flüssigkeit zu der in der Gasphase, wobei unter Flüssigkeit das Volumen des reinen gasfreien Lösemittels verstanden wird (vgl. α'_H).

β, der *Kuenen*sche Absorptionskoeffizient, ist diejenige Gasmenge in Ncm^3, die von 1 g Lösemittel aufgenommen wird, wenn der Teildruck des Gases 4 atm (4053 hPa) beträgt.

Umrechnung von Löslichkeitswerten:

$$\alpha = \frac{\alpha' \cdot 273}{T},$$

$$\alpha = \beta \cdot D,$$

$$\lambda = \beta \cdot 0{,}9678 = \frac{\alpha}{D} \cdot 0{,}9678$$

T = Meßtemperatur in K,
D = Dichte des Lösemittels bei der Meßtemperatur.

Im Gültigkeitsbereich des Henryschen Gesetzes: gelöste Gasmenge ist dem Teildruck des Gases proportional, gilt

$$L \text{ in } \frac{\text{Ncm}^3 \text{ (Gas)}}{\text{cm}^3 \text{ (Lösemittel)}} = \alpha \cdot p \quad (p \text{ in atm}),$$

$$L \text{ in } \frac{\text{Ncm}^3 \text{ (Gas)}}{\text{g}^3 \text{ (Lösemittel)}} = \lambda \cdot p \quad (p \text{ in at}),$$

Umrechnung von λ-Werten in Wasser in α-Werte:

$$\alpha = \lambda \cdot \frac{D_{H_2O}}{0{,}9678} = \lambda \cdot f.$$

---

[1] Literatur: Encyclopédie des Gaz, Elseviers Scientific Publ. Co, Amsterdam, 1976.

°C	0	5	10	15	20	25
f	1,0330	1,0331	1,0329	1,0323	1,0313	1,0301
°C	30	40	50	60	70	90
f	1,0287	1,0251	1,0208	1,0158	1,0102	0,9974

Abkürzungen

D	Dichte,	Lsg.	Lösung,
fl. Ph.	flüssige Phase,	Lsm.	Lösemittel,
g. Ph.	gasförmige Phase,	Ncm^3	Normkubikzentimeter,
H. G.	Henrysches Gesetz,	*T*	Temperatur in K oder °C
Konz.	Konzentration		

4.2.6.3.2.1 Löslichkeit von Gasen in Wasser

4.2.6.3.2.1.1 Technischer Löslichkeitskoeffizient bei 0–80 °C

Gas	λ in $\frac{\text{Ncm}^3\,(\text{Gas})}{\text{g}\,(H_2O)\,\text{at}}$ bei T in °C (1 at = 980,7 hPa)												Gültigkeit des Henry-Gesetzes bis
	0	5	10	15	20	25	30	40	50	60	70	90	at
Ammoniak	0,8975		0,6385		0,529			0,316		0,168			
Argon	0,053	$0{,}045_5$	$0{,}040_5$	$0{,}036_5$	$0{,}033_0$	0,030	0,0288	0,0251	0,022	0,0206	0,019	–	30(0 °C)
Brommethan			6,34		3,75		2,80						
Bromwasserstoff	611,6					532,1				468,6			
Chlor	4,61	3,095	2,260	1,769						1,006			
Chlorethan					1,991								
Chlormethan					3,17								
Chlorwasserstoff	506	478	448		395					341			
Cyanwasserstoff	482	328	224		156					57			
Chlordioxid	58	47	39	31	24	19 (21)	(14)	(11)	–	(6)	–	–	0,2
Distickstoffmonoxid	1,26	1,02	0,85	$0{,}71_5$	0,605	0,52	0,45	0,35	0,28	–	–	–	
Helium	0,0092	0,0089	0,0087	$0{,}0084_5$	0,0083	0,0082	$0{,}0081_5$	0,0082	$0{,}0083_5$	$0{,}0086_5$	0,0091	0,0102	50
Kohlenstoffdioxid	1,658	1,378	0,987	0,851	0,738	0,646	0,516	0,423	0,353	0,30	–	5	
Kohlenstoffmonoxid	0,0342	0,0305	0,0273	0,0246	0,0225	0,0208	0,0194	0,0173	0,0158	0,0146	0,0143	0,0142	
Krypton	–	0,84	0,73	0,64	0,57	0,52	0,47	0,40	0,35	0,32	0,30	–	50
Luft	0,028	0,025	0,022	0,020	0,018	$0{,}016_5$	0,015						30
Neon	–	–	0,0111	0,0106	0,0102	0,0098	0,0096	0,0092	0,0091	0,0092	0,0094	–	50
Ozon	0,45	0,37	0,24	0,11									
Radon	0,49	0,38	0,32	0,26	0,22	0,19	0,165	0,136	0,112	0,096	0,086		
Sauerstoff	0,0473	0,0415	0,0368	0,0330	0,0300	0,0275	0,0255	0,0225	0,0204	0,0190	0,0181	0,0172	20
Schwefeldioxid	79,8	56,7	39,4				27,2						
Schwefelhexafluorid		0,0076	0,0056				0,0046						
Selenwasserstoff					1,86		1,58						
Schwefelwasserstoff	4,52	3,80	3,28	2,85	2,51	2,22	2,00	1,63	1,36	1,17	1,01	0,84	1
Stickstoff	0,0225	0,0200	0,0181	0,0165	0,0152	0,0141	0,0133	0,0119	0,0110	0,0105	0,0103	0,010	30
Stickstoffmonoxid	0,071	0,063	0,055	0,050	0,046	0,042	0,039	0,034	0,031	0,029	0,028	0,027	
Tetrafluormethan						0,0038							
Trifluormethan						0,319							
Wasserstoff	0,0209	0,0198	0,0189	0,0182	0,0176	0,0171	0,0167	0,0161	0,0158	0,0157	0,0157	0,0160	
Xenon	–		0,152	0,121	0,105	0,093	0,083	0,067	0,056	0,048	0,043	0,040	50
Ethan	0,090	0,071	0,057	0,048	0,042	0,037	0,033	0,028	0,024	0,021	0,019	0,017	
Ethen	0,216	0,177	0,150	0,120	0,115	0,104	0,094	0,078	0,067	0,060	0,055	0,052	10
Ethin	1,69	1,46	1,28	1,13	1,01	0,91	0,83	0,69	0,59	0,52	–	–	
Methan	0,054	0,046	0,040	0,036	0,032	0,029	0,027	0,023	0,021	0,019	0,018	0,017	20
Propan	–	–	0,053	0,045	0,038	0,032	0,028	0,022	0,018	0,016	0,014	0,013	

4.2.6.3.2.1.2 Technischer Löslichkeitskoeffizient bei 0 und 25 °C *

Gas bzw. Dampf	λ in $\frac{\text{Ncm}^3\text{ (Gas)}}{\text{g}(H_2O)\text{ at}}$ bei		Gas bzw. Dampf	λ in $\frac{\text{Ncm}^3\text{ (Gas)}}{\text{g}(H_2O)\text{ at}}$ bei	
	0 °C	25 °C		0 °C	25 °C
Brom Br_2	58,5	16,5	n-Butan C_4H_{10}	–	0,025
Kohlenstoffoxid-sulfid COS	1,35	0,46	Chlormethan CH_3Cl	–	2,5
Ozon O_3	0,48	0,21	Chloroform $CHCl_3$	–	5,6
Phosgen $COCl_2$	4,8	1,2	Cyclopropan C_3H_6	–	0,25
Phosphorwasserst. PH_3	–	0,19	Dichlormethan CH_2Cl_2	–	6,1
Quecksilber Hg	–	s. Tab. 4.2.6.3.2.5	Methanol CH_4O	–	$5 \cdot 10^6$
Schwefel-hexafluorid SF_6	0,0142	0,0049	Methylethin C_3H_4	–	1,65
Schwefelkohlenst. CS_2	4,24	1,25	Naphthalin $C_{10}H_8$	–	≈ 40
Stickstoff-wasserstoffsäure HN_3	910	260	Propylen C_3H_6	0,46	0,17
Aceton ** C_3H_6O	–	≈ 680	Tetrachlor-kohlenstoff CCl_4	–	0,75
Acrylnitril ** C_3H_9N	–	210	Toluen C_7H_8	–	≈ 3,5
Ethylamin C_2H_7N	–	2100	Trichlorethen C_2HCl_3	–	1,9
Benzen C_6H_6	15	4,0	m-Xylen C_8H_{10}	–	≈ 3,5
Butadien – 1,3 C_4H_6	–	0,19	o-Xylen C_8H_{10}	–	3,7
			p-Xylen C_8H_{10}	–	3,5

* Gasdruck = 1 at = 980,67 hPa
** Das Henry-Gesetz ist nur bei Teildrucken ≦ 26,6 hPa erfüllt.

4.2.6.3.2.1.3 Prozentgehalt an Sauerstoff, der aus CO_2- und NH_3-freier Luft in Wasser gelöst wurde, (Sättigungszustand = 100 %) [1]

T °C	O_2-Gehalt %	*T* °C	O_2-Gehalt %	*T* °C	O_2-Gehalt %	*T* °C	O_2-Gehalt %	*T* °C	O_2-Gehalt %	*T* °C	O_2-Gehalt %
0	35,5	6	35,0	12	34,5	16	34,2	22	33,9	26	33,8
2	35,3	8	34,8	14	34,4	18	34,1	24	33,9	28	33,7
4	35,1	10	34,6	15	34,3	20	34,0	25	33,8	30	33,6

[1] Berechnet nach Tabelle 4.2.6.3.2.1.1.

4.2.6.3.2.1.4 Löslichkeit von Cl_2, HCl und HBr in Wasser

Gas	l in $\frac{\text{Ncm}^3\text{ (Gas)}}{\text{cm}^3\text{ (H}_2\text{O)}}$ beim Gesamtdruck 1013,25 hPa und der Temperatur von					
	− 20	− 10	0	+ 10	20	30	50 °C
HBr	680	640	610	580	545	530	475
Cl_2			4,61	3,15	2,30	1,80	1,23
HCl	597	552	512	476	443	413	366

4.2.6.3.2.2 Löslichkeit von Gasen in wäßrigen Lösungen

4.2.6.3.2.2.1 *Bunsen*scher und technischer Löslichkeitskoeffizient in wäßrigen Lösungen von anorganischen Salzen und Säuren bei 25 °C

α in $\frac{\text{Ncm}^3\text{ (Gas) *}}{\text{cm}^3\text{ (Lsm.) atm}}$, λ in $\frac{\text{Ncm}^3\text{ (Gas) **}}{\text{g (Lsm.) at}}$

Gas	Gelöster Stoff	Konzentration									
		0 Gew.%		5 Gew.%		10 Gew.%		20 Gew.%		40 Gew.%	
		α	λ	α	λ	α	λ	α	λ	α	λ
Argon	$CaCl_2$	0,0325	0,0316	0,0298	0,0278	0,0274	0,0245	0,0222	0,0183	0,0148	0,0103
	KCl			0,0290	0,0273	0,0257	0,0234	0,0189	0,0162	–	–
	LiCl			0,0287	0,0271	0,0248	0,0228	–	–	–	–
	$MgCl_2$			0,0303	0,0282	0,0279	0,0250	0,0239	0,0197	–	–
	NaCl			0,0286	0,0268	0,0248	0,0225	0,0173	0,0146	–	–
	$NaNO_3$			0,0292	0,0274	0,0262	0,0238	0,0198	0,0168	0,0090	0,0066
Chlor	HCl[1]	2,06	2,00	1,50	1,42	1,76	1,63	2,21	1,95	–	–
	KCl			1,39	1,31	1,22	1,11	0,97	0,83	–	–
	NaCl			1,32	1,24	1,06	0,96	0,71	0,60	–	–
	H_2SO_4			1,36	1,28	1,18	1,07	0,96	0,82	0,71	0,53
Chlorwasserstoff	H_2SO_4[2]	–	–	–	–	–	–	–	–	–	–
Distickstoff-monoxid	HCl[3]	0,54	0,52	0,52	0,49	0,50	0,46	0,51	0,45	–	–
	$CaCl_2$			0,42	$0,39_5$	0,33	0,30	0,19	$0,15_5$	–	–
	KCl			0,46	0,44	0,40	0,36	0,29	0,25	–	–
	KNO_3			0,49	0,46	0,45	0,41	$0,37_5$	0,32	–	–
	KOH			0,41	0,38	–	–	–	–	–	–
	LiCl			0,42	0,40	–	–	–	–	–	–
	NH_4Cl			0,48	0,46	$0,43_5$	0,41	$0,35_5$	$0,32_5$	–	–
	NaCl			0,42	0,39	0,32	0,29	0,19	0,16	–	–
	$NaNO_3$			0,47	0,44	0,41	0,37	0,30	0,25	–	–
	Na_2SO_4			0,39	0,36	0,29	0,26	0,14	0,11	–	–
	H_2SO_4[4]			0,50	0,47	0,46	0,42	0,41	0,35	0,39	0,29

[1] Minimum bei 0,7% HCl.
[2] Minimum bei 89% H_2SO_4.
[3] Minimum bei 13% für α, bei 17% für λ.
[4] Minimum bei 35% für α, bei 40% für λ.
* 1 atm = 1013,25 hPa, ** 1 at = 980,67 hPa

4.2.6.3.2.2.1 *Bunsen*scher und technischer Löslichkeitskoeffizient in wäßrigen Lösungen von anorganischen Salzen und Säuren bei 25 °C (Fortsetzung)

Gas	Gelöster Stoff	Konzentration									
		0 Gew.%		5 Gew.%		10 Gew.%		20 Gew.%		40 Gew.%	
		α	λ	α	λ	α	λ	α	λ	α	λ
Helium	HCl	0,0084$_5$	0,0082	0,0080	0,0076	0,0076	0,0070	0,0066	0,0058	–	–
	KCl			0,0075	0,0070	0,0065	0,0059	–	–	–	–
				(0,0076)	(0,0071)	(0,0067)	(0,0061)				
	LiCl			0,0079	0,0075	0,0073	0,0067	–	–	–	–
				(0,0072)	(0,0068)	(0,0060)	(0,0055)				
	NH_4Cl			0,0077	0,0074	0,0069	0,0065	0,0055	0,0050	–	–
	NaCl			0,0075	0,0070	0,0065	0,0059	0,0046	0,0039	–	–
	Na_2SO_4			0,0069	0,0064	0,0055	0,0049	0,0032	0,0026	–	–
Kohlenstoff-dioxid	$CaCl_2$	0,76	0,74	–	–	–	–	–	–	0,14	0,10
	KCl			0,67	0,63	0,60	0,54$_5$	0,48	0,41	–	–
	KNO_3			0,72	0,67$_5$	0,68	0,62	0,61	0,52	–	–
	NaCl			0,61	0,57	0,49	0,44	0,31	0,26	–	–
	$NaNO_3$			0,68	0,64	0,59$_5$	0,55	0,47	0,40	0,25	0,18
	Na_2SO_4			0,58	0,54	0,44	0,39	0,24	0,19	–	–
	H_2SO_4			0,70	0,66	0,66	0,60	0,60	0,51	0,59	0,45
Radon	NaCl	0,20	0,19	0,14	0,13	0,10	0,09	0,06	0,05	–	–
Sauerstoff	$CaCl_2$	0,0283	0,0275	0,021	0,020	0,018	0,016	0,015	0,012	0,012	0,007
	KCl			0,0224	0,0211	0,0182	0,0166	0,0110	0,0095	–	–
	KNO_3			0,0245	0,0231	0,0218	0,0199	–	–	–	–
	KOH			0,0195	0,0181	–	–	–	–	–	–
	K_2SO_4			0,0223	0,0208	–	–	–	–	–	–
	LiCl			0,0212	0,0200	0,0139	0,0128	–	–	–	–
	$MgCl_2$			0,020	0,019	0,016	0,014	0,008$_5$	0,007	–	–
	NaCl			0,0208	0,0195	0,0153	0,0138	0,0082	0,0069	–	–
	NaOH			0,0164	0,0151	–	–	–	–	–	–
	Na_2SO_4			0,0208	0,0193	0,0169	0,0150	–	–	–	–
	H_2SO_4			0,0250	0,0235	0,0226	0,0206	0,0182	0,0155	–	–

4.2.6.3.2.2.1 *Bunsen*scher und technischer Löslichkeitskoeffizient in wäßrigen Lösungen von anorganischen Salzen und Säuren bei 25 °C (Fortsetzung)

Gas	Gelöster Stoff	Konzentration									
		0 Gew.%		5 Gew.%		10 Gew.%		20 Gew.%		40 Gew.%	
		α	λ	α	λ	α	λ	α	λ	α	λ
Schwefeldioxid	KCl	31,1	30,2	33	31	34,5	31,5	38,5	33	–	–
	KNO_3			31	29	32	29	34	29	–	–
	NH_4Cl			33,5	32	36	34	–	–	–	–
	NaCl			29,5	27,7	29,1	26,4	–	–	–	–
	Na_2SO_4			29	27	28	25	–	–	–	–
Schwefelwasser-stoff	KCl	2,27	2,21	2,04	1,93	–	–	–	–	–	–
	KNO_3			2,17	2,04	2,07	1,89	–	–	–	–
	NH_4Cl			2,18	2,07	–	–	–	–	–	–
	NaCl			1,98	1,86	–	–	–	–	–	–
	$NaNO_3$			2,12	$1{,}99_5$	–	–	–	–	–	–
Stickstoff	LiCl	0,0148	0,0143	0,013	0,012	–	–	–	–	–	–
	NaCl			0,093	0,0087	$0{,}005_5$	0,005	–	–	–	–
Wasserstoff	KOH	0,0176	0,0171	0,0134	0,0124	–	–	–	–	–	–
	NaCl			0,0142	0,0133	–	–	–	–	–	–
	NaOH			0,0114	0,0105	0,0070	0,0061	–	–	–	–
	H_2SO_4			0,0161	0,0151	0,0146	0,0134	–	–	–	–
Ethan	LiCl	0,038	0,037	0,036	0,034	$0{,}017_5$	0,016	–	–	–	–
	NaCl			0,037	0,035	$0{,}016_5$	0,015	0,007	0,006	–	–
Ethen	LiCl	0,108	0,105	0,082	0,077	0,058	$0{,}053_5$	–	–	–	–
	NaCl			0,081	0,076	0,059	$0{,}053_5$	0,037	0,031	–	–

4.2.6.3.2.2.1 ***Bunsen*****scher und technischer Löslichkeitskoeffizient in wäßrigen Lösungen von anorganischen Salzen und Säuren bei 25 °C** (Fortsetzung)

Gas	Gelöster Stoff	Konzentration									
		0 Gew.%		5 Gew.%		10 Gew.%		20 Gew.%		40 Gew.%	
		α	λ	α	λ	α	λ	α	λ	α	λ
Ethin	$CaCl_2$	0,94	0,91	0,75	0,70	0,60	$0,53_5$	0,38	$0,31_5$	–	–
	KCl			0,81	0,77	0,70	0,64	0,53	0,46	–	–
	KNO_3			0,88	0,83	0,83	$0,75_5$	$0,72_5$	$0,62_5$	–	–
	$MgCl_2$			0,73	$0,68_5$	0,58	0,52	0,35	0,29	–	–
	NH_4Cl			0,84	0,80	0,76	0,72	0,66	0,60	–	–
	NaCl			0,75	0,70	0,59	0,54	0,37	0,31	–	–
	$NaNO_3$			0,85	0,80	$0,76_5$	$0,69_5$	0,62	$0,52_5$	–	–
	Na_2SO_4			0,72	0,67	0,55	0,49	–	–	–	–
Methan	LiCl	0,030	0,029	0,022	0,021	0,016	0,015	–	–	–	–
	NaCl			0,022	0,021	$0,015_5$	0,014	0,007	0,006	–	–
Propan	LiCl	0,0335	0,0325	0,021	0,020	0,012	0,011	–	–	–	–
	NaCl			0,022	$0,020_5$	$0,013_5$	0,012	0,005	0,004	–	–

4.2.6.3.2.2.2 Löslichkeit von Gasen in Meerwasser (MW)

Gas	$\frac{g\,Cl^-}{100\,g}$	$\frac{Ncm^3\,(Gas)}{cm^3\,(MW)\,atm}$ bei °C, Partialdruck des Gases 1 atm = 1013,25 hPa			
		0	10	20	30
Argon	0	0,0537	0,0416	0,0340	0,0288
	4	0,0506	0,0395	0,0322	0,0271
	12	0,0460	0,0362	0,0297	0,0252
	16	0,0438	0,0346	0,0286	0,0243
	20	0,0461	0,0331	0,0273	0,0234
Kohlenstoffdioxid	0	1,7162	1,1887	0,8704	0,6678
	4				
	12				
	16	1,4781	1,0374	0,7702	0,5988
	20	1,4247	1,0040	0,748	0,583
Sauerstoff	0	0,0489	0,0380	0,0310	0,0261
	4	0,0458	0,0364	0,0298	0,0253
	12	0,0414	0,0332	0,0273	0,0233
	16	0,0394	0,0318	0,0262	0,0224
	20	0,0376	0,0304	0,0252	0,0216
Stickstoff	0	0,02348	0,01875	0,01557	0,01343
	4	0,02248	0,01783	0,01482	0,01283
	12	0,02027	0,01621	0,01356	0,01179
	16	0,01918	0,01542	0,01295	0,01129
	20	0,01810	0,01464	0,01235	0,01079

4.2.6.3.2.2.3 Löslichkeit von Gasen in Sperrflüssigkeit: 200 g Na_2SO_4 + 40 cm^3 konz. H_2SO_4 + 800 g H_2O

Dampfdruck der Na_2SO_4-Lösung		Löslichkeiten reiner Gase bei 25 °C		Löslichkeiten von Gasmischungen bei 25 °C				
T °C	p hPa	Gas	$\frac{cm^3\,Gas}{cm^3\,Lsg.}$	Vol %	Gas	Vol %	Gas	$\frac{cm^3\,Gas}{cm^3\,Lsg.}$
16	15,5	H_2	0,0073			100	Luft	0,0053
18	17,2	O_2	0,0089	5	CO_2	95	Luft	0,0135
20	19,6	N_2	0,0049	10	CO_2	90	Luft	0,0235
22	22,3	SO_2	13,6	20	CO_2	80	Luft	0,0447
24	25,2	N_2O	0,159	14,5	CO_2	6,1	O_2	} 0,0310
26	28,5	CH_4	0,0093			79,4	N_2	
28	32,9	C_2H_6	0,0108	40,3	CH_4	39,9	C_2H_4	} 0,056
30	36,3	C_2H_4	0,024			19,8	C_2H_2	
		C_2H_2	0,343					
		CO	0,0039					
		CO_2	0,270					

4.2.6.3.2.3 Löslichkeit in verflüssigten Gasen

4.2.6.3.2.3.1 Löslichkeit von Ar, N_2, H_2 und „Synthesegas" in flüssigem Ammoniak

Gas	Gesamtdruck MPa	L in Ncm^3 (Gas)/g (NH_3) bei °C							
		− 70	− 50	− 20	0	25	50	75	100
Argon[1]	2,53	–	–	–	–	–	1,92	–	–
	2,54	–	–	–	–	4,05	–	–	–
	5,08	–	–	–	7,4	10,3	9,58	6,38	–
	10,17	–	–	–	14,5	21,5	27,0	30,7	27,5
	20,26	–	–	–	25,0	39,4	58,7	84,6	120,9
	40,5	–	–	–	–	65,5	112,0	215,2	–
	61,0	–	–	–	–	79,4	(131)	387	–
	81,4	–	–	–	–	88,0	167,5	675	–
Methan[2]	2,4	–	–	6,3	7,0	6,4	–	–	–
	4,9	–	–	12	15	16	15	–	–
	9,8	–	–	24	28	37	46	–	–
	19,7	–	–	30	44	70	110	–	–
	39,3	–	–	43	73	150	350	–	–
Stickstoff	5,08	–	–	–	4,10	5,73	6,63	–	–
	10,16	–	–	–	7,90	12,04	17,2	21,4	20,5
	19,4	–	–	–	13,7	22,5	36,2	55,5	86,3
	40,6	–	–	–	20,8	37,0	65,4	120,7	–
	60,9	–	–	–	25,0	45,4	84,8	178,0	–
	81,3	–	–	–	28,1	51,1	97,2	219,0	–
	101,6	–	–	–	29,7	54,8	104,6	241,8	–
Wasserstoff	5,08	–	–	–	3,28	4,47	5,1	3,5	–
	10,16	–	–	–	6,70	9,88	13,5	16,4	15,7
	19,4	–	–	–	13,1	20,1	29,4	41,4	57,1
	40,6	–	–	–	24,3	38,1	58,3	88,3	140,6
	60,9	–	–	–	34,0	53,7	83,5	131,0	224,0
	81,3	–	–	–	42,3	67,6	105,4	169,2	305,2
	101,6	–	–	–	49,8	79,3	124,9	203,3	388,2
„Synthesegas"	10,16	–	–	5,12	7,56	–	–	–	–
(75% H_2,	10,0±1	–	2,70	5,25	7,4	5,96	13,2	16,3	14,9
25% N_2)	30,0±1	–	6,95	13,75	–	–	–	–	–
[3]	30,0±1	–	–	–	18,4	25,6	41,0	67,6	104
[3]	50,0±1	7,05	10,85	19,65	28,45	–	69,80	–	–
	50,0±1	–	–	–	27,0	42,5	–	113	200
	60,0±1	–	–	–	–	51,4	81,3	–	–
	80,0±1	–	–	–	39,5	62,6	98,5	–	352

[1] Nach A. Michels, E. Dumoulin u. J. J. Th. van Dijk, Physica 27 (1961) 886. 0 °C: G. Kaminishi, Ind. Chem. Eng. 5 (1965) 749.

[2] Aus *K*-Werte-Diagramm nach F. Isaacson u. Ch. H. Viens, Chem. Engng. 21 (1963) 136 berechnet und graphisch interpoliert. Die von G. I. Kaminishi (s. [1]) bei 0, 25 und 50 °C, 5...20 MPa gemessenen Löslichkeiten sind 11...13 % größer.

[3] Nach B. Lefrançois u. C. Vaniscotte, Génie chimique 83 (1960) 139.

4.2.6.3.2.3.2 Löslichkeit von D_2, He und H_2 in flüssigem Ammoniak

Gas	Temp. K	Teil-druck MPa	L in $\frac{Ncm^3(Gas)}{cm^3(NH_3)}$	Gas	Temp. K	Teil-druck MPa	L in $\frac{Ncm^3(Gas)}{cm^3(NH_3)}$
Deuterium[1]	209	0,102	0,0117	Wasserstoff	209	0,102	0,010 (extrapoliert)
	231,6	0,102	0,025		232	0,102	0,018 (extrapoliert)
					258	10,16	3,04
Helium	257	3,61	0,554		262	10,16	3,48
	263	3,51	0,521		270,7	10,16	3,95
	293	0,544	0,126		278	10,16	4,25
	293	1,28	0,273		283	10,16	4,62
	293	2,37	0,465		293	10,16	5,90
	293	3,93	0,719		298	2,53	1,61
	298	3,83	0,750		298	5,08	3,03
	303	3,71	0,824		298	10,16	6,11
					298	20,4	12,18

[1] K. Bar-Eli u. F. S. Klein, J. Chem. Phys. 35 (1961) 1915.

4.2.6.3.2.3.3 Löslichkeit von Helium in flüssigem Stickstoff[1]

Gesamtdruck MPa	Mol% He in der Flüssigkeit									
	Temperatur in K									
	77,3		92,9		112,2		118,6		118,6	
	He-Teildruck MPa	Mol%	He-Teildruck MPa	Mol%	He-Teildruck MPa	Mol%	He-Teildruck MPa	Mol%	He-Teildruck MPa	Mol%
1,21	1,07	0,25	0,70	0,38	–	–	–	–	–	–
2,34	2,20	0,44	1,79	0,92	–	–	–	–	–	–
3,56	3,41	0,75	2,94	1,50	1,39	1,92	0,67	1,71	2,48	1,17
5,68	5,54	1,1	5,00	2,6	3,12	4,1	2,11	4,8	1,33	5,4
7,11	6,95	1,3	6,35	$3,2_5$	4,39	5,5	3,20	6,9	2,24	8,3

[1] G. Buzyna, R. A. Macriss u. R. T. Ellington, Chem. Engng. Progr. Sympos. Series Vol. 59, Nr. 44.

4.2.6.3.2.4 Löslichkeit von Quecksilberdampf in Flüssigkeiten[1]

Lösemittel	Temp. °C	Löslichkeit[2]	
		µmol/L	10^{-4} Gew.%
Wasser	25	0,3	0,06
	120	5,0	$1,0_5$
Benzen	25	12,0	$2,7_5$
Cyclohexan	25	11,0	$2,8_5$
Decan	25	5,5	1,5
Hexan	25	6,4	2,0
	40	13,5	4,2
	63	50,8	
Isopentan	25	5,5	
Methanol	25	0,78 (1,52)	0,20 (0,39)
	40	3,0	0,78
	63	18,0	
Pentan	25	5,8	
Tetrachlor-kohlenstoff	25	7,5	0,95
Toluen	25	12,5	2,9

[1] R. R. Kuntz u. G. J. Mains, J. Phys. Chem. 68 (1964) 408.
[2] Beim Sättigungsdruck.

4.2.6.3.2.5 Löslichkeit von Gasen in natürlichem und synthetischem Gummi bei 20 °C

Gas	α in $\frac{\text{Ncm}^3\,(\text{Gas})}{\text{cm}^3\,(\text{Lsm.})\cdot\text{atm}}$	Gas	α in $\frac{\text{Ncm}^3\,(\text{Gas})}{\text{cm}^3\,(\text{Lsm.})\cdot\text{atm}}$
Ammoniak	8...40	Sauerstoff	0,08 ... 0,11
Butan	18	Schwefeldioxid	15 ... 50
Helium	0,01	Schwefelwasserstoff	≈ 270
Kohlenstoffdioxid	0,9...1,0	Stickstoff	0,035 ... 0,07
Luft	0,045	Wasserstoff	0,025 ... 0,035
Methan	0,27		

4.2.6.3.2.6 Löslichkeit von Gasen in Pyrex-Glas und Quarzglas

Gas	°C	α in $\frac{\text{Ncm}^3\,(\text{Gas})}{\text{cm}^3\,(\text{Lsm.})\cdot\text{atm}}$	
		in Pyrexglas	in Quarzglas
Argon	1170	Unmeßbar klein	–
Helium	20	0,0084	0,01
	500	0,0084	0,01
Sauerstoff	1170	unmeßbar klein	
Wasserstoff	200		0,005
	600		0,008
	1000		0,010
	1170	(0,06 Ncm^3 (H_2)/g (Glas) beim H_2-Teildruck 13 hPa	

4.2.6.4 Lösungsgleichgewichte von Lösemitteln

			$CHCl_3$	C_2H_6O	C_3H_6O	$C_4H_7ClO_2$	$C_4H_{10}O$	C_5H_5N	$C_5H_{10}O$	$C_5H_{11}NO$	C_6H_6	$C_6H_{12}O_2$	$C_6H_{14}O_4$
			1	3	5	11	12	*1	16	17	19	20	24
1	$CHCl_3$	Chloroform		1	1	1	1		1	1	1	1	1
2	C_2H_5ClO	2-Chlorethanol	1	1	1	1	1	1	1	1	1	1	
3	C_2H_6O	Ethanol	1		1	1	1	1	1	1	1	1	1
4	$C_2H_6O_2$	Ethylenglykol	t	1	1	u	u	1	u	1	u	1	1
5	C_3H_6O	Aceton	1	1		1	1		1	1	1	1	
6	$C_3H_7ClO_2$	3-Chlor-1,2-propandiol	1	1	1	1	1	1	1	1	u	1	
7	$C_3H_8O_2$	Ethylenglycol-monomethylether	1	1	1	1	1	1	1	1	1	1	
8	$C_3H_8O_2$	1,2-Propandiol	1	1	1	1	t	1	1	1	u	1	
9	$C_3H_8O_2$	1,3-Propandiol	1	1	1	u	u	1	1	1	u	1	
10	$C_3H_8O_3$	Glycerin	u	1	u	u	u	1	u	1	u	u	
11	$C_4H_7ClO_2$	Chloressigsäure-ethylester	1	1	1		1		1	1	1	1	1
12	$C_4H_{10}O$	Diethylether	1	1	1	1			1	1	1	1	u
13	$C_4H_{10}O_2$	1,3-Butylenglycol	1	1	1	t	t	1	1	1	u	1	
14	$C_4H_{10}O_2$	2,3-Butylenglycol	1	1	1	1	1	1	1	1	t	1	
15	$C_4H_{10}O_2$	Ethylenglycolmono-ethylether	1	1	1	1	1	1	1	1	1	1	
16	$C_5H_{10}O$	Methylisopropylketon	1	1	1	1	1			1	1	1	1
17	$C_5H_{11}NO$	Diethylformamid	1	1	1	1	1		1		1	1	1
18	$C_5H_{12}O_3$	Diethylenglycolmono-methylether	1	1	1	1	1	1	1	1	1	1	
19	C_6H_6	Benzen	1	1	1	1	1		1	1		1	t
20	$C_6H_{12}O_2$	Diethylessigsäure	1	1	1	1	1		1	1	1		
21	$C_6H_{14}O_2$	Ethylenglycolmono-butylether	1	1	1	1	1	1	1	1	1	1	
22	$C_6H_{14}O_3$	Diethylenglycolmono-ethylether	1	1	1	1	1	1	1	1	1	1	
23	$C_6H_{14}O_3$	Dipropylenglykol	1	1	1	1	1	1	1	1	1	1	
24	$C_6H_{14}O_4$	Triethylenglykol	1	1	1	1	u	1	1	1	t	1	
25	$C_6H_{15}N$	Diisopropylamin	1	1	1	1	1		1	r	1	r	1
26	$C_7H_{14}O_2$	Isoamylacetat	1	1	1	1	1		1	1	1	1	u
27	$C_7H_{16}O$	Heptanol-(3)	1	1	1	1	1		1	1	1	1	1
28	$C_8H_{10}O_2$	Ethylenglycolmono-phenylether	1	1	1	1	1	1	1	1	1	1	
29	$C_8H_{11}NO$	o-Phenetidin	1	1	1	1	1		1	1	1	1	1
30	$C_8H_{18}O_2$	Ethylenglycolethyl-butylether	1	1	1	1	1	1	1	1	1	1	
31	$C_8H_{18}O_3$	Diethylenglycoldiethyl-ether	1	1	1	1	1	1	1	1	1	1	
32	$C_8H_{18}O_3$	Diethylenglycolmono-butylether	1	1	1	1	1	1	1	1	1	1	
33	C_9H_8O	Zimtaldehyd	1	1	1	1	1		1	1	1	1	1
34	$C_9H_{10}O_2$	Ethylbenzoat	1	1	1	1	1		1	1	1	1	1
35	$C_9H_{18}O$	Diisobutylketon	1	1	1	1	1		1	1	1	1	u
36	$C_9H_{18}O_2$	Heptylacetat	1	1	1	1	1		1	1	1	1	u
37	$C_{10}H_{15}N$	α-Methylbenzyl-dimethylamin	1	1	1	1	1		1	1	1	1	1
38	$C_{10}H_{23}N$	Diamylamin	1	1	1	1	1		1	r	1	r	t
39	$C_{12}H_{26}O$	Hexylether	1	1	1	1	1		1	u	1	1	u
40	$C_{12}H_{26}O_3$	Diethylenglycoldibutyl-ether	1	1	1	1	1	1	1	1	1	1	
41	$C_{14}H_{14}O$	Benzylether	1	1	1	1	1		1	1	1	1	u

r = die Lösemittel reagieren miteinander; l = vollständig löslich; t = teilweise löslich; u = unlöslich. – *1 Pyridin; *2 Salicylaldehyd; *3 o-Kresol; *4 Anisaldehyd; *5 2-Methyl-ethyl-pyridin;

$C_6H_{15}N$	$C_7H_6O_2$	C_7H_8O	$C_7H_{14}O_2$	$C_7H_{16}O$	$C_8H_8O_2$	$C_8H_{11}N$	$C_8H_{11}N$	$C_8H_{11}N$	$C_8H_{11}NO$	$C_8H_{19}N$	C_9H_8O	$C_9H_{10}O_2$	$C_9H_{18}O$	$C_9H_{18}O_2$	$C_{10}H_{15}N$	$C_{10}H_{15}NO$	$C_{10}H_{23}N$	$C_{12}H_{19}NO_2$	$C_{12}H_{26}O$	$C_{14}H_{14}O$	
25	*2	*3	26	27	*4	*5	*6	*7	29	*8	33	34	35	36	37	*9	38	*10	39	41	
1		1	1	1					1		1	1	1	1	1		1		1	1	1
r	1	1	1	1	1	r	r	r	1	r	1			1	1	1	1	1	1	1	2
1		1	1	1					1		1	1	1	1	1		1		1	1	3
1	u	1	u	1	u	1	1	1	1	1	u		u	u	1	1	t	1	u	u	4
1		1	1	1					1		1	1	1	1	1		1		1	1	5
r	1	1	1	1	1	1	r	r	1	r	1		1	1	1	1	r	1	u	1	6
1	1	1	1	1	1	1	1	1	1	1	1		1	1	1	1	1	1	1	1	7
1	1	1	1	1	1	1	1	1	1	1	1		u	u	1	1	1	1	u	u	8
1	u	1	u	1	u	1·	1	1	1	1	u		u	u	1	1	1	1	u	u	9
1	u	1	u	u	u	1	1	1	u	t	u		u	u	u	1	t	1	u	u	10
1		1	1	1					1		1	1	1	1	1		1		1	1	11
1		1	1	1					1		1	1	1	1	1		1		1	1	12
1	1	1	u	1	u	1	1	1	1	1	u		u	u	1	1	1	1	u	u	13
1	1	1	1	1	1	1	1	1	1	1	1		1	1	1	1	1	1	u	u	14
1	1	1	1	1	1	1	1	1	1	1	1		1	1	1	1	1	1	1	1	15
1		1	1	1					1		1	1	1	1	1		1		1	1	16
r		1	1	1					1		1	1	1	1	1		r		u	1	17
1	1	1	1	1	1	1	1	1	1	1	1		1	1	1	1	1	1	u	1	18
1		1	1	1					1		1	1	1	1	1		1		1	1	19
r			1	1	1					1		1	1	1	1	1	r			1	20
1	1	1	1	1	1	1	1	1	1	1	1		1	1	1	1	1	1	1	1	21
1	1	1	1	1	1	1	1	1	1	1	1		1	1	1	1	1	1	u	1	22
1	1	1	1	1	1	1	1	1	1	1	1		1	1	1	1	1	1	u	1	23
1	1	1	u	1	1	1	1	1	1	1	1	1	u	u	1	1	t	1	u	u	24
		1	1	1					1		1	1	1	1	1		1		1	1	25
1		1		1					1		1	1	1	1	1		1		1	1	26
1		1	1						1		1	1	1	1	1		1		1	1	27
	1	1	1	1	1	1	1	1	1	1	1		1	1	1	1	1	1	1	11	28
1		1	1	1							r	1	1	1	1		1		1	1	29
1	1	1	1	1	1	1	1	1	1	1	1		1	1	1	1	1	1	1	1	30
1	1	1	1	1	1	1	1	1	1	1	1		1	1	1	1	1	1	1	1	31
1	1	1	1	1	1	1	1	1	1	1	1		1	1	1	1	1	1	1	1	32
1		1	1	1					r			1	1	1	1		1		1	1	33
1		1	1	1					1		1		1	1	1		1		1	1	34
1		1	1	1					1		1	1		1	1		1		1	1	35
1		1	1	1					1		1	1	1		1		1		1	1	36
1		1	1	1					1		1	1	1	1			1		1	1	37
1		1	1	1					1		1	1	1	1	1				1	1	38
1		1	1	1					1		1	1	1	1	1		1			1	39
r	1	1	1	1	1	1	r	r	1	r	1		1	1	t	1	r	1	1	1	40
1		1	1	1					1		1	1	1	1	1		1		1		41

*6 α-Methylbenzylamin; *7 2-Phenylethylamin; *8 Dibutylamin; *9 α-Methylbenzylethanolamin; *10 α-Methylbenzyldiethanolamin.

5 Kalorische Daten

5.1 Wärmekapazität

5.1.1 Wärmekapazität bei konstantem Druck

5.1.1.1 Atomwärme C_p von Elementen

M relative Atommasse, Θ_D Debyetemperatur, γ Elektronenwärme

	M	Θ_D und Bereich	γ mJ/mol K^2	C_p in J mol^{-1} K^{-1} bei T in K						
				20	40	60	80	100	200	298,15
Ag	107,8682	225,3 K (0...4,25 K)	0,61	1,72	8,39	14,31	17,89	20,17	24,27	25,50
Al	26,9815	418 K (1...20 K)	1,46	0,23	2,09	5,77	9,65	13,04	21,58	24,35
Ar	39,948	80 K (0...10 K)	–	11,76	22,09	26,59	32,13	–	–	–
g										
As	74,9216	–		–	–	9,04	13,47	20,79	20,79	20,79
g								16,69	22,72	24,64
										20,79
Au	196,9665	164,6 (0...4,5 K)	0,743	3,21	11,20	16,62	19,63	21,41	24,43	25,41
B (krist.)	10,811	–		–	–	0,17	0,54	1,07	6,05	11,09
g										20,80
Ba	137,327	110 K	2,7	–	–	–	–	–	–	26,36
g										
Be	9,01218	1460 K (4...300 K)	0,23	0,014	0,090	0,37	0,816	1,83	11,0	10,44
Bi	209,9804	119 K	0,02	–	–	19,33	21,38	22,84	25,02	25,52
Br_2	159,808	111 K (0...20 K)		12,72	29,00	36,34	40,52	43,61	53,79	75,71
g										36,1
C (Graphit)	12,01115	391 K	–	(0,10)	0,35	0,77	1,17	1,658	4,937	8,527
C (Diamant)	12,01115	2800 K (0...25 K)		(0,004)	(0,01)	0,046	0,110	0,247	2,33	6,061
C (g)										20,84
Ca	40,078	239 K (0...4,1 K)	3,08	1,59	7,78	13,64	17,11	19,50	24,73	26,28
Cd	112,411	300 K (1...12 K)	0,71	5,19	13,21	17,92	20,61	22,11	24,8	26,3
Ce	140,115			13,31	24,52	26,44	26,23	26,02		28,8
Cl_2	70,9054	115 K (0...15 K)		7,74	23,97	33,47	38,62	42,26	66,21	
g										33,84
Co	58,9332	443 K (0...4,5 K)	5,02	0,28	2,38	6,50	10,8	13,9	22,2	24,6
Cr	51,9961	402 K (1...4 K)	1,54			2,97	6,61	9,71	20,08	23,25
Cs	132,9054	–		19,75	23,77	24,64	25,27	25,77	27,45	31,4
g										20,79

5.1.1.1 Atomwärme C_p von Elementen (Fortsetzung)

		M	Θ_D und Bereich	γ mJ/mol K^2	C_p in J mol^{-1} K^{-1} bei T in K						
					20	40	60	80	100	200	298,15
Cu		63,546	343,8 K (0...4,25 K)	0,668	0,48	3,77	8,68	12,9	16,1	22,7	24,50
Dy		162,50	–		5,59	18,69	26,53	32,66	34,81	29,16	28,17
Er		167,26	–		21,00	24,00	28,92	32,53	24,62	27,03	28,11
F_2		37,9968	78 K (0...15 K)	–	12,99	36,73	57,24	57,71			
	g										31,32
Fe	(α)	55,847	465 K (0...4,5 K)	5,02	0,22	1,54	4,81	8,62	12,05	21,46	25,08
	(γ)										26,74
Ga		69,723			2,13	7,57	12,55	16,57	18,51	23,82	26,07
Gd		157,25			4,16	15,2	22,4	26,5	28,9	36,1	36,4
Ge		72,61	366 K (1...4 K)	–	0,939	4,49	7,87	11,14	13,84	20,89	23,4
n-H_2		2,01594			18,4						
H_2	(g)										
n-D_2	g	4,032	80 K (0...12 K)	–	21,25	–	–	–	22,66	27,28	28,83
He	(g)	4,0026	–						30,09	29,19	29,20
Hf		178,49			1,69	9,14	15,41	19,18	21,71	24,72	25,5
Hg		200,59	80 K	2,1	10,30	17,94	21,42	23,16	24,25	27,28	27,98
	g										
Ho		164,930			10,25	20,43	27,98	34,02	39,16	26,50	27,15
In		114,818	109 K (1...20 K)	1,84	7,088	16,13	20,19	22,12	23,31	25,78	26,7
Ir		192,22			0,39	4,33	10,1	14,4	17,3	23,4	25,0
I_2		253,808	76 K (0...16 K)	–	16,18	31,62	39,09	43,32	45,65	51,57	54,44
	g										36,9
K		39,0983	–		9,81	18,80	22,20	23,79	24,64	26,95	29,51
	g										20,79
K_2	(g)	78,1966									37,89
Kr		83,80	63 K (0...10 K)		15,36	23,64	26,32	28,53	31,38		
	g									20,79	20,79
La		138,9055	132 K (2...180 K)	6,2	6,19	15,69	20,21	22,34	23,60		27,8
Li		6,941	–		0,40	2,40	5,98	9,71	12,76	20,59	23,64
Mg		24,3050	–		0,36	3,36	8,17	12,47	15,70	22,67	24,90
Mn	(α)	54,93805		11,8			6,99	11,72	14,73	23,10	26,32
Mo		95,94	425 K (1...10 K)	2,09	0,21	1,96	5,87	10,01	13,52	21,48	23,7

5.1.1.1 Atomwärme C_p von Elementen (Fortsetzung)

		M	Θ_D und Bereich	γ mJ/mol K²	C_p in J mol⁻¹ K⁻¹ bei T in K						
					20	40	60	80	100	200	298,15
N_2		28,0134	68 K (0…20 K)		19,87	37,78	45,61				
	g										29,12
Na		22,9898	158 K	1,8			17,74	20,71	22,47	25,90	28,18
	g										20,79
Nb		92,9064	230 K (2…20 K)	8,5							24,89
Ne		20,1797	64 K (0…12 K)		18,03						
	g					20,79	20,79	20,79	20,79	20,79	20,79
Nd		144,24	–		7,36	17,24	23,10	25,69	27,03		
Ni		58,6934	380 K (0…12 K)	6,67	0,34	2,23	6,06	10,18	13,63	22,61	26,05
O_2		31,9988	90,9 K (0…15 K)		13,97	41,51	53,26	53,76			
	g						53,26				29,36
O_3	(g)	47,9982									39,20
Os		190,23									24,89
P	(rot)	30,9738									24,69
P_4	(g)	123,8952									67,2
Pb		207,2	94,5 K (1…70 K)	3,0	11,01	19,57	22,43	23,69	24,43	25,9	26,6
Pd		106,42	275 K	10,7	0,97	5,42	10,74	15,01	17,82	24,5	26,0
Pr		140,9077			10,25	18,28	23,64	25,73	26,61		
Pt		195,08	222 K (1…6 K)	6,72	1,51	7,45	13,39	17,15	19,66	24,5	25,69
Rb		85,4678				22,38	24,10	24,98	25,52	27,49	30,88
	g										20,79
Re		186,207			0,61	4,80	10,54	14,93	18,01	24,28	25,40
Rh		102,9055			0,28	2,74	7,45	11,79	15,11	22,6	25,5
Ru		101,07			0,17	1,88	5,82	10,04	13,52	21,3	26,85
S	(rhomb.)	32,066	165 K (0…10 K)		2,57	6,08	8,72	10,90	12,80	19,41	22,60
S	(monokl.)	32,066	165 K (0…10 K)		2,57	6,08	8,75	10,98	12,97	20,07	23,64
S_2	(g)	64,128									32,47
Sb		121,75			3,20	10,13	15,48	18,54	20,59	24,35	25,33
	g										20,79

5.1.1.1 Atomwärme C_p von Elementen (Fortsetzung)

		M	Θ_D und Bereich	γ mJ/mol K^2	C_p in J mol^{-1} K^{-1} bei T in K						
					20	40	60	80	100	200	298,15
Se		78,96	151,7 K (0...4,5 K)	–	3,43	8,70	12,80	15,98	18,18	23,36	25,36
Se_2	(g)	157,92									35,34
Si		28,0855	658 K (1...100 K)	–			3,35	5,19	7,28	15,65	19,79
Sm		150,36			7,23	18,28	26,20	32,21	37,98	27,07	29,53
Sn	(weiß)	118,71	189 K (1...4) K	1,82		12,80	17,70	20,50	22,38	25,44	26,36
Sn	(grau)	118,71	212 K	–	3,85	9,08	13,35	17,03	19,54	24,31	25,77
Sr		87,62									25,45
Ta		180,9479	246 K (1...20 K)	5,94	1,36	7,61	13,54	17,26	19,51	23,97	25,44
Tb		158,9253			4,47	16,94	24,62	28,91	31,04	46,84	28,95
Te	g	127,60	143 K (0...15 K)	–	4,53	11,76	16,90	19,79	21,42	24,60	25,6
Th		232,0381			4,63	14,04	18,95	21,47	22,04	26,01	27,33
Ti		47,88	421 K (0...8 K)	3,38	0,33	2,47	6,94	10,88	14,23	22,26	25,04
	(g)										24,43
Tl	(α)	204,3833	89 K (1...20 K)	3,1	10,29	18,95	22,13	23,77	24,60	25,73	26,36
U		238,0289			3,38	12,33	17,61	20,54	22,36	25,00	27,65
V		50,9415	338 K (1...5 K)	9,26			6,28	10,17	13,47	22,22	26,6
W		183,84	378 K (0...15 K)	1,1	0,33	3,29	8,39	12,80	16,03	22,49	24,8
Xe		131,29	55 K (0...10 K)		16,86	23,93	25,73	26,87	28,33		
	g									20,79	20,79
Zn		65,39	321 K (1...20 K)	0,66	1,76	8,06	16,41	16,87	19,33	24,0	25,48
Zr		91,224	270 K (2...4 K)	2,95	1,17	6,15	11,92	15,86	18,66	23,81	25,15
	g										26,64

5.1.1.2 Molwärmen bei konstantem Druck, C_p, von anorganischen Verbindungen

M relative Molmasse, *F* Schmelztemperatur, Sb. Sublimationstemperatur, *U* Umwandlungstemperatur, *V* Siedetemperatur bei 1013,25 hPa

Formel		*M*	C_p in J mol^{-1} K^{-1} bei *T* in K								Zustandsänderungen bei K
			100	200	298,15	400	500	600	800	1000	
AgBr		187,772	45,31	50,63	54,599	57,444	61,670	73,971	59,999	58,994	700 *F*
AgCl		143,321	41,67	49,71	52,886	55,438	58,116	61,672	60,486	58,695	730 F
	g				35,642	36,351	36,670	36,844	37,016	37,096	
AgI		234,773	45,77	52,26	56,817	62,331	57,153	56,856	58,115	58,576	421 *U*, 831 *F*
	g				39,747	40,456	40,775	40,948	41,120	41,200	
$AgNO_3$		169,873	59,91	79,08	93,050	112,311	128,030	128,030	–	–	433 *U*, 483 *F*
Ag_2O		231,736	44,94	58,24	65,860	72,107	77,128	–	–	–	
Ag_2S		247,802	–	–	76,233	81,521	82,843	82,843	82,843	82,843	450 *U*, 860 *U* 1110 *F*
Ag_2SO_4		311,800	82,8	(112)	131,455	143,344	155,017	166,691	190,037	205,016	700 *U*, 933 *F*
AlAs		101,903			45,80	46,44	47,07	47,70	48,95	50,20	2013 *F*
AlB_2		48,604			43,64	53,61	59,65	64,24	71,69	78,21	
AlB_{12}		156,714			149,58	203,97	234,68	256,62	290,00	317,81	2423 *F*
AlBr	g	106,886	30,33	33,86	35,60	36,47	36,90	37,16	37,47	37,68	
$AlBr_3$		266,694	70,83	89,95	100,51	124,97					370,6 *F*, 526,3 *V*
	g		59,53	73,22	77,27	79,66	80,83	81,51	82,21	82,54	
Al_4C_3		143,959	29,70	82,09	116,08	139,97	152,28	160,28	171,12	179,22	2500 *F*
AlCl	g	62,434	29,53	32,54	34,65	35,81	36,40	36,78	37,28	37,54	
$AlCl_3$		133,340	47,11	79,4	91,132	100,081	125,520	125,520	125,520	125,520	465,7 *F*
	g	133,340	51,00	64,43	71,86	76,01	78,28	79,63	81,09	81,81	
Al_2Cl_6	g	266,679	101,58	139,36	157,87	167,46	172,48	175,44	178,58	180,11	
AlF	g	45,980	29,12	30,03	31,93	33,59	34,74	35,50	36,42	36,93	
AlF_3		83,977	24,93	56,87	75,105	86,289	92,279	97,294	98,516	100,831	728 *F*
	g	83,977	41,17	54,10	62,55	68,56	72,63	75,30	78,35	79,93	
Al_2O_3 (Korund)	(α)	101,961	12,84	51,14	79,038	96,117	106,142	112,552	120,179	124,753	2327 *F*
Al_2O_3	(γ)	101,961			82,71	100,76	111,05	117,67	125,79	130,80	2290 *F*
Al_2O_3	(δ)	101,961			81,36	99,13	109,24	115,76	123,75	128,67	2308 *F*
Al_2O_3	(κ)	101,961			80,73	98,36	108,40	114,86	122,79	127,67	2312 *F*
$Al(OH)_3$ (amorph)		78,004			93,15	114,52	135,50	156,47	–	–	

5.1.1.2 Molwärmen bei konstantem Druck, C_p von anorganischen Verbindungen (Fortsetzung)

Formel		M	C_p in J mol^{-1}K^{-1} bei T in K								Zustandsänderungen bei K
			100	200	298,15	400	500	600	800	1000	
$Al_2O_3 \cdot H_2O$ (Diaspor)		119,977			106,21	109,79	–	–	–	–	
$Al_2O_3 \cdot H_2O$ (Böhmit)		119,977			131,27	134,85	138,37	–	–	–	
$Al_2O_3 \cdot 3\,H_2O$ (Gibbsit)		156,007			183,47	222,34	260,50	–	–	–	
AlP		57,955			42,04	42,68	43,30	43,93	45,19	46,44	
$AlPO_4$		121,953			93,00	107,19	121,13	135,06	162,93	163,18	853 *U*, 978 *U*, 2273 *F*
$Al_2(SO_4)_3$		342,154	91,50	191,0	259,395	321,578	352,954	372,857	398,941	417,739	
AsF_3		131,917	54,85	80,17	126,549						267,2 *F*, 331 *V*
	g				64,684	71,139	74,429	76,541	79,355	81,421	
AsH_3		77,945	51,07	60,52							105,7 *U*, 156, 2 *F*, 210 *V*
	g				38,072	44,933	49,256	52,646	58,309	63,379	
BBr_3		250,523	–	–	128,03	128,03	–	–	–	–	364 *F*
	g	250,523	48,32	60,54	67,78	72,60	75,66	77,61	79,81	80,93	
B_4C		55,255	5,06	27,44	53,096	76,340	89,857	98,255	107,672	110,951	2743 *F*
BCl_3	g	117,169	40,71	53,84	62,40	68,39	72,41	75,06	78,16	79,81	
BF_3		67,806	53,39	–							142 *U*, 144,4 *F*, 173 *V*
	g		34,09	41,96	49,994	58,617	63,540	66,997	71,881	75,314	
B_2H_6		27,670	54,02								108,4 *F*, 170,7 *V*
	g		34,60	43,51	56,205	72,332	86,135	98,478	119,422	135,716	
H_3BO_3		61,844	35,92	58,74	81,33	100,20	114,64	127,20	147,3	161,92	444,1 *F*
BI_3	g	391,524			70,50	75,55	77,87	79,17	80,56	81,30	
BN		24,818	4,95	12,41	19,728	26,270	31,403	35,193	40,452	44,637	
	g				29,46	30,63	31,42	32,01	33,26	34,31	
B_2O_3 (krist.)		69,620	20,86	43,93	62,593	77,949	89,285	98,117	129,704	129,704	723 *F*
(glasig)					62,05	80,00	97,61	117,7			
BP		41,785			30,25	33,10	35,91	38,71	44,32	49,92	
$BaCO_3$		197,336	50,71	73,14	85,353	98,409	106,577	113,341	125,526	137,143	1079 *U*, 1241 *U*
BaF_2		175,234	44,06	65,86	72,221	75,942	78,447	80,335	84,935	94,558	1240 *U*, 1480 *U*, 1641 *F*
$Ba(NO_3)_2$		261,337	95,10	128,0	151,381	174,982	193,694	219,682	242,594		868 *F*
BaO		153,326	31,67	43,64	47,278	49,898	51,785	53,223	55,406	57,153	2286 *F*

5.1.1.2 Molwärmen bei konstantem Druck, C_p von anorganischen Verbindungen (Fortsetzung)

Formel		*M*	C_p in J mol^{-1}K^{-1} bei *T* in K								Zustandsänderungen bei K
			100	200	298,15	400	500	600	800	1000	
$BaSO_4$		233,391	57,53	84,18	102,160	119,793	127,729	132,040	136,326	138,310	1423 *U*, 1623 *F*
Bi_2O_3		465,959	62,80	96,69	113,513	119,801	123,458	126,143	130,349	133,937	1003 *U*, 1098 *F*
BrF_3		136,904	54,02	81,25	124,4						281,93 *F*, 398,9 *V*
	g		39,12	55,82	66,71	72,72	76,04	78,03	80,16	81,20	
HBr		80,92	43,26	59,66							186,2 *F*, 206,38 *V*
	g		29,12	29,12	29,12	29,21	29,44	29,87	31,06	32,33	
HCN		27,03	33,51	49,79	71,00						259,8 *F*, 298,7 *V*
	g				35,95	39,42	42,01	44,19	47,86	50,79	
DCN	g	28,03		–	38,45	41,59	44,00	46,14	49,95	53,03	
CO	g	28,010	29,12	29,12	29,140	29,342	29,794	30,444	31,898	33,183	
CO_2		44,010	39,87								194,66 Sb
	g		29,20	32,34	37,132	41,326	44,625	47,323	51,434	54,308	
COS		60,076	44,06	70,92							134,3 *F*, 222,9 *V*
	g				41,506	45,791	48,937	51,304	54,660	56,945	
CS_2		76,143	46,11	75,14	75,65						161 *F*, 319,6 *V*
	g		30,96	39,58	45,67	49,631	52,545	54,667	57,477	59,245	
$CaBr_2$		199,886			75,05	77,97	79,49	80,49	83,48	88,62	1015 *F*
CaC_2		64,100	30,38	54,02	62,718	68,086	71,423	73,312	71,786	73,091	720 *U*
$CaCN_2$		80,102			83,24	90,63	94,81	97,81	102,39	106,21	
$CaCO_3$ (Calcit)		100,087	39,54	66,61	83,471	96,985	104,547	109,872	117,863	124,474	
$CaMg(CO_3)_2$ (Dolomit)		184,401			157,53	176,52	189,43	200,12	218,84	236,16	
$CaCl_2$		110,983	48,82	67,36	72,858	75,656	77,134	78,202	80,944	85,789	1045 *U*
CaF_2		78,075	28,62	56,78	68,590	73,863	76,222	78,518	83,919	90,128	1424 *U*, 1691 *F*
CaH_2		42,094			41,00	44,78	48,50	52,21	59,63	67,06	1053 *U*, 1273 *F*
CaI_2		293,887			77,16	79,17	81,14	83,12	87,07	91,02	
Ca_3N_2		148,247			110,88	125,61	133,08	137,85	144,14	148,71	
$Ca(NO_3)_2$		164,088	84,35	126,0	149,364	173,689	192,979	210,492	243,395	–	834 *F*
CaO		56,077	16,15	34,81	42,122	46,628	48,981	50,479	52,401	53,735	3200 *F*
$Ca(OH)_2$		74,093			87,49	98,40	103,76	107,44	–	–	
Ca_3P_2		182,82			116,31	119,16	121,96	124,77	130,37	135,98	

5.1.1.2 Molwärmen bei konstantem Druck, C_p von anorganischen Verbindungen (Fortsetzung)

Formel	M	C_p in J mol^{-1} K^{-1} bei T in K								Zustandsänderungen bei K
		100	200	298,15	400	500	600	800	1000	
$Ca_2P_2O_7$	254,099			187,76	217,40	234,08	245,96	263,99	278,96	1023 *U*, 1413 *U*, 1631 *F*
$Ca_3(PO_4)_2$	310,177	–	–	227,799	242,879	257,684	272,490	302,101	331,712	1423 *U*, 1743 *U*, 2083 *F*
$CaSO_4$ (Anhydrit)	136,142	46,28	79,96	99,65	109,70	119,58	129,45	149,20	168,95	1635 *U*, 1733 *F*
$CaSO_4 \cdot 2\,H_2O$ (Gips)	172,172			186,02	218,41	250,20	282,00	345,60	–	
$CdBr_2$	272,219			76,57	79,81	82,99	86,18	92,55	101,67	841 *F*
$CdCO_3$	172,420			82,39	95,81	108,99	122,17	–	–	
$CdCl_2$	183,316	51,1	68,2	74,57	77,72	80,32	82,74	87,36	111,29	841 *F*
CdF_2	150,408			66,90	69,25	71,55	73,85	78,45	83,05	1345 *F*
CdI_2	366,220			79,95	82,69	85,37	88,06	102,09	102,09	661 *F*
CdO	128,41	24,10	38,9	43,64	46,74	48,48	49,72	51,59	53,13	
CdS	144,477	–	–	48,68	50,08	51,46	52,84	55,60	58,38	
$CdSO_4$	208,475	(51,9)	(81,3)	99,62	107,50	115,24	122,98	138,47	153,95	1065 *U*, 1408 *F*
HCl	36,461	40,00	–	–						98,4 *F*, 188,13 *V*
g		29,12	29,12	29,13	29,20	29,27	29,56	30,53	31,63	
ClF_3	92,448	50,96	112,0							190 *U*, 196,8 *F*, 284,9 *V*
g		37,11	52,63	63,85	70,62	74,48	76,84	79,42	80,71	
ClO_2 g	67,45	25,48	29,29	41,84	45,86	48,11	51,13	53,97	55,61	214 *F*, 284,1 *V*
$CoBr_2$	218,741			74,31	76,40	78,45	80,50	68,20		648 *U*, 951 *F*
$CoCl_2$	129,839	46,19	68,70	78,50	81,66	83,45	84,73	86,67	88,30	1013 *F*
CoF_2	96,930	33,47	57,57	68,78	75,61	79,02	81,15	83,89	85,82	1400 *F*
CoI_2	312,742			75,71	78,99	82,22	85,44	–	–	789 *F*
CoO	74,933	(19,12)	(45,3)	55,06	52,93	53,93	54,33	54,81	56,02	2078 *F*
Co_3O_4	240,797	34,23	87,49	123,04	142,66	152,85	162,81	185,28	210,29	
$CoS_{0,89}$	87,472			44,88	46,46	48,01	49,56	52,67	55,77	
$CoSO_4$	154,997			103,22	119,30	131,52	140,67	152,02	158,11	964 *F*
CrB	62,807			35,82	42,48	46,34	49,17	53,59	57,36	2343 *F*
CrB_2	73,618			53,64	58,20	62,68	67,15	76,10	85,06	2437 *F*
Cr_3C_2	180,010	31,6	75,1	99,33	115,48	125,54	131,49	139,12	145,32	
Cr_7C_3	400,006			209,76	236,72	252,87	263,51	279,64	294,37	2053 *F* (peritekt.)
$Cr_{23}C_6$	1267,976			628,12	704,39	753,50	785,79	829,08	872,14	1793 *F* (peritekt.)

5.1.1.2 Molwärmen bei konstantem Druck, C_p von anorganischen Verbindungen (Fortsetzung)

Formel	M	C_p in J mol^{-1} K^{-1} bei T in K								Zustandsänderungen bei K
		100	200	298,15	400	500	600	800	1000	
$CrCl_2$	122,901	(46,6)	(65,1)	71,17	75,14	77,63	79,57	82,82	85,71	1088 *F*
$CrCl_3$	158,354	(49,6)	(80,6)	91,80	98,20	101,83	104,44	108,44	111,79	
CrN	66,003			52,35	49,08	49,75	50,41	51,73	53,06	
Cr_2N	117,999			66,03	73,43	76,69	79,52	84,98	90,47	
CrO_2	83,995			99,67	101,42	103,14	104,85	–	–	
CrO_3	99,994			69,34	80,29	125,52	125,52	–	–	471 *F*
Cr_2O_3	151,990	(24,4)	(75,6)	120,36	112,68	117,70	120,58	124,28	128,21	2603 *F*
CsBr	212,809	–	–	52,18	53,02	55,25	58,01	64,18	77,82	909 *F*
CsCl	168,358	44,10	50,12	52,44	54,70	56,91	59,11	63,68	77,40	743 *U*, 918 *F*
CsF	151,904	–	–	51,98	53,78	55,56	57,33	60,88	74,06	976 *F*
CsI	259,810	–	–	52,59	53,18	55,13	57,59	63,15	70,08	900 *F*
CuBr	143,450			54,74	57,51	60,31	79,16	62,18	57,87	657 *U*, 741*U*, 759 *F*
$CuBr_2$	223,354			75,74	77,23	78,18	78,94			
CuCl	98,999	–	–	52,53	55,02	57,98	65,27	59,00	56,29	685 *U*, 696 *F*
$CuCl_2$	134,451	46,78	65,65	71,87	76,32	78,64	82,43	82,43		675 *U*
CuF	82,544			49,91	55,41	58,11	59,76	61,82	63,21	
CuF_2	101,543			65,56	72,38	77,74	81,92	87,05	90,35	1109 *F*
CuI	190,450	–	–	54,06	57,19	60,57	76,98	68,62	63,45	642 *U*, 680 *U*, 868 *F*
CuO	79,545	16,52	34,81	42,24	46,81	49,26	50,94	53,35	55,26	
Cu_2O	143,091	39,79	53,93	62,54	67,67	70,94	73,48	77,63	81,27	1517 *F*
CuS	95,612			47,82	48,95	50,05	52,16	53,37	55,58	
Cu_2S	159,158	(50,0)	(69,0)	76,91	99,20	95,22	91,76	82,72	82,09	376 *U*, 720 *U*, 1400 *F*
$CuSO_4$	223,156	43,72	77,02	120,29	127,36	134,31	141,25	155,14	169,03	
HF	20,006	19,79	43,10							189,8 *F*, 292,6 *V*
g		29,12	29,12	29,13	29,18	29,14	29,21	29,58	30,14	
FeB	66,658			50,21	50,86	51,51	52,15	53,44	54,73	
Fe_2B	122,505			75,33	76,74	78,12	79,50	82,26	85,02	
$FeBr_2$	215,655	–	–	80,24	82,50	84,73	86,95	91,40	106,70	650 *U*, 964 *F*
Fe_3C	179,552	43,6	88,3	105,87	114,39	113,47	114,73	117,24	119,75	485 *U*, 1500 *F*
$FeCO_3$	115,856	(40,4)	(66,7)	82,08	93,50	104,71	115,92	138,34		
$FeCl_2$	126,752	50,92	70,71	76,66	79,67	81,62	83,12	85,50	102,17	950 *F*
$FeCl_3$	162,205	58,24	86,23	96,65	106,70	119,88	133,89			577 *F*, 603 *V*

5.1.1.2 Molwärmen bei konstantem Druck, C_p von anorganischen Verbindungen (Fortsetzung)

Formel		M	C_p in J mol^{-1} K^{-1} bei T in K								Zustandsänderungen bei K
			100	200	298,15	400	500	600	800	1000	
FeF_2		93,844	33,43	56,61	68,12	71,97	74,89	77,14	80,26	82,12	1373 *F*
FeF_3		112,842	–	–	91,00	96,37	95,67	96,82	99,33	101,84	
FeI_2		309,656	–	–	83,68	83,93	84,18	84,42	110,88	112,97	650 *U*, 860 *F*, 1366 *V*
Fe_4N		237,395			122,59	126,07	129,48	132,90	138,07		753 *U*
FeO		71,846	–	–	49,94	51,81	53,45	54,87	57,28	59,33	1650 *F*
Fe_2O_3		159,692	31,50	76,40	103,87	120,12	131,81	141,15	158,21	150,75	960 *U*
Fe_3O_4		231,539	56,32	116,94	150,73	175,65	192,63	208,44	266,77	207,92	850 *U*, 1870 *F*
FeS		87,913	–	–	50,52	89,20	72,36	62,03	58,56	58,99	411 *U*, 598 *U*, 1463 *F*
FeS_2		119,979	18,66	49,37	62,11	68,84	72,05	74,29	78,34	82,45	
GaAs		144,645			46,86	47,48	48,08	48,69	49,90	51,12	1511 *F*
GaP		100,697			44,11	47,07	48,59	49,57	50,87	51,83	1790 *F*
GaSb		191,473			24,35	24,97	25,54	26,11	27,31	62,76	985 *F*
GeO_2		104,609	(22,6)	(40,0)	50,16	60,61	65,80	69,04	73,17	76,07	1308 *U*, 1389 *F*
HfO_2		210,489	23,10	46,86	60,25	67,64	71,46	73,95	77,33	79,87	1973 *U*, 3173 *F*
Hg_2Cl_2		472,085	–	–	101,95	106,13	109,27	112,04			
$HgCl_2$		271,495	–	–	73,92	76,92	79,38	102,09			550 *F*
	g		46,44	54,47	58,11	59,83	60,68	61,17	61,68	61,92	
Hg_2I_2		654,989	–	–	105,85	110,49	113,58	136,40			563 *F*
HgI_2		454,399	–	–	77,75	82,01	84,12	102,09			402 *U*, 530 *F*
	g		54,48	59,75	61,12	61,66	61,91	62,04	62,18	62,24	
HgO		216,61	28,45	38,15	44,05	48,32	51,63	54,14	–	–	749 *Z*
HgS		232,656	–	–	48,41	49,99	51,55	53,10	56,17	59,20	618 *U*
HI	g	127,912	29,12	29,2	29,17	29,25	29,76	30,42	31,81	33,09	
KBr		119,002	43,13	49,87	52,31	54,10	55,06	56,24	60,52	67,98	1007 *F*
	g		33,05	36,07	36,92	37,32	37,54	37,70	37,94	38,14	
K_2CO_3		138,206	72,38	99,16	114,24	128,57	140,00	150,42	170,04	189,01	
KCl		74,551	39,20	48,45	51,71	52,48	54,21	56,31	60,96	65,85	1044 *F*
	g		31,71	35,27	36,49	37,00	37,28	37,48	37,77	38,01	
KF		58,097	31,61	45,19	48,98	51,05	52,70	54,30	57,39	61,17	1130 *F*
KHF_2		78,11	48,87	66,99	76,82	86,19	100,2				469 *U*, 512 *F*
KNO_3		101,11	–	–	96,32	108,5	120,5				401 *U*, 607,4 *F*
K_2SO_4		174,260	79,12	110,0	131,19	147,90	160,16	170,52	211,06	195,62	857 *U*, 1342 *F*

5.1.1.2 Molwärmen bei konstantem Druck, C_p von anorganischen Verbindungen (Fortsetzung)

Formel	M	C_p in J mol^{-1}K^{-1} bei T in K								Zustandsänderungen bei K
		100	200	298,15	400	500	600	800	1000	
LiBr	86,845	–	–	48,94	51,24	53,42	56,09	64,46	65,27	823 *F*
g		29,29	31,71	33,88	35,47	36,23	36,68	37,22	37,56	
LiCl	42,934	36,32	43,35	48,03	50,97	53,35	55,59	59,94	63,91	883 *F*
g		29,20	31,00	33,25	34,78	35,71	36,30	37,01	37,43	
LiF	25,939	12,80	32,80	41,92	46,35	49,28	51,67	55,82	59,58	1121,3 *F*
g				31,30	32,94	34,24	35,14	36,25	36,89	
LiI	133,845	–	–	50,28	53,14	55,95	58,76	63,18	63,18	742 *F*
$LiNO_3$		–	–	89,12	98,16	107,0				523 *F*
LiOH	23,948	(14,6)	(36)	49,58	58,05	63,65	68,21	87,09	87,09	744,3 *F*
Li_2O	29,881	10,46	37,19	54,09	64,07	69,53	73,72	80,62	86,33	1843 *F*
$MgBr_2$	184,113	–	–	73,16	77,28	79,74	81,44	84,56	104,60	984 *F*
$MgCO_3$	84,314	24,68	57,57	75,52	90,10	107,69				
$MgCl_2$	95,210	40,29	63,60	71,38	75,71	78,15	76,87	82,55	92,05	987 *F*
MgF_2	62,302	21,67	48,83	61,54	68,48	72,64	75,32	78,55	80,50	1536 *F*
MgI_2	278,114			74,85	78,41	80,92	83,02	86,26	100,42	907 *F*
MgO	40,304	7,80	26,65	37,11	42,56	45,54	47,43	49,74	51,21	3105 *F*
g		29,12	29,70	32,97	34,52	35,31	35,77	36,32	36,65	
Mn_3C	176,825	42,4	76,9	93,43	104,33	110,51	114,93	121,69	127,33	
$MnCO_3$	114,947	36,19	65,35	81,50	95,27	109,87				
$MnCl_2$	125,843	47,1	67,1	73,01	76,93	79,52	81,62	85,24	94,31	923 *F*
MnO	70,937	32,7	38,3	44,10	47,18	48,98	50,32	52,43	54,24	117,7 *U*, 2115 *F*
MnO_2	86,937	21,6	40,7	54,42	63,49	67,99	70,78	74,32		
Mn_2O_3	157,874	–	–	99,03	109,07	115,52	120,65	129,34	137,19	
Mn_3O_4	228,812	–	–	140,52	154,60	163,57	170,65	182,58	193,30	
MnS	87,004	39,16	47,78	49,94	50,71	51,46	52,22	53,72	55,23	1803 *F*
$MnSO_4$	151,002	47,0	79,9	100,17	118,69	129,05	136,38	147,43		
MoC	107,951			30,88	34,85	38,11	40,80	44,81	47,50	
Mo_2C	203,891			60,21	66,80	71,16	74,30	78,44	81,21	
Mo_2N	205,887			63,85	72,71	78,40	82,77	89,60	94,99	
MoO_2	127,939	16,19	41,38	55,98	63,36	67,98	71,49	77,00	81,61	
MoO_3	143,938	31,67	59,29	75,03	82,75	87,99	92,33	99,92	106,94	1075 *F*
MoS_2	160,072			63,55	68,91	71,73	73,61	76,23	78,24	2023 *F* (p_{S2}=1013,25 hPa)

5.1.1.2 Molwärmen bei konstantem Druck, C_p von anorganischen Verbindungen (Fortsetzung)

Formel		*M*	C_p in J $mol^{-1} K^{-1}$ bei *T* in K 100	200	298,15	400	500	600	800	1000	Zustandsänderungen bei K
$MoSi_2$		152,111			64,85	69,36	72,03	74,03	77,22	79,99	2293 *F*
NH_3		17,031	26,07	73,47							195,4 *F*, 239,7 *V*
	g		33,26	33,72	35,65	38,74	42,03	45,26	51,26	56,52	
N_2H_4		32,045	30,86	51,02	98,83						274,6 *F*, 386,6 *V*
	g		34,35	40,65	51,78	64,44	71,73	77,04	85,28	92,26	
HN_3	g	43,03	–	–	43,69	49,12	53,58	57,36	63,19	67,45	
NH_4Cl		53,491	37,66	67,11	86,65	102,97	90,50	101,67	124,01		243 *U*, 793 *F*, 0,53 MPa
$(NH_4)NO_3$		80,04	59,62	105,9	139,3						257 *U*
$(NH_4)_2SO_4$		132,141	–	–	187,49	216,08	244,16	227,32			771 *U*, 786 *F*
NH_4HSO_4		115,11			142,9	177,4	223,7	255,0			399 *U*, 417 *F*
N_2O		44,013	41,42	–							182,2 *F*, 184,5 *V*
	g		29,37	33,60	38,84	41,89	45,88	48,95	52,88	55,16	
NO		30,006	35,69	–							109,5 *F*, 121,4 *V*
	g				29,84	29,95	30,49	31,24	32,77	33,98	
HNO_3		63,013	42,09	61,50	109,8						231,5 *F*
	g				53,50	62,60	71,14	77,42	85,48	90,39	
N_2O_4		92,011	60,71	91,71							261,9 *F*, 292 *V*
	g		46,28	63,22	77,60	87,29	97,50	105,02	114,34	119,54	
$NaBO_2$		65,800	–	–	65,96	75,39	82,75	88,55	97,24	103,21	1240 *F*
NaBr		102,894	40,16	48,74	51,89	53,25	54,58	55,91	58,57	61,24	1020 *F*
	g		31,30	34,98	36,97	37,09	37,21	37,33	37,57	37,81	
Na_2CO_3		105,989	61,25	94,14	111,03	125,02	142,35	163,21	153,34	179,16	723 *U*, 1123 *F*
$NaHCO_3$		84,007	(45,9)	(72,7)	87,61	102,27	116,65				
NaCl		58,442	34,93	46,86	50,50	52,37	53,91	55,47	59,32	64,88	1073,95 *F*
	g		30,42	34,09	35,77	36,64	37,07	37,34	37,68	37,91	
NaF		41,988	22,84	40,79	46,85	49,60	51,26	52,68	55,71	59,50	1269 *F*
NaI		149,894	43,05	49,83	52,23	53,79	55,05	56,22	58,49	64,85	933 *F*
	g				36,23	36,74	36,94	37,07	37,20	37,28	
Na_2O		61,979	32,76	59,53	68,89	76,42	81,37	85,20	91,02	95,18	1023,35 *U*, 1243,35 *U* 1405,35 *F*
NaOH		39,997	27,74	49,58	59,57	64,94	75,16	86,07	84,89	83,74	572 *U*, 596 *F*
$NaNO_3$		84,995	52,09	75,65	93,04	116,05	138,64	155,60	155,60	155,60	548 *U*, 579 *F*

5.1.1.2 Molwärmen bei konstantem Druck, C_p von anorganischen Verbindungen (Fortsetzung)

Formel		M	C_p in J mol^{-1} K^{-1} bei T in K								Zustandsänderungen bei K
			100	200	298,15	400	500	600	800	1000	
Na_2SO_4		142,043	66,69	105,56	128,15	145,10	158,91	175,33	187,28	200,31	458 *U*, 514 *U*, 1157 *F*
NbB_2		114,528			47,89	56,52	62,49	67,49	76,34	84,58	
NbC		104,917			36,86	42,09	44,84	46,66	49,20	51,16	3660 *F*
Nb_2C		197,824			63,51	69,08	72,27	74,57	78,12	81,12	
$NbCl_5$		270,170			147,90	147,90	216,44	206,42			478,9 *F*
NbF_5		187,898			32,17	145,91	157,28				350,7 *F*
NbN		106,931	–	–	38,99	41,29	43,55	45,81	51,58	53,24	1643 *U*, 2323 *F*
Nb_2O_5		265,810	54,89	105,9	132,03	144,86	153,99	160,76	169,95	175,53	1785 *F*
$NiBr_2$		218,498			75,40	77,46	79,18	80,78	83,84	86,83	1236 *F*
$NiCl_2$		129,595	43,76	64,94	71,68	75,43	77,82	79,72	82,93	85,83	1304 *F*
NiF_2		96,687			64,03	69,15	71,17	73,02	76,42	79,24	1747 *F*
NiI_2		312,499			77,40	79,83	81,23	82,24			1070 *F*
NiO		74,689	13,97	33,14	44,31	51,51	64,98	53,65	53,35	54,15	525 *U*, 2228 *F*
NiS		90,756	–	–	47,12	50,50	53,05	55,31	57,36	63,05	652 *U*, 1249 *F*
$NiSO_4$		154,754	–	–	138,00	142,23	146,38	150,53	158,83	167,13	
H_2O		18,015	15,88	28,22	75,29						273,15 *F*, 373,15 *V*
	g		33,30	33,35	33,59	34,26	35,23	36,32	38,72	41,27	
D_2O		20,027	16,93	33,68	84,35						276,91 *F*
	g				34,26	35,64	37,18	38,84	42,25	45,42	
H_2O_2		34,015	25,58	43,02	89,10						272,74 *F*
	g		33,51	36,86	43,12	48,43	52,60	55,65	59,86	62,86	
PH_3		33,998	46,90	–	–						139,3 *F*, 185,4 *V*
	g		33,26	33,93	37,11	41,75	46,52	50,95	58,48	64,27	
P_4O_6	g	219,981	47,03	101,29	143,98	172,07	189,70	200,93	213,56	220,02	
P_4O_{10}	g	283,889	77,61	154,55	188,80	227,51	253,81	272,13	294,54	306,80	
H_3PO_4		97,995	42,84	75,86	106,06	175,73	205,85	235,98	296,23	356,48	315,51 *F*
$PbBr_2$		367,008	68,15	77,40	79,60	81,26	84,68	88,78	112,13	112,13	644 *F*
$PbCO_3$		267,209	(55,2)	(74,8)	87,40	99,59	111,55	123,52	147,45		
$PbCl_2$		278,105	57,78	69,54	77,09	80,10	82,99	85,88	111,50	111,50	774 *F*
PbF_2		245,197	–	–	72,29	76,07	79,71	91,13	92,70	94,43	583 *U*, 1103 *F*
PbI_2		461,009	69,79	75,52	77,56	78,86	80,39	83,71	108,58	108,58	683 *F*

5.1.1.2 Molwärmen bei konstantem Druck, C_p von anorganischen Verbindungen (Fortsetzung)

Formel		M	C_p in J $mol^{-1} K^{-1}$ bei T in K								Zustandsänderungen bei K
			100	200	298,15	400	500	600	800	1000	
PbO (rot)		223,199	26,86	40,46	45,76	50,37	53,43	55,39			
	g		29,12	30,42	32,51	34,12	35,15	35,82	36,61	37,04	
PbO (gelb)		223,199	27,53	40,66	45,77	48,53	50,46	52,10	55,03	57,76	1159 *F*
PbO_2		239,199	31,38	53,22	61,12	67,77	71,64	74,30	77,67	79,34	
PbS		239,266	39,75	47,70	49,44	50,47	51,44	52,40	54,31	56,20	1386,5 *F*
	g				35,08	36,09	36,60	36,91	37,26	37,47	
$PbSO_4$		303,264	61,25	86,53	86,42	98,75	111,33	124,08	149,81	175,65	1139 *U*, 1443 *F*
PdO		122,419	–	–	31,38	34,91	38,38	41,84	48,78	55,71	
PtS		227,146	–	–	43,41	46,68	49,09	51,18	54,99	58,61	
PtS_2		259,212	–	–	65,89	70,78	73,84	76,22	80,17	83,69	
RbBr		165,372	(46,9)	(52,2)	52,76	53,85	54,92	55,98	58,12	66,94	965 *F*
RbCl		120,921	–	–	52,26	53,32	54,36	55,41	57,49	64,02	996 *F*
RbF		104,466	–	–	50,51	53,87	56,35	58,52	62,47	66,23	1068 *F*
RbI		212,372	–	–	52,47	53,59	54,69	55,79	57,99	66,94	929 *F*
SF_6		146,056	58,32								222,4 *F*, 209,3 Sb
	g				96,96	116,37	128,35	136,06	144,80	149,27	
D_2S		36,09	43,97	70,58							187,14 *F*
	g				35,76	38,00	40,34	42,67	46,75	49,83	
H_2S		34,082	39,16	68,03							187,55 *F*, 212,77 *V*
	g		33,26	33,39	34,19	35,59	37,18	38,94	42,52	45,79	
SO_2		64,065	48,07	87,74							197,64 *F*, 263,07 *V*
	g		33,51	36,36	39,90	43,36	46,66	49,15	52,41	54,42	
H_2SO_4		98,079			138,94	158,24	177,62	–	–	–	
Sb_2O_3		291,498	(50,3)	(84,8)	111,76	118,49	125,10	131,71	144,93	156,90	879 *U*, 928 *F*
D_2Se		82,99	49,08	62,76							176,01 *U*, 206,23 *F*, ~232 *V*
	g				36,74	39,54	42,26	44,77	48,74	51,38	
H_2Se		80,976	43,18	59,45							172,5 *U*, 207,4 *F*, 231,6 *V*
	g				34,66	36,80	38,56	40,18	43,27	46,27	
$SiBr_4$	g	347,701	–	–	97,00	101,33	103,55	104,85	106,22	106,88	
SiC (α)		40,097	4,18	16,32	26,98	33,64	38,56	42,09	46,26	48,63	
$SiCl_4$	g	169,896	57,20	78,62	90,26	96,79	100,37	102,53	104,84	105,97	
SiF_4	g	104,079	41,59	60,67	73,63	83,10	89,68	94,11	99,40	102,28	

5.1.1.2 Molwärmen bei konstantem Druck, C_p von anorganischen Verbindungen (Fortsetzung)

Formel		M	C_p in J $mol^{-1} K^{-1}$ bei T in K								Zustandsänderungen bei K
			100	200	298,15	400	500	600	800	1000	
SiH_4		32,177	60,67	–							
			33,26	35,52	42,83	51,47	59,15	65,88	76,76	84,50	
SiI_4	g	535,703			100,57	103,62	105,13	106,00	106,89	107,31	
Si_3N_4 (α)		140,2848	–	–	99,50	111,00	120,50	129,37	145,20	158,14	
SiO_2 (Quarz)		60,084	15,69	32,63	44,59	53,43	59,64	64,42	73,70	68,95	847 *U*
SiO_2 (Cristobalit)		60,084	15,77	32,72	45,15	53,15	58,67				
SiO_2 (Tridymit)		60,084	16,28	33,72	44,60	61,50	62,59	63,68	65,90	68,12	390 *U*, 480 *U*
SiO_2 (glasig)			–	–	44,35	53,09	57,91	61,30	66,02	69,96	
$SnBr_2$		278,518			78,97	83,14	88,70	103,76	103,76	103,76	504 *F*
$SnCl_2$		189,615	–	–	78,05	82,58	87,03	100,42	100,42		520 *F*
$SnCl_4$	g	260,521	–	–	98,45	102,42	104,30	105,35	106,57	107,28	
SnF_2		156,707			72,40	78,45	100,00	100,00	100,00	100,00	488,2 *F*
SnI_2		372,519			78,45	81,78	85,09	100,00	100,00	100,00	593 *F*
SnI_4		626,328			131,96	136,86	167,76	167,76	–	–	418 *F*, 627 *V*
SnO		134,709	(24,5)	(38,9)	47,77	51,13	53,14	54,65	57,07	59,18	
	g				31,59	33,46	34,37	34,90	35,55	39,96	
SnO_2		150,709	(20,5)	(42,2)	52,59	60,60	68,00	73,43	80,09	83,54	
SnS		150,776	34,31	45,61	49,26	50,56	52,84	55,51	61,32	56,57	875 *U*, 1154 *F*
	g				34,46	35,64	36,19	36,51	36,85	37,05	
SnS_2		182,842	–	–	70,13	71,92	73,68	75,44	78,95	82,47	
$SrCO_3$		147,629	(44,1)	(68,9)	84,32	95,07	101,85	107,16	116,05	124,02	
$SrCl_2$		158,525	–	–	75,59	78,89	81,32	83,66	90,79	105,83	1147 *F*
SrO		103,619	24,0	40,0	45,41	48,48	50,53	52,05	54,30	556,07	2938 *F*
TaB_2		202,570			48,12	57,57	62,84	66,56	72,15	76,76	3373 *F*
TaC		192,959			36,79	41,67	44,53	46,45	49,08	51,05	
Ta_2C		373,907			60,95	66,65	69,98	72,42	76,25	79,52	
TaN		194,955	–	–	41,87	48,46	51,58	53,39	55,47	56,73	3363 *F*
Ta_2N		375,903			67,79	73,12	76,48	79,11	83,50	87,43	
Ta_2O_5		441,893	57,91	107,4	135,05	147,51	156,88	164,40	175,19	182,75	2058 *F*
ThO_2		264,037	–	–	61,78	67,83	70,95	72,99	75,78	77,88	3643 *F*
TiB		58,691			29,72	40,53	45,40	48,04	50,66	51,87	
TiB_2		69,502			44,15	55,27	61,49	65,84	72,19	77,14	3193 *F*

5.1.1.2 Molwärmen bei konstantem Druck, C_p von anorganischen Verbindungen (Fortsetzung)

Formel	M	C_p in J mol^{-1} K^{-1} bei T in K								Zustandsänderungen bei K
		100	200	298,15	400	500	600	800	1000	
TiC	59,891	7,32	23,3	33,82	40,69	45,17	47,65	49,91	51,18	3290 F
$TiCl_2$	118,785	–	–	69,85	73,41	75,99	78,22	82,24	86,04	1580 Sb
$TiCl_3$	154,238	–	–	97,10	99,12	100,63	101,95	104,39	106,70	1103 Sb
$TiCl_4$	189,691	84,47	112,38	145,20	146,17					249 *F*, 408 *V*
g		67,45	86,11	95,61	100,47	102,97	104,43	105,97	106,72	
TiF_4	123,874	54,52	92,38	114,27	126,65	134,56				558 Sb
g		58,62	74,52	84,54	93,76	98,02	100,42	103,01	104,42	
TiH_2	49,896	12,68	22,72	30,28	38,57	47,90	54,86	63,44	68,15	
TiN	61,887	10,75	27,32	37,07	43,66	46,84	48,75	51,04	52,53	3223 *F*
TiO	63,879	12,68	30,63	39,95	44,98	48,24	50,83	55,18	59,08	1265 *U*, 2023 *F*
TiO_2 (Rutil)	79,879	18,53	42,05	55,10	62,84	67,20	69,93	73,07	74,85	2130 *F*
TiO_2 (Anatas)	79,879	19,20	41,84	55,27	63,59	68,14	70,89	73,86	75,35	
Ti_2O_3	143,758	26,69	72,30	95,80	117,53	130,24	136,45	142,97	146,36	470 *U*, 2115 *F*
UCl_3	344,387	–	–	102,52	103,27	105,29	107,81	113,44	119,40	1110 *F*
UCl_4	379,840	–	–	121,85	125,98	130,21	134,08	142,18	168,20	863 *F*
UO_2	270,028	29,1	52,3	63,61	72,06	76,35	79,10	82,72	85,37	3115 *F*
UO_3	286,027	–	–	81,67	89,19	93,00	95,43	98,64	–	
VB	61,753	–	–	36,02	41,70	45,26	47,97	52,25	55,74	
VB_2	72,564			46,98	57,41	63,80	68,54	75,63	80,85	3020 *F*
V_3B_2	174,447			97,10	109,40	117,21	123,32	133,38	142,10	2173 *F* (peritekt.)
V_3B_4	196,068			119,01	140,81	154,30	164,48	180,14	192,32	2882 *F*
$VC_{0,88}$	61,511	–	–	31,97	39,08	43,03	45,78	46,70	52,64	
V_2C	113,894			55,90	64,09	69,71	74,00	80,47	85,43	
VCl_2	121,847	42,26	64,81	71,87	74,68	76,59	78,18	80,95	83,52	1623 *F*
VCl_3	157,300	71,13	83,76	93,17	98,94	102,02	104,11	107,10	–	
VN	64,948			38,02	43,29	46,19	48,21	51,21	53,67	
VO	66,941	14,18	33,93	45,51	49,57	51,67	53,52	57,10	60,45	2063 *F*
V_2O_3	149,881	28,7	80,9	104,95	117,55	123,74	127,35	132,64	137,96	2340 *F*
V_2O_4	165,881	–	–	115,40	135,28	143,29	148,42	155,42	160,68	340 *U*, 1818 *F*
V_2O_5	181,880	–	–	132,69	150,95	161,75	168,31	177,25	190,79	943 *F*
WC	195,861	–	–	35,38	40,84	43,71	45,60	48,18	50,06	

5.1.1.2 Molwärmen bei konstantem Druck, C_p von anorganischen Verbindungen (Fortsetzung)

Formel		M	C_p in $J\,mol^{-1}\,K^{-1}$ bei T in K								Zustandsänderungen bei K
			100	200	298,15	400	500	600	800	1000	
W_2C		379,711			76,61	85,00	89,36	92,23	96,17	99,17	
WO_3		231,848	30,46	58,20	72,79	83,19	88,74	92,50	97,85	102,07	1050 *U*, 1745 *F*
$ZnBr_2$		225,198			65,69	70,12	74,48	78,83	113,80		675 *F*, 943 *V*
$ZnCO_3$		125,399	(34,4)	(63,9)	80,08	94,14	107,95				
$ZnCl_2$		136,295	–	–	71,34	74,76	77,44	79,71	84,34	86,96	590 *F*, 999,5 *V*
ZnF_2	g	103,387			65,65	71,08	74,79	77,87	83,29	88,31	1090 *U*, 1220 *F*, 1776 *V*
ZnF_2					51,88	57,36	59,88	61,30	62,81	63,62	
ZnO		81,389	–	32,30	41,09	44,68	46,70	48,13	50,28	52,06	2248 *F*
	g										
ZnS (Wurtzit)		97,456	24,52	39,66	45,88	48,51	49,93	50,91	52,32	53,46	1995 *F*
ZnS (Zinkblende)		97,456			45,36	48,32	49,94	51,06	52,71	54,03	
$ZnSO_4$		161,454	–	–	99,06	106,82	114,43	122,05	137,28	152,51	1015 *F*
$ZrCl_4$		233,035	77,99	108,3	119,77	125,39	128,69	131,13			710 *F*
ZrN		105,231	15,56	31,75	40,44	44,76	47,08	48,66	50,94	52,75	
ZrO_2		123,223	18,91	42,76	56,05	63,85	67,76	70,24	73,45	75,75	1428 *U*, 2950 *F*

Literatur: Janaf Thermochemical Tables 2nd ed. D. R. Stull, H. Prophet, NBS 37 – 1971.

5.1.1.3 Relative Wärmekapazität von Lösungen

Nach Vorlagen von J. D'ANS

Es ist die Wärmekapazität von 1 L Lösungen der angegebenen Konzentration relativ zu der von 1 L reinem Wasser, die gleich 1000 gesetzt ist, tabelliert.

Stoff	Temperatur °C	Konzentration Mol/L H_2O										Bemerkungen
		0,5	1	1,5	2	3	4	5	6	8	10	
$AgNO_3$	25	996	1000	1007,5								
$BaC_4H_6O_4$	19 ... 52	1019,5	1043,3									Ba-acetat
$Ba(NO_3)_2)$	20	1002	1038									
CNSK	25	1000	1002,5	1007,5	1015							K-thiocyanat
$C_2H_2O_4$	22 ... 52	1012	1032									Oxalsäure
$C_2H_3KO_2$	20	1001,8	1012,5	1025,8	1038,3							K-acetat
C_2H_6O	20	1030	1070	1100	1130	1189	1240	1290	1334	1418	1491	Ethanol
$C_2K_2O_4$	21...52	992	992									K-oxalat
$C_3H_6O_2$	22...50	1020	1055	1087	1121	1180	1232	1280	1323	1408	1492	Propionsäure
C_3H_8O		1042	1089	1130	1169	1240	1303	1360	1410	1502	1580	n-Propanol
$C_3H_8O_3$		1032	1069	1097	1128	1182	1240	1293	1350	1460	1572	Glycerin
$C_4H_4K_2O_6$	20	1017	1039	1090	1127							K-tartrat
$C_4H_6O_6$	18	1026	1056	1108	1143							Weinsäure
$C_4H_8O_2$		1040	1077	1110	1140	1188	1232	1280	1326	1420	1511	n-Buttersäure
$C_4H_8O_2$		1040	1077	1110	1141	1197	1249	1296				iso-Buttersäure
$C_6H_8O_7$	18	1031	1070	1110	1153							Citronensäure
$CaC_4H_6O_4$	19...52	1014,5	1039									Ca-acetat
$CaCl_2$	25	974	956	944	934	936	953	976	999			
$Ca(NO_3)_2$	20	994	998	1009,8	1028	1070	1116					
$CoCl_2$	25	976	961,5	952	950							
$FeCl_3$	20	982	974	972	978	1000	1040	1080				
$FeSO_4$	25...45	1000	1028	1064	1103	1180	1275	1360	1445	1625	1800	
HCl	20	985	971,4	960	950,2	930	915	904	895	886	885	15 M = 926
$HClO_3$	16,5 ... 19,5	995	995	995	995	995	995					
HF	20	998	997,8	998,1	999,8	1004	1007,6	1013	1019,8	1035	1052	15 M = 1100
HIO_3	25	1000	1010	1025	1045	1086						
HNO_3	20	992	986,7	983	982,3	992	1008	1028	1052	1112	1184	
H_2SO_4	25	1008	1016	1028	1036	1057	1077	1096	1118	1160	1207	

5.1.1.3 Relative Wärmekapazität von Lösungen (Fortsetzung)

Stoff	Temperatur	Konzentration Mol/L H_2O										Bemerkungen
	°C	0,5	1	1,5	2	3	4	5	6	8	10	
H_3PO_4	21	1013,9	1026,5	1039	1050	1071,8	1095	1119,8				
KBr	25	987	979	973,8	970	966,6	967	970,1				
KCl	25	987,7	980	974,7	971,2	967,7	965,7	965				
K_2CO_3	21...27	981,7	975,7	978,8	988	1012,1	1042					
$KHSO_4$	25	1072	1155									
KI	25	987,7	981,8	977,9	975,6	977	984,3					
KNO_3	25	996	999,8	1006,5	1014	1030						
KOH	25	988,5	980,7	974,9	971,9	974,4						
K_2SO_4	25	983										
$La(NO_3)_3$	18	985	980	980								
LiBr	20	992	986	981	976	972	975	982	991	1012	1036	
$LiClO_3$	18	1002	1006	1011	1016	1027,5	1040					
$LiIO_3$	18	1003,5	1014,5	1028,8	1045	1081,5						
$MgBr_2$	16,5 ... 19,5	978	962	948	936							
$MgC_4H_6O_4$	19...52	1018,9	1046,8									Mg-acetat
$MgCl_2$	25	974	956	944	936	925	923	922	941			
$Mg(NO_3)_2$	20	989	989	994	1001,9	1026	1058					
$MgSO_4$	21	985	979	981,5	991,5	1022						
$MnC_4H_6O_4$	25	1025	1057									Mn-acetat
NaBr	25	990,5	987,8	987,7	989,9	999,9	1014	1025	1055	1110		
Na_2CO_3	18	994,5	1006,6	1029,4	1054							
NaI	25	991,3	989,3	992	998,1	1014	1023					
$NaNO_3$	25	998,9	1003,3	1010,4	1019,9	1046	1080	1112	1145	1210	1278	
NaOH	20	992	988	988	991,8	1005,8	1024,5	1048	1072			
Na_2SO_4	25	995	1009	1032	1060	1122						
$NiC_4H_6O_4$*	25	1027	1062									* Minimum bei 0,25 Mol/L=992,5 Ni-acetat
$NiCl_2$	25	974	956	941,5	932							
$Ni(NO_3)_2$	24 ... 53	985	985,7	1000	1015,7	1085	1065,5					
$NiSO_4$	18 ... 21	967	962,1	970,5	986							
$PbC_4H_6O_4$	25	1035	1073	1113	1155							Pb-acetat
$SrC_4H_6O_4$	19 ... 52	1015	1041,5									Sr-acetat
$Sr(NO_3)_2$	24	995,5	1005,7	1027	1053,8	1116						
$ZnC_4H_6O_4$	25	1043	1087	1132	1177							Zn-acetat

5.1.1.4 Spezifische Wärme von Mineralien

	Temperatur oder Temperatur-intervall in K	C_p oder $\bar{C}_p$ in J/g K		Temperatur oder Temperatur-intervall in K	C_p oder $\bar{C}_p$ in J/g K
Adular	253–373	0,776	Kupferkies	321	0,540
Albit	273–373	0,815	Labradorit	293–371	0,816
	273–1173	1,072	Lava (Ätna)	296–373	0,858
Aluminiumoxid	273–473	0,839	Magnesiaglimmer	293–371	0,863
	273–1273	1,067	Magnesit	291	0,889
Andalusit	273–373	0,705	Magnetit	273–473	0,746
Anorthit	272–373	0,796		273–1273	0,871
Aragonit	293	0,807	Magnetkies	273–373	0,626
Asbest	273–307,4	0,783	Magn. Silikat	273–373	0,851
Basalt	283–373	0,858		273–1173	1,114
Basaltlava	303–850	1,080	Manganit	293–325	0,737
Beryll	288–372	0,828	Manganosit	300	0,607
Bleiglanz	282	0,210	Mikroklin	273–373	0,783
Braunit	288–372	0,678		273–1173	1,026
Brucit	308	1,302	Natronglimmer	273–371	0,873
Calcit	294	0,813	Oligoklas	273–371	0,857
Cerussit	293,7	0,326	Olivin	294–324	0,791
Chalcedon	273–373	0,823	Orthoklas	288–372	0,786
	273–1273	1,102	Pyrit	301	0,511
Chrysoberyll	323	0,84	Pyrolusit	294	0,653
Claudetit	296	0,519	Scheelit	272–423	0,405
Covellin	297	0,511	Serpentin	281–371	1,067
Dioptas	292–423	0,762	Silberglanz	288–373	0,309
Diopsid	273–373	0,805	Spinell	288–319	0,812
	273–1173	1,046	Spodumen	293–373	0,905
Gelbbleierz	282–322	0,346	Steinsalz	286–318	0,917
Gneis	290–372	0,820	Strontianit	291	0,547
Goethit	278–366	0,854	Talk	293–371	0,876
Granat, böhm.	289–373	0,736	Thorit	293	0,635
Granit	289–373	0,829	Topas	279–373	0,858
Graphit (Ceylon)	293,6–473	0,984	Witherit	296	0,432
Hornblende	293–371	0,817	Wollastonit	273–1173	0,981
Ilmenit	290–320	0,741	Pseudowol-	273–373	0,772
Kaliglimmer	293–371	0,871	lastonit	273–1173	0,973
Kalkspat	273–373	0,839	Wolframit	294–326	0,389
Kalksandstein	289	0,845	Zinnober	297	0,216
Kobaltglanz	288–373	0,406	Zinkblende	273–373	0,480
Kryolith	316	1,054	Zinnstein	293–340	0,383
Kupferglanz	312996	0,498	Zirkon	294–324	0,552

5.1.2 Wärmekapazität von Gasen in Abhängigkeit vom Druck[1]

In den Tabellen ist die Druckabhängigkeit der Wärmekapazität realer Gase wiedergegeben. 1 atm = 1013,25 hPa

5.1.2.0.1 Ar, Argon

T K	C_p in J/mol K bei p in atm					C_p/C_v bei p in atm				
	1	10	40	70	100	1	10	40	70	100
200	20,92	22,1	27,5	34,9	43,2	1,674	1,748			
220	20,89	21,9	25,7	30,8	36,6	1,673	1,730			
240	20,87	21,6	24,6	28,3	32,4	1,672	1,718	1,89	2,08	2,3
260	20,85	21,5	23,7	26,0	28,3	1,671	1,709	1,85	2,01	2,17
280	20,84	21,4	23,2	25,0	26,9	1,670	1,702	1,81	1,94	1,96
300	20,83	21,3	22,8	24,4	25,9	1,670	1,697	1,79	1,87	1,96
350	20,82	21,1	22,0	22,9	24,3	1,669	1,686	1,76	1,82	1,87
400	20,81	21,0	21,7	22,5	23,2	1,668	1,682	1,726	1,76	1,80
500	20,80	20,9	21,4	21,8	22,2	1,668	1,676	1,703	1,728	1,753
600	20,80	20,9	21,2	21,4	21,7	1,667	1,673	1,690	1,706	1,721
800	20,79	20,8	21,0	21,1	21,3	1,667	1,669	1,678	1,685	1,693
1000	20,79	20,8	20,9	21,0	21,1	1,667	1,668	1,673	1,677	1,680
2000	20,79	20,8	20,8	20,8	20,8	1,667	1,667	1,667	1,667	1,667

5.1.2.0.2 CO, Kohlenstoffmonoxid

T K	C_p in J/mol K bei p in atm					C_p/C_v bei p in atm				
	1	10	40	70	100	1	10	40	70	100
200	29,24	30,5				1,405	1,456			
220	29,22	30,2				1,404	1,444			
240	29,21	30,0				1,403	1,435			
260	29,19	29,8	31,8			1,402	1,429	1,524		
280	29,19	29,7	31,4	32,8	34,0	1,402	1,424	1,503	1,593	1,698
300	29,19	29,7	31,1	32,2	33,4	1,401	1,420	1,485	1,555	1,633
350	29,24	29,6	30,6	31,5	32,4	1,399	1,412	1,455	1,499	1,542
400	29,37	29,6	30,4	31,1	31,8	1,396	1,406	1,436	1,466	1,494
500	29,81	30,0	30,4	30,9	31,3	1,387	1,393	1,410	1,426	1,441
600	30,45	30,5	30,9	31,2	31,4	1,376	1,381	1,390	1,400	1,409
800	31,91	32,0	32,1	32,3	32,4	1,352	1,354	1,359	1,363	1,368
1000	33,18	33,2	33,3	33,4	33,5	1,334	1,335	1,338	1,340	1,342
1500	35,22	35,2	35,3	35,3	35,3	1,309	1,309	1,310	1,310	1,311
2000	36,24	36,3	36,3	36,3	36,3	1,298	1,298	1,298	1,298	1,298

[1] Nach Landolt-Börnstein 6. Aufl., Bd. II/4 Beitrag von H. D. Baehr.

5.1.2.0.3 CO_2, Kohlenstoffdioxid

T K	C_p in J/mol K bei p in atm					C_p/C_v bei p in atm				
	1	10	40	70	100	1	10	40	70	100
200	34,46					1,349				
220	35,06	61,2				1,332	1,448			
240	35,85	42,6				1,317	1,401			
260	36,68	40,3				1,304	1,382			
280	37,53	40,4	61,9			1,293	1,352			
300	39,56	41,2	47,9	57,6	72,8	1,271	1,305	1,47	1,82	2,40
350	41,44	42,5	46,9	51,8	57,9	1,254	1,276	1,364	1,483	1,630
400	43,15	43,9	46,6	49,5	52,2	1,241	1,256	1,312	1,378	1,463
450	44,68	45,2	47,1	48,8	50,0	1,230	1,241	1,281	1,330	1,387
500	47,36	47,7	48,8	50,1	51,3	1,214	1,220	1,242	1,265	1,291
600	49,59	49,8	50,5	51,3	51,2	1,202	1,206	1,220	1,233	1,247
700	51,45	51,6	52,1	52,6	53,1	1,193	1,196	1,205	1,214	1,222
800	53,02	53,1	53,5	53,8	54,2	1,186	1,188	1,195	1,201	1,206
900	54,32	54,4	54,7	55,0	55,2	1,818	1,183	1,187	1,192	1,196
1000	58,38	58,4	58,5	58,6	58,7	1,166	1,167	1,169	1,170	1,172

5.1.2.0.4 H_2, Wasserstoff

C_p in J/(mol K) und C_p/C_v

T K	1 atm		10 atm		100 atm	
	C_p	C_p/C_v	C_p	C_p/C_v	C_p	C_p/C_v
40	21,32	1,700	28,8	2,205		
60	21,15	1,672	23,1	1,804	32,9	2,50
80	21,66	1,634	22,6	1,694	29,6	2,066
100	22,63	1,587	23,20	1,617	27,4	1,844
120	23,80	1,541	24,15	1,558	27,0	1,704
140	24,91	1,503	25,16	1,517	27,1	1,613
160	25,87	1,475	26,07	1,484	27,7	1,549
180	26,66	1,455	26,82	1,461	28,1	1,507
200	27,29	1,439	27,40	1,444	28,4	1,479
250	28,34	1,416	28,41	1,418	29,1	1,436
300	28,85	1,405	28,90	1,406	29,4	1,417
400	29,19	1,398	29,22	1,398	29,4	1,403
500	29,26	1,397	29,28	1,397	29,4	1,398
600	29,33	1,396	29,34	1,396	29,4	1,396

5.1.2.0.5 D_2, Deuterium

C_p und C_v von $^2D_2$ in J/mol K

K	1 atm		10 atm		100 atm	
	C_p	C_v	C_p	C_v	C_p	C_v
98	30,18	21,81	30,85	21,89	–	–
123	29,84	21,43	30,22	21,51	33,44	22,02
153	29,43	21,05	29,68	21,14	31,73	21,56
173	29,30	20,97	29,47	20,97	31,02	21,35
198	29,26	20,89	29,38	20,93	30,51	21,22
223	29,22	20,89	29,30	20,89	30,18	21,14
273	29,22	20,89	29,26	20,93	29,80	21,05
323	29,22	20,89	29,26	20,93	29,63	21,01
373	29,26	20,93	29,26	20,93	29,55	21,22
423	29,30	20,93	29,30	20,97	29,51	21,50

5.1.2.0.6 N_2, Stickstoff

T K	C_p in J/mol K bei p in atm					C_p/C_v bei p in atm				
	1	10	40	70	100	1	10	40	70	100
200	29,22	30,3	34,8	40,4	46,9	1,404	1,447	1,622	1,844	2,11
220	29,20	30,1	33,3	36,9	40,7	1,403	1,437	1,565	1,708	1,85
240	29,19	29,9	32,4	35,0	37,5	1,403	1,430	1,528	1,631	1,73
260	29,18	29,7	31,7	33,7	35,6	1,402	1,424	1,503	1,581	1,65
280	29,17	29,6	31,3	32,9	34,3	1,402	1,420	1,484	1,547	1,602
300	29,17	29,6	30,9	32,2	33,4	1,401	1,417	1,471	1,522	1,566
350	29,20	29,5	30,4	31,3	32,1	1,400	1,411	1,447	1,481	1,512
400	29,27	29,5	30,1	30,8	31,4	1,398	1,406	1,432	1,456	1,480
500	29,60	29,7	30,1	30,5	30,9	1,391	1,396	1,411	1,424	1,437
600	30,12	30,2	30,5	30,7	31,0	1,383	1,385	1,394	1,402	1,410
800	31,44	31,5	31,6	31,8	31,9	1,360	1,361	1,365	1,369	1,372
1000	32,70	31,7	32,8	32,9	33,0	1,341	1,342	1,344	1,346	1,347
2000	35,98	36,0	36,0	36,0	36,0	1,301	1,301	1,301	1,301	1,301

5.1.2.0.7 NH_3, Ammoniak

Molwärmen C_p und C_v in J/(mol K)
Die Temperatur (K) zu der Zeile „Sättigung“ (Sätt.) ist in Klammern zu der Druckangabe hinzugefügt.

T K	1 atm (239,8)		5 atm (277,7)		10 atm (298,5)		15 atm (312,3)		20 atm (323,1)	
	C_p	C_v	C_p	C_v	C_p	C_v	C_p	C_v	C_p	C_v
Sätt.	39,90	29,65	47,60	33,83	54,01	36,86	59,38	39,03	65,48	40,86
253	38,10	28,49	–	–	–	–	–	–	–	–
273	37,05	27,89	–	–	–	–	–	–	–	–
293	36,80	27,91	43,71	31,69	–	–	–	–	–	–
313	36,95	28,29	41,26	30,48	48,66	34,25	–	–	–	–
333	37,26	28,62	40,23	30,14	44,88	32,47	50,77	35,22	58,78	38,39
353	37,69	29,12	39,85	30,19	42,97	31,75	46,71	33,50	51,27	35,42
373	38,21	29,68	39,83	30,47	42,10	31,58	44,67	32,77	47,58	34,02
393	38,76	30,27	40,04	30,89	41,76	31,71	43,63	32,56	45,66	33,42
423	39,67	31,22	40,59	31,64	41,78	32,21	43,04	32,77	44,38	33,30
473	41,17	32,78	41,9	33,1	42,5	33,4	43,5	33,8	44,4	34,1
523	42,74	34,42	43,3	34,7	44,1	35,0	44,5	35,4	45,3	35,6
573	44,29	35,97	45,0	36,3	45,5	36,5	45,9	36,8	46,3	37,1

5.1.2.0.8 O_2, Sauerstoff

T K	C_p in J/mol K bei p in atm					C_p/C_v bei p in atm				
	1	10	40	70	100	1	10	40	70	100
200	29,26	30,5	36,7	47,1	63,2	1,404	1,453	1,683	1,880	
220	29,25	30,2	34,4	40,2	47,9	1,403	1,441	1,602	1,818	2,120
240	29,27	30,1	33,1	36,8	41,2	1,402	1,432	1,553	1,694	1,850
260	29,30	29,9	32,3	35,0	37,7	1,400	1,425	1,520	1,623	1,721
280	29,36	29,9	31,8	33,8	35,8	1,398	1,420	1,496	1,577	1,648
300	29,44	29,9	31,5	33,1	34,6	1,396	1,414	1,478	1,542	1,599
350	29,73	30,0	31,1	32,2	33,1	1,391	1,403	1,445	1,487	1,526
400	30,14	30,4	31,1	31,9	32,6	1,382	1,391	1,421	1,450	1,478
500	31,11	31,3	31,7	32,2	32,6	1,366	1,371	1,387	1,404	1,420
600	32,10	32,2	32,5	32,8	33,1	1,350	1,353	1,363	1,373	1,383
800	33,74	33,8	33,9	34,1	34,3	1,327	1,329	1,333	1,338	1,342
1000	34,88	34,9	35,0	35,1	35,2	1,313	1,314	1,316	1,319	1,321
2000	37,78	37,8	37,8	37,8	37,8	1,282	1,282	1,282	1,283	1,283

5.1.2.0.9 Xe, Xenon, Molwärme C_p und C_v in J/mol K

p atm	C_p	C_v	C_p	C_v	C_p	C_v	C_p	C_v
	298 K		323 K		373 K		423 K	
1	21,02	12,54	20,97	12,52	20,92	12,50	20,88	12,49
5	22,1	12,8	21,8	12,7	21,5	12,6	21,3	12,6
10	23,4	13,0	22,9	12,9	22,1	12,7	21,7	12,7
50	61,3	17,2	39,7	15,2	29,6	13,9	26,2	13,4
100	82,5	17,5	128,9	18,3	46,8	15,5	33,7	14,0
200	50,7	16,5	55,1	15,7	59,1	16,2	46,0	14,4
400	41,0	16,7	41,4	16,0	42,9	16,3	40,6	14,3
800	36,2	17,5	36,3	17,2	36,4	17,2	33,9	14,7
1200	34,6	18,3	34,7	18,1	34,6	18,0	31,9	15,4
1600	33,8	18,9	34,1	18,9	33,8	18,8	31,0	16,0
2000	33,5	19,4	33,7	19,5	33,5	19,5	30,5	16,5

5.2 Thermodynamische Funktionen

5.2.1 Bildungsenthalpie und -entropie bei metallischen Lösungsphasen

Es sind die integralen Größen ΔH_B (Änderung der Enthalpie) und ΔS_B (Änderung der Entropie) bei der Vermischung bzw. Legierung von x_i und $(1 - x_i)$ Molen zweier Metalle angegeben. (Es ist also stets auf insgesamt $6{,}024 \cdot 10^{23}$ Atome bezogen.) Die Mol% beziehen sich auf das erstgenannte Metall.

Standardwerte der thermodynamischen Funktionen für Elemente s. Tabelle 2.1.3, für anorganische Verbindungen Tabelle 2.2.1

5.2.1.1 Metallegierungen

Mol% des zuerst aufgeführten Metalles	Ag–Au				Ag–Cu		Al–Si
	800 K f		1350 K fl		1423 K fl		1720 K fl
	ΔH_B kJ/mol	ΔS_B J/mol K	ΔH_B kJ/mol	ΔS_B J/mol K	ΔH_B kJ/mol	ΔS_B J/mol K	ΔH_B kJ/mol
10	− 1,56	2,18	− 1,86	1,91	1,47	2,83	− 1,2
20	− 2,82	3,24	− 3,29	2,79	2,63	4,40	− 2,15
30	− 3,78	3,87	− 4,32	3,33	3,47	5,42	− 2,8
40	− 4,40	4,21	− 4,94	3,66	4,01	6,02	− 3,2
50	− 4,66	4,32	− 5,15	3,80	4,24	6,27	− 3,35
60	− 4,55	4,21	− 4,94	3,77	4,20	6,19	− 3,25
70	− 4,05	3,87	− 4,38	3,53	3,85	5,72	− 2,8
80	− 3,14	3,24	− 3,29	3,13	3,13	4,78	− 2,15
90	− 1,80	2,18	− 1,86	2,08	1,90	3,14	− 1,2

Al–Au			Al–Cu					
1340 K fl			298 K f			1370 K fl		
Mol %	ΔH_B kJ/mol	ΔS_B J/mol K	Mol %		ΔH_B kJ/mol	Mol %	ΔH_B kJ/mol	ΔS_B J/mol K
10	– 12,20	3,23	10	(Cu)	– 7,64	10	– 3,34	4,75
20	– 22,64	4,59	15	(Cu)	– 9,56	20	– 5,77	7,76
30	– 29,90	5,26	22	α_2	– 14,6	30	– 8,28	8,92
40	– 33,64	5,56	34	γ	– 23,0	40	– 9,43	9,25
50	– 33,76	5,65	39	δ	– 21,3	50	– 9,05	9,16
60	– 30,39	5,64	45	ζ	– 20,7	60	– 7,70	8,64
70	– 24,25	5,60	49	η_2	– 20,0	70	– 6,05	7,65
80	– 16,19	5,43	67	Θ	– 13,4	80	– 4,02	6,12
90	– 7,72	4,07				90	– 1,92	3,85

Al–Fe						Al–Ga		
298 K f			1873 K fl			1023 K fl		
Mol%		ΔH_B kJ/mol		ΔH_B kJ/mol	ΔS_B J/mol K	Mol %	ΔH_B kJ/mol	ΔS_B J/mol K
10	α	– 5,77	10	– 6,11	1,58	10	0,205	2,79
20	α	– 11,00	20	– 11,5	1,82	20	0,372	4,33
30	β'	– 15,73	30	– 16,0	1,56	30	0,502	5,31
40	β'	– 19,98				40	0,598	5,89
50	β'	– 25				50	0,657	6,10
66,5	ζ	– 26,2				60	0,669	5,95
75	Θ	– 27,9				70	0,619	5,43
						80	0,498	4,45
						90	0,297	2,88

Al–Ge			Al–In		Al–Mg	
1200 K fl			1170 K fl		1070 K fl	
Mol%	ΔH_B kJ/mol	ΔS_B J/mol K	ΔH_B kJ/mol	ΔS_B J/mol K	ΔH_B kJ/mol	ΔS_B J/mol K
10	– 1,25	2,81	1,90	2,84	– 0,96	2,34
20	– 2,37	4,36	3,41	4,41	– 1,84	3,52
30	– 3,24	5,36	4,55	5,45	– 2,57	4,26
40	– 3,74	5,96	5,32	5,09	– 3,10	4,72
50	– 3,88	6,20	5,71	6,36	– 3,37	4,94
60	– 3,64	6,10	5,68	6,26	– 3,36	4,92
70	– 3,05	5,56	5,19	5,77	– 3,01	4,64
80	– 2,18	4,68	4,14	4,77	– 2,32	3,97
90	– 1,14	3,07	2,44	3,10	– 1,31	2,71

Al–Ni			Al–Sn			Al–Zn						
298 K f			973 K fl			653 K f				1000 K fl		
Mol %	ΔH_B kJ/mol		Mol%	ΔH_B kJ/mol	ΔS_B J/mol K	Mol%		ΔH_B kJ/mol	ΔS_B J/mol K	Mol %	ΔH_B kJ/mol	ΔS_B J/mol K
10	Ni	− 15,3	10	1,32	3,20	338	$(Al)_2$	3,51	6,99	10	0,98	3,04
10,5	Ni	− 16,1	20	2,38	4,98	40		3,48	7,11	20	1,70	4,82
23	α′	− 34,5	30	3,19	6,12	50		3,45	7,08	30	2,20	5,97
27,5	α′	− 41,0	40	3,74	6,77	60		3,35	6,82	40	2,49	6,57
40,8	β′	− 51,7	50	4,04	6,98					50	2,57	6,71
50	β′	− 59	60	4,07	6,81	70		2,99	6,15	60	2,46	6,44
55	β′	− 59	70	3,77	6,21	80		2,40	5,07	70	2,16	5,77
59,4	δ	− 56,9	80	3,10	5,13	90	$(Al)_1$	1,36	3,19	80	1,65	4,72
60	δ	− 56,5	90	1,94	3,37					90	0,94	3,04
63,8	δ	− 52,1										
75	ε	− 38										

Au–Bi			Au–Cu				
973 K fl			800 K (ungeordnet) f			1550 K fl	
Mol %	ΔH_B kJ/mol	ΔS_B J/mol K	Mol %	ΔH_B kJ/mol	ΔS_B J/mol K	ΔH_B kJ/mol	ΔS_B J/mol K
10	0,19	3,14	10	− 1,84	2,95	− 1,71	3,00
20	0,38	4,95	20	− 3,74	4,32	− 2,97	4,72
30	0,50	6,10	30	− 4,97	5,21	− 3,83	5,87
40	0,60	6,78	40	− 5,35	5,78	− 4,28	6,56
50	0,63	7,00	50	− 5,11	6,06	− 4,37	6,82
60	0,56	6,79	60	− 4,49	5,93	− 4,10	6,67
70	0,42	6,10	70	− 3,57	5,42	− 3,51	6,08
			80	− 2,44	4,47	− 2,62	4,96
			90	− 1,21	2,90	− 1,44	3,17

Au–Fe						Au–Pb		
1123 K f			1473 K fl			1200 K fl		
Mol %	ΔH_B kJ/mol	ΔS_B J/mol K	Mol %	ΔH_B kJ/mol	ΔS_B J/mol	Mol%	ΔH_B kJ/mol	ΔS_B J/mol K
47	6,73	8,93	41,5	15,1	13,98	10	0,26	3,79
50	6,55	8,95	50	17,2	16,07	20	0,03	5,69
60	5,82	8,72	60	16,3	16,06	30	− 0,31	6,74
70	4,88	8,05	70	14,0	14,73	40	− 0,56	7,33
80	3,73	6,74	80	10,6	11,89	50	− 0,70	7,54
90	2,21	4,42	90	5,9	7,26	60	− 0,80	7,30
						70	− 0,89	6,57
						80	− 0,68	5,30
						90	− 0,44	3,33

Au–Sn						Au–Zn		
273 K f			823 K fl			1080 K fl.		
Mol%		ΔH_B kJ/mol	Mol%	ΔH_B kJ/mol	ΔS_B J/mol K	Mol%	ΔH_B kJ/mol	ΔS_B J/mol K
20	η	– 7,74	10	– 3,18	3,09	10	– 7,31	1,89
33,3	ε	– 14,14	20	– 6,15	4,79	20	– 13,66	2,66
50	Δ	– 15,23	30	– 8,74	5,85	30	– 18,77	2,96
84,5	ζ	– 4,06	40	– 10,62	6,57	40	– 21,99	3,23
87,5	ζ	– 3,33	50	– 11,57	7,07	50	– 22,74	3,70
			60	– 11,50	7,89	60	– 21,16	4,18
			70	– 10,32	7,15	70	– 17,70	4,49
			80	– 7,90	6,52	80	– 12,50	4,44
			80,7	– 7,69	6,48	82	– 11,26	4,38

Bi–Cu			Bi–Pb						
1200 K fl			398 K f				700 K fl		
Mol%	ΔH_B kJ/mol	ΔS_B J/mol K	Mol%		ΔH_B kJ/mol	ΔS_B J/mol K	Mol%	ΔH_B kJ/mol	ΔS_B J/mol K
22	4,49	6,10	10	(Pb)	0,74	3,92	10	– 0,34	2,79
30	5,12	6,96	20	(Pb)	1,31	5,67	20	– 0,64	4,31
40	5,42	7,49	21	(Pb)	1,36	5,72	30	– 0,88	5,26
50	5,36	7,58	29,3	ε	2,03	9,44	40	– 1,04	5,79
60	5,05	7,33	30		2,08	10,44	50	– 1,10	5,94
70	4,40	6,63	40		2,83	11,66	60	– 1,05	5,77
80	3,37	5,38	42	ε	2,98	11,92	70	– 0,90	5,24
90	1,96	3,45					80	– 0,65	4,30
							90	– 0,34	2,80

Bi–Sb			Bi–Sn		Bi–Zn	
1200 K fl			600 K fl		873K fl	
Mol%	ΔH_B kJ/mol	ΔS_B J/mol K	ΔH_B kJ/mol	ΔS_B J/mol K	ΔH_B kJ/mol	ΔS_B J/mol K
10	0,21	3,49	0,04	2,51	2,19	3,28
20	0,37	5,59	0,06	3,89	3,62	5,45
30	0,48	7,00	0,08	4,78	4,42	6,90
40	0,54	7,85	0,09	5,28	4,67	7,67
50	0,56	8,14	0,10	5,50	4,50	7,85
60	0,53	7,79	0,09	5,32	4,06	7,56
70	0,46	6,73	0,08	4,86	3,36	6,77
80	0,35	5,07	0,06	4,06	2,42	5,39
90	0,19	2,96	0,04	2,60	1,28	3,36

Cd–Cu			Cd–In		
580 K f			800 K fl		
Mol%	ΔH_B kJ/mol	ΔS_B J/mol K	Mol%	ΔH_B kJ/mol	ΔS_B J/mol K
33,3 β	− 2,49	5,06	10	0,44	2,84
42,8 δ	− 3,42	0,17	20	0,82	4,43
57,5 γ	− 3,88	0,77	30	1,12	5,48
61,7 γ	− 4,91	− 0,87	40	1,33	6,10
			50	1,43	6,31
			60	1,43	6,12
			70	1,30	5,51
			80	1,05	4,47
			90	0,63	2,87

Cd–Mg					Cd–Pb	
543 K f			923 K fl		773 K fl	
Mol%	ΔH_B kJ/mol	ΔS_B J/mol K	ΔH_B kJ/mol	ΔS_B J/mol K	ΔH_B kJ/mol	ΔS_B J/mol K
10	− 1,66	2,37	− 2,03	2,13	0,86	2,90
20	− 3,19	3,46	− 3,52	3,33	1,56	4,53
30	− 4,46	4,02	− 4,61	4,14	2,10	5,60
40	− 5,29	4,30	− 5,32	4,59	2,47	6,23
50	− 5,53	4,47	− 5,61	4,72	2,66	6,47
60	− 5,15	4,56	− 5,41	4,59	2,66	6,34
70	− 4,22	4,47	− 4,70	4,20	2,45	5,81
80	− 2,91	3,99	− 3,52	3,49	2,00	4,81
90	− 1,42	2,79	− 1,92	2,33	1,24	3,17

Cd–Sb			Cd–Sn			Cd–Zn	
773 K fl			773 K fl			800 K fl	
Mol%	ΔH_B kJ/mol	ΔS_B J/mol K	Mol%	ΔH_B kJ/mol	ΔS_B J/mol K	ΔH_B kJ/mol	ΔS_B J/mol K
31,5	− 1,29	6,31	10	0,60	3,09	0,80	2,71
40	− 1,67	6,77	20	1,08	4,83	1,40	4,18
50	− 2,03	6,91	30	1,43	5,97	1,80	5,15
60	− 2,01	6,80	40	1,67	6,64	2,03	5,69
70	− 1,52	6,45	50	1,80	6,91	2,10	5,86
80	− 0,83	5,51	60	1,81	6,77	2,01	5,73
90	− 0,28	3,55	70	1,67	6,20	1,76	5,19
			80	1,36	5,10	1,37	4,27
			90	0,82	3,29	0,77	2,76

Co–Fe			Cr–Fe			Cr–Mo		
1863 K fl			1600 K f			1470 K f		
Mol%	ΔH_B kJ/mol	ΔS_B J/mol K	Mol%	ΔH_B kJ/mol	ΔS_B J/mol K	Mol %	ΔH_B kJ/mol	ΔS_B J/mol K
10	– 0,65	2,28	10	2,29	3,68	10	2,07	3,13
20	– 1,29	3,25	20	3,75	5,79	20	4,09	5,15
30	– 1,86	3,69	30	4,92	7,23	30	5,63	6,57
40	– 2,31	3,77	40	5,62	8,09	40	6,69	7,42
50	– 2,58	3,65	50	5,86	8,43	50	7,22	7,76
60	– 2,60	3,44	60	5,62	8,20	60	7,15	7,58
70	– 2,35	3,10	70	4,92	7,37	70	6,51	6,88
80	– 1,85	2,60	80	3,75	5,90	80	5,20	5,59
90	– 1,06	1,80	90	2,29	3,67	90	3,12	3,55

Cr–Ni			Cr–V		
1550 K f			1550 K		
Mol%	ΔH_B kJ/mol	ΔS_B J/mol K	Mol%	ΔH_B kJ/mol	ΔS_B J/mol K
10	– 0,88	2,72	10	– 0,85	2,72
20	– 0,17	4,79	20	– 1,35	4,36
30	1,46	6,55	30	– 0,98	5,97
40	3,60	7,95	40	– 0,79	7,02
50(β)	6,44	9,33	50	– 1,90	6,77
65(β)	8,91	9,98	60	– 2,87	6,10
70	8,95		70	– 3,26	5,20
80	8,12		80	– 2,92	4,08
90(α)	5,13		90	– 1,83	2,59

Cu–Fe			Cu–Mg			Cu–Mn		
1820 K fl			1100 K fl			1100 K f (γ-Phase)		
Mol%	ΔH_B kJ/mol	ΔS_B J/mol K	Mol%	ΔH_B kJ/mol	ΔS_B J/mol K	Mol%	ΔH_B kJ/mol	ΔS_B J/mol K
10	3,97	3,25	10	– 3,80	0,82	10	(2,62)	
20	6,54	4,92	20	– 6,24	1,57	20	4,59	6,51
30	8,02	5,85	30	– 8,09	2,16	30	4,22	7,11
40	8,76	6,32	40	– 9,48	2,47	40	3,64	7,39
50	8,92	6,44	50	– 10,31	2,53	50	3,20	7,57
60	8,51	6,19	60	– 10,40	2,43	60	2,93	7,52
70	7,49	5,54	70	– 9,56	2,20	70	2,54	7,14
80	5,80	4,47	80	– 7,70	1,81	80	1,91	5,94
90	3,36	2,86	83,2	– 6,87	1,63	90	1,00	3,78

	Cu–Ni		Cu–Pb		Cu–Sn	
	973 K f		1473 K fl		1400 K fl	
Mol%	ΔH_B kJ/mol	ΔS_B J/mol K	ΔH_B kJ/mol	ΔS_B J/mol K	ΔH_B kJ/mol	ΔS_B J/mol K
10	0,97	2,44	2,44	3,16	0,22	3,73
20	1,58	3,64	4,29	4,92	0,05	5,82
30	1,88	4,33	5,60	6,02	− 0,41	7,13
40	1,93	4,67	6,42	6,64	− 1,10	7,85
50	1,78	4,69	6,72	6,82	− 1,99	8,05
60	1,49	4,45	6,56	6,61	− 2,99	7,72
70	1,11	3,95	5,95	6,06	− 3,91	6,75
80	0,69	3,20	4,83	5,13	− 4,10	5,54
90	0,31	2,10	2,96	3,43	− 2,79	3,75

Cu–Zn			Fe–Mn			Fe–Si	
770 K f			1450 K f			1873 K fl	
Mol%	ΔH_B kJ/mol	ΔS_B J/mol K	Mol%	ΔH_B kJ/mol	ΔS_B J/mol K	ΔH_B kJ/mol	ΔS_B J/mol K
15,3 ε	− 6,21	0,77	10	− 2,39	0,65	− 10,21	0,54
20	− 7,68	0,92	20	− 3,90	0,78	− 19,66	− 0,04
23,9 ε	− 8,58	1,18	30	− 4,69	0,97	− 27,87	− 0,86
32,8 γ	− 10,83	1,18	40	− 4,92	1,22	− 34,22	− 1,49
40	− 11,41	1,62	50	− 4,73	1,51	− 37,86	− 1,62
41,8 γ	− 10,98	2,00	60	− 4,20	1,76	− 37,91	− 1,21
51,2 β	− 10,67	3,49	70	− 3,43	1,91	− 33,42	− 0,45
56 β	− 8,84	3,80	80	− 2,46	1,87	− 24,57	0,47
61,9 Cu	− 8,24	3,83	90	− 1,31	1,47	− 12,88	1,00
70	− 7,34	3,60					
80	− 5,48	3,18					
90	− 2,62	2,62					

	Fe–V		In–Mg		In–Pb	
	1600 K f		923 K fl		673 K fl	
Mol%	ΔH_B kJ/mol	ΔS_B J/mol K	ΔH_B kJ/mol	ΔS_B J/mol K	ΔH_B kJ/mol	ΔS_B J/mol K
10	− 0,99	3,64	− 2,81	2,92	0,33	2,94
20	− 1,80	5,86	− 5,17	3,97	0,59	4,56
30	− 2,01	7,62	− 6,78	4,37	0,78	5,58
40	− 1,40	9,19	− 7,30	4,82	0,90	6,12
50	0,49	10,91	− 6,87	5,36	0,95	6,28
60	3,70	12,75	− 5,92	5,64	0,92	6,05
70	7,21	14,02	− 4,74	5,43	0,82	5,43
80	9,30	13,52	− 3,38	4,61	0,63	4,41
90	7,79	9,69	− 1,81	3,11	0,36	2,83

	In–Sb		In–Sn		In–Zn		K–Na	
	900 K fl		700 K fl		700 K fl		384 K fl	
Mol%	ΔH_B kJ/mol	ΔS_B J/mol K	ΔH_B kJ/mol	ΔS_B J/mol K	ΔH_B kJ/mol	ΔS_B J/mol K	ΔH_B kJ/mol	ΔS_B J/mol K
10	– 0,88	2,92	– 0,07	2,62	1,45	3,15	0,23	2,62
20	– 1,69	4,57	– 0,12	4,31	2,39	4,97	0,41	4,02
30	– 2,38	5,66	– 0,16	5,59	2,96	6,15	0,56	4,90
40	– 2,90	6,29	– 0,18	6,41	3,23	6,77	0,66	5,43
50	– 3,22	6,51	– 0,20	6,73	3,23	6,96	0,73	5,65
60	– 3,27	6,31	– 0,20	6,61	3,00	6,73	0,74	5,56
70	– 3,00	5,68	– 0,18	6,05	2,54	6,05	0,68	5,11
80	– 2,24	4,72	– 0,14	4,99	1,87	4,89	0,54	4,23
90	– 1,18	3,08	– 0,08	3,23	1,02	3,10	0,32	2,77

	Li–Mg		Mg–Pb		Mn–Ni		
	1000 K fl		973 K fl		1050 K f		
Mol%	ΔH_B kJ/mol	ΔS_B J/mol K	ΔH_B kJ/mol	ΔS_B J/mol K	Mol%	ΔH_B kJ/mol	ΔS_B J/mol K
10	– 1,52	2,20	– 2,07	2,51	10 γ-Mn	– 5,41	2,00
20	– 3,20	3,09	– 4,15	3,93	20	– 9,27	2,64
30	– 4,61	3,67	– 6,15	4,85	30	– 12,97	2,78
40	– 5,38	4,26	– 7,98	5,19	40	– 14,39	3,05
50	– 5,37	5,00	– 9,39	5,19	43	– 14,49	3,17
60	– 4,65	5,69	– 10,04	4,90	47,5 η	– 14,40	3,47
70	– 3,59	5,91	– 9,58	4,46	50	– 14,21	3,70
80	– 2,34	5,36	– 7,38	4,21	54 η	– 13,03	4,41
90	– 1,09	3,70	– 3,95	3,27	58	– 11,31	5,21
					60	– 10,71	5,36
					70	– 6,80	6,64
					79	– 3,57	6,76

	Pb–Sb		Pb–Sn		Sb–Sn		Sb–Zn	
	905 K fl		1050 K fl		905 K fl		850 K fl	
Mol%	ΔH_B kJ/mol	ΔS_B J/mol K	ΔH_B kJ/mol	ΔS_B J/mol K	ΔH_B kJ/mol	ΔS_B J/mol K	ΔH_B kJ/mol	ΔS_B J/mol K
10	– 8	2,88	0,50	2,55	– 0,46	2,85	0,84	4,07
20	– 29	4,46	0,88	3,82	– 0,87	4,38	0,47	6,15
30	– 50	5,46	1,15	4,51	– 1,18	5,33	– 0,65	6,88
40	– 67	6,02	1,31	4,79	– 1,35	5,88	– 2,00	6,59
50	– 67	6,21	1,37	4,74	– 1,39	6,08	– 2,33	6,59
60	– 54	6,03	1,33	4,40	– 1,30	5,93	– 1,87	6,72
70	– 33	5,48	1,19	3,81	– 1,09	5,42	– 1,26	6,32
80	– 13	4,48	0,93	3,00	– 0,79	4,47	– 0,71	5,25
90	0	2,89	0,54	1,93	– 0,41	2,91	–	–

Sn–Zn		
750 K fl		
Mol%	ΔH_B kJ/mol	ΔS_B J/mol K
10	1,72	3,95
20	2,62	5,98
30	3,05	7,16
40	3,19	7,76
50	3,10	7,90
60	2,79	7,55
70	2,29	6,69
80	1,62	5,31
90	0,85	3,30

5.2.1.2 Lösungsenthalpien von Metallen bei unendlicher Verdünnung

(ΔH_i Änderung der Enthalpie bei der Auflösung von einem Mol des gelösten Metalles in einer (theoretisch) unendlich großen Menge des metallischen Lösemittels)

Lösemittel	Gelöstes Metall	T K	ΔH_i kJ/mol
Bi, flüssig	Ag, fest	723	+ 24,0
Bi, flüssig	Au, fest	723	+ 14,8
Cd, flüssig	Ag, fest	723	− 12,8
Cd, flüssig	Au, fest	723	− 48,4
Cd, flüssig	Cu, fest	723	+ 2,0
Cd, flüssig	Zn, flüssig		+ 8,05
Fe, flüssig	Si, flüssig	1873	− 12,1
Hg, flüssig	Bi, fest	370	+ 16
Hg, flüssig	Cd, fest	423	− 1,8
Hg, flüssig	Pb, fest	423	+ 10,1
Hg, flüssig	Sn, fest	423	+ 13,3
Hg, flüssig	Zn, fest	423	+ 10,1
In, flüssig	Au, fest	723	− 33,0
In, flüssig	Cu, fest	723	13,0
Pb, flüssig	Ag, fest	723	+ 24,0
Pb, flüssig	Au, fest	723	+ 5,1
Sn, flüssig	Ag, fest	723	+ 15,5
Sn, flüssig	Al, fest	623	+ 25,5
Sn, flüssig	Au, fest	698	− 21,7
Sn, flüssig	Cu, fest	700	+ 11,8
Sn, flüssig	Ga, flüssig	623	+ 2,95
Sn, flüssig	Tl, flüssig	623	+ 4,0
Tl, flüssig	Ag, fest	723	+ 25,7
Tl, flüssig	Au, fest	723	+ 11,0
Zn, flüssig	Cd, flüssig		+ 8,7

5.2.1.3 Metallische Lösungen mit O_2 und S

Bezogen auf ein Mol O oder S

O—Fe, fest (aus Fe und O_2) bei 1523 K			O—Fe, flüssig (aus flüssigem Fe und O_2) bei 1873 K		
Mol-% O	ΔH_B kJ/mol	ΔS_B J/mol · K	Mol-% O	ΔH_B kJ/mol	ΔS_B J/mol · K
51,4	– 133,7	– 31,8	0,8	– 0,91	
52,0	– 135,0	– 32,2	50,5	– 122,3	– 25,3
53,0	– 237,5	– 33,1	52,3	– 128,7	– 27,9
53,8	– 139,5	– 34,0	54,6	– 136,0	– 31,15
57,1	– 148,0	– 40,7	57,1	– 143,5	
57,9	– 157,2				

O— V, fest			S—Ag, flüssig (bei 1398 K)		
Mol-% O	298 K		Mol-% S	ΔH_B	ΔS_B
	ΔH_B kJ/mol	ΔS_B J/mol K		kJ/mol	J/mol K
48,0	– 204,5	– 46,7	1	– 0,71	0
52,5	– 224	– 48,0	5	– 3,68	– 0,75
60,0	– 246	– 53,7	15	– 12,35	– 4,1
65,0	– 242,5		25	– 23,1	– 9,4
66,7	– 238,5	– 61,1	33,3	– 34,2	– 15,1
68,4	– 233	– 59,9			
70,9	– 224,5	– 62,4			
71,1	– 223,5				
71,5	– 222	– 63,0			

S—Co, fest (S_2-Gas bei 1108 K)		S—Fe (aus γ-Fe und S_2-Gas bei 1250 K)			S—Ni, fest (S rhomb.) bei 298 K	
Mol-% S	ΔH_B kJ/mol	Mol-% S	ΔH_B kJ/mol	ΔS_B J/Kmol	Mol-% S	ΔH_B kJ/mol
41,1	– 53,4	50,0	– 76,0	– 26,9	40,0	– 39,8
44,0	– 57,9	50,6	– 76,7	– 27,5	45,1	– 44,6
47,0	– 63,8	51,7	– 78,0	– 28,2	50,0	– 46,5
50,9	– 73,4	53,3	– 77,8	– 28,9	66,7	– 47,3
53,0	– 76,4	66,6	– 103	– 66,3		
57,1	– 80,5					
66,7	– 90,0					

O— Ti, fest

Mol-% O	298 K			1273 K	
	Phase	ΔH_B kJ/mol	ΔS_B J/mol · K	Phase	ΔH_B kJ/mol
0,2	α	− 1,16		β	
1,6	α	− 9,6		β	
6,5	α	− 37,7	− 7,05	α	− 37,3
15,0	α	− 87,2		α	− 86,0
25,0	α	− 145	− 29,2	α	− 143
33,0	α	− 192		α	− 189
50,0	α-TiO	− 260	− 49,2	β-TiO	− 256,5
60,0	α-Ti_2O_3	− 304	− 58,0	β-Ti_2O_3	− 300
62,5	α-Ti_3O_5	− 307,5	− 59,3	β-Ti_3O_5	− 306
66,0				TiO_2	− 313
66,4	TiO_2			TiO_2	− 314
66,65	TiO_2	− 315	− 61,8	TiO_2	− 314

5.2.2 Neutralisationsenthalpie[1]

In den Tabellen ist die Enthalpieabnahme $-\Delta H_N$ bei Neutralisation für wässrige Lösungen angegeben.

Konzentrationsangabe:

N = Zahl der Mole Wasser pro Mol Säure bzw. Base
m = Zahl der Mole Säure bzw. Base pro 100 g Wasser
n = Zahl der Äquivalente Säure bzw. Base pro 1000 ml Wasser.

Mit * versehene Konzentrationsangaben beziehen sich auf die Endkonzentrationen des gebildeten Salzes.

5.2.2.1 Anorganische einbasige Säuren mit anorganischen Basen

beide in gleichen Konzentrationen

Säure	T K	Konzentration	$-\Delta H_N$ in kJ mol^{-1}		
			KOH	LiOH	NaOH
HBr	293	N = 100	58,492	58,580	57,940
HCl	293	N = 100	58,590	58,500	58,225
	298	m = 12	79,266		76,11
		8	69,936		68,07
		5	64,392		62,68
		3	60,919		59,66
		1	–		57,53
		→ 0	–		55,94

[1] Nach Landolt-Börnstein, 6. Aufl., Bd. II/4, Beitrag A. Neckel.

Anorganische einbasige Säuren mit anorganischen Basen (Fortsetzung)

beide in gleichen Konzentrationen

Säure	T K	Konzentration	$-\Delta H_N$ in kJ mol^{-1}		
			KOH	LiOH	NaOH
$HClO_4$	298	$m = 24$			100,081
		20			91,148
		15			78,596
		10			66,986
		5			58,388
		2			56,235
		1			55,982
HI	293	$N = 100$	58,187	58,229	57,694
HNO_3	293	$N = 100$	–	57,970	57,919
	279	$n = 0,25$	60,535		60,230
	291		58,193		57,339
	305		54,809		54,077
	279	0,1875	60,242		60,004
	291		57,993		57,247
	305		54,742		54,106
	279	0,125	60,255		59,916
	291		57,883		57,285
	305		–		53,926

5.2.2.2 Anorganische mehrbasige Säuren mit anorganischen Basen

Säure	T K	Konzentration	Base	Konzentration	$-\Delta H_N$ kJ/mol
H_3AsO_4	288	$N = 330$	1 NH_3	$N = 330$	57,55
			2 NH_3		101,7
			3 NH_3		105,1
			6 NH_3		107,1
H_3PO_4	288	$N = 330$	1 NH_3	$N = 330$	59,4
			2 NH_3		102,5
			3 NH_3		105,5
			6 NH_3		107,6
H_2SO_4	~288	$n = 2$	2 NaOH	$n = 2$	132,3
	~291	1	2 NaOH	$n = 1$	131,1
		0,5	2 NaOH	$n = 0,5$	132,9
		0,25	2 NaOH	$n = 0,25$	128,5
	298	$N \to \infty$	2 NaOH	$N = \to \infty$	113,14
H_2SiF_6	–	$n = 0,5$	2 NaOH	$n = 0,5$	130,2
			2 NaOH	0,25	112,3
			2 KOH	0,5	176,6
			$Ba(OH)_2$	0,5	136,2

5.2.2.3 Organische Säuren mit anorganischen Basen

Formel	Name	T K	Konzentration	Base	Konzentration	$-\Delta H_N$ kJmol^{-1}
CH_2O_2	Ameisensäure	298	$N \to \infty$	NaOH	$N \to \infty$	57,03
$C_2H_2O_4$	Oxalsäure	293	$N = 585$	2 NaOH	$n = 0{,}105$	117,6
$C_2H_4O_2$	Essigsäure	293	$N = 50$	NaOH	$N = 50$	55,99
			$N = 100$		$N = 100$	56,34
			$N = 800$		$N = 800$	56,73
		293	$N \to \infty$		$N \to \infty$	56,78
$C_3H_6O_2$	Propionsäure	293	$N \to \infty$	NaOH	$N \to \infty$	56,82
$C_4H_4O_4$	Maleinsäure	291,7	fest, $n^* = 0{,}014 \ldots 0{,}043$	2 NaOH	$n = 0{,}196$	93,63
		292,0	fest, $n^* = 0{,}03 \ldots 0{,}09$	1 NaOH	$n = 0{,}196$	35,28
$C_4H_4O_4$	Fumarsäure	291,7	fest, $n^* = 0{,}014 \ldots 0{,}044$	2 NaOH	$n = 0{,}196$	78,85
		292,1	fest, $n^* = 0{,}03 \ldots 0{,}08$	1 NaOH	$n = 0{,}196$	24,74
$C_4H_6O_6$	L(–)-Weinsäure	291,6	fest, $n^* = 0{,}03 \ldots 0{,}085$	1 NaOH	$n = 0{,}196$	38,9
		291,6	fest, $n^* = 0{,}014 \ldots 0{,}034$	2 NaOH	$n = 0{,}196$	88,1
$C_4H_6O_6$	Traubensäure	291,6	fest, $n^* = 0{,}03 \ldots 0{,}08$	1 NaOH	$n = 0{,}196$	29,7
$C_4H_8O_2$	Buttersäure	298	$N \to \infty$	NaOH	$N \to \infty$	59,54
$C_4H_8O_2$	Isobuttersäure	298	$N \to \infty$	NaOH	$N \to \infty$	60,71
$C_6H_8O_7$	Citronensäure	293	$N = 50$	NaOH	$N = 50$	53,89
		293	$N = 800$		$N = 800$	52,82
$C_7H_6O_2$	Benzoesäure	298	$N \to \infty$	NaOH	$N \to \infty$	56,11

5.2.3 Adsorptionswärme

Integrale Adsorptionswärme von Gasen an Aktivkohle

Stoff	Aktivkohle	Adsorbierte Menge in g Adsorpt./g Kohle	Adsorptionswärme kJ/mol
Argon	aktivierte Holzkohle	–	17,6
Wasserstoff	aktivierte Holzkohle	–	10,5
Stickstoff	aktivierte Holzkohle	–	18,4
Kohlenstoffmonoxid	Supersorbon TS	0,001	41,0
		0,002	36,8
		0,004	29,5
		0,006	23,4
Kohlenstoffdioxid	Supersorbon TS	0,005	31,0
		0,01	28,9
		0,02	27,4
		0,03	25,1
Ammoniak	Supersorbon TS	0,0045	55,3
		0,0065	51,1
		0,012	45,2
		0,016	42,7
		0,023	40,6
		0,028	39,8

Integrale Adsorptionswärme von Dämpfen an Aktivkohle
Adsorbierte Menge: $2 \cdot 10^{-3}$ Mol Dampf/g Aktivkohle

Stoff	Adsorptions-temperatur K	Adsorptions-wärme kJ/mol
Chlormethan	298	38,5
Dichlormethan	293	53,6
Chloroform	273	60,7
Tetrachlormethan	273	64,0
Chlorethan	273	50,2
Bromethan	298	58,2
Iodethan	298	58,6
Methanol	298	58,2
Ethanol	298	65,3
Propanol-(1)	298	68,6
Aceton	298	61,5
Diethylether	298	66,1

6 Kristallstrukturen anorganischer Verbindungen

H. Reuter, Anorganische Chemie, Universität Osnabrück

6.1 Einleitung

Die vorliegende Zusammenstellung soll einen Überblick über den strukturellen Aufbau der festen, kristallinen Materie vermitteln, die sich von amorpher und plastisch-kristalliner Materie, in der nur eine Nah- bzw. Fernordnung der einzelnen Materiebausteine ausgebildet ist, dadurch unterscheidet, daß in ihr beide Ordnungskriterien gleichzeitig realisiert sind.

Die exakte mathematische Beschreibung von Kristallstrukturen erfolgt nach dem Elementarzellen-Konzept, das die vollständigen Angaben zur Raumgruppe (Kristallsymmetrie), zur Metrik der Elementarzelle (Gitterkonstanten) sowie zum Strukturmotiv (Atomkoordinaten) enthält. Aus diesen Angaben lassen sich alle wesentlichen Größen, wie Abstände und Winkel zwischen den Kristallbausteinen, in mathematisch eindeutig definierter Weise berechnen und andere Strukturmerkmale, wie z. B. Größe und Form von Koordinationspolyedern, ableiten.

6.1.1 Elementarzellen und Kristallsysteme

Die in der kristallinen Materie auftretende Fernordnung bedingt, daß die Bausteine des Kristalls in allen drei Raumrichtungen periodisch angeordnet sind. Die kleinste Baueinheit des Kristalls, durch deren translatorische Verschiebung der Kristall vollständig und lückenlos zusammengesetzt werden kann, ist dabei ein Parallelepiped, d. h. ein Raumkörper, der von sechs Flächen begrenzt ist, die jeweils paarweise parallel zueinander liegen. Man bezeichnet einen solchen Körper als Elementarzelle.

Im mathematischen Sinne wird eine Elementarzelle, wie in Abb. 6.1 dargestellt, durch drei linear unabhängige Vektoren **a**, **b**, und **c** beschrieben, die definitionsgemäß ein Rechtssystem bilden, im allgemeinen aber weder normiert sind noch orthogonal zueinander stehen. Die Längen $a = |\mathbf{a}|$, $b = |\mathbf{b}|$ und $c = |\mathbf{c}|$ dieser Basisvektoren sowie die Winkel $\alpha = \sphericalangle(\mathbf{b}, \mathbf{c})$, $\beta = \sphericalangle(\mathbf{a}, \mathbf{c})$ und $\gamma = \sphericalangle(\mathbf{a}, \mathbf{b})$ zwischen ihnen bezeichnet man als Gitterparameter bzw. -konstanten.

Im allgemeinsten Fall einer Elementarzelle bestehen bzgl. der Längen der Basisvektoren und deren relativen Orientierung zueinander keine Restriktionen. Im Zusammenhang mit den im kristallinen

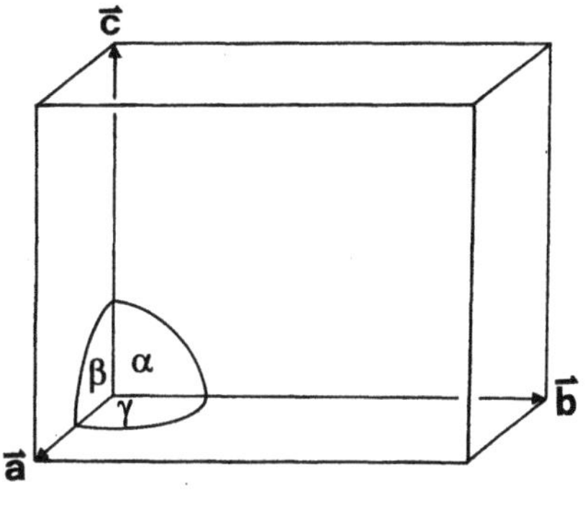

Abb. 6.1. Allgemeine Form einer Elementarzelle mit der Lage der Winkel α, β und γ in Bezug auf die drei linear unabhängigen Basisvektoren **a**, **b** und **c**, die so aufgestellt sind, daß sie ein Rechtssystem bilden.

Tabelle 6.1. Kristallographische Kristallsysteme

Kristallsystem	Konventionelles Koordinatensystem			Symmetrierichtung Stellung im Hermann-Mauguin Symbol		
	Restriktionen bezüglich		Bestimmungsgrößen			
	Winkel	Längen		1.	2.	3.
triklin	keine	keine	a,b,c,α, β, γ	–	–	–
monoklin*	$\alpha = \gamma = 90°$; $\beta > 90°$	keine	a,b,c, γ	[010]	–	–
orthorhombisch	$\alpha = \beta = \gamma = 90°$	keine	a,b,c	[100]	[010]	[001]
tetragonal	$\alpha = \beta = \gamma = 90°$	a = b; c	a,c	[001]	[100]	[110]
trigonal**	$\alpha = \beta = 90°$; $\gamma = 120°$	a = b; c	a,c	[001]	[100]	[120]
hexagonal	$\alpha = \beta = 90°$; $\gamma = 120°$	a = b; c	a,c	[001]	[100]	[120]
kubisch	$\alpha = \beta = \gamma = 90°$	a = b = c	a	[100]	[111]	[110]

* in der Standardaufstellung mit b als ausgezeichneter Achse.

** in einigen Fällen läßt die Raumgruppensymmetrie auch ein weiteres Kristallsystem zu, das sich durch die Randbedingungen a = b = c und $\alpha = \beta = \gamma \neq 90°$ beschreiben läßt, so daß in diesen Fällen als Bestimmungsgrößen a und α anfallen. Man bezeichnet das entsprechende Koordinatensystem in diesem Fall als rhomboedrisch.

Zustand vorhandenen Symmetrieelementen – und damit in den allermeisten Fällen – unterliegen diese Größen jedoch bestimmten Bedingungen, die dazu führen, daß man die sieben in Tab. 6.1 zusammengefaßten Kristall- oder Koordinatensysteme unterscheidet.

Da das Koordinatensystem in jedem Fall den Symmetrieeigenschaften der Struktur untergeordnet ist, kann es durchaus vorkommen, daß z. B. ein Kristall zwar eine tetragonale Metrik aufweist, seine Symmetrie (höchste Drehachse nur zweizählig und nicht vierzählig) jedoch nur ein monoklines Kristallsystem zuläßt.

6.1.2 Raumgruppen und Kristallklassen

Während die makroskopische Symmetrie von Kristallen über die 32 Kristallklassen erfaßt wird, die auch zur Beschreibung bestimmter physikalischer Eigenschaften, wie Wärmeleitung, Optik und Härte, herangezogen werden können, wird die Symmetrie des inneren Aufbaues der kristallinen Materie durch die Kombination von Punkt- und Translationssymmetrieelementen gruppentheoretisch durch 230 Raumgruppen beschrieben. Die in Tab. 6.2 aufgeführte Benennung der einzelnen Kristallklassen und Raumgruppen erfolgt heute nach den Richtlinien der International Union of Crystallography, die in den *INTERNATIONAL TABLES FOR CRYSTALLOGRAPHY, Volume A – Space Group Symmetry,* Kluwer, Dortrecht 1989 niedergelegt sind.

Der Bezug zwischen Kristallklassen und Raumgruppen ergibt sich daraus, daß der makroskopische Kristall aufgrund seiner endlichen Ausdehnung keine Translationssymmetrie besitzen kann. Seine äußere Symmetrie und damit seine Kristallklasse entspricht daher derjenigen Punktgruppe, die sich aus der Raumgruppe seines atomaren Aufbaus dadurch ergibt, daß die Translationssymmetrie weggelassen, Drehachsen an Stelle der Schraubenachsen und Spiegelebenen an Stelle der Gleitspiegelebenen gesetzt werden.

6.1.3 Strukturmotiv

Die Bausteine des Kristalls können Atome, Moleküle, Einzelionen oder komplexe Ionen sein, wobei die Schwerpunkte der Teilchen in regelmäßiger Anordnung den Kristall aufbauen. Die Lage dieser Bausteine in der Elementarzelle wird, wie in Abb. 6.2 gezeigt, anhand ihrer relativen bzw. fraktionierten Koordinaten x, y, z beschrieben, die aus dem Ortsvektor $\mathbf{r} = x\mathbf{a} + y\mathbf{b} + z\mathbf{c}$ des betroffenen Punktes entnommen werden.

Tabelle 6.2 Übersichtstabelle zu den Raumgruppensymbolen

Nr.	Standard	Vollständiges	Schoenflies-Symbol	Kristallklasse
	Hermann-Mauguin-Symbol			
triklin				
1	*P*1	*P*1	C_1^1	1
2	$P\bar{1}$	$P\bar{1}$	C_i^1	$\bar{1}$
monoklin				
3	*P*2	*P*121	C_2^1	2
4	$P2_1$	$P12_11$	C_2^2	
5	*C*2	*C*121	C_2^3	
6	*Pm*	*P*1*m*1	C_s^1	*m*
7	*Pc*	*P*1*c*1	C_s^2	
8	*Cm*	*C*1*m*1	C_s^3	
9	*Cc*	*C*1*c*1	C_s^4	
10	*P*2/*m*	*P*12/*m*1	C_{2h}^1	2/*m*
11	$P2_1/m$	$P12_1/m1$	C_{2h}^2	
12	*C*2/*m*	*C*12/*m*1	C_{2h}^3	
13	*P*2/*c*	*P*12/*c*1	C_{2h}^4	
14	$P2_1/c$	$P12_1/c1$	C_{2h}^5	
15	*C*2/*c*	*C*12/*c*1	C_{2h}^6	
orthorhombisch				
16	*P*222	*P*222	D_2^1	222
17	$P222_1$	$P222_1$	D_2^2	
18	$P2_12_12$	$P2_12_12$	D_2^3	
19	$P2_12_12_1$	$P2_12_12_1$	D_2^4	
20	$C222_1$	$C222_1$	D_2^5	
21	*C*222	*C*222	D_2^6	
22	*F*222	*F*222	D_2^7	
23	*I*222	*I*222	D_2^8	
24	$I2_12_12_1$	$I2_12_12_1$	D_2^9	
25	*Pmm*2	*Pmm*2	C_{2v}^1	*mm*2
26	$Pmc2_1$	$Pmc2_1$	C_{2v}^2	
27	*Pcc*2	*Pcc*2	C_{2v}^3	
28	*Pma*2	*Pma*2	C_{2v}^4	
29	$Pca2_1$	$Pca2_1$	C_{2v}^5	
30	*Pnc*2	*Pnc*2	C_{2v}^6	
31	$Pmn2_1$	$Pmn2_1$	C_{2v}^7	
32	*Pba*2	*Pba*2	C_{2v}^8	
33	$Pna2_1$	$Pna2_1$	C_{2v}^9	
34	*Pnn*2	*Pnn*2	C_{2v}^{10}	
35	*Cmm*2	*Cmm*2	C_{2v}^{11}	
36	$Cmc2_1$	$Cmc2_1$	C_{2v}^{12}	
37	*Ccc*2	*Ccc*2	C_{2v}^{13}	
38	*Amm*2	*Amm*2	C_{2v}^{14}	
39	*Abm*2	*Abm*2	C_{2v}^{15}	
40	*Ama*2	*Ama*2	C_{2v}^{16}	
41	*Aba*2	*Aba*2	C_{2v}^{17}	
42	*Fmm*2	*Fmm*2	C_{2v}^{18}	
43	*Fdd*2	*Fdd*2	C_{2v}^{19}	
44	*Imm*2	*Imm*2	C_{2v}^{20}	
45	*Iba*2	*Iba*2	C_{2v}^{21}	
46	*Ima*2	*Ima*2	C_{2v}^{22}	
47	*Pmmm*	*P*2/*m*2/*m*2/*m*	D_{2h}^1	*mmm*
48	*Pnnn*	*P*2/*n*2/*n*2/*n*	D_{2h}^2	
49	*Pccm*	*P*2/*c*2/*c*2/*m*	D_{2h}^3	
50	*Pban*	*P*2/*b*2/*a*2/*n*	D_{2h}^4	
51	*Pmma*	$P2_1/m2/m2/a$	D_{2h}^5	
52	*Pnna*	$P2/n2_1/n2/a$	D_{2h}^6	
53	*Pmna*	$P2/m2/n2_1/a$	D_{2h}^7	
54	*Pcca*	$P2_1/c2/c2/a$	D_{2h}^8	
55	*Pbam*	$P2_1/b2_1/a2/m$	D_{2h}^9	
56	*Pccn*	$P2_1/c2_1/c2/n$	D_{2h}^{10}	
57	*Pbcm*	$P2/b2_1/c2_1/m$	D_{2h}^{11}	
58	*Pnnm*	$P2_1/n2_1/n2/m$	D_{2h}^{12}	
59	*Pmmn*	$P2_1/m2_1/m2/n$	D_{2h}^{13}	
60	*Pbcn*	$P2_1/b2/c2_1/n$	D_{2h}^{14}	
61	*Pbca*	$P2_1/b2_1/c2_1/a$	D_{2h}^{15}	
62	*Pnma*	$P2_1/n2_1/m2_1/a$	D_{2h}^{16}	
63	*Cmcm*	$C2/m2/c2_1/m$	D_{2h}^{17}	
64	*Cmca*	$C2/m2/c2_1/a$	D_{2h}^{18}	
65	*Cmmm*	*C*2/*m*2/*m*2/*m*	D_{2h}^{19}	
66	*Cccm*	*C*2/*c*2/*c*2/*m*	D_{2h}^{20}	
67	*Cmma*	*C*2/*m*2/*m*2/*a*	D_{2h}^{21}	
68	*Ccca*	*C*2/*c*2/*c*2/*a*	D_{2h}^{22}	
69	*Fmmm*	*F*2/*m*2/*m*2/*m*	D_{2h}^{23}	
70	*Fddd*	*F*2/*d*2/*d*2/*d*	D_{2h}^{24}	
71	*Immm*	*I*2/*m*2/*m*2/*m*	D_{2h}^{25}	
72	*Ibam*	*I*2/*b*2/*a*2/*m*	D_{2h}^{26}	
73	*Ibca*	$I2_1/b2_1/c2_1/a$	D_{2h}^{27}	
74	*Imma*	$I2_1/m2_1/m2_1/a$	D_{2h}^{28}	
tetragonal				
75	*P*4	*P*4	C_4^1	4
76	$P4_1$	$P4_1$	C_4^2	
77	$P4_2$	$P4_2$	C_4^3	
78	$P4_3$	$P4_3$	C_4^4	
79	*I*4	*I*4	C_4^5	
80	$I4_1$	$I4_1$	C_4^6	
81	$P\bar{4}$	$P\bar{4}$	S_4^1	$\bar{4}$
82	$I\bar{4}$	$I\bar{4}$	S_4^2	
83	*P*4/*m*	*P*4/*m*	C_{4h}^1	4/*m*
84	$P4_2/m$	$P4_2/m$	C_{4h}^2	
85	*P*4/*n*	*P*4/*n*	C_{4h}^3	
86	$P4_2/n$	$P4_2/n$	C_{4h}^4	
87	*I*4/*m*	*I*4/*m*	C_{4h}^5	
88	$I4_1/a$	$I4_1/a$	C_{4h}^6	
89	*P*422	*P*422	D_4^1	422
90	$P42_12$	$P42_12$	D_4^2	
91	$P4_122$	$P4_122$	D_4^3	
92	$P4_12_12$	$P4_12_12$	D_4^4	
93	$P4_222$	$P4_222$	D_4^5	
94	$P4_22_12$	$P4_22_12$	D_4^6	
95	$P4_322$	$P4_322$	D_4^7	
96	$P4_32_12$	$P4_32_12$	D_4^8	
97	*I*422	*I*422	D_4^9	
98	$I4_122$	$I4_122$	D_4^{10}	

Tabelle 6.2 (Fortsetzung)

Nr.	Standard (Hermann-Mauguin-Symbol)	Vollständiges (Hermann-Mauguin-Symbol)	Schoenflies-Symbol	Kristallklasse
99	$P4mm$	$P4mm$	C_{4v}^1	$4mm$
100	$P4bm$	$P4bm$	C_{4v}^2	
101	$P4_2cm$	$P4_2cm$	C_{4v}^3	
102	$P4_2nm$	$P4_2nm$	C_{4v}^4	
103	$P4cc$	$P4cc$	C_{4v}^5	
104	$P4nc$	$P4nc$	C_{4v}^6	
105	$P4_2mc$	$P4_2mc$	C_{4v}^7	
106	$P4_2bc$	$P4_2bc$	C_{4v}^8	
107	$I4mm$	$I4mm$	C_{4v}^9	
108	$I4cm$	$I4cm$	C_{4v}^{10}	
109	$I4_1md$	$I4_1md$	C_{4v}^{11}	
110	$I4_1cd$	$I4_1cd$	C_{4v}^{12}	
111	$P\bar{4}2m$	$P\bar{4}2m$	D_{2d}^1	$\bar{4}2m$
112	$P\bar{4}2c$	$P\bar{4}2c$	D_{2d}^2	
113	$P\bar{4}2_1m$	$P\bar{4}2_1m$	D_{2d}^3	
114	$P\bar{4}2_1c$	$P\bar{4}2_1c$	D_{2d}^4	
115	$P\bar{4}m2$	$P\bar{4}m2$	D_{2d}^5	
116	$P\bar{4}c2$	$P\bar{4}c2$	D_{2d}^6	
117	$P\bar{4}b2$	$P\bar{4}b2$	D_{2d}^7	
118	$P\bar{4}n2$	$P\bar{4}n2$	D_{2d}^8	
119	$I\bar{4}m2$	$I\bar{4}m2$	D_{2d}^9	
120	$I\bar{4}c2$	$I\bar{4}c2$	D_{2d}^{10}	
121	$I\bar{4}2m$	$I\bar{4}2m$	D_{2d}^{11}	
122	$I\bar{4}2d$	$I\bar{4}2d$	D_{2d}^{12}	
123	$P4/mmm$	$P4/m2/m2/m$	D_{4h}^1	$4/mmm$
124	$P4/mcc$	$P4/m2/c2/c$	D_{4h}^2	
125	$P4/nbm$	$P4/n2/b2/m$	D_{4h}^3	
126	$P4/nnc$	$P4/n2/n2/c$	D_{4h}^4	
127	$P4/mbm$	$P4/m2_1/b2/m$	D_{4h}^5	
128	$P4/mnc$	$P4/m2_1/n2/c$	D_{4h}^6	
129	$P4/nmm$	$P4/n2_1/m2/m$	D_{4h}^7	
130	$P4/ncc$	$P4/n2_1/c2/c$	D_{4h}^8	
131	$P4_2/mmc$	$P4_2/m2/m2/c$	D_{4h}^9	
132	$P4_2/mcm$	$P4_2/m2/c2/m$	D_{4h}^{10}	
133	$P4_2/nbc$	$P4_2/n2/b2/c$	D_{4h}^{11}	
134	$P4_2/nnm$	$P4_2/n2/n2/m$	D_{4h}^{12}	
135	$P4_2/mbc$	$P4_2/m2_1/b2/c$	D_{4h}^{13}	
136	$P4_2/mnm$	$P4_2/m2_1/n2/m$	D_{4h}^{14}	
137	$P4_2/nmc$	$P4_2/n2_1/m2/c$	D_{4h}^{15}	
138	$P4_2/ncm$	$P4_2/n2_1/c2/m$	D_{4h}^{16}	
139	$I4/mmm$	$I4/m2/m2/m$	D_{4h}^{17}	
140	$I4/mcm$	$I4/m2/c2/m$	D_{4h}^{18}	
141	$I4_1/amd$	$I4_1/a2/m2/d$	D_{4h}^{19}	
142	$I4_1/acd$	$I4_1/a2/c2/d$	D_{4h}^{20}	
trigonal				
143	$P3$	$P3$	C_3^1	3
144	$P3_1$	$P3_1$	C_3^2	
145	$P3_2$	$P3_2$	C_3^3	
146	$R3$	$R3$	C_3^4	
147	$P\bar{3}$	$P\bar{3}$	C_{3i}^1	$\bar{3}$
148	$R\bar{3}$	$R\bar{3}$	C_{3i}^2	
149	$P312$	$P312$	D_3^1	32
150	$P321$	$P321$	D_3^2	
151	$P3_112$	$P3_112$	D_3^3	
152	$P3_121$	$P3_121$	D_3^4	
153	$P3_212$	$P3_212$	D_3^5	
154	$P3_221$	$P3_221$	D_3^6	
155	$R32$	$R32$	D_3^7	
156	$P3m1$	$P3m1$	C_{3v}^1	$3m$
157	$P31m$	$P31m$	C_{3v}^2	
158	$P3c1$	$P3c1$	C_{3v}^3	
159	$P31c$	$P31c$	C_{3v}^4	
160	$R3m$	$R3m$	C_{3v}^5	
161	$R3c$	$R3c$	C_{3v}^6	
162	$P\bar{3}1m$	$P\bar{3}12/m$	D_{3d}^1	$\bar{3}m$
163	$P\bar{3}1c$	$P\bar{3}12/c$	D_{3d}^2	
164	$P\bar{3}m1$	$P\bar{3}2/m1$	D_{3d}^3	
165	$P\bar{3}c1$	$P\bar{3}2/c1$	D_{3d}^4	
166	$R\bar{3}m$	$R\bar{3}2/m$	D_{3d}^5	
167	$R\bar{3}/c$	$R\bar{3}2/c$	D_{3d}^6	
hexagonal				
168	$P6$	$P6$	C_6^1	6
169	$P6_1$	$P6_1$	C_6^2	
170	$P6_5$	$P6_5$	C_6^3	
171	$P6_2$	$P6_2$	C_6^4	
172	$P6_4$	$P6_4$	C_6^5	
173	$P6_3$	$P6_3$	C_6^6	
174	$P\bar{6}$	$P\bar{6}$	C_{3h}^1	$\bar{6}$
175	$P6/m$	$P6/m$	C_{6h}^1	$6/m$
176	$P6_3/m$	$P6_3/m$	C_{6h}^2	
177	$P622$	$P622$	D_6^1	622
178	$P6_122$	$P6_122$	D_6^2	
179	$P6_522$	$P6_522$	D_6^3	
180	$P6_222$	$P6_222$	D_6^4	
181	$P6_422$	$P6_422$	D_6^5	
182	$P6_322$	$P6_322$	D_6^6	
183	$P6mm$	$P6mm$	C_{6v}^1	$6mm$
184	$P6cc$	$P6cc$	C_{6v}^2	
185	$P6_3cm$	$P6_3cm$	C_{6v}^3	
186	$P6_3mc$	$P6_3mc$	C_{6v}^4	
187	$P\bar{6}m2$	$P\bar{6}m2$	D_{3h}^1	$\bar{6}m2$
188	$P\bar{6}c2$	$P\bar{6}c2$	D_{3h}^2	
189	$P\bar{6}2m$	$P\bar{6}2m$	D_{3h}^3	
190	$P\bar{6}2c$	$P\bar{6}2c$	D_{3h}^4	
191	$P6/mmm$	$P6/m2/m2/m$	D_{6h}^1	$6/mmm$
192	$P6/mcc$	$P6/m2/c2/c$	D_{6h}^2	
193	$P6_3/mcm$	$P6_3/m2/c2/m$	D_{6h}^3	
194	$P6_3/mmc$	$P6_3/m2/m2/c$	D_{6h}^4	

Tabelle 6.2 (Fortsetzung)

Nr.	Standard Hermann-Mauguin-Symbol	Vollständiges Hermann-Mauguin-Symbol	Schoenflies-Symbol	Kristallklasse	Nr.	Standard Hermann-Mauguin-Symbol	Vollständiges Hermann-Mauguin-Symbol	Schoenflies-Symbol	Kristallklasse
kubisch					212	$P4_332$	$P4_332$	O^6	
					213	$P4_132$	$P4_132$	O^7	
195	$P23$	$P23$	T^1	23	214	$I4_132$	$I4_132$	O^8	
196	$F23$	$F23$	T^2						
197	$I23$	$I23$	T^3		215	$P\bar{4}3m$	$P\bar{4}3m$	T_d^1	$\bar{4}3m$
198	$P2_13$	$P2_13$	T^4		216	$F\bar{4}3m$	$F\bar{4}3m$	T_d^2	
199	$I2_13$	$I2_13$	T^5		217	$I\bar{4}3m$	$I\bar{4}3m$	T_d^3	
					218	$P\bar{4}3n$	$P\bar{4}3n$	T_d^4	
200	$Pm\bar{3}$	$P2/m\bar{3}$	T_h^1	$m\bar{3}$	219	$F\bar{4}3c$	$F\bar{4}3c$	T_d^5	
201	$Pn\bar{3}$	$P2/n\bar{3}$	T_h^2		220	$I\bar{4}3d$	$I\bar{4}3d$	T_d^6	
202	$Fm\bar{3}$	$F2/m\bar{3}$	T_h^3						
203	$Fd\bar{3}$	$F2/d\bar{3}$	T_h^4		221	$Pm\bar{3}m$	$P4/m\bar{3}2/m$	O_h^1	$m\bar{3}m$
204	$Im\bar{3}$	$I2/m\bar{3}$	T_h^5		222	$Pn\bar{3}n$	$P4/\bar{3}2/n$	O_h^2	
205	$Pa\bar{3}$	$P2_1/a\bar{3}$	T_h^6		223	$Pm\bar{3}n$	$P4_2/m\bar{3}2/n$	O_h^3	
206	$Ia\bar{3}$	$I2_1/a\bar{3}$	T_h^7		224	$Pn\bar{3}m$	$P4_2/n\bar{3}2/m$	O_h^4	
					225	$Fm\bar{3}m$	$F4/m\bar{3}2/m$	O_h^5	
207	$P432$	$P432$	O^1	432	226	$Fm\bar{3}c$	$F4/m\bar{3}2/c$	O_h^6	
208	$P4_232$	$P4_232$	O^2		227	$Fd\bar{3}m$	$F4_1/d\bar{3}2/m$	O_h^7	
209	$F432$	$F432$	O^3		228	$Fd\bar{3}c$	$F4_1/d\bar{3}2/c$	O_h^8	
210	$F4_132$	$F4_132$	O^4		229	$Im\bar{3}m$	$I4/m\bar{3}2/m$	O_h^9	
211	$I432$	$I432$	O^5		230	$Ia\bar{3}d$	$I4_1/a\bar{3}2/d$	O_h^{10}	

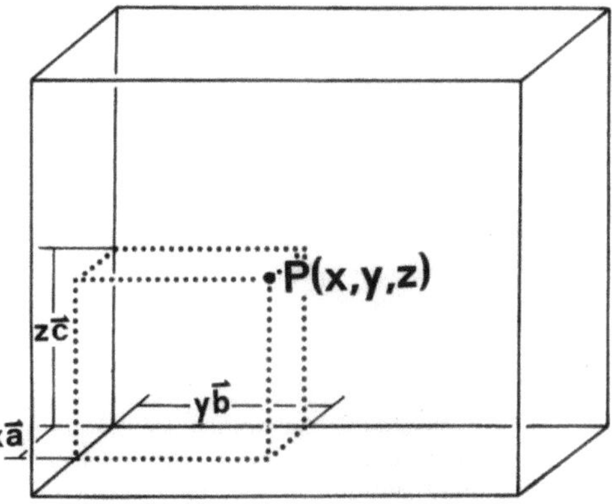

Abb. 6.2 Zur Bestimmung der relativen Koordinaten eines Punktes P in einer Elementarzelle

Hält sich das atomare Teilchen eines Kristallbausteines in einer Punktlage x, y, z auf, die nicht Bestandteil eines Punktsymmetrieelements der Raumgruppe ist, so spricht man davon, daß es sich in einer allgemeinen Lage befindet. Im anderen Fall handelt es sich um eine spezielle Lage. In diesem Fall nehmen die Koordinaten definierte Werte an. Die in einer Raumgruppe vorkommenden speziellen Lagen sind in den *INTERNATIONAL TABLES* aufgelistet und werden dort über ihr Wyckoff-Symbol a, b, c, ... unterschieden.

Die Angabe des Zellinhaltes bezieht sich immer auf die chemische Summenformel, d. h. man gibt an, wieviele Formeleinheiten in der Elementarzelle enthalten sind. Diese Zahl kann immer nur ganzzahlig sein. Bei nichtstöchiometrischen Verbindungen sind bestimmte Atome in verschiedenen Elementarzellen des Kristalls mal vorhanden, mal nicht. In diesem Fall ergibt sich als Summe dieser statistischen Fehlordnung eine gebrochene Zahl von Atomen in der Elementarzelle.

Das Strukturmotiv selbst kann einen Bruchteil der Summenformel ausmachen, wenn ein Punktsymmetrieelement der Raumgruppe mit einem Eigensymmetrielement des Strukturmotivs zusammenfällt. Man bezeichnet den symmetrieunabhängigen Teil des Strukturmotivs als asymmetrische Einheit.

6.1.4 Kristallstrukturbeschreibung

Das Elementarzellen-Konzept liefert häufig eine aus chemischer Sicht unbefriedigende Vorstellung von den Bindungs- und Nachbarschaftsverhältnissen im Kristall, weswegen man zur Beschreibung von Kristallstrukturen häufig auf andere Konzepte zurückgreift. In vielen Fällen stellen diese jedoch nur Näherungen dar, die häufig nicht auf alle Arten von Kristallstrukturen anwendbar sind. Da diese Konzepte jedoch wesentlich anschaulicher sind als das exakte Elementarzellen-Konzept, sind sie im Bereich der Chemie weit verbreitet. Dabei ist bei jeder einzelnen Struktur zu entscheiden, welche Beschreibungsweise vorteilhafter ist.

Konzept dichter Kugelpackungen

Eines der wichtigsten Konzepte zur Beschreibung von Kristallstrukturen geht davon aus, daß sich die Kristallbausteine wie starre Kugeln verhalten, die sich gegenseitig zwar berühren, aber nicht durchdringen. Dementsprechend haben diese Kugeln einen bestimmten Radius r und ein definiertes Volumen $V = {}^{4}/_{3}\pi r^3$.

Aufgrund dieser Voraussetzungen läßt sich das Konzept relativ gut auf solche Verbindungen anwenden, in denen die Kristallbausteine aus Metall- oder Edelgasatomen bzw. Ionen (→ Sphalerit) bestehen. Die Grenzen des Modells werden dort erreicht, wo kovalente Bindunganteile (→ Diamant) vorherrschen bzw. an Bedeutung gewinnen.

Zweidimensional lassen sich Kugeln gleicher Größe in Form von (6^3)-Schichten, wie sie in Abb. 6.3 dargestellt sind, am dichtesten packen. In einer solchen Schicht hat jede Kugel sechs andere Kugeln in unmittelbarer Nachbarschaft (6), die Schicht wird aus Dreiecken gebildet (^{3}).

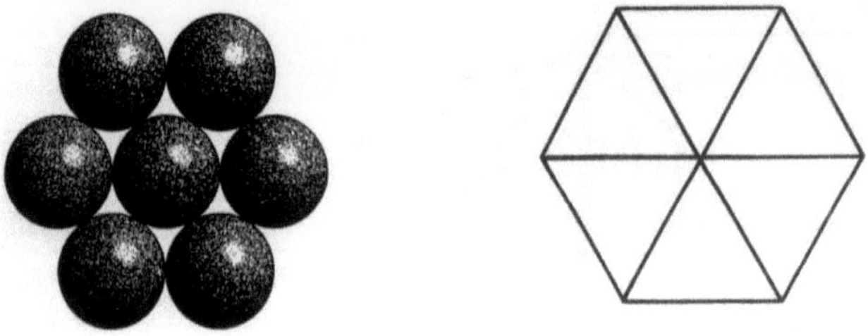

Abb. 6.3 Aufbauschema einer hexagonal dicht gepackten Kugelschicht

Dreidimensional lassen sich solche hexagonal dicht gepackten Kugelschichten dann mit größtmöglicher Raumerfüllung packen, wenn sie auf Lücke übereinander gelegt werden. Da jeweils zwei Möglichkeiten existieren, gibt es eine Vielzahl von Stapelvarianten. Am wichtigsten sind die in Abb. 6.4 dargestellte hexagonal und kubisch dichte Kugelpackung mit den Stapelabfolgen AB bzw. ABC.

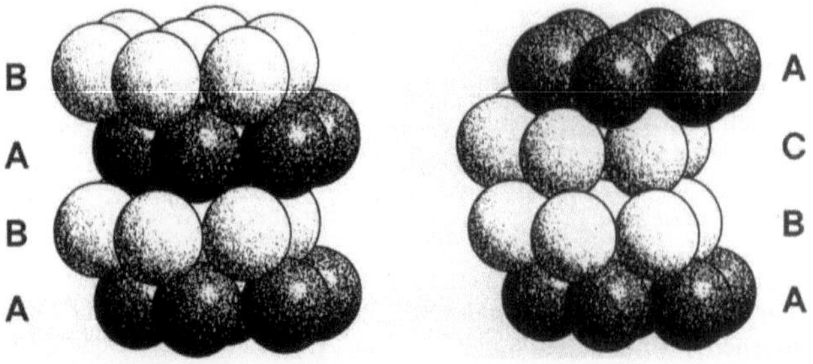

Abb. 6.4 Stapelfolgen der hexagonal dicht gepackten Kugelschichten bei der hexagonal bzw. kubisch dichten Kugelpackung

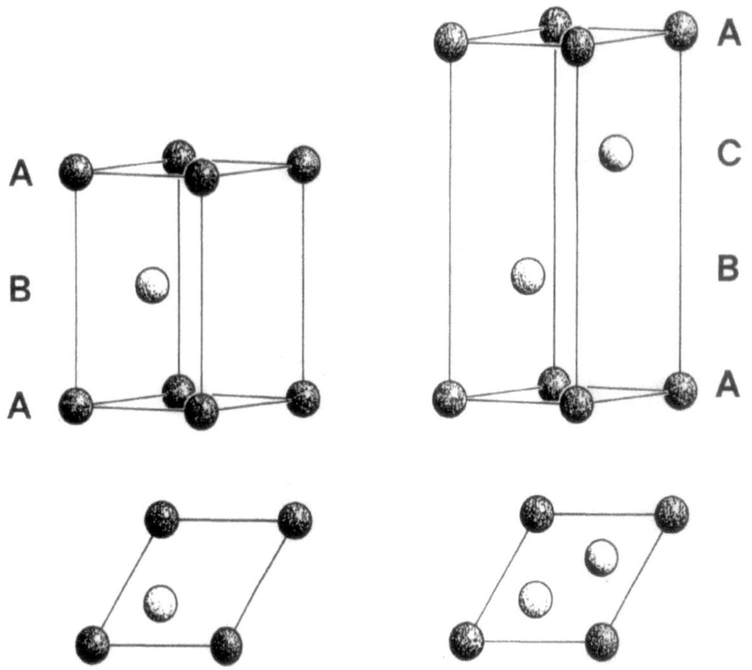

Abb. 6.5 Prinzipielle Anordnung der Atome bei einer hexagonalen Aufstellung der hexagonal bzw. kubisch dichten Kugelpackung

Sowohl die hexagonal (→ Mg) als auch kubisch (→ Cu) dichte Kugelpackung und Stapelvarianten davon lassen sich einheitlich – unter Nichtbeachtung der Symmetrie – mit einer hexagonalen Elementarzelle beschreiben. Im ersten Fall liegen die Bausteine der Schicht A in (0,0,0) und die der Schicht B in ($^1/_3$, $^2/_3$, $^1/_2$), im zweiten Fall in A (0,0,0), B ($^1/_3$, $^2/_3$, $^1/_3$) und C ($^2/_3$, $^1/_3$, $^2/_3$). Die Lagen der Atome sind in Abb. 6.5 graphisch wiedergegeben.

In diesen Kugelpackungen sind pro Teilchen X zwei Tetraeder- (T) und eine Oktaederlücke (O), vorhanden, so daß sich bei vollständiger Besetzung dieser Lücken die Zusammensetzung T_2OX ergibt. Die Oktaederlücken befinden sich in einer Schicht genau in der Mitte zwischen zwei Kugelschichten, während die Tetraederlücken in zwei Schichten jeweils in der Mitte zwischen der Oktaederlückenschicht und den beiden benachbarten Kugelschichten anzutreffen sind. Die Lagen dieser Lücken zueinander werden bei dem in Abb. 6.6 gezeigten Schnitt entlang [110] der hexagonalen Zelle deutlich.

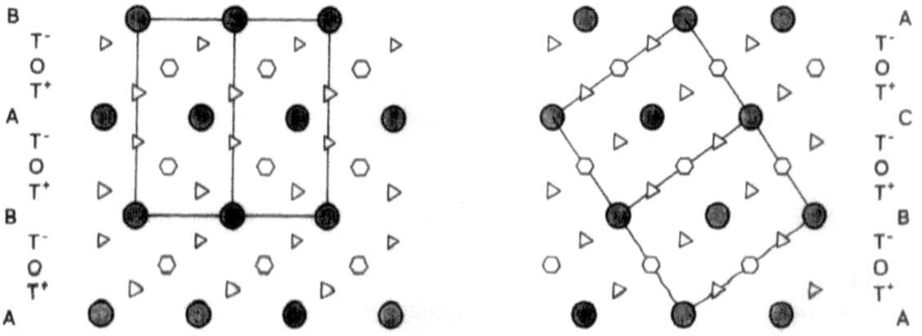

Abb. 6.6 Lage der Schichten der Tetraeder- und Oktaederlücken in einer hexagonal bzw. kubisch dichten Kugelpackung. Es bedeuten: O = Oktaeder T^+ = Tetraeder mit Spitzen nach oben; T^- = Tetraeder mit Spitzen nach unten

Polyederkonzept

Ein weiteres wichtiges Konzept zur Beschreibung von Kristallstrukturen basiert auf den Koordinationspolyedern, die an den verschiedenen Kristallbausteinen vorkommen, wobei die Form und das Verknüpfungsmuster (Ecke/Kante/Fläche) von entscheidender Bedeutung sind.

So findet man etwa in einer kubisch bzw. hexagonal dichten Kugelpackung von Anionen, in der alle Oktaederlücken mit Metallatomen besetzt sind, Schichten kantenverknüpfter Oktaeder mit dem in Abb. 6.7 gezeigten Aufbau.

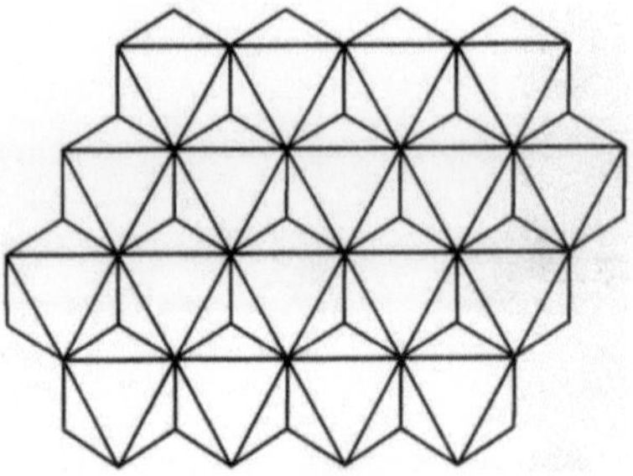

Abb. 6.7 Aufbau einer vollständig besetzten Oktaederschicht in einer hexagonal bzw. kubisch dichten Kugelpackung

Weitere in Kristallstrukturen häufig anzutreffende Koordinationspolyeder sind in Abb. 6.8 zusammengestellt.

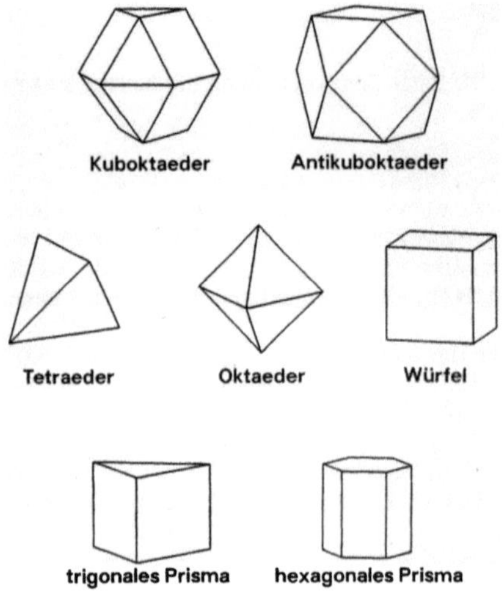

Abb. 6.8 In Kristallstrukturen relativ häufig anzutreffende Koordinationspolyeder

Konzept der Stabpackungen

Bei der Beschreibung einiger komplex aufgebauter Kristallstrukturen wird häufig auf das Konzept der Stabpackungen zurückgegriffen. Dieses geht davon aus, daß bestimmte Baueinheiten im Kristall so zueinander angeordnet sind, daß sich kettenförmige Bauverbände – die Stäbe – erkennen lassen. Solche Stäbe können in vielfältiger Weise, wie z.B. hexagonal, tetragonal, kubisch primitiv oder kubisch innenzentriert gepackt werden. Einen Überblick über dieses Konzept findet sich bei *M. O'Keefe, S. Andersson*, Acta Crystallogr. **A33** (1977) 914–923.

In diesem Kapitel wurde das Konzept in etwas abgewandelter Form auch auf die Beschreibung von Kristallstrukturen angewendet, in denen komplexe Ionen vorhanden sind. Unter bestimmten Blickwinkeln lassen sich auch dort Stäbe von Baugruppen – in diesem Fall Stränge genannt – erkennen. Im Unterschied zu den zuvor genannten Stabpackungen sind die einzelnen Bausteine dieser Stränge jedoch nicht direkt miteinander verbunden, sondern nur mit großem Abstand hintereinander aufgereiht.

6.1.5 Erläuterungen zu den Kristalldaten

Zwei kristalline Stoffe haben den gleichen Strukturtyp, wenn sie zur selben Raumgruppe gehören und die Atome in der Elementarzelle die gleichen Punktlagen besetzen. Man bezeichnet solche Kristallstrukturen als isotyp. Die vorstehend genannten Bedingungen beinhalten, daß die Stöchiometrien isotyper Verbindungen übereinstimmen müssen. Hingegen spielen die Art der Kristallbausteine, der Typ der chemischen Bindung, die Abstände zwischen den Atomen usw. bei dieser Art der Klassifizierung keine Rolle. Es ist üblich, einen Strukturtyp nach einem chemischen Element, einer Verbindung oder einem Mineral zu benennen, das/die als Prototyp für diese Struktur angesehen wird. Als Antityp zu einem bestimmten Strukturtyp bezeichnet man eine Verbindung, bei dem die Metallatome/Kationen die Plätze der Nichtmetallatome/Anionen einnehmen und umgekehrt.

Die Vielzahl der in der Natur auftretenden Strukturtypen machte eine Auswahl zwingend notwendig. Dabei wurde im wesentlichen auf den Bestand der vorherigen Ausgabe dieses Handbuches zurückgegriffen, ergänzt durch einige zusätzliche Strukturtypen. Maßgeblich für die Auswahl waren neben der Häufigkeit, mit der die betreffenden Strukturtypen auftreten auch kristallchemische Gründe. Die Anordnung der Strukturtypen innerhalb der einzelnen Tabellen erfolgt streng alphabetisch.

Auf eine Berücksichtigung der bei den Silikaten auftretenden Strukturtypen wurde verzichtet, da sie in der Monographie von *F. Liebau*, Structural Chemistry of Silicates, Springer, Berlin 1985 ausführlich beschrieben sind. Auf die Strukturen der Actiniden und deren Verbindungen wurde aus Platzgründen verzichtet. Mit wenigen Ausnahmen fanden auch Hoch- (HT) bzw. Tief (TT)-Temperaturphasen keine Berücksichtigung, so daß sich die in den Tabellen aufgeführten Daten – sofern nicht anders angegeben – auf die Normaltemperatur (293 ± 10 K) und Normaldruckphasen (1013,25 hPa) beziehen.

Die Stoffauswahl gliedert sich für jeden Strukturtyp in eine Kopfzeile, die kristallographischen Daten, Angaben zu den Koordinationsverhältnissen und Atomabständen, sowie eine Strukturbeschreibung inclusive Abbildung und eine Liste der isotypen Verbindungen.

Die Kopfzeile setzt sich zusammen aus der links stehenden Summenformel und dem systematischen Namen der Verbindung. Daran anschließend folgen Angaben über den Strukturtyp nach der alten Strukturberichtsnomenklatur, gefolgt von einem gebräuchlichen Trivialnamen. Die rechte Seite wird vom Namen des Minerals abgeschlossen. In den Fällen, wo sich eine Abweichung zwischen der zur Beschreibung des Strukturtyps gewählten Verbindung und dem zur Benennung üblicherweise verwendeten Mineral- oder Verbindungsnamen ergibt, wurde dieser durch einen kursiven Schriftzug gekennzeichnet.

Unter der Kopfzeile folgen die kristallographischen Daten der Verbindung, d.h. die Metrik und Symmetrie der Elementarzelle, sowie die Koordinaten der Atome in der asymmetrischen Einheit. Zur Beschreibung der Koordinationsverhältnisse wurde das betrachtete Atom in geschweifte Klammern gesetzt. Die tiefgestellten Zahlen bezeichnen dabei die Koordinationszahl, während hochgestellt die Geometrie der Koordinationssphäre angegeben ist. Hierbei wurden folgende Abkürzungen verwendet:

antikubokt.	antikuboktaedrisch	quadr. pyr.	quadratisch pyramidal
gew.	gewinkelt	tetr.	tetraedrisch
hex. prism.	hexagonal prismatisch	tpl.	trigonal planar
ikosaedr.	ikosaedrisch	trig. bas.	trigonal basal
kubokt.	kuboktaedrisch	trig. bipyr.	trigonal bipyramidal
lin.	linear	trig. prism.	trigonal prismatisch
pentag. pyr.	pentagonal pyramidal	verz.	verzerrt
quadr. bas.	quadratisch basal	würfelf.	würfelförmig
quadr. plan.	quadratisch planar		

Die Strukturbeschreibungen wurden unter Berücksichtigung der zuvor beschriebenen Konzepte so kurz wie möglich gehalten. Die bei der Strukturbeschreibung wiedergegebenen Abbildungen wurden unter dem Gesichtspunkt entworfen, daß der Betrachter einen räumlichen Eindruck gewinnt. Die atomaren Bausteine wurden daher nach Möglichkeit durch schattierte Kugeln dargestellt, um eine plastische Wirkung zu erzielen. Die Kugelgrößen haben jedoch keinen direkten physikalischen Hintergrund, da sie willkürlich so gewählt wurden, daß keine unübersichtlichen Überdeckungen auftreten. Die Darstellungen wurden mit den Programmen von *R. Hundt*, KPLOT – Ein Programm zum Zeichen und zur Untersuchung von Kristallstrukturen, Bonn 1979 und *E. Keller*, SCHAKAL – A computer program for the graphic representation of molecular and crystallographic models, Freiburg 1993 ausgeführt.

Bei den Kristalldaten für die verschiedenen Verbindungen wurde keine Standardisierung durchgeführt. In Einzelfällen wurde auf Originalliteraturstellen zurückgegriffen, im überwiegendem Maße fanden jedoch die Daten aus folgenden Referateorganen und Tabellenwerken Berücksichtigung: *J. Donohue*, The Structures of the Elements, Wiley, New York 1974; *F.S. Galasso*, Structure and Properties of Inorganic Solids, Pergamon, Oxford 1979, *F. Hulliger*, Structural Chemistry of Layer-Type Phases in Physics and Chemistry of Materials with Layered Structures (ed. F. Levy), Vol. 5, Reidel, Dordrecht 1976; Landolt-Börnstein, Zahlenwerte und Funktionen aus Naturwissenschaft und Technik, Neue Serie (ed. K.H. Hellwege), III, Bd. 7. Springer, Berlin 1973–1978, Structure Reports 8 ff., Kluver, Dordrecht 1956ff.; *P. Villars, L.D. Calvert*, Pearson's Handbook of Crystallographic Data for Intermetallic Phases, Vol. 1–3, American Society for Metals, Metals Park 1985; *R.W.G. Wyckoff*, Crystal Structures, Vol. 1–6, Wiley, New York 1962–1971.

Stand der Recherche: 30.6.1995

6.2 Kristalldaten der Elemente

As **Arsen** **A7** $\mathbf{As_{grau}}$

rhomboedrisch, R$\bar{3}$m (166), a = 413.20 pm, α = 54.13°, V = 43.04 · 10^{-30} m^3, Z = 2; hexagonale Aufstellung: a = 375.98, c = 1054.75 pm, c/a = 2.805, V = 129.12 · 10^{-30} m^3, Z = 6

As(1)	*c*	0,0,z	0.22713

$\{As\}_3^{\text{trig. bas.}}$

d(As-As) = 251.8 pm

∢ (As-As-As) = 96.6°

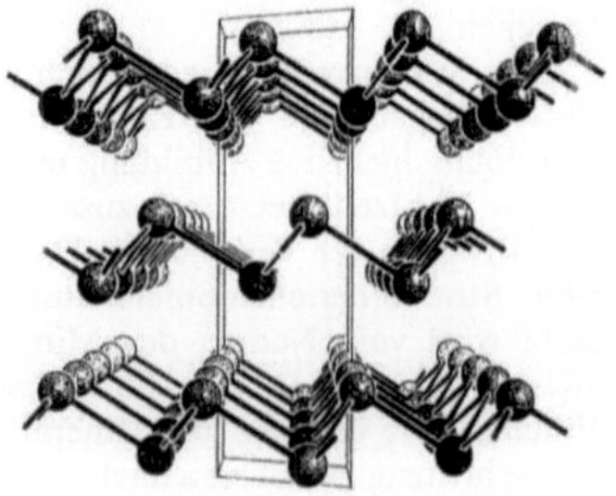

senkrecht zur c-Achse stehende, gewellte Schichten aus sesselförmigen, trans-dekalinartig verknüpften $\{As_6\}$-Baueinheiten; verz. oktaedrische Koordination bei Berücksichtigung dreier Atome einer Nachbarschicht mit $d(As\text{-}As)_3$ = 312.0 pm

Sb (430.84, 1127.4, c/a = 2.617, z_{Sb} = 0.23349); Bi (454.6, 1186.2, c/a = 2.610, z_{Bi} = 0.23389)

B **Bor** $\mathbf{B_{\alpha\text{-rhomboedrisch}}}$

rhomboedrisch, R$\bar{3}$m (166), a = 505.7 pm, α = 58.06°, V = 87.38 · 10^{-30} m^3, Z = 12; hexagonale Aufstellung: a = 490.8, c = 1256.7 pm, V = 262.13 · 10^{-30} m^3, Z = 36

B(1)	*h*	x,x,z	0.0104	–0.3427
B(2)	*h*	x,x,z	0.2206	–0.3677

$\{B(1)\}_6^{\text{pentag. pyr.}}/\{B(2)\}_7$

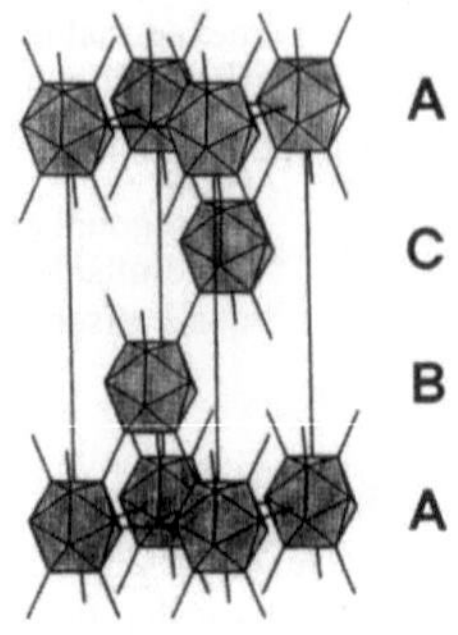

geringfügig verzerrte, kubisch dichte Packung von $\{B_{12}\}$-Ikosaedern [$\bar{d}$(B-B) = 176.7 pm]; jedes Ikosaeder ist über die eine Hälfte seiner B-Atome mit je drei Ikosaedern in der darüber- und darunterliegenden Schicht [$\bar{d}$(B-B) = 170.9 pm] und über die andere Hälfte seiner B-Atome, die mit jeweils zwei B-Atomen in zwei verschiedenen Ikosaedern innerhalb der gleichen Schicht verbunden sind [$\bar{d}$(B-B) = 202.1 pm], mit weiteren sechs Ikosaedern verknüpft

B **Bor** **$B_{\beta\text{-rhomboedrisch}}$**

rhomboedrisch, R$\bar{3}$m (166), a = 1013.9 pm, α = 65.30°, V = 822.8 · 10^{-30} m^3, Z = 105; hexagonale Aufstellung: a = 1094.01, c = 2379.36 pm, V = 2466.23 · 10^{-30} m^3, Z = 315

B(1)	*i*	x,y,z	0.1777	0.3473	0.0033
B(2)	*i*	x,y,z	0.1673	0.5521	0.8921
B(3)	*i*	x,y,z	0.3765	0.6826	0.2024
B(4)	*i*	x,y,z	0.3622	0.5811	0.0976
B(5)	*h*	x,x,z	0.0025		0.1680
B(6)	*h*	x,x,z	0.1008		0.8374
B(7)	*h*	x,x,z	0.9933		0.6698
B(8)	*h*	x,x,z	0.1032		0.4921
B(9)	*h*	x,x,z	0.1983		0.6874
B(10)	*h*	x,x,z	0.1991		0.5061
B(11)	*h*	x,x,z	0.3873		0.5690
B(12)	*h*	x,x,z	0.4895		0.2178
B(13)	*h*	x,x,z	0.3843		0.2131
B(14)	*c*	x,x,x	0.3848		
B(15)	*b*	$^1/_2$,$^1/_2$,$^1/_2$			

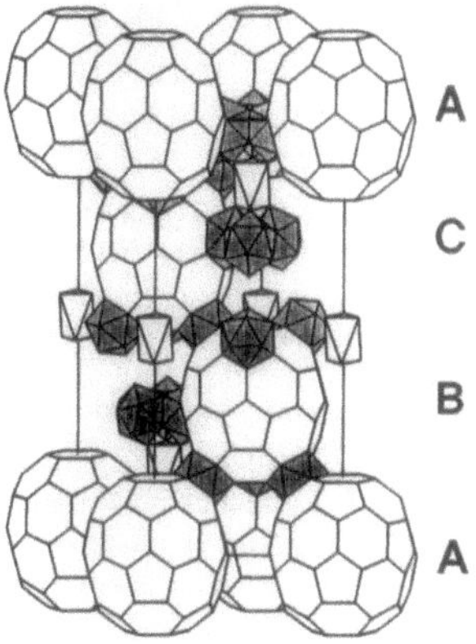

$\{B(1\text{–}11)\}_6^{\text{pentag. pyr.}}/\{B(15)\}_6^{\text{trig. antiprism.}}/\{B(12\text{–}13\}_8/\{B(14)\}_9$

kubisch dichte Packung von $\{B_{60}\}$-Fußbällen, die im Innern einen $\{B_{12}\}$-Ikosaeder [$\bar{d}$(B-B) = 185.5 pm] enthalten, dessen Atome mit je einem Atom von 12 weiteren $\{B_{12}\}$-Ikosaedern [$\bar{d}$(B-B) = 179.7 pm] verbunden sind [$\bar{d}$(B-B) = 174.2 pm], die die Oberfläche der Fußbälle an der Stelle der regulären Fünfecke durchdringen, so daß sich insgesamt eine kugelförmige $\{B_{84}\}$-Baueinheit ergibt; jeder Fußball ist mit je drei weiteren Fußbällen in der darüber- und darunterliegenden Schicht durch sechs gemeinsame Ikosaeder und mit sechs anderen Fußbällen in derselben Schicht über sechs $\{B_{28}\}$-Baueinheiten verbunden, die sich aus drei gegenseitig durchdringenden Ikosaedern [$\bar{d}$(B-B) = 181.6 pm] zusammensetzen; diese Baueinheiten sind zusätzlich zwischen den Schichten über eine $\{B_1\text{-}\}$-Baueinheit verknüpft, in der das B-Atom trigonal-antiprismatisch von sechs anderen B-Atomen [$\bar{d}$(B-B) = 169.0 pm] umgeben ist

$\{B_{84}\}$-Baueinheit

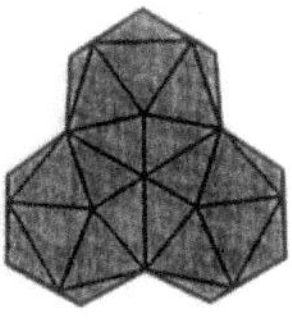

$\{B_{28}\}$-Baueinheit

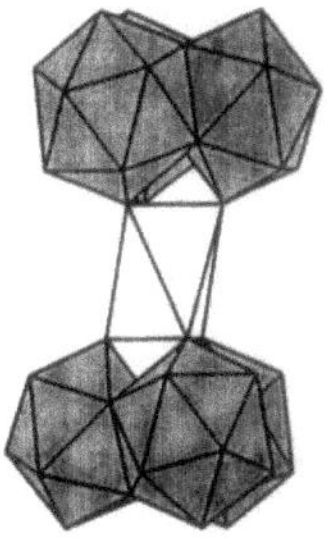

$\{B_1\}$-Baueinheit

B Bor $B_{\alpha\text{-tetragonal}}$

tetragonal, $P4_2/nnm$ (134), a = 875, c = 506 pm,
V = 387.41 · 10^{-30} m^3, Z = 50

B(1)	*n*	x,y,z	0.3252	0.0883	0.3985
B(2)	*n*	x,y,z	0.2272	0.0805	0.0865
B(3)	*m*	x,x,z	0.1195		0.3780
B(4)	*m*	x,x,z	0.2425		0.5815
B(5)	*b*	0,0,$^1/_2$			

$\{B(1-4)\}_6^{\text{pentag. pyr.}}/\{B(5)\}_4^{\text{tetr.}}$

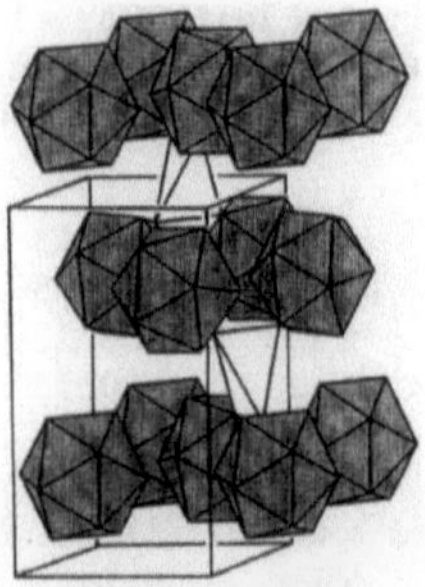

tetragonal gestauchte und daher stark verzerrte, kubisch dichte Packung von $\{B_{12}\}$-Ikosaedern [$\bar{d}$(B-B) = 180.6 pm], in der $^1/_4$ der Tetraederlücken mit einzelnen B-Atomen besetzt sind; die ikosaedrischen Baueinheiten sind untereinander jeweils über 10 B-Atome mit 10 anderen Ikosaedern verknüpft [$\bar{d}$(B-B) = 174.9 pm], die beiden restlichen B-Atome sind über zwei $\{B_1\}$-Baueinheiten, in denen die B-Atome tetraedrisch koordiniert sind [d(B-B) = 160.2 pm], mit zwei weiteren Ikosaedern verbunden

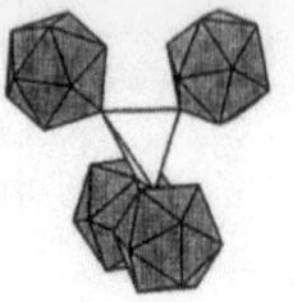

$\{B_1\}$-Baueinheit

B Bor $B_{\beta\text{-tetragonal}}$

tetragonal, $P4_1$ (76)/$P4_3$ (78), a = 1016.1, c = 1428.3 pm, V = 820.5 · 10^{-10} m^3, Z = 190

B(1)	*a*	x,y,z	− 0.123	0.742	0.128	B(25)	*a*	x,y,z	0.238	0.377	0.871
B(2)	*a*	x,y,z	− 0.040	0.628	0.208	B(26)	*a*	x,y,z	0.131	0.461	0.790
B(3)	*a*	x,y,z	− 0.044	0.809	0.225	B(27)	*a*	x,y,z	0.313	0.459	0.770
B(4)	*a*	x,y,z	− 0.044	0.893	0.116	B(28)	*a*	x,y,z	0.394	0.460	0.883
B(5)	*a*	x,y,z	− 0.033	0.606	0.078	B(29)	*a*	x,y,z	0.106	0.470	0.920
B(6)	*a*	x,y,z	− 0.037	0.776	0.028	B(30)	*a*	x,y,z	0.271	0.468	0.969
B(7)	*a*	x,y,z	0.109	0.721	0.244	B(31)	*a*	x,y,z	0.220	0.607	0.754
B(8)	*a*	x,y,z	0.105	0.886	0.191	B(32)	*a*	x,y,z	0.388	0.608	0.806
B(9)	*a*	x,y,z	0.118	0.600	0.155	B(33)	*a*	x,y,z	0.098	0.622	0.845
B(10)	*a*	x,y,z	0.113	0.687	0.047	B(34)	*a*	x,y,z	0.194	0.616	0.932
B(11)	*a*	x,y,z	0.112	0.864	0.065	B(35)	*a*	x,y,z	0.365	0.613	0.934
B(12)	*a*	x,y,z	0.204	0.758	0.144	B(36)	*a*	x,y,z	0.260	0.702	0.860
B(13)	*a*	x,y,z	0.317	0.554	0.362	B(37)	*a*	x,y,z	0.056	0.814	0.632
B(14)	*a*	x,y,z	0.389	0.698	0.325	B(38)	*a*	x,y,z	0.197	0.886	0.675
B(15)	*a*	x,y,z	0.203	0.696	0.340	B(39)	*a*	x,y,z	0.193	0.706	0.655
B(16)	*a*	x,y,z	0.468	0.614	0.413	B(40)	*a*	x,y,z	0.113	0.964	0.589
B(17)	*a*	x,y,z	0.467	0.792	0.420	B(41)	*a*	x,y,z	0.292	0.955	0.574
B(18)	*a*	x,y,z	0.187	0.589	0.449	B(42)	*a*	x,y,z	0.091	0.588	0.552
B(19)	*a*	x,y,z	0.265	0.675	0.547	B(43)	*a*	x,y,z	0.171	0.767	0.455
B(20)	*a*	x,y,z	0.346	0.536	0.496	B(44)	*a*	x,y,z	0.040	0.849	0.503
B(21)	*a*	x,y,z	0.439	0.685	0.524	B(45)	*a*	x,y,z	0.182	0.940	0.476
B(22)	*a*	x,y,z	0.334	0.835	0.497	B(46)	*a*	x,y,z	0.332	0.801	0.629
B(23)	*a*	x,y,z	0.039	0.534	0.497	B(47)*	*a*	x,y,z	0.145	0.433	0.466
B(24)	*a*	x,y,z	0.290	0.839	0.384	B(48)*	*a*	x,y,z	0.061	0.360	0.035
B(25)	*a*	x,y,z	0.145	0.433	0.466	B(49)*	*a*	x,y,z	0.225	0.244	0.732
B(26)	*a*	x,y,z	0.225	0.244	0.732	* nur zur Hälfte besetzt					

Ketten von $\{B_{12}\}$-Ikosaedern, die in zwei übereinanderliegenden Ebenen parallel zur a- bzw. b-Achse verlaufen, werden untereinander durch $\{B_{21}\}$-Baueinheiten, die aus zwei flächenverknüpften Ikosaedern bestehen, und $\{B_1\}$-Baueinheiten, in denen das B-Atom stark verzerrt tetraedrisch von vier anderen B-Atomen umgeben ist, miteinander verknüpft; drei zusätzlich B-Atome (*) füllen interstitielle Lücken zwischen diesen Baueinheiten teilweise aus

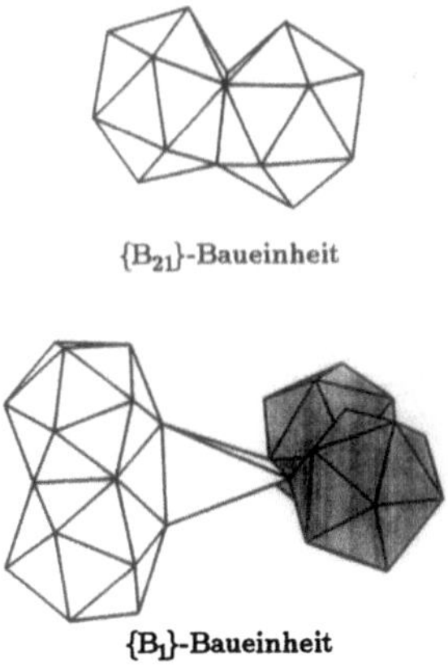

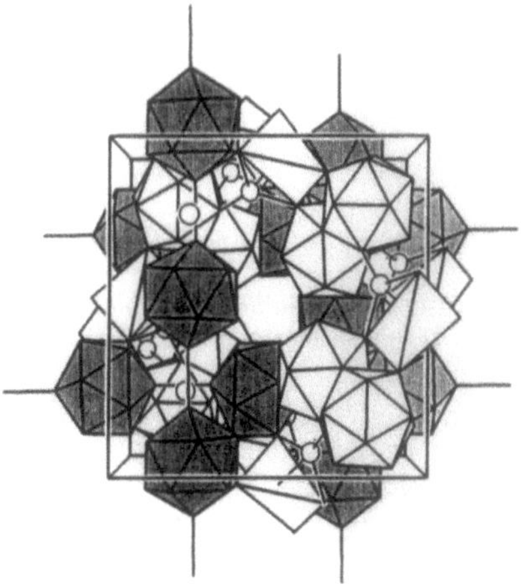

C Kohlenstoff A4 Diamant

kubisch, $Fd\bar{3}m$ (227), a = 356.69 pm, V = 45.38 · 10^{-30} m^3, Z = 8

C(1) *a* 0,0,0

$\{C\}_4^{tetr.}$

d(C-C) = $^a/_4\sqrt{3}$ = 154.5 pm ∢ (C-C-C) = 109.5°

analog zum Zinkblende-Strukturtyp (→ $ZnS_{Zinkblende}$) aufgebaute Struktur, wobei die Lagen der Zn- und S-Ionen durch C-Atome eingenommen werden

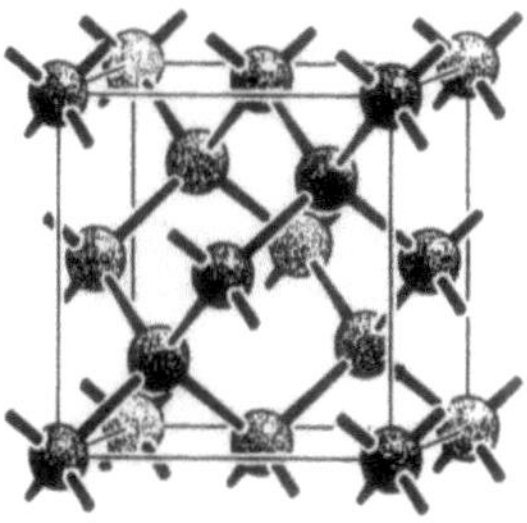

Ge (565.74 pm)/Si (543.10 pm)/α-Sn (648.92 pm, T = 293.15 K)

C Kohlenstoff Lonsdaleit

hexagonal, $P6_3/mmc$ (194), a = 252, c = 412 pm, V = 22.66 · 10^{-30} m^3, Z = 4

C(1) *f* $^1/_3$,$^2/_3$, z 0.0625

$\{C\}_4^{tetr.}$

d(C-C) = 154.4 pm ∢ (C-C-C) = 109.5°

analog zum Wurtzit-Strukturtyp (→ $Zn_{Wurtzit}$) aufgebaute Struktur, wobei die Lagen der Zn- und S-Ionen durch C-Atome eingenommen werden

C **Kohlenstoff** **A9** **Graphit$_{hexagonal}$**

---

hexagonal, $P6_3mc$ (186), a = 246.12, c = 670.79 pm, V = 35.19 · 10^{-30} m^3, Z = 4

C(1)	*a*	0,0,z	~ 0.0
C(2)	*b*	$^1/_3$,$^2/_3$, z	~ 0.0

$\{C\}_{3}^{tpl.}$

d(C-C) = 142.1 pm ∢ (C-C-C) = 120°

ebene (6^3)-Schichten von C-Atomen mit der Schichtenabfolge [AB] und einem Schichtenabstand von 335.4 pm; normale Form des Graphits

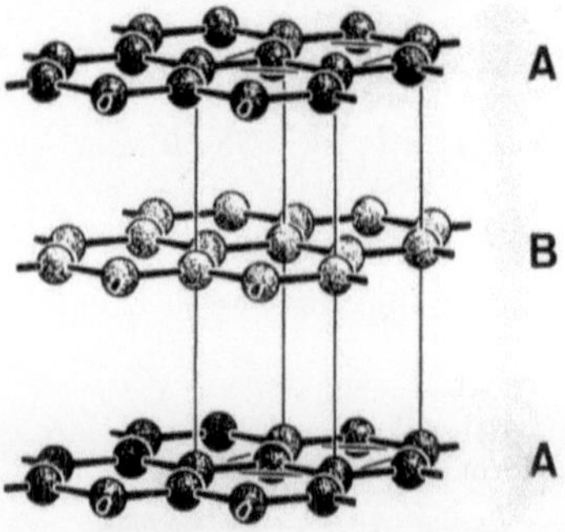

C **Kohlenstoff** **Graphit$_{rhomboedrisch}$**

---

rhomboedrisch, $R\bar{3}m$ (166), a = 364.2 pm, α = 39.49°, V = 17.59 · 10^{-30} m^3, Z = 2; hexagonale Aufstellung: a = 246.08, c = 1006.04 pm, V = 52.76 · 10^{-30} m^3, Z = 6

C(1)	*c*	0,0,z	~ 0.1666

$\{C\}_{3}^{tpl.}$

d(C-C) = 142.1 pm ∢ (C-C-C) = 120°

ebene (6^3)-Schichten von C-Atomen mit der Schichtenabfolge [ABC] und einem Schichtenabstand von 335.3 pm

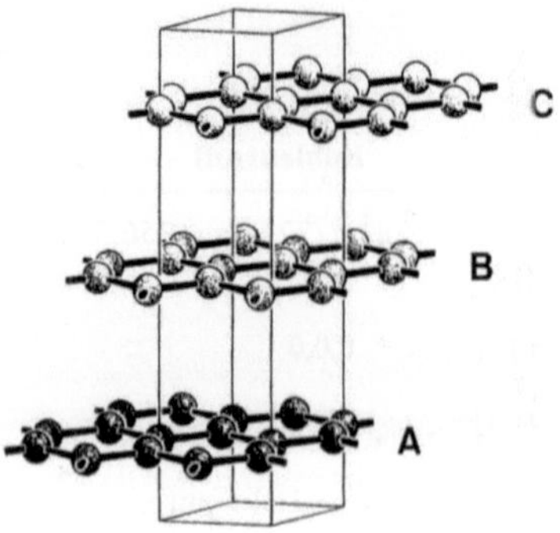

Cu **Kupfer** **A1** **Kupfer**

---

kubisch, $Fm\bar{3}m$ (225), a = 361.47 pm, V = 47.23 · 10^{-30} m^3, Z = 4

Cu(1)	*a*	0,0,0

$\{Cu\}_{12}^{kubokt.}$

d(Cu-Cu) = $^a/_2\sqrt{2}$ = 255.6 pm

Grundtyp der kubisch dichten Kugelpackung mit der Schichtenabfolge [ABC]

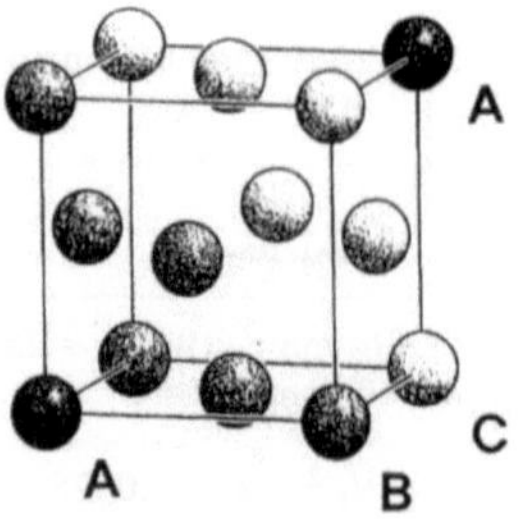

Metalle

Ag (408.63 pm); Al (404.96 pm); Au (407.83 pm); α-Ca (558.84 pm); α-Ce (516.08 pm); Ir (383.89 pm); Ni (352.38 pm); Pb (495.00 pm); Pd (389.08 pm); Pt (392.46 pm); Rh (380.40 pm); α-Sr (608.49 pm); α-Yb (548.62 pm)

Edelgase

Ar (531.09 pm, T = 40 K); Kr (572.1 pm, T = 20 K); Ne (445.46 pm, T = 4.2 K); Xe (619.7 pm, T = 88 K)

Ga **Gallium** **A11**

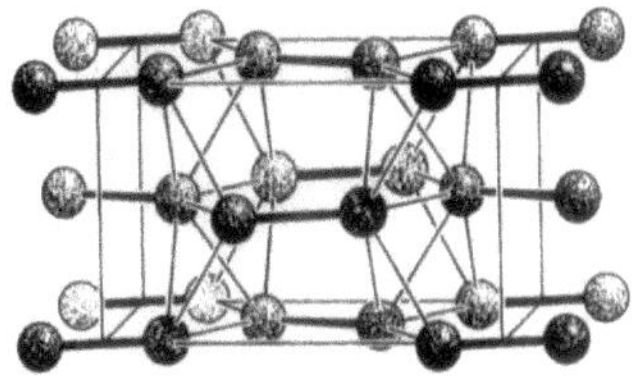

orthorhombisch, Cmca (64), a = 451.86, b = 765.70, c = 452.58 pm, V = 156.59 · 10^{-30} m^3, Z = 8

Ga(1) *f* 0,y,z 0.1525 0.0785

$\{Ga\}_1$ $d(Ga\text{-}Ga)_1 = 244.1$ pm

$d(Ga\text{-}Ga)_{2/2/2} = 271.1/274.1/280.0$ pm

$\{Ga_2\}$-Hanteln sind in ebenen Schichten senkrecht zur a-Achse so angeordnet, das jedes Ga-Atom die KZ 7 erreicht.

Hg **Quecksilber** **A10**

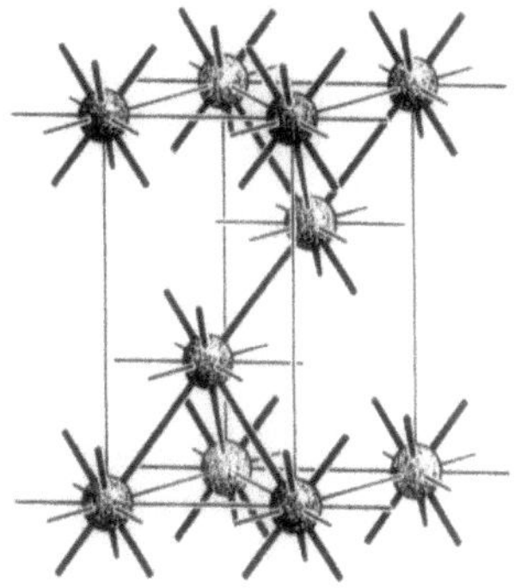

rhomboedrisch, R$\bar{3}$m (166), a = 299.25 pm, α = 70.73°, V = 23.13 · 10^{-30} m^3, Z = 3; hexagonale Aufstellung: a = 346.40, c = 667.81 pm, V = 69.40 · 10^{-30} m^3, Z = 6; T = 78 K

Hg(1) *a* 0,0,0

$\{Hg\}_6^{\text{verz. okt.}}$

$d(Hg\text{-}Hg)_{6/6} = 299.3/346.4$

in Richtung einer Raumdiagonalen gestreckte, kubisch dichte Kugelpackung (→ Cu), bei der die ursprüngliche {12}-Koordination in eine {6+6}-Koordination übergeht

I_2 **Iod** **A14**

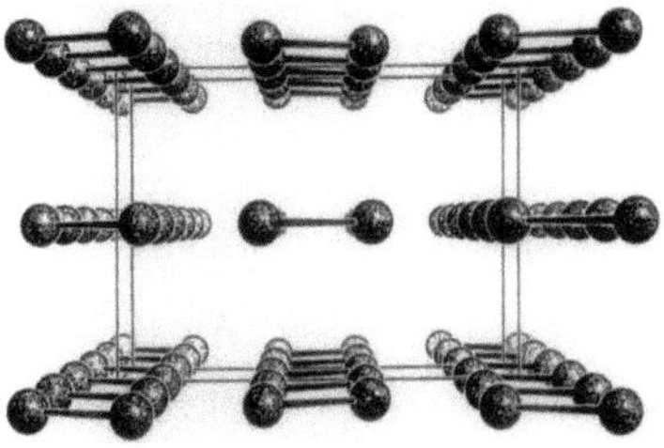

orthorhombisch, Cmca (64), a = 726.47, b = 478.57, c = 979.08 pm, V = 340.39 · 10^{-30} m^3, Z = 4

I(1) *f* 0,y,z 0.150 0.117

$d(I\text{-}I)_1 = 270.4$ pm
$d(I\text{-}I)_{2/1} = 353.7/405$ pm

Molekülstruktur aus $\{I_2\}$-Hanteln, die in ebenen Schichten senkrecht zur a-Achse so hintereinander in parallelen Bändern angeordnet sind, daß jedem I-Atom in einem stark verzerrten Quadrat die Koordinationszahl 4 zukommt.

Schichtenabstand: $^a/_2$ = 363.2 pm

Br_2 (673.7, 454.8, 876.1, T = 250 K); Cl_2 (624, 448, 826, T = 113 K)

In Indium A6

tetragonal, I4/mmm (139), a = 459.90, c = 494.70 pm, V = $104.63 \cdot 10^{-30}$ m^3, Z = 4

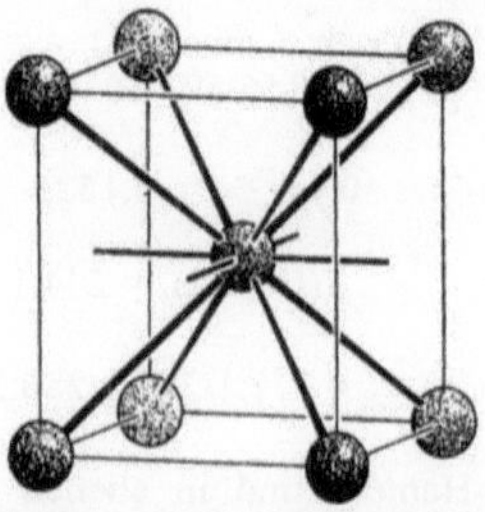

In(1) *a* 0,0,0

$\{In\}_8^{\text{verz. würfelf.}}$

$d(In\text{-}In)_8 = {}^1/_2\sqrt{a^2 + c^2} = 408.6$ pm
$d(In\text{-}In)_4 = {}^a/_2\sqrt{2} = 459.9$ pm

tetragonal verzerrte Variante des Wolfram-Strukturtyps (→ W), bei der die ursprüngliche {8 + 6}-Koordination zu einer {8 + 4}-Koordination reduziert ist

La Lanthan La_α

hexagonal, $P6_3/mmc$ (194), a = 376.0, c = 1214.3 pm, c/a = 2 × 1.615, V = $148.67 \cdot 10^{-30}$ m^3, Z = 4

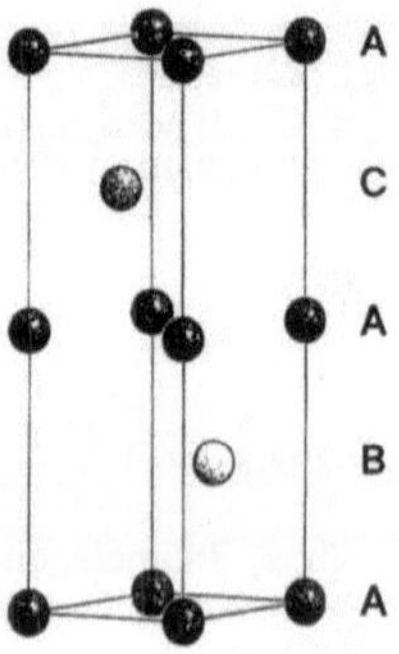

La(1) *a* 0,0,0
La(2) *c* $^1/_3,^2/_3,^1/_4$

$\{La\}_{12}^{\text{kubokt.}}/\{La\}_{12}^{\text{antikubokt.}}$

$d(La\text{-}La)_{6/6} = 373.2/376.0$ pm

Stapelvariante einer dichten Kugelpackung mit der Schichtenabfolge [ABAC]

Nd (365.70, 1179.95 pm); Pm (365, 1165 pm);
Pr (367.17, 1183.3 pm)

Mg Magnesium A3

hexagonal, $P6_3/mmc$ (194), a = 320.93, c = 521.07 pm, $^c/_a$ = 1.624, V = $46.48 \cdot 10^{-30}$ m^3, Z = 2

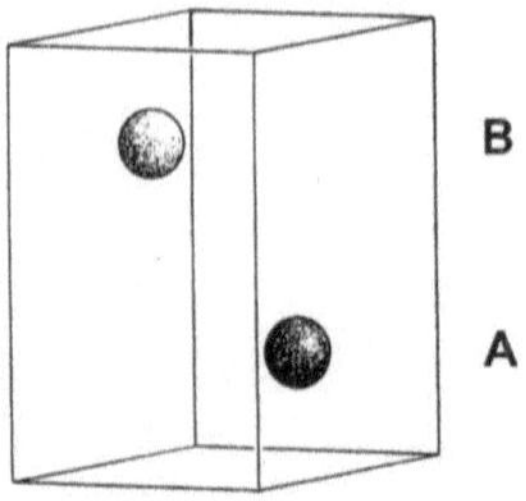

Mg(1) *c* $^1/_3,^2/_3,^1/_4$

$\{Mg\}_{12}^{\text{antikubokt.}}$

$d(Mg\text{-}Mg)_6 = a = 320.9$ pm

$d(Mg\text{-}Mg)_6 = \sqrt{a^2/3 + c^2/4} = 319.7$ pm

Grundtyp der hexagonal dichten Kugelpackung mit der Schichtenabfolge [AB]

α-Be (228.58, 358.42 pm); Cd (297.88, 561.64 pm); α-Co (250.70, 406.98 pm); Dy (359.18, 565.18 pm); Er (355.92, 558.85 pm); Gd (363.33, 577.94 pm); α-Hf (319.4, 505.11 pm); Ho (357.69, 561.69 pm); Lu (350.44, 555.04 pm); Os (273.48, 431.93 pm); Re (276.08, 445.80 pm); Ru (270.53, 428.14 pm); α-Sc (330.88, 526.75 pm); Tb (360.41, 569.61 pm); Tc (273.8, 439.4 pm); α-Ti (295.03, 468.36 pm); α-Tl (345.63, 552.63 pm); Tm (353.76, 556.43 pm); α-Y (330.88, 526.75 pm); Zn (266.44, 494.54 pm); α-Zr (323.17, 514.76 pm)

Mn **Mangan** **A12** **Mn_α**

kubisch, I$\bar{4}$3m (217), a = 891.1 pm, V = 707.59 · 10^{-30} m³, Z = 58

Mn(1)	*a*	0,0,0		
Mn(2)	*c*	x,x,x	0.31787	
Mn(3)	*g*	x,x,z	0.35706	0.03457
Mn(4)	*g*	x,x,z	0.08958	0.28194

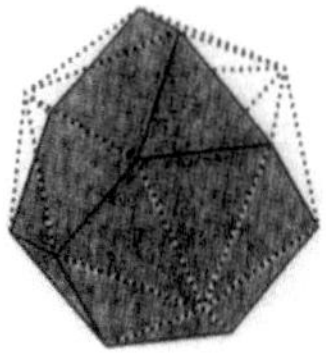

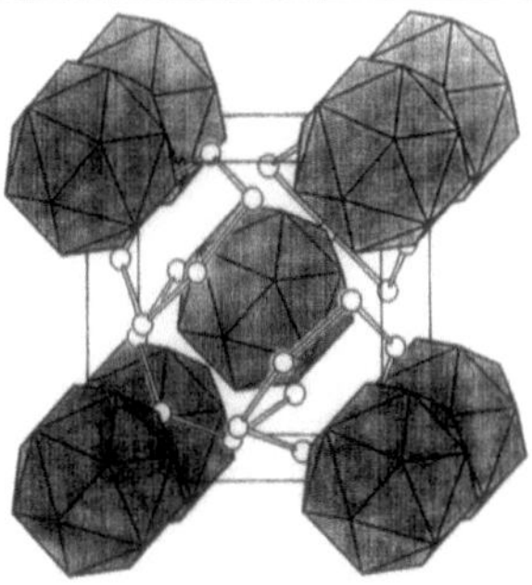

nach dem Prinzip der kubisch innenzentrierten Kugelpackung (→ W) aus zentrierten $\{Mn_{17}\}$-Baueinheiten aufgebaute Struktur, bei der diese Baueinheiten jeweils tetraedrisch von vier fast planaren $\{Mn_6\}$-Ringen umgeben sind, die aus Mn(3)-Atomen mit d(Mn-Mn)$_{2/4}$ = 262.1/266.0 pm bestehen; das Zentrum der $\{Mn_{17}\}$-Baueinheit wird von einem Mn(1)-Atom gebildet, das von zwölf Mn(4)-Atomen im Abstand d(Mn-Mn) = 275.4 pm in Form eines vierfach gekappten Tetraeders umgeben ist, über dessen Sechseckflächen vier Mn(2) im Abstand d(Mn-Mn) = 281.1 pm das Koordinationspolyeder vervollständigen

$\{Mn(1)\}_{16/16}\{Mn(2)\}_{10/16}\{Mn(3)\}_{12/13}\{Mn(4)\}_{11/12}$

Mn **Mangan** **A13** **Mn_β**

kubisch, $P4_132$ (213) oder $P4_332$ (212), a = 631.5 pm, V = 251.84 · 10^{-30} m³, Z = 20

Mn(1)	*c*	x,x,x	0.06361
Mn(2)	*d*	$^1/_8$,y,y+$^1/_4$	0.20224

$\{Mn(1)/Mn(2)\}_{12}^{\text{ikosaedr./verz. ikosaedr.}}$

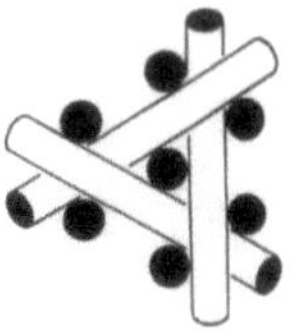

als kubisch innenzentrierte Packung bezeichnete Anordnung von untereinander dreidimensional verbundenen Stäben, die entlang den dreizähligen Drehachsen/Raumdiagonalen verlaufen, und aus einem verzerrten $\{Mn_6\}$-Oktaeder und vier $\{Mn_4\}$-Tetraedern bestehen, die untereinander flächen- und eckenverknüpft sind

d($Mn_{(1)}$-Mn)/$\bar{d}$ = 235.3–268.0/256.4 pm
d($Mn_{(2)}$-Mn)/$\bar{d}$ = 257.6–268.0/264.2 pm

P Phosphor **$P_{violett}$/Hittorfscher Phosphor**

monoklin, P2/c (13), a = 921, b = 915, c = 2260 pm, β = 106.1°, V = 1829.9 · 10^{-30} m³, Z = 84

P(1)	*g*	x,y,z	0.30089	0.20127	0.18147	P(11)	*g*	x,y,z	−0.21153	0.13878	0.07346
P(2)	*g*	x,y,z	0.17387	0.03262	0.11695	P(12)	*g*	x,y,z	−0.25140	−0.09081	0.04464
P(3)	*g*	x,y,z	−0.07589	−0.21901	0.11634	P(13)	*g*	x,y,z	−0.46426	−0.12736	0.06842
P(4)	*g*	x,y,z	0.05014	−0.05231	0.18035	P(14)	*g*	x,y,z	−0.49167	−0.35276	0.03304
P(5)	*g*	x,y,z	−0.20537	−0.32128	0.17380	P(15)	*g*	x,y,z	−0.69485	−0.36285	0.06617
P(6)	*g*	x,y,z	−0.31537	−0.48468	0.10402	P(16)	*g*	x,y,z	−0.74959	−0.59445	0.04420
P(7)	*g*	x,y,z	−0.43399	−0.55068	0.17224	P(17)	*g*	x,y,z	0.14600	0.38905	0.17219
P(8)	*g*	x,y,z	−0.57576	−0.72259	0.11672	P(18)	*g*	x,y,z	−0.13962	0.10055	0.17357
P(9)	*g*	x,y,z	0.04120	0.39067	0.07245	P(19)	*g*	x,y,z	−0.40394	−0.17616	0.16940
P(10)	*g*	x,y,z	−0.00092	0.15881	0.04497	P(20)	*g*	x,y,z	−0.58144	−0.35419	0.16732
						P(21)	*g*	x,y,z	−0.05418	0.31196	0.20060

Doppelschichten senkrecht zur c-Achse, die aus parallel neben- bzw. kreuzweise übereinanderliegenden, fünfeckigen Röhren bestehen, deren realgar-analoge P_8- und noradamantan-analoge P_9-Einheiten abwechselnd über hantelförmige P_2-Baueinheiten verknüpft sind; jede Röhre in der oberen Hälfte einer Doppelschicht ist mit jeder zweiten Röhre in der unteren Hälfte jeweils über die Spitzen der P_3-Einheiten derart verbunden, daß ein System aus zwei ineinander gestellten, aber nicht miteinander verbundenen Schichten entsteht.

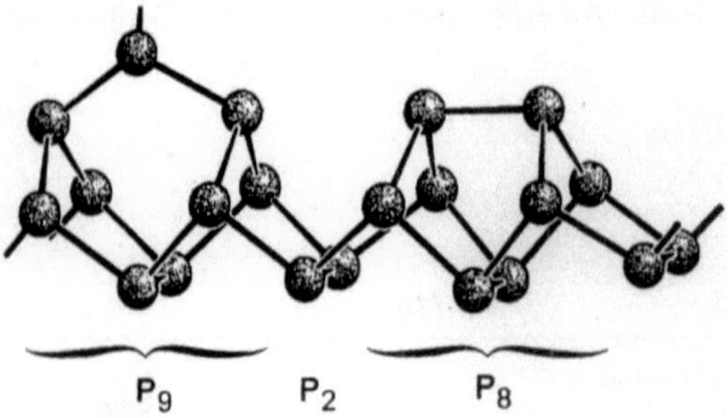

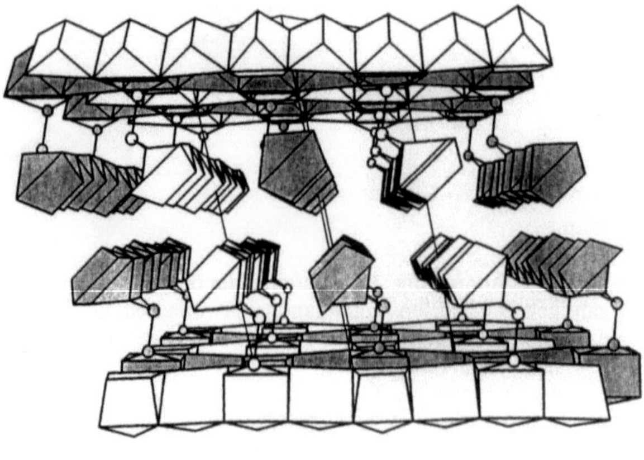

P **Phosphor** **A17** **$P_{schwarz}$**

orthorhombisch, Cmca (64), a = 331.36, b = 1047.8, c = 437.63 pm, V = 151.94 · 10^{-30} m^3, Z = 8

P(1)	*f*	0, y, z	0.10168	0.08056

$\{P\}_3^{trig.\ bas.}$

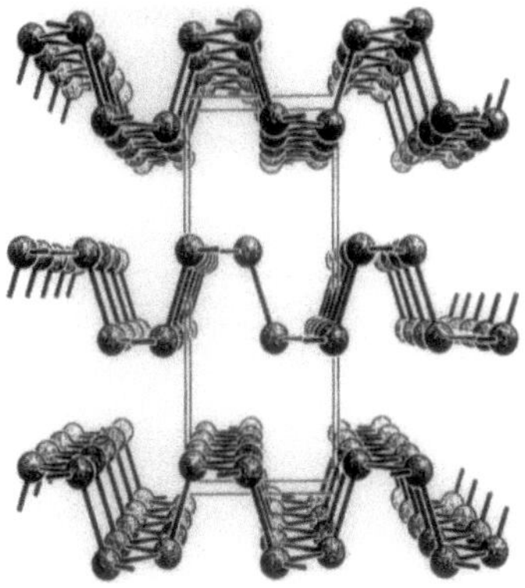

senkrecht zur b-Achse stehende, stark gewellte Doppelschichten aus sesselförmigen, cis-dekalinartig (vgl. As_{grau}) verknüpften P_6-Baueinheiten; in der oberen und unteren Hälfte einer Doppelschicht jeweils parallel zueinander liegende, planare P-P-Zickzack-Ketten mit $d(P\text{-}P)_2 = 222.4$ p, ∢ (P-P-P) = 96.3°, die untereinander mit einem Abstand d(P-P) = 224. pm verbunden sind

Po **Polonium** **Po_α**

kubisch, Pm$\bar{3}$m (221), a = 335.2 pm, V = 37.66 · 10^{-30} m^3, Z = 1

Po(1)	*a*	0,0,0

$\{Po\}_6^{okt.}$

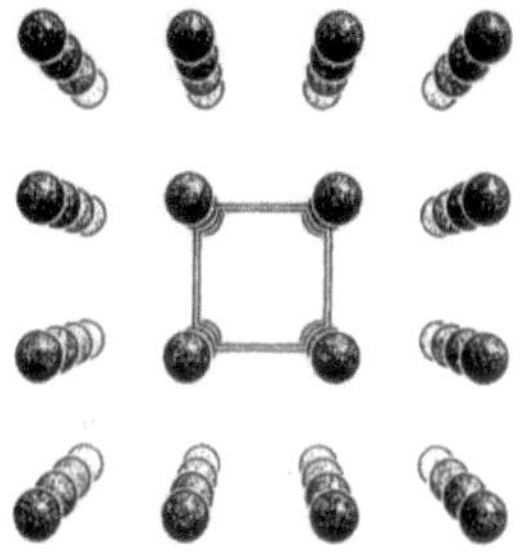

d(Po-Po) = a = 335.2 pm ∢ (Po-Po-Po) = 90°

Grundtyp der kubisch primitiven Kugelpackung, bei der quadratisch dicht gepackte (4^4)-Schichten auf Deckung übereinander gestapelt sind, so daß sich die primitive Schichtenabfolge [QQ] ergibt

P_{HP} (237.7 pm; p = 120 kbar)

S_8 **Schwefel** **A16** **$Schwefel_\alpha$**

orthorhombisch, Fddd (70), a = 1046.46, b = 1286.60, c = 2448.60 pm, V = 3296.73 · 10^{-30} m^3, Z = 16

S(1)	*h*	x,y,z	0.85585	– 0.04732	– 0.04860
S(2)	*h*	x,y,z	0.70723	– 0.02031	0.00406
S(3)	*h*	x,y,z	0.78402	0.03022	0.07648
S(4)	*h*	x,y,z	0.78595	– 0.09239	0.12947

$\{S\}_2^{gew.}$

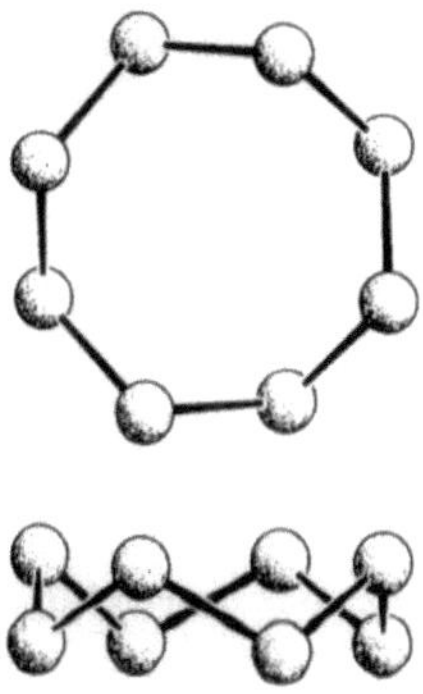

d (S-S) = 203.9 – 205.3 pm
$\bar{d}$ (S-S) = 204.7 pm
$\bar{∢}$(S-S-S) = 108.2°
$\bar{∢}$(S-S-S-S) = 99.7°

achtgliedrige, kronenförmige Schwefelmoleküle sind in Strängen hintereinander aufgerollt, die parallel nebeneinander liegend ebene Schichten senkrecht zur c-Achse bilden, wobei die Strangrichtungen in benachbarten Ebenen um etwa 100° gegeneinander gedreht sind

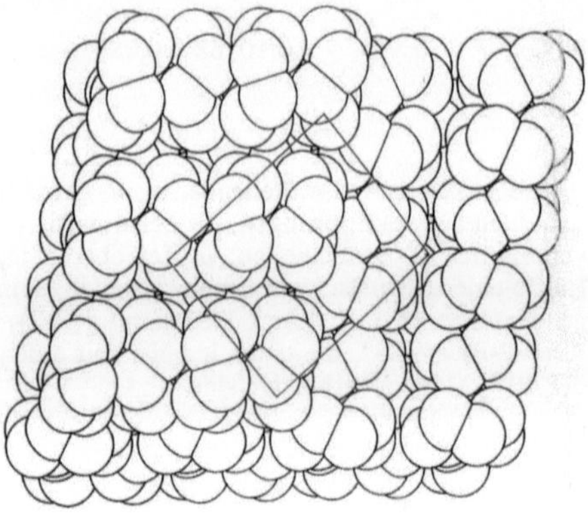

Se **Selen** **A8** **Se_{grau}**

trigonal, $P3_121$ (152)/$P3_221$ (154), a = 436.62, c = 495.36 pm, V = $81.78 \cdot 10^{-30}$ m³, Z = 3

Se(1) *a* x, 0, 1/3 0.2254

$\{Se\}_2^{gew.}$ d(Se-Se)$_2$ = 237.2 pm

∢ (Se-Se-Se) = 103.7° ∢ (Se-Se-Se-Se) = 100.6°

parallel zur c-Achse verlaufende Se-Spiralen mit dreieckigem Querschnitt; verzerrt oktaedrische Koordination durch Se-Atome in benachbarten Spiralen mit d(Se-Se)$_4$ = 343.6 pm; d_4/d_2 = 1.45

Te (445.61, 592.71 pm; x = 0.2633; d_4/d_2 = 1.23)

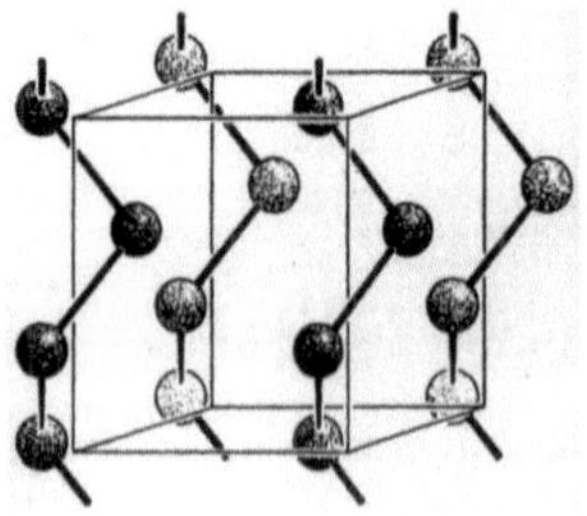

Sm **Samarium**

rhomboedrisch, $R\bar{3}m$ (166), a = 899.6 pm, α = 23.22°, V = $99.31 \cdot 10^{-30}$ m³, Z = 3; hexagonale Aufstellung: a = 362.0, c = 2624.9 pm, c/a = 4.5 × 1.611, V = $297.94 \cdot 10^{-30}$ m³, Z = 9

Sm(1) *a* 0,0,0
Sm(2) *c* 0,0,z 0.222

$\{Sm\}_{12}^{kubokt.}/\{Sm\}_{12}^{antikubokt.}$

d(Sm-Sm)$_{6/6}$ = 359.2/361.8 pm

Stapelvariante einer dichten Kugelpackung mit der Schichtenabfolge [ABABCBCAC]

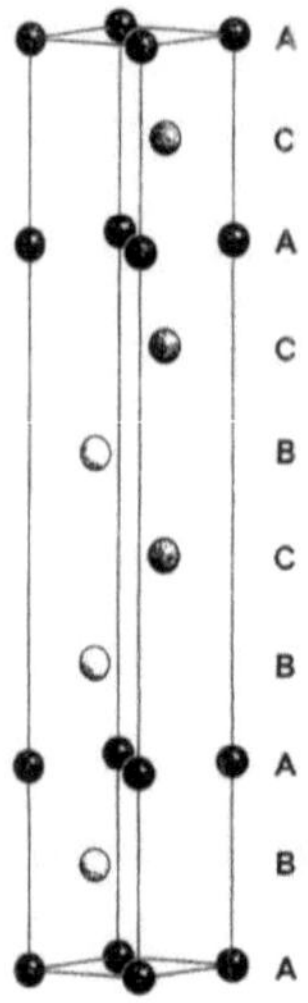

Sn **Zinn** **A5** **$Sn_{\beta}/Sn_{weiß}$**

tetragonal, $I4_1/amd$ (141), a = 583.16, c = 318.13 pm, V = 108.19 · 10^{-30} m^3, Z = 4

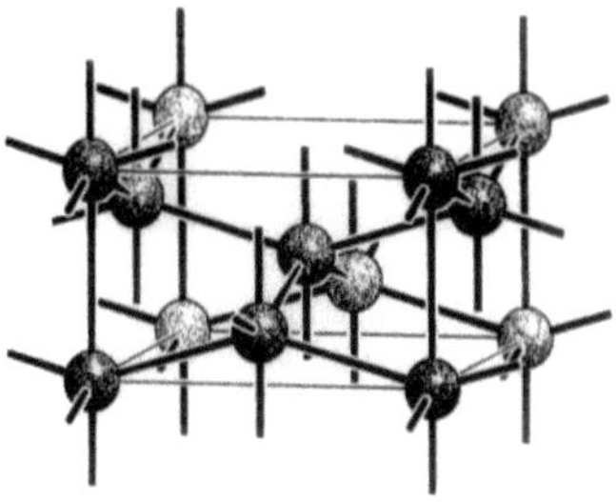

Sn(1) *a* 0,0,0

$\{Sn\}_6^{verz.\ okt.}$

d(Sn-Sn)$_{4/2}$ = 302.2/318.2 pm

tetragonal verzerrte Variante des Diamant-Strukturtyps (→ $C_{Diamant}$), in der die ursprüngliche {4}-Koordination in eine {4 + 2}-Koordination übergegangen ist

W **Wolfram** **A2**

kubisch, $Im\bar{3}m$ (229), a = 316.51 pm, V = 31.71 · 10^{-30} m^3, Z = 2

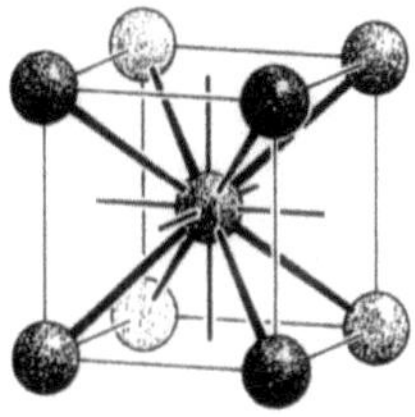

W(1) *a* 0,0,0

$\{W\}_8^{würfelf.}$

d(W-W)$_8$ = $^a/_2\sqrt{3}$ = 274.1 pm
d(W-W)$_6$ = a = 316.5 pm

Grundtyp der kubisch innenzentrierten Kugelpackung, bei der quadratisch dicht gepackte (4^4)-Schichten auf Lücke übereinander gestapelt sind, so daß sich die Schichtenabfolge [QR] ergibt; unter Berücksichtigung von sechs weiteren Atomen in der zweiten Koordinationssphäre erhöht sich die Koordinationszahl auf 14 mit einem Verhältnis d_6/d_8 = 1.155

Ba (502.3 pm); α-Cr (288.47 pm); Cs (614.1 pm); Eu (458.21 pm); α-Fe (286.64); K (534.4 pm); Li (350.91 pm); Mo (314.70 pm); Na (429.06 pm); Nb (330.07 pm); Rb (570.3 pm); Ta (330.26 pm); V (302.38 pm)

6.3 Kristalldaten von Legierungen

Al_3Ti **$D0_{22}$**

tetragonal, I4/mmm (139), a = 384.8, c = 859.6 pm, c/2a = 1.117, V = 127.28 · 10^{-30} m^3, Z = 4

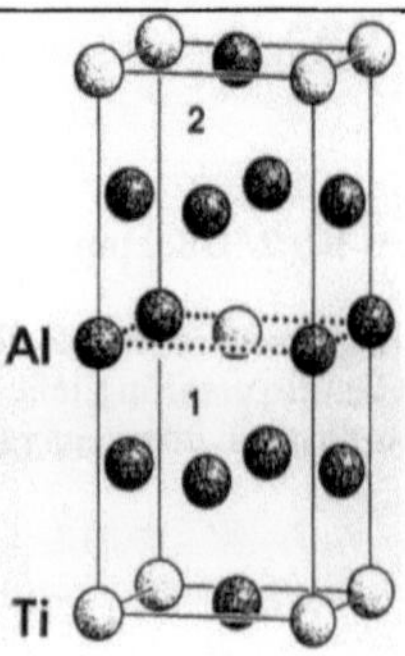

Al(1)	*b*	$0,0,{}^1/_2$
Al(2)	*d*	$0,{}^1/_2,{}^1/_4$
Zr(1)	*a*	0,0,0

$\{Al\}^{kubokt.}_{4+8}$ $\{Zr\}^{kubokt.}_{12}$

$d(Al\text{-}Zr)_4 = a/2\,\sqrt{2} = 272.1$ pm
$d(Al\text{-}Zr)_8 = {}^1/_2\,\sqrt{a^2 + b^2/_2} = 288.4$ pm

Überstruktur des Kupfer-Strukturtyps (→ Cu) mit geordneter Verteilung der Metallatome, wobei die Basiszelle der kubisch dichten Kugelpackung in einer Richtung verdoppelt ist und die Ti-Atome in den Grund- bzw. Deckflächen der beiden Subzellen (SZ) die Ecken und das Zentrum (SZ-1) bzw. das Zentrum und die Ecken (SZ-2) besetzen

Al_3Hf (389.3, 892.5 pm); Al_3Nb (384.4, 860.5 pm); Al_3Ta (383.9, 853.5 pm); Al_3V (378.0, 832.1 pm); Ga_3Hf (388.1, 903.3 pm); Ga_3Nb (379.0, 873.1 pm); Ga_3Ta (379.6, 870.4 pm); Ga_3Ti (378.9, 873.4 pm); Ga_3Zr (397.1, 872.9 pm); In_3Zr (423.8, 978.6 pm); Mn_3Ga (390.1, 712.0 pm); Ni_3Nb (362, 741 pm); Ni_3Ta (362.7, 745.5 pm); Ni_3V (354.24, 713.1 pm); Pd_3Nb (389.5, 791.3 pm); Pd_3Ta (388.0, 797.8 pm); Pd_3V (384.7, 775.3 pm)

Al_3Zr **$D0_{23}$**

tetragonal, I4/mmm (139), a = 401.4, c = 1732.0 pm, c/4a = 1.079, V = 279.06 · 10^{-30} m^3, Z = 4

Al(1)	*c*	$0,{}^1/_2,0$	
Al(2)	*d*	$0,{}^1/_2,{}^1/_4$	
Al(3)	*e*	0,0,z	0.361
Zr(1)	*e*	0,0,z	0.122

$\{Al\}^{kubokt.}_{4+8}$ $\{Zr\}^{kubokt.}_{12}$

$d(Al\text{-}Zr)_{4/4/4} = 285.4/291.4/299.1$ pm; $\bar{d} = 292.0$ pm

Überstruktur des Kupfer-Strukturtyps (→ Cu) mit geordneter Verteilung der Metallatome, wobei die Basiszelle der kubisch dichten Kugelpackung in einer Richtung vervierfacht ist und die Zr-Atome in den Grund- bzw. Deckflächen der vier Subzellen die Ecken und das Zentrum (SZ-1), die Zentren (SZ-2), das Zentrum und die Ecken (SZ-3) bzw. die Ecken (SZ-4) besetzen

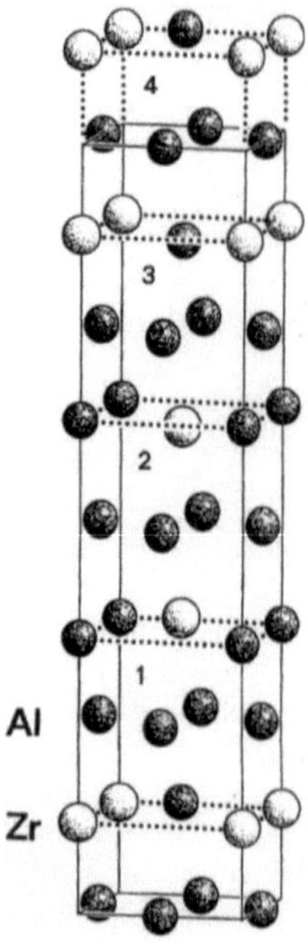

Binäre Legierungen

Ga_3Zr (396.0, 1743.9 pm); Pd_3Tl (411.7, 1527.4 pm); Pt_3Sb (394, 1696 pm)

Ternäre Legierungen $A^cB^dA^eC^e$

Bi_2CdBa (476.8, 2360 pm, z_{Bi} = 0.3296, z_{Ba} = 0.1158); Bi_2CdSr (463.5, 2288 pm, z_{Bi} = 0.3364, z_{Sr} = 0.1138); Bi_2MnSr (458, 2313 pm, z_{Bi} = 0.3265, z_{Sr} = 0.1123); Bi_2ZnBa (484.6, 2198 pm, z_{Bi} = 0.3141, z_{Ba} = 0.1283); Bi_2ZnSr (464, 2196 pm, z_{Bi} = 0.3248, z_{Sr} = 0.1133); Sb_2CdBa (455.8, 2416 pm, z_{Sb} = 0.3255, z_{Ba} = 0.1129); Sb_2MnBa (453, 2434 pm, z_{Sb} = 0.3179, z_{Ba} = 0.1123)

AuCd **B19**

orthorhombisch, Pmma (51), a = 476.7, b = 316.4, c = 485.5 pm, V = 73.23 · 10^{-30} m^3, Z = 4

Au(1)	*f*	$^1/_4$,$^1/_2$,z	0.812
Cd(1)	*e*	$^1/_4$,0,z	0.313

$\{Au\}^{antikubokt.}_{8+4}$ $\{Cd\}^{antikubokt.}_{8+4}$

d(Au-Cd) = 289.3 – 292.4 pm

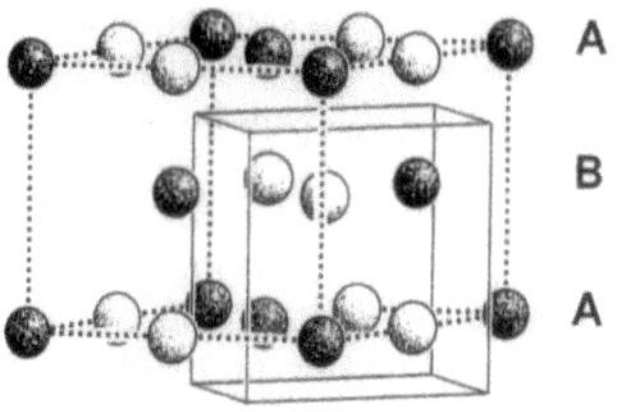

Überstruktur des Magnesium-Strukturtyps (→ Mg) mit geordneter Verteilung der Metallatome, wobei die Basiszelle der hexagonal dichten Kugelpackung in Richtung der a- und b-Achse jeweils verdoppelt ist und die Sn-Atome die Ecken und Flächenmitten der 2×2-Überstrukturzelle sowie zwei der vier Positionen in ihr besetzen

AuTi (463.0, 294.4, 488.0 pm); IrMo (442.9, 275.2, 480.4 pm); IrW (445.2, 276.0, 481.1 pm); MgCd (500.51, 322.17, 527.00 pm, z_{Mg} = 0.817, z_{Cd} = 0.323); MoPt (447.5, 272.9, 491.4 pm); MoRh (441.3, 274.5, 478.5 pm); NbPt (461.1, 278.0, 498.3 pm); PdTi (456.2, 281.0, 489.0 pm); PtTi (459.2, 276.1, 483.8 pm); PtV (441.3, 269.3, 476.7 pm)

AuCu **$L1_0$**

tetragonal, P4/mmn (123), a = 396.6, c = 367.3 pm, c/a = 0.926, V = 57.77 · 10^{-30} m^3, Z = 4

Au(1)	*a*	0,0,0
Au(2)	*c*	$^1/_2$,$^1/_2$,0
Cu(1)	*e*	0,$^1/_2$,$^1/_2$

$\{Au\}^{kubokt.}_{8+4}$ $\{Cu\}^{kubokt.}_{8+4}$

d(Au-Cu) = $^1/_2\sqrt{a^2+c^2}$ = 270.3 pm
d(Au-Cu) = d(Au-Au) = $^a/_2\sqrt{2}$ = 280.4 pm

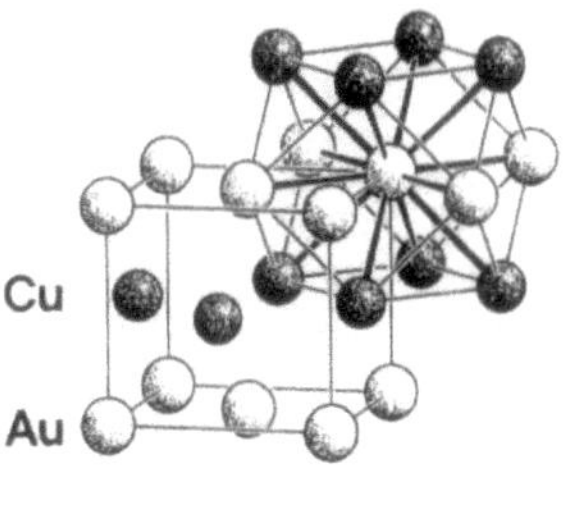

Überstruktur des Kupfer-Strukturtyps (→ Cu) mit geordneter Verteilung der Metallatome, wobei in der einfachen Basiszelle der kubisch dichten Kugelpackung die Cu-Atome die Mitten der Seitenflächen und die Au-Atome die Positionen in der Grund- und Deckfläche besetzen

AlPt (383.2, 389.4 pm); AlTi (400.5, 407.0 pm); BiLi (476.2, 425.6 pm); BiNa (491, 481 pm); CaPb (511.8, 449.1 pm); CdPb (428.6, 362.2 pm); CdPt (417.4, 318.6 pm); CoPt (380.6, 368.4 pm); CuTi (444.0, 285.6 pm); EuPb (522.6, 458.6 pm); FePd (386.0, 373.1 pm); FePt (386.1, 378.8 pm); GaYb (483, 394 pm); HgNi (422, 314 pm); HgPd (428.5, 369.2 pm); HgPt (420.1, 382.5 pm); HgTi (425.6, 404.1 pm), HgZr (445, 417 pm); IrMn (385.48, 364.36 pm); IrNb (402.7, 386.3 pm); IrV (388.7, 365.1 pm); MnNi (372.18, 352.95 pm); MnPt (400.20, 366.47 pm); MnRh (393, 356 pm); NbRh (401.9, 380.9 pm); NiPt (382.3, 358.9 pm); NiZn (388.5, 296.5 pm); PbYb (508.5, 444.3 pm); PdZn (410.0, 329.5 pm); PtZn (403.7, 347.3 pm); RhTi (417.3, 335.4 pm); RhV (387.0, 365.7 pm); SmTl (505.7, 432.2 pm); SnTl (511.22, 437.5 pm); SnYb (496.0, 440.0 pm)

$AuCu_3$ **$L1_2$**

kubisch, $Pm\bar{3}m$ (221), a = 374.84 pm, $V = 52.67 \cdot 10^{-30}$ m^3,
Z = 1

Au(1)	*a*	0,0,0
Cu(1)	*c*	$0,{}^1/_2,{}^1/_2$

$\{Au\}_{12}^{kubokt.}$ $\{Cu\}_{4+8}^{kubokt.}$

$d(Cu\text{-}Cu) = d(Au\text{-}Cu) = {}^a/_2\,\sqrt{2} = 265.1$ pm

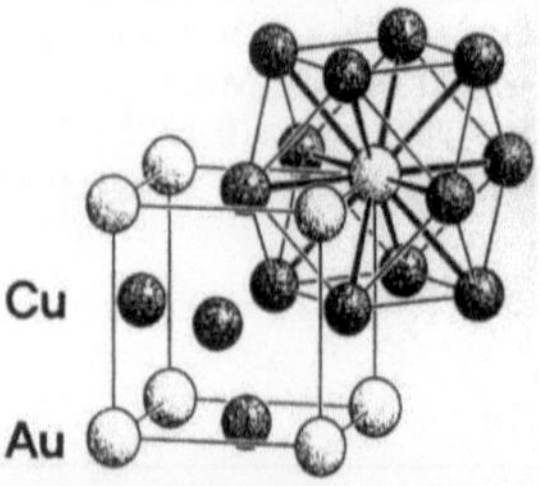

Überstruktur des Kupfer-Strukturtyps (→ Cu) mit geordneter Verteilung der Metallatome, wobei in der einfachen Basiszelle der kubisch dichten Kugelpackung die Au-Atome die Ecken und die Cu-Atome die Flächenmitten besetzen

$AlCe_3$ (501.3 pm); $AlCo_3$ (365.81 pm); $AlLa_3$ (509.3 pm); $AlNi_3$ (356.55 pm); $AlPr_3$ (496.2 pm); $AlPt_3$ (387.6 pm); $AlSm_3$ (490.1 pm); AlY_3 (481.8 pm); $AuTi_3$ (409.6 pm); AuV_3 (396.4 pm); $CaPb_3$ (489.7 pm); $CaSn_3$ (474.2 pm); $CaTl_3$ (480.4 pm); $CdPt_3$ (397.7 pm); $CeIn_3$ (469.1 pm); $CePb_3$ (487.5 pm); $CePd_3$ (416.0 pm); $CePt_3$ (416.2 pm); $CeRh_3$ (401.2 pm); $CeSn_3$ (472.2 pm); $CeTl_3$ (477.1 pm); $CoPt_3$ (383.1 pm); $CrIr_3$ (380.1 pm); $CrPt_3$ (387.35 pm); $CrRh_3$ (378.6 pm); $CuAu_3$ (398.53 pm); $DyAl_3$ (423.6 pm); $DyGa_3$ (427.1 pm); $DyIn_3$ (457.85 pm); $DyPb_3$ (480.6 pm); $DyPd_3$ (407.06 pm); $DyPt_3$ (407.2 pm); $DySn_3$ (465.9 pm); $DyTl_3$ (467.2 pm); $ErAl_3$ (421.5 pm); $ErGa_3$ (420.6 pm); $ErIn_3$ (456.4 pm); $ErPb_3$ (479.7 pm); $ErPd_3$ (405.1 pm); $ErPt_3$ (405.6 pm); $ErSn_3$ (464.8 pm); $ErTl_3$ (466.1 pm); $EuPb_3$ (491.5 pm); $EuPd_3$ (410.1 pm); $EuSn_3$ (474.43 pm); $EuTl_3$ (471.8 pm); $FeNi_3$ (355.50 pm); $FePd_3$ (385.1 pm); $GaCe_3$ (511.5 pm); $GaLa_3$ (566 pm); $GaNd_3$ (467.6 pm); $GaNi_3$ (358.5 pm); $GaPr_3$ (551 pm); $GaPt_3$ (388.9 pm); $GaSm_3$ (539 pm); $GeFe_3$ (366.5 pm); $GeNb_3$ (458 pm); $GeNi_3$ (356.6 pm); $GdIn_3$ (460.68 pm); $GdPb_3$ (482.68 pm); $GdPd_3$ (406.61 pm); $GdSn_3$ (467.61 pm); $GdTl_3$ (469.6 pm); $HfIr_3$ (393.5 pm); $HfPd_3$ (396.1 pm); $HfPt_3$ (398.1 pm); $HfRh_3$ (391.2 pm); $HgTi_3$ (416.54 pm); $HgZr_3$ (436.52 pm); $HoAl_3$ (423.0 pm); $HoGa_3$ (423.5 pm); $HoIn_3$ (457.25 pm); $HoPb_3$ (480.0 pm); $HoPd_3$ (405.8 pm); $HoPt_3$ (405.8 pm); $HoSn_3$ (465.3 pm); $HoTl_3$ (466.7 pm); $InCe_3$ (500.06 pm); $InLa_3$ (508.54 pm); $InMg_3$ (449 pm); $InNd_3$ (492.96 pm); $InNi_3$ (375 pm); $InPr_3$ (496.36 pm); $InPt_3$ (399.2 pm); $InSm_3$ (490.0 pm); $InTi_3$ (422 pm); $InZr_3$ (446.1 pm); $IrMn_3$ (379.4 pm); $IrNb_3$ (388.6 pm); $LaIn_3$ (473.21 pm); $LaPb_3$ (490.6 pm); $LaPd_3$ (422.4 pm); $LaPt_3$ (407.45 pm); $LaSn_3$ (476.94 pm); $LiAl_3$ (401.0 pm); $LiAu_3$ (397.3 pm); $LuAl_3$ (418.7 pm); $LuGa_3$ (418.0 pm); $LuIn_3$ (454.4 pm); $LuPb_3$ (478.6 pm); $LuPd_3$ (403.58 pm); $LuPt_3$ (403.0 pm); $LuTl_3$ (465.3 pm); $MgPt_3$ (390.6 pm); $MnNi_3$ (358.9 pm); $MnPt_3$ (389.8 pm); $MnZn_3$ (386 pm); $NaPb_3$ (488.4 pm); $NbCd_3$ (421.5 pm); $NbRh_3$ (385.7 pm); $NbRu_3$ (388 pm); $NbZn_3$ (393.4 pm); $NdIn_3$ (465.30 pm); $NdPb_3$ (485.2 pm); $NdPd_3$ (412.0 pm); $NdPt_3$ (405.9 pm); $NdSn_3$ (470.9 pm); $NdTl_3$ (473.7 pm); $PaIr_3$ (404.7 pm); $PaRh_3$ (403.7 pm); $PbCa_3$ (485.3 pm); $PbCe_3$ (496.4 pm); $PbPd_3$ (403.5 pm); $PbPr_3$ (494.9 pm); $PbPt_3$ (405.3 pm); $PrIn_3$ (467.07 pm); $PrPb_3$ (486.7 pm); $PrPd_3$ (413.5 pm); $PrPt_3$ (406.50 pm); $PrSn_3$ (472.5 pm); $PrTl_3$ (475.2 pm); $PtAg_3$ (389.5 pm); $PtAu_3$ (392.61 pm); $PtCr_3$ (377.5 pm); $PtCu_3$ (368.2 pm); $PtFe_3$ (372.7 pm); $PtMn_3$ (383.6 pm); PtV_3 (391.8 pm); $RhMn_3$ (381.2 pm); $ScAl_3$ (410.5 pm); $ScGa_3$ (409.2 pm); $ScIn_3$ (447.7 pm); $ScPd_3$ (396.9 pm); $ScPt_3$ (395.4 pm); $ScRh_3$ (390.9 pm); $SiNb_3$ (421.1 pm); $SiNi_3$ (350.4 pm); $SmIn_3$ (462.7 pm); $SmPb_3$ (483.5 pm); $SmPd_3$ (406.8 pm); $SmPt_3$ (406.33 pm); $SmSn_3$ (468.7 pm); $SmTl_3$ (471.25 pm); $SnCe_3$ (492.9 pm); $SnLa_3$ (512.5 pm); $SnPd_3$ (397.1 pm); $SnPt_3$ (400.05 pm); $SrBi_3$ (504 pm); $TaCo_3$ (367.0 pm); $TaIr_3$ (388.6 pm); $TaRh_3$ (386.0 pm); $TbGa_3$ (428.5 pm); $TbIn_3$ (458.78 pm); $TbPb_3$ (481.0 pm); $TbPd_3$ (407.4 pm); $TbPt_3$ (408.23 pm); $TbSn_3$ (466.1 pm); $TbTl_3$ (468.0 pm); $TiIr_3$ (384.5 pm); $TiPt_3$ (389.8 pm); $TiRh_3$ (382.3 pm); $TiZn_3$ (393.22 pm); $TlCe_3$ (501.1 pm); $TlLa_3$ (506 pm); $TlNd_3$ (493.4 pm); $TlPr_3$ (492.6 pm); $TmAg_3$ (421.17 pm); $TmAl_3$ (420.0 pm); $TmGa_3$ (420.2 pm); $TmIn_3$ (454.8 pm); $TmPb_3$ (479.4 pm); $TmPd_3$ (404.4 pm); $TmPt_3$ (404.23 pm); $TmTl_3$ (465.54 pm); VIr_3 (381.2 pm); VPt_3 (387 pm); VRh_3 (378.4 pm); YAl_3 (432.3 pm); YIn_3 (459.19 pm); YPb_3 (481.4 pm); YPd_3 (406.8 pm); YPt_3 (407.61 pm); YSn_3 (466.6 pm); YTl_3 (468.0 pm); $YbAl_3$ (420.2 pm); $YbIn_3$ (461.64 pm); $YbPb_3$ (486.28 pm); $YbPd_3$ (404.0 pm); $YbPt_3$ (404.55 pm); $YbSn_3$ (468.1 pm); $YbTl_3$ (461.3 pm); $ZnPt_3$ (389.3 pm); $ZrIr_3$ (394.3 pm); $ZrPt_3$ (399 pm); $ZrRh_3$ (392.6 pm)

$CuAl_2$ **C16**

tetragonal, I4/mcm (140), a = 606.3, c = 487.2 pm, V = 179.09 · 10^{-30} m³, Z = 4

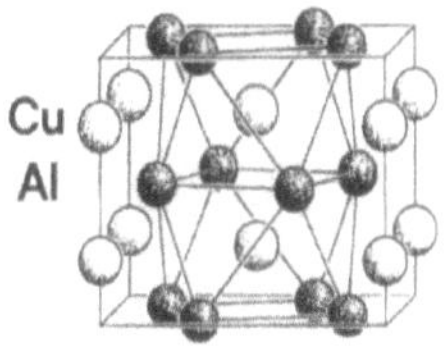

Cu(1) *a* 0,0,$^1/_4$
Al(1) *h* x,x + $^1/_2$,0 0.1541

$\{Cu\}_8^{quadr. antiprism.}$ $\{Al\}_4^{tetr.}$

$d(Cu\text{-}Al)_8$ = 259.9 pm $d(Cu\text{-}Cu)_2$ = 243.6 pm

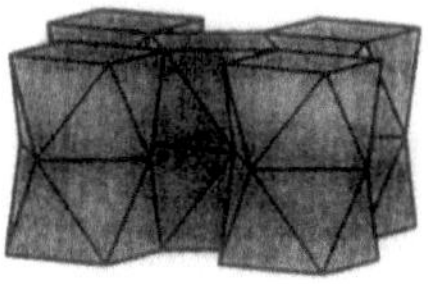

quadratische $\{CuAl_8\}$-Antiprismen sind über ihre Basisflächen zu Ketten verknüpft, die parallel zur c-Achse verlaufen und nach Art einer tetragonalen Stabpackung angeordnet sind, wobei die Verknüpfung untereinander über gemeinsame Kanten erfolgt

$AgIn_2$ (688.1, 562.0 pm; x_{In} = 0.1563); $AuNa_2$ (741.5, 552.2 pm; x_{Na} = 0.1579); $AuPb_2$ (733.8, 565.8 pm; x_{Pb} = 0.159); $BeTa_2$ (601.0, 489.0 pm; x_{Ta} = 0.1608); $CoSc_2$ (637.7, 561.8 pm; x_{Sc} = 0.1744); $CoSn_2$ (636.3, 545.6 pm; x_{Sn} = 0.1662); $CoTa_2$ (611.6, 496.9 pm; x_{Ta} = 0.1602); $CoZr_2$ (636.4, 551.8 pm; x_{Zr} = 0.1704); $FeGe_2$ (590.8, 495.7 pm; x_{Ge} = 0.1547); $FeSn_2$ (653.9, 532.5 pm; x_{Sn} = 0.1603); $FeZr_2$ (638.5, 559.6 pm; x_{Zr} = 0.1728); $GaZr_2$ (670.8, 543.7 pm; x_{Zr} = 0.1543); $GeHf_2$ (659.6, 529.1 pm; x_{Hf} = 0.1561); $NiHf_2$ (640.5, 525.2 pm; x_{Hf} = 0.1630); $NiTa_2$ (619.7, 486.0 pm; x_{Ta} = 0.1588); $NiZr_2$ (648.3, 526.7 pm; x_{Zr} = 0.1630); $PdPb_2$ (686.5, 584.4 pm; x_{Pb} = 0.1636); $PdTl_2$ (671.2, 574.8 pm; x_{Tl} = 0.1656); $PtTl_2$ (682.2, 556.5 pm; x_{Tl} = 0.1608); $RhPb_2$ (667.4, 583.1 pm; x_{Pb} = 0.1660); $RhSn_2$ (641.0, 565.6 pm; x_{Sn} = 0.1605); $RhZr_2$ (649.6, 560.5 pm; x_{Zr} = 0.1667); $RuSn_2$ (638.9, 569.3 pm; x_{Sn} = 0.165); $TiSb_2$ (665.31, 580.92 pm; x_{Sb} = 0.1509,); VSb_2 (655.5, 563.1 pm; x_{Sb} = 0.1560)

Silicide

$SiHf_2$ (655.3, 518.6 pm; x_{Hf} = 0.1569); $SiTa_2$ (616.0, 505.6 pm; x_{Ta} = 0.1626); $SiZr_2$ (660.9, 529.8 pm; x_{Zr} = 0.1582)

Boride

BCo_2 (501.5, 422.0 pm; x_{Co} = 0.1680); BFe_2 (511.0, 424.9 pm; x_{Fe} = 0.1649); BMn_2 (514.9, 420.9 pm; x_{Mn} = 0.1623); BMo_2 (554.7, 473.9 pm; x_{Mo} = 0.1697); BNi_2 (499.1, 424.7 pm; x_{Ni} = 0.1677); BTa_2 (578.3, 486.6 pm; x_{Ta} = 0.1661); BW_2 (556.8, 474.7 pm; x_W = 0.1692)

CuZn **B2** ***β-Messing-Strukturtyp***

kubisch, Pm$\bar{3}$m (221), a = 295.39 pm, V = 25.77 · 10^{-30} m³, Z = 1

Cu(1) *a* 0,0,0
Zn(1) *b* $^1/_2$,$^1/_2$,$^1/_2$

$\{Cu\}_8^{würfelf.}$ $\{Zn\}_8^{würfelf.}$

$d(Cu\text{-}Zn)_8 = {}^a/_2\,\sqrt{3}$ = 255.8 pm

bei Legierungen häufig benutzte Verbindung zur Beschreibung des Cäsiumchlorid-Strukturtyps (→ CsCl)

$CuZn_2$ ***ε-Messing-Strukturtyp***

hexagonal, $P\bar{6}$ (174), a = 427.5, c = 259.0 pm, c/a = 0.6058,
V = 40.99 · 10^{-30} m^3, Z = 1

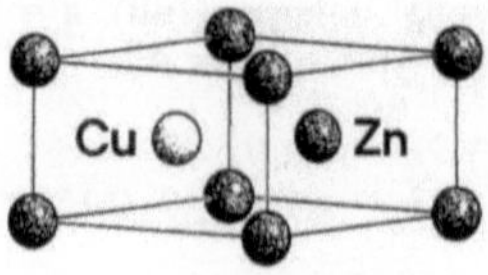

Cu(1)	*d*	$^1/_3,^2/_3,^1/_2$
Zn(1)	*a*	0,0,0
Zn(2)	*f*	$^2/_3,^1/_3,^1/_2$

$\{Cu\}_{9+2}$ $\{Zn\}_{6+8}/\{Zn\}_{3+8}$

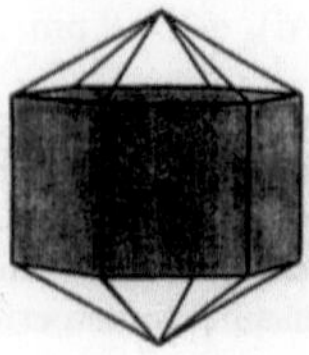

$d(Cu\text{-}Zn)_{6/3}$ = 278.7/246.8 pm
$d(Cu\text{-}Cu)_2$ = c = 259.0 pm
$d(Zn\text{-}Zn)_{2/6}$ = 259.0/278.7 pm

Überstruktur des Aluminiumdiborid-Strukturtyps (→ AlB_2) mit geordneter Verteilung der Metallatome, wobei die beiden trigonal-prismatischen Lücken innerhalb der von den Zn(1)-Atomen aufgespannten Basiszelle von den Cu- und den Zn(2)-Atomen so besetzt werden, daß diese Atome in Form eines Edshammar-Polyeders (→ Na_3As) koordiniert sind, während die ersteren Zn-Atome ein zweifach überkapptes hexagonales Prisma als Koordinationspolyeder aufweisen

$GaAg_2$ (776.77, 287.78 pm)

Cu_2Sb **C38**

tetragonal, P4/nmm (129), a = 400.06, c = 610.43 pm,
V = 97.70 · 10^{-30} m^3; Z = 2

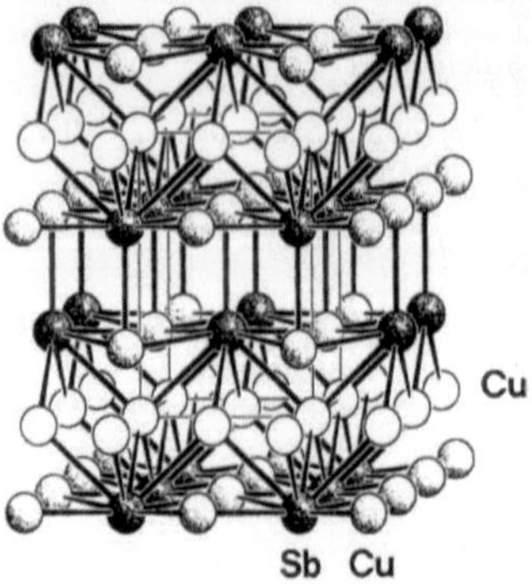

Cu(1)	*a*	0,0,0	
Cu(2)	*c*	$0,^1/_2$,z	0.270
Sb(1)	*c*	$0,^1/_2$,z	0.700

$\{Cu\}_4^{tetr.}/\{Cu\}_5^{quadr.\ pyr.}$ $\{Sb\}_{4+5}$

$d(Cu\text{-}Sb)_4$ = 271.2 pm
$d(Cu\text{-}Sb)_{1/4}$ = 262.5/283.5 pm

ähnlich dem Matlockit-Strukturtyp (→ PbFCl) aufgebaute Verbindung, jedoch befinden sich die Sb-Atome nicht zwischen, sondern in den Cu-Schichten, wodurch sich eine zusätzliche Sb-Cu-Wechselwirkung zwischen den Doppelschichten ergibt und die Sb-Atome neunfach koordiniert sind

Arsenide, Antimonide M_2X

Cr_2As (359.23, 634.37 pm, z_{Cr} = 0.675, z_{As} = 0.275); Cu_2As (378.8, 594.2 pm, z_{Cu} = 0.303, z_{As} = 0.709); Fe_2As (363.4, 598.5 pm, z_{Fe} = 0.670, z_{As} = 0.670); Mn_2As (376.9, 627.8 pm, z_{Mn} = 0.670, z_{As} = 0.265); Mn_2Sb (407.8, 655.7 pm, z_{Mn} = 0.2897, z_{Sb} = 0.7207); Sc_2Sb (420.49, 779.02 pm)

Sulfide, Selenide, Telluride MX_2

$CeTe_2$ (452, 912 pm, z_{Ce} = 0.270, z_{Te} = 0.625); $ErSe_2$ (397.3, 819.7 pm); $ErTe_2$ (424.8, 886.5 pm); $HoTe_2$ (426.4, 887.2 pm); LaS_2 (414.7, 817.6 pm); $LaTe_2$ (450.7, 912.8 pm, z_{La} = 0.2761, z_{Te} = 0.6331); $LuSe_2$ (393.6, 814.7 pm); $LuTe_2$ (422.2, 880.7 pm); NdS_2 (402.2, 803.1 pm, z_{Nd} = 0.273, z_s = 0.636); $NdSe_2$ (413.3, 840.7 pm); $NdTe_2$ (437.7, 906.0 pm, z_{Nd} = 0.2709, z_{Te} = 0.6322); $PrSe_2$ (417.0, 840.0 pm); $PrTe_2$ (444.5, 907.0 pm); $SmSe_2$ (410, 839 pm, z_{Sm} = 0.272, z_{Se} = 0.635); $TmTe_2$ (424.0, 883.1 pm); YTe_2 (429.1, 891.2 pm); $YbSe_2$ (397.0, 815.1 pm)

Cu_5Zn_8 **$D8_2$** ***γ-Messing-Strukturtyp***

kubisch, $I\bar{4}3m$ (217), a = 887.8 pm, V = 699.75 · 10^{-30} m^3, Z = 4

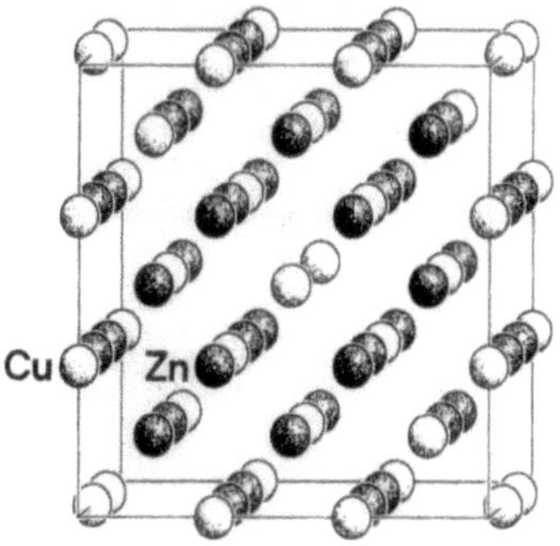

Cu(1)	*c*	x,x,x	0.8280	
Cu(2)	*e*	x,0,0	0.3558	
Zn(1)	*c*	x,x,x	0.1089	
Zn(2)	*g*	x,x,z	0.3128	0.0366

$\{Cu\}_{3+6+3+0}$	256.0 – 270.7 pm
$\{Cu\}_{2+8+2+1}$	253.7 – 284.5 pm
$\{Zn\}_{3+3+3+3}$	258.4 – 273.5 pm
$\{Zn\}_{4+2+1+4}$	253.7 – 284.6 pm

stark verzerrte (in der Abbildung idealisierte) Überstruktur des Cäsiumchlorid-Strukturtyps (→ CsCl) mit geordneter Verteilung der Metallatome, wobei in der 3 × 3 × 3 Überstrukturzelle die Zellmitte und -ecken nicht besetzt sind, wodurch für alle Atome eine Koordinationszahl kleiner als 8 + 6 resultiert

Ag_5Cd_8 (998.3 pm, $x_{Ag(1)}$ = 0.825, $x_{Ag(2)}$ = 0.358, $x_{Cd(1)}$ = 0.105, $xz_{Cd(2)}$ = 0.310, 0.038); Ag_5Zn_8 (934.07 pm, $x_{Ag(1)}$ = 0.8240, $x_{Ag(2)}$ = 0.3551, $x_{Zn(1)}$ = 0.1120, $xz_{Zn(2)}$ = 0.3130, 0.0331); Au_5Cd_8 (999.8 pm)

Fe_3Al **$D0_3$**

kubisch, $Fm\bar{3}m$ (225), a = 579.23 pm, V = 194.33 · 10^{-30} m^3, Z = 4

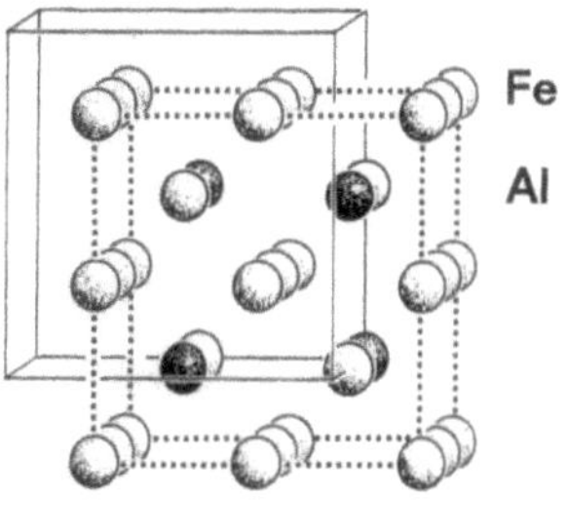

Fe(1)	*b*	$^1/_2,^1/_2,^1/_2$
Fe(2)	*c*	$^1/_4,^1/_4,^1/_4$
Al(1)	*a*	0,0,0

$\{Fe(1)/Fe(2)\}_{6+8/4+10}$ $\{Al\}_{14}$

$d(Fe\text{-}Al)_4 = {}^a/_4\,\sqrt{3} = 250.8$ pm
$d(Fe\text{-}Al)_6 = {}^a/_2 = 289.6$ pm

Überstruktur des Wolfram-Strukturtyps (→ W) mit geordneter Verteilung der Metallatome, wobei unter Verachtfachung der Basiszelle die Hälfte der Zellmitten so mit Al-Atomen besetzt sind, daß diese von 14 Fe-Atomen in Form eines allseits überkappten Würfels umgeben sind

Binäre Legierungen

Ca_3In (786.0 pm); Cd_3Ce (722.8 pm); Cd_3Nd (718.2 pm); Cd_3Pr (720.0 pm); Cd_3Sm (723.3 pm); Cd_3Y (741.2 pm); Cs_3Bi (931.0 pm); Cu_3Sb (601 pm); K_3Bi (880.5 pm); K_3Sb (849.3 pm); Li_3Au (630.2 pm); Li_3Bi (672.2 pm); Li_3Hg (656.1 pm); Li_3Pb (668.7 pm); Li_3Sb (657.2 pm); Li_3Tl (667.1 pm); Mg_3La (748.0 pm); Mg_3Ce (742.8 pm); Mg_3Dy (726.7 pm); Mg_3Nd (739.1 pm); Mg_3Pr (741.5 pm); Mg_3Sm (732.7 pm); Mg_3Tb (729.6 pm); Ni_3Sb (596 pm); Ni_3Sn (598 pm); Rb_3Bi (889.8 pm); Sr_3In (836.0 pm)

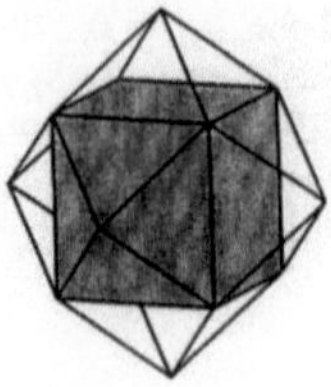

Ternäre Legierungen $A^aB^bC^c_2$

$AgAuCd_2$ (664.62 pm); $AgAuZn_2$ (629.43 pm); $AlMnCu_2$ (587.07 pm); $AuCuZn_2$ (612.73 pm); $CuSnRh_2$ (614.6 pm); $GaTiCo_2$ (584.8 pm); $GaTiFe_2$ (585.4 pm); $GaVCo_2$ (578.2 pm); $GaVFe_2$ (577.7 pm); $LiSiCu_2$ (577.6 pm); $SnHfCo_2$ (620.1 pm); $SnNbCo_2$ (614.6 pm); $SnTiCo_2$ (605.9 pm); $SnTiFe_2$ (607.64 pm); $SnVCo_2$ (599.4 pm); $SnZrCo_2$ (623.3 pm); $TiAlNi_2$ (584.3 pm)

$InNi_2$ **$C8_2$**

hexagonal, $P6_3/mmc$ (194), a = 417.9, c = 513.1 pm, V = $77.60 \cdot 10^{-10}$ m³, Z = 2

In(1)	*c*	1/3,2/3,1/4
Ni(1)	*a*	0,0,0
Ni(2)	*d*	1/3,2/3,3/4

$\{In\}_{5+6}$ $\{Ni(1)\}_{6+6+2}/\{Ni(2)\}_{5+6}$

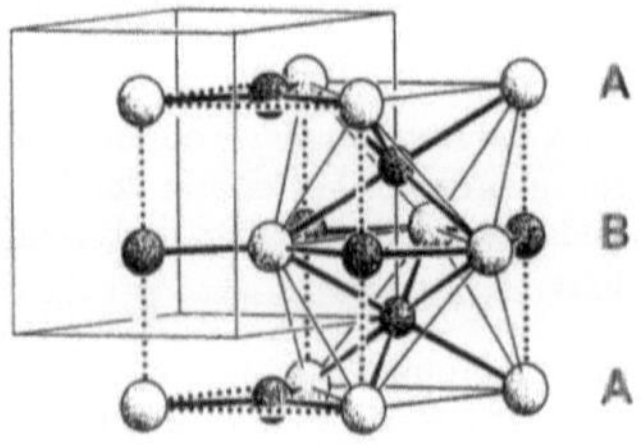

in einer Anordnung von In- und Ni-Atomen, die der des Nickelin-Strukturtyps (→ NiAs) entspricht, sind zusätzlich die Hälfte aller trigonal-planaren Lücken mit weiteren Ni-Atomen besetzt, so daß diese wie auch die In-Atome mit $d(Ni\text{-}In)_{3/2}$ = 241.3/256.6 pm und $d(Ni\text{-}Ni)_6$ = 273.3 pm in Form eines Edshammar-Polyeders (→ Na_3As) koordiniert sind, während die anderen Ni-Atome eine zwei-fach überkappte, hexagonal-prismatische Koordination mit $d(Ni\text{-}In)_6/d(Ni\text{-}Ni)_{6/2}$ = 273.3/273.3/256.6 aufweisen

Binäre Verbindungen $A^cB^aB^d$

$AlSc_2$ (488.8, 616.6 pm); $AlZr_2$ (489.39, 592.83 pm); $BiIn_2$ (549.6, 657.9 pm); $InCe_2$ (556.2, 691.1 pm)*; $InDy_2$ (534.4, 667.7 pm); $InEr_2$ (529.7, 664.1 pm)*; $InGd_2$ (541.3, 674.6 pm)*; $InHo_2$ (531.9, 666.2 pm); $InLa_2$ (563.6, 706.5 pm)*; $InLu_2$ (523.9, 656.9 pm)*; $InNd_2$ (550.5, 686.8 pm)*; $InPr_2$ (553.4, 689.3 pm)*; $InSc_2$ (502, 625 pm)*; $InSm_2$ (545.4, 680.6 pm)*; $InTb_2$ (536.7, 670.7 pm)*; $InTm_2$ (527.4, 662.1 pm)*; InY_2 (536.5, 677.8 pm)*; $GaTi_2$ (451, 550 pm)*; $SnMn_2$ (437.0, 547.5 pm)*; $TlGd_2$ (539.9, 673.5 pm)*; $TlPr_2$ (552.2, 686.9 pm)*; $TlSm_2$ (544.5, 677.8 pm)

Binäre Verbindungen $A^aB^cB^d$

$TlNd_2$ (552.0, 681.6 pm); $TlPd_2$ (454, 567 pm)

* Atomverteilung nicht bekannt

Ternäre Verbindungen $A^aB^cB^d$

BaAsAg (461.3, 889.6 pm); BaAsCu (437.2, 907.3 pm); BaPAg (449.6, 882.8 pm); BaPCu (423.9, 900.6 pm); CaAsCu (418.4, 894.8 pm); CaBiCu (454, 810 pm); CaPCu (405.5, 780.3 pm); CaSbCu (444, 814 pm); CoSbV (420.0, 539.8 pm); EuAsAg (451.6, 810.7 pm); KAsHg (450.6, 997.6 pm); KAsZn (423.0, 1023.4 pm); KPZn (409, 1014 pm); KSbZn (454, 1014 pm); KSeCu (418, 954 pm); KTeCu (446, 995 pm); MnGeNi (411.1, 551.0 pm); NaAsBe (382.0, 894.8 pm); NaSbBe (414.4, 932.0 pm); NiZrP (376.6, 715.1 pm); SrAsAg (452.9, 829.1 pm); SrBiCu (462, 884 pm); SrSbCu (452, 881 pm); SrZnSi (430, 902 pm); TmCuSi (413.4, 717.2 pm); YCuSi (414.7, 744.8 pm); ZrBeSi (371.0, 719.0 pm)

$MgCu_2$ C15

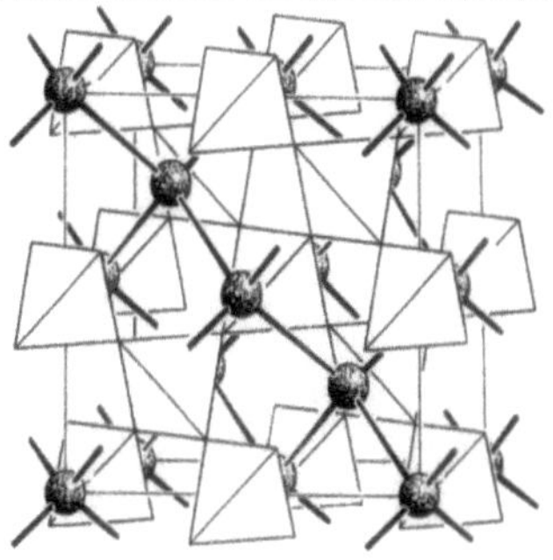

kubisch, Fd$\bar{3}$m (227), a = 704.8 pm, V = 350.10 · 10^{-30} m^3, Z = 8

Mg(1) *a* 0,0,0
Cu(1) *d* $^5/_8,^5/_8,^5/_8$

$\{Mg\}_{12+4}$ $\{Cu\}_{6+6}^{ikosaedr.}$

d(Cu-Cu)$_6$ = $^a/_4\sqrt{2}$ = 249.2 pm
d(Mg-Mg)$_4$ = $^a/_4\sqrt{3}$ = 305.2 pm
d(Mg-Cu)$_{12}$ = $^a/_8\sqrt{11}$ = 292.2 pm

zu den Laves-Phasen zählende Verbindung bei der $\{Cu_4\}$-Tetraeder in einer diamant-artigen Anordnung (→ $C_{Diamant}$) von Mg-Atomen über alle vier Ecken zu einem dreidimensionalen, ebenfalls diamant-artigen Raumverband verknüpft sind, so daß sich ein Strukturaufbau wie im Natriumthallid-Strukturtyp (→ NaTl) ergibt; die hexagonal dicht gepackten Mg-Doppelschichten weisen die Stapelabfolge [ABC] auf, wobei die Mg-Atome in Form eines Friauf-Polyeders (→ $MgZn_2$) koordiniert sind

$AgBe_2$ (630 pm); $BiAu_2$ (795.8 pm); $BaPd_2$ (795.3 pm); $BaPt_2$ (791.8 pm); $BaRh_2$ (785.2 pm); $CaAl_2$ (803.9 pm); $CaIr_2$ (754.5 pm); $CaNi_2$ (725.6 pm); $CaPd_2$ (766.5 pm); $CaPt_2$ (759.8 pm); $CaRh_2$ (752.5 pm); $CeAl_2$ (806.0 pm); $CeCo_2$ (716.02 pm); $CeFe_2$ (730.4 pm); $CeIr_2$ (757.96 pm); $CeMg_2$ (873.3 pm); $CeNi_2$ (722.36 pm); $CeOs_2$ (759.3 pm); $CePt_2$ (773.29 pm); $CeRh_2$ (754.7 pm); $CeRu_2$ (753.64 pm); $CsBi_2$ (976.0 pm); $CuBe_2$ (596.9 pm); $DyAl_2$ (782.9 pm); $DyCo_2$ (718.7 pm); $DyFe_2$ (732.31 pm); $DyIr_2$ (751.7 pm); $DyMn_2$ (757.31 pm); $DyNi_2$ (716.33 pm); $DyPt_2$ (759.66 pm); $DyRh_2$ (748.8 pm); $ErAl_2$ (779.2 pm); $ErCo_2$ (714.8 pm); $ErFe_2$ (728.3 pm); $ErIr_2$ (749.23 pm); $ErMn_2$ (707 pm); $ErNi_2$ (712.46 pm); $ErPt_2$ (757.5 pm); $ErRh_2$ (746.5 pm); $ErSi_2$ (711.8 pm); $EuAl_2$ (812.5 pm); $EuIr_2$ (756.6 pm); $EuPd_2$ (776.3 pm); $EuPt_2$ (764.1 pm); $FeBe_2$ (588.4 pm); $GdAl_2$ (790.12 pm); $GdCo_2$ (725.61 pm); $GdFe_2$ (739.1 pm); $GdIr_2$ (755.0 pm); $GdMg_2$ (855 pm); $GdMn_2$ (772.4 pm); $GdNi_2$ (720.78 pm); $GdPt_2$ (755.97 pm); $GdRh_2$ (751.4 pm); $GdRu_2$ (756 pm); $HfCo_2$ (717.38 pm); $HfFe_2$ (702.3 pm); $HfMo_2$ (756.0 pm); $HfNi_2$ (690.6 pm); HfV_2 (738.7 pm); HfW_2 (758.25 pm); $HfZn_2$ (732 pm); $HoAl_2$ (781.63 pm); $HoCo_2$ (717.38 pm); $HoFe_2$ (730.1 pm); $HoIr_2$ (750.1 pm); $HoMn_2$ (750.5 pm); $HoNi_2$ (713.8 pm); $HoPt_2$ (758.6 pm); $HoRh_2$ (742.6 pm); KBi_2 (950.1 pm); $LaAl_2$ (814.8 pm); $LaCo_2$ (744.9 pm); $LaIr_2$ (768.8 pm); $LaMg_2$ (878.7 pm); $LaNi_2$ (738.7 pm); $LaOs_2$ (774.3 pm); $LaPt_2$ (778.1 pm); $LaRh_2$ (762.8 pm); $LaRu_2$ (770.34 pm); $LiPt_2$ (760 pm); $LuAl_2$ (773.4 pm); $LuCo_2$ (710.2 pm); $LuFe_2$ (723.30 pm); $LuIr_2$ (746.0 pm); $LuNi_2$ (708.3 pm); $LuRh_2$ (741.6 pm); $LuRu_2$ (741.6 pm); $NaAg_2$ (792.3 pm); $NaAu_2$ (780.31 pm), $NaPt_2$ (748 pm); $NbBe_2$ (654.2 pm); $NbCo_2$ (675.8 pm); $NdAl_2$ (800.2 pm); $NdCo_2$ (730.5 pm); $NdFe_2$ (745.2 pm); $NdIr_2$ (760.5 pm); $NdMg_2$ (866.2 pm); $NdNi_2$ (726.7 pm); $NdPt_2$ (768.9 pm); $NdRh_2$ (756.4 pm); $NdRu_2$ (761.2 pm); $PbAu_2$ (792.7 pm); $PrAl_2$ (799.4 pm); $PrCo_2$ (730.6 pm); $PrFe_2$ (746.7 pm); $PrIr_2$ (762.1 pm); $PrMg_2$ (868.9 pm); $PrNi_2$ (728.4 pm); , $PrOs_2$ (766.0 pm); $PrRh_2$ (757.5 pm); $PrRu_2$ (762.23 pm); $RbBi_2$ (960.9 pm); $ScAl_2$ (758.0 pm); $ScCo_2$ (692.1 pm); $ScIr_2$ (734.8 pm); $ScNi_2$ (692.6 pm); $ScRe_2$ (527.0 pm); $SmAl_2$ (794.5 pm); $SmCo_2$ (726.0 pm); $SmFe_2$ (741.6 pm); $SmMg_2$ (862.2 pm); $SmMn_2$ (779 pm); $SmNi_2$ (723.3 pm); $SmPt_2$ (766.2 pm); $SmRh_2$ (754.0 pm); $SmRu_2$ (757.7 pm); $SrIr_2$ (784.9 pm); $SrPd_2$ (782.6 pm); $SrPt_2$ (777.7 pm); $SrRh_2$ (769.0 pm); $TaBe_2$ (650.7 pm); $TaCo_2$ (678.3 pm); TaV_2 (715.5 pm); $TbAl_2$ (788.9

pm); $TbNi_2$ (727.8 pm); $TbFe_2$ (734.6 pm); $TbIr_2$ (752.4 pm); $TbMn_2$ (764.8 pm); $TbPt_2$ (761.2 pm); $TbRh_2$ (741.6 pm); $TiBe_2$ (645.0 pm); $TiCo_2$ (669.2 pm); $TmAl_2$ (777.0 pm); $TmCo_2$ (713.4 pm); $TmFe_2$ (724.7 pm); $TmIr_2$ (747.8 pm); $TmNi_2$ (710.5 pm); $TmPt_2$ (755.6 pm); $TmRh_2$ (741.6 pm); YAl_2 (786.0 pm); YCo_2 (721.0 pm); YIr_2 (752.55 pm); YFe_2 (736.3 pm); YMn_2 (767.8 pm); YNi_2 (718.8 pm); YPt_2 (759.36 pm); YRh_2 (749.8 pm); $YbAl_2$ (788.0 pm); $YbCo_2$ (712.0 pm); $YbFe_2$ (723.9 pm); $YbIr_2$ (747.7 pm); $YbNi_2$ (709.9 pm); $YbPt_2$ (754.6 pm); $YbRh_2$ (743.2 pm); $ZrCo_2$ (695.12 pm); $ZrFe_2$ (707.4 pm); $ZrIr_2$ (734.6 pm); $ZrMo_2$ (758.7 pm); $ZrNi_2$ (692.5 pm); ZrV_2 (744.8 pm); ZrW_2 (761.87 pm); $ZrZn_2$ (739.4 pm)

$MgNi_2$ C36

hexagonal, $P6_3/mmc$ (194), a = 481.5, c = 1580 pm, V = $317.2 \cdot 10^{-30}$ m³, Z = 8

Mg(1)	*e*	0,0,z		0.094
Mg(2)	*f*	$^1/_3,^2/_3$,z		0.844
Ni(1)	*f*	$^1/_3,^2/_3$,z		0.125
Ni(2)	*g*	$^1/_2$,0,0		
Ni(3)	*h*	x,2x,$^1/_4$	0.25	

$\{Mg\}_{12+4}$ $\{Ni\}_{6+6}^{ikosaedr.}$

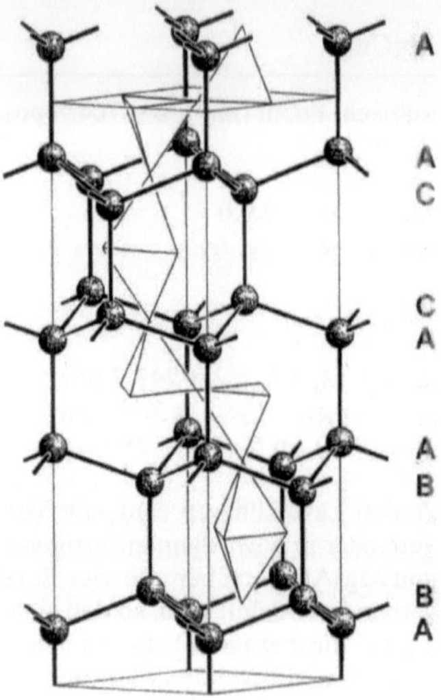

zu den Laves-Phasen zählende Verbindung mit $\{Ni_4\}$-Tetraeder in einer Anordnung von Mg-Atomen, die der einer Stapelvariante des Lonsdaleit-Strukturtyps (→ $C_{Lonsdaleit}$) entspricht, von dem zwei Basiszellen inversionssymmetrisch aufeinander gestapelt sind; die hexagonal dicht gepackten Mg-Doppelschichten weisen hierdurch die Stapelabfolge [ABAC] auf, wobei die Mg-Atome in Form eines Friauf-Polyeders (→ $MgZn_2$) koordiniert sind und die Verknüpfung der $\{Ni_4\}$-Tetraeder sowohl nach dem in der $MgCu_2$- als auch nach den in der $MgZn_2$-Struktur aufgezeigten Konzepten erfolgt

$CdCu_2$ (501.15, 1621.0 pm, $z_{Cd(1)} = 0.094$, $z_{Cd(2)} = 0.844$, $z_{Cu(1)} = 0.125$, $x_{Cu(3)} = 0.25$); $HfCr_2$ (506.4, 1647 pm); $HfFe_2$ (497.8, 1624.8 pm); $HfMn_2$ (501.6, 1636.7 pm); $HfMo_2$ (534.5, 1736 pm); $HfZn_2$ (519, 1689 pm); $NbZn_2$ (505, 1632 pm, $z_{Nb(1)} = 0.920$, $z_{Nb(2)} = 0.8408$, $z_{Zn(1)} = 0.1220$, $x_{Zn(3)} = 0.1717$); $ScFe_2$ (497.4, 1629 pm); $TaZn_2$ (504, 1621 pm); $TiCr_2$ (493.2, 1601 pm, $z_{Ti(1)} = 0.094$, $z_{Ti(2)} = 0.844$, $z_{Cr(1)} = 0.125$, $x_{Cr(3)} = 0.25$); $ZrCr_2$ (510.0; 1661 pm); $ZrFe_2$ (496.2, 1620 pm)

$MgZn_2$ C14

hexagonal, $P6_3/mmc$ (194), a = 522.1, c = 856.7 pm, V = $202.24 \cdot 10^{-30}$ m³, Z = 4

Mg(1)	*f*	$^1/_3,^2/_3$,z		0.0630
Zn(1)	*a*	0,0,0		
Zn(2)	*h*	x,2x,$^1/_4$	0.83053	

$\{Mg\}_{3+9+4}$ $\{Zn\}_{6+6}^{ikosaedr.}$

$d(Mg\text{-}Mg)_{3/1}$ = 320.2/320.4 pm
$d(Mg\text{-}Zn)_{3/6/3}$ = 306.2/306.3/306.4 pm
$d(Zn\text{-}Zn)_6$ = 263.4 pm
$d(Zn\text{-}Zn)_{2/2/2}$ = 256.7/263.4/265.4 pm

zu den Laves-Phasen zählende Verbindung bei der $\{Zn_4\}$-Tetraeder in einer lonsdaleit-artigen Anordnung (→ $C_{Lonsdaleit}$) von Mg-Atomen über gegenüberliegende Flächen und Ecken zu Ketten verknüpft sind, die parallel zur c-Achse verlaufen und über die Ecken mit jeweils zwei Atomen dreier Nachbarketten verbunden sind; die hexagonal dicht gepackten Mg-Doppelschichten weisen die Stapelabfolge [AB] auf, wobei die Mg-Atome in Form eines Friauf-Polyeders koordiniert sind, bei dem 12 Cu-Atome ein vierfach abgestumpftes Tetraeder bilden, das über den Sechseckflächen von 4 Mg-Atomen tetraedrisch überkappt ist

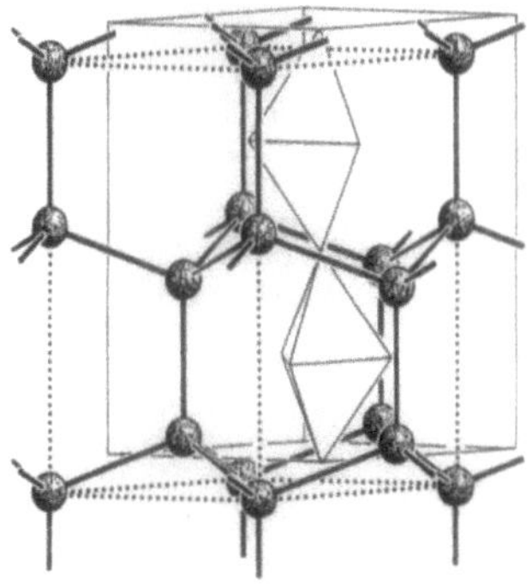

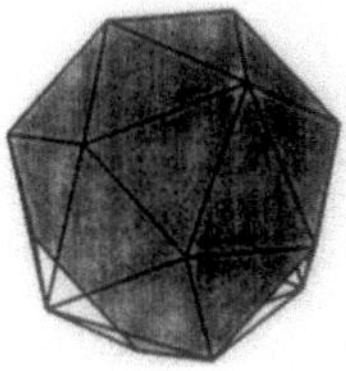

$BaMg_2$ (664.9, 1067.6 pm); $CaCd_2$ (599.3, 965.4 pm, z_{Ca} = 0.083, x_{Cd} = 0.830); $CaLi_2$ (626.1, 1025 pm); $CaMg_2$ (623.2, 1012.0 pm); $CdCu_2$ (496, 799 pm, z_{Cd} = 0.063, x_{Cu} = 0.833); $CrBe_2$ (426.0, 698.8 pm); CsK_2 (906.5, 1475.5 pm); $CsNa_2$ (786.1, 1306.2 pm); $DyMg_2$ (602, 976 pm); $DyMn_2$ (535.6, 874.4 pm); $DyOs_2$ (530.6, 878.8 pm); $DyRe_2$ (538.6, 879.2 pm); $DyRu_2$ (525.4, 884.6 pm); $DyTc_2$ (536.5, 883.0 pm); $ErMg_2$ (600, 970 pm); $ErMn_2$ (527.4, 862.6 pm); $ErOs_2$ (529.1, 875.5 pm); $ErRe_2$ (536.3, 875.8 pm); $ErRu_2$ (523.6, 878.3 pm); $ErTc_2$ (534.0, 879.2 pm); $EuMg_2$ (638.2, 1030.9 pm); $EuRe_2$ (531.6, 874.2 pm); $GdMn_2$ (544.7, 889.3 pm); $GdOs_2$ (531.9, 883.8 pm); $GdRe_2$ (541.2, 882.7 pm); $GdRu_2$ (527.6, 890.4 pm); $GdTc_2$ (539.7, 888.3 pm); $HfAl_2$ (524.4, 843.6 pm); $HfCr_2$ (507.20, 822.58 pm); $HfFe_2$ (497.8, 813.7 pm); $HfMn_2$ (500.7, 823.7 pm); $HfOs_2$ (520.0, 849.2 pm); $HfRe_2$ (524.9, 859.3 pm); $HfTc_2$ (520.01, 861.75 pm); $HoMg_2$ (601, 976 pm); $HoMn_2$ (531.6, 867.3 pm); $HoOs_2$ (529.5, 877.2 pm); $HoRe_2$ (537.8, 878.5 pm); $HoRu_2$ (526.3, 882.7 pm); $HoTc_2$ (535.3, 881.3 pm); KNa_2 (750, 1229 pm, z_K = 0.070, x_{Na} = 0.830); KPb_2 (666, 1076 pm); $LaOs_2$ (541.9, 908.3 pm); $LuMg_2$ (596, 971 pm); $LuMn_2$ (520.3, 851.7 pm); $LuOs_2$ (526.2, 866.6 pm); $LuRe_2$ (533.5, 871.7 pm); $LuRu_2$ (521.3, 873.2 pm); $LuTc_2$ (530.9, 873.9 pm); $MgCo_2$ (486, 792 pm); $MnBe_2$ (423.1, 690.9 pm); $MoBe_2$ (443.3, 734.1 pm); $MoFe_2$ (474.5, 773.4 pm); $NbCr_2$ (493, 807 pm); $NbFe_2$ (483.8, 788.9 pm); $NdMn_2$ (554.5, 903.7 pm); $NdOs_2$ (536.8, 892.6 pm, z_{Nd} = 0.0625, x_{Os} = 0.8333); $NdRe_2$ (536.4, 877.2 pm); $NdRu_2$ (532.3, 900.4 pm); $PrMn_2$ (561, 916 pm); $PrOs_2$ (535.9, 893.8 pm); $PrRe_2$ (533.6, 880.5 pm); $ReBe_2$ (435.4, 710.1 pm); $RuBe_2$ (596, 918 pm); $ScMn_2$ (503.3, 827.8 pm); $ScOs_2$ (518.8, 850.5 pm); $ScRe_2$ (526.4, 858.4 pm); $ScRu_2$ (519.5, 852.5 pm); $ScTc_2$ (522.3, 857.1 pm); $SmMn_2$ (551.1, 897.6 pm); $SmOs_2$ (533.6, 887.9 pm, z_{Sm} = 0.063, x_{Os} = 0.833); $SmRe_2$ (530.3, 880,4 pm); $SmRu_2$ (529.8, 893.9 pm); $SrMg_2$ (643.9, 1049.4 pm); $TaCr_2$ (493.2, 808.2 pm, z_{Ta} = 0.063, x_{Cr} = 0.833); $TaFe_2$ (485.2, 789.6 pm); $TaMn_2$ (485.8, 795.6 pm); $TaZn_2$ (507, 821 pm); $TbMg_2$ (609, 981 pm); $TbMn_2$ (539.0, 878.6 pm); $TbOs_2$ (531.4, 880.2 pm); $TbRe_2$ (539.7, 879.7 pm); $TbRu_2$ (526.3, 886.7 pm); $TbTc_2$ (537.5, 884.3 pm); $TiCr_2$ (493.2, 800.5 pm, z_{Ti} = 0.0625, x_{Cr} = 0.8333); $TiFe_2$ (478.70, 781.50 pm, z_{Ti} = 0.0640, x_{Fe} = 0.8290); $TiMn_2$ (483.1, 793.9 pm, z_{Ti} = 0.0642, x_{Mn} = 0.8219); $TiZn_2$ (506.4, 821.0 pm, z_{Ti} = 0.063, x_{Zn} = 0.833); $TmMg_2$ (597, 974 pm); $TmMn_2$ (524.1, 856.4 pm); $TmOs_2$ (542.4, 880.8 pm); $TmRe_2$ (535.9, 876.1 pm); $TmRu_2$ (523.0, 874.0 pm); $TmTc_2$ (533.4, 877.5 pm); WBe_2 (444.6, 728.9 pm); WFe_2 (474.0, 672.6 pm); YMg_2 (603.7, 975.2 pm, z_Y = 0.0626, x_{Mg} = 0.8409); YMn_2 (540.4, 884.8 pm); YOs_2 (530.7, 878.6 pm); YRe_2 (539.6, 881.9 pm); YRu_2 (525.7, 885.3 pm); YTc_2 (537.3, 884.7 pm); $YbCd_2$ (599.1, 959.6 pm); $YbMg_2$ (624.91, 1012.7 pm); $YbMn_2$ (523.3, 856.1 pm); $YbOs_2$ (526.8, 869.0 pm); $YbRe_2$ (534.0, 868.5 pm); $YbRu_2$ (522.3, 875.3 pm); $ZrAl_2$ (528.24, 874.82 pm); $ZrCr_2$ (510.2, 823.9 pm); $ZrOs_2$ (518.9, 852.6 pm); $ZrRe_2$ (526.7, 863.2 pm); $ZrRu_2$ (514.1, 850.9 pm); $ZrTc_2$ (521.85, 865.27 pm); ZrV_2 (528.8, 866.6 pm)

Na_3As **$D0_{18}$**

hexagonal, $P6_3/mmc$ (194), a = 509.8, c = 900.0 pm, c/a = 1.765. V = 202.57 · 10^{-30} m^3, Z = 2

Na(1)	*b*	0,0,$^1/_4$	
Na(2)	*f*	$^1/_3$,$^2/_3$,z	0.583
As(1)	*c*	$^1/_3$,$^2/_3$,$^1/_4$	

$\{Na(1)\}_{3+6}\{Na(2)\}_{4+7}$ $\{As\}_{5+6}$

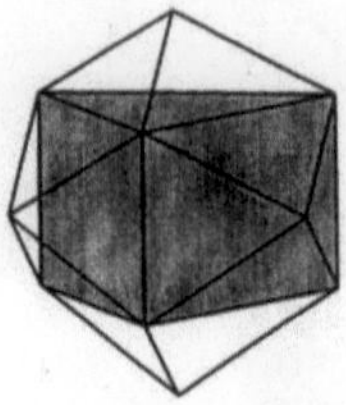

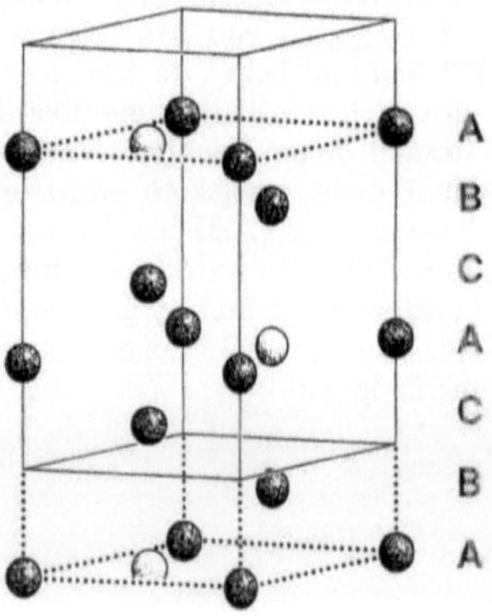

in einer Anordnung von Na-Atomen, die einer Stapelvariante einer dichten Kugelpackung von Na-Atomen mit der Schichtenfolge [ABCACB] entspricht, ist die Hälfte aller trigonal-planaren Lücken der Schichten A mit As-Atomen so besetzt, daß diese in Form eines allseits überkappten trigonalen Prismas (Edshammar Polyeder) von 11 Na-Atomen mit $d(Na\text{-}As)_{3/2/6}$ = 294.3/299.7/ 330.5 pm koordiniert sind

Al_3Ir (424.6, 775.6 pm, z_{Al} = 0.575); Cu_3As (417, 733 pm); Cu_3Ge (416.9, 749.9 pm); K_3As (579.4, 1024.3 pm, z_K = 0.583); K_3Bi (619.0, 1095.5 pm, z_K = 0.583); K_3P (569.1, 1005 pm, z_K = 0.583); K_3Sb (603.7, 1071.4 pm, z_K = 0.583); Li_3As (437.7, 780.2 pm, z_{Li} = 0.597); Li_3P (427.3, 759.4 pm, z_{Li} = 0.583); α-Li_3Sb (471.0, 832.6 pm, z_{Li} = 0.583); Mg_3Au (464, 846 pm); Mg_3Hg (486.8, 865.6 pm, z_{Mg} = 0.560); Mg_3Ir (454.9, 822.9 pm, z_{Mg} = 0.583); Mg_3Pd (461.3, 841.0 pm); Mg_3Pt (457.7, 832.2 pm, z_{Mg} = 0.583); Na_3As (509.8, 900.0 pm, z_{Na} = 0.583); Na_3Bi (545.9, 967.4 pm, z_{Na} = 0.583); Na_3P (499.0, 881.5 pm, z_{Na} = 0.583); Na_3Sb (536.6, 951.5 pm, z_{Na} = 0.583); Rb_3As (605.2, 1073 pm, z_{Rb} = 0.583); Rb_3Bi (649, 1149 pm); Rb_3Sb (628.3, 1118 pm, z_{Rb} = 0.583)

Nb_3Sn **A15** ***β-Wolfram-Strukturtyp***

kubisch, $Pm\bar{3}n$ (223), a = 529.06 pm, V = 148.09 · 10^{-30} m^3, Z = 2

Nb(1)	*c*	$^1/_4$,0,$^1/_2$
Sn(1)	*a*	0,0,0

$\{Nb\}_{4+10}$ $\{Sn\}_{12}$

$d(Nb\text{-}Sn)_4$ = 295.8 pm
$d(Nb\text{-}Nb)_{2/8}$ = 264.5/324.0 pm

häufig verwendete Verbindung zur Beschreibung des β-Wolfram-Strukturtyps (→ Cr_3Si)

Ni_3Sn **$D0_{19}$**

hexagonal, $P6_3/mmc$ (194), a = 528.6, c = 424.3 pm, 2 c/a = 1.605, V = 104.62 · 10^{-30} m^3, Z = 2

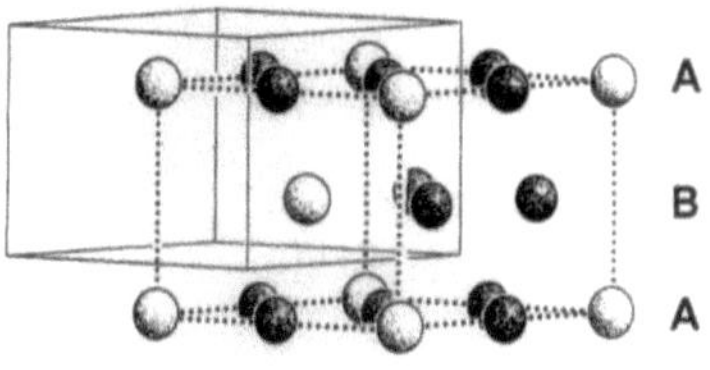

Ni(1)	*h*	x,2x,$^1/_4$	0.833
Sn(1)	*c*	$^1/_3$,$^2/_3$,$^1/_4$	

$\{Ni\}^{antikubokt.}_{4+8}$ $\{Sn\}^{antikubokt.}_{12}$

d(Ni-Sn) = 261.3–269.2 pm

Überstruktur des Magnesium-Strukturtyps (→ Mg) mit geordneter Verteilung der Metallatome, wobei die Basiszelle der hexagonal dichten Kugelpackung in Richtung der a- und b-Achse jeweils verdoppelt ist und die Sn-Atome die Ecken der 2 × 2-Überstrukturzelle und eine der vier Positionen in ihr besetzen

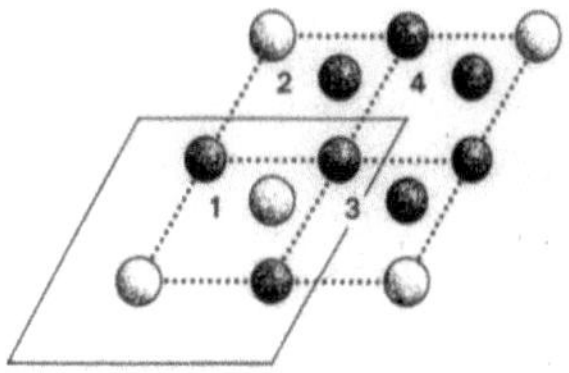

Ag_3Eu (679.4, 507.4 pm); Al_3Ce (654.1, 461.0 pm, x_{Al} = 0.860); Al_3Gd (633.2, 460.2 pm, x_{Al} = 0.8552); Al_3La (666.7, 461.6 pm, x_{Al} = 0.8627); Al_3Nd (696.8, 540.7 pm); Al_3Pr (650.3, 460.4 pm); Al_3Sm (638.0, 459.7 pm); Al_3Y (627.6, 458.2 pm, x_{Al} = 0.8534); Cd_3Gd (662.1, 493.3 pm, x_{Cd} = 0.833); Cd_3Mg (623.35, 504.50 pm, x_{Cd} = 0.833); Cd_3Tb (658.5, 492.5 pm, x_{Cd} = 0.833); Cd_3Sc (633.0, 485.3 pm, x_{Cd} = 0.833); Ce_3Al (704.1, 545.1 pm, x_{Ce} = 0.8333); Co_3Cr (502.8, 403.4 pm); Co_3Mo (512.45, 411.25 pm, x_{Co} = 0.8373); Co_3Si (497.6, 406.9 pm); Co_3W (513.0, 412.8 pm, x_{Co} = 0.844); Co_3Zr (596.6, 466.0 pm, x_{Co} = 0.833), Fe_3Ga (521.84, 423.73 pm); Fe_3Ge (516.9, 422.2 pm, x_{Fe} = 0.839); Fe_3Sn (545.8, 436.1 pm, x_{Fe} = 0.840); Ga_3Tb (627.8, 450.7 pm, x_{Ga} = 0.833); Hg_3Al (663.3, 502.0 pm, x_{Hg} = 0.833); Hg_3Dy (654.3, 488.0 pm); Hg_3Ce (676.0, 494.1 pm, x_{Hg} = 0.833); Hg_3Er (650.5, 486.6 pm); Hg_3Gd (659.1, 488.9 pm); Hg_3Ho (652.6, 487.2 pm); Hg_3La (682.2, 496.0 pm); Hg_3Li (625.3, 480.4 pm); Hg_3Lu (646.7, 485.1 pm); Hg_3Nd (669.5, 492.9 pm); Hg_3Pr (672.4, 494.7 pm); Hg_3Sm (663.2, 490.9 pm); Hg_3Sc (636.8, 476.2 pm, x_{Hg} = 0.833) Hg_3Sr (690.6, 510.6 pm); Hg_3Tb (656.5, 488.7 pm); Hg_3Tm (649.1, 485.6 pm); Hg_3Y (654.1, 487 pm, x_{Hg} = 0.833); Hg_3Yb (659.6, 502.1 pm); In_3Sr (676.9, 548.1 pm); Mg_3Cd (631.1, 507.4 pm, x_{Mg} = 0.833); Mn_3Ga (540.3, 436.0 pm); Mn_3Ge (533.2, 413.5 pm); Mn_3Sn (567, 453 pm); Nd_3Al (647.2, 460.2 pm); Ni_3In (532, 424 pm); Ni_3Zr (530.9, 430.34 pm, x_{Ni} = 0.829); Pr_3Al (702, 543 pm); Pt_3Pa (570.4, 495.7 pm); Rh_3W (543.3, 435.0 pm); Sc_3In (643, 517 pm); Ti_3Ga (574.10, 463.06 pm); Ti_3In (592, 478 pm); Tl_3Eu (701.8, 531.3 pm); Ti_3Sn (591.6, 476.4 pm, x_{Ti} = 0.833); V_3Sn (569.4, 455.5 pm, x_V = 0.833)

6.4 Kristalldaten binärer Verbindungen

6.4.1 Verbindungen AX

BN **Bornitrid** **A12** **$BN_{hexagonal}$**

hexagonal, $P6_3/mmc$ (194), a = 250.40, c = 666.12 pm, V = 35.19 · 10^{-30} m^3, Z = 2

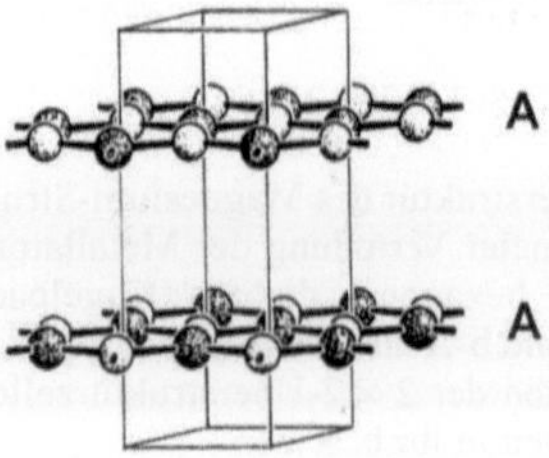

B(1)	*c*	$^1/_3,^2/_3,^1/_4$
N(1)	*d*	$^1/_3,^2/_3,^3/_4$

$\{B\}_3^{tpl}$ $\{N\}_3^{tpl.}$

$d(B\text{-}N)_3$ = 144.6 pm

Schichtenstrukur mit graphit-analogem Schichtenaufbau (→ $C_{Graphit}$), wobei jedoch die eine Hälfte der C-Atome durch B- und die andere durch N-Atome derart ersetzt ist, daß in den (6^3)-Schichten jedes Atom von drei der anderen Sorte umgeben ist; im Gegensatz zum Graphit weisen die Schichten die primitive Abfolge [AA] auf, wobei jedes Atom einer Schicht zusätzlich von jeweils einem anderen Atom in einer darunter- und darüberliegenden Schicht im Schichtenabstand $^c/_2$ = 333.06 pm umgeben ist

BN **Bornitrid** **$BN_{rhomboedrisch}$**

rhomboedrisch, R3m (160), a = 363.6 pm, α = 40.28°, V = 18.12 · 10^{-30} m^3, Z = 1; hexagonale Aufstellung: a = 250.4, c = 1001 pm, V = 54.35 · 10^{-30} m^3, Z = 3

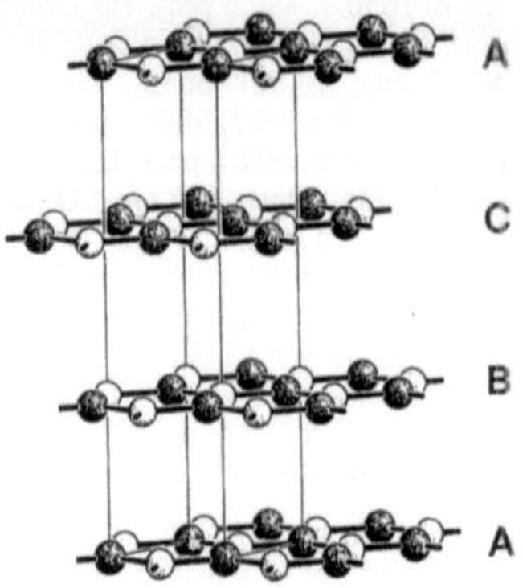

B(1)	*a*	0,0,z	0.000
N(1)	*a*	0,0,z	0.333

$\{B\}_3^{tpl}$ $\{N\}_3^{tpl.}$

d(B-N) = 144.6 pm

Stapelvariante des hexagonalen Bornitrids (→ $BN_{hexagonal}$) in der die (6^3)-Schichten auf Lücke übereinander angeordent sind und die Abfolge [ABC] aufweisen, wodurch jedes Atom einer Schicht zusätzlich von jeweils einem anderen Atom in der darunter- bzw. darüberliegenden Schicht im Schichtenabstand $^c/_3$ = 333.67 pm umgeben ist

CrB **Chromborid** **B_f**

orthorhombisch, Cmcm (63), a = 296.9, b = 785.8, c = 293.2 pm, V = 68.40 · 10^{-30} m^3, Z = 4

Cr(1)	*c*	$0,y,^1/_4$	0.146
B(1)	*c*	$0,y,^1/_4$	0.440

$\{Cr\}_6$ $\{B\}_6^{trig.\ prism.}$

d(Cr-B) = 219.3 pm

Schichtenstruktur auf der Basis des Aluminiumdiborid-Strukturtyps (→ AlB_2), wobei jedoch in der hexagonal primitiven Packung von Cr-Atomen nur die Hälfte der trigonal-prismatischen Lücken von B-Atomen so besetzt ist, daß B-B-Zickzack-Ketten mit d(B-B) = 174.3 pm senkrecht zur Stapelrichtung resultieren; unter Berücksichtigung eines Cr-Atoms einer direkt benachbarten Schicht mit d(Cr-B) = 231.0 pm erhöht sich die Koordination an den B-Atomen zu einem einfach überkappten trigonalen Prisma

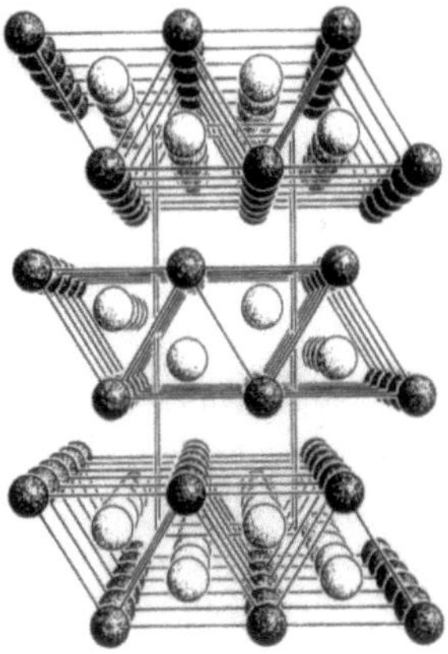

Boride

MnB (301.5, 768.0, 295.5 pm); MoB (315.1, 847.0, 308.2 pm); NbB (329.2, 871.3, 316.5 pm, y_{Nb} = 0.146, y_B = 0.444); NiB (292.5, 739.6, 299.6 pm, y_{Ni} = 0.146, y_B = 0.440); TaB (327.6, 866.9, 315.7 pm, y_{Ta} = 0.146, y_B = 0.440); VB (305.8, 804.3, 296.6 pm); WB (319, 840, 307 pm)

Silicide

BaSi (504.2, 1197, 414.2, y_{Ba} = 0.140, y_{Si} = 0.441); CaSi (454.5, 1072.8, 389.0 pm); DySi (423.7, 1049.4, 381.8 pm); ErSi (419.7, 1038.2, 379.1 pm, y_{Er} = 0.141, y_{Si} = 0.426); EuSi (469.4, 1114, 398.1 pm, y_{Eu} = 0.140, y_{Si} = 0.434); HoSi (422.8, 1042.9, 380.1 pm); LuSi (415, 1024, 375 pm); ScSi (398.8, 988.2, 365.9 pm, y_{Sc} = 0.140, y_{Si} = 0.419); YSi (425.1, 1052.6, 382.6 pm, y_Y = 0.146, y_{Si} = 0.440); YbSi (417.8, 1031, 376.8 pm, y_{Yb} = 0.139, y_{Si} = 0.425)

Germanide

BaGe (505.7, 1194.2, 429.9 pm, y_{Ba} = 0.140, y_{Ge} = 0.436); CaGe (457.5, 1084.5, 400.1, y_{Ca} = 0.076, y_{Ge} = 0.364); DyGe (425.6, 1065, 392.1 pm); ErGe (420.8, 1058, 389.7 pm); EuGe (471.5, 1126, 410.1 pm, y_{Eu} = 0.139, y_{Ge} = 0.429); GdGe (433.9, 1078.8, 397.3 pm); HoGe (424.2, 1061.2, 391.6 pm); NdGe (445.9, 1102, 403.3 pm); PrGe (449.8, 1108, 405.1 pm, y_{Pr} = 0.141, y_{Ge} = 0.426); ScGe (400.7, 1006, 376.2 pm, y_{Sc} = 0.138, y_{Ge} = 0.417); SmGe (438.7, 1089.0, 399.3 pm); SrGe (482.0, 1139, 416.7 pm, y_{Sr} = 0.135, y_{Ge} = 0.430); TbGe (430.0, 1071.7, 395.0 pm); YGe (426.2, 1069.4, 394.1 pm, y_{Ge} = 0.138, y_Y = 0.417)

Stannide, Plumbide

BaPb (529, 1260, 478 pm, y_{Ba} = 0.1266, y_{Pb} = 0.4198); BaSn (531.0, 1248.5, 465.0 pm, y_{Ba} = 0.132, y_{Sn} = 0.425); CaSn (482.1, 1152, 434.9 pm, y_{Sn} = 0.084, y_{Ca} = 0.367); EuSn (497.6, 1090, 445.6 pm, y_{Eu} = 0.135, y_{Sn} = 0.424); SrPb (501.8, 1223, 464.8 pm, y_{Sr} = 0.132, Y_{Pb} = 0.422); SrSn (506.4, 1204, 449.4 pm, y_{Sr} = 0.137, y_{Sn} = 0.423)

Intermetallische Verbindungen

BaPd (435, 1179, 468 pm); CaAg (405.8, 1145.7, 465.4 pm, y_{Ca} = 0.1424, y_{Ag} = 0.4260); CaAu (457.6, 1107.5, 396.1 pm, y_{Ca} = 0.140, y_{Au} = 0.420); CeAu (390, 1114, 475 pm, y_{Ce} = 0.135, y_{Au} = 0.435); CeGa (446.51, 1142.48, 421.53 pm); CeNi (378.3, 1037.2, 428.6 pm, y_{Ce} = 0.139, y_{Ni} = 0.428); CePd (389.0, 1091.0, 463.5 pm); CePt (392.1, 1092.0, 452.4 pm); CeRh (385.2, 1098.6, 415.2 pm); DyAu (371, 1087, 461 pm, y_{Dy} = 0.135, y_{Au} = 0.435); DyGa (430.0, 1089, 406.7 pm, y_{Dy} = 0.140, y_{Ga} = 0.426); ErAu (365, 1081, 458 pm, y_{Er} = 0.135, y_{Au} = 0.435); ErGa (425.23, 1074.43, 403.29 pm); ErNi (369.2, 1008.8, 418.4 pm); EuPd (479.7, 1112.1, 404.7 pm); GdAu (376, 1094, 464 pm, y_{Gd} = 0.135, y_{Au} = 0.435); GdGa (433.72, 1103.16, 411.06 pm); GdNi (376.4, 1032.9, 424.2 pm, y_{Gd} = 0.1401, y_{Ni} = 0.4260); GdPd (373.6, 1055, 454.8 pm, y_{Gd} = 0.140, y_{Pd} = 0.415); HfAl (325.3, 1083.1, 428.2 pm, y_{Hf} = 0.167, y_{Al} = 0.425); HfNi (321.8, 978.8, 411.7 pm); HfPt (334.5, 1026.9, 428.8 pm); HoAu (368.5, 1083.5, 459.5 pm, y_{Ho} = 0.150, y_{Au} = 0.435); HoGa (428.1, 1077.4,

405.0 pm, y_{Ho} = 0.1421, y_{Ga} = 0.4237); HoNi (370.5, 1011.0, 419.8 pm); LaAu (395, 1120, 478 pm, y_{La} = 0.135, y_{Au} = 0.435); LaGa (452.26, 1158.76, 425.59 pm); LaNi (390.1, 1075, 438.1 pm); LaPd (394.5, 1103.2, 466.0 pm); LaPt (397.4, 1104.2, 455.5 pm); LaRh (398.6, 1114.4, 424.5 pm); LuGa (420.90, 1058.17, 400.01 pm); LuNi (366.8, 999.5, 417.4 pm); NdAu (384, 1107, 470 pm, y_{Nd} = 0.135, y_{Au} = 0.435); NdGa (441.64, 1127.58, 418.35 pm, y_{Nd} = 0.142, y_{Ga} = 0.426); NdNi (378, 1035, 431 pm, y_{Nd} = 0.139, y_{Ni} = 0.428); NdPd (383.2, 1077.6, 460.9 pm); NdPt (384.6, 1076.9, 454.2 pm); NdRh (387.6, 1083, 423.4 pm); PrAu (387, 1110, 472 pm, y_{Pr} = 0.135, y_{Au} = 0.425); PrGa (443.2, 1130.1, 419.4 pm, y_{Pr} = 0.075, y_{Ga} = 0.356); PrNi (381.7, 1050.1, 434.7 pm); PrPd (385.0, 1082.6, 461.4 pm); PrPt (389.6, 1084.5, 450.5 pm); PrRh (390.5, 1091.0, 421.0 pm); ScGa (438.06, 1112.19, 414.71 pm); SmAu (380, 1100, 466 pm); SmGa (402.2, 1020.5, 389.5 pm, y_{Sm} = 0.138, y_{Ga} = 0.417); SmNi (377.2, 1034.1, 427.0 pm); SmPd (377.1, 1066.6, 457.4 pm); TbAu (373, 1090, 462 pm, y_{Tb} = 0.135, y_{Au} = 0.435); TbGa (433, 1090, 409 pm, y_{Tb} = 0.141, y_{Ga} = 0.426); TbNi (374.9, 1026, 421.9 pm); TbPd (372.2, 1052.3, 455.4 pm); TmAu (362, 1078, 457 pm, y_{Tm} = 0.135, y_{Au} = 0.435); TmGa (423.71, 1068.22, 402.18 pm); TmNi (367.5, 1004.0, 415.9 pm); YAl (388.4, 1152.2, 438.5 pm, y_Y = 0.150, y_{Al} = 0.430); YGa (430.2, 1086, 407.3 pm, y_Y = 0.138, y_{Ga} = 0.417); ZrAl (335.3, 1086.6, 426.6 pm, y_{Zr} = 0.166, y_{Al} = 0.424); ZrNi (326.8, 993.7, 410.1 pm, y_{Ni} = 0.0817, y_{Zr} = 0.3609); ZrPt (340.9, 1031.5, 427.7 pm)

CsCl Caesiumchlorid B2

kubisch, $Pm\bar{3}m$ (221), a = 412.00 pm, V = 69.93 · 10^{-30} m^3, Z = 1

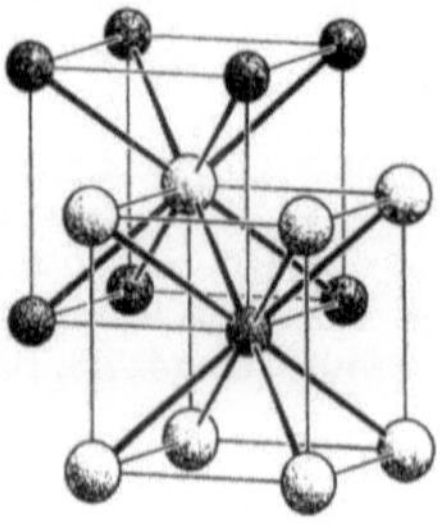

Cl(1)	*a*	0,0,0
Cs(1)	*b*	$^1/_2,^1/_2,^1/_2$

$\{Cs\}_8^{würfelf.}$ $\{Cl\}_8^{würfelf.}$

d(Cs-Cl) = $^a/_2\ \sqrt{3}$ = 356.8 pm

primitive Stapelung quadratisch gepackter (4^4)-Schichten (Q) von Cl-Ionen, in der die würfelförmigen Lücken (ω) vollständig von Cs-Ionen besetzt sind, so daß sich die Schichtenabfolge [Qω] ergibt

Halogenide

CsBr (428.6 pm); CsI (456.7 pm); TlBr (397 pm); TlCl (383.4 pm); β-$TlI_{HT/HP}$ (419.8 pm, T = 442 K/p = 4.7 kbar)

Intermetallische Phasen

β-AgCd (333.2 pm); AgCe (373.1 pm); AgLa (376.0 pm); β-AgLi (371.4 pm); β-AgMg (328 pm); AgNd (371.4 pm); AgY (361.96 pm); AgYb (367.87 pm); β-AgZn (315.0 pm); β-AlCo (286.2 pm); AlFe (290.3 pm); AlNd (373 pm); β-AlNi (288.1 pm); AlSc (345.0 pm); AuMg (325.9 pm); β-AuMn (325.5 pm); AuYb (356.34 pm); β-AuZn (319 pm); BaCd (421.5 pm); BaHg (413.3 pm); BeCo (260.6 pm); BeCu (269.8 pm); BeNi (261.6 pm); BePd (281.3 pm); CaTi (384.7 pm); CdCe (386 pm); CdEu (396.0 pm); CdLa (390 pm); CdPr (382 pm); CdSr (401.1 pm); CeHg (381.5 pm); CeMg (389.8 pm); CeZn (370 pm); CoFe (285.7 pm); CoSc (316 pm); CuEu (347.9 pm); β-CuPd (298.8 pm); β-CuZn (295.39 pm); CuY (347.57 pm); ErTl (370.4 pm); EuZn (380.8 pm); β-GaNi (287.9 pm); GaRh (301 pm); HgLi (328.7 pm); HgMg (344 pm); HgMn (331.5 pm); HgNd (378 pm); HgPr (380 pm); HgSr (393.0 pm); HoIn (377.4 pm); HoTl (372.0 pm); InLa (398.5 pm); InPd (353 pm); InPr (395.5 pm); InTm (373.9 pm); InYb (381.38 pm); IrLu (333.0 pm); LaMg (396.5 pm); LaZn (375 pm); LiTi (342.4 pm); LuRh (333.4 pm); MgPr (388 pm); MgSc (359.7 pm); MgSr (390.0 pm); MgTi (362.8 pm); β-MnRh (305.1 pm); OsTi (307 pm); PrZn (367.0 pm); RhY (341.0 pm); α-RuSi (290 pm); RuTi (306 pm); SbTi (384 pm); SrTi (402.4 pm); TlTm (371.1 pm); TmRh (335.8 pm)

CuO **Kupfer(II)-oxid** **B26** **Tenorit**

monoklin, C2/c (15), a = 465.3, b = 341.0, c = 510.8 pm, V = 79.94 · 10^{-10} m^3, Z = 4

Cu(1)	*c*	$^1/_4,^1/_4,0$	
O(1)	*e*	$0,y,^1/_4$	– 0.584

$\{Cu\}_4^{quadr.\ plan.}$ $\{O\}_4^{tetr.}$

d(Cu-O) = 194.7 pm ∢(O-Cu-O) = 84.5°,95.6°

monoklin verzerrte Variante des Cooperit-Strukturtyps (→ PtS)

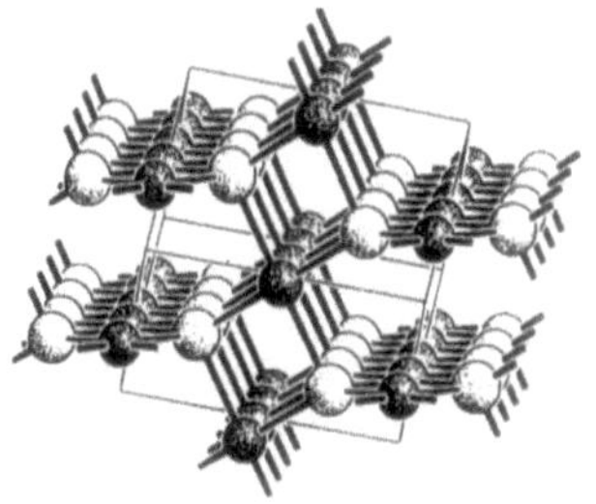

CuS **Kupfer(II)-sulfid** **B18** **Covellin**

hexagonal, P6_3/mmc (194), a = 379.4, c = 1633.2 pm, V = 203.59 · 10^{-30} m^3, Z = 4

Cu(1)	*d*	$^1/_3,^2/_3,^3/_4$	
Cu(2)	*f*	$^1/_3,^2/_3,z$	0.107
S(1)	*c*	$^1/_3,^2/_3,^1/_4$	
S(2)	*e*	0,0,z	0.064

$\{Cu(2)\}_4^{tetr.}/\{Cu(1)\}_3^{tpl.}$ $\{S(1)\}^{trig.\ bipyr.}/\{S(2)\}^{tetr.}$

d(Cu-S) = 219.1 pm d(S-S) = 209.4 pm

in Richtung der c-Achse durch den Einbau von S_2-Baueinheiten gedehnte Stapelvariante einer dichten Kugelpackung mit Schichten aus Sulfid- und Disulfid-Ionen, in der die Hälfte der Tetraederlücken und die Hälfte der trigonal-planaren Lücken der B- und C-Schicht von Cu-Ionen besetzt sind, so daß sich die Schichtenfolge [A'T$^+$▽B△T$^-$A'T$^+$▽C△T$^-$] ergibt

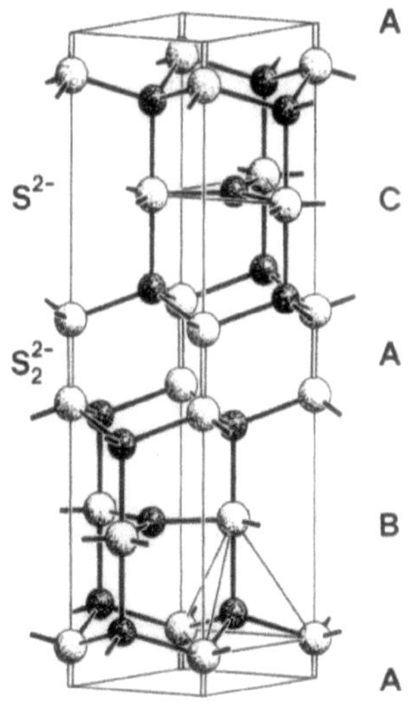

FeB **Eisenborid** **B27**

orthorhombisch, Pnma (62), a = 549.5, b = 294.6, c = 405.3 pm, V = 65.61 · 10^{-30} m^3, Z = 8

Fe(1)	*c*	$x,^1/_4,z$	0.180	0.125
B(1)	*c*	$x,^1/_4,z$	0.036	0.610

$\{Fe\}_7$ $\{B\}_7$

d(Fe-B) = 211.9 – 223.2 pm
d(B-B) = 176.7 pm ∢ (B-B-B) = 113.0°

Zickzack-Ketten von B-Atomen innerhalb sechsseitiger, parallel zur b-Achse verlaufender Röhren aus Fe-Atomen mit d(Fe-Fe)$_{4/2}$ = 262.1/266.6 pm

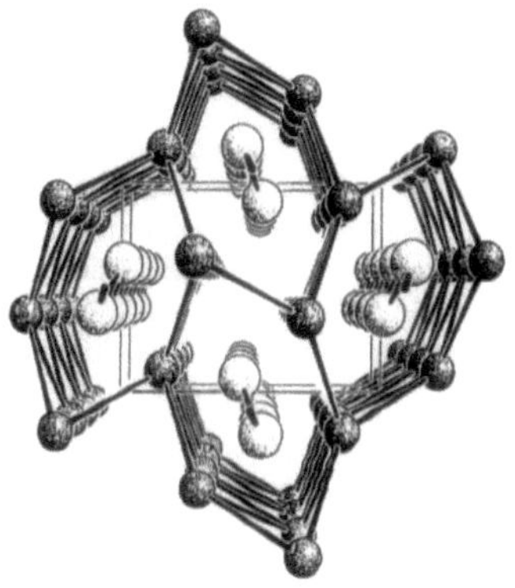

Boride

CoB (525.4, 304.3, 395.6 pm, xz_{Co} = 0.180, 0.125, xz_B = 0.037, 0.625); MnB (556.0, 297.7, 414.5 pm, xz_{Mn} = 0.180, 0.125, xz_B = 0.031, 0.614); TiB (611.2, 305.4, 456.0 pm, xz_{Ti} = 0.177, 0.123, xz_B = 0.029, 0603)

Silicide

CeSi (830.2, 396.8, 596.4 pm, xz_{Ce} = 0.180, 0.130, xz_{Si} = 0.030, 0.610); HfSi (688.9, 377.2, 522.3 pm, xz_{Hf} = 0.178, 0.124, xz_{Si} = 0.040, 0.630); LaSi (838, 399, 602 pm, xz_{La} = 0.1801, 0.1136, xz_{Si} = 0.0303, 0.6087); NdSi (815.8, 391.8, 588.7 pm, xz_{Nd} = 0.176, 0.120, xz_{Si} = 0.030, 0.610); PrSi (824.3, 394.1, 591.8 pm, xz_{Pr} = 0.180, 0.118, xz_{Si} = 0.029, 0.611); TbSi (791.9, 383.3, 570.3 pm, xz_{Tb} = 0.178, 0.119, xz_{Si} = 0.032, 0.611); TiSi (654.4, 363.8, 499.7 pm, xz_{Ti} = 0.179, 0.127, xz_{Si} = 0.030, 0.620); ZrSi (699.5, 378.6, 529.6 pm, xz_{Zr} = 0.1777, 0.1244, xz_{Si} = 0.0396, 0.6300)

Intermetallische Verbindungen

BaAg (865.7, 498.2, 665.1 pm, xz_{Ba} = 0.180, 0.129, xz_{Ag} = 0.033, 0.631); CeAu (743, 466, 593 pm, xz_{Ce} = 0.185, 0.144, xz_{Au} = 0.040, 0.653); CeCu (730, 430, 638 pm, xz_{Ce} = 0.1670, 0.1469, xz_{Cu} = 0.0413, 0.6034); DyNi (703, 417, 544 pm, xz_{Dy} = 0.181, 0.128, xz_{Ni} = 0.037, 0.615); ErNi (699, 412, 531 pm, xz_{Er} = 0.181, 0.128, xz_{Ni} = 0.037, 0.615); EuAg (803.7, 476.4, 625.9 pm, xz_{Eu} = 0.179, 0.135, xz_{Ag} = 0.056, 0.620); HoNi (701, 414, 543 pm, xz_{Ho} = 0.181, 0.128, xz_{Ni} = 0.037, 0.615); LaAu (752, 469, 596 pm, xz_{La} = 0.185, 0.144, xz_{Au} = 0.040, 0.653); NdAu (732, 461, 589 pm, xz_{Nd} = 0.185, 0.144, xz_{Au} = 0.040, 0.653); PrAu (738, 463, 590 pm, xz_{Pr} = 0.185, 0.144, xz_{Au} = 0.040, 0.653); SmAu (725, 457, 585 pm, xz_{Sm} = 0.185, 0.144, xz_{Au} = 0.040, 0.653); TmNi (696, 411, 540 pm, xz_{Tm} = 0.177, 0.134, xz_{Ni} = 0.040, 0.630); YbAg (759.0, 467.0, 601.3 pm, xz_{Yb} = 0.167, 0.147, xz_{Ag} = 0.041, 0.603); YbAu (743.0, 459.0, 584.9 pm, xz_{Yb} = 0.185, 0.144, xz_{Au} = 0.040, 0.653); YbCu (756.8, 426.0, 577.1 pm, xz_{Yb} = 0.167, 0.147, xz_{Cu} = 0.041, 0.603); YbNi (693.8, 408.3, 538.9 pm, xz_{Yb} = 0.1798, 0.1325, xz_{Ni} = 0.0357, 0.6233); YbPt (680.5, 441.6, 594.2 pm, xz_{Yb} = 0.185, 0.144, xz_{Pt} = 0.040, 0.653); SrZn (872.4, 460.7, 641.7 pm, xz_{Sr} = 0.1784, 0.1172, xz_{Zn} = 0.0279, 06008)

FeSi **Eisensilicid** **B20**

kubisch, $P2_13$ (198), a = 448.91 pm, V = 90.46 · 10^{-30} m^3, Z = 8

Fe(1)	*a*	x,x,x	0.1358
Si(1)	*a*	x,x,x	0.8440

$\{Fe\}_7$ $\{Si\}_7$

d(Fe-Si)$_{1/3/3}$ = 226.9/235.0/251.7 pm

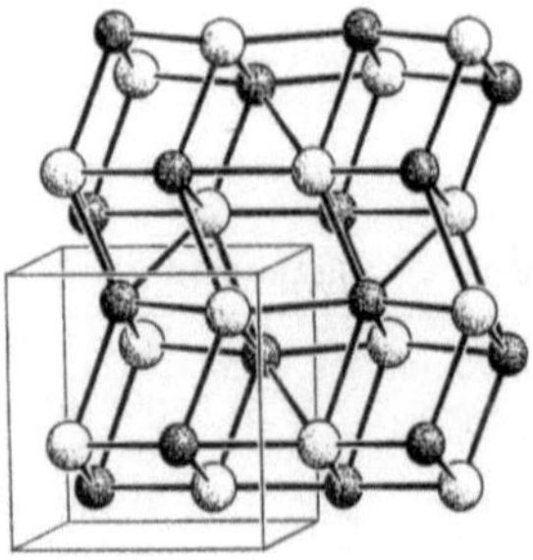

stark verzerrte Variante des Halit-Strukturtyps (→ NaCl) in der die ursprünglich würfelförmigen, heterocubanartigen $(AX)_4$-Bausteine derart rhomboedrisch verzerrt sind, daß es innerhalb jeder zweiten Einheit zu einem Fe-Si-Abstand von 226.9 pm kommt, wodurch sich an beiden Atomen die Koordinationszahl sieben ergibt

Silicide

CoSi (444.26 pm, x_{Co} = 0.140, x_{Si} = 0.843); CrSi (460.7 pm, x_{Cr} = 0.136, x_{Si} = 0.846); MnSi (455.7 pm, x_{Mn} = 0.138, x_{Si} = 0.846); NiSi (444.6 pm); OsSi (472.9 pm, x_{Os} = 0.140, x_{Si} = 0.840); ReSi (477.5 pm); RhSi (467.4 pm, x_{Rh} = 0.1459, x_{Si} = 0.8403); RuSi (470.3 pm); TcSi (475.5 pm)

Germanide, Stannide

CoGe (463.7 pm, x_{Co} = 0.135, x_{Ge} = 0.840); CrGe (480.0 pm, x_{Cr} = 0.143, x_{Ge} = 0.847); FeGe (470.0 pm, x_{Fe} = 0.1352, x_{Ge} = 0.8414); HfSn (559.4 pm, x_{Hf} = 0.155, x_{Sn} = 0.845); RhGe (486.2 pm, x_{Rh} = 0.135, x_{Ge} = 0.840); RhSn (513.3 pm, x_{Rh} = 0.142, x_{Sn} = 0.841); RuGe (484.6 pm)

Intermetallische Verbindungen

$AlPd_{HT}$ (486.7 pm, x_{Al} = 0.847, x_{Pd} = 0.143); AlPt (486.6 pm, x_{Al} = 0.845, x_{Pt} = 0.145); BeAu (466.85 pm, x_{Be} = 0.841, x_{Au} = 0.142); GaPd (496.5 pm); GaPt (491 pm); HfSb (559 pm); HgPd (522 pm); MgPt (486.3 pm)

HgO Quecksilber(II)-oxid **$HgO_{orthorhombisch}$** **Montroydit**

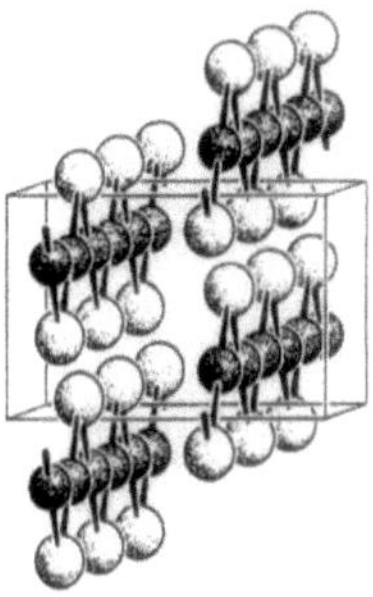

orthorhombisch, Pnma (62), a = 661.29, b = 552.00, c = 352.19 pm, V = 128.56 · 10^{-30} m³, Z = 4

Hg(1)	*c*	x,¹/₄,z	0.1136	0.2456
O(1)	*c*	x,¹/₄,z	0.3592	0.5955

$\{Hg\}_2^{lin.}$ $\{O\}_2^{gew.}$

d(Hg-O) = 203.9/206.7 pm

planare Hg-O-Zickzack-Ketten mit ∢ (Hg-O-Hg) = 107.3° und ∢ (O-Hg-O) = 178.3° sind versetzt nebeneinander in ebenen Schichten senkrecht zur b-Achse angeordnet

HgS Quecksilber(II)-sulfid B9 **HgS_{rot}** **Zinnober**

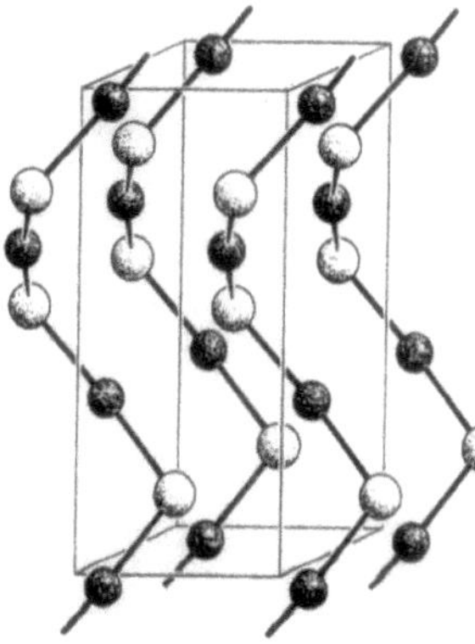

trigonal, $P3_21$ (152), a = 414.6, c = 949.7 pm, V = 141.38 · 10^{-30} m³, Z = 3

Hg(1)	*a*	x,0,¹/₃	0.720
S(1)	*b*	x,0,⁵/₆	0.485

$\{Hg\}_2^{lin.}$ $\{S\}^{gew.}$

d(Hg-S) = 235.8 pm ∢ (S-Hg-S) = 172.4°

parallel zur c-Achse verlaufende, an den S-Atomen mit ∢ (Hg-S-Hg) = 105.3° gewinkelte HgS-Spiralen mit dreieckigem Querschnitt; verzerrt oktaedrische Koordination an den Hg-Atomen durch S-Atome in benachbarten Spiralen mit $d(Hg\text{-}S)_{2/2}$ = 309.9/330.0 pm

$HgO_{trigonal}$ (357.7, 868.1 pm, x_{Hg} = 0.745, x_O = 0.745)

MnP Manganphosphid B31

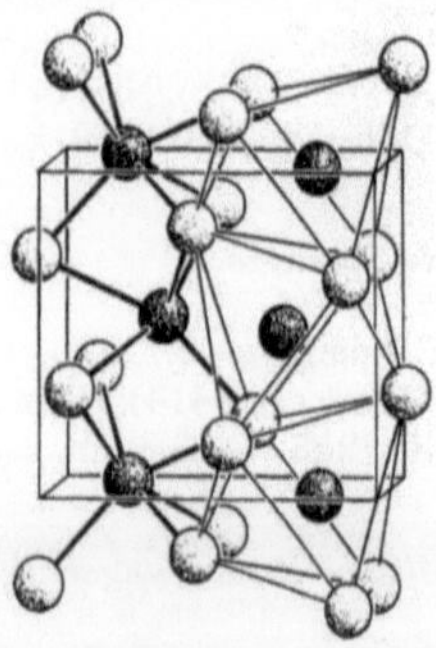

orthorhombisch, Pnma (62), a = 525.8, b = 317.2, c = 591.8 pm, V = 98.70 · 10^{-30} m^3, Z = 4

Mn(1)	*c*	x,$^1/_4$,z	0.0049	0.1965
P(1)	*c*	x,$^1/_4$,z	0.1878	0.5686

$\{Mn\}_6^{\text{verz. okt.}}$ $\{P\}_6^{\text{verz. okt.}}$

d(Mn-P) = 228.9–240.3 pm $\bar{d}$(Mn-P) = 235.8 pm

orthorhombisch verzerrte Variante des Nickelin-Strukturtyps (→ NiAs)

Phosphide

CoP (507.7, 328.1, 558.7 pm, xz_{Co} = 0.0007, 0.1984, xz_P = 0.1917, 0.5814); CrP (536.0, 311.4, 601.8 pm, xz_{Cr} = 0.0073, 0.1929, xz_P = 0.1853, 0.5653); FeP (519.1, 309.9, 579.2 pm, xz_{Fe} = 0.0016, 0.2006, xz_P = 0.1913, 0.5684); WP (573.1, 324.8, 622.7 pm, xz_W = 0.0147, 0.1885, xz_P = 0.1833, 0.5652)

Arsenide, Antimonide

CrAs (564.90, 346.09, 620.84 pm, xz_{Cr} = 0.0065, 0.2001, xz_{As} = 0.2012, 0.5770); FeAs (544.20, 337.27, 602.78 pm, xz_{Fe} = 0.0033, 0.1992, xz_{As} = 0.1991, 0.5773); MnAs (572.0, 367.6, 637.9 pm, xz_{Mn} = 0.0047, 0.2229, xz_{As} = 0.2255, 0.5816); MoAs (598.9, 336.8, 641.7 pm, xz_{Mo} = 0.00, 0.197, xz_{As} = 0.190, 0.570); RhAs (562, 358, 600 pm), RhSb (597.18, 386.21, 632.42 pm, xz_{Rh} = 0.0053, 0.1947, xz_{Sb} = 0.1949, 0.5915); RuAs (562.8, 323.9, 618.4 pm); RuSb (596.08, 370.23, 657.97 pm, xz_{Ru} = 0.0053, 0.2037, xz_{Sb} = 0.1992, 0.5808)

Silicide, Germanide, Stannide

IrGe (561.1, 348.95, 638.1 pm, xz_{Ir} = 0.010, 0.192, xz_{Ge} = 0.185, 0.590); IrSi (555.8, 321.1, 627.3 pm, xz_{Ir} = 0.005, 0.200, xz_{Si} = 0.190, 0.570); NiGe (538.9, 343.8, 582.0 pm); NiSi (518, 334, 562 pm, xz_{Ni} = 0.006, 0.184, xz_{Si} = 0.170, 0.580); PdGe (578.2, 348.1, 625.9 pm, xz_{Pd} = 0.005, 0.188, xz_{Ge} = 0.190, 0.575); PdSi (561.73, 339.09, 615.34 pm, xz_{Pd} = 0.0043, 0.1906, xz_{Si} = 0.1770, 0.5722); PdSn (613, 387, 632 pm, xz_{Pd} = 0.007, 0.182, xz_{Sn} = 0.182, 0.590); PtGe (571.9, 369.7, 608.4 pm, xz_{Pt} = 0.0005, 0.1908, xz_{Ge} = 0.185, 0.590); PtSi (557.7, 358.7, 591.6 pm, xz_{Pt} = 0.0046, 0.1922, xz_{Si} = 0.1770, 0.5830); RhGe (570, 325, 648 pm, xz_{Rh} = 0.007, 0.202, xz_{Ge} = 0.191, 0.564); RhSi (553.1, 306.3, 636.2 pm, xz_{Rh} = 0.005, 0.200, xz_{Si} = 0.190, 0.570)

NaTl Natriumthallid B32

kubisch, Fd$\bar{3}$m (227), a = 748.8 pm, V = 419.85 · 10^{-30} m^3, Z = 16

Na(1)	*a*	0,0,0
Tl(1)	*b*	$^1/_2$,$^1/_2$,$^1/_2$

$\{Na\}_{10}$ $\{Tl\}_{10}$

$d(Na\text{-}Tl)_{4/6}$ = 324.2/374.4 pm
d(Na-Na) = d(Tl-Tl) = 324.2 pm

beide Atomsorten sind für sich jeweils diamantartig (→ $C_{Diamant}$) angeordnet und somit tetraedrisch von vier gleichartigen Atomen umgeben; beide Teilstrukturen sind um eine halbe Würfelkante gegeneinander verschoben, so daß jedes Na-Atom zusätzlich adamantanoidartig von 10 Tl-Atomen umgegeben ist und umgekehrt

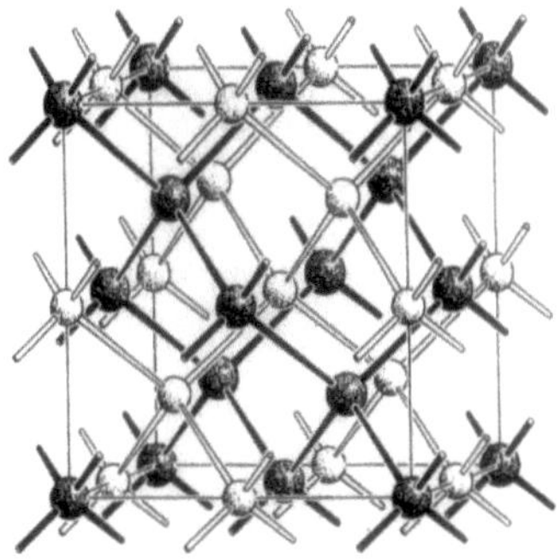

CdTl (670.1 pm); LiAl (636.85 pm); LiGa (615.0 pm); LiIn (680.0 pm); LiZn (623.2 pm); NaIn (733.2 pm)

NaCl **Natriumchlorid** **B1** **Halit/Steinsalz**

kubisch, $Fm\bar{3}m$ (225), a = 564.01 pm, V = 179.42 · 10^{-30} m^3, Z = 4

Cl(1) *a* 0,0,0
Na(1) *d* $^1/_2,^1/_2,^1/_2$

$\{Na\}_6^{okt.}$ $\{Cl\}_6^{okt.}$

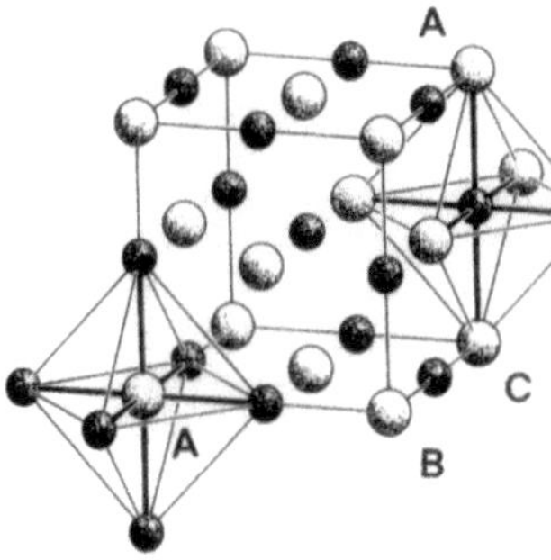

kubisch dichte Kugelpackung (→ Cu) von Cl-Ionen, in der alle Oktaederlücken von Na-Ionen besetzt sind, so daß sich die Schichtenfolge [AγBαCβ] ergibt

Halogenide

AgBr (577.45 pm); AgCl (554.7 pm); AgF (492 pm); CsF (600.8 pm); KBr (659.82 pm); KCl (629.29 pm); KF (534.7 pm); KI (706.56 pm); LiBr (550.13 pm); LiCl (512.95 pm); LiF (401.73 pm); LiI (600.0 pm); NaBr (597.32 pm); NaF (462.0 pm); NaI (647.28 pm); RbBr (685.4 pm); RbCl (658.10 pm); RbF (564 pm); RbI (734.2 pm)

Oxide

BaO (552.3 pm); CaO (481.05 pm); CdO (469.53 pm); CoO* (426.67 pm); EuO (514.1 pm); FeO* (430.7 pm); MgO (421.12 pm); MnO* (444.5 pm); NbO* (421.01 pm); NiO* (416.84 pm); PaO (496.1 pm); SmO (498.83 pm); SrO (516.02 pm); TaO (443.9 pm); TiO* (417.66 pm); YbO (486 pm); ZrO (462 pm) *Defektstrukturen

Chalkogenide

BaS (638.75 pm); BaSe (660.0 pm); BaTe (698.6 pm); BiSe (599 pm); BiTe (647 pm); CaS (569.03 pm); CaSe (591 pm); CaTe (634.5 pm); CeS (577.8 pm); CeSe (598.2 pm); CeTe (634.6 pm); EuS (596.8 pm); EuSe (619.7 pm); EuTe (660.3 pm); HoS (546.5 pm); HoSe (568.0 pm); HoTe (604.9 pm); LaS (585.4 pm); LaSe (606.6 pm); LaTe (642.9 pm); MgS (520.33 pm); MgSe (545.1 pm); α-MnS (522.36 pm); NdS (568.1 pm); NdSe (590.7 pm); NdTe (628.2 pm); PbS (593.62 pm); PbSe (612.43 pm); PbTe (645.4 pm); PrS (572.7 pm); PrSe (594.4 pm); PrTe (631.7 pm); SmS (497.0 pm); SmSe (620.0 pm); SmTe (659.4 pm); SnSe (602.0 pm); SnTe (631.3 pm); SrS (601.98 pm); SrSe (623 pm); SrTe (647 pm); TbS (551.6 pm); TbSe (574.1 pm); TbTe (610.2 pm); YTe (609.5 pm); YbSe (586.7 pm); YbTe (635.3 pm); ZrS (525.0 pm)

Nitride

CeN (501.1 pm); CrN (414.0 pm); DyN (490.5 pm); ErN (483.9 pm); EuN (501.4 pm); GdN (499.9 pm); HoN (487.4 pm); LaN (530.1 pm); LuN (476.6 pm); NdN (515.1 pm); PrN (515.5 pm); ScN (444 pm); SmN (504.81 pm); TbN (493.3 pm); TiN (423.5 pm);) TmN (480.9 pm); VN (412.8 pm); YN (487.7 pm); YbN (478.52 pm); ZrN (461 pm)

Pnictide

CeAs (607.2 pm); CeBi (650.0 pm); CeP (590.9 pm); CeSb (641.1 pm); DyAs (578.0 pm); DySb (615.3 pm); ErAs (573.2 pm); ErSb (610.6 pm); GdAs (585.4 pm); GdSb (621.7 pm); HoAs (577.1 pm); HoBi (622.8 pm); HoP (562.6 pm); HoSb (613.0 pm); LaAs (613.7 pm); LaBi (657.8 pm); LaP (602.5 pm); LaSb (648.8 pm); NdAs (597.0 pm); NdBi (642.4 pm); NdP (583.8 pm); NdSb (632.2 pm); PrAs (600.9 pm); PrBi (646.1 pm); PrP (586.0 pm); PrSb (636.6 pm); ScAs (548.7 pm); ScP (531.2 pm); ScSb (585.9 pm); SmAs (592.1 pm); SmBi (636.2 pm); SmP (576.0 pm); SmSb (627.1 pm); SnAs (572.7 pm); SnSb (613.0 pm); TbAs (582.7 pm); TbBi (628.0 pm); TbP (568.8 pm); TbSb (618.1 pm); TmAs (571.1 pm); TmSb (608.3 pm); YAs (578.6 pm); YP (566.1 pm); YbAs (569.8 pm); YbSb (592.2 pm); ZrP (527 pm)

Boride, Carbide, Hydride

HfC (445.78 pm); KH (570.0 pm); LiH (408.5 pm); NaH (488.0 pm); NbC (446.91 pm); PdH (402 pm); RbH (603.7 pm); TaC (445.40 pm); TiC (431.86 pm); VC (418.2 pm); ZrB (465 pm); ZrC (468.28 pm)

NiAs **Nickelarsenid** **$B8_1$** **Rotnickelkies/Nickelin**

hexagonal, $P6_3/mmc$ (194), a = 361.9 pm, c = 503.4, c/a = 1.391, V = $57.10 \cdot 10^{-30}$ m³, Z = 2

As(1) *a* 0,0,0
Ni(1) *b* $^1/_3,^2/_3,^1/_2$

$\{Ni\}_6^{okt.}$ $\{As\}_6^{trig.\ prism.}$

$d(Ni\text{-}As) = \sqrt{a^2/_3 + c^2/_{16}} = 243.9$ pm
$d(Ni\text{-}Ni) = {}^c/_2 = 251.7$ pm

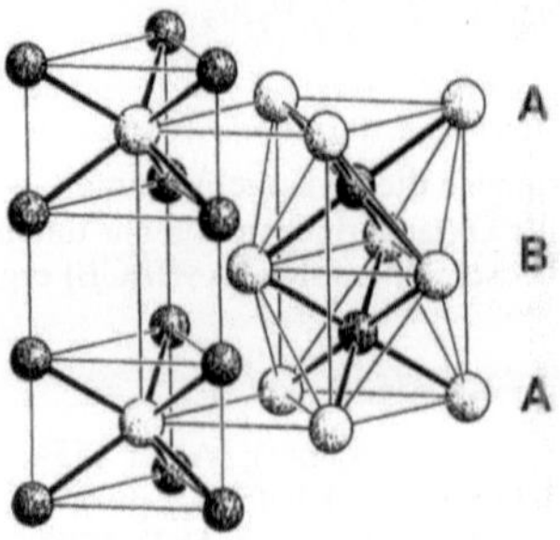

hexagonal dichte Kugelpackung (→ Mg) von As-Atomen, in der alle Oktaederlücken von Ni-Atomen besetzt sind, so daß bei einer Schichtenabfolge [AγBγ] Ketten flächenverküpfter $\{NiAs_6\}$-Polyeder resultieren, die parallel zur c-Achse verlaufen

Chalkogenide

CoS (337.4, 518.7 pm); CoSe (362.94, 530.06 pm); CrSe (371, 603 pm); CrTe (393, 615 pm); β-FeS (345.0, 588.2 pm); FeSe (361.7, 588 pm); MnTe (408.7, 670.1 pm); NbS (332, 646 pm); β-NiSe (366.13, 535.62 pm); NiTe (398, 538 pm); PdTe (415.2, 567.2 pm); RhTe (399, 566 pm); ScTe (412.0, 674.8 pm); TiS (329.9, 638.0 pm); VS (333, 582 pm); VSe (366, 595 pm); VTe (394.2, 612.6 pm); ZrTe (395.3, 664.7 pm)

Intermetallische Verbindungen

β-AsTi (364, 615 pm); AuSn (432.3, 552.3 pm); BiMn (427, 615 pm); BiNi (407.0, 535 pm); BiPt (431.5, 549.0 pm); BiRh (407.5, 566.9 pm); CrSb (414, 551 pm); CuSb (387.4, 519.3 pm); CuSn (419.8, 509.6 pm); FeSb (407.2, 514.0 pm); IrPb (399.3, 556.6 pm); IrSb (397.8, 552.1 pm); IrSn (398.8, 556.7 pm); MnAs (372.4, 570.6 pm); NiSb (394.2, 515.5 pm); NiSn (404.8, 512.3 pm); PV(318, 622 pm); PbPt (425.8, 546.7 pm); PdSb (407.8, 559.3 pm); PtSb (413, 548.2 pm); RhSn (434.0, 555.3 pm); SbTi (407.0, 630.6 pm); SnIr (398.8, 556.7 pm); TiSb (407.0, 630.6 pm)

NiS **Nickel(II)-sulfid** **B13** **Millerit**

rhomboedrisch, R3m (160), a = 565.48, α = 116.40°, V = 86.92 · 10^{-30} m^3, Z = 3; hexagonale Aufstellung: a = 961.2, c = 325.9 pm, V = 260.76 · 10^{-30} m^3, Z = 9

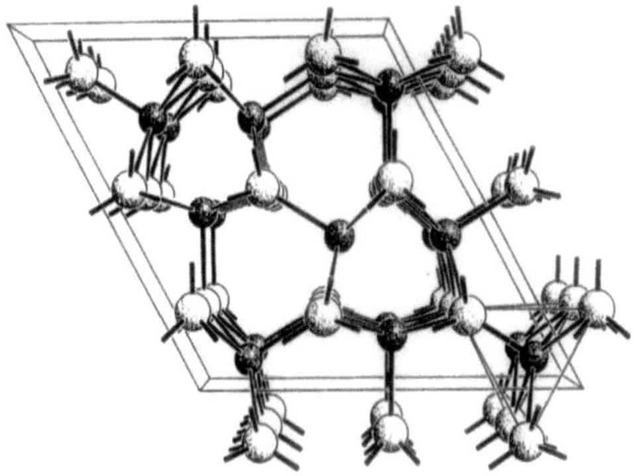

Ni(1)	*b*	x,x̄,z	− 0.088	0.088
S(1)	*b*	x,x̄,z	0.114	0.596

$\{Ni\}_5^{quadr.\ pyr.}$ $\{S\}_5^{quadr.\ pyr.}$

d(Ni-S) = 224.7 – 238.9 pm

parallel zur c-Achse verlaufende Ketten aus $\{NiS_5\}$-Pyramiden, die in der quadratischen Grundfläche trans-kantenverknüpft sind; jede Kette ist mit jeweils sechs Nachbarketten eckenverküpft

NiSe (1000.7, 333.3 pm)

PbO **Blei(II)-oxid** **B10** **PbO$_{rot}$** **Litharg**

tetragonal, P4/nmm (129), a = 397.6, c = 502.3 pm, V = 79.41 · 10^{-30} m^3, Z = 2

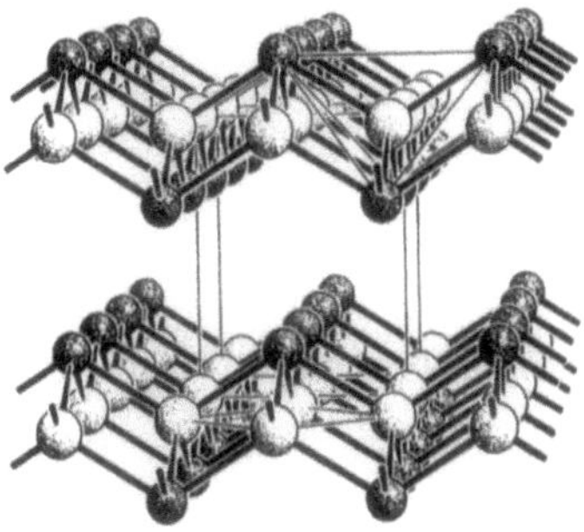

Pb(1)	*c*	0,$^1/_2$,z	0.237
O(1)	*a*	0,0,0	

$\{Pb\}_4^{quadr.\ bas.}$ $\{O\}_4^{tetr.}$

d(Pb-O) = 231.7 pm

in eine Richtung tetragonal gedehnte, primitive Stapelung quadratisch gepackter (4^4)-Schichten von O-Ionen, in der die quaderförmigen Lücken durch Pb-Ionen einseitig so besetzt sind, daß Schichten aus eckenverküpften $\{PbO_4\}$-Pyramiden entstehen, deren Pyramidenspitzen schachbrettartig unter- und oberhalb der Sauerstoffschichten liegen

SnO (379.6, 481.6 pm, z_{Sn} = 0.2356)

anti-Typ

LiOH: a = 354.9, c = 433.4 pm, V = 54.59 · 10^{-30} m^3, z_O = 0.1938, zusätzliches H in *c* mit z_H = 0.410

PbO **Blei(II)-oxid** **PbO$_{gelb}$** **Massicot**

orthorhombisch, Pbcm (57), a = 589.1, b = 548.9, c = 477.5 pm, V = 154.40 · 10^{-30} m^3, Z = 4

Pb(1)	*d*	x,y,$^1/_4$	0.2309	− 0.0208
O(1)	*d*	x,y,$^1/_4$	− 0.1309	0.0886

$\{Pb\}_4^{quadr.\ bas.}$ $\{O\}_4^{verz.\ tetr.}$

d(Pb-O) = 221.4, 222.4 pm

gewinkelte Pb-O-Zickzack-Ketten mit ∢(O-Pb-O) = 90.4° bzw. ∢ (Pb-O-Pb) = 121.1° sind in einem Abstand d(Pb-O) = 248.7 pm hintereinander gegenläufig angeordnet, so daß sich senkrecht zur a-Achse eine stark verzerrte Doppelschicht vom NaCl-Typ bildet

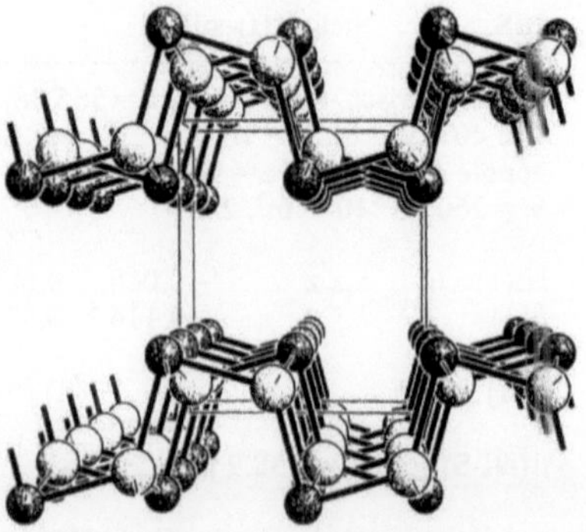

PtS **Platin(II)-sulfid** **B17** **Cooperit**

tetragonal, $P4_2/mmc$ (131), a = 347.00, c = 610.96 pm, V = $73.57 \cdot 10^{-30}$ m³, Z = 2

Pt(1)	*c*	0,½,0
S(1)	*f*	½,½,½

$\{Pt\}_4^{quadr.\ plan.}$ $\{S\}_4^{tetr.}$

d(Pt-S) = 231.2 pm ∢(S-Pt-S) = 82.7°/97.3°

rechtwinklig zueinander verlaufende, lineare Ketten aus kantenverknüpften, quadratisch-planaren $\{PtS_4\}$-Baueinheiten, die in Richtung der c-Achse untereinander eckenverknüpft sind

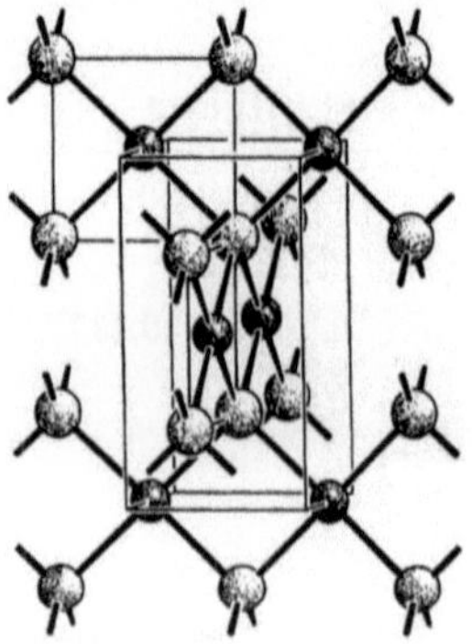

SiC **Siliciumcarbid** **B8** **Carborund/α-SiC**

4H-SiC hexagonal, $P6_3mc$ (186), a = 307.3 pm, c = 1005.3 pm, V = $82.22 \cdot 10^{-30}$ m³, Z = 4
6H-SiC hexagonal, $P6_3mc$ (186), a = 308.1 pm, c = 1511.7 pm, V = $124.27 \cdot 10^{-30}$ m³, Z = 6
8H-SiC hexagonal, $P6_3mc$ (186), a = 307.9 pm, c = 2014.6 pm, V = $164.43 \cdot 10^{-30}$ m³, Z = 8

Si(1)	*a*	0,0,z	0	Si(1)	*a*	0,0,z	0	Si(1)	*a*	0,0,z	0
Si(2)	*b*	⅓,⅔,z	¼	Si(2)	*b*	⅓,⅔,z	1/6	Si(2)	*b*	⅓,⅔,z	2/8
C(1)	*a*	0,0,z	3/16	Si(3)	*b*	⅓,⅔,z	5/6	Si(3)	*b*	⅓,⅔,z	5/8
C(2)	*b*	⅓,⅔,z	7/16	C(1)	*a*	0,0,z	1/8	Si(4)	*b*	⅓,⅔,z	7/8
				C(2)	*b*	⅓,⅔,z	7/24	C(1)	*a*	0,0,z	2/32
				C(3)	*b*	⅓,⅔,z	23/24	C(2)	*b*	⅓,⅔,z	11/32
								C(3)	*b*	⅓,⅔,z	23/32
								C(4)	*b*	⅓,⅔,z	31/32

$\{Si\}_4^{tetr.}$ d(Si-C) ~ ¾ • 251.8 ~ 188.3 pm $\{C\}_4^{tetr.}$

bei rein formaler Betrachtungsweise handelt es sich bei den hier beschriebenen Polytypen um Stapelvarianten dichter Kugelpackungen von C-Atomen, in der jeweils eine Hälfte der Tetraederlücken mit Si-Atomen besetzt sind und folgender Schichtenaufbau realisiert ist:

$[ABAC] = (hc)_2$ $[ABCACB] = (hcc)_2$ $[ABCBACBC] = (hccc)_2$

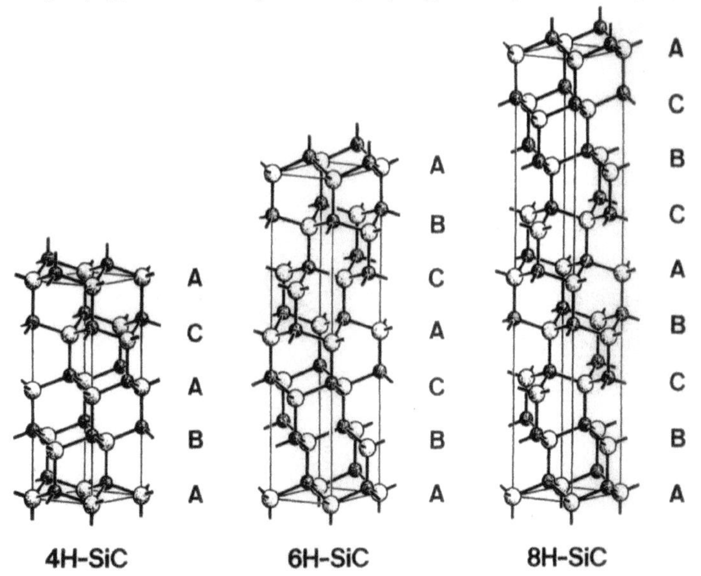

weitere polytype Strukturen des α-SiC mit hexagonaler (H) bzw. rhomboedrischer (R) Symmetrie weisen Gitterkonstanten von a ~ 307.8, c ~ n • 251.8 pm auf, wobei n die Anzahl der C-Schichten angibt; in der Reihenfolge ihrer Häufigkeit: 6H-Typ (s.o.), 15R-Typ mit [ABCBACABACBCACB] = $(hchcc)_3$; 4H-Typ (s.o.), usw.; der in der Wurtzit-Struktur (→ α-ZnS) realisierte Basistyp mit der Schichtenabfolge [AB] = (hh) spielt beim α-SiC nur eine untergeordnete Rolle; bzgl. β-SiC mit der Schichtenabfolge [ABC] vgl. Zinkblende-Struktur (→ β-ZnS)

SnS **Zinn(II)-sulfid** **B29** **α-SnS**

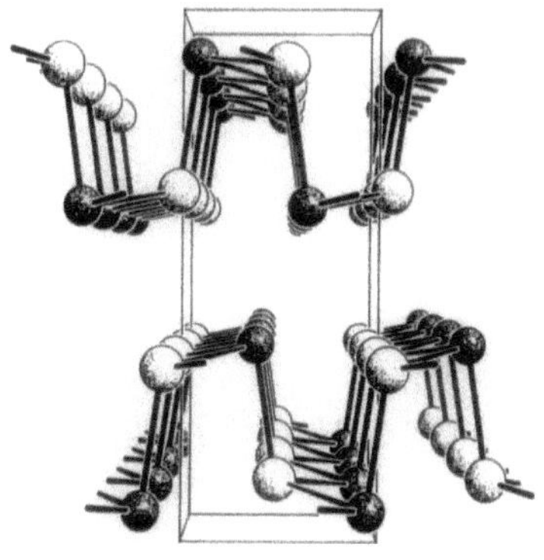

orthorhombisch, Pnma (62), a = 1120.2, b = 398.8, c = 434.9 pm, V = 194.29 · 10^{-10} m³, Z = 4

Sn(1)	*c*	x,¹/₄,z	0.118	0.115
S(1)	*c*	x,¹/₄,z	– 0.150	0.478

$\{Sn\}_3^{trig.\ bas.}$ $\{S\}_3^{trig.\ bas.}$

$d(Sn\text{-}S)_2 = 269.0$ pm

senkrecht zur a-Achse stehende, stark gewellte Doppelschichten aus sesselförmigen, cis-dekalinartig verknüpften Sn_3S_3-Baueinheiten; in der oberen und unteren Hälfte einer Doppelschicht jeweils parallel zueinander liegende, planare Sn-S-Zickzack-Ketten mit ∢ (S-Sn-S) = ∢ (Sn-S-Sn) = 95.7°, die untereinander in einem Abstand d(Sn-S) = 263.0 pm verbunden sind; vgl. $P_{schwarz}$

GeS (1044, 365, 430 pm, xz_{Ge} = 0.121, 0.106, xz_S = – 0.148, 0.503); GeSe (1082, 395.2, 440.3 pm, xz_{Ge} = 0.1213, 0.1097, xz_{Se} = – 0.1467, 0.5020); SnSe (1157, 419, 446 pm, xz_{Sn} = 0.118, 0.103, xz_{Se} = – 0.145, 0.479)

TlF **Thallium(I)-fluorid** B24

orthorhombisch, Pma2 (28), a = 518.48, b = 549.16, c = 609.80 pm, V = 173.63 · 10^{-30} m^3, Z = 4

Tl(1)	*c*	$^1/_4$,y,z	0.2412	0.0000
Tl(2)	*c*	$^1/_4$,y,z	0.7348	0.5129
F(1)	*c*	$^1/_4$,y,z	0.1943	0.4281
F(2)	*c*	$^1/_4$,y,z	0.6713	0.1500

$\{Tl\}_4^{quadr.\ bas.}$ $\{F\}_4^{verz.\ tetr.}$

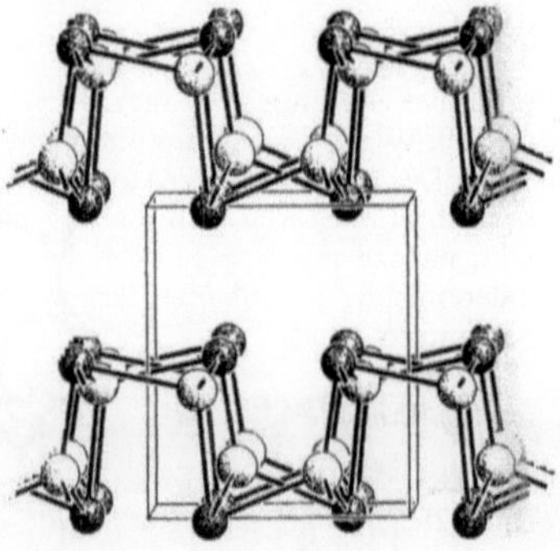

Schichtenstruktur, die ähnlich der des Massicot-Strukturtyps (→ PbO_{gelb}) aufgebaut ist; d(Tl-F), bzw. ∢ (F-Tl-F), ∢ (F-Tl-F) innerhalb der Tl-F-Zickzack-Ketten: 253.3/262.3 pm, 74.5° für Tl(1), 107.2° für F(1) und 224.0, 257.6 pm, 87.4° für Tl(2), 120.1° für F(2); d$(Tl\text{-}F)_2$ zwischen den Ketten: 279.1 pm für Tl(1) und 267.2 pm für Tl(2)

TlI **Thallium(I)-iodid** B33

orthorhombisch, Cmcm (63), a = 458.2, b = 1292, c = 525.1 pm, V = 310.86 · 10^{-30} m^3, Z = 4

Tl(1)	*c*	0,y,$^1/_4$	0.133
I(1)	*c*	0,y,$^1/_4$	0.392

$\{Tl\}_5^{quadr.\ pyr.}$ $\{I\}_5^{quadr.\ pyr.}$

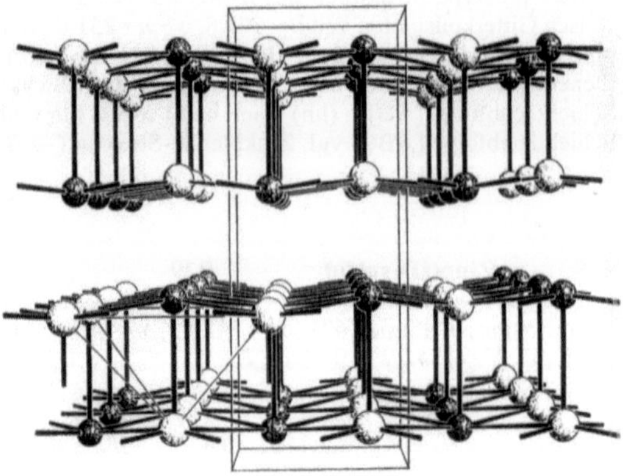

d$(Tl\text{-}I)_{1/4}$ = 334.6/350.0 pm

Doppelschichten vom NaCl-Typ sind senkrecht zur b-Achse so übereinander angeordnet, daß jedem Tl-Atom zwei I-Atome einer Nachbarschicht mit d$(Tl\text{-}I)_2$ = 386.6 pm gegenüber stehen und umgekehrt

β-SnS_{HT} (414.8, 1148.0, 417.7 pm, y_{Sn} = 0.120, y_S = 0.349, T = 905 K); β-$SnSe_{HT}$ (431.0, 1170.5, 431.8 pm, y_{Sn} = 0.120, y_{Se} = 0.356, T = 835 K)

anti-Typ

α-NaOH: a = 399.94, b = 1137.7, c = 339.94 pm, V = 154.68 · 10^{-30} m^3, y_{Na} = 0.1625, y_O = 0.3668, zusätzliches H in *c* mit y_H = 0.4668; α-KOH (395, 1140, 403 pm), RbOH (415, 1220, 430 pm)

WC **Wolframcarbid**

hexagonal, P$\bar{6}$m2 (187), a = 290.6, c = 283.7 pm, c/a = 0.976, V = 20.75 · 10^{-30} m^3, Z = 1

W(1)	*a*	0,0,0
C(1)	*d*	$^1/_3$,$^2/_3$,$^1/_2$

$\{W\}_6^{trig.\ prism.}$ $\{C\}_6^{trig.\ prism.}$

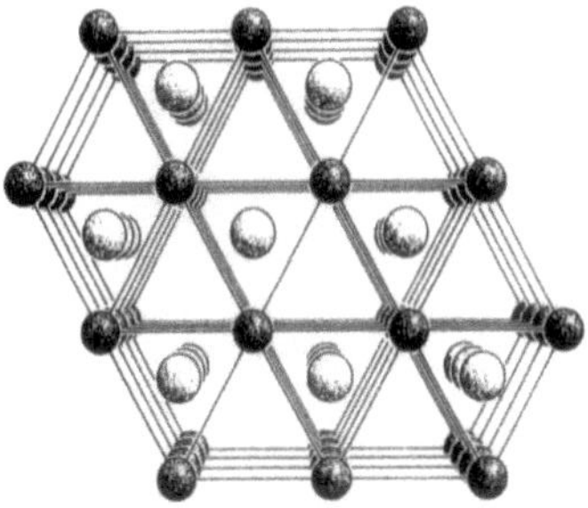

$d(W\text{-}W)_2/d(C\text{-}C)_2 = c = 283.7$ pm
$d(W\text{-}W)_6/d(C\text{-}C)_6 = a = 290.6$ pm
$d(W\text{-}C)_6 = 219.7$ pm

primitive Stapelung hexagonal dicht gepackter Schichten (α) von W-Atomen, in der die Hälfte der trigonal-prismatischen Lücken (P) von C-Atomen in alternierenden Säulen besetzt ist, wodurch sich die Schichtenabfolge [$\alpha P_{1/2}$] ergibt; nahezu reguläre $\{CW_6\}$- bzw. $\{WC_6\}$-Polyeder sind untereinander jeweils über ihre beiden Dreiecksflächen zu Säulen verknüpft

Boride, Carbide

IrB (281.5, 282.3 pm); MoC (298.8, 280.9 pm); OsB (287.6, 287.1 pm); OsC (290.75, 282.17 pm); RuB (285.2, 285.5 pm); RuC (290.78, 282.18 pm)

Nitride, Phosphide

MoP (322.3, 319.1 pm); TaN (293.6, 288.6 pm); WN (289.3, 282.6 pm)

ZnO	**Zinkoxid**	**B4**	**Zinkit**

hexagonal, $P6_3mc$ (186), a = 325.0, c = 520.7 pm, c/a = 1.602, V = $47.63 \cdot 10^{-30}$ m^3, Z = 1

Zn(1)	*b*	$^1/_3,^2/_3$,z	0
O(1)	*b*	$^1/_3,^2/_3$,z	0.3825

$\{Zn\}_4^{tetr.}$ $\{O\}_4^{tetr.}$

$d(Zn\text{-}O)_{1/3} = 199.2/197.3$,
$\bar{d}(Zn\text{-}O) = 197.8$ pm
$\sphericalangle$ (O-Zn-O) = 108.1°/110.8°

häufig verwendete Verbindung zur Beschreibung des Wurtzit-Strukturtyps (→ $ZnS_{Wurtzit}$)

ZnS	**Zinksulfid**	**B4**	**α-ZnS**	**Wurtzit**

hexagonal, $P6_3mc$ (186), a = 382.25, c = 626.1 pm, c/a = 1.638, V = $79.23 \cdot 10^{-30}$ m^3, Z = 1

Zn(1)	*b*	$^1/_3,^2/_3$,z	0
S(1)	*b*	$^1/_3,^2/_3$,z	0.371

$\{Zn\}_4^{tetr.}$ $\{S\}_4^{tetr.}$

$d(Zn\text{-}S)_1 = z_s c = 232.3$ pm
$d(Zn\text{-}S)_3 = \sqrt{^1/_3 a^2 + c^2(z_s + {^1/_2})^2} = 235.0$ pm

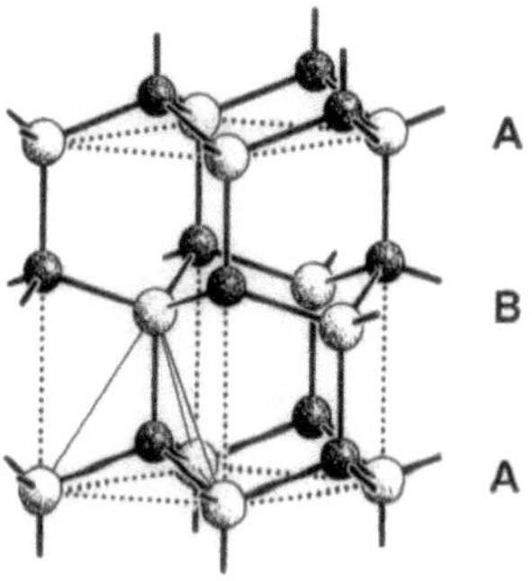

hexagonal dichte Kugelpackung (→ Mg) von S-Anionen, in der eine Hälfte der Tetraederlücken von Zn-Kationen besetzt ist, so daß sich die Schichtenfolge [$AT^+ \triangle BT^+ \triangle$] ergibt

Halogenide

AgI (459.2, 751 pm); CuBr (406, 666 pm); CuCl (391, 642 pm); β-CuI (431, 709 pm)

Oxide, Chalkogenide

BeO (269.84, 427.70 pm, $x_O = 0.3786$); CdS (416.0, 675.6 pm, $x_S = 0.375$); CdSe (430.9, 702.1 pm); MgTe (454, 739 pm); α-MnS (398.7, 643.8 pm, $x_S = 0.375$); ZnO (324.27, 519.48 pm, $x_O = 0.3826$); ZnSe (400.3, 654.0 pm)

Nitride

AlN (311.0, 498.0 pm, $x_N = 0.382$); GaN (319.0, 518.9 pm, $x_N = 0.377$); InN (354.0, 570.4 pm, $x_N = 0.375$)

Carbide

α-SiC (307.6, 504.8 pm)

Polytypie

neben dem hier beschriebenen 2H-Typ mit der Schichtenfolge [AB] = (hh) werden im Falle des Zinksulfids zahlreiche polytype Strukturen mit hexagonaler (H) bzw. rhombedrischer (R) Symmetrie und Gitterkonstanten auf der Basis a ~ 381, c ~ *n* • 312 pm beobachtet, wobei *n* die Anzahl der Anionenschichten angibt; z.B. 4H-Typ mit [ABAC] = $(hc)_2$, 6H-Typ mit [ABCACB] = $(hcc)_2$ und 8H-Typ mit [ABCBACBC] = $(hccc)_2$, die analog zu den polytpyen Strukturen des Siliciumcarbids (→ β-SiC) aufgebaut sind; bzgl. der Schichtenabfolge [ABC] vgl. Zinkblende-Struktur (→ β-ZnS)

ZnS Zinksulfid B3 β-ZnS Zinkblende/Sphalerit

kubisch, F$\bar{4}$3m (216); a = 541.09 pm, V = 158.42 · 10^{-30} m^3, Z = 4

Zn(1)	*c*	$^1/_4, ^1/_4, ^1/_4$
S(1)	*a*	0,0,0

$\{Zn\}_4^{tetr.}$ $\{S\}_4^{tetr.}$

d(Zn-S) = $^a/_4\ \sqrt{3}$ = 234.3 pm

kubisch dichte Kugelpackung (→ Cu) von S-Ionen, in der die Hälfte der Tetraederlücken von Zn-Ionen besetzt ist, so daß sich die Schichtenfolge [AT$^+$△BT$^+$△CT$^+$△] ergibt

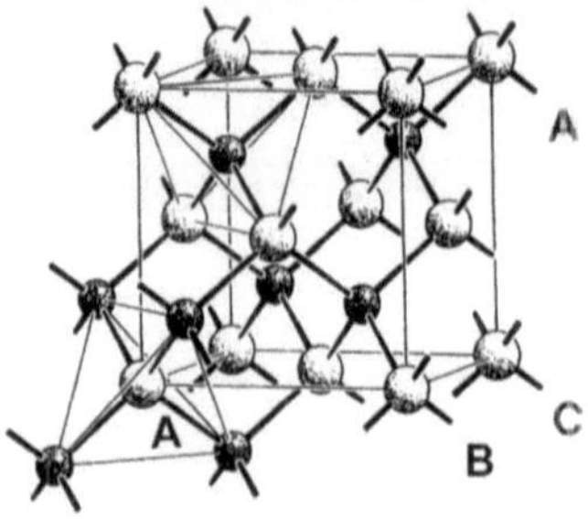

Halogenide

AgI (647.3 pm); CuBr (569.05 pm); CuCl (540.57 pm); CuF (425.5 pm); α-CuI (615 pm)

Oxide, Chalkogenide

BeS (486.24 pm); BeSe (514.77 pm); BeTe (562.25 pm); CdS (583.0 pm); HgS (585.14 pm); HgSe (608.54 pm); HgTe (645.88 pm); β-MnS (560.1 pm); ZnO (462 pm); ZnSe (566.70 pm)

Pnictide

AlAs (565.6 pm); AlP (546.25 pm); AlSb (613.55 pm); GaAs (565.32 pm); GaP (545.04 pm); GaSb (609.61 pm); InAs (605.84 pm); InP (586.88 pm); InSb (647.88 pm)

Carbide, Boride

AsB (476.67 pm); β-SiC (435.96 pm)

6.4.2 Verbindungen AX_2

AlB_2 Aluminiumdiborid C32

hexagonal, P6/mmm (191), a = 300.9, c = 326.2 pm, c/a = 1.084, V = 25.58 · 10^{-30} m^3, Z = 1

Al(1)	*a*	0,0,0
B(1)	*d*	$^1/_3,^2/_3,^1/_2$

$\{Al\}_{12}^{hex.\ prism.}$ $\{B\}_6^{trig.\ prism.}$

d(Al-Al) = a = 300.9 pm
d(B-Al)$_6$ = 238.3 pm

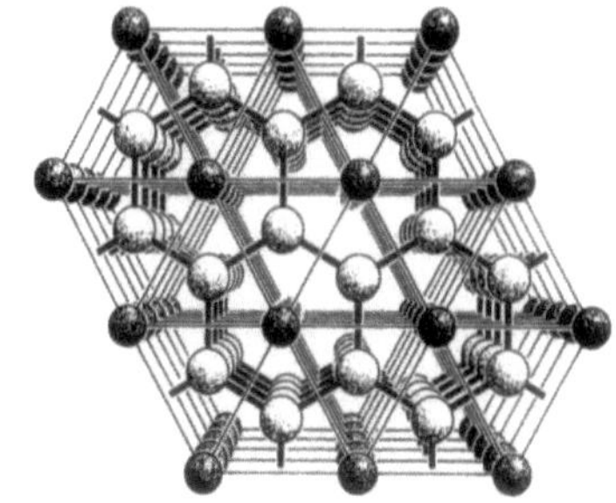

primitive Stapelung hexagonal dicht gepackter Schichten (α) von Al-Atomen mit einem Schichtenabstand von c = 326.2 pm, in der alle trigonal-prismatischen Lücken P von B-Atomen besetzt sind, so daß sich die Schichtenfolge [αP] ergibt, wobei die B-Atome untereinander graphitartige (6^3)-Netze mit d(B-B) = 173.7 pm und ∢ (B-B-B) = 120° bilden und die nahezu regulären $\{BAl_6\}$-Polyeder mit Kantenlängen d(Al-Al) = 300.9/326.2 pm untereinander ebenso allseits flächenverknüpft sind wie die $\{AlB_{12}\}$-Polyeder, bei denen die Kantenlängen d(B-B) = 173.7/326.2 pm betragen

Boride

AgB_2 (300, 324 pm); AuB_2 (314, 352 pm); Θ-CrB_2 (296.9, 306.6 pm); HfB_2 (314.2, 347.7 pm); LuB_2 (324.6, 370.4 pm); MgB_2 (308.34, 352.13 pm); MnB_2 (300.7, 303.7 pm); NbB_2 (308.9, 330.3 pm); OsB_2 (287.61, 287.09 pm); RuB_2 (285.2, 285.5 pm); ScB_2 (314.6, 351.7 pm); TaB_2 (307.8, 326.5 pm); TiB_2 (302.45, 323.26 pm); VB_2 (300.6, 305.6 pm); ZrB_2 (316.7, 352.9 pm)

Intermetallische Verbindungen

$BaGa_2$ (443.2, 506.4 pm); $CaGa_2$ (432.3, 432.3 pm); $CaHg_2$ (488.7, 357.3 pm); $CeGa_2$ (432, 434 pm); $EuGa_2$ (434.5, 452.0 pm); $EuHg_2$ (497.0, 370.5 pm); $LaGa_2$ (432.0, 441.6 pm); $LaHg_2$ (495.8, 364.0 pm); $PrGa_2$ (427.2, 429.8 pm); $SrGa_2$ (434.4, 473.2 pm); $SrHg_2$ (492.9, 386.9 pm); TiV_2 (482.8, 284.7 pm); VHg_2 (497.6, 321.8 pm); $ZrBe_2$ (382, 324 pm)

$CaCl_2$ Calciumchlorid C35

orthorhombisch, Pnnm (59), a = 624, b = 643, c = 420 pm, V = 168.52 · 10^{-30} m^3, Z = 2

Ca(1)	*a*	0,0,0		
Cl(1)	*g*	x,y,0	0.275	0.325

$\{Ca\}_6^{verz.\ okt.}$ $\{Cl\}_3^{tpl.}$

d(Ca-Cl)$_{4/2}$ = 276.5/270.4 pm
∢ (Ca-Cl-Ca)$_{2/1}$ = 129.5°/98.8°

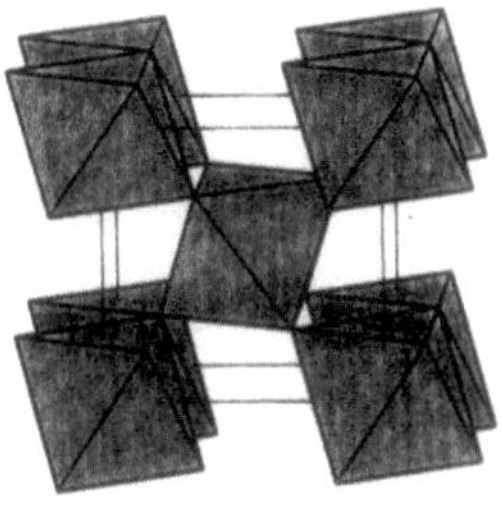

in Richtung einer idealen hexagonal dichten Kugelpackung der Anionen verzerrte Variante des Rutil-Strukturtyps (→ TiO_2)

$CaBr_2$ (655, 688, 434 pm)

anti-Typ

Dieisencarbid-Typ (→ Fe_2C)

CaF_2 Calciumfluorid C1 Fluorit

kubisch, $Fm\bar{3}m$ (225), a = 546.295 pm, V = 163.04 · 10^{-30} m^3, Z = 4

Ca(1) *a* 0,0,0
F(1) *c* $^1/_4,^1/_4,^1/_4$

$\{Ca\}_8^{\text{würfelf.}}$ $\{F\}_4^{\text{tetr.}}$

d(Ca-F) = 236.6 pm

kubisch dichte Kugelpackung (→ Cu) von Ca-Ionen, in der alle Tetraederlücken von F-Ionen besetzt sind

anti-Typ:

Li_2O-Strukturtyp (→ Li_2O)

Fluoride, Chloride

BaF_2 (620.01 pm); CdF_2 (538.80 pm); EuF_2 (579.6 pm); HgF_2 (554 pm); $SrCl_2$ (697.67 pm); SrF_2 (579.96 pm)

Oxide

CeO_2 (540.9 pm); PaO_2 (550.5 pm); PoO_2 (563.7 pm); TbO_2 (522.0 pm)

Hydride

CeH_2 (559.0 pm); DyH_2 (520.1 pm); ErH_2 (512.3 pm); GdH_2 (529.7 pm); HoH_2 (516.5 pm); LuH_2 (503.3 pm); NbH_2 (456.3 pm); NdH_2 (547.0 pm); PtH_2 (551.7 pm); ScH_2 (478.315 pm); SmH_2 (537.6 pm); TbH_2 (524.6 pm); TmH_2 (519.9 pm)

Silicide

$CoSi_2$ (537.6 pm); $NiSi_2$ (540.6 pm)

$CaSi_2$ Calciumdisilicid C12

rhomboedrisch, $R\bar{3}m$ (166), a = 1042.0 pm, α = 21.5°, V = 133.15 · 10^{-30} m^3, Z = 2; hexagonale Aufstellung: a = 388.7, c = 3052.6 pm, V = 399.46 · 10^{-30} m^3, Z = 6

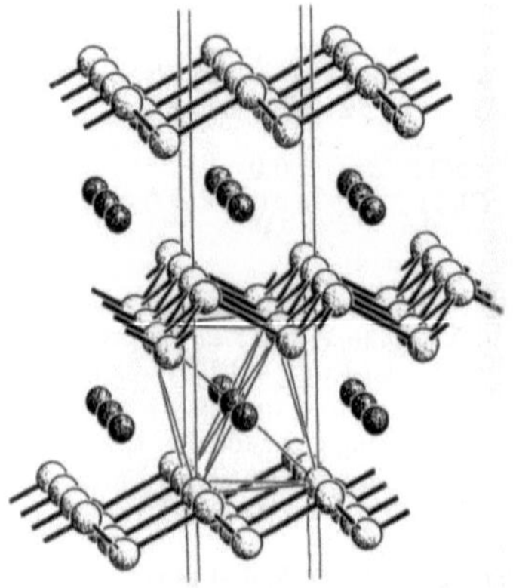

Ca(1)	*c*	0,0,z	0.083
Si(1)	*c*	0,0,z	0.185
Si(2)	*c*	0,0,z	0.352

$\{Ca\}_6^{\text{verz. okt.}}$ $\{Si\}_3^{\text{trig. bas.}}$

$\bar{d}$(Si-Si) = 251.3 pm $\bar{\sphericalangle}$(Si-Si-Si) = 101.4°

zwischen Si-Schichten vom Arsen-Typ (→ As_{grau}) sind die Ca-Atome so eingelagert, daß sie eine verzerrt oktaedrische Koordination mit $\bar{d}$(Ca-Si) = 299.2 pm erreichen

$CaGe_2$ (1049 pm, 21.7°)

$CdCl_2$ Cadmiumchlorid C19

rhomboedrisch, R$\bar{3}$m (160), a = 623.0 pm, α = 36.04°, V = 74.85 · 10^{-30} m³, Z = 1; hexagonale Aufstellung: a = 385.4, c = 1745.7 pm, c/3a = 1.510, V = 224.56 · 10^{-30} m³, Z = 3

Cd(1)	*a*	0,0,0	
Cl(1)	*c*	0,0,z	0.25

$\{Cd\}_6^{okt.}$ $\{Cl\}_3^{trig. bas.}$

d(Cd-Cl) = 265.9 pm

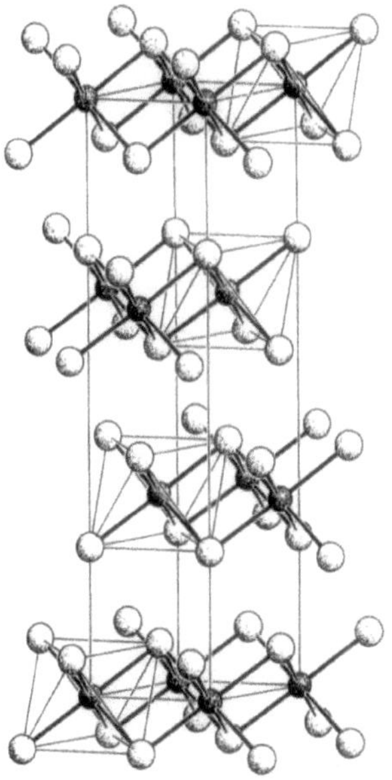

Schichtenstruktur auf der Basis einer kubisch dichten Kugelpackung (→ Cu) von Cl-Ionen, in der nur jede zweite Schicht von Oktaederlücken von Cd-Ionen besetzt ist, so daß die Schichtenabfolge [AγB□CβA□BαC□] mit einem Schichtenabstand c/6 = 290.95 pm resultiert

Halogenide

$CdBr_2$ (398.5, 1884.1 pm); $CoCl_2$ (355.3, 1735.9 pm, z = 0.2558); DyI_2 (461, 2086 pm); $FeCl_2$ (360.3, 1753.6 pm, z = 0.2543); $MnBr_2$ (387.2, 1885.0 pm); $MnCl_2$ (371.1, 1759 pm); $NiBr_2$ (370.8, 1830.0 pm); $NiCl_2$ (354.3, 1733.5 pm); NiI_2 (392.7, 1983 pm, z = 0.233); PbI_2 (455.7, 2093.7 pm, z = 0.245); PrI_2 (425, 2243 pm, z = 0.2436); $ZnBr_2$ (392, 1873 pm); ZnI_2 (425, 2150 pm)

anti-Typ

Ca_2N (363.8, 1878 pm, z_{Ca} = 0.2680); Cs_2O (425.03, 1896.7 pm, z_{Cs} = 0.2560); Tb_2C (359.5, 1819 pm, z_{Tb} = 0.2593); Y_2C (361.7, 1796 pm, z_Y = 0.2585)

CdI_2 Cadmiumiodid C6

hexagonal, P$\bar{3}$m1 (164), a = 424.4, c = 685.9 pm, c/a = 1.616, V = 106.99 · 10^{-30} m³, Z = 1

Cd(1)	*a*	0,0,0	
I(1)	*d*	$^1/_3$,$^2/_3$,z	0.2492

$\{Cd\}_6^{okt.}$ $\{I\}_3^{trig. bas.}$

d(Cd-I) = 298.8 pm

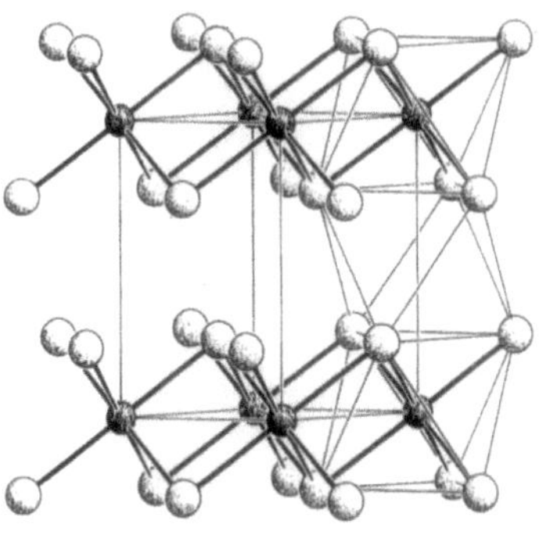

Schichtenstruktur auf der Basis einer hexagonal dichten Kugelpackung (→ Mg) von I-Ionen, in der nur jede zweite Schicht von Oktaederlücken von Cd-Ionen besetzt ist, so daß sich die Schichtenfolge [AγB□] mit einem Schichtenabstand von c/2 = 342.95 pm ergibt

Halogenide

CaI_2 (448, 696 pm, z = 0.25); $CoBr_2$ (368.5, 612.0 pm, z = 0.25); CoI_2 (396, 655 pm, z = 0.25); $FeBr_2$ (374.0, 617.1 pm, z = 0.25); FeI_2 (404, 675 pm, z = 0.25); GeI_2 (413, 679 pm, z = 0.25); $MgBr_2$ (381, 626 pm, z = 0.25); MgI_2 (414, 688 pm, z = 0.25); $MnBr_2$ (386.8, 627.2 pm, z = 0.25); MnI_2 (416,

682 pm, z = 0.25); PbI_2 (455.5, 697.7 pm, z = 0.25); $TiBr_2$ (362.9, 649.2 pm, z = 0.25); $TiCl_2$ (356.1, 587.5 pm, z = 0.25); TiI_2 (411.0, 682.0 pm); TmI_2 (452.0, 696.7 pm, z = 0.25); VBr_2 (376.8, 618.0 pm); VCl_2 (360.1, 583.5 pm, z = 0.25); VI_2 (405.8, 675.3 pm); YbI_2 (450.3, 679.2 pm, z = 0.25); ZnI_2 (425, 654 pm, z = 0.25)

Chalkogenide

HfS_2 (363.5, 583.7 pm); $HfSe_2$ (374.8, 615.9 pm); $IrTe_2$ (393.0, 539.3 pm); $NiTe_2$ (386.9, 530.8 pm, z = 0.25); $PdTe_2$ (403.65, 512.62 pm, z = 0.25); PtS_2 (354.32, 503.88 pm, z = 0.25); $PtSe_2$ (372.78, 508.13 pm, z = 0.38); $PtTe_2$ (402.59, 522.09 pm, z = 0.25); $SiTe_2$ (428, 671 pm, z = 0.265); SnS_2 (364.6, 588.0 pm, z = 0.25); $SnSe_2$ (381.1, 613.7 pm); α-TaS_2 (331.9, 627.5 pm; z = 0.25); TiS_2 (340.80, 570.14 pm, z = 0.25); $TiSe_2$ (353.56, 600.41 pm, z = 0.25); $TiTe_2$ (376.4, 652.6 pm); VSe_2 (335.5, 613.4 pm); ZrS_2 (366.2, 581.3 pm, z = 0.25); $ZrSe_2$ (377.1, 614.8 pm, z = 0.25); $ZrTe_2$ (395.0, 663.0 pm)

Hydroxide

→ $Cd(OH)_2$
→ $Mg(OH)_2$

Intermetallische Verbindungen

$CeCd_2$ (507.3, 345.0 pm, z = 0.42); $LaCd_2$ (507.5, 345.8 pm); $PrCd_2$ (503.5, 346.6 pm)

anti-Typ

Ag_2F (299.6, 569.1 pm, z_{Ag} = 0.305); $Ag_2O_{HT/HP}$ (307.2, 494.1 pm, z_{Ag} = 0.250); Ta_2C (310.30, 493.78 pm, z_{Ta} = 0.2537); Ti_2O (296, 483 pm, x_{Ti} = 0.266); W_2C (300, 473.0 pm)

Polytypie

neben dem hier beschriebenem 2H-Typ mit der Schichtenabfolge [AB] = (hh) werden im Falle des CdI_2 zahlreiche polytype Strukturen mit hexagonaler (H) bzw. rhomboedrischer (R) Symmetrie und Gitterkonstanten von a ~ 424, c ~ *n* • 342 pm beobachtet, wobei *n* die Anzahl der Anionenschichten angibt; in der Reihenfolge ihrer Häufigkeit: 4H-Typ mit [AγB□AγC□] = $(hc)_2$, 2H-Typ (s.o.), usw.

$Cd(OH)_2$ **Cadmiumhydroxid** **C6**

hexagonal, $P\bar{3}ml$ (164), a = 349.9, c = 470.1 pm, c/a = 1.344, V = $49.84 \cdot 10^{-30}$ m³, Z = 1

Cd(1)	*a*	0,0,0	
O(1)	*d*	$^1/_3,^2/_3$,z	0.241
H(1)	*d*	$^1/_3,^2/_3$,z	?

$\{Cd\}_6^{okt.}$ $\{O\}_3^{trig.\ bas.}$

d (Cd-O) = 231.6 pm

häufig verwendete Verbindung zur Beschreibung des Cadmiumiodid- (→ CdI_2) bzw. Brucit- (→ $Mg(OH)_2$)-Strukturtyps

$HgBr_2$ Quecksilber(II)-bromid C24

orthorhombisch, $Cmc2_1$ (36), a = 462.4, b = 679.8, c = 1244.5 pm, V = 391.20 · 10^{-30} m^3, Z = 4

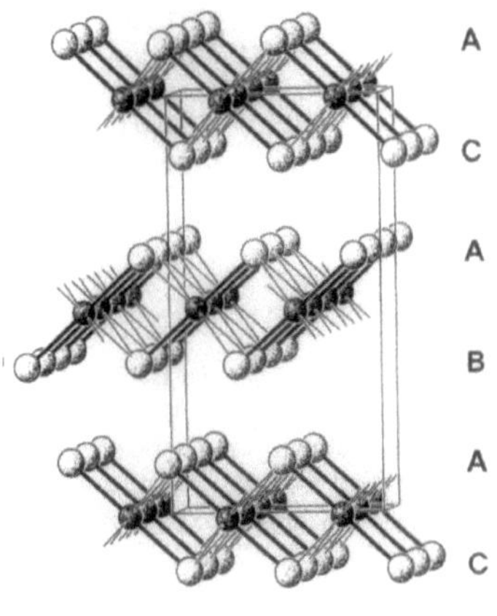

Hg(1)	*a*	0,y,z	0.334	0.000
Br(1)	*a*	0,y,z	0.056	0.132
Br(2)	*a*	0,y,z	0.389	0.368

$\{Hg\}_2^{lin.}$ $\{Br\}_1$

d(Hg-Br) = 249.9/250.4 pm

Molekülstruktur aus linearen $HgBr_2$-Hanteln, die so zueinander angeordnet sind, daß die Br-Atome eine Stapelvariante einer verzerrten dichten Kugelpackung bilden, in der unter Berücksichtigung von vier Hg-Atomen mit $d(Hg\text{-}Br)_4$ = 321.6 pm jede zweite Schicht von Oktaederlücken mit Hg-Atomen vollständig besetzt ist und sich die Schichtenabfolge [A□ BγA□ Cβ] ergibt; vgl. Cadmiumiodid (→ CdI_2)

HgI_2 $_{gelb}$ (470.2, 743.2, 1387.2 pm, yz_{Hg} = 0.3433, 0.000, $yz_{I(1)}$ = 0.0916, 0.1322, $yz_{I(2)}$ = 0.4059, 0.3678)

$HgCl_2$ Quecksilber(II)-chlorid C28

orthorhombisch, Pnma (62), a = 1273.5, b = 596.3, c = 432.5 pm, V = 328.44 · 10^{-30} m^3, Z = 4

Hg(1)	*c*	x,$^1/_4$,z	0.126	0.050
Cl(1)	*c*	x,$^1/_4$,z	0.255	0.406
Cl(2)	*c*	x,$^1/_4$,z	0.496	0.806

$\{Hg\}_2^{lin.}$ $\{Cl\}_1$

d(Hg-Cl) = 225.2/226.1 pm
d(Hg-Cl) = 323.4/324.0 pm

Molekülstruktur aus linearen $HgCl_2$-Hanteln, die in ebenen Schichten senkrecht zur b-Achse so hintereinander in parallelen Bändern angeordnet sind, daß jedem Hg-Atom eine stark verzerrte quadratisch-planare Koordination zukommt.

Schichtenabstand: $^b/_2$ = 298.7 pm

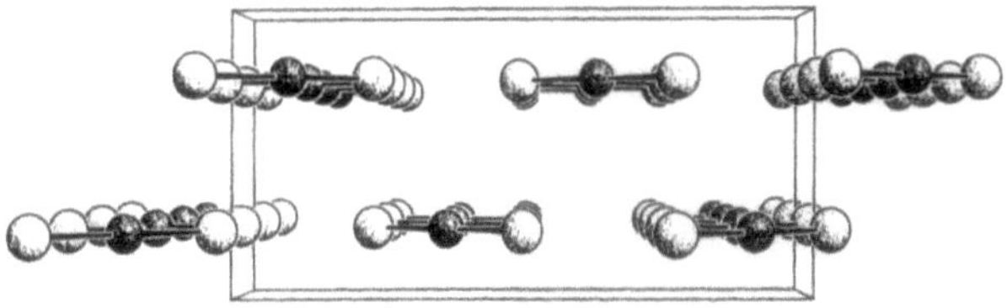

HgI_2 Quecksilber(II)-iodid C13

tetragonal, $P4_2/nmc$ (137), a = 436.1, c = 1245.0 pm, V = 236.78 · 10^{-30} m^3, Z = 2

Hg(1)	*a*	0,0,0	
I(1)	*d*	0,$^1/_2$,z	0.1393

$\{Hg\}_4^{tetr.}$ $\{I\}_2^{gew.}$

d(Hg-I) = 278.6 pm ∢ (Hg-I-Hg) = 103.0°

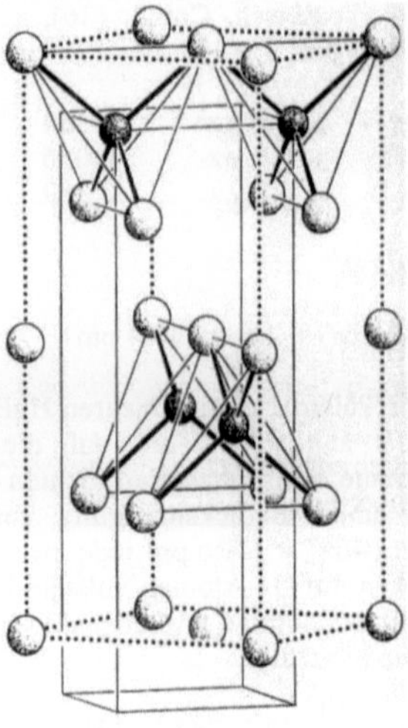

Schichtenstruktur auf der Basis einer kubisch dichten Kugelpackung (→ Cu) von I-Atomen, bei der unter Verdopplung der Basiszelle $^1/_4$ der Tetraederlücken so mit Hg-Atomen besetzt sind, daß Schichten aus vierfach eckenverküpften $\{HgI_4\}$-Tetraedern senkrecht zur c-Achse resultieren

$Mg(OH)_2$ Magnesiumhydroxid C6 Brucit

hexagonal, $P\bar{3}m1$ (164), a = 314.2, c = 476.6 pm, c/a = 1.517, V = 40.75 · 10^{-30} m^3, Z = 1

Mg(1)	*a*	0,0,0	
O(1)	*d*	$^1/_3$,$^2/_3$,z	0.2216
H(1)	*d*	$^1/_3$,$^2/_3$,z	0.4303

$\{Mg\}_6^{okt.}$ $\{O\}_3^{trig.\ bas.}$

d(Mg-O) = 209.9 pm

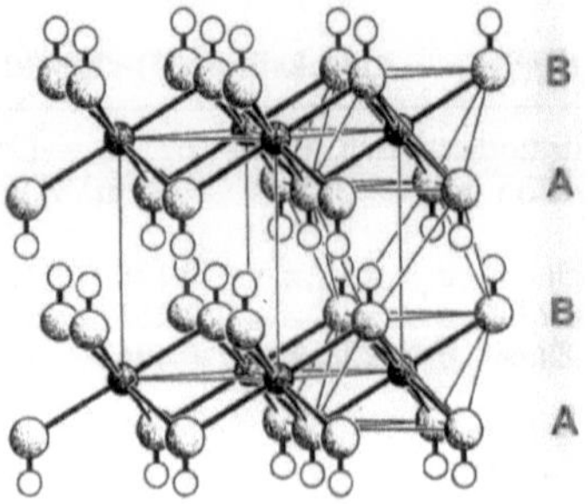

Strukturaufbau wie beim Cadmiumiodid-Strukturtyp (→ CdI_2) jedoch mit zusätzlichem H-Atom als Bestandteil der Hydroxyl-Gruppe mit d(O-H) = 99 pm; keine Wasserstoffbrücken zwischen den Schichten

$Ca(OH)_2$ (359.18, 490.63 pm, c/a = 1.366, z_O = 0.2341, z_H = 0.4248); $Cd(OH)_2$ (349.9, 470.1 pm, c/a = 1.344); $Co(OH)_2$ = 317.3, 464.0 pm, c/a = 1.462); $Fe(OH)_2$ (325.8, 460.5 pm, c/a = 1.413); $Mn(OH)_2$ (332.2, 473.4 pm; c/a = 1.425, z_O = 0.266, z_H = 0.446); $Ni(OH)_2$ = 312.6, 460.5 pm, c/a = 1.473, z_O = 0.23, z_H = 0.4152); $Zn(OH)_2$ (319, 464.5 pm, c/a = 1.46)

Überstrukturen

Lithiumhexahydroxoplatinat(IV)-Strukturtyp (→ $Li_2[Pt(OH)_6]$)
Natriumhexahydroxostannat(IV)-Strukturtyp (→ $Na_2[Sn(OH)_6]$)

MoS_2 Molybdän(IV)-sulfid C27 α-MoS_2

rhomboedrisch, R$\bar{3}$m (160), a = 640.3 pm, α = 28.63°, V = 53.27 · 10^{-30} m^3, Z = 1; hexagonale Aufstellung: a = 316.6, c = 1841 pm, V = 159.81 · 10^{-30} m^3, Z = 3

Mo(1)	*a*	0,0,z	0.0
S(1)	*a*	0,0,z	0.2477
S(2)	*a*	0,0,z	0.4190

$\{Mo\}_6^{okt.}$ $\{S\}_3^{trig.\,bas.}$

d(Mo-S) = 241.4 pm

dreischichtige Stapelvariante der Molybdänit-Struktur (→ β-MoS_2) mit der Besetzung [$A\pi^a_{1/2}A\square\ B\pi^b_{1/2}B\square\ C\pi^c_{1/2}C\square$]

$MoSe_2$ (329.2, 1841 pm); $NbSe_2$ (345.9, 1877 pm, z_{Se} = 0.243, 0.421); TaS_2 (332, 1829 pm); $TaSe_2$ (343.48, 1917.7 pm); $ZrCl_2$ (338.2, 1938 pm, z_{Cl} = 0.246, 0.421)

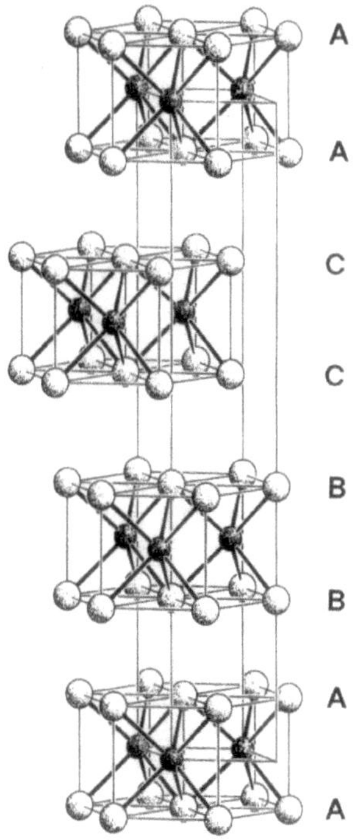

MoS_2 Molybdän(IV)-sulfid C24 β-MoS_2 Molybdänit

hexagonal, $P6_3/mmc$ (194), a = 316.02, c = 1229.40 pm, V = 106.33 · 10^{-30} m^3, Z = 2

Mo(1)	*c*	$^1/_3,^2/_3,^1/_2$	
S(1)	*f*	$^1/_3,^2/_3$,z	0.629

$\{Mo\}_6^{okt.}$ $\{S\}_3^{trig.\,bas.}$

d(Mo-S) = 235.4 pm

Schichtenstruktur auf der Basis hexagonal dicht gepackter Schichten von S-Atomen mit der Schichtenabfolge [AABB], in der die Schicht der trigonal-prismatischen Lücken π zur Hälfte mit Mo-Atomen besetzt und die Schicht der Oktaederlücken unbesetzt ist, so daß sich die Besetzung [$A\pi^a_{1/2}A\square\ B\pi^b_{1/2}B\square$] ergibt

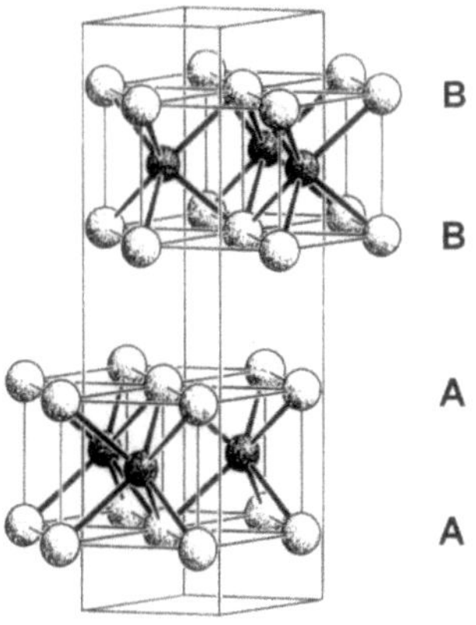

$MoSe_2$ (328.7, 1292.9 pm, z_{Se} = 0.625); $MoTe_2$ (351.82, 1397.4 pm, z_{Te} = 0.621); $NbSe_2$ (344.46, 1254.44 pm, z_{Se} = 0.6172); TaS_2 (331.6, 1207.0 pm); WS_2 (315.4, 1236.2 pm)

$PbCl_2$ Blei(II)-chlorid C23

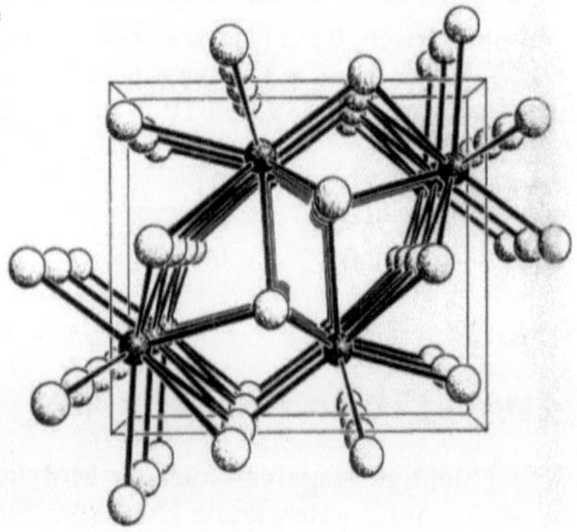

orthorhombisch, Pnma (62), a = 762.0, b = 453.5, c = 905.0 pm, V = 312.74 · 10^{-30} m^3, Z = 4

Pb(1)	*c*	x,$^1/_4$,z	0.262	0.426
Cl(1)	*c*	x,$^1/_4$,z	0.975	0.663
Cl(2)	*c*	x,$^1/_4$,z	0.359	0.426

$\{Pb\}_{7+2}$ $\{Cl\}_4/\{Cl\}_{3+2}$

$d(Pb\text{-}Cl)_{7/2} = 285.1-308.6/362.8$ pm

parallel zur b-Achse verlaufende Stäbe aus basisverknüpften $\{PbCl_9\}$-Baueinheiten, in denen die Pb-Atome in Form eines dreifach überkappten, trigonalen Prismas koordiniert sind; die Verknüpfung der Stäbe erfolgt untereinander über gemeinsame Flächen, wobei sich gewellte Schichten aus $\{PbCl_9\}$-Baueinheiten ergeben, die senkrecht zur c-Achse versetzt nebeneinander liegen und dabei untereinander kantenverknüpft sind

Halogenide

$BaBr_2$ (827.6, 495.6, 991.9 pm, xz_{Ba} = 0.2447, 0.1149, $xz_{Br(1)}$ = 0.1422, 0.4272, $xz_{Br(2)}$ = 0.0284, 0.8401); $BaCl_2$ (786.5, 473.1, 942.1 pm, xz_{Ba} = 0.2514, 0.1209, $xz_{Cl(1)}$ = 0.1504, 0.4130, $xz_{Cl(2)}$ = 0.0290, 0.8392); BaI_2 (890.4, 529.8, 1068.5 pm, xz_{Ba} = 0.2366, 0.1215, $xz_{I(1)}$ = 0.1393, 0.4265, $xz_{I(2)}$ = 0.0290, 0.8387); PbF_2 (644.0, 389.9, 765.1 pm, xz_{Pb} = 0.253, 0.1042, $xz_{F(1)}$ = 0.138, 0.437 $xz_{F(2)}$ = 0.034, 0.846)

Hydroxidhalogenide

Ba(OH)Br (759.65, 438.77, 1030.22 pm, xz_{Ba} = 0.1973, 0.0924, xz_{Br} = 0.9697, 0.6783, xz_O = 0.623, 0.4607); Ba(OH)Cl (738.97, 443.69, 914.9 pm, xz_{Ba} = 0.19623, 0.10985, xz_{Cl} = 0.9803, 0.6684, xz_O = 0.3488, 0.4416); Ba(OH)I (802.91, 449.61, 1102.0 pm); Pb(OH)Br (737.9, 407.9, 1002.7 pm, xz_{Pb} = 0.1947, 0.0844, xz_{Br} = 0.9476, 0.6807, xz_O = 0.3771, 0.4592); Pb(OH)Cl (711.5, 402.2, 972.3 pm, xz_{Pb} = 0.2031, 0.0883, xz_{Cl} = 0.9440, 0.6801, xz_O = 0.3712, 0.4589); Pb(OH)I (780.61, 420.40, 1045.88 pm, xz_{Pb} = 0.1824, 0.0812, xz_I = 0.9543, 0.6789, xz_O = 0.3849, 0.4644); Sr(OH)I (772.42, 424.45, 1072,92 pm)

Hydride

BaH_2 (680.2, 416.8, 785.9 pm); CaH_2 (594.8, 360.7, 685.2 pm, xz_{Ca} = 0.260, 0.110, $xz_{H(1)}$ = 0.375, 0.435, $xz_{H(2)}$ = 0.941, 0.688); EuH_2 (624.5, 379.0, 720.7 pm); SrH_2 (637.7, 388.8, 735.8 pm, xz_{Sr} = 0.260, 0.110, $xz_{H(1)}$ = 0.260, 0.430, $xz_{H(2)}$ = 0.996, 0.758); YbH_2 (590.5, 356.1, 679.0 pm)

Antityp

Dicobaltsilicid-Strukturtyp (→ Co_2Si)

PbO_2 Bleidioxid **α-PbO_2**

orthorhombisch, Pbcn (60), a = 496.5, b = 594.7, c = 546.6 pm, V = 161.39 · 10^{-30} m^3, Z = 4

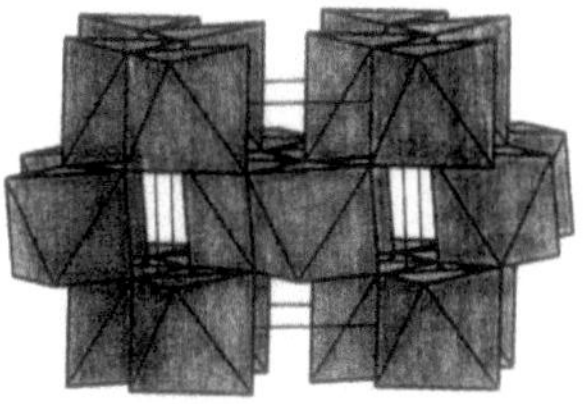

Pb(1)	*c*	0,y,1/4	0.1669		
O(1)	*d*	x,y,z	0.2618	0.3960	0.4248

$\{Pb\}_6^{okt.}$ $\{O\}_3^{tpl.}$

d(Pb-O)$_{2/2/2}$ = 211.2/216.8/221.5 pm
∢ (Pb-O-Pb)$_{1/1/1}$ = 126.6°/127.1°/100.83°

in einer leicht verzerrten, hexagonal dichten Kugelpackung von O-Ionen (→ Mg) sind die Hälfte der Oktaederlücken so mit Pb-Ionen besetzt, daß bei einer Schichtenabfolge [A$\gamma_{1/2}$B$\gamma_{1/2}$] in jeder Oktaederschicht Zickzack-Ketten kantenverküpfter $\{PbO_6\}$-Oktaeder resultieren; die Oktaederketten verlaufen parallel zur c-Achse und sind untereinander jeweils mit vier anderen Ketten in den beiden benachbarten Oktaederschichten eckenverknüpft

ReO_2 (480.94, 564.33, 460.07 pm, y_{Re} = 0.110, xyz_O = 0.250, 0.360, 0.125); $TiO_{2,HP}$ (456.3, 546.9, 491.1 pm, y_{Ti} = 0.171, xyz_O = 0.286, 0.376, 0.412)

Antitypen

Mn_2N (453.7, 566.8, 490.9 pm); Mo_2C (472.4, 600.4, 511.9 pm, y_C = 0.375, xyz_{Mo} = 0.250, 0.125, 0.083); V_2C (457.7, 574.2, 503.7 pm, y_C = 0.375, xyz_V = 0.250, 0.130, 0.078); W_2C (472.1, 603.0, 518.0 pm, y_C = 0.375, xyz_W = 0.250, 0.125, 0.071)

Überstrukturen

Wolframit-Strukturtyp (→ $FeWO_4$);
Niobit-Strukturtyp (→ $FeNb_2O_6$);
Zinktantalat-Strukturtyp (→ $ZnTa_2O_6$)

SiO_2 Siliciumdioxid **α-Quarz**

trigonal, $P3_221$ (154), a = 491.34, c = 540.52 pm, V = 113.01 · 10^{-30} m^3, Z = 3

Si(1)	*a*	x,0,0	0.4699		
O(1)	*c*	x,y,z	0.4135	0.2669	0.1158

$\{Si\}_4^{tetr.}$ $\{O\}_2^{gew.}$

d(Si-O)$_{2,2}$ = 160.8, 161.0 pm ∢ (Si-O-Si) = 143.7°

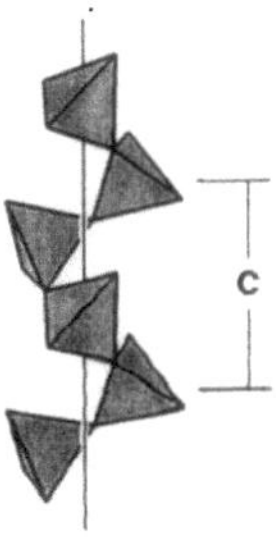

Strukturaufbau ähnlich dem von β-Quarz, jedoch mit etwas anderer Anordnung der $\{SiO_4\}$-Tetraeder innerhalb der rechtshändigen Helices; linkshändig in der enantiomorphen Raumgruppe $P3_121$ (152)

BeF_2 (473.29, 517.88 pm, x_{Be} = 0.4706, xyz_F = 0.4158, 0.2672 0.1206); GeO_2 (498.45, 564.77 pm, x_{Ge} = 0.4513, xyz_O = 0.3965, 0.3022, 0.0911)

SiO_2 Siliciumdioxid C8 β-Quarz

hexagonal, $P6_222$ (180), a = 501, c = 547 pm, V = 118.90 $\cdot 10^{-30}$ m³, Z = 3

Si(1)	*c*	$^1/_2$,0,0	
O(1)	*j*	x,2x,$^1/_4$	0.197

$\{Si\}_4^{tetr.}$ $\{O\}_2^{gew.}$

d(Si-O) = 161.6 pm ∢ (Si-O-Si) = 146.9°

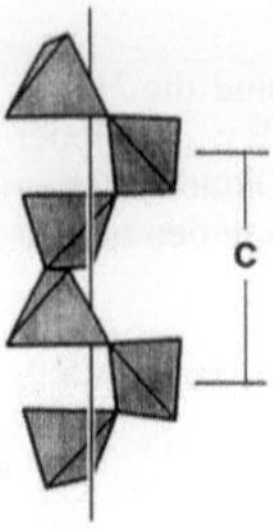

rechts- bzw. in der enantiomorphen Raumgruppe $P6_422$ (181) linkshändige, dreigliedrige Helices aus eckenverknüpften $\{SiO_4\}$-Tetraedern sind so in jeweils drei Nachbarhelices eingebunden, daß schmale Kanäle mit sechsseitigem Querschnitt entstehen, die parallel zur c-Achse verlaufen

SiO_2 Siliciumdioxid α-Cristobalit

tetragonal, $P4_12_12$ (92), a = 497.8, c = 694.8 pm, V = 172.17 $\cdot 10^{-30}$ m³, Z = 4

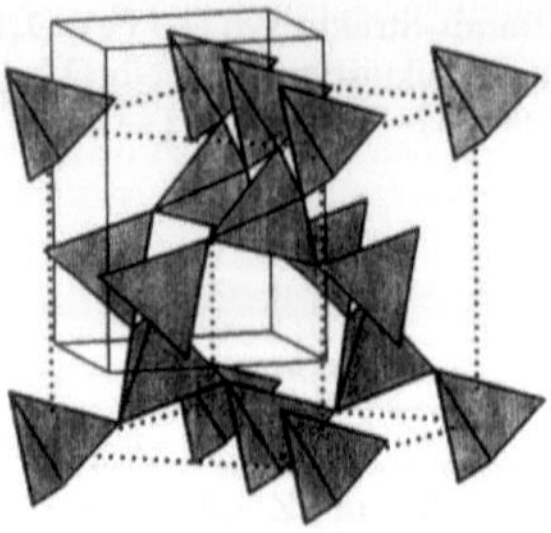

Si(1)	*a*	x,x,0	0.30004		
O(1)	*b*	x,y,z	0.23976	0.10324	0.17844

$\{Si\}_4^{tetr.}$ $\{O\}_2^{gew.}$

$d(Si\text{-}O)_{2,2}$ = 160.2, 160.8 pm ∢ (Si-O-Si) = 146.8°

Strukturaufbau ähnlich dem von β-Cristobalit, jedoch mit etwas anderer Orientierung der $\{SiO_4\}$-Tetraeder zueinander

GeO_2 (499, 706 pm, x_{Ge} = 0.328, xyz_O = 0.255, 0.166, 0.215)

SiO_2 Siliciumdioxid C9 β-Cristobalit

tetragonal, $I\bar{4}2d$ (122), a = 507, c = 717 pm, c/a = $\sqrt{2}$, V = 183.58 $\cdot 10^{-30}$ m³, Z = 4

Si(1)	*a*	0,0,0	
O(1)	*d*	x,$^1/_4$,$^1/_8$	– 0.09

$\{Si\}_4^{tetr.}$ $\{O\}_2^{gew.}$

d(Si-O) = 161.8 pm ∢ (Si-O-Si) = 147.4°

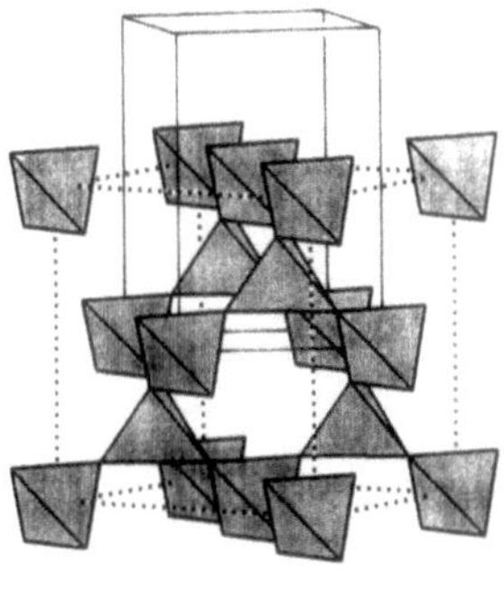

in einer diamantartigen Anordnung (→ $C_{Diamant}$) von Si-Atomen befinden sich die O-Atome nur wenig außerhalb der Verbindungslinie zwischen je zwei benachbarten Si-Atomen, so daß ein dreidimensionales Netzwerk aus vierfach eckenverknüpften $\{SiO_4\}$-Tetraedern resultiert

in der ursprünglich für diesen Strukturtyp angegebenen, doppelt so großen, kubischen Elementarzelle mit der Symmetrie $Fd\bar{3}m$ (227) und a = 717 pm, V = 368.60 · 10^{-10} m^3, Z = 8, mit Si(1) in *a* (0,0,0) und O(1) in *c* ($^1/_8$,$^1/_8$,$^1/_8$) kristallisiert:

H_2O-I_c (635.8 pm, O in *a*, H fehlgeordnet, T = 88 K)

SiO_2 Siliciumdioxid C10 β-Tridymit

hexagonal, $P6_3/mmc$ (194), a = 505.19, c = 826.89 pm, V = 182.76 · 10^{-30} m^3, Z = 4, T = 733 K

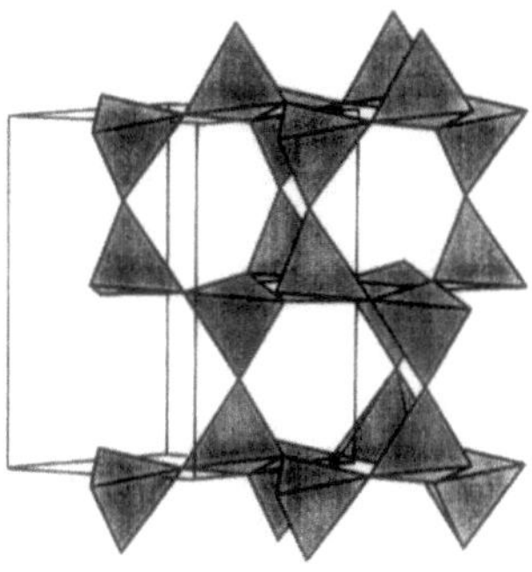

Si(1)	*f*	$^1/_3$,$^2/_3$,z	0.44
O(1)	*c*	$^1/_3$,$^2/_3$,$^1/_4$	
O(2)	*g*	$^1/_2$,0,$^1/_2$	

die üblicherweise beobachteten und hier angegebenen O-Koordinaten, die zu ∢ (Si-O-Si) = 180° und $d(Si\text{-}O)_{3,1}$ = 154.0, 157.1 pm führen, werden als Mittelwerte aus sechs, im Kristall verschieden orientierten Mikrodomänen angesehen, in denen die O-Brücken zwischen den Si-Atomen mit ∢(Si-O-Si) ~ 148° gewinkelt sind und Abstände d(Si-O) ~ 161 pm aufweisen

$\{Si\}_4^{tetr.}$ $\{O\}_2^{gew.}$

in einer lonsdaleitartigen Anordnung (→ $C_{Lonsdaleit}$) von Si-Atomen befinden sich die O-Atome nur wenig außerhalb der Verbindungslinie zwischen je zwei benachbarten Si-Atomen, so daß ein dreidimensionales Netzwerk aus vierfach eckenverknpüften $\{SiO_4\}$-Tetraedern resultiert

H_2O-I_h (451.1, 734.9 pm, O in (*f*) $^1/_3$,$^2/_3$,z = 0.0618, H über zwei Positionen fehlgeordnet: H(1) in (*f*) $^1/_3$,$^2/_3$,z = 0.173, H(2) in (*k*) x,y,z = 0.437, 0.873, 0.024)

SiO_2 Siliciumdioxid α-Tridymit

beim Tieftemperatur-Tridymit werden bei Normaldruck zahlreiche temperaturabhängige Phasenübergänge beobachtet, die von triklinen über monokline und orthorhombischen Phasen hin zur hexagonalen des β-Tridymits führen

SiS_2 Siliciumdisulfid C42

orthorhombisch, Ibam (72), a = 957, b = 565, c = 554 pm, V = 299.55 · 10^{-30} m³, Z = 4

Si(1)	*a*	0,0,$^1/_4$		
S(1)	*f*	x,y,0	0.119	0.208

$\{Si\}_4^{\text{verz. tetr.}}$ $\{S\}_2^{\text{gew.}}$

d(Si-S) = 214.4 pm ∢ (Si-S-Si) = 80.5°

Kettenstruktur auf der Basis einer kubisch dichten Kugelpackung (→ Cu) von S-Atomen, in der unter Verdopplung des Basiszelle $^1/_4$ der Tetraederlücken so mit Si-Atomen besetzt sind, daß Ketten kantenverknüpfter $\{SiS_4\}$-Tetraeder parallel zur b-Achse resultieren

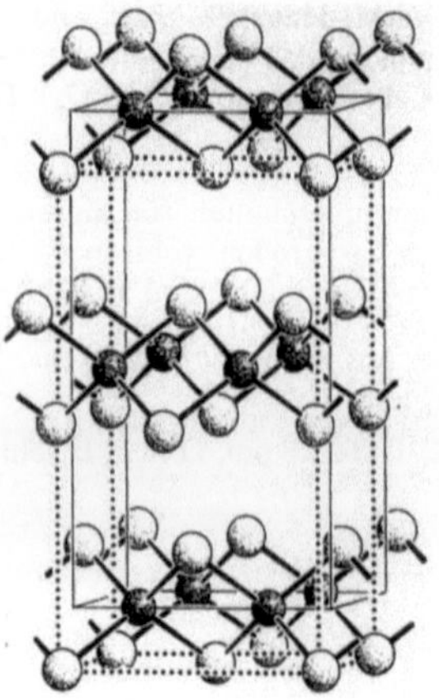

TiO_2 Titandioxid C5 Anatas

tetragonal, I4_1/amd (141), a = 378.5, c = 951.4 pm, V = 136.30 · 10^{-30} m³, Z = 4

Ti(1)	*a*	0,0,0	
O(1)	*e*	0,0,z	0.2066

$\{Ti\}_6^{\text{verz. okt.}}$ $\{O\}_3^{\text{tpl.}}$

∢ $(Ti\text{-}O\text{-}Ti)_{2/1}$ = 102.3°7/155.4°
$d(Ti\text{-}O)_{4/2}$ = 193.7/196.6 pm

in einer durch gewellte Anionenschichten geringfügig verzerrten, kubisch dichten Kugelpackung (→ Cu) von O-Ionen sind unter Verdopplung der Basiszelle die Hälfte aller Oktaederlücken so mit Ti-Ionen besetzt, daß bei einer Schichtenabfolge $[A\gamma^{a}_{1/2}B\alpha^{a}_{1/2}C\beta^{a}_{1/2}A\gamma^{b}_{1/2}B\alpha^{b}_{1/2}C\beta^{b}_{1/2}]$ in jeder Oktaederschicht Zickzack-Ketten aus kantenverknüpften $\{TiO_6\}$-Oktaedern resultieren, die mit vier parallel verlaufenden Ketten in den beiden Nachbarschichten ebenfalls kantenverknüpft sind

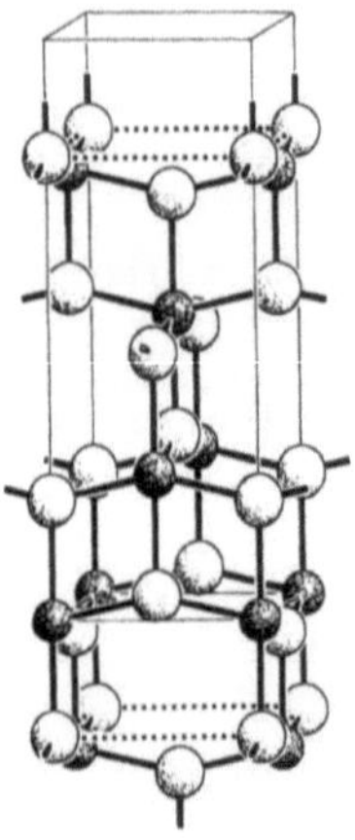

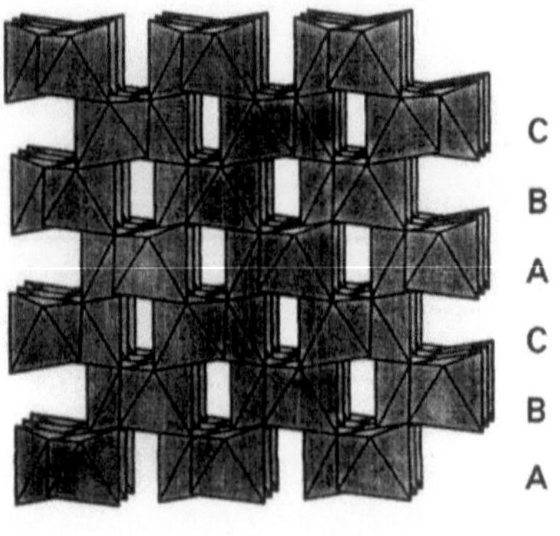

TiO_2 Titandioxid C4 Rutil

tetragonal, $P4_2/mnm$ (136), a = 459.366, c = 295.868 pm,
V = 62.43 · 10^{-30} m^3, Z = 2

Ti(1)	*c*	0,0,0	
O(1)	*c*	x,x,0	0.3048

$\{Ti\}_6^{verz.\ okt.}$ $\{O\}_3^{tpl.}$

$d(Ti\text{-}O)_{4/2}$ = 194.9/198.0 pm
∢ $(Ti\text{-}O\text{-}Ti)_{2/1}$ = 130.6°/98.8°

in einer durch gewellte Anionenschichten geringfügig verzerrten, hexagonal dichten Kugelpackung (→ Mg) von O-Ionen sind die Hälfte der Oktaederlücken so mit Ti-Ionen besetzt, daß bei einer Schichtenabfolge $[A\gamma_{1/2}B\gamma_{1/2}]$ in jeder Oktaederschicht Ketten kantenverküpfter $\{TiO_6\}$-Oktaeder resultieren, die parallel zur c-Achse verlaufen und untereinander jeweils mit vier Nachbarketten, in denen die Kettenebene um 90° gedreht ist, eckenverknüpft sind

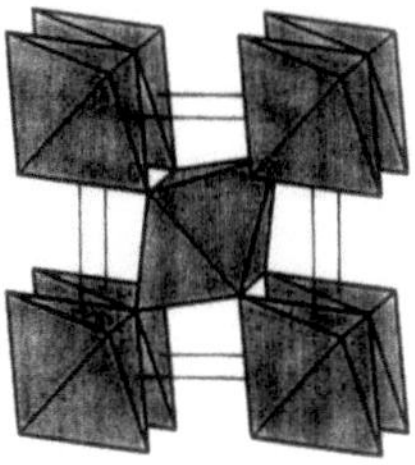

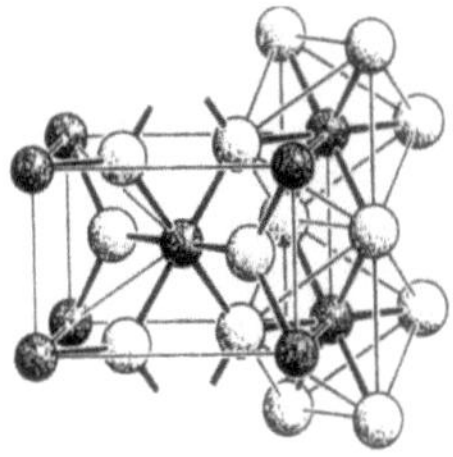

Oxide

δ-CrO_2 (441.90, 291.54 pm, x_O = 0.3026); GeO_2 (439.75, 286.25 pm, x_O = 0.3059); CrO_2 (339.9, 314.6 pm, x_O = 0.311); IrO_2 (449.9, 314.6 pm, x_O = 0.291); β-MnO_2 (439.83, 287.30 pm, x_O = 0.3052); MoO_2 (487, 279.6 pm; x_O = 0.291); NbO_2 (475.9, 307.3 pm); OsO_2 (450.3, 318.4 pm, x_O = 0.305); β-PbO_2 (495.56, 338.67 pm, x_O = 0.3066); PdO_2 (448.3, 310.1 pm); RhO_2 (448.9, 309.0 pm, x_O = 0.307); RuO_2 (449.19, 310.66 pm, x_O = 0.3058); $SiO_{2,\,Stishovit}$ (417.73, 266.55 pm, x_O = 0.30615), SnO_2 (473.73, 318.64 pm, x_O = 0.307); δ-TaO_2 (470.9, 306.5 pm, x_O = 0.303); TeO_2 (479.90, 377.80 pm, x_O = 0.327), VO_2 (455.1, 285.1 pm, x_O = 0.305); WO_2 (487, 277.6 pm, x_O = 0.291)

Fluoride

CoF_2 (469.51, 317.96 pm, x_F = 0.306); FeF_2 (469.66, 330.91 pm, x_F = 0.300); MgF_2 (462.3, 305.2 pm, x_F = 0.303); MnF_2 (487.34, 330.99 pm, x_F = 0.305); NiF_2 (465.06, 308.436 pm, x_F = 0.302); PdF_2 (493.1, 336.7 pm); ZnF_2 (470.34, 313.35 pm, x_F = 0.303)

anti-Typ

Ti_2N (494.28, 303.57 pm, x_{Ti} = 0.296)

Überstruktur

Trirutil-Typ (→ $ZnSb_2O_6$)

6.4.3 Verbindungen AX_3

$AlCl_3$ Aluminiumtrichlorid $D0_{15}$

monoklin, C2/m (12), a = 593, b = 1024, c = 617 pm, β = 108°, V = 356.32 · 10^{-30} m^3, Z = 4

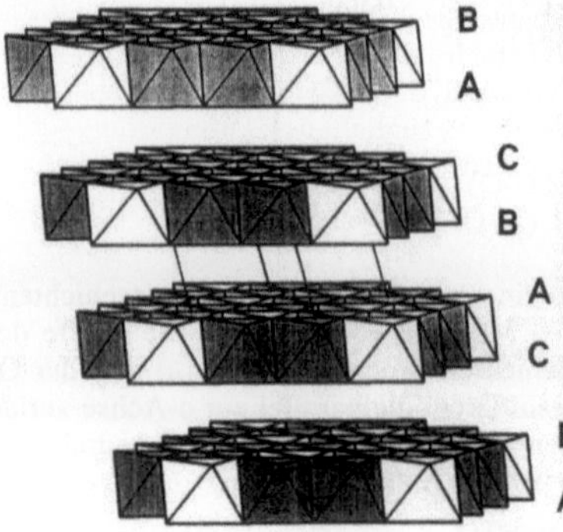

Al(1)	*g*	0,y,0		0.167	
Cl(1)	*i*	x,0,z	0.226		0.219
Cl(2)	*j*	x,y,z	0.250	0.175	0.781

$\{Al\}_6^{okt.}$ $\{Cl\}_2^{gew.}$

d(Al-Cl)$_{2/2/2}$ = 229.5/232.5/233.0 pm

Schichtenstruktur auf der Basis einer kubisch dichten Kugelpackung (→ Cu) von Cl-Atomen, in der wie im Bismuttriiodid-Strukturtyp (→ BiI_3) nur jede zweite Schicht von Oktaederlücken zu $^2/_3$ mit Al-Atomen besetzt ist, wobei das hexagonale Lochmuster der Oktaederschichten innerhalb der drei verschiedenen Lagemöglichkeiten eine primitive Abfolge aaa aufweist, so daß sich insgesamt die Schichtenabfolge [$A\gamma^a_{2/3}B\square\, C\beta^a_{2/3}A\square\, B\alpha^a_{2/3}C\square$] ergibt

Chloride

$CrCl_3$ (T = 298 K; 595.9, 1032.1, 611.4 pm, 108.49°, y_{Cr} = 0.1667, $xz_{Cl(1)}$ = 0.2205, 0.2316, $xyz_{Cl(2)}$ = 0.2485, 0.1769, 0.7711); $DyCl_3$ (691, 1197, 640 pm, 111.2°); $ErCl_3$ (680, 1179, 639 pm, 110.7°); $HoCl_3$ (685, 1185, 639 pm, 110.8°); $InCl_3$ (641, 1110, 631 pm, 109.8°); $LuCl_3$ (672, 1160, 639 pm, 110.4°); α-$RhCl_3$ (595, 1030, 603 pm, 109.2°, y_{Rh} = 0.167, $xz_{Cl(1)}$ = 0.226, 0.219, $yxz_{Cl(2)}$ = 0.250, 0.175, 0.781); γ-$TiCl_3$ (616.8, 1068, 625.7 pm, 109.18°); $TlCl_3$ (654, 1133, 632 pm, 110.2°); $TmCl_3$ (675, 1173, 639 pm, 110.6°); YCl_3 (692, 1194, 644 pm, 111.0°, y_Y = 0.166, $xz_{Cl(1)}$ = 0.211, 0.247, $xyz_{Cl(2)}$ = 0.229, 0.179, 0.760); $YbCl_3$ (673, 1165, 638 pm, 110.4°)

Bromide

$GdBr_3$ (722.4, 1251.2, 684 pm, 110.6°, y_{Gd} = 0.167, $xz_{Br(1)}$ = 0.210, 0.210, $xyz_{Br(2)}$ = 0.250, 0.167, 0.750); $RhBr_3$ (627, 1085, 635 pm, 109.0°, y_{Rh} = 0.167, $xz_{Br(1)}$ = 0.229, 0.224, $xyz_{Br(2)}$ = 0.248, 0.175, 0.778)

Iodide

CrI_3 (685.9, 1188.0, 701.0 pm, 109.04°); RhI_3 (677, 1172, 683 pm, 109.3°, y_{Rh} = 0.167, $xz_{I(1)}$ = 0.229, 0.224, $xyz_{I(2)}$ = 0.248, 0.178, 0.778)

AlF_3 Aluminiumtrifluorid $D0_{14}$

rhomboedrisch, R$\bar{3}$ (148), a = 503.0 pm, α = 58.63°, V = 87.17 · 10^{-30} m^3, Z = 2; hexagonale Aufstellung: a = 492.54, c = 1244.72 pm, V = 261.51 · 10^{-30} m^3, Z = 6

Al(1)	*a*	0,0,0			
Al(2)	*b*	0,0,$^1/_2$			
F(1)	*f*	x,y,z	0.0922	0.3333	0.0830

$\{Al\}_6^{okt.}$ $\{F\}_2^{gew.}$

d(Al-F) = 179.5/180.0 pm

nach Art einer kubisch dichten Kugelpackung (→ Cu) aufgebaute Struktur aus $\{AlF_6\}$-Oktaedern, die untereinander sechsfach eckenverknüpft sind und die Stapelabfolge [ABCA′B′C′] aufweisen, wobei sich die Schichten X und X′ nur bezüglich der Orientierung der Oktaeder unterscheiden

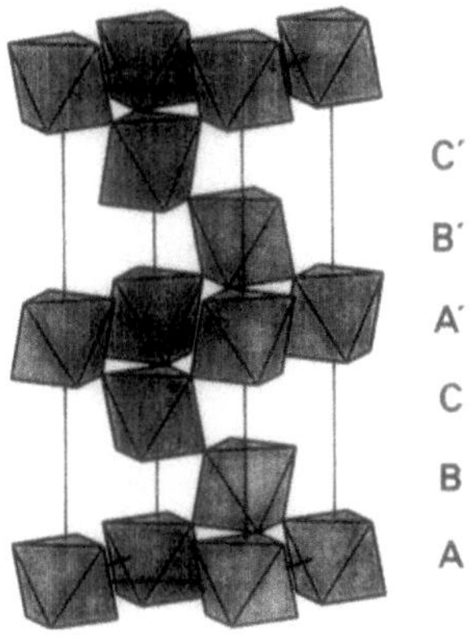

$Al(OH)_3$ Aluminium(III)-hydroxid **α-$Al(OH)_3$** **Bayerit**

monoklin, $P2_1/a$ (14), a = 506.2, b = 867.1, c = 471.3 pm, β = 90.27°, V = 206.86 · 10^{-30} m³, Z = 4

Al(1)	*e*	x,y,z	0.527	0.167	−0.015
O(1))	*e*	x,y,z	0.365	−0.011	0.215
O(2)	*e*	x,y,z	0.204	0.176	0.777
O(3)	*e*	x,y,z	0.344	0.308	0.229

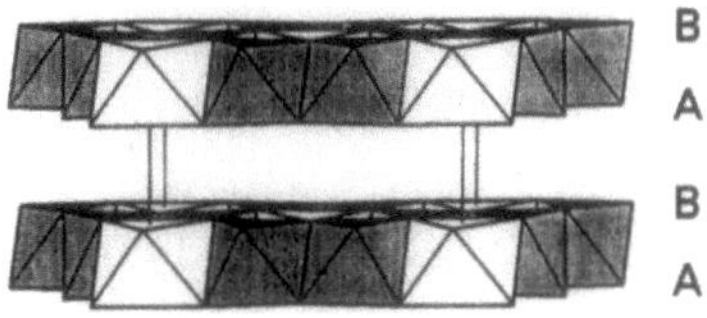

$\{Al\}_6^{okt.}$ $\{O\}_2^{gew.}$

d(Al-O) = 173.8 – 205.9 pm

Schichtenstruktur auf der Basis einer hexagonal dichten Kugelpackung (→ Mg) von OH-Ionen, in der wie im Bismuttriiodid-Strukturtyp (→ BiI_3) nur jede zweite Schicht von Oktaederlücken zu $^2/_3$ mit Al-Ionen besetzt ist, wobei das hexagonale Lochmuster der Oktaederschichten die primitive Abfolge aa aufweist, so daß sich insgesamt die Schichtenabfolge [$A\gamma^{a}_{2/3}B\square$] ergibt

$Al(OH)_3$ Aluminium(III)-hydroxid $D0_7$ **γ-$Al(OH)_3$** **Hydrargillit**

monoklin, $P2_1/n$ (14), a = 862.36, b = 506.02, c = 969.90 pm, β = 85.54°, V = 421.96 · 10^{-10} m³, Z = 8

Al(1)	*e*	x,y,z	0.176	0.520	0.005
Al(2)	*e*	x,y,z	0.333	0.020	0.005
O(1)	*e*	x,y,z	0.181	0.205	0.110
O(2)	*e*	x,y,z	0.681	0.671	0.110
O(3)	*e*	x,y,z	0.515	0.131	0.110
O(4)	*e*	x,y,z	−0.015	0.631	0.110
O(5)	*e*	x,y,z	0.298	0.701	0.100
(O6)	*e*	x,y,z	0.838	0.171	0.100

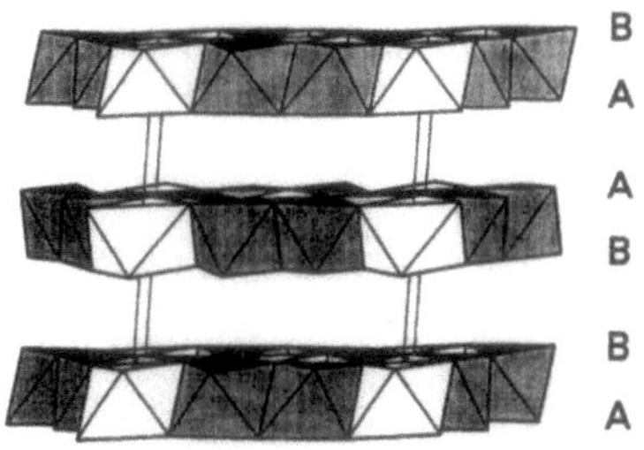

$\{Al\}_6^{okt.}$ $\{O\}_2^{gew.}$

d(Al-O) = 171.6 – 199.9 pm
d(Al-O) = 182.2 – 209.3 pm

Schichtenstruktur auf der Basis hexagonal dicht gepackter Schichten von OH-Ionen mit der Schichtenabfolge [AABB], in der die Schichten der trigonal-prismatischen Lücken leer und die der Oktaederlücken wie im Bismuttriiodid-Strukturtyp (→ BiI_3) nur zu 2/3 mit Al-Ionen besetzt sind, wobei das hexagonale Lochmuster der Oktaederschichten die primitive Abfolge aa aufweist, so daß sich insgesamt die Schichtenabfolge [$A\gamma^{a}_{2/3}B\nabla B\gamma^{a}_{2/3}A\nabla$] ergibt

BiI_3 Bismuttriiodid $D0_5$

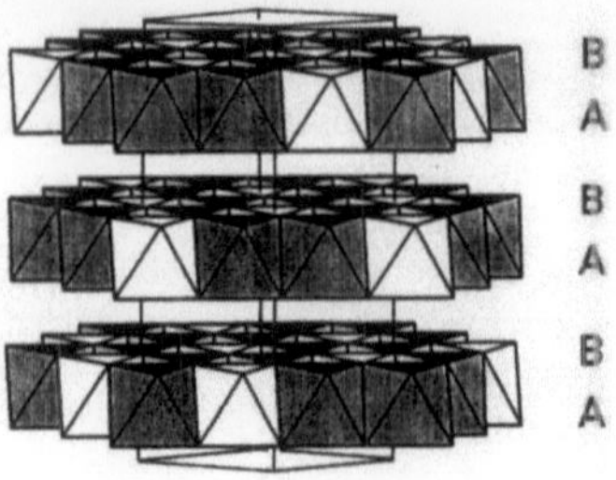

rhomboedrisch, $R\bar{3}$ (148), a = 815.6 pm, α = 54.870, V = 337.86 · 10^{-30} m^3, Z = 2; hexagonale Aufstellung: a = 751.6, c = 2071.8 pm, V = 1013.57 · 10^{-30} m^3, Z = 6

Bi(1)	*c*	0,0,z			0.1667
I(1)	*f*	x,y,z	0.3415	0.3395	0.0805

$\{Bi\}^{okt.}_{6}$ $\{I\}^{gew.}_{2}$

$d(Bi\text{-}I)_{3/3}$ = 304.5/312.1 pm

Schichtenstruktur auf der Basis einer hexagonal dichten Kugelpackung (→ Mg) von I-Atomen, in der nur jede zweite Schicht von Oktaederlücken zu $^2/_3$ mit Bi-Atomen besetzt ist, wobei das hexagonale Lochmuster der Oktaederschichten die Abfolge abc aufweist, so daß sich die Schichtenabfolge [$A\gamma^{a}_{2/3}B\square\, A\gamma^{b}_{2/3}B\square\, A\gamma^{c}_{2/3}B\square$] mit einem Schichtenabstand $^c/_6$ = 345.3 pm ergibt

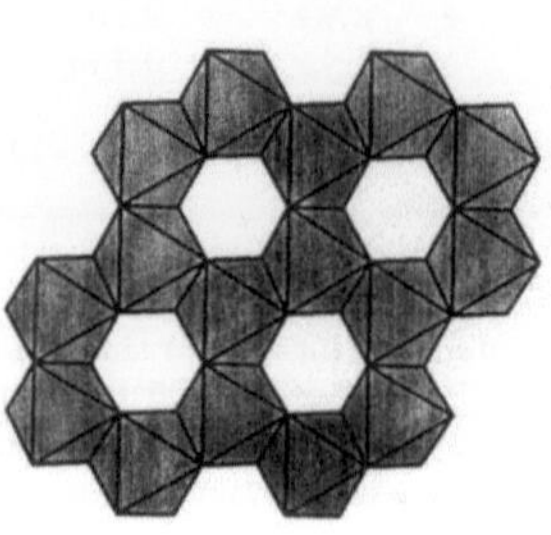

Chloride

$CeCl_{3,TT}$ (594.2, 1733.3 pm, z_{Cr} = 0.3323, xyz_{Cl} = 0.6507, – 0.0075, 0.0757, T = 225 K); $FeCl_3$ (606.5, 1744 pm, z_{Fe} = 0.333, xyz_{Cl} = 0.653, 0.000, 0.076, T = 4 K); $ScCl_3$ (638.4, 1778 pm); α-$TiCl_3$ (612, 1750 pm); VCl_3 (601.2, 1734 pm)

Bromide

$CrBr_3$ (630.8, 1835 pm); $DyBr_3$ (710.7, 1916.1 pm); $ErBr_3$ (704.5, 1914.8 pm); $FeBr_3$ (642, 1840 pm); $GdBr_3$ (726.1, 1918.9 pm); $HoBr_3$ (707.2, 1915.0 pm); $LuBr_3$ (695.0, 1910.9 pm); $ScBr_3$ (665.6, 1880.3 pm); $TbBr_3$ (715.9, 1916.3 pm); $TiBr_3$ (645.9, 1869.8 pm); $TmBr_3$ (700.2, 1911.1 pm); YBr_3 (707.2, 1915.0 pm); $YbBr_3$ (698.1, 1911.5 pm); VBr_3 (640.0, 1853 pm)

Iodide

AsI_3 (720.8, 2143.6 pm, z_{As} = 0.1985, xyz_I = 0.3485, 0.3333, 0.0822)*; DyI_3 (748.8, 2083.3 pm); ErI_3 (745.1, 2078 pm); GdI_3 (753.9, 2083 pm); HoI_3 (747.4, 2081.7 pm); LuI_3 (739.5, 2071 pm); SbI_3 (748, 2090 pm, z_{Sb} = 0.1820, xyz_I = 0.3415, 0.3395, 0.0805)*; ScI_3 (714.9, 2040.1 pm); SmI_3 (749.0, 2080 pm); TbI_3 (752.6, 2083.8 pm); TmI_3 (741.5, 2078 pm); VI_3 (692.5, 1991 pm); YI_3 (750.5, 2088 pm); YbI_3 (743.4, 2072 pm)

* Kationen etwas außerhalb der Oktaederzentren aufgrund des freien Elektronenpaares.

LaF_3 Lanthantrifluorid $D0_6$ *Tysonit-Strukturtyp*

trigonal, $P\bar{3}c1$ (165), a = 718.5, c = 735.1 pm, V = 328.65 $\cdot 10^{-30}$ m^3, Z = 6

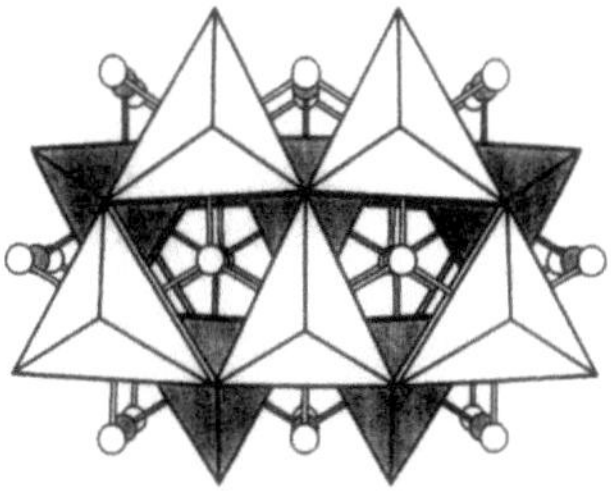

La(1)	*f*	x,0,$^1/_4$	0.3401		
F(1)	*a*	0,0,$^1/_4$			
F(2)	*d*	$^1/_3$,$^2/_3$,z			0.313
F(3)	*g*	x,y,z	0.312	− 0.050	0.581

$\{La\}_{11}$ $\{F\}_{3/3/4}$

d(La-F) = 241.6 − 297.9 pm

versetzt übereinander liegende Schichten aus flächenverknüpften $\{LaF_{11}\}$-Baueinheiten, in denen die La-Atome nach Art eines Edshammar-Polyeders (→ Na_3As) von einem allseits überkappten trigonalen Prisma aus F-Atomen umgeben sind; die Verknüpfung der Schichten untereinander erfolgt über gemeinsame Kanten

CeF_3 (713.1, 728.6 pm); LaF_3 (718.5, 735.1 pm); NdF_3 (703.0, 720.0 pm, x_{Nd} = 0.3414, $z_{F(2)}$ = 0.3145, $xyz_{F(3)}$ = 0.3104, − 0.0579, 0.5805); PrF_3 (707.5, 723.2 pm, x_{Pr} = 0.65919, $z_{F(2)}$ = 0.1837, $xyz_{F(3)}$ = 0.3670, 0.0557, 0.0796)

ReO_3 Rheniumtrioxid $D0_9$

kubisch, $Pm\bar{3}m$ (221), a = 374.2 pm, V = 52.40 $\cdot 10^{-30}$ m^3, Z = 1

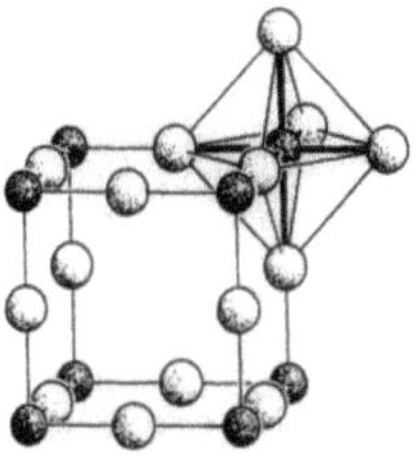

Re(1)	*a*	0,0,0
O(1)	*d*	$^1/_2$,0,0

$\{Re\}_6^{okt.}$ $\{O\}_2^{lin.}$

d(Re-O) = $^a/_2$ = 187.1 pm

in einer primitiven Stapelung quadratisch-planarer (4^4)-Netze aus Re-Atomen (vgl. α-Po) besetzen die O-Atome die Positionen zwischen zwei direkt benachbarten Metall-Atomen, so daß ein dreidimensionales Netzwerk aus sechsfach eckenverknüpften $\{ReO_6\}$-Oktaedern entsteht

NbF_3 (392.9 pm)

Antityp

Cu_3N (381.3 pm)

YF_3 Yttriumtrifluorid

orthorhombisch, Pnma (62), a = 635.3, b = 685.0, c = 439.3 pm, V = 191.17 $\cdot 10^{-30}$ m^3, Z = 4

Y(1)	*c*	x,$^1/_4$,z	0.367		0.058
F(1)	*c*	x,$^1/_4$,z	0.528		0.601
F(2)	*d*	x,y,z	0.165	0.060	0.363

$\{Y\}_9$ $\{F\}_{3/3}$

$d(Y\text{-}F) = 225.3 - 259.5$ pm

senkrecht zur b-Achse verlaufende Schichten aus flächen- und kantenverknüpften $\{YF_9\}$-Baueinheiten, in denen die Y-Atome in Form eines dreifach überkappten trigonalen Prismas koordiniert sind; die einzelnen Schichten liegen versetzt übereinander und sind dabei untereinander kantenverknüpft

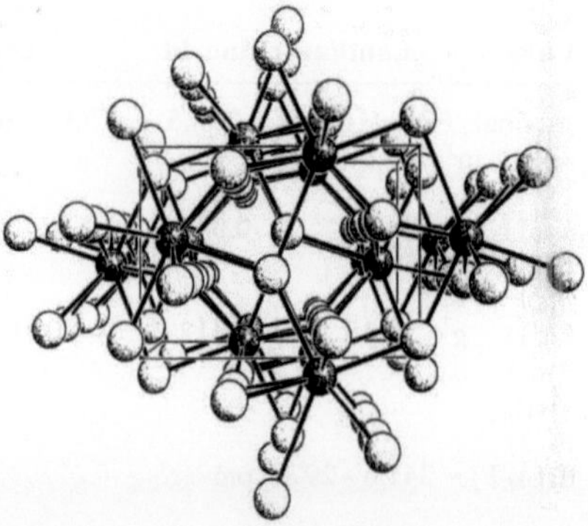

β-BiF_3 (656.1, 701.5, 484.1 pm, xz_{Bi} = 0.3547, 0.0349, $xz_{F(1)}$ = 0.5361, 0.6271, $xyz_{F(2)}$ = 0.1652, 0.0577, 0.3528); HoF_3 (640.4, 687.5, 437.9 pm, xz_{Ho} = 0.367, 0.059, $xz_{F(1)}$ = 0.525,0.584, $xyz_{F(2)}$ = 0.166, 0.066, 0.377); SmF_3 (667.6, 706.2, 441.1 pm, xz_{Sm} = 0.3661, 0.0619, $xz_{F(1)}$ = 0.0205, 0.923, $xyz_{F(2)}$ = 0.1650, 0.0660, 0.3906); TbF_3 (651.2, 694.9, 438.4 pm, xz_{Tb} = 0.368, 0.061, $xz_{F(1)}$ = 0.522, 0.584, $xyz_{F(2)}$ = 0.165, 0.066, 0.384); TlF_3 (582.5, 702.4, 485.1 pm, xz_{Tl} = 0.3694, 0.0399, $xz_{F(1)}$ = 0.538, 0.624, $xyz_{F(2)}$ = 0.169, 0.074, 0.337); YbF_3 (621.8, 687.5, 443.1 pm)

$Y(OH)_3$ Yttriumhydroxid

hexagonal, $P6_3/m$ (176), a = 624.0, c = 353.0 pm, V = $119.03 \cdot 10^{-30}$ m³, Z = 2

Y(1)	*d*	$^1/_3, ^2/_3, ^1/_4$		
O(1)	*h*	$x, y, ^1/_4$	0.3958	0.3116

$\{Y\}_9$ $\{O\}_3^{\text{trig. bas.}}$

$d(Y\text{-}O)_{6/3} = 241.7/253.5$ pm

parallel zur a-Achse verlaufende Stäbe aus dreifach überkappten, in der Basis flächenverknüpften $\{Y(OH)_6\}$-Prismen sind so zueinander angeordnet, daß jede Baueinheit mit sechs anderen aus drei versetzt verlaufenden Stäben kantenverknüpft ist

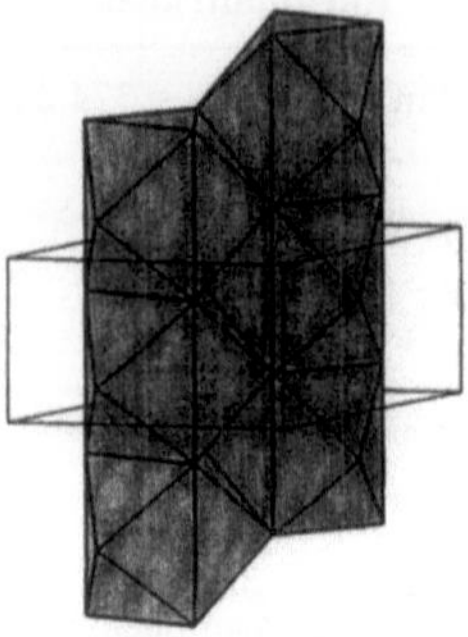

Hydroxide

$Dy(OH)_3$ (628.6, 357.7 pm, xy_O = 0.3947, 0.3109); $Er(OH)_3$ (624.3, 352.7 pm, xy_O = 0.3945, 0.3101); $Gd(OH)_3$ (632.9, 363.1 pm, xy_O = 0.3935, 0.3107); $Ho(OH)_3$ (626.6, 355.3 pm, xy_O = 0.3951, 0.3112); $La(OH)_3$ (654.7, 385.4 pm, xy_O = 0.3916, 0.3095); $Nd(OH)_3$ (641.8, 374.3 pm, xy_O = 0.3924, 0.3108); $Sm(OH)_3$ (636.8, 368.3 pm, xy_O = 0.3938, 0.3113); $Tb(OH)_3$ (631.5, 360.3 pm, xy_O = 0.3953, 0.3120)

Chloride, Bromide

$EuCl_3$ (737.46, 413.23 pm, xy_{Cl} = 0.38911, 0.30174); $GdCl_3$ (736.63, 410.59 pm, xy_{Cl} = 0.38929, 0.30154); $LaBr_3$ (797.13, 452.16 pm, xy_{Br} = 0.3850, 0.2988); $LaCl_3$ (747.79, 437.45 pm, xy_{Cl} = 0.38741, 0.30155); $NdCl_3$ (739.88, 424.23 pm, xy_{Cl} = 0.38777, 0.30167); $PrBr_3$ (793.77, 439.59 pm, xy_{Br} = 0.2990, 0.3863); $PrCl_3$ (741.64, 427.60 pm, xy_{Cl} = 0.3015, 0.3881); $TbCl_3$ (737.63, 405.71 pm, xy_{Cl} = 0.6987, 0.0901)

6.4.4 Verbindungen AX_4

$SnBr_4$ Zinn(IV)-bromid

monoklin, $P2_1/c$ (14), a = 1037.1, b = 700.6, c = 1047.0 pm,
β = 102.56°, V = 742.5 · 10^{-10} m^3, Z = 4

Sn(1)	*e*	x,y,z	0.2473	0.5771	0.3675
Br(1)	*e*	x,y,z	0.0584	0.5732	0.1844
Br(2)	*e*	x,y,z	0.3122	0.9028	0.4270
Br(3)	*e*	x,y,z	0.4301	0.4136	0.3047
Br(4)	*e*	x,y,z	0.1915	0.4129	0.5516

$\{Sn\}_4^{tetr.}$ $\{Br\}_1$

Molekülstruktur auf der Basis einer hexagonal dichten Kugelpackung (→ Mg) von Br-Atomen, bei der unter Vervielfachung der Basiszelle $^1/_4$ der Tetraederlücken so besetzt sind, daß isolierte $\{SnBr_4\}$-Tetraeder mit d(Sn-Br) = 242.0–242.5 pm resultieren

$TiBr_4$ (1017, 709, 1041 pm, 101.9°)

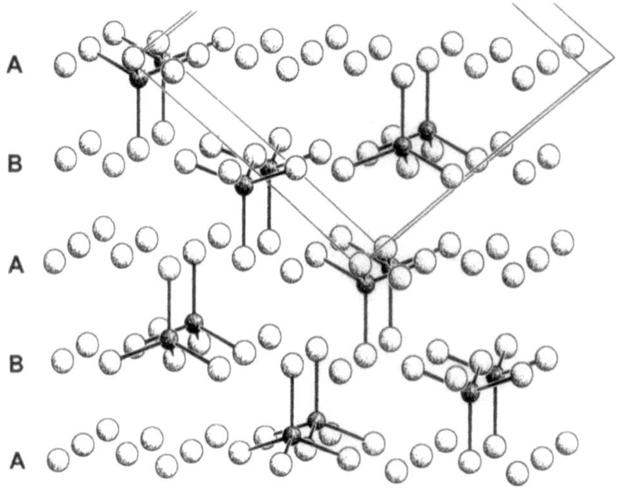

SnF_4 Zinn(IV)-fluorid

tetragonal, I4/mmm (139), a = 404.8, c = 793.0 pm, V = 129.94 · 10^{-30} m^3, Z = 4

Sn(1)	*a*	0,0,0	
F(1)	*c*	0,$^1/_2$,0	
F(1)	*e*	0,0,z	0.245

$\{Sn\}_6^{okt.}$ $\{F(1)\}_2^{lin.}/\{F(2)\}_1$

d(Sn-F)$_4$ = $^a/_2$ = 202.4 pm,
d(Sn-F)$_2$ = 194.3 pm

Schichtenstruktur auf der Basis einer kubisch dichten Kugelpackung (→ Cu) von F-Atomen, bei der unter Verdopplung der Basiszelle $^1/_4$ der Oktaederlücken derart besetzt sind, daß Schichten vierfach eckenverknüpfter $\{SnF_6\}$-Oktaeder gebildet werden, die auf Lücke übereinanderliegen

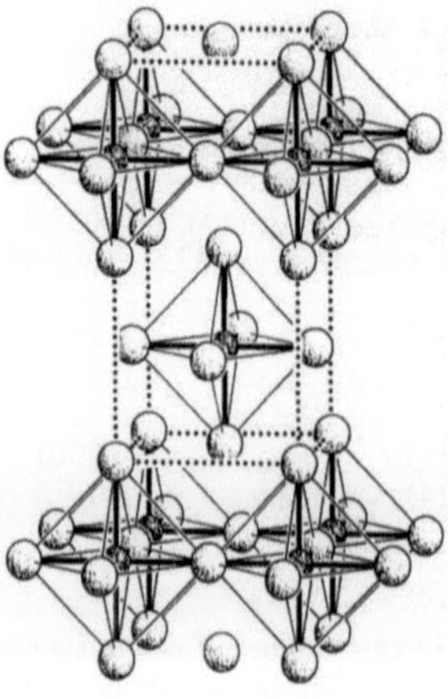

NbF_4 (408.1, 816.2 pm, $z_F = 0.25$); PbF_4 (424.7, 803.0 pm)

Antityp

Ni_4N (327, 728 pm)

SnI_4 Zinn(IV)-iodid $D1_1$

kubisch, Pa3 (205), a = 1226.8 pm, V = 1846.4 · 10^{-30} m^3,
Z = 8

Sn(1)	*c*	x,x,x	0.12864		
I(1)	*c*	x,x,x	0.25363		
I(2)	*d*	x,y,z	0.25504	0.00781	0.00013

$\{Sn\}_4^{tetr.}$ $\{I\}_1$

Molekülstruktur auf der Basis einer kubisch dichten Kugelpackung (→ Cu) von I-Atomen, bei der unter Verachtfachung der Basiszelle $^1/_4$ der Tetraederlücken derart besetzt sind, daß isolierte $\{SnI_4\}$-Tetraeder mit d(Sn-I) = 265.6–266.2 pm gebildet werden

GeI_4 (1204.0 pm); SiI_4 (1198.6 pm); $TiBr_4$ (1125.8 pm, $x_{Ti} = 0.1311$, $x_{Br(1)} = 0.2480$, $xyz_{Br(2)} = 0.0165$, 0.0094, 0.2482); TiI_4 (1200.2 pm); $ZrBr_4$ (1094 pm)

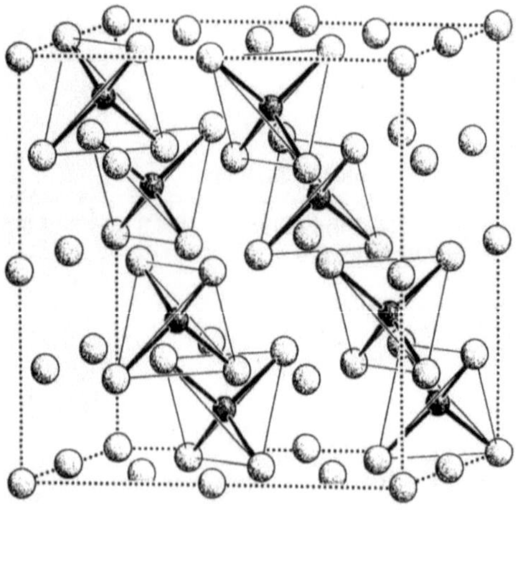

6.4.5 Verbindungen A_2X

Co_2Si Dicobaltsilicid C37

orthorhombisch, Pnma (62), a = 491.8, b = 373.8, c = 710.9 pm, V = 130.69 · 10^{-30} m^3, Z = 4

Si(1)	*c*	x,¼,z	0.702	0.611
Co(1)	*c*	x,¼,z	0.038	0.218
Co(2)	*c*	x,¼,z	0.174	0.562

$\{Si\}_{10}$ $\{Co\}_5$

d(Si-Co) = 231.9 – 262.0 pm

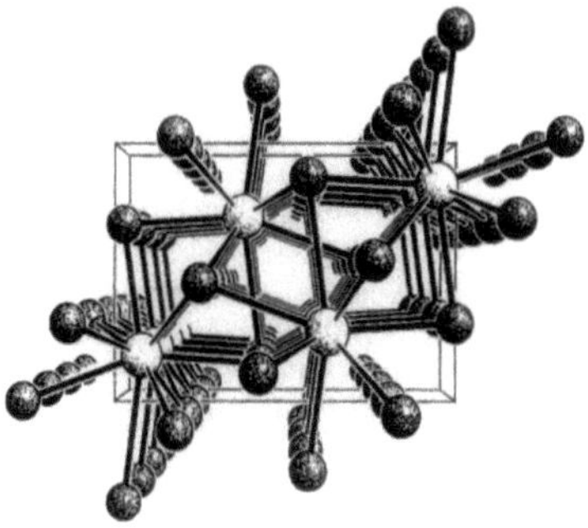

Antityp des Bleidichlorid-Strukturtyps (→ $PbCl_2$), bei dem die trigonalen Prismen durch eine geringfügige topologische Verzerrung, die durch die in diesem Strukturtyp bzgl. der Achsenverhältnisse und Atomkoordinaten bestehende Variabilität ermöglicht wird, nicht mehr drei- sondern vierfach überkappt sind

Silicide, Germanide, Stannide, Plumbide

Ba_2Pb (864, 571, 1061 pm); Ba_2Si (843, 540, 988 pm); Ba_2Sn (864.8, 569.1, 1058.8 pm); Ca_2Ge (773.4, 483.4, 906.9 pm); Ca_2Pb (807.2, 510.0, 964.7 pm); Ca_2Si (766.7, 479.9, 900.2 pm); Ca_2Sn (797.5, 504.4, 956.2 pm); Co_2Ge (502, 382, 726 pm); Eu_2Pb (787, 540, 1003 pm); Ir_2Si (528.4, 398.9, 761.5 pm); Ni_2Ge (511.3, 383.0, 726.4 pm); Ni_2Si (500, 373, 704 pm); Pd_2Sn (565, 431, 812 pm); Rh_2Ge (544, 400, 757 pm); Rh_2Si (540.8, 393.0, 738.3 pm); Rh_2Sn (552.0, 422.0, 820.8 pm); Ru_2Si (527.9, 400.5, 741.8 pm); Sr_2Ge (813, 520, 958 pm); Sr_2Pb (844.5, 539.1, 1013.9 pm); Sr_2Si (811, 515, 954 pm); Sr_2Sn (840.2, 537.8, 1007.8 pm); Yb_2Pb (747.8, 522.5, 954.9 pm)

Phosphide, Sulfide, Selenide

Co_2P (564.6, 351.3, 660.8 pm); Cs_2S (857.1, 538.3, 1038.5 pm); Cs_2Se (879, 555, 1078 pm); Fe_2P (577.5, 357.1, 664.1 pm); Re_2P (554.0, 293.9, 1004.0 pm); Ru_2P (590.2, 385.9, 689.6 pm); V_2P (620.45, 330.52, 754.40 pm)

Intermetallische Verbindungen

Ca_2Hg (786, 489, 987 pm); Ce_2Au (727.1, 507.3, 932.0 pm); Dy_2Al (654.3, 507.5, 939.7 pm); Dy_2Au (704.73, 490.81, 889.77 pm); Dy_2Pt (710.1, 474.7, 873.1 pm); Er_2Al (651.6, 501.5, 927.9 pm); Er_2Au (699.6, 486.4, 880.2 pm); Er_2Pt (703.7, 470.5, 866.8 pm); Gd_2Al (660.6, 514.6, 953.1 pm); Gd_2Au (711.6, 496.2, 899.8 pm); Gd_2Pt (718.6, 481.3, 885.4 pm); Ho_2Al (652.8, 505.3, 934.7 pm); Ho_2Au (702.5, 489.22, 884.82 pm); Ho_2Pt (705.4, 472.2, 868.6 pm); La_2Au (739.7, 510.7, 941.0 pm); Lu_2Pt (697.8, 463.0, 858.4 pm); Nd_2Al (671.6, 523.5, 965.0 pm); Pd_2Al (540.7, 406.1, 776.9 pm); Pd_2Ga (549.3, 406.4, 781.4 pm); Pd_2In (561.1, 421.8, 823.7 pm); Pd_2Tl (571.9, 422.8, 836.3 pm); Pd_2Zn (535, 414, 765 pm); Pr_2Al (672.9, 524.8, 975.9 pm); Pr_2Au (724.1, 504.6, 928.7 pm); Pr_2Ga (669.0, 518.8, 971.4 pm); Pt_2Al (540.07, 405.47, 789.85 pm); Rh_2Ta (545.4, 402.7, 817.9 pm); Sc_2Pt (659.2, 449.1, 820.6 pm); Sm_2Al (665.4, 519.3, 963.1 pm); Sm_2Au (713.9, 498.2, 915.7 pm); Tb_2Al (659.2, 511.3, 944.0 pm); Tb_2Au (707.8, 492.9, 893.8 pm); Tb_2Pt (714.7, 477.2, 876.3 pm); Tm_2Au (695.8, 483.4, 876.7 pm); Tm_2Pt (700.8, 468.8, 861.9 pm); Y_2Al (664.2, 508.4, 946.9 pm); Y_2Pt (714.1, 476.4, 875.3 pm); Yb_2Au (780.8, 457.0, 940.9 pm); Yb_2Ga (706.3, 505.0, 942.7 pm); Yb_2In (707.2, 534.0, 986.6 pm); Yb_2Pt (761.4, 440.0, 895.7 pm)

Cu_2O Kupfer(I)-oxid C3 Cuprit

kubisch, $Pn\bar{3}m$ (224), a = 426.96 pm, V = 77.83 · 10^{-30} m^3, Z = 2

Cu(1)	*a*	0,0,0
O(1)	*c*	$^1/_4$,$^1/_4$,$^1/_4$

$\{Cu\}_2^{lin.}$ $\{O\}_4^{tetr.}$

d(Cu-O) = $^a/_4\sqrt{3}$ = 184.9 pm

in einer Anordnung von Cu-Atomen, die der einer kubisch dichten Kugelpackung entspricht, sind $^1/_4$ der Tetraederlücken mit O-Atomen so besetzt, daß zwei um eine halbe Würfelkante gegeneinander verschobene, sich gegenseitig durchdringende aber nicht miteinander verbundene diamantartige (→ $C_{Diamant}$) Cu-O-Netzwerke resultieren; vgl. β-Cristobalit (→ SiO_2)

Ag_2O (473.6 pm)

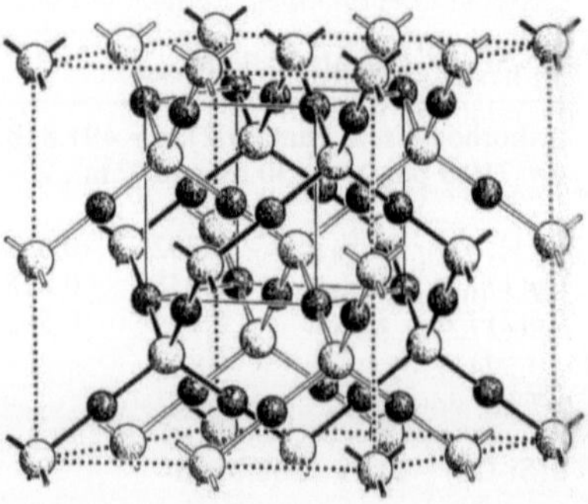

Fe_2B Dieisenborid C16

tetragonal, I4/mcm (140), a = 511.0, c = 424.9 pm, V = 110.95 · 10^{-30} m^3, Z = 4

B(1)	*a*	0,0,$^1/_4$	
Fe(1)	*h*	x,x + $^1/_2$,0	0.1649

$\{B\}_8^{quadr.\ antiprism.}$ $\{Fe\}_4^{tetr.}$

$d(B\text{-}Fe)_8$ = 218.4 pm $d(B\text{-}B)_2$ = 212.5 pm

häufig verwendete Verbindung zur Beschreibung des $CuAl_2$-Strukturtyps (→ $CuAl_2$)

Fe_2C Dieisencarbid C35

orthorhombisch, Pnnm (59), a = 470.4, b = 431.8, c = 283.0 pm, V = 57.48 · 10^{-30} m^3, Z = 2

Fe(1)	*g*	x,y,0	0.333	0.250
C(1)	*a*	0,0,0		

$d(C\text{-}Fe)_{4/2}$ = 194.5/190.2 pm

∢ $(C\text{-}Fe\text{-}C)_{2/1}$ = 130.3°/93.3°

$\{C\}_6^{verz.\ okt.}$ $\{Fe\}_3^{tpl.}$

in Richtung einer idealen hexagonal dichten Kugelpackung verzerrter Antityp zur Rutil-Struktur (→ TiO_2)

Co_2C (444.65, 437.07, 289.69 pm, xy_{Co} = 0.347, 0.258); Co_2N (460.56, 434.43, 285.35 pm, xy_{Co} = 0.325, 0.261)

anti-Typ
Calciumchlorid-Strukturtyp (→ $CaCl_2$)

Fe_2P Dieisenphosphid C22

hexagonal, $P\bar{6}2m$ (189), a = 586.5, c = 345.6 pm, V = 102.95 · 10^{-30} m^3, Z = 3

Fe(1)	*f*	x,0,0	0.256
Fe(1)	*g*	x,0,$^1/_2$	0.594
P(1)	*b*	0,0,$^1/_2$	
P(2)	*c*	$^1/_2$,$^2/_3$,0	

$\{P\}_9$ $\{Fe\}_4^{tetr.}/\{Fe\}_5^{quadr.\ pyr.}$

$d(Fe\text{-}P)_{3/6}$ = 221.7/248.1 pm
$d(Fe\text{-}P)_{6/3}$ = 228.9/238.1 pm

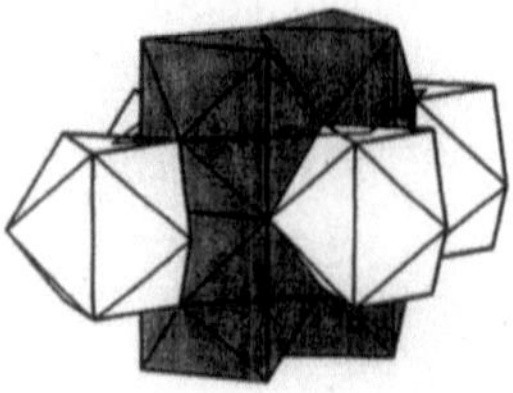

parallel zur c-Achse verlaufende Stäbe aus basisverknüpften $\{PFe_9\}$-Baueinheiten, in denen die P-Atome in Form eines dreifach überkappten trigonalen Prismas koordiniert sind; die Verknüpfung der Stäbe erfolgt zu drei benachbarten Stäben auf gleicher Höhe über gemeinsame Kanten, wobei sich ein hexagonales Packungsmuster ergibt, in dessen freien Kanälen sich drei weitere Stäbe befinden, die relativ zu ersteren um $^c/_2$ versetzt verlaufen, mit diesen aber ebenfalls kantenverknüpft sind.

Binäre Verbindungen

Co_2As (606.6, 355.7 pm); Cr_2As (630.7, 344.5 pm, $x_{Cr(1)} = 0.2445$, $x_{Cr(2)} = 0.5837$); Li_2Sb (794.7, 326.0 pm); Mg_2In (827, 342 pm, $x_{Mg(1)} = 0.250$, $x_{Mg(2)} = 0.590$); Mg_2Tl (808.29, 367.96 pm); Mn_2As (636.27, 367.84 pm, $x_{Mn(1)} = 0.2501$, $x_{Mn(2)} = 0.5904$); Mn_2P (608.1, 346.0 pm, $x_{Mn(1)} = 0.2546$, $x_{Mn(2)} = 0.5943$); Ni_2P (586.4, 338.5 pm, $x_{Ni(1)} = 0.2575$, $x_{Ni(2)} = 0.5957$); Pd_2As (665.0, 358.3 pm); Pd_2Ge (671.2, 340.8 pm, $x_{Pd(1)} = 0.266$, $x_{Pd(2)} = 0.604$); Pd_2Si (649.6, 343.3 pm, $x_{Pd(1)} = 0.2636$, $x_{Pd(2)} = 0.6062$); Pt_2Ge (668, 353 pm); Pt_2Si (644.0, 357.3 pm)

Ternäre Verbindungen A^fB^gC

AlGdCu (707.7, 406.49 pm, $x_{Al} = 0.219$, $x_{Gd} = 0.580$); CoGeTi (622.2, 372.67 pm, $x_{Co} = 0.245$, $x_{Ge} = 0.570$); CuScSi (642.6, 392.2 pm, $x_{Cu} = 0.241$, $x_{Sc} = 0.574$); InYNi (748.6, 378.4 pm, $x_{In} = 0.245$, $x_Y = 0.585$); MnNbSi (641.6, 355.3 pm, $x_{Mn} = 0.242$, $x_{Nb} = 0.589$); SiYGe (706.5, 423.3 pm, $x_{Si} = 0.216$, $x_Y = 0.576$); SnDyPt (742.7, 398.1 pm, $x_{Sn} = 0.265$, $x_{Dy} = 0.605$); SnHoIr (745.6, 384.8 pm, $x_{Sn} = 0.265$, $x_{Ho} = 0.605$); YLiSi (702.3, 421.2 pm, $x_Y = 0.229$, $x_{Li} = 0.573$)

Li_2O **Lithiumoxid** **C1** ***Antifluorit-Strukturtyp***

kubisch, $Fm\bar{3}m$ (225), a = 462.8 pm, V = $99.12 \cdot 10^{-30}$ m³, Z = 4

Li(1)	*c*	$^1/_4, ^1/_4, ^1/_4$
O(1)	*a*	0,0,0

$\{Li\}_4^{tetr.}$ $\{O\}_8^{würfelf.}$

$d(Li\text{-}O) = {}^a/_4\sqrt{3} = 200.4$ pm

kubisch dichte Kugelpackung (→ Cu) von O-Ionen, in der alle Tetraederlücken von Li-Ionen besetzt sind

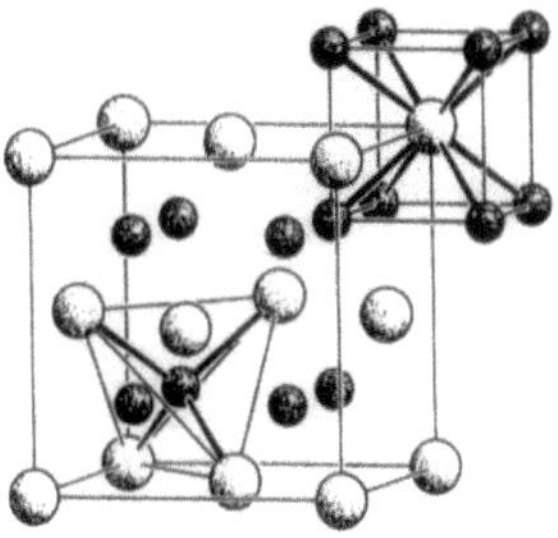

anti-Typ:

Fluorit-Strukturtyp (→ CaF_2)

Oxide

K_2O (644.9 pm); Na_2O (556 pm); Rb_2O (674.2 pm)

Sulfide, Selenide, Telluride

K_2S (739.1 pm); K_2Se (767.6 pm); K_2Te (815.2 pm); Li_2S (570.8 pm); Li_2Se (601.7 pm); Li_2Te (651.7 pm); Na_2S (652.6 pm); Na_2Se (680.9 pm); Na_2Te (731.4 pm); Rb_2S (765 pm)

Boride, Carbide, Silicide, Phosphide

Be_2B (466.1 pm); Be_2C (434.20 pm); Ir_2P (554.6 pm); Mg_2Si (635.1 pm); Rh_2P (551.6 pm)

Intermetallische Verbindungen

Al_2Au (601 pm); Al_2Pt (592.2 pm); Ga_2Au (607.5 pm); Ga_2Pt (592.3 pm); In_2Au (651.5 pm); In_2Pt (636.6 pm); Mg_2Ge (639.0 pm); Mg_2Sn (676.30 pm); Mg_2Pb (681 pm); Sn_2Pt (642.5 pm)

6.4.6 Verbindungen A_2X_2

Hg_2Cl_2 Quecksilber(I)-chlorid $D3_1$ Kalomel

tetragonal, I4/mmm (139), a = 447.95, c = 1090.54 pm, V = 218.83 · 10^{-30} m^3, Z = 2

Hg(1)	*e*	0,0,z	0.119	d(Hg-Cl) = 236.2 pm
Cl(1)	*e*	0,0,z	0.3356	d(Hg-Hg) = 259.6 pm

Molekülstruktur aus linearen Hg_2Cl_2-Hanteln, die in ebenen Schichten senkrecht zur a-Achse so hintereinander in parallelen Bändern angeordnet sind, daß jedem Hg-Atom bei einem Schichtenabstand von $^a/_2$ = 224.0 pm und d(Hg-Cl) = 320.6 pm eine stark verzerrte oktaedrische Koordination zukommt

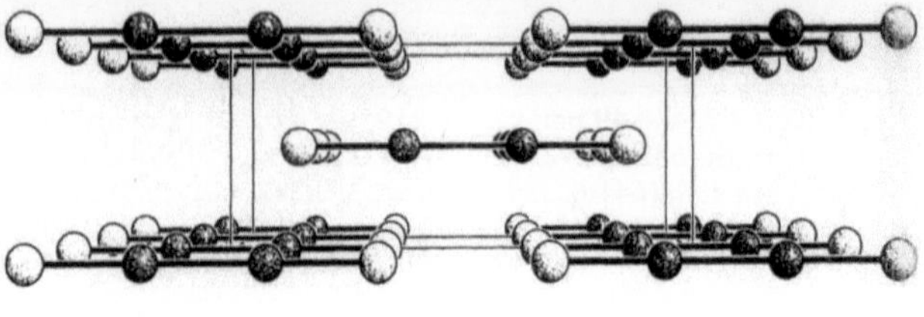

6.4.7 Verbindungen A_2X_3

Al_2O_3 Aluminium(III)-oxid $D5_1$ α-Al_2O_3 Korund

rhomboedrisch, R$\bar{3}$c (167), a = 513.05 pm, α = 55.29°, V = 85.04 · 10^{-30} m^3, Z = 2; hexagonale Aufstellung: a = 476.095, c = 1299.62 pm, c/a = 2.730, V = 255.11 · 10^{-30} m^3, Z = 6

Al(1)	*c*	0,0,z		0.35217
O(1)	*e*	x,0,$^1/_4$	0.3063	

$\{Al\}_6^{okt.}$ $\{O\}_4$

d(Al-O)$_{3/3}$ = 185.5/197.2 pm

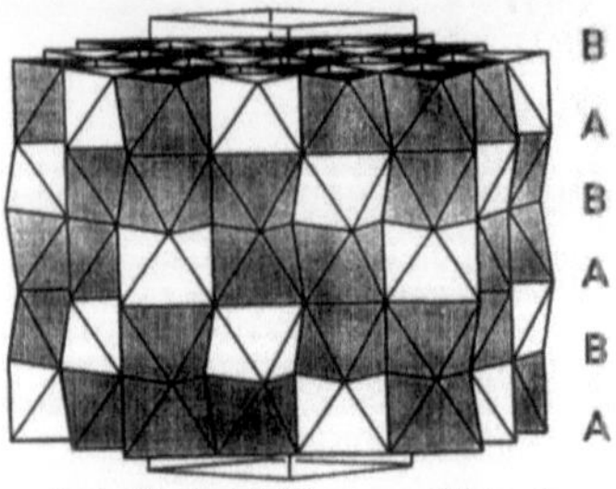

in einer hexagonal dichten Kugelpackung (→ Mg) von O-Atomen sind alle Schichten von Oktaederlücken zu $^2/_3$ mit Al-Atomen besetzt; Aufbau und Abfolge des hexagonalen Lochmusters wie beim Bismuttriiodid-Strukturtyp (→ BiI_3), so daß sich die Schichtenabfolge
$[A\gamma^a_{2/3}B\gamma^b_{2/3}A\gamma^c_{2/3}B\gamma^a_{2/3}A\gamma^b_{2/3}B\gamma^c_{2/3}]$ ergibt

Oxide

Cr_2O_3 (495.16, 1359.87 pm, z_{Cr} = 0.3498, x_O = 0.3067); α-Fe_2O_3 (504, 1375 pm, z_{Fe} = 0.355, x_O = 0.302); α-Ga_2O_3 (498.25, 1343.9 pm, z_{Ga} = 0.3554, x_O = 0.305); Rh_2O_3 (512.7, 1361.1 pm, z_{Rh} = 0.348, x_O = 0.295); Ti_2O_3 (515.80, 1361.1 pm, z_{Ti} = 0.34629, x_O = 0.31315); V_2O_3 (495.15, 1400.3 pm, z_V = 0.34629, x_O = 0.31180)

Sulfide

Al_2S_3 (647, 1726 pm); $In_2S_{3,HP}$ (656.1, 1757.0 pm, z_{In} = 0.355, x_S = 0.310, p = 35 kbar); Lu_2S_3 (672.2, 1816.0 pm, z_{Lu} = 0.3495, x_S = 0.3044)

Überstrukturen

Ilmenit-Strukturtyp (→ $FeTiO_3$); Lithiumniobat-Strukturtyp (→ $LiNbO_3$)

La_2O_3 Lanthan(III)-oxid $D5_2$

trigonal, $P\bar{3}m1$ (164), a = 393.81, c = 613.61 pm,
V = 82.41 · 10^{-30} m^3, Z = 1

La(1)	*d*	1/3,2/3,z	0.2467
O(1)	*d*	1/3,2/3,z	0.6470
O(2)	*a*	0,0,0	

$\{La\}_6^{okt.}$ $\{O(1)\}_4^{tetr.}/\{O(2)\}_6^{okt.}$

$d(La\text{-}O)_{3/3}$ = 185.5/197.2 pm

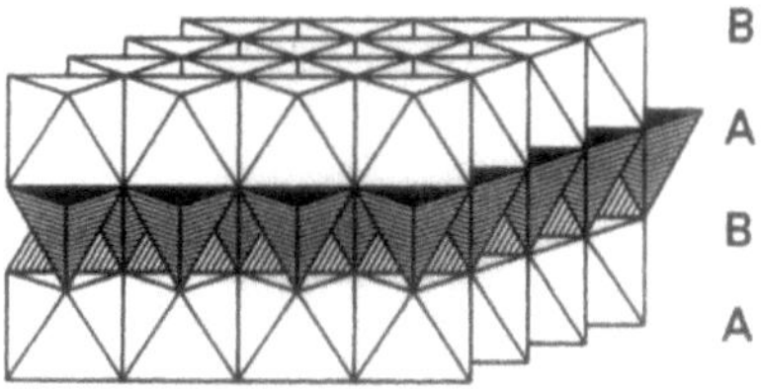

Antityp einer hexagonal dichten Kugelpackung (→ Mg) bei der die La-Atome das Grundgerüst bilden und die O-Atome alle Oktaeder- und Tetraederlücken in zwei aufeinanderfolgenden Schichten besetzen, wodurch sich die Schichtenabfolge $[A\triangle\gamma\triangledown BT^+\square T^-]$ ergibt

Oxide

Ac_2O_3 (407.8, 639.0 pm, z_{Ac} = 0.235, z_O = 0.630); Ce_2O_3 (388.9, 605.4 pm, z_{Ce} = 0.235, z_O = 0.630); Nd_2O_3 (383.16, 600.28 pm, z_{Nd} = 0.2465, z_O = 0.6470); Pr_2O_3 (386.0, 601.8 pm); Sm_2O_3 (377.8, 594.0 pm)

Binäre intermetallische Verbindungen

As_2Mg_3 (426.4, 673.8 pm, z_{As} = 0.235, z_{Mg} = 0.635); Bi_2Mg_3 (467.5, 741.6 pm, z_{Bi} = 0.235, z_{Mg} = 0.630); Sb_2Mg_3 (458.2, 724.4 pm, z_{Sb} = 0.235, z_{Mg} = 0.630)

Ternäre Verbindungen $A_2^dB_2^dC^a$

Al_2Si_2Ca (413.0, 714.5 pm, z_{Al} = 0.630, z_{Si} = 0.270); Al_2Ge_2Ce (427.1, 694.7 pm); Al_2Ge_2Dy (420.9, 666.7 pm); Al_2Ge_2Er (418.4, 666.2 pm); Al_2Ge_2Gd (424.8, 671.4 pm); Al_2Ge_2Eu (422.0, 731.0 pm); Al_2Ge_2Ho (419.6, 666.8 pm); Al_2Ge_2La (428.4, 700.1 pm, z_{Al} = 0.270, z_{Ge} = 0.630); Al_2Ge_2Lu (416.5, 663.1 pm); Al_2Ge_2Nd (426.4, 632.5 pm); Al_2Ge_2Pr (426.4, 689.6 pm); Al_2Ge_2Sm (423.3, 680.5 pm); Al_2Ge_2Sr (422.5, 744.8 pm); Al_2Ge_2Tb (423.9, 663.0 pm); Al_2Ge_2Tm (417.9, 665.1 pm); Al_2Ge_2Y (416.5, 663.1 pm); Al_2Ge_2Yb (418.4, 704.7 pm); Al_2Si_2Sr (417.9, 742.9 pm); Al_2Si_2Y (418.1, 655.9 pm); As_2Be_2Ca (387.6, 681.4 pm); As_2Be_2Mg (378.1, 643.6 pm); As_2Cd_2Ba (451.6, 769.3 pm); As_2Cd_2Ca (439.1, 718.4 pm, z_{As} = 0.2382, z_{Cd} = 0.6331); As_2Cd_2Sr (445.2, 741.6 pm, z_{As} = 0.2506, z_{Cd} = 0.6316); As_2Li_2Ce (431.1, 698.4 pm, z_{As} = 0.256, z_{Li} = 0.647); As_2Li_2Nd (428.7, 692.2 pm, z_{As} = 0.2549, z_{Li} = 0.6467); As_2Li_2Pr (429.9, 696.0 pm, z_{As} = 0.2558, z_{Li} = 0.6540); As_2Mg_2Ba (448, 774 pm, z_{As} = 0.235, z_{Mg} = 0.630); As_2Mg_2Sr (441, 741 pm, z_{As} = 0.235, z_{Mg} = 0.630); As_2Mg_2Zn (414.4, 672.1 pm); As_2Mn_2Eu (428.7, 722.5 pm, z_{As} = 0.260, z_{Mn} = 0.620); As_2Mn_2Mg (420.9, 669.4 pm, z_{As} = 0.235, z_{Mn} = 0.635); As_2Mn_2Sr (429, 732 pm, z_{As} = 0.2673, z_{Mn} = 0.6202); As_2Mn_2Yb (422.6, 696.4 pm, z_{As} = 0.260, z_{Mn} = 0.620); As_2Zn_2Eu (421.1, 718.1 pm); As_2Zn_2Sr (422.3, 726.8 pm, z_{As} = 0.2695, z_{zn} = 0.6280); As_2Zn_2Yb (416.0, 696.1 pm); Bi_2Mg_2Ba (486, 822 pm, z_{Bi} = 0.2641, z_{Mg} = 0.6274); Bi_2Mg_2Ca (473, 768 pm, z_{Bi} = 0.2422, z_{Mg} = 0.6299); Bi_2Mg_2Sr (479, 793 pm, z_{Bi} = 0.235, z_{Mg} = 0.630); Sb_2Cd_2Ba (477, 808 pm, z_{Sb} = 0.2631, z_{Cd} = 0.6304); Sb_2Cd_2Ca (464.9, 759.7 pm, z_{Sb} = 0.2387, z_{Cd} = 0.6297); Sb_2Cd_2Sr (470.9, 782.2 pm, z_{Sb} = 0.2508, z_{Cd} = 0.6308); Sb_2Mg_2Ba (477, 810 pm, z_{Sb} = 0.2680, z_{Mg} = 0.6247); Sb_2Mg_2Ca (466, 758 pm, z_{Sb} = 0.2460, z_{Mg} = 0.6315); Sb_2Mg_2Sr (470, 783 pm, z_{Sb} = 0.2571, z_{Mg} = 0.6286); Sb_2Mn_2Eu (457.0, 766.0 pm, z_{Sb} = 0.260, z_{Mn} = 0.620); Sb_2Mn_2Yb (452.2, 743.9 pm, z_{Sb} = 0.260, z_{Mn} = 0.620); Sb_2Zn_2Ca (444.1, 746.4 pm, z_{Sb} = 0.2571, z_{Zn} = 0.6307); Sb_2Zn_2Eu (448.9, 760.9 pm); Sb_2Zn_2Sr (450.0, 771.6 pm, z_{Sb} = 0.2688, z_{Zn} = 0.6311); Sb_2Zn_2Yb (444.4, 742.4 pm)

Ternäre Nitride, Phosphide A_2BX_2

Be_2CaP_2 (376.0, 664.1 pm); Be_2MgP_2 (365.0, 622.2 pm); Cd_2BaP_2 (440.2, 755.7 pm); Cd_2CaP_2 (427.7, 703.1 pm, z_{Cd} = 0.6369, z_P = 0.2405); Cd_2SrP_2 (433.8, 726.9 pm); Cu_2ZrP_2 (381.2, 617.1 pm, z_{Cu} = 0.6372, z_P = 0.2468); Eu_2ZnP_2 (408.7, 701.0 pm); Li_2CeP_2 (418.9, 683.4 pm, z_{Li} = 0.682, z_P = 0.273); Li_2CeN_2 (355.7, 549.6 pm, z_{Li} = 0.650, z_N = 0.270); Li_2PrP_2 (419.6, 682.1 pm, z_{Li} = 0.6352, z_P = 0.2514); Li_2ZrN_2 (328.2, 546.0 pm, z_{Li} = 0.610, z_N = 0.230) Mg_2BaP_2 (436.7, 758.0 pm); Mg_2ZnP_2 (400.7, 653.1 pm); Mn_2CaP_2 (409.6, 684.8 pm, z_{Mn} = 0.6246, z_P = 0.2612); Mn_2EuP_2 (414.3, 703.4 pm, z_{Mn} = 0.620, z_P = 0.260); Mn_2SrP_2 (416.8, 713.2 pm, z_{Mn} = 0.6198, z_P = 0.2726); Zn_2CaP_2 (403.8, 683.6 pm, z_{Zn} = 0.6318, z_P = 0.2606); Zn_2SrP_2 (410.0, 710.1 pm); Zn_2YbP_2 (403.5, 677.4 pm, z_{Zn} = 0.6340, z_P = 0.2589)

Mn_2O_3 Mangan(III)-oxid $D5_3$ *Bixbyit-Strukturtyp*

kubisch, $Ia\bar{3}$ (206), a = 940.8 pm, V = 832.71 · 10^{-30} m^3, Z = 16

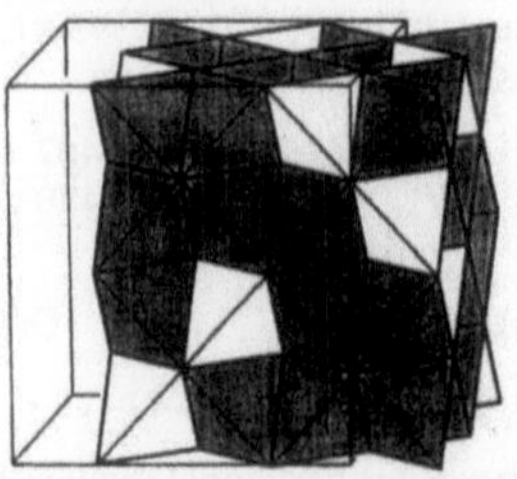

Mn(1)	*b*	1/4,1/4,1/4			
Mn(2)	*d*	x,0,1/4	0.970		
O(1)	*e*	x,y,z	0.385	0.145	0.380

$\{Mn\}_6^{okt.}$ $\{O\}_4^{tetr.}$

$d(Mn\text{-}O)_6 = 202.1$ pm
$d(Mn\text{-}O)_{2/2/2} = 199.9/210.5/203.4$ pm

geringfügig verzerrte Überstruktur des Fluorit-Strukturtyps (→ CaF_2) bei der unter Verachtfachung der Basiszelle 1/4 der Tetraederlücken nicht mit O-Atomen besetzt sind

Oxide

Sc_2O_3 (984.46 pm, x_{Sc} = 0.9641, xyz_O = 0.3919, 0.1553, 0.3815); Tl_2O_3 (1054.3 pm, x_{Tl} = – 0.029, xyz_O = 0.397, 0.377, 0.157); Y_2O_3 (1060.0 pm, x_Y = – 0.0314, xyz_O = 0.389, 0.150, 0.377); Yb_2O_3 (1043.42 pm, x_{Yb} = 0.9670, xyz_O = 0.3901, 0.1514, 0.3802)

Nitride, Phosphide (= Antitypen)

Be_3N_2 (815.0 pm); Be_3P_2 (1017 pm, x_P = 0.970, xyz_{Be} = 0.385, 0.145, 0.380); Ca_3N_2 (1147.3 pm, x_N = 0.960, xyz_{Ca} = 0.389, 0.153, 0.382); Cd_3N_2 (1081 pm); Mg_3N_2 (969.4 pm, x_N = 0.963, xyz_{Mg} = 0.387, 0.152, 0.382); Mg_3P_2 (1203 pm, x_P = 0.975, xyz_{Mg} = 0.385, 0.140, 0.380); Zn_3N_2 (976.3 pm)

Sb_2S_3 Antimonsesquisulfid $D5_2$ Antimonit

orthorhombisch, Pnma (62), a = 1130, b = 383.7, c = 1122 pm, V = 486.48 · 10^{-30} m^3, Z = 4

Sb(1)	*c*	x,1/4,z	0.031	0.328
Sb(2)	*c*	x,1/4,z	0.351	0.539
S(1)	*c*	x,1/4,z	0.047	0.883
S(2)	*c*	x,1/4,z	0.875	0.561
S(3)	*c*	x,1/4,z	0.208	0.194

$\{Sb\}_3^{trig.\ bas.}/\{Sb\}_5^{quadr.\ pyr.}$ $\{S\}_{3/2/3}^{trig.\ bas./gew./trig.\ bas.}$

$d(Sb\text{-}S)_{1/2} = 250.2/252.2$ pm
$d(Sb\text{-}S)_{1/2/2} = 238.1/267.4/284.1$ pm

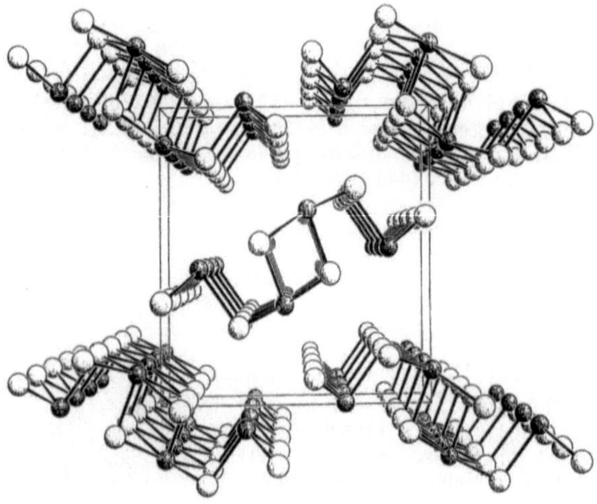

parallel zur b-Achse verlaufende Bänder aus zwei äußeren und zwei inneren Ketten; während sich die äußeren Ketten aus eckenverknüpften $\{SbS_3\}$-Baueinheiten zusammensetzen, bestehen die inneren Ketten aus $\{SbS_5\}$-Baueinheiten, die in der Basisfläche kantenverknüpft sind

Chalkogenide

Bi_2S_3 (1130.5, 398.1, 114.7 pm, $xz_{Bi(1)}$ = 0.1596, 0.4655, $xz_{Bi(2)}$ = 0.0165, 0.1748, $xz_{S(1)}$ = 0.2153, 0.3063, $xz_{S(2)}$ = 0.1230, 0.0575, $xz_{S(3)}$ = 0.4508, 0.1270); Bi_2Se_3 (1183, 409, 1162 pm, $xz_{Bi(1)}$ = 0.012, 0.328, $xz_{Bi(2)}$ = 0.343, 0.534, $xz_{Se(1)}$ = 0.067, 0.876, $xz_{Se(2)}$ = 0.870, 0.556, $xz_{Se(3)}$ = 0.213, 0.193); Dy_2Se_3(1107.7, 400.7, 1091.2 pm, $xz_{Dy(1)}$ = 0.9873, 0.3125, $xz_{Dy(2)}$ = 0.3068, 0.5027, $xz_{Se(1)}$ = 0.0457, 0.8747, $xz_{Se(2)}$ = 0.8815, 0.5554, $xz_{Se(3)}$ = 0.2264, 0.1968); Er_2S_3 (1052.6, 382.4, 1037.4 pm); Gd_2Se_3 (1118, 405, 1098 pm); Gd_2Te_3 (1196, 429, 1175 pm); Ho_2S_3 (1057.0, 384.8, 1040.0 pm); Lu_2S_3 (1041.1, 377.3, 1032.0 pm), Nd_2Te_3 (1216, 437, 1193 pm); Tm_2S_3 (1047.9, 380.5, 1035.3 pm, $xz_{Tm(1)}$ = 0.9888, 0.3127, $xz_{Tm(2)}$ = 0.3078, 0.5049, $xz_{S(1)}$ = 0.047, 0.873, $xz_{S(2)}$ = 0.875, 0.556, $xz_{S(3)}$ = 0.228, 0.193); Y_2S_3 (1060.2, 385.8, 1043.6 pm); Yb_2S_3 (1043.5, 378.6, 1033.0 pm); Sb_2Se_3 (1168, 398, 1158 pm, $xz_{Sb(1)}$ = 0.0305, 0.3280, $xz_{Sb(2)}$ = 0.3522, 0.5397, $xz_{Se(1)}$ = 0.0534, 0.8732, $xz_{Se(2)}$ = 0.8698, 0.5566, $xz_{Se(3)}$ = 0.2132, 0.1935); Sm_2Te_3 (1206, 434, 1186 pm)

Antitypen

Hf_3As_2 (1043.62, 365.21, 1014.65 pm); Hf_3P_2 (1013.8, 357.8, 988.1 pm, $xz_{P(1)}$ = 0.3085, 0.4989, $xz_{P(2)}$ = 0.4739, 0.8221, $xz_{Hf(1)}$ = 0.0467, 0.1263, $xz_{Hf(2)}$ = 0.3761, 0.0644, $xz_{Hf(3)}$ = 0.2162, 0.7989); Sc_3As_2 (1037.54, 380.63, 1037.54 pm, $xz_{As(1)}$ = 0.3167, 0.4938, $xz_{As(2)}$ = 0.4877, 0.8224, $xz_{Sc(1)}$ = 0.0489, 0.1304, $xz_{Sc(2)}$ = 0.3742, 0.0646, $xz_{Sc(3)}$ = 0.2224, 0.7935); Zr_3As_2 (1053.48, 371.85, 1031.03 pm)

6.4.8 Verbindungen A_3X

Cr_3Si Trichromsilicid A15 ***β-Wolfram-Strukturtyp***

kubisch, $Pm\bar{3}n$ (223), a = 455.5 pm, V = 94.51 · 10^{-30} m^3, Z = 2

Cr(1) *c* $^1/_4,0,^1/_2$
Si(1) *a* 0,0,0

$\{Cr\}_{4+10}$ $\{Si\}_{12}$

d(Cr-Si)$_4$ = 254.6 pm

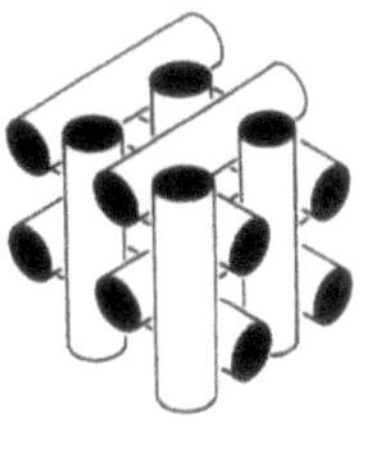

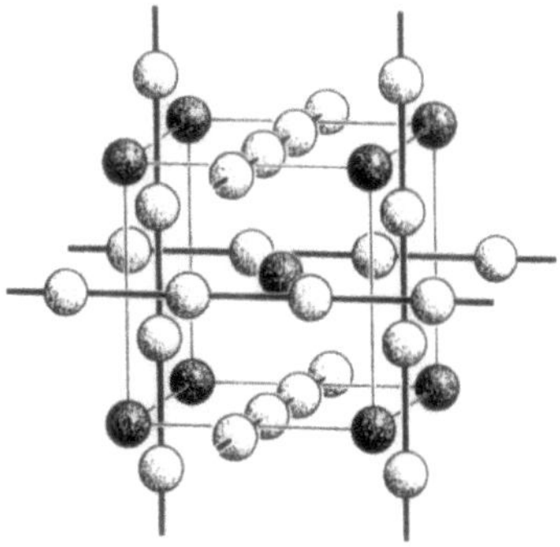

in einer kubisch innenzentrierten Anordnung (→ W) von Si-Atomen bilden die Cr-Atome eindimensionale Ketten mit d(Cr-Cr) = 227.8 pm, die nach Art einer kubisch primitiven Stabpackung so zwischen die Si-Atome eingebaut sind, daß alle Cr-Atome tetraedrisch von 4 Si-Atomen umgeben sind und mit d(Cr-Cr)$_{2/8}$ = 227.8/278.9 pm insgesamt eine zweifach überkappte, hexagonal antiprismatische Koordination (Frank-Kasper-Polyeder) erreichen

Oxide

Mn_3O (554.9 pm); W_3O (503.6 pm)

Silicide, Germanide, Stannide

Cr_3Ge (463.2 pm); Mo_3Ge (493.3 pm); Mo_3Si (489.0 pm); Mo_3Sn (509.4 pm); Nb_3Ge (516.92 pm); Nb_3Si (515.5 pm); Nb_3Sn (529.06 pm); Ta_3Sn (527.6 pm); V_3Ge (476.9 pm); V_3Si (472.49 pm); V_3Sn (510.4 pm); W_3Si (491.0 pm)

Intermetallische Verbindungen

Cr_3Ga (465.4 pm); Cr_3Ir (468.5 pm); Cr_3Os (468.06 pm); Cr_3Rh (467.4 pm); Cr_3Ru (467.9 pm); Hg_3Zr (555.83 pm); Mo_3Al (495.0 pm); Mo_3Be (489 pm); Mo_3Ga (494.40 pm); Mo_3Ir (496.5 pm); Mo_3Pt (498.7 pm); Nb_3Al (518.3 pm); Nb_3Au (521 pm); Nb_3Bi (532.0 pm); Nb_3Ga (517.2 pm); Nb_3In (522.7 pm); Nb_3Os (513.5 pm); Nb_3Pb (527.0 pm); Nb_3Pt (514.7 pm); Nb_3Rh (512.0 pm); Nb_3Sb (526.43 pm); Nb_3Te (526.1 pm); Nb_3Tl (529.7 pm); Nb_3V (493.7 pm); Ta_3Sb (526.46 pm); Ti_3Au (509.7 pm); Ti_3Hg (518.88 pm); Ti_3Ir (500.0 pm); Ti_3Pt (503.3 pm); Ti_3Sb (521.86 pm); V_3Al (481 pm); V_3As (475 pm); V_3Cd (494.3 pm); V_3Co (467.6 pm); V_3Fe (478.2 pm); V_3Ga (481.65 pm); V_3I (478.54 pm); V_3Ni (471.0 pm); V_3Pb (493.7 pm); V_3Pd (482.8 pm); V_3Pt (481.7 pm); V_3Rh (478.4 pm); V_3Sb (494.0 pm); W_3Re (501.82 pm); Zr_3Au (548.24 pm)

Fe_3C Trieisencarbid $D0_{11}$ Cementit

orthorhombisch, Pnma (62), a = 508.90, b = 674.33, c = 452.35 pm, V = 155.23 · 10^{-30} m³, Z = 4

C(1)	*c*	x,¼,z	0.881		0.431
Fe(1)	*c*	x,¼,z	0.044		0.837
Fe(2)	*d*	x,y,z	0.181	0.063	0.337

$\{Fe\}_2^{gew.}$ $\{C\}_6^{trig.\ prism.}$

$d(C\text{-}Fe)_6 = 201.1-202.5$ pm

parallele, in Richtung der a-Achse verlaufende Zickzack-Ketten aus kantenverknüpften, trigonal prismatischen $\{CFe_6\}$-Baueinheiten, die innerhalb der ac-Ebene über gemeinsame Ecken Schichten ausbilden, die so zueinander angeordnet sind, daß die Koordinationssphäre an den C-Atomen durch je ein Fe-Atom zweier Nachbarschichten im Abstand $d(Fe\text{-}C)_2$ = 237.8 pm zu einem zweifach überkappten, trigonalen Prisma erweitert wird

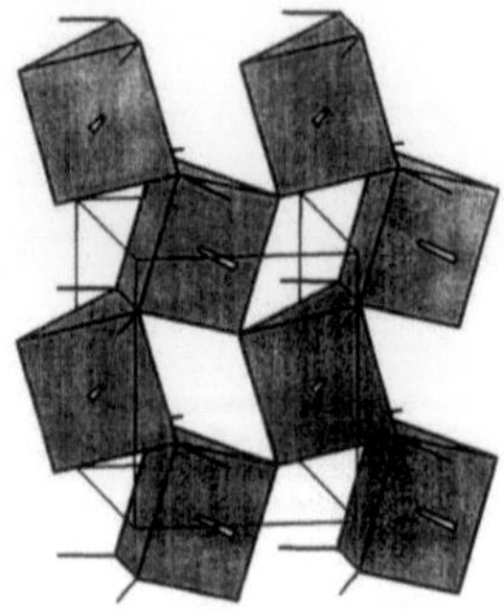

Carbide, Boride, Silicide, Phosphide

Co_3B (522.3, 662.9, 440.8 pm); Co_3C (503.3, 673.1, 448.3 pm); Cr_3C (512, 680, 458 pm); Fe_3B (542.8, 669.9, 443.9 pm); Mn_3C (510.3, 678.7, 454.5 pm), Ni_3B (521.05, 661.74, 439.04 pm, xz_B = 0.8960, 0.4285, $xz_{Ni(1)}$ = 0.0262, 0.8700, $xyz_{Ni(2)}$ = 0.1797, 0.0622, 0.3449); Pd_3B (546.3, 756.7, 485.2 pm, xz_B = 0.8840, 0.4330, $xz_{Pd(1)}$ = 0.0372, 0.8446, $xyz_{Pd(2)}$ = 0.1798, 0.0700, 0.3276); Pd_3P (594.7, 745.1, 517.0 pm, xz_P = 0.0885, 0.4604, $xz_{Pd(1)}$ = 0.0245, 0.8662, $xyz_{Pd(2)}$ = 0.1799, 0.0625, 0.3325); Pd_3Si (573.5, 755.5, 526.0 pm, xz_{Si} = 0.8976, 0.4696, $xz_{Pd(1)}$ = 0.0053, 0.9036, $xyz_{Pd(2)}$ = 0.1810, 0.0508, 0.3217); Pt_3Si (557.9, 769.7, 552.0 pm, xz_{Si} = 0.8976, 0.4697, $xz_{Pt(1)}$ = 0.0053, 0.9036, $xyz_{Pt(2)}$ = 0.1810, 0.0508 0.3217); Sc_3P (675.40, 844.49, 576.62 pm)

Intermetallische Verbindungen

Ca_3Hg (816.1, 1015, 682.8 pm); Ca_3Pd (769.9, 993.7, 669.1 pm), Ce_3Os (734.8, 967.0, 637.8 pm); Dy_3Co (696.5, 934.1, 623.3 pm, xz_{Co} = 0.391, 0.936, $xz_{Dy(1)}$ = 0.033, 0.135, $xyz_{Dy(2)}$ = 0.180, 0.064,

0.680); Dy_3Ir (718.7, 923.7, 634.4 pm); Dy_3Ni (685, 960, 626 pm); Dy_3Os (738.2, 906.5, 624.9 pm); Dy_3Pt (704.9, 948.5, 641.7 pm); Dy_3Rh (714.2, 939.7, 627.6 pm); Dy_3Ru (727.0, 917.2, 626.0 pm); Er_3Co (690.2, 919.1, 618.9 pm, xz_{Co} = 0.391, 0.936, $xz_{Er(1)}$ = 0.033, 0.135, $xyz_{Er(2)}$ = 0.180, 0.064, 0.680); Er_3Ir (716.2, 907.6, 630.6 pm); Er_3Ni (680.4, 943, 624.5 pm); Er_3Os (736.1, 893.8, 618.0 pm); Er_3Pt (700.8, 937.3, 637.4 pm); Er_3Rh (707.5, 923.5, 621.8 pm, xz_{Rh} = 0.389, 0.937, $xz_{Er(1)}$ = 0.021, 0.138, $xyz_{Er(2)}$ = 0.180, 0.061, 0.667); Er_3Ru (724.2, 899.4, 618.8 pm); Gd_3Co (703.1, 949.6, 630.2 pm, xz_{Co} = 0.391, 0.436, $xz_{Gd(1)}$ = 0.033, 0.635, $xyz_{Gd(2)}$ = 0.180, 0.064, 0.180); Gd_3Ir (724.7, 944.8, 638.2 pm); Gd_3Ni (695, 968, 636 pm, xz_{Ni} = 0.391, 0.936, $xz_{Gd(1)}$ = 0.033, 0.135, $xyz_{Gd(2)}$ = 0.180, 0.064, 0.680); Gd_3Os (741.5, 921.7, 633.3 pm); Gd_3Pt (712.5, 963.1, 646.0 pm); Gd_3Rh (719.5, 954.0, 632.8 pm); Gd_3Ru (731.0, 935.0, 631.7 pm); Ho_3Co (692.0, 929.3, 621.3 pm, xz_{Co} = 0.391, 0.936, $xz_{Ho(1)}$ = 0.033, 0.135, $xyz_{Ho(2)}$ = 0.180, 0.064, 0.680); Ho_3Ir (718.6, 913.9, 632.6 pm); Ho_3Ni (683, 954, 625 pm); Ho_3Os (734.0, 898.5, 622.2 pm); Ho_3Pt (701.9, 943.6, 639.4 pm); Ho_3Ru (724.2, 908.7, 622.5 pm); La_3Co (727.7, 1002.0, 657.5 pm, xz_{Co} = 0.391, 0.936, $xz_{La(1)}$ = 0.033, 0.135, $xyz_{La(2)}$ = 0.180, 0.064, 0.680); La_3Ir (745.3, 1010.3, 665.0 pm); La_3Ni (722, 1024, 660 pm); La_3Os (753.0, 991.9, 659.7 pm); La_3Ru (746.8, 1003.2, 655.5 pm); Lu_3Co (687, 903, 614 pm); Lu_3Ir (710.1, 888.4, 624.7 pm); Lu_3Os (733.1, 879.8, 609.3 pm); Lu_3Pt (692.6, 922.5, 629.3 pm); Lu_3Ru (724.7, 891.5, 613.1 pm); Nd_3Co (710.7, 975.0, 638.6 pm, xz_{Co} = 0.391, 0.936, $xz_{Nd(1)}$ = 0.033, 0.135, $xyz_{Nd(2)}$ = 0.180, 0.064, 0.680); Nd_3Ir (730.7, 975.8, 646.9 pm); Nd_3Ni (704, 986, 643 pm), Nd_3Os (740.6, 957.3, 643.0 pm); Nd_3Ru (735.5, 967.5, 640.6 pm); Pr_3Co (714.3, 978.0, 641.0 pm, xz_{Co} = 0.391, 0.936, $xz_{Pr(1)}$ = 0.033, 0.135, $xyz_{Pr(2)}$ = 0.180, 0.064, 0.680); Pr_3Ir (732.9, 984.4, 651.8 pm); Pr_3Ni (707, 996, 649 pm); Pr_3Os (742.3, 965.0, 644.9 pm); Pr_3Ru (737.9, 976.8, 643.5 pm); Sm_3Co (705.5, 960.5, 634.2 pm); Sm_3Ir (727.3, 958.4, 639.7 pm, xz_{Ir} = 0.3823, 0.9447, $xz_{Sm(1)}$ = 0.0351, 0.1351, $xyz_{Sm(2)}$ = 0.1762, 0.0630, 0.6701); Sm_3Ni (699, 972, 637 pm); Sm_3Os (741.9, 936.7, 636.4 pm); Sm_3Ru (733.0, 950.8, 636.1 pm); Sr_3Hg (852.3, 1108, 740.5 pm); Tb_3Co (698.5, 938.0, 625.0 pm, xz_{Co} = 0.391, 0.936, $xz_{Tb(1)}$ = 0.033, 0.135, $xyz_{Tb(2)}$ = 0.180, 0.064, 0.680); Tb_3Ir (721.7, 931.8, 636.1 pm); Tb_3Ni (688, 961, 629 pm); Tb_3Os (736.8, 912.3, 628.6 pm); Tb_3Pt (707.7, 954.1, 644,4 pm); Tb_3Rh (715.6, 950.5, 630.8 pm); Tb_3Ru (729.4, 924.8, 628.0 pm); Tm_3Ir (713.3, 899.0, 628.5 pm); Tm_3Ni (677, 940, 619 pm); Tm_3Os (733.9, 887.3, 613.6 pm), Tm_3Pt (698.1, 931.4, 634.9 pm); Tm_3Ru (726.0, 898.6, 617.3 pm); Y_3Co (702.6, 945.4, 629.0 pm, xz_{Co} = 0.391, 0.936, $xz_{Y(1)}$ = 0.033, 0.135, $xyz_{Y(2)}$ = 0.180, 0.064, 0.680); Y_3Ir (723.7, 929.7, 640.0 pm); Y_3Ni (692, 949, 636 pm); Y_3Os (742.5, 913.2, 633.7 pm); Y_3Pd (706.3, 973.4, 645.3 pm); Y_3Rh (713.8, 943.8, 631.9 pm); Y_3Ru (731.3, 919.2, 632.3 pm)

anti-Typ

Yttriumtrifluorid-Strukturtyp (→ YF_3)

Li_3N Lithiumnitrid

hexagonal, P6/mmm (191), a = 366.5, c = 388.9 pm, V = $45.24 \cdot 10^{-30}$ m^3, Z = 1

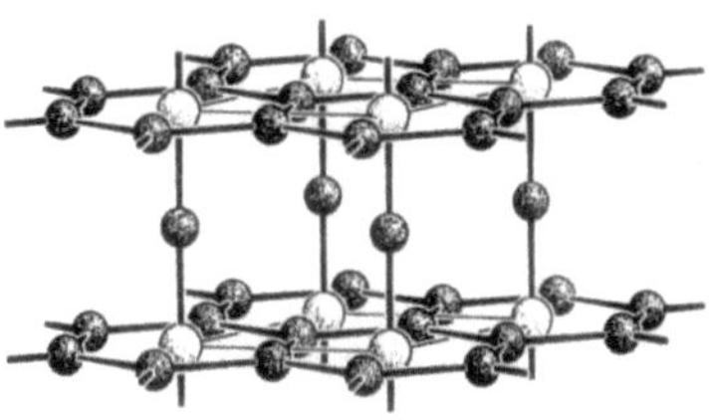

Li(1)	*b*	0,0,$^1/_2$
Li(2)	*c*	$^1/_3$,$^2/_3$,0
N(1)	*a*	0,0,0

$\{Li(1)\}_2^{lin.}/\{Li(2)\}_3^{tpl.}$ $\{N\}_{2+6}^{hex.\,bipyr.}$

d(Li-Li) = 211.6 pm
d(Li-N)$_2$ = 194.5 pm
d(Li-N)$_3$ = 211.6 pm

in einer primitiven Stapelung graphit-analoger (→ $C_{Graphit}$) Li-Schichten durchziehen Li-N-Ketten die Sechseckmitten, wobei die N-Atome in der Ebene der Li-Schichten liegen und sich die Li-Atome der Ketten in der Mitte zwischen zwei Schichten befinden

6.4.9 Verbindungen A_mX_n

Pb_3O_4 Diblei(II)-blei(IV)-oxid **Mennige**

tetragonal, $P4_2/mbc$ (135), a = 882, c = 659 pm, V = 512.65 · 10^{-30} m³, Z = 1

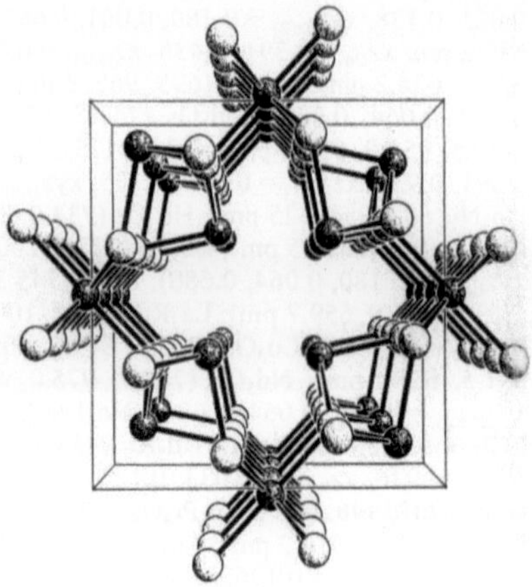

Pb(1)	*d*	0,½,¼		
Pb(2)	*h*	x,y,0	0.143	0.161
O(1)	*g*	x,½+x,¼	0.672	
O(2)	*h*	x,y,0	0.114	0.614

$\{Pb^{II}\}_3^{trig.\ bas.}/\{Pb^{IV}\}_6^{okt.}$ $\{O\}_3^{trig.\ bas.}$

$d(Pb^{IV}\text{-}O)_{2/4}$ = 214.5/217.6 pm
$d(Pb^{II}\text{-}O)_{1/2}$ = 218.3/222.5 pm

parallel zur c-Achse verlaufende Ketten aus kantenverknüpften $\{PbO_6\}$-Oktaedern sind mit jeweils vier parallel verlaufenden Zickzack-Ketten aus eckenverknüpften $\{PbO_3\}$-Baueinheiten sechsfach eckenverknüpft

Si_3N_4 Siliciumnitrid **α-Si_3N_4**

trigonal, $P31c$ (159), a = 775.23, c = 561.98 pm, V = 292.49 · 10^{-10} m³, Z = 4

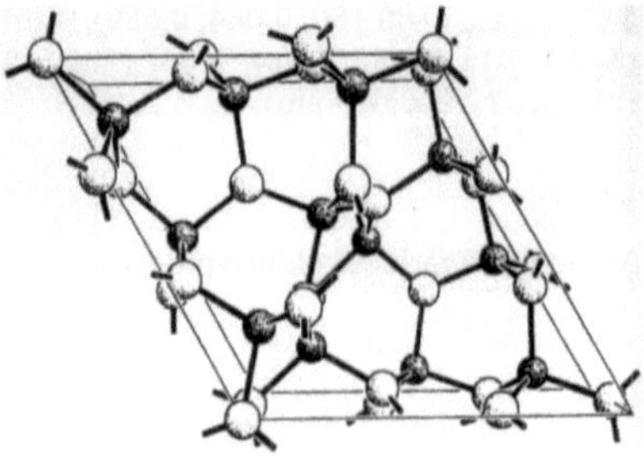

Si(1)	*c*	x,y,z	0.0821	0.5089	0.6828
Si(2)	*c*	x,y,z	0.2563	0.1712	0.4726
N(1)	*a*	0,0,z			0.5000
N(2)	*b*	⅓,⅔,z			0.6351
N(3)	*c*	x,y,z	0.3169	0.3198	0.7288
N(4)	*c*	x,y,z	0.6533	0.6109	0.4592

$\{Si\}_4^{tetr.}$ $\{N\}_3^{tpl.}$

d(Si-N) = 168.5 – 176.0 pm

nach dem gleichen Grundprinzip wie beim β-Siliciumnitrid (→ β-Si_3N_4) aufgebaute Struktur, jedoch mit einer etwas anderen Orientierung der $\{SiN_4\}$-Tetraeder zueinander, wodurch die kanalartigen Hohlräume verschwinden

Si_3N_4 Siliciumnitrid **β-Si_3N_4**

hexagonal, $P6_3/m$ (176), a = 760.18, c = 290.66 pm, V = 145.46 · 10^{-30} m³, Z = 2

Si(1)	*h*	x,y,¼	0.1773	0.7677
N(1)	*h*	x,y,¼	0.3337	0.0323
N(2)	*c*	⅓,⅔,¼		

$\{Si\}_4^{tetr.}$ $\{N\}_3^{tpl.}$

d(Si-N) = 170.5 – 175.2 pm

Gerüststruktur auf der Basis vierfach eckenverküpfter $\{SiN_4\}$-Tetraeder, wobei sich ein System von kanalartigen Hohlräumen mit hexagonalem und rautenförmigen Querschnitt ergibt, die parallel zur c-Achse verlaufen

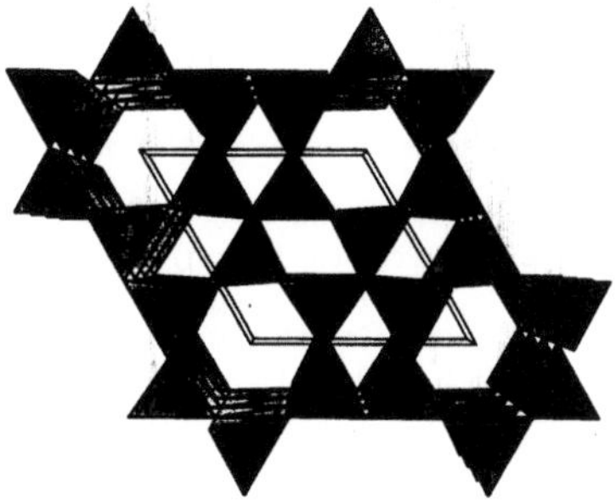

6.5 Kristalldaten ternärer Verbindungen

6.5.1 Verbindungen $A_mB_nX_o$

Al_2MgO_4 Dialuminium(III)-magnesium(II)-oxid **$H1_1$** **Spinell**

kubisch, Fd$\bar{3}$m (227), a = 808.0 pm, V = 527.51 · 10^{-30} m^3, Z = 4

Al(1)	*d*	$^5/_8$,$^5/_8$,$^5/_8$,	
Mg(1)	*a*	0,0,0	
O(1)	*e*	x,x,x	0.387

$\{Al\}_6^{okt.}/\{Mg\}_4^{tetr.}$ $\{O\}_{1+3}^{verz.\ tetr.}$

d(Mg-O) = 191.7 pm
d(Al-O) = 192.8 pm

in einer nur wenig verzerrten kubisch dichten Kugelpackung (→ Cu) von O-Atomen besetzen die Al-Atome die Hälfte aller Oktaeder- und die Mg-Atome ein Achtel aller Tetraederplätze, wobei auf eine reine Al-Schicht, in der $^3/_4$ der Oktaederplätze besetzt sind, eine gemischte Schicht folgt, in der die Al- und Mg-Ionen jeweils nur $^1/_4$ der Oktaeder- und Tetraederplätze einnehmen

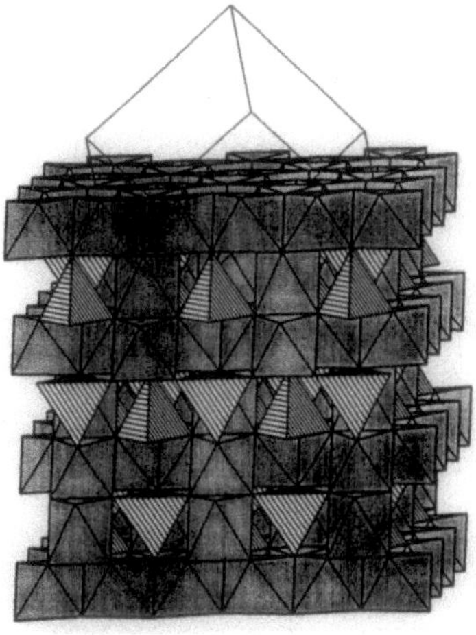

ein wichtiger Parameter bei der Beschreibung eines Spinells ist der Anteil λ der B-Ionen in den Oktaederlücken; bei einem normalen Spinell mit der Formel $[A_2]^{okt.}[B]^{tetr.}O_4$ ergibt sich λ = 0; bei inversen Spinellen findet man λ = 0.5, so daß sie durch die Formel $[AB]^{okt.}[B]^{tetr.}O_4$ erfaßt werden; bei partiell inversen Spinelle nimmt λ eine Zwischenstellung zwischen diesen beiden Grenzwerten ein

normale ternäre Oxide

Ag_2MoO_4 (926 pm, x_O = 0.364); Al_2CoO_4 (810.5 pm, x_O = 0.390); Al_2ZnO_4 (808.6 pm); Co_2GeO_4 (831.7 pm, x_O = 0.375); Co_2ZnO_4 (804.7 pm); Cr_2CdO_4 (856.7 pm, x_O = 0.385); Cr_2CoO_4 (833.2 pm); Cr_2FeO_4 (837.7 pm); Cr_2MgO_4 (833.3 pm, x_O = 0.385); Cr_2MnO_4 (843.7 pm, x_O = 0.3892); Cr_2ZnO_4 (832.7 pm); Fe_2CdO_4 (869 pm); Fe_2GeO_4 (841.1 pm, x_O = 0.375); Fe_2ZnO_4 (841.6 pm, x_O = 0.380); Ga_2ZnO_4 (837 pm); Ge_2CdO_4 (839 pm); Na_2MoO_4 (899 pm); Na_2WO_4 (913.3 pm, x_O = 0.3650); Ni_2GeO_4 (822.1 pm, x_O = 0.375); Rh_2CdO_4 (878.1 pm); Rh_2CoO_4 (849.5 pm); Rh_2MgO_4 (853.0 pm); Rh_2MnO_4 (861.3 pm); Rh_2ZnO_4 (854 pm); Ti_2MgO_4 (847.4 pm, x_O = 0.375); Ti_2MnO_4 (860.0 pm);

V_2CoO_4 (840.7 pm); V_2MgO_4 (841.3 pm, x_O = 0.385); V_2MnO_4 (852.2 pm, x_O = 0.388); V_2ZnO_4 (840.9 pm, x_O = 0.385)

normale ternäre Sulfide, Selenide, Telluride

Al_2ZnS_4 (998.8 pm, x_S = 0.384); Cr_2CdS_4 (1020.7 pm, x_S = 0.375); Cr_2CdSe_4 (1072.1 pm, x_{Se} = 0.383); Cr_2ScS_4 (993.4 pm); Cr_2CuS_4 (962.9 pm, x_S = 0.381); Cr_2CuSe_4 (1036.5 pm, x_{Se} = 0.380); Cr_2CuTe_4 (1104.9 pm, x_{Te} = 0.379); Cr_2FeS_4 (999.8 pm); Cr_2HgS_4 (1020.6 pm, x_S = 0.392); Cr_2MnS_4 (1012.9 pm); Cr_2ZnS_4 (998.3 pm); Cr_2ZnSe_4 (1044.3 pm); In_2CaS_4 (1077.4 pm); In_2CdS_4 (1079.7 pm, x_S = 0.386); In_2HgS_4 (1081.2 pm); Rh_2CoS_4 (971 pm); Rh_2CuS_4 (972 pm); Ti_2CuS_4 (988.0 pm, x_S = 0.382); V_2CuS_4 (982.4 pm, x_S = 0.384)

normale binäre Oxide

Co_3O_4 (808.4 pm, x_O = 0.267)

inverse ternäre Oxide

$CoFe_2O_4$ (839.0 pm); $CuFe_2O_4$ (844.5 pm, x_O = 0.380); $FeGa_2O_4$ (836.0 pm); $MgIn_2O_4$ (881 pm, x_O = 0.372); $NiFe_2O_4$ (832.5 pm, x_O = 0.381); $NiGa_2O_4$ (825.8 pm, x_O = 0.387); $SnCo_2O_4$ (864.4 pm, x_O = 0.375); $SnMg_2O_4$ (860 pm); $SnMn_2O_4$ (886.5 pm); $SnZn_2O_4$ (866.5 pm, x_O = 0.390); $TiCo_2O_4$ (846.5 pm); $TiFe_2O_4$ (850 pm, x_O = 0.390); $TiMg_2O_4$ (844.5 pm, x_O = 0.390); $TiMn_2O_4$ (867 pm); $TiZn_2O_4$ (844.5 pm, x_O = 0.380); VCo_2O_4 (837.9 pm); VZn_2O_4 (838 pm); VMg_2O_4 (839 pm, x_O = 0.386)

inverse ternäre Sulfide

$CoIn_2S_4$ (1055.9 pm, x_S = 0.384); $CrAl_2S_4$ (991.4 pm, x_S = 0.384); $CrIn_2S_4$ (1059 pm, x_S = 0.386); $FeIn_2S_4$ (1059.8 pm); $MgIn_2S_4$ (1068.7 pm); $NiIn_2S_4$ (1046.4 pm, x_S = 0.384)

inverse binäre Oxide

$Fe_3O_{4,\,Magnetit}$ (839.4 pm, x_O = 0.379)

partiell inverse ternäre Oxide

$CoGa_2O_4$ (830.7 pm, λ = 0.45); $CuAl_2O_4$ (808.6 pm, λ = 0.20); $MgFe_2O_4$ (838.9 pm, x_O = 0.382, λ = 0.45); $MgGa_2O_4$ (828.0 pm, x_O = 0.379, λ = 0.33); $MnAl_2O_4$ (824.2 pm, λ = 0.15); $MnFe_2O_4$ (850.7 pm, x_O = 0.385, λ = 0.10); $MnGa_2O_4$ (843.5 pm, λ = 0.10); $NiAl_2O_4$ (804.6 pm, x_O = 0.381, λ = 0.375); VMn_2O_4 (857.5 pm, x_O = 0.382, λ = 0.40)

$BaTiO_3$ Bariumtitanat *tetragonaler Perowskit*

tetragonal, P4mm (99), a = 399.47, c = 403.36 pm, V = $64.37 \cdot 10^{-30}$ m³, Z = 1

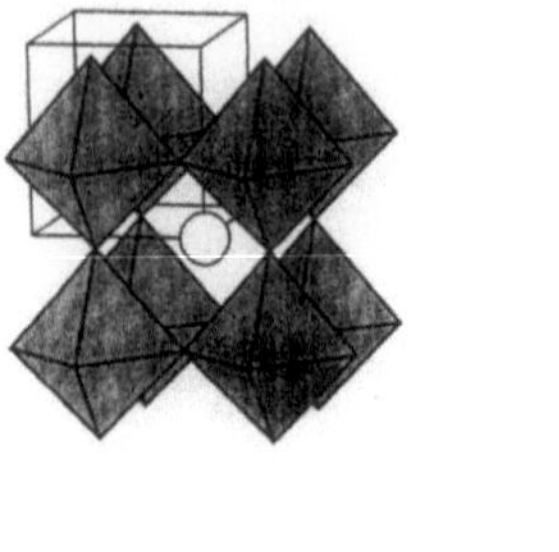

Ba(1)	*a*	0,0,z	0
Ti(1)	*b*	$^1/_2,^1/_2$,z	0.512
O(1)	*b*	$^1/_2,^1/_2$,z	0.023
O(2)	*c*	$^1/_2$,0,z	0.486

$\{Ba\}_{12}^{cubokt.}/\{Ti\}_6^{okt.}$ $\{O\}_{4+2}^{verz.\ okt.}$

$d(Ba\text{-}O)_{4/8}$ = 279.9/287.9 pm
$d(TiO)_{1/4/1}$ = 197.2/200.0/206.1 pm

tetragonal gedehnte Variante des Strontiumtitanat-Strukturtyps (→ $SrTiO_3$), wodurch die ursprünglich hochsymmetrischen Koordinationspolyeder ebenfalls verzerrt werden

$PbTiO_3$ (390.2, 415.6 pm, z_{Ti} = 0.5377, $z_{O(1)}$ = 0.1118, $z_{O(2)}$ = 0.6174)

$CoSb_2O_6$ Cobalt(II)-antimon(V)-oxid ***Trirutil-Strukturtyp***

tetragonal, P4/mnm (136), a = 464.95, c = 927.63 pm, V = 200.53 · 10^{-30} m^3, Z = 2

Co(1)	*a*	0,0,0		
Sb(1)	*e*	0,0,z		0.3358
O(1)	*f*	x,x,0	0.3082	
O(2)	*j*	x,x,z	0.3026	0.3264

$\{Co\}/\{Sb\}_6^{okt.}$ $\{O\}_3^{tpl.}$

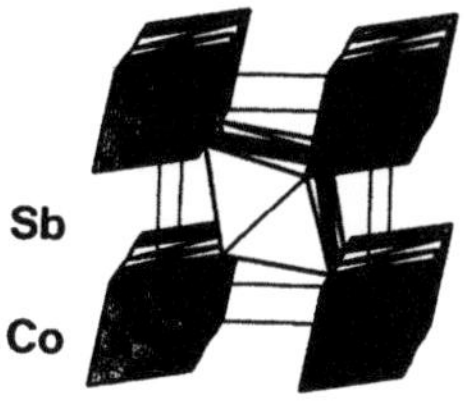

$d(Co\text{-}O)_{2/4}$ = 202.7/206.8 pm
$d(Sb\text{-}O)_{2/2/2}$ = 197.8/198.7/199.2 pm

Überstruktur des Rutil-Strukturtyps (→ TiO_2) mit geordneter Verteilung der Kationen, wobei unter Verdreifachung der Basiszelle in c-Richtung die Positionen in den kantenverknüpften Oktaederketten abwechselnd mit jeweils zwei Sb-Ionen und einem Co-Ion besetzt sind

$CoTa_2O_6$ (473.58, 917.08 pm, z_{Ta} = 0.3304, $x_{O(1)}$ = 0.3109, $xz_{O(2)}$ = 0.2967, 0.3255); $FeTa_2O_6$ (474.9, 919.2 pm, z_{Ta} = 0.333, $x_{O(1)}$ = 0.307, $xz_{O(2)}$ = 0.297, 0.322); $NiTa_2O_6$ (472.19, 915.0 pm, z_{Ta} = 0.3316, $x_{O(1)}$ = 0.307, $xz_{O(2)}$ = 0.297, 0.327); $ZnSb_2O_6$ (467, 926 pm)

$CuFeS_2$ Kupfer(II)-eisen(II)-sulfid $E1_1$ **Kupferkies/Chalkopyrit**

tetragonal, I42d (122), a = 528.9, c = 1042 pm, V = 291.48 · 10^{-30} m^3, Z = 4

Cu(1)	*a*	0,0,0	
Fe(1)	*b*	0,0,$^1/_2$	
S(1)	*d*	x,$^1/_4$,$^1/_8$	0.2574

$\{Cu\}_4^{tetr.}/\{Fe\}_4^{tetr.}$ $\{S\}_4^{tetr.}$

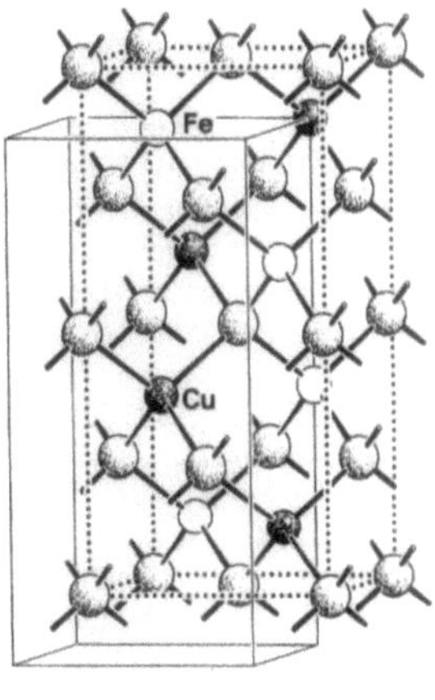

d(Cu-S) = 225.6 pm d(Fe-S) = 230.2 pm

Überstruktur des Sphalerit-Strukturtyps (→ $ZnS_{Sphalerit}$), bei der die Basiszelle in einer Richtung verdoppelt und die Kationen so zueinander angeordnet sind, daß jedes Cu-Ion im Abstand d(Cu-Cu) = 371.2 pm von 4 anderen Cu-Ionen tetraedrisch und zusammen mit acht Fe-Ionen im Abstand $d(Cu\text{-}Fe)_{4/4}$ = 371.2/374.0 pm kuboktaedrisch umgeben ist und umgekehrt

Sulfide, Selenide, Telluride

$AgAlS_2$ (570.7, 1028 pm, x_S = 0.300); $AgAlSe_2$ (596.8, 1077.2 pm, x_{Se} = 0.270); $AgAlTe_2$ (630.8, 1185.4 pm, x_{Te} = 0.260); $AgFeS_2$ (566, 1030 pm, x_S = 0.250); $AgGaS_2$ (575.72, 1030.36, x_S = 0.2908); $AgGaSe_2$ (575.5, 1028 pm, x_{Se} = 0.270); $AgGaTe_2$ (630.1, 1196.4 pm, x_{Te} = 0.260); $AgInS_2$ (587.92, 1120.3, x_S = 0.250); $AgInSe_2$ (609.2, 1164 pm, x_{Se} = 0.260); $AgInTe_2$ (641.9, 1259 pm, x_{Te} = 0.250); $AlCuS_2$ (533.36, 1044.4 pm, x_S = 0.268); $CuAlSe_2$ (561.7, 1092.2 pm, x_{Se} = 0.260); $CuAlTe_2$ (597.6, 1180.4 pm, x_{Te} = 0.250); $CuFeS_2$ (528.9, 1042.3 pm, x_S = 0.2574); $CuGaS_2$ (534.74, 1047.43 pm, x_S = 0.2593); $CuGaSe_2$ (559.63, 1100.36 pm, x_{Se} = 0.2431); $CuGaTe_2$ (601.6, 1192.7 pm, x_{Te} = 0.250); $CuInS_2$ (552.28, 1113.29 pm, x_S = 0.2295); $CuInSe_2$ (578.5, 1157 pm, x_{Se} = 0.220); $CuInTe_2$ (617.9, 1236.5 pm, x_{Te} = 0.225)

Nitride, Phosphide, Arsenide, Antimonide

$CdGeAs_2$ (594.3, 1121.6 pm, x_{As} = 0.2785); $CdGeP_2$ (573.8, 1076.5 pm, x_P = 0.2839); $CdSiAs_2$ (588.4, 1088.2 pm, x_{As} = 0.298); $CdSiP_2$ (568.0, 1043.1 pm; x_P = 0.2967); $CdSnAs_2$ (609.4, 1192.0 pm; x_{As} = 0.262); $CdSnP_2$ (590.1, 1151.3 pm; x_P = 0.265); $GeCaN_2$ (542.6, 715.4 pm; x_N = 0.164); $GeZnAs_2$ (567.2, 1115.1 pm; x_{As} = 0.250); $MgSiP_2$ (571.8, 1011.5 pm; x_P = 0.292); $PLiN_2$ (456.7, 714.0 pm; x_N = 0.146); $SnZnAs_2$ (585.1, 1170.2 pm; x_{As} = 0.231); $SnZnP_2$ (565.1, 1130.2 pm, x_P = 0.238); $ZnGeP_2$ (546, 1071 pm; x_P = 0.2582); $ZnSiP_2$ (539.9, 1043.5 pm; x_P = 0.2651); $ZnSnSb_2$ (628.0, 1256.0 pm; x_{Sb} = 0.228)

$FeNb_2O_6$ Eisen(II)-diniob(V)-oxid E5₁ Columbit Niobit

orthorhombisch, Pbcn (60), a = 1426.61, b = 573.34, c = 504.95 pm, V = 413.02 · 10^{-30} m³, Z = 4

Fe(1)	*c*	0,z,¹/₄		0.3311	
Nb(1)	*d*	x,y,z	0.3389	0.3191	0.2506
O(1)	*d*	x,y,z	0.0963	0.1041	0.0727
O(2)	*d*	x,y,z	0.4189	0.1163	0.0990
O(3)	*d*	x,y,z	0.7560	0.1236	0.0793

$\{Fe\}/\{Nb\}_6^{okt.}$ $\{O\}_3^{tpl.}$

$d(Fe\text{-}O)_{2/2/2}$ = 209.4/213.0/214.3 pm
d(Nb-O) = 180.0 – 227.7 pm

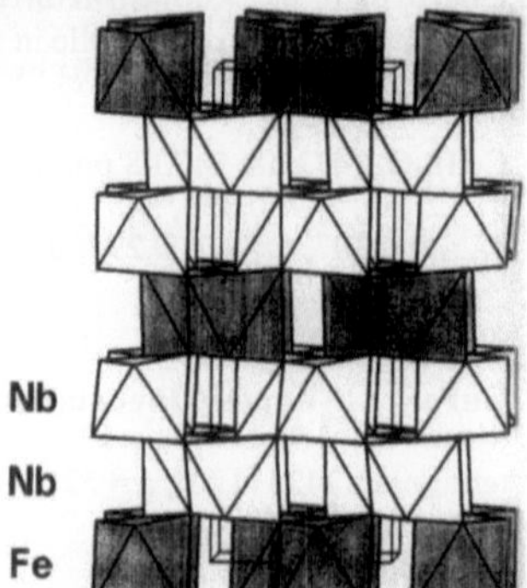

Überstruktur des α-Bleidioxid-Strukturtyps (→ PbO_2) mit geordneter Verteilung der Kationen, wobei unter Verdreifachung der Basiszelle in Richtung der a-Achse die Positionen in den verschiedenen Oktaederschichten jeweils nur von Fe- bzw. Nb-Ionen besetzt werden und auf eine Schicht mit Fe-Ionen zwei Schichten mit Nb-Ionen folgen

$CaNb_2O_6$ (1492.6, 575.2, 520.4 pm, y_{Ca} = 0.7756, xyz_{Nb} = 0.1653, 0.3166, 0.2987, $xyz_{O(1)}$ = 0.0893, 0.0997, 0.4040, $xyz_{O(2)}$ = 0.1003, 0.4280, 0.0056, $xyz_{O(3)}$ = 0.2576, 0.1351, 0.1266); $MnTa_2O_6$ (1441.6, 576.0, 509.2 pm, y_{Mn} = 0.323, xyz_{Ta} = 0.1628, 0.1769, 0.7362, $xyz_{O(1)}$ = 0.099, 0.096, 0.056, $xyz_{O(2)}$ = 0.418, 0.114, 0.103, $xyz_{O(3)}$ = 0.757, 0.124, 0.095); $NiNb_2O_6$ (1403.2, 568.7, 503.3 pm, y_{Ni} = 0.3446, xyz_{Nb} = 0.1591, 0.1810, 0.7550, $xyz_{O(1)}$ = 0.094, 0.109, 0.075, $xyz_{O(2)}$ = 0.421, 0.117, 0.088, $xyz_{O(3)}$ = 0.757, 0.122, 0.078); $ZnNb_2O_6$ (1420.8, 572.6, 504.0 pm, y_{Zn} = 0.3261, xyz_{Nb} = 0.1604, 0.1824, 0.7548, $xyz_{O(1)}$ = 0.096, 0.109, 0.074, $xyz_{O(2)}$ = 0.420, 0.117, 0.0087, $xyz_{O(3)}$ = 0.756, 0.124, 0.081)

$FeTiO_3$ Eisen(II)-titan(IV)-oxid $E2_2$ Ilmenit

rhomboedrisch, $R\bar{3}$ (148), a = 552.6 pm, α = 54.81°, V = 104.90 · 10^{-30} m^3, Z = 2; hexagonale Aufstellung: a = 508.7, c = 1404.2 pm, c/a = 2.760, V = 314.69· 10^{-30} m^3, Z = 6

Fe(1)	*c*	0,0,z			0.1446
Ti(1)	*c*	0,0,z			0.3536
O(1)	*f*	x,y,z	0.295	– 0.022	0.2548

$\{Fe\}/\{Ti\}_6^{okt.}$ $\{O\}_{2+2}$

d$(Fe\text{-}O)_{3/3}$ = 207.0/219.7 pm
d$(Ti\text{-}O)_{3/3}$ = 187.7/208.7 pm

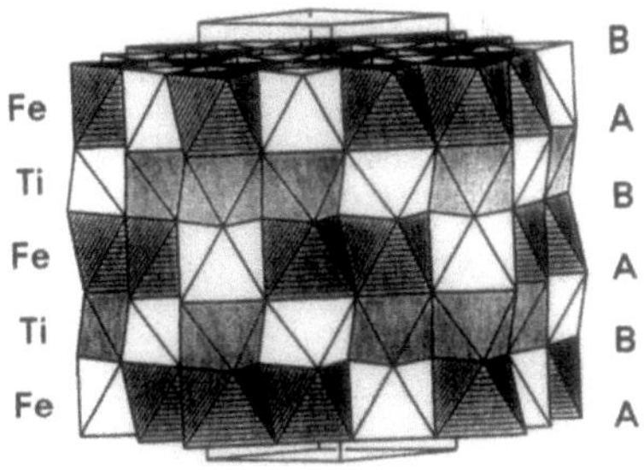

Überstruktur des Korund-Strukturtyps (→ Al_2O_3) mit geordneter Verteilung der beiden verschiedenen Metall-Ionen, die jeweils benachbarte Schichten von Oktaederlücken besetzen

$CoMnO_3$ (493.3, 1371 pm, z_{Co} = 0.354, z_{Mn} = 0.146, xyz_O = 0.57, – 0.07, 0.25); $CoTiO_3$ (506.62, 1391.8 pm, z_{Co} = 0.35511, z_{Ti} = 0.14558, xyz_O = 0.31623, 0.02091, 0.24588); $MgGeO_{3/HP}$ (493.3, 1373.4 pm, z_{Mg} = 0.3593, z_{Ge} = 0.1536, xyz_O = 0.3176, 0.0239, 0.2440); $MgTiO_3$ (505.478, 1389.92 pm, z_{Mg} = 0.35570, z_{Ti} = 0.14510, xyz_O = 0.31591, 0.02146, 0.24635); $MnTiO_3$ (513.948, 1428.29 pm, z_{Mn} = 0.36002, z_{Ti} = 0.14758, xyz_O = 0.3189, 0.0310, 0.24393) $NiMnO_3$ (490.5, 1359 pm, z_{Ni} = 0.352, z_{Mn} = 0.148, xyz_O = 0.56, – 0.06, 0.25); $NiTiO_3$ (503.94, 1381.1 pm)

$FeWO_4$ Eisen(II)-wolfram(VI)-oxid $H0_6$ *Wolframit-Typ* Ferberit

monoklin, P2/c (13), a = 475.0, b = 572.0, c = 497.0 pm, β = 90.17°, V = 135.03 · 10^{-30} m^3, Z = 4

Fe(1)	*f*	$^1/_2$,y,$^1/_4$		0.6785	
W(1)	*e*	0,y,$^1/_4$		0.1808	
O(1)	*g*	x,y,z	0.2158	0.1068	0.5833
O(2)	*g*	x,y,z	0.2623	0.3850	0.0912

$\{Mg\}/\{W\}_6^{okt.}$ $\{O\}_3^{tpl.}$

d$(Fe\text{-}O)_{2/2/2}$ = 200.3/207.2/217.0 pm
d$(W\text{-}O)_{2/2/2}$ = 188.3/199.1/210.9 pm

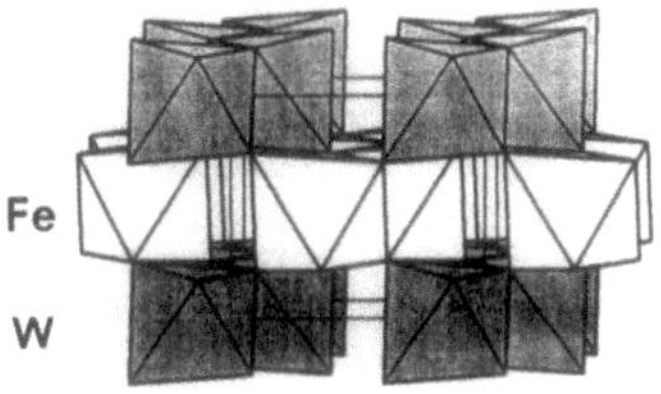

Überstruktur des α-Bleidioxid-Strukturtyps (→ PbO_2) mit geordneter Verteilung der Kationen, wobei unter Verringerung der Symmetrie der Basiszelle die Positionen in den beiden verschiedenen Oktaederschichten jeweils nur von den Fe- bzw. W-Ionen besetzt werden

$MgWO_4$ (468, 566, 492 pm, 90.33°, y_{Fe} = 0.6592, y_W = 0.1818, $xyz_{O(1)}$ = 0.221, 0.101, 0.930, $xyz_{O(2)}$ = 0.266, 0.384, 0.391); $MnWO_{4,Hübnerit}$ (482.4, 570.5, 499.0 pm, 91.18°, y_{Mn} = 0.6866, y_W = 0.1853, $xyz_{O(1)}$ = 0.2132, 0.1026, 0.9394, $xyz_{O(2)}$ = 0.2524, 0.3707, 0.3918); $NiWO_4$ (459.9, 566.1, 490.7 pm, 90.03°); $CoWO_4$ (467.0, 568.7, 495.2 pm, 90.00°); $ZnWO_4$ (472, 570, 495 pm, 90.05°, y_{Mg} = 0.668, y_W = 0.1821, $xyz_{O(1)}$ = 0.217, 0.107, 0.935, $xyz_{O(2)}$ = 0.256, 0.378, 0.397)

$GdFeO_3$ Gadoliniumferrat ***orthorhombischer Perowskit***

orthorhombisch, Pbnm (62), a = 528.19, b = 559.57, c = 760.46 pm, V = 224.76 · 10^{-30} m³, Z = 4

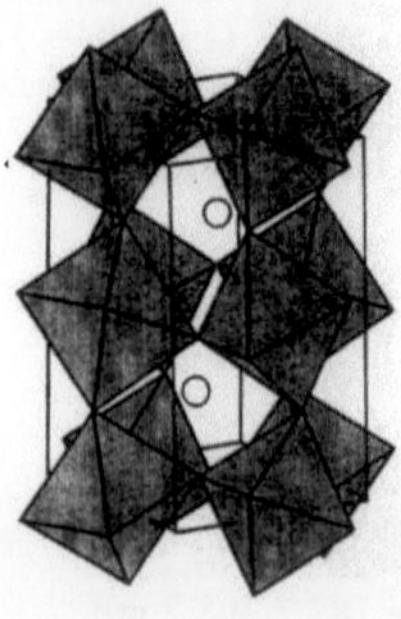

Gd(1)	*c*	x,y,1/4	– 0.0175	0.0622	
Fe(1)	*b*	1/2,0,0			
O(1)	*c*	x,y,1/4	0.106	0.466	
O(2)	*d*	x,y,z	– 0.296	0.275	0.062

$\{Gd\}_6/\{Fe\}_6^{okt.}$ $\{O\}_{2+2}$

$d(Gd\text{-}O)_6$ = 223.9 – 237.2 pm
$d(Fe\text{-}O)_{2/2/}$ = 193.7/199.1/206.2 pm

orthorhombische Variante des Strontiumtitanat-Strukturtyps (→ $SrTiO_3$), bei dem die Basiszelle verdoppelt ist, und die $\{FeO_6\}$-Oktaeder gegeneinander verkippt sind; die O-Atome sind hierdurch nicht mehr linear sondern gewinkelt von zwei Fe-Atomen umgeben; aus dem gleichen Grund reduziert sich die Koordinationszahl am Gd von ursprünglich 12 auf 6

$CaMnO_3$ (526.4, 527.9, 744.8 pm, xy_{Ca} = – 0.0057, 0.0333, $xy_{O(1)}$ = 0.0659, 0.4899, $xyz_{O(2)}$ = – 0.2879, 0.2873, 0.0336); $CaSnO_3$ (553.2, 568.1, 790.6 pm, xy_{Ca} = – 0.0131, 0.0509, $xy_{O(1)}$ = 0.0994, 0.4615, $xyz_{O(2)}$ = 0.6992, 0.4615, 0.0514); $CaTiO_{3,\ Perowskit}$ (537.96, 544.23, 764.01 pm, xy_{Ca} = – 0.00676, 0.03602, $xy_{O(1)}$ = 0.0714, 0.4838, $xyz_{O(2)}$ = 0.7108, 0.2888, 0.0371); $CaZrO_3$ (559.12, 576.16, 801.71 pm, xy_{Ca} = 0.0121, 0.0496, $xy_{O(1)}$ = 0.6032, – 0.0381), $xyz_{O(2)}$ = 0.3026, 0.0548, 0.3007); $CdTiO_3$ (530.53, 542.15, 761.76 pm, xy_{Cd} = – 0.00847, 0.03873, $xy_{O(1)}$ = 0.0902, 0.4722, $xyz_{O(2)}$ = 0.7008, 0.2969, 0.0472); $GdCrO_3$ (531.5, 551.5, 760.0 pm); $LaFeO_3$ (555.3, 556.3, 786.7 pm); $LaTiO_3$ (563.0, 558.4, 790.1 pm, xy_{La} = 0.9927, 0.0471, $xy_{O(1)}$ = 0.0790, 0.4934, $xyz_{O(2)}$ = 0.7094, 0.2924, 0.0420, T = 10 K), $NaTaO_3$ (548.42, 552.13, 779.52 pm, xy_{Na} = – 0.0047, – 0.0158, $xy_{O(1)}$ = 0.4381, 0.0092, $xyz_{O(2)}$ = 0.2851, 0.2830, – 0.0295); $NdCrO_3$ (538.2, 548.1, 768.5 pm); $NdMnO_3$ (538.0, 585.4, 755.7 pm, xy_{Nd} = 0.006, 0.064, $xy_{O(1)}$ = 0.068, 0.473, $xyz_{O(2)}$ = – 0.299, 0.331, 0.046); $PrFeO_3$ (548.6, 559.1, 778.3 pm, xy_{Pr} = 0.990, 0.0450, $xy_{O(1)}$ = 0.086, 0.4795, $xyz_{O(2)}$ = 0.7076, 0.2925, 0.0448, T = 8 K); $PrMnO_3$ (554.5, 578.7, 757.5 pm, xy_{Pr} = 0.008, 0.064, $xy_{O(1)}$ = 0.075, 0.476, $xyz_{O(2)}$ = – 0.295, 0.314, 0.046); $SmAlO_3$ (529.12, 529.04, 747.40 pm); $SrRuO_3$ (556.70, 553.04, 784.46 pm, xy_{Sr} = – 0.0027, 0.0157, $xy_{O(1)}$ = 0.0532, 0.4966, $xyz_{O(2)}$ = 0.7248, 0.2764, 0.0278); $SrSnO_3$ (570.7, 570.7, 806.4 pm, xy_{Sr} = – 0.0009, 0.0124, $xy_{O(1)}$ = 0.0736, 0.4896, $xyz_{O(2)}$ = 0.7132, 0.2853, 0.0368); $SrZrO_3$ (578.6, 581.5, 819.6 pm, xy_{Sr} = 0.003, 0.526, $xy_{O(1)}$ = – 0.073, – 0.018, $xyz_{O(2)}$ = 0.217, 0.284, 0.035); $TbMnO_3$ (529.7, 583.1, 740.3 pm, xy_{Tb} = – 0.028, 0.072, $xy_{O(1)}$ = 0.097, 0.460, $xyz_{O(2)}$ = – 0.296, 0.337, 0.056); $YAlO_3$ (518.0, 533.0, 737.5 pm); $YFeO_3$ (528.19, 559.57, 760.46 pm, xy_Y = – 0.0189, 0.0680, $xy_{O(1)}$ = 0.1109, 0.4614, $xyz_{O(2)}$ = – 0.3073, 0.3059, 0.0583)

K_2NiF_4 Kalium-tetrafluoronickelat(II)

tetragonal, I4/mmm (139), a = 401.2, c = 1307.6 pm, V = 210.47 · 10^{-30} m³, Z = 2

K(1)	*e*	0,0,z	0.3539
Ni(1)	*a*	0,0,0	
F(1)	*c*	0,1/2,0	
F(2)	*e*	0,0,z	0.1521

komplexes Ion: NiF_6^{2-}-Oktaeder

$d(K\text{-}F)_{1/4/4}$ = 263.9/277.0/283.8
$d(Ni\text{-}F)_{2/4}$ = 198.9/200.6 pm

Schichtenstruktur auf der Basis zweier einlagiger Perowskit-Schichten (→ $SrTiO_3$), die wie die Schichten im Zinn(IV)-fluorid (→ SnF_4) auf Lücke übereinander angeordnet sind, wodurch jedes K-Ion von neun F-Ionen umgeben ist

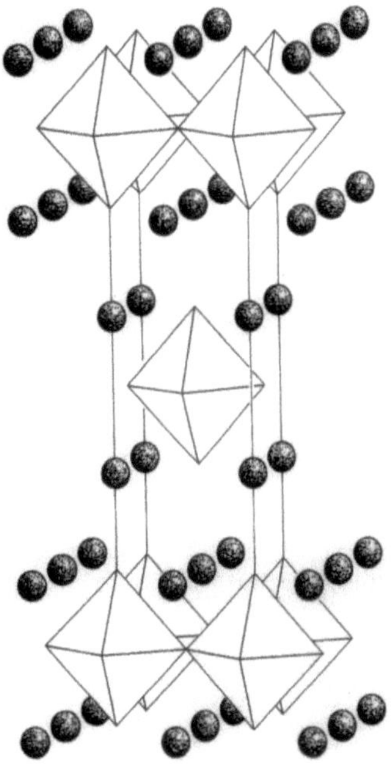

Fluoride

K_2MgF_4 (398.0, 1317.9 pm, z_K = 0.3519, z_F = 0.1521); K_2MnF_4 (417.4, 1327.2 pm, z_K = 0.3529, z_F = 0.1585); K_2CoF_4 (407.3, 1308.7 pm, z_K = 0.3543, z_F = 0.1547); K_2CuF_4 (414.7, 1273 pm, z_K = 0.3171, z_F = 0.1523); K_2ZnF_4 (405.8, 1310.9 pm, z_K = 0.3538, z_F = 0.1546)

Oxide

Ba_2PbO_4 (429.6, 1330 pm, z_{Ba} = 0.355, z_O = 0.155); Ba_2SnO_4 (413.0, 1327 pm, z_{Ba} = 0.35, z_O = 0.155); La_2NiO_4 (385.5, 1265.2 pm, z_{La} = 0.360, z_O = 0.170); Sr_2IrO_4 (389, 1292 pm, z_{Sr} = 0.347, z_O = 0.151); β-Sr_2MnO_4 (378.7, 1249.6 pm, z_{Sr} = 0.356, z_O = 0.157); Sr_2SnO_4 (403.7, 1253 pm, z_{Sr} = 0.353, z_O = 0.153); Sr_2RuO_4 (387.1, 1270.2 pm); Sr_2TiO_4 (388, 1260 pm, z_{Sr} = 0.347, z_O = 0.151)

$LiNbO_3$ Lithiumniobat

rhomboedrisch, R3c (161), a = 552.6 pm, α = 54.81°, V = 104.90 · 10^{-30} m³, Z = 2; hexagonale Aufstellung: a = 514.739, c = 1385.614 pm, c/a = 2.760, V = 314.69 · 10^{-30} m³, Z = 6

Li(1)	*c*	0,0,z			0.27872
Nb(1)	*c*	0,0,z			0.0
O(1)	*f*	x,y,z	0.4757	0.34328	0.06336

$\{Li\}/\{Nb\}_6^{okt.}$ $\{O\}_{2+2}$

$d(Li\text{-}O)_{3/3}$ = 205.0/227.1 pm
$d(Nb\text{-}O)_{3/3}$ = 187.6/213.0 pm

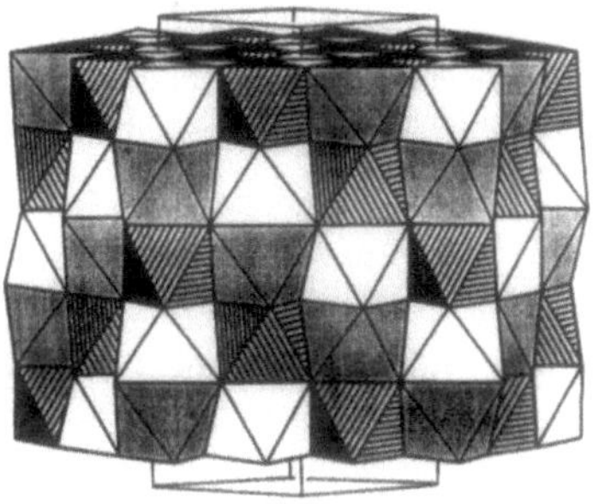

Überstruktur des Korund-Strukturtyps (→ Al_2O_3) mit geordneter Verteilung der beiden verschiedenen Metall-Kationen, die innerhalb einer Schicht von Oktaederlücken jeweils von drei anderen Kationen umgeben sind

$LiTaO_3$ (515.329, 1378.06 pm, z_{Li} = 0.2803, z_{Ti} = 0.0, xyz_O = 0.0492, 0.3430, 0.0693)

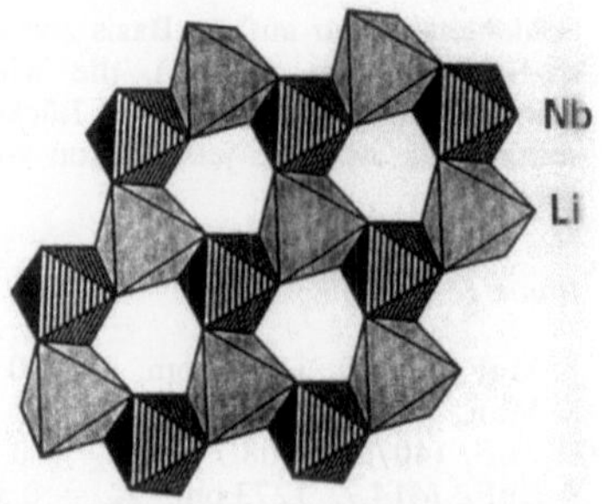

$Li_2[Pt(OH)_6]$ Lithiumhexahydroxoplatinat(IV)

trigonal, P$\bar{3}$1m (162), a = 536.2, c = 464.7 pm, V = 115.71 · 10^{-30} m^3, Z = 1

Li(1)	*c*	$^1/_3$,$^2/_3$,0		
Pt(1)	*a*	0,0,0		
O(1)	*k*	x,0,z	0.325	0.254
H(1)				

$\{Li\}/\{Pt\}_6^{okt.}$ $\{O\}_3^{trig.\ bas.}$

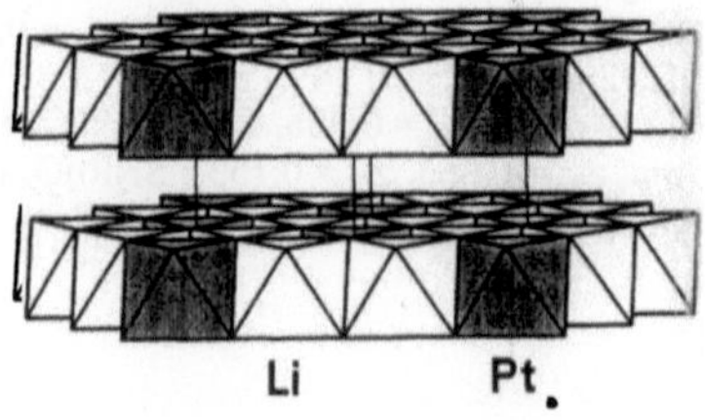

d(Li-O) = 216.1 pm
d(Pt-O) = 210.5 pm

Überstruktur des Brucit-Strukturtyps (→ $Mg(OH)_2$) mit geordneter Verteilung der Kationen, wobei die Li-Atome innerhalb der vollständig besetzten Oktaederschichten $^2/_3$ der vorhandenen Lücken wie bei den Schichten im Bismuttriiodid-Strukturtyp (→ BiI_3) besetzen und die Pt-Atome die dann noch freien Positionen ausfüllen; aus der primitiven Stapelung dieser Schichten resultiert die Schichtenabfolge [AγB□]

Mg_2SiO_4 Dimagnesiumsilicat $H1_2$ *Olivin-Strukturtyp* Forsterit

orthorhombisch, Pnma (62), a = 1019.7, b = 598.2, c = 475.7 pm, V = 290.17 · 10^{-30} m^3, Z = 4

Mg(1)	*a*	0,0,0			
Mg(1)	*c*	x,$^1/_4$,z	0.77741	0.50840	
Si(1)	*c*	x,$^1/_4$,z	0.59404	0.07358	
O(1)	*c*	x,$^1/_4$,z	0.59154	0.73376	
O(2)	*c*	x,$^1/_4$,z	0.44709	0.22153	
O(3)	*f*	x,y,z	0.66323	0.46692	0.22283

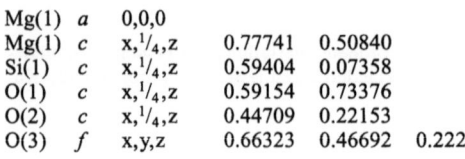

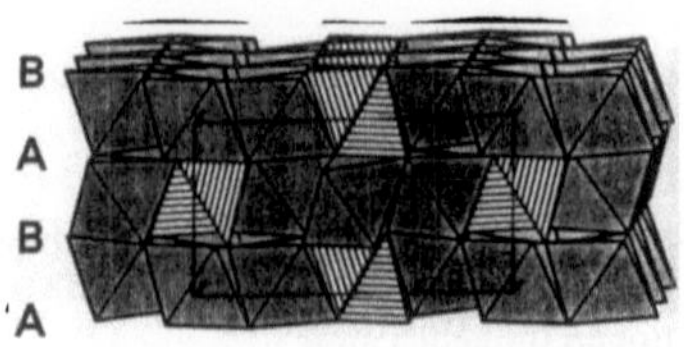

$\{Mg\}_6^{okt.}/\{Si\}_4^{tetr.}$ $\{O\}_{3+1}$

d(Mg-O) = 204.7 – 221.0 pm
d(Si-O) = 161.7 – 165.6 pm

in einer wenig verzerrten hexagonal dichten Kugelpackung (→ Mg) von O-Atomen besetzen die Si-Atome ein Achtel aller Tetraeder- und die Mg-Atome die Hälfte aller Oktaederplätze derart, daß in jeder Schicht Zickzack-Ketten von kantenverknüpften $\{MgO_6\}$-Oktaedern über Eck mit isolierten $\{SiO_4\}$-Tetraedern eines Doppelstranges verbunden sind

$Al_2BeO_{4,\,Chrysoberyl}$ (904.41, 547.56, 442.67 pm, xz_{Al} = 0.2732, – 0.0060, xz_{Be} = 0.0929, 0.4335, $xz_{O(1)}$ = 0.0905, 07902, $xz_{O(2)}$ = 0.4334, 0.2410, $xyz_{O(3)}$ = 0.1632, 0.0172, 0.2585); Ca_2SiO_4 (1122.4, 677.8, 508.1 pm, xz_{Ca} = 0.2809, – 0.0099, xz_{Si} = 0.0966, 0.4275, $xz_{O(1)}$ = 0.0937, –0.2543, $xz_{O(2)}$ = –0.0384, 0.2974, $xyz_{O(3)}$ = 0.1624, 0.0575, 0.2985); α-Co_2SiO_4 (1029.76, 599.86, 477.97 pm, xz_{Co} = 0.27639, 0.99123, xz_{Si} = 0.09483, 0.42824, $xz_{O(1)}$ = 0.09232, 0.76733, $xz_{O(2)}$ = 0.44864, 0.21584, $xyz_{O(3)}$ = 0.16398, 0.03347, 0.28153); Cr_2BeO_4 (979.2, 566.3, 455.5 pm); $Fe_2SiO_{4,\,Fayalit}$ (1047.9, 608.7, 482.0 pm, xz_{Fe} = 0.28026, 0.98598, xz_{Si} = 0.09765, 0.43122, $xz_{O(1)}$ = 0.09217, 0.76814, $xz_{O(2)}$ = 0.45365, 0.20895, $xyz_{O(3)}$ = 0.16563, 0.03643, 0.28897); Mn_2GeO_4 (1071.9, 629.5, 506.1 pm); $Mn_2SiO_{4,Tephroit}$ (1059.6, 625.7, 490.2 pm, xz_{Mn} = 0.28041, 0.98792, xz_{Si} = 0.09643, 0.42755, $xz_{O(1)}$ = 0.09363, 0.75776, $xz_{O(2)}$ = 0.45369, 0.21088, $xyz_{O(3)}$ = 0.16384, 0.04140, 0.28706), γ-Na_2BeF_4 (1092.5, 657.2, 489.6 pm, xz_{Na} = 0.2801, 0.0119, xz_{Be} = 0.4042, 0.0729, $xz_{F(1)}$ = 0.0933, 0.2595, $xz_{F(2)}$ = 0.0365, 0.3039, $xyz_{F(3)}$ = 0.3387, 0.4405, 0.1944); α-Ni_2SiO_4 (1011.73, 591.25, 472.77 pm, xz_{Ni} = 0.27374, 0.99242, xz_{Si} = 0.09429, 0.42710, $xz_{O(1)}$ = 0.09329, 0.76940, $xz_{O(2)}$ = 0.44513, 0.21716, $xyz_{O(3)}$ = 0.16398, 0.03347, 0.28153)

$Na_2[Sn(OH)_6]$ Natriumhexahydroxostannat(IV)

rhomboedrisch, R$\bar{3}$ (148), a = 584.95, α = 61.286°, V = 145.62 · 10^{-30} m³, Z = 1; hexagonale Aufstellung: a = 596.28 pm, c = 1418.75; V = 436.85 · 10^{-30} m³, Z = 3

Na(1)	*c*	0,0,z		0.33246	
Sn(1)	*a*	0,0,0			
O(1)	*f*	x,y,z	0.2877	0.2901	0.0798
H(1)	*f*	x,y,z	0.2504	0.2635	0.1475

$\{Na\}/\{Sn\}_6^{okt.}$ $\{O\}_3^{trig.\ bas.}$

d(Sn-O) = 206.1 pm
$d(Na\text{-}O)_{3/3}$ = 241.1/241.8 pm

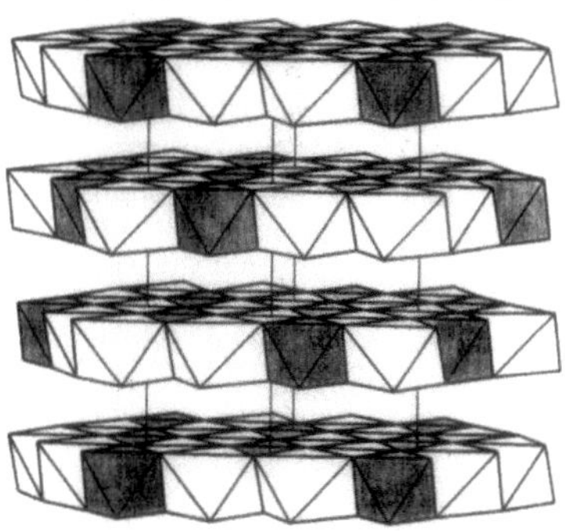

Überstruktur des Brucit-Strukturtyps (→ $Mg(OH)_2$) mit geordneter Verteilung der Kationen, wobei die Na-Atome innerhalb der vollständig besetzten Oktaederschichten $^2/_3$ der Lagen wie in den Schichten des Bismuttriiodid-Strukturtyps (→ BiI_3) besetzen und die Sn-Atome die dann noch freien Positionen einnehmen; diese Schichten liegen versetzt übereinander, wodurch sich die Schichtenabfolge [$A\gamma^aB\square\ A\gamma^bB\square\ A\gamma^cB\square$] ergibt

$SrTiO_3$ Strontiumtitanat E2_1 ***kubischer Perowskit***

kubisch, $Pm\bar{3}m$ (221), a = 390.5 pm, V = 59.55 · 10^{-30} m³,
Z = 1

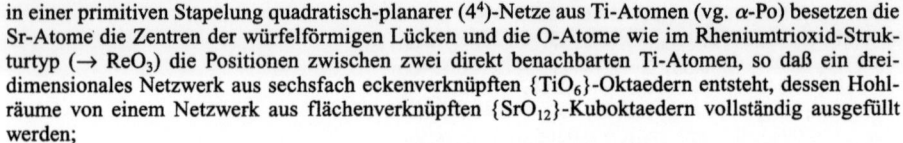

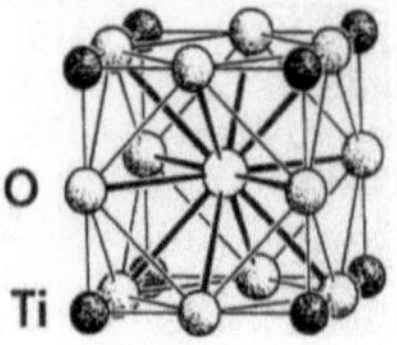

Ti(1) *a* 0,0,0
Sr(1) *b* $^1/_2,^1/_2,^1/_2$
O(1) *c* $0,^1/_2,^1/_2$

$\{Ti\}_6^{okt.}/\{Sr\}_{12}^{kubokt.}$ $\{O\}_{4+2}^{verz.\ okt.}$

$d(Sr\text{-}O)_{12}$ = 276.1 pm
$d(Ti\text{-}O)_6$ = 195.3 pm

in einer primitiven Stapelung quadratisch-planarer (4^4)-Netze aus Ti-Atomen (vg. α-Po) besetzen die Sr-Atome die Zentren der würfelförmigen Lücken und die O-Atome wie im Rheniumtrioxid-Strukturtyp (→ ReO_3) die Positionen zwischen zwei direkt benachbarten Ti-Atomen, so daß ein dreidimensionales Netzwerk aus sechsfach eckenverknüpften $\{TiO_6\}$-Oktaedern entsteht, dessen Hohlräume von einem Netzwerk aus flächenverknüpften $\{SrO_{12}\}$-Kuboktaedern vollständig ausgefüllt werden;

bei vielen der nachfolgend aufgeführten Verbindungen sagt die Reihenfolge, mit der die Atome in der Summenformel aufgeführt sind, nichts über ihre Lage bzgl. der Positionen *a* und *b* aus

Fluoride

$KMgF_3$ (398.92 pm); $KMnF_3$ (419 pm); $KCoF_3$ (406.88 pm); $RbCaF_3$ (445 pm)

Hydride

$LiBaH_3$ (402.3 pm); $LiEuH_3$ (379.6 pm); $LiSrH_3$ (383.25 pm)

Carbide (= Antitypen)

$AlFe_3C$ (479.2 pm); $AlMn_3C$ (385.6 pm); $AlTb_3C$ (487.6 pm); $AlTi_3C$ (415.6 pm); $AlTm_3C$ (477.6 pm); AlY_3C (487.8 pm); $CdTi_3C$ (422.95 pm); $GaEr_3C$ (500.6 pm); $GaHo_3C$ (503.3 pm); $GaMn_3C$ (388.4 pm); $GaNd_3C$ (513.6 pm); $GaTm_3C$ (495.2 pm); $InEr_3C$ (483.2 pm); $InGd_3C$ (495.3 pm), $InNd_3C$ (504.5 pm); $InPr_3C$ (509 pm); $InSm_3C$ (499.7 pm); $InTb_3C$ (491.8 pm); $InTi_3C$ (419.9 pm); $InTm_3C$ (480.5 pm); $PbEr_3C$ (481.7 pm); $PbGd_3C$ (494.8 pm); $PbNd_3C$ (505 pm); $PbPr_3C$ (507 pm); $PbSc_3C$ (452.8 pm); $PbSm_3C$ (498.8 pm); $PbTb_3C$ (490.2 pm); $SnEr_3C$ (480.6 pm); $SnFe_3C$ (386.7 pm); $SnGd_3C$ (493.0 pm); $SnHo_3C$ (482.9 pm); $SnLa_3C$ (513.3 pm); $SnNd_3C$ (502.8 pm); $SnSc_3C$ (451.6 pm); $SnSm_3C$ (497.9 pm); $SnTb_3C$ (488.6 pm); $SnTm_3C$ (477.2 pm); $SnYb_3C$ (484.3 pm); $TlEr_3C$ (483.0 pm); $TlGd_3C$ (494.5 pm); $TlHo_3C$ (485.3 pm); $TlNd_3C$ (504.2 pm); $TlSc_3C$ (451.7 pm); $TlTb_3C$ (491.3 pm); $TlTi_3C$ (420.9 pm); $TlTm_3C$ (480.2 pm); $TlYb_3C$ (484.4 pm); $ZnMn_3C$ (392.49 pm);

Nitride (= Antitpyen)

$AgMn_3N$ (401.95 pm); $AlNd_3N$ (491.0 pm); $CuMn_3N$ (390.6 pm); $GaCr_3N$ (387.55 pm); $GaMn_3N$ (389.8 pm); $GaNd_3N$ (506.3 pm); $HgTi_3N$ (416.2 pm); $InNd_3N$ (494.9 pm); $InTi_3N$ (419.0 pm); $IrCr_3N$ (384.3 pm); $IrMn_3N$ (391.3 pm); $NiFe_3N$ (379.0 pm); $NiMn_3N$ (388.6 pm); $PbNd_3N$ (506.7 pm); $PdFe_3N$ (386.6 pm); $PdMn_3N$ (397.9 pm); $PtFe_3N$ (385.7 pm); $RhCr_3N$ (385.4 pm); $SnCr_3N$ (397.4 pm); $SnNd_3N$ (507.7 pm); $TlNd_3N$ (495.7 pm); $TlTi_3N$ (419.1 pm)

Boride (= Antitpyen)

$ScNi_3B$ (377.6 pm); $PbSc_3B$ (462.2 pm); $ScRh_3B$ (407.8 pm); $SnSc_3B$ (457.1 pm); $TlSc_3B$ (452.0 pm

Oxide (= Antitpyen)

Ba_3PbO (545.9 pm); Ba_3SnO (544.8 pm); Ca_3PbO (484.7 pm); Ca_3SnO (483.4 pm); Sr_3PbO (515.0 pm); Sr_3SnO (512.0 pm)

$SrTiO_3$ wird als Aristotyp der Perowskite bezeichnet, deren gruppentheoretische Beziehungen nachfolgend dargestellt sind:

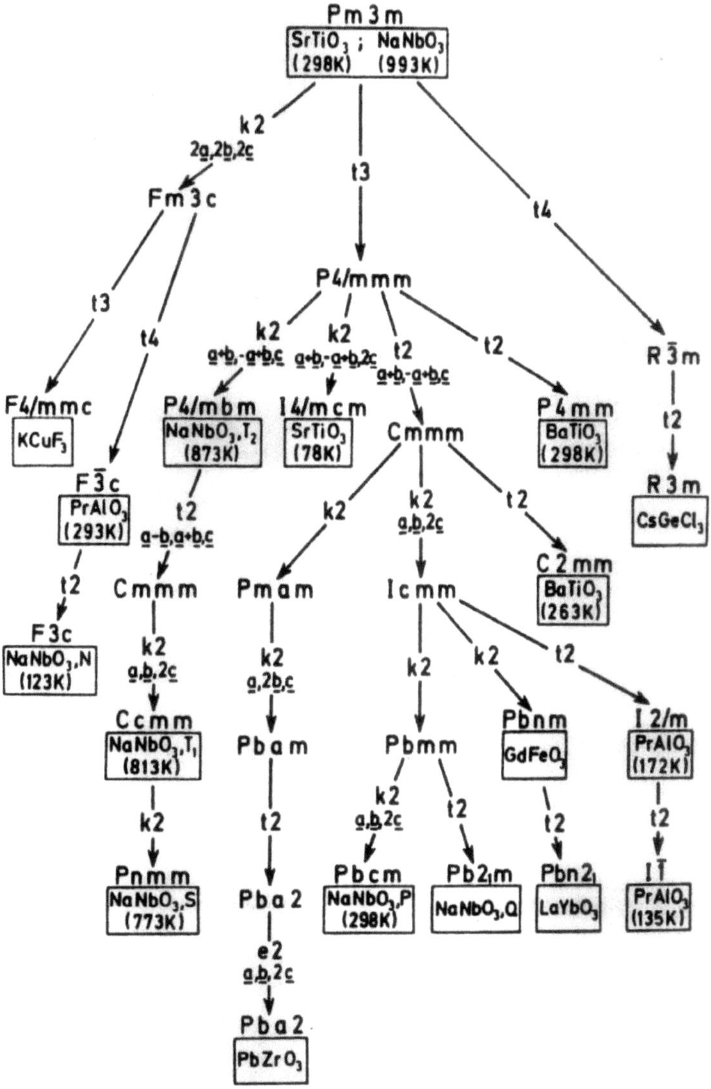

nach: *H. Bärnighausen*, Acta Crystallogr. **A31** (1975) S3

$Y_3Fe_5O_{12}$ Triyttrium(III)-pentaeisen(III)-oxid *Granat-Strukturtyp*

kubisch, $Ia\bar{3}d$ (230), a = 1237.6 pm, V = 1895.57 · 10^{-30} m^3, Z = 8

Y(1)	*c*	$^1/_8$,0,$^1/_4$			
Fe(1)	*a*	0,0,0			
Fe(2)	*d*	$^3/_8$,0,$^1/_4$			
O(1)	*h*	x,y,z	−0.0269	0.0581	0.1495

$\{Y\}_8^{\text{verz. würfelf.}}/\{Fe(1)\}_6^{\text{okt.}}/\{Fe(2)\}_4^{\text{tetr.}}$ $\{O\}_{2+1+1}^{\text{verz. tetr}}$

$d(Y\text{-}O)_{4/4}$ = 236.6/241.7 pm
$d(Fe\text{-}O)_6$ = 201.3 pm
$d(Fe\text{-}O)_4$ = 188.1 pm

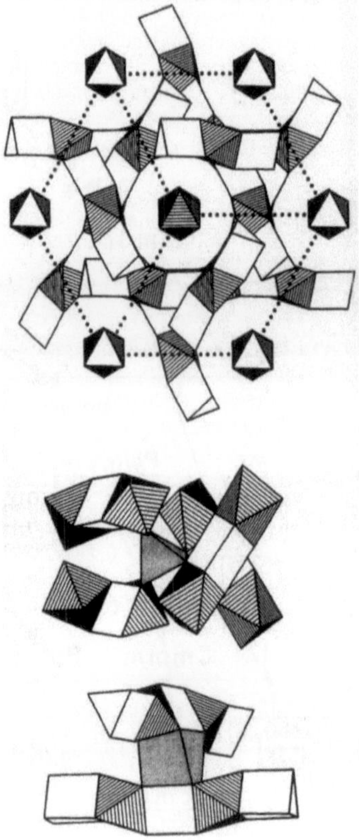

als kubisch innenzentrierte Packung bezeichnete Anordnung von Stäben (→ β-Mn), in denen abwechselnd $\{FeO_6\}$-Oktaeder und leere, trigonale Prismen miteinander flächenverknüpft sind; die tetraedrisch koordinierten Fe-Ionen befinden sich zwischen je vier verschiedenen Stäben, während die verzerrt würfelförmig koordinierten Y-Ionen Lagen zwischen den Prismen von jeweils zwei Stäben einnehmen

$Er_3Al_5O_{12}$ (1196.2 pm, xyz_O = − 0.0304, 0.0508, 0.1491); $Er_3Fe_5O_{12}$ (1233 pm); $Dy_3Fe_5O_{12}$ (1238 pm); $Gd_3Fe_5O_{12}$ (1244 pm, xyz_O = 0.142, − 0.038, 0.052); $Gd_3Ga_5O_{12}$ (1238.29 pm, xyz_O = 0.9720, 0.0539, 0.1502); $Sm_3Fe_5O_{12}$ (1152 pm); $Tb_3Fe_5O_{12}$ (1243.39 pm, xyz_O = −0.02752, 0.05570, 0.15018); $Y_3Al_5O_{12}$ (1201 pm); $Y_3Fe_5O_{12}$ (1237.6 pm, xyz_O = − 0.0269, 0.0581, 0.1495)

Quaternäre Verbindungen $A_3^c B_2^a C_3^d O_{12}$

$Ca_3Al_2Si_3O_{12,\,\text{Grossular}}$ (1185.0 pm, xyz_O = 0.03817, 0.04559, 0.65141)

$Y_2Ti_2O_7$ Diyttrium(III)-dititan(IV)-oxid *Pyrochlor-Strukturtyp*

kubisch, $Fd\bar{3}m$ (227), a = 1008.96 pm, V = 1027.12 · 10^{-30} m^3, Z = 8

Y(1)	*c*	0,0,0	
Ti(1)	*d*	$^1/_2$,$^1/_2$,$^1/_2$	
O(1)	*b*	$^1/_8$,$^1/_8$,$^1/_8$	
O(2)	*f*	x,$^1/_8$,$^1/_8$	0.4212

$\{Y\}_8^{\text{verz. würfelf.}}/\{Ti\}_6^{\text{okt.}}$ $\{O\}_4^{\text{tetr.}}/\{O\}_4^{\text{verz. tetr.}}$

$d(Y\text{-}O)_{2/6}$ = 218.5/248.3 pm
$d(Ti\text{-}O)_6$ = 195.3 pm

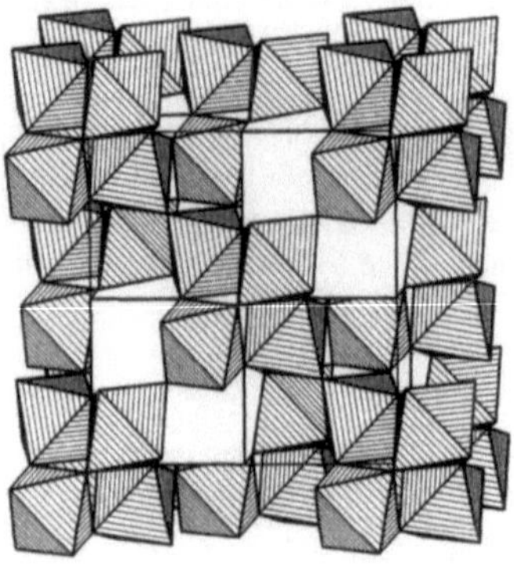

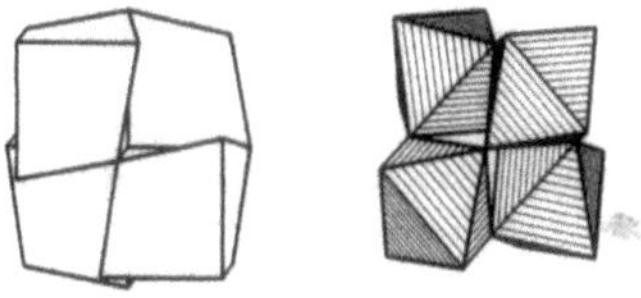

nach dem Prinzip des Zinkblende-Strukturtyps ($\rightarrow$ $ZnS_{Zinkblende}$) aufgebaute Verbindung, bei der die Bausteine, die nach Art einer kubisch dichten Kugelpackung ($\rightarrow$ Cu) angeordnet sind, aus einem inneren nicht besetzten Oktaeder bestehen, der tetraedrisch von vier eckenverknüpften $\{TiO_6\}$-Oktaedern überkappt ist, während die Bausteine in den Tetraederlücken aus vier tetraedrisch angeordneten, kantenverküpften $\{YO_8\}$-Würfeln zusammengesetzt sind

$Er_2Ti_2O_7$ (1007.62 pm, x_O = 0.4200); $La_2Sn_2O_7$ (1070.05 pm, x_O = 0.4216); $La_2Zr_2O_7$ (1078.6 pm, x_O = 0.420); $Sm_2Sn_2O_7$ (1050.99 pm, x_O = 0.4167); $Y_2Sn_2O_7$ (1037.25 pm, x_O = 0.4120)

$ZnTa_2O_6$ Zink(II)-ditantal(V)-oxid

orthorhombisch, Pbcn (60), a = 470.2, b = 1709.4, c = 507.0 pm, V = 407.51 · 10^{-30} m^3, Z = 4

Zn(1)	*c*	0,z,$^1/_4$		0.1012	
Ta(1)	*c*	0,z,$^1/_4$		0.4442	
Ta(2)	*c*	0,z,$^3/_4$		0.2199	
O(1)	*d*	x,y,z	0.218	0.466	0.568
O(2)	*d*	x,y,z	0.237	0.130	0.598
O(3)	*d*	x,y,z	0.249	0.210	0.068

$\{Zn\}/\{Ta\}_6^{okt.}$ $\{O\}_3^{tpl.}$

d$(Zn\text{-}O)_{2/2/2}$ = 198.2/214.4/238.3 pm
d(Ta-O) = 191.8–206.4 pm

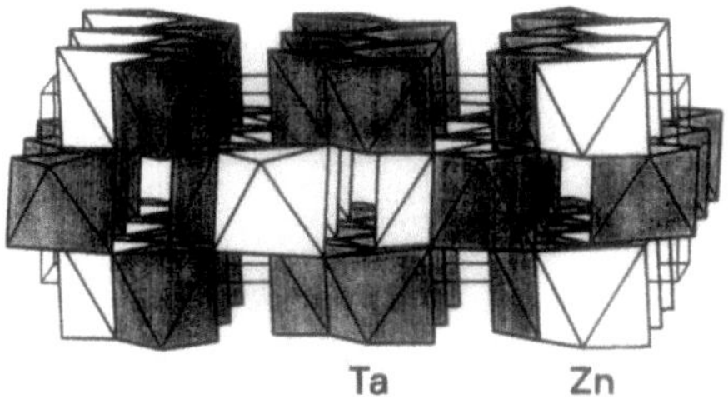

Überstruktur des α-Bleidioxid-Strukturtyps ($\rightarrow$ PbO_2) mit geordneter Verteilung der Kationen, wobei unter Verdreifachung der Basiszelle in Richtung der b-Achse die Positionen in den beiden verschiedenen Oktaederschichten so besetzt sind, daß reine Ta- und gemischte Ta/Zn-Zickzack-Ketten abwechselnd nebeneinander vorliegen

WFe_2O_6 (457.6, 1676.6, 496.7 pm)

6.5.2 Verbindungen $A_mX_nY_o$

AlO(OH) Aluminiumoxidhydroxid $E0_2$ α-AlO(OH) Diaspor

orthorhombisch, Pbnm (62), a = 440.1, b = 942.1, c = 284.5 pm, V = 117.96 · 10^{-30} m³, Z = 4

Al(1)	*e*	x,y,$^1/_4$	– 0.0451	0.1446
O(1)	*e*	x,y,$^1/_4$	0.2880	– 0.1989
O(2)	*e*	x,y,$^1/_4$	– 0.1970	– 0.0532
H(1)	*e*	x,y,$^1/_4$	– 0.4095	– 0.0876

$\{Al\}_6^{okt.}$ $\{O\}_3$

d(Al-O) = 185.2 – 198.0 pm

in einer nur wenig deformierten hexagonal dichten Kugelpackung (→ Mg) von O- und OH-Ionen sind die Hälfte der Oktaederlücken (vgl. $TiO_{2,Rutil}$) derart mit Al-Ionen besetzt, daß innerhalb der Oktaederschichten Zweierketten aus kantenverknüpften $\{AlO_3(OH)_3\}$-Oktaedern gebildet werden, die untereinander eckenverknüpft sind

α-$FeO(OH)_{Goethit}$ (462, 995, 301.0 pm, xy_{Fe} = – 0.045, 0.145, $xy_{O(1)}$ = 0.288, – 0.199, $xy_{O(2)}$ = – 0.198, – 0.053); α-GaO(OH), (451.6, 977.9, 296.6 pm, xy_{Ga} = 0.0512, – 0.1447, $xy_{O(1)}$ = 0.7020, 0.1953, $xy_{O(2)}$ = 0.1945, 0.0546); α-$MnO(OH)_{Groutit}$ (456.0, 1070.0, 287.0 pm, xy_{Mn} = – 0.0501, 0.1401, $xy_{O(1)}$ = 0.2987, – 0.1868, $xy_{O(2)}$ = – 0.1945, – 0.0697); α-ScO(OH) (475.5, 1030.1, 320.9 pm, xy_{Sc} = 0.065, – 0.148, $xy_{O(1)}$ = 0.689, 0.201, $xy_{O(2)}$ = 0.211, 0.053); $VO(OH)_{Montroseit}$ (482, 948, 293 pm, xy_V = – 0.0511, 0.1457, $xy_{O(1)}$ = 0.300, – 0.201, $xy_{O(2)}$ = – 0.199, – 0.053)

FeO(OH) Eisenoxidhydroxid $E0_4$ γ-FeO(OH) Lepidokrokit

orthorhombisch, Cmcm (63), a = 307.0, b = 1253, c = 387.6 pm, V = 149.10 · 10^{-30} m³, Z = 4

Fe(1)	*c*	0,y,$^1/_4$	– 0.3137
O(1)	*c*	0,y,$^1/_4$	0.2842
O(2)	*c*	0,y,$^1/_4$	0.0724

$\{Fe\}_6^{okt.}$ $\{O\}_2^{gew.}$

$d(Fe\text{-}O)_{2/2/2}$ = 196.5/197.3/209.6 pm

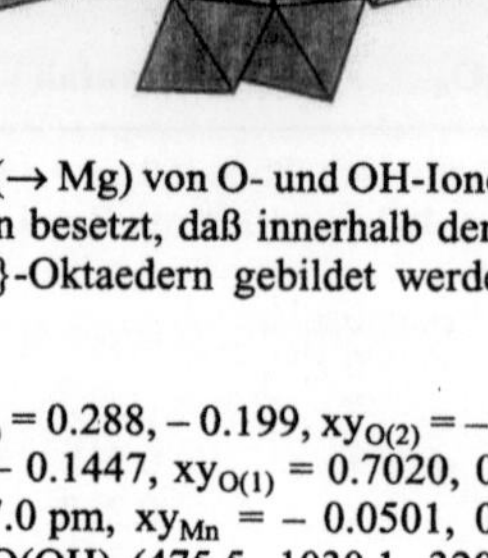

in einer Anordnung von O- und OH-Ionen, die aufgrund von Wasserstoffbrücken nicht ganz der einer kubisch dichten Kugelpackung (→ Cu) entspricht, sind die Hälfte der Oktaederlücken derart mit Fe-Ionen besetzt, daß zwischen zwei Oktaederschichten Zweierketten aus kantenverknüpften FeO(OH)}-Oktaedern gebildet werden, die zwischen den Schichten eckenverknüpft sind

γ-$AlO(OH)_{Boehmit}$ (287.6, 1224, 370.9 pm, y_{Al} = – 0.3172, $y_{O(1)}$ = 0.2902, $y_{O(2)}$ = 0.0820); γ-ScO(OH) (324, 1301, 401 pm, y_{Sc} = – 0.318, $y_{O(1)}$ = 0.282, $y_{O(2)}$ = 0.071)

PbFCl **Bleifluoridchlorid** **$E0_1$** **Matlockit**

tetragonal, P4/nmm (129), a = 410.6, c = 723 pm, V = 121.89 · 10^{-30} m^3, Z = 4

Pb(1)	*c*	0,$^1/_2$,z	0.20
F(1)	*a*	0,0,0	
Cl(1)	*c*	0,$^1/_2$,z	0.65

$\{Pb\}^{\text{quadr. antiprism.}}_{4+4}$

$\{Cl\}^{\text{tetr.}}_4/\{F\}^{\text{quadr. bas.}}_4$

d(Pb-F) = 251.1 pm
d(Pb-Cl) = 310.0 pm

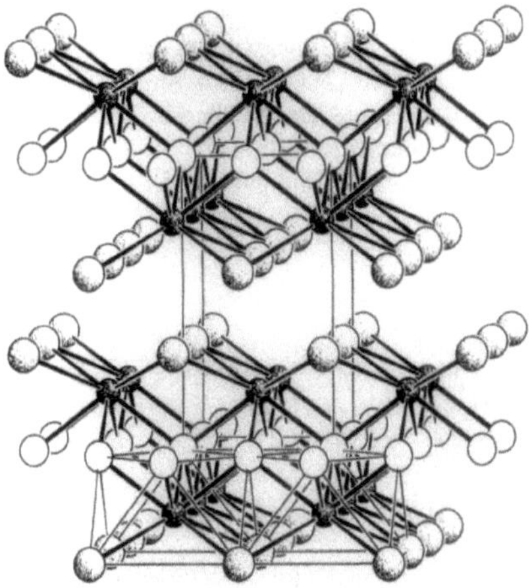

Doppelschichtenstruktur auf der Basis quadratisch-planarer (4^4)-Netze aus F- bzw. Cl-Atomen, die in der Reihenfolge [F-Cl-F] auf Lücke übereinander liegen, wobei die Pb-Atome nur die quadratisch antiprismatischen Lücken zwischen den F- und Cl-Netzen besetzen

Fluoridchloride

BaFCl (439.39, 722.48 pm, z_{Ba} = 0.2049, z_{Cl} = 0.6472); CaFCl (398.4, 680.9 pm); EuFCl (411.8, 697.1 pm); PbFCl (410.6, 723 pm, z_{Pb} = 0.20, z_{Cl} = 0.65); SmFCl (413.5, 699.2 pm); SrFCl (412.59, 695.79 pm, z_{Sr} = 0.2015, z_{Cl} = 0.6429 pm); TmFCl (395.6, 684.9 pm); YbFCl (394.0, 682.5 pm);

Fluoridbromide

BaFBr (450.3, 743.5 pm); CaFBr (388.3, 805.1 pm); EuFBr (421.9, 731.2 pm); PbFBr (418, 759 pm, z_{Pb} = 0.195, z_{Br} = 0.65); SmFBr (423.5, 731.6 pm); SrFBr (421.8, 733.7 pm); YbFBr (398.3, 754.6 pm)

Fluoridiodide

BaFI (450.3, 797.7 pm); CaFI (429, 870 pm); EuFI (424.9, 873.2 pm); PbFI (423.5, 881 pm); SmFI (428.2, 860.4 pm); SrFI (425.3, 883.3 pm); YbFI (405.0, 899.8 pm)

Hydridhalogenide

BaHBr (456.4, 741.8 pm, z_{Ba} = 0.175, z_{Br} = 0.67); BaHCl (440.8, 720.2 pm, z_{Ba} = 0.215, z_{Cl} = 0.65); BaHI (482.8, 786.7 pm, z_{Ba} = 0.19, z_I = 0.68); CaHBr (385.8, 791.1, z_{Ca} = 0.140, z_{Br} = 0.67 pm); CaHCl (385.1, 686.1, z_{Ca} = 0.146, z_{Cl} = 0.695 pm); CaHI (407.1, 894.1, z_{Ca} = 0.16, z_I = 0.675 pm) EuHCl (407.4, 689.6 pm); SrHBr (425.4, 729.0 pm, z_{Sr} = 0.155, z_{Br} = 0.68); SrHCl (410.0, 696.1 pm, z_{Sr} = 0.199, z_{Cl} = 0.66); SrHI (437.1, 845.0 pm, z_{Sr} = 0.20, z_I = 0.70)

Oxyfluoride

BiOF (374.8, 622.4 pm; z_{Bi} = 0.208, z_F = 0.65); γ-LaOF (409.1, 585.2 pm); γ-YOF (398.8, 547 pm)

Oxychloride

BiOCl (389.1, 736.9 pm, z_{Bi} = 0.170, z_{Cl} = 0.645); CeOCl (408.0, 683.1 pm); DyOCl (392.0, 660.2 pm, z_{Dy} = 0.168, z_{Cl} = 0.629); EuOCl (396.46, 669.5 pm, z_{Eu} = 0.170, z_{Cl} = 0.630); GdOCl (395.0, 667.2 pm); HoOCl (389.3, 660.2 pm, z_{Ho} = 0.17, z_{Cl} = 0.63); LaOCl (411.9, 688.2 pm; z_{La} = 0.178, z_{Cl} = 0.635); NdOCl (401.8, 678.2 pm; z_{Nd} = 0.18, z_{Cl} = 0.64); PrOCl (405.1, 681.0 pm; z_{Pr} = 0.18, z_{Cl} = 0.64); PmOCl (402.0, 674.0 pm); SmOCl (398.2, 672.1 pm, z_{Sm} = 0.17, z_{Cl} = 0.63); TbOCl (392.1, 662.8 pm, z_{Tb} = 0.166, z_{Cl} = 0.63); YOCl (390.3, 659.7 pm; z_Y = 0.188, z_{Cl} = 0.64)

Oxybromide

BiOBr (391.6, 807.7 pm, z_{Bi} = 0.154, z_{Br} = 0.653); CeOBr (413.8, 748.7 pm); DyOBr (386.7, 821.9 pm); ErOBr (382.1, 826.4 pm, z_{Er} = 0.16, z_{Br} = 0.64); EuOBr (392.4, 801.5 pm, z_{Eu} = 0.145, z_{Br} = 0.660); GdOBr (389.5, 811.6 pm); HoOBr (383.2, 824.1 pm); LaOBr (414.5, 735.9 pm, z_{La} = 0.164, z_{Br} = 0.635); LuOBr (377.0, 838.7 pm); NdOBr (401.7, 761.9 pm, z_{Nd} = 0.16, z_{Br} = 0.64); PmOBr (398, 756 pm); PrOBr (407.1, 748.7 pm); SmOBr (395.2, 791.4 pm); TbOBr (389.1, 821.9 pm); TmOBr (380.6, 828.8 pm); YOBr (383.8, 824.1 pm); YbOBr (378.47, 830.9 pm, z_{Yb} = 0.133, z_{Br} = 0.670)

Oxyiodide

BiOI (398.5, 912.9 pm, z_{Bi} = 0.132, z_{I} = 0.668); DyOI (396.6, 918.3 pm); EuOI (399.3, 918.6 pm, z_{Eu} = 0.120, z_{I} = 0.675); LaOI (414.4, 912.6 pm, z_{La} = 0.135, z_{I} = 0.660); NdOI (405.6, 918.3 pm); PmOI (400, 918 pm); PrOI (408.53, 916.24 pm); SmOI (400.8, 919.2 pm); TmOI (388.7, 916.6 pm, z_{Tm} = 0.125, z_{I} = 0.680); YbOI (387.0, 916.1 pm)

Sulfidfluoride, Selenidfluoride

CeSF (401.0, 695.1 pm, z_{Ce} = 0.180, z_{F} = 0.615); CeSeF (409, 715 pm); DySF (378, 682 pm); α-ErSF (374, 678 pm); GdSF (383, 685 pm); GdSeF (393, 708 pm); α-HoSF (376, 679 pm); LaSF (402.4, 697.9 pm, z_{La} = 0.180, z_{F} = 0.626); α-LaSeF (414, 717 pm); LuSF (377.0, 838.7 pm); NdSF (393, 691 pm); NdSeF (402.0, 705.0 pm); PrSF (396, 692 pm); PrSeF (405, 713 pm); SmSF (387, 688 pm); SmSeF (307, 710 pm); TbSF (381, 684 pm); α-YSF (377, 680 pm)

6.6 Kristalldaten von Verbindungen mit diskreten, komplexen Ionen

6.6.1 Verbindungen $A_m[X_2]_n$

CaC_2 Calciumcarbid C11

tetragonal, I4/mmm (139), a = 363.3 pm, c = 603.6, V = 79.67 · 10^{-30} m^3, Z = 1

Ca(1)	*a*	0,0,0	
C(1)	*d*	0,0,z	z = 0.395

komplexes Ion: C_2^{2-}-Hanteln

d(C-C) = 126.8 pm d(Ca-C) = 238.3 pm

Variante des Halit-Strukturtyps (→ NaCl), in dem die kugelförmigen Cl-Ionen durch hantelförmige C_2-Baueinheiten ersetzt sind, wodurch die ursprünglich kubische Struktur in einer Richtung tetragonal verzerrt wird

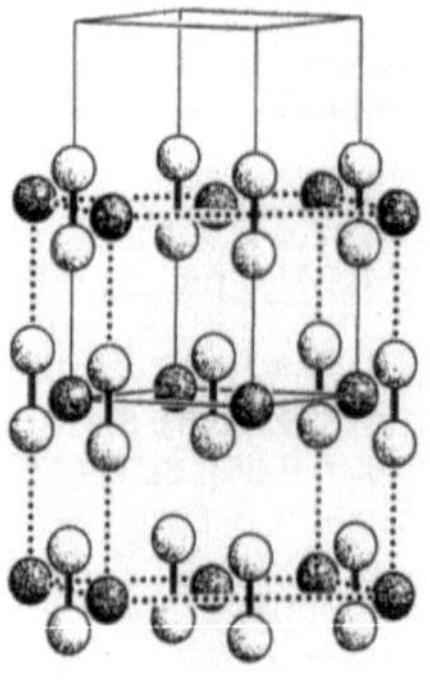

Carbide

BaC_2 (441, 707 pm); CeC_2 (381.4, 648.5 pm); DyC_2 (366.9, 617.6 pm); ErC_2 (362.0, 609.4 pm); GdC_2 (371.8, 627.5 pm); HoC_2 (364.3, 613.9 pm); LaC_2 (393, 656 pm); LuC_2 (356.3, 596.4 pm); MgC_2 (486, 576 pm); NdC_2 (391, 629 pm); PrC_2 (386, 639 pm); SmC_2 (377.0, 633.1 pm); SrC_2 (412, 669 pm); TbC_2 (369.0, 621.7 pm); TmC_2 (360.0, 604.7 pm); YC_2 (366.4, 616.9 pm); YbC_2 (363.7, 610.9 pm)

Peroxide

BaO_2 (538.4, 684.1 pm, z = 0.3911); CaO_2 (354, 592 pm); SrO_2 (503, 656 pm)

Superoxide

CsO_2 (629, 721 pm, z = 0.405); KO_2 (570.4, 669.9 pm, z = 0.4047); RbO_2 (601, 704 pm, z = 0.405)

Intermetallische Verbindungen

$AlCr_2$ (300.45, 864.77 pm, z = 0.3192); $ErAg_2$ (366.8, 913.5 pm); $ErAu_2$ (366.5, 893.2 pm); $HoAg_2$ (368.2, 917.2 pm); $HoAu_2$ (367.6, 893.4 pm); $MgHg_2$ (383.8, 879.9 pm, z = 0.333); β-$MoGe_2$ (331.3, 819.5 pm, z = 0.333); $MoSi_2$ (320.3, 789 pm, z = 0.333); $ReSi_2$ (312.9, 776.4 pm, z = 0.333); WSi_2 (321.1, 786.8 pm, z = 0.333); $YbAg_2$ (362.4, 888 pm); $YbAu_2$ (362.74, 888.9 pm)

FeS_2 Eisendisulfid C2 Pyrit

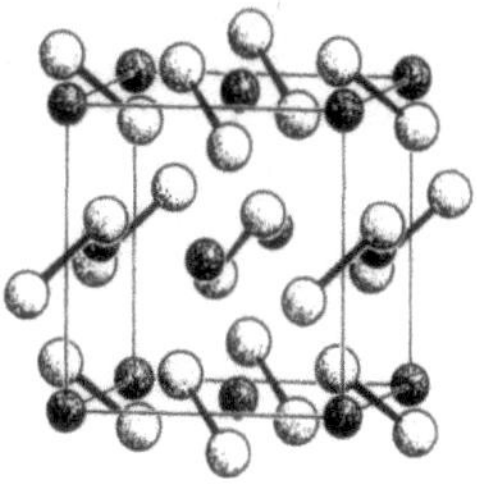

kubisch, Pa3 (205), a = 540.80, V = 158.16 · 10^{-30} m^3, Z = 2

Fe(1)	*a*	0,0,0	
S(1)	*c*	x,x,x	0.386

komplexes Ion: S_2^{2-}-Hanteln

d(Fe-S) = 226.2 pm d(S-S) = 213.6 pm

Variante des Halit-Strukturtyps (→ NaCl), bei der die Cl-Ionen durch hantelförmige Disulfid-Ionen unter Erhalt der kubischen Metrik ersetzt sind

Chalkogenide

CoS_2 (552.32 pm, z = 0.389); $CoSe_2$ (585.7 pm, z = 0.380), MnS_2 (609.5 pm, z = 0.401); $MnSe_2$ (643.0 pm, z = 0.393); $MnTe_2$ (695.1 pm, z = 0.386); NiS_2 (567.6 pm, z = 0.395); $NiSe_2$ (596.04 pm, z = 0.384); OsS_2 (561.88, z = 0.375); $OsSe_2$ (594.5 pm, z = 0.38); $OsTe_2$ (638.2 pm; z = 0.38); RhS_2 (558.5 pm, z = 0.38); $RhSe_2$ (600.2 pm; z = 0.38); RuS_2 (558 pm, z = 0.375); $RuSe_2$ (593.3 pm; z = 0.38); $RuTe_2$ (640.3 pm, z = 0.38)

Peroxide

CdO_2 (531.3 pm; z = 0.4192); α-KO_2 (612 pm); β-NaO_2 (549.0 pm)

Pnictide

$AuSb_2$ (666.0 pm, z = 0.375); $PdAs_2$ (598 pm, z = 0.38); $PdBi_2$ (668 pm); $PdSb_2$ (645.9 pm; z = 0.38); $PtAs_2$ (596.65 pm, z = 0.38); $PtBi_2$ (670.22 pm, z = 0.38); PtP_2 (569.56 pm, z = 0.38); $PtSb_2$ (644.00 pm, z = 0.38)

FeS_2 Eisendisulfid C18 Markasit

orthorhombisch, Pnnm (58), a = 443.6, b = 541.4, c = 338.1 pm, V = 81.20 · 10^{-30} m^3, Z = 2

Fe(1)	*a*	0,0,0		
S(1)	*g*	x,y,0	0.200	0.378

komplexes Ion: S_2^{2-}-Hanteln

$d(Fe\text{-}S)_{2/4} = 223.1/225.2$ pm $d(S\text{-}S) = 221.2$ pm

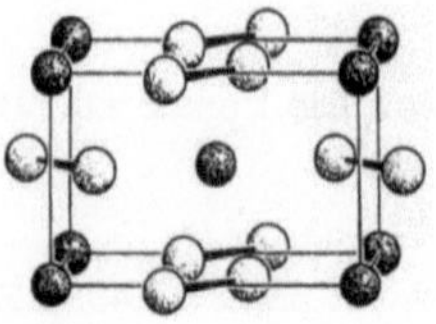

in einer kubisch innenzentrierten Anordnung (→ W) von Fe-Ionen, die orthorhombisch verzerrt ist, sind die Disulfid-Ionen so in parallel zur a-Achse verlaufenden Strängen aufgereiht, daß die Fe-Ionen eine oktaedrische Koordination erreichen

Chalkogenide

$CuSe_2$ (510.3, 629.3, 381.2 pm, xy_{Se} = 0.176, 0.387); $FeSe_2$ (480.02, 578.23, 358.34 pm, xy_{Se} = 0.2127, 0.3701); $RuTe_2$ (529.15, 640.43, 401.18 pm)

Pnictide

$CoAs_2$ (505.0, 587.2, 313.0 pm); $CoSb_2$ (559.6, 637.3, 337.9 pm, xy_{Sb} = 0.195, 0.360); $CrSb_2$ (602.75, 687.38, 327.15 pm, xy_{Sb} = 0.1797, 0.3662); $CuAs_2$ (478.9, 579.0, 353.7 pm, xy_{As} = 0.215, 0.370); $FeAs_2$ (530.12, 598.58, 288.22 pm, xy_{As} = 0.1763, 0.3624); FeP_2 (497.29, 565.68, 272.30 pm, xy_P = 0.1683, 0.3689); $FeSb_2$ (583.28, 653.76, 319.73 pm, xy_{Sb} = 0.188, 0.357); $NiAs_2$ (475.82, 579.49, 354.40 pm, xy_{As} = 0.2017, 0.3691); $NiSb_2$ (518.37, 631.84, 384.08 pm, xy_{Sb} = 0.219, 0.362); $OsAs_2$ (541.29, 619.10, 301.26 pm, xy_{As} = 0.170, 0.366); OsP_2 (510.12, 590.22, 291.83 pm, xy_P = 0.1634, 0.3723); $OsSb_2$ (594.11, 668.73, 321.09 pm, xy_{Sb} = 0.1848, 0.3596); $RuAs_2$ (543.02, 618.34, 297.14 pm, xy_{As} = 0.168, 0.379); RuP_2 (511.69, 589.15, 287.09 pm, xy_P = 0.1617, 0.3727); $RuSb_2$ (595.14, 667.43, 317.90 pm, xy_{Sb} = 0.1812, 0.3590)

6.6.2 Verbindungen $A_m[YX_3]_n$

$CaCO_3$ Calciumcarbonat $G0_2$ Aragonit

orthorhombisch, Pnma (62), a = 574.1, b = 496.1, c = 796.7 pm, V = 226.85 · 10^{-30} m^3, Z = 4

Ca(1)	*c*	x,¹/₄,z	0.2405		0.4151
C(1)	*c*	x,¹/₄,z	0.0852		0.7621
O(1)	*c*	x,¹/₄,z	0.0956		0.9222
O(2)	*d*	x,y,z	0.0873	0.4735	0.6806

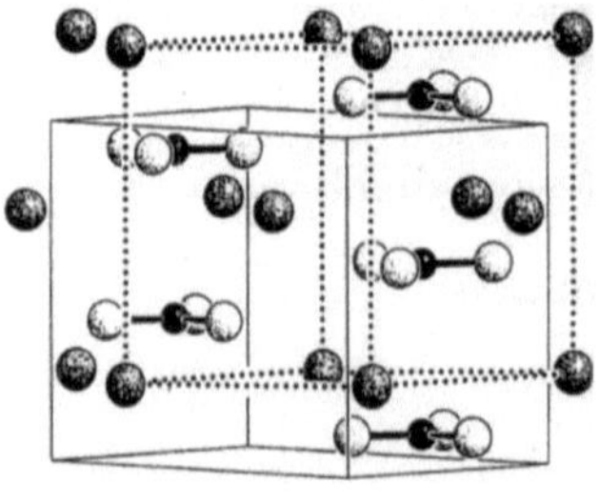

komplexes Ion: CO_3^{2-}-Dreieck

$d(C\text{-}O)_{1/2} = 127.7/128.5$ pm
$d(Ca\text{-}O)_9 = 241.6-265.4$ pm

Variante des Nickelarsenid-Strukturtyps (→ NiAs), bei der die Cl-Ionen durch parallel zueinander liegende, trigonal-planare Carbonat-Gruppen ersetzt sind, wodurch die ursprünglich hexagonale Struktur orthorhombisch verzerrt wird

Carbonate

$BaCO_3$ (883.45, 654.90, 525.56 pm); $PbCO_3$ (846.8, 614.6, 516.6 pm); $SrCO_3$ (841.4, 602.9, 510.7 pm)

Nitrate

KNO_3 (817.09, 642.55, 541.75 pm)

$CaCO_3$ Calciumcarbonat $G0_1$ Calcit

rhomboedrisch, R$\bar{3}$c (167), a = 636.1 pm, α = 46.08°, V = 122.63 · 10^{-30} m^3, Z = 2; hexagonale Aufstellung: a = 499.008, c = 1705.951 pm, V = 367.89 · 10^{-30} m^3, Z = 6

Ca(1)	*b*	0,0,0	
C(1)	*a*	0,0,$^1/_4$	
O(1)	*e*	x,0,$^1/_4$	0.2568

komplexes Ion: CO_3^{2-}-Dreieck

$d(C\text{-}O)_3$ = 128.1 pm
$d(Ca\text{-}O)_6$ = 236.0 pm

Variante des Halit-Strukturtyps (→ NaCl), bei der die Cl-Ionen durch parallel zueinander liegende, trigonal-planare Carbonat-Gruppe ersetzt sind, wodurch die ursprünglich kubische Struktur trigonal-rhomboedrisch verzerrt wird

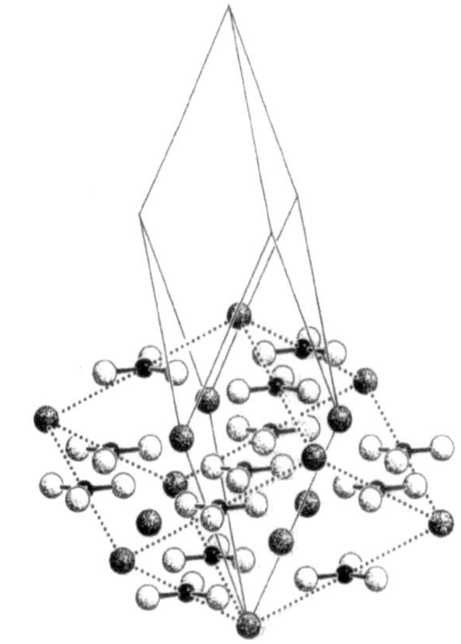

Carbonate

$CdCO_3$ (492.04, 1629.8 pm); $CoCO_3$ (465.81, 1495.8 pm) $FeCO_3$ (462.6, 1528.8 pm); $MgCO_3$ (463.30, 1501.3 pm); $MnCO_3$ (477.68, 1566.4 pm); $NiCO_3$ (459.75, 1472.3 pm), $ZnCO_3$ (465.28, 1502.5 pm)

Nitrate

$AgNO_3$ (516.8, 1690.3 pm, T = 423 K), KNO_3 (542.3, 1927.7 pm, T = 401 K), $LiNO_3$ (469.2, 1520.6 pm, z = 0.264); $NaNO_3$ (507.08, 1681.8 pm, z = 0.0098); $RbNO_3$ (548.3, 2141.0 pm, T = 523 K)

Borate

$InBO_3$ (482.3, 1545.6 pm); $LuBO_3$ (491.3, 1621.4 pm); $ScBO_3$ (475, 1527 pm); YBO_3 (506, 1721 pm)

$CaMgCO_3$ Calciummagnesiumcarbonat Dolomit

rhomboedrisch, R$\bar{3}$ (148), a = 601.31 pm, α = 47.10°, V = 106.69 · 10^{-30} m^3, Z = 1; hexagonale Aufstellung: a = 480.6, c = 1600.6 pm, V = 320.17 · 10^{-30} m^3, Z = 3

Ca(1)	*a*	0,0,0			
Mg(1)	*b*	0,0,$^1/_2$			
C(1)	*c*	0,0,z			0.2431
O(1)	*f*	x,y,z	0.2482	−0.0357	0.2440

komplexes Ion: CO_3^{2-}-Dreieck

$d(C\text{-}O)_3$ = 128.7 pm
$d(Ca\text{-}O)_6$ = 238.1 pm
$d(Mg\text{-}O)_6$ = 211.3 pm

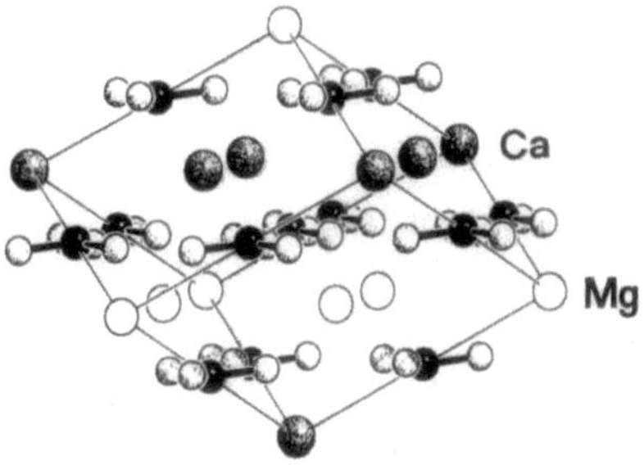

Überstruktur des Calcit-Strukturtyps (→ $CaCO_3$) mit geordneter Verteilung der Kationen, die abwechselnd die Schichten der Oktaederlücken besetzen

$KBrO_3$ Kaliumbromat G0$_7$

rhomboedrisch, R3m (160), a = 440.7 pm, α = 85.98°, V = 85.03 · 10^{-30} m³, Z = 1; hexagonale Aufstellung: a = 601.1, c = 815.20 pm, V = 255.09 · 10^{-30} m³, Z = 3

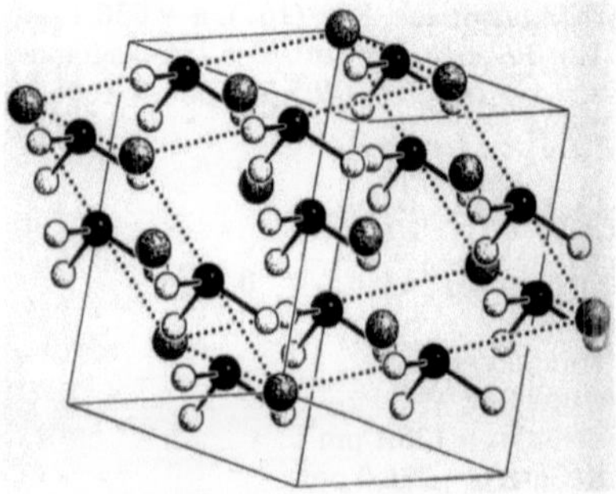

K(1)	*a*	0,0,z		0.0000
Br(1)	*a*	0,0,z		0.4827
O(1)	*b*	x,$\bar{x}$,z	0.1446	0.4002

komplexes Ion: BrO_3^--Pyramiden

d(K-O)$_{3/6}$ = 292.9/306.3 pm
d(Br-O)$_3$ = 164.9 pm

Variante des Halit-Strukturtyps (→ NaCl), bei der die Cl-Ionen durch trigonal-pyramidale Bromat-Gruppen ersetzt sind, wodurch das ursprünglich kubische Gitter trigonal-rhomboedrisch verzerrt wird

$RbClO_3$ (609.2, 817.3 pm, z_{Cl} = 0.4668, xz_O = 0.1296, 0.3981)

6.6.3 Verbindungen $A_m[YX_4]_n$

$BaSO_4$ Bariumsulfat H0$_2$ Schwerspat/Baryt

orthorhombisch, Pnma (62), a = 888.42, b = 545.59, c = 715.69 pm, V = 346.90 · 10^{-30} m³, Z = 4

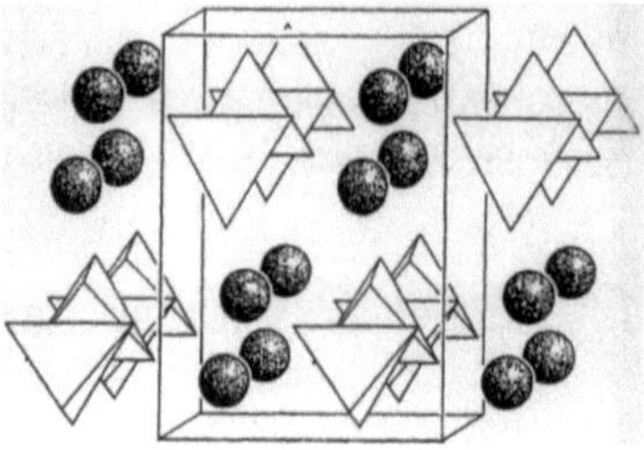

Ba(1)	*c*	x,¼,z	0.1845	0.1585	
S(1)	*c*	x,¼,z	0.0627	0.6913	
O(1)	*c*	x,¼,z	– 0.0890	0.6066	
O(2)	*c*	x,¼,z	0.1817	0.5518	
O(3)	*d*	x,y,z	0.0796	0.0300	0.8116

komplexes Ion: SO_4^{2-}-Tetraeder

d(Ba-O)$_{12}$ = 276.7 – 331.5 pm
d(S-O)$_{1/1/2}$ = 145.4/147.8/148.5 pm

aus diskreten Kationen und Anionen aufgebaute Struktur, in der die Ba- und Sulfat-Ionen in getrennten, parallel zur a-Achse verlaufenden Zickzack-Strängen aufgereiht sind, die entsprechend einer zweifach hexagonalen Stabpackung angeordnet sind; jedes Ba-Ion ist hierbei sehr unregelmäßig von zwölf O-Atomen umgeben

Sulfate, Perchlorate, Tetrafluoroborate, Chromate, Permanganate

$BaCrO_4$ (910.28, 552.76, 733.14 pm, xz_{Ba} = 0.18310, 0.15551, xz_{Cr} = 0.05775, 0.69404, $xz_{O(1)}$ = – 0.1099, 0.6146, $xz_{O(2)}$ = 0.1815, 0.5330, $xyz_{O(3)}$ = 0.0820, 0.0078, 0.8231); $CsBF_4$ (967, 588, 764 pm, xz_{Cs} = 0.1917, 0.1631, xz_B = 0.0517, 0.6914, $xz_{F(1)}$ = – 0.0839, 0.6273, $xz_{F(2)}$ = 0.1467, 0.5723, $xyz_{F(3)}$ = 0.0711, 0.0577, 0.8010); $CsClO_4$ (982.3, 600.9, 776.4 pm); KBF_4 (867, 549, 703 pm, xz_K = 0.1845, 0.1613, xz_B = 0.0633, 0.6872, $xz_{F(1)}$ = – 0.0811, 0.6025, $xz_{F(2)}$ = 0.1786, 0.5576, $xyz_{F(3)}$ = 0.0777, 0.0446, 0.8042); $KClO_4$ (876.5, 562.0, 720.5 pm, xz_K = 0.18038, 0.33865, xz_{Cl} = 0.06954, 0.81160, $xz_{O(1)}$ = 0.19372, 0.94289, $xz_{O(2)}$ = – 0.07410, 0.90607, $xyz_{O(3)}$ = 0.08098, 0.04086, 0.69491); $KMnO_4$ (910.5, 572.0, 742.5 pm; xz_K = 0.3187, 0.6587, xz_{Mn} = 0.43834, 0.19181, $xz_{O(1)}$ = 0.31250, 0.03713, $xz_{O(2)}$ = 0.60156, 0.10319, $xyz_{O(3)}$ = 0.42033, 0.01747, 0.31782); $PbBF_4$ (831, 535, 637 pm, xz_{Pb} = 0.1943, 0.1644, xz_B = 0.192, 0.80, $xz_{F(1)}$ = 0.191, 0.543, $xz_{F(2)}$ = 0.369, 0.843, $xyz_{F(3)}$ = 0.073, 0.012, 0.824); $PbSO_4$ (848.2, 539.8, 695.9 pm); $RbBF_4$ (910, 563, 729 pm, xz_{Rb} = 0.1869, 0.1621, xz_B = 0.0589, 0.6964, $xz_{F(1)}$ = – 0.0846, 0.6179, $xz_{F(2)}$ = 0.1622, 0.5673, $xyz_{F(3)}$ = 0.0746, 0.0486, 0.8006); $RbClO_4$ (925.2, 578.9, 747.2 pm); $SrSO_4$ (837.1, 535.5, 687.0 pm)

$Ca_5(PO_4)_3Br$ Pentacalcium-triphosphat-bromid $H5_7$ ***Apatit-Strukturtyp***

hexagonal, $P6_3/m$ (176), a = 976.1, c = 673.9 pm, V = 556.05 · 10^{-30} m^3, Z = 2

Ca(1)	*f*	$^1/_3,^2/_3$,z			0.0045
Ca(2)	*h*	x,y,$^1/_4$	0.2672	0.0121	
P(1)	*h*	x,y,$^1/_4$	0.4124	0.3785	
O(1)	*h*	x,y,$^1/_4$	0.3533	0.4972	
O(2)	*h*	x,y,$^1/_4$	0.5954	0.4642	
O(3)	*i*	x,y,z	0.3572	0.2713	0.0662
Br(1)	*b*	0,0,0			

komplexes Ion: PO_4^{3-}-Tetraeder

$d(Ca\text{-}O)_{3/3/3}$ = 241.5/243.8/280.9 pm
$d(P\text{-}O)_{1/1/2}$ = 153.1/154.8/153.5 pm

parallel zur c-Achse verlaufende Stränge von Phosphat-Ionen sind so zueinander angeordnet, daß große Kanäle mit sechsseitigem und kleine mit dreiseitigem Querschnitt entstehen, wobei sich in den Zentren dieser Kanäle Stränge der Br- bzw. Ca(1)-Ionen befinden, während jeweils sechs Stränge der Ca(2)-Ionen die Innenseite der großen Kanäle ausfüllen

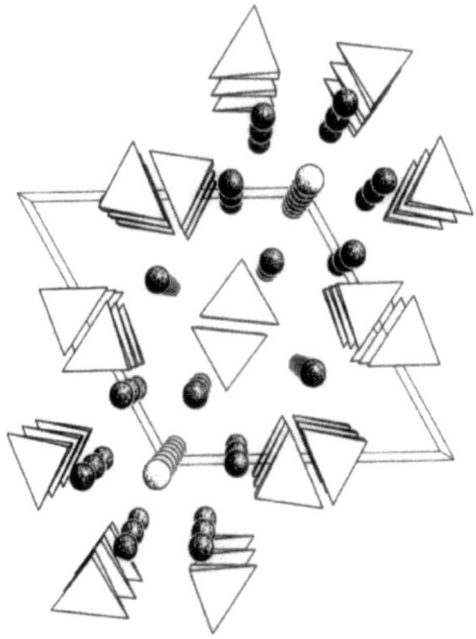

$Ca_5(PO_4)_3Cl$ (959.8, 677.6 pm)*; $Ca_5(PO_4)_3F$ (939.7, 687.8 pm); $Ca_5(PO_4)_3OH$ (941.7, 687.5 pm)*; $Pb_5(AsO_4)_3Cl_{Mimetit}$ (1025.0, 745.4 pm, $z_{Pb(1)}$ = 0.0065, $xy_{Pb(2)}$ = 0.2514, 0.0042, xy_{As} = 0.4096, 0.3850, $xy_{O(1)}$ = 0.3290, 0.4937, $xy_{O(2)}$ = 0.5982, 0.4872, $xyz_{O(3)}$ = 0.3597, 0.2716, 0.0733); $Pb_5(PO_4)_3Cl_{Pyromorphit}$ (997.6, 735.1 pm); $Pb_5(VO_4)_3Cl_{Vanadinit}$ (1031.7, 733.7 pm, $z_{Pb(1)}$ = 0.0077, $xy_{Pb(2)}$ = 0.25484, 0.01209, xy_V = 0.4097, 0.3840, $xy_{O(1)}$ = 0.333, 0.497, $xy_{O(2)}$ = 0.599, 0.485, $xyz_{O(3)}$ = 0.359, 0.269, 0.065)

* Fehlordnung der Cl- bzw. OH-Ionen

$CaSO_4$ Calciumsulfat HO_1 **Anhydrit**

orthorhombisch, Cmcm (63), a = 699.6, b = 624.5, c = 700.6 pm, V = 306.09 · 10^{-30} m^3, Z = 4

Ca(1)	*c*	0,y,$^1/_4$		0.3476	
S(1)	*c*	0,y,$^1/_4$		0.1556	
O(1)	*g*	x,y,$^1/_4$	0.1695	0.0155	
O(2)	*f*	0,y,z		0.2976	0.0817

komplexes Ion: SO_4^{2-}-Tetraeder

$d(Ca\text{-}O)_8$ = 234.5 – 255.9 pm
$d(S\text{-}O)_{2/2}$ = 147.4/147.5 pm

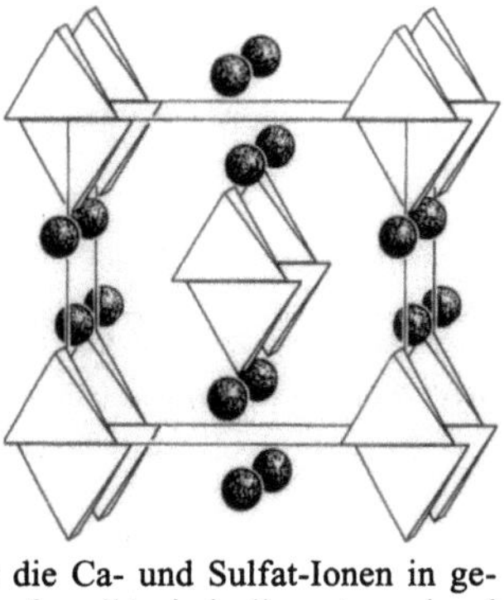

aus diskreten Kationen und Anionen bestehende Struktur, in der die Ca- und Sulfat-Ionen in getrennten, parallel zur c-Achse verlaufenden Zickzack-Strängen aufgereiht sind, die entsprechend einer zweifach hexagonalen Stabpackung angeordnet sind; jedes Ca-Atom ist hierbei von acht O-Atomen in Form eines stark verzerrten, zweifach überkappten Oktaeders umgeben

$NaBF_4$ (683.68, 626.19, 679.16 pm, y_{Na} = 0.6552, y_B = 0.1608, yz_F = 0.2920, 0.08458, xy_F = 0.1644, 0.0312); $NaClO_4$ (708.5, 652.6, 704.8 pm, y_{Na} = 0.6637, y_{Cl} = 0.1683, yz_O = 0.2989, 0.0867, xy_O = 0.1638, 0.0384)

$CaSO_4 \cdot 2H_2O$ Calciumsulfat Dihydrat $H4_6$ **Gips/Selenit**

monoklin, C2/c (15), a = 567.9, b = 1520.2, c = 652.2 pm, β = 118.43°, V = 495.15 · 10^{-10} m³, Z = 4

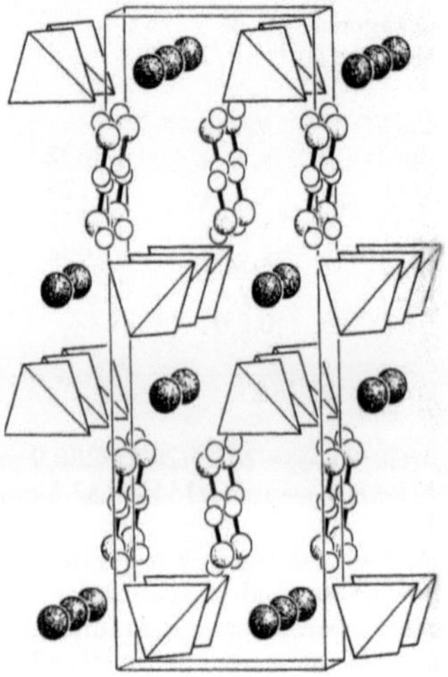

Ca(1)	*e*	0,y,1/4		0.57967	
S(1)	*e*	0,y,1/4		0.92295	
O(1)	*f*	x,y,z	0.96320	0.13190	0.55047
O(2)	*f*	x,y,z	0.75822	0.02226	0.66709
O(3)	*f*	x,y,z	0.37960	0.18212	0.45881
H(1)	*f*	x,y,z	0.25112	0.16158	0.50372
H(2)	*f*	x,y,z	0.40458	0.24275	0.49217

komplexes Ion: SO_4^{2-}-Tetraeder

$d(Ca\text{-}O)_8$ = 236.6 – 255.2 pm
$d(S\text{-}O)_{2/2}$ = 147.1/147.4 pm

Schichtenstruktur aus diskreten Anionen, Kationen und Wassermolekülen, in der die Ca- und Sulfat-Ionen senkrecht zur b-Achse stehende Doppelschichten bilden, die durch H_2O-Doppelschichten voneinander getrennt sind; in den aus Ionen aufgebauten Doppelschichten sind beide Bausteine in getrennten, parallel zur a-Achse verlaufenden Strängen aufgereiht, die versetzt übereinander liegen, wobei jedes Ca-Ion quadratisch-antiprismatisch von acht O-Atomen umgeben ist

$CaWO_4$ Calciumwolframat $H0_4$ **Scheelit**

tetragonal, $I4_1/a$ (88), a = 524.3, c = 1137.6 pm, V = 312.72 · 10^{-30} m³, Z = 2

Ca(1)	*b*	0,0,1/2			
W(1)	*a*	0,0,0			
O(1)	*f*	x,y,z	0.2415	0.1504	0.0861

komplexes Ion: WO_4^{2-}-Tetraeder

$d(Ca\text{-}O)_{4/4}$ = 244.0/248.0 pm
$d(W\text{-}O)_4$ = 178.3 pm

aus diskreten Kationen und Anionen aufgebaute Struktur, in der die Ca- und Wolframat-Ionen in getrennten, parallel zur a-Achse verlaufenden Zickzack-Strängen aufgereiht sind, die entsprechend einer zweifach hexagonalen Stabpackung angeordnet sind; jedes Ca-Ion ist hierbei von acht O-Atomen in Form eines stark verzerrten quadratischen Antiprismas umgeben

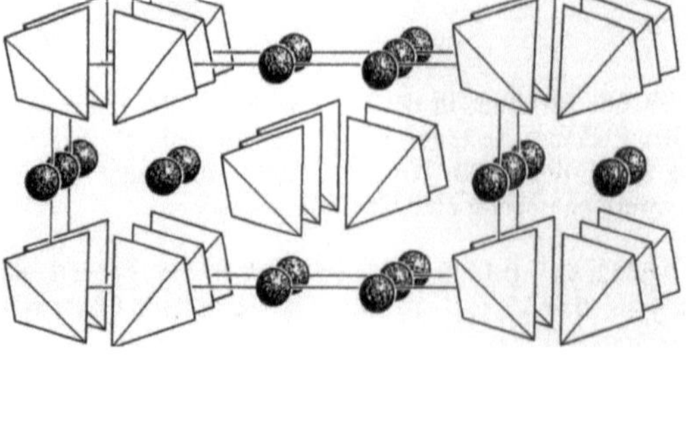

Oxide

$AgIO_4$ (537, 1210 pm); $AgReO_4$ (559, 1181 pm); $BaMoO_4$ (562, 1282 pm, xyz_O = 0.143, 0.016, 0.709); $BaWO_4$ (561.4, 1271.9 pm, xyz_O = 0.146, 0.008; 0.714); $BiAsO_4$ (508, 1170 pm); $CaMoO_4$ (522.35, 1142.98 pm, xyz_O = 0.2436, 0.1490, 0.0842); $CaWO_4$ (524.3, 1137.6 pm, xyz_O = 0.241, 0.117, 0.086); $CdMoO_4$ (517, 1119 pm, xyz_O = 0.25, 0.14, 0.095); $CeGeO_4$ (505, 1117 pm); $HfGeO_4$ (486.2, 1049.7 pm, xyz_O = 0.2678, 0.1739, 0.2548); $KReO_4$ (563.0, 1286.7 pm, xyz_O = 0.1089, 0.0254, 0.2008); $KRuO_4$ (560.9, 1299.1 pm, xyz_O = 0.244, 0.117, 0.073); $KTcO_4$ (567.4, 1268.7 pm, xyz_O = 0.1166, 0.0310, 0.2027); $NaIO_4$ (532, 1193 pm); $NaReO_4$ (536, 1172 pm, xyz_O = 0.25, 0.11, 0.07); $NaTcO_4$ (534, 1187 pm); $PbMoO_4$ (543.12, 1210.65 pm, xyz_O = 0.2352, 0.1134, 0.0439); $PbWO_4$ (544, 1201 pm, xyz_O = 0.25, 0.12, 0.075); $RbIO_4$ (592, 1305 pm); $RbReO_4$ (580.5, 1317 pm, xyz_O = 0.25, 0.11, 0.07); $SrMoO_4$ (536, 1194 pm, xyz_O = 0.25, 0.14, 0.075); $SrWO_4$ (540, 1191 pm, xyz_O = 0.242, 0.145, 0.088); $TlReO_4$ (576.1, 1333 pm, xyz_O = 0.25, 0.11, 0.07); $YNbO_4$ (516, 1091 pm); $ZrGeO_4$ (487, 1057 pm)

Halogenide

$LiDyF_4$ (518.8, 1083 pm); $LiErF_4$ (516.2, 1070 pm); $LiEuF_4$ (522.8, 1163 pm); $LiGdF_4$ (521.9, 1097 pm); $LiHoF_4$ (517.5, 1075 pm); $LiLuF_4$ (513.2, 1059 pm); $LiTbF_4$ (520.0, 1089 pm); $LiYF_4$ (517.5, 1074 pm); $LiYbF_4$ (513.35, 1058.8 pm, xyz_F = 0.2166, 0.4161, 0.4564)

$KAl(SO_4)_2 \cdot 12H_2O$ Kaliumaluminiumsulfat Dodecahydrat $H4_{13}$ Alaun

kubisch, Pa3 (205), a = 1215.7, V = 1796.72 · 10^{-30} m³, Z = 4

K(1)	*b*	½,½,½			
Al(1)	*a*	0,0,0			
S(1)	*c*	x,x,x	0.3075		
O(1)	*c*	x,x,x	0.2390		
O(2)	*d*	x,y,z	0.311	0.265	0.423
O(3)	*d*	x,y,z	0.0465	0.1353	0.3007
O(4)	*d*	x,y,z	0.0206	−0.0190	0.1544

komplexes Ion: SO_4^{2-}-Tetraeder

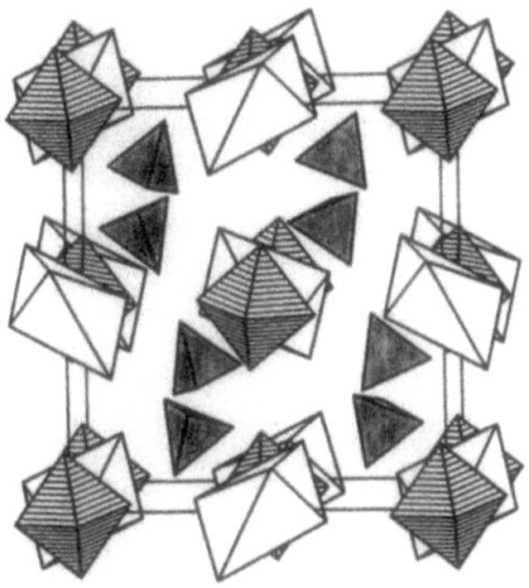

$d(Al\text{-}O)_6$ = 190.8 pm
$d(K\text{-}O)_6$ = 298.3 pm
$d(S\text{-}O)_{1/3}$ = 144.2/149.7 pm

aus diskreten Kationenpolyedern und Anionen aufgebaute Struktur, in der nahezu reguläre $\{Al(H_2O)_6\}$-Oktaeder nach Art einer kubisch dichten Kugelpackung (→ Cu) angeordnet sind, wobei die Sulfat-Ionen Positionen in der Nähe aller Tetraederlücken und stark gestauchte $\{K(H_2O)_6\}$-Oktaeder alle Oktaederlücken besetzen

$CsCr(SO_4)_2 \cdot 12\,H_2O$ (1250 pm); $KCr(SO_4)_2 \cdot 12\,H_2O$ (1220 pm); $NaAl(SO_4)_2 \cdot 12\,H_2O$ (1221.3 pm); $NaCr(SO_4)_2 \cdot 12\,H_2O$ (1240 pm); $RbAl(SO_4)_2 \cdot 12\,H_2O$ (1224.3 pm); $RbCr(SO_4)_2 \cdot 12\,H_2O$ (1230 pm)

K_2SO_4 Kaliumsulfat $H1_6$ β-K_2SO_4

orthorhombisch, Pnma (62), a = 748.5, b = 572.6, c = 1006.7 pm, V = 431.46 · 10^{-30} m³, Z = 4

K(1)	*c*	x,¼,z	0.17547	0.08834	
K(2)	*c*	x,¼,z	−0.00941	0.70522	
S(1)	*c*	x,¼,z	0.23147	0.42075	
O(1)	*c*	x,¼,z	0.03538	0.41573	
O(2)	*c*	x,¼,z	0.28986	0.55759	
O(3)	*d*	x,y,z	0.29959	0.04258	0.35295

komplexes Ion: SO_4^{2-}-Tetraeder

$d(K\text{-}O)_9 = 268.8 - 311.7$ pm
$d(S\text{-}O)_4 = 144.5 - 146.9$ pm

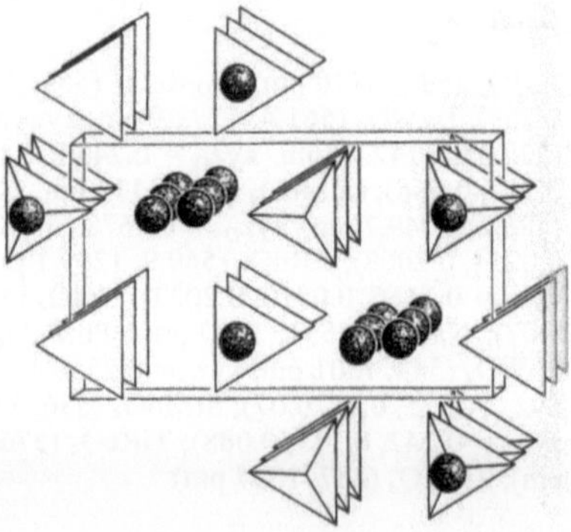

aus diskreten Kationen und Anionen bestehende Struktur, in der die eine Hälfte der K-Ionen im Wechsel mit den Sulfat-Ionen in parallel zur a-Achse verlaufenden Strängen hintereinander aufgereiht ist; die Stränge selbst sind nach Art eines Graphit-Netzes (→ $C_{Graphit}$) gepackt, wobei die zweite Hälfte der K-Ionen in den dabei gebildeten, hexagonalen Kanälen in Form von Zickzack-Strängen angeordnet ist

Sulfate

β-Cs_2SO_4 (823.9, 625.8, 1094.4 pm, $xz_{Cs(1)}$ = 0.6771, 0.4093, $xz_{Cs(2)}$ = – 0.0112, 0.7015, xz_S = 0.2411, 0.4172, $xz_{O(1)}$ = 0.0620, 0.4127, $xz_{O(2)}$ = 0.2973, 0.5460, $xyz_{O(3)}$ = 0.3035, 0.0570, 0.3558); β-Rb_2SO_4 (781.28, 596.94, 1042.55 pm); β-Tl_2SO_4 (782.1, 593.4, 1063 pm, $xz_{Tl(1)}$ = 0.1756, 0.0868, $xz_{Tl(2)}$ = – 0.0089, 0.6938, xz_S = 0.2405, 0.4155, $xz_{O(1)}$ = 0.0559, 0.4186, $xz_{O(2)}$ = 0.3298, 0.5488, $xyz_{O(3)}$ = 0.3027, 0.0440, 0.3383)

Chromate

Cs_2CrO_4 (842.7, 630.0, 1120,0 pm, $xz_{Cs(1)}$ = 0.6689, 0.4099, $xz_{Cs(2)}$ = – 0.0153, – 0.3037, xz_{Cr} = 0.2359, 0.4196, $xz_{O(1)}$ = 0.0410, 0.4124, $xz_{O(2)}$ = 0.2934, 0.5611, $xyz_{O(3)}$ = 0.3054, 0.0356, 0.3532); α-K_2CrO_4 (766.2, 591.9, 1039.1 pm, $xz_{K(1)}$ = 0.6657, 0.4143, $xz_{K(2)}$ = – 0.0110, 0.6999, xz_{Cr} = 0.2291, 0.4206, $xz_{O(1)}$ = 0.0155, 0.4200, $xz_{O(2)}$ = 0.3019, 0.5704, $xyz_{O(3)}$ = 0.3029, 0.4775, 0.3472); Rb_2CrO_4 (799.9, 630.1, 1072.5 pm); Tl_2CrO_4 (791.0, 591.0, 1072.7 pm)

Silikate, Selenate

Ba_2SiO_4 (751.3, 577.2, 1022.5 pm, $xz_{Ba(1)}$ = 0.1768, 0.0761, $xz_{Ba(2)}$ = – 0.0123, 0.7046, xz_{Si} = 0.2624, 0.4445, $xz_{O(2)}$ = 0.3236, 0.6019, $xyz_{O(3)}$ = 0.3523, 0.0324, 0.3715); K_2SeO_4 (766.1, 600.3, 1046.6 pm)

KH_2PO_4 Kaliumdihydrogenphosphat $H2_2$

tetragonal, I$\bar{4}$2d (122), a = 745.21, c = 697.4 pm, V = 387.29 · 10^{-30} m^3, Z = 4

K(1)	*a*	0,0,0			
P(1)	*b*	0,0,½			
O(1)	*e*	x,y,z	0.14839	0.08263	0.12586
H(1)	*e*	x,y,z	0.14762	0.22582	0.12098

komplexes Ion: $H_2PO_4^-$-Tetraeder

$d(K\text{-}O)_{4/4} = 282.7/290.0$ pm
$d(P\text{-}O)_4 = 154.0$ pm

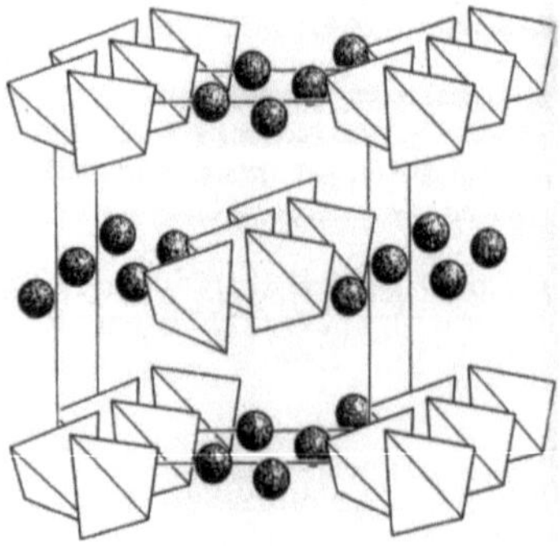

aus diskreten Kationen und Anionen aufgebaute Struktur, in der die K- und Dihydrogenphosphat-Ionen in getrennten, parallel zur a-Achse verlaufenden Zickzack-Strängen aufgereiht sind, die entsprechend einer zweifach hexagonalen Stabpackung angeordnet sind; jedes K-Ion ist hierbei stark verzerrt von acht O-Atomen umgeben; die H-Atome sind über zwei Positionen fehlgeordnet

RbH_2PO_4 (1071.8, 724.6 pm, xyz_O = 0.1427, 0.0853, 0.1206)

Na_2SO_4 Natriumsulfat $H1_7$ Thenardit

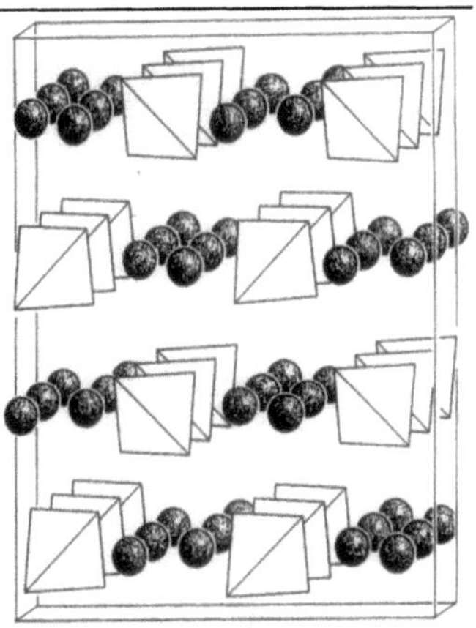

orthorhombisch, Fddd (70), a = 586.1, b = 981.5, c = 1230.7 pm, V = 707.97 · 10^{-30} m³, Z = 8

Na(1)	*f*	$^1/_8$,y,$^1/_8$		0.4415	
S(1)	*g*	$^1/_8$,$^1/_8$,$^1/_8$			
O(1)	*h*	x,y,z	– 0.0206	0.2137	0.0572

komplexes Ion: SO_4^{2-}-Tetraeder

d(Na-O)$_6$ = 233.5 – 253.5 pm
d(S-O)$_4$ = 147.7 pm

aus diskreten Kationen und Anionen bestehende Struktur, in der die Na- und Sulfat-Ionen in getrennten, parallel zur a-Achse verlaufenden Strängen aufgereiht sind, die entsprechend einer dreifach hexagonalen Stabpackung angeordnet sind; jedes Na-Ion ist hierbei stark verzerrt oktaedrisch von sechs O-Atomen umgeben

Ag_2SO_4 (589.9, 1023.3, 1268.9 pm, y_{Ag} = 0.4447, xyz_O = – 0.0199, 0.2095, 0.0582); Na_2SeO_4 (610.0, 1016.6, 1255.8 pm, y_{Na} = 0.4422, xyz_O = – 0.0285, 0.2218, 0.0529)

6.6.4 Verbindungen $A_m[BX_4]_n$

K_2PtCl_4 Kalium-tetrachloroplatinat(II) $H1_5$

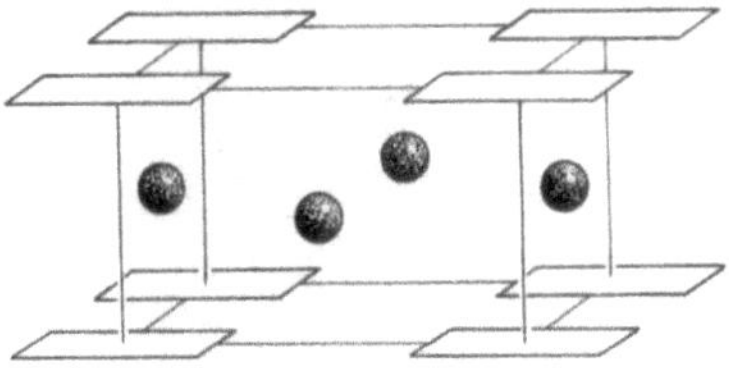

tetragonal, P4/mmm (123), a = 699.61, c = 410.51 pm, V = 200.93 · 10^{-30} m³, Z = 1, T = 120 K

K(1)	*a*	0,0,0	
Pt(1)	*e*	0,$^1/_2$,$^1/_2$	
Cl(1)	*j*	x,x,0	0.2338

komplexes Ion: $PtCl_4^{2-}$-Quadrate

d(K-Cl)$_8$ = 321.8 d(Pd-Cl)$_4$ = 231.3 pm

aus diskreten Anionen und Kationen aufgebaute Struktur, in der die quadratisch-planaren {$PtCl_4$}-Baueinheiten entsprechend einer tetragonalen Stabpackung in Richtung der c-Achse auf Deckung übereinander liegen und senkrecht dazu planare Ebenen bilden, zwischen denen mit K-Ionen besetzte Ebenen so eingeschoben sind, daß jedes K-Ion von acht Cl-Atomen würfelförmg umgeben ist

K_2PdCl_4 (702.4, 414.7 pm, x_{Cl} = 0.2324)

6.6.5 Verbindungen $A_m[BX_6]_n$

K_2PtCl_6 Dikalium-hexachloroplatinat(IV)

kubisch, $Fm\bar{3}m$ (225), a = 969.11 pm, V = 910.16 · 10^{-30} m^3, Z = 4

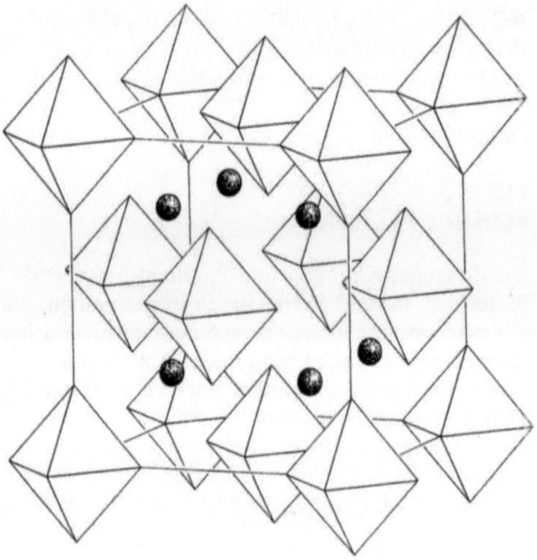

Pt(1)	*a*	0,0,0	
K(1)	*c*	$^1/_4,^1/_4,^1/_4$	
Cl(1)	*e*	x,0,0	0.2390

komplexes Ion: $PtCl_6^{2-}$-Oktaeder

d(K-Cl) = 342.8 pm d(Pt-Cl) = 231.6 pm

in einer Anordnung von $\{PtCl_6\}$-Baueinheiten, die der einer kubisch dichten Kugelpackung → Cu) entspricht, besetzen die K-Ionen alle Tetraederlücken und sind dabei selbst kubooktaedrisch von 12 Cl-Atomen umgeben

Chloride

Cs_2GeCl_6 (1023 pm, x = 0.23); Cs_2SnCl_6 (1035.5 pm, x = 0.2340); K_2OsCl_6 (971.95 pm, x = 0.24011); K_2PdCl_6 (963.74 pm, x = 0.23962); K_2ReCl_6 (979.53 pm, x = 0.24037); K_2SnCl_6 (1000.29 pm, x = 0.24110); Rb_2SnCl_6 (1009.6 pm, x = 0.2399); Rb_2TeCl_6 (1023.3 pm, x = 0.2468)

Bromide

Cs_2PtBr_6 (1067 pm, x = 0.24); K_2PtBr_6 (1029.3 pm, x = 0.2393); K_2ReBr_6 (1038.5 pm, x = 0.2391)

6.7 Register der aufgeführten Verbindungen

Verbindung	Strukturtyp	Verbindung	Strukturtyp
Ag	Cu	Al	Cu
$AgAlS_2$	$CuFeS_2$	AlAs	ZnS-Zinkblende
$AgAlSe_2$	$CuFeS_2$	AlB_2	AlB_2
$AgAlTe_2$	$CuFeS_2$	$AlCe_3$	$AuCu_3$
AgAsBa	$InNi_2$	$AlCFe_3$	$SrTiO_3$
AgAsEu	$InNi_2$	$AlCMn_3$	$SrTiO_3$
AgAsSr	$InNi_2$	AlCo	CsCl
$AgAuCd_2$	Fe_3Al	$AlCo_3$	$AuCu_3$
$AgAuZn_2$	Fe_3Al	$AlCr_2$	CaC_2
AgB_2	AlB_2	$AlCTb_3$	$SrTiO_3$
AgBa	FeB	$AlCTi_3$	$SrTiO_3$
AgBaP	$InNi_2$	$AlCTm_3$	$SrTiO_3$
$AgBe_2$	$MgCu_2$	$AlCu_2Mn$	Fe_3Al
AgBr	NaCl	AlCuGd	Fe_2P
AgCa	CrB	$AlCuS_2$	$CuFeS_2$
AgCd	CsCl	$AlCuSe_2$	$CuFeS_2$
AgCe	CsCl	$AlCuTe_2$	$CuFeS_2$
AgCl	NaCl	$AlCY_3$	$SrTiO_3$
AgEu	FeB	$AlDy_2$	Co_2Si
AgF	NaCl	$AlEr_2$	Co_2Si
$AgFeS_2$	$CuFeS_2$	AlFe	CsCl
$AgGaS_2$	$CuFeS_2$	$AlGd_2$	Co_2Si
$AgGaSe_2$	$CuFeS_2$	AlH_3O_3	$Al(OH)_3$-Bayerit
$AgGaTe_2$	$CuFeS_2$	AlH_3O_3	$Al(OH)_3$-Hydrargillit
AgI	ZnS-Zinkblende	AlHf	CrB
AgI	ZnS-Wurtzit	$AlHg_3$	Ni_3Sn
$AgIn_2$	$CuAl_2$	$AlHO_2$	AlO(OH)
$AgInS_2$	$CuFeS_2$	$AlHO_2$	FeO(OH)
$AgInSe_2$	$CuFeS_2$	$AlHo_3$	Co_2Si
$AgInTe_2$	$CuFeS_2$	$AlKO_4S \cdot 12H_2O$	$KAl(SO_4) \cdot 12H_2O$
$AgIO_4$	$CaWO_4$	$AlLa_3$	$AuCu_3$
AgLi	CsCl	AlLi	NaTl
AgMg	CsCl	$AlMo_3$	Cr_3Si
$AgMn_3N$	$SrTiO_3$	AlN	ZnS-Wurtzit
AgNd	CsCl	$AlNaO_4S \cdot 12H_2O$	$KAl(SO_4) \cdot 12H_2O$
$AgNO_3$	$CaCO_3$-Calcit	$AlNb_3$	Cr_3Si
AgO_4Re	$CaWO_4$	AlNd	CsCl
AgO_4S	Na_2SO_4	$AlNd_2$	Co_2Si
AgY	CsCl	$AlNd_3$	Ni_3Sn
AgYb	CsCl	AlNi	CsCl
AgYb	FeB	$AlNi_2Ti$	Fe_3Al
AgZn	CsCl	$AlNNd_3$	$SrTiO_3$
Ag_2Er	CaC_2	AlO_3Sm	$GdFeO_3$
Ag_2F	CdI_2	AlO_3Y	$GdFeO_3$
Ag_2Ho	CaC_2	AlP	ZnS-Zinkblende
Ag_2MoO_4	Al_2MgO_4	AlPd	FeSi
Ag_2Na	$MgCu_2$	$AlPd_2$	Co_2Si
Ag_2O	CdI_2	$AlPr_2$	Co_2Si
Ag_2O	Cu_2O	$AlPr_3$	$AuCu_3$
Ag_2Yb	CaC_2	$AlPr_3$	Ni_3Sn
Ag_2Zn	$CuZn_2$	AlPt	AuCu
Ag_3Eu	Ni_3Sn	AlPt	FeSi
Ag_3Pt	$AuCu_3$	$AlPt_2$	Co_2Si
Ag_3Tm	$AuCu_3$	$AlPt_3$	$AuCu_3$
Ag_5Cd_8	Cu_5Zn_8	$AlRbO_4S \cdot 12H_2O$	$KAl(SO_4) \cdot 12H_2O$
Ag_5Zn_8	Cu_5Zn_8	AlSb	ZnS-Zinkblende

Verbindung	Strukturtyp
AlSc	CsCl
$AlSc_2$	$InNi_2$
$AlSm_2$	Co_2Si
$AlSm_3$	$AuCu_3$
$AlTb_2$	Co_2Si
AlTi	AuCu
$AlTi_3$	$AuCu_3$
AlV_3	Cr_3Si
AlY	CrB
AlY_2	Co_2Si
AlY_3	$AuCu_3$
AlZr	CrB
$AlZr_2$	$InNi_2$
Al_2Au	Li_2O
Al_2BeO_4	Mg_2SiO_4
Al_2Ca	$MgCu_2$
$Al_2Ca_3O_{12}Si_3$	$Y_3Fe_5O_{12}$
Al_2CaSi_2	La_2O_3
Al_2Ce	$MgCu_2$
Al_2CeGe_2	La_2O_3
Al_2CoO_4	Al_2MgO_4
Al_2CrS_4	Al_2MgO_4
Al_2Cu	$CuAl_2$
Al_2CuO_4	Al_2MgO_4
Al_2Dy	$MgCu_2$
Al_2DyGe_2	La_2O_3
Al_2Er	$MgCu_2$
Al_2ErGe_2	LaO_3
Al_2Eu	$MgCu_2$
Al_2Gd	$MgCu_2$
Al_2GdGe_2	La_2O_3
Al_2Ge_2Ho	La_2O_3
Al_2Ge_2La	La_2O_3
Al_2Ge_2Lu	La_2O_3
Al_2Ge_2Nd	La_2O_3
Al_2Ge_2Pr	La_2O_3
Al_2Ge_2Sm	La_2O_3
Al_2Ge_2Sr	La_2O_3
Al_2Ge_2Tb	La_2O_3
Al_2Ge_2Tm	La_2O_3
Al_2Ge_2Y	La_2O_3
Al_2Ge_2Yb	La_2O_3
Al_2Hf	$MgZn_2$
Al_2Ho	$MgCu_2$
Al_2La	$MgCu_2$
Al_2Lu	$MgCu_2$
Al_2MgO_4	Al_2MgO_4
Al_2MnO_4	Al_2MgO_4
Al_2Nd	$MgCu_2$
Al_2NiO_4	Al_2MgO_4
Al_2O_3	Al_2O_3
Al_2O_4Zn	Al_2MgO_4
Al_2Pr	$MgCu_2$
Al_2Pt	Li_2O
Al_2S_3	Al_2O_3
Al_2S_4Zn	Al_2MgO_4
Al_2Sc	$MgCu_2$
Al_2Si_2Sr	La_2O_3
Al_2Si_2Y	La_2O_3
Al_2Sm	$MgCu_2$
Al_2Tb	$MgCu_2$
Al_2Tm	$MgCu_2$
Al_2Y	$MgCu_2$
Al_2Zr	$MgZn_2$
Al_3Ce	Ni_3Sn
Al_3Dy	$AuCu_3$
Al_3Fe	Fe_3Al
Al_3Gd	Ni_3Sn
Al_3Hf	Al_3Ti
Al_3Ho	$AuCu_3$
Al_3Ir	Na_3As
Al_3La	Ni_3Sn
Al_3Li	$AuCu_3$
Al_3Lu	$AuCu_3$
Al_3Nb	Al_3Ti
Al_3Nd	Ni_3Sn
Al_3Np	$AuCu_3$
Al_3Pr	Ni_3Sn
Al_3Cr	$AuCu_3$
Al_3Sm	Ni_3Sn
Al_3Ta	Al_3Ti
Al_3Ti	Al_3Ti
Al_3Tm	$AuCu_3$
Al_3V	Al_3Ti
Al_3Y	$AuCu_3$
Al_3Y	Ni_3Sn
Al_3Yb	$AuCu_3$
Al_3Zr	Al_3Zr
$Al_5Er_3O_{12}$	$Y_3Fe_5O_{12}$
$Al_5O_{12}Y_3$	$Y_3Fe_5O_{12}$
AmO_2	CaF_2
Ar	Cu
As	As
AsB	ZnS-Zinkblende
AsBeNa	$InNi_2$
$AsBiO_4$	$CaWO_4$
AsCaCu	$InNi_2$
AsCe	NaCl
$AsCo_2$	Fe_2P
AsCr	MnP
$AsCr_2$	Cu_2Sb
$AsCr_2$	Fe_2P
$AsCu_2$	Cu_2Sb
$AsCu_3$	Na_3As
AsDy	NaCl
AsEr	NaCl
AsFe	MnP
$AsFe_2$	Cu_2Sb
AsGa	ZnS-Zinkblende
AsGd	NaCl
AsHgK	$InNi_2$
AsHo	NaCl
AsIn	ZnS-Zinkblende
AsK_3	Na_3As
AsKZn	$InNi_2$
AsLa	NaCl
$AsLi_3$	Na_3As
AsMn	MnP

Verbindung	Strukturtyp	Verbindung	Strukturtyp
AsMn	NiAs	AuCa	CrB
$AsMn_2$	Cu_2Sb	AuCd	AuCd
$AsMn_2$	Fe_2P	AuCe	CrB
AsMo	MnP	AuCe	FeB
$AsNa_3$	Na_3As	$AuCe_2$	Co_2Si
AsNd	NaCl	AuCu	AuCu
AsNi	NiAs	$AuCu_3$	$AuCu_3$
$AsPd_2$	Fe_2P	$AuCuZn_2$	Fe_3Al
AsPr	NaCl	AuDy	CrB
$AsRb_3$	Na_3As	$AuDy_2$	Co_2Si
AsRh	MnP	AuEr	CrB
AsRu	MnP	$AuEr_2$	Co_2Si
AsSc	NaCl	AuGd	CrB
AsSm	NaCl	$AuGd_2$	Co_2Si
AsSn	NaCl	AuHo	CrB
AsTb	NaCl	$AuHo_2$	Co_2Si
AsTi	NiAs	$AuIn_2$	Li_2O
AsTm	NaCl	AuLa	CrB
AsV_3	Cr_3Si	AuLa	FeB
AsY	NaCl	$AuLa_2$	Co_2Si
AsYb	NaCl	$AuLi_3$	Fe_3Al
As_2BaCd_2	La_2O_3	AuMg	CsCl
As_2BaMg_2	La_2O_3	$AuMg_3$	Na_3As
As_2Be_2Ca	La_2O_3	AuMn	CsCl
As_2Be_2Mg	La_2O_3	$AuNa_2$	$CuAl_2$
As_2CaCd_2	La_2O_3	$AuNb_3$	Cr_3Si
As_2Cd_2Sr	La_2O_3	AuNd	CrB
As_2CdGe	$CuFeS_2$	AuNd	FeB
As_2CdSi	$CuFeS_2$	$AuPb_2$	$CuAl_2$
As_2CdSn	$CuFeS_2$	AuPr	CrB
As_2CeLi_2	La_2O_3	AuPr	FeB
As_2Co	FeS_2-Markasit	$AuPr_2$	Co_2Si
As_2Cu	FeS_2-Markasit	$AuSb_2$	FeS_2-Pyrit
As_2EuMn_2	La_2O_3	AuSm	CrB
As_2EuZn_2	La_2O_3	AuSm	FeB
As_2Fe	FeS_2-Markasit	$AuSm_2$	Co_2Si
As_2GeZn	$CuFeS_2$	AuSn	NiAs
As_2Hf_3	Sb_2S_3	AuTb	CrB
As_2Li_2Nd	La_2O_3	$AuTb_2$	Co_2Si
As_2Li_2Pr	La_2O_3	AuTi	AuCd
As_2Mg_2Sr	La_2O_3	$AuTi_3$	Cr_3Si
As_2Mg_2Zn	La_2O_3	AuTm	CrB
As_2Mg_3	La_2O_3	$AuTm_2$	Co_2Si
As_2Mn_2Sr	La_2O_3	AuV_3	$AuCu_3$
As_2Mn_2Yb	La_2O_3	AuYb	CsCl
As_2Ni	FeS_2-Markasit	AuYb	FeB
As_2Os	FeS_2-Markasit	$AuYb_2$	Co_2Si
As_2Pd	FeS_2-Pyrit	AuZn	CsCl
As_2Pt	FeS_2-Pyrit	$AuZr_3$	Cr_3Si
As_2Ru	FeS_2-Markasit	Au_2Bi	$MgCu_2$
As_2Sc_3	Sb_2S_3	Au_2Eu	CaC_2
As_2SnZn	$CuFeS_2$	Au_2Ga	Li_2O
As_2SrZn_2	La_2O_3	Au_2Ho	CaC_2
As_2YbZn_2	La_2O_3	Au_2Na	$MgCu_2$
As_2Zr_3	Sb_2S_3	Au_2Pb	$MgCu_2$
$As_3ClO_{12}Pb_5$	$Ca_5(PO_4)_3Br$	Au_2Yb	CaC_2
Au	Cu	Au_3Cu	$AuCu_3$
AuB	AlB_2	Au_3Li	$AuCu_3$
AuBe	FeSi	Au_3Pt	$AuCu_3$

Verbindung	Strukturtyp	Verbindung	Strukturtyp
Au_5Cd_8	Cu_5Zn_8	B_2Ti	AlB_2
B	B-α-rhom.	B_2V	AlB_2
B	B-α-tetr.	B_2Zr	AlB_2
B	B-β-rhom.	Ba	W
B	B-β-tetr.	$BaBi_2Cd$	Al_3Zr
BBe_2	Li_2O	$BaBi_2Mg$	La_2O_3
BCo	FeB	$BaBi_2Zn$	Al_3Zr
BCo_2	$CuAl_2$	$BaBr_2$	$PbCl_2$
BCo_3	Fe_3C	BaBrF	PbFCl
BCr	CrB	BaBrH	PbFCl
$BCsF_4$	$BaSO_4$	BaBrHO	$PbCl_2$
BF_4K	$BaSO_4$	BaC_2	CaC_2
BF_4Na	$CaSO_4$	BaCd	CsCl
BF_4Pb	$BaSO_4$	$BaCd_2P_2$	La_2O_3
BF_4Rb	$BaSO_4$	$BaCd_2Sb_2$	La_2O_3
BFe	FeB	$BaCdSb_2$	Al_3Zr
BFe_2	$CuAl_2$	$BaCl_2$	$PbCl_2$
BFe_2	Fe_2B	BaClF	PbFCl
BFe_3	Fe_3C	BaClH	PbFCl
$BInO_3$	$CaCO_3$-Calcit	BaClHO	$PbCl_2$
BIr	WC	$BaCrO_4$	$BaSO_4$
$BLuO_3$	$CaCO_3$-Calcit	BaF_2	CaF_2
BMn	CrB	BaFI	PbFCl
BMn	FeB	$BaGa_2$	AlB_2
BMn_2	$CuAl_2$	BaGe	CrB
BMo	CrB	BaH_2	$PbCl_2$
BMo_2	$CuAl_2$	BaH_3Li	$SrTiO_3$
BN	BN-hex.	BaHg	CsCl
BN	BN-rhom.	BaHI	PbFCl
BNb	CrB	BaHIO	$PbCl_2$
BNi	CrB	BaI_2	$PbCl_2$
BNi_2	$CuAl_2$	$BaMg_2$	$MgZn_2$
BNi_3	Fe_3C	$BaMg_2P_2$	La_2O_3
BNi_3Sc	$SrTiO_3$	$BaMg_2Sb_2$	La_2O_3
BO_3Sc	$CaCO_3$-Calcit	$BaMoO_4$	$CaWO_4$
BO_3Y	$CaCO_3$-Calcit	BaO	NaCl
BOs	WC	BaO_2	CaC_2
$BPbSc_3$	$SrTiO_3$	BaO_3Ti	$BaTiO_3$
BPd_3	Fe_3C	BaO_4S	$BaSO_4$
BRh_3Sc	$SrTiO_3$	BaPb	CrB
BRu	WC	BaPd	CrB
BSc_3Sn	$SrTiO_3$	$BaRh_2$	$MgCu_2$
BSc_3Tl	$SrTiO_3$	BaS	NaCl
BTa	CrB	BaSe	NaCl
BTa_2	$CuAl_2$	BaSi	CrB
BTi	FeB	BaSn	CrB
BV	CrB	BaTe	NaCl
BW	CrB	Ba_2O_4Pb	K_2NiF_4
BW_2	$CuAl_2$	Ba_2O_4Si	K_2SO_4
BZr	NaCl	Ba_2O_4Sn	K_2NiF_4
B_2Hf	AlB_2	Ba_2Pb	Co_2Si
B_2Lu	AlB_2	Ba_2Si	Co_2Si
B_2Mg	AlB_2	Ba_3OPb	$SrTiO_3$
B_2Mn	AlB_2	Ba_3OSn	$SrTiO_3$
B_2Nb	AlB_2	Ba_3Sn	Co_2Si
B_2Os	AlB_2	Be	Mg
B_2Ru	AlB_2	BeCe	NaCl
B_2Sc	AlB_2	BeCo	CsCl
B_2Ta	AlB_2	$BeCr_2O_4$	Mg_2SiO_4

Verbindung	Strukturtyp	Verbindung	Strukturtyp
BeF_4Na_2	Mg_2SiO_4	Bi_2K	$MgCu_2$
$BeMo_3$	Cr_3Si	Bi_2Mg_2Sr	La_2O_3
BeNaSb	$InNi_2$	Bi_2Mg_3	La_2O_3
BeNi	CsCl	Bi_2MnSr	Al_3Zr
BeO	ZnS-Wurtzit	Bi_2Pd	FeS_2-Pyrit
BePd	CsCl	Bi_2Pt	FeS_2-Pyrit
BeS	ZnS-Zinkblende	Bi_2Rb	$MgCu_2$
BeSe	ZnS-Zinkblende	Bi_2S_3	Sb_2S_3
BeSiZr	$InNi_2$	Bi_2Se_3	Sb_2S_3
$BeTa_2$	$CuAl_2$	Bi_2SrZr	Al_3Zr
BeTe	ZnS-Zinkblende	Bi_3Sr	$AuCu_3$
Be_2C	Li_2O	$BrCa_5O_{12}P_3$	$Ca_5(PO_4)_3Br$
Be_2CaP_2	La_2O_3	BrCaF	PbFCl
Be_2Cr	$MgZn_2$	BrCaH	PbFCl
Be_2Cu	$MgCu_2$	BrCeO	PbFCl
Be_2Fe	$MgCu_2$	BrCs	CsCl
Be_2MgP_2	La_2O_3	BrCu	ZnS-Zinkblende
Be_2Mn	$MgZn_2$	BrCu	ZnS-Wurtzit
Be_2Mo	$MgZn_2$	BrDyO	PbFCl
Be_2Nb	$MgCu_2$	BrErO	PbFCl
Be_2Re	$MgZn_2$	BrEuF	PbFCl
Be_2Ru	$MgZn_2$	BrEuO	PbFCl
Be_2Ta	$MgCu_2$	BrFPb	PbFCl
Be_2Ti	$MgCu_2$	BrFSm	PbFCl
Be_2W	$MgZn_2$	BrFSr	PbFCl
Be_2Zr	AlB_2	BrFYb	PbFCl
Be_3N_2	Mn_2O_3	BrGdO	PbFCl
Be_3P_2	Mn_2O_3	BrHoO	PbFCl
Bi	As	BrHSr	PbFCl
BiBrO	PbFCl	BrK	NaCl
BiCaCu	$InNi_2$	$BrKO_3$	$KBrO_3$
BiClO	PbFCl	BrLaO	PbFCl
BiCuSr	$InNi_2$	BrLi	NaCl
BiFO	PbFCl	BrLuO	PbFCl
BiHo	NaCl	BrNa	NaCl
$BiIn_2$	$InNi_2$	BrNdO	PbFCl
BiIO	PbFCl	BrOPm	PbFCl
BiK_3	Fe_3Al	BrOPr	PbFCl
BiK_3	Na_3As	BrOSm	PbFCl
BiLa	NaCl	BrOTb	PbFCl
BiLi	AuCu	BrOTm	PbFCl
$BiLi_3$	Fe_3Al	BrOY	PbFCl
BiMn	NiAs	BrOYb	PbFCl
BiNa	AuCu	BrPbHO	$PbCl_2$
$BiNa_3$	Na_3As	BrRb	NaCl
$BiNb_3$	Cr_3Si	BrTl	CsCl
BiNd	NaCl	Br_2	I_2
BiNi	NiAs	Br_2Ca	$CaCl_2$
BiPr	NaCl	Br_2Cd	$CdCl_2$
BiPt	NiAs	Br_2CdSr	Al_3Zr
$BiRb_3$	Na_3As	Br_2Co	CdI_2
BiRh	NiAs	Br_2Fe	CdI_2
$BiRh_3$	Fe_3Al	Br_2Hg	$HgBr_2$
BiSe	NaCl	Br_2Mg	CdI_2
BiSm	NaCl	Br_2Mn	$CdCl_2$
BiTb	NaCl	Br_2Mn	CdI_2
BiTe	NaCl	Br_2Ni	$CdCl_2$
Bi_2CaMg_2	La_2O_3	Br_2Ti	CdI_2
Bi_2Cs	$MgCu_2$	Br_2V	CdI_2

Verbindung	Strukturtyp	Verbindung	Strukturtyp
Br_2Zn	$CdCl_2$	COs	WC
Br_4Sn	$SnBr_4$	$CPbPr_3$	$SrTiO_3$
Br_6Cs_2Pt	K_2PtCl_6	$CPbSc_3$	$SrTiO_3$
Br_6K_2Pt	K_2PtCl_6	$CPbSm_3$	$SrTiO_3$
Br_6K_2Re	K_2PtCl_6	$CPbTb_3$	$SrTiO_3$
C	C-Diamant	CRu	WC
C	C-Lonsdaleit	CSc_3Sn	$SrTiO_3$
C	C-Graphit$_{hexa.}$	CSc_3Tl	$SrTiO_3$
C	C-Graphit$_{rhom.}$	CSi	SiC
$CBaO_3$	$CaCO_3$-Aragonit	CSi	ZnS-Zinkblende
CCa_2	CaC_2	CSi	ZnS-Wurtzit
$CCaMgO_3$	$CaMgCO_3$	CSm_3Sn	$SrTiO_3$
$CCaO_3$	$CaCO_3$-Aragonit	$CSnTm_3$	$SrTiO_3$
$CCaO_3$	$CaCO_3$-Calcit	$CSnYb_3$	$SrTiO_3$
$CCdO_3$	$CaCO_3$-Calcit	CTa	NaCl
$CCdTi_3$	$SrTiO_3$	CTa_2	CdI_2
CCo_2	Fe_2C	CTb_2	$CdCl_2$
CCo_3	Fe_3C	CTb_3Tl	$SrTiO_3$
$CCoO_3$	$CaCO_3$-Calcit	CTi	NaCl
CCr_3	Fe_3C	CTi_3Tl	$SrTiO_3$
CEr_3Ga	$SrTiO_3$	$CTlTm_3$	$SrTiO_3$
CEr_3In	$SrTiO_3$	$CTlYb_3$	$SrTiO_3$
CEr_3Pb	$SrTiO_3$	CV	NaCl
CEr_3Sn	$SrTiO_3$	CV_2	PbO_2
CEr_3Tl	$SrTiO_3$	CW	WC
CFe_2	Fe_2C	CW_2	CdI_2
CFe_3	Fe_3C	CW_2	PbO_2
CFe_3Sn	$SrTiO_3$	CY_2	$CdCl_2$
$CFeO_3$	$CaCO_3$-Calcit	CZr	NaCl
$CGaHo_3$	$SrTiO_3$	C_2Ce	CaC_2
$CGaMn_3$	$SrTiO_3$	C_2Dy	CaC_2
$CGaNd_3$	$SrTiO_3$	C_2Er	CaC_2
$CGaTm_3$	$SrTiO_3$	C_2Gd	CaC_2
CGd_3In	$SrTiO_3$	C_2Ho	CaC_2
CGd_3Sn	$SrTiO_3$	C_2La	CaC_2
CGd_3Tl	$SrTiO_3$	C_2Lu	CaC_2
$CGdPb_3$	$SrTiO_3$	C_2Mg	CaC_2
CHo_3Sn	$SrTiO_3$	C_2Nd	CaC_2
CHo_3Tl	$SrTiO_3$	C_2Pr	CaC_2
$CInNd_3$	$SrTiO_3$	C_2Sm	CaC_2
$CInPr_3$	$SrTiO_3$	C_2Sr	CaC_2
$CInSm_3$	$SrTiO_3$	C_2Tb	CaC_2
$CInTb_3$	$SrTiO_3$	C_2Tm	CaC_2
$CInTi_3$	$SrTiO_3$	C_2Y	CaC_2
$CInTm_3$	$SrTiO_3$	C_2Yb	CaC_2
CLa_3Sn	$SrTiO_3$	Ca	Cu
$CMgO_3$	$CaCO_3$-Calcit	$CaCd_2$	$MgZn_2$
CMn_3	Fe_3C	$CaCd_2P_2$	La_2O_3
CMn_3Zn	$SrTiO_3$	$CaCd_2Sb$	La_2O_3
$CMnO_3$	$CaCO_3$-Calcit	$CaCl_2$	$CaCl_2$
CMo	WC	$CaCl_2$	Fe_2C
CMo_2	PbO_2	CaClF	PbFCl
CNb	NaCl	CaClH	PbFCl
CNd_3Pb	$SrTiO_3$	CaCuP	$InNi_2$
CNd_3Sn	$SrTiO_3$	CaCuSb	$InNi_2$
CNd_3Tl	$SrTiO_3$	CaF_2	CaF_2
$CNiO_3$	$CaCO_3$-Calcit	CaF_3Rb	$SrTiO_3$
CO_3Pb	$CaCO_3$-Aragonit	CaFI	PbFCl
CO_3Sr	$CaCO_3$-Aragonit	CaGa	AlB_2

Verbindung	Strukturtyp
CaGe	CrB
$CaGe_2$	$CaSi_2$
$CaGeN_2$	$CuFeS_2$
CaH_2	$PbCl_2$
CaH_2O_2	$Mg(OH)_2$
$CaHg_2$	AlB_2
CaHI	PbFCl
CaI_2	CdI_2
$CaIn_2S_4$	Al_2MgO_4
$CaIr_2$	$MgCu_2$
$CaLi_2$	$MgZn_2$
$CaMg_2$	$MgZn_2$
$CaMg_2Sb_2$	La_2O_3
$CaMn_2P_2$	La_2O_3
$CaMnO_3$	$GdFeO_3$
$CaMoO_4$	$CaWO_4$
$CaNb_2O_6$	$FeNb_2O_6$
$CaNi_2$	$MgCu_2$
CaO	NaCl
CaO_2	CaC_2
CaO_3Sn	$GdFeO_3$
CaO_3Ti	$GdFeO_3$
CaO_3Zn	$GdFeO_3$
CaO_4S	$CaSO_4$
$CaO_4S \cdot 2H_2O$	$CaSO_4 \cdot 2H_2O$
CaO_4W	$CaWO_4$
CaO_4W	$CaWO_4$
CaP_2Zn_2	La_2O_3
$CaPd_2$	$MgCu_2$
$CaRh_2$	$MgCu_2$
CaS	NaCl
$CaSb_2Zn_2$	La_2O_3
CaSe	NaCl
CaSi	CrB
$CaSi_2$	$CaSi_2$
CaSn	CrB
$CaSn_3$	$AuCu_3$
CaTe	NaCl
CaTi	CsCl
$CaTl_3$	$AuCu_3$
Ca_2Ge	Co_2Si
Ca_2Hg	Co_2Si
Ca_2N	$CdCl_2$
Ca_2O_4Si	Mg_2SiO_4
Ca_2Pb	Co_2Si
Ca_2Si	Co_2Si
Ca_2Sn	Co_2Si
Ca_3Hg	Fe_3C
Ca_3In	Fe_3Al
Ca_3N_2	Mn_2O_3
Ca_3OPb	$SrTiO_3$
Ca_3OSn	$SrTiO_3$
Ca_3Pb	$AuCu_3$
Ca_3Pd	Fe_3C
$Ca_5ClP_3O_{12}$	$Ca_5(PO_4)_3Br$
$Ca_5FP_3O_{12}$	$Ca_5(PO_4)_3Br$
$Ca_5HP_3O_{13}$	$Ca_5(PO_4)_3Br$
Cd	Mg
CdCe	CsCl

Verbindung	Strukturtyp
$CdCl_2$	$CdCl_2$
$CdCr_2S_4$	Al_2MgO_4
$CdCr_2Se_4$	Al_2MgO_4
$CdCu_2$	$MgNi_2$
$CdCu_2$	$MgZn_2$
CdEu	CsCl
CdF_2	CaF_2
$CdFe_2O_4$	Al_2MgO_4
$GdGe_2O_4$	Al_2MgO_4
$CdGeP_2$	$CuFeS_2$
CdH_2O_2	$Mg(OH)_2$
CdH_2O_2	$Cd(OH)_2$
CdI_2	CdI_2
$CdIn_2S_4$	Al_2MgO_4
CdLa	CsCl
CdMg	AuCd
$CdMg_3$	Ni_3Sn
$CdMoO_4$	$CaWO_4$
CdO	NaCl
CdO_2	FeS_2-Pyrit
CdO_3Ti	$GdFeO_3$
CdO_4Rh_2	Al_2MgO_4
CdP_2Si	$CuFeS_2$
CdP_2Sn	$CuFeS_2$
CdPb	AuCu
CdPr	CsCl
$CdPt_3$	$AuCu_3$
CdS	ZnS-Zinkblende
CdS	ZnS-Wurtzit
CdSe	ZnS-Wurtzit
CdSr	CsCl
CdTl	NaTl
CdV_3	Cr_3Si
Cd_2Ce	CdI_2
Cd_2La	CdI_2
Cd_2P_2Sr	La_2O_3
Cd_2P_2Zr	La_2O_3
Cd_2Pr	CdI_2
Cd_2Sb_2Sr	La_2O_3
Cd_3Ce	Fe_3Al
Cd_3Gd	Ni_3Sn
Cd_3Mg	Ni_3Sn
Cd_3N_2	Mn_2O_3
Cd_3Nb	$AuCu_3$
Cd_3Nd	Fe_3Al
Cd_3Pr	Fe_3Al
Cd_3Sc	Ni_3Sn
Cd_3Sm	Fe_3Al
Cd_3Tb	Ni_3Sn
Cd_3Y	Fe_3Al
Ce	Cu
CeClO	PbFCl
$CeCo_2$	$MgCu_2$
CeCu	FeB
$CeFe_2$	$MgCu_2$
CeFS	PbFCl
CeFSe	PbFCl
CeGa	CrB
$CeGa_2$	AlB_2

Verbindung	Strukturtyp	Verbindung	Strukturtyp
$CeGeO_4$	$CaWO_4$	ClLaO	PbFCl
CeH_2	CaF_2	ClLi	NaCl
CeHg	CsCl	ClNa	NaCl
$CeHg_3$	Ni_3Sn	$ClNaO_4$	$CaSO_4$
$CeIn_3$	$AuCu_3$	ClNdO	PbFCl
$CeIr_2$	$MgCu_2$	$ClO_{12}P_3Pb_5$	$Ca_5(PO_4)_3Br$
$CeLi_2N_2$	La_2O_3	$ClO_{12}Pb_5V_3$	$Ca_5(PO_4)_3Br$
$CeLi_2P_2$	La_2O_3	ClO_3Rb	$KBrO_3$
CeMg	CsCl	ClO_3Tl	$KBrO_3$
$CeMg_2$	$MgCu_2$	ClO_4Rb	$BaSO_4$
CeN	NaCl	ClOHPb	$PbCl_2$
CeNi	CrB	ClOSm	PbFCl
$CeNi_2$	$MgCu_2$	ClOTb	PbFCl
CeO_2	CaF_2	ClOY	PbFCl
$CeOs_2$	$MgCu_2$	ClPmO	PbFCl
CeP	NaCl	ClPrO	PbFCl
$CePb_3$	$AuCu_3$	ClRb	NaCl
CePd	CrB	Cl_2	I_2
CePt	CrB	Cl_2Co	$CdCl_2$
$CePt_2$	$MgCu_2$	Cl_2Fe	$CdCl_2$
$CePt_3$	$AuCu_3$	Cl_2Hg	$HgCl_2$
CeRh	CrB	Cl_2Hg_2	Hg_2Cl_2
$CeRh_2$	$MgCu_2$	Cl_2Mn	$CdCl_2$
$CeRh_3$	$AuCu_3$	Cl_2Ni	$CdCl_2$
$CeRu_2$	$MgCu_2$	Cl_2Pb	$PbCl_2$
CeS	NaCl	Cl_2Sr	CaF_2
CeSe	NaCl	Cl_2Ti	CdI_2
CeSi	FeB	Cl_2V	CdI_2
$CeSn_3$	$AuCu_3$	Cl_2Zr	MoS_2
CeTe	NaCl	Cl_4K_2Pd	K_2PtCl_4
$CeTe_2$	Cu_2Sb	Cl_4K_2Pt	K_2PtCl_4
$CeTl_3$	$AuCu_3$	Cl_6Cs_2Ge	K_2PtCl_6
CeZn	CsCl	Cl_6Cs_2Sn	K_2PtCl_6
Ce_2In	$InNi_2$	Cl_6K_2Os	K_2PtCl_6
Ce_2O_3	La_2O_3	Cl_6K_2Pd	K_2PtCl_6
Ce_3Ga	$AuCu_3$	Cl_6K_2Pt	K_2PtCl_6
Ce_3In	$AuCu_3$	Cl_6K_2Re	K_2PtCl_6
Ce_3Os	Fe_3C	Cl_6K_2Sn	K_2PtCl_6
Ce_3Pb	$AuCu_3$	Cl_6Rb_2Sn	K_2PtCl_6
Ce_3Sn	$AuCu_3$	Cl_6Rb_2Te	K_2PtCl_6
Ce_3Ti	$AuCu_3$	Co	Mg
ClCs	CsCl	$CoCr_2O_4$	Al_2MgO_4
$ClCsO_4$	$BaSO_4$	$CoCr_2S_4$	Al_2MgO_4
ClCu	ZnS-Zinkblende	$CoDy_3$	Fe_3C
ClCu	ZnS-Wurtzit	$CoEr_3$	Fe_3C
ClDyO	PbFCl	CoF_2	TiO_2-Rutil
ClEuF	PbFCl	CoF_3K	$SrTiO_3$
ClEuH	PbFCl	CoF_4K_2	K_2NiF_4
ClEuO	PbFCl	CoFe	CsCl
ClFPb	PbFCl	$CoFe_2O_4$	Al_2MgO_4
ClFSm	PbFCl	$CoGa_2O_4$	Al_2MgO_4
ClFSr	PbFCl	$CoGd_3$	Fe_3C
ClFTm	PbFCl	CoGe	FeSi
ClFYb	PbFCl	CoGeTi	Fe_2P
ClGdO	PbFCl	CoH_2O_2	$Mg(OH)_2$
ClHoO	PbFCl	$CoHo_3$	Fe_3C
ClHSr	PbFCl	CoI_2	CdI_2
ClK	NaCl	$CoIn_2S_4$	Al_2MgO_4
$ClKO_4$	$BaSO_4$	$CoLa_3$	Fe_3C

Verbindung	Strukturtyp	Verbindung	Strukturtyp
$CoLu_3$	Fe_3C	Co_2Sm	$MgCu_2$
$CoMnO_3$	$FeTiO_4$	Co_2SnV	Fe_3Al
$CoNd_3$	Fe_3C	Co_2SnZr	Fe_3Al
CoO	NaCl	Co_2Ta	$MgCu_2$
CoO_3Ti	$FeTiO_4$	Co_2Ti	$MgCu_2$
CoO_4Rh_2	Al_2MgO_4	Co_2TiSn	Fe_3Al
CoO_4V_2	Al_2MgO_4	Co_2Tm	$MgCu_2$
CoO_4W	$FeWO_4$	Co_2Y	$MgCu_2$
CoO_6Sb_2	$CoSb_2O_6$	Co_2Zr	$MgCu_2$
CoO_6Ta_2	$CoSb_2O_6$	Co_3Cr	Ni_3Sn
CoP	MnP	Co_3Mo	Ni_3Sn
$CoPr_3$	Fe_3C	Co_3O_4	Al_2MgO_4
CoPt	AuCu	Co_3Si	Ni_3Sn
$CoPt_3$	$AuCu_3$	Co_3Ta	$AuCu_3$
$CoRh_2S_4$	Al_2MgO_4	Co_3W	Ni_3Sn
CoS	NiAs	Co_3Zr	Ni_3Sn
CoS_2	FeS_2-Pyrit	Cr	W
$CoSb_2$	FeS_2-Markasit	CrB_2	AlB_2
CoSbV	$InNi_2$	$CrCs_2O_4$	K_2SO_4
CoSc	CsCl	$CrCsO_4S \cdot 12H_2O$	$KAl(SO_4) \cdot 12H_2O$
$CoSc_2$	$CuAl_2$	$CrGdO_3$	$GdFeO_3$
CoSe	NiAs	CrGe	FeSi
$CoSe_2$	FeS_2-Markasit	$CrIn_2S_4$	Al_2MgO_4
CoSi	FeSi	$CrIr_3$	$AuCu_3$
$CoSi_2$	CaF_2	CrK_2O_4	K_2SO_4
$CoSm_3$	Fe_3C	$CrKO_4S \cdot 12H_2O$	$KAl(SO_4) \cdot 12H_2O$
$CoSn_2$	$CuAl_2$	CrN	NaCl
$CoTa_2$	$CuAl_2$	$CrNaO_4S \cdot 12H_2O$	$KAl(SO_4) \cdot 12H_2O$
$CoTb_3$	Fe_3C	$CrNdO_3$	$GdFeO_3$
CoV_3	Cr_3Si	CrO_2	TiO_2-Rutil
CoY_3	Fe_3C	CrO_4Rb	K_2SO_4
$CoZr_2$	$CuAl_2$	CrO_4Tl	K_2SO_4
Co_2Dy	$MgCu_2$	CrP	MnP
Co_2Er	$MgCu_2$	$CrPt_3$	$AuCu_3$
Co_2GaTi	Fe_3Al	$CrRbO_4S \cdot 12H_2O$	$KAl(SO_4) \cdot 12H_2O$
Co_2GaV	Fe_3Al	$CrRh_3$	$AuCu_3$
Co_2Gd	$MgCu_2$	CrSb	NiAs
Co_2Ge	Co_2Si	$CrSb_2$	FeS_2-Markasit
Co_2GeO_4	Al_2MgO_4	CrSe	NiAs
Co_2Hf	$MgCu_2$	CrSi	FeSi
Co_2HfSn	Fe_3Al	CrTe	NiAs
Co_2Ho	$MgCu_2$	Cr_2CuS_4	Al_2MgO_4
Co_2La	$MgCu_2$	Cr_2CuSe_4	Al_2MgO_4
Co_2Lu	$MgCu_2$	Cr_2CuTe_4	Al_2MgO_4
Co_2Mg	$MgZn_2$	Cr_2FeO_4	Al_2MgO_4
Co_2N	Fe_2C	Cr_2FeS_4	Al_2MgO_4
Co_2Nb	$MgCu_2$	Cr_2Hf	$MgNi_2$
Co_2NbSn	Fe_3Al	Cr_2Hf	$MgZn_2$
Co_2Nd	$MgCu_2$	Cr_2HgS_4	Al_2MgO_4
Co_2O_4Si	Mg_2SiO_4	Cr_2MgO_4	Al_2MgO_4
Co_2O_4Sn	Al_2MgO_4	Cr_2MnO_4	Al_2MgO_4
Co_2O_4Ti	Al_2MgO_4	Cr_2MnS_4	Al_2MgO_4
Co_2O_4V	Al_2MgO_4	Cr_2Nb	$MgZn_2$
Co_2O_4Zn	Al_2MgO_4	Cr_2O_3	Al_2O_3
Co_2P	Co_2Si	Cr_2O_4Zn	Al_2MgO_4
Co_2Pr	$MgCu_2$	Cr_2S_4Zn	Al_2MgO_4
Co_2Sc	$MgCu_2$	Cr_2Se_4Zn	Al_2MgO_4
Co_2Si	$PbCl_2$	Cr_2Ta	$MgZn_2$
Co_2Si	Co_2Si	Cr_2Ti	$MgZn_2$

Verbindung	**Strukturtyp**	**Verbindung**	**Strukturtyp**
Cr_2Ti	$MgNi_2$	CuZn	CuZn
Cr_2Zr	$MgNi_2$	CuZn	CsCl
Cr_2Zr	$MgZn_2$	$CuZn_2$	$CuZn_2$
Cr_3Ga	Cr_3Si	Cu_2LiSi	Fe_3Al
Cr_3GaN	$SrTiO_3$	Cu_2Mg	$MgCu_2$
Cr_3Ge	Cr_3Si	Cu_2O	Cu_2O
Cr_3Ir	Cr_3Si	Cu_2Sb	Cu_2Sb
Cr_3IrN	$SrTiO_3$	Cu_3Ge	Na_3As
Cr_3NRh	$SrTiO_3$	Cu_3Pt	$AuCu_3$
Cr_3NSn	$SrTiO_3$	Cu_3Sb	Fe_3Al
Cr_3Os	Cr_3Si	Cu_5Zn_8	Cu_5Zn_8
Cr_3Pt	$AuCu_3$	Cu_5Zn_8	Cu_5Zn_8
Cr_3Rh	Cr_3Si	Dy	Mg
Cr_3Ru	Cr_3Si	DyF_4Li	$CaWO_4$
Cr_3Si	Cr_3Si	$DyFe_2$	$MgCu_2$
CsF	NaCl	DyFS	PbFCl
CsI	CsCl	DyGa	CrB
CsK_2	$MgZn_2$	$DyGa_3$	$AuCu_3$
$CsNa_2$	$MgZn_2$	DyGe	CrB
CsO_2	CaC_2	DyH_2	CaF_2
Cs_2O	$CdCl_2$	$DyHg_3$	Ni_3Sn
Cs_2O_4S	K_2SO_4	DyI_2	$CdCl_2$
Cs_2S	Co_2Si	$DyIn_3$	$AuCu_3$
Cs_2Se	Co_2Si	DyIO	PbFCl
Cs_3Bi	Fe_3Al	$DyIr_2$	$MgCu_2$
Cu	Cu	$DyMg_2$	$MgZn_2$
CuEu	CsCl	$DyMg_3$	Fe_3Al
CuF	ZnS-Zinkblende	$DyMn_2$	$MgCu_2$
CuF_4K_2	K_2NiF_4	$DyMn_2$	$MgZn_2$
$CuFe_2O_4$	Al_2MgO_4	DyN	NaCl
$CuFeS_2$	$CuFeS_2$	DyNi	FeB
$CuFeS_2$	$CuFeS_2$	$DyNi_2$	$MgCu_2$
$CuGaS_2$	$CuFeS_2$	$DyOs_2$	$MgZn_2$
$CuGaSe_2$	$CuFeS_2$	$DyPb_3$	$AuCu_3$
$CuGaTe_2$	$CuFeS_2$	$DyPd_3$	$AuCu_3$
CuI	ZnS-Zinkblende	$DyPt_2$	$MgCu_2$
CuI	ZnS-Wurtzit	$DyPt_3$	$AuCu_3$
$CuInS_2$	$CuFeS_2$	DyPtSn	Fe_2P
$CuInSe_2$	$CuFeS_2$	$DyRe_2$	$MgZn_2$
$CuInTe_2$	$CuFeS_2$	$DyRh_2$	$MgCu_2$
CuKSe	$InNi_2$	$DyRu_2$	$MgZn_2$
CuKTe	$InNi_2$	DySb	NaCl
$CuMn_3N$	$SrTiO_3$	DySi	CrB
CuO	CuO	$DyTc_2$	$MgZn_2$
CuPd	CsCl	Dy_2In	$InNi_2$
$CuRh_2Sn$	Fe_3Al	Dy_2Pt	Co_2Si
CuS	Cus	Dy_2Se_3	Sb_2S_3
CuS_4Ti_2	Al_2MgO_4	$Dy_3Fe_5O_{12}$	$Y_3Fe_5O_{12}$
CuS_4V_2	Al_2MgO_4	Dy_3Ir	Fe_3C
CuSb	NiAs	Dy_3Ni	Fe_3C
CuSbSr	$InNi_2$	Dy_3Os	Fe_3C
CuScSi	Fe_2P	Dy_3Pt	Fe_3C
$CuSe_2$	FeS_2-Markasit	Dy_3Rh	Fe_3C
CuSiTm	$InNi_2$	Dy_3Ru	Fe_3C
CuSiY	$InNi_2$	Er	Mg
CuSn	NiAs	ErF_4Li	$CaWO_4$
CuTi	AuCu	$ErFe_2$	$MgCu_2$
CuY	CsCl	ErFS	PbFCl
CuYb	FeB	ErGa	CrB

Verbindung	Strukturtyp	Verbindung	Strukturtyp
ErH_2	CaF_2	$EuSb_2Zn$	La_2O_3
$ErIr_2$	$MgCu_2$	EuSe	NaCl
$ErMg_2$	$MgZn_2$	EuSi	CrB
$ErMn_2$	$MgCu_2$	EuSn	CrB
ErN	NaCl	$EuSn_3$	$AuCu_3$
ErNi	CrB	EuTe	NaCl
ErNi	FeB	$EuTi_3$	Ni_3Sn
$ErNi_2$	$MgCu_2$	$EuTl_3$	$AuCu_3$
$ErOs_2$	$MgZn_2$	EuZn	CsCl
$ErPb_3$	$AuCu_3$	Eu_2P_2Zn	La_2O_3
$ErPd_3$	$AuCu_3$	Eu_2Pb	Co_2Si
$ErPt_2$	$MgCu_2$	FGdS	PbFCl
$ErPt_3$	$AuCu_3$	FGdSe	PbFCl
$ErRe_2$	$MgZn_2$	FHoS	PbFCl
$ErRh_2$	$MgCu_2$	FIPb	PbFCl
$ErRu_2$	$MgZn_2$	FISm	PbFCl
ErSb	NaCl	FISr	PbFCl
$ErSe_2$	Cu_2Sb	FIYb	PbFCl
ErSi	CrB	FLaO	PbFCl
$ErSi_2$	$MgCu_2$	FLaS	PbFCl
$ErSn_3$	$AuCu_3$	FLaSe	PbFCl
$ErTc_2$	$MgZn_2$	FLi	NaCl
$ErTe_2$	Cu_2Sb	FLuS	PbFCl
ErTl	CsCl	FNa	NaCl
$ErTl_3$	$AuCu_3$	FNdS	PbFCl
Er_2In	$InNi_2$	FNdSe	PbFCl
$Er_2O_7Ti_2$	$Y_2Ti_2O_7$	FOY	PbFCl
Er_2Pt	Co_2Si	FPrS	PbFCl
Er_2S_3	Sb_2S_3	FPrSe	PbFCl
$Er_3Fe_5O_{12}$	$Y_3Fe_5O_{12}$	FRb	NaCl
Er_3Ir	Fe_3C	FSSm	PbFCl
Er_3Ni	Fe_3C	FSeSm	PbFCl
Er_3Os	Fe_3C	FSTb	PbFCl
Er_3Pt	Fe_3C	FSY	PbFCl
Er_3Rh	Fe_3C	FTI	TIF
Er_3Ru	Fe_3C	F_2Fe	TiO_2-Rutil
EuF_2	CaF_2	F_2Hg	CaF_2
EuF_4Li	$CaWO_4$	F_2Mg	TiO_2-Rutil
EuFI	PbFCl	F_2Mn	TiO_2-Rutil
$EuGa_2$	AlB_2	F_2Ni	TiO_2-Rutil
EuGe	CrB	F_2Pb	$PbCl_2$
EuH_2	$PbCl_2$	F_2Pd	TiO_2-Rutil
EuH_3Li	$SrTiO_3$	F_2Sr	CaF_2
$EuHg_2$	AlB_2	F_2Zn	TiO_2-Rutil
EuIO	PbFCl	F_3KMg	$SrTiO_3$
$EuIr_2$	$MgCu_2$	F_3KMn	$SrTiO_3$
$EuMg_2$	$MgZn_2$	F_3Y	Fe_3C
$EuMn_2Pc$	La_2O_3	F_4GdLi	$CaWO_4$
$EuMn_2Sb$	La_2O_3	F_4HoLi	$CaWO_4$
EuN	NaCl	F_4K_2Mg	K_2NiF_4
EuO	NaCl	F_4K_2Mn	K_2NiF_4
EuPb	AuCu	F_4K_2Ni	K_2NiF_4
$EuPb_3$	$AuCu_3$	F_4K_2Zn	K_2NiF_4
EuPd	CrB	F_4LiLu	$CaWO_4$
$EuPd_2$	$MgCu_2$	F_4LiTb	$CaWO_4$
$EuPd_3$	$AuCu_3$	F_4LiY	$CaWO_4$
$EuPt_2$	$MgCu_2$	F_4LiYb	$CaWO_4$
$EuRe_2$	$MgZn_2$	F_4Nb	SnF_4
EuS	NaCl	F_4Pb	SnF_4

Verbindung	Strukturtyp	Verbindung	Strukturtyp
F_4Sn	SnF_4	Fe_2P	Fe_2P
Fe	W	Fe_2Pr	$MgCu_2$
$FeGa_2O_4$	Al_2MgO_4	Fe_2Sc	$MgNi_2$
$FeGdO_3$	$GdFeO_3$	Fe_2Sm	$MgCu_2$
FeGe	FeSi	Fe_2Ta	$MgZn_2$
$FeGe_2$	$CuAl_2$	Fe_2Tb	$MgCu_2$
FeH_2O_2	$Mg(OH)_2$	Fe_2Ti	$MgZn_2$
$FeHO_2$	FeO(OH)	Fe_2TiSn	Fe_3Al
$FeHO_2$	AlO(OH)	Fe_2Tm	$MgCu_2$
FeI_2	CdI_2	Fe_2W	$MgZn_2$
$FeIn_2S_4$	Al_2MgO_4	Fe_2Y	$MgCu_2$
$FeLaO_3$	$GdFeO_3$	Fe_2Zn	$MgNi_2$
$FeNb_2O_6$	PbO_2	Fe_2Zr	$MgCu_2$
$FeNb_2O_6$	$FeNb_2O_6$	Fe_3Ga	Ni_3Sn
$FeNi_3$	$AuCu_3$	Fe_3Ge	Ni_3Sn
FeO	NaCl	Fe_3NNi	$SrTiO_3$
FeO_2W	PbO_2	Fe_3NPd	$SrTiO_3$
FeO_3Pr	$GdFeO_3$	Fe_3NPt	$SrTiO_3$
FeO_3Ti	$FeTiO_4$	Fe_3O_4	Al_2MgO_4
FeO_3Y	$GdFeO_3$	Fe_3Pt	$AuCu_3$
FeO_4W	$FeWO_4$	Fe_3Sn	Ni_3Sn
FeO_6Ta_2	$CoSb_2O_6$	$Fe_5O_{12}Sm_3$	$Y_3Fe_5O_{12}$
FeOY	$Y_3Fe_5O_{12}$	$Fe_5O_{12}Tb_3$	$Y_3Fe_5O_{12}$
FeP	MnP	$Fe_5O_{12}Y_3$	$Y_3Fe_5O_{12}$
FeP_2	FeS_2-Markasit	Ga	Ga
FePd	AuCu	GaGd	CrB
$FePd_3$	$AuCu_3$	GaHo	CrB
FeS	NiAs	$GaHO_2$	AlO(OH)
FeS_2	FeS_2-Pyrit	GaLa	CrB
FeS_2	FeS_2-Markasit	$GaLa_3$	$AuCu_3$
FeSb	NiAs	GaLi	NaTl
$FeSb_2$	FeS_2-Pyrit	GaLu	CrB
FeSe	NiAs	$GaMn_3$	Al_3Ti
$FeSe_2$	FeS_2-Markasit	$GaMn_3$	Ni_3Sn
FeSi	FeSi	$GaMn_3N$	$SrTiO_3$
$FeSn_2$	$CuAl_2$	$GaMo_3$	Cr_3Si
$FeTio_3$	Al_2O_3	GaN	ZnS-Wurzit
FeV_3	Cr_3Si	$GaNb_3$	Cr_3Si
$FeZr_2$	$CuAl_2$	$GaNd_3$	$AuCu_3$
Fe_2GaTi	Fe_3Al	GaNi	CsCl
Fe_2GaV	Fe_3Al	$GaNi_3$	$AuCu_3$
Fe_2Gd	$MgCu_2$	$GaNNd_3$	$SrTiO_3$
Fe_2Hf	$MgCu_2$	GaP	ZnS-Zinkblende
Fe_2Hf	$MgNi_2$	GaPd	FeSi
Fe_2Hf	$MgZn_2$	$GaPd_2$	Co_2Si
Fe_2Ho	$MgCu_2$	GaPr	CrB
Fe_2Lu	$MgCu_2$	$GaPr_2$	Co_2Si
Fe_2MgO_4	Al_2MgO_4	$GaPr_3$	$AuCu_3$
Fe_2MnO_4	Al_2MgO_4	GaPt	FeSi
Fe_2Mo	$MgZn_2$	$GaPt_3$	$AuCu_3$
Fe_2Nb	$MgZn_2$	GaRh	CsCl
Fe_2Nd	$MgCu_2$	GaSb	ZnS-Zinkblende
Fe_2NiO_4	Al_2MgO_4	GaSc	CrB
Fe_2O_2	Al_2O_3	GaSm	CrB
Fe_2O_4Si	Mg_2SiO_4	$GaSm_3$	$AuCu_3$
Fe_2O_4Ti	Al_2MgO_4	GaTb	CrB
Fe_2O_4Zn	Al_2MgO_4	$GaTi_2$	$InNi_2$
Fe_2O_6W	$ZnTa_2O_6$	$GaTi_3$	Ni_3Sn
Fe_2P	Co_2Si	GaTm	CrB

Verbindung	Strukturtyp
GaV_3	Cr_3Si
GaY	CrB
GaYb	AuCu
$GaYb_2$	Co_2Si
$GaZr_2$	$CuAl_2$
Ga_2La	AlB_2
Ga_2MgO_4	Al_2MgO_4
Ga_2MnO_4	Al_2MgO_4
Ga_2NiO_4	Al_2MgO_4
Ga_2O_3	Al_2O_3
Ga_2O_4Zn	Al_2MgO_4
Ga_2Pr	AlB_2
Ga_2Pt	Li_2O
Ga_2Sr	AlB_2
Ga_3Hf	Al_3Ti
Ga_3Ho	$AuCu_3$
Ga_3Lu	$AuCu_3$
Ga_3Nb	Al_3Ti
Ga_3Np	$AuCu_3$
Ga_3Sc	$AuCu_3$
Ga_3Ta	Al_3Ti
Ga_3Tb	$AuCu_3$
Ga_3Tb	Ni_3Sn
Ga_3Ti	Al_3Ti
Ga_3Tm	$AuCu_3$
Ga_3Zr	Al_3Zr
Ga_3Zr	Al_3Ti
$Ga_5Gd_3O_{12}$	$Y_3Fe_5O_{12}$
Gd	Mg
GdGe	CrB
GdH_2	CaF_2
$GdHg_3$	Ni_3Sn
$GdIn_3$	$AuCu_3$
$GdIr_2$	$MgCu_2$
$GdMg_2$	$MgCu_2$
$GdMn_2$	$MgZn_2$
GdN	NaCl
GdNd	CrB
GdNi	CrB
$GdNi_2$	$MgCu_2$
$GdOs_2$	$MgZn_2$
$GdPb_3$	$AuCu_3$
GdPd	CrB
$GdPd_3$	$AuCu_3$
$GdPt_2$	$MgCu_2$
$GdRe_2$	$MgZn_2$
$GdRh_2$	$MgCu_2$
$GdRu_2$	$MgCu_2$
$GdRu_2$	$MgZn_2$
GdSb	NaCl
$GdSn_3$	$AuCu_3$
$GdTc_2$	$MgZn_2$
$GdTl_3$	$AuCu_3$
Gd_2In	$InNi_2$
Gd_2Pt	Co_2Si
Gd_2Se_3	Sb_2S_3
Gd_2Te_3	Sb_2S_3
Gd_2Tl	$InNi_2$
$Gd_3Fe_5O_{12}$	$Y_3Fe_5O_{12}$
Gd_3Ir	Fe_3C
Gd_3Ni	Fe_3C
Gd_3Os	Fe_3C
Gd_3Pt	Fe_3C
Gd_3Rh	Fe_3C
Gd_3Ru	Fe_3C
Ge	C-Diamant
$GeFe_3$	$AuCu_3$
$GeHf_2$	$CuAl_2$
$GeHfO_4$	$CaWO_4$
GeHo	CrB
GeI_2	CdI_2
GeIr	MnP
$GeMg_2$	Li_2O
$GeMgO_4$	$FeTiO_4$
$GeMn_2O_4$	Mg_2SiO_2
$GeMn_3$	Ni_3Sn
GeMnNi	$InNi_2$
$GeMo_3$	Cr_3Si
$GeNb_3$	$AuCu_3$
$GeNb_3$	Cr_3Si
GeNd	CrB
GeNi	MnP
$GeNi_2$	Co_2Si
$GeNi_2O_4$	Al_2MgO_4
$GeNi_3$	$AuCu_3$
GeO_2	SiO_2-α-Cristobalit
GeO_2	TiO_2-Rutil
GeO_4Zr	$CaWO_4$
GeP_2Zn	$CuFeS_2$
GePd	MnP
$GePd_2$	Fe_2P
GePr	CrB
GePt	MnP
$GePt_2$	Fe_2P
GeRh	FeSi
GeRh	MnP
$GeRh_2$	Co_2Si
GeRu	FeSi
GeS	SnS
GeSc	CrB
GeSe	SnS
GeSiY	Fe_2P
GeSm	CrB
GeSr	CrB
$GeSr_2$	Co_2Si
GeTb	CrB
GeV_3	Cr_3Si
GeY	CrB
Ge_2Mo	CaC_2
HIOPb	$PbCl_2$
HIOSr	$PbCl_2$
HISr	PbFCl
HK	NaCl
HKO	TII
HLi	NaCl
HLiO	PbO
$HMnO_2$	AIO(OH)
HNa	NaCl

Verbindung	Strukturtyp	Verbindung	Strukturtyp
$HNaO$	TlI	$HgLi$	$CsCl$
$HORb$	TlI	$HgLi_3$	Fe_3Al
HPd	$NaCl$	$HgMg$	$CsCl$
HRb	$NaCl$	$HgMg_3$	Na_3As
HO_2Sc	$AlO(OH)$	$HgMn$	$CsCl$
HO_2V	$AlO(OH)$	$HgNd$	$CsCl$
H_2KO_4P	KH_2PO_4	$HgNi$	$AuCu$
H_2Lu	CaF_2	$HgNTi_3$	$SrTiO_3$
H_2MgO_2	$Mg(OH)_2$	HgO	HgO
H_2MnO_2	$Mg(OH)_2$	HgO	HgS
H_2Nb	CaF_2	$HgPd$	$AuCu$
H_2Nd	CaF_2	$HgPd$	$FeSi$
H_2NiO_2	$Mg(OH)_2$	$HgPr$	$CsCl$
H_2O	SiO_2-β-Cristobalit	$HgPt$	$AuCu$
H_2O	SiO_2-β-Tridymit	HgS	HgS
H_2O_2Zn	$Mg(OH)_2$	HgS	ZnS-Zinkblende
H_2O_4PRb	KH_2PO_4	$HgSe$	ZnS-Zinkblende
H_2Pt	CaF_2	$HgSr$	$CsCl$
H_2Sc	CaF_2	$HgSr_3$	Fe_3C
H_2Sm	CaF_2	$HgTe$	ZnS-Zinkblende
H_2Sr	$PbCl_2$	$HgTi$	$AuCu$
H_2Tb	CaF_2	$HgTi_3$	$AuCu_3$
H_2Tm	CaF_2	$HgTi_3$	Cr_3Si
H_2Yb	$PbCl_2$	HgV_2	AlB_2
H_3LiSr	$SrTiO_3$	$HgZr$	$AuCu$
$H_6Li_2O_6Pt$	$Li_2[Pt(OH)_6]$	$HgZr_3$	$AuCu_3$
$H_6Na_2O_6Sn$	$Na_2[Sn(OH)_6]$	Hg_2La	AlB_2
Hg	Mg	Hg_2Mg	CaC_2
HfC	$NaCl$	Hg_2Sr	AlB_2
$HfIr_3$	$AuCu_3$	Hg_3Ho	Ni_3Sn
$HfMn_2$	$MgNi_2$	Hg_3La	Ni_3Sn
$HfMn_2$	$MgZn_2$	Hg_3Li	Ni_3Sn
$HfMo_2$	$MgCu_2$	Hg_3Lu	Ni_3Sn
$HfMo_2$	$MgNi_2$	Hg_3Nd	Ni_3Sn
$HfNi$	CrB	Hg_3Pr	Ni_3Sn
$HfNi_2$	$MgCu_2$	Hg_3Sc	Ni_3Sn
$HfOs_2$	$MgZn_2$	Hg_3Sm	Ni_3Sn
$HfPd_3$	$AuCu_3$	Hg_3Sr	Ni_3Sn
$HfPt$	CrB	Hg_3Tb	Ni_3Sn
$HfPt_3$	$AuCu_3$	Hg_3Tm	Ni_3Sn
$HfRe_2$	$MgZn_2$	Hg_3Y	Ni_3Sn
$HfRh_3$	$AuCu_3$	Hg_3Yb	Ni_3Sn
HfS_2	CdI_2	Hg_3Zr	Cr_3Si
$HfSb$	$FeSi$	Ho	Mg
$HfSe_2$	CdI_2	HoH_2	CaF_2
$HfSi$	FeB	$HoIn$	$CsCl$
$HfSn$	$FeSi$	$HoIn_3$	$AuCu_3$
$HfTc_2$	$MgZn_2$	$HoIr_2$	$MgCu_2$
HfV_2	$MgCu_2$	$HoIrSn$	Fe_2P
HfW_2	$MgCu_2$	HoM_2N	$MgCu_2$
$HfZn_2$	$MgCu_2$	$HoMg_2$	$MgZn_2$
$HfZn_2$	$MgNi_2$	$HoMn_2$	$MgZn_2$
Hf_2Ni	$CuAl_2$	HoN	$NaCl$
Hf_2Si	$CuAl_2$	$HoNi$	CrB
Hf_3P_2	Sb_2S_3	$HoNi$	FeB
Hg	Hg	$HoNi_2$	$MgCu_2$
HgI_2	$HgBr_2$	$HoOs_2$	$MgZn_2$
HgI_2	HgI_2	HoP	$NaCl$
$HgIn_2S_4$	Al_2MgO_4	$HoPb_3$	$AuCu_3$

Verbindung	Strukturtyp	Verbindung	Strukturtyp
$HoPd_3$	$AuCu_3$	$InNb_3$	Cr_3Si
$HoPt_2$	$MgCu_2$	$InNd_2$	$InNi_2$
$HoPt_3$	$AuCu_3$	$InNd_3$	$AuCu_3$
$HoRe_2$	$MgZn_2$	$InNi_2$	$InNi_2$
$HoRh_2$	$MgCu_2$	$InNi_3$	$AuCu_3$
$HoRu_2$	$MgZn_2$	$InNi_3$	Ni_3Sn
HoS	NaCl	InNiY	Fe_2P
HoSb	NaCl	$InNNd_3$	$SrTiO_3$
HoSe	NaCl	$InNTi_3$	$SrTiO_3$
HoSi	CrB	InP	ZnS-Zinkblende
$HoSn_3$	$AuCu_3$	InPd	CsCl
$HoTc_2$	$MgZn_2$	$InPd_2$	Co_2Si
HoTe	NaCl	InPr	CsCl
$HoTe_2$	Cu_2Sb	$InPr_2$	$InNi_2$
HoTl	CsCl	$InPr_3$	$AuCu_3$
$HoTl_3$	$AuCu_3$	$InPt_3$	$AuCu_3$
Ho_2In	$InNi_2$	InSb	ZnS-Zinkblende
Ho_2Pt	Co_2Si	$InSc_2$	$InNi_2$
Ho_2S_3	Sb_2S_3	$InSc_3$	Ni_3Sn
Ho_3Ir	Fe_3C	$InSm_2$	$InNi_2$
Ho_3Ni	Fe_3C	$InSm_3$	$AuCu_3$
Ho_3Os	Fe_3C	$InSr_3$	Fe_3Al
Ho_3Pt	Fe_3C	$InTb_2$	$InNi_2$
Ho_3Ru	Fe_3C	$InTi_3$	$AuCu_3$
ILi	NaCl	$InTi_3$	Ni_3Sn
IK	NaCl	InTm	CsCl
INa	NaCl	$InTm_2$	$InNi_2$
$INaO_4$	$CaWO_4$	InY_2	$InNi_2$
IO_4Rb	$CaWO_4$	InYb	CsCl
IOPm	PbFCl	$InYb_2$	Co_2Si
IOPr	PbFCl	$InZr_3$	$AuCu_3$
IOSm	PbFCl	In_2MgO_4	Al_2MgO_4
IOTm	PbFCl	In_2NiS_4	Al_2MgO_4
IRb	NaCl	In_2Pt	Li_2O
ITl	TlI	In_2Sr	Al_2O_3
ITl	CsCl	In_3La_3	$AuCu_3$
I_2Mg	CdI_2	In_3Lu	$AuCu_3$
I_2Mn	CdI_2	In_3Nd	$AuCu_3$
I_2Ni	$CdCl_2$	In_3Pr	$AuCu_3$
I_2Pb	$CdCl_2$	In_3Sc	$AuCu_3$
I_2Pb	CdI_2	In_3Sm	$AuCu_3$
I_2Pr	$CdCl_2$	In_3Sr	Ni_3Sn
I_2Ti	CdI_2	In_3Tb	$AuCu_3$
I_2Tm	CdI_2	In_3Tm	$AuCu_3$
I_2V	CdI_2	In_3Y	$AuCu_3$
I_2Yb	CdI_2	In_3Yb	$AuCu_3$
I_2Zn	$CdCl_2$	Ir	Cu
I_2Zn	CdI_2	$IrLa_3$	Fe_3C
I_4Sn	SnI_4	IrLu	CsCl
In	In	$IrLu_3$	Fe_3C
InLa	CsCl	$IrMg_3$	Na_3As
$InLa_2$	$InNi_2$	IrMn	AuCu
$InLa_3$	$AuCu_3$	$IrMn_3$	$AuCu_3$
InLi	NaTl	IrMo	AuCd
$InLu_2$	$InNi_2$	$IrMo_3$	Cr_3Si
$InMg_2$	Fe_2P	IrNb	AuCu
$InMg_3$	$AuCu_3$	$IrNb_3$	$AuCu_3$
InN	ZnS-Wurtzit	$IrNd_3$	Fe_3C
InNa	NaTl	$IrNMn_3$	$SrTiO_3$

Verbindung	Strukturtyp	Verbindung	Strukturtyp
IrO_2	TiO_2-Rutil	LaMg	CsCl
IrO_4Sr_2	K_2NiF_4	$LaMg_2$	$MgCu_2$
IrPb	NiAs	$LaMg_3$	Fe_3Al
$IrPr_3$	Fe_3C	LaN	NaCl
IrSb	NiAs	LaNi	CrB
IrSi	MnP	$LaNi_2$	$MgCu_2$
$IrSm_3$	Fe_3C	$LaOs_2$	$MgCu_2$
IrSn	NiAs	$LaOs_2$	$MgZn_2$
$IrTb_3$	Fe_3C	LaP	NaCl
$IrTe_2$	CdI_2	$LaPb_3$	$AuCu_3$
$IrTi_3$	Cr_3Si	LaPd	CrB
$IrTm_3$	Fe_3C	$LaPd_3$	$AuCu_3$
IrV	AuCu	LaPt	CrB
IrV_3	Cr_3Si	$LaPt_2$	$MgCu_2$
IrW	AuCd	$LaPt_3$	$AuCu_3$
IrY_3	Fe_3C	LaRh	CrB
Ir_2La	$MgCu_2$	$LaRh_2$	$MgCu_2$
Ir_2Lu	$MgCu_2$	$LaRu_2$	$MgCu_2$
Ir_2Nd	$MgCu_2$	LaS_2	Cu_2Sb
Ir_2P	Li_2O	LaSb	NaCl
Ir_2Pr	$MgCu_2$	LaSi	FeB
Ir_2Sc	$MgCu_2$	$LaSn_3$	$AuCu_3$
Ir_2Si	Co_2Si	LaTe	NaCl
Ir_2Sr	$MgCu_2$	$LaTe_2$	Cu_2Sb
Ir_2Tb	$MgCu_2$	LaZn	CsCl
Ir_2Tm	$MgCu_2$	La_2NiO_4	K_2NiF_4
Ir_2Y	$MgCu_2$	La_2O_3	La_2O_3
Ir_2Zr	$MgCu_2$	$La_2O_7Sn_2$	$Y_2Ti_2O_7$
Ir_3Pa	$AuCu_3$	$La_2O_7Zr_2$	$Y_2Ti_2O_7$
Ir_3Ti	$AuCu_3$	La_3Ni	Fe_3C
Ir_3Ta	$AuCu_3$	La_3Os	Fe_3C
Ir_3V	$AuCu_3$	La_3Ru	Fe_3C
Ir_3Zr	Al_3Ti	La_3Sn	$AuCu_3$
Ir_3Zr	$AuCu_3$	La_3Tl	$AuCu_3$
K	W	LiN_2P	$CuFeS_2$
KF	NaCl	$LiNbO_3$	Al_2O_3
$KMnO_4$	$BaSO_4$	$LiNbO_3$	$LiNbO_3$
KNa_2	$MgZn_2$	$LiNO_3$	$CaCO_3$-Calcit
KNO_3	$CaCO_3$-Aragonit	LiO_3Ta	$LiNbO_3$
KNO_3	$CaCO_3$-Calcit	$LiPt_2$	$MgCu_2$
KO_2	CaC_2	LiSiY	Fe_2P
KO_2	FeS_2-Pyrit	LiTi	CsCl
KO_4Re	$CaWO_4$	LiZn	NaTl
KO_4Ru	$CaWO_4$	Li_2N_2Zr	La_2O_3
KO_4Tc	$CaWO_4$	Li_2O	CaF_2
KPb_2	$MgZn_2$	Li_2O	Li_2O
KSbZn	$InNi_2$	Li_2P_2Pr	La_2O_3
K_2O	Li_2O	Li_2S	Li_2O
K_2O_4S	K_2SO_4	Li_2Sb	Fe_2P
K_2O_4Se	K_2SO_4	Li_2Se	Li_2O
K_2S	Li_2O	Li_2Te	Li_2O
K_2Se	Li_2O	Li_3N	Li_3N
K_2Te	Li_2O	Li_3P	Na_3As
K_3O	Na_3As	Li_3Pb	Fe_3Al
K_3Sb	Fe_3Al	Li_3Sb	Na_3As
K_3Sb	Na_3As	Li_3Tl	Fe_3Al
Kr	Cu	$LuMg_2$	$MgZn_2$
La	La	$LuMn_2$	$MgZn_2$
LaIO	PbFCl	LuNd	NaCl

Verbindung	Strukturtyp
LuNi	CrB
$LuNi_2$	$MgCu_2$
$LuOs_2$	$MgZn_2$
$LuPb_3$	$AuCu_3$
$LuPd_3$	$AuCu_3$
$LuPt_3$	$AuCu_3$
$LuRe_2$	$MgZn_2$
LuRh	CsCl
$LuRh_2$	$MgCu_2$
$LuRu_2$	$MgCu_2$
$LuRu_2$	$MgZn_2$
$LuSe_2$	Cu_2Sb
LuSi	CrB
$LuTc_2$	$MgZn_2$
$LuTe_2$	Cu_2Sb
$LuTl_3$	$AuCu_3$
Lu_2Pt	Co_2Si
Lu_2S_3	Al_2O_3
Lu_2S_3	Sb_2S_3
Lu_3Os	Fe_3C
Lu_3Pt	Fe_3C
Lu_3Ru	Fe_3C
Mg	Mg
$MgNi_2$	$MgNi_2$
MgO	NaCl
MgO_3Ti	$FeTiO_4$
MgO_4Rh_2	Al_2MgO_4
MgO_4Ti_2	Al_2MgO_4
MgO_4V_2	Al_2MgO_4
MgO_4W	$FeWO_4$
MgP_2Si	$CuFeS_2$
MgPr	CsCl
MgPt	FeSi
$MgPt_3$	$AuCu_3$
MgS	NaCl
MgS	NaCl
MgSc	CsCl
MgSe	NaCl
MgSr	CsCl
MgTe	ZnS-Wurtzit
MgTi	CsCl
$MgZn_2$	$MgZn_2$
Mg_2Nd	$MgCu_2$
Mg_2O_4Si	Mg_2SiO_4
Mg_2O_4Sn	Al_2MgO_4
Mg_2O_4Ti	Al_2MgO_4
Mg_2O_4V	Al_2MgO_4
Mg_2P_2Zn	La_2O_3
Mg_2Pb	Li_2O
Mg_2Pr	$MgCu_2$
Mg_2Sb_2Sr	La_2O_3
Mg_2Si	Li_2O
Mg_2Sm	$MgCu_2$
Mg_2Sn	Li_2O
Mg_2Sr	$MgZn_2$
Mg_2Tb	$MgZn_2$
Mg_2Tl	Fe_2P
Mg_2Tm	$MgZn_2$
Mg_2Y	$MgZn_2$
Mg_2Yb	$MgZn_2$
Mg_3N_2	Mn_2O_3
Mg_3Nd	Fe_3Al
Mg_3P_2	Mn_2O_3
Mg_3Pd	Na_3As
Mg_3Pr	Fe_3Al
Mg_3Pt	Na_3As
Mg_3Sb_2	La_2O_3
Mg_3Sm	Fe_3Al
Mg_3Tb	Fe_3Al
Mn	Mn
MnNbSi	Fe_2P
$MnNdO_3$	$GdFeO_3$
MnNi	AuCu
$MnNi_3$	$AuCu_3$
$MnNiO_3$	$FeTiO_4$
MnO_2	TiO_2-Rutil
MnO_3Pr	$GdFeO_3$
MnO_3Tb	$GdFeO_3$
MnO_3Ti	$FeTiO_4$
MnO_4Rh_2	Al_2MgO_4
MnO_4Sr_2	K_2NiF_4
MnO_4Ti_2	Al_2MgO_4
MnO_4W	$FeWO_4$
MnO_6Ta_2	$FeNb_2O_6$
MnP	MnP
$MnPr_2$	$MgZn_2$
MnPt	AuCu
$MnPt_3$	$AuCu_3$
MnRh	AuCu
MnRh	CsCl
MnS	NaCl
MnS	ZnS-Zinkblende
MnS	ZnS-Wurtzit
MnS_2	FeS_2-Pyrit
$MnSe_2$	FeS_2-Pyrit
MnSi	FeSi
MnTe	NiAs
$MnTe_2$	FeSc-Pyrit
$MnZn_3$	$AuCu_3$
Mn_2N	PbO_2
Mn_2Nd	$MgZn_2$
Mn_2O_3	Mn_2O_3
Mn_2O_4Si	Mg_2SiO_4
Mn_2O_4Sn	Al_2MgO_4
Mn_2O_4Ti	Al_2MgO_4
Mn_2O_4V	Al_2MgO_4
Mn_2P	Fe_2P
Mn_2P_2Sr	La_2O_3
Mn_2Sb	Cu_2Sb
Mn_2Sb_2Yb	La_2O_3
Mn_2Sc	$MgZn_2$
Mn_2Sm	$MgZn_2$
Mn_2Sn	$InNi_2$
Mn_2Ta	$MgZn_2$
Mn_2Tb	$MgZn_2$
Mn_2Ti	$MgZn_2$
Mn_2Tm	$MgZn_2$
Mn_2Y	$MgCu_2$

Verbindung	Strukturtyp	Verbindung	Strukturtyp
Mn_2Y	$MgZn_2$	Na_2S	LiO
Mn_2Yb	$MgZn_2$	Na_2Se	Li_2O
Mn_3NNi	$SrTiO_3$	Na_2Te	Li_2O
Mn_3NPd	$SrTiO_3$	Na_3P	Na_3As
Mn_3O	Cr_3Si	Na_3Sb	Na_3As
Mn_3Pt	$AuCu_3$	Nb	W
Mn_3Rh	$AuCu_3$	$NbNi_3$	Al_3Ti
Mn_3Sn	Ni_3Sn	NbO	NaCl
Mo	W	NbO_2	TiO_2-Rutil
$MoNa_2O_4$	Al_2MgO_4	NbO_4Y	$CaWO_4$
MoO_2	TiO_2-Rutil	$NbPd_3$	Al_3Ti
MoO_4Pb	$CaWO_4$	NbPt	AuCd
MoO_4Sr	$CaWO_4$	NbRh	AuCu
MoP	WC	$NbRh_3$	$AuCu_3$
MoPt	AuCd	$NbRu_3$	$AuCu_3$
MoRh	AuCd	NbS	NiAs
MoS_2	MoS_2	$NbSe_2$	MoS_2
$MoSe_2$	MoS_2	$NbZn_2$	$MgNi_2$
$MoSi_2$	CaC_2	$NbZn_3$	$AuCu_3$
$MoTe_2$	MoS_2	Nb_2NiO_6	$FeNb_2O_6$
Mo_2Zr	$MgCu_2$	Nb_2O_4Zn	$FeNb_2O_6$
Mo_3Pt	Cr_3Si	Nb_3Os	Cr_3Si
Mo_3S	Cr_3Si	Nb_3Pb	Cr_3Si
Mo_3Si	Cr_3Si	Nb_3Pt	Cr_3Si
$NNaO_3$	$CaCO_3$-Calcit	Nb_3Rh	Cr_3Si
NNd_3Pb	$SrTiO_3$	Nb_3Sb	Cr_3Si
NNd_3Sn	$SrTiO_3$	Nb_3Si	$AuCu_3$
NNd_3Tl	$SrTiO_3$	Nb_3Si	Cr_3Si
NNi_4	SnF_4	Nb_3Sn	Nb_3Sn
NO_3Rb	$CaCO_3$-Calcit	Nb_3Sn	Cr_3Si
NPr	NaCl	Nb_3Te	Cr_3Si
NSc	NaCl	Nb_3Tl	Cr_3Si
NSm	NaCl	Nb_3V	Cr_3Si
NTa	WC	Nd	La
NTb	NaCl	NdIO	PbFCl
NTi	NaCl	NdNi	CrB
NTi_2	TiO_2-Rutil	$NdNi_2$	$MgCu_2$
NTi_3Tl	$SrTiO_3$	$NdOs_2$	$MgZn_2$
NTm	NaCl	NdP	NaCl
NV	NaCl	$NdPb_3$	$AuCu_3$
NW	WC	NdPd	CrB
NY	NaCl	$NdPd_3$	$AuCu_3$
NYb	NaCl	NdPt	CrB
NZr	NaCl	$NdPt_2$	$MgCu_2$
N_2Zn_3	Mn_2O_3	$NdPt_3$	$AuCu_3$
N_4Si_3	α-Si_3N_4	$NdRe_2$	$MgZn_2$
N_4Si_3	β-Si_3N_4	NdRh	CrB
Na	W	$NdRh_2$	$MgCu_2$
NaO_2	FeS_2-Pyrit	$NdRu_2$	$MgCu_2$
NaO_3Ta	$GdFeO_3$	$NdRu_2$	$MgZn_2$
NaO_4Re	$CaWO_4$	NdS	NaCl
NaO_4Se	Na_2SO_4	NdS_2	Cu_2Sb
NaO_4Tc	$CaWO_4$	NdSb	NaCl
$NaPb_3$	$AuCu_3$	NdSe	NaCl
$NaPt_2$	$MgCu_2$	$NdSe_2$	Cu_2Sb
NaTl	NaTl	NdSi	FeB
Na_2O	Li_2O	$NdSn_3$	$AuCu_3$
Na_2O_4S	Na_2SO_4	NdTe	NaCl
Na_2O_4W	Al_2MgO_4	$NdTe_2$	Cu_2Sb

Verbindung	Strukturtyp
$NdTl_3$	$AuCu_3$
Nd_2O_3	La_2O_3
Nd_2Te_3	Sb_2S_3
Nd_2Tl	$InNi_2$
Nd_3Ni	Fe_3C
Nd_3Os	Fe_3C
Nd_3Ru	Fe_3C
Nd_3Tl	$AuCu_3$
Ne	Cu
Ni	Cu
NiO	NaCl
NiO_3Ti	$FeTiO_4$
NiO_4W	$FeWO_4$
NiO_6Ta_2	$CoSb_2O_6$
NiPr	CrB
$NiPr_3$	Fe_3C
NiPt	AuCu
NiPZr	$InNi_2$
NiS	NiS
NiS_2	FeS_2-Pyrit
NiSb	NiAs
$NiSb_2$	FeS_2-Markasit
NiSe	NiAs
$NiSe_2$	FeS_2-Pyrit
NiSi	FeSi
NiSi	MnP
$NiSi_2$	CaF_2
NiSm	CrB
$NiSm_3$	Fe_3C
NiSn	NiAs
$NiTa_2$	$CuAl_2$
NiTb	CrB
$NiTb_3$	Fe_3C
NiTe	NiAs
$NiTe_2$	CdI_2
NiTm	CrB
NiTm	FeB
$NiTm_3$	Fe_3C
NiV_3	Cr_3Si
NiY_3	Fe_3C
NiYb	FeB
NiZn	AuCu
NiZr	CrB
$NiZr_2$	$CuAl_2$
Ni_2Zr	$MgCu_2$
Ni_2O_4Si	Mg_2SiO_4
Ni_2P	Fe_2P
Ni_2Pr	$MgCu_2$
Ni_2Sc	$MgCu_2$
Ni_2Si	Co_2Si
Ni_2Sm	$MgCu_2$
Ni_2Tb	$MgCu_2$
Ni_2Tm	$MgCu_2$
Ni_2Y	$MgCu_2$
Ni_3Sb	Fe_3Al
Ni_3Si	$AuCu_3$
Ni_3Sn	Fe_3Al
Ni_3Sn	Ni_3Sn
Ni_3Ta	Al_3Ti

Verbindung	Strukturtyp
Ni_3V	Al_3Ti
Ni_3Zr	Ni_3Sn
OPa	NaCl
OPb	PbO-Litharg
OPb	PbO-Massicot
$OPbSr_3$	$SrTiO_3$
ORb_2	Li_2O
OSm	NaCl
OSn	PbO
$OSnSr_3$	$SrTiO_3$
OSr	NaCl
OTa	NaCl
OTi	NaCl
OTi_2	CdI_2
OW_3	Cr_3Si
OYb	NaCl
OZn	ZnO
OZn	ZnS-Zinkblende
OZn	ZnS-Wurtzit
OZr	NaCl
O_2Os	TiO_2-Rutil
O_2Pb	PbO_2
O_2Pb	TiO-Rutil
O_2Pd	TiO_2-Rutil
O_2Rb	CaC_2
O_2Re	PbO_2
O_2Rh	TiO_2-Rutil
O_2Ru	TiO_2-Rutil
O_2Si	SiO_2-α-Cristobalit
O_2Si	SiO_2-β-Cristobalit
O_2Si	SiO_2-α-Quarz
O_2Si	SiO_2-β-Quarz
O_2Si	SiO_2-α-Tridymit
O_2Si	SiO_2-β-Tridymit
O_2Si	TiO_2-Rutil
O_2Sn	TiO_2-Rutil
O_2Sr	CaC_2
O_2Ta	TiO_2-Rutil
O_2Tb	CaF_2
O_2Te	TiO_2-Rutil
O_2Ti	TiO_2-Anatas
O_2Ti	TiO_2-Rutil
O_2Ti	PbO_2
O_2V	TiO_2-Rutil
O_2W	TiO_2-Rutil
O_3PbTi	$BaTiO_3$
O_3Pr_2	La_2O_3
O_3Rh_2	Al_2O_3
O_3Sc_2	Mn_2O_3
O_3Sm_2	La_2O_3
O_3SnSr	$GdFeO_3$
O_3SrTi	$SrTiO_3$
O_3SrZr	$GdFeO_3$
O_3Ti_2	Al_2O_3
O_3Tl_2	Mn_2O_3
O_3Y_2	Al_2O_3
O_3Y_2	Mn_2O_3
O_3Yb_2	Mn_2O_3
O_4Pb_3	Pb_3O_4

Verbindung	Strukturtyp	Verbindung	Strukturtyp
O_4PbS	$BaSO_4$	PV_2	Co_2Si
O_4PbW	$CaWO_4$	PW	MnP
O_4Rb_2S	K_2SO_4	PY	NaCl
O_4RbRe	$CaWO_4$	PZr	NaCl
O_4ReTl	$CaWO_4$	P_2Pt	FeS_2-Pyrit
O_4Rh_2Zn	Al_2MgO_4	P_2Ru	FeS_2-Markasit
O_4RuSr_2	K_2NiF_4	P_2SiZn	$CuFeS_2$
O_4SnSr_2	K_2NiF_4	P_2SnZn	$CuFeS_2$
O_4SnZn_2	Al_2MgO_4	PaO_2	CaF_2
O_4Sr_2Ti	K_2NiF_4	$PaPt_3$	Ni_3Sn
O_4SrW	$CaWO_4$	$PaRh_3$	$AuCu_3$
O_4SSr	$BaSO_4$	Pb	Cu
O_4STl_2	K_2SO_4	$PbPd_3$	$AuCu_3$
O_4TiZn_2	Al_2MgO_4	$PbPr_3$	$AuCu_3$
O_4V_2Zn	Al_2MgO_4	PbPt	NiAs
O_4VZn_2	Al_2MgO_4	$PbPt_3$	$AuCu_3$
O_4WZn	$FeWO_4$	PbS	NaCl
O_6Sb_2Zn	TiO_2-Rutil	PbSe	NaCl
O_6Sb_2Zn	$CoSb_2O_6$	PbSr	CrB
O_6Ta_2Zn	PbO_2	$PbSr_2$	Co_2Si
O_6Ta_2Zn	$ZnTa_2O_6$	PbTe	NaCl
$O_7Sm_2Sn_2$	$Y_2Ti_2O_7$	PbV_3	Cr_3Si
$O_7Sn_2Y_2$	$Y_2Ti_2O_7$	PbYb	AuCu
$O_7Ti_2Y_2$	$Y_2Ti_2O_7$	$PbYb_2$	Co_2Si
Os	Mg	Pb_2Pd	$CuAl_2$
OsP_2	FeS_2-Markasit	Pb_2Rh	$CuAl_2$
$OsPr_3$	Fe_3C	Pb_3Pr	$AuCu_3$
OsS_2	FeS_2-Pyrit	Pb_3Sm	$AuCu_3$
$OsSb_2$	FeS_2-Markasit	Pb_3Tb	$AuCu_3$
$OsSe_2$	FeS_2-Pyrit	Pb_3Tm	$AuCu_3$
OsSi	FeSi	Pb_3Y	$AuCu_3$
$OsSm_3$	Fe_3C	Pb_3Yb	$AuCu_3$
$OsTb_3$	Fe_3C	Pd	Cu
$OsTe_2$	FeS_2-Pyrit	PdPr	CrB
OsTi	CsCl	$PdSb_2$	FeS_2-Pyrit
$OsTm_3$	Fe_3C	PdSi	MnP
OsY_3	Fe_3C	PdSi	NiAs
Os_2Pr	$MgCu_2$	PdSm	CrB
Os_2Pr	$MgZn_2$	PdSn	MnP
Os_2Sc	$MgZn_2$	PdTb	CrB
Os_2Sm	$MgZn_2$	PdTe	NiAs
Os_2Tb	$MgZn_2$	$PdTe_2$	CdI_2
Os_2Tm	$MgZn_2$	PdTi	CuCd
Os_2Y	$MgZn_2$	$PdTi_2$	$CuAl_2$
Os_2Yb	$MgZn_2$	PdV_3	Cr_3Si
Os_2Zr	$MgZn_2$	PdY_3	Fe_3C
P	P	PdZn	AuCu
P	Po	Pd_2Si	Fe_2P
PPd_3	Fe_3C	Pd_2Sn	Co_2Si
PPr	NaCl	Pd_2Sr	$MgCu_2$
PRe_2	Co_2Si	Pd_2Tl	Co_2Si
PRh_2	Li_2O	Pd_2Tl	$InNi_2$
PRu	MnP	Pd_2Zn	Co_2Si
PRu_2	Co_2Si	Pd_3Pr	$AuCu_3$
PSc	NaCl	Pd_3Sc	$AuCu_3$
PSc_3	Fe_3C	Pd_3Si	Fe_3C
PSm	NaCl	Pd_3Sm	$AuCu_3$
PTb	NaCl	Pd_3Sn	$AuCu_3$
PV	NiAs	Pd_3Ta	Al_3Ti

Verbindung	Strukturtyp	Verbindung	Strukturtyp
Pd_3Tl	Al_3Zr	Pt_3Si	Fe_3C
Pd_3Tm	$AuCu_3$	Pt_3Sm	$AuCu_3$
Pd_3V	Al_3Ti	Pt_3Sn	$AuCu_3$
Pd_3Y	$AuCu_3$	Pt_3Tb	$AuCu_3$
Pd_3Yb	$AuCu_3$	Pt_3Ti	$AuCu_3$
Pm	La	Pt_3V	$AuCu_3$
Po	Po	Pt_3Y	$AuCu_3$
PoO_2	CaF_2	Pt_3Yb	$AuCu_3$
Pr	La	Pt_3Zn	$AuCu_3$
PrPt	CrB	Pt_3Zr	$AuCu_3$
$PrRe_2$	$MgZn_2$	Rb	W
PrRh	CrB	Rb_2S	Li_2O
$PrRh_2$	$MgCu_2$	Rb_3Sb	Na_3As
$PrRu_2$	$MgCu_2$	Re	Mg
PrS	NaCl	ReSi	FeSi
PrSb	NaCl	$ReSi_2$	CaC_2
PrSe	NaCl	ReW_3	Cr_3Si
$PrSe_2$	Cu_2Sb	Re_2Sc	$MgCu_2$
PrSi	FeB	Re_2Sc	$MgZn_2$
$PrSn_3$	$AuCu_3$	Re_2Sm	$MgZn_2$
PrTe	NaCl	Re_2Tb	$MgZn_2$
$PrTe_2$	Cu_2Sb	Re_2Tm	$MgZn_2$
$PrTl_3$	$AuCu_3$	Re_2Y	$MgZn_2$
PrZn	CsCl	Re_2Yb	$MgZn_2$
Pr_2Tl	$InNi_2$	Re_2Zr	$MgZn_2$
Pr_3Ru	Fe_3C	Rh	Cu
Pr_3Tl	$AuCu_3$	RhS_2	FeS_2-Pyrit
Pt	Cu	RhSb	MnP
PtS	PtS	$RhSe_2$	FeS_2-Pyrit
PtS_2	CdI_2	RhSi	FeSi
PtSb	NiAs	RhSi	MnP
$PtSb_2$	FeS_2-Pyrit	RhSn	FeSi
$PtSc_2$	Co_2Si	RhSn	NiAs
$PtSe_2$	CdI_2	$RhSn_2$	$CuAl_2$
$PtSn_2$	Li_2O	$RhTb_3$	Fe_3C
$PtTb_3$	Fe_3C	RhTe	NiAs
$PtTe_2$	CdI_2	RhTi	AuCu
$PtTi_3$	Cr_3Si	RhV	AuCu
$PtTl_2$	$CuAl_2$	RhV_3	Cr_3Si
$PtTm_2$	Co_2Si	RhY	CsCl
$PtTm_3$	Fe_3C	RhY_3	Fe_3C
PtV	AuCd	$RhZr_2$	$CuAl_2$
PtV_3	$AuCu_3$	Rh_2Si	Co_2Si
PtV_3	Cr_3Si	Rh_2Sm	$MgCu_2$
PtY_2	Co_2Si	Rh_2Sn	Co_2Si
PtYb	FeB	Rh_2Sr	$MgCu_2$
$PtYb_2$	Co_2Si	Rh_2Ta	Co_2Si
PtZn	AuCu	Rh_2Tb	$MgCu_2$
PtZr	CrB	Rh_2Tm	$MgCu_2$
Pt_2Si	Fe_2P	Rh_2Y	$MgCu_2$
Pt_2Sm	$MgCu_2$	Rh_3Sc	$AuCu_3$
Pt_2Sr	$MgCu_2$	Rh_3Ta	$AuCu_3$
Pt_2Tb	$MgCu_2$	Rh_3Ti	$AuCu_3$
Pt_2Tm	$MgCu_2$	Rh_3V	$AuCu_3$
Pt_2Y	$MgCu_2$	Rh_3W	Ni_3Sn
Pt_3Pr	$AuCu_3$	Rh_3Zr	$AuCu_3$
Pt_3Pt	$AuCu_3$	Ru	Mg
Pt_3Sb	Al_3Zr	RuO_3Sr	$GdFeO_3$
Pt_3Sc	$AuCu_3$	RuS_2	FeS_2-Pyrit

Verbindung	Strukturtyp	Verbindung	Strukturtyp
RuSb	MnP	Sb_2Ti	$CuAl_2$
$RuSb_2$	FeS_2-Markasit	Sb_2V	$CuAl_2$
$RuSe_2$	FeS_2-Pyrit	Sb_2YbZn_2	La_2O_3
RuSi	FeSi	Sc	Mg
RuSi	CsCl	ScSi	CrB
$RuSm_3$	Fe_3C	$ScTc_2$	$MgZn_2$
$RuSn_2$	$CuAl_2$	ScTe	NiAs
$RuTb_3$	Fe_3C	Se	Se
$RuTe_2$	FeS_2-Pyrit	SeSm	NaCl
$RuTe_2$	FeS_2-Markasit	SeSn	NaCl
RuTi	CsCl	SeSn	SnS
$RuTm_3$	Fe_3C	SeSr	NaCl
RuY_3	Fe_3C	SeTb	NaCl
Ru_2Sc	$MgZn_2$	SeV	NiAs
Ru_2Si	Co_2Si	SeYb	NaCl
Ru_2Sm	$MgCu_2$	SeZn	ZnS-Zinkblende
Ru_2Sm	$MgZn_2$	SeZn	ZnS-Wurtzit
Ru_2Tb	$MgZn_2$	Se_2Sm	Cu_2Sb
Ru_2Tm	$MgZn_2$	Se_2Sn	CdI_2
Ru_2Y	$MgZn_2$	Se_2Ta	MoS_2
Ru_2Yb	$MgZn_2$	Se_2Ti	CdI_2
Ru_2Zr	$MgZn_2$	Se_2V	CdI_2
S	S	Se_2Zr	CdI_2
SSm	NaCl	$SiSr_2$	Co_2Si
SSn	SnS	SiSrZn	$InNi_2$
SSr	NaCl	$SiTa_2$	$CuAl_2$
STb	NaCl	SiTb	FeB
STi	NiAs	$SiTe_2$	CdI_2
SV	NiAs	SiTi	FeB
SZn	ZnS-Wurtzit	SiV_3	Cr_3Si
SZn	ZnS-Zinkblende	SiW_3	Cr_3Si
SZr	NaCl	SiYb	CrB
S_2Si	SiS_2	SiZr	FeB
S_2Sn	CdI_2	$SiZr_2$	$CuAl_2$
S_2Ta	MoS_2	Si_2W	CaC_2
S_2Ta	CdI_2	Sm	Sm
S_2Ti	CdI_2	$SmSn_3$	$AuCu_3$
S_2W	MoS_2	SmTe	NaCl
S_2Zr	CdI_2	SmTl	AuCu
S_3Sb_2	Sb_2S_3	$SmTl_3$	$AuCu_3$
S_3Tm_2	Sb_2S_3	Sm_2Te_3	Sb_2S_3
S_3Y_2	Sb_2S_3	Sm_2Tl	$InNi_2$
S_3Yb_2	Sb_2S_3	Sn	C-Diamant
Sb	As	Sn	Sn
SbSc	NaCl	SnSr	CrB
$SbSc_2$	Cu_2Sb	$SnSr_2$	Co_2Si
SbSm	NaCl	$SnTa_3$	Sr_3Si
SbSn	NaCl	SnTe	NaCl
$SbTa_3$	Cr_3Si	SnTl	AuCu
SbTb	NaCl	SnV_3	Ni_3Sn
SbTi	CsCl	SnV_3	Cr_3Si
SbTi	NiAs	SnYb	AuCu
$SbTi_3$	Cr_3Si	Sn_3Tb	$AuCu_3$
SbTm	NaCl	Sn_3Y	$AuCu_3$
SbV_3	Cr_3Si	Sn_3Yb	$AuCu_3$
SbYb	NaCl	Sr	Cu
Sb_2Se_3	Sb_2S_3	SrTe	NaCl
Sb_2SnZn	$CuFeS_2$	SrTi	CsCl
Sb_2SrZn_2	La_2O_3	SrZn	FeB

Verbindung	Strukturtyp	Verbindung	Strukturtyp
Ta	W	Ti	Mg
TaV_2	$MgCu_2$	TiV_2	AlB_2
$TaZn_2$	$MgNi_2$	$TiZn_2$	$MgZn_2$
$TaZn_2$	$MgZn_2$	$TiZn_3$	$AuCu_3$
Tb	Mg	Ti_3Sn	Ni_3Sn
$TbPt_2$	Co_2Si	Ti_3Tm	$AuCu_3$
$TbTc_2$	$MgZn_2$	Tl	Mg
TbTe	NaCl	TlTm	CsCl
$TbTl_3$	$AuCu_3$	Tl_3Y	$AuCu_3$
Tc	Mg	Tm	Mg
Tc_2Tm	$MgZn_2$	TmRh	CsCl
Tc_2Y	$MgZn_2$	V	W
Tc_2Zr	$MgZn_2$	V_2Zr	$MgCu_2$
Te	Se	V_2Zr	$MgZn_2$
Te_2Ti	CdI_2	W	W
Te_2Tm	Cu_2Sb	W_2Zr	$MgCu_2$
Te_2Y	Cu_2Sb	Xe	Cu
Te_2Zr	CdI_2	Y	Mg
TeV	NiAs	Yb	Cu
TeY	NaCl	Zn	Mg
TeYb	NaCl	Zr	Mg
TeZr	NiAs		

6.8 Register der Strukturtypen nach Kapiteln

6.2 Kristalldaten der Elemente

As
B α-rhomboedrisch
B β-rhomboedrisch
B α-tetragonal
B β-tetragonal
C Diamant
C Lonsdaleit
C Graphit (hex.)
C Graphit (rhom.)
Cu
Ga
Hg
I_2
In
La
Mg
Mn (α)
Mn (β)
$P_{violett}$
$P_{schwarz}$
Po
S_8
Se
Sm
Sn
W

6.3 Kristalldaten von Legierungen

Al_3Ti
Al_3Zr
AuCd
AuCu
$AuCu_3$
$CuAl_2$
CuZn
$CuZn_2$
Cu_2Sb
Cu_5Zn_8
Fe_3Al
$InNi_2$
$MgCu_2$
$MgNi_2$
$MgZn_2$
Na_3As
Nb_3Sn
Ni_3Sn

6.4 Kristalldaten binärer Verbindungen

6.4.1 Verbindungen AX

BN (hex.)
BN (rhom.)
CrB
CsCl
CuO
CuS
FeB
FeSi
HgO
HgS
MnP
NaTl
NaCl
NiAs
NiS
PbO (Litharg)
PbO (Massicot)
PtS
SiC
SnS
TlF
TlI
WC
ZnO
ZnS (Wurtzit)
ZnS (Zinkblende)

6.4.2 Verbindungen AX_2

AlB_2
$CaCl_2$
CaF_2
$CaSi_2$
$HgCl_2$
HgI_2
$Mg(OH)_2$
MoS_2 (α) rhom.
MoS_2 (β) hex.
$PbCl_2$
PbO_2
SiO_2 (α-Quarz)
$CdCl_2$
CdI_2
$Cd(OH)_2$
$HgBr_2$
SiO_2 (β-Quarz)
SiO_2 (α-Cristobalit)
SiO_2 (β-Cristobalit)
SiO_2 (β-Tridymit)
SiO_2 (α-Tridymit)
SiS_2
TiO_2 (Anatas)
TiO_2 (Rutil)

6.4.3 Verbindung AX_3

$AlCl_3$
AlF_3
$Al(OH)_3$ (Bayerit)
$Al(OH)_3$ (Hydrargillit)
BiI_3
LaF_3
ReO_3
YF_3
$Y(OH)_3$

6.4.4 Verbindung AX_4

$SnBr_4$
SnF_4
SnI_4

6.4.5 Verbindungen A_2X

Co_2Si
Cu_2O
Fe_2B
Fe_2C
Fe_2P
Li_2O

6.4.6 Verbindungen A_2X_2

Hg_2Cl_2

6.4.7 Verbindungen A_2X_3

Al_2O_3
La_2O_3
Mn_2O_3
Sb_2S_3

6.4.8 Verbindungen A_3X

Cr_3Si
Fe_3C
Li_3N

6.4.9 Verbindungen A_mX_n

Pb_3O_4
Si_3N_4 (α)
Si_3N_4 (β)

6.5 Kristalldaten ternärer Verbindungen

6.5.1 Verbindungen $A_mB_nX_o$

Al_2MgO_4
$BaTiO_3$
$CoSb_2O_6$
$CuFeS_2$
$FeNb_2O_6$
$FeTiO_3$
$FeWO_4$
$GdFeO_3$
K_2NiF_4
$LiNbO_3$
$Li_2[Pt(OH)_6]$
Mg_2SiO_4
$Na_2[Sn(OH)_6]$
$SrTiO_3$
$Y_3Fe_5O_{12}$
$Y_2Ti_2O_7$
$ZnTa_2O_6$

6.5.2 Verbindungen $A_mX_nY_o$

AlO(OH)
FeO(OH)
PbFCl

6.6 Kristalldaten von Verbindungen mit diskreten, komplexen Ionen

6.6.1 Verbindungen $A_m[X_2]_n$

CaC_2
FeS_2 (Pyrit)
FeS_2 (Markasit)

6.6.2 Verbindungen $A_m[YX_3]_n$

$CaCO_3$ (Aragonit)
$CaCO_3$ (Calcit)
$CaMgCO_3$
$KBrO_3$

6.6.3 Verbindungen $A_m[XY_4]_n$

$BaSO_4$
$Ca_5(PO_4)_3Br$
$CaSO_4$
$CaSO_4 \cdot 2\,H_2O$
$CaWO_4$
$KAl(SO_4)_4 \cdot 12\,H_2O$
K_2SO_4
KH_2PO_4
Na_2SO_4

6.6.4 Verbindungen $A_m[BX_4]_n$

K_2PtCl_4

6.6.5 Verbindungen $A_m[BX_6]_n$

K_2PtCl_6

7 Gebräuchliche Untersuchungsmethoden, Erklärung von Abkürzungen

AAS	Atomabsorptionsspektroskopie
AEAPS	Auger Electron Appearance Potential Spectroscopy
AEM	Augerelektronenmikroskopie (→ SAM)
AES	Augerelektronenspektroskopie
AES	Atomemissionsspektroskopie
AFM	Atomic Force Microscopy
AFS	Atomfluoreszenzspektroskopie
AIM	Adsorption Isotherm Measurements
AIS	Atom Inelastic Scattering
AIUPS	angle-integrated ultraviolet photoelectron spectroscopy
ALICISS	Alkali-ICISS
APS	Appearance Potential Spectroscopy
ARAES	angle-resolved Auger electron spectroscopy
AS	Auger spectroscopy
ASW	Acoustic Surface-Wave Measurements
ATR	Attenuated Total Reflection
BIS	Bremsstrahlungs-Isochromaten-spektroskopie
BLE	Bombardement Induced Light Emission (→ IBLE)
CARS	coherent anti-Stokes Raman scattering
CD	circular dichroism
CDS	Corona Discharge Spectroscopy
CEELS	characteristic electron energy loss spectroscopy
CELS	characteristic energy loss spectroscopy
CFS	Constant Final State Spectroscopy
CI	chemical ionization
CIDEP	chemically induced dynamic electron polarization
CIDNP	chemically induced dynamic nuclear polarization
CIMS	chemical ionization mass spectroscopy
CIS	Constant Initial State Spectroscopy
CIS	Characteristische Isochromaten-spektroskopie
CL	Cathode Luminescence
CM	Conductance Measurement
COSY	Correlated Spectroscopy
CPD	Contact Potential Difference
CSRS	coherent Stokes Raman scattering
CVD	chemical vapour deposition
DAPS	disappearance potential spectroscopy
DLEED	Diffuse LEED
DM	Diffusion Measurements
DMA	Dynamische Mechanische Analyse
DME	dropping mercury electrode
DRIFTS	diffuse reflectance infrared Fourier transform spectroscopy
DSC	differential scanning calorimeter
DTA	Differenzthermoanalyse
EBIC	Electron Beam Induced Current
ECD	electron capture detector
ED	electron diffraction
EDX(S)	Energy Dispersive X-ray Spectroscopy
EELS	Electron Energy Loss Spectroscopy
EI	electron impact ionization
EIS	electron impact spectroscopy
EGA	Evolved Gas Analysis
EL	Electro Luminescence
ELDOR	electron–electron double resonance
ELEED	Elastic LEED
ELL	Ellipsometrie
ELS	Electron Energy Loss Spectroscopy (→ EELS)
EM	Elektronenmikroskopie
EMA	Electron Microprobe Analysis
ENDOR	electron–nuclear double resonance
EPMA	Electron Probe Microanalysis
EPR	Electron Paramagnetic Resonance
ESCA	Elektronenspektroskopie für chemische Analyse (→ XPS)
ESC	Electron Stimulated Desorption
ESR	Elektronenspinresonanz
ETA	Emanations Thermal Analysis
ETS	electron transmission spectroscopy, electron tunnelling spectroscopy
EXAFS	Extended X-ray Absorption Fine Structure
EXAPS	electron excited X-ray appearance potential spectroscopy
FAB-MS	Fast Atom Bombardement Mass Spectrometry
FDM	Felddesorptions-Mikroskopie
FEC	Field Effect of Conductance
FEM	Feldemissionsmikroskopie
FER	Field Effect of Reflectance
FES	Feldemissionsspektroskopie
FFT	fast Fourier transform

FIAP	Field Ionization Atom Probe
FI	field ionization
FID	flame ionization detector
FID	free induction decay
FIM	Feldionenmikroskopie
FIMS	Feldionen-Massenspektrometrie
FIR	far-infrared
FPD	flame photometric detector
FSR	free spectral range
FT	Fourier transform
FTD	flame thermoionic detector
FTIR	Fourier transform infrared
GC	gas chromatography
GDMS	Glow-Discharge Mass Spectrometry
GDNS	Glow-Discharge Neutral Spectrometry
GDOS	Glow-Discharge Optical Spectroscopy
GLC	gas–liquid chromatography
HAM	Heat of Adsorption Measurements
HE	Halleffekt
HEED	High Energy Electron Diffraction
HEELS	high energy electron energy loss spectroscopy
HEIS	High Energy Ion Scattering (→ RBS)
HMDE	hanging mercury drop electrode
HOL	Holographie
HPLC	high-performance liquid chromatography
HREELS	High Resolution Electron Energy Loss Spectroscopy
HTS	Hadamard transform spectroscopy
IBLE	Ion Bombardement (Induced) Light Emission
ICISS	Impact Collission Ion Scattering Spectroscopy
ICR	ion cyclotron resonance
IE	Isotopic Exchange Measurements
IEE	Induzierte Elektronenemission
IETS	Inelastic Electron Tunneling Spectroscopy
IEX	Ion Excited X-ray Fluorescence
IID	Ion Impact Desorption
IIRS	Ion Impact Radiation Spectroscopy
IIXS	Ion Induced X-ray Spectroscopy
ILEED	Inelastic LEED
IMMA	Ion Microprobe Mass Analysis
IMPA	Ion Microprobe Analysis
IMXA	Ion Microprobe for X-ray Analysis
INDO	incomplete neglect of differential overlap
INDOR	internuclear double resonance
INEPT	Insensitive Nuclei Enhanced by Polarisation
INMS	Ionisierte Neutralteilchen-Massenspektrometrie
INS	Ion Neutralisation Spectroscopy
IPES	inverse photoelectron spectroscopy
IR(S)	Infra-Rot-Spektroskopie
IRAS	Infrarot-Reflexions-Absorptions-Spektroskopie
IS	ionization spectroscopy
ISD	Ion Stimulated Desorption
ISS	Ion Scattering Spectroscopy (→ LEIS)
ITS	Inelastic Tunneling Spectroscopy
LAMMA	Laser Microprobe Mass Analysis
LASER	light amplification by stimulated emission of radiation
LC	liquid chromatography
LED	light-emitting diode
LEED	Low Energy Electron Diffraction
LEELS	low energy electron loss spectroscopy
LEES	low-energy electron scattering
LEIS	Low Energy Ion Scattering Spectroscopy (→ ISS)
LIDAR	light detection and ranging
LIF	laser induced fluorescence
LM	Lichtmikroskop
LMA	Laser Microprobe Analysis
LMR	Laser magnetic resonance
MAR	magic-angle rotation
MAS	magic-angle spinning
MASER	microwave amplification by stimulated emission of radiation
MBE	molecular beam epitaxy
MBT	Molecular Beam Techniques
MCA	multichannel analyser
MCD	magnetic circular dichroism
MIR	mid-infrared
MOCVD	metal organic chemical vapour deposition
MOMBE	metal organic molecular beam epitaxy
MORD	magnetic optical rotatory dispersion
MOS	metal oxide semiconductor
MPI	multiphoton ionization
MPS	Modulated Photoconductivity Spectroscopy
MRD	magnetic rotatory dispersion
MRI	magnetic resonance imaging
MS	Mößbauer-Spektroskopie
MS	Massenspektrometrie
MSM	Magnetic Saturation Measurements
MW	microwave
NCE	normal calomel electrode
NEXAFS	near edge X-ray absorption fine structure
NIR	near-infrared
NIS	Neutron Inelastic Scattering
NMR	Nuclear Magnetic Resonance
NOE	nuclear Overhauser effect
NOESY	Nuclear Overhauser Effect Spectroscopy
NQR	Nuclear Quadrupole Resonance
ODMR	optically detected magnetic resonance
OES	Optische Emissionsspektroskopie

ORD optical rotatory dispersion
OS Optische Spektroskopie
PARUPS Polarisation and Angle Resolved UPS
PAS Photoakustische Spektroskopie
PC paper chromatography
PC Photoconductivity
PD Photodesorption
PDS Photodischarge Spectroscopy
PED photoelectron diffraction
PES Photoelektronenspektroskopie
PIES Penning ionization electron spectroscopy, see PIS
PIPECO photoion-photoelectron coincidence [spectroscopy]
PIS Penning ionization (electron) spectroscopy
PIXE Proton/Particle Induced X-ray Emission
PM Permeation Measurements
PVS Photovoltage Spectroscopy
QMS quadrupole mass spectrometer
RADAR radiowave detection and ranging
RAIRS reflection/absorption infrared spectroscopy
RBS Rutherford Backscattering (→ HEIS)
RD rotatory dispersion
RDE rotating disc electrode
REM Rasterelektronenmikroskopie (→ SEM)
REMPI resonance enhanced multiphoton ionization
RFA Röntgenfluoreszenzanalyse (→ XRF)
RFS Röntgenfluoreszenzspektroskopie
RHEED Reflection High Energy Electron Diffraction
RRS resonance Raman spectroscopy
RS Raman spectroscopy
RTM Rastertunnelmikroskopie (→ STM)
SAM Scanning-Auger Microscopy (→ AEM)
SAM Scanning Acoustic Microscopy
SCE saturated calomel electrode
SDS Surface Discharge Spectroscopy
SEFT spin-echo Fourier transform
SEM Scanning Electron Microscopy (→ REM)
SEP stimulated emission pumping
SERS Surface Enhanced Raman Spectroscopy
SES Spin Echo Spectroscopy
SES Secondary Electron Spectroscopy
SESCA scanning electron spectroscopy for chemical applications
SEXAFS surface extended X-ray absorption fine structure
SHE standard hydrogen electrode
SIMS Sekundärionenmassenspektrometrie
SNMS Sputtered Neutral Mass Spectrometry
SNMS Secondary Neutral Mass Spectrometry
SOR synchrotron orbital radiation
SPA-LEED Spot Profile Analysis-LEED
SP-LEED Spin Polarized-LEED
SRS Surface Reflectance Spectroscopy
SRS synchrotron radiation source
STEM Scanning Transmission Electron Microscopy
STM Scanning Tunneling Microscopy
STS Scanning Tunneling Spectroscopy
SXAPS Soft X-ray Appearance Potential Spectroscopy
TA Thermische Analyse
TCC thermal conductivity cell
TCD thermal conductivity detector
TDMS tandem quadrupole mass spectroscopy
TDS Thermodesorptionsspektroskopie
TE Thermionic Emission
TEM Transmissionselektronenmikroskopie
TG Thermogravimetrie
TGA thermogravimetric analysis
TL Thermoluminescence
TLC thin layer chromatography
TMA Thermomechanische Analyse
TOCSY Total Correlation Spectroscopy
TOF time-of-flight [analysis]
TPD temperature programmed desorption
TR^3 time-resolved resonance Raman scattering
UHV ultra high vacuum
UPES ultraviolet photoelectron spectroscopy
UPS Ultraviolett-Photoelektronenspektroskopie
UV ultraviolet
UV-VIS Spektroskopie im ultravioletten und sichtbaren Bereich
WDX Wavelength Dispersive X-ray Spectroscopy
X-AES X-ray Induced AES
XANES X-ray absorption near-edge structure [spectroscopy]
XAPS X-ray appearance potential spectroscopy
XD X-ray Diffraction (→ XRD)
XPD X-ray photoelectron diffraction
XPES X-ray photoelectron spectroscopy
XPS X-ray Photoelectron Spectroscopy (→ ESCA)
XRD X-ray Diffraction (→ XD)
XRF X-ray Fluorescence (→ RFA)
VCD vibrational circular dichroism
VEELS vibrational electron energy-loss spectroscopy
VPC vapour-phase chromatography
VUV Vacuum ultraviolet

Sachregister

MIX
Papier aus verantwortungsvollen Quellen
Paper from responsible sources
FSC® C105338

If you have any concerns about our products,
you can contact us on
ProductSafety@springernature.com

In case Publisher is established outside the EU,
the EU authorized representative is:
Springer Nature Customer Service Center GmbH
Europaplatz 3, 69115 Heidelberg, Germany

Printed by Libri Plureos GmbH
in Hamburg, Germany